Organic Name Reactions, Reagents and Rules

有机人名反应、试剂与规则

第二版

黄培强　主编

化学工业出版社
·北京·

本书精选了 240 多个常用的和重要的以人名命名的有机反应、有机试剂，以及有机化学中重要的规则和模型，每个反应都给出了背景介绍、反应条件与适用范围、反应机理，以及该反应在有机合成及天然产物全合成中的应用实例。特别是增加了 26 个以国内学者命名的反应或试剂，如以丁奎岭、冯小明、周其林命名的有机配体试剂，陈庆云试剂，叶蕴华偶联试剂，等等。增补了近十年来的参考文献，包括综述文献，有助于读者更加深入地理解和认识这些有机反应，同时为开展有机合成和药物合成提供了方便。

本书适合有机和药物化学专业本科生和研究生学习有机反应，也适合相关专业科研人员查阅和学习。

图书在版编目（CIP）数据

有机人名反应、试剂与规则/黄培强主编．—2 版．—北京：化学工业出版社，2019.8（2022.4 重印）
ISBN 978-7-122-34403-8

Ⅰ．①有⋯　Ⅱ．①黄⋯　Ⅲ．①有机化学-化学反应　Ⅳ．①O621.25

中国版本图书馆 CIP 数据核字（2019）第 081207 号

责任编辑：李晓红　　　　　　　　　装帧设计：王晓宇
责任校对：王素芹

出版发行：化学工业出版社（北京市东城区青年湖南街 13 号　邮政编码 100011）
印　　装：北京虎彩文化传播有限公司
710mm×1000mm　1/16　印张 53¾　字数 1087 千字　2022 年 4 月北京第 2 版第 2 次印刷

购书咨询：010-64518888　　　　　　　售后服务：010-64518899
网　　址：http://www.cip.com.cn

凡购买本书，如有缺损质量问题，本社销售中心负责调换。

定　　价：238.00 元　　　　　　　　　　　　　　　　　版权所有　违者必究

前 言

《有机人名反应、试剂与规则》自二〇〇八年出版以来，至今已逾十年。十年来，有机化学的发展日新月异，药物研发也有了长足的进步与发展。因此，及时更新《有机人名反应、试剂与规则》的内容显得十分必要。

令人欣慰的是，十年来，《有机人名反应、试剂与规则》以其鲜明的特色得到来自高校和科研院所读者的厚爱。不曾预期的是，该书也在制药行业产生反响，并形成经济效益。热心读者的鼓励与热切期望也促使编者把第二版的编辑出版提上议程。

基于第一版确立的"坚持特色创新，面向华人读者"的编写原则与定位，形成了第二版的修订要点：更新提升、溯源纠错，关注中国创新，关注华人贡献，关注人名反应与试剂在制药业的应用。第二版共收入反应 266 个。其中，以华人命名的反应、试剂与配体 26 个，较第一版的 5 个有显著增加。另外，本版新增加了人名主导的索引条目，与目录按照反应类型分类相结合，可以从不同维度方便读者的检索需要。

我们希望通过对人名反应源头的追寻，对反应的发展与后续创新、拓展的梳理与总结，并通过在天然产物全合成和药物合成中应用的展示，让读者能在最短的时间内熟悉和理解有机人名反应、试剂、模型及规则这些"工具"，进而能够熟练地运用于有机化学和有机合成的学习与研究，运用于药物、农药合成以及天然产物全合成。

非常感谢国内外诸多先生、教授一如既往的大力支持，使得第二版的编辑出版得以顺利进行。尤其令人感动的是年逾九旬的戴立信先生亲自指导、参与有关条目的撰写，体现了老一辈科学家立足科学前沿，关注中国科学、中国创新，无私支持后辈的崇高情怀。特别感谢化学工业出版社责任编辑的专业指点与精心编排，这不但是第二版得以顺利付梓的重要保障，也为本书增辉添色。感谢高燕娇高工在编辑汇总过程中给予的诸多协助。最后，对于化学工业出版社领导的充分信任与大力支持，我们谨此致以崇高的敬意与谢忱！

黄培强

二〇一九年八月

第一版序

自然界之所以如此缤纷绚烂、千姿百态，在一定程度上得益于有机化学反应的多样性。有机化学反应包括了生物催化反应，有内涵之丰蕴、变异之多端及理论之精湛等特色，在参与人类的物质与精神文明世界中做出了积极的贡献。以发明者冠名的人名反应也许称得上是有机化学反应中的精华。有机人名反应不仅是直接将反应与发明人的殊荣联系起来，而且每一个反应都经过人们长期的深入研究，结合了相关的理论、有机试剂研究的发展等，不断地得到开拓创新与广泛应用，并在基础研究上得到升华，逐步构成一个独特的体系，可以说是探索出了一条简捷的路径。

研习有机人名反应，有助于启发人们的创新思维，在天然产物和药物的合成中融会贯通。正因为如此，厦门大学的黄培强教授会同国内的一批中青年学者，适时地编写了这本《有机人名反应、试剂与规则》。其内容无论在条理性、纵深性及广泛性上都有所涵盖，作出了可贵的努力和尝试。虽然在国际上已有多个版本的"有机人名反应"，但本书仍不失自己的风格及光泽。

相信本书的出版将有益于有机化学的研习者，尤其是从事有机合成和药物研发的工作者，并将成为他们的良师益友。我愿意向广大的读者推荐此书。

林国强
二〇〇七年十月廿日

第一版　前言

有机反应是有机合成的基石。许多重要有机反应是以其发现者命名的，这不但便于记忆，且具有纪念意义。近年国际上正式出版了多部有机人名反应的专著，说明学术界有较大的需求。但国内此类书却很少。随着国际制药公司把研发机构迁往中国大陆，以及我国制药业的不断发展，有机合成的人才需求旺盛，编写一本有机人名反应类图书显得非常必要。

编写此书的目的是为了体现一些理念，希望这些特色和创新能使读者受益。为此拟定如下编写思路。

首先，将读者对象定位于本科生、研究生、有机化学教师，从事有机合成和药物合成的化学与药物化学工作者。希望本书能成为本科生了解、理解重要有机反应并对有机合成产生兴趣的载体；能够为研究生及有机合成工作者提供有机人名反应的背景和发展现状，以及运用于有机合成特别是天然产物合成的示范。我们相信，对于有机合成工作者而言，有机反应是不可或缺的工具，然而，如何把它们运用于有机合成，却非仅仅知道这些反应和机理就能达到。

其次，在选材上，本书以有机人名反应为主，但不局限于此，其中还包含若干重要的有机人名试剂及有机人名规则。在有机人名反应和试剂方面，除了提供所述反应和试剂的原始文献外，还对其适用范围、特点进行精炼点评，并对其改进或改良方法进行跟踪。同时，为使本书更具参考价值和指导性，所提供的参考文献尽量包含在期刊上发表的综述和在《有机合成》系列出版物上发表的经过验证的合成方法。

在反应的选取范围上，严格而言，只有经典的反应才能成为公认的人名反应。然而，在有机化学学科快速发展的当代，新反应与新试剂层出不穷，它们的价值逐步被证明。因此，我们确定了兼收经典和现代反应、试剂的原则。

对于有机人名反应的数量，没有统一的说法。网上最新的《默克索引》（The Merck Index）中收入有机人名反应 707 个。虽然其中有重复者，不过也大体给予我们一个量的概念。由于篇幅所限，本书编选时兼顾了对基础有机化学（本科）有意义的反应、研究生和有机合成工作者可能感兴趣的反应以及有特殊理论和应用价值的反应，共 220 个。

鉴于目前国际上已有多本关于有机人名反应方面的图书，为更好地编写一本具有特色的书，编者一方面在编写原则上体现特色，另一方面则设想广邀国内优秀中青年专家参与撰写其中一个或几个反应，希望所介绍的反应最专业，也最具权威性。此外，编者认为，尽量客观地反映中国研究者在相关方面的贡献是必要的。因此，在这方面做了一些力所能及的努力。尽管由于时间等方面的限制，"广邀"的初衷未能完全如愿，有的
专家因时间等原因无法接受邀请，但这一工作还是得到许多活跃在科研第一线专家学者的大力支持。他们以极大的热情完成了他们所负责的撰写内容。感谢他们的积极支持与贡献，使这一工作能如期完成。

尽管编写者预定了较高的目标，然而，囿于学识和水平，预期的目标尚未能全部达到。特别是由于时间所限，书中的差错在所难免，敬请读者、同行不吝指正。

林国强院士在百忙之中为本书写序，谨此致以衷心的感谢！

对于本书的立项，感谢化学工业出版社给予的大力支持，同时感谢本书责任编辑给予宽松的编写环境，特别感谢他们用心、专业的分类与编辑加工！

厦门大学化学化工学院高燕娇同志和陈静威同志协助本书部分内容的录入、图式的绘制等工作，在此一并表示感谢。

对于在本书编写过程中曾给予支持和帮助的其他人士，编者谨此一并致以谢忱！

黄培强
二〇〇七年八月

目 录

第 1 篇
碳−碳单键形成反应

Alder-烯反应、金属烯反应和 Conia-烯反应 /2
Arndt-Eistert 同系化反应 /6
Barbier 反应 /9
Baylis-Hillman 反应 /12
Blaise 反应 /16
Blanc 氯甲基化反应 /17
Cadiot-Chodkiewicz 偶联反应 /19
Castro-Stephens 偶联反应 /22
Claisen 缩合反应 /25
Dakin-West 反应 /29
Eglinton 偶联反应 /31
Evans 不对称羟醛加成反应 /32
Friedel-Crafts 反应 /35
Fukuyama 偶联反应 /40
Glaser 偶联反应和 Glaser-Hay 偶联反应 /43
Grignard 试剂 /45
Heck 反应 /49
Henry 反应 /55
Hiyama 偶联反应 /57
Kolbe 电合成反应 /62
Krische-涂永强醇 α-烃基化反应 /63
Kumada-Corriu 偶联反应 /69
李朝军偶联反应 /73
Liebeskind 偶联反应和 Liebeskind-Srogl 偶联反应 /76
Mander 试剂 /79
Michael 加成 /80
Mukaiyama-Michael 加成反应 /82
Mukaiyama 羟醛反应 /85
Negishi 偶联反应 /89
Nicholas 反应 /99
Nozaki-Hiyama 反应和 Nozaki-Hiyama-Takai-Kishi 反应 /103
Prins 反应 /108
Reformatsky 反应 /112
Reimer-Tiemann 反应 /116
Sakurai 反应和 Hosomi-Sakurai 反应 /117
Sonogashira 偶联反应 /122
Stetter 反应 /127
Stevens 重排反应 /131
Stille 偶联反应 /135

Stork 烯胺反应	/138	Vilsmeier-Haack 试剂和	
Strecker 反应	/143	Vilsmeier-Haack 甲酰化反应	/156
Suzuki-Miyaura 交叉偶联反应	/148	Weinreb 酮合成法	/160
Ullmann 偶联反应	/153	Wenkert 偶联反应	/165

第 2 篇
碳–碳双键和碳–碳三键形成反应

Bamford-Stevens 反应	/168	Knoevenagel 缩合	/212
Burgess 试剂	/170	陆熙炎-Trost-Inoue 反应	/216
Chugaev 黄原酸酯热分解反应	/174	Martin 试剂	/219
Cope 消除反应和逆 Cope 消除反应	/176	麻生明末端炔不对称联烯化	/222
Corey-Fuchs 反应	/179	McMurry 还原偶联反应	/226
Corey-Winter 反应	/181	Nysted 试剂	/231
Doebner-Knoevenagel 缩合反应	/183	Peterson 烯烃化反应	/233
Eschenmoser 缩硫反应	/184	Ramberg-Bäcklund 反应	/237
Fujimoto-Belleau 反应	/187	Seyferth-Gilbert 反应	
Grubbs 反应	/189	（Seyferth 增碳法）	/242
Hofmann 消除反应	/195	Shapiro 反应	/246
Horner-Wadsworth-Emmons 反应、		Stobbe 缩合	/249
Still-Horner 烯化条件和 Masamune-Roush		Tebbe 试剂和 Tebbe-Petasis 烯烃化	/251
条件	/199	Thorpe 反应、Thorpe-Ziegler 反应和	
Horner-Wittig 反应	/202	Guareschi-Thorpe 反应	/255
Julia 烯烃合成法	/206	Wittig 反应、Stork-赵康-Wittig	
改良的 Julia 烯烃合成法和		碘烯烃化、赵康-Wittig 碘烯烃化和	
Julia-Kociensky 烯烃合成法	/208	Schlosser-Wittig 反应	/259

第 3 篇
碳–杂原子键（包括杂原子–杂原子键）形成反应

Appel-Lee 反应	/266	Eschweiler-Clarke 反应	/283
Buchwald-Hartwig 交叉偶联反应	/269	Hell-Volhard-Zelinsky 反应	/285
Castro 偶联试剂：BOP 和 PyBOP	/272	Hunsdiecker 反应	/288
Chan-Lam 偶联反应	/275	Kochi 反应	/291
Delépine 反应	/277	Lawesson's 试剂	/292
DEPBT（叶蕴华偶联试剂）	/278	Leuckart 反应和 Leuckart-Wallach	

反应	/294	Ritter 反应	/311
Merrifield 固相多肽合成	/296	Staudinger 反应	/315
Mitsunobu 反应	/299	Steglich 酯化法和 Keck 改良法	/317
Miyaura 硼化反应	/303	Ullmann 缩合反应	/321
Nef 反应	/306	Ullmann-马大为反应	/324
Petasis 反应	/308	Yamaguchi 酯化法	/332

第 4 篇
氧化反应

Baeyer-Villiger 氧化	/338	Parikh-Doering 氧化	/376
Barton 反应	/343	Prévost 反应和 Woodward 双羟基化反应	/379
Collins 氧化	/344		
Corey-Kim 氧化	/346	Rubottom 氧化	/383
Criegee 邻二醇氧化裂解	/348	Sarett 氧化	/385
Dakin 反应	/350	Sharpless 不对称环氧化反应	/386
Davis 试剂	/352	Sharpless 不对称环氧化反应的周维善改良法	/390
Dess-Martin 氧化	/354		
Fétizon 试剂和 Fétizon 氧化	/357	Sharpless 不对称邻氨基羟基化反应	/394
Jones 试剂和 Jones 氧化	/360	Sharpless 不对称邻二羟基化反应	/398
Kornblum 氧化	/362	史一安不对称环氧化反应	/403
麻生明氧化	/366	Swern 氧化	/409
Moffatt 氧化	/370	Tamao(-Kumada)-Fleming 氧化	/412
Oppenauer 氧化	/373	Wacker 氧化和 Wacker-Tsuji 氧化	/415

第 5 篇
还原反应

Barton-McCombie 去氧反应	/420	Luche 还原	/447
Birch 还原	/423	Meerwein-Ponndorf-Verley 还原	/450
Bouveault-Blanc 还原	/425	Noyori 氢化催化剂	/453
Brown 硼氢化反应	/427	Raney Ni	/461
Clemmensen 还原	/436	Rosenmund 还原	/464
Corey-Bakshi-Shibata 还原反应	/438	Wilkinson 催化剂	/466
Fukuyama 还原	/441	Wolff-Kishner 还原	/469
Kagan 试剂	/443	黄鸣龙还原	/472

张绪穆手性工具箱 /474

第 6 篇
环化反应

Bergman 环化反应	/480	反应	/532
Biginelli 反应	/487	Hantzsch 反应	/536
Bischler-Napieralski 反应	/490	Hofmann-Löffler-Freytag 反应	/540
Brassard 双烯	/494	Kulinkovich 反应和	
Bucherer-Bergs 反应	/498	Kulinkovich-de Meijere 反应	/542
陈德恒双烯	/499	陆熙炎 [3+2] 环加成反应	/544
Corey-Chaykovsky 反应	/501	Nazarov 环化反应	/547
Danishefsky 双烯	/503	Norrish-杨念祖环化反应	/551
Darzens 缩合	/507	Paal-Knorr 呋喃/吡咯合成	/554
Dieckmann 缩合	/512	Parham 环化反应	/559
Diels-Alder 反应	/515	Paternò-Büchi 环化反应	/561
Feist-Bénary 反应及"中断"的		Pauson-Khand 反应	/564
Feist-Bénary 反应	/522	Pechmann 缩合	/568
Ferrier 重排	/524	Pictet-Spengler 环化反应	/570
Fischer 吲哚合成	/526	Robinson 环化反应	/573
Friedländer 喹啉合成	/529	Robinson-Schöpf 反应	/576
Hajos-Parrish-Eder-Sauer-Wiechert		Weiss 反应	/578

第 7 篇
重排反应

Achmatowicz 重排和氮杂		Ireland-Claisen 重排	/607
Achmatowicz 重排	/582	Cope 重排	/612
Baker-Venkataraman 重排	/588	Curtius 重排	/614
Beckmann 重排	/591	Demjanov 重排	/617
Brook 重排和逆 Brook 重排	/595	Favorskii 重排	/619
Carroll-Claisen 重排	/597	Fries 重排	/624
陈德恒重排	/601	Fritsch-Buttenberg-Wiechell 重排	/626
Claisen 重排	/603	Hofmann 重排	/628
Eschenmoser-Claisen 重排、		Jocic 反应和 Corey-Link 反应	/631
Johnson-Claisen 重排和		Lossen 重排	/634

McLafferty 重排	/636	Polonovski-Potier 反应	/659
Meyer-Schuster 重排和 Meyer-Schuster-Vieregge 重排	/638	Pummerer 重排	/663
		Rupe 重排	/666
Mislow-Evans 重排	/643	Schmidt 反应	/668
Neber 重排	/645	Tishchenko 反应	/673
Overman 重排	/647	Wagner-Meerwein 重排	/677
Payne 重排	/651	1,2-Wittig 重排	/679
Petasis-Ferrier 重排	/654	2,3-Wittig 重排	/682
Polonovski 反应	/657	Wolff 重排	/685

第 8 篇
规则和模型

Baldwin 环化规则	/690	Markovnikov 规则	/708
Bürgi-Dunitz 轨道	/694	Mosher 法	/712
Cotton 效应	/696	NOE (核 Overhauser 效应)	/714
Cram 模型和 Felkin-Anh 模型	/702	Stork-Eschenmoser 假说	/719
Curtin-Hammett 原理	/703	Thorpe-Ingold 效应	/724
Fürst-Plattner 规则	/706	Zimmerman-Traxler 过渡态	/729

第 9 篇
其它类型的反应和试剂

Bordwell-程津培均裂能方程	/734	Krapcho 脱烷氧羰基反应	/778
Cannizzaro 反应	/736	Lieben 反应 (卤仿反应)	/781
陈庆云试剂	/739	Mannich 反应和 Mannich-Eschenmoser 亚甲基化反应	/783
程津培 *i* BonD 键能数据库	/746		
丁奎岭手性螺缩酮双膦配体 (SKP)	/748	Passerini 反应	/787
Eschenmoser-Tanabe 碎裂化反应	/756	Sondheimer-黄乃正二炔	/792
冯小明手性氮氧配体	/759	Suarez 裂解反应	/799
Grob 碎裂化反应	/762	Ugi 反应	/801
Haller-Bauer 反应	/772	周其林手性螺环配体	/808
黄维垣脱卤亚磺化反应	/774	祝介平三组分反应	/829

主题词索引（英文人名） /837
主题词索引（中文人名） /842

第 1 篇

碳-碳单键形成反应

Alder-烯反应、金属烯反应和 Conia-烯反应

（1）Alder-烯反应 (Alder-Ene reaction)

Alder (阿尔德)-烯反应指烯丙型化合物与亲双烯体在热或 Lewis 酸催化下反应,生成氢和烯丙基对亲双烯体的加成产物 (式 1)[1-3]。该反应类似于 Diels-Alder 反应,均涉及六电子反应,但反应机理既可能是协同的周环反应[4],也可能是分步反应[5]。协同的 Alder-烯反应涉及氢原子和烯丙基自由基的 HOMO 与亲双烯体 LUMO 间的相互作用 (图 1)。

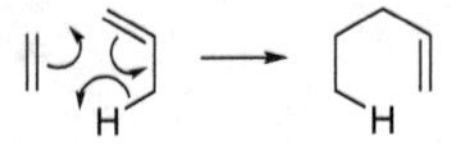

$$\text{(1)}$$

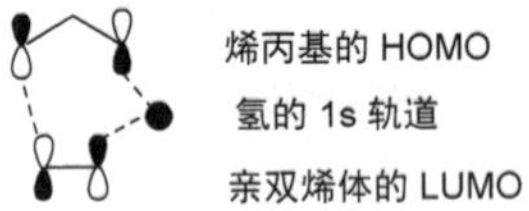

图 1 协同的 Alder-烯反应机理

对于非催化反应,需用活泼亲双烯体,如马来酸酐。当亲双烯体为醛、酮、亚胺、亚硝胺[6]时,分别称为羰基烯反应、亚胺烯反应和亚硝胺烯反应,产物分别为 β-羟基、β-氨基或 α-羟氨基烯烃。除了传统的 Lewis 酸外,$Sc(OTf)_3$ (式 2)[7]和 $Yb(OTf)_3$/TMSCl 体系 (式 3)[8]也可有效地催化反应。

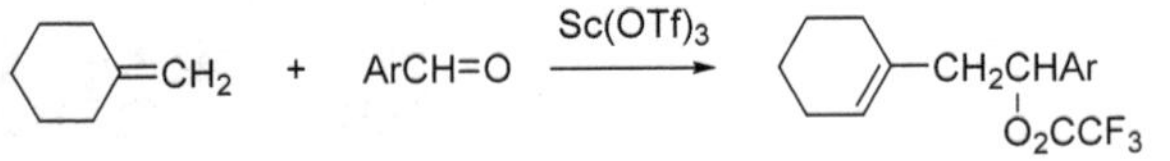

$$\text{(2)}$$

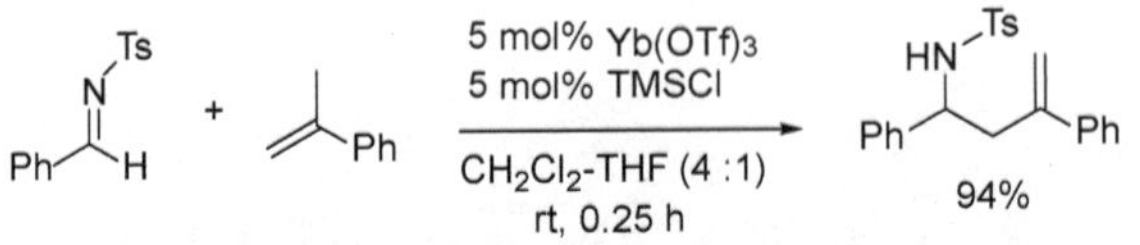

$$\text{(3)}$$

多种 Lewis 酸与手性配体组成的催化剂可催化乙醛酸酯及其衍生物的不对称烯反应,产物为具有光学活性的 α-羟基酯或 α-羟基酰胺 (式 4)[9,10]。

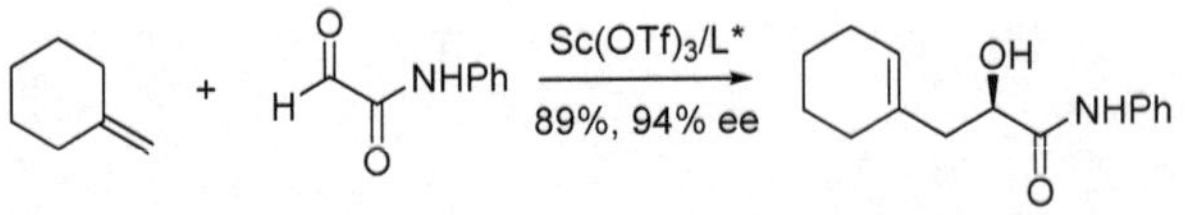

$$\text{(4)}$$

Alder-烯反应在天然产物合成中获得广泛应用。周维善小组通过溴化锌催化香茅醛 (1) 底物诱导的不对称分子内烯反应,高立体选择性地构建了青蒿素环己烷的片段 (2) 的立体化学,进而完成了青蒿素 (3) 的全合成 (式 5)[11]。

张绪穆小组通过发展铑催化不对称 Alder-烯反应,建立了合成二取代 γ-丁内酯的不对称合成方法,从而完成了天然产物 (+)-pilocarpine (4) 形式全合成 (式 6)[12]。

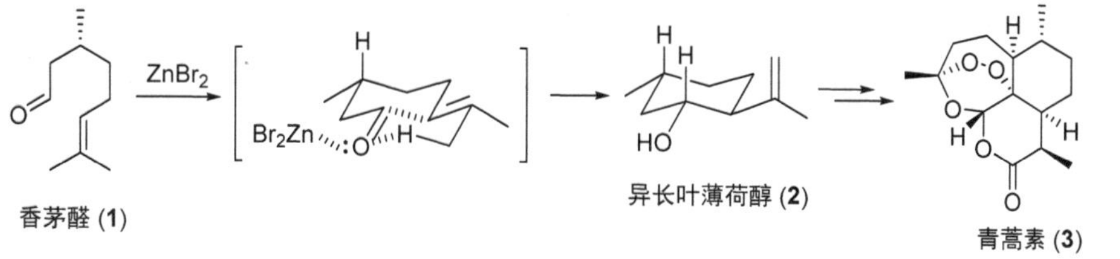

分子内 Alder-烯反应被 Tietze 用于反-十氢化萘环系的构筑，由此完成了 cadinane 类倍半萜 veticadinol (**5**) 的对映选择性合成 (式 7)[13]。

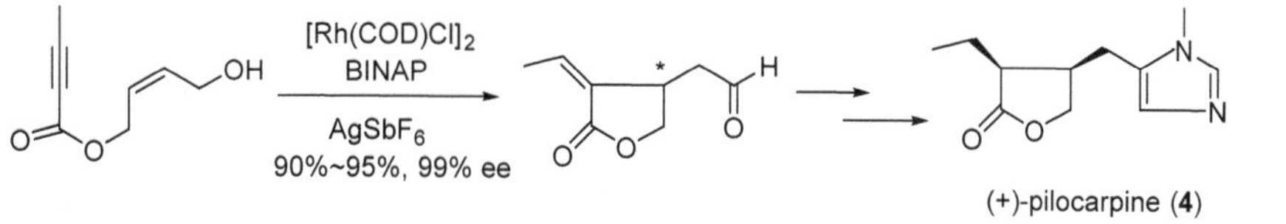

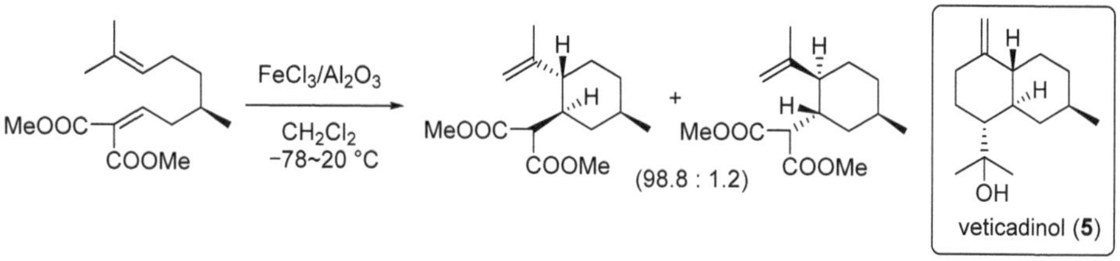

Kraus 报道了通过串联 Diels-Alder 反应/Alder-烯反应立体选择性构建双环和三环体系的方法 (式 8)[14]。

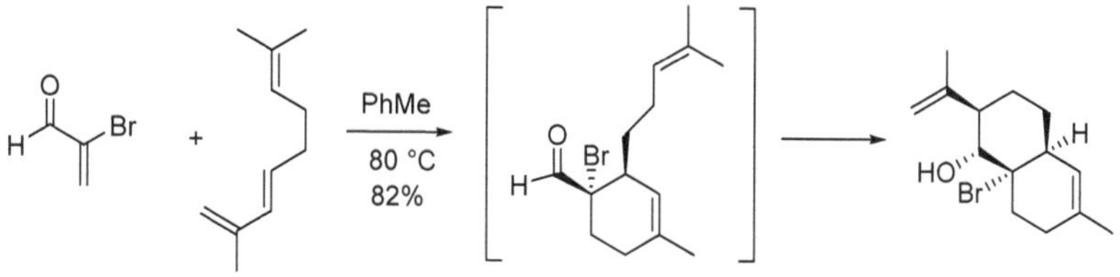

在复杂天然产物 okaramine N 的全合成中，Corey 巧妙地利用 Alder-烯反应的可逆性，用于化合物 **6** 吲哚环 3 位的保护 (式 9)[15]。

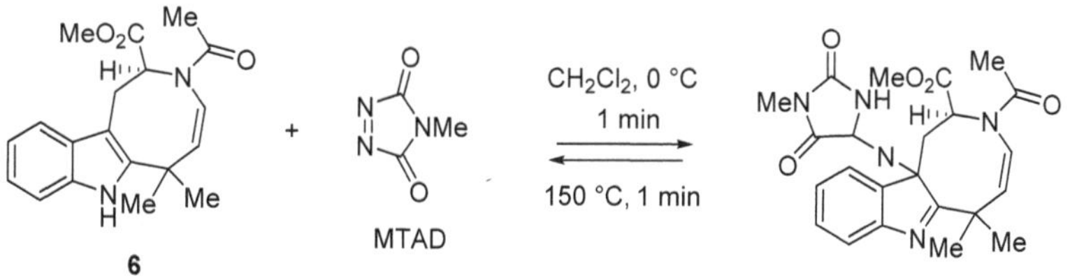

Danheiser 小组发展了一种高效的以氮甲基顺丁烯酰亚胺为亲双烯体的 [2+2+2] 成环策略，并将其应用于 Alder-烯反应中 (式 10)[16]。

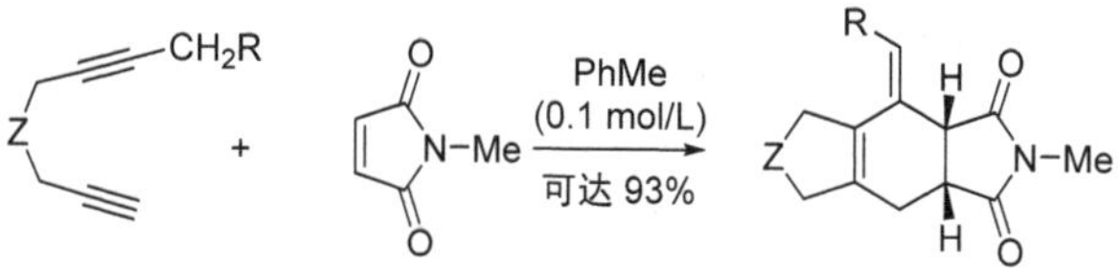

近期，Willis 小组报道了通过 Pd 催化的以炔为亲双烯体的分子内 Alder-烯反应构建 hamayne (**7**) 的核心骨架以及环外烯炔，进而完成了天然产物的全合成 (式 11)[17]。

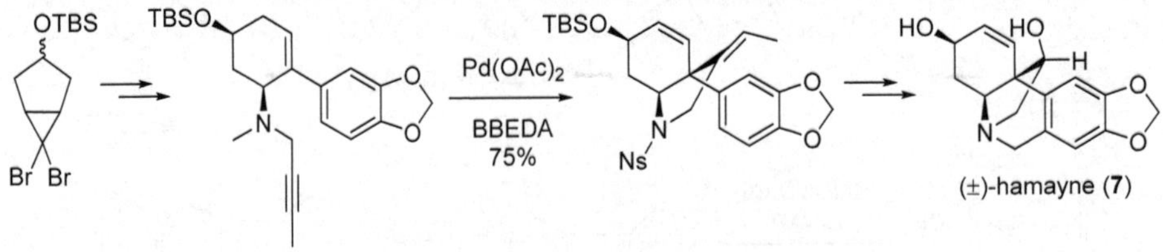

$$\text{(11)}$$

（2）金属烯反应 (metallo-Ene reaction)

Oppolzer 小组系统地研究了分子内金属烯反应 (烯丙基格氏试剂对烯烃的加成)，建立了合成环状化合物的有效方法 (式 12、式 13)[18]。应用这一方法学，完成了 (±)-khusimone (**8**) 等天然产物的短便全合成路线 (式 14)[19]。此类反应可在有机-水两相中进行[20]。

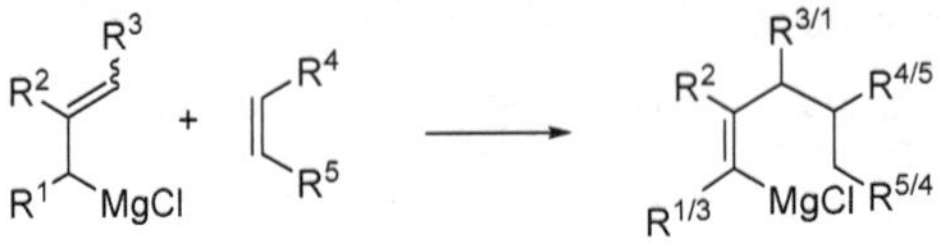

$$\text{(12)}$$

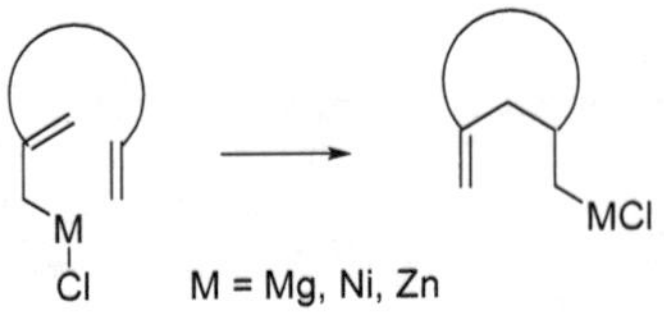

$$\text{M = Mg, Ni, Zn} \quad \text{(13)}$$

$$\text{(±)-khusimone (8)} \quad \text{(14)}$$

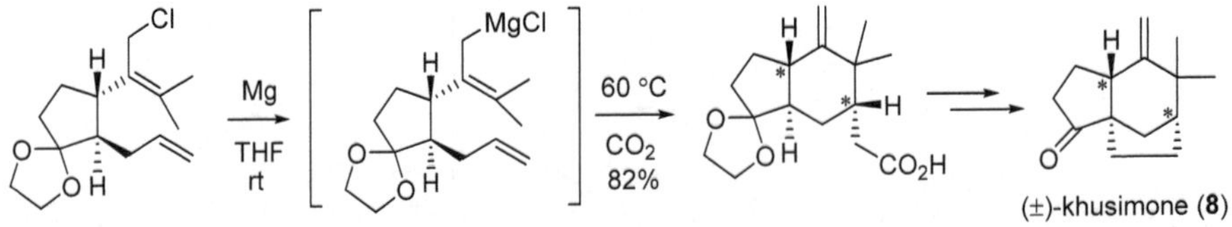

（3）Conia-烯反应 (Conia-Ene reaction)[21]

烯 (炔) 酮在加热下发生酮的 α-碳向烯/炔键进行分子内加成，形成酰基环状化合物 (式 15)[22]。反应一般需要在 >300 ℃ 下进行，但金属催化的反应可在温和条件下进行 (式 16)[23]。

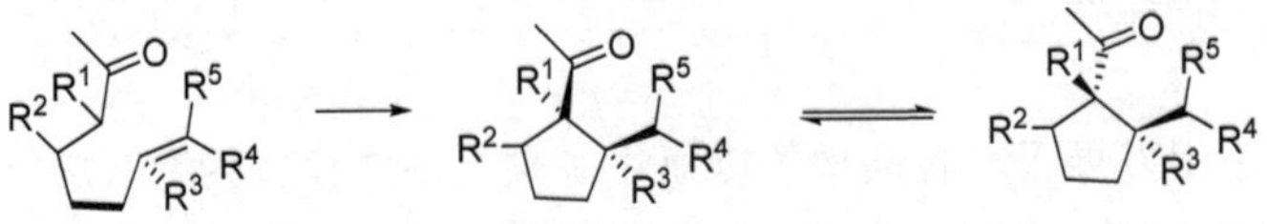

$$\text{(15)}$$

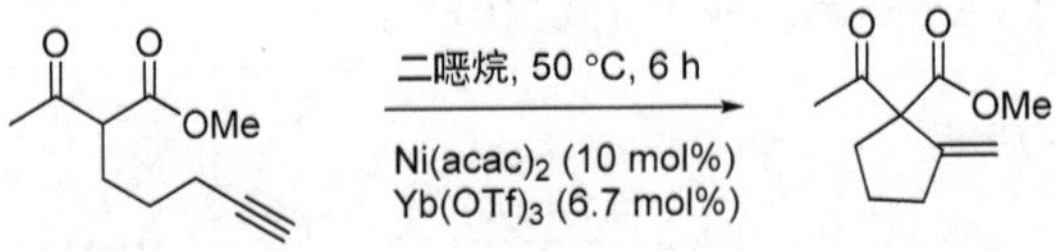

二噁烷, 50 ℃, 6 h
Ni(acac)$_2$ (10 mol%)
Yb(OTf)$_3$ (6.7 mol%)

$$\text{(16)}$$

近年来，Enders 小组发展了银催化的不对称 Conia (科尼亚)-烯反应，具有高对映选择性和宽底物的普适性 (式 17)[24]。

$$\text{(17)}$$

最近，Trauner 小组发展了叔丁醇作碱促进分子内的 Conia-烯反应，以及在生物碱 lycoposerramine R (**9**) 的不对称全合成中的应用 (式 18)[25]。

$$\text{(18)}$$

lycoposerramine R (**9**)

参 考 文 献

[1] Alder, K.; Schumacher, M. *Fortschr. Chem. Org. Naturstoffe* **1953**, *10*, 1

[2] (a) Taber, D. F. In *Intramolecular Diels-Alder and Alder-Ene Rections*; Springer-Verlag: Berlin, **1984**, *61*. (b) *Comt. Org. Synth.* **1991**, *5*, 1. (c) Mikami, K.; Shimizu, M. *Chem. Rev.* 1992, 92, 1021-1050. (综述)

[3] Knochel, P.; Molander, G. *Compreh. Org. Synth.* **2014**, *5*, 1-65. (综述)

[4] Lu, X. *Org. Lett.* **2004**, *6*, 2813-2815.

[5] Yu, Z. X.; Houk, K. N. *J. Am. Chem. Soc.* **2003**, *125*, 13825-13830.

[6] Adam, W.; Krebs, O. *Chem. Rev.* **2003**, *103*, 4131-4146.(综述)

[7] Aggarawal, V. K.; Vennall, G. P.; Davey, P. N.; Newman, C. *Tetrahedron Lett.* **1998**, *39*, 1997-2000.

[8] Yamanaka, M.; Nishida, A.; Nakagawa, M. *Org. Lett.* **2000**, *2*, 159-161.

[9] (a) Mikami, K.; Terada, M.; Narisawa, S.; Nakai, T. *Org. Synth.* **1993**, *71*, 14; *Coll. Vol.* **1998**, *9*, 596. (b) Hao, J.; Hatano, M.; Mikami, K. *Org. Lett.* **2000**, *2*, 4059-4062.

[10] Evans, D. A.; Wu, J. *J. Am. Chem. Soc.* **2005**, *127*, 8006-8007.

[11] Zhou, W. S.; Xu, X. X. *Acc. Chem. Res.* **1994**, *27*, 211-216.

[12] Lei, A. W.; He, M. S.; Zhang, X. M. *J. Am. Chem. Soc.* **2002**, *124*, 8198-8199.

[13] Tietze, L. F.; Beifuss, U. *Org. Synth.* **1993**, *71*, 167; *Coll. Vol.* **1998**, *9*, 310.

[14] Kraus, G. A.; Kim, J. N. *Org. Lett.* **2004**, *6*, 3115-3117.

[15] Baran, P. S.; Guerrero, C. A.; Corey, E. J. *J. Am. Chem. Soc.* **2003**, *125*, 5628-5629.

[16] Robinson, J. M.; Danheiser, R. L. *J. Am. Chem. Soc.* **2010**, *132*, 11039-11041.

[17] Petit, L.; Willis, A. C. *Org. Lett.* **2011**, *13*, 5800-5803.

[18] Oppolzer, W.; Pitteloud, R.; Strauss, H. F. *J. Am. Chem. Soc.* **1982**, *104*, 6476-6477.
[19] Oppolzer, W.; Pitteloud, R. *J. Am. Chem. Soc.* **1982**, *104*, 6478-6479.
[20] Michelet, V.; Galland, J. C.; Charruault, L.; Savignac, M.; Genêt, J. P. *Org. Lett.* **2001**, *3*, 2065-2067.
[21] Hack, D.; Enders, D. *Chem. Soc. Rev.* **2015**, *44*, 6059-6093. (综述)
[22] Conia, J. M.; Le, P. P. *Synthesis* **1975**, 1-19. (综述)
[23] Gao, Q.; Zheng, B. F.; Li, J. H.; Yang, D. *Org. Lett.* **2005**, *7*, 2185-2188.
[24] Hack, D.; Enders, D. *Angew. Chem. Int. Ed.* **2016**, *55*, 1797-1800.
[25] Felix, W.; Trauner, D. *Angew. Chem. Int. Ed.* **2017**, *56*, 893-896.

相关反应：Diels-Alder 反应；Prins 反应

（黄培强，何倩）

Arndt-Eistert 同系化反应

Arndt-Eistert (阿恩特-艾斯特尔特) 反应是羧酸的同系化 (增加一个 CH_2) 反应，是非常有用的增长羧酸碳链的合成方法 (式 1)[1]，故也称为 Arndt-Eistert 同系化反应。这个方法涉及三步反应，第一步是使酸转化为相应的酰氯，第二步涉及中间体 α-重氮甲基酮的生成，接下来第三步进行 Wolff 重排。Wolff 重排可在氧化银/水体系或苯甲酸银/三乙胺体系下进行，一般产率较好 (50%~80%)[2]。

$$R-COOH \xrightarrow[-SO_2, -HCl]{SOCl_2} R-COCl \xrightarrow[-CH_3Cl, -N_2]{CH_2N_2 \text{ (2 equiv)}} R-CO-CHN_2 \xrightarrow[-N_2]{Ag_2O, H_2O} R-CH_2-COOH \quad (1)$$

如果用醇 (ROH) 或胺 (RNHR′) 替换水，则生成相应的同系化酯或酰胺。其它金属 (如钯、铜) 也能催化重氮酮的分解。一个可替换的方法是不使用催化剂，而直接将重氮酮于亲核溶剂 (如 H_2O、ROH、RNH_2) 中加热或光照。

反应机理 (图 1)：Arndt-Eistert 反应的第一步是羧酸和亚硫酰氯反应得到酰氯，伴随有副产物 HCl 的生成。这样，重氮甲烷需要加入两分子，一分子和 HCl 反应得到一氯甲烷和氮气，另一分子才和酰氯反应得到中间产物 α-重氮甲基酮。催化剂在这个反应中的作用还不是很清楚。α-重氮甲基酮存在有两种构型，s-(E)-型和 s-(Z)-构型，二者可通过中间 C-C 单键旋转而相互转化。Wolff 重排优先发生于 s-(Z)-构型。随着失去一分子氮气，重氮酮分解为卡宾。卡宾通过 [1,2] 迁移转化为乙烯酮，最后受亲核试剂进攻，生成相应的同系化羧酸衍生物[2-4]。

该反应适用范围较广，可耐受广泛的非质子化官能基团，例如烷基、芳基和双键等。质子化的官能基团能和重氮甲烷或重氮酮反应，因而不适用于该反应。

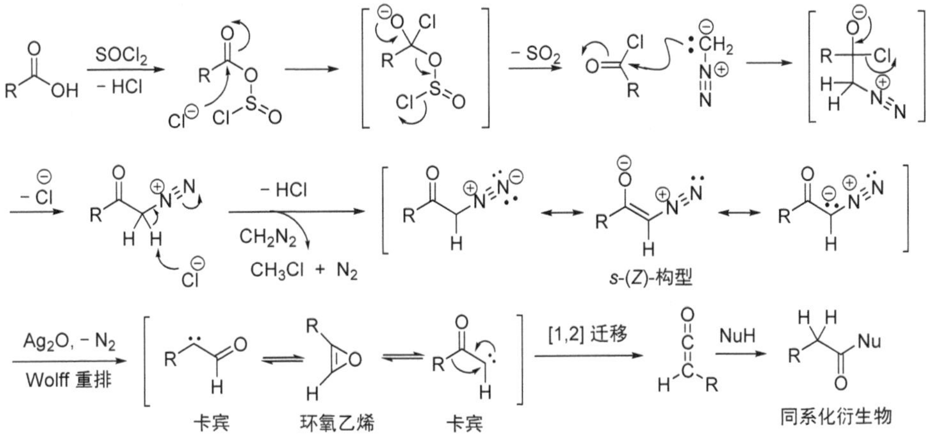

图 1 Arndt-Eistert 反应的机理

β-氨基酸的低聚物不同于 α-多肽，无论在溶液中还是固态都展示出相当好的折叠成明确二级结构的能力。β-氨基酸砌块可用 α-氨基酸通过 Arndt-Eistert 反应来合成 (式 2)[5]。

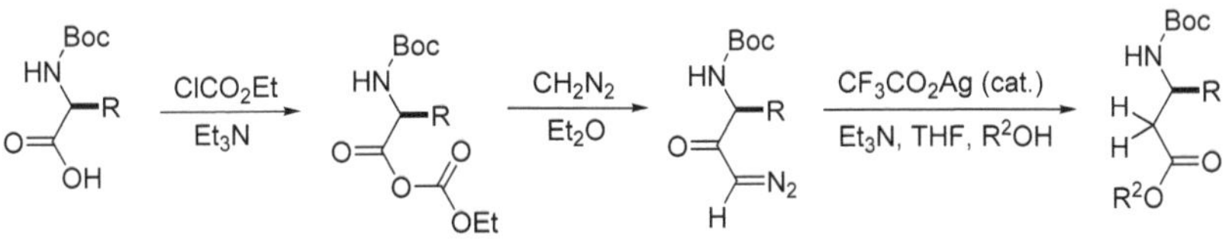

Nicolaou 在合成一个 CP 分子时，用 Arndt-Eistert 反应对一个有空间位阻的羧酸进行了同系化 (式 3)。由于该中间体不很稳定，重氮酮的制备是通过甲磺酰氯而非亚硫酰氯。重氮酮随即溶解在含有过量 Ag_2O 的 $DMF-H_2O$ (2:1) 中加热至 120 °C，仅 1 min 就以 35% 的产率得到同系化的羧酸[6]。

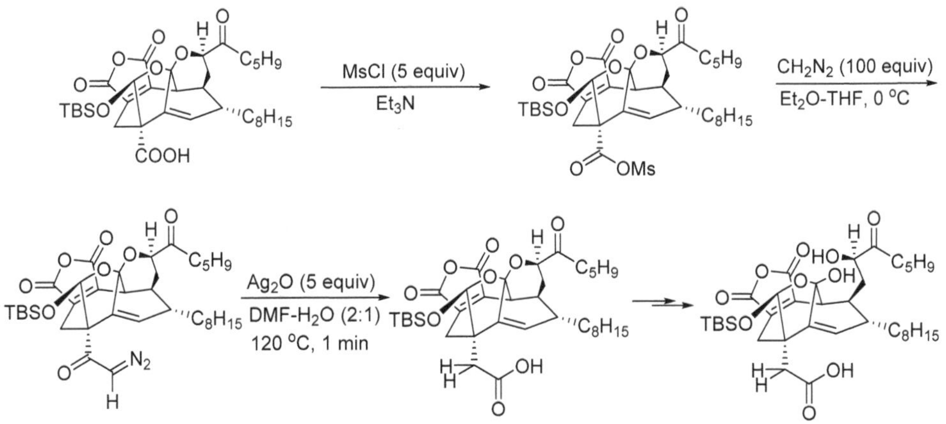

1996 年，Montero 对 Arndt-Eistert 同系化反应进行了改进 (式 4)。他采用超声波来促进反应的进行，得到了较好的结果，使反应时间缩短到几分钟，反应温度降至室温[7]。

其它改进见文献[8-11]。

$$PhCOOH \xrightarrow[2.\ CH_2N_2\ /\ Et_2O]{1.\ SOCl_2} Ph\text{-}CO\text{-}CHN_2 \xrightarrow[CH_3OH,\ 超声波]{PhCOOAg\ /\ Et_3N} PhCH_2COOMe \quad (4)$$

	产率/%	T/°C	t/min
超声波	92	rt	2
加热	88	65	120

2010 年，Pace 等在进行重氮酮的制备上对 Arndt-Eistert 反应进行了改进，反应从酰氯开始，加入当量的氧化钙，用于吸收反应产生的卤化氢。对于一些特定基团，底物几乎完全转化为 α-重氮甲基酮 (式 5)[12]。

$$RCOX \xrightarrow[Et_2O]{CH_2N_2\ (1\ equiv)\ \ CaO\ (1.1\ equiv)} RCOCHN_2 \quad 87\%\sim100\% \quad (5)$$

R = Pr, PhO(CH$_2$)$_2$, ClCO(CH$_2$)$_5$, BnOCH$_2$, Bn, PhthCH$_2$, EtOCOCH$_2$, Ph, 4-MeOC$_6$H$_4$

2016 年，Coquerel 等在对一个有空间位阻的羧酸进行 Arndt-Eistert 同系化时，在制备重氮酮的步骤中，采用三甲基硅基重氮甲烷代替重氮甲烷 (式 6)。三甲基硅烷化重氮甲烷是液体，操作方便，安全稳定。反应在室温下进行，产率较好[13]。

(6) 式：1. (COCl)$_2$；2. TMSCHN$_2$, THF/MeCN, 10 h；然后 PhCOOAg / Et$_3$N，1,4-二噁烷 / H$_2$O，72%

Arndt-Eistert 同系化反应也有一些缺点，如果直接使用活性更高的重氮甲烷，需要制备重氮甲烷的乙醚溶液，操作不方便；如果使用三甲基硅烷化重氮甲烷，则反应活性降低，反应时间变长。如果想进一步提高产率，通常还要把中间体 α-重氮甲基酮分离纯化，并且要用新制的苯甲酸银，这些都增加了操作难度。但就目前的合成方法，Arndt-Eistert 同系化反应仍非常实用，尤其是进行位阻较大的三级羧酸的同系化。

参 考 文 献

[1] Arndt, F.; Eistert, B. *Ber.* **1935**, *68B*, 200-208.
[2] Kimse, W. *Eur. J. Org. Chem.* **2002**, 2193-2256.
[3] Bachmann, W. E.; Struve, W. S. *Org. React.* **1942**, *1*, 38-62.
[4] Huggett, C.; Amold, R. T.; Taylor, T. I. *J. Am. Chem. Soc.* **1942**, *64*, 3043.
[5] Gademann, K.; Ernst, M.; Hoyer, D.; Seebach, D. *Angew. Chem. Int. Ed. Engl.* **1999**, *38*, 1223-1226.
[6] Nicolaou, K. C.; Baran, P. S.; Zhong, Y. -L.; Choi, H.-S.; Yoon, W. H.; He, Y.; Fong, K. C. *Angew. Chem. Int. Ed. Engl.* **1999**, *38*, 1669-1675.
[7] Winum, J. -Y.; Kamal, M.; Leydet, A.; Roue, J. -P.; Montero, I. -L. *Tetrahedron Lett.* **1996**, *37*, 1781-1782.
[8] Katritzky, A. R.; Zhang, S.; Fang, Y. *Org. Lett.* **2000**, *2*, 3789-3791.

[9] Vasanthakumar, G. R.; Patil, B. S.; Suresh Babu. V. V. *J. Chem. Soc., Perkin Trans. 1* **2002**, 2087-2089.
[10] Vasanthakumar, G. R.; Babu, V. V. S. *J. Pept. Res.* **2003**, *61*, 230-236.
[11] Vasanthakumar, G. R.; Babu, V. V. S. *Indian J. Chem. Sect. B* **2003**, *42B*, 1691-1695.
[12] Pace, V.; Verniest, G.; Sinisterra, J.-V.; Alcántara, A. R.; Kimpe, N. D. *J. Org. Chem.* **2010**, *75*, 5760-5763.
[13] Ren, Y.; Presset, M.; Godemert, J.; Vanthuyne, N.; Naubron, J.-V.; Giorgi, M.; Rodriguez, J.; Coquerel, Y. *Chem. Commun.* **2016**, *52*, 6565-6568.

（孙北奇，莫凡洋，王剑波）

Barbier 反应

在羰基化合物 (醛或酮) 等亲电试剂存在下，卤代烃与金属反应现场生成有机金属试剂，并与体系中的羰基化合物 (醛或酮) 反应，生成高烯丙醇 (二级或三级醇) (式 1)[1,2]。在 Barbier (巴比耶) 反应中，有机金属中间体的形成和随后的亲核加成反应在同一体系中一步完成。当羰基化合物为醛时，反应通常进行得较好。

$$R^1X + R^2\overset{O}{\underset{}{\text{C}}}R^3 \xrightarrow{M} \underset{R^2}{\overset{R^1}{\text{C}}}\overset{OH}{\underset{R^3}{}} \tag{1}$$

其中，X 为 Br，Cl，I；R^1 通常为烯丙基，烷基等；M 是金属；R^2 和 R^3 可分别是氢原子，烷基，烯丙基，芳基等。该类反应对空间位阻比较敏感，当 R^2 和 R^3 同时为芳基时，反应通常很难进行。

参与反应的金属是反应的促进剂而不是催化剂，通常需要化学计量以上。能促进这类反应的金属很广，几乎所有的主簇金属和一些过渡金属 (Zn、Cd、Mn、Cu、Fe、Co、Ni、Cr、Ti、Mo 等) 及一些镧系金属 (Ce、La、Sm、Yb 等) 都可以作为反应的促进剂。这些金属都是插入 C–X 键生成有机金属化合物来促进反应的，因而该类反应也能被很多 Lewis 酸所促进，如被锌促进 (式 2)。

$$\text{环己酮} + \diagup\!\!\!\diagdown\text{Br} \xrightarrow[\text{rt, 30 min}]{\text{Zn, DMF}} \text{产物 99\%} \tag{2}$$

Barbier 反应也可以分子内方式进行 (式 3 和式 4)。

$$\tag{3}$$

$$\tag{4}$$

Barbier 反应中的金属有机化合物也能被某些元素有机化合物所替代。烯丙基硅化物、烯丙基硫化物、烯丙基硼化物等都可用于 Barbier 反应。反应溶剂通常是乙醚、四氢呋喃、N,N-二甲基甲酰胺、醇和二氯甲烷等。式 5 是金属铟促进的 Barbier 反应实例[3]。

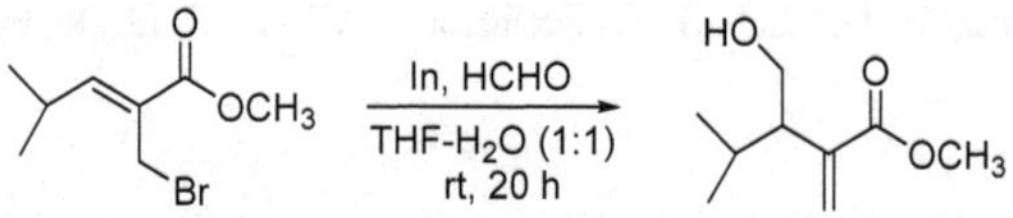

$$\text{(5)}$$

除了金属外，二碘化钐作为单电子还原剂也可引发 Barbier 反应 (式 6)[4]。

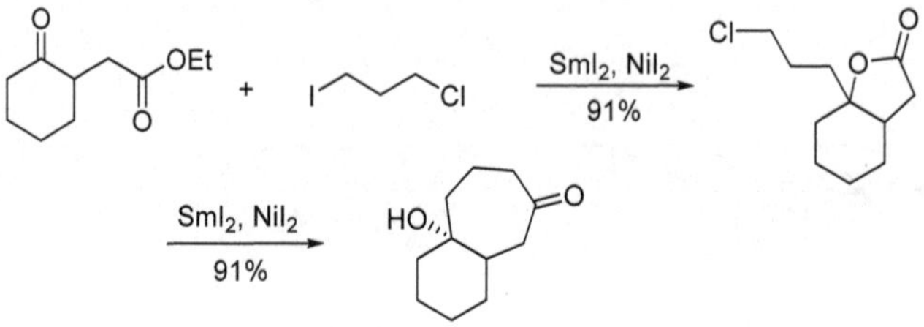

$$\text{(6)}$$

来自牡丹花的芍药苷类化合物，其具有镇静、抗凝固、消炎、调节神经肌活性等功能。同时对于治疗湿疹、痛经和疱疹等疾病具有较好疗效。其全合成的关键合成步骤是通过 Barbier 反应完成的 (式 7)[5]。

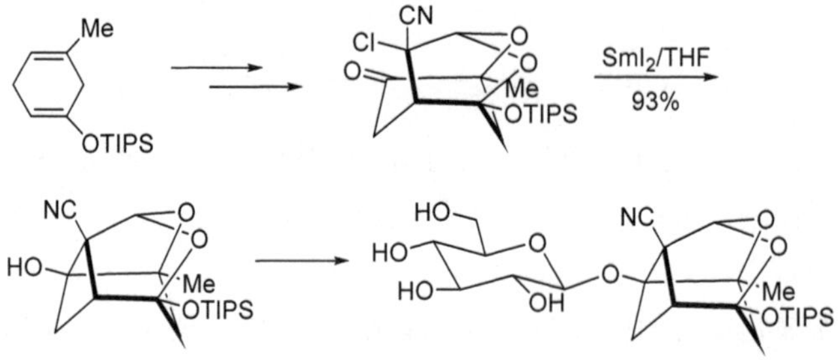

$$\text{(7)}$$

随着环境友好合成和绿色化学的发展，水相 Barbier 反应成为绿色合成方法的研究热点之一 (式 8)[6]。

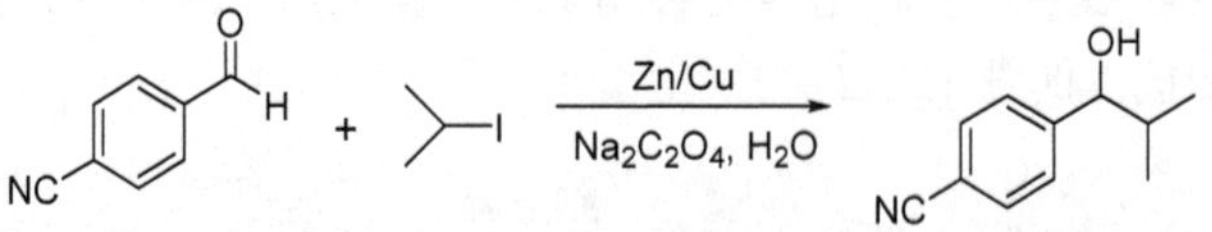

$$\text{(8)}$$

最近几年，纳米金属促进剂的使用，不仅能提高 Barbier 反应的速率，还能较大程度地提高反应产率，并将水相中的反应底物醛扩展到酮 (式 9)；而且减少了酸、碱、相转移催化剂等助剂的使用，使 Barbier 反应变得更加环境友好和更加高效实用[7]。

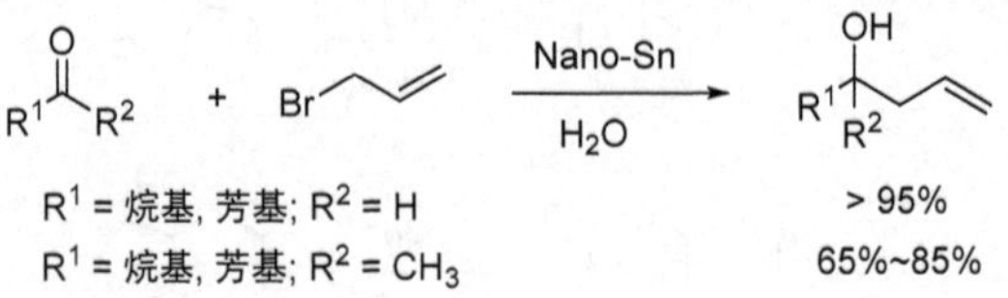

$$\text{(9)}$$

R^1 = 烷基, 芳基; R^2 = H   > 95%
R^1 = 烷基, 芳基; R^2 = CH$_3$ 65%~85%

几乎同时，有机合成化学工作者将电化学应用于 Barbier 反应，从而实现金属促进剂的循环使用，将促进剂向催化剂转变。例如，电催化醇和烯丙基溴代物一锅进行的水相 Barbier 反应，基本实现催化量氯化亚锡的使用 (式 10)[8]。

$$\text{\diagdown Br} + \text{H} \overset{O}{\underset{}{\diagup}} R \xrightarrow[R = 烷基，芳基]{\substack{石墨棒, e^- \\ 原位生成 Sn(0) \quad H_2O \quad Sn^{2+}(Sn^{4+})}} \underset{R}{\overset{OH}{\diagdown}} \diagdown \qquad (10)$$

通过选择合适的反应条件和手性配体，能够实现不对称的 Barbier 反应。例如，最近报道了使用较高浓度的联二酚手性配体和异丙氧钛协同作用，成功实现了不对称的烯丙基化反应 (式 11)[9]。

$$R^1 \overset{O}{\underset{}{\diagup}} R^2 + (Sn \diagdown \diagup)_4 \xrightarrow[i\text{-PrOH (20 equiv)}]{\substack{\text{Ti}(O\text{-}i\text{-Pr})_4 \ (30\ \text{mol\%}) \\ \text{BINOL}\ (30\ \text{mol\%})}} \underset{R^1}{\overset{OH}{\underset{R^2}{\diagdown}}} \diagdown \qquad (11)$$

高达 96% ee

近年来绿色合成有很大发展，已在水相中实现部分不对称 Barbier 反应，这为某些药物分子和功能材料的制备提供了极大的方便 (式 12)[10]。

$$\underset{\mathbf{1a}}{\text{Br-C}_6\text{H}_4\text{-COCH}_3} + \underset{\substack{\mathbf{2a}: X = Cl \\ \mathbf{2b}: X = Br \\ \mathbf{2c}: X = I \\ (3.0\ \text{equiv})}}{X \diagdown \diagup} \xrightarrow[\text{H}_2\text{O},\ 0\ °\text{C}]{\substack{\text{R-Pybim (10 mol\%)} \\ \text{In 粉 (2.0 equiv)} \\ 添加剂}} \underset{\mathbf{3a}}{\text{Br-C}_6\text{H}_4\text{-C(OH)(CH}_3)\text{-CH}_2\text{CH=CH}_2} \qquad (12)$$

R-Pybim
4a: R = ^{t}BuCO
4b: R = Ac
4c: R = PhCO
4d: R = Ts

如果有机镁试剂的制备及其与亲电试剂的加成要分步完成，通常将之称为 Grignard 反应 (Victor Grignard 是 Philippe Barbier 的学生，因为发明了 Grignard 试剂而得到 1912 年诺贝尔化学奖)。此类反应需要无氧、无水的操作条件 (式 13)。

$$R^1 \overset{O}{\underset{}{\diagup}} R^2 + RX \xrightarrow{M} R^1 \underset{R^2}{\overset{OH}{\diagdown}} R \qquad (13)$$

该反应式中 R^1、R^2 可以是氢原子、烷基或芳基基团，R 通常为一级烷基，也可以是二级烷基和芳香基团。三级烷基在形成有机金属试剂时容易发生消除反应。R 为芳基和体积较大的基团时，反应较慢，甚至导致不反应。R^1 和 R^2 的基团大小也会对反应造成较大影响，如果两个都为芳基，经常使得反应不能发生。当羰基化合物为醛时，反应经常进行得较好。

参考文献

[1] Barbier, P. *Compt. Rend.* **1899**, *128*, 110.
[2] Yamamoto, Y.; Asao, N. *Chem. Rev.* **1993**, *93*, 2207.
[3] Bennett, G. D.; Paquette, L. A. *Org. Synth.* **2002**, *77*, 107; *Coll. Vol.* **2004**, *10*, 541.
[4] Molander, G.A.; Alonso-Alija, C. *J. Org. Chem.* **1998**, *63*, 4366.
[5] Corey, E. J.; Wu, Y.-J. *J. Am. Chem. Soc.* **1993**, *115*, 8871.
[6] Keh, C. C. K.; Wei, C.; Li, C.-J. *J. Am. Chem. Soc.* **2003**, *125*, 4062.
[7] Wang, Z. Y.; Zha, Z-G.; Zhou, C. L. *Org. Lett.* **2002**, *4*, 1683.
[8] Zha, Z. G.; Hui, A. L. ; Zhou, Y. Q. ; Miao, Q.; Wang, Z. Y. *Org. Lett.* **2005**, *7*, 1903.
[9] Wooten, A. J.; Kim, J. G.; Walsh, P. J. *Org. Lett.* **2007**, *9*, 381.
[10] Nakamura, S. *RSC Adv.* **2017**, *7*, 15582.

（汪志勇）

Baylis-Hillman 反应

Baylis-Hillman (贝利斯-希尔曼) 反应，又被称为 Morita-Baylis-Hillman (莫里塔-贝利斯-希尔曼，简称 MBH) 反应，是一个活化烯烃和含有 sp^2 型碳的亲电试剂在合适的催化剂作用下，生成高度官能团化产物的反应[1-3]。其反应通式如式 1 所示：

$$\underset{R^1\ \ R^2}{\overset{X}{\|}} + \overset{}{\diagdown}\!\!\!\diagup\text{EWG} \xrightarrow{\text{催化剂}} \underset{R^1}{\overset{R^2}{\diagup}}\!\!\!\overset{XH}{\diagdown}\text{EWG} \tag{1}$$

X = O, NR; EWG = CHO, COR, CO_2R, CN, SO_2R, SO_3R, etc.

底物中的亲电试剂可以是醛、亚胺、亚胺盐以及活化的酮。活化烯烃可以是丙烯酸酯、丙烯醛、乙烯基酮，丙烯腈，α,β-不饱和的砜、亚砜、亚胺以及 α,β-不饱和环烯酮等缺电子烯烃。催化剂一般常用为 DABCO，但是其它的叔胺和叔膦也可用于催化这个反应[4,5]。

对 Baylis-Hillman 反应机理的研究表明，该反应过程是一个由叔胺、活化烯烃和亲电试剂共同参与的由 Michael 加成反应启动的加成-消除反应历程[6]。以 DABCO 催化的丙烯酸甲酯和乙醛的反应为例，机理可由图 1 表示。

Baylis-Hillman 反应具有以下特点[7-12]：①反应原料廉价易得；②该反应具有原子经济性；③反应生成的产物具有多个可进一步转化的官能团；④环境友好，反应的催化剂主要是有机小分子催化剂，从而可以避免通常的不对称催化反应中可能用到的金属离子；⑤反应条件温和，多数反应在室温条件下就可以进行。

尽管 Baylis-Hillman 反应具有上述种种优点，但是在初始的二十年里这个反应没有受到有机化学家的关注。直到 20 世纪 80 年代初，有机化学家们才开始对这个反应进行更

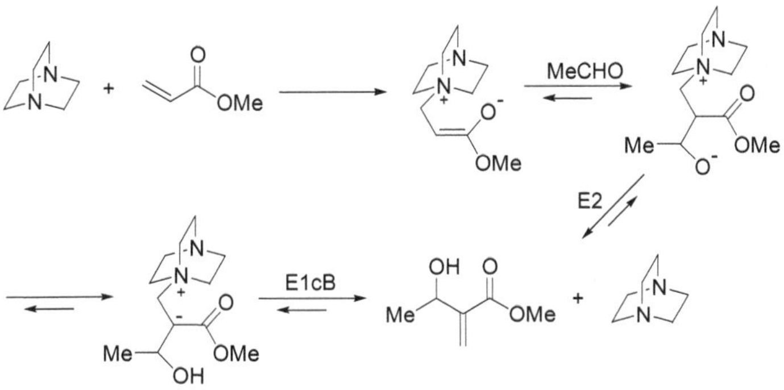

图 1 Baylis-Hillman 反应的机理

深入的研究。到目前为止，Baylis-Hillman 反应在实际中的应用却非常有限，这主要是因为在通常的反应条件下，该反应的速率非常慢。高压、微波照射以及超声波等物理手段在一定程度上可以提高 Baylis-Hillman 反应的速率。同时发展高效的催化体系以及合适的底物也成为重要的研究方向。用亚胺代替醛作为亲电试剂进行 Baylis-Hillman 反应，可以在很大程度上缩短反应时间，并提高反应收率，该类反应也被称为 aza-Baylis-Hillman 反应。第一例 aza-Baylis-Hillman 反应由 Perlmutter 等人于 1984 年报道 (式 2)[3]。

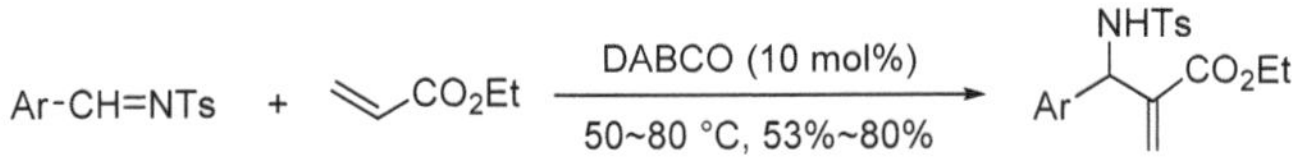

$$\text{Ar-CH=NTs} + \diagup\!\!\!\diagdown\text{CO}_2\text{Et} \xrightarrow[50\sim80\ °C,\ 53\%\sim80\%]{\text{DABCO (10 mol\%)}} \text{Ar}\underset{\text{CO}_2\text{Et}}{\overset{\text{NHTs}}{\diagup\!\!\!\diagdown}} \quad (2)$$

近年来，Baylis-Hillman 反应在机理研究以及手性试剂控制的不对称催化方面取得了很大的进展。目前成功用于不对称催化的 Baylis-Hillman 反应的催化剂主要是一些双官能团化的叔胺以及叔膦类化合物，该类催化剂除了具有一个亲核的官能团以外，还具有活泼氢作为氢键给体。除了手性催化剂以外，手性共催化剂和非手性的叔胺或叔膦共催化体系也成功用于不对称的 Baylis-Hillman 反应，取得了很好的结果。一些典型的用于不对称催化的 Baylis-Hillman 反应的催化剂及共催化剂如图 2 所示[13-22]。

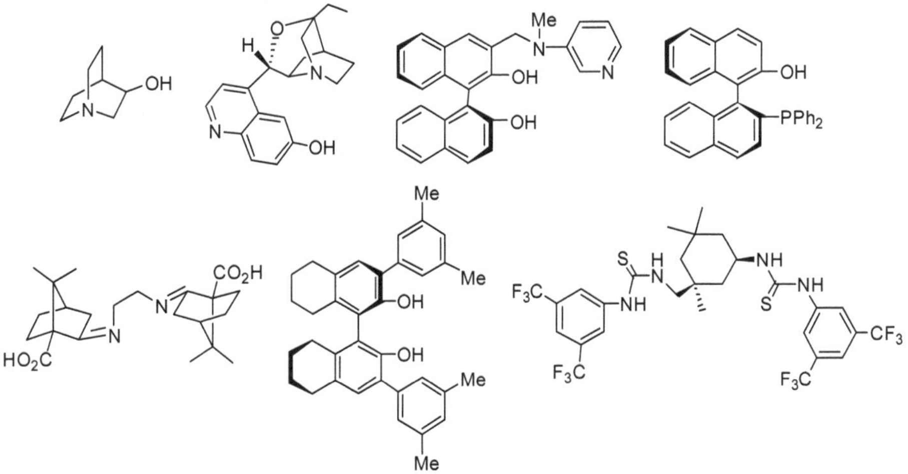

图 2 用于不对称催化的 Baylis-Hillman 反应的催化剂及共催化剂

在各种不对称催化的 Baylis-Hillman 反应中，磺酰亚胺和各种活化烯烃的反应取得了优秀的收率以及 ee 值。式 3 所示为一个代表性的反应[19]。

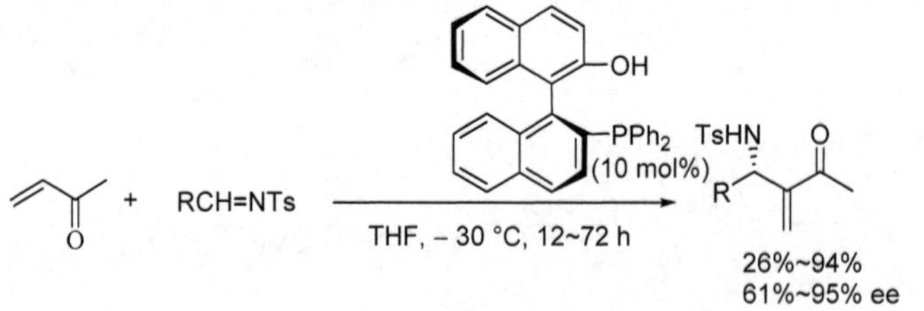

$$\text{甲基乙烯基酮} + \text{RCH=NTs} \xrightarrow[\text{THF, }-30\ ^\circ\text{C, 12~72 h}]{\text{(R)-P (10 mol\%)}} \text{产物} \quad (3)$$

26%~94%
61%~95% ee

最近，在不对称催化的 Baylis-Hillman 反应中，如式 4 所示，化学家们发现 β-ICD 可以高效催化靛红衍生物与丙烯酸酯的不对称 MBH 反应，以优秀的收率和 ee 值得到 3-羟基吲哚酮产物，成功实现了首例酮羰基参与的不对称 MBH 反应[23]。

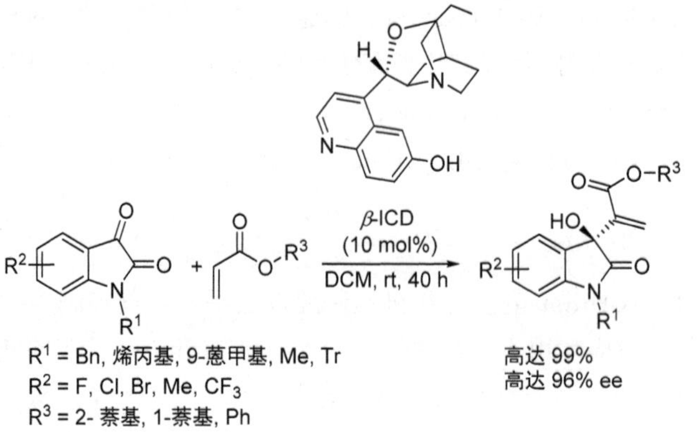

$$\text{靛红} + \text{丙烯酸酯} \xrightarrow[\text{DCM, rt, 40 h}]{\beta\text{-ICD (10 mol\%)}} \text{产物} \quad (4)$$

R^1 = Bn, 烯丙基, 9-蒽甲基, Me, Tr
R^2 = F, Cl, Br, Me, CF$_3$
R^3 = 2-萘基, 1-萘基, Ph

高达 99%
高达 96% ee

对于酮亚胺的不对称 aza-MBH 反应一直是一个难以突破的瓶颈。最近化学家们也首次实现了叔膦或叔胺催化的靛红衍生的酮亚胺与甲基乙烯基酮 (MVK) 的不对称 aza-MBH 反应 (式 5)[24]，能以良好到优秀的收率以及优秀的 ee 值得到光学纯的 3-取代-3-氨基吲哚酮类衍生物。

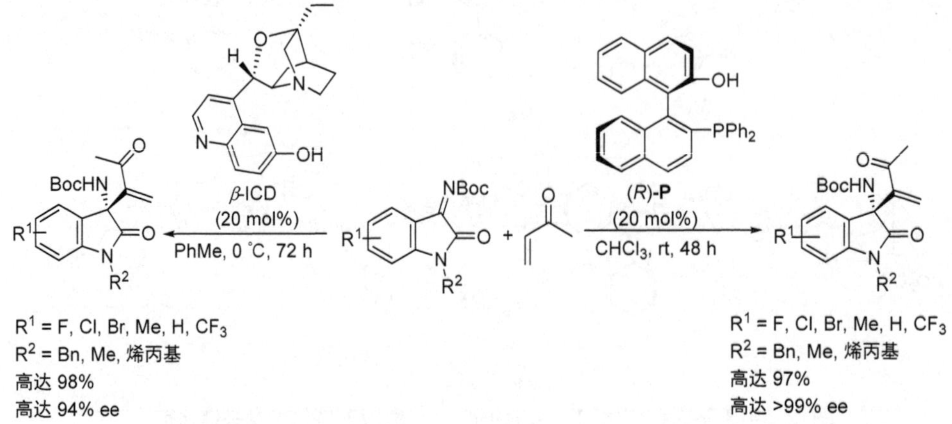

$$\text{产物} \xleftarrow[\text{PhMe, 0 }^\circ\text{C, 72 h}]{\beta\text{-ICD (20 mol\%)}} \text{酮亚胺} + \text{MVK} \xrightarrow[\text{CHCl}_3\text{, rt, 48 h}]{(R)\text{-P (20 mol\%)}} \text{产物} \quad (5)$$

R^1 = F, Cl, Br, Me, H, CF$_3$
R^2 = Bn, Me, 烯丙基
高达 98%
高达 94% ee

R^1 = F, Cl, Br, Me, H, CF$_3$
R^2 = Bn, Me, 烯丙基
高达 97%
高达 >99% ee

由于 Baylis-Hillman 反应产物是高度官能团化的化合物，因而该反应在合成上有着广阔的应用前景，已有多篇文献报道了对 Baylis-Hillman 反应产物进行进一步转化以合成关键骨架结构的方法。Ogasawara 小组成功将甲醛与 (−)-KDP 的 Baylis-Hillman 反应作为起始步骤，完成了天然产物 (+)-arnicenone 的全合成 (式 6)[8]。

$$(6)$$

参考文献

[1] Baylis, A. B.; Hillman, M. E. D. Ger. Pat. 2, 155, 113, 1972; U. S. Pat. 3, 743, 669, 1972.
[2] Morita, K.; Suzuki, Z.; Hirose, H. *Bull. Chem. Soc. Jpn.* **1968**, *41*, 2815.
[3] Perlmutter, P.; Teo, C. C. *Tetrahedron Lett.* **1984**, *25*, 5951.
[4] Basavaiah, D.; Rao, P. D.; Hyma, R. S. *Tetrahedron* **1996**, *52*, 8001. (综述)
[5] Ciganek, E. *Org. React.* **1997**, *51*, 201-350. (综述)
[6] Hill, J. S.; Isaacs, N. S. *J. Phys. Org. Chem.* **1990**, *3*, 285.
[7] Iwabuchi, Y.; Nakatani, M.; Yokoyama, N.; Hatakeyama, S. *J. Am. Chem. Soc.* **1999**, *121*, 10219.
[8] Iura, Y.; Sugahara, T.; Ogasawara, K. *Org. Lett.* **2001**, *3*, 291.
[9] Shi, M.; Xu, Y.-M. *Angew. Chem. Int. Ed.* **2002**, *41*, 4507.
[10] Yang, K.-S.; Lee, W.-D.; Pan, J.-F.; Chen, K. *J. Org. Chem.* **2003**, *68*, 915.
[11] Basavaiah, D.; Rao, A. J.; Satyanarayana, T. *Chem. Rev.* **2003**, *103*, 811. (综述)
[12] You, J.-S.; Xu, J.-H.; Verkade, J. G. *Angew. Chem. Int. Ed.* **2003**, *421*, 5054.
[13] McDougal, N. T.; Schaus, S. E. *J. Am. Chem. Soc.* **2003**, *125*, 12094.
[14] Santos, L. S.; Pavam, C. H.; Almeida, W. P.; Coelho, F.; Eberlin, M. N. *Angew. Chem. Int. Ed. Engl.* **2004**, *43*, 4330.
[15] Price, K. E.; Broadwater, S. J.; Jung, H. M.; McQuade, D. T. *Org. Lett.* **2005**, *7*, 147.
[16] Aggarwal, V. K.; Fulford, S. Y.; Lloyd-Jones, G.. C. *Angew. Chem. Int. Ed. Engl.* **2005**, *44*, 1706.
[17] Price, K. E.; Broadwater, S. J.; Walker, B. J.; McQuade, D. T. *J. Org. Chem.* **2005**, *70*, 3980.
[18] Matsui, K.; Takizawa, S.; Sasai, H. *J. Am. Chem. Soc.* **2005**, *127*, 3680.
[19] Shi, M.; Chen, L.-H.; Li, C.-Q. *J. Am. Chem. Soc.* **2005**, *127*, 3790.
[20] Shi, Y.-L.; Shi, M. *Tetrahedron* **2006**, *62*, 461.
[21] Gausepohl, R.; Buskens, P.; Kleinen, J.; Bruckmann, A.; Lehmann, C. W.; Klankermayer, J.; Leitner, W. *Angew. Chem. Int. Ed.* **2006**, *45*, 3689.
[22] Berkessel, A.; Roland, K.; Nerdörfl. J. M. *Org. Lett.* **2006**, *8*, 4195.
[23] Guan, X.-Y,; Wei, Y.; Shi, M. *Chem. Eur. J.* **2010**, *16*, 13617-13621.
[24] Hu, F.-L.; Wei, Y.; Shi, M.; Pindi, S.; Li, G. *Org. Biomol. Chem.* **2013**, *11*, 1921-1924.

(施敏)

Blaise 反应

Blaise (布莱斯) 反应为 α-卤代酯与锌形成的有机锌试剂与腈加成，反应产物为烯胺酯 (插烯氨基甲酸酯)，水解后生成 β-酮酯 (式 1)[1,2]。α-卤代酯还可以与铟形成的有机铟试剂进行该反应[3]。

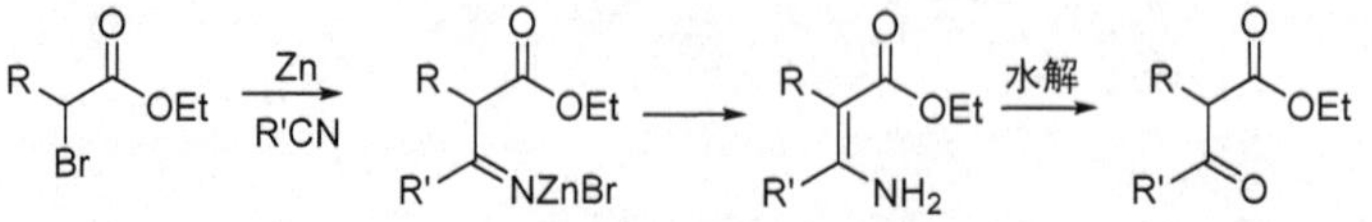

$$\underset{\underset{Br}{|}}{R\text{-}CH}\text{-}CO_2Et \xrightarrow[R'CN]{Zn} \underset{\underset{R'}{||}\,NZnBr}{R\text{-}C}\text{-}CO_2Et \longrightarrow \underset{\underset{R'}{||}\,NH_2}{R\text{-}C}\text{-}CO_2Et \xrightarrow{水解} \underset{\underset{R'}{||}\,O}{R\text{-}CH}\text{-}CO_2Et \quad (1)$$

Kishi 发现，使用活化的锌和四氢呋喃作溶剂可以提高反应收率和减少副反应，并将改良的步骤用于海洋毒素 saxitoxin 关键中间体的合成[4]。通过使用锌银合金和超声波，Meyers 成功地在温和条件 (25~40 ℃) 下进行了 **1** 的分子内 Blaise 反应，进而完成了生物碱 (−)-corynantheidol 和 (−)-dihydrocorynantheol 的不对称合成 (式 2)[5]。在该分子内 Blaise 反应中，如果不使用锌银合金，而使用其它活化锌的方法[6]，或没有使用超声波，反应的产率低且产物复杂。

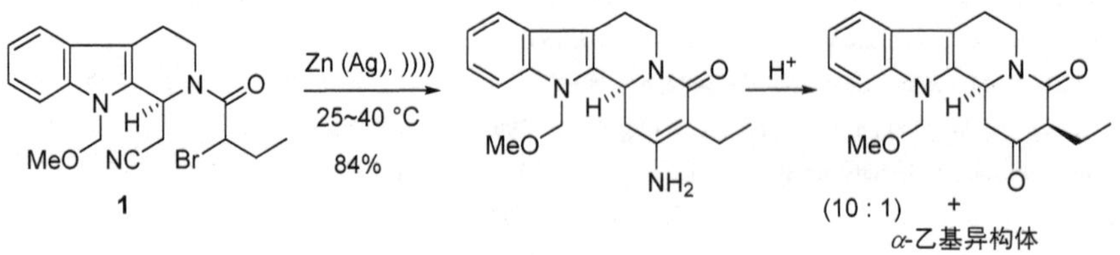

$$(2)$$

在制药领域，据报道，用甲磺酸活化可用于放大合成[7]。2005 年，Shin 等人建立了可放大的、在流动生产条件下的 Blaise 反应，用于一步合成喹诺酮类抗生素的起始原料 **2** (式 3)[8]。

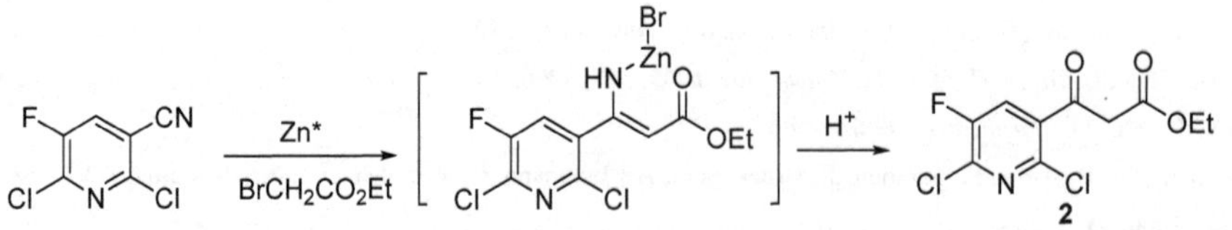

$$(3)$$

在全合成领域，除了上述两例，Blaise 反应也被用于具有抗真菌活性的天然产物 jerangolid D (**3**) 内酯环的构建 (式 4)[9]。最近，该反应还被用于环酞天然产物 microsclerodermin J (**5**) 中手性吡咯烷酮关键中间体 **4** 的合成 (式 5)[10]。

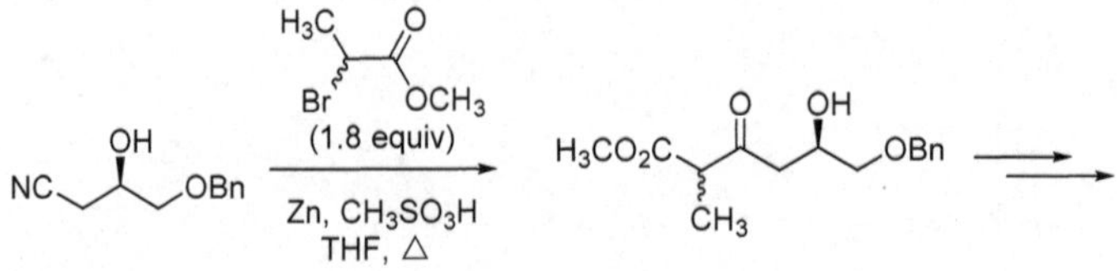

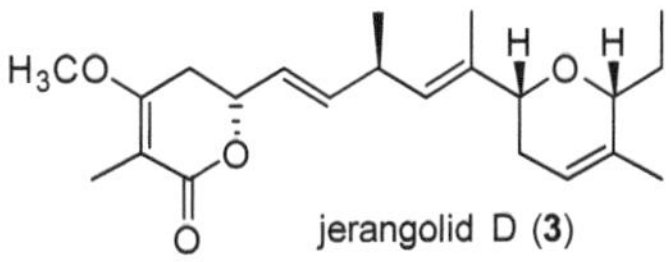

jerangolid D (**3**) (4)

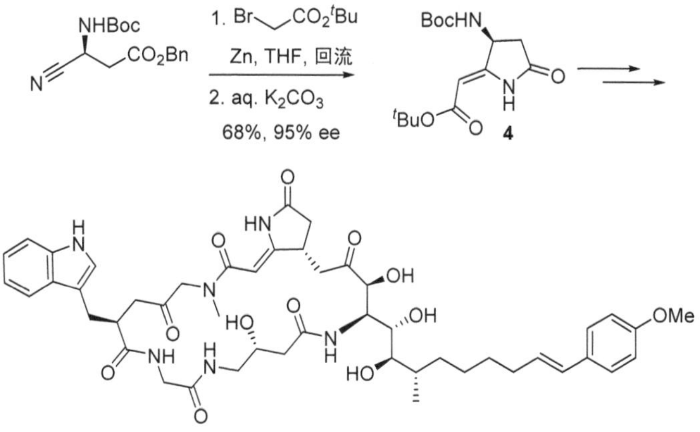

$$\text{NHBoc-CH(CN)-CO}_2\text{Bn} \xrightarrow[\text{2. aq. K}_2\text{CO}_3]{\text{1. Br-CH}_2\text{CO}_2{}^t\text{Bu, Zn, THF, 回流}} \text{4} \longrightarrow$$

68%, 95% ee

microsxlerodermin J (**5**) (5)

参考文献

[1] Blaise, E. E. *C. R. Hebd. Seances Acad. Sci.* **1901**, *132*, 478-480.
[2] Rao, H. S. P.; Padmavathy, S. R. K. *Tetrahedron* **2008**, *64*, 8037-8043.
[3] Li, L.; Babaoglu, E.; Harms, K.; Hilt, G. *Eur. J. Org. Chem.* **2017**, 4543-4547.
[4] Hannick, S. M.; Kishi, Y. *J. Org. Chem.* **1983**, *48*, 3833-3835.
[5] Beard, R. L.; Meyers, A. I. *J. Org. Chem.* **1991**, *56*, 2091-2096.
[6] Fürstner, A. *Synthesis* **1989**, 571-590.
[7] Huck, L.; Berton, M.; de la Hoz, A.; Diaz-Ortiz, A.; Alcazar, J. *Green Chem.* **2017**, *19*, 1420-1424.
[8] Choi, B. S.; Chang, J. H.; Choi, H.-W.; Kim, Y. K.; Lee, K. K.; Lee, K. W.; Lee, J. H.; Heo, T.; Nam, D. H.; Shin, H. *Org. Process Res. Dev.* **2005**, *9*, 311-313.
[9] Pospisil, J.; Marko, I. E. *J. Am. Chem. Soc.* **2007**, *129*, 3516-3517.
[10] Melikhova, E. Y.; Pullin, R. D. C.; Winter, C.; Donohoe, T. J. *Angew. Chem. Int. Ed.* **2016**, *55*, 9753-9757.

相关反应：Reformatsky 反应

（罗世鹏，黄培强）

Blanc 氯甲基化反应

Blanc (布兰克) 氯甲基化反应 (Blanc 反应) 指在 Lewis 酸催化下，芳香族化合物与 HCl、甲醛或氯甲醚反应，在芳香族化合物中引入氯甲基的反应[1] (式 1)。这一反应在化工生产中有重要的应用。

$$\text{C}_6\text{H}_6 + \text{HCHO} + \text{HCl} \xrightarrow{\text{ZnCl}_2} \text{C}_6\text{H}_5\text{CH}_2\text{Cl} + \text{H}_2\text{O} \quad (1)$$

反应机理类似于 Friedel-Crafts 酰基化反应，即甲醛与氯化氢和二氯化锌首先反应生成亲电物种 **A** (式 2)，然后与芳香化合物发生芳香亲电取代反应，生成的羟甲基化中间体 (苄醇) 被进一步氯代[2]。

$$\text{CH}_2\text{O} + \text{HCl} + \text{ZnCl}_2 \longrightarrow [^+\text{CH}_2\text{OHZnCl}_3^-] \quad (2)$$
$$\quad\quad\quad\quad\quad\quad\quad\quad\quad\quad\quad\quad\quad\quad \textbf{A}$$

氯甲基醚 [如 (ClCH$_2$)$_2$O、ClCH$_2$OMe][3,4]和甲氧基乙酰氯[5]也可作为亲电物种直接用于反应，反应也可在离子液体[6,7]或在非均相体系中进行[8]。

在天然产物 (S)-equol 的合成中，区域选择性氯甲基化是合成的第一步 (式 3)[9]。

参考文献

[1] Blanc, M. G. *Bull. Soc. Chim. Fr.* **1923**, *33*, 313-319.
[2] Fuson, R. C.; McKeever, C. H. *Org. React.* **1942**, *1*, 63.
[3] Olah, G. A.; Beal, D. A.; Olah, J. A. *J. Org. Chem.* **1976**, *41*, 1627-1631.
[4] Kim, K.; Jung, B. K.; Ko, T.; Kim, T. H.; Lee, J. C. *J. Membrane. Sci.* **2018**, *554*, 232-243.
[5] McKilloq, A.; Madjdabadi, F. A.; Long, D. A. *Tetrahedron Lett.* **1983**, *24*, 1933-1936.
[6] Qiao, K.; Deng, Y. Q. *Acta Chim. Sinica* **2003**, *61*, 133-136.
[7] Fang, Y.; Deng, Y.; Ren, Q.; Huang, J.; Zhang, S.; Huang, B.; Zhang, K. *Chin. J. Chem. Eng.* **2008**, *16*, 357-360.
[8] Liu, Q.; Wei. W.; Liu, M.; Sun, F.; Li, J.; Zhang, Y. *Catal. Lett.* **2009**, *131*, 485-493.
[9] Heemstra, J. M.; Kerrigan, S. A.; Helferich, W. G.; Doerge, D. R.; Boulanger, W. A. *Org. Lett.* **2006**, *8*, 5441-5443.

相关反应： Friedel-Crafts 反应

（罗世鹏，黄培强）

Cadiot-Chodkiewicz 偶联反应

Cadiot-Chodkiewicz (卡迪奥-乔德凯维奇) 偶联反应为碱性条件下铜(I) 催化末端炔与炔溴间的交叉偶联反应，用于合成非对称二炔 (式 1)[1-4]。一般加入盐酸羟胺避免亚铜盐氧化。

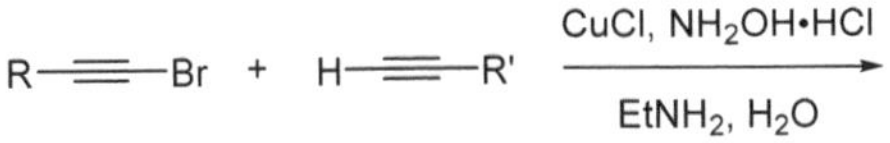

$$R\text{—}\!\!\equiv\!\!\text{—}Br + H\text{—}\!\!\equiv\!\!\text{—}R' \xrightarrow[\text{EtNH}_2, \text{H}_2\text{O}]{\text{CuCl, NH}_2\text{OH}\cdot\text{HCl}} R\text{—}\!\!\equiv\!\!\text{—}\!\!\equiv\!\!\text{—}R' \qquad (1)$$

反应机理 (图 1)：碱夺取末端炔 R-C≡C-H 的氢，生成的炔负离子与 CuX 作用产生炔化亚铜 R-C≡C-Cu；然后炔化亚铜与卤代炔 (R-C≡C-X) 发生氧化加成，得中间体 R-C≡C-Cu(X)-C≡C-R'；继而发生还原消除，得到产物 R-C≡C-C≡C-R'，并再生 CuX 参与催化循环。

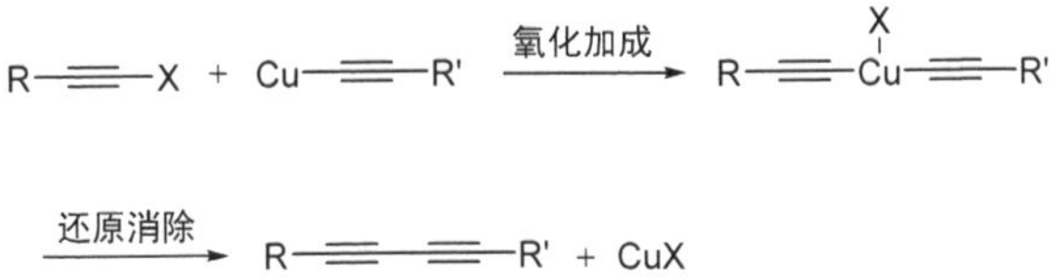

$$R\text{—}\!\!\equiv\!\!\text{—}X + Cu\text{—}\!\!\equiv\!\!\text{—}R' \xrightarrow{\text{氧化加成}} R\text{—}\!\!\equiv\!\!\text{—}\overset{X}{\underset{|}{Cu}}\text{—}\!\!\equiv\!\!\text{—}R'$$

$$\xrightarrow{\text{还原消除}} R\text{—}\!\!\equiv\!\!\text{—}\!\!\equiv\!\!\text{—}R' + CuX$$

图 1 Cadiot-Chodkiewicz 偶联反应的机理

原则上，非对称二炔的合成可以通过任何一种末端炔和溴炔的组合进行。但在 A[5,6]、B 两种方式的偶联 (式 2) 中，进行 B 类偶联时，体积大的三烷基硅基炔 (如三乙基硅基炔，叔丁基二甲基硅基炔和三异丙基硅基炔) 可以高产率偶联，而三甲基硅基炔得不到偶联产物[7]；而且偶联用 30% 正丁胺水溶液（体积分数）较通常用的 70% 乙胺水溶液 (体积分数) 碱性小。

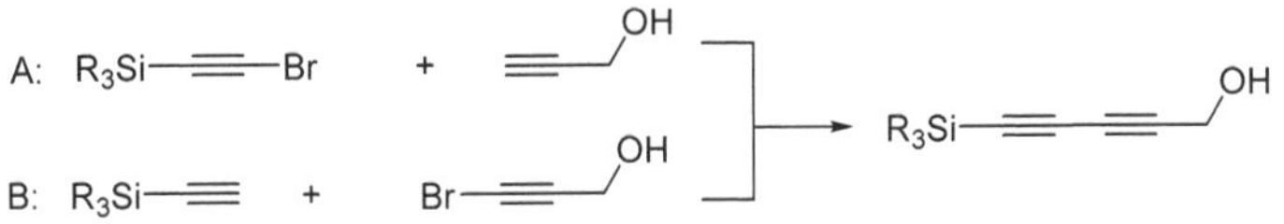

$$\text{A: } R_3Si\text{—}\!\!\equiv\!\!\text{—}Br + \text{—}\!\!\equiv\!\!\text{—}OH$$
$$\text{B: } R_3Si\text{—}\!\!\equiv\!\!\text{—} + Br\text{—}\!\!\equiv\!\!\text{—}OH \Bigg\} \longrightarrow R_3Si\text{—}\!\!\equiv\!\!\text{—}\!\!\equiv\!\!\text{—}OH \qquad (2)$$

该反应对底物敏感，炔上连有苯基及烷氧基可促进偶联反应的进行。末端硅基保护炔的偶联可通过一瓶去保护-偶联实现，该法被用于抗癌活性化合物 (S)-(E)-15,16-dihydrominquartynoic 酸 A (**1**) 的全合成 (式 3)[8]。通过三组分一瓶反应，可以得到双向偶联产物，由此奠定了 (S)-(E)-15,16-dihydrominquartynoic 酸 B 和 C 全合成的基础 (式 4)[9]。

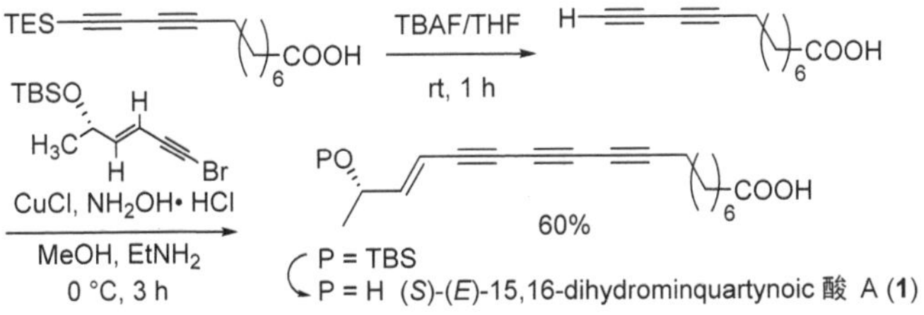

$$(3)$$

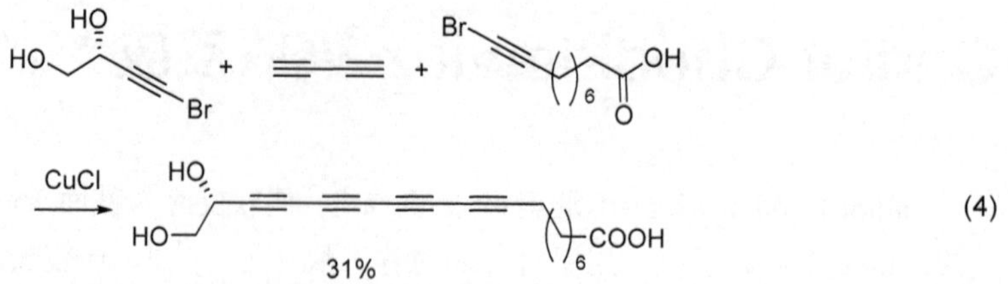

Cadiot-Chodkiewicz 偶联反应有时会产生自身偶联副产物，因而导致产率降低和产物分离困难。Negishi 报道了一种具有严格配对选择性的钯催化 1,3-二炔锌交叉偶联方法 (式 5)[10]，可以克服以上缺点。双金属催化策略亦可提高反应效率。雷爱文利用 Cu/Pd 共同催化，引入四丁基溴化铵 (TBAB)，目标交叉偶联产物的产率几乎定量，实现了高选择性和高收率 (式 6)[11]。

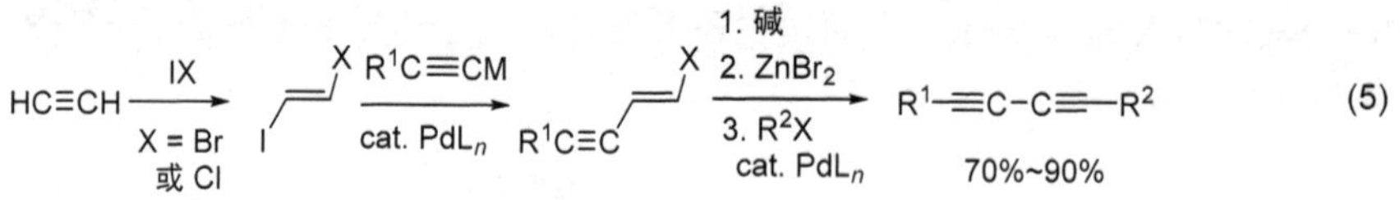

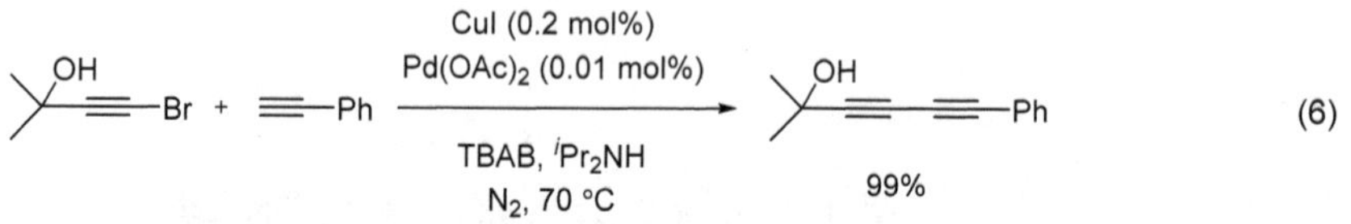

Cadiot-Chodkiewicz 偶联反应的一个进展是反应体系向环境友好型发展。Amatore 利用水溶性钯催化剂和水溶性配体在 CH_3CN/H_2O 体系中实现了无 Cu 的 Cadiot-Chodkiewicz 偶联 (式 7)[12]。近几年，Baire 以少量哌啶作为碱降低了该反应中碱的用量，也可以在单一水相中进行 (式 8)[13]，使得该反应更加经济、绿色、高效，并应用于天然产物 selaginpulvilins C (5) 的全合成 (式 9)[14]。此外，超临界 CO_2 技术和聚合物负载技术也使得该反应更为绿色环保[15,16]。

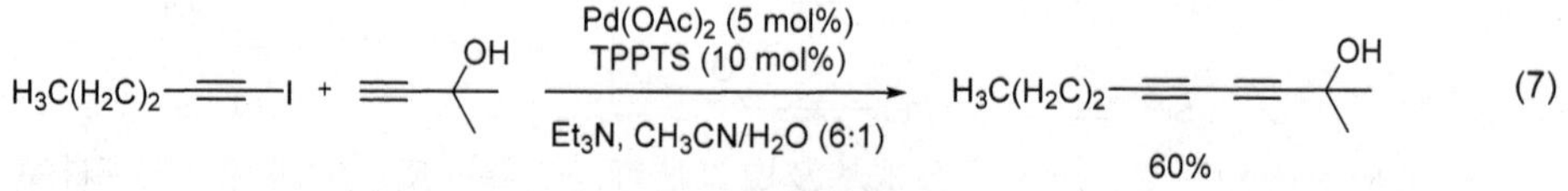

TPPTS = 三苯基膦三甲磺酸钠盐

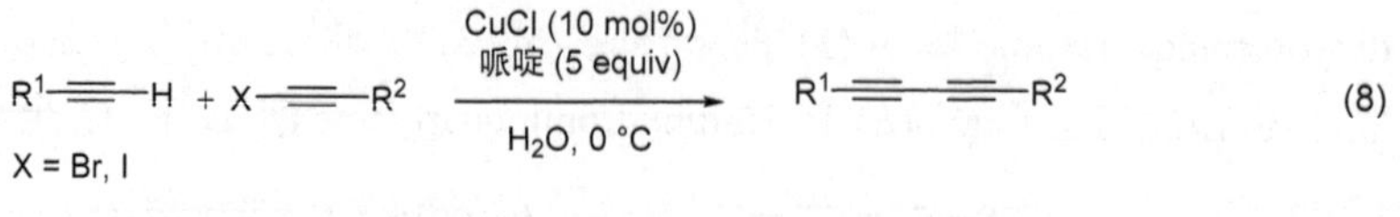

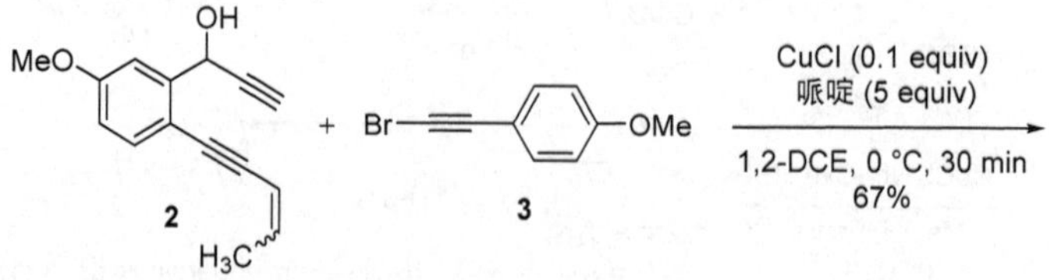

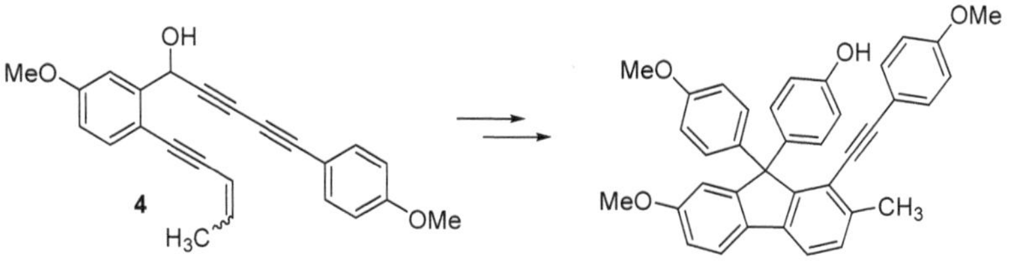

selaginpulvilin C (**5**)

(9)

Cadiot-Chodkiewicz 偶联反应可用于合成含多聚炔的高分子和环状分子 (式 10)[4,17]。

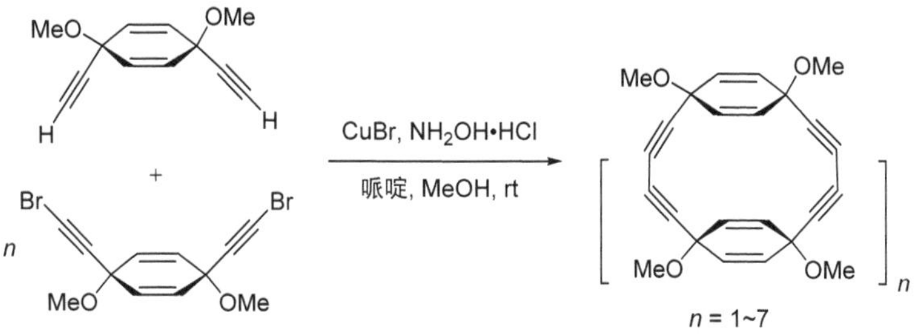

(10)

Cadiot-Chodkiewicz 偶联反应在合成含聚乙炔结构的天然产物中具有重要应用价值。(4*S*,5*R*)-4,8-dihydroxy-3,4-dihydrovernoniyne (**10**) 的首次不对称全合成工作将两个端炔合成砌块 **6**、**7** 分别与另一端炔化合物 **8**、**9** 实现了高效偶联，展示了该方法的灵活性 (式 11)[18]。

(11)

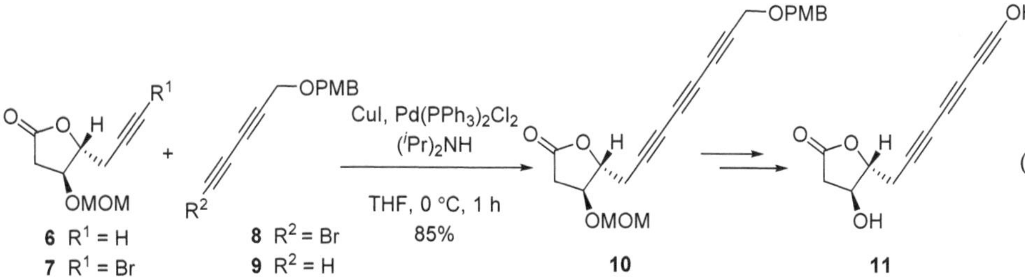

参考文献

[1] Chodkiewicz, W. *Ann. Chim. (Paris)*. **1957**, *2*, 819-869.

[2] Cadiot, P.; Chodkiewicz, W. Cadiot, P.; Chodkiewicz, W. *In Chemistry of Acetylenes*; Viehe, H. G., Ed., Marcel Dekker: New York, 1969.

[3] Brandsma, L. *Preparative Acetylenic Chemistry*, 2nd ed.; Elsevier Science: Amsterdam, 1988.

[4] Sindhu, K. S.; Thankachan, A. P.; Sajitha, P. S.; Anilkumar, G. *Org. Biomol. Chem.* **2015**, *13*, 891-905.

[5] Johnson, T. R.; Walton, D. R. M. *Tetrahedron* **1972**, *28*, 5221-5236.

[6] Blanco, L.; Helson, H. E.; Mirthammer, M.; Mestdagh, H.; Spyroudis, S.; Vollhardt, K. P. C. *Angew. Chem. Int. Ed.* **1987**, *26*, 1246-1247.

[7] Marino, J. P.; Nguyen, H. N. *J. Org. Chem.* **2002**, *67*, 6841-6844.

[8] Gung, B. W.; Kumi, G. *J. Org. Chem.* **2004**, *69*, 3488-3492.

[9] Gung, B. W.; Dickson, H. *Org. Lett.* **2002**, *4*, 2517-2519.

[10] Negishi, E.-I.; Hata, M.; Xu, C. *Org. Lett.* **2000**, *2*, 3687-3689.
[11] Weng, Y.; Cheng, B.; He, C.; Lei, A.-W. *Angew. Chem. Int. Ed.* **2012**, *51*, 9547-9551.
[12] Amatore, C.; Blart, E.; Genet, J. P.; Jutand, A.; Lemaire-Audoire, S.; Savignac, M. *J. Org. Chem.* **1995**, *60*, 6829-6839.
[13] Chinta, B. S.; Baire, B. *RSC Adv.* **2016**, *6*, 54449-54455.
[14] Chinta, B. S.; Baire, B. *Org. Biomol. Chem.* **2018**, *16*, 262-265.
[15] Jiang, H.-F.; Wang, A. Z. *Synthesis* **2007**, 1649-1654.
[16] Montierth, J. M.; DeMario, D. R.; Kurth, M. J.; Schore, N. E. *Tetrahedron* **1998**, *54*, 11741-11748.
[17] Bandyopadhyay, A.; Varghese, B.; Sankararaman, S. *J. Org. Chem.* **2006**, *71*, 4544-4548.
[18] Kanikarapu, S.; Marumudi, K.; Kunwar, A. C.; Yadav, J. S.; Mohapatra, D. K. *Org. Lett.* **2015**, *17*, 4167-4170.

相关反应：Sonogashira 偶联反应；Glaser-Hay 偶联反应

（黄培强，李家琪）

Castro-Stephens 偶联反应

Castro-Stephens (卡斯特罗-斯蒂芬斯) 偶联反应指末端炔铜与芳基或乙烯卤化物在碱性条件下的交叉偶联反应 (式 1)[1,2]。一般情况下，反应需要无水和无氧条件。

$$ArI + CuC\equiv CAr' \xrightarrow[75\%\sim 99\%]{C_5H_5N/N_2, 回流} ArC\equiv CAr' + CuI \tag{1}$$

反应机理：原位产生炔铜经由四元环过渡态进行反应 (图 1)。

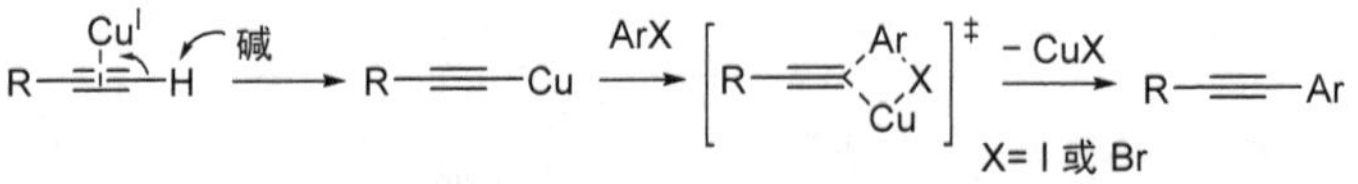

图 1　Castro-Stephens 偶联反应的机理

1974 年，Staab 等通过一瓶 6 次 Castro-Stephens 偶联反应，成功构建了环状六间苯乙炔，产率为 4.6% (式 2)[3]。

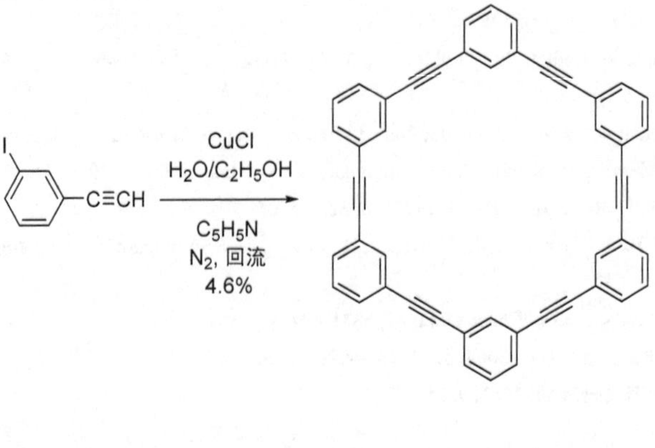

Miura 等改良了 Castro-Stephens 偶联反应,仅用催化量的 CuI-PPh$_3$,以 K$_2$CO$_3$ 为碱、DMF 为溶剂,在 120 ℃ 下成功实现该反应[4]。这一改良法被用于烯基碘与炔的分子内偶联 (式 3),反应的产率取决于环上的取代基[5]。

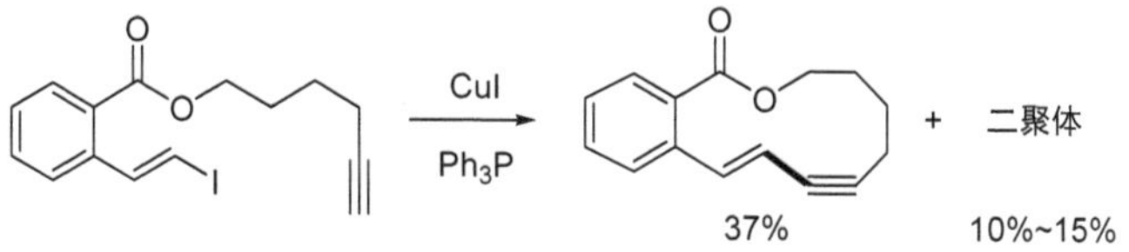

Castro-Stephens 偶联反应的另一种改良法是使用末端炔与芳卤或烯基卤,在 CuI 和 Et$_3$N 作用下直接偶联[6]。由于反应条件温和,White 等成功地应用这一改良方法于抗癌活性天然产物 epothilone B 等类似物的全合成 (式 4)[7]。该改良法也被 Schreiber 用于官能团密集的多环化合物库的构建 (式 5)[8],后者用于化学遗传学研究。

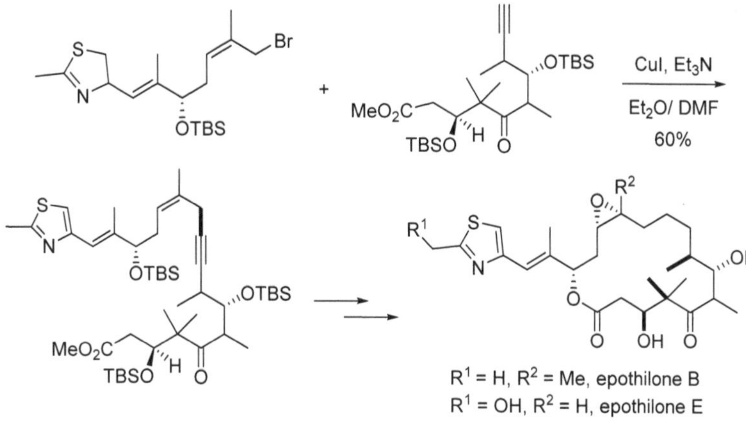

如式 3 和式 5 所示,烯基卤或芳基卤与炔的偶联也归入 Castro-Stephens 偶联反应,说明该类型反应在全合成中有重要的应用价值。与此相关的反应为 Sonogashira 偶联反应 (Pd、Cu 催化的 sp^2-sp 碳-碳键形成反应)[9]。

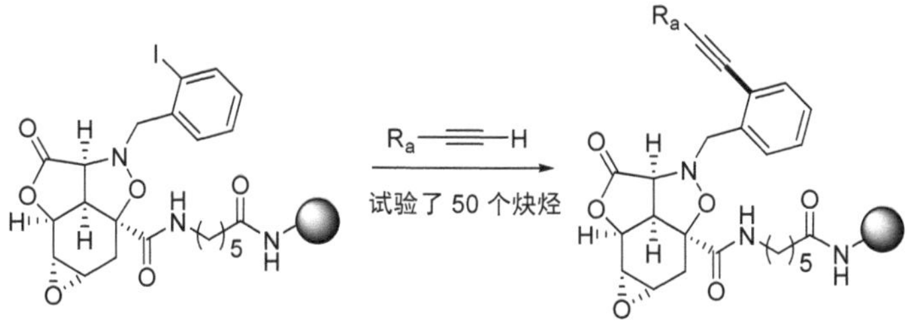

王梅祥小组[10]对 Castro-Stephens 偶联做了进一步的延伸,Cu(Ⅱ) 氧化 C-H 键或者 Cu(Ⅰ) 经过氧化加成都能够成功制备芳基 Cu(Ⅲ) 中间体,该 Cu(Ⅲ) 中间体与端炔在温和条件下即可以实现构建 sp^2-sp 碳-碳键 (式 6),合成芳炔化合物。

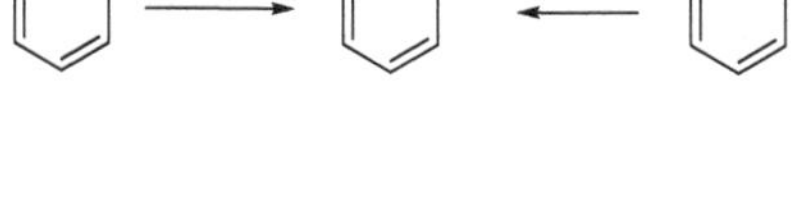

$$R'-\text{Li} \xrightarrow{0\ ^\circ C \sim rt} \quad | \quad R'-\!\!\equiv\!\!-H \xrightarrow{K_2CO_3,\ 130\ ^\circ C} \quad Ph\!-\!\!\equiv\!\!-R' \tag{6}$$

2015 年，Georg 小组[11]报道了 Cu(Ⅱ) 促进的 Castro-Stephens 偶联反应，实现了分子内 sp^2-sp 碳-碳键的形成，构筑 1,3-二烯大环体系 (式 7)。

$$\text{(aryl-alkyne-I substrate)} \xrightarrow[\text{HCO}_2\text{Na, K}_2\text{CO}_3\atop \text{DMF, 120 }^\circ\text{C}]{\text{Cu(OAc)}_2\cdot\text{H}_2\text{O},\ \text{PH}_3} \text{(1,3-dienyl macrocycle)} \tag{7}$$

⬭ = 连接链段

Castro-Stephens 偶联反应具有良好的官能团兼容性，含有酯基的底物也能获得适中的收率。例如，在 2018 年，Kobayashi 小组[12]报道了 (18R)-HEPE 的合成，其关键步骤涉及 Castro-Stephens 偶联反应 (式 8)。

$$\text{Br-substrate-CO}_2\text{Me} + \text{HC}\!\equiv\!\text{C-CH=CH-CH(OTBS)Et} \xrightarrow[\text{DMF, rt, 7 h}]{\text{CuI, NaI},\ \text{Cs}_2\text{CO}_3} \text{coupled product} \longrightarrow (18R)\text{-HEPE} \tag{8}$$

参考文献

[1] Stephens, R. D.; Castro, C. E. *J. Org. Chem.* **1963**, *28*, 2163-2164.
[2] Stephens, R. D.; Castro, C. E. *J. Org. Chem.* **1963**, *28*, 3313-3315.
[3] Staab, H. A.; Neunhoeffer, K. *Synthesis* **1974**, 424-424.
[4] Okuro, K.; Furuune, M.; Enna, M.; Miura, M.; Nomura, M. *J. Org. Chem.* **1993**, *58*, 4716-4721.
[5] Garg, R.; Coleman, R. S. *Org. Lett.* **2001**, *3*, 3487-3490.
[6] Mignani, G.; Chevalier, C.; Grass, F.; Allmang, G.; Morel, D. *Tetrahedron Lett.* **1990**, *31*, 5161-5164.
[7] White, J. D.; Carter, R. G.; Sundermann, K. F.; Wartmann, M. *J. Am. Chem. Soc.* **2001**, *123*, 5407-5413.
[8] Tan, D. S.; Foley, M. A.; Stockwell, B. R.; Shair, M. D.; Schreiber, S. L. *J. Am. Chem. Soc.* **1999**, *121*, 9073-9087.
[9] Kang, S. K.; Yoon, S. K.; Kim, Y. M. *Org. Lett.* **2001**, *3*, 2697-2699.
[10] Wang, Z. L.; Zhao, L.; Wang, M. X. *Org. Lett.* **2012**, *14*, 1472-1475.
[11] Li, W.; Schneider, C. M.; Georg, G. I. *Org. Lett.* **2015**, *17*, 3902-3905.
[12] Nanba, Y.; Morita, M.; Kobayashi, Y. *Synlett* **2018**, *29*, 179-179.

相关反应： Sonogashira 偶联反应

（黄培强，刘占江）

Claisen 缩合反应

Claisen (克莱森) 缩合指两分子羧酸酯在碱作用下缩合生成 β-酮酯的反应，净结果为酯的 α-酰基化[1-4](式 1)。

$$2\ CH_3CO_2C_2H_5 \xrightarrow{C_2H_5ONa} CH_3COCH_2CO_2C_2H_5 + C_2H_5OH \tag{1}$$

反应机理：Claisen 缩合[1]的第一步是 C_2H_5ONa 夺取酯分子中的 α-氢，生成碳负离子，然后，碳负离子进攻另一分子酯的羰基，生成负氧离子，后者失去 $C_2H_5O^-$ 离子生成乙酰乙酸乙酯 (β-酮酸酯)。然后，$C_2H_5O^-$ 夺取 β-酮酸酯中酸性较强的活泼氢使平衡向产物方向移动。最后，质子化得乙酰乙酸乙酯 (β-酮酯)(图 1)。

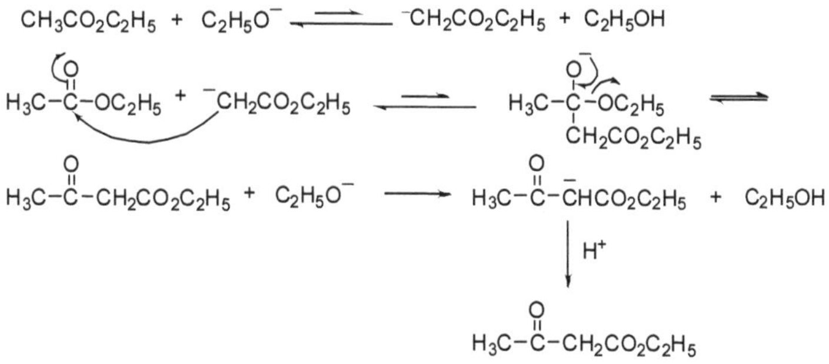

图 1 Claisen 缩合反应机理

值得注意的是，酯的自身缩合仅形成一种 β-酮酯，但两分子不同的普通酯的缩合可生成 4 种 β-酮酯的混合物，称为交叉酯缩合，这在制备上没有太大意义。为了使普通酯的交叉酯缩合具有制备价值，可采取三种策略：一、采用活化的羧酸衍生物如酰氯，以提高羰基的亲电性；二、预先生成酯的烯醇形式；三、上述两种策略的组合。显然，此时关注的是 β-酮酯的合成，而非交叉 Claisen 缩合反应本身。

1992 年，Heathcock 在虎皮楠生物碱 (−)-secodaphniphylline (**1**) 的不对称全合成中，通过 LDA 去质子化，将酯 **2** 转化为其烯醇负离子，然后与酰氯 **3** 反应生成 β-酮酯 **4**，最后经 Krabcho 脱羧完成 (−)-secodaphniphylline (**1**) 的不对称全合成 (式 2)[5]。

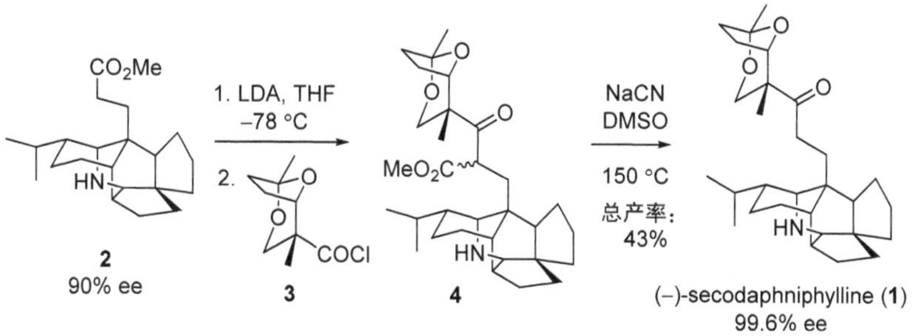

烷基取代酯 α-氢的酸性弱,需用比乙醇钠更强的碱,如 LDA、MHMDS (M = Li, Na, K)、MH (M = Na, K) 才能使反应进行[6]。此外,Tanabe 小组报道了四氯化钛促进下酯与酰氯或羧酸经活化中间体 **5** 的交叉缩合反应,可选择性地合成各种 α-烷基-β-酮酯 **6**[7]。该法首先形成 *N*-酰基咪唑鎓活化中间体 **5**,后者在 Lewis 酸 (TiCl$_4$)/碱 (三丁胺) 促进下与酯反应,高选择性地生成交叉缩合产物 **6** (式 3)。

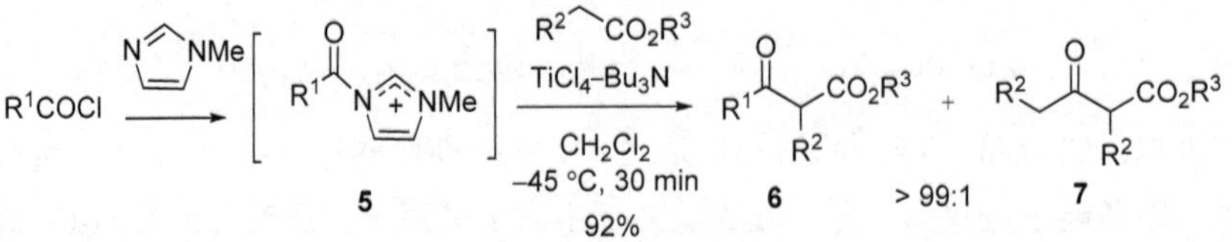

由于 β-酮酯 **9** 无法形成稳定化的烯醇负离子,α,α-二烷基取代酯一般不能进行 Claisen 缩合反应 (式 4)。Tanabe 小组发展的四氯化钛促进的烯醇硅醚 (烯酮缩醛硅酯) **10** 与酰氯等活泼的羧酸衍生物的缩合可解决这一问题[8](式 5)。2015 年,List 等人报道的特种内酯 1,3-二氧杂环己烯-4-酮衍生物 **12** 与烯酮缩醛硅酯 **13** 的 Claisen 缩合反应 (Mukaiyama-Claisen 反应) 可用于 α,α-二烷基取代的 3,5-二酮酯 **14** 的合成 (式 6)[9]。

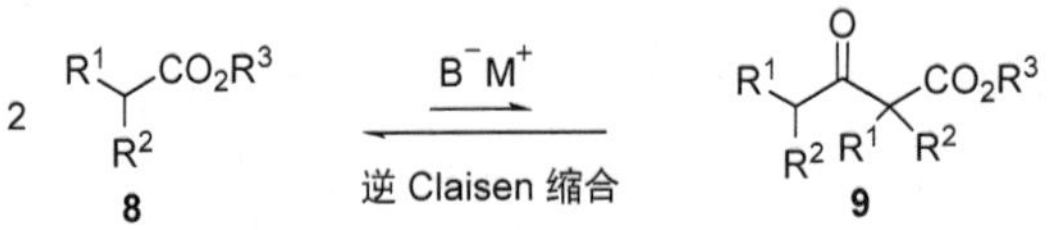

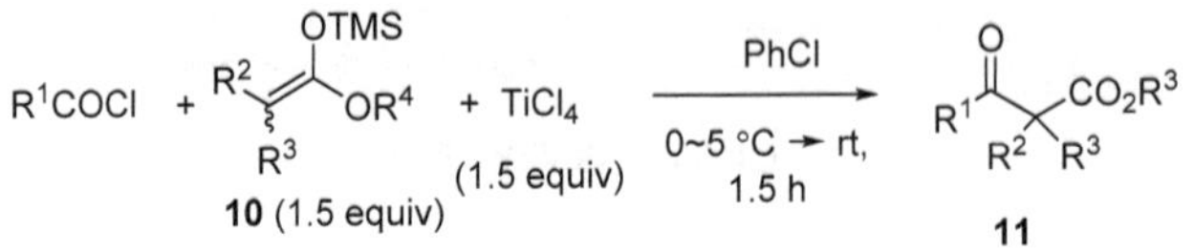

由于烯醇负离子与环状插烯酰基三氟甲磺酸酯 (VAT,例如 **15**) 的加成可发生串联碎裂化反应生成 β-酮酯 **16**,Dudley 等人把该反应称为 VAT-Claisen 反应[10](式 7)。

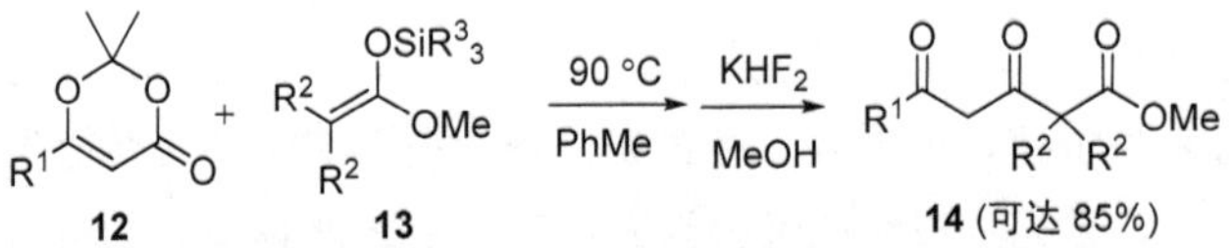

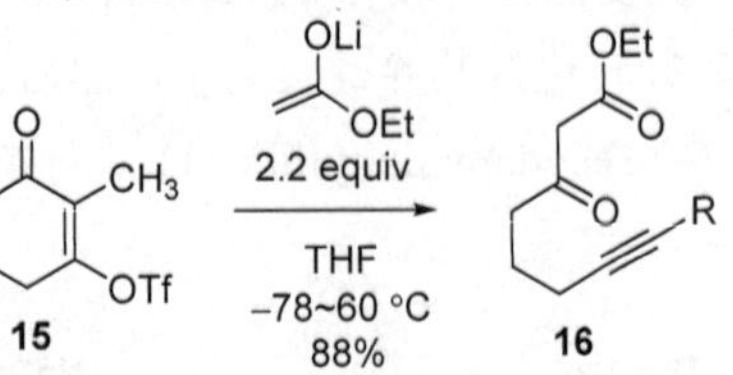

Claisen 缩合反应作为重要的 C–C 键形成方法,被广泛用于天然产物全合成。Nakata 小组在天然产物 mycalamides 中间体 (+)-**17** 的对映选择性合成中[11](式 8),首先通过乙酸叔丁酯烯醇负离子对 β-羟基酯 **18** 加成,得到 β-酮酯 **18** 及其烯醇式 (10:1)。接着在螯合条件下,经乙酸甲酯衍生物 **21** 与内酯 **20** 的类 Claisen 缩合和缩醛化,以 82% 的总产率得到单一立体异构体 **22**。后者被进一步转化为目标产物 (+)-**17**。

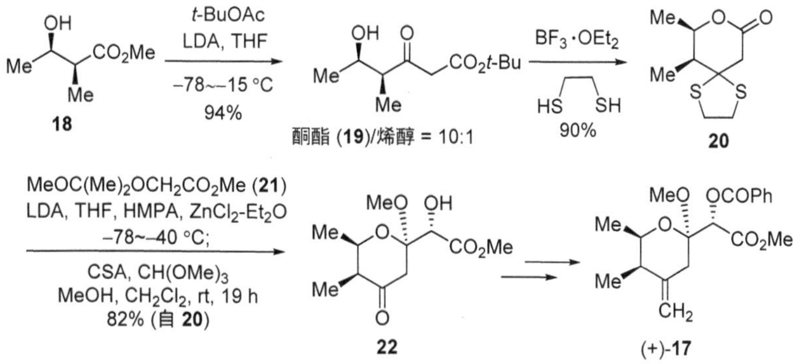

2018 年，Reber 等通过 **24** 与 **25** 的插烯 Claisen 缩合反应，完成了天然产物 pyrophen (**27**) 和 campyrones A~C 的首次全合成[12](式 9)。

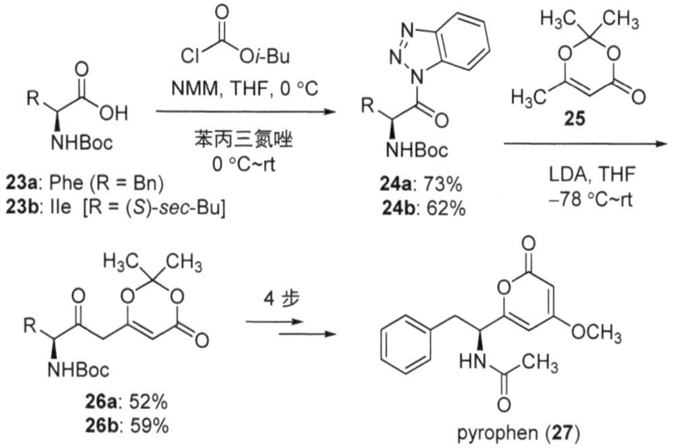

2010 年，Johnson 小组报道了 Reformatsky 试剂 **28** 与硅基乙醛酸酯 **29** 及 β-内酯 **31** 的三组分反应，一步合成高度官能化的 Claisen 缩合产物 **32**[13]，并把该法用于 leustroducsin B (**33**) 的形式全合成 (式 10)[14]。

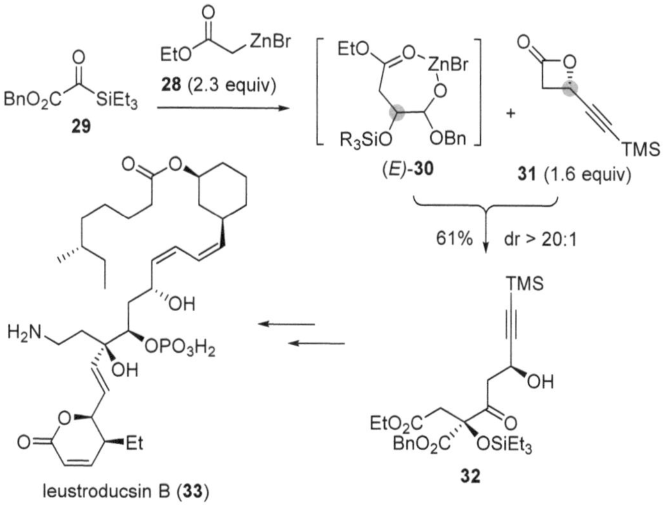

值得注意的是，Claisen 缩合由一系列平衡反应构成，因而逆 Claisen 缩合在大多数情况下需要避免，但有时又是具有可资利用的转化[15]。例如，Magauer 小组在具有昆虫拒食活性的倍半萜 (+)-norleucosceptroid A (**34**)、(−)-norleucosceptroid B 和 (−)-leucosceptroid K 的全合成中[16]，通过逆 Claisen 缩合反应形成中间体 **36** (式 11)。

参考文献

[1] Claisen, L. *Ber. Dtsch. Chem. Ges.* **1887**, *20*, 655-657.
[2] Davis, B. R.; Garratt, P. J. In Comprehensive Organic Synthesis; Trost, B. M.; Fleming, I., Eds.; Pergamon: Oxford, **1991**; Vol. 2, pp 795-863. (综述)
[3] Hauser, C. R.; Hudson, D. E. *Org. React.* **1942**, *1*, 266. (综述)
[4] Hauser, C. R.; Swamer, F. W.; Adams, J. T. *Org. React.* **1954**, *8*, 59. (综述)
[5] Heathcock, C. H.; Stafford, J. A. *J. Org. Chem.* **1992**, *57*, 2566-2574.
[6] Lee, J. S.; Shin, J.; Shin, H. J.; Lee, H. S.; Lee, Y. J.; Lee, H. S.; Won, H. *Eur. J. Org. Chem.* **2014**, 4472-4476.
[7] Misaki, T.; Nagase, R.; Matsumoto, K. Tanabe, Y. *J. Am. Chem. Soc.* **2005**, *127*, 2854-2855.
[8] Iida, A.; Nakazawa, S.; Okabayashi, T.; Horii, A.; Misaki, T.; Tanabe, Y. *Org. Lett.* **2006**, *8*, 5215-5218.
[9] Wang, Q. G.; List, B. *Synlett* **2015**, *26*, 1525-1527.
[10] Jones, D. M.; Lisboa, M. P.; Kamijo, S.; Dudley, G. B. *J. Org. Chem.* **2010**, *75*, 3260–3267.
[11] Trotter, N. S.; Takahashi, S.; Nakata, T. *Org. Lett.* **1999**, *1*, 957-959.
[12] Reber, K. P.; Burdge, H. E. *J. Nat. Prod.* **2018**, *81*, 292-297.
[13] Greszler, S. N.; Malinowski, J. T.; Johnson, J. S. *J. Am. Chem. Soc.* **2010**, *132*, 17393-17395.
[14] Greszler, S. N.; Malinowski, J. T.; Johnson, J. S. *Org. Lett.* **2011**, *13*, 3206-3209.
[15] Jukic, M.; Sterk, D.; Casar, Z. *Curr. Org. Synth.* **2012**, *9*, 488-512. (综述)
[16] Hugelshofer, C. L.; Magauer, T. *Angew. Chem. Int. Ed.* **2014**, *53*, 11351-11355.

相关反应：Dieckmann 缩合反应；Eschenmoser-Tanabe 碎裂化反应

（黄培强）

Dakin-West 反应

Dakin-West（达金-维斯特）反应指含 α-氢的 α-氨基酸在吡啶存在下与酸酐反应，生成 N-酰基 α-氨基酮的转化 (式 1)。该反应由 H. D. Dakin 和 R. West 两位生物化学家发现，并于 1928 年发表[1]。但这一反应现象 P. A. Levene 和 R. E. Steiger[2] 更早观察到，然而他们迟于 Dakin 和 West 提出解释。该反应的核心是把羧酸直接转化为酮。就这个意义而言，这个反应已被多次"发现"[3]，最早可追朔到 1612 年，其中较有影响的是 W. H. Perkin, Sr. 的工作。关于这个传奇，Nicholson 与 Wilson 有详细的描述[3]。该反应不局限于伯 α-氨基酸，仲、叔 α-(N-酰基)氨基酸以及非氨基酸，含α-氢的羧酸（如苯基乙酸，式 1）也可被转化为相应的甲基酮（被用于 β-芳基丙酮的合成[4]），碱也不局限于吡啶[5]。

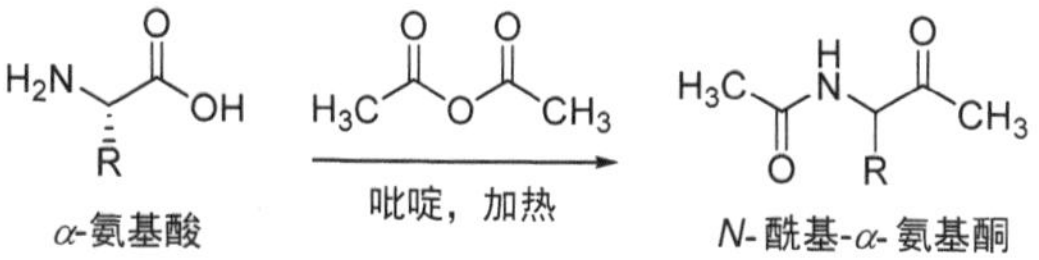

Dakin-West 反应的机理比较复杂，简化的机理示于图 1，其关键中间体近期已得到验证[6]。

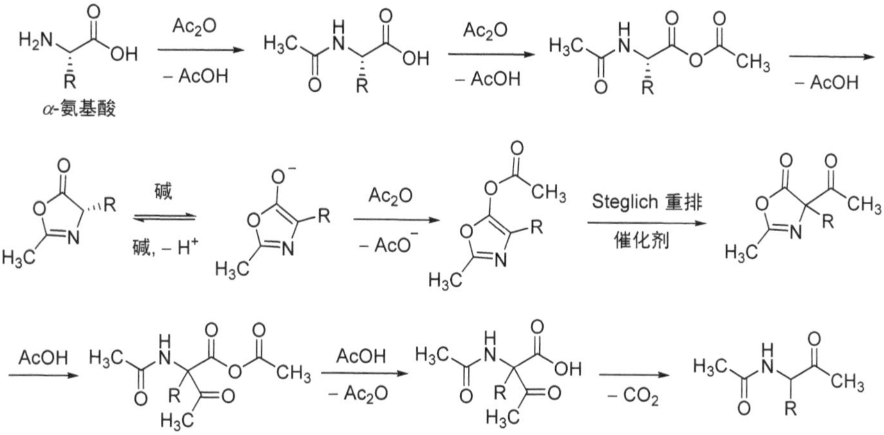

图 1 简化的 Dakin-West 反应机理

该反应的早期应用是被 Woodward 小组用于士的宁 (**3**) 的经典合成 (式 2)[7]。近年来该反应重新引起关注，有诸多改良与提高[8,9]。用官能化的酸酐 (如三氟乙酸酐) 可合成官能化的酮 [10] (如三氟甲基酮)[11]。由于 α-酰胺基酮是重要的药效基，且由羧酸直接合成酮的方法很少，因此该反应在医药方面有重要用途，被用于模拟肽 [11]、含噁唑环 PPAR α/γ 双重激动剂 [12] 以及吡咯并嘧啶类药物活性化合物的 500 mol 量级合成 [13]。此外，以 Kawase 改良法为基础 [14]，实现了 β-分泌酶 1 (BACE 1) 抑制剂 **6** 的 (克级) 合成 (式 3)[15]。反常的 Dakin-West 反应也有报道[16]。

由于 Dakin-West 反应经历噁唑酮中间体,因此,即便从光学纯的 α-氨基酸出发,产物也是外消旋体。2016 年,Schreiner 小组报道了首例对映选择性 Dakin-West 反应,尽管产物的对映体过量 (ee 值) 只有 58%,经一次重结晶后,ee 值可提高到 84%(式 4)[17]。

参考文献

[1] Dakin, H. D.; West, R. *J. Biol. Chem.* **1928**, *78*, 91-104, 745-756, 757-764.

[2] Levene, P. A.; Steiger, R. E. *J. Biol. Chem.* **1927**, *74*, 689-693; **1928**, *79*, 95-103.

[3] Nicholson, J. W.; Wilson, A. D. *J. Chem. Edu.* **2004**, *81*, 1362-1366.

[4] Tran, K. V.; Bickar, D. *J. Org. Chem.* **2006**, *71*, 6640-6643.

[5] Buchanan, G. L. *Chem. Soc. Rev.* **1988**, *17*, 91-109. (综述)

[6] Dalla-Vechia, L.; Santos, V. G.; Godoi, M. N.; Cantillo, D.; Kappe, C. O.; Eberlin, M. N.; de Souza, R. O. M. A.; Miranda, L. S. M. *Org. Biomol. Chem.* **2012**, *10*, 9013-9020.

[7] Woodward, R. B.; Cava, M. P.; Ollis, W. D.; Hunger, A.; Daeneker, H. U.; Schenker, K. *Tetrahedron* **1963**, *19*, 247-288.

[8] Behbahani, F. K.; Daloee, T. S. *Monatsh Chem.* **2014**, *145*, 683-709. (综述)

[9] Vechia, L. D.; de Souza, R. O. M. A.; Miranda, L. S. M. *Tetrahedron* **2018**, *74*, 4359-4371. (综述)

[10] Casimir, J. R.; Turetta, C.; Ettouati, L.; Paris, J. *Tetrahedron Lett.* **1995**, *36*, 4797-4800.

[11] Baumann, M.; Baxendale, I. R. *J. Org. Chem.* **2016**, *81*, 11898-11908.

[12] Godfrey, A. G.; Brooks, D. A.; Hay, L. A.; Peters, M.; McCarthy, J. R.; Mitchell, D. *J. Org. Chem.* **2003**, *68*, 2623-2632.

[13] Fischer, R. W.; Misun, M. *Org. Process Res. Dev.* **2001**, *5*, 581-586.

[14] Kawase, M.; Saito, S.; Kurihara, T. *Chem. Pharm. Bull.* **2000**, *48*, 1338-1343.

[15] Allison, B. D.; Mani, N. S. *ACS Omega* **2017**, *2*, 397-408.

[16] Kawase, M.; Hirabayashi, M.; Koiwai, H.; Yamamoto, K.; Miyamae, H. *Chem. Commun.* **1998**, 641-642.
[17] Wende, R. C.; Seitz, A.; Niedek, D.; Schuler, S. M. M.; Hofmann, C.; Becker, J.; Schreiner, P. R. *Angew. Chem. Int. Ed.* **2016**, *55*, 2719-2723.

相关反应: Neber 重排

(黄培强)

Eglinton 偶联反应

Eglinton (埃格林顿) 偶联反应是指末端炔在化学计量的铜盐(II) 和吡啶的存在下的氧化偶联反应,用于对称二炔和环状二炔的合成 (式 1)[1,2]。

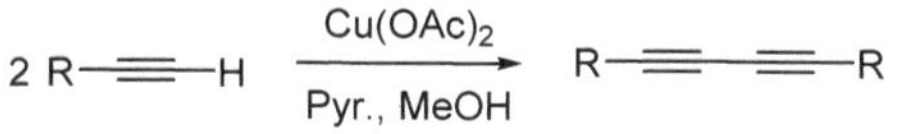

$$2 \text{ R}{\equiv\!\equiv}\text{H} \xrightarrow[\text{Pyr., MeOH}]{\text{Cu(OAc)}_2} \text{R}{\equiv\!\equiv\!\equiv\!\equiv}\text{R} \tag{1}$$

反应机理 (图 1):

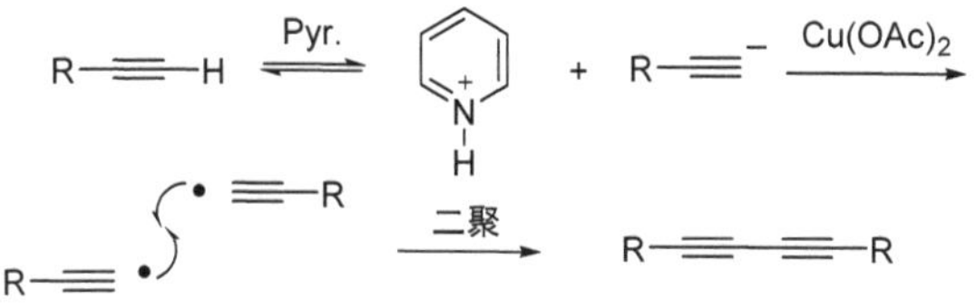

图 1 Eglinton 偶联反应的机理

相关反应为 Glaser 偶联反应、Hay 偶联反应 (使用催化量的铜盐) 和 Cadiot-Chodkiewicz 偶联反应 (非对称二炔的合成)。该反应被成功用于环状多炔化合物的合成 (式 2)[3]以及多聚炔化合物的合成 (式 3)[4]。

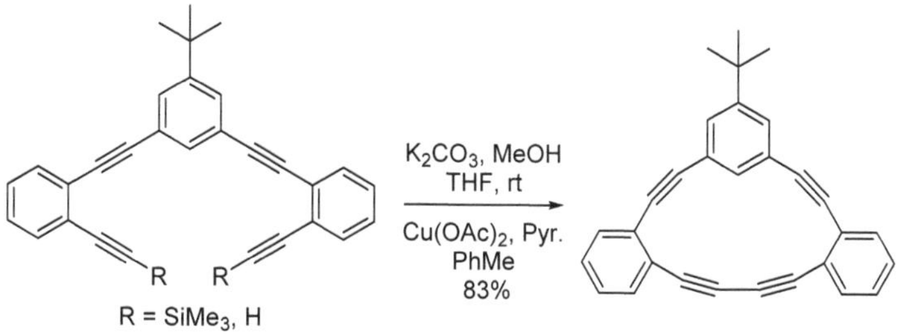

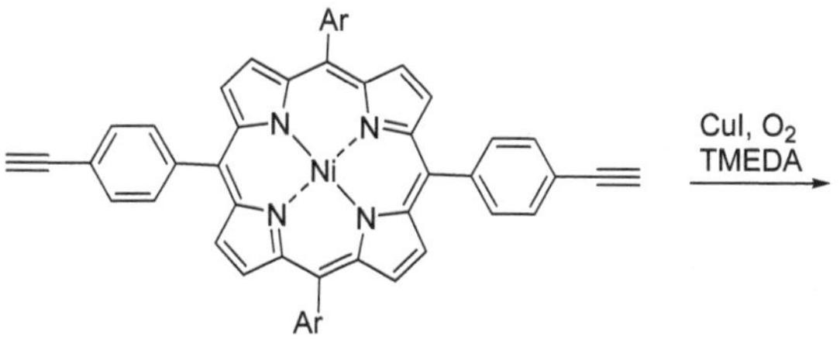

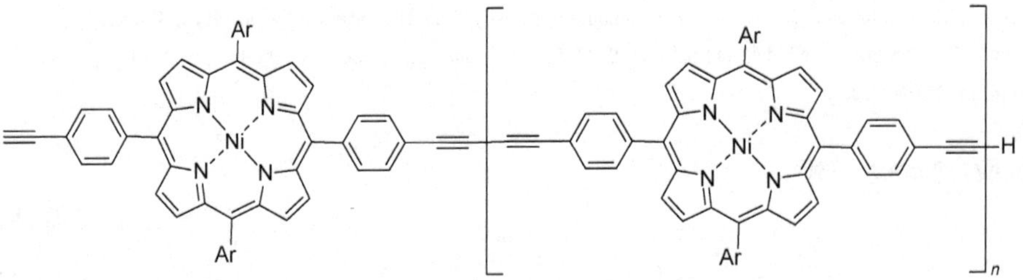

在合成手性氮杂冠醚的过程中,利用 Eglinton 偶联反应合成关键的二炔中间体 **1**,最终合成手性氮杂冠醚 (式 4)[5]。

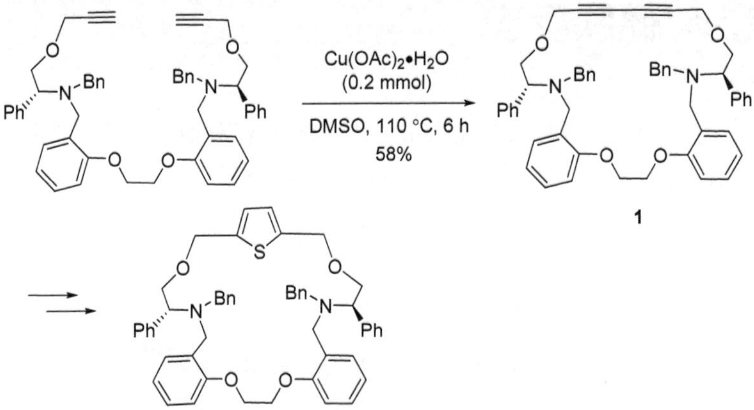

参考文献

[1] Eglinton, G.; Galbraith, A. R. *Proc. Chem. Soc.* **1957**, 350.
[2] Behr, O. M.; Eglinton, G.; Galbraith, A. R.; Raphael, R. A. *J. Chem. Soc.* **1960**, 3614-3625.
[3] Tobe, Y.; Kishi, J. Y.; Ohki, I.; Sonoda, M. *J. Org. Chem.* **2003**, *68*, 3330-3332.
[4] Rana, S.; Yamashita, K. I.; Sugiura, K. I. *Synthesis* **2016**, *48*, 2461-2465.
[5] Srinivasarao A, B. *Synlett* **2017**, 253-259.

(黄培强,卢广生)

Evans 不对称羟醛加成反应

1981 年,Evans 发展了基于 *N*-酰基-1,3-噁唑-2-酮 (**1**) 的不对称羟醛加成反应 (式 1)[1]。由于反应的非对映立体选择性高,从对映纯 α-氨基酸衍生而来的手性辅助基得且易于去除[2,3],这一方法被广泛应用于 β-羟基羰基化合物的不对称合成,可称之为 Evans

(埃文斯) 不对称羟醛加成反应。

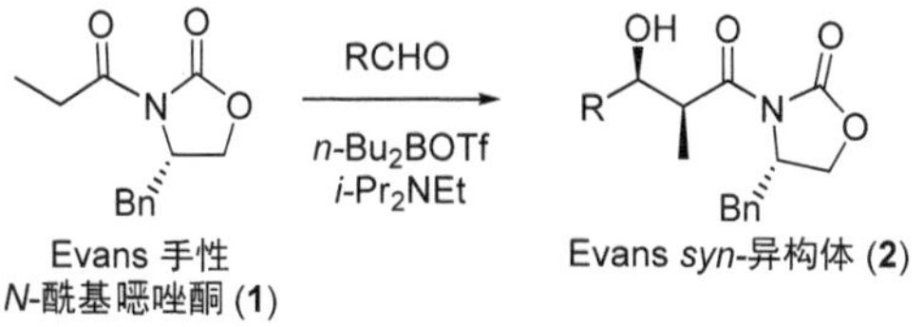

三氟甲磺酸甲硼酯催化的 Evans 羟醛加成反应生成可预测的主要立体异构体 **2**，称 Evans *syn*-产物 (式 2)。

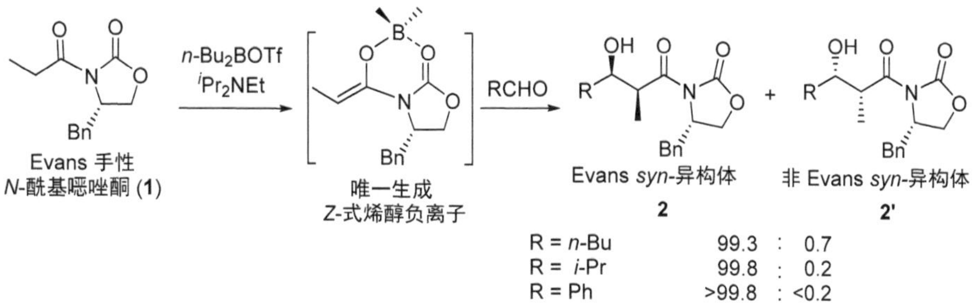

经多个课题组的努力，Evans 不对称羟醛加成反应已发展成完备的不对称羟醛加成方法学，通过选择不同的手性辅助基和反应条件 (Lewis 酸)，可得到任一立体异构体 (式 3)[4-10]。

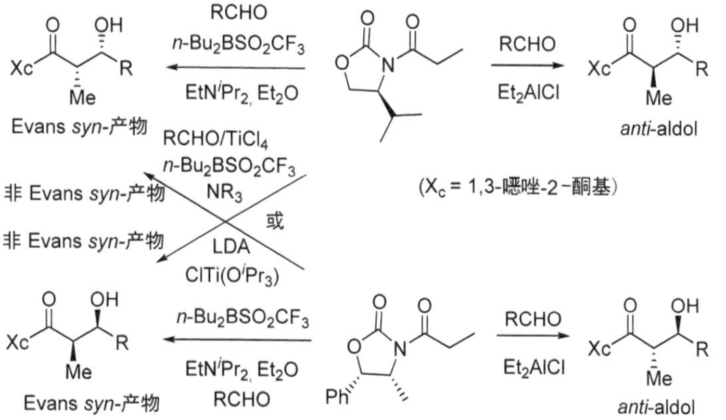

Evans 羟醛加成产物在碱性催化条件下水解形成 β-羟基羧酸 (式 4)，也可与其它亲核试剂反应形成 β-羟基羧酸衍生物，或还原为 1,3-二醇。

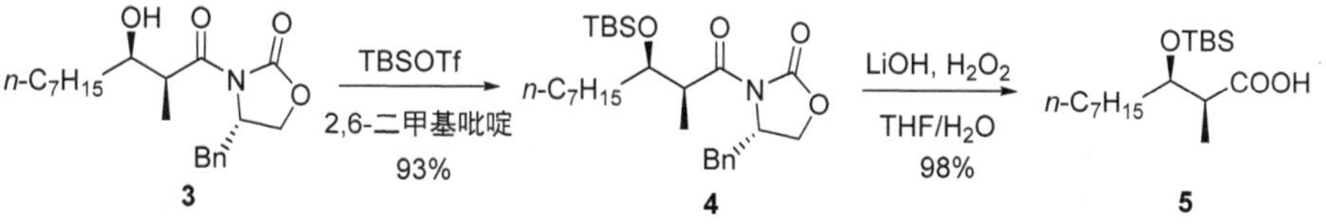

为便于在羟醛加成后除去手性辅助基，发展了手性噁唑硫酮 **6** 和噻唑硫酮 **7** 作为

Evans 手性辅助基的替代形式[11-15]。所生成的羟醛加成产物 9 更容易在碱性催化条件下水解形成 β-羟基羧酸，或与其它亲核试剂反应形成 β-羟基羧酸衍生物 10。最新的改进可用四氯化钛替代价昂的有机硼试剂而仍然生成 syn 产物 (式 5)[14]。

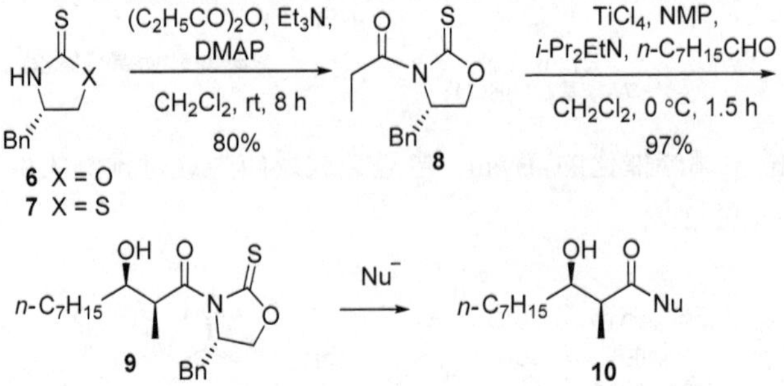

由于手性 β-羟基羰基化合物及其还原形式 1,3-二醇片段广泛存在于复杂天然产物中，因而 Evans 羟醛加成及其改进形式在复杂天然产物全合成中获得广泛应用[16]。从式 6 关于天然产物 FD-891 (11) 的逆合成分析[17]可以看出 Evans 羟醛加成及其改良方法 (三次用到) 在天然产物合成中的重要性。

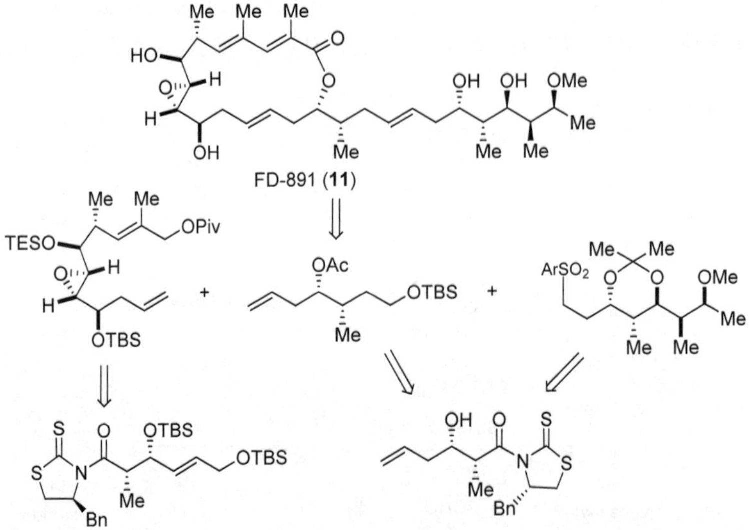

尽管业已发展了许多催化不对称羟醛加成方法，基于手性辅助基的 Evans 不对称羟醛加成反应至今仍因其可靠和可立体化学预测性而被广泛用于天然产物的全合成[18-20]。

参考文献

[1] Evans, D. A.; Nelson, J. V.; Vogel, E.; Taber, T. R. *J. Am. Chem. Soc.* **1981**, *103*, 3099-3111.

[2] Gage, R. J.; Evans, D. A. *Org. Synth.* **1990**, *68*, 77; Coll. Vol. **1993**, *8*, 528.

[3] Gage, R. J.; Evans, D. A. *Org. Synth.* **1990**, *68*, 83; Coll. Vol. **1993**, *8*, 339.

[4] Evans, D. A.; Takacs, J. M.; Mcgee, L. R.; Ennis, M. D.; Mathre, D. J.; Bartroli, J. *Pure. Appl. Chem.* **1981**, *53*, 1109-1127. (综述)

[5] Evans, D. A. *Aldrichimaca Acta* **1982**, *15*, 23-32. (综述)

[6] Hoveyda, A. H.; Evans, D. A.; Fu, G. C. *Chem. Rev.* **1993**, *93*, 1307-1370. (综述)

[7] Franklin, A. S.; Paterson, I. *Contemp. Org. Synth.* **1994**, *1*, 317-338. (综述)

[8] Cowden, C. J.; Paterson, I. *Org. React.* **1997**, *51*, 1-20. (综述)

[9] Saito, S.; Yamamoto, H. *Chem. Eur. J.* **1999**, *5*, 1959-1962. (综述)

[10] Arya, P.; Qin, H. *Tetrahedron* **2000**, *56*, 917-947. (综述)

[11] Nagao, Y.; Hagiwara, Y.; Kumagai, T.; Ochiai, M.; Inoue, T.; Hashimoto, K.; Fujita, E. *J. Org. Chem.* **1986**, *51*, 2391-2393.

[12] Crimmins, M. T.; King, B. W.; Tabet, E. A. *J. Am. Chem. Soc.* **1997**, *119*, 7883-7884.

[13] Crimmins, M. T.; King, B. W.; Tabet, E. A.; Chaudhary, K. *J. Org. Chem.* **2001**, *66*, 894-902.

[14] Crimmins, M. T.; She, J. *Synlett* **2004**, 1371-1374.

[15] Wu, Y. K.; Yang, Y. Q.; Hu, Q. *J. Org. Chem.* **2004**, *69*, 3990-3992.

[16] Heravi, M. M.; Zadsirjan, V. *Tetrahedron: Asymmetry* **2013**, *24*, 1149-1188.

[17] Crimmins, M. T.; Caussanel, F. *J. Am. Chem. Soc.* **2006**, *128*, 3128-3129.

[18] Kobayashi, T.; Tanaka, K.; Ishida, M.; Yamakita, N.; Abe, H.; Ito, H. *Chem. Commun.* **2018**, *54*, 10316-10319.

[19] Chen, P.; Huo, L.; Li, H.-L.; Liu, L.; Yuan, Z.-Y.; Zhang, H.; Feng, S.-B.; Xie, X.-G.; Wang, X.-L.; She, X.-G. *Org. Chem. Front.* **2018**, *5*, 1124-1128.

[20] Yan, J.-L.; Cheng, Y.-Y.; Chen, J.; Ratnayake, R.; Dang, L. H.; Luesch, H.; Guo, Y.-A.; Ye, T. *Org. Lett.* **2018**, *20*, 6170-6173.

（黄培强）

Friedel-Crafts 反应

Friedel-Crafts（傅瑞德尔-克拉夫兹）反应（简称傅-克反应）是指芳香化合物在酸 (Lewis 酸或质子酸) 催化下与卤代烃和酰卤等亲电试剂作用，在芳环上导入烷基或酰基的反应，分为 Friedel-Crafts 烷基化反应和 Friedel-Crafts 酰基化反应。Friedel-Crafts 反应属于芳香亲电取代反应，是芳香化合物由 C–H 键形成 C–C 键的最重要方法之一，C. Friedel 和 J. M. Crafts 于 1877 年首次报道了该反应[1,2]。

傅-克烷基化反应（式 1）：

$$\text{Ph-H} + \text{R-Cl} \xrightarrow{\text{Cat.}} \text{Ph-R} \quad (1)$$

傅-克酰基化反应（式 2）：

$$\text{Ph-H} + \text{R-COCl} \xrightarrow{\text{Cat.}} \text{Ph-COR} \quad (2)$$

（1）傅-克烷基化反应

在酸催化下，芳香化合物与卤代烃、醇、烯或环氧类化合物等发生亲电取代反应，得到芳烃的烷基化产物。举例如下（式 3~式 6）：

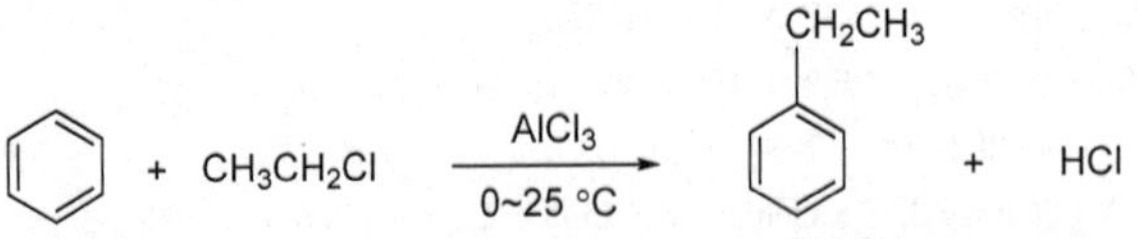

$$\text{C}_6\text{H}_6 + \text{CH}_3\text{CH}_2\text{Cl} \xrightarrow[0\sim25\ ^\circ\text{C}]{\text{AlCl}_3} \text{C}_6\text{H}_5\text{CH}_2\text{CH}_3 + \text{HCl} \quad (3)$$

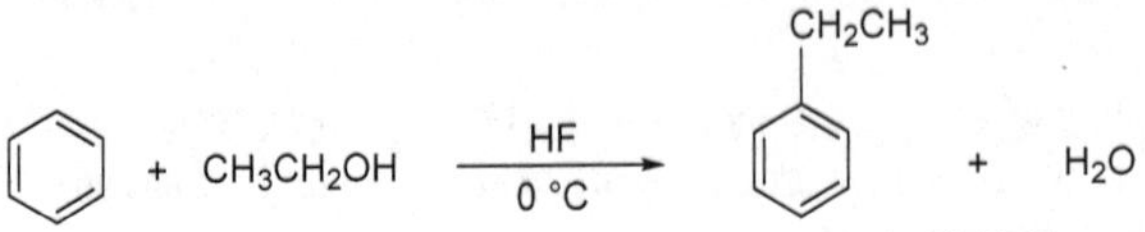

$$\text{C}_6\text{H}_6 + \text{CH}_3\text{CH}_2\text{OH} \xrightarrow[0\ ^\circ\text{C}]{\text{HF}} \text{C}_6\text{H}_5\text{CH}_2\text{CH}_3 + \text{H}_2\text{O} \quad (4)$$

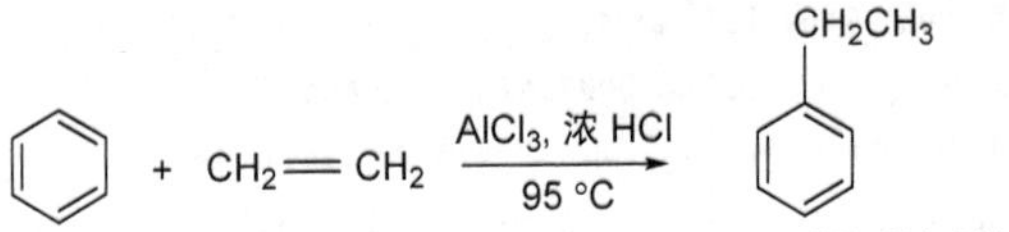

$$\text{C}_6\text{H}_6 + \text{CH}_2=\text{CH}_2 \xrightarrow[95\ ^\circ\text{C}]{\text{AlCl}_3,\ \text{浓 HCl}} \text{C}_6\text{H}_5\text{CH}_2\text{CH}_3 \quad (5)$$

$$\text{C}_6\text{H}_6 + \text{H}_2\text{C}-\text{CH}_2\text{(环氧)} \xrightarrow{\text{AlCl}_3,\ \text{H}_2\text{O}} \text{C}_6\text{H}_5\text{CH}_2\text{CH}_2\text{OH} \quad (6)$$

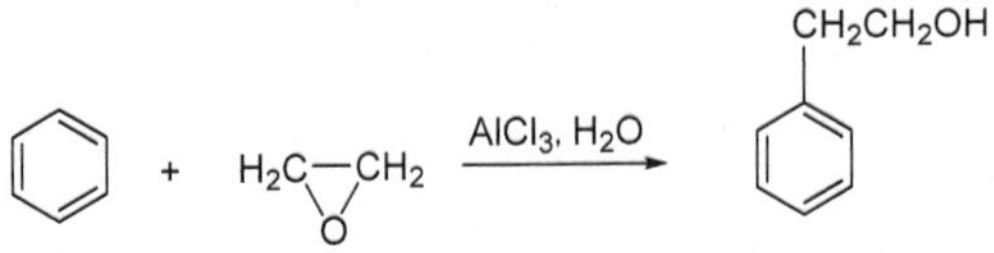

傅-克烷基化反应常用的催化剂有 $AlCl_3$、$FeCl_3$、$SnCl_4$、BF_3、$TiCl_4$、$ZnCl_2$ 等 Lewis 酸以及 HF、H_2SO_4、H_3PO_4 等质子酸。两类催化剂的活性由大到小的顺序大致如此。

反应机理（图 1）为卤代烃等烷基化试剂在 Lewis 酸作用下形成烷基碳正离子，作为亲电试剂进攻芳环，形成的中间体 σ-配合物失去一个质子得到芳烃烷基化产物。

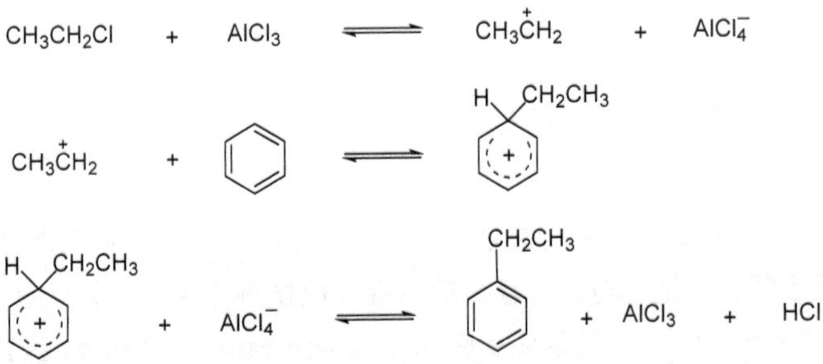

$$\text{CH}_3\text{CH}_2\text{Cl} + \text{AlCl}_3 \rightleftharpoons \text{CH}_3\overset{+}{\text{CH}}_2 + \text{AlCl}_4^-$$

$$\text{CH}_3\overset{+}{\text{CH}}_2 + \text{C}_6\text{H}_6 \rightleftharpoons [\sigma\text{-complex}]^+$$

$$[\sigma\text{-complex}]^+ + \text{AlCl}_4^- \rightleftharpoons \text{C}_6\text{H}_5\text{CH}_2\text{CH}_3 + \text{AlCl}_3 + \text{HCl}$$

图 1 傅-克烷基化反应的机理

目前，活泼芳香 C–H 键对亲电试剂（如羰基化合物、亚胺、α,β-不饱和羰基化合物等）的加成生成新 C–C 键的反应也被归属为傅-克烷基化反应。其反应历程中并不包括碳正离子的形成。另外，亲电试剂也可扩展到其它的正离子，如芳香化合物与硅正离子的反应被称为傅-克硅基化反应[3]。

芳香化合物的反应活性可以利用其亲核性参数加以判断[4]。

烷基亲电试剂进攻芳环时，遵从苯环上的取代基定位效应。当在芳环上引入一个烷基后，由于烷基使芳香环的活性增加，傅-克烷基化反应可得到多取代产物的混合物（式 7）。

傅-克烷基化反应常伴随碳正离子的重排反应。如果反应中产生的烷基碳正离子与芳环的反应速度较慢，烷基碳正离子将先重排为稳定的碳正离子，而后与芳环发生反应。

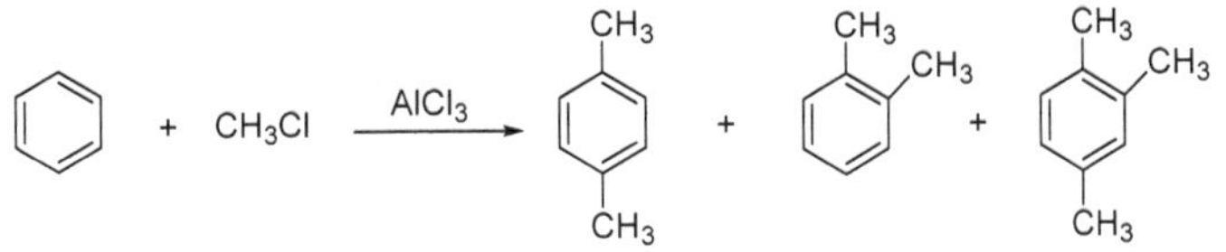

+ CH3Cl
AlCl3
CH3
CH3
+
CH3
CH3
+
CH3
CH3
CH3

(7)

傅-克烷基化反应是可逆反应，催化剂对逆反应也具有催化作用。

根据芳香化合物被取代氢的活性、烷基化试剂的种类，控制反应条件，选择合适的催化剂，可以使傅-克烷基化反应具有很高的产率和选择性。

傅-克烷基化反应的重要用途之一是合成芳香环状化合物，如式 8 所示[5]：

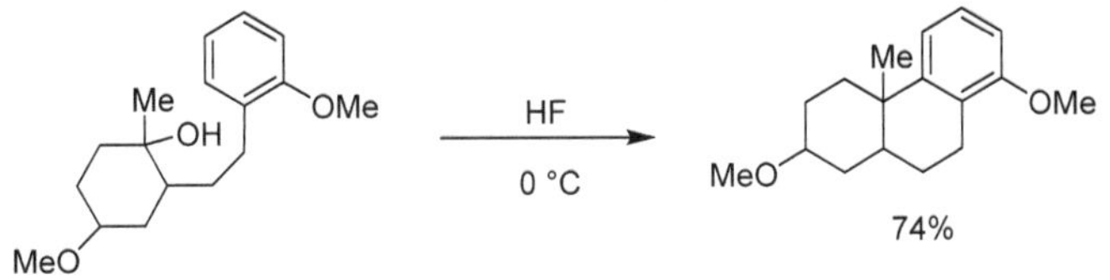

Me
OH
OMe
MeO
HF
0 °C
Me
OMe
MeO
74%

(8)

在手性 Lewis 酸如 $Cu(OTf)_2$/手性噁唑啉催化下，富电子芳香化合物可与羰基化合物或亚胺等亲电试剂发生不对称傅-克烷基化反应 (式 9)[6]。利用无溶剂反应，可使活性相对较低的苯甲醚与三氟酮酯的反应得以加速并降低催化剂用量 (式 10)[7]。

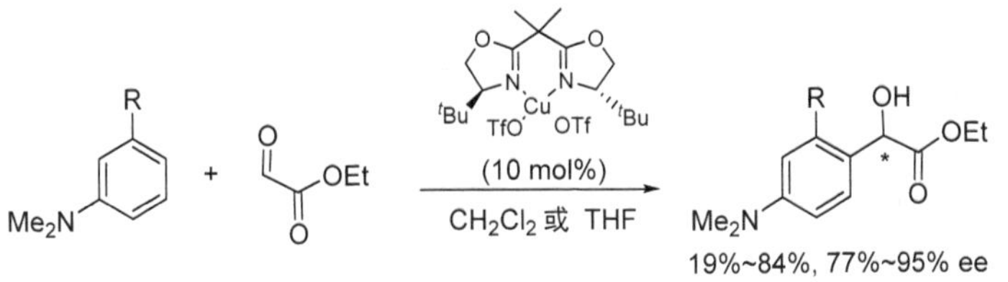

R
Me2N
+
OEt
tBu
Cu
TfO
OTf
tBu
(10 mol%)
CH2Cl2 或 THF
R
OH
OEt
Me2N
19%~84%, 77%~95% ee

(9)

OR
R'
+
F3C
OEt
Ph
Ph
Ph
Ph
Cu
TfO
OTf
(0.01~1 mol%)
无溶剂
R=Me, R'=H: 90%, 90% ee
OR
R'
F3C
OH
CO2Et
55%~98%
90%~93% ee

(10)

由联萘酚衍生的手性磷酸具有强的酸性和良好的手性环境，是不对称傅-克烷基化反应的高效催化剂，例如吲哚和醛亚胺在手性磷酸的催化下，可以高达 98% ee 获得吲哚 3-位烷基化产物 (式 11)[8]。

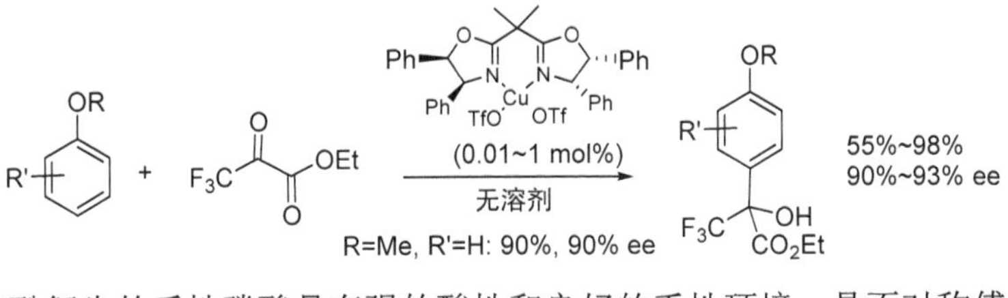

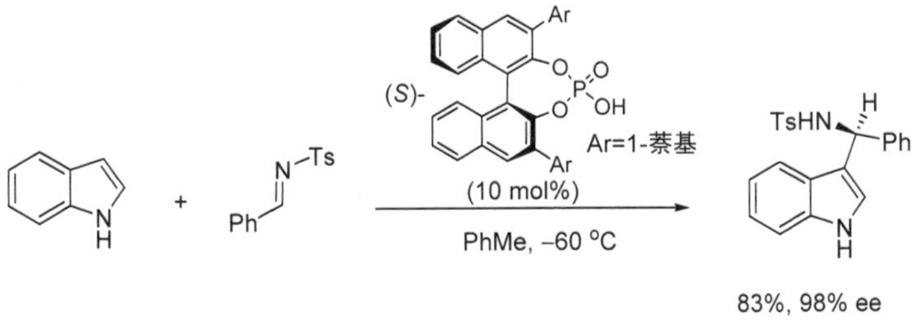

Ar
(S)-
O
O
P
O
OH
Ar
Ar=1-萘基
(10 mol%)
PhMe, −60 °C
N
H
+
N
Ts
Ph
TsHN
H
Ph
N
H
83%, 98% ee

(11)

以氢键活化模式作用的有机催化剂如手性硫脲类也被广泛应用于不对称傅-克烷基化反应 (式 12)。酚类化合物具有多个亲核位点，进行傅-克反应时既可能有 *O*-烷基化产物，也可能有 *C*-烷基化产物。利用双官能团的叔胺-硫脲类有机分子催化，酚羟基可与有机小分子催化剂中的 Lewis 碱部分形成氢键而有利于反应的不对称诱导[9]。

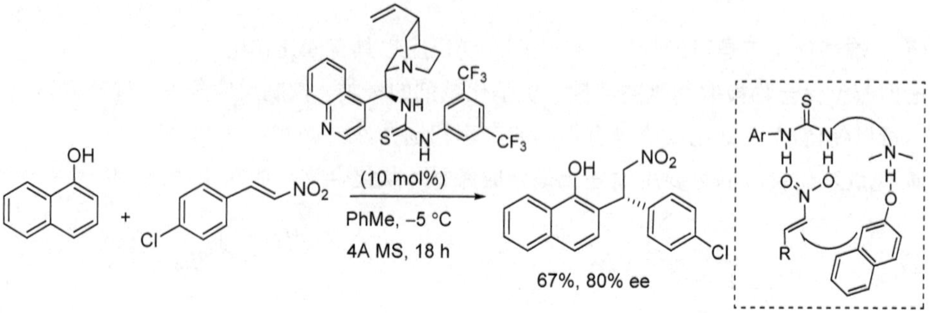

$$\text{(12)}$$

在苯酚与三氟酮酯的反应中，利用不同的催化体系，可以使反应区域选择性地发生在邻位或对位 (式 13)[10]。

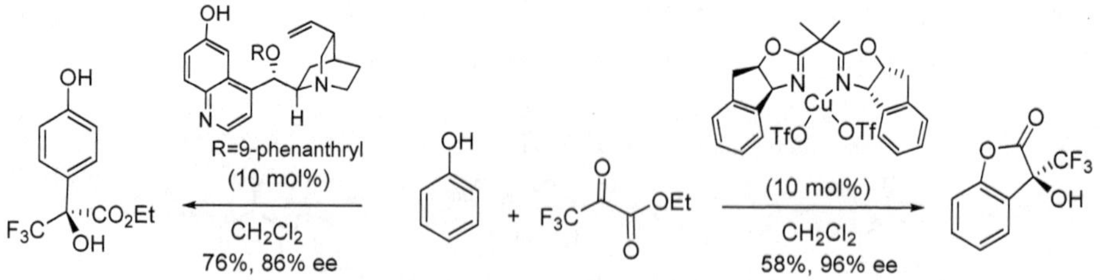

$$\text{(13)}$$

以亚胺正离子活化的手性胺类催化剂，可以有效催化富电子 (杂) 芳香化合物与羰基类以及 α,β-不饱和羰基化合物的不对称傅-克烷基化反应。在下列手性二级胺催化下，吡咯与 α,β-不饱和醛发生不对称的 1,4-加成而不是 1,2-加成 (式 14)[11]。

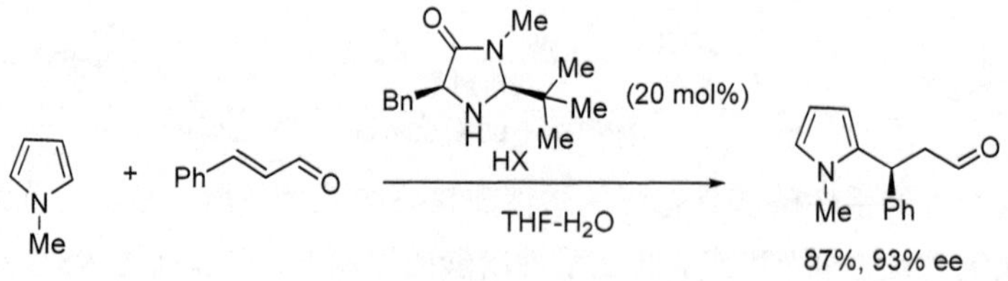

$$\text{(14)}$$

（2）傅-克酰基化反应

在酸催化剂存在下，芳香化合物与酰卤、酸酐、羧酸等酰基化试剂发生亲电取代反应，在芳环上导入酰基 (式 15~式 17)。傅-克酰基化反应是制备芳香酮的重要方法[2,12]。

$$\text{(15)}$$

$$\text{benzene} + \text{succinic anhydride} \xrightarrow{\text{AlCl}_3} \text{PhCOCH}_2\text{CH}_2\text{CO}_2\text{H} \tag{16}$$

$$\text{2-(phenylamino)benzoic acid} \xrightarrow{\text{H}_2\text{SO}_4} \text{acridone} + \text{H}_2\text{O} \tag{17}$$

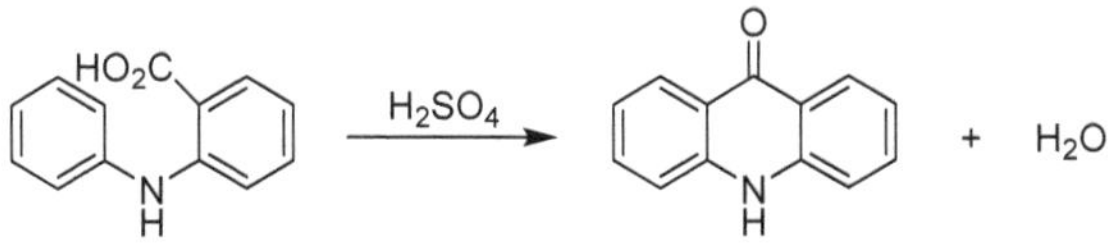

傅-克酰基化反应的历程 (图 2) 与傅-克烷基化反应相似。在催化剂作用下，酰基化试剂首先生成酰基正离子，然后和芳环发生亲电取代反应。但是，与烷基化反应的不同之处在于，酰基正离子比较稳定，傅-克酰基化反应不发生重排和异构化作用。另外，酰基化反应是不可逆的，并且由于酰基是芳环的钝化基团，因此酰基化反应一般得到的是单取代产物。

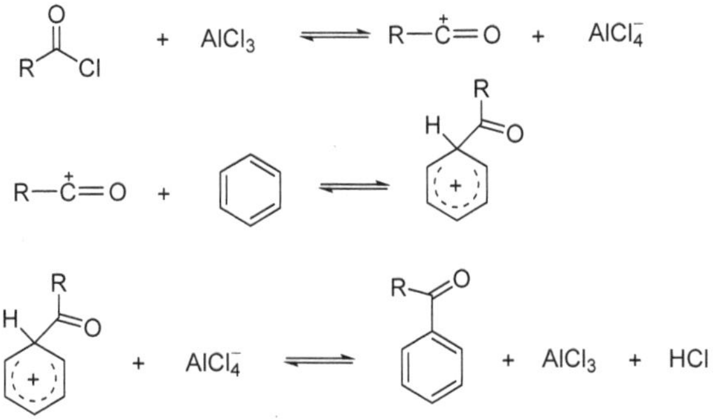

$$\text{R-COCl} + \text{AlCl}_3 \rightleftharpoons \text{R-C}^+\text{=O} + \text{AlCl}_4^-$$

$$\text{R-C}^+\text{=O} + \text{C}_6\text{H}_6 \rightleftharpoons \text{[arenium ion]}$$

$$\text{[arenium ion]} + \text{AlCl}_4^- \rightleftharpoons \text{ArCOR} + \text{AlCl}_3 + \text{HCl}$$

图 2 傅-克酰基化反应的机理

异氰酸酯也可作为酰基化试剂应用于芳香甲酰胺类化合物的合成，如 lycoricidine 生物碱的合成 (式 18)[13]。

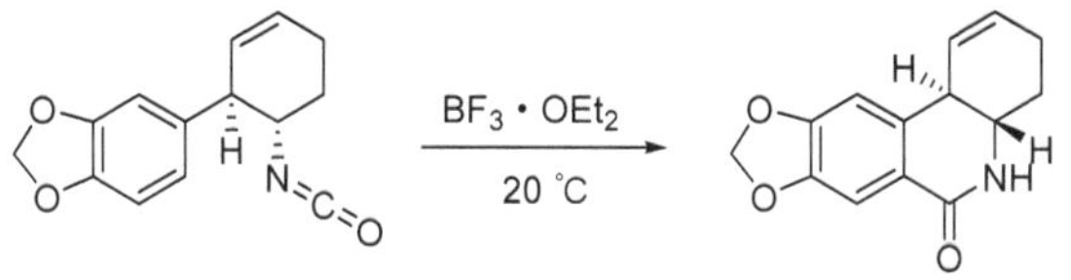

$$\text{aryl isocyanate substrate} \xrightarrow[20\ ^\circ\text{C}]{\text{BF}_3 \cdot \text{OEt}_2} \text{lycoricidine intermediate} \tag{18}$$

在 Lewis 酸作用下，苯等芳香化合物与一氧化碳和氯化氢的混合气体发生经由甲酰氯的傅-克酰基化反应 (式 19)，可得到芳香醛产物 (Gattermann-Koch 反应)[14]。

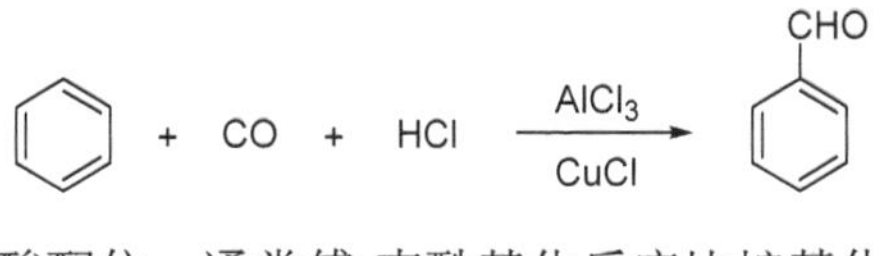

$$\text{C}_6\text{H}_6 + \text{CO} + \text{HCl} \xrightarrow[\text{CuCl}]{\text{AlCl}_3} \text{PhCHO} \tag{19}$$

由于羰基与 Lewis 酸配位，通常傅-克酰基化反应比烷基化反应所需的催化剂用量大得多。发展新的催化体系，利用纳米技术或微波促进可以使傅-克酰基化的反应条件更温和、更高效。利用固体酸催化剂如沸石、杂多酸、Nafion 和金属氧化物，以及 Lewis 酸/离子液体，可实现催化剂的循环使用[12]。式 20 中采用的固体酸催化剂 $\text{AlPW}_{12}\text{O}_{40}$ 可多次重复使用[15]。

$$\text{Ar-H} + \text{Ac}_2\text{O}\ (2\ \text{equiv}) \xrightarrow[60\sim70\ ^\circ\text{C},\ 0.25\sim6\ \text{h}]{\text{AlPW}_{12}\text{O}_{40}\ (3\ \text{mol\%})} \text{H}_3\text{C-CO-Ar} \quad (20)$$

参考文献

[1] Friedel, C.; Crafts, J. M. *Compt. Rend.* **1877**, 1450.

[2] Price, C. C. *Org. React.* **1946**, *3*, 1. (b) Gore, P. *Chem. Rev.* **1955**, *55*, 229. (c) *Friedel-Crafts Chemistry*; Olah, G. A., Ed.; Wiley: New York, **1973**.

[3] Bähr S.; Oestreich, M. *Angew. Chem. Int. Ed.* **2017**, *56*, 52.

[4] (a) Wang, C.; Fu, Y.; Guo,Q.X.; Liu,L., *Chem. Eur. J.* **2010**, *16*, 2586. (b) Pratihar, S.; Roy,S., *J. Org. Chem.* **2010**, *75*, 4957.

[5] Renfrowa,W. B.;Renfrowa, A.;Shoun, E.; Sears, C. A. *J. Am. Chem. Soc.* **1951**, *73*, 317.

[6] (a) Gathergood, N.; Zhuang, W.;Jørgensen, K. A. *J. Am. Chem. Soc.* **2000**, *122*, 12517. (b) Bandini, M.; Melloni, A.; Umani-Ronchi, A. *Angew. Chem. Int. Ed.* **2004**, *43*, 550. (c) Thomas B. Poulsen, T. B.; Jørgensen, K. A. *Chem. Rev.* **2008**, *108*, 2903.

[7] Zhao, J. L.; Liu, L.; Sui, Y.; Liu, Y. L.; Wang, D.; Chen, Y. J. *Org. Lett.* **2006**, *8*, 6127.

[8] Kang, Q.; Zhao, Z.-A.; You, S.-L. *J. Am. Chem. Soc.* **2007**, *129*, 1484. (b) Terrasson, V.; De Figueiredo, R. M.; Campagne, J. K. *Eur. J. Org. Chem.* **2010**, 2635. (c) You, S.-L.; Cai, Q.; Zeng, M. *Chem. Soc. Rev.* **2009**, *38*, 2190.

[9] (a) Liu, T.-Y.; Cui, H.-L.; Chai, Q.; Long, J.; Li, B.-J.; Wu, Y.; Ding, L.-S.; Chen, Y.-C. *Chem. Commun.* **2007**, 2228. (b) Montesinos-Magraner, M.; Vila, C.; Blay, G.; Pedro, J. R. *Synthesis* **2016**, *48*, 2151.

[10] Zhao, J.-L.; Liu, L.; Gu, C.-L.; Wang, D.; Chen, Y.-J. *Tetrahedron Lett.* **2008**, *49*, 1476. (b) Ren, H.; Wang, P.; Wang, L.; Tang, Y. *Org. Lett.* **2015**, *17*, 4886.

[11] Paras, N. A.; MacMillan, D. W. C. *J. Am. Chem. Soc.* **2001**, *123*, 4370.

[12] G. Sartori, R. Maggi, *Chem. Rev.* **2011**, *111*, PR181-PR214.

[13] Ohta, S.; Kimoto, S. *Tetrahetron Lett.* **1975**, 2279.

[14] Gattermann, L.; Koch, J. A. *Ber.* **1897**, 30, 1622. (b) Tanaka, M.; Fujiwara, M.; Xu, Q.; Souma, Y.; Ando, H.; Laali, K. K., *J. Am. Chem. Soc.* **1997**, *119*, 5100.

[15] Firouzabadi, H.; Iranpoor, N.; Nowrouzi, F. *Tetrahedron* **2004**, *60*, 10843.

（刘利，王东，程靓）

Fukuyama 偶联反应

Fukuyama（福山）偶联反应乃钯催化下有机锌试剂与硫代酯偶联生成酮的反应（式 1）[1]，是把羧酸或酯间接转化为酮的方法之一[2]。

$$\text{R-CO-SEt} + \text{R'ZnI} \xrightarrow[\text{PhMe}]{\text{PdCl}_2(\text{PPh}_3)_2\ (\text{cat.})} \text{R-CO-R'} \quad (1)$$

Fukuyama 偶联反应的催化循环示于图 1：

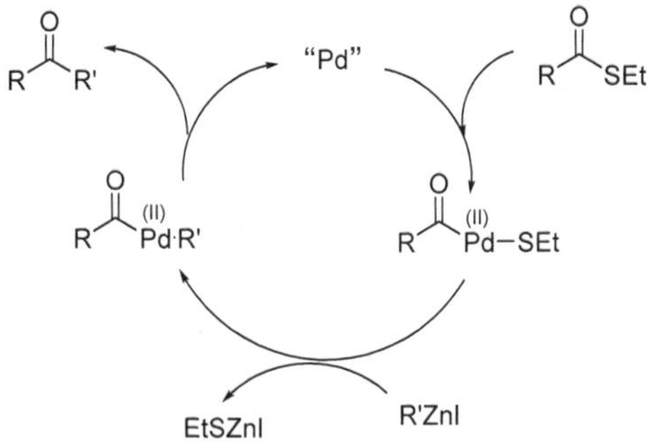

图 1 Fukuyama 偶联反应的催化循环

由于有机锌试剂的活性较低,因而该反应条件温和,许多官能团不受影响。例如,可用于从 α-氨基酸合成 α-氨基酮而避免发生外消旋化。

Fukuyama 偶联反应的一个重要优化是发展了无膦反应条件[3-6]。Seki 小组首先于 2003 年报道了 $Pd(OH)_2/C$ (Pearlman 催化剂) 在催化 Fukuyama 偶联等偶联反应时表现出高催化活性 (式 2)[3]。随后,在 (+)-生物素 (3) 关键中间体 2 的合成中,该课题组发现通过 $Pd(OAc)_2$ 与锌粉-溴组合,可在极低量的 Pd (0.01 mol%,TON = 6800) 存在下,把 γ-硫代丁内酯 1 高产率地转化为烯基硫醚 2 (式 3)[4]。2010 年,陈芬儿通过 Hoffmann-Roche 公司的 γ-硫代丁内酯策略,基于对映选择性醇解和 10% Pd/C 催化的 Fukuyama 偶联反应,建立了 (+)-生物素 (3) 的不对称合成路线,总产率高达 35%[5]。

$$R^1COSR^3 + IZn\text{-}(CH_2)_4\text{-}CO_2Et \xrightarrow[\text{THF, 甲苯}]{\text{Pd 催化剂}} R^1CO\text{-}(CH_2)_4\text{-}CO_2Et \quad (2)$$
(2 equiv) DMF, rt

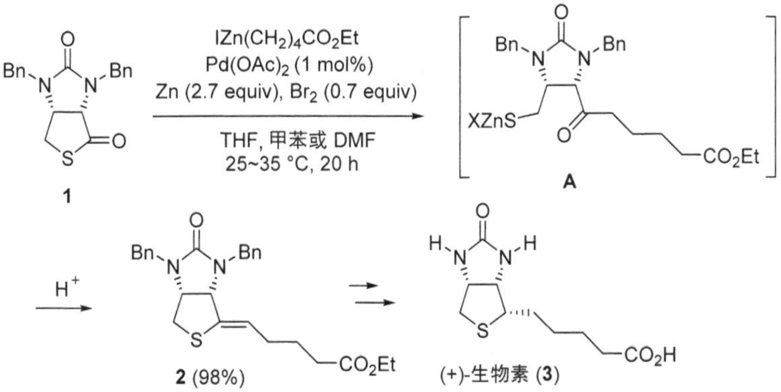

2014 年,Reisman 小组的工作表明,仲烷基有机锌试剂也可用于 Fukuyama 偶联反应 (式 4)[7]。

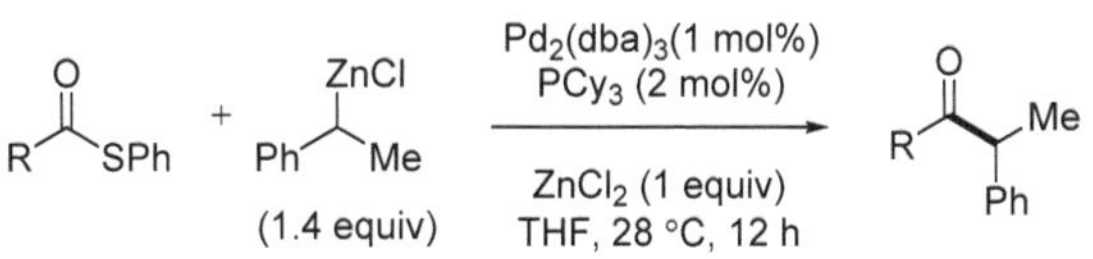

最近，Maulide 小组在对映选择性 Fukuyama 偶联反应取得突破，实现了硫代酯与苄基型仲烷基有机锌试剂的催化对映选择性偶联，以良好的产率和高对映选择性得到 α-取代酮 (式 5)[8]。

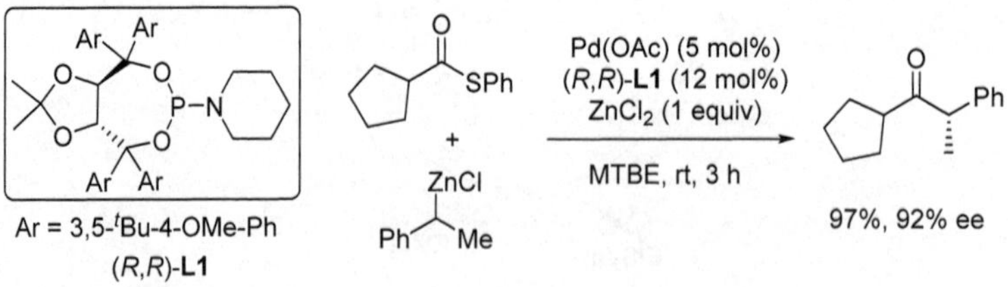

$$\text{(5)}$$

Fukuyama 小组对 phomoidride B 的全合成极好地展示了 Fukuyama 偶联反应在复杂天然产物全合成中的价值。该反应被成功用于全合成的倒数第二步，即官能团密集的中间体 **4**，偶联反应的产率达 78% (式 6)[9]。

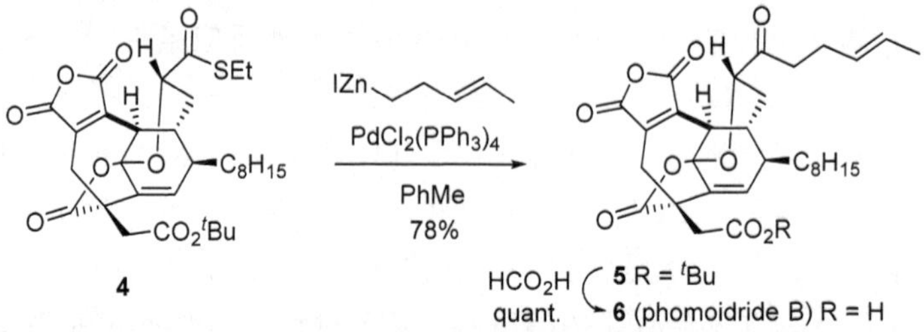

$$\text{(6)}$$

2016 年，Kishi 和 Lee 进一步发展了 Fukuyama 偶联反应。他们首先发展了两种现场生成烷基锌试剂的方法，进而建立了卤代烷烃与硫代酯的一瓶偶联方法。通过展示复杂卤代烷烃 **7** 与复杂硫代酯 **8** 间偶联反应的可靠性 (偶联产物 **9** 的产率高达 82%) (式 7)，提出了基于这一偶联反应的"后期偶联汇聚全合成策略"[10]。

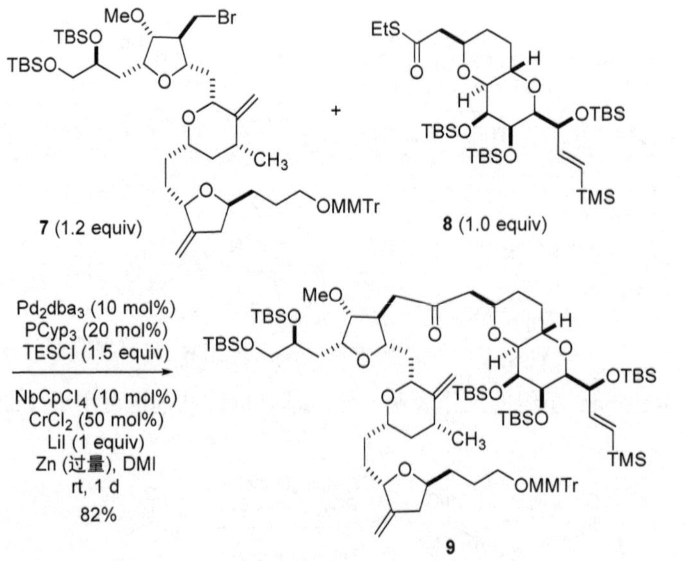

$$\text{(7)}$$

参考文献

[1] Tokuyama, H.; Yokoshima, S.; Yamashita, T.; Fukuyama, T. *Tetrahedron Lett.* **1998**, *39*, 3189-3192.
[2] Fukuyama, T.; Tokuyama, H. *Aldrichimica Acta* **2004**, *37*, 87-96.
[3] Mori, Y.; Seki, M. *J. Org. Chem.* **2003**, *68*, 1571-1574.
[4] Mori, Y.; Seki, M. *Synlett* **2005**, 2233-2235.
[5] Xiong, F.; Chen, X.-X.; Chen, F.-E. *Tetrahedron: Asymmetry* **2010**, *21*, 665-669.
[6] Kunchithapatham, K.; Eichman, C. C.; Stambuli, J. P. *Chem. Commun.* **2011**, *47*, 12679-12681.
[7] Cherney, A. H.; Reisman, S. E. *Tetrahedron* **2014**, *70*, 3259-3265.
[8] Oost, R.; Misale, A.; Maulide, N. *Angew. Chem. Int. Ed.* **2016**, *55*, 4587-4590.
[9] Hayashi, Y.; Itoh, T.; Fukuyama, T. *Org. Lett.* **2003**, *5*, 2235-2238.
[10] Lee, J. H.; Kishi, Y. *J. Am. Chem. Soc.* **2016**, *138*, 7178-7186.

相关反应：Weinreb 酰胺

（黄培强，霍浩华）

Glaser 偶联反应和 Glaser-Hay 偶联反应

Glaser (格拉泽) 偶联反应是指在氧气氛下，末端炔在铜盐催化下的偶联反应 (式 1)，用于合成对称或环状二炔[1]。该反应的机理与 Eglinton 偶联反应类似，不同的是在 Glaser 偶联反应中，Cu(Ⅰ) 是催化量的，它可在催化循环中通过氧气氧化再生。与 Glaser 偶联反应相比，Hay (海伊) 偶联反应[2]所用的 CuCl-TMEDA 可溶于许多溶剂 (式 2)，因而更为灵活多用。

$$2\ R\!\!-\!\!\!\equiv\!\!\!-\!\!H \xrightarrow[O_2]{Cu(I)\ (cat.)} R\!\!-\!\!\!\equiv\!\!\!-\!\!\!\equiv\!\!\!-\!\!R \qquad (1)$$

$$2\ R\!\!-\!\!\!\equiv\!\!\!-\!\!H \xrightarrow[O_2]{CuCl\cdot TMEDA\ (cat.)} R\!\!-\!\!\!\equiv\!\!\!-\!\!\!\equiv\!\!\!-\!\!R \qquad (2)$$

微波可促进 Glaser 偶联反应[3]，Glaser 偶联反应也可在超临界二氧化碳[4]中进行。相关反应为 Cadiot-Chodkiewicz 偶联反应（非对称二炔的合成）。通过临时共价形成的模板进行分子内 Glaser 偶联反应，可高产率地得到大环化产物[5]。

Ni(Ⅱ)-Cu(Ⅰ) 催化体系应用于 Glaser-Hay (格拉泽-海伊) 偶联反应，可以实现 [2]轮烷的化学计量合成 (式 3)[6]。

近年的重要进展是，通过对 Glaser-Hay 偶联反应催化体系的改良 (式 4~式 6)，例如使用 Au(Ⅱ)-Phen[7]、Cu⁰-TMEDA[8]、Ni(Ⅱ)-Ag(Ⅰ)[9]等体系，可以进行两个不同炔的交叉偶联，化学选择性地合成非对称二炔。

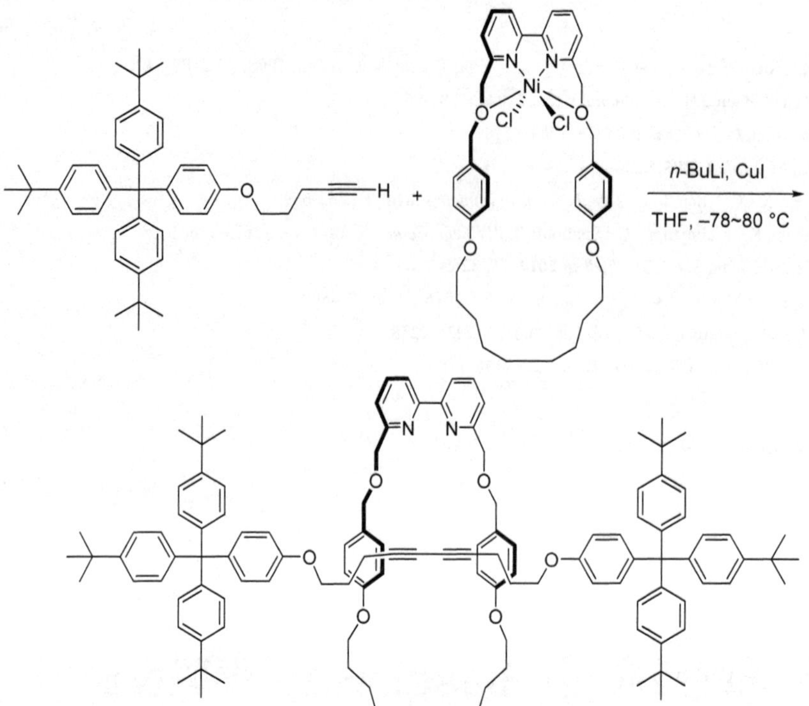

(3)

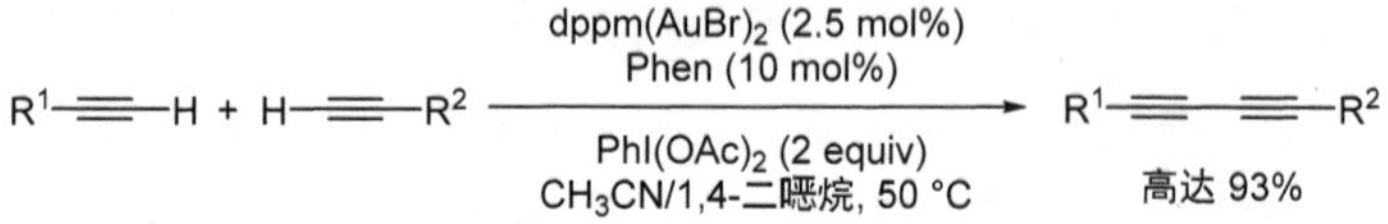

$$R^1{-}{\equiv}{-}H + H{-}{\equiv}{-}R^2 \xrightarrow[\text{CH}_3\text{CN/1,4-二噁烷, 50 °C}]{\text{dppm(AuBr)}_2 \text{ (2.5 mol\%)} \atop \text{Phen (10 mol\%)} \atop \text{PhI(OAc)}_2 \text{ (2 equiv)}} R^1{-}{\equiv}{-}{\equiv}{-}R^2 \quad \text{高达 93\%} \quad (4)$$

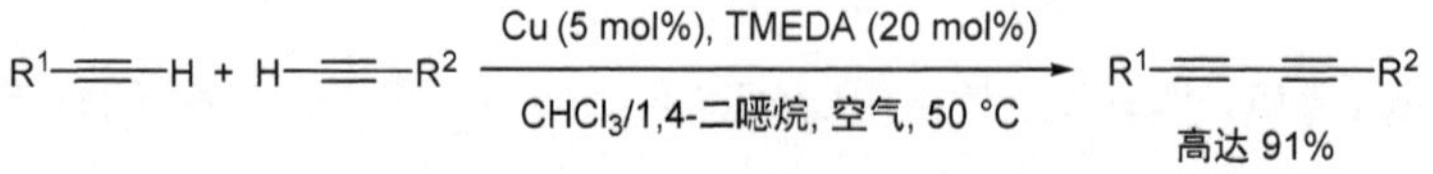

$$R^1{-}{\equiv}{-}H + H{-}{\equiv}{-}R^2 \xrightarrow[\text{CHCl}_3\text{/1,4-二噁烷, 空气, 50 °C}]{\text{Cu (5 mol\%), TMEDA (20 mol\%)}} R^1{-}{\equiv}{-}{\equiv}{-}R^2 \quad \text{高达 91\%} \quad (5)$$

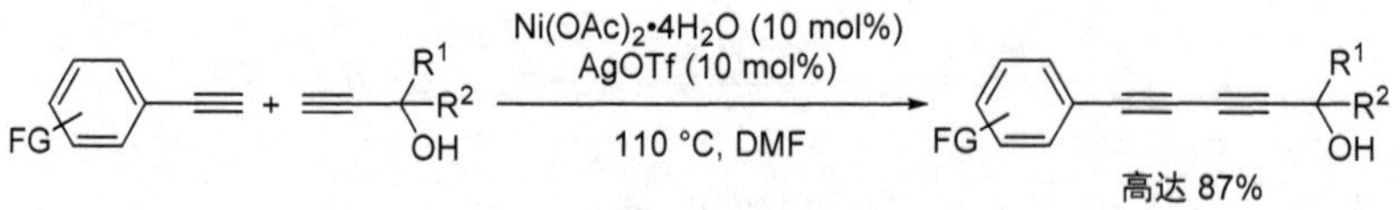

$$\text{FG}{-}\text{C}_6\text{H}_4{-}{\equiv}{-}H + {\equiv}{-}\text{C}(R^1)(R^2)\text{OH} \xrightarrow[\text{110 °C, DMF}]{\text{Ni(OAc)}_2\cdot4\text{H}_2\text{O (10 mol\%)} \atop \text{AgOTf (10 mol\%)}} \text{FG}{-}\text{C}_6\text{H}_4{-}{\equiv}{-}{\equiv}{-}\text{C}(R^1)(R^2)\text{OH} \quad \text{高达 87\%} \quad (6)$$

改良的 Glaser-Hay 偶联反应曾被应用于具有免疫抑制活性的大环内酯 ivorenolide A 的合成 (图 1)[10]。

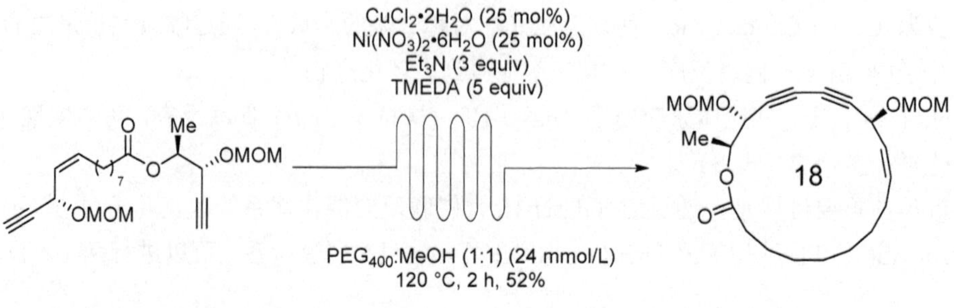

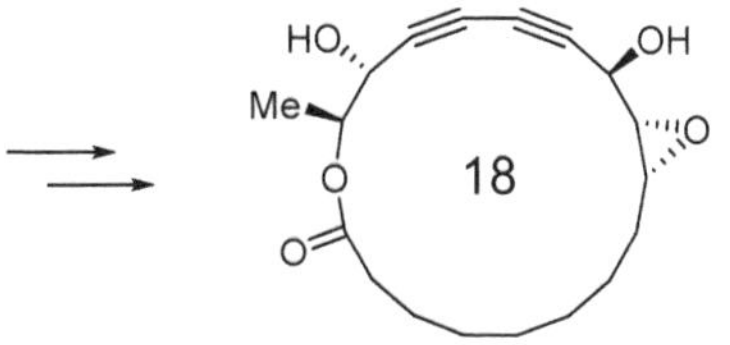

图 1　改良的 Glaser-Hay 偶联反应被用于大环内酯 ivorenolide A 的合成

参考文献

[1] Glaser, C. *Ber.* **1869**, *2*, 422-424; *Ann.* **1870**, *154*, 137-171.
[2] Hay, A. S. *J. Org. Chem.* **1962**, *27*, 3320-3321.
[3] Kabalka, G. W.; Wang, L.; Pagni, R. M. *Synlett* **2001**, 108-110.
[4] Jiang, H. F.; Tang, J.-Y.; Wang, A.-Z.; Deng, G.-H.; Yang, S.-R. *Synthesis* **2006**, *7*, 1155-1161.
[5] Hoger, S.; Meckenstock, A.-D.; Pellen, H. *J. Org. Chem.* **1997**, *62*, 4556-4557.
[6] Leigh, D. A.; Crowley, J. D.; Goldup, S. M.; Gowans, N. D.; Ronaldson, V. E.; Slawin, A.-M. Z. *J. Am. Chem. Soc.* **2010**, *132*, 6243-6248.
[7] Shi, X.-D.; Peng, H.-H.; Xi, Y.-M.; Ronaghi, N.; Dong, B. L.; Akhmedov, N. G. *J. Am. Chem. Soc.* **2014**, *136*, 13174-13177.
[8] Zhou, Y.-B.; Yin, S.-F.; Su, L.-B.; Dong, J.-Y.; Liu, L.; Sun, M.-L.; Qiu, R.-H. *J. Am. Chem. Soc.* **2016**, *138*, 12348-12351.
[9] Roy, S.; Mohanty, A. *Chem. Commun.* **2017**, *53*, 10796-10799.
[10] Collins, S. K.; de Léséleuc, M.; Godin, É.; Parisien-Collette, S.; Levesque, A. *J. Org. Chem.* **2016**, *81*, 6750-6756.

（吴东坪，黄培强）

Grignard 试剂

1900 年，法国化学家 Grignard (格利雅) 发现金属镁与卤代烃 (RX，ArX) 在醚溶剂中反应可制得"稳定"、均相的有机镁试剂 (Grignard 试剂，格氏试剂) (式 1)[1]，后者可与醛、酮反应形成醇 (Grignard 反应，格氏反应) (式 2)[2-4]。Grignard 因发现这一反应而获得 1912 年诺贝尔化学奖。

$$R-X + Mg \xrightarrow{Et_2O \text{ 或 } THF} RMgX \quad (1)$$

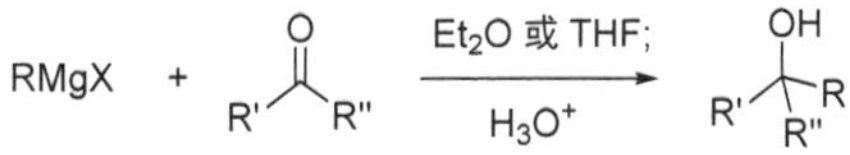

$$RMgX + \underset{R'\ \ R''}{\overset{O}{\|}} \xrightarrow[H_3O^+]{Et_2O \text{ 或 } THF;} \underset{R'\ \ R''}{\overset{OH}{|}} \quad (2)$$

格氏试剂的制备涉及单电子转移机理，在溶液中一般以二聚体形式存在 (图 1)。

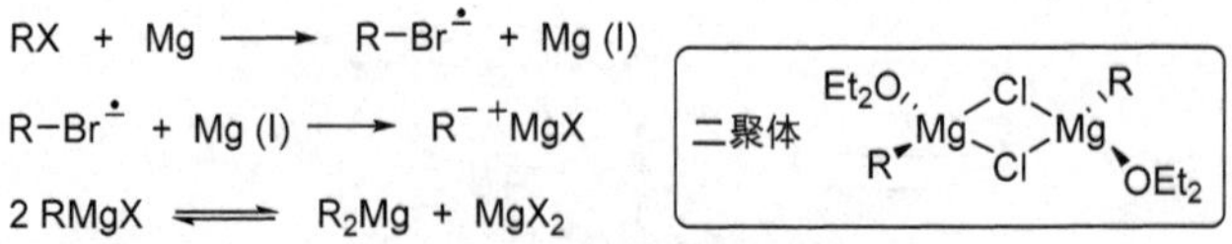

$$RX + Mg \longrightarrow R\text{-}Br^{\underline{\cdot}} + Mg(I)$$
$$R\text{-}Br^{\underline{\cdot}} + Mg(I) \longrightarrow R^{-\,+}MgX$$
$$2\,RMgX \rightleftharpoons R_2Mg + MgX_2$$

二聚体

图 1 格氏试剂反应机理

格氏试剂的传统制法为卤代烃与金属镁在无水乙醚或四氢呋喃中制备。从低活性的卤代烃 (例如仲、叔卤代烃和氯代烃) 制备格氏试剂需用活化的金属镁 (Mg^*)，后者可由无水卤化镁用碱金属还原制得 (式 3)[5]，也可通过机械能活化 (式 4)[6]。

$$MgX_2 + K \text{ 或 } Na \longrightarrow Mg^* + 2\,MX \tag{3}$$

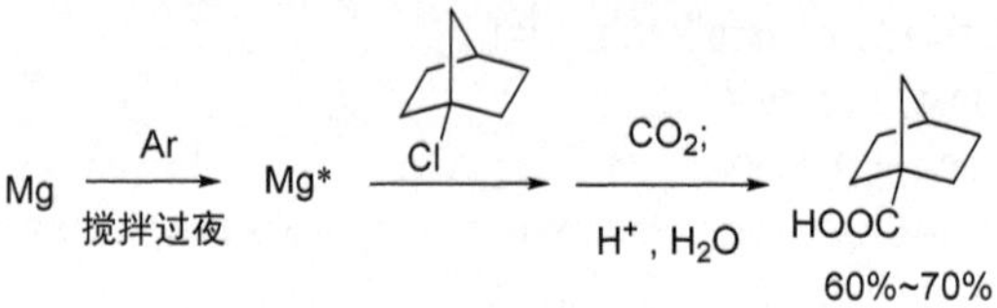

$$Mg \xrightarrow[\text{搅拌过夜}]{Ar} Mg^* \xrightarrow[H^+, H_2O]{CO_2;} \text{产物} \quad 60\%{\sim}70\% \tag{4}$$

格氏试剂的第二种制备方法是用格氏试剂去质子化 (式 5)。

$$HC\equiv CH + EtMgBr \xrightarrow{THF} HC\equiv CMgBr + C_2H_6 \tag{5}$$

格氏试剂的第三种制备方法是金属-卤素交换。Knochel 系统地发展了这一方法，使之可以制备各种含官能团的格氏试剂 (式 6)[7-9]。

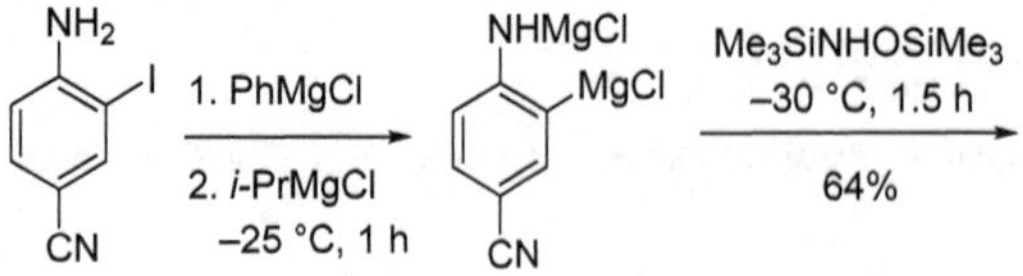

$$(6)$$

格氏试剂可以发生自身的偶联反应，利用 3,3',5,5'-四叔丁基-4,4'-联苯醌为电子受体，可以在非常温和的条件下实现格氏试剂的自身偶联反应，烯烃的构型均保持一致 (式 7)[10]。此外，格氏试剂还可以与甲基、烯丙基、芳基卤等活泼卤代物发生交叉偶联反应，用来构建 C—C 键 (式 8)[11]。

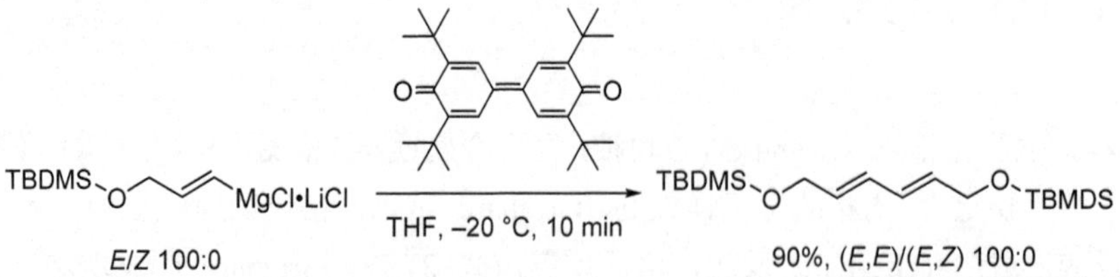

$$(7)$$

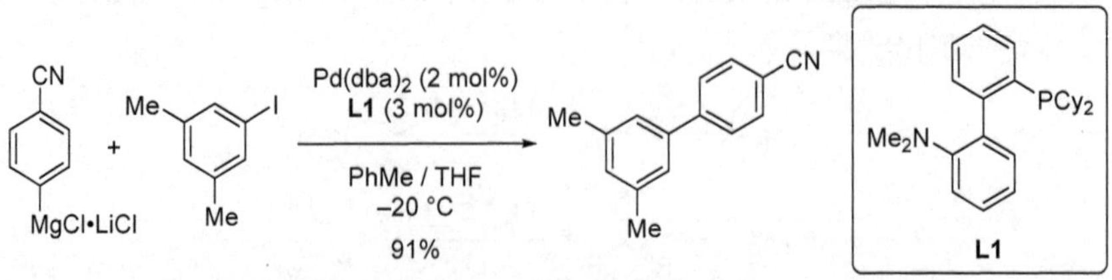

$$(8)$$

格氏试剂与亲电试剂反应是格氏试剂最基本的反应特性，其中最重要的用途是与醛、酮和羧酸衍生物等羰基化合物反应。格氏试剂与醛、酮反应可分别得到仲醇和叔醇，这曾被用于天然产物 spirotryprostatin A (**1**) 的不对称全合成 (式 9)[12]。

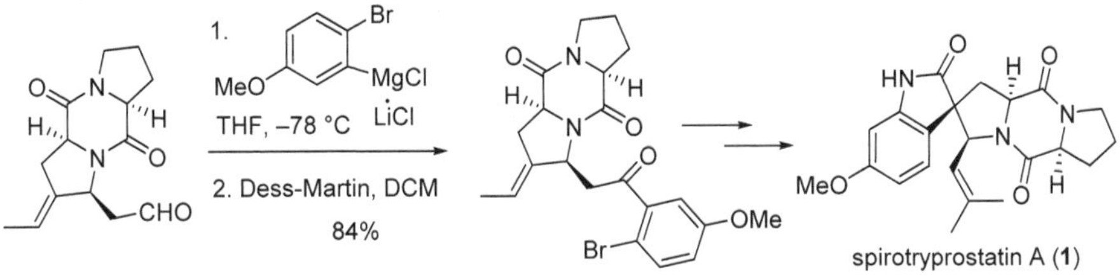

$$(9)$$

一般来说，格氏试剂与羧酸酯、内酯或酰胺反应难以停留在酮，而是直接生成叔醇。近年来，格氏试剂也可与三氟甲磺酸酐活化后的普通的仲酰胺或叔酰胺反应来制备酮 (式 10 和式 11)[13-15]。

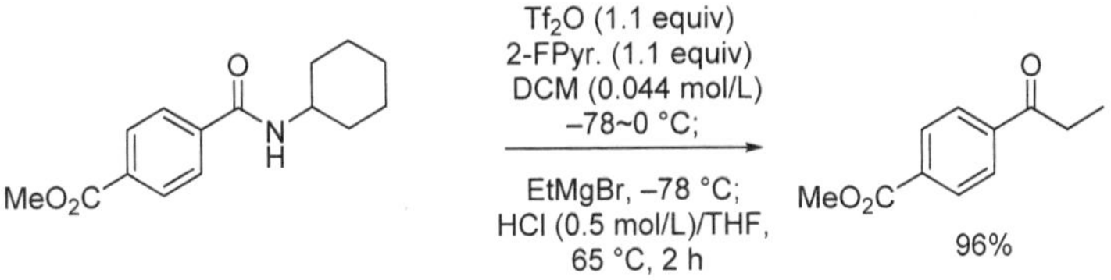

$$(10)$$

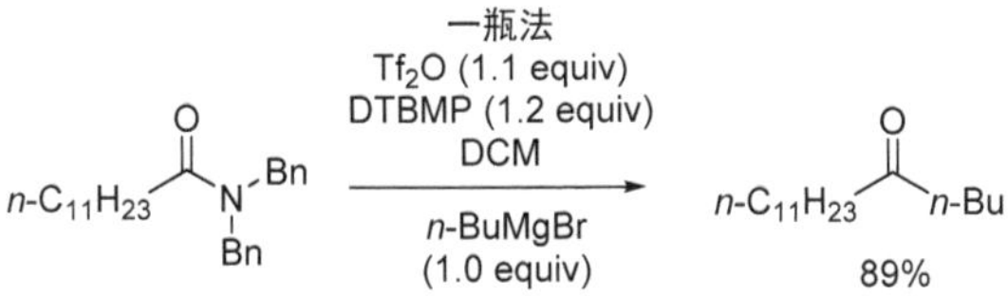

$$(11)$$

格氏试剂还常直接或间接地作为不对称烷基化的烷基来源 (式 12)[16]，这曾被用于天然产物 (−)-maoecrystal V (**2**) 的不对称全合成 (式 13)[17]。

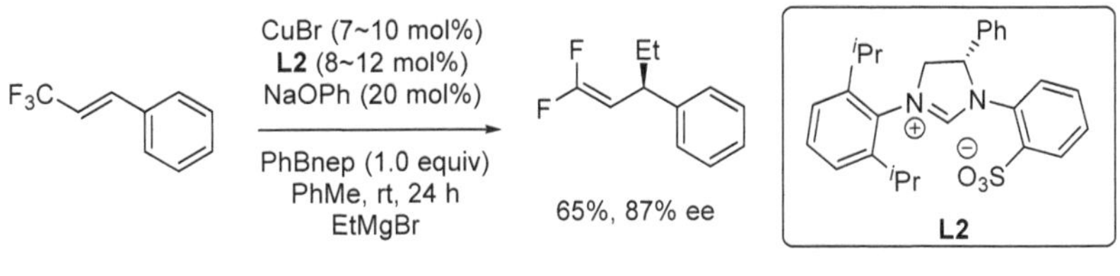

$$(12)$$

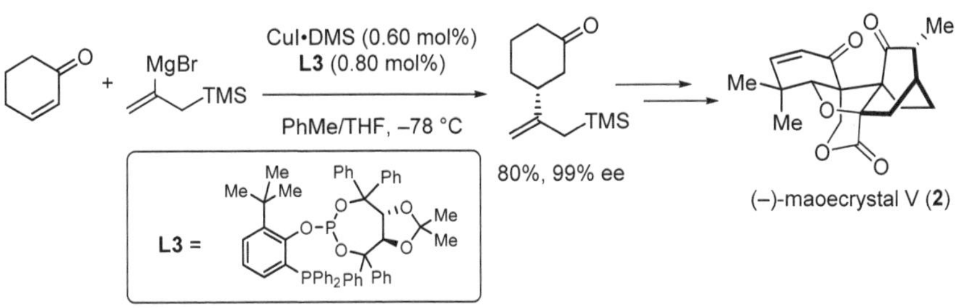

$$(13)$$

在 LiCl 的促进下，格氏试剂与适当的官能团化试剂反应可以实现格氏试剂的官能团化。以 N-氟代双苯磺酰胺为氟化试剂，可以将格氏试剂氟化 (式 14)[18]。以 N-氰基苯并咪唑为氰基化试剂,可以将格氏试剂氰基化 (式 15)[19]。以氰基甲酸乙酯 (Mander 试剂) 为酯化试剂,可以将格氏试剂酯化,该反应曾被用于 talnetant (3) 的不对称全合成 (式 16)[20]。

$$
\text{t-Bu} \underset{}{\overset{O}{\underset{}{\parallel}}} O \longrightarrow \text{MgCl·LiCl} \xrightarrow[\text{25 °C, 2 h}]{\text{(PhSO}_2\text{)}_2\text{NF} \atop \text{DCM/perfluorodecalin}} \text{t-Bu} \underset{}{\overset{O}{\underset{}{\parallel}}} O \longrightarrow F \quad (14)
$$

95%

(式 15) 反应: p-MeC6H4MgBr·LiCl + N-氰基苯并咪唑 → 对甲基苯腈, THF, 0 °C, 77%

(式 16) 2,4-二溴喹啉 → 1. i-PrMgCl·LiCl, THF, −78 °C, 2 h; 2. NC-CO₂Et, −78~25 °C, 12 h, 92% → 2-溴-4-乙氧羰基喹啉 → talnetant (3)

参考文献

[1] V. Grignard, C. R. *Acad. Sci.* **1900**, *130*, 1322-1324.
[2] Wakefield, B. J. *Organomagnesium Methods in Organic Chemistry*; Academic Press: San Diego, **1995**.
[3] Richey, H. G., Jr. *Grignard Reagents: New Development*; Wiley: Chichester, **2000**. (综述)
[4] Lai, Y.-H. *Synthesis* **1981**, 585-604. (综述)
[5] Rieke, R. D.; Bales, S. E.; Hudnall, P. M.; Burns, T. P.; Poindexter, G. S. *Org. Synth.* **1988**, *6*, 845-851.
[6] Baker, K. V.; Brown, J. M.; Hughes, N.; Skarnulis, A. J.; Sexton, A. *J. Org. Chem.* **1991**, *56*, 698-703.
[7] Klatt, T.; Markiewicz, J. T.; Samann, C.; Knochel, P. *J. Org. Chem.* **2014**, *79*, 4253-4269. (综述)
[8] Shi, L.; Bao, R. L.-Y.; Zhao, R. *Chem. Commun.* **2015**, *51*, 6884-6900. (综述)
[9] 刘雨燕, 方烨汶, 张莉, 金小平, 李瑞丰, 朱帅汝, 高浩甚, 房江华, 夏勤波. *有机化学* **2014**, *34* (8), 1523-1541. (综述与进展)
[10] Krasovskiy, A.; Tishkov, A.; del Amo, V.; Mayr, H.; Knochel, P. *Angew. Chem. Int. Ed.* **2006**, *45*, 5010-5014.
[11] Martin, R.; Buchwald, S. L. *J. Am. Chem. Soc.* **2007**, *129*, 3844-3845.
[12] Kitahara, K.; Shimokawa, J.; Fukuyama, T. *Chem. Sci.* **2014**, *5*, 904-907.
[13] Bechara, W. S.; Pelletier, G.; Charette, A. B. *Nat. Chem.* **2012**, *4*, 228-234.
[14] Huang, P.-Q.; Wang, Y.; Xiao, K.-J.; Huang, Y.-H. *Tetrahedron* **2015**, *71*, 4248-4254.
[15] Huang, P.-Q.; Xiao, K.-J.; Wang, A.-E; Huang, Y.-H. *Asian J. Org. Chem.* **2012**, *1*, 130-132.
[16] Shi, Z.-G.; Wang, M.-Y.; Pu, X.-H.; Zhao, Y.-F.; Wang, P.-P.; Li, Z.-X.; Zhu, C.-D.; Shi, Z.-Z. *J. Am. Chem. Soc.* **2018**, *140*, 9061-9265.
[17] Cernijenko, A.; Risgaard, R.; Baran, P. S. *J. Am. Chem. Soc.* **2016**, *138*, 9425-9428.
[18] Yamada, S.; Gavryushin, A.; Knochel, P. *Angew. Chem. Int. Ed.* **2010**, *49*, 2215-2218.
[19] Beller, M.; Anbarasan, P.; Neumann, H. *Chem. Eur. J.* **2010**, *16*, 4725-4728.
[20] Boudet, N.; Lachs, J. R.; Knochel, P. *Org. Lett.* **2007**, *9*, 5525-5528.

相关反应: Babier 反应

(吴东坪,黄培强)

Heck 反应

在 Pd(II) 催化下芳基或烯基卤、磺酸基取代的芳基或烯基酯、酰氯、磺酰氯、碘盐或重氮盐与烯烃的偶联反应称为 Heck (赫克) 反应 (式 1)。Richard F. Heck 于 1968 年率先报道了此类钯催化的偶联反应的雏形[1]，随后 Mizoroki 和 Heck 于 1971 年[2]和 1972 年[3]分别报道了这一偶联反应。Heck 小组随后系统研究了这一反应，并把它发展成有机合成的适用方法，因而这一反应称为 Heck 反应，Heck 因为发现了该反应而获得了 2010 年诺贝尔化学奖。

$$R\text{-}X + \diagup\!\!\!\!\diagdown^{R'} \xrightarrow{Pd(0)L_n} R\diagup\!\!\!\!\diagdown^{R'} + HX \tag{1}$$

R = 芳基, 乙烯基

X = I, Br, COCl, SO$_2$Cl, OSO$_2$R, OTf, N$_2$X, Ar IBF$_4$, P(O)(OH)$_2$

Heck 反应的催化循环如图 1 所示。新的证据显示反应涉及 Pd(0) 和 Pd(II) 负离子中间体[4]。

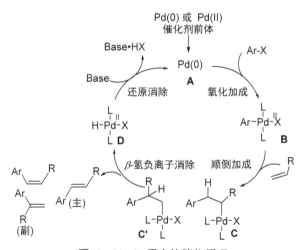

图 1　Heck 反应的催化循环

Heck 反应适应性广[5]，所用的烯烃可以是简单烯烃、芳基取代烯烃、亲电性烯烃 (例如丙烯酸酯) 或 N-烯基酰胺。钯催化剂体系包含在整个催化循环中稳定钯物种的配体 (一般使用膦配体)、助亲核试剂和碱。一般采用 Pd(OAc)$_2$ 等二价钯盐为催化剂，通过在反应中现场生成的零价钯 Pd(0) 作为活性催化物种 (胺可作为还原剂)。Heck 反应的立体化学特征是形成 E-式烯烃 (式 2)。

$$\underset{Cl}{\diagup\!\!\!\!\diagdown}\text{-}I + \underset{Bn}{\overset{O}{\square}}\!\!\diagup \xrightarrow[\text{AcOK, DMF, 80 °C}]{Pd(OAc)_2, Bu_4NCl} \underset{Bn}{\overset{O}{\square}}\!\!\diagup\!\!\diagdown\text{-}\underset{Cl}{\diagup\!\!\!\!\diagdown} \tag{2}$$

78 %

桥环烯烃可以在 Pd(OAc)$_2$/AsPh$_3$ 催化下与双取代的吡啶卤代烃发生选择性还原 Heck 反应，其中还原剂为甲酸。1999 年，Kaufmann 小组将这一过程应用到生物碱 epibatidine 的合成中，产率高达 92% (式 3)[6]。

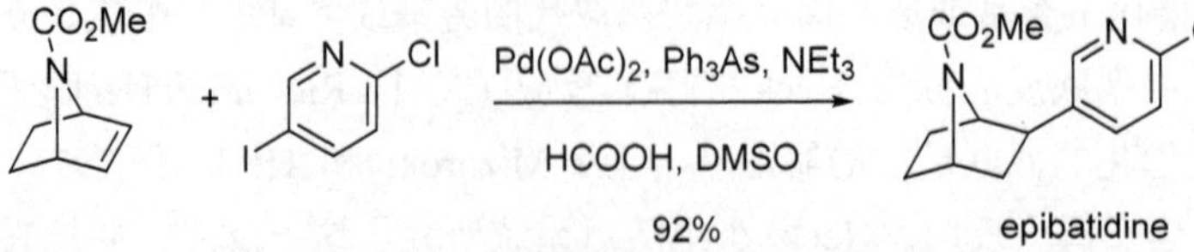

$$\text{(3)}$$

重氮盐作为芳基化试剂的优点是活性高，因而无需用价格昂贵的膦配体。1999 年，Correia 小组将重氮盐作为亲电体的 Heck 反应应用到生物碱 condonopsine 的全合成中，反应可快速进行，收率高达 85% (式 4)[7]。2004 年，杨震小组发现在具有 C_2 对称性的硫脲配体存在下，重氮盐参与的 Heck 反应可在室温下空气中进行[8]。

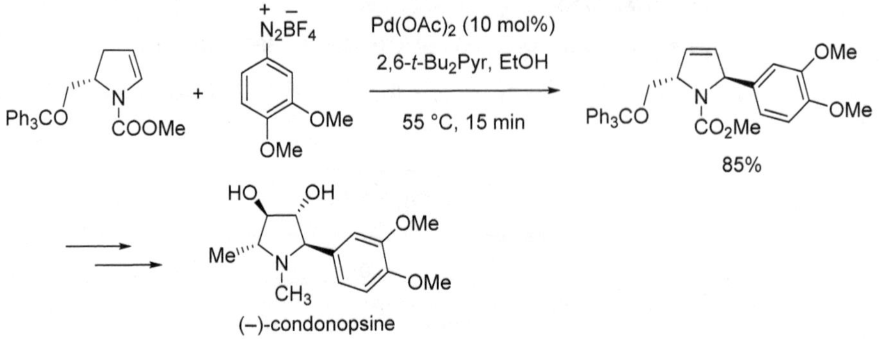

$$\text{(4)}$$

2005 年，Moeller 等报道了电化学手段可促进 Heck 反应，使 Heck 反应可在室温下进行[9]。值得一提的是，Heck 反应可以在水相中进行，这对水溶性化合物，如碳水化合物、氨基酸等特别有用[10]。

除了亲电体外，亲核体 R-M (M = B, Si, Sn, H, ⋯) 也可以与烯烃反应，通常需要加入氧化剂，此类反应称为氧化 Heck 反应[11]。

2016 年，Sigman 小组报道了室温下，烯丙醇或高烯丙醇在 Pd 催化下与芳基重氮盐的氧化还原接力的不对称 Heck 反应在醇的 β 位或 γ 位引入新的手性中心，同时醇氧化为醛或酮，该反应采用了吡啶联噁唑啉型的双齿 PyrOx 手性配体 L1，ee 值高达 94%。其中，氧化还原接力过程是指 Ar-Pd-X 中间体对双键的迁移插入和随后的 β-H 消除是沿着碳链向着醇的方向交替进行的，直至产生烯醇式 (式 5)[12]。

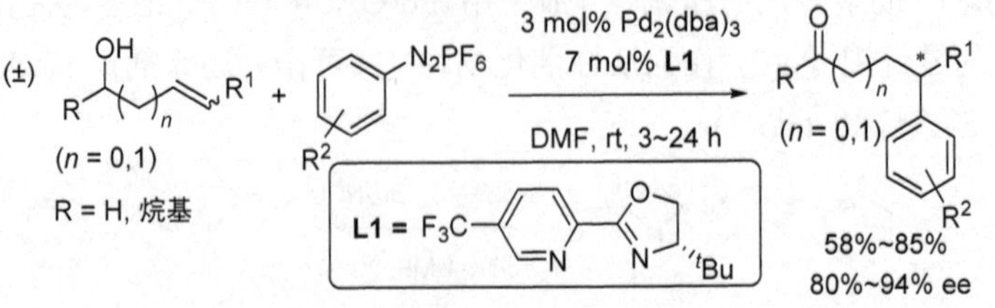

$$\text{(5)}$$

2015 年，Bhat 和 Goswami 等报道了利用氧化 Heck 反应在 sclareol 中的烯烃末端引入不同的取代基,合成了一系列 sclareol 类似物,并筛选出具有抗肿瘤活性的 sclareol 类似物 (式 6)[13]。

$$\text{sclareol} + \text{R-B(OH)}_2 \xrightarrow[\text{Cu(OAc)}_2,\text{ NaOAc}]{\text{Pd(OAc)}_2} \text{产物} \quad \text{可达 85\%} \tag{6}$$
DMF, 80 °C, 3~6 h

除了烯烃外,非末端炔 (式 7)[14] 和联烯也可进行 Heck 类反应。

$$R^1X + R^2{\equiv}CH_2R^3 \xrightarrow[\text{高达 83\%}]{\text{cat. Pd(0)}} \begin{array}{c} R^1 \quad H \\ R^2 \quad R^3 \end{array} \tag{7}$$

2005 年,麻生明小组观察到首例 1,2-联烯基砜的 Heck 类偶联反应 (式 8)[15],其中分子间碳钯化反应的区域选择性与文献报道的完全相反。

$$\begin{array}{c}\text{PhS(O)}_2\\ \text{Ar} \quad\text{Ar}\\ \text{R}^2\end{array} \xleftarrow[87\%]{\text{ArX}} \begin{array}{c}\text{PhS(O)}_2\\ \text{H} \quad\text{R}^1\\ \text{R}^2\end{array} \xrightarrow[76\%]{\text{PhI}} \begin{array}{c}\text{PhS(O)}_2\\ \text{Ph} \quad\text{R}^1\\ \text{R}^2\end{array} \tag{8}$$
R¹ = H

非对称烯烃分子间交叉 Heck 反应的主要问题是区域选择性,需通过改变配体、碱等反应条件获得所需的区域选择性。相比之下,分子内反应由于分子的几何构型限制,往往可专一性地得到一种区域异构体,因而 Heck 反应被广泛用于环的构建。

例如,2007 年,通过分子内 Heck 反应,Giuillon 小组完成了 aspidosperma 生物碱的四环吲哚核心骨架的合成 (式 9)[16]。

$$\xrightarrow[\text{可达 97\%}]{\begin{array}{c}1.\ \text{Pd}_2(\text{dba})_3,\ \text{dppe},\\ \text{PMP, DMA, 110 °C}\\ \text{或}\\ 2.\ \text{Pd}_2\text{dba}_3,\ \text{NEt}_3,\\ \text{DMA, 140 °C}\end{array}} \tag{9}$$

Heck 反应可与其它钯催化的反应串联进行。

例如,2003 年,Feringa 小组报道了通过串联 Heck 反应合成内酰胺的方法 (式 10)[17]。

$$\xrightarrow[\begin{array}{c}\text{Pd(OAc)}_2,\ \text{P}(o\text{-tol})_3,\\ \text{Na}_2\text{CO}_3,\ n\text{-Bu}_4\text{NCl},\\ \text{CH}_3\text{CN, }\triangle\end{array}]{} \quad\text{可达 82\%} \tag{10}$$

2018 年,Wu 和 Loh 课题组报道了 Pd/Cy-Johnphos 催化的非活化烷基烯烃的分子间还原 Heck 反应,末端和非末端烯烃均能适用,其中还原剂的 H⁻ 来自 PS/TFA (式

11)[18]。

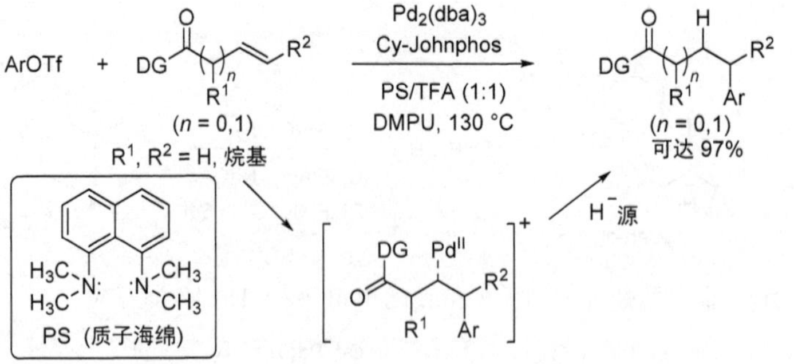

Heck 反应在近二十年的主要进展是不对称催化的对映选择性反应[19]。BINAP 等许多手性配体可用于催化不对称 Heck 反应。

2016 年，Sigman 等报道了手性 PyrOx 配体控制的 Pd 催化的苯硼酸与 1,1-二取代高烯丙醇的氧化 Heck 反应制备 1,2-二芳基酮的方法。其中，酮的产生经历了一个接力的迁移插入和 β-H 消除的过程 (式 12)[20]。

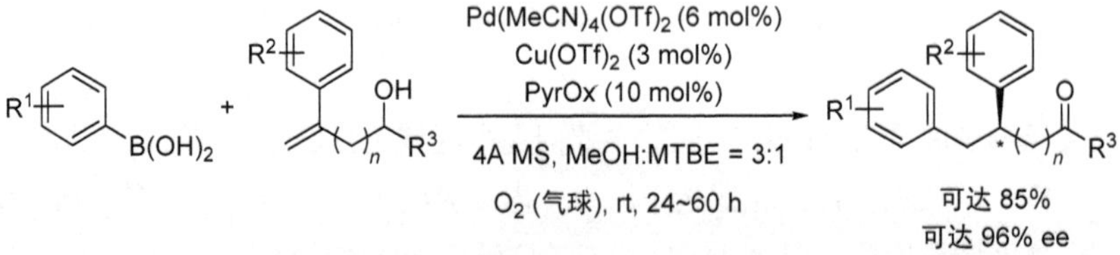

2014 年，周建荣课题组报道了 Pd(dba)$_2$/(R)-Xyl-SPD(O) 催化的芳基溴或芳基氯与环状非末端烯烃的不对称 Heck 反应，该反应采用了一种螺环结构的双 P 氧化物的手性配体，ee 值可达 98%，且具有很高的区域选择性 (式 13)[21]。

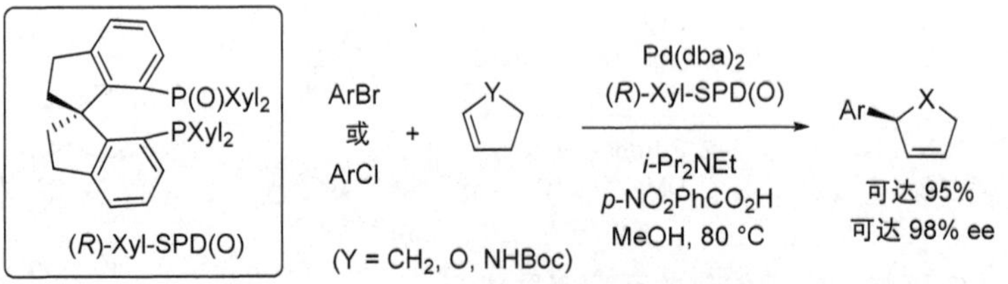

在萜类天然产物 (−)-capnellene (4) 的首次催化不对称全合成中，Shibasaki 小组通过串联催化不对称 Heck 反应-用软碳亲核试剂捕捉 η^3-烯丙基获得关键中间体 3，后者仅需 11 步可转化为天然产物 (式 14)[22]。

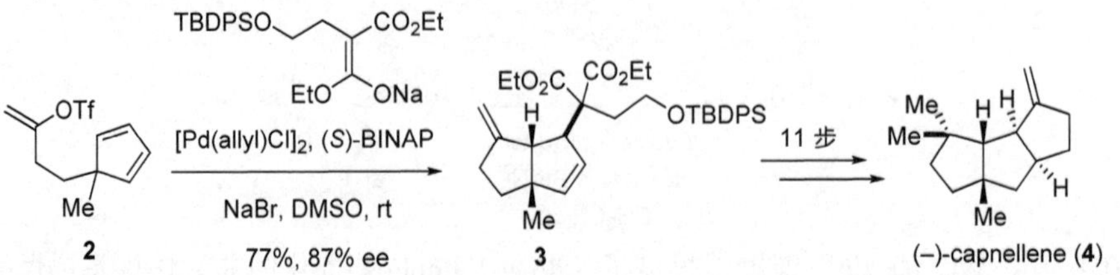

通过催化不对称 Heck 反应，Overman 等完成了 (−)-physostigmine (7) 等 calabar 生

物碱的不对称全合成, 产物的 ee 值可达 95% (式 15)[23]。

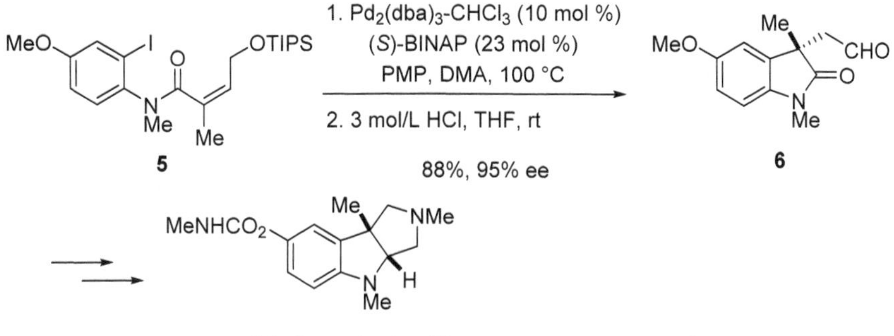

(−)-physostigmine (**7**)

2003 年, 戴立信和侯雪龙等发展了以平面手性二膦噁唑二茂铁为手性配体[24]的对映选择性 Heck 反应, 以高度区域和对映选择性的方式合成了保护的 2-吡咯啉 (式 16)[25]。

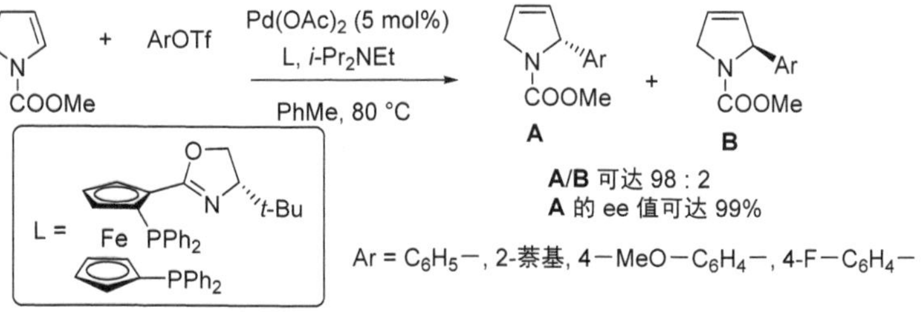

A/B 可达 98∶2
A 的 ee 值可达 99%

Ar = C_6H_5-, 2-萘基, $4-MeO-C_6H_4-$, $4-F-C_6H_4-$

2014 年, Fukuyama 课题组在 spirotryprostatin A (**10**) 的全合成中, 通过 Pd 催化的分子内 Heck 反应构筑了四氢萘酮核心中间体 **9** (式 17)[26]。

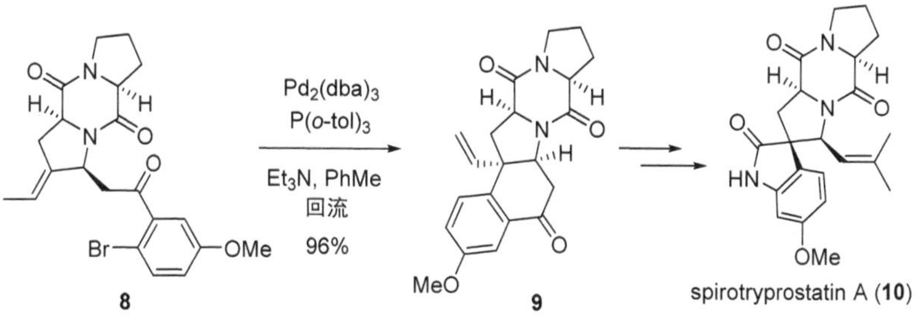

2014 年, 童荣标课题组报道了环状烯醇醚 **11** 分别与取代的芳基重氮盐 **12** 的分子间 Heck 反应, 合成了天然产物 musellarins A~C (**13~15**), 反应表现出很高的产率以及很好的反式非对映选择性 (式 18)[27]。

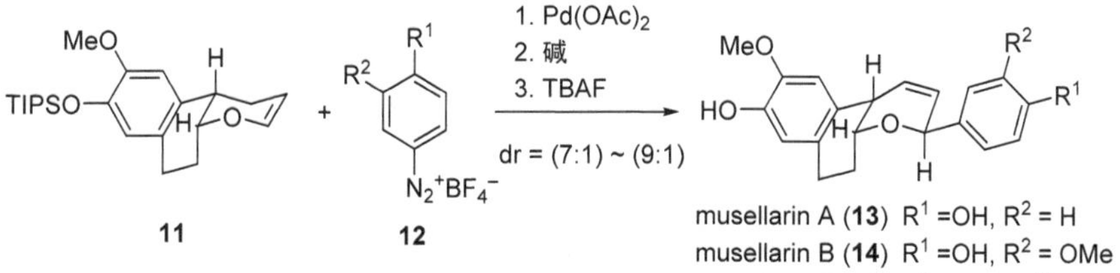

musellarin A (**13**) R^1 =OH, R^2 = H
musellarin B (**14**) R^1 =OH, R^2 = OMe
musellarin C (**15**) R^1 =OMe, R^2 = OH

参考文献

[1] Heck, R. F. *J. Am. Chem. Soc.* **1968**, *90*, 5518-5526.
[2] Mizoroki, T.; Mori, K.; Ozaki, A. *Bull. Chem. Soc. Jpn.* **1971**, *44*, 581-581.
[3] Heck, R. F.; Nolley, J. P., Jr. *J. Org. Chem.* **1972**, *37*, 2320-2322.
[4] Amatore, C.; Jutand, A. *Acc. Chem. Res.* **2000**, *33*, 314-321.
[5] 有关 Heck 反应的综述: (a) Heck, R. F. *Orgnic Reactions*; Wiley: New York, **1982**, Chapter 2. (b) de Meijere, A.; Meyer, F. E. *Angew. Chem. Int. Ed. Engl.* **1994**, *33*, 2379-2411. (c) Cabri, W.; Candiani, I. *Acc. Chem. Res.* **1995**, *28*, 2-7. (d) Crisp, G. T. *Chem. Soc. Rev.* **1998**, *27*, 427-436. (e) Beletskaya, I.; Cheprakov, A. *Chem. Rev.* **2000**, *100*, 3009-3066. (e) Whitcombe, N.; Hii, K.; Gibson, S. *Tetrahedron* **2001**, *57*, 7449-7476. (f) Link, J. T. *Organic Reactions*; Wiley: Hoboken, NJ, **2002**, Chapter 2. (g) Oestreich, M. *Eur. J. Org. Chem.* **2005**, 783-792. (h) Ruan, J.-W.; Xiao, J.-L. *Acc. Chem. Res.* **2011**, *44*, 614-626. (i) Yang, Y.; Zhao, H.-W.; He , J.; Zhang, C.-P. *Catalysts* **2018**, *8*, 23-57.
[6] Namyslo, J. C.; Kaufmann, D. E. *Synlett* **1999**, 114-116.
[7] Oliveira, D. F.; Severino, E. A.; Correia, C. R. D. *Tetrahedron Lett.* **1999**, *40*, 2083-2086.
[8] Dai, M.; Liang, B.; Wang, C.; Chen, J.; Yang, Z. *Org. Lett.* **2004**, *6*, 221-224.
[9] Tian, J.; Moeller, K. D. *Org. Lett.* **2005**, *7*, 5381-5383.
[10] Hayashi, M.; Amano, K.; Tsukada, K.; Lamberth, C. *J. Chem. Soc., Perkin Trans. 1* **1999**, 239-240.
[11] (a) Su, Y.-J.; Jiao, N. *Curr. Org. Chem.* **2011**, *15*, 3362. (b) Lee, A.-L. *Org. Biomol. Chem.* **2016**, *14*, 5357-5366.
[12] Chen, Z. M.; Hilton, M. J.; Sigma, M. S. *J. Am. Chem. Soc.* **2016**, *138*, 11461-11464.
[13] Shakeel-u-Rehman; Rah, B.; Lone, S. H.; Rasool, R. U.; Farooq, S.; Nayak, D.; Chikan, N. A.;Chakraborty, S.; Behl, A.; Mondhe, D. M.; Goswami, A.; Bhat, K. A. *J. Med. Chem.* **2015**, *58*, 3432-3444.
[14] Pivsa-Art, S.; Satoh, T.; Miura, M.; Nomura, M. *Chem. Lett.* **1997**, 823-824.
[15] Fu, C.; Ma, S. *Org. Lett.* **2005**, *7*, 1605-1607.
[16] Pereira, J.; Barlier, M.; Guillou, C. *Org. Lett.* **2007**, *9*, 3101-3103.
[17] Pinho, P.; Minnaard, A. J.; Feringa, B. L. *Org. Lett.* **2003**, *5*, 259-261.
[18] Wang, C.-D.; Xiao, G.- L.; Guo, T.; Ding, Y.-L.; Wu, X.-J.; Loh, T. P. *J. Am. Chem. Soc.* **2018**, *140*, 9332-9336.
[19] 有关不对称 Heck 反应的综述: (a) Shibasaki, M.; Boden, C. D. J.; Kojima, A. *Tetrahedron* **1997**, *53*, 7371-7395. (b) Dounay, A.; Overman, L. *Chem. Rev.* **2003**, *103*, 2945-2963. (c) Shibasaki, M.; Vogl, E. M.; Ohshima, T. *Adv. Synth. Catal.* **2004**, *346*, 1533-1552. (d) Cartney, D. M.; Guiry, P. J. *Chem. Soc. Rev.* **2011**, *40*, 5122-5150. (e) Oestreich, M. *Angew. Chem. Int. Ed.* **2014**, *53*, 2282-2285.
[20] Werner, E. W.; Mei, T.-S.; Burckle, A. J.; Sigman, M. S. *Science* **2012**, *338*, 1455-1458.
[21] Wu, C.-L.; Zhou, J.-R. S. *J. Am. Chem. Soc.* **2014**, *136*, 650-652.
[22] Ohshima, T.; Kagechika, K.; Adachi, M.; Sodeoka, M.; Shibasaki, M. *J. Am. Chem. Soc.* **1996**, *118*, 7108-7116.
[23] Ashimori, A.; Matsuura, T.; Overman, L. E.; Poon, D. J. *J. Org. Chem.* **1993**, *58*, 6949-6951.
[24] Dai, L.-X.; Tu, T.; You, S.-L.; Deng, W.-P.; Hou, X.-L. *Acc. Chem. Res.* **2003**, *36*, 659-667.
[25] Tu, T.; Hou, X.-L.; Dai, L.-X. *Org. Lett.* **2003**, *5*, 3651-3653.
[26] Kitahara, K.; Shimokawa, J.; Fukuyama, T. *Chem. Sci.* **2014**, *5*, 904-907.
[27] Li, Z.-L.; Leung, T. F.; Tong, R. B. *Chem. Commun.* **2014**, *50*, 10990-10993.

相关反应: Hiyama 偶联反应；Fukuyama 偶联反应；Negishi 偶联反应；Kumada 偶联反应；Suzuki 偶联反应

（黄培强，陈航）

Henry 反应

Henry (亨利) 反应含 α-氢的硝基化合物与醛的亲核加成反应,产物为邻硝基醇 (式 1)。Henry 反应为比利时科学家 Henry 发现[1],因类似于 Aldol 反应,后又称 nitroaldol 反应[2]。反应通常在碱催化下进行。酮的 Henry 反应速度较慢,甚至不反应。通常硝基化合物的活性顺序为:硝基乙烷 > 硝基甲烷 > 2-硝基丙烷;羰基化合物的活性顺序为:正丙醛 > 异丁醛 > 新戊醛 >丙酮 > 苯甲醛 > 丙酸甲酯。

$$\underset{R^1}{\overset{H}{R^2}}NO_2 + R^3CHO \xrightarrow{\text{碱}} \underset{OH}{\overset{R^4}{R^3}}\underset{R^1}{\overset{NO_2}{R^2}} \tag{1}$$

传统的该类反应在有机溶剂中进行。近二十年来,为了满足各种实际情况的需要,反应条件被不断改变和优化。反应溶剂可以为水相、无溶剂、离子液体等。催化剂从胺扩展到笼状 PN 化合物 (**1a~1c**)、非均相催化剂、胍、酶、超分子化合物以及 Lewis 酸。在 Lewis 酸催化下,硝基化合物可与缩醛或原甲酸酯进行类 Henry 反应 (式 2)[3]。

1a R = *i*-Pr
1b R = *i*-Pr
1c R = Me

$$CH_3NO_2 + HC(OC_2H_5)_3 \xrightarrow[-90\ ^\circ C]{ZnCl_2} O_2NCH_2CH(OC_2H_5)_2 \tag{2}$$

笼状 PN 化合物 proazaphosphatranes [**1**, P(RNCH$_2$CH$_2$)$_3$N][4]的催化活性较高,不仅对醛有很高的反应活性,而且对大多数脂肪酮也有比较好的催化活性,但芳香酮仍不能反应。

Henry 反应的产物手性 β-硝基醇是重要的有机合成中间体,可以进一步转化为手性 β-氨基醇、羟基酸等;脱水得到硝基的烯烃化合物、氧化得到硝基的羰基化合物等。因而被广泛地应用于各类医药中间体和天然产物的合成。

近年来,不对称 Henry 反应取得很大的进展[5]。金鸡纳生物碱类催化剂[6]、手性氮氧化合物[7]、生物酶[8]、超分子[9]等都可被用来催化 Henry 反应。例如,生物碱催化的硝基甲烷与 α-酮酯的不对称 Henry 反应 ee 值可高达 97% (式 3)[6a]。

$$R\overset{O}{\underset{O}{\parallel}}OEt \xrightarrow[CH_2Cl_2,\ 12\ h,\ -20\ ^\circ C]{cat.\ (10\ mol\%),\ CH_3NO_2\ (10\ equiv)} \underset{R}{\overset{O_2N}{\underset{*}{\bigtriangledown}}}\underset{O}{\overset{OH}{\underset{O}{\parallel}}}OEt \tag{3}$$

> 95%, 97% ee
R = 烷基, 乙烯基, 苯基

cat.

硝基化合物也可与亚胺、硝酮、靛红衍生物等进行氮杂 Henry 反应[10]。例如，手性胍酰胺类化合物催化的靛红衍生物不对称氮杂 Henry 反应[11]给出产率和 ee 值都大于 90% 的结果 (式 4)。

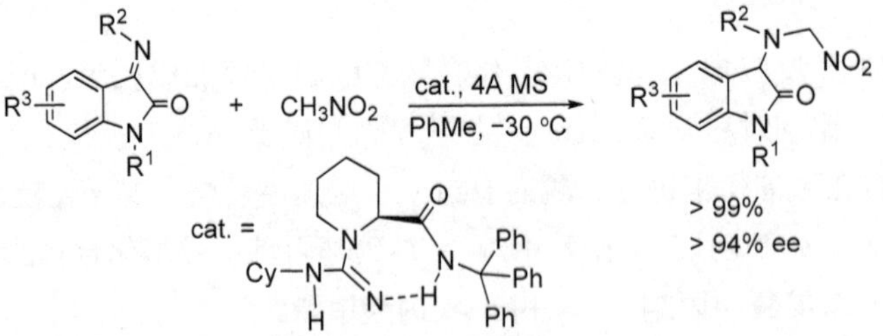

$$\text{靛红衍生物} + CH_3NO_2 \xrightarrow[\text{PhMe, }-30\ ^\circ C]{\text{cat., 4A MS}} \text{产物} \quad >99\%,\ >94\%\ ee \quad (4)$$

由于药物合成的需要，对于水相 Henry 不对称反应和具有非对映异构的水相手性 Henry 反应愈来愈有需求[12]，尤其是反式非对映异构的 Henry 反应最近有较大发展。例如，采用简单氨基酸衍生化的手性配体和铜盐共同作用催化 Henry 反应，可高产率、高立体选择性地得到相应的加成产物 (式 5)[13]。

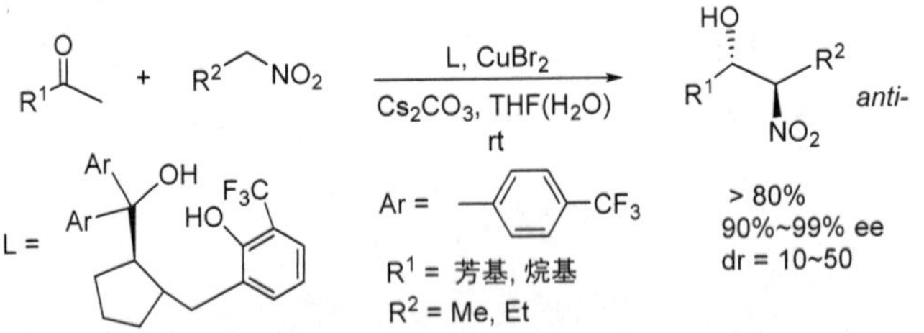

$$R^1\text{COR} + R^2CH_2NO_2 \xrightarrow[\text{Cs}_2\text{CO}_3,\ \text{THF(H}_2\text{O)}, \text{rt}]{\text{L, CuBr}_2} \text{anti-产物} \quad (5)$$

R^1 = 芳基, 烷基；R^2 = Me, Et；>80%，90%~99% ee，dr = 10~50

这些新发展的 Henry 反应可以被有效地应用于药物和功能材料的合成[14]。例如，流感是非常普遍的流行病，有时还会带来严重的后果。拉尼米韦 (CS-8958) 是一种长效的神经氨酸酶抑制剂，由鼻腔吸入。该化合物正在用于流感病毒 A 和流感病毒 B 的治疗和预防。通常该分子的合成效率不高，中国科学院上海有机化学研究所马大为小组利用立体选择的 Henry 反应，高效率地实现了该类药物的人工合成 (式 6)[14a]。

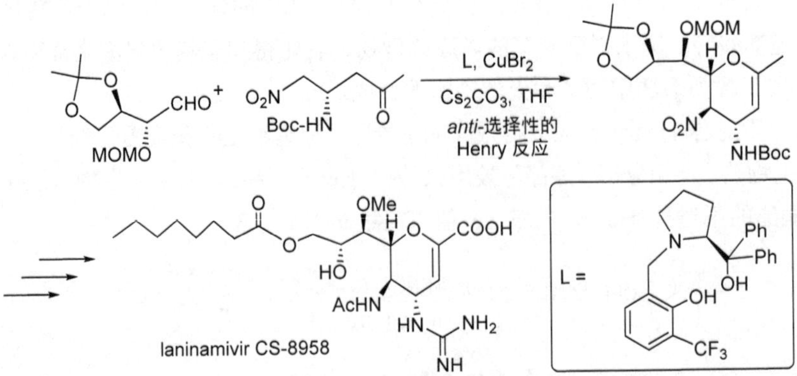

$$\text{CHO} + \text{Boc-HN-CH}_2\text{NO}_2 \xrightarrow[\text{Cs}_2\text{CO}_3,\ \text{THF}]{\text{L, CuBr}_2,\ anti\text{-选择性的 Henry 反应}} \longrightarrow \longrightarrow \text{laninamivir CS-8958} \quad (6)$$

随着新的催化体系的不断涌现，Henry 反应类型将不断扩大，并在新的碳-碳键构筑中发挥更重要的作用。

参考文献

[1] Henry, L. *Compt. Rend.* **1895**, *120*, 1265.
[2] Luzzio, F.A. *Tetrahedron* **2001**, *57*, 915.
[3] Jäger, V.; Poggendorf, P. *Org. Synth.* **1998**, *9*, 636; **1997**, *74*, 130.
[4] Palomo, C.; Oiarbide, M.; Laso, A. *Eur. J. Org. Chem.* **2007**, 2561.
[5] Kisanga, P. B.; Verkade, J. G. *J. Org. Chem.* **1999**, *64*, 4298.
[6] (a) Li, H.; Wang, B.; Deng, L. *J. Am. Chem. Soc.* **2006**, *128*, 732-733. (b) Vijaya, P. K.; Murugesan, S.; Siva, A. *Org. Biomol. Chem.* **2016**, *14*, 10101. (c) Corey, E. J.; Zhang, F.-Y. *Angew. Chem. Int. Ed.* **1999**, *38*, 1931.
[7] Mei, H. J.; Xiao, X.; Zhao, H.; Fang, B.; Liu, X. H.; Lin, L. L.; Feng, X. M., *J. Org.Chem.* **2015**, *80*, 2272.
[8] (a) Zheng, L.; Tian, X.; Zhang, S. *J. Microbiol. Biotechnol.* **2016**, *26*, 80. (b) Purkarthofer, T.; Gruber, K.; Gruber-Khadjawi, M.; Waich, K.; Skranc, W.; Mink, D.; Griengl, H. *Angew. Chem. Int. Ed.* **2006**, *45*, 3454. (c) Bora, P. P.; Bez, G. *Molecules* **2013**, *18*, 13910.
[9] (a) Taura, D.; Hioki, S.; Tanabe, J.; Ousaka, N.; Yashima, E. *ACS Catal.* **2016**, *6*, 4685. (b) Paul, A.; Karmakar, A.; Gruedes da Silva, M.F.; Pombeiro, A.J. L. *RSC Adv.* **2015**, *5*, 87400.
[10] (a) Yoon, T. P.; Jacobsen, E. N. *Angew. Chem. Int. Ed.* **2005**, *44*, 466. (b) Li, C.; Guo, F. F.; Xu, K.; Zhang, S.; Hu, Y. B.; Zha, Z. G.; Wang, Z. Y. *Org. Lett.* **2014**, *16*, 3192. (c) Ma, D.; Pan, Q.; Han, F. *Tetrahedron Lett.* **2002**, *43*, 9401.
[11] Fang, B.; Liu, X. H.; Zhao, J. N.; Tang, Y.; Lin, L. L.; Feng, X. M. *J. Org. Chem.* **2015**, *80*, 3332.
[12] (a) Lai, G. Y.; Guo, F. F.; Zheng, Y. Q.; Fang, Y.; Song, H. G.; Xu, K.; Wang, S. J.; Zha, Z. G.; Wang, Z. Y. *Chem. Eur. J.* **2011**, *17*, 1114. (b) Li, Y. N.; Huang, Y. K.; Gui, Y.; Sun, J. N.; Li, J. D.; Zha, Z. G.; Wang, Z. Y. *Org. Lett.* **2017**, *19*, 6416.
[13] Xu, K.; Lai, G. Y.; Zha, Z. G.; Pan, S. S.; Chen, H. W.; Wang, Z. Y. *Chem. Eur. J.* **2012**, *18*, 12357.
[14] (a) Tian, J.S.; Zhong, T.K.; Li, Y.S.; Ma, D.W. *Angew. Chem. Int. Ed.* **2014**, *53*, 13885. (b) Sukhorukov, A. Y.; Sukhanova, A. A.; Zlotin, S. G. *Tetrahedron* **2016**, *72*, 6191. (c) Mitchell, M. L.; Xu, L. H.; Newby, Z. E.; Desai, M. C. *Tetrahedron Lett.* **2017**, *58*, 1123. (d) Xie, H. X.; Zhang, Y. N.; Zhang, S. L.; Chen, X. B.; Wang, W. *Angew. Chem. Int. Ed.* **2011**, *50*, 11773. (e) Cooksey, C.; Dronsfield, A. *Dyes Hist. & Arch.* **2003**, *19*, 118. (f) Nakata, T.; Komatsu, T.; Nagasawa, K.; Yamada, H.; Takahashi, T. *Tetrahedron Lett.* **1994**, *35*, 8225.

(汪志勇)

Hiyama 偶联反应

钯催化下芳卤、烯卤和卤代烷或拟卤代物与有机硅化合物形成 C-C 键的反应，称为 Hiyama (桧山) 偶联反应 (式 1)[1]。同 Suzuki 偶联反应类似，该反应需要一个活化剂，如氟离子 (TBAF) 或一个碱 (TASF)[1-5]。

催化循环：从图 1 的催化循环可以看出，Hiyama 偶联反应的关键是把低极化的 Si-R 键活化，以便进行金属-金属交换。提高 Si-R 键的极性需要从分子内外两方面入手。首先，在硅原子上引入多个吸电子的 F[1] 或 OR 基[4]，或形成硅杂小环 (硅杂环丁烷)[5] 以提高硅原子的亲电性。其次，通过加入有机氟试剂，如 TBAF，通过 F⁻ 与 Si 的作用，

$$R^1-SiY_3 + R^2-X \xrightarrow[\text{活化剂}]{\text{Pd cat.}} R^1-R^2 \tag{1}$$

R^1 = 炔基, 烯基, 芳基, 烷基
SiY_3 = $SiMe_3$;
$SiMe_2F$; $SiMeF$; SiF_3 (Hiyama)
$Si(OR)_3$ (Tamao-Ito)
☐Si (Denmark)

R^2 = 烯基, 芳基, 烯丙基
X = Cl, Br, I, OSO_2CF_3, OCO_2Et
Pd cat. = $(\eta^3\text{-}C_3H_5PdCl)_2$, $Pd(PPh_3)_4$
活化剂 = TBAF, TASF, KF, NaOH, (RO^-)

形成 +5 价硅,从而活化 C-Si 键。

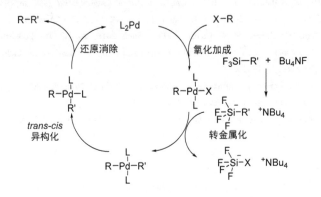

图 1 Hiyama 偶联反应的催化循环过程

  Hiyama 偶联是与 Suzuki 偶联同类型的反应,与其它偶联反应相比 Hiyama 交叉偶联反应的优点是有机硅试剂易于操作和低毒性,但是由于硅化合物的低活性,所需的反应条件强烈 (长时间在高温下反应),其应用还比较有限。随着对 Hiyama 偶联反应的不断改良和扩展,Hiyama 偶联反应将成为偶联反应中一种有价值的选择[6-11]。

  Hiyama 反应对于官能团的耐受性非常好,可以带多种官能团进行反应,比如 –CHO、–$COCH_3$、–$COOC_2H_5$、–OCH_3、–CN、–NO_2,但含硅保护的基团由于会和活化剂中的氟有作用,在一般情况下不能存在于底物中。

  Hiyama 反应的关键原料是各种硅试剂。常见的硅试剂大多是商业化产品,而且在空气中比较稳定,可以长期储存。但 Hiyama 反应需要消耗过量的相对昂贵的活化剂如四丁基氟化铵等。氧化银可以促进硅醇的反应[12],而不活泼的烯基硅醇可以在 Cs_2CO_3 和 $AsPh_3$ 的活化下反应[13]。强碱如氢氧化钠、碳酸钾、碳酸钠都对某些反应有促进作用[14];Denmark 还报道了以 $KOSiMe_3$ 为碱进行的偶联反应。

  Hiyama 反应条件温和,产率和选择性较好,试剂容易保存。但由于对硅保护基的不兼容性,硅试剂制备不易以及活化剂的昂贵,在一定程度上限制了其在有机合成和高分子合成中的广泛应用。

  Hiyama 交叉偶联反应具有立体专一性,烯基硅烷和烯基卤的几何构型均保持不变 (式 2)[5]。

$$\text{R}\diagdown\text{Si}(\text{R'}) + \text{I}\diagdown\text{R'''} \xrightarrow[\text{rt, 10~300 min}]{\text{Pd(dba)}_2 \text{ (5 mol\%)} \atop \text{TBAF (3 equiv), THF}} \text{R}\diagdown\diagdown\text{R'''} \quad \text{可达 95\%} \tag{2}$$

值得注意的是，使用冠醚修饰的钯-膦烷配合物，Hiyama 偶联反应可在水中进行 (式 3)[15]。

$$\text{Ar—Si(OR)}_3 + \text{Br—Ar'} \xrightarrow[\text{0.5 mol/L NaOH} \atop \text{140 °C, 1.5 h}]{[\text{PdCl}_2(\text{PPhAr''}_2)] \text{ (1 mol\%)}} \text{Ar—Ar'} \tag{3}$$

(1.2 equiv)
R = Me, Et
可达 98%
Ar' = Ar', HetAr'

早期的研究几乎都集中在 C_{sp^2}-X 型亲电试剂 (例如，芳基、烯基卤和三氟甲磺酸酯) 的偶联，直到 2003 年，Fu 小组报道了室温下、在 $PdBr_2/P(t\text{-Bu})_2Me/Bu_4NF$ 催化下，芳基硅烷与溴代和碘代烃的交叉偶联反应 (式 4)[16]。此后，通过使用 Ni 催化剂，他们又把非活化卤代烃扩展到仲卤代烃[17]。

$$\text{R—Br} + (\text{MeO})_3\text{Si—Ar} \xrightarrow[\text{Bu}_4\text{NF (2.4 equiv)} \atop \text{THF, rt}]{\text{PdBr}_2 \text{ (4 mol\%)} \atop P(t\text{-Bu})_2\text{Me (10 mol\%)}} \text{R—Ar} \quad 50\%\text{~}84\% \tag{4}$$

(1.2 equiv)

随后，2008 年，Fu 小组又报道了室温下，Ni 催化的仲 α-卤代羰基化合物与芳基烷氧硅化合物的不对称 Hiyama 偶联反应，配体采用的是手性二胺化合物 (式 5)[18]。

$$\underset{R = \text{烷基}}{\text{RO}\diagdown\text{Br}\diagdown\text{R}} + \text{Ar—Si(OMe)}_3 \xrightarrow[\text{二噁烷, rt}]{\text{NiCl}_2 \cdot \text{glyme (10 mol\%)} \atop (S,S)\text{-1 (12 mol\%)}} \text{RO}\diagdown\text{Ar}\diagdown\text{R} \tag{5}$$

(S,S)-1 = MeHN-CH(Ph)-CH(Ph)-NHMe
64%~84%
75%~99% ee

2016 年，Lian 和 Nielsen 报道了二硅烷 2 与 CO_2 和碘苯 3 的插羰型 Hiyama-Denmark 偶联制备二芳基酮的反应，反应经历了二硅氧烷和 CO 的中间体 (式 6)[19]。

$$\text{2} \xrightarrow[\text{CsF, DMF} \atop \text{110 °C, 1 h}]{\text{CO}_2 \text{ (1.5 equiv)}} [\text{disiloxane} + \text{CO}] \xrightarrow[\text{Pd(acac)}_2 \atop \text{Cu(3-MeSal)} \atop \text{4-Mebipy, 1 h}]{\text{Ar-I } 3} \text{R}^2\text{-Ar-CO-Ar-R}^1 \quad 47\%\text{~}80\% \tag{6}$$

2018 年，Varenikov 课题组报道了不对称 Ni 催化的含 α-CF_3 的氯代乙醚 4 与芳基或烯基烷氧硅化合物 **5** 的 Hiyama 偶联反应制备手性 α-CF$_3$ 醚化合物 **6**，手性 α-CF$_3$ 醚还可以脱掉保护基得到手性 α-CF$_3$ 醇化合物 **7** (式 7)[20]。采用手性配体双齿噁唑啉配体 **8a** 或 **8b**，可以获得很高的收率和 ee 值。

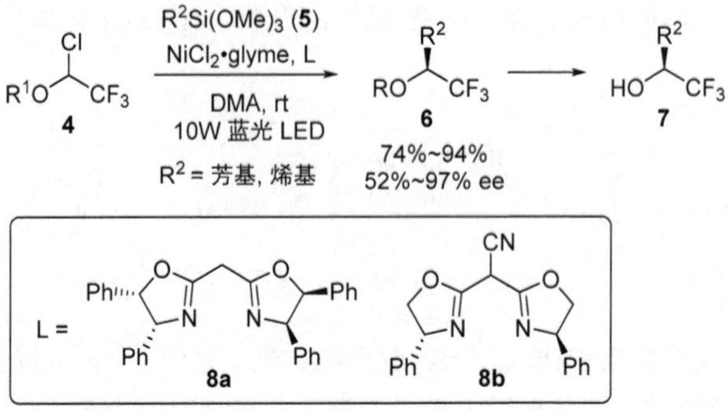

Hiyama 偶联反应因具有较高的官能团兼容性和立体选择性、原子经济性以及硅试剂的高稳定性，在天然产物和药物分子的合成具有很高的价值[21]。

2009 年，López 课题组报道了烯基碘化物 **9** 与 E-式的烯基硅化合物 **10a** 的 Hiyama 偶联产物 **11** 经脱除 THP 便制得维生素 A (**12**)，反应中烯烃的立体化学得到保持 (式 8)[22]。类似地，烯基碘化物 **9** 与 Z-式的烯基硅化合物 **10b** 经 Hiyama 偶联得到 **13**，进一步脱除 THP 保护方便地转化为 11-*cis*-视黄醛 (**14**)。

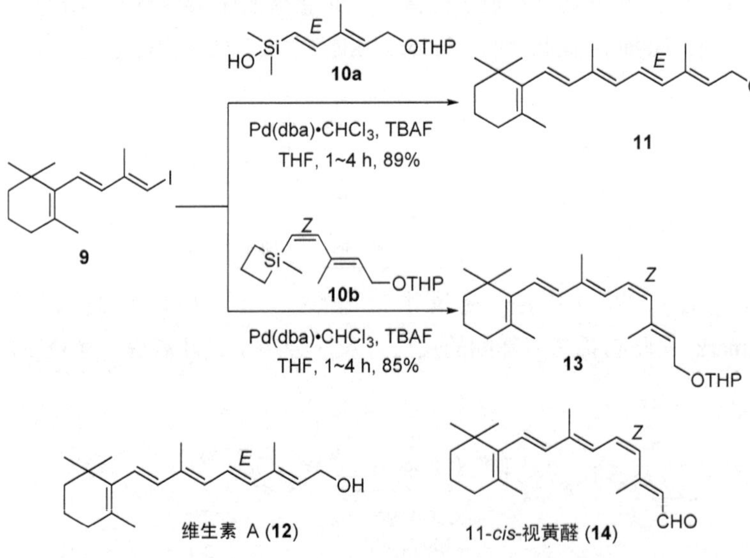

2015 年，Trost 课题组通过 Hiyama 偶联反应合成了 leustroducsin B 关键中间体 **17**，进而完成其全合成 (式 9)[23]，反应中乙酸的加入可以缓冲反应液的酸碱性。leustroducsin B 是从土壤细菌 *Streptomyces platensis* SANK 60191 中分离得到的具有抗菌和抗肿瘤活性的分子。

leustroducsin B (**18**)

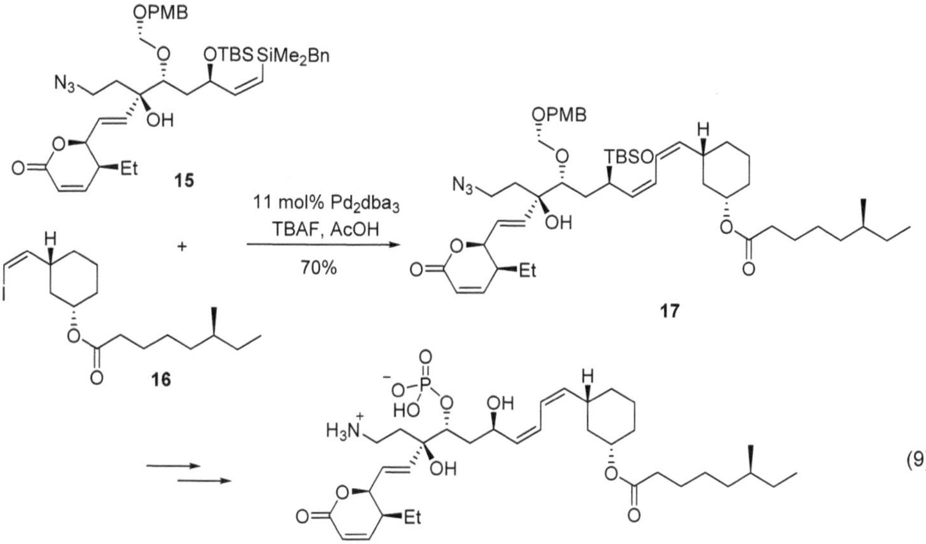

Bussealin E (**23**) 是从马达加斯加植物 *Bussea sakalava* 根中分离得到的，具有中等的抗卵巢癌细胞活性。2018 年，Spring 课题组报道了乙烯基二硅氧烷 **20** 与苄基型溴化物 **21** 的 Hiyama 偶联反应，立体专一地生成了烯烃 **22**，后者经过氢化还原双键和脱苄基，再氧化苯酚后分子内环化转化为 bussealin E (**23**) (式 10)[24]。其中，乙烯基二硅氧烷 **20** 可以从苯乙炔 **19** 出发，通过 Pt 催化的硅氢化反应立体专一性地得到。

bussealin E (**23**)

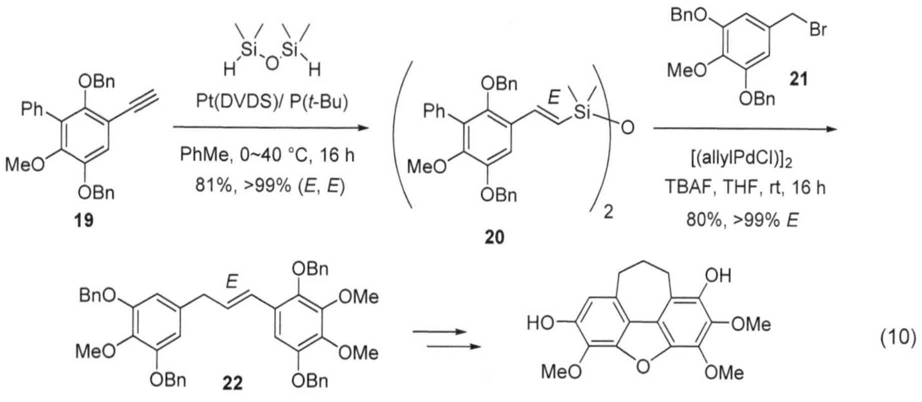

参考文献

[1] Hatanaka, Y.; Hiyama, T. *J. Org. Chem.* **1988**, *53*, 918-920.

[2] Yoshida, J.; Tamao, K.; Yamamoto, H.; Kakui, T.; Uchida ,T.; Kumada, M. *Organometallics* **1982**, *1*, 542-549.

[3] Hallberg, A.; Westerlund, C. *Chem. Lett.* **1982**, 1993-1994.

[4] Tamao, K.; Kobayashi, K.; Ito, Y. *Tetrahedron Lett.* **1989**, *30*, 6051-6054.

[5] Denmark, S. E.; Choi, J. Y. *J. Am. Chem. Soc.* **1999**, *121*, 5821-5822.

[6] Hiyama, T. In *Metal-Catalyzed Cross-Coupling Reactions*; Diederich, F.; Stang, P. J., Eds.; Wiley-VCH: New York, **1998**; Chapter 10. (综述)
[7] Hiyama, T.; Hatanaka, Y. *Pure Appl. Chem.* **1994**, *66*, 1471-1478. (综述)
[8] Denmark, S. E.; Sweis, R. F. *Acc. Chem. Res.* **2002**, *35*, 835-846. (综述)
[9] Itami, K.; Nokami, T.; Yoshida, J.-I. *J. Am. Chem. Soc.* **2001**, *123*, 5600-5601.
[10] Sore, H. F.; Galloway, W. R. J. D.; Spring, D. R. *Chem. Soc. Rev.* **2012**, *41*, 1845-1866.
[11] Foubelo, F.; Nájera, C.; Yus, M. *Chem. Rec.* **2016**, *16*, 2521-2533.
[12] Hirabayashi, K.; Mori, A.; Kawashima, J.; Suguro, M.; Nishihara, Y.; Hiyama, T. *J. Org. Chem.* **2000**, *65*, 5342-5349.
[13] Denmark, S. E.; Ober, M. H. *Org. Lett.* **2003**, *5*, 1357-1360.
[14] Hagiwara, E.; Gouda, K.; Hatanaka, Y.; Hiyama, T. *Tetrahedron Lett.* **1997**, *38*, 439-442.
[15] Gordillo, Á.; de Jesús, E.; López-Mardomingo, C. *Org. Lett.* **2006**, *8*, 3517-3520.
[16] Lee, J.-Y.; Fu, G. C. *J. Am. Chem. Soc.* **2003**, *125*, 5616-5617.
[17] Powell, D. A.; Fu, G. C. *J. Am. Chem. Soc.* **2004**, *126*, 7788-7789.
[18] Dai, X.; Strotman, N. A.; Fu, G. C. *J. Am. Chem. Soc.* **2008**, *130*, 3302-3303.
[19] Lian, Z.; Nielsen, D. U.; Lindhardt, A. T.; Daasbjerg, K.; Skrydstrup, T. *Nat. Commun.* **2016**, *7*, 13782.
[20] Varenikov, A; Gandelman, M. *Nat. Commun.* **2018**, *9*, 3566.
[21] Denmark, S. E.; Liu, J. H.-C. *Angew. Chem. Int. Ed.* **2010**, *49*, 2978-2986.
[22] Montenegro, J.; Bergueiro, J.; Saá, C.; López, S. *Org. Lett.* **2009**, *11*, 141-144.
[23] Trost, B. M.; Biannic, B.; Brindle, C. S.; O'Keefe, B. M.; Hunter, T. J.; Ngai, M.-Y. *J. Am. Chem. Soc.* **2015**, *137*, 11594-11597.
[24] Twigg, D. G.; Baldassarre, L.; Frye, E. C.; Galloway, W. R. J. D.; Spring, D. R. *Org. Lett.* **2018**, *20*, 1597-1599.

（黄培强，陈航）

Kolbe 电合成反应

羧酸盐经阳极氧化形成脱羧偶联产物的反应称为 Kolbe (科尔贝) 电合成反应 (式 1)[1-4]。

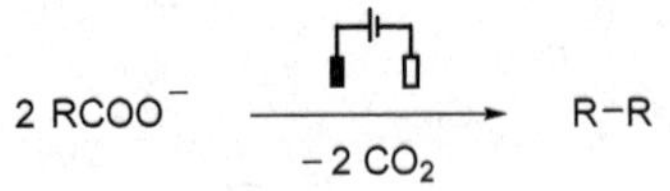

$$2 \text{ RCOO}^- \xrightarrow[-2\text{CO}_2]{} \text{R-R} \tag{1}$$

反应机理 (图 1)：羧酸负离子经阳极氧化失去一个电子形成羧酸自由基，然后失去二氧化碳后得到烷基自由基，后者二聚形成烷烃。

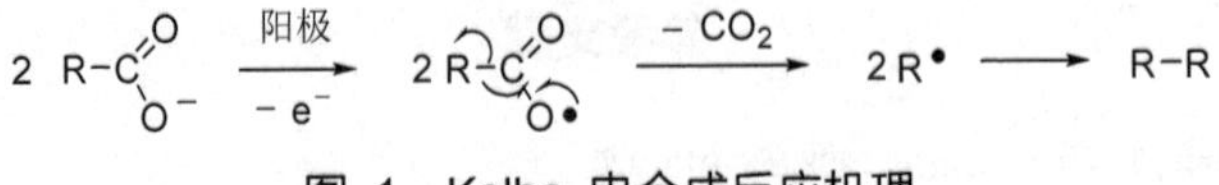

$$2 \text{ R-C}\underset{\text{O}^-}{\overset{\text{O}}{\|}} \xrightarrow[-\text{e}^-]{\text{阳极}} 2\text{R-C}\underset{\text{O}\cdot}{\overset{\text{O}}{\|}} \xrightarrow{-\text{CO}_2} 2\text{R}^\cdot \longrightarrow \text{R-R}$$

图 1 Kolbe 电合成反应机理

该法最适于合成对称二聚体烷烃。两个不同羧酸盐的电解一般得到混合物。但若其中一个羧酸盐价廉易得，可用大过量，则量少组分的自身偶联可基本被抑制，得到交叉偶联产物。例如，羧酸 **1** 和 **2** 按摩尔比 1:3 混合后电解可以 42% 的产率得到德国蟑螂信息素 3 (式 2)[5]。

脱羧形成的碳自由基可与烯烃发生环化得到新的碳自由基,后者发生交叉偶联得到环状产物 (式 3)[6]。此外,电解形成的碳自由基可被氧化成碳正离子,从而形成副产物。副产物的形成取决于碳自由基是否容易被氧化。

$$n\text{-}C_{18}H_{37}\text{-}\underset{CH_3}{\underset{|}{\overset{H}{\overset{|}{C}}}}\text{-}(CH_2)_4\text{-}COOH \quad \underset{2}{\overset{1}{\underset{+}{\quad}}} \quad 1:3 \quad \xrightarrow[\text{KOH/MeOH}]{} \quad n\text{-}C_{18}H_{37}\text{-}\underset{CH_3}{\underset{|}{\overset{H}{\overset{|}{C}}}}\text{-}(CH_2)_7\text{-}\underset{CH_3}{\overset{O}{\overset{||}{C}}}\text{-}CH_3 \quad (2)$$

$$HOOC\text{-}(CH_2)_3\text{-}\underset{CH_3}{\underset{|}{\overset{H}{\overset{|}{C}}}}\text{-}\overset{O}{\overset{||}{C}}\text{-}CH_3$$

德国蟑螂信息素 **3**

化合物 **4** $\xrightarrow[\text{MeOH, KOH, 40 °C}]{\text{MeCO}_2\text{H (5 equiv)}}$ **5** + **6** (3)
72%   1.4:1

参考文献

[1] Kolbe, H. *Justus Liebigs Ann. Chem.* **1849**, *69*, 257-294.
[2] Vijh, A. K.; Conway, B. E. *Chem. Rev.* **1967**, *67*, 623-664.
[3] Schafer, H. J. *Top. Curr. Chem.* **1990**, *152*, 91-151.
[4] Tanaka, H.; Kuroboshi, M.; Torii, S. in *Organic Electrochemistry, 5th ed.* (Eds Hammerich, H.; Speiser, B.); CRC Press: Boca Raton, FL, 2015, 1267-1308. (综述).
[5] Seidel, W.; Schafer, H. J. *Chem. Ber.* **1980**, *113*, 451-456.
[6] Matzeit, A.; Schäfer, H. J.; Amatore, C. *Synthesis* **1995**, 1432-1444.

(黄培强,徐海超)

Krische-涂永强醇 α-烃基化反应

Krische-涂永强 (克里舍-涂永强,Krische-Tu) 醇 α-烃基化反应泛指含 α-氢的伯、仲醇在过渡金属催化下与烯烃进行 α-烃基化生成仲、叔醇的反应 (式 1)。合成仲、叔醇的传统方法是使用化学计量的有机金属试剂对醛、酮加成。醇和烯烃是两类来源广泛、稳定、安全的基本有机物,因而从低一级的醇 (如伯醇) 直接与烯烃进行转氢碳-碳偶联合成高一级的醇 (如仲醇) 符合 Hendrickson 理想合成的理念[1,2]。然而,由于醇含有多个潜在的反应位点 (例如醇羟基、α-位和 β-位的碳氢键),如何在无保护基 (或导向基) 存在下实现醇的 α-位直接烷基化反应,是碳氢键官能团化领域中极具挑战性的课题。

$$\underset{R^1}{\overset{OH}{\diagdown}}\!\!\diagdown\!\!H + \underset{R^3}{\overset{R^2}{\diagdown}} \xrightarrow{\text{过渡金属催化剂}} \underset{R^1}{\overset{OH}{\diagdown}}\!\!\diagdown\!\!\underset{R^3}{\overset{R^2}{\diagdown}} \quad (1)$$

2005 年，涂永强课题组利用 Lewis 酸协助过渡金属催化的策略[3]，基于醇类化合物中键解离能 (BDE) 的差异 (以乙醇为例，$BDE_{O-H} \approx 105$ kcal/mol，$BDE_{C(\alpha)-H} \approx 96$ kcal/mol，$BDE_{C(\beta)-H} \approx 101$ kcal/mol)[4]，通过 Wilkinson 催化剂 [RhCl(PPh$_3$)$_3$] 与 Lewis 酸 (BF$_3$·OEt$_2$) 的协同作用，高选择性地实现含氧氢键和多种碳-氢键的醇分子中键解离能较低的 α-位碳氢键的直接烷基化反应 (式 2)[3]。随后，该课题组通过同一策略，实现了 Lewis 酸 (BF$_3$·OEt$_2$) 协助下钯催化的烯烃二聚-与醇偶联反应 (式 3)[5]。接着，该课题组进一步展示了廉价易得且具有较强 Lewis 酸性质的三氯化铁即可催化醇 α-位与烯烃的直接烷基化反应 (式 4)[6,7]。

$$\underset{R^1}{\overset{OH}{\diagdown}}\!\!R^2 + \underset{R^4}{\overset{R^3}{\diagdown}} \xrightarrow[\substack{BF_3 \cdot OEt_2 \text{ (2.5 equiv)} \\ BuBr \text{ (0.5 equiv)} \\ PhMe, 55\ ^\circ C}]{2\ mol\%\ RhCl(PPh_3)_3} \underset{\substack{R^1 \\ R^2}}{\overset{OH}{\diagdown}}\!\!\diagdown\!\!\underset{R^4}{\overset{R^3}{\diagdown}} \quad (2)$$

31%~78%

$$\underset{R^1}{\overset{OH}{\diagdown}}\!\!R^2 + \diagdown\!\!R^2 + \diagdown\!\!R^3 \xrightarrow[\substack{BF_3 \cdot OEt_2 \\ CH_3NO_2, 60\ ^\circ C}]{Pd(OTFA)_2,\ PPh_3} \underset{R^1}{\overset{OH}{\diagdown}}\!\!\diagdown\!\!\overset{R^2}{\diagdown}\!\!\diagdown\!\!R^3 \quad (3)$$

27%~70%

$$\underset{R^1}{\overset{OH}{\diagdown}}\!\!R^2 + \underset{R^4}{\overset{R^3}{\diagdown}} \xrightarrow[C_2H_4Cl_2,\ 65\ ^\circ C]{FeCl_3\ (0.15\ equiv)} \underset{\substack{R^1 \\ R^2}}{\overset{OH}{\diagdown}}\!\!\diagdown\!\!\underset{R^4}{\overset{R^3}{\diagdown}} \quad (4)$$

53%~93%

2015 年，罗德平课题组和 MacMillan 课题组分别报道了类似的基于自由基策略的醇-烯偶联反应。前者在涉及铜 (或钴) 时，过氧叔丁醇引发自由基偶联反应，产物为炔丙基 1,3-二醇 (式 5)[8]；后者系通过催化剂四正丁基铵磷酸盐 (TBAP) 与底物羟基形成氢键以活化醇，进而在氢原子转移催化剂奎宁环和光致氧化还原铱金属催化剂和可见光作用下进行 α-羟基烷基自由基与缺电子烯烃丙烯酸甲酯加成及串联环化反应，产物为 γ-内酯 (式 6)[9]。

$$\underset{R^1}{\overset{OH}{\diagdown}}\!\!R^2 + R^3\!\!-\!\!\equiv\!\!-\!\!\diagdown \xrightarrow[DMSO,\ 65\ ^\circ C,\ 0.5\sim6\ h]{Cu/[Co],\ ^tBuOOH} \underset{R^3-\equiv}{\overset{^tBuOO\ \ OH}{\diagdown\diagdown}}\!\!\underset{R^1R^2}{} \quad (5)$$

33%~73%

$$\underset{R^1}{\overset{OH}{\diagdown}}\!\!R^2 + MeO_2C\!\!\diagdown \xrightarrow[\substack{Bu_4NPO_4H_2,\ 奎宁环 \\ CH_3CN,\ 蓝光\ LED}]{Ir[dF(CF_3)ppy]_2(dtbbpy)PF_6} \underset{R^2}{\overset{R^1}{\diagdown}}\!\!\overset{O}{\underset{}{\diagdown}}\!\!=\!\!O \quad (6)$$

61%~93%

近十年来，Krische 课题组[10,11]借鉴传统催化转移氢化思路，系统发展了基于过渡金属铱和钌催化转移氢化-偶联策略实现醇 α-位直接官能化的反应方法学。所用的含烯烃化合物包括联烯（式 7）[12]、1,3-二烯（式 8）[13]、烯炔（式 9）[14]和烯烃（式 10）[15]。

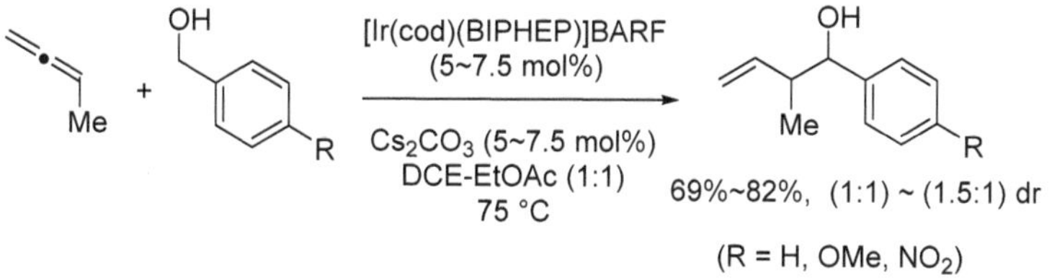
OH
Me
R
[Ir(cod)(BIPHEP)]BARF
(5~7.5 mol%)
Cs2CO3 (5~7.5 mol%)
DCE-EtOAc (1:1)
75 °C
OH
Me
R
69%~82%, (1:1) ~ (1.5:1) dr
(R = H, OMe, NO2)

(7)

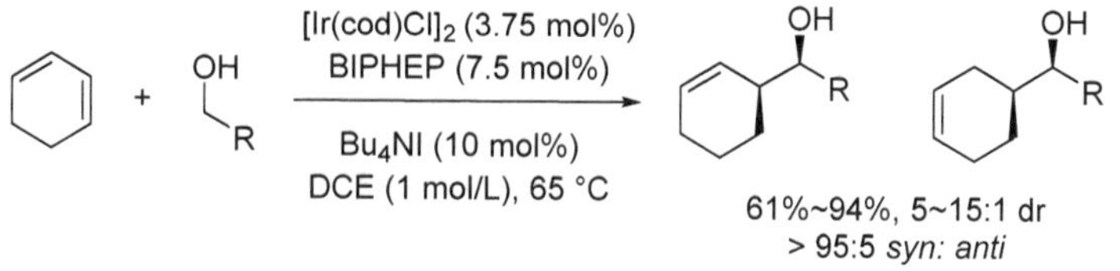
OH
R
[Ir(cod)Cl]2 (3.75 mol%)
BIPHEP (7.5 mol%)
Bu4NI (10 mol%)
DCE (1 mol/L), 65 °C
OH
R
OH
R
61%~94%, 5~15:1 dr
> 95:5 syn: anti

(8)

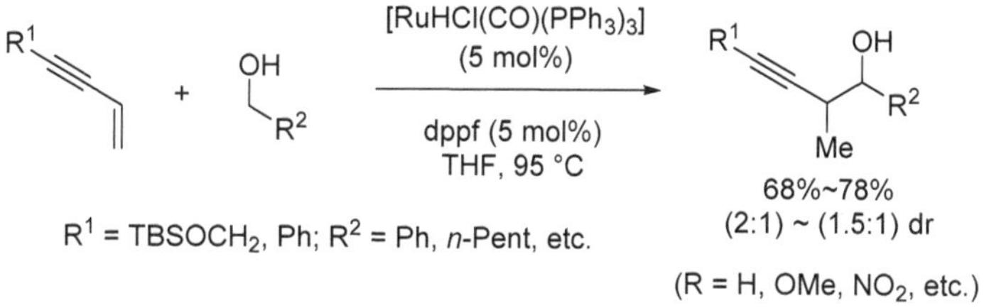
R1
OH
R2
[RuHCl(CO)(PPh3)3]
(5 mol%)
dppf (5 mol%)
THF, 95 °C
R1
OH
R2
Me
68%~78%
(2:1) ~ (1.5:1) dr
R1 = TBSOCH2, Ph; R2 = Ph, n-Pent, etc.
(R = H, OMe, NO2, etc.)

(9)

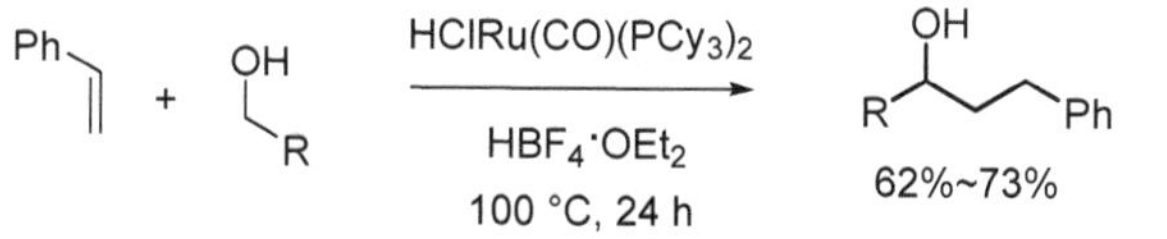
Ph
OH
R
HClRu(CO)(PCy3)2
HBF4·OEt2
100 °C, 24 h
OH
R
Ph
62%~73%

(10)

反应机理：涂永强小组通过一系列氘代实验和控制实验[3,5,7]，证实在路易斯酸协助过渡金属催化体系中，由相对稳定的 [M]–H 自由基和 α-羟基烷基自由基组成的协同自由基对的产生对反应的顺利进行至关重要，可能的机理示于图 1。

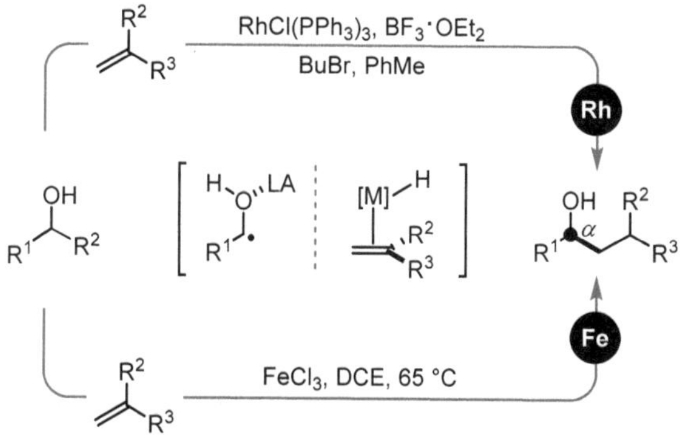
R2
R3
RhCl(PPh3)3, BF3·OEt2
BuBr, PhMe
Rh
OH
R1
R2
H
O
LA
R1
[M]
H
R2
R3
OH
R2
α
R1
R3
Fe
R2
R3
FeCl3, DCE, 65 °C

图 1 涂永强等提出的可能的机理

与上述自由基开壳层机理不同，Krische 的反应主要涉及有机金属中间体以及碱性条件下的催化转移氢化-偶联过程。以式 10 为例，当醇 α-位取代基为烷基时，钌催化剂与醇和苯乙烯形成五元环氧钌中间体，经过质解开环，制备直链的取代醇类化合物；当醇 α-位取代基为缺电子芳基时，所形成的醛有机金属对中间体发生羰基加成，合成支链的取代

醇类化合物 (图 2)[15]。

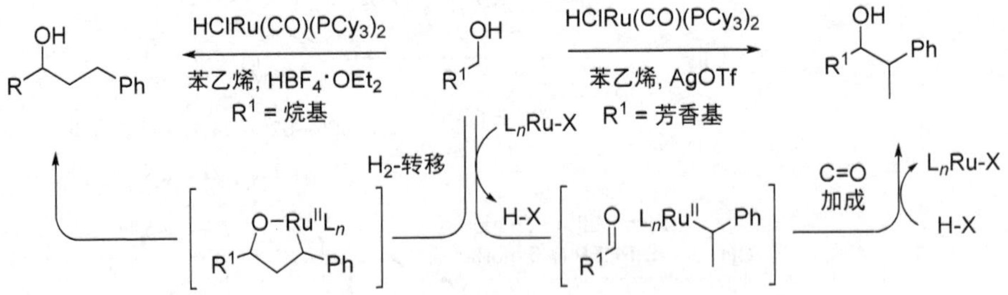

图 2 Krische 的反应涉及有机金属中间体机理

尽管反应机理不同，涂永强小组在醇 α-位以烯烃为烷基化试剂的偶联反应的原创性获得包括 Krische 小组在内多个小组的认可[8,14,16-23]。随后，Krische 小组在如下所述的催化对映选择性反应及其在复杂天然产物全合成应用两方面作出突出贡献[24-27]。

2008 年，Krische 小组报道了铱催化对映选择性醇 α-烯丙基化 (式 11)[16,17]。随后又发展了 1,3-丙二醇的催化对映选择性双烯丙基化策略[28]以及催化对映选择性醇 α-位巴豆基化反应 (式 12)[29,30]。这些步骤经济型反应被用于 swinholide A[31]等一系列结构复杂天然产物的高效全合成[24-27,32]。例如，在离子载体抗生素 (+)-zincophorin 甲酯 (**1**) 的全合成中，先后通过醇 α-位反侧-巴豆基化[29]和二醇 α,α'-双向反侧-双巴豆基化[30]构建片段 A 和片段 B 的前体 **2** 和 **3** (图 3)[32]。

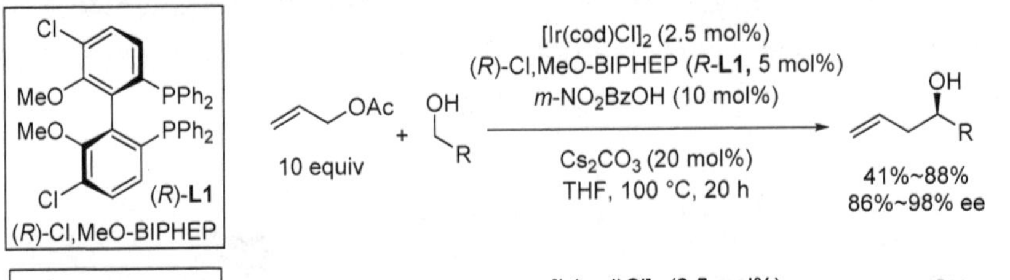

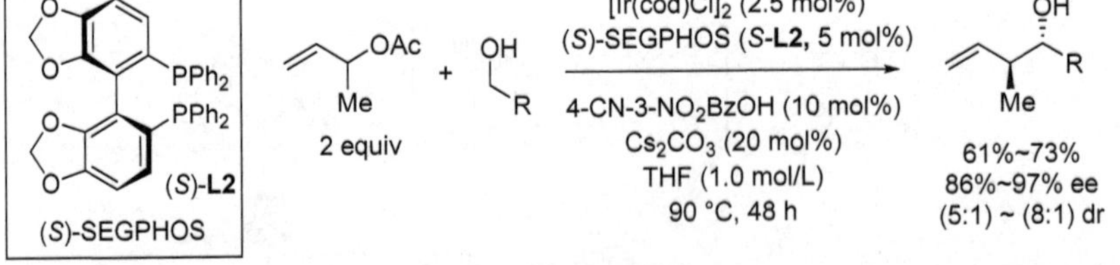

2014 年，Fürstner 小组在细胞毒性海洋大环内酯 mandelalide A 推测结构 **4** 的全合成中，采用 Krische 丙二醇 α,α'-双向双烯丙基化策略一步构建对映纯原料 **5**，进而环化合成顺式三取代的吡喃环骨架，为高效合成 mandelalide A 奠定了基础 (图 4)[33]。

除了烯丙醇和巴豆醇衍生物，Krische 小组也发展了以 2-硅基-1,3-丁二烯[34]、1,3-丁二烯 (式 13 和式 14)[35,36]和 1,3-烯炔[37,38]为烷基化试剂的催化对映选择性醇 α-烃基化反应。

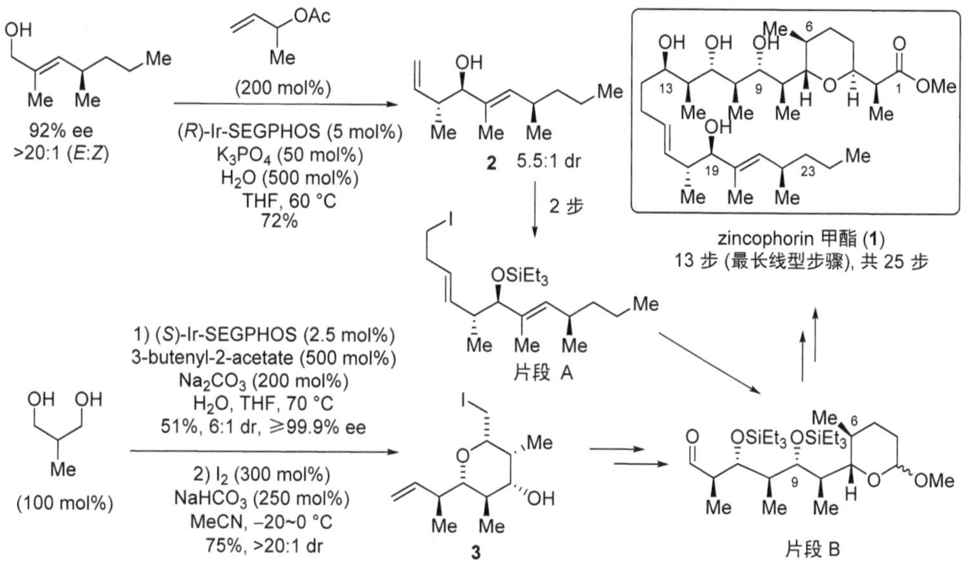

图 3 离子载体抗生素 (+)-zincophorin 甲酯 (1) 的全合成

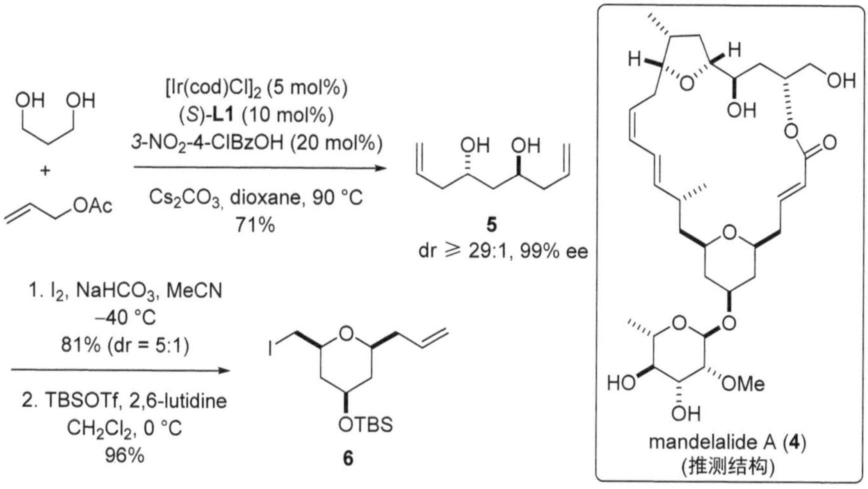

图 4 Fürstner 小组采用 Krische 丙二醇 α,α'-双向双烯丙基化策略一步构建对映纯手性原料 5

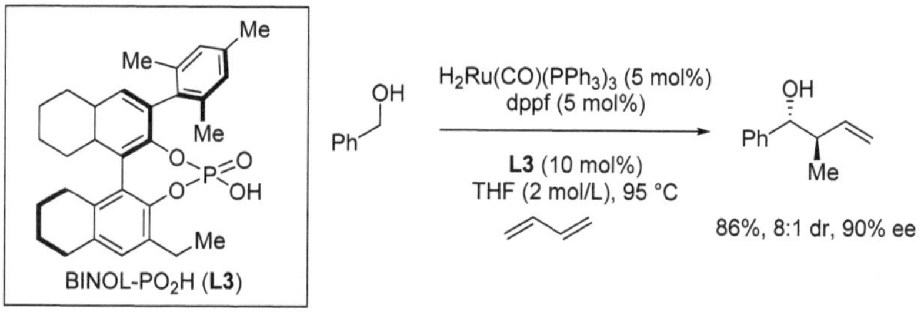

$$\text{(13)}$$

86%, 8:1 dr, 90% ee

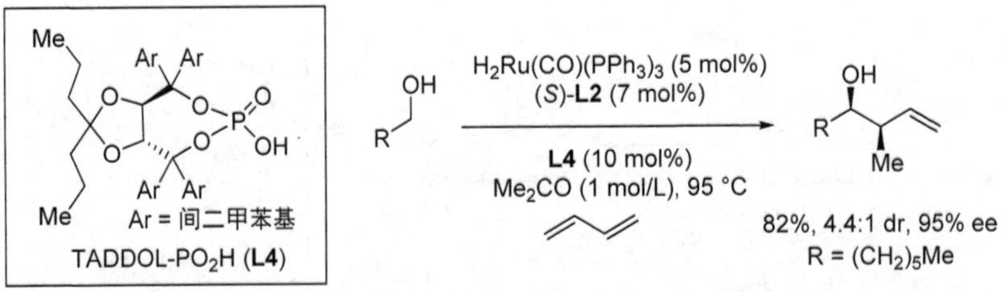

2017 年，Brimble/Furkert 小组基于 Krische 的顺侧立体选择性巴豆基化方法，建立了从同一手性醇 7 出发立体发散合成两种具有不同立体中心的聚酮砌块 8 的 *anti,syn* 和 *syn,syn* 非对映立体异构体的简便方法，产物的非对映立体选择性高达 >99:1（图 5）[39]。结果表明新形成的 *syn*-立体中心只受手性催化剂控制。该法避免了使用手性醛和有机金属试剂的传统方法可能引起的外消旋化或差向异构化问题。

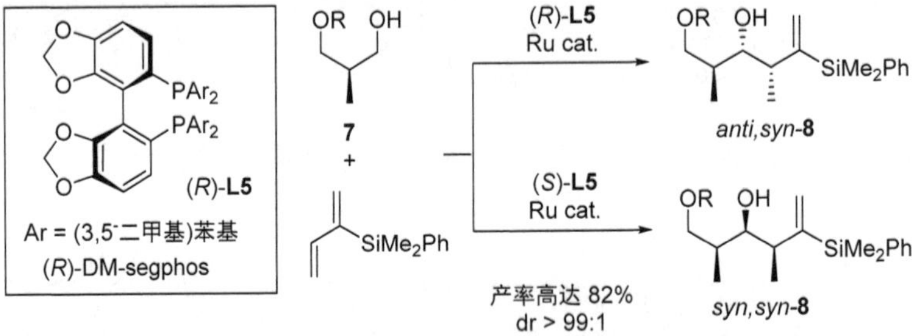

图 5　Brimble/Furkert 小组从同一手性醇 7 出发立体发散合成聚酮砌块 8 的 *anti,syn* 和 *syn,syn* 非对映立体异构体

参考文献

[1] Zhang, S.-Y.; Zhang, F.-M.; Tu, Y.-Q. *Chem. Soc. Rev.* **2011**, *40*, 1937-1949. (综述)
[2] Shin, I.; Montgomery, T. P.; Krische, M. J. *Aldrichim. Acta* **2015**, *48*, 15-15. (综述)
[3] Shi, L.; Tu, Y.-Q.; Wang, M.; Zhang, F.-M.; Fan, C.-A.; Zhao, Y.-M.; Xia, W.-J. *J. Am. Chem. Soc.* **2005**, *127*, 10836-10837.
[4] Internet Bond-energy Databank (iBonD) Home Page. http://ibond.nankai.edu.cn
[5] Jiang, Y.-J.; Tu, Y.-Q.; Zhang, E.; Zhang, S.-Y.; Cao, K.; Shi, L. *Adv. Synth. Catal.* **2008**, *350*, 552-556.
[6] Zhang, S.-Y.; Tu, Y.-Q.; Fan, C.-A.; Zhang, F.-M.; Shi, L. *Angew. Chem. Int. Ed.* **2009**, *48*, 8761-8765.
[7] Zhang, S.-Y.; Tu, Y.-Q.; Fan, C.-A.; Jiang, Y.-J.; Shi, L.; Cao, K.; Zhang, E. *Chem. Eur. J.* **2008**, *14*, 10201-10205.
[8] Cheng, J.-K.; Loh, T.-P. *J. Am. Chem. Soc.* **2015**, *137*, 42-45.
[9] Jeffrey, J. L.; Terrett, J. A.; MacMillan, D. W. C. *Science* **2015**, *349*, 1532-1536.
[10] Nguyen, K. D.; Park, B. Y.; Luong, T.; Sato, H.; Garza, V. J.; Krische, M. J. *Science* **2016**, *354*, aah5133. (综述)
[11] Holmes, M.; Schwartz, L. A.; Krische, M. J. *Chem. Rev.* **2018**, *118*, 6026-6052. (综述)
[12] Bower, J. F.; Skucas, E.; Patman, R. L.; Krische, M. J. *J. Am. Chem. Soc.* **2007**, *129*, 15134-15135.
[13] Bower, J. F.; Patman, R. L.; Krische, M. J. *Org. Lett.* **2008**, *10*, 1033-1035.
[14] Patman, R. L.; Williams, V. M.; Bower, J. F.; Krische, M. J. *Angew. Chem. Int. Ed.* **2008**, *47*, 5220-5223.
[15] Xiao, H.; Wang, G.; Krische, M. J. *Angew. Chem. Int. Ed.* **2016**, *55*, 16119-16122.
[16] Kim, I. S.; Ngai, M.-Y.; Krische, M. J. *J. Am. Chem. Soc.* **2008**, *130*, 6340-6341.

[17] Kim, I. S.; Ngai, M.-Y.; Krische, M. J. *J. Am. Chem. Soc.* **2008**, *130*, 14891-14892.
[18] Patman, R. L.; Chaulagain, M. R.; Williams, V. M.; Krische, M. J. *J. Am. Chem. Soc.* **2009**, *131*, 2066-2067.
[19] Bower, J. F.; Kim, I. S.; Patman, R. L.; Krische, M. J. *Angew. Chem. Int. Ed.* **2009**, *48*, 34-46. (综述)
[20] Han, S. B.; Kim, I. S.; Krische, M. J. *Chem. Commun.* **2009**, 7278-7287. (综述)
[21] Sun, C.-L.; Li, B.-J.; Shi, Z.-J. *Chem. Rev.* **2011**, *111*, 1293-1314. (综述)
[22] Dong, Z.; Ren, Z.; Thompson, S. J.; Xu, Y.; Dong, G. *Chem. Rev.* **2017**, *117*, 9333-9403. (综述)
[23] Cai, Y.; Li, F.; Li, Y.-Q.; Zhang, W. B.; Liu, F.-H.; Shi, S.-L. *Tetrahedron Lett.* **2018**, *59*, 1073-1079. (综述)
[24] Kim, S. W.; Zhang, W.; Krische, M. J. *Acc. Chem. Res.* **2017**, *50*, 2371-2380. (综述)
[25] Feng, J.; Holmes, M.; Krische, M. J. *Chem. Rev.* **2017**, *117*, 12564-12580. (综述)
[26] Dechert-Schmitt, A.-M. R.; Schmitt, D. C.; Gao, X.; Itoh, T.; Krische, M. J. *Nat. Prod. Rep.* **2014**, *31*, 504-513. (综述)
[27] Feng, J.; Kasun, Z. A.; Krische, M. J. *J. Am. Chem. Soc.* **2016**, *138*, 5467-5478. (综述)
[28] Lu, Y.; Kim, I. S.; Hassan, A.; Del Valle, D. J.; Krische, M. J. *Angew. Chem. Int. Ed.* **2009**, *48*, 5018-5021.
[29] Kim, S.; Han, S. B.; Krische, M. J. *J. Am. Chem. Soc.* **2009**, *131*, 2514-2520.
[30] Gao, X.; Han, H.; Krische, M. J. *J. Am. Chem. Soc.* **2011**, *133*, 12795-12800.
[31] Shin, I.; Hong, S.; Krische, M. J. *J. Am. Chem. Soc.* **2016**, *138*, 14246-14249.
[32] Kasun, Z. A.; Gao, X.; Lipinski, R. M.; Krische, M. J. *J. Am. Chem. Soc.* **2015**, *137*, 8900-8903.
[33] Willwacher, J.; Fürstner, A. *Angew. Chem. Int. Ed.* **2014**, *53*, 4217-4221.
[34] Zbieg, J. R.; Moran, J.; Krische, M. J. *J. Am. Chem. Soc.* **2011**, *133*, 10582-10586.
[35] Zbieg, J. R.; Yamaguchi, E.; McInturff, E. L.; Krische, M. J. *Science* **2012**, *336*, 324-327.
[36] McInturff, E. L.; Yamaguchi, E.; Krische, M. J. *J. Am. Chem. Soc.* **2012**, *134*, 20628-20631.
[37] Geary, L. M.; Woo, S. K.; Leung, J. C.; Krische, M. J. *Angew. Chem. Int. Ed.* **2012**, *51*, 2972-2976.
[38] Nguyen, K. D.; Herkommer, D.; Krische, M. J. *J. Am. Chem. Soc.* **2016**, *138*, 5238-5241.
[39] Pantin, M.; Hubert, J. G.; Söhnel, T.; Brimble, M. A.; Furkert, D. P. *J. Org. Chem.* **2017**, *82*, 11225-11229.

（黄培强）

Kumada-Corriu 偶联反应

1972 年，Corriu[1] 和 Kumada[2] 分别报道了有机镁试剂与卤代烃的偶联反应，由此揭开了该类交叉偶联化学的序幕。这一反应称为 Kumada (熊田) 偶联反应或 Kumada-Corriu 偶联反应 (式 1)。该反应一般采用二价镍如 $NiCl_2(dppp)$ 或零价钯作为催化剂，在醚类溶剂如乙醚中进行[3]，烷基、乙烯基、芳基卤代烃均可适用。该反应的优点是反应原料格氏试剂简单易得，同时，条件温和 (室温或低温)、产率较高和选择性好。缺点是格氏试剂对水和空气敏感、对羰基和氰基等基团的兼容性较差。

$$R'-X + RMgX \xrightarrow[\text{Et}_2\text{O}]{\text{NiCl}_2(\text{dppp}) \text{ 或 Pd(dba)}_2} R'-R \quad (1)$$

R = 芳基, 烯基, 烷基
R' = 芳基, 烯基
X = Cl, Br, I

反应机理 (图 1)：首先，二价镍被格氏试剂还原为零价镍，接着对卤代烃氧化加成生成二价 Ni 中间体 **B**；其次，二价镍中间体 **B** 与格氏试剂发生转金属化生成中间体 **C**；再次，中间体 **C** 再发生顺反异构化生成中间体 **D**；最后，中间体 **D** 发生还原消除得到最终产物，并释放出零价镍，完成催化循环。

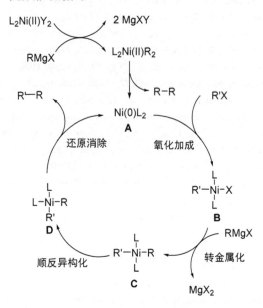

图 1　Kumada-Corriu 偶联反应的机理

由于可直接使用简便、经济的格氏试剂，Kumada-Corriu 偶联被用于苯乙烯衍生物的工业规模生产，也是非对称联芳烃经济合成的首选方法。

通过改变配体[4-6]和利用 Ni-Mg 双金属的协同作用[5]，Beller、Nakamura 和 Althammer 分别发展了不活泼的氯代烷、氟代烷和非活化对甲苯磺酸酯参与的 Kumada-Corriu 偶联，拓展了 Kumada-Corriu 偶联的适用范围。随后，亲电试剂又拓展到羧酸酯、氨基甲酸酯、磷酸酯、烷氧化合物、硫醚、硒醚、季铵盐和芳基氰化合物[7-9]。

除了普通的格氏试剂，Buchwald 报道，在适当膦配体存在下，可实现官能化的 Knochel 型格氏试剂在低温下与芳基碘的交叉偶联[10]。值得一提的是，在空气中稳定的 PinP(O)H 可以作为配体的前体使用 (式 2)[11]。

$$\text{Ar-OTs} + \text{XMg-Ar'} \xrightarrow[\text{Pd(dba)}_2\ (0.5\sim2.5\ \text{mol\%})]{\substack{\text{PinP(O)H}\ (1\sim5\ \text{mol\%}) \\ \text{二噁烷, 80 °C, 22 h}}} \text{Ar-Ar'} \quad 可达\ 99\% \tag{2}$$

陆天尧报道了零价钯催化下非活化的卤代烷与金属炔化物的偶联反应 (式 3)[12]。这一使用 Ph₃P 的交叉偶联反应可能涉及还原消除控制的过程。

2013 年，Cárdenas 课题组报道了室温下 Fe(OAc)₂ 催化的烷基碘和烷基格氏试剂的 Kumada-Corriu 偶联，反应采用 NHC 卡宾配体 IMes (式 4)[13]。

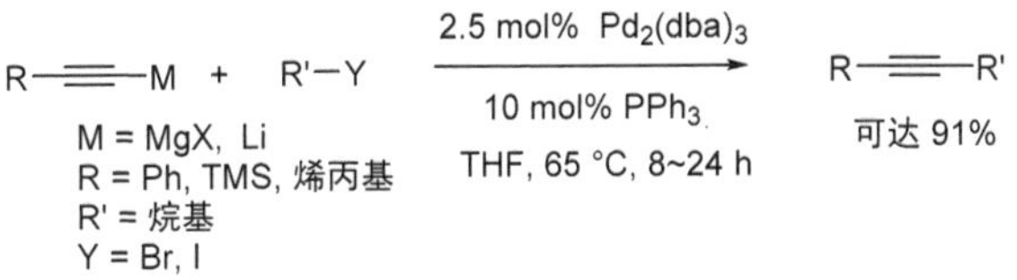
R—≡—M + R'—Y
M = MgX, Li
R = Ph, TMS, 烯丙基
R' = 烷基
Y = Br, I
2.5 mol% Pd2(dba)3
10 mol% PPh3
THF, 65 °C, 8~24 h
R—≡—R'
可达 91%

(3)

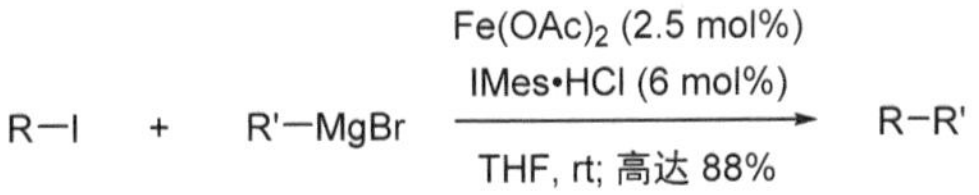
R—I + R'—MgBr
Fe(OAc)2 (2.5 mol%)
IMes•HCl (6 mol%)
THF, rt; 高达 88%
R—R'

(4)

2015 年，Lipshutz 课题组报道了在 π 酸多聚甲醛存在下水相中 Pd 催化的“一瓶法”偶联，其中，格氏试剂系原位产生 (式 5)[14]。

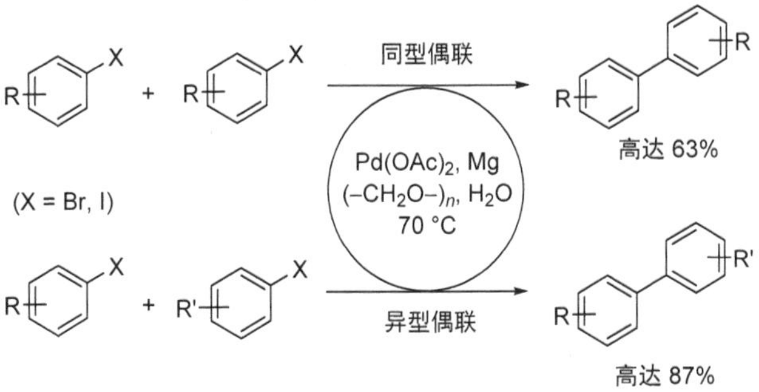
(X = Br, I)
同型偶联
Pd(OAc)2, Mg
(–CH2O–)n, H2O
70 °C
异型偶联
高达 63%
高达 87%

(5)

Kumada-Corriu 偶联反应由于其温和反应条件和良好的底物适用性，被合成化学家们广泛应用在配体以及天然产物的合成中。

2003 年，Ikunaka 和 Maruoka 等人将其应用在手性胺配体 (*R*)-3,5-二氢-4*H*-二萘并[2,1-*c*:1'2'-*e*]吖庚因 (**1**) 的合成中 (式 6)[15]。

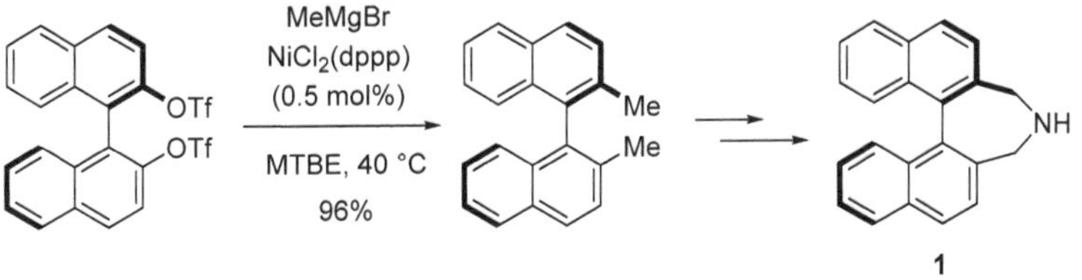
OTf
OTf
MeMgBr
NiCl2(dppp)
(0.5 mol%)
MTBE, 40 °C
96%
Me
Me
NH

1

(6)

2001 年，Jacobsen 等在合成 (+)-ambruticin (**4**) 的过程中，将 Kumada 偶联应用到关键中间体 **3** 的合成中 (式 7)[16]。(+)-Ambruticin 是从一种黏细菌分离到的抗真菌试剂。

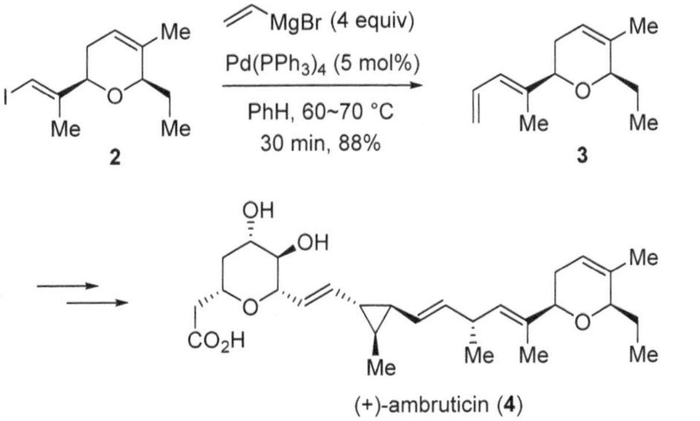
MgBr (4 equiv)
Pd(PPh3)4 (5 mol%)
PhH, 60~70 °C
30 min, 88%
2
3
OH
OH
CO2H
Me
(+)-ambruticin (4)

(7)

2010 年，Comins 课题组将无配体参与的 Ni 催化的 Kumada 偶联反应用于 (S)-macrostomine (6) 合成的最后一步中（式 8）[17]。(S)-Macrostomine 是从 Papaver macrostomum 植物中分离出的具有解痉挛和改善心血管功能的生物碱。

$$\text{(8)}$$

2017 年，Abe 和 Ito 课题组报道了 paralemnolide A (9) 的全合成，其中，中间体 8 是通过环己烯基三氟甲磺酸酯与烯丁基溴化镁的 Kumada 偶联合成的（式 9）[18]。Paralemnolide A 是从软珊瑚 Paralemnalia 中分离得到的具有多种生物活性的天然产物。

$$\text{(9)}$$

参考文献

[1] Corriu, R. J. P.; Masse, J. P. *J. Chem. Soc., Chem. Commun.* **1972**, 144-144.
[2] Tamao, K.; Sumitami, K.; Kumada, M. *J. Am. Chem. Soc.* **1972**, *94*, 4374-4376.
[3] Kumada, M.; Tamao, K.; Sumitami, K. *Org. Synth.* **1978**, *58*, 127; Coll. Vol. **1988**, *6*, 407.
[4] Tamao, K.; Sumitani, K.; Kiso,Y.; Zembayashi, M.; Fujioka, A.; Kodama, S.-I.; Nakajima, I.; Minato, A.; Kumada, M. *Bull. Chem. Soc. Jpn.* **1976**, *49*, 1958-1969.
[5] Frisch, A. C.; Shaikh, N.; Zapf, A.; Beller, M. *Angew. Chem. Int. Ed.* **2002**, *41*, 4056-4059.
[6] Yoshikai, N.; Mashima, H.; Nakamura, E. *J. Am. Chem. Soc.* **2005**, *127*, 17978-17979.
[7] 有关 C-O 亲电体参与的综述: (a) Yu, D.-G.; Li, B.-J.; Shi, Z.-J. *Acc. Chem. Res.*, **2010**, *43*, 1486-1495. (b) Jana, R.; Pathak, T. P.; Sigma, M. S. *Chem. Rev.* **2011**, *111*, 1417-1492.
[8] (a) Okamura, H.; Miura, M.; Kodugi, K.; Takei, H. *Tetrahedron Lett.* **1980**, *21*, 87. (b) Wenkert, E.; Han, A.-L.; Jenny, C. J. *J. Chem. Soc., Chem. Commun.*, **1988**, 975-976. (c) Miller, J. A. *Tetrahedron Lett.* **2001**, *42*, 6991-6993.
[9] Knappke, C. E. I.; Wangelin, A. J. *Chem. Soc. Rev.* **2011**, *40*, 4948-4962.
[10] Martin, R.; Buchwald, S. L. *J. Am. Chem. Soc.* **2007**, *129*, 3844-3845.
[11] Ackermann, L.; Althammer, A. *Org. Lett.* **2006**, *8*, 3457-3460.
[12] Yang, L.-M.; Huang, L.-F.; Luh, T.-Y. *Org. Lett.* **2004**, *9*, 1461-1463.
[13] Guisán-Ceinos, M; Tato, F.; Buñuel, E.; Calle, P; Cárdenas, D. J. *Chem. Sci.* **2013**, *4*, 1098-1104.
[14] Bhattacharjya, A.; Klumphu, P.; Lipshutz, B. H. *Nat. Commun.* **2015**, *6*, 7401.
[15] Ikunaka, M.; Maruoka, K.; Okuda, Y.; Ooi, T. *Org. Process Res. Dev.* **2003**, *7*, 644-648.
[16] Liu, P.; Jacobsen, E. N. *J. Am. Chem. Soc.* **2001**, *123*, 10772-10773.
[17] Enamorado, M. F.; Ondachi, P. W.; Comins, D. L. *Org. Lett.* **2010**, *12*, 4513-4515.
[18] Abe, H.; Ogura, Y.; Kobayashi, T.; Ito, H. *Org. Lett.* **2017**, *19*, 5996-5999.

（黄培强，陈航）

李朝军偶联反应

李朝军偶联 (Li-Coupling) 反应指加拿大麦吉尔大学李朝军 (Chao-Jun Li) 教授基于绿色化学理念提出的 C–C 键形成模式，即两个不同的 C–H 键断裂直接形成一个新的 C–C 键 (式 1)[1,2]，亦称李朝军交叉脱氢偶联反应。

$$\text{>C-H} + \text{H-C<} \xrightarrow[\text{氧化剂}]{\text{金属催化剂}} \text{>C-C<} \tag{1}$$

根据这一模式，李朝军课题组于 2004 年先后报道了叔胺 α-碳与端炔在化学计量过氧叔丁醇和催化量溴化亚酮催化下的氧化偶联反应 (式 2)[3]及其对映选择性模式 (式 3)[4]。式 2 中 R^1 和 R^2 均为芳基时产率明显高于烷基。该反应属于 $C(sp^3)$–H 和 $C(sp)$–H 之间的交叉氧化联偶反应。2005~2006 年，李朝军课题组陆续报道了叔胺与硝基烷烃 [$C(sp^3)$–H 和 $C(sp^3)$–H 之间] (式 4)[5,6]、叔胺与吲哚 [$C(sp^3)$–H 和 $C(sp^2)$–H 之间] [6,7]，叔胺与含活泼亚甲基化合物 [$C(sp^3)$–H 和 $C(sp^3)$–H 之间] (式 5)[7]在类似条件下的交叉偶联反应，并为此类反应取名 CDC 反应 (交叉脱氢偶联反应)[1,2,5-8] (式 1)。

$$R^1\text{-N(CH}_3\text{)-CH}_2\text{-H} + \text{H-}\equiv\text{-}R^2 \xrightarrow[\substack{100\ ^\circ\text{C, 3 h} \\ 12\%\sim82\%}]{\substack{\text{CuBr (5 mol\%)} \\ ^t\text{BuOOH (1.0~1.2 equiv)}}} R^1\text{-N(CH}_3\text{)-CH(-}\equiv\text{-}R^2\text{)} + H_2O \tag{2}$$

$R^1 =$ 芳基(82%),苄基(36%)
N-苯基四氢异喹啉 (74%)

$$N\text{-芳基四氢异喹啉} + \text{H-}\equiv\text{-}R^2 \xrightarrow[\substack{\text{TBHP} \\ 50\ ^\circ\text{C, 2 d} \\ 11\%\sim67\%}]{\substack{\text{CuOTf} \\ \text{手性配体}}} \text{产物} + H_2O \tag{3}$$

5%~74% ee

$$R^1\text{-N(}R^2\text{)(}R^3\text{)-CH}_2\text{-H} + \text{H(}R^4\text{)CH-NO}_2 \xrightarrow[\substack{\text{或 O}_2\text{, rt, 6 h} \\ 30\%\sim95\%}]{\substack{\text{CuBr (5 mol\%)} \\ ^t\text{BuOOH (1.0~1.2 equiv)}}} \text{产物} + H_2O \tag{4}$$

$$R^1\text{-N(}R^2\text{)(}R^3\text{)-CH}_2\text{-H} + \text{H-CH(CO}_2R^5)_2 \xrightarrow[\substack{100\ ^\circ\text{C, 3 h} \\ 59\%\sim63\%}]{\substack{\text{CuBr (5 mol\%)} \\ ^t\text{BuOOH (1.0~1.2 equiv)}}} \text{产物} + H_2O \tag{5}$$

反应机理：交叉脱氢偶联反应存在自由基型和离子型两种可能的反应机理[3,8]。图 1 所示的是离子型机理。首先，过氧叔丁醇把叔胺氧化为亲电物种亚胺鎓盐；其次，溴化亚酮与端炔形成炔铜试剂。后者对前者加成即得产物，同时一价铜盐进入第二催化循环。

2006 年，李朝军课题组接着报道苄醚 α-碳与酮 α-碳 [$C(sp^3)$–H 和 $C(sp^3)$–H 之间] (式 6)[9,10]，烯烃和芳烃烯丙位和苄位与含活泼亚甲基化合物 [$C(sp^3)$–H 和 $C(sp^3)$–H 之间]

(式 7)[11]，饱和环烷烃与含活泼亚甲基化合物 [C(sp^3)–H 和 C(sp^3)–H 之间] (式 8)[12]，芳烃与饱和环烷烃 [C(sp^2)–H 与 C(sp^3)–H 之间] (式 9)[13]，以及醛与伯胺之间等[8]交叉脱氢偶联反应 (式 10)[14]。

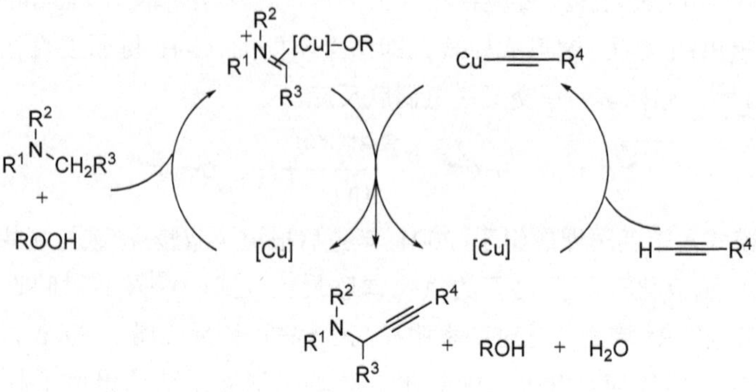

图 1 叔胺与端炔交叉脱氢偶联反应的离子型机理

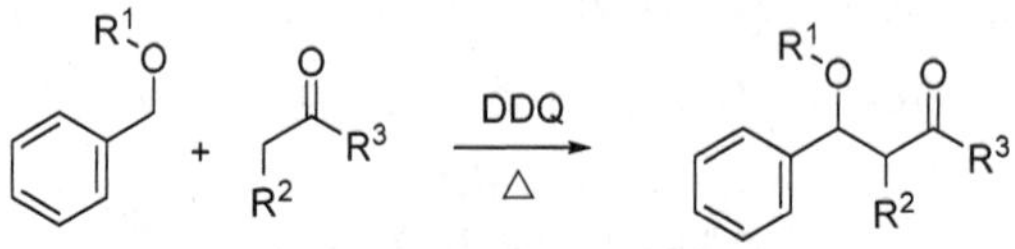

(6)

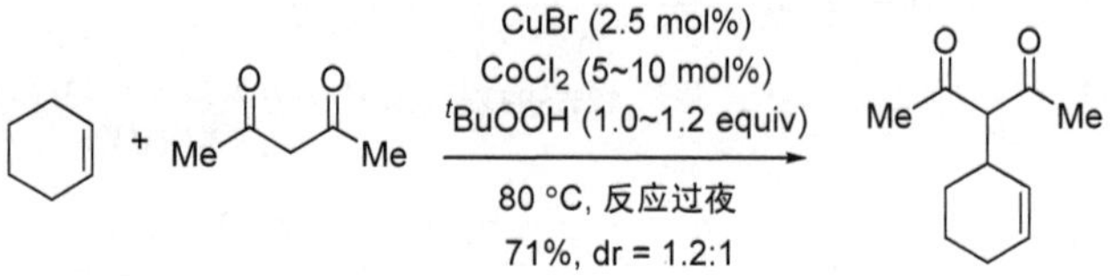

(7)

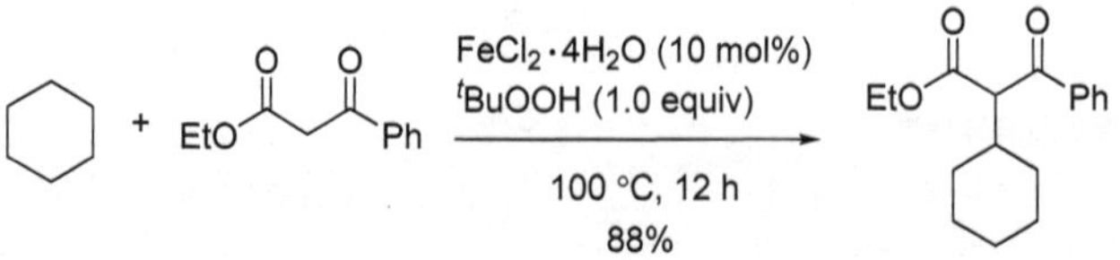

(8)

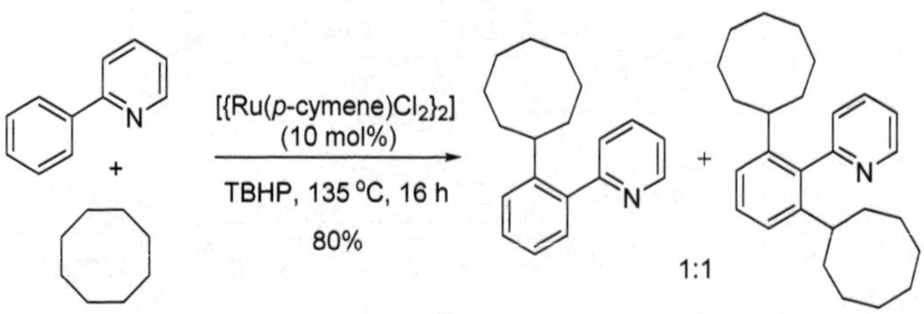

(9)

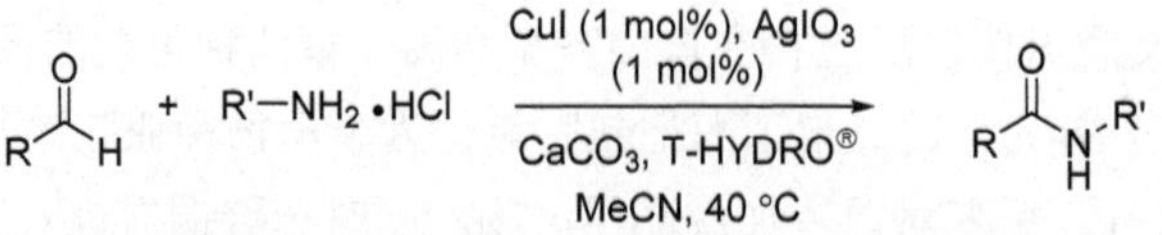

(10)

CDC 反应 (交叉脱氢偶联反应) 的提出与展示，引领了该类符合绿色合成理念的 C–C 键形成方法的快速发展。经过十余年的发展，CDC 反应的底物已经扩展到各种杂化

(sp, sp², sp³) 的 C–H 键[15-17]。这一概念及相关方法学在有机合成中获得广泛应用。例如，用于天然产物 palmanine、chilenamine 和 lennoxamine 的合成 (式 11)[18]，用于药物 pentoxifylline 的合成 (式 12)[19]，用于四氢吡喃的催化不对称合成 (式 13)[20]。

参考文献

[1] Li, C.-J.; Li, Z. *Pure & Appl. Chem.* **2006**, *78*, 935-945.
[2] Li, C.-J. *Acc. Chem. Res.* **2009**, *42*, 335-344.
[3] Li, Z.; Li, C.-J. *J. Am. Chem. Soc.* **2004**, *126*, 11810-11811.
[4] Li, Z.; Li, C.-J. *Org. Lett.* **2004**, *6*, 4997-4999.
[5] Li, Z.; Li, C.-J. *J. Am. Chem. Soc.* **2005**, *127*, 3672-3673.
[6] Basle, O.; Li, C.-J. *Green Chem.* **2007**, *9*, 1047-1050.
[7] Li, Z.; Li, C.-J. *J. Am. Chem. Soc.* **2005**, *127*, 6968-6969.
[8] Li, Z.; Bohle, D. S.; Li, C.-J. *Proc. Natl. Acad. Sci. (USA)* **2006**, *103*, 8928-8933.
[9] Zhang, Y.; Li, C.-J. *J. Am. Chem. Soc.* **2006**, *128*, 4242-4243.
[10] Zhang, Y.; Li, C.-J. *Angew. Chem. Int. Ed. Engl.* **2006**, *45*, 1949-1952.
[11] Li, Z.; Li, C.-J. *J. Am. Chem. Soc.* **2006**, *128*, 56-57.
[12] Zhang, Y.; Li, C.-J. *Eur. J. Org. Chem.* **2007**, 4654-4657.
[13] Deng, G.; Zhao, L.; Li, C.-J. *Angew. Chem. Int. Ed. Engl.* **2008**, *47*, 6278-6280.
[14] Yoo, W.-J.; Li, C.-J. *J. Am. Chem. Soc.*, **2006**, *128*, 13064-13065.
[15] Yeung, C. S.; Dong, V. M. *Chem. Rev.* **2011**, *111*, 1215-1292.
[16] Liu, C.; Zhang, H.; Shi, W.; Lei, A. *Chem. Rev.* **2011**, *111*, 1780-1824.
[17] Girard, S. A.; Knauber, T.; Li, C.-J. *Angew. Chem. Int. Ed.* **2014**, *53*, 74-100.
[18] Zhu, W.; Tong, S.; Zhu, J.; Wang, M.-X. *J. Org. Chem.* **2019**, *84*, 2870-2878.
[19] Dong, J.; Xia, Q.; Lv, X.; Yan, C.; Song, H.; Liu, Y.; Wang, Q. *Org. Lett.* **2018**, *20*, 5661-5665.

[20] Lee, A.; Betori, R. C.; Crane, E. A.; Scheidt, K. A. *J. Am. Chem. Soc.* **2018**, *140*, 6212-6216.

相关反应： Heck 偶联反应

（黄培强）

Liebeskind 偶联反应和 Liebeskind-Srogl 偶联反应

2000 年，Liebeskind 和 Srogl 报道了钯催化下硫代羧酸酯与烃基硼酸进行交叉偶联生成酮的反应 (式 1)[1]，这是把羧酸或羧酸酯间接转化为醛、酮的方法之一。反应还需使用化学计量的噻吩-2-羧酸铜(I) 和催化量的三(呋喃-2-基)膦。该法使用芳基硼酸，用于二芳酮的合成，称 Liebeskind-Srogl (利贝斯金德-什罗格尔) 偶联反应。尽管此后 Liebeskind 课题组其他成员对该反应做了许多拓展[2]，文献中仍把所有后续反应皆称 Liebeskind-Srogl 偶联反应。其实这不一定合适，通称 Liebeskind (利贝斯金德) 偶联反应可能更合适。

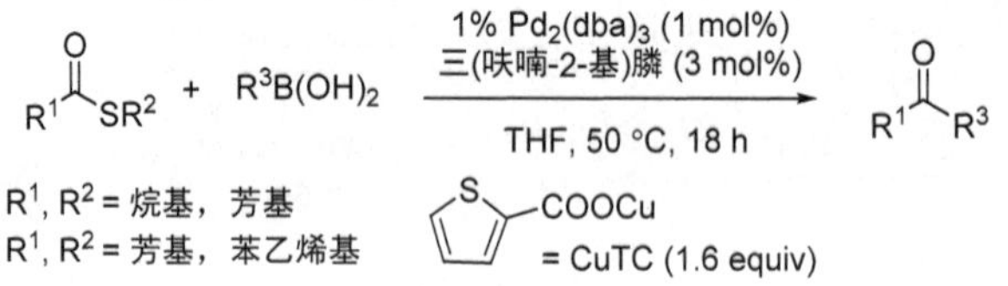
R1 SR2 + R3B(OH)2
1% Pd2(dba)3 (1 mol%)
三(呋喃-2-基)膦 (3 mol%)
THF, 50 °C, 18 h
R1 R3
R1, R2 = 烷基，芳基
R1, R2 = 芳基，苯乙烯基
COOCu
= CuTC (1.6 equiv)

(1)

反应机理 (图 1)：

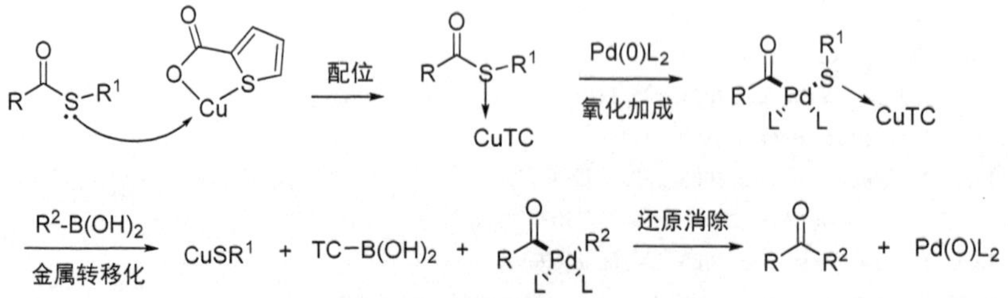
配位
CuTC
Pd(0)L2
氧化加成
CuTC
R2-B(OH)2
金属转移化
CuSR1 + TC−B(OH)2 +
还原消除
+ Pd(O)L2

图 1 Liebeskind 偶联反应的机理

自 2000 年首次报道后，Liebeskind 课题组对该偶联反应做了许多拓展[2]。通过使用 *B*-烷基-9-BBN，该法被拓展到脂肪酮的合成 (式 2)[3]。与 Suzuki 偶联反应不同，芳基硼酸的偶联反应无需使用外加碱。由于烃基硼酸为非碱性亲核试剂，因而 Liebeskind-Srogl 偶联反应条件较 Fukuyama 偶联反应 (使用有机锌试剂) 更温和，用于制备 *N*-保护的 *α*-氨基酮或二、三肽酮几乎不发生外消旋化 (式 3)[4]。

其它拓展包括使用有机锡试剂[5]和有机铟试剂[6]替代有机硼试剂偶联 (式 4)。与基于烃基硼试剂的方法相比，使用有机铟试剂的优点有三：①无需加铜添加剂；②当涉及烃基转移时，无需使用碱；③伯、仲烷基铟试剂均可用，它们可方便地通过 InCl₃ 与格氏试剂在室温下反应制得。

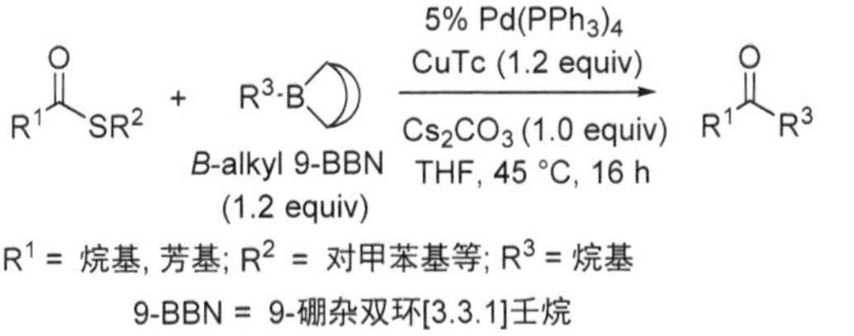

$$R^1\text{C(O)}SR^2 + R^3\text{-B} \xrightarrow[\text{Cs}_2\text{CO}_3 (1.0 \text{ equiv})]{\substack{5\% \text{ Pd(PPh}_3)_4 \\ \text{CuTc (1.2 equiv)} \\ \text{THF, 45 °C, 16 h}}} R^1\text{C(O)}R^3 \quad (2)$$

B-alkyl 9-BBN (1.2 equiv)
R¹ = 烷基, 芳基; R² = 对甲苯基等; R³ = 烷基
9-BBN = 9-硼杂双环[3.3.1]壬烷

$$\text{CbzHN-CH(R}^1\text{)-C(O)SAr} + (\text{HO})_2\text{B-R}^2 \xrightarrow[\substack{P(OEt)_3 (10\sim20 \text{ mol\%}) \\ 23\sim30 \text{ °C, THF, 0.5\sim24 h} \\ 48\%\sim99\%}]{\substack{\text{CuTC (1.2}\sim1.5 \text{ equiv)} \\ \text{Pd}_2(\text{dba})_3 (2.5 \text{ mol\%})}} \text{CbzHN-CH(R}^1\text{)-C(O)R}^2 \quad (3)$$

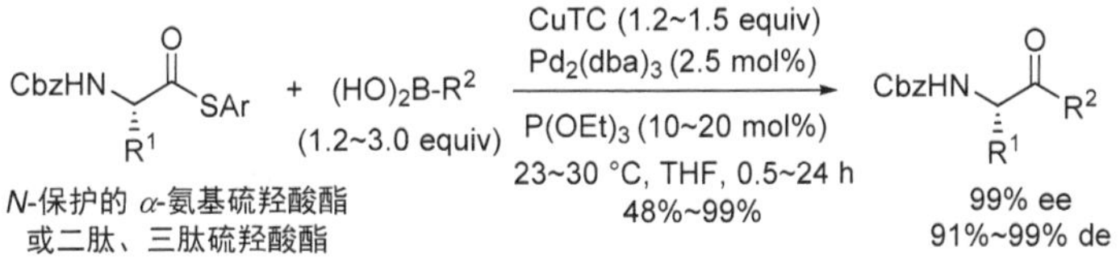

(1.2~3.0 equiv)
N-保护的 α-氨基硫羟酸酯
或二肽、三肽硫羟酸酯
99% ee
91%~99% de

式 (4): 4-MeC₆H₄-C(O)-S-C₆H₄-Cl + InR₃ (1.2 equiv) → 4-MeC₆H₄-C(O)-R, Pd(MeCN)₂Cl₂ (5 mol%), THF, 55 °C (4)

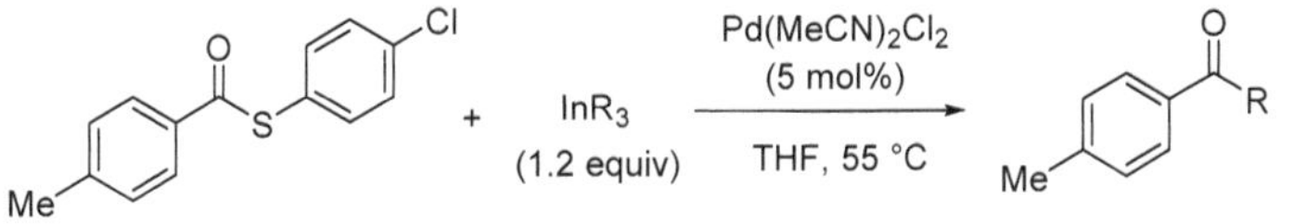

Liebeskind 偶联反应被用于许多天然产物的合成[2]。例如，被 Liebeskind 和 Yang 用于 (−)-D-苏式-(神经)鞘氨醇 (**1**) 的六步全合成，产物的 ee 值大于 99% (图 2)[7]。该偶联策略也被 Liotta 等人用于抗癌药物 enigmol (**2**) 四个立体异构体的合成[8]。

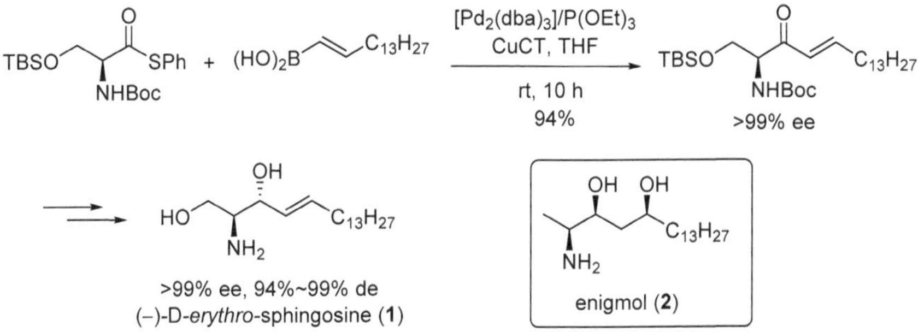

TBSO-CH(NHBoc)-C(O)-SPh + (HO)₂B-CH=CH-C₁₃H₂₇ →[Pd₂(dba)₃]/P(OEt)₃, CuCT, THF, rt, 10 h, 94%] TBSO-CH(NHBoc)-C(O)-CH=CH-C₁₃H₂₇ (>99% ee)

⟹ HO-CH₂-CH(NH₂)-CH(OH)-CH=CH-C₁₃H₂₇
>99% ee, 94%~99% de
(−)-D-erythro-sphingosine (**1**)

CH₃-CH(NH₂)-CH(OH)-CH₂-CH(OH)-C₁₃H₂₇
enigmol (**2**)

图 2 (−)-D-苏式-(神经)鞘氨醇 (**1**) 的六步合成法

Amphidinolides 是一组海洋大环内酯，表现出显著的抗癌活性，2018 年，Figadère 小组完成了 amphidinolide F (**5**) 的全合成。其中，酮 **4** 的合成采用 Liebeskind-Srogl 偶联反应；但由于硼酸衍生物稳定性差，反应的重现性不好，改用有机锡试剂后，以 70% 的收率得到酮 **4**[9] (式 5)。

(+)-Peganumine A (**9**) 是一个四氢 β-carboline 生物碱二聚体，对多种癌细胞表现出显著的细胞毒性。2016 年，祝介平小组报道了一条快捷的七步对映选择性全合成路线[10]。其中酮 **8** 的化学选择性合成具有很大的挑战性。由于 Liebeskind-Srogl 偶联反应无法得到预期产物，他们转向基于有机锡试剂的 Liebeskind 偶联反应，然而在原始条件下只得脱锡副产物。经过对反应条件的改良优化，终于确立了如式 6 所示的优化条件，收率达

94%。

(5)

(6)

参考文献

[1] Liebeskind, L. S.; Srogl, J. *J. Am. Chem. Soc.* **2000**, *122*, 11260-11261.
[2] Prokopcová, H.; Kappe, C. O. *Angew. Chem., Int. Ed.* **2009**, *48*, 2276-2286. (综述)
[3] Yu, Y.; Liebeskind, L. S. *J. Org. Chem.* **2004**, *69*, 3554-3557.
[4] (a) Yang, H.; Li, H.; Wittenberg, R.; Egi, M.; Huang, W.; Liebeskind, L. S. *J. Am. Chem. Soc.* **2007**, *129*, 1132-1140. (b) Li, H.; Yang, H.; Liebeskind, L. S. *Org. Lett.* **2008**, *10*, 4375-4378.
[5] (a) Egi, M.; Liebeskind, L. S. *Org. Lett.* **2003**, *5*, 801-802. (b) Wittenberg, R.; Srogl, J.; Egi, M.; Liebeskind, L. S. *Org. Lett.* **2003**, *5*, 3033-3035. (c) Li, H.; He, A.; Falck, J. R.; Liebeskind, L. S. *Org. Lett.* **2011**, *13*, 3682-3685.
[6] Fausett, B. W.; Liebeskind, L. S. *J. Org. Chem.* **2005**, *70*, 4851-4853.
[7] Yang, H.; Liebeskind, L. S. *Org. Lett.* **2007**, *9*, 2993-2995.
[8] Garnier-Amblard, E. C.; Mays, S. G.; Arrendale, R. F.; Baillie, M. T.; Bushnev, A. S.; Culver, D. G.; Evers, T. J.; Holt, J. J.; Howard, R. B.; Liebeskind, L. S.; Menaldino, D. S.; Natchus, M. G.; Petros, J. A.; Ramaraju, H. G.; Reddy, P.; Liotta, D. C. *ACS Med. Chem. Lett.* **2011**, *2*, 438-443.
[9] Ferrie, L.; Fenneteau, J.; Figadère, B. *Org. Lett.* **2018**, *20*, 3192-3196.
[10] Piemontesi, C.; Wang, Q.; Zhu, J. *J. Am. Chem. Soc.* **2016**, *138*, 11148-11151.

(黄培强)

Mander 试剂

在有机合成中时有通过反应增加一个碳的需求，例如在羰基的 α-位引入甲酸酯基团来制备 β-酮酸酯衍生物 (式 1)，从而进一步活化羰基 α-位来进行相关取代、加成反应，或是满足设计合成目标分子结构中增长一个碳等功能的需求。

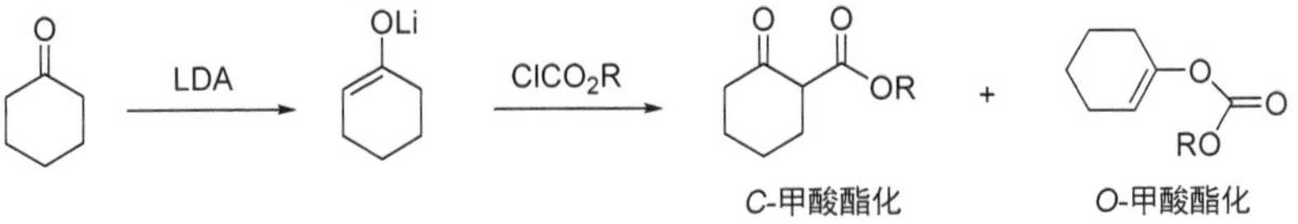

$$\text{(1)}$$

实现式 1 所示的反应，常用的试剂有碳酸二甲酯、氯甲酸甲酯、氯甲酸乙酯、草酸二甲酯等。但要实现高区域选择性的 C-甲酸酯化而不是 O-甲酸酯化则常会遇到困难。

澳大利亚国立大学的化学家门德 (Lewis N. Mander)[1] 教授发展了一种高区域选择性实现 C-甲酸酯化（如式 2 和式 3）的试剂，即氰基甲酸甲酯，又称 Mander (门德) 试剂。

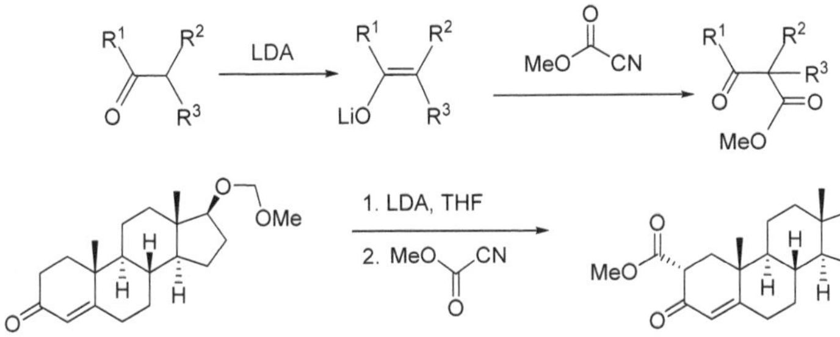

$$\text{(2)}$$

$$\text{(3)}$$

Mander 试剂在天然产物全合成中常可起到其它方法所不具备的优势，如反应条件温和、区域选择性好、收率高等优点。在复杂天然产物合成中常有应用。例如在 Danishefsky 小组合成 (−)-scabronine G[2] 中采用了 Mander 发展的 Birch 还原串联酰基化的策略 (式 4)。

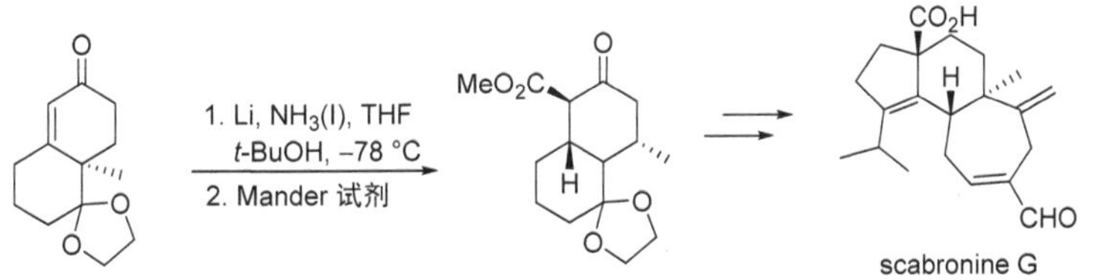

$$\text{(4)}$$

在 Shair 小组合成 (+)-CP-263114 [3] 中也采用 Mander 试剂合成关键中间体之一 (式 5)。

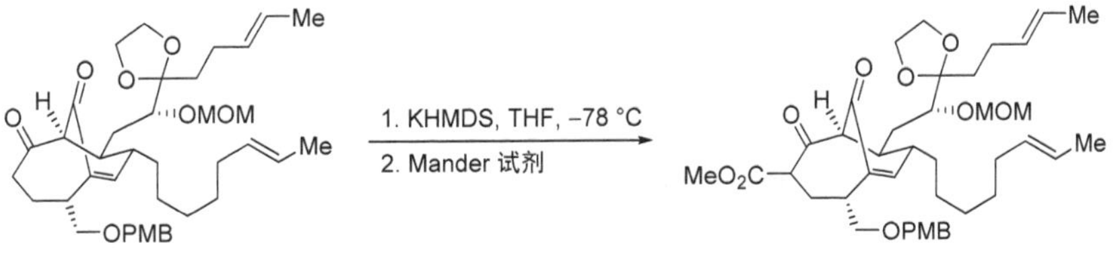

$$\text{(5)}$$

在涂永强小组合成百部生物碱 (±)-stemonamine [4]中同样采用 Mander 试剂引入甲氧酰基，制备合成中间体之一 (式 6)。

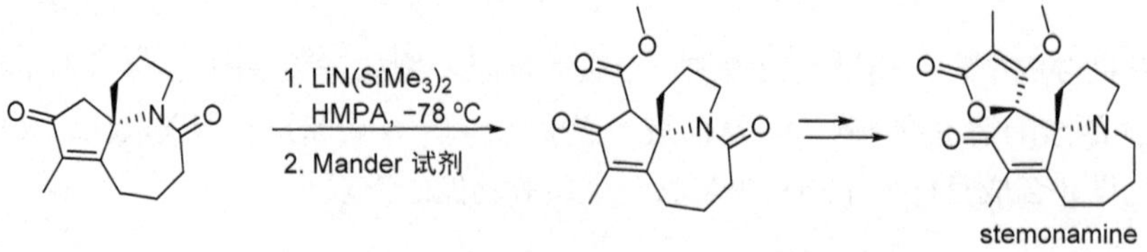

参考文献

[1] Mander, L. N.; Sethi, S. P. *Tetrahedron Lett.* **1983**, *24*, 5425.
[2] Waters, S. P.; Tian, Y.; Li, Y.-M.; Danishefsky, S. J. *J. Am. Chem. Soc.* **2005**, *127*, 13514.
[3] Chen, C.; Layton, M. E.; Sheehan, S. M.; Shair, M. D. *J. Am. Chem. Soc.* **2000**, *122*, 7424.
[4] Zhao, Y.-M.; Gu, P.; Tu, Y.-Q.; Fan, C.-A.; Zhang, Q. *Org. Lett.* **2008**, *10*, 1763.

（张洪彬）

Michael 加成

Michael (迈克尔) 加成经典意义上指烯醇化的碳负离子 (enolates) 或者其它稳定的碳负离子类亲核试剂 (如有机铜锂试剂等) 对 α,β-不饱和酮、醛、腈、硝基化合物及羧酸衍生物的 1,4-加成继而形成新的碳-碳键的反应 (式 1)[1,2]。Michael 加成反应是以对该反应做出贡献的美国科学家 Arthur Michael 命名的。双键或三键与吸电子基团共轭的 α,β-不饱和系统常被称为 Michael 受体。

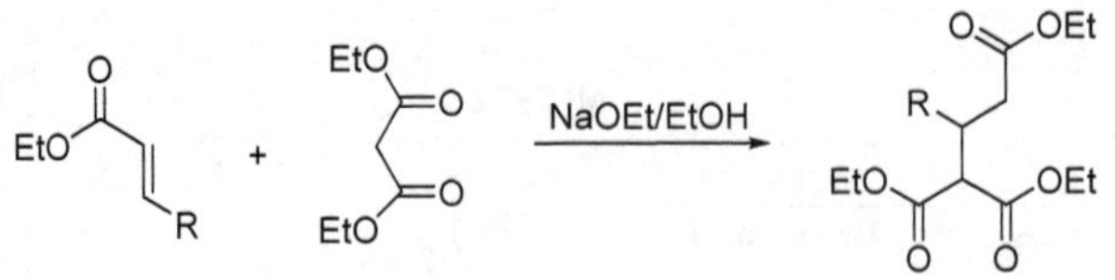

Michael 加成反应的机理如图 1 所示：

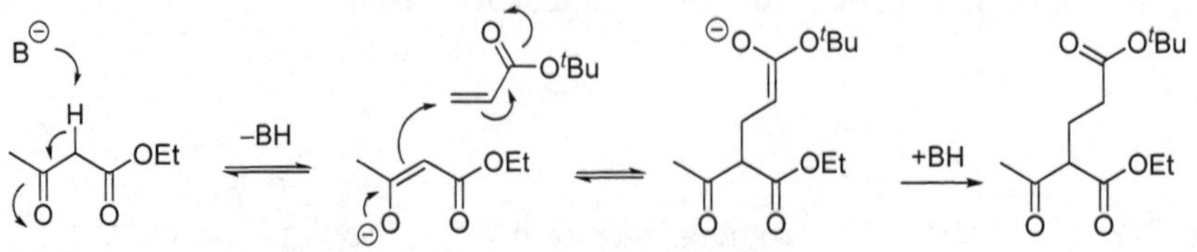

图 1 Michael 加成反应的机理

Michael 加成是共轭加成或 1,4-加成反应,是迄今为止最为广泛应用的碳-碳键形成方法之一[3]。时至今日,文献中已常见氮杂 Michael 加成、氧杂 Michael 加成及其它杂原子共轭加成等扩展使用"Michael 加成"的趋势。本文中将杂原子亲核试剂 (如氧、氮、硫等杂原子) 对双键与吸电子基团共轭的 α,β-不饱和系统,即缺电子双键的加成反应归入 Michael 加成反应的范畴。氮杂 Michael 加成的例子可见游书力课题组利用小分子催化去对称化合成天然产物松叶菊碱关键中间体的工作 (式 2)[4]。

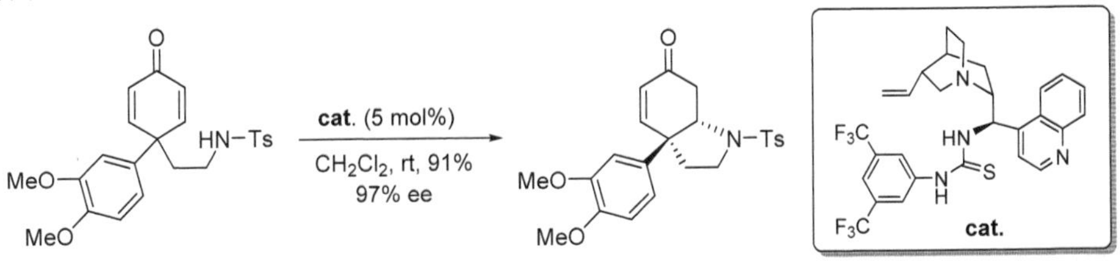

Michael 加成在天然产物合成中极为有用,天然产物 atisirene 的合成就应用了串联双 Michael 加成反应 (式 3)[5]。

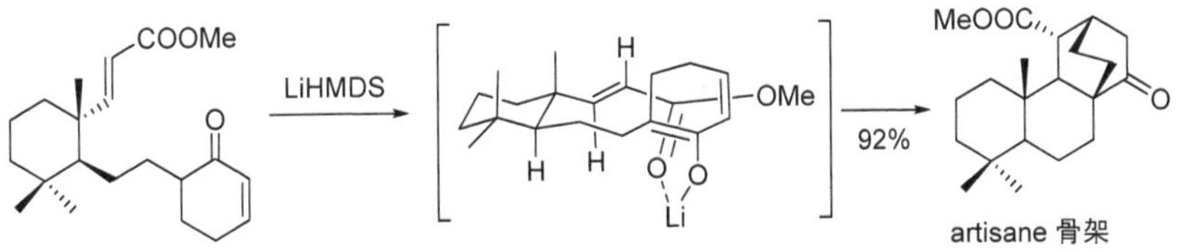

Michael 加成继而串联烷基化的反应在天然产物合成中可用于连续手性碳的构建,例如张洪彬课题组在天然产物鬼臼毒素的合成中就利用了不对称 Michael 加成串联烯丙基化反应一步构建两个连续的手性中心,制备了鬼臼毒素全合成的关键中间体[6]。

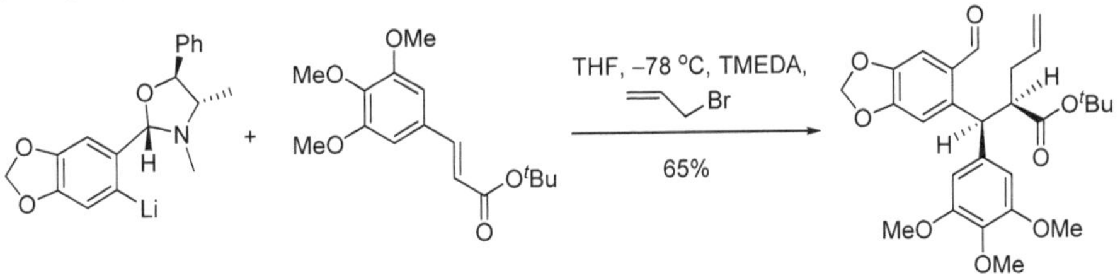

Michael 加成是最常用的碳-碳键形成方法之一[7,8],著名的 Robinson 环化反应其实是 Michael 加成与羟醛缩合的串联过程。今天的化学家已发展了多种有机小分子催化的不对称 Michael 加成反应,最具代表性的是手性脯氨酸 (L-proline) 及其衍生物催化的共轭加成反应[9]。

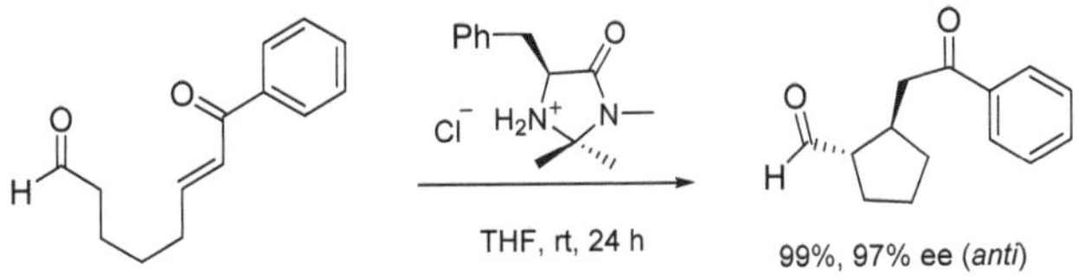

参考文献

[1] Michael, A. *J. Prakt. Chem.* 1887, *35*, 349.
[2] Bregmann, E. D.; Ginsburg, D.; Pappo, R. *Org. React.* 1959, *10*, 179.
[3] Little, R. D.; Masjedizadeh, M. R.; Wallquist, O.; McLoughlin, J. I. *Org. React.* 1995, *47*, 315.
[4] Gu, Q.; You, S.-L. *Chem. Sci.* 2011, *2*, 1519.
[5] Ihara, M.; Fukumoto, K. *Angew. Chem. Int. Ed.* 1993, *32*, 1010.
[6] Wu, Y.; Zhao, J.; Chen, J.; Pan, C.; Li, L.; Zhang, H. *Org. Lett.* 2009, *11*, 597.
[7] Krause, N.; Hoffmann-Röder, A. *Synthesis* 2001, 171.
[8] (a) Alexakis, A.; Bäckvall, J. E.; Krause, N.; Pàmies, O.; Diéguez, M. *Chem. Rev.* 2008, *108*, 2796. (b) Harutyunyan, S. R.; den Hartog, T.; Geurts, K.; Minnaard, A. J.; Feringa, B. L. *Chem. Rev.* 2008, *108*, 2824. (c) Howell, G. P. *Org. Process Res. Dev.* 2012, *16*, 1258.
[9] (a) List, B. *J. Am. Chem. Soc.* 2000, *122*, 2395. (b) Hechavarria Fonseca, M. T.; List, B. *Angew. Chem. Int. Ed.* 2004, *43*, 3958. (c) Enders, D.; Hüttl, M. R. M.; Grondal, C.; Raabe, G. *Nature* 2006, *441*, 861. (d) Tsogoeva, S. B. *Eur. J. Org. Chem.* 2007, 1701.

（张洪彬）

Mukaiyama-Michael 加成反应

烯醇硅醚与 α,β-不饱和酮或酯在 Lewis 酸催化下进行 1,4-加成，生成 1,5-二羰基化合物的反应称为 Mukaiyama-Michael (向山-迈克尔) 加成反应 (式 1)[1, 2]。与传统的碱性条件下的 Michael 加成反应不同的是，该反应使用的是烯醇负离子等效体，且反应在酸性条件下进行，两种方法具有互补性。

$$\text{Ph}\overset{\text{OTMS}}{=\!\!\!=\!\!\!=} + \overset{}{=\!\!\!=\!\!\!=}\text{OMe} \xrightarrow[-78\ ^\circ\text{C}]{\text{TiCl}_4,\ \text{CH}_2\text{Cl}_2} \text{Ph}\overset{\text{O}}{\underset{}{\|}}\!\!\!\!\!\!\text{-}\!\!\!\!\!\!\overset{\text{O}}{\underset{}{\|}}\text{OMe} \qquad (1)$$

Mukaiyama-Michael 加成反应的机理与 Mukaiyama 羟醛反应机理类似，酮羰基在 Lewis 酸活化下与烯醇硅醚反应，生成 1,5-二羰基化合物 (式 2)。

$$(2)$$

Mukaiyama-Michael 加成反应在复杂天然产物全合成中获得广泛应用。与其它反应相比，该反应受位阻影响较小，是构造季碳的重要方法。例如，翟宏斌课题组在合成天然产物 merrilactone A (3) 外消旋体的过程中，将高烯醇硅醚 1 与甲基乙烯基酮 (MVK) 反应，以较高的非对映选择性 (7.2:1) 得到插烯 Michael 加成产物 **2**，成功构建了一个季碳中心 (式 3)[3]。

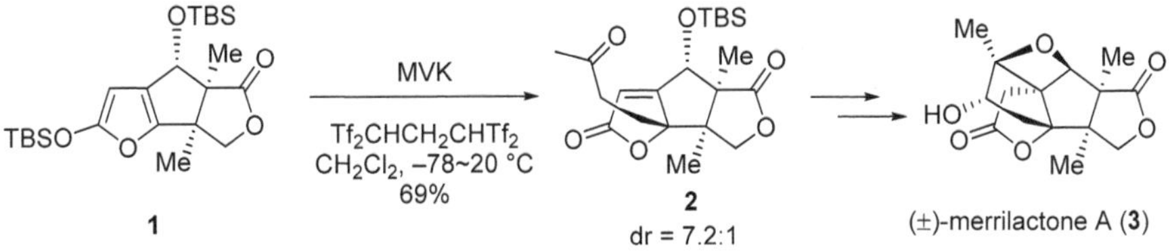

$$\text{（式 3）}$$

除了 Lewis 酸外，卡宾也是一种重要的 Mukaiyama-Michael 加成反应催化剂。2015 年，何林教授课题组报道了一种卡宾催化 2-(三甲基硅氧基)-呋喃与 α,β-不饱和酮的插烯 Michael 加成反应，以较高的产率 (92%) 和非对映选择性 (32:1) 得到 γ-取代的丁烯内酯 (式 4)[4]。

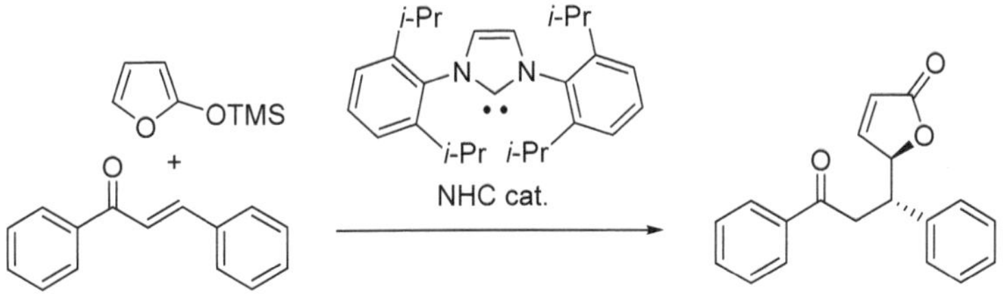

$$\text{（式 4）}$$

2012 年，Pihko 小组报道了一种手性胺催化烯丙基醛或者甲基烯丙基醛的 Mukaiyama-Michael 加成反应，获得高对映选择性（91%~97% ee），并把该方法应用于海洋天然产物 pectenotoxin (**7**) C17-C28 片段的合成 (式 5)[5]。

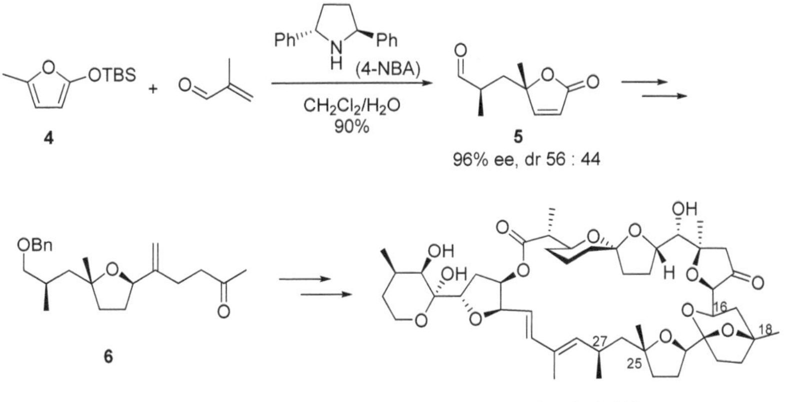

$$\text{（式 5）}$$

2016 年，谢志祥课题组在研究天然产物 rubriflordilactone B (**12**) 的过程中，通过 (S)-脯氨酸衍生物催化的烯醇硅醚 (**8**) 与 α,β-不饱和醛 (**9**) 的不对称加成，以优异的对映与非对映选择性 (97% ee, dr = 20:1) 得到中间体 **10**。后者被转化为目标产物骨架中的 ABCDE 五环 (**11**) (式 6)[6]。

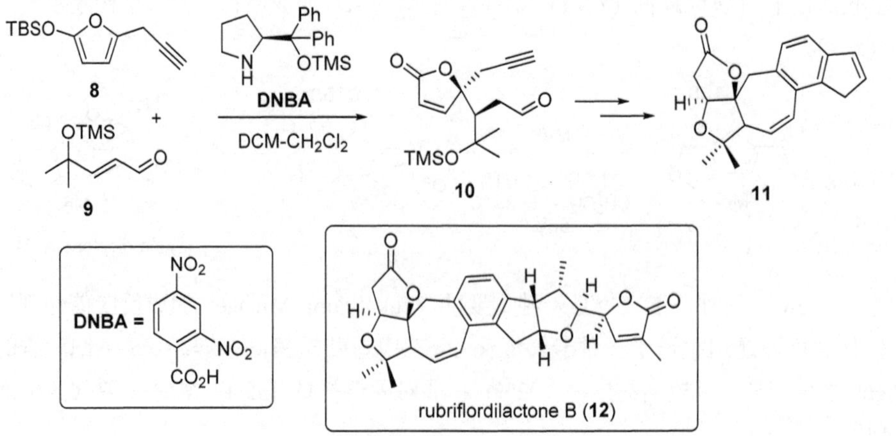

2018 年，List 小组报道了一种以手性负离子为抗衡离子的不对称 Mukaiyama-Michael 加成反应，以高产率和高对映选择性得到 Michael 加成的产物 (式 7)[7]。

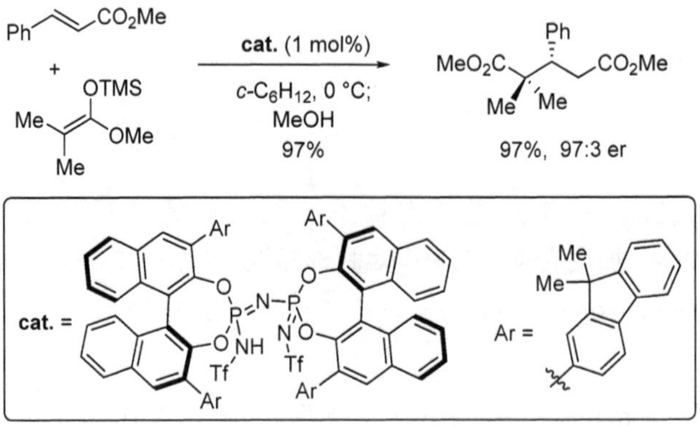

此外，康强教授课题组合成了一种蒎烯修饰的手性金属铑复合物，用于催化烯醇硅醚对 α,β-不饱和-2-酰基咪唑的 Mukaiyama-Michael 加成反应，以高产率 (高达 99%) 和高对映选择性 (可达 99%) 得到 1,5-二羰基化合物 (式 8)[8]。

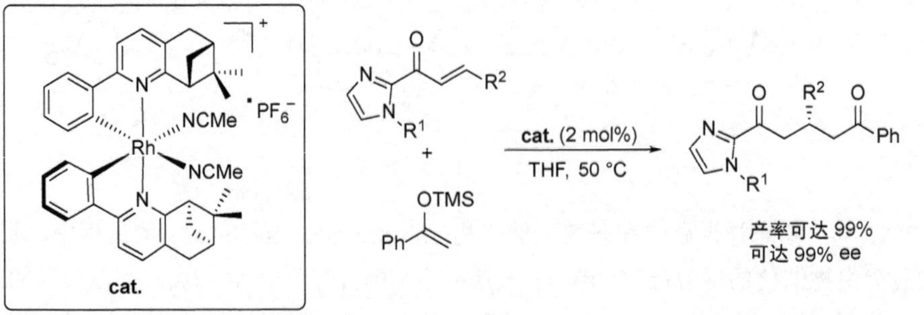

最近，马大为课题组在二萜类化合物 lungshengenin D (15) 的全合成中，通过类 Mukaiyama-Michael 加成反应，成功构建了目标产物的四环核心结构 14 (式 9)[9]。

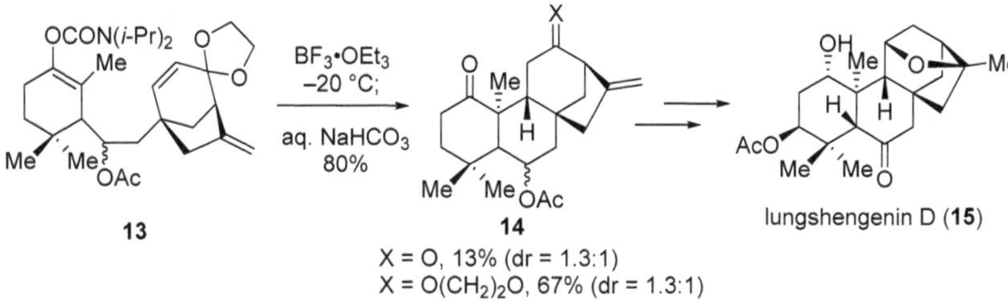

(9)

13 → 14 (X = O, 13% (dr = 1.3:1); X = O(CH$_2$)$_2$O, 67% (dr = 1.3:1)) → lungshengenin D (15)

参考文献

[1] (a) Mukaiyama, T.; Narasaka, K.; Banno, K. *Chem. Lett.* **1973**, 1011-1014. (b) Mukaiyama, T.; Narasaka, K.; Banno, K. *J. Am. Chem. Soc.* **1974**, *96*, 7503-7509. (c) Narasaka, K. *Bull. Chem. Soc.* **1976**, *49*, 779-783 .
[2] Mukaiyama, T. *Angew. Chem. Int. Ed.* **2004**, *43*, 5590-5614.(综述)
[3] Chen, J.; Gao, P.; Yu, F.; Yang, Y.; Zhu, S.; Zhai, H. *Angew. Chem. Int. Ed.* **2012**, *51*, 5897-5899.
[4] Wang,Y.; Du, G.-F.; Xing, F.; Huang, K.-W.; Dai, B.; He, L. *Asian J. Org. Chem.* **2015**, *4*, 1362-1365
[5] Kemppainen, E. K.; Sahoo, G.; Valkonen, A.; Pihko, P. M. *Org. Lett.* **2012**, *14*, 1086-1089.
[6] Wang, Y.; Li, Z.-L.; L, L.-B.; Xie, Z.-X. *Org. Lett.* **2016**, *18*, 792-795.
[7] Gatzenmeier, T.; Kaib, P. S. J.; Lingnau, J. B.; Goddard, R.; List, B. *Angew. Chem. Int. Ed.* **2018**, *57*, 2464-2468.
[8] Gong, J.; Wan, Q.; Kang, Q. *Chem. Asian J.* **2018**, *13*, 2484-2488.
[9] Zhao, X.-B.; Li, W.; Wang, J.-J.; Ma, D.-W. *J. Am. Chem. Soc.* **2017**, *139*, 2932-2935.

（王小刚，黄培强）

Mukaiyama 羟醛反应

在四氯化钛等 Lewis 酸介入下，羰基化合物的烯醇硅醚与醛、酮的羟醛加成反应，生成 β-羟基酮，叫做 Mukaiyama (向山) 羟醛反应 (式 1)[1-5]。在反应中，烯醇硅醚是烯醇负离子等效体。常用的 Lewis 酸为 TiCl$_4$、SnCl$_4$、BF$_3$-OEt$_2$ 等。

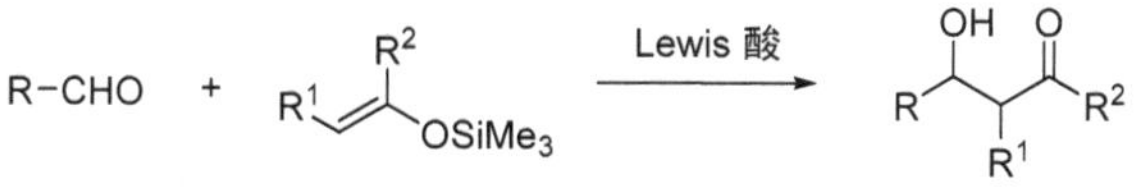

$$R\text{-CHO} + \underset{OSiMe_3}{\overset{R^2}{R^1}} \xrightarrow{\text{Lewis 酸}} \underset{R^1}{\overset{OH\ O}{R}}\ R^2 \quad (1)$$

反应机理：由于烯醇硅醚的亲核性不够强，不能直接与醛反应，需加入 Lewis 酸以活化羰基。图 1 为 Mukaiyama 提出的反应机理。

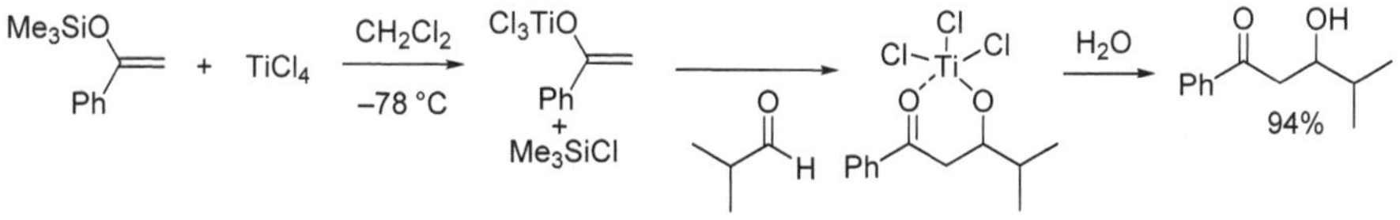

图 1 Mukaiyama 提出的反应机理

传统烯醇负离子的羟醛加成反应在碱性条件下进行，而 Mukaiyama 羟醛反应是在酸性条件下进行的，因此两种方法具有互补性[3-5]。例如，在 Mukaiyama 羟醛反应条件下，烯醇硅醚还可与缩醛反应 (式 2)。

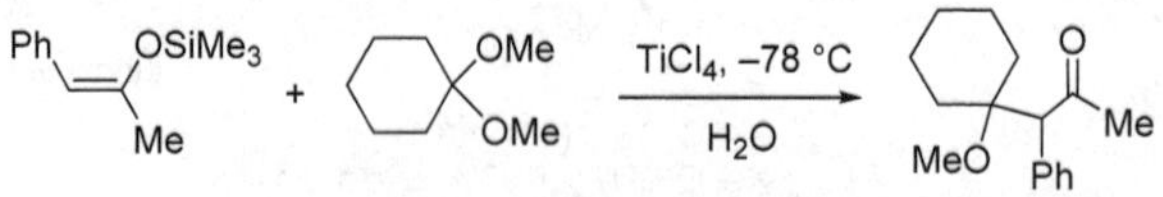

Ph
OSiMe3
Me
+
OMe
OMe
TiCl4, –78 °C
H2O
O
Me
MeO
Ph

(2)

Mukaiyama 羟醛反应可以用以下开链过渡态模型解释反应的立体选择性 (图 2)。当基团 R^2 小而 R^3 大时，无论烯醇负离子的几何构型如何，均可获得好的反侧立体选择性，这正好与烯醇负离子的羟醛加成所具有的顺侧立体选择性互补。相反地，当 R 为大基团时，无论烯醇负离子的几何构型如何，均可获得好的顺侧立体选择性 (图 2)[6]。

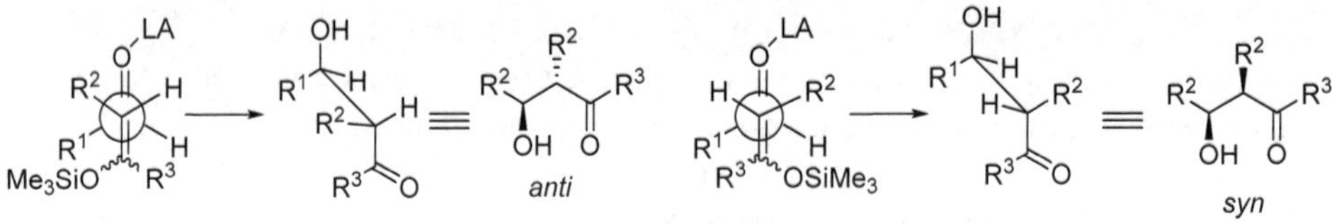

LA
Me3SiO
anti
OSiMe3
syn

图 2 Mukaiyama 羟醛反应的立体选择性

自 Mukaiyama 的工作发表以来[1]，Mukaiyama 羟醛反应的主要进展在于对映选择性反应[6]。1994 年，Carreira 报道了手性三齿钛 Lewis 酸催化的对映选择性 Mukaiyama 羟醛反应 (式 3)[7]。该方法被 Rychnovsky 等人用于高度不饱和的天然产物大环内酯 roflamycoin 的全合成[8]。

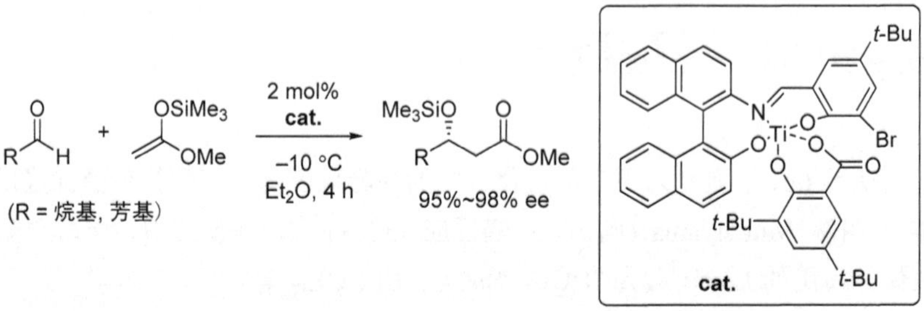

O
R
H
+
OSiMe3
OMe
2 mol%
cat.
–10 °C
Et2O, 4 h
Me3SiO
O
R
OMe
95%~98% ee
(R = 烷基, 芳基)
t-Bu
N
Ti
Br
t-Bu
t-Bu
cat.

(3)

2003 年，Yamamoto 报道了双官能团催化剂体系 (BINAP/AgOTf/KF/18-冠-6) 催化的对映选择性 Mukaiyama 羟醛反应 (式 4)[9]。

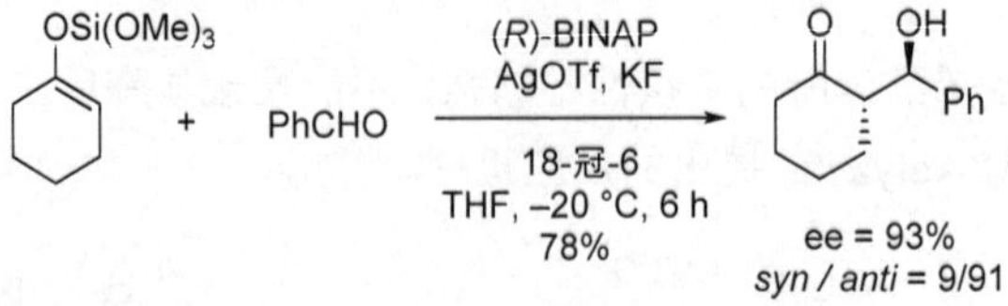

OSi(OMe)3
+
PhCHO
(R)-BINAP
AgOTf, KF
18-冠-6
THF, –20 °C, 6 h
78%
O
OH
Ph
ee = 93%
syn / anti = 9/91

(4)

2005 年以来，Denmark 发展了 Lewis 碱催化的对映选择性 Mukaiyama 羟醛反应[10]和高 (插烯) Mukaiyama 羟醛反应[11](式 5，式 6)。

1,3-二醇结构是许多结构复杂的天然多酮产物的结构特征。因此，Mukaiyama 羟醛反应特别适合，并被广泛应用于该类天然产物的合成[12]。

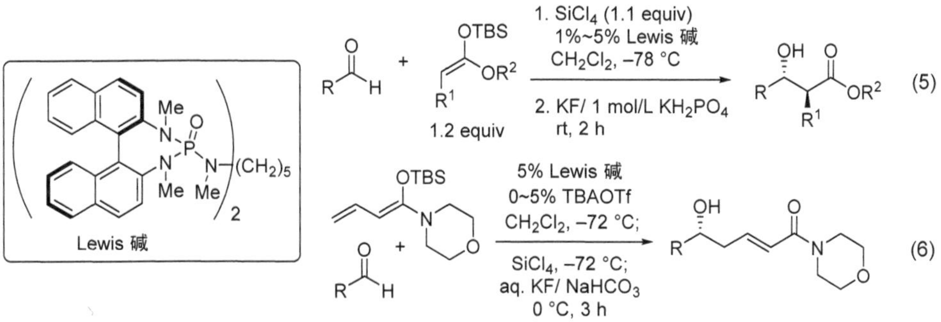

例如，Paterson 等在 swinholide A 的全合成中，用 Mukaiyama 羟醛反应构筑 C15-C23 亚结构 (**1**)，得到高 1,2-*syn*, 1,3-*anti* (Felkin/1,3-*anti*) 非对映立体选择性 (ds = 97%) (式 7)[13,14]。

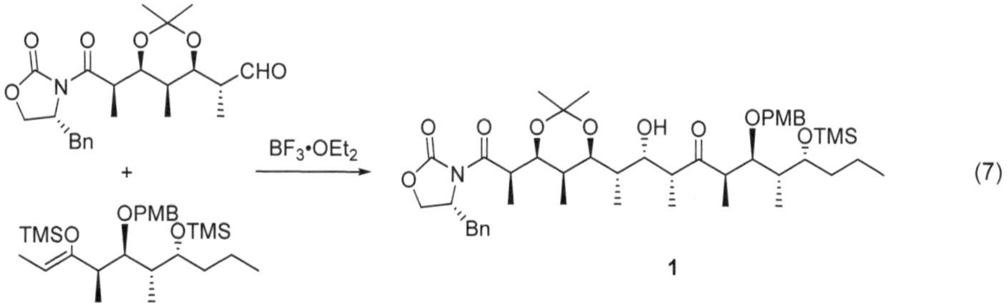

Evans 等在复杂天然产物 spongistatin 2 (**2**) 的全合成中，多次采用 Mukaiyama 羟醛反应于立体选择性合成手性的羟基[15] (图 3)。

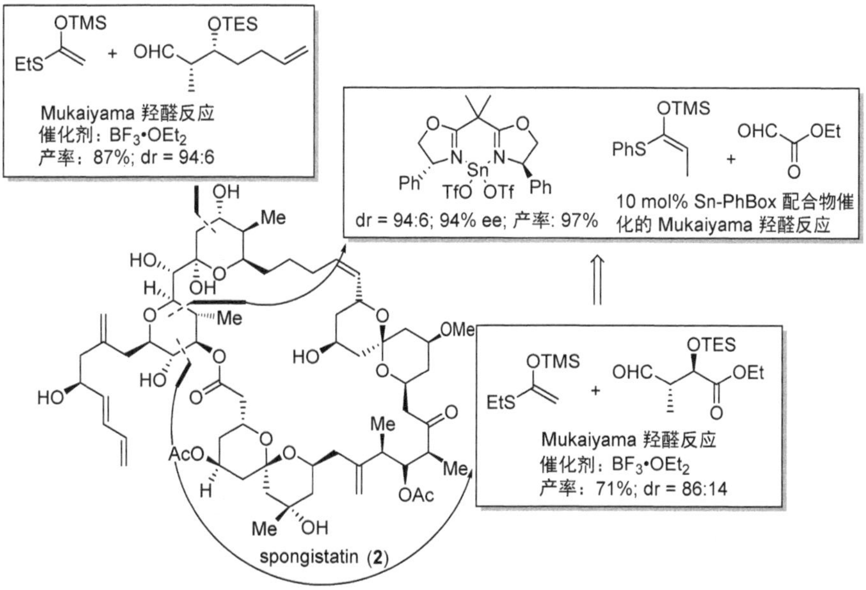

图 3　Evans 多次采用 Mukaiyama 羟醛反应进行 spongistatin 2 (**2**) 的全合成

在环状多肽天然产物 nannocystin Ax (**6**) 的合成中，酯的高烯醇硅醚 **4** 与 α,β-不饱和醛 **3** 在手性硼的催化下反应，以 77% 的产率和 3.1:1 的非对映立体选择性得到加成产物 **5** (式 8)[16]。

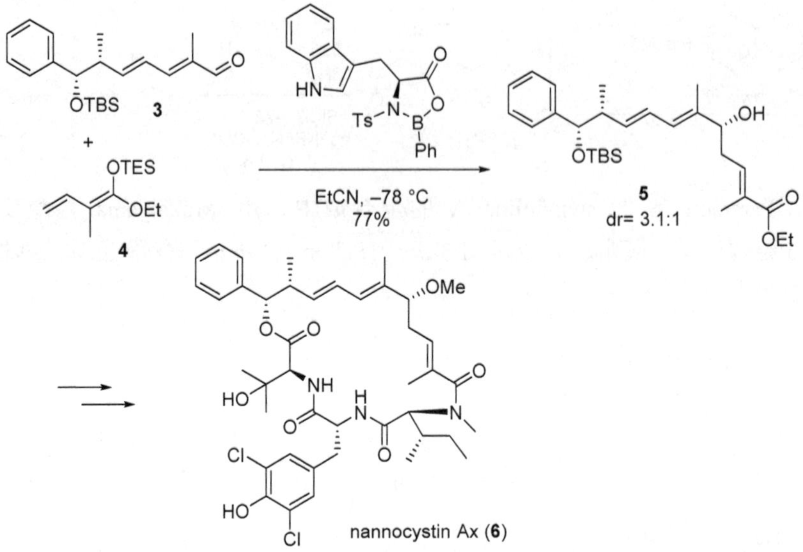

在天然产物 (−)-(3*R*)-inthomycin C (**10**) 的合成中，Donohoe 课题组采用 Mukaiyama-Kiyooka 的反应条件，进行醛 **7** 与酯的烯醇硅醚 **8** 反应，以 94:6 的对映选择性得到 Aldol 加成产物 **9** (式 9)[17]。

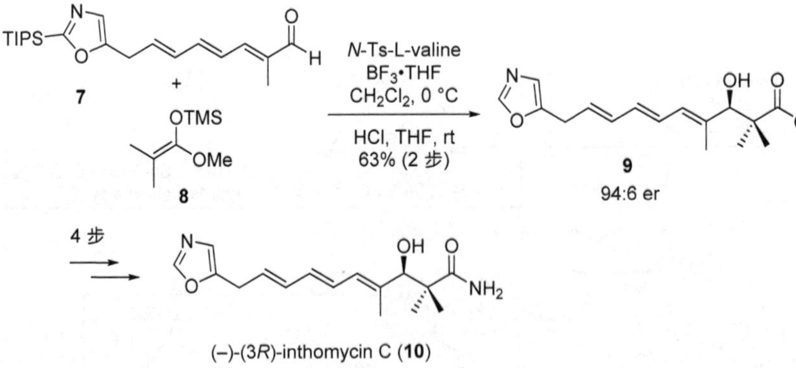

烯醇硅醚除了与醛反应外，还可以与酮或者半缩酮反应。Sunazuka 课题组在天然产物 mangromicin A (**14**) 的合成中通过半缩酮 **12** 与烯醇硅醚反应，得到立体单一的 Aldol 加成产物 **13** (式 10)[18]。

参考文献

[1] Mukaiyama, T.; Narasaka, K.; Banno, K. *Chem. Lett.* **1973**, 1011-1014.
[2] Saigo, K.; Osaki, M.; Mukaiyama, T. *Chem. Lett.* **1975**, 989-990.
[3] Mukaiyama, T. *Angew. Chem. Int. Ed.* **1977**, *16*, 817-826.
[4] Mukaiyama, T. *Org. React.* **1982**, *28*, 203-331.
[5] Mukaiyama, T. *Aldrichimica Acta* **1996**, *29*, 59-65.
[6] Mahrwald, R. *Chem. Rev.* **1999**, *99*, 1095-1120.
[7] Carreira, E. M.; Singer, R. A.; Lee, W. S. *J. Am. Chem. Soc.* **1994**, *116*, 8837-8838.
[8] Rychnovsky, S. D., Khire, U. R.; Yang, G. *J. Am. Chem. Soc.* **1997**, *119*, 2058-2059.
[9] Wadamoto, M.; Ozasa, N.; Yanagisawa, A.; Yamamoto, H. *J. Org. Chem.* **2003**, *68*, 5593-5601.
[10] Denmark, S. E.; Beutner, G. L.; Wynn, T.; Eastgate, M. D. *J. Am. Chem. Soc.* **2005**, *127*, 3774-3789.
[11] Denmark, S. E.; Heemstra, J. R. *J. Am. Chem. Soc.* **2006**, *128*, 1038-1039.
[12] Schetter, B.; Mahrwald, R. *Angew. Chem. Int. Ed.* **2006**, *45*, 7506-7525. (综述)
[13] Paterson, I.; Cumming, J. G.; Smith, J. D.; Ward, R. A. *Tetrahedron Lett.* **1994**, *35*, 441-444.
[14] Paterson, I.; Ward, R. A.; Smith, J. D.; Cumming, J. G.; Yeung, K.-S. *Tetrahedron* **1995**, *51*, 9437-9466.
[15] Evans, D. A.; Coleman, P. J.; Dias, L. C. *Angew. Chem. Int. Ed.* **1997**, *36*, 2738-2741.
[16] Poock, C.; Kalesse, M. *Org. Lett.* **2017**, *19*, 4536-4539.
[17] Balcells, S.; Haughey, M. B.; Walker, J. C. L.; Josa-Culleré, L.; Towers, C.; Donohoe, T. J. *Org. Lett.* **2018**, *20*, 3583-3586.
[18] Takada, H.; Yamada, T.; Hirose, T.; Ishihara, T.; Nakashima, T.; Takahashi, Y. k.; Ōmura, S.; Sunazuka, T. *Org. Lett.* **2017**, *19*, 230-233.

（黄培强，王小刚）

Negishi 偶联反应

Negishi (根岸) 偶联反应是由美国 Purdue (普渡) 大学的 Eiichi Negishi (根岸英一) 在 1976 年所发现的、在过渡金属催化剂 (一般是钯或镍) 存在下作为亲核试剂的有机锌试剂与作为亲电试剂的卤代烃 (或拟卤代物如磺酸酯、磷酸酯等) 之间发生的偶联反应[1]，是构筑碳-碳键最为重要的方法之一。其反应通式如式 1 所示。除了利用有机锌试剂直接进行反应之外，很多金属有机化合物 (如铝或锆等) 在锌试剂作为添加剂或共催化剂的存在下也可以与卤代烃反应形成碳-碳键 (式 2)。因此关于钯或镍催化的有机铝或锆化合物与卤代烃等试剂的偶联反应也被归入是 Negishi 反应的范畴。由于在交叉偶联反应领域的杰出贡献，Eiichi Negishi 与 Richard F. Heck (理查德·赫克)、Akira Suzuki (铃木章) 三人被授予 2010 年的诺贝尔化学奖。

$$R^1[M] + R^2X \xrightarrow[M = Zn, Al, Zr]{PdL_n \text{ 或 } NiL_n} R^1-R^2 + X[M] \tag{1}$$

（1）影响反应的诸多因素

有机锌试剂所表现出的优良反应性能与锌本身的性质密不可分。图 1 所示为偶联反应所常用的一些金属和非金属的电负性顺序 (其中 ⅡB 族金属因其特殊的电子结构而具有类似主族金属的化学性质，因此归入主族金属中一并讨论)。这些金属中，电负性较小的碱金属形成的化合物往往都以极性很大的共价键或近似离子键的形态存在，但是它们在钯或镍催化的反应条件下反而体现较低的活性，因为这些化合物的强亲核性使其很容易直接与催化剂反应而造成催化剂中毒。另一些电负性较大的元素如锡、硅或硼与碳形成较为稳定的共价键，因此在反应中必须进行充分的活化，才能具有足够的活性。而位于二者之间的锌，一方面不会因为太强的亲核性而影响催化剂的性能，另一方面也保留了足够的反应活性，因此成为进行过渡金属催化偶联反应的优选物种。

- 主族金属

Na (0.9) < Li (1.0) < Mg (1.2) < Al (1.5) < Zn (1.6) < In (1.7) < Sn (1.8) < Si (1.9) < B (2.0)

- 过渡金属

Zr (1.4) < Mn (1.5)   Cu (1.9)

较小的电负性 ← 中等电负性 → 较大的电负性

图 1　一些金属元素和非金属元素的电负性

采用锌试剂进行催化偶联反应主要可以通过两种途径。第一类反应是通过采用预先形成的有机锌试剂来进行反应。有机锌试剂可以通过类似制备格氏试剂或者有机锂试剂的方法，采用卤代烃与锌直接反应来得到，也可以经过格氏试剂或有机锂试剂与卤化锌转金属化来制备。由于有机锂试剂或格氏试剂的商品化和广泛应用，经由转金属化反应制备有机锌试剂的方法在实际的反应中更多被使用 (式 2)。第二类反应则采用一些容易制备的金属有机化合物在锌盐的促进下直接进行催化偶联反应，并不直接形成有机锌试剂。从式 3 可以看出锌盐的作用非常明显[2]。

$$R^1Li \text{ 或 } R^1MgX \xrightarrow{ZnX_2} R^1ZnX \xrightarrow[\text{cat. } PdL_n \text{ 或 } NiL_n]{R^2X} R^1-R^2 \tag{2}$$

这类反应中最常见的就是通过对烯烃或炔烃 (尤其是末端炔烃) 进行金属化加成，形成烯基金属化合物，然后加入锌盐或有机锌试剂进一步与卤代烃在钯或镍的催化新进行偶联反应。锆、铝和硼都是经常被用作进行氢金属化的试剂 (式 4~式 6)[2-4]。

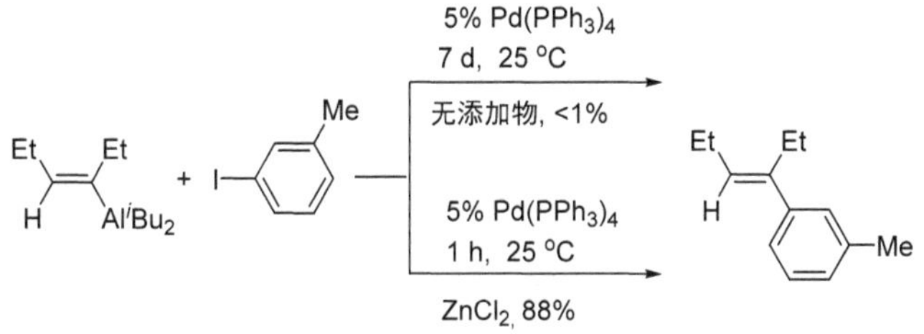

$$\text{(3)}^{[2]}$$

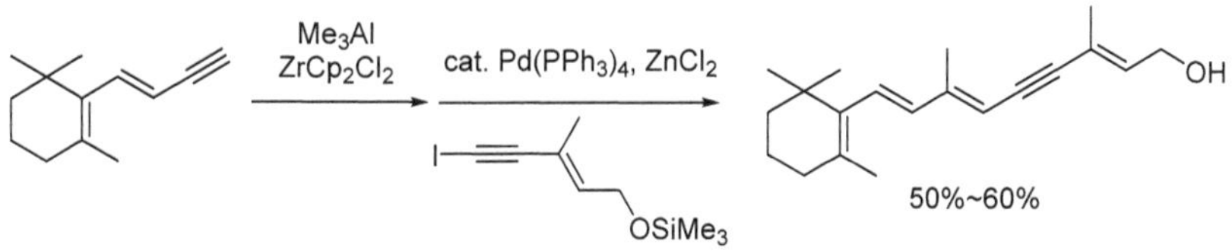

$$\text{(4)}^{[2]}$$

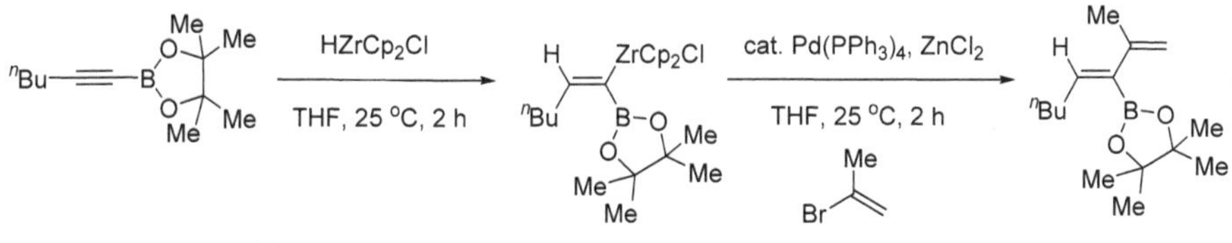

$$\text{(5)}^{[3]}$$

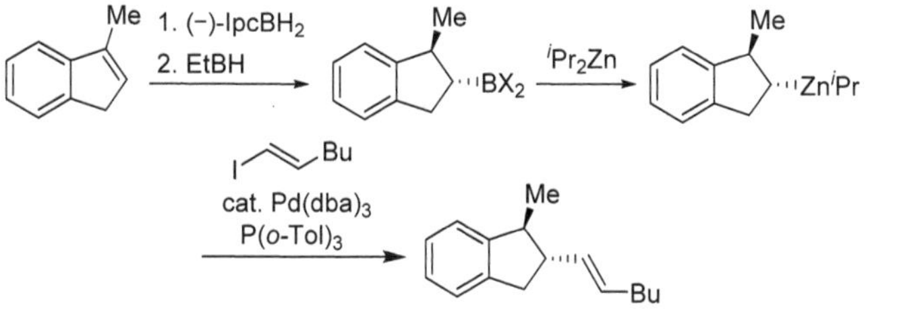

$$\text{(6)}^{[4]}$$

这种三键金属化-催化偶联的串联反应模式具有很高的效率。例如，迄今已有超过 100 种含有 (E)-三取代双键 (其中一个取代基为甲基) 的复杂天然产物是通过锆催化的碳铝化-钯催化的交叉偶联串联过程来制备的。结合以上介绍和图 1 不难看出锌在催化偶联反应中的作用，即通过形成有机锌试剂来调节格氏试剂或有机锂试剂在反应中所体现出的过高的活性，以及提高铝、硼、锆等试剂的较低的反应活性。

和许多有机金属化合物一样，有机锌试剂也是对水和氧气非常敏感的化合物，因此反应过程需要做到严格的无氧无水，所需溶剂也必须仔细进行处理。同时有机锌化合物和大部分主族金属化合物一样，因其制备条件的不同而具有不同的组成和结构，如烃基卤化锌 (RZnX)、二烃基锌 (R_2Zn) 和酸根型复合物 (R_3Zn^-、R_4Zn^{2-})[5]等多种形态。

影响 Negishi 反应的其它因素还包括式 1 中的离去基团 X、配体 L、添加剂和溶剂等。这些可能被考虑的因素都列在表 1 中。

（2）反应的机理

Negishi 反应的机理和其它的催化偶联反应颇为类似，也是通过氧化加成、转金属化和还原消除三步来达到催化循环。详情可以参考 Kumada 反应部分，这里不再详述。

(3) Negishi 偶联反应研究进展

许多底物都可以进行钯或镍催化的偶联反应。不同的底物组合可以构建出不同的碳-碳键,体现反应的多样性。按照底物组合的不同,Negishi 反应可以分为许多不同的模式。下面将重点介绍一些广泛应用于有机合成的 Negishi 反应模式的相关研究进展。

表 1 影响 Negishi 反应的诸多因素

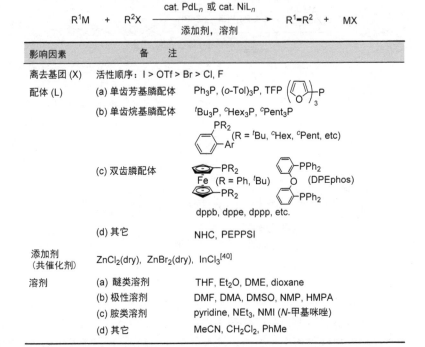

① 烯基、芳基或炔基金属试剂与烯基、芳基或炔基卤代物的偶联　从 Negishi 偶联反应被发现以来,这种组合模式下的反应得到了很多非常有意义的结果,是 Negishi 反应中最常见也是应用最广的一类。近年来对这一领域的研究更是进一步从合成简单的小分子化合物深入到了合成结构复杂的天然产物或生物活性物质[6-11]。图 2 所列的是一些利用烯基 (芳基)-烯基 (芳基) 模式、烯基 (芳基)-炔基模式或烯基-炔基模式的 Negishi 反应作为

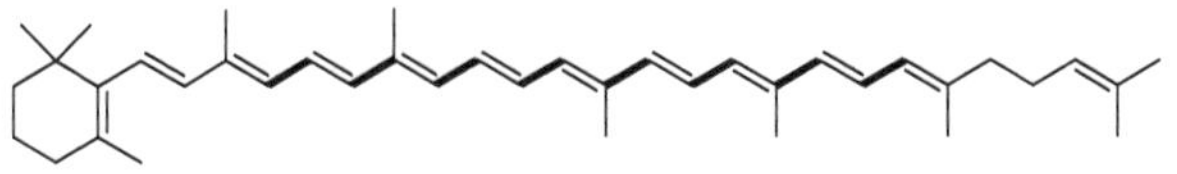

γ-胡萝卜素 [8]

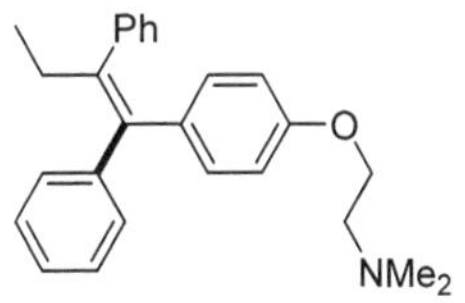

(Z)-tamoxifen [9]

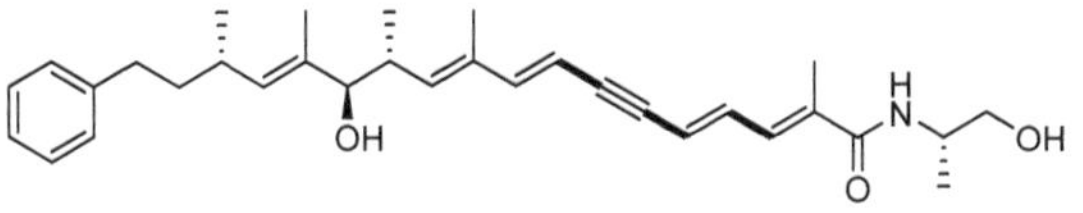

6,7-dehydrostipiamide [10]

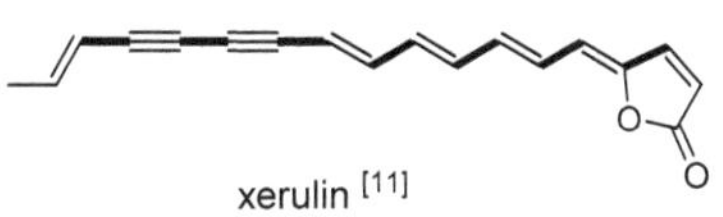

xerulin [11]

图 2　利用烯基、炔基和芳基的 Negishi 偶联合成的天然产物
（加粗的化学键表示利用 Negishi 反应来形成，下同）

关键步骤合成的一些天然产物。

炔基-炔基偶联的 Negishi 反应是合成聚炔的优良方法 (式 7 和式 8) [12]。聚炔类化合物往往具有良好的生物活性，是优良的抗生素或抗真菌类药物，同时也具有特殊的光电性能，在材料方面有重要的应用[13]。

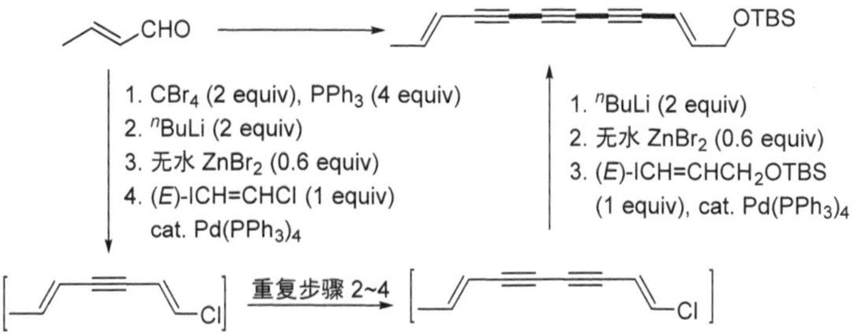

这一领域的另一个重要的结果是在芳基-芳基的偶联中 Negishi 反应往往显示出优于 Suzuki 反应的性能。在如式 9 所示的反应中，使用 Negishi 偶联的产率远高于 Suzuki 偶联的结果，甚至放大到 4.5 kg 的规模下也可以正常进行[14]。

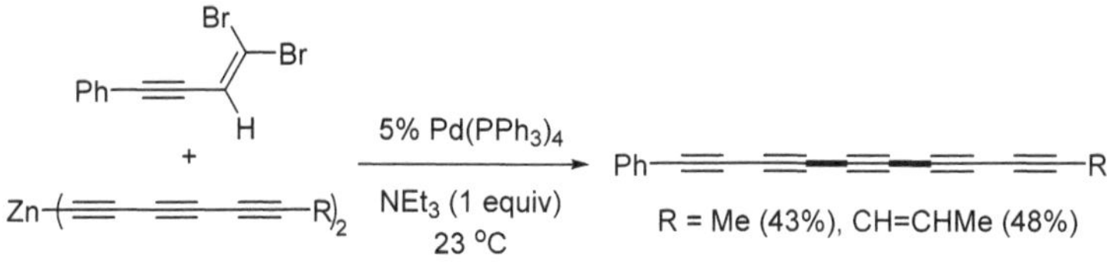

② 部分含烯丙基或炔丙基的偶联　这一领域中，采用烯丙基、苄基或炔丙基金属化合物与烯基、芳基或炔基卤代物的偶联较为常见，但是相反采用烯基、芳基或炔基金属试剂与烯丙基、苄基或炔丙基卤代物的偶联却比较少见，直至今年才有相关的报道[15]。Negishi 等人曾采用对端炔进行碳金属化后形成的烯基铝试剂在钯或镍的催化下直接与烯丙基或苄基卤代物进行偶联，可以分别得到天然产物 α-金合欢烯 (α-farnesene) (式 10)[16] 和辅酶 Q10 (式 11)[17]。

(9) [14]

合成方案	反应条件	产率/%
Negishi 偶联	1. $ZnBr_2$; 2.Br–, cat. $Pd(PPh_3)_4$ THF, 回流	90
Suzuki 偶联	1. $B(OMe)_3$; 2. H_3O^+ 3. Br–, cat. $Pd(PPh_3)_4$ Na_2CO_3, DME, 回流	19

(10) [16]

(11) [17]

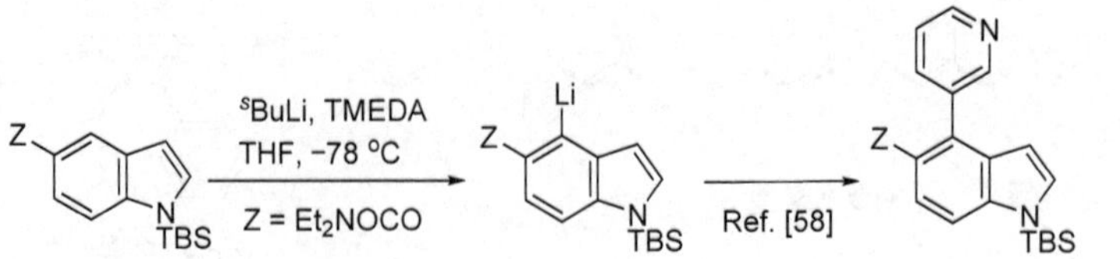

③ 钯或镍催化的烷基化反应　钯或镍催化的烷基化反应根据烷基化试剂的不同可以分为两个部分，即烷基金属试剂参与的反应或是卤代烷参与的反应。对于前者 (式 12~式 16)，自从 Negishi 反应发现以来就已经受到广泛的研究，得到了许多有价值的结果。例如，烷基-烯基、烷基-炔基、烷基-芳基、烷基-酰基的偶联反应都成为制备相应化合物的可靠方法[18-21]。烷基锌试剂在反应中表现出了较高的活性。例如含有 β-侧链的烷基锌试剂虽然有较大的空阻，但是仍然能够正常反应[22]。这一方法已经被广泛地应用到合成双键的 β-位含有侧链 (尤其是甲基) 的天然产物分子中 (图 3)[23-26]。

(12) [18]

(13) [19]

(14) [20]

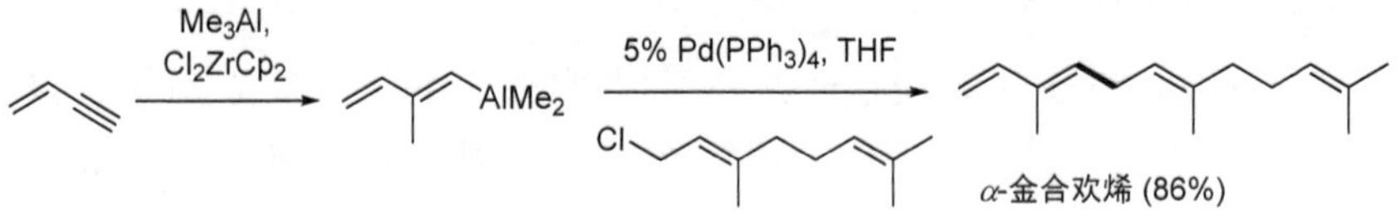

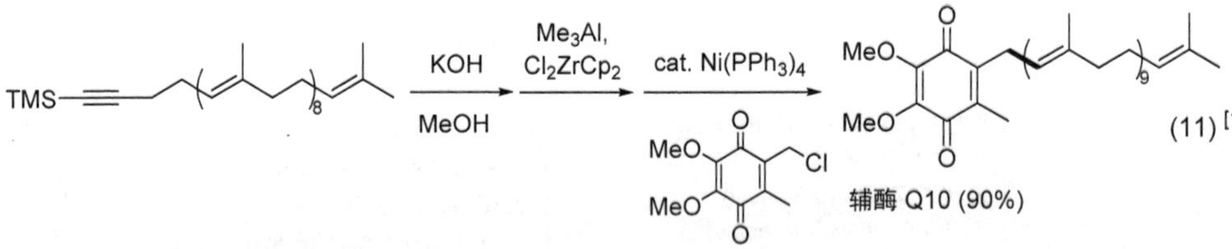

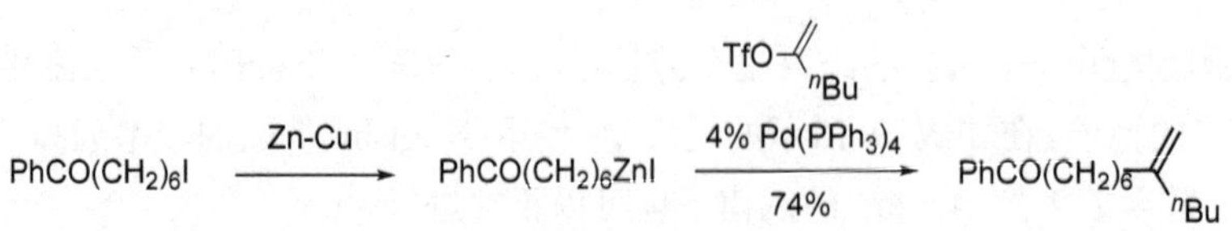

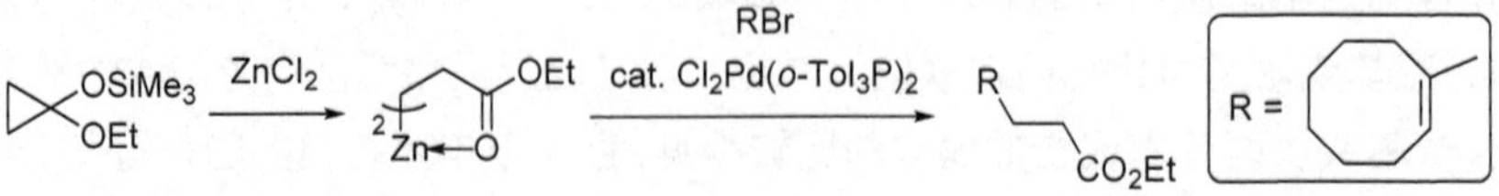

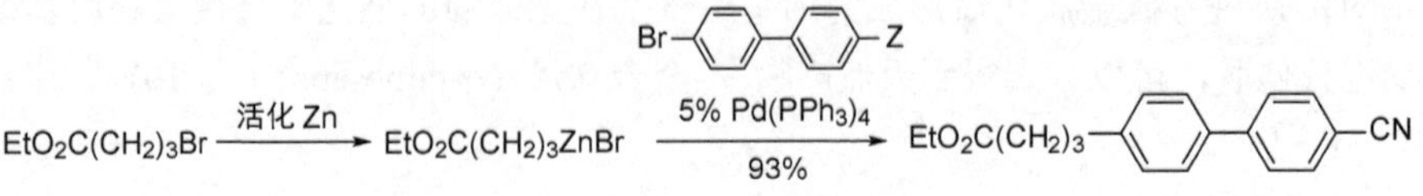

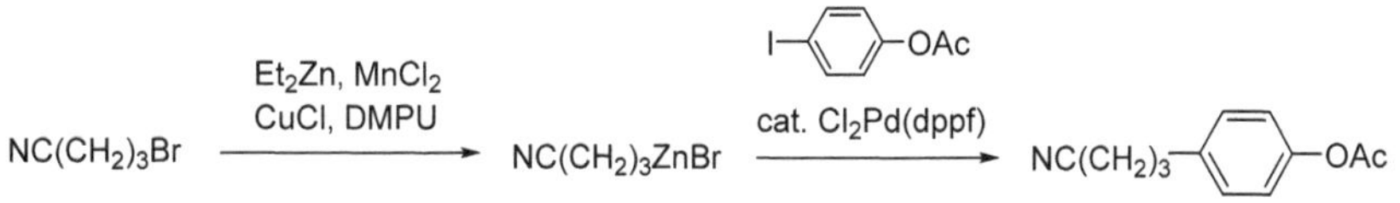

$$NC(CH_2)_3Br \xrightarrow[CuCl, DMPU]{Et_2Zn, MnCl_2} NC(CH_2)_3ZnBr \xrightarrow[cat. Cl_2Pd(dppf)]{I-C_6H_4-OAc} NC(CH_2)_3-C_6H_4-OAc \quad (15)^{[21]}$$

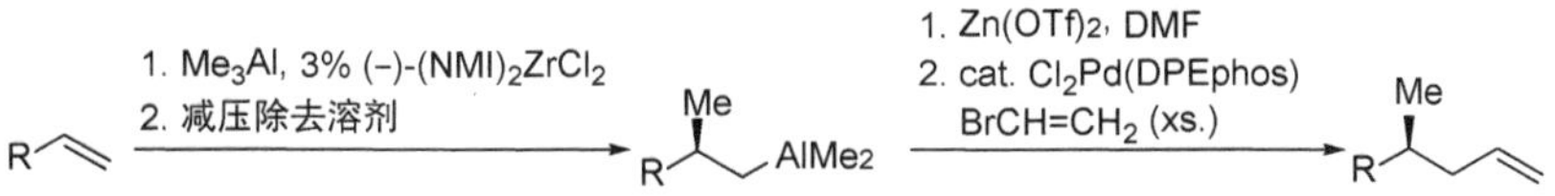

$$R-CH=CH_2 \xrightarrow[\text{2. 减压除去溶剂}]{\text{1. } Me_3Al,\ 3\%\ (-)-(NMI)_2ZrCl_2} R\overset{Me}{\underset{}{\text{CH}}}CH_2AlMe_2 \xrightarrow[\text{BrCH=CH}_2\ (xs.)]{\text{1. } Zn(OTf)_2,\ DMF;\ \text{2. cat. } Cl_2Pd(DPEphos)} R\overset{Me}{\underset{}{\text{CH}}}CH_2CH=CH_2 \quad (16)^{[22]}$$

discodermolide [23]

(+)-pumiliotoxins A、B [24]

scyphostatin [25]

mycolactones A、B 骨架 [26]

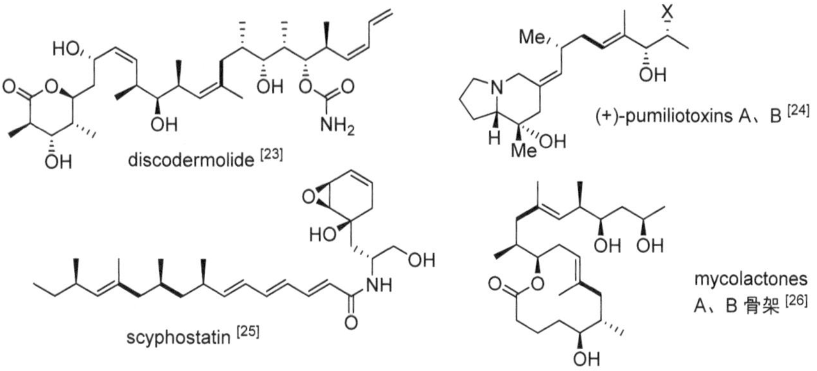

图 3 利用烷基金属试剂进行的 Negishi 偶联合成的天然产物

值得注意的是，上一部分提到了高烯丙基金属及其类似物的偶联，反应过程中金属很少受到 β-氢消除的影响。这类反应是制备 1,5-己二烯或类似物的有效方法。结合最近 Negishi 等人发展的制备 1,4-二碘-1-丁烯的方法[27]，一系列含有 1,5-己二烯结构单元的天然产物都被顺利地合成出来 (图 4)[17,28]。

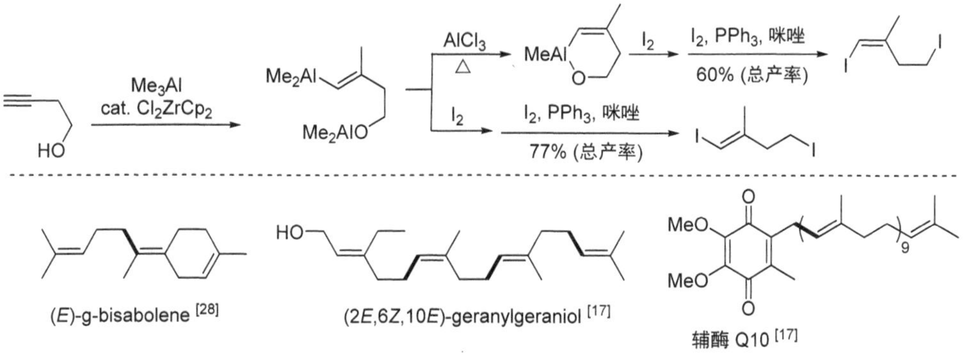

(E)-g-bisabolene [28]

(2E,6Z,10E)-geranylgeraniol [17]

辅酶 Q10 [17]

图 4 利用高烯丙基金属试剂进行的 Negishi 偶联合成的天然产物

另一类烷基化反应——采用卤代烃进行的催化偶联反应，一直以来都没有取得很大的进展。1995 年以后，这一领域有了不少突破，其中涉及 Negishi 反应的主要有：Knochel 等人报道了利用伯卤代烷与有机锌试剂在氟取代苯乙烯的存在下可以进行偶联反应[29]；Fu 等人发现伯卤代烷与在特定的膦配体的参与下可以与有机锌试剂进行钯催化的偶联反应，有意思的是不仅较为活泼的碘代烷、溴代烷或是磺酸酯可以进行反应[30a]，不活泼的氯代烷也能够进行反应,进一步的对于空间位阻较大的二级碘代或溴代烷烃,也能够在镍的催化下顺利地与有机锌试剂进行偶联[30b]。这无疑为催化偶联反应的研究翻开了新的一页。

除了以上模式之外,Negishi 反应的常见模式还包括:氰基金属化合物通过 Negishi 偶联进行的氰化反应[31]、利用烯醇锌盐进行的 Negishi 反应[32]以及酰氯通过 Negishi 偶联进行的酰化反应等[33]。这些模式下的 Negishi 反应的应用比起前面介绍的几种模式相对要少一些,这里就不进行详细介绍了。

④ 近年来的一些新型反应模式 随着金属有机化学、元素化学等领域的发展,近年一些新方法、新试剂也在 Negishi 反应中得到了应用,开拓出了 Negishi 反应的几类新颖的反应模式。按照偶联反应的三个关键因素,即亲电试剂、亲核试剂和催化体系,下面分别予以介绍。

a. 经由惰性碳氧或碳氮键切断的 Negishi 偶联反应 (新型亲电试剂)。近年来,因化石资源或能源的广泛使用而产生的一系列问题(不可再生性、高环境负荷等)受到广泛的关注。面向未来,可再生能源、生物资源的有效利用无疑是一个重要的解决途径。含有碳-氧键的醇、酚或其衍生物醚、酯等化合物,以及含有碳-氮键的胺类化合物广泛存在于自然界和生物体内,具有良好的再生能力。同时,切断碳-氧键或碳-氮键之后不会产生含卤副产物,具有较低的环境负荷。

然而,醇、酚或者醚类的碳-氧键具有很高的解离能,其活化过程受到许多限制。1979 年 Wenkert 等人首次报道了镍催化剂存在下[34],经由醚类碳-氧键切断的 Kumada 反应。然后在同样的条件下,各种有机锌试剂如 RZnX、R_2Zn 仍然无法与醚类化合物进行偶联反应。2011 年,Wang 和 Uchiyama 等人利用高活性的酸根型复合物 $(ArZnMe_3)Li_2$ 在镍催化剂存在下,首次实现了经由惰性芳香醚碳-氧键切断的 Negishi 偶联 (式 17)[35]。该反应在温和的条件下就能顺利进行,同时具有良好的官能团兼容性和选择性。例如,常见的止痛药物萘普生 (Naproxen) 的衍生物在进行反应时,高活性的苄位和羧基 α-位手性中心并无消旋化发生,室温下就能顺利得到苯基取代的衍生物。同时,2010 年以来,Jarvo 等人对活性较高的烯丙基或苄基醚碳氧键切断型 Negishi 反应进行了系统研究,并发展了一些不对称催化的体系或方法[36]。2014 年以来,Tobisu 和 Chatani[37]、Rueping[38]、Wang 和 Uchiyama[39]等人分别报道了基于芳香醚碳-氧键切断的有机铝试剂的交叉偶联反应,进一步拓宽了 Negishi 反应在这一领域的应用。

$$
\begin{array}{c}
\text{(+)-Naproxen 酰胺} \\
\underset{\substack{\text{1.0 equiv} \\ (98\% \text{ ee})}}{{}^{i}Pr_2N\text{-}C(O)\text{-}CH(Me)\text{-}Naph\text{-}OMe} \xrightarrow[\substack{\text{PhMe, rt, 3 h} \\ \text{不发生外消旋化}}]{\text{PhZnMe}_3\text{Li}_2 \text{ (2.0 equiv)} \atop \text{Ni(PCy}_3)\text{Cl}_2 \text{ (5 mol\%)}} \underset{\substack{65\% \\ (96\% \text{ ee})}}{{}^{i}Pr_2N\text{-}C(O)\text{-}CH(Me)\text{-}Naph\text{-}Ph}
\end{array} \quad (17)[35]
$$

同样,胺类的碳-氮键也具有非常高的稳定性。然而通过简单的衍生化得到的季铵盐的碳-氮键却具有较高的活性。2011 年王中夏等人首次报道了基于季铵盐碳-氮键切断的

Negishi 反应 (式 18)[40]。2017 年，Wang 和 Uchiyama 等人进一步开发了有机铝试剂和季铵盐的交叉偶联反应 (式 19)[39]。这些反应都具有良好的官能团兼容性和选择性，有望在有机合成中进一步得到应用。

$$\text{PhC(O)-C}_6\text{H}_4\text{-NMe}_3^+ \text{I}^- + \text{ClZn-C}_6\text{H}_4\text{-Me} \xrightarrow[\text{THF/NMP, 90 °C, 8 h}]{\text{Ni(PCy}_3\text{)}_2\text{Cl}_2 \text{ (2 mol\%)}} \text{PhC(O)-C}_6\text{H}_4\text{-C}_6\text{H}_4\text{-Me} \quad (18)^{[40]}$$
87%

$$\text{2-Py-NMe}_3^+ \text{TfO}^- + {}^i\text{Bu}_2\text{Al-Ph} \xrightarrow[\text{THF, 70 °C, 6 h}]{\text{Ni(PCy}_3\text{)}_2\text{Cl}_2 \text{ (5 mol\%)}} \text{2-Py-Ph} \quad (19)^{[39]}$$
78%

b. 经由 Negishi 偶联反应导入功能元素 (新型亲核试剂)。形成碳-杂原子键也是交叉偶联反应的重要应用之一，例如碳-氮键形成方法之一的 Buchwald-Hartwig 反应以及导入硼元素的 Miyaura 硼化反应。2016 年，Fu 等人采用镍作为催化剂使硅基锌试剂与溴代烷反应，成功实现了在温和的条件下高选择性的碳-硅键的形成 (式 20)[41]。该反应的亮点之一是能够高效实现大位阻的三级烷基与硅基的偶联。

$$\text{MeO-C}_6\text{H}_4\text{-CH}_2\text{CH}_2\text{-CMe}_2\text{Br} + \text{ClZn-SiMe}_2\text{Ph} \xrightarrow[\text{DMA/THF, -20 °C}]{\text{NiBr}_2\text{(diglyme) (10 mol\%)}} \text{MeO-C}_6\text{H}_4\text{-CH}_2\text{CH}_2\text{-CMe}_2\text{-SiMe}_2\text{Ph} \quad (20)^{[41]}$$
70%

c. 无过渡金属催化剂条件下的 Negishi 偶联反应 (新催化体系)。2013 年 Wang 和 Uchiyama 等人 (式 21)[42]以及 Shirakawa 等人 (式 22)[43]分别报道了在不加入过渡金属催化剂的条件下，直接加热有机锌试剂和卤代芳烃的混合物形成偶联产物的反应。通过对反应机理的研究，发现该反应经由单电子转移的途径进行。因此在这一体系中，电子取代了过渡金属成为催化剂。2015 年，Wang 和 Uchiyama 等人[44]进一步报道了单电子转移型有机铝试剂和卤代物的直接偶联反应 (式 23)。该反应有着广泛的底物适应性和官能团兼容性，适用于含有各种取代基的芳基、烯基、炔基的碘代、溴代甚至低活性的氯代物。当分子内同时含有活性较低的溴和活性较高的 OTf 基团时 (表 1)，反应能够专一地在碳-溴键部位进行，体现了与过渡金属催化体系不同的选择性。2017 年，Wang 和 Uchiyama 等人[45]以及王中夏等人[46]分别报道了同样经由单电子转移路线而进行的季铵盐与有机锌试剂的直接偶联反应，进一步拓展了该反应模式的范围。

$$^{i}\text{PrC(O)-C}_6\text{H}_4\text{-I} + \text{Zn}(\text{C}_6\text{H}_4\text{-Me})_2 \xrightarrow[\text{THF, 110 °C}]{} {}^{i}\text{PrC(O)-C}_6\text{H}_4\text{-C}_6\text{H}_4\text{-Me} \quad (21)^{[42]}$$
64%

$$\text{EtO}_2\text{C-C}_6\text{H}_4\text{-I} + \text{IZn-C}_6\text{H}_4\text{-OMe} \xrightarrow[\text{PhMe/THF/TMU, 110 °C}]{\text{LiCl (4 equiv.)}} \text{EtO}_2\text{C-C}_6\text{H}_4\text{-C}_6\text{H}_4\text{-OMe} \quad (22)^{[43]}$$
88%

$$\text{F}_3\text{CS(O)}_2\text{O-C}_6\text{H}_4\text{-Br} + \text{Me}_2\text{Al-(2,4,6-Me}_3\text{C}_6\text{H}_2) \xrightarrow[\text{THF, 110 °C}]{} \text{F}_3\text{CS(O)}_2\text{O-C}_6\text{H}_4\text{-(2,4,6-Me}_3\text{C}_6\text{H}_2) \quad (23)^{[44]}$$
98%

参考文献

[1] (a) Negishi, E.; Baba, S. *J. Chem. Soc., Chem. Commun.* 1976, 596. (b) Negishi, E., Ed., *Handbook of Organopalladium Chemistry for Organic Synthesis*. 2 Vols. Wiley-Interscience, New York, 2002, Part III, p. 215-1119 and other pertinent chapters.

[2] (a) Negishi, E.; Okukado, N.; King, A. O.; Van Horn, D. E.; Spiegel, B. I. *J. Am. Chem. Soc.* 1978, *100*, 2254. (b) Negishi, E., *Aspects of Mechanism and Organometallic Chemistry*. Brewster, J. H., ed., Plenum Press, New York, 1978, pp 285-317.

[3] Deloux, L.; Skrzypczak-Jankun, E.; Cheesman, B. V.; Srebnik, M.; Sabat, M. *J. Am. Chem. Soc.* 1994, *116*, 10302.

[4] Boudier, A.; Flachsmann, F.; Knochel, P. *Synlett* 1998, 1438.

[5] Uchiyama, M.; Wang, C. *Top. Organometal. Chem.* 2014, *47*, 159.

[6] (a) Feldman, K. S.; Eastman, K. J.; Lessene, G. *Org. Lett.* 2002, *4*, 3525. (b) Li, J.; Leong, S.; Esser, L.; Harran, P. G. *Angew. Chem. Int. Ed.* 2001, *40*, 4765.

[7] Potter, G. A.; McCague, R., *J. Org. Chem.* 1990, *55*, 6184.

[8] Negishi, E.; Alimardanov, A.; Xu, C. *Org. Lett.* 2000, *2*, 65.

[9] Zeng, F.; Negishi, E. *Org. Lett.* 2001, *3*, 719.

[10] Zeng, X.; Zeng, F.; Negishi, E. *Org. Lett.* 2004, *6*, 3245.

[11] Yin, N.; Wang, G.; Qian, M.; Negishi, E. *Angew. Chem. Int. Ed.* 2006, *45*, 2916.

[12] (a) for review see: Negishi, E.; Anastasia, L. *Chem. Rev.* 2003, *103*, 1979-2017. (b) Métay, E.; Hu, Q.; Negishi, E. *Org. Lett.* 2006, *8*, 5773.

[13] (a) Bohlmann, F.; Burkhardt, H.; Zdero, C. *Naturally Occurring Acetylenes*. Academic Press, New York, 1973, pp 547. (b) Shi Shun, A. L. K.; Tykwinski, R. R. *Angew. Chem. Int. Ed.* 2006, *45*, 1043.

[14] (a) Anctil, E. J. G.; Snieckus, V. *J. Organomet. Chem.* 2002, *653*, 150. (b) Manley, P. W.; Acemoglu, M.; Marterer, W.; Pachinger, W. *Org. Process Res. Dev.* 2003, *7*, 436.

[15] (a) Qian, M.; Negishi, E. *Tetrahedron Lett.* 2005, *46*, 2927. (b) Qian, M.; Negishi, E. *Synlett* 2005, 1789.

[16] Matsushita, H.; Negishi, E. *J. Am. Chem. Soc.* 1981, *103*, 2882.

[17] Negishi, E.; Liou, S. Y.; Xu, C.; Huo, S. *Org. Lett.* 2002, *4*, 261.

[18] Tamaru, Y.; Ochiai, H.; Nakamura, T.; Yoshida, Z. *Angew. Chem. Int. Ed.* 1987, *26*, 1157.

[19] Nakamura. E.; Kuwajima, I. *Tetrahedron Lett.* 1986, *27*, 83.

[20] Zhu, L.; Wehmeyer, R. M.; Rieke, R. D. *J. Org. Chem.* 1991, *56*, 1445.

[21] Klement, I.; Knochel, P.; Chau, K.; Cahiez, G. *Tetrahedron Lett.* 1994, *35*, 1177.

[22] Novak, T.; Tan, Z.; Liang, B.; Negishi, E. *J. Am. Chem. Soc.* 2005, *127*, 2838.

[23] Smith, A. B., III; Qiu, Y.; Jones, D. R.; Kobayashi, K. *J. Am. Chem. Soc.* 1995, *117*, 12011.

[24] Hirashima, S.; Aoyagi, S.; Kibayashi, C. *J. Am. Chem. Soc.* 1999, *121*, 9873.

[25] Tan, Z.; Negishi, E. *Angew. Chem. Int. Ed.* 2004, *43*, 2911.

[26] Benowitz, A. B.; Fidanze, S.; Small, P. L. C.; Kishi, Y. *J. Am. Chem. Soc.* 2001, *123*, 5128.

[27] (a) Ma, S.; Negishi, E. *J. Org. Chem.* 1997, *62*, 784. (b) Unpublished results by Negishi, E.; Wang,G.; and Tan, Z.

[28] Anastasia, L.; Dumond, Y. R.; Negishi, E. *Eur. J. Org. Chem.* 2001, 3039.

[29] (a) Devasagayaraj, A.; Stüdemann, T.; Knochel, P. *Angew. Chem. Int. Ed. Engl.* 1995, *34*, 2723. (b) Giovannini, R.; Stüdemann, T.; Dussin, G.; Knochel, P. *Angew. Chem. Int. Ed.* 1998, *37*, 2387. (c) Giovannini, R.; Knochel, P. *J. Am. Chem. Soc.* 1998, *120*, 11186. (d) Giovannini, R.; Stüdemann, T.; Devasagayaraj, A.; Dussin, G.; Knochel, P. *J. Org. Chem.* 1999, *64*, 3544. (e) Piber, M.; Jensen, A. E.; Rottländer, M.; Knochel, P. *Org. Lett.* 1999, *1*, 1323. (f) Jensen, A.; E.; Knochel, P. *J. Org. Chem.* 2002, *67*, 79.

[30] (a) Zhou, J.; Fu, G. C., *J. Am. Chem. Soc.* 2003, *125*, 12527. (b) Zhou, J.; Fu, G. C., *J. Am. Chem. Soc.* 2003, *125*, 14726.

[31] Takagi, K., *Palladium-Catalyzed Cross-Coupling Involving Metal Cyanides*, In Ref. 1b, Chap. III.2.13.1, p. 657-672.

[32] (a) Negishi, E., *Palladium-Catalyzed α-Substitution Reactions of Enolates and Related Derivatives Other than the Tsuji-Trost Allylation Reaction*, In Ref. 1b, Chap. II.2.14.1, p. 693-719. (b) Negishi, E.; Alimardanov, A., *Palladium-Catalyzed Cross-Coupling Involving β-Hetero-Substituted Compounds Other than Enolates*, In Ref. 1b, Chap. III.2.14.2, p. 721-765.

[33] Sugihara, T. *Palladium-Catalyzed Cross-Coupling with Acyl Halides and Related Electrophiles*, In Ref. 1b, Chap. III.2.12.1, p. 635-647.

[34] (a) Wenkert, E.; Michelotti, E. L.; Swindell, C. S. *J. Am. Chem. Soc.* **1979**, *101*, 2246. (b) Wenkert, E.; Michelotti, E. L.; Swindell, C. S.; Tingoli, M. *J. Org. Chem.* **1984**, *49*, 4894.

[35] Wang, C.; Ozaki, T.; Takita, R.; Uchiyama, M. *Chem. -Eur. J.* **2012**, *18*, 3482.

[36] Tollefson, E. J.; Hanna, L. E.; Jarvo, E. R. *Acc. Chem. Res.* **2015**, *48*, 2344.

[37] Morioka, T.; Nishizawa, A.; Nakamura, K.; Tobisu, M.; Chatani, N. *Chem. Lett.* **2015**, *44*, 1729.

[38] Liu, X.; Hsiao, C.-C.; Kalvet, I.; Leiendecker, M.; Guo, L.; Schoenebeck, F.; Rueping, M. *Angew. Chem. Int. Ed.* **2016**, *55*, 6093-6098.

[39] Ogawa, H.; Yang, Z.-K.; Minami, H.; Kojima, K.; Saito, T.; Wang, C.; Uchiyama, M. *ACS Catal.* **2017**, *7*, 3988.

[40] Xie, L.-G.; Wang, Z.-X. *Angew. Chem. Int. Ed.* **2011**, *50*, 4901.

[41] Chu, C. K.; Liang, Y.; Fu, G. C. *J. Am. Chem. Soc.* **2016**, *138*, 6404.

[42] Minami, H.; Wang, X.; Wang, C.; Uchiyama, M. *Eur. J. Org. Chem.* **2013**, *2013*, 7891-7894.

[43] Shirakawa, E.; Tamakuni, F.; Kusano, E.; Uchiyama, N.; Konagaya, W.; Watabe, R.; Hayashi, T. *Angew. Chem., Int. Ed.* **2014**, *53*, 521-525.

[44] Minami, H.; Saito, T.; Wang, C.; Uchiyama, M. *Angew. Chem. Int. Ed.* **2015**, *54*, 4665.

[45] Wang, D.-Y.; Morimoto, K.; Yang, Z.-K.; Wang, C.; Uchiyama, M. *Chem. Asian J.* **2017**, *12*, 2554.

[46] Dai, W.-C.; Wang, Z.-X. *Chem. Asian J.* **2017**, *12*, 3005.

（王超，席振峰）

Nicholas 反应

六羰基二钴配体稳定的炔丙基位碳正离子与一系列亲核试剂进行的亲核取代反应称为 Nicholas (尼古拉斯) 反应。

反应过程如图 1 所示，八羰基二钴 [$Co_2(CO)_8$] 与炔化物中的炔键形成稳定的六羰基二钴配合物。该配合物能稳定炔丙基位置上的碳正离子，从而在 Lewis 酸的作用下使炔丙基位上的 X 基团易离去，进而与亲核试剂起亲核取代反应，生成亲核取代产物。最后在氧化剂作用下，除去羰基钴的配体，释放出炔键[1-3]。

反应机理如图 2 所示[1,4,5]。由于炔基稳定其 α 位碳正离子的能力很弱，所以当 Lewis 酸 (LA) 催化炔丙基型化合物进行亲核取代反应时，反应仅局限于炔丙基位上的 α-碳与芳基或两个烷基或与其它强给电子体相连的底物[6]。这使得反应底物具有局限性。Nicholas 等人通过炔键与 $Co_2(CO)_8$ 的配位，使炔键 α 位上的正电荷高度离域到钴和羰基上，使炔丙基型碳正离子中间体的热力学稳定性与三芳基甲基碳正离子 (Ar_3C^+) 相当，稳定的炔丙基型碳正离子可以与各种亲核试剂进行 S_N1 取代反应，反应具有立体专一性，亲核试剂进攻的位置是唯一的，都在炔丙基位碳（炔键 α-碳）的位置上。

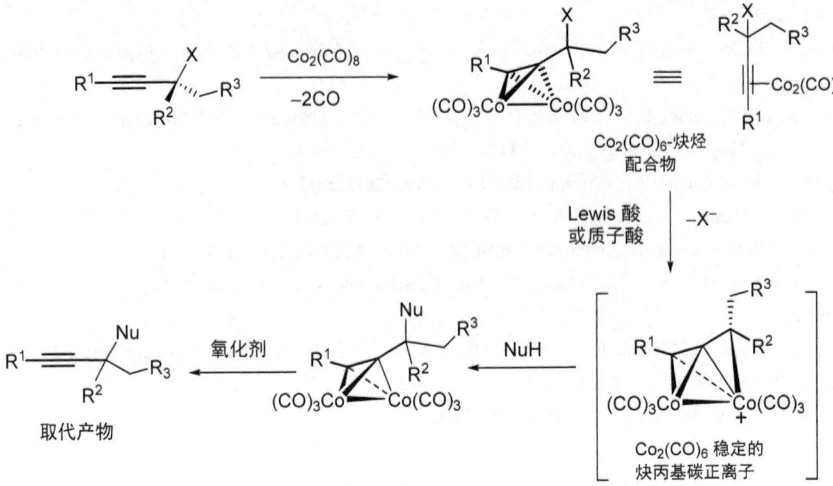

R^1, R^2, R^3 = H, 烷基，芳基；X = OH, 烷氧基，苄氧基，甲硅烷氧基，乙缩醛，OAc, OCOAr, OCOt-Bu, OMs, OTf, Cl；
NuH = 富电子芳烃，简单烯烃，烯丙基硅烷，烯丙基锡烷，烯醇醚，甲硅烯酮缩醛，ROH, N_3^-, RNH$_2$, RR'NH, RSH, HS(R)SH, F$^-$, etc.
氧化剂：CAN, Fe(NO$_3$)$_3$, NMO, TMANO, TBAF, C$_5$H$_5$N/空气/乙醚, DMSO/H$_2$

图 1 Nicholas 反应过程

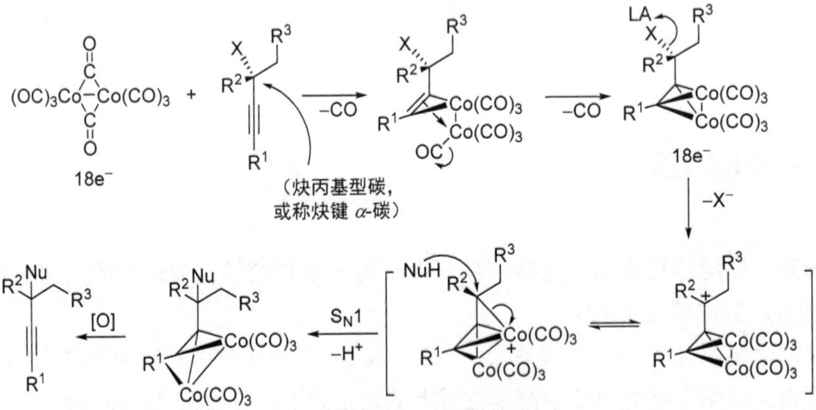

图 2 Nicholas 反应机理

（1）亲核试剂的种类[7]

① 亲核中心为杂原子 氧为亲核中心的亲核试剂有水和各种醇，包括羟基和烷氧基等基团（如式 1）[8]；硫为亲核中心的亲核试剂有硫醇和硫醚（如式 2）[9]，后者在反应后得到相应的盐；氮为亲核中心的亲核试剂有胺[9]、叠氮化物（如式 3）[10]。

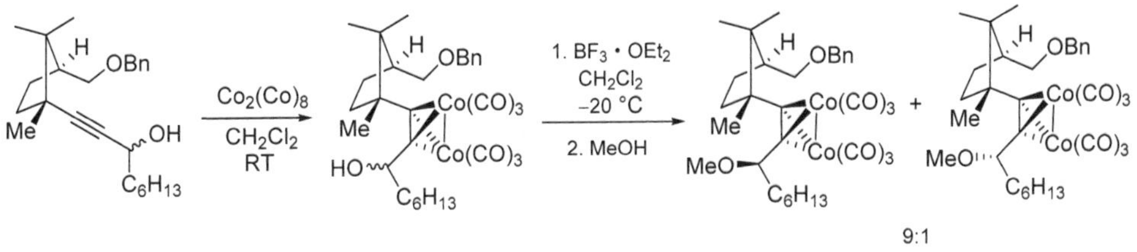

② 亲核中心为碳原子　酮的 α-碳原子可与炔丙基位碳正离子反应，但反应性不是很好，除非酮既作为反应底物，又作为反应溶剂，或者酮主要以烯醇形式存在参与反应；烯醇的衍生物例如烯醇硅醚 (式 4)[11]、烯醇硼醚，有时候还包括烯胺都是很好的亲核试剂；烯丙基衍生物 (式 5)[12]例如烯丙基硅烷、烯丙基锡烷、烯丙基硼烷和烯丙基硼酸酯通常也能反应；电子云密度大的芳香烃也能与炔丙基碳正离子起亲电取代反应（相对于芳香烃而言），但苯的亲核性弱，不能有效地反应。此外烯烃也会与炔丙基碳正离子反应。

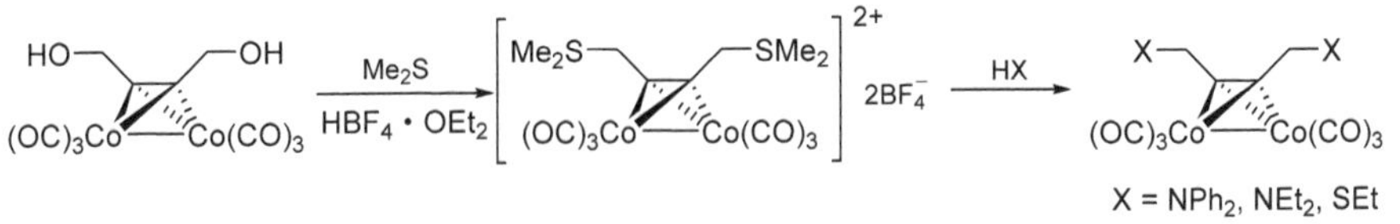

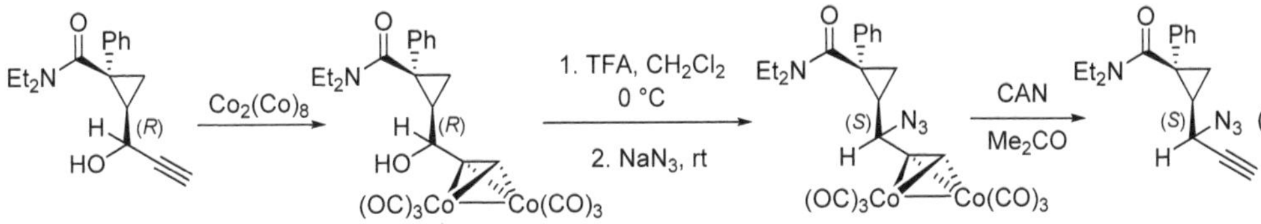

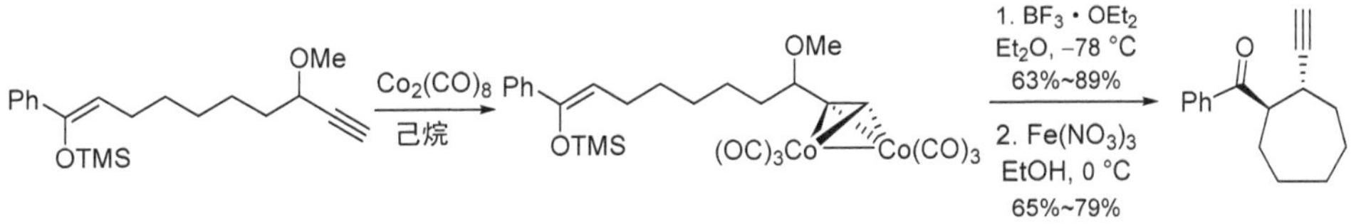

（2）反应特点

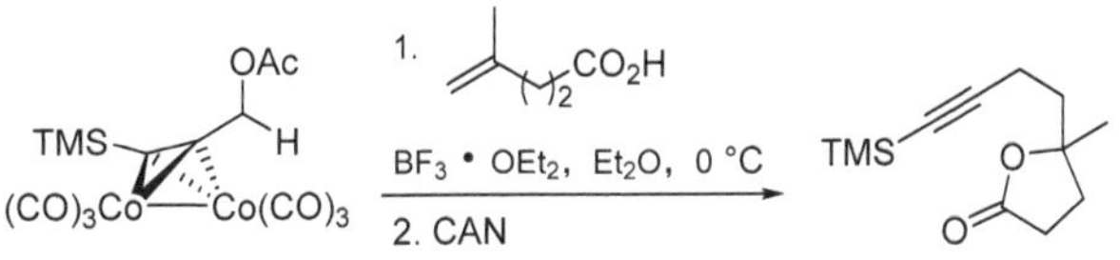

① 底物炔丙醇类化合物很容易由端位炔化物和醛或酮反应制得，也容易转化成其它的衍生物；

② 在合适的溶剂 (如醚、戊烷、己烷、苯等) 中，炔化物和 $Co_2(CO)_8$ 反应几乎定量地生成钴-炔的配合物；

③ 钴-炔配合物呈红色、棕色、紫色固体或液体，在空气中较稳定，可以快速通过柱色谱纯化；

④ 稳定的炔丙基正离子可通过加入质子酸或者 Lewis 酸来生成；
⑤ 亲核试剂种类多样，亲核中心原子可以是 C, N, O, S, F；
⑥ 取代反应完成以后，钴配合物可以通过氧化 (更常用) 或者还原除去：氧化之后重新生成炔键，还原 (如 Li/NH$_3$(l)、H$_2$/Rh 催化剂、Wilkinson 催化剂) 则得到烯键；
⑦ 可进行分子内或分子间反应；
⑧ 没有丙二烯型副产物生成。

（3）应用实例

2014 年 Tomas Martin 小组在对 (−)-isolaurepinnacin (**5**) 和 (+)-rogioloxepane (**6**) 全合成的研究中，其中一步关键步骤是 β-羟基-γ-内酯 (**1**) 作为亲核试剂的分子间 Nicholas 反应 (图 3)[13]。

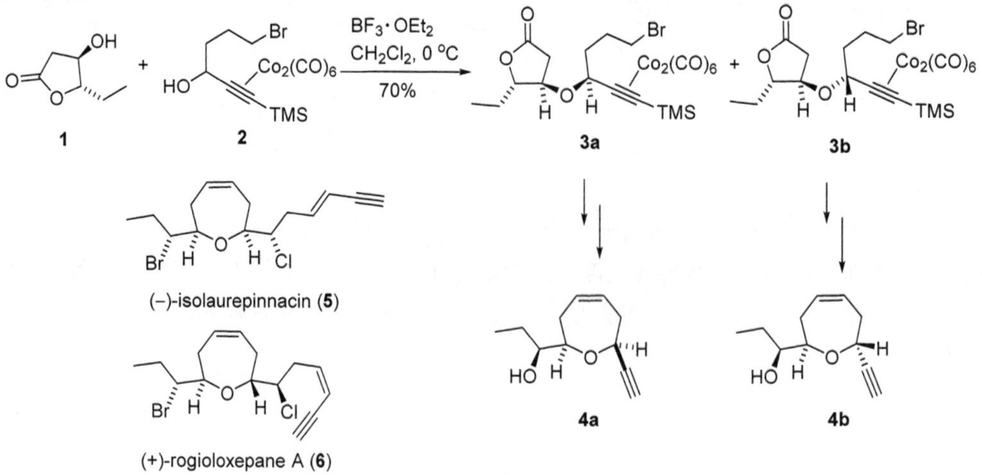

图 3 (−)-isolaurepinnacin (**5**) 和 (+)-rogioloxepane (**6**) 全合成中的关键步骤——分子间 Nicholas 反应

2016 年 Ken S. Feldman 小组在对生物碱 (−)-gilbertine (**10**) 的合成研究中，通过 Nicholas 反应构建产物 **9** 的关键的立体中心 C15 和 C20 (式 6)[14]。

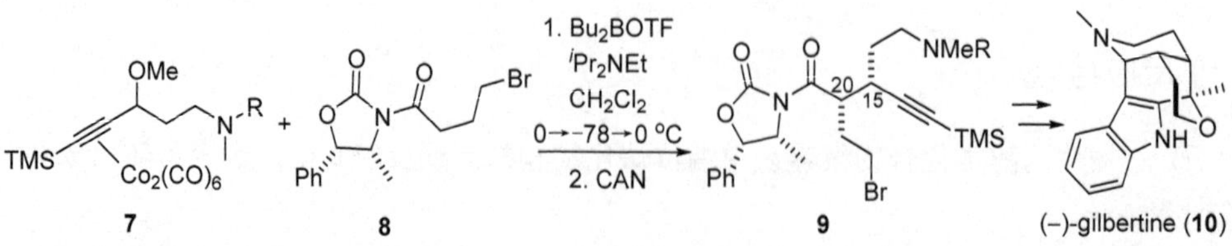

2017 年涂永强课题组报道了通过串联半频哪醇重排/Nicholas 反应实现了 calyciphylline A 型生物碱的[6.5.7.5]四环核心骨架 (**14**) 的构建 (式 7)[15]。

$$\text{(7)}$$

参考文献

[1] Nicholas, K. M.; Pettit, R. *J. Organomet. Chem.* **1972**, *44*, C21.
[2] Lockwood, R. F.; Nicholas, K. M. *Tetrahedron Lett.* **1977**, *18*, 4163.
[3] Green, J. R. *Curr. Org. Chem.* **2001**, *5*, 809.
[4] Kuhn, O.; Rau, D.; Mayr, H. *J. Am. Chem. Soc.* **1998**, *120*, 900.
[5] Padmanabhan, S.; Nicholas, K. M. *J. Organoment. Chem.* **1984**, *268*, C23.
[6] Zhan, Z. P.; Yu, J. L.; Liu, H. J.; Cui, Y. Y.; Yang, R. F.; Yang, W. Z.; Li, J. P. *J. Org. Chem.* **2006**, *71*, 8298.
[7] Teobald, B. J. *Tetrahedron* **2002**, *58*, 4133.
[8] Betancort, J. M.; Rodriguez, C. M.; Martin, V. S. *Tetrahedron lett.* **1998**, *39*, 9773.
[9] Bennett, S. C.; Phipps, M. A.; Went, M. J. *J. Chem. Soc. Chem. Commun.* **1994**, 225.
[10] Shuto, S.; Ono, S.; Imoto, H.; Yoshii, K.; Matsuda, A. *J. Med. Chem.* **1998**, *41*, 3507.
[11] Tyrrell, E.; Heshmati, P.; Sarrazin, L. *Synlett.* **1993**, (*10*), 769.
[12] Krafft, M. E.; Cheung, Y. Y.; Wright, C.; Cali, R. *J. Org. Chem.* **1996**, *61*, 3912.
[13] Rodriguez-Lopez, J.; Ortega, N.; Martin, V. S.; Martin, T. *Chem. Commun.* **2014**, *50*, 3685.
[14] Feldman, K. S. Folda, T. S. *J. Org. Chem.* **2016**, *81*, 4566.
[15] Shao, H.; Bao, W.; Jing, Z. R.; Wang, Y. P.; Zhang, F. M.; Wang, S. H.; Tu, Y. Q. *Org. Lett.* **2017**, *19*, 4648.

（詹庄平）

Nozaki-Hiyama 反应和 Nozaki-Hiyama-Takai-Kishi 反应

Nozaki-Hiyama (野崎-桧山) 反应为烯丙基卤[1]、烯基或芳基卤[2]在二氯化铬介入下对醛的加成反应 (式 1)[1]。该反应系 Hiyama 和 Nozaki 等人首先报道[1]，因而被称为 Nozaki-Hiyama 偶联[2](式 1)。环酮也可作为烯丙基化底物。1986 年，Kishi 小组在 palytoxin 的全合成中发现加入 Ni(II) 催化剂可明显促进烯基碘与醛的加成[3]。几乎与此同时，Hiyama 和 Nozaki 等人也报道了类似的结果[4]。因此，改良后的反应又称 Nozaki-Hiyama-Kishi (野崎-桧山-岸) 反应[5](NHK 反应，式 1 和式 2)。最近，Álvarez 等人认为 Takai 也应包括在反应名称中，称之为 Nozaki-Hiyama-Takai-Kishi (NHTK，野崎-桧山-高井-岸) 反应[6]。

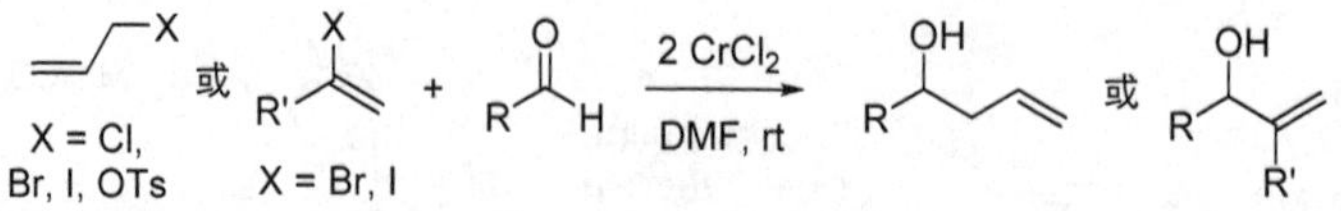

$$\text{(1)}$$

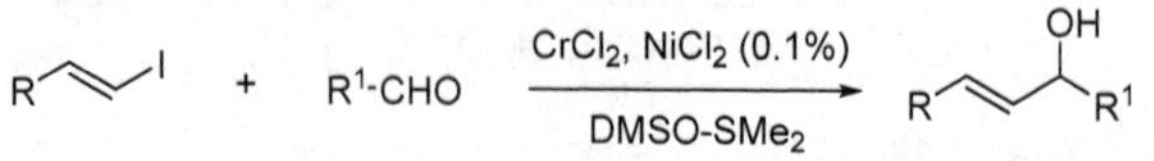

反应机理：Nozaki-Hiyama 反应在形式上同 Barbier 反应类似，系通过由卤代烃与 $CrCl_2$ 或 $CrCl_3/LiAlH_4$ 现场生成的有机铬物种[7]进行（图 1）。

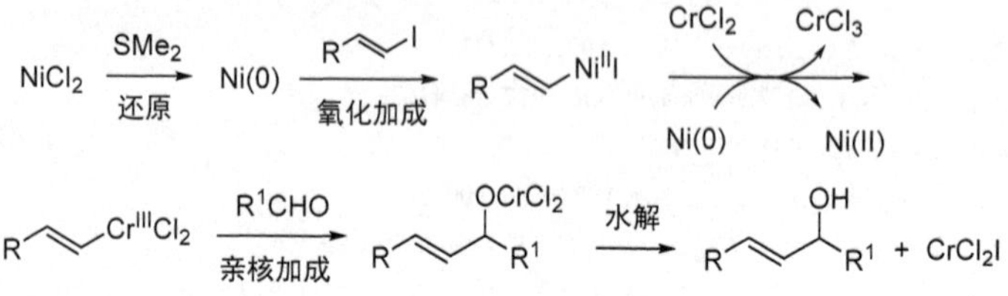

图 1　Nozaki-Hiyama 反应机理

NHTK 反应有如下特点：① 反应条件温和，可在酮、酯、氰基等敏感基团存在下选择性地与醛反应；② 巴豆基型铬试剂反应具有高度的立体选择性，无论 E-型或 Z-型试剂均形成 anti-产物[7c]（式 3）；③ 在适当溶剂中，含大基团的醛可得相反的立体选择性；④ 二取代烯基铬试剂反应时双键的几何构型保持，但是，三取代的卤代烯烃反应时，E-型和 Z-型烯烃均得 E-型异构体；⑤ 在制备烯丙型铬试剂的条件下，卤代烷和卤代烯均不受影响；⑥ 有机铬试剂属硬亲核试剂，与 α,β-不饱和化合物反应一般只得 1,2-加成产物；⑦ 有机铬试剂碱性弱，可进行取代反应而非消除反应；⑧ Nozaki-Hiyama 反应既可以分子间，也可以分子内方式进行，且几乎可形成任意大小的环。

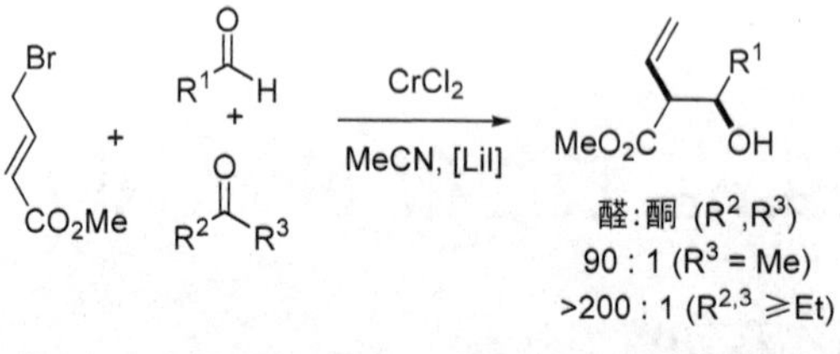

NHTK 反应的缺点是需用过量有毒的铬，且 Cr(Ⅱ) 试剂是单电子试剂，需用两摩尔的铬试剂。Fürstner 和 Shi 发展了仅需使用催化量铬的三元体系 $CrCl_2$-TMSCl-Mn（式 4），Cr(Ⅱ) 试剂可经金属 Mn[8]或通过电化学方法[9]还原再生。

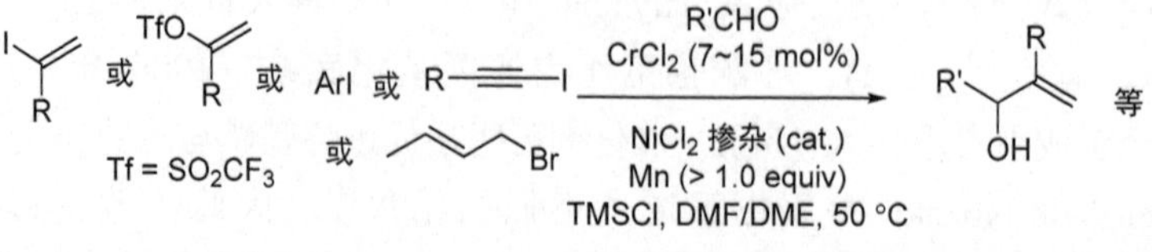

催化不对称 NHTK 反应一直引起关注[10]。比较成功的是 Nakada 小组发展的双噁唑基咔唑三齿配体 1[11] 和 Kish 小组发展的邻二氮杂菲-$NiCl_2$ 配合物 2 与手性磺酰胺配体 3 构成的催化体系[12]（图 2）。

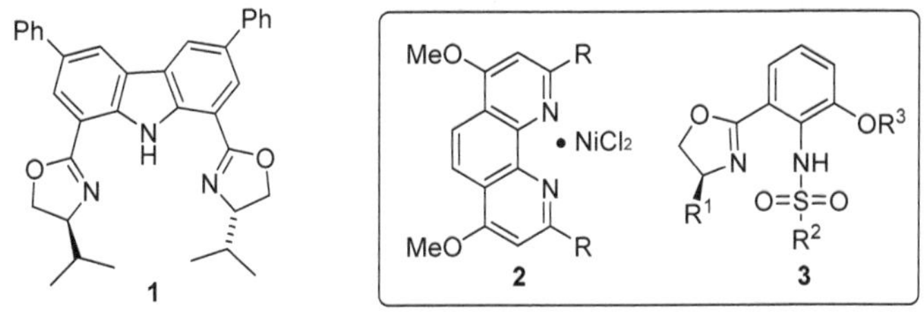

图 2　两例成功的用于催化不对称 NHTK 反应的催化体系

由于 NHTK 反应的发展源自 Kishi 小组对于海葵毒素 (**5**) 全合成的需要，第一个，同时也是最著名的应用当属应用于海葵毒素的全合成 (图 3)[13]。随后，Kishi 小组系统发展了基于 NHTK 反应的方法学，用于许多复杂天然产物的全合成[14]。近年来，催化不对称 NHTK 反应已被成功应用于 halichondrin C (**7**) 的全合成[15]和从 halichondrin B (**6**) 发展起来的抗癌药物 Halaven® (**8**) 的工业生产[16]。仅在 halichondrin C (**7**) 的全合成中[15]，就 7 次用到 NHTK 反应 (加粗的 C−C 键，编号 1~7)。

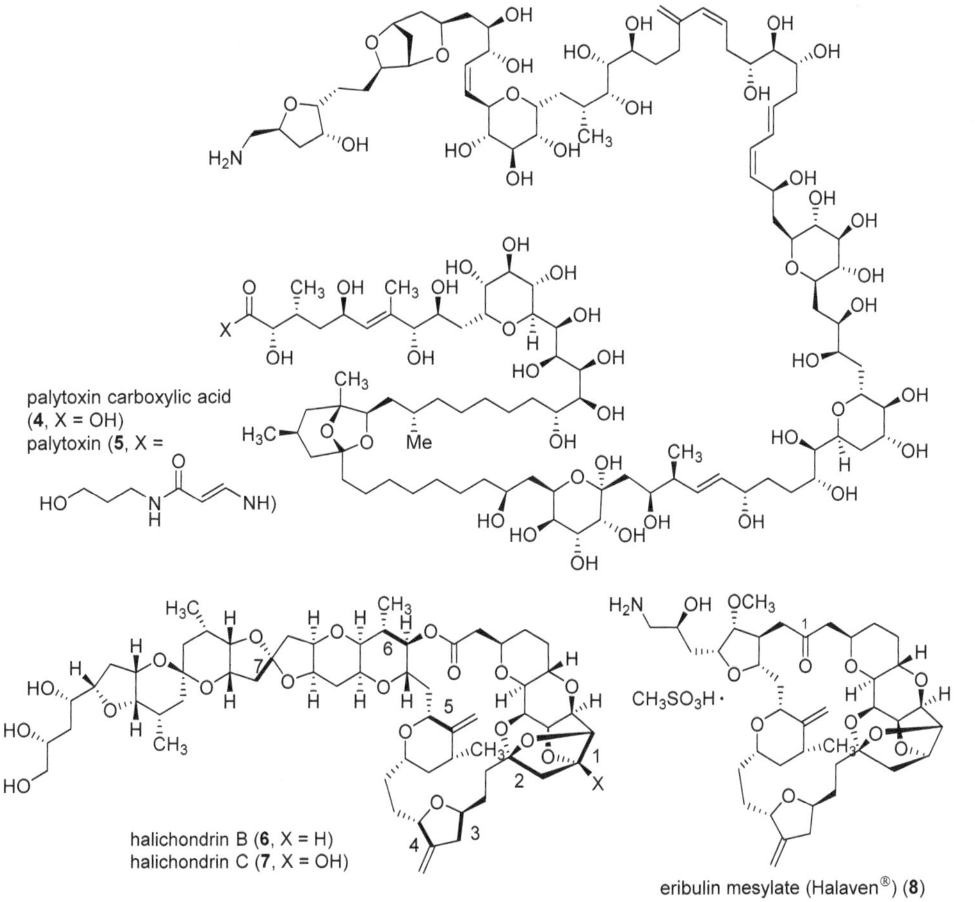

palytoxin carboxylic acid (**4**, X = OH)
palytoxin (**5**, X =
HO-propyl-NH-C(=O)-CH=CH-NH_2 group)

halichondrin B (**6**, X = H)
halichondrin C (**7**, X = OH)

eribulin mesylate (Halaven®) (**8**)

图 3　将催化不对称 NHTK 反应应用于天然产物全合成的例子

由于 NHTK 反应在碳-碳键形成方面表现出诸多优越性，在天然产物合成中获得广泛应用[6,7]。尽管包括图 4 在内的应用目标均为含氧天然产物[11e,14,17-19]，樊春安小组最近完成的 palhinine A (**21**) 和 palhinine D (**22**) 的全合成展示了 NHTK 反应（由 **19** 到 **20**）（图 5）在复杂生物碱全合成中的价值[20]。

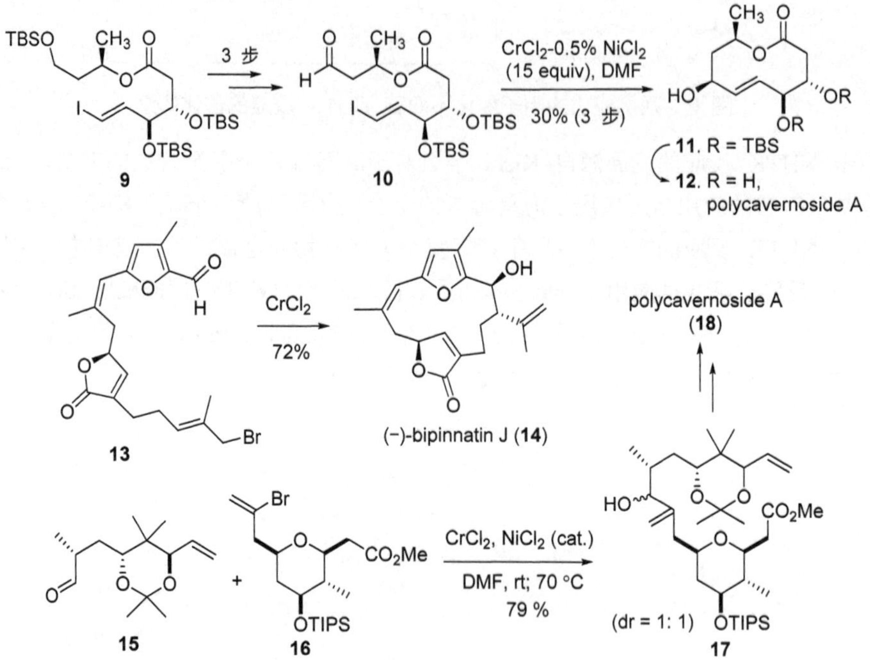

图 4 NHTK 反应在天然产物合成中的应用

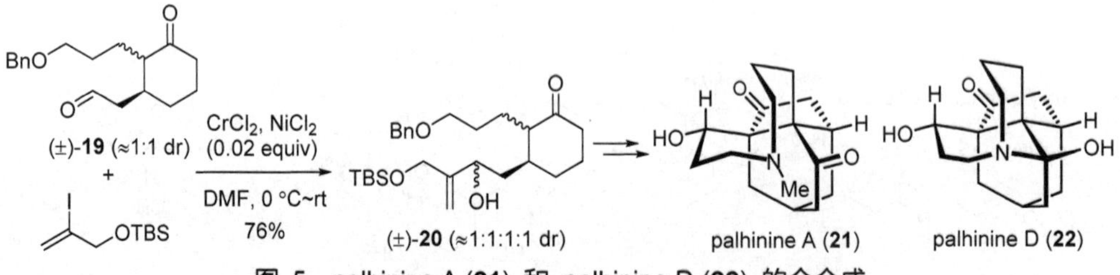

图 5 palhinine A (**21**) 和 palhinine D (**22**) 的全合成

最近，顾振华课题组通过 aquatolide (**24**) 的全合成，展示了 NHTK 反应可作为全合成的后期步骤，用于中环的构筑[21]（式 5）。

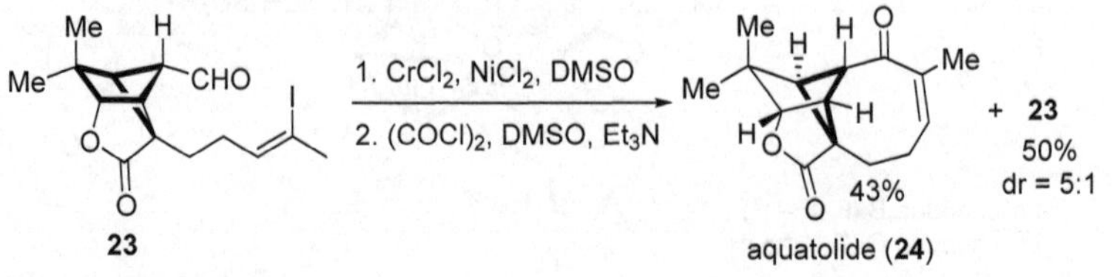

参考文献

[1] (a) Okude, Y.; Hirano, S.; Hiyama, T.; Nozaki, H. *J. Am. Chem. Soc.* **1977**, *99*, 3179-3181. (b) Takai, K.; Kimura, K.; Kuroda, T.; Hiyama, T.; Nozaki, H. *Tetrahedron Lett.* **1983**, *24*, 5281-5284.

[2] Cintas, P. *Synthesis* **1992**, 248-257. (综述)

[3] Jin, H.; Uenishi, J.-I.; Christ, W. J.; Kishi, Y. *J. Am. Chem. Soc.* **1986**, *108*, 5644-5646.

[4] Takai, K.; Tagashira, M.; Kuroda, T.; Oshima, K.; Utimoto, K.; Nozaki, H. *J. Am. Chem. Soc.* **1986**, *108*, 6048-6050.

[5] 以下综述述及Nozaki-Hiyama-Kishi反应的发现：Armaly, A. M.; DePorre, Y. C.; Groso, Emilia J.; Riehl, P. S.; Schindler, C. S. *Chem. Rev.* **2015**, *115*, 9232-9276.

[6] Gil, A.; Albericio, F.; Álvarez, M. *Chem. Rev.* **2017**, *117*, 8420-8446.

[7] 有关Cr-介入的C-C键形成反应的综述：(a) Avalos, M.; Babiano, R.; Cintas, P.; Jimenez, J. L.; Palacios, J. C. *Chem. Soc. Rev.* **1999**, *28*, 169-177; (b) Fürstner, A. *Chem. Rev.* **1999**, *99*, 991-1045; (c) Wessjohann, L. A.; Scheid, G. *Synthesis* **1999**, 1-36; (d) Takai, K.; Nozaki, H. *Proc. Jpn. Acad., Ser. B* **2000**, *76*, 123-131.

[8] Fürstner, A.; Shi, N. *J. Am. Chem. Soc.* **1996**, *118*, 12349-12357.

[9] Durandetti, M.; Nédélec, J. Y.; Périchon, J. *Org. Lett.* **2001**, *3*, 2073-2076.

[10] Hargaden, G. C.; Guiry, P. J. *Adv. Synth. Catal.* **2007**, *349*, 2407-2424. (综述)

[11] (a) Inoue, M.; Suzuki, T.; Nakada, M. *J. Am. Chem. Soc.* **2003**, *125*, 1140-1141. (b) Suzuki, T.; Kinoshita, A.; Kawada, H.; Nakada, M. *Synlett* **2003**, 570-572. (c) Inoue, M.; Nakada, M. *Org. Lett.* **2004**, *6*, 2977-2980. (d) Inoue, M.; Nakada, M. *Angew. Chem., Int. Ed.* **2006**, *45*, 252-255. (e) Inoue, M.; Nakada, M. *J. Am. Chem. Soc.* **2007**, *129*, 4164-4165.

[12] Liu, X.; Li, X.-Y.; Chen, Y.; Hu, Y.; Kishi, Y. *J. Am. Chem. Soc.* **2012**, *134*, 6136-6139.

[13] Armstrong, R. W.; Beau, J.-M.; Cheon, S. H.; Christ, W. J.; Fujioka, H.; Ham, W.-H.; Hawkins, L. D.; Jin, H.; Kang, S. H.; Kishi, Y.; Martinelli, M. J.; McWhorter, W. W., Jr.; Mizuno, M.; Nakata, M.; Stutz, A. E.; Talamas, F. X.; Taniguchi, M.; Tino, J. A,; Ueda, K.; Uenishi, J.; White, J. 8.; Yonaga, M. *J. Am. Chem. Soc.* **1989**, *111*, 7525-7530.

[14] Kishi, Y. *Pure Appl. Chem.* **1992**, *64*, 343-350.

[15] Yamamoto, A.; Ueda, A.; Brémond, P.; Tiseni, P. S.; Kishi, Y. *J. Am. Chem. Soc.* **2012**, *134*, 893-896.

[16] For a review, see: (a) Yu, M. J.; Zheng, W. J.; Seletsky B. M. *Nat. Prod. Rep.* **2013**, *30*, 1158. For process development, see: (b) Austad, B. C.; Calkins, T. L.; Chase, C. E.; Fang, F. G.; Horstmann, T. E.; Hu, Y. B.; Lewis, B. M.; Niu, X.; Noland, T. A.; Orr, J. D.; Schnaderbeck, M. J.; Zhang, H. M.; Asakawa, N.; Asai, N.; Chiba, H.; Hasebe, T.; Hoshino, Y.; Ishizuka, H.; Kajima, T.; Kayano, A.; Komatsu, Y.; Kubota, M.; Kuroda, H.; Miyazawa, M.; Tagami, K.; Watanabe, T., *Synlett* **2013**, *24*, 333-337, 及所引文献。

[17] Pilli, R. A.; Victor, M. M. *Tetrahedron Lett.* **1998**, *39*, 4421-4424.

[18] Roethle, P. A.; Hernandez, P. T.; Trauner, D. *Org. Lett.* **2006**, *8*, 5901-5904.

[19] Blakemore, P. R.; Browder, C. C.; Hong, J.; Lincoln, C. M.; Nagornyy, P. A.; Robarge, L. A.; Wardrop, D. J.; White, J. D. *J. Org. Chem.* **2005**, *70*, 5449-5460.

[20] (a) Wang, F.-X.; Du, J.-Y.; Wang, H.-B.; Zhang, P.-L.; Zhang, G.-B.; Yu, K.-Y.; Zhang, X.-Z.; An, X.-T.; Cao, Y.-X.; Fan, C.-A. *J. Am. Chem. Soc.* **2017**, *139*, 4282-4285. (b) Zhang, G.-B.; Wang, F.-X.; Du, J.-Y.; Qu, H.; Ma, X.-Y.; Wei, M.-X.; Wang, C.-T.; Li, Q.; Fan, C.-A. *Org. Lett.* **2012**, *14*, 3696-3699.

[21] Wang, B.; Xie, Y.; Yang, Q.; Zhang, G.; Gu, Z. *Org. Lett.* **2016**, *18*, 5388–5391.

相关反应：Barbier 反应；Grignard 反应

（黄培强）

Prins 反应

醛和烯烃在酸催化下的缩合反应即 Prins (普林斯) 反应 (式 1)[1]。

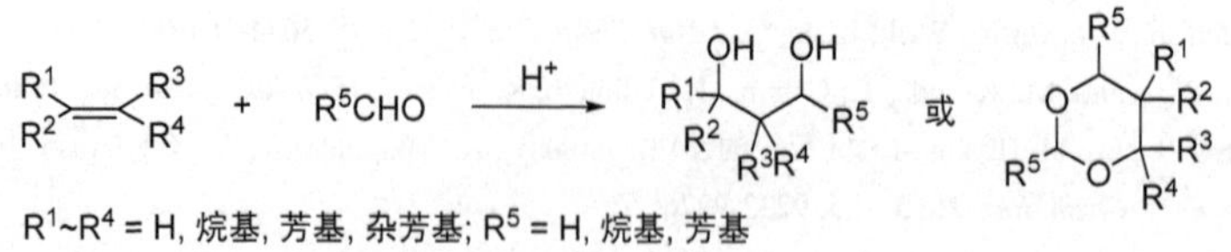

$$R^1R^2C=CR^3R^4 + R^5CHO \xrightarrow{H^+} \text{产物} \quad (1)$$

$R^1 \sim R^4$ = H, 烷基, 芳基, 杂芳基; R^5 = H, 烷基, 芳基

该反应可用于制备 1,3-二噁烷、1,3-丁二醇、不饱和醇、氯代醇类等化合物（图 1）。产物的多样性源于反应过程中形成的关键碳正离子中间体 **1**，它是由质子化的醛对烯烃的亲电加成生成[2]。

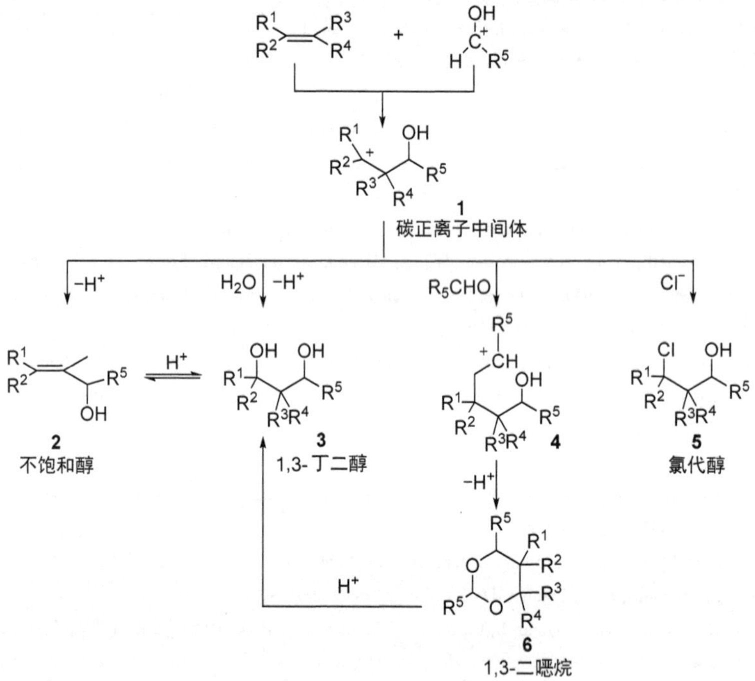

图 1 Prins 反应产物的多样性

反应中何种产物为主取决于反应条件。一般来说，如果缩合反应在 25~65 ℃ 和 20%~65% H_2SO_4 溶液中进行，主要生成 1,3-二噁烷 (**6**)，少量 1,3-丁二醇 (**3**) 为副产物；如果反应温度在 70 ℃，并适当控制催化剂的强度和接触时间，则可一步制得 1,3-丁二醇 (**3**)；当用 HCl 为催化剂时，则生成氯代醇 (**5**)。

Prins 反应中使用的酸催化剂可为质子酸，也可为 Lewis 酸。常用的质子酸有 H_2SO_4、H_3PO_4、HCl、CH_3COOH、HNO_3、对甲苯磺酸、离子交换树脂等；常用的 Lewis 酸有 BF_3、$AlCl_3$、$ZnCl_2$、$SnCl_4$ 等。

反应也可用其它贵金属催化剂如 PdCl$_2$ 来实现 (式 2)。

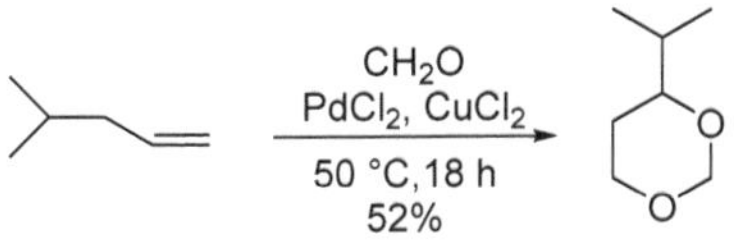

$$\text{(2)}$$

反应也可以无催化剂，但需在高温高压下进行 (式 3)。式中，1 atm = 101325 Pa。

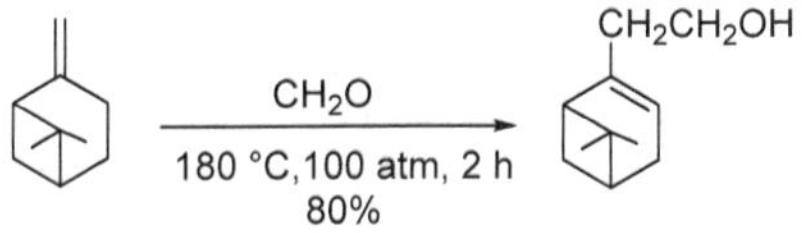

$$\text{(3)}$$

Prins 反应的一个重要应用是用 Prins 环化反应来制备四氢吡喃类化合物 (式 4)[3]。

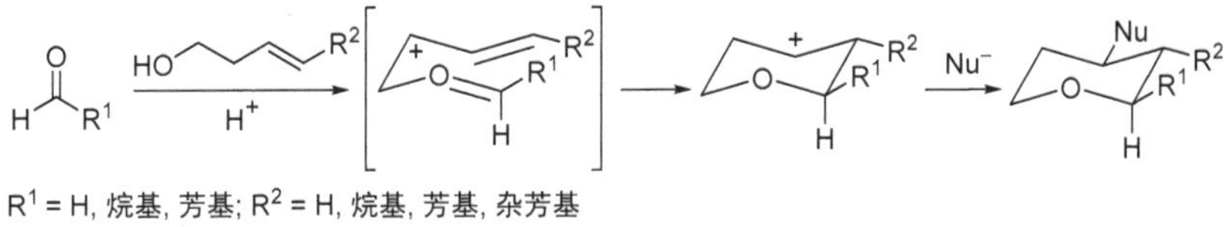

$$\text{(4)}$$

R^1 = H, 烷基, 芳基; R^2 = H, 烷基, 芳基, 杂芳基

Scheidt 等人利用 Prins 环化反应实现了 (−)-okilactomycin 中四氢吡喃酮结构的构建 (式 5)[4]。

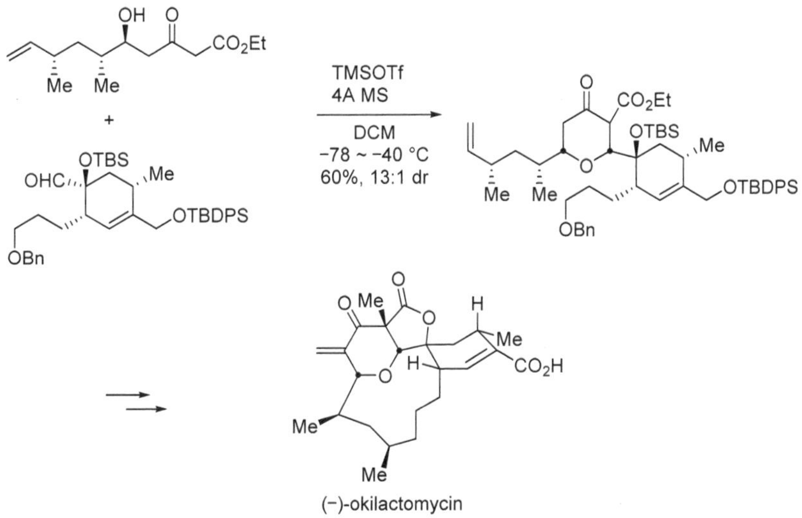

$$\text{(5)}$$

(−)-okilactomycin

双键末端带有 TMS 等硅基的烯烃与醛的 Prins 环化反应则可用于制备二氢吡喃类化合物 (式 6)[5]。

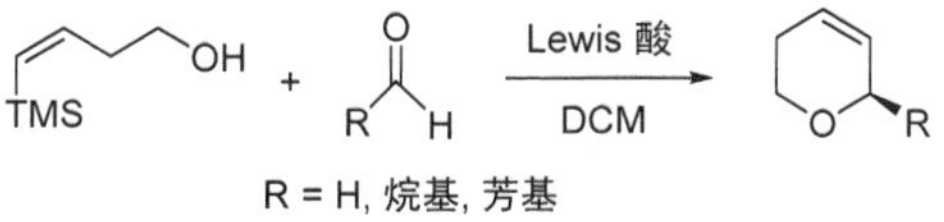

$$\text{(6)}$$

R = H, 烷基, 芳基

当使用手性催化剂 (R)-[(tolBINAP)Pt(NC$_6$F$_5$)$_2$][SbF$_6$]$_2$ 时，2-烯丙基苯酚和乙醛酸酯的 Prins 环化反应产率可达 85%，产物 ee 值则高达 97%[6]。

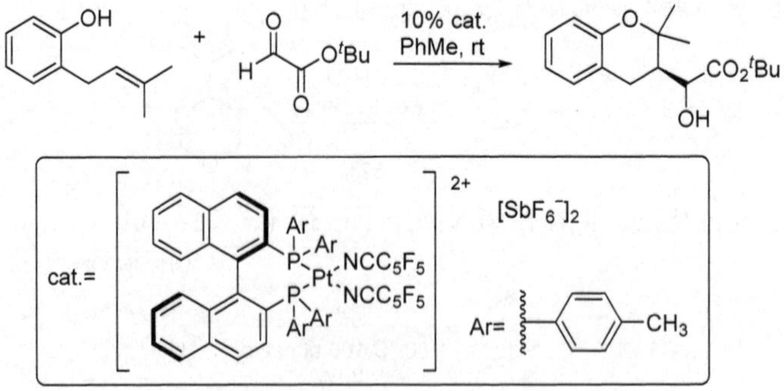

$$(7)$$

通过 Prins 环化反应可立体选择性地合成反式 1,3-丁二醇类化合物[7]。

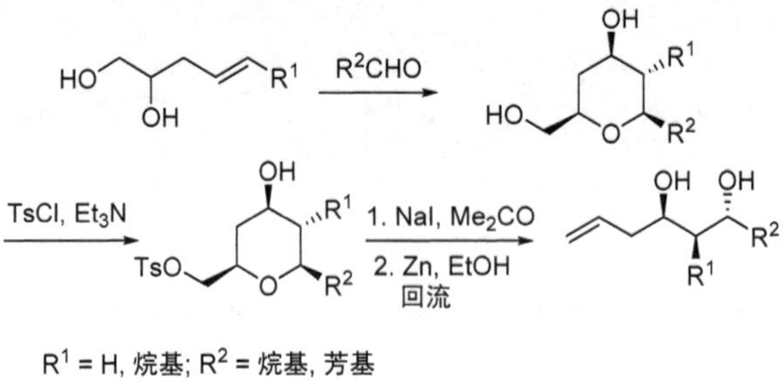

$$(8)$$

$R^1 = H$, 烷基; $R^2 = $ 烷基, 芳基

Prins 反应与 pinacol (频哪醇) 重排组合的串联反应即 Prins-pinacol 反应可用于构建五元环化合物和螺环类化合物 (式 9)[8]。

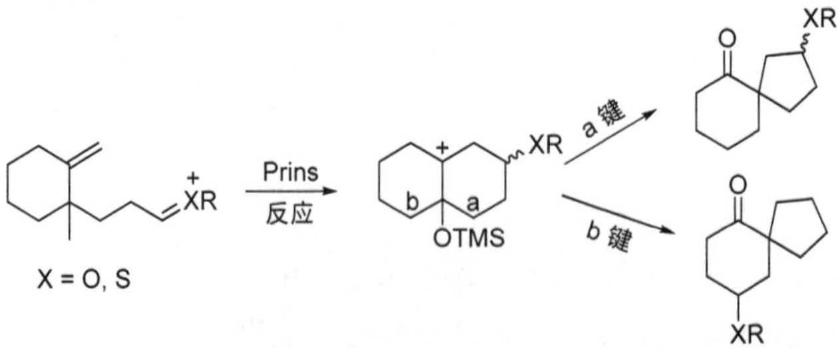

$$(9)$$

Prins-pinacol 重排反应是 (−)-magellanine 和 (+)-magellaninone 全合成中的关键步骤 (式 10)[8]。

Overman 等人利用 Prins-pinacol 重排反应实现了 (+)-shahamin K 中 [5.7]并环结构的构筑 (式 11)[9]。

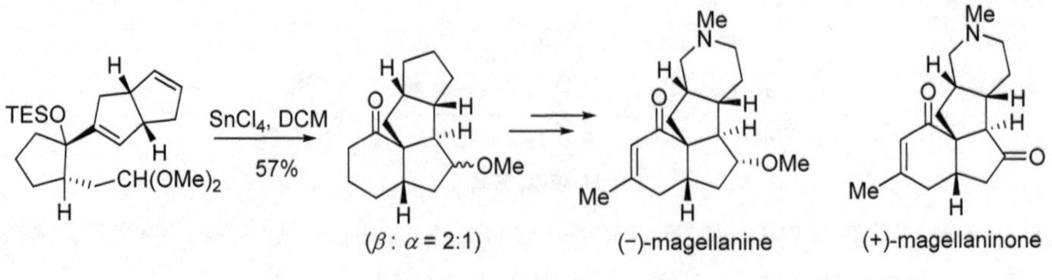

$$(10)$$

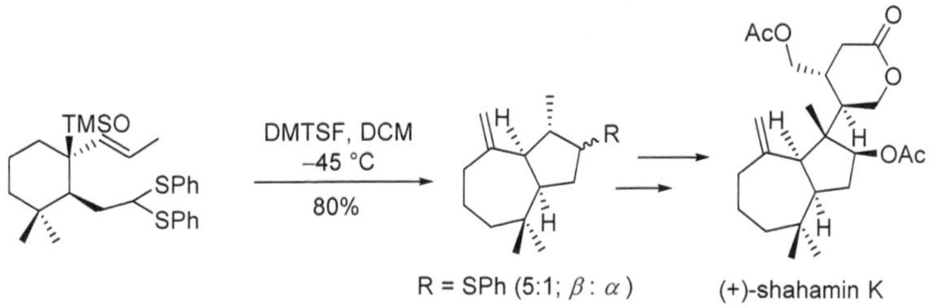

亚胺离子与烯烃也能进行 Prins 反应，张洪彬课题组应用 Heathcock/aza-Prins 反应实现了吲哚生物碱 (−)-vindorosine 核心骨架的构建 (式 12)[10]。

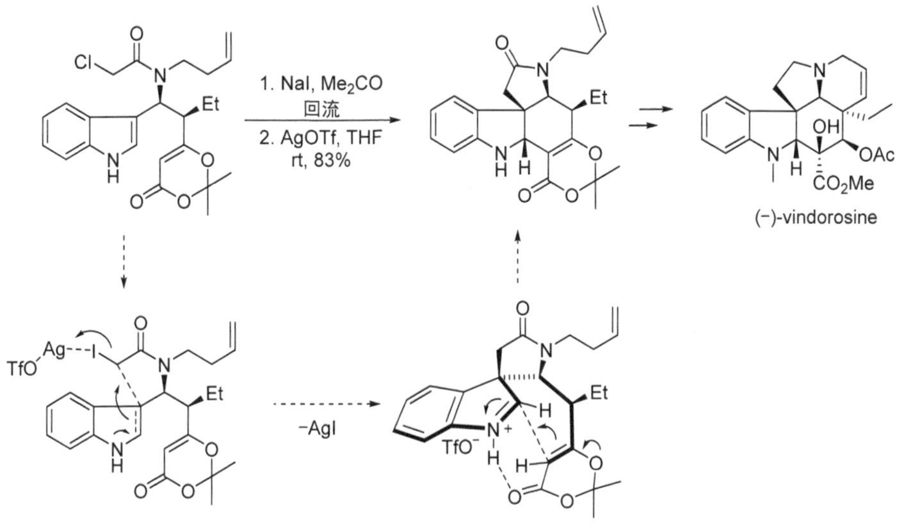

参考文献

[1] For reviews, see: (a) Arundale, E.; Mikeska, L. A. *Chem. Rev.* **1952**, *51*, 505. (b) Adams, D. R.; Bhatnagar, S. P. *Synthesis* **1977**, 661.

[2] Dolby, L. J.; Schwarz, M. J. *J. Org. Chem.* **1965**, *30*, 3581. (b) Smissman, E. E.; Schnettler, R. A.; Portoghese, P. S. *J. Org. Chem.* **1965**, *30*, 797.

[3] (a) Frater, G.; Mueller, U.; Kraft, P. *Helv. Chim. Acta.* **2004**, *87*, 2750. (b) Zhang, W. C.; Viswanathan, G. S.; Li, C. J. *Chem. Commun.* **1999**, 291.

[4] Tenenbaum, J. M.; Morris, W. J.; Custar, D. W.; Scheidt, K. A. *Angew. Chem. Int. Ed.* **2011**, *50*, 5892.

[5] Dobbs, A. P.; Martinovic, S. *Tetrahedron Lett.* **2002**, *43*, 7055.

[6] Mullen, C. A; Gagne, M. R. *Org. Lett.* **2006**, *8*, 665.

[7] Yadav, J. S.; Reddy, M. S.; Rao, P. P.; Prasad, A. R. *Tetrahedron Lett.* **2006**, *47*, 4397.

[8] Minor, K. P.; Overman, L. E. *Tetrahedron* **1997**, *53*, 8927.

[9] Lebsack, A. D.; Overman, L. E.; Valentekovich, R. J. *J. Am. Chem. Soc.* **2001**, *123*, 4851.

[10] Chen, W.; Yang, X. D.; Tan, W. Y.; Zhang, X. Y.; Liao, X. L.; Zhang, H. B. *Angew. Chem. Int. Ed.* **2017**, *56*, 12327.

（翟宏斌）

Reformatsky 反应

Reformatsky (瑞佛马茨) 反应是由 S. N. Reformatsky (也写作 S. N. Reformatskii) 于 1887 年首先发现的，即醛或酮与 α-卤代酸酯和金属锌在惰性溶剂中反应，经水解后得到 β-羟基酸酯 (式 1)，这是制备 β-羟基酸酯的一个重要方法[1]。

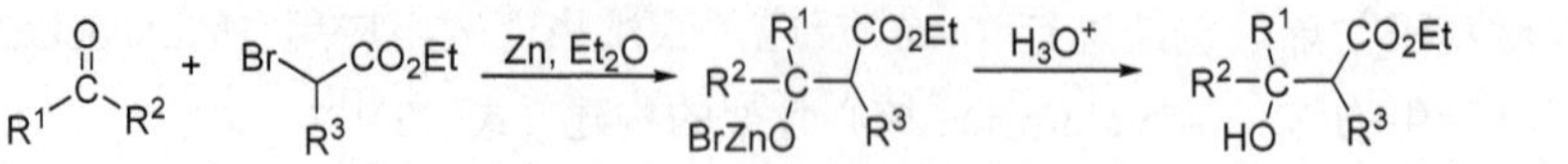

$$\underset{R^1}{\overset{O}{\underset{\|}{C}}}\underset{R^2}{} + Br\underset{R^3}{\overset{}{\underset{}{C}}}CO_2Et \xrightarrow{Zn, Et_2O} \underset{BrZnO}{\overset{R^1}{\underset{}{C}}}\underset{R^2}{\overset{}{\underset{R^3}{C}}}CO_2Et \xrightarrow{H_3O^+} \underset{HO}{\overset{R^1}{\underset{}{C}}}\underset{R^2}{\overset{}{\underset{R^3}{C}}}CO_2Et \qquad (1)$$

Reformatsky 反应的过程包括两个阶段：一是有机锌试剂（即 Reformatsky 试剂）的形成；二是烯醇锌试剂对羰基化合物的亲核加成，即羟醛缩合反应。α-卤代酸酯与锌首先形成具有二聚体结构的有机锌试剂 (**A**)[2]，二聚体解聚为单体烯醇锌 (**B**)，然后与醛酮形成锌配合物中间体 (**C**)，继而发生分子内亲核加成，生成 β-羟基羧酸酯的卤化锌盐 (**D**)，后者经水解得到 β-羟基酯（图 1）。如果 β-羟基酯的 α-碳原子上具有氢原子，则在温度较高或在脱水剂 (如酸酐、质子酸) 存在下脱水而得 α,β-不饱和酸酯[3]。

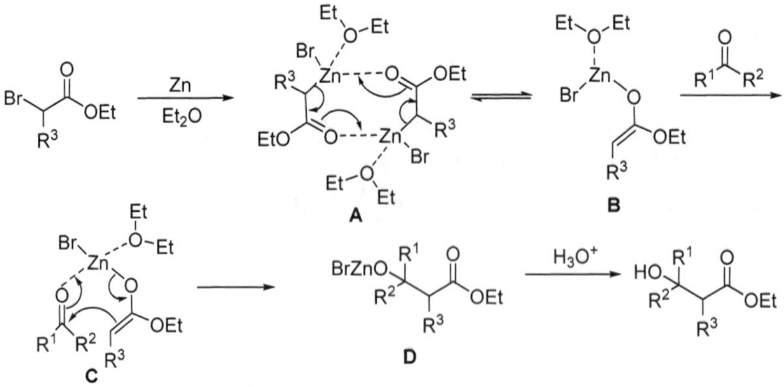

图 1 Reformatsky 反应过程

由于氯代物不活泼，碘代物难制备，Reformatsky 反应常用 α-溴代酸酯作为锌试剂的原料。常用的溶剂为乙醚、THF、苯、甲苯、二甲苯等。最适宜的反应温度为 90~105 ℃ 或回流条件下进行 (如式 2)[4]。

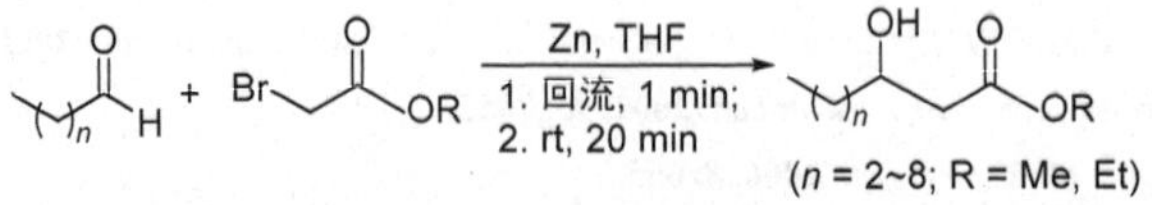

$$\underset{n}{\overset{O}{\underset{\|}{C}}}H + Br\overset{}{\underset{}{C}}H_2\overset{O}{\underset{\|}{C}}OR \xrightarrow[\text{2. rt, 20 min}]{\text{Zn, THF}\atop\text{1. 回流, 1 min;}} \overset{OH}{\underset{n}{C}}\overset{}{\underset{}{C}}H_2\overset{O}{\underset{\|}{C}}OR \qquad (2)$$
$$(n = 2~8; R = Me, Et)$$

Reformatsky 反应是一类重要的形成 C—C 键的反应，可以同时实现碳链的增长和官能团的转变，在有机合成中有重要作用。例如，维生素 A 的工业化生产路线之一，可用紫罗兰酮 (I) 为原料，先经 Reformatsky 反应制得十五碳酯 (II)，再将 II 经还原、氧化以及 Claisen-Schmidt 缩合得十八碳酮 (IV)，后者再经一次 Reformatsky 反应和还原反应得到维生素 A (图 2)[5]。

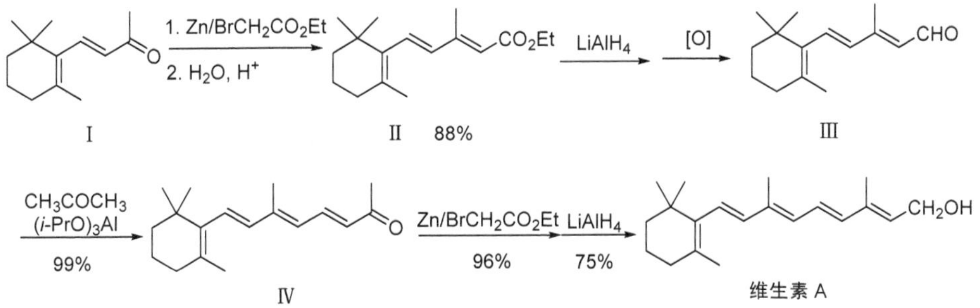

图 2 维生素 A 的合成路线

Reformatsky 反应的底物普适性广泛，除醛和酮外，亚胺 (盐)、酯、腈、酰卤、二氧化碳和环氧化合物等都可能发生反应。亚胺 (盐) 的反应产物为 β-氨基酸酯 (如式 3)[6]。

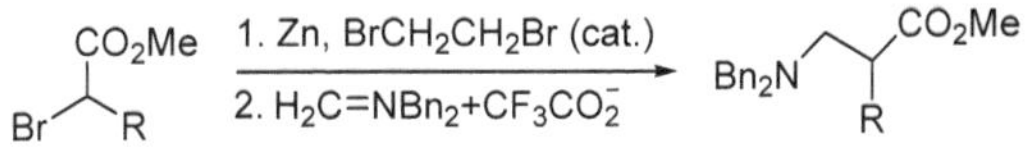

(3)

α-卤代酸酯可换为 α-吸电子基团取代的卤代烃，如炔、酰胺、酮、腈的卤素化合物。文献中报道的 Reformatsky 反应的各类原料和产物见表 1。

表1 文献报道的各种 Reformatsky 反应的原料及产物

原料一	原料二	产 物
酯	α-卤代酸酯	β-半缩醛、半缩酮衍生物
腈		β-羰基亚胺
酰卤		β-二羰基化合物
亚胺 (盐)		β-内酰胺、β-内酰胺
二氧化碳		丙二酸单酯
环氧化合物		Γ-，δ-，ε-，… 羟基酸酯
醛酮	α-卤代炔	β-羟基炔
	α-卤代酰胺	β-羟基酰胺
	α-卤代酮	β-羟基酮
	α-卤代腈	β-羟基腈或杂环化合物

在 Reformatsky 反应中不能使用镁，原因是有机镁试剂太活泼，会使酯羰基发生自身缩合的副反应，但是利用反应物的空间阻力可以克服这种副反应，比如采用叔丁酯或其它位阻较高的酯，就可以避免这些副反应。由于镁的活性比锌高，所以往往可以进行一些用锌不能进行或反应速率很慢的反应 (如式 4)[7]。

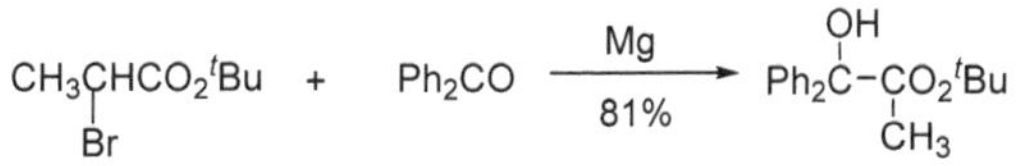

(4)

除了特定的有机镁试剂可使用之外，Reformatsky 反应中还可以用锡、铟、铝、锰、铬、Sm^{2+}、Ti^{2+} 等代替有机锌试剂来进行反应 (如式 5 和式 6)[8]。

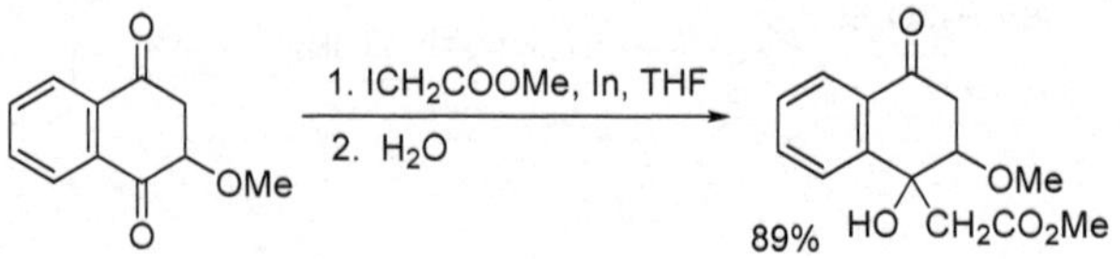

$$\text{(5)}$$

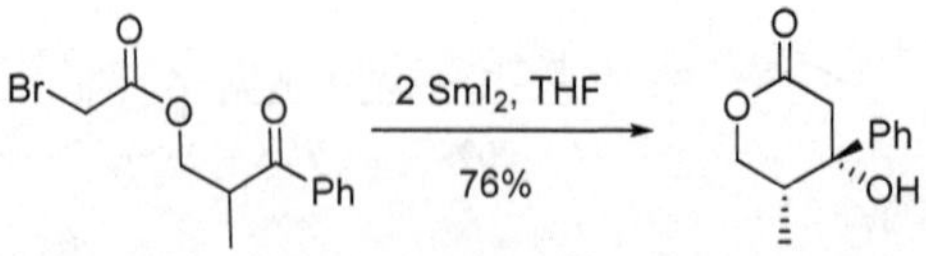

$$\text{(6)}$$

使用手性催化剂或手性底物诱导的不对称 Reformatsky 反应，可以合成光学活性的 β-羟基羧酸酯或 β-羟基腈等，并已成为制备许多含有这类手性结构的光学活性化合物的重要方法。如式 7 中带有手辅助基团的 β-溴代酰胺能与醛在三乙基铝存在下发生 Reformatsky 反应，获得较好的产率和较高的 dr 值[9]。

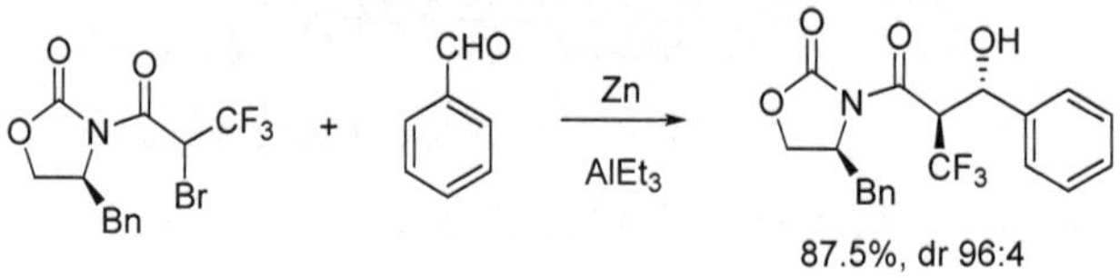

$$\text{(7)}$$

左旋薄荷酮衍生的 α-溴代代酰胺在锌粉作用下与亚胺反应，经历一个烯醇-亚胺式的六元环过渡态，发生 Reformatsky 反应，其产物继而发生分子内亲核取代，离去手性辅助基团，以高产率和较好的对映选择性获得专一的反式 β-内酰胺 (式 8)[10]。

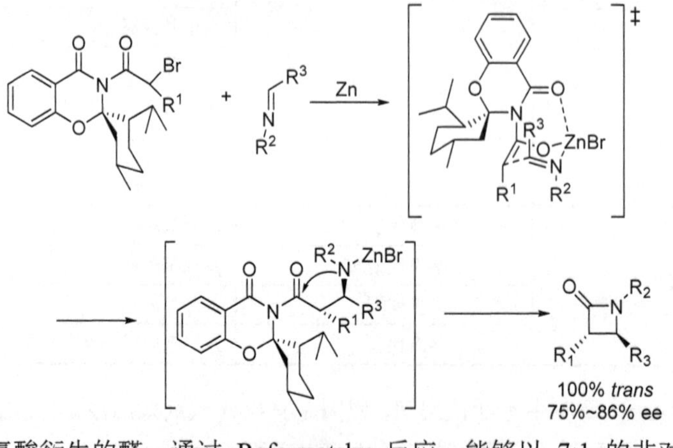

$$\text{(8)}$$

从左旋丝氨酸衍生的醛，通过 Reformatsky 反应，能够以 7:1 的非对映选择性获得一个氨基酸前体，后者经过 3 步反应，可以高产率地制备旋光纯的左旋 4,4-二氟谷氨酸。这一系列过程已实现了光学纯二氟氨基酸的规模化生产 (式 9)[11]。

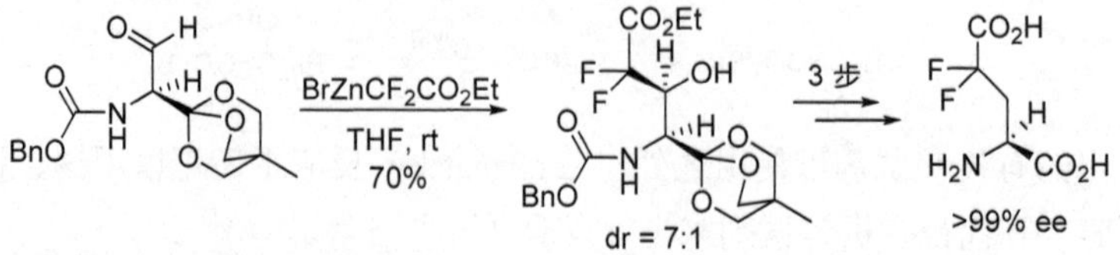

$$\text{(9)}$$

利用手性配体诱导的酮的 Reformatsky 反应提供了不对称催化 Reformatsky 反应的

一条有效途径。例如，当使用手性降麻黄碱衍生物作配体时，Reformatsky 试剂对烷基芳基酮的反应能够以高的非对映选择性和良好的对映选择性 (主要产物) 得到 β-羟基酯产物 (式 10)[12]。

$$R-CO-Ar + I-CHF-CO_2Et \xrightarrow[\text{Et}_2\text{Zn, THF}]{\text{Ph-CH(OH)-CH(CH_3)-pyrrolidine}} Ar-C(R)(OH)-CHF-CO_2Et + Ar-C(R)(OH)-CHF-CO_2Et \quad (10)$$

3 个例子: dr = (6.7:1) ~ (11.5:1)　　93%~95% ee　　56%~65% ee
6 个例子: dr = (1:1.5) ~ (4:1)　　　84%~93% ee　　79%~94% ee

Reformatsky 反应在天然产物合成中也得到广泛应用。在天然产物 (+)-10,10-difluorothromboxane A_2 的全合成中，其关键中间体的合成就是利用了 Reformatsky 反应 (式 11)[13]。

$$\text{(式 11 结构式)} \quad (11)$$

在天然产物紫杉醇的全合成中，曾报道使用二碘化钐促进的 Reformatsky 反应构建全官能化的 B 环体系 (式 12)[14]。

$$\text{(式 12 结构式)} \quad (12)$$

最近，Giannis 小组在合成天然青蒿素的对映体 (−)-artemisinin 时，使用 Reformatsky 反应合成了其中的一个关键中间体 (式 13)[15]。

$$\text{(式 13 结构式)} \quad (13)$$

参考文献

[1] Reformatskii, S. N. *Ber.* **1887**, *20*, 1210; *J. Russ. Phys. Chem. Soc.* **1890**, *22*, 44.
[2] Miki, S.; Nakamoto, K.; Kawakami, J.; Handa, S.; Nuwa, S. *Synthesis* **2008**, 409.
[3] Zimmerman, H. E.; Traxler, M. D. *J. Am. Chem. Soc.* **1957**, *79*, 1920.
[4] Sailer, M.; Dumichi, K. I.; Sorensen, J. L. *Synthesis* **2015**, *47*, 79.
[5] Palmer, M. H.; Reid, J. A. *J. Chem. Soc.* **1960**, 931.
[6] Moumne, R.; Lavielle, S.; Karoyan, P. *J. Org. Chem.* **2006**, *71*, 3332.
[7] Vaughan, W. R.; Knoess, H. P. *J. Org. Chem.* **1970**, *35*, 2394.
[8] Orsini, F.; Sello, G. *Curr. Org. Syn.* **2004**, *1*, 111.

[9] Alois, F. *Synthesis* **1989**, 571.
[10] Yuan, Q.; Jian, S. Z.; Wang, Y. G. *Synlett* **2006**, 1113.
[11] Ding, Y.; Wang, J.; Abboud, K. A. *Org. Chem.* **2001**, *66*, 6381.
[12] Fornalczyk, M.; Singh, K.; Stuart, A. M. *Chem. Commun.* **2012**, *48*, 3500.
[13] Rogelio, O.; William, R. D. *Tetrahedron* **2004**, *60*, 9325.
[14] Shiina, I.; Uoto, K.; Mori, N.; Kosugi, T.; Mukaiyama, T. *Chem. Lett.* **1995**, 181.
[15] Krieger, J.; Smeilus, T.; Kaiser, M.; Seo, E.-J.; Efferth, T.; Giannis, A. *Angew. Chem. Int. Ed.* **2018**, *57*, 8293.

（林旭锋，王彦广）

Reimer-Tiemann 反应

在碱性条件下芳香化合物与氯仿反应，生成邻位甲酰化产物的反应称为 Reimer-Tiemann (莱默尔-蒂曼) 反应 (式 1)[1,2]。与 Kolbe-Schmidt (科尔贝-施密特) 反应类似，Reimer-Tiemann 反应的主要用途是合成邻羟基芳醛。相关的 Gattermann (加特曼) 反应的主产物为对位甲酰化异构体。

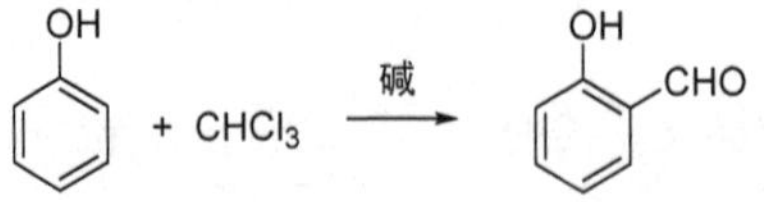

$$\text{PhOH} + \text{CHCl}_3 \xrightarrow{\text{碱}} \text{邻-HOC}_6\text{H}_4\text{CHO} \quad (1)$$

Reimer-Tiemann 反应的机理涉及在碱性条件下生成的酚负离子与二氯卡宾的加成-质子转移、芳构化和水解等反应 (图 1)。

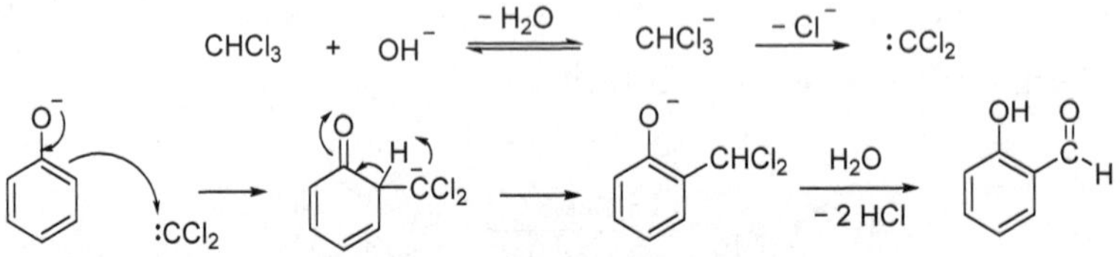

图 1 Reimer-Tiemann 反应的机理

Reimer-Tiemann 反应的应用仅限于苯酚及活泼杂芳环，如吡咯和吲哚的邻位甲酰化，收率一般低于 50%[3]。应用实例为 lukianol A (**1**) 形式上的全合成 (式 2)[4]。

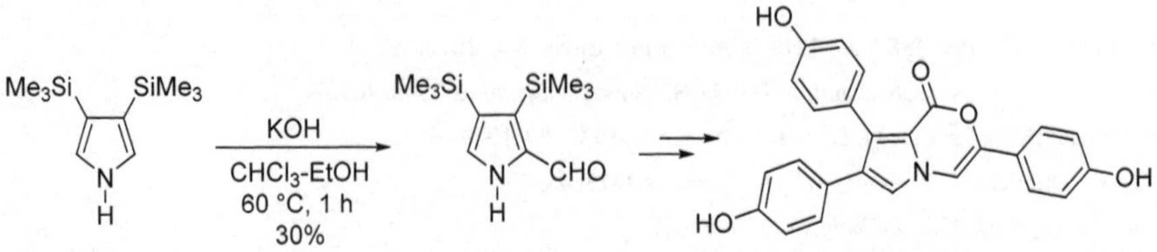

使用含微量水的固-液介质可以提高 Reimer-Tiemann 反应的收率[5]。这一改良被用于 L-多巴衍生物的合成，收率达 64% (式 3)[6]。使用超声波也可提高产率[7]。有意义的是如

果使用聚乙二醇为配位剂，则可得到对位甲酰化产物 [8]。

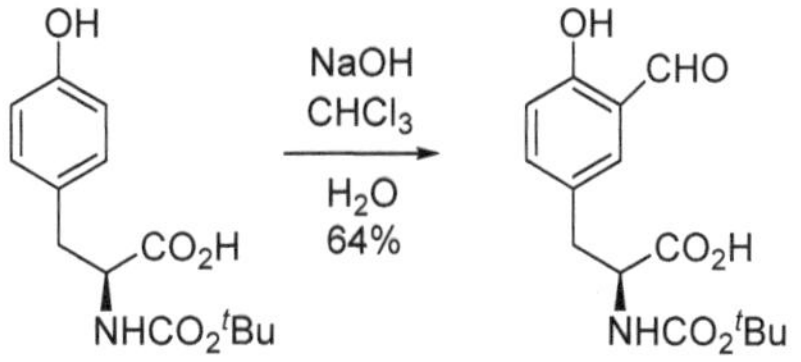

(3)

近年来，发展了一种高效简单的氮杂 Reimer-Tiemann 的改良反应，实现了在氯仿和碱的作用下的氮甲酰化 (式 4)[9]。

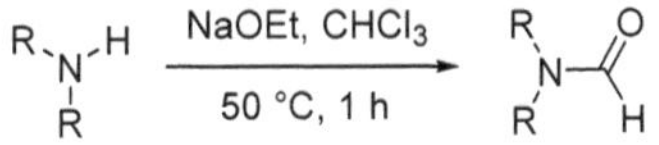

(4)

选用沸石作为催化剂，Reimer-Tiemann 反应被应用于天然产物 vabillin (**2**) 的合成中 (式 5)[10]。

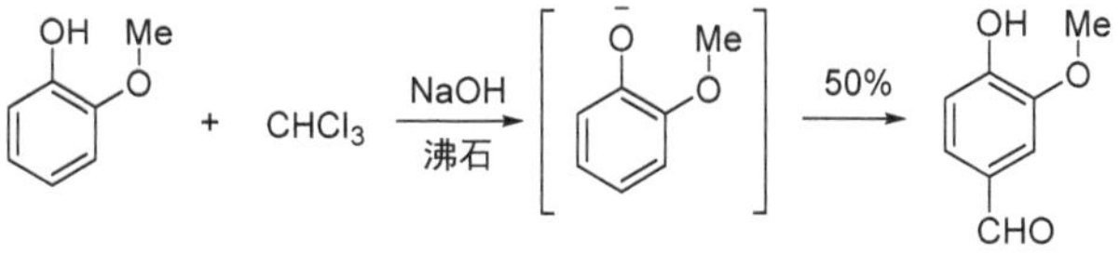

(5)

参考文献

[1] Reuner, K. *Ber. Dtsch. Chem. Ges.* **1876**, *9*, 423-424.
[2] Wynberg, H.; Meijer, E. W. *Org. React.* **1982**, *28*, 1-36.
[3] Zhang, J.; Jacobson, A.; Rusche, J. R.; Herlihy, W. *J. Org. Chem.* **1999**, *64(3)*, 1074-1076.
[4] Liu J.-H.; Yang Q.-C.; Mak, T. C. W.; Wong, H. N. C. *J. Org. Chem.* **2000**, *65*, 3587-3595.
[5] Thoer, A.; Denis, G.; Delmas, M.; Gaset, A. *Synth. Commun.* **1988**, *18*, 2095-2103.
[6] Jung, M. E.; Lazarova, T. I. *J. Org. Chem.* **1997**, *62*, 1553-1555.
[7] Cochran, J. C.; Melville, M. G. *Synth. Commun.* **1990**, *20*, 609-616.
[8] Neumann, R.; Sasson, Y. *Synthesis* **1986**, 569-570.
[9] Lok, A.; Manohar V. *Synth. Communi.* **2011**, *41*, 476-484.
[10] Ren, S.-R.; Wu, Z.-H.; Guo, Q.-X. *Catal. Lett.* **2015**, *145*, 712-714.

（黄培强，何倩）

Sakurai 反应和 Hosomi-Sakurai 反应

（1）Sakurai (樱井) 反应

Sakurai 反应是烯丙基硅试剂与 α,β-不饱和酮的加成反应，可用于合成 δ,ε-不饱和酮

类化合物 (式 1)。该反应最早是由 H. Sakurai 和 A. Hosomi 于 1977 年发表的[1]，在反应中一般需要加入各种 Lewis 酸 (LA) 来活化反应。反应机理如式 2 所示。

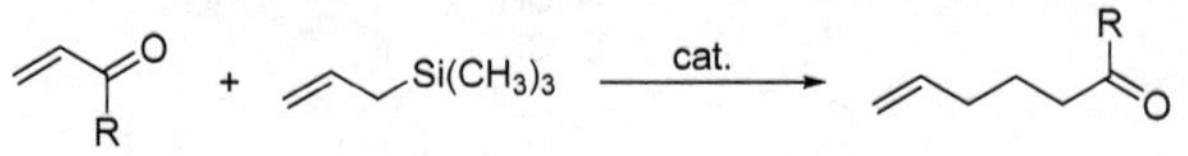

$$\text{(1)}$$

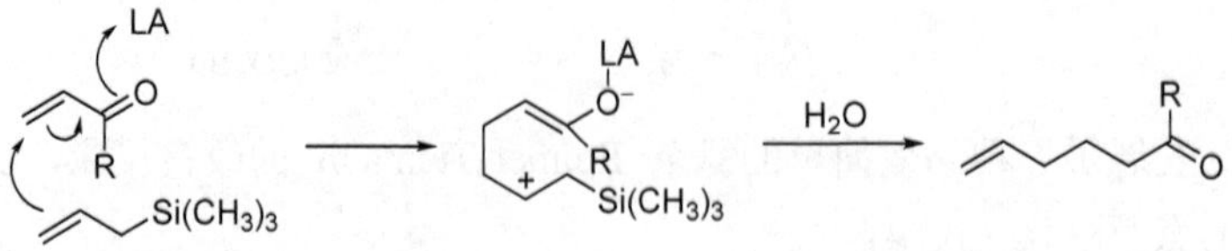

$$\text{(2)}$$

四氯化钛 (TiCl$_4$) 是最常用的 Lewis 酸。在 TiCl$_4$ 的催化下，烯丙基硅试剂不仅能与开链的 α,β-不饱和酮反应，还可以与活性较低的并环 α,β-不饱和酮反应 (式 3)。

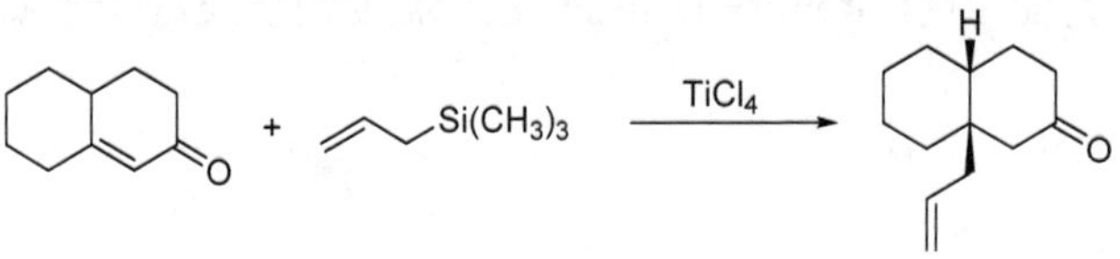

$$\text{(3)}$$

当酮的两端同时存在环外的 α,β-不饱和键和环内的 α,β-不饱和键时，反应主要发生在环外的 α,β-不饱和键 (式 4)[2]。

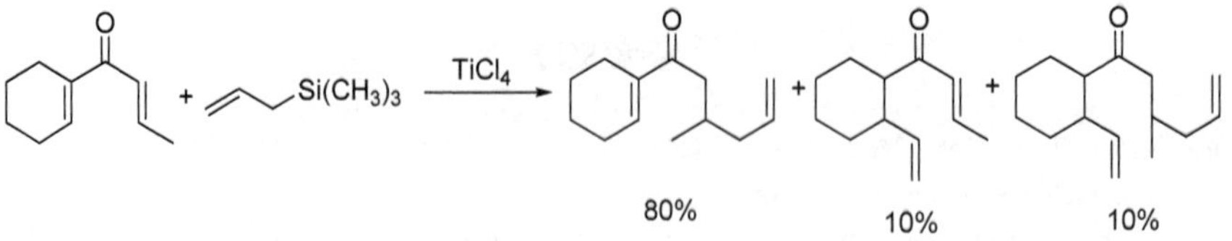

$$\text{(4)}$$

当在 Sakurai 反应中使用质子酸 (Brønsted 酸) 作为催化剂时，往往会导致烯丙基硅试剂的分解，但是当使用酸性树脂 (H$^+$ resin) 时，Sakurai 反应则可以发生。在酸性树脂的存在下，炔丙基硅试剂可以与分子内的 α,β-不饱和酮反应 (式 5)[3]。

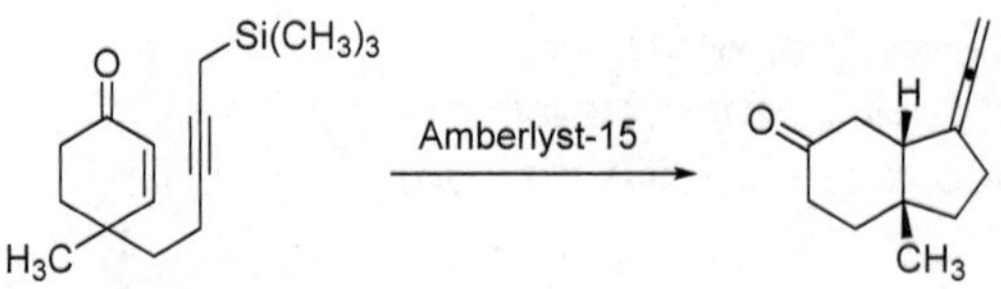

$$\text{(5)}$$

在一些环状 α,β-不饱和酮的 Sakurai 反应中，除正常的 Sakurai 加成产物外，还有烯丙基双键与 α,β-不饱和酮的双键的 [2+2] 环化产物 (式 6)。

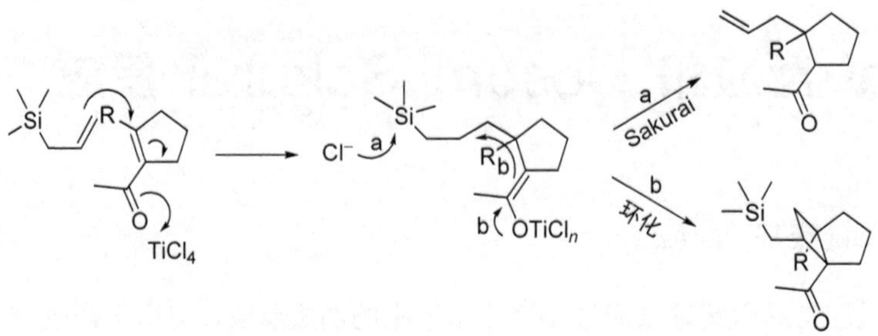

$$\text{(6)}$$

当反应底物中存在位阻较大的基团时，在反应温度高于 –50 °C 时，反应以 Sakurai 为主，但在低温下 (–78 °C)，产物以 [2+2] 环化产物为主 (式 7)[4]。

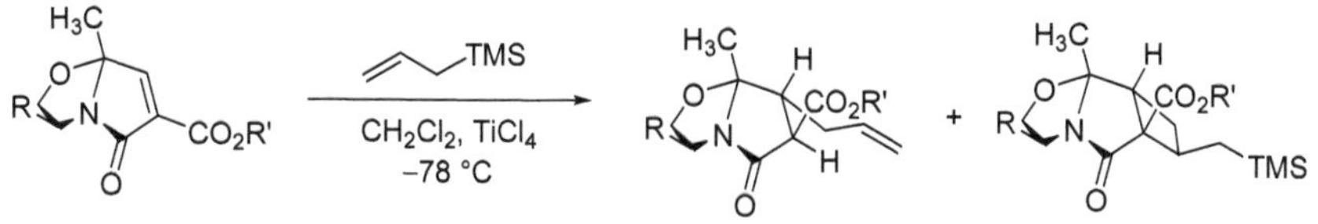

R	R'	a/%	b/%
i-Pr	Me	>95	<5
Ph	i-Pr	33	67
Ph	t-Bu	<5	>95

在大部分 Lewis 酸催化的 Sakurai 反应中，Lewis 酸常需要一个当量以上的用量，而在三甲基氯硅烷 (TMSCl) 的存在下，催化量的三氯化铟 (InCl$_3$) 可以有效地催化 Sakurai 反应[5]。三氯化铟催化的 Sakurai 反应可以在离子溶液中进行，反应的效果要高于一般有机溶剂中的反应[6]。

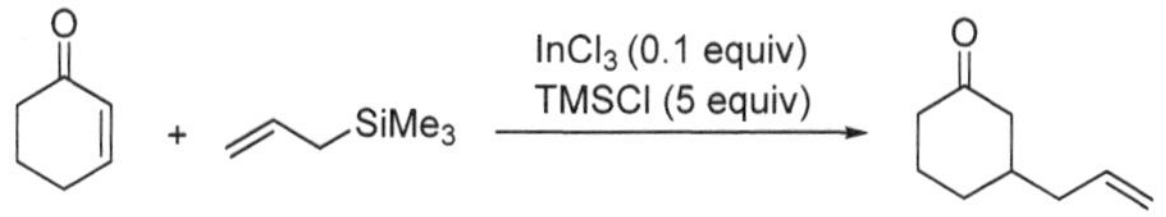

对于一些分子内的 Sakurai 反应，在 Lewis 酸的存在下，会导致烯丙基硅部分的分解，生成末端烯烃，而无法有效地得到相应的 Sakurai 加成产物。但在催化量的四丁基氟化铵 (TBAF) 的催化下，Sakurai 反应可以顺利进行，高产率地得到相应的产物，而没有烯丙基硅部分的分解副反应发生 (式 9)[7]。

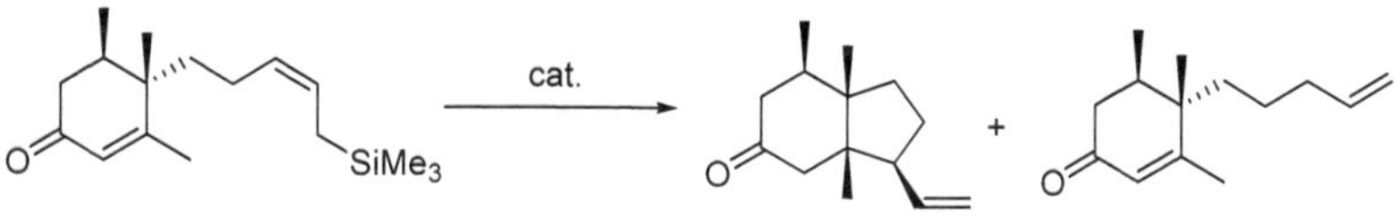

cat.	c	d
TiCl$_4$	0	100
EtAlCl$_2$	50	50
BF$_3$·Et$_2$O	不反应	
TBAF	>95	0

（2）Hosomi-Sakurai (细见-樱井) 反应

Hosomi-Sakurai 反应是烯丙基硅试剂与醛酮等羰基化合物的加成反应 (式 10)，可以用于合成高烯丙醇类化合物，该反应是由 A. Hosomi 和 H. Sakurai 于 1976 年发表的[8]。与 Sakurai 反应类似，Hosomi-Sakurai 反应一般也需要加入 Lewis 酸来活化反应，如：TiCl$_4$、SnCl$_4$、AlCl$_3$、BF$_3$-Et$_2$O、Me$_3$SiOTf、Me$_3$SiI、Me$_3$OBF$_4$、Ph$_3$CClO$_4$ 等[9]。其反应机理如式 11 所示。

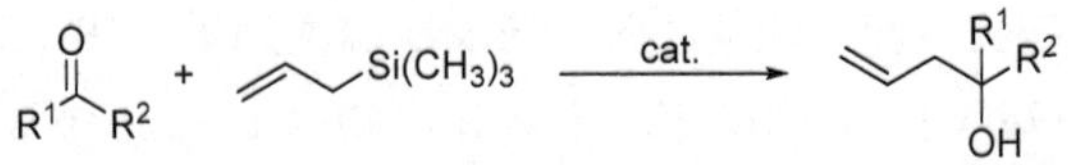

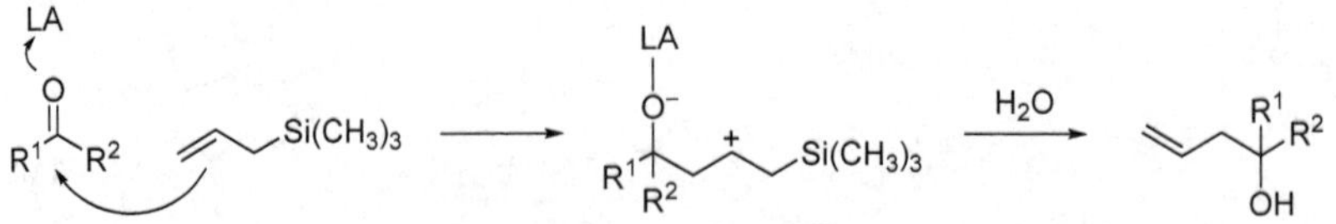

$$\text{R}^1\text{COR}^2 + \text{CH}_2=\text{CHCH}_2\text{Si(CH}_3)_3 \xrightarrow{\text{cat.}} \text{烯丙基-C(R}^1)(\text{R}^2)\text{OH} \quad (10)$$

$$\text{R}^1\text{COR}^2 \xrightarrow{\text{LA}} \cdots \xrightarrow{\text{Si(CH}_3)_3} \cdots \xrightarrow{\text{H}_2\text{O}} \text{烯丙基-C(R}^1)(\text{R}^2)\text{OH} \quad (11)$$

与 Sakurai 反应一样,在催化量的四丁基氟化铵 (TBAF) 的催化下,Hosomi-Sakurai 反应能顺利地进行。与 Lewis 酸催化的反应相比,四丁基氟化铵催化的 Hosomi-Sakurai 反应可以在近中性条件下进行,但是由于反应的中间体是烯丙基负离子,所以反应的区域选择性相对较低[10]。

四丁基氟化铵催化的 Sakurai 反应和 Hosomi-Sakurai 反应有两种可能的反应机理。四丁基氟化铵的氟离子与三甲基烯丙基硅作用,生成三甲基硅氟和烯丙基负离子,其后烯丙基负离子与羰基化合物反应生成高烯丙醇负离子,高烯丙醇负离子与三甲基硅氟进行硅交换,生成高烯丙醇硅醚,并再生四丁基氟化铵,完成催化循环 (图 1)。

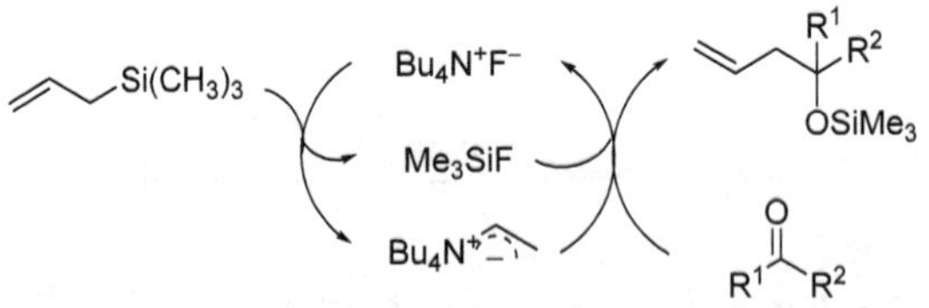

图 1 四丁基氟化铵催化的 Sakurai 反应和 Hosomi-Sakurai 反应的一种可能机理

但是硅-氟键的键能要高于硅-氧键的键能,所以高烯丙醇负离子与三甲基硅氟进行硅交换生成高烯丙醇硅醚,并再生四丁基氟化铵的过程不易发生。因此四丁基氟化铵催化的 Sakurai 反应和 Hosomi-Sakurai 反应可能是一个氟离子引发的反应,四丁基氟化铵是作为反应的引发剂而不是催化剂。

戴立信和侯雪龙小组发现烯丙基硅试剂在四丁基氟化铵的存在下能与亚胺类化合物发生 Hosomi-Sakurai 反应,生成相应的高烯丙基胺。他们对反应的机理进行了研究,结果证明这是一个氟离子引发的反应 (图 2)[11]。

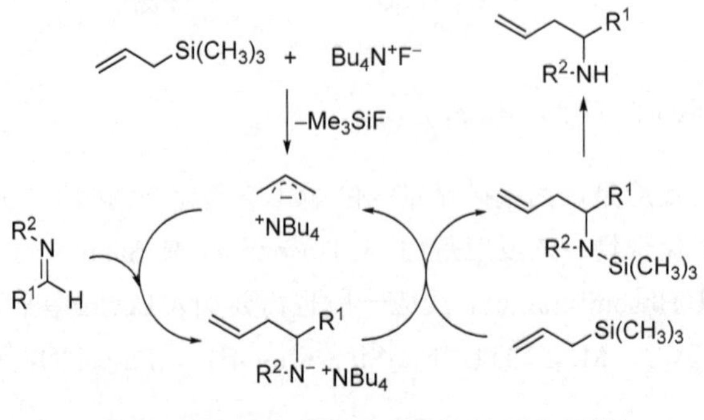

图 2 戴立信和侯雪龙等提出的反应机理

改良的分子内 Hosomi-Sakurai 反应可用于合成二氢或四氢吡喃化合物。在催化量的 Lewis 酸的存在下，羰基化合物与烯基硅醚 **1** 反应生成氧鎓离子中间体，其后可以发生一分子内的 Hosomi-Sakurai 反应 (式 12)[12]。

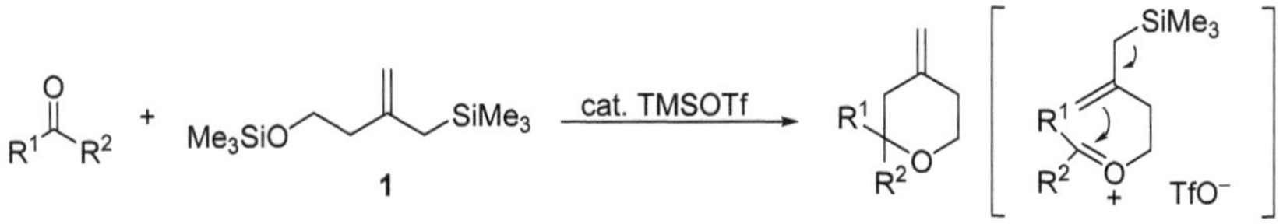

$$\text{R}^1\text{COR}^2 + \text{Me}_3\text{SiO} \diagup\diagdown\diagup\text{SiMe}_3 \xrightarrow{\text{cat. TMSOTf}} \cdots \tag{12}$$

当使用光学活性的醛为反应底物时，与烯丙醇硅醚和烯丙基硅试剂可以发生三组分的硅改良的 Hosomi-Sakurai 反应，通过底物诱导，可以高立体选择地得到相应的加成产物 (式 13)[13]。同样，使用含手性碳的烯丙基硅时也可通过试剂诱导得到光学活性产物[14]。随着不对称催化的进展，近年来也发展了手性 Lewis 酸催化剂，并成功应用于催化的不对称 Hosomi-Sakurai 反应，高效地获得光学活性高烯丙基醇[15]。

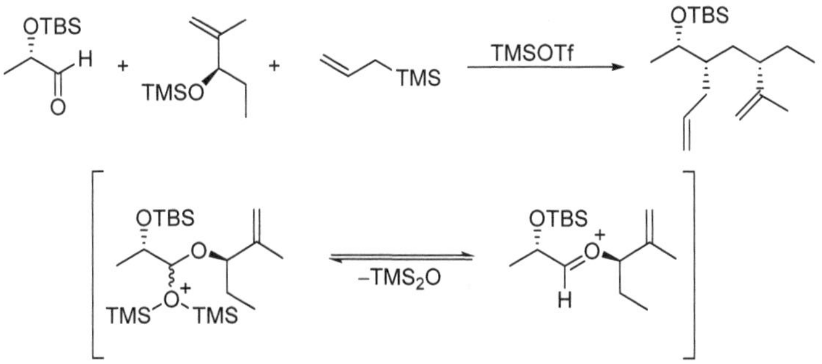

$$\cdots \xrightarrow{\text{TMSOTf}} \cdots \tag{13}$$

醛在 Lewis 酸存在下与烯基硅醚 **2** 反应时，并不是先发生 Hosomi-Sakurai 反应，而是先发生一个"Ene"反应，其后再发生一分子内的 Hosomi-Sakurai 反应 (式 14)[16]。

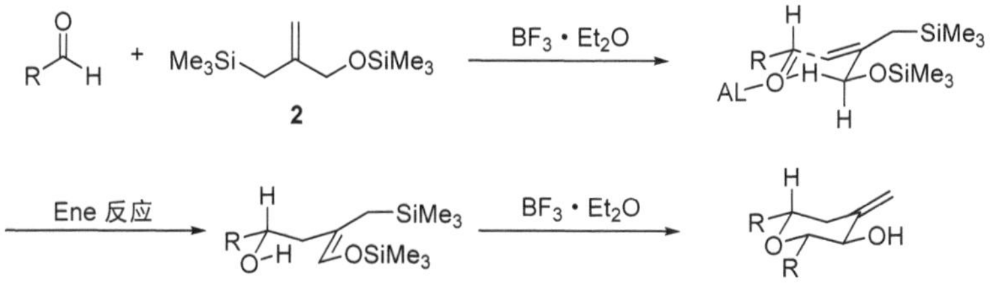

$$\text{RCHO} + \text{Me}_3\text{Si}\diagup\diagdown\diagup\text{OSiMe}_3 \xrightarrow{\text{BF}_3\cdot\text{Et}_2\text{O}} \cdots$$

$$\xrightarrow{\text{Ene 反应}} \cdots \xrightarrow{\text{BF}_3\cdot\text{Et}_2\text{O}} \cdots \tag{14}$$

双硅基试剂 **3** 与醛发生两次 Hosomi-Sakurai 反应，可以合成多取代的四氢呋喃化合物 (式 15)[17]。

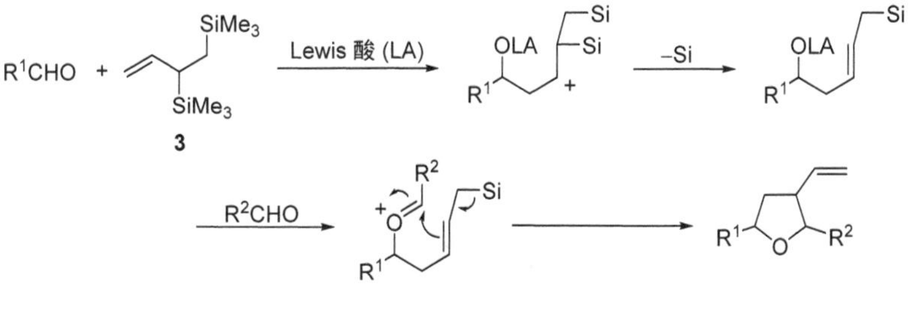

$$\text{R}^1\text{CHO} + \cdots \xrightarrow{\text{Lewis 酸 (LA)}} \cdots \xrightarrow{-\text{Si}} \cdots$$

$$\xrightarrow{\text{R}^2\text{CHO}} \cdots \longrightarrow \cdots \tag{15}$$

除醛、酮之外，缩醛[18]、亚胺[19]、环氧[20]等也可在 Lewis 酸存在下发生 Hosomi-Sakurai 反应而得到相应的产物。在 2,4-二硝基苯磺酸为 Lewis 酸，缩醛为底物时，可先进行 Hosomi-Sakurai 反应，继而发生分子内 1,5-H 迁移而得到烯丙基双键被还原的还原型 Hosomi-Sakurai 反应产物[21]。

参考文献

[1] Hosomi, A.; Sakurai, H. *J. Am. Chem. Soc.* **1977**, *99*, 1673.
[2] Pardo, R.; Zahra, J. P.; Santelli, M. *Tetrahedron Lett.* **1979**, *47*, 4557.
[3] Schinzer, D.; Kabbara, J.; Ringe, K. *Tetrahedron Lett.* **1992**, *33*, 8017.
[4] Groaning, M. D.; Meyers, A. I. *Tetrahedron Lett.* **1999**, *40*, 8071.
[5] Lee, P. H.; Lee, K.; Sung, S. Y.; Chang, S. *J. Org. Chem.* **2001**, *66*, 8646.
[6] Howarth, J.; James, P.; Dai, J. F. *J. Mol. Catal. A: Chemical* **2004**, *214*, 143.
[7] Tori, M.; Makino, C.; Hisazumi, K.; Sono, M.; Nakashima, K. *Tetrahedron: Asymmetry* **2001**, *12*, 301.
[8] Hosomi, A.; Sakurai, H. *Tetrahedron Lett.* **1976**, *16*, 1295.
[9] Langkopf, E.; Schinzer, D. *Chem. Rev.* **1995**, *95*, 1375.
[10] Hosomi, A. *Acc. Chem. Res.* **1988**, *21*, 200.
[11] Wang, D. K.; Zhou, Y. G.; Tang, Y.; Hou, X. L.; Dai, L. X. *J. Org. Chem.* **1999**, *64*, 4233.
[12] Markó, I. E.; Mekhalfia, A. *Tetrahedron Lett.* **1992**, *33*, 1799.
[13] Pospíšil, J.; Kamamoto, T.; Markó, I. E. *Angew. Chem. Int. Ed.* **2006**, *45*, 3357.
[14] Hayashi, T.; Konishi, M.; Kumada, M. *J. Am. Chem. Soc.* **1982**, *104*, 4963.
[15] Momiyama, N.; Nishimoto, H.; Terada, M. *Org. Lett.* **2011**, *13*, 2126.
[16] Markó, I. E.; Bayston, D. J. *Tetrahedron Lett.* **1993**, *34*, 6595.
[17] Sarkar, T. K.; Haque, S. A.; Basak, A. *Angew. Chem. Int. Ed.* **2004**, *43*, 1417.
[18] Kampen, D.; List, B. *Synlett* **2006**, *17*, 2589.
[19] Kira, M.; Hino, T.; Sakurai, H. *Chem. Lett.* **1991**, *20*, 277.
[20] Fleming, I.; Paterson, I. *Synthesis* **1979**, 446.
[21] Bauer, A.; Maulide, N. *Org. Lett.* **2018**, *20*, 1461.

（范仁华，侯雪龙）

Sonogashira 偶联反应

Sonogashira（薗頭）偶联反应是 Pd/Cu 催化的有机卤代物或类卤代物与末端炔烃的交叉偶联反应（式 1）[1]。有机卤代物主要包括 sp^2 杂化的芳基、杂芳基和乙烯基卤代物。其中以碘代芳烃和溴代芳烃的活性最好，氯代芳烃的活性通常较低。

该反应通常是在以 Pd/Cu 为催化剂、胺为溶剂的条件下进行[1]，是从有机卤代物和炔烃出发合成取代的炔烃以及共轭炔烃的有效方法，并在天然产物、农药医药化学、新型材料以及纳米器件的合成中得到了广泛的应用。

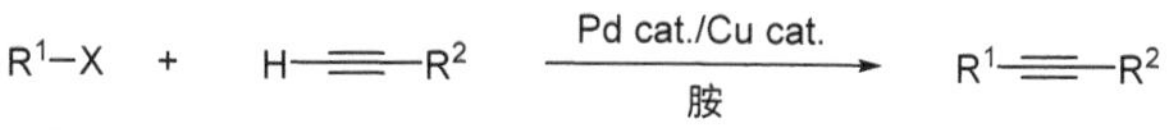

$$R^1-X \ + \ H\!\!\equiv\!\!\!=\!\!\!\equiv\!\!R^2 \ \xrightarrow[\text{胺}]{\text{Pd cat./Cu cat.}} \ R^1\!\!\equiv\!\!\!=\!\!\!\equiv\!\!R^2 \tag{1}$$

R^1 = 芳基，杂芳基，乙烯基，烷基
R^2 = H，芳基，烯基，烷基，等
X = I, Br, Cl, OTf

  Sonogashira 偶联反应一般被认为是通过以下的途径发生：首先有机卤代物与 Pd(0) 发生氧化加成，末端炔烃在一价铜的作用下被活化生成炔铜，接着发生转金属化，再还原消除 Pd(0) 得以再生，从而得到多取代的炔烃 (图 1)。

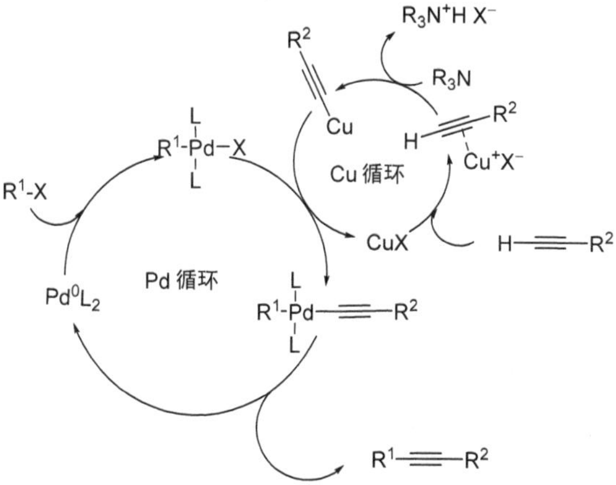

图 1 Sonogashira 偶联反应历程

  由于 Sonogashira 偶联反应可以用来制备取代的炔烃以及共轭炔烃，而炔烃很容易转化为其它的官能团，因此该反应在天然产物的全合成中被广泛地应用。它是合成 frondosin B 的关键步骤 (式 2)[2]。

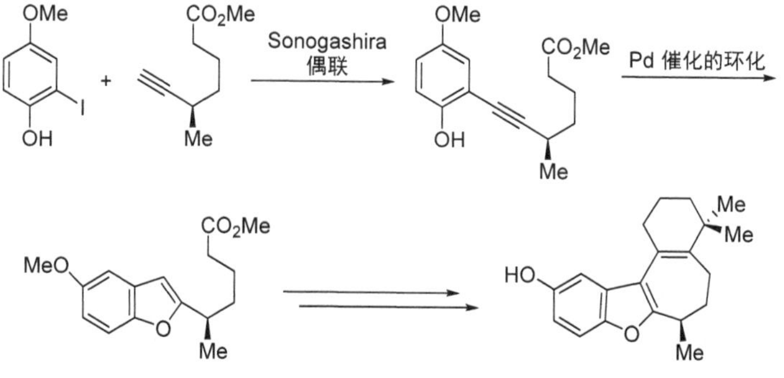

(2)

frondosin B

  大环内酯类天然产物 callyspongiolide 中具有一个二烯炔结构的侧链，2016 年，Xu 和 Ye 研究小组在该天然产物的全合成研究中利用了两次烯基碘代物的 Sonogashira 偶联反应将两个烯烃片段通过炔键连接起来，从而顺利实现了 callyspongiolide 的首次全合成工作 (式 3)[3]。

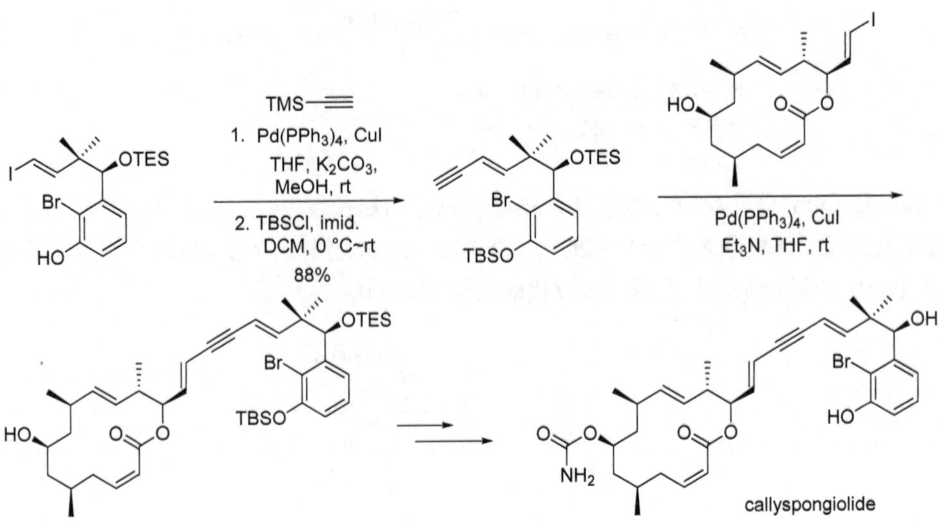

炔基溴代物同样可以发生 Sonogashira 偶联反应，Yadav 研究小组在天然产物 ivorenolide A 的合成中[4]，正是利用该策略完成了二炔片段的合成（式 4），应用 CuI/PPh$_3$/K$_2$CO$_3$ 体系同样可以实现该片段的合成，但是效果不如钯催化体系。

在经典的 Sonogashira 偶联反应条件下，反应要在胺类溶剂中进行，且反应要严格地除氧。尽管这样，在很多 Sonogashira 偶联反应中人们仍然得到大量的炔烃自身氧化偶联产物（Glaser 偶联）。为了提高反应的产率常常需要在反应中加入过量的炔烃，这样不但不够经济而且给分离上带来了困难。此外，Sonogashira 偶联反应复合催化剂中 Pd 的价格较贵从而限制了该反应在合成中的应用。

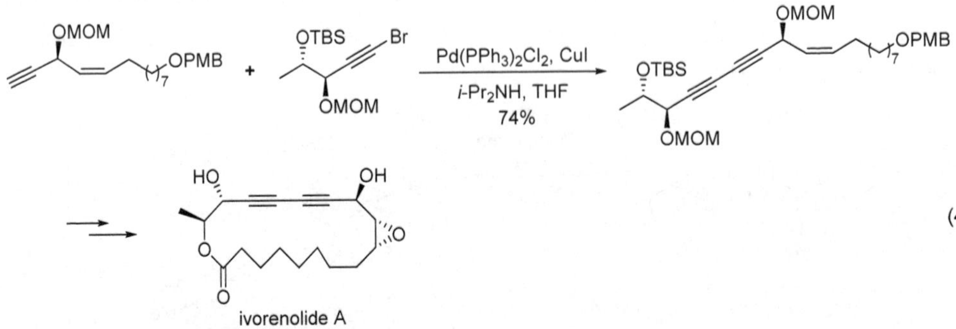

为了解决以上的种种问题，最近几年有机化学家们对 Sonogashira 偶联反应进行了多方面的改进，并取得了一些重要的进展，出现了大量的关于该反应在某方面进展的综述性文章[5]。最初 Sonogashira 偶联反应是以胺类溶剂作为反应介质，Thorand 和 Krause 发现在反应过程中使用 PdCl2(PPh$_3$)$_2$/CuI 为催化剂，三乙胺为碱在 THF 中室温下就可以顺利完成该反应（式 5）[6]。这一改进后的反应条件不但温和而且很多不活泼的底物也能顺利地进行反应。后来人们还发现针对不同的反应底物在其它的溶剂中也能很好地发生反应[5]。

$$\text{H}{\equiv\!\!\equiv}\text{R}^1 + \text{R}^2\text{-C}_6\text{H}_4\text{-Br} \xrightarrow[\text{THF, NEt}_3\text{, RT}]{\text{PdCl}_2(\text{PPh}_3)_2\text{, CuI}} \text{R}^2\text{-C}_6\text{H}_4\text{-}{\equiv\!\!\equiv}\text{-R}^1 \quad (5)$$

2000 年，Fu 和 Buchwald 等发现 PdCl$_2$(PhCN)$_2$/P(t-Bu)$_3$ 催化剂对 Sonogashira 偶联反应是非常有效的。不管是缺电子的还是富电子的芳基溴代物都能获得很高的产率 (式 6)[7]。对溴苯甲醚很容易就可以发生偶联，即使是非常富电子的 N,N-二甲基-对溴苯胺在室温下也能很好地反应。这一结果表明大体积、富电子的膦配体在 Sonogashira 偶联反应中也是很有效的。

$$\text{H}{\equiv\!\!\equiv}\text{R}^1 + \text{R}^2\text{-C}_6\text{H}_4\text{-Br} \xrightarrow[\substack{\text{二噁烷, HN}i\text{-Pr}_2,\\ \text{CuI, rt}}]{\text{PdCl}_2(\text{PhCN})_2\text{, P}(t\text{-Bu})_3} \text{R}^2\text{-C}_6\text{H}_4\text{-}{\equiv\!\!\equiv}\text{-R}^1 \quad (6)$$

值得一提的是，Gelman 和 Buchwald 用富电子的二环己基(三异丙基二苯基)膦配体 **L**，在 PdCl$_2$(CH$_3$CN)$_2$ 作用下可以完成低活性的芳基氯代物与炔烃的偶联 (式 7)[8]。该方法催化剂的用量只有 0.1 mol% 且反应条件温和。不论是富电子还是缺电子的氯代物都可以很好地得到偶联产物。同时他们也发现在该体系中加入 CuI 反而会抑制偶联反应从而降低产率。

$$\text{H}{\equiv\!\!\equiv}\text{R}^1 + \text{R}^2\text{-C}_6\text{H}_4\text{-Cl} \xrightarrow[\text{CH}_3\text{CN, Cs}_2\text{CO}_3]{\text{PdCl}_2(\text{CH}_3\text{CN})_2/\mathbf{L}} \text{R}^2\text{-C}_6\text{H}_4\text{-}{\equiv\!\!\equiv}\text{-R}^1 \quad (7)$$

L = 2-二环己基膦基-2',4',6'-三异丙基联苯

除了上面的单膦配体外，氮杂卡宾、二膦、二胺以及氮膦的双齿、三齿、四齿和多齿配体以及一些稳定的钯环配合物均能有效地催化 Sonogashira 偶联反应[5]。

由于一些有效的配体存在价格昂贵、稳定性差、不易制备等缺点，因而限制了 Sonogashira 偶联反应在合成中的应用。从原子经济的角度考虑，无配体参与 (ligand-free) 的偶联反应有很多优点。Urgaonkar 和 Verkade 在 2004 年报道了以 Pd(OAc)$_2$ 或 Pd$_2$(dba)$_3$ 为催化剂，四丁基乙酸铵为碱成功地实现了芳基碘代物的炔基化反应[9]。四丁基乙酸铵的效果明显优于三乙胺、吡啶和二异丙基胺等一些二级胺或三级胺。而且该体系也可以成功地推广到脂肪族末端炔的偶联上。

随着对 Sonogashira 偶联反应进一步的研究，发现可以用一些较为简单的 Pd 催化剂来单独催化完成无铜 (copper-free) Sonogashira 偶联反应 (式 8)[5]。但是反应中通常还需加入一些活化剂，例如卤化锌、氧化银、碳酸银以及上面提到的季铵盐类等。在某些催化剂的反应体系中，不加入活化剂也同样可以顺利得到偶联产物。

$$\text{H}{\equiv\!\!\equiv}\text{R}^1 + \text{R}^2\text{-C}_6\text{H}_4\text{-I} \xrightarrow[n\text{-Bu}_4\text{NOAc, DMF, rt}]{2\text{ mol\% Pd(OAc)}_2} \text{R}^2\text{-C}_6\text{H}_4\text{-}{\equiv\!\!\equiv}\text{-R}^1 \quad (8)$$

现代有机合成方法学的发展越来越注重反应的绿色化。经过化学家们的努力 Sonogashira 偶联反应已经成功地在水相、固相、离子液体、微波中实现[5]。在水相中完成的反应具有很好的经济性和安全性，且有利于在工业中应用。固相反应较液相反应不仅操作简单且产率也相应较高。离子液体中的 Sonogashira 偶联反应不仅操作简单而且催化剂

可以循环使用。微波反应最为显著的优势是可以大大缩短反应时间。Sonogashira 偶联反应在这些介质中的实现更进一步扩大了该反应的应用范围。

Sonogashira 偶联反应中除了钯催化剂之外，镍[10]、铜以及钌[5]的复合物也可以催化该反应。2003 年，Beletaskaya 成功地实现了 Ni 催化的 Sonogashira 偶联[10]，当反应中仅用 CuI 作为催化剂时偶联的效果较差，加入 PPh$_3$ 会使反应速度减慢。只有使用 NiCl$_2$(PPh$_3$)$_2$/CuI 这一复合催化剂时才能获得最佳的反应效果 (式 9)。

$$R^1 \underset{X}{\diagdown}\!\!-\!\!I + H-\!\!\equiv\!\!-\!\!\diagdown R^2 \xrightarrow[\text{K}_2\text{CO}_3, \text{二噁烷/H}_2\text{O (3:1)}]{\text{NiCl}_2(\text{PPh}_3)_2, \text{CuI}} R^1\!\!-\!\!\diagdown\!\!-\!\!\equiv\!\!-\!\!\diagdown\!\!-\!\!R^2 \quad (9)$$

R^1 = CH$_3$, OCH$_3$
R^2 = H, NMe$_2$
X = CH, N

相对于活性较高的芳基卤代物，不活泼的烷基卤代物的 Sonogashira 偶联反应研究较少[11]，Fu 和 Glorius 分别报道了氮杂卡宾钯催化的烷基碘代物及烷基溴代物的 Sonogashira 偶联反应。2009 年，Hu 报道了钳式镍复合物/CuI 共催化烷基卤代物的 Sonogashira 偶联反应 (式 10)，该反应不仅对碘代烷烃和溴代烷烃的偶联有很好的效果，而且对氯代烷烃同样有效。

$$R-X + \equiv\!\!-R' \xrightarrow[\text{Cs}_2\text{CO}_3, \text{二噁烷}]{\text{Ni cat./CuI}} R\!\!-\!\!\equiv\!\!-\!\!R' \quad (10)$$

X = I, Br, Cl; R = 烷基

Ni cat.

参考文献

[1] (a) Stephens, R. D.; Castro, C. E. *J. Org. Chem.* **1963**, *28*, 3313. (b) Dieck, H. A.; Heck, F. R. *J. Organomet. Chem.* **1975**, *93*, 259. (c) Cassar, L. *J. Organomet. Chem.* **1975**, *93*, 253. (d) Sonogashira, K.; Tohda, Y.; Hagihara, N. *Tetrahedron Lett.* **1975**, 4467.

[2] Inoue, M.; Carson, M.W.; Frontier, A. J.; Danishefsky, S. J. *J. Am. Chem. Soc.* **2001**, *123*, 1878.

[3] Zhou, J.; Gao, B.; Xu, Z.; Ye, T. *J. Am. Chem. Soc.* **2016**, *138*, 6948.

[4] Mohapatra, D. K.; Umamaheshwar, G.; Rao, R. N.; Rao, T. S.; Yadav, J. S. *Org. Lett.* **2015**, *17*, 979.

[5] (a) Alonso, D. A.; Baeza, A.; Chinchilla, R.; Gomez, C.; Guillena, G.; Pastor, I. M.; Ramon, D. J. *Catalysts* **2018**, *8*, 202/1. (b) Chinchilla, R.; Nájera, C. *Chem. Rev.* **2007**, *107*, 874. (c) Doucet, H.; Hierso, J-C. *Angew. Chem. Int. Ed.* **2007**, *46*, 834. (d) Wang, Y.-F.; Deng, W.; Liu, L.; Guo, Q.-X. *Chin. J. Chem.* **2005**, *25*, 8. (e) Sonogashira, K.; *J. Organomet. Chem.* **2002**, *653*, 46. (f) Littke, A. F.; Fu, G. C. *Angew. Chem. Int. Ed.* **2002**, *41*, 4176. (g) Hillier, A. C.; Grasa, G. A.; Viciu, M. S.; Lee, H. M.; Yang, C.; Nolan, S. P. *J. Organomet. Chem.* **2002**, *653*, 69. (h) Genêt, J.-P.; Savignac, M. *J. Organomet. Chem.* **1999**, *576*, 305.

[6] Thorand, S.; Krause, N. *J. Org. Chem.* **1998**, *63*, 8551.

[7] Hundertmark, T.; Littke, A. F.; Buchwald, S. L.; Fu, G. C. *Org. Lett.* **2000**, *2*, 1729.

[8] Gelman, D.; Buchwald, S. L. *Angew. Chem. Int. Ed.* **2003**, *42*, 5993.

[9] Urgaonkar, S.; Verkade, J. G. *J. Org. Chem.* **2004**, *69*, 5752.

[10] (a) Beletskaya, I. P.; Latyshev, G. V.; Tsvetkov, A. V.; Lukashev, N. V. *Tetrahedron Lett.* **2003**, *44*, 5011. (b) Gallego, D.; Brück, A.; Irran, E.; Driess, M.; Hartwig, J. F. *J. Am. Chem. Soc.* **2013**, *135*, 15617.

[11] (a) Eckhardt, M.; Fu, G. C. *J. Am. Chem. Soc.* **2003**, *125*, 13642. (b) Altenhoff, G.; Wurtz, S.; Glorius, F. *Tetrahedron Lett.* **2006**, *47*, 2925. (c) Vechorkin, O.; Barmaz, D.; Proust, V.; Hu, X. *J. Am. Chem. Soc.* **2009**, *131*, 12078.

（梁永民）

Stetter 反应

1974 年，Stetter 和 Kuhlmann 报道了噻唑鎓盐 **1a**/三乙胺催化下醛对 α,β-不饱和化合物的亲核共轭加成（式 1）[1]。该极性颠倒反应（亲电性的羰基转变为亲核性）成为合成 1,4-二酮化合物 **2** 等 1,4-二羰基化合物的重要方法[2]，被称为 Stetter (斯泰特) 反应。

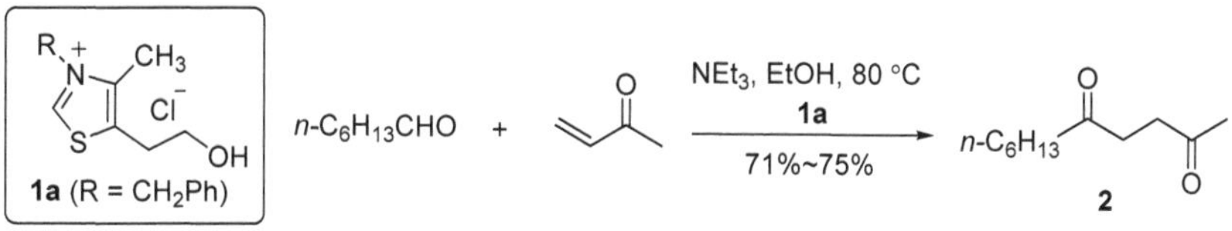

反应机理：对 Stetter 反应机理的研究较少[3]。图 1 所示的机理主要参照 1903 年

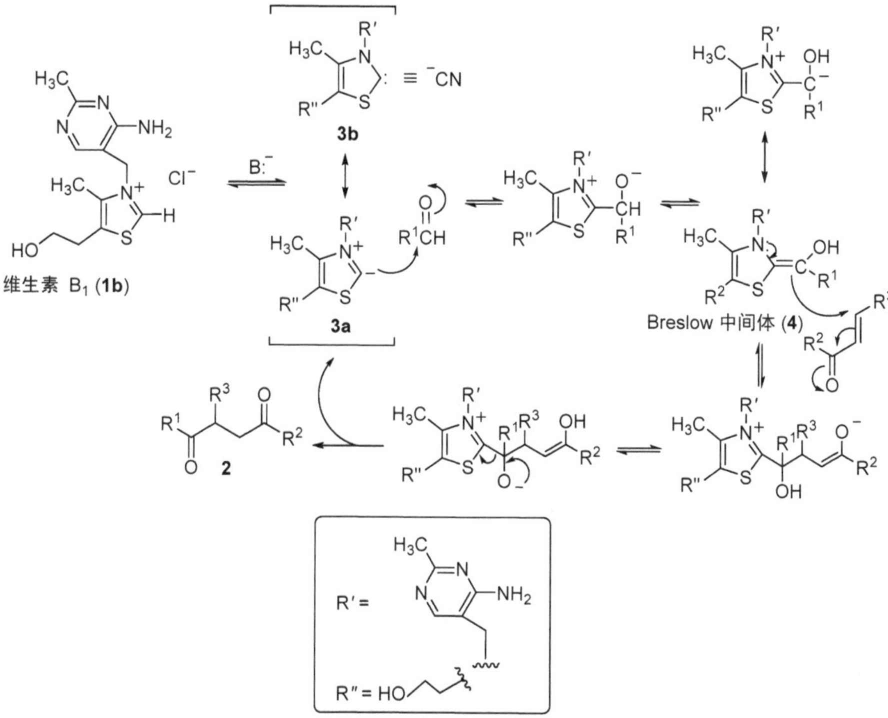

图 1 Stetter 反应的机理

Lapworth 提出的氰基负离子催化机理和 Breslow 于 1958 年关于维生素 B_1 (硫胺素) 催化的苯偶姻缩合反应机理。维生素 B_1 含噻唑镓盐基，是生物体内进行羰基极性颠倒的试剂，也可用于有机合成中羰基的极性颠倒。Breslow 认为噻唑镓负离子 **3a** 存在卡宾共振形式 **3b**，起着苯偶姻缩合反应中氰基负离子的作用。**3a** 与醛加成后形成的中间体 **4** 后来被称 Breslow 中间体，乃醛酰基负离子等效体。它既可以与另一个分子的醛进行亲核加成 (苯偶姻缩合)，也可以与 α,β-不饱和酮进行共轭加成 (Stetter 反应)。

由于 1,4-二羰基化合物是重要的合成中间体，且缺少其它直接方便的合成方法，因而 Stetter 反应在有机合成中获得广泛应用[4]。早在 1979 年，Trost 等人在天然产物毛毛酸丙 (hirsutic acid C, **7**) 的全合成中巧妙地利用 Stetter 反应构建复杂环系 **6** (式 2)[5]。1992 年，Millar 等人把 Stetter 反应应用于降血脂药物立普妥 (Lipitor, Atorvastatin) (**8**) 的放大合成 (式 3)[6]。2001 年，Tius 小组在天然产物 roseophilin (**11**) 的不对称全合成中，通过环外烯酮 **9** 与 6-庚烯醛的 Stetter 反应，引入中间体 **10** 的酮基侧链 (式 4)[7]。

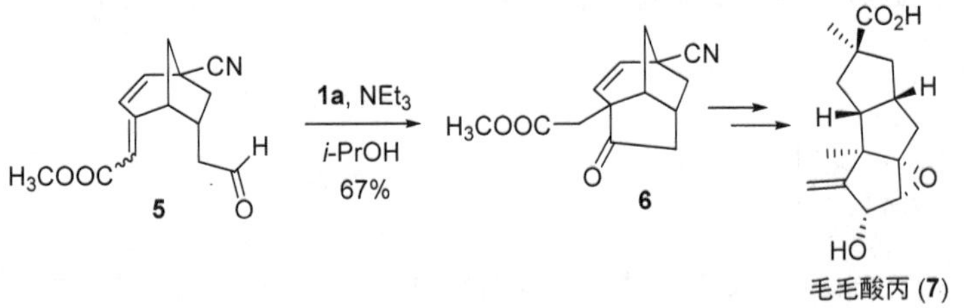

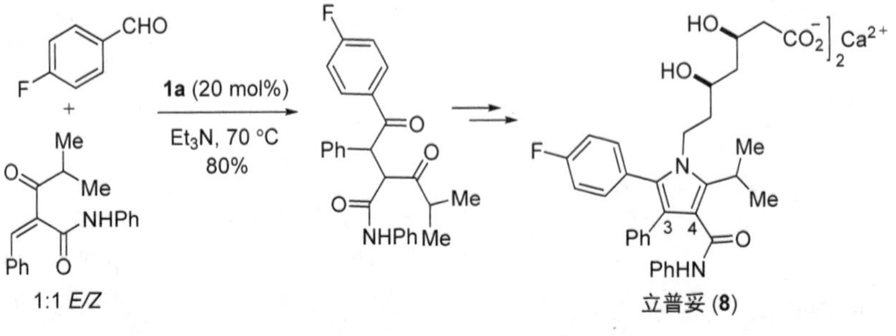

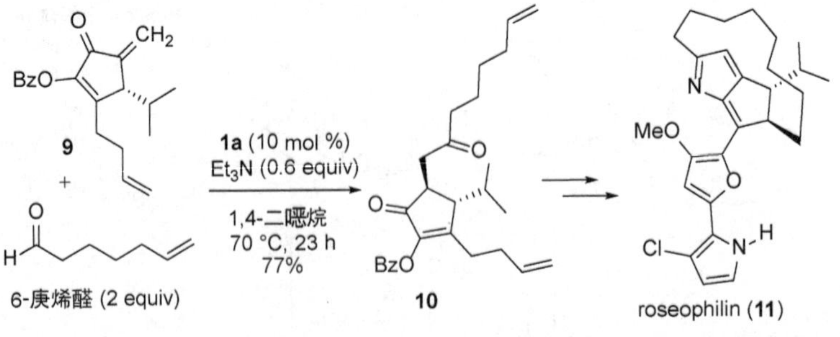

1996 年，以手性三唑化合物为催化剂，Enders 小组发展了首例有机催化不对称分子内 Stetter 反应[8]。随后，氮杂环卡宾 (NHC) 催化的不对称分子内 Stetter 反应成为该反应的主要发展方向之一[9]。2008 年，Enders 小组报道了手性 NHC 催化的分子间 Stetter

反应 (式 5)[10]。

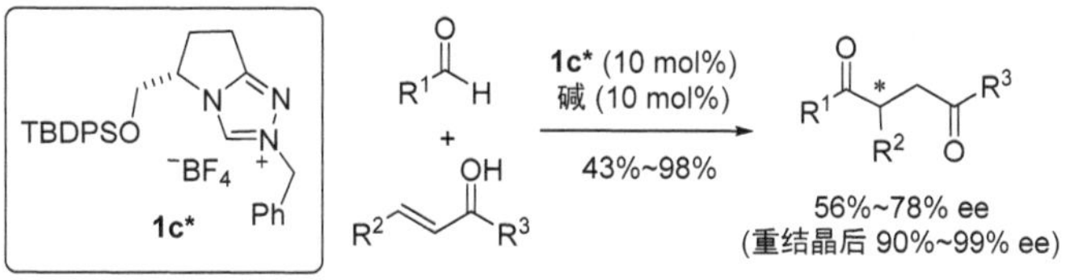

$$(5)$$

Rovis 小组对手性 NHC 催化的不对称 Stetter 反应开展了系统的研究[11-13]，于 2004 年发展了手性卡宾催化剂催化的 **12** 的不对称分子内 Stetter 反应 (式 6)[12]。2008 年，他们报道了手性 NHC 催化的 2-氧代乙酰胺 **14** 与亚烷基丙二酸酯 **15** 的不对称 Stetter 反应 (式 7)[13]。

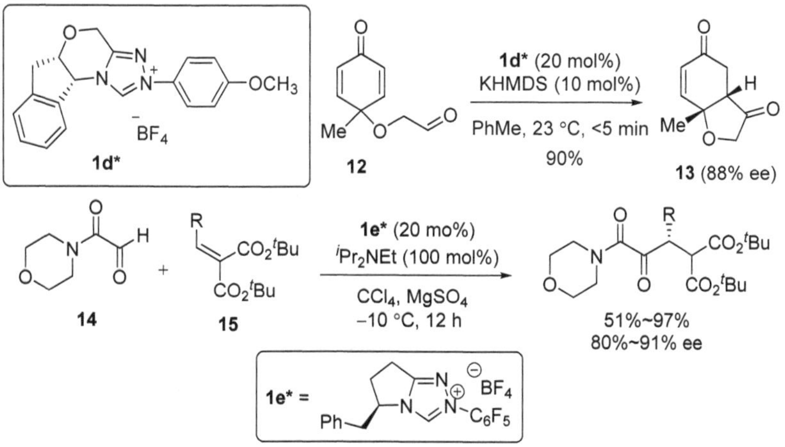

$$(6)$$

$$(7)$$

2012 年，游书力小组报道了手性 NHC 催化的分子内 Stetter 反应，可高非对映和对映立体选择性地对 α-取代环己二烯酮 **16** 进行去对称化，高产率、高对映选择性地构建三环结构 **17** (式 8)[14]。

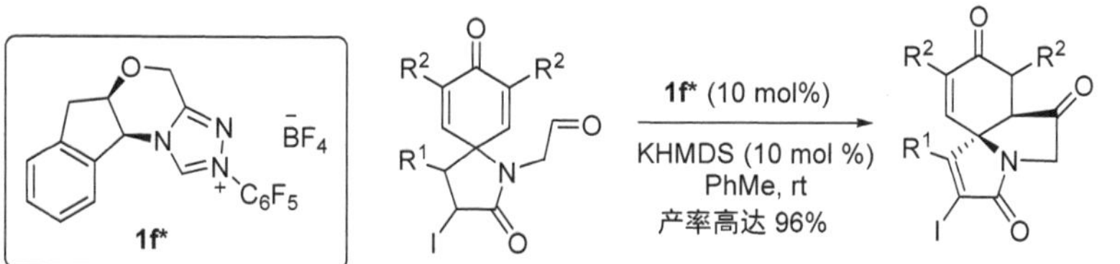

$$(8)$$

Stetter 反应的另一发展方向是串联反应[15]。2009 年，Gravel 小组报道了 NHC 催化具有双 Michael 受体的底物 **18** 的非对映立体选择性串联 Stetter 反应-Michael 加成 (式 9)[16]。

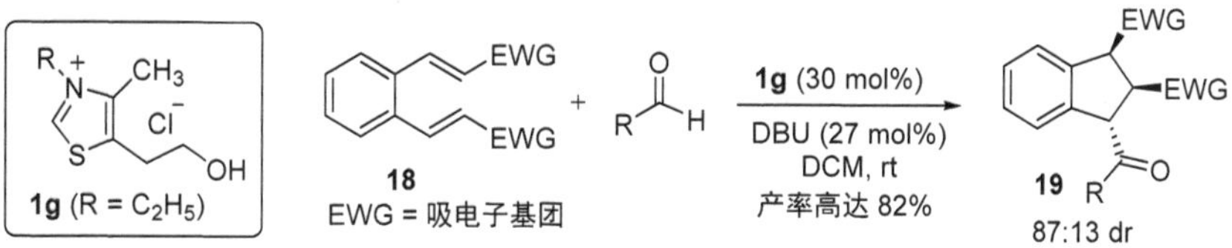

$$(9)$$

从邻苯二甲醛出发，叶松小组发展了 NHC 催化的串联 Stetter 反应-Aldol 加成，可一步构建官能化的 3-酰基-4-羟基-四氢化萘-1-酮 (式 10)[17]。

$$\text{(10)}$$

2011 年，Hong 等人发展了一个基于动态动力学构筑含五个连续手性中心的环戊醇衍生物的两步法。首先是 NHC 催化杂芳环甲醛 (例如，2-吡啶甲醛) 与硝基烯烃的 Stetter 反应，然后进行 Jørgensen-Hayashi 约恩森-林催化剂催化的串联 Michael 加成-Aldol 加成反应 (式 11)[18]。杂芳基甲醛所含的杂原子提供了形成氢键从而进行不对称动态动力学转化的基础。

$$\text{(11)}$$

2013 年，池永贵小组发展了一个有趣的 NHC 催化裂解碳水化合物形成甲酰基负离子 23，从而进行 Setter 反应的方法。该反应的产物为外消旋的 1,4-醛酮 24 (式 12)[19]。

$$\text{(12)}$$

参考文献

[1] (a) Stetter, H.; Kuhlmann, H. *Angew. Chem. Int. Ed. Engl.* **1974**, *13*, 539-539. (b) Stetter, H.; Kuhlmann, H. 德国专利: Ger. Offen. 2437219, **1974**, Bayer AG, *Chem. Abstr.* **1976**, *84*, 164172t. (c) Stetter, H.; Kuhlmann, H.; Haese, W. *Org. Synth.* **1987**, *65*, 26；*Coll. Vol.* **1993**, *8*, 620.

[2] (a) Stetter, H. *Agnew. Chem. Int. Ed. Engl.* **1976**, *15*, 639-647. (b) Stetter, H.; Kuhlmann, H. In *Organic Reactions*; Paquette, L. A., Ed.; John Wiley & Sons: New York, **1991**, *40*, 407-496. (综述)

[3] Hawkes, K. J.; Yates, B. F. *Eur. J. Org. Chem.* **2008**, 5563-5570.

[4] Izquierdo, J.; Hutson, G. E.; Cohen, D. T.; Scheidt, K. A. *Angew. Chem. Int. Ed.* **2012**, *51*, 11686-11698.

[5] Trost, B. M.; Shuey, C. D.; DiNinno, Jr. F. *J. Am. Chem. Soc.* **1979**, *101*, 1284-1285, correction: *J. Am. Chem. Soc.* **1979**, *101*, 1908-1908.

[6] Baumann, K. L.; Butler, D. E.; Deering, C. F.; Mennen, K. E.; Millar, A.; Nanninga, T. N.; Palmer, C.W.; Roth, B. D. *Tetrahedron Lett.* **1992**, *33*, 2283- 2284.

[7] Harrington, P. E.; Tius, M. A. *J. Am. Chem. Soc.* **2001**, *123*, 8509-8514.
[8] Enders, D.; Breuer, K.; Runsink, J.; Teles, J. H. *Helv. Chim. Acta* **1996**, *79*, 1899-1902.
[9] (a) Desimoni, G.; Faita, G.; Quadrelli, P. *Chem. Rev.* **2018**, *118*, 2080-2248. (综述) (b) Haghshenas, P.; Langdon, S. M.; Gravel, M. *Synlett* **2017**, *28*, 542-559. (c) Yetra, S. R.; Patra, A.; Biju, A. T. *Synthesis* **2015**, *47*, 1357-1378. (d) de Alaniz, J. R.; Rovis, T. *Synlett* **2009**, 1189-1207.
[10] Enders, D.; Han, J.-W.; Henseler, A. *Chem. Commun.* **2008**, 3989-3991.
[11] Flanigan, D. M.; Romanov-Michailidis, F.; White, N. A.; Rovis, T. *Chem. Rev.* **2015**, *115*, 9307-9387. (综述)
[12] Kerr, M. S.; Rovis, T. *J. Am. Chem. Soc.* **2004**, *126*, 8876-8877.
[13] Liu, Q.; Perreault. S.; Rovis, T. *J. Am. Chem. Soc.* **2008**, *130*, 14066-14067.
[14] Jia, M.-Q.; Liu, C.; You, S.-L. *J. Org. Chem.* **2012**, *77*, 10996-11001.
[15] Grossmann, A.; Enders, D. *Angew. Chem. Int. Ed.* **2012**, *51*, 314-325. (综述)
[16] Sánchez-Larios, E.; Gravel, M. *J. Org. Chem.* **2009**, *74*, 7536-7539.
[17] Sun, F.-G.; Huang, X.-L.; Ye, S. *J. Org. Chem.* **2010**, *75*, 273-276.
[18] Hong, B.-C.; Dange, N. S.; Hsu, C.-S.; Liao, J.-H.; Lee, G.-H. *Org. Lett.* **2011**, *13*, 1338-1341.
[19] Zhang, J.-M.; Xing, C.; Tiwari, B.; Chi, Y. R. *J. Am. Chem. Soc.* **2013**, *135*, 8113-8116.

相关反应： Michael 加成反应

（黄培强）

Stevens 重排反应

1928 年，Stevens 最早报道了一个由季铵盐 (**a**) 在 NaOH 水溶液的处理下重排得到叔胺 (**b**) 的反应 (式 1)[1]。季铵盐在碱的作用下先生成氮叶立德，氮原子上的一个基团再发生 1,2-迁移重排得到叔胺的反应称为 Stevens (史蒂文斯) 重排反应[2,3]。

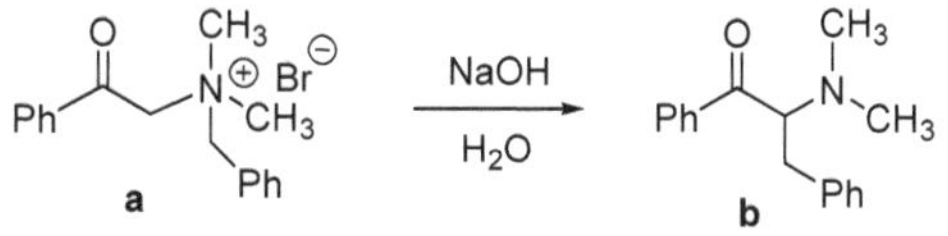

$$\text{PhCH}_2\text{C(O)N}^+\text{(CH}_3\text{)}_2\text{CH}_2\text{Ph · Br}^- \xrightarrow[\text{H}_2\text{O}]{\text{NaOH}} \text{PhC(O)CH(N(CH}_3\text{)}_2\text{)CH}_2\text{Ph}} \quad (1)$$

形成的叶立德是 Stevens 重排反应的关键中间体。因而，在随后的几十年里对这个反应的拓展主要是从不同种类的杂原子叶立德的重排反应和产生叶立德的方式不同上来进行的。除氮叶立德外，比较常见的还有经由硫叶立德和氧叶立德发生的 Stevens 重排。从产生叶立德的方式上，主要有三种类型[4]：

① 碱作用产生叶立德　氮叶立德和硫叶立德可以通过碱拔除对应的季铵盐或锍盐上与杂原子相连的碳上的氢来得到。而季铵盐和锍盐又可以由相应的叔胺和硫醚通过简单的烷基化反应方便制得。

季铵盐的 Stevens 重排 (式 2)：

$$\underset{R^3}{\overset{R^1}{\underset{|}{\searrow}}}\!N\!\underset{}{\overset{R^2}{\nearrow}} \xrightarrow{R^4X} \underset{R^4}{\overset{R^1}{\underset{|}{\searrow}}}\!\overset{\oplus}{N}\!\underset{R^3}{\overset{R^2}{\nearrow}} X^{\ominus} \xrightarrow{\text{碱}} \underset{R^4}{\overset{R^1}{\searrow}}\!N\!\underset{R^3}{\overset{R^2}{\nearrow}} \qquad (2)$$

锍盐的 Stevens 重排 (式 3)：

$$\overset{R^1}{\searrow}\!S\!\overset{R^2}{\nearrow} \xrightarrow{R^4X} \underset{R^4}{\overset{R^1}{\searrow}}\!\overset{\oplus}{S}\!\overset{R^2}{\nearrow} X^{\ominus} \xrightarrow{\text{碱}} \underset{R^4}{\overset{R^1}{\searrow}}\!S\!\overset{R^2}{\nearrow} \qquad (3)$$

式中，R^1 = 吸电子基团 (EWG) = COR, CO_2R, CN, Ar, 芳香杂环等；X = Cl, Br, I, OTs, OMs 等；碱 = NaH, KH, RLi, ArLi, RONa, ROK, $NaNH_2$ 等。当 R^2 或 R^3 上有 β-H 时，在碱作用下很容易发生 Hofmann 消除反应，而 R^2 或 R^3 上与杂原子相连的碳上的氢的酸性也较强时，在碱作用下形成叶立德的区域选择性会不好。当 R^1 是芳环或杂芳环时，Sommelet-Hauser 重排也是一个竞争的反应。

② 氟离子去硅产生叶立德[5]　为了解决碱性条件下可能发生霍夫曼消除的副反应以及形成叶立德的区域选择性不好的问题，Vedejs 和 Sato 等采用了一种在非碱性条件下用氟离子对三甲基硅取代的镓盐脱硅产生叶立德的方法。这种方法对于把三甲基硅取代的季铵盐和锍盐转化为对应的氮叶立德和硫叶立德都很适用 (式 4, 式 5)。

$$\underset{SiMe_3}{\overset{R^1}{\underset{|}{\searrow}}}\!\overset{\oplus}{N}\!\underset{R^3}{\overset{R^2}{\nearrow}} \xrightarrow{F^{\ominus}} \underset{CH_2^{\ominus}}{\overset{R^1}{\underset{|}{\searrow}}}\!\overset{\oplus}{N}\!\underset{R^3}{\overset{R^2}{\nearrow}} \xrightarrow{1,2\text{-迁移}} \overset{R^1}{\searrow}\!N\!\underset{R^3}{\overset{R^2}{\nearrow}} \qquad (4)$$

$$\underset{SiMe_3}{\overset{R^1}{\underset{|}{\searrow}}}\!\overset{\oplus}{S}\!\overset{R^2}{\nearrow} \xrightarrow{F^{\ominus}} \underset{CH_2^{\ominus}}{\overset{R^1}{\underset{|}{\searrow}}}\!\overset{\oplus}{S}\!\overset{R^2}{\nearrow} \xrightarrow{1,2\text{-迁移}} \overset{R^1}{\searrow}\!S\!\overset{R^2}{\nearrow} \qquad (5)$$

③ 经由卡宾 (carbene) 产生叶立德　重氮化合物是产生卡宾的重要前体，它能在热或光的作用下分解产生自由卡宾或在金属 (通常是 Cu 和 Rh) 的催化下产生金属卡宾，卡宾被带有孤对电子的杂原子进攻就能生成叶立德，氮、硫、氧叶立德都可以通过这种方式得到 (式 6)。而经由金属卡宾产生叶立德的这种方式，由于其在底物拓展上的方便和有效的反应专一性控制等方面的优势，立即在 Stevens 重排反应中得到迅速的应用，也使得 Stevens 重排反应成为一个强有力的有机合成手段。

$$\overset{R^1}{\underset{N_2}{\searrow}}\!\overset{R^2}{\nearrow} \xrightarrow{[M]} \underset{\overset{R^1}{\underset{M}{\searrow}}\!\overset{R^2}{\nearrow}}{\overset{R^1}{\underset{M}{\searrow}}\!\overset{R^2}{\nearrow}} \xleftarrow{} \underset{X=N,O,S}{\overset{R^3}{\underset{\ddots}{\searrow}}\!X\!\overset{R^4}{\nearrow}} \longrightarrow \underset{R^3}{\overset{R^1}{\searrow}}\!\overset{\ominus}{\underset{\oplus}{\searrow}}\!\overset{R^2}{\nearrow}\!\underset{R^4}{} \text{ 或 } \underset{R^3}{\overset{\ominus M}{\searrow}}\!\overset{R^2}{\underset{\oplus}{\searrow}}\!\underset{R^4}{} \xrightarrow{1,2\text{-迁移}} \underset{R^3}{\overset{R^1}{\searrow}}\!X\!\underset{\ddots}{\overset{R^4}{\nearrow}}_{R^2} \qquad (6)$$

Stevens 重排是在形成叶立德后，再发生一个基团从杂原子上 1,2-迁移到碳负离子位置上的反应。基团优先迁移的顺序一般是：炔丙基 > 烯丙基 > 苄基 > 烷基，苄基苯环上取代基的电子效应对迁移能力也有影响：p-NO_2 > p-X (X 代表卤素) > p-Me > p-MeO。

根据 Woodward-Hoffmann 规则，Stevens 重排是一个四电子的对称性禁阻的反应，因而重排不是一个协同的过程。目前普遍接受的机理是通过均裂产生自由基对再发生快速分子内重组的过程 (homolytic cleavage-radical pair recombination process)。更能稳定生成的碳自由基的基团往往优先发生迁移。产生的自由基对被紧紧束缚在溶剂笼中很难发生旋转，而且重组非常迅速，这就解释了为什么生成自由基的重组只发生在分子内，而几乎没有分子间的交叉产物，迁移的基团带有一个手性中心时在迁移后通常也可以保持原来的构型。

自由基机理 (式 7)[6,7]：

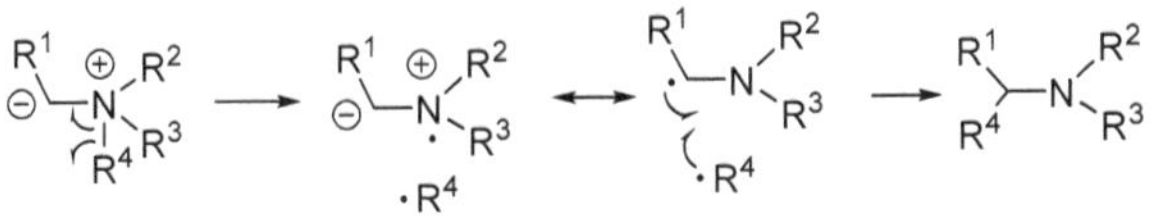

$$\begin{array}{c}\text{(structures)}\end{array} \qquad (7)$$

原来也提出过一种离子机理 (式 8)：

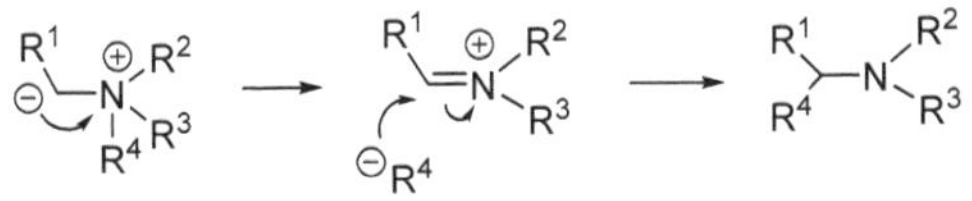

$$\begin{array}{c}\text{(structures)}\end{array} \qquad (8)$$

还有一种是杂原子协助的离子机理 (式 9)[8,9]，这在一些特殊的体系里是适用的。

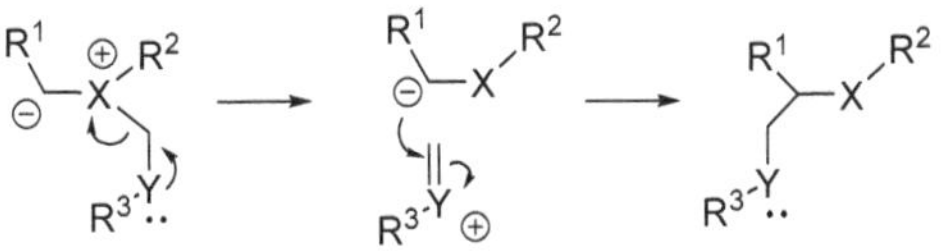

$$\begin{array}{c}\text{(structures)}\end{array} \qquad (9)$$

Stevens 重排在不对称合成方面研究较少，大多数研究工作中都是利用带有一个手性中心的迁移基团迁移后构型保持这个性质来获得高对映选择性的重排产物，而产物的非对映选择性并不高[10,11]。构型保持的程度受迁移基团上取代基的性质影响，一般从季铵盐出发又比从锍盐出发的 Stevens 重排反应中迁移基团构型保持的程度要好一些。下面这个例子中[11]，氮叶立德的手性基团迁移后构型完全保持，获得了两种非对映选择性的产物，比例为 1:2 (式 10)。

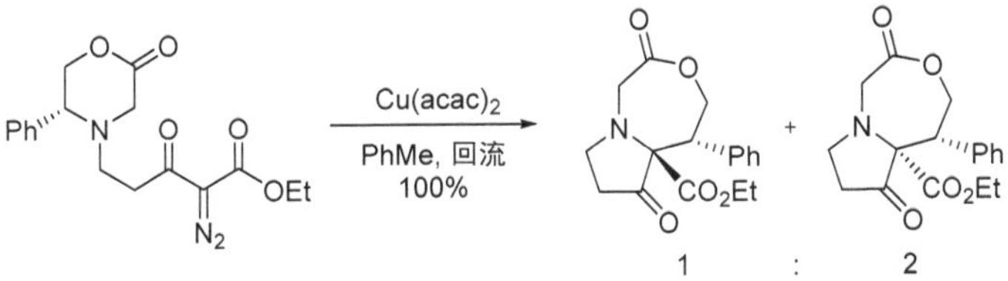

$$\begin{array}{c}\text{(structures)}\end{array} \qquad (10)$$

Doyle 等报道了一个手性铑催化剂催化重氮化合物分解产生氧叶立德的 Stevens 重排反应，产物的对映选择性较高 (式 11)[12]。

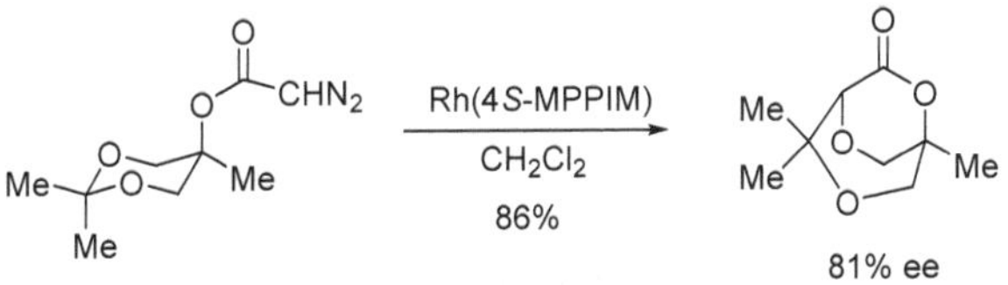

$$\begin{array}{c}\text{(structures)}\end{array} \qquad (11)$$

2016 年 Manukyan 等设计带有炔烃和酮羰基季铵盐底物，在碱的作用下生成氮叶立德，继而发生 Stevens 重排，生成联烯中间体，之后芳构化得到呋喃产物 (式 12)[13]。

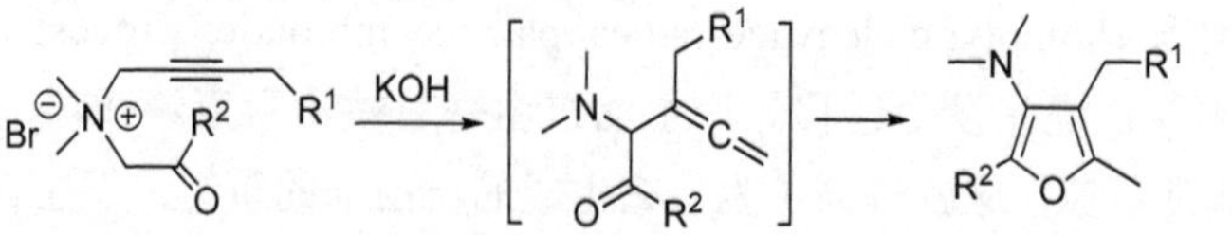

$$(12)$$

2016 年 Biju 课题组报道了有苯炔中间体的 Stevens 重排反应。在非碱性条件下用氟离子对三甲基硅取代的苯环脱硅产生苯炔中间体，三级胺对苯炔中间体进行亲核进攻，经氢迁移产生叶立德，随后由 Stevens 重排得到产物 (式 13)[14]。

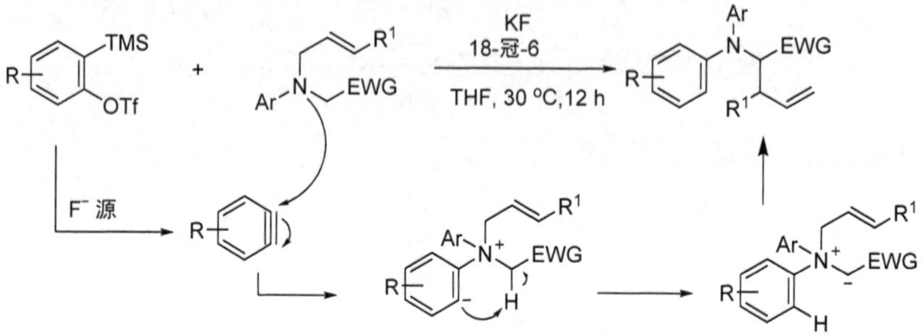

$$(13)$$

Stevens 重排是环状化合物扩环的一种很好的方法，式 14 是 Diver 等报道的一个硫叶立德双 Stevens 重排大环扩环的例子[15]。

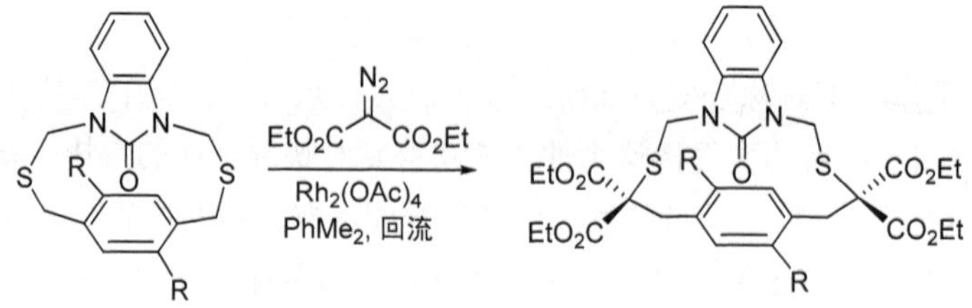

$$(14)$$

R = H, 51%; R = Me, 42%

氮叶立德的 Stevens 重排能方便地构建很多天然产物的骨架，脱氧可待因 D (式 15)、(式 16) 等生物碱类化合物[4,16]。

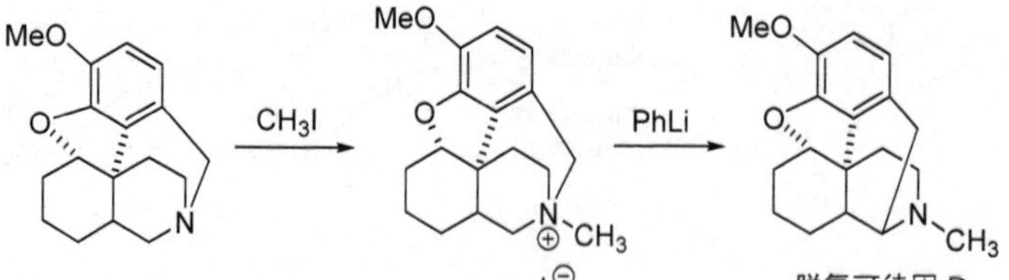

$$(15)$$

脱氧可待因 D

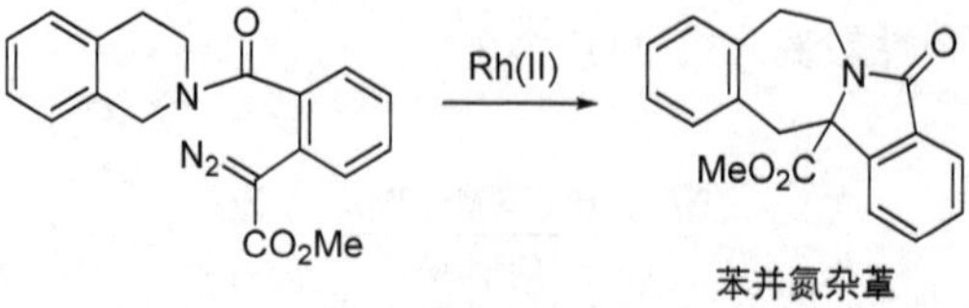

$$(16)$$

苯并氮杂䓬

参考文献

[1] Stevens, T. S.; Creighton, E. M.; Gordon, A. B.; MacNicol, M. *J. Chem. Soc.* Abstracts, **1928**, 3193.

[2] Vedejs, E.; West, F. G. *Chem. Rev.* **1986**, *86*, 941.
[3] Marko, I. E. The Stevens and Related Rearrangement. In *Comp. Org. Synth.* (eds. Trost, B. M., Fleming, I.), **1991**, *3*, 913-974 (Pergamon, Oxford).
[4] Vanecko, J. A.; Wan, H.; West, F. G. *Tetrahedron* **2006**, *62*, 1043.
[5] Zhang, C.; Hiroto, I.; Maeda, Y.; Shirai, N.; Ikeda, S.-I.; Sato, Y. *J. Org. Chem.* **1999**, *64*, 581.
[6] Baldwin, J. E.; Erickson, W. F.; Hackler, R. E.; Scott, R. M. *J. Chem. Soc., Chem. Commun.* **1970**, 576.
[7] Ollis, W. D.; Rey, M.; Sutherland, I. O.; Closs, G. L. *J. Chem. Soc., Chem. Commun.* **1975**, 543.
[8] Kametani, T.; Kawamura, K.; Honda, T. *J. Am. Chem. Soc.* **1987**, *109*, 3010.
[9] Marmsäter, F. P.; Murphy, G. K.; West, F. G. *J. Am. Chem. Soc.* **2003**, *125*, 14724.
[10] Vanecko, J. A.; West, F. G. *Org. Lett.* **2002**, *4*, 2813.
[11] Chelucci, G.; Saba, A.; Valenti, R.; Bacchi, A. *Tetrahedron: Asymmetry* **2000**, *11*, 3449.
[12] Doyle, M. P.; Ene, D. G.; Forbes, D. C.; Tedrow, J. S. *Tetrahedron Lett.* **1997**, *38*, 4367.
[13] Manukyan, M. O.; Sahakyan, T. A.; Gyulnazaryan, A. K.; Babakhanyan, A. V.; Minasyan, N. S.; Barseghyan, K. S. *Russian Journal of General Chemistry* **2016**, *86*, 2594.
[14] Roy, T.; Thangaraj, M.; Kaicharla, T.; Kamath, R. V.; Gonnade, R. G.; Biju, A. T. *Org. Lett.* **2016**, *18*, 5428.
[15] Ellis-Holder, K. K.; Peppers, B. P.; Kovalevsky, A. Yu. Diver, S. T. *Org. Lett.* **2006**, *8*, 2511.
[16] Liou, J.-P.; Cheng, C.-Y. *Tetrahedron Lett.* **2000**, *41*, 915.

（孙北奇，莫凡洋，彭玲玲，王剑波）

Stille 偶联反应

1977 年，Kosugi 报道了首例过渡金属配合物催化的基于有机锡化合物的碳-碳键形成反应[1]。次年，Stille 报道的研究结果使这一方法显现了合成价值[2]。

Stille（斯蒂尔）偶联反应涉及烃基锡烷与卤代烃或拟卤代烃（三氟甲磺酸芳/烯酯）在零价钯催化[1]下的交叉偶联反应（式 1）[2,3]。作为现代钯催化的 C-C 键形成方法之一，Stille 偶联反应是合成带易水解官能团的芳基-芳基、烯基-芳基和烷基-芳基化合物的有效方法[4-7]。常用的钯催化剂是 Pd(PPh$_3$)$_4$，常用的溶剂是 THF、甲苯或 DMF。由于 Kosugi 和 Migita 最早报道烃基锡烷与卤代烃在钯催化下的交叉偶联反应[1]，因而 Stille 偶联反应也称 Kosugi-Migita-Stille（小杉-右田-斯蒂尔）偶联反应或 Stille-Kosugi-Migita（斯蒂尔-小杉-右田）偶联反应。

RSn(n-Bu)$_3$ + R'X $\xrightarrow{Pd(0)L_n}$ R-R' + HSn(n-Bu)$_3$　　(1)
(R, R' = 芳基, 乙烯基; X = I, Br, OTf)

催化循环：同其它钯催化反应一样，Stille 的催化循环包含氧化加成、金属交换和还原消除步骤（图 1）。与 Suzuki 偶联不同的是，Stille 偶联反应无需 OH$^-$、RO$^-$、CO$_3^{2-}$ 或 F$^-$ 等亲核物种。

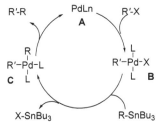

图 1　Stille 偶联反应的催化循环机理

从表 1 所列适应于 Stille 偶联反应的卤代烃 (拟卤代烃)/有机锡化合物和式 2~式 4 可以看出,Stille 偶联反应表现出极大的灵活多用性[8,9]。可从锡转移出的基团包括烯基、芳基、炔基、烯丙基、联烯。烷基的转移速度慢,因而可选择性地从锡烷转移出不饱和烃基。芳卤或烯卤的反应活性与 Suzuki 反应一致,即:I(OH)OTs >> I > Br >> Cl。

表 1 可用于 Stille 偶联反应的卤代烃和烃基锡烷

可用于 Stille 偶联的卤代烃 (拟卤代烃)	可用于 Stille 偶联的烃基锡烷
R-COCl (酰基化); Ar-X (X = Br, I); R'R''C=CRX (X = I, OTf); R'R''C=CR-CH2X (X = Cl, Br); R'CH(CO2R)X (X = Br, I); ArCH2X (X = Cl, Br); RSO2Cl (烷基化)	H-SnR3; R'-C≡C-SnR3; R'R''C=CR-SnR3; R'R''C=CR-CH2SnR3; Ar-SnR3; ArCH2SnR3; CnH2n+1SnR3

$$R-COCl + R'SnBu_3 \xrightarrow[\text{MeCN, 82 °C, 20 h}]{2.5\% \ t\text{-Bu-Pd catalyst}} R-CO-R' \quad (2)$$
(R' = Ar, ArC≡C)

$$R\text{-}C_6H_4\text{-}I + Bu_3Sn\text{-}C(R')=C=CHR'' \xrightarrow[\text{DMF}]{5\% \ Pd(PPh_3)_4, \ LiCl \ (1.2 \ equiv)} \text{allene product} \quad (3)$$

$$t\text{-Bu-cyclohexanone} \xrightarrow[\text{Tf}_2\text{O, CH}_2\text{Cl}_2]{t\text{-Bu-pyridine-}t\text{-Bu}} t\text{-Bu-cyclohexenyl-OTf} \xrightarrow[\text{Pd(PPh}_3)_4, \text{LiCl, THF}]{R'\text{SnBu}_3} t\text{-Bu-cyclohexenyl-R'} \quad (4)$$

在拓展 Stille 偶联反应的诸多努力中,烯基/芳基三氟磺酸酯 (ROTf) 的引入[10]使这一方法更具多用性,因为前者可从酮制得 (式 4)。由于有机锡试剂是弱亲核试剂,偶联反应需较高温度以使金属交换步骤得以进行,Farina 等人[11]发展了钯催化剂新配体三(呋喃-2-基)膦和三苯胂等,使得反应可在温和条件下进行,这对天然产物的合成有重要的意义。2005 年,Yin 小组报道了简单而高效的催化体系 Pd(OAc)$_2$/DABCO[12]、铜(I)盐与氟离子的协同效应[13],和基于磺酰氯的类 Stille 偶联反应 (式 5)[14]。后者使 Stille 羰基化偶联反应成为可能,从而用于酮和硫代酯的合成。

$$RSO_2Cl + R^1\text{-}SnBu_3 + CO \xrightarrow[\substack{10\% \ CuBr, \ Me_2S \\ 110 \ °C, \ 15 \ h}]{1.5\% \ Pd_2dba_3, \ 5\% \ TFP} R\text{-}CO\text{-}R^1 \quad (5)$$
1.0 equiv 1.3 equiv 60 bar   51%
                                                    R = R^1 = p-MeC$_6$H$_4$

由于有机锡化合物易于制备、稳定性好,偶联反应条件温和,许多官能团不受影响,且烯基化合物反应时烯烃的几何构型保持,因而被广泛用于天然产物的合成[15],例如

guanacastepenes[16]、6'-*epi*-peridinin[17]、olycavernoside A[18]和埃博霉素 (图 2)[19]。近十年来,Stille 偶联反应作为经典的构建 $C_{sp^2}-C_{sp^2}$ 键策略,在全合成中有广泛的应用。例如:nakiterpiosin[20]、amphidinolide F[21]、biselyngbyolide B[22]和 pateamine A (图 3)[23]。

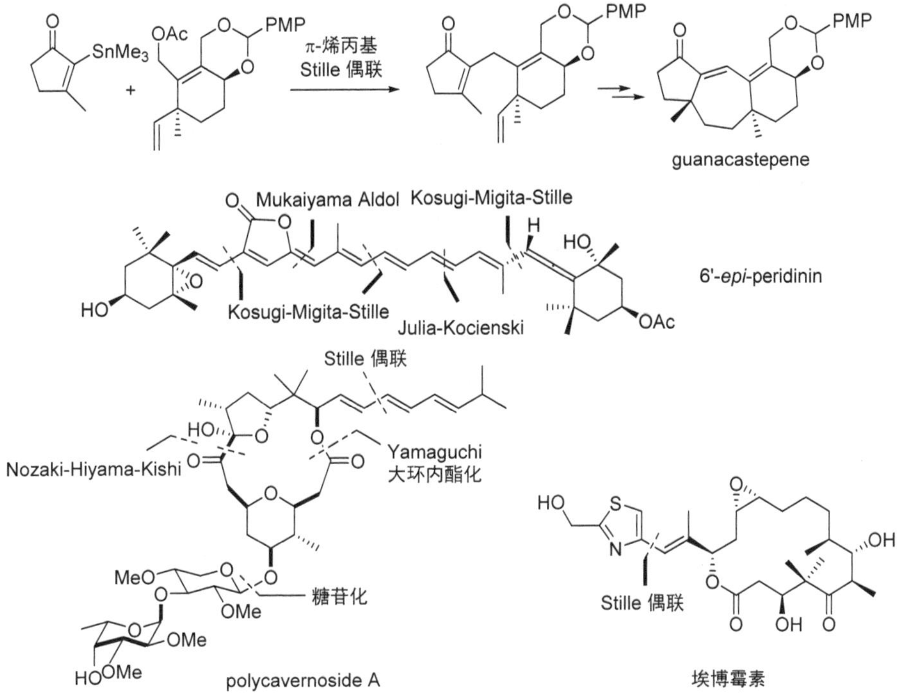

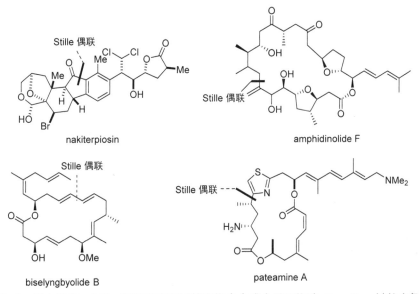

图 2　Stille 偶联反应被广泛用于天然产物的合成实例

图 3　近十年来,Stille 偶联反应在天然产物全合成中用于构建 $C_{sp^2}-C_{sp^2}$ 键的实例

Stille 偶联反应的缺点是锡毒性大。为了克服这一缺点，发展了许多解决办法，其中包括使用催化量的锡和水溶性、可回收的有机锡试剂[24,25]。Stille 偶联反应的另一缺点是低水溶性，使得产物难以分离提纯。由于有机硼试剂也具有类似于有机锡试剂的反应性，随着越来越多有机硼试剂的商品化以及 Suzuki 偶联反应的拓展，Suzuki 偶联反应将成为比 Stille 偶联反应更好的选择。

参考文献

[1] Kosugi, M.; Simizu, Y.; Migita, T. *Chem. Lett.* **1977**, 1423-1426.
[2] Milstein, D.; Stille, J. K. *J. Am. Chem. Soc.* **1978**, *100*, 3636-3638.
[3] Milstein, D.; Stille, J. K. *J. Am. Chem. Soc.* **1979**, *101*, 4992-4998.
[4] Scott, W. J.; Crips, G. T.; Stille, J. K. *Org. Syn.* **1992**, *71*, 97-106.
[5] Stille, J. K. *Angew. Chem. Int. Ed.* **1986**, *25*, 508-524.
[6] Farina, V.; Krishnamurthy, V.; Scott. W. J. ed. The Stille Reaction J. Wiley & Sons Inc.: New York, NY. 1998.
[7] Carsten, B.; He, F.; Son, H. J.; Xu, T.; Yu, L. *Chem. Rev.* **2011**, *111*, 1493-1528.
[8] Lerebours, R.; Camacho-Soto, A.; Wolf, C. *J. Org. Chem.* **2005**, *70*, 8601-8604.
[9] Huang, C.W.; Shanmugasundaram, M.; Chang, H.M.; Cheng, C.-H. *Tetrahedron* **2003**, *59*, 3635-3641.
[10] Crisp, G. T.; Scott, W. J.; Stille, J. K. *J. Am. Chem. Soc.* **1984**, *106*, 7500-7506.
[11] Farina, V.; Kapadia, S.; Krishnan, B.; Wang, C.; Liebeskind, L. S. *J. Org. Chem.* **1994**, *59*, 5905-5911.
[12] Li, J. H.; Liang, Y.; Wang, D. P.; Liu, W. J.; Xie,Y.; Yin, D. *J. Org. Chem.* **2005**, *70*, 2832-2834.
[13] Mee, S. P. H.; Lee, V.; Baldwin, J. E. *Angew. Chem. Int. Ed.* **2004**, *43*, 1132-1136.
[14] Dubbaka, S. R.; Vogel, P. *J. Am. Chem. Soc.* **2003**, *125*, 15292-15293.
[15] Maleczka, R. E. Jr.; Gallager, W. P.; Terstiege, I. *J. Am. Chem. Soc.* **2000**, *122,* 384-385.
[16] Shipe, W. D.; Sorensen, E. J. *Org. Lett.* **2002**, *4,* 2063-2066.
[17] Vaz, B.; Alvarez, R.; Bruckner, R.; de Lera, A. R. *Org. Lett.* **2005**, 7, 545-548.
[18] Blakemore, P. R.; Browder, C. C.; Hong, J.; Lincoln, C. M.; Nagornyy, P. A.; Robarge, L. A.; Wardrop, D. J.; White, J. D. *J. Org. Chem.* **2005**, *70*, 5449-5460.
[19] Nicolaou, K. C. ; Roschangar, Y. He, F.; King, N. P.; Vourloumis, D.; Li, T. *Angew. Chem. Int. Ed.* **1998**, *37*, 84-87.
[20] Gao, S.; Wang, Q.; Chen, C. *J. Am. Chem. Soc.* **2009**, *131*, 1410-1412.
[21] Ferrié, L.; Fenneteau, J.; Figadère, B. *Org. Lett.* **2018**, *20*, 3192-3196.
[22] Kämmler, L.; Maier, M. E. *J. Org. Chem.* **2018**, *83*, 4554-4567.
[23] Zhuo, C. X.; Fürstner, A. *J. Am. Chem. Soc.* **2018**, *140*, 10514-10523.
[24] Mitchell, T. N. *Synthesis* **1992**, 803-815.
[25] Han, X. J.; Hartmann, G. A.; Brazzale, A.; Gaston, R. D. *Tetrahedron Lett.* **2001**, *42*, 5837-5839.

（黄培强，刘占江）

Stork 烯胺反应

羰基化合物与仲胺脱水缩合生成烯胺，烯胺与活泼卤代烷烃或酰卤发生烷基化或酰基化反应生成取代烯胺,后者再经水解得到 α-烃基或 α-酰基羰基化合物的反应,称为 Stork (斯托克) 烯胺反应 (Stork enamine reaction)。

亚胺是醛、酮的氮类似物,而烯胺是烯醇的氮类似物。与烯和醇醛、酮的互变异构类似,当形成的烯胺的氮上还有氢时,则会重排为更为稳定的亚胺结构 (注:如果烯胺中 R^1 取代基为吸电子基时,则烯胺为稳定的存在结构) (图 1)。但如果将氮上的氢替换为其它的烷基,此时的烯胺就会成为一个稳定的化合物,犹如将烯醇氧上的氢替换为其它的取代基 (如 TMS) 就得到稳定的烯醇醚一样。

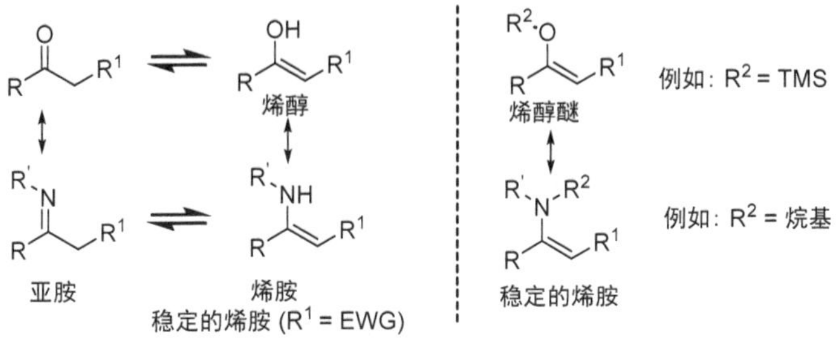

图 1 烯胺与亚胺的互变异构

烯胺通常是由具有至少一个 α-氢的酮与一分子仲胺脱水缩合制备的,该过程可在酸 (如对甲苯磺酸) 催化下由分水器共沸除水完成[1],也可以使用分子筛[2]、强脱水剂如 $TiCl_4$[3](适合有位阻的胺) 或使用仲胺的三甲基硅基衍生物[4]。常用的仲胺有四氢吡咯、吗啉和六氢吡啶,它们与羰基化合物的反应活性通常依次降低。

烯胺氮原子上的孤对电子与 α,β-不饱和碳-碳双键共轭,因此烯胺和烯醇负离子相似,可以产生两个反应位点:一个是 β-碳原子,另一个是具有孤对电子的氮原子。早期报道的烯胺化合物如二甲基四氢吡啶 (**1**) 和 testosterone 的四氢吡咯衍生物 (**2**) 与碘甲烷反应主要生成氮取代的季铵盐类化合物 (图 2)[1]。

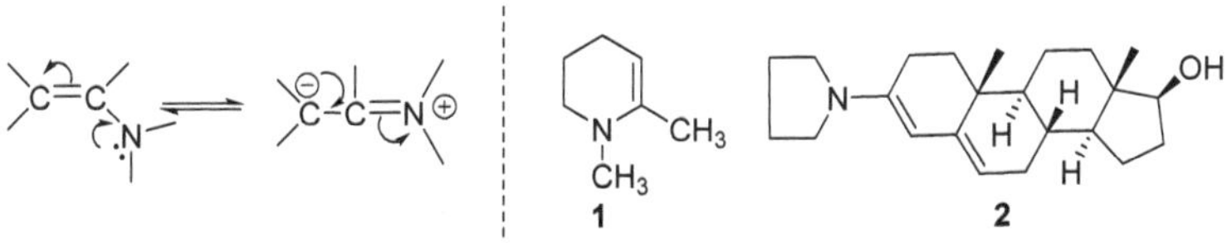

图 2 烯胺的两个反应位点及早期报道的两个烯胺化合物

直到 1954 年,G. Stork (吉尔伯特·斯托克) 等[5]发现碘甲烷、苄氯和苯甲酰氯等可以与环己酮和四氢吡咯反应得到的烯胺在 β-碳原子上进行烷基化和酰基化反应,水解后分别得到 α-烷基取代的酮和 β-二羰基化合物 (式 1),从而使该类反应具有实用价值。

用酮直接进行烷基化反应,通常具有两个局限性[1]:①需要使用强碱将其转变为烯醇负离子,这样容易导致自身的羟醛缩合反应;②生成的烷基酮容易与没反应的烯醇负离子进行质子交换,从而发生多烷基化反应。但 Stork 烯胺反应则可以避免这些副反应。此外,使用非对称取代的酮如 2-甲基环己酮进行烷基化或 Michael 反应时,使用碱催化的方法将使烷基被引入到取代基多的位置 (另外还有自身缩合的副产物)，而用烯胺的方法则使烷基被引入到取代基少的位置 (式 2)。这是 Stork 烯胺反应在区域选择性控制方面一个明显的特点。

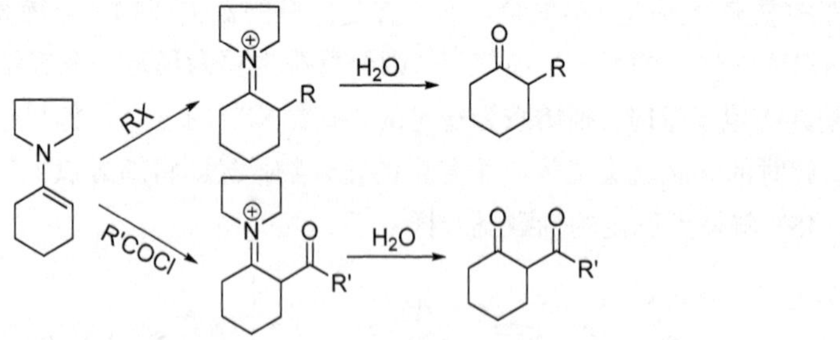

$$\text{(1)}$$

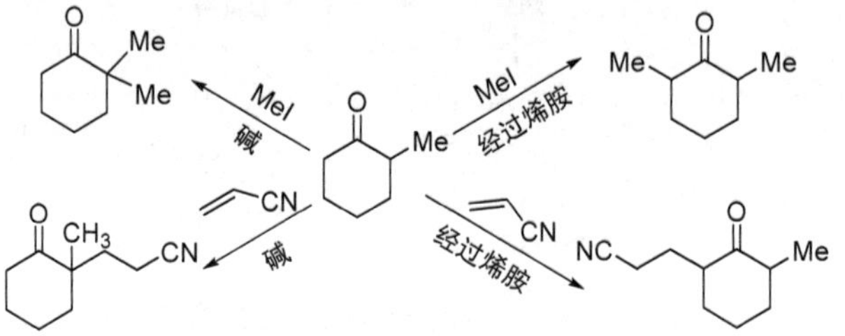

$$\text{(2)}$$

非对称取代的酮制备烯胺时，绝大部分产生双键碳上取代基最少的烯胺化合物 (式 3)[1]，这是由于双键 π 轨道和氮上未共用电子对最大程度的相互作用，使得氮原子及双键碳原子共平面，这时多取代的烯胺异构体中的甲基氢和四氢吡咯环上的亚甲基氢之间存在非键排斥作用，不利于整个体系的稳定，因此它以少量的副产物出现。非对称酮的区域选择性烯胺化是使上述烷基被引入到取代基少的位置上的原因。

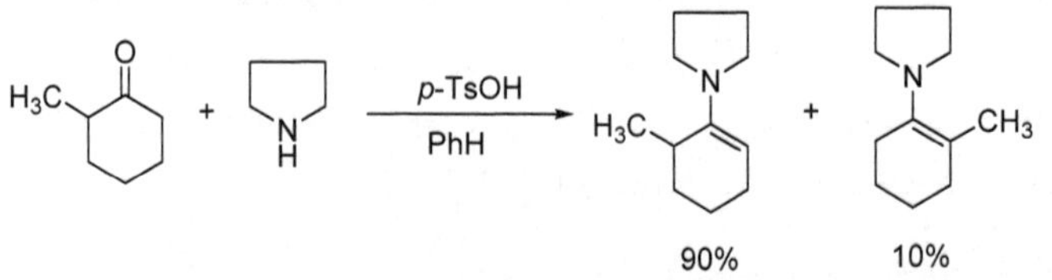

$$\text{(3)}$$

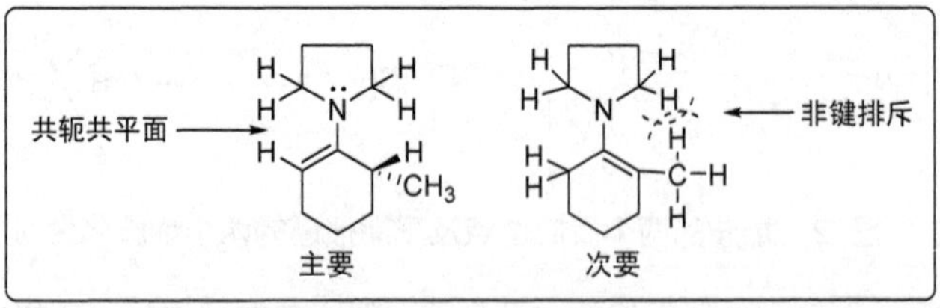

酮式烯胺与活泼的卤代烷如烯丙基卤代烷、苄基卤代烷、炔丙基卤代烷、α-卤代醚、α-卤代酮、酯及腈等都能得到很好收率的 α-烷基酮化合物[1]，制备此类反应所需要的酮式烯胺通常为四氢吡咯和环烷基酮。值得指出的是该反应对一般的一级或二级卤化物不太适用。醛式烯胺即使与上述活泼的卤代烷反应也通常得到很低收率的产物。唯一的一个特例是醛式烯胺与烯丙基卤化物的反应，能够得到具有使用价值收率的产物。通常认为该反应首先形成氮烷基化的产物，进而在加热条件下发生 Claisen 重排 (式 4)[6]。

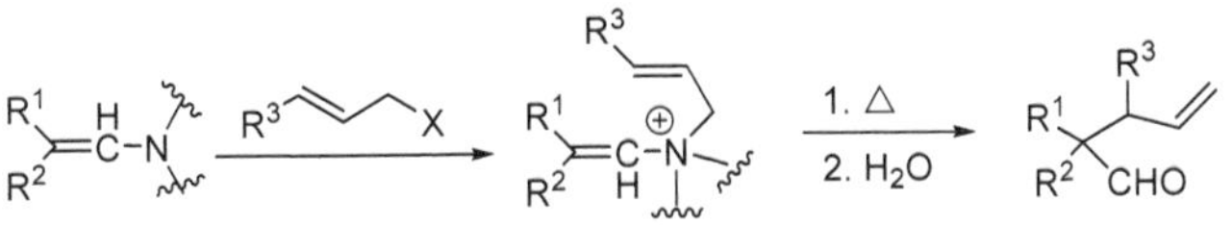

酮式烯胺可以和一个 α,β-不饱和共轭体系发生 Michael 加成反应，反应中共轭体系既可发生碳烷基化，也可发生氮烷基化，但后者是一个可逆过程，因此碳加成物是该类反应的主要产物 (式 5)[7]。为了使反应中间体的电荷分散从而降低能态，这类反应通常在质子溶剂中进行。

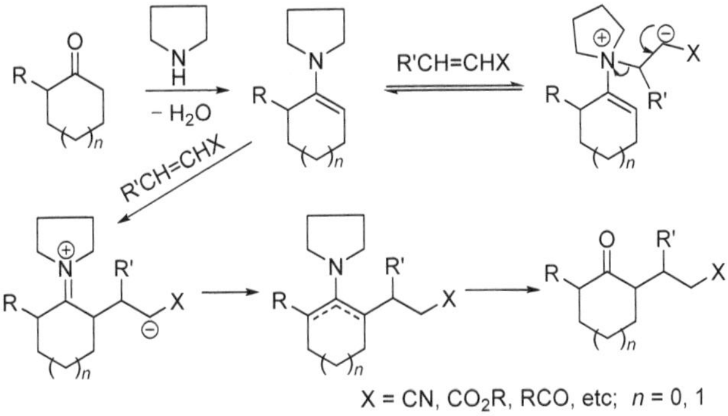

值得指出的是，环己酮和四氢吡咯反应得到的烯胺与甲基乙烯基酮的 Michael 加成反应不能停留在第一步，该中间体将发生分子内环合反应得到 octalonem (**1**)，释放的吡咯将与其反应生成一个更稳定的烯胺化合物，该中间体的水解需要在热的醋酸钠的醋酸水溶液中进行 (式 6)[7]。

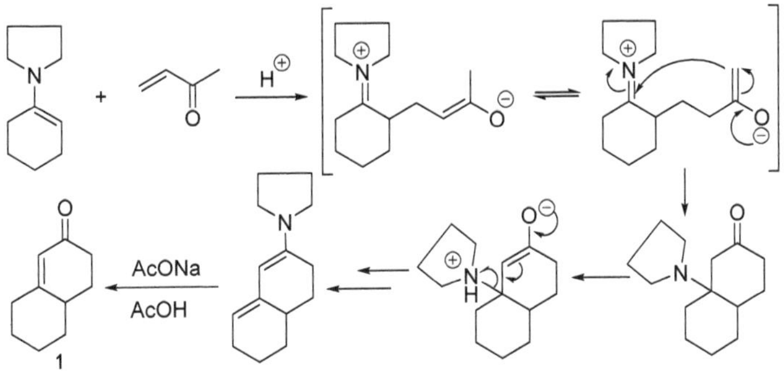

醛式烯胺也可发生 Michael 加成反应，而碱催化的方法不能得到相同的加成产物，主要得到醛自身的羟醛缩合产物 (式 7)。但酮式烯胺如环己酮和四氢吡咯反应得到的烯胺与 α,β-不饱和醛的反应则得到双环胺基酮 (**2**) (式 8)，该产物与 γ-醛基酮和吡咯的 Mannich 反应产物相同[1]。

Stork 烯胺酰基化反应报道后，又有许多类似的酰基化反应被发现，包括：环己酮和

四氢吡咯反应得到的烯胺与氯化氰、二乙烯酮、异氰酸酯、异硫氰酸酯、甲乙酸酐和乙酸酐的反应 (式 9)。

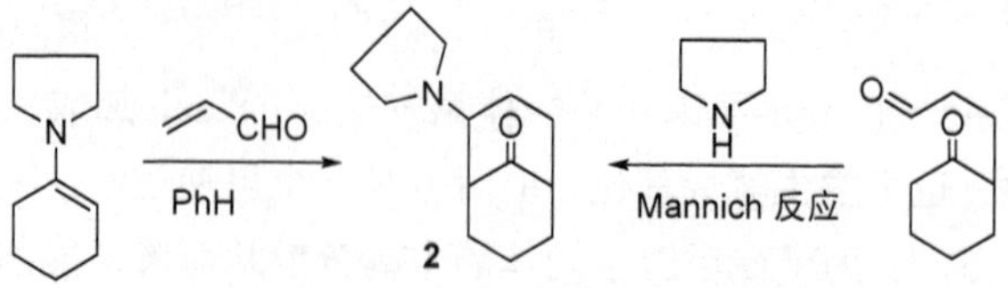

(8)

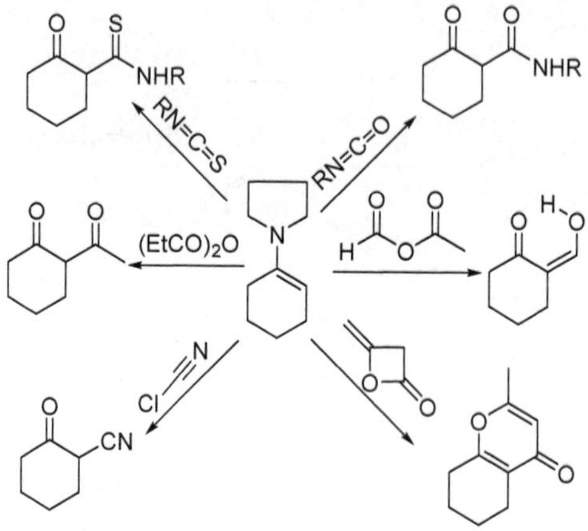

(9)

自从 1954 年 Stork 发现烯胺反应以来,烯胺类化合物在有机合成中受到了广泛的研究和关注[8]。近年来,手性四氢吡咯如 L-脯胺酸与醛酮形成烯胺的机制在有机小分子不对称催化领域得到了广泛的应用[9]。反应可将羰基化合物、亲电试剂、催化量的手性四氢吡咯试剂在常用溶剂如 DMSO、DMF 和 $CHCl_3$ 中"一锅法"进行[10]。此外,非手性烯胺类化合物在手性催化剂作用下的不对称合成反应也得到了广泛的研究。如 Yamamoto 等[11]发现了非手性烯胺类化合物在手性 Brønsted 酸催化下的区域选择性和对映体选择性亚硝基类羟醛 (nitroso adol) 缩合反应 (式 10)。

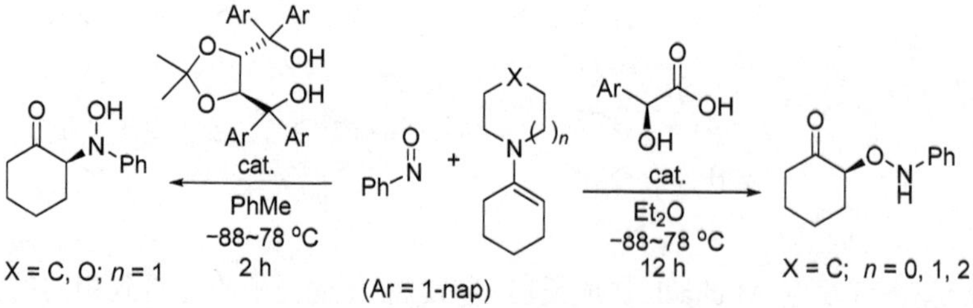

(10)

参考文献

[1] Stork, G.; Brizzolara, A.; Landesman, H.; Szmuszkovicz, J.; Terrell, R. *J. Am. Chem. Soc.* **1963**, *85*, 207.
[2] Taguchi, K.; Westheimer, F. H. *J. Org. Chem.* **1971**, *36*, 1570.
[3] White, W. A.; Weingarten, H. *J. Org. Chem.* **1967**, *32*, 213.
[4] Comi, R.; Franck, R. W.; Reitano, M.; Weinreb, S. M. *Tetrahedron Lett.* **1973**, 3107.
[5] Stork, G.; Terrell, R.; Szmuszkovicz, J. *J. Am. Chem. Soc.* **1954**, *76*, 2029.
[6] Brannock, K. C.; Burpitt, R. C. *J. Org. Chem.* **1961**, *26*, 3576.

[7] Stork, G.; Landesman, H. *J. Am. Chem. Soc.* **1956**, *78*, 5129.
[8] Rappoport, Z. The Chemistry of Enamines; Wiley-VCH: Weinheim, Germany, 1994.
[9] Dalko, P. I.; Moisan, L. *Angew Chem., Int. Ed.* **2004**, *43*, 5138.
[10] Mase, N.; Watanabe, K.; Yoda, H.; Takabe, K.; Tanaka, F.; Barbas, C. F. III. *J. Am. Chem. Soc.* **2006**, *128*, 4966.
[11] Momiyama, N.; Yamamoto, H. *J. Am. Chem. Soc.* **2005**, *127*, 1080.

（杜云飞，赵康）

Strecker 反应

早在 1850 年，德国化学家 Adolph Strecker (1822—1871) 在研究乳酸合成时，尝试了用氨水作碱来促进氢氰酸对乙醛的加成反应以制备 α-羟基腈，再用酸水解制备乳酸，但意外得到丙氨酸（德语 Alanin）(式 1)。[1]这一发现成了首次人工合成 α-氨基酸的案例，比从自然界中分离得到丙氨酸还要早很多年，具有里程碑式的意义。随后，人们发现该反应不但具有普遍性，而且极具合成价值，便将通过醛/酮、胺和氰基化试剂三组分反应合成 α-氨基腈的反应命名为 Strecker (斯特雷克) 反应 (式 2)。

Strecker 反应的发现（"一锅"三组分反应）:

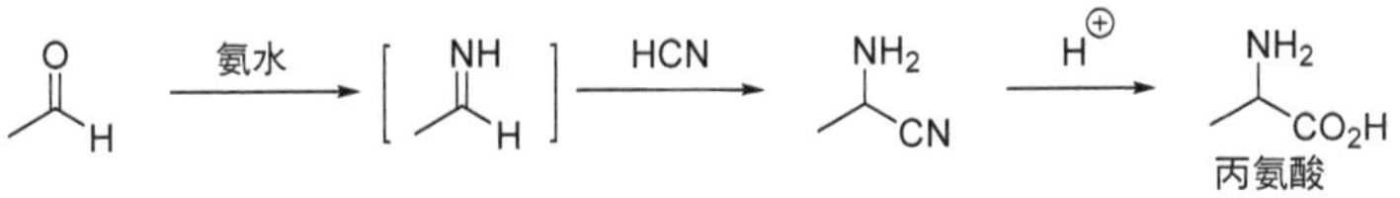

$$\text{RCHO} \xrightarrow{\text{氨水}} [\text{RCH=NH}] \xrightarrow{\text{HCN}} \text{RCH(NH}_2\text{)CN} \xrightarrow{\text{H}^+} \text{RCH(NH}_2\text{)CO}_2\text{H (丙氨酸)} \tag{1}$$

Strecker 反应通式:

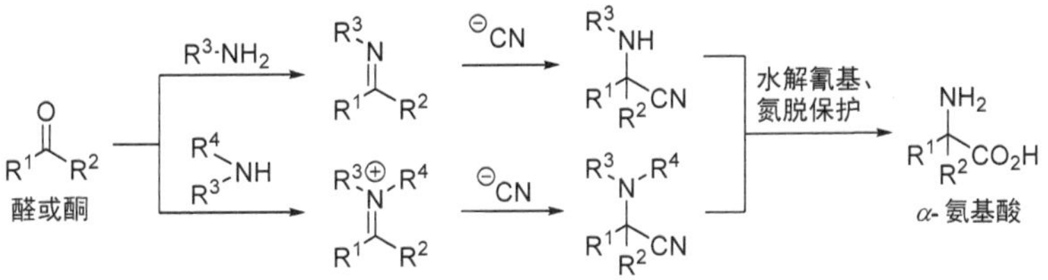

$$\tag{2}$$

最初的 Strecker 反应是一个三组分反应，具有操作简单、快捷高效等优点。其中胺可以是氨、伯胺和仲胺。在实际应用中，为了提高反应产率或反应立体选择性，往往先将醛/酮与胺缩合制得亚胺后再与氰基化试剂反应。根据反应需要，可以选用合适的胺来合成亚胺，常用的非手性胺有苯胺、苄基胺、BocNH$_2$、对甲苯磺酰胺，手性胺包括 2-苯乙胺、叔丁基亚磺酰胺、对甲苯亚磺酰胺、α-氨基醇等。不同胺衍生得到的亚胺由于氮上所连基团电性和立体效应不同，活性和立体选择性有很大差异，适用条件也不尽相同；与氮相连的基团应选容易脱除者为佳。当利用手性胺衍生的亚胺作为底物，可以实现 α-氨基腈的不对称合成。另外，亚胺除了用醛/酮和胺缩合制得，还可以通过其它途径合成，如腈经过部分还原或 α-氨基砜在碱性条件下均可转化为亚胺。

用于 Strecker 反应的氰基化试剂主要有氢氰酸 (HCN)、氰化钠 (NaCN)、三甲基硅腈 (TMSCN)、乙酰腈 (AcCN)、氰甲酸酯 ($CNCO_2R$)、丙酮氰醇 [$Me_2C(CN)OH$] 等；各种试剂适用的反应条件不同。氢氰酸由于沸点低，毒性大，使用不便而较少被直接使用。氰化钠在工业上使用较多，其是水溶性的特点适用于相转移催化体系。三甲基硅腈一般限于实验室小规模使用，一般通过加 Lewis 碱活化。乙酰腈和氰甲酸酯活性较低，也可通过 Lewis 碱活化。丙酮氰醇一般在碱性条件下发生分解释放出氰根，副产物为丙酮。注意：氰基化试剂毒性较大，使用时应注意防护。含氰化物的反应废弃物需要妥善处理。

除结构对称的酮 ($R_2C=O$) 外，由其它醛、酮通过 Strecker 反应得到的 α-氨基腈都具有手性。不对称 Strecker 反应是合成手性氨基酸的重要方法[2]。实现不对称 Strecker 反应主要有两种策略：使用光学纯的手性亚胺底物或者使用手性催化剂。前者为手性底物诱导策略[2b]，可分为两种情况：(1) 由非手性醛或酮与手性胺反应制备手性亚胺。例如 Sarges 小组利用手性亚胺的非对映选择性 Strecker 反应合成手性螺环乙内酰脲，其中在 Strecker 反应步骤中，非对映异构体纯的氨基腈在反应中结晶析出 (式 3)[3]。(2) 由手性醛或酮与非手性胺反应制备手性亚胺。如式 4 所示，Griengl 小组用氰醇酶催化醛的氰化得到对映纯的 α-羟基腈，经硅试剂保护羟基，还原氰基得到手性醛，再进行 Strecker 反应得到 α-氨基腈，进一步衍生得到了两种光学纯的鞘氨醇 (sphingosine)[4]。

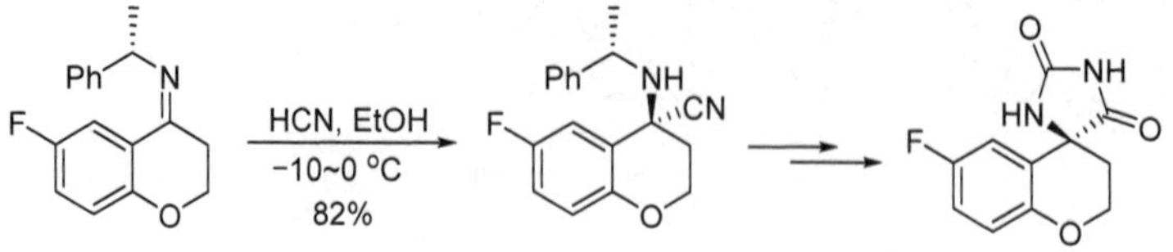

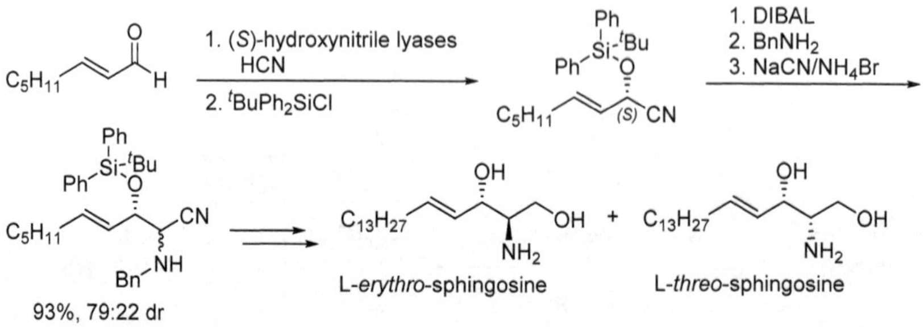

不对称催化 Strecker 反应更具有原子经济性，近年来也取得了重要进展。所用手性催化剂包括有机小分子催化剂和金属配合物催化剂[2]。手性小分子催化剂包括叔胺、脒、叔胺氧化物、手性磷酸、脲/硫脲、手性季铵盐等。如式 5 所示，冯小明小组用手性双氮氧化剂实现了酮亚胺的不对称催化 Strecker 反应[5]。

手性金属配合物催化剂包括铝、锆、钛、钆等金属与各种手性配体的配合物。如 Shibasaki 小组报道了钆催化的不对称 Strecker 反应 (式 6)[6]，并以该方法为关键步骤合成了药物 (S)-sorbinil (式 7)[6b]。

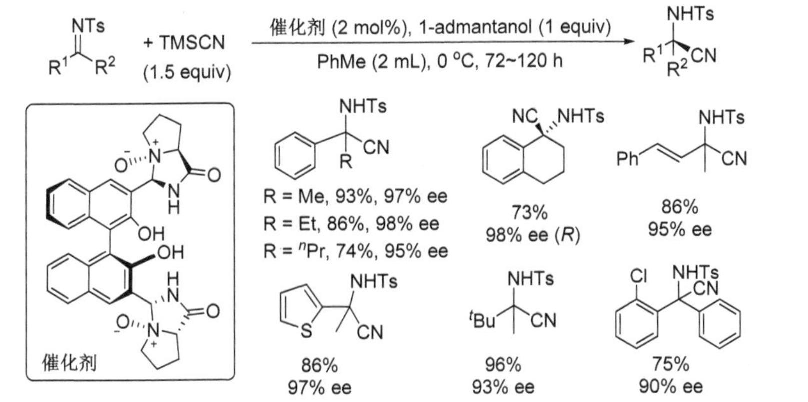

关于不对称 Strecker 反应的催化机理，基本都是通过底物和催化剂之间的作用使得反应物在被活化的同时还被控制在一个良好的手性环境中，使得氰基对亚胺的 Re 面和 Si 面的亲核进攻具有明显的能量差异，促使高对映选择性地生成高光学活性的 α-氨基腈产物。酸或碱都可以催化 Strecker 反应。另外，酸碱双活化策略也已见诸报道，催化效率更高。

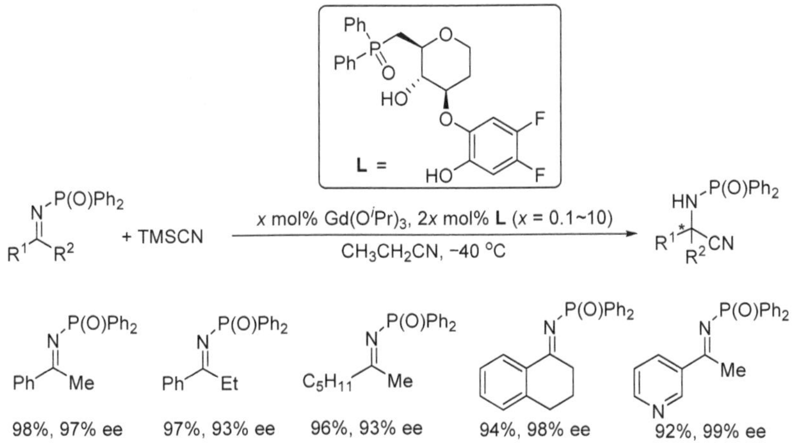

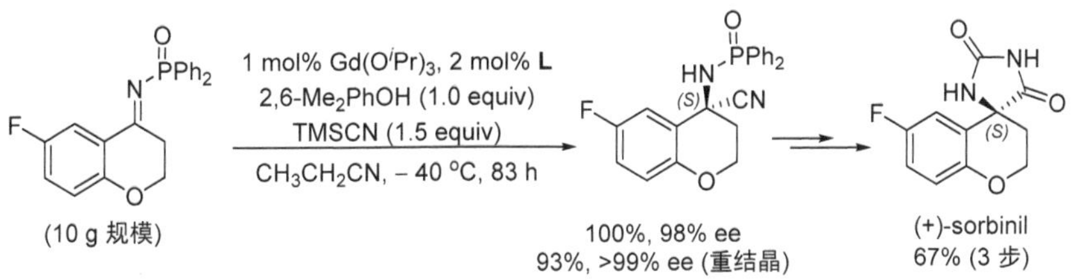

相比于醛亚胺的不对称氰基化反应，酮亚胺的反应难度更大，是合成季碳氨基酸的有效方法。冯小明小组利用辛可宁/联苯酚/Ti(IV) 组合催化剂体系，发展了一个双功能钛催化剂体系，可同时适用于醛亚胺和酮亚胺的不对称 Strecker 反应 (式 8)[7]。

$$\underset{R^1}{\overset{N^{Ts}}{\|}}\underset{R^2}{\|} + \text{TMSCN} \xrightarrow[{}^i\text{PrOH (1.2 equiv), PhMe, }-20\ ^\circ\text{C}]{\text{辛可宁 (5 mol\%), Ti(O}^i\text{Pr)}_4\text{ (6 mol\%), 联苯酚 (6 mol\%)}} \underset{R^1\ R^2}{\overset{HN^{Ts}}{\underset{CN}{\|}}} \quad (8)$$

（辛可宁、联苯酚结构图及可能的活化模式图）

Strecker 反应在有机合成中的应用

Jacobsen 小组通过有机小分子催化不对称 Strecker 反应，在克级规模合成了高光学纯的非天然手性氨基酸如叔亮氨酸[8]。反应以 N-二苯甲基亚胺为底物，氰化钾为氰源，(S)-叔亮氨酸衍生的硫脲为催化剂 (0.5 mol%)，在零度反应 4~8 h 即可高收率和高对映选择性地得到 α-氨基腈。将产物在酸性条件下水解，经 Boc 保护氨基和一次重结晶便可以较好的收率得到几乎光学纯的手性氨基酸，整个过程无需柱色谱分离。利用 (S)-叔亮氨酸衍生的硫脲催化剂可制备 (R)-叔亮氨酸 (式 9)。

$$\underset{R}{\overset{Ph}{\underset{\|}{N}}}\underset{Ph}{\|} \xrightarrow[\text{KCN, AcOH, H}_2\text{O, PhMe, 0 }^\circ\text{C, 4~8 h}]{\text{cat* (0.5 mol\%)}} \underset{R}{\overset{HN}{\underset{CN}{\|}}}\overset{Ph}{\underset{Ph}{\|}} \xrightarrow[\begin{array}{l}1.\ \text{H}_2\text{SO}_4,\ \text{HCl, 44~68 h}\\2.\ \text{NaOH, NaHCO}_3\\3.\ \text{Boc}_2\text{O, 二噁烷, 16 h}\\4.\ \text{重结晶}\end{array}]{} \underset{R}{\overset{HN^{Boc}}{\underset{CO_2H}{\|}}} \quad (9)$$

87%~90% ee ； 98%~99% ee

cat* = （硫脲催化剂结构图）

产物示例：
- ${}^t\text{Bu}\ (R)$-Boc-氨基酸，收率 62%~65% (6~14 g 规模)
- 环己基 (R)-Boc-氨基酸，收率 50%~51% (3.5 g 规模)
- Et, Me·${}^t\text{BuNH}_2$ (R)，收率 48%~51% (4 g 规模)

α-氨基腈在银盐、铜盐或酸存在下，或在热解条件下均可以脱去氰基，转化为高活性的亚胺离子 (式 10)，然后与各种亲核试剂 (如硼氢化钠、有机金属试剂等) 反应合成各种胺类产物，也可以经过异构化得到烯胺中间体或经水解得到醛或酮[9]。在多步合成中，羰基还可以通过转化为 α-氨基腈被保护起来，后期又可被分解，重新释放出羰基[9,10]。

$$\underset{R^1\ R^2}{\overset{NR_2}{\underset{CN}{\|}}} \xrightarrow{-\text{CN}^-} \underset{R^1\ R^2}{\overset{\overset{+}{N}HR_2}{\|}} \xrightarrow{\text{Nu}^-} \underset{R^1\ R^2}{\overset{NHR_2}{\underset{Nu}{\|}}} \quad (10)$$

另外，α-位有氢的 α-氨基腈可用强碱脱去质子得到相应的 α-氨基腈碳负离子 (式 11)，它可以与各种亲电试剂如醛、环氧化合物、α,β-不饱和羰基化合物发生反应得到一个新的 α-氨基腈。该策略相当于羰基极性反转 (umpolung) 策略，即将亲电的醛羰基变为亲核的酰基负离子[9,11]。

Enders 小组结合上述两种策略实现了 α-氨基酰基对 α,β-不饱和酯的不对称 Michael

加成反应，获得了较高的收率和好的对映选择性[12] (式 12)。

$$R^1\underset{H}{\overset{NR_2}{|}}CN \xrightarrow{-H^\oplus} R^1\overset{NR_2}{\underset{\ominus}{|}}CN \;[\equiv\; R^1\overset{O}{\underset{\ominus}{|}}]\; \xrightarrow{E^\oplus} R^1\underset{E}{\overset{NR_2}{|}}CN \quad (11)$$

(12)

除此之外，α-氨基腈在合成上还有很多其它用途，比如它可以被氢化铝锂还原为 1,2-二胺类化合物。

Reissert (赖塞尔特) 反应：与 Strecker 反应类似的另一个人名反应是 Reissert 反应。该反应由喹啉类化合物、酰氯、氰基化试剂 (如氰化钾) 三组分反应合成喹啉骨架的 α-氨基腈[13]。反应机理如下：喹啉与酰卤先反应得到 N-酰基季铵盐，此时喹啉中碳氮双键被活化，极易接受氰基的亲核进攻得到 1-酰基-2-氰基-1,2-二氢喹啉衍生物 (Reissert 化合物)。该产物经水解可得到醛、喹啉-2-甲酸和氨 (式 13)。催化不对称 Reissert 反应也已见诸报道[14]。

(13)

参考文献

[1] Strecker, A. *Ann. Chem. Pharm.* **1850**, *75*, 27.
[2] (a) Gröger, H. *Chem. Rev.* **2003**, *103*, 2795. (b) Wang, J.; Liu, X.; Feng, X. *Chem. Rev.* **2011**, *111*, 6947. (c) Saravanan, S.; Khan, N.-u. H.; Kureshy, R. I.; Abdi, S. H. R.; Bajaj, H. C. *ACS Catal.* **2013**, *3*, 2873. (d) Cai, X.-H.; Xie, B. *Arkivoc* **2014**, 205. (e) Kouznetsov, V. V.; Puerto Galvis, C. E. *Tetrahedron* **2018**, *74*, 773.
[3] Sarges, R.; Howard, H. R.; Kelbaugh, P. R. *J. Org. Chem.* **1982**, *47*, 4081.
[4] Johnson, D. V.; Felfer, U.; Griengl, H. *Tetrahedron* **2000**, *56*, 781.
[5] Hou, Z.; Wang, J.; Liu, X.; Feng, X. *Chem.—Eur. J.* **2008**, *14*, 4484.
[6] (a) Masumoto, S.; Usuda, H.; Suzuki, M.; Kanai, M.; Shibasaki, M. *J. Am. Chem. Soc.* **2003**, *125*, 5634. (b) Kato, N.; Suzuki, M.; Kanai, M.; Shibasaki, M. *Tetrahedron Lett.* **2004**, *45*, 3147.
[7] Wang, J.; Hu, X.; Jiang, J.; Gou, S.; Huang, X.; Liu, X.; Feng, X. *Angew. Chem. Int. Ed.* **2007**, *46*, 8468.
[8] Zuend, S. J.; Coughlin, M. P.; Lalonde, M. P.; Jacobsen, E. N. *Nature* **2009**, *461*, 968.
[9] Enders, D.; Shilvock, J. P. *Chem. Soc. Rev.* **2000**, *29*, 359.
[10] Myers, A. G.; Kung, D. W.; Zhong, B.; Movassaghi, M.; Kwon, S. *J. Am. Chem. Soc.* **1999**, *121*, 8401.

[11] (a) Opatz, T. *Synthesis* **2009**, 1941. (b) Qin, T.; Zhang Sean, X.-A.; Liao, W. *Chin. J. Org. Chem.* **2014**, *34*, 2187.
[12] Enders, D.; Shilvock, J. P.; Raabe, G. *J. Chem. Soc., Perkin Trans. 1* **1999**, 1617.
[13] Reissert, A. *Chem. Ber.* **1905**, *38*, 1603.
[14] (a) Takamura, M.; Funabashi, K.; Kanai, M.; Shibasaki, M. *J. Am. Chem. Soc.* **2000**, *122*, 6327. (b) Takamura, M.; Funabashi, K.; Kanai, M.; Shibasaki, M. *J. Am. Chem. Soc.* **2001**, *123*, 6801.

用途： 氨基酸的合成
相关反应： Reissert 反应

（汪君，黄啸，冯小明）

Suzuki-Miyaura 交叉偶联反应

有机硼化合物与有机卤代物或类卤代物，如磺酸酯、三氟甲磺酸酯等，在过渡金属钯或镍催化剂的作用下形成碳-碳键的反应被称为 Suzuki-Miyaura（铃木-宫浦）交叉偶联反应（式 1）。该反应因由日本有机化学家 A. Suzuki 和 N. Miyaura 于 20 世纪 70 年代末 80 年代初首先报道而得名[1]。

$$R^1-B(R)_2 \ + \ R^2-X \ \xrightarrow{\text{催化剂，碱}\atop\text{配体，溶剂}} \ R^1-R^2 \tag{1}$$

R = 烷基、羟基、烷氧基
R^1 = 烷基、烯基、炔基、芳香基等
R^2 = 烷基、烯基、芳基等
X = F, Cl, Br, I, OMs, OTs, OTf, OP(O)(OR)$_2$, OC(O)(OR), OC(O)(NR$_2$)$_2$ 等

反应机理：如图 1 所示，Suzuki-Miyaura 交叉偶联反应的机理通常为 $M_1^{(0)}/M_1^{(II)}$ 过程。首先，零价过渡金属 $M_1^{(0)}$ 配合物 **A** 与有机卤代物或类卤代物发生氧化加成，生成 $M_1^{(II)}$ 中间体 **B**，**B** 中的阴离子 X$^-$ 有时会与碱中的阴离子 Y$^-$ 发生离子交换，生成中间体 **C**，**B** 或 **C** 通过转金属化反应生成 **D**，最后经还原消除生成产物和零价金属配合物 **A**，**A** 再参与到下一个反应循环。

最近有个别研究发现[2]，通过调整配体结构性质，镍催化剂也可经由 $Ni^{(I)}/Ni^{(III)}$ 过程，催化 Suzuki-Miyaura 交叉偶联反应，但其机理与常见的 $M_1^{(0)}/M_1^{(II)}$ 过程略有不同。如图 2 所示，零价镍配合物首先发生单电子转移（sing electron transfer, SET）生成 $Ni^{(I)}$ 中间体 **E**，**E** 与有机硼亲核试剂经转金属化生成 $Ni^{(I)}$ 中间体 **F**，**F** 与卤化物发生氧化加成生成 $Ni^{(III)}$ 中间体 **G**，最后经还原消除生成产物和 $Ni^{(I)}$ 配合物 **E**，**E** 继续参与到下一个反应循环。

因其广泛的底物耐受性、良好的立体和区域选择性、反应过程中生成的硼酸副产物低毒甚至无毒、有机硼酸及其衍生物易得且稳定性好等优点，Suzuki-Miyaura 交叉偶联反应一经发现，便引起有机化学家们的浓厚兴趣。经过 40 年广泛深入的研究，钯[3]和镍[4]催

化的 Suzuki-Miyaura 交叉偶联反应取得了巨大发展，并成为过渡金属催化反应领域应用最广泛的一类反应。Suzuki-Miyaura 交叉偶联反应、Heck 偶联反应和 Negishi 偶联反应同为钯催化的交叉偶联反应，它们在科学和实际应用方面发挥了重要作用，铃木、赫克和根岸三个人也因此于 2010 年共同分享了诺贝尔化学奖[5]。Suzuki-Miyaura 交叉偶联反应的缺点是反应底物会发生自偶联或与配体发生偶联；另外，对于 sp^3-杂化和大位阻非活化 sp^2-杂化卤代物或类卤代物，以及不对称偶联反应，其适用范围还不够广泛，有待进一步研究。

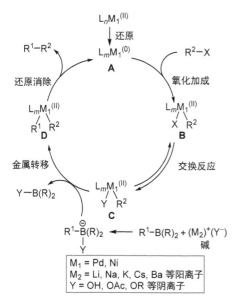

图 1 Suzuki-Miyaura 交叉偶联反应的常见机理

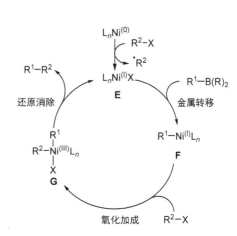

图 2 Suzuki-Miyaura 交叉偶联反应的 $Ni^{(I)}/Ni^{(III)}$ 机理

由于 Suzuki-Miyaura 交叉偶联反应的诸多显著优点，该反应不仅在医药、农药、精细化学品和材料等的工业合成中得到普遍应用[6]，近年来随着有机合成化学的发展，更是在许多复杂天然产物的高效全合成中发挥着越来越重要的作用，现选取几个代表性例子加以介绍。

2007 年，祝介平及其合作者[7]以钯催导的 Suzuki-Miyaura 交叉偶联反应为关键合成步骤，将多肽化合物 **1** 进行分子内偶联 (图 3)，合成了大环肽化合物 **2**，该化合物是天然产物 complestatin (**3**) 的重要骨架。此外，化合物 **2** 在酸性条件下可发生异构化反应，生成大环肽化合物 **4**，而化合物 **4** 则是天然产物 chloropeptin (**5**) 的核心骨架。

2014 年，汤文军课题组[8]发展了一种温和高效的不对称 Suzuki-Miyaura 交叉偶联反应方法 (图 4)，以 Pd(OAc)$_2$ 和手性膦配体 **L** 组成的手性催化剂体系，实现了大位阻芳基溴代物 **6** 和硼酸 **7** 的不对称交叉偶联，以高达 96% 的收率、93% ee 得到 P 构型产物 **8**，以此关键中间体，经后续转化，首次实现了 korupensamine A (**9**) 的全合成。同样，以 *ent-L* 为手性配体，可高对映选择性、高收率地得到相应的 M 构型产物 **8**，实现了 korupensamine B (**10**) 的首次全合成。在后期，作者采用 Suzuki-Miyaura 交叉偶联反应，

将合成 **9** 和 **10** 的适当中间体进行偶联，完成了多芳环天然产物 michellamine B (**11**) 的高效全合成。该合成工作三次使用了 Suzuki-Miyaura 交叉偶联反应，是高效合成相关天然产物的关键。

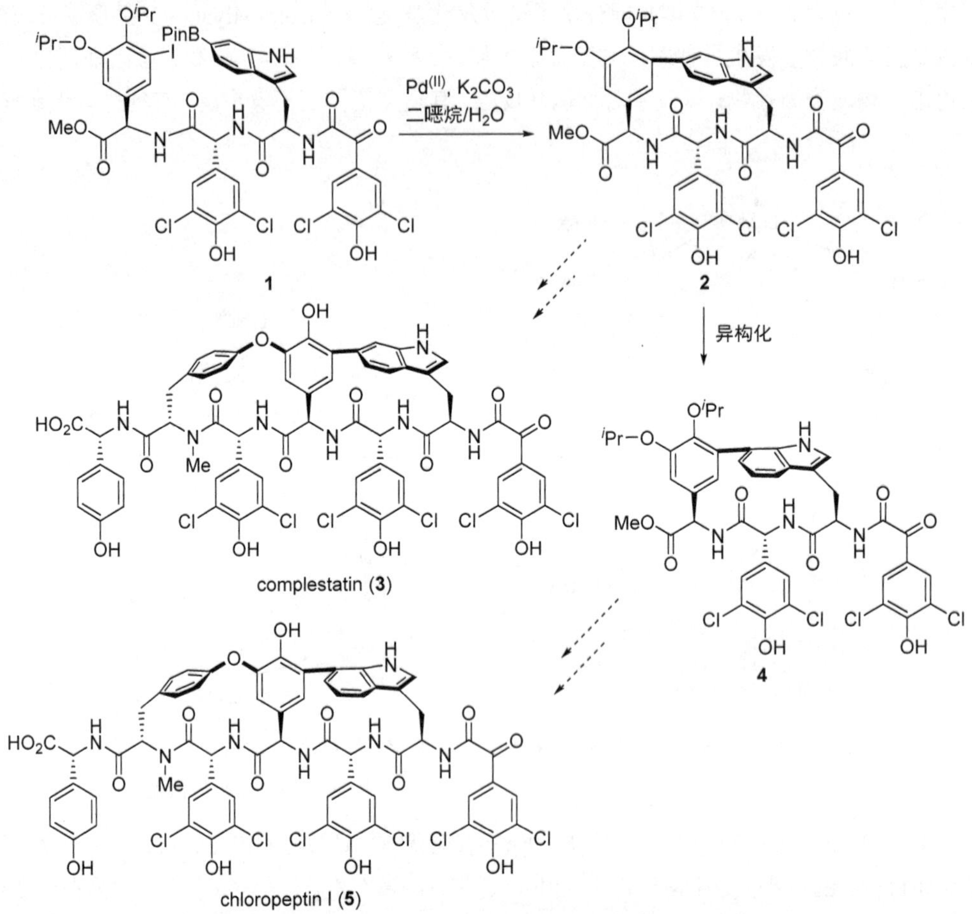

图 3 complestatin 和 chloropeptin 关键骨架的合成

2016 年，高栓虎课题组[9]以 Pd 催化的大位阻非活化环戊烯醇衍生物 **12** 与硼酸酯 **13** 的 Suzuki-Miyaura 交叉偶联反应为制备前期中间体 **14** 的关键方法 (图 5)，用于 hamigeran 二萜类天然产物的全合成，首次实现了系列天然产物 **15~21** 的集成式合成。

2018 年，韩福社课题组[10]发展了一类基于膦酰胺配体的新型环钯催化剂 **22** (式 2)，对大位阻非活化环状三氟甲磺酸烯醇酯衍生物 **23** 与芳基硼酸 (酯) **24** 的 Suzuki-Miyaura 交叉偶联反应体现出很高的催化活性，反应可在室温条件下顺利进行。此外，该反应具有广泛的底物适应性，对于多取代的五元、六元及桥环烯醇衍生物，均可高收率地得到偶联产物。进一步研究证明，该方法对实现鸟巢烷型 (如 **29~31**) 和 hamigeran (如 **32** 和 **33**) 两类二萜类天然产物的简捷高效及多样性全合成起到决定性作用 (图 6)，其中 cyrneine B (**30**) 和 glaucopine C (**31**) 为首次全合成。

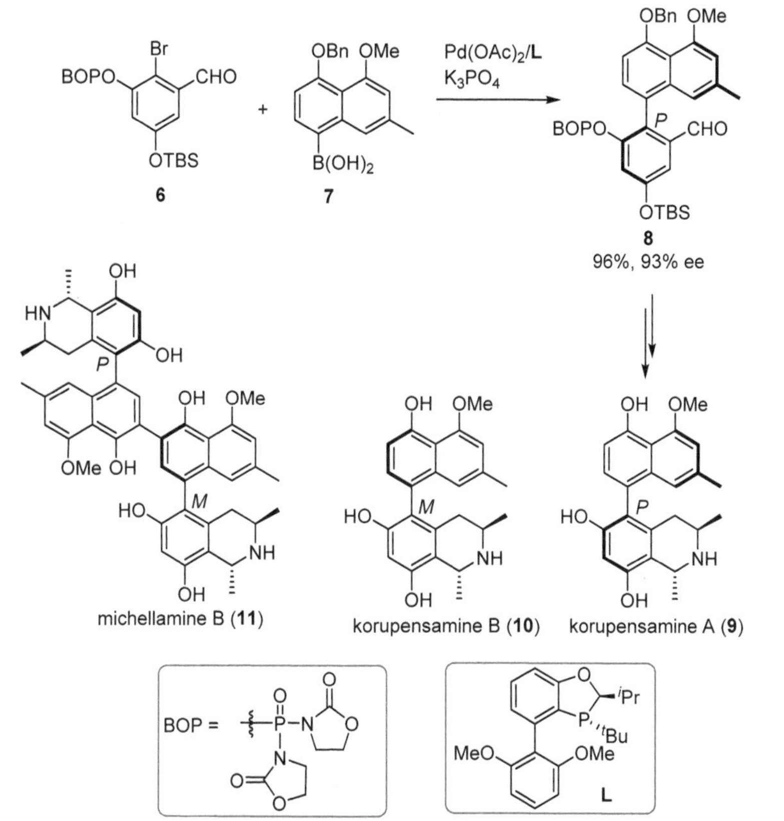

图 4　korupensamine A、korupensamine B 和 michellamine B 的全合成

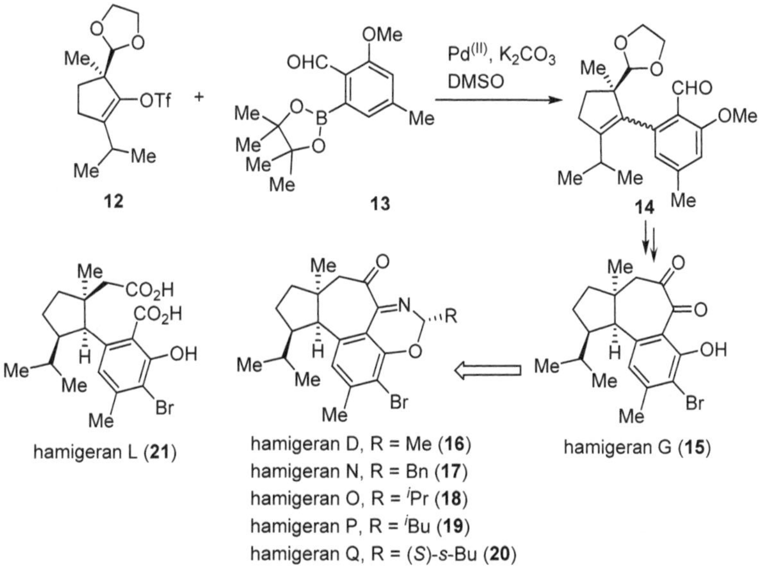

图 5　hamigeran 系列天然产物的集成全合成

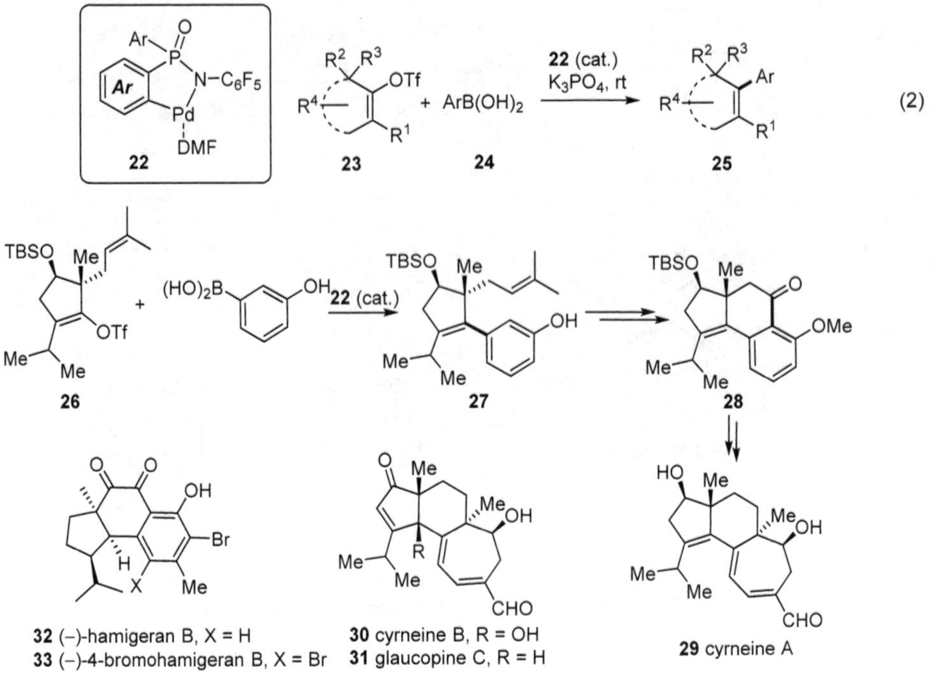

图 6 鸟巢烷和 hamigeran 系列天然产物的多样性全合成

参考文献

[1] (a) Miyaura, N.; Suzuki, A. *J. Chem. Soc., Chem. Commun.* **1979**, 866-867. (b) Miyaura, N.; Yamada, K.; Suzuki, A. *Tetrahedron Lett.* **1979**, *20*, 3437-3440. (c) Miyaura, N.; Yanagi, T.; Suzuki, A. *Synth. Commun.* **1981**, *11*, 503-519.

[2] Zhang, K.; Conda-Sheridan, M.; Cooke, S. R.; Louie, J. *Organometallics* **2011**, *30*, 2546-2552.

[3] 近期有关钯催化的 Suzuki-Miyaura 交叉偶联反应的代表性综述：(a) Jana, R.; Pathak, T. P.; Sigman, M. S. *Chem. Rev.* **2011**, *111*, 1417-1492. (b) Valente, C.; Calimsiz, S.; Hoi, K. H.; Mallik, D.; Sayah, M.; Organ, M. G. *Angew. Chem. Int. Ed.* **2012**, *51*, 3314-3332.

[4] 近期有关镍催化的 Suzuki-Miyaura 交叉偶联反应的代表性综述：(a) Han, F.-S. *Chem. Soc. Rev.* **2013**, *42*, 5270-5298. (b) Li, B.-J.; Yu, D.-G.; Sun, C.-L.; Shi, Z.-J. *Chem. Eur. J.* **2011**, *17*, 1728-1759. (c) Rosen, B. M.; Quasdorf, K. W.; Wilson D. A.; Zhang, N.; Resmerita, A.-M.; Garg, N. K.; Percec, V. *Chem. Rev.* **2011**, *111*, 1346-1416. (d) Netherton, M. R.; Fu, G. C. *Adv. Synth. Catal.* **2004**, *346*, 1525-1532.

[5] Wu, X.-F.; Anbarasan, P.; Neumann, H,; Beller, M. *Angew. Chem. Int. Ed.* **2010**, *49*, 9047-9050.

[6] 有关钯催化的 Suzuki-Miyaura 交叉偶联反应的工业应用，见综述：Torborg, C.; Beller, M. *Adv. Synth. Catal.* **2009**, *351*, 3027-3043.

[7] Jia, Y.; Bois-Choussy, M.; Zhu, J. *Org. Lett.* **2007**, *9*, 2401-2404.

[8] Xu, G.; Fu, W.; Liu, G.; Senanayake, C. H.; Tang, W. *J. Am. Chem. Soc.* **2014**, *136*, 570-573.

[9] Li, X.; Xue, D.; Wang, C.; Gao, S. *Angew. Chem. Int. Ed.* **2016**, *55*, 9942-9946.

[10] (a) Wu, G.-J.; Zhang, Y.-H.; Tang, D.-X.; Han, F.-S. *Nat. Commun.* **2018**, *9*, 2148; (b) Cao, B.-C.; Wu, G.-J.; Yu, F.; He, Y.-P.; Han, F.-S. *Org. Lett.* **2018**, *20*, 3687-3690.

相关反应： Stille 偶联反应；Kumada 偶联反应；Negishi 偶联反应；Hiyama-Denmark 交叉

偶联反应

（韩福社）

Ullmann 偶联反应

Ullmann (乌尔曼) 反应包含两个不同的偶联反应[1]。首先是 1901 年 Ullmann 等报道的在化学计量铜作用下卤代芳香化合物 (常用碘和溴) 自身偶联生成对称联芳香化合物的 C–C 键形成反应 (式 1)[2]。其次是 Ullmann 随后发展的涉及 C–N 键和 C–O 键形成的 Ullmann 芳胺合成与芳醚合成（参见：Ullmann 芳醚合成与 Ullmann 芳胺合成)。而芳卤与活泼亚甲基化合物的交叉缩合称 Hurtley 反应 (式 2)[3]。在这些反应中，邻羧基对反应有明显促进作用。现代 Ullmann 偶联反应均已发展成仅使用催化量铜的反应[4]。与通常的芳香亲核取代反应相反，在 Ullmann 偶联反应中，卤芳的反应性次序为 ArI > ArBr > ArCl，邻位上的吸电子基团有活化作用。

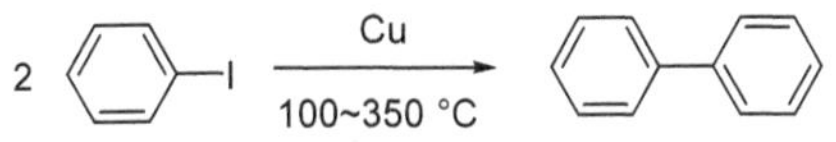
2
I
Cu
100~350 °C

(1)

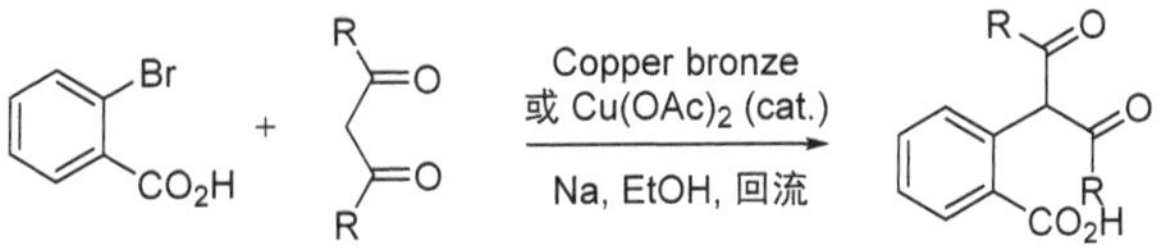
Br
CO2H
R
O
O
R
Copper bronze
或 Cu(OAc)2 (cat.)
Na, EtOH, 回流
R
O
O
R
CO2H

(2)

Ullmann 偶联反应的机理直至今仍无定论[4a,5]，先后提出过四种可能的机理，比较简明的机理示于图 1：铜首先与碘苯反应生成芳基自由基，后者与一价铜反应形成芳铜 (I) 物种，随后与碘苯反应生成偶联产物。

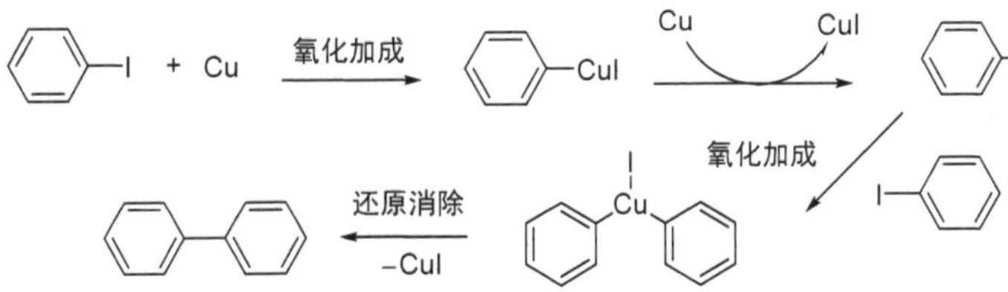
I
Cu
氧化加成
CuI
Cu
CuI
Cu
氧化加成
I
I
Cu
还原消除
–CuI

图 1　一种简明的 Ullmann 偶联的反应机理

经典 Ullmann 偶联反应的缺点是需要在高温 (200 °C 以上) 反应。改用 DMF 为溶剂，可降低反应温度和铜的用量。其它可降低反应温度的方法包括：使用活化铜 (由金属钾还原 CuI 生成)、使用噻吩羧酸铜配合物或使用 ArLi/CuI (图 2)[6]。超声波可显著提高这一异相反应[7]。

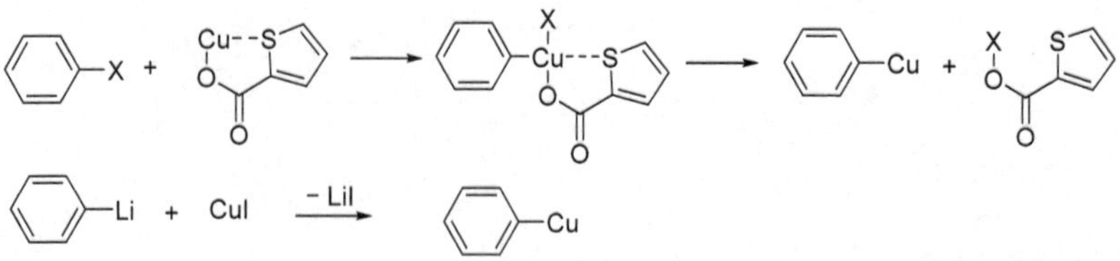

图 2 使用噻吩羧酸铜配合物或使用 ArLi/CuI 降低 Ullmann 偶联反应的反应温度

基于 Ullmann 偶联反应，Hauser 等完成了 7,7′-联蒽天然产物 biphyscion (**1**) 的首次全合成 (式 3) [8]。

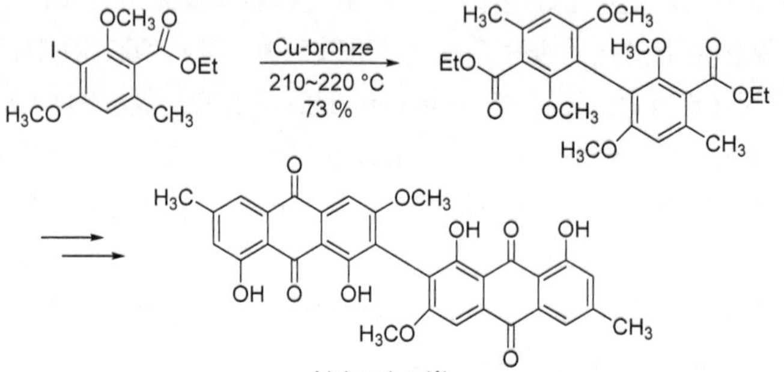

biphyscion (**1**)

(3)

传统的 Ullmann 反应主要用于自身偶联合成对称的联芳。活泼卤化物如碘苯一般生成对称自身偶联产物。当组分中有一较不活泼的卤苯时，可得交叉偶联产物。获得交叉偶联产物的一个方法是使其中一个组分大过量，如式 4 如示，交叉偶联产物的产率可高达 96%[9]。

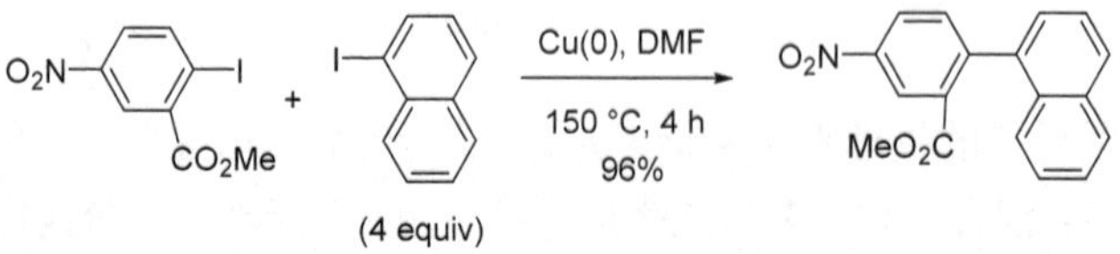

(4)

通过使用芳基碳负离子作为底物，Ullmann 反应可在低温下进行。基于这个类 Ullmann 反应，Harrowven 小组建立了生物碱 hippadine (**2**) 的简短合成方法 (式 5) [10]。

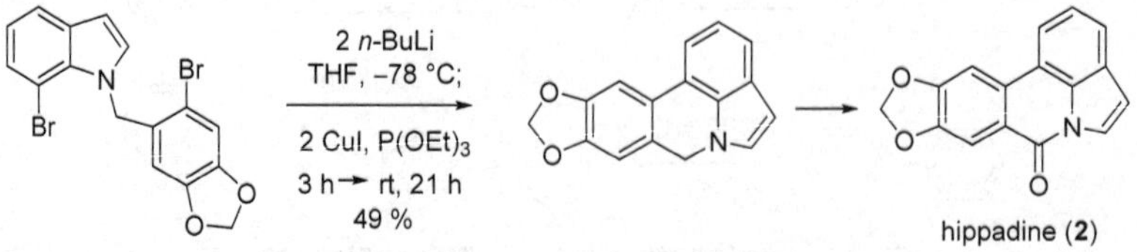

hippadine (**2**)

(5)

2001 年，林国强小组发展了一个新颖高效的催化体系 $NiCl_2(PPh_3)_2/PPh_3/Zn/NaH/PhMe$[11]。基于这一改良的类 Ullmann 反应，他们合成了 bisbenzopyran-4-ol (**3**)，并指出了文献报道的这一天然产物的结构错误 (式 6)[12]。

通过钯催化的双 Ullmann 偶联反应，黄乃正小组把合成亚四联苯类化合物 (tetraphenylenes，例如 **4**) (式 7)[13]的产率从原来基于双 Suzuki 偶联反应的 28%，提高到可高达 53%。

bisbenzopyran-4-ol (**3**)

(6)

4

(7)

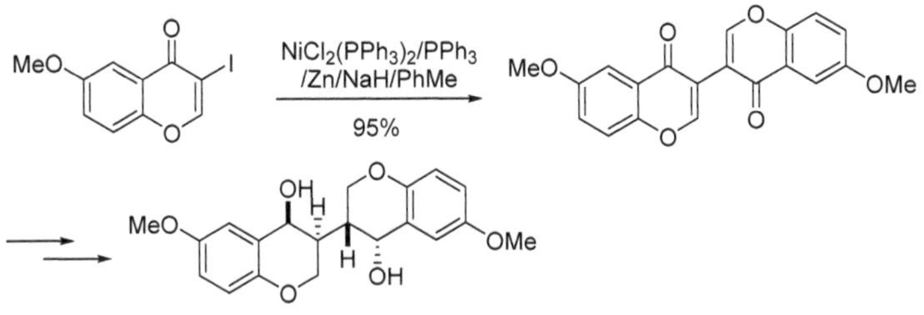

近年来，Banwell 小组系统研究了钯催化的缺电子芳卤的交叉偶联反应，发展了温和条件下 (<100 ºC) 硝基芳卤与 α-碘代-α,β-不饱和化合物的 Ullmann 交叉偶联反应，并用于含氮杂环和生物碱的高效合成[14]。式 8 展示了这一方法在白坚木属生物碱全合成中的应用。在 Cu/Pd(0) 共同作用下，**5** 与 **6** 交叉偶联反应的产率达到 85%，随后的还原环化以 85% 的产率生成 **8**，后者经 4 步反应被转化为外消旋的生物碱 limaspermidine (**9**)，该生物碱再经两步被转化为另一生物碱 1-acetylaspidoalbidine (**10**)[15]。

5　**6**

(±)-1-acetylaspidoalbidine (**10**)　(±)-limaspermidine (**9**)　**8**

(8)

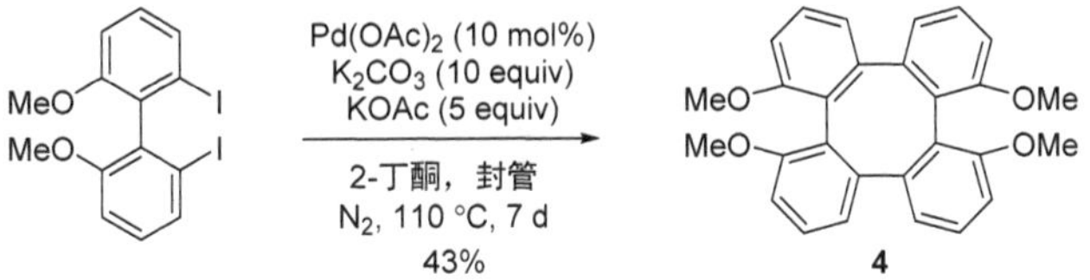

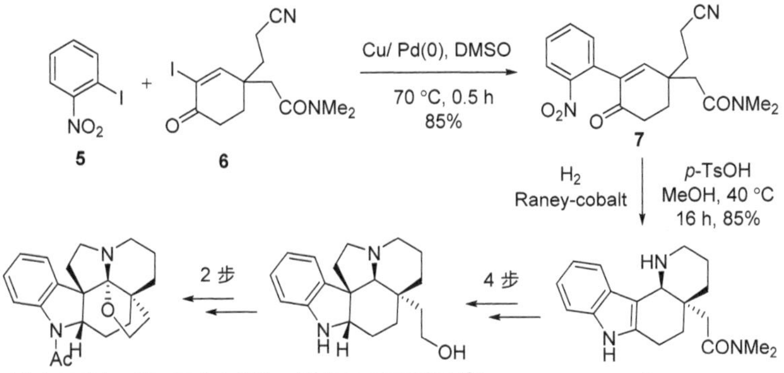

Ullmann 偶联及相关反应的另一重要进展是其不对称偶联反应，已从底物诱导发展到不对称催化偶联[16]。2006 年，马大为小组报道了催化不对称 Hurtley 反应 (式 9)[17]。

(9)

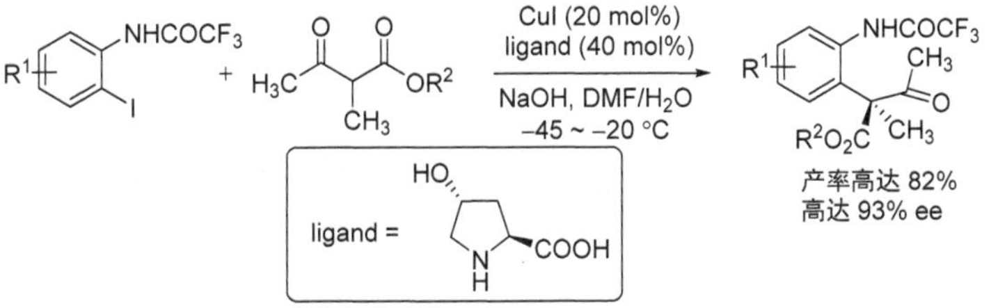

由于联芳结构单元广泛存在于天然产物，Ullman 反应在天然产物全合成中广泛应用[1]。

最近，Inoue 小组报道了蟾蜍毒素生物碱 batrachotoxin 四环核心结构 **12** 的合成。在化学计量的 Pd/Ni 作用下，他们成功实现了 **11** 分子内烯基溴与三氟甲磺酸烯基酯的类 Ullman 偶联，共轭二烯 **12** 的产率达 68% (式 10)[18]。该反应容忍带密集官能团的底物，反映出反应条件之温和。

$$\text{11} \xrightarrow[\substack{\text{PdCl}_2\text{, dppp, Zn, KF, DMF} \\ 50\ °\text{C} \\ 68\%\ (2\ 步)}]{\text{NiBr}_2\text{, DME, 2,2'-bpy}} \text{12} \qquad (10)$$

参考文献

[1] Evano, G.; Blanchard, N.; Toumi, M. *Chem. Rev.* **2008**, *108*, 3054-3131.
[2] (a) Ullmann, F.; Bielecki, J. *Ber. Dtsch. Chem. Ges.* **1901**, *34*, 2174-2185. (b) Hassan, J.; Sevignon, M.; Gozzi, C.; Schulz, E.; Lemaire, M. *Chem. Rev.* **2002**, *102*, 1359-1469. (综述)
[3] (a) Hurtley, W. R. H. *J. Chem. Soc.* **1929**, 1870. 近期综述：(b) Liu, Y.; Wan, J.-P. *Chem. - Asian J.* **2012**, *7*, 1488-1501.
[4] 近期综述：(a) Sambiagio, C.; Marsden, S. P.; Blacker, A. J.; McGowan, P. C. *Chem. Soc. Rev.* **2014**, *43*, 3525-3550. (b) Krishnan, K. K.; Ujwaldev, S. M.; Sindhu, K. S.; Anilkumar, G. *Tetrahedron* **2016**, *72*, 7393-7407. (c) Bhunia, S.; Pawar, G. G.; Kumar, S. V.; Jiang, Y; Ma, D. *Angew. Chem. Int. Ed.* **2017**, *56*, 16136-16179.
[5] Sperotto, E.; van Klink, G. P. M.; van Koten, G.; de Vries, J. G. *Dalton Trans* **2010**, *39*, 10338-10351.
[6] Nilsson, M.; Malmberg, H. *Tetrahedron* **1986**, *42*, 3981-1986.
[7] Lindlay, J.; Mason, T. J.; Lorimer, J. P. *Ultrasonics* **1987**, *25*, 45-48.
[8] Hauser, F. M.; Gauuan, P. J. F. *Org. Lett.* **1999**, *1*, 671-672.
[9] Suzuki, H.; Enya, T.; Hisamatsu, Y. *Synthesis* **1997**, 1273-1276.
[10] Harrowven, D. C.; Lai, D.; Lucas, M. C. *Synthesis* **1999**, 1300-1302.
[11] Lin, G. Q.; Hong, R. *J. Org. Chem.* **2001**, *66*, 2877-2880.
[12] Hong, R.; Feng, J.; Hoen, R.; Lin, G.-Q. *Tetrahedron* **2001**, *57*, 8685-8689.
[13] Li, X.; Han, J.-W.; Wong, H. N. C. *Asian J. Org. Chem.* **2016**, *5*, 74-81.
[14] Khan, F.; Dlugosch, M.; Liu, X.; Banwell, M. G. *Acc. Chem. Res.* **2018**, *51*, 1784-1795.
[15] Tan, S. H.; Banwell, M. G.; Willis, A. C.; Reekie, T. A. *Org. Lett.* **2012**, *14*, 5621-5623.
[16] Zhou, F.; Cai, Q. *Beilstein J. Org. Chem.* **2015**, *11*, 2600-2615. (综述)
[17] Xie, X.; Chen, Y.; Ma, D. *J. Am. Chem. Soc.* **2006**, *128*, 16050-16051.
[18] Sakata, K.; Wang, Y.-H.; Urabe, D.; Inoue, M. *Org. Lett.* **2018**, *20*, 130-133.

（黄培强）

Vilsmeier-Haack 试剂和 Vilsmeier-Haack 甲酰化反应

在 1927 年，Vilsmeier 与 Haack 报道 *N,N*-二甲基甲酰胺与三氯氧磷反应可形成一

活性复合盐 (**1**, 式 1), 该复合物与芳香化合物反应, 生成芳环甲酰化产物 (式 2)[1]。因而, 该复合盐 **1** 被称为 Vilsmeier-Haack (维尔斯迈尔-哈克) 试剂[2], 相应的反应称为 Vilsmeier-Haack 甲酰化反应 (式 2)[3]。Vilsmeier-Haack 甲酰化反应只适于富电子的芳香化合物, 如苯胺, 非活化芳香化合物的反应产率低。

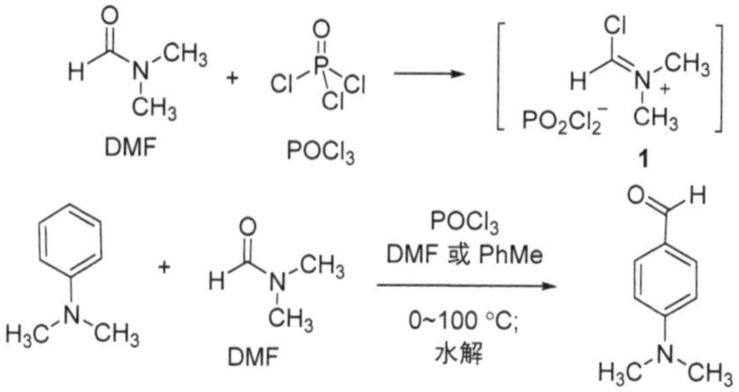

$$\text{(1)}$$

$$\text{(2)}$$

反应机理 (图 1):

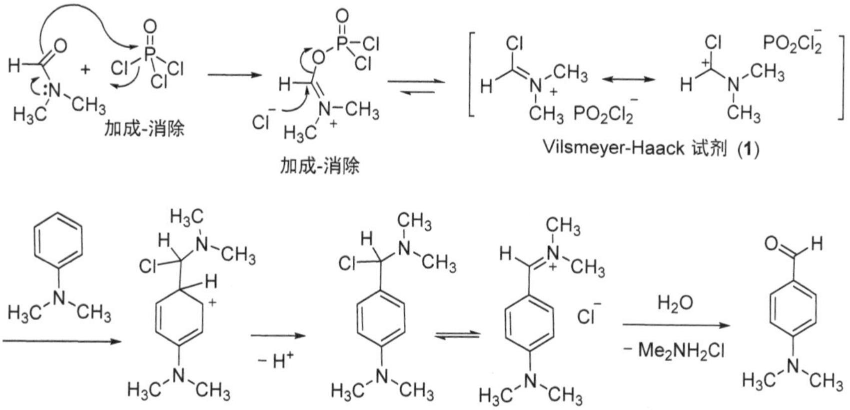

图 1 Vilsmeier-Haack 甲酰化反应的机理

烯烃也可与 Vilsmeier-Haack 试剂进行类似的甲酰化反应, 称为 Vilsmeier (维尔斯迈尔) 反应[4]。

环酮 **2** 与 Vilsmeier-Haack 试剂反应得 β-氯代-2-烯醛 **3**, 称为 Vilsmeier-Haack-Arnold (维尔斯迈尔-哈克-阿诺尔德) 反应 (式 3)[5,6]。

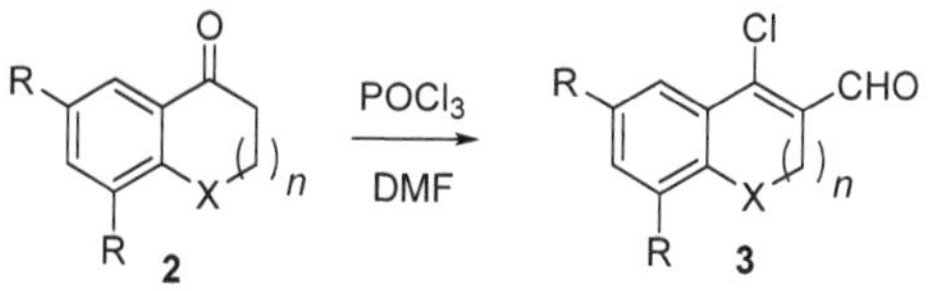

$$\text{(3)}$$

Vilsmeier-Haack 甲酰化反应被广泛应用于有机合成[6]。Corey 小组展示的其在复杂生物碱 aspidophytine (**6**) 对映选择性全合成中的应用乃经典之作 (式 4)[7]。

除了有机合成, Vilsmeier-Haack 甲酰化反应在其它学科也有重要应用。例如, 三 (4-甲酰苯)胺 (**7**) 是材料化学的重要合成砌块, 2005 年, Mongin 小组报道了其两步合成法

(式 5)[8]。该法总产率高于一步法。

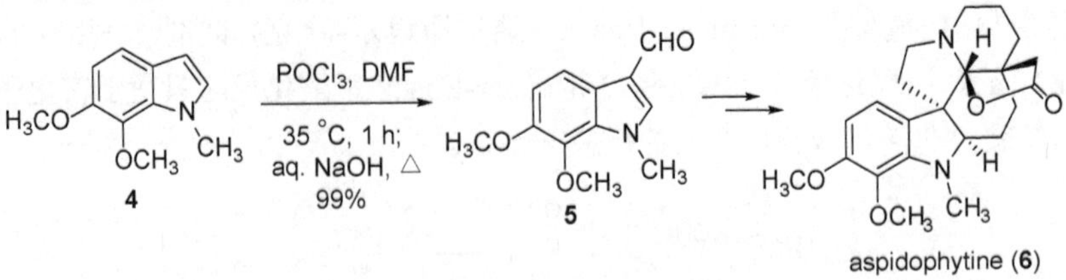

$$\text{(4)}$$

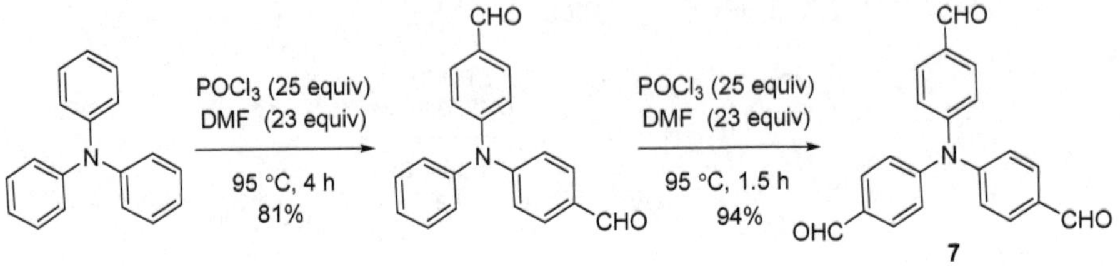

$$\text{(5)}$$

2015 年,王梅祥小组报道了通过简单地控制试剂的配比和反应温度,氮杂杯芳烃吡啶大环 **8** 可选择性地进行单、双或四甲酰化,后者 (**9**) 可通过 McMurry 还原偶联一步转化为半笼状分子 **10** (式 6)[9]。

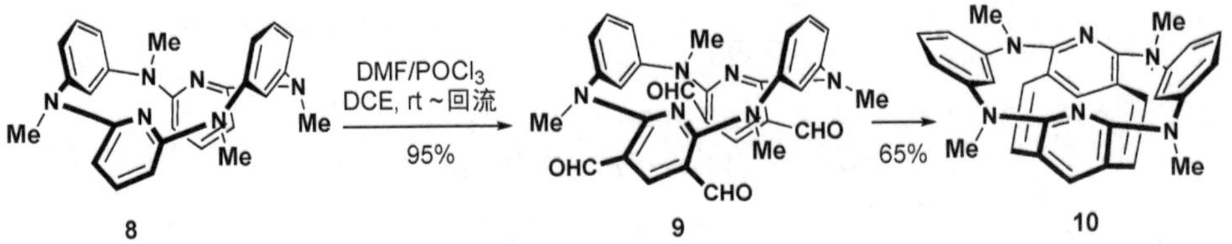

$$\text{(6)}$$

除了 DMF/POCl$_3$ 外,DMF/COCl$_2$ (光气) 和 DMF/SOCl$_2$ 也是有合成价值的组合。2012 年,Kimura 小组报道了 Vilsmeier-Haack 试剂的新制法 (图 2)[10]。新法以邻苯二甲酰氯 (OPC) 替代三氯氧磷,在 1,4-二氧六环、四氢呋喃或 1,2-二甲氧基乙烷等醚溶剂中进行,Vilsmeier-Haack 试剂沉淀析出,也可现场生成使用。由于 OPC 可由邻苯二甲酸酐 (PA) 经催化方法制得,因此,该法是一种环境友好和价格低廉的方法。由此制得的 Vilsmeier-Haack 试剂不但可用于 Vilsmeier-Haack 甲酰化反应,也可用于把羧酸转化为酰氯,把醛转化为脱氧二氯代产物,把苄醇转化为苄氯。上述转化皆具有工业放大前景。

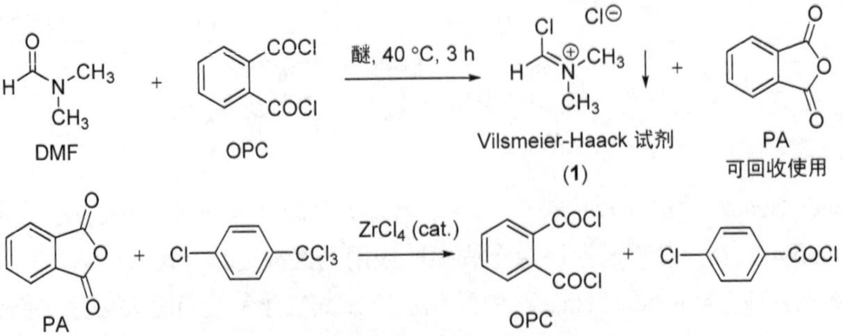

图 2 Kimura 小组报道的 Vilsmeier-Haack 试剂的新制法

最近，Paquin 小组报道以 XtalFluor-E ([Et$_2$NSF$_2$]BF$_4$) (**11**) 替代 Vilsmeier-Haack 试剂进行 C-2 糖烯 **12** 的甲酰化 (式 7)[11]。

$$(RO)_n\text{—12} \xrightarrow[\text{DMF/Et}_2\text{O, 21 °C, 18 h}]{\text{XtalFluor-E (11)}} (RO)_n\text{—13—CHO} \quad 11\%\sim90\% \tag{7}$$

针对 Vilsmeier-Haack 试剂 **1** 活性低，无法与非富电子芳烃反应的问题，Martinez 及其合作者于 1990 年报道了 DMF-三氟甲磺酸酐 (Tf$_2$O) 组合，由此形成的亚胺鎓盐 **14** 可与较不活泼的芳香化合物反应 (式 8)[12]。尽管 **14** 与苯和甲苯仍不能反应，但这一活化方法可拓展到普通酰胺如 **15** (式 9)[13]。Bélanger 小组发展了基于叔酰胺的串联 Vilsmeier-Haack-Mannich 环化策略，用于许多复杂含氮杂环的构筑[14]。

$$\text{DMF} + (\text{CF}_3\text{SO}_2)_2\text{O} \xrightarrow[\text{0 °C} \sim \text{rt}]{\text{CH}_2\text{Cl}_2} [\mathbf{14}] \xrightarrow[5\% \text{ aq. NaOH}]{\text{ArH;}} \text{ArCHO} \quad 25\%\sim90\% \tag{8}$$

$$\tag{9}$$

参考文献

[1] Vilsmeier, A.; Haack, A. *Ber. Dtsch. Chem. Ges.* **1927**, *60*, 119-122.

[2] Olah, G. A.; Ohannesian, L.; Arvanagh, M. *Chem. Rev.* **1987**, *87*, 671-686.

[3] Meth-Cohn, O.; Stanforth, S. P. *Compr. Org. Synth.* **1991**, *2*, 777-794. (综述)

[4] Jones, G.; Stanforth, S. P. "The Vilsmeier Reaction of Non-Aromatic Compounds", in *Org. React.* **2000**, *56*, 355-686.

[5] (a) Arnold, Z.; Zemlicka, J. *Collect. Czech. Chem. Commun.* **1959**, *24*, 2385. (b) Hesse, S.; Kirsch, G. *Tetrahedron Lett.* **2002**, *43*, 1213-1215. (c) Marson, C. M. *Tetrahedron* **1992**, *48*, 3659-3726. (综述)

[6] (a) Jones, G.; Stanforth, S. P. The Vilsmeier Reaction of Fully Conjugated Carbocycles and Heterocycles, in *Organic Reactions*, *49*, **1997**. (b) 钱定权, 曹如珍, 刘纶祖. *有机化学* **2000**, *20*, 30-43. (c) 钱晓庆, 周恒, 詹晓平, 刘增路, 毛振民. *有机化学* **2012**, *32*, 2223-2230. (综述)

[7] He, F.; Bo, X.; Altom, J. D.; Corey, E. J. *J. Am. Chem. Soc.* **1999**, *121*, 6771-6772.

[8] Mallegol, T.; Gmouh, S.; Meziane, M. A. A.; Blanchard-Desce, M.; Mongin, O. *Synthesis* **2005**, 1771-1774.

[9] Ren, W.-S.; Zhao, L.; Wang, M.-X. *J. Org. Chem.* **2015**, *80*, 9272-9278.

[10] Kimura, Y.; Matsuura, D.; Hanawa, T.; Kobayashi, Y. *Tetrahedron Lett.* **2012**, *53*, 1116-1118.

[11] Roudias, M.; Vallée, F.; Martel, J.; Paquin, J.-F. *J. Org. Chem.* **2018**, *83*, 8731-8738.
[12] Martinez, A. G.; Alvarez, R. M.; Barcina, J. O.; Cerero, S. M.; Vilar, E. T.; Fraile, A. G.; Hanack, M. Subramanian, L. R. *Chem. Commun.* **1990**, 1571-1572.
[13] Shao, L.; Badger, P. D.; Geib, S. J.; Cooper, N. J. *Organometallics* **2004**, *23*, 5939-5943.
[14] (a) Bélanger, G.; Larouche-Gauthier, R.; Ménard, F.; Nantel, M.; Barabé, F. *J. Org. Chem.* **2006**, *71*, 704-712. (b) Hauduc, C.; Bélanger, G. *J. Org. Chem.* **2017**, *82*, 4703-4712.

相关反应：Gatterman-Koch 反应；Gatterman 反应；Reimer-Tiemann 反应；等

（黄培强）

Weinreb 酮合成法

Weinreb（温勒伯）酮合成法是有机金属亲核试剂（如：格氏试剂、有机锂试剂）与 Weinreb 酰胺（N-甲氧基-N-甲基酰胺，**1**）反应制备酮的方法（式 1）[1,2]，是羧酸、羧酸酯转化为酮的一种重要的间接方法。除了 Weinreb 酰胺，N-吗啉酰胺（**3**）[3]、N-咪唑酰胺（**4**）[4] 和 2-吡啶硫酯（**5**）[5]等羧酸衍生物也有相同用途。并且，它们的转化都遵循类似的机制：即与有机金属试剂加成后可形成稳定的螯合环状中间体（例如：**2**），有效地避免了金属试剂的二次加成，水解后得到酮[1-13]。另外，Weinreb 酰胺与金属氢化物（如：氢化铝锂）反应也是制备醛的标准方法。

$$\begin{array}{c}\text{R}-\overset{\text{O}}{\underset{\text{CH}_3}{\text{C}}}-\overset{\text{OCH}_3}{\underset{\text{CH}_3}{\text{N}}}\\\mathbf{1}\end{array}\xrightarrow[\text{THF}]{\text{R}^1\text{M}}\left[\begin{array}{c}\text{O-M}\\\text{R}-\overset{|}{\underset{\text{R}^1}{\text{C}}}-\overset{\text{OCH}_3}{\underset{\text{CH}_3}{\text{N}}}\\\mathbf{2}\end{array}\right]\xrightarrow{\text{H}_3\text{O}^+}\text{R}\overset{\text{O}}{\underset{}{\text{C}}}\text{R}^1 \quad (1)$$

通过 Weinreb 酰胺合成醛、酮的优点在于：①相对于其它在醛、酮制备中常用的活泼的羧酸衍生物（如：酰氯），Weinreb 酰胺较为稳定；②转化为醛、酮的条件也较温和，操作方便，所用试剂为有机锂试剂、格氏试剂、金属氢化物等，简单易得；③反应生成稳定的五元环状过渡态，不会进一步还原，反应进程可控，水解后得到醛、酮。正因如此，Weinreb 酮合成法被广泛应用于羧酸及其衍生物的官能团转化，以合成脂肪酮、芳香酮、α,β-不饱和烯酮及炔酮、α-氨基（羟基）酮（醇）等[14,15]；并且可在固相合成中实现。例如：甘氨酸衍生的 Weinreb 酰胺 **6** 可方便地用于合成对映体纯的 α-氨基酮 **7**，也可进一步合成对映体纯的 β-氨基醇（式 2）[16]。

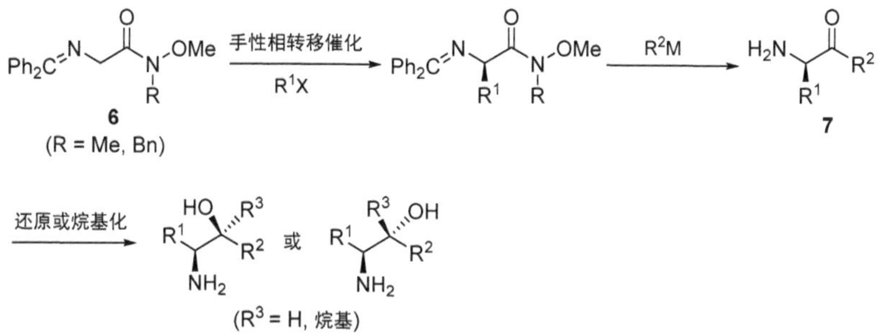

近年来，一些特殊的亲核试剂也被成功应用于 Weinreb 酮合成法，可以实现一些特殊结构的酮的制备。例如：三氟甲基三甲基硅烷 (TMS-CF$_3$，Ruppert-Prakash 试剂) 可在氟化铯促进下与 Weinreb 酰胺反应，后在四丁基氟化铵作用下水解，可得到一系列三氟甲基酮 **8** (式 3)[17]。亚甲基卡宾卤化锂试剂可与 α,β-不饱和 Weinreb 酰胺反应，生成 α,β-不饱和-α'-卤代酮化合物 **9** (式 4)[18]。亚甲基卡宾卤化锂可由二卤代甲烷和甲基锂-溴化锂 (MeLi-LiBr) 作用，原位产生。在钛离子促进下，不对称炔烃可以和 Weinreb 酰胺发生还原偶联反应，制备 E 型的 α,β-不饱和酮 **10** (式 5)[19]。反应中过量的格氏试剂作为还原剂将化学计量的四异丙氧基钛 [Ti(O^{i}Pr)$_4$] 还原为低价钛，进而促进偶联反应的发生。

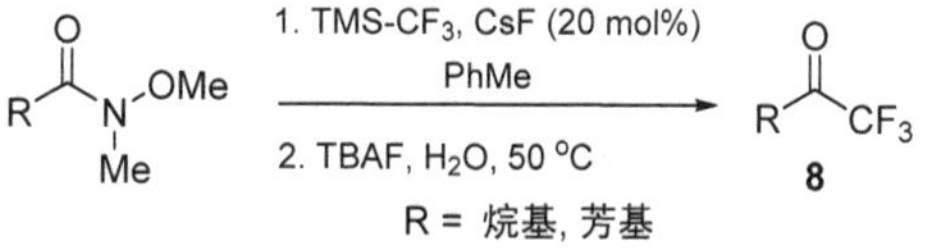

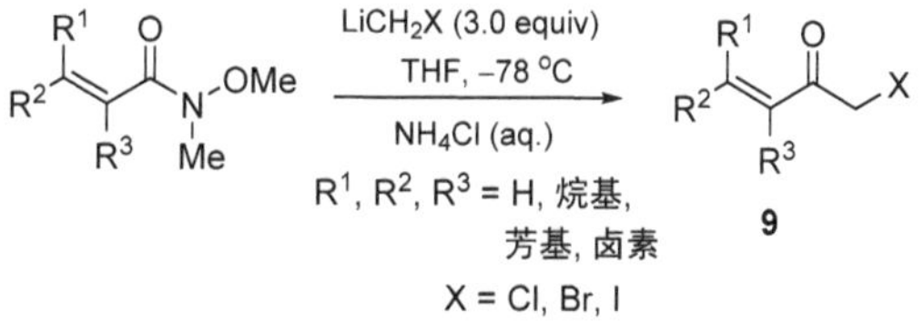

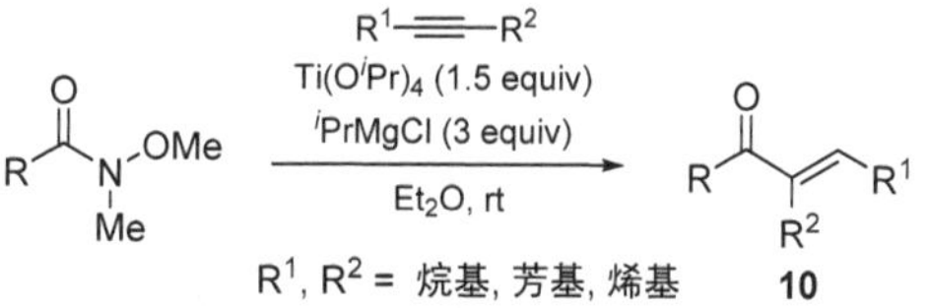

合成应用：由于 Weinreb 酮合成法的便捷性，Weinreb 酰胺已成为诸多天然产物及复杂化合物合成策略中官能团转化、碳链延长、结构拼接的重要合成砌块。例如：(+)-2-hydroxy-*exo*-brevicomin 的全合成，便是通过酒石酸二 Weinreb 酰胺 **11** 的选择性官能团转化得以实现 (式 6)[20]。

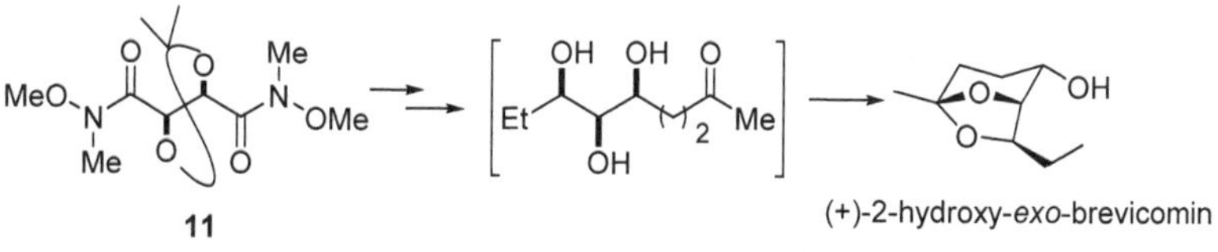

在 C$_5$ 取代的 3-羟基-2-甲基哌啶系列生物碱的合成中，Weinreb 酮合成法是 C$_5$ 取代

基碳链延长的关键所在[21]。

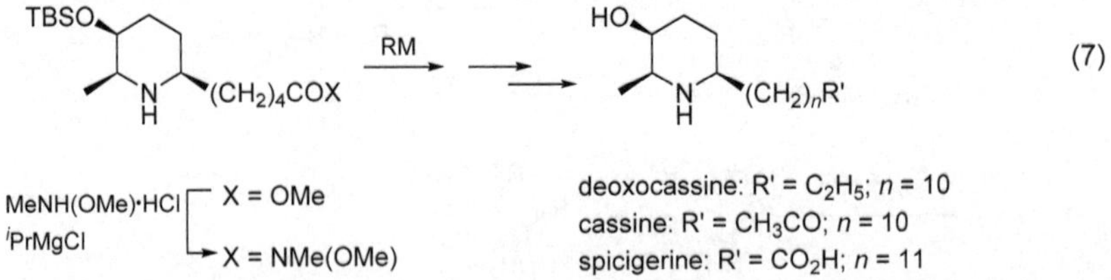
TBSO
(CH2)4COX
RM
HO
(CH2)nR'
(7)
MeNH(OMe)·HCl
iPrMgCl
X = OMe
X = NMe(OMe)
deoxocassine: R' = C2H5; n = 10
cassine: R' = CH3CO; n = 10
spicigerine: R' = CO2H; n = 11

在聚交酯天然产物 (+)-macrosphelides A 和 B 的全合成中， Weinreb 酰胺 **12** 与锂试剂的反应是合成 γ,δ-二羟基-α,β-不饱和羧酸片段的关键步骤 (式 8)[22]。实际上以 Weinreb 酰胺为中间体已成为由 α-氨基 (羟基) 酸合成特定立体构型的 β-氨基醇和邻二醇的标准途径。

在高细胞毒性的 F 型 ATP 酶抑制剂 cruentaren A 的快速不对称全合成中，α-手性的 Weinreb 酰胺 **13** 与原位产生的苄基锂试剂的反应也是构造环系骨架的关键步骤 (式 9)[23]。

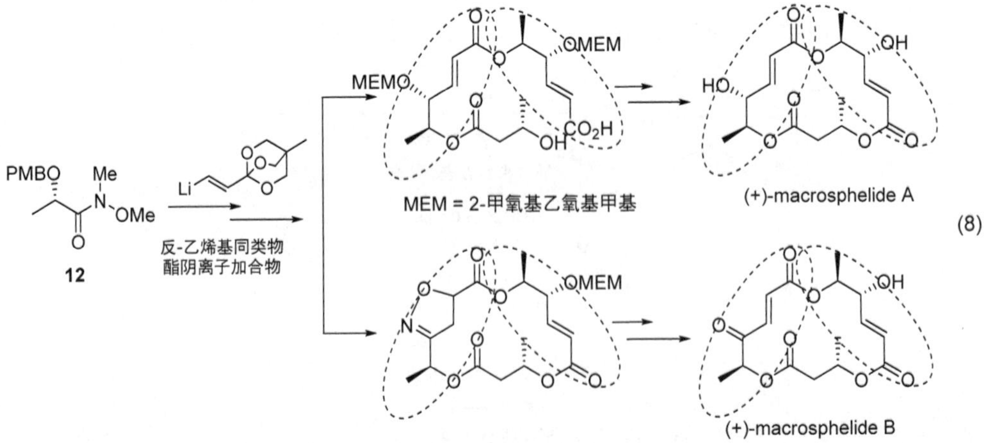
PMBO
Me
N
OMe
O
12
Li
反-乙烯基同类物
酯阴离子加合物
MEMO
OMEM
CO2H
OH
MEM = 2-甲氧基乙氧基甲基
HO
OH
(+)-macrosphelide A
(8)
N
OMEM
(+)-macrosphelide B

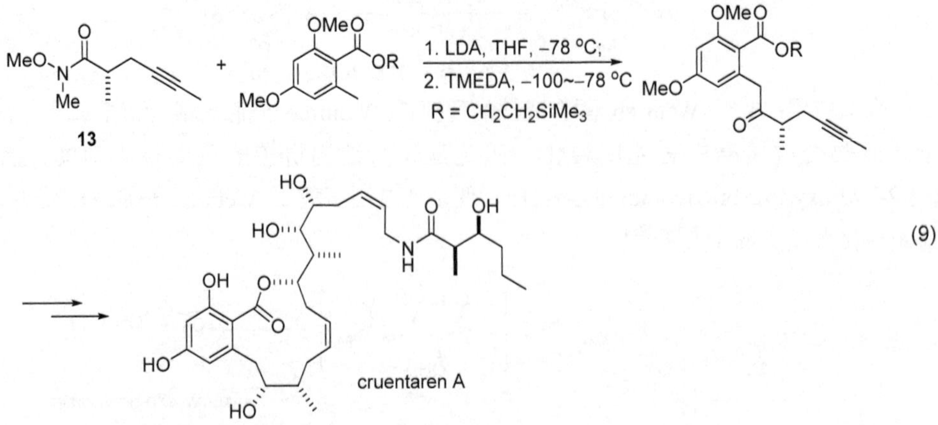
MeO
N
Me
13
OMe
OR
MeO
1. LDA, THF, –78 °C;
2. TMEDA, –100~–78 °C
R = CH2CH2SiMe3
HO
OH
N
H
(9)
cruentaren A

制备方法：Weinreb 酮合成法在有机合成中的广泛应用在很大程度上也归因于

Weinreb 酰胺合成方法的发展，一般通过羧酸、酰氯或酯的酰胺化反应制备 Weinreb 酰胺。在缚酸剂存在下，酰氯可与 Weinreb 胺直接反应得到 Weinreb 酰胺。羧酸和酯的转化则需用到一些活化试剂，主要涉及有机铝试剂，例如：以三甲基铝 (Me_3Al) 为活化剂的 Weinreb 法[1,2] (式 10)；以二异丁基氢化铝 (DIBAL-H) 为活化剂的黄氏法[24] (式 11)。这两种方法也都可用于将酯转化为普通酰胺。DIBAL-H 的贮藏和使用都较 Me_3Al 更为方便，并且也是一种实验室常备的还原剂。因此，以黄氏法制备酰胺，在合成中也有诸多应用[25-28]。

$$\text{Me-NH·HCl} \xrightarrow[\text{PhH}]{(CH_3)_3Al} CH_3AlCIN\overset{Me}{\underset{OMe}{}} + 2CH_4\uparrow \xrightarrow[\Delta]{RCO_2R^1} R-C(=O)-N\overset{Me}{\underset{OMe}{}} \quad (10)$$

$$\text{Me-NH·HCl} \xrightarrow[\text{THF}]{\text{DIBAL-H}} (i\text{-}Bu)_2Al-N\overset{Me}{\underset{OMe}{}} + H_2\uparrow \xrightarrow[\text{rt}]{RCO_2R^1} R-C(=O)-N\overset{Me}{\underset{OMe}{}} \quad (11)$$

格氏试剂和 MeONHMe·HCl 作用再与酯反应，也可制备 Weinreb 酰胺。虽然这一方法副反应较多，反应不易控制，操作也较复杂[29]，但对于某些结构特殊的、立体阻碍较大的酯，有时却是唯一能得到预期结果的选择。在抗癌抗生素 OSW 苷系列化合物的合成中，16β-羟基异构体 **14** 在 DIBAL-H 的作用下可方便地、高产率地得到 Weinreb 酰胺；而对于 16α-羟基异构体 **15**，异丙基格氏试剂作用下的酰胺化反应却是唯一的选择 (式 12)[30]。

(12)

16β, R= H, (**14**)   DIBAL-H, Me(MeO)NH·HCl, THF, 0 °C, 91%

	R = TBS	R = H
16α (**15**)		
方法 A: AlEt$_2$Cl, Me(MeO)NH·HCl, THF, 0 °C~ rt;	差向异构化反应	不反应
方法 B: ^{i}PrMgCl, Me(MeO)NH·HCl, THF, 0 °C~ rt;	不反应	**75%**
方法 C: isoamylMgCl, Me(MeO)NH·HCl, THF, 0 °C~ rt;	不反应	不反应
方法 D: DIBAL-H, Me(MeO)NH·HCl, THF, 0 °C		不反应

由羧酸直接制备 Weinreb 酰胺一般较为困难，在肽合成中使用的各种缩氨酸试剂，可被应用于由羧酸制备 Weinreb 酰胺[4,5]。此外，三氯化磷可以和 Weinreb 胺反应生成一种非常有效的酰胺化试剂 P[NCH$_3$(OCH$_3$)]$_3$。该试剂也可以直接将羧酸转化为 Weinreb 酰胺[31]。

有机金属试剂与 Weinreb 酰胺的加成反应已成为将羧酸及羧酸酯转化为酮的标准方法。但是，对于普通酰胺，由于氮上孤对电子与羰基的共轭效应，降低了其亲电性，所以一般条件下难以被有机锂或镁试剂加成转化为酮。值得一提的是，近年来，Charette 和黄培强课题组利用三氟甲磺酸酐选择性地活化酰胺，再与有机锂或镁等碳亲核试剂加成，分别成功地发展了一系列普通酰胺直接转化为酮的通用方法 (式 13)[32-36]，突破了人们对酰胺的传统认识，大大提升了酰胺在有机合成中的应用价值。

$$R^1\underset{R^3}{\underset{|}{N}}\overset{O}{\underset{|}{C}}R^2 \xrightarrow[C-\text{亲核试剂 }(R^4)]{Tf_2O, \text{碱}} R^1\overset{O}{\underset{|}{C}}R^4 \tag{13}$$

参考文献

[1] Nahm, S.; Weinreb, S. M. *Tetrahedron Lett.* **1981**, *22*, 3815.

[2] Sibi, M. P. *Org. Prep. Proced. Int.* **1993**, *25*, 15-40.

[3] Pettit, G. R.; Baumann, M. F.; Rangammal, K. N. *J. Med. Chem.* **1962**, *5*, 800.

[4] Staab, H. A.; Jost, E. *Justus Liebigs Ann. Chem.* **1962**, *655*, 90.

[5] Mukaiyama, T.; Araki, M.; Takei, H. *J. Am. Chem. Soc.* **1973**, *95*, 4763.

[6] Levin, J .I.; Turos, E.; Weinreb, S. M. *Synth. Commun.* **1982**, *12*, 989.

[7] Singh, J.; Satyamurthi, N.; Aidhen, I. S. *J. Prakt. Chem.* **2000**, *4*, 342.

[8] Khlestkin, V. K.; Mazhukin, D. G. *Curr. Org. Chem.* **2003**, *7*, 967.

[9] Qu, B.; Collum, D. B. *J. Org. Chem.* **2006**, *71*, 7117.

[10] Balasubramaniam, S.; Aidhen, I. S. *Synthesis* **2008**, *23*, 3707.

[11] Zhao, W.; Liu, W. *Chin. J. Org. Chem.* **2015**, *35*, 55.

[12] Nowak, M. *Synlett* **2015**, *26*, 561

[13] Castoldi, L.; Monticelli, S.; Senatore, R.; Ielo, L.; Pace, V. *Chem. Commun.* **2018**, *54*, 6792

[14] Ho, T.-L.; Zinurova, E. *Helv. Chim. Acta* **2006**, *89*, 134.

[15] Schwartz, B. D.; Hayes, P. Y.; Kitching, W.; De Voss, J. J. *J. Org. Chem.* **2005**, *70*, 3054.

[16] Ooi, T.; Takeuchi, M.; Kato, D.; Uematsu, Y.; Tayama, E.; Sakai, D.; Maruoka, K. *J. Am. Chem. Soc.* **2005**, *127*, 5073.

[17] Rudzinski, D. A.; Kelly C. B.; Leadbeater, N. E. *Chem. Commun.* **2012**, *48*, 9610.

[18] Pace, V.; Castoldi, L.; Holzer, W. *J. Org. Chem.* **2013**, *78*, 7764.

[19] Silwal, S.; Rahaim, R. J. *J. Org. Chem.* **2014**, *79*, 8469.

[20] Prasad, K. R.; Anbarasan, P. *Synlett* **2006**, *13*, 2087.

[21] Leverett, C. A.; Cassidy, M. P.; Padwa, A. J. *J. Org. Chem.* **2006**, *71*, 8591.

[22] Paek, S.-M.; Seo, S.-Y.; Kim, S.-H.; Jung, J.-W.; Lee, Y.-S.; Jung, J.-K.; Suh, Y.-G. *Org. Lett.* **2005**, *7*, 3159.

[23] Bindl, M.; Jean, L.; Herrmann, J.; Müller, R.; Fürstner A. *Chem. Eur. J.* **2009**, *15*, 12310.

[24] Huang, P.-Q.; Zheng, X.; Deng, X.-M. *Tetrahedron Lett.* **2001**, *42*, 9039.

[25] Belanger, G.; Larouche-Gauthier, R.; Menard, F.; Nantel, M.; Barabe, F. *J Org. Chem.* **2006**, *71*, 704.

[26] Huang, Z.-Y.; Chen, Z.-L.; Lim, L.-H.; Phan Quang, G.-C.; Hirao, H.; Zhou, J.-R. (Steve) *Angew. Chem. Int. Ed.* **2013**, *52*, 5807.

[27] L'Homme, C.; Menard, M.-A.; Canesi, S. *J. Org. Chem.* **2014**, *79*, 8481.

[28] Jacquemot, G.; Maertens, G.; Canesi, S. *Chem. Eur. J.* **2015**, *21*, 7713.

[29] Williams, J. M.; Jobson, R. B.; Yasuda, N.; Marchesini, G. *Tetrahedron Lett.* **1995**, *36*, 5461.

[30] Shi, B.-F.; Tang, P.-P.; Hu, X.-Y.; Liu, J.-O.; Yu, B. *J. Org. Chem.* **2005**, *70*, 10354.

[31] Niu, T.; Zhang, W.-M.; Huang, D.-F.; Xu, C.-M.; Wang, H.-F.; Hu Y.-L. *Org. Lett.* **2009**, *11*, 4474.

[32] Bechara, W. S.; Pelletier, G.; Charette, A. B. *Nat. Chem.* **2012**, *4*, 228.

[33] Xiao, K.-J.; Wang, A.-E; Huang, Y.-H.; Huang, P.-Q. *Asian J. Org. Chem.* **2012**, *1*, 130-132.

[34] Xiao, K.-J.; Huang, Y.-H.; Huang, P.-Q. *Acta Chim. Sinica* **2012**, *70*, 1917.

[35] Huang, P.-Q.; Wang, Y.; Xiao, K.-J.; Huang, Y.-H. *Tetrahedron* **2015**, *71*, 4248.

[36] Huang, P.-Q.; Huang, Y.-H.; Geng, H.; Ye, J.-L. *Sci. Rep.* **2016**, *6*, 28801.

（郑啸）

Wenkert 偶联反应

Wenkert (文克特) 偶联反应是芳香季铵盐与金属有机试剂（格氏试剂、锌试剂、硼试剂），在过渡金属镍或钯催化剂的催化下生成 C–C 键的偶联反应。该反应可以用式 1 表示，其反应机理与 Suzuki 或 Kumada 交叉偶联反应相似，一般都经历了氧化加成、转金属化和还原消除等基元反应过程，其不同点在于该反应中的氧化加成切断的是 C–N 键 (图 1)。相比于 C–X (碳-卤) 键、C–O 键和 C–H 键，C–N 键更难以发生氧化加成，形成相应的碳-金属键，这主要是由于氮原子与过渡金属更容易配位，生成相应的 n-型金属配合物，导致发生氧化加成所需的 δ-型金属配合物难以生成。一个有效的办法就是将烷基胺转化为季铵盐，这一方面抑制 n-型金属配合物的生成，另一方面可以升高胺的氧化态促进氧化加成基元反应的进行[1,2]。

$$Ar-N^+Me_3X^- + RMY \xrightarrow[\text{碱}]{\text{[Ni] 或 [Pd]}} Ar-R + MXY + NMe_3 \quad (1)$$

(RMY: 格氏试剂，有机硼试剂，有机锌试剂)

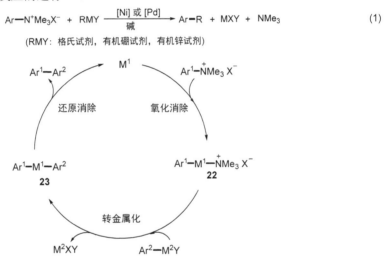

图 1 Wenkert 偶联反应的机理

该反应是 Wenkert 等人在 1988 年首次报道的，他们的原始反应采用三甲基芳基碘化铵和芳基格氏试剂或烷基格氏试剂为偶联试剂，以 Ni(dppp)Cl$_2$ 为催化剂，反应收率普遍较低，在合成上没有实质意义，因此长时间以来没有引起合成化学家的关注[3]。直到 2003 年，MacMillan 小组对上述反应进行了改进，他们采用芳基硼酸 (酯) 或烯基硼酯和三甲基芳基三氟甲磺酸铵为反应物，以氮杂环卡宾-镍 (Ni^0·IMes) 为催化剂，在 80 °C 的反应条件下可以几乎定量的收率得到目标产物，由此将 Wenkert 反应推向了实用阶段[4]。2010 年，Reeves 等人首次采用钯为催化剂，钯催化剂比镍催化剂活性高，在室温条件下就可以高效地促进芳基格氏试剂与芳香季铵盐的偶联，高产率地得到联苯类化合物[5]。2011 年，中国科学技术大学王中夏等人对此反应进行了进一步的改进，他们采用烷基锌为偶联试剂，在 Ni(Pcy$_3$)$_2$Cl$_2$ 的催化下与三甲基芳基碘化铵反应，高效地获得相应的联芳烃和烷基芳烃[6]。Wenkert 反应与 Suzuki 或 Kumada 交叉偶联反应相比，芳基季铵盐可以非常方便地通过一级芳香胺制备得到，在合成上有一定的利用优势。但从原子经济性的角度来看，其原子利用率要比卤代烃参与的偶联反应低。此外，目前该反应只能利用芳基季铵盐作为偶联试剂，简单的季铵盐却难以反应，这也是该类反应的一大缺点，但相信通过催化剂的改进，上述问题会逐步得到解决。

参考文献

[1] Ouyang, K.; Hao, W.; Zhang, W.-X.; Xi, Z. *Chem. Rev.* **2015**, *115*, 12045.
[2] Wang, Q.; Su, Y.; Li, L.; Huang, H. *Chem. Soc. Rev.* **2016**, *45*, 1257.
[3] Wenkert, E.; Han, A.-L.; Jenny, C.-J. *J. Chem. Soc., Chem. Commun.* **1988**, 975.
[4] Blakey, S. B.; MacMillan, D. W. C. *J. Am. Chem. Soc.* **2003**, *125*, 6046.
[5] Reeves, J. T.; Fandrick, D. R.; Tan, Z.; Song, J. J.; Lee, H.; Yee, N. K.; Senanayake, C. H. *Org. Lett.* **2010**, *12*, 4388.
[6] Xie, L.-G.; Wang, Z.-X. *Angew. Chem. Int. Ed.* **2011**, *50*, 4901.

相关反应： Suzuki 偶联反应；Kumada 偶联反应

（黄汉民）

第 2 篇

碳−碳双键和碳−碳三键形成反应

Bamford-Stevens 反应

1952 年，Bamford 和 Stevens 报道了含 α-H 酮的对甲苯磺酰腙 **1** 在金属钠/乙二醇作用下生成烯 (**2**) 的反应 (式 1)[1]，即 Bamford-Stevens (班福德-史蒂文斯) 反应。这是把酮转化为烯烃的方法之一[2,3]。该文同时报道，在较温和条件下 (EtONa/EtOH)，对甲苯磺酰腙可生成重氮化合物，因而可用于重氮化合物的制备 (式 2)[4]，并指出这一方法此前已有研究与报道[1]。值得注意的是，15 年后，Shapiro 报道了有机锂试剂作用下磺酰腙生成烯烃的反应 (参见 Shapiro 反应)。

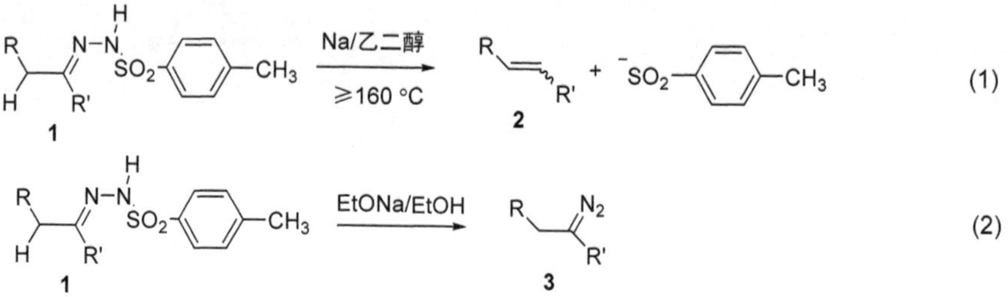

反应机理 (图 1)：

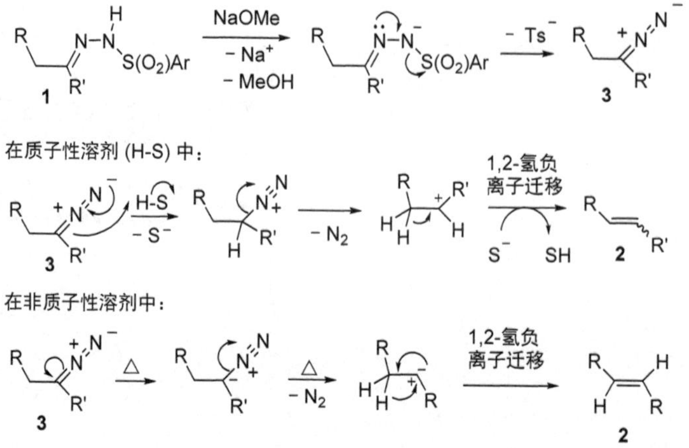

图 1 Bamford-Stevens 反应的机理

2002 年，May 和 Stoltz 报道了在铑催化下，Eschenmoser 腙 **4a**[5]可发生串联 Bamford-Stevens 反应- Claisen 重排反应 (式 3)[6]。如式 4 所示，该类反应中间体仍为重氮化合物，后者经催化形成铑卡宾类化合物导向 Z-式烯基醚 **5**。

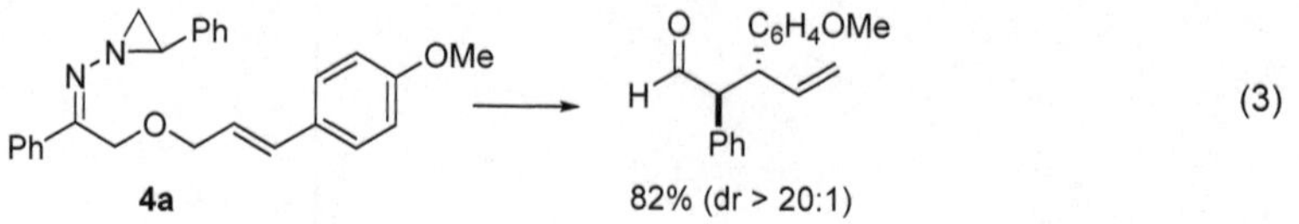

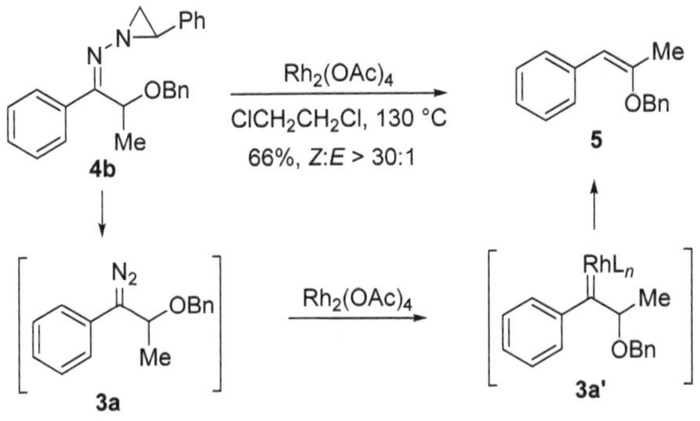

重氮中间体还可以与双键发生插入反应生成环丙烷类化合物。例如，2015 年，秦勇课题组在 lundurine A (**8**) 的全合成中作了展示：首先通过 Bamford-Stevens 重氮化反应生成重氮化合物 **3b**，后者在 Cu(tbs)$_2$ 催化下进行分子内环加成形成环丙烷类化合物 **7** (式 5)[7]。

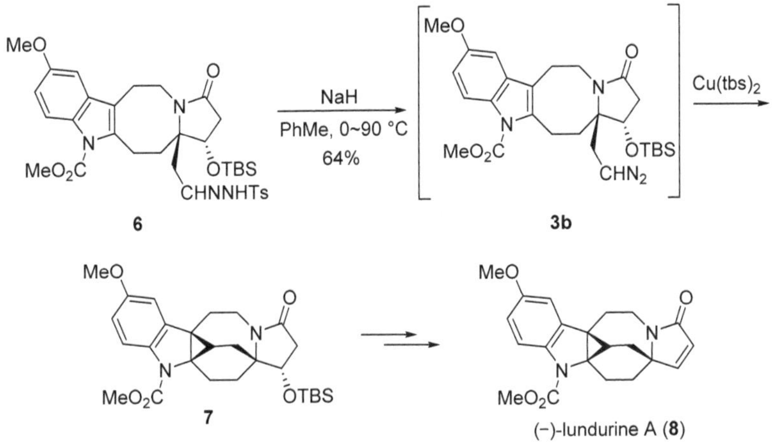

参考文献

[1] Bamford, W. R.; Stevens, T. S. *J. Chem. Soc.* **1952**, 4735-4740.

[2] Ireland, R. E.; O'Neil, T. H.; Tolman, G. L. *Org. Synth.* **1983**, *61*, 116; *Coll. Vol.* **1990**, *7*, 66. (相关方法)

[3] Rosenberg, M. G.; Schrievers, T.; Brinker, H. *J. Org. Chem.* **2016**, *81*, 12388-12400.

[4] Creary, X. *Org. Synth.* **1986**, *64*, 207; *Coll. Vol.* **1990**, *7*, 438.

[5] Felix, D.; Muller, R. K.; Horn, U.; Joos, R.; Schreiber, J.; Eschenmoser, A. *Helv. Chim. Acta* **1972**, *55*, 1276-1318.

[6] May, J. A.; Stoltz, B. M. *J. Am. Chem. Soc.* **2002**, *124*, 12426-12427.

[7] Huang, H.-X.; Jin, S.-J.; Gong, J.; Zhang, D.; Song, H.; Qin, Y. *Chem. Eur. J.* **2015**, *21*, 13284-13290.

相关反应：Shapiro 反应

（罗世鹏，黄培强）

Burgess 试剂

Burgess (伯吉斯) 试剂 (**1**) 的结构式如图 1 所示,是高效脱水剂,现已商品化。Burgess 试剂可在温和条件下实现仲、叔醇的高效脱水[1]。但由于该试剂对空气和湿气敏感、半衰期短,因而宜使用新制试剂,可由异氰酸氯磺酯与三乙胺在甲醇中反应制得 (式 1)[1-3]。Wipf 发展了高分子负载的 Burgess 试剂 (**2**)[4],稳定性有所提高。

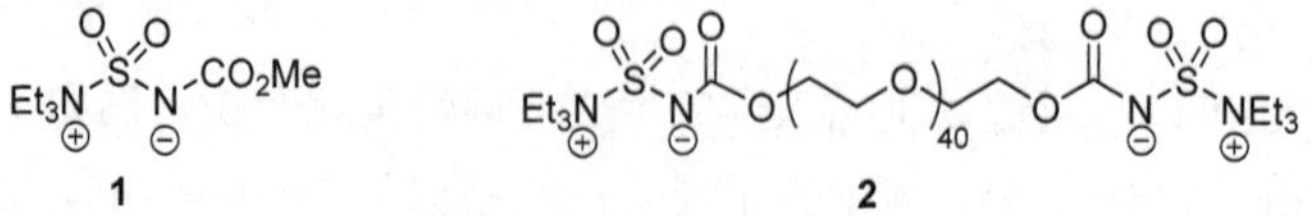

图 1 Burgess 试剂

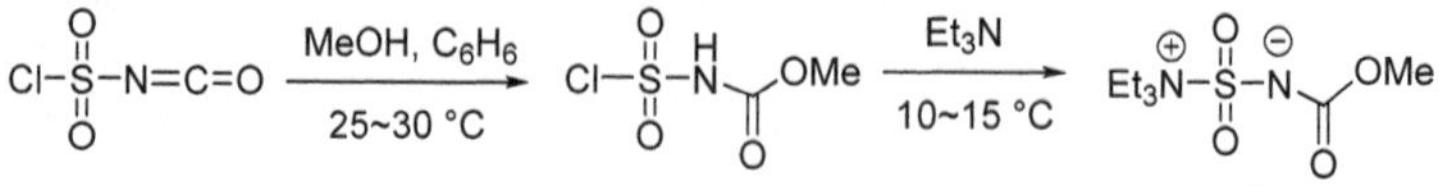

脱水机理 (图 2):Burgess 试剂的脱水机理为羟基进攻硫,然后在氮负离子参与下发生顺式消除得到烯烃。

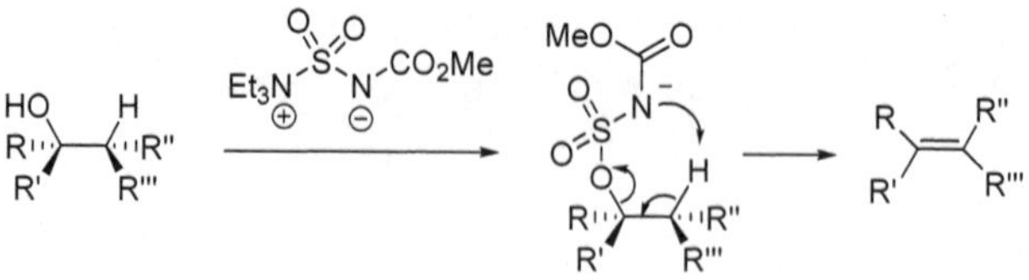

图 2 Burgess 试剂的脱水机理

Burgess 试剂的首要用途为仲、叔醇的脱水形成烯烃。在没有其它基团参与的情况下,醇脱水得烯烃。例如,在天然产物 (+)-narciclasine 的全合成中,Rigby 通过使用 Burgess 试剂实现了去硅基化后的多官能团化合物 **3** 的化学与区域选择性脱水,从而合成了高级合成中间体 **4** (式 2)[5]。Burgess 试剂还分别被 Nicolaou 用于 efrotomycin 的合成[6],被 Uskokovic 用于 pravastatin 的合成[7],被 Holton 用于 Taxol® 的合成[8]。

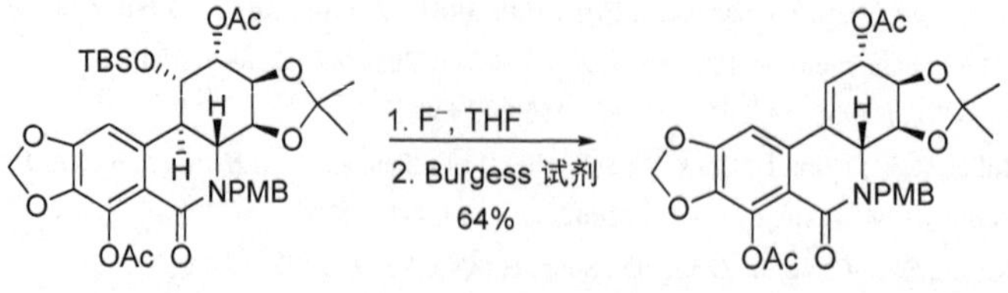

Burgess 试剂也可分别用于从甲酰胺合成异腈化合物,从伯酰胺合成腈化合物[9],从硝基烷合成腈氧化物[10],从肟合成腈化物[11]以及从伯醇合成氨基甲酸酯[2]。例如,Baran 等在天然产物 welwitindolinone A、(+)-fischerindoles I 和 G 全合成的最后一步,异腈基的

合成系通过 Burgess 试剂实现 (式 3)[12]。

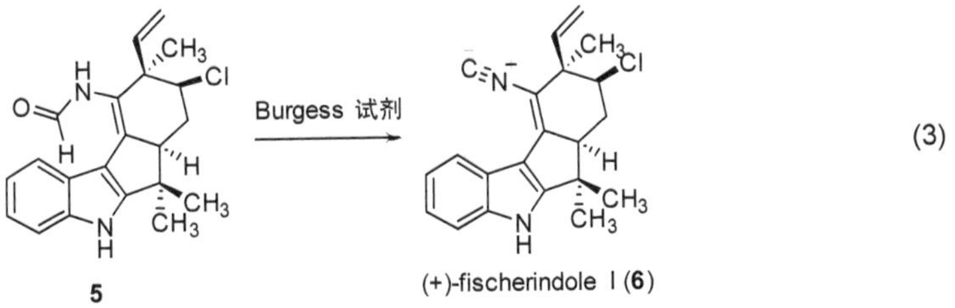

$$\text{5} \xrightarrow{\text{Burgess 试剂}} \text{(+)-fischerindole I (6)} \quad (3)$$

Burgess 试剂近年更多地用于羟基酰胺或羟基硫酰胺的脱水环化。例如，在抗生素 (−)-madumycin II 的全合成中，Meyers 用 Burgess 试剂构筑噁唑啉环系，后者经脱氢被转化为噁唑环 (式 4)[13]。许多复杂天然产物中的噁唑环也大多采用此法构筑[14]。

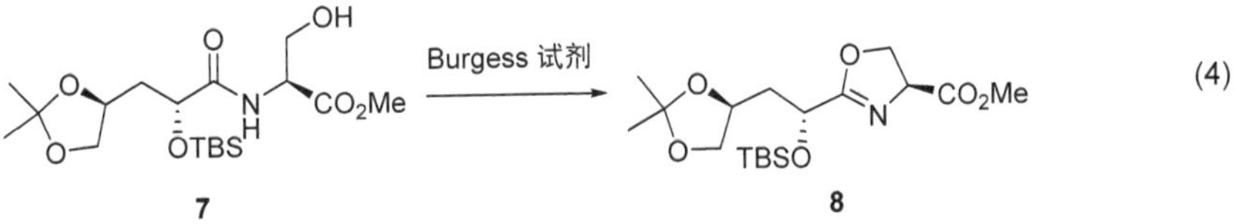

$$\text{7} \xrightarrow{\text{Burgess 试剂}} \text{8} \quad (4)$$

Nicolaou 扩展了该试剂的新用途。Burgess 试剂与邻二醇反应被用于合成氨基磺酸内酯 (式 5)[15]。随后 Hudliky 报道该试剂与环氧化合物反应也可得氨基磺酸内酯，进而转化为顺式或反式 β-氨基醇[16]。最近这一方法又有了对映选择性版本，所得的 β-氨基醇对映体过量 (ee 值) 可达 84%~98%[17]。

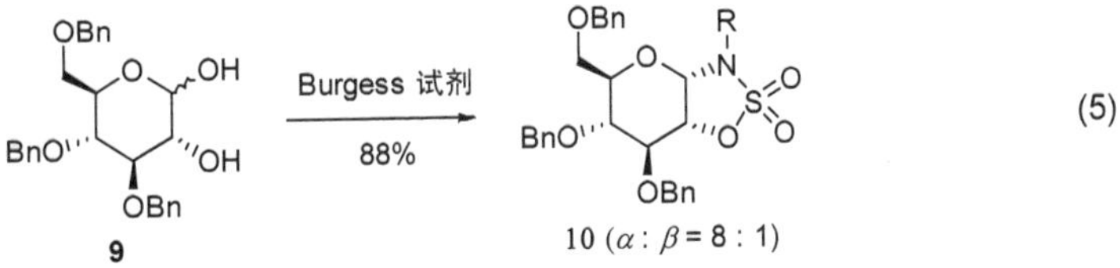

$$\text{9} \xrightarrow[88\%]{\text{Burgess 试剂}} \text{10} \ (\alpha : \beta = 8 : 1) \quad (5)$$

2010 年，Theodorakis 课题组[18]采用该试剂顺利实现烯丙醇化合物 **11** 的脱水以形成二烯烃，选择性氢化位阻小的烯烃生成烯烃 **12**，通过两步反应实现了脱除羟基的作用，从而完成 (−)-englenn A (**13**) 的形式全合成 (式 6)。

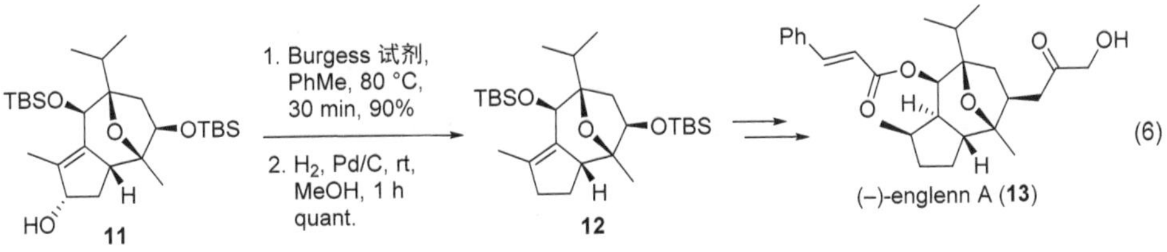

$$\text{11} \xrightarrow[\substack{\text{2. H}_2, \text{Pd/C, rt,} \\ \text{MeOH, 1 h} \\ \text{quant.}}]{\substack{\text{1. Burgess 试剂,} \\ \text{PhMe, 80 °C,} \\ \text{30 min, 90\%}}} \text{12} \longrightarrow (-)\text{-englenn A (13)} \quad (6)$$

2015 年，李卫东课题组[19]把这一方法应用于 (+)-iresin 和 (−)-isoiresin 的合成，顺利实现了叔醇化合物 **14** 在复杂体系中的脱水反应。脱水生成的产物经醇解得到多羟基三取代烯烃 **15** 以及多羟基取代的四取代烯烃 **16**,并经过多步反应分别转化为相应的天然产物 (+)-iresin (**17**) 和 (−)-isoiresin (**18**) (式 7)。

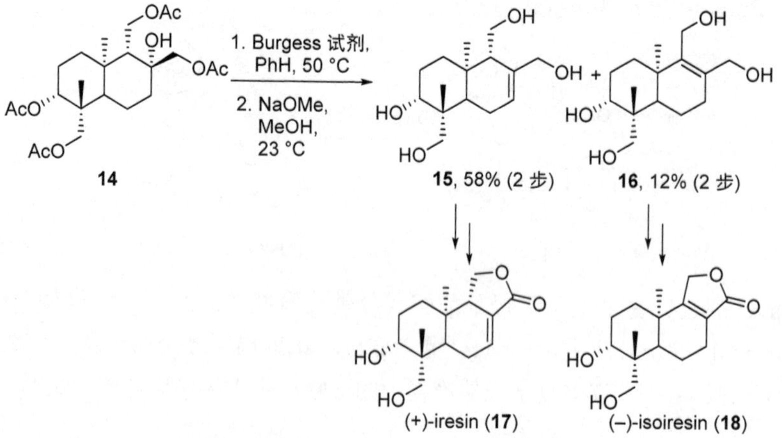

2018 年，Ichikawa 课题组[20]采用 Burgess 试剂实现了含 β-丙内酯化合物 **19** 烯丙位醇的脱水，所得联 1,3-二烯化合物经氢化酰胺化等步骤转化为化合物 **21**，用于 plusbacin A$_3$ (**22**) 的全合成 (式 8)。

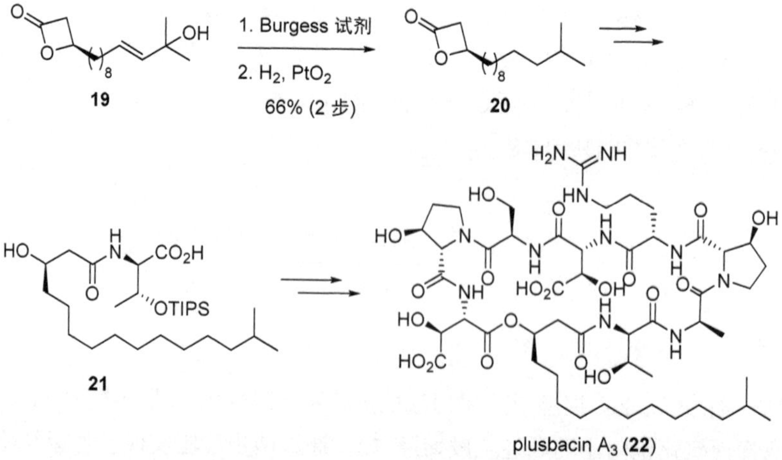

2018 年，Hiersemann 课题组[21]在尝试 gukulenin A (**26**) 的全合成时也采用 Burgess 试剂进行羟基脱水。如式 9 所示，二烯酮化合物 **23** 与乙烯基格氏试剂反应生成二烯丙醇，后者经 Burgess 试剂脱水转化为四烯基化合物 **24**，**24** 被进一步转化为化合物 **25**。遗憾的是他们最终未能完成 gukulenin A (**26**) 的全合成。

参考文献

[1] (a) Atkins, G. M.; Burgess, E. M. *J. Am. Chem. Soc.* **1968**, *90*, 4744-4745. (b) Atkins, G. M.; Burgess, E. M. *J. Am. Chem. Soc.* **1972**, *94*, 6135-6141. (c) Burgess, E. M.; Penton, H. R.; Taylor, E. A. *J. Org. Chem.* **1973**, *38*, 26-31.

[2] Burgess, E. M.; Penton, H. R.; Taylor, E. A.; Williams, W. M. *Org. Synth.* **1977**, *56*, 40; **1988**, *Coll. Vol. 6*, 788.

[3] (a) Taibe, P.; Mobashery, S. In *Encyclopedia of Reagents for Organic Synthesis*; Paquette, L.A., Ed.; John Wiley & Sons: Chichester, **1995**, *5*, 3345-3347. (b) Burckhardt, S. *Synlett* **2000**, 559. (综述)

[4] (a) Wipf, P.; Venkatraman, S. *Tetrahedron Lett.* **1996**, *37*, 4659-4662. (b) Wipf, P.; Hayes, G. B. *Tetrahedron* **1998**, *54*, 6987-6998.

[5] Rigby, J. H.; Mateo, M. E. *J. Am. Chem. Soc.* **1997**, *119*, 12655-12656.

[6] Dolle, R. E.; Nicolaou, K. C. *J. Am. Chem. Soc.* **1985**, *107*, 1691-1694.

[7] Daniewski, A. R.; Wokulicj, P. M.; Uskokovic, M. R. *J. Org. Chem.* **1992**, *57*, 7133-7139.

[8] Holton, R. A.; Kim, H. B.; Somoza, C.; Liang, F.; Biediger, R. J.; Boatman, P. D.; Shindo, M.; Smith, C. C.; Kim, S.; Nadizadeh, H.; Suzuki, Y.; Tao, C.; Vu, P.; Tang, S.; Zhang, P.; Murthi, K. K.; Gentile, L. N.; Liu, J. H. *J. Am. Chem. Soc.* **1994**, *116*, 1599-1600.

[9] Creedon, S. M.; Crowley, H. K.; McCarthy, D. G. *J. Chem. Soc., Perkin Trans. 1* **1998**, 1015-1018.

[10] Claremon, D. A.; Phillips, B. T. *Tetrahedron Lett.* **1988**, *29*, 2155-2158.

[11] Maugein, N.; Wagner, A.; Mioskowski, C. *Tetrahedron Lett.* **1997**, *38*, 1547-1550.

[12] (a) Miller, C. P.; Kaufman, D. H. *Synlett* **2000**, 1169-1171. (b) Baran, P. S.; Richter, J. M. *J. Am. Chem. Soc.* **2005**, *127*, 15394-15396.

[13] Tavares, F.; Lawson, J. P.; Meyers, A. I. *J. Am. Chem. Soc.* **1996**, *118*, 3303-3304.

[14] Nicolaou, K. C.; Chen, D. Y.-K.; Huang, X.; Ling, T.; Bella, M.; Snyder, S. A. *J. Am. Chem. Soc.* **2004**, *126*, 12888-12896.

[15] (a) Nicolaou, K. C.; Huang, X.; Snyder, S. A.; Rao, P. B.; Bella, M.; Reddy, M. V. *Angew. Chem. Int. Ed.* **2002**, *41*, 834-838. (b) Nicolaou, K. C.; Snyder, S. A.; Nalbandian, A. Z.; Longbottom, D. A. *J. Am. Chem. Soc.* **2004**, *126*, 6234-6235.

[16] Rinner, U.; Adams, D. R.; dos Santos, M. L.; Hudlicky, T. *Synlett* **2003**, 1247-1252.

[17] Leisch, H.; Saxon, R.; Sullivan, B.; Hudlicky, T. *Synlett* **2006**, 445-449.

[18] Xu, J.; Caro-Diaz, E. J. E.; Theodorakis, E. A. *Org. Lett.* **2010**, *12*, 3708-3711.

[19] Wang, B.-L.; Gao, H.-T.; Li, W.-D. Z. *J. Org. Chem.* **2015**, *80*, 5296-5301.

[20] Katsuyama, A.; Yakushiji, F.; Ichikawa, S. *J. Org. Chem.* **2018**, *83*, 7085-7101.

[21] Tymann, D.; Bednarzick, U.; Iovkova-Berends, L.; Hiersemann, M. *Org. Lett.* **2018**, *20*, 4072-4076.

相关试剂: Martin 试剂

(黄培强,胡秀宁)

Chugaev 黄原酸酯热分解反应

Chugaev (楚加耶夫) 反应 (Chugaev elimination) 是醇通过形成黄原酸酯 **1** (式 1)，进而加热发生顺式消除生成烯烃 **2** 的热分解反应 (式 2)。

合成方法：醇与二硫化碳在碱 (如：氢氧化钠、氢化钠等)作用下生成黄原酸盐，再用碘甲烷或硫酸二甲酯甲基化形成黄原酸酯[1-3]。

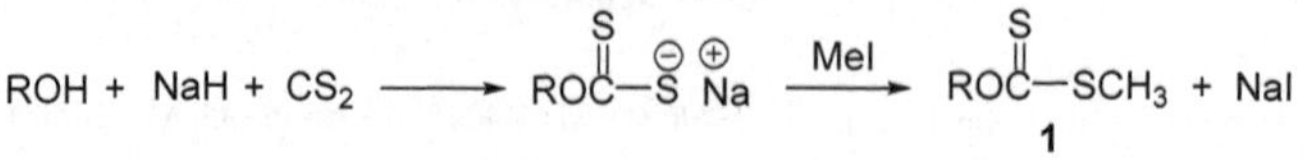

$$ROH + NaH + CS_2 \longrightarrow ROC(=S)-S^- Na^+ \xrightarrow{MeI} ROC(=S)-SCH_3 + NaI \quad \mathbf{1} \tag{1}$$

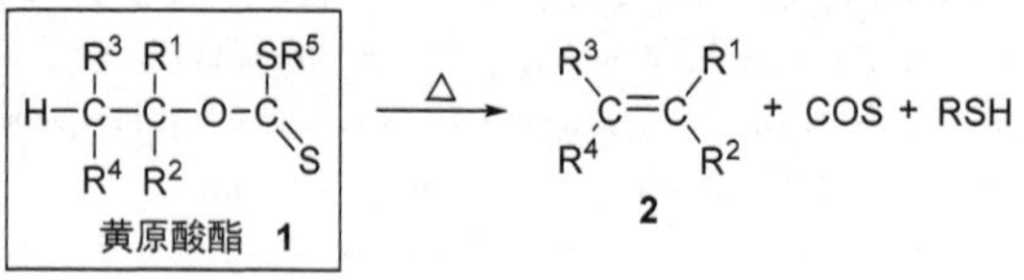

$$\text{黄原酸酯 } \mathbf{1} \xrightarrow{\Delta} \mathbf{2} + COS + RSH \tag{2}$$

黄原酸酯 **1** 的热分解反应是分子内的顺式消除 (E_i) 历程，经历了分子内的氧、硫杂六元过渡态 **3** (式 3)[4]。

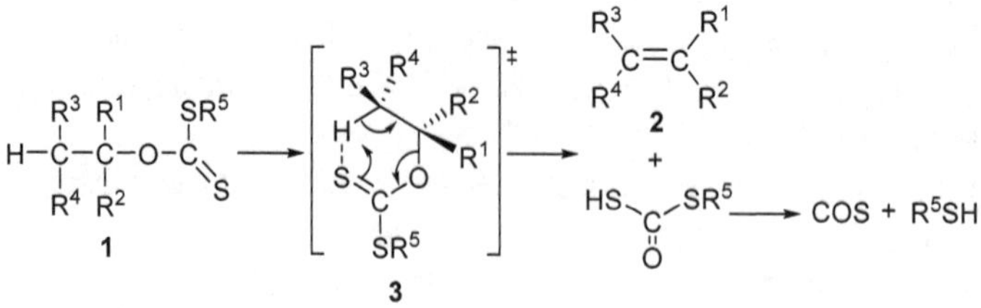

$$\mathbf{1} \longrightarrow [\mathbf{3}]^{\ddagger} \longrightarrow \mathbf{2} + HSC(=O)SR^5 \longrightarrow COS + R^5SH \tag{3}$$

伯醇的黄原酸酯热消除反应产物是唯一的，对于仲醇则同时存在区域和立体选择性的问题。控制立体选择性的因素在于 β-氢必须与黄原酸酯处于同侧 (Syn)，以利于形成六元过渡态。例如：苏式的 1,2-苯基-1-丙醇黄原酸酯 (**4**) 热消除将得到 Z-型烯烃 (式 4)；赤式的 1,2-苯基-1-丙醇黄原酸酯 (**5**) 热消除将得到 E-型烯烃 (式 5)。对于有多个 β-氢的仲醇，立体选择性取决于六元过渡态的稳定性；其区域选择性往往不高，只有在较为刚性的环状结构中才可得到较单一的产物。这在很大程度上限制了该方法的应用[5]。

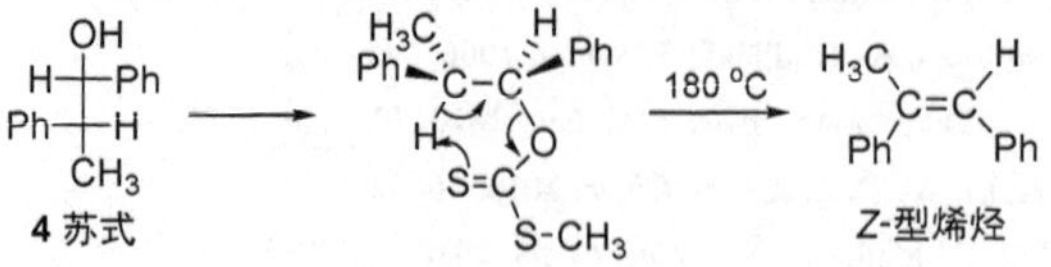

$$\mathbf{4} \text{ 苏式} \xrightarrow{180\ ^\circ C} Z\text{-型烯烃} \tag{4}$$

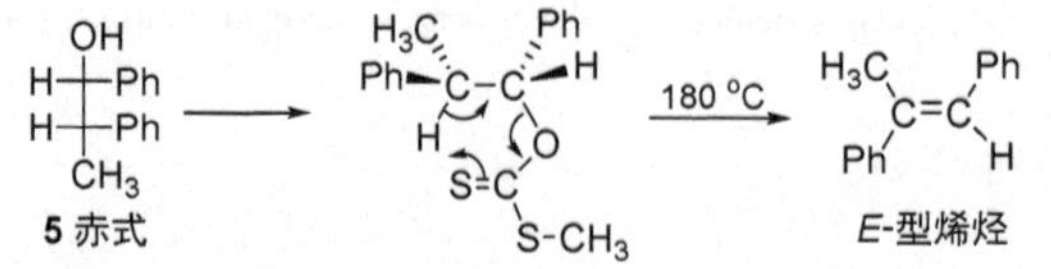

$$\mathbf{5} \text{ 赤式} \xrightarrow{180\ ^\circ C} E\text{-型烯烃} \tag{5}$$

利用仲醇和叔醇的黄原酸酯制备烯烃比较方便；伯醇的黄原酸酯比较稳定，不易热分解。另外，对于烯丙醇，其黄原酸酯 **6** 会发生 [3,3] 迁移，重排得到烯硫醇化合物 **7** (式 6)[6]。

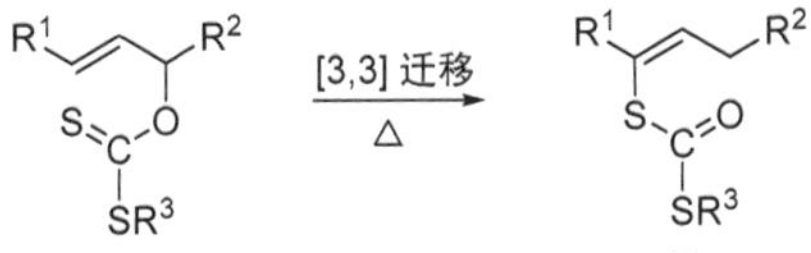

$$\text{(6)}$$

合成应用：利用黄原酸酯的热分解反应生成烯烃的优点在于反应一般不会发生碳链骨架的异构化和碳-碳双键的位移[7]。例如在条纹 (小星蒜) 碱 (+)-vittatine 的全合成中，便是利用黄原酸酯的热分解反应成功构建了 C1–C2 的双键 (式 7)[8]。

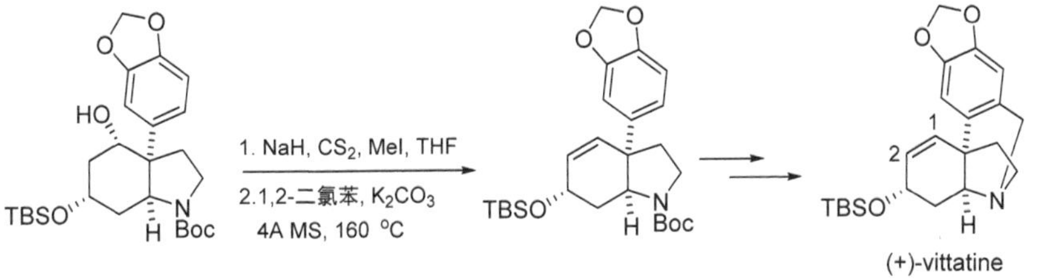

$$\text{(7)}$$

此外，Chugaev 反应在消除并环结构的桥头羟基形成烯键时，往往具有特殊的优势，特别对于一些难以通过酸催化的 E1 历程形成烯键的结构更是如此。例如：具有桥头羟基的四环化合物 **8** 容易发生 Grob 碎裂化反应，将其转化为黄原酸盐 **9** 后，室温下即可发生分子内顺式消除构造四环吲哚片段 **10** (式 8)。黄原酸盐直接发生顺式消除与底物分子的结构和所用的碱都有密切关系[9]。

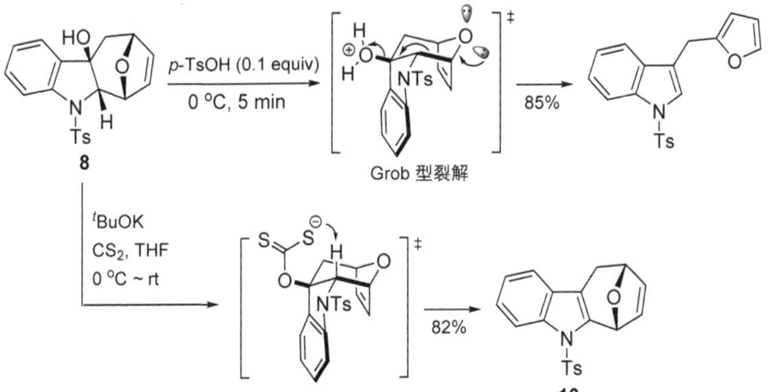

$$\text{(8)}$$

参考文献

[1] Chugaev, L. *Ber.* **1899**, *32*, 3332.
[2] DePuy, C. H.; King, R. W. *Chem. Rev.* **1960**, *60*, 431.
[3] Nace, H. R. *Org. React.* **1962**, *12*, 57.
[4] Harano, K. *YAKUGAKU ZASSHI* **2005**, *125*, 469.

[5] Cram, D. J.; Elhafez, F. A. A. *J. Am. Chem. Soc.* **1952**, *74*, 5828.
[6] Crich, D.; Brebion, F.; Krishnamurthy, V. *Org. Lett.* **2006**, *8*, 3593.
[7] Nakagawa, H.; Sugahara, T.; Ogasawara, K. *Org. Lett.* **2000**, *2*, 3181.
[8] Bohno, M.; Imase, H.; Chida N. *Chem. Commun.* **2004**, *9*, 1086.
[9] He, S.-Z.; Hsung, R. P.; Presser, W. R.; Ma, Z.-X.; Haugen, B. J. *Org. Lett.* **2014**, *16*, 2180.

（郑啸）

Cope 消除反应和逆 Cope 消除反应

（1）Cope (科普) 消除反应

Cope 消除反应是含 β-H 的叔胺用过氧化物 (H_2O_2 或 *m*-CPBA) 氧化为氮氧化物，进而消除得烯烃的反应 (图 1)[1,2]。使用非质子性极性溶剂能够提高反应速率，表现出显著的溶剂效应[3,4]。

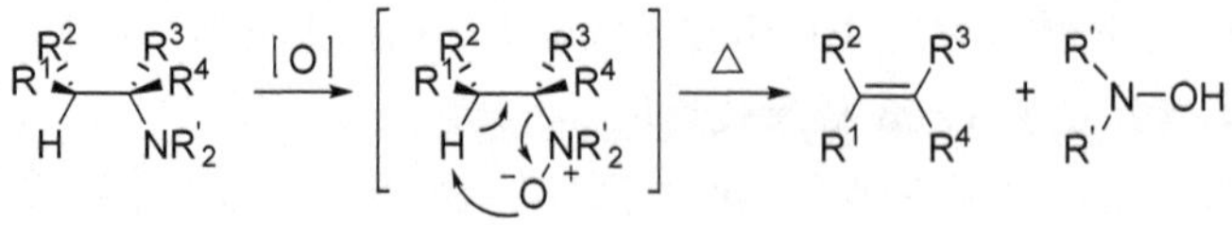

图 1 Cope 消除反应

反应机理：Cope 消除的反应机理为顺式消除。首先原位产生氮氧化合物，后者在加热条件下，经平面五元环过渡态，产生热力学稳定的烯烃和羟胺。Cope 消除反应能否进行及其区域选择性取决于能否形成平面五元环过渡态 (图 2)。

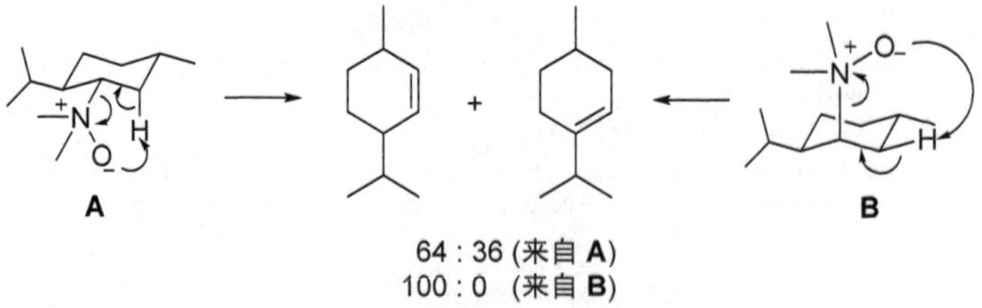

64 : 36 (来自 **A**)
100 : 0 (来自 **B**)

图 2 Cope 消除反应的机理

最近的报道显示，Cope 消除反应可在温和的条件下进行 (式 1)[5]。

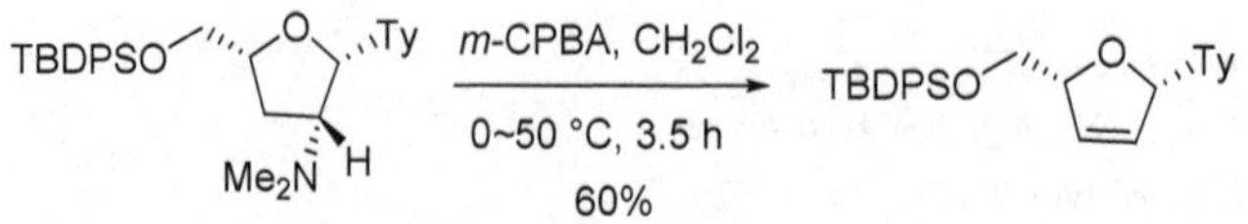

$$\text{TBDPSO} \diagdown \text{O} \diagdown \text{Ty} \quad \xrightarrow[0\sim50\ ^\circ\text{C},\ 3.5\ \text{h}]{m\text{-CPBA, CH}_2\text{Cl}_2} \quad \text{TBDPSO} \diagdown \text{O} \diagdown \text{Ty} \tag{1}$$
$$\text{Me}_2\text{N} \quad \text{H} \qquad\qquad 60\%$$

近二十年来，Cope 消除反应成为固相合成[6]和构建用于活性化合物筛选的化合物库[7]

的有用工具 (式 2)。

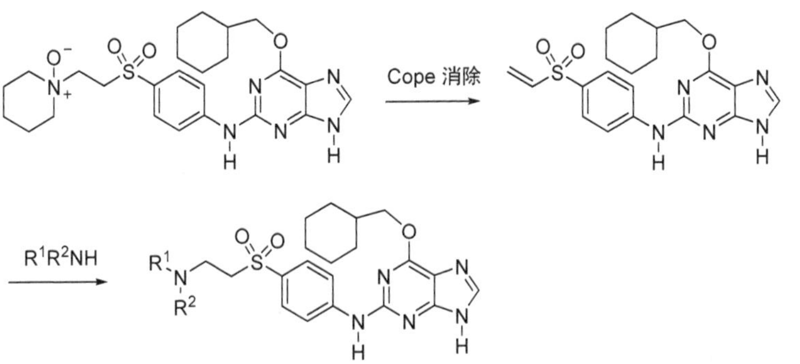

$$（2）$$

2013 年，Wang 课题组[8]通过 Cope 消除反应成功制备 3,4-取代异噁唑 **2**，从而应用在疱疹病毒复制抑制剂 **3** 的合成中 (式 3)。

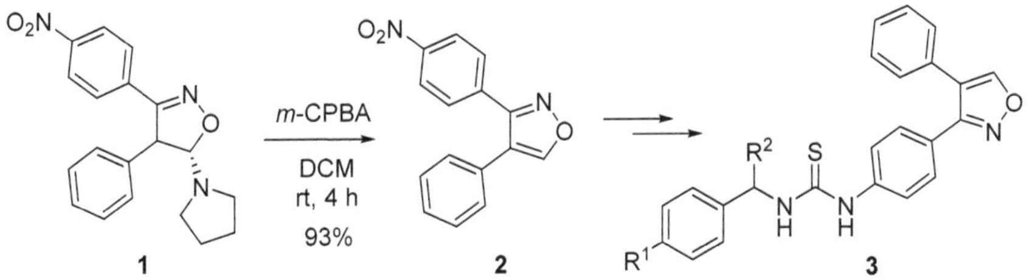

$$（3）$$

2018 年，Chrovian 小组[9]成功地实现了拮抗剂 P2X7 (**6**) 的合成，在使用酸催化消除未达到预期的效果时，通过 Cope 消除反应，快速构建双键，完成了拮抗剂 P2X7 (**6**) 的合成 (式 4)。

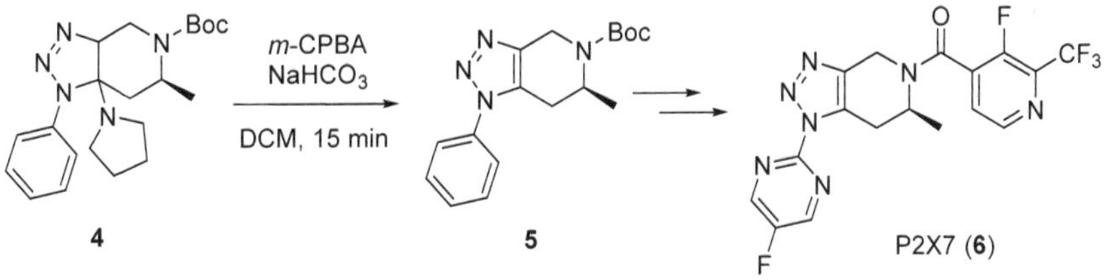

$$（4）$$

（2）逆 Cope (科普) 消除反应

1976 年，House 等发现不饱和羟胺加热时可以环化得到氮氧化合物，后者可进一步转化为羟胺[10-12]，这一反应称为逆 Cope 消除反应 (或逆 Cope 环化反应) (式 5)。

$$（5）$$

逆 Cope 消除反应已成为合成环状氮氧化合物的重要方法[10,11]，在天然产物合成中获得广泛应用 (式 6)[13,14]。

有趣的是，Salter 成功地将 Cope 消除反应和逆 Cope 消除反应用于含氮杂环的合成中 (式 7)[13]。

2012 年，Holmes 小组与 Houk 小组合作报道了[15]羟胺与烯烃或炔烃的逆 Cope 消除反应 (式 8)，并通过理论计算证实了链长对反应选择性的影响：链长不同，可选择性地得到 6-*exo*-dig 或 5-*exo*-dig 环化产物。

参考文献

[1] (a) Cope, A. C.; Foster, T. T.; Towle, P. H. *J. Am. Chem. Soc.* **1949**, *71*, 3929-3934. (b) *J. Am. Chem. Soc.* **1953**, *75*, 3212-3215.

[2] Cope, A. C.; Trumbull, E. R. Organic Reaction, *John Wiley and Sons: (N. Y.)* **1960**, *11*, 317-487.

[3] Acevedo, O.; Jorgensen, W. L. *J. Am. Chem. Soc.* **2006**, *128*, 6141-6146.

[4] Bach, R. D.; Andrzejewski, D.; Dusold, L. R. *J. Org. Chem.* **1973**, *38*, 1742-1743.

[5] Chiacchio, U.; Rescifina, A.; Iannazzo, D.; Romeo, G. *J. Org. Chem.* **1999**, *64*, 28-36.

[6] Seo, J.-S.; Kim, H.-W.; Yoon, C.-M.; Ha, D.-C.; Gong, Y.-D. *Tetrahedron* **2005**, *61*, 305-311.

[7] Griffin, R. J.; Henderson, A.; Curtin, N. J.; Echalier, A.; Endicott, J. A.; Hardcastle, I. R.; Newell, D. R.; Noble, M. E. M.; Wang, L.-Z.; Golding, B. T. *J. Am. Chem. Soc.* **2006**, *128*, 6012-6013.

[8] Jia, Q.-f.; Benjamin, P. M. S.; Huang, J.; Du, Z.; Zheng, X.; Zhang, K.; Conney, A. H.; Wang, J. *Synlett* **2013**, *24*, 79-84.

[9] Chrovian, C. C.; Soyode-Johnson, A.; Peterson, A. A.; Gelin, C. F.; Deng, X.; Dvorak, C. A.; Carruthers, N. I.; Lord, B.; Fraser, I.; Aluisio, L.; Coe, K. J.; Scott, B.; Koudriakova, T.; Schoetens, F.; Sepassi, K.; Gallacher, D. J.; Bhattacharya, A.; Letavic, M. A. *J. Med. Chem.* **2018**, *61*, 207-223.

[10] House, H. O.; Manning, D. T.; Melillo, D. G.; Lee, L. F.; Hayes, O. R.; Wilkes, B. E. *J. Org. Chem.* **1976**, *41*, 855-863.

[11] Ciganek, E.; Read, J. M.; Calabrese, J. C. *J. Org. Chem.* **1995**, *60*, 5795-5802.

[12] Ciganek, E. *J. Org. Chem.* **1995**, *60*, 5803-5807.

[13] Knight, D. W.; Salter, R. *Tetrahedron Lett.* **1999**, *40*, 5915-5918.
[14] Ellis, G. L.; O'Neil, I. A.; Ramos, V. E.; Kalindjian, S. B.; Chorlton, A. P.; Tapolczay, D. J. *Tetrahedron Lett.* **2007**, *48*, 1687-1690.
[15] Krenske, E. H.; Davison, E. C.; Forbes, I. T.; Warner, J. A.; Smith, A. L.; Holmes, A. B.; Houk, K. N. *J. Am. Chem. Soc.* **2012**, *134*, 2434-2441.

相关反应： Hofmann 消除反应

（黄培强，刘占江）

Corey-Fuchs 反应

Corey-Fuchs（科里-福克斯）反应是指醛和 CBr_4 及 PPh_3 反应，发生一碳同系化 (homologation)，生成二溴烯烃；接着用 *n*-BuLi 处理而得到末端炔烃（式 1）[1]。与早期的二溴烯烃衍生物的制备方法相比[2]，Zn 粉的加入促进了叶立德中间体的生成，从而减少了 Ph_3P 的用量，分离更易，产率更高。对于敏感底物（如环氧醛），须用 Et_3N 代替 Zn 才能取得好的效果[3]。近来，工业界发展了使用 CCl_3CO_2H 的等价合成方法，解决了大量合成中 $Ph_3P(O)$ 难处理问题，可实现 300~400 g 规模的制备[4]。

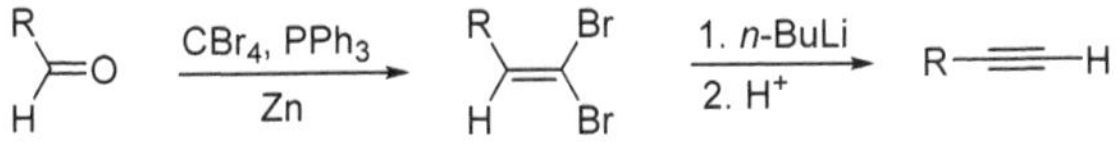

$$\text{RCHO} \xrightarrow{CBr_4, PPh_3, Zn} \text{RCH=CBr}_2 \xrightarrow{1.\ n\text{-BuLi}}_{2.\ H^+} R-\equiv-H \quad (1)$$

Corey-Fuchs 反应所得炔官能团能够发生很多后续转化，如金属催化的偶联反应和对羰基的亲核加成反应等，在天然产物全合成中已得到有效应用。例如，用该反应将单炔环己基甲醛转化为双炔后，再经 Stille 反应，便构筑了抗肿瘤 dynemicin 的十元大环烯二炔骨架（式 2）[5]。

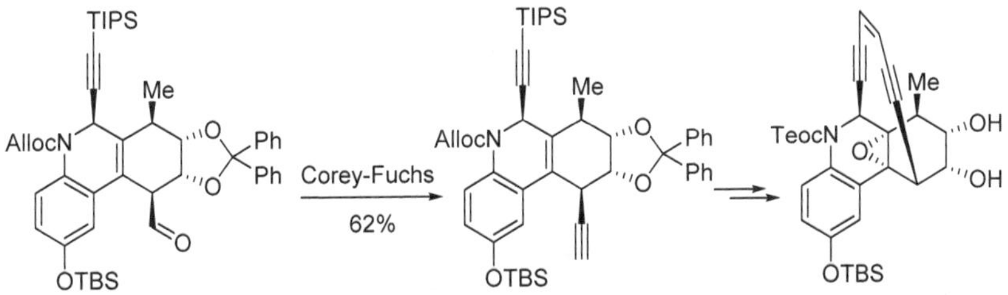

利用 Corey-Fuchs 反应将香草醛转化为芳基乙炔格氏试剂，再和 α-溴代酮发生非对映选择性的亲核加成，所得醇经几步反应可得到一类二萜生物碱骨架（式 3）[6]。

四氢吡喃醛经 Corey-Fuchs 反应再用多聚甲醛淬灭，生成的炔丙醇作为右手片段与左手片段十氢萘酮反应，再经几步转化，可构筑高度氧代复杂三萜 azadirachtin 的基本骨架（式 4）[7]。

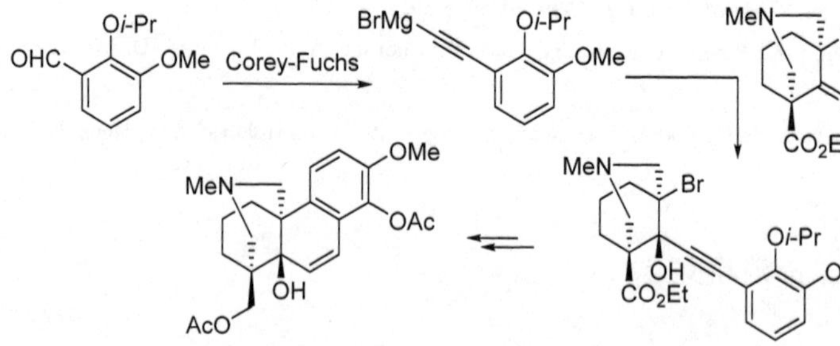

目前普遍接受的反应历程包括：PPh_3 亲核进攻 CBr_4，形成的中间体再被溴仿负离子亲核进攻，进而形成二溴亚甲基的磷叶立德。之后与 Wittig 反应类似，与醛羰基加成形成的两性中间体环化成氧杂磷杂环丁烷，进一步碎裂为三苯氧膦和二溴烯烃。后者经 n-BuLi 发生反式 HBr 消除得溴炔，再和第二分子 n-BuLi 进行 Br-Li 交换，最后用酸淬灭便得增加一个碳的炔烃 (式 5)。

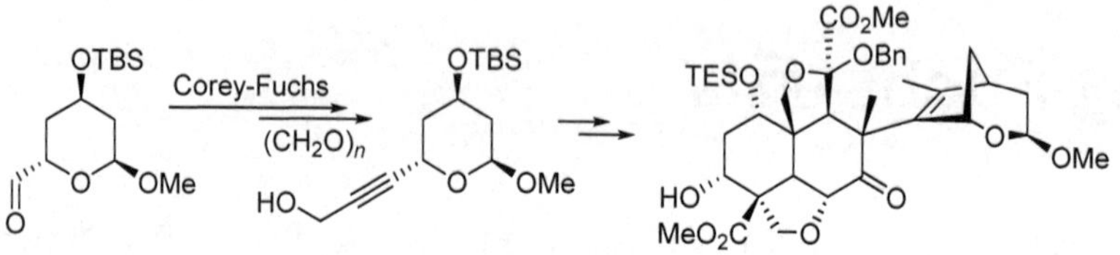

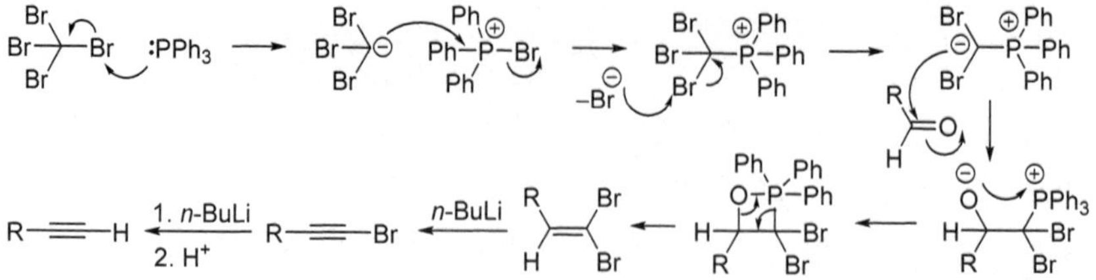

参考文献

[1] (a) Corey, E. J.; Fuchs, P. L. *Tetrahedron Lett.* **1972**, *13*, 3769. For a review, see: (b) Heravi, M. M.; Asadi, S.; Nazari, N.; Lashkariani, B. M. *Curr. Org. Chem.* **2015**, *19*, 2196.

[2] Ramirez, F.; Desai, N. B.; McKelvie, N. *J. Am. Chem. Soc.* **1962**, *84*, 1745.

[3] Grandjean, D.; Pale, P.; Chuche, J. *Tetrahedron Lett.* **1994**, *35*, 3529.

[4] Wang, Z.; Campagna, S.; Yang, K.; Xu, G.; Pierce, M. E.; Fortunak, J. M.; Confalone, P. N. *J. Org. Chem.* **2000**, *65*, 1889.

[5] Danishefsky; S. J.; Shair, M. D. *J. Org. Chem.* **1996**, *61*, 16.

[6] Williams, C. M.; Mander, L. N. *Org. Lett.* **2003**, *5*, 3499.

[7] Durand-Reville, T.; Gobbi, L. B.; Lawrence Gray, B.; Lev, S. V.; Scott, J. S. *Org. Lett.* **2002**, *4*, 3847.

相关反应： Wittig 反应

（彭羽，李卫东）

Corey-Winter 反应

Corey-Winter (科里-温特) 反应是指邻二醇与 1,1-硫代羰基二咪唑反应生成硫代碳酸酯，再经亚磷酸酯促使的顺式还原热消除，从而转化为相应的烯烃 (式 1)[1]。改进方法用硫代光气使反应温度降低很多，温和的条件使带有多种官能团的复杂分子也可应用[2]。通过非邻二醇生成的三硫代碳酸酯同样顺利地完成了消除[3]。

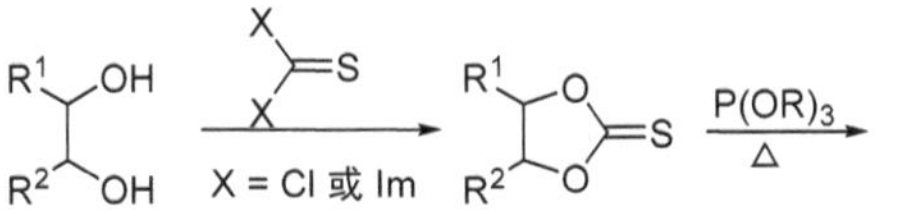

该反应的特点之一是能够立体专一地合成各种取代烯烃，例如，内 (外) 消旋的氢化安息香在标准条件下分别得到顺 (反)-二苯乙烯 (式 2 和式 3)[1]。由于已有大量方法合成具有确定立体化学的邻二醇，和 Corey-Winter 反应联用可实现顺/反-烯烃的相互转化。

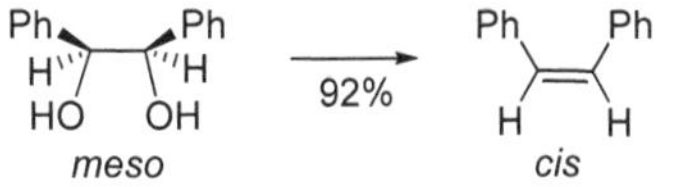

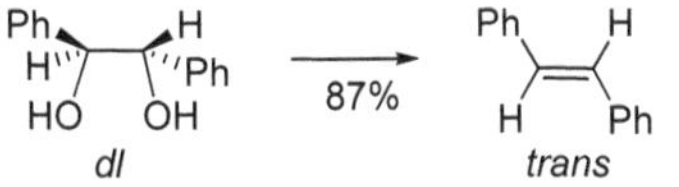

该反应的另外一个特点能够高产率地合成高张力烯烃，例如反-环辛 (庚) 烯已通过该法合成；当然，这些分子不稳定须用共轭双烯来捕捉 (式 4)。张力极大的四取代桥头烯烃也已合成[4]。

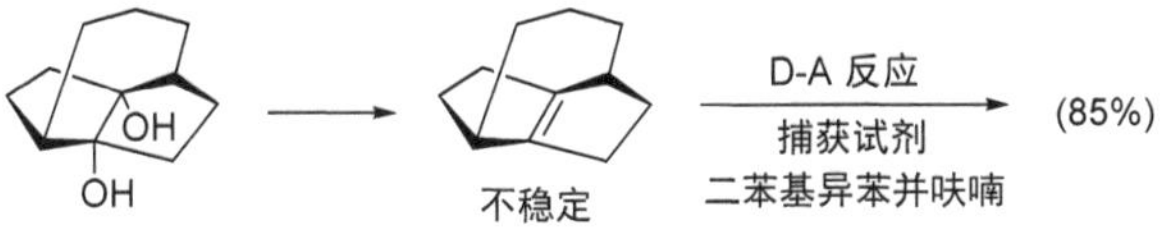

利用 Corey-Winter 反应引入共轭双键，顺利实现了 ottéliones A、B 的全合成 (式 5)[5]。

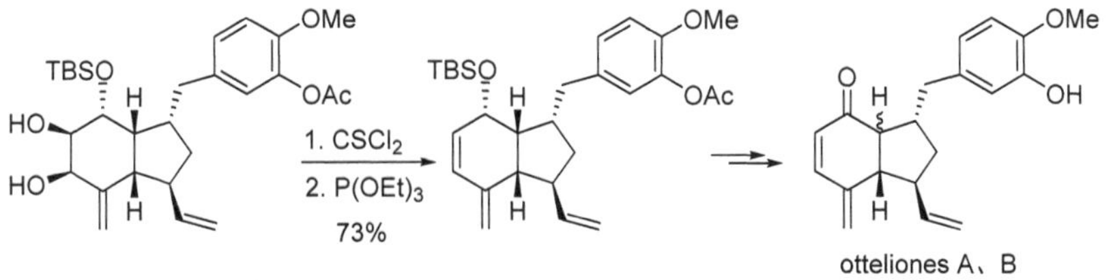

在百部属生物碱 (iso) didehydrostemofoline 合成的最后一步，同样使用了该反应，得到了可分离的非对映异构的硫代碳酸酯，分别经消除反应成功实现了两个天然产物的全合成，充分展示了 Corey-Winter 反应条件的温和性 (式 6)[6]。

反应机理 (图 1)[7]：第一步是醇羟基对硫羰基亲核加成，生成的中间体消除一分子 HCl 或咪唑，再重复上述过程便得到稳定的硫代碳酸酯。之后与亚磷酸酯的加成中间体热解成卡宾（I）并释放出硫代亚磷酸酯。I的存在已有直接的实验证据：可参与分子内插入反应[8]。生成的卡宾再和第二分子的亚磷酸酯反应得到叶立德 II，间接的证据来自相应三硫代碳酸酯生成的叶立德能被醛捕捉得到烯酮硫缩醛（ketene thioacetal）[9]，II 经协同的环消除就产生立体化学确定的烯烃，同时释放出二氧化碳和亚磷酸酯。近年来，已出现利用电化学手段来替代亚磷酸酯还原硫代碳酸酯中间体[10]。

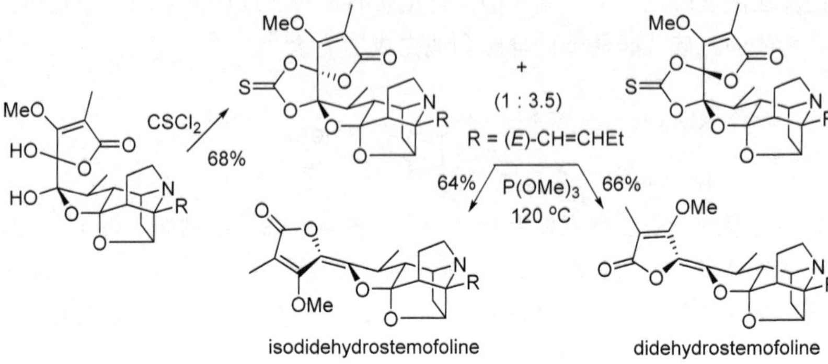

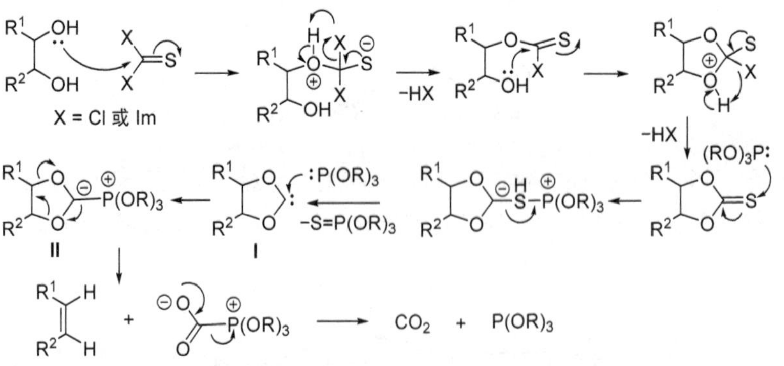

图 1 Corey-Winter 反应的机理

参考文献

[1] (a) Corey, E. J.; Winter, R. A. E. *J. Am. Chem. Soc.* **1963**, *85*, 2677. For a review, see: (b) Block, E. *Org. React.* **1984**, *30*, 457.

[2] Corey, E. J.; Hopkins, P. B. *Tetrahedron Lett.* **1982**, *23*, 1979.

[3] Corey, E. J.; Carey, F. A.; Winter, R. A. E. *J. Am. Chem. Soc.* **1965**, *87*, 934.

[4] Greenhouse, R.; Ravindranathan, T.; Borden, W. T. *J. Am. Chem. Soc.* **1976**, *98*, 6738.

[5] (a) Araki, H.; Inoue, M.; Katoh, T. *Org. Lett.* **2003**, *5*, 3903. (b) Araki, H.; Inoue, M.; Suzuki, T.; Yamori, T.; Kohno, M.; Watanabe, K.; Abe, H.; Katoh, T. *Chem.-Eur. J.* **2007**, *13*, 9866.

[6] Brüggemann, M.; McDonald, A. I.; Overman, L. E.; Rosen, M. D.; Schwink, L.; Scott, J. P. *J. Am. Chem. Soc.* **2003**, *125*, 15284.

[7] Dranichak, D. M.; Dill, T. L.; Warner, A.-L.; Wolf, J. A.; Wriston, A. S.; Troyer, T. L. Abstract for *Investigation of Kinetic and Mechanistic Aspects of the Corey–Winter Olefination*, Central Regional Meeting of the American Chemical Society, Cleveland, OH, United States, May 20–23, **2009**, Pages CRM-428. CODEN: 69LPLC.

[8] Horton, D.; Tindall, C. G., Jr. *J. Org. Chem.* **1970**, *35*, 3558, see also: ref.3.
[9] Corey, E. J.; Marki, G. *Tetrahedron Lett.* **1967**, *8*, 3201.
[10] López-López, E. E.; Pérez-Bautista, J. A.; Sartillo-Piscil, F.; Frontana-Uribe, B. A. *Beilstein J. Org. Chem.* **2018**, *14*, 547.

（彭羽，李卫东）

Doebner-Knoevenagel 缩合反应

Doebner-Knoevenagel（德布纳-脑文格）缩合反应，即 Knovenegal 缩合反应的 Doebner 改良法，指丙二酸与醛在吡啶中缩合，生成的产物在反应条件下可进一步发生协同的脱羧-消除反应，直接生成 α,β-不饱和酸（式 1 和式 2）[1,2]。烯丙醛也可进行 Doebner-Knoevenagel 反应，产物为戊二烯酸（式 3）[3]。

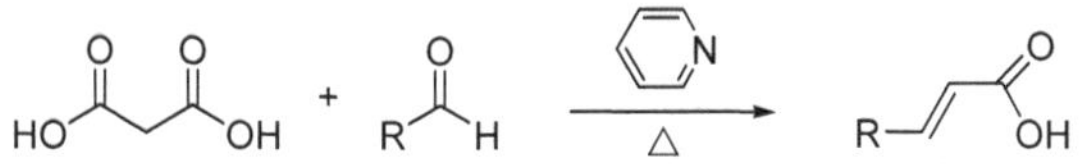

$$\text{HO-CO-CH}_2\text{-COOH} + \text{RCHO} \xrightarrow[\Delta]{\text{吡啶}} \text{R-CH=CH-COOH} \tag{1}$$

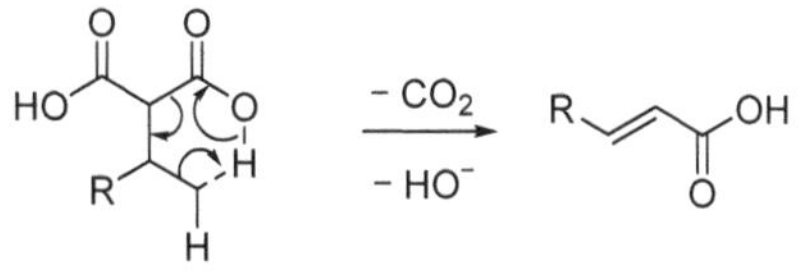

$$\tag{2}$$

$$\tag{3}$$

丙二酸半硫代酯在 Yb(OTf)$_3$ 催化下可进行 Doebner-Knoevenagel 缩合反应（式 4）[4]。

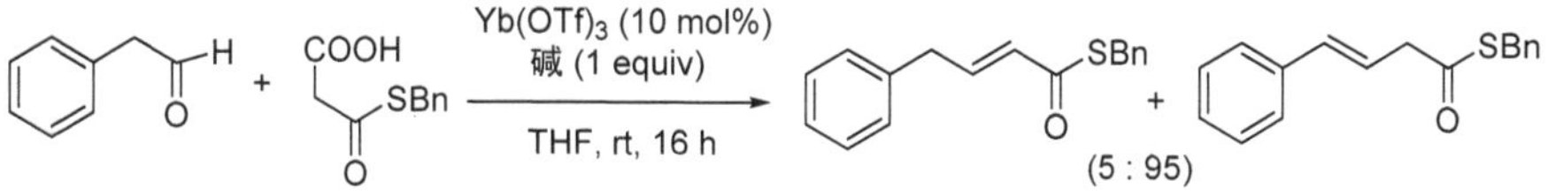

$$\tag{4}$$

最近，Rouden 小组通过把 α-取代丙二酸酯制备成相应的三乙胺盐，并在哌啶和三氟甲磺酸盐促进下进行了 Doebner-Knoevenagel 缩合反应（式 5）[5]。

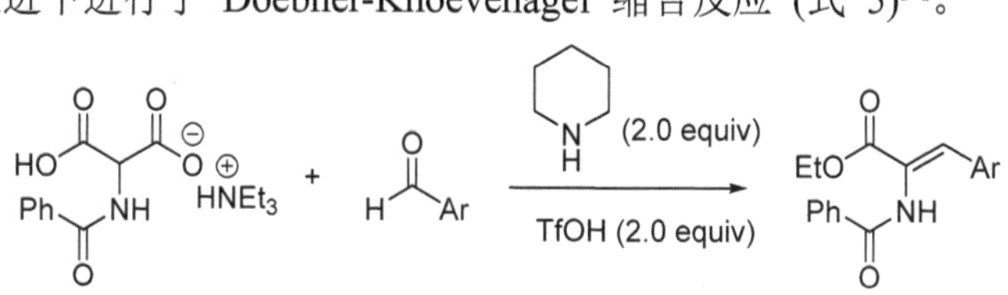

$$\tag{5}$$

2011 年，Toy 课题组发展了一种高效的以双官能团催化剂代替普通有机碱的 Doebner-Knoevenagel 反应（式 6）[6]。

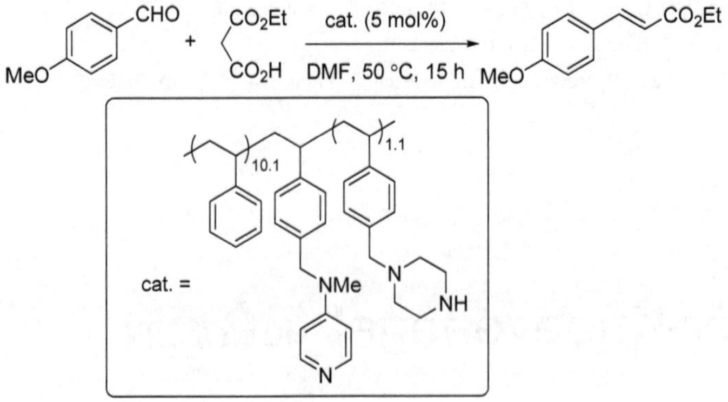

$$\text{(6)}$$

参考文献

[1] Doebner, O. *Ber. Dtsch. Chem. Ges.* **1902**, *35*, 1136.
[2] Wiley, R. H.; Smith, N. R. *Org. Synth.* **1953**, *33*, 62.
[3] Jessup, P. J.; Petty, C. B.; Roos, J.; Overman, L. E. *Org. Synth.* **1979**, *59*, 1.
[4] Berrué, F.; Antoniotti, S.; Thomas, O. P.; Amade, P. *Eur. J. Org. Chem.* **2007**, *11*, 1743.
[5] Singjunla, Y.; Rouden, J. *Tetrahedron* **2016**, *72*, 2369-2375.
[6] Lu, J.; Toy, P. H. *Synlett.* **2011**, 1723-1726.

（黄培强，何倩）

Eschenmoser 缩硫反应

仲、叔硫酰胺与 α-卤代酮或 α-卤代酯反应，生成烯胺酮或烯胺酯 (插烯氨基甲酸酯)，称为 Eschenmoser (埃申莫瑟) 缩硫反应 (式 1)[1]。脱硫作为一个 C-C 键形成方法为 Knott 首次观察到[2]。Eschenmoser 小组在与 Woodward 小组合作进行维生素 B_{12} 的全合成时[3]，把缩硫技术发展成一个有用的合成方法，被称为 Eschenmoser 缩硫反应或 Eschenmoser 偶联反应[4]。

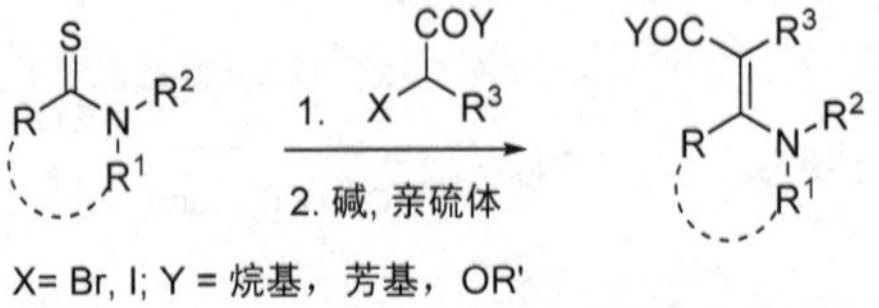

$$\text{(1)}$$

X = Br, I; Y = 烷基，芳基，OR'

反应机理：如图 1 所示，脱硫反应需一个碱和一个亲硫体如三苯基膦或亚磷酸三乙酯。

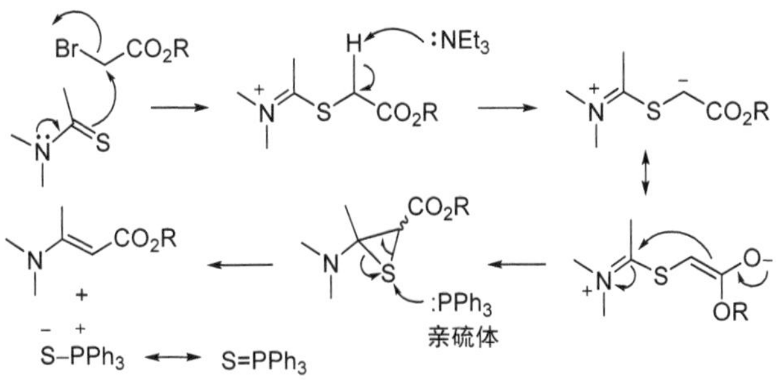

图 1 Eschenmoser 缩硫反应的机理

Rapoport 等系统研究了 Eschenmoser 缩硫反应在生物碱合成中的应用, 即首先把 (内) 酰胺转化为硫 (内) 酰胺, 进而通过 Eschenmoser 缩硫反应转化为烯胺酯。烯胺酯水解后得 β-酮酯、β-酮腈[5]。更重要的是, 烯胺酯是许多生物碱[6]和含氮药物[7]合成的关键中间体, 被用于 anatoxin a (鱼腥藻毒素, **2**) (式 2)[6]等生物碱的合成。值得注意的是, α-烷基取代的 α-溴羧酸酯活性不够, 需要使用活性较高的 α-羟基酯的 O-三氟甲磺酰化产物 (例如 **1**) 作为烷基化试剂[5,6]。

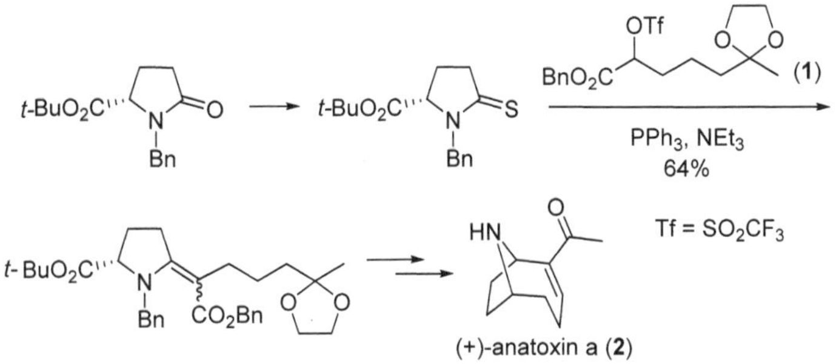

在马大为课题组对于 (2S,3S,4R)-plakoridine A (**3**) 的全合成 (式 3)[8]和 Hsung 课题组关于 myrrhine[9]和 precoccinelline (式 4)[10]等瓢虫生物碱的全合成中, Eschenmoser 缩硫反应均为关键反应[11]。

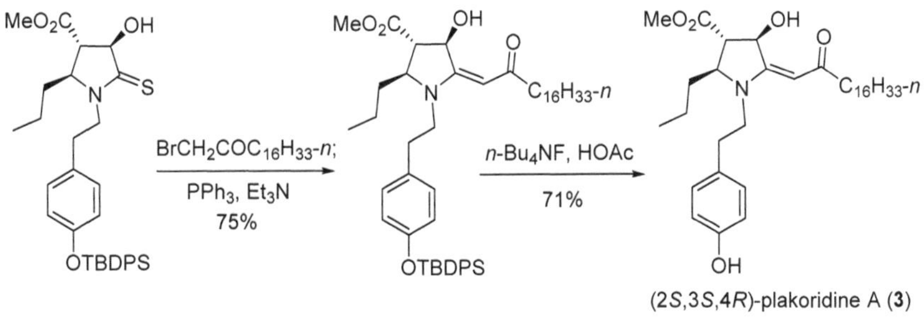

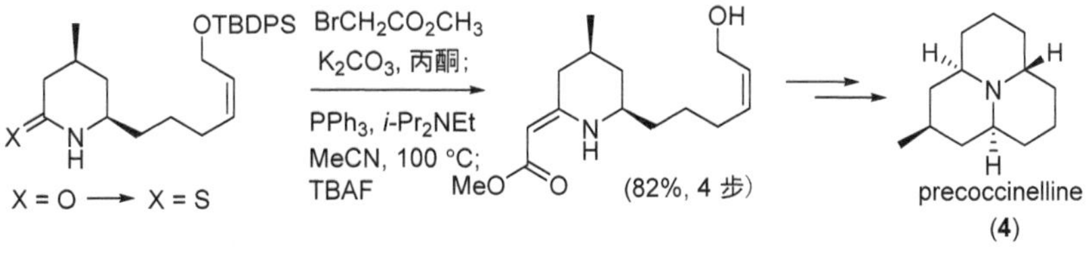

如改用 Hünig 碱/亚磷酸三乙酯/碘化钠体系，则 Eschenmoser 缩硫反应可用于大环内酯的合成，被爱尔兰用于天然产物 diplodialide A (**5**) 的合成 (式 5)[12]。

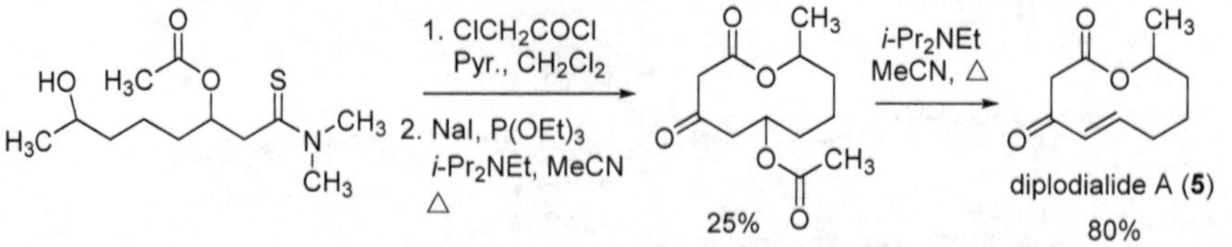

$$\text{(5)}$$

α-重氮羰基化合物也可替代 α-卤代羰基化合物用于缩硫反应。在 iso-A58365A (**7**) (式 6)[13]和 indolizomycin[14]的全合成中，Danishefsky 课题组通过形成铑卡宾并以兰尼镍为脱硫试剂，两步实现缩硫反应。最近，Hussaini 等发展了在廉价的钌配合物催化下，α-重氮羰基化合物与硫酰胺缩合一步形成烯胺酮的方法 (式 2)[15]。

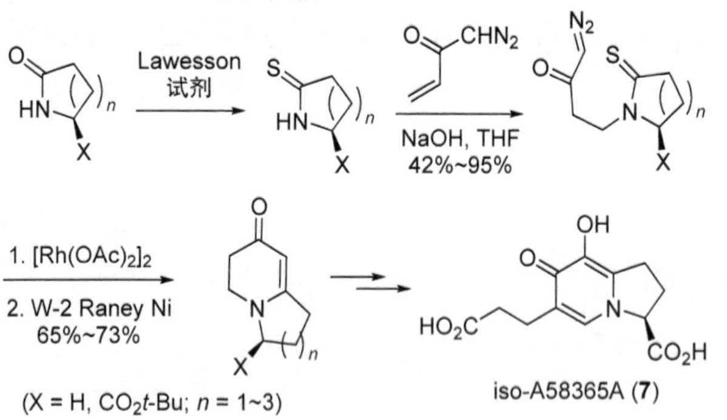

$$\text{(6)}$$

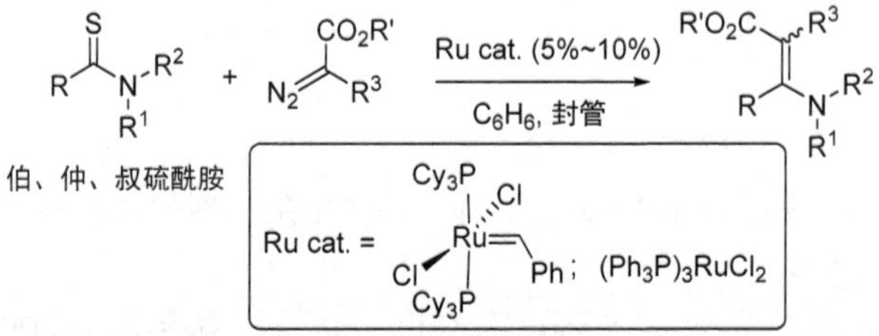

$$\text{(7)}$$

以上介绍的大多是把酰胺转化为烯胺酮或烯胺酯的间接方法。近年这一领域的重要进展是黄培强和欧伟发展的经三氟甲磺酸酐 (Tf₂O) 活化把酰胺直接转化为烯胺酯的氮杂-脑文格型 (aza-Knoevenagel-type) 反应 (式 8 和式 9)[16-18]。与此相关，黄培强和范婷也报道了酰胺酮经三氟甲磺酸活化直接转化为环状烯胺酮的简便方法 (式 10)[19]。

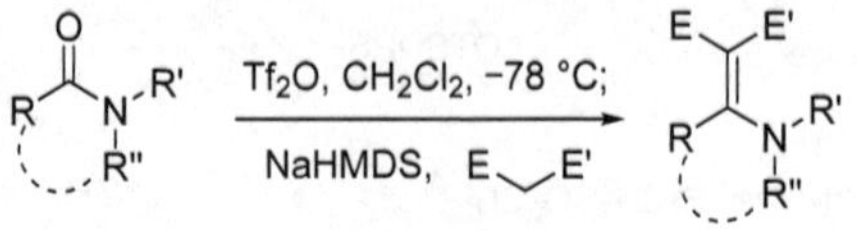

$$\text{(8)}$$

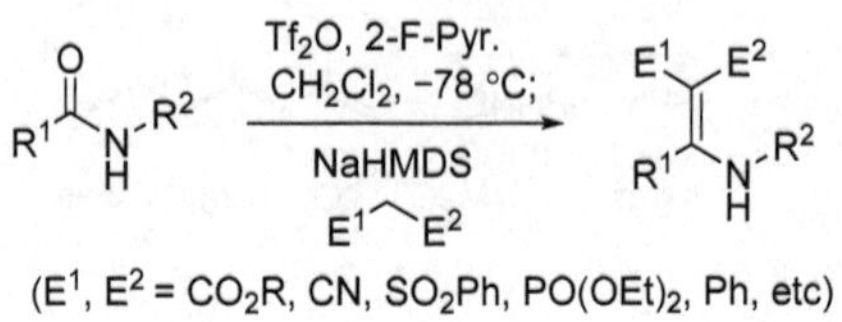

$$\text{(9)}$$

(E^1, E^2 = CO_2R, CN, SO_2Ph, $PO(OEt)_2$, Ph, etc)

$$R = \text{烷基, 芳基} \quad \xrightarrow[\substack{\text{1. TBSOTf, NEt}_3 \\ \text{2. Tf}_2\text{O, 0 °C} \sim \text{rt} \\ \text{或两步法}}]{\text{一瓶法}} \quad \text{产物} \quad (10)$$

参考文献

[1] Roth, M.; Dubs, P.; Gotschi, E.; Eschenmoser, A. *Helv. Chim. Acta* **1971**, *54*, 710-734.
[2] Knott, E. B. *J. Chem. Soc.* **1955**, 916-927.
[3] Eschenmoser, A.; Winter, C. E. *Science* **1977**, *196*, 1410-1420.
[4] (a) Shiosaki, K. *The Eschenmoser Coupling Reaction*; Trost, B. M.; Fleming, I., Eds. *Comprehensive Organic Synthesis*; Heathcock, C. H., Eds. *Pergamon: Oxford* **1991**, *2*, Chapter 3.7.（综述）(b) Braverman, S.; Cherkinsky, M. 3.18 The Ramberg–Bäcklund Rearrangement and the Eschenmoser Coupling Reaction, in *Comprehensive Organic Synthesis II (Second Edition)* **2014**, *3*, 887-943. (c) Hussaini, S. R.; Chamala, R. R.; Wang, Z. *Tetrahedron* **2015**, *71*, 6017-6086.
[5] Shiosaki, K.; Fels, G.; Rapoport, H. *J. Org. Chem.* **1981**, *46*, 3230-3234.
[6] Petersen J. S.; Fels, G.; Rapoport, H. *J. Am. Chem. Soc.* **1984**, *106*, 4539-4547.
[7] Russowsky, D.; Neto, B. A. D. *Tetrahedron Lett.* **2003**, *44*, 2923-2926.
[8] Ma, D.-W.; Sun, H.-Y. *Tetrahedron Lett.* **2000**, *41*, 1947-1950.
[9] Gerasyuto, A. I.; Hsung, R. P. *Org. Lett.* **2006**, *8*, 4899-4902.
[10] Gerasyuto, A. I.; Hsung, R. P. *J. Org. Chem.* **2007**, *72*, 2476-2484.
[11] Eschenmoser 缩硫反应应用的最新实例：Morgans, G. L.; Fernandes, M.A.; van Otterlo, W. A. L.; Michael, J. P. *Eur. J. Org. Chem.* **2018**, 1902-1909.
[12] Ireland, R. E.; Jr. Brown, F. R. *J. Org. Chem.* **1980**, *45*, 1868-1880.
[13] Fang, F. G.; Prato, M.; Kim, G.; Danishefsky, S. J. *Tetrahedron Lett.* **1989**, *30*, 3625-3628.
[14] Kim, G.; Chu-Moyer, M. Y.; Danishefsky, S. J.; Schulte, G. K. *J. Am. Chem. Soc.* **1993**, *115*, 30-39.
[15] Koduri, N. D.; Wang, Z.-G.; Cannell, G.; Cooley, K.; Lemma, T. K.; Miao, K.; Nguyen, M.; Frohock, B.; Castaneda, M.; Scott, H.; Albinescu, D.; Hussaini. S. R. *J. Org. Chem.* **2014**, *79*, 7405-7414.
[16] Huang, P.-Q.; Ou, W. *Eur. J. Org. Chem.* **2017**, 582-592.
[17] Huang, P.-Q.; Ou, W. *Org. Chem. Front.* **2015**, *2*, 1094-1106.
[18] Huang, P.-Q.; Ou, W.; Xiao, K.-J.; Wang, A.-E. *Chem. Commun.* **2014**, *50*, 8761-8763.
[19] Huang, P.-Q.; Fan, T. *Eur. J. Org. Chem.* **2017**, 6369-6374.

相关反应：Knoevenagel 反应

（黄培强）

Fujimoto-Belleau 反应

Fujimoto-Belleau (藤门-贝洛) 反应是指格氏试剂对 δ-烯醇内酯加成，串联分子内羟醛缩合"一瓶"形成 2-取代-2-己烯-1-酮的反应 (式 1)[1-3]。所形成的环己烯酮在甲醇中与碘反应可形成苯甲醚[4]。

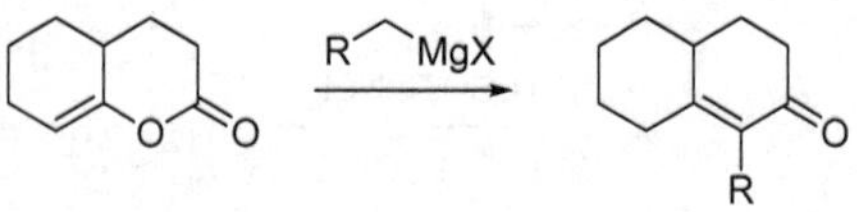

反应机理 (图 1):

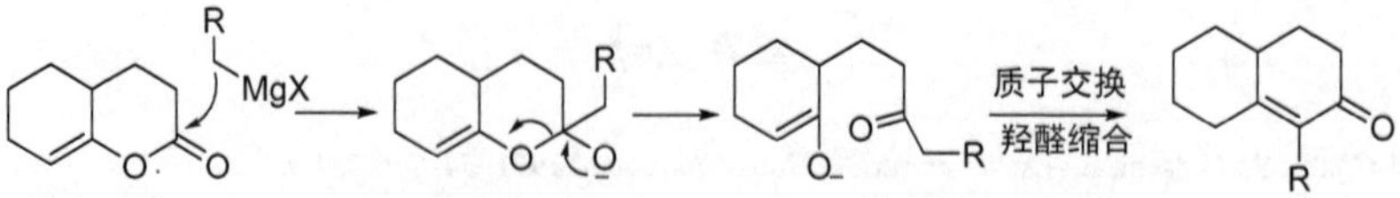

图 1 Fujimoto-Belleau 反应的机理

2007 年，Santelli 小组[5]把这一反应应用于类固醇的对映选择性合成。格氏试剂对 δ-内酯加成，然后 H_2 还原双键再进行分子内羟醛缩合合成 (+)-去甲睾酮 (**1**) (式 2)。

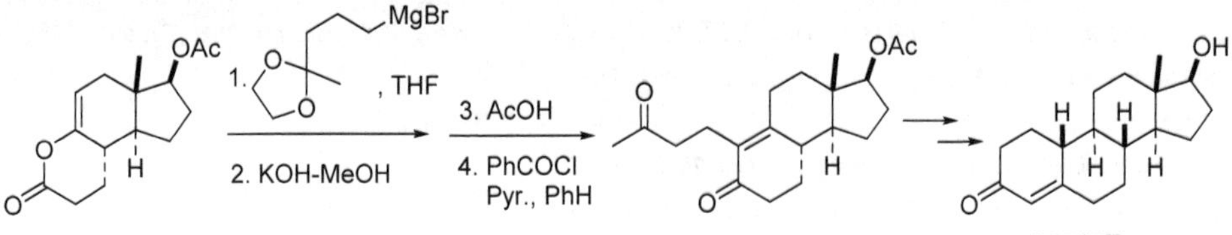

如果以 Wittig 试剂 (式 3)[6]或 Wadsworth-Emmons 试剂[7]代替格氏试剂，则反应可以"一瓶"方式进行，产物为环戊-2-烯-1-酮衍生物。

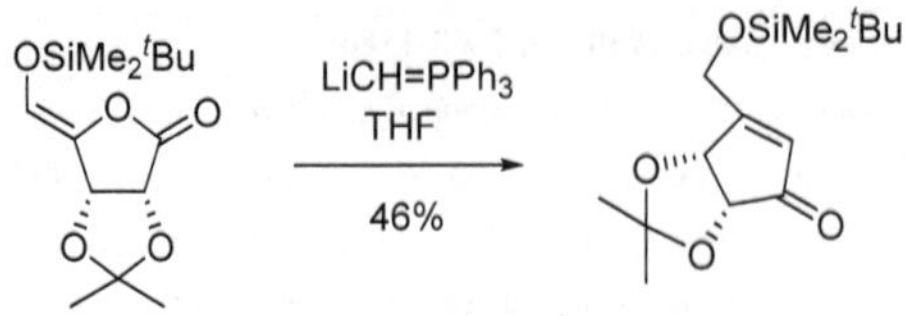

内酯缩醛也可与 Wadsworth-Emmons 试剂进行类似的"一瓶"反应 (式 4)[8-10]。

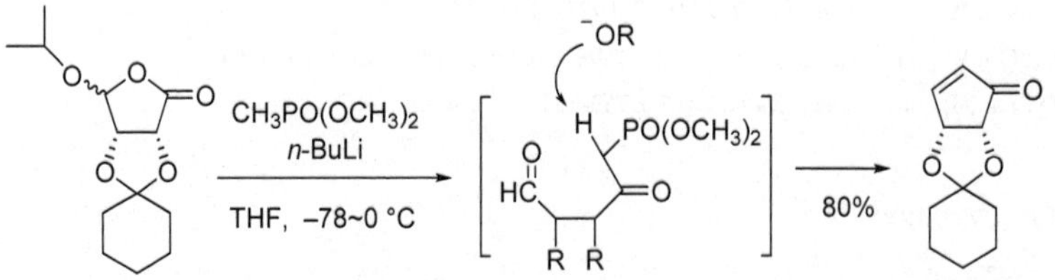

值得注意的是：2012 年，Klebe 小组[11]报道了在核碱基 Q 碱的合成中，由 D-(+)-甘露糖 (**2**) 或 D-(−)-核糖 (**3**) 与 Wadsworth-Emmons 试剂反应得到环戊烯醇 (**4**)，后者进一步转化为溴环戊烯醇 (式 5，式 6)。

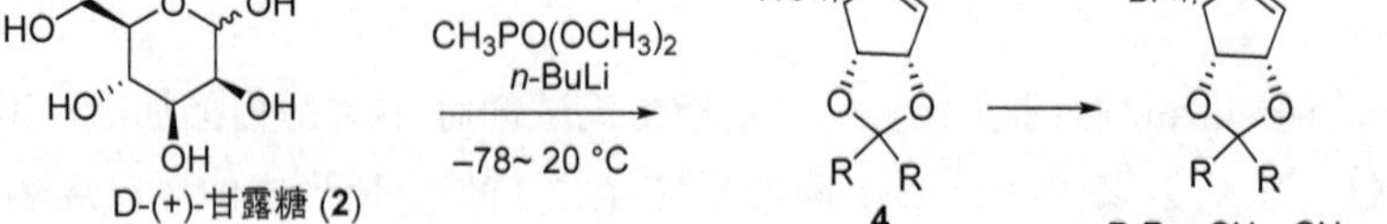

a: R,R = CH_3, CH_3
b: R,R = 环己二亚基

$$\text{D-(-)-核糖 (3)} \xrightarrow[\text{THF, } -78\sim 0\,°C]{\text{CH}_3\text{PO(OCH}_3)_2 \;\; n\text{-BuLi}} \mathbf{4} \longrightarrow \quad \begin{array}{c} \mathbf{a}: \text{R,R} = \text{CH}_3, \text{CH}_3 \\ \mathbf{b}: \text{R,R} = \text{环己二亚基} \end{array} \tag{6}$$

参考文献

[1] Fujimoto, G. I. *J. Am. Chem. Soc.* **1951**, *73*, 1856-1856.
[2] Belleau, B. *J. Am. Chem. Soc.* **1951**, *73*, 5441-5443.
[3] Weill-Raynal, J. *Synthesis* **1969**, 49-56.（综述）
[4] Heys, J. R.; Senderoff, S. G. *J. Org. Chem.* **1989**, *54*, 4702-4706.
[5] Chapelon, A. S.; Moraleda, D.; Rodriguez, R.; Ollivier, C.; Santelli, Maurice. *Tetrahedron* **2007**, *63*, 11511-11616.
[6] Shiozaki, M.; Arai, M.; Kobayashi, Y.; Kasuya, A.; Miyamoto, S.; Furukawa, Y.; Takayama, T.; Haruyama, H. *J. Org. Chem.* **1994**, *59*, 4450-4460.
[7] Revial, G.; Jabin, I.; Redolfi, M.; Pfau, M. *Tetrahedron: Asymmetry* **2001**, *12*, 1683-1688.
[8] Wolfe, M. S.; Borcherding, D. R.; Borchardt, R. T. *Tetrahedron Lett.* **1989**, *30*, 1453-1456.
[9] Ali, S. M.; Ramesh, K.; Borchardt, R. T. *Tetrahedron Lett.* **1990**, *31*, 1509-1512.
[10] Borcherding, D. R.; Scholtz, S. A.; Borchardt, R. T. *J. Org. Chem.* **1987**, *52*, 5457-5461.
[11] Gerber, H. D.; Kleb, G. *Org. Biomol. Chem.* **2012**, *10*, 8660-8668.

（黄培强，陈婷婷）

Grubbs 反应

Grubbs (格拉布斯) 反应又名烯烃复分解反应 (olefin metathesis)，是指烯烃在金属卡宾催化下碳-碳双键发生断裂，再重新组合生成新的烯烃分子的过程 (式 1)[1]。

$$\begin{array}{c} \text{A}=\text{B} \\ + \\ \text{C}=\text{D} \end{array} \xrightleftharpoons[]{\text{X}=[M]} \begin{array}{c} \text{A} \\ \text{C} \end{array} + \begin{array}{c} \text{B} \\ \text{D} \end{array} + \begin{array}{c} \text{A} \\ \text{D} \end{array} + \begin{array}{c} \text{B} \\ \text{C} \end{array} \tag{1}$$

催化复分解反应是 20 世纪 50 年代在烯烃聚合反应的工业应用中观察到的。1957 年，杜邦公司的 Eleuterio 发现，用负载于氧化铝上的三异丁基铝和氧化钼处理丙烯，丙烯可以转换为乙烯和丁烯[2]。1966 年，Natta 及其合作者发现六氯化钨与三乙基铝或二乙基氯化铝的结合可以使环庚烯、环辛烯和环癸烯聚合[3]。Calderon 认为，环烯烃聚合成多烯单体和脂环烯的歧化是同样类型的反应，并建议称其为"烯烃复分解反应"(又叫易位反应)[4]。由于 Grubbs 在该领域的杰出贡献，这类反应亦称 Grubbs 反应。

1971 年，法国石油研究所的 Chauvin 提出了烯烃复分解反应的可能机理[5]，又称"Chauvin (肖万) 机理"。如图 1 所示，首先，亚甲基金属 (金属碳烯) 与烯烃 **1** 反应，形成了金属环丁烷中间体 **5**。然后，此中间体裂解产生了乙烯和新的金属碳烯 **6**。所形成乙烯分子的一个亚甲基来自催化剂，另一个来自原料烯烃。新的金属碳烯 **6** 含有带有配体的金属 (用 [M] 表示) 和来自底物烯烃的亚烷基。此亚烷基金属与一新的底物烯烃分子 **2** 反应产生另一个金属环丁烷中间体 **7**。在正向反应的分解中，此中间体分解生成产物 **3** 和亚烷基金属。此亚烷基金属再进入下一个催化循环。因此，催化循环中的每一步都包括了亚烷基交换-复分解。烯烃复分解反应是可逆的，乙烯分子的释放可以使正向反应进行完全，产物 **3** 可以是 E 和 Z 异构体的混合物。

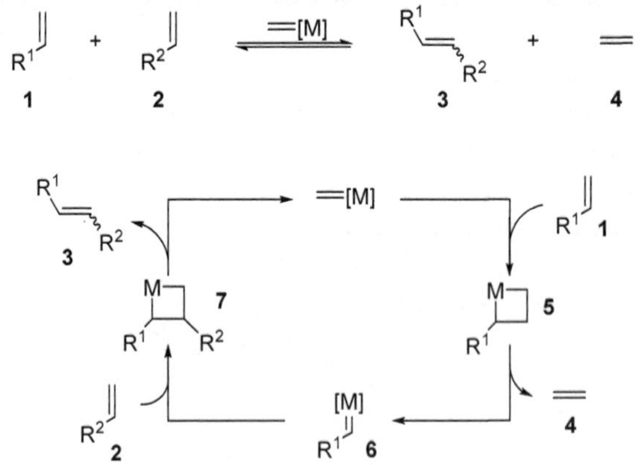

图 1 烯烃复分解反应的 Chauvin 机理

根据 Chauvin 机理，金属-亚烷基复合物能作为催化剂来实现烯烃的复分解反应。科学家们为催化剂的设计和合成作了大量的工作。1990 年 Schrock 研究报道了最具代表性的钼卡宾催化剂 **8** 和 **9**[6]，其中 **8** 是 Schrock 催化剂的通式，**9** 是商品化的 Schrock 催化剂。该催化剂的特点是催化活性高，反应体系中无须加入其它添加剂。但是 Schrock 催化剂对氧气潮湿敏感，对含有羰基和羟基的底物也不适用。

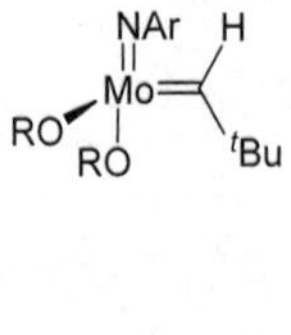

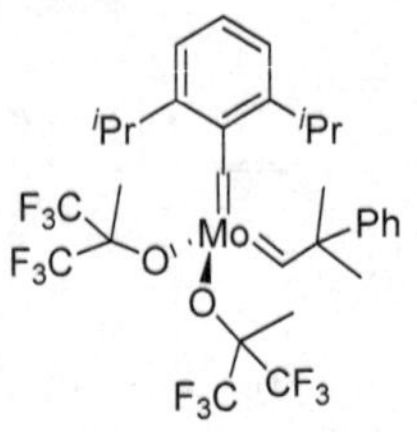

自 1992 年以来，Grubbs 以及 Hoveyda 报道了一系列钌卡宾催化剂 (**10~15**)[7]。这些催化剂不但对空气稳定，甚至在水、醇或酸的存在下，仍然可以很好地保持其催化活性。

该类催化剂第一次解决了金属卡宾催化剂的实际应用问题,其中 **10** 成为第一种被普遍使用的烯烃复分解反应催化剂。1996 年,Grubbs 以三环己基膦取代三苯基膦作为钌配体合成出活性和选择性更好的新一代钌卡宾催化剂 (**11**,第一代 Grubbs 催化剂)[8]。但是第一代 Grubbs 催化剂寿命短,对于一些难于关环的化合物,在使用合理催化剂量的情况下收率不高。

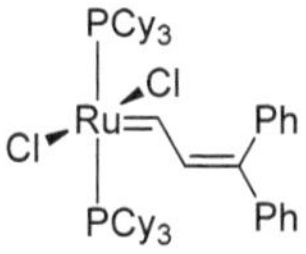

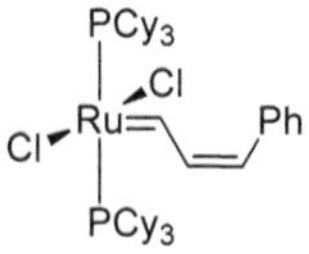

随后 Grubbs 将第一代催化剂中的一个三环己基膦配体置换为一个给电子能力更强的 N-杂卡宾配体,于 1999 年合成出了"第二代 Grubbs 催化剂"(**12**)[9]。它继承了 Grubbs 催化剂 (**10**,**11**) 的稳定性和广泛的官能团适用性,并且和 Schrock 催化剂 **9** 一样具有较高的反应活性;此外对缺电子烯底物的关环复分解反应也可以达到制备水平。使用"第二代 Grubbs 催化剂"可以有效地缩短反应时间或减少催化剂的用量。在 1999~2000 年,Hoveyda 小组合成了催化剂 **13**[10]和 **14**[11],其稳定性很好,在烯烃复分解反应中也得到了广泛的应用,反应后可以通过柱色谱分离而回收利用。但它们和催化剂 **10**、**11** 一样,只对含末端烯烃的底物有较高的催化活性。以上六种催化剂均已商品化。

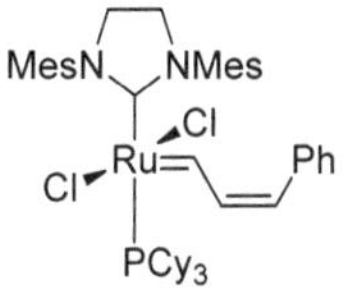

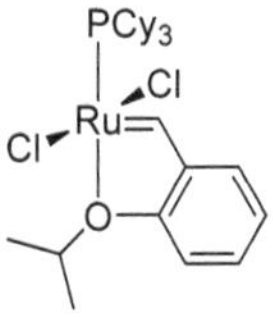

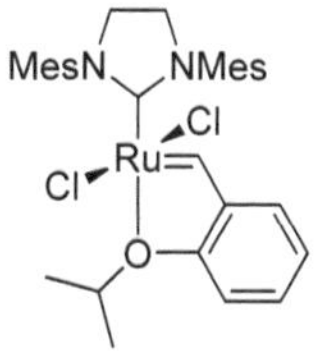

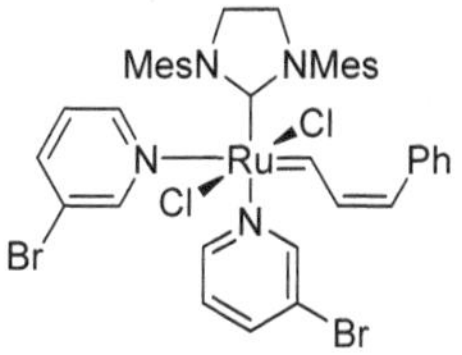

另外,Karol 小组设计合成了硝基取代的 Grubbs-Hoveyda 钌卡宾配合物 (**16a**, **16b**)[12],这些活性高且稳定的间位和对位取代的配合物在实际应用方面具有明显的优点,反应可以在非常温和的条件下进行并且可以应用于不同类型的烯烃复分解反应。

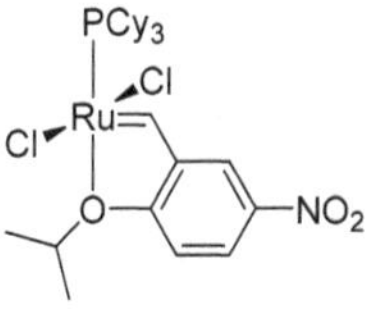

Grubbs 反应主要可以分为以下六种类型:

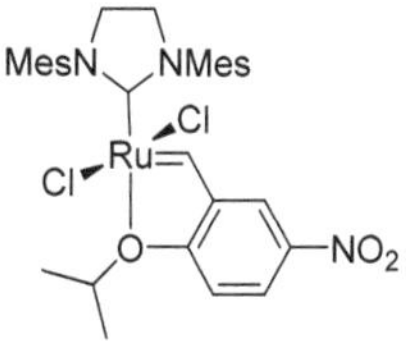

① 交叉复分解 (cross metathesis,简称 CM)

$$R^1\text{—}\!=\ +\ =\!\text{—}R^2\ \longrightarrow\ R^1\text{—}\!=\!\text{—}R^2\ +\ =\!\!= \tag{2}$$

② 关环复分解 (ring-closing metathesis，简称 RCM)

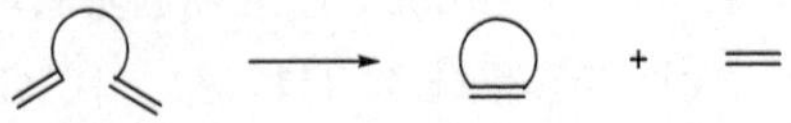

$$\text{(3)}$$

③ 脂环双烯复分解聚合 (acyclic diene metathesis polymerization，简称 ADMEP)

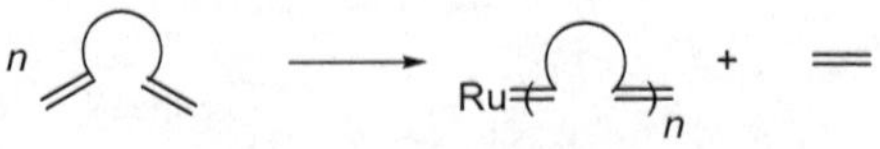

$$\text{(4)}$$

④ 开环复分解聚合 (ring-opening metathesis polymerization，简称 ROMP)

$$\text{(5)}$$

⑤ 烯炔复分解 (enyne metathesis，简称 EYM)

$$\text{(6)}$$

⑥ 开环交叉复分解 (ring-opening cross metathesis，简称 ROCM)

$$\text{(7)}$$

对于不同类型的烯烃复分解反应，各催化剂的反应性能不同。对于 CM 反应，催化剂 **14**、**16** 活性最高；催化剂 **15** 催化 ROCM/ROMP 反应活性最高；对 RCM 反应，使用催化剂 **9**、**12** 效果最好。Grubbs 反应在有机合成中有广泛的应用，代表性例子如下：

a. 基于 CM 反应的昆虫性信息素的合成 (式 8)[13]。

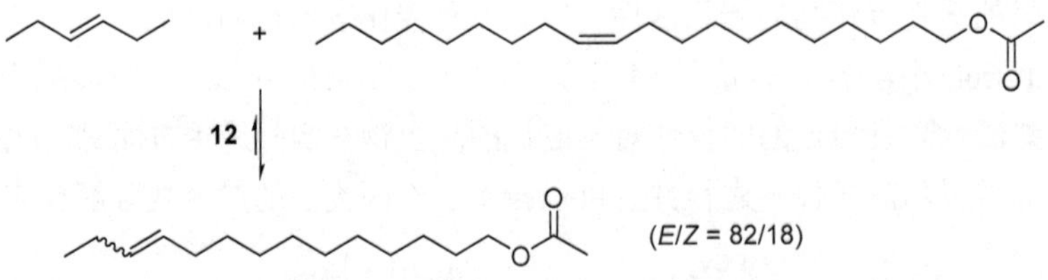

$$\text{(8)}$$

$(E/Z = 82/18)$

b. Furstner 等在 Balanol 合成中基于 RCM 的有效合成 (式 9)[14]。

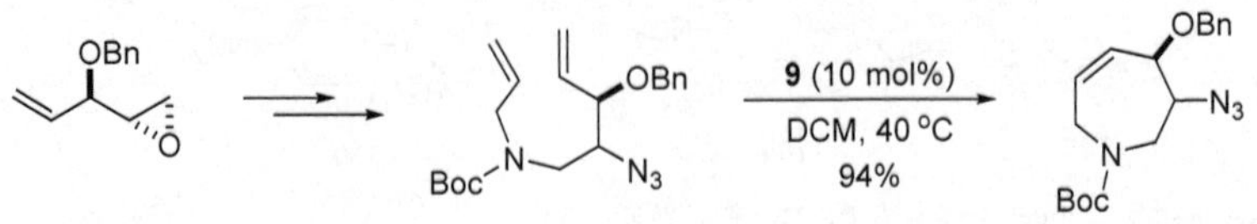

$$\text{(9)}$$

c. Nicolaou 等在合成 epothilone A 及其衍生物中基于 RCM 成环/裂解策略的固相合成 (式 10)[15]。

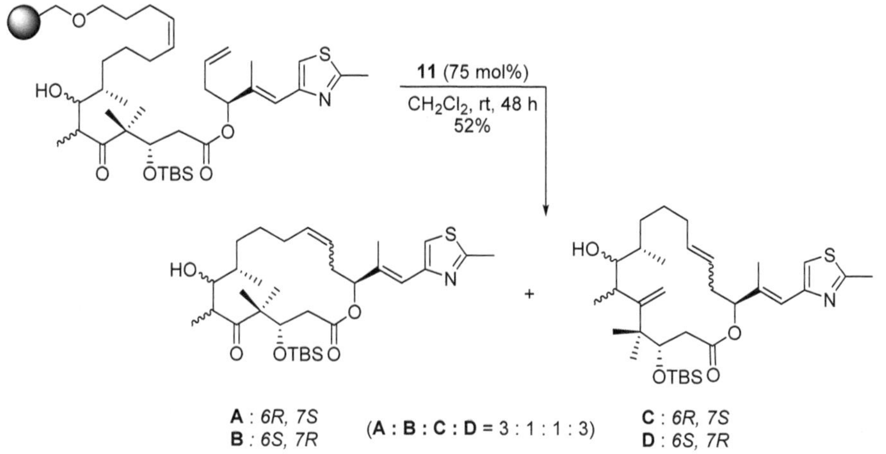

d. 基于 RCM-ROM-RCM 多米诺反应的哌啶生物碱的合成 (式 11)[16]。

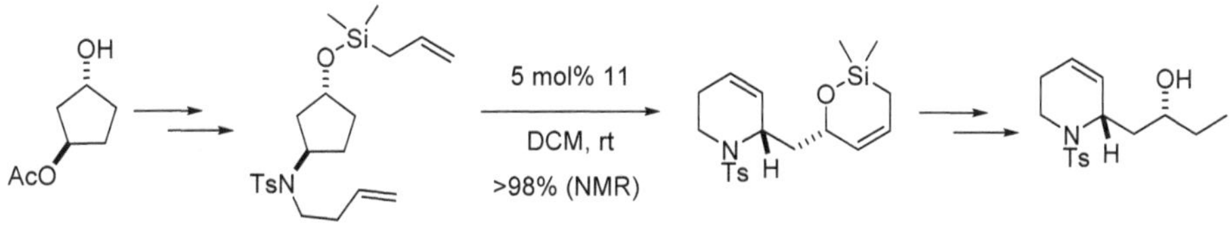

随着金属催化的发展，人们对于光活性金属卡宾催化剂的合成及其不对称烯烃复分解反应产生了浓厚的兴趣。值得一提的是，使用手性钼催化剂 (**17**) 催化 ARCM (asymmetric ring closing metathesis) 反应 (式 12)，可得到收率 94% 和对映选择性 94% 的产物[17]。

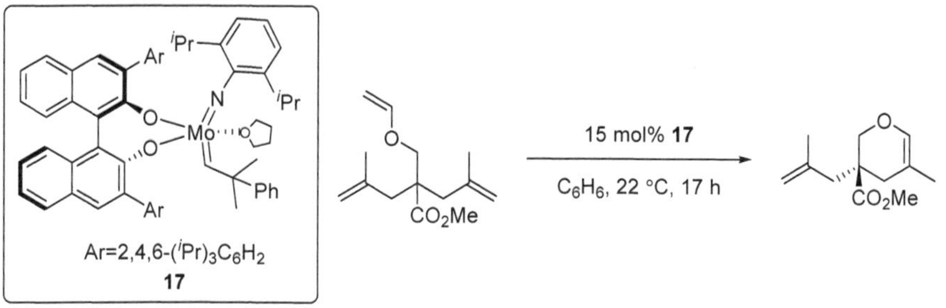

随着研究的深入，2014 年，Grubbs 报道了钌催化剂 (**18**) 催化对映选择性的环金属化反应，能够得到 55% 的收率以及 98% 的对映选择性 (式 13)[18]。

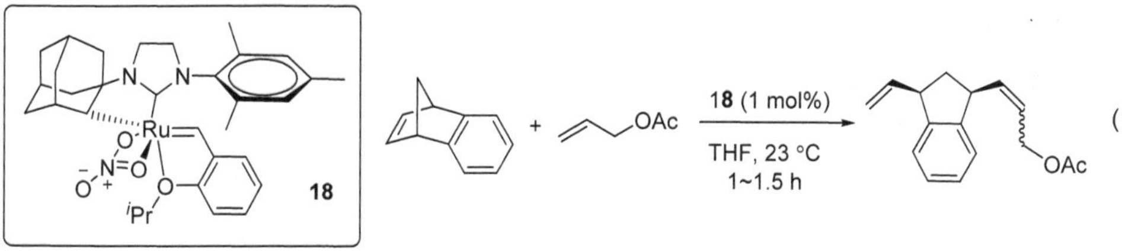

2008 年，肖文精报道了钌催化剂 **14** 作为 Lewis 酸促进 2 位含取代基的吲哚的酰基化反应，能够以 93% 的收率得到目标化合物 (式 14)[19]。与此同时，游书力等人通过

协同的钌催化和 Brønsted 酸催化策略，发展了烯烃交叉复分解/不对称傅-克烷基化串联反应，合成得到许多手性的多环吲哚或吡咯产物[20]。

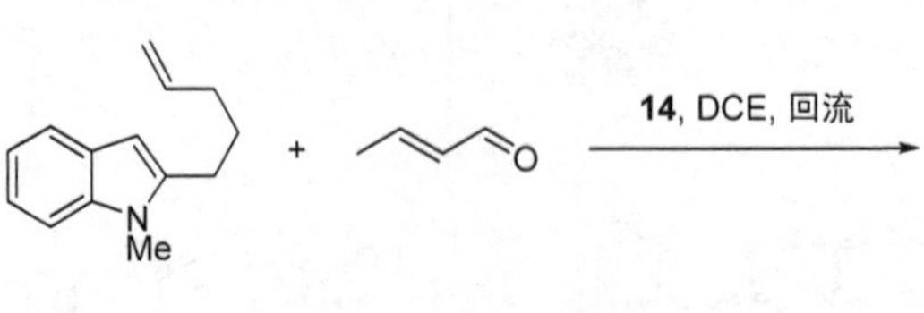

$$\text{(14)}$$

近年来，可见光氧化还原催化得到迅猛发展。Jiang 和 Loh 发现 Hoveyda 小组合成的催化剂 **14** 不仅能催化烯烃的交叉复分解反应，还能够在吸收可见光后促进缩环反应的进行 (式 15)。该串联过程最终能够以 81% 的分离收率得到 N-杂环丙烯的产物[21]。

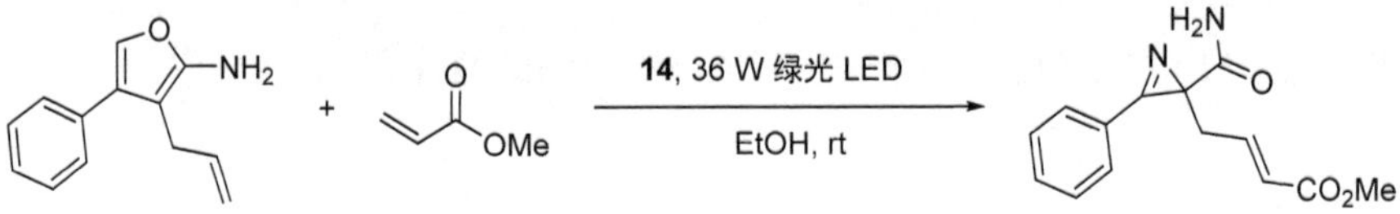

$$\text{(15)}$$

烯烃复分解反应经过几十年的发展，在药物合成以及化学工艺中也得到广泛应用，大大提高了功能有机分子的合成效率[22]。例如，人们利用多次烯烃复分解的策略，高效合成了具有较好抗癌活性的化合物艾日布林 (eribulin)[23]。

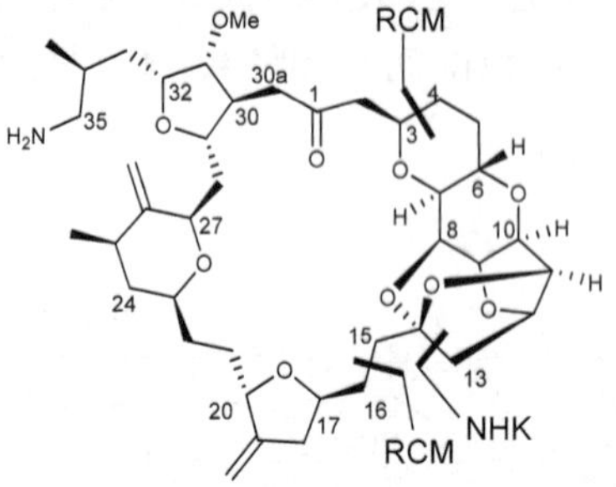

艾日布林

在深入理解 Grubbs 催化剂性能的基础上，合成化学家们也对这些催化剂进行不断的改进和优化[24]，以期研发出更具催化潜力的 Grubbs 催化剂来提高复分解反应的效率，或实现更具挑战性的底物转化。

Grubbs 反应的主要特点是缩短了合成路线，不仅副产物少、效率高，而且原子经济性好，提高了化学合成的效率，是"绿色化学"的典范。它广泛应用于精细化学品、新型药物、天然产物、生物活性化合物、聚合物等的合成过程中，已经发展成为一类广泛应用于合成复杂有机分子的常规方法，极大地推动了有机化学和高分子化学的发展。Y. Chauvin、R. R. Schrock 与 R. H. Grubbs 三人因在金属卡宾催化的复分解反应研究中做出的突出贡献共同分享了 2005 年诺贝尔化学奖[25]。

参考文献

[1] (a) Ahlberg, P. 公鲁译. 化学通报, **2005**, *68*, 147. (b) Grubbs, R. H. *Handbook of Metathesis*, 1st ed., Wiley-VCH, **2003**. (c) Grubbs, R. H. *Tetrahedron* **2004**, *60*, 7117. (d) Nicolaou, K. C.; Bulger, P. G.; Sarlah, D. *Angew. Chem., Int. Ed.* **2005**, *44*, 4490.
[2] Eleuterio, H. S. *Ger. Pat.* **1960**, 1072811; *Chem. Abstr.* **1961**, *55*, 16005.
[3] Natta, G.; Dall'Asta, G.; Bassi, I. W.; Carella, G. *Makromol. Chem.* **1966**, *91*, 87.
[4] Calderon, N. *Acc. Chem. Res.* **1972**, *5*, 127.
[5] Herisson, J.- L.; Chauvin, Y. *Makromol Chem.* **1971**, *141*, 161.
[6] Schrock, R. R.; Murdzek, J. S.; Bazan, G. C.; et al. *J. Am. Chem. Soc.* **1990**, *112*, 3875.
[7] Nguyen, S. T.; Johnsson, L. K.; Grubbs, R. H.; Ziller, J. W. *J. Am. Chem. Soc.* **1992**, *114*, 3974.
[8] Schwab, P.; Grubbs, R. H.; Ziller, J. W. *J. Am. Chem. Soc.* **1996**, *118*, 100.
[9] Scholl, M.; Ding, S.; Lee, C. W.; Grubbs, R. H. *Org. Lett.* **1999**, *1*, 953.
[10] Kingsbury, J. S.; Harrity, J. P. A.; Bonitatebus, P. J. Jr.; Hoveyda, A. H. *J. Am. Chem. Soc.* **1999**, *121*, 791.
[11] Gaber, S. B.; Kingsbury, J. S.; Gray, B. L.; Hoveyda, A. H. *J. Am. Chem. Soc.* **2000**, *122*, 8168.
[12] Michrowska, A.; Bujok, R.; Harutyunyan, S.; et al. *J. Am. Chem. Soc.* **2004**, *126*, 9318.
[13] Pederson, R. L.; Fellows, I. M.; Ung, T. A.; et al. *Adv. Synth. Catal.* **2002**, *344*, 728.
[14] (a) Furstner, A.; Thiel, O. R. *J. Org. Chem.* **2000**, *65*, 1738. (b) Yang, Q.; Xiao, W.-J.; Yu, Z. *Org. Lett.* **2005**, *7*, 871. (c) Taber, D. *Organic Chemistry Highlights*, October 17, **2005**. Please see:http://www.organic-chemistry.org/Highlights/2005/17october.shtm.
[15] Nicolaou, K. C.; Winssinger, N.; Pastor, J.; et al. *Nature* **1997**, *387*, 268.
[16] Stragies, R.; Blechert, S. *Tetrahedron* **1999**, *55*, 8179.
[17] Lee, A. L.; Malcomson, S. J.; Puglisi, A.; et al. *J. Am. Chem. Soc.* **2006**, *128*, 5153.
[18] Hartung, J.; Peter, K. D.; Grubbs, R. H. *J. Am. Chem. Soc.* **2014**, *136*, 13029.
[19] Chen, J.-R.; Xiao,W-J. *Angew. Chem. Int. Ed.* **2008**, *47*, 2489.
[20] Cai, Q.; Zhao, Z.-A.; You, S.-L. *Angew. Chem. Int. Ed.* **2008**, *47*, 2489.
[21] Ge, Y.; Jiang, Y.-J, Loh, T.-P.; et al. *Org. Lett.* **2018**, *20*, 2774.
[22] Hughes, D.; Wheeler, P.; Ene, D. *Org. Process Res. Dev.* **2017**, *21*, 1938.
[23] Casar, Z., Ed.; *Springer*, Switzerland, **2016**, 209.
[24] Liu, P.; Houk, K. N.; Grubbs, R. H. *ACS Catal.* **2018**, *8*, 4600.
[25] 诺贝尔化学奖网站:http://nobelprize.org/chemistry.

（肖文精）

Hofmann 消除反应

Hofmann（霍夫曼）消除反应指烷基三甲铵盐（季铵盐）在碱性和加热条件下消去一分子胺形成烯烃的反应，也称 Hofmann 降解[1,2]，乃从胺合成烯烃（式 1）的方法之一。在该法中，胺经彻底甲基化形成季铵盐，然后加热（100~200 ℃）消除生成烯烃[3,4]。根据需要，Hofmann 消除反应也可用其它季铵盐。Hofmann 消除反应可用于单取代和二取代烯烃的合成，反应遵循 Hofmann 规则，即生成取代较少的烯烃。

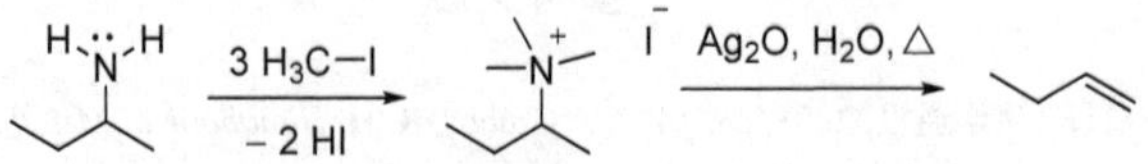

$$\text{H}_2\text{N-CHR} \xrightarrow[\text{– 2 HI}]{3\text{ H}_3\text{C–I}} \text{R}_3\text{N}^+ \text{ I}^- \xrightarrow{\text{Ag}_2\text{O, H}_2\text{O, }\Delta} \text{CH}_2=\text{CH–} \quad (1)$$

Hofmann 消除反应一般经历 E2 机理 (式 2)，但在某些情况下，反应也可能经历 Elcb 机理 (式 3)。反应的立体化学为反侧消除。

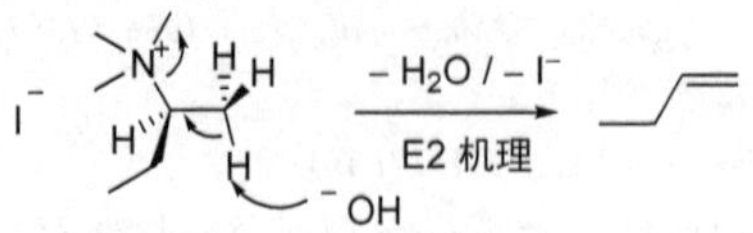

$$ \text{(newman)} \xrightarrow[\text{E2 机理}]{-\text{H}_2\text{O}/-\text{I}^-} \text{CH}_2=\text{CH–} \quad (2)$$

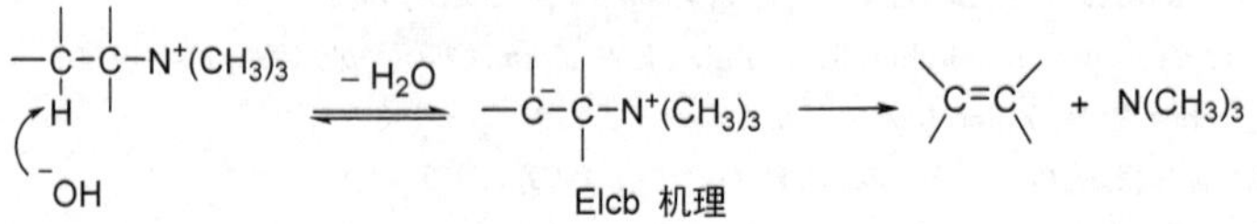

$$-\overset{|}{\text{C}}=\overset{|}{\text{C}}-\text{N}^+(\text{CH}_3)_3 \xrightleftharpoons{-\text{H}_2\text{O}} -\overset{|}{\text{C}}-\overset{|}{\text{C}}-\text{N}^+(\text{CH}_3)_3 \longrightarrow \text{C}=\text{C} + \text{N}(\text{CH}_3)_3 \quad (3)$$
$$\text{Elcb 机理}$$

三甲基-1,2-二苯基丙铵盐的苏式和赤式异构体在甲醇钠作用下的消除反应分别专一性地得到反式消除产物，即 Z-式或 E-式烯烃，说明反应经历 E2 消除机理 (图 1)。然而，当用叔丁醇钾为碱时，只生成热力学稳定的 E-式烯烃，说明此时反应经历 Elcb 机理。S_N2 取代反应是 Hofmann 的副反应 (式 4)。

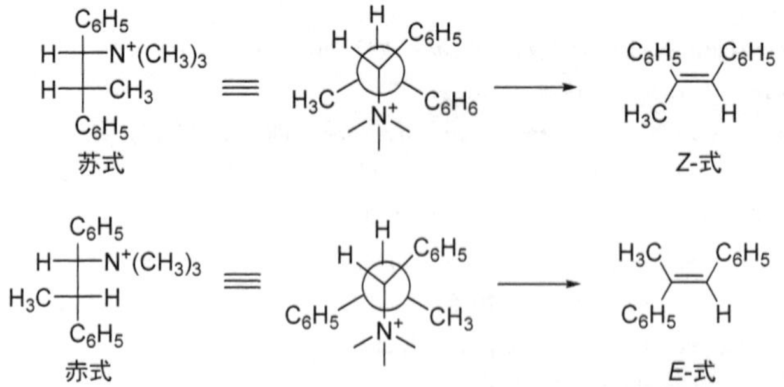

图 1 三甲基-1,2-二苯基丙铵异构体的 Hofmann 消除反应

$$\text{R–N}^+(\text{CH}_3)_3 + {}^-\text{OH} \longrightarrow \text{ROH} + \text{N}(\text{CH}_3)_3 \quad (4)$$

β-氨基酮 (Mannich 碱) 形成季铵盐后可在较温和的条件下消除形成 α,β-不饱和酮，因而，Hofmann 消除常用于 α,β-不饱和酮的合成。式 5 展示了一种通过 (区域选择性地生成) 烯醇硅醚与商品化的 Eschenmoser 盐进行 Mannich 反应，从酮出发合成增加一个碳的 α,β-不饱和酮的一般方法[5]。

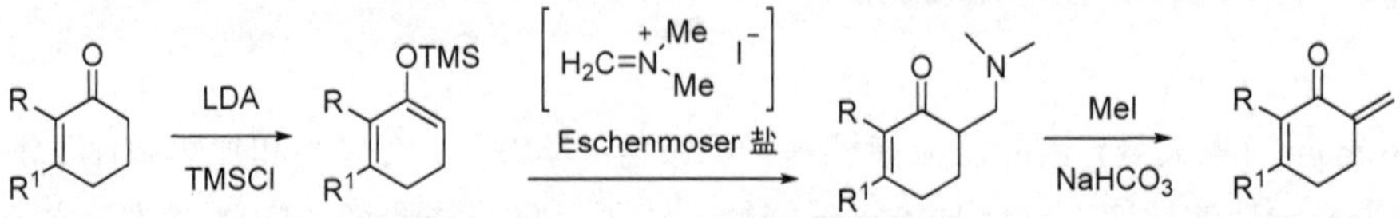

$$\text{(cyclohexanone with R, R}^1\text{)} \xrightarrow[\text{TMSCl}]{\text{LDA}} \text{(OTMS enol ether)} \xrightarrow{\left[\text{H}_2\text{C}=\overset{+}{\text{N}}\overset{\text{Me}}{\text{Me}}\right]\text{I}^-}_{\text{Eschenmoser 盐}} \text{(Mannich adduct)} \xrightarrow[\text{NaHCO}_3]{\text{MeI}} \text{(}\alpha,\beta\text{-unsaturated ketone)} \quad (5)$$

β-氨基酮也可通过 1,4-加成得到。结合 Hofmann 消除和 1,4-加成反应，Morphy 发展了全氟溶剂中树脂负载的一瓶 Hofmann 消除-胺交换方法 (式 6)[6]。

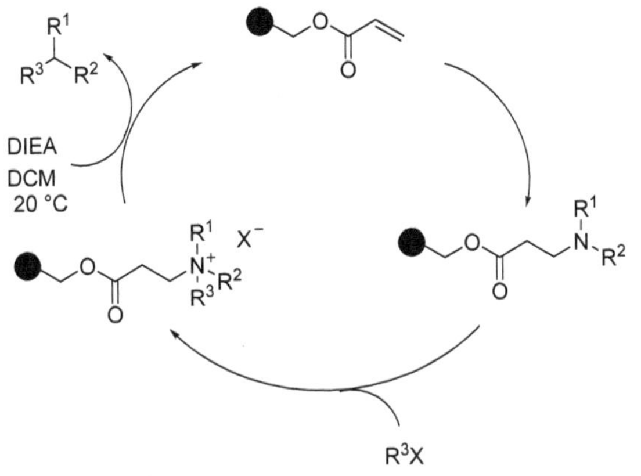

烯胺季铵盐的 Hofmann 反应可用于炔的合成[7]。2004 年，De Kimpe 报道了通过分子内反应形成季铵盐并进行 Hofmann 消除反应生成 N-(2-溴-丙-2-烯基)胺 (式 7)。后者消除 HBr 后转化为炔丙胺衍生物[8]。

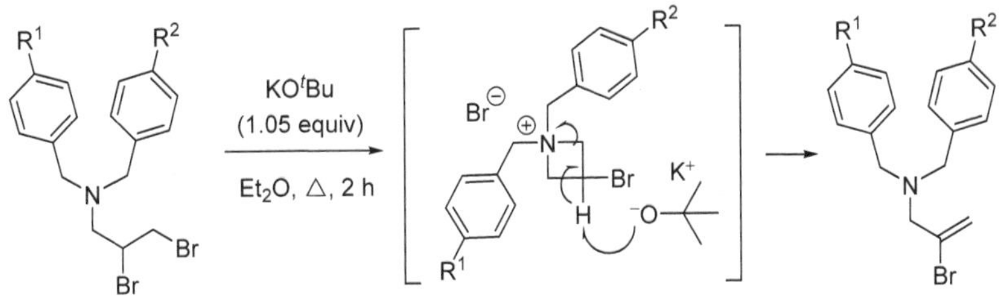

环状季铵盐消除可得链状产物，被用于 avermections 和 milbemycins C_7-C_{17} 片段模型体系 (式 8)[9]和菲生物碱的合成[10] (式 9)。

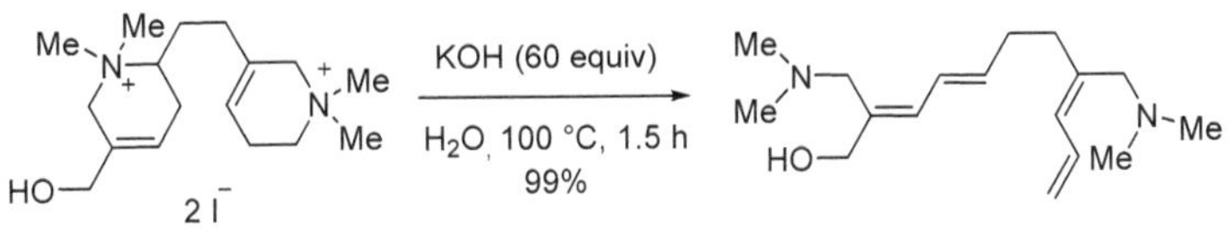

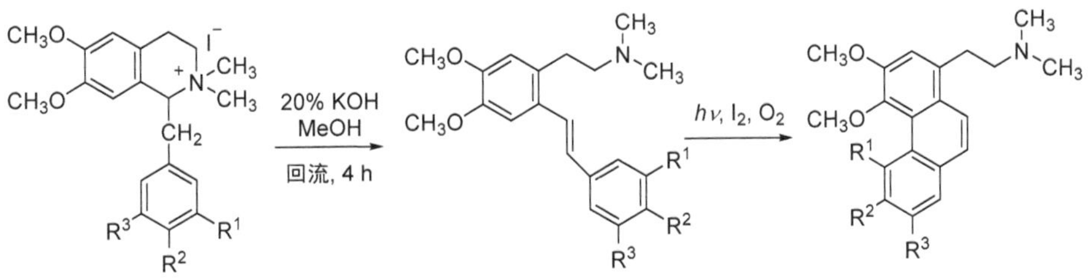

2018 年，Abe 小组发展了一种通过串联反应合成多杂环的方法[11] (图 2)。该法通过铵盐交换现场生成大位阻的季铵盐 3，后者进行串级 Hofmann 消除-插烯 Mannich 反应-逆 Mannich 反应-环化，生成最终产物 4。2017，Schnuerch 小组报道了一种把季铵盐作为烯烃前体进行 C–H 官能团化的方法[12] (式 10)。

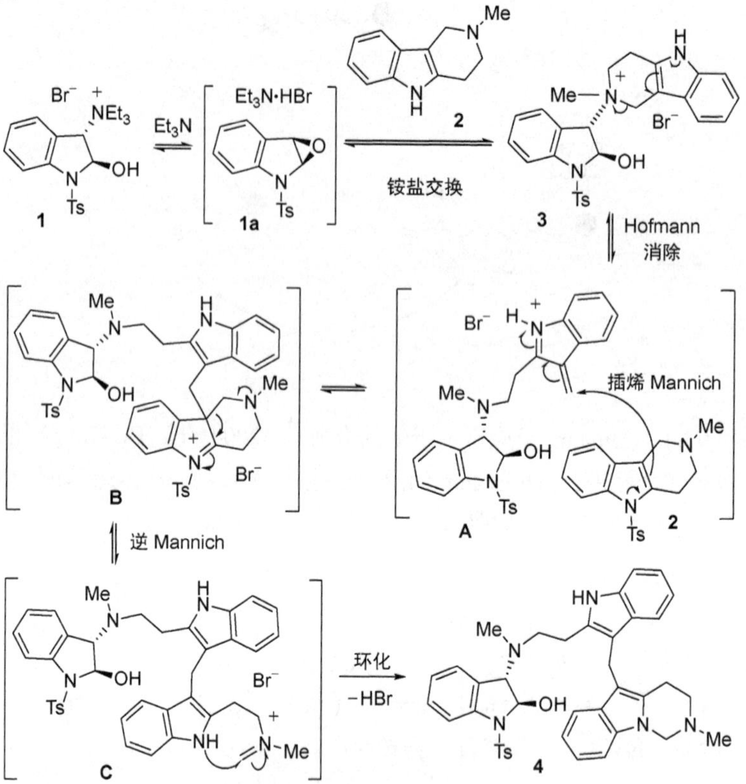

图 2 Abe 小组发展的一种通过串联反应合成多杂环的方法

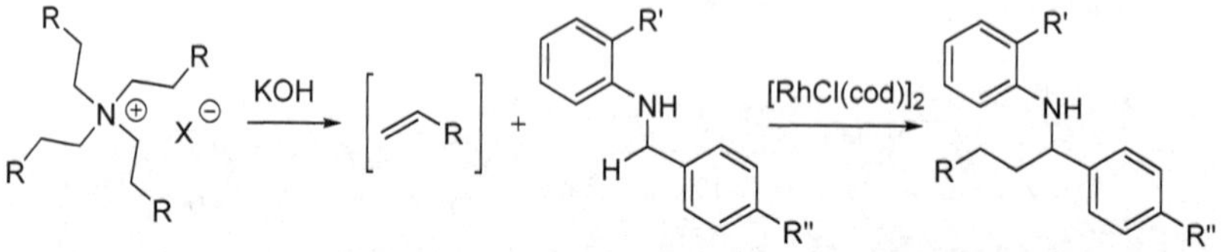

(10)

最近，Hoye 小组研究了六脱氢-Diels-Alder 反应生成的苯炔 **5** 与结构复杂的多官能团天然产物的反应[13]。其中与生物碱 **6** 的反应系通过加成产物 **7** 的 Hofmann 型消除反应实现 (式 11)。

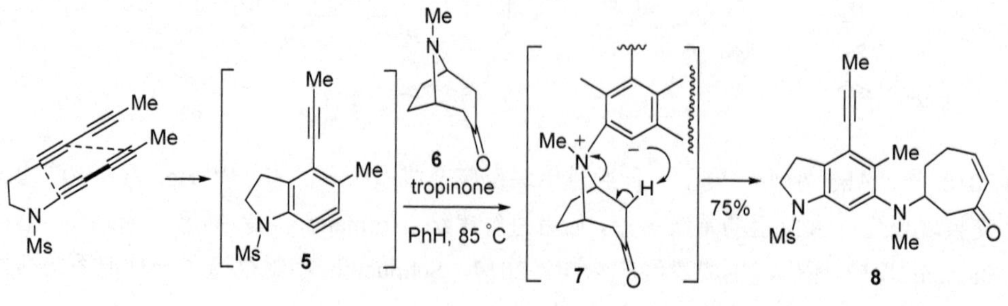

(11)

参考文献

[1] Hofmann, A. W. *Ann.* **1851**, *78*, 253.
[2] Hofmann, A. W. *Ann.* **1851**, *79*, 2203.
[3] Cope, A. C.; Trumbull, E. R. *Org. React.* **1960**, *11*, 317.
[4] DePuy, C. H.; King, R. W. *Chem. Rev.* **1960**, *60*, 431-457.
[5] Kraus, G. A.; Kim, J. *Synthesis* **2004**, 1737-1738.
[6] Morphy, J. R.; Rankovic, Z.; York, M. *Tetrahedron Lett.* **2002**, *43*, 6413-6415.
[7] Hendrickson, J. B.; Sufrin, J. R. *Tetrahedron Lett.* **1973**, *14*, 1513.
[8] De Kimpe N. *J. Org. Chem.* **2004**, *69*, 2703-2710.
[9] Langlois, Y.; Van Bac, N. *Synlett* **1991**, 523-525.
[10] Kini, S. V.; Ramana, M. M. V. *Tetrahedron Lett.* **2004**, *45*, 4171-4173.
[11] Abe, T.; Shimizu, H.; Takada, S.; Tanaka, T.; Yoshikawa, M.; Yamada, K. *Org. Lett.* **2018**, *20*, 1589-1592.
[12] Spettel, M.; Pollice, R.; Schnuerch, M. *Org. Lett.* **2017**, *19*, 4287-4290.
[13] Ross, S. P.; Hoye, T. R. *Nat. Chem.* **2017**, *9*, 523-530.

反应类型： 消除反应；碳-碳双键的形成

（黄培强）

Horner-Wadsworth-Emmons 反应、Still-Horner 烯化条件和 Masamune-Roush 条件

Horner-Wadsworth-Emmons (霍纳尔-沃兹沃思-埃蒙斯，HWE) 反应是指用亚膦酸三乙酯取代 Wittig 反应中的三苯基膦，通过膦酸酯 α-碳负离子与醛的反应合成烯烃的方法[1-4] (式 1)。膦酸酯可方便地通过 Michaelis-Arbuzov 反应[2]制备。

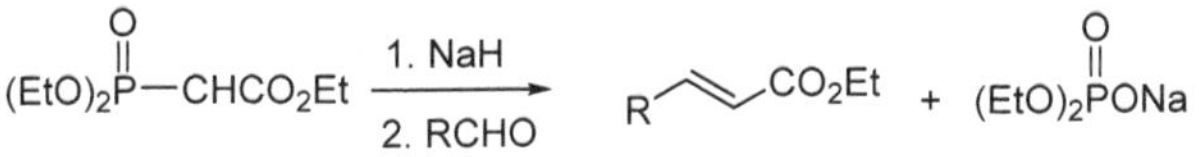

$$(EtO)_2P(O)-CHCO_2Et \xrightarrow[\text{2. RCHO}]{\text{1. NaH}} R\diagup\!\!\diagdown CO_2Et + (EtO)_2P(O)ONa \quad (1)$$

HWE 反应通常以 NaH 为碱，乙二醇二甲醚 (DME) 或四氢呋喃为溶剂。HWE 反应的机理[5]如图 1 所示。

与 Wittig 反应比较，HWE 反应具有如下优点：①膦酸酯 α-碳负离子具有较高反应性，可与酮反应；②副产物是水溶性的 O,O-二乙基磷酸钠，容易通过萃取除去；③主要表现出 E-式立体选择性，因而被广泛用于天然产物的合成 (式 2)[3-7]。

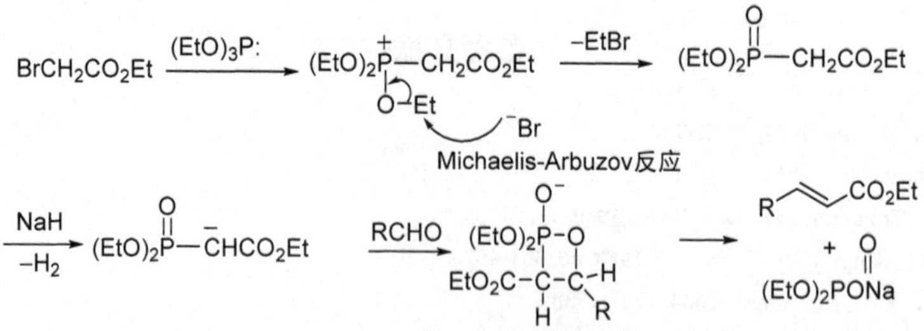

图 1 HWE 反应的机理

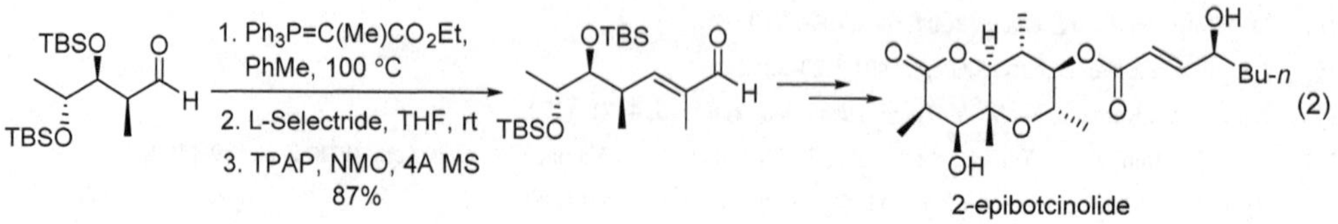

有时反应的立体选择性不高,为此发展了许多改良方法与反应条件。例如,通过改变磷上的 R^1 基团可调节反应的立体选择性。在天然产物 (−)-bafilomycin A_1 全合成中的一步,如果用膦酸二甲酯,则生成 (Z,E:E,E)-立体异构体的选择性仅为 2:1,而用膦酸二异丙酯 (Paterson 改良法)[8],则 (Z,E:E,E)-立体异构体的选择性可达 95:5 (式 3)[9]。

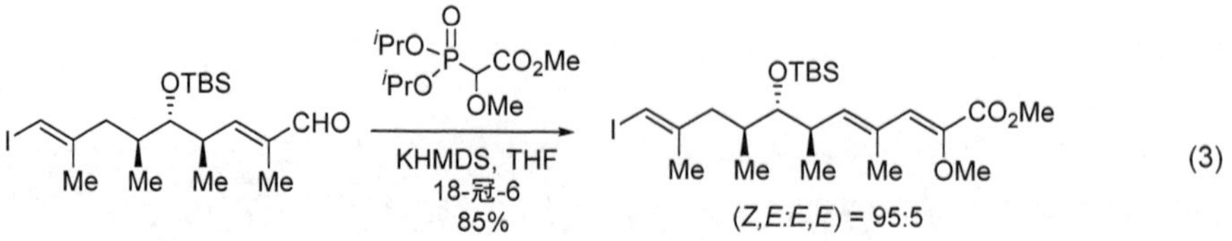

在天然产物 amphidinolide C 的全合成中,多次利用 Wittig 型反应 (HWE 反应、HW 反应) 来构建碳-碳键并调控产物的立体构型。其中,膦酸二苯酯的 HWE 反应 (参阅下文:Ando 改良法) 的立体选择性达到 $Z:E > 12:1$ (式 4)[10]。

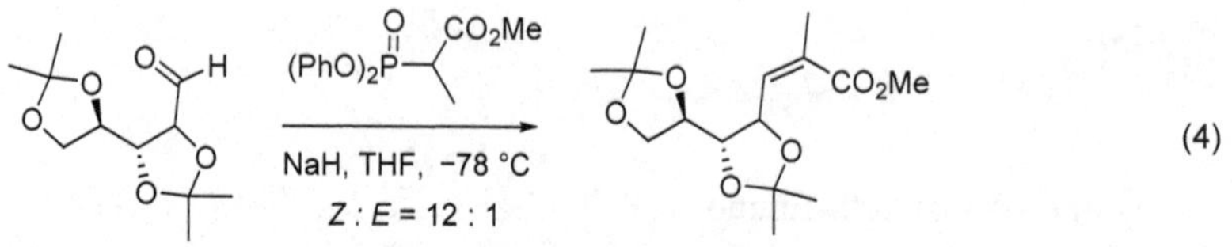

Schlosser 条件 (参见:Wittig 反应和 Schlosser-Wittig 反应) 也可用于提高 HWE 反应的立体选择性。例如,Barrett 在五环丙烷抗真菌剂 FR-900848 的全合成中,采用 Schlosser 条件构建二烯单元可获得较高的 (E/Z)-选择性 (图 2)[11]。

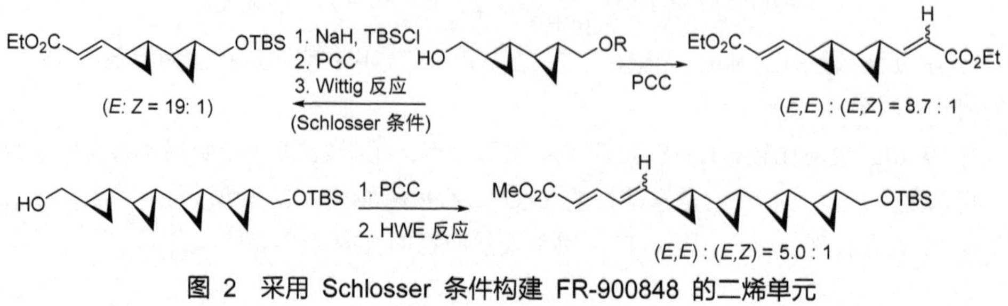

图 2 采用 Schlosser 条件构建 FR-900848 的二烯单元

β-羰基膦酸酯的反应可以用弱碱体系 DBU-LiCl (Masamune-Roush 改良法)[12]。这是合成 E-式异构体的方便方法 (式 5)[13]。

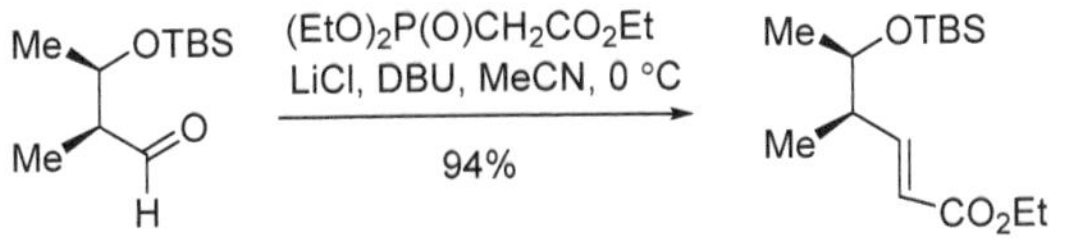

$$\text{(5)}$$

如果使用三氟乙基膦酸酯,则该方法称为 Still 改良法[14],是合成 Z-式烯烃的高效方法之一。如果使用双三氟乙基膦羧基乙酸酯,则可高选择性地得到 Z-α,β 不饱和酯。该法最近的改良是使用 TDA-1 作为添加剂,使得 18-冠-6 的用量得以从 5 mol 减少到催化量 (式 6)[15]。

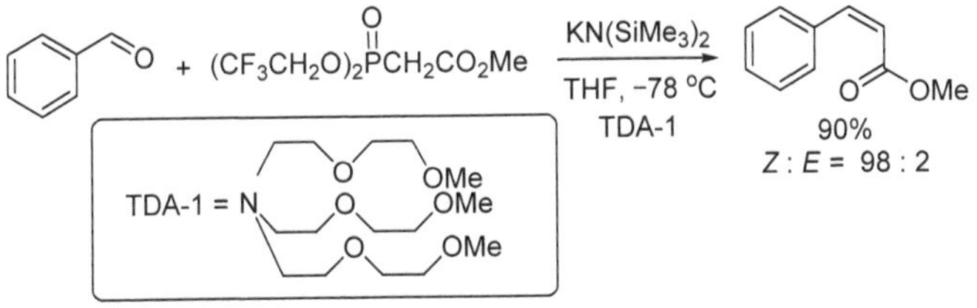

$$\text{(6)}$$

在复杂天然产物 dictyostain (4) 的全合成中[16],利用 Still 改良法,高效地将片段 1 和片段 2 拼接,Z-式立体选择性为 5:1 (式 7)。

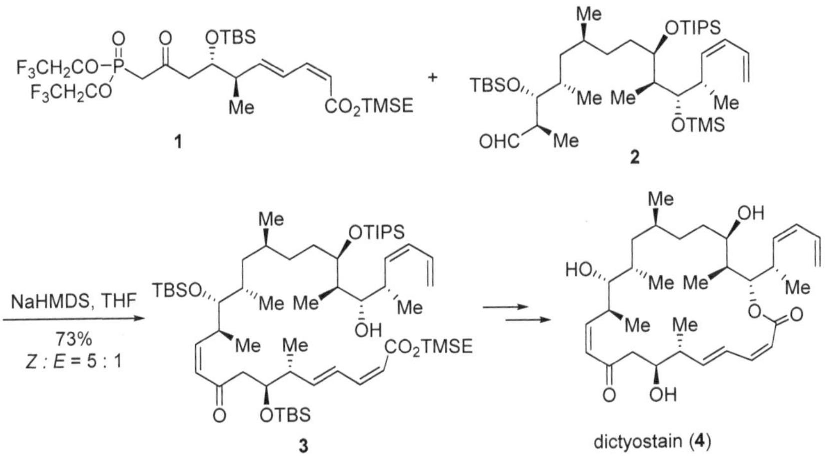

$$\text{(7)}$$

获得 Z-α,β 不饱和酯的另一方法是 Ando 改良法,即使用二苯基膦羧基乙酸酯 (式 4)[10,17,18]。

半缩醛和氮杂半缩醛同样可作为底物进行 HWE 反应。黄培强小组在天然产物 sarain A 的核心骨架合成中,氮杂半缩醛 5 和磷酸酯 6 发生 HWE 反应,生成 α,β 不饱和酯中间体 7 随即又发生串联的氮杂 Michael 反应生成 sarain A 三环骨架的重要中间体 8 (式 8)[19]。

参考文献

[1] Horner, L.; Hoffmann, H.; Wippel, H. G. *Chem. Ber.* **1958**, *91*, 61-63.
[2] Wadsworth, W. S.; Emmons, W. E. *J. Am. Chem. Soc.* **1961**, *83*, 1733-1738.
[3] Boutagy, J.; Thomas, R. *Chem. Rev.* **1974**, *74*, 87-99. (综述)
[4] Maryanoff, B. E.; Reitz, A. B. *Chem. Rev.* **1989**, *89*, 863-927. (综述)
[5] Brandt, P.; Norrby, P. -O.; Martin, I.; Rein, T. *J. Org. Chem.* **1998**, *63*, 1280-1289.
[6] Shiina, I.; Takasuna, Y.-J.; Suzuki, R.-S.; Oshiumi, H.; Komiyama, Y.; Hitomi, S.; Fukui, H. *Org. Lett.* **2006**, *8*, 5279-5282.
[7] Kobayashi. K. *Tetrahedron Lett.* **2018**, *59*, 568-582.(综述)
[8] Paterson, I.; McLeod, M. D. *Tetrahedron Lett.* **1997**, *38*, 4183-4186.
[9] Scheidt, K. A.; Bannister, T. D.; Tasaka, A.; Wendt, M. D.; Savall, B. M.; Fegley, G. J.; Roush, W. R. *J. Am. Chem. Soc.* **2002**, *124*, 6981-6990.
[10] Akwaboah, D.C.; Wu, D.; Forsyth, C. J. *Org. Lett.* **2017**, *19*, 1180-1183.
[11] Barrett, A. G. M.; Kasdorf, K. *J. Am. Chem. Soc.* **1996**, *118*, 11030-11037.
[12] Blanchette, M. A.; Choy, W.; Davis, J. T.; Essenfeld, A. P.; Masamune, S.; Roush, W. R.; Sakai, T. *Tetrahedron Lett.* **1984**, *25*, 2183-2186.
[13] Toyota, M.; Hirota, M.; Nishikawa, Y.; Fukumoto, K.; Ihara, M. *J. Org. Chem.* **1998**, *63*, 5895-5902.
[14] Still, W. C.; Gennari, C. *Tetrahedron Lett.* **1983**, *24*, 4405-4408.
[15] Touchard, F. P. *Tetrahedron Lett.* **2004**, *45*, 5519-5523.
[16] Ho, S.; Bucher, C.; Leighton, J. L. *Angew. Chem. Int. Ed.* **2013**. *52*. 6757-6761.
[17] Ando, K. *Tetrahedron Lett.* **1995**, *36*, 4105-4108.
[18] Ando, K.; Oishi, T.; Hirama, M.; Ohno, H.; Ibuka, T. *J. Org. Chem.* **2000**, *65*, 4745-4749.
[19] Yang, R.-F.; Huang, P.-Q. *Chem. -Eur. J.* **2010**, *16*, 10319-10322

（黄培强，卢广生）

Horner-Wittig 反应

Horner 等人发展的在碱作用下二苯基氧膦 **1** 与醛、酮反应合成烯烃的方法 (式 1)[1,2]

称 Horner 烯烃化反应或 Horner-Wittig 反应 (霍纳尔-维悌息反应)[3]，也有称 Wittig-Horner 反应。

体现 Horner-Wittig 反应价值的首个重要合成应用当属 Lythgoe 小组用于维生素 D_2 和 D_3 (**5**) 的合成 (式 2)[4]。(Z)-烯丙型二苯基氧膦 **3** (A 环) 与类 Windaus-Grundmann 酮 (**4**, C/D 环) 在正丁基锂作用下缩合，酸处理后立体选择性地得到维生素 D_3 (**5**)。Lythgoe 建立的这一汇聚合成方法后来成为合成 $1\alpha,25$-二羟基维生素 D_3 等生理活性维生素 D_3 类似物的主要方法[5-7]。值得一提的是，相应于磷氧化合物 **2** 的 Wittig 试剂 (三苯基膦) 不宜制备，其叶立德也无法与酮 **4** 反应。

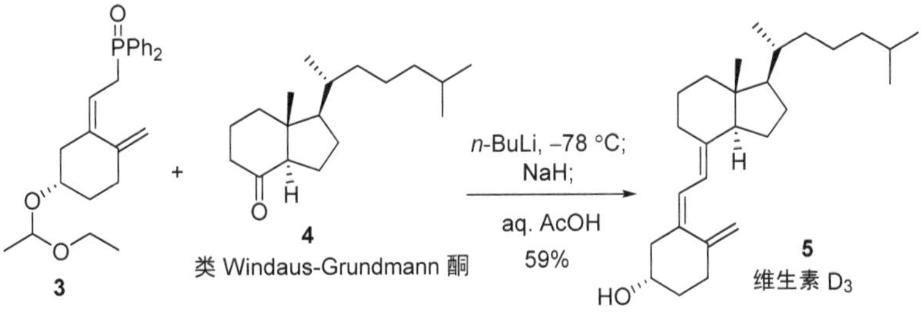

Warren 小组系统研究了 Horner-Wittig 反应[8-10]，发展了式 3 所示的获得 E-式或 Z-式烯烃的方法[10]。

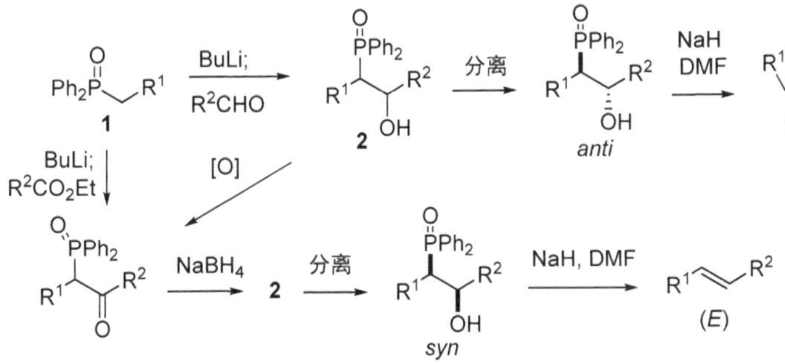

2005 年，Díaz 和 Castillón 等人报道了从呋喃糖 **6** 立体选择性合成 2-去氧-2-碘代-吡喃己糖苷和吡喃庚糖苷 (**8**) 的方法[11]。其关键反应是把保护的呋喃糖 **6** 转化为烯基硫醚 **7** (式 4)。从式 4 的列表中可见，Horner-Wittig 反应给出最佳产率和 E-式立体选择性。该小组最近又发展了调控第二步环化反应立体选择性的方法[12]。

2018 年，Inoue 小组报道了高度氧化的强心甾类天然产物 19-hydroxysarmentogenin-3-O-α-L-rhamnoside (**9**) 和 trewianin (**10**) 的全合成。其中 D 环片段 **12** 系通过 Horner-Wittig 反应制得，但 E/Z 选择性只有 1:1.2[13] (式 5)。

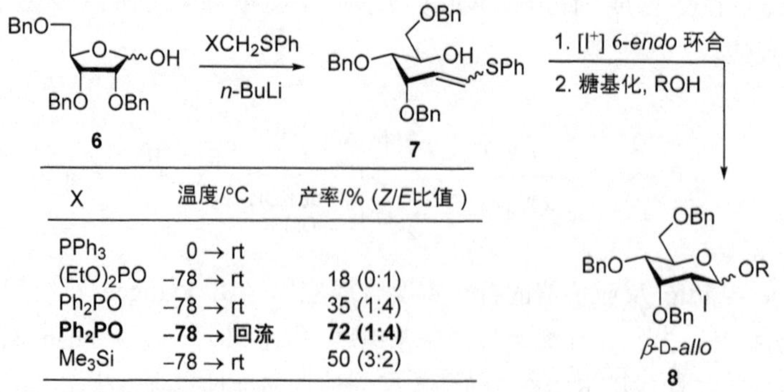

X	温度/°C	产率/% (Z/E比值)
PPh$_3$	0 → rt	
(EtO)$_2$PO	–78 → rt	18 (0:1)
Ph$_2$PO	–78 → rt	35 (1:4)
Ph$_2$PO	**–78 → 回流**	**72 (1:4)**
Me$_3$Si	–78 → rt	50 (3:2)

2013 年，周等人报道了用于治疗高血脂的 HMG CoA 还原酶抑制剂 SIPI-4884 (**11**) 高效实用的合成方法。其中两个主要片段 **12** 和 **13** 的对接系通过 Horner-Wittig 反应实现[14] (式 6)。

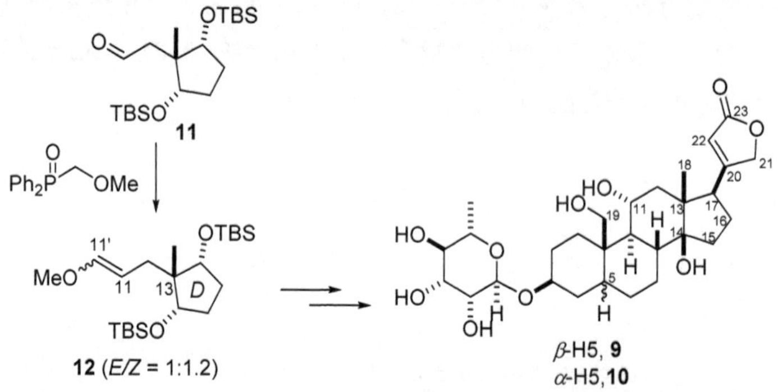

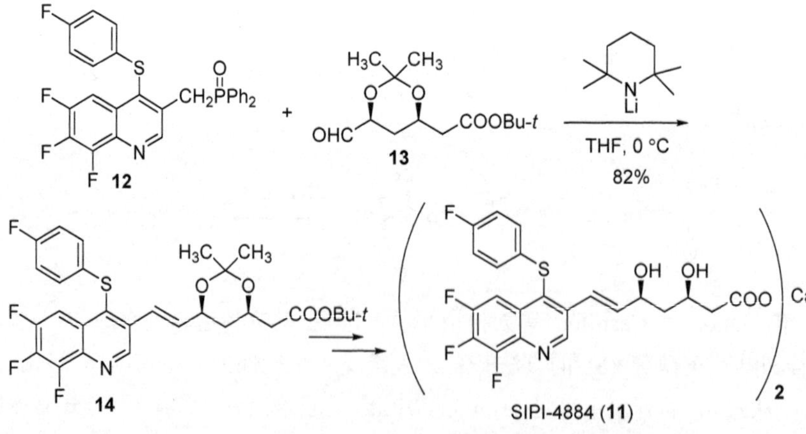

短裸甲藻毒素 (brevetoxins, BTX) 主要是由双鞭甲藻 (*Karenia brevis*) 产生的一类赤潮藻毒素。此类具有高神经毒性的天然产物是赤潮引起大量鱼类死亡的元凶。其中，brevetoxin A (**18**) 是由 10 个环 (含 5-、6-、7-、8-和 9-元环醚) 线性并合而成的梯形分子，包含 22 个立体中心，其复杂的结构使得其全合成具有巨大的挑战。1998 年，Nicolaou 小

组完成了 brevetoxin A (**18**) 的首次 (对映选择性) 全合成[15]。值得注意的是，在其全合成路线的后步骤中两主要片段的对接无法经由 Wittig 反应实现，而是通过 Horner-Wittig 反应实现。这一策略被 Crimmins 小组采用[16] (式 7)，于 2009 年完成了 brevetoxin A 的对映选择性全合成[16]。

参考文献

[1] Horner, L.; Hoffmann, H.; Wippel, H. G. *Chem. Ber.* **1958**, *91*, 61-63.
[2] (a) Horner, L.; Hoffmann, H.; Wippel, H. G.; Klahre, G. *Chem. Ber.* **1959**, *92*, 2499-2505. (b) Horner, L.; Klink, W.; Hoffmann, H. *Chem. Ber.* **1963**, *96*, 3133;
[3] Maryanoff, B. E.; Reitz, A. B. *Chem. Rev.* **1989**, *89*, 863-927. (综述)
[4] Lythgoe, B.; Moran, T. A.; Nambudiry, M. E. N.; Tideswell, J.; Wright, P. W. *J. Chem. Soc., Perkin Trans. 1* **1978**, 590-595.
[5] Zhu, G. -D.; Okamura, W. H. *Chem. Rev.* **1995**, *95*, 1877-1952. (综述)
[6] Baggiolini, E. G.; Iacobelli, J. A.; Hennessy, B. M.; Batcho, A. D.; Sereno, J. F.; Uskokovic, M. R. *J. Org. Chem.* **1986**, *51*, 3098-3108.
[7] Wang, Q.; Lin, Z.; Kim, T.-K.; Slominski, A. T.; Miller, D. D.; Li, W. *Steroids* **2015**, *104*, 153-162.
[8] Earnshaw, C.; Wallis, C. J.; Warren, S. *J. Chem. Soc., Perkin Trans. 1* **1979**, 3099-3106.
[9] Buss, A. D.; Warren, S. *J. Chem. Soc., Perkin Trans. 1* **1985**, 2307-2325.
[10] Hutton, G.; Jolliff, T.; Mitchell, H.; Warren, S. *Tetrahedron Lett.* **1995**, *36*, 7905-7908.
[11] Rodriguez, M. A.; Boutureira, O.; Arnes, X.; Matheu, M. I.; Díaz, Y.; Castillón, S. *J. Org. Chem.* **2005**, *70*, 10297-10310.
[12] Kover, A.; Boutureira, O.; Matheu, M. I.; Diaz, Y.; Castillon, S. *J. Org. Chem.* **2014**, *79*, 3060-3068.

[13] Urabe, D.; Nakagawa, Y.; Mukai, K.; Fukushima, K.-i.; Aoki, N.; Itoh, H.; Nagatomo, M.; Inoue M. *J. Org. Chem.*, **2018**, *83*, 13888-13910.
[14] Hao, Q.; Pan, J.; Li, Y.; Cai, Z.; Zhou W. *Org. Process Res. Dev.* **2013**, *17*, 921-926.
[15] Nicolaou K. C., Yang, Z.; Shi, G.-Q.; Gunzner, J. L.; Agrios, K. A.; Gärtner, P. *Nature* **1998**, *392*, 264-269.
[16] Crimmins, M. T.; Zuccarello, J. L.; McDougall, P. J.; Ellis, J. M. *Chem. -Eur. J.* **2009**, *15*, 9235-9244.

相关反应： Wittig 反应；HWE 反应

（黄培强）

Julia 烯烃合成法

Julia (朱利亚) 烯烃合成法是由苯砜 α-去质子化-碳负离子与醛加成、羟基乙酰化以及钠-汞齐脱砜基消除三个步骤构成 (图 1)，是从醛、酮出发合成反式 (*E*-式) 烯烃的重要方法[1]。在 Marc Julia 和 Jean-Marc Paris 报道了这一方法后，Lythgoe 和 Kocienski 系统地发展了这一方法[2-4]。因此，也有人称之为 Julia-Lythgoe (朱利亚-利思戈) 烯烃合成法。

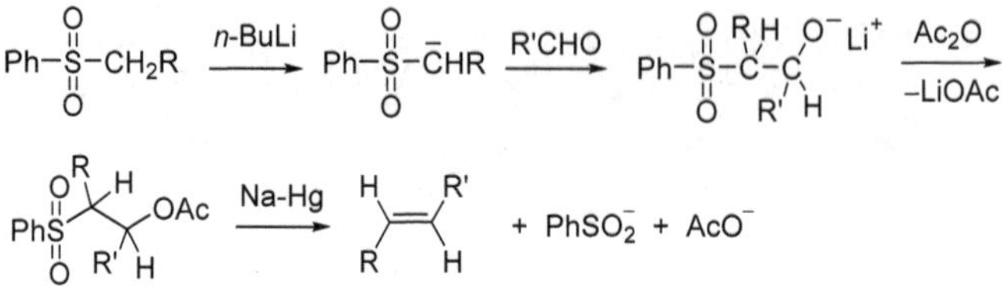

图 1　Julia 烯烃合成法

Julia 烯烃合成法的显著特点是可立体选择性地得到 *E*-式烯烃 (图 2)，其原因是还原消除反应形成的自由基中间体 **A** 可绕单键旋转成最稳定的构象 **B**，由此形成的负离子在消去 AcO⁻ 后即产生 *E*-式烯烃。

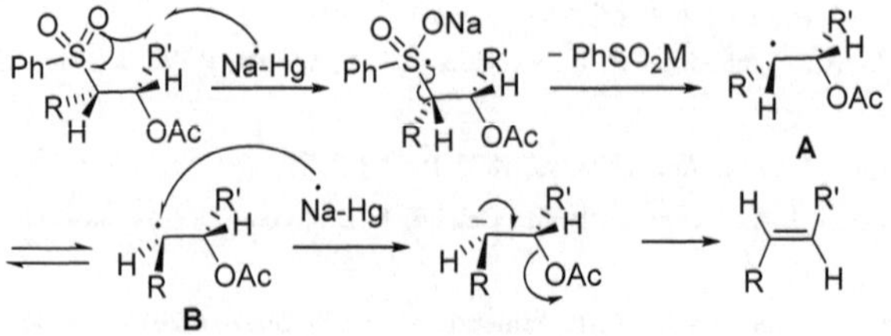

图 2　Julia 烯烃合成法的机理

旋转异构化也可能发生在碳负离子阶段 (图 3)。中间体 **A** 可在消去 AcO⁻ 前绕单键旋转成最稳定的构象 **B**，这样消去 AcO⁻ 后即产生 *E*-式烯烃。

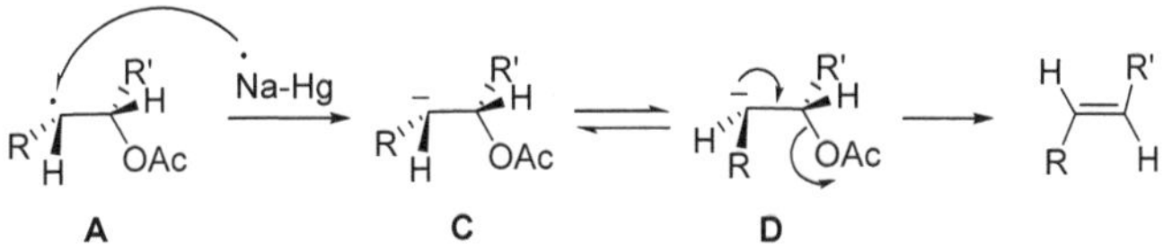

图 3 Julia 烯烃合成法中的旋转异构化过程

另一种可能的机理是消除-还原脱硫 (图 4)。

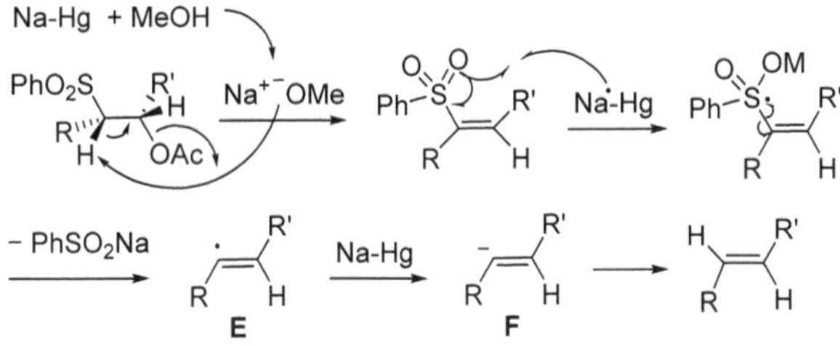

图 4 Julia 烯烃合成法另一种可能的机理

后来 Keck 的研究[5]表明，用钠汞齐还原的中间体为烯基自由基 E，而用 SmI_2 在 HMPA 或 DMPU 中还原的中间体才是负离子 F。

Julia 烯烃合成法的优点是可立体选择性地合成 E-式烯烃 (图 5)。在取代程度低时，反应即表现出优良的 E-式立体选择性，而且立体选择性随取代程度 (支链化) 的增大而提高[3,4]。

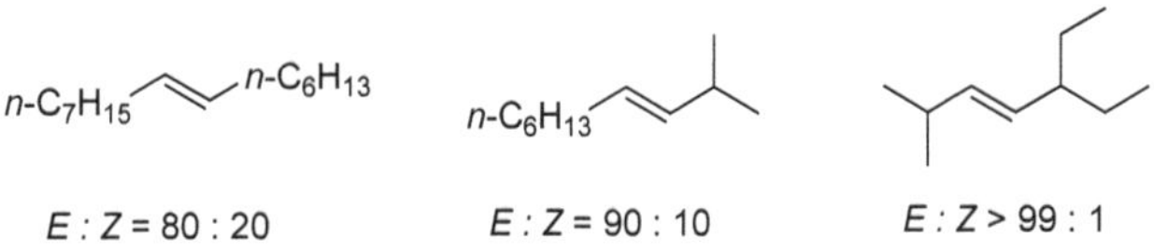

$E:Z = 80:20$ $E:Z = 90:10$ $E:Z > 99:1$

图 5 Julia 烯烃合成法可立体选择性地合成 E-式烯烃

Julia 烯烃合成法的缺点之一是使用还原能力强、碱性强的钠汞齐，使许多官能团难以共存。为此，发展了 SmI_2 在 HMPA 或 DMPU 中[5-7]和 Mg/EtOH[8]等还原体系。使用 SmI_2 还可直接用，省去乙酰化步骤[7]。亚砜也被用于 Julia 烯烃类合成[9,10]。

传统的 Julia 烯烃合成法虽然在复杂天然产物合成中仍有应用价值[11]，例如在合成抗肿瘤药物 laulimalide 中，如式 1 所示，构建关键骨架时就多次应用苯砜类衍生物构建 E-式烯烃，但由于所需反应步骤多，已基本被其改良反应所取代。

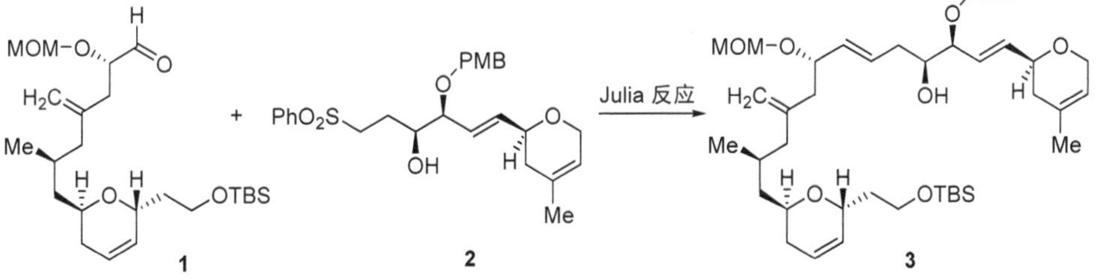

Julia 烯烃合成法还可以拓展到醇类化合物 (式 2)[12]，不添加氧化剂，在钌催化剂作用下，通过金属配体协同作用从醇出发和砜类化合物发生一步成烯作用，步骤简单，且废弃物少，具体作用机理尚在研究当中。

参考文献

[1] Julia, M.; Paris, J.-M. *Tetrahedron Lett.* **1973**, *14*, 4833-4836.
[2] Kocienski, P. J.; Lythgoe, B.; Ruston, S. *J. Chem. Soc. Perkin Trans. 1* **1978**, 829.
[3] Kocienski, P. J.; Lythgoe, B.; Waterhouse, I. *J. Chem. Soc. Perkin Trans. 1* **1980**, 1045-1050.
[4] Kocienski, P. J. *Phosphorus Sulphur.* **1985**, *24*, 97-127.
[5] Keck, G. E.; Savin, K. A.; Welgarz, M. A. *J. Org. Chem.* **1995**, *60*, 3194-3204.
[6] Markó, I. E.; Murphy, F.; Dolan, S. *Tetrahedron Lett.* **1996**, *37*, 2089-2092.
[7] Ihara, M.; Suzuki, S.; Taniguchi, T.; Tokunaga, Y.; Fukumoto, K. *Synlett* **1994**, 859-860.
[8] Lee, G. H.; Lee, H. K.; Choi, E. B.; Kim, B. T.; Pak, C. S. *Tetrahedron Lett.* **1995**, *36*, 5607-5608.
[9] Pospíšil, J.; Pospíšil, T.; Markó, I. E. *Org. Lett.* **2005**, *7*, 2373-2376.
[10] Satoh, T.; Yamada, N.; Asano, T. *Tetrahedron Lett.* **1998**, *39*, 6935-6938.
[11] Ghosh, A. K.; Wang, Y. *J. Am. Chem. Soc.* **2000**, *122*, 11027-11028
[12] Srimani, D.; Leitus, G.; Bendavid, Y.; Milstein, D. *Angew. Chem. Int. Ed.* **2015**, *53*, 11092-11095.

（黄培强，陈东煌）

改良的 Julia 烯烃合成法和 Julia-Kociensky 烯烃合成法

1991 年，S. A. Julia 创造性地用苯并噻唑-2-基砜 (BT) 替代苯砜，用于 Julia (朱利亚) 烯烃合成[1]。这一改良不但使原来多步骤的烯烃合成法得以以"一瓶反应"的方式进行 (式 1)，而且改良的方法易于放大。由此构成了 Julia 烯烃合成法的重要发展，称为改良的 Julia 烯烃合成法[2]。

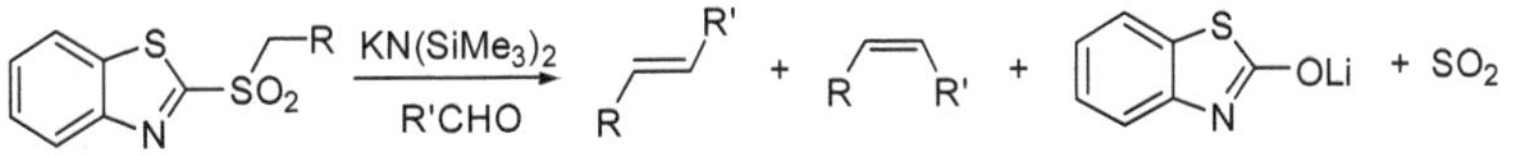

$$\text{BT-SO}_2\text{-CH}_2\text{R} \xrightarrow[\text{R'CHO}]{\text{KN(SiMe}_3)_2} \text{R-CH=CH-R' (E)} + \text{R-CH=CH-R' (Z)} + \text{BT-OLi} + \text{SO}_2 \quad (1)$$

随后，Kociensky 于 1998 年报道了把 1-苯基-1H-四唑-5-基砜 (PT) 用于改良的 Julia 烯烃合成法，可显著提高烯烃的反式立体选择性[2]，还可使原来难以进行的反应得以进行 (式 2)。这一改良因而称为 Julia-Kociensky (朱利亚-科钦斯基) 烯烃合成法。用于取代经典 Julia 方法中苯砜基的杂芳基砜基还有 PYR 和 TBT (图 1)[3]。

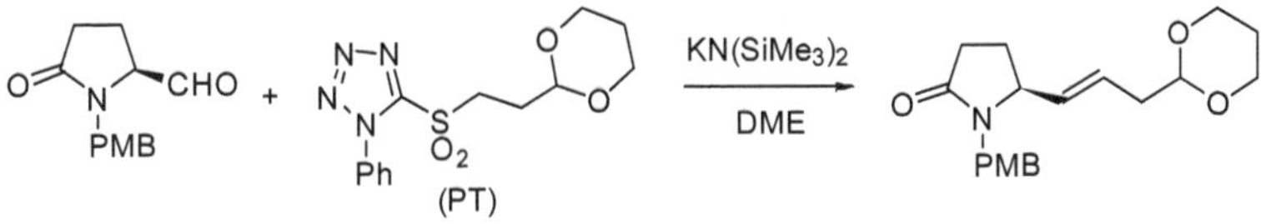

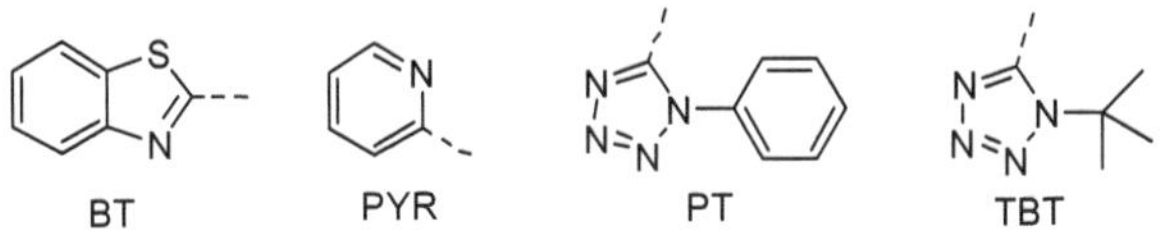

图 1 用于取代经典 Julia 方法中苯砜基中苯基的杂芳基

最近，祝介平等引入易得的对硝基砜作为杂环芳基砜的替代形式 (式 3)，以 NaH 或 Cs_2CO_3 为碱，不仅保持了 Julia-Kociensky 反应"一瓶"的特点，而且与芳香醛反应的收率可高达 97%，E-式立体选择性良好，最高可达 99:1[4]。

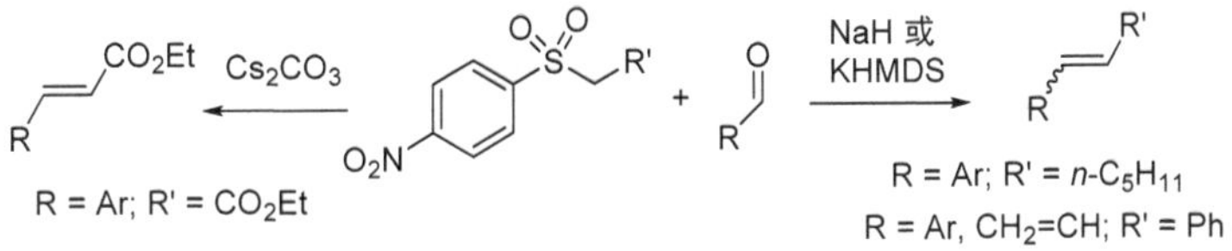

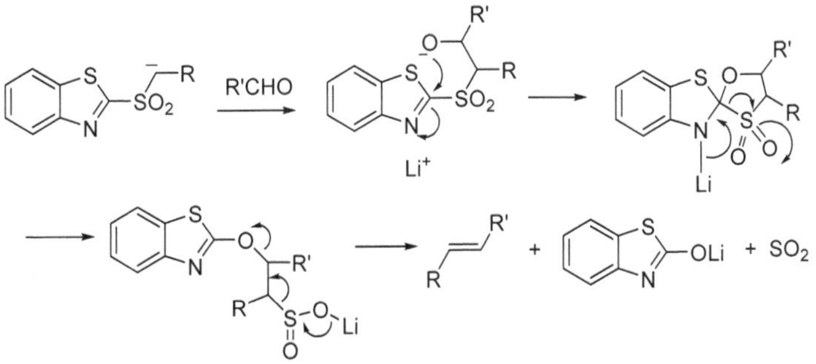

图 2 改良的 Julia 烯烃合成法的反应机理

由于发现 BT-砜在碱性条件下会发生自身缩合副反应，因而发展了类 Barbier 条件的反应，即向砜和醛混合物中加入碱。由此，现场生成的去质子化的砜与醛的反应可与自身缩合竞争。从 Banwell 的合成可以看出 (式 4)，α-烷氧基醛在改良的 Julia 烯烃合成反应中不会发生差向异构化[5]。

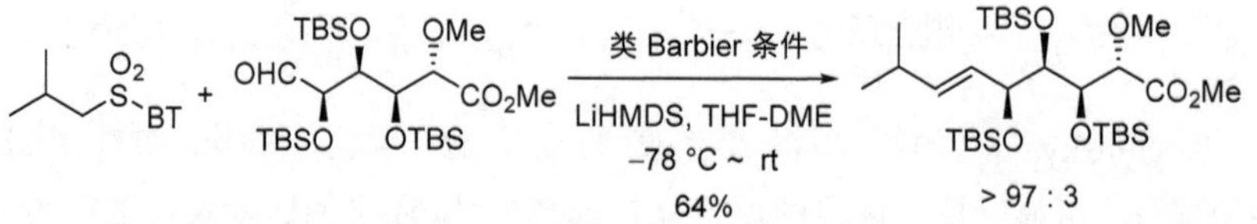

$$\text{(4)}$$

重要的是，反应的 *E/Z* 立体选择性可通过改变砜基、溶剂和碱[6]调控。其中，吡啶基砜给出顺式立体选择性，1-苯基-1*H*-四唑-5-基砜 (PT) 展现优良的反式立体选择性，且选择性均随新形成键邻位支链的增大而提高，成为当前合成反式烯烃的重要方法，被广泛用于天然产物的合成[3,6-9]。从 Lee 关于大环内酯非天然对映体 *ent*-lasonolide A 的合成[9]可以看出 (图 3)，改良的 Julia 烯烃合成法是构建复杂分子反式双键的有力工具。

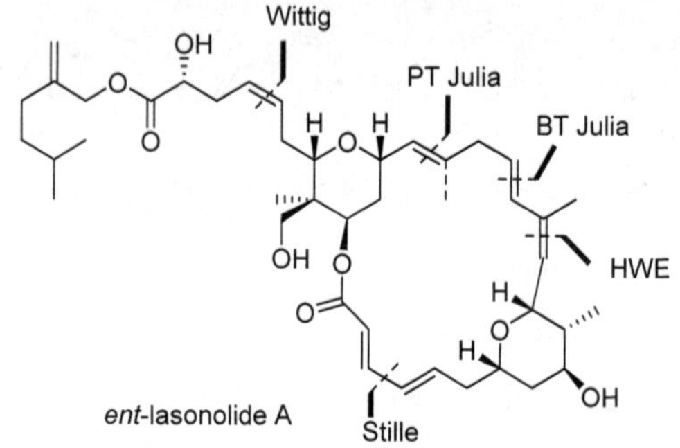

图 3　*ent*-lasonolide A 的合成

对 PT 上的苯环进行修饰 (式 5)，适当增大苯环的位阻能够在内酰胺的存在下专一性对酮羰基进行加成，得到反式烯烃产物，立体选择性好[10]，随后经过还原能够得到具有抗癌活性的 limazepine E 天然产物。

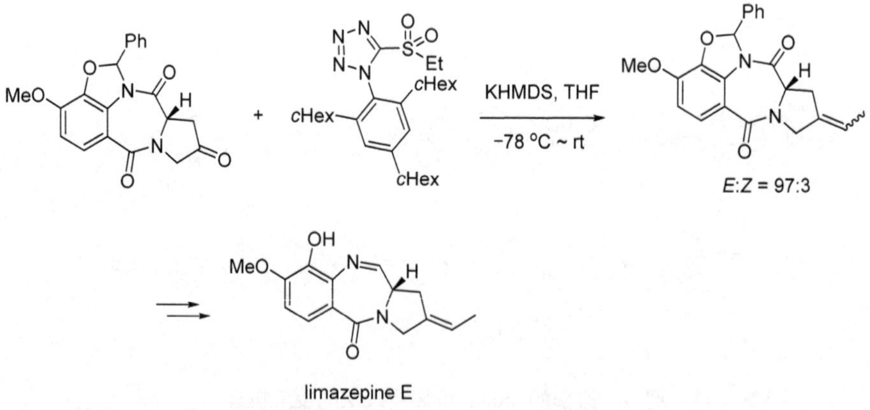

$$\text{(5)}$$

在构建具有多个手性中心的大环内酯时，改良的 Julia-Kociensky 烯烃合成方法更是在构建核心骨架双键结构时起着重要连接作用。对于复杂的大环内酯，通过简单的碱、溶剂的搭配也能调控 *E/Z* 的立体选择性。例如在具有抗菌活性内酯化合物 branimycin 的合成中采用的碱和溶剂是 KHMDS 与甲苯[11] (式 6)，能够得到 *Z*-式产物 (*E:Z* = 1:9)。

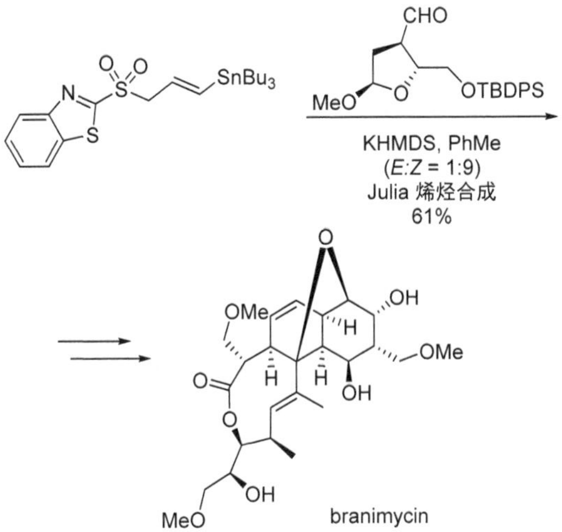

而在搭建细胞毒素前沟藻内酯，构建整个骨架时，简单地将碱和溶剂换成 LiHMDS 和 DMF[12]便可得到 E-式产物 ($E:Z = 10:1$) (式 7)。

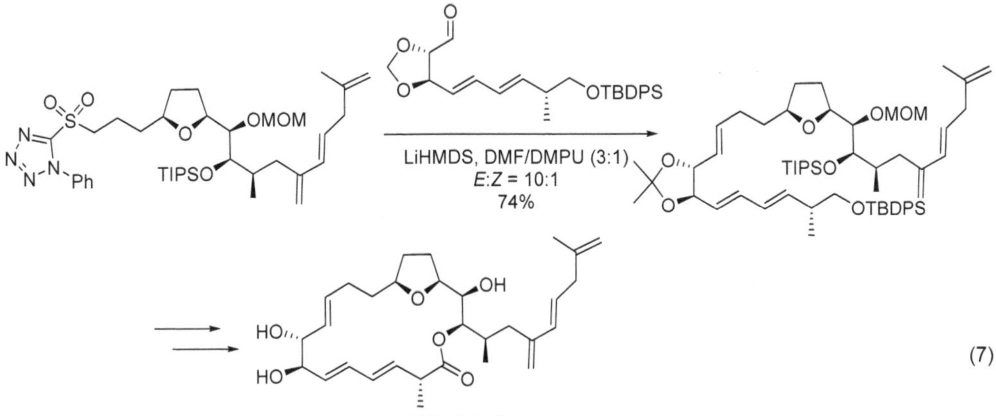

参考文献

[1] Baudin, J. B.; Hareau, G.; Julia, S. A.; Ruel, O. *Tetrahedron Lett.* **1991**, *32*, 1175-1178.
[2] Blakemore, P. R.; Cole, W. J.; Kocienski, P. J.; Morley, A. *Synlett.* **1998**, *1*, 26-28.
[3] Blakemore, P. R. *J. Chem. Soc. Perkin Trans. 1* **2002**, 2563-2585.
[4] Mirk, D.; Grassot, J. M.; Zhu, J. *Synlett* **2006**, 1255-12159.
[5] Banwell, M. G.; McRae, K. J. *J. Org. Chem.* **2001**, *66*, 6768-6774.
[6] Charette, A. B.; Lebel, H. *Am. Chem. Soc.* **1996**, *118*, 10327-10328
[7] Fürstner, A.; Mlynarski, J.; Albert, M. *J. Am. Chem. Soc.* **2002**, *124*, 10274-10275.
[8] Smith, A. B.; Safonov, I. G.; Corbett, R. M. *J. Am. Chem. Soc.* **2001**, *123*, 12426-12427.
[9] E. Lee, H. Y.; Song, J. W.; Kang, D. S.; Kim, C. K.; Jung and J. M. Joo, *J. Am. Chem. Soc.* **2002**, *124*, 384-385.
[10] Sakaine, G.; Smits, D. *J. Org. Chem.* **2018**, *83*, 5323-5330.
[11] Enev, V. S.; Felzmann, W.; Gromov, A.; Marchart, S.; Mulzer, J. *Chem. Eur. J.* **2012**, *18*, 9651-9668.

[12] Kim, C. H.; An, H. J.; Shin, W. K.; Yu, W.; Woo, S. K.; Jung, S. K.; Lee, E. *Angew. Chem. Int. Ed.* **2006**, *45*, 8019-8021.

（黄培强，陈东煌）

Knoevenagel 缩合

Knoevenagel (脑文格) 缩合指含活泼亚甲基化合物 (如丙二酸) 在碱 (氨或胺) 存在下与醛缩合得 α,β-不饱和化合物的反应[1] (式 1) 。丙二酸的缩合可进一步脱羧生成 α,β-不饱和酸。

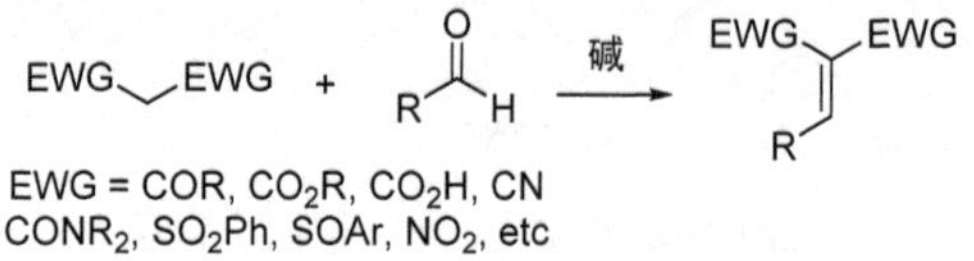
EWG
EWG
碱
R
H
EWG = COR, CO2R, CO2H, CN
CONR2, SO2Ph, SOAr, NO2, etc

(1)

对 Knoevenagel 缩合反应，提出两种可能的机理。在图 1 所示的反应机理 1 中[2]，胺仅作为碱，且催化量即可。而按照图 2 所示的反应机理 2[3]，仲胺首先与芳醛缩合，形成亚胺鎓活泼中间体，然后进行 Mannich 加成，最后消除仲胺得缩合产物。List 认为这是当代有机 (胺) 催化化学的源头[3]。

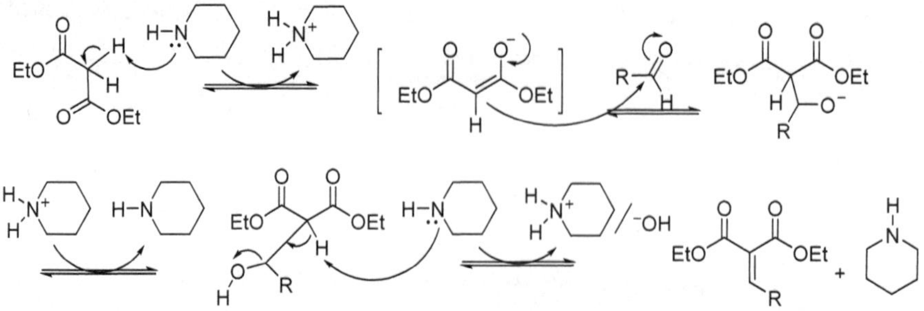
EtO
OEt
H-N
R
-OH

图 1 可能的反应机理 1

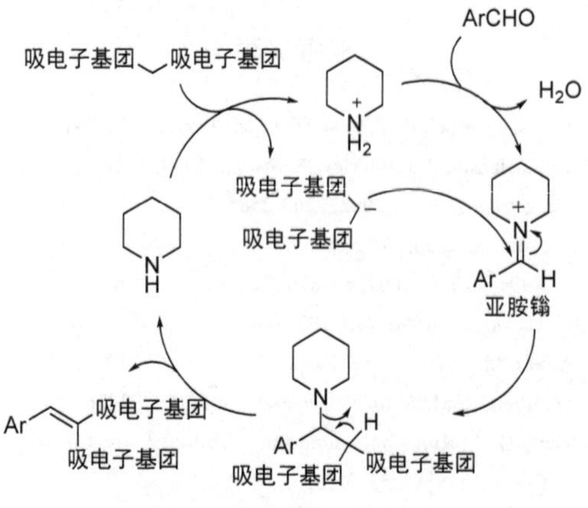
ArCHO
H2O
吸电子基团
亚胺鎓
Ar

图 2 可能的反应机理 2

按照机理 2, 2013 年 Mase 等人报道了氨基甲酸的铵盐催化的芳醛 Knoevenagel 缩合反应[4] (式 2)。反应可在无溶剂条件下进行，且无需萃取、柱色谱分离即可得到高纯度的产物。

$$R^1\underset{H}{N}R^2 + CO_2 \rightleftharpoons \underset{\text{氨基甲酸铵盐}}{R^2\overset{R^1}{\underset{R^1}{N^+H_2}}\ O^-\underset{R^2}{\overset{}{O_2C-N}}R^1} \rightleftharpoons \underset{R^4}{\overset{R^1\!+\!R^2}{\underset{}{N}}}\overset{}{\underset{}{\underset{}{}}} \xrightarrow{CH_2(EWG)_2} \underset{R^3\ \ R^4}{\overset{EWG\ \ EWG}{\underset{}{}}} \qquad (2)$$

2015 年，Sakai 小组报道了 InCl$_3$ 催化，乙酸酐介入的醛的 Knoevenagel 缩合反应[5] (式 2)。

$$EWG\diagdown EWG + R\overset{O}{\underset{}{\diagdown}}\quad \xrightarrow[\text{PhMe, 60 °C, 8 h}]{\text{InCl}_3\ (10\ \text{mol\%})\ \text{Ac}_2\text{O (1.1 equiv)}} \underset{R}{\overset{EWG\diagdown EWG}{\underset{}{}}} \qquad (3)$$

17%~98%

2011 年，List 小组报道了首例催化不对称 Knoevenagel 反应[6](式 4)。外消旋的 α-支链醛 (α-芳基丙醛) **1** 通过动态动力学拆分可以转化为对映富集的 Knoevenagel 缩合产物 **2**，对映体比例为 (60.0:40.0)~(95.5:4.5)，收率达 81%~97%。

$$\underset{\mathbf{1}}{\overset{R^2}{\underset{R^1}{\diagdown}}CHO} + R^3O_2C\diagdown CO_2R^4 \xrightarrow[\text{DMSO, 20 °C, 120~168 h}]{\text{cat. (10 mol\%)}} \underset{\mathbf{2}}{\overset{R^2\ \ CO_2R^3}{\underset{R^1}{\diagdown}\ \ CO_2R^4}} \qquad (4)$$

当 R^1 = Ph, R^1 = Me, $R^3 = R^4$ = Et 时，91%, er = 95.5:4.5

除了反应机理的意义外，Knoevenagel 缩合反应的现代价值还在于缩合产物为多官能团化合物[7,8]，因而可进一步发生串联反应 (多米诺反应)[9,10]，也可进行多组分反应[11]，由此发展出高效的合成方法学。这方面的一个经典是 1968 年 Weiss 和 Edwards 把 Knoevenagel 反应用于顺式双环[3.3.0]辛烷-3,7-二酮骨架 **3** 的构筑[12] (式 3)。该合成法后称 Weiss 反应或 Weiss-Cook 反应 (请参见该条目)。

$$\underset{R}{\overset{R}{\underset{}{\diagdown}}\overset{O}{\underset{O}{\diagdown}}} + 2\ \underset{CO_2CH_3}{\overset{CO_2CH_3}{\underset{O}{\diagdown}}} \xrightarrow[\text{缓冲溶液}]{H_2O} \underset{\mathbf{3}}{\overset{H_3CO_2C\ \ R\ \ CO_2CH_3}{\underset{H_3CO_2C\ \ \ \ CO_2CH_3}{}}} \qquad (5)$$

另一个较新的实例是 Hsung 基于类 Knoevenagel 缩合反应串联可逆的 6π-电环化反应发展出形式 [3+3] 环加成[13]、氮杂 [3+3] 增环法[14]以及氧杂 [3+3] 增环法[15]。后者被用于天然产物 rhododaurichromanic acid A (**4**) 外消旋体的全合成 (式 6)[15]。式 7 展示的是 Hayashi 等人发展的基于有机小分子催化串联 Knoevenagel 反应的碳 [3+3] 环加成反应[16]。

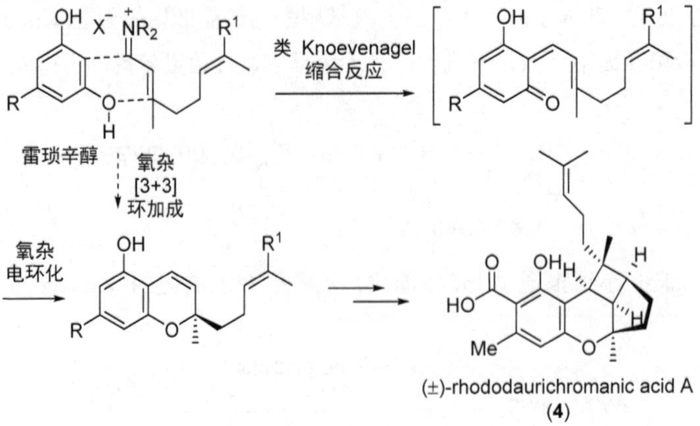

Knoevenagel 缩合反应被广泛用于药物和天然产物全合成。瑞士制药公司 Novartis 在复合抗疟药 Coartem (包含蒿甲醚与 lumefantrine 两配料) 中 lumefantrine (**6**) 改良制法的最后一步即采用 Knoevenagel 缩合反应[17] (式 8)。由于建立了在树脂上进行 Knoevenagel 缩合反应的方法[18]，该反应在组合化学方面展示出应用前景。

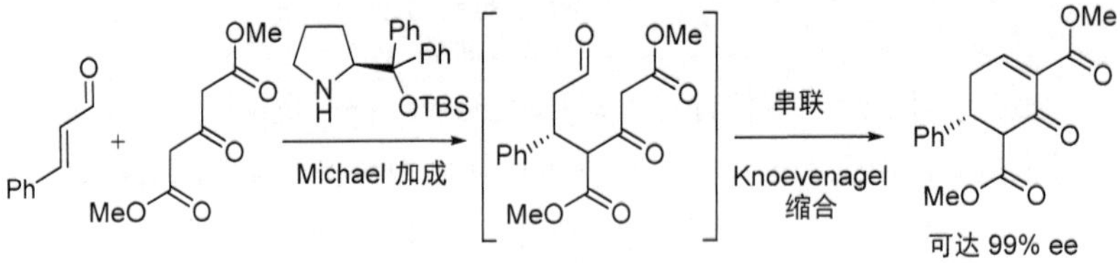

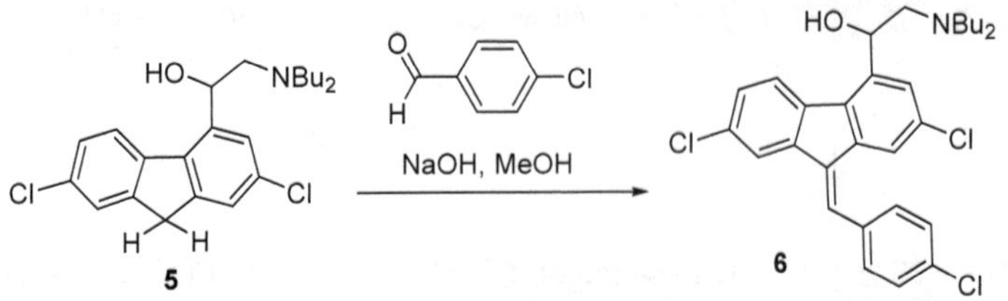

1988 年，Tietze 小组报道了杜松烷倍半萜 veticadinol (**7**) 的首次对映选择性全合成 (式 9)。该路线以香茅醛的 Knoevenagel 缩合反应为起点，产物 **8** 经烯反应高立体选择性地生成反式取代的环己烷 **9a**。**9a** 经七步被转化为目标产物 **7**[19]。

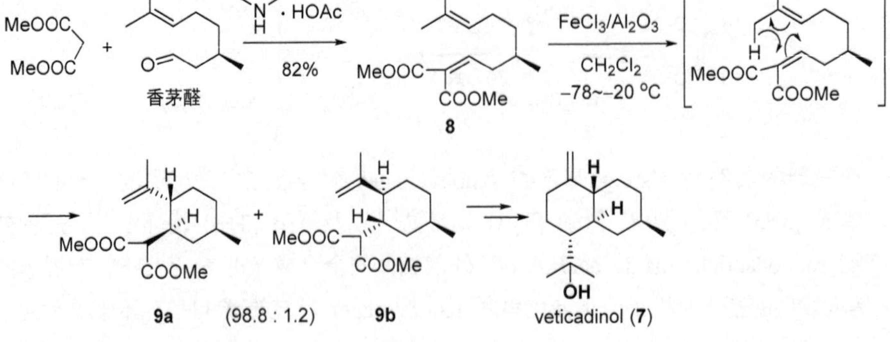

Snider 等人通过 **11** 与二烯醛 **10** 的 Knoevenagel 缩合生成了亚甲基醌 **12**, 后者在同一反应条件下发生反电子需求的 Diels-Alder 反应, 以 35% 的收率构筑了三环结构 **13**, 进而完成了 leporins A (**14**) 和 B (**15**) 的全合成 (式 10)[20]。

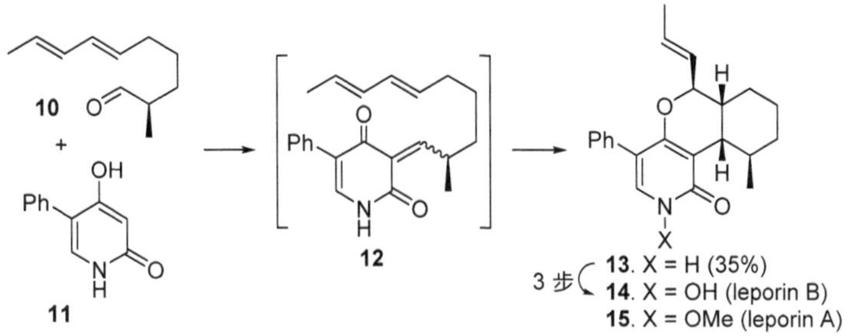

Castle 小组在抗有丝分裂双环肽 celogentin C (**19**) 的全合成中[21], Knoevenagel 反应被用于 **16** 和 **17** 两片段的对接 (式 11)。该反应表现出显著的溶剂效应, 在纯的 THF 或乙醚中反应, 产率低且不稳定, 而在 THF-Et$_2$O (2:1) 的混合溶剂中反应, 可得 68% 的产率。他们曾试图用更复杂的底物反应, 未获成功。

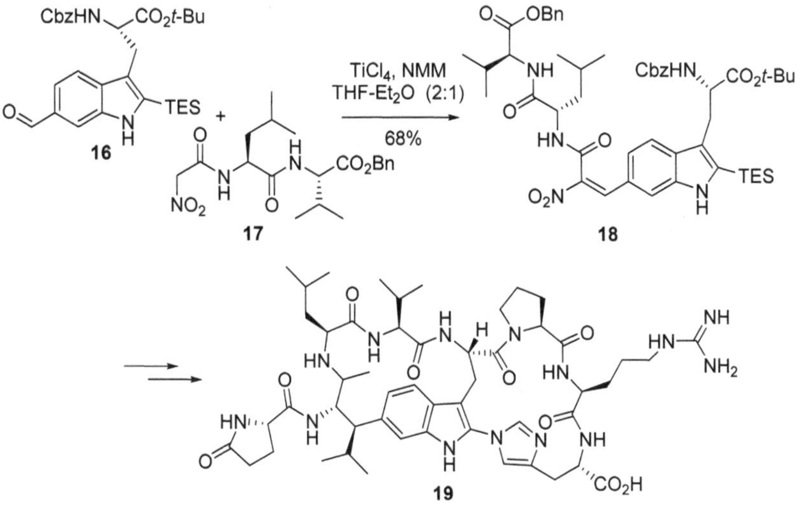

参考文献

[1] Knoevenagel, E. *Ber. Dtsch. Chem. Ges.* **1896**, *29*, 172; **1898**, *31*, 738; **1898**, *31*, 2596-2619.

[2] Jones, G. "The Knoevenagel Condensation" in *Organic Reactions*; vol. 15, Adams, R. Ed.; Wiley: New York, **1967**: pp 204-599. (综述)

[3] List, B. *Angew. Chem. Int. Ed.* **2010**, *49*, 1730-1734.

[4] Mase, N.; Horibe, T. *Org. Lett.* **2013**, *15*, 1854-1857.

[5] Ogiwara, Y.; Takahashi, K.; Kitazawa, T.; Sakai, N. *J. Org. Chem.* **2015**, *80*, 3101-3110.

[6] Lee, A.; Michrowska, A.; Sulzer-Mosse, S.; List, B. *Angew. Chem. Int. Ed.* **2011**, *50*, 1707-1710.

[7] Ebitani, K. "2.14 Other Condensation Reactions (Knoevenagel, Perkin, Darzens)" in *Comprehensive Organic Synthesis II* (*Second Edition*), Volume 2, **2014**, pp. 571-605.

[8] Tietze, L.-F.; Beifuss, U. "1.11 - The Knoevenagel Reaction" in Reference Module in Chemistry, Molecular Sciences and Chemical Engineering, from Comprehensive Organic Synthesis, Volume 2, 1991, Pages 341-394.

[9] Majumdar, K. C.; Taher, A.; Nandi, R. K. *Tetrahedron* 2012, *68*, 5693-5718.

[10] Voskressensky, L. G.; Festa, A. A.; Varlamov, A. V. *Tetrahedron* 2014, *70*, 551-572.

[11] de Graaff, C.; Ruijter, E.; Orru, R. V. A. *Chem. Soc. Rev.* 2012, *41*, 3969-4009.

[12] Weiss, U.; Edwards, J. M. *Tetrahedron Lett.* 1968, 4885-4887.

[13] Hsung, R. P.; Kurdyumov, A. V.; Sydorenko, N. *Eur. J. Org. Chem.* 2005, 23-44.

[14] Buchanan, G. S.; Feltenberger, J. B.; Hsung, R. P. *Curr. Org. Synth.* 2010, *7*, 363-401.

[15] Luo, G.-Y.; Wu, H.; Tang, Y.; Li, H.; Yeom, H.-S.; Yang, K.; Hsung, R. P. *Synthesis* 2015, *47*, 2713-2720.

[16] Hayashi, Y.; Toyoshima, M.; Gotoh, H.; Ishikawa. H. *Org. Lett.* 2009, *11*, 45-48.

[17] Beutler, U.; Fuenfschilling, P. C.; Steinkemper, A. *Org. Process Res. Dev.* 2007, *11*, 341-345.

[18] Strohmeier, G. A.; Kappe, C. O. *J. Comb. Chem.* 2002, *4*, 154-161.

[19] Tietze, L. F.; Beifus, U.; Antel, J.; Sheldrick, G. M. *Angew. Chem. Int. Ed.* 1988, *27*, 703-705.

[20] Snider, B. B.; Lu, Q. *J. Org. Chem.* 1996, *61*, 2839-2844.

[21] Ma, B.; Banerjee, B.; Litvinov, D. N.; He, L. W.; Castle, S. L. *J. Am. Chem. Soc.* 2010, *132*, 1159-1171.

相关反应：Weiss (Weiss-Cook) 反应

（黄培强）

陆熙炎-Trost-Inoue 反应

炔酮或炔酯等贫电子炔烃在过渡金属催化剂或三价膦的催化下异构成共轭二烯酮的反应称为陆熙炎 (Lu) -Trost-Inoue (陆熙炎-特罗斯特-井上) 反应 (式 1)。

$$R^1\text{-C}\equiv\text{C-CH}_2\text{-}R^2 \xrightarrow{\text{cat.}} R^1\text{-CO-CH=CH-CH=CH-}R^2 \quad (1)$$

在 1988 年，陆熙炎小组首先报道了一个钌 (II) 催化下炔酮异构化为共轭二烯酮的反应，反应生成的产物为 E,E-构型[1]。在其后不久，Trost 小组 (钯) 和 Inoue 小组 (钌) 也分别报道了他们的工作，虽然选择性稍差[2]。陆熙炎小组在后续研究中发现，铱 (III) [IrH$_3$(^{i}Pr$_3$)$_2$] 是这个反应更好的催化剂，在同样的条件下反应转化率提高了[3]；该小组还发现，如果在反应中加入催化量的叔膦，这个反应的温度可以降低到 35 °C。使用铱-三丁基膦作为催化剂，陆熙炎小组在 80 °C 下实现了炔酸酯的异构化反应。三烷基膦或者三芳基膦也能催化贫电子的炔酮或炔酯异构化成共轭二烯酮或共轭二烯酯[4]。过渡金属催化的反应机理被认为是通过如图 1 所示的途径进行的。

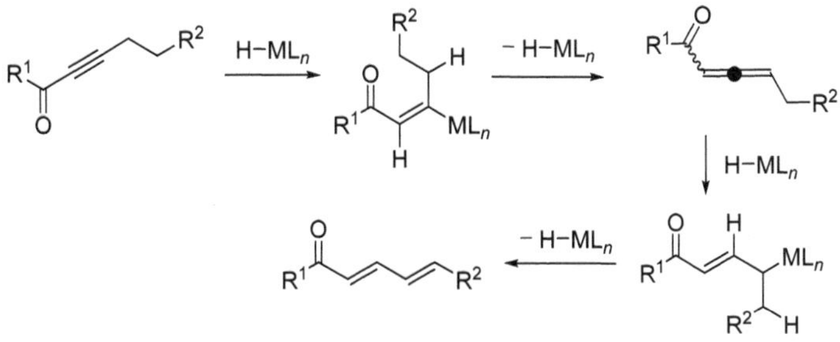

图 1　过渡金属催化的陆熙炎-Trost-Inuoe 反应机理

叔膦催化的反应机理通常认为按图 2 所示方式进行。

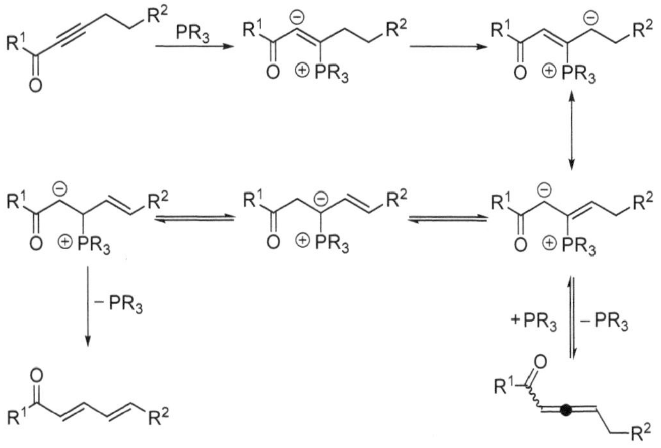

图 2　叔膦催化的陆熙炎-Trost-Inuoe 反应机理

陆熙炎-Trost-Inuoe 反应被用于一些天然产物的合成，如式 2~式 8 所示[5]。

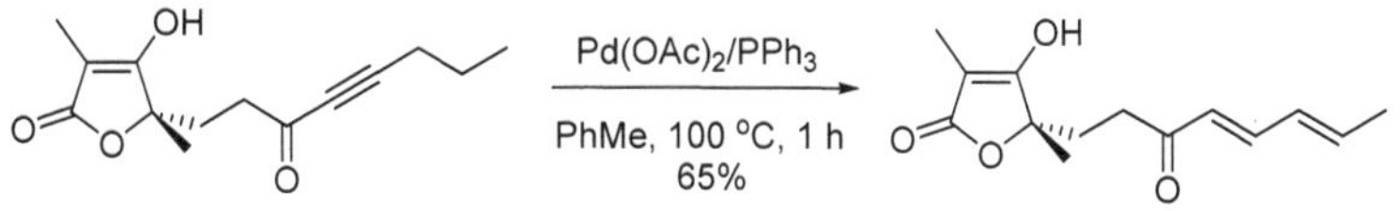

(2)

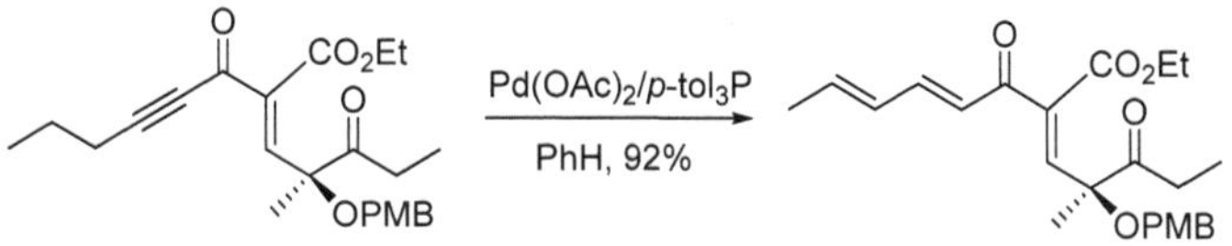

(3)

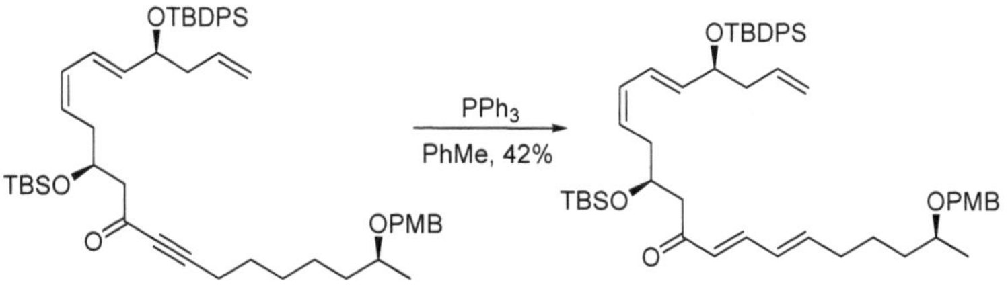

(4)

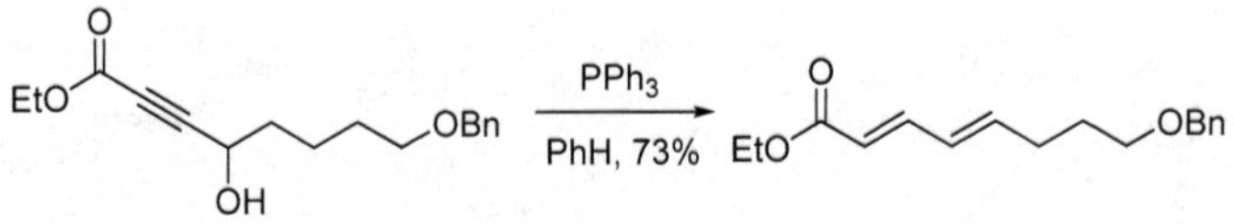

近年来,在实现该反应的方法上也取得了一些进展,如聚合物固载的三苯基膦可实现对这类反应的催化 (式 9),并且固载的催化剂可回收循环使用多次[6]。此外,使用以聚苯乙烯为载体的包含叔膦和酚的双官能团催化剂,可在流动反应池中实现这类反应 (式 10)[7]。

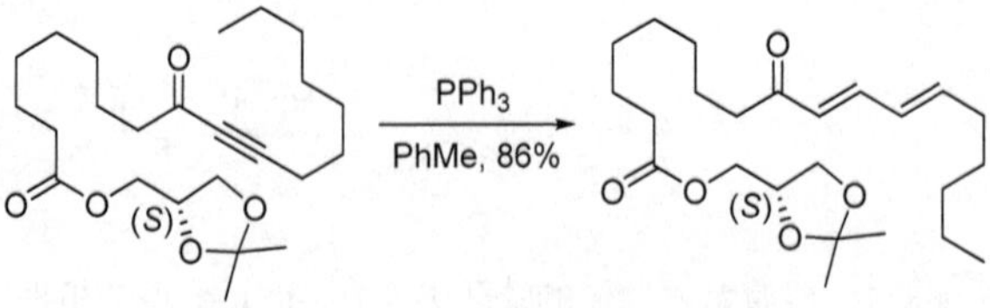

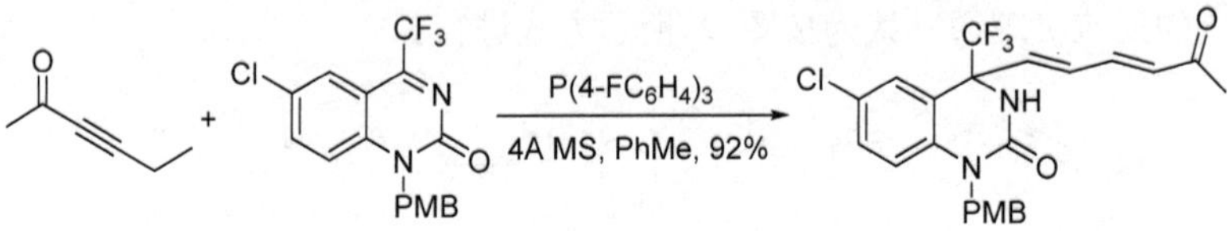

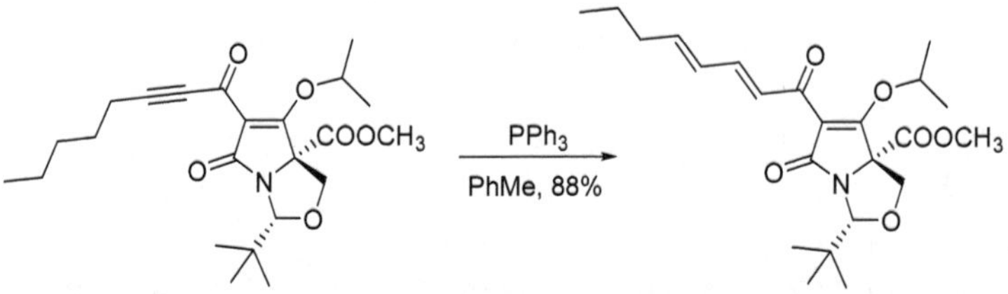

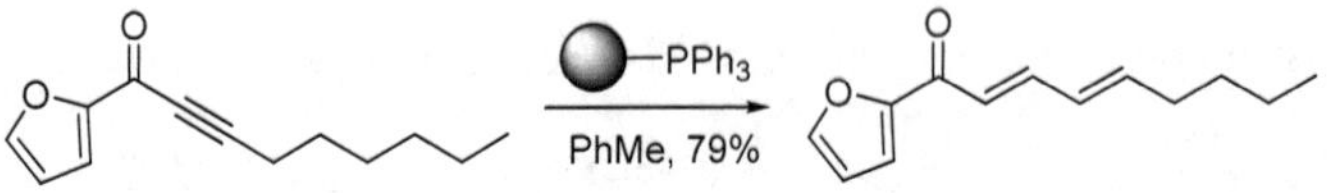

参考文献

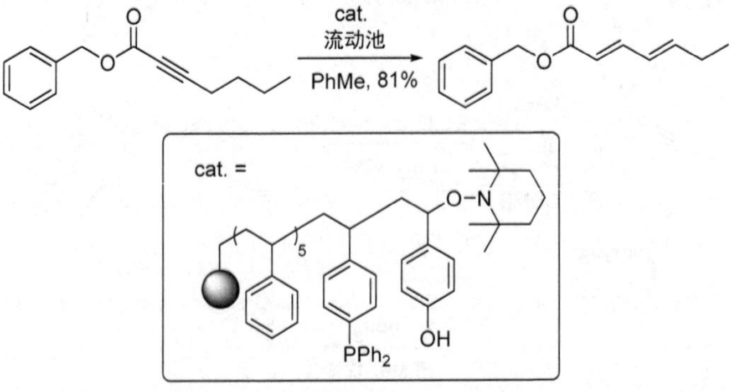

[1] Ma, D.; Lin, Y.; Lu, X.; Yu, Y. *Tetrahedron Lett.* **1988**, *29*, 1045-1048.

[2] (a) Trost, B. M.; Schmidt, T. *J. Am. Soc. Chem.* **1988**, *110*, 2301-2303. (b) Inoue, Y.; Imaizumi, S. *J. Mol. Catal.* **1988**, *49*, L19-L21.
[3] (a) Ma, D.; Lu, X. *Tetrahedron Lett.* **1989**, *30*, 843-844. (b) Ma, D.; Yu. Y.; Lu, X. *J. Org. Chem.* **1989**, *54*, 1105-1109.
[4] (a) Guo, C.; Lu, X. *J. Chem. Soc., Perkin Trans. 1* **1993**, 1921-1923. (b) Trost, B. M.; Kazmaier, U. *J. Am. Chem. Soc.* **1992**, *114*, 7933-7935.
[5] (a) Desmaële, D. *Tetrahedron*, **1992**, *48*, 2925-2934. (b) Hong, R.; Chen, Y.; Deng, L. *Angew. Chem. Int. Ed.* **2005**, *44*, 3478-3481. (c) Georgy, M.; Lesot, P.; Campagne, J.-M. *J. Org. Chem.* **2007**, *72*, 3543-3549. (d) Chandrasekhar, S.; Vijeender, K.; Chandrashekar, G.; Reddy, C. R. *Tetrahedron: Asymmetry* **2007**, *18*, 2473-2478. (e) Zhu, S.; Wu, Y. *Synlett* **2014**, *25*, 261-264. (f) Sun, Y.; Wei, Y.; Shi, M. *Org. Chem. Front.* **2018**, *5*, 210-215. (g) Josa-Cullere, L.; Pretsch, A.; Pretsch, D., Moloney, M. G. *J. Org. Chem.* **2018**, *83*, 10303-10317.
[6] Wang, Y.; Jiang, H.; Liu, H.; Liu, P. *Tetrahedron Lett.* **2005**, *46*, 3935-3937.
[7] Ceylan, S.; Law, H. C.-H.; Kirschning, A.; Toy, P. H. *Synthesis* **2017**, *49*, 145-150.

（雷爱文）

Martin 试剂

Martin（马丁）试剂的化学成分是双[α,α-双(三氟甲基)苯甲醇合]二苯硫 (**1**)，于 1971 年由 Martin 发现。它是一种醇的脱水试剂，可在温和条件下有效地将醇脱水[1-4]。一般情况下，三级醇和二级醇脱水得到烯烃 (式 1)，而伯醇脱水后则生成醚。

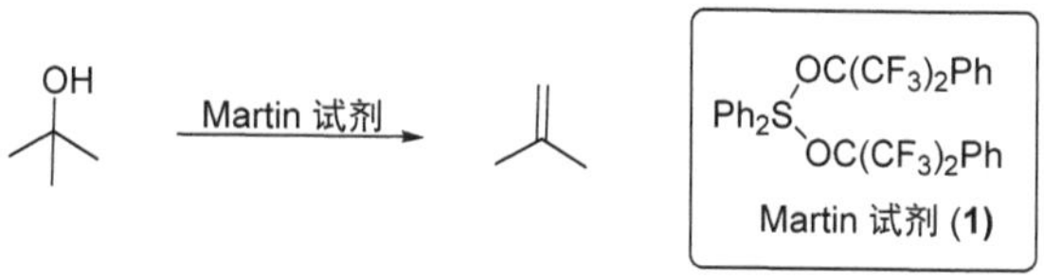

$$\text{(式 1)}$$

脱水反应机理 (图 1)：Martin 试剂几乎可以与所有的醇迅速地发生醇交换反应，生成中间体 **2** 和一分子的 $(CF_3)_2PhCOH$。中间体 **2** 与 **4** 处于一定程度的平衡，后者经消除反应生成烯烃 **5** 以及二苯基亚砜 (**6**) 和 $(CF_3)_2PhCOH$ (**3**)。

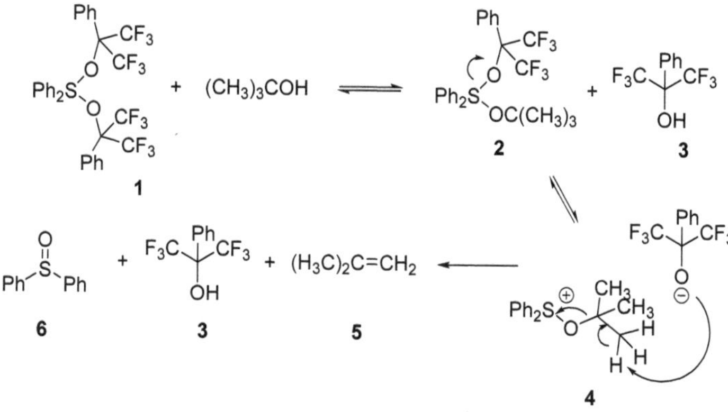

图 1 Martin 试剂的脱水反应机理

仲醇或叔醇与 Martin 试剂反应，可以在温和的条件下脱水生成烯烃 (式 2 和式 3)。该试剂被广泛用于天然产物的合成中，如 (−)-2-epilentiginosine (**7**)[5]以及倍半萜 axane (**8**) 的合成[6]。

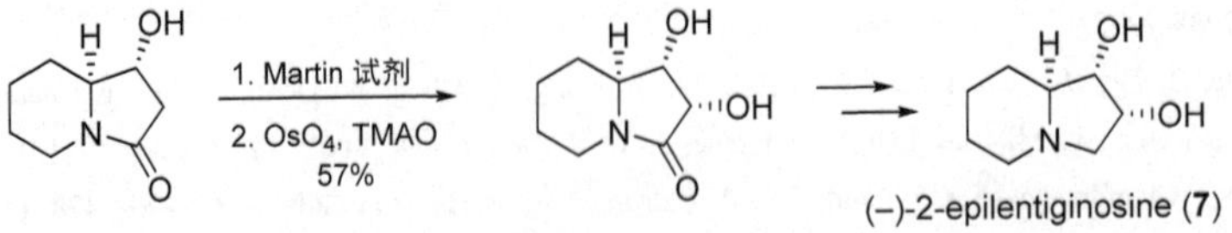

在天然产物 siphonarienolone (**11**) 和 siphonarienedione (**12**) 的合成中，用 Martin 试剂脱水，可高度立体选择性地得到反式烯酮 **10**，且未发现外消旋化 (式 4)[7]。由此可见，Martin 试剂是一种非常温和的脱水试剂。

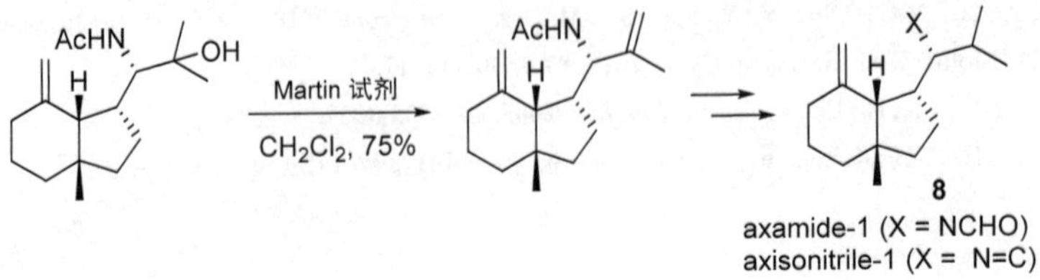

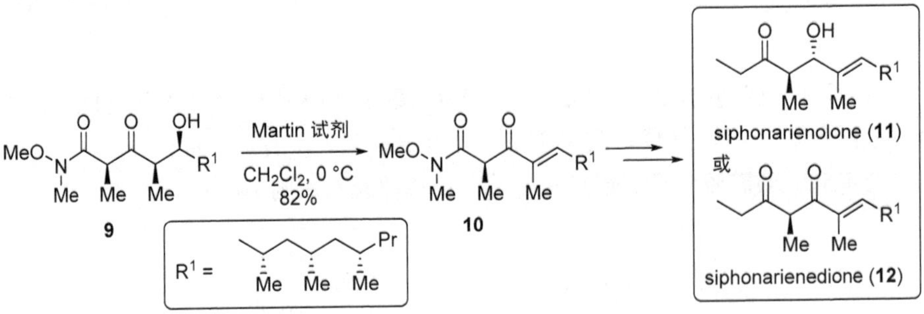

此外，在天然产物 andrastin C (**15**) 的合成中，甲基锂对化合物 **13** 中酮羰基加成得到叔醇，然后用 Martin 试剂脱水，得到四取代的烯烃 **14** (式 5)[8]。

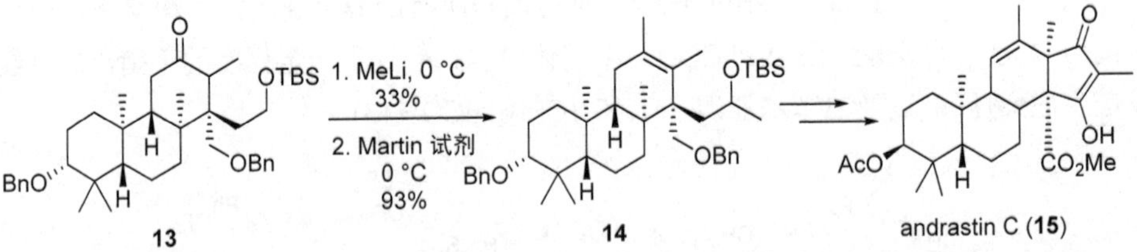

2016 年，Magauer 课题组在 dictyoxetane (**18**) 的合成中，将二羟基环氧化合物 **16** 与 Martin 试剂反应，产物并非烯烃，而是经历一系列串联反应生成双氧杂的多环骨架产物 **17a**。化合物 **17a** 经钯碳氢化脱除苄基得到 **17b**。结果表明，所得产物是天然产物 **18** 的差向异构体 (式 6)[9]。

最近，杨震教授课题组在五味子类生物碱 lancifodilactone G acetate (**21**) 的全合成中，化合物 **19** 中的三级醇与稍微过量的 Martin 试剂反应，以 80% 的产率得到区域选择性脱水产物 **20**。后者经过多步转化，最终完成目标产物 lancifodilactone G acetate 的全合成

(式 7)[10]。

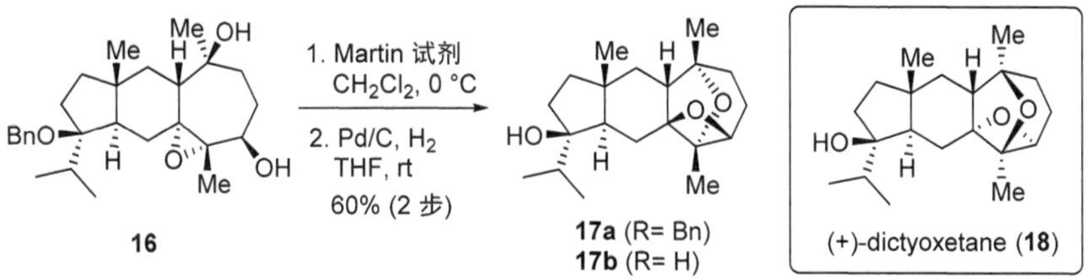

Martin 试剂除了作为脱水试剂外，还可以用于其它反应。例如，当试图进行炔丙醇的脱水时，却意外地得到氧化产物 (酮) (式 8)[11]。

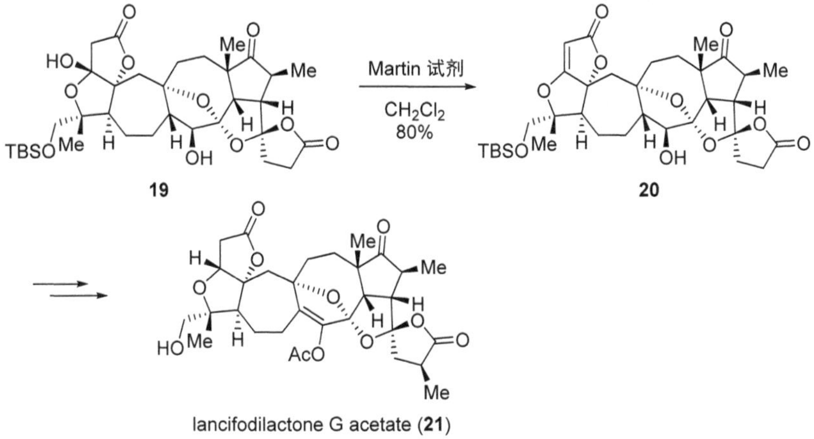

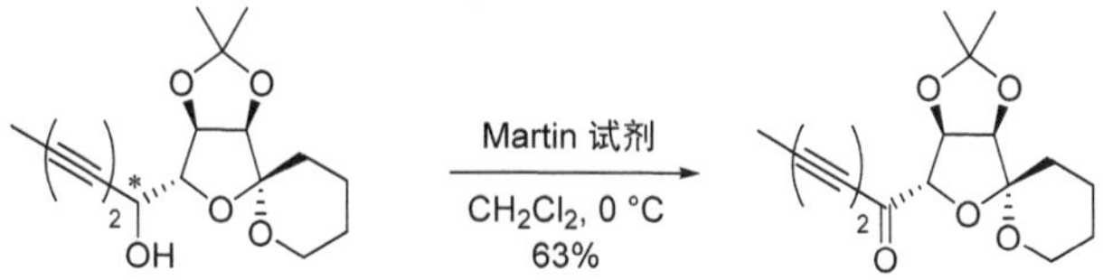

参考文献

[1] Martin, J. C.; Arhart, R. J. *J. Am. Chem. Soc.* **1971**, *93*, 4327-4329.
[2] Arhart, R. J.; Martin, J. C. *J. Am. Chem. Soc.* **1972**, *94*, 5003-5010.
[3] Martin, J. C.; Arhart, R. J. *J. Am. Chem. Soc.* **1974**, *96*, 4604-4611.
[4] Pooppanal, S. S. *Synlett* **2009**, 850-851. (综述)
[5] Rasmussen, M. O.; Delair, P.; Greene, A. E. *J. Org. Chem.* **2001**, *66*, 5438-5443.
[6] Guevel, A.-C.; Hart, D. J. *J. Org. Chem.* **1996**, *61*, 473-479.
[7] Calter, M. A.; Liao, W. *J. Am. Chem. Soc.* **2002**, *124*, 13127-13129.
[8] Okamoto, R.; Takeda, K.; Tokuyama, H.; Ihara, M.; Toyota, M. *J. Org. Chem.* **2013**, *78*, 93-103.
[9] Hugelshofer, C. L.; Magauer, T. *J. Am. Chem. Soc.* **2016**, *138*, 6420-6423.
[10] (a) Liu, D.-D.; Sun, T.-W.; Wang, K.-Y.; Lu, Y.; Zhang, S.-L.; Li, Y.-H.; Jiang, Y.-L.; Chen, J.-H.; Yang, Z. *J Am. Chem. Soc.* **2017**, *139*, 5732-5735. (b) Wang, K.-Y.; Liu, D.-D.; Sun, T.-W.; Lu, Y.; Zhang, S.-L.; Li, Y.-H.; Han, Y.-X.; Liu, H.-Y.; Peng, C.; Wang, Q.-Y.; Chen, J.-H.; Yang, Z. *J. Org. Chem.* **2018**, *83*, 6907-6923.
[11] Wensley, A. M.; Hardy, A. O.; Gonsalves, K. M.; Koviach, J. L. *Tetrahedron Lett.* **2007**, *48*, 2431-2434.

相关试剂：Burgess 试剂

（黄培强，王小刚）

麻生明末端炔不对称联烯化

麻生明末端炔不对称联烯化指麻生明课题组自 2012 年开始发表的两个不对称联烯合成法：一是 (R,R)-N-PINAP 或 (R,S)-N-PINAP/CuBr/ZnI$_2$ 催化的分步反应，用于对映选择性合成 1,3-二取代 α-联烯仲醇和叔醇[1,2b]（式 1）；二是 CuBr$_2$ 催化的，基于 (S)-α,α-二苯基脯氨醇 (**A1**) 或 (S)-α,α-二甲基脯氨醇 (**A2**) 为手性胺的不对称反应（式 2）[1-3]。该反应底物普适性广，常见官能团不需保护，容忍性强，可以快速高效构建高对映纯的官能团化或非官能团化的 1,3-二取代联烯。两类反应亦称末端炔烃的不对称联烯化反应 (enantioselective allenylation of terminal alkynes，简称 EATA)。

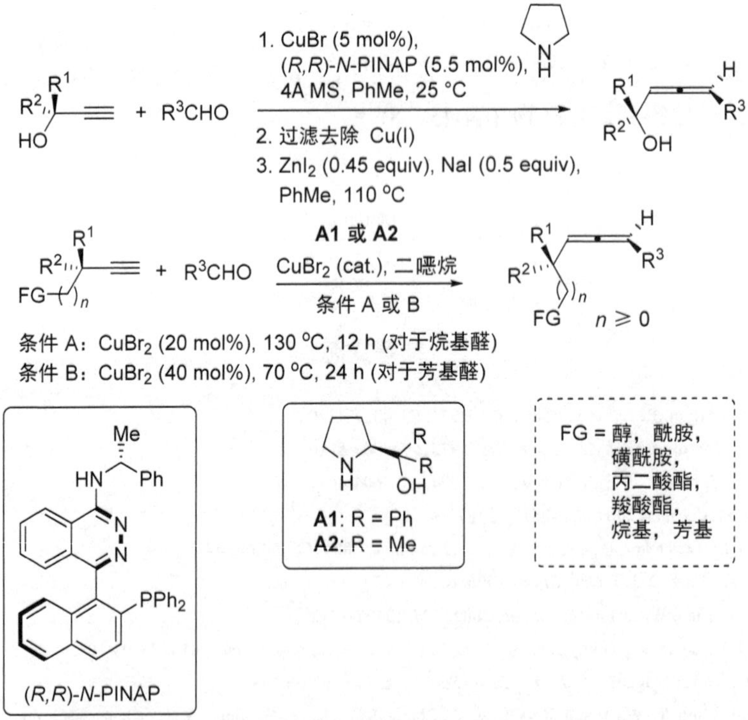

2015 年，麻生明小组从简单易得的末端炔烃和醛出发，利用其发展的 CuBr$_2$ 催化的末端炔不对称联烯化反应快速地构建了含有 1,3-二取代联烯片段的天然产物，如昆虫信息素 **1**、laballenic acid (**2**)、(R)-8-羟基-5,6-辛二烯酸甲酯 (**3**)（图 1）[3b]。在麻生明的后续工作

中，该方法还被应用于联烯类天然产物 phlomic acid (**4**) 和 lamenallenic acid (**5**) 的全合成 (图 2)[4]。

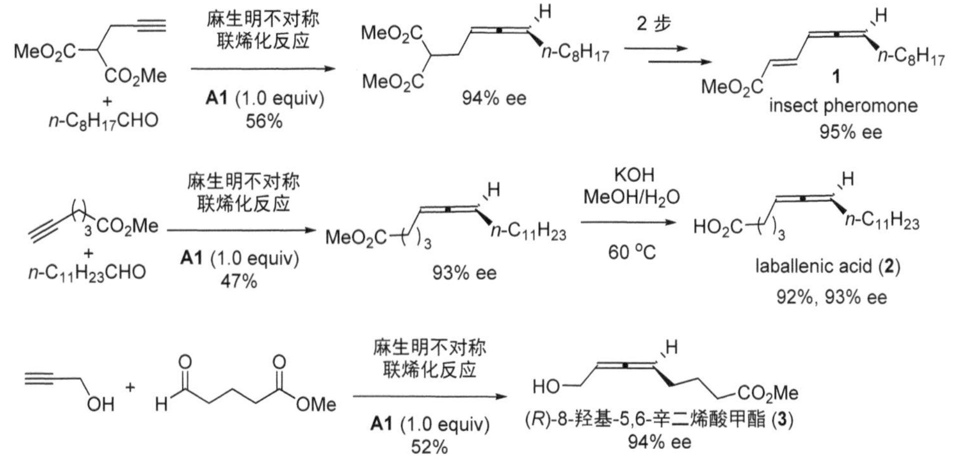

图 1 利用不对称联烯化反应快速构建了含有 1,3-二取代联烯片段的天然产物

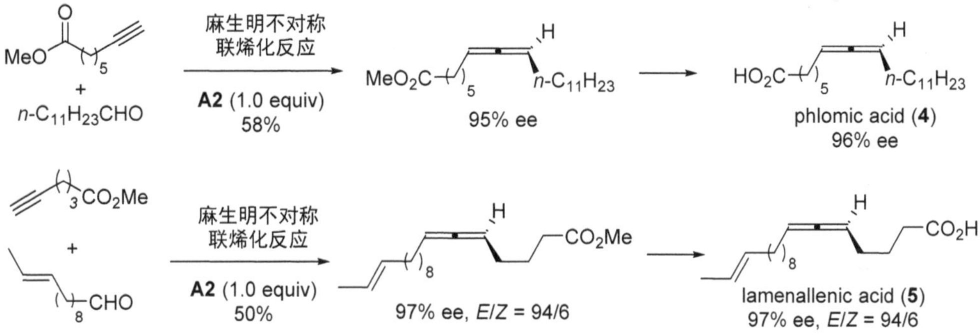

图 2 联烯类天然产物 phlomic acid (**4**) 和 lamenallenic acid (**5**) 的全合成

2018 年，麻生明小组通过其末端炔不对称联烯化反应构建手性 γ-联烯酸，并发展了其在 Au 催化下的环化反应，合成了一系列 γ-丁内酯天然产物，包括 xestospongienes E~H、(R)-4-tetradecalactone、(S)-4-tetradecalactone、(R)-γ-palmitolactone 和 (R)-4-decalactone (图 3, **9~16**)[5]。

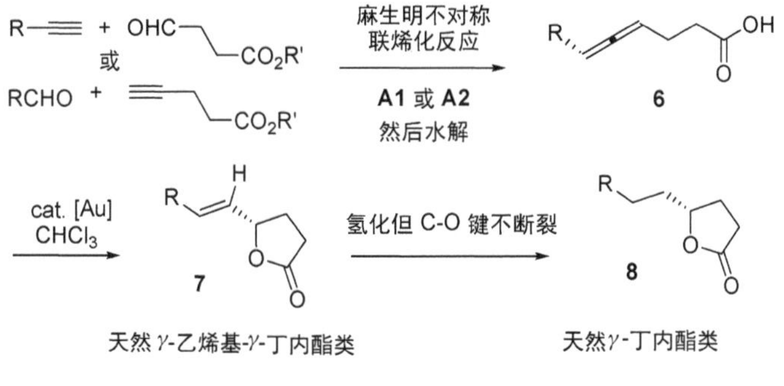

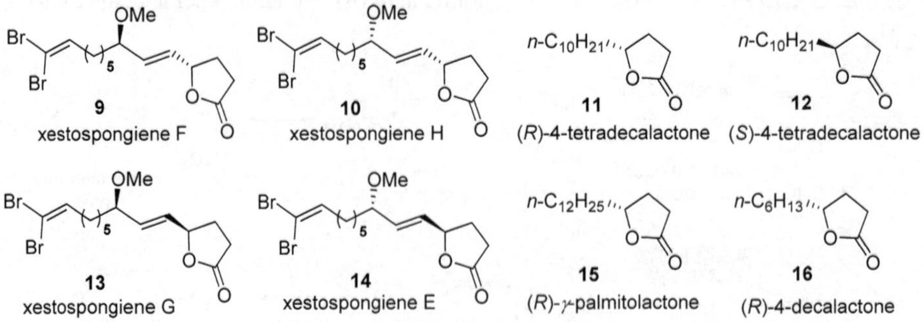

图 3 麻生明小组通过不对称联烯化反应合成了一系列 γ-丁内酯天然产物

Jaspine B (**19**, pachastrissamine) 是一从两种不同的海绵 sponges, *Jaspis* sp. 和 *Pachastrissa* sp. 分离到的天然鞘氨醇,对多种癌细胞具有细胞毒性。在 8 种立体异构体中,Jaspine B (**19**) 和 4-*epi*-Jaspine B (**20**) 是最强的 SphKs 1 和 2 抑制剂。最近,法国 Ballereau 小组基于麻生明不对称联烯化反应构建手性 1,3-二取代联烯醇 **17**,并以此为基础完成了 Jaspine B (**19**) 和 4-*epi*-Jaspine B (**20**) 的非对映发散全合成 (图 4)[6]。

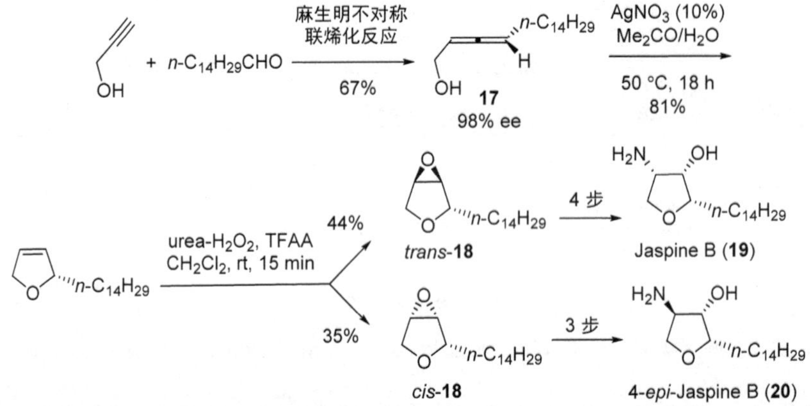

图 4 基于麻生明不对称联烯化反应合成 Jaspine B (**19**) 和 4-*epi*-Jaspine B (**20**)

值得一提的是,Periasamy 课题组在 2012 年也报道了简单炔烃与醛在 $ZnBr_2$ 和 (*S*)-α,α-二苯基脯氨醇 (**A1**) 促进下的不对称联烯化反应 (式 3)[7]。次年,麻生明课题组对其部分结果提出质疑[2a,c],并提出新的解决方案[2d]。值得注意的是,此后多年,Periasamy 课题组基本转向手性哌嗪等其它需要多步骤合成手性仲胺的合成及其促进的不对称联烯化反应研究 (图 5)[8]。而且该课题组所报道的方法 (式 3)[7]不仅未见其他研究组采用[9],甚至他们自己把其建立的不对称联烯化方法用于天然联烯 (*R*)-**21** 和 (*R*)-**22** 的不对称合成时 (图 5),所用的手性仲胺也是复杂的 **A7** 而非简单的 α,α-二苯基脯氨醇 (**A1**)[10]。

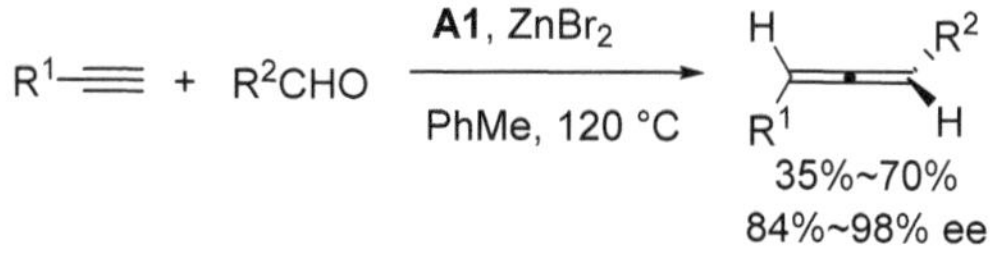

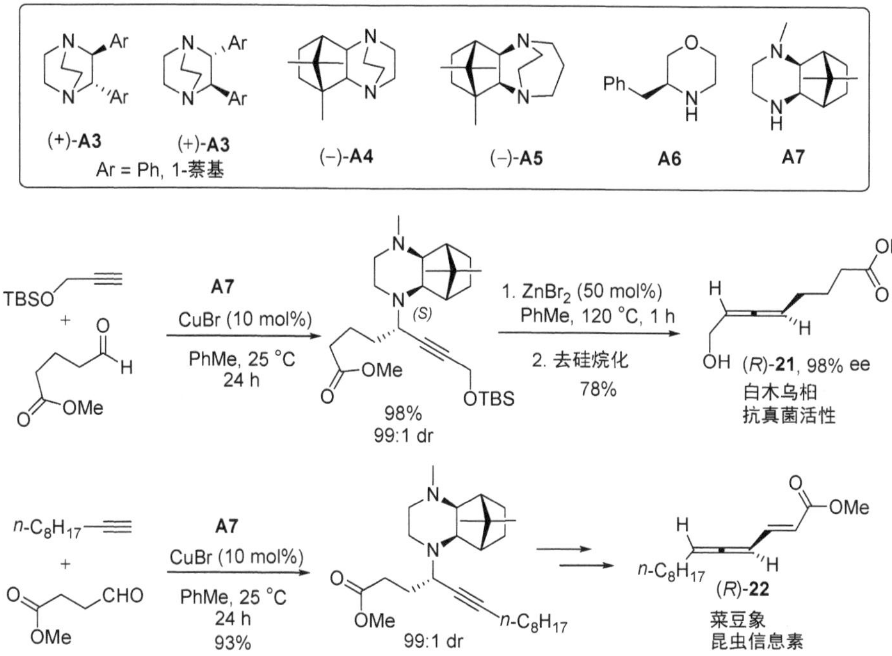

图 5 Periasamy 小组合成的手性仲胺及其促进的不对称联烯化反应研究

参考文献

[1] Ye, J.; Li, S.; Chen, B.; Fan, W.; Kuang, J.; Liu, J.; Liu, Y.; Miao, B.; Wan, B.; Wang, Y.; Xie, X.; Yu, Q.; Yuan, W.; Ma, S. *Org. Lett.* **2012**, *14*, 1346-1349.

[2] (a) Ye, J.; Fan, W.; Ma, S. *Chem. Eur. J.* **2013**, *19*, 716-720. (b) Ye, J.; Ma, S. *Org. Synth.* **2014**, *91*, 233-247. (c) Ye, J.; Lü, R.; Fan, W.; Ma, S. *Tetrahedron* **2013**, *69*, 8959-8963. (d) Lü, R.; Ye, J.; Cao, T.; Chen, B.; Fan, W.; Lin, W.; Liu, J.; Luo, H.; Miao, B.; Ni, S.; Tang, X.; Wang, N.; Wang, Y.; Xie, X.; Yu, Q.; Yuan, W.; Zhang, W.; Zhu, C.; Ma, S. *Org. Lett.* **2013**, *15*, 2254-2257.

[3] (a) Huang, X.; Cao, T.; Han, Y.; Jiang, X.; Lin, W.; Zhang, J.; Ma, S. *Chem. Commun.* **2015**, *51*, 6956-6959. (b) Tang, X.; Huang, X.; Cao, T.; Han, Y.; Jiang, X.; Lin, W.; Tang, Y.; Zhang, J.; Yu, Q.; Fu, C.; Ma, S. *Org. Chem. Front.* **2015**, *2*, 688-691. (c) Huang, X.; Xue, C.; Fu, C.; Ma, S. *Org. Chem. Front.* **2015**, *2*, 1040-1044. (d) Ma, D.; Duan, X.; Fu, C.; Huang, X.; Ma, S. *Synthesis* **2018**, *50*, 2533-2545. (e) Huang, X.; Ma, S. *Acc. Chem. Res.* **2019**, *52*, 1301-1312.

[4] (a) Jiang, X.; Zhang, J.; Ma, S. *J. Am. Chem. Soc.* **2016**, *138*, 8344-8347. (b) Jiang, X.; Xue, Y.; Ma, S. *Org. Chem. Front.* **2017**, *4*, 951-957.

[5] Zhou, J.; Fu, C.; Ma, S. *Nat. Commun.* **2018**, *9*:1654.

[6] Alnazer, H.; Castellan, T.; Salma, Y.; Génisson, Y.; Ballereau, S. *Synlett* **2019**, *30*, 185-188.

[7] (a) Periasamy, M.; Sanjeevakumar, N.; Dalai, M.; Gurubrahamam, R.; Reddy, P. O. *Org. Lett.* **2012**, *14*, 2932-2935. (b) Gurubrahamam, R.; Periasamy, M. *J. Org. Chem.* **2013**, *78*, 1463-1470.

[8] (a) Zhang, Y.-Z.; Feng, H.-D.; Liu, X.-H.; Huang, L. *Eur. J. Org. Chem.* **2013**, 2039. (b) Periasamy, M.; Reddy, P. O.; Edukondalu, A.; Dalai, M.; Alakonda, L. M.; Udaykumar, B. *Eur. J. Org. Chem.* **2014**, 6067-6076. (c) Periasamy, M.; Edukondalu, A.; Reddy, P. O. *J. Org. Chem.* **2015**, *80*, 3651-3655. (d) Periasamy, M.; Reddy, P. O.; Satyanarayana, I.; Mohan, L.; Edukondalu, A. *J. Org. Chem.* **2016**, *81*, 987-999.

[9] (a) Chu, W.-D.; Zhang, Y.; Wang, J. *Catal. Sci. Technol.* **2017**, *7*, 4570-4579. (b) Shirakawa, S.; Liu, S.; Kaneko, S. *Chem. Asian J.* **2016**, *11*, 330-341. (c) Neff, R. K.; Frantz, D. F. *Tetrahedron* **2015**, *71*, 7-18. (d) Ye, J.; Ma, S. *Org. Chem. Front.* **2014**, *1*, 1210-1224.

[10] Periasamy, M.; Reddy, P. O.; Sanjeevakumar, N. *Tetrahedron: Asymmetry* **2014**, *25*, 1634-1646.

（黄培强）

McMurry 还原偶联反应

McMurry（麦克默里）还原偶联反应又称 McMurry 烯烃合成，是指醛、酮在低价钛作用下发生还原偶联形成烯烃的反应（式 1）[1-4]。这是一个偶然发现的反应，当试图通过 $TiCl_3/LiAlH_4$ 把羰基还原为亚甲基时，意外得到还原偶联产物[4]。

$$\underset{R^2}{\overset{R^1}{>}}C=O \quad \xrightarrow[\text{或 } TiCl_3/M]{TiCl_3/LiAlH_4} \quad \underset{R^2}{\overset{R^1}{>}}C=C\underset{R^2}{\overset{R^1}{<}} + TiO_2 \qquad (1)$$

芳香酮的还原偶联效果很好，但饱和脂肪酮还原偶联的重现性差。为此，作者又发展了改良方法[5]，通过由 Rieke 法[6]制备的 Ti^0 金属粉末，可以把饱和脂肪酮、醛还原偶联为相应的烯烃（式 1 中，M = K）。在这一条件下[5]，邻二醇也可被还原为相应的烯烃。酮的交叉偶联也可得到合理收率（式 2）[4]。非对称酮的反应可形成 E/Z 异构体的混合物，其比例取决于 R 基的大小（式 3）。

$$(2)$$

$$\underset{R}{\overset{Me}{>}}C=O \quad \xrightarrow[\text{THF}]{TiCl_4/Zn} \quad \underset{R}{\overset{Me}{>}}C=C\underset{Me}{\overset{R}{<}} + \underset{R}{\overset{Me}{>}}C=C\underset{R}{\overset{Me}{<}} \qquad (3)$$

R = n-Pr　　E/Z = 3 : 1
R = t-Bu　　E/Z = 200 : 1

反应机理：由于低价钛试剂在反应溶剂中不溶，因而该反应是一个异相反应。低价钛试剂一般由 $TiCl_3$ 经 $LiAlH_4$ 或碱金属（Li、Na 或 K）或 Mg 或 Zn(Cu) 还原形成。零价钛可能是活性催化物种（图 1）[7]。

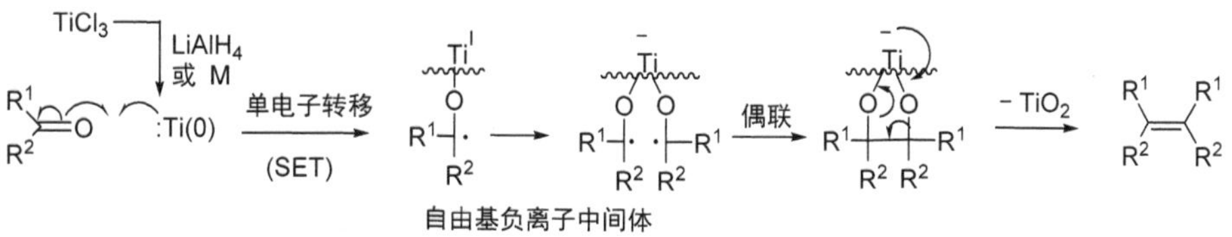

图 1 McMurry 还原偶联反应的机理

在原始方法发表十五年后的 1989 年，McMurry 又发表了进一步优化的方法[8]。新改良法在于使用可结晶纯化的 TiCl$_3$(DME)$_{1.5}$ 配合物/Zn-Cu 组合。通过该改良法，原来效果不佳的反应均可顺利进行。

应用这一体系，他们发展了立体选择性分子内频哪醇偶联 (式 4)，用于合成邻二醇[9]。该法也叫 McMurry 频哪醇偶联或 McMurry 环化。然而，对于复杂体系，立体化学的控制并不容易，在全合成应用时可能生成多个立体异构体或副产物。例如，在海洋天然产物西松烷二萜 sarcophytol B[10a]和 crassin[10b]的全合成时，该反应所需异构体的产率分别为 46% 和 20% (式 5)。该反应最著名的应用当属 Nicolaous 和杨震等人用于紫杉醇 B 环的构筑[11]，但所需产物的产率只有 23%~25%。Williams 等人在海兔烷二萜 (+)-4,5-deoxyneodolabelline (**1**) 的首次全合成中，通过严格控制反应条件，以 85% 的产率得到以所需的立体异构体为主产物的四个异构体（dr = 8∶2∶1∶1）(式 6)[12]。

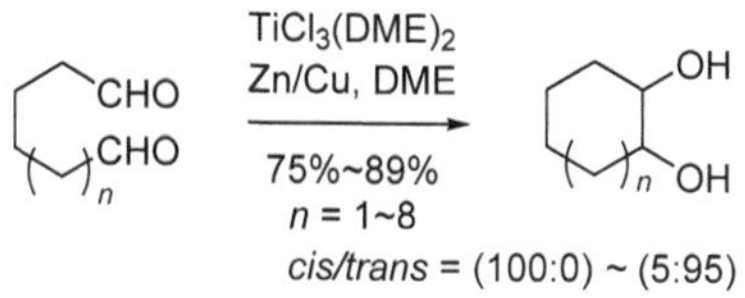

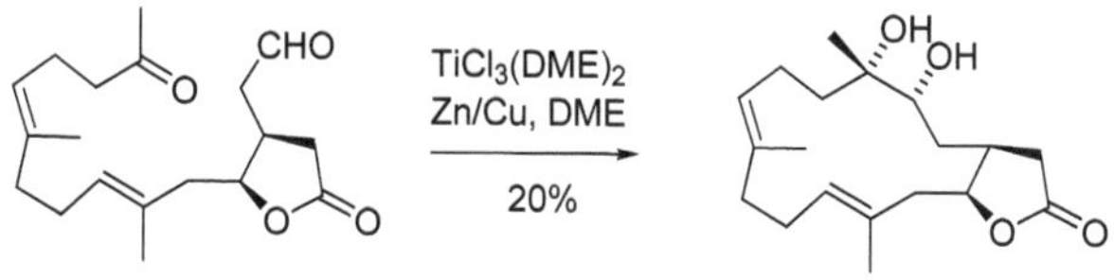

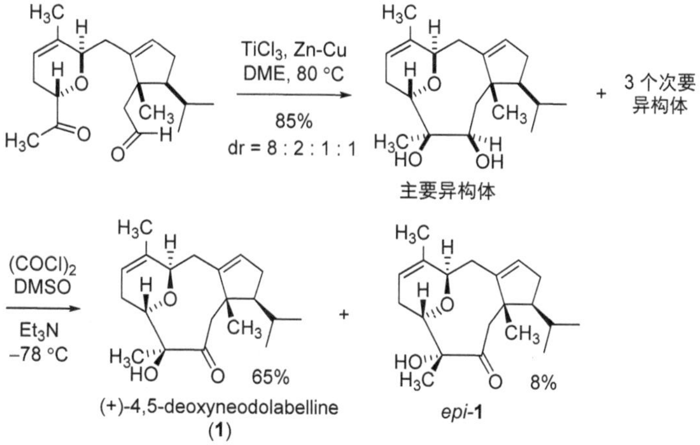

除了醛、酮的还原偶联，酮-酯、酮-酰胺 (式 7) 羰基间的分子内交叉偶联也可进行[13]。最近，McMurry 还原偶联反应被用于构建吲哚并环庚酮骨架 (式 8)[14]。

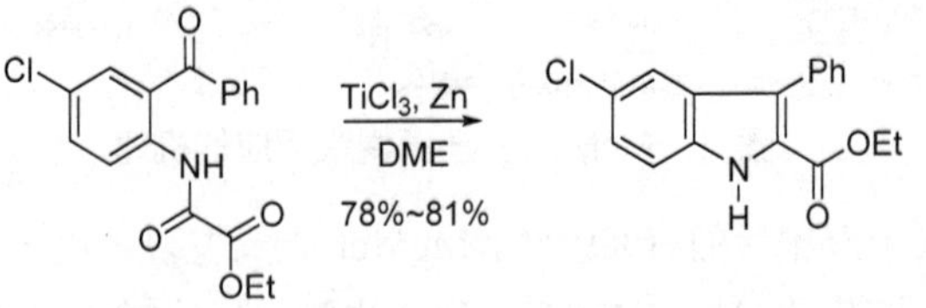

$$\text{(7)}$$

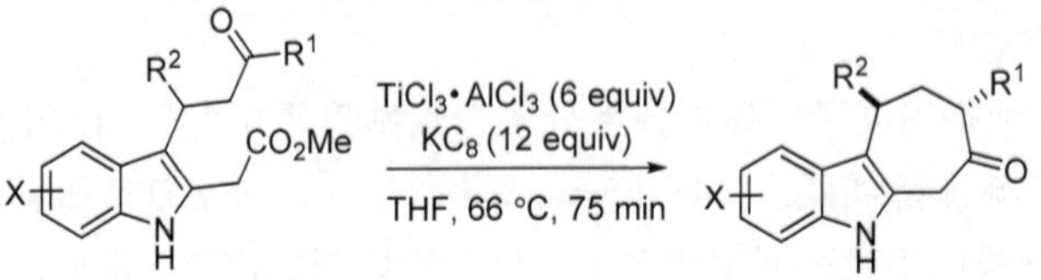

$$\text{(8)}$$

2010 年，Barrero 小组发展了基于 Nuggent 试剂 (Cp_2TiCl) 的 McMurry 还原偶联 (式 9)[15]，证明了 Ti^{III} (而不限于传统的 Ti^0 和 Ti^I) 可以介导 McMurry 还原偶联反应。

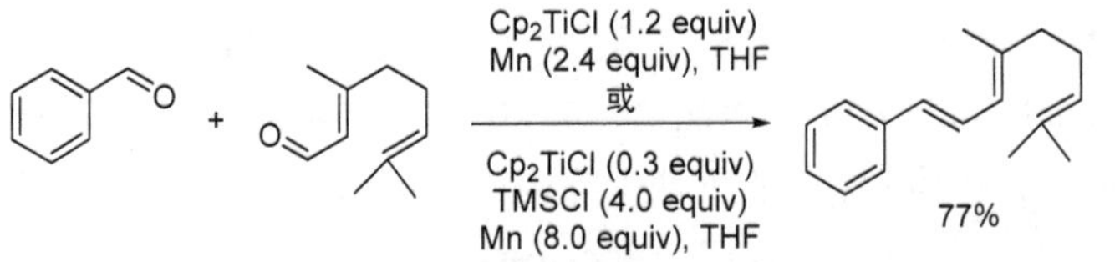

$$\text{(9)}$$

与 McMurry 偶联反应互补，最近 Ott 等人报道了在有机磷试剂作用下，两个不同的醛可进行分子间交叉还原偶联，立体选择性地形成非对称的 E-式烯烃 (式 10)[16]。

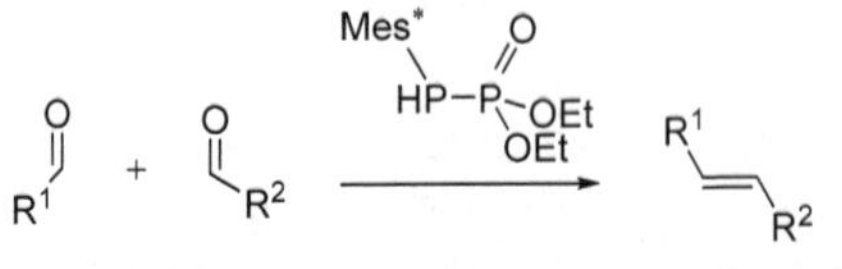

$$\text{(10)}$$

得益于其独特性，McMurry 还原偶联反应在有机合成中获得广泛应用。早在方法建立之时，McMurry 就展示了视黄醛 (α,β-不饱和醛) 的双分子还原偶联可以高产率地得到 β-胡萝卜素 (式 11)[4,7]。Marshall 小组则把该反应用于非天然索烃分子的合成 (式 12)[17]。该反应适应性广，从小环烯烃 (三元环) 到大环烯烃，乃至 72 元大环四醚脂类烯烃 (式 13)[18]均可形成。

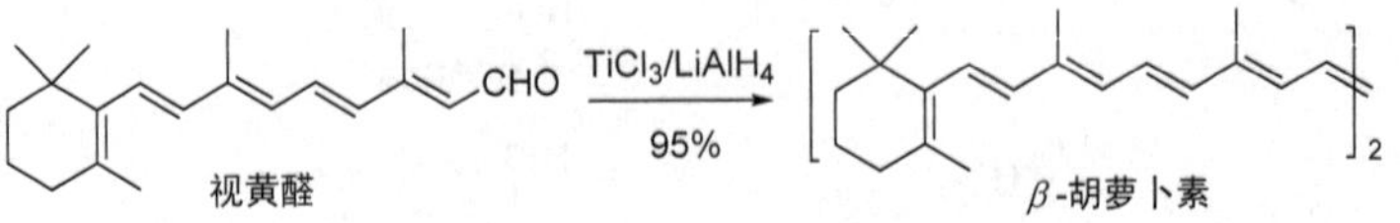

$$\text{(11)}$$

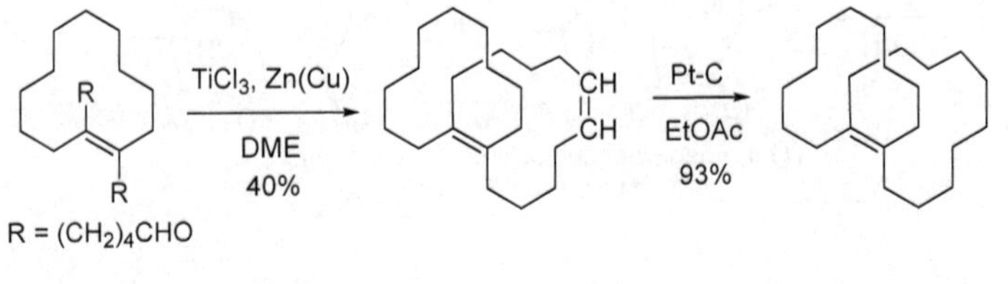

$$\text{(12)}$$

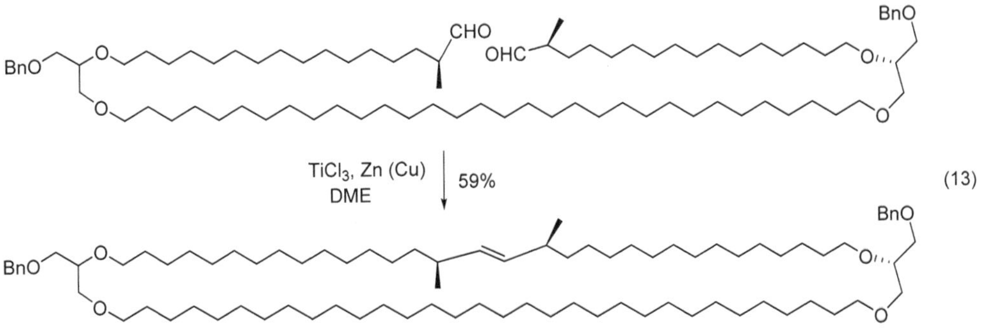

美伐他汀 (mevastatin, compactin, **2**) 和洛伐他汀 (lovastatin, mevinolin, **3**) 是 HMG-CoA 还原酶抑制剂，可阻断蛋白的异戊二烯化，是目前常用的降低血浆胆固醇水平的药物。1990 年，Clive 小组发展了基于改良的 McMurry 还原偶联反应的合成策略用于 (+)-compactin (**2**) 和 (+)-mevinolin (**3**) 的全合成 (式 14)[19]。李裕林小组成功地把 McMurry 还原偶联用于多个二萜的合成[20]。例如，在 (−)-13-hydroxyneocembrene (**4**) 的首次对映选择性全合成中，倒数第二步为 McMurry 还原偶联反应 (式 15)。该反应高产率 (81%) 地生成 3E 和 3Z 两非对映异构体 (dr = 2.5 : 1)[20c]。

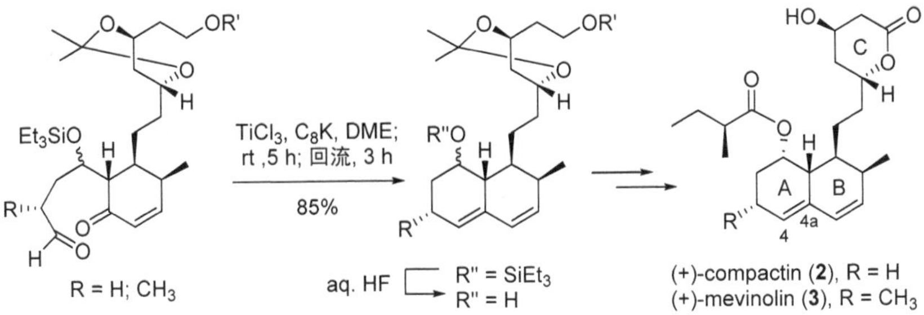

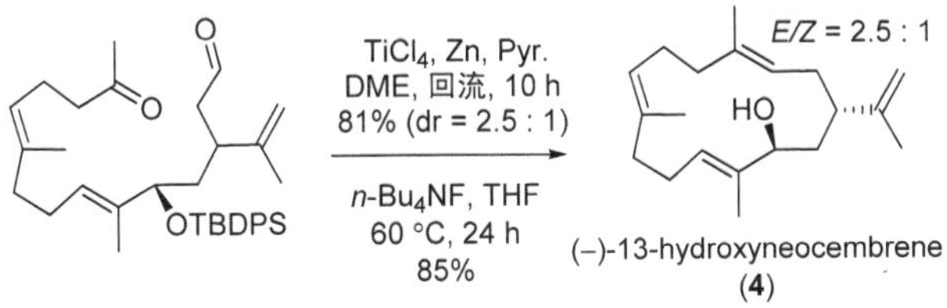

2014 年，Tokuyama 小组把 McMurry 还原偶联反应应用于 (−)-haouamine B 五乙酸酯 (**5**) 的全合成中[21]，两步合并产率为 47% (式 16)。

值得一提的是，McMurry 偶联反应在高分子[22]和石墨烯量子点[23]等领域也获得应用。

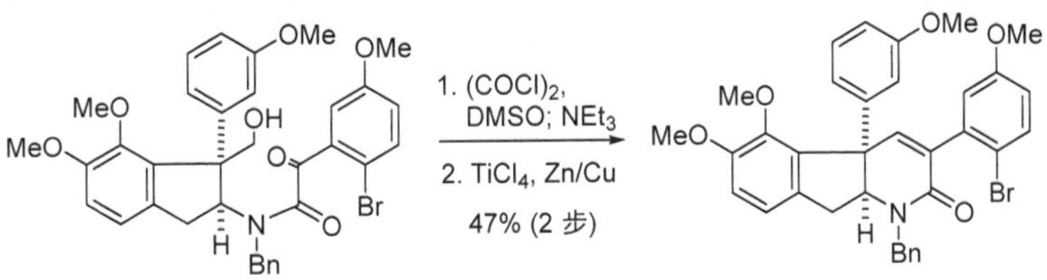

(−)-haouamine B 五乙酸酯 (5)

参考文献

[1] (a) McMurry, J. E. *Acc. Chem. Res.* **1974**, *7*, 281-286. (b) McMurry, J. E. *Acc. Chem. Res.* **1983**, *16*, 405-411. (综述)
[2] McMurry, J. E. *Chem. Rev.* **1989**, *89*, 1513-1524. (综述)
[3] Ephritikhine, M. *Chem. Commun.* **1998**, 2549-2554. (综述)
[4] McMurry, J. E.; Fleming, M. P. *J. Am. Chem. Soc.* **1974**, *96*, 4708-4709.
[5] McMurry, J. E.; Fleming, M. P. *J. Org. Chem.* **1976**, *41*, 896-897.
[6] Rieke, R. D.; Hudnall, P. M. *J. Am. Chem. Soc.* **1972**, *94*, 7178-7179.
[7] McMurry, J. E.; Fleming, M. P.; Kees, K. L.; Krepski, L. R. *J. Org. Chem.* **1978**, *43*, 3255-3266.
[8] McMurry, J. E.; Lectka, T.; Rico, J. G. *J. Org. Chem.* **1989**, *54*, 3748-3749.
[9] McMuny, J. E.; Rico, J. G. *Tetrahedron Lett.* **1989**, *30*, 1169-1172.
[10] (a) McMuny, J. E.; Rico, J. G. *Tetrahedron Lett.* **1989**, *30*, 1173-1176. (b) McMuny, J. E.; Dushin, R. G. *J. Am. Chem. Soc.* **1989**, *111*, 8928-8929.
[11] Nicolaou, K. C.; Yang, Z.; Liu, J. J.; Nantermet, P. G.; Claiborne, C. F.; Renaud, J.; Guy, R. K.; Shibayama, K. *J. Am. Chem. Soc.* **1995**, *117*, 645-652. (b) Nicolaou, K. C.; Guy, R. K. *Angew. Chem., Int. Ed. Engl.* **1995**, *34*, 2079-2090.
[12] Williams, D. R.; Heidebrecht, R. W. *J. Am. Chem. Soc.* **2003**, *125*, 1843-1850.
[13] (a) Fürstner, A.; Hupperts, A. *J. Am. Chem. Soc.* **1995**, *117*, 4468-4475. (b) Fürstner, A.; Hupperts, A.; Seidel, G. *Org. Synth.* **1999**, *76*, 142; *Coll. Vol.* **2004**, *10*, 382.
[14] Kroc, M. A.; Prajapati, A.; Wink, D. J.; Anderson, L. L. *J. Org. Chem.* **2018**, *83*, 1085-1094.
[15] Diéguez, H. R.; López, A.; Domingo, V.; Arteaga, J. F.; Dobado, J. A.; Herrador, M. M.; del Moral, J. F. Q.; Barrero, A. F. *J. Am. Chem. Soc.* **2010**, *132*, 254-259.
[16] Esfandiarfard, K.; Mai, J.; Ott, S. *J. Am. Chem. Soc.* **2017**, *139*, 2940-2943.
[17] Marshall, J. A.; Chung, K.-H. *J. Org. Chem.* **1979**, *44*, 1566-1567.
[18] Eguchi, T.; Ibaragi, K.; Kakinuma, K. *J. Org. Chem.* **1998**, *63*, 2689-2698.
[19] Clive, D. L. J.; Murthy, K. S. K.; Wee, A. G. H.; Prasad, J. S.; Da Silva, G. V. J.; Majewski, M.; Anderson, P. C.; Evans, C. F.; Haugen, R. D. *J. Am. Chem. Soc.* **1990**, *112*, 3018-3028.
[20] (a) Li, W.-D. Z.; Li, Y.; Li, Y. *Tetrahedron Lett.* **1999**, *40*, 965-968. (b) Liu, Z.; Li, W. Z.; Peng, L.; Li, Y.; Li, Y. *J. Chem. Soc. Perkin Trans.* 1 **2000**, 4250-4257. (c) Liu, Z.; Zhang, T.; Li, Y.-L. *Tetrahedron Lett.* **2001**, *42*, 275-277.
[21] Momoi, Y.; Okuyama, K.; Toya, H.; Sugimoto, K.; Okano, K.; Tokuyama, H. *Angew. Chem. Int. Ed.* **2014**, *53*, 13215-13219.
[22] Delbosc, N.; De Winter, J.; Moins, J.; Persoons, A.; Dubois, P.; Coulembier, O. *Macromolecules* **2017**, *50*, 1939-1949.
[23] Chen, L.; Hu, P.; Lu, J. E.; Chen, S. *Chem.-Asian J.* **2017**, *12*, 973-977.

相关反应： Wittig 反应；HWE 反应

（黄培强）

Nysted 试剂

Nysted (纳斯特) 试剂 [环-二溴二-μ-亚甲基(μ-四氢呋喃)三锌 (**1**)] 是一个商品化的偕二金属试剂,用于羰基的亚甲基化 (式 1)。Nysted 试剂可通过二溴甲烷与锌-铅合金等活化的锌在四氢呋喃中反应制备。Nysted 首次把该试剂用于将甾体酮转化为末端烯烃 (亚甲基化)[1],因而该试剂被称为 Nysted 试剂,相关反应可称为 Nysted 亚甲基化。当底物酮位阻大, Wittig 反应无法进行而采用 Tebbe 试剂产率低时,Nysted 试剂是有希望的选择。

$$\text{Nysted 试剂 (1)} \qquad R^1COR^2(H) \xrightarrow{\mathbf{1}} R^1C(=CH_2)R^2(H) \qquad (1)$$

1995 年,Wiemer 和 Scott 等人在进行海洋天然产物 arenarol (**4**) 的外消旋全合成时,需要进行氢化萘酮 **2** 的亚甲基化。由于该底物对 Tebbe 试剂不活泼,改用 Nysted 试剂/TiCl$_4$ 组合,以 35%~57% 的产率得到预期的烯烃 **3** (式 2)[2]。此后,Nysted 试剂与 Lewis 酸组合成为羰基亚甲基化的标准条件。

$$\mathbf{2} \xrightarrow[\text{NEt}_3,\ 35\%\sim57\%]{\mathbf{1}/\text{THF, TiCl}_4, \text{CH}_2\text{Cl}_2,\ -78\ ^\circ\text{C; rt, 20 h}} \mathbf{3} \longrightarrow \text{arenarol (\textbf{4})} \qquad (2)$$

1998 年,Utimoto 小组报道 Nysted 试剂可用于醛、酮的亚甲基化:在三氟化硼合乙醚协助下,可进行醛的亚甲基化 (式 3),而酮的亚甲基化需在三氟化硼合乙醚和二氯化钛共同介入下进行 (式 4)[3]。

$$n\text{-C}_{11}\text{H}_{23}\text{CHO} \xrightarrow[\text{THF, 0 }^\circ\text{C} \sim \text{rt}]{\mathbf{1}/\text{BF}_3\cdot\text{OEt}_2} n\text{-C}_{11}\text{H}_{23}\text{CH}=\text{CH}_2 \qquad (3)$$

$$n\text{-C}_{11}\text{H}_{23}\text{COCH}_3 \xrightarrow[\text{TiCl}_2,\ \text{THF, 0 }^\circ\text{C} \sim \text{rt}]{\mathbf{1}/\text{BF}_3\cdot\text{OEt}_2} n\text{-C}_{11}\text{H}_{23}\text{C}(=\text{CH}_2)\text{CH}_3 \qquad (4)$$

2006 年,周维善、林国强小组在进行强抗癌活性复杂海洋天然产物 phorboxazole B (**7**) 的全合成时,需要进行 β-羟基酮 **5** 的亚甲基化,尝试了多种条件,均未能如愿。最终通过把 C9 位 β-羟基保护 (苯甲酰化),再与 Nysted 试剂 (**1**) 反应,成功地以 74% 的合并产率得到预期产物 **6** 及其 C9 位差向异构体 (式 5)[4]。2014 年,李昂小组在复杂生物碱 sespenine (**10**) 的全合成中,将 Nysted 试剂被用于环酮 **8** 的亚甲基化,反应表现出优良的化学选择性 (式 6)[5]。

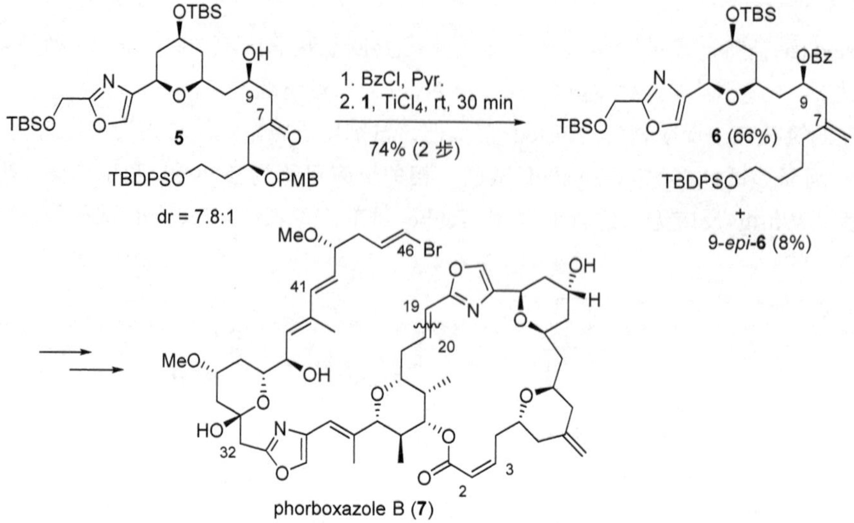

$$\quad (5)$$

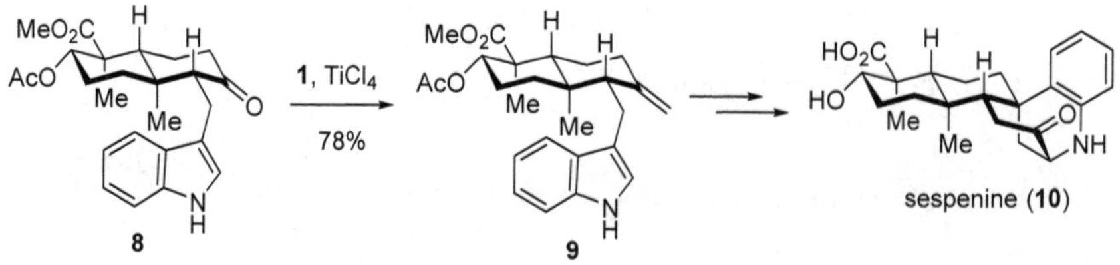

$$\quad (6)$$

Aplydactone (**13**) 是从海兔分离到的梯形倍半萜。Trauner 及其合作者在进行其全合成时,中间体 **11** 的亚甲基化遇到极大的困难,最终通过 Nysted 试剂解决 (式 7)[6]。

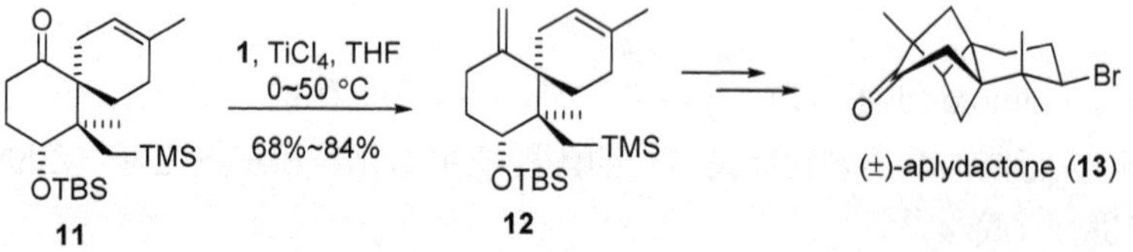

$$\quad (7)$$

Tymannch 小组在 gukulenin A (**16**) 的全合成研究中,需进行环戊酮 **14** 的亚甲基化。在筛选多种亚甲基化方法后,发现 Nysted 试剂-TiCl$_4$ 组合最佳,以 71% 的收率制得 1.7 g 的亚甲基化产物 **15** (式 8)[7]。

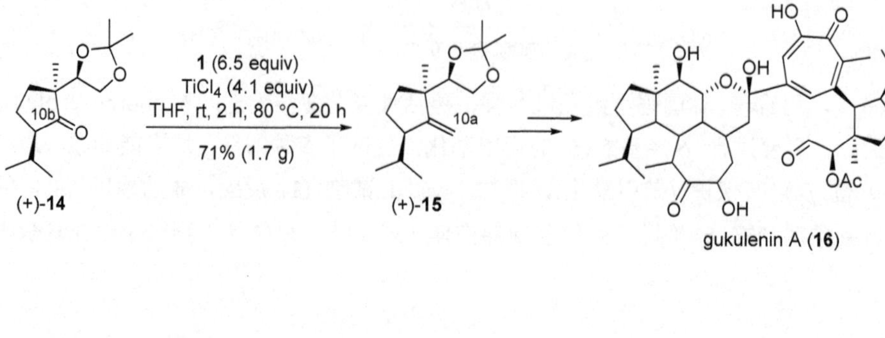

$$\quad (8)$$

尽管 Nysted 试剂能够解决许多烯基化难题，但该试剂并非万能，失败的例子时有报道[8]。例如，在进行从海洋裸鳃类软体动物分离出的天然产物 norrisolide (**17**) 的全合成时，Nysted 试剂等方法未能把大位阻酮 **18** 亚甲基化。这一问题最终通过分步的 Peterson 烯烃化方法解决 (式 9)[8]。

参考文献

[1] (a) Nysted, L.N. U.S. Patent 3,865,848, **1975**; *Chem. Abstr.* **1975**, *83*, 10406q. (b) Nysted, L. N. US Patent 3 960 904, **1976**; *Chem. Abstr.* **1976**, 85, 94618n. (c) *Aldrichim. Acta* **1993**, *26*, 14-14.
[2] Watson, A. T.; Park, K.; Wiemer, D. F.; Scott, W. J. *J. Org. Chem.* **1995**, *60*, 5102–5106.
[3] Matsubara, S.; Sugihara, M.; Utimoto, K. *Synlett* **1998**, 313-315.
[4] Le, D.-R.; Zhang, D.-H.; Sun, C.-Y.; Zhang, J.-W.; Yang, L.; Chen, J.; Liu, B.; Su, C.; Zhou, W.-S.; Lin, G.-Q. *Chem. Eur. J.* **2006**, *12*, 1185-1204.
[5] Sun, Y.; Chen, P.-X.; Zhang, D.-L.; Baunach, M.; Hertweck, C.; Li, A. *Angew. Chem. Int. Edit.* **2014**, *53*, 9012-9016.
[6] Matsuura, B. S.; Kölle, P.; Trauner, D.; de Vivie-Riedle, R.; Meie, R. *ACS Cent. Sci.* **2017**, *3*, 39-46.
[7] Tymann, D.; Bednarzick, U.; Iovkova-Berends, L.; Hiersemann, M. *Org. Lett.* **2018**, *20*, 4072-4076.
[8] Granger, K.; Casaubon, R. L.; Snapper, M. L. *Eur. J. Org. Chem.* **2012**, 2308-2311; 更正: *Eur. J. Org. Chem.* **2013**, 2942.

相关反应：Tebbe 试剂；Wittig 反应；HWE 反应；Julia 烯烃合成；Peterson 烯烃化

（黄培强）

Peterson 烯烃化反应

Peterson (彼得森) 烯烃化反应是醛、酮与 α-硅基有机金属化合物生成烯烃的反应 (式 1)[1]。α-硅基有机金属化合物可以是 α-硅基锂试剂，α-硅基镁试剂，α-硅基钠试剂，α-硅基钾试剂等。Peterson 烯烃化反应可被视为硅试剂的 Wittig 反应[2]。

$$\underset{R^1}{\overset{O}{\underset{\|}{C}}}\!-\!R^2 + M\!-\!\underset{R^4}{\overset{R^3}{\underset{|}{C}}}\!-\!SiR_3 \longrightarrow \underset{R^2}{\overset{R^1}{C}}\!=\!\underset{R^4}{\overset{R^3}{C}} \qquad (1)$$

α-硅基有机金属化合物与羰基化合物反应，生成中间体 β-羟基硅化物，在酸或碱的作用下，生成相应烯烃 (式 2)。在反应中，一般可以分离得到中间体 β-羟基硅化物，但

是当 α-硅基有机金属化合物为 α-硅基钠试剂或 α-硅基钾试剂时，中间体会很快发生下一步的消除反应生成烯烃[3]。

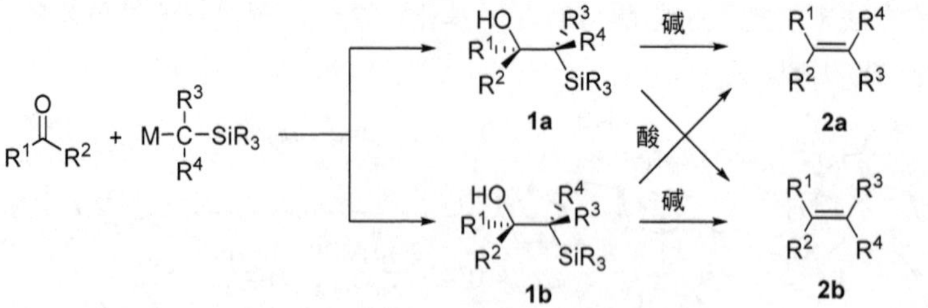

$$\text{反应式 (2)}$$

β-羟基硅化物在不同反应条件下，可以分别生成顺式 (Z) 或反式 (E) 烯烃。β-羟基硅化物 **1a** 在碱性条件下，发生顺式 (syn) 消除，生成 **2a** 为主的烯烃产物；在酸性条件下，**1a** 发生反式 (anti) 消除，生成 **2b** 为主的烯烃产物 (式 3)[4]。碱性条件下的消除反应可能经过一个五配位硅的过程，碳-碳键与硅-氧键同时生成，随后发生消除生成烯烃[5]。

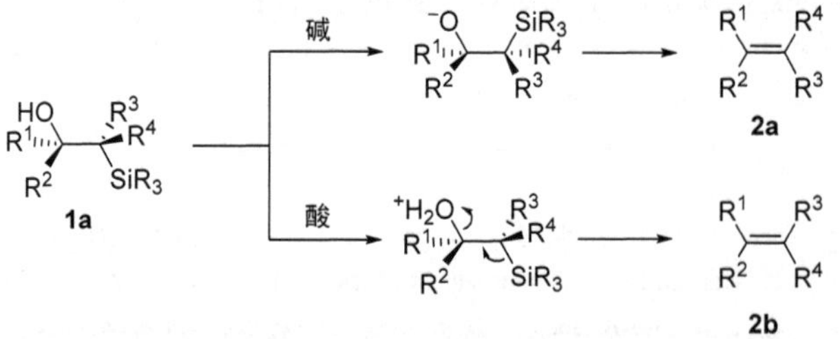

$$\text{反应式 (3)}$$

当使用某些 α-硅基锂试剂时，由于试剂的碱性太强，会导致羰基烯醇化等副反应的发生，当需要使用这些 α-硅基锂试剂时，可以通过加入 $CeCl_3$ 来抑制副反应 (式 4)，从而使 Peterson 烯烃化反应能顺利进行[6]。

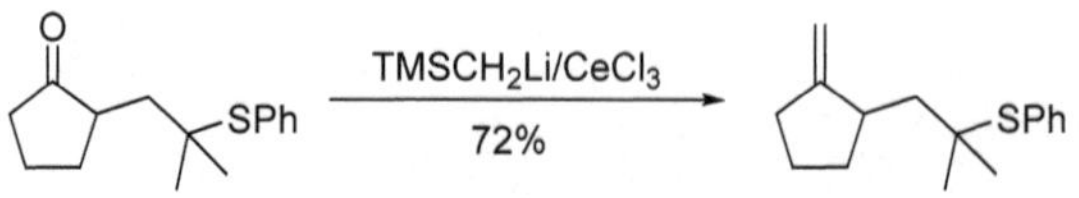

$$\text{反应式 (4)}$$

α-硅基格氏试剂在 $CeCl_3$ 的存在下，可以与酯类化合物发生反应，生成相应的烯丙基硅化物 (式 5)[7]。该方法可用于制备糖类化合物的烯丙基硅化物，合成碳链多糖化合物[8]。

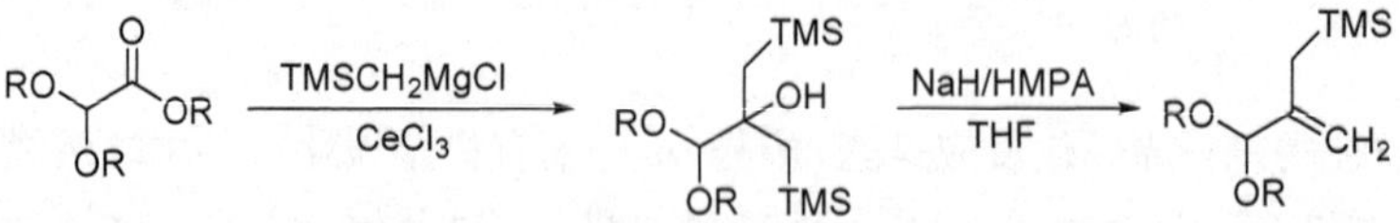

$$\text{反应式 (5)}$$

α-硅基膦酸酯在丁基锂的作用下与醛反应的产物以 E 式烯烃为主[9]。当 R^1 为甲硫基时，可以单一地得到 E 式烯烃；当 R^1 为氟时，与醛反应的选择性有所降低，但产物仍以 E 式烯烃为主；然而，当 R^1 为氟时，与酮反应的产物则以 Z 式烯烃为主 (式 6)[10]。

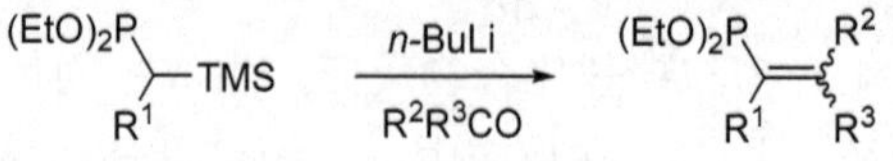

$$\text{反应式 (6)}$$

	E : Z
R^1 = SMe; R^2 = Ph; R^3 = H	100 : 1
R^1 = SMe; R^2 = Me; R^3 = H	100 : 1
R^1 = F; R^2 = Ph; R^3 = H	74 : 26
R^1 = F; R^2, R^3 = (−)Carvo	0 : 100
R^1 = F; R^2, R^3 = 2-Me-c-C_6H_9	0 : 100

Peterson 烯烃化反应可以用于合成环丙烯类化合物 (式 7)[11]。

$$\text{(7)}$$

α-硅基苄醇的碳酰氨基酯在叔丁基锂的存在下，与羰基化合物反应，生成以 Z 式为主的产物 (式 8)；当硅基为三苯基硅基时，由于位阻效应和电子效应的影响，反应的选择性更高[12]。

$$\text{(8)}$$

X = TMS, TBS, TPS

α-三甲硅基乙酸酯或 α-三甲硅基丙酮亚胺在催化量的 CsF 的存在下，在高温可以发生 Peterson 烯烃化反应，生成 E 式为主的 α,β-不饱和酯或亚胺 (式 9 和式 10)[13]。

$$Me_3Si\diagup CO_2Et + PhCHO \xrightarrow[DMSO]{cat.\ CsF} Ph\diagup\underset{CO_2Et}{\overset{OSiMe_3}{|}} + Ph\diagdown CO_2Et \qquad (9)$$

rt, 35 min	91%	痕量
rt, 35 min; 100 °C, 1 h	0%	93%

$$\text{(10)}$$

α-三甲硅基硒代乙酰胺也能发生 Peterson 烯烃化反应，高产率、高选择性地得到 (E)-α,β-不饱和硒代酰胺 (式 11)；而 α-三甲硅基硫代乙酰胺在同样条件下，只能低选择性地得到 α,β-不饱和硫代酰胺 (式 12)[14]。

$$Me_3SiC\equiv CH \xrightarrow{BuLi/Se} Me_3SiC\equiv CSeLi \xrightarrow[2.\ H_2O]{1.\ HNR_2} Me_3Si\diagup\overset{Se}{\underset{NR_2}{\|}} \xrightarrow[R^1CHO]{BuLi} R^1\diagup\overset{Se}{\underset{NR_2}{\|}} \qquad (11)$$

$$Me_3Si\diagup\overset{S}{\underset{NR_2}{\|}} \xrightarrow[R^1CHO]{BuLi} R^1\diagup\overset{S}{\underset{NR_2}{\|}} \qquad (12)$$

E : Z = 50 : 50

α-三甲硅基苯硫醚化合物在 1-二甲氨基萘锂试剂的存在下，与醛发生 Peterson 烯烃化反应，可以用于合成 DNA 复制抑制剂 corylifolin (式 13)[15]。

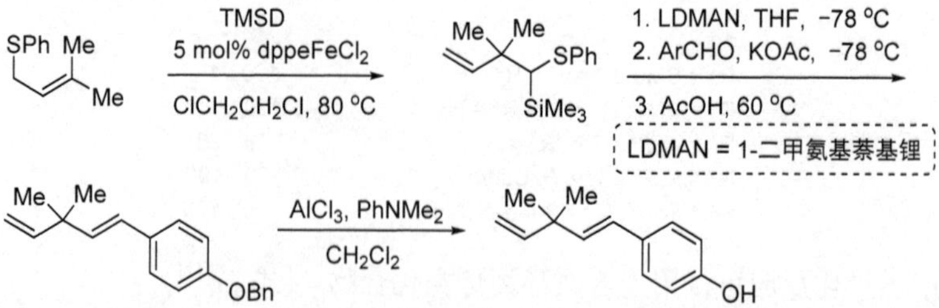

α-硅基-α,β-不饱和酮类化合物与有机金属亲核试剂发生共轭加成反应，形成 α-硅基烯醇中间体，其后与醛发生 Peterson 烯烃化反应，生成新的 α,β-不饱和酮化合物。利用这种"一瓶法"的共轭加成-Peterson 烯烃化反应，以 α-硅基环戊烯酮为原料，可以合成多种含有二烯酮结构的天然产物 (式 14)[16]。

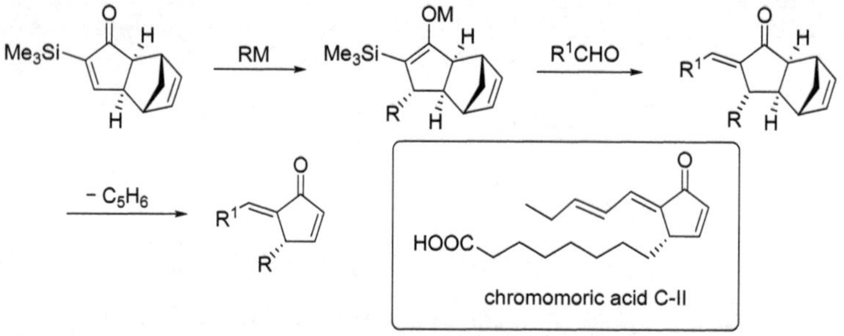

Peterson 烯烃化反应还可以用于合成多种有机膦取代的烯烃化合物 (式 15)[17]。

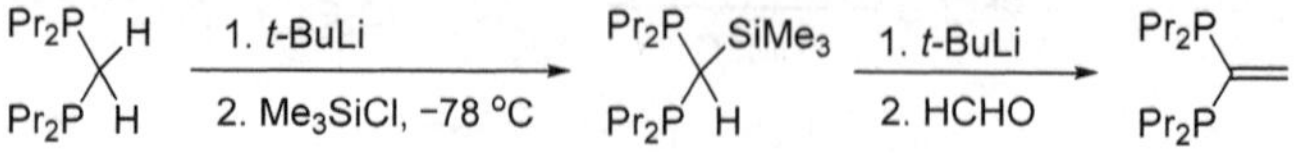

三甲硅基乙烯酮乙基三甲硅基乙缩醛 (**3**) 也可用于 Peterson 烯烃化反应以得到 α,β-不饱和酯，而且催化量的 Lewis 碱即可使反应顺利进行[18]。此外，氮杂环卡宾 (NHC) 也可催化这一反应[19]。由于仅使用催化量的碱或避免了强碱的使用，含有对碱敏感的官能团的底物也可获得应用。

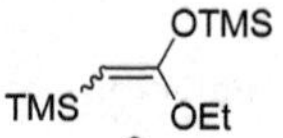

参考文献

[1] Peterson, D. J. *J. Org. Chem.* **1968**, *33*, 780.
[2] Ager, D. J. *Org. React.* **1990**, *38*, 1.
[3] Hudrlik, P. F.; Agwaramgbo, E. L. O.; Hudrlik, A. M. *J. Org. Chem.* **1989**, *54*, 5613.
[4] Bassindale, A. R.; Ellis, R. J.; Lau, J. C. Y.; Taylor, P. G. *J. Chem. Soc., Perkin Trans. 2* **1986**, 593.
[5] Frances van Staden, L.; Gravestock, D.; Ager, D. J. *Chem. Soc. Rev.* **2002**, *31*, 195.
[6] Johnson, C. R.; Tait, B. D. *J. Org. Chem.* **1987**, *52*, 281.
[7] Harmata, M.; Jones, D. E. *J. Org. Chem.* **1997**, *62*, 1578.
[8] Raadt, A.; Stuetz, A. E. *Carbohydr. Res.* **1991**, *220*, 101.

[9] Mikolajczyk, M.; Balczewski, P. *Synthesis* **1989**, 101.
[10] Waschbüsch, R.; Carran, J.; Savignac, P. *Tetrahedron*, **1996**, *52*, 14199.
[11] Halton, B.; Boese, R.; Dixon, G. M. *Eur. J. Org. Chem.* **2003**, 4507.
[12] Staden, L. F.; Bartels-Rahm, B.; Field, J. S.; Emslie, N. D. *Tetrahedron* **1998**, *54*, 3255.
[13] Bellassoued, M.; Ozanne, N. *J. Org. Chem.* **1995**, *60*, 6582.
[14] Murai,T.; Fujishima, A.; Iwamoto, C.; Kato, S. *J. Org. Chem.* **2003**, *68*, 7979.
[15] Perales, J. B.; Makino, N. F.; and Vranken, D. L. V. *J. Org. Chem.* **2002**, *67*, 6711.
[16] Iqbal, M.; Evans, P. *Tetrahedron Lett.* **2003**, *44*, 5741.
[17] Izod, K.; McFarlane, W.; Tyson, B. V. *Eur. J. Org. Chem.* **2004**, 1043.
[18] Michida, M.; Mukaiyama, T. *Chem. Lett.* **2008**, *37*, 890.
[19] Wang, Y.; Du, G. F.; Gu, Cheng-Z.; Xing, F.; Dai, B.; He, L. *Tetrahedron* **2016**, *72*, 472.

（范仁华，侯雪龙）

Ramberg-Bäcklund 反应

Ramberg-Bäcklund (拉姆贝格-贝克隆德) 反应 (简称 RB 反应) 为 α-卤代砜在碱性条件下发生重排合成烯烃的反应 (式 1)，α-卤代砜可通过硫醚氧化为砜后再经 α-位卤代制得。

RB 反应最早是在 20 世纪 40 年代，由 Ramberg 和 Bäcklund 报道 α-溴代乙基砜在过量的 KOH 水溶液中高产率地得到 2-丁烯[1]。RB 反应的机理是在碱性条件下，α-卤代砜与它的 α'-位负离子达成平衡，然后发生分子内取代反应，失去卤负离子，形成 cis- 和 trans-环状砜，该过程比较慢，所以为整个反应的控速步骤。然后环状砜失去 SO_2 后分别形成 Z-构型和 E-构型的双键化合物，反应中环状砜的立体构型决定了产物中双键的立体构型 (式 2)。但是，由于环状砜在强碱中或者当 R^1、R^2 为吸电子基团时会发生脱质子反应，使环状砜发生构型转化达到新的平衡，所以双键的 Z-构型和 E-构型的比例并不能正确反映最初形成的环状砜 cis- 和 trans- 的比例，而且在这种情况下，由于 trans-环状砜异构体比较稳定，所以产物中双键以 E-构型为主[2]。

Meyers 曾用"一锅法"来完成 RB 反应,无需预先制备 α-卤代砜。即采用 CCl_4 作为提供卤原子的亲电试剂,使具有 α-氢和 α'-氢的砜在 t-BuOH 及粉末状 KOH 混合体系中直接转化为烯烃,很适合于由二苄基砜来合成 1,2-二苯乙烯及其类似物,产率高且均为 E-构型产物 (式 3)。二仲烷基砜在 Meyers 条件下反应会有四取代双键生成,但由于在碱性条件下 CCl_4 会生成二氯卡宾 ($:CCl_2$),进而和新生成的烯键发生反应生成 1,1-二氯环丙烷型的副产物 (式 4)。二伯烷基砜反应时一般得不到双键产物,而是得到乙烯基磺酸盐 (式 5),这是由于反应时砜发生多卤代进而生成 1,1-二氧硫杂丙烯环,最终开环之故[3]。

$$\underset{7}{PhH_2C-SO_2-CH_2Ph} \xrightarrow[t\text{-BuOH, H}_2O]{KOH, CCl_4} \underset{8}{Ph-CH=CH-Ph} \quad (3)$$
100%

$$\underset{9}{(C_6H_{11})_2SO_2} \xrightarrow[t\text{-BuOH, H}_2O]{KOH, CCl_4} \underset{10\ (35\%)}{\text{环己基=环己基}} + \underset{11\ (65\%)}{\text{二氯螺环}} \quad (4)$$
92%

$$\underset{12}{R^1CH_2-SO_2-CH_2R^2} \xrightarrow{\text{Meyers 反应条件}} \underset{14}{R^1\text{C}=\text{C}(R^2)SO_3K} + \underset{15}{R^1\text{C}=\text{C}(R^2)SO_3K} \quad (5)$$

$$\downarrow$$

$$\underset{13}{R^1CCl_2-SO_2-CH_2R^2} \longrightarrow \underset{R^1, R^2 = 烷基}{环状中间体} \longrightarrow \text{环状中间体}$$

1994 年,Chan 将 RB 反应中的亲电试剂 CCl_4 改为亲电性较小的 CBr_2F_2,克服了在反应过程中形成卡宾的缺点,将 KOH 附着在固体 Al_2O_3 (中性) 上,增大了非均相体系中反应物的接触面积,采用 t-BuOH 和 CH_2Cl_2 作混合溶剂,使砜溶解性更好,提高了反应的效率,将 RB 反应的应用范围扩大到了具有 α-氢和 α'-氢的几乎所有结构类型的砜。该方法在合成共轭三烯、共轭四烯、开链共轭烯二炔、环番及天然产物 galbanolenes 等一系列化合物中,都取得了很好的效果,在立体选择性反应中,新生成的双键一般为 E-构型 (式 6)[4]。

$$\underset{16}{R^1R^2CH-SO_2-CHR^3R^4} \xrightarrow[t\text{-BuOH, CH}_2Cl_2]{KOH/Al_2O_3, CBr_2F_2} \underset{17}{R^1R^2C=CR^3R^4} \quad (6)$$

$R^1 = R^4 = H, R^2 = R^3 = $ 烷基、芳基
$R^1 = R^4 = H, R^2 = $ 烷基,$R^3 = $ 芳基
$R^1 = H, R^2 = R^3 = $ 芳基,$R^4 = $ 烷基
$R^1 = H, R^2 = $ 芳基,$R^3 = R^4 = $ 烷基
$R^1 = H, R^2 = R^3 = R^4 = $ 烷基
$R^1 = R^3 = $ 烷基,$R^2 = R^4 = $ 芳基
$R^1 = R^4 = $ 烷基,$R^2 = R^3 = $ 芳基
$R^1 = R^2 = R^3 = R^4 = $ 烷基

RB 反应的产率及新生成双键的构型与底物和所采用的反应条件有着密切的关系,

Scholz 用 β-羰基砜类化合物做了大量的研究发现，RB 反应中产物的立体化学与反应所选择的碱和溶剂有很大关系，而受反应温度的影响不明显。采用 t-BuOK/t-BuOH 时，得到的双键主要为 E-构型，而采用 MOH (M = Na 或 K) 水溶液时，得到的双键多为 Z-构型 (式 7)[5]。

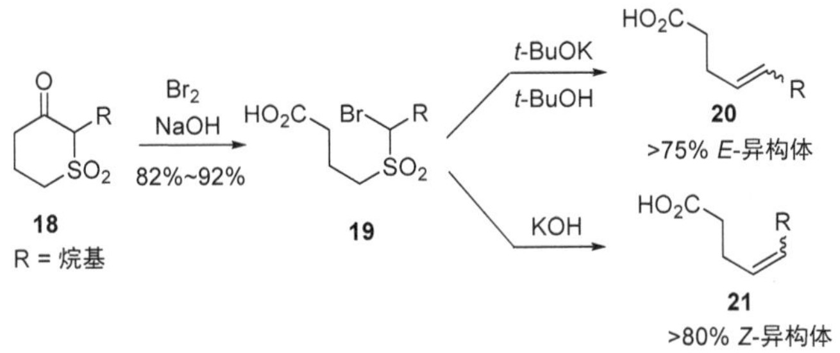

RB 反应采用 MOH (M = Na 或 K) 作为碱性试剂并在相转移催化条件下进行时的优点是羧酸酯在反应中不水解，可方便地合成不饱和羧酸酯 (式 8)[6]。RB 反应和官能团保护等手段结合后还可以合成一些含有其它官能团的双键化合物，如 Matsuyama 和 Taylor 等人便用这种方法合成了一系列不饱和环酮类化合物 (式 9)[7]。

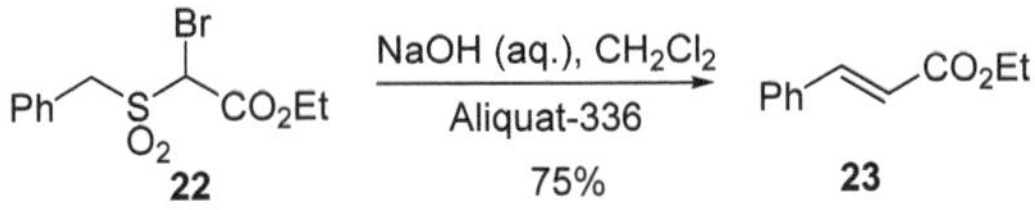

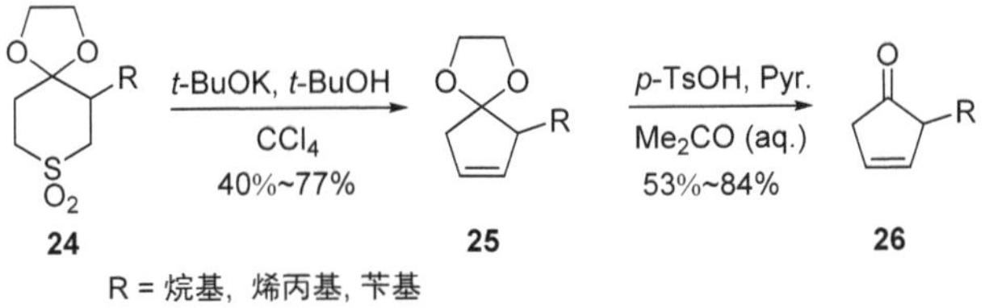

α-卤代烷基磺酰溴 (一般用 BrCHRSO$_2$Br) 和烯烃发生自由基加成反应，然后再在 Et$_3$N 或 DBN (1,5-二氮杂双环[4.3.0]壬-5-烯) 作用下发生消除反应得到 α,β-不饱和-α'-溴代砜 (多为 E-构型产物)，接着在碱作用下相继发生烯键迁移和 RB 重排，也可制备 1,3-二烯类化合物 (式 10)。

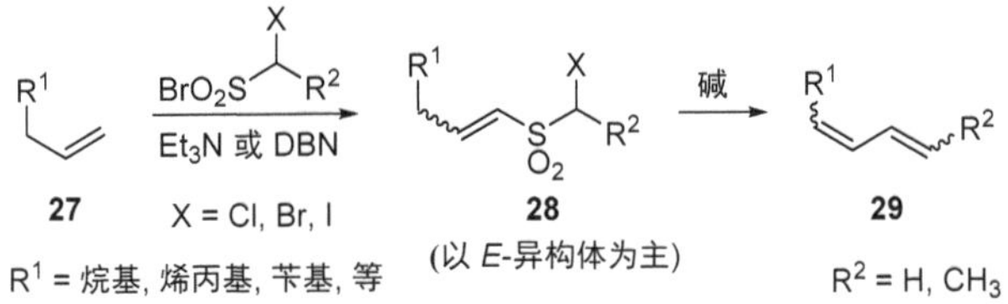

烯键迁移形成的双键，其构型一般随 α,β-不饱和-α'-溴代砜的结构而定 (式 11)。如当砜为 E-构型时，迁移生成的 α-位负电荷和 δ-位的 CH$_2$ 有顺式效应 (syn effect)，所以主要形成 Z-构型的产物。而当砜为 Z-构型时，由于有较强的空间位阻，使 α-位负电荷和

δ-位 CH_2 的顺式效应大大减弱,新生成的双键便主要是 E-构型。当砜的 α-位有烷基取代基时,由于空间位阻很大,顺式效应消失,所生成的双键几乎全部为 E-构型产物 (式 12)[8]。

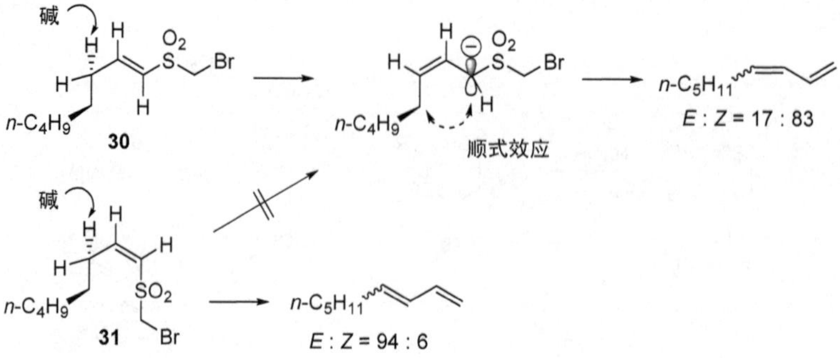

(11)

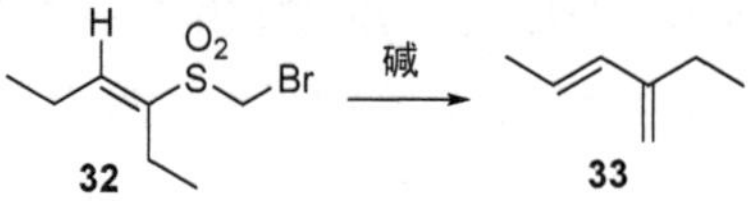

(12)

"Michael 加成" 诱导的 RB 反应是在反应中通过亲核试剂对乙烯基砜的 1,4-加成,先形成中间体 α-位卤代砜负离子,然后进行 RB 重排得到双键产物 (式 13)[9]。该方法主要用于合成异戊二烯类化合物。

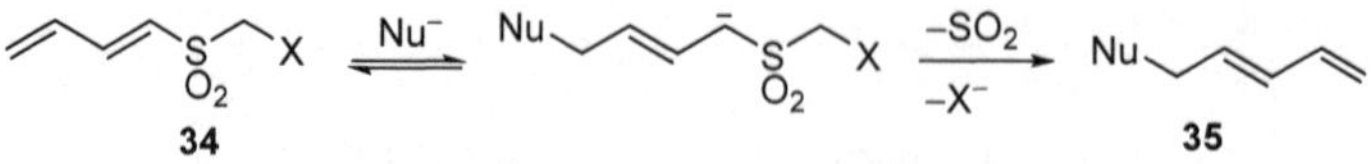

(13)

利用关环复分解 (ring closing metathesis,RCM) 反应和 RB 反应组合,可简便高效地构筑环二烯烃[10]。含有末端双键的醇和卤代烃反应转化成硫醚后氧化为砜,进行 RCM 反应,得到了环状砜,环状砜再进行 RB 反应失去 SO_2 则形成环二烯烃,若加热消去 SO_2 则得到共轭二烯烃 (式 14)。组合反应也可先氧化硫醚得到砜,再进行 RCM 反应制备环状砜,这都为不饱和环状砜的合成提供了一条便利捷径。

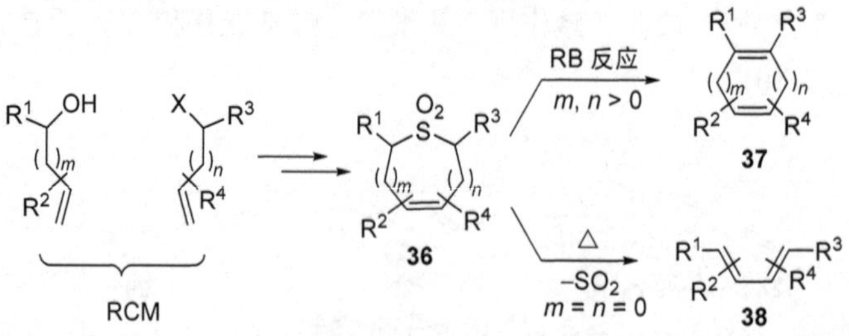

(14)

RB 反应在天然产物及功能有机分子合成中的应用很广泛,例如在糖和氨基酸类,以及具有生物活性天然产物及其衍生物中,可构筑 deoxoartemisinin[11]、brassinolide[12]、(+)-eremantholide[13]、(+)-solamin[14]、integrstatin[15]、ciguratoxin[16]、enediynes[17]、bibenzyls[18] 等的基本骨架。RB 反应的特点是可用于合成双键位置确定的烯烃,它是合成天然产物和非天然功能有机分子的关键步骤之一,例如脱氧青蒿素 (deoxoartemisinin) 衍生物 (式 15)、β-胡萝卜素及其相关分子线类的合成 (式 16,式 17)[19,20]。

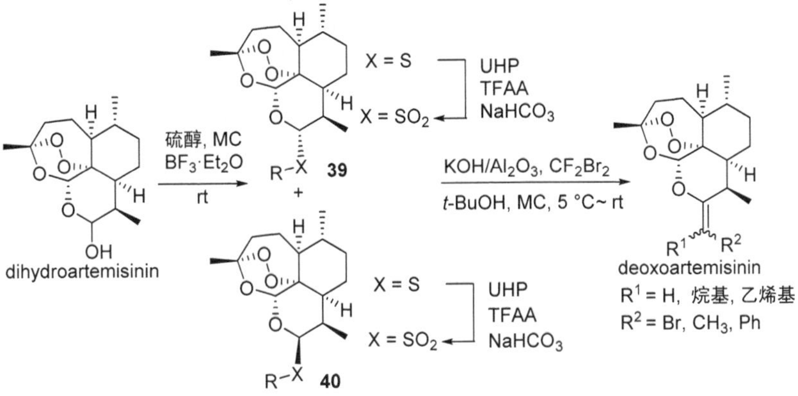

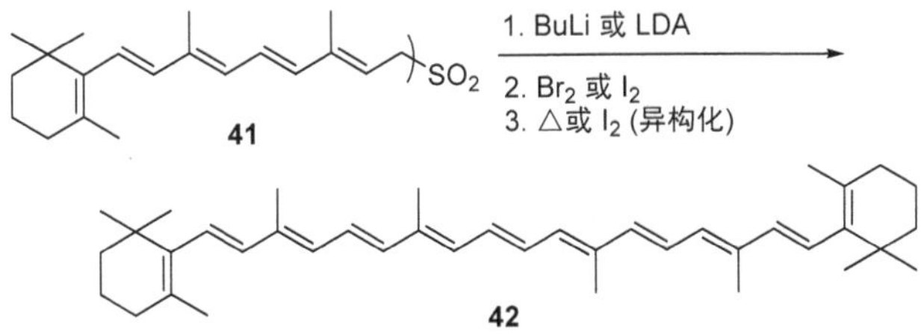

参考文献

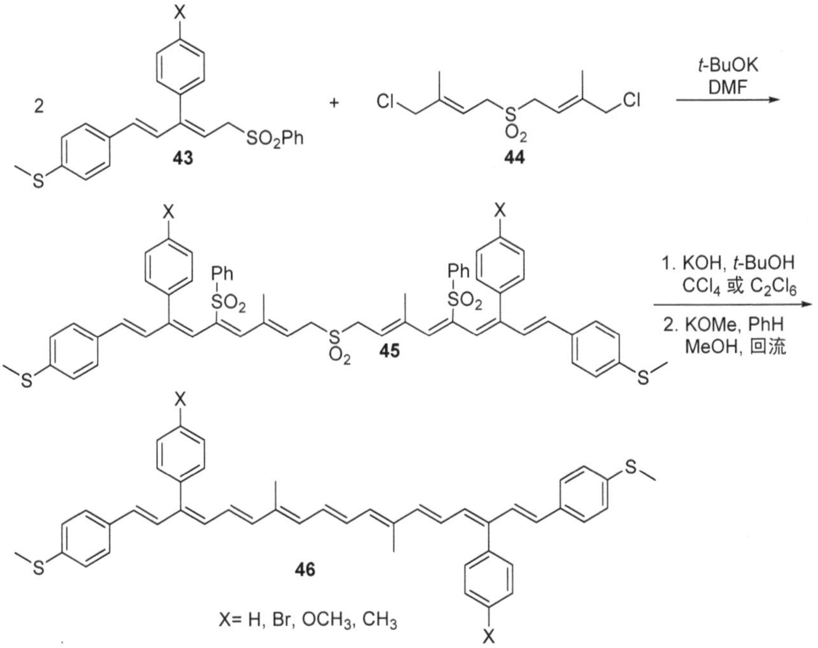

[1] Rämberg, L.; Bäcklund, B. *Arkiv. Kemi. Mineral. Geol.* **1940**, *13A*, 50.

[2] (a) Bordwell, F. G.; Cooper, G. D. *J. Am. Chem. Soc.* **1951**, *73*, 5187. (b) Bordwell, F. G. *Acc. Chem. Res.* **1970**, *3*, 281. (c) Paquette, L. A.; Philips, J. C. *Tetrahedron Lett.* **1967**, *46*, 4645.

[3] (a) Meyers, C. Y.; Malte, A. M.; Matthews, W. S. *J. Am. Chem. Soc.* **1969**, *91*, 7510. (b) Meyers, C. Y.; Matthews, W. S.; McCollum G. J.; Branca J. C. *Tetrahedron Lett.* **1974**, *13*, 1105. (c) Meyers, C. Y.; Hoo, L. L. *Tetrahedron Lett.* **1972**, *42*, 4319. (d) Meyers, C. Y.; Sataty, I. *Tetrahedron Lett.* **1972**, *42*, 4323. (e) Meyers, C. Y.; Ho, L. L.; McCollum, G. J.; Branca, J. *Tetrahedron Lett.* **1973**, *21*, 1843.

[4] (a) Chan, T.-L.; Fong, S.; Li, Y.; Man, T. O.; Poon, C. D. *J. Chem. Soc., Chem. Commun.* **1994**, *15*, 1771. (b) Feng, J.-P.; Wang, X.-L.; Cao, X.-P. *Chin. J. Org. Chem.* **2006**, *26*, 158. (c) Wang, X.-L.; Cao, X.-P.; Zhou, Z.-L. *Chin. J. Org. Chem.* **2003**, *23*, 120.

[5] Scholz, D. *Chem. Ber.* **1981**, *114*, 909.

[6] Hartman, G. D.; Hartman, R. D. *Synthesis* **1982**, *6*, 504.

[7] (a) Matsuyama, H.; Miyazawa, Y.; Takei, Y.; Kobayashi, M. *Chem. Lett.* **1984**, *13*, 833. (b) Matsuyama, H.; Miyazawa, Y.; Takei, Y.; Kobayashi, M. *J. Org. Chem.* **1987**, *52*, 1703. (c) Casy, G.; Taylor, R. J. K. *J. Chem. Soc., Chem. Commun.* **1988**, *7*, 454.

[8] (a) Block, E.; Aslam, M. *J. Am. Chem. Soc.* **1983**, *105*, 6164. (b) Block, E.; Aslam, M.; Eswarakrishnan, V.; Gebreyes, K.; Hutchinson, J.; Iyer, R.; Laffitte, J.-A.; Wall, A. *J. Am. Chem. Soc.* **1986**, *108*, 4568.

[9] (a) Chen, T. B. R. A.; Burger, J. J.; de Waard, E. R. *Tetrahedron Lett.* **1977**, *51*, 4527. (b) Burger, J. J.; Chen, T. B. R. A.; de Waard, E. R.; Huisman, H. O. *Tetrahedron* **1981**, *37*, 417.

[10] Yao, Q. *Org. Lett.* **2002**, *4*, 427.

[11] Oh, S.; Jeong, I. H.; Lee, S. *J. Org. Chem.* **2004**, *69*, 984.

[12] Schmittberger, T.; Uguen, D. *Tetrahedron lett.* **1997**, *38*, 2837.

[13] Boeckman, R. K.; Yoon, S. K.; Heckendorn, D. K. *J. Am. Chem. Soc.* **1991**, *113*, 9682.

[14] Trost, B. M.; Shi, Z. *J. Am. Chem. Soc.* **1994**, *116*, 7459.

[15] Foot, J. S.; Giblin, G. M. P; Taylor, R. J. K. *Org. lett.* **2003**, *5*, 4441.

[16] Alvarez, E.; Diáz, M. T.; Liu, H.; Martín, J. D. *J. Am. Chem. Soc.* **1995**, *117*, 1437.

[17] Cao, X.-P.; Yang, Y.-Y.; Wang, X.-L. *J. Chem. Soc., Perkin. Trans. 1* **2002**, *22*, 2485.

[18] Wang, X.-L.; Liu, D.; Xia, Y.-M.; Cao, X.-P.; Pan, X.-F. *Chin. J. Chem.* **2004**, *22*, 467.

[19] Taylor, Richard J. K., Casy, G. From Organic Reactions (Hoboken, NJ, United States). **2003**, *62*, 359.

[20] Lim, B.; Oh, E.-T.; Im, J.; Lee, K. S.; Jung, H.; Kim, M.; Kim, D.; Oh, J. T.; Bea, S.-H.; Chung, W.-J.; Ahn, K.-H.; Koo, S. *Eur. J. Org. Chem.* **2017**, *43*, 6390.

相关反应: Wittig 反应

(曹小平)

Seyferth-Gilbert 反应 (Seyferth 增碳法)

  Seyferth-Gilbert (赛弗思-吉尔伯特) 同系化反应是指醛与重氮甲基磷酸二甲酯负离子反应, 把醛转化为增加一个碳的炔的反应 (式 1)[1,2], 又称为 Seyferth (赛弗思) 增碳法。这是直接进行此类转化的唯一方法, 因而在复杂天然产物的合成中获得广泛应用。1996 年

Brisbois 报道了 Seyferth-Gilbert 试剂 (**1**) 的方便合成方法 (式 2)[3]。

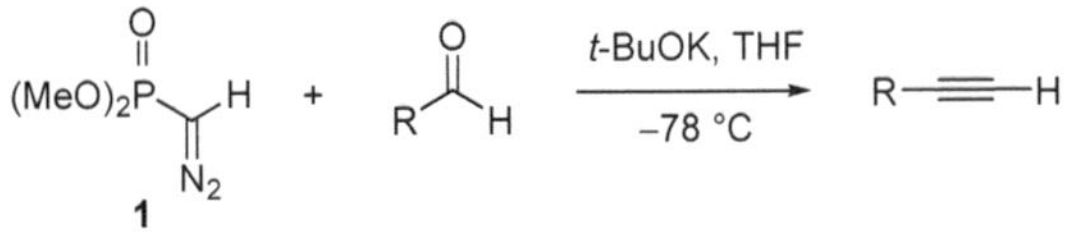

(MeO)2P
H
N2
1
R
H
t-BuOK, THF
–78 °C
R
H

(1)

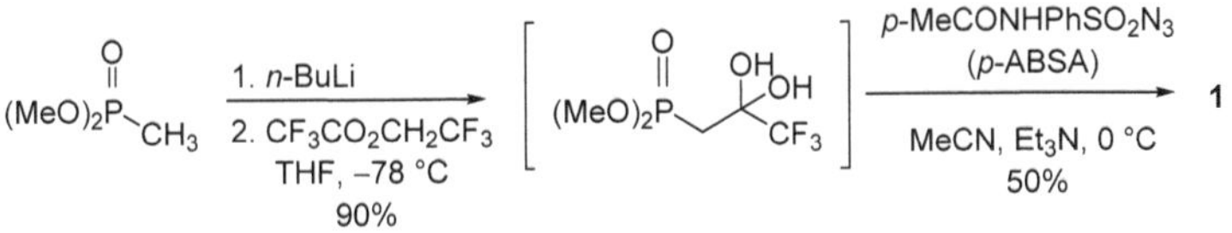

(MeO)2P
CH3
1. n-BuLi
2. CF3CO2CH2CF3
THF, –78 °C
90%
(MeO)2P
OH
OH
CF3
p-MeCONHPhSO2N3
(p-ABSA)
MeCN, Et3N, 0 °C
50%
1

(2)

反应机理 (图 1)：首先 Seyferth-Gilbert 试剂 (**1**) 与醛反应生成氧杂磷杂环丁烷中间体 **A**，接着经过开环，脱去氮分子形成亚乙基卡宾 **C**，之后再自发重排生成炔烃。

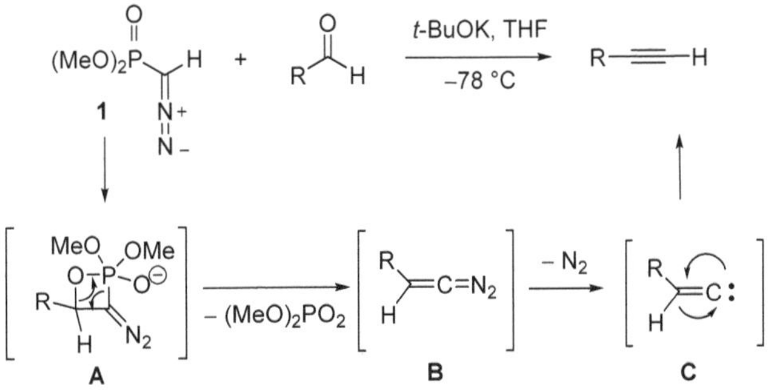

(MeO)2P
H
1
N+
N–
R
H
t-BuOK, THF
–78 °C
R
H
MeO
OMe
N2
A
– (MeO)2PO2
C=N2
B
– N2
C:
C

图 1 Seyferth-Gilbert 反应的机理

Seyferth-Gilbert 反应被 Vandewalle 小组用于维生素 D_3 衍生物的合成 (式 3)[4]。在埃坡霉素 B 和 D 及其类似物的合成中，该方法也被用于构筑重要片段，收率达 80% (式 4)[5]。

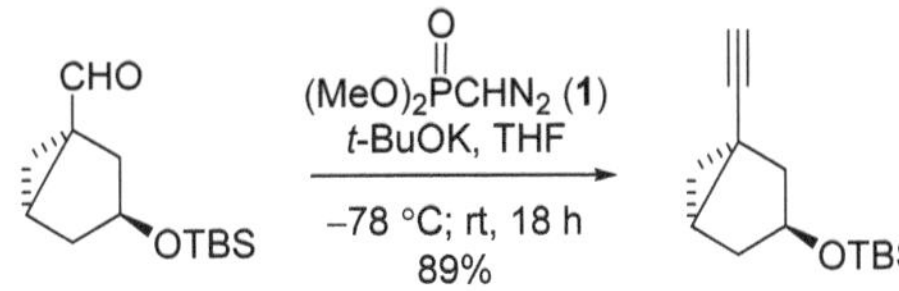

CHO
OTBS
(MeO)2PCHN2 (1)
t-BuOK, THF
–78 °C; rt, 18 h
89%
OTBS

(3)

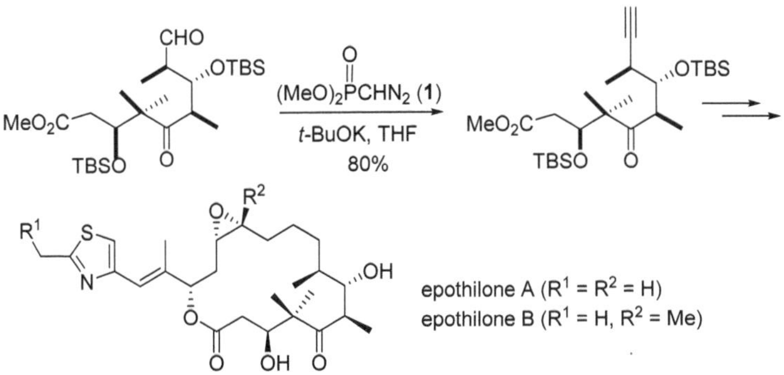

CHO
OTBS
MeO2C
TBSO
(MeO)2PCHN2 (1)
t-BuOK, THF
80%
OTBS
MeO2C
TBSO
R1
R2
OH
OH
epothilone A (R1 = R2 = H)
epothilone B (R1 = H, R2 = Me)

(4)

在 Seyferth-Gilbert 反应中，须用新制的增碳试剂，并且需把它分离出来，实验操作繁琐，对实验技术要求高。

Ohira 在 1989 年报道了一种改进方法。该法以 1-重氮-2-氧代-丙基磷酸二甲酯 (**2**) 为试剂,在氩气氛下现场去除酰基生成 Seyferth 试剂 (**1**) 的碳负离子[6]。随后,Bestmann 系统地研究了这一"一瓶"方法,发现该法只需简单地通过室温下把磷酸酯加入 K_2CO_3 与醛的甲醇溶液就可合成炔,从而避免使用强碱、低温和惰性气体等条件[7]。在这一条件下,脂肪醛和芳醛均可顺利实现增碳,收率为 72%~97% (式 5)。与 α,β-不饱和醛反应虽然也可实现增碳,但产物为甲氧基共轭加成产物 **4** (式 6)。

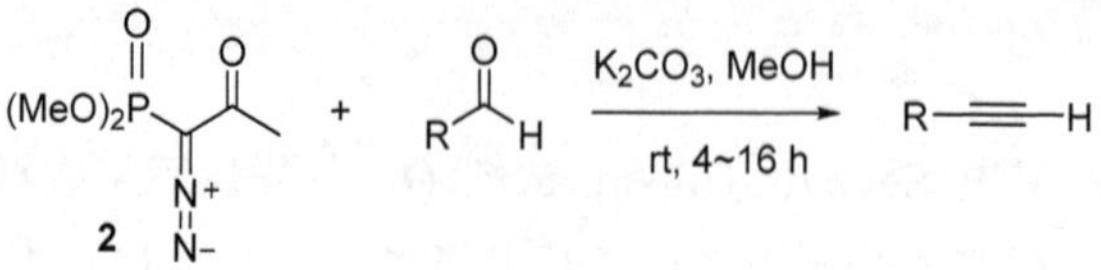

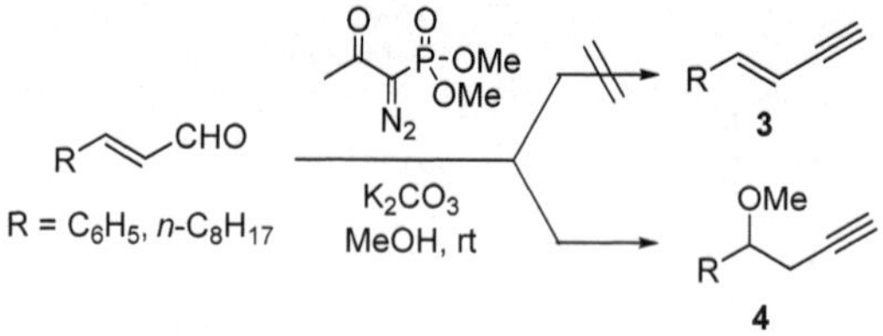

Seyferth-Gilbert 反应的 Ohira-Bestmann 改良法被 Wender、Mander 和 Marshall 小组分别用于 (−)-laulimalide (式 7)[8]、himandrine 核心骨架 (式 8)[9]和 bafilomycin V (式 9)[10]的全合成。

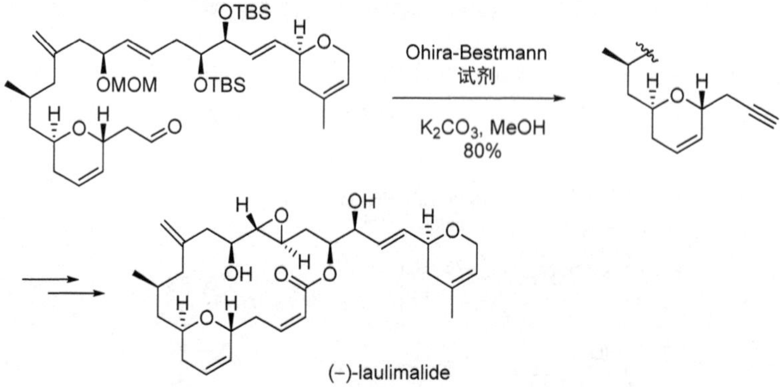

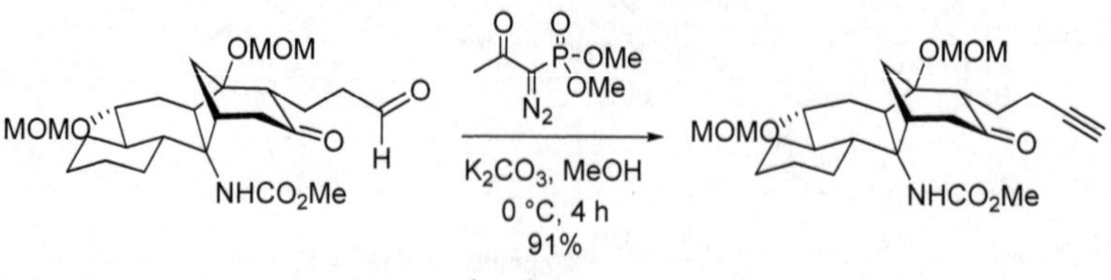

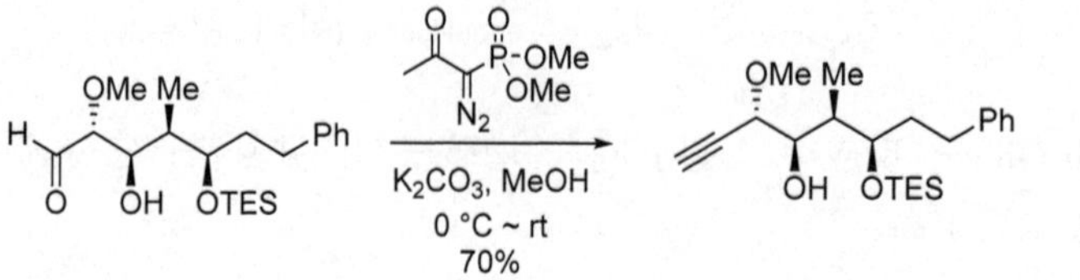

Kristensen 小组于 2014 年发展了由稳定的磺酰基叠氮化合物和羰基磷酸酯原位制备 Ohira-Bestmann 试剂, 然后与醛反应生成增一个碳的炔 (式 10)[11]。该方法可用于脂肪醛和芳醛的转化, 同时可用于克级反应, 收率较高。

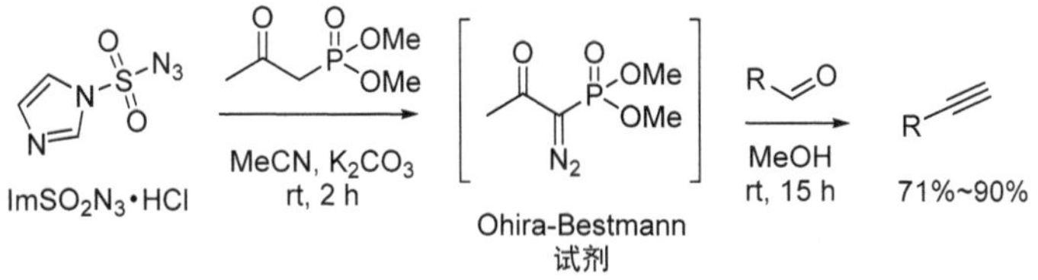

2017 年, Chida 小组把 Ohira-Bestmann 改良法用于天然产物 madaganmines A、C 和 E 的合成中 (式 11)[12]。2018 年, Fuwa 等人将该方法用于天然产物 iriomoteolide-2a 的合成中 (式 12)[13], 并纠正了该天然产物的构型。

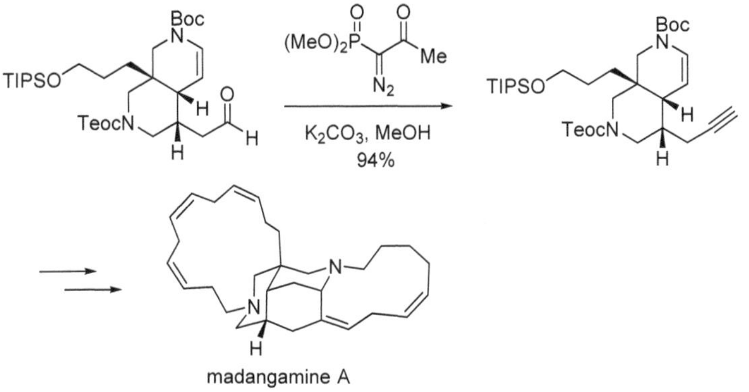

参考文献

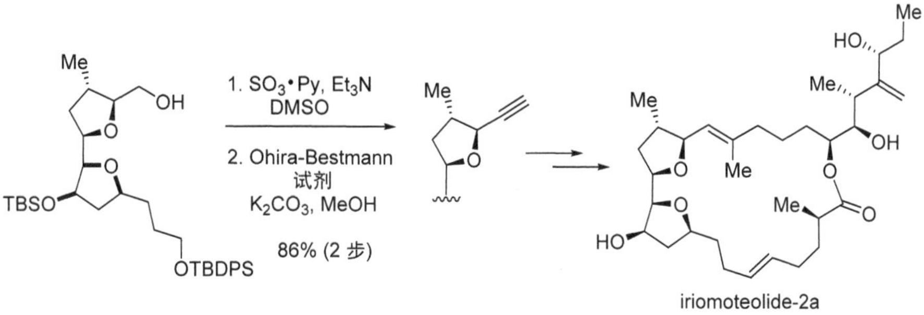

[1] Seyferth, D.; Marmor, R. S.; Hilbert, P. *J. Org. Chem.* **1971**, *36*, 1379-1386.
[2] Gilbert, J. C.; Weerasooriya, U. *J. Org. Chem.* **1982**, *47*, 1837-1845.
[3] Brown, D. G.; Velthuisen, E. J.; Commerford, J. R.; Brisbois, R. G.; Hoye, T. H. *J. Org. Chem.* **1996**, *61*, 2540-2541.
[4] Huang, P.-Q.; Sabbe, K.; Pottie, M.; Vandewalle, M. *Tetrahedron Lett.* **1995**, *36*, 8299-8302.
[5] White, J. D.; Carter, R. G.; Sundermann, K. F.; Wartmann, M. *J. Am. Chem. Soc.* **2001**, *123*, 5407-5413.
[6] Ohira, S. *Synth. Commun.* **1989**, *19*, 561-564.
[7] Müller, S.; Liepold, B.; Roth, G. J.; Bestmann, H. J. *Synlett* **1996**, 521-522.

[8] Wender, P. A.; Hegde, S. G.; Hubbard, R. D.; Zhang, L. *J. Am. Chem. Soc.* **2002**, *124*, 4956-4957.
[9] O'Connor, P. D.; Mander, L. N.; McLachlan, M. M. W. *Org. Lett.* **2004**, *6*, 703-706.
[10] Marshall, J. A.; Adams, N. D. *J. Org. Chem.* **2002**, *67*, 733-740.
[11] Jepsen, T. H.; Kristensen, J. L. *J. Org. Chem.* **2014**, *79*, 9423-9429.
[12] Suto, T.; Yanagita, Y.; Nagashima, Y.; Takikawa, S.; Kurosu, Y.; Matsuo, N.; Sato, T.; Chida, N. *J. Am. Chem. Soc.* **2017**, *139*, 2952-2955.
[13] Sakamoto, K.; Hakamata, A.; Tsuda, M.; Fuwa, H. *Angew. Chem. Int. Ed.* **2018**, *57*, 3801-3805.

反应类型： 碳-碳三键的形成
相关反应： Horner-Wadsworth-Emmons (HWE) 反应

（黄培强，黄雄志）

Shapiro 反应

Shapiro （夏皮罗）反应涉及酮的对甲苯磺酰腙在有机锂试剂作用下生成烯烃的反应 （式 1）[1,2]。与 Bamford-Stevens 反应类似，这也是从酮合成烯烃的方法。Shapiro 反应也是制备烯基锂试剂的方法，后者可与亲电试剂反应，从而在有机合成获得应用 （式 2、式 3）[3-5]。当底物为 α,β-不饱和酮的对甲苯磺酰腙时，经 Shapiro 反应可得到共轭烯烃。

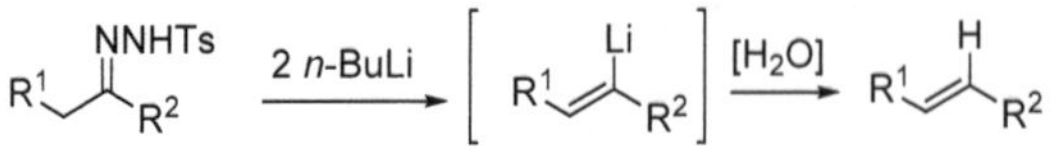

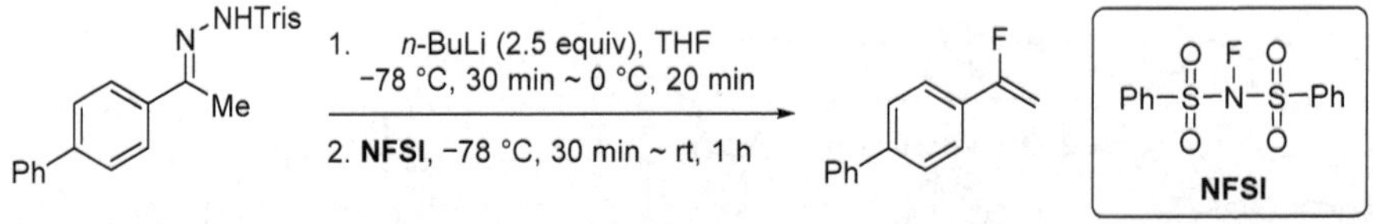

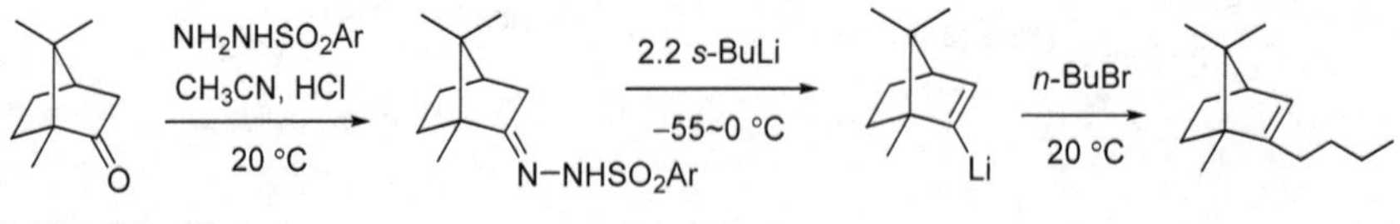

反应机理 （图 1）：

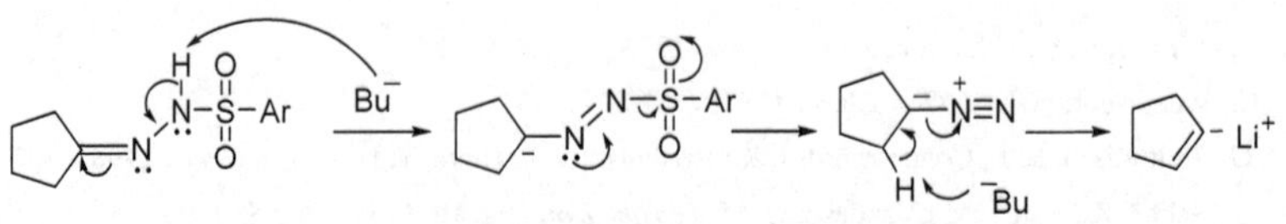

图 1 Shapiro 反应的机理

与 Bamford-Stevens 反应相比，Shapiro 反应的中间体为双负离子，而非卡宾，因而发生重排副反应的倾向小，但 Shapiro 反应的 E/Z 选择性一般不高。Bamford-Stevens 反应得到热力学稳定的多取代烯烃产物，而 Shapiro 反应一般得到动力学控制的少取代烯烃产物。密度泛函理论 (DFT) 计算指出 Shapiro 反应的区域选择性受底物构型和 (羰基或亚胺) 邻位质子的酸性影响[6]。

  Kerr 等人发现特定的有机镁试剂作碱也可以实现 Shapiro 反应[7]。利用双间三甲苯镁试剂去质子化可降低传统 Shapiro 反应中碱的用量，不必使用四甲基乙二胺 (TMEDA) 作添加剂，可在更为方便的操作条件 (40 ℃) 下实现较高的产率 (式 4)。

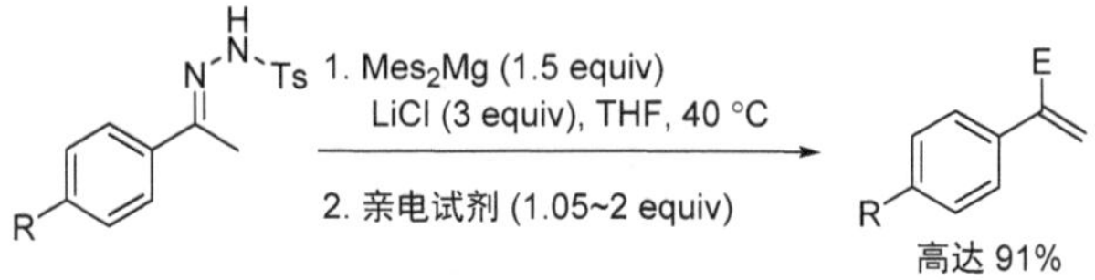

$$\text{式 (4)}$$

  亲核性较大的 N-亚丙啶基亚胺或称 Eschenmoser 腙 **1**[8]也可以进行 Shapiro 反应。该法被用于天然倍半萜 (±)-juvabione (**3**) 的立体选择性合成 (式 5)[9]。此外，Maruoka 和 Yamamoto 发现，Eschenmoser 腙在催化量 (10 mol%) 的有机锂作用下即可进行 Shapiro 反应，产物为烯烃[10]。

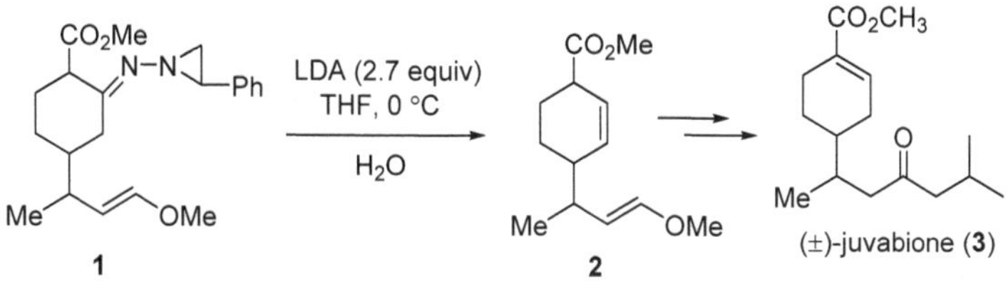

$$\text{式 (5)}$$

  仅含 α-叔碳的腙也可进行 Shapiro 反应 (式 6)[11]。

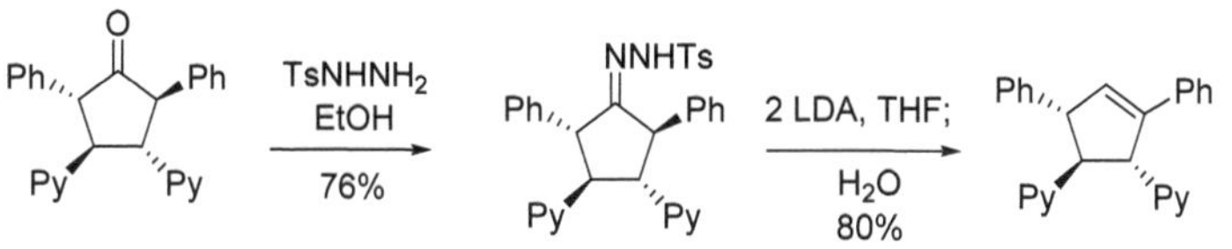

$$\text{式 (6)}$$

  Shapiro 反应可用于药物分子的合成。例如，Morrill 等通过 Shapiro 反应将 1-苄基-4-哌啶酮 (**4**) 转化为稳定的苄基二甲基硅试剂 **6**，再经偶联可得到重要的药物中间体 4-芳基哌啶化合物 **7** (式 7)[12]。

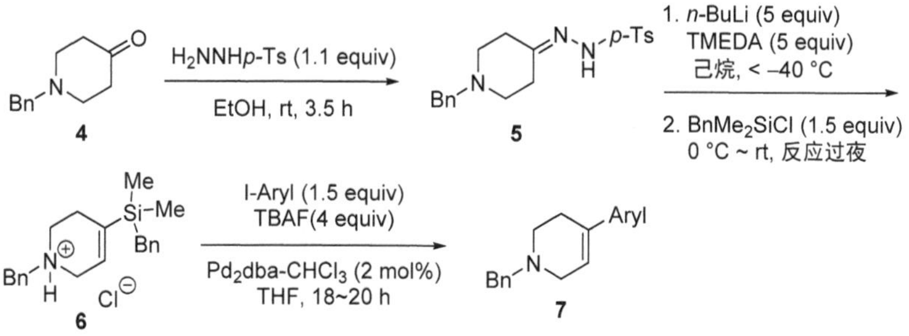

$$\text{式 (7)}$$

Johnson 等人在天然产物吲哚二萜 paspaline (**12**) 的不对称全合成中运用 Shapiro 反应将酮的对甲苯磺酰腙 **8** 转化为 α,β-不饱和醛 **9**,再经 Wittig 反应、Diels-Aldel 反应顺利构建 D 环骨架 **11** (式 8)[13]。

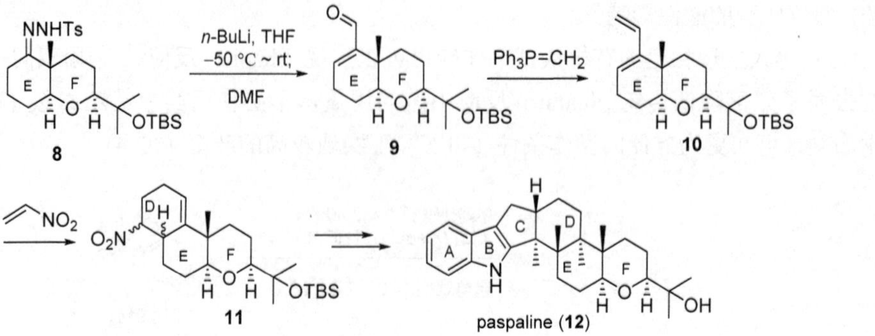

(8)

Snapper 等人通过 Shapiro 反应将合成片段酮 **13** 和 Weinreb 酰胺 **16** 偶联,最后以 14 步、1.7% 的总收率实现了海洋天然产物 norrisolide (**18**) 的全合成 (式 9)[14]。

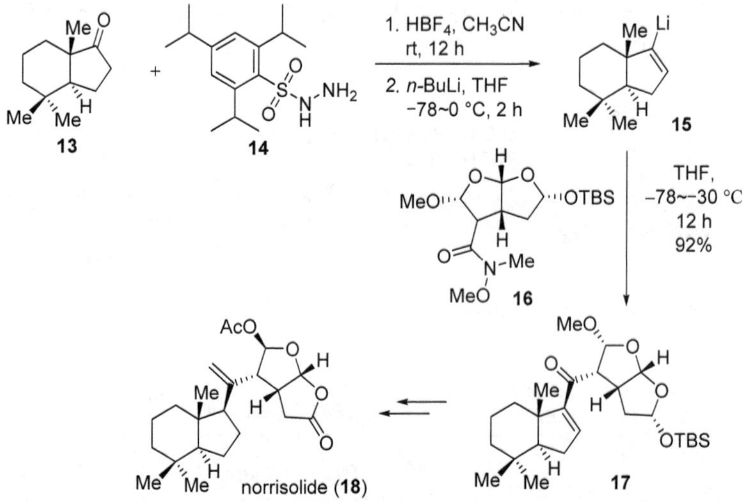

(9)

参考文献

[1] Shapiro, R. H.; Heath, M. *J. Am. Chem. Soc.* **1967**, *89*, 5734-5735.
[2] Shapiro, R. H. *Org. React.* **1976**, *23*, 405-507.
[3] Adlington, R. M.; Barret, A. G. M. *Acc. Chem. Res.* **1983**, *16*, 55-59.
[4] Chamberlin, R.; Liotta, E. L.; Bond, F. T. *Org. Synth.* **1983**, *61*, 141-146.
[5] Yang, M-H; Matikonda, S. S.; Altman, R. A. *Org. Lett.* **2013**, *15*, 3894-3897.
[6] Funes-Ardoiz, I.; Losantos, R.; Sampedro, D. *RSC Adv.* **2015**, *5*, 37292-37297.
[7] Kerr, W. J.; Morrison, A. J.; Pazicky, M.; Weber, T. *Org. Lett.* **2012**, *14*, 2250-2253.
[8] Felix, D.; Muller, R. K.; Horn, U.; Joos, R.; Schreiber, J.; Eschenmoser, A. *Helv. Chim. Acta* **1972**, *55*, 1276-1319.
[9] Evans, D. A.; Nelson, J. V. *J. Am. Chem. Soc.* **1980**, *102*, 774-782.
[10] Maruoka, K.; Oishi, M.; Yamamoto, H. *J. Am. Chem. Soc.* **1996**, *118*, 2289-2290.
[11] Siemeling, U.; Neumann, B.; Stammler, H-G. *J. Org. Chem.* **1997**, *62*, 3407-3408.

[12] Morrill, C.; Mani, N. S. *Org. Lett.* **2007**, *15*, 1505-1508.
[13] Sharpe, R. J.; Johnson, J. S. *J. Org. Chem.* **2015**, *80*, 9740-9766.
[14] Granger, K.; Casaubon, R. L; Snapper, M. L. *Eur. J. Org. Chem.* **2012**, *12*, 2308-2311.

相关反应： Bamford-Stevens 反应

（黄培强，李家琪）

Stobbe 缩合

Stobbe (施托贝) 缩合是指在碱性条件下丁二酸二乙酯与酮的缩合反应 (式 1)[1]。

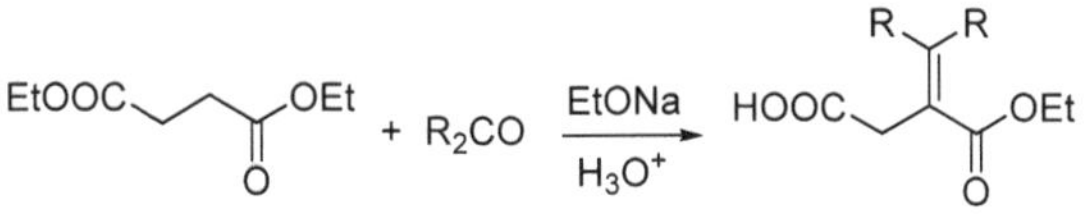

$$\text{EtOOC}\diagup\diagup\text{COOEt} + R_2CO \xrightarrow[H_3O^+]{EtONa} \text{HOOC}\diagup\diagup\text{COOEt（R,R取代）} \tag{1}$$

反应机理 (图 1)：

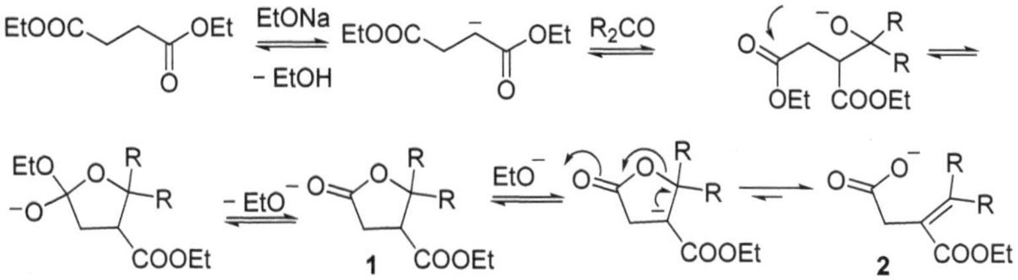

图 1 Stobbe 缩合反应的机理

首先生成的加成产物直接环化得 γ-内酯 **1**，后者经进一步的碱催化开环反应转化为羧酸负离子 **2**。羧酸负离子的形成使平衡向右移动，由此构成了 Stobbe 反应成功的推动力。

Stobbe 反应的最直接应用是合成热不可逆的彩色化合物俘精酸酐 (fulgides) (式 2)[2]。最近报道了立体选择性 Stobbe 缩合[3]。X 射线晶体衍射分析表明 Stobbe 反应形成位阻较大的 *E*-式异构体的原因在于 π-叠积相互作用。

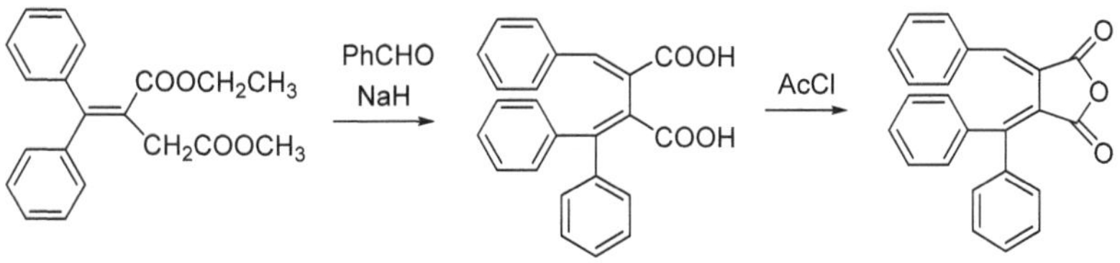

$$\tag{2}$$

Stobbe 缩合产物可以进行多种转化，应用到很多天然产物的全合成中，例如：在生物碱吗啡的合成中，Stobbe 反应产物经 **3** 不对称氢化建立了吗啡分子的第一个手性中心，进而用于吗啡的不对称全合成 (式 3)[4]。

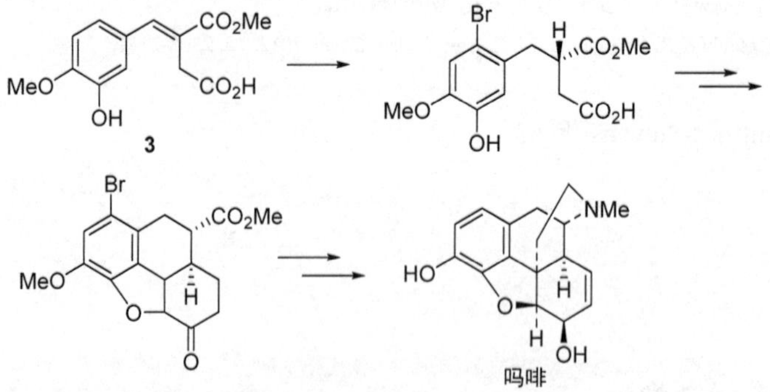

$$（3）$$

通过 Wittig 反应也可得到 Stobbe 反应产物[5]。后者经 Rizzacasa 方法[6]可构建芳环。基于这一方法，Greene 建立了拓扑异构酶 I 新抑制剂的合成路线 (式 4)[5]。

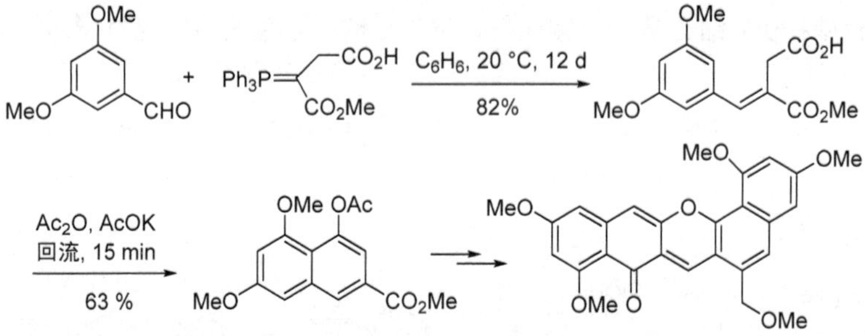

$$（4）$$

Stobbe 缩合产物 **4** 在醋酸酐中加热条件下 [Rizzacasa (里扎卡萨) 方法] 也能够发生环化芳香化生成吲哚类化合物 **5** (式 5)[7]。

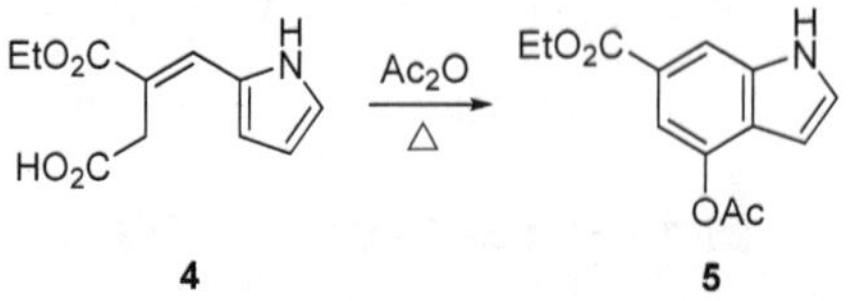

$$（5）$$

该法之后成功地被应用于 schweinfurthin 类吲哚类生物碱 **6** 的合成 (式 6)[8]。

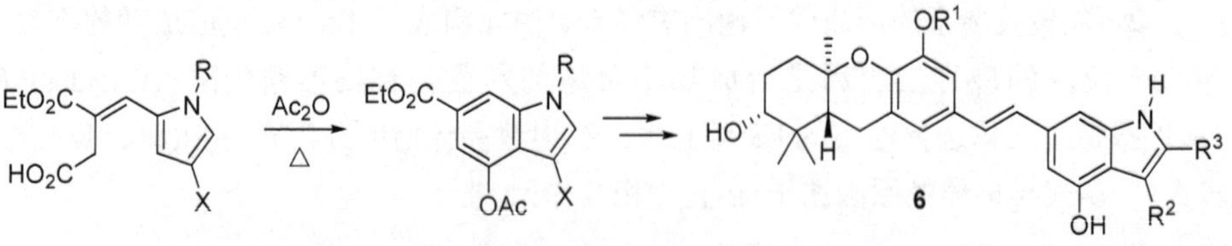

$$（6）$$

最近，在 (+)-epigalcatin (**10**) 的全合成中，胡椒醛 **7** 和醛 **8** 与丁二酸酯分别经过两次 Stobbe 缩合构建六元环的前体 **9** (式 7)[9]。

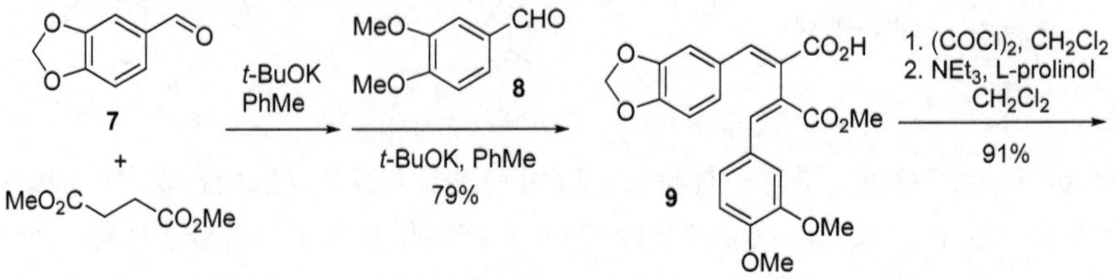

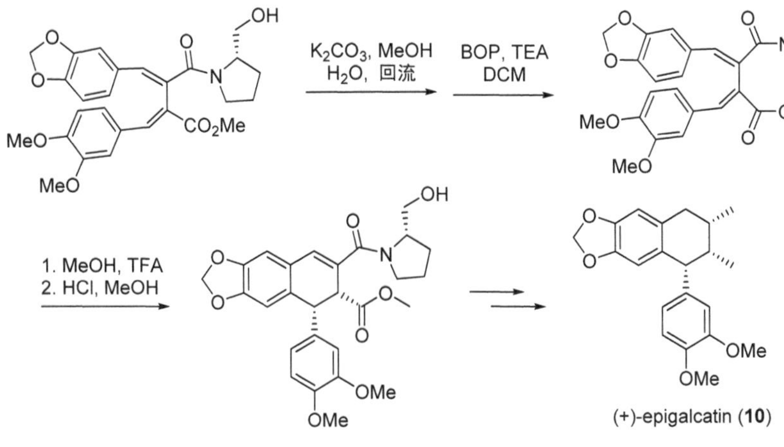

(7)

参考文献

[1] Stobbe, H. *Ber.* **1893**, *26*, 2312 ; *Ann.* **1894**, *282*, 280.
[2] Yokoyama, Y. *Chem. Rev.* **2000**, *100*, 1717-1740.
[3] Liu, J.; Brooks, N. R. *Org. Lett.* **2002**, *4*, 3521-3524.
[4] White, J. D.; Hrnciar, P.; Stappenbeck, F. *J. Org. Chem.* **1997**, *62*, 5250-5251.
[5] Piettre, A.; Chevenier, E.; Massardier, C.; Gimbert, Y.; Greene, A. E. *Org. Lett.* **2002**, *4*, 3139-3142.
[6] Rizzacasa, M. A.; Sargent, M. V. *Aust. J. Chem.* **1987**, *40*, 1737-1743.
[7] Kim, M.; Vedejs, E. *J. Org. Chem.* **2004**, *69*, 6945-6948.
[8] Kodet, J. G.; Wiemer, D. F. *J. Org. Chem.* **2013**, *78*, 9291-9302.
[9] Kamil, L.; Zbigniew, C. *Org. Lett.* **2018**, *20*, 605-607.

（黄培强，卢广生）

Tebbe 试剂和 Tebbe-Petasis 烯烃化

（1）Tebbe (特伯) 试剂

1974 年，杜邦公司的化学家 F. N. Tebbe[1]首次分离到一钛-铝配合物[1]，推断其结构为亚甲基桥状钛-铝配合物：[Cp$_2$Ti(μ_2-Cl)(μ_2-CH$_2$)AlMe$_2$] (**1**)。Tebbe 及其合作者于 1978 年首次披露这些结果，文中还报道其可用于酮的烯基化 (式 1) 及烯烃重置反应 [2a,b]。由于 **1** 被证明为多用途的羰基的烯基化试剂，因此获冠名为 Tebbe 试剂 [1]。

该试剂可通过把小过量的三甲基铝加入二氯二茂钛 (Cp$_2$TiCl$_2$) 制得 (Cp 为 η^5-环戊二烯) (式 2)。由于该配合物太活泼，其结构无法鉴定。直到 2014 年，Indiana 大学的 R. Thompson 和 D. J. Mindiola 获得 Tebbe 试剂与一个二氯杂质形成的孪晶，证实 Tebbe

原推断的结构[3]。

$$\text{Tebbe 试剂 (1)} + \text{环己酮} \xrightarrow[-15\ ^\circ\text{C} \sim \text{rt}]{1,\ \text{甲苯}} \text{亚甲基环己烷} \quad 65\% \tag{1}$$

$$\text{二氯二茂钛} \xrightarrow[\text{甲苯}]{\text{Al(CH}_3)_3} \mathbf{1} \xrightarrow[-\text{Me}_2\text{AlCl}]{\text{Pyr. (cat.)}} \text{Cp}_2\text{Ti}=\text{CH}_2 \ (\mathbf{2}) \quad 80\%\sim 90\% \tag{2}$$

Tebbe 试剂是一种强的烯基化试剂,不但可以将醛、酮转化为烯烃,还可将酯转化为烯醇醚[4],酰胺转化为烯胺 (式 3)[1,5]。Tebbe 试剂与羰基化合物的反应产物形式上是以 CH_2 取代原醛、酮、酯、内酯和酰胺中羰基的氧[4]。金属卡宾类化合物 $Cp_2Ti=CH_2$ (**2**) 可能是 Tebbe 试剂的活性中间体,它以类似于 Wittig 反应的方式进行 (式 4)。

$$\underset{(X = H,\ R',\ OR',\ NR'_2)}{R-CO-X} \xrightarrow{\mathbf{1}} R-C(=CH_2)-X \tag{3}$$

$$\text{Cp}_2\text{Ti}=\text{CH}_2 + \text{R-CO-Y} \longrightarrow \underset{Y}{\overset{R}{\text{Cp}_2\text{Ti}\cdots\text{O}}} \longrightarrow \text{Cp}_2\text{Ti}=\text{O} + \underset{(Y = H,\ R,\ OR,\ NR^2)}{\text{Y-C(=CH}_2)-\text{R}} \tag{4}$$

在两种情况下 Tebbe 试剂表现出优于 Wittig 反应的特点:一是可顺利地与易烯醇化的酮反应 (式 5)[6];二是 Tebbe 试剂比磷叶立德活泼,与位阻较大的羰基化合物以及与酯 (式 6)[7,8]、酰胺 (式 7)[8b]这些不活泼的羰基化合物也可顺利反应。但是对位阻更大的 α,α-二取代环酮,同样无法得到烯基化产物,而是回收原料 (式 8)[6]。此外,类似的试剂 Cp_2TiMe_2 在酮、酯同时存在时,可选择性地与酮反应。

$$\text{α-四氢萘酮} \xrightarrow[\text{rt, 8 h}]{\text{Cp}_2\text{Ti}=\text{CH}_2} \text{亚甲基四氢萘} \quad 70\% \tag{5}$$

$$\underset{\text{OR}}{R^1-C(R^2)=CH-CO-OR} \xrightarrow[56\%\sim 62\%]{\text{Cp}_2\text{Ti}=\text{CH}_2\ (3\ \text{equiv})} R^1-C(R^2)=CH-C(=CH_2)-\text{OR} \tag{6}$$

$$\text{H}_3\text{C-CO-N(Bn)(CH}_3) \xrightarrow{\text{Cp}_2\text{Ti}=\text{CH}_2} \text{H}_3\text{C-C(=CH}_2\text{)-N(Bn)(CH}_3) \quad 97\% \tag{7}$$

$$\text{2,2-二甲基环己酮} \longrightarrow \cdots \longrightarrow \text{OTiMeCp}_2\text{-烯醇醚} \longrightarrow \text{2,2-二甲基环己酮} \tag{8}$$

得益于其独特的优势，Tebbe 试剂被广泛用于有机合成，特别是复杂天然产物的全合成。Tebbe 反应的一个精彩应用示于式 9[9]。Nicolaou 巧妙地利用有机钛试剂可催化烯烃复分解反应的特点，发展了把烯基-羧酸酯 **3** 经串联 Tebbe 烯基化反应和 Tebbe 试剂催化的烯烃复分解反应，一瓶转化为环状烯醇醚 **4** 的方法。

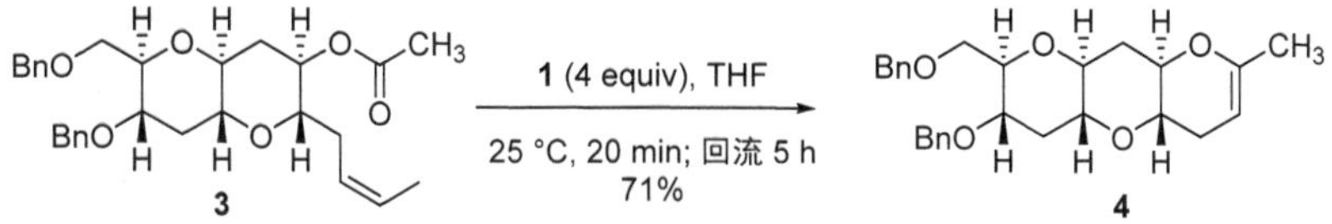

Heathcock 小组在 spongistatin 1 (altohyrtin A) C1–C28 片段的合成时，需要把酮 **5** 转化为烯烃 **6**，在尝试过的多种烯烃化方法中，Tebbe 烯烃化给出最佳结果 (式 10)[10]。

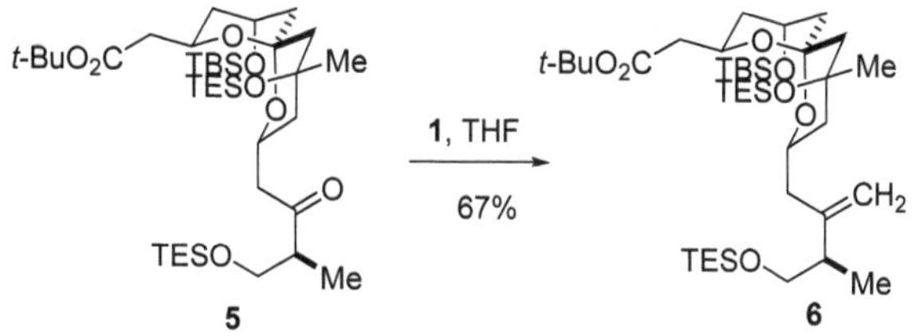

2010 年，Funk 小组报道了 (−)-nakadomarin A (**9**) 的全合成。其中醇 **7** 氧化产物醛的烯烃化系通过 Tebbe 烯烃化实现，其它反应，包括 Wittig 反应、Peterson 烯烃化和 Nysted 试剂皆无效 (式 11)[11]。

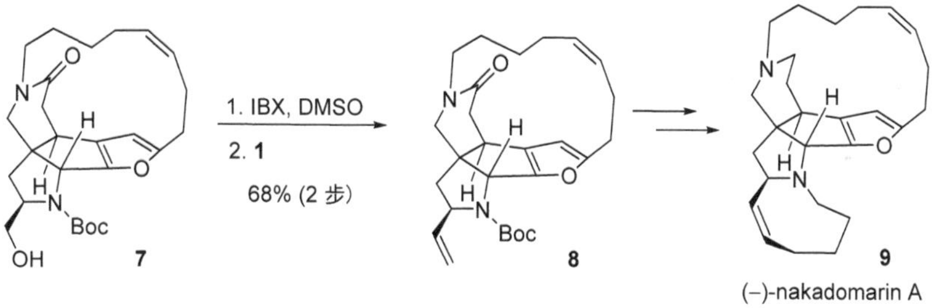

新近，在合成 leiodermatolide (**12**) 类似物的工作中，Maier 小组通过 Tebbe 烯烃化把 α,β-不饱和醛 **10** 转化为末端 1,3-二烯 **11** (式 12)[12]。

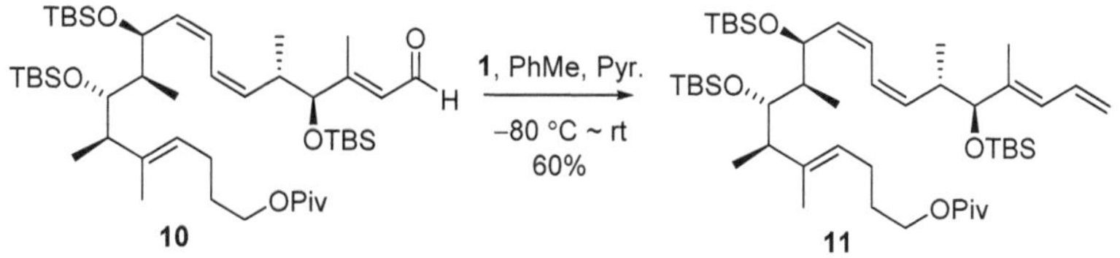

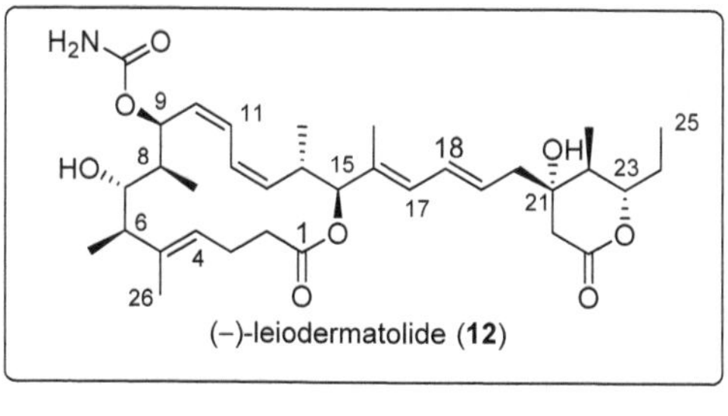

（2）Tebbe 烯烃化反应的改良与拓展

① Tebbe 试剂的改良制备法：鉴于 Tebbe 试剂制备需用真空系统和 Schlenk 技术，而商品化试剂价格昂贵，Grubbs 小组于 1985 年发展了只需常规有机合成技术的现场制备方法，称为 Grubbs 现场制备法。该法可放大到 50 mmol 规模制备[13]。

② Tebbe-Petasis (特伯-佩塔思斯) 烯烃化：以二甲基二茂钛为烯烃化试剂 1990 年，Petasis 等人报道，对于上述羧酸衍生物的烯烃化反应，已知化合物二甲基二茂钛 (**13**) 是很好的替代试剂[14]。其优点是合成简便，有较好的空气稳定性。2002 年，Verhoeven 小组进一步优化了其合成（式 13）[15-18]。鉴于 Tebbe 烯基化方法原创性及其延续性，笔者认为基于二甲基二茂钛 (**13**) 及相关二烷基二茂钛试剂[16]的烯烃化反应可称之为 Tebbe-Petasis 烯烃化[17]。

$$\text{二氯二茂钛} \xrightarrow[\text{PhMe}]{\text{MeMgCl}} \text{二甲基二茂钛 (13)} \tag{13}$$

二甲基二茂钛 (**13**) 同样被用于诸多天然产物的合成[15]。例如，2015 年，Carreira 小组在生物碱 gelsemoxonine (**16**) 的合成中，通过该试剂，把 N-Boc-β-内酰胺转化烯氨基甲酸酯 **15**（式 14）[18]。值得注意的是，分子中的羟基无需保护，且产物为高张力分子，显示反应条件之温和。

$$\mathbf{14} \xrightarrow[\text{PhMe, 70 °C, 5 h}]{\text{13, Pyr.} \atop 74\%} \mathbf{15} \longrightarrow \text{gelsemoxonine (16)} \tag{14}$$

Tebbe 烯烃化试剂其实是 C_1 试剂，局限于亚甲基化。自 1992 年起，Petasis 在二甲基二茂钛 (**13**) 的基础上，发展了其它二烷基二茂钛，用于羰基化合物的烯烃化[16]。

参考文献

[1] Scott, J.; Mindiola, D. J. *Dalton Trans.* **2009**, 8463-8472. (综述)
[2] (a) Tebbe, F. N.; Parshall, G. W.; Reddy, G. S., *J. Am. Chem. Soc.* **1978**, *100*, 3611-3613. (b) Tebbe, F. N.; Parshall, G. W.; Ovenall, D. W. *J. Am. Chem. Soc.* **1979**, *101*, 5074-5075.
[3] Thompson, R.; Nakamaru-Ogiso, E.; Chen, C.-H.; Pink, M.; Mindiola D. J., *Organometallics* **2014**, *33*, 429-432.
[4] Pine, S. H.; Zahler, R.; Evans, D. A.; Grubbs, R. H. *J. Am. Chem. Soc.* **1980**, *102*, 3270-3272.
[5] (a) Hartley, R. C.; Li, J.; Main, C. A.; McKiernan, G. J. *Tetrahedron* **2007**, *63*, 4825-4864. (b) Hartley, R. C.; McKiernan, G. J. *J. Chem. Soc., Perkin 1* **2002**, 2763-2793. (综述)
[6] Clawson, L.; Buchwald, S. L.; Grubbs, R. H. *Tetrahedron Lett.* **1984**, *25*, 5733-5736.
[7] Barluenga, J.; Tomás, M.; López, L. A.; Suárez-Sobrino, A. *Synthesis* **1997**, 967-974.

[8] (a) Pine, S. H.; Kim, G.; Lee, V. *Org. Synth.* **1990**, *69*, 72; *Coll. Vol.* **1993**, *8*, 512. (b) Pine, S. H.; Pettit, R. J.; Geib, G. D.; Cruz, S. G.; Gallego, C. H.; Tijerina, T.; Pine, R. D. *J. Org. Chem.* **1985**, *50*, 1212-1216.
[9] Nicolaou, K. C.; Postema, M. H. D.; Claiborne, C. F. *J. Am. Chem. Soc.* **1996**, *118*, 1565-1566.
[10] Claffey, M. M.; Hayes, C. J.; Heathcock, C. H. *J. Org. Chem.* **1999**, *64*, 8267-8274.
[11] Nilson. M. G.; Funk, R. L. *Org. Lett.* **2010**, *12*, 4912-4915.
[12] Reiss, A.; Maier, M. E. *Eur. J. Org. Chem.* **2018**, 4246-4255.
[13] Cannizzo, L. F.; Grubbs, R. H. *J. Org. Chem.* **1985**, *50*, 2386-2387.
[14] (a) Petasis, N. A.; Bzowej, E. I. *J. Am. Chem. Soc.* **1990**, *112*, 6392-6394. (b) Petasis, N. A.; Lu, S.-P. *Tetrahedron Lett.* **1995**, *36*, 2393-2396.
[15] Payack, J. F.; Hughes, D. L.; Cai, D. W.; Cottrell, I. F.; Verhoeven, T. R. *Org. Synth.* **2002**, *79*, 19; *Coll. Vol.* **2004**, *10*, 355.
[16] (a) Petasis, N. A.; Lu, S.-P.; Bzowej, E. I.; Fu, D.-K.,Staszewski, J. P.; Akritopoulou-␣anze, I.; Patane, M. A.; Hu, Y. -H. *Pure Appl. Chem.* **1996**, *68*, 667-670. (b) Petasis, N. A.; Hu, Y.-H. *Curr. Org. Chem.* **1997**, *1*, 249. (综述)
[17] Smith, A. B., III; Mesaros, E. F.; Meyer, E. A. *J. Am. Chem. Soc.* **2005**, *127*, 6948-6949.
[18] Diethelm. S.; Carreira, E. M. *J. Am. Chem. Soc.* **2015**, *137*, 6084-6096.

相关反应: Nysted 试剂; Wittig 反应; HWE 反应; Julia 烯烃合成; Peterson 烯烃化反应; Petasis-Ferrier 重排

（黄培强）

Thorpe 反应、Thorpe-Ziegler 反应和 Guareschi-Thorpe 反应

（1）Thorpe (索普) 反应

Thorpe 反应指两分子腈（如 **1**）在碱性条件下发生自身缩合反应，水解后得到 α-氰基酮 **2**（式 1）[1,2]。

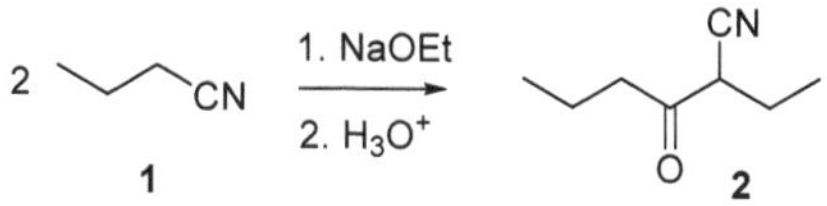

$$2 \ \text{CH}_3\text{CH}_2\text{CN} \xrightarrow[\text{2. H}_3\text{O}^+]{\text{1. NaOEt}} \text{CH}_3\text{CH}_2\text{CH}_2\text{C(O)CH(CN)CH}_2\text{CH}_3 \qquad (1)$$

Thorpe 反应的机理如图 1 所示。反应中间体 β-亚胺腈易水解产生 β-酮腈（α-氰基酮）。

尿嘧啶是一个重要的药效基团，抗癌药物 5-氟尿嘧啶和抗艾滋病病毒药物叠氮胸苷（AZT）是代表性药物。2003 年，Trenkle 等人发展了基于 Thorpe 缩合反应合成胞核嘧啶

衍生物 **4** 的快捷 (三步) 合成法 (式 2)[3]。

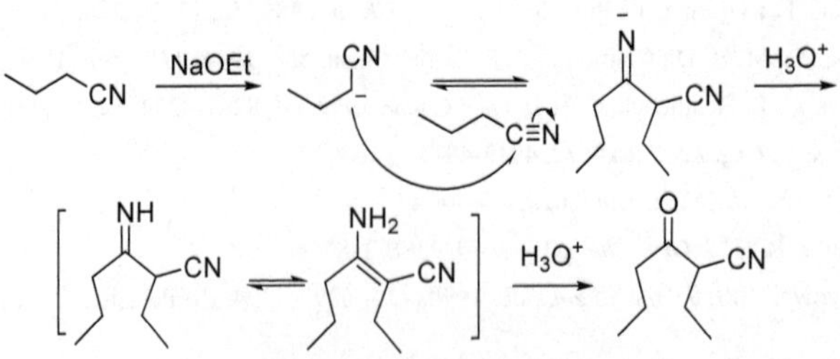

图 1 Thorpe 反应的机理

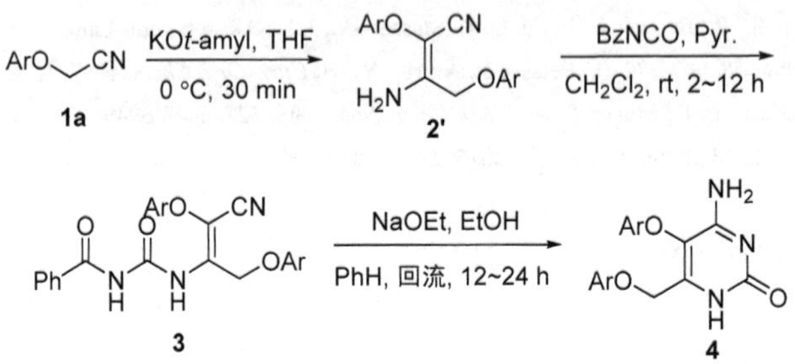

基于乙腈的 Thorpe 反应形成的亲核物种 3-亚胺基腈 α-碳负离子，侯雪龙小组发展了串联 Thorpe 反应-钯催化不对称烯丙型烷基化反应，可高对映选择性地生成手性 β-烯胺腈 (式 3)[4]。

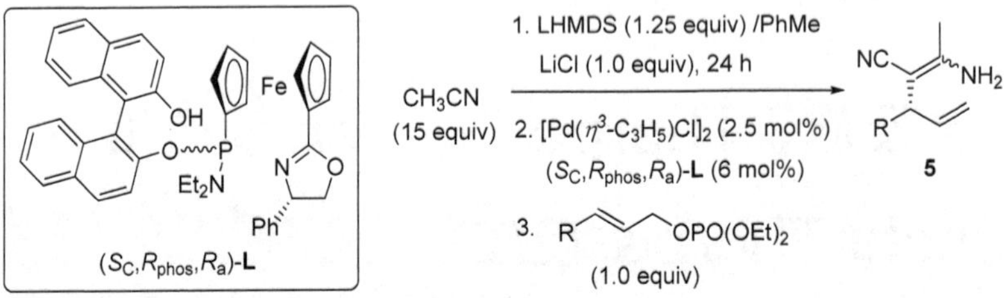

(2) Thorpe-Ziegler (索普-齐格勒) 反应

Thorpe-Ziegler 反应为 α,ω-二腈的分子内缩合反应，产物为环状 α-氰酮 (式 4)[5]。同 Dieckmann 反应一样，这一反应用于五元环和六元环的合成产率较好，更大环的合成将伴随着竞争性的分子间反应。但在生物碱伊菠胺 (ibogamine) 外消旋的早期全合成中，Thorpe 反应被用于特定环系中七元环的构筑[6]。2002 年，Toda 小组发展了无溶剂条件下的分子内 Thorpe 反应 (Thorpe-Ziegler 反应)[7]。

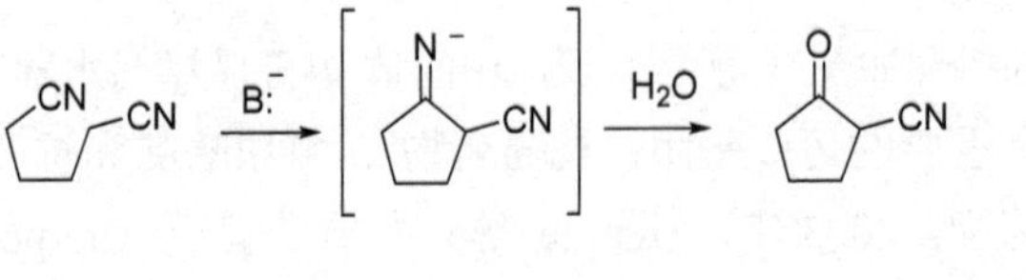

2011 年，Kim 小组在进行 α-氰基苯胺 **1b** 的 *N*-苯甲酰化时，意外得到 Thorpe-Ziegler 反应产物 **2b**。有趣的是，所得产物 **2b** 与烯丙基铟反应出乎意料地导向脱氰基产物：2-取代-3-氨基吲哚衍生物 **6** (式 5)[8]。

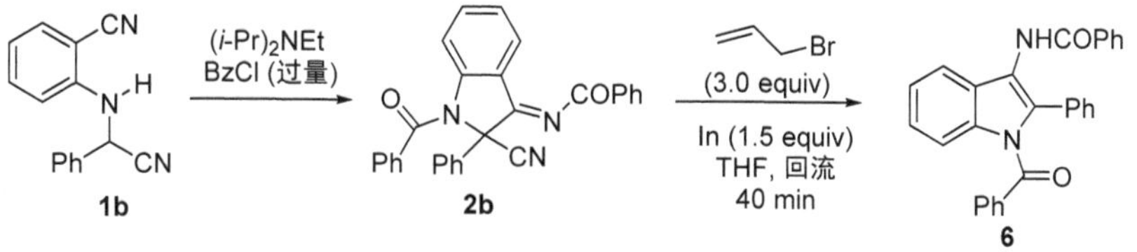

新近，Hurvois 小组报道了箭毒蛙生物碱 histrionicotoxin (HTX-283A, **8**) 全氢化类似物的形式全合成[9]。其中 1-氮杂螺环[5.5]十一烷核心骨架 (+)-**7** 系通过 Thorpe-Ziegler 环化构建的 (式 6)。

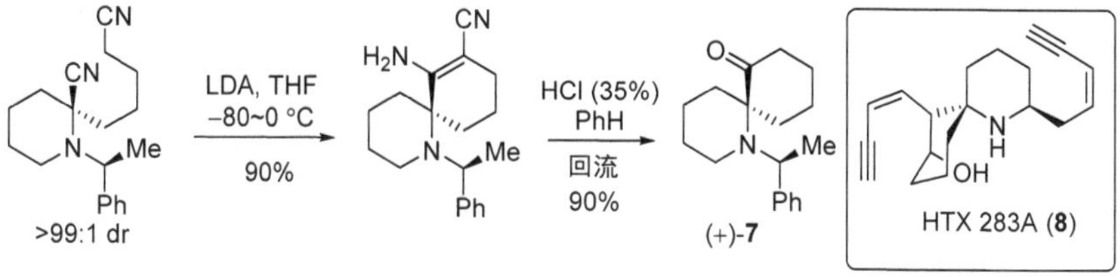

（3）Guareschi-Thorpe (瓜雷斯齐-索普) 反应

Guareschi-Thorpe 反应为 β-酮酯与 1-氰基乙酸和氨的三组分缩合反应，产物为多取代吡啶 (式 7)。

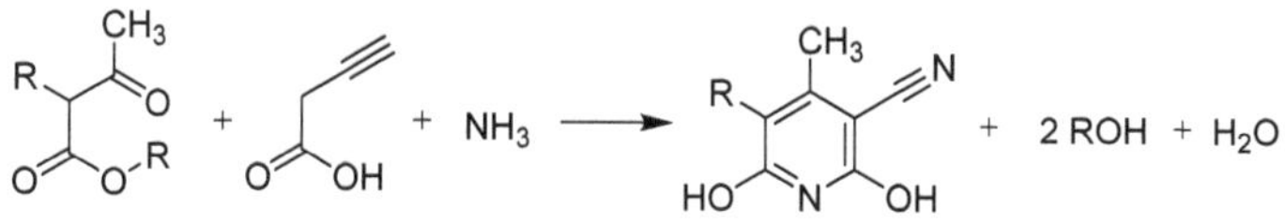

以草酸二乙酯的 Guareschi-Thorpe 反应[10]为起点，瑞士 Actelion 制药公司分别于 2012 年和 2016 年发展了 $S1P_1$ 受体激动剂 ACT-209905 (**9**) 和 ACT-334441 (**10**) 的实用且可放大的合成方法 (式 8)[11,12]。

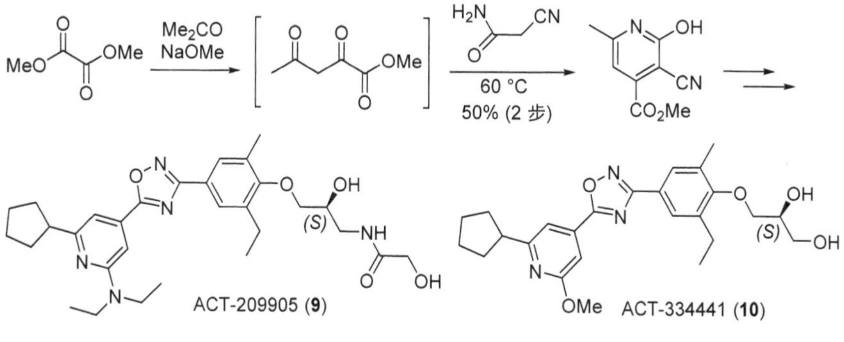

基于研究 IκB 激酶 β (IKKβ) 抑制剂以治疗免疫疾病的需要，Boehringer Ingelheim 制药公司 Eriksson 团队最近发展了一种实用的 Guareschi-Thorpe 反应改良法 (式 9)[13]。该法的关键是以 DBU 为碱，β-酮酯与 1-氰基乙酰胺的环化缩合可高产率地得到取代的 2-吡啶酮。在季铵盐存在下，吡啶酮的 DBU 盐用 $POCl_3$ 氯代在常压下回流即可高产率地得到 2,6-二氯代吡啶衍生物。

同年，Chaudhary 小组报道了类 Guareschi-Thorpe 反应的新改良法。该法以壳聚糖为异相有机催化剂，可区域选择性地合成 5,6,7,8-四氢喹啉等吡啶并脂环化合物 (式 10)[14]。

参考文献

[1] Baron, H.; Remfry, F. G. P; Thorpe, J. F. *J. Chem. Soc.* **1904**, *85*, 1726-1761.
[2] Schaefer, J. P.; Bloomfield, J. J. *Org. React.* **1967**, *15*, 1.
[3] Barkin, J. L.; Faust, M. D.; Trenkle, W. C. *Org. Lett.* **2003**, *5*, 3333–3335.
[4] Bai, D.-C.; Liu, X.-Y.; Li, H.; Ding, C.-H.; Hou, X.-L. *Chem.-Asian J.* **2017**, *12*, 212-215.
[5] Ziegler, K.; Eberle, H.; Ohlinger, H. *Ann.* **1933**, *504*, 94.
[6] Ikezaki, M.; Wakamatsu, T.; Ban, Y. *J. Chem. Soc., Chem. Commun.* **1969**, 88-89.
[7] Yoshizawa, K.; Toyota, S.; Toda, F. *Green Chem.* **2002**, *4*, 68-70.
[8] Kim, Y. M.; Kim, K. H.; Park, S.; Kim, J. N. *Tetrahedron Lett.* **2011**, *52*, 1378-1382.
[9] Vu, V. H.; Bouvry, C.; Roisnel, T.; Golhen, S.; Hurvois J.-P. *Eur. J. Org. Chem.* **2019**, 1215-1224.
[10] Guareschi, I. *Gazz. Chim. Ital.* **1919**, *49*, 124-133.
[11] Schmidt, G.; Reber, S.; Bolli, M. H.; Abele, S. *Org. Process Res. Dev.* **2012**, *16*, 595-604.
[12] Schmidt, G.; Bolli, M. H.; Lescop, C.; Abele, S. *Org. Process Res. Dev.* **2016**, *20*, 1637-1646.
[13] Eriksson, M. C.; Zeng, X.; Xu, J.; Reeves, D. C.; Busacca, C. A.; Farina, V.; Senanayake, C. H. *Synlett* **2018**, *29*, 1455-1460.
[14] Jaiswal, P. K.; Sharma, V.; Mathur, M.; Chaudhary, S. *Org. Lett.* **2018**, *20*, 6059-6063.

（黄培强）

Wittig 反应、Stork-赵康-Wittig 碘烯烃化、赵康-Wittig 碘烯烃化和 Schlosser-Wittig 反应

（1）Wittig (魏悌息) 反应

Wittig 反应指卤代烃经鳞盐 (**1**) 去质子化制得的磷叶立德 (**2**) 与醛、酮缩合成烯烃的反应 (式 1)[1]，乃合成烯烃的最重要方法之一[2]，被广泛应用于天然产物的合成[3]。G. Wittig 因在这方面的贡献与 H. C. Brown 共享 1979 年诺贝尔化学奖。

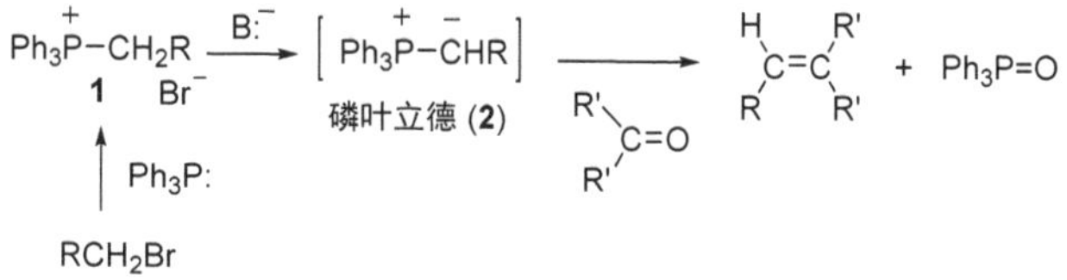

Ph3P-CH2R
1 Br⁻
B:⁻
Ph3P-CHR
磷叶立德 (2)
R'
C=O
R'
H R'
C=C
R R'
+ Ph3P=O
Ph3P:
RCH2Br

(1)

反应机理 (图 1)[2]：Wittig 反应的第一步是叶立德与羰基加成；然后，形成的两性中间体 (betaine) **3** 环化成氧杂磷杂环丁烷中间体 **4**，环碎裂后生成烯烃和三苯基氧膦。

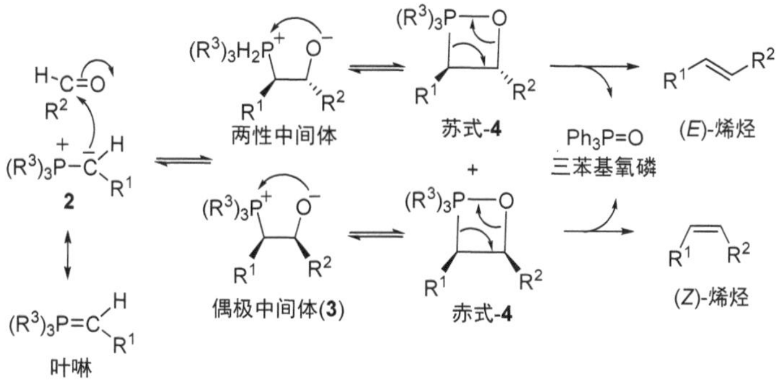

两性中间体
苏式-4
Ph3P=O
三苯基氧磷
(E)-烯烃
偶极中间体(3)
赤式-4
(Z)-烯烃
叶啉
2

图 1　Wittig 反应的机理

Wittig 反应的立体化学[2,4]取决于叶立德与醛、酮的结构和反应条件。一般而言，非稳定化的叶立德主要生成 (*Z*) 式烯烃，稳定化的叶立德主要生成 (*E*) 式烯烃。在图 1 中，稳定化的叶立德有利于苏式中间体 (苏式-**4**) 的形成。因此，当 R^1 是负离子稳定基团 (CO_2Me、COMe、SO_2Ph、CN 等) 时 (如由 **5** 形成的叶立德)，(*E*)-烯烃为主产物 (式 2)[5]。非稳定化的叶立德有利于赤式中间体的形成，因当 R^1 是推电子基 (烷基) 时，(*Z*)-烯烃为主产物。例如，在昆虫信息素 (*Z*)-15-甲基十六-11-烯酸的合成中，由 **6** 形成的叶立德的 Wittig 反应达到 9:1 的 *Z*/*E* 选择性 (式 3)[6]。而当 R^1 为弱的负离子稳定基 (C_6H_5，$CH_2CH=CH_2$)时，反应无选择性。

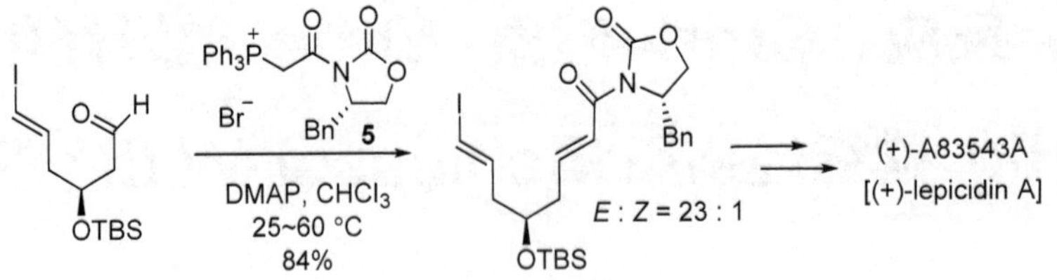

反应条件对 Wittig 反应的立体化学也有重要影响。有利于建立热力学平衡的条件将促使赤式-**4** 向苏式-**4** 转化 (图 1)，从而提高 (E) 式选择性。磷上带推电子基团 (包括烷基)、在锂盐存在下、增大醛和叶立德的位阻等因素都有利于平衡的建立。有利于形成 (Z)-烯烃的条件为：图 1 中，R^1、R^2 为烷基，R^3 为苯基；在非锂盐条件下反应（即使用钠、钾盐合成）；使用非质子性极性溶剂 (THF、Et$_2$O、DME)。

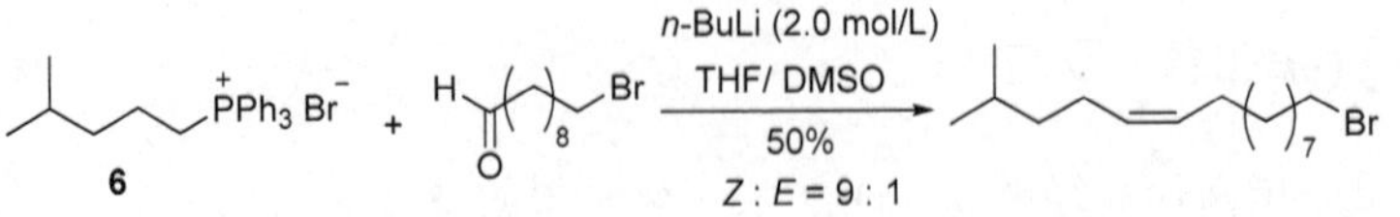

Wittig 反应的特点是可用于合成双键位置确定的烯烃[1]。例如，Smith III 小组在天然产物 (+)-zampanolide 的全合成中，酮 **7** 以 98% 的产率被转化为环外烯烃 **8** (式 4)[7]。

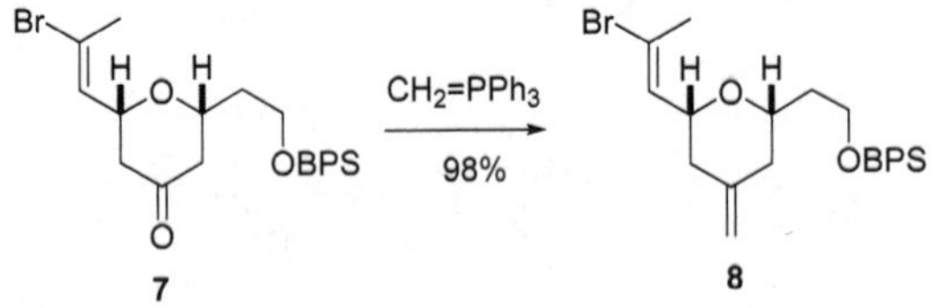

（2）Stork-赵康-Wittig (斯托克-赵康-魏悌息) 碘烯烃化

除了用于烯烃的合成外，α-碘代或 α-甲氧基叶立德的 Wittig 反应也可用于烯基碘或烯基甲醚的合成。α-碘代叶立德的 Wittig 反应[8]称 Stork-Zhao (赵康)-Wittig 碘烯烃化，最近被贺云小组用于 kanamienamide (**9**) 的全合成 (式 5)[9]。

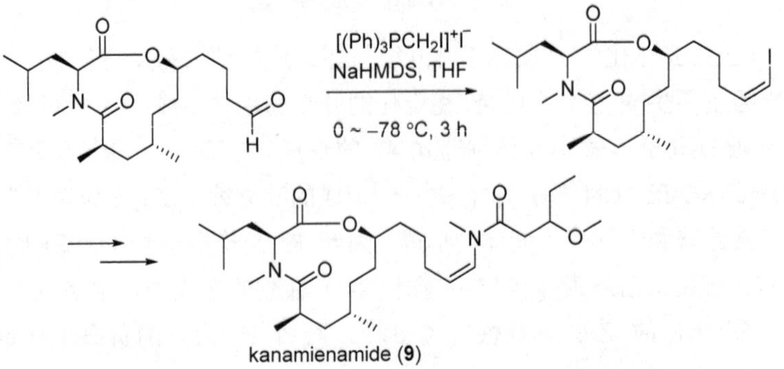

(3) 赵康-Wittig (赵康-魏悌息) 碘烯烃化

1994 年，赵康小组发展了从鳞盐 (**1**) 出发立体选择性"一瓶"合成 2-碘代-2-烯烃 **10** 的方法，称 Zhao 方法 (式 6) [10]。该法被 Smith III 小组用于抗癌活性天然产物 (−)-discodermolide 的全合成 (式 7)[11]。

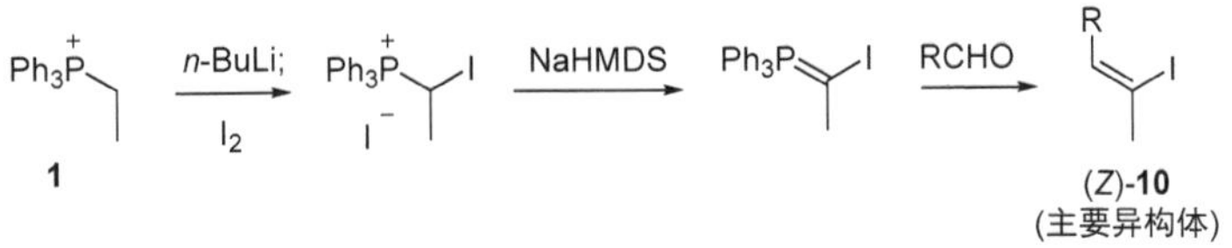

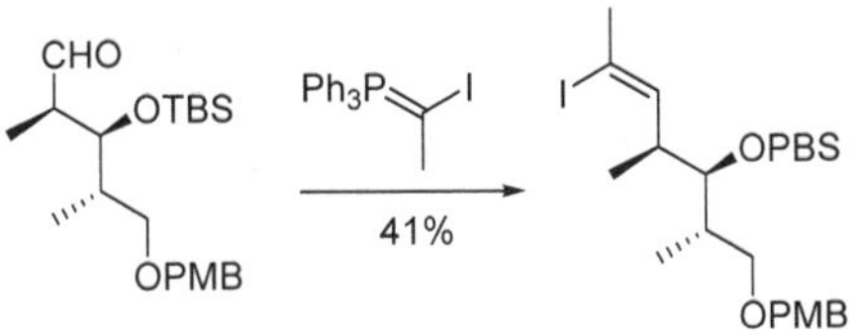

烯基碘或烯基甲醚水解后得酮或醛，这是从醛、酮增碳的直观方法。2010 年，在 echinopines A 和 B 的全合成中，Nicolaou 和 Chen 等人通过 α-甲氧基叶立德的 Wittig 反应实现醛 **11** 的增碳 (式 8)[12]。

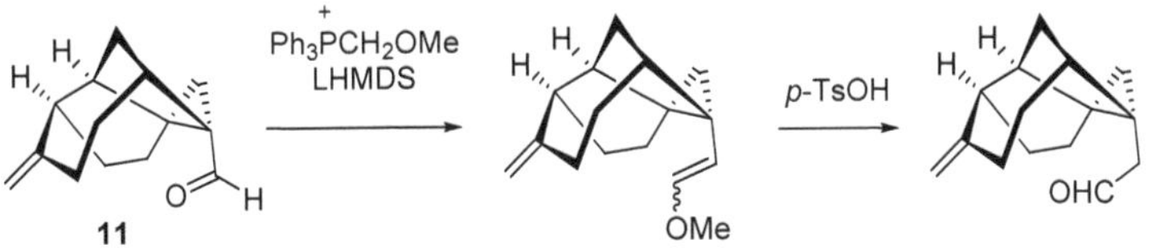

利用半缩醛与醛的平衡，Wittig 反应也可在叶立德与半缩醛之间进行 (式 9)[13]。β-烷氧基取代醛的 Wittig 反应观察到少量 β-消除产物 (式 10)[14]。

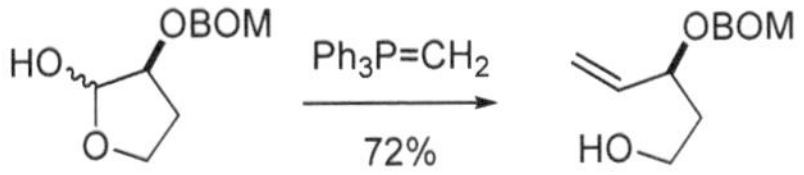

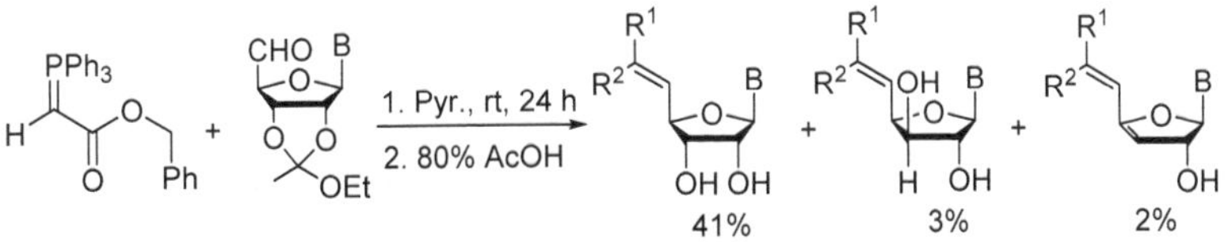

稳定的叶立德 **13** 与 Meldrum 酸 **12** 反应得另一叶立德 **14**。后者是 β-酰基酮的活性等效体，与 α-氨基酸酯反应的产物 **15** 在叔丁醇钾作用下与醛反应，经历串联 Wittig 反应-Dieckmann 环化，生成 3-烯酰基特窗酸 **16** (式 11)[15]。

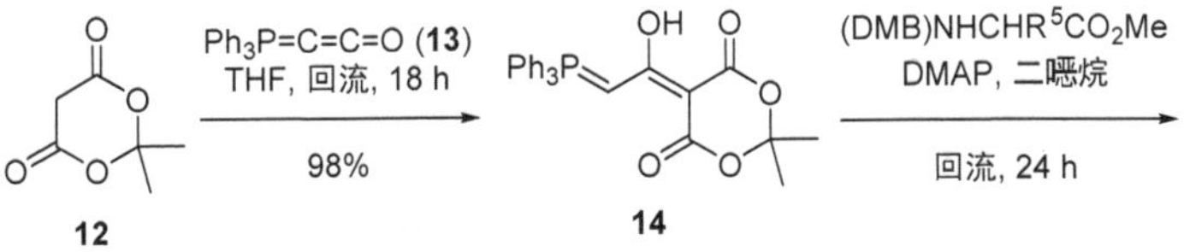

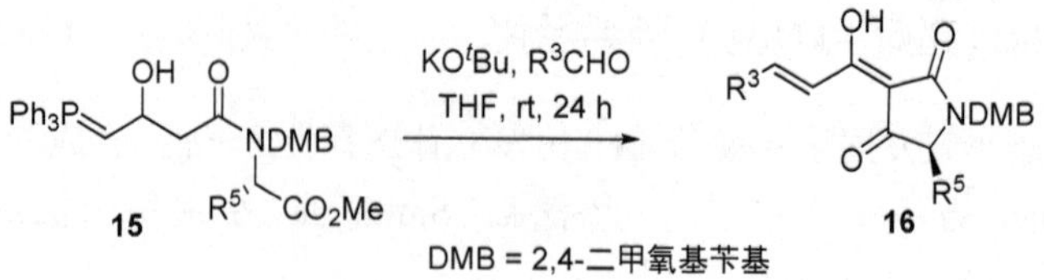

（4）Schlosser-Wittig（施洛瑟-魏悌息）反应

Schlosser 发展了从非稳定化的叶立德出发，高选择地形成到 (E)-烯烃的 Wittig 反应改良法 (式 12)[16]。在该法中，首先形成叶立德与锂盐的配合物，而后在低温下与醛反应形成加成产物 **3**。此时，再加入等摩尔的强碱如苯基锂形成双负离子中间体 **17**，然后用叔丁醇质子化，可立体选择性地得到 syn 两性化合物 **3′**，最后升温发生 $β$-syn 消除得 (E)-烯烃 (式 13)。

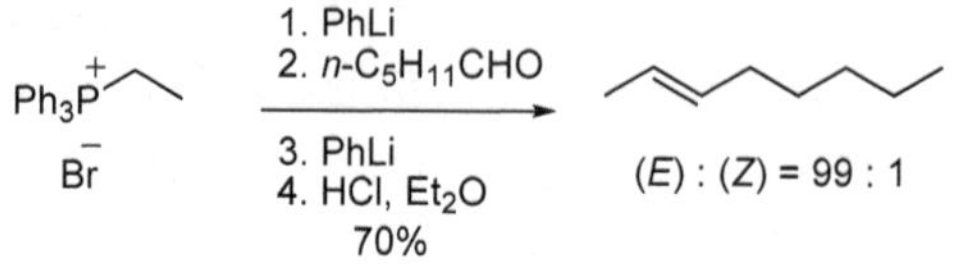

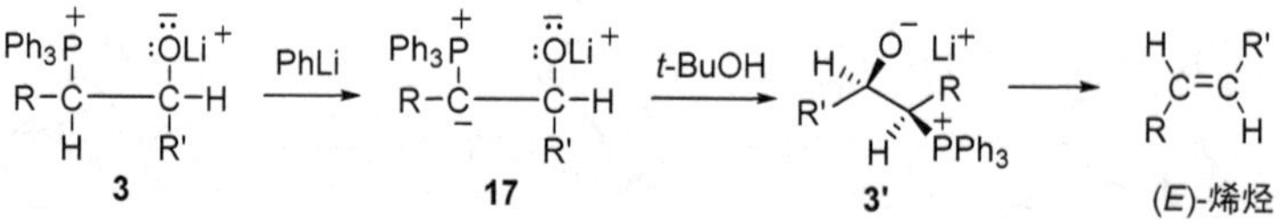

近年 Wittig 反应的两个重要进展之一是催化的 Wittig 反应[17]。2013 年，O'Brien 小组报道了首例催化的 Wittig 反应，可用于二、三取代烯烃的合成 (式 14)[18]。该法以环状氧化膦 **18** 为催化剂前体，通过硅烷还原形成膦催化剂。Wittig 反应重新形成的氧化膦 **18** 进入催化循环。2015 年，Werner 小组报道了首例无碱存在下的催化 Wittig 反应 (式 15)[19]。

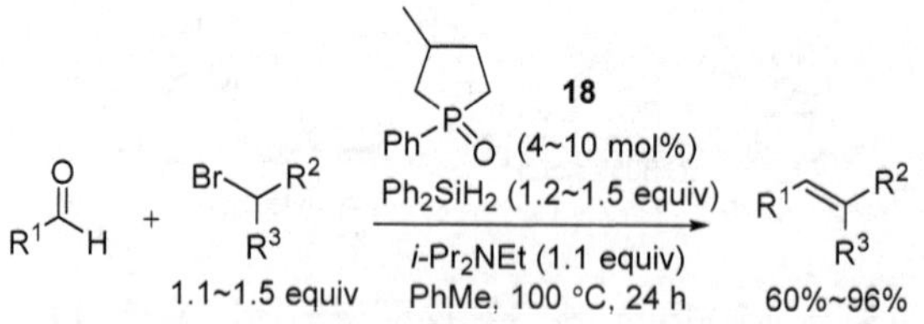

Wittig 反应与其它反应串联是 Wittig 反应的另一近期进展。2009 年，陈应春小组报道了有机小分子 **19** 催化的串联不对称 Michael 加成-Wittig 反应 (式 16)[20]。2017 年，肖文精小组报道了手性配体 **20** 存在下铜催化的 Wittig 试剂的不对称偶联-串联 Wittig

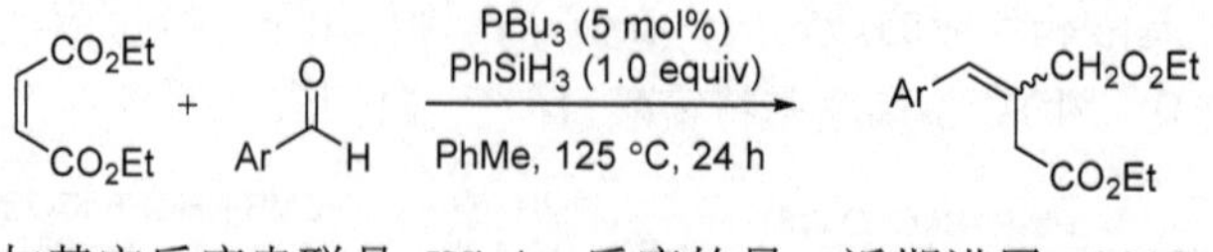

反应 (式 17)[21]。王锐小组最近报道了手性配体 **21** 存在下镁催化的半缩醛与 Wittig 试剂的串联 Wittig 反应-不对称 Michael 加成反应 (式 18)[22]。

参考文献

[1] Wittig, G.; Schöllkopf, U. *Chem. Ber.* **1954**, *87*, 1318-1330.
[2] Maryanoff, B. E.; Reitz, A.B. *Chem. Rev.* **1989**, *89*, 863-927. (综述)
[3] (a) Bestmann, H. J.; Vostrowski, O. *Top. Curr. Chem.* **1983**, *109*, 85-163. (综述) (b) Nicolaou, K. C.; Harter, M. W.; Gunzner, J. L.; Nadin, A. *Liebigs Ann. Chem.* **1997**, 1283-1301.
[4] Vedejs, E.; Peterson, M. J. *Topics in Stereochemistry* **1994**, *21*, 1-157.
[5] Evans, D. A.; Black, W. C. *J. Am. Chem. Soc.* **1993**, *115*, 4497-4513.
[6] Reyes, E. D.; Carballeira, N. M. *Synthesis* **1996**, 693-694.
[7] Smith III, A. B.; Safonov, I. G.; Corbett, R. M. *J. Am. Chem. Soc.* **2001**, *123*, 12426-12427.
[8] Stork, G.; Zhao, K. *Tetrahedron Lett.* **1989**, *30*, 2173-2174.
[9] Reddy, D. P.; Zhang, N.; Yu, Z.-M.; Wang, Z.; He, Y. *J. Org. Chem.* **2017**, *82*, 11262-11268.
[10] Chen, J.; Wang, T.; Zhao, K. *Tetrahedron Lett.* **1994**, *35*, 2827-2828.
[11] Smith III, A. B.; Qiu, Y.; Jones, D. R.; Kobayashi, K. *J. Am. Chem. Soc.* **1995**, *117*, 12011-12012.
[12] Nicolaou, K. C.; Ding, H.-F.; Richard, J.-A.; Chen, D. Y.-K. *J. Am. Chem. Soc.* **2010**, *132*, 3815-3818.
[13] Pearson, W. H.; Bergmeier, S. C.; Williams, J. P. *J. Org. Chem.* **1992**, *57*, 3977-3987.
[14] Zhang, J.-D.; Zhang, L.-H. *Synthesis* **1990**, 909-911.
[15] Lovmo, K.; Duetz, S.; Harras, M.; Haase, R. G.; Milius, W.; Schobert, R. *Tetrahedron Lett.* **2017**, *58*, 4796-4798.

[16] Schlosser, M.; Christmann, K. F. *Angew. Chem. Int. Ed. Engl.* **1966**, *5*, 126-126.
[17] Lao, Z.-Q.; Toy, P. H. *Beilstein J. Org. Chem.* **2016**, *12*, 2577-2587.
[18] O'Brien, C. J.; Nixon, Z. S.; Holohan, A. J.; Kunkel, S. R.; Tellez, J. L.; Doonan, B. J.; Coyle, E. E.; Lavigne, F.; Kang, L. J.; Przeworski, K. C. *Chem.-Eur. J.* **2013**, *19*, 15281-15289.
[19] Schirmer, M.-L.; Adomeit, S.; Werner, T. *Org. Lett.* **2015**, *17*, 3078-3081.
[20] Liu, Y.-K.; Ma, C.; Jiang, K.; Liu, T.-Y.; Chen, Y.-C. *Org. Lett.* **2009**, *11*, 2848-2851.
[21] Zhang, K.; Lu, L.-Q.; Yao, S.; Chen, J.-R.; Shi, D.-Q.; Xiao, W.-J. *J. Am. Chem. Soc.* **2017**, *139*, 12847-12854.
[22] Wang, L.-Q.; Yang, D.-X.; Li, D.; Liu, X.-H.; Wang, P.-X.; Wang, K.-Z.; Zhu, H.-Y.; Bai, L.-T.; Wang, R. *Angew. Chem. Int. Ed.* **2018**, *57*, 9088-9092.

(黄培强)

第 3 篇

碳-杂原子键（包括杂原子-杂原子键）形成反应

Appel-Lee 反应

Appel-Lee (阿佩尔-李) 反应指用三苯基膦/四卤化碳把醇直接转化为卤代烃的反应 (式 1)[1,2]。Lee 小组最早于 1966 年报道了 $Ph_3P + CCl_4$ 体系[3]，因而该反应也曾称 Lee 反应[4]。Appel 系统地研究了反应中间体及其应用[1,2]，因此，也有多称为 Appel-Lee (阿佩尔) 反应[5]。Appel-Lee 反应在温和、几乎中性的条件下把醇转化为卤代烃，醇一般为伯醇或仲醇，与三苯基膦匹配的亲电试剂可扩展到含亲电性卤离子的试剂 Br_2、Cl_2、C_2Cl_6、I_2、MeI 等[6]。此外，Lee 也在 1966 年报道用 $Ph_3P + CCl_4$ 体系把羧酸转化为酰氯 (式 2)[7]。

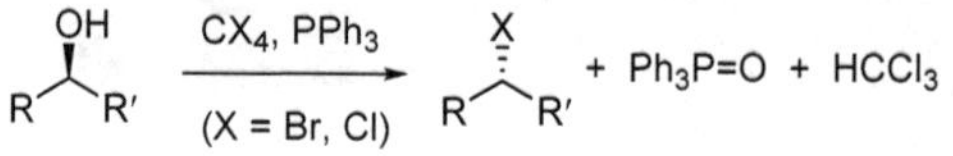

$$\begin{array}{c}OH\\R\diagdown R'\end{array} \xrightarrow[(X = Br, Cl)]{CX_4, PPh_3} \begin{array}{c}X\\R\diagdown R'\end{array} + Ph_3P=O + HCCl_3 \qquad (1)$$

$$RCOOH \xrightarrow{Ph_3P, CCl_4} RCOCl + Ph_3P=O + HCCl_3 \qquad (2)$$

Appel 反应的一种可能机理示于图 1，卤代步骤为 S_N2 取代反应，发生构型转变。但具体细节尚有疑问，也观察到显著的外消旋化[8]。

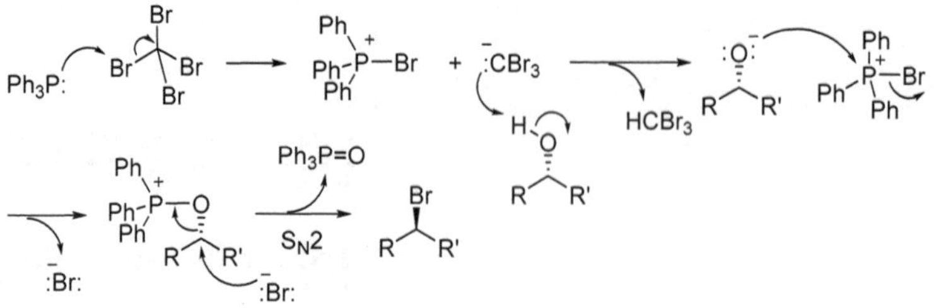

图 1 Appel-Lee 反应的一种可能机理

从式 3 可以看出，不同立体环境的醇表现出不同的反应性，因而通过控制反应条件，可进行化学选择性氯代[9]。

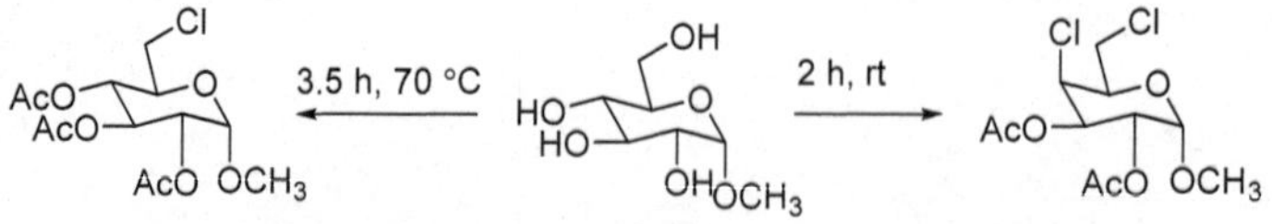

$$(3)$$

其它反应条件：1. 咪唑, $(C_6H_5)_3P/CCl_4$, Pyr. CH_3CN; 2. Ac_2O/Pyr.

由于 Appel-Lee 反应的条件温和，被广泛用于天然产物合成 (式 4~式 6)[9-12]。烯丙醇的卤化一般不发生双键迁移 (式 6)[12,13]，但位阻较大的烯丙醇主要副产物为消除产物。

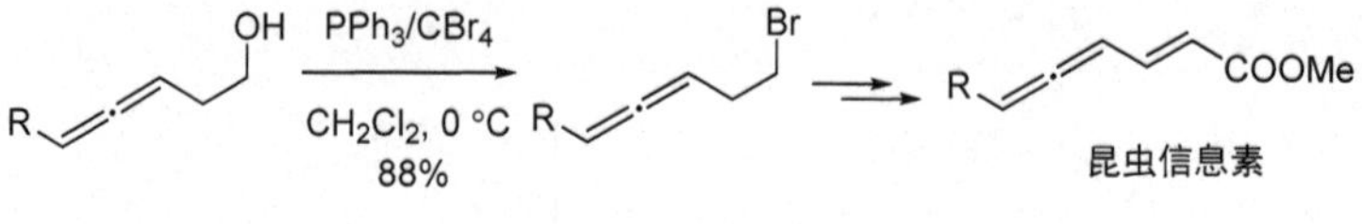

$$(4)$$

昆虫信息素

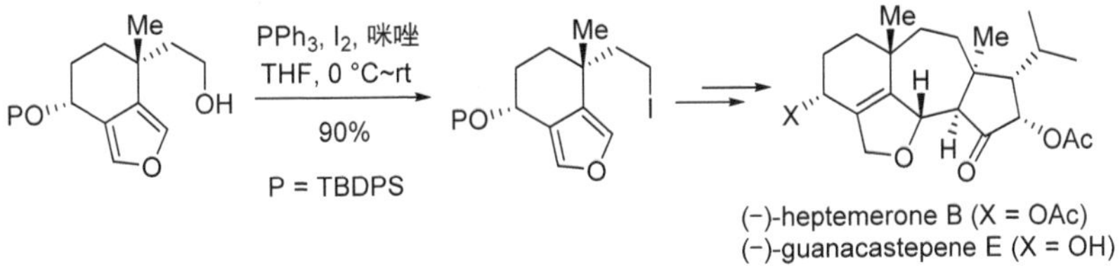

如果在 DMF 中反应,可进行立体选择性"一瓶"糖苷化 (式 7)[14]。羟基卤代是其中的关键步骤。

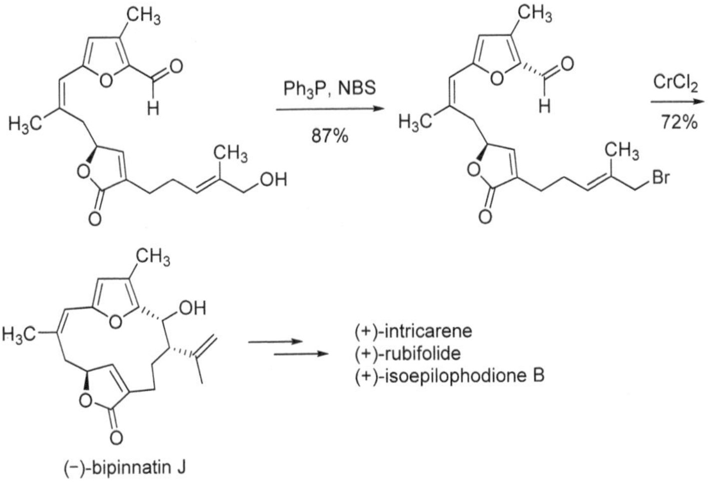

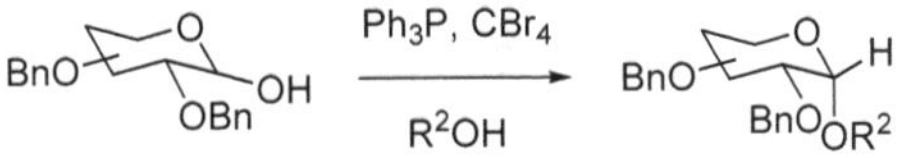

由于光学活性手性醇在 Appel-Lee 条件下的卤代会发生外消旋化[8],因此发展了其它卤正离子源,其中 **1**[15] 和 Me$_2$SeCl$_2$[16] 据报道可得到构型保持产物。前一体系还可直接将 THP 保护的醇羟基转化为溴 (式 8)[15]。关于 Appel-Lee 反应的新试剂与方法近期已有综述[17]。

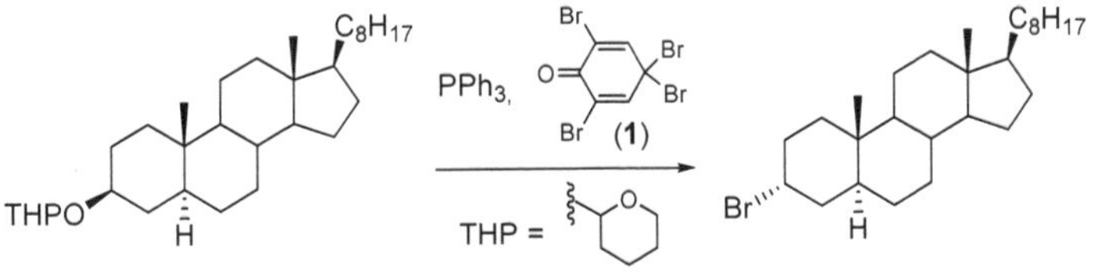

Appel-Lee 反应的最新发展是催化 Appel-Lee 反应。Denton 等发展了以三苯氧膦为 Lewis 碱催化剂,化学计量草酰氯为活化试剂的类 Appel-Lee 反应,若加入溴化锂则可合成溴代物 [图 2(a)][18]。Huy 小组分别报道了使用催化量的甲酰胺或二乙基环丙烯酮为 Lewis 碱催化剂,化学计量苯甲酰氯或乙酰氯或 2,4,6-三氯-1,3,5-三嗪 (TCT) 为活化试剂的方法 [图 2(b)][19]。这些方法条件温和,操作简便,立体选择性和官能团容忍性好,可进

行几十克至上百克制备。这些进展近年已有综述[20]。

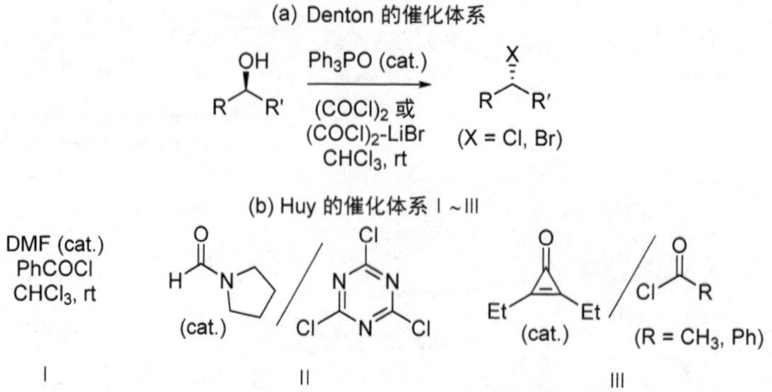

(a) Denton 的催化体系

$$\underset{R}{\overset{OH}{\underset{|}{C}}}\underset{R'}{\overset{}{H}} \xrightarrow[\substack{(COCl)_2 \text{ 或} \\ (COCl)_2\text{-LiBr} \\ CHCl_3, \text{ rt}}]{Ph_3PO \text{ (cat.)}} \underset{R}{\overset{X}{\underset{|}{C}}}\underset{R'}{\overset{}{H}} \quad (X = Cl, Br)$$

(b) Huy 的催化体系 I～III

图 2 催化 Appel-Lee 反应的两种催化体系

针对 Appel-Lee 反应的另一个问题，即生成化学计量的三苯氧膦副产物难于去除的问题，Gilheany 等发展了与草酰氯反应-过滤的方便方法，可免于柱色谱分离[21]。

Appel-Lee 试剂作为亲氧性脱水剂，也可把羧酸转化为偕卤亚胺[22]。施敏小组报道环丙烷基酰胺在 Appel-Lee 条件下可被转化为 γ-内酰胺 (式 9)[23]，其反应中间体是偕卤亚胺。

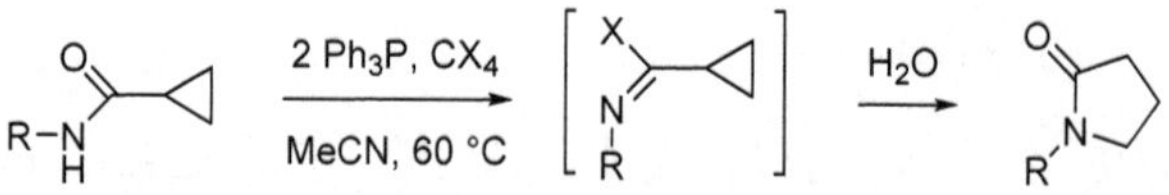

$$\text{R-NH-C(O)-cyclopropyl} \xrightarrow[\text{MeCN, 60 °C}]{2\ Ph_3P, CX_4} [\text{imine intermediate}] \xrightarrow{H_2O} \text{γ-lactam} \quad (9)$$

TPP/CCl$_4$ 体系还可用于酯和内酯的亚二氯甲基化[24]，羟基保护基的去保护[25]等反应。

参考文献

[1] (a) Appel, R.; Blaser, B.; Siegemund, G. *Z. Anorg. Allgem. Chem.* **1968**, *363*, 176-182. (b) Appel, R.; Blaser, B.; Kleinstück, R.; Ziehn, K.-D. *Chem. Ber.* **1971**, *104*, 1847-1854. (c) Appel, R.; Warning, K.; Ziehn, K. D. *Chem. Ber.* **1973**, *106*, 2093-2097. (d) Appel, R.; Volz, P. *Chem. Ber.* **1975**, *108*, 623-629.

[2] (a) Appel, R. *Angew. Chem., Int. Ed. Engl.* **1975**, *14*, 801-811. (综述) (b) Castro, B. R. *Org. React.* **1983**, *29*, 1-162. (综述) (c) Hughes, D. L. *Org. React.* **1992**, *42*, 335-656. (综述)

[3] (a) Lee, J. B.; Nolan, T. J. *Can. J. Chem.* **1966**, *44*, 1331-1334. (b) Dowir, I. M.; Holms, J. B.; Lee, J. B. *Chem. Ind. (London)* **1966**, 950.

[4] Ramos, S.; Rosen, W. *J. Org. Chem.* **1981**, *46*, 3530-3533.

[5] Daniellou, R.; Palmer, D. R. J. *Carbohydr. Res.* **2006**, *341*, 2145-2150.

[6] (a) Verheyden, J. P. H.; Moffat, J. G. *J. Org. Chem.* **1972**, *37*, 2289-2299. (b) Tamura, K.; Mizukami, H.; Maeda, K.; Watanabe, H.; Uneyama, K. *J. Org. Chem.* **1993**, *58*, 32-36.

[7] Lee, J. B. *J. Am. Chem. Soc.* **1966**, *88*, 3440-3441.

[8] Slage, T. T.; Huang, T. T.-S.; Franzus, B. *J. Org. Chem.* **1981**, *46*, 3526-3530.

[9] Garegg, P. J.; Johansson, R.; Samuelsson, B. *Synthesis* **1984**, 168-170.

[10] Kocienski, P. J.; Cernigliaro, G.; Feldstein, G. *J. Org. Chem.* **1977**, *42*, 353-355.

[11] Miller, A. K.; Hughes, C. C.; Kennedy-Smith, J. J.; Gradl, S. N.; Trauner, D. *J. Am. Chem. Soc.* **2006**, *128*, 17057-17062.

[12] Roethle, P. A.; Hernandez, P. T.; Trauner, D. *Org. Lett.* **2006**, *8*, 5901-5904.

[13] Magid, R. M.; Fuchey, O. S.; Johnson, W. J.; Allen, T. G. *J. Org. Chem.* **1979**, *44*, 359-363.

[14] Nishida, Y.; Shingu, Y.; Dohi, H.; Kobayashi, K. *Org. Lett.* **2003**, *5*, 2377-2380.
[15] Tanaka, A.; Oritani, T. *Tetrahedron Lett.* **1997**, *38*, 1955-1956.
[16] Drabowicz, J.; Luczak, J.; Mikolajczyk, M. *J. Org. Chem.* **1998**, *63*, 9565-9568.
[17] de Andrade, V. S. C.; de Mattos, M. C. S. *Curr. Org. Synth.* **2015**, *12*, 309-327.
[18] Denton, R. M.; An, J.; Adeniran, B.; Blake, A. J.; Lewis, W.; Poulton, A. M. *J. Org. Chem.* **2011**, *76*, 6749-6767.
[19] (a) Huy, Peter H.; Motsch, Sebastian; Kappler, Sarah M. *Angew. Chem. Int. Ed.* **2016**, *55*, 10145-10149. (b) Huy, P. H.; Filbrich, I. *Chem.-Eur. J.* **2018**, *24*, 7410-7416. (c) Stach, T.; Draeger, J.; Huy, P. H. *Org. Lett.* **2018**, *20*, 2980-2983.
[20] (a) van Kalkeren, H. A.; van Delft, F. L.; Rutjes, F. P. J. T. *Pure Appl. Chem.* **2013**, *85*, 817-828. (综述) (b) Huy, P. H.; Hauch, T.; Filbrich, I. *Synlett* **2016**, *27*, 2631-2636. (综述)
[21] Byrne, P. A.; Rajendran, K. V.; Muldoon, J.; Gilheany, D. G. *Org. Biomol. Chem.* **2012**, *10*, 3531-3537.
[22] Fustero, S.; Bartolome, A.; Sanz-Cervera, J. F.; Sanchez-Rosello, M.; Soler, J. G.; Arellano, C. R.; Fuentes, A. S. *Org. Lett.* **2003**, *5*, 2523-2526.
[23] Yang, Y.-H.; Shi, M. *J. Org. Chem.* **2005**, *70*, 8645-8648.
[24] Suda, M.; Fukushima, A. *Tetrahedron Lett.* **1981**, *22*, 759-762.
[25] Yadav, J. S.; Mishra, R. K. *Tetrahedron Lett.* **2002**, *43*, 5419-5422.

用途：碳-卤键的形成
相关反应：Mitsunobu 反应

（黄培强）

Buchwald-Hartwig 交叉偶联反应

钯催化下胺与芳卤的交叉偶联反应一般称为 Buchwald-Hartwig (布赫瓦尔德-哈特维希) 交叉偶联反应 (式 1)[1-5]。它是合成芳胺的重要方法。相比于 Ullmann 的 Cu 催化体系 [6]，它采用的是 Pd 催化体系。胺可为伯胺、仲胺、肼和含氮杂环[7]；亲电体可为芳卤，也可为拟芳卤 $ArOSO_2R$、$ArOSO_2NR^1R^2$、$ArOCONR^1R^2$、$ArOR$ 和 $ArNMe_3^+OTf^-$ 等[7,8]。

$$\text{R}\!\!-\!\!\text{C}_6\text{H}_4\!\!-\!\!X + H_2NR' \xrightarrow[\substack{\text{NaO}t\text{-Bu} \\ \text{dioxane} \\ 100\ °C}]{\text{PdCl}_2(\text{dppf}) \text{ (cat.)}} \text{R}\!\!-\!\!\text{C}_6\text{H}_4\!\!-\!\!\text{NHR} \quad (1)$$

祝介平发展了微波促进的 Ugi 四组分反应-分子内 Buchwald-Hartwig 交叉偶联酰胺化系列反应 (式 2)[9]，用于取代的氧代吲哚的"一瓶"合成。

$$\text{(式 2)} \quad \text{高达 99\%} \quad (2)$$

2016 年，Fernández 和 Lassaletta 等人报道了手性 P,N 配体 L1 和 Pd 催化的动态动力学不对称 Buchwald-Hartwig 交叉偶联反应 (式 3)[10]。

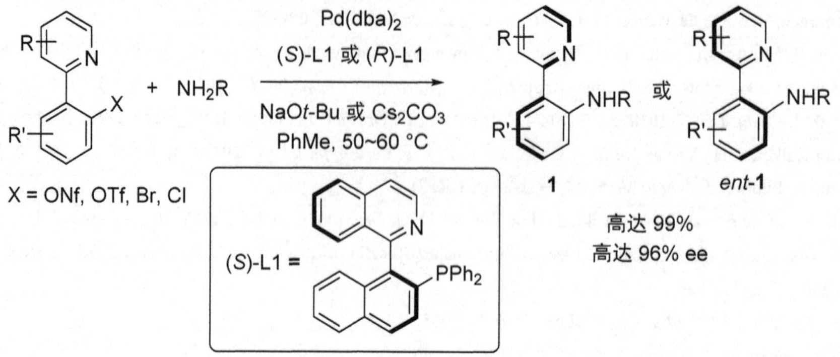

Buchwald-Hartwig 交叉偶联反应在天然产物[11] 和生理活性化合物[12] 及荧光发光体分子[13]合成中得到广泛应用。

例如，2007 年，Smith III 小组报道了通过系列 Stille 交叉偶联-Buchwald-Hartwig 交叉偶联环化策略构建吲哚环系。该方法奠定了复杂生物碱 (+)-nodulisporic acids A 和 B 第二代合成战略的基础 [11]。

Buchwald-Hartwig 交叉偶联反应也可扩展到芳醚 (式 4)[14]，由此提供了 Ullmann 醚合成法以外的选择。2006 年，分子内 Buchwald 醚化反应被用于天然产物 (S)-equol 的合成[15]。

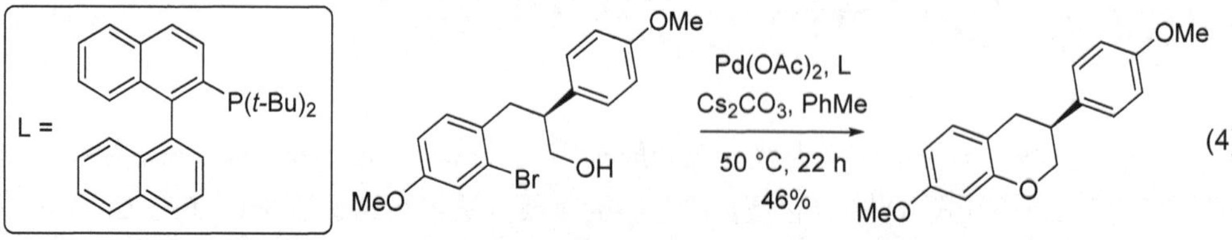

2011 年，Baran 课题组在吲哚生物碱 psychotrimine (5) 的全合成过程中 (式 5)[16]，便应用 Buchwald-Hartwig 交叉偶联构建关键中间体 4，其中亲核试剂为吲哚化合物 3。

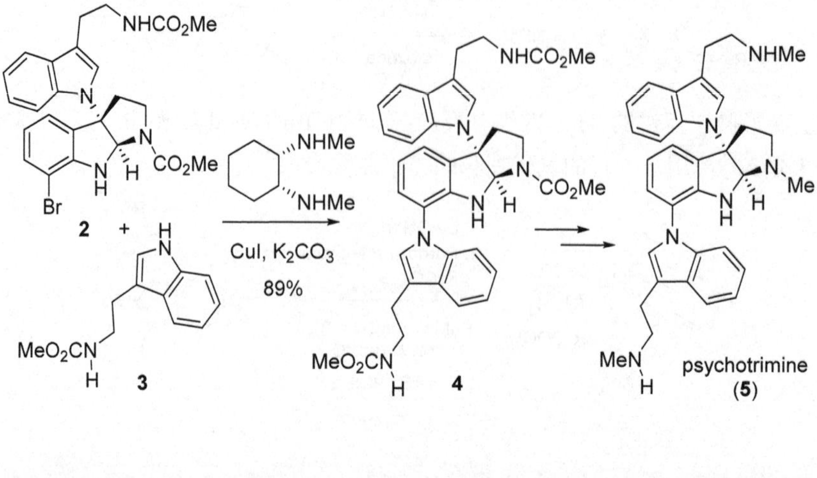

2012 年，林国强和孙炳峰等人将 Buchwald-Hartwig 交叉偶联用于 (–)-石杉碱甲 (**8**) 全合成中中间体 **7** 的构筑，其中亲核试剂是 $BocNH_2$ (式 6)[17]。(–)-石杉碱甲是一种从蛇足石杉中分离得到的治疗老年痴呆病的药物。

Tetrapetalone A-Me 糖苷配基 (**11**) 是从 *Streptomyces* sp. USF-4727 细菌中分离得到的天然产物 tetrapetalone A (**12**) 的降解、衍生化产物，后者具有抑制大豆脂肪氧合酶活性。2014 年，Frontier 等人报道了 **11** 外消旋体的合成[18]，其中，中间体 **10** 系经过 Buchwald-Hartwig 交叉偶联反应合成 (式 7)。

参考文献

[1] Wolfe, J. P.; Wagaw, S.; Buchwald, S. L. *J. Am. Chem. Soc.* **1996**, *118*, 7215-7216.

[2] Driver, M. S.; Hartwig, J. F. *J. Am. Chem. Soc.* **1996**, *118*, 7217-7218.

[3] Wolfe, J. P.; Wagaw, S.; Marcoux, J.-F.; Buchwald, S. L. *Acc. Chem. Res.* **1998**, *31*, 805-818. (综述)

[4] Hartwig, J. F. *Angew. Chem., Int. Ed.* **1998**, *37*, 2046-2047. (综述)

[5] Yang, B. H.; Buchwald, S. L. *J. Organomet. Chem.* **1999**, *576*, 125-146. (综述)

[6] Kelkar, A. A.; Patil, N. M.; Chaudhari, R. V. *Tetrahedron Lett.* **2002**, *43*, 7143-7146.

[7] Lundgren, R. J.; Stradiotto, M. *Aldrichimica Acta* **2012**, *45*, 59-65. (综述)

[8] (a) Hie, L.; Ramgren, S. D.; Mesganaw, T.; Garg, N. K. *Org. Lett.* **2012**, *14*, 4182-4185. (b) Tobisu, M.; Yasutome, A.; Yamakawa, K.; Shimasaki, T.; Chatani, N. *Tetrahedron* **2012**, *68*, 5157-5161. (c) Zhang, X.-Q.; Wang, Z.-X. *Org. Biomol. Chem.* **2014**, *12*, 1448-1453.

[9] Bonnaterre, F.; Bois-Choussy, M.; Zhu, J. *Org. Lett.* **2006**, *8*, 4351-4354.

[10] Ramírez-López, P.; Ros, A.; Romero-Arenas, A.; Iglesias-Sigüenza, J.; Fernández, R.; Lassaletta, J. M. *J. Am. Chem. Soc.* **2016**, *138*, 12053-12056.
[11] Smith, A. B. III; Kurti, L.; Davulcu, A. H.; Cho, Y. S.; Ohmoto, K. *J. Org. Chem.* **2007**, *72*, 4611-4620.
[12] Stover, J. S.; Rizzo, C., Carmelo J. *Org. Lett.* **2004**, *6*, 4985-4988.
[13] Suo, Z.; Drobizhev, M.; Spangler, C. W.; Christensson, N.; Rebane, A. *Org. Lett.* **2005**, *7*, 4807-4810.
[14] Marcoux, J.-F.; Doye, S.; Buchwald, S. L., *J. Am. Chem. Soc.* **1997**, *119*, 10539-10540.
[15] Heemstra, J. M.; Kerrigan, S. A.; Helferich, W. G.; Doerge, D. R.; Boulanger, W. A. *Org. Lett.* **2006**, *8*, 5441-5443.
[16] Foo, K.; Newhouse, T.; Mori, I.; Takayama, H.; Baran, P. S. *Angew. Chem. Int. Ed.* **2011**, *50*, 2716-2719.
[17] Ding, R.; Sun, B.-F.; Lin, G.-Q. *Org. Lett.* **2012**, *14*, 4446-4449.
[18] Carlsen, P. N.; Mann, T. J.; Hoveyda, A. H.; Frontier, A. J. *Angew. Chem. Int. Ed.* **2014**, *53*, 9334-9338.

用途： 芳胺的合成

（黄培强，陈航）

Castro 偶联试剂：BOP 和 PyBOP

BOP[1] (**1**)和 PyBOP (**2**)[2]（图 1）为 Castro（卡斯特罗）发展的两种肽偶联试剂[3]，可称 Castro（卡斯特罗）偶联试剂，主要用于形成酰胺键，用于多肽合成，也可用于酯的合成。

（1）BOP (1)

BOP (**1**) 为 Castro 小组发展于 20 世纪 70 年代的肽偶联试剂[1]，在多肽合成中获得广泛应用。现为常用的成肽试剂和脱水剂，常用的试剂组合为 BOP/DIPEA/DMF 和 BOP/HOBt/DIPEA/DMF。

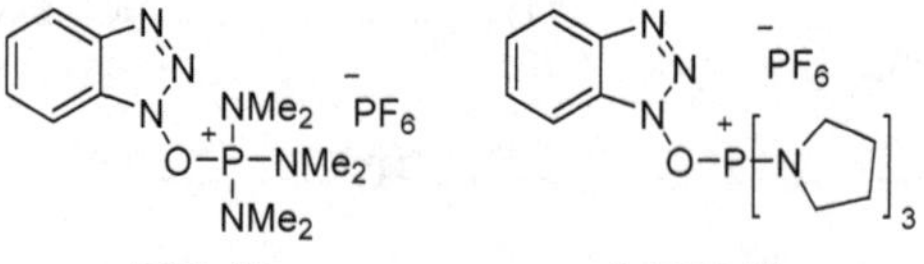

图 1 Castro 试剂

以 BOP 为偶联试剂的代表性应用实例包括：新型强效抗感染药物 Ac-Phe-[Orn-Pro-D-Cha-Trp-Arg] (**3**) 中一个肽键的形成和大环内酰胺化[4]，didemnin B 的缩环类似物 **4** 的酰胺化[5]，荧光标记物 **5** 的合成（图 2）[6]等；在 α,β 不饱和羧酸与氨基酸甲酯盐酸盐的偶联中（式 1）[7]，BOP 是有效的偶联试剂，DCC/DMAP、HBtU、HOBt、HOAt 的各种组合均告失败。该法被用于合成酶底物 Fa-Met。BOP 作为肽偶联试剂的缺点是可能引起差向异构化[8]。

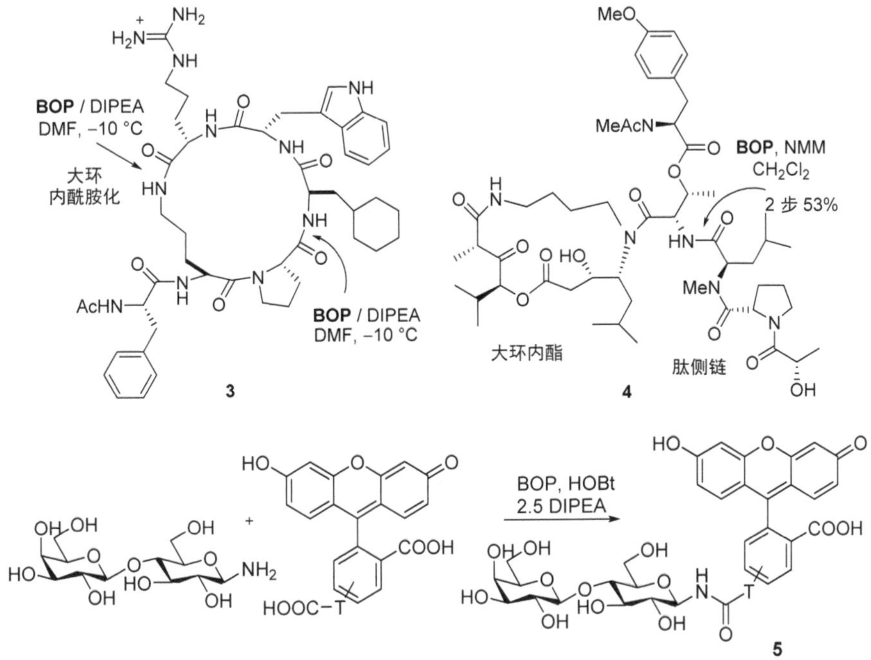

图 2 以 BOP 为偶联试剂的代表性应用实例

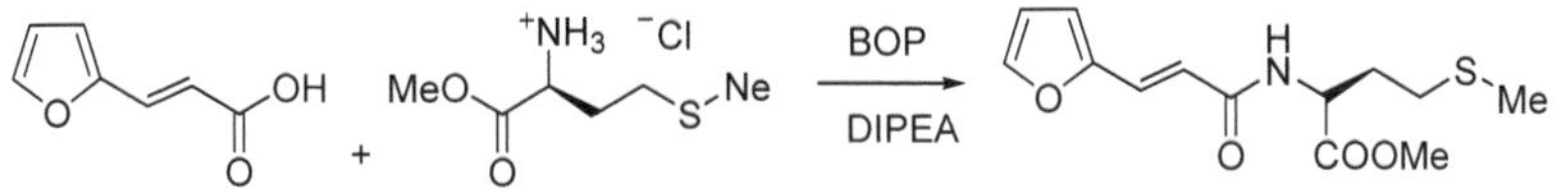

除了形成酰胺键外，BOP 作为偶联试剂在有机合成的其它方面也获得应用。例如，作为羧基的活化试剂[9,10]，BOP 可与羧酸现场形成混酯从而用于羧酸的"一瓶"化学选择性 (NaBH$_4$) 还原 (式 2)[11]；用于成酯 (式 3)[12]。此外，BOP 也可活化环状酰胺键[13-15]，用于合成核苷衍生物以及生理活性化合物 kinetin 和 olomoucine[14](式 4)。

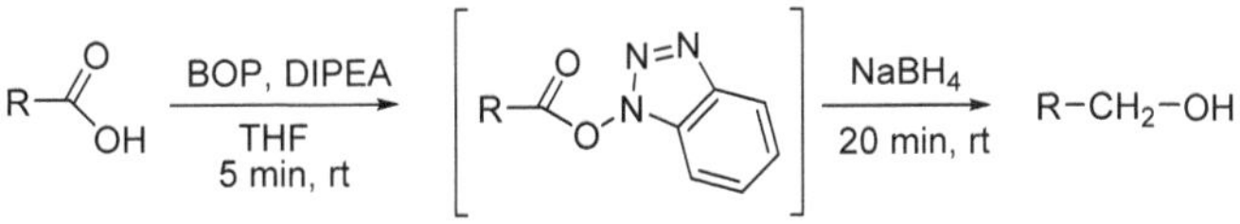

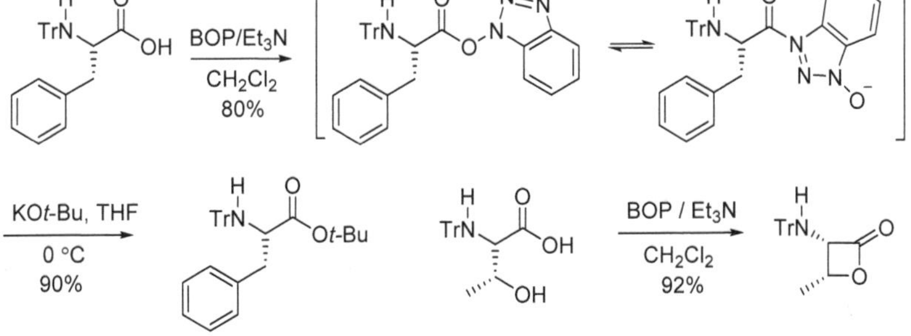

$$\text{(4)}$$

kinetin   olomoucine

（2）PyBOP (2)

因发现 BOP 成肽后副产物毒性大，Castro 于 1990 年又发展了优化的成肽偶联试剂 PyBOP (2)[2]。常用的试剂组合为 PyBOP/DIPEA/DMF 和 PyBOP/HOBT/DIPEA/DMF。

PyBOP 可用于液相酰胺键的形成[16]，也可用于固相合成，为固相合成脱氧核酸胍 hoechst 双苯并咪唑缀合物的首选偶联试剂[17]。

PyBOP 是一种优良的大环内酰胺化试剂，已被用于 ristocetin 糖苷配基[18]和 bistratamides F~I[19]等多种天然环肽的大环内酰胺化，以及 bacitracin A 的固相全合成。最近，PyBOP 被陈弓小组用于新型抗生素泰斯巴汀 (teixobactin) 及其立体异构体的全合成[20]。

由于 PyBOP 试剂活化效率高，可用于 α,α'-二取代环状 α-氨基酸的固相成肽（式 5）[21]，也被用于在色谱柱上形成低聚核苷缀合物。在室温下，仅 15 min 和仅用摩尔比 2∶1 （一般为 5∶1）的羧酸即可有效地获得目标物。

$$\text{(5)}$$

除了作为偶联试剂和活化试剂外，PyBOP 也是优良的酰胺活化剂，可用于鸟嘌呤的修饰，也可把酰胺转化为腈（式 6）[22]。

$$\text{(6)}$$

参考文献

[1] (a) Castro, B.; Dormoy, J. R.; Evin, G.; Selve, C. *Tetrahedron Lett.* **1975**, *14*, 1219. (b) Castro, B.; Dormoy, J. R.; Dourtoglou, B.; Evin, G.; Selve, C.; Ziegler, J. C. *Synthesis* **1976**, 751-752. (c) Dormoy, J. R.; Castro, B. *Tetrahedron Lett.* **1979**, *20*, 3321-3322.

[2] (a) Coste, J.; Le-Nguyen, D.; Castro, B. *Tetrahedron Lett.* **1990**, *31*, 205-208. (b) Frerot, E.; Coste, J.; Pantaloni, A.; Dufour, M. N.; Jouin, P. *Tetrahedron* **1991**, *47*, 259-270.

[3] 关于肽偶联试剂的综述：(a) Han, S. Y.; Kim, Y. A. *Tetrahedron* **2004**, *60*, 2447-2467. (b) Valeur, E.; Bradley, M. *Chem. Soc. Rev.* **2009**, *38*, 606-631. (c) El-Faham, A.; Albericio, F. *Chem. Rev.* **2011**, *111*, 6557-6602. (d) Jaradat, Da'san M. M.

Amino Acids **2018**, *50*, 39-68.

[4] Reid, R. C.; Abbenante, G.; Taylor, S. M.; Fairlie, D. P. *J. Org. Chem.* **2003**, *68*, 4464-4471.
[5] Ramanjulu, J. M.; Ding, X.; Joullié, M. M.; Li, W.-R. *J. Org. Chem.* **1997**, *62*, 4961-4969.
[6] Oberg, C. T.; Carlsson, S.; Fillion, E.; Leffler, H.; Nilsson, U. *J. Bioconjugate Chem.* **2003**, *14*, 1289-1297.
[7] Brunel, J. M. ; Salmi, C.; Letourneux, Y. *Tetrahedron Lett.* **2005**, *46*, 217-220.
[8] Hale, K. J.; Cai, J. Q.; Williams, G. *Synlett* **1998**, 149-152.
[9] Kim, M. H.; Patel, D. V. *Tetrahedron Lett.* **1994**, *35*, 5603-5606.
[10] Coste, J.; Campagne, J.-M. *Tetrahedron Lett.* **1995**, *36*, 4253-4256.
[11] McGearyl, R. P. *Tetrahedron Lett.* **1998**, *39* 3319-3322.
[12] Karen, M.; Sliedregt, A.; Schouten, J. K.; Liskamp, R. M. J. *Tetrahedron Lett.* **1996**, *37*, 4237-4240.
[13] Wan, Z.-K.; Binnun, E.; Wilson, D. P.; Lee, J. *Org. Lett.* **2005**, *7*, 5877-5880.
[14] Wan, Z.-K.; Wacharasindhu, S.; Binnun, E.; Mansour, T. *Org. Lett.* **2006**, *8*, 2425-2428.
[15] Bae, S.; Lakshman, M. K. *J. Am. Chem. Soc.* **2007**, *129*, 782-789.
[16] Kahl, J. D.; Greenberg, M. M. *J. Am. Chem. Soc.* **1999**, *121*, 597-604.
[17] Reddy, P. M.; Bruice, T. C. *J. Am. Chem. Soc.* **2004**, *126*, 3736-3747.
[18] Crowley, B. M.; Mori, Y.; McComas, C. C.; Tang, D.; Boger, D. L. *J. Am. Chem. Soc.* **2004**, *126*, 4310-4317.
[19] You, S.-L.; Kelly, J. W. *Tetrahedron* **2005**, *61*, 241-249.
[20] Liu, L.; Wu, S.; Wang, Q.; Zhang, M.; Wang, B.; He, G.; Chen, G. *Org. Chem. Front.* **2018**, *5*, 1431-1435.
[21] Kuster, G. J. T.; van Berkom, L. W. A.; Kalmoua, M.; van Loevezijn, A.; Sliedregt, L. A. J. M.; van Steen, B. J.; Kruse, C. G.; Rutjes, F. P. J. T.; Scheeren, H. W. *J. Comb. Chem.* **2006**, *8*, 85-94.
[22] Bose, D. S.; Narsaiah, A. V. *Synthesis* **2001**, 373-375.

用途：酰胺键的形成；多肽合成；碳-氮键的形成
相关偶联试剂：叶蕴华偶联试剂 (DEPBT)

（黄培强）

Chan-Lam 偶联反应

Chan-Lam (陈-林) 偶联反应指化学计量的二价铜盐或者是可以由空气中的氧气再氧化的催化量的铜催化剂催化的，不同原子类型的亲核试剂与有机硼试剂进行偶联形成碳-碳键或碳-杂原子键的反应[1]。亲核试剂包括胺、苯胺[2]、酰胺[3]、亚胺[4]、肼[5]、唑类[6]、苯酚[7]、苯硫酚[8]、丙二酸酯衍生物[9]等化合物。

$$R-B(OH)_2 + HY-R^1 \xrightarrow[\text{空气, DCM}]{Cu(OAc)_2, \text{碱}} R-Y-R^1 \quad (1)$$
$$Y = NH, O, S, C(EWG)_2, etc.$$

反应机理（图 1）[10]：芳基硼酸和二价铜配合物 A 发生转金属反应生成中间体 B。中间体 B 被氧化后生成三价铜中间体 C。中间体 C 发生转金属反应生成中间体 D。中间体 D 还原消除生成偶联产物和一价铜中间体 E。中间体 E 被氧气氧化重新生成二价铜配合物 A,完成催化循环。

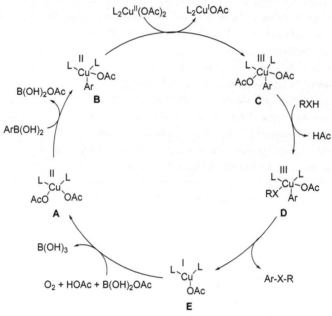

图 1 Chan-Lam 偶联反应的机理

Chan-Lam 偶联反应在天然产物合成中有着广泛的应用,2015 年 Baran 小组[11]在合成生物碱 verruculogen 和 fumitremorgin A 时,将 Ir 催化的 C–H 键硼化和铜催化的 Chan-Lam 偶联反应串联在一起,在吲哚的 C6 位高效地引入甲氧基团,进而实现生物碱 verruculogen 和 fumitremorgin A 的全合成 (式 2)。

参考文献

[1] (a) Chan, D. M. T.; Monaco, K. L.; Wang, R.-P.; Winters, M. P. *Tetrahedron Lett.* **1998**, *39*, 2933-2936. (b) Lam, P. Y. S.; Clark, C. G.; Saubern, S.; Adams, J.; Winters, M. P.; Chan, D. M. T.; Combs, A. *Tetrahedron Lett.* **1998**, *39*, 2941-2949. (c) Evans, D. A.; Katz, J. L.; West, T. R. *Tetrahedron Lett.* **1998**, *39*, 2937-2940. (d) Lam, P. Y. S.; Clark, C. G.; Saubern, S.; Adams, J.; Averill, K. M.; Chan, D. M. T.; Combs, A. *Synlett* **2000**, 674-676. (e) Lam, P. Y. S.; Bonne, D.; Vincent, G.; Clark, C. G.; Combs, A. P. *Tetrahedron Lett.* **2003**, *44*, 1691-1694. (f) Qiao, J. X.; Lam, P. Y. S *Syn thesis* **2011**, 829-856. (g) Chan, D. M. T.; Lam, P. Y. S., Book chapter in Boronic Acids Hall, ed. 2005, Wiley-VCH, 205-240.

[2] Duparc, V. H.; Bano, G. L.; Schaper, F. *ACS Catal.* **2018**, *8*, 7308.

[3] Xu, Y.; Su, Q.; Dong, W.; Peng, Z.; An, D. *Tetrahedron* **2017**, *73*, 4602.
[4] Mandal, P. S.; Kumar, A. V. *Synlett* **2016**, *27*, 1408.
[5] Mulla, S. A. R.; Chavan, S. S.; Inamdar, S. M.; Pathan, M. Y. *Tetrahedron Lett.* **2014**, *55*, 5327.
[6] Harris, M. R.; Li, Q.; Lian, Y.; Xiao, J.; Londregan, A. T. *Org. Lett.* **2017**, *19*, 2450.
[7] Derosa, J.; O'Duill, M. L.; Holcomb, M.; Boulous, M. N.; Patman, R. L. Wang, F.; Tran-Dubé, M.; McAlpine, I.; Engle, K. M. *J. Org. Chem.* **2018**, *83*, 3417.
[8] Lin, Y.; Cai, M.; Fang, Z.; Zhao, H. *Tetrahedron* **2016**, *72*, 3335.
[9] Moon, P. J.; Halperin, H. M.; Lundgren, R. J. *Angew. Chem. Int. Ed.* **2016**, *55*, 1894.
[10] King, A. E.; Brunold, T. C.; Stahl, S. S. *J. Am. Chem. Soc.* **2009**, *131*, 5044.
[11] Feng, Y.; Holte, D.; Zoller, J.; Umemiya, S.; Simke, L. R.; Baran, P. S. *J. Am. Chem. Soc.* **2015**, *137*, 10160.

用途：碳-杂原子键的形成；碳-碳键的形成

（赵刚）

Delépine 反应

Delépine (德莱皮纳) 反应是一种合成伯胺的方法，通过卤代烃与六亚甲基四胺反应成盐，而后在盐酸乙醇溶液中水解得伯胺 (式 1)。常用的卤代烃为活泼卤代烃，如烯丙型卤代烃、苄基型卤代烃和 α-卤代酮[1-3]。

$$RX + (CH_2)_6N_4 \longrightarrow N_3(CH_2)_6\overset{+}{N}HR \ X^- \xrightarrow[EtOH]{HCl} RNH_2 \quad (1)$$

式 2 是基于 Delépine 反应的 3-吡咯啉合成法[4]。该法后来被发展为实用的一瓶法、规模合成 *N*-Boc-3-吡咯啉的方法[5]。

$$(2)$$

4-氯香豆素 **5** 与六亚甲基四胺反应得到季铵盐 **6**，后者在酸性条件下水解得到 4-氨基香豆素 (**7**) 及其互变异构体 **8** (式 3)[6]。

$$(3)$$

4-亚氨基香豆素-2-酮 (**8**)

Garner 小组利用 Delépine 反应高效制备出 Oppolzer 手性辅助剂 **12** (式 4)。该法从

化合物 **9** 出发，与六亚甲基四胺反应得到季铵盐 **10**，水解后即可得到 Oppolzer's glycylsultam (**12**)[7]。

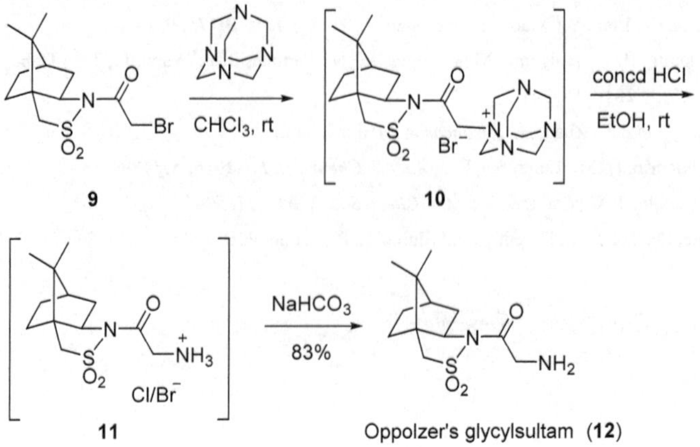

$$\text{(4)}$$

参考文献

[1] Delépine, M. *Compt. Rend.* **1895**, *120*, 501; **1897**, *124*, 292.
[2] Angyal, S. J. *Org. React.* **1954**, *8*, 197.
[3] Blažzević, N.; Kolbah, D.; Belin, B.; Šunjić, V.; Kajfež, F. *Synthesis* **1979**, 161-176. (综述)
[4] Brandänge, S.; Rodriguez, B. *Synthesis* **1988**, 347-348.
[5] Rajesh, T.; Azeez, S. A.; Naresh, E.; Madhusudhan, G.; Mukkanti, K. *Org. Process Res. Dev.* **2009**, *13*, 638-640.
[6] Al-Amiery, A. A.; Kadhum, A. A. H.; Al-Majedy, Y. K.; Ibraheem, H. H.; Al-Temimi, A. A.; Al-Bayati, R. I.; Mohamad, A. B. *Res. Chem. Intermed.* **2013**, *39*, 1385-1391.
[7] Isleyen, A.; Gonsky, C.; Ronald, R. C.; Garner, P. *Synthesis* **2009**, 1261-1264.

用途： 碳-氮键的形成

（黄培强，吴江峰）

DEPBT (叶蕴华偶联试剂)

DEPBT (**1**) 为英文名称 3-(diethoxyphosphoryloxy)-1,2,3-benzotriazin- 4(3*H*)-one 的缩写，是叶蕴华课题组于 1996 年首次报道的氨基酸偶联试剂 (图 1)[1]。该试剂用于多肽合成，具有高效、底物适应性广的特点，适用于肽的溶液法和固相法合成[2-4]。尤其重要的是，基于其几乎不引起外消旋化或差向异构化的优点[3,4]，DEPBT 已成为一种重要的商品化合成肽试剂，被广泛用于线型肽、环肽的合成以及大环内酰胺化。尽管 Boger 等人基于叶蕴华与 Goodman 的合作[3]曾把该试剂误称为 "Goodman DEPBT 试剂"[5a]或 "Goodman 试剂"[5b]，不对 2001 年 Goodman 本人对此作了澄清，指出该试剂原创乃叶蕴华实验室[6]。Han 和 Welzel 在肽缩合试剂研究进展的综述中也分别对 DEPBT 进行了评述，指出 DEPBT 试剂为叶蕴华首创[7]。因此，DEPBT 应称为叶蕴华 (偶联) 试剂。

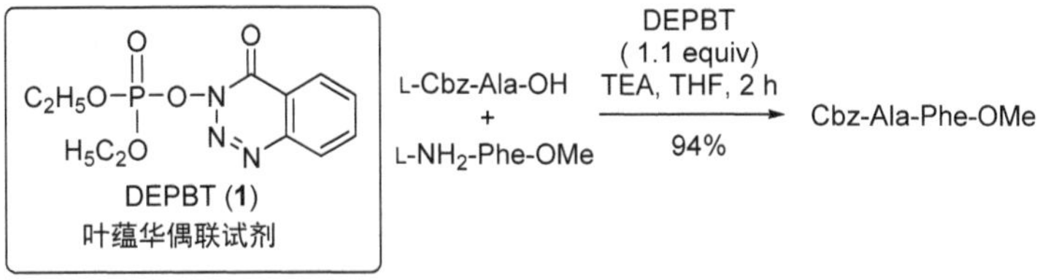

图 1　叶蕴华课题组首次报道的氨基酸偶联试剂

叶蕴华偶联试剂表现出优异的化学选择性。当用于含有羟基或酚羟基的丝氨醇、苏氨醇、各类氨基醇或氨基葡萄糖的偶联时，其羟基无需保护，羧基只选择性地与氨基组分的氨基反应而不与羟基反应，因此适于 N-保护肽醇和 N-糖肽的合成[8]。Nielsen 报道在合成手性肽核酸 (PNA) 的模型反应中，以 DEPBT 为缩合试剂所得产物的光学纯度明显优于其它缩合试剂[9]。

叶蕴华试剂的可能活化机理如图 2 所示：

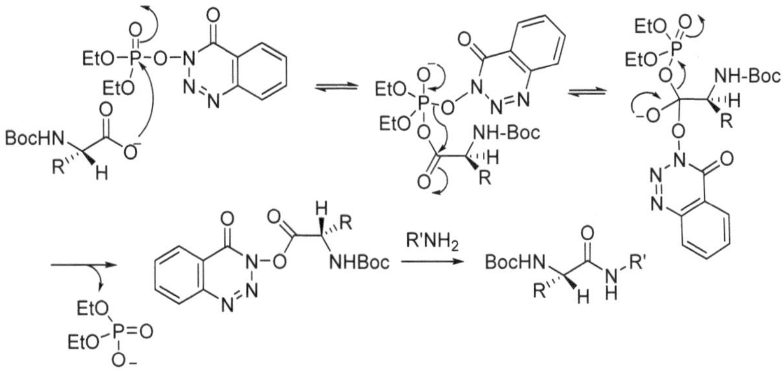

图 2　叶蕴华试剂的可能活化机理

基于叶蕴华 DEPBT 试剂的突出优点，自 2000 年以来，已成为深受欢迎的形成酰胺键试剂，分别被 Joullié[10,11,28,29]、Boger[5a,11,14-18]、Evans[13]、Hoveyda[19,20]、McAlpine[21,22]、Wipf[23,24]、Goodman[25]、Alberg[26]、Hanessian[27]、VanNieuwenhze[30-32] 等小组用于 (−)-tamandarins[10,11]、太古霉素糖苷配基[5,12,13]、雷莫拉宁和 ramoplanose 糖苷配基[14-16]、利托菌素糖苷配基[17]、[ψ[CH$_2$NH]Tpg^4] 万古霉素糖苷配基[18]、chloropeptin I[19]、isocomplestatin[20]、sansalvamide A 衍生物[21,22]、(+)-aeruginosin 298-A[23]、tubulysin[24]、meso-DAP and FK565[25]、dethiotrypanothione[26]、chlorodysinosin A[27]、ustiloxin D[28]、didemnin B 类似物[29]、lysobactin[30-32] (7) 等具有抗菌、抗癌、抗 HIV 等显著生理活性的复杂天然产物及其/或其类似物的全合成。

值得一提的是，Boger[12,17]和 Evans[13]各自在太古霉素糖苷配基和利托菌素糖苷配基的全合成中得出同样的结论：唯有采用 DEPBT 进行片段 2 和 3 的对接，方可在温和条件下，无需用碱，而以良好的产率和 >10:1 的差向异构体比例得到偶联产物 **4**，远高于其它偶联试剂 (3:1)[5a] (式 1)。

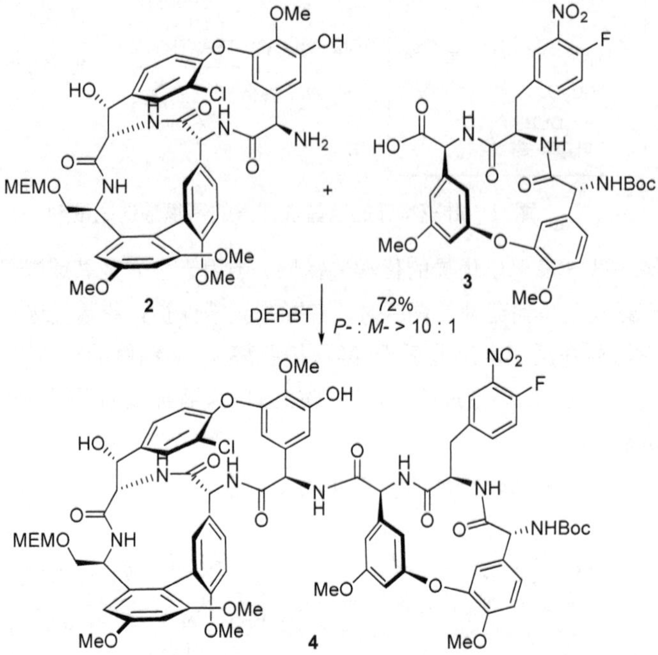

P-阻转异构体 (atropisomer) 为天然异构体

Boger[33]、Hamada[5b]和 Welzel[7b]分别于 2005 年和 2017 年在 *Chem. Rev.* 上发表的关于环肽、环酯肽和万古霉素类糖肽抗生素[33b]的综述，均多次正面评价 DEPBT 在复杂天然环肽与环酯肽合成中的作用。例如，Hamada[5b]叙述到，DEPBT/DIPEA 体系对于难以进行的 **5** 的偶联最有效，收率达 76% (式 2)，而其它试剂大多得不到偶联产物，最高只有 20%。

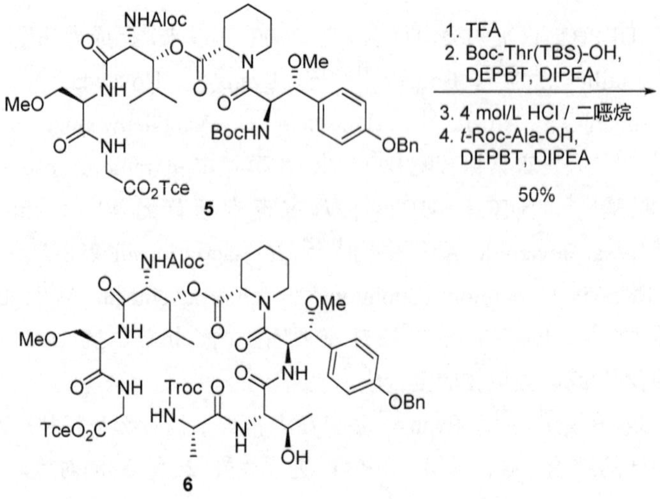

最能体现叶蕴华偶联试剂 (DEPBT) 价值的也许是 VanNieuwenhze 对于 lysobactin (**7**) 的全合成[30]。细胞对药物的耐药性是人类面临的严重问题。Lysobactin (**7**) 是 1988 年从 lysobactin (ATCC53042) 中分离出来的环肽抗生素，其对 methicillin 的耐药性 staphylococcus aureus (MRSA) 和对万古霉素的耐药性 enterococci (VRE) 的最低浓度比万古霉素低 50 倍。2007 年 VanNieuwenhze 报道[30]的对该 28 元环酯肽 **7** 的全合成中，几乎全部的肽键均通过叶蕴华试剂偶联，其中最后的大环内酰胺化的收率近 90% (两步总产率达 83%)！在上述全合成中，采用叶蕴华试剂未观测到外消旋化或差向异构化[17,33]。

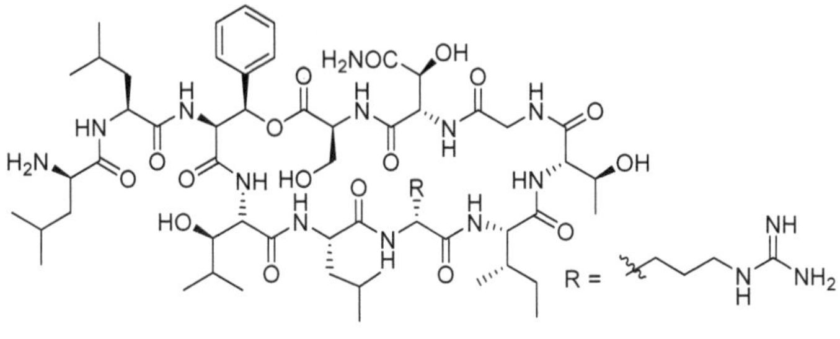

lysobactin (**7**)

最近，叶蕴华偶联试剂被黄培强小组用于 (−)-isochaetominine C (**9**) 的全合成 (式 3)[34]。

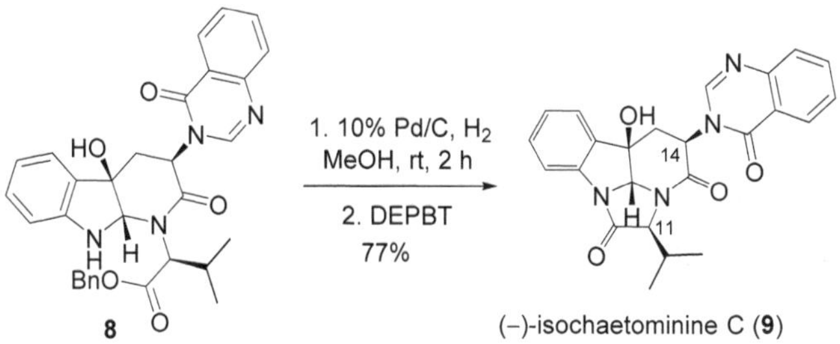

$$\text{8} \xrightarrow[\text{2. DEPBT}]{\text{1. 10\% Pd/C, H}_2 \text{ MeOH, rt, 2 h}} \text{(−)-isochaetominine C (9)} \quad 77\% \tag{3}$$

除了作为偶联试剂，叶蕴华试剂也被用于促进亚胺与羧酸的类 Staudinger [2+2] 环加成反应，由此建立的 β-内酰胺的合成法条件温和，产率高 (式 4)[35]。

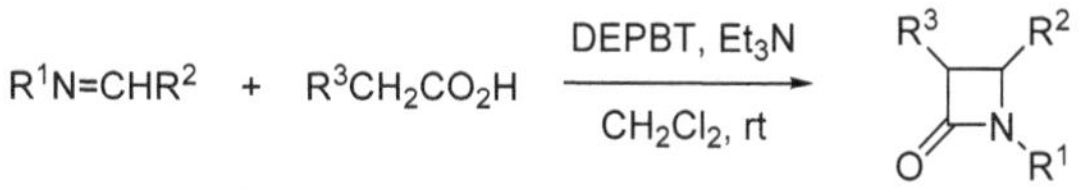

$$R^1N=CHR^2 + R^3CH_2CO_2H \xrightarrow[\text{CH}_2\text{Cl}_2, \text{rt}]{\text{DEPBT, Et}_3\text{N}} \tag{4}$$

有意义的是，叶蕴华偶联试剂在其它领域也获得日益广泛的应用[33-39]，例如，被用于构建胶原蛋白三螺旋体[36]，通过组合化学途径寻找荧光化学传感器[37]等。DEPBT 的合成还可以作为大学有机化学实验中对学生进行有机合成基本操作的综合训练实验[40]。

参考文献

[1] Fan, C.-X.; Hao, X.-L.; Ye, Y.-H. *Synth. Commun.* **1996**, *26*, 1455-1460.

[2] (a) 叶蕴华, 范崇旭, 张德仪, 谢海波, 郝小林, 田桂玲. *高等学校化学学报* **1997**, *18*, 1086-1092. (b) Tang, Y.-C.; Gao, X.-M.; Tian, G.-L.; Ye, Y.-H. *Chem. Lett.* **2000**, 826-827. (c) Xie, H.-B.; Tian, G.-L.; Ye, Y.-H. *Synth. Commun.* **2000**, *30*, 4233-4240.

[3] Li, H.-T.; Jiang, X.-H.; Ye, Y-H.; Fan, C.-X.; Romoff, T.; Goodman, M. *Org. Lett.* **1999**, *1*, 91-93.
[4] Ye, Y.-H.; Li, H.; Jiang, X.-H. *Biopolymers* **2005**, *80*, 172-178.
[5] (a) Boger, D. L.; Kim, S. H.; Mori, Y.; Weng, J.-H.; Rogel, O.; Castle, S. L.; McAtee, J. J. *J. Am. Chem. Soc.* **2001**, *123*, 1862-1871. (b) Hamada, Y.; Shioiri, T. *Chem. Rev.* **2005**, *105*, 4441-4482. (综述)
[6] Goodman, M.; Zapf, C.; Rew, Y. *Biopolymers* **2001**, *60*, 229-245.
[7] (a) Han, S.-Y.; Kim, Y.-A. *Tetrahedron* **2004**, *60*, 2447-2467. (综述) (b) Welzel, P. *Chem. Rev.* **2005**, *105*, 4610-4660. (综述)
[8] Liu, P.; Sun, B.-Y.; Chen, X.-H.; Tian, G.-L.; Ye, Y.-H. *Synth. Commun.* **2002**, *32*, 473-480.
[9] Tedeschi, T.; Corradini, R.; Marchelli, R.; Pushl, A.; Nielsen, P. E. *Tetrahedron: Asymmetry* **2002**, *13*, 1629-1636.
[10] Joullié, M. M.; Portonovo, P.; Liang, B.; Richard, D. J. *Tetrahedron Lett.* **2000**, *41*, 9373-9376.
[11] Liang, B.; Richard, D. J.; Portonovo, P. S.; Joullié, M. M. *J. Am. Chem. Soc.* **2001**, *123*, 4469-4474.
[12] Boger, D. L.; Kim, S. H.; Miyazaki, S.; Strittmatter, H.; Weng, J.-H.; Mori, Y.; Rogel, O.; Castle, S. L.; McAtee, J. J. *J. Am. Chem. Soc.* **2000**, *122*, 7416-7417.
[13] Evans, D. A.; Katz, J. L.; Peterson, G. S.; Hintermann, T. *J. Am. Chem. Soc.* **2001**, *123*, 12411-12413.
[14] Jiang, W.; Wanner, J.; Lee, R. J.; Bounaud, P.-Y.; Boger, D. L. *J. Am. Chem. Soc.* **2002**, *124*, 5288-5290.
[15] Jiang, W.; Wanner, J.; Lee, R. J.; Bounaud, P.-Y.; Boger, D. L. *J. Am. Chem. Soc.* **2003**, *125*, 1877-1887.
[16] Rew, Y.; Shin, D.; Hwang, I.; Boger, D. L. *J. Am. Chem. Soc.* **2004**, *126*, 1041-1043.
[17] Crowley, B. M.; Mori, Y.; McComas, C. C.; Tang, D.; Boger, D. L. *J. Am. Chem. Soc.* **2004**, *126*, 4310-4317.
[18] Crowley, B. M.; Boger, D. L. *J. Am. Chem. Soc.* **2006**, *12*, 2885-2892.
[19] Deng, H.; Jung, J.-K.; Liu, T.; Kuntz, K. W.; Snapper, M. L.; Hoveyda, A. H. *J. Am. Chem. Soc.* **2003**, *125*, 9032-9034.
[20] Shinohara, T.; Deng, H.; Snapper, M. L.; Hoveyda, A. H. *J. Am. Chem. Soc.* **2005**, *127*, 7334-7336.
[21] Carroll, C. L.; Johnston, J. V. C.; Kekec, A.; Brown, J. D.; Parry, E.; Cajica, J.; Medina, I.; Cook, K. M.; Corral, R.; Pan, P.-S.; McAlpine, S. R. *Org. Lett.* **2005**, *7*, 3481-3484.
[22] Rodriguez, R. A.; Pan, P.-S.; Pan, C.-M.; Ravula, S.; Lapera, S.; Singh, E. K.; Styers, T. J.; Brown, J. D.; Cajica, J.; Parry, E.; Otrubova, K.; McAlpine, S. R. *J. Org. Chem.* **2007**, *72*, 1980-2002.
[23] Wipf, P.; Methot, J.-L. *Org. Lett.* **2000**, *2*, 4213-4216.
[24] Wipf, P.; Takada, T.; Rishel, M. *J. Org. Lett.* **2004**, *6*, 4057-4060.
[25] Del Valle, J. R.; Goodman, M. *J. Org. Chem.* **2004**, *69*, 8946-8948.
[26] Czechowicz, J. A.; Wilhelm, A. K.; Spalding, M. D.; Larson, A. M.; Engel, L. K.; Alberg, D. G. *J. Org. Chem.* **2007**, *72*, 3689-3693.
[27] Hanessian, S.; Del Valle, J. R.; Xue, Y.; Blomberg, N. *J. Am. Chem. Soc.* **2006**, *128*, 10491-10495.
[28] Cao, B.; Park, H.; Joullié, M. M. *J. Am. Chem. Soc.* **2002**, *124*, 520-521.
[29] Tarver, J. E. Jr.; Pfizenmayer, A. J.; Joullié, M. M. *J. Org. Chem.* **2001**, *66*, 7575-7587.
[30] Guzman-Martinez, A.; Lamer, R.; VanNieuwenhze, M. S. *J. Am. Chem. Soc.* **2007**, *129*, 6017-6021.
[31] (a) von Nussbaum, F.; Anlauf, S.; Koebberling, J.; Telser, J.; Haebich, D. (Aicuris G.m.b.H. & Co. K.-G., Germany). Procedure for synthesis of cyclic depsipeptides such as Lysobactin via peptide fragment assembly and intramolecular cyclization. DE102006018250A1, 2007. (b) von Nussbaum, F.; Brunner, N.; Endermann, R.; Fuerstner, C.; Hartmann, E.; Paulsen, H.; Ragot, J.; Schiffer, G.; Schuhmacher, J.; Svenstrup, N.; Telser, J.; Anlauf, S.; Bruening, M.-A. (Bayer Healthcare AG). Synthesis of lysobactin derivatives for use as antibacterial agents in the treatment or prevention of disease. DE102004053407A1, 2006.
[32] Hall, E. A.; Kuru, E.; VanNieuwenhze, M. S. *Org. Lett.* **2012**, *14*, 2730-2733.
[33] (a) Walker, S.; Chen, L.; Hu, Y.; Rew, Y.; Shin, D.; Boger, D. L. *Chem. Rev.* **2005**, *105*, 449-476. (综述) (b) Okano, A.; Isley, N. A.; Boger, D. L. *Chem. Rev.* **2017**, *117*, 11952-11993. (综述)
[34] Mao, Z.-Y.; Geng, H.; Zhang, T.-T.; Ruan, Y.-P.; Ye, J.-L.; Huang, P.-Q. *Org. Chem. Front.* **2016**, *3*, 24-37.
[35] Saraei, M.; Zarei, M.; Zavar, S. *Lett. Org. Chem.* **2017**, *14*, 597-602.
[36] Cai, W.; Wong, D.; Kinberger, G. A.; Kwok, S.W.; Taulane, J. P.; Goodman, M. *Bioorg. Chem.* **2007**, *35*, 327-337.

[37] Mello, J. V.; Finney, N. S. *J. Am. Chem. Soc.* **2005**, *127*, 10124-10125.
[38] Li, T.; Liu, H.; Li, X. *Org. Lett.* **2016**, *18*, 5944-5947.
[39] Zong, Y.; Sun, X.; Gao, H.; Meyer, K. J.; Lewis, K.; Rao, Y. *J. Med. Chem.* **2018**, *61*, 3409-3421.
[40] 冉莉楠, 邢国文, 申秀民, 魏遵锋, 文永奇, 何立新, 叶蕴华. 大学化学 **2007**, *(3)*, 41-43.

相关偶联试剂： Castro 试剂（BOP 和 PyBOP）

（黄培强）

Eschweiler-Clarke 反应

Eschweiler-Clarke (埃施韦勒-克拉克) 反应指伯胺或仲胺用甲醛/甲酸进行 *N*-还原甲基化反应 (式 1)[1,2]。由于这是胺的 *N*-甲基化反应，故又称 Eschweiler-Clarke 甲基化反应。伯胺反应得 *N,N*-二甲基叔胺[3]，仲胺反应得 *N*-甲基叔胺。

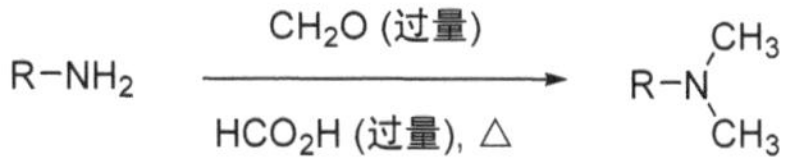

$$R-NH_2 \xrightarrow[HCO_2H (过量), \triangle]{CH_2O (过量)} R-N(CH_3)_2 \tag{1}$$

反应机理：反应首先生成亚胺鎓盐，然后甲酸负离子作为负氢源还原之，反应最终停留在叔胺一步 (式 2)[4]。

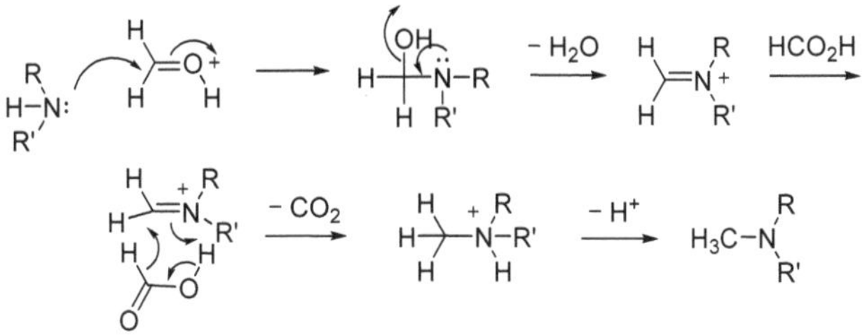

（式 2）

由于 *N*-甲基胺和 *N,N*-二甲基胺是许多生物碱和药物的结构特征，因此，该反应常用于生物碱如 crytoslyline II (**1**) (式 3)、buflnvine (**3**) (式 4)[5,6]和药物[7,8]如 dapoxetine (**5**) (式 5) 的合成[7]。值得一提的是，buflnvine (**3**) 的合成涉及 Pictet-Spengler 反应和 Eschweiler-Clarke 甲基化反应的串联反应。

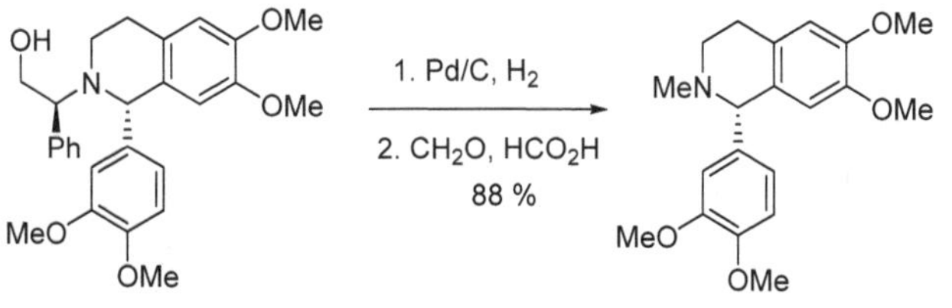

（式 3，产物 crytoslyline II (**1**)，88 %，试剂：1. Pd/C, H₂；2. CH₂O, HCO₂H）

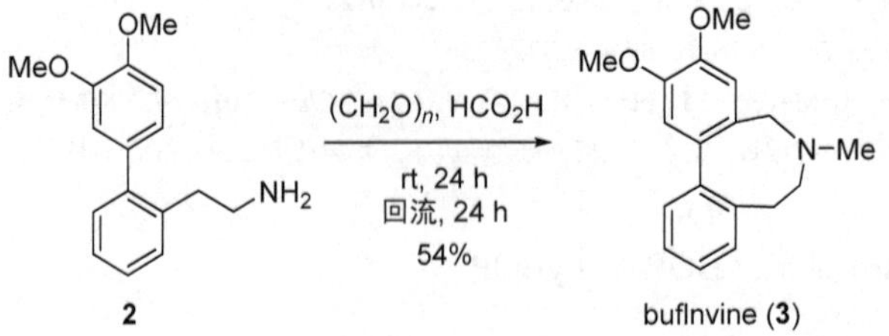

最近，Martinelli 小组发展了采用流动化学技术合成生物碱 (+)-dumetorine (**7**) 的五步合成法。其中最后一步以乙腈替代微波反应常用溶剂 DMSO，仅 15 min 就完成 N-去 Boc 保护和 Eschweiler-Clarke 甲基化，高产率地得到 (+)-dumetorine (**7**)[8] (式 6)。

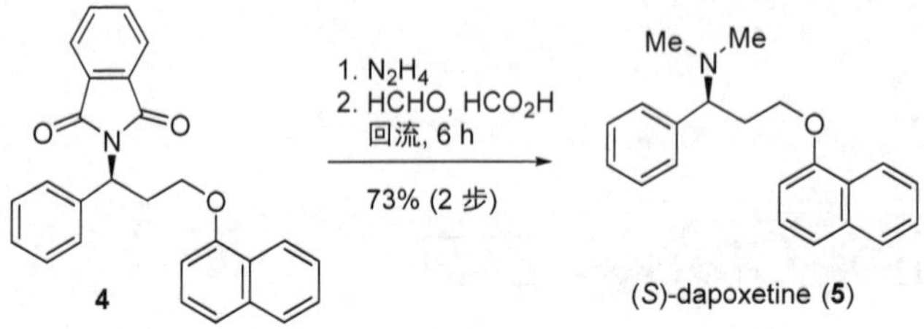

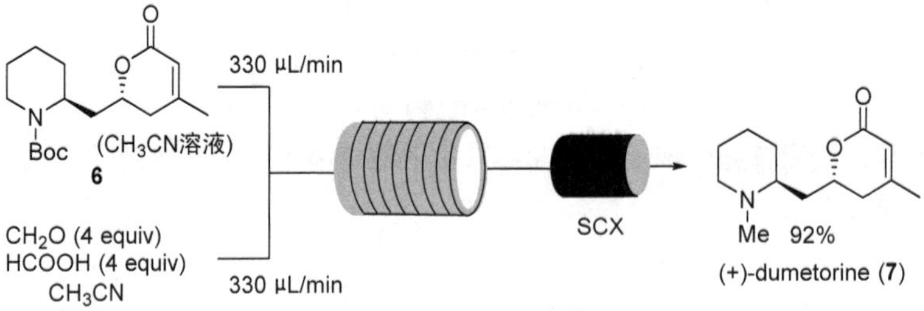

贾彦兴课题组在 2015 年报道了药物分子加兰他敏和生物碱 (−)-lycoramine (**10**) 的催化不对称全合成。对后者，最后一步是醇胺 **8** 的 N-甲基化。遗憾的是，Eschweiler-Clarke 反应无法实现化学选择性 N-甲基化，而是得到 N-甲基化-O-甲酰化产物 **9**，为此需要额外增加去除 O-甲酰基的步骤 (式 7)[9]。

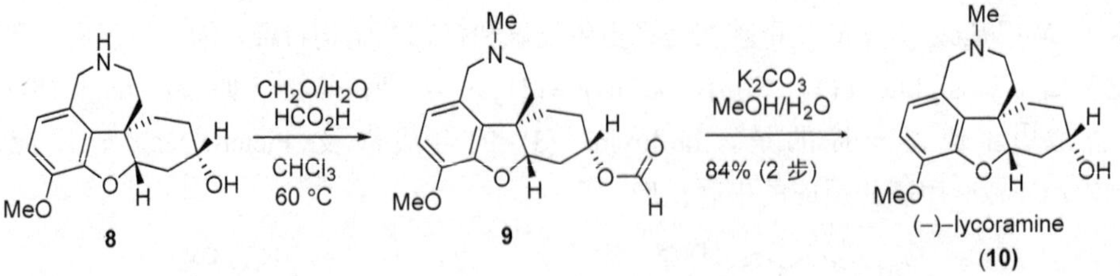

黄培强课题组在 2010 年报道了一种以甲醇为甲基化试剂钯介入的胺的 N-甲基化和 N,N-二甲基化方法 (式 8)[10]。该法可同时 (首先) 进行 O-去苄基和 N-去苄基化，且羟基和羧基均不受影响，因而可进行无保护的醇胺和氨基酸的选择性 N-甲基化。该"绿色"的化学选择性方法被多个课题组采用。例如，Paddon-Row 与 Sherburn 等在分岔胺基糖的快

捷合成中，采用上述反应条件，可以"一瓶"切断化合物 **13** 的两个 N–Cbz 键和两个 N–OR 键，同时进行 N,N,N',N'-四甲基化，且分子中两个羟基不受影响 (式 9)[11]。

(8)

(9)

参考文献

[1] Eschweiler, W. *Ber. Dtsch. Chem. Ges.* **1905**, *88*, 880-882.
[2] Clarke, H. T.; Gillespie, H. B.; Weishaus, S. Z. *J. Am. Chem. Soc.* **1933**, *66*, 4571-4587.
[3] Icke, R. N.; Wisegarver, B. B.; Alles, G. A. *Org. Synth.* **1945**, *25*, 44; *Coll. Vol.* **1955**, *3*, 723.
[4] Pine, S. H.; Sanchez, B. L. *J. Org. Chem.* **1971**, *36*, 829-832.
[5] Munchhof, M. J.; Meyers, A. I. *J. Org. Chem.* **1995**, *60*, 7086-7087.
[6] Sahakitpichan, P.; Ruchirawat. S. *Tetrahedron Lett.* **2003**, *44*, 5239-5241.
[7] Sasikumar, M.; Nikalje, M. D. *Synth. Commun.* **2012**, *42*, 3061-3067.
[8] Procopiou, P. A.; Browning, C.; Buckley, J. M.; Clark, K. L.; Fechner, L.; Gore, P. M.; Hancock, A. P.; Hodgson, S. T.; Holmes, D. S.; Kranz, M.; Looker, B. E.; Morriss, K. M. L.; Parton, D. L.; Russell, L. J.; Slack, R. J.; Sollis, S. L.; Vile, S.; Watts, C. J. *J. Med. Chem.* **2011**, *54*, 2183–2195.
[9] Li, L.; Yang, Q.; Wang, Y.; Jia, Y.-X. *Angew. Chem. Int. Ed.* **2015**, *54*, 6255-6259.
[10] Xu, C.-P.; Xiao, Z.-H.; Zhuo, B.-Q.; Wang, Y.-H.; Huang, P.-Q. *Chem. Commun.* **2010**, *46*, 7834-7836.
[11] Wang, R.-M.; Bojase, G.; Willis, A. C.; Paddon-Row, M. N.; Sherburn, M. S. *Org. Lett.* **2012**, *14*, 5652-5655.

反应类型： 碳-氮键的形成
相关反应： Leuckart-Wallach 反应

（黄培强）

Hell-Volhard-Zelinsky 反应

Hell-Volhard-Zelinsky (赫尔-乌尔哈-泽林斯基，HVZ) 反应是指在三卤化磷催化下羧酸

的 α-溴代或氯代反应 (式 1)[1,2]。

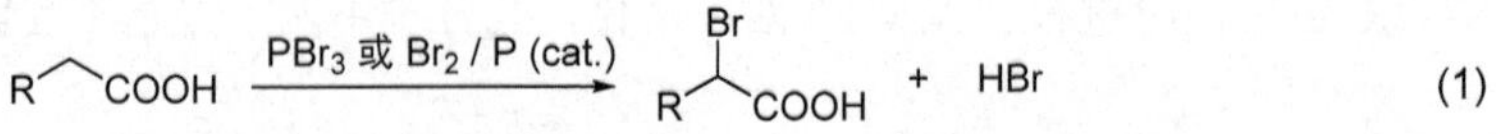

$$R\text{CH}_2\text{COOH} \xrightarrow{\text{PBr}_3 \text{ 或 } \text{Br}_2/\text{P (cat.)}} R\text{CHBrCOOH} + \text{HBr} \quad (1)$$

该反应也可用 P/X$_2$ 体系，卤素与磷首先反应生成三卤化膦催化剂，三卤化磷再与羧酸反应生成酰卤，酰卤的 α-H 的卤代要比羧酸容易得多。该反应不能用于 α-碘代和 α-氟代。

反应机理如图 1 所示：

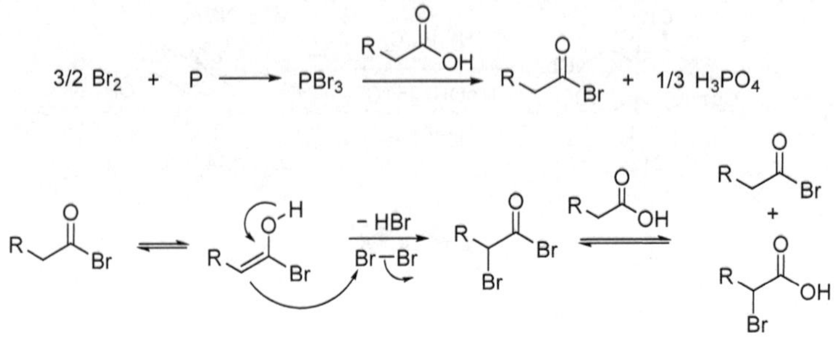

图 1 Hell-Volhard-Zelinsky 反应的机理

除烯醇式含量高的羧酸外 (如丙二酸)，羧酸无法直接进行 α-卤代，而酰卤可以在无催化剂条件下直接发生卤代，说明反应经历酰卤中间体 (式 2)，进入 α-位的卤原子来自加入的卤素而非催化剂 (PX$_3$)，含 2 个 α-H 羧酸的卤代可能得到二卤代产物。

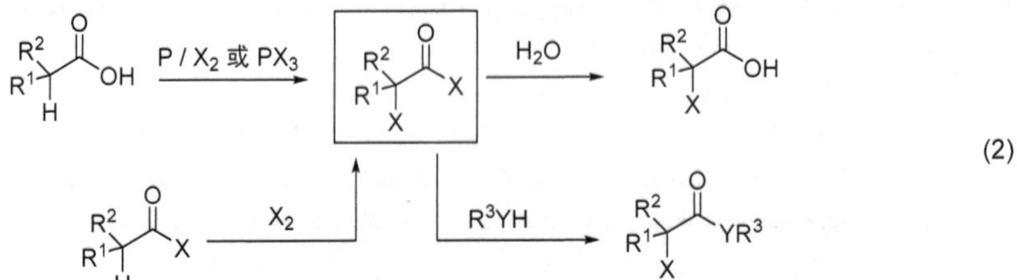

$$(2)$$

如果反应产物不经过水解而加入醇、硫等亲核试剂，就可以得到 α-卤代酯 (式 3)[3] 或 α-卤代羧酸硫代酯 (式 4)[4]。

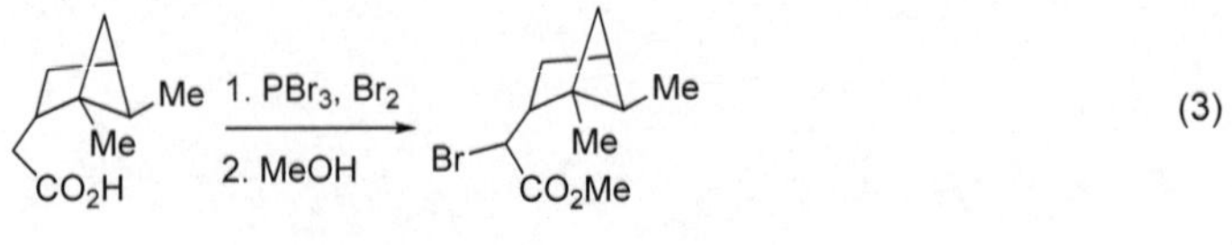

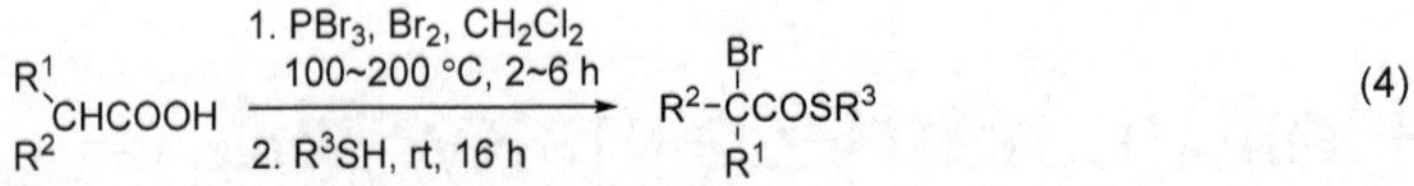

$$(3)$$

$$R^1R^2\text{CHCOOH} \xrightarrow[\text{2. } R^3\text{SH, rt, 16 h}]{\text{1. PBr}_3, \text{Br}_2, \text{CH}_2\text{Cl}_2, 100\sim200\,°\text{C}, 2\sim6\text{ h}} R^2\text{-}\underset{R^1}{\overset{\text{Br}}{\text{C}}}\text{COSR}^3 \quad (4)$$

α-卤代羧酸及其羧酸衍生物是非常重要的中间体，能进行多种转化。例如：在 2,5-二取代的吡咯烷不对称合成中，从己二酸 (**1**) 出发合成己二酰氯 (**2**)，**2** 发生 HVZ 反应后得到的二溴己二酸酯 **3** 是个混合物，存在一对外消旋体 **4** 和内消旋体 **5**，但是由于内消旋体 **5** 能够在乙醇溶液中重结晶，使得外消旋体 **4** 和内消旋体 **5** 的平衡向 **5** 移动，最终获得纯的内消旋体 **5**，**5** 再与伯胺经过几步的反应得到反式 2,5-二取代吡咯烷 **6** (式 5)[5]。

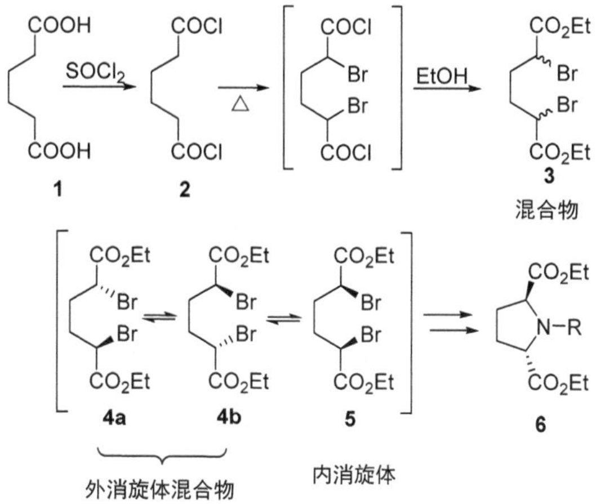

还有许多方法可进行羧酸及其衍生物的 α-卤代，例如，使用 $SOCl_2$/NBS 体系 (式 6)[6]。酯的 α-卤代可经烯醇负离子 (用 LDA 去质子化形成) 或烯醇硅醚中间体，使之与 I_2 (式 7)[7] 或 CX_4 反应[8]。

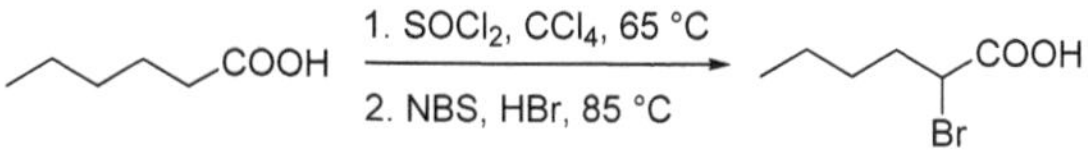

参考文献

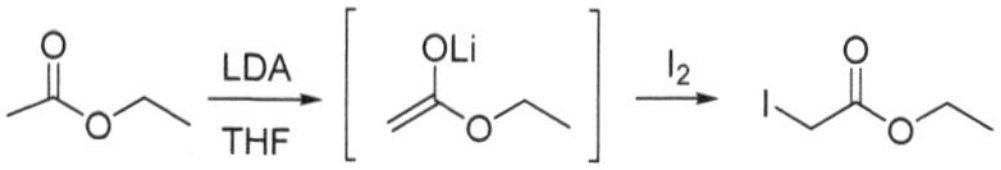

[1] (a) Hell, C. *Ber.* **1881**, *14*, 891. (b) Volhard, J. *Ann.* **1887**, *242*, 141.
[2] Zelinsky, N. *Ber.* **1887**, *20*, 2026.
[3] Gibson, T. *J. Org. Chem.* **1981**, *46*, 1073-1076.
[4] Liu, H. J.; Luo, W. A. *Synth. Commun.* **1991**, *21*, 2097-2102.
[5] Watson, H. A., Jr.; O'Neill, B. T. *J. Org. Chem.* **1990**, *55*, 2950-2952.
[6] Harpp, D. N.; Bao, L. Q.; Coyle, C.; Gleason, J. G.; Horovitch, S. *Org. Synth.* **1976**, *55*, 27; *Org. Synth.* **1998**, *6*, 190.
[7] Rathke, M. W.; Lindert, A. *Tetrahedron Lett.* **1971**, *12*, 3995-3998.
[8] Arnold, R. T.; Kulenovic, S. T. *J. Org. Chem.* **1978**, *43*, 3687-3689.

反应类型： 碳-卤键的形成

（黄培强，卢广生）

Hunsdiecker 反应

1939 年化学家 H. Hunsdiecker 报道[1,2]，干燥的脂肪酸银盐与单质溴反应可以得到相应的少一个碳的溴代烷。这一脱羧溴代反应被称为 Hunsdiecker (汉斯狄克) 反应。

反应机理 (图 1)：首先羧酸负离子进攻单质溴，形成 O—Br 键，由于该 O—Br 键键能比较低，很容易发生均裂，产生的酰氧自由基脱除一分子 CO_2，生成的烷基自由基再同溴自由基偶联或者进攻单质溴得产物溴代烷。

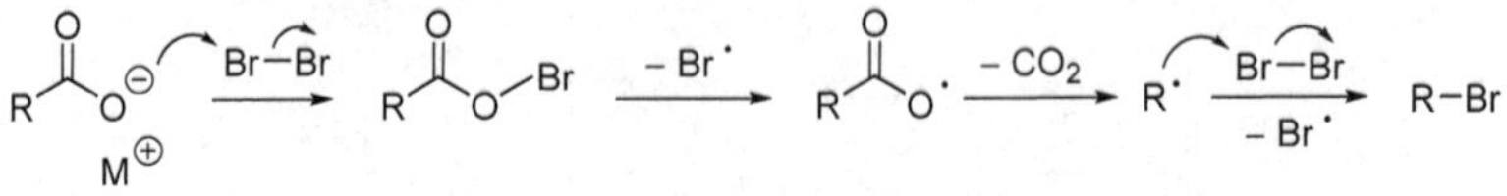

图 1　Hunsdiecker 反应的机理

进一步的研究发现，除了单质溴，氯气和单质碘也能进行反应，生成相应的氯代烷和碘代烷。羧酸盐不局限于银盐，更稳定和更易结晶的一价铊盐和汞盐还有利于产率的提高。除了脂肪酸外，带有拉电子基团的芳香酸也可以作为反应底物。当然，Hunsdiecker 反应也存在缺点，如官能团兼容性比较差，当羧酸的 α-位为光学活性碳时，反应有较大程度的消旋化等。

由于该反应可以将羧酸转化为少一个碳的溴代烷，同一般的脱羧反应的明显区别是产物中官能团没有减少，因此在有机合成中有非常重要的应用价值，从而引起了化学家的广泛关注[3-5]。经典的改良法主要有两种。第一种改良是 Suarez 改良法[6]和 Kochi 改良法[7] (式 1)。Suarez 改良法是将羧酸与二醋酸碘苯 (DIB) 和单质碘在紫外光照下反应，制备相应的碘代物；Kochi 改良法则采用 $Pb(OAc)_4$ 为氧化剂，以羧酸为原料，同单质碘或卤化锂在紫外光照下反应，得到相应的卤代烷。这类改良直接以羧酸为原料，省去羧酸盐的制备，因此应用起来比较方便。

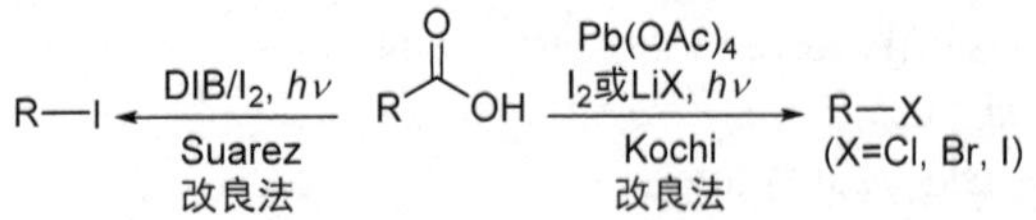

$$R-I \xleftarrow[\text{Suarez 改良法}]{DIB/I_2,\ h\nu} R-COOH \xrightarrow[\text{Kochi 改良法}]{Pb(OAc)_4,\ I_2 或 LiX,\ h\nu} R-X \quad (X=Cl, Br, I) \tag{1}$$

第二种改良是著名的 Barton (巴顿) 改良法 (式 2)[8-10]。首先羧酸同 2-疏基吡啶氮氧化物 (2-mercaptopyridine N-oxide) 缩合形成相应的 O-羰基硫代异羟肟酸酯 (亦称为巴顿酯或 PTOC 酯)，然后以苯或环己烷为溶剂，在加热、光照或自由基引发剂作用下与四氯化碳或一溴三氯化碳或者碘仿反应，得到相应的卤代烷。该改良法的优点是官能团兼容性特别好，特别是以 AIBN 为引发剂的情况下，基本上所有的芳香酸都能高产率地得到脱羧卤代产物。此外，该改良法避免了无水金属盐的制备，操作更为简单。但是，该方法的缺点是需要两步反应，且 Barton 酯稳定性较差，易分解。

$$\text{R-COOH} \xrightarrow[\substack{2. \;\text{吡啶硫酮钠盐}}]{\substack{1. \;SOCl_2 \;或\;(COCl)_2 \\ 或 \;DCC}} \text{R-C(O)O-N(吡啶硫酮)} \xrightarrow[\substack{苯或环己烷 \\ (X=Cl,\;Br)}]{XCCl_3,\;h\nu\;(或\;AIBN)} \text{R-X} \quad (2)$$

除了以上两类改良法外，一些形式上的 Hunsdiecker 反应也有报道[11-13]。例如，以三乙胺为催化剂，肉桂酸衍生物同 N-溴代丁二酰亚胺 (NBS) 室温下反应，以较高的产率得到相应 E-构型的溴代烯烃 (式 3)，其反应机理则为非自由基的离子机理[11]。

$$\text{R-Ar-CH=CH-CO}_2\text{H} + \text{NBS} \xrightarrow[\substack{CH_2Cl_2 \\ rt,\;5\;min}]{Et_3N\;(cat.)} \text{R-Ar-CH=CH-Br} + \text{succinimide} \quad (3)$$
$$60\%\sim98\%$$

可喜的是，Hunsdiecker 反应在最近几年里取得了突破性进展。2012 年，李超忠等[14]报道了首例银催化的自由基 Hunsdiecker 氯代反应。该方法采用易得的 1,10-菲啰啉-银配合物 $Ag(Phen)_2OTf$ 为催化剂，次氯酸叔丁酯为氯化试剂，在温和条件下高效地实现了烷基羧酸的脱羧氯代反应 (式 4)。在该反应中，次氯酸叔丁酯首先氧化一价银，生成 Ag(Ⅱ)–Cl–Ag(Ⅱ) 中间体，该中间体氧化烷基羧酸脱羧产生烷基自由基、Ag(Ⅰ) 和 Ag(Ⅱ)Cl，烷基自由基进而与 Ag(Ⅱ)Cl 中间体发生氯原子转移，得到产物的同时再生 Ag(Ⅰ) 催化剂。

$$\text{R-CO}_2\text{H} \xrightarrow[CH_3CN,\;rt\sim45\;^\circ C]{Ag(Phen)_2OTf\;/\;t\text{-BuOCl}} \text{R-Cl} \quad (4)$$

李超忠等人进而将该反应推广到银催化的烷基羧酸脱羧溴代[15]和氟代[16]反应。这些方法底物适用范围广，反应可在水相中进行，且有良好的官能团兼容性。之后，以铱配合物为催化剂，在可见光照射条件下的脱羧溴代[17]和氟代[18]反应也被报道。

Hunsdiecker 反应在有机合成中有着重要的应用价值。例如，Chenier 等人在制备高张力的环丙烯化合物中，采用经典的 Hunsdiecker 反应，将如下桥环结构的二酸转化为相应的二溴代产物。该二溴化合物与叔丁基锂作用，生成环丙烯中间体，进而被二苯基异苯并呋喃 (DPIBF) 捕捉，得到 Diels-Alder 反应产物，从而证实了高张力环丙烯中间体的形成 (式 5)[19]。

$$\text{二酸} \xrightarrow[18\%]{\substack{1.\;AgNO_3,\;KOH \\ 2.\;Br_2,\;CCl_4}} \text{二溴化合物} \xrightarrow{^t BuLi} [\text{环丙烯中间体}] \xrightarrow{DPIBF} \text{Diels-Alder 加合物} \quad (5)$$

另一个例子是抗有丝分裂试剂 spirotryprostatin B 的合成[20]。产物中 C8—C9 的双键可经相应的羧酸脱羧溴代，进而消除 HBr，如式 6 所示。Williams 等在研究第一步的 Hunsdiecker 反应中发现，应用 Pb(OAc)$_4$ 或 DIB 为反应试剂的 Suarez 或 Kochi 改良法没有成功，而采用巴顿改良法则以 43% 的收率顺利得到 Hunsdiecker 反应产物。进一步的碱处理，在消除 HBr 的同时，C12 的构型发生翻转，从而完成了 spirotryprostatin B 的全合成。

总之，Hunsdiecker 反应极具合成应用潜力，相信将来会得到进一步的发展和应用。

参考文献

[1] Hunsdiecker, H.; Hunsdiecker, C.; Vogt, E. US 2176181, **1939**.
[2] Hunsdiecker, H.; Hunsdiecker, C. *Ber.* **1942**, *75B*, 291.
[3] Wilson, C. V. *Org. React.* **1957**, 332.
[4] Sheldon, R. A.; Kochi, J. K. *Org. React.* **1972**, *19*, 279.
[5] Crich, D. In *Comprehensive Organic Synthesis*; Trost, B. M., Fleming, I., Eds.; Pergamon Press: Oxford, Britain, **1991**, *7*, 717.
[6] Concepcion, J. I.; Francisco, C. G.; Freire, R.; Hemandez, R.; Salazar, J. A.; Suarez, E. *J. Org. Chem.* **1986**, *51*, 402.
[7] Sheldon, R. A.; Kochi, J. K. *Org. React.* **1972**, *19*, 279.
[8] Barton, D. H. R.; Crich, D.; Motherwell, W. B. *Tetrahedron Lett.* **1983**, *24*, 4979.
[9] Barton, D. H .R.; Crich, D.; Motherwell, W. B. *Tetrahedron* **1985**, *41*, 4158.
[10] Barton, D. H. R.; Lacher, B.; Zard, S. Z. *Tetrahedron* **1987**, *43*, 4321.
[11] Das, J. P.; Roy, S. *J. Org. Chem.* **2002**, *67*, 7861.
[12] Naskar, D.; Roy, S. *Tetrahedron* **2000**, *56*, 1369.
[13] Naskar, D.; Chowdhury, S.; Roy, S. *Tetrahedron Lett.* **1998**, *39*, 699.
[14] Wang, Z.; Zhu, L.; Yin, F.; Su, Z.; Li, Z.; Li, C. *J. Am. Chem. Soc.* **2012**, *134*, 4258.
[15] Tan, X.; Song, T.; Wang, Z.; Chen, H.; Cui, L.; Li, C. *Org. Lett.* **2017**, *19*, 1634.
[16] Yin, F.; Wang, Z.; Li, Z.; Li, C. *J. Am. Chem. Soc.* **2012**, *134*, 10401.
[17] Candish, L.; Standley, E. A.; Gomez-Suarez, A.; Mukherjee, S.; Glorius, F. *Chem. Eur. J.* **2016**, *22*, 9971.
[18] Ventre, S.; Petronijevic, F. R.; MacMillan, D. W. C. *J. Am. Chem. Soc.* **2015**, *137*, 5654.
[19] Chenier, P. J.; Southard, D. A. Jr. *J. Org. Chem.* **1990**, *55*, 4333.
[20] Sebahar, P. R.; Williams, R. M. *J. Am. Chem. Soc.* **2000**, *122*, 5666.

反应类型：碳-卤键的形成

（李超忠）

Kochi 反应

Kochi (柯齐) 反应指由羧酸与四醋酸铅及卤盐进行卤代脱羧反应，产物为少一个碳的卤代烃 (式 1)[1-3]。这一反应与 Hunsdiecker 反应互补，适于合成仲或叔卤代烷。

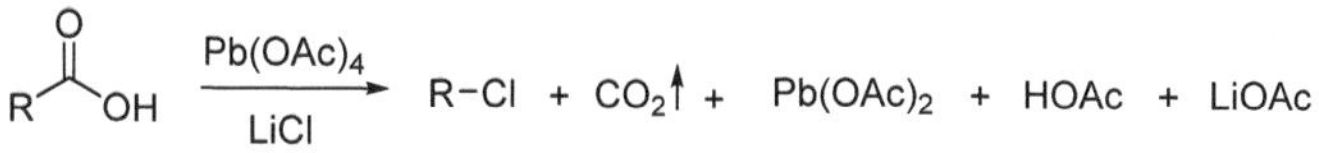
Pb(OAc)4
LiCl
R−Cl + CO2↑ + Pb(OAc)2 + HOAc + LiOAc

(1)

Kochi 反应的一种改进方法是使用 NCS 代替卤盐 (式 2)[4]。用此法制备叔、仲氯代烃收率优良 (式 3)，但制备伯氯代烃和苯氯代烃收率低。该法条件温和，可用于合成易于消除的 β-氯代酮 (式 4)[5]。

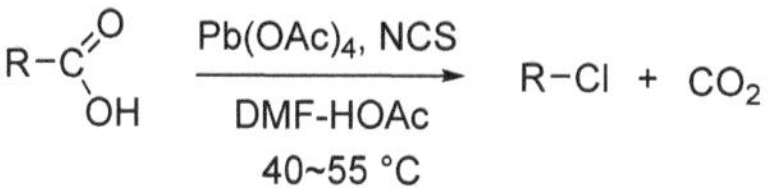
Pb(OAc)4, NCS
DMF-HOAc
40~55 °C
R−Cl + CO2

(2)

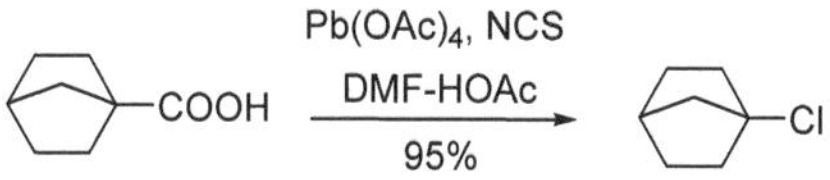
COOH
Pb(OAc)4, NCS
DMF-HOAc
95%
Cl

(3)

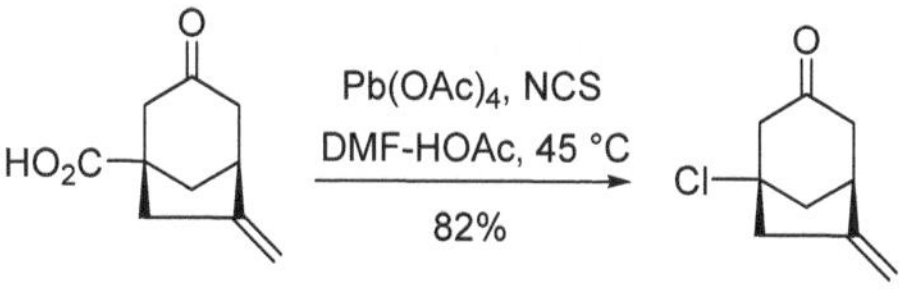
HO2C
Pb(OAc)4, NCS
DMF-HOAc, 45 °C
82%
Cl

(4)

Chu 利用该方法对化合物 **1** 五元环上的羧酸进行脱羧碘代得到产物 **2**，之后再进行水解生成羟基，后发生 Mitsunobu 反应得到化合物 **3** (式 5)[6]。

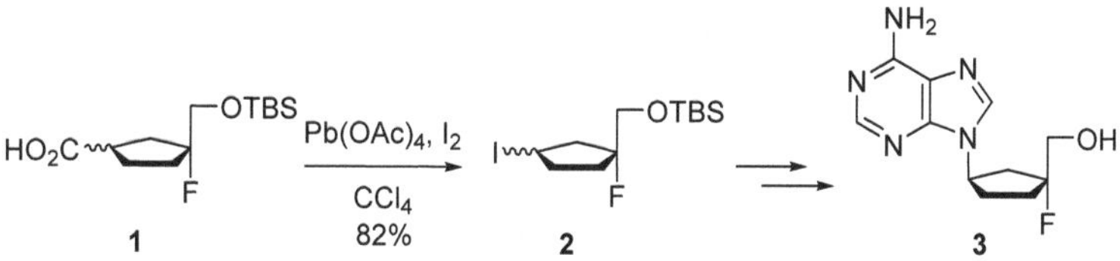
HO2C
OTBS
F
1
Pb(OAc)4, I2
CCl4
82%
2
NH2
OH
3

(5)

在天然产物 dihydrolycolucine 的 AB 环系合成研究中，Comins 采用该脱羧碘代方法对环外的羧基进行转化 (式 6)[7]。

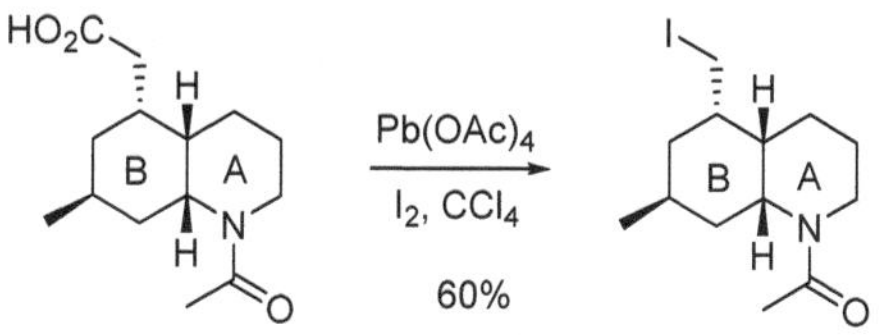
HO2C
B
A
Pb(OAc)4
I2, CCl4
60%
I

(6)

2012 年，李超忠课题组发展了 Ag(Ⅰ) 催化下，通过次氯酸叔丁酯进行脱羧卤代的方法 (式 7)[8]。该方法用于伯、仲、叔氯代物的合成。值得注意的是，这是首例金属催化脱羧卤代。

$$\text{R-COOH} \xrightarrow[\text{CH}_3\text{CN}]{\substack{\text{Ag(Phen)}_2\text{OTf} \\ t\text{-BuOCl}}} \text{R-Cl} \tag{7}$$

随后，该课题组又发展了 Ag(I) 催化的脱羧溴代反应，溴化剂为二溴异氰尿酸 (式 8)[9]。

$$\text{R-COOH} \xrightarrow[\text{DCE}]{\substack{\text{Ag(Phen)}_2\text{OTf} \\ \text{DBI}}} \text{R-Br} \tag{8}$$

参考文献

[1] Kochi, J. K. *J. Am. Chem. Soc.* **1965**, *87*, 2500-2502.
[2] Kochi, J. K. *J. Org. Chem.* **1965**, *30*, 3265-3271.
[3] Sheldon, R. A.; Kochi, J. K. *Org. React. (N.Y.)* **1972**, *19*; 279; 326; 390. (综述)
[4] Becker, K. B.; Geisel, M.; Grob, C. A.; Kuhnen, F. *Synthesis* **1973**, 493.
[5] Huang, P.-Q.; Zhou, W.-S. *Tetrahedron: Asymmetry* **1991**, *2*, 875-878.
[6] Gumina, G.; Chong, Y.; Choi, Y.; Chu, C. K. *Org. Lett.* **2000**, *2*, 1229-1231.
[7] Cash, B. M.; Prevost, N.; Wagner, F. F.; Comins, D. L. *J. Org. Chem.* **2014**, *79*, 5740-5745.
[8] Wang, Z.; Zhu, L.; Yin, F.; Su, Z.; Li, Z.; Li, C. *J. Am. Chem. Soc.* **2012**, *134*, 4258-4263.
[9] Tan, X.; Song, T.; Wang, Z.; Chen, H.; Cui, L.; Li, C. *Org. Lett.* **2017**, *19*, 1634-1637.

反应类型： 碳-卤键的形成
相关反应： Hunsdiecker 反应

（黄培强，黄雄志）

Lawesson's 试剂

Lawesson's 试剂 (劳森试剂，简称 LR，见式 1) 是一种常用来将酮、酯及酰胺的羰基转化为硫羰基的试剂 (氧硫交换试剂)[1]，例如：

$$\underset{\text{(酮、酯、酰胺)}}{\overset{\text{O}}{\underset{\|}{\text{R}-\text{C}-\text{R}'}}} + \underset{\text{LR}}{\text{MeO-C}_6\text{H}_4-\overset{\text{S}}{\underset{\|}{\text{P}}}\overset{\text{S}}{\underset{\text{S}}{\text{P}}}-\text{C}_6\text{H}_4\text{-OMe}} \longrightarrow \underset{}{\overset{\text{S}}{\underset{\|}{\text{R}-\text{C}-\text{R}'}}} \tag{1}$$

式 1 中的 LR 化学名称为 2,4-双(4-甲氧基苯基)-1,3-二硫-2,4-二磷杂环丁烷-2,4-二硫化物 (吸入及皮肤接触有害，使用时需穿戴适当的防护服和手套，保持容器干燥)。该类化合物首先由 Lecher 等人于 1956 年用芳烃和五硫化二磷反应得到[2]，此后，瑞典化学家 Sven-Olov Lawesson (1926—1988) 等人使其发展成为可将酮、酯及酰胺的羰基转化为硫羰基的试剂[3,4]。

反应机理如图 1 所示。

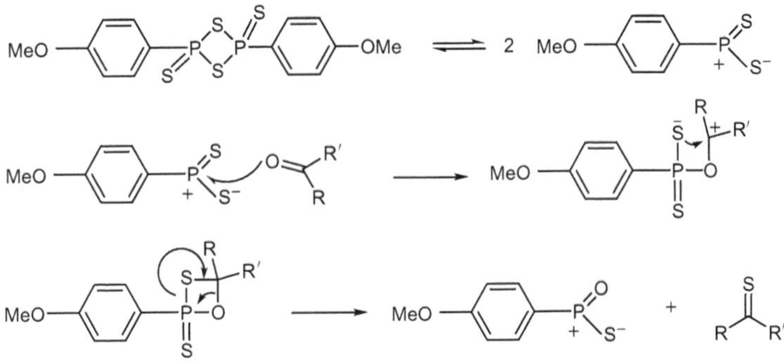

图 1 Lawesson's 试剂用于硫羰基形成的反应机理

与 Wittig 反应相似，反应的驱动力源于裂环步骤生成稳定的磷氧双键 (P=O)[5]。

近来，为了方便产物的分离，Soos 等人开发了含氟 LR (简写为 ^{F}LR)[4]。需要指出的是，除了以上用途，劳森试剂还可用于杂环化合物的合成[1a,4,6]、杂芳基卤代苄醇的脱氧[7]等反应。

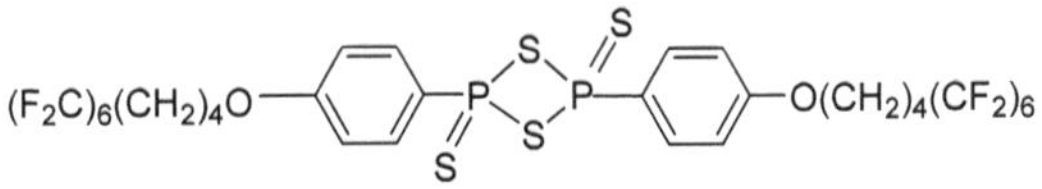

劳森试剂的具体反应实例如下所示。

实例 1 (式 2)[8]：

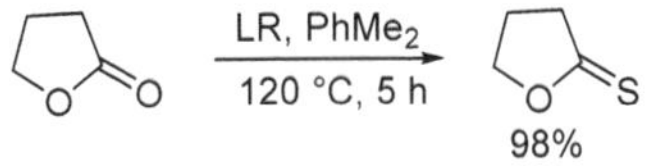

$$\text{(2)}$$

实例 2 (式 3)[9]：无溶剂条件下微波促进的硫羰基化合物的合成。

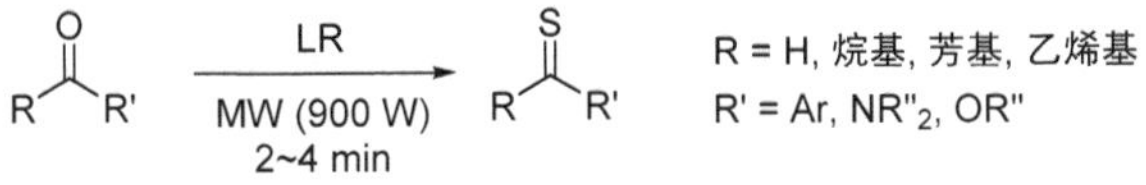

R = H, 烷基, 芳基, 乙烯基
R' = Ar, NR''$_2$, OR''
$$\text{(3)}$$

实例 3 (式 4)[4b]：

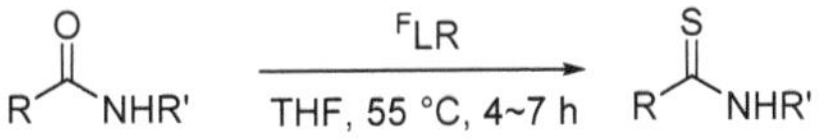

$$\text{(4)}$$

实例 4 (式 5)[10]：一般情况下，酮、酰胺、内酰胺及内酯的反应活性比酯的高。因此，可在合成上利用这一特点。如：

$$\text{图式(5): } \underset{\text{(二酮底物)}}{} \xrightarrow[\text{MW (150 W)}]{\text{3 equiv LR. PhMe}} \underset{71\%}{\text{(噻吩产物)}} \quad (5)$$

参考文献

[1] (a) Jesberger, M.; Davis, T.P.; Barner, L. *Synthesis* **2003**, 1929. (b) Cava, M. P.; Levinson, M. I. *Tetrahedron* **1985**, *41*, 5061. (c) Ozturk, T.; Ertas, E.; Mert, O. *Chem. Rev.* **2007**, *107*, 5210. (d) Larik, F. A.; Saeed, A.; Muqadar, U.; Channar, P. A. *J. Sulfur Chem.* **2017**, *38*, 206.

[2] Lecher, H. Z.; Greenwood, R. A.; Whitehouse, K.C.; Chao, T. H. *J. Am. Chem. Soc.* **1956**, *78*, 5018.

[3] (a) Perregaard, J.; Scheibye, S.; Meyer, H. J.; Thomsen, I.; Lawesson, S.-O. *Bull. Soc. Chim. Belg.* **1977**, *86*, 679. (b) Scheibye, S.; Pedersen, B. S.; Lawesson, S.-O. *Bull. Soc. Chim. Belg.* **1978**, *87*, 229.

[4] (a) Kaleta, Z.; Tarkanyi, G.; Gomory, A.; Kalman, F.; Nagy, T.; Soos, T. *Org. Lett.* **2006**, *8*, 1093. (b) Kaleta, Z.; Makowski, B. T.; Soos, T.; Dembinski, R. *Org. Lett.* **2006**, *8*, 1625.

[5] (a) Legnani, L.; Toma, L.; Caramella, P.; Chiacchio, M. A.; Giofrè, S.; Delso, I.; Tejero, T.; Merino, P. *J. Org. Chem.* **2016**, *81*, 7733. (b) Mardyukov, A.; Niedek, D.; Schreiner, P. R. *Chem. Commun.* **2018**, *54*, 2715.

[6] (a) Brayton, D.; Jacobsen, F. E.; Cohen, S. M.; Farmer, P. J. *Chem. Commun.* **2006**, 206. (b) Li, Z.; Tang, X.; Jiang, Y.; Zuo, M.; Wang, Y.; Chen, W.; Zeng, X.; Sun, Y.; Lin, L. *Green Chem.* **2016** *18*, 2971.

[7] Wu, X.-Y.; Mahalingam, A. K.; Alterman, M. *Tetrahedron Lett.* **2005**, *46*, 1501.

[8] Scheibye, S.; Kristensen, J.; Lawesson, S.-O. *Tetrahedron* **1979**, *35*, 1339.

[9] Varma, R. S.; Kumar, D. *Org. Lett.* **1999**, *1*, 697.

[10] Minetto, G.; Raveglia, L. F.; Sega, A.; Taddei, M. *Eur. J. Org. Chem.* **2005**, 5277.

反应类型： 碳-硫键的形成

（刘群）

Leuckart 反应和 Leuckart-Wallach 反应

氨（或伯、仲胺）的甲酸盐或甲酰胺与某些醛或酮进行还原烷基化反应（式 1）称为 Leuckart (刘卡特) 反应[1,2]。产物往往是 N-甲酰化衍生物，需要进一步水解成胺。以甲酸为还原剂进行氨/胺的还原烷基化称 Wallach（瓦拉赫）反应[3,4]。后合称为 Leuckart-Wallach (刘卡特-瓦拉赫，LW) 反应。

$$\underset{(H)R^2}{R^1}C=O \xrightarrow[\underset{6\sim25\ h}{160\sim185\ ^\circ C}]{HCO_2NH_4\ 或\ H_2NCHO} \underset{(H)R^2}{R^1}\underset{CHO}{\overset{H}{C}-N} \xrightarrow{H^+} \underset{(H)R^2}{R^1}\overset{H}{C}-NH_2 \quad (1)$$

Leuckart-Wallach 反应虽然简单易行，但存在许多缺陷，如需在高温下反应、形成 N-甲酰化产物、难以从氨合成伯胺等。此外，氨或伯胺还原烷基化产物可能进一步发生烷基化，形成仲胺或叔胺，因此，一般需用过量的氨或伯胺。2002 年，Kitamura 报道了首例 [RhCp*Cl$_2$]$_2$ 催化的 Leuckart-Wallach 类反应。反应可在温和条件下进行，可进行酮和 α-酮酸的还原胺化 (式 2)[5]。

$$\text{PhCOCO}_2\text{H} \xrightarrow[\text{MeOH, 50 °C, 2 h}]{\substack{[\text{RhCp*Cl}_2]_2 \\ \text{HCOONH}_4 \text{ (5 mol/L)}}} \text{PhCH(NH}_2\text{)CO}_2\text{H} \qquad (2)$$
81%

2011 年，Saba 报道了一种简便的 Leuckart 反应改良，反应简单地把醛或酮与伯胺、仲胺以及甲酸铵在苯或甲苯中加热并用 Dean-Stark 分水器分水[6] (式 3)。以苯为溶剂时，其收率高于在甲苯中反应，缺点是苯的毒性。

$$\text{RCOR}^1 + \text{R}^2\text{NHR}^3 \xrightarrow[\substack{\text{C}_6\text{H}_6 \text{ 或 PhH} \\ \text{回流, 分水}}]{\text{HCOONH}_4} \text{R}^2\text{R}^3\text{NCHRR}^1 \qquad (3)$$

2015 年，Frederick 等人通过加入原甲酸三甲酯作为吸水剂，改良了 Leuckart-Wallach 反应，使之可在温和条件下进行，并用于 abemaciclib (**2**) 的合成 (式 4)[7]。值得一提的是，abemaciclib 于 2018 年获美国 FDA 批准作为抗乳腺癌新药进入临床使用。最近，同一小组进一步发展了采用流动化学技术进行串联 Leuckart-Wallach 还原烷基化-Ullmann 胺化方法，用于 abemaciclib 中间体的规模生产[8]。

(式 4) 1 → abemaciclib (**2**)，试剂：HC(OMe)$_3$, HCO$_2$H, ACN, 80 °C

Dömling 小组巧妙地利用 Leuckart-Wallach 反应生成甲酰胺的"缺点"，发展了合成异腈的方法[9]。值得一提的是该法可从糖 (例如 **3**) 出发合成糖异腈 (例如 **5**)，后者可用于多组分反应 (式 5)[10]。

3 (α/β = 3 : 1) $\xrightarrow[\substack{140\ °\text{C, 3 h} \\ 55\%}]{\substack{\text{NH}_2\text{CHO (过量)} \\ \text{HCOOH}}}$ **4** $\xrightarrow[65\%]{\text{POCl}_3}$ **5** (5)

参考文献

[1] Leuckart, R. *Ber. Dtsch. Chem. Ges.* **1885**, *18*, 2341-2344.
[2] Moore, M. L. "The Leuckart Reaction", *In Organic Reactions; Adams, R. Ed.*; John Wiely & Sons, Inc.: New York, **1949**, *7*, 301-330.

[3] Wallach, O. *Ber. Dtsch. Chem. Ges.* **1891**, *24*, 3992.
[4] Lee, S.-C.; Park, S. B. *Chem. Commun.* **2007**, 3714-3716.
[5] Kitamura, M.; Lee, D.; Hayashi, S.; Tanaka, S.; Yoshimura, M. *J. Org. Chem.* **2002**, *67*, 8685-8687.
[6] O'Connor, D.; Lauria, A.; Bondi, S. P.; Saba, S. *Tetrahedron Lett.* **2011**, *52*, 129-132.
[7] Frederick, M. O.; Kjell, D. P. *Tetrahedron Lett.* **2015**, *56*, 949-951.
[8] Frederick, M. O.; Pietz, M. A.; Kjell, D. P.; Richey, R. N.; Tharp, G. A.; Touge, T.; Yokoyama, N.; Kida, M.; Matsuo, T. *Org. Process Res. Dev.* **2017**, *21*, 1447-1451.
[9] Neochoritis, C. G.; Zarganes-Tzitzikas, T.; Stotani, S.; Dömling, A.; Herdtweck, E.; Khoury, K.; Dömling, A. *ACS Comb. Sci.* **2015**, *17*, 493-499.
[10] Neochoritis, C. G.; Zhang, J.; Dömling, A. *Synthesis* **2015**, *47*, 2407-2413.

反应类型： 碳-氮键的形成
相关反应： Eschweiler-Clarke 反应

（黄培强）

Merrifield 固相多肽合成

Merrifield (梅里菲尔德) 固相多肽合成 (solid-phase peptide synthesis，SPPS) 是利用不溶性的固相载体合成多肽的方法。20 世纪 50 年代液相合成多肽方法逐渐成熟并取得了杰出的成果 (牛胰岛素的合成)，然而液相合成多肽的缺陷促使新的多肽合成方法的出现成为必要。1963 年，Robert Bruce Merrifield 提出在固相载体上进行多肽合成，即固相多肽合成[1]。这是肽合成化学的一个重大突破，今天这一概念已经推广到固相载体上的有机合成、多糖合成与核酸合成等，推动了组合化学的发展，为此 Merrifield 获得了 1984 的诺贝尔化学奖。随着试剂和固相载体 (树脂) 以及自动化的发展，固相合成目前成为多肽合成的主要方法。

固相多肽合成通常从肽链的 C 末端开始合成，如图 1 所示；首先 N 保护的氨基端与树脂连接臂的官能团反应，连接到固相载体上；然后脱去 N 末端临时保护基 P，与下一个 N 末端保护的氨基酸缩合，接着重复缩合，直到合成所需序列长度；接着裂解肽树脂，得到目标肽。

固相多肽合成的两种主要策略是最初由 Merrifield 提出的 Boc/Bzl 策略 (又称 Merrifield 策略) 和 20 世纪 70 年代由 Sheppard 提出的 Fmoc/*t*-Bu 策略 (又称 Sheppard 策略)[2]。两种方案的基本原则是一致的：树脂、使用过量的反应试剂、从 C 端到 N 端合成，只是保护基的选择和所匹配的树脂不同。由于不仅在树脂的表面而且同时在其内部也发生反应，所以要求所选用的树脂在溶剂中有良好的膨胀性能，近年来由常用的聚苯乙烯树脂 (PS) 发展到聚乙二醇树脂 (PEG-PS、PEGA 和 PEG-Matrix)，大大提高了固相多肽合成的产物纯度和应用[3]；同时根据所选用的保护策略和多肽 C 末端官能团的不同 (羧酸、酰胺、醇、酯和侧链保护多肽) 选择不同的树脂连接臂 (linker)[3,4]。在合成过程中为了缩短反应时间和提高每步反应的产率，通常使用过量的试剂，使得每步反应接近完全；由于肽的生物活性强烈依赖于氨基酸残基的构型，必须对缩合剂和溶剂进行选择，将形成肽键时的消旋降至最低[5]。

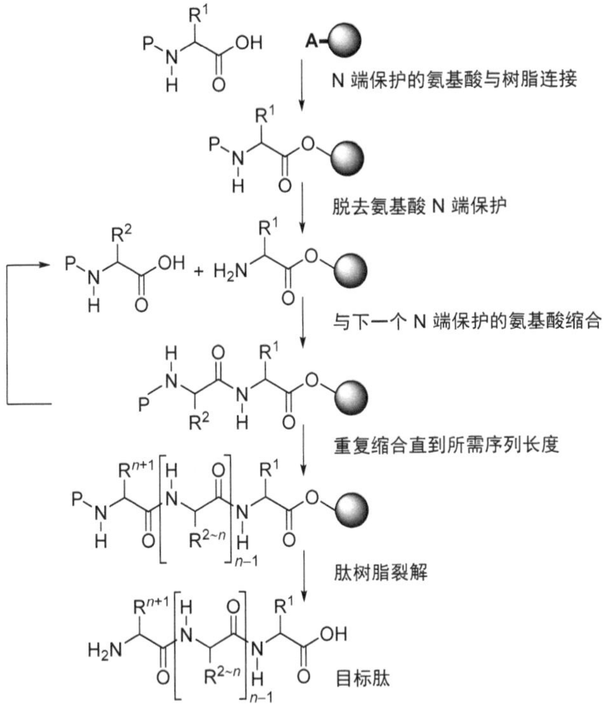

图 1 固相多肽合成流程

Boc/Bzl 策略 (图 2)：此方案选用 Boc (叔丁氧羰基) 为临时性保护基与苄基型半永久性保护基联合使用，一般用 20%~50% 的 TFA 脱去 Boc。选用的树脂有 Merrifield 树脂、MBHA 树脂、PAM 树脂等。最终肽树脂裂解通常在 0 ℃ 使用无水 HF 处理，同时需要加入捕获剂（如苯甲醚、苯甲硫醚或三异丙基硅烷）以避免碳正离子中间体的副反应。

Fmoc/t-Bu 策略 (图 3)：此方案选用 Fmoc (芴甲氧羰基) 为临时性保护基与叔丁基和三苯甲基半永久性保护基联合使用，一般用 20% 的哌啶脱去 Fmoc。选用的树脂有 Wang 树脂、Rink 树脂等。最终肽树脂裂解通常使用 TFA 与捕获剂配伍处理。

固相多肽合成需要注意的问题主要是肽链延长过程出现的聚集现象而带来的缩合不完全及纯化难度，尤其在 Fmoc 策略中更严重。聚集是由于延长的肽链内及肽链间形成稳定的二级结构，主要是 β-折叠结构倾向于聚集而阻止缩合反应和脱保护反应；可以采取改变溶剂、缩合剂、树脂等的性质来降低聚集的发生[6,7]。

目前，在多肽药物合成中，固相多肽合成与传统的液相工艺相比具有缩短生产周期、较高的产率和纯度等优点；同时固相收敛式与固液相转换合成在较大的多肽药物合成中也非常有前景，例如新型的抗艾滋病药物恩夫韦肽 (T20) 的合成；而由固相多肽合成发展而来的组合多肽合成在药物筛选中亦发挥重要作用[8]。

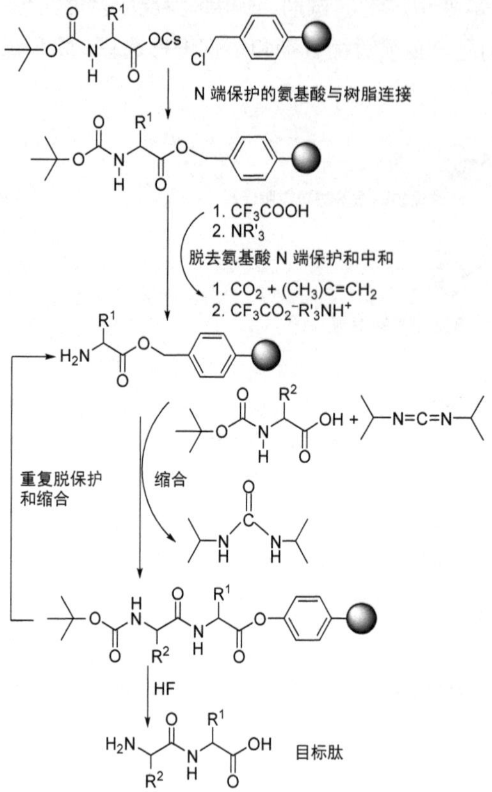

图 2　Boc 策略合成流程

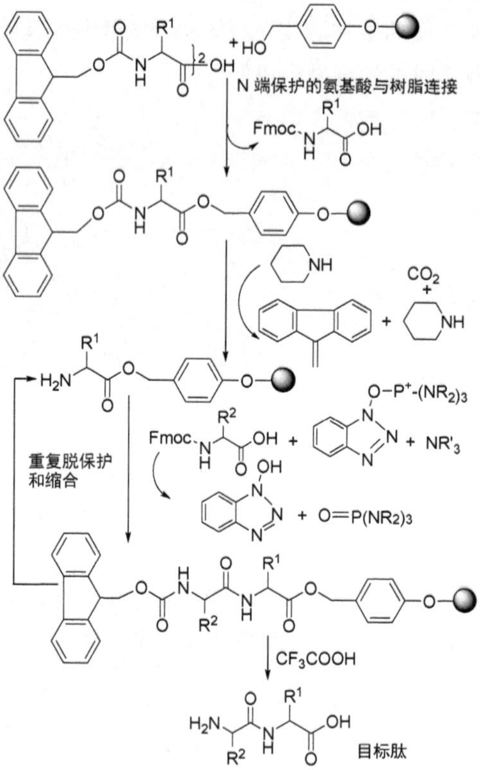

图 3　Fmoc 策略合成流程

参考文献

[1] Merrifield, R. B. *J. Am. Chem. Soc.* **1963**, *85*, 2149
[2] Atherton, E.; Sheppard, R. C. Solid Phase Peptide Synthesis: A Practical Approach, IRL Press, Oxford, 1989.
[3] Sewald, N.; Jakubke, H. D. Peptides: Chemistry and Biology, Wiley-VCH, Weinheim, 2nd ed. 2009.
[4] Jaradat, D.M.M. *Amino Acids* **2018**, *50*, 39-68
[5] El-Faham, A., Albericio, F. *Chem. Rev.* **2011**, *111*, 6557-602.
[6] Coin, I.; Beyermann, M.; Bienert, M. *Nat. Protoc.* **2007**, *2*, 3247-56.
[7] Behrendt, R.; White, P.; Offer, J. *J. Pept. Sci.* **2016**, *22*, 4-27.
[8] Bray, B.L. *Nat. Rev. Drug Discov.* **2003**, *2(7)*, 587-93

反应类型：碳-杂原子键的形成

（王锐）

Mitsunobu 反应

在偶氮二碳酸二乙酯 (DEAD) 或者偶氮二碳酸二异丙酯 (DIAD) 和三苯基膦作用下，醇类化合物和羧酸等含活泼氢的化合物发生取代反应，形成 C–O、C–N、C–S、C–C 等键的反应被称作 Mitsunobu 反应 (光延反应)[1]。该反应是由日本化学家 Mitsunobu (光延) 等人于 1967 年发现，一般在温和的中性条件下进行，是一个应用范围较广泛的反应[2]。

Mitsunobu 认为[1]该反应是经过如下 4 个过程 (图 1)：(a) DEAD (**1**) 和三苯基膦 (**2**) 进行加成，形成季鳞盐 **3**；(b) 对季鳞盐 **3** 进行质子化；(c) 形成烷氧鳞盐 **5**；(d) 发生 S_N2 型取代反应，生成产物 R^2–Nu。这是一个氧化还原反应过程，三苯基膦被氧化成为三苯氧膦，偶氮二碳酸二乙酯被还原成为肼二碳酸二乙酯。

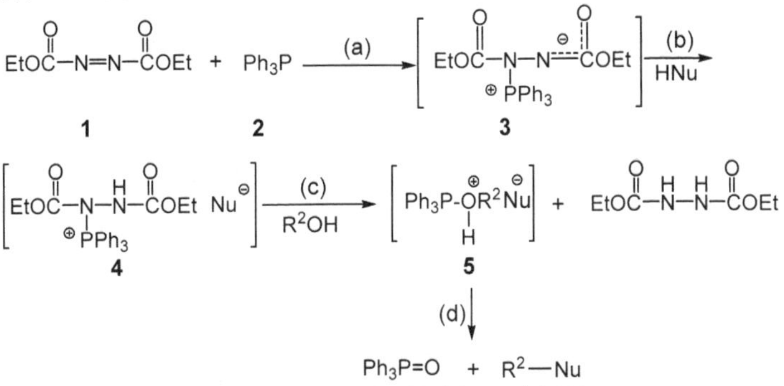

图 1 Mitsunobu 提出的反应机理

近年来，对 Mitsunobu 反应的机理研究较多[3-9]。Varasi 等人[4]结合以前的研究基础以及自己在实验中发现的一些现象，用 ^{31}P NMR 对 Mitsunobu 反应进行了仔细的研究。结合实验结果，他提出了如图 2 所示的反应机理。他发现酸性化合物在反应过程中加入的时间

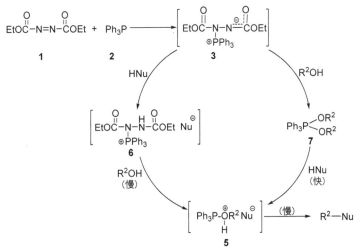

图 2 Varasi 等人提出的 Mitsunobu 反应机理

不同，反应的机理就有所不同。反应的第一步仍然是 DEAD 和三苯基膦进行加成，形成季鏻盐 **3**。当 **3** 形成时若有酸存在于反应体系中，或者此时加入酸，季鏻盐 **3** 就会马上发生质子化形成中间体 **6**。此时加入醇，中间体 **6** 就会缓慢地形成鏻盐 **5**，接着发生 S_N2 取代反应并生成产物。当 **3** 形成时，若反应体系中没有酸存在，此时加入醇，一半季鏻盐 **3** 会与醇发生反应，形成二烷氧基膦 **7**。在此时加入酸，剩下的季鏻盐 **3** 会发生质子化生成 **6**，而 **7** 也会很快和酸发生反应生成鏻盐 **5**，同时释放出一半的醇与中间体 **6** 发生反应。在此反应过程中，从 **6** 到 **5** 的反应过程非常慢，而从 **7** 到 **5** 的反应过程则非常快。

Mitsunobu 反应可用于形成 C–O、C–N、C–S、C–C 等键的反应，下面分别予以介绍：

① C–O 键的形成　利用 Mitsunobu 反应构筑 C–O 键合成醚类化合物是该反应较为广泛的一类应用，已有大量研究报道。2016 年，Kaboudin 等人利用 Mitsunobu 反应将 α,α'-羟基取代的膦酸 **8** 转化为一个磷杂四元环醚类化合物 **9**[10] (式 1)。在研究过程中作者还发现，无论是外消旋还是内消旋的膦酸化合物 **8** 在此过程中都转化成了顺式四元环化合物 **9**。对此结果，作者认为外消旋膦酸 **8** 在此转化过程中只需要经过一次的 Mitsunobu 反应就可形成顺式四元环产物 **9**。而内消旋膦酸 **8** 在 Mitsunobu 反应过程中，由于在形成四元环化合物时立体位阻因素过大，因而其更倾向于发生次膦酸羟基参与的 Mitsunobu 过程，形成环氧乙烷中间体。此中间体随后再发生一次醇羟基参与的亲核取代开环过程，便会最终也生成顺式的产物 **9**。

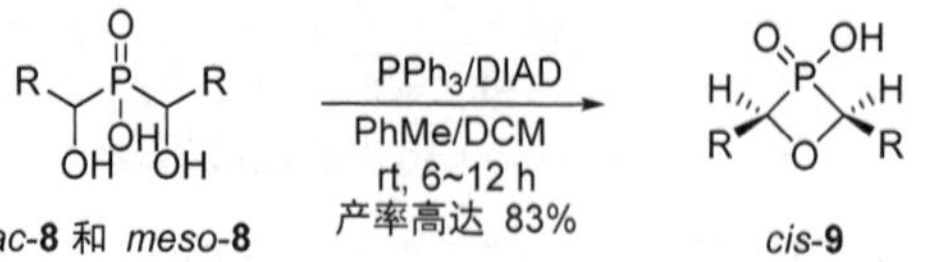

rac-**8** 和 *meso*-**8**　　*cis*-**9**　　(1)

② C–N 键的形成　利用 Mitsunobu 反应构筑 C–N 键也是该反应的一种重要应用。利用此策略，可以合成吖啶环，引入氮原子或含氮片段 (式 2)。2012 年 Jeong 课题组在合成 fluoro-homoneplanocin A (**13**) 的过程中就使用了该策略[11]。他们从核糖 **10** 出发，通过多步反应制备得到了 Mitsunobu 反应前体化合物醇 **11**。随后作者利用标准 Mitsunobu 反应条件，使醇 **11** 与 6-氯嘌呤缩合，顺利引入了嘌呤结构单元，成功构筑所需立体化学要求的 C–N 键。最后，作者再通过后续的官能团转换及保护基脱除就实现了 fluoro-homoneplanocin A (**13**) 的合成。作者同时利用相似的策略也实现了天然产物 homoneplanocin A 的合成。

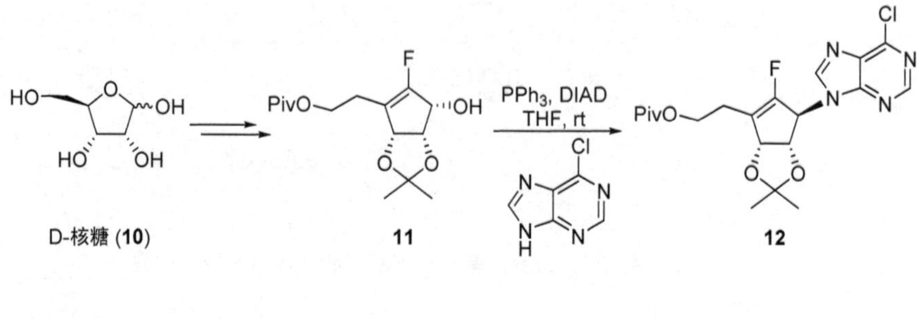

D-核糖 (**10**)　　**11**　　**12**

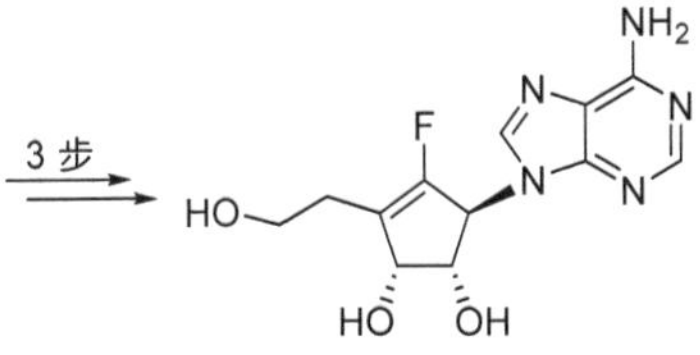

$$\xrightarrow{3 \text{ 步}}$$ fluoro-homoneplanocin A (**13**) (2)

③ C–S 键的形成 与构筑 C–O 键类似，若使用亲核性的硫化物代替醇，利用 Mitsunobu 反应就可以构建相应的 C–S 键，从而得到硫酯、硫醚等。Katsumura 课题组在合成联烯类化合物 fucoxanthin 时[12]，借助改良的 Julia 成烯反应有效地构筑了该化合物中 7 个共轭双键的烯烃链 (式 3)。而此合成过程中所需的 Julia 烯化前体化合物砜，作者就是借助 Mitsunobu 反应使醇 **14** 与 2-巯基苯并噻唑 (HS-BT) **15** 缩合得到硫醚 **16**。然后再对 **16** 进行氧化等操作便可制备得到 Julia 烯化前体砜。

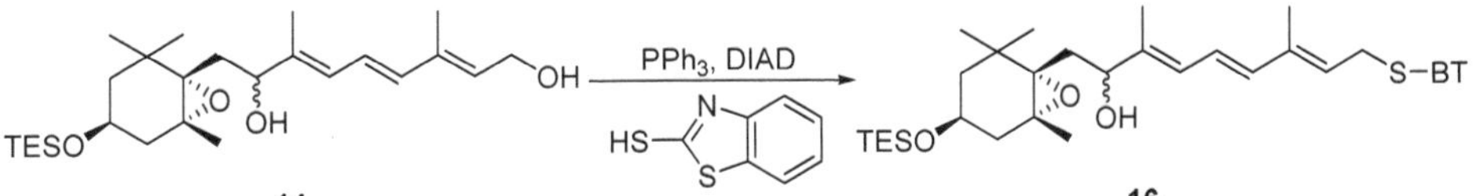

14 + HS-BT (**15**) $\xrightarrow{\text{PPh}_3, \text{DIAD}}$ **16** (3)

④ C–C 键的形成 一般情况下，Mitsunobu 反应在 C–C 键的形成中应用不多，主要是因为一般碳氢酸的酸性都比较弱。而利用氢氰酸或者其替代物，实现氰基的引入是 Mitsunobu 反应在构筑 C–C 键的一个重要应用，而此策略常被称为 Mitsunobu-Wilk 反应。Martin 课题组在设计合成精氨酸 N-甲基转移酶抑制剂时，便利用该策略，以 90% 的收率向底物 **17** 中引入了氰基得到氰基化物 **19**[13] (式 4)。

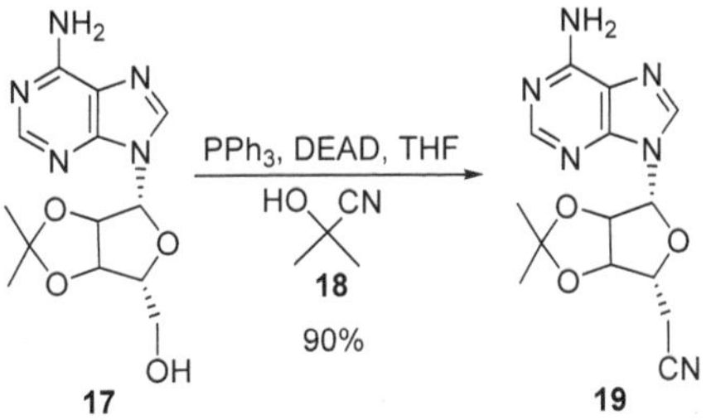

17 + **18** $\xrightarrow[\text{90\%}]{\text{PPh}_3, \text{DEAD, THF}}$ **19** (4)

⑤ C–X 键的形成 Mitsunobu 反应也可以将醇转化为相应的卤化物，构筑碳-卤键，而形成的卤化物又可以进行后续的官能团转化或反应。Taneja 课题组报道了在 Mitsunobu 反应条件下，利用 TMSCl 作为氯源，可以将糖类或立体位阻较大的非糖类化合物的一级羟基氯代，而同样条件下立体位阻影响较小的非糖类 1,2-二醇和 1,3-二醇却主要生成二级羟基被氯代的产物[14] (式 5 和式 6)。

20 $\xrightarrow{\text{PPh}_3, \text{DIAD}, \text{TMSCl}}$ **21** (5)

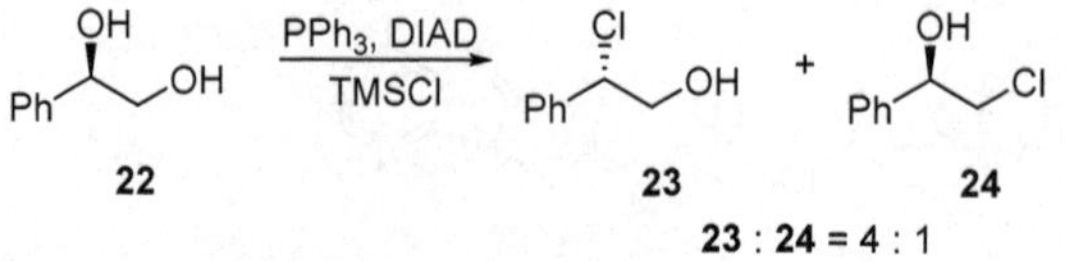

Mitsunobu 反应天然产物合成中的应用举例如下：

Carreira 在合成 (+)-sarcophytin (**29**) 时，就借助 Mistsunobu 反应实现了醇片段 **25** 与酸片段 **26** 的连接，并在此过程中将 14 位手性醇的立体化学进行了翻转[15] (式 7)。作者在此合成过程中，原本计划使用手性前体 **25** 的对映体 *ent*-**25** 来进行合成尝试。该手性化合物 1 位异丙基及 14 位醇羟基的立体构型与所报道天然产物构型一致。然而，在合成的过程中作者遇到了较大的挑战。结合 sarcophytin 类化合物的骨架结构，作者认为天然产物报道结构应该是 sarcophytin 真实结构的对映体。因而，作者才以 **25** 为原料进行了合成尝试，最终完成了 (+)-sarcophytin 的全合成，并确定了其绝对构型。

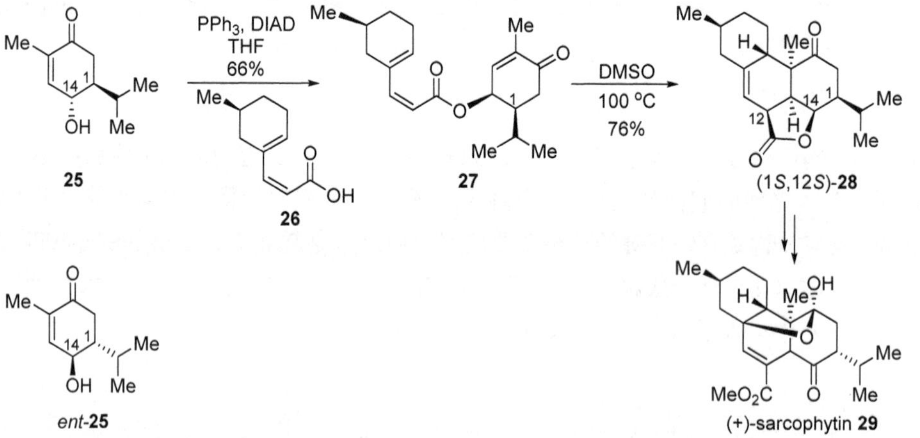

贾彦兴课题组在合成吲哚类生物碱 ht-13-A (**33**) 的工作中[16]，以酚 **30** 与手性醇 **31** 为原料，利用 Mitsunobu 反应，将两片段连接成醚并翻转了手性醇的构型。随后，他们以锌参与的炔丙基化、钌催化分子内碳氢活化等反应作为关键步骤，最终实现了生物碱 **33** 的合成 (式 8)。

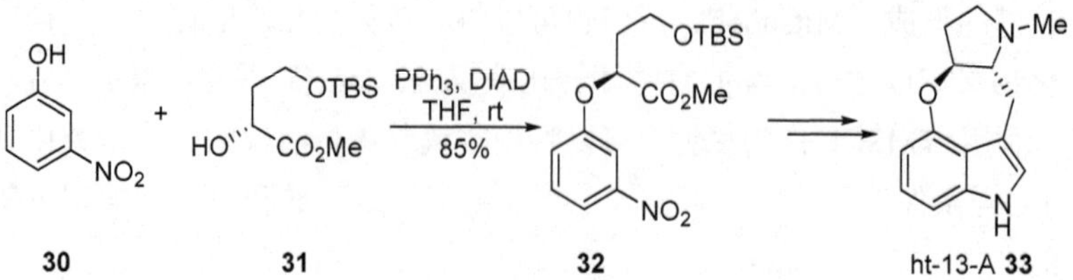

参考文献

[1] (a) Mitsunobu, O. *Synthesis* **1981**, 1. (b) Mitsunobu, O.; Yamada, M. *Bull. Chem. Soc. Jpn.* **1967**, *40*, 2380.

[2] (a) Ren, X.-F.; Xu, J.-L.; Chen, S.-H. *Chin. J. Org. Chem.* **2006**, *40*, 454. (b) But, T. Y. S.; Toy, P. H. *Chem. –Asian. J.* **2007**, *2*, 1340. (c) Swamy, K. C. K.; Kumar, N. N. B.; Balaraman, E.; Kumar, K. V. P. P. *Chem. Rev.* **2009**, *109*, 2551. (d) Fletcher, S. *Org. Chem. Front.* **2015**, *2*, 739.
[3] Crich, D.; Dyker, H.; Harris, R. J. *J. Org. Chem.* **1989**, *54*, 257.
[4] Varasi, M.; Walker, K. A. M.; Maddox, M. L. *J. Org. Chem.* **1987**, *52*, 4235.
[5] Hughes, D. L.; Reamer, R. A.; Bergan, J. J.; Grabowski, E. J. J. *J. Am. Chem. Soc.* **1988**, *110*, 6487.
[6] Schenk, S.; Weston, J.; Anders, E. *J. Am. Chem. Soc.* **2005**, *127*, 12566.
[7] But, T. Y. S.; Toy, P. H. *J. Am. Chem. Soc.* **2006**, *128*, 9636.
[8] Ahn, C.; Correia, R.; De Shong, P. *J. Org. Chem.* **2002**, *67*, 1751.
[9] Camp, D.; von Itzstein, M.; Jenkins, I. D. *Tetrahedron* **2015**, *71*, 4946.
[10] Kaboudin, B.; Haghighat, H.; Yokomatsu, T. *Synlett* **2016**, *27*, 1537.
[11] Chandra, G.; Majik, M. S.; Lee, J. Y.; Jeong, L. S. *Org. Lett.* **2012**, *14*, 2134.
[12] Kajikawa, T.; Okumura, S.; Iwashita, T.; Kosumi, D.; Hashimoto, H.; Katsumura, S. *Org. Lett.* **2012**, *14*, 808.
[13] van Haren, M.; van Ufford, L. Q.; Moret, E. E.; Martin, N. I. *Org. Biomol. Chem.* **2015**, *13*, 549.
[14] Dar, A. R.; Aga, M. A.; Kumar, B.; Yousuf, S. K.; Taneja, S. C. *Org. Biomol. Chem.* **2013**, *11*, 6195.
[15] Nannini, L. J.; Nemat, S. J.; Carreira, E. M. *Angew. Chem. Int. Ed.* **2018**, *57*, 823.
[16] Tao, P.; Chen, Z.; Jia, Y. *Chem. Commun.* **2016**, *52*, 11300.

（厍学功，苏濿鹏）

Miyaura 硼化反应

Miyaura（宫浦）硼化反应是指利用芳基或烯基卤化物或三氟磺酸酯衍生物与联二硼酸频哪醇酯在钯催化剂的存在下发生偶联反应来制备相应的硼酸频哪醇酯的一类反应[1-4]（式 1 和式 2）。其产物是另一重要反应 Suzuki 偶联反应的原料。该反应具有条件温和、官能团容忍度较好等优点，它在一定程度上弥补了使用活性较高的格氏试剂或锂试剂来制备此类化合物时的不足。

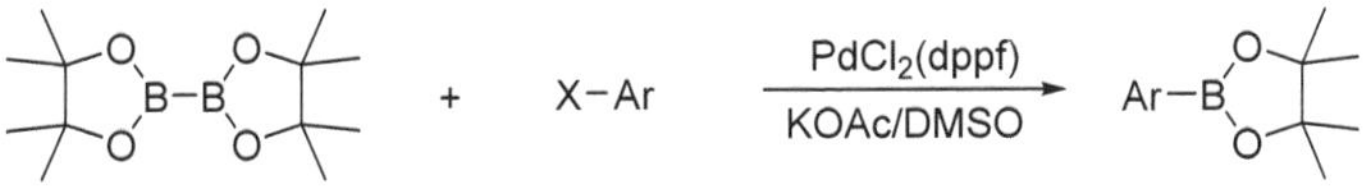

$$\text{B}_2\text{pin}_2 + \text{X–Ar} \xrightarrow[\text{KOAc/DMSO}]{\text{PdCl}_2(\text{dppf})} \text{Ar–Bpin} \quad (1)$$

$$\text{B}_2\text{pin}_2 + \underset{\text{X = Br, I, OTf}}{\text{X}\diagup\diagdown\text{R}^1/\text{R}^2/\text{R}} \xrightarrow[\text{KOPh/PhMe}]{\text{PdCl}_2(\text{PPh}_3)_2} \text{pinB}\diagup\diagdown\text{R}^1/\text{R}^2/\text{R} \quad (2)$$

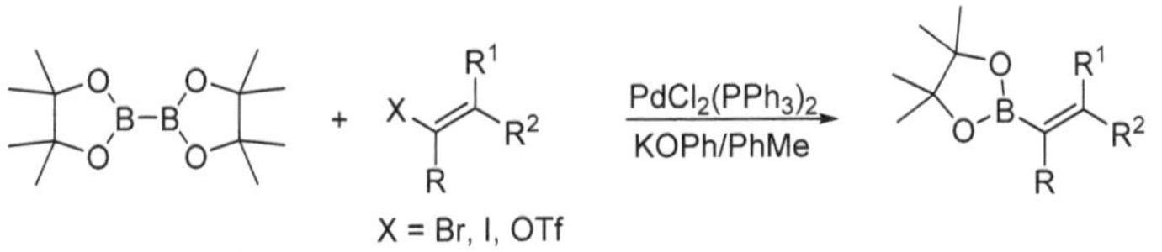

Miyaura 小组根据实验结果提出了该反应可能的机理[1](如图 1)：首先是体系中现场产生的零价钯物种 **A** 对芳基卤代物发生氧化加成形成二价钯物种 **B**，后者再经过配体交换的过程生成 **C**，**C** 再与联二硼酸频哪醇酯发生金属交换作用生成 **D**，之后再经过异构化和还原消除生成产物并再生出零价钯物种 **A**，从而完成催化循环。

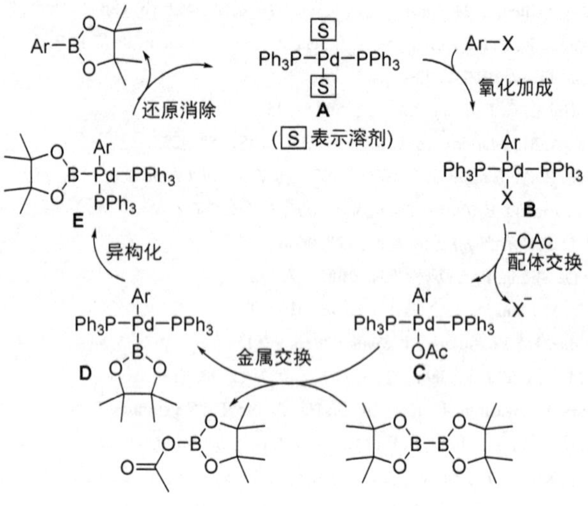

图 1　Miyaura 小组提出的硼化反应机理

该反应中碱的选择至关重要：碱性太强会使产物发生 Suzuki 偶联反应而降低产率。至于碱在该反应中所起的作用，作者认为由于原料联二硼酸频哪醇酯的 Lewis 酸性很弱，不会为所用的碱活化，因而碱主要是通过活化配体交换后生成的钯配合物 (Pd-O 键较 Pd-X 键活泼)，使之易于与联二硼酸频哪醇酯发生金属交换来起作用。此外，硼原子良好的亲氧性也是金属交换步骤能够进行的驱动力之一。基于对碱的作用的认识，Miyaura 小组通过在反应的不同阶段加入不同的催化剂及碱，成功地发展了一种由烯基三氟磺酸酯类化合物一瓶法制备 1,3-共轭二烯的方法[2](式 3)。

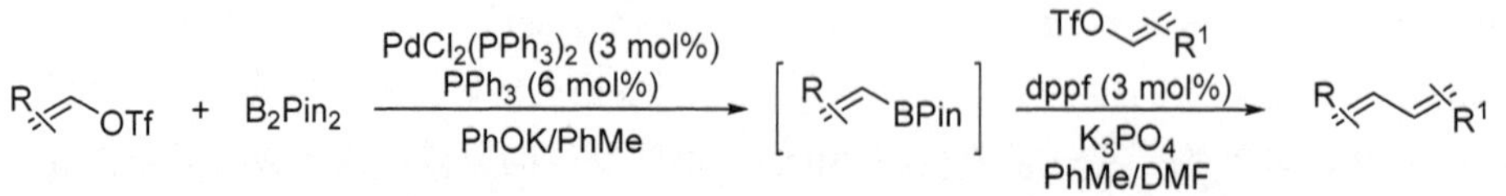

Hosomi-Miyaura 反应是指以铜盐为催化剂催化的 α,β-不饱和烯酮的硼化反应，它进一步拓展了该反应的范围[5](式 4)。

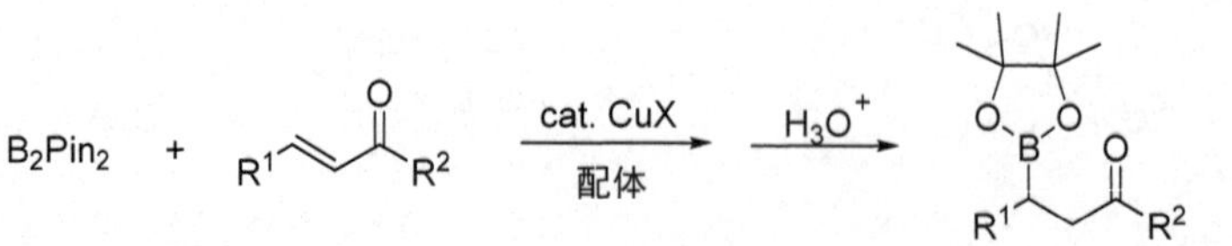

后来，化学家们又发展了以 Rh 或 Ru 的配合物为催化剂，以频哪醇硼烷为硼源，通过对烯烃底物的去氢硼化反应来制备烯基硼酸酯的反应[6,7](式 5)。该方法克服了以烯基或芳基卤代物为底物时易发生的去卤化还原的副反应，在大规模制备实验时更为实用。

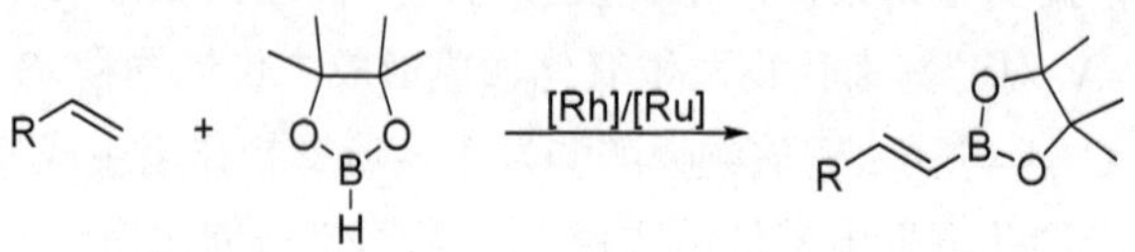

最近，化学家们发展了利用芳基氯化物合成硼酸酯类衍生物[8]，并且也有报道使用 Ni 催化剂来实现这类反应[9]。

$$\text{Ar-Cl} \xrightarrow[\substack{\text{B}_2(\text{OH})_4 \text{ (1.5 equiv)} \\ \text{KOAc (3 equiv), EtOH}}]{\substack{\text{precat. (1 mol\%)} \\ \text{NaO}^t\text{Bu (1 mol\%)} \\ \text{X-Phos (2 mol\%)}}} [\text{RO-B(Ar)-OR}] \xrightarrow[\text{MeOH}]{\text{KHF}_2 \text{ (3.5 equiv)}} \text{Ar-BF}_3\text{K} \quad (6)$$

$$\text{Ar-X} + \text{B}_2(\text{OH})_4 \xrightarrow[\substack{\text{PPh}_3 \text{ (2 mol\%)} \\ \text{DIPEA (3.0 equiv)}}]{\text{NiCl}_2(\text{dppf}) \text{ (1 mol\%)}} [\text{Ar-B(OH)}_2] \xrightarrow[\text{MeOH}]{\text{KHF}_2 \text{ (7.5 equiv)}} \text{Ar-BF}_3\text{K} \quad (7)$$

X = Br, Cl, OTf

Miyaura 反应的产物在有机合成中有着重要的应用，例如最近化学家们应用此反应作为关键步合成了喜树碱[10] (式 8)。

喜树碱 (8)

参考文献

[1] Ishiyama, T.; Murata, M.; Miyaura, N. *J. Org. Chem.* **1995**, *60*, 7508.
[2] Takagi, J.; Takahashi, K.; Ishiyama, T.; Miyaura, N. *J. Am. Chem. Soc.* **2002**, *124*, 8001.
[3] Takagi, J.; Kamon, A.; Ishiyama, T.; Miyaura, N. *Synlett.* **2002**, 1880.
[4] Thompson, A. L. S.; Kabalka, G. W.; Akula, M. R.; Huffman, J. W. *Synthesis* **2005**, 547.
[5] Ito, H.; Yamanaka, H.; Tateiwa, J.; Hosomi, A. *Tetrahedron Lett.* **2000**, *41*, 6821.
[6] Coapes, R. B.; Souza, F. E. S.; Thomas, R. L.; Hall, J. J.; Marder, T. B. *Chem. Commun.* **2003**, 614.
[7] Caballero, A.; Sabo-Etienne, S. *Organometallics.* **2007**, *26*, 1191.
[8] Molander, G. A.; Trice, S. L. J.; Dreher, S. D. *J. Am. Chem. Soc.* **2010**, *132*, 17701.
[9] Molander, A.; Cavalcanti, L. N.; García-García, C. *J. Org. Chem.* **2013**, *78*, 6427.
[10] Wei, C.; Jiang, Z.; Tian, S.; Zhang, D. *Tetrahedron Lett.* **2013**, *54*, 4515.

(赵刚)

Nef 反应

Nef (内夫) 反应为伯、仲脂肪硝基化合物在碱、酸作用下形成醛、酮的反应 (式 1)[1,2]。叔硝基化合物因无法去质子化而无法进行该反应。后来发展了包括氧化、还原在内的其它条件，例如，活化的干硅胶[3]、DBU[4]、TiCl$_3$[5]、30% H$_2$O$_2$-K$_2$CO$_3$[6]，或者 KMnO$_4$[7]、硝酸铈铵[8]、Oxone[9]、臭氧[10]，以把硝基化合物转化为羰基化合物。上述试剂作用于硝基化合物的共轭碱均可减少副反应，提高收率。Nef 反应的近期进展已有综述[11]。

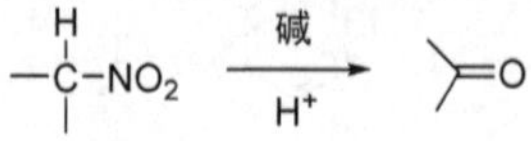

$$\text{—C(H)—NO}_2 \xrightarrow[\text{H}^+]{\text{碱}} \text{>=O} \tag{1}$$

伯硝基化合物若不经去质子化，直接用硫酸处理，则生成羧酸，羟亚胺酸为其中间体。该法可用于上述两类化合物的合成。

反应机理 (图 1)：

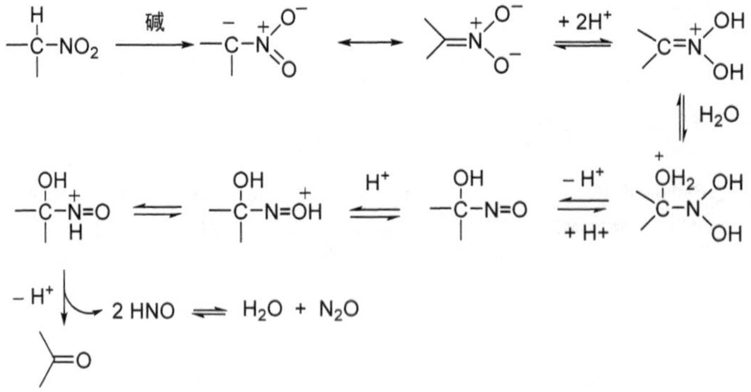

图 1　Nef 反应的机理

脂肪硝基化合物可进行多种反应，然后通过 Nef 反应转化为羰基化合物。例如，在 DBU 作用下，脂肪硝基化合物与 α,β-不饱和化合物的共轭加成和 Nef 反应可在同一反应条件下进行 (式 2)[12]，因而，该法可用于"一瓶"合成 γ-二酮 **1a** 和 γ-酮酯 **1b** 以及共轭的环戊烯酮。

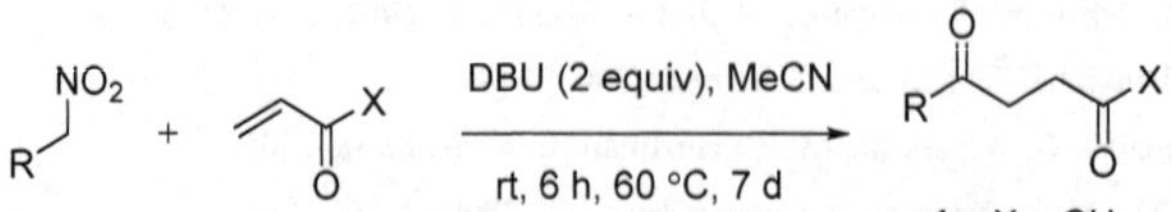

$$\text{RCH}_2\text{NO}_2 + \text{CH}_2=\text{CHC(O)X} \xrightarrow[\text{rt, 6 h, 60 °C, 7 d}]{\text{DBU (2 equiv), MeCN}} \text{RC(O)CH}_2\text{CH}_2\text{C(O)X} \tag{2}$$

1a X = CH$_3$
1b X = OCH$_3$

脂肪硝基化合物的硝基羟醛缩合反应是制备 α,β-不饱和脂肪硝基化合物的方便方法。后者同样可进行多种反应转化为复杂的脂肪硝基化合物。2002 年，Williams 报道了 α,β-不饱和脂肪硝基化合物 **2** 经分子内 Diels-Alder 反应和 Nef 反应构建天然产物 norzoanthamine AB 环系 **4** 的简便方法 (式 3)[13]。

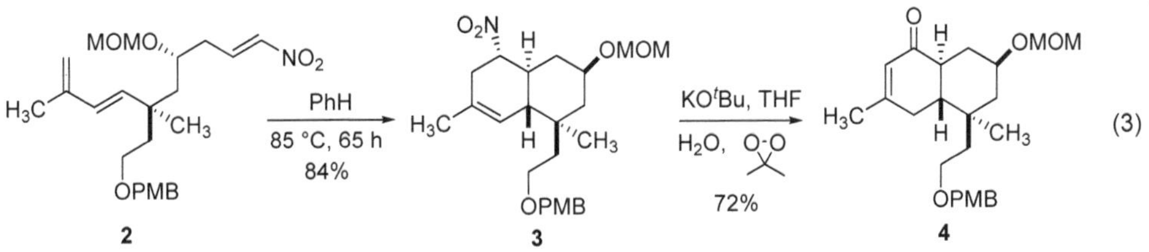

近年来,有机小分子催化 α,β-不饱和脂肪硝基化合物的不对称 Michael 加成反应已发展为成熟的合成方法。Hayashi 小组新近报道了通过该策略进行抗青光眼"重磅炸弹"药物拉坦前列素 (latanoprost,**10**) 的全合成 (图 2)[14]。其中的 Nef 反应系采用该小组先前确定的反应条件[15],把 α,β-不饱和脂肪硝基化合物 **8** 直接转化为 α,β-不饱和羰基化合物 **9**。

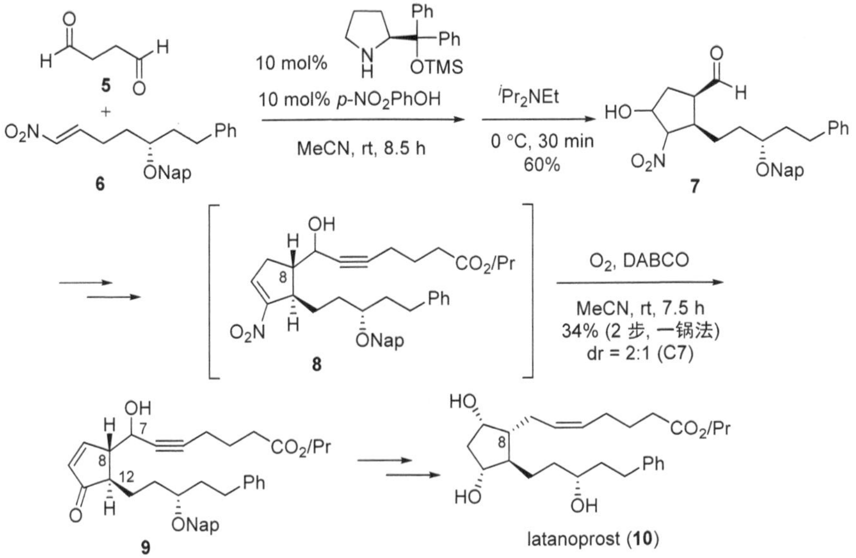

图 2　拉坦前列素 (latanoprost,**10**) 的全合成

参考文献

[1]　Nef, J. U. *Justus Liebigs Ann. Chem.* **1894**, *280*, 263-291.
[2]　Noland, W. E. *Chem. Rev.* **1955**, *55*, 137-155. (综述)
[3]　Mazur, Y. *J. Am. Chem. Soc.* **1977**, *99*, 3861-3862.
[4]　Ballini, R.; Bosica, G.; Fiorini, D.; Petrini, M. *Tetrahedron Lett.* **2002**, *43*, 5233-5235.
[5]　(a) McMurry, J. E. Melton, J. *J Org. Chem.* **1973**, *38*, 4367-4373. 相关综述: (b) McMurry, J. E. *Acc. Chem. Res.* **1974**, *7*, 281-286.
[6]　Olah, G. A.; Arvanaghi, M.; Vankar, Y. D.; Prakash, G. K. S. *Synthesis* **1980**, 662-663.
[7]　Kornblum, N.; Erickson, A. S.; Kelly, W. J.; Henggeler, B. *J. Org. Chem.* **1982**, *47*, 4534-4538.
[8]　Olah, G. A.; Gupta, B. G. B. *Synthesis* **1980**, 44-45.
[9]　Ceccherelli, P.; Curini, M.; Marcotullio, M. C.; Epifano, F.; Rosati, O. *Synth. Commun.* **1998**, *28*, 3057-3064.
[10]　McMurry, J. E.; Melton, J.; Padgett, H. *J. Org. Chem.* **1974**, *39*, 259-260.
[11]　(a) Ballini, R.; Petrini, M.; *Tetrahedron* **2004**, *60*, 1017-1047; (b) Ballini, R.; Petrini, M. *Adv. Synth. Catal.* **2015**, *357*, 2371-2402. (综述)

[12] Ballini, R.; Barboni, L.; Bosica, G.; Fiorini, D. *Synthesis* **2002**, 2725-2728.
[13] Williams, D. R.; Brugel, T. A. *Org. Lett.* **2000**, *2*, 1023-1026.
[14] Kawauchi, G.; Umemiya, S.; Taniguchi, T.; Monde, K.; Hayashi, Y. *Chem. -Eur. J.* **2018**, *24*, 8409-8414.
[15] Umemiya, S.; Nishino, K.; Sato, I.; Hayashi, Y. *Chem. Eur. J.* **2014**, *20*, 15753-12759.

反应类型： 碳-氧双键的形成

（黄培强）

Petasis 反应

Petasis (佩塔思斯) 反应是烯基 (或芳基) 硼酸或硼酸酯与胺及醛、酮等合成的烯丙基胺或苄基胺的反应。此类反应最早是由 N. A. Petasis 等人于 1993 年报道[1]。其中硼酸或硼酸酯起到类似于 Mannich 反应中亲核试剂的作用。因此，此反应通常也被称为 Petasis 硼酸-Mannich 反应。

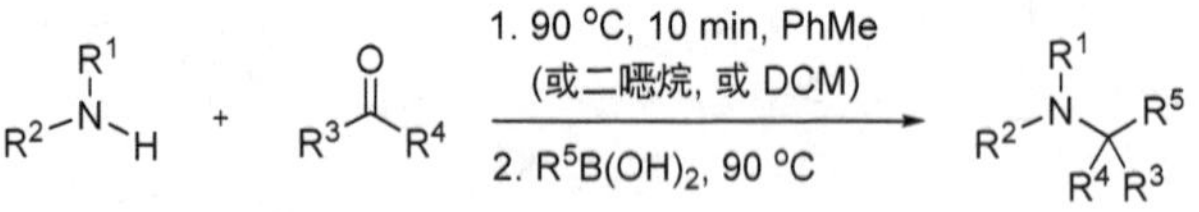

$$R^2-NH-R^1 + R^3-CO-R^4 \xrightarrow[\text{2. } R^5B(OH)_2, 90\ ^\circ C]{\text{1. } 90\ ^\circ C,\ 10\ \text{min, PhMe (或二噁烷, 或 DCM)}} R^2-N(R^1)-C(R^5)(R^4)(R^3) \quad (1)$$

R^1 = 烷基；R^2 = 烷基, -OH, 烷氧基, -SO^{t}Bu, -NHCO$_2{}^t$Bu；
R^3 = H, 烷基；R^4 = H, -CO$_2$H, 芳基；R^5 = 烯基, 芳基, 杂芳基

Petasis 反应机理还未完全确定。在 Petasis 的条件下，二级胺与甲醛缩合得到三种可能的产物：亚胺盐 **1**、二胺 **2** 和羟基胺 **3** (式 2)。相关研究表明：烯基 (或芳基) 硼酸或硼酸酯与预先制备好的亚胺盐 **1** 无法发生加成反应，因此，推测反应并没有经过中间体 **1**。中间体 **2** 和 **3** 均可以与烯基 (或芳基) 硼酸或硼酸酯反应得到相应的加成产物。目前认为反应最有可能经过中间体 **3**：首先中间体 **3** 中的羟基进攻具有亲电性的硼，形成类似 "ate-complex (酸根型配合物)" 的中间体。随后，烯基或芳基发生转移，得到相应的烯丙基或苄基胺类化合物。

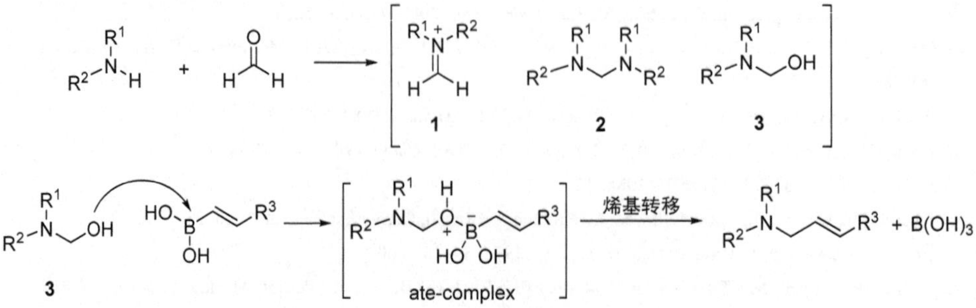

$$(2)$$

手性胺类化合物广泛地存在于天然产物药物中。Petasis 反应提供了一种高效简洁的

构建仲胺、叔胺类化合物的有效方法。利用不对称 Petasis 反应合成具有高对映选择性的手性胺类化合物，一直是有机化学和药物化学研究的热点之一。现阶段报道的方法主要可以分为手性辅基控制、手性底物诱导和手性催化剂催化三大类。2012 年，Xu 等人利用叔丁基亚磺酰胺、乙醛酸以及烯基硼酸，在 $InBr_3$ 催化的条件下，以大于 95% 的产率、大于 90% de 得到相应产物。随后作者在 HCl 的条件下脱去叔丁基亚磺酰基保护，并通过一系列的转换以 99:1 dr、98% ee 构建得到含有 3 个连续手性中心的并环结构 (式 3)[2]。2017 年，Zhang 等人利用 L-苯丙胺醇作手性源，在靛红及烯丙基硼酸的条件下，以较高的产率、95:5 dr 构建了两个连续的季碳手性中心 (式 4)[3]。

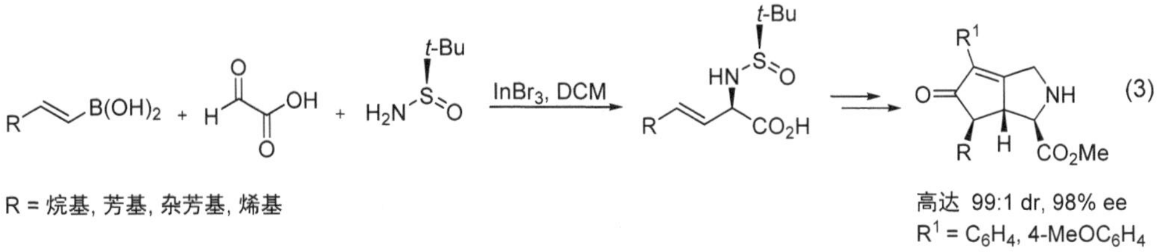

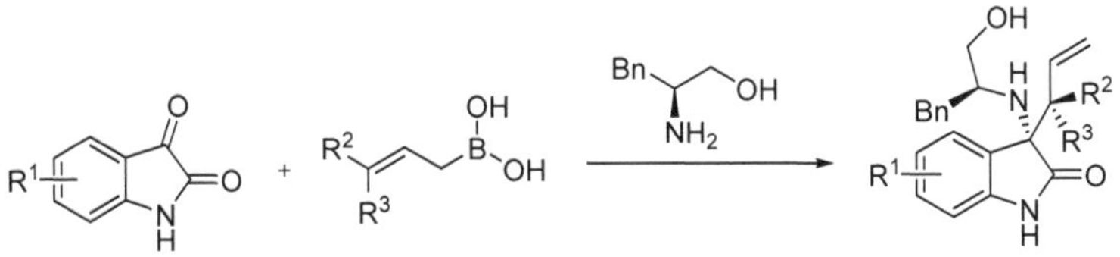

关于手性催化剂催化的不对称 Petasis 反应报道相对较少。2012 年，Yuan 等人利用 2-羟基苯甲醛、仲胺、烯基硼酸，在手性联萘骨架衍生的小分子催化剂催化下，以高达 92% 的产率、和 95% ee 构建得到苄位含氮的手性胺类化合物[4]。2017 年，Schaus 等人报道了一例类似的利用含手性联萘骨架催化剂催化的烯丙基硼酸、醛、伯胺的 Petasis 反应[5]。

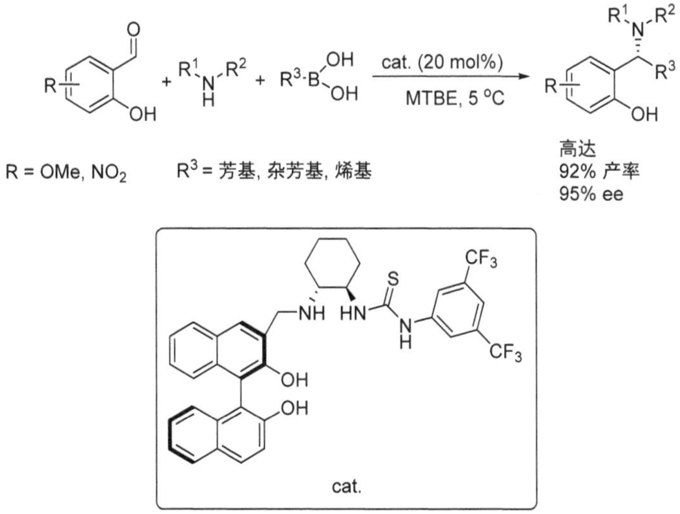

除了与伯胺、仲胺等反应构建得到相应的手性胺类化合物外，苯磺酰肼也可以与醛、烯基硼酸发生 Petasis 反应。通常在反应过程中苯磺酸离去，并释放出一分子的氮气。2012 年，Thomson 等人利用苯磺酰肼、羟基乙醛、炔基三氟硼酸钾盐，在三氟磺酸镧的催化下发生 Petasis 反应，以大于 90% 的产率制备得到联烯醇 (式 6)。联烯醇作为一类重要的合成中间体，可以方便地构建含有取代的呋喃、吡喃等杂环化合物 (式 7)[6]。

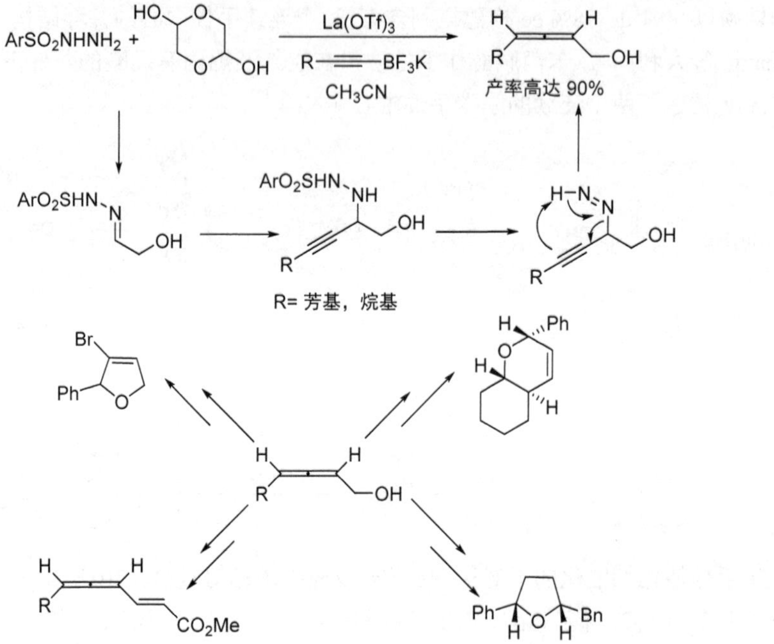

2017 年，Schaus 与 Thomson 合作报道了一例 (R)-Ph$_2$-BINOL 催化的烯基醛、烯丙基硼酸及苯磺酰肼的不对称 Petasis 反应，在反应的过程中 ArSO$_3$H 离去并释放出一分子氮气的同时，双键发生位移，以 96% er、90% 的产率构建得到含有两个手性中心的二烯类化合物 (式 8)[7]。

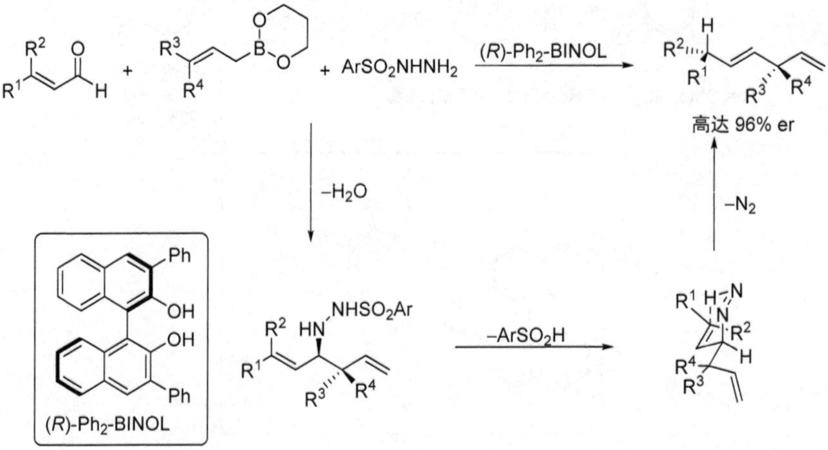

Petasis 反应在药物以及天然产物全合成中也有广泛的应用。如 Beau 等人在抗流感类药物 zarnamivir 类似物的合成中，其巧妙地利用 Petasis 反应，轻松地完成了羟醛缩合反应前体所需 10 碳链的构建 (式 9)。其提供了一种高效简洁的 zarnamivir 类似物的合成方法，为进一步构效关系的研究打下了坚实的基础[8]。

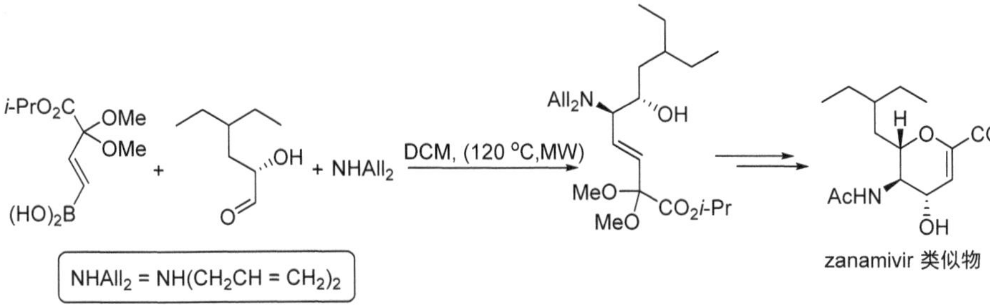

2015 年，Seeberger 在糖类天然产物 legionaminic 的不对称全合成中，通过 Petasis 反应以大于 19:1 的非对映选择性，76% 的产率构建得到多羟基的手性胺类化合物片段 (式 10)。Petasis 反应对底物中官能团良好的兼容性以及优异的非对映选择性，为 legionaminic 后续全合成的顺利完成提供了强有力的保障[9]。

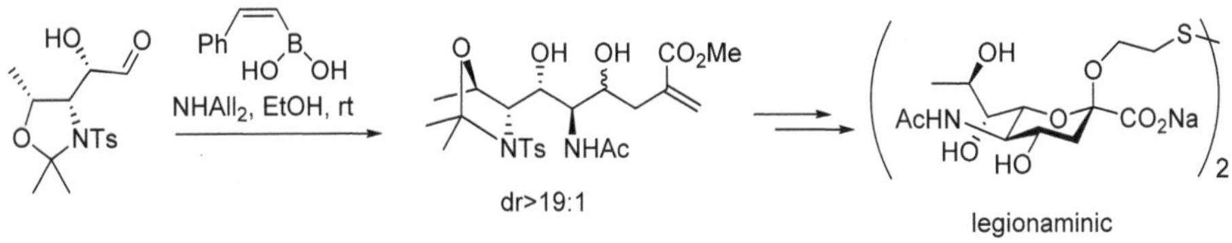

参考文献

[1] Petasis, N. A.; Akritopoulou, I. *Tetrahedron Lett*. **1993**, *34*, 583.
[2] Li, Y.; Xu, M. H. *Org. Lett*. **2012**, *14*, 2062-2065.
[3] Tan, Q. Y.; Wang, X. Q.; Xiong, Y.; Zhao, Z.-M.; Lu, L.; Tang, P.; Zhang, M. *Angew. Chem. Int. Ed*. **2017**, *56*, 4829-4833.
[4] Han, W. Y.; Wu, Z. J.; Zhang, X. M.; Yuan, W.C. *Org. Lett*. **2012**, *14*, 976–979.
[5] Jiang, Y.; Schaus, S. E. *Angew. Chem. Int. Ed*. **2017**, *56*, 1544-1548.
[6] Mundal, D. A.; Lutz, K. E.; Thomson, R. J. *J. Am. Chem. Soc*. **2012**, *134*, 5782-5785.
[7] Jiang, Y.; Thomson, R. J.; Schaus, S. E. *Angew. Chem. Int. Ed*. **2017**, *56*, 16631-16635.
[8] Soule, J. F.; Mathieu, A.; Norsikian, S.; Beau, J. M. *Org. Lett*. **2010**, *12*, 5322-5325.
[9] Matthies, S.; Stallforth, P.; Seeberger, P. H. *J. Am. Chem. Soc*. **2015**, *137*, 2848-2851.

（赵刚）

Ritter 反应

Ritter (里特) 反应是指在强酸性条件下，腈与叔醇或 1,2-二取代烯烃反应生成仲酰胺的转化反应[1,2] (式 1)。

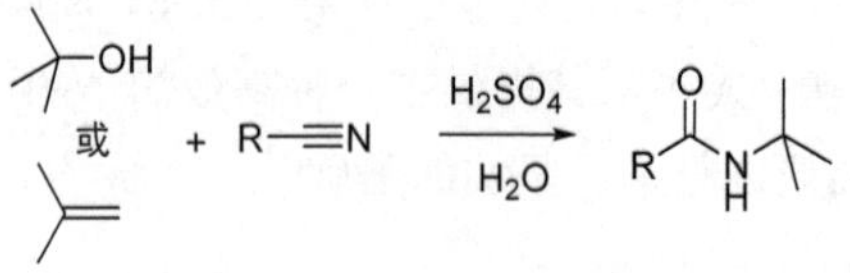

$$\text{(叔醇 或 烯烃)} + \text{R-C≡N} \xrightarrow[\text{H}_2\text{O}]{\text{H}_2\text{SO}_4} \text{R-C(=O)-NH-}t\text{-Bu} \quad (1)$$

反应机理：叔醇或烯烃在强酸作用下，形成叔碳正离子。后者与腈反应形成的活性腈慃中间体水解产生酰胺 (图 1)。

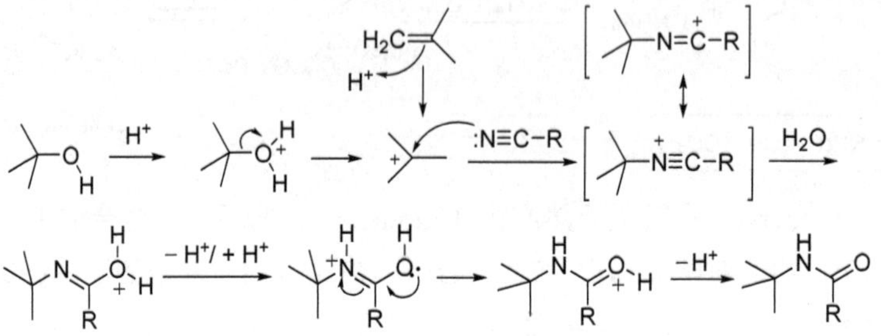

图 1 Ritter 反应的机理

从式 2[3]、式 3[4]、式 4[5]可以看出，在酸性条件下可形成比较稳定的碳正离子的底物，且无机氰化物和有机腈均可反应。Ritter 反应在医药行业有重要用途。基于合成医药中间体的需要，Chang 优化了式 4 的 Ritter 反应，使之可用于放大合成，并发展了直接使用环己烯为原料的方法[6]。由此提供了合成 N-环己基丙烯酰胺的方便安全的合成法，可一次性合成 240 g 以上。

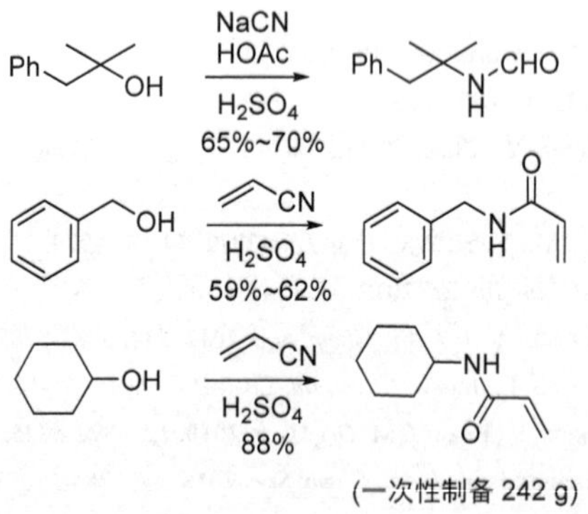

$$\text{Ph-C(CH}_3)_2\text{-OH} \xrightarrow[\text{H}_2\text{SO}_4]{\substack{\text{NaCN} \\ \text{HOAc}}} \text{Ph-C(CH}_3)_2\text{-NH-CHO} \quad 65\%\sim70\% \quad (2)$$

$$\text{PhCH}_2\text{OH} + \text{CH}_2\text{=CH-CN} \xrightarrow{\text{H}_2\text{SO}_4} \text{PhCH}_2\text{-NH-C(=O)-CH=CH}_2 \quad 59\%\sim62\% \quad (3)$$

$$\text{C}_6\text{H}_{11}\text{-OH} + \text{CH}_2\text{=CH-CN} \xrightarrow{\text{H}_2\text{SO}_4} \text{C}_6\text{H}_{11}\text{-NH-C(=O)-CH=CH}_2 \quad 88\% \quad (4)$$

(一次性制备 242 g)

Ritter 反应可用于合成 N-叔丁基酰胺。Roberts 和 Shaw 等人发展了以乙酸叔丁酯为叔丁基碳正离子源、可放大的方法 (式 5)[7a]，并研究了反应机理，评估了其安全性[7b]。

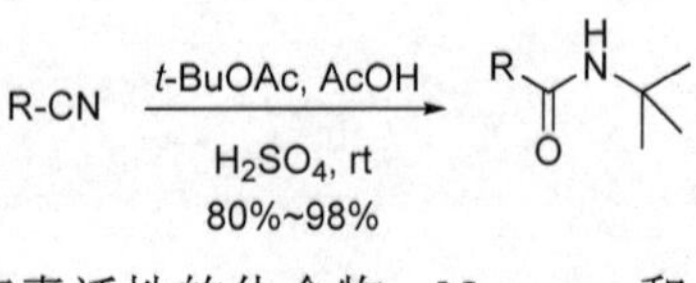

$$\text{R-CN} \xrightarrow[\text{H}_2\text{SO}_4, \text{rt}]{t\text{-BuOAc, AcOH}} \text{R-C(=O)-NH-}t\text{-Bu} \quad 80\%\sim98\% \quad (5)$$

为了筛选具有抗甲型流感病毒活性的化合物，Naesens 和 Vázquez 及其合作者最近发展了把 Ritter 反应与 Wagner-Meerwein 重排反应结合，从 3-羟甲基降金刚烷出发合成 2,2-二烷基金刚烷胺的方法 (式 6)[8]。

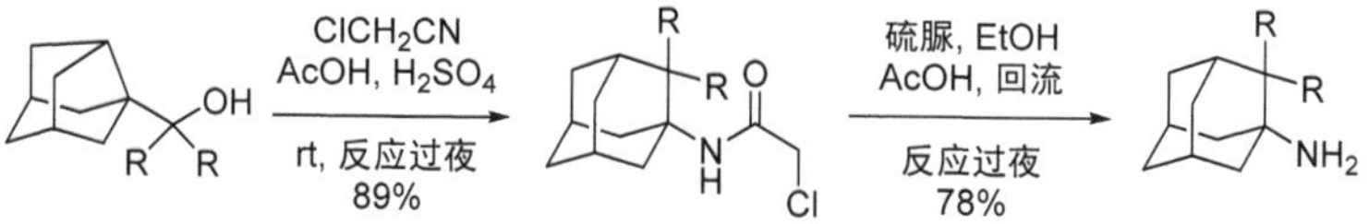

Ritter 反应形成的活性腈鎓中间体可与其它亲核试剂反应，例如经受邻位羟基进攻，形成噁唑啉 (式 7)[9]。

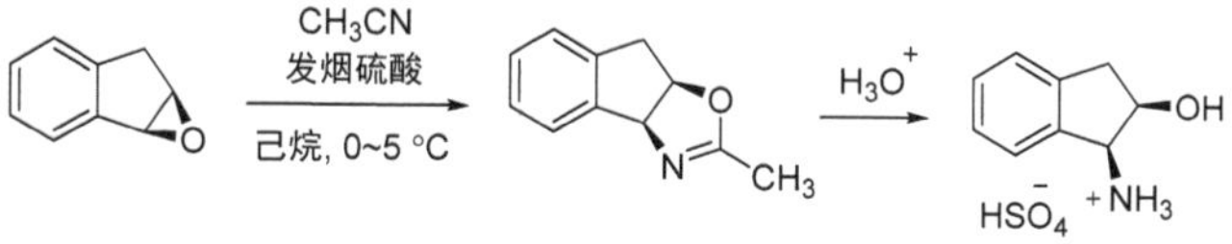

除了传统的无机酸，Lewis 酸与适当的底物反应，也可形成亲电性的碳中间体，从而用于类 Ritter 反应。最近报道的从 α-氨基吖丙啶合成咪唑啉的方法涉及两次非经典的 Ritter 反应 (图 2)[10]。

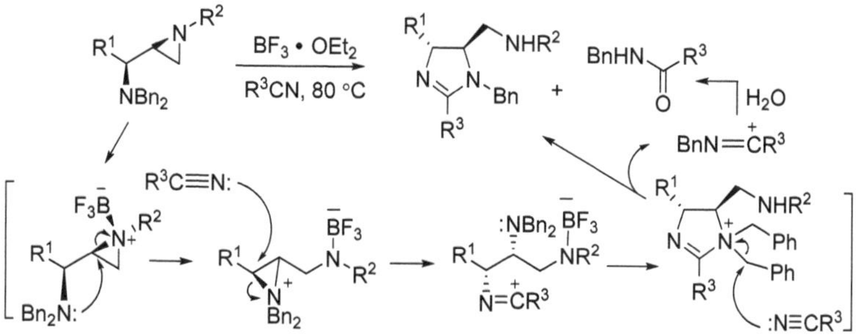

图 2 两次非经典的 Ritter 反应从 α-氨基吖丙啶合成咪唑啉

传统的由烯烃形成的卤鎓中间体也可作为亲电性碳物种与腈反应。从环己烯出发，则可形成反式卤代氨基甲酸酯 (图 3)[11]。

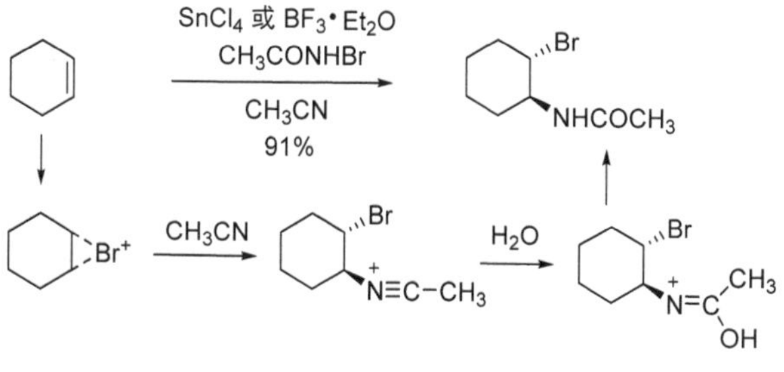

图 3 从环己烯形成反式卤代氨基甲酸酯

有意思的是，苯乙烯及其衍生物经硝酸铈铵氧化，发生环二聚串联 Ritter 反应，最终导向 1-酰氨基-4-芳基-四氢化萘的"一瓶"合成 (图 4)[12]。

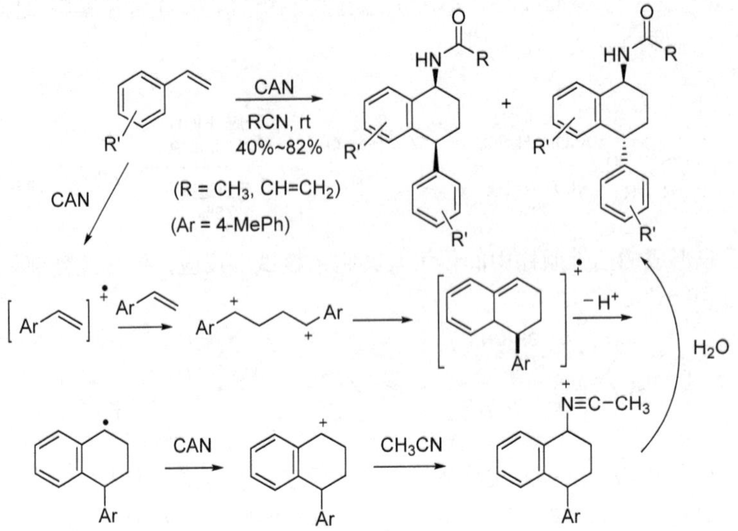

图 4 由苯乙烯及其衍生物合成 1-酰氨基-4-芳基-四氢化萘

关于催化 Ritter 反应，Reymond 和 Cossy 等人已有综述[13]。Ritter 反应近期的其它进展，请参阅近期 Ma/Wang 的综述[14]。

值得注意的是，最近报道，通过 Ritter 反应可对石墨烯氧化物进行同步还原和官能化[15]。

参考文献

[1] John, J.; Ritter, P.; Paul, M. *J. Am. Chem. Soc.* **1948**, *70*, 4045-4048.
[2] Ritter, J. J.; Kalish, J. *J. Am. Chem. Soc.* **1948**, *70*, 4048-4050.
[3] Ritter, J. J.; Kalish, J. *Org. Synth.* **1964**, *44*, 44; *Coll. Vol.* **1973**, *5*, 471.
[4] Parris, C. L. *Org. Synth.* **1962**, *42*, 16; *Coll. Vol.* **1973**, *5*, 73.
[5] Bauer, L.; Welsh, T. L. *J. Org. Chem.* **1961**, *26*, 1443.
[6] Chang, S.-J. *Org. Process Res. Dev.* **1999**, *3*, 232-234.
[7] (a) Baum, J. C.; Milne, J. E.; Murry, J. A.; Thiel, O. R. *J. Org. Chem.* **2009**, *74*, 2207-2209. (b) Roberts, S. W.; Shaw, S. M.; Milne, J. E.; Cohen, D. E.; Tvetan, J. T.; Tomaskevitch, Jr. J.; Thiel, O. R. *Org. Process Res. Dev.* **2012**, *16*, 2058-2063.
[8] Torres, E.; Fernández, R.; Miquet, S.; Font-Bardia, M.; Vanderlinden, E.; Naesens, L.; Vázquez, S. *ACS Med. Chem. Lett.* **2012**, *3*, 1065-1069.
[9] Larrow, J. F.; Roberts, E.; Verhoeven, T. R.; Ryan, K. M.; Senanayake, C. H.; Reider, P. J.; Jacobsen, E. N. *Org. Synth.* **1999**, *76*, 46; *Coll. Vol.* **2004**, *10*, 29.
[10] Concellon, J. M.; Riego, E.; Suarez, J. R.; Garcia-Granda, S.; Diaz, M. R. *Org. Lett.* **2004**, *6*, 4499-4501.
[11] Yeung, Y.-Y.; Gao, X.; Corey, E. J. *J. Am. Chem. Soc.* **2006**, *128*, 9644-9645.
[12] Nair, V.; Rajan, R.; Rath, N. P. *Org. Lett.* **2002**, *4*, 1575-1577.
[13] Guérinot, A.; Reymond, S.; Cossy, J. *Eur. J. Org. Chem.* **2012**, 19-28.
[14] Jiang, D.-H.; He, T.; Ma, L.; Wang, Z.-Y. *RSC Adv.* **2014**, *4*, 64936-64946.
[15] de Leon, A. C.; Alonso, L.; Mangadlao, J. D.; Advincula, R. C.; Pentzer, E. *ACS Appl. Mater. Interf.* **2017**, *9*, 14265-14272.

反应类型： 碳-氮键的形成

（黄培强）

Staudinger 反应

1919 年，Staudinger 和 Meyer 发现苯基叠氮和三苯基膦反应，可以以定量的收率得到膦亚胺（也叫氮磷叶立德），伴随有氮气放出（式 1）[1]。相应地，苯甲酰叠氮和三苯基膦反应得到苯甲酰膦亚胺（式 2）。

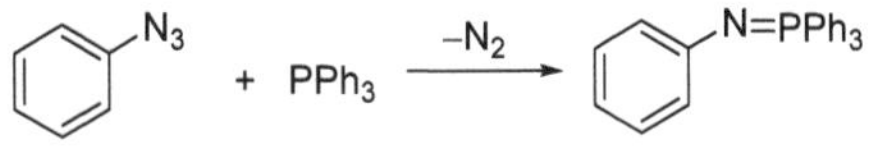

$$\text{PhN}_3 + \text{PPh}_3 \xrightarrow{-N_2} \text{PhN=PPh}_3 \tag{1}$$

$$\text{PhCON}_3 + \text{PPh}_3 \xrightarrow{-N_2} \text{PhCON=PPh}_3 \tag{2}$$

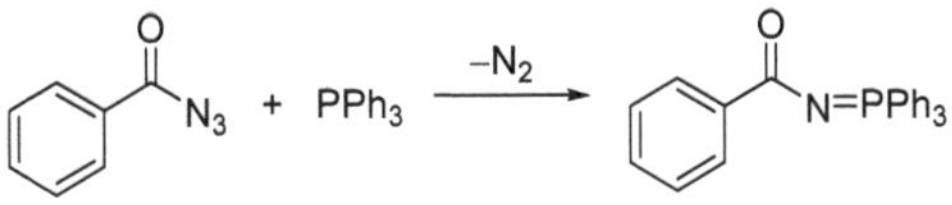

从叠氮化物和三取代膦化物（烷基或芳基取代）生成膦亚胺（或称氮磷叶立德）活性中间体的反应被称为 Staudinger（施陶丁格）反应。生成的膦亚胺作为活性中间体，可以和水、羧酸和酰氯等反应，分别得到一级胺、酰胺和亚胺卤化物（式 3），同时有一分子的膦氧化物生成。膦和氧之间的这种很强的成键倾向可以看作是这些反应能够发生的推动力。

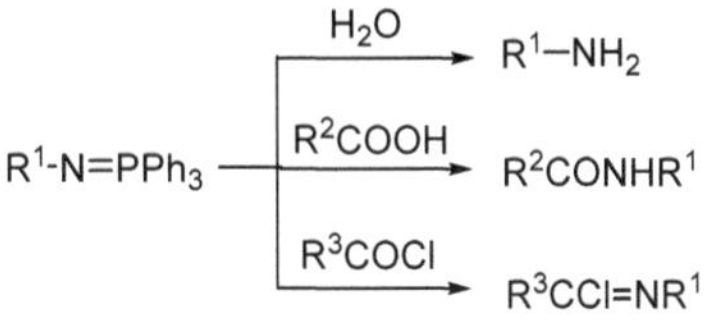

$$R^1-N=PPh_3 \xrightarrow{\begin{array}{c} H_2O \\ R^2COOH \\ R^3COCl \end{array}} \begin{array}{c} R^1-NH_2 \\ R^2CONHR^1 \\ R^3CCl=NR^1 \end{array} \tag{3}$$

Staudinger 反应具有如下一些特征[2-5]：①通常反应进行得很快，产率几乎是定量的；②对于叠氮化物的结构限制很少；③烷基或芳基叠氮与三烷基或芳基膦反应得到的膦亚胺产物比较稳定，可以分离提纯。但当膦上有烷氧基时，反应过程中容易发生烷基迁移。

所有实验数据都表明，反应过程中并没有自由基或氮宾中间体出现。反应的第一步是膦上的一对孤对电子去进攻叠氮 α 位的 N 得到叠氮膦（有时能分离得到）。之后叠氮膦经由一个四元环过渡态，放出一分子氮气，得到产物膦亚胺（式 4）[6-8]。

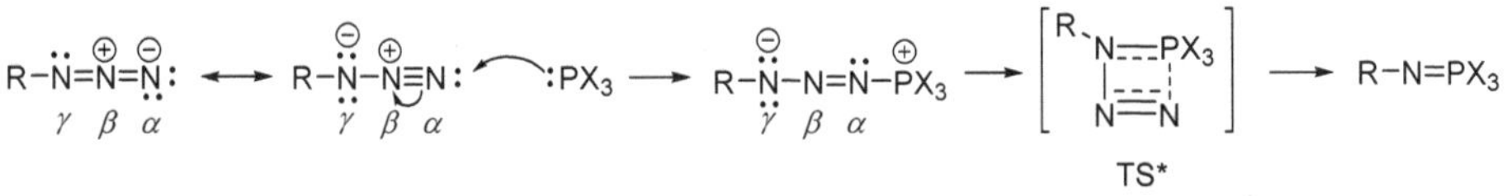

$$R-\overset{+}{N}=\overset{-}{N}=\overset{..}{N}: \longleftrightarrow R-\overset{..}{N}-\overset{+}{N}\equiv N: \xrightarrow{:PX_3} R-\overset{..}{N}-\overset{..}{N}=\overset{+}{N}-PX_3 \longrightarrow \left[\begin{array}{c} R_{N} \cdots PX_3 \\ \| \\ N \cdots N \end{array}\right] \longrightarrow R-N=PX_3 \tag{4}$$

一种抗病毒的海洋天然产物 (−)-hennoxazole A 的合成由 Yokokawa 及其合作者完成（式 5）[9]。对一个二级烷基叠氮进行膦亚胺化，继而水解，以较高的产率得到一级胺。

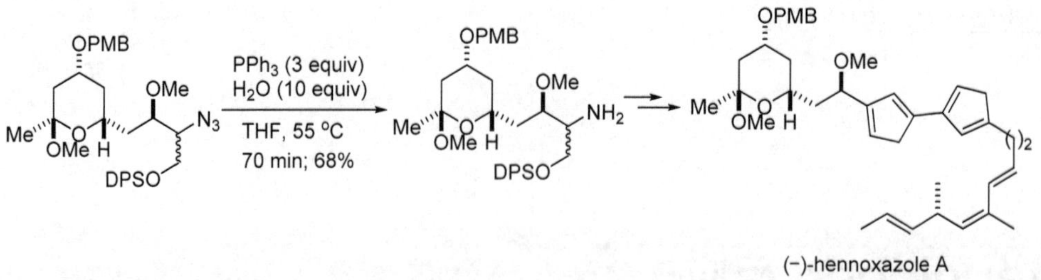

通过立体选择性全合成，White 小组最先确定了一种结构专一的真菌代谢产物 mycosporins 的绝对构型[10]。这里 Staudinger 反应用来扩展支链。首先把环乙烯基叠氮转化为稳定的乙烯基膦亚胺，然后和乙醛酸苄酯反应得到亚胺，亚胺再经还原得到相应的产物 (式 6)。

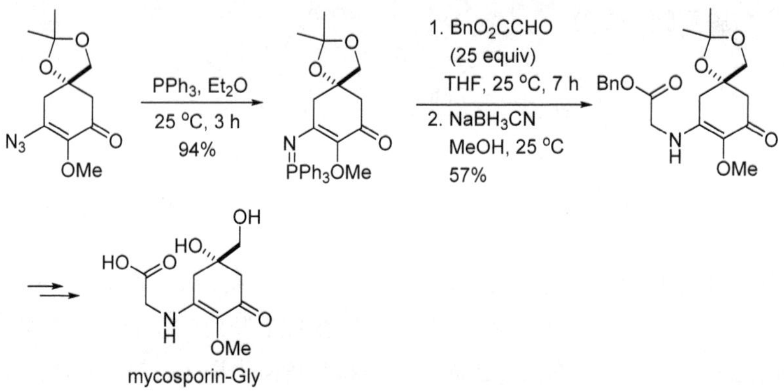

传统的 Staudinger 反应所生成的膦亚胺，经过水解只能得到一级胺。Hackenberger 等人对 Staudinger 反应进行了扩展，采用烷氧基膦替代三苯基膦，生成的产物重排成磷酸酯，在酸性条件下水解得到二级胺 (式 7)[11]。

2015 年，翟宏斌课题组将 Staudinger 和 Wittig 反应相结合，一锅法合成了多取代的吡啶类化合物。醛与含酰基的 Wittig 试剂反应生成 α,β-不饱和醛酮，炔丙基叠氮和三苯基膦通过 Staudinger 反应生成炔丙基膦亚胺，后者再与 α,β-不饱和醛酮反应脱去三苯氧膦，随后芳构化生成多取代的吡啶 (式 8)[12]。

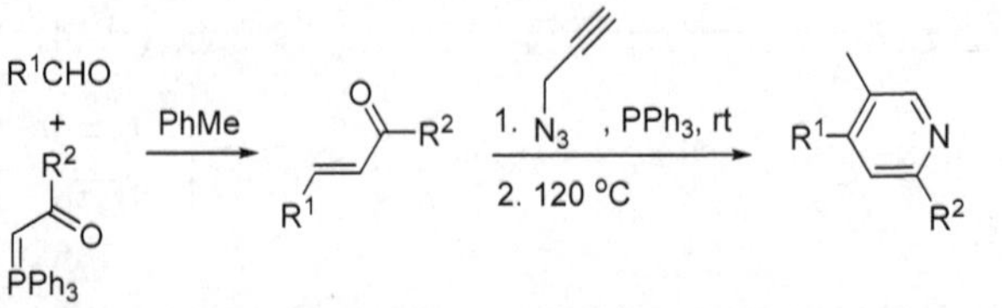

王剑波小组将 Staudinger 反应和钯催化的偶联反应相结合，高效地合成了多取代的吲哚类化合物。首先芳基叠氮在反应体系中原位生成芳基膦亚胺，然后形成的芳基膦亚胺

作为亲核组分，进攻钯活化的炔烃发生环化，最后经过后续的转化过程得到产物 (式 9)[13]。

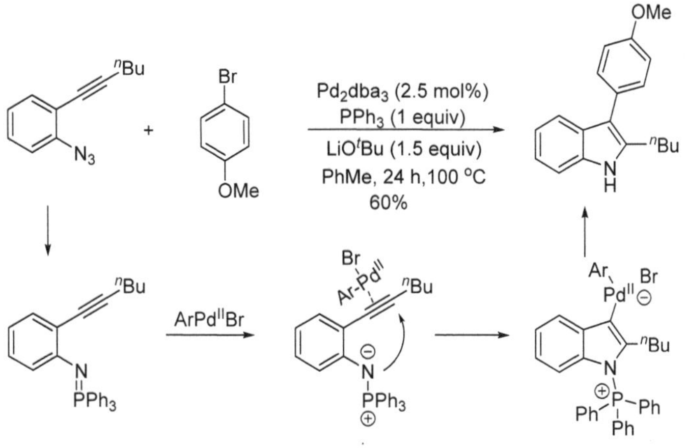

(9)

参考文献

[1] Staudinger, H.; Meyer, J. *Helv. Chim. Acta.* **1919**, *2*, 635-646.
[2] Gololobov, Y. G.; Zhmurova, I. N.; Kasukhin, L. F. *Tetrahedron* **1981**, *37*, 437-472.
[3] Gololobov, Y. G.; Kasukhin, L. F.; Petrenko, V. S. *Phosphorus, Sulfur Silicon Relat. Elem.* **1987**, *30*, 393-396.
[4] Gololobov, Y. G.; Kasukhin, L. F. *Tetrahedron* **1992**, *48*, 1353-1406.
[5] Molina, P.; Vilaplana, M. J. *Synthesis* **1994**, 1197-1218.
[6] Leffler, J. E.; Temple, R. D. *J. Am. Chem. Soc.* **1967**, *89*, 5235-5246.
[7] Sasaki, T.; Kanematsu, K.; Murata, M. *Tetrahedron* **1971**, *27*, 5359-5366.
[8] Shalev, D. E.; Chiacchiera, S. M.; Radkowsky, A. E.; Kosower, E. M. *J. Org. Chem.* **1996**, *61*, 1689-1701.
[9] Yokokawa, F.; Asano, T.; Shioiri, T. *Org. Lett.* **2000**, *2*, 4169-4172.
[10] White, J. D.; Cammack, J. H.; Sakuma, K. *J. Am. Chem. Soc.* **1989**, *111*, 8970-8972.
[11] Wilkening, I.; Signore, G.; Hackenberger, C. P. R. *Chem. Commun.* **2008**, 2932-2934.
[12] Wei, H.; Li, Y.; Xiao, K.; Cheng, B.; Wang, H.; Hu, L.; Zhai, H. *Org. Lett.* **2015**, *17*, 5974-5977.
[13] Zhou, Q.; Zhang, Z.; Zhou, Y.; Li, S.; Zhang, Y.; Wang, J. *J. Org. Chem.* **2017**, *82*, 48-56.

反应类型： 杂原子-杂原子键的形成

（孙北奇，莫凡洋，王剑波）

Steglich 酯化法和 Keck 改良法

Steglich (施特格利希) 酯化法[1]是在 4-二甲氨基吡啶 (DMAP) 催化下，以二环己基碳

二亚胺 (DCC) 为偶联试剂，羧酸与醇或硫醇的酯化方法 (式 1)。该方法条件温和，可用于位阻大或对酸敏感底物的酯化，同样适用于从叔丁醇制备叔丁酯。然而传统的 Fischer 酯化法 (酸催化酯化) 会导致叔丁醇消除。同时，该法也可用于硫代酸酯的合成[1]。

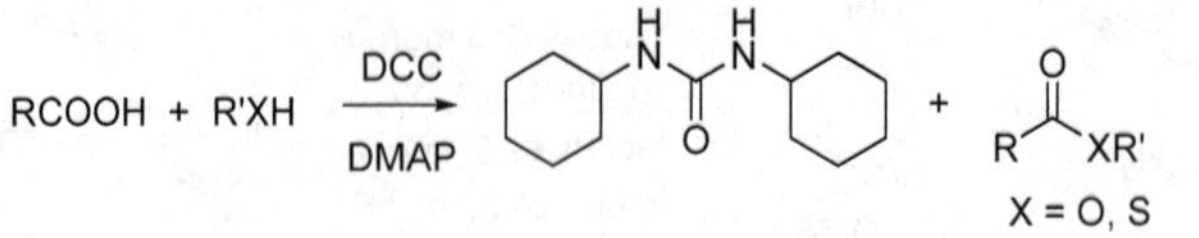

$$\text{RCOOH} + \text{R'XH} \xrightarrow[\text{DMAP}]{\text{DCC}} \text{二环己基脲} + \text{RCOXR'} \quad (X = O, S) \tag{1}$$

反应机理如图 1 所示。

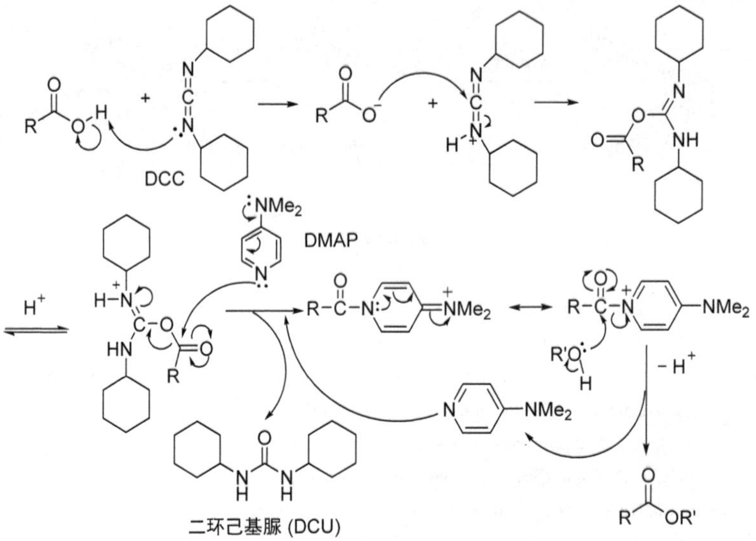

图 1　Steglich 酯化反应的机理

Steglich 酯化法由于温和的条件和广泛的适用性，在天然产物的合成中获得广泛应用。2007 年，黄培强课题组在天然产物 hapalosin 的全合成中，羧酸与仲醇酯化 (式 2) 用 Steglich 酯化法的收率高于 Yamagnchi 酯化法[2]。2015 年，Kazmaier 课题组在 miuraenamides 的全合成中，发现复杂羧酸与仲醇的酯化也具有良好的收率 (式 3)[3]。

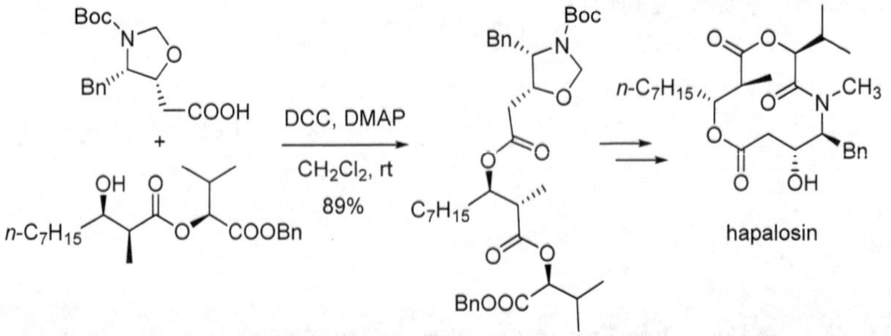

$$\text{羧酸} + \text{仲醇} \xrightarrow[\text{CH}_2\text{Cl}_2, \text{rt}]{\text{DCC, DMAP}} \text{中间体} \xrightarrow{} \text{hapalosin} \quad 89\% \tag{2}$$

1985 年，Keck 等人在研究用 Steglich 酯化法合成大环内酯时，发现加入 DMAP·HCl 可提高质子转移效率，从而提高酯化反应的收率[4]。此后这一反应条件称为 Steglich 酯化的 Keck (凯奇) 改良法。采用 Keck 改良法，Feldman 课题组[5]顺利解决了

coriarin A 全合成中多羟基仲醇的一步芳甲酰化问题 (式 4)。但是，在抗癌活性天然产物 FR-901228 的全合成中，最后关键的大环内酯化 (式 5) 是通过改良的 Mitsunobu 反应实现的，收率高达 62%[6]。

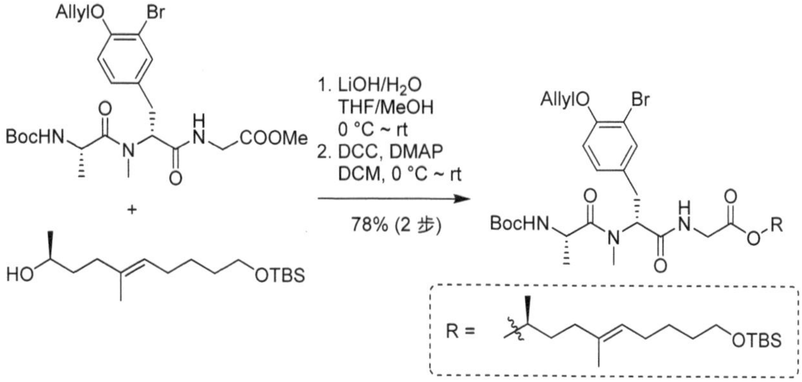

2012 年，Sasaki 课题组[7]在天然产物 polycavernoside A 的合成中，通过 Keck 改良法构筑大环时，以 DCC 作偶联剂，加入吡啶与 PPTS 来提高酯化效率，以高收率实现了仲醇的酯化 (式 6)。

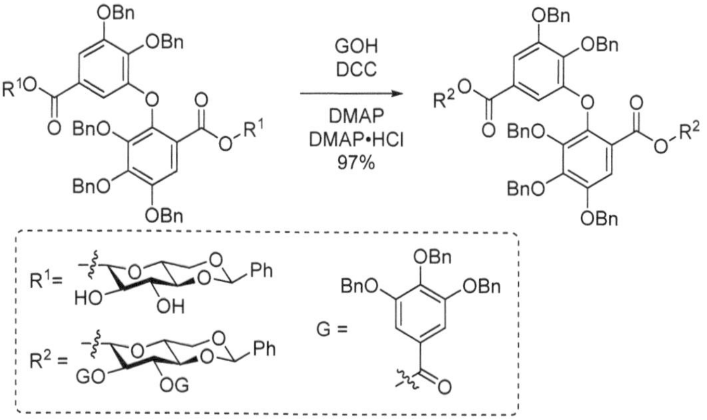

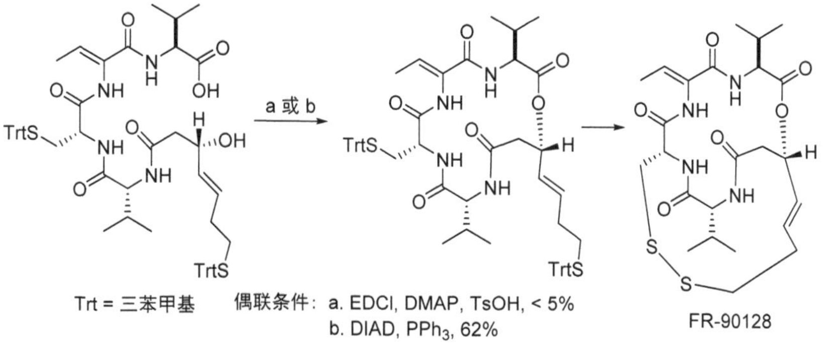

2013 年，杨劲松课题组[8]在 batatin VI 的合成中，利用 Keck 改良法酯化反应构筑大环时，采用上法，以 92% 的产率得到大环内酯化产物 (式 7)。

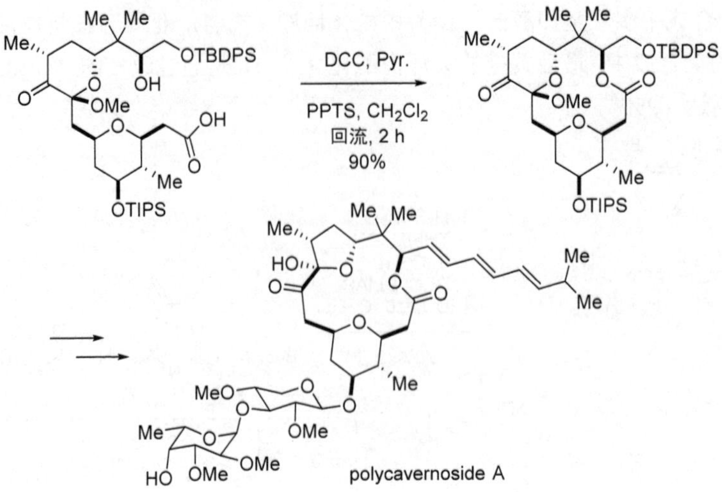

polycaverhoside A (6)

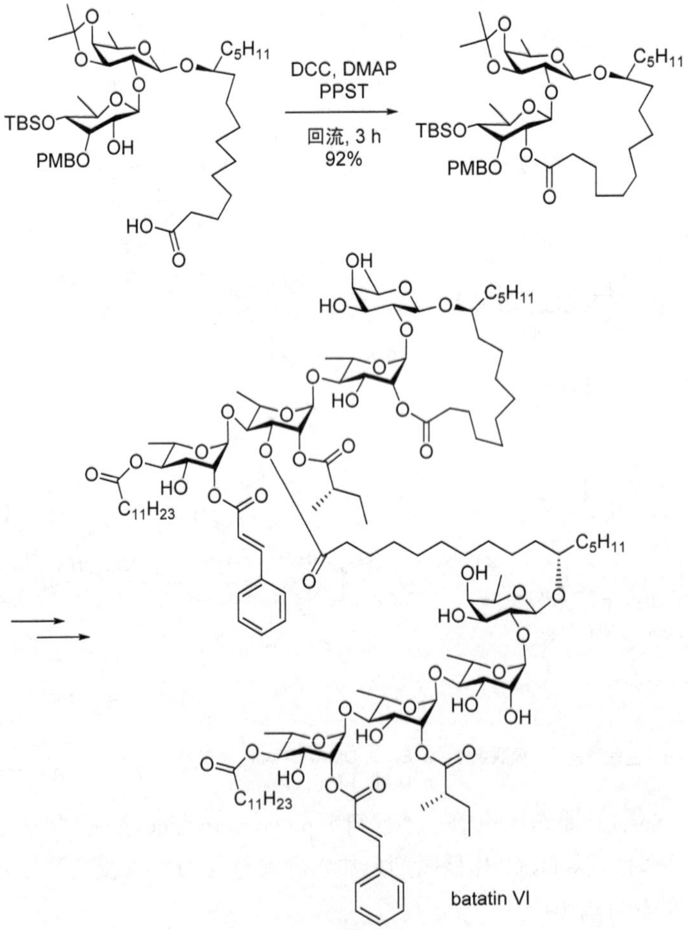

batatin VI (7)

参考文献

[1] Neises, B.; Steglich, W. *Angew. Chem. Int. Ed.* **1978**, *17*, 522-524.

[2] Dai, C.-F.; Cheng, F.; Xu, H.-C.; Ruan, Y.-P.; Huang, P.-Q. *J. Comb. Chem.* **2007**, *9*, 386-394.
[3] Karmann, L.; Schultz, K.; Herrmann, J.; Mîller, R.; Kazmaier, U. *Angew. Chem. Int. Ed.* **2015**, *54*, 4502-4507.
[4] Boden, E. P.; Keck, G. E. *J. Org. Chem.* **1985**, *50*, 2394-2397.
[5] Feldman, K. S.; Lawlor, M. D. *J. Am. Chem. Soc.* **2000**, *122*, 7396-7397.
[6] Li, K.; Wu, J.; Xing, W.; Simon, J. A. *J. Am. Chem. Soc.* **1996**, *118*, 7237-7238.
[7] Kasai, Y.; Ito, T.; Sasaki, M. *Org. Lett.* **2012**, *14*, 3186-3189.
[8] Zhu, S.-Y; Zheng, S.-S; Zhu, K.; Yang, J.-S. *Org. Lett.* **2013**, *15*, 4154-4157.

（黄培强，刘玉成）

Ullmann 缩合反应

在 1903 年和 1905 年，Ullmann 分别报道了在化学计量铜作用下邻氯代苯甲酸与苯胺的缩合反应 (式 1)[1]，和在催化量铜作用下溴苯与酚的缩合反应 (式 2)[2]。1906 年，Goldberg 先后报道了催化量铜作用下二芳胺的合成，以及苯甲酰胺与溴苯的铜催化缩合[3] (式 3)。现在，铜催化下[4]卤代芳香化合物与胺、酚的缩合以及与酰胺的交叉偶联反应分别称为 Ullmann 芳胺合成、Ullmann 芳醚合成和 Goldberg 偶联反应，前两个反应也合称 Ullmann (乌尔曼) 缩合反应或 Ullmann 偶联反应。

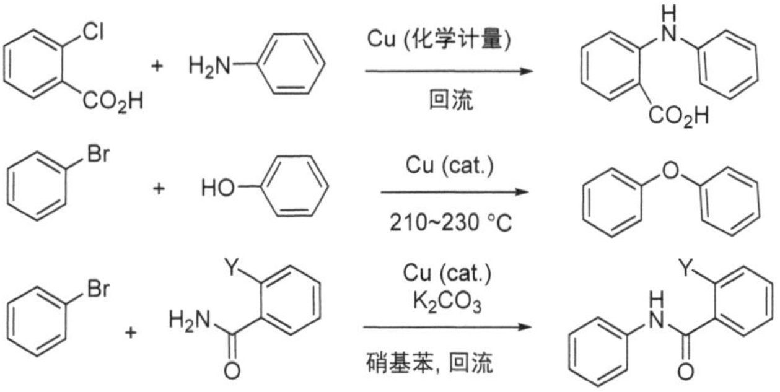

1998 年，马大为小组发现 α-氨基酸可促进铜催化的芳卤与 α-氨基酸的偶联反应，使反应可在温和条件下进行[5]。应用这一改良法，他们建立了蛋白激酶活化剂 benzolactam-V8 (**1**) 的简便合成方法 (式 4)[5]。随后，他们又发展了温和条件下二芳醚的合成 (式 5)[6]，并对相关工作进行拓展和总结[7]。

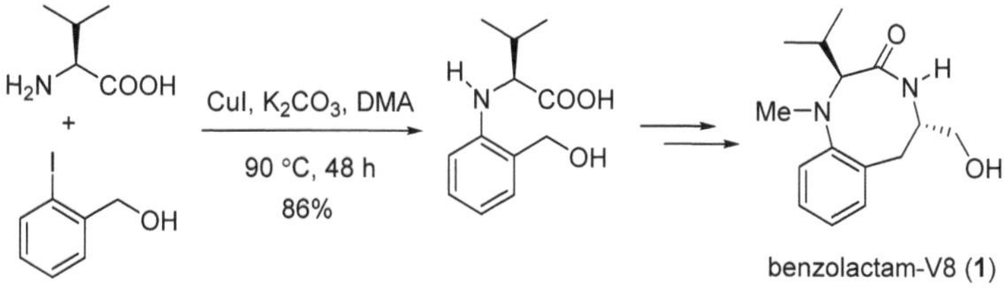

$$\text{Y}\underset{X=I,Br}{\overset{X}{\bigcirc}} + HO\underset{Z}{\bigcirc} \xrightarrow[\text{dioxane, 90 °C}]{\underset{\text{(7.5 mol%)}}{\text{CuI (2 mol%)}}\atop{Cs_2CO_3}} Y\underset{}{\bigcirc}O\underset{Z}{\bigcirc} \quad (5)$$

56%~96%

2002 年，Buchwald 报道了一种有效的催化体系，其催化的类 Ullmann 芳胺化甚至可以在空气中进行 (式 6)[8]。次年，他们进一步发展了铜催化下酰胺和氨基甲酸酯与烯基卤的偶联反应 (式 7)[9]，并发展了不对称共轭还原方法以进行偶联产物的不对称转化[10]。最近黄培强课题组以这一方法学为基础，完成了天然产物 (−)-verrupyrroloindoline (**2**) 的首次不对称合成 (式 8)[11]。

$$\text{Ar-I} + 1.2\ \text{HN}\underset{R'}{\overset{R}{\diagup}} \xrightarrow[\substack{2\ K_3PO_4,\ i\text{-PrOH}\\80\ °C,\ 6\sim40\ h}]{\substack{5\%\ CuI\\2\ HO(CH_2)_2OH}} \text{Ar-N}\underset{R'}{\overset{R}{\diagup}} \quad (6)$$

$$\underset{R^2}{\overset{O}{\underset{\|}{R^1\diagdown\diagup NH}}} + \text{Vinyl-X} \xrightarrow[\substack{K_2CO_3\ \text{或}\ Cs_2CO_3\\\text{溶剂, rt}\sim110\ °C}]{\substack{5\ mol\%\ CuI\\ Me\diagdown N\diagup N\diagdown Me\\H\ \ \ \ \ H}} \underset{R^2}{\overset{O}{\underset{\|}{R^1\diagdown\diagup N\diagdown \text{Vinyl}}}} \quad (7)$$

式 (8)：色胺衍生物与烯基碘在 CuI, Me-NHCH₂CH₂NH-Me, K₃PO₄, PhMe, 80 °C, 16 h 条件下反应，98% 收率；随后 Cu(OAc)₂, (S)-BINAP, PMHS, t-BuOH, THF, 空气，90%, 90% ee；经 6 步得到 verrupyrroloindoline (**2**)，20% (总收率)。

2002 年，Buchwald 发展了芳碘与伯、仲脂肪醇的 Ullmann 型偶联反应 (式 9)[12]。2007 年 Evano 小组在环肽生物碱 paliurine F (**5**) 的全合成中[13]，首先通过 Buchwald 改良的类 Ullmann 偶联反应[12]，实现了脂肪醇 **3** 的 Ullmann 型缩合。进而采用 CuI/N,N′-二甲基乙二胺催化体系[9]由 **4** 构筑大环 (式 10)。除此之外，金属介入的 C–O 键形成反应在天然产物全合成中有诸多应用，对此，Evano 等人最近进行了评述[14]。

$$R^1\underset{}{\bigcirc}\text{-I} + R^2OH \xrightarrow[\substack{Cs_2CO_3,\ \text{甲苯}\\22\sim38\ h,\ 110\ °C}]{\substack{\text{CuI (10 mol%)}\\1,10\text{-邻菲啰啉 (20 mol%)}}} R^1\underset{}{\bigcirc}\text{-}OR^2 \quad (9)$$

(2 equiv)

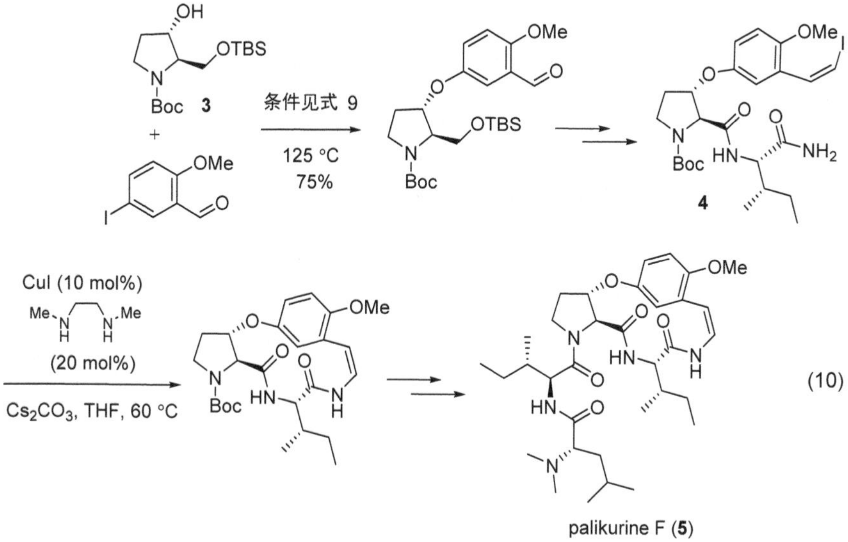

在不对称合成方面，2012 年，基于去对称化策略，Cai 等人发展了首例铜催化的不对称分子内 Ullmann C-N 偶联反应，产物的对映体过量 (ee) 可达 99% 以上 (式 11)[15]。

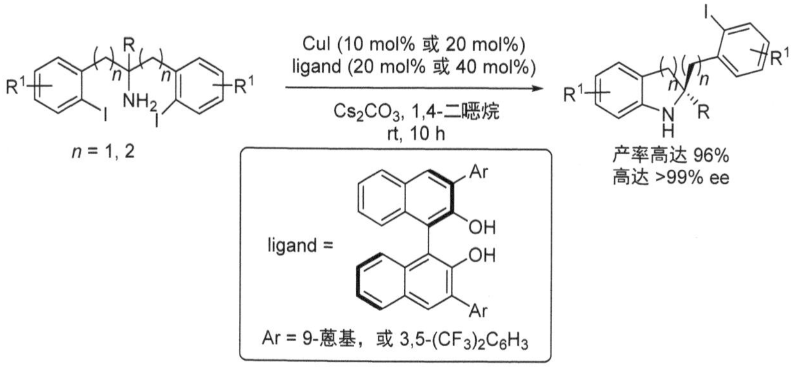

2013 年，Fu 小组报道了光催化的 Ullmann C-N 偶联反应 (式 12)[16]。在光照和碱的共同作用下，反应可在温室下进行。对这方面的进展，俞寿云最近作了评述[17]。

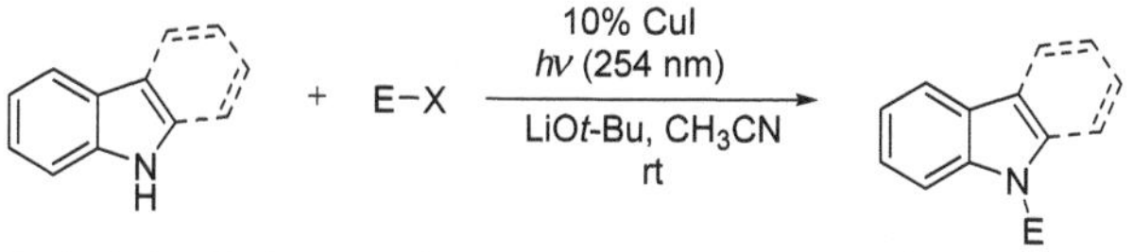

2015 年，马大为小组通过 CuI/草二酰胺催化，首次实现芳氯与胺的偶联 (式 13)[18]。

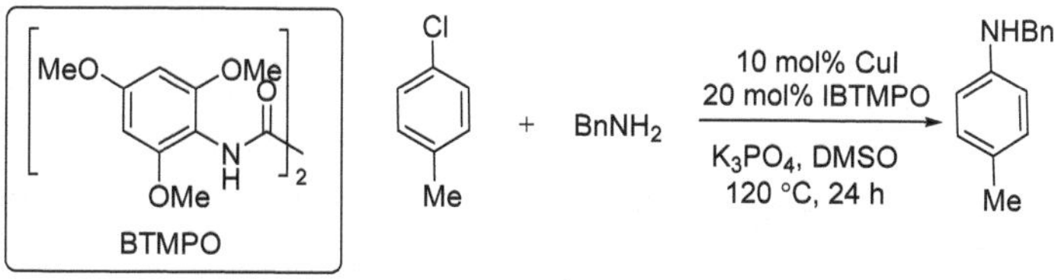

参考文献

[1] Ullmann, F. *Ber. Dtsch. Chem. Ges.* **1903**, *36*, 2382.
[2] Ullmann, F.; Sponagel, P. *Ber. Dtsch. Chem. Ges.* **1905**, *38*, 2211.
[3] Goldberg, I. *Ber. Dtsch. Chem. Ges.* **1906**, *39*, 1691.
[4] (a) Evano, G.; Blanchard, N.; Toumi, M. *Chem. Rev.* **2008**, *108,* 3054-3131. (b) Bhunia, S.; Pawar, G. G.; Kumar, S. V.; Jiang, Y; Ma, D. *Angew. Chem. Int. Ed.* **2017**, *56*, 16136-16179.
[5] Ma, D.; Zhang, Y.; Yao, J.; Wu, S.; Tao, F. *J. Am. Chem. Soc.* **1998**, *120*, 12459-12467.
[6] Ma, D.; Cai, Q. *Org. Lett.* **2003**, *5*, 3799-3802.
[7] (a) Ma, D.-W.; Cai, Q. *Acc. Chem. Res.* **2008**, *41*, 1450-1460. (b) Cai, Q.; Zhang, H.; Zou, B.-L.; Xie, X.-A.; Zhu, W.; He, G.; Wang, J.; Pan, X.-H.; Chen, Y.; Yuan, Q.-L.; Liu, F.; Lu, B.; Ma, D.-W. *Pure Appl. Chem.* **2009**, *81*, 227-234.
[8] Kwong, F. Y.; Klapars, A.; Buchwald, S. L. *Org. Lett.* **2002**, *4*, 581-584.
[9] Jiang, L.; Job, G. E.; Klapars, A.; Buchwald, S. L. *Org. Lett.* **2003**, *5*, 3667-3669.
[10] Rainka, M. P.; Aye, Y.; Buchwald, S. L. *Proc. Natl. Acad. Sci. U. S. A.* **2004**, *101*, 5821−5823.
[11] Yang, Z.-P.; He, Q.; Ye, J.-L.; Huang, P.-Q. *Org. Lett.* **2018**, *20*, 4200-4203.
[12] Wolter, M.; Nordmann, G.; Job, G. E.; Buchwald, S. L. *Org. Lett.* **2002**, *4*, 973- 976.
[13] Toumi, M.; Couty, F.; Evano, G. *Angew. Chem. Int. Ed.* **2007**, *46*, 572-575.
[14] Evano, G.; Wang, J.; Nitelet, A. *Org. Chem. Front.* **2017**, *4*, 2480-2499. (综述)
[15] Zhou, F.; Guo, J.; Liu, J.; Ding, K.; Yu, S.; Cai, Q. *J. Am. Chem. Soc.* **2012**, *134*, 14326-14329.
[16] Ziegler, D. T., Choi, J.; Muñoz-Molina,, J. M.; Bissember, A. C.; Peters, J. C.; Fu, G. C. *J Am Chem Soc.* **2013**, *135*, 13107–13112.
[17] An, X.-D.; Yu, S.-Y. *Tetrahedron Lett.* **2018**, *59*, 1605-1613. (综述)
[18] Zhou, W.; Fan, M.; Yin, J.; Jiang, Y.; Ma, D. *J. Am. Chem. Soc.* **2015**, *137*, 11942-11945.

反应类型： 碳-杂原子键的形成

（黄培强）

Ullmann-马大为反应

Ullmann (乌尔曼) 缩合反应[1]通常指的是铜介导或催化的芳基卤代物和氧、氮、硫、膦或碳等亲核试剂间的交叉偶联反应（式 1）。早在 1903 年，Ullmann[2]就报道了在化学计量的铜的存在下苯胺和邻氯苯甲酸之间的交叉偶联反应，但是当时的偶联反应不仅需要过量的铜，还需要强碱和高温 (>150 ℃) 的剧烈反应条件。之后的一百多年来，人们一直在为改善 Ullmann 缩合反应的反应条件、降低铜的用量以及扩大底物应用范围而不断努力[3]。寻找高效的配体对于提高 Ullmann 缩合反应的效率、改善反应条件、降低反应成本无疑起到了至关重要的作用。20 世纪末马大为等人[4]首先发现了氨基酸配体能在温和的条件下促进铜催化的交叉偶联反应；Goodbrand 等人[5]随后发现菲啰啉在铜催化碘苯和芳胺的偶联中有明显的配体加速催化反应效应；Buchwald[6]接着也发现菲啰啉在咪唑的 N-芳基化反应中有加速作用。这一系列发现激发了 Ullmann 缩合反应的研究热潮，高效配体的发现不仅大幅度改善了 Ullmann 缩合的反应条件，而且降低了铜的催化用量，拓宽了反应应用范围。

$$Y\text{—}C_6H_4\text{—}X + NuH \xrightarrow[\text{碱}]{Cu\text{ (quant. 或 cat.)}} Y\text{—}C_6H_4\text{—}Nu \tag{1}$$

X = I, Br, Cl　　NuH = RR'NH, ROH, RSH, RR'P(O)H, R(R')(R'')CH

1998 年，马大为发现使用 α-氨基酸作为配体能显著加速铜催化氨基酸与芳基卤代物间的偶联，该偶联反应不仅可以在温和的条件下 (90 ℃) 进行，而且氨基酸构型得到了很好的保持 (式 2) [4a]；接着发现脂肪胺、N-芳香杂环与芳基卤代物的偶联可以在脯氨酸和铜催化剂作用下在 40~90 ℃ 进行 (式 3) [7a,b]；二芳醚化反应可在 90 ℃ 在 N,N-二甲基甘氨酸和铜催化下实现 (式 4) [7c]。此外，铜/脯氨酸催化体系也可以使芳基卤代物与叠氮化钠[7d]、取代亚磺酸钠[7e]、丙二酸酯[7f]及 β-酮酯在温和条件下进行偶联，分别得到芳基叠氮化合物、芳基砜和芳基取代的丙二酸酯及 β-酮酯等 (式 5~式 7)。

$$Y\text{—}Ar\text{—}X + H_2N\text{—}CHR\text{—}CO_2H \xrightarrow[\text{DMF, 90 ℃}]{CuI/K_2CO_3} Y\text{—}Ar\text{—}NH\text{—}CHR\text{—}COOH \quad 60\%\sim92\% \tag{2}$$

$$Y\text{—}Ar\text{—}X + R'\text{—}NH\text{—}R \xrightarrow[K_2CO_3,\text{ DMSO, 40~90 ℃}]{CuI/\text{脯氨酸}} Y\text{—}Ar\text{—}NR'R \quad 21\%\sim98\% \tag{3}$$

$$Y\text{—}Ar\text{—}X + HO\text{—}Ar\text{—}Z \xrightarrow[\text{碱, 二氧六环, 90 ℃}]{CuI/N,N\text{-二甲基甘氨酸}} Y\text{—}Ar\text{—}O\text{—}Ar\text{—}Z \quad 64\%\sim96\% \tag{4}$$

$$Y\text{—}Ar\text{—}X + NaN_3 \xrightarrow[\text{NaOH, DMSO, 70 ℃}]{CuI/\text{脯氨酸}} Y\text{—}Ar\text{—}N_3 \quad 66\%\sim93\% \tag{5}$$

$$Y\text{—}Ar\text{—}X + RSO_2Na \xrightarrow[\text{DMSO, 80~95 ℃}]{CuI/\text{脯氨酸钠盐}} Y\text{—}Ar\text{—}SO_2R \quad 46\%\sim93\% \tag{6}$$

$$Y\text{—}Ar\text{—}X + CH_2(COOR)(COOR') \xrightarrow[K_2CO_3,\text{ DMSO, 50 ℃}]{CuI/\text{脯氨酸}} Y\text{—}Ar\text{—}CH(COOR)(COOR') \quad 71\%\sim94\% \tag{7}$$

利用氨基酸为配体的 Ullmann 缩合反应由于温和的反应条件和较好的成本优势很快获得了工业界的青睐。荷兰帝斯曼公司 (DSM) 利用一个分子内铜催化氨基酸的 N-芳基化反应，发展了抗高血压药物吲哚普利和培哚普利的重要手性中间体 (S)-吲哚啉-2-羧酸的吨级制备[8]。值得注意的是，该偶联反应采用水作为溶剂大幅度降低了有机溶剂在生产中

的用量 (式 8)。

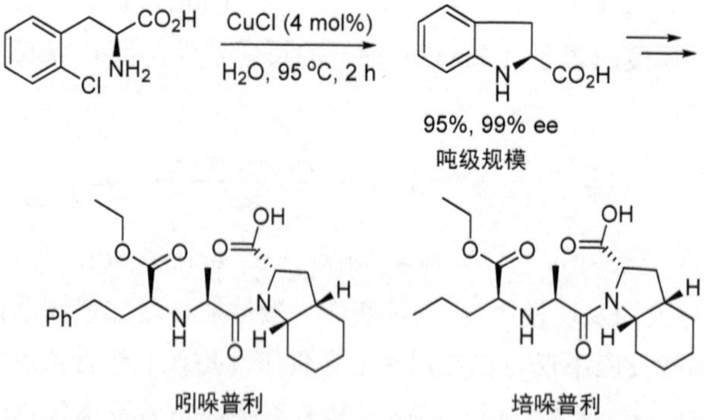

$$\text{(8)}$$

吲哚普利　　培哚普利

英国夏尔制药公司 (Shire) 利用脯氨酸作为配体实现了芳基溴代物和甲基亚磺酸钠之间的高效偶联[9]，所得到的甲基砜中间体成功应用于干眼病治疗药物 Xiidra (Lifitegrast) 的吨级制备中 (式 9)。

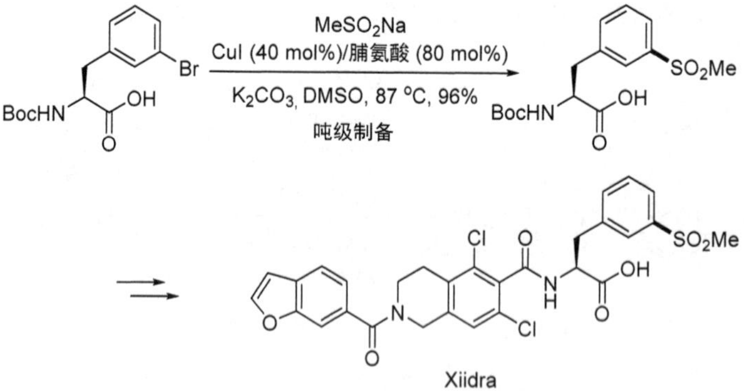

$$\text{(9)}$$

Xiidra

格兰素史克公司 (GSK) 利用 *N,N*-二甲基甘氨酸为配体实现了高官能团化的吡啶碘和取代咪唑之间的高效偶联[10]，并将该反应应用于临床实验药物 (治疗抑郁症) GW876008 的百公斤级制备中 (式 10)。

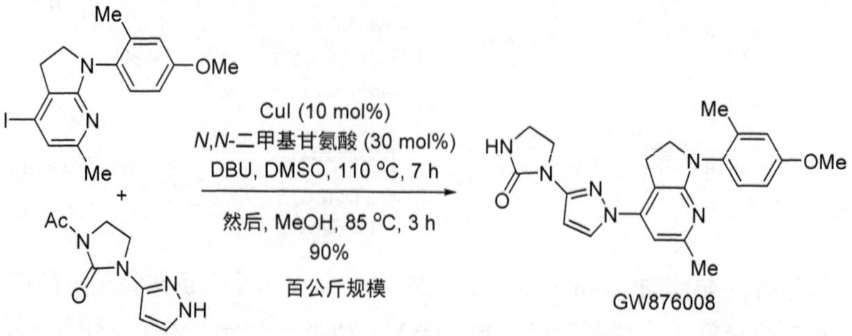

$$\text{(10)}$$

GW876008

deCODE 化学公司利用 *N,N*-二甲基甘氨酸为配体实现了铜催化芳基溴和苯酚之间的交叉偶联反应生成芳基醚[11]，这个反应成功运用于临床实验药物 DG-051 (治疗中风) 的百

公斤级制备中 (式 11)。

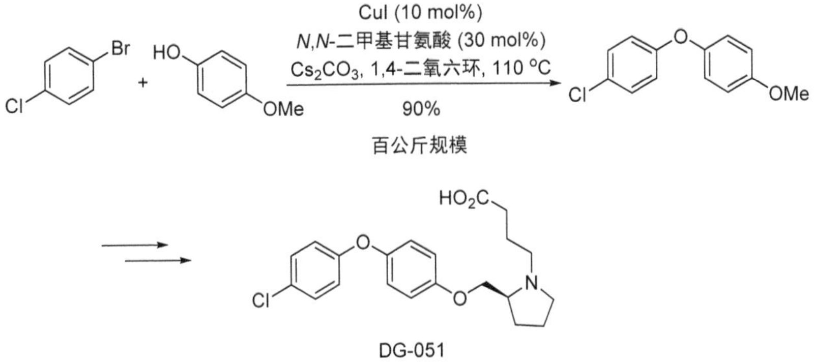

$$\text{式 (11)}$$

利用氨基酸为配体的 Ullmann 缩合反应不仅运用于药物分子的合成中，还有更多的例子应用于天然产物及其类似物的合成中。例如，旧金山州立大学 Billingsley 等人[12]在发展蛋白激酶 C 抑制剂吲哚内酰胺生物碱的多样化合成研究中采用了一个铜催化吲哚溴和手性氨基酸之间的 Ullmann 缩合反应，以中等到优秀的收率得到了系列 N-芳基氨基酸 (式 12)。

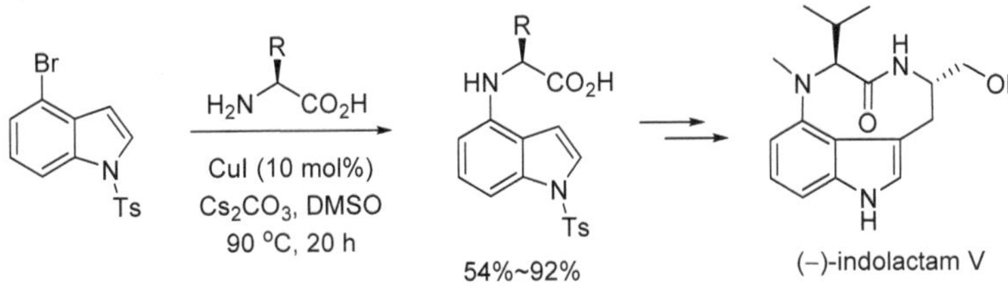

$$\text{式 (12)}$$

又如，匹茨堡大学 Wipf 等人[13]利用脯氨酸作为配体实现了一个分子内芳基碘和酰胺之间的 Ullmann 缩合反应，用来合成一个抗肿瘤活性分子 (式 13)。

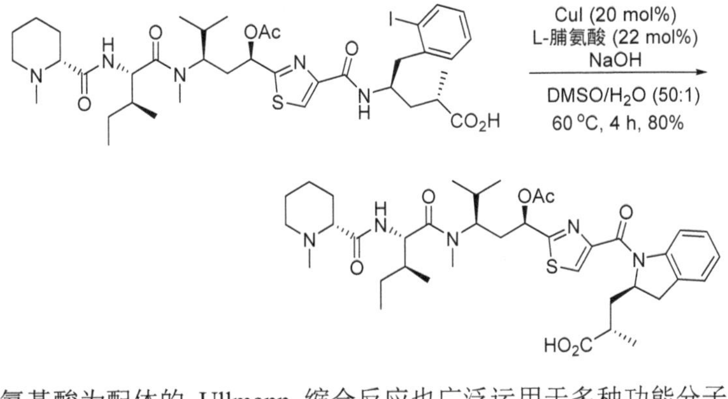

$$\text{式 (13)}$$

此外，氨基酸为配体的 Ullmann 缩合反应也广泛运用于多种功能分子如有机染料、金属络合物、聚合物、OLED 材料以及环番等的合成中。南开大学郑健禹等人[14]利用脯氨酸作为配体设计了一个串联的铜催化 C–N/C–S 成键反应，高效率合成了具有 D-π-A 结构的有机染料，可以用来发展染料敏化太阳能电池 (式 14)；香港大学支志明等人[15]设计了一个 C–N 偶联来合成一个双氮杂卡宾、双芳氧负离子的四齿配体,用于合成一个铂配合物 (式 15);坎皮纳斯州立大学的 Miranda 等人[16]将铜/脯氨酸催化剂用于聚胺吡啶的合成中 (式 16);日本山形大学 Kido 等人[17]将铜/脯氨酸催化剂成功应用于 3,3'-二咔唑材料的构筑中,用来发展发蓝色磷光的 OLED 材料 (式 17);东京理工大学的 Osakada 等人[18]将氨基酸为配体的 Ullmann 缩合反应成功应用于环番的高效合成中 (式 18)。

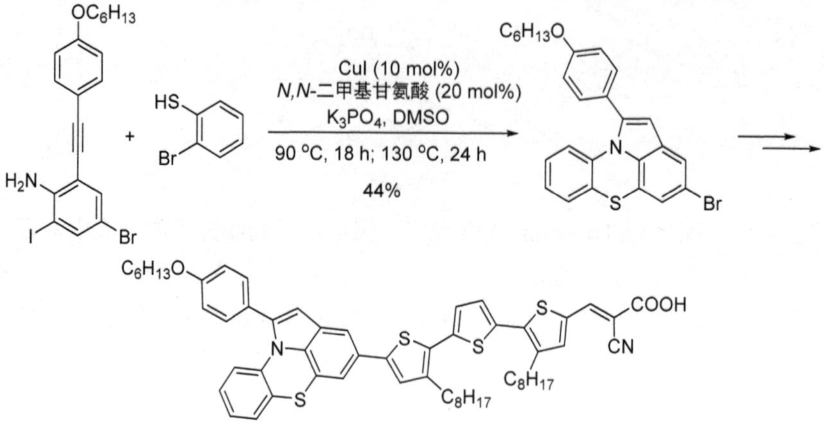

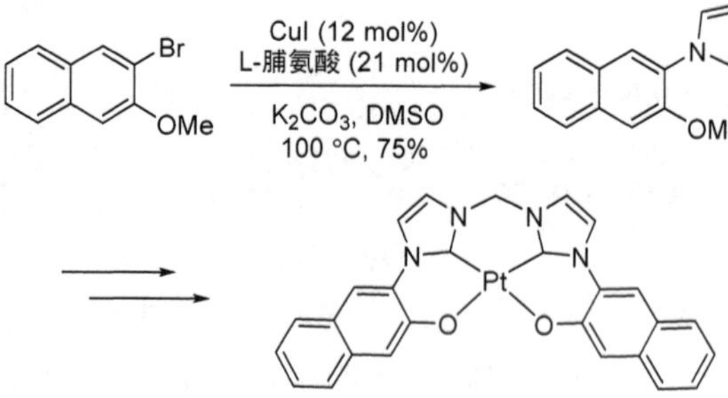

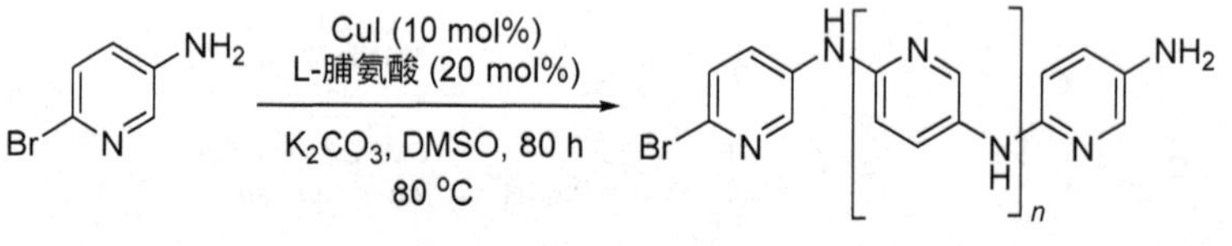

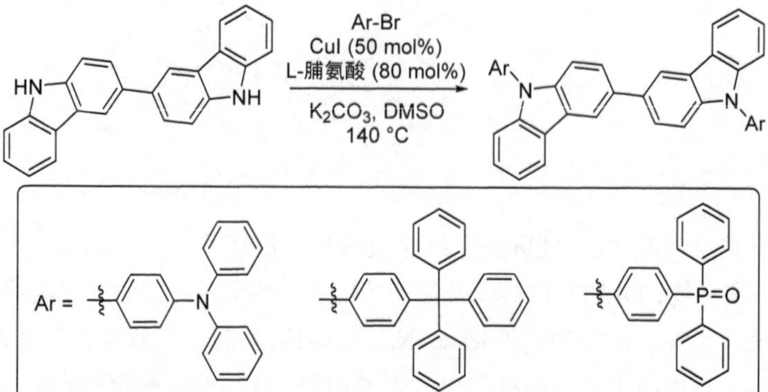

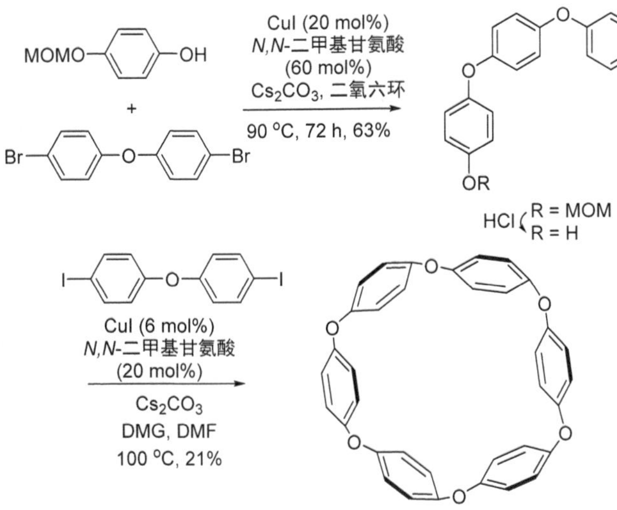

尽管氨基酸以及其他配体的发现极大地拓宽 Ullmann 缩合反应的应用范围[1,3]，但是这些已有的配体仍然无法实现芳基氯代物的 Ullmann 缩合反应，长期以来 Ullmann 缩合反应被认为不能实现芳基氯代物的偶联。必须指出的是芳基氯代物的价格远远低于相应的芳基溴代物和碘代物，如工业氯苯每吨 4600 元，溴苯每吨 4.4 万元，而碘苯则每吨 31 万元。因此实现芳基氯代物的 Ullmann 缩合反应无疑具有重要的工业应用价值。马大为课题组[19]最近发展了一系列草酸二酰胺配体，首次有效促进铜催化的芳基氯代物与各类亲核试剂的偶联反应，在较温和的条件下高收率地生成相应的芳胺化合物[19a-b]、酚类化合物[19c]、二芳醚类化合物[19d]和芳基烷基醚类化合物[19f]等 (式 19~式 23)。需要指出的是，芳基氯代物的偶联在多类 Ullmann 缩合反应中的成功实现并表现出广谱的底物范围，得益于草酸二酰胺配体灵活可调的结构特征以及系列 BTMPO、BPMPO、BHMPO 和 BNMO 等高效配体的发现。

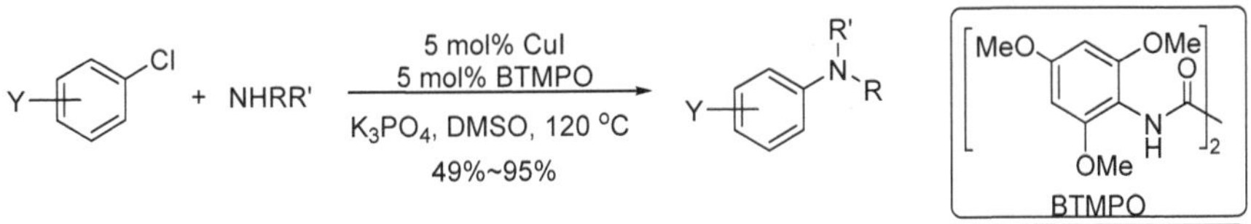

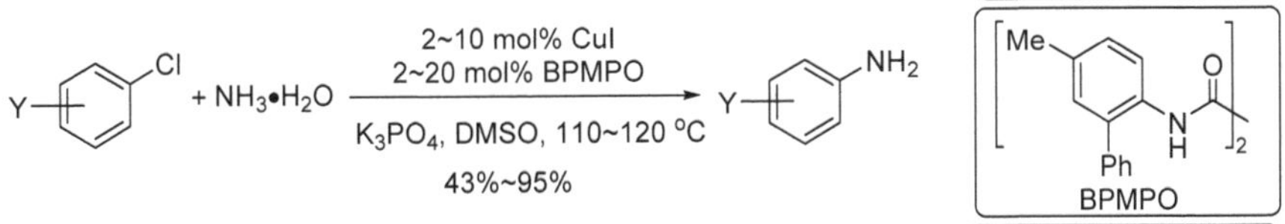

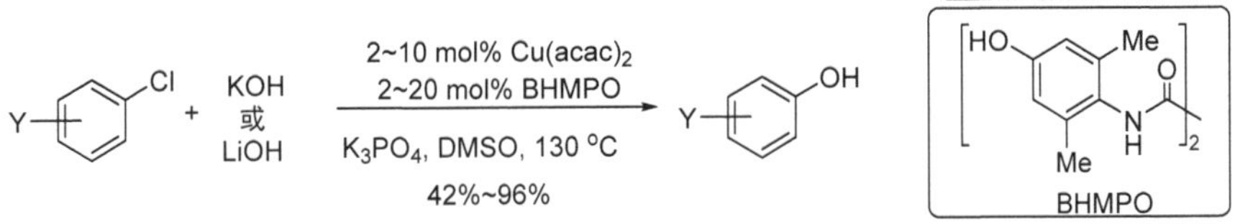

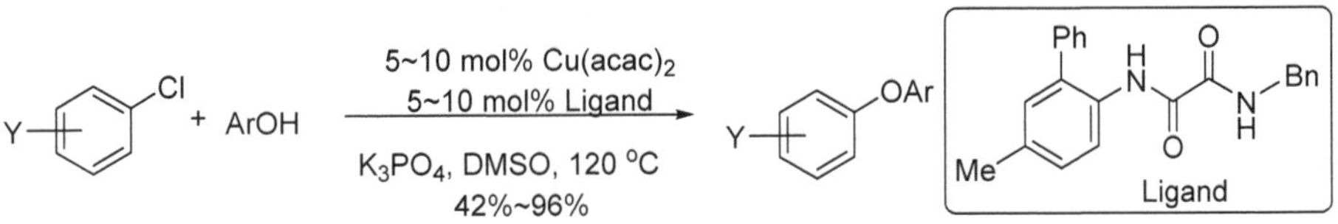

$$Y\!\!-\!\!\text{C}_6\text{H}_4\!-\!\text{Cl} + \text{ROH} \xrightarrow[\text{KO}^t\text{Bu, DMSO, 120 °C}]{\substack{5\text{ mol\% Cu(acac)}_2 \\ 10\text{ mol\% BNMO}}} Y\!\!-\!\!\text{C}_6\text{H}_4\!-\!\text{OR} \qquad (23)$$

BNMO (配体结构图)

值得注意的是,当铜/草酸二酰胺 (MNBO) 催化体系运用于芳基溴代物和芳基碘代物时,铜催化剂用量可以进一步降低至 0.01~0.5 mol% (式 24),远远小于氨基酸为配体的 Ullmann 缩合反应中的催化剂用量 (5~20 mol%)[19e]。低催化剂用量的 Ullmann 缩合反应不仅降低了催化剂成本,而且有助于后处理工艺的简单化和绿色化。

$$Y\!\!-\!\!\text{C}_6\text{H}_4\!-\!\text{Br(I)} + \text{NHRR'} \xrightarrow[\text{KOH, EtOH, 50~80 °C}]{\substack{0.01\sim0.5\text{ mol\% Cu}_2\text{O} \\ 0.01\sim0.5\text{ mol\% MNBO} \\ 58\%\sim98\%}} Y\!\!-\!\!\text{C}_6\text{H}_4\!-\!\text{NRR'} \qquad (24)$$

MNBO (配体结构图)

虽然草酸二酰胺为配体的 Ullmann 缩合反应才最近几年发现,该方法已经展示出很好的工业化应用前景 (式 25~式 27)。例如,4-氨基苯甲腈是重要的药物、颜料和材料中间体。以前通常经过硝化方法制备,现在可以从廉价易得的对氯苯甲腈通过草酸二酰胺为配体的 Ullmann 缩合反应高效制得 (式 25)。1-氯-4-(4-甲氧基苯氧基)苯是临床实验药物 DG-051 的重要中间体[11]。前面介绍 deCODE 化学公司采用氨基酸为配体的 Ullmann 缩合反应合成,而利用草酸二酰胺为配体的 Ullmann 缩合反应可以从 1,4-二氯苯作为原料制备得到,显然更为经济 (式 26)。Degussa 在合成杀虫剂丁醚脲 (diafenthiuron) 中的二芳醚结构时采用的是芳基溴作为原料并且需要 140 °C 的剧烈条件,而草酸二酰胺为配体的 Ullmann 缩合反应可以从芳基氯作为原料,在 120 °C 反应温度下顺利进行 (式 27)[20]。

$$\text{4-Cl-C}_6\text{H}_4\text{-CN} + \text{NH}_3 \xrightarrow[\substack{\text{K}_3\text{PO}_4,\text{ DMSO} \\ 110\text{ °C, 24 h}}]{\substack{2\text{ mol\% CuI} \\ 2\text{ mol\% BPMPO}}} \text{H}_2\text{N-C}_6\text{H}_4\text{-CN} \qquad (25)$$

(490 mmol 规模) (0.6 MPa)   81% (46.7 g)

$$\text{1,4-Cl}_2\text{C}_6\text{H}_4 + \text{HO-C}_6\text{H}_4\text{-OMe} \xrightarrow[\substack{\text{K}_3\text{PO}_4,\text{ DMF} \\ 120\text{ °C, 24 h}}]{\substack{1.5\text{ mol\% CuI} \\ 1.5\text{ mol\% Ligand}}} \text{Cl-C}_6\text{H}_4\text{-O-C}_6\text{H}_4\text{-OMe} \qquad (26)$$

(10 mmol 规模)   88% (2.05 g)

Ligand (配体结构图)

$$\text{2,6-}^i\text{Pr}_2\text{-4-Cl-C}_6\text{H}_2\text{-NH}_2 + \text{PhOH} \xrightarrow[\substack{\text{K}_3\text{PO}_4,\text{ DMSO} \\ 120\text{ °C, 24 h}}]{\substack{5\text{ mol\% CuI} \\ 5\text{ mol\% Ligand}}} \text{2,6-}^i\text{Pr}_2\text{-4-PhO-C}_6\text{H}_2\text{-NH}_2 \longrightarrow \text{diafenthiuron} \qquad (27)$$

(10 mmol 规模)   77% (2.06 g)

综上所述，马大为在发展 Ullmann 缩合反应中作出了巨大贡献，主要表现在：① 首先发现氨基酸配体在 Ullmann 缩合反应中的加速作用，并发展了构型保持的手性氨基酸的 N-芳基化反应。以氨基酸为配体的 Ullmann 缩合反应，由于条件温和、催化剂成本低极大地促进了该反应的工业化应用。② 最近草酸二酰胺配体的发现一举解决了长期以来廉价易得的芳基氯化物不能应用于 Ullmann 缩合反应的问题，提升了 Ullmann 缩合反应的合成应用价值。③ 草酸二酰胺配体的发现进一步提高了偶联效率，降低了铜催化剂的用量，尤其在芳基溴代物和芳基碘代物的 Ullmann 缩合反应中，铜催化剂用量可以降至 0.01 mol%。因此，我们认为以氨基酸或草酸二酰胺为配体的 Ullmann 缩合反应可以称为乌尔曼-马大为反应 (Ullmann-Ma reaction)。

参考文献

[1] 戴立信, *化学进展*, **2018**, *30*, 1257-1297. (综述)

[2] Ullmann, F. *Ber. Dtsch. Chem. Ges.* **1903**, *36*, 2382.

[3] (a) Bhunia, S.; Pawar, G. G.; Kumar, S. V.; Jiang, Y.; Ma, D. *Angew. Chem. Int. Ed.* **2017**, *56*, 16136-16179. (b) Monnier, F.; Tailefer, M. *Angew. Chem. Int. Ed.* **2009**, *48*, 6954-6971. (c) Beletskaya, I. P.; Cheprakov, A. V. *Coord. Chem. Rev.* **2004**, *248*, 2337-2364. (综述)

[4] (a) Ma, D.; Zhang, Y.; Yao, J.; Wu, S.; Tao, T. *J. Am. Chem. Soc.* **1998**, *120*, 12459-12467. (b) Ma, D.; Cai, Q. *Acc. Chem. Res.* **2008**, *41*, 1450-1460.

[5] Goodbrand, H. B.; Hu, N. X. *J. Org. Chem.* **1999**, *64*, 670-674.

[6] Kiyomori, A.; Marcoux, J. F.; Buchwald, S. L. *Tetrahedron Lett.* **2002**, *43*, 2657-2660.

[7] (a) Ma, D.; Cai, Q.; Zhang, H. *Org. Lett.* **2003**, *5*, 2453-2455. (b) Zhang, H.; Cai, Q.; Ma, D. *J. Org. Chem.* **2005**, *70*, 5164-5173. (c) Ma, D.; Cai, Q. *Org. Lett.* **2003**, *5*, 3799-3802. (d) Zhu, W.; Ma, D. *Chem. Commun.* **2004**, 888-889. (e) Zhu, W.; Ma, D. *J. Org. Chem.* **2005**, *70*, 2696-2700. (f) Xie, X.; Cai, G.; Ma, D. *Org. Lett.* **2005**, *7*, 4693-4695.

[8] de Lange, B.; Hyett, D. J.; Maas, P. J. D.; Mink, D.; van Assema, F. B. J.; Sereinig, N.; de Vries, A. H. M.; de Vries, J. G. *ChemCatChem* **2011**, *3*, 289-292.

[9] Dlick, A. C.; Ding, H. X.; Leverett, C. A.; Fink, S. J.; O'Donnel, C. J. *J. Med. Chem.* **2018**, *61*, 7004-7031.

[10] Ribecai, A.; Bacchi, S.; Delpogetto, M.; Guelfi, S.; Manzo, A. M.; Perboni, A.; Stabile, P.; Westerduin, P.; Hourdin, M.; Rossi, S.; Provera, S.; Turco, L. *Org. Process Res. Dev.* **2010**, *14*, 895-901.

[11] Enache, L. A.; Kennedy, I.; Sullins, D. W.; Chen, W.; Ristic, D.; Stahl, G. L.; Dzekhtser, S.; Erickson, R. A.; Yan, C.; Muellner, F. W.; Krohn, M. D.; Winger, J.; Sandanayaka, V.; Singh, J.; Zembower, D. E.; Kiselyov, A. S. *Org. Process Res. Dev.* **2009**, *13*, 1177-1184.

[12] Haynes-Smith, J.; Diaz, I.; Billingsley, K. L. *Org. Lett.* **2016**, *18*, 2008-2011.

[13] Colombo, R.; Wang, Z.; Han, J.; Balachandran, R.; Daghestani, H. N.; Camarco, D. P.; Vogt, A.; Day, B. W.; Mendel, D.; Wipf, P. *J. Org. Chem.* **2016**, *81*, 10302-10320.

[14] Li, F.; Zhu, Y.; Zhang, S.; Gao, H.; Pan, B.; Zheng, J. *Dyes Pigments* **2017**, *139*, 292-299.

[15] Li, K.; Cheng, C.; Ma, C.; Guan, X.; Kwok, W.-M.; Chen, Y.; Luac, W.; Che, C.-M. *Chem. Sci.* **2013**, *4*, 2630-2644.

[16] Reis, L.; Ligro, C.; Andrade, A.; Taylor, J.; Miranda, P. *Materials* **2012**, *5*, 2176-2189.

[17] Sasabe, H.; Toyota, N.; Nakanishi, H.; Ishizaka, T.; Pu, Y. J.; Kido, J. *Adv. Mater.* **2012**, *24*, 3212-3217.

[18] Takeuchi, D.; Asano, I.; Osakada, K. *J. Org. Chem.* **2006**, *71*, 8614-8617.

[19] (a) Zhou, W.; Fan, M.; Yin, J.; Jiang, Y.; Ma, D. *J. Am. Chem. Soc.* **2015**, *137*, 11942-11945. (b) Fan, M.; Zhou, W.; Jiang, Y.; Ma, D. *Org. Lett.* **2015**, *17*, 5934-5937. (c) Xia, S.; Gan, L.; Wang, K.; Li, Z.; Ma, D. *J. Am. Chem. Soc.* **2016**, *138*, 13493-13496. (d) Fan, M.; Zhou, W.; Jiang, Y.; Ma, D. *Angew. Chem. Int. Ed.* **2016**, *55*, 6211-6215. (e) Gao, J.; Bhunia,

S.; Wang, K.; Gan, L.; Xia, S.; Ma, D. *Org. Lett.* **2017**, *19*, 2809-2812. (f) Chen, Z.; Jiang, Y.; Zhang, L.; Guo, Y.; Ma, D. *J. Am. Chem. Soc.* **2019**, *141*, 3541-3549.

[20] Schareina, T.; Zapf, A.; Cotté, A.; Müller, N.; Beller, M. *Org. Process Res. Dev.* **2008**, *12*, 537-539.

反应类型：碳-杂原子键的形成

(戴立信，汤文军)

Yamaguchi 酯化法

Yamaguchi (山口) 酯化反应是用 2,4,6-三氯苯甲酰氯活化羧酸进而酯化的方法 (式 1)[1]。Yamaguchi 酯化方法条件温和，收率高，被广泛用于天然产物，特别是大环内酯的合成。

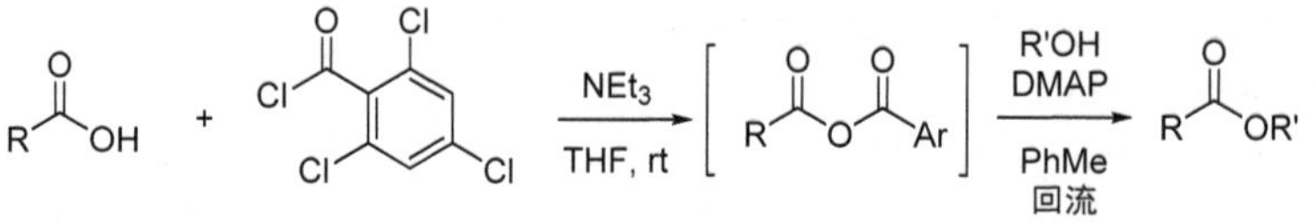

反应机理 (图 1)：

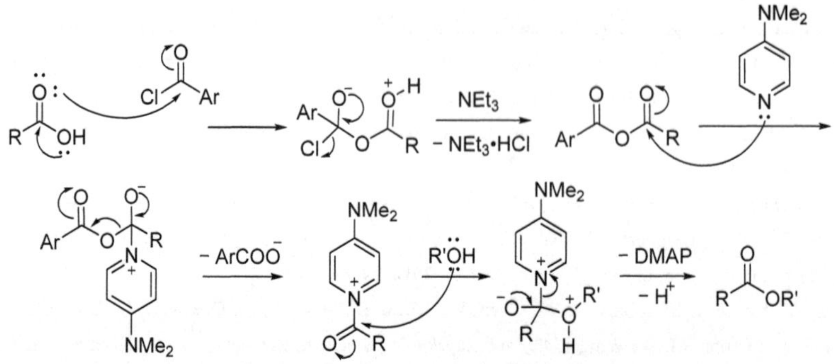

图 1 Yamaguchi 酯化反应的机理

最近的应用实例包括用于艾坡霉素 B 和 D 及其类似物[2]、红霉素 B[3]等大环内酯天然产物的合成 (式 2)。

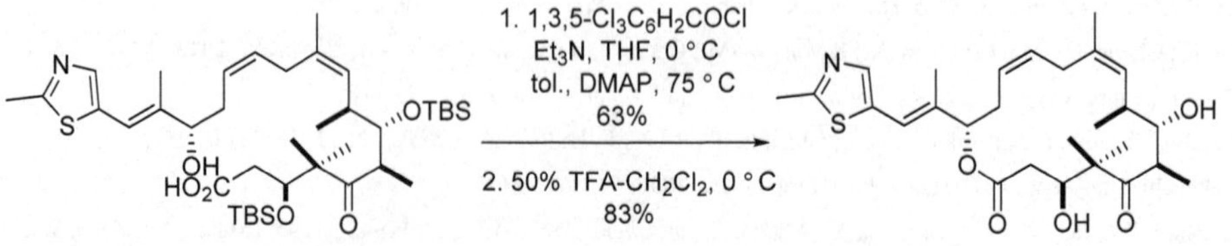

在大环内酯的合成中，通过使用大过量的三乙胺和少量 DMAP，14 元环由红霉内酯

A 的大环内酯化以几乎定量的产率达到[4]。

Paterson 等人在 (–)-baconipyrone C 的全合成中，通过在操作步骤上的优化，使敏感底物成酯的差向异构化降到最低 (式 3)[5]。

最近，Santalucia, Jr 在 Lux-S 酶抑制剂的合成中，进一步研究了 Yamaguchi 酯化机理，发现所涉底物的酯化反应以苯甲酰氯为活化剂最佳[6]。

除了 Yamaguchi 试剂，许多其它活化剂[7]，如 2-氯-*N*-甲基吡啶鎓盐也用于形成大环内酯键 (式 4)[8]。

3 R^1 = H, R^2 = Me
4 R^1 = Me, R^2 = H

(3)

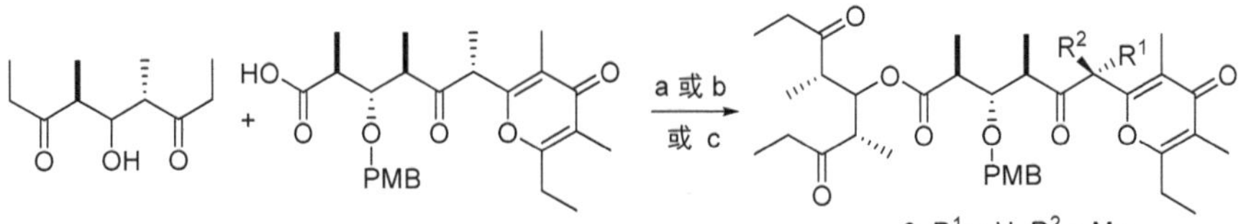

反应条件	**3** : **4**
a. DCC, DMAP, DMAP•HCl, CH_2Cl_2, 20 °C, 16 h (52%)	1 : 2.5
b. DMAP, Et_3N, 2,4,6-$Cl_3(C_6H_2)COCl$, PhMe, 20 °C, 10 min (74%)	1 : 2
c. DMAP, Et_3N, 2,4,6-$Cl_3(C_6H_2)COCl$, PhMe, –78 ~ 0 °C, 10 min (73%)	10 : 1

5 **6**

(4)

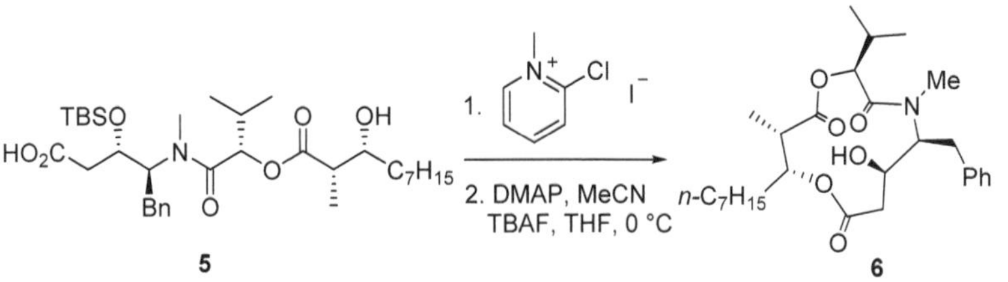

另一大环内酯的合成实例是 Fürstner 小组合成 chagosensine (**9**)，其前体 **8** 即是通过化合物 **7** 在 2,4,6-三氯苯甲酰氯、DIPEA 及 DMAP 作用下关环得到的[9] (式 5)。

7 **8**

chagosensine (**9**)

(5)

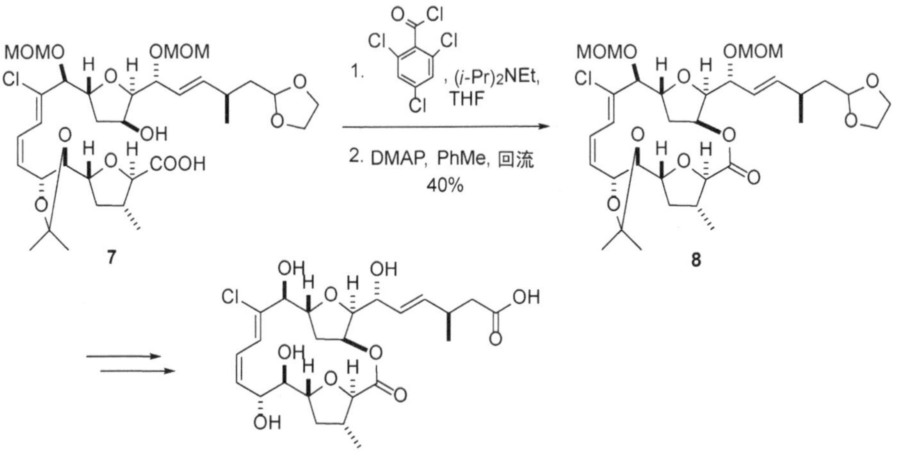

在 Roulland 小组对 tiacumicin B 糖苷配基的合成中,他们采用的两种策略 (式 6 和式 7) 都用到了 Yamaguchi 酯化法合成大环内酯,产率均在 60% 以上[10]。

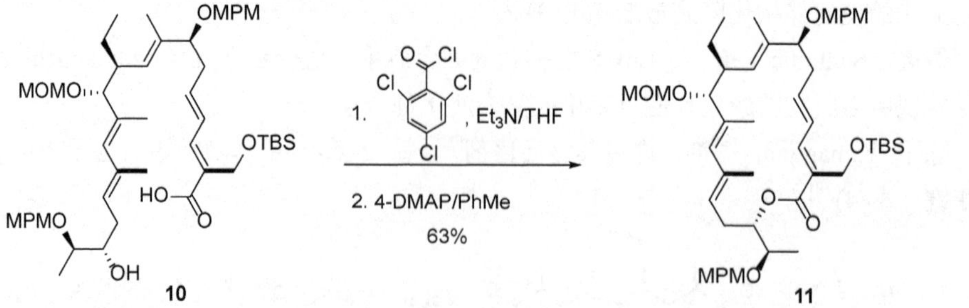

Alapati 小组在 greensporone C (**16**) 的合成中,同样利用 Yamaguchi 酯化法将化合物 **14** 关环合成大环内酯 **15**,再经两步反应得到 greensporone C (式 8)[11]。

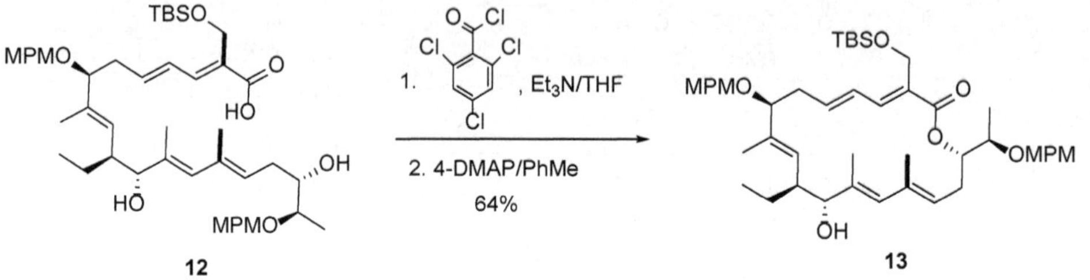

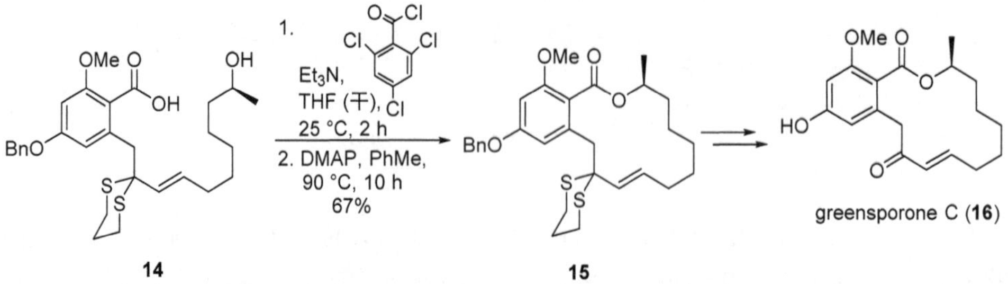

参考文献

[1] Inanaga, J.; Kirata, K.; Saeki, H.; Katsuki, T.; Yamaguchi, M. *Bull. Chem. Soc. Jpn.* **1979**, *52*, 1989-1993.

[2] White, J. D.; Carter, R. G.; Sundermann, K. F.; Wartmann, M. *J. Am. Chem. Soc.* **2001**, *123*, 5407-5413.

[3] Breton, P.; Hergenrother, P. J.; Hida, T.; Hodgson, A.; Judd, A. S.; Kraynack, E.; Kym, P. R.; Lee, W.-C.; Loft, M. S.; Yamashita, M.; Martin, S. F. *Tetrahedron* **2007**, *63*, 5709-5729.

[4] Hikotam, M.; Sakurai, Y.; Horita, K.; Yonemitsu, O. *Tetrahedron Lett.* **1990**, *31*, 6367-6370.

[5] Paterson, I.; Chen, D. Y.-K.; Acena, J. L.; Franklin, A. S. *Org. Lett.* **2000**, *2*, 1513-1516.

[6] Dhimitruka, I.; SantaLucia, Jr. J. *Org. Lett.* **2006**, *8*, 47-50.

[7] Shiina, I. *Chem. Rev.* **2007**, *107*, 239-273. (综述)

[8] Dinh, T. Q.; Armstrong, R. W. *J. Org. Chem.* **1995**, *60*, 8118-8119.

[9] Heinrich, M.; Murphy, J. J.; Ilg, M. K.; Letort, A.; Flasz, J.; Philipps, P.; Fürstner A. *Angew. Chem. Int. Ed.* **2018**, *57*, 13575-13581.

[10] Julien, L. J.; Masson, G.; Astier, E.; Jouve, G. G.; Servajea, V.; Beau, J. M.; Norsikian, S.; Roulland, E. *J. Org. Chem.* **2018**, *83*, 921-12389.

[11] Vema, V. N.; kumara, Y. B.; Musulla, S.; Addada, R. R.; Alapati, S. R. *Tetrahedron Lett.* **2018**, *59*, 4165-4167.

（黄培强，吴江峰）

第 4 篇

氧化反应

Baeyer-Villiger 氧化

Baeyer-Villiger (拜耳-魏立格) 氧化是过氧酸将醛酮氧化为酯的反应。1899 年，Baeyer 和 Villiger 报道利用过硫酸作氧化剂能将环酮 (如香芹酮、薄荷酮、樟脑等) 转化成相应的内酯 (式 1)，这是历史上最早的 Baeyer-Villiger 氧化反应[1]。

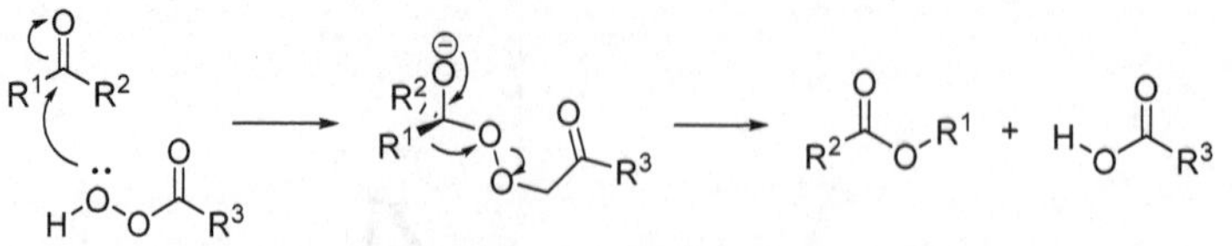

$$\text{(1)}$$

Baeyer-Villiger 氧化反应中迁移基团的立体化学保持不变，并且反应具有一定的区域选择性[2]，因此它在有机合成中对官能团转化和环扩张有重要的意义。用该反应可以合成一系列有价值且很难用其它方法合成的酯和内酯，可以广泛地应用于天然药物的合成。经过 100 多年的发展，Baeyer-Villiger 氧化反应被广泛用于将醛、酮或环酮转化成更复杂、更有价值的酯或内酯，这些反应已成为有机化学反应中的重要基石[3]。

Baeyer-Villiger 氧化反应机理分两步进行：过氧酸对酮的羰基碳加成生成具有四面体结构中间体，接下来中间体重排生成相应的酯或内酯。最富电子的烷基（更多取代的碳）优先迁移。一般迁移规则：叔烷基>仲烷基>环己基>苄基>苯基>伯烷基>甲基>>氢[4,5]。Baeyer-Villiger 氧化反应中迁移基团选择性的问题至今仍是人们关注的问题[6]。

考察 Baeyer-Villiger 氧化反应的发展历史，可以将其发展过程划为两个阶段：前一阶段是经典的 Baeyer-Villiger 氧化反应，氧化剂一般是过氧酸，如三氟过氧乙酸、过氧苯甲酸、间氯过氧苯甲酸等。由于这些氧化剂的制备须用高浓度的双氧水，而高浓度的双氧水在运输和处理中存在许多危险，因此在工业上这种方法已经被淘汰。后一阶段是对经典 Baeyer-Villiger 氧化反应氧化方法的改进。增强反应的普适性、选择性和环境友好性是追求的三个目标。已知的改进方法有：在实验室中直接用较低浓度的双氧水作氧化剂[7]；用醛作共氧化剂，以分子氧氧化；金属配合物催化氧化；有机锡化合物催化氧化；有机/无机化合物催化氧化；生物催化氧化。催化氧化能简化操作条件，缩小反应物的用量，减少废物的生成，便于提高选择性，并且产率和转化率也较高[8]。

针对 Baeyer-Villiger 氧化反应近年来的发展，下面主要按均相 (手性) 催化、非均相催化和生物催化的分类作简单的介绍。

在均相催化中，用分子氧为氧化剂、醛为共氧化剂的氧化，因其最能体现绿色化学的要求，最受人们的推崇。Strukul 等人于 1994 年首次报道了使用 Pt 催化剂的不对称 Baeyer-Villiger 氧化反应[9]。接着 Bolm 等人用 Ni、Cu 的金属配合物为催化剂，以分子氧为氧化剂、醛为共氧化剂，将取代的环戊酮、环己酮和环庚酮氧化成了相应的内酯。但是，研究结果表明，此催化剂对环酮氧化的催化性能不太理想，而且溶剂对催化反应的影响较大[10]。KA 油是环己酮和环己醇组成的混合物，是石油化工中生产脂肪酸和己内酰胺的重要中间体。环己烷在氧气下氧化即可得到 KA 油,因此,KA 油的氧化是一项很有价值的研究工作。2001 年,Fukuda 等用 N-羟基苯邻二甲酰亚胺作催化剂,用分子氧催化氧化 KA 油 (式 2)[11]。

$$\text{环己酮} + \text{环己醇} + O_2 \xrightarrow{\text{NHPI}} [\text{环己酮} + \text{过氧化物}] \xrightarrow{InCl_3} \text{内酯} \quad (2)$$

$$\rightleftharpoons [2\,\text{环己酮} + H_2O_2]$$

采用过渡金属配合物催化 Baeyer-Villiger 氧化反应的报道为数很多,在均相催化剂中主要基于 Cu、Pt、Zr、Re、Se 等。除了上述的 Strukul 小组和 Bolm 小组外,Tatsuya 小组报道了用 Co(III)(salen) 作催化剂、用前 (潜) 手性的 3-取代的环丁酮为底物,进行具有对映选择性的 Baeyer-Villiger 氧化反应,取得了较好的产率和 ee 值。制备 Co(III)(salen) 催化剂时,配体对催化剂的活性影响较大:带有甲基等供电子取代基的配体和 Co 配位后,催化活性大大降低,原因在于供电子取代基大大增强了 Co(III) 的负电性,致使 Co(III)(salen) 催化剂不能很好地活化 H_2O_2。同时他们还研究了溶剂对产率及 ee 值的影响,结果表明在极性溶剂中能显示出较好的产率和 ee 值。但是此反应对温度要求较高,在 $-20\ ^\circ C$ 下进行才能取得最好的实验结果[12]。Strukul 小组还实现了水相的 Co(III)(salen) 催化的手性 Baeyer-Villiger 反应[13]。除 Co(salen) 外,Zr(salen) 和 Hf(salen) 等金属也可以用于手性的 Baeyer-Villiger 反应,并取得较好的对映选择性[14]。

四川大学冯小明小组利用其独具特色的手性氮氧化物 Sc(III) 复合物作催化剂,以间氯过氧苯甲酸作氧化剂,成功实现了 3-取代环丁酮、4-取代环己酮的 Baeyer-Villiger 反应,产率高,立体选择性好 (式 3)。同时,利用该催化体系还可以实现消旋的 2-芳基环己酮的手性动力学拆分 (式 4)。与以往工作不同的是,该反应主要得到非正常 Baeyer-Villiger 氧化产物,且未反应的酮与反应了的内酯其产率与 ee 值均很高[15]。

式 (3):
底物 n = 1, 2; 条件: m-CPBA, L/Sc(OTf)$_3$ (1/1, 5 mol%), EtOAc, 18 h
产物 n = 1, n = 2
R = 烷基, 芳基
24 个例子:
产率高达 99%
ee 值高达 95%

式 (4):
条件: m-CPBA, L/Sc(OTf)$_3$ (1/1, 5 mol%), Al(O^{i}Pr)$_3$, EtOAc, 18 h
R = 芳基
AL 本实验
NL 之前的实验
$s\,(k_{fast}/k_{slow})$: 高达 481
r (AL/NL): 5.6/1 ~ >19/1

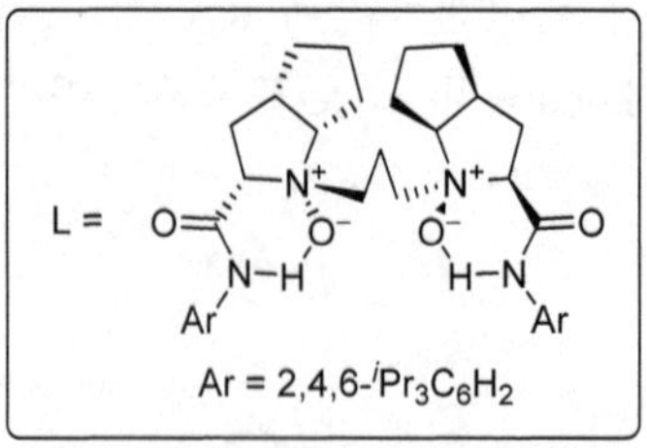

利用小分子催化体系实现不对称的 Baeyer-Villiger 反应的事例还很少，主要聚焦于前手性环丁酮的氧化。2002 年，Murahashi 小组报道了首例小分子催化的 H_2O_2 作氧化剂的不对称氧化 3-芳基-环丁酮成相应戊内酯的反应[16]。该反应的催化剂是具有面手性二核黄素衍生物 (planar chiral bisflavinium perchlorate)，反应的 ee 值可达到 74%。该反应条件繁琐严苛，需要在 -30 ℃ 下，于 CF_3CH_2OH-MeOH-H_2O (6:3:1) 的混合溶剂中进行，还需要添加 25 mol% 的 NaOAc，但反应活性却很低，在高催化剂投料 (10 mol%) 的情况下也需要 6 天的反应时间。2008 年，中科院上海有机所丁奎岭小组发展了该反应手性磷酸催化的版本 (图 1)，反应条件变得简单，需要 10 mol% 的催化剂，在 -40 ℃ 下于 $CHCl_3$ 中反应，产率为 65%~99%，ee 值为 55%~93%，反应时间也大大缩短，18~36 h 即可完成反应[17]。

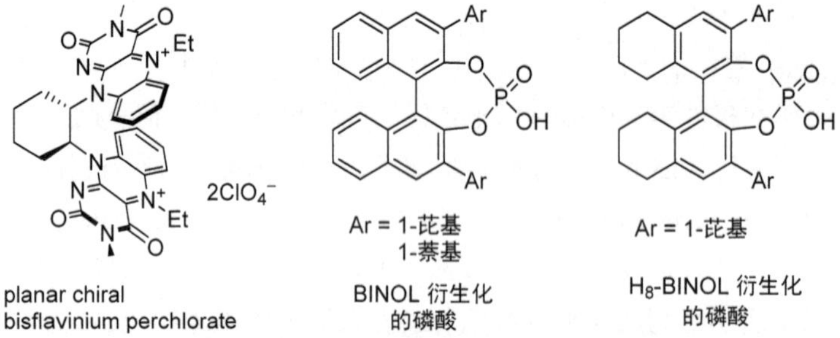

图 1 Baeyer-Villiger 氧化反应所用催化剂

上述 Baeyer-Villiger 氧化反应所用的氧化剂及催化剂都是一些小分子化合物，反应的体系为均相，不利于试剂的再生和重复利用，反应的产物分离也较困难。而主要基于固体酸、沸石、硅胶负载的钛配合物和硒由于自身较庞大的分子结构，可使氧化反应在非均相状态下进行，催化剂也可被回收和重复利用。同时，由于反应的产物可较方便实现分离，可减少对环境的污染。因此，高分子负载的金属配合物催化剂越来越受到化学家们的重视。Palazzi 小组研究了用聚合物负载的铂配合物作为催化剂对酮的 Baeyer-Villiger 氧化反应，催化剂通过配合物与磺化苯乙烯-二乙烯苯共聚物进行离子交换制备，所含金属占催化剂总重量的 2%~8%，从反应结果可看出：过氧化氢作氧化剂、乙醇作溶剂或在纯酮中，催化剂对甲基环己酮具有最好的催化活性。由于高强度离子交换树脂的使用阻止了二氯乙烷作为溶剂，负载后催化剂的活性低于均相时的催化活性[18]。

Corma 小组另辟蹊径，从活化酮上羰基碳的目的出发，将锡嵌入 β-沸石内来催化氧化 Baeyer-Villiger 反应。因为 β-沸石具有许多小孔,这样就为锡的嵌入创造了条件,锡是一个很好的 Lewis 酸,能增强酮上羰基碳的正电性,使羰基碳的亲电性增强,从而有利于氧化剂进攻羰基碳,此反应获得了很高的转化率 (>99%) 和选择率 (>98%)。而且,此催化剂不溶于水和所有的有机溶剂,因此反应结束后,催化剂能被回收后重复利用。他们用 ^{18}O 标记试验、红外、紫外光谱、色质谱联用等手段确认其催化机理与过酸的氧化机理相似:首先酮嵌入 Lewis 酸中心,羰基碳原子的正电性增强而被活化,而后过氧化氢进攻正电性增强的羰基碳原子,再经过重排便生成了内酯 (图 2)[19]。雷自强等进一步推动了使用有机锡化合物催化 Baeyer-Villiger 氧化反应的探究[20]。

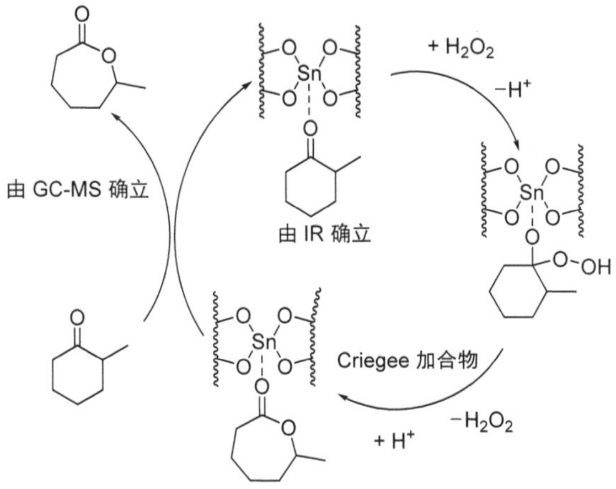

图 2 Corma 小组通过不同的手段研究 Baeyer-Villiger 氧化反应的机制

水滑石是一种与水镁石 $Mg(OH)_2$ 具有类似结构的层状阴离子黏土。以半径类似的二价、三价过渡金属阳离子部分或全部取代 Mg^{2+}、Al^{3+} 可合成多种水滑石类化合物。1995 年,Kaneda 等人报道了铁和铜置换的水滑石在酮和环酮需氧氧化反应中的应用,催化剂分子式为 $Mg_6Al_2Fe_{0.6}(OH)_{17.2}(CO_3)_{1.3} \cdot 4H_2O$ 以及 $Mg_6Al_2Cu_{0.6}(OH)_{17.2}CO_3 \cdot 6H_2O$,它们能在比较温和的条件下有效地催化氧化环酮、直链酮和芳香酮为相应的酯和内酯,如环己酮在二氯乙烷溶剂的作用下,于 40 ℃ 反应 5 h 后,己内酯的收率几乎定量。因此,这是非均相催化中的重要思路,该领域在今天仍在不断进步[21]。

Baeyer-Villiger 氧化反应也存在于生化反应中。生物转化中的 Baeyer-Villiger 氧化反应主要是通过 Baeyer-Villiger 单加氧酶 (Baeyer-Villiger monooxygenases, BVMOs) 来完成[22],BVMOs 被用来对链状和环状的酮进行立体选择性氧化,可以将开链酮或环酮转化成相应的酯或内酯,能够催化酮和硼的亲核氧化反应,也能够催化硫、硒、氮和磷的亲电氧化反应。这些酶可来自细菌和真菌,主要可以分为两类,一类依赖 FAD 和 NADPH 作为辅酶,另一类依赖 FMN 和 NADH 作为辅酶。目前公认的机理如图 3 所示[22b]。

因此,发展不同类型的 BVMOs 并将其应用于不同体系是该领域的发展方向。在近期的研究中,Tang 小组和 Vederas 小组合作,报道了一种通过 Baeyer-Villiger 反应将环酮转化为内嵌碳酸酯的单加氧酶 CcsB。该酶催化了细胞松弛素 E 中大环部分的内嵌碳酸酯的形成[23]。

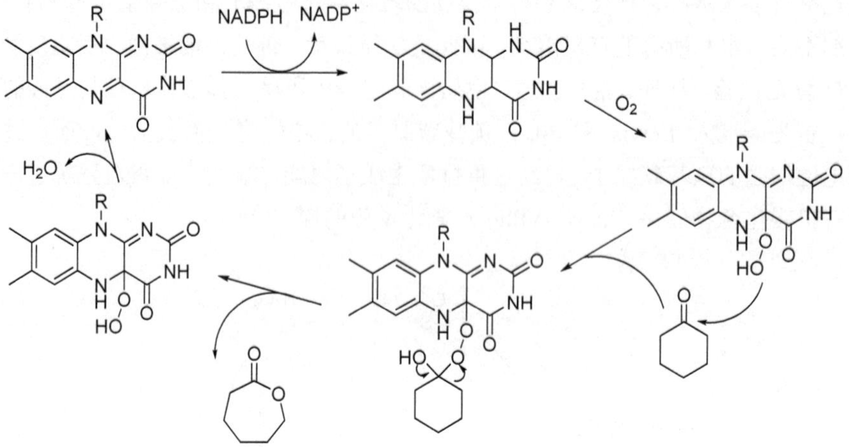

图 3 目前公认的 Baeyer-Villiger 氧化反应机理

参考文献

[1] Baeyer, A.; Villiger. V. *Ber Dtsch. Chem. Ges.* **1899**, *32*, 3625.
[2] Mihovilovic, M. D.; Rudroff, F.; Grötzl, B. *Current Org. Chem.* **2004**, *8*, 1057.
[3] For reviews, see: (a) Krow, G. R. *Org. React.* **1993**, *43*, 251. (b) Renz, M.; Meunier, B. *Eur. J. Org. Chem.* **1999**, *4*, 737. (c) Scafato, P.; Larocca, A.; Rosini, C. *Tetrahedron: Asymm.* **2006**, *17*, 2511.
[4] Roberts, S. M.; Wan, P. W. H. *J. Mol. Catal.* **1998**, *4*, 111.
[5] Von Doering, W. E.; Speers, L. *J. Am. Chem. Soc.* **1950**, *72*, 5515.
[6] (a) Crudden, C. M.; Chen, A. C.; Calhoun, L. A. *Angew. Chem. Int. Ed.* **2000**, *39*, 2851. (b) Frison, J. -C.; Palazzi, C.; Bolm, C. *Tetrahedron* **2006**, *62*, 6700.
[7] For a review, see: Uyanik, M.; Ishihara, K. *ACS Catal.* **2013**, *3*, 513.
[8] For reviews, see: (a) Strukul. G. *Nature* **2001**, *412*, 388. (b) Ten Brink, G.-J.; Arends, I. W. C. E.; Sheldon, R. A. *Chem. Rev.* **2004**, *104*, 4105. (c) Mihovilovic, M. D.; Rudroff, F.; Grötzl, B. *Current Org. Chem.* **2004**, *8*, 1057.
[9] Gusso, A.; Baccin, C.; Pinna, F.; Strukul, G. *Organometallics* **1994**, *13*, 3442.
[10] Bolm, C.; Schlinghoff, G.; Weickhardt. K. *Angew. Chem. Int. Ed.* **1994**, *33*, 1 848.
[11] Fukuda, O.; Sakaguchi, S.; Ishii. Y. *Tetrahedron Lett.* **2001**, *42*, 3479.
[12] Uchida, T.; Katsuki. T. *Tetrahedron Lett.* **2001**, *42*, 6911.
[13] Bianchini, G.; Cavarzan, A.; Scarso, A.; Strukul, G. *Green Chem.* **2009**, *11*, 1517.
[14] (a) Watanabe, A.; Uchida, T.; Ito, K.; Katsuki, T. *Tetrahedron Lett.* **2002**, *43*, 4481. (b) Matsumoto, K.; Watanabe, A.; Uchida, T.; Ogi, K.; Katsuki, T. *Tetrahedron Lett.* **2004**, *45*, 2385.
[15] Zhou, L.; Liu, X.; Ji, J.; Zhang, Y.; Hu, X.; Lin, L.; Feng, X. *J. Am. Chem. Soc.* **2012**, *134*, 17023-17026.
[16] Murahashi, S. I.; Ono, S.; Imada, Y. *Angew. Chem. Int. Ed.* **2002**, *41*, 2366.
[17] Xu, S.; Wang, Z.; Zhang, X.; Zhang, X.; Ding, K. *Angew. Chem. Int. Ed.* **2008**, *47*, 2840.
[18] Palazzi, C.; Pinna, F.; Strukul. G. *J. Catal. A: Chem.* **2000**, *151*, 245.
[19] Corma, A.; Nemeth, L.; Renz. M. *Nature* **2001**, *412*, 423.
[20] Lei, Z.; Zhang, Q.; Wang, R.; Ma, G.; Jia, C. *J. Organometal. Chem.* **2006**, *691*, 5767.

[21] (a) Kaneda, K.; Ueno, S.; Imanaka. T. *J. Mol. Catal.* **1995**, *102*, 135. (b) Jiménez-Sanchidrián, C.; Hidalgo, J. M.; Llamas, R.; Ruiz, J. R. *Applied Catalysis A: General* **2006**, *312*, 86. (c) Llamas, R.; Ruiz, J. R. *Applied Catalysis B: Environmental* **2007**, *72*, 18.

[22] For reviews, see: (a) de Gonzalo, G.; Mihovilovic, M. D.; Fraaije, M. W. *ChemBioChem.* **2010**, *11*, 2208. (b) Leisch, H.; Morley, K.; Lau, P. C. K. *Chem. Rev.* **2011**, *111*, 4165.

[23] Hu, Y.; Dietrich, D.; Xu, W.; Patel, A.; Thuss, A. J. J.; Wang, J.; Yin, W.-B.; Qiao, K.; Houk, K. N.; Vederas, C. J.; Tang, Y. *Nat. Chem. Bio.* **2014**, *10*, 552.

（肖卿，王剑波）

Barton 反应

Barton (巴顿) 在 1960 年首次报道亚硝酸酯在光照下生成 δ-亚硝基的醇，并可进一步衍生成 δ-羟基的肟[1]。该反应称巴顿亚硝酸酯光解反应 (Barton nitrite photolysis reaction)，也称 Barton 反应。

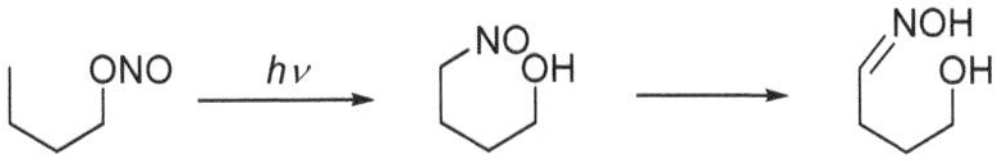

$$\text{(1)}$$

该反应为自由基机理 (图 1)。首先在光照下，RO-NO 键发生异裂生成氧自由基和氮氧自由基，接着发生自由基的从 C 到 O 的 [1,5] 氢迁移，生成碳自由基。碳自由基和氮氧自由基结合生成最终产物[2]。

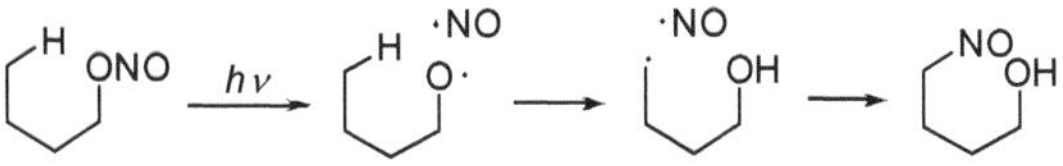

图 1 巴顿亚硝酸酯光解反应的机理

Barton 反应对于 C-H 键的断裂具有很好的区域选择性，即选择性地发生在氧自由基 δ 位的 C-H 键上。因为通过该反应可以在非活性的 C-H 上实现官能化，它常被应用于有机合成[3]。比如，从喹啉出发合成 β-isocupreidine (β-ICD) 的过程中，关键的一步用到了 Barton 反应 (式 2)[4]。

$$\text{(2)}$$

Barton 反应在甾类化合物的合成中也得到了应用 (式 3)[5]。

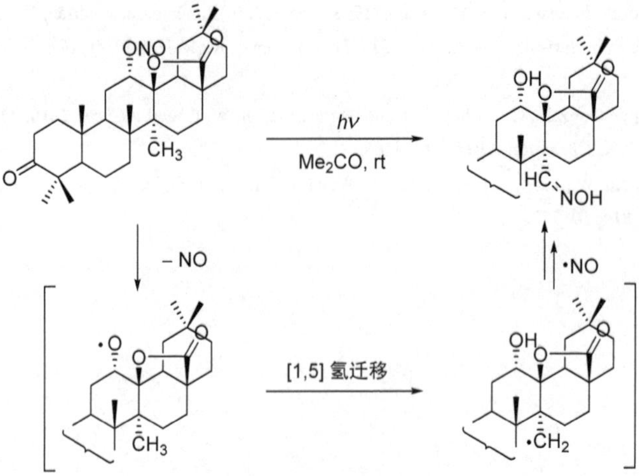

(3)

参考文献

[1] (a) Barton, H. R.; Beaton, J. M.; Geller, L. E.; Pechet, M. M. *J. Am. Chem. Soc.* **1960**, *82*, 2640. (b) Barton, H. R.; Beaton, J. M.; Geller, L. E.; Pechet, M. M. *J. Am. Chem. Soc.* **1961**, *83*, 4076.

[2] (a) Akhtar, M.; Chet, M. M. *J. Am. Chem. Soc.* **1964**, *86*, 265. For a review, see: (b) Majetich, G.; Wheless, K. *Tetrahedron* **1995**, *51*, 7095.

[3] For reviews, see: (a) Suginome, H. In *CRC Handbook of Organic Photochemistry and Photobiology*, 2nd ed.; Orspool, W. M.; Lenci, F.; Eds.; CRC Press: Boca Raton, **2004**; p 102/1. (b) Hagan, T. J.; *Barton Nitrite Photolysis*. In *Name Reactions for Homologations-Part I*; Li, J. J.; Eds.; *Wiley: Hoboken*, NJ, **2009**, pp633.

[4] Nakano, A.; Ushiyama, M.; Iwabuchi, Y.; Hatakeyama, S. *Adv. Synth. Catal.* **2005**, *347*, 1790.

[5] Sugimoto, A.; Sumino, Y.; Takagi, M.; Fukuyama, T.; Ryu, I. *Tetrahedron Lett.* **2006**, *47*, 6197.

相关反应： Hoffmann-Löffler-Freytag 反应

（肖卿，王剑波）

Collins 氧化

在 Sarett 氧化反应中，把溶剂从吡啶改为二氯甲烷的氧化反应称 Collins (柯林斯) 氧化反应，是把伯醇和仲醇氧化成醛和酮的方法 (式 1)。1968 年 Collins 等人发现铬酐-二吡啶配合物 $CrO_3 \cdot 2C_5H_5N$ 在含氯溶剂中有一定的溶解度，以二氯甲烷为佳[1,2]，可顺利地把伯醇和仲醇氧化成醛和酮。Collins 氧化产率高 (87%~98%)，产物分离方便。1970 年，Ratcliffe 等人进一步发展了方便的，在二氯甲烷中现场制备铬酐-吡啶配合物氧化剂的方法[3]。虽然该改良法被广泛采用，但皆被冠以 Collins 氧化或 Collins 试剂。Collins 氧化也可用于氧化烯丙醇，可用于把半缩醛氧化为内酯和烯基 α-位亚甲基的氧化。

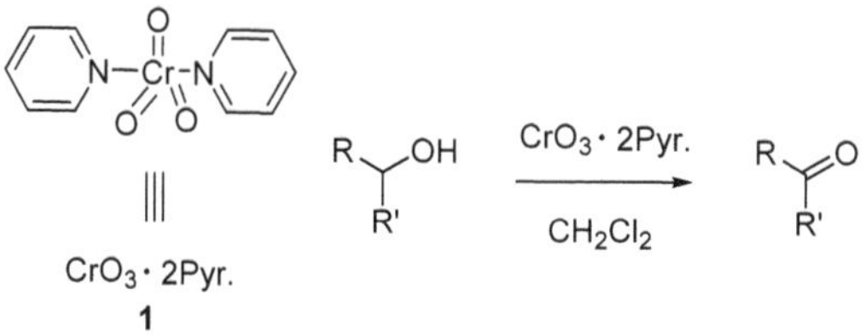

$$\text{(1)}$$

1973 年，Corey 和 Fleet 等人发展了基于现场制备的铬酐-3,5-二甲基吡唑配合物的氧化反应[4]。该配合物的优点是易溶于二氯甲烷，难溶于乙醚和戊烷，方便分离提纯。

Collins 氧化曾被用于 eremophilone (式 2)[5]、saussurea 内酯 (式 3) 等天然产物[6]和 superstolides A, B 的顺式萘烷片段前体 (式 4)[7]的合成。

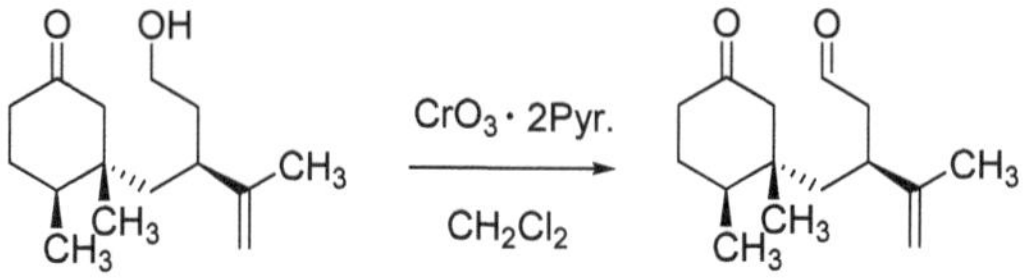

$$\text{(2)}$$

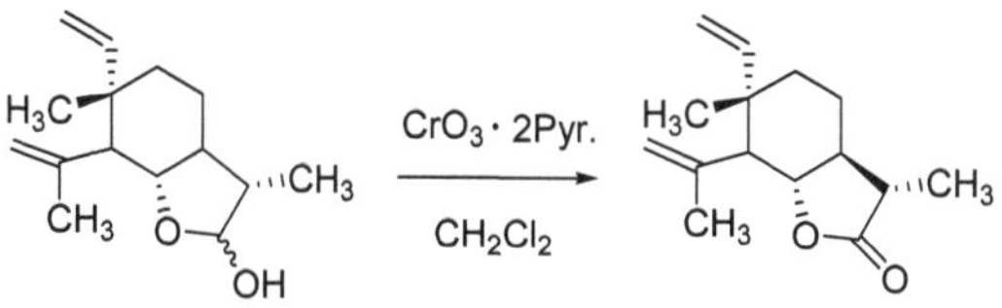

$$\text{(3)}$$

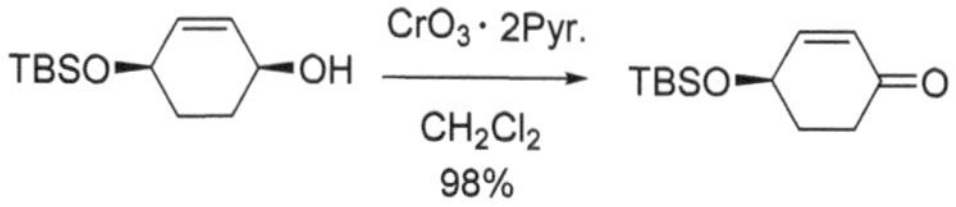

$$\text{(4)}$$

在天然产物 (−)-mintlactone[8]的合成中，Collins 试剂被用于进行烯丙位亚甲基的氧化 (式 5)。

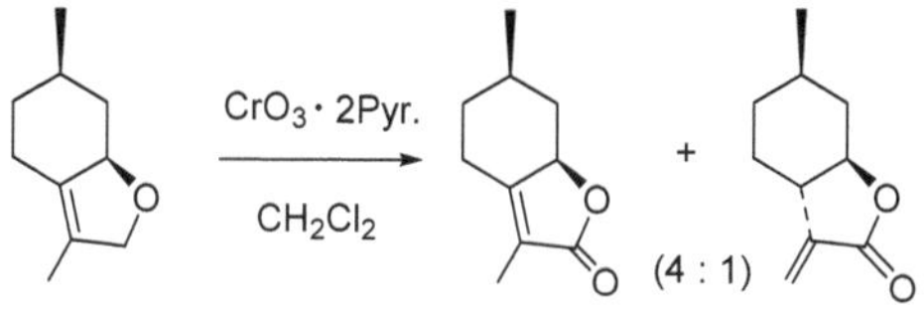

$$\text{(5)}$$

在前列腺素中间体的合成中，Collins 氧化被用于伯醇硅醚的选择性"一瓶"去保护-氧化 (式 6)[9]。

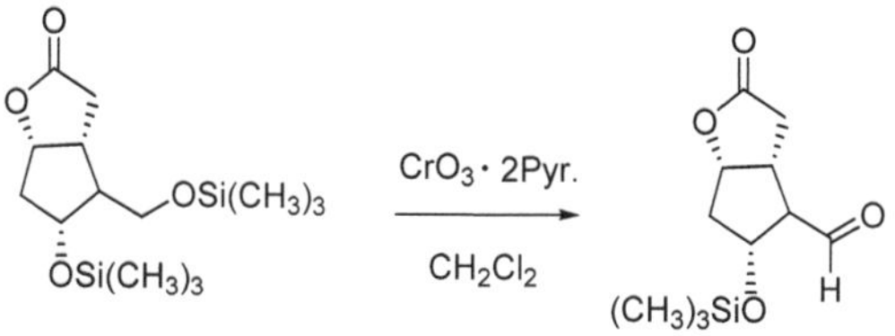

$$\text{(6)}$$

Collins 氧化可用于 α-氨基醛的合成，反应几乎不发生外消旋化 (式 7)[10]。Collins 试剂也可用于 σ-键合钯配合物的氧化去除[11]。

$$\text{Me}_2\text{CHCH}_2\text{CH(NHBoc)CH}_2\text{OH} \xrightarrow[-10\,°C,\ 30\ \text{min}]{\text{CrO}_3\cdot 2\text{Pyr., CH}_2\text{Cl}_2} \text{Me}_2\text{CHCH}_2\text{CH(NHBoc)CHO} \quad (7)$$

67% >99.5% ee

参考文献

[1] (a) Collins, J. C.; Hess, W. W.; Franc, F. J. *Tetrahedron Lett.* **1968**, 3363-3366. (b) Collins, J. C.; Hess, W. W. *Org. Synth.* **1972**, *52*, 5; *Coll. Vol.* **1988**, *6*, 644.
[2] Luzzio, F. A. *Org. React.* **1998**, *53*, 1-222 (综述)
[3] Ratcliffe, R.; Rodehorst, R. *J. Org. Chem.* **1970**, *35*, 4000-4002.
[4] (a) Corey, E. J.; Fleet, G. W. J. *Tetrahedron Lett.* **1973**, 4499-4501. (b) Salmond, W. G.; Barta, M. A.; Havens, J. L. *J. Org. Chem.* **1978**, *43*, 2057-2059.
[5] Ziegler; F. E.; Reid, G. R.; Studt, W. L.; Wender, P. A. *J. Org. Chem.* **1977**, *42*, 1991-2001.
[6] Ando, M.; Tajima, K.; Takase, K. *Chem. Lett.* **1978**, 617-620.
[7] Hua, Z.-M.; Yu, W.-S.; Su, M.; Jin, Z.-D. *Org. Lett.* **2005**, *7*, 1939-1942.
[8] (a) Ferraz, H. M. C.; Grazini, M. V. A.; Ribeiro, C. M. R. *J. Org. Chem.* **2000**, *65*, 2606-2607. (b) Mori, K. *Tetrahedron Lett.* **2007**, *48*, 5609-5611.
[9] Mahrwald, R.; Theil, F.; Schick, H.; Palme, H.-J.; Nowak, H.; Weber, G.; Schwatz, S. *Synthesis* **1987**, 1012-1013.
[10] Rittle, K. E.; Homnick, C. F.; Ponticello, G. S.; Evans, B. E. *J. Org. Chem.* **1982**, *47*, 3016-3018.
[11] Vedejs, E.; Salomon, M. F.; Weeks, P. D. *J. Organomet. Chem.* **1972**, *40*, 221-224.

相关反应：Sarett 氧化；Jones 氧化；PCC 氧化；PDC 氧化

（黄培强）

Corey-Kim 氧化

Corey-Kim（科里-金）氧化反应系指 N-氯代丁二酰亚胺/二甲硫醚 (NCS/DMS) 生成的锍鎓离子与醇作用后，再经碱处理可氧化得到醛或酮的反应 (式 1)[1]。由于所用试剂便宜易得，已在工业界得到应用，如大环内酯抗生素 cethromycin 的合成 (> 300 kg 规模)[2]。

$$R^1R^2CHOH \xrightarrow[\ 2.\ Et_3N\ ]{1.\ NCS,\ DMS} R^1COR^2 \quad (1)$$

该反应有显著的溶剂效应，一般是在甲苯中进行反应，用更大极性的溶剂 (二氯甲烷/二甲亚砜) 会导致副产物甲硫醚 (ROCH$_2$SCH$_3$) 产生[1]。对于烯丙醇和苄醇，该反应能高产率地获得相应的氯代物[3]。

Corey-Kim 氧化反应条件温和，适用于很多敏感底物，如在前列腺素合成中的应用[4]。特别对易发生氧化断裂的邻二醇在该条件下只是羟基选择性被氧化[5]。在二萜天然产物 ingenol 合成的最后阶段，利用 Corey-Kim 氧化反应区域选择性地将邻二醇中间体转化为

α-羟基酮而没有发生碳-碳键断裂，最终成功实现了全合成 (式 2)[6]。

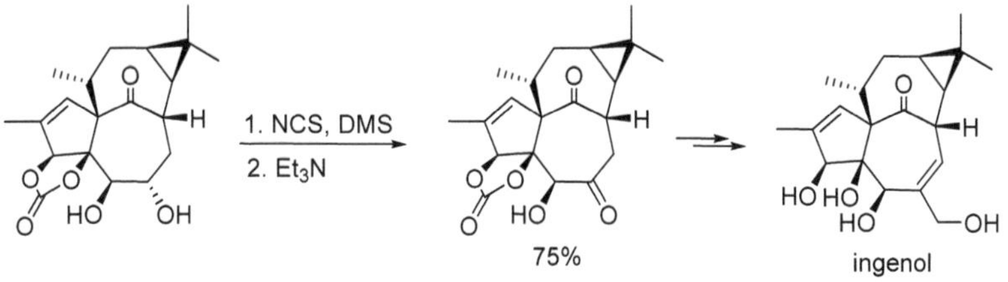

再如生物碱 cephalotaxine 全合成的最后阶段需将邻二醇中间体氧化为 α-二酮，除 Corey-Kim 氧化反应 (式 3) 外的其它方法 (Swern 氧化、PCC 氧化等) 均不成功[7]。

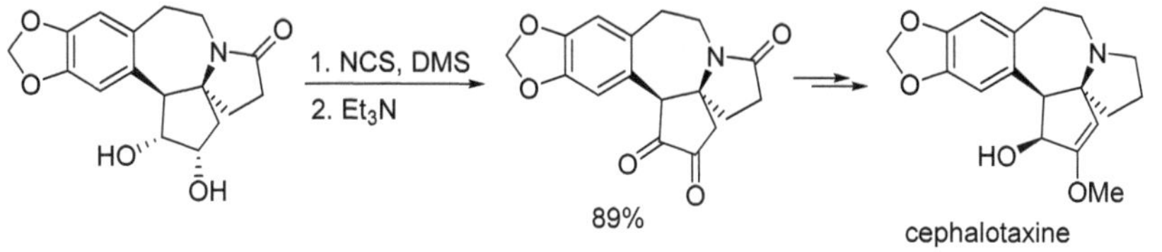

在多种氧化剂 (Dess-Martin periodinane，IBX 等) 失败的情况下，Corey-Kim 氧化反应实现了新戊基类型氨基醇底物到相应醛的转化，进一步酸催化发生 Robinson 环化成功构筑了生物碱 fasicularin 的三环骨架 (式 4)[8]。

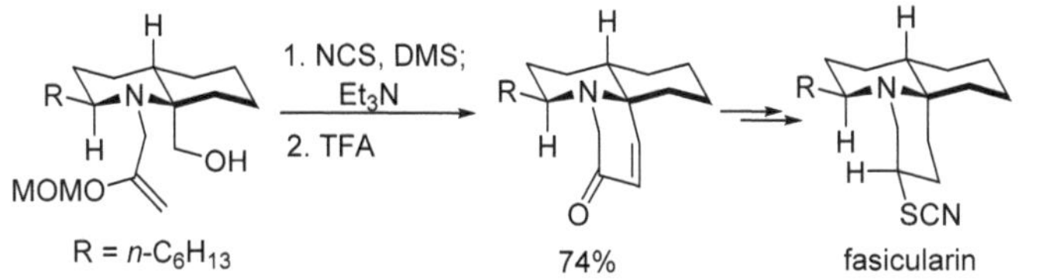

Corey-Kim 氧化反应的机理 (图 1) 和 Swern 氧化反应类似。先是 DMS 进攻 NCS 中的 N-Cl 键，形成 Corey-Kim 两性离子 I，该中间体对热不稳定易分解，必须在低温下原位制备[2]，进而生成亲电的锍鎓离子 II 被醇亲核进攻，得到中间体 III，随后 Et$_3$N 夺取 C-O 键上的质子，最终生成醛或酮，并释放出 DMS。

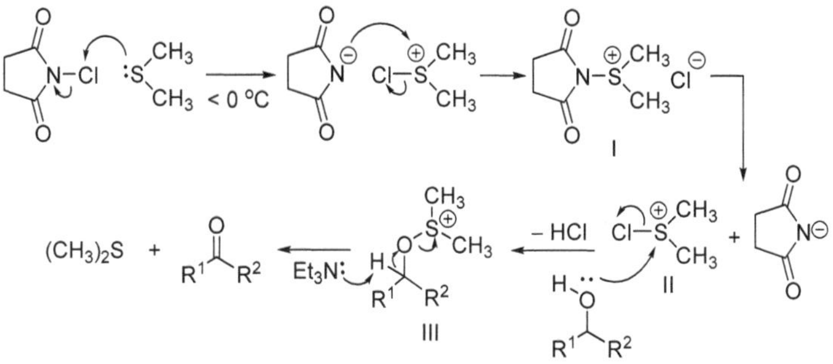

图 1　Corey-Kim 氧化反应机理

参考文献

[1] (a) Corey, E. J.; Kim. C. U. *J. Am. Chem. Soc.* **1972**, *94*, 7586. (b) Heravi, M. M.; Asadi, S.; Nazari, N.; Lashkariani, B. M. *Monatsh Chem.* **2016**, *147*, 961.
[2] Clink, R. D.; Chambournier, G.; Surjono, H.; Xiao, Z.; Richter, S.; Naris, M.; Bhatia, A. *Org. Pro. Res. Dev.* **2007**, *11*, 270.
[3] Corey, E. J.; Kim. C. U.; Takeda, M. *Tetrahedron Lett.* **1972**, *28*, 4339.
[4] Corey, E. J.; Kim. C. U. *J. Org. Chem.* **1973**, *38*, 1233.
[5] Corey, E. J.; Kim. C. U. *Tetrahedron Lett.* **1974**, *30*, 287.
[6] Tanino, K.; Onuki, K.; Asano, K.; Miyashita, M.; Nakamura, T.; Takahashi, Y.; Kuwajima, I. *J. Am. Chem. Soc.* **2003**, *125*, 1498.
[7] Kuehne, M. E.; Bornmann, W. G.; Parsons, W. H.; Spitzer, T. D.; Blount, J. F.; Zubieta, J. *J. Org. Chem.* **1988**, *53*, 3439.
[8] Maeng, J.-H.; Funk, R. L. *Org. Lett.* **2002**, *4*, 331.

（彭羽，李卫东）

Criegee 邻二醇氧化裂解

Criegee (克里格) 邻二醇氧化裂解是指通过氧化剂 Pb(OAc)$_4$ 氧化邻二醇生成相应的醛或者酮的反应 (式 1)。与高碘酸钠的氧化开裂 (必须是 *cis*-二醇才能引发裂解反应) 相比，该反应不需要水系溶剂，而且反应活性也更高 (式 2)[1,2]。

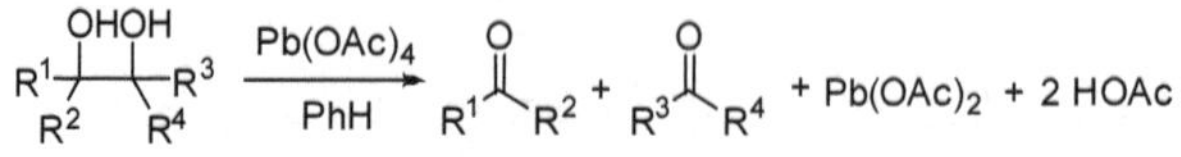

$$\underset{\substack{R^2\ R^4}}{\overset{\substack{OH\ OH}}{R^1 {-\!\!\!-} R^3}} \xrightarrow{\text{Pb(OAc)}_4}{\text{PhH}} R^1\underset{O}{\overset{}{-}}R^2 + R^3\underset{O}{\overset{}{-}}R^4 + \text{Pb(OAc)}_2 + 2\text{HOAc} \tag{1}$$

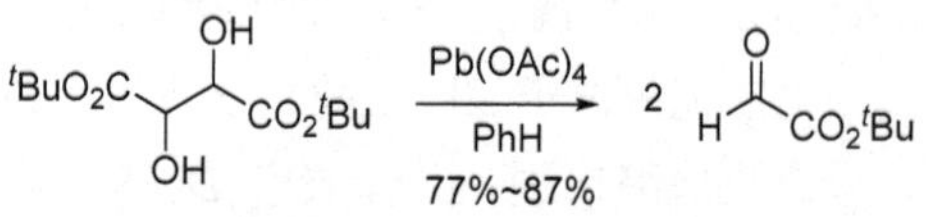

$$\text{\textit{t}BuO}_2\text{C}\underset{\substack{OH\\OH}}{-}\text{CO}_2\text{\textit{t}Bu} \xrightarrow[\text{77\%~87\%}]{\text{Pb(OAc)}_4 / \text{PhH}} 2\ \text{H}-\overset{O}{\text{C}}-\text{CO}_2\text{\textit{t}Bu} \tag{2}$$

反应机理 (图 1):

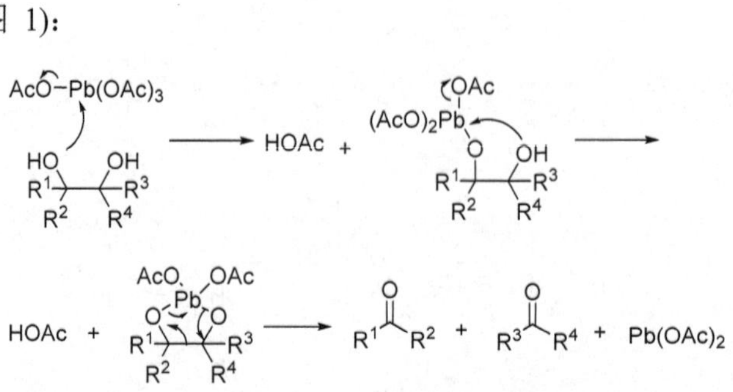

图 1 Criegee 邻二醇氧化裂解反应机理

高碘酸[3]和硝酸铈铵[4]也可进行这一反应。由于铅的毒性，一直在寻找更优的方法。

1999 年，Ishii 报道了在活性炭负载的 Ru(PPh$_3$)$_3$Cl$_2$ 催化下用分子氧进行邻二醇氧化断裂的方法[5]。

Arseniyadis[6,7]系统地研究了不饱和的双环邻二醇类化合物的反应，发现氧化所形成的产物可进一步发生多米诺反应 (式 3)。

$$\text{(3)}$$

2011 年，Koo[8]在立体控制合成 (+)-S-lavandulol 中，经历了邻二醇中间体 **1**。从化合物 **1** 出发，通过使用 Pb(OAc)$_4$ 氧化开环，再用 HCl 酸化、LiAlH$_4$ 还原，得到 (+)-S-lavandulol 的关键骨架 **2**，接下来以较高的总产率完成 (+)-S-lavandulol (**3**) 的全合成 (式 4)。

$$\text{(4)}$$

2017 年，Tanino[9]对 Criegee 邻二醇氧化裂解作进一步延伸，将其应用在半缩醛 **4** 的氧化开环中，经 Pb(OAc)$_4$ 氧化开环合成关键中间体 **5**，进而完成 (+)-iso-A82775C (**6**) 的不对称全合成 (式 5)。

$$\text{(5)}$$

参考文献

[1] Criegee, R. *Justus Liebigs Ann. Chem.* **1930**, *481*, 275-276.
[2] Wolf, F. J.; Weijjlard, J. *Org. Synth.* **1955**, *35*, 18-19.
[3] Hudlicky, M. *Oxidations in Organic Chemistry*. American Chemical Society: Washington, DC. **1981**, 159.
[4] Trahanovsky, W. S.; Young, L. H.; Bierman, M. H. *J. Org. Chem.* **1969**, *34*, 869-871.
[5] Takezawa, E.; Sakaguchi, S.; Ishii, Y. *Org. Lett.* **1999**, *1*, 713-715.
[6] Ozturk, C.; Topal, K.; Aviyente, V.; Tuzun, N. S.; Sanchez Fernandez, E.; Arseniyadis, S. *J. Org. Chem.* **2005**, *70*, 7080-7086.
[7] Finet, L.; Lena, J. I. C.; Kaoudi, T.; Birlirakis, N.; Arseniyadis, S. *Chem.-Eur. J.* **2003**, *9*, 3813-3820.
[8] Kim, H. J.; Su, L.; Jung, H.; Koo, S. *Org. Lett.* **2011**, *13*, 2682-2685.
[9] Suzuki, T.; Watanabe, S.; Kobayashi, S.; Tanino, K. *Org. Lett.* **2017**, *19*, 922-925.

反应类型： 氧化反应；碳-碳键断裂

(黄培强，刘占江)

Dakin 反应

Dakin (达金) 反应指含邻、对位羟基或氨基的芳醛或芳酮在碱性条件下与双氧水反应生成酚的反应[1]。反应机理类似于 Baeyer-Villger 反应 (图 1)。

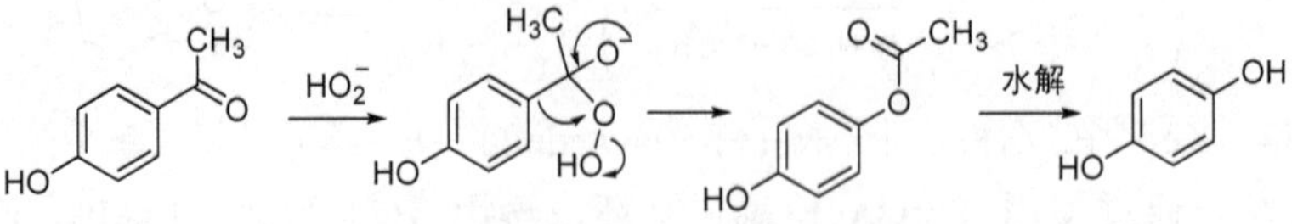

图 1 Dakin 反应的机理

之后报道了许多不同的试剂以提高反应收率[2-7]。商品化试剂尿素-过氧化氢配合物 (UHP) 也可用于该反应 (式 1)[8]。该试剂的特点是价廉、稳定、易于操作，且反应可在固态下进行，收率优良。

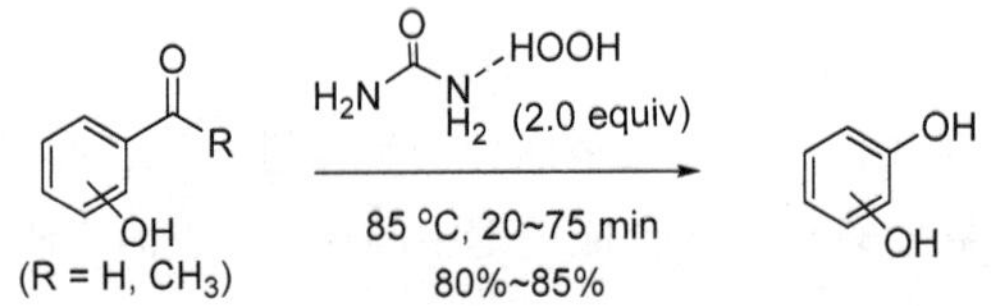

$$(1)$$

值得一提的是，Oxone 可用于把芳醛 (包括间羟基苯甲醛) 氧化成羧酸或酯，但氧化邻、对位羟基或甲氧基取代苯甲醛，主要得 Dakin 反应产物 (式 2)[9]。

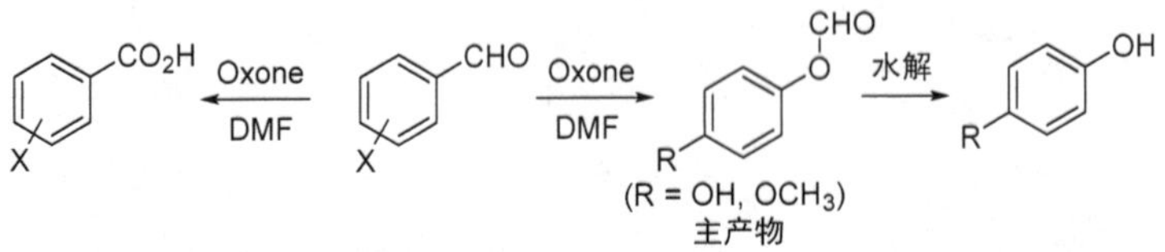

$$(2)$$

在天然氨基酸二聚体片段 **3** 的合成中 (式 3)[10]，只有 Syper 报道的反应条件[6]，即用二苯二硒化合物作为氧化反应的活化剂 (催化量：4%)，给出优良的收率。后来报道 Bayer-Villiger 反应可得同样产物[11]。

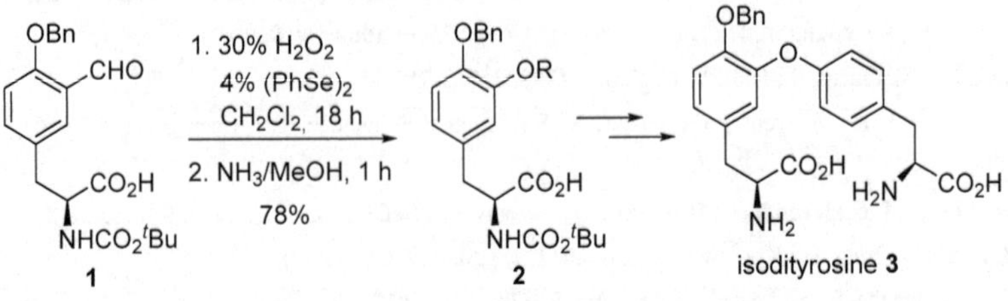

$$(3)$$

2012 年，Foss[12] 报道了以绿色、清洁的氧气 (O_2) 为氧化剂，有机小分子 **4** 为催化剂下，将苯甲醛转化为相应的苯酚，高效地实现了 Dakin 反应 (式 4)。其催化剂用量低至 0.1 mol%。

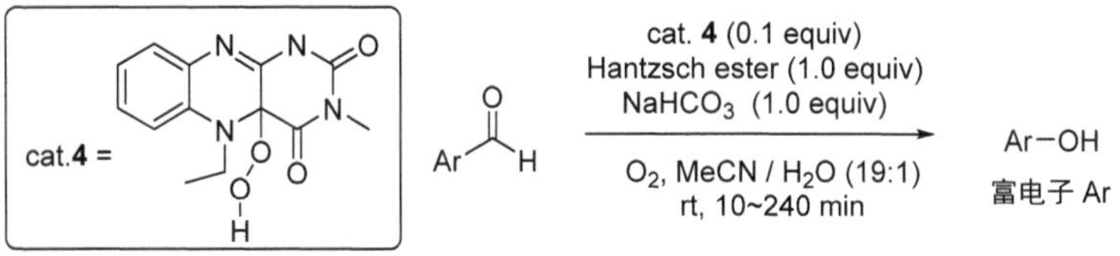

Dakin 反应在合成中也有较多的应用。例如，在 pyranonaphthoquinone 关键中间体合成中[13]，通过 Dakin 反应氧化重排为苯酚，快速完成 pyranonaphthoquinone 关键中间体的合成 (式 5)。

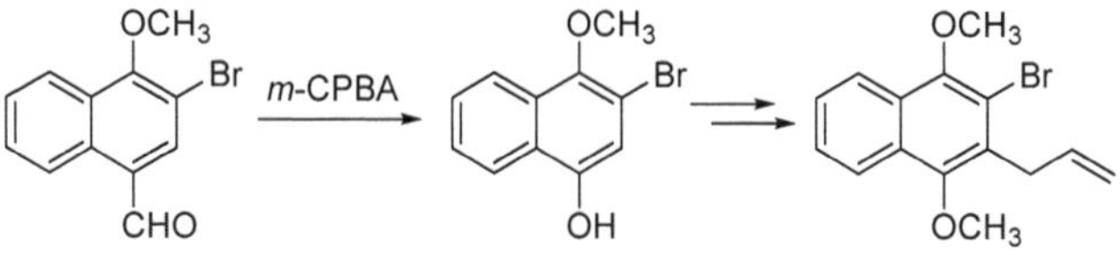

最近，在荧光检测方面也使用到 Dakin 反应，该技术能够精确、快速检测出生物体内的 H_2O_2，以确定活性氧含量[14]。其原理涉及生物体内的 H_2O_2 氧化水杨醛为邻苯二酚 (式 6)。

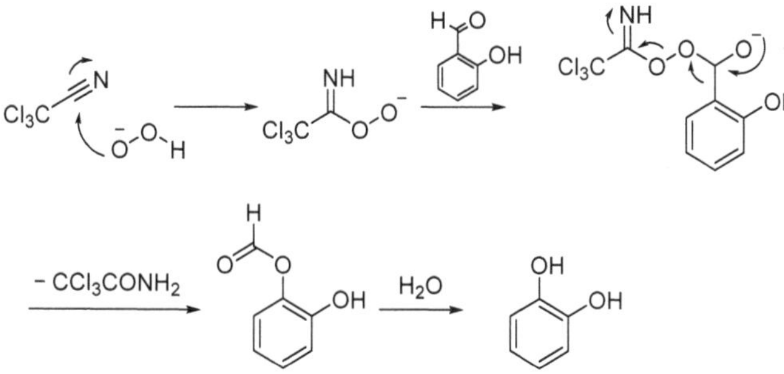

参考文献

[1] Dakin, H. D. *J. Am. Chem. Soc.* **1909**, *42*, 477-487.
[2] Chatterjee, A.; Ganguly, D.; Sen, R. *Tetrahedron* **1976**, *32*, 2407.
[3] Hocking, M. B.; Ong, J. H. *Can. J. Chem.* **1977**, *55*, 102-110.
[4] Hocking, M. B.; Ko, M.; Smyth, T. A. *Can. J. Chem.* **1978**, *56*, 2646-2649.
[5] Matsumoto, M.; Kobayashi, H.; Hotta, Y. *J. Org. Chem.* **1989**, *54*, 4740-4743.
[6] Syper, L. *Synthesis* **1989**, 167-172.
[7] Kabalka, G. W.; Reddy, N. K.; Narayana, C. *Tetrahedron Lett.* **1992**, *33*, 865-866.
[8] Varma, R. S.; Naicker, K. P. *Org. Lett.* **1999**, *1*, 189-192.
[9] Travis, B. R.; Sivakumar, M.; Hollist, G. O.; Borhan, B. *Org. Lett.* **2003**, *5*, 1031-1034.
[10] Jung, M. E.; Lazarova, T. I. *J. Org. Chem.* **1997**, *62*, 1553-1555.
[11] Chen, C.; Zhu, Y. F.; Wilcoxen, K. *J. Org. Chem.* **2000**, *65*, 2574-2576.
[12] Chen, S.; Foss, F. W. *Org. Lett.* **2012**, *14*, 5150-5153.
[13] Limaye, R. A.; Natu, A. D.; Paradkar, M. V. *Synth. Commun.* **2012**, *42*, 313-319.

[14] Ye, S.; Hu, J. J.; Yang, D. *Angew. Chem. Int. Ed.* **2018**, *57*, 10173-10177.

反应类型： 氧化重排

（黄培强，刘占江）

Davis 试剂

Davis (戴维斯) 试剂[1]是一类在有机合成中应用广泛的氧化剂。图 1 中的化合物 **1~4** 均为 Davis 小组发展的氧化剂[2]，其中，(+)-(2*R*,8a*S*)-camphorylsulfonyl oxaziridine (**2**)[3]、(+)- (2*R*, 8a*R*)-[(8,8-dimethoxycamphoryl) sulfonyl]oxaziridine (**3**)[4]和 (+)-(2*R*,8a*R*)-[(8,8-ichlorocamphoryl) sulfonyl]oxaziridine (**4**)[4] 称为 Davis 手性氮杂氧杂环丙烷试剂，用于与烯醇硅醚[5]或烯醇负离子[6]反应，在酮羰基化合物的 *α*-位引入羟基，具有很高的化学选择性 (式 1)。

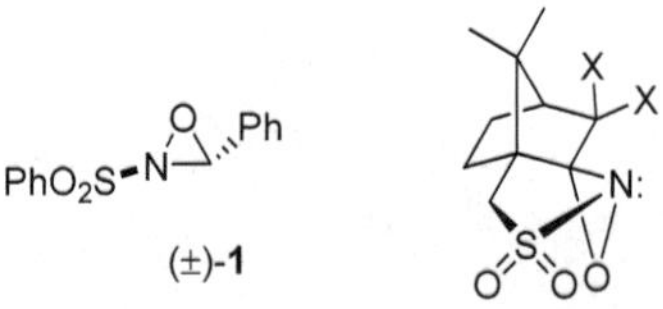

2 X = H
3 X = OMe
4 X = Cl

图 1 Davis 小组发展的氧化剂 1~4

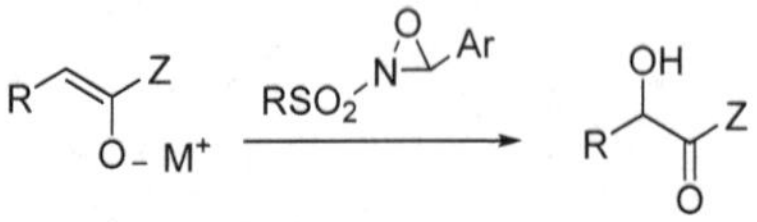

(1)

Davis 氮杂氧杂环丙烷的羟基化机理如图 2 所示。

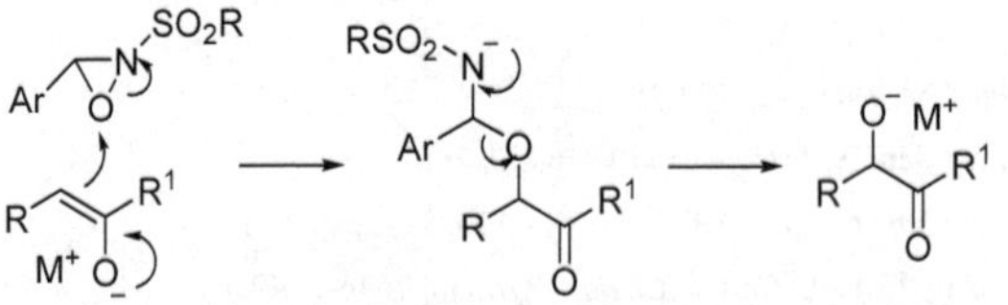

图 2 Davis 氮杂氧杂环丙烷的羟基化机理

Wipf 小组在活性天然产物 tubulysin 片段 tubuvaline-tubuphenylalanine (Tuv-Tup) 的合成中，通过去质子化、Davis 试剂 **1** 氧化，以 66% 的产率得到单一立体异构体 **6** (式 2) [7]。

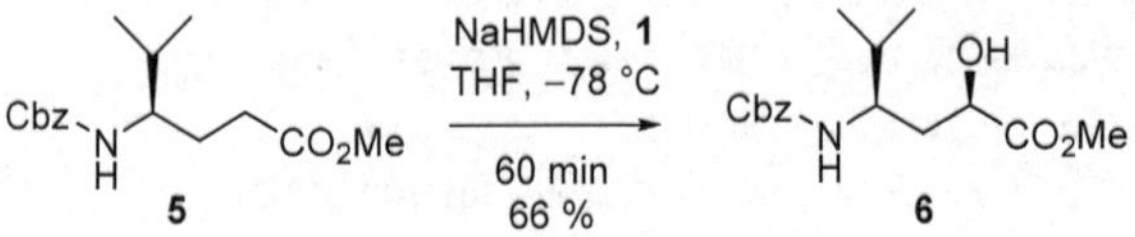

(2)

Nicolaou 小组在天然产物 cortistatin A 模型化合物 **8** 的合成中, 化合物 **6** 经过强碱 KHMDS 去质子化, 再通过 Davis 试剂 **1** 氧化, 以 60% 的产率得到 α-羟基化产物 **7** (式 3)[8]。

$$\text{化合物 6} \xrightarrow[60\%]{\text{KHMDS, 1}} \text{化合物 7} \longrightarrow \text{化合物 8} \quad (3)$$

在 Lee 小组对天然产物 phomctin A 核心三环 **12** 的合成中, 化合物 **9** 经两次 Davis 试剂氧化后转化为 **12** (式 4)。首先酮酯 **9** 在去质子化后与 Davis 试剂 **1** 反应, 以 78% 的产率得到 α-羟基化产物 **10**。后者经两步转化为中间体 **11**, 接着需要在 α,β-烯酮的 γ-位引入羟基。在筛选过多种强碱后, 最后通过叔丁基锂去质子化、Davis 试剂 **1** 氧化, 在烯酮 **11** 的 γ-位引入羟基, 从而以 63% 的产率构建出官能团化的三环核心结构 **12**[9]。

$$\text{9} \xrightarrow[78\%]{\text{KHMDS, Davis 试剂 1}} \text{10} \longrightarrow$$

$$\text{11} \xrightarrow[63\%]{\substack{t\text{-BuLi} \\ \text{Davis 试剂 1} \\ -50\,^\circ\text{C}}} \text{12} \quad (4)$$

用 Davis 试剂 **1** 进行化合物 **13** 酯基 α-位羟基化, 表现出了很高的非对映立体选择性 (式 5)[10]。

$$\text{13} \xrightarrow[\substack{-78\,^\circ\text{C}, 24\,\text{h} \\ 82\%, >98\%\,de}]{\substack{1.\ \text{LDA}, -78\,^\circ\text{C}, 1\,\text{h} \\ 2.\ \text{Davis 试剂 1}}} \text{14} \quad (5)$$

参考文献

[1] Davis, F. A. *Tetrahedron* **2018**, *74*, 3198-3214. (综述).
[2] Vishwakarma, L. C.; Stringer, O. D.; Davis, F. A. *Org. Synth.* **1988**, *66*, 20; Coll. Vol. **1993**, *8*, 546.
[3] Towson, J. C.; Weismiller, M. C.; Lal, G. S.; Sheppard, A. C.; Kumar, A.; Davis, F. A. *Org. Synth.* **1990**, *69*, 158; Coll. Vol. **1993**, *8*, 104.
[4] Chen, B.-C; Murphy, C. K.; Kumar, A.; Reddy, R. T.; Clar, C.; Zhou, P.; Lewis, B. M.; Gala, D.; Mergelsberg, I.; Scherer, D.; Buckley, J.; DiBenedetto, D.; Davis, F. A. *Org. Synth.* **1996**, *73*, 159; Coll. Vol. **1998**, *9*, 212.

[5] Davis, F. A.; Sheppard, A. C. *J. Org. Chem.* **1987**, *52*, 954-955.
[6] Davis, F. A.; Kumar, A.; Chen, B.-C. *J. Org. Chem.* **1991**, *56*, 1143-1145.
[7] Wipf, P.; Takada, T.; Rishel, M. J. *Org. Lett.* **2004**, *6*, 4057-4060.
[8] Nicolaou, K. C.; Peng, X.-S.; Sun, Y.-P.; Polet, D.; Zou, B.; Lim, C. S.; Chen, Y.-K. *J. Am. Chem. Soc.* **2009**, *131*, 10587-10597.
[9] Du, G.-Y.; Bao, W.-L.; Huang, J.-R.; Huang, S.-P.; Yue, H.; Yang, W.; Zhu, L.-Z. Liang, Z.-H.; Lee, C.-S. *Org. Lett.* **2015**, *17*, 2062-2065.
[10] Liao, H.-C.; Yao, K.-J.; Tsai, Y.-C.; Uang, B.-J. *Tetrahedron: Asymmetry* **2017**, *28*, 803-808.

相关反应： Rubottom 氧化

（黄培强，吴江峰）

Dess-Martin 氧化

在过去的三十年里，高价碘化合物作为一类温和的氧化剂在有机合成领域得到了广泛的应用[1]。其中，最为突出的当属五价碘化合物：DMP (Dess-Martin periodinane)。该试剂于 1983 年首次由 D. B. Dess 和 J. C. Martin 通过 IBX 的酰基化反应制备得到（式1）[2]。相比于同属五价碘的 IBX 试剂，该试剂在有机溶剂中具有良好的溶解性。因此在其诞生不久，DMP 就被广泛应用于一级醇或二级醇的氧化，来实现羰基化合物的合成。后来，这类以 DMP 为氧化剂的反应被称为 Dess-Martin（戴斯-马丁）氧化反应。该反应的机理分为两个过程：首先，DMP 上的 OAc 与醇快速交换，生成中间体化合物 **A**。该过程已通过 ^{1}H NMR 实验得到了验证[3]。其次，游离的碱性醋酸根离子促进 α-位的氢发生脱氢反应，生成羰基化合物，同时五价碘被还原成三价碘化合物（图 1）[4]。

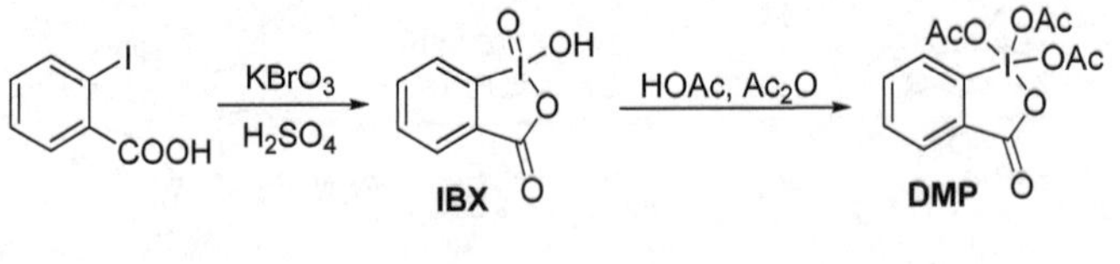

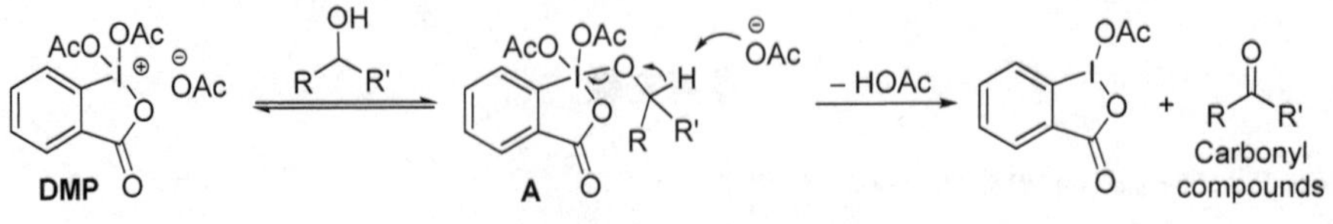

图 1 Dess-Martin 氧化反应机理

Dess-Martin 氧化反应一般在 CH_2Cl_2 溶液里进行，并且常常会加入 $NaHCO_3$ 或者吡啶等弱碱来中和反应过程中产生的酸性物质。相比于传统醇类化合物的氧化反应，该反应具有反应条件温和、反应官能团兼容性好等优点。例如，在 (−)-biyouyanagin A 的合成中，DMP 可以选择性地实现重氮酯化合物 **1** 中二级醇的氧化，而让高活性的重氮基团保留下来 (式 2)[5]。该反应更为具体的官能团兼容性情况可以参见表 1[6]。

表 1　Dess-Martin 氧化的官能团兼容性情况

序号	条件	官能团
1	DMP, CH$_2$Cl$_2$	烯烃、二烯烃、炔烃、醚、二级烯丙醇、叔醇、酯、氨基甲酸酯内酯、α,β-不饱和酮、α,β-不饱和酮、α,β-不饱和醚和内酯、内酰胺类、叔丁基硫酯、α-重氮-α-酮酯、硼酸酯、卤代物 (脂肪基、乙烯基、芳基)、叠氮化物、叔胺、呋喃、膦酸酯、缩醛、环氧化物、亚砜、烯醇醚 (OTf, OTBS, OTIPS)、吲哚、肟类
2	DMP, CH$_2$Cl$_2$, NaHCO$_3$	烯烃、二烯烃、炔烃、醚、仲醇、叔醇、酚、3° 碘化物、乙烯基碘化物、乙烯基氯化物、酮、α,β-不饱和酮、酯、α,β-不饱和酯、内酯、缩醛、环氧化物、噁唑烷酮类
3	DMP, CH$_2$Cl$_2$, Pyr	烯烃、二烯烃、炔烃、叔醇、醚、醛、α,β-不饱和酮、酯、α-羟基酯、酰胺、内酯、α,β-不饱和酯、大环内酯、叠氮化物、氨基甲酸酯、胺、卤代烷、磷酸酯、叠氮化物、缩醛、硫化物、环氧化物

DMP 试剂可以实现手性氨基醇的氧化，并且不影响产物羰基 α-位的光学活性 [图 2(a)][7]。另外，随着化学家们对 Dess-Martin 反应研究的深入，他们发现 DMP 试剂除了能将醇氧化为醛或酮以外，它还可以用于实现一些其它类型的化学转化。2005 年，Nicolaou 小组发现苄胺在 Dess-Martin 氧化条件下可以转化为芳基腈 [图 2(b)]；同时，当反应以 PhF/DMSO 作为溶剂时，N-烷基酰胺可以被氧化为双酰基胺化合物 [图 2(c)][8]。该课题组还发现苯胺类化合物可以被 DMP 氧化为苯醌 [图 2(d)][9]，进而实现了一系列复杂苯醌和多环类分子的合成，例如天然产物 epoxyquinomycin B 和 BE-10988。醛与叠氮钠在 DMP 氧化条件下可以高效地转化成相应的酰基叠氮化合物 [图 2(e)][10]。氧化得到的酰基叠氮是合成胺类和杂环类化合物的重要有机中间体。另外，在微量水的作用下，肟类化合物可以利用 DMP 试剂来实现高效的脱肟基反应 [图 2(f)][11]。

基于其优越的氧化性能，Dess-Martin 氧化反应已被广泛应用于具有生物活性的天然产物全合成中。例如，在 ustiloxin D 全合成的最后阶段，M. M. Joullié 及其合作者需要在大环的侧链安装一个酰胺基团。为实现这一目的，他们通过 Dess-Martin 氧化，首先将醇转化为醛。随后，该化合物在 NaClO$_2$ 的作用下被氧化为酸，进一步与胺缩合以及完成之后的脱保护基反应便实现了 ustiloxin D 的全合成 (式 3)[12]。Dess-Martin 氧化不但反应的官能团兼容性好，而且对醇羟基氧化的化学选择性也非常出色。在 azithromycin 的全合成中，其中有一步反应需要实现一级醇的选择性氧化，而让二级醇和三级醇保留下来。

在筛选了一系列经典的氧化反应条件之后,作者最终发现 DMP 可以有效地实现这一目的(式 4)[13]。

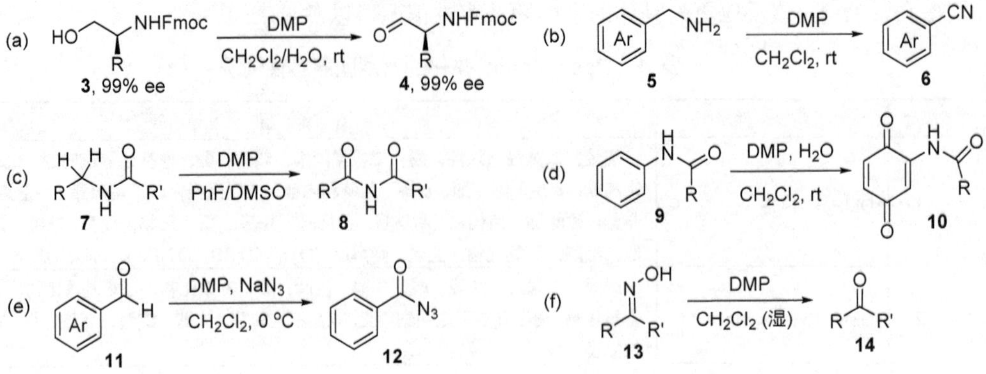

图 2 Dess-Martin 氧化及衍生反应

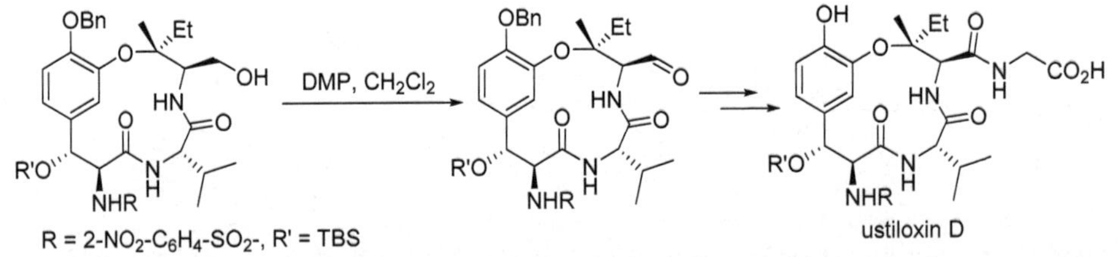

参考文献

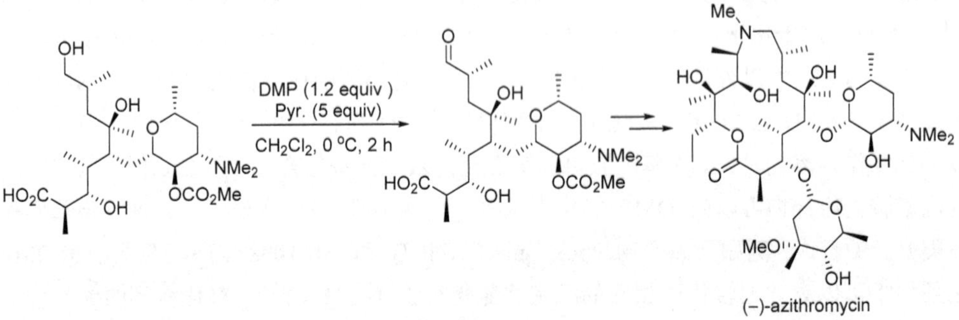

[1] Zhdankin, V. V.; Stang, P. J. *Chem. Rev.* **2002**, *102*, 2523.
[2] Dess, D. B.; Martin, J. C. *J. Org. Chem.* **1983**, *48*, 4155.
[3] De Munari, S.; Frigerio, M.; Santagostino, M. *J. Org. Chem.* **1996**, *61*, 9272.
[4] Dess, D. B.; Martin, J. C. *J. Am. Chem. Soc.* **1991**, *113*, 7277.
[5] Du, C.; Li, L. Q.; Li, Y.; Xie, Z. X. *Angew. Chem. Int. Ed.* **2009**, *48*, 7853.
[6] Silva, L. F.; Olofsson, B. *Nat. Prod. Rep.* **2011**, *28*, 1722.
[7] Davis, F. A.; Srirajan, V.; Titus, D. D. *J. Org. Chem.* **1999**, *64*, 6931.
[8] Nicolaou, K. C.; Mathison, C. J. N. *Angew. Chem. Int. Ed.* **2005**, *44*, 5992.
[9] Nicolaou, K. C.; Sugita, K.; Baran, P. S.; Zhong, Y.-L. *J. Am. Chem. Soc.* **2002**, *124*, 2221.

[10] Bose, D. S.; Reddy, A. V. N. *Tetrahedron Lett.* **2003**, *44*, 3543.
[11] Chaudhari, S. S.; Akamanchi, K. G. *Synthesis* **1999**, *5*, 760.
[12] Cao, B.; Park, H.; Joullie, M. M. *J. Am. Chem. Soc.* **2002**, *124*, 520.
[13] Kim, H. C.; Kang, S. H. *Angew. Chem. Int. Ed.* **2009**, *48*, 1827.

（梁永民）

Fétizon 试剂和 Fétizon 氧化

Fétizon (费蒂宗) 试剂为负载在硅藻土 (Celite) 上的碳酸银：Ag_2CO_3/Celite[1]。该试剂是一种温和的氧化剂，可把伯醇氧化成醛[2](式 1)，把仲醇氧化成酮，把 1,4-二醇、1,5-二醇和 1,6-二醇氧化为相应的内酯 (式 2)[2,3]。Fétizon 试剂对位阻敏感，因而表现出很好的选择性：在伯醇和仲醇之间，优先氧化伯醇，在两伯醇间，优先氧化位阻较小的伯醇 (式 2 和式 3)[3,4]。

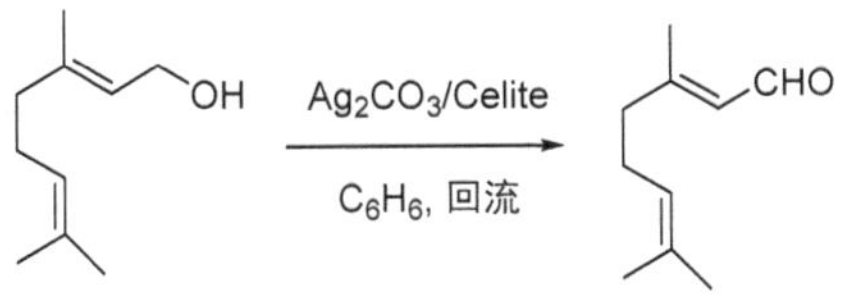

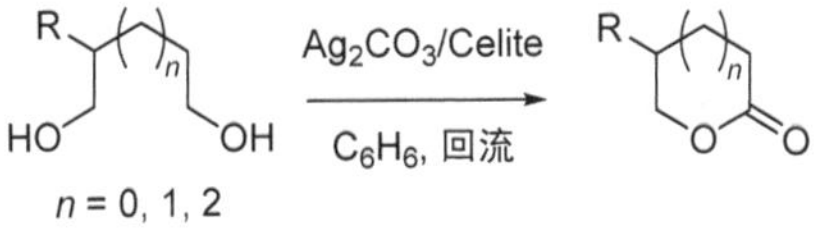

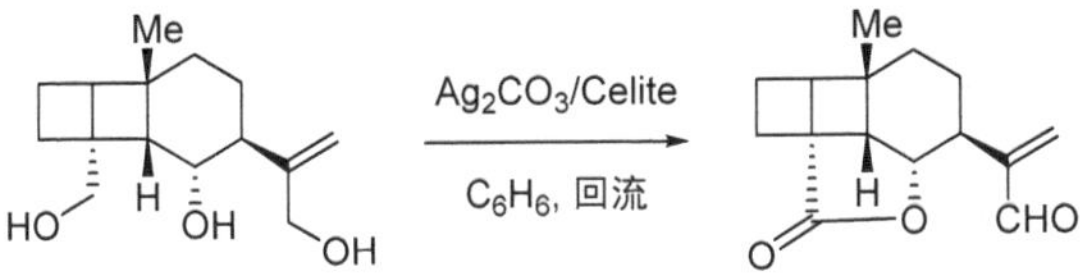

反应机理：Fétizon 氧化的可能机理[5]示于图 1。

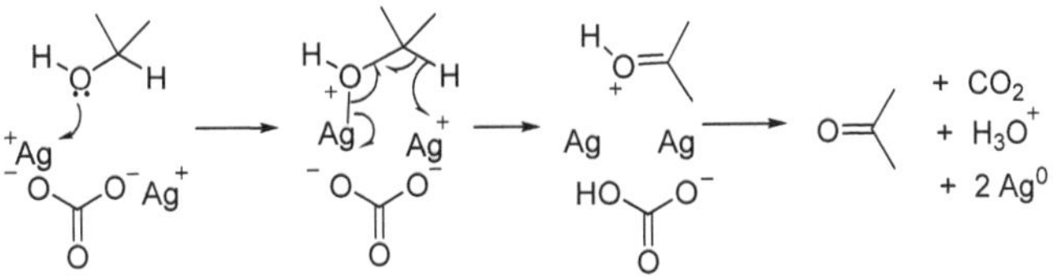

图 1 Fétizon 氧化的可能机理

由于 Fétizon 试剂温和，能便捷地把伯醇与仲醇氧化成醛与酮，把 1,4-二醇和 1,5-二醇分别氧化成 γ-内酯和 δ-内酯，因此在有机合成和药物化学中具有独特的应用价值。实际上，在该试剂发展的初期，即被用于表皮葡萄球菌附着于生物膜形成的抑制剂 3,5-

二羟基-3-甲基戊酸内酯 (mevalonolactone) 外消旋体的合成[2]。

美伐他汀 (Mevastatin, Compactin, 康帕丁, **1**) 是一种重要的 HMG-CoA 还原酶抑制剂和降低血浆胆固醇水平的药物。在 20 世纪 80 年代, Grieco 小组率先把 Fétizon 试剂用于 compactin 对映选择性全合成倒数第二步, 即把半缩醛氧化为 δ 内酯[6]。在此后的 compactin 合成研究中, 这个策略被多个研究组采用。其中, Heathcock 小组在 compactin 内酯片段的合成中展示了半缩醛 **2** 的氧化可在仲醇存在下选择性地进行[7] (图 2)。

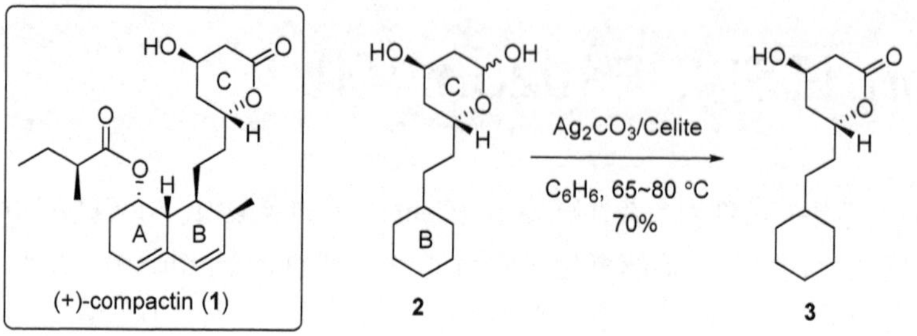

图 2 Compactin 内酯片段的合成

1992 年, Heathcock 小组在虎皮楠生物碱 bukittingginel (**5**) 的外消旋全合成中, 成功地以 Fétizon 氧化为结束步骤[8] (式 4), 展示了该反应的可靠性以及对胺的兼容性。

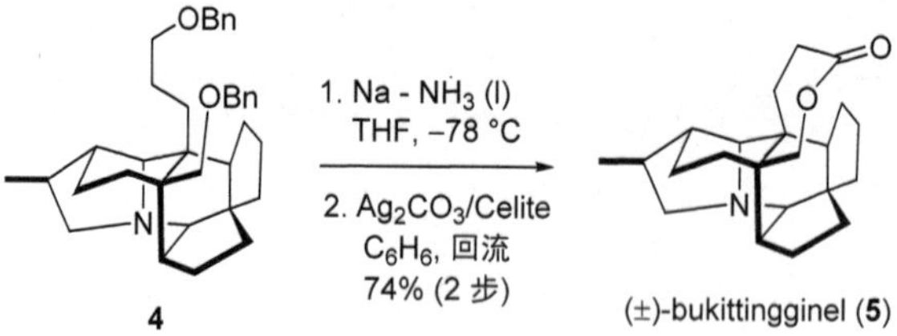

1995 年, Nicolaou 小组在复杂天然产物 brevetoxin B DEFG 环醚片段的二代合成中, 通过 Fétizon 氧化方便地把四环醚 **6** 中的 1,5-二醇氧化为 δ 内酯 **7**[9] (式 5)。

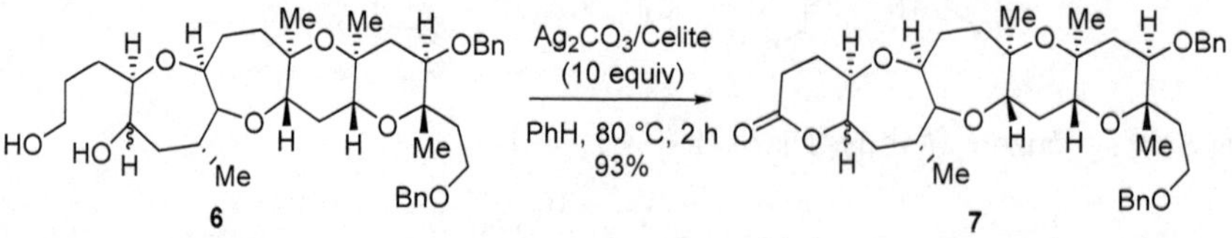

2014 年, 在避光材料 **10** 的合成中, Schroeder 小组用 Fétizon 试剂选择性地把石胆酸 (lithocholic acid, **8**) 中的伯醇氧化成醛[10] (式 6)。

2015 年, 李卫东小组在天然产物 (+)-iresin (**12**) 全合成的最后一步, 通过 Fétizon 试剂选择性地把四醇 **11** 中的 1,4-二醇氧化为 γ 内酯[11] (式 7)。

(6)

(7)

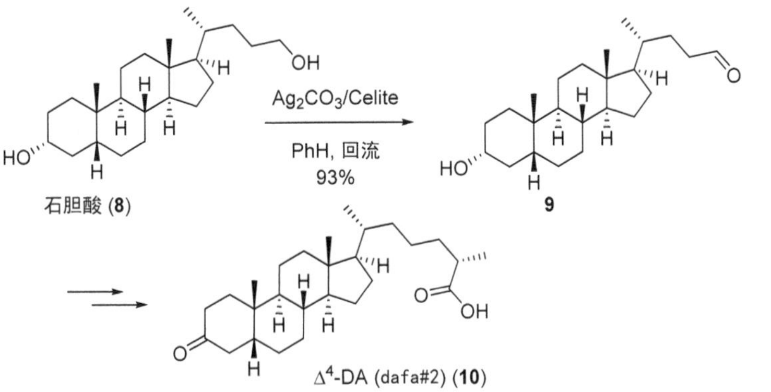

值得注意的是，尽管 Fétizon 试剂是一种温和的氧化剂，Wee 和 Zhang 在用该试剂氧化 4*C*-羟甲基-2,3,4-三去氧-己-2-烯吡喃糖苷 **14** 时，不寻常地观察到 C4 差向异构化；但当反应在丙酮中进行时，差向异构化可以避免[12] (式 8)。

(8)

	产率	**15** : **16**
C_6H_6	73%	1.1 : 1.0
PhMe	81%	1.3 : 1.0
Me_2CO	80%	100 : 0

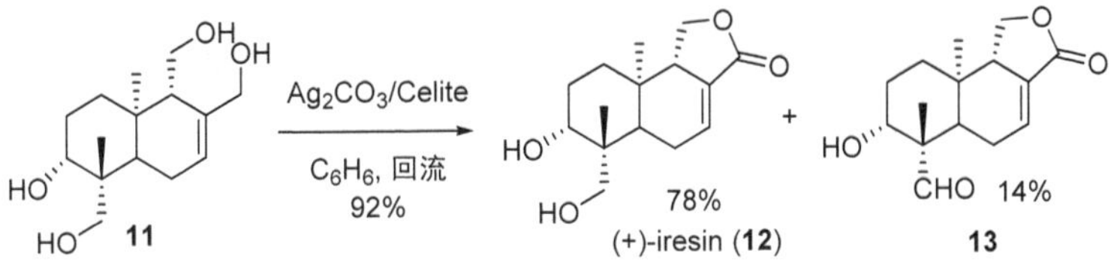

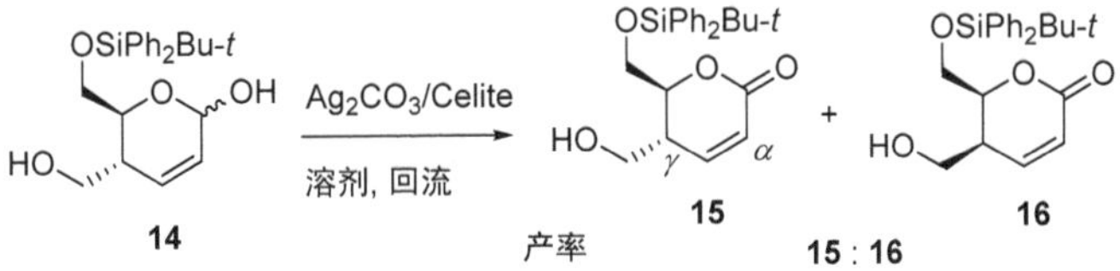

参考文献

[1] Fétizon, M.; Golfier, M. *C. R. Acad. Sci. Ser. C* **1968**, *267*, 900-903.

[2] Fétizon, M.; Golfier, M.; Louis, J. *J. Chem. Soc., Chem. Commun.* **1969**, 1118-1102.

[3] Fétizon, M.; Golfier, M.; Louis, J. *Tetrahedron.* **1975**, *31*, 171-176.

[4] Lange, G. L.; Lee, M. *J. Org. Chem.* **1987**, *52*, 325-331.

[5] Fétizon, M.; Golfier, M.; Morgues, P. *Tetrahedron Lett.* **1972**, *13,* 4445-4449.

[6] Paul A. Grieco, Robert E. Zelle, Randall Lis, John Finn J. *Am. Chem. Soc.* **1983**, *105*, 1403-1404.

[7] Rosen, T.; Taschner, M. J.; Heathcock, C. H. *J. Org. Chem.* **1984**, *49*, 3994-4003.

[8] Heathcock, C. H.; Stafford, J. A.; Clark, D. L. *J. Org. Chem.* **1992**, *57*, 2575-2585

[9] Nicolaou, K. C.; Theodorakis, E.; Rutjes, F. P. J. T.; Sato, M.; Tiebes, J.; Xiao, X.-Y.; Hwang, C. K.; Duggan, M. E. ; Yang, Z.; Couladouros, E. A.; Sato, F.; Shin, J.; He, H.-M.; Bleckman, T. *J. Am. Chem. Soc.* **1995**, *117*, 10239-10251.

[10] Judkins, J. C.; Mahanti, P.; Hoffman, J. B.; Yim, I.; Antebi, A.; Schroeder, F. C. *Angew. Chem. Int. Ed.* **2014**, *53*, 2110-2113.

[11] Wang, B.-L.; Gao, H.-T.; Li, W.-D. *J. Org. Chem.* **2015**, *80*, 5296-5301.

[12] Wee, A. G. H.; Zhang, L *Org. Prep. Proced. Int.* **1996**, *28*, 339-344.

(黄培强)

Jones 试剂和 Jones 氧化

Jones (琼斯) 试剂 (CrO_3-H_2SO_4)[1-3]是一种铬酸氧化剂，由铬酐、硫酸和水配置而成，在丙酮中使用。Jones 试剂用于把仲醇氧化成酮 (式 1)[4]、把伯醇氧化成羧酸 (式 2)[5]，相应的反应称 Jones 氧化 (琼斯氧化)。该试剂有一定的酸性，但反应可在温和条件下进行。如用乙醚作溶剂则反应可在更温和的两相体系中进行。

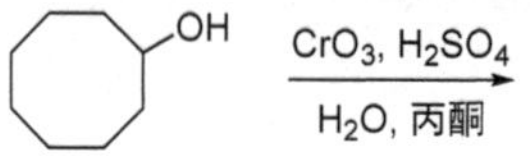

$$\text{环辛醇} \xrightarrow[\text{H}_2\text{O, 丙酮}]{\text{CrO}_3, \text{H}_2\text{SO}_4} \text{环辛酮} \tag{1}$$

$$\tag{2}$$

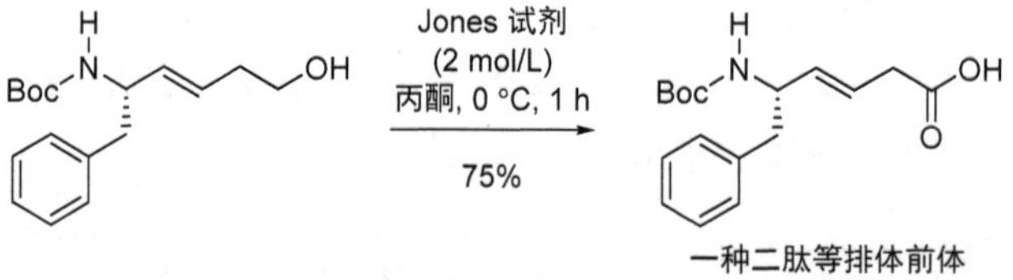

一种二肽等排体前体

Jones 试剂可在仲醇存在下，选择性地把伯醇氧化成羧酸 (式 3)[6]，而分子中的叠氮基和硫醚均不受影响。

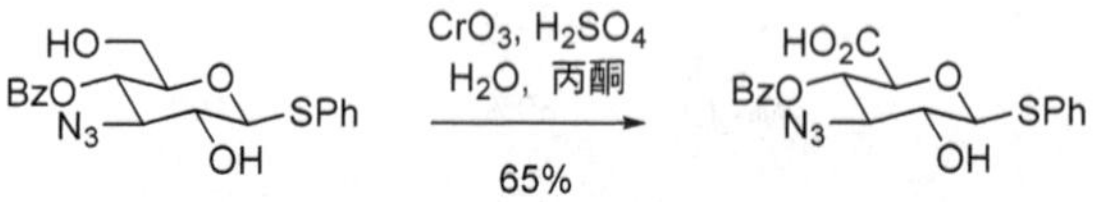

$$\tag{3}$$

沙晋康把 Jones 试剂用于生物碱 (−)-dendrobine 的不对称全合成中 (式 4)，显示酸性条件不影响内酯和叠氮[7]。

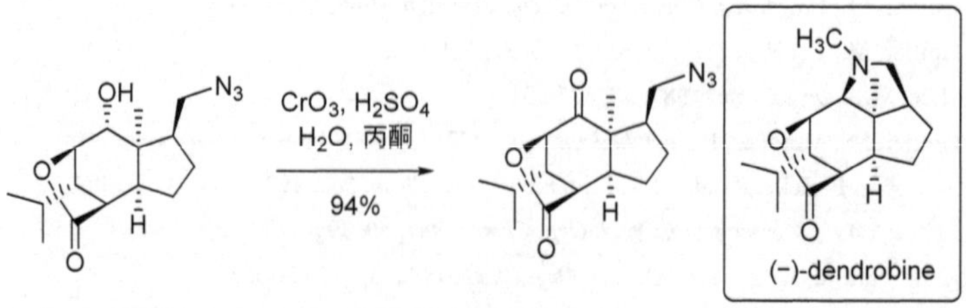

$$\tag{4}$$

(−)-dendrobine

利用该试剂的酸性，缩醛、氮杂缩醛 (式 5)[8]或硅醚 (羟基保护基) 可经历"一瓶"去保护-氧化，直接被转化为羧酸，这一特点还被用于固相合成的"一瓶"树脂解离-半缩醛氧化，直接形成内酯 (式 6)[9]。

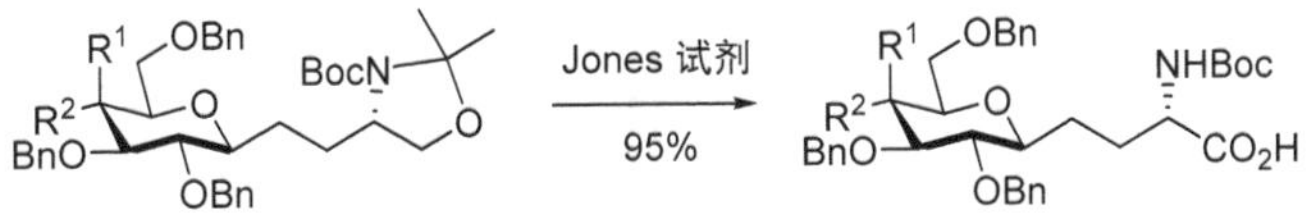

OsO$_4$ (cat.) / Jones 试剂体系可把烯键氧化裂解为羧酸 (式 7)[10]。

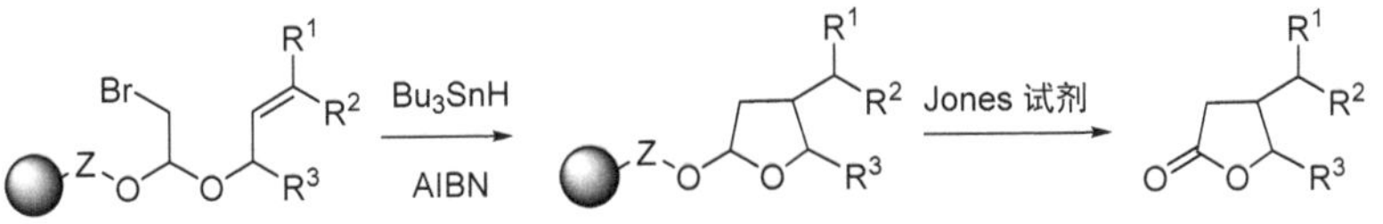

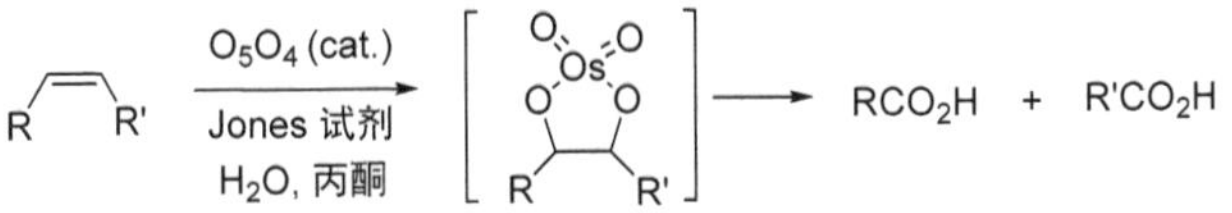

在汞盐 (II) 催化下，Jones 试剂可把末端烯烃氧化为甲基酮，产率大于 70%[11]。1,2-二取代烯烃的氧化产率稍逊 (20%~70%)。Jones 试剂也可用于烯丙位 (式 8)[12] 和苄位[13]亚甲基氧化、可进行 1,2-二氢萘酚的氧化偶联 (式 9)[14]。

把硅胶负载的 Jones 试剂装于压力驱动的流动反应器，可用于芳醇的洁净和选择性氧化[15]。

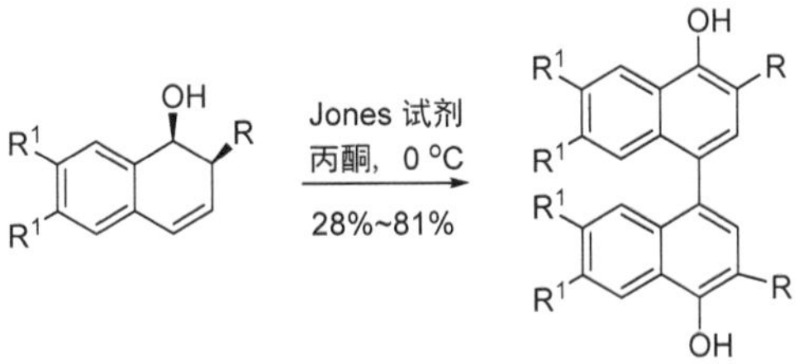

Jones 试剂不仅能将伯醇氧化成羧酸，对于某些底物还可以将某些甲基氧化成羧[16]。例如可将 6-溴-6'-甲基-2,2'-联二吡啶快速氧化得到组蛋白去乙酰酶 (HDAC) 抑制剂药效团联吡啶羧酸衍生物，进而得到 HDAC 类似物 (式 10)[17]。

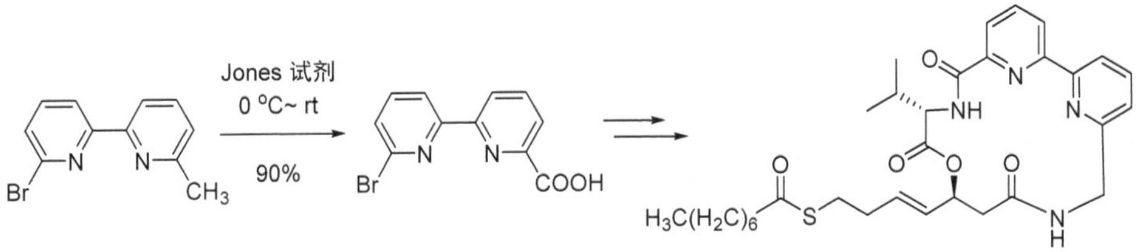

立体选择性一直是有机合成中一个具有挑战性的课题，如式 11 所示，Jones 氧化可以与有机小分子催化结合在一起，通过 "一瓶" 串联的方法，进行高烯丙醇对三氟甲基酮的对映选择性加成[18]，拓宽了该试剂的用途。

$$\text{(11)}$$

1. Jones 试剂, ^{t}BuPh, 0 °C, 3.5~7.0 h, >99%
2. (10 mol%), ^{t}BuPh, Na$_3$PO$_4$ (2.0 equiv), −10 °C

73%~99%

参考文献

[1] Bowden, K.; Heilbron, I. M.; Jones, E. R. H.; Weedon, B. C. L. *J. Chem. Soc.* **1946**, 39-45.

[2] Bowers, A.; Halsall, T. G.; Jones, E. R. H.; Lemin, A. J. *J. Chem. Soc.* **1953**, 2548-2560.

[3] Djerassi, C.; Engle, R. R.; Bowers, E. *J. Org. Chem.* **1956**, *21*, 1547-1549.

[4] (a) Eisenbraun, E. J. *Org. Synth.* **1973**, *5*, 310. (b) Meinwald, J.; Crandall, J.; Hymans, W. E. *Org. Synth.* **1965**, *45*, 77; *Coll. Vol.* **1973**, *5*, 866.

[5] Kranz, M.; Kessler, H. *Tetrahedron Lett.* **1996**, *37*, 5359-5362.

[6] Allanson, N. M.; Liu, D. S.; Chi, F.; Jain, R. K.; Chen, A.; Ghosh, M.; Hong, L. W.; Sofia, M. J. *Tetrahedron Lett.* **1998**, *39*, 1889-1892.

[7] Sha, C. K.; Chiu, R. T.; Yang, C. F.; Yao, N. T.; Tseng, W. H.; Liao, F. L.; Wang, S. L. *J. Am. Chem. Soc.* **1997**, *119*, 4130-4135.

[8] Dondoni, A.; Marra, A.; Massi, A. *J. Org. Chem.* **1999**, *64*, 933-944.

[9] Watanabe, Y.; Ishikawa, S.; Takao, G.; Toru, T. *Tetrahedron Lett.* **1999**, *40*, 3411-3414.

[10] Henry, J. R.; Weinreb, S. M. *J. Org. Chem.* **1993**, *58*, 4745.

[11] Rogers, H. R.; McDermott, J. X.; Whitesides, G. M. *J. Org. Chem.* **1975**, *40*, 3577-3580.

[12] Gowrisankar, S.; Kim, S. J.; Kim, J. N. *Tetrahedron Lett.* **2007**, *48*, 289-292.

[13] Rangarajan, R.; Eisenbraun, E. J. *J. Org. Chem.* **1985**, *50*, 2435-2438.

[14] Fillion, E.; Trépanier, V. E.; Mercier, L. G.; Remorova, A. A.; Carson, R. J. *Tetrahedron Lett.* **2005**, *46*, 1091-1094.

[15] Wiles, C.; Watts, P.; Haswell, S. J. *Tetrahedron Lett.* **2006**, *47*, 5261-5264.

[16] Andreiadis, E. S.; Demadrille, R.; Imbert, D.; Pecaut, J.; Mazzanti, M. *Chem.- Eur. J.* **2009**, *15*, 9458-9476.

[17] Almaliti, J.; Alhamashi, A. A.; Negmeldin, A. T.; Hanigan, C. L.; Perera, L.; Pflum, M. K. H. *J. Med. Chem.* **2016**, *59*, 10642-10660.

[18] Hou, X.; Jing, Z.; Bai, X.; Jiang, Z. *Molecules.* **2016**, *21*, 842-853.

（黄培强，陈东煌）

Kornblum 氧化

Kornblum (科恩布卢姆) 氧化是以 DMSO 为氧化剂，把卤代烃氧化成醛的反应 (式 1)[1-4]。该反应操作简便，伯、仲醇的对甲苯磺酸酯也可被氧化成醛、酮[5]，可视为把醇间接转化为醛的方法。在类似的条件下，环氧化合物也可被氧化为 α-羟基酮[6]。

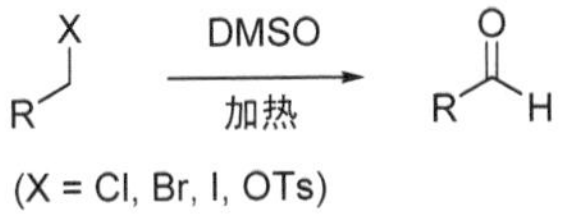

$$\underset{R}{\overset{X}{\diagdown}} \xrightarrow[\text{加热}]{\text{DMSO}} \underset{R}{\overset{O}{\diagdown}} H \qquad (1)$$

(X = Cl, Br, I, OTs)

反应机理 (图 1)：第一步是以 DMSO 作为亲核试剂的亲核取代反应，随后的历程同 Mofatt 氧化一样。

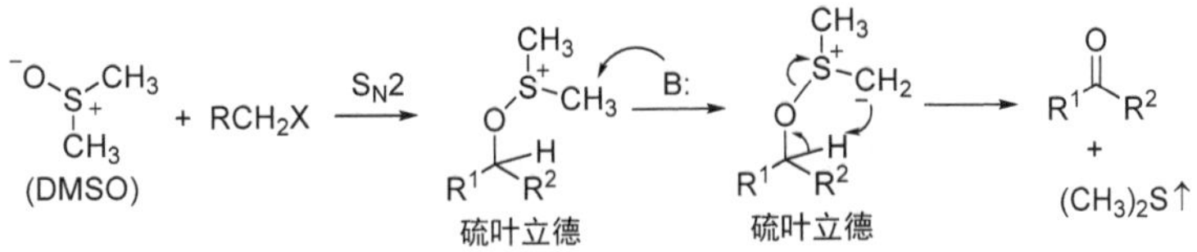

图 1 Kornblum 氧化反应的机理

早期该反应需在高温下进行 (> 100 ℃)。1974 年，Ganem 报道了在银促进下，该反应可以在较温和的条件下进行，且可实现把仲卤代烃氧化生成相应的酮[7]。之后，Babler 和 Engel 分别报道了在 Kornblum 氧化反应中加入碳酸氢钠或磷酸氢二钠[8]、碘化钠[9]的改良条件。Liu 小组通过银促进下的 Kornblum 氧化反应来合成 cis-clerodane 类天然产物 (±)-solidago 醇 (式 2)[10]。Oleg 等人通过加入碳酸氢钠改良 Kornblum 氧化反应来完成天然产物松叶蜂信息素的全合成 (式 3)[11]。

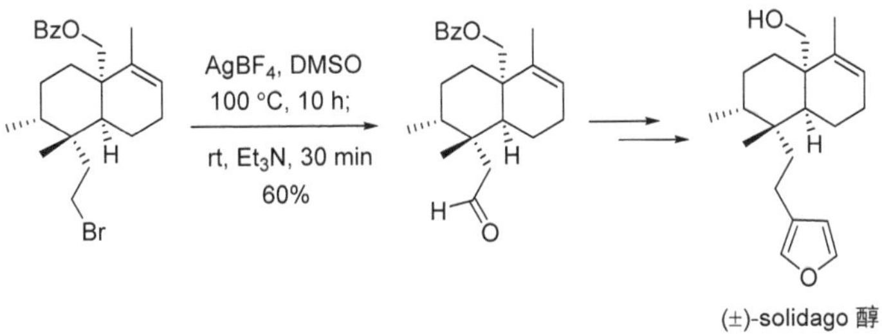

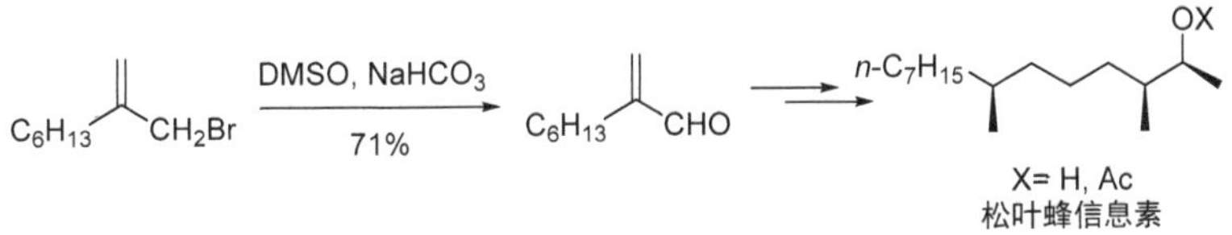

Kornblum 报道了将羰基 α 位的卤代烃转化为硝酸酯，然后用 DMSO 氧化生成邻二羰基化合物的方法[12]。这一方法被 Snider 课题组用于 (±)-deoxypenostatin A 的全合成 (式 4)[13]。

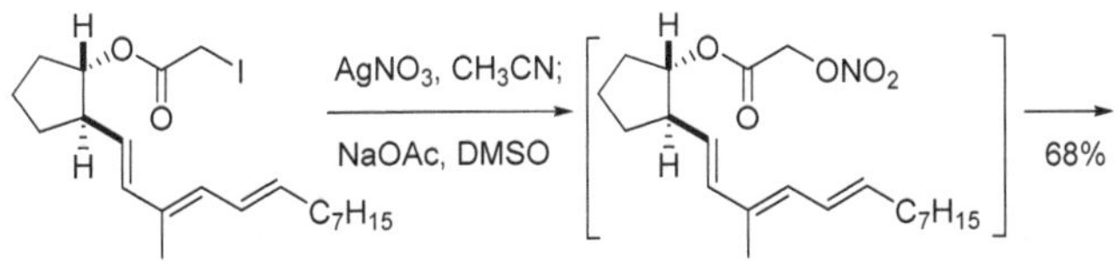

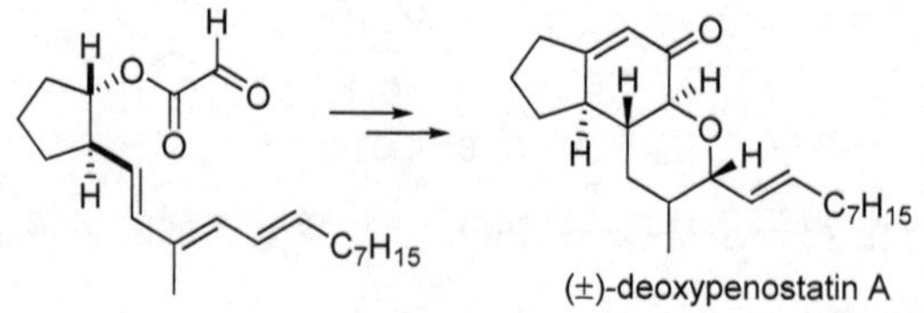

Kornblum 氧化的一个相关反应是 Ganem (加南) 氧化 (式 5)[14]。该氧化反应以三甲胺-N 氧化物 (TMNO) 或 N-甲基吗啉氧化物 (NMO)[15]为氧化剂，反应可在室温下进行。通过 Ganem 氧化，Paquette 在天然产物 apoptolidin C1–C11 片段的合成研究中实现了烯丙醇衍生物经 **1** 向 **2** 的转化 (式 6)[16]。

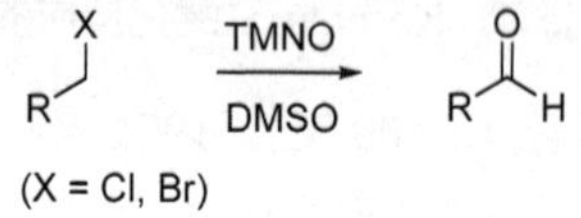

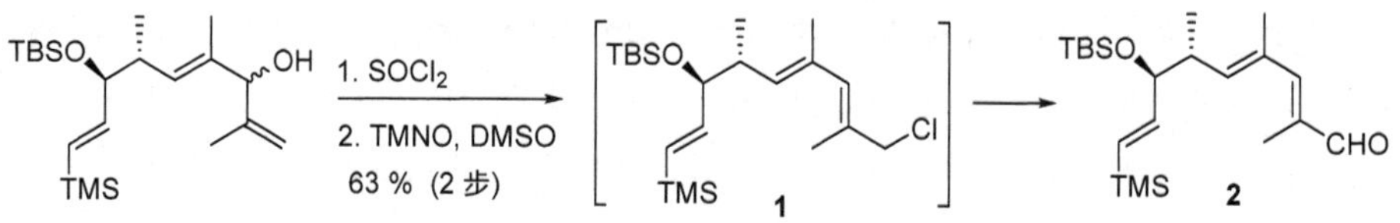

在亚硝酸存在下，卤代烃也可被直接氧化为羧酸 (式 7)[17]。

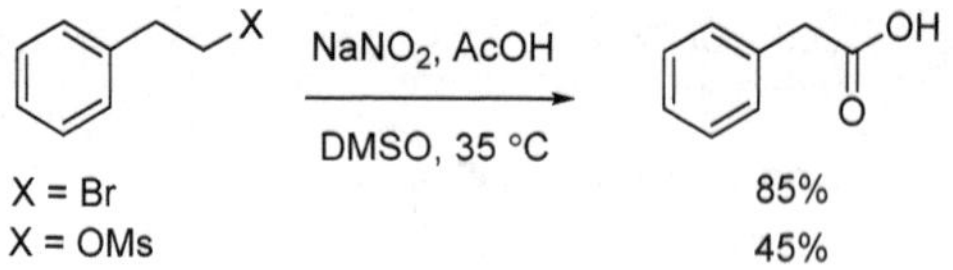

2014 年，Thomson 课题组利用 NBS 在烯丙位发生溴代反应，然后在银促进下进行 Kornblum 氧化，直接在 maoecrystal V 的 C1 位引入羰基 (式 8)[18]，从而快速地合成天然产物 maoecrystal V。

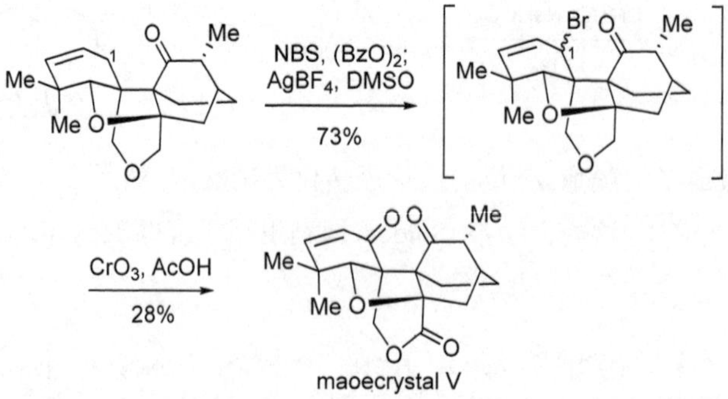

2017 年，罗佗平课题组在天然产物 wortmannin 的全合成中，采用了类似的"一瓶"苄位溴代-Kornblum 氧化策略，引入 wortmannin 的苄位的羰基 (式 9)[19]。该反应是烯丙位或苄位羰基化的高效方法。

杨震课题组在合成天然产物 (±)-lycojaponicumin C 的过程中采用了相同的方法，在 C5 位引入羰基 (式 10)[20]。

Trauner 课题组通过亲电环化和 Kornblum 氧化，一瓶得到 α-氨基酮。后者经过官能团转化得到天然产物 sinoracutine (式 11)[21]。

参考文献

[1] Kornblum, N.; Jones, W. J.; Anderson, G. J. *J. Am. Chem. Soc.* **1959**, *81*, 4113-4114.
[2] Nace, H.; Monagle, J. *J. Org. Chem.* **1959**, *24*, 1792-1793.
[3] Kornblum, N.; Jones, W. J.; Anderson, G. J.; Powers, J. W.; Larson, H. O.; Levand, O.; Wraver, W. M. *J. Am. Chem. Soc.* **1957**, *79*, 6562- 6562.
[4] Epstein, W. W.; Sweat, F. W. *Chem. Rev.* **1967**, *67*, 247-260. (综述)
[5] Baizer M. *J. Org. Chem.* **1960**, *25*, 670-671.
[6] Olah, G. A.; Vankar, Y. D.; Arvanaghi, M. *Tetrahedron Lett.* **1979**, *20*, 3653-3656.
[7] Ganem, B. *Tetrahedron Lett.* **1974**, *11*, 917-920.
[8] Babler, J. H.; Coghlan, M. J.; Feng, M.; Fries, P. *J Org. Chem.* **1979**, *44*, 1716-1717.
[9] Dave, P.; Byun, H. S.; Engel, R. *Synth. Commun.* **1986**, *16*, 1343-1346.
[10] Ly, T. W.; Liao, J.; Shia, K.; Liu, H. *Synthesis* **2004**, 271-275.
[11] Konstantin, N. P.; Oleg, G. K. *Tetrahedron: Asymmetry* **2006**, *17*, 2976-2980.
[12] Kornblum, N.; Harry, W. F. *J. Am. Chem. Soc.* **1966**, *88*, 865-866.
[13] Snider, B. B.; Liu, T. *J. Org. Chem.* **1999**, *64*, 1088-1089.
[14] Godfrey, A. G.; Ganem, B. *Tetrahedron Lett.* **1990**, *31*, 4825-4826.
[15] Griffith, W. P.; Jolliffe, J. M.; Ley, S. V.; Springhorn, K. F.; Tiffin, P. D. *Synth. Commun.* **1992**, *22*, 1967-1971.
[16] Paquette, W. D.; Taylor, R. E. *Org. Lett.* **2004**, *6*, 103-106.
[17] Matt, C.; Wagner, A.; Mioskowski, C. *J. Org. Chem.* **1997**, *62*, 234-235.
[18] Zheng, C.; Dubovyk, I.; Lazarski, K. E.; Thomson, R. J. *J. Am. Chem. Soc.* **2014**, *136*, 17750-17756.

[19] Guo, Y.; Quan, T.; Lu, Y.; Luo, T. *J. Am. Chem. Soc.* **2017**, *139*, 6815-6818.
[20] Zheng, N.; Zhang, L. J.; Gong, J. X.; Yang, Z. *Org. Lett.* **2017**, *19*, 2921-2924.
[21] Volpin, G.; Veprek, N. A.; Bellan, A. B.; Trauner, D. *Angew. Chem. Int. Ed.* **2017**, *56*, 897-901.

相关反应：Swern 氧化；Parikh-Doering 氧化；Moffatt 氧化

（黄培强，黄雄志）

麻生明氧化

麻生明氧化指以氧气（空气）为氧化剂，九水合硝酸铁、2,2,6,6-四甲基氮氧化合物 (TEMPO) 及其衍生物、氯化钠或氯化钾为催化剂，在室温下把伯醇氧化为醛[1-5]（式 1）或羧酸[6,7]（式 2）、把仲醇氧化为酮[1-5]的反应（式 1）。该反应底物普适性及官能团兼容性良好，烷基醇、苄醇、烯丙醇、炔丙醇、联烯醇以及 N-保护的吲哚醇均可被氧化为相应的醛或酮[1-5]。该反应为麻生明课题组所发展[1-5]，被称之为 "Fe-TEMPO-MCl 氧化"。鉴于该反应条件温和，适应性广，已被多个课题组采用，且具有良好的实验室和工业应用前景，笔者认为宜称为麻生明氧化。

$$R^1R^2CHOH \xrightarrow[\text{1,2-二氯乙烷或甲苯}]{\text{Fe(NO}_3)_3·9H_2O \text{ (cat.)}, \text{ TEMPO 或 4-OH-TEMPO (cat.), NaCl (cat.)}} R^1CHO \text{ (}R^2=H\text{) 或 } R^1COR^2 \text{ (}R^2 \neq H\text{)} \quad (1)$$

$$RCH_2OH \xrightarrow[\text{1,2-二氯乙烷, rt, 12 h}]{\text{Fe(NO}_3)_3·9H_2O \text{ (10 mol\%)}, \text{TEMPO (10 mol\%)}, \text{KCl (10 mol\%)}, O_2 \text{ (或空气气球)}} RCOOH \quad (2)$$

对于含有末端氢的高炔丙醇类底物，Fe-TEMPO-NaCl 体系可将其氧化为相应的酮，并通过硅胶柱色谱分离异构成相应的联烯酮（式 3）[8]。

$$\text{HC≡C-CHR(OH)} \xrightarrow[\text{硅胶柱}]{\text{Fe(NO}_3)_3·9H_2O \text{ (10 mol\%)}, \text{TEMPO (10 mol\%)}, \text{NaCl (10 mol\%)}, O_2 \text{ (气球)}, CH_2Cl_2, \text{rt}} \text{CH}_2=\text{C}=\text{CH-COR} \quad (3)$$

该氧化体系同样适用于从醛到酸的氧化（式 4）[6,9]。

安全事项：由于氧气是一种助燃剂，在使用时需要特别注意其安全问题。对于实验室规模的反应可采用纯氧（图 1）；随着反应规模的增大，可采用空气袋加纯氧气袋补氧（图 2）

及空气流 (图 3) 等更为安全的供氧方式, 以确保尾氧的含量在每个化合物的安全线以下。

$$\text{RCHO} \xrightarrow[\substack{\text{DCE, O}_2 \text{ 或空气, rt, 12 h} \\ \text{或} \\ \text{Fe(NO}_3)_3 \cdot 9\text{H}_2\text{O (5 mol\%)} \\ \text{O}_2, \text{无水乙腈, 25 °C}}]{\substack{\text{Fe(NO}_3)_3 \cdot 9\text{H}_2\text{O (10 mol\%)} \\ \text{TEMPO (10 mol\%)} \\ \text{NaCl (10 mol\%)}}} \text{RCOOH} \quad (4)$$

图 1　纯氧气袋 (白色) 装置图

图 2　空气袋 (蓝色) + 纯氧气袋补氧

图 3　缓慢空气流装置图

反应机理: 该反应可能的机理示于图 4[6]。2,2,6,6-四甲基氮氧化合物 (TEMPO) 与 Fe^{3+} 作用生成 **A**, 继而与醇发生配体交换形成 **B**, 再经 β-H 消除生成醛/酮; 醛可进一步与水作用形成半缩醛 **C**, 再次配体交换形成 **D**, 并再次发生 β-H 消除生成羧酸。

麻生明氧化适用范围比较广, 除简单底物外, 已被应用于多个天然产物的全合成。麻生明等在天然产物 phlomic acid (**1**)[6] 及 (–)-lamenallenic acid (**2**)[10] 的不对称全合成中, 系通过 Fe-TEMPO-KCl 氧化合成相应的羧酸 **3** 和 **4**（图 5）。他们在天然产物 xestospongienes F (**7**) 和 G (**8**) 的不对称全合成中，展示了 Fe-TEMPO-NaCl 体系可把伯醇 **9** 选择性地氧化为醛 **10**，底物中的炔键及含敏感基团炔丙醚的手性中心均不受影响（图 5）[11]。

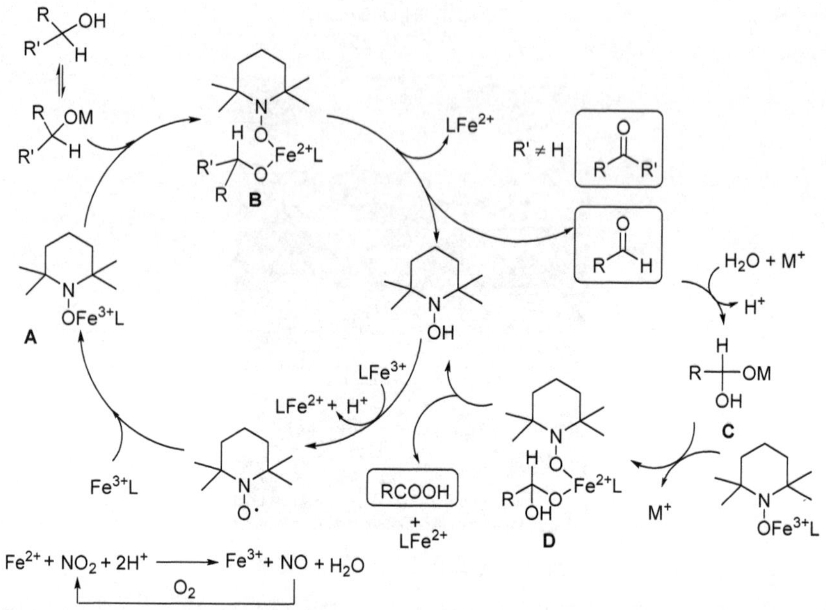

图 4 麻生明氧化反应的机理

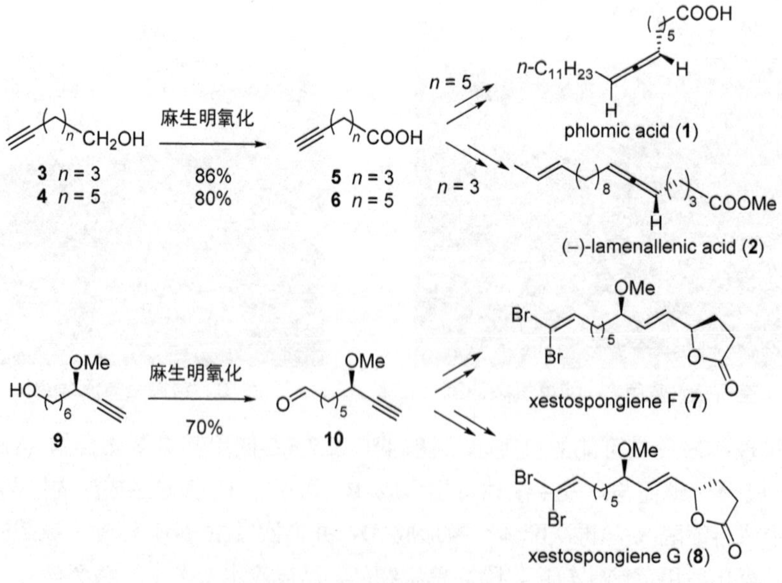

图 5 麻生明氧化用于天然产物合成

四川大学刘波小组在大环脂肽类化合物 nannocystin Ax (**11**) 的全合成中采用麻生明氧化将 N-Boc 保护的 β-氨基醇 **12** 氧化为特种 α-氨基酸 **13** (图 6)，显示该氧化反应具有良好的官能团兼容性[12]。

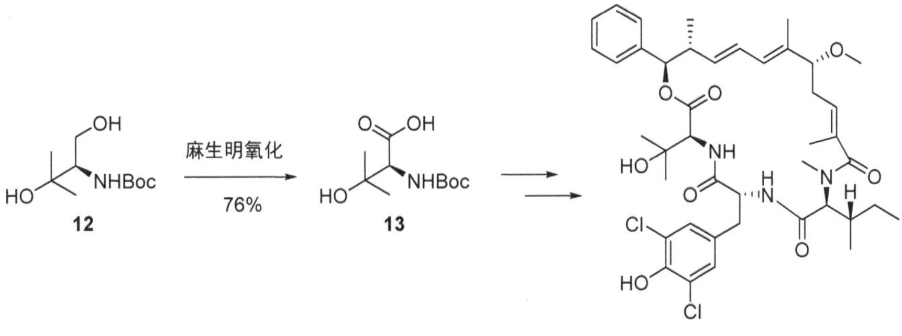

图 6　麻生明氧化用于 nannocystin Ax (**11**) 的全合成

中国科技大学汪普生等人在苯并二氢吡喃酮类天然产物 gonytolide C (**14**) 的形式不对称全合成中，采用麻生明氧化在温和条件下把 γ,δ-不饱和醇 **15** 氧化为 β,γ-不饱和酸 **16** (图 7)[13]。

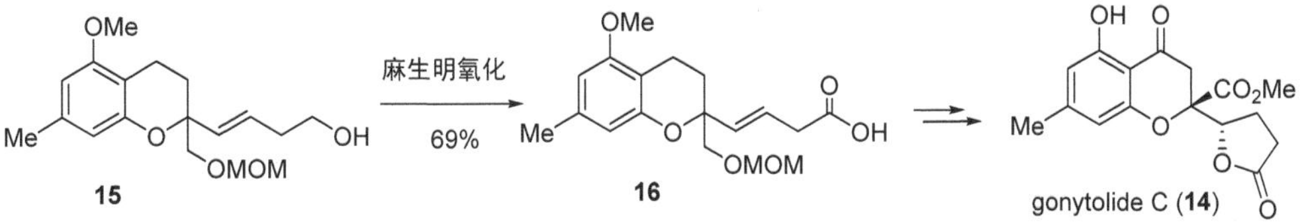

图 7　麻生明氧化用于 gonytolide C (**14**) 的形式不对称全合成

德国斯图加特大学 Plietker 小组在石斛碱 dendrobine (**17**)、mubironine B (**18**) 及 dendroxine (**19**) 的催化对映选择性全合成中，采用麻生明氧化从 1,4-二醇 **20** 直接构建内酯关键中间体 **21** (图 8)，显示麻生明氧化可在仲醇存在下选择性地氧化伯醇，并一步构建内酯[14]。

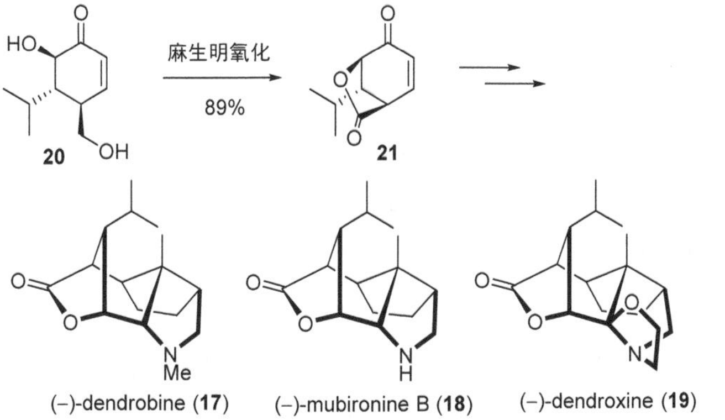

图 8　麻生明氧化可在仲醇存在下选择性地氧化伯醇并一步构建内酯

参考文献

[1] (a) Ma, S.; Liu, J.; Li, S.; Chen, B.; Cheng, J.; Kuang, J.; Liu, Y.; Wan, B.; Wang, Y.; Ye, J.; Yu, Q.; Yuan, W.; Yu, S. *Adv. Synth. Catal.* **2011**, *353*, 1005-1012. (b) CN. Pat. ZL201010237170.3; WO. Pat. 2012/012952A1; US. Pat. 8748669 B2; EP. Pat. 2599765 B1; JP. Pat. 5496366 B2. (c) Jiang, X.; Liu, J.; Ma, S. *Org. Process Res. Dev.* **2019**, *23*, 825-835.
[2] Liu, J.; Xie, X.; Ma, S. *Synthesis* **2012**, *44*, 1569-1576.
[3] Liu, J.; Ma, S. *Synthesis* **2013**, *45*, 1624-1626.
[4] Liu, J.; Ma, S. *Org. Lett.* **2013**, *15*, 5150-5153.
[5] Liu, J.; Ma. S. *Org. Biomol. Chem.* **2013**, *11*, 4186-4193.
[6] Jiang, X.; Zhang, J.; Ma, S. *J. Am. Chem. Soc.* **2016**, *138*, 8344-8347.
[7] Jiang, X.; Ma, S. *Synthesis* **2018**, *50*, 1629-1639.
[8] Liu, J.; Ma, S. *Tetrahedron* **2013**, *69*, 10161-10167.
[9] Jiang, X.; Zhai, Y.; Chen, J.; Han, Y.; Yang, Z.; Ma, S. *Chin. J. Chem.* **2018**, *36*, 15-19.
[10] Jiang, X.; Xue, Y.; Ma, S. *Org. Chem. Front.* **2017**, *4*, 951-957.
[11] Zhou J.; Fu, C.; Ma, S. *Nat. Commun.* **2018**, *9*, 1654.
[12] Zhang, Y.-H.; Liu, R.; Liu, B. *Chem. Commun.* **2017**, *53*, 5549-5552.
[13] Liu, P.; Wang, P. S. *Chem. Lett.* **2017**, *46*, 1190-1192.
[14] Guo, L.; Frey, W.; Plietker, B. *Org. Lett.* **2018**, *20*, 4328-4331.

（黄培强）

Moffatt 氧化

DMSO 与不同的亲电试剂组合可构成一类应用广泛的氧化剂体系[1,2]。其中，Moffatt 与 Pfitzner 所发展的，在酸催化下，伯、仲醇用 DMSO-DCC 体系氧化为醛、酮 (式 1) 的反应，称为 Moffatt (莫法特) 氧化[3-5]，也称 Pfitzner-Moffatt (普菲茨纳-莫法特)氧化。常用的酸为强酸的吡啶盐，如磷酸或三氟乙酸吡啶盐、磷酸、二氯乙酸等。DMSO 不一定单独用作溶剂，以乙酸乙酯作为共溶剂方便后处理。

$$\underset{R^1R^2}{\overset{OH}{\diagup}} \xrightarrow[\text{HX, C}_6\text{H}_6]{\text{DCC, DMSO}} \underset{R^1R^2}{\overset{O}{\diagup}} \tag{1}$$

反应机理 (图 1)：基于 DMSO 氧化反应的机理均涉及亲电试剂对 DMSO 的活化，使硫原子成为亲电中心，可经受醇的进攻[1,2]。

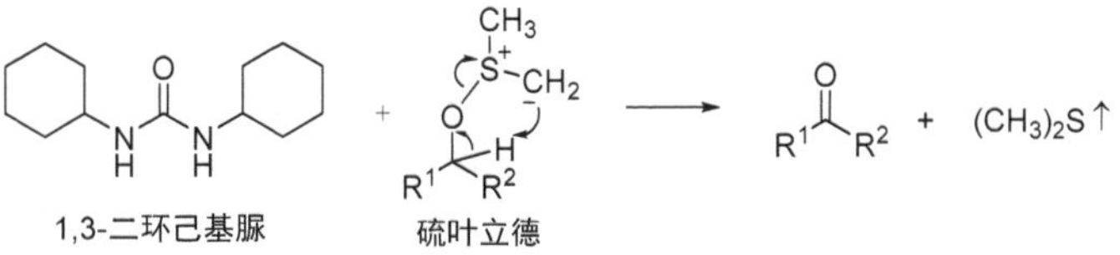

图 1 Moffatt 氧化反应的机理

Moffatt 氧化的缺点是需用三倍量的 DCC，反应所形成的脲副产物往往给产物的分离带来困难。常用的解决办法是加入苹果酸以帮助除去该副产物。此外，高烯丙醇的氧化，有时伴随着双键迁移。尽管如此，Moffatt 氧化因条件温和，被用于许多天然产物的合成。

吲哚并咔唑是一类具有重要生物活性的生物碱。1997 年，Wood 小组发展了一条灵活多用的合成路线。该法以 α-羟基酯 1 及通过还原-Moffatt 氧化得到的 α-羟基醛 2 为共同中间体，完成了多个吲哚并咔唑生物碱的全合成 (式 2)[6]。Spicamycin 是一个对白血病细胞表现出强的分化诱导活性的天然产物，2002 年，Chida 小组报道了其同源化合物 SPM Ⅷ (5) 的首次全合成。在这一合成中，叠氮醇 3 经 Moffatt 氧化得相应的醛 4，后者不稳定，可不经分离直接用于下一步有机锂试剂加成 (式 3)[7]。

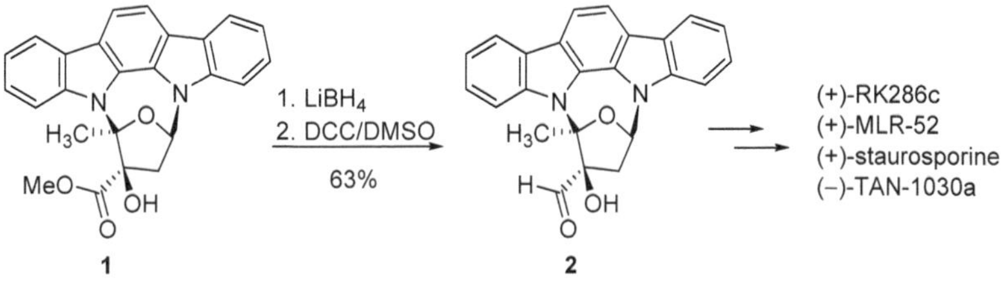

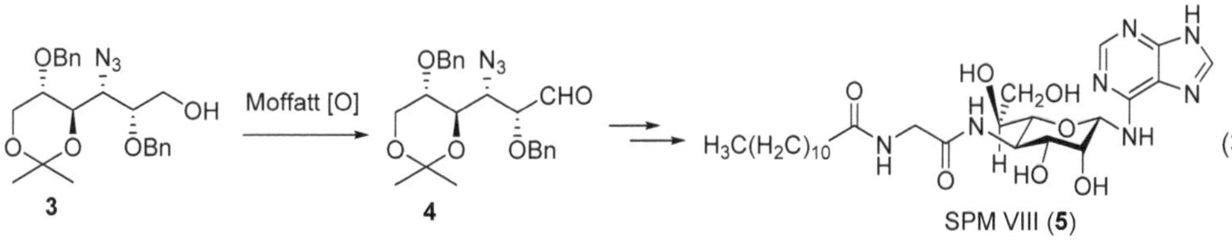

Viridenomycin 是从日本京都土壤中分离到一株绿色链霉菌产生的新抗菌素，对阴道滴虫和革兰氏阳性菌有强烈的抑菌作用。2008 年，Pattenden 小组利用改进的 Moffatt 氧化把环戊醇衍生物 6 氧化为相应的酮 (后者主要以其烯醇式 7 存在)，进而合成 viridenomycin 全取代环戊烯结构 (式 4)[8]。

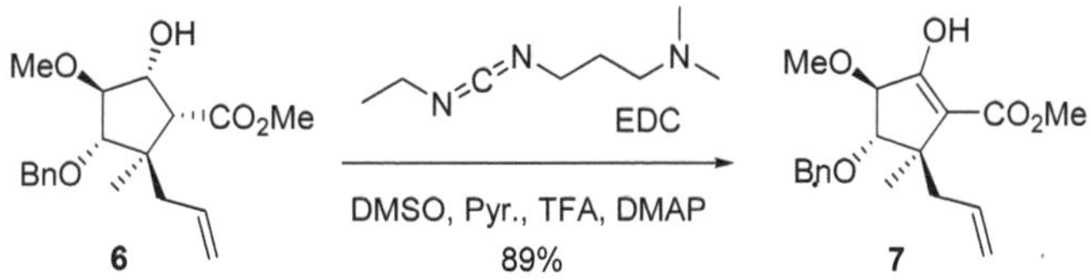

2011 年，Romo 小组在具有蛋白酶抑制活性的天然产物 salinosporamide A 的全合成中，通过改进的 Moffatt 氧化把多官能团的伯醇氧化以得到环己烯基化的产物 10 (式 5)[9]。

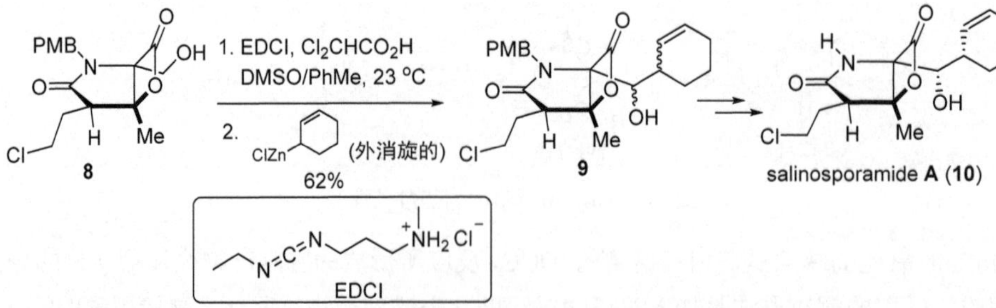

Moffatt 氧化也可与 C-C 键形成反应串联。Liskamp 小组在合成具有 ATP 竞争型抑制活性的生物活性分子中,利用串联 Moffatt 氧化-Horner-Wadsworth-Emmons 反应把醇 **11** 一瓶转化为 **12** (式 6)[10]。

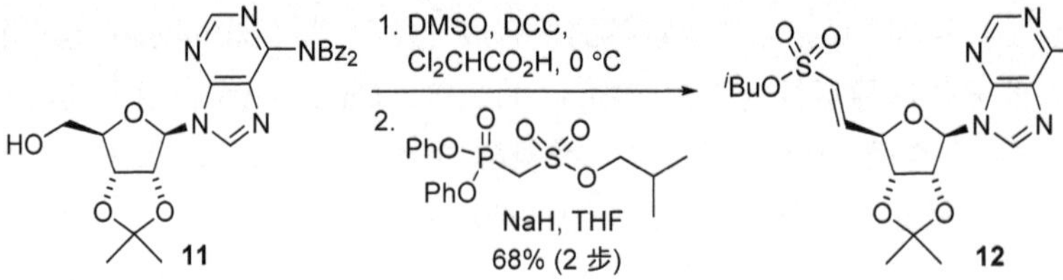

比较不同活化试剂与 DMSO 组合的效果是有意义的。Luzzio 小组在全氢化 histrionicotoxin 的形式全合成中,对于醇 **13** 的氧化,对比了 Swern 氧化与 Moffatt 氧化,结果显示后者产率更高 (式 7)[11]。

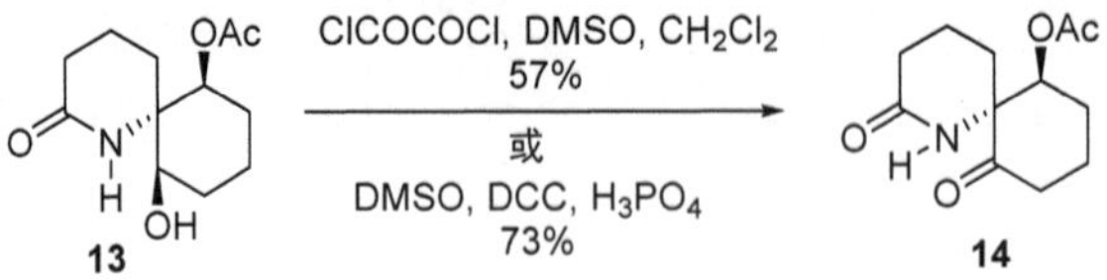

除了用于合成天然产物,由于 Moffatt 氧化中 DMSO 具有作为溶剂和反应物的双重功能和易于调控的优势,也受到制药界的关注。对此,2014 年,Wang 等人对于在医药工业生产中应用 Moffatt 氧化反应放大量实验的安全性进行了定量评估 (式 8)[12]。

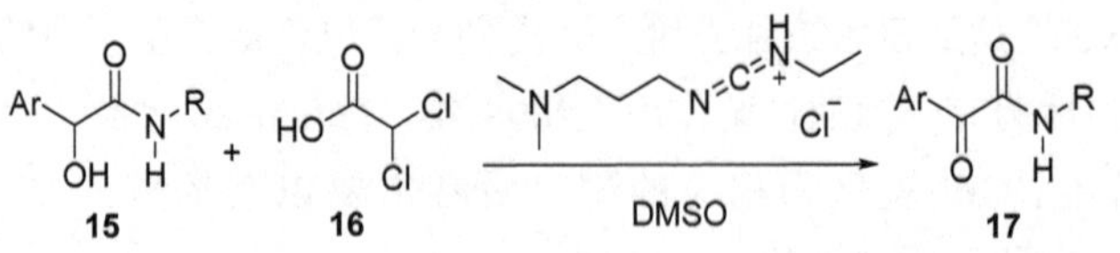

参考文献

[1] Mancusco, A. J.; Swern, D. *Synthesis* **1981**, 165-185.
[2] Tidwell, T. T. *Org. React.* **1990**, *39*, 297.
[3] Pfitzner, K. E.; Moffatt, J. G. *J. Am. Chem. Soc.* **1965**, *87*, 5661-5669.
[4] Pfitzner, K. E.; Moffatt, J. G. *J. Am. Chem. Soc.* **1965**, *87*, 5670-5678.
[5] Moffattt, J. G. *Org. Synth.* **1967**, *47*, 25; *Coll. Vol.* **1973**, *5*, 242.
[6] Wood, J. L.; Stoltz, B. M.; Goodman, S. N.; Onwueme, K. *J. Am. Chem. Soc.* **1997**, *119*, 9652-9661.

[7] Suzuki, T.; Suzuki, S. T.; Tanaka, S.; Yamada, I.; Koashi, Y.; Yamada, K.; Chida, N. *J. Org. Chem.* **2002**, *67*, 2874-2880.
[8] Mulholland, N. P.; Pattenden, G. *Tetrahedron* **2008**, *64*, 7400-7406.
[9] Nguyen, H.; Ma, G.; Gladysheva, T.; Fremgen, T.; Romo, D. *J. Org. Chem.* **2011**, *76*, 2-12.
[10] van Wandelen, L. T.; van Ameijde, J.; Mady, A. S.; Wammes, A. E.; Bode, A.; Poot, A. J.; Ruijtenbeek, R.; Liskamp, R. M. *ChemMedChem.* **2012**, *7*, 2113-2121.
[11] Luzzio, F. A.; Fitch, R.W. *J. Org. Chem.* **1999**, *64*, 5485-5493.
[12] Wang, Z.; Richter, S. M.; Bellettini, J. R.; Pu, Y.-M.; Hill, D. R. *Org. Process Res. Dev.* **2014**, *18*, 1836-1842.

相关反应： Swern 氧化；Parikh-Doering 氧化；Kornblum 氧化

（周香，黄培强）

Oppenauer 氧化

Oppenauer (欧彭瑙尔) 氧化是 Meerwein-Ponndorf-Verley 还原的逆反应，它是在叔丁醇铝催化下，伯醇或仲醇被丙酮氧化成相应的醛或酮的反应。除了用叔丁醇铝作 Lewis 酸催化剂，也可用异丙醇铝、苯酚铝等；氧化剂除了用丙酮外，也可以用丁酮、环己酮等[1,2]。

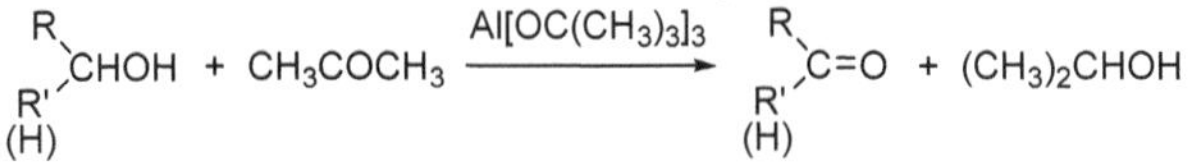
R
CHOH
R'
(H)
+ CH3COCH3
Al[OC(CH3)3]3
R
C=O
R'
(H)
+ (CH3)2CHOH

(1)

如用异丙醇铝作为 Lewis 酸催化剂，Oppenauer 氧化反应的机理如图 1 所示：伯醇或仲醇先与异丙醇铝发生负离子交换，生成相应的醇铝和一分子异丙醇，然后作为氧化剂的丙酮络合在作为 Lewis 酸的铝原子上，经六元环过渡态 **1**、烷氧负离子中 α-碳上的负氢转移到丙酮的羰基上。这样，六元环过渡态中的烷氧负离子被氧化成醛或酮，而丙酮被还原成异丙醇[2,3]。

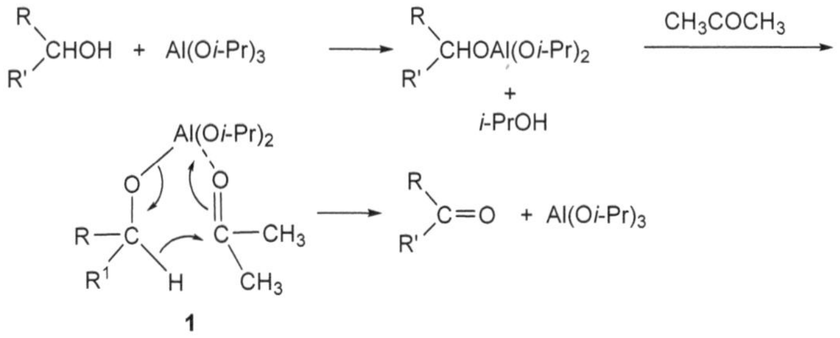
R
CHOH
R'
+ Al(Oi-Pr)3
R
CHOAl(Oi-Pr)2
R'
+
i-PrOH
CH3COCH3
Al(Oi-Pr)2
O
O
R
C
R1
H
C
CH3
CH3
1
R
C=O
R'
+ Al(Oi-Pr)3

图 1　Oppenauer 氧化反应的机理

Oppenauer 氧化法既可氧化饱和醇、也可氧化不饱和醇。例如：在异丙醇铝催化下，α-萘烷醇可被丙酮氧化，以高产率得到 α-萘烷酮 (式 2)；在叔丁醇铝催化下，6-甲基-壬-3,5,7-

三烯-2-醇可被丙酮顺利地氧化成相应的酮，而双键不受影响 (式 3)[2]。

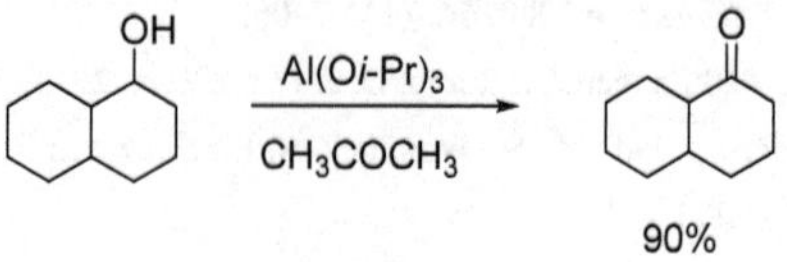

$$\text{环己醇} \xrightarrow[\text{CH}_3\text{COCH}_3]{\text{Al}(Oi\text{-Pr})_3} \text{环己酮} \quad 90\% \tag{2}$$

$$\xrightarrow[\text{CH}_3\text{COCH}_3]{\text{Al}(Ot\text{-Bu})_3} \quad 80\% \tag{3}$$

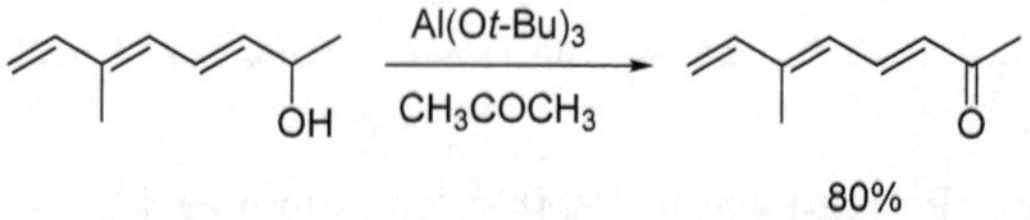

对于多羟基的甾族化合物，Oppenauer 氧化法具有很好的区域选择性，3-位羟基优先被氧化 (式 4)[4]：

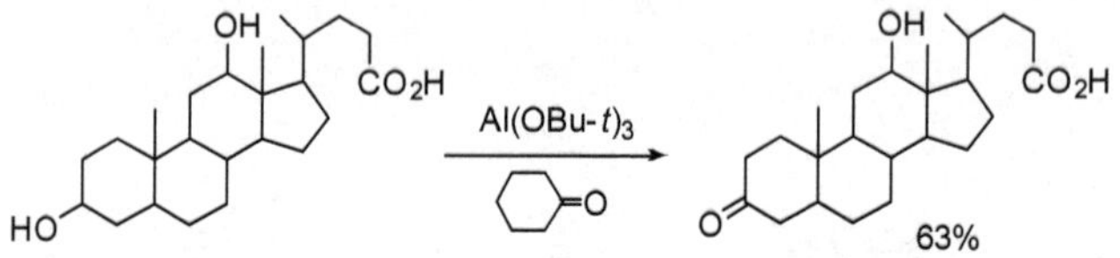

$$\xrightarrow[\text{环己酮}]{\text{Al}(O\text{Bu-}t)_3} \quad 63\% \tag{4}$$

Oppenauer 氧化反应对复杂醇分子中的氨基、缩醛基、卤素等敏感官能团不产生影响。例如：在苯酚铝催化下，育亨宾 (yohimbine, **2**) 可被环己酮顺利地氧化，高产率地得到育亨宾酮，分子中的氨基不受影响 (式 5)。在叔丁醇铝催化下，孕烯 **3** 可被丙酮顺利地氧化成孕烯 **4**，分子中的缩醛基保持不变 (式 6)[5]。

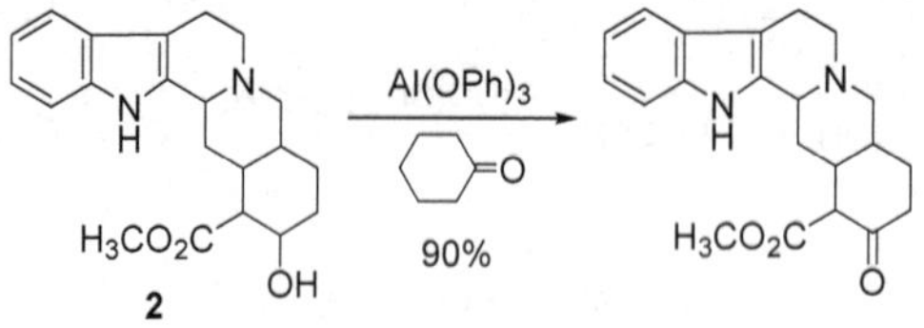

$$\mathbf{2} \xrightarrow[\text{环己酮}]{\text{Al}(O\text{Ph})_3} \quad 90\% \tag{5}$$

$$\mathbf{3} \xrightarrow[\text{CH}_3\text{COCH}_3]{\text{Al}(Ot\text{-Bu})_3} \quad 60\% \quad \mathbf{4} \tag{6}$$

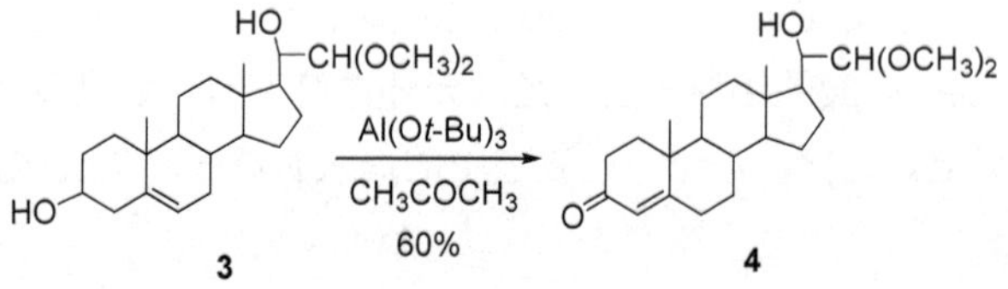

2002 年，Maruoka 等人利用如下七元环含铝杂环催化剂 **5**，用新戊醛作氧化剂，发现各种伯醇或仲醇均可顺利地发生 Oppenauer 氧化反应，以 80%~98% 的产率得到相应的醛酮 (式 7)，反应时间和催化剂用量分别为 1~5 h 和 1~5 mol%[6]。

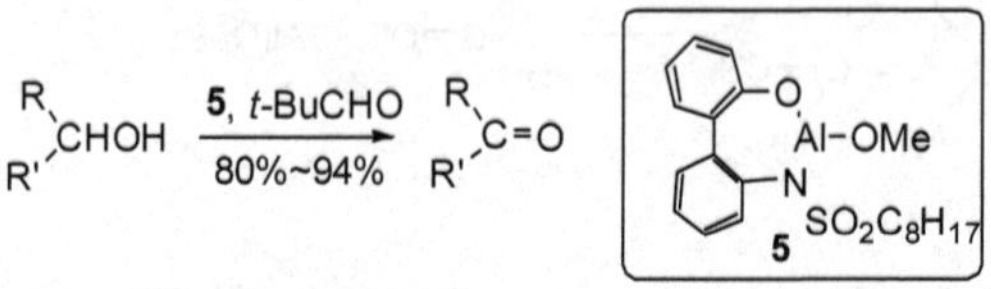

$$\begin{array}{c} R \\ R' \end{array}\!\!\text{CHOH} \xrightarrow[80\%\sim94\%]{\mathbf{5},\ t\text{-BuCHO}} \begin{array}{c} R \\ R' \end{array}\!\!\text{C=O} \tag{7}$$

催化剂 **5**: Al-OMe, N-SO$_2$C$_8$H$_{17}$

除了铝试剂可作为 Oppenauer 氧化的催化剂，钌、铱等过渡金属试剂也是很好的催化剂。例如：在 0.1 mol% 的 RuCl$_2$(PPh$_3$)$_3$ 催化下，脂肪或芳香仲醇均可顺利地被丙酮氧化，以 80%~91% 的产率生成相应的酮 (式 8)[7]。在 1 mol% 氨基醇铱配合物 **6** 催化下，脂肪或芳香伯醇均能被丙酮或丁酮氧化，以 33%~96% 的产率生成相应的醛 (式 9)[8]。

$$\underset{R'}{\overset{R}{\text{CH-OH}}} \xrightarrow[CH_3COCH_3]{RuCl_2(PPh_3)_3} \underset{R'}{\overset{R}{\text{C=O}}} \quad 80\%\sim91\% \tag{8}$$

$$RCH_2OH \xrightarrow[CH_3COCH_2CH_3]{\textbf{6}} RCHO \quad 33\%\sim96\% \tag{9}$$

(6) = Ph, Ph, N-H, O-IrCpMe$_5$ 氨基醇铱配合物

2012 年 Yu 等人发现，钌(II) 催化剂 **7** 中的 Pincer 型配体，可通过氮、氮和碳三个配位原子（NNC）与钌(II) 配位；在这种钌(II)-NNC 配合物 **7** (0.5 mol%) 催化下，芳香仲醇在 1 min ~ 3 h 中，即可被丙酮氧化成相应的芳酮，绝大多数的产率大于 97% (式 10)，催化剂的转换频率 TOF 值可高达 11880 h^{-1}。如钌(II)-NNC 催化剂 **7** 的用量增加到 10 mol% 或 20 mol%，脂肪仲醇也可被丙酮顺利地氧化，以几乎定量的产率得到相应的脂肪酮[9]。

$$\underset{R'}{\overset{R}{\text{CHOH}}} + MeCOMe \xrightarrow[t\text{-BuOK}]{\textbf{7} (0.5\sim20\text{ mol\%})} \underset{R'}{\overset{R}{\text{C=O}}} + Me_2CHOH \quad 85\%\sim100\% \tag{10}$$

2013 年，Ley 等人将部分水合的氧化锆催化剂填入 Omnifit 玻璃柱中，利用诸如丙酮、环己酮、新戊醛等羰基化合物作为氧化试剂，他们发现当仲苄醇和羰基化合物的甲苯溶液流过该装有锆催化剂的玻璃柱之后，便能以优秀的产率快速、干净地得到所需的芳酮[10]。该异相催化的 Oppenauer 氧化反应可在 40~100 ℃ 的温和条件下，在 12~30 min 内完成 (式 11)，该装有锆催化剂的柱子可循环用至少 10 次。

$$\underset{Ar}{\overset{OH}{\diagdown}}R + \underset{R^1}{\overset{O}{\diagdown}}R^2 \xrightarrow[\text{PhMe, 12~30 min}]{\text{Hydrous Zirconia in Omnifit column}} \underset{Ar}{\overset{O}{\diagdown}}R \quad 90\%\sim96\% \tag{11}$$

$\underset{R^1}{\overset{O}{\diagdown}}R^2$ = 丙酮, 环己酮, 新戊醛, 等

参考文献

[1] Oppenauer, R. V. *Rec. Trav. Chim.* **1937**, *56* 137.
[2] Djerassi, S. A. *Organic Reaction* **1951**, *6*, 207.
[3] Graauw, C. F.; Peters, J. A.; Bekkum, H.; Huskens, J. *Synthesis* **1994**,1007.
[4] Riegel, B.; McIntosh, A. V. *J. Am. Chem. Soc.* **1944**, *66*, 1099.

[5] Schindler, W.; Frey, H.; Reichstein, T. *Helv. Chim. Acta.* **1941**, *24*, 360.
[6] Ooi, T.; Otsuka, H.; Miura, T.; Ichikaw, H.; Maruoka, K. *Org. Lett.* **2002**, *4*, 2669.
[7] Wang, G. -Z.; Backvall, J. E. *J. Chem. Soc., Chem. Commun.* **1992**, 337.
[8] Suzuki, T.; Morita, K.; Tsuchida, M.; Hiroi, K. *J. Org. Chem.* **2003**, *68*, 1601.
[9] Du, W.-M.; Wang, L.-D.; Wu, P.; Yu, Z.-K. *Chem. Eur. J.* **2012**, *18*, 11550.
[10] Chonghade, R.; Battilocchio, C.; Hawkins, J. M.; Ley, S. V. *Org. Lett.* **2013**, *15*, 5698.

相关反应: Meerwein-Ponndorf-Verley 还原

(黄志真)

Parikh-Doering 氧化

Parikh-Doering (帕里克-多林) 氧化反应以二甲亚砜 (DMSO) 为氧化剂，三氧化硫为 DMSO 的活化试剂 (实用试剂为化合物 **1**，三氧化硫·吡啶复合物，$SO_3·Pyr.$)，在碱 (三乙胺) 协助下把醇氧化为醛、酮 (式 1)[1]。这是基于二甲亚砜，把醇氧化为醛、酮的反应之一[2]。原始条件以二甲亚砜为溶剂，现基本改为二甲亚砜/二氯甲烷混合溶剂。

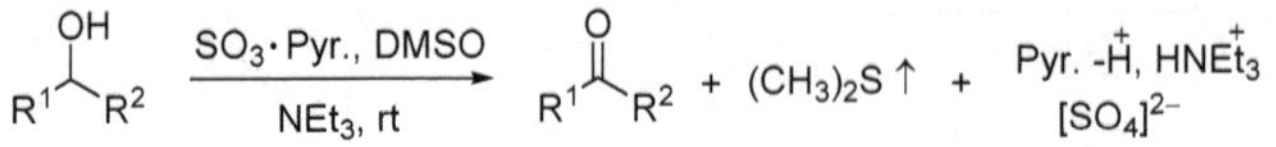

$$\underset{R^1\ R^2}{\overset{OH}{\diagdown/}} \xrightarrow[NEt_3,\ rt]{SO_3·Pyr.,\ DMSO} \underset{R^1\ R^2}{\overset{O}{\diagdown\diagup}} + (CH_3)_2S\uparrow + Pyr.-\overset{+}{H},\ HNEt_3^+ \quad [SO_4]^{2-} \quad (1)$$

反应机理 (图 1):

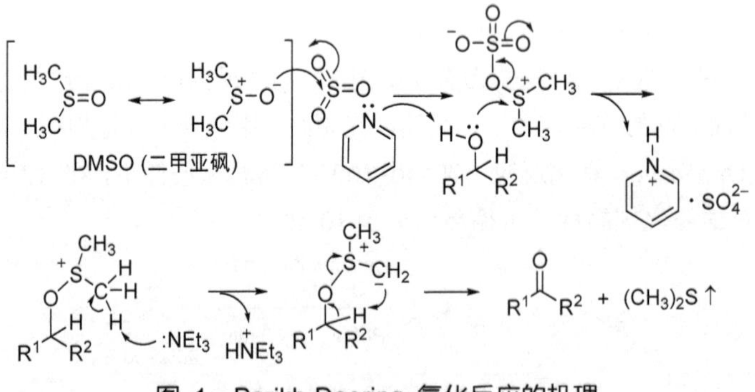

图 1 Parikh-Doering 氧化反应的机理

该体系对立体化学敏感，对醇的不同立体异构体 **2a** 和 **2b** 氧化速率可有很大的差异，因而可对其中位阻较小的异构体 **2a** 进行选择性氧化 (式 2)，反应收率类似于 DMSO-DCC 体系 (Moffatt 氧化)[3]。

Parikh-Doering 氧化被广泛用于天然产物的合成[4-10]。式 3 展示的是 Smith III 小组在复杂天然产物 (+)-spongistatin 1 的全合成中 C38-C43 四氢吡喃片段的合成[7]。

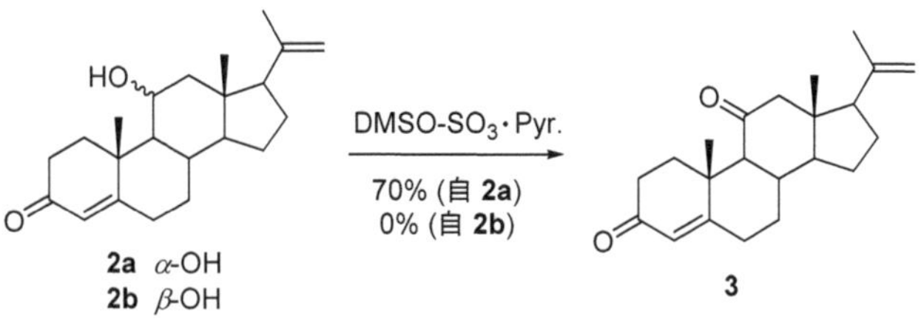

另一代表性的例子见诸 Forsyth 小组对天然产物 amphidinolide C (**6**) C2、C3 和 amphidinolide F Cl-C9、C11-C25 片段的合成[8]。该全合成共 5 次用到 Parikh-Doering 氧化。其中，从产物 **5** 所含的多种官能团和 α-手性中心，可见反应条件之温和以及优良的官能团容忍性 (图 2)[8]。

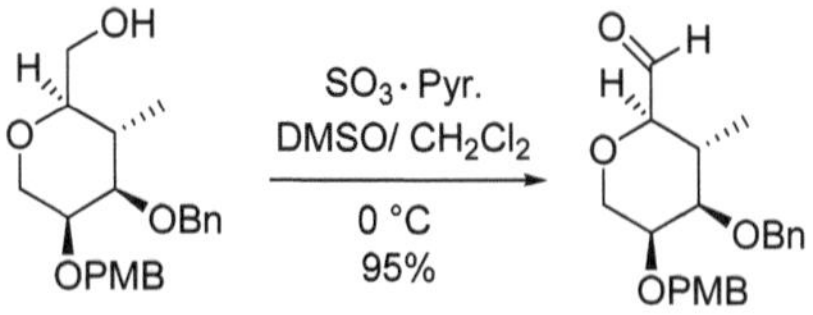

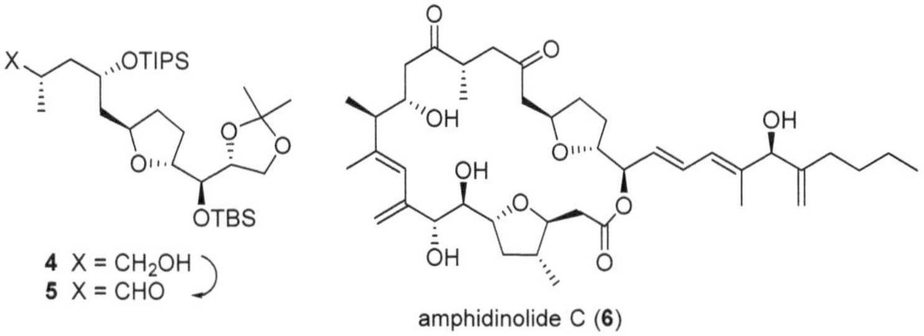

图 2 天然产物 amphidinolide C 的结构及全合成中所涉片段

对同时含仲醇与半缩醛的底物 **7**，Parikh-Doering 氧化可选择性地氧化仲醇得 **8a** 为主产物 (式 4)[9]。

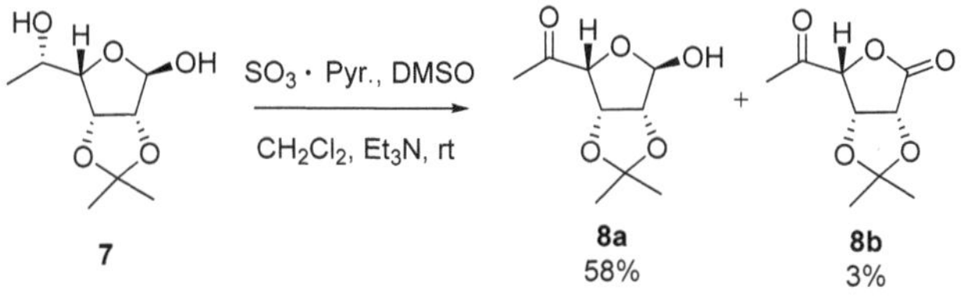

在 Sarpong 小组对生物碱 G.B.13 (**11**) 的外消旋合成中，需对烯丙醇 **9** 进行羟基迁移或氧化重排。在尝试了多种氧化试剂后，最终通过改良的 Parikh-Doering 条件实现 **9** 向 **10** 的直接转化[10](式 5)。

试剂价廉，操作简便易行，条件温和，使 Parikh-Doering 氧化备受制药界的青睐。在 CCR5 受体拮抗剂 RO5114436 (**15**) 的实用不对称合成中 (式 6)[11]，对醇 **12** 的氧化，曾试过多种试剂，例如 IBX 的稳定化配方，但该试剂价格昂贵且中试时存在安全隐患。最终选择 Parikh-Doering 氧化，**13** 的产率高于 90%，主要副产物为甲基甲硫甲基醚 **14**

(4%~8%)，由于氧化产物醛 **13** 在空气中不稳定，可直接用于下一步还原胺化，最终得到 10 kg 产物 **15**。

9　　10　　(–)-G.B.13 (**11**)　　(5)

12　　**13**　　**14**　　(6)

RO5114436 (**15**)

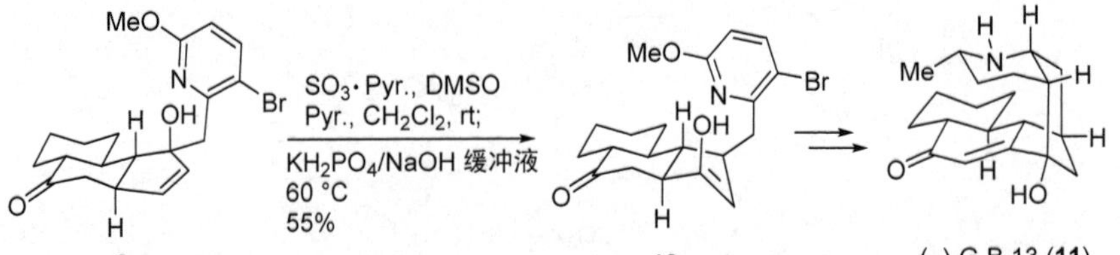

此外，Parikh-Doering 氧化也被应用于治疗精神分裂症临床候选药物 LY2140023 (**20**) 关键中间体的合成 (式 7)[12]。醇 **17** 的氧化也可用 Swern 氧化，但存在需低温 (–78 ºC) 条件和以二氯甲烷为溶剂的缺点。相比之下，Parikh-Doering 氧化具有可在工业上容易实现的条件下进行和使用毒性比较低的溶剂 (乙酸乙酯) 等优点。在如式 7 所示的条件下反应可以约 75% 的收率和大于 90% 的纯度 (一次重结晶) 得到稳定产物酮 **18**，以及约 5% 的甲基甲硫甲基醚副产物 **18a**。化合物 **16** 的硼氢化-氧化与 Parikh-Doering 氧化的串联反应可稳定地以 30~120 kg 的规模进行。

16　　**17**　　**18**　　**18a**　　**19**　　(7)

LY2140023 (**20**)

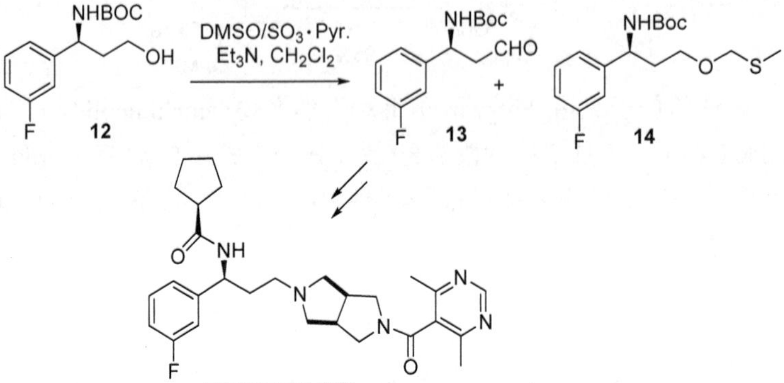

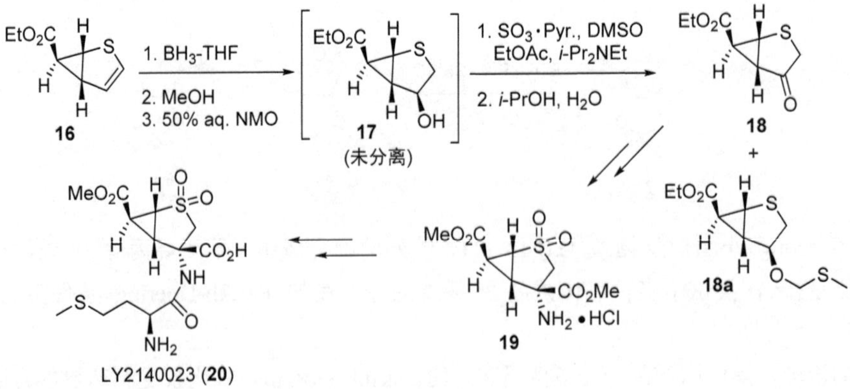

参考文献

[1] Parikh, J. R.; Doering, W. V. E. *J. Am. Chem. Soc.* **1967**, *89*, 5505-5507.

[2] 基于二甲亚砜的氧化反应，综述：Tidwell, T. T. *Synthesis* **1990**, 857-870.

[3] Moffattt, J. G.. *In Oxidation*; Augustine, R. L.; Trecker, D. J. *Eds.*; *Marcel Dekker: N. Y.* **1971**, *2*, 56.
[4] Panek, J. S.; Masse, C. E. *J. Org. Chem.* **1997**, *62*, 8290-8291.
[5] Hartung, I. V.; Niess, B.; Haustedt, L. O.; Hoffmann, H. M. R. *Org. Lett.* **2002**, *4*, 3239-3242.
[6] Smith III, A. B.; Adams, C. M.; Lodise Barbosa, S. A.; Degnan, A. P. *J. Am. Chem. Soc.* **2003**, *125*, 350-351.
[7] Smith III, A. B.; Zhu, W.; Shirakami, S.; Sfouggatakis, C.; Doughty, V. A.; Bennett, C. S.; Sakamoto, Y. *Org. Lett.* **2003**, *5*, 761-764.
[8] Akwaboah, D. C.; Wu, D.; Forsyth, C. J. *Org. Lett.* **2017**, *19*, 1180-1183.
[9] Dharuman, S.; Wang, Y.; Crich, D. *Carbohydr. Res.* **2016**, *419*, 29-32.
[10] Larson. K. K.; Sarpong, R. *J. Am. Chem. Soc.* **2009**, *131*, 13244-13245.
[11] Huang, X.; O'Brien, E.; Thai, F.; Cooper, G. *Org. Process Res. Dev.* **2010**, *14*, 592-599.
[12] Waser, M.; Moher, E. D.; Borders, S. S. K.; Hansen, M. M.; Hoard, D. W.; Laurila, M. E.; LeTourneau, M. E.; Miller, R. D.; Phillips, M. L.; Sullivan, K. A.; Ward, J. A.; Xie, C.-Y.; Bye, C. A.; Leitner, T.; Herzog-Krimbacher, B.; Kordian, M.; Müllner, M. *Org. Process Res. Dev.* **2011**, *15*, 1266-1274.

相关反应： Swern 氧化；Moffatt 氧化

（黄培强）

Prévost 反应和 Woodward 双羟基化反应

（1）Prévost (普雷沃) 反应

Prévost 反应是指烯烃与羧酸银和 I_2 (摩尔比 2:1) 反应，产物为二羧酸酯，皂化后得反式 (*anti-*) 邻二醇。从环状烯烃出发则得反式邻二醇[1]。在此之前，已有报道环己烯与醋酸银/I_2 反应得 α-碘代环己醇[2]。Brunel 也报道了烯烃与醋酸汞/I_2 的反应 (式 1)[3]。

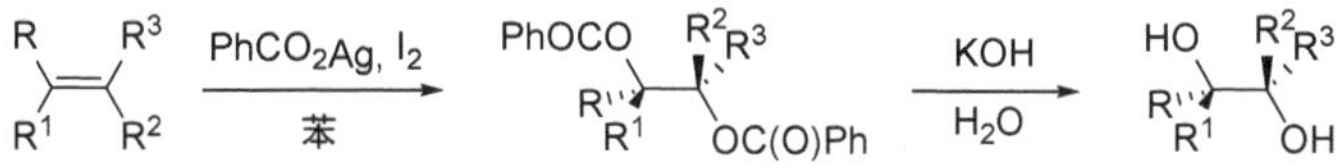

$$\underset{R^1\quad R^2}{\overset{R\quad R^3}{\diagdown\!=\!\diagup}} \xrightarrow[\text{苯}]{PhCO_2Ag, I_2} \underset{R^1\quad OC(O)Ph}{\overset{PhOCO\quad R^2R^3}{\diagdown\!-\!\diagup}} \xrightarrow[H_2O]{KOH} \underset{R^1\quad OH}{\overset{HO\quad R^2R^3}{\diagdown\!-\!\diagup}} \qquad (1)$$

反应机理 (图 1)：烯烃与 I_2 首先形成碘鎓，随后羧酸负离子进攻碘鎓得反式 β-碘代羧酸酯 **A**，该中间体可以分离出。但在正常反应条件下，由于邻基参与形成 1,3-二氧戊环-2-鎓离子 **B**，后者被第二分子羧酸负离子取代，使得亲电中心构型翻转，形成反式产物。若从中间体 **A** 考察，则在后续反应中，该立体中心构型保持。

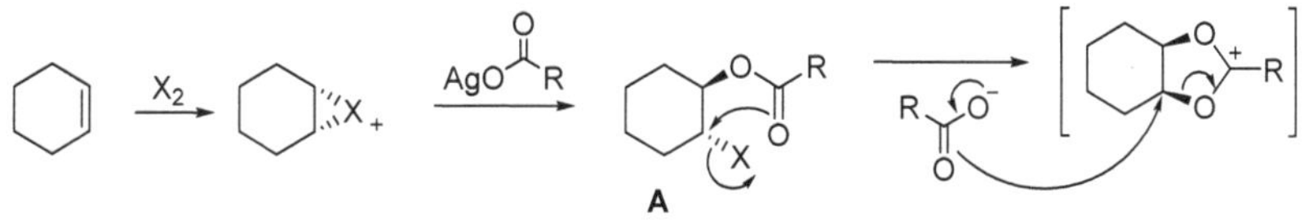

图 1

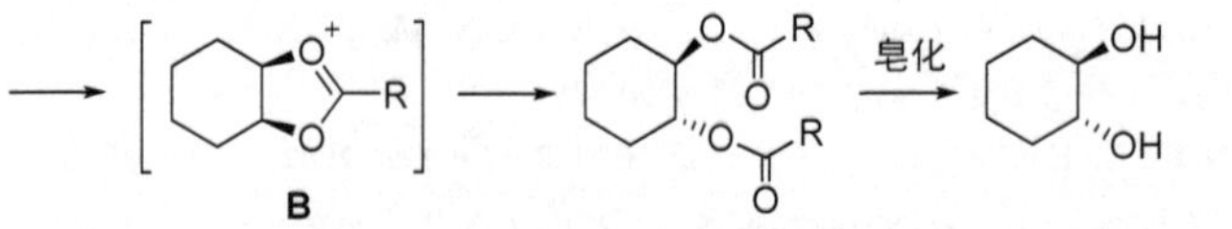

图 1 Prévost 反应的机理

环己烯经 m-CPBA 环氧化，然后在酸性或碱性条件下水解也得反式 1,2-环己二醇。

（2）Woodward (伍德沃德) 双羟基化

Woodward 双羟基化是指 Prévost 反应的 Woodward 改良 (也称 Woodward 双羟基化) 产物为顺式 (顺侧) 邻二醇[4]。其关键是烯烃与摩尔比 1:1 的羧酸银和 I_2 在含水的醋酸中反应，水与首先形成的反式 β-卤代酯中间体 **A** 进行正常的亲核取代反应得顺式单醋酸酯，水解后得顺侧邻二醇 (式 2)[5]。值得注意的是，尽管 Woodward 方法净结果为烯烃的顺侧双羟基化，但产物可能与用 $KMnO_4$ 或 OsO_4 氧化不同 (不同的立体异构体)，Woodward 顺侧双羟基化系从烯烃位阻较大的一侧进行。Corey 等人[6]报道的顺侧双羟基化可从烯烃的任一面进行。

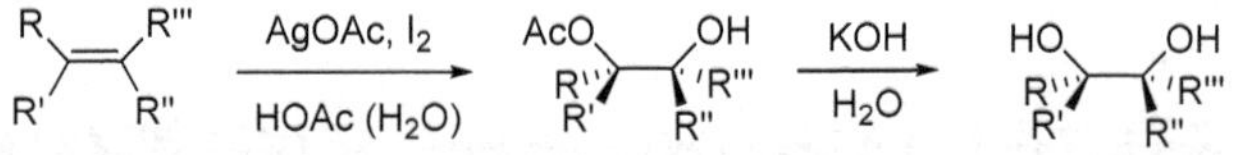

使用价格昂贵的银盐、等摩尔的卤素及形成大量的有机和无机废弃物是 Prévost 反应和 Woodward 双羟基化的缺点。用 I_2-KIO_4 和 $Cu(OAc)_2$ 或 KOAc 体系代替昂贵的醋酸银盐早已报道[7]。2005 年，Sudalai 报道了通过选择适当的化学计量氧化剂，可对烯烃分别进行 LiBr 催化的顺侧 (用 $NaIO_4$) 或反侧 [用 $PhI(OAc)_2$] 双羟基化，即催化的 Prévost 反应和 Woodward 双羟基化 (式 3)[8]。

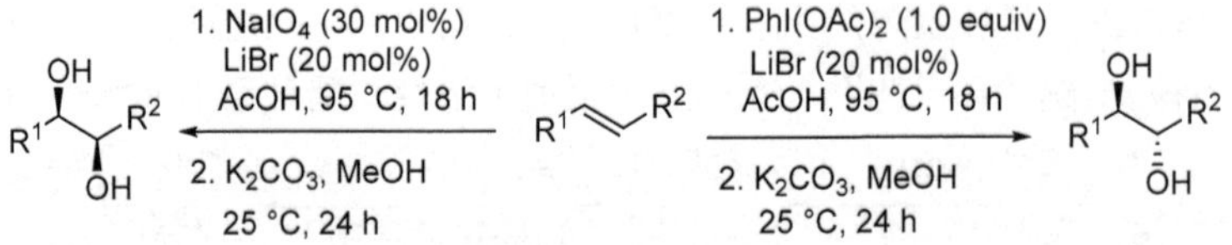

受 Prévost 反应和 Woodward 双羟基化中碘代羧酸酯可被羟基取代的启发，Park 发展了立体发散合成 3,4-顺式或 3,4-反式吡咯烷二醇的方法 (式 4)[9]。

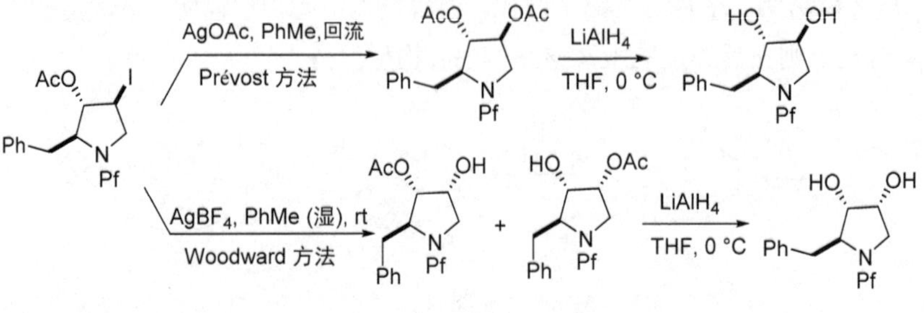

2008 年，Dong[10]报道了 Pd 催化烯烃反式双羟基化的方法 (式 5)。

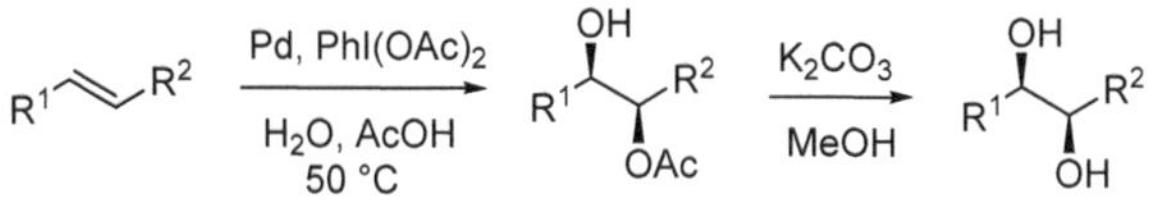

$$R^1 \diagup\!\!\!\diagup R^2 \xrightarrow[\text{H}_2\text{O, AcOH} \atop 50\ °\text{C}]{\text{Pd, PhI(OAc)}_2} \begin{matrix} \text{OH} \\ R^1 \diagdown\!\!\!\diagdown R^2 \\ \text{OAc} \end{matrix} \xrightarrow[\text{MeOH}]{\text{K}_2\text{CO}_3} \begin{matrix} \text{OH} \\ R^1 \diagdown\!\!\!\diagdown R^2 \\ \text{OH} \end{matrix} \quad (5)$$

2010 年，Tomkinson[11]报道了环丙基过氧丙二酸酯可作为一种有效的双羟基化试剂，使烯烃双羟基化得到顺式 1,2-二醇 (式 6)。

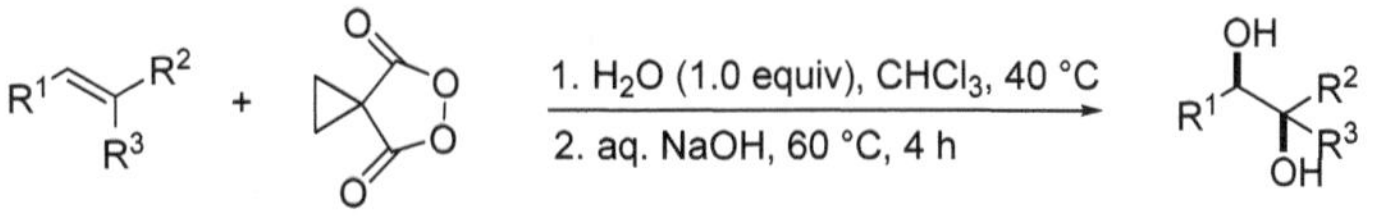

$$(6)$$

2010 年，Alexanian[12]报道了 O_2 作为氧化试剂无金属催化的烯烃反式双羟基化的方法 (式 7)。

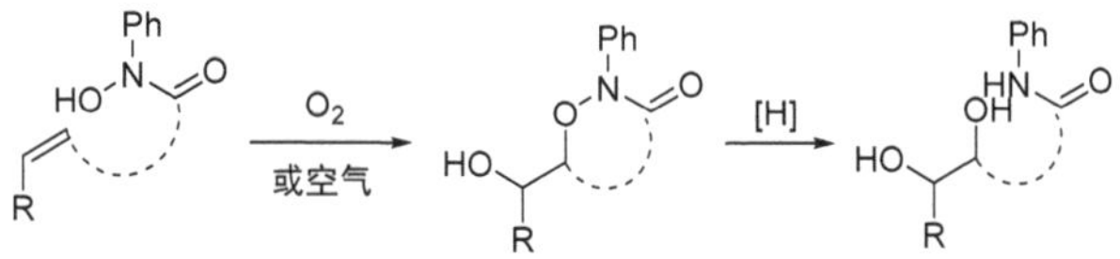

$$(7)$$

近年来，无金属催化的烯烃双羟基化也有新的发展。Donohoe 在 2016 年报道了富电烯烃在 TEMPO 和催化量的 IBX 作用下进行顺式双羟基化 (式 8)[13]。

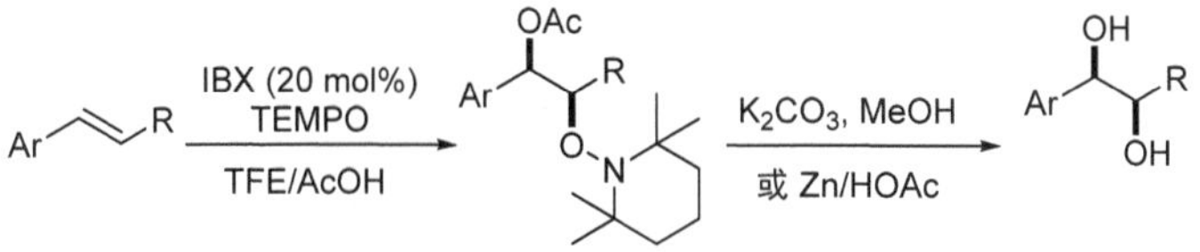

$$(8)$$

2017 年，Costas[14]报道了同样以 H_2O_2 为氧化剂，铁催化烯烃双羟基化顺式邻二醇的方法 (式 9)。

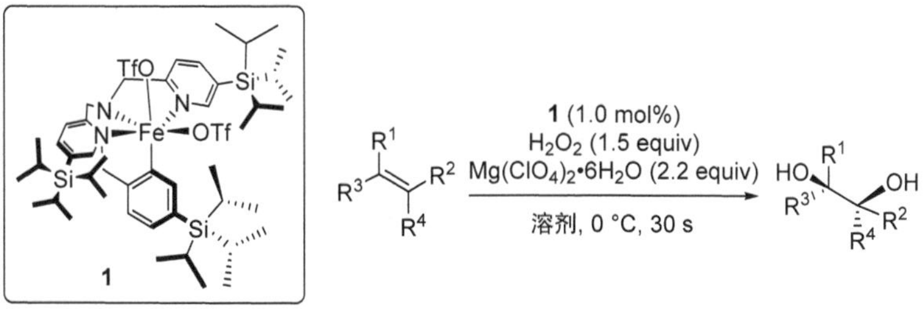

$$(9)$$

最近，Wang[15]报道了以 H_2O_2 为氧化剂，金属钼催化的烯丙醇和丙醇反侧双羟基化产物为 1,2,3-三醇 (式 10)。

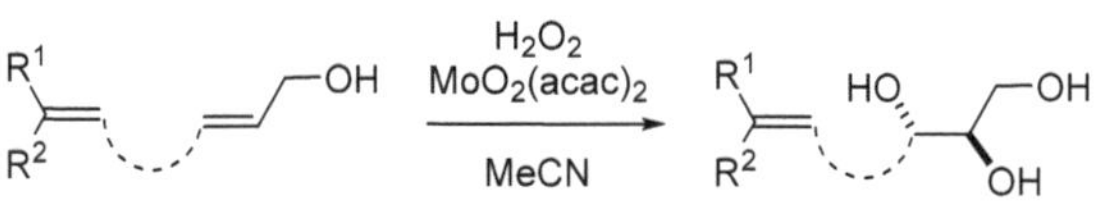

$$(10)$$

推测其反应机理可能如图 2 所示：$MoO_2(acac)_2$ 被 H_2O_2 氧化成 6 价含过氧桥配合物 **C**，过氧化物与烯丙醇形成氢键，加速氧转移到近端 C–C 双键。接着 $MoO_2(acac)_2$ 作为 Lewis 碱 (O) 和 Lewis 酸 (Mo)，活化生成的环氧丙烯醇 **F**。之后在 C3 位置发生 S_N2 型亲核开环。

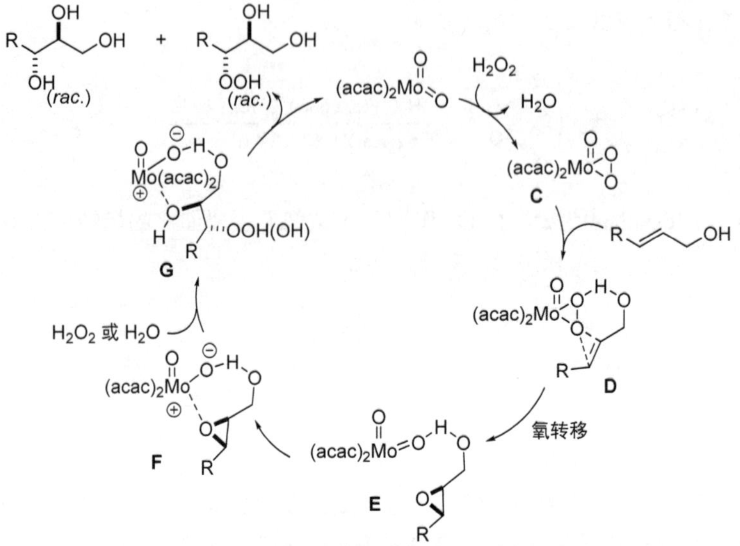

图 2 Wang[15]报道的金属钼催化的烯丙醇和丙醇反侧双羟基化反应可能的机理

参考文献

[1] Prévost, C. *Compt. Rend.* **1933**, *196*, 1129.
[2] Birkenbach, L.; Goubeau, J.; Berninger, E. *Ber.* **1932**, *65*, 1339.
[3] Brunel, L. *Bull. Soc. Chim. Fr.* **1905**, *33*, 382.
[4] Woodward, R. B.; Brutcher, F. V. *J. Am. Chem. Soc.* **1958**, *80*, 209-211.
[5] Jasserand, D.; Girard, J. P.; Rossi, J. C.; Granger, R. *Tetrahedron Lett.* **1976**, 1581-1584. (另一种合成顺侧邻二醇的方法)
[6] Corey, E. J.; Das, J. *Tetrahedron Lett.* **1982**, *23*, 4217-4220.
[7] Mangoni, L.; Adinolfi, M.; Barone; G.; Parrilli, M. *Tetrahedron Lett.* **1973**，4485-4486.
[8] Emmanuvel, L.; Shaikh, T. M. A.; Sudalai, A. *Org. Lett.* **2005**, *7*, 5071-5074.
[9] Kim, J. H.; Long, M. J. C.; Kim, J. Y.; Park, K. H. *Org. Lett.* **2004**, *6*, 2273-2276.
[10] Li, Y.; Song, D.; Dong, V. *J. Am. Chem. Soc.* **2008**, *130*, 2962-2964.
[11] Griffith, J. C.; Jones, K. M.; Picon, S.; Rawling, M. J.; Kariuki, B. M.; Campbell, M.; Tomkinson, N. C. O. *J. Am. Chem. Soc.* **2010**, *132*, 14409-14411.
[12] Schmidt, V. A.; Alexanian, E. J. *Angew. Chem. Int. Ed.* **2010**, *49*, 4491-4494.
[13] Colomer, I.; Barcelos, R. C.; Christensen, K. E.; Donohoe, T. J. *Org. Lett.* **2016**, *18*, 5880-5883.
[14] Borrell, M.; Costas, M. *J. Am. Chem. Soc.* **2017**, *139*, 12821-12829.
[15] Fan, P.; Su, S.-X.; Wang, C. *ACS Catal.* **2018**, *8*, 6820-6826.

（黄培强，陈婷婷）

Rubottom 氧化

烯醇硅醚经间氯过氧苯甲酸氧化生成 α-羟基酮的反应称为 Rubottom (鲁伯特姆) 氧化反应(式 1)[1,2]。

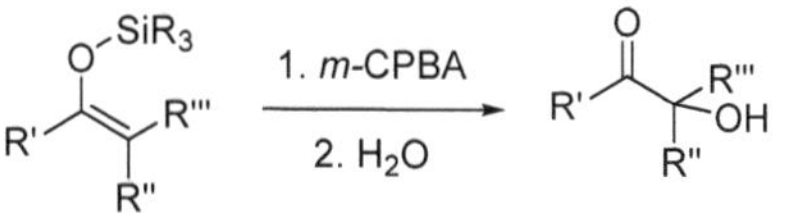

$$\underset{R''}{\overset{R'}{>}}C=C\underset{R'''}{\overset{OSiR_3}{<}} \xrightarrow{\text{1. }m\text{-CPBA}}_{\text{2. }H_2O} R'\overset{O}{\underset{}{\|}}C-C\underset{R''}{\overset{R'''}{<}}OH \qquad (1)$$

反应机理 (图 1)：反应涉及环氧化、环氧断裂和硅基迁移，形成 α-硅氧基羰基化合物。后者经后处理水解后得 α-羟基化产物。

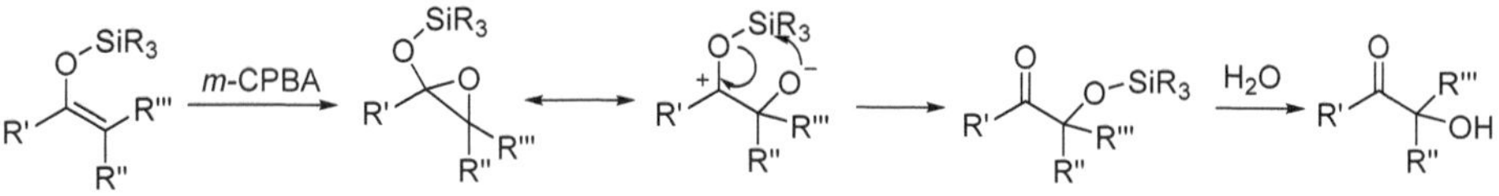

图 1 Rubottom 氧化反应的机理

除了 m-CPBA，其它 (环) 氧化 (试) 剂如氧气[3]、二甲基二氧杂环丙烷 (DMDO, **1**)[4-6]、2-亚碘酰基苯甲酸 (**2**)[7]、$MoO_5 \cdot Py \cdot HMPA \cdot$ (MoOPH) (**3**)[8]和 Davis 氮杂氧杂环丙烷 (**4**) 也可用于这一转化。Davis 氮杂氧杂环丙烷的价值在于可制备光学活性手性试剂，从而用于羰基化合物的不对称 α-羟基化 (参见 Davis 试剂)。

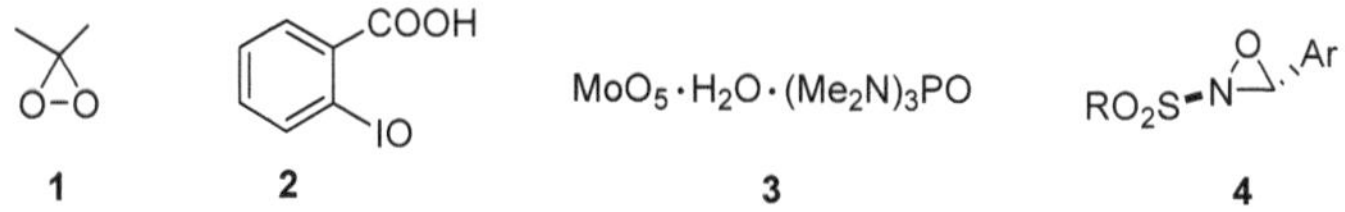

如 Danishefsky 在 hispidospermidin (式 2)[9]和 ($\pm$)-rishirilide B (式 3)[6]的全合成所示，许多天然产物的合成需用这一转化。

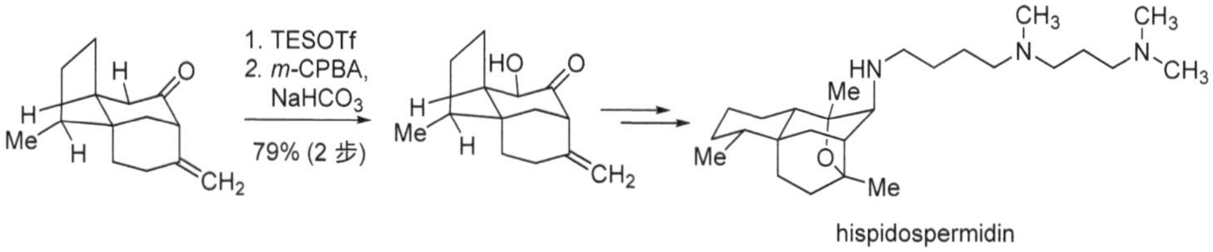

式 (2): hispidospermidin

式 (3): rishirilide B, TSE = (2-tosylethyl), 76% (2 步)

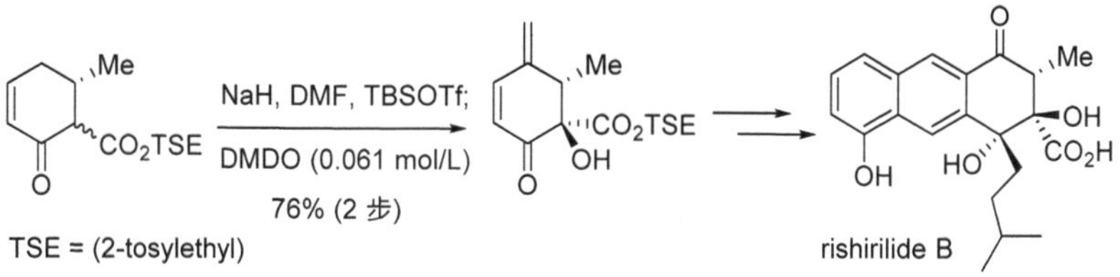

2009 年，Li 课题组在 brevisamide 的全合成中[10]，利用 Rubottom 反应在羰基邻位高选择性地引入活性羟基，得到单一异构体的羟基化产物 (式 4)。该课题组认为在该氧化

过程中环氧化反应选择性地从位阻较小的方向进行导致的结果。相似的策略，也被用于在 2S-hydroxymutilin[11]和 brevenal[12]的合成。

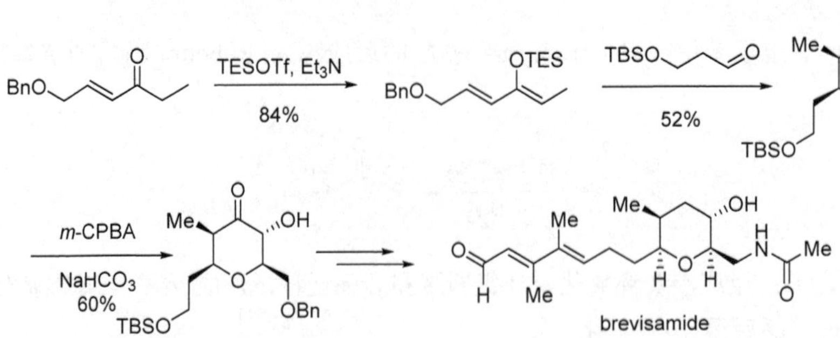

2016 年，在 diospongin B 和 parvistones D、E 的合成中[13]，童荣标课题组通过铑催化的共轭还原[14]，区域选择性地生成烯醇硅醚 2，然后利用 Rubottom 氧化反应生成化合物 3，非对映立体选择比为 4:1 (式 5)。

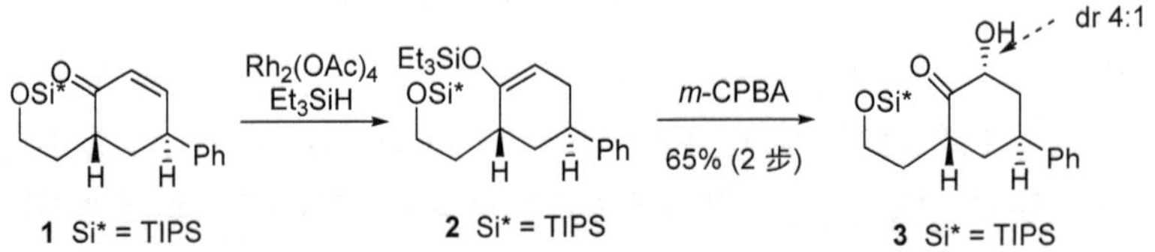

2018 年，Takao 课题组完成了生物碱 (−)-misramine (4) 的首次全合成[15]。其中，Rubottom 氧化反应以 71% 的产率得到单一的异构体 (式 6)。

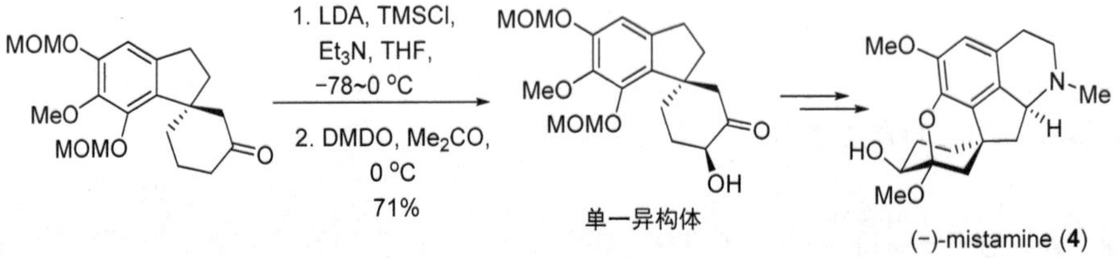

参考文献

[1] Rubottom, G. M.; Gruber, J. M. *J. Org. Chem.* **1978**, *43*, 1599-1602.
[2] Rubottom, G. M.; Gruber, J. M.; Juve, H. D.; Charleson, D. A. *Org. Synth.* **1986**, *64*, 118-126; *Org. Syn. Coll. Voll.* **1990**, *7*, 282.
[3] Wasserman, H. H.; Lipshutz, B. H. *Tetrahedron Lett.* **1975**, *21*, 1731-1734.
[4] Chenault, H. K.; Danishefsky, S. J. *J. Org. Chem.* **1989**, *54*, 4249-4250.
[5] Rubottom, G. M.; Marrero, R. *J. Org. Chem.* **1975**, *40*, 3783-3784.
[6] Allen, J. G.; Danishefsky, S. J. *J. Am. Chem. Soc.* **2001**, *123*, 351-352.
[7] Moriarty, R. M.; Hou, K.; Prakash, I.; Arora, S. K. *Org. Synth.* **1986**, *64*, 138-143; *Org. Syn. Coll. Vol.* **1990**, *7*, 263.
[8] Vedejs, E.; Larsen, S. *Org. Synth.* **1986**, *64*, 127-137; *Org Synth. Coll. Vol.* **1990**, *7*, 277.
[9] Frontier, A. J.; Raghavan, S.; Danishefsky, S. J. *J. Am. Chem. Soc.* **1997**, *119*, 6686-6687.
[10] Ghosh, A. K.; Li, J. F. *Org. Lett.* **2009**, *11*, 4164-4167.

[11] Wang, H.; Andemichael, Y. W.; Vogt, F. G. *J. Org. Chem.* **2009**, *74*, 478-481.
[12] Zhang, Y.; Rohanna, J.; Zhou, J.; Iyer, K.; Rainier, J. D. *J. Am. Chem. Soc.* **2011**, *133*, 3208-3216.
[13] Anada, M.; Tanaka, M.; Suzuki, K.; Nambu, H.; Hashimoto, S. *Chem. Pharm. Bull.* **2006**, *54*, 1622-1623.
[14] Li, Z.; Tong, R. *Synthesis* **2016**, *48*, 1630-1636.
[15] Yoshida, K.; Fujino, Y.; Takamatsu, Y.; Matsui, K.; Ogura, A.; Fukami, Y.; Kitagaki, S.; Takao, K. *Org. Lett.* **2018**, *20*, 5044-5047.

相关反应/试剂： Davis 试剂

（黄培强，环磊桃）

Sarett 氧化

1948 年，Sisler 等人分离鉴定了铬酐-吡啶配合物 $CrO_3·2C_5H_5N$ (**1**)[1]，但并未用于氧化反应。1953 年，Sarett 等人在合成肾上腺甾体时首先把它用于在吡啶中把伯醇和仲醇氧化成醛和酮（式 1）[2,3]。因而称该反应为 Sarett（沙瑞特）氧化反应。Holum 把 $CrO_3·2C_5H_5N$ ($CrO_3·2Pyr.$) 分散于吡啶或丙酮中，用于把伯苄醇和烯丙醇氧化为相应的酮[4]。该法用于把仲醇氧化成酮收率良好，氧化伯醇收率低，但可氧化烯丙醇、苄醇。

$$R\text{-CH(OH)-}R' \xrightarrow{CrO_3·2Pyr.}{Pyr.} R\text{-C(=O)-}R' \tag{1}$$

需要特别注意的是，制备该试剂时，需小心地把三氧化铬加入从高锰酸钾蒸出的吡啶中[4]。颠倒加料次序将引起燃烧[2,3]。该反应的另一问题是难以从吡啶溶液中分离提纯产物。但该反应也有其优点，即在非酸性条件下氧化，对烯键、缩醛、硫醚、四氢吡喃基醚的氧化速度远慢于对醇的氧化。

在 patchonlic 醇的合成中，Yamada 通过 Sarett 氧化把 **2** 氧化成 **3** (式 2)[5]。Sarett 氧化也被用于手性辅助剂 **5** 的合成（式 3）[6]。

最近，魏邦国小组发现，通过 Sarett 氧化，可把 *N*-Boc 保护的氨基醇 **6** 直接转化为 *N*-Boc-内酰胺 **7** (式 4)。在这一过程中，Sarett 氧化优于 PDC 氧化。通过这一方法，他们建立了抗生素活性生物碱 preussin (**8**) 及其类似物的高效不对称合成方法（式 4）[7]。

$$\textbf{2} \xrightarrow{CrO_3·2Pyr.}{Pyr.} \textbf{3} \tag{2}$$

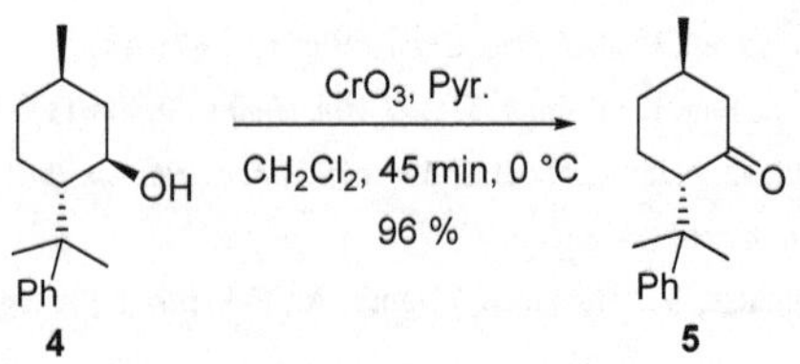

$$\text{(3)}$$

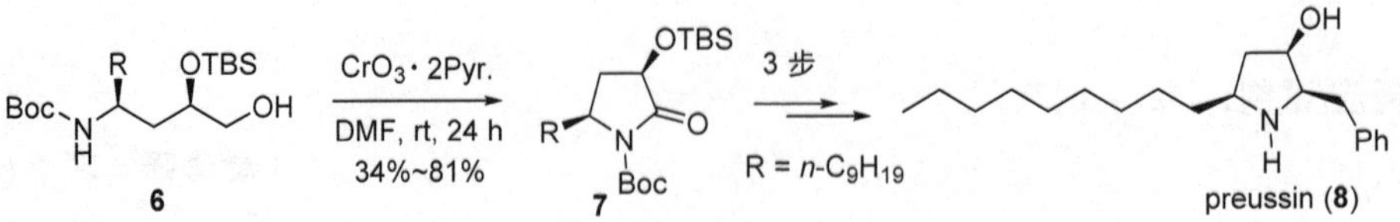

$$\text{(4)}$$

参考文献

[1] Sisler, H. H.; Bush, J. D.; Accountius, O. E. *J. Am. Chem. Soc.* **1948**, *70*, 3827-3830.
[2] Poos, G. I.; Arth, G. E.; Beyler, R. E.; Sarett, L. H. *J. Am. Chem. Soc.* **1953**, *75*, 422-429.
[3] Luzzio, F. A. *Org. React.* **1998**, *53*, 1-222. (综述)
[4] Holum, J. R. *J. Org. Chem.* **1961**, *26*, 4814-4816.
[5] Yamada, K.; Kyotani, Y.; Manabe, S.; Suzuki, M. *Tetrahedron* **1979**, *35*, 293-298.
[6] Caamaño, O.; Fernández, F.; García-Mera, X.; Rodríguez-Borges, J. E. *Tetrahedron Lett.* **2000**, *41*, 4123-4125.
[7] Zhou, Q.-R.; Wei, X.-Y.; Li, Y.-Q.; Huang, D.-F.; Wei, B.-G. *Tetrahedron* **2014**, *70*, 4799-4808.

相关反应：Collins 氧化

（黄培强）

Sharpless 不对称环氧化反应

Sharpless（夏普莱斯）不对称环氧化反应 (Sharpless asymmetric epoxidation，简称 Sharpless AE)，是在催化量的对映纯酒石酸酯和异丙基钛酸酯（或叔丁基钛酸酯）存在下，过氧叔丁醇 (TBHP) 对映选择性地氧化烯丙醇类化合物，形成（高对映纯度，> 90% ee）环氧化物的反应（图 1）。Sharpless 课题组于 1980 年报道了该反应[1]，之后也有以师生共同冠名称为 Sharpless-Katsuki（夏普莱斯-卡楚克）环氧化反应[2]。

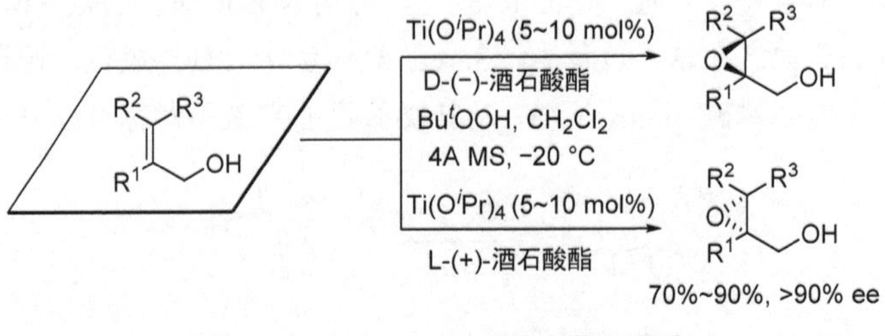

图 1 Sharpless 不对称环氧化反应

该反应具有立体选择性高、底物适用范围广、产物构型可预测、催化剂廉价易得、反应操作简单等优点，所形成的手性环氧化物是不对称合成中的多用途合成砌块。Sharpless 由于这一反应和他在烯烃不对称氧化的其它重要贡献分享了 2001 年的诺贝尔化学奖。

Sharpless AE 反应表现出以下特点：所用的酒石酸酯为二甲酯 (DMT)、二乙酯 (DET) 或二异丙酯 (DIPT)；引入催化量活化过的分子筛，可以使异丙基钛酸酯的用量减少到 5~10 mol% 左右，否则一般需要使用等物质的量的钛酸酯[3]；反应需在无水和低温条件 (约 −20 °C) 下进行[3,4]；对同一烯丙醇底物，使用左旋 (D-构型) 或右旋 (L-构型) 酒石酸酯所得环氧化产物的构型刚好相反，其立体选择性可按照图 1 的模型进行预测；环氧化反应速率对底物结构敏感，(E)-式烯烃反应较快，(Z)-式烯烃则需要几天甚至十几天时间[5]；除了具有很好的面选择性，Sharpless AE 反应还具有特征的位置选择性，即只有羟基未保护的烯丙醇才能被快速地环氧化，因此，可以在多烯分子和多羟基化合物中，以及在高烯醇存在下，选择性地进行环氧化反应。

当外消旋的烯丙醇混合物用某一构型的酒石酸酯催化环氧化时，会出现与催化剂相匹配的异构体反应较快而不相匹配的异构体反应较慢或不反应的现象，即"催化动力学拆分"[5]。根据底物结构的不同，烯丙醇对映体的环氧化速率常数比一般在 16~700 之间；该比值越大，动力学拆分的效果就越好。利用这一特点，可以选择性地得到手性环氧化物或烯丙醇。如式 1 所示，外消旋的烯丙醇 **1** 在 (+)-DIPT 作用下得到 ee 值大于 99% 的烯丙醇 **2** 和环氧化物 **3**。

$$n\text{-Bu}\overset{\text{TMS}}{\diagup}\underset{\text{OH}}{\diagdown} \xrightarrow[\substack{t\text{BuOOH}}]{\text{Ti}(\text{O}^i\text{Pr})_4,\ (+)\text{-DIPT}} n\text{-Bu}\overset{\text{TMS}}{\diagup}\underset{\text{OH}}{\diagdown} + n\text{-Bu}\overset{\text{O}}{\diagup}\overset{\text{TMS}}{\diagup}\underset{\text{OH}}{\diagdown} \quad (1)$$

(±)-**1**　　　　　　　　　　**2** (>99% ee)　　**3** (>99% ee)

环氧化动力学拆分的概念也可应用于多烯丙醇分子中某个位置的选择性环氧化。例如，Patterson 在天然产物 laulimalide (**5**) 的全合成中，利用化合物 **4** 中两个烯丙醇单元在 Sharpless AE 中反应活性的差异，未经保护，使反应快的环内烯丙醇选择性地环氧化，直接得到目标分子 (式 2)[6]。

$$\mathbf{4} \xrightarrow[\substack{t\text{BuOOH, CH}_2\text{Cl}_2 \\ 73\%,\ 100\%\ ee}]{\text{Ti}(\text{O}^i\text{Pr})_4,\ (+)\text{-DIPT}} \text{laulimalide (}\mathbf{5}\text{)} \quad (2)$$

Sharpless AE 反应所得到的光学活性 2,3-环氧丙醇化合物是有机合成中很有用的合成砌块，可以通过 Payne 重排[7]等反应对 C2/C3 位进行选择开环，转化为各种用途的手性化合物 (式 3)[8,9]。

$$\underset{\underset{\text{Nu}}{\text{OH}}}{R}\overset{\text{OH}}{\diagdown}\text{OH} \xleftarrow{\text{C2 位加成}} R\overset{3}{\diagup}\underset{2}{\overset{\text{O}}{\diagdown}}\overset{1}{\diagup}\text{OH} \xrightarrow{\text{C3 位加成}} R\overset{\text{Nu}}{\diagdown}\underset{\text{OH}}{\diagup}\text{OH} \quad (3)$$

Jamison 课题组运用溴鎓离子诱导的分子内环氧开环级联反应，完成了多元稠环红藻提取物 dioxepandehydrothyrsiferol 对映体的首次全合成[10]；其间为了构建手性环氧，多次使用 Sharpless AE 反应 (图 2，化合物 **6** 和 **7**)。

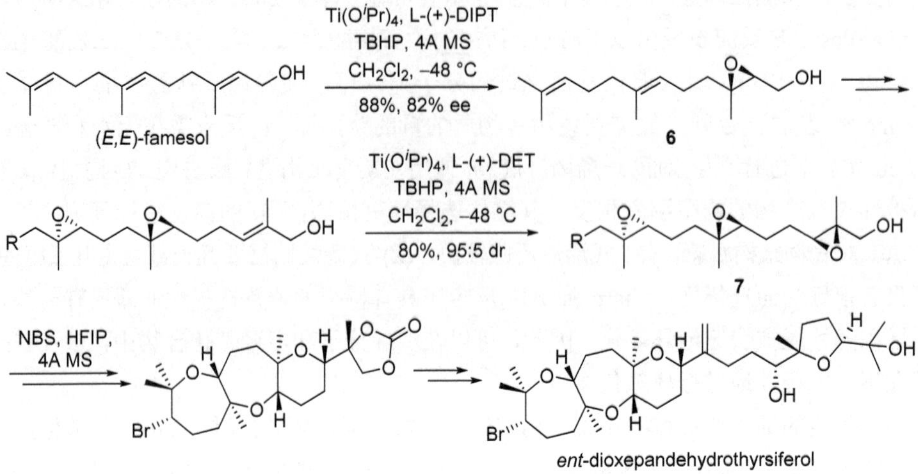

图 2　Sharpless AE 反应在 *ent*-dioxepandehydrothyrsiferol 全合成中的应用

天然产物 nannocystins A[11-13]和 A0[12]分子中所含的环氧结构单元也是通过 Sharpless AE 反应构建的 (图 3)。

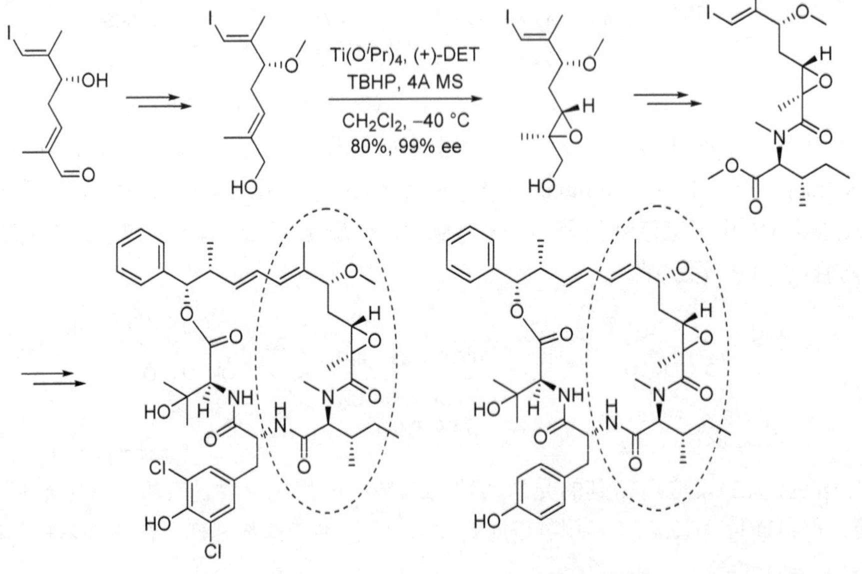

图 3　Sharpless AE 反应在天然产物 nannocystins A 和 A0 全合成中的应用

大环内酯类天然产物 marinomycin A 具有显著的抗肿瘤及抗菌活性，Hatakeyama 课题组基于双烯丙醇 **8** 的 Sharpless AE 反应，经 24 步，以 4% 的总收率完成了 marinomycin

A 的不对称全合成 (图 4)[14]。

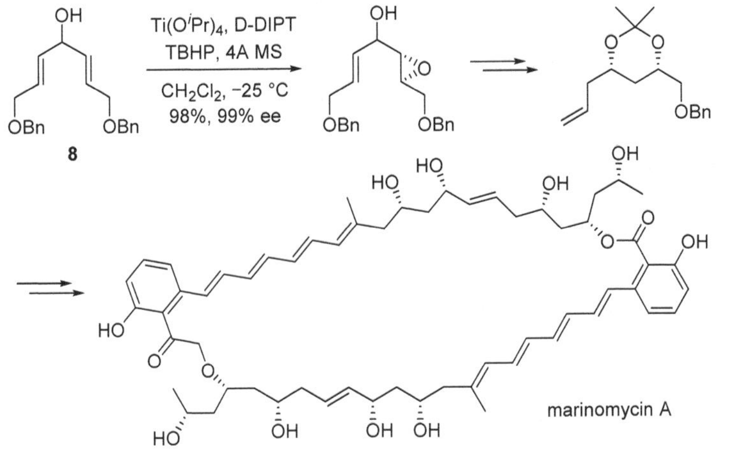

图 4 Sharpless AE 反应在天然产物 marinomycin A 全合成中的应用

Sugita 课题组利用 Sharpless AE 反应，经 10 步，全程无保护地完成了天然产物 boscartin F 的不对称全合成 (图 5)[15]。

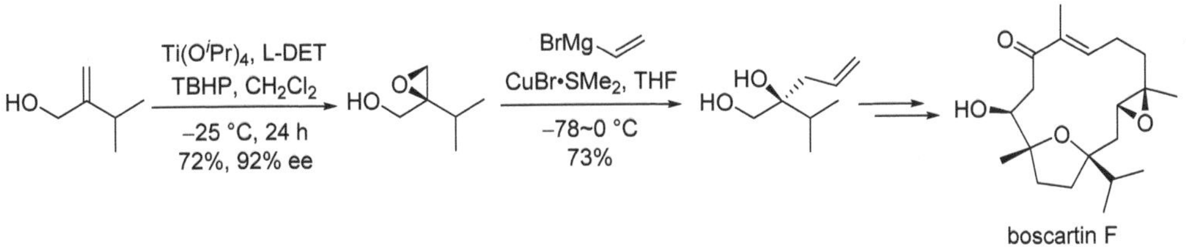

图 5 Sharpless AE 反应在天然产物 boscartin F 全合成中的应用

值得一提的是，Sharpless AE 反应的一个不足之处是部分底物反应时间较长 (如 Z-式烯烃)。我国合成化学家周维善等人在研究工作中对该反应进行了改进，详见 "Sharpless 不对称环氧化反应的周维善改良法" 条目。

如前所述，Sharpless AE 反应只适用于烯丙醇双键的不对称环氧化，孤立双键的不对称环氧化需用史一安 (Shi) 不对称环氧化反应或 Jacobsen 不对称环氧化反应。

参考文献

[1] Katsuki, T.; Sharpless, K. B. *J. Am. Chem. Soc.* **1980**, *102*, 5974-5976.
[2] Katsuki, T.; Martin, V. S. *Org. React.* **1996**, *48*, 1-300. (综述)
[3] Hanson, R. M.; Sharpless, K. B. *J. Org. Chem.* **1986**, *51*, 1922-1925.
[4] Hill, J. G.; Sharpless, K. B.; Exon, C. M.; Regenye R. *Org. Synth.* **1985**, *63*, 66-72; *Coll. Vol.* **1990**, *7*, 461-467.
[5] Gao, Y.; Hanson, R. M.; Klunder, J. M.; Ko, S. Y.; Masamune, H.; Sharpless, K. B. *J. Am. Chem. Soc.* **1987**, *109*, 5765-5780.
[6] Patterson, I.; De Savi, C.; Tudge, M. *Org. Lett.* **2001**, *3*, 3149-3152.
[7] Morimoto, Y.; Okita, T.; Kambara, H. *Angew. Chem, Int. Ed.* **2009**, *48*, 2538-2541.
[8] Hanson, R. M. *Chem. Rev.* **1991**, *91*, 437-475. (综述)

[9] Riera, A.; Moreno, M. *Molecules* **2010**, *15*, 1041-1073. (综述)
[10] Tanuwidjaja, J.; Ng, S.-S.; Jamison, T. F. *J. Am. Chem. Soc.* **2009**, *131*, 12084–12085.
[11] Liu, Q.; Hu, P.; He, Y. *J. Org. Chem.* **2017**, *82*, 9217-9222.
[12] Huang, J.; Wang, Z. *Org. Lett.* **2016**, *18*, 4702-4705.
[13] Yang, Z. T.; Xu, X. L.; Yang, C. H.; Tian, Y. F.; Chen, X. Y.; Lian, L. H.; Pan, W. W.; Su, X. C.; Zhang, W. C.; Chen, Y. *Org. Lett.* **2016**, *18*, 5768-5770.
[14] Nishimaru, T.; Kondo, M.; Takeshita, K.; Takahashi, K.; Ishihara, J.; Hatakeyama, S. *Angew. Chem, Int. Ed.* **2014**, *53*, 8459-8462.
[15] Matsuzawa, A.; Shiraiwa, J.; Kasamatsu, A.; Sugita, K. *Org. Lett.* **2018**, *20*, 1031-1033.

相关反应： 史一安 (Shi) 不对称环氧化反应；Jacobsen 不对称环氧化反应

（杜宇）

Sharpless 不对称环氧化反应的周维善改良法

Sharpless (夏普莱斯) 不对称环氧化反应 (Sharpless AE)[1]，与 Sharpless 动力学拆分法[2]，自 20 世纪 80 年代问世以来，作为一种重要的不对称合成手段被广泛应用于光学活性烯丙醇与环氧化物的对映选择性合成，这些化合物往往是有机合成中重要的合成砌块[3]。尽管如此，经典的 Sharpless AE 反应自其诞生之日起，就存在着诸多限制与不足，例如部分底物反应时间较长 (如 Z-式烯烃)[4,5]，对叔醇适用性不好[6]，对含酯基的底物不适用[7,8]等问题，因此，有机化学家在拓展其应用的同时，一直努力对其加以改进。迄今为止，公认的重要改进有两次[9,10]，一次是由我国合成化学家周维善先生提出，使用催化量的氢化钙和硅胶的改良法 (式 1)[11,12]，另一次是 Sharpless 课题组报道的使用催化量活化分子筛的改良法[13,14]。前者极大地提高了反应速率，缩短了反应时间；而后者可以使钛酸酯和酒石酸酯的用量减少到催化量，提高对映选择性。这里我们将重点介绍周维善改良法。

$$\underset{R^1}{\overset{R^2\quad R^3}{\diagup\!\!\!\diagdown}}\!\!\!\text{OH} \xrightarrow[\substack{\bullet \text{提高反应速率，缩短反应时间}\\ \bullet \text{不影响收率和立体选择性}}]{\text{Sharpless AE 试剂} + \text{CaH}_2\,(5\sim10\text{ mol\%}) + \text{SiO}_2\,(10\sim15\text{ mol\%})} \underset{R^1}{\overset{R^2\quad R^3}{\diagup\!\!\!\diagdown}}\!\!\!\text{OH} \qquad (1)$$

底物结构对 Sharpless AE 反应速率影响很大，E-式烯烃反应较快，Z-式烯烃则需要几天甚至十几天时间，Z-式烯烃中取代基的位阻越大则转化率越低，这些结果是由于空间位阻影响了羟基与钛酸酯的配合[6]。1985 年，周维善等发现在 Sharpless AE 反应体系中加入催化量的氢化钙 (5~10 mol%) 和硅胶 (10~15 mol%)，可以显著缩短反应时间[11]。如表 1 所示，改良后的反应条件对 Z-式烯丙醇 **1** 和 E-式烯丙醇 **2** 的环氧化反应都起到了加速作用，对反应的对映选择性没有影响。

表 1 周维善改良法对 Sharpless AE 反应速率的影响[11]

化合物	结 构	Sharpless 试剂			改良的 Sharpless 试剂		
		时间/h	产率/%	$[\alpha]_D$	时间/h	产率/%	$[\alpha]_D$
1	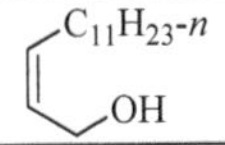C11H23-n OH	144	75	+7.3°	8	74.5	+7.4°
2	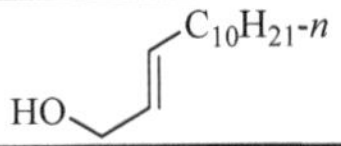C10H21-n HO	72	76~80	+26.5°	6	76.4	+25.9°

周维善改良法中氢化钙的使用导致了 Sharpless AE 反应速率的提高，但同时降低了反应的对映选择性，硅胶虽然对反应速率没有影响，但氢化钙与硅胶配合使用，才可以在提高反应速率的同时，保持反应的对映选择性[11]。

在周维善改良法的诸多应用实例中，尤其值得一提的是天然产物赤霉酸甲酯 (**3**) 的不对称环氧化反应[12,15]。如式 2 所示，经典的 Sharpless AE 反应条件对赤霉酸甲酯 (**3**) 几乎没有作用，而改良后的反应可以在短时间内得到高区域选择性和立体选择性的环氧化物 **4**；这一反应还开创了叔醇[16]和含酯基底物[7]应用于 Sharpless AE 反应的先河。

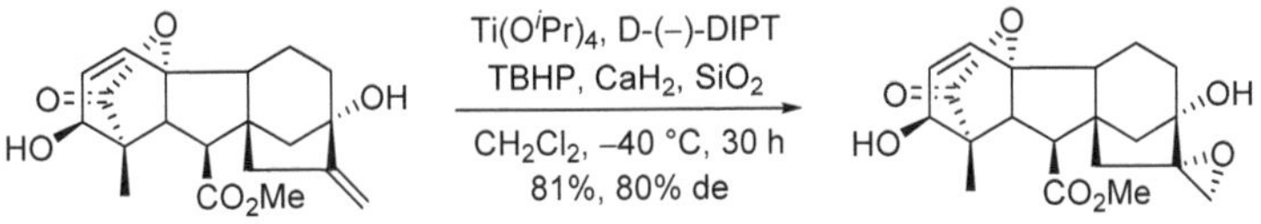

O
O=
HO
OH
CO2Me
Ti(O^iPr)4, D-(−)-DIPT
TBHP, CaH2, SiO2
CH2Cl2, −40 °C, 30 h
81%, 80% de
O
O=
HO
OH
CO2Me
O

3 **4** (2)

除了不对称环氧化反应，周维善改良法还可以用于外消旋的手性烯丙醇，以及一些同时具有配合位点和氧化位点的手性底物的动力学拆分[12]。如图 1 所示，运用周维善改良法，可以对外消旋的 α-糠胺进行动力学拆分，制备光学活性的 α-糠胺[17,18]，并以其作为手性合成砌块应用于天然和非天然氨基酸[19]、哌啶生物碱[20,21]的不对称合成。

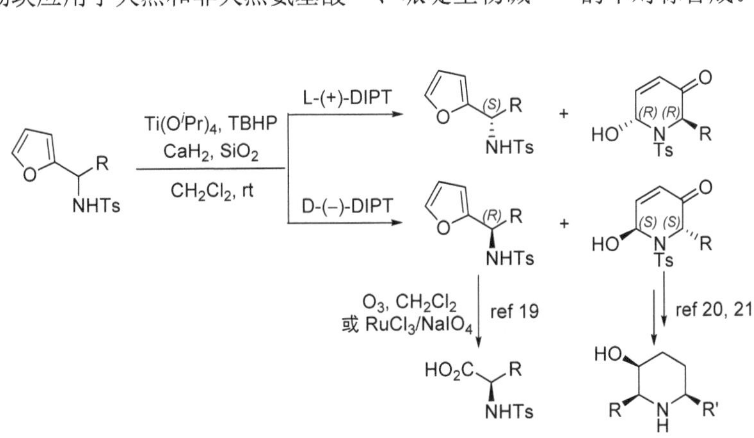

R
NHTs
Ti(O^iPr)4, TBHP
CaH2, SiO2
CH2Cl2, rt
L-(+)-DIPT
D-(−)-DIPT
(S) R
NHTs
+
O
HO
(R) (R)
N
Ts
R
(R) R
NHTs
+
O
HO
(S) (S)
N
Ts
R
O3, CH2Cl2
或 RuCl3/NaIO4
ref 19
ref 20, 21
HO2C
R
NHTs
HO
R
N
H
R'

图 1 Sharpless AE 周维善改良法应用于外消旋 α-糠胺的动力学拆分

环氧化物 **5** 经氧化鲨烯环化酶 (oxidosqualene cyclase) 催化，可以转化为天然产物羊

毛甾醇的类似物 **6** (图 2)。Prestwich 运用 Sharpless AE 的周维善改良法构建了化合物 **5** 的手性环氧[22]。

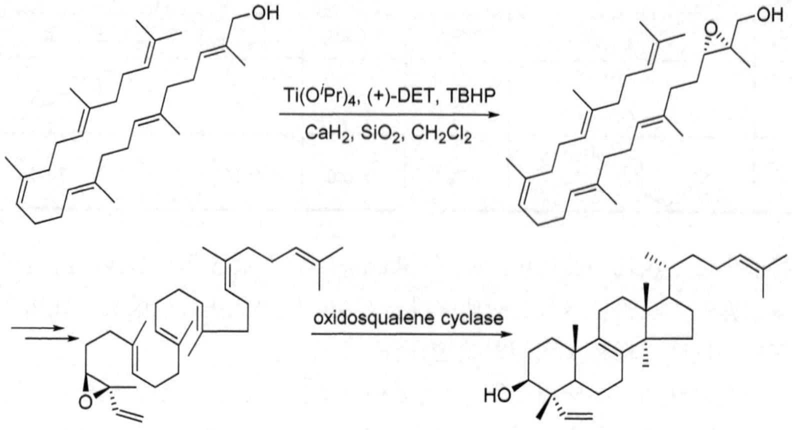

图 2 Sharpless AE 周维善改良法在 lanosterol 类似物合成中的应用

Hubschwerlen 运用 Sharpless AE 的周维善改良法合成了环氧化物 **7**，从这一合成砌块出发制备了光学活性的异羟肟酸衍生物 **8** (式 3)[23]，后者是潜在的肽脱甲酰基酶抑制剂和抗菌试剂。

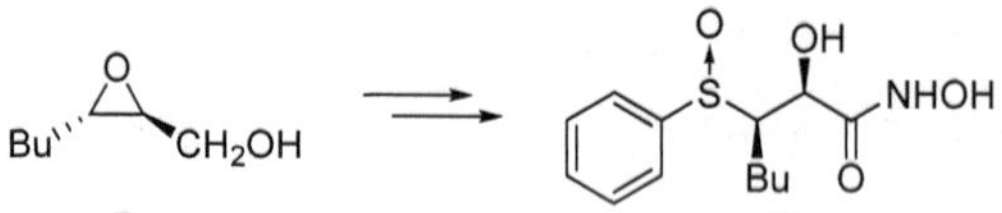

李裕林教授在其合成工作中多次运用周维善改良法[24-28]，合成了诸如大环二萜类环氧化物 (+)-3,4-epoxycembrene A 等许多生物活性分子 (图 3)。

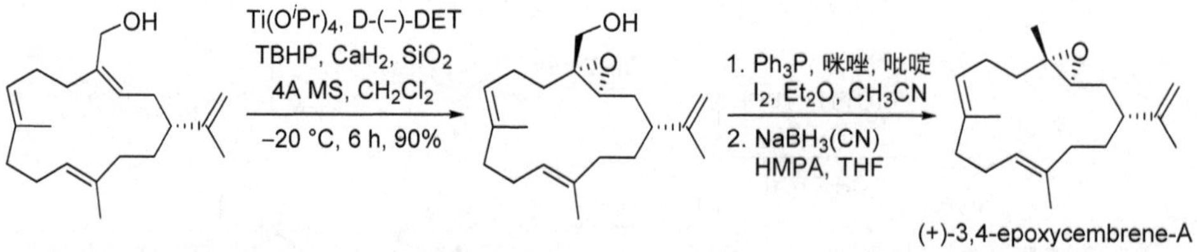

图 3 Sharpless AE 周维善改良法在 (+)-3,4-epoxycembrene A 合成中的应用

黄培强课题组在合成美国白蛾性信息素的生物活性组分的工作中[29]，采用了周维善改良法，将原本 7 天的反应时间缩短到 3 天，有效地降低了因长时间反应可能造成的一些不利影响 (如水分)，提高了合成效率 (图 4)；其后在舞毒蛾性信息素的合成中同样采用了周维善改良法[30]。

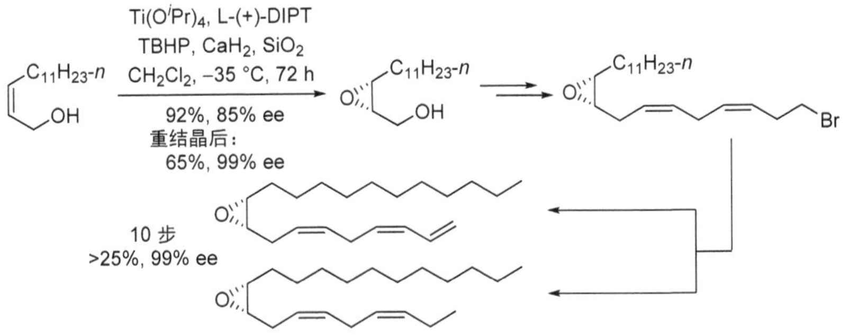

图 4 Sharpless AE 周维善改良法在昆虫性信息素合成中的应用

参考文献

[1] Katsuki, T.; Sharpless, K. B. *J. Am. Chem. Soc.* **1980**, *102*, 5974-5976.
[2] Martin, V. S.; Woodard, S. S.; Katsuki, T.; Yamada, Y.; Ikeda, M.; Sharpless, K. B. *J. Am. Chem. Soc.* **1981**, *103*, 6237-6240.
[3] Heravi, M. M.; Lashaki, T. B.; Poorahmad, N. *Tetrahedron: Asymmetry* **2015**, *26*, 405-495.
[4] Rossiter, B. E.; Katsuki, T.; Sharpless, K. B. *J. Am. Chem. Soc.* **1981**, *103*, 464-465.
[5] Ewing, W. R.; Harris, B. D.; Bhat, K. L.; Joullie, M. M. *Tetrahedron* **1986**, *42*, 2421-2428.
[6] Dittmer, D. C.; Discordia, R. P.; Zhang, Y.-Z.; Murphy, C. K.; Kumar, A.; Pepito, A. S.; Wang, Y.-S. *J. Org. Chem.* **1993**, *58*, 718-731.
[7] Pridgen, L. N.; Shilcrat, S. C.; Lantos, I. *Tetrahedron Lett.* **1984**, *25*, 2835-2838.
[8] Balavoine, G. G. A.; Manoury, E. *Appl. Organomet. Chem.* **1995**, *9*, 199-225.
[9] Jørgensen, K. A. *Chem. Rev.* **1989**, *89*, 431-458.
[10] Tottie, L.; Baeckström, P.; Moberg, C.; Tegenfeldt, J.; Heumann, A. *J. Org. Chem.* **1992**, *57*, 6579-6587.
[11] Wang, Z.-M.; Zhou, W.-S.; Lin, G.-Q. *Tetrahedron Lett.* **1985**, *26*, 6221-6224.
[12] Wang, Z.-M.; Zhou, W.-S. *Tetrahedron* **1987**, *43*, 2935-2944.
[13] Hanson, R. M.; Sharpless, K. B. *J. Org. Chem.* **1986**, *51*, 1922-1925.
[14] Gao, Y.; Hanson, R. M.; Klunder, J. M.; Ko, S. Y.; Masamune, H.; Sharpless, K. B. *J. Am. Chem. Soc.* **1987**, *109*, 5765-5780.
[15] Wang, Z.-M.; Zhou, W.-S. *Synth. Commun.* **1989**, *19*, 2627-2632.
[16] Takano, S.; Iwabuchi, Y.; Ogasawara, K. *Tetrahedron Lett.* **1991**, *32*, 3527-3528.
[17] Zhou, W.-S.; Lu, Z.-H.; Wang, Z.-M. *Tetrahedron Lett.* **1991**, *32*, 1467-1470.
[18] Zhou, W.-S.; Lu, Z.-H.; Wang, Z.-M. *Tetrahedron* **1993**, *49*, 2641-2654.
[19] Zhou, W.-S.; Lu, Z.-H.; Zhu, X.-Y. *Chinese J. Chem.* **1994**, *12*, 378-380.
[20] Lu, Z.-H.; Zhou, W.-S. *Tetrahedron* **1993**, *49*, 4659-4664.
[21] Lu, Z.-H.; Zhou, W.-S. *J. Chem. Soc., Perkin Trans. 1* **1993**, 593-596.
[22] Xiao, X.-Y.; Sen, S. E.; Prestwich, G. D. *Tetrahedron Lett.* **1990**, *31*, 2097-2100.
[23] Apfel, C.; Banner, D. W.; Bur, D.; Dietz, M.; Hirata, T.; Hubschwerlen, C.; Locher, H.; Page, M. G. P.; Pirson, W.; Rossé, G.; Specklin, J. L. *J. Med. Chem.* **2000**, *43*, 2324-2331.
[24] Yue, X.-J.; Li, Y.-L.; Sun, Y.-J. *Bull. Soc. Chim. Belg.* **1995**, *104*, 509-513.
[25] Yue, X.-J.; Li, T.-H.; Li, Y.-L. *Chinese Chem. Lett.* **1995**, *6*, 189-192.
[26] Liu, Z.-S.; Huang, C.-S.; Lan, J.; Li, Y.-L. *Chinese Chem. Lett.* **1998**, *9*, 717-720.
[27] Liu, Z.-S.; Lan, J.; Li, Y.-L. *Chinese Chem. Lett.* **1999**, *10*, 111-112.

[28] Liu, Z.-S.; Li, W.-D. Z.; Li, Y.-L. *Tetrahedron: Asymmetry* **2001**, *12*, 95-100.
[29] Du, Y.; Zheng, J.-F.; Wang, Z.-G.; Jiang, L.-J.; Ruan, Y.-P.; Huang, P.-Q. *J. Org. Chem.* **2010**, *75*, 4619-4622.
[30] Wang, Z.-G.; Zheng, J.-F.; Huang, P.-Q. *Chinese J. Chem.* **2012**, *30*, 23-28.

反应类型： 不对称氧化反应

（杜宇，黄培强）

Sharpless 不对称邻氨基羟基化反应

1996 年，Sharpless 课题组[1]报道了由烯烃高对映选择性制备邻氨基醇的反应。与 Sharpless 不对称邻二羟基化反应 (SAD) 类似，烯烃在催化量的 OsO_4 或 $K_2OsO_2(OH)_4$ 及天然金鸡纳生物碱衍生物配体 $(DHQ)_2$-L 或 $(DHQD)_2$-L (L = PHAL 或 AQN) 存在下，能与氮亲核试剂发生邻氨基羟基化反应 (图 1)，该转化被称为 Sharpless (夏普莱斯) 不对称邻氨基羟基化反应 (Sharpless asymmetric aminohydroxylation, SAA)[1-5]。

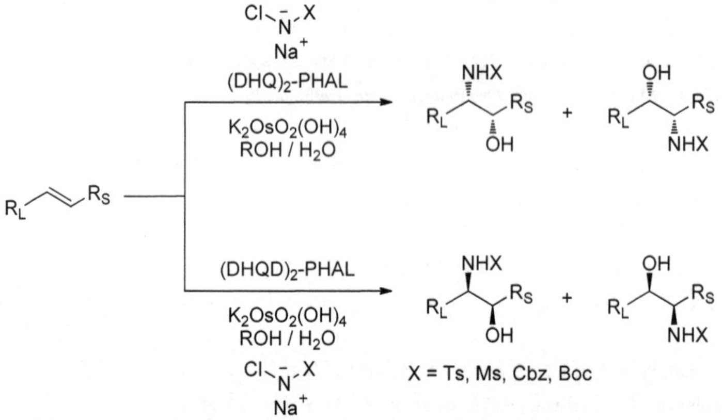

图 1 烯烃的 Sharpless 不对称邻氨基羟基化反应

该反应的立体选择性与 Sharpless 不对称邻二羟基化反应相同，即使用含 DHQD (二氢奎尼定) 的配体将从双键上方 (β 面) 形成邻氨基羟基化产物，而使用含 DHQ (二氢奎宁) 的配体则从双键下方 (α 面) 发生反应。该反应对于不同构型的双键来说，反式双键比顺式双键的反应活性高。

不同于 Sharpless 不对称邻二羟基化反应，该反应对于不同电子性质的双键而言，缺电子的双键比富电子的双键易于反应。此外，由于同时引入了羟基与氨基，因此当两个双键碳上的取代基不同时，存在区域选择性的问题[6]。两种区域异构体的比例将受双键的电子性质、顺反构型、氮亲核试剂和反应溶剂等多种因素影响 (表 1)。这种区域选择性的问题在大多数非对称的烯烃底物中普遍存在，也是制约 Sharpless 不对称邻氨基羟基化广泛应用的主要因素。

表 1 取代基和溶剂对 Sharpless 不对称邻氨基羟基化反应区域选择性的影响

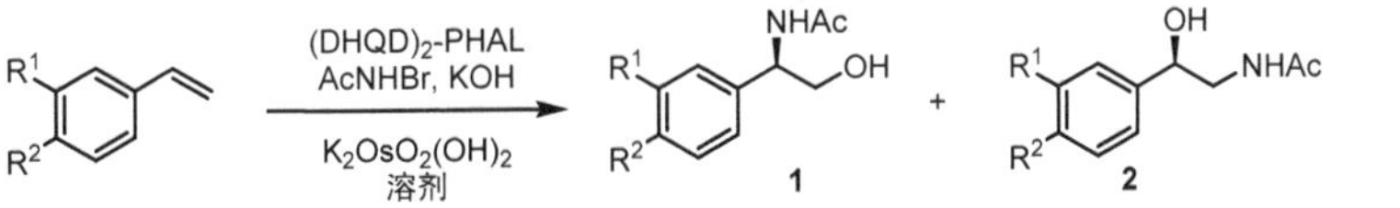

取代基	i-PrOH/H$_2$O 中的产率/% (位置异构体比例 **1**：**2**)	MeCN/H$_2$O 中的产率/% (位置异构体比例 **1**：**2**)
R^1=R^2=H	72 (1.1：1)	55 (1：6.1)
R^1=NO$_2$, R^2=H	78 (1.4：1)	49 (1：2)
R^1=H, R^2=OMe	83 (2.5：1)	76 (1：2.4)

尽管 Sharpless 不对称邻氨基羟基化反应对许多烯烃底物来说只能实现中等的对映选择性，不过由于该反应的产物邻氨基醇大多是结晶性的固体，因此在许多情况下可以通过重结晶的方法显著提高产物的光学纯度 (表 2)。

表 2 一些烯烃的 Sharpless 邻氨基羟基化反应

烯　烃	配　体	邻氨基羟基化产物	ee/%[①]
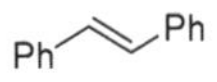 Ph～Ph	(DHQ)$_2$-PHAL	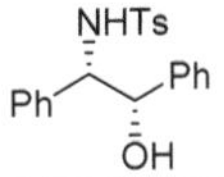 Ph-CH(NHTs)-CH(OH)-Ph	62 (99)
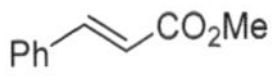 Ph～CO$_2$Me	(DHQD)$_2$-PHAL	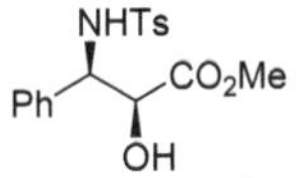 Ph-CH(NHTs)-CH(OH)-CO$_2$Me	75
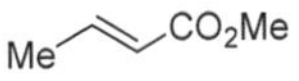 Me～CO$_2$Me	(DHQ)$_2$-PHAL	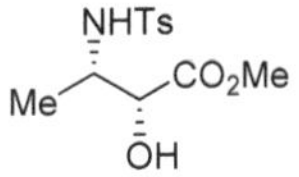 Me-CH(NHTs)-CH(OH)-CO$_2$Me	74
 环己烯	(DHQD)$_2$-PHAL	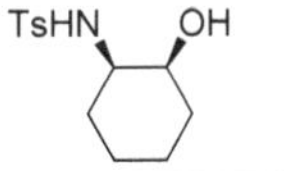 反式-2-TsHN-环己醇	45 (99)

① 括号内为重结晶后的 ee 值。

Sharpless 不对称邻氨基羟基化反应的催化机理如图 2 所示，首先锇催化剂与氮亲核试剂反应生成八价锇亚胺物种，随后与底物烯烃在手性配体的控制下发生形式上的 [3+2] 环加成，产生六价氮杂锇酸酯中间体，最后被另一分子的氮亲核物种氧化并水解为顺式邻氨基醇，同时再生锇亚胺物种[7-10]。

虽然 Sharpless 不对称邻氨基羟基化反应不尽完善，但由于其能高效地从简单烯烃只经一步反应得到手性邻氨基醇，后者是合成化学中的重要中间体，因此该反应在不对称合成中已经得到了许多成功应用[11]。其中最具代表性的例子是以反式肉桂酸甲酯为原料的邻

氨基羟基化反应 (式 1)，它是合成抗癌药物紫杉醇 β-氨基酸侧链的最简便路径之一[12]。

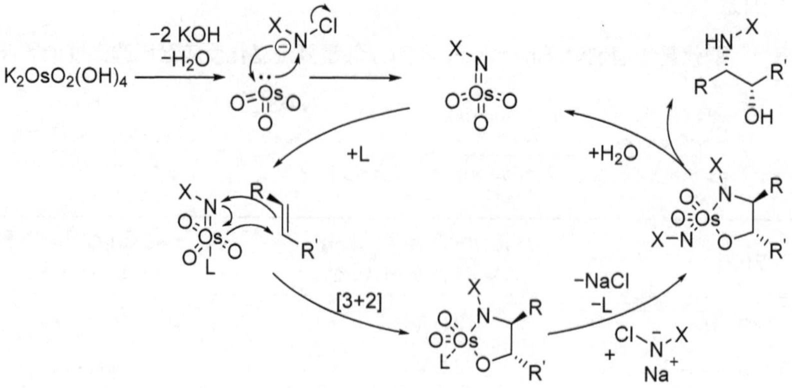

图 2　Sharpless 不对称邻氨基羟基化反应的催化机理

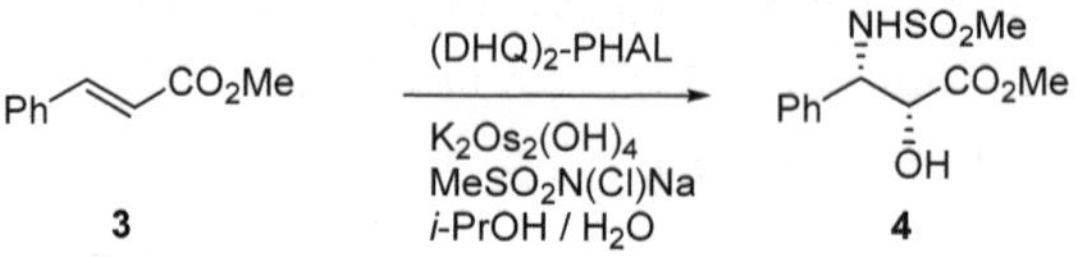

3　　4　　(1)

抗细胞有丝分裂的天然环肽 ustiloxin D 的全合成是 Sharpless 不对称邻氨基羟基化反应的另一成功应用。反式肉桂酸乙酯衍生物 **5** 在$(DHQD)_2$-AQN 催化下发生不对称邻氨基羟基化反应，得到重要中间体 **6**[13]，后者是合成 ustiloxin D (**7**) 的高级中间体 (式 2)。

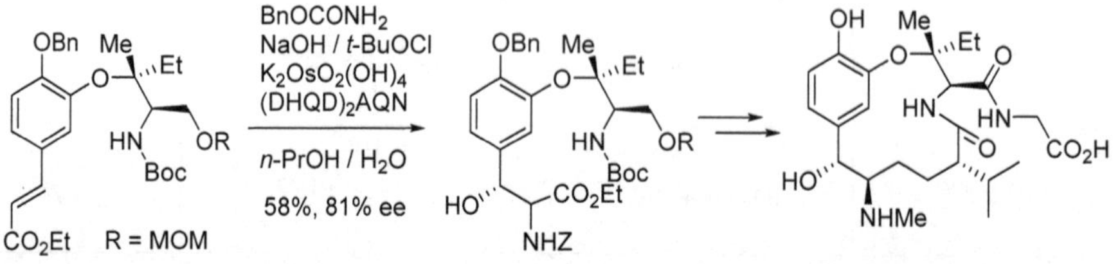

5　　6　　ustiloxin D (**7**)　　(2)

Biswanath Das 小组通过 Sharpless 不对称邻氨基羟基化反应一步实现了二取代烯烃 **8** 的双官能化得到氨基醇 **9**。以 **9** 作为共同中间体，他们实现了三种抗菌氨基醇 crucigasterin A (**10**)、crucigasterin B (**11**) 和 crucigasterin D (**12**) 的全合成 (式 3)[14]。

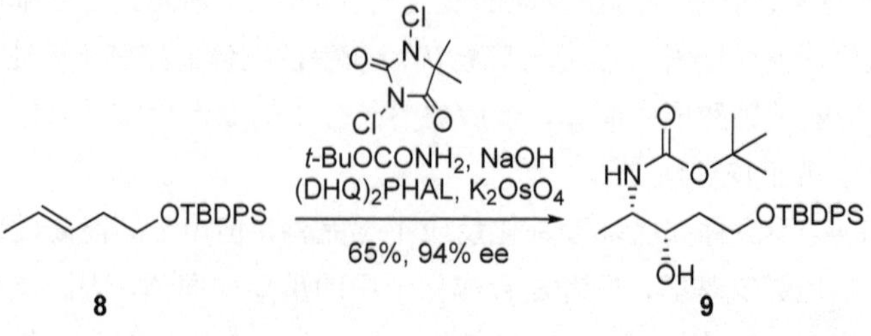

8　　9

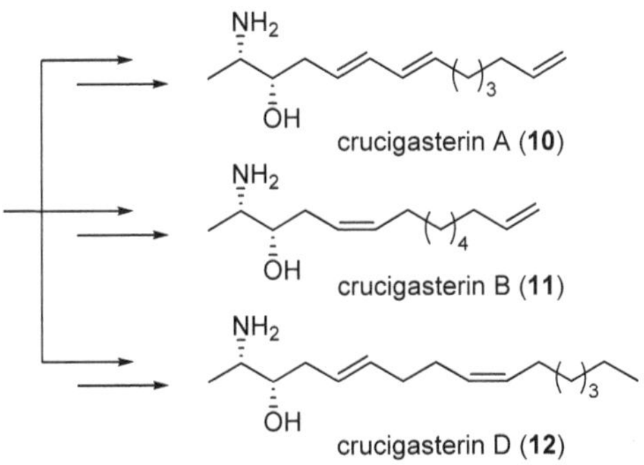

Dale L. Boger 小组在利托菌素 ristocetin 糖苷配基 (**17**) 的合成中，经 Sharpless 不对称羟基氨基化反应高效制备了 F 环 (**16**) 与 G 环 (**14**) 合成砌块 (式 4)[15]。

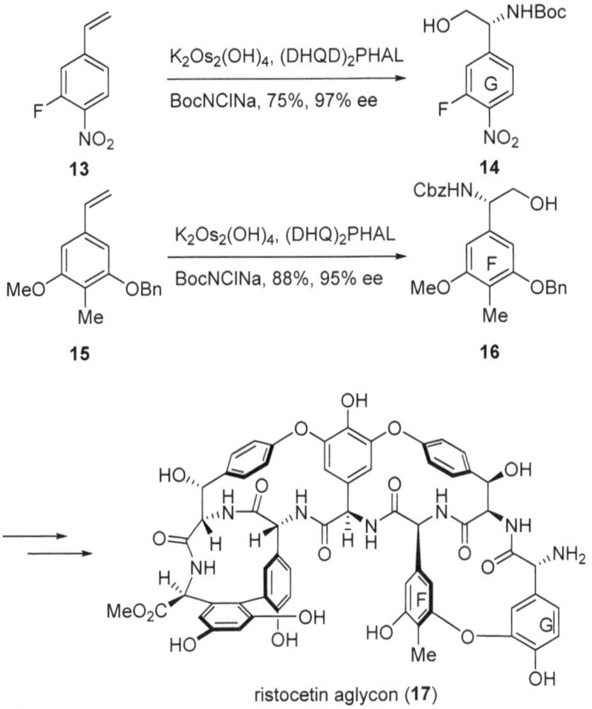

Akira Matsuda 小组在对潜在抗肺结核药物 caprazol (**20**) 的合成中，Sharpless 不对称羟基氨基化反应被用于构建核心骨架 **19** (式 5)[16]。

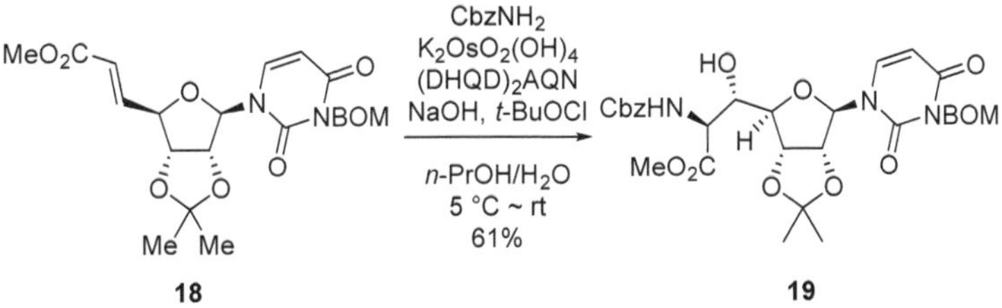

(+)-caprazol (**20**) (5)

参考文献

[1] Li, G.; Chang, H.; Sharpless, K. B. *Angew. Chem. Int. Ed.* **1996**, *35*, 451-454.
[2] Sharpless, K. B.; Patrick, D. W.; Truesdale, L. K.; Biller, S. A. *J. Am. Chem. Soc.* **1975**, *97*, 2305-2307.
[3] Herranz, E.; Sharpless, K. B. *J. Org. Chem.* **1978**, *43*, 2544-2548.
[4] Rubin, A. E.; Sharpless, K. B. *Angew. Chem. Int. Ed.* **1997**, *36*, 2637-2640.
[5] Merriam, J. *Int. J. Dev. Biol.* **1998**, *42*, 525-527.
[6] Nilov, D.; Reiser, O. *Adv. Synth. Catal.* **2002**, *344*, 1169-1173.
[7] Rudolph, J.; Sennhenn, P. C.; Vlaar, C. P.; Sharpless, K. B. *Angew. Chem. Int. Ed.* **1996**, *35*, 2810-2813.
[8] Han, H.; Cho, C.-W.; Janda, K. D. *Chem. - A Eur. J.* **1999**, *5*, 1565-1569.
[9] Demko, Z. P.; Bartsch, M.; Sharpless, K. B. *Org. Lett.* **2000**, *2*, 2221-2223.
[10] Wuts, P. G. M.; Anderson, A. M.; Goble, M. P.; Mancini, S. E.; Vanderroest, R. J. *Org. Lett.* **2000**, *2*, 2667-2669.
[11] Bodkin, J. A.; McLeod, M. D. *J. Chem. Soc., Perkin Trans. 1* **2002**, *24*, 2733-2746.
[12] Guigen, L.; Sharpless, K. B. *Acta Chem. Scand.* **1996**, *50*, 649-651.
[13] Cao, B.; Park, H.; Joullie, M. M. *J. Am. Chem. Soc.* **2002**, *124*, 520-521.
[14] Kumar, J. N.; Das, B. *Tetrahedron Lett.* **2013**, *54*, 3865-3867.
[15] Crowley, B. M.; Mori, Y.; McComas, C. C.; Tang, D.; Boger, D. L. *J. Am. Chem. Soc.* **2004**, *126*, 4310-4317.
[16] Hirano, S.; Ichikawa, S.; Matsuda, A. *Angew. Chem. Int. Ed.* **2005**, *44*, 1854-1856.

（张延东）

Sharpless 不对称邻二羟基化反应

1988 年，Sharpless 课题组[1]发现在手性的天然金鸡纳生物碱衍生物配体和 OsO_4 催化下，烯烃能被 $K_3Fe(CN)_6$ 或 NMO 高对映选择性地氧化为相应的邻二醇化合物，该转化被称为 Sharpless（夏普莱斯）不对称邻二羟基化反应 (Sharpless asymmetric dihydroxylation, SAD)[1-4]。最经典的手性配体为 (DHQ)$_2$-PHAL (**1**，二氢奎宁衍生物) 和 (DHQD)$_2$-PHAL（**2**，二氢奎尼定衍生物），其中高毒性的 OsO_4 可用 $K_2OsO_2(OH)_4$ 替代。商品化的不对称邻二羟基化试剂为上述试剂按照一定比例的混合物，即 AD-mix-α [含

(DHQ)$_2$-PHAL] 和 AD-mix-β [含 (DHQD)$_2$-PHAL]，如图 1 所示，它们可分别实现不同的面选择性[5]。

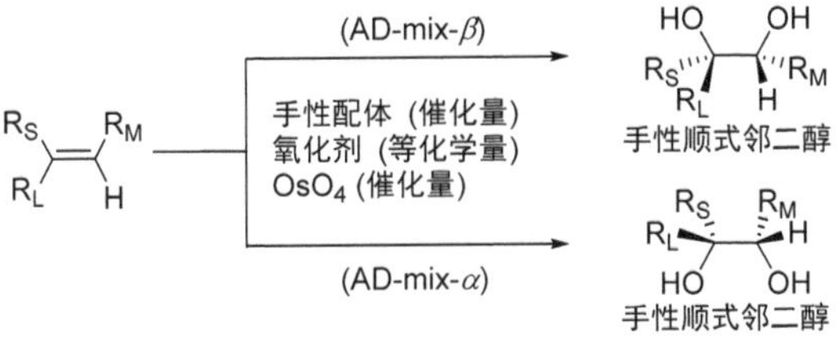

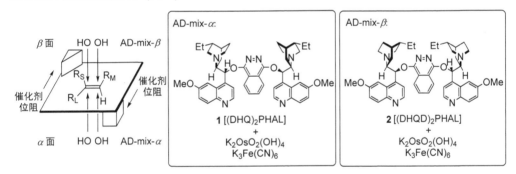

图 1　烯烃的 Sharpless 不对称邻二羟基化反应

该反应的立体选择性可按如下规则进行预测：将烯烃双键上的取代基按相对体积 (R_L、R_M 和 R_S 分别代表大、中和小基团) 依照图 2 所示的方式排列，使用 (DHQD)$_2$-PHAL 配体 (AD-mix-β) 将得到从双键上方 (β 面) 发生邻二羟基化的产物；使用 (DHQ)$_2$-PHAL 配体 (AD-mix-α) 则得到相反方向 (α 面) 发生邻二羟基化的产物[6]。尽管对该反应立体选择性的催化机理仍不甚清楚，但一般认为，配体的位阻是反应具有出色立体选择性的主要原因 (图 2)。

图 2　Sharpless 不对称邻二羟基化的立体选择性示意图

表 1 列出了一些多取代烯烃的不对称邻二羟基化结果。除了反应面的选择性外，还存在反应位置选择性等差异：①富电子的双键比缺电子的易于发生反应；②反式烯烃比顺式烯烃易于发生反应；③对于顺式二取代烯烃具有中等的立体选择性[7]；④双键比三键的反应活性高。

表 1　一些烯烃的不对称邻二羟基化

烯　烃	配　体	邻二羟基化产物	ee/%
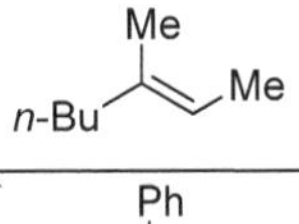 n-Bu, Me, Me (烯烃)	(DHQD)$_2$-PHAL	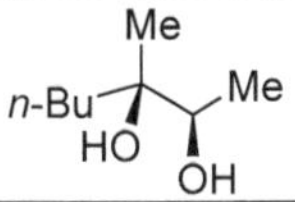 n-Bu, Me, Me, HO, OH (二醇)	98
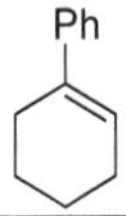 Ph-环己烯	(DHQ)$_2$-PHAL	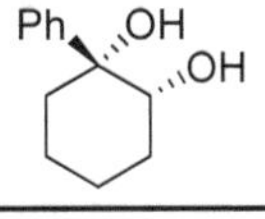 Ph, OH, OH-环己烷	98

续表

烯 烃	配 体	邻二羟基化产物	ee/%
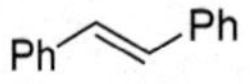 Ph-CH=CH-Ph	(DHQD)$_2$-PHAL	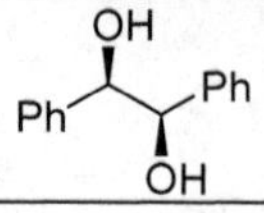 Ph-CH(OH)-CH(OH)-Ph	>99
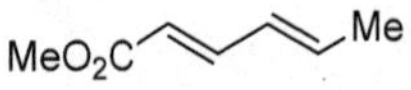 MeO$_2$C-CH=CH-CH=CH-Me	(DHQD)$_2$-PHAL	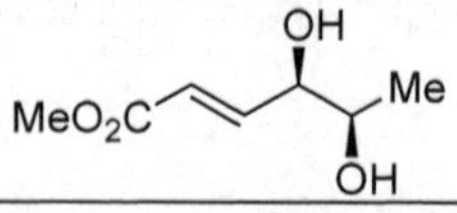 MeO$_2$C-CH=CH-CH(OH)-CH(OH)-Me	92
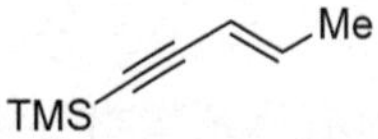 TMS-C≡C-CH=CH-Me	(DHQD)$_2$-PHAL	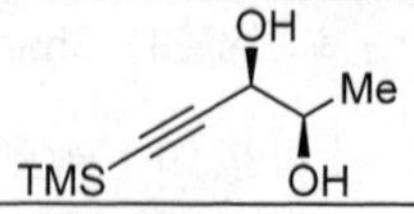 TMS-C≡C-CH(OH)-CH(OH)-Me	93
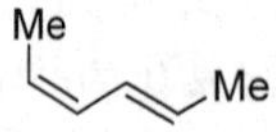 Me-CH=CH-CH=CH-Me (cis)	(DHQD)$_2$-PHAL	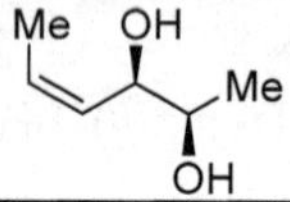 Me-CH=CH-CH(OH)-CH(OH)-Me	98

Sharpless 不对称邻二羟基化反应的催化机理如图 3 所示[8-11],锇催化剂与手性配体形成的八价锇配合物与底物烯烃在手性配体的控制下发生形式上的 [3+2] 环加成反应,产生的六价锇酸酯中间体随后经水解生成顺式邻二醇,同时经氧化再生八价锇催化剂[12]。

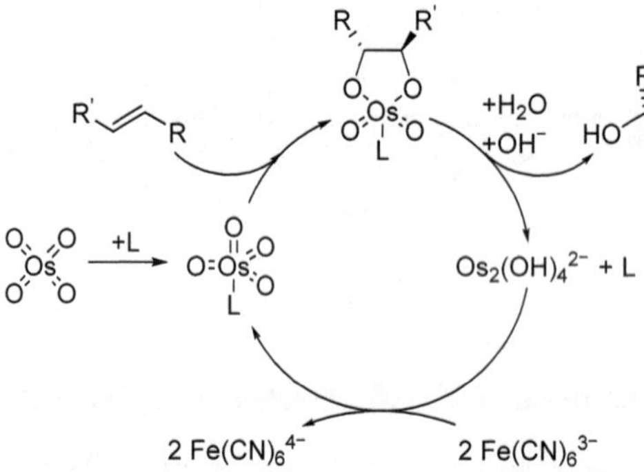

图 3　Sharpless 不对称邻二羟基化反应的催化机理

Sharpless 邻二羟基化商品试剂具有易于操作、后处理方便的特点[13],对于多种底物都有较好的选择性与收率。由 Sharpless 邻二羟基化得到的光学活性邻二醇是有机合成中非常重要的合成中间体。因此,该反应在不对称合成中得到了广泛的应用[14,15]。例如,烯烃 **3** 经 Sharpless 邻二羟基化反应得到用于合成昆虫信息素 (+)-*exo*-brevicomin (**5**) 的手性邻二醇中间体 **4** (式 1)[4]。

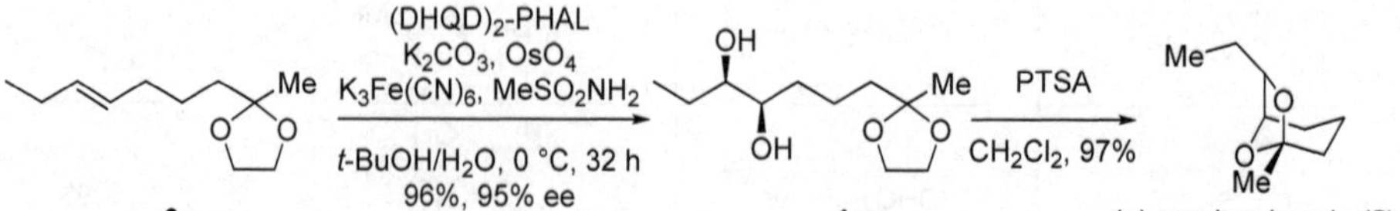

$$\text{3} \xrightarrow[\substack{\text{K}_2\text{CO}_3,\ \text{OsO}_4 \\ \text{K}_3\text{Fe(CN)}_6,\ \text{MeSO}_2\text{NH}_2 \\ t\text{-BuOH/H}_2\text{O},\ 0\ ^\circ\text{C},\ 32\ \text{h} \\ 96\%,\ 95\%\ ee}]{\text{(DHQD)}_2\text{-PHAL}} \textbf{4} \xrightarrow[\text{CH}_2\text{Cl}_2,\ 97\%]{\text{PTSA}} \text{(+)-}exo\text{-brevicomin}\ (\textbf{5}) \quad (1)$$

2013 年,Rich G. Carter 小组完成了海洋大环内酯 amphidinolides C (**8**) 与 F (**9**) 的全

合成,通过包括 Sharpless 不对称邻二羟基化等几步高效反应构建了两种天然产物的共有结构单元[16]。

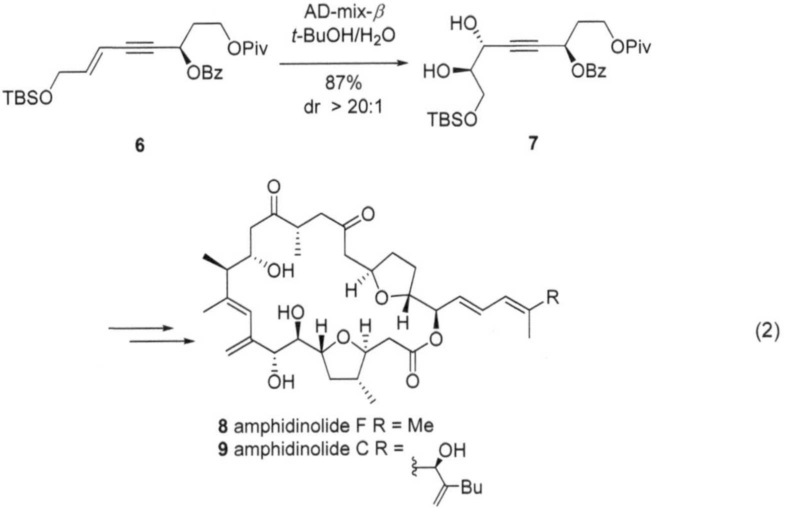

$$6 \xrightarrow[\substack{t\text{-BuOH/H}_2\text{O} \\ 87\% \\ dr > 20:1}]{\text{AD-mix-}\beta} 7$$

$$\longrightarrow \quad \mathbf{8} \text{ amphidinolide F } R = Me \quad \mathbf{9} \text{ amphidinolide C } R = \text{(侧链)} \tag{2}$$

2015 年,Jon S. Thorson 小组在弱碱 NaHCO$_3$ 存在下,使用 AD-mix-β 实现了不稳定烯酯底物 **10** 的邻二羟基化,完成灰色链霉菌与海洋放线菌 *Nocardiopsis* sp. 的吡喃并萘醌类次级代谢产物 griseusin A、griseusin C 及其衍生物的首次不对称全合成 (式 3)[17]。

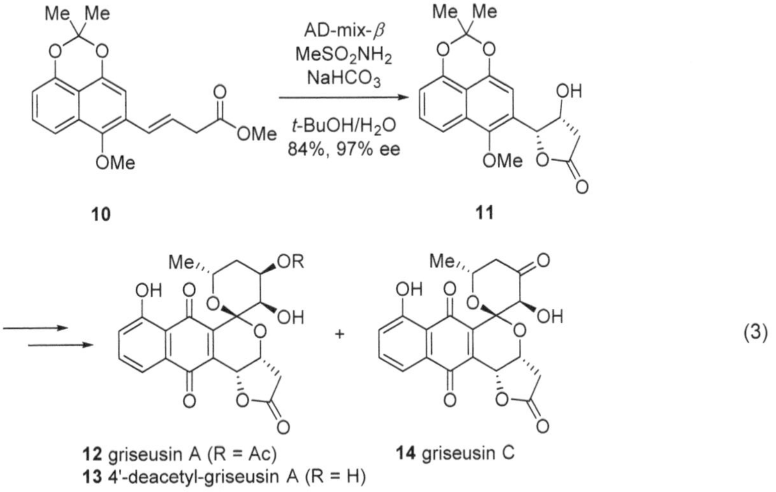

$$10 \xrightarrow[\substack{\text{MeSO}_2\text{NH}_2 \\ \text{NaHCO}_3 \\ t\text{-BuOH/H}_2\text{O} \\ 84\%, 97\% \text{ ee}}]{\text{AD-mix-}\beta} 11$$

$$\longrightarrow \quad \begin{array}{c} \mathbf{12} \text{ griseusin A } (R = Ac) \\ \mathbf{13} \text{ 4'-deacetyl-griseusin A } (R = H) \end{array} + \mathbf{14} \text{ griseusin C} \tag{3}$$

2015 年,童荣标小组在对海洋天然产物新型西柏烷二萜 (+)-uprolide G acetate (**17**) 的全合成研究中,从烯酯 **15** 出发经一步双羟基化-内酯化串联反应立体选择性地构建了五元环内酯 **16** (式 4)[18]。

2017 年,Phil S. Baran 小组创造性地采用"两相合成策略"实现了 (−)-毒胡萝卜素 (**20**) 的全合成,其中氧化步骤中是以 AD-mix-β 为双羟基化试剂,将烯 **18** 氧化为邻二醇 **19** (式 5)[19]。

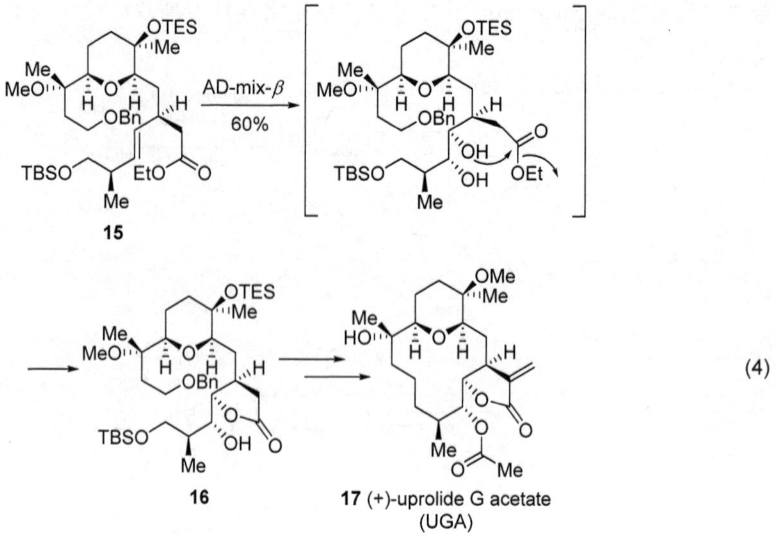

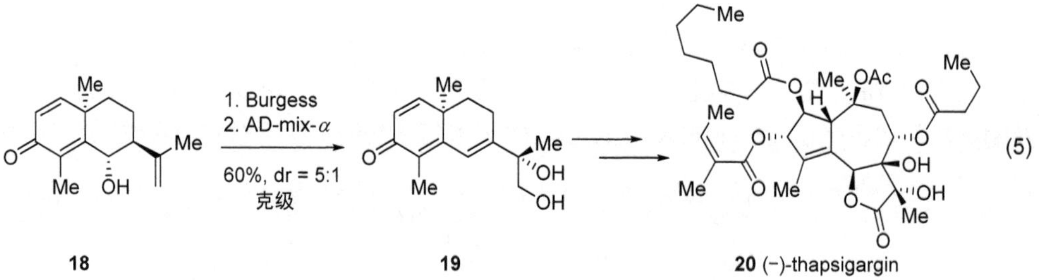

2017 年，Reinhard Brückner 小组报道了 (+)-γ-放线紫红素 (**23**) 的首次不对称全合成路线 (式 6)，他们同样采用不对称双羟基化串联内酯化的策略构建五元内酯环[20]。

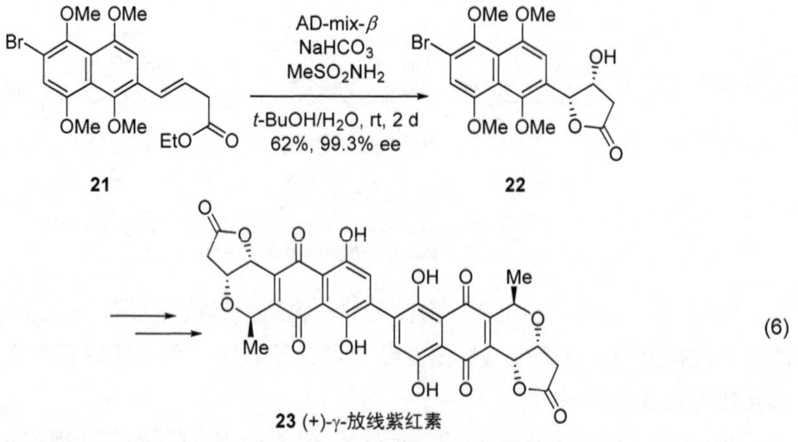

2018 年，Rolf Müller 小组在仿生合成土壤细菌 *Myxococcus* sp. 次级代谢产物 chloromyxamide A (**26**) 的路线中，将端烯 **24** 转化为对应的邻二醇 **25** 是 Sharpless 不对

称双羟化反应的又一成功应用 (式 7)[21]。

$$\underset{24}{\text{BnO}\underset{\text{CbzHN}}{\overset{\text{OMe}}{\diagdown}}\diagup\diagdown\diagup\diagdown\diagup^{\diagup}} \xrightarrow[\substack{n\text{-PrOH, 4.5 h} \\ 96\%,\ dr = 80:20}]{\substack{K_2CO_3 \\ K_3[Fe(CN)_6] \\ (DHQD)_2Pyr \\ K_2OsO_4}} \underset{25}{\text{BnO}\underset{\text{CbzHN}}{\overset{\text{OMe}}{\diagdown}}\diagup\diagdown\diagup\underset{\text{OH}}{\overset{\text{OH}}{\diagdown}}\diagup\text{OH}} \longrightarrow \underset{26\ \text{chloromyxamide A}}{\text{结构}} \qquad (7)$$

参考文献

[1] Jacobsen, E. N.; Markó, I.; Mungall, W. S.; Schröder, G.; Sharpless, K. B. *J. Am. Chem. Soc.* **1988**, *110*, 1968-1970.

[2] Hentges, S. G.; Sharpless, K. B. *J. Am. Chem. Soc.* **1980**, *102*, 4263-4265.

[3] Wai, J. S. M.; Markó, I.; Svendsen, J. S.; Finn, M. G.; Jacobsen, E. N.; Sharpless, K. B. *J. Am. Chem. Soc.* **1989**, *111*, 1123-1125.

[4] Kolb, H. C.; VanNieuwenhze, M. S.; Sharpless, K. B. *Chem. Rev.* **1994**, *94*, 2483-2547.

[5] Sharpless, K. B.; Amberg, W.; Bennani, Y. L.; Crispino, G. A.; Hartung, J.; Jeong, K. S.; Kwong, H. L.; Morikawa, K.; Wang, Z. M.; Xu, D.; et al. *J. Org. Chem.* **1992**, *57*, 2768-2771.

[6] Corey, E. J.; Guzman-Perez, A.; Noe, M. C. *J. Am. Chem. Soc.* **1995**, *117*, 10805-10816.

[7] Becker, H.; Soler, M. A.; Barry Sharpless, K. *Tetrahedron* **1995**, *51*, 1345-1376.

[8] Kolb, H. C.; Sharpless, K. B. *J. Am. Chem. Soc.* **1997**, *119*, 1840-1858.

[9] Corey, E. J.; Noe, M. C.; Sarshar, S. *Tetrahedron Lett.* **1994**, *35*, 2861-2864.

[10] Corey, E. J.; Noe, M. C. *J. Am. Chem. Soc.* **1993**, *115*, 12579-12580.

[11] Gobel, T.; Sharpless, K. B. *Angew. Chem. Int. Ed.* **1993**, *32*, 1329-1331.

[12] Corey, E. J.; Noe, M. C. *J. Am. Chem. Soc.* **1996**, *118*, 319-329.

[13] Javier Gonzalez, Christine Aurigemma, L. T. *Org. Synth.* **2002**, *79*, 93.

[14] Cha, J. K.; Kim, N. S. *Chem. Rev.* **1995**, *95*, 1761-1795.

[15] Heravi, M. M.; Zadsirjan, V.; Esfandyari, M.; Lashaki, T. B. *Tetrahedron Asymmetry* **2017**, *28*, 987-1043.

[16] Mahapatra, S.; Carter, R. G. *J. Am. Chem. Soc.* **2013**, *135*, 10792-10803.

[17] Zhang, Y.; Ye, Q.; Wang, X.; She, Q. B.; Thorson, J. S. *Angew. Chem. Int. Ed.* **2015**, *54*, 11219-11222.

[18] Zhu, L.; Liu, Y.; Ma, R.; Tong, R. *Angew. Chem. Int. Ed.* **2015**, *54*, 627-632.

[19] Chu, H.; Smith, J. M.; Felding, J.; Baran, P. S. *ACS Cent. Sci.* **2017**, *3*, 47-51.

[20] Neumeyer, M.; Brückner, R. *Angew. Chem. Int. Ed.* **2017**, *56*, 3383-3388.

[21] Gorges, J.; Panter, F.; Kjaerulff, L.; Hoffmann, T.; Kazmaier, U.; Müller, R. *Angew. Chem. Int. Ed.* **2018**, *57*, 14270-14275.

(张延东)

史一安不对称环氧化反应

史一安 (Shi) 不对称环氧化反应是利用果糖和葡萄糖等天然产物所衍生的手性酮作为催化剂，对各类非官能团化烯烃进行的不对称环氧化反应。

利用手性酮催化烯烃的不对称环氧化反应最早是由 Curci 研究组于 1984 年报道的[1]。随后十几年里,有许多研究小组开发出各种手性酮应用于烯烃的不对称环氧化,但均未得到令人满意的 ee 值。1996 年左右,杨丹研究组[2]和史一安研究组[3]分别利用催化量的联萘基衍生的手性酮和 D-果糖衍生的手性酮作为催化剂,用于各类非官能团化烯烃的不对称环氧化反应,均得到了较高的 ee 值。其中史一安不对称环氧化反应因为催化剂的容易制备以及对烯烃环氧化的高 ee 值,为烯烃的不对称环氧化提供了一种简单、高效的方法,从而受到合成化学家的青睐。

手性酮催化的烯烃不对称环氧化反应的机理如图 1 所示,其中过硫酸氢钾制剂作为供氧剂,二氧杂环丙烷 (dioxirane) 作为具有催化活性的关键中间体,催化各类烯烃的环氧化。

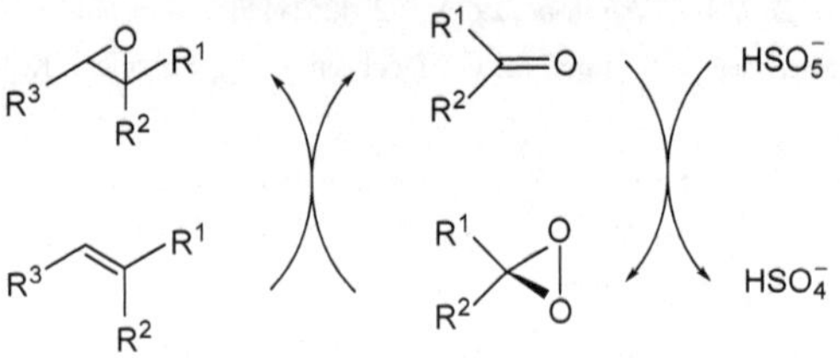

图 1　手性酮催化的烯烃不对称环氧化反应的机理

史一安研究组利用 D-果糖为起始原料,经过保护和氧化两步简单反应得到手性酮 1 (式 1)。酮 1 作为手性催化剂,利用过硫酸氢钾制剂作为氧化剂对反式二取代烯烃[4]、三取代烯烃[4]、二烯[5]、烯炔[6]以及羟基烯烃[7]的不对称环氧化均能获得很高的 ee 值,并且对底物烯烃的官能团兼容性较好,如图 2 所示。

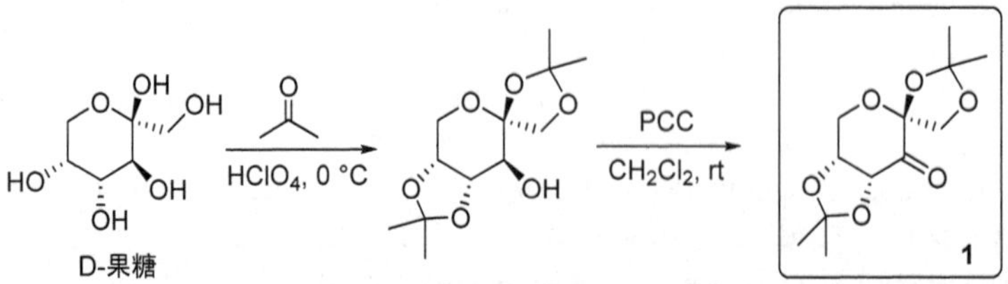

当烯烃底物中有硅醚、缩醛、氯取代基和酯基等其它官能团时,催化剂酮 1 仍表现出优异的催化活性。但是酮 1 对顺式烯烃和末端烯烃的不对称环氧化效果并不好,例如对于顺式 β-甲基苯乙烯和苯乙烯只得到 39% ee 和 24% ee。

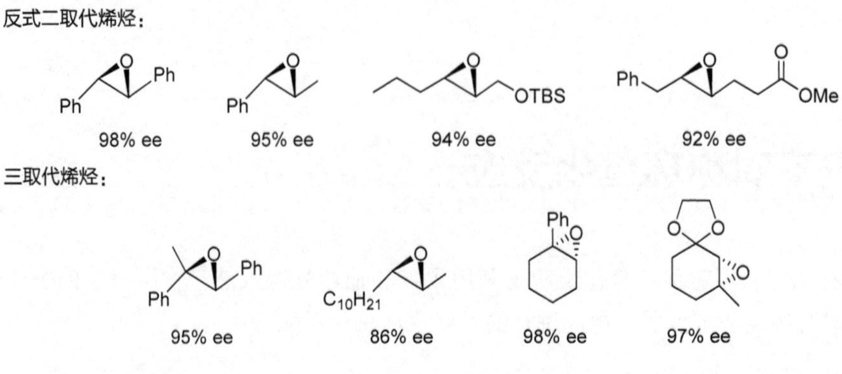

反式二取代烯烃:

98% ee　　95% ee　　94% ee　　92% ee

三取代烯烃:

95% ee　　86% ee　　98% ee　　97% ee

羟基烯烃：

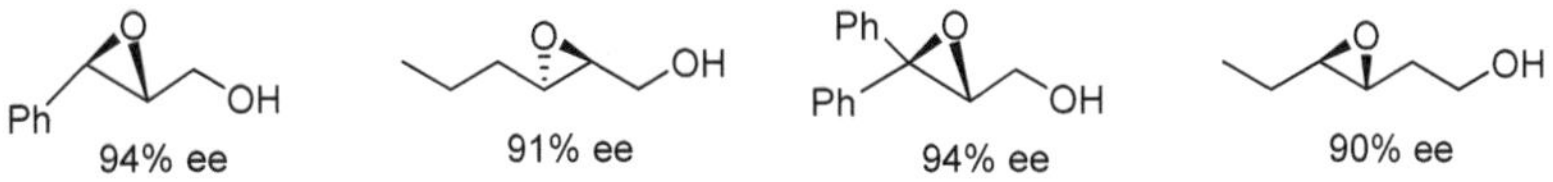

| 94% ee | 91% ee | 94% ee | 90% ee |

二烯、烯炔：

| 97% ee | 95% ee | 96% ee | 93% ee |

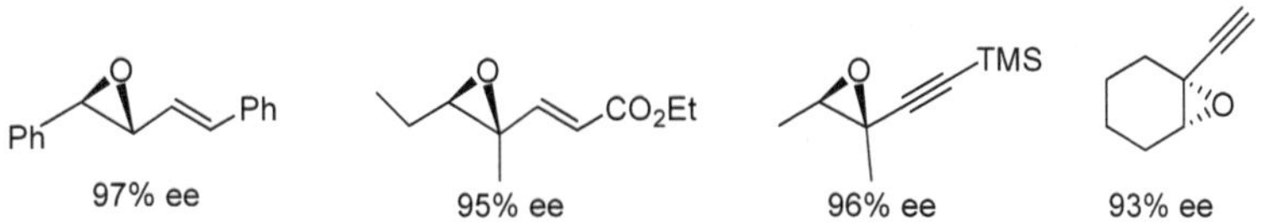

图 2　酮 1 对不同类型烯烃的不对称环氧化结果

在史一安不对称环氧化反应中，体系的 pH 是影响环氧化产率的一个很重要因素。较高的 pH 值将会导致过硫酸氢钾制剂的自身分解，从而降低环氧化的产率。但是当体系的 pH 值降低到 7~8 时，需要增加催化剂 1 的用量来提高烯烃不对称环氧化的产率。根据史一安不对称环氧化的催化循环过程 (如图 3 所示)，酮 1 催化的不对称环氧化过程中，部分中间体 2 可能发生了 Baeyer-Villiger 氧化而使催化剂失效，因此提高体系的 pH 值有利于生成负离子形式的中间体 3，进一步生成具有催化活性的关键中间体 4，从而提高了催化剂的催化效率，并且可以降低催化剂的用量。同时，实验结果表明在较高的 pH 值下，过硫酸氢钾制剂的自身分解与催化剂有效利用率的提高相比较，前者对环氧化产率的影响可以忽略。

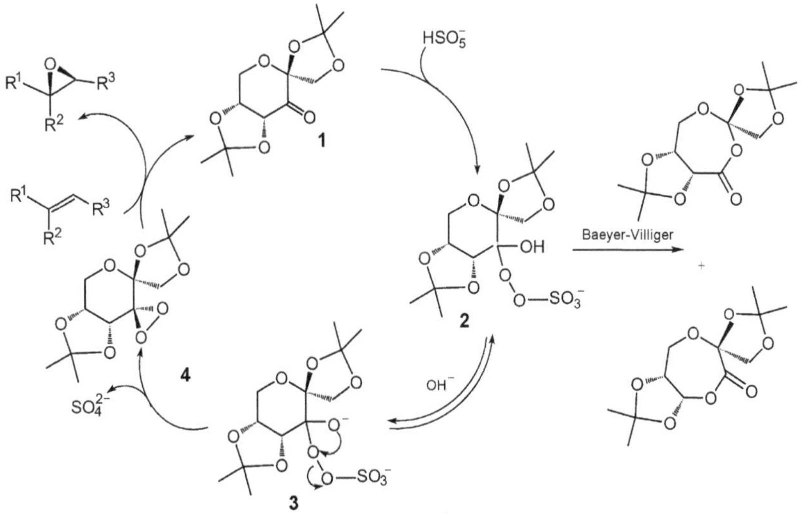

图 3　史一安不对称环氧化的催化循环

由此可见，在史一安不对称环氧化过程中，有效地阻止副反应 Baeyer-Villiger 氧化的发生，可以大大减少催化剂的用量和提高烯烃环氧化的产率。在 Baeyer-Villiger 氧化中，决定基团迁移的最关键因素是电子因素，而降低手性酮 1 羰基 α-位碳的电子云密度，可以有效地避免 Baeyer-Villiger 氧化的发生。据此，史一安研究组在 2001 年，由 D-果糖作为起始原料，经过几步合成得到手性酮 **5**，以 1~5 mol% 的手性酮 **5** 作为催化剂，作用于各类反式二取代烯烃和三取代烯烃的不对称环氧化，得到较高的产率和 ee 值[8]。同理，史一安研究组将手性酮 **6** 用于 α,β-不饱和酯的不对称环氧化，也得到了很好的结果[9] (图 4)。而利用催化剂酮 **1** 对这类烯烃进行不对称环氧化时，未能得到满意的结果，手性酮 **6** 的应用，使得 α,β-不饱和酯的不对称环氧化这一问题得到解决。

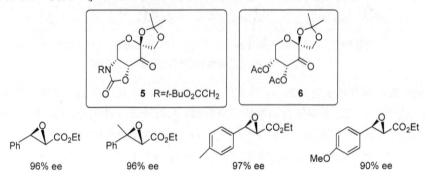

图 4　手性酮 **6** 催化的 α,β-不饱和酯的不对称环氧化结果

手性酮催化的不对称环氧化反应有两种过渡态模式：spiro 和 planar[10]，如图 5 所示。经过 Baumstark 等人的实验结果[11]和 Bach 等人的理论计算[12]，认为 spiro 过渡态模式为最佳模式。依此，可以更好地推测史一安不对称环氧化反应中产物的立体构型，以及设计更为有效的催化剂。

图 5　手性酮催化的不对称环氧化反应的两种过渡态模式

2000 年，史一安研究组由 D-葡萄糖为起始原料得到手性酮 **7**[13]。将酮 **7** 用于顺式烯烃和末端烯烃的不对称环氧化，得到比较好的结果 (图 6)。机理研究表明，在此环氧化过程中，手性酮 **7** 和底物烯烃之间的电子作用对于顺式烯烃和末端烯烃环氧化的对映选择性起了至关重要的作用。这一结果很好地补充了酮 **1** 对于顺式烯烃和末端烯烃不对称环氧化的不足之处。

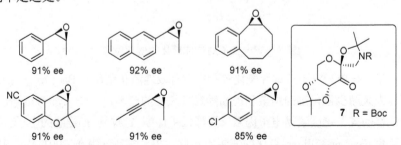

图 6　手性酮 **7** 催化的顺式烯烃和末端烯烃的不对称环氧化结果

2008 年，史一安研究组报道了利用含有吗啉酮的手性酮 **8** 作为不对称环氧化的催化剂，结果表明该催化剂对于 1,1-二取代的苯乙烯类末端烯烃化合物可获得高达 88% ee 值的环氧化产物 (图 7)[14]。

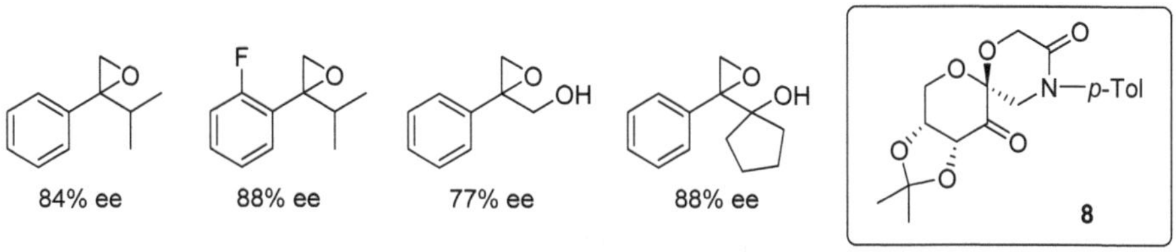

图 7 手性酮 8 催化的不对称环氧化结果

史一安不对称环氧化已经被广泛应用于各类天然产物和药物中间体的合成。例如 pladienolide B 和 pladienolide D 分子的合成中[15]，利用手性酮 **1** 作为催化剂，通过史一安不对称环氧化反应构筑了分子内的环氧结构 (式 2)。此外，利用史一安不对称环氧化反应，通过分子间[16]和分子内[17]开环氧可构筑各类复杂结构的分子，其中最具代表性的是 Corey 小组从双羟基角鲨烯 (**12**) 出发，仅仅通过两步反应合成了 oxasqualenoid glabrescol (式 3)。作为关键反应，五烯 **12** 在手性酮 **1** 的催化下，对映选择性地转化为五环氧化物 **13**。在樟脑磺酸作用下中间体 **13** 重排为五环目标分子 oxasqualenoid glabrescol [18]。2013 年，Martín 研究组利用史一安不对称环氧化和串联的分子内开环氧化反应为关键步骤，成功地合成了 teurilene[19]。

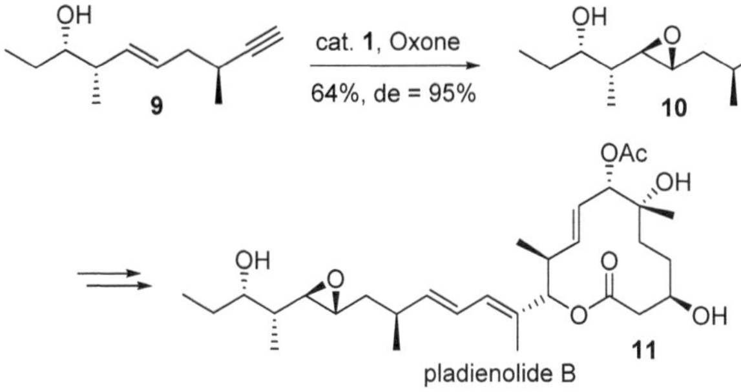

(2)

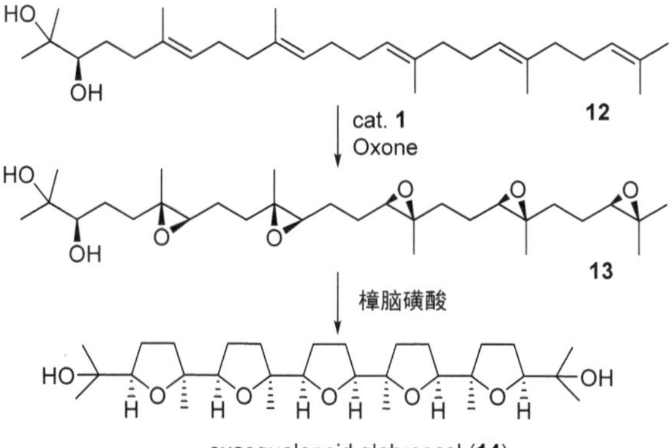

(3)

oxasqualenoid glabrescol (**14**)

综上所述，史一安不对称环氧化具有如下优点：①由果糖和葡萄糖等天然产物为起始原料，可以很方便地制备所需的各种手性酮催化剂；②催化剂所适用的底物烯烃的范围较广；③反应条件比较温和，对环境无污染；且后处理也比较简单，催化剂可以回收利用。

参考文献

[1] Curci, R.; Fiorention, M.; Serio, M. R. *J. Chem. Soc., Chem. Commun.* **1984**, 155.

[2] (a) Yang, D.; Yip, Y.-C.; Tang, M.-W.; Wong, M.-K.; Zheng, J.-H.; Cheung, K.-K. *J. Am. Chem. Soc.* **1996**, *118*, 491. (b) Yang, D.;Wang, X.-C.; Wong, M.-K.; Yip, Y.-C.; Tang, M.-W. *J. Am. Chem. Soc.* **1996**, *118*, 11311. (c) Yang, D.; Wong, M.-K.; Yip, Y.-C.; Wang, X.-C.; Tang, M.-W.; Zheng, J.-H.; Cheung, K.-K. *J. Am. Chem. Soc.* **1998**, *120*, 5943.

[3] (a) Frohn, M.; Shi, Y. *Synthesis* **2000**, *14*, 1979. (b) Shi, Y. *Acc. Chem. Res.* **2004**, *37*, 488.

[4] Wang, Z.-X.; Tu, Y.; Frohn, M.; Zhang, J.-R.; Shi, Y. *J. Am. Chem. Soc.* **1997**, *119*, 11224.

[5] Frohn, M.; Dalkiewicz, M.; Tu, Y.; Wang, Z.-X.; Shi, Y. *J. Org. Chem.* **1998**, *63*, 2948.

[6] Wang, Z.-X.; Cao, G.-A.; Shi, Y. *J. Org. Chem.* **1999**, *64*, 7646.

[7] Wang, Z.-X.; Shi, Y. *J. Org. Chem.* **1998**, *63*, 3099.

[8] Tian, H.; She, X.; Shi, Y. *Org. Lett.* **2001**, *3*, 715.

[9] Wu, X.-Y.; She, X.; Shi, Y. *J. Am. Chem. Soc.* **2002**, *24*, 8792.

[10] (a) Curci, R.; Dinoi, A.; Rubino, M. F. *Pure. Appl. Chem.* **1995**, *67*, 811. (b) Tu, Y.; Wang, Z.-X.; Shi, Y. *J. Am. Chem. Soc.* **1996**, *118*, 9806.

[11] Baumstark, A. L.; Vasquez, P. C. *J. Org. Chem.* **1988**, *53*, 3437.

[12] Bach, R. D.; Andres, J. L.; Owensby, A. L.; Schlegel, H. B.; McDouall, J. J. W. *J. Am. Chem. Soc.* **1992**, *114*, 7207.

[13] (a) Tian, H.; She, X.; Shu, L.; Yu, H.; Shi, Y. *J. Am. Chem. Soc.* **2000**, *122*, 11551. (b) Tian, H.; She, X.; Xu, J.; Shi, Y. *Org. Lett.* **2001**, *3*, 1929. (c) Tian, H.; She, X.; Yu, H.; Shu, L.; Shi, Y. *J. Org. Chem.* **2002**, *67*, 2435.

[14] (a) Wang, B.; Wong, O. A.; Zhao, M.-X.; Shi, Y. *J. Org. Chem.* **2008**, *73*, 9539. (b) Wong, O. A.; Wang, B.; Zhao, M.-X.; Shi, Y. *J. Org. Chem.* **2009**, *74*, 6335.

[15] (a) Ghosh, A. K.; Anderson, D. D. *Org. Lett.* **2012**, *14*, 4730. (b) Kumar, V. P.; Chandrasekhar, S. *Org. Lett.* **2013**, *15*, 3610.

[16] (a) Harrison, T. J.; Ho, S.; Leighton, J. L. *J. Am. Chem. Soc.* **2011**, *133*, 7308. (b) Peng, X.; Li, P.; Shi, Y. *J. Org. Chem.* **2012**, *77*, 701. (c) An, C.; Jurica, J. A.; Walsh, S. P.; Hoye, A. T.; Smith, A. B., III *J. Org. Chem.* **2013**, *78*, 4278. (d) Morra, N. A.; Pagenkopf, B. L. *Eur. J. Org. Chem.* **2013**, 756.

[17] (a) Mack, D. J.; Njardarson, J. T. *Angew. Chem. Int. Ed.* **2013**, *52*, 1543. (b) Boone, M. A.; Tong, R.; McDonald, F. E.; Lense, S.; Cao, R.; Hardcastle, K. I. *J. Am. Chem. Soc.* **2010**, *132*, 5300. (c) Takada, A.; Hashimoto, Y.; Takikawa, H.; Hikita, K.; Suzuki, K. *Angew. Chem. Int. Ed.* **2011**, *50*, 2297. (d) Morimoto, Y.; Takeuchi, E.; Kambara, H.; Kodama, T.; Tachi, Y.; Nishikawa, K. *Org. Lett.* **2013**, *15*, 2966.

[18] (a) Xiong, Z.; Corey, E. J. *J. Am. Chem. Soc.* **2000**, *122*, 4831. (b) Xiong, Z.; Corey, E. J. *J. Am. Chem. Soc.* **2000**, *122*, 9328.

[19] Rodríguez-López, J.; Crisóstomo, F. P.; Ortega, N.; López-Rodríguez, M.; Martín, V. S.; Martín, T. *Angew. Chem. Int. Ed.* **2013**, *52*, 3659.

（厍学功，何金梅）

Swern 氧化

Swern (斯文) 氧化是利用二甲亚砜 (DMSO) 作氧化剂，在碱性条件和低温条件下与三氟乙酸酐 (TFAA) 或草酰氯 (COCl)$_2$ 协同作用，将醇氧化成醛或酮的反应 (式 1)，是有机合成中第一个不依靠含金属氧化剂的反应[1-3]。Swern 氧化是由伯醇、仲醇制备醛酮的常用方法。

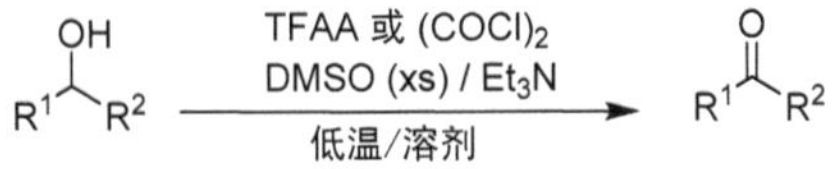

$$\underset{R^1\ R^2}{\overset{OH}{\diagdown\diagup}} \xrightarrow[\text{低温/溶剂}]{\text{TFAA 或 (COCl)}_2 \atop \text{DMSO (xs) / Et}_3\text{N}} R^1\text{-CO-}R^2 \tag{1}$$

1976 年，Swern 和他的合作者报道了下列反应[1]：以二氯甲烷作溶剂，DMSO 与 TFAA 在低于 -50 ℃ 下反应得到三氟乙酸锍盐 (A)，该产物在三乙胺 (Et$_3$N) 的协同作用下与伯醇、仲醇起氧化反应，以较高的产率得到醛和酮；如果使温度高于 -30 ℃，则容易生成三氟乙酸甲硫基甲酯副产物 B (图 1)。

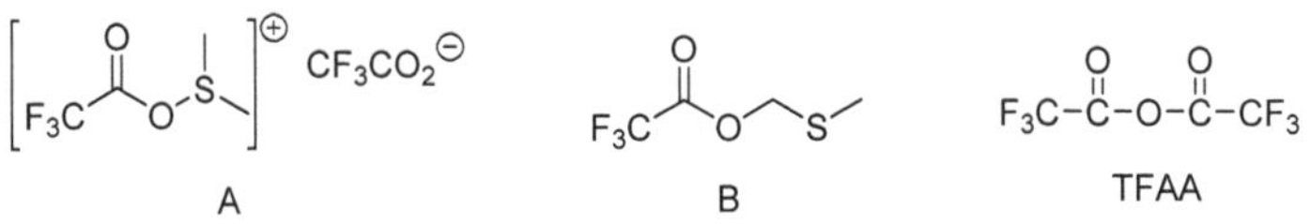

图 1 A、B 及 TFAA 的结构

1978 年，Swern 又发现草酰氯在氧化过程中作为 DMSO 的活化剂比 TFAA 更有效[2,3]，所以 Swern 氧化反应常用的试剂是 DMSO/(COCl)$_2$/Et$_3$N。

（1）反应机理[3-6]

a. 二甲基亚砜被三氟乙酸酐活化 (式 2)：

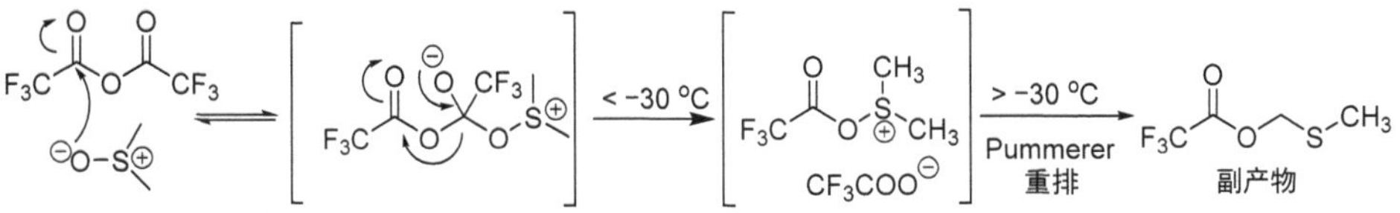

b. 醇的活化 (式 3)：

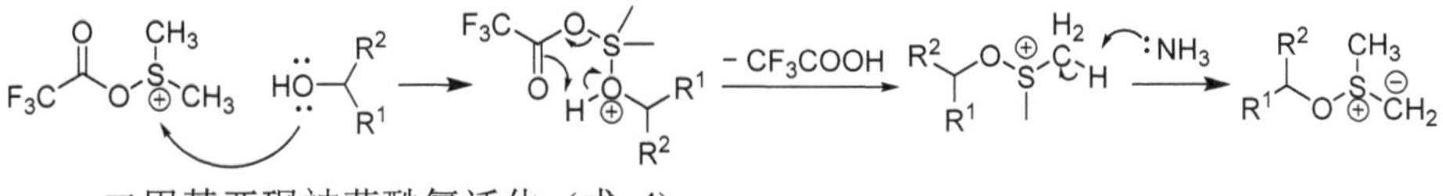

c. 二甲基亚砜被草酰氯活化 (式 4)：

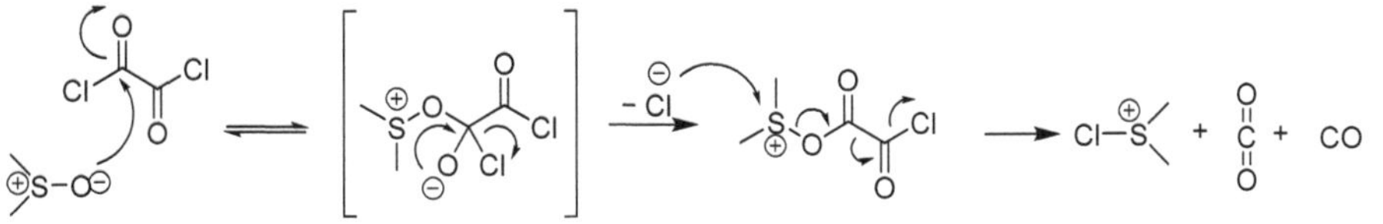

d. 醇的活化 (式 5):

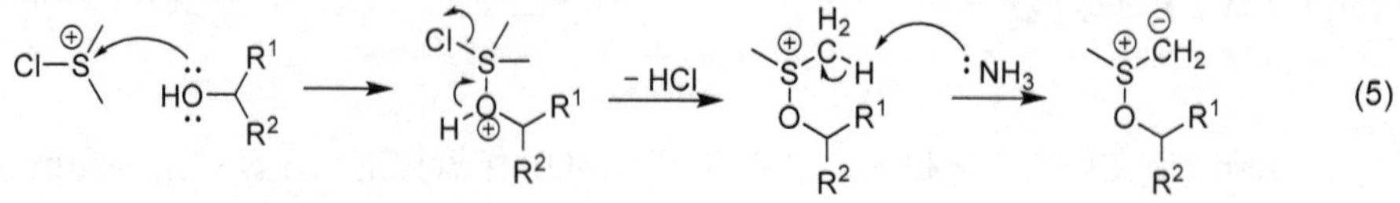

$$(5)$$

e. 产物的生成 (式 6):

$$(6)$$

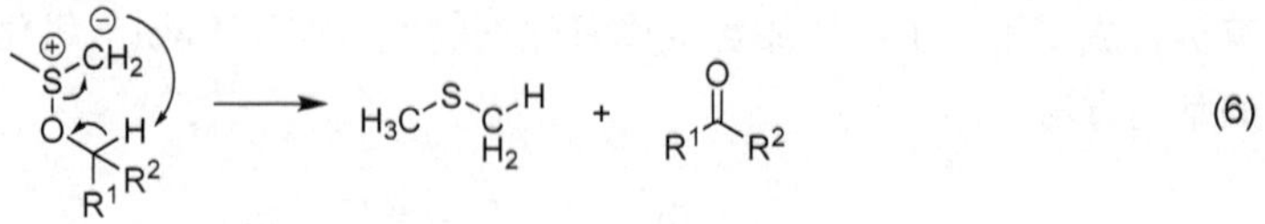

(2) Swern 氧化反应的特点

① 当没有溶剂时,DMSO 与 TFAA 或草酰氯反应非常剧烈,甚至爆炸,所以反应进行时应当非常小心;

② 该反应常用的溶剂是二氯甲烷;

③ 使用 DMSO/TFAA 时,初始中间产物在 −30 ℃ 以上不稳定,容易生成 Pummerer 重排产物;

④ 使用 DMSO/(COCl)$_2$ 时,初始中间产物在 −60 ℃ 以上不稳定,所以反应一般控制温度在 −78 ℃;

⑤ 反应过程是先将 DMSO 与 TFAA 或草酰氯在低温下反应,而后慢慢加入醇,再加入胺;

⑥ 三级胺 (如 DIPA、TEA) 的加入对分解烷氧基锍盐是必需的;

⑦ 氧化反应的效率不受反应物立体构型的影响;

⑧ 使用 DMSO/TFAA 可能使三氟乙酸甲硫基甲酯副产物的量增多,而使用 DMSO/(COCl)$_2$ 几乎没有副反应;

⑨ α-手性醇氧化基本不会发生外消旋化。

(3) Swern 氧化的应用例子

2003 年,Kim 和 Cha 等人报道了 mytotoxic (+)-asteltoxin (**3**) 的全合成路线,其中一步采用了 Swern 氧化,将伯醇 **1** 氧化为醛 **2** (式 7)[7]。

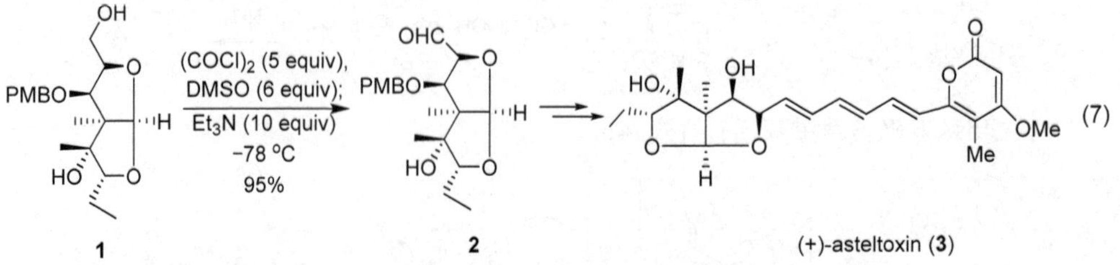

$$(7)$$

2012 年,Cyril Bressy 小组对 (−)-callystatin A (**7**) 的全合成进行了研究,在构建其中

间体 (6) 时，采用了 Swern 氧化，α 位的手性碳没有发生外消旋化 (式 8)[8]。

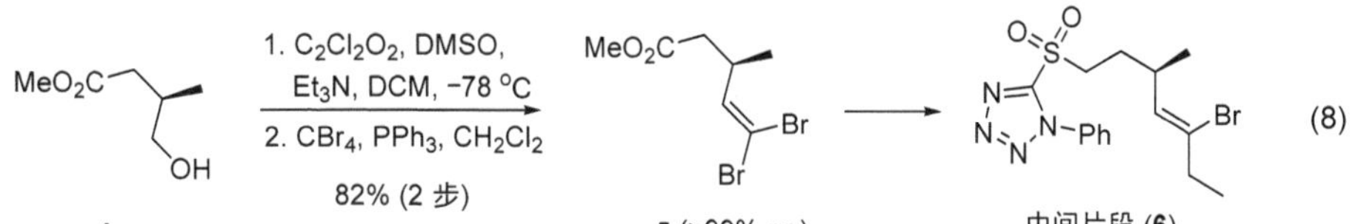

$$\text{4} \xrightarrow[\text{2. CBr}_4, \text{PPh}_3, \text{CH}_2\text{Cl}_2]{\begin{array}{c}\text{1. C}_2\text{Cl}_2\text{O}_2, \text{DMSO},\\ \text{Et}_3\text{N, DCM, }-78\ ^\circ\text{C}\\ \text{82\% (2 步)}\end{array}} \text{5 (>99\% ee)} \longrightarrow \text{中间片段 (6)} \quad (8)$$

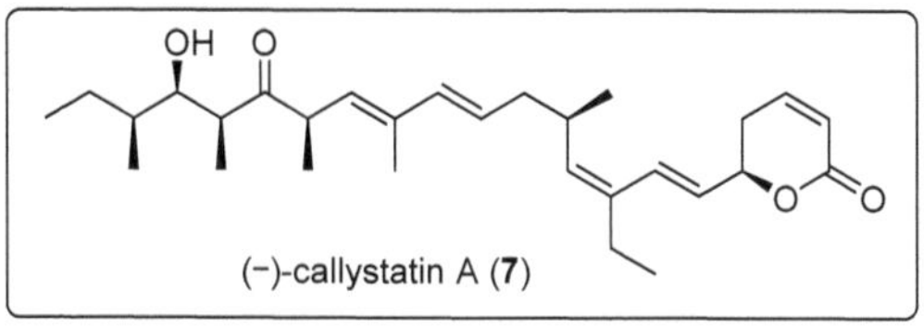

(−)-callystatin A (7)

Tesirine (11) 是一种抗体-药物连接剂，2018 年 Arnaud C. Tiberghien 小组报道了其放大合成方法，其中一步运用了 Swern 氧化然后自发闭环，实现了一种 PBD (pyrrolobenzodiazepine) 单体 (10) 的构建 (式 9)[9]。

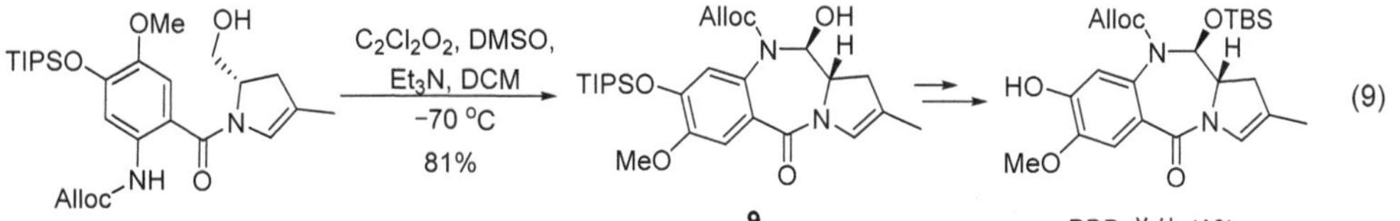

$$\text{8} \xrightarrow[\text{−70 }^\circ\text{C}]{\begin{array}{c}\text{C}_2\text{Cl}_2\text{O}_2, \text{DMSO},\\ \text{Et}_3\text{N, DCM}\\ \text{81\%}\end{array}} \text{9} \longrightarrow \text{PBD 单体 (10)} \quad (9)$$

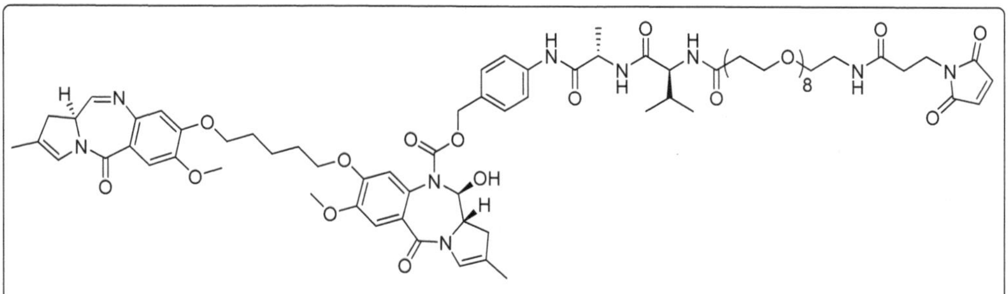

tesirine (11)

2017 年 Carlos A. Guerrero 小组对 (−)-viridin (14) 进行了全合成研究，中间化合物 12 经双 Swern 氧化和邻甲基化，以 64% 的产率转化为中间物 13 (式 10)[10]。

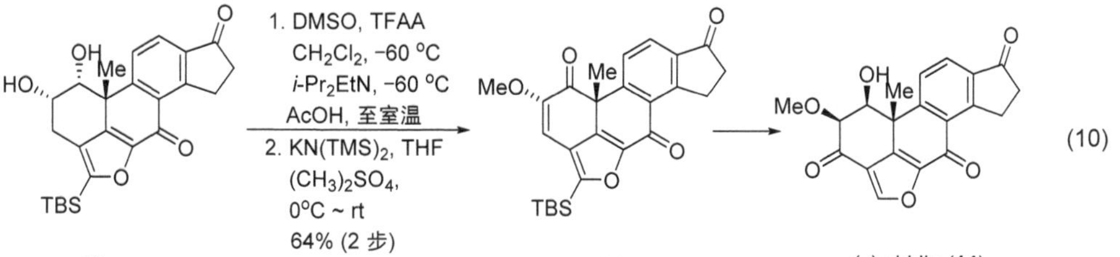

$$\text{12} \xrightarrow[\begin{array}{c}\text{2. KN(TMS)}_2, \text{THF}\\ \text{(CH}_3)_2\text{SO}_4,\\ 0\ ^\circ\text{C} \sim \text{rt}\\ \text{64\% (2 步)}\end{array}]{\begin{array}{c}\text{1. DMSO, TFAA}\\ \text{CH}_2\text{Cl}_2, -60\ ^\circ\text{C}\\ i\text{-Pr}_2\text{EtN, }-60\ ^\circ\text{C}\\ \text{AcOH, 至室温}\end{array}} \text{13} \longrightarrow (-)\text{-viridin (14)} \quad (10)$$

参考文献

[1] Omura, K.; Sharma, A. K.; Swern, D. *J. Org. Chem.* **1976**, *41*, 957.

[2] Huang, S. L.; Omura, K.; Swern, D. *J. Org. Chem.* **1978**, *43*, 4537.
[3] Omura, K.; Swern, D. *Tetrahedron* **1978**, *34*, 1651.
[4] Mancuso, A. J.; Swern, D. *Synthesis* **1981**, *3*, 165.
[5] Tidwell, T. T. *Synthesis* **1990**, *10*, 857.
[6] Tidwell, T. T. *Org. React.* **1990**, *39*, 297.
[7] Eom, K. D.; Raman, J. V.; Kim, H.; Cha, J. K. *J. Am. Chem. Soc.* **2003**, *125*, 5415.
[8] Candy, M.; Tomas, L.; Parat, S.; Heran, V.; Bienayme, H.; Pons, J.-M.; Bressy, C. *Chem. Eur. J.* **2012**, *18*, 14267.
[9] Tiberghien, A. C.; Bulow, C.; Barry, C.; Ge, H.; Noti, C.; Collet Leiris, F.; McCormick, M.; Howard, P. W.; Parker, J. S. *Org. Process Res. Dev.* **2018**, *22*, 1241.
[10] Del Bel, M.; Abela, A. R.; Ng, J. D.; Guerrero, C. A. *J. Am. Chem. Soc.* **2017**, *139*, 6819.

（詹庄平）

Tamao(-Kumada)-Fleming 氧化

1983 年，Tamao 和 Kumada 报道了把有机硅化合物的硅基转化为羟基的反应[1]。一年后，Fleming 和合作者发现，二甲基苯基硅烷 (PhMe$_2$Si–C) 可以分两步氧化裂解成相应的醇，碳原子的构型保持[2]。这种把有机硅化合物的硅基转化为羟基的反应叫做 Tamao(-Kumada)-Fleming (玉尾-熊田-弗莱明) 氧化 (式 1 和式 2)[1, 3-8]。Tamao(-Kumada)-Fleming 氧化反应进行的基本条件是硅原子上至少带一个"活化基" (H, N, O, X, 芳基)，离去基可使硅原子具有亲电反应性，使之可经受过氧酸的亲核进攻，而芳基可以被离去基取代。常用的是 Fleming 发展的二甲基苯基硅基[6]，三苯甲基和二苯甲基硅基也可被转化为硅醇，因而也可用于 Tamao(-Kumada)-Fleming 氧化。

$$\underset{R'}{\overset{R}{>}}\!\!-SiR_2Ph \xrightarrow[\text{AcOH}]{\text{KBr, AcO}_2\text{H}} \underset{R'}{\overset{R}{>}}\!\!-OH \qquad (1)$$

$$\underset{R'}{\overset{R}{>}}\!\!-SiX_3 \xrightarrow[\text{KHCO}_3\text{, MeOH}]{\text{KF, H}_2\text{O}_2} \underset{R'}{\overset{R}{>}}\!\!-OH \qquad (2)$$

硅原子上的取代基不同，Tamao(-Kumada)-Fleming 氧化所用的过氧化物氧化剂也不一样，共同的是硅基上需带有苯基或烷氧基，这是 Tamao(-Kumada)-Fleming 氧化反应得以进行的基础。

反应机理 (图 1):

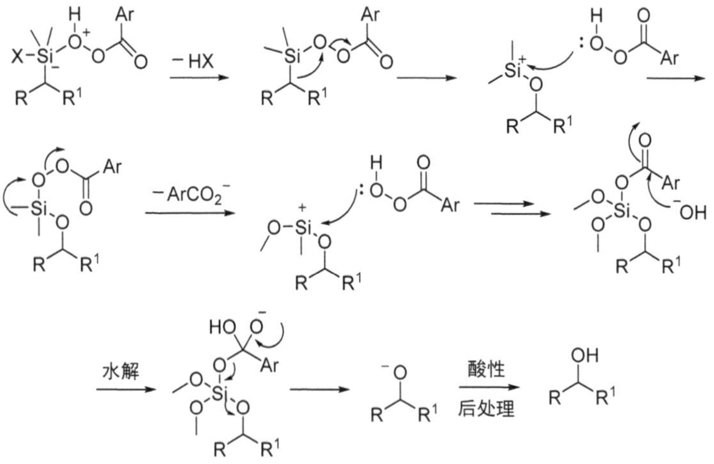

图 1 Tamao(-Kumada)-Fleming 氧化反应的机理

该反应有如下特点: ①反应具有立体特异性, 即与硅相连的手性碳保持构型不变 (式 3)[9]; ②通过仔细选择硅原子上的取代基, 在其它甲硅烷基存在下可以选择性地氧化特定的甲硅烷基; ③与氧原子不同, 硅不含孤对电子, 因此它不与亲电子试剂或 Lewis 酸配位; ④氧化条件温和, 能够兼容许多官能团; ⑤两步反应也可以用 Hg^{2+} 或 Br^+ 作为亲电子试剂, 以"一瓶"的方式完成[5]; ⑥由于氧化的副产物通常是水溶性的, 因此分离方便。

由于烯丙型等有机硅试剂在有机合成中有广泛的应用, 因此, Tamao(-Kumada)-Fleming 氧化被越来越多地用于天然产物合成 (式 3[9]、式 4[10]和式 5[11])。

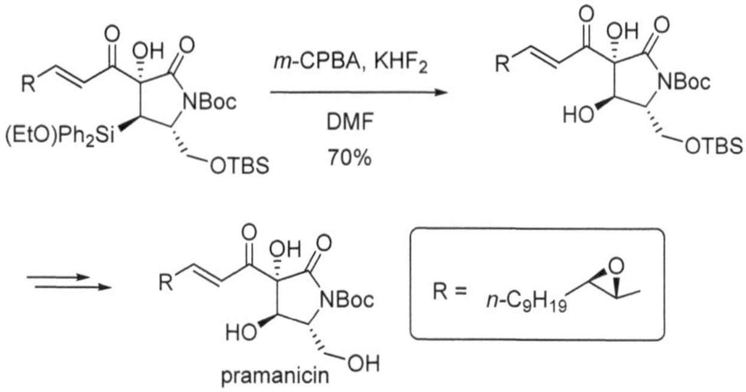

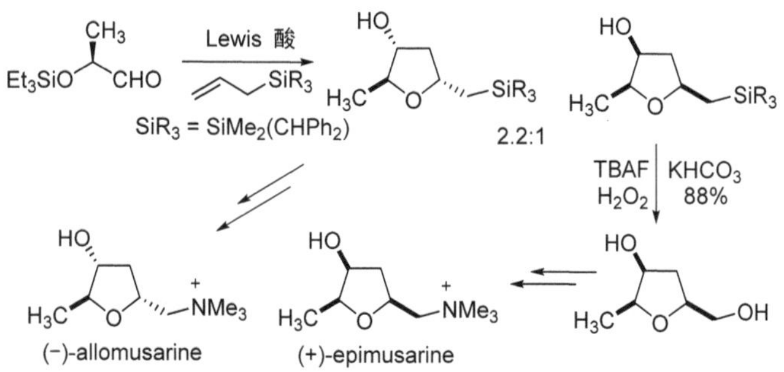

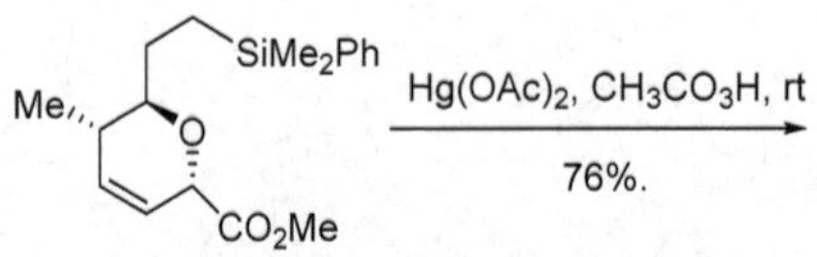

不同的底物，有时需选用不同的条件和试剂，预期的反应才能进行。例如，在 (+)-pramanicin 的合成中 (式 3)，最温和的 $Hg(OAc)_2$/过氧酸体系不能氧化硅基，但可通过 m-CPBA-KHF$_2$ 体系实现[9]。

2009 年，在 casuarine 6-O-α-葡萄糖苷的首次全合成中，Goti 课题组[12] 利用 $Hg(CF_3CO_2)_2$/过氧酸体系进行 Tamao-Fleming 反应把 C–Si 转化为 C–OH，其手性中心构型保持 (式 6)。

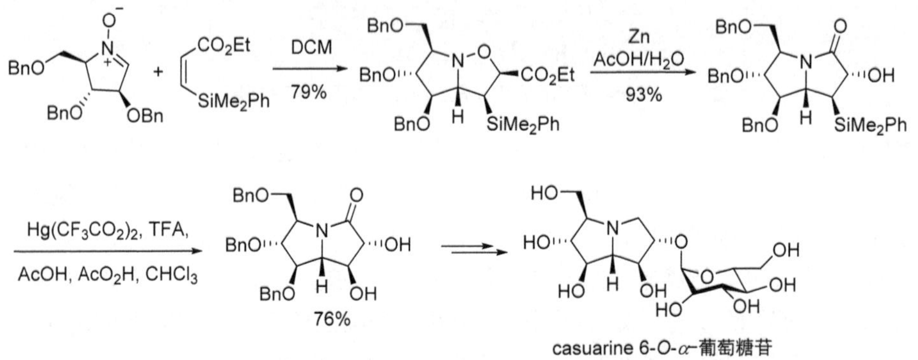

2010 年，Gallagher 课题组在 (+)-kuraramine 的合成中[13]需要在 C10 位引入羟基。他们首先利用 LDA 和 PhMe$_2$SiCl 进行 α-去质子化硅基化得到单一的非对映体，然后通过 Tamao-Fleming 反应转化为结构单一的羟基化产物 (式 7)。

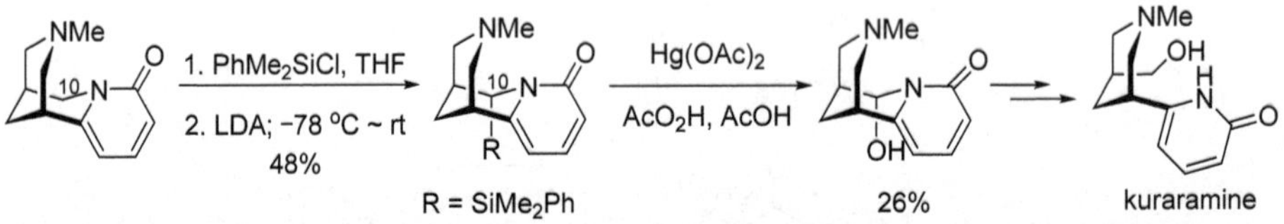

2016 年，在 heptoside 的全合成中，为了引入羟基，Vincent 课题组[14]尝试了不同的方法，最后确定通过 $Hg(TFA)_2$/过氧酸体系作为较优的条件实现了羟基的引入 (式 8)。

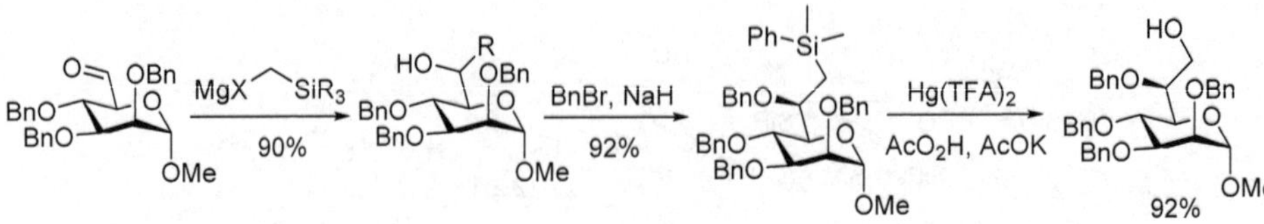

参考文献

[1] Tamao, K.; Ishida, N.; Tanaka, T.; Kumada, M. *Organometallics* **1983**, *2*, 1694-1696.
[2] Fleming, I.; Henning, R.; Plaut, H. *J. Chem. Soc., Chem. Commun.* **1984**, 29-31.
[3] Tamao, K.; Ishida, N. *J. Organomet. Chem.* **1984**, *269*, 37-39.

[4] Tamao, K.; Ishida, N. *Tetrahedron Lett.* **1984**, *25*, 4245-4248.
[5] Fleming, I.; Sanderson, P. E. *Tetrahedron Lett.* **1987**, *28*, 4229-4232.
[6] Fleming, I.; Henning, R.; Parker, D. C.; Plaut, H. E.; Sanderson, P. E. J. *J. Chem. Soc., Perkin Trans. 1* **1995**, 317-337.
[7] Fleming, I. *Chemtracts-Org. Chem.* **1996**, *9*, 1-64.
[8] Jones, G. R.; Landais, Y. *Tetrahedron* **1996**, *52*, 7599-7662.
[9] Barrett, A. G. M.; Head, J.; Smith, M. L.; Stock, N. S.; White, A. J. P.; Williams, D. J. *J. Org. Chem.* **1999**, *64*, 6005-6018.
[10] Angle, S. R.; El-Said, N. A. *J. Am. Chem. Soc.* **2002**, *124*, 3608-3613.
[11] Dakin, L. A.; Panek, J. S. *Org. Lett.* **2003**, *5*, 3995-3998.
[12] Cardona, F.; Parmeggiani, C.; Faggi, E.; Bonaccini, C.; Gratteri, P.; Sim, L.; Gloster, T. M.; Roberts, S.; Davies, G. J.; Rose, D. R.; Goti, A. *Chem. Eur. J.* **2009**, *15*, 1627-1636.
[13] Frigerio, F.; Haseler, C. A.; Gallagher, T. *Synlett* **2010**, 729-730.
[14] Li, T.; Tikad, A.; Durka, M.; Pan, W.; Vincent, S. P. *Carbohydr. Res.* **2016**, *432*, 71-75.

（黄培强，环磊桃）

Wacker 氧化和 Wacker-Tsuji 氧化

Wacker (瓦克尔) 氧化指末端或 1,2-二取代烯烃在 $PdCl_2/CuCl_2$ 催化下经空气氧化成醛或酮的反应 (式 1)[1-3]。该反应的原型是 Phillips 于 1894 年报道的用化学计量的 $PdCl_2$ 把乙烯氧化为乙醛的反应[4]。1959 年，Wacker 化学公司 Smidt 等人把该转化发展为使用催化量 $PdCl_2$ 和化学计量 $CuCl_2$ 的形式[5]，后来成为著名的工业过程，用于把乙烯氧化成乙醛 (Wacker 过程，式 2)[6]。为氧化更复杂的底物，Tsuji 发展了混合溶剂体系 (DMF / H_2O)[7,8]，因此，改良后的反应叫 Wacker-Tsuji (瓦克尔-辻) 氧化反应。

$$R\diagup \xrightarrow[\text{DMF / H}_2\text{O}]{\substack{\text{PdCl}_2 \text{ (cat.)} \\ \text{CuCl}_2 \text{ (cat.), O}_2}} R\underset{\text{O}}{\overset{}{\diagdown}}CH_3 \quad (1)$$

(R = H, 烷基)

$$CH_2=CH_2 + 1/2 \; O_2 \xrightarrow[\text{CuCl}_2]{\text{PdCl}_2} CH_3CHO \quad (2)$$

常用的烯烃是末端烯烃，氧化遵循马氏规则，生成甲基酮。1,2-二取代烯烃也可反应，但区域选择性难以控制。1,1-二取代烯烃的氧化收率低。1,3-丁二烯氧化得 α,β 不饱和醛；环烯烃氧化得环酮。

反应机理 (图 1)：在反应中，首先形成亲电性的钯 π-配合物 **A**。氯化钯被氧化成零价钯。由于钯试剂价格昂贵，$CuCl_2$ 常用作共氧化剂，以把 Pd(0) 重新氧化成 Pd(Ⅱ)，$CuCl_2$ 则被还原为 Cu(Ⅰ)，然后再被空气中的氧氧化成 Cu(Ⅱ)，因而空气中的氧是实际使用的唯一氧化剂。

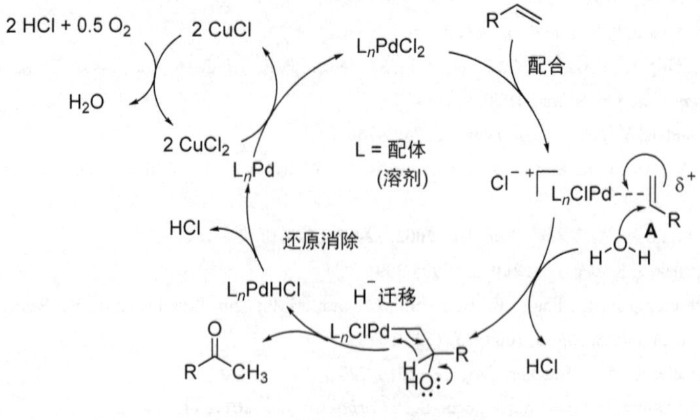

图 1　Wacker 氧化反应的机理

非对称烯烃 Wacker-Tsuji 反应的区域选择性一直是个难题，其中反应产物受底物结构的影响较大。近些年来不少课题组致力于解决这一问题，主要研究钯配合物及其它共催化剂的使用[9]、利用底物的诱导效应[10]以及探究不同溶剂的使用[11]等方法选择性生成酮或醛。

由于烯基是一稳定的官能团，可通过许多方法引入，而通过 Wacker 氧化，末端烯基可作为甲基酮或醛基的合成等效体，因此，Wacker 氧化在有机合成、药物化学和天然产物全合成中获得广泛应用[1]。例如，Liebeskind 等人把 Wacker 氧化用于生物碱 (−)-dihydropinidine 和 (−)-andrachcinidine (**4**) 的全合成 (式 3)[12]。

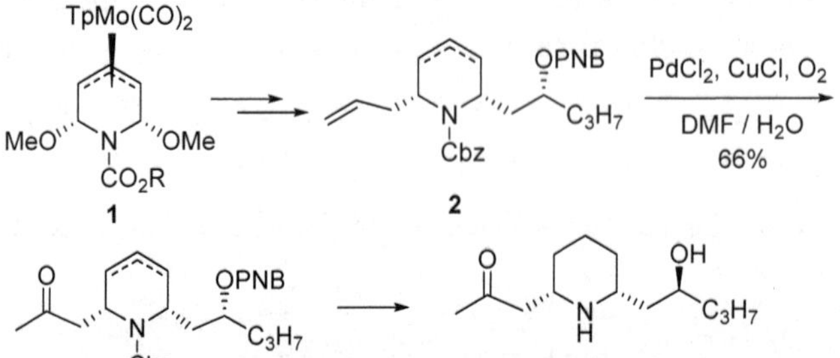

α,β-不饱和醛、酮氧化得 β-氧化产物，即 1,3-二羰基化合物[13]，被 Cook 小组用于吲哚生物碱 alstonerine (**6**) 全合成最后一步的转化 (式 4)[14]。

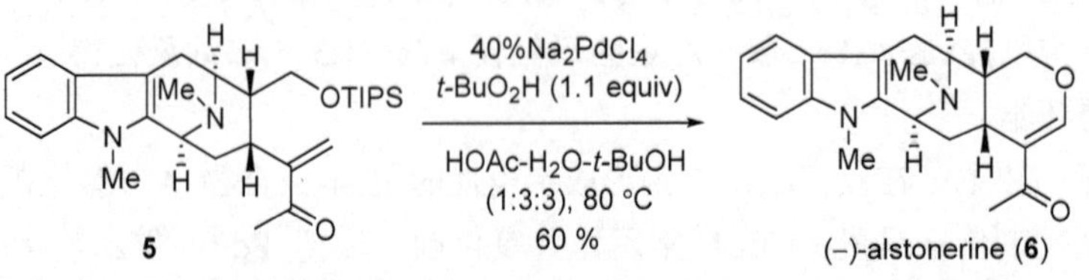

此外，Wacker-Tsuji 反应生成醛在全合成中也有诸多应用。烯丙醇[15]和烯丙胺[16]的 Wacker 氧化产物为醛。这一特别的区域选择性是生物碱 tetraponerines T$_8$ (**9**) 和 T$_4$ (**10**)

全合成中的关键步骤 (式 5)[16]。

$$7 \xrightarrow[\text{76\%}]{\text{O}_2,\ \text{PdCl}_2,\ \text{CuCl}} 8 \longrightarrow \text{tetraponerine } T_8\ (\mathbf{9}),\ R = C_2H_5;\ \text{tetraponerine } T_4\ (\mathbf{10}),\ R = H \quad (5)$$

2013 年, Grubbs 小组通过引入硝酸银作为共催化剂, 发展了具有普适性的反马氏规则的 Wacker-Tsuji 型氧化反应, 区域选择性生成醛[17]。2016 年, Stoltz 小组将该方法应用于 cyanthiwigin 骨架 13 的合成, 精简了原来的反应步骤 (式 6)[18]。同年, Brown 小组利用该反应氧化端烯成醛, 继而顺利合成了 (±)-vibralactone (16) (式 7)[19]。

$$11 \xrightarrow[\substack{\text{Grubbs 改良法}\\\text{PdCl}_2(\text{PhCN})_2,\ \text{AgNO}_3\\\text{CuCl}_2\cdot 2\text{H}_2\text{O},\ \text{O}_2\\t\text{-BuOH/MeNO}_2\ (15:1)\\23\ ^\circ\text{C},\ 40\ \text{h}\\62\%}]{} 12 \longrightarrow \text{cyanthiwigin 骨架 (\mathbf{13})} \quad (6)$$

$$14 \xrightarrow[\substack{\text{Grubbs 改良法}\\\text{PdCl}_2(\text{PhCN})_2,\ \text{AgNO}_3\\\text{CuCl}_2\cdot 4\text{H}_2\text{O},\ \text{O}_2\\t\text{-BuOH/MeNO}_2,\ 1\ \text{h}\\78\%}]{} 15\ (\text{醛/酮} = 9:1) \longrightarrow (\pm)\text{-vibralactone}\ (\mathbf{16}) \quad (7)$$

Wacker-Tsuji 反应具有较好的官能团容忍性。2017 年, 李闯创及其合作者以该反应为关键步骤之一, 把烯丙醚 17 区域选择性地氧化成 α-酮醚 18, 进而完成了生物碱 (−)-colchicine (19) 的对映选择性全合成 (式 8)[20]。

$$17 \xrightarrow[\substack{\text{PdCl}_2\\\text{Cu(OAc)}_2\\\text{CH}_2\text{CN/ H}_2\text{O}\\\text{空气},\ 120\ ^\circ\text{C}\\70\%}]{} 18 \longrightarrow (-)\text{-colchicine}\ (\mathbf{19})\ (>99\%\ ee) \quad (8)$$

值得一提的是, Wacker 氧化中亲电性的钯 π-配合物 A (图 1) 除了被水进攻外, 也可被其它亲核体进攻。如果分子中含有羟基、氨基等亲核基团, 则可实现氧化环化[21,22] (式 9)。如果使用手性配体, 则可实现不对称杂环化反应[23]。

$$\underset{X = O,\ NR}{\text{XH}} \xrightarrow[[\text{Pd}^\text{II}]]{[\text{O}]} \text{环化产物} \quad (9)$$

参考文献

[1] Michel, B. W.; Steffens, L. D.; Sigman, M. S. *Org. React.* **2014**, *84*, 76-413.（综述）
[2] Cornell, C. N.; Sigman, M. S. *Inorg. Chem.* **2007**, *46*, 1903-1909.（综述）
[3] Stahl, S. S. *Angew. Chem. Int. Ed.* **2004**, *43*, 3400-3420.（综述）
[4] Phillips, F. C. *Am. Chem. J.* **1894**, *16*, 255.
[5] Smidt, J.; Hafner, W.; Jira, R.; Sedlmeier, J.; Sieber, R.; Ruttinger, R.; Kojer, H. *Angew. Chem.* **1959**, *71*, 176-182.
[6] Jira, R. *Angew. Chem. Int. Ed.* **2009**, *48*, 9034–9037.
[7] Tsuji, J.; Nagashima, H.; Nemoto, H. *Org. Synth.* **1984**, *62*, 9-13; *Coll. Vol.* **1990**, *7*, 137.
[8] (a) Tsuji, J. *Synthesis* **1984**, 369-384. (b) Baiju, T. V.; Gravel, E.; Doris, E.; Namboothiri, I. N. N. *Tetrahedron Lett.* **2016**, *57*, 3993-4000.
[9] (a) Michel, B. W.; McCombs, J. R.; Winkler, A.; Sigman, M. S. *Angew. Chem., Int. Ed.* **2010**, *46*, 7312-7315. (b) Michel, B. W.; Steffens, L. D.; Sigman, M. S. *J. Am. Chem. Soc.* **2011**, *133*, 8317-8325. (c) Sigman, M. S.; Werner, E. W. *Acc. Chem. Res.* **2012**, *45*, 874-884. (d) Wickens, Z. K.; Morandi, B.; Grubbs, R. H. *Angew. Chem., Int. Ed.* **2013**, *52*, 11257-11260. (e) Wickens, Z. K.; Skakuj, K.; Morandi, B.; Grubbs, R. H. *J. Am. Chem. Soc.* **2014**, *136*, 890-893. (f) Ning, X.-S.; Wang, M.-M.; Yao, C.-Z.; Chen, X.-M.; Kang, Y.-B. *Org. Lett.* **2016**, *18*, 2700-2703. (g) Carlson, A. S.; Calcanas, C.; Brunner, R. M.; Topczewski, J. J. *Org. Lett.* **2018**, *20*, 1604-1607.
[10] (a) Lerch, M. M.; Morandi, B.; Wickens, Z. K.; Grubbs, R. H. *Angew. Chem., Int. Ed.* **2014**, *53*, 8654-8658. (b) Chu, C. K.; Ziegler, D. T.; Carr, B.; Wickens, Z. K.; Grubbs, R. H. *Angew. Chem. Int. Ed.* **2016**, *55*, 8435-8439.
[11] Hu, K.-F.; Ning, X.-S.; Qu, J.-P.; Kang, Y.-B. *J. Org. Chem.* **2018**, 11327–11332.
[12] Shu, C.; Liebeskind, L. S. *J. Am. Chem. Soc.* **2003**, *125*, 2878-2879.
[13] Sommer, T. J. *Synthesis* **2004**, 161-201.（综述）
[14] Liao, X.; Zhou, H.; Yu, J.; Cook, J. M. *J. Org. Chem.* **2006**, *71*, 8884-8890
[15] Kang, S.-K.; Jung, K.-Y.; Chung, J.-U.; Namkoong, E.-Y.; Kim, T.-H. *J. Org. Chem.* **1995**, *60*, 4678-4679.
[16] Stragies, R.; Blechert, S. *J. Am. Chem. Soc.* **2000**, *122*, 9584-9591.
[17] (a) Wickens, Z. K.; Morandi, B.; Grubbs, R. H. *Angew. Chem. Int. Ed.* **2013**, *52*, 11257-11260. (b) Wickens, Z. K.; Skakuj, K.; Morandi, B.; Grubbs, R. H. *J. Am. Chem. Soc.* **2014**, *136*, 890-893.
[18] Kim, K. E.; Stoltz, B. M. *Org. Lett.* **2016**, *18*, 5720-5723.
[19] Leeder, A. J.; Heap, R. J.; Brown, L. J.; Franck, X.; Brown, R. C. D. *Org. Lett.* **2016**, *18*, 5971-5973.
[20] Liu, X.; Hu, Y.-J.; Chen, B.; Min, L.; Peng, X.-S.; Zhao, J.; Li, S.; Wong, H. N. C.; Li, C.-C. *Org. Lett.* **2017**, *19*, 4612-4615.
[21] Trend, R. M.; Ramtohul, Y. K.; Stoltz, B. M. *J. Am. Chem. Soc.* **2005**, *127*, 17778-17788.
[22] Zhang, C.; Liu, J.; Du, Y. *Tetrahedron Lett.* **2014**, *55*, 959-961.
[23] Hayashi, T.; Yamasaki, K.; Mimura, M.; Uozumi, Y. *J. Am. Chem. Soc.* **2004**, *126*, 3036-3037.

（黄培强，范婷）

第 5 篇

还原反应

Barton-McCombie 去氧反应

Barton-McCombie (巴顿-麦科米) 去氧反应是有机化合物 R-OH 中的醇羟基被氢取代生成相应的 R-H 的反应。自从 1975 年被 Barton 和 McCombie 报道以来[1]，该反应已经被广泛应用于有机合成，成为醇羟基脱氧的普适性方法[2]。传统意义上的 Barton-McCombie 去氧反应是由醇制得相应的硫羰基酯中间体，再与有机锡氢化物反应，得到最终去羟基产物。

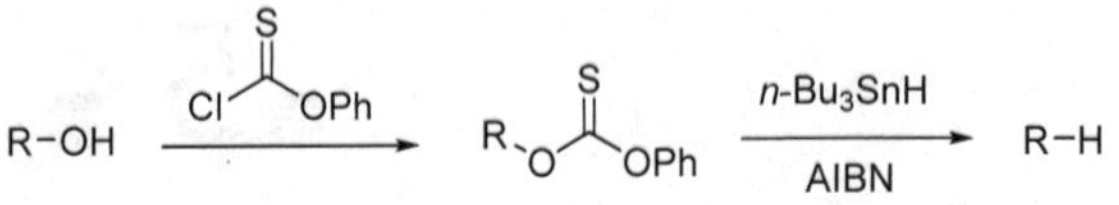

R-OH
Cl
OPh
S
R
O
OPh
n-Bu3SnH
AIBN
R-H

(1)

该反应是自由基链反应，包含自由基引发、转移、终止三个阶段 (图 1)。首先醇被转化成相应的磺酸酯。三丁基氢化锡在偶氮双异丁腈 (AIBN) 的作用下生成三丁基锡自由基。三丁基锡自由基与磺酸酯作用，生成烃基自由基。烃基自由基再夺取三丁基氢化锡中的氢生成相应的烃，同时再生成一个三丁基锡自由基，继续自由基链的增长[3]。

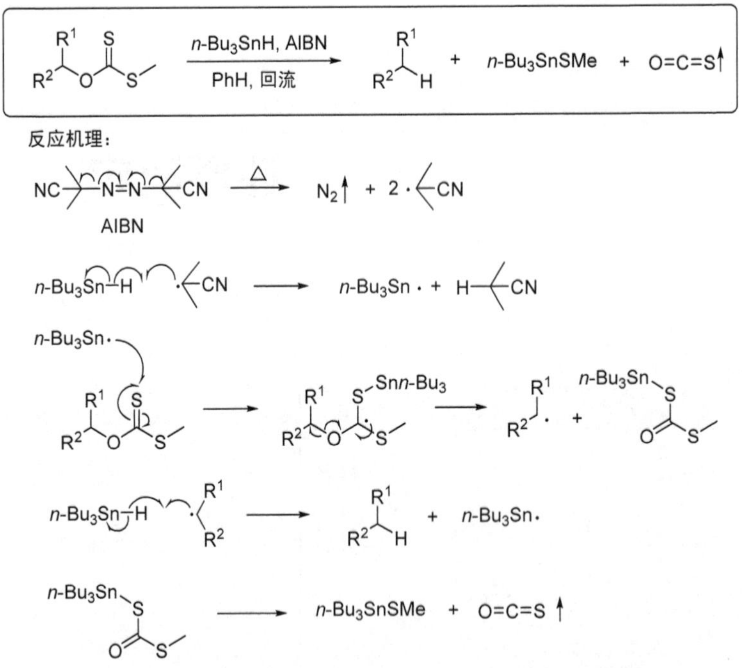

n-Bu3SnH, AIBN
PhH, 回流
n-Bu3SnSMe
O=C=S
反应机理：
AIBN
N2
CN
n-Bu3Sn·
Snn-Bu3
n-Bu3SnSMe

图 1 Barton-McCombie 去氧反应的自由基链反应机理

该反应的主要缺点在于锡的氢化物昂贵，毒性高，且难以从反应结束以后的混合物中除去。因此，针对该反应的方法学研究主要集中在寻求新的氢源[4]。就目前的进展看，主要包括 4 个方向：①使用催化量的氢化锡或者它的前体，而用化学计量的其它氢源，比

如 $NaBH_4^{[5]}$、$NaCNBH_3^{[6]}$、PMHS (聚甲基氢硅氧烷)[7]、$PhSiH_3^{[8]}$；②使用经过修饰的锡烷[9]，包括氟代锡烷[10]；③使用固载化的锡烷[11]；④使用锡烷的替代物[12]，尤其是使用硅烷[13]。

以上各种方法仅举数例。Fu 等发展了以 PMHS 作氢源的方法 (式 2)[7a]。

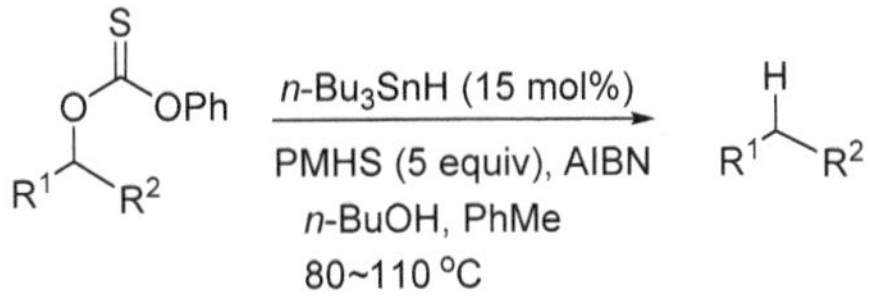

$$\underset{R^1\ R^2}{\overset{\overset{S}{\|}}{\text{RO-C-OPh}}} \xrightarrow[\substack{\text{PMHS (5 equiv), AIBN} \\ n\text{-BuOH, PhMe} \\ 80\sim110\ °C}]{n\text{-Bu}_3\text{SnH (15 mol\%)}} \underset{R^1\ R^2}{\text{H}} \quad (2)$$

Roberts 等报道用硅烷 $PhSiH_3$ 来代替三丁基氢化锡 (式 3)[14]。

$$\text{Ph}_3\text{Si}\diagdown\text{lactone} + \text{Ph}_3\text{SiH} \longrightarrow \text{Ph}_3\text{Si}\diagdown\text{lactone} + \text{Ph}_3\text{Si}\cdot \quad (3)$$

Wood 等报道以硼烷和水的复合物来提供氢的 Barton-McCombie 去氧反应[15]，氧气和水均参与了反应 (图 2)。

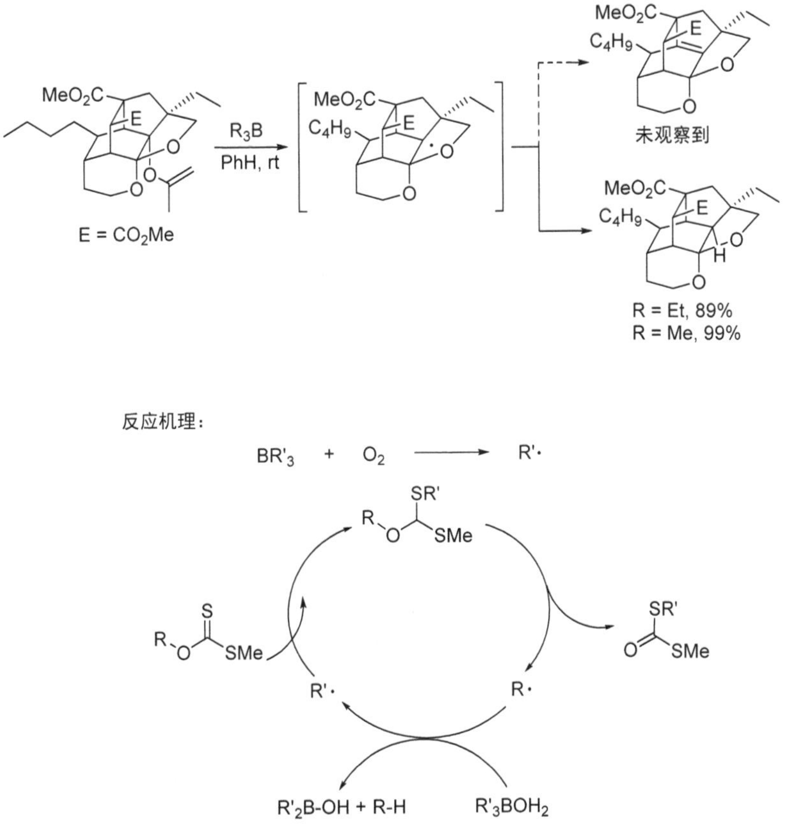

反应机理：

图 2 Wood 等报道的 Barton-McCombie 去氧反应及机理

Barton-McCombie 去氧反应另一方面的创新是借用该反应的自由基活性中间体进行其它反应。比如 RajanBabu 等将其用于碳-碳键的生成反应 (式 4)[16]。

$$(4)$$

该反应在全合成中应用广泛，近期中国药科大学薛晓文等在从穿心莲内酯出发制备 (−)-贝壳杉萘甲酸和 (−)-黄脂酸时，其中的重要步骤就利用了该反应 (式 5)[17]。

$$(5)$$

参考文献

[1] Barton, D. H. R.; McCombie, S. W. *J. Chem. Soc., Perkin Trans. 1* **1975**, *16*, 1574.

[2] For reviews, see: (a) Crich, D.; Quintero, L. *Chem. Rev.* **1989**, *89*, 1413. (b) Hartwig, W.; *Tetrahedron* **1983**, *39*, 2609. (c) Mancuso, J.; Barton-McCombie Deoxygenation. In *Name Reactions for Homologations-Part I*; Li, J. J.; Eds.; *Wiley: Hoboken*, NJ, **2009**, pp 614. (d) McCombie, S. W.; Motherwell, W. B.; Tozer, M. J. *The Barton-McCombie Reaction*, In *Org. React.;* **2012**, *77*, pp 161.

[3] Forbes, J. E.; Zard, S. Z. *Tetrahedron Lett.* **1989**, *30*, 4367.

[4] For a review, see: Chenneberg, L.; Ollivier, C. *Chimia* **2016**, *70*, 67.

[5] Corey, E. J.; Suggs, J. W. *J. Org. Chem.* **1975**, *40*, 2554.

[6] Stork, G.; Sher, P. M. *J. Am. Chem. Soc.* **1986**, *108*, 303.

[7] (a) Lopez, R. M.; Hays, D. S.; Fu, G. C. *J. Am. Chem. Soc.* **1997**, *119*, 6949. (b) Terstiege, I.; Maleczka, R. E.; Jr. *J. Org. Chem.;* **1999**, *64*, 342. (c) Review on the use of polymethylhydrosiloxane as stoichiometric reductant: Lawrence, N. J.; Drew, M. D.; Bushell, S. M.; *J. Chem. Soc., Perkin Trans. 1* **1999**, 3381.

[8] (a) Hays, D. S.; Fu, G. C. *J. Org. Chem.* **1996**, *61*, 4. (b) Hays, D. S.; Scholl, M.; Fu, G. C. *J. Org. Chem.* **1996**, *61*, 6751.

[9] (a) Light, J.; Breslow, R. *Tetrahedron Lett.* **1990**, *31*, 2957. (b) Vedejs, E.; Duncan, S. M.; Haight, A. R. *J. Org. Chem.* **1993**, *58*, 3046. (c) Rai, R.; Collum, D. B. *Tetrahedron Lett.* **1994**, *35*, 6221. (d) Clive, D. L. J.; Yang, W. *J. Org. Chem.* **1995**, *60*, 2607.

[10] (a) Curran, D. P.; Hadida, S. *J. Am. Chem. Soc.* **1996**, *118*, 2531. (b) Hadida, S.; Super, M. S.; Beckman, E. J.; Curran, D. P. *J. Am. Chem. Soc.* **1997**, *119*, 7406. (c) Horner, J. H.; Martinez, F. N.; Newcomb. M.; Hadida, S.; Curran, D. P. *Tetrahedron Lett.* **1997**, *38*, 2783. (d) Ryu, I.; Niguma, T.; Minakata, S.; Komatsu, M.; Hadida, S.; Curran, D. P. *Tetrahedron Lett.* **1997**, *38*, 7883. (e) Curran, D. P.; Hadida, S.; Kim, S.-Y.; Luo, Z. *J. Am. Chem. Soc.* **1999**, *121*, 6607.

[11] (a) Gerigk, U.; Gerlach, M.; Neumann, W. P.; Vieler, R.; Weintritt, V. *Synthesis* **1990**, 448. (b) Gerlach, M.; Jördens, F.; Kuhn, H.; Neumann, W. P.; Peterseim, M. *J. Org. Chem.* **1991**, *56*, 5971. (c) Bokelmann, C.; Neumann, W. P.; Peterseim, M. *J. Chem. Soc., Perkin Trans. 1* **1992**, 3165. (d) Neumann, W. P. *J. Organomet. Chem.* **1992**, *437*, 23. (e) Harendza, M.;

Lessmann, K.; Neumann, W. P. *Synlett* **1993**, 283. (f) Ruel, G.; The. N. K.; Dumartin, G.; Delmond, B.; Pereyre, M. *J. Organomet. Chem.* **1993**, *444*, C18. (g) Dumartin, G.; Ruel, G.; Kharboutli, J.; Delmond, B.; Connil, M. -F.; Jousseaume, B.; Pereyre, M. *Synlett* **1994**, 952. (h) Junggebauer, J.; Neumann, W. P. *Tetrahedron* **1997**, *53*, 1301. (i) Chemin, A.; Mercier, A.; Deleuze, H.; Maillard, B.; Mondain-Monval, O. *J. Chem. Soc., Perkin Trans. 1* **2001**, 366.

[12] (a) a review on alternatives to stannanes: Baguley, P. A.; Walton, J. C. *Angew. Chem. Int. Ed.* **1998**, *37*, 3073. See also the following references. (b) Use of a cobalt(II) chloride-Grignard reagent: Clark, A. J.; Davies, D. I.; Jones, K.; Millbanks, C. *J. Chem. Soc., Chem. Commun.* **1994**, 41. (c) Pandey, G.; Rao, K. S. S. P. *Angew. Chem. Int. Ed.* **1995**, *34*, 2669. (d) Bashir, N.; Murphy, J. A. *J. Chem. Soc., Chem. Commun.* **2000**, 627.

[13] Reviews on the use of organosilanes: (a) Chatgilialoglu, C. *Acc. Chem. Res.* **1992**, *25*, 188. (b) Chatgilialoglu, C.; Ferreri, C.; Gimisis, T.; In *The Chemistry of Organic Silicon Compounds*; Rappoport, Z.; Apeloig, Y., Eds.; Wiley: Chichester, **1998**; Vol. 2, Part 2, p1539.

[14] Cai, Y. Roberts, B. P. *Tetrahedron Lett.* **2001**, *42*, 763.

[15] Spiegel, D. A.; Wiberg, K. B.; Schacherer, L. N.; Medeiros, M. R.; Wood, J. L. *J. Am. Chem. Soc.* **2005**, *127*, 12513.

[16] Rhee, J. U.; Bliss, B. I.; RajanBabu, T. V. *J. Am. Chem. Soc.* **2003**, *125*, 1492.

[17] Xin, Z.; Lu, Y.; Xing, X.; Long, J.; Li, J.; Xue, X. *Tetrahedron* **2016**, *72*, 555.

(肖卿，王剑波)

Birch 还原

在醇类化合物参与的条件下利用金属 (尤其是碱金属及碱土金属) 在液氨中还原芳香性化合物的方法通称为 Birch (伯奇) 还原 (式 1)[1,2]。Birch 还原反应以对溶解金属还原反应做出贡献的澳大利亚科学家 Arthur J. Birch 命名。

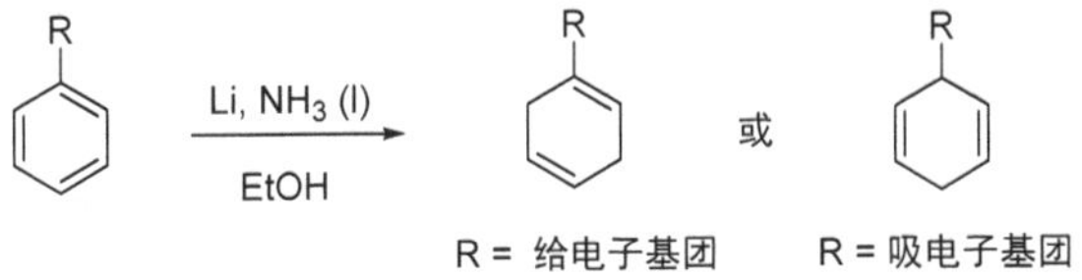

$$\begin{array}{c}\text{(Ar-R)} \xrightarrow[\text{EtOH}]{\text{Li, NH}_3 \text{ (l)}} \text{(1,4-diene R)} \text{ 或 } \text{(1,4-diene R)}\end{array} \quad (1)$$

R = 给电子基团　　R = 吸电子基团

Birch 还原是一种强有力的还原方法，除还原芳香性化合物外，还可还原包括酯、酮，以及选择性还原 α,β-不饱和酮的双键，炔、卤化物，磺酸酯等官能团。由于 Birch 还原能有效还原芳香性化合物如苯衍生物，从而提供了一种从芳香族化合物合成脂肪族化合物的有效手段，使易于获得的芳香族化合物成为有机合成化学中非常有用的合成砌块[3,4]。Birch 还原反应的机理如图 1 所示。

Birch 还原芳环的有用性在于其产物通常是一个非共轭的 1,4-二烯，而对 1,4-二烯的进一步官能团化或进一步的转化可获得一系列有用的合成子。例如，在 Mander 小组[5]报道的海南粗榧内酯 (harringtonolide) 的合成中，利用 Birch 还原串联烷基化反应的方法合成了有用的中间体 A (式 2)。

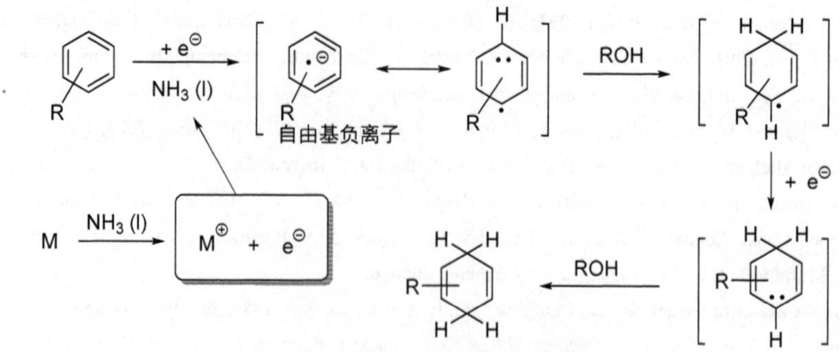

图 1 Birch 还原反应机理

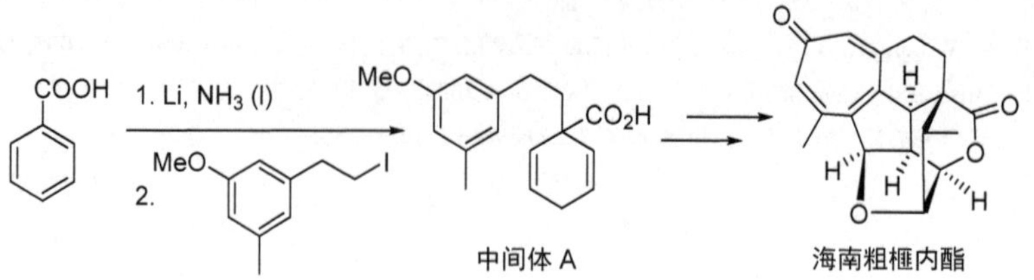

Birch 还原产物还可以在 Lewis 酸作用下异构化为共轭二烯继而进行 Diels-Alder 反应，例如 Mander 小组利用该反应形成用于海南粗榧内酯合成的中间体 B (式 3) [6]。

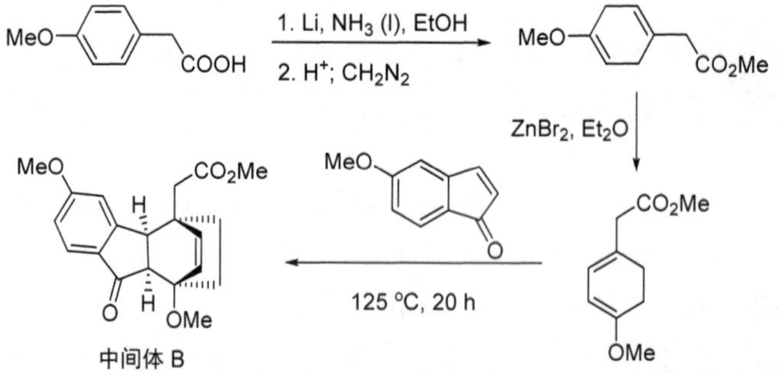

Birch 还原还可用于不对称合成中。Schultz 小组发展了利用手性酰胺助剂诱导形成手性季碳的 Birch 还原-烷基化串联反应策略，并成功应用于 (+)-cepharamine (式 4) 等复杂天然产物的全合成[7,8]。

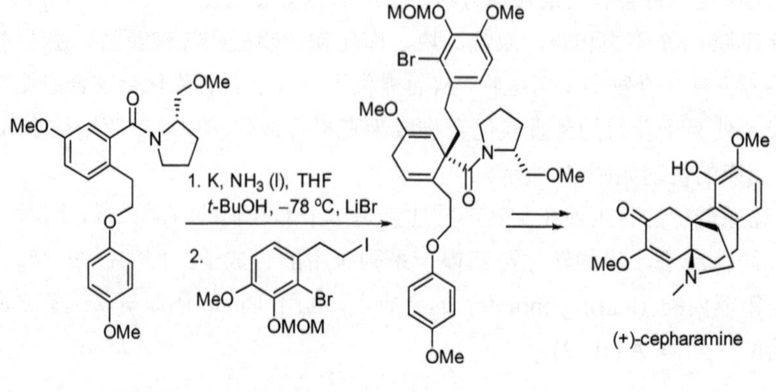

Birch 还原还可用于区域选择性还原不同取代的苯环。一般而言还原顺序是 ArOMe > ArH > ArOH[9]。在该方面的例子还可参看张洪彬课题组在巴西木内酯 (+)-brazilide A (式 5) 全合成中对富电子苯环的选择性还原[10]。对于利用芳香族化合物去芳香化转化成为有用的合成子而言，Birch 还原仍然是有效的手段之一。

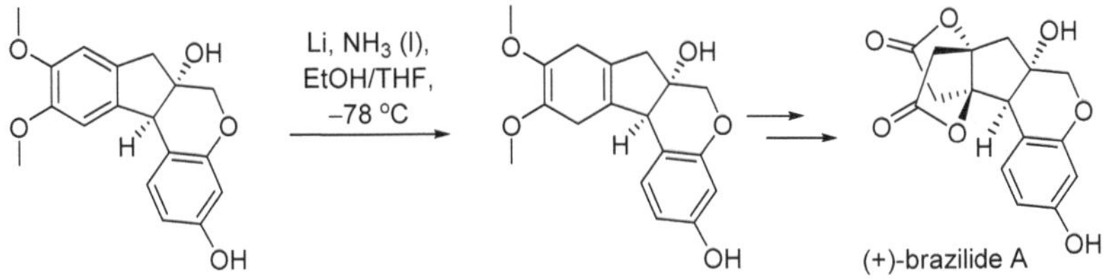

参考文献

[1] Birch, A. J. *J. Chem. Soc.* **1944**, 430.
[2] Birch, A. J. *Pure Appl. Chem.* **1996**, *68*, 553.
[3] Hook, J. M.; Mander, L. N. *Nat. Prod. Rep.* **1986**, *3*, 35.
[4] Subba Rao, G. S. R. *Pure & Appl. Chem.* **2003**, *75*, 1443.
[5] Frey, B.; Wells, A. P.; Rogers, D. H.; Mander, L. N. *J. Am. Chem. Soc.* **1998**, *120*, 1914.
[6] Zhang, H.; Appels, D. C.; Hockless, D. C. R.; Mander, L. N. *Tetrahedron Lett.* **1998**, *39*, 6577.
[7] Schultz, A. G. *Chem. Commun.* **1999**, 1263.
[8] Khim, S.-K.; Schultz, A. G. *J. Org. Chem.* **2004**, *69*, 7734.
[9] Lebeuf, R.; Robert, F.; Landais, Y. *Org. Lett.* **2005**, *7*, 4557.
[10] Wang, X.; Zhang, H.; Yang, X.; Zhao, J.; Pan, C. *Chem. Commun.* **2013**, *49*, 5405.

（张洪彬）

Bouveault-Blanc 还原

Bouveault-Blanc (布沃-布朗) 还原反应是指在乙醇中把酯用金属钠还原为醇的反应 (式 1)[1-3]。这一反应后来已基本被金属氢化物还原 (LiAlH$_4$) 和溶解金属法 (Birch 还原：Na/NH$_3$ 或 Li/NH$_3$) 所取代。但该方法不会产生有毒的金属残余物，具有较高的原子经济性。在工业生产上，因其价廉仍可取代 LiAlH$_4$ 还原法。

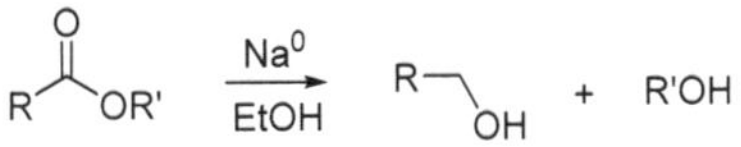

反应机理 (图 1)：酯从金属钠获得一个电子被还原为自由基负离子 (羰游基)，然后从醇中夺取一个质子转变为自由基，再从钠得到一个电子变成碳负离子，质子交换后消除烷氧基成为醛；醛再经过相同的步骤变成相应的醇。

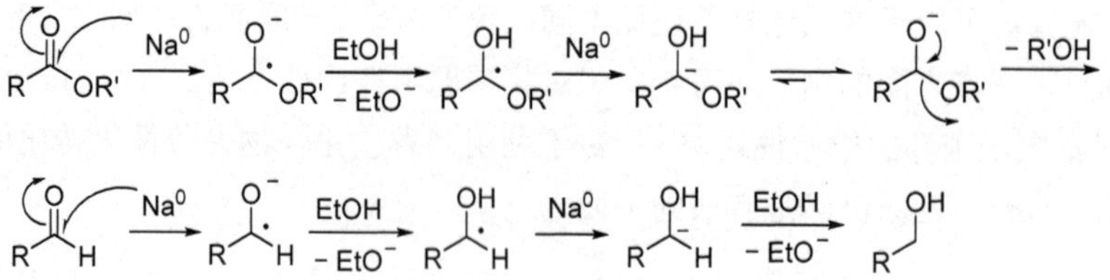

图 1 Bouveault-Blanc 还原反应的机理

LiAlH$_4$ 还原所得的非热力学稳定醇为非预期产物时，可用此法获得其非对映立体异构体 (式 2)。

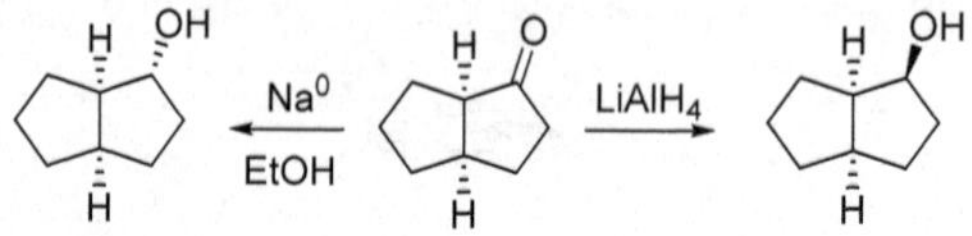

(2)

当分子内适当位置含有烯基时，用溶解金属法可得环化产物 (式 3)[4]。

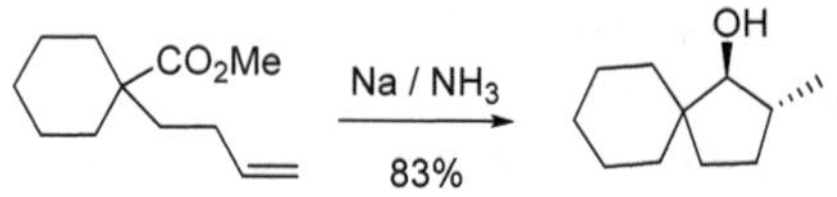

(3)

Bouveault-Blanc 还原反应发生在金属钠的表面，因此须将金属钠预先切成小块，并通过加热将金属钠原位分散，这一过程可能出现过度发泡或起火等危险，同时反应过程中的高温会加速 Claisen 缩合和酯的水解等竞争反应的发生。2009 年，Bodnar 等人利用硅胶稳定的钠金属 Na-SG (I) 来代替金属钠块或钠砂，可以降低与金属处理有关的危险，并保持良好的还原能力 (式 4 和式 5)[5]。2014 年，Procter 等人利用 Na-D15 代替金属钠块也具有类似的还原效果[6,7]，可把羧酸酯还原成一级醇、α,β-不饱和羧酸酯还原成饱和醇。非共轭不饱和羧酸酯还原时，双键不受影响。以上还原反应都具有较高的产率。上述两个体系都在低温下进行，可以较好地避免高温引起的 Claisen 缩合和酯的水解等副反应的发生。

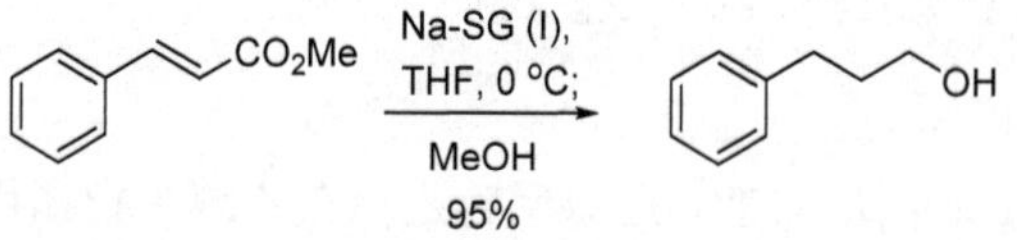

(4)

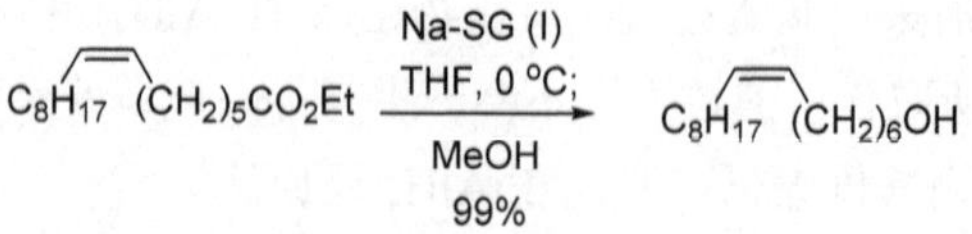

(5)

此外，用 EtOH/NH$_3$ 体系来代替 EtOH[8]，或者用 NaK 来代替 Na[9]，反应也能在较低的温度下进行，但是这些替代条件并不是通用的。

参考文献

[1] Bouveault, L.; Blanc, G. *Compt. Rend.* **1903**, *136*, 1676-1678.

[2] Chablay, E. *Compt. Rend.* **1913**, *156*, 1020-1022.
[3] House, H. O. *Modern Synthetic Reactions*, 2nd ed.; Benjamin: Menlo Park, CA, **1972**.
[4] Cossy, J.; Gille, B.; Bellosta, V. *J. Org. Chem.* **1998**, *63*, 3141-3146.
[5] Bodnar, B. S.; Vogt, P. F. *J. Org. Chem.* **2009**, *74*, 2598-2600.
[6] An, J.; Work, D. N.; Kenyon, C.; Procter, D. J. *J. Org. Chem.* **2014**, *79*, 6743-6747.
[7] Han, M.; Ma, X.; Yao, S.; Ding, Y.; Yan, Z.; Adijiang, A.; Wu, Y.; Li, H.; Zhang, Y.; Lei, P.; Ling, Y.; An, J. *J. Org. Chem.* **2017**, *82*, 1285-1290.
[8] Barrett, A. G. M. In *Comprehensive Organic Synthesis*; Trost, B. M., Fleming, I., Eds.; Elsevier Science Ltd.: Amsterdam, **1991**, 235-257.
[9] Gol'dfarb, Y. L.; Taits, S. Z.; Belen'kii, L. I. *Tetrahedron* **1963**, *19*, 1851-1866.

相关反应： 频哪醇 (Pinacol) 偶联反应

（陈玲艳，黄培强）

Brown 硼氢化反应

Brown（布朗）硼氢化反应是 H. C. Brown 于 1956 年报道的，烯烃与硼氢化钠 ($NaBH_4$) 在氯化铝 ($AlCl_3$) 的作用下反应，得到对烯烃的顺式 (*cis*) 反马氏规则 (*anti*-Markownikoff) 的加成产物，其后在过氧化氢的作用下，氧化生成相应的羟基化合物（式 1）[1]。H. C. Brown 由于这一反应的发现和研究与 G. Wittig 共享 1979 年诺贝尔化学奖。

硼氢化钠与三氟化硼·乙醚 ($BF_3·Et_2O$) 反应可以生成硼烷，甲硼烷不能游离存在，一般以二聚体乙硼烷的形式存在 (B_2H_6)。乙硼烷共有 12 个电子，其中 8 个电子形成四个 B-H 键，在一个平面上，其它 4 个电子会形成两个三中心两电子键，分别处于平面的上下。

乙硼烷

在有机醚类化合物 [如二甘醇二甲醚 (diglyme)、四氢呋喃、乙醚等] 作为溶剂时，乙硼烷解离为甲硼烷·醚 ($BH_3·R_2O$) 的配合物，硼烷与烯烃的反应在室温下顺利进行，氢加到双键氢较少的碳原子上，反应经过一个四中心过渡态，因为反应中间不经过碳正离子中间体，各个碳原子的取代基保持原来的相对位置，得到对烯烃的立体专一性的顺式 (*cis*-) 反马氏规则的加成产物[2]。

$$\text{H}_3\text{C}\overset{\text{H}}{\underset{\text{H}}{\diagup\!\!\!\diagdown}}\text{H} \xrightarrow[\text{有机醚}]{\underset{\text{BH}_3}{\text{B}_2\text{H}_6}} \left[\text{H}_3\text{C}\cdots\overset{\text{H-B}}{\underset{\text{H}}{\cdots}}\text{H}\right]^{\ddagger} \longrightarrow \text{H}_3\text{C}\overset{\text{H}}{\underset{\text{H}}{\diagup\!\!\!\diagdown}}\overset{\text{B}}{\underset{\text{H}}{\diagup\!\!\!\diagdown}} \quad (2)$$

当烯烃为非末端烯烃时，硼烷与烯烃的硼氢化反应存在区域选择性，硼优先加成到位阻较小的双键碳上，但一般区域选择性不高。例如 2-己烯与硼烷的布朗硼氢化反应，生成 2-己醇和 3-己醇的混合物 (式 3)。

$$\text{CH}_3\text{CH}=\text{CHCH}_2\text{CH}_2\text{CH}_3 \xrightarrow[\text{2. H}_2\text{O}_2]{\text{1. B}_2\text{H}_6,\ \text{diglyme, rt}} \underset{63\%}{\text{2-hexanol}} + \underset{37\%}{\text{3-hexanol}} \quad (3)$$

反应中硼烷从位阻较小的面进攻，降冰片烯 (norbornene) 的布朗硼氢化反应高选择性地生成 *exo*-降冰片醇 (式 4)[3]。

$$\text{norbornene} \xrightarrow[\text{2. H}_2\text{O}_2]{\text{1. B}_2\text{H}_6,\ \text{diglyme, rt}} \text{exo-norborneol} \quad (4)$$

如果将 2-己烯与硼烷的加成产物在进行下一步的氧化反应之前，在二甘醇二甲醚中加热回流 4 h，随后再进行氧化反应，可以得到专一的 1-己醇。这表明在高温时，烯烃和硼烷与烷基硼化物间存在一快速平衡的过程[4]。

$$\text{2-hexene} \xrightarrow[\text{3. H}_2\text{O}_2]{\underset{\text{2. diglyme, 回流, 4h}}{\text{1. B}_2\text{H}_6,\ \text{diglyme, rt}}} \underset{100\%}{\text{1-hexanol}} \quad (5)$$

烯烃与硼烷的加成产物还可以被转化为相应的胺类化合物[5]，或与 α,β-不饱和羰基化合物发生加成反应 (式 6)[6]。对于双烯化合物的布朗硼氢化反应，非共轭烯烃的反应活性要高于共轭烯烃，环内共轭烯烃反应活性高于环外共轭烯烃[7]。

$$\text{methylcyclohexene} \xrightarrow{\text{B}_2\text{H}_6} \text{2-methylcyclohexylborane} \begin{matrix} \xrightarrow{\text{H}_2\text{NOSO}_3\text{H}} & \text{2-methylcyclohexylamine} \\ \xrightarrow{\text{CH}_2=\text{CHCOCH}_3} & \text{2-methylcyclohexyl-CH}_2\text{CH}_2\text{COCH}_3 \end{matrix} \quad (6)$$

硼烷（B_2H_6）也可以由氢化铝锂与三氟化硼·乙醚 ($\text{BF}_3\cdot\text{Et}_2\text{O}$) 的反应生成，在反应中不需要使用二甘醇二甲醚作为溶剂 (式 7)[8]。

$$\text{cyclohexene} \xrightarrow[\text{2. H}_2\text{O}_2]{\underset{\text{Et}_2\text{O}}{\text{1. LiAlH}_4,\ \text{BF}_3\cdot\text{Et}_2\text{O}}} \text{cyclohexanol} \quad (7)$$

布朗硼氢化反应也可用于炔烃的还原反应。非末端炔烃与硼烷反应生成烯基硼化物，在酸性条件下，烯基硼化物可以被转化为相应的烯烃 (式 8)。末端炔烃与硼烷的布朗硼氢化反应不容易发生，当使用二烷基硼作为还原试剂时，末端炔烃的硼氢化反应可以顺利进行，生成的烯基硼化物在酸性条件下可以转化为相应的烯烃，也可以被氧化为相应的醛 (式 9)[9]。

$$3\ R^1{-\!\!\!=\!\!\!-}R^2 + 1/2\ (BH_3)_2 \longrightarrow \underset{R^2\ B}{\overset{R^1\ H}{>\!\!=\!\!<}}_3 \xrightarrow{HOAc} \underset{R^2\ H}{\overset{R^1\ H}{>\!\!=\!\!<}} \quad (8)$$

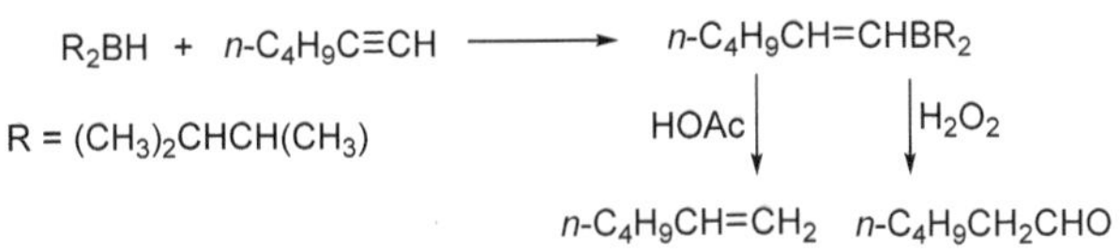

$$R_2BH + n\text{-}C_4H_9C{\equiv}CH \longrightarrow n\text{-}C_4H_9CH{=}CHBR_2 \quad (9)$$

R = (CH_3)_2CHCH(CH_3)

HOAc ↓   ↓ H_2O_2

$n\text{-}C_4H_9CH{=}CH_2 \quad n\text{-}C_4H_9CH_2CHO$

二叔丁基乙烯 (2,2,5,5-四甲基-3-己烯) 的布朗硼氢化反应并不能给出对 3 位双键的硼氢化产物。反应在完成第一次硼氢化反应后，在加热的条件下，会发生一分子内的硼烷基化反应，产生一分子氢气，其后在氧化条件下，生成 2,2,5,5-四甲基-1,4-己二醇 (式 10)[10]。

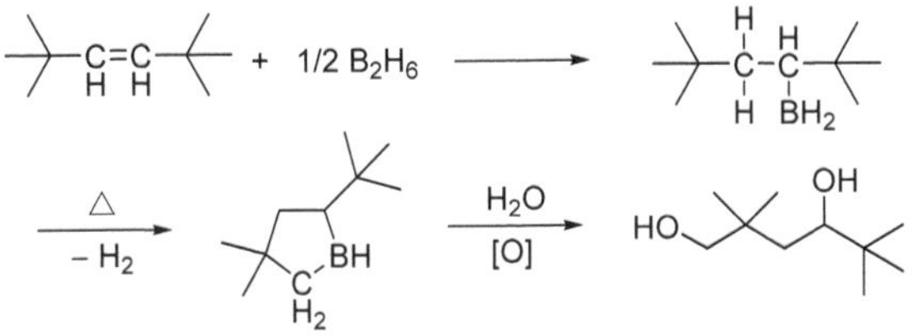

(10)

布朗硼氢化反应可以用于甾体化合物的合成，当甾体化合物中存在共轭烯烃时，布朗硼氢化反应可以区域专一性地发生在一个双键上 (式 11)[11]。

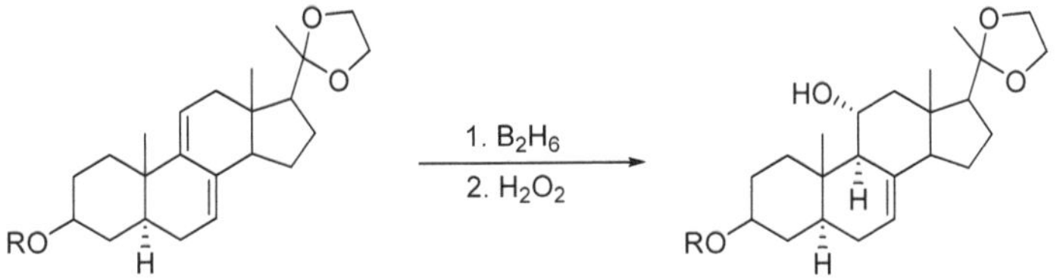

(11)

硼烷在室温条件下是不稳定的，一般是在二甘醇二甲醚等醚类溶剂中现场制备。但硼烷的四氢呋喃溶液 ($BH_3 \cdot THF$)[12]、二甲硫醚溶液 ($BH_3 \cdot Me_2S$)[13]、1,4-氧,硫杂环己烷溶液[14]等醚类溶液是比较稳定的，常用于各种布朗硼氢化反应。

二烷基硼烷也可用于布朗硼氢化反应[15]，其中常用的是 9-硼二环[3.3.1]壬烷 (9-BBN)[16]，9-BBN 是由 1,5-环辛二烯与硼烷反应得到 (式 12)。

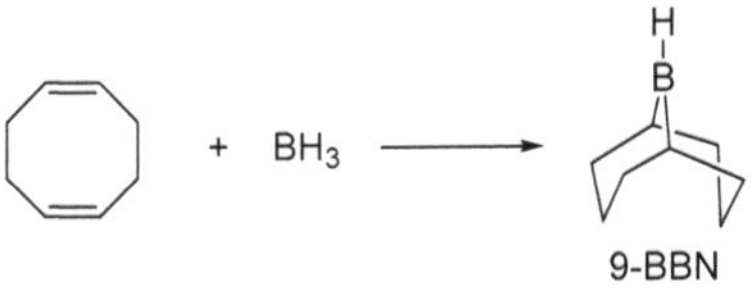

(12)

9-BBN

9-BBN 在空气中比较稳定，与烯烃的布朗硼氢化反应有较高的选择性。在分子中如有两个双键，9-BBN 优先进攻位阻较小的双键。在 1-戊烯和 2-戊烯的混合物的布朗硼氢化反应中，优先与位阻较小的 1-戊烯反应。当反应原料中同时存在顺，反异构体的烯烃时，9-BBN 的布朗硼氢化反应选择性地优先与顺式烯烃反应。

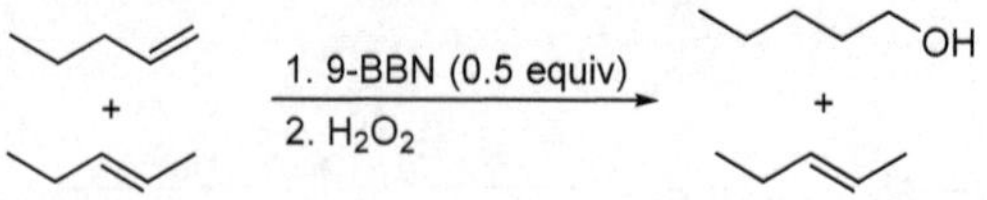

$$\text{（式13）}$$

9-BBN 和烯烃除能发生典型的布朗硼氢化反应生成相应的醇外，9-BBN 和烯烃反应生成的硼化物还能和一氧化碳反应 (式 14)[17]。

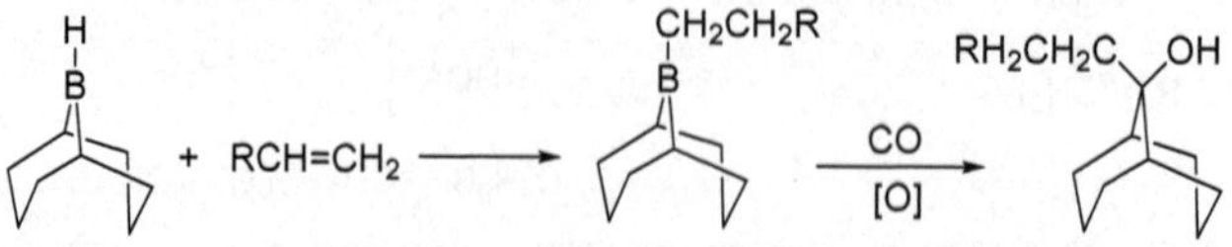

$$\text{（式14）}$$

2,3-二甲基-丁基硼烷也是一种有效的布朗硼氢化反应试剂，可分步与两个不同的烯烃反应生成不对称的三烷基硼，进行与一氧化碳反应后，通过氧化反应可以得到酮类化合物[18]。

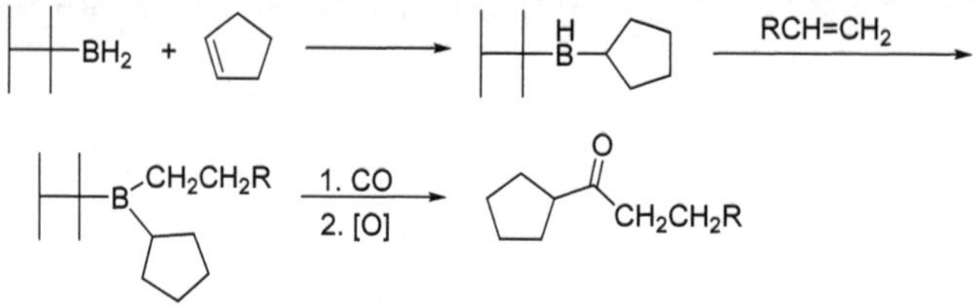

$$\text{（式15）}$$

α-蒎烯 (α-pinene) 与硼烷反应可以生成手性的单烷基硼试剂 IpcBH_2 和二烷基硼试剂 Ipc$_2$BH。Ipc$_2$BH 与烯烃的布朗硼氢化反应可以得到高光学活性的醇 (式 16)[19]。

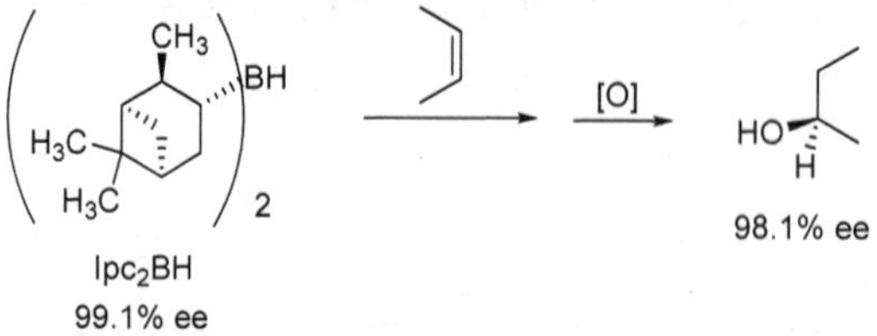

$$\text{（式16）}$$

布朗硼氢化反应可以用于合成光学活性的氘代伯醇。1-氘代炔在布朗硼氢化反应条件下生成顺式烯烃 (式 17a)，其后在 Ipc$_2$BH 的存在下，再次发生布朗硼氢化反应，从而得到光学活性的氘代伯醇 (式 17b)[20]。

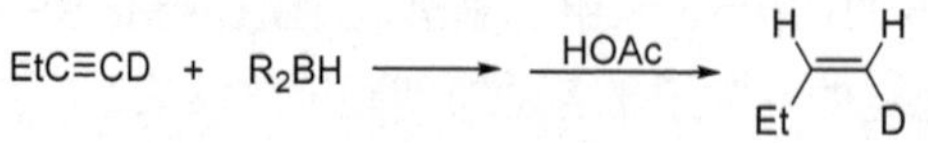

$$\text{（式17a）}$$

$$\text{（式17b）}$$

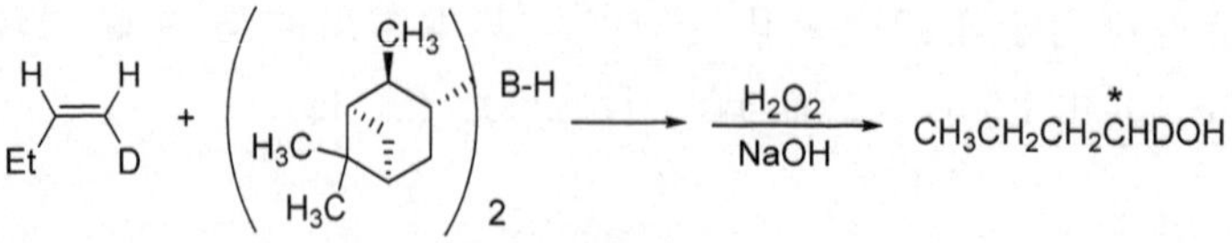

邻苯二酚与硼烷反应，可以生成有效的单硼氢化反应试剂 (儿茶酚硼烷)[21]，儿茶酚硼烷的稳定性较好，但需要在加热条件下才可以与烯烃或炔烃反应。儿茶酚硼烷与炔烃反应生成的烯基硼酸酯可以与醋酸汞反应生成烯基汞化物，随后与卤素反应生成烯基卤化物 (图 1)[22]。

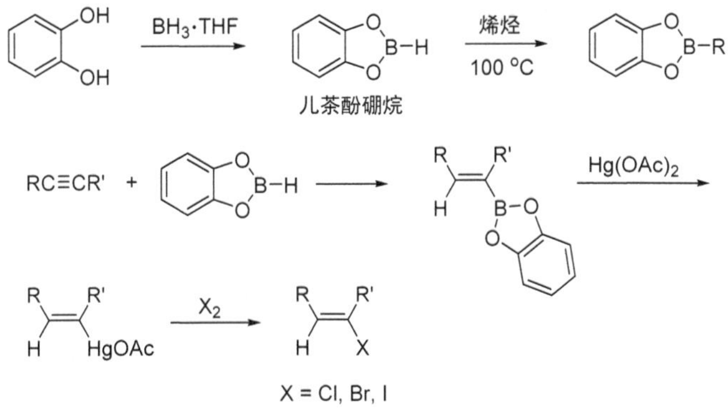

图 1 儿茶酚硼烷与烯烃或炔烃的反应

过渡金属催化的硼氢化反应

布朗硼氢化反应一般不需要另外加入催化剂，但是当使用一些活性较低的硼氢化试剂如儿茶酚硼烷时，硼氢化反应需要在高温下进行。而一些过渡金属催化剂的存在可以使反应在室温下或低温下进行，过渡金属催化剂的存在还会对硼氢化反应的化学选择性、区域选择性和立体选择性造成影响。

过渡金属催化的硼氢化反应的反应机理与非催化的布朗硼氢化反应的反应机理是不同的，并不是一个直接的加成反应。以过渡金属催化剂中最常用的铑 (Rh) 类化合物催化剂为例，在硼氢化反应中形成的 H-Rh-B(OR)$_2$ 物种是可能的中间体 (式 18)[23]。

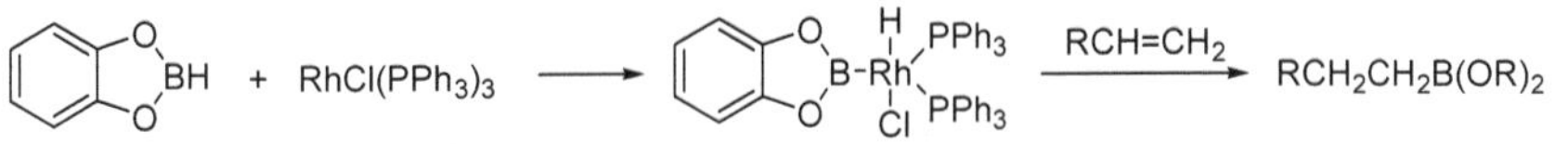

如图 2 所示，反应的第一步是 Rh 与 B—H 键的插入反应生成中间体 I，I 与烯烃反应生成 II，其后发生氢转移反应，生成中间体 IIIa 和 IIIb，IIIa 和 IIIb 随后发生还原消除反应，生成马氏加成产物 IVa 和反马氏加成产物 IVb，并再生活性的铑催化剂。

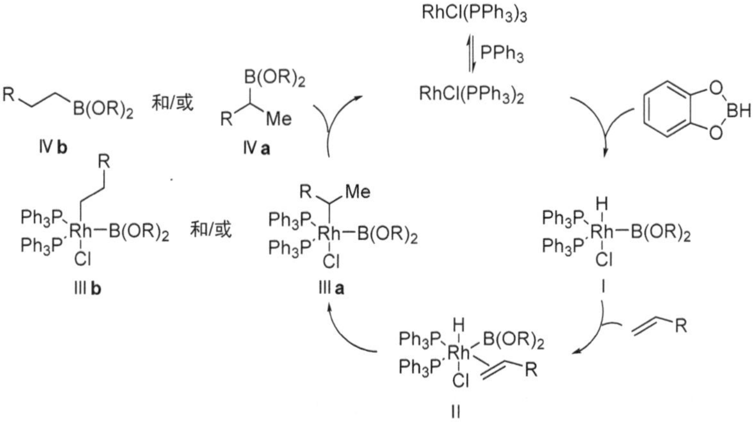

图 2 铑催化剂催化的硼氢化反应机理

中间体 I 与烯烃也可能发生双键对 Rh−B 键的插入反应,生成中间体 Va 和 Vb,随后发生还原消除反应,生成马氏加成产物 IVa 和反马氏加成产物 IVb,并再生活性的铑催化剂 (式 19)。

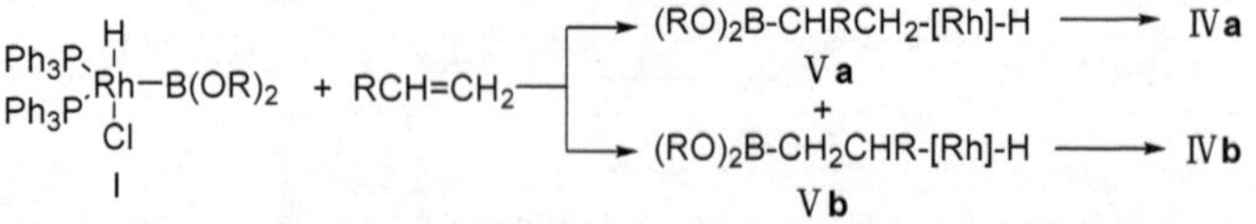

$$\begin{array}{c}\text{Ph}_3\text{P}\diagdown\underset{|}{\overset{\text{H}}{\text{Rh}}}{-}\text{B(OR)}_2 + \text{RCH=CH}_2 \longrightarrow \begin{array}{c}(RO)_2B\text{-CHRCH}_2\text{-[Rh]-H} \longrightarrow \text{IVa}\\ \text{Va}\\ +\\ (RO)_2B\text{-CH}_2\text{CHR-[Rh]-H} \longrightarrow \text{IVb}\\ \text{Vb}\end{array}\end{array} \quad (19)$$

由于过渡金属催化的硼氢化反应的反应机理与非催化的布朗硼氢化反应的反应机理不同,过渡金属催化剂的存在下,硼氢化反应的化学选择性、区域选择性、立体选择性都会发生变化。

非共轭酮的硼氢化反应,在没有催化剂的条件下,硼氢化反应发生在碳-氧双键 (式 20),而在铑类催化剂的催化下,硼氢化反应发生在碳-碳双键 (式 21)[24]。

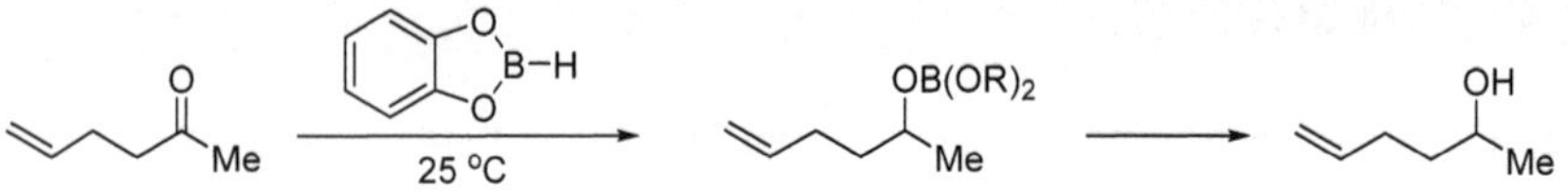

(20)

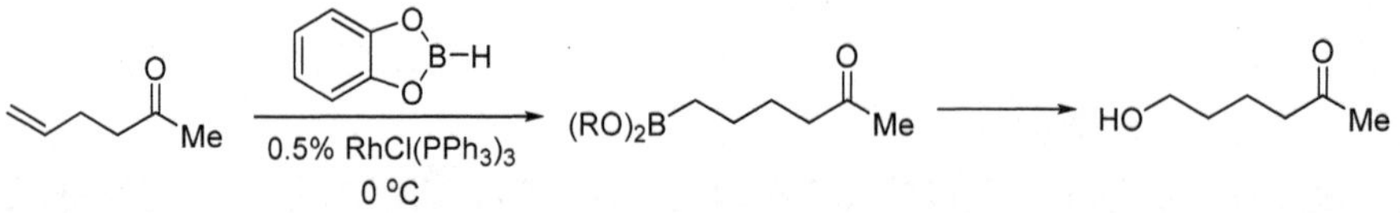

(21)

过渡金属催化剂的存在下,硼氢化反应的区域选择性会发生变化,与非催化的布朗硼氢化反应相比,芳基乙烯的金属催化的硼氢化反应生成符合马氏规则的加成产物 (式 22)[25,26]。

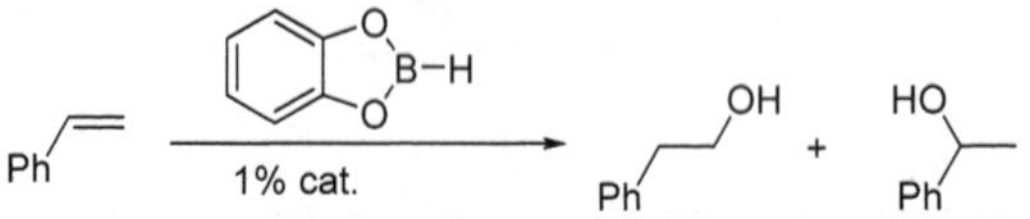

cat.			
无	92	:	8
RhCl(PPh$_3$)$_3$	90	:	10
Rh(COD)$_2$BF$_4$	<1	:	>99

(22)

当开链烯烃所连基团不是芳烃时,金属催化的硼氢化反应的区域选择性较低,可以通过引入相应的导向基团来提高硼氢化反应的区域选择性。烯丙基化合物在引入砜基后的硼氢化反应可以高选择性地得到马氏规则的加成产物 (式 23)[27]。

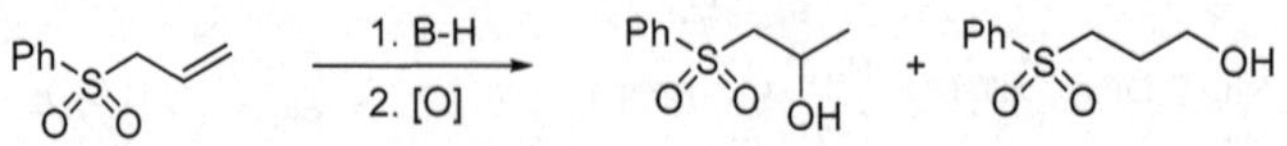

9-BBN	0	:	100	
3% RhCl(PPh$_3$)$_3$	87	:	13	

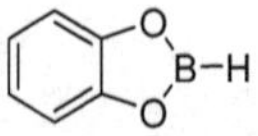

(23)

在同一种金属但不同结构催化剂的催化下,使用不同的硼氢化试剂,也可以得到不同区域选择性的产物 (式 24)[28]。

$$R_F\text{-CH}_2\text{OH} \xleftarrow{[O]} \xleftarrow{\text{HB(pinacol)}, \text{Rh(PPh}_3)_3\text{Cl}} R_F\text{-CH=CH}_2 \xrightarrow{\text{(catecholBH)}, [\text{Rh(COD)(dppb)}]^+\text{BF}_4^-} \xrightarrow{[O]} R_F\text{-CH(OH)CH}_3 \quad (24)$$

$$R_F = CF_3, C_4F_9, C_6F_{13}$$

过渡金属催化剂的存在下，硼氢化反应的立体选择性也会发生变化[29]。非催化的布朗硼氢化反应的立体选择性一般不高，但在过渡金属催化下，可以高立体选择性地得到硼氢化产物 (式 25)。

$$\text{(2-methylenecyclohexyl-OR)} \xrightarrow{1. \text{B-H}} \xrightarrow{2. [O]} \text{cis-CH}_2\text{OH/OR} + \text{trans-CH}_2\text{OH/OR} \quad (25)$$

9-BBNH	54	:	46
3% RhCl(PPh$_3$)$_3$ (catecholBH)	91	:	9

与非催化的共轭双烯的硼氢化反应不同，在三苯基膦钯的催化下，共轭双烯的硼氢化反应发生在 1,4-位，可以生成烯丙基硼化物[30]。

$$\text{isoprene} \xrightarrow{\text{catBH}, \text{Pd(Ph}_3\text{P})_4} (RO)_2B\text{-Pd-H} \cdots \longrightarrow$$

$$(RO)_2B\text{-Pd} \longrightarrow \text{B(OR)}_2 \xrightarrow{RCHO} \text{HO-CH(R)-C(CH}_3)\text{=CH}_2 \quad (26)$$

烯烃与双硼化合物在过渡金属的催化下，可以生成烯基硼化物 (式 27)[31]。

$$\text{ArCH=CH}_2 + (\text{Bcat})_2 \xrightarrow{\text{RhCl(PPh}_3)_3} \text{Ar-CH=CH-Bcat} \quad (27)$$

$$\text{Ar-CH=CH-B(OR)}_2 \leftarrow (RO)_2B\text{-[M]} \cdots \text{[catalytic cycle]} \cdots$$

在手性配体的存在下，可以实现过渡金属催化的不对称硼氢化反应[25,26,32]。常用的配体除 BINAP 外，还可以是其它的一些配体 (式 28)。

$$\text{4-MeO-C}_6\text{H}_4\text{-CH=CH}_2 + \text{catBH} \xrightarrow{\text{Rh(COD)}_2\text{BF}_4, (R)\text{-BINAP}} \xrightarrow{[O]} \text{4-MeO-C}_6\text{H}_4\text{-CH(OH)CH}_3 \quad (28)$$

77%
93.4% ee

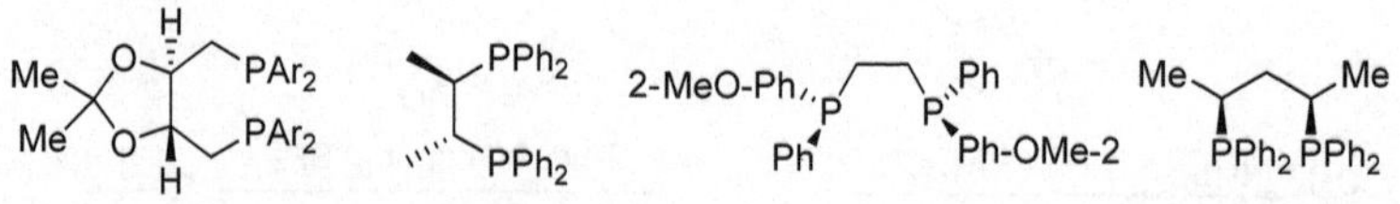

(R, R)-DIOP   (R, R)-CHIRAPHOS   (S, S)-DIPAMP   (S, S)-BDPP

当使用手性硼试剂时，也可以实现过渡金属催化的不对称硼氢化反应 (式 29)[33]。

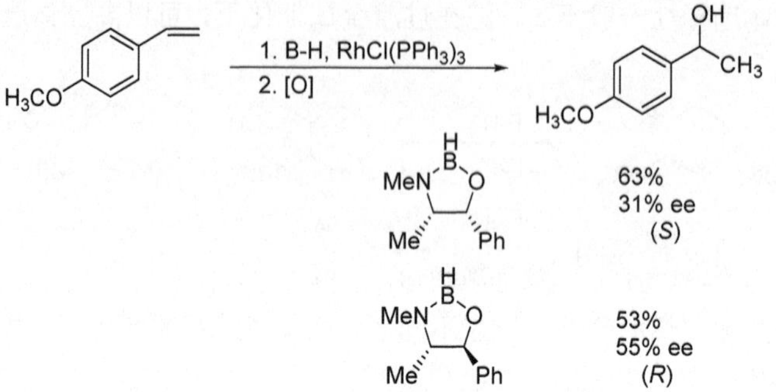

$$\text{H}_3\text{CO-C}_6\text{H}_4\text{-CH=CH}_2 \xrightarrow[\text{2. [O]}]{\text{1. B-H, RhCl(PPh}_3)_3} \text{H}_3\text{CO-C}_6\text{H}_4\text{-CH(OH)CH}_3 \tag{29}$$

63%, 31% ee (S)

53%, 55% ee (R)

除铑 (Rh) 外，钛 (Ti)[34]、钐 (Sm)[35]、锆 (Zr)[36]、铱 (Ir)[37]、钕 (Nd)[38]等以及廉价的铁 (Fe)[39]、钴 (Co)[40]等过渡金属也可以用于金属催化的硼氢化反应。当使用不同的金属催化剂时，反应的可能机理也不尽相同，从而造成反应的化学选择性、区域选择性和立体选择性的不同 (式 30)。

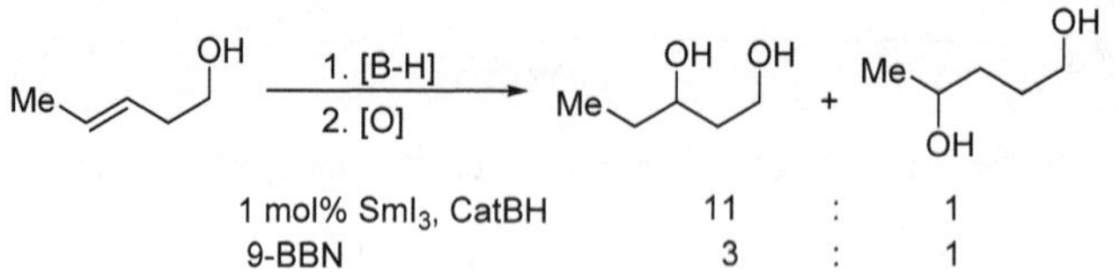

$$\text{Me-CH=CH-CH}_2\text{-CH}_2\text{OH} \xrightarrow[\text{2. [O]}]{\text{1. [B-H]}} \text{Me-CH(OH)-CH}_2\text{-CH(OH)} + \text{Me-CH(OH)-CH}_2\text{-CH}_2\text{-CH}_2\text{OH} \tag{30}$$

1 mol% SmI$_3$, CatBH	11 : 1
9-BBN	3 : 1

$$\text{Cp}_2\text{TiMe}_2 + \text{HB(OR)}_2 \longrightarrow \text{MeB(OR)}_2 + \text{Cp}_2\text{Ti(Me)H} \xrightarrow[-\text{CH}_4]{\text{alkene}} \text{Cp}_2\text{Ti(alkene)}$$

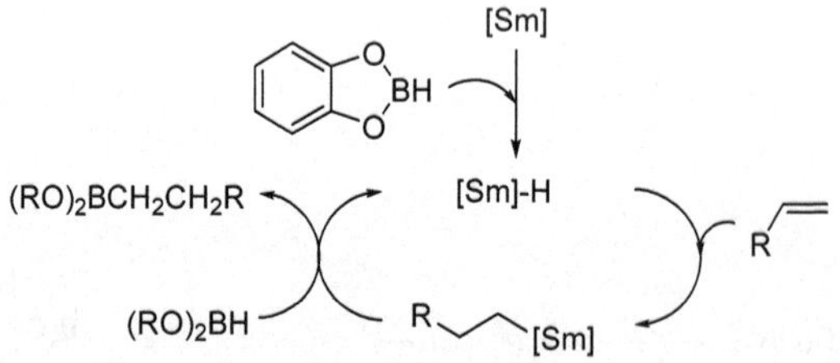

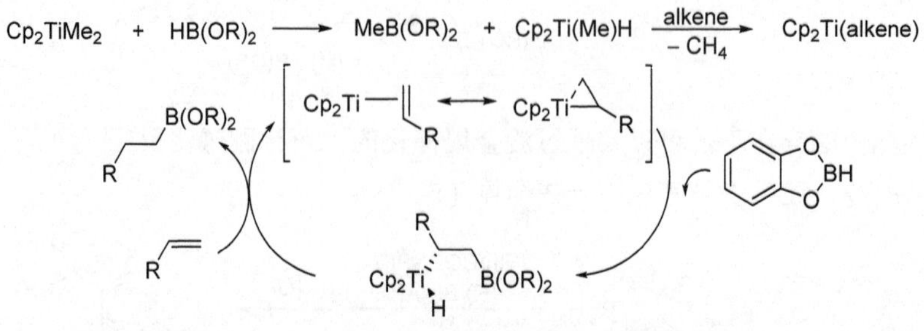

对于绝大多数类型烯烃硼氢化或过渡金属催化硼氢化均可获得高对映选择性，但对于

端基烯烃的不对称硼氢化反应却多年来未能获得好的结果。这一问题在使用手性氮杂环卡宾为配体的铜催化条件下获得了解决，各种不同取代的端基烯烃均可以很高的收率及 ee 值获得符合马氏规则的加成产物[41]。

参考文献

[1] Brown, H. C.; Subba Rao, B. C. *J. Am. Chem. Soc.* **1956**, *78,* 5694.
[2] Brown, H. C.; Subba Rao, B. C. *J. Org. Chem.* **1957**, *22,* 1136.
[3] Brown, H. C.; Zweifel, G. *J. Am. Chem. Soc.* **1959**, *81,* 247.
[4] Brown, H. C.; Subba Rao, B. C. *J. Org. Chem.* **1957**, *22,* 1137.
[5] Rathke, M. W.; Inoue, N.; Varma, K. R.; Brown, H. C. *J. Am. Chem. Soc.* **1966**, *88,* 2870.
[6] Suzuki, A.; Arase, A.; Matsumoto, H.; Itoh, M. *J. Am. Chem. Soc.* **1967**, *89,* 5708.
[7] Brown, H. C.; Zweifel, G. *J. Am. Chem. Soc.* **1959**, *81,* 5832.
[8] Wolfe, S.; Nussim, M.; Mazur, Y.; Sondheimer, F. *J. Org. Chem.* **1959**, *24,* 1034.
[9] Brown, H. C.; Zweifel, G. *J. Am. Chem. Soc.* **1959**, *81,* 1512.
[10] Logan, T. J.; Flautt, T. J. *J. Am. Chem. Soc.* **1959**, *81,* 3446.
[11] M.; Mazur, Y.; Sondheimer, F. *J. Org. Chem.* **1964**, *29,* 1131.
[12] Brown, H. C. "Hydroboration," W. A. Benjamin, New York, N. Y., **1962**.
[13] Braun, L. M.; Braun, R. A.; Crissman, H. R.; Opperman, M.; Adams, R. M. *J. Org. Chem.,* **1971**, *36,* 2388.
[14] Brown, H. C.; Mandal, A. K. *J. Org. Chem.* **1992**, *57,* 4970.
[15] Brown, H. C.; Zweifel, G. *J. Am. Chem. Soc.* **1961**, *83,* 1241.
[16] Knights, E. F.; Brown, H. C. *J. Am. Chem. Soc.* **1968**, *90,* 5280.
[17] Knights, E. F.; Brown, H. C. *J. Am. Chem. Soc.* **1968**, *90,* 5283.
[18] Brown, H. C.; Sikorski, J. A.; Kulkarni, S. U.; Lee, H. D. *J. Org. Chem.* **1982**, *47,* 863.
[19] Brown, H. C.; Desai, M. C.; Jadhav, P. K. *J. Org. Chem.* **1982**, *47,* 5065.
[20] Streitwieser, A.; Verbit, L.; Bittman, R. *J. Org. Chem.* **1967**, *32,* 1530.
[21] Brown, H. C.; Gupta, S. K. *J. Am. Chem. Soc.* **1971**, *93,* 1816.
[22] Brown, H. C.; Larock, R. C.; Gupta, S. K.; Rajagopalan, S.; Bhat, N. G. *J. Org. Chem.* **1989**, *54,* 6079.
[23] Burgess, K.; van der Donk, W. A.; Westcott, S. A.; Marder, T. B.; Baker, R. T.; Calabrese, J. C. *J. Am. Chem. Soc.* **1992**, *114,* 9350.
[24] Männig, D.; Nöth, H. *Angew. Chem. Int. Ed. Engl.* **1985**, *24,* 878.
[25] Hayashi, T.; Mataumoto, Y.; Ito, Y. *J. Am. Chem. Soc.* **1989**, *111,* 3426.
[26] Zhang, J. F.; Lou, B. L.; Guo, G. Z.; Dai, L. X. *J. Org. Chem.* **1991**, *56,* 1670.
[27] Hou. X. L.; Hong, D. G.; Rong, G. B.; Guo, Y. L.; Dai, L. X. *Tetrahedron Lett.* **1993**, *34,* 8513.
[28] Veeraraghavan Ramachandran, P.; Jennings, M. P.; Brown, H. C. *Org. Lett.* **1999**, *1,* 1399.
[29] Evans, D. A.; Fu, G. C.; Hoveyda, A. H. *J. Am. Chem Soc.* **1992**, *114,* 6671.
[30] Sato, M.; Nomoto, Y.; Miyaura, N.; Suzuki, A. *Tetrahedron Lett.* **1989**, *30,* 3789.
[31] Joshi, N. N.; Srebnik, M.; Brown, H. C., *Tetrahedron Lett.* **1989**, *30,* 5551.
[32] Hayashi, T.; Matsumoto, Y.; Ito, Y. *Tetrahedron: Asymmetry* **1991**, *2,* 601.
[33] Brown, J. M.; Lloyd-Jones, G. C. *Tetrahedron: Asymmetry* **1990**, *1,* 869.
[34] He, X. M.; Hartwig, J. F. *J. Am. Chem. Soc.* **1996**, *118,* 1696.
[35] Evans, D. A.; Muci, A. R.; Stiirmert, R. *J. Org. Chem.* **1993**, *58,* 5307.
[36] Pereira, S.; Srebnik, M. *Organometallics* **1996**, *14,* 3127.
[37] Evans, D. A.; Fu, G. C.; Hoveyda, A. H. *J. Am. Chem. Soc.* **1992**, *114,* 6671.
[38] Beletskaya, I.; Pelter, A. *Tetrahedron* **1997**, *53,* 4957.

[39] Zhang,L.; Peng, D.; Leng, X.; Huang, Z. *Angew. Chem. Int. Ed.* **2013**, *52*, 3676.
[40] Zhang, L.; Zuo, Z.; Leng, X.; Huang, Z. *Angew. Chem. Int. Ed.* **2014**, *53*, 2696.
[41] Cai, Y.; Yang, X. T.; Zhang, S. Q.; Li, F.; Li, Y. Q.; Ruan, L. X.; Hong, X.; Shi, S. L. *Angew. Chem. Int. Ed.* **2018**, *57*, 1376.

（范仁华，侯雪龙）

Clemmensen 还原

1913 年，Erik Christian Clemmensen 报道了醛或酮在锌-汞齐及盐酸水溶液中回流生成相应的亚甲基的反应[1]。这种在酸性条件下将醛或酮羰基还原为亚甲基的反应称为 Clemmensen (克莱门森) 还原反应 (式 1)。

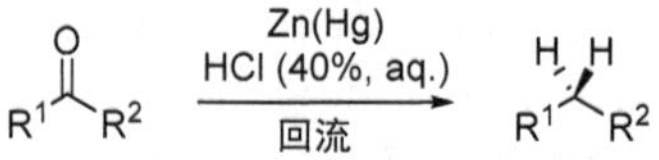

$$R^1COR^2 \xrightarrow[\text{回流}]{\text{Zn(Hg)} \atop \text{HCl (40\%, aq.)}} R^1CH_2R^2 \quad (1)$$

Clemmensen 还原反应在有机合成中被广泛使用，该反应的不足之处在于反应条件苛刻。因此，后续出现了一系列改良研究来拓展其用途。1967 年，Yamamura 报道了在饱和氯化氢或溴化氢的有机溶剂中，使用活化的锌粉在 0 ℃ 时将羰基还原为亚甲基的改良条件 (式 2)[2-4]。2010 年 Arimoto 报道了在 TMSCl 和锌粉作用下，使用醇和二氯甲烷为混合溶剂，0 ℃ 时即可将羰基还原为亚甲基的改良条件 (式 3) [5]。该反应中添加醇来提供质子，大大提高了 Zn/TMSCl 还原体系的效率[6]，因而被广泛用于有机合成。

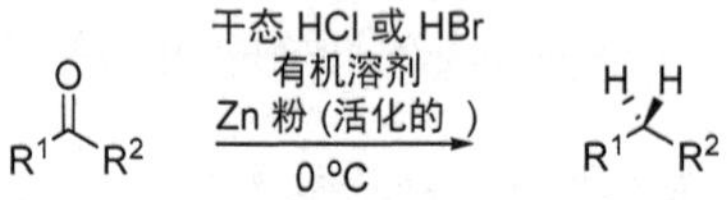

$$R^1COR^2 \xrightarrow[0\ ℃]{\text{干态 HCl 或 HBr} \atop \text{有机溶剂} \atop \text{Zn 粉 (活化的)}} R^1CH_2R^2 \quad (2)$$

$$R^1COR^2 \xrightarrow[0\ ℃]{\text{Zn 粉} \atop \text{TMSCl} \atop \text{EtOH/DCM}} R^1CH_2R^2 \quad (3)$$

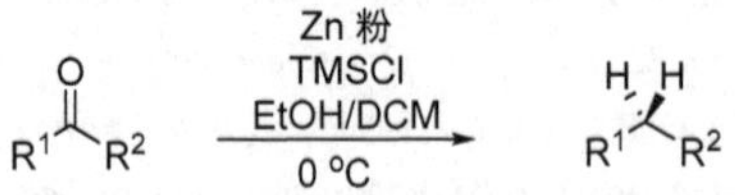

Clemmensen 还原反应的另一改良是用活化的金属锌与氯化氢在乙酸等有机溶剂中进行，此时反应可在较低温度下完成[7]。

反应机理：反应在金属锌表面进行。如图 1 所示，反应可能经历锌卡宾中间体而非醇，因为当使用醇时在相同的条件反应不会生成烷烃。

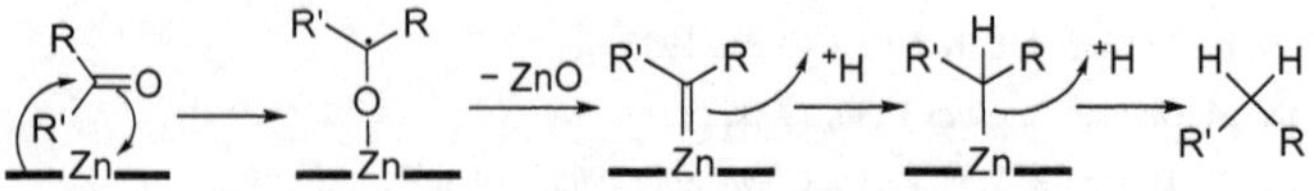

图 1 Clemmensen 还原反应的机理

Clemmensen 还原反应不适用于对酸敏感的底物。在酸性条件下进行的 Clemmensen 还原反应与在碱性条件下进行的 Wolff-Kishner 还原反应[8-10] (参见 Wolff-Kishner 还原或黄鸣龙还原) 具有互补性。

由于 Clemmensen 还原反应的条件苛刻，改良的 Clemmensen 还原反应在合成中的应用更为广泛[11-14]。dibarrelane (3) 是一个结构新奇的高对称性笼状分子，这一骨架也存在于五环二萜天然产物 atropurpuran。Suzuki 和 Kobayashi 等人在合成 dibarrelane (3) 时以 Clemmensen 还原为关键反应，把多官能团化合物 1 直接转化为羧酸 2，一步同时还原两个羰基为 CH_2，而且达到了仲羟基同时被还原成亚甲基的效果[11](式 4)。

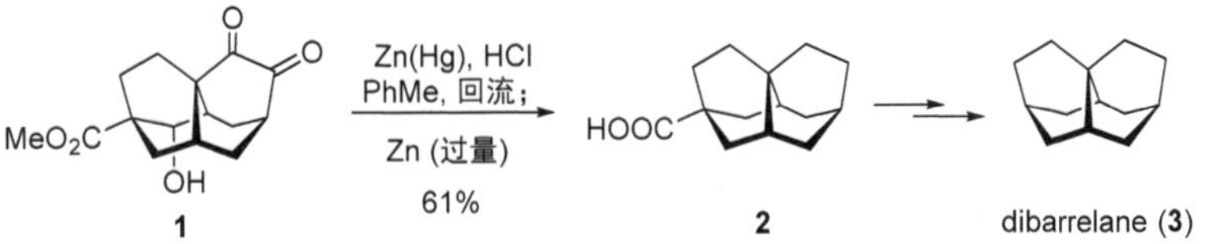

Clemmensen 还原在甾体的合成转化中仍是有用的工具。$(25R)\text{-}\Delta^4$-dafachronic 酸 (6) 等 dafachronic 酸是一组甾体代谢物，具有秀丽隐杆线虫激素受体 DAF-12 的配体功能。2009 年，Knölker 小组发展了从薯蓣皂苷元 (4) 出发的半合成。该合成路线的第一步为通过改良的 Clemmensen 还原把薯蓣皂苷元 (4) 的缩酮还原开环转化为三醇 5 [图 2 中 (a)]。甾体酮 7 经改良的 Clemmensen 还原后得到 8，用于具有调节 N-甲基-D-天门冬氨酸受体活性化合物 9 的合成[12] [图 2 中 (b)]。

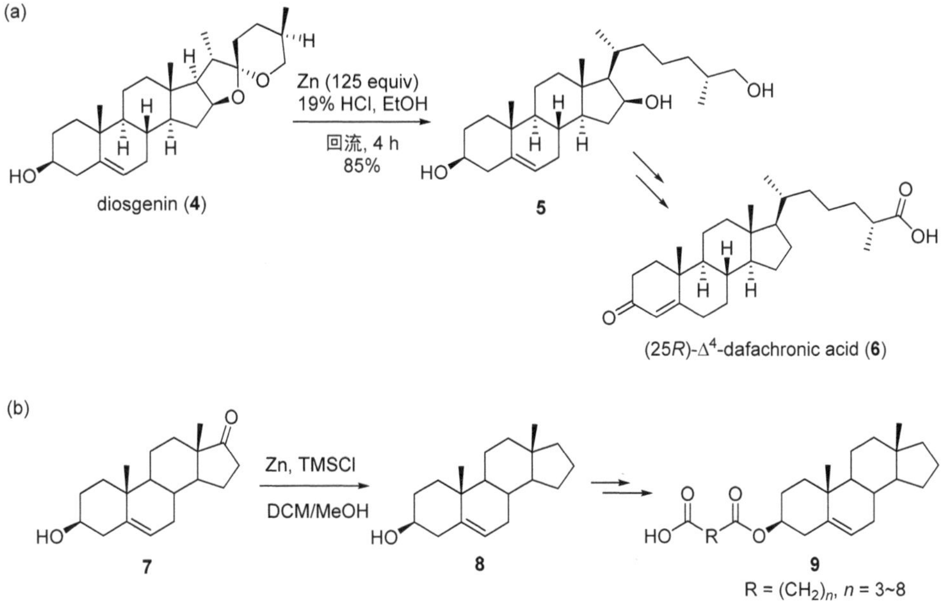

图 2 Knölker 小组发展的从薯蓣皂苷元 (4) 出发的半合成

Clemmensen 还原反应的一个最新应用见韩福社等人建立的二萜 hamigeran B (13)

和 (−)-4-bromohamigeran B 的合成路线。他们使用改良的 Clemmensen 还原把通过发面酵母催化去对称化获得的光学活性 β-羟基酮 10 还原为醇 11[14]，从而合成了手性合成砌块 12 (式 5)。

参考文献

[1] Clemmensen. E. *Chem. Ber.* **1913**, *46*, 1837-1843.
[2] Yamamura, S.; Ueda, S.; Hirata, Y. *Chem. Commun.* **1967**, 1049-1950.
[3] Yamamura, S.; Hirata, Y. *J. Chem. Soc. C* **1968**, 2887-2889.
[4] Toda, M.; Hirata, Y.; Yamamura, S. *J. Chem. Soc. D* **1969**, 919-920.
[5] Xu, S.; Toyama, T.; Nakamura, J.; Arimoto, H. *Tetrahedron Lett.* **2010**, *51*, 4534-4537.
[6] Motherwell, W. B. *J. Chem. Soc. Chem. Commun.* **1973**, 935-935.
[7] Di-Vona, M. L.; Rosnati, V. *J. Org. Chem.* **1991**, *56*, 4269-4273.
[8] Kishner, N. *J. Russ. Phys. Chem. Soc.* **1911**, *43*, 582-595.
[9] Wolff, L. *Justus Liebigs Ann. Chem.* **1912**, *394*, 86-108.
[10] Huang, M. *J. Am. Chem. Soc.* **1946**, *68*, 2487-2488.
[11] Suzuki, T.; Okuyama, H.; Takano, A.; Suzuki, S.; Shimizu, I.; Kobayashi, S. *J. Org. Chem.* **2014**, *79*, 2803-2808.
[12] Martin, R.; Schmidt, A. W.; Theumer, G.; Krause, T.; Entchev, E. V.; Kurzchalia, T. V.; Knölker, H.-J. *Org. Biomol. Chem.* **2009**, *7*, 909-920.
[13] Krausova, B.; Slavikova, B.; Nekardova, M.; Hubalkova, P.; Vyklicky, V.; Chodounska, H.; Vyklicky, L.; Kudova, E. *J. Med. Chem.* **2018**, *61*, 4505-4516.
[14] Cao, B.; Wu, G.; Yu, F.; He, Y.; Han, F. *Org. Lett.* **2018**, *20*, 3687-3690.

相关反应：Wolff-Kishner 还原；黄鸣龙还原

（魏邦国，黄培强）

Corey-Bakshi-Shibata 还原反应

Elias J. Corey 于 1928 年生于美国波斯顿北部。1945–1950 年在麻省理工学院学习化学并在 John C. Sheehan 指导下完成了青霉素合成的博士论文。1951 年加入伊利诺伊的 Urbana-Champaign 分校开始独立研究工作，后迁入哈佛大学化学系至今，一直活跃在有机合成化学的前沿领域。他是 20 世纪继 R. B. Woodward 之后又一位划时代的有机合成大师，其主要功绩包括提出反合成分析原理，具有生理活性天然产物的全合成及一些重要合成方法和合成试剂的发展。本书仅介绍他发展的 5 个反应：①Corey-Bakshi-Shibata 还原反应；②Corey-Chaykovsky 反应；③Corey-Fuchs 反应；④Corey-Kim 氧化反应；⑤Corey-Winter 反应。

Corey-Bakshi-Shibata (科里-巴克希-柴田) 还原 (简称 CBS 还原) 是指酮在手性噁唑硼烷催化下对映选择性还原成二级醇的反应 (式 1)[1]。与最早报道的"一锅法"体系相比[2]，Corey 小组发展了更高效的催化体系 (高对映选择性，高产率，高反应速度)，并可回收催化剂前体；他们还利用各种实验手段，分离了起还原作用的真正催化剂并确定了结构，继而给出了理性的机理分析来预测产物的绝对立体化学，为该反应的后续发展奠定了基础。

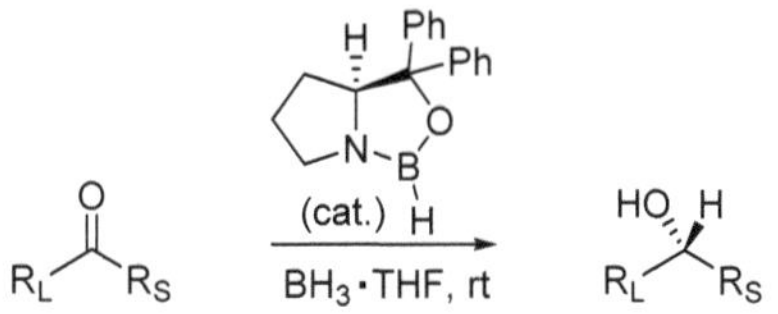

$$R_L \overset{O}{\underset{}{\overset{\|}{C}}} R_S \xrightarrow[BH_3 \cdot THF, rt]{(cat.)} R_L \overset{HO\ H}{\underset{}{\overset{}{C}}} R_S \quad (1)$$

自从 Corey 小组发展了对空气、水不敏感，催化性能更优的 B-Me 类似物以来[3]，噁唑硼烷催化剂的结构改造工作持续不断[4a]，主要集中在以下五个方面：噁唑硼烷环系、偕二苯基、联硼基团、硼烷还原剂、催化剂制备方式。适用的底物范围也大大扩展：芳 (杂) 酮、α,β-不饱和酮、二烷基酮、含茂金属配体的酮、三卤甲基酮等均可。以上成果的积累加速了 CBS 还原反应的合成应用，如光学活性配体、手性砌块的制备及生物活性物质的合成。至于天然产物全合成领域，更是频繁使用。

例如，在海藻代谢的萜类产物 dysidiolide 合成的最后阶段 (式 2)，利用 B-Me 的 CBS 还原体系，高产率地获得了 (R)-构型醇，(S)-构型醇可经氧化再还原的循环而转化成 (R)-构型醇[5]。

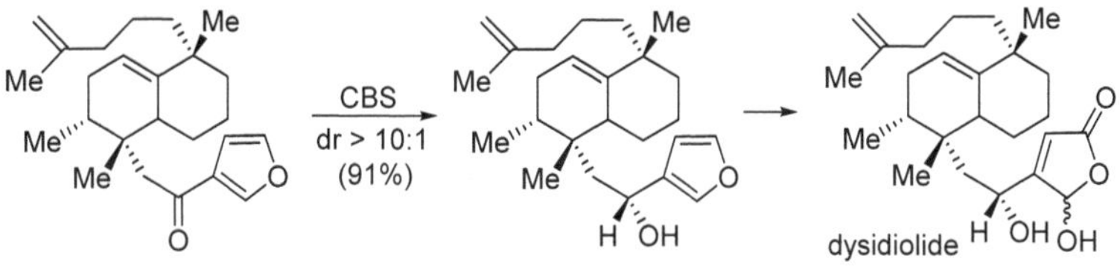

α-官能团化的环戊烯酮经 CBS 还原得到 (R)-构型醇，并利用该手性中心，进行底物诱导的后续转化，顺利获得四环内酯中间体，形式上完成了银杏内酯 B 的对映选择性全合成 (式 3)[6]。

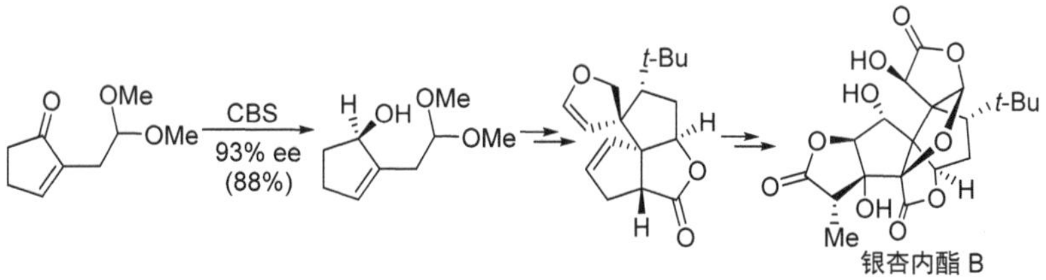

类似的环己烯酮经 CBS 还原得到 (S)-构型醇,同样经过底物诱导的后续转化得到 Heck 反应前体,并顺利转化为 (−)-morphine (式 4)[7]。

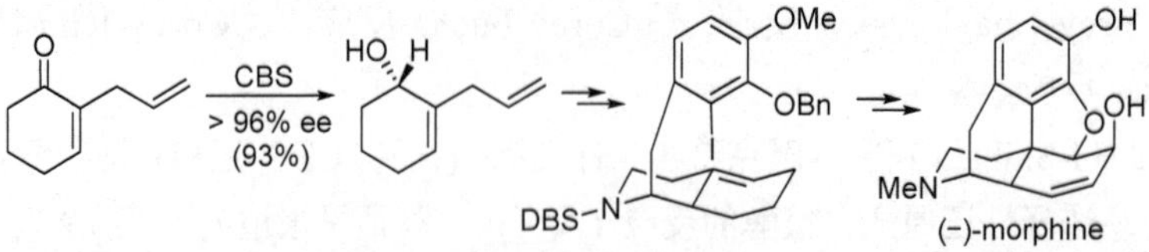

$$\text{(式 4)}$$

根据 Corey 等有关反应机理的系统性研究 (见图 1)[4],CBS还原反应的第一步是BH_3在噁唑硼烷 I 的 α 面和 Lewis 碱性的 N 原子配位,形成 cis 稠合的配合物 II,其中 B-Me-II 结构已通过 X 射线单晶衍射证实[8]。II 中的配位方式既活化 BH_3 成为一种负氢给体,又大大增强环内 B 原子的 Lewis 酸性使之从位阻小的一侧 (a 处) 与羰基氧原子结合,并与 BH_3 成 cis 关系而产生过渡态结构 III[9]。接着配位的 BH_3 与缺电子的羰基碳以六元环过渡态方式进行立体电子有利、面选择性的分子内氢转移而得还原产物 IV。实验观察到的高效反应就是由于 II、III 中存在的双活化因素[4b]。催化剂的再生可能有两种途径:一是通过环消除得到 I 和硼酸酯;二是另一分子 BH_3 和 IV 加成得含 BH_3 桥的过渡态结构再分解为 II 和硼酸酯。最后发生歧化反应得二烷氧硼烷,经酸水解得光学活性二级醇。

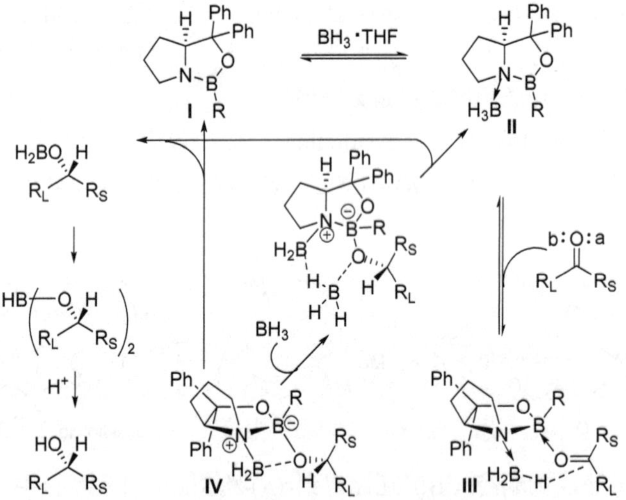

图 1 Corey 等有关反应机理的系统性研究[4]

参考文献

[1] Corey, E. J.; Bakshi, R. K.; Shibata, S. *J. Am. Chem. Soc.* **1987**, *109*, 5551.
[2] Hirao, A.; Itsuno, S.; Nakahama, S.; Yamazaki, N. *J. Chem. Soc. Chem. Commun.* **1981**, 315.
[3] Corey, E. J.; Bakshi, R. K.; Shibata, S.; Chen, C.-P.; Singh, V. K. *J. Am. Chem. Soc.* **1987**, *109*, 7925.
[4] (a) Corey, E. J.; Helal, C. J. *Angew. Chem. Int. Ed.* **1998**, *37*, 1986. (b) Helal, C. J.; Meyer, M. P. Chapter 11: The Corey-Bakshi-Shibata Reduction: Mechanistic and Synthetic Considerations - Bifunctional Lewis Base Catalysis with

Dual Activation. In *Lewis Base Catalysis in Organic Synthesis*; Vedejs, E. and Denmark, S. E., Ed.; Wiley-VCH Verlag GmbH & Co. KGaA, Weinheim, Germany, **2016**, pp 387-455.
[5] Corey, E. J.; Roberts, R. E. *J. Am. Chem. Soc.* **1997**, *119*, 12425.
[6] Corey, E. J.; Gavai, A. V. *Tetrahedron Lett.* **1988**, *29*, 3201.
[7] Hong, C. Y.; Kado, N.; Overman, L. E. *J. Am. Chem. Soc.* **1993**, *115*, 11028.
[8] Corey, E. J.; Azimioara, M.; Sarshar, S. *Tetrahedron Lett.* **1992**, *33*, 3429.
[9] (a) Meyer, M. P. *Org. Lett.* **2009**, *11*, 4338. (b) Saavedra, J.; Stafford, S. E.; Meyer, M. P. *Tetrahedron Lett.* **2009**, *50*, 1324. (c) Zhu, H.; O'Leary, D. J.; Meyer, M. P. *Angew. Chem. Int. Ed.* **2012**, *51*, 11890.

相关反应： 布朗 (Brown) 硼氢化反应

（彭羽，李卫东）

Fukuyama 还原

Fukuyama (福山) 还原是指硫代酯在钯催化下用三乙基硅烷控制还原为醛的反应 (式 1)[1-3]。这是一种将羧酸转化为醛的有用方法。

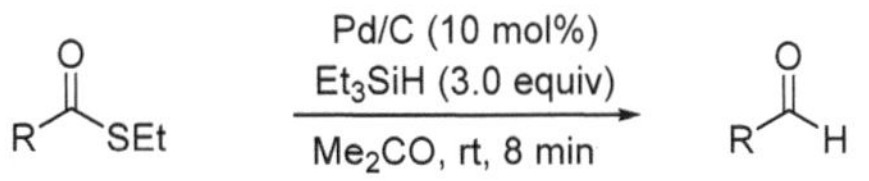
Pd/C (10 mol%)
Et3SiH (3.0 equiv)
Me2CO, rt, 8 min
SEt
R
H

(1)

与 DIBAL-H、Rosenmund 还原等把酯或酰氯等羧酸衍生物转化为醛的方法相比，该法条件更温和，许多官能团不受影响 (式 2)[4]。

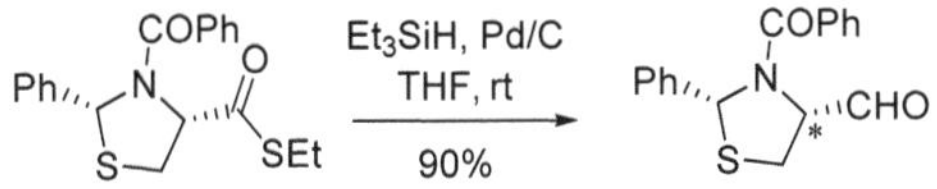
COPh
Ph
N
S
SEt
Et3SiH, Pd/C
THF, rt
90%
CHO

(2)

反应机理 (催化循环，图 1) 类似于 Fukuyama 偶联反应。

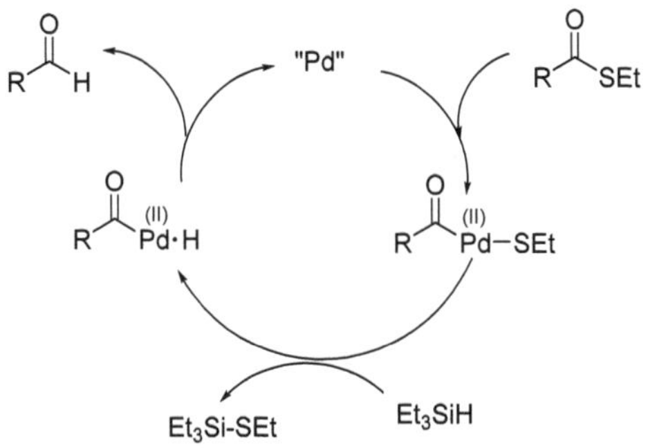
"Pd"
R
H
SEt
(II)
Pd·H
Pd−SEt
Et3Si-SEt
Et3SiH

图 1 Fukuyama 还原反应的机理

Fukuyama 还原在天然产物合成中获得广泛应用。例如,用于天然产物 2-epibotcinolide 中 C5 片段的合成 (式 3)[5]、amphidinolides X 和 Y 合成研究 (式 4)[6]以及 mycalamides 关键中间体 (+)-pederic 酸甲酯 (式 5)[5]等。值得一提的是,在 amphidinolides X 和 Y 合成研究中,硫代酯系通过去除 Evans 手性辅助剂而直接获得 (式 4),而在 (+)-pederic 酸甲酯的合成中,Fukuyama 还原反应和 Horner-Wadsworth-Emmons 反应可串联进行 (式 5)[7]。

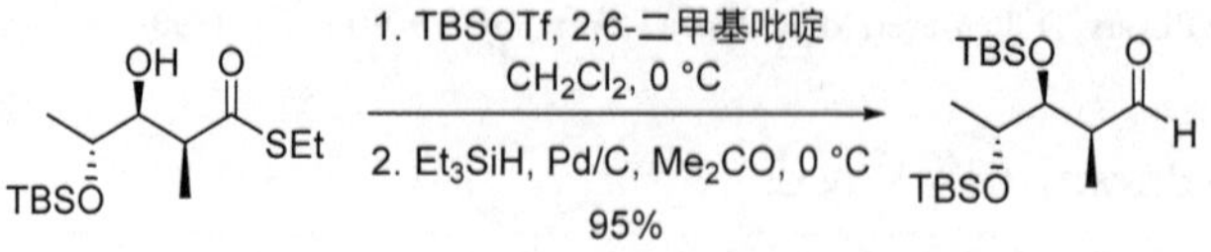

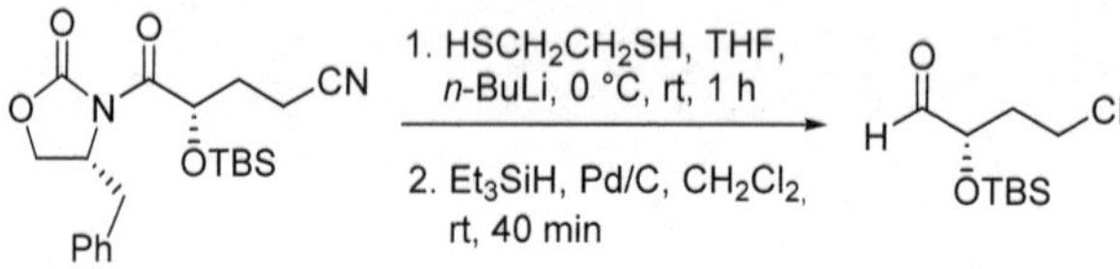

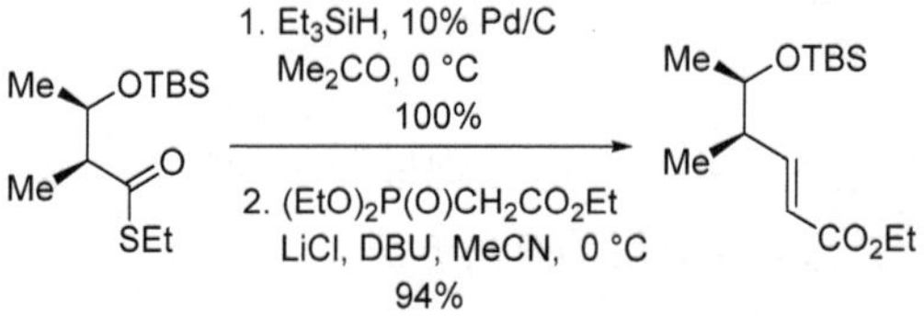

在 (+)-aureol、(−)-cyclosmenospongine、(−)-mamanuthaquinone、5-*epi*-aureol 的合成研究中,硫酯经 Fukuyama 还原得到关键片段 (式 6)[8]。在 pseudaminic acid 的合成研究中,Fukuyama 还原反应引入醛基 (式 7)[9]。

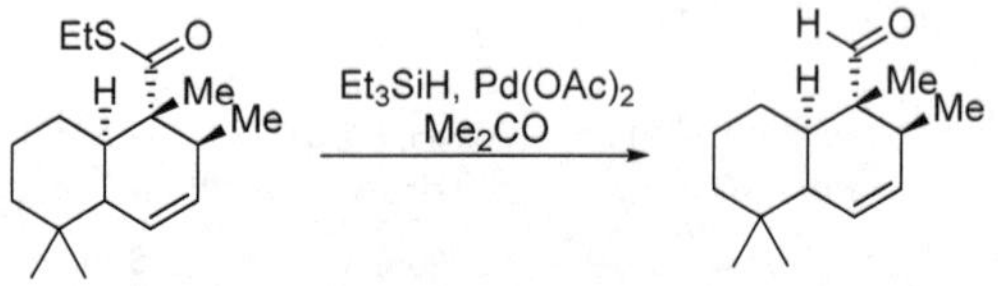

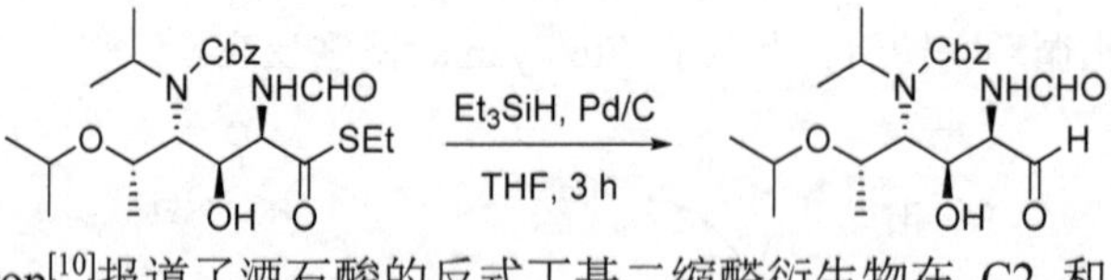

2017 年,Drop[10]报道了酒石酸的反式丁基二缩醛衍生物在 C2 和 C3 上选择性异构化,硫酯经 Fukuyama 还原得到醛基化合物,进一步还原得到丁基二缩醛 (式 8)。

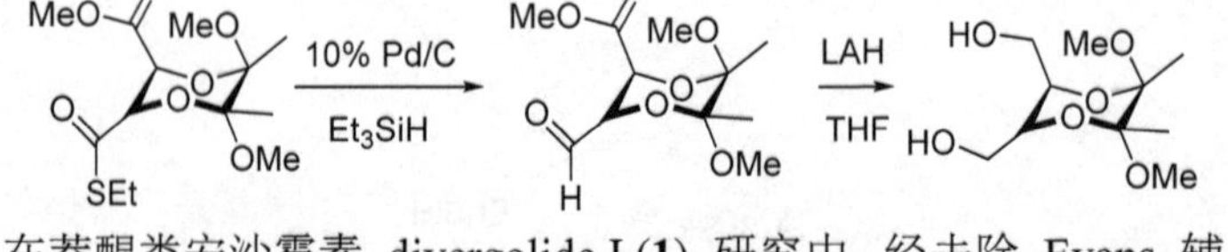

2018 年,在萘醌类安沙霉素 divergolide I (**1**) 研究中,经去除 Evans 辅助基、上 Boc 保护基和 Fukuyama 还原三步,以 79% 的产率得到醛基化合物 (式 9)[11]。

divergolide I (1)

参考文献

[1] Fukuyama, T.; Lin, S. C.; Li, L. P. *J. Am. Chem. Soc.* **1990**, *112*, 7050-7051.
[2] Tokuyama, H.; Yokoshima, S.; Lin, S.-C.; Li, L. P.; Fukuyama, T. *Synthesis* **2002**, 1121-1123.
[3] For a review, see: Fukuyama, T.; Tokuyama, H. *Aldrichimica Acta* **2004**, *37*, 87-96.
[4] Kimura, M.; Seki, M. *Tetrahedron Lett.* **2004**, *45*, 3219-3223.
[5] Shiina, I.; Takasuna, Y.-J.; Suzuki, R.-S.; Oshiumi, H.; Komiyama, Y.; Hitomi, S.; Fukui, H. *Org. Lett.* **2006**, *8*, 5279-5282.
[6] Rodriguez-Escrich, C.; Olivella, A.; Urpi, F.; Vilarrasa, J. *Org. Lett.* **2007**, *9*, 989-992.
[7] Toyota, M.; Hirota, M.; Nishikawa, Y.; Fukumoto, K.; Ihara, M. *J. Org. Chem.* **1998**, *63*, 5895-5902.
[8] Wildermuth, R.; Speck, K,; Haut, F. L.; Mayer, P.; Karge, B.; Brönstrup, M.; Magauer, T. *Nat. Commun.* **2017**, *8*, 2083-2092.
[9] Liu, H.; Zhang, Y.-F.; Wei, R.-H.; Andolina, G.; Li, X.-C. *J. Am. Chem. Soc.* **2017**, *139*, 13420-13428.
[10] Drop, A.; Wojtasek, H.; Frackowiak-Wojtasek, B. *Tetrahedron Lett.* **2017**, *58*, 1453-1455.
[11] Terwilliger, D. W.; Trauner, D. *J. Am. Chem. Soc.* **2018**, *140*, 2748-2751.

（黄培强，陈婷婷）

Kagan 试剂

Kagan (卡甘) 试剂 (SmI_2，二碘化钐) 是法国著名的有机化学家 Kagan 于 1977 年报道的一种重要的单电子还原剂[1,2]。与传统的碱金属 (Li、Na、K) 和碱土金属 (Mg、Ca) 等单电子还原剂相比，二碘化钐具有更为广泛的应用性，不但可用作单电子还原剂，也可促进自由基偶联、消除、加成和 Reformatsky 型亲核加成等反应。特别是在适当的配体和添加剂的调控下，二碘化钐参与的反应会表现出良好的化学选择性。此外，二碘化钐参与的反应操作相对简单、方便；且与常用有机锡试剂的经典自由基反应相比也更为温和、低毒。

因此，Kangan 试剂在现代有机合成中得到了广泛的关注和应用[3-10]。

Kagan 试剂的制备：将略微过量的钐粉和等物质的量的碘或二碘甲烷在四氢呋喃中加热反应，可得到深蓝色、饱和浓度为 0.1 mol/L 的二碘化钐四氢呋喃溶液 (式 1)。该试剂的制备必须在严格无水、无氧的条件下进行；而应用于具体的反应时，水的存在往往会展现出特殊的效果。

$$\text{Sm (粉末)} + I_2 \text{ (或 } CH_2I_2\text{)} \xrightarrow[\Delta]{THF} SmI_2 \text{ (0.1 mol/L THF 溶液)} \tag{1}$$

合成应用：二碘化钐在水、醇等质子源存在下，可作为单纯的单电子还原剂还原羰基、缺电子烯基、氰基和硝基等官能团。质子源的存在不单是提供质子淬灭反应，更主要的是可以提高二碘化钐的还原电位，从而实现一些较为稳定的官能团的还原。例如，在 SmI_2-THF 体系中添加 1000 当量 (物质的量) 的水（即与 THF 等体积），可以将 5-取代巴比妥 **1**（巴比妥环可视为环状的双酰亚胺化合物）类化合物还原为氮杂半缩醛 (式 2)[11]。当采用还原能力极强的 SmI_2-H_2O-Et_3N 体系时，甚至可以将酰胺 **2** 还原为相应的醇 (式 3)[12]。

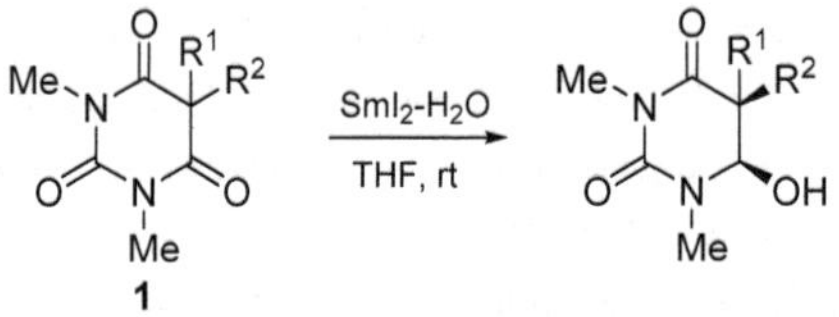

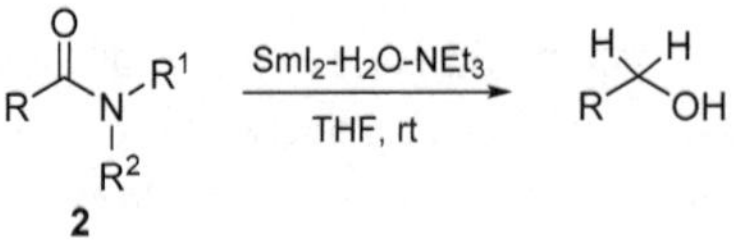

二碘化钐可以促进醛、酮发生自身还原偶联反应，即频哪醇偶联反应。而在二碘化钐作用下亚胺化合物，包括：肟、腙、普通亚胺和 N-酰基亚胺与醛、酮发生交叉偶联反应 (即氮杂频哪醇偶联反应) 得到邻氨基醇类化合物，是更为有用的反应。例如，手性叔丁基亚磺酰基醛亚胺 **3** 与醛的交叉偶联反应可高非对映立体选择性地合成光学活性的邻氨基醇化合物[13]。在神经激肽 NK-1 受体拮抗剂 (+)-CP-99994 和 (+)-L-733060 的不对称合成中，正是利用这一方法制备了手性邻氨基醇关键合成砌块 **4** (式 4)[14]。

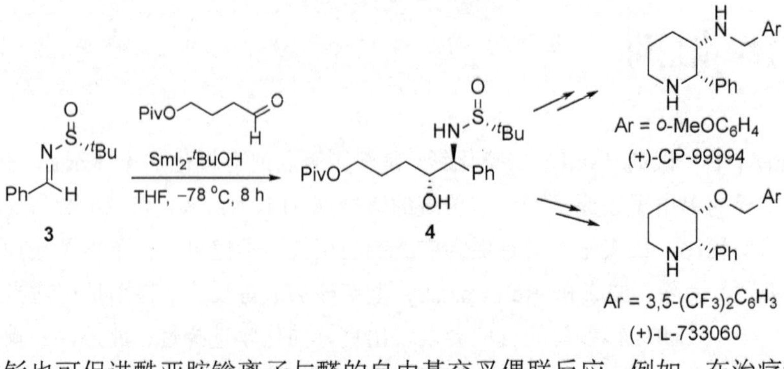

二碘化钐也可促进酰亚胺锑离子与醛的自由基交叉偶联反应。例如，在治疗青光眼药

物包公藤甲素 (Bao Gong Teng A) 的不对称全合成中 (式 5), 应用 Lewis 酸与氮杂缩醛 5 作用原位产生酰亚胺锡离子, 并在 SmI_2 促进下与醛基发生分子内的自由偶联环化反应, 成功地构造出莨菪烷结构[15]。

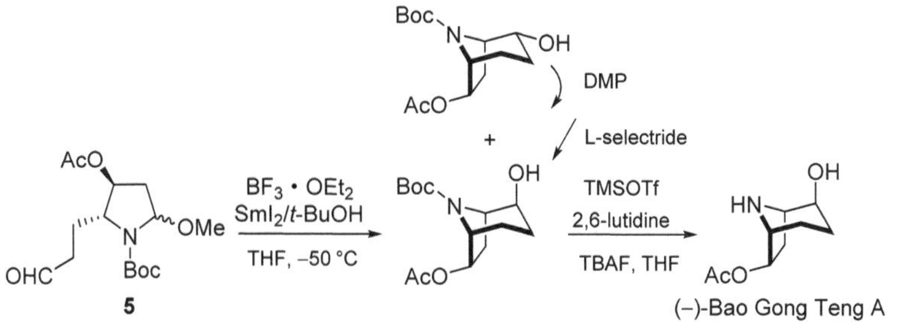

式 (5)

二碘化钐可使 α-卤代、砜基、烷氧基或酰氧基等的羰基化合物发生 α-消除反应, 如果 β 位还有可离去基团, 则可得到 α,β-不饱和化合物。例如, 在紫杉醇 (taxol) 的全合成中, 二碘化钐对 α,β-环氧酮的消除反应, 构建了关键的跨环 α,β-不饱和酮结构[16,17]。

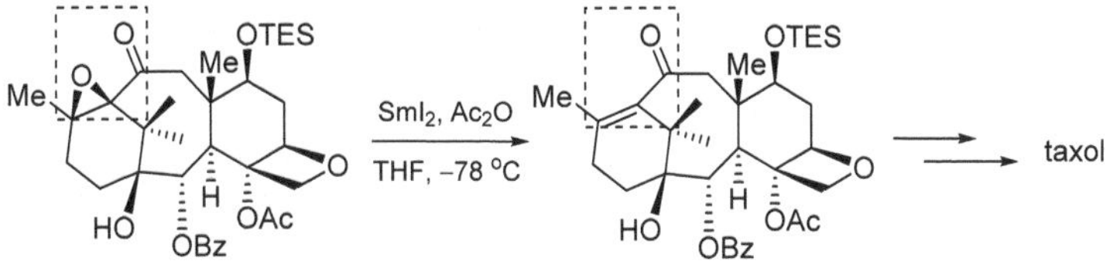

式 (6)

二碘化钐促进的自由基加成反应在有机合成中有许多应用。例如, 在吲哚生物碱蕊木宁 (kopsinine) 的不对称全合成中 (式 7), 利用 SmI_2-HMPA 体系促进的分子内黄原酸酯与 α,β-不饱和酯的 6-endo-trig 自由基加成反应, 构建了关键的桥环中间体 6[18]。

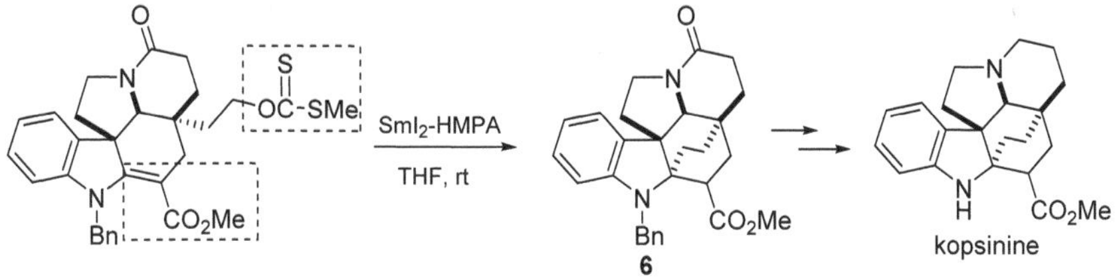

式 (7)

二碘化钐也可在 Lewis 酸协助下促进氮杂半缩醛与 α,β-不饱和化合物的自由基加成[19,20]。例如, 在一叶萩碱 [(−)-securinine] 的形式全合成和 14,15-二氢一叶萩碱的不对称全合成中, 应用 DIBAL-H 还原酰亚胺中间体 7 为氮杂半缩醛, 串联 SmI_2 参与的与丙烯腈的 "一瓶" 自由基交叉偶联反应, 得到了重要的四取代吡咯烷中间体 8 (式 8)[21]。

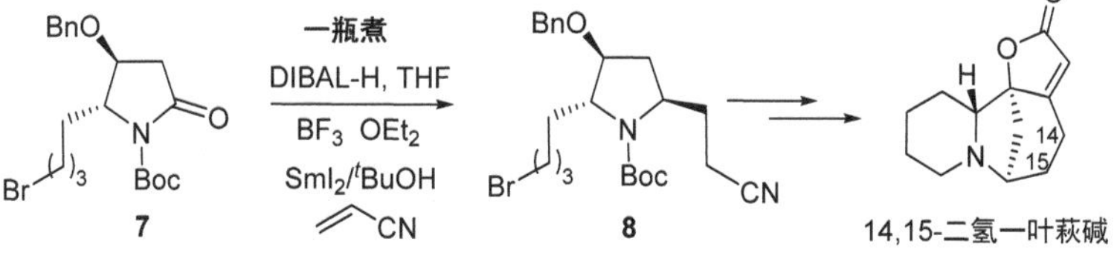

式 (8)

二碘化钐还原 α-卤代酯或酰胺可以得到类似 Reformatsky 试剂的烯醇钐盐，进而可以和醛、酮或 α,β-不饱和化合物发生亲核加成。例如，在大环内酰胺 (+)-Q-1047H-A-A 的合成中 (式 9)，α-溴代酰胺与醛基的分子内 Reformatsky 反应是闭合内酰胺大环的关键步骤[22]。

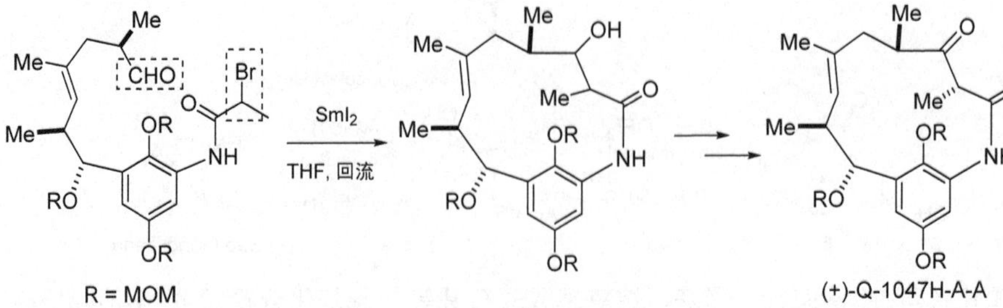

$$\text{(9)}$$

在一些复杂多环天然产物的全合成中，二碘化钐也被于引发串联反应，从而高效地实现多环核心骨架的构建。例如，在抗生素截短侧耳素 (pleuromutilin) 的全合成中 (式 10)，利用二碘化钐参与的分子内串联反应，高效地构建了目标分子的三环核心结构 9[23,24]。

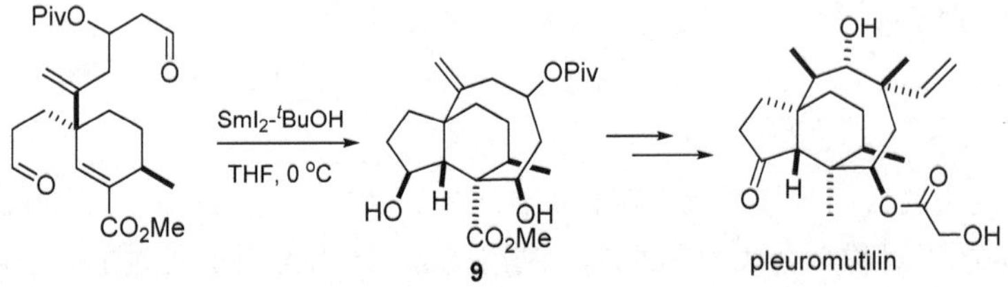

$$\text{(10)}$$

在二碘化钐的合成应用中，大多需要采用化学计量的试剂，难以通过手性配体调控对映立体选择性是其最主要的局限。最近，利用化学计量的手性三齿配体，首次实现了二碘化钐促进的烯基二取代乙酰乙酸乙酯化合物 10 的对映选择性环化去对称化反应 (式 11)。反应的非对映立体选择性很高，对映立体选择性良好。然而，使用大量的手性配体难以实现规模化合成[25]。

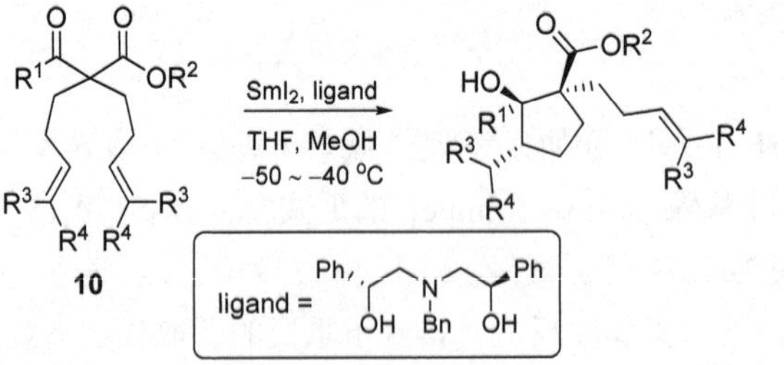

$$\text{(11)}$$

参考文献

[1] Namy, J. L.; Girard, P.; Kagan, H. B. *Nouv. J. Chim.* **1977**, *1*, 5.
[2] Girard, P.; Namy, J. L.; Kagan, H. B. *J. Am. Chem. Soc.* **1980**, *102*, 2693.
[3] Molander G. A.; Harris C. R. *Chem. Rev.* **1996**, *96*, 307.
[4] Kagan, H. B. *Tetrahedron* **2003**, *59*, 10351.

[5] Gopalaiah, K.; Kagan, H. B. *New J. Chem.* **2008**, *32*, 607.
[6] Nicolaou, K. C.; Ellery, S. P.; Chen J. S. *Angew. Chem. Int. Ed.* **2009**, *48*, 7140.
[7] Procter, D. J.; Flowers, R. A. II; Skrydstrup, T. Organic Synthesis using Samarium Diiodide. A Practical Guide. Cambridge: RSC Publishing, 2010.
[8] Szostak, M.; Spain, M.; Procter, D. J. *Chem. Soc. Rev.* **2013**, *42*, 9155.
[9] Szostak, M.; Fazakerley, N. J.; Parmar, D.; Procter, D. J. *Chem. Rev.* **2014**, *114*, 5959.
[10] Just-Baringo, X.; Procter, D. J. *Acc. Chem. Res.* **2015**, *48*, 1263.
[11] Szostak, M.; Sautier, B.; Spain, M.; Behlendorf, M.; Procter, D. J. *Angew. Chem. Int. Ed.* **2013**, *52*, 12559.
[12] Szostak, M.; Spain, M.; Eberhart, A. J.; Procter, D. J. *J. Am. Chem. Soc.* **2014**, *136*, 2268.
[13] Zhong, Y.-W.; Dong, Y.-Z.; Fang, K.; Izumi, K.; Xu, M.-H.; Lin, G.-Q. *J. Am. Chem. Soc.* **2005**, *127*, 11956.
[14] Liu, R.-H.; Fang, K.; Wang, B.; Xu, M.-H.; Lin, G.-Q. *J. Org. Chem.* **2008**, *73*, 3307.
[15] Lin, G.-J.; Zheng, X.; Huang, P.-Q. *Chem. Commun.* **2011**, *47*, 1545.
[16] Masters, J. L.; Link, J. T.; Snyder, L. B.; Young, W. B.; Danishefsky, S. J. *Angew. Chem. Int. Ed.* **1995**, *34*, 1723.
[17] Danishefsky, S. J.; Masters, J. J.; Young, W. B.; Link, J. T.; Snyder, L. B.; Magee, T. V.; Jung, D. K.; Isaacs, R. C. A.; Bornmann, W. G.; Alaimo, C. A.; Coburn, C. A.; Di Grandi, M. J. *J. Am. Chem. Soc.* **1996**, *118*, 2843.
[18] Xie, J.; Wolfe, A. L.; Boger, D. L. *Org. Lett.* **2013**, *15*, 868.
[19] Xiang, Y.-G.; Wang, X.-W.; Zheng, X.; Ruan, Y.-P.; Huang, P.-Q. *Chem. Commun.* **2009**, *45*, 7045.
[20] Liu, X.-K.; Zheng, X.; Ruan, Y.-P.; Ma, J.; Huang, P. Q. *Org. Biomol. Chem.* **2012**, *10*, 1275.
[21] Liu, J.; Ye, C.-X.; Wang, A.; Wang, A.-E.; Huang, P.-Q. *J. Org. Chem.* **2015**, *80*, 1034.
[22] Yang, S.; Xi, Y.; Zhu, R.; Wang, L.; Chen, J.; Yang, Z. *Org. Lett.* **2013**, *15*, 812.
[23] Helm, M. D.; Da Silva, M.; Sucunza, D.; Findley, T. J. K.; Procter, D. J. *Angew. Chem. Int. Ed.* **2009**, *48*, 9315.
[24] Fazakerley, N. J.; Helm, M. D.; Procter, D. J. *Chem. Eur. J.* **2013**, *19*, 6718.
[25] Kern, N.; Plesniak, M. P.; McDouall, J. J. W.; Procter, D. J. *Nat. Chem.* **2017**, *9*, 1198.

试剂类型： 单电子还原剂

（郑啸）

Luche 还原

Luche（吕什）还原反应是一类可以高选择性地将 α,β-不饱和酮还原为烯丙基醇的还原反应。1978 年，J. L. Luche 最初报道该反应时使用的是无水三氯化铈与硼氢化钠[1]，但在随后的研究中，发现使用 $CeCl_3 \cdot 7H_2O/NaBH_4$ 可以取得更好的选择性[2,3]。

$$\text{环戊烯酮} \xrightarrow[\text{MeOH}]{CeCl_3 \cdot 7H_2O, NaBH_4} \text{环戊烯醇} \tag{1}$$

在 Luche 还原反应中，三氯化铈可以促进硼氢化钠醇解生成甲氧基硼氢化钠，而后者根据软硬酸碱理论是一种较硬的还原试剂，更加倾向于还原羰基。同时三氯化铈可以与醇羟基共同作用，利用氢键的相互作用活化羰基，进一步提高 1,2-还原的选择性[4-6]。

$$NaBH_4 + n\,MeOH \xrightarrow{CeCl_3(cat.)} NaBH_{(4-n)}(OMe)_n + H_2 \quad (2)$$

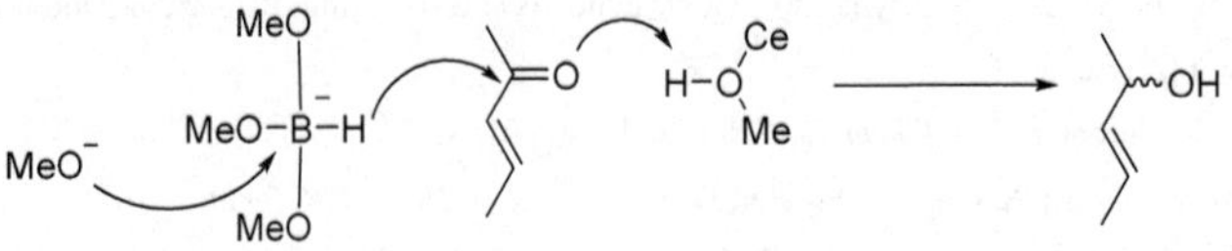

(3)

Luche 还原反应具有以下显著的特点：①反应速度快，对于简单底物产率较高；②底物的结构对反应的影响较小，无论是开链状结构还是环状结构均能得到良好的结果；③反应操作简单，无需严格的无水无氧；④对底物中的多种官能团，如羧基、酯基、氨基等都没有影响。

由于具有上述的特点，Luche 还原反应经常被用于药物以及天然产物的全合成中。2016 年，黄培强等成功地运用该反应，在合成前期，将原料环己烯酮几乎当量地还原为环己烯醇，并通过一系列的转化完成了大环二萜类生物碱 (−)-haliclonin 的首次不对称全合成 (式 4)[7]。

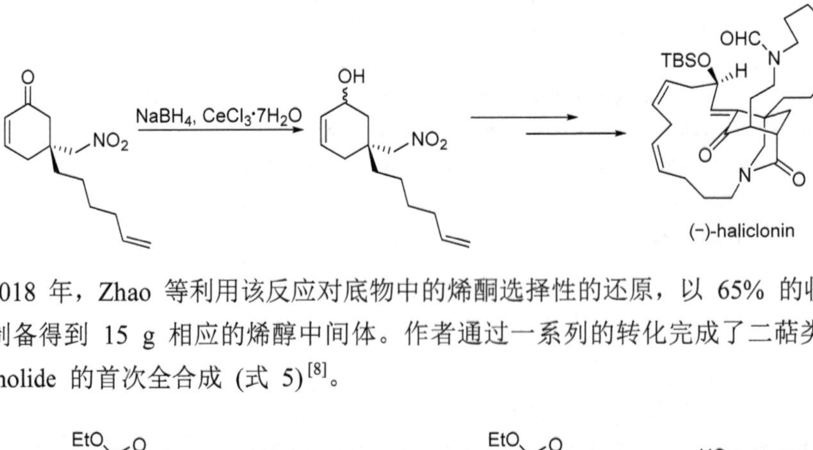

(4)

(−)-haliclonin

2018 年，Zhao 等利用该反应对底物中的烯酮选择性的还原，以 65% 的收率，克级规模制备得到 15 g 相应的烯醇中间体。作者通过一系列的转化完成了二萜类天然产物 cephanolide 的首次全合成 (式 5)[8]。

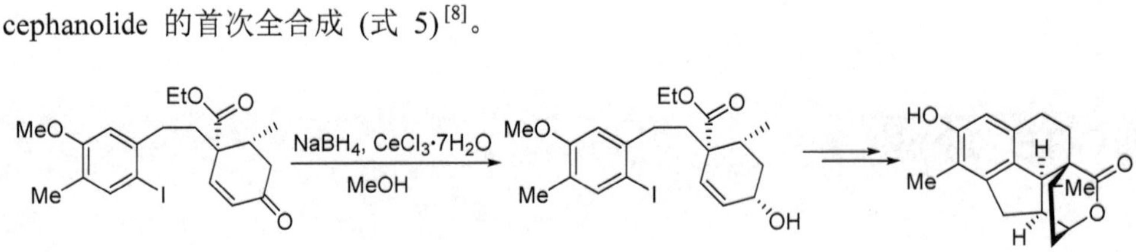

(5)

cephanolide B

Luche 还原不仅对于简单的底物具有良好的反应性，而且对于复杂底物往往也能表现出良好的还原选择性。因此 Luche 还原也常常被应用于全合成后期氧化态的调整中。2015 年，俞飚等利用该反应在合成后期对底物中的烯酮选择性的还原并发生糖苷化反应，成功地完成了糖类天然产物 linckoside A 的全合成 (式 6)[9]。

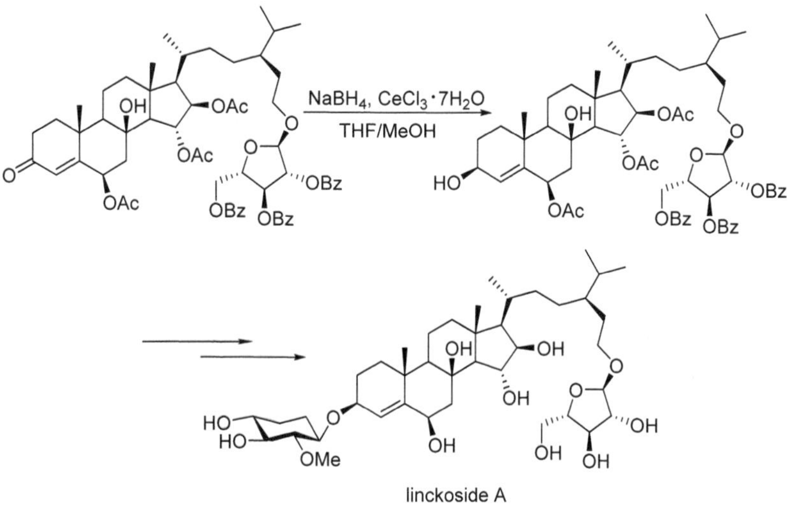

2018 年，Li 等在 hybridaphyniphyline B 下片段的合成中，在 CeCl$_3$·7H$_2$O/NaBH$_4$ 的条件下，将底物中的环戊烯酮选择性地还原为相应的烯醇，此条件下，底物中非共轭的酮羰基以及硫酰胺并不受影响。随后作者通过分子间的 Diels-Alder 反应将下片段与上片段相连接，成功地完成了三萜类生物碱 hybridaphyniphyline B 的全合成 (式 7)[10]。

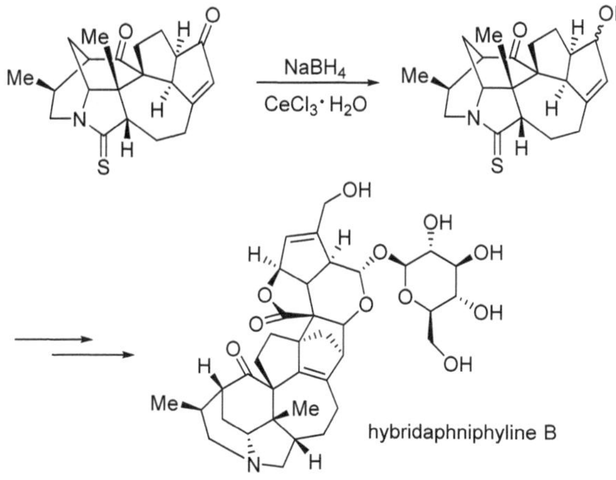

参考文献

[1] Luche, J. L. *J. Am. Chem. Soc.* **1978**, *100*, 2226.
[2] Luche, J. L.; Rodriguez-Hahn, L.; Crabbe, P. *J. Chem. Soc., Chem. Soc.* **1978**, 601.
[3] Gemal, A. L.; Luche, J. L. *J. Am. Chem. Soc.* **1981**, *103*, 5454.
[4] Dewar, M. J. S.; McKee, M. L. *J. Am. Chem. Soc.* **1978**, *100*, 7499.
[5] Lefour, J. M.; Loupy, A. *Tetrahedron* **1978**, *34*, 2597.
[6] Ohwada, T. *Chem. Rev.* **1977**, *77*, 263.
[7] Guo, L. D.; Huang, X. Z.; Luo, S. P.; Cao, W. S.; Ruan, Y. P.; Ye, J. L.; Huang, P. Q. *Angew. Chem. Int. Ed.* **2016**, *128*, 4064-4068.

[8] Xu, L.; Wang, C.; Gao, Z.W.; Zhao, Y. M. *J. Am. Chem. Soc.* **2018**, *140*, 5653-5658.
[9] Zhu, D. P.; Yu, B. *J. Am. Chem. Soc.* **2015**, *137*, 15098-15101.
[10] Zhang, W. H.; Ding, M.; Li, J.; Guo, Z. C.; Lu, M.; Chen, Y.; Liu, L. C.; Shen, Y. H.; Li, A. *J. Am. Chem. Soc.* **2018**, *140*, 4227-4231.

(赵刚)

Meerwein-Ponndorf-Verley 还原

Meerwein-Ponndorf-Verley (密尔温-彭杜夫-威雷，MPV) 还原是在异丙醇铝催化下，醛或酮被异丙醇还原成醇的反应 (式 1)。该还原反应具有化学选择性好、反应条件温和、操作简便等优点，它既适用于实验室制备，也适用于工业生产[1-3]。

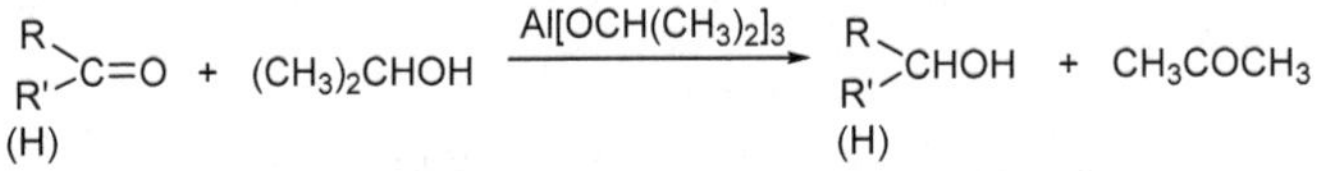

$$\begin{array}{c}R\\R'\end{array}\!\!C\!=\!O \ + \ (CH_3)_2CHOH \ \xrightarrow{Al[OCH(CH_3)_2]_3} \ \begin{array}{c}R\\R'\end{array}\!\!CHOH \ + \ CH_3COCH_3 \tag{1}$$
(H)   (H)

反应机理 (图 1)：首先，两个反应物均与作为 Lewis 酸的铝原子配位，然后经六元环过渡态，异丙氧基负离子中 α-碳上的负氢转移到醛或酮的羰基上。这样，一方面该异丙氧基负离子被氧化成丙酮；另一方面，醛或酮被还原成烷氧负离子，再与异丙醇进行负离子交换，生成相应的醇，同时形成一分子异丙醇铝。因此，在这里异丙醇铝是催化剂，而异丙醇是实际上的负氢源[4,5]。

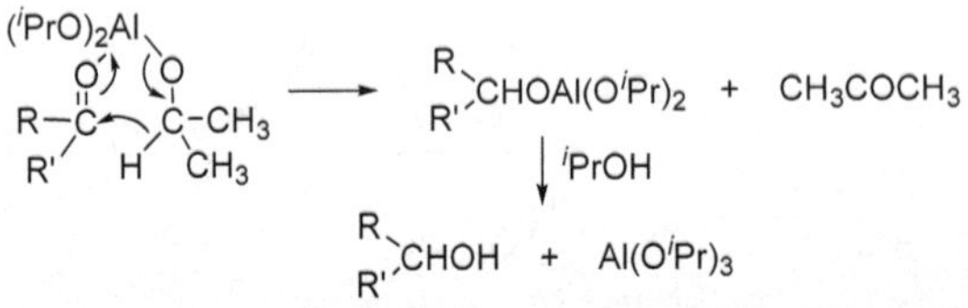

图 1 Meerwein-Ponndorf-Verley 还原反应的机理

与相应的醇钠盐和醇镁盐相比，醇铝盐促使醇醛缩合作用较弱，更适宜于 MPV 还原。与乙醇铝相比，异丙醇铝的副反应少、产率高。

MPV 法既可还原脂肪醛酮，也可还原芳香醛酮。与酸性、碱性还原法和催化加氢法相比，异丙醇铝催化的 MPV 还原具有化学选择性好的特点；诸如碳-碳双键、硝基、卤素等敏感基团均不受影响[4,6]。例如：

① 用 MPV 反应还原巴豆醛时，碳-碳双键保持不变，可顺利地生成巴豆醇 (式 2)。

$$CH_3CH\!=\!CHCHO \ \xrightarrow[(CH_3)_2CHOH]{Al[OCH(CH_3)_2]_3} \ CH_3CH\!=\!CHCH_2OH \tag{2}$$

② 在生产氯霉素时，MPV 反应只把酮羰基还原成仲醇，而硝基没有被还原 (式 3)。

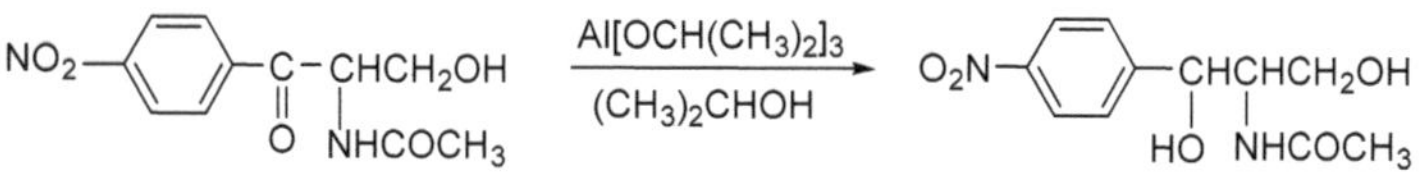

NO2
C
O
CHCH2OH
NHCOCH3
Al[OCH(CH3)2]3
(CH3)2CHOH
O2N
CHCHCH2OH
HO
NHCOCH3

(3)

③ 如下含卤化合物进行 MPV 还原时，脂肪或芳香碳上的卤素均不受影响 (式 4 和式 5)。

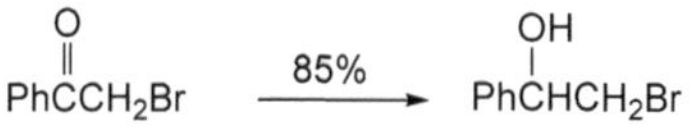

O
PhCCH2Br
85%
OH
PhCHCH2Br

(4)

Cl
CHO
92%
Cl
CH2OH

(5)

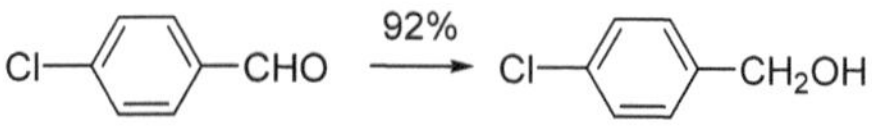

由于异丙醇铝可有效地催化酯交换反应，如底物分子中含有酯基，当进行 MPV 还原时，在酮羰基被还原的同时，酯基发生酯交换反应。例如式 6 所示的 MPV 还原反应，生成羟基异丙酯化合物 **1**。

CH3
CO2CH3
O
Al[OCH(CH3)2]3
(CH3)2CHOH
CH3
CO2CH(CH3)2
OH

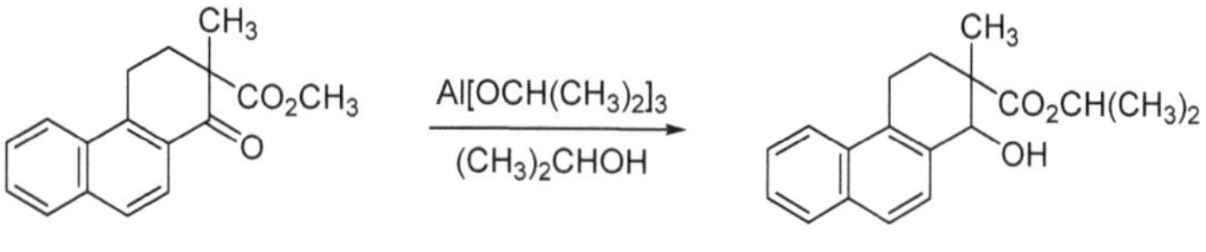

(6)

1

虽然，从理论上讲，异丙醇铝的用量为催化量即可，但为了提高反应速度和产率，实际用量经常大于化学计量。1998 年，Maruoka 等人报道，如改用能对羰基起双重活化作用的双齿铝催化剂 **2**，醛酮均可顺利地被异丙醇还原 (式 7)，其反应产率为 31%~99%，催化剂用量和反应时间分别仅需 5~100 mol% 和 5 min ~ 10 h，从而开发出高效的 MPV 催化还原新方法[7]。2001 年，他们又利用七元环含铝杂环催化剂 **3** (式 7)，仍用异丙醇作还原剂，发现各种醛酮均可顺利地进行 MPV 还原反应，以 76%~99% 的产率生成相应的醇，催化剂用量和反应时间分别仅需 10 mol% 和 2~9 h[8]。

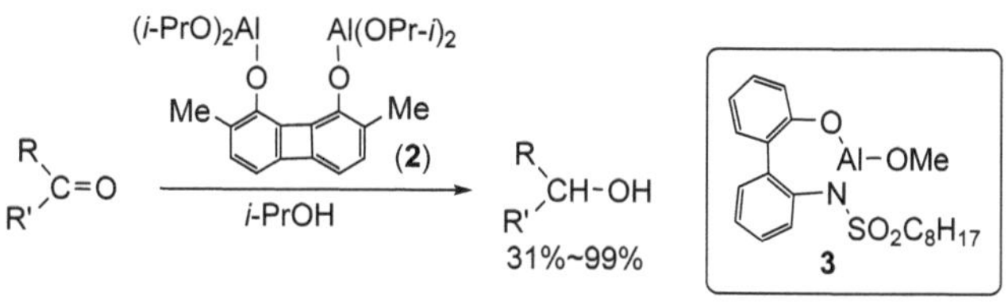

(i-PrO)2Al
Al(OPr-i)2
O
O
Me
Me
(2)
R
C=O
R'
i-PrOH
R
CH-OH
R'
31%~99%
O
Al-OMe
N
SO2C8H17
3

(7)

2002 年 Nguyen 等人报道，手性联萘酚与三甲基铝可在反应体系内形成手性酚铝催化剂，在此催化下，芳酮可与异丙醇顺利地发生不对称 MPV 还原反应，以 20%~99% 的产率和 8%~83% ee 的对映选择性生成手性仲醇 (式 8)[9]。

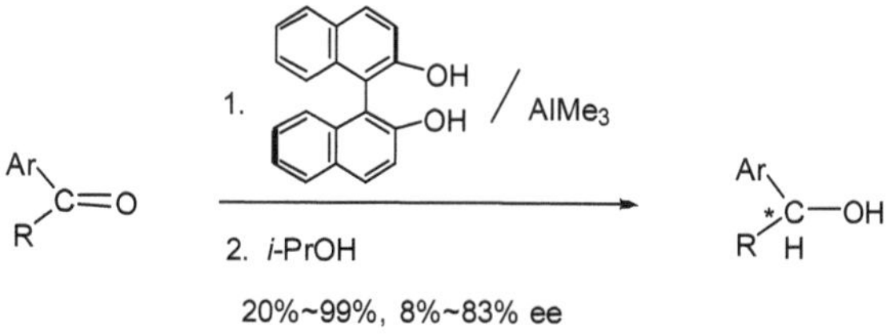

1.
OH
OH
/ AlMe3
Ar
C=O
R
2. i-PrOH
Ar
*C
OH
R
H
20%~99%, 8%~83% ee

(8)

2015 年 Han 等人发现，天然的植酸 (PhyA，也称肌醇六磷酸) 与氯化锆反应可得到具有介孔的磷酸锆型催化剂 (Zr-PhyA)；这种孔状的锆异相催化剂可顺利地催化醛酮在异丙醇中的 MPV 还原反应，以优秀的产率得到相应的伯醇或仲醇 (式 9)[10]。可能由于醛具有较小的立体位阻，其反应产率比酮要好。反应底物中如有双键，则产率稍低。

$$\underset{R'}{\overset{R}{>}}C=O \xrightarrow[i\text{-PrOH}]{\text{Zr-PhyA}} \underset{R'}{\overset{R}{>}}CHOH \quad (9)$$

87.6%~99.3%

2017 年，Feng 等人利用铱 (III) 盐和手性二氧化二胺配体 4 作为手性催化体系，成功地进行了 α-羰基酸酯与异丙醇的不对称 MPV 还原反应，以几乎定量的产率和高的对映选择性得到 (S)-α-羟基酸酯 (式 10)[11]。在负氢转移的环状过渡态中，手性铱 (III) 催化剂可能通过配位在 α-羟基酸酯的酮羰基上，起到不对称诱导的作用。

(10)

$R = 2,4,6-i\text{-Pr}_3C_6H_2$

98%~99%
84%~92% ee

参考文献

[1] Meerwein, H.; Schimidt, R. *Liebigs Ann. Chem.* **1925**, *444*, 221.
[2] Ponndorf, W. *Angew. Chem.* **1926**, *39*, 138.
[3] Eastham, J. F.; Teranishi, R. *Org. Synth.* **1995**, *35*, 39.
[4] Wilds, A. L. *Organic. Reaction* **1944**, *2*, 178.
[5] Graauw, C. F.; Peters, J. A.; Bekkum, H.; Huskens, J. *Synthesis* **1994**, *10*, 1007.
[6] Long, L. M.; Troutman, H. D. *J. Am. Chem. Soc.* **1949**, *71*, 2473.
[7] Ooi, T.; Miura, T.; Maruoka, K. *Angew. Chem. Int. Ed.* **1998**, *37*, 2347.
[8] Ooi, T.; Ichikaw, H.; Maruoka, K. *Angew. Chem. Int. Ed.* **2001**, *40*, 3610.
[9] Camphbell, J. E.; Zhou, H. -Y.; Nguyen, S. T. *Angew. Chem. Int. Ed.* **2002**, *41*, 1020.
[10] Song, J.-L.; Zhou, B.-W.; Zhou, H.-C.; Wu, L.-Q.; Meng, Q.-L.; Liu, Z.-M.; Han, B.-X. *Angew. Chem. Int. Ed.* **2015**, *54*, 9399.
[11] Wu, W.-B.; Zou, S.-J.; Lin, L.-L.; Ji, J.; Zhang, Y.-H.; Ma, B.-W.; Liu, X.-H.; Feng, X.-M. *Chem. Commun.* **2017**, *53*, 3232.

相关反应：Oppenauer 氧化

（黄志真）

Noyori 氢化催化剂

Noyori（野依良治）氢化催化剂主要是指手性双膦配体 BINAP 与金属钌配位形成的手性配合物。1980 年，Noyori 等报道了具有联萘骨架的手性双膦配体 BINAP，并发现该手性配体与金属铑形成的催化剂能够催化脱氢氨基酸及其衍生物的不对称氢化反应[1]。如：离子型的 [Rh((R)-BINAP)(CH$_3$OH)$_2$]ClO$_4$ 在 N-苯甲酰基脱氢氨基酸氢化反应中获得了高达 100% ee 的氢化产物。遗憾的是，该催化剂的活性低、转化数（底物与催化剂的摩尔比，S/C，也称为 TON）不高，且底物的适应范围窄。1985 年，Ikariya 和 Saburi 等首次合成了 BINAP 的钌催化剂 [RuCl$_2$(BINAP)]$_2$(NEt$_3$)，并发现其在脱氢氨基酸的氢化中可获得了 92% ee 的氢化产物[2]。然而，当时许多手性催化剂都能够很好地催化脱氢氨基酸及其衍生物的氢化反应，且 [RuCl$_2$(BINAP)]$_2$(NEt$_3$) 也并未表现出特殊的催化效果，加之它在不对称催化氢化常用溶剂如甲醇中的溶解度不高等原因，所以未能引起人们的关注。

1986 年，Noyori 等用醋酸根离子交换 [RuCl$_2$(BINAP)]$_2$(NEt$_3$) 中的氯离子合成了钌催化剂 [Ru(OAc)$_2$(BINAP)][3]。该催化剂在各类极性溶剂中均有较好的溶解性，并在烯胺、不饱和羧酸等的氢化中表现出很高的催化活性和对映选择性[4]。随后，Noyori 在研究 β-酮酸酯的氢化时，发现 [Ru(OAc)$_2$(BINAP)] 身并无催化活性，当加入适量氢卤酸（HX）后，所产生的新催化剂 [RuX$_2$(BINAP)]（X = Cl、Br 或 I）表现出很高的催化活性[5]。这些高活性和高对映选择性的手性钌催化剂的出现，使不对称催化氢化研究领域发生了巨大变化。氢化反应的底物得到了显著拓展，由原来单一的脱氢氨基酸及其衍生物等拓展到烯胺、不饱和羧酸、酮酸酯、简单酮等不饱和化合物[6]。手性双膦配体的钌催化剂才真正引起了化学家们的广泛关注，并成为不对称催化氢化研究领域中又一瞩目的成就。目前，BINAP 的钌催化剂已成功用于手性药物萘普生 (Naproxen) (Monsanto 公司)、抗生素 Carbapenem (高砂公司) 等的生产。正是由于 Noyori 等发现了 BINAP 的钌催化剂并在不对称催化氢化等不对称合成研究领域中做出了卓越贡献，他与 Sharpless 和 Knowles 共同分享了 2001 年诺贝尔化学奖。

Noyori 等发展的 BINAP 钌催化剂大致分为 [Ru(OAc)$_2$(BINAP)]、[RuX$_2$(BINAP)]（或 [RuX(arene)(BINAP)]X；X = Cl、Br 或 I）和 [RuCl$_2$(BINAP)(diamine)] 三种类型（图 1）。[Ru(OAc)$_2$(BINAP)] 是由 BINAP 与钌金属前体 [RuCl$_2$(COD)]$_n$ 或 [RuCl$_2$(arene)]$_2$ 配位后，再与过量的醋酸钠进行离子交换得到[7]。[RuX$_2$(BINAP)] 则是通过 BINAP 与钌金属前体 [RuCl$_2$(COD)]$_n$ 或 [RuX$_2$(arene)]$_2$（X = Cl、Br 或 I）配位制备[8]；也可以通过氢卤酸与 [Ru(OAc)$_2$(BINAP)] 反应来获得[5]。[RuCl$_2$(BINAP)(diamine)] 的制备与[Ru(OAc)$_2$(BINAP)] 的制备一样也分为两步：首先是 BINAP 与 [RuCl$_2$(benzene)]$_2$ 在 DMF 溶液中配位，然后再与手性双胺 (diamine) 反应得到[9]。在这三种类型的手性催化

剂中，前两者的稳定性较差，一般要保存在惰性气体氛围中；而后者稳定性较好，可在空气中短暂放置而不影响催化活性。

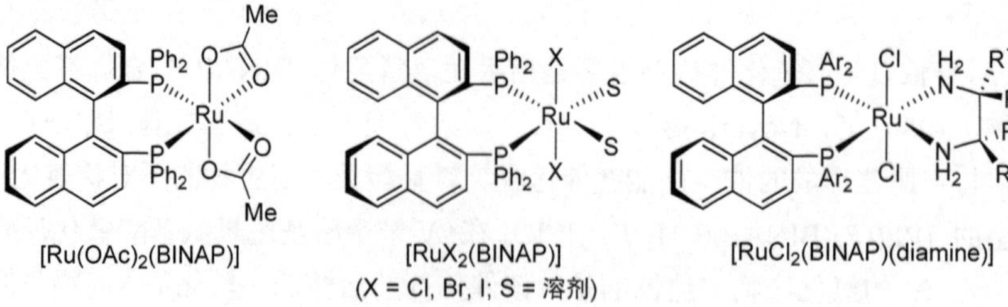

[Ru(OAc)$_2$(BINAP)]　　　　[RuX$_2$(BINAP)]　　　　[RuCl$_2$(BINAP)(diamine)]
　　　　　　　　　　　　(X = Cl, Br, I; S = 溶剂)

图 1　Noyori 等发展的三类 BINAP 钌催化剂

（1）[Ru(OAc)$_2$(BINAP)] 催化剂

[Ru(OAc)$_2$(BINAP)] 在烯酰胺、不饱和羧酸、烯丙醇等的不对称氢化中表现出较高的催化活性和手性诱导能力[6]。例如，在 (Z)-N-乙酰基-1-亚烷基四氢异喹啉的氢化反应中，可获得 96%~100% ee 的氢化产物 (式 1)。而在相同的氢化条件下，该催化剂对 (E)-N-乙酰基-1-亚烷基四氢异喹啉却是惰性的[3]。在 α,β-不饱和羧酸 (如：取代丙烯酸) 的氢化中，丙烯酸上的取代基对氢化产物的 ee 值影响较大，所得氢化产物的 ee 值一般在 85%~95% (式 2)。其次，氢气压力对产物的 ee 值也有明显的影响，较高的氢气压力有利于提高 ee 值。当采用该催化剂合成手性药物萘普生时，在 135 atm❶的氢气压力下反应 18 h，产物的 ee 值可高达 97% (式 3)[10]。

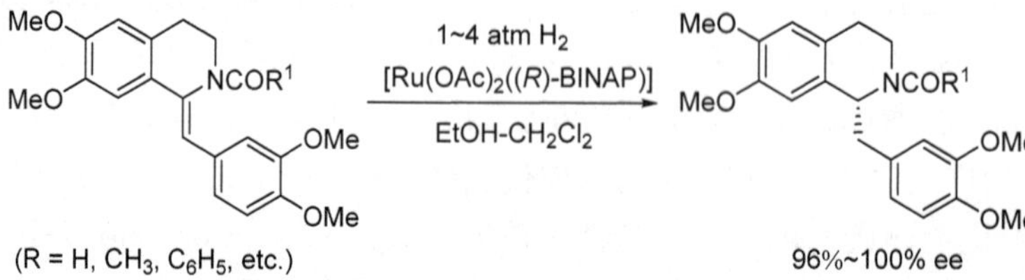

$$\text{(R = H, CH}_3\text{, C}_6\text{H}_5\text{, etc.)} \xrightarrow[\text{EtOH-CH}_2\text{Cl}_2]{\text{1~4 atm H}_2, \text{[Ru(OAc)}_2\text{((R)-BINAP)]}} \quad 96\%\sim100\%\ ee \quad (1)$$

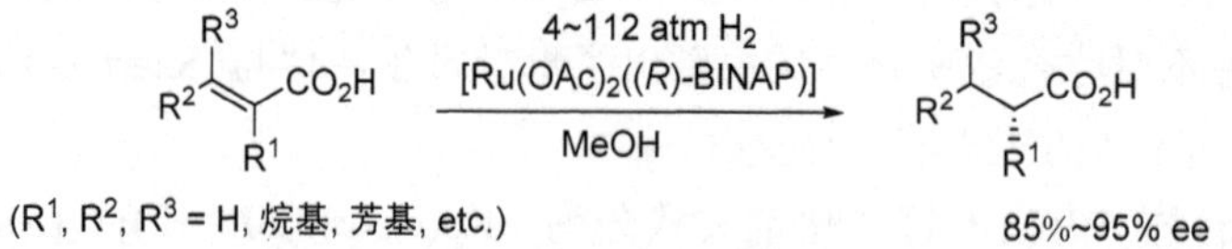

$$\text{(R}^1\text{, R}^2\text{, R}^3\text{ = H, 烷基，芳基，etc.)} \xrightarrow[\text{MeOH}]{\text{4~112 atm H}_2, \text{[Ru(OAc)}_2\text{((R)-BINAP)]}} \quad 85\%\sim95\%\ ee \quad (2)$$

$$\xrightarrow[\text{MeOH}]{\text{135 atm H}_2, \text{[Ru(OAc)}_2\text{((R)-BINAP)]}} \quad 97\%\ ee \quad (3)$$

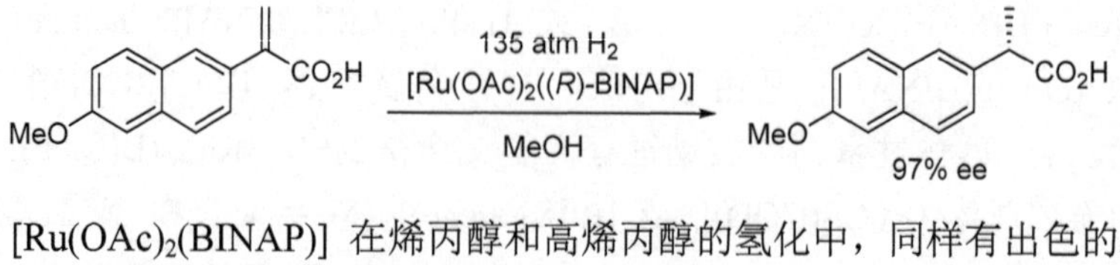

此外，[Ru(OAc)$_2$(BINAP)] 在烯丙醇和高烯丙醇的氢化中，同样有出色的表现[11]。如通过 [Ru(OAc)$_2$(BINAP)] 催化氢化香叶醇 (geraniol) 和橙花醇 (nerol) 合成天然或非天然的香茅醇 (citronellol) 时，所得产物的 ee 值达到 96%~99% (式 4 和式 5)。催化剂的效

❶ 1 atm = 101325 Pa，下同。——编者注

率也非常高，TON 可达 50000。在酰基保护的烯丙基胺类底物的氢化中，[Ru(OAc)₂(BINAP)] 也表现出较高的催化活性和对映选择性 (式 6)[12]。

$$\text{geraniol} \xrightarrow[\text{MeOH}]{\substack{100 \text{ atm } H_2 \\ [Ru(OAc)_2((S)\text{-BINAP})]}} (R)\text{-citronellol, 96\% ee} \quad (4)$$

$$\text{nerol} \xrightarrow[\text{MeOH}]{\substack{100 \text{ atm } H_2 \\ [Ru(OAc)_2((S)\text{-BINAP})]}} (S)\text{-citronellol, 99\% ee} \quad (5)$$

$$\xrightarrow[\text{MeOH}]{\substack{9 \text{ atm } H_2 \\ [Ru(OAc)_2((S)\text{-BINAP})]}} 98\%, 95\% \text{ ee} \quad (6)$$

[Ru(OAc)₂(BINAP)] 催化氢化碳-碳双键的反应机理与 BINAP 铑催化剂的反应机理不同[13]。[Ru(OAc)₂(BINAP)] 在催化 α-脱氢氨基酸酯的氢化时，主要是通过"单氢/不饱和"机理 (monohydride/unsaturated mechanism) 进行的 (图 2)。首先是在 H₂ 的作用下 [Ru(OAc)₂((R)-BINAP)] (**A**) 脱去一分子 HOAc 后，转变为单氢钌配合物 **B**。随后，配合物 **B** 从 *Si*-面与底物配位形成配合物 **C**。配合物 **C** 中钌上的负氢转移到双键的末端，形成金属杂五元环配合物 **D**。在 H₂ 的作用下，配合物 **D** 发生 Ru–C 键的断裂，解离出 (*R*)-构型的氢化产物，同时再生钌氢配合物 **B**，完成催化循环。在整个催化循环中，产物的对映选择性取决于单氢钌配合物 **B** 从 *Si*-面或 *Re*-面与氢化底物进行配位形成配合物 **C** 的相对稳定性。此外，Halpern 提出的 [Ru(OAc)₂(BINAP)] 催化氢化 α,β-不饱和羧酸的机理与上述机理有相似性[14]。

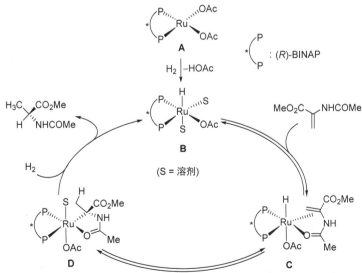

图 2 [Ru(OAc)₂(BINAP)] 催化氢化碳-碳双键的反应机理

（2）[RuX$_2$(BINAP)] 催化剂

在 β-酮酸酯氢化反应中，[Ru(OAc)$_2$(BINAP)] 几乎是无效的。而含有卤离子的 [RuX$_2$(BINAP)] 类型催化剂对这类底物的氢化非常有效[5]。除此之外，[RuX$_2$(BINAP)] 类型催化剂对于 α-位含有羟基、烷氧基、二烷基氨基、卤素等官能化酮类底物的氢化同样表现出较高的催化活性和对映选择性[15]。在这些羰基化合物的不对称氢化中，氢气的压力一般在 50~100 atm 范围，选取甲醇或乙醇作为溶剂较好，催化剂的转化数可达 2000 以上 (TON > 2000)。对 β-酮酸酯的氢化，产物 ee 值在 98%~100% (式 7)；对官能化酮的氢化，产物 ee 值在 92%~100% (式 8)。

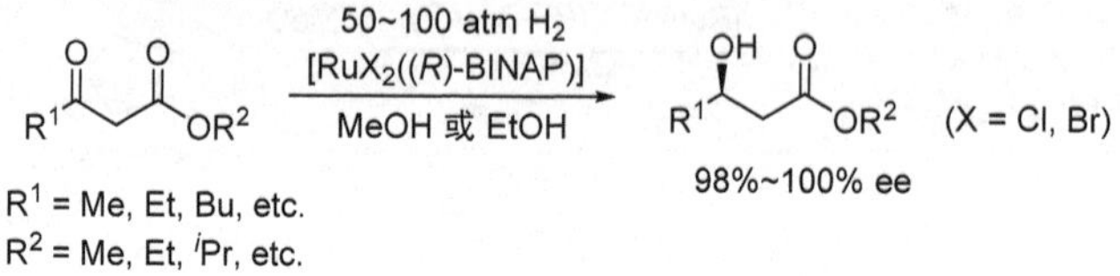

$$R^1 = Me, Et, Bu, etc. \quad R^2 = Me, Et, {}^iPr, etc. \tag{7}$$

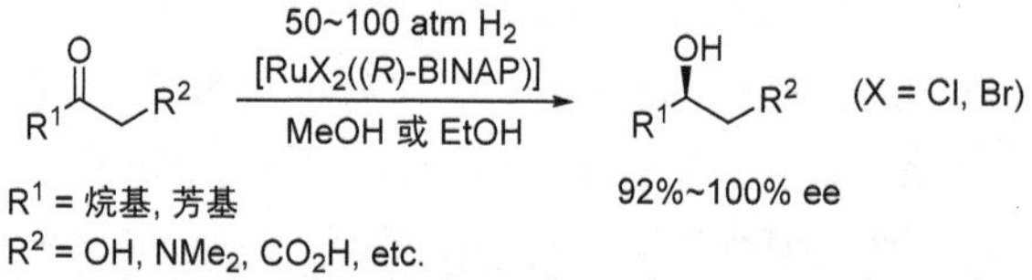

$$R^1 = 烷基, 芳基 \quad R^2 = OH, NMe_2, CO_2H, etc. \tag{8}$$

[RuCl$_2$((R)-BINAP)] 催化 β-酮酸酯类底物的不对称氢化已经被应用到许多生物活性化合物、手性药物以及天然产物的合成中。例如，在 4-氯-3-氧代丁酸乙酯氢化反应中，[RuCl$_2$((R)-BINAP)] 催化剂可以给出高达 97% ee 的氢化产物 (式 9)。该氢化产物是肉毒碱 (carnitine) 和 γ-氨基-β-羟基丁酸 (GABOB) 的关键中间体[16]。通过动态动力学拆分，[RuCl$_2$((R)-BINAP)] 可将外消旋的 (±)-2-苯甲酰氨基甲基-3-氧代丁酸甲酯催化氢化为 (2S,3R)-甲基-2-(苯甲酰氨基甲基)-3-羟基丁酸甲酯 (syn/anti = 94:6, 99% ee) (式 10)[17]。所得光学活性的丁酸酯已经成功用于抗生素药物碳青霉烯 (carbapenems) 的合成。

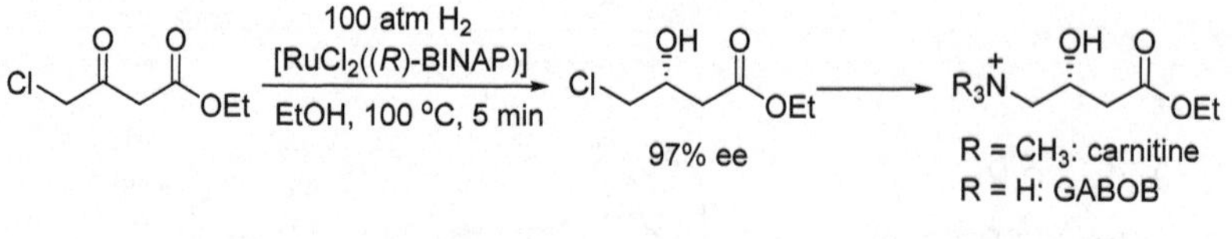

$$\tag{9}$$

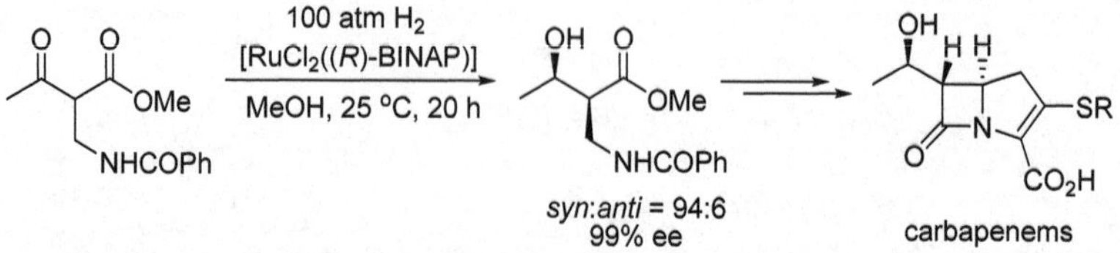

$$\tag{10}$$

[RuX$_2$(BINAP)] 催化 β-酮酸酯等底物的氢化机理 (图 3) 与 [Ru(OAc)$_2$(BINAP)] 催化烯胺的氢化机理具有相似之处。它们均通过单氢钌配合物中间体完成催化循环[13]。在 H$_2$ 作用下，[RuCl$_2$((R)-BINAP)] (A) 先脱去一分子 HCl，产生单氢钌配合物 B。β-酮酸酯

再与配合物 **B** 配位形成 σ-型配合物 **C**。在配合物 **C** 中，由于距离羰基碳原子较远的钌上负氢转移到羰基碳上是不利的，因而趋向于先通过氢离子 (H$^+$) 活化羰基，增加羰基碳的亲电性，有利于负氢的转移。负氢转移到羰基碳以后，形成离子型的配合物 **D**。最后，在氢气的作用下配合物 **D** 解离出氢化产物并产生钌配合物 **B**，完成催化循环。在上述催化循环中，产物的构型由 **C** 到 **D** 的负氢转移过程决定。

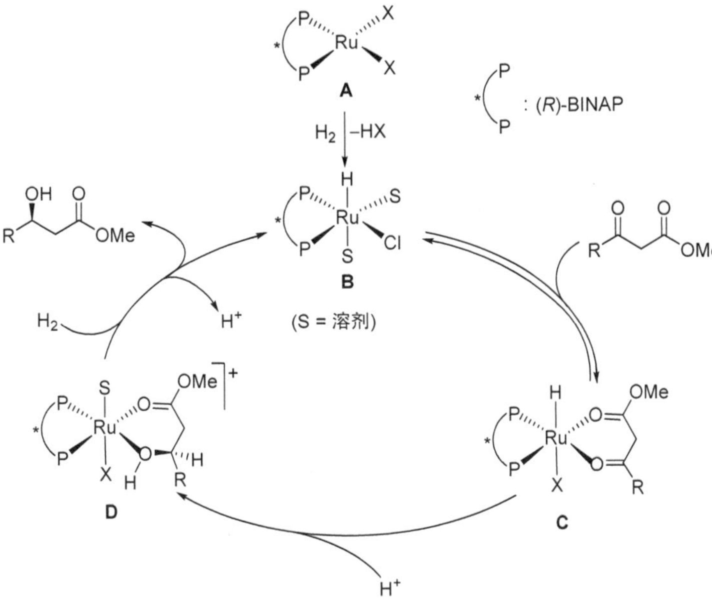

图 3 [RuX$_2$(BINAP)] 催化 β-酮酸酯的氢化反应机理

在[RuX$_2$(BINAP)] 催化 β-酮酸酯的氢化反应机理中，用于活化配合物 **C** 中羰基的氢离子来自 [RuCl$_2$((R)-BINAP)] 在 H$_2$ 作用下产生的 HCl。在[Ru(OAc)$_2$(BINAP)] 催化氢化过程中同样产生 HOAc。但 HOAc 的酸性较弱，较难活化配合物 **C** 中的羰基，不利于负氢转移生成配合物 **D**。因此，用 [Ru(OAc)$_2$(BINAP)] 催化剂很难实现 β-酮酸酯类底物的不对称催化氢化。但当外加 HCl 等强酸时，催化反应可以进行。如在添加 HCl 的条件下，[Ru(OAc)$_2$((S)-Tol-BINAP)] 能够催化氢化 α-酰基取代的 β-酮酰胺类底物。反应的收率以及对映选择性和非对映选择性都很好。这一反应已被应用于去甲肾上腺素再吸收抑制剂的不对称合成 (式 11)[18]。

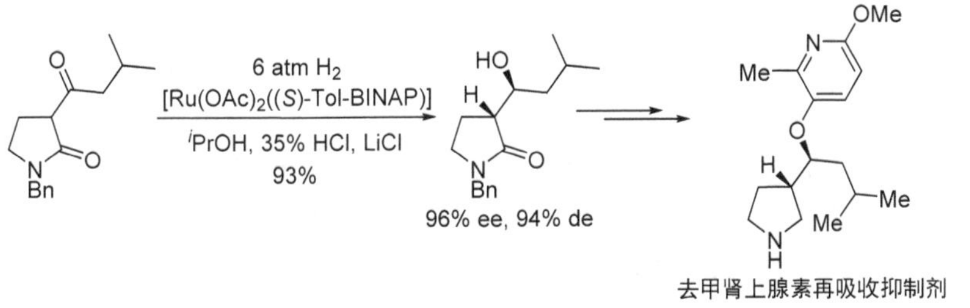

(11)

去甲肾上腺素再吸收抑制剂

（3）[RuCl$_2$(BINAP)(diamine)] 催化剂

[RuCl$_2$(BINAP)(diamine)] 催化剂是 Noyori 等在 1995 年发展起来的一类催化剂，它对简单酮化合物的氢化反应非常高效[19]。该催化剂是目前文献报道的最高效手性催化剂之一，在苯乙酮的氢化反应中 TON 达到 2400000，转化频率（单位时间内的转化数，TOF）达到 63 s^{-1}[9]。在碱（如 KO^{t}Bu 等）存在下，以异丙醇为溶剂，各种芳酮、杂环芳酮、不饱和酮等均可以被氢化，氢化产物的 ee 值高达 99% 以上（式 12）[20]。在该催化剂中，BINAP 配体与手性双胺配体存在着构型相互匹配的问题。构型匹配的催化剂具有较高的催化活性，所得产物的 ee 值也较高。在 BINAP 配体中，磷原子所连苯基上有 3,5-二甲基取代时（Xyl-BINAP），所产生的手性诱导效果最佳。手性双胺配体主要是环己二胺（DACH）、1,2-二苯基乙二胺（DPEN）以及 1,1-二-(4-甲氧基苯基)-2-异丙基-1,2-乙二胺（DaiPEN）。在简单酮的氢化中，Xyl-BINAP 与 DaiPEN 以 (R,R) 或 (S,S) 组合给出最好的氢化效果。

$$\underset{(R^1 = Ar, Het, etc.; R^2 = Me, Et, etc.)}{R^1\underset{O}{\overset{\|}{C}}R^2} \xrightarrow[\text{KO}^t\text{Bu 或 K}_2\text{CO}_3, ^i\text{PrOH, rt}]{\substack{4\sim10\ \text{atm H}_2 \\ [\text{RuCl}_2((R)\text{-Xyl-BINAP})((R,R)\text{-DPEN})] \\ \text{或 }[\text{RuCl}_2((R)\text{-Xyl-BINAP})((R)\text{-DaiPEN})]}} \underset{\text{高达 99% ee}}{R^1\underset{OH}{\overset{|}{C}}R^2} \qquad (12)$$

二胺：

(1R,2R)-DPEN　　(1R,2R)-DACH　　(R)-DaiPEN　　IPHAN (R = H, Me)　　PICA

[RuH(BH$_4$)(BINAP)(diamine)]　　[RuCl-((S)-Xyl-BINAP)((S)-DaiPENA)]

由于在 [RuCl$_2$(BINAP)(diamine)] 催化的氢化反应中需要加入强碱，因此它不能用于那些对碱敏感的酮化合物的氢化。Noyori 等发展了一类不需要碱的手性钌-双膦/双胺催化剂 [RuH(BH$_4$)(BINAP)(diamine)][21]。该催化剂可以在中性条件下实现简单酮的不对称催化氢化，但是反应速度相对较慢。其次，其它手性双胺配体也有采用。如采用由天然酒石酸衍生的 1,4-二胺（IPHAN）制得的催化剂 [RuCl$_2$(BINAP)(IPHAN)] 能够催化四氢萘酮类底物的不对称催化氢化，所得氢化产物的 ee 值达到 99%[22]；采用非手性的吡啶-2-甲胺制得的催化剂 [RuCl$_2$(BINAP)(PICA)] 可以实现叔烷基酮类底物的高对映选择性催化氢化[23]。Ohkuma 等在 2011 年发现催化剂 [RuCl$_2$((S)-Xyl-BINAP)-((S)-DaiPEN)] 在 DBU 作用下生成具有钌杂双环 [2.2.1] 骨架的催化剂 [RuCl((S)-Xyl-BINAP)((S)-DaiPENA)]。该催化剂在简单酮的氢化中表现出更高的催化活性，反应的 TOF 高达 35000 min^{-1}，对映选择性也大于 99% ee。该钌杂双环骨架的 BINAP 钌催化剂非常稳定，在氢化反应条件下可稳定存在[24]。

[RuCl$_2$(BINAP)(diamine)] 催化剂中手性双胺部分的"NH"在催化氢化酮羰基时起着非常重要的作用[13]。在氢化反应中，"NH"本身介入了整个催化循环，从而使 [RuCl$_2$(BINAP)(diamine)] 氢化酮羰基时通过非经典的金属-配体双官能化机理 (metal-ligand bifunctional mechanism) 进行 (图 4)。首先，[RuCl$_2$(BINAP)(diamine)] (**A**) 催化剂在 H$_2$、碱等的作用下失去 HCl，生成 16 电子的离子型配合物 **B** (X = H、Cl、OR 等)。在氢气氛围下，氢分子配位到配合物 **B** 中的空配位点形成钌氢分子配合物 **C**，接着氢分子被裂解，并失去一个氢离子，生成钌氢配合物 **D**。在钌氢配合物 **D** 中，钌上负氢和氮上的质子氢经六元环状过渡态 **F** 转移到酮羰基上，生成氢化产物，同时产生含金属-氮双键的钌配合物 **E**。配合物 **E** 与氢离子结合转变为离子型的钌配合物 **B** 完成催化循环。而钌配合物 **E** 本身也可以被 H$_2$ 还原再回到钌氢配合物 **D**。产物的构型和对映选择性由钌氢配合物 **D** 将氢转移到酮羰基这一过程决定。

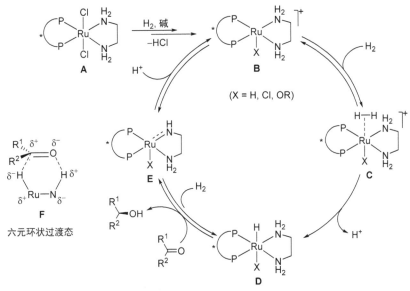

图 4 [RuCl$_2$(BINAP)(diamine)] 催化氢化酮羰基的反应机理

[RuCl$_2$(BINAP)(diamine)] 催化剂在手性药物合成中用途很广。它已经被成功用于合成 (R)-fluoxetine、(R)-denopamine、orphenadrine 和生育酚前体 (α-tocopherol) 等手性药物[20]。最近，日本武田制药 (Takeda) 公司将其用于角鲨烯合成酶抑制剂 TAK-475 的合成 (式 13)[25]。印度瑞迪博士实验室 (Dr. Reddy's Lab) 也用其合成治疗哮喘病的手性药物孟鲁司特钠 (montelukast sodium) (式 14)[26]。

cat*-1: (S,SS), Ar = 4-Me$_2$N-3,5-(Me)$_2$-C$_6$H$_2$
cat*-2: (R,RR), Ar = 3,5-(Me)$_2$-C$_6$H$_3$

参考文献

[1] Miyashita, A.; Yasuda, A.; Takaya, H.; Toriumi, K.; Ito, T.; Souchi, T.; Noyori, R. *J. Am. Chem. Soc.* **1980**, *102*, 7932.

[2] Ikariya, T.; Ishii, Y.; Kawano, H.; Arai, T.; Saburi, M.; Yoshikawa, S.; Akutagawa, S. *J. Chem. Soc., Chem. Commun.* **1985**, 922.

[3] Noyori, R.; Ohta, M.; Hsiao, Y.; Kitamura, M.; Ohta, T.; Takaya, H. *J. Am. Chem. Soc.* **1986**, *108*, 7117.

[4] Noyori, R. *Angew. Chem., Int. Ed.* **200**2, *41*, 2008.

[5] Noyori, R.; Ohkuma, T.; Kitamura, M.; Takaya, H.; Sayo, N.; Kumobayashi, H.; Akutagawa, S. *J. Am. Chem. Soc.* **1987**, *109*, 5856.

[6] (a) Noyori, R. *Asymmetric Catalysis in Organic Synthesis*, Wiley, New York, **1994**. (b) Tang, W.; Zhang, X. *Chem. Rev.* **2003**, *103*, 3029.

[7] (a) Ohta, T.; Takaya, H.; Noyori, R. *Inorg. Chem.* **1988**, *27*, 566. (b) Takaya, H.; Ohta, T.; Inoue, S.; Tokunaga, M.; Kitamura, M.; Noyori, R. *Organic Syntheses,* Coll. Vol. 9, **1998**, 169.

[8] Kitamura, M.; Tokunaga, M.; Ohkuma, T.; Noyori, R. *Organic Syntheses,* Coll. Vol. 9, **1998**, 589.

[9] Doucet, H.; Ohkuma, T.; Murata, K.; Yokozawa, T.; Kozawa, M.; Katayama, E.; England, A. F.; Ikariya, T.; Noyori, R. *Angew. Chem., Int. Ed.* **1998**, *37*, 1703.

[10] Ohta, T.; Takaya, H.; Kitamura, M.; Nagai, K.; Noyori, R. *J. Org. Chem.* **1987**, *52*, 3174.

[11] Takaya, H.; Ohta, T.; Sayo, N.; Kumobayashi, H.; Akutagawa, S.; Inoue, S.; Kasahara, I.; Noyori, R. *J. Am. Chem. Soc.* **1987**, *109*, 1596.

[12] Yamano, T.; Yamshita, M.; Adachi, M.; Tanaka, M.; Matsumoto, K.; Kawada, M.; Uchikawa, O.; Fukatsuka, K.; Ohkawa, S.; *Tetrahedron Asymmetry* **200**6, *17*, 184.

[13] Noyori, R. kitamura, M.; Ohkuma, T. *PNAS* **2004**, *101*, 5356.

[14] Ashby, M. T.; Halpern, J. *J. Am. Chem. Soc.* **1991**, *113*, 589.

[15] Kitamura, M.; Ohkuma, T.; Inoue, S.; Sayo, N.; Kumobayashi, H.; Akutagawa, S.; Ohta, T.; Takaya, H.; Noyori, R. *J. Am. Chem. Soc.* **1988**, *110*, 629.

[16] Kitamura, M.; Ohkuma, T.; Takaya, H.; Noyori, R. *Tetrahedron Lett.* **1988**, *29*, 1555.
[17] Noyori, R.; Ikeda, T.; Ohkuma, T.; Widhalm, M.; Kitamura, M.; Takaya, H.; Akutagawa, S.; Sayo, N.; Saito, T.; Taketomi, T.; Kumobayashi, H. *J. Am. Chem. Soc.* **1989**, *111*, 9134.
[18] (a) Magnus, N. A.; Astleford, B. A.; Laird, D. L. T.; Maloney, T. D.; McFarland, A. D.; Rizzo, J. R.; Ruble, J. C.; Stephenson, G. A.; Wepsiec, J. P. *J. Org. Chem.* **2013**, *78*, 5768. (b) Lynch, D.; Deasy, R. E.; Clarke, L.-A.; Slattery, C. N.; Khandavilli, U. B. R.; Lawrence, S. E.; Maguire, A. R.; Magnus, N. A.; Moynihan, H. A. *Org. Lett.* **2016**, *18*, 4978.
[19] Ohkuma, T.; Ooka, H.; Hashiguchi, S.; Ikariya, T.; Noyori, R. *J. Am. Chem. Soc.* **1995**, *117*, 2675.
[20] Noyori, R.; Ohkuma, T. *Angew. Chem. Int. Ed.* **2001**, *40*, 40.
[21] Ohkuma, T.; Koizumi, M.; Muñiz, K.; Hilt, G.; Kabuto, C.; Noyori, R. *J. Am. Chem. Soc.* **2002**, *124*, 6508.
[22] Ohkuma, T.; Hattori, T.; Ooka, H.; Inoue, T.; Noyori, R. *Org. Lett.* **2004**, *6*, 2681.
[23] Ohkuma, T.; Sandoval, C. A.; Srinivasan, R.; Lin, Q.; Wei, Y.; Muñiz, K.; Noyori, R. *J. Am. Chem. Soc.* **2005**, *127*, 8288.
[24] Matsumura, K.; Arai, N.; Hori, K.; Saito, T.; Sayo, N.; Ohkuma, T. *J. Am. Chem. Soc.* **2011**, *133*, 10696.
[25] Goto, M.; Konishi, T.; Kawaguchi, S.; Yamada, M.; Nagata, T.; Yamano, M. *Org. Proc. Res. Dev.* **2011**, *15*, 1178.
[26] Bollikonda, S.; Mohanarangam, S.; Jinna, R. R.; Kandirelli, V. K. K.; Makthala, L.; Chaplin, D. A.; Lioyd, R. C.; Mahoney, T.; Dahannukar, V. H.; Oruganti, S.; Fox, M. E. *J. Org. Chem.* **2015**, *80*, 3891.

（谢建华，周其林）

Raney Ni

按 Raney 方法制备的金属镍试剂 (Ra-Ni; Ni-W2) 称 Raney Ni (兰尼镍)[1,2]。兰尼镍主要用于还原反应，还原断裂碳-杂原子键，包括 C-S 键 (式 1)[3,4]、C-X (卤) 键[5]，和杂原子-杂原子键 (X-Y)，包括 N-N 键 (式 2)[6,7]、N-O 键 (式 3)[8]等。

在一定的压力下，兰尼镍可用作芳环[9]、烯烃 (式 4)[10,11]和氰基[12]的氢化催化剂。

兰尼镍也可用于把硝基[7]和叠氮基还原成氨基[13]，还可用于胺的还原烷基化 (式 5)[14]。

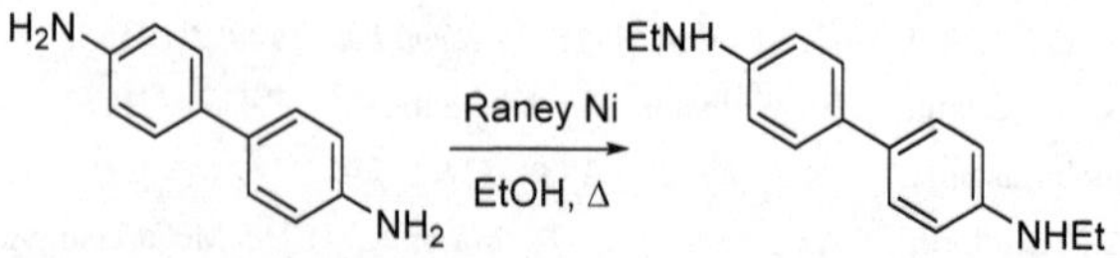

有意义的是，兰尼镍可用于选择性还原。例如，α,β-不饱和酮的化学选择性氢化 (式 6)[15]；在酮存在下化学选择性地还原醛 (式 7)[16]；选择性地去除苄基保护基而不影响烯键[17]。

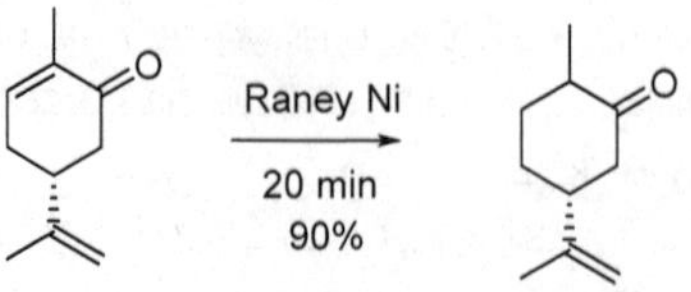

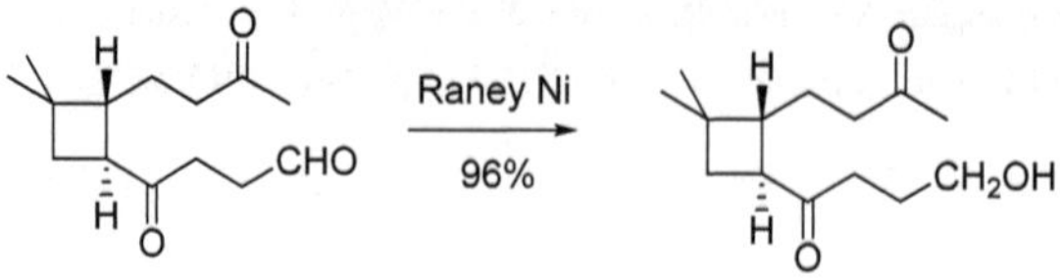

兰尼镍被广泛用于天然产物全合成。在五环丙烷抗真菌剂 FR-900848 的全合成中，兰尼镍被用于选择性地还原脱硫，分子中三个环丙基未受影响 (式 8)[18]。

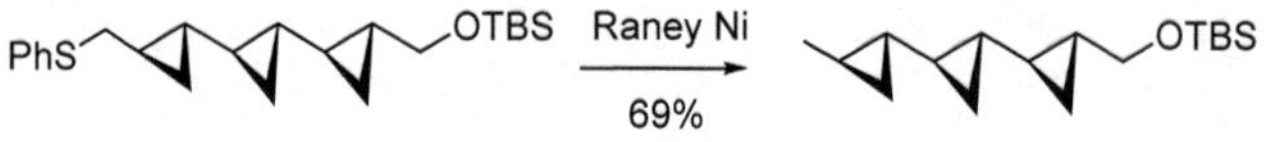

在松叶蜂性信息素 **1** 的合成中，用兰尼镍可高产率地进行硫代缩醛的还原脱硫化 (式 9)[19]，但需选择合适的反应条件以避免差向异构化。

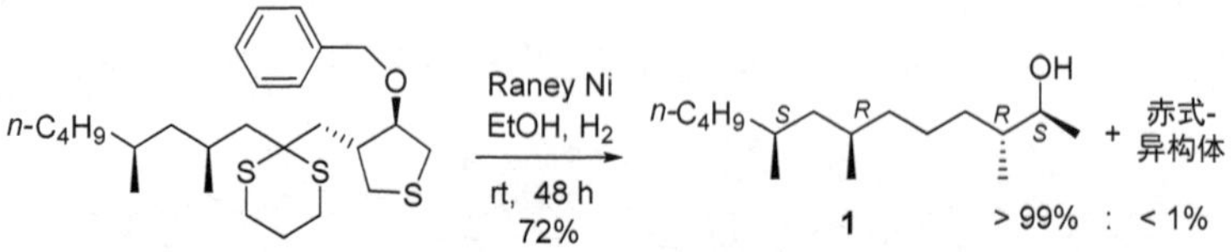

Goess 小组在 grandiso 棉花害虫棉铃象甲性引诱剂 grandisol (**4**) 的合成中，具有挑战性的步骤是 1-烯基环丁烯 **2** 环内烯烃的选择性还原。在尝试了许多条件后，最终通过兰尼镍还原实现，以 63% 的产率得到所需的立体异构体 **3** (式 10)[20]。

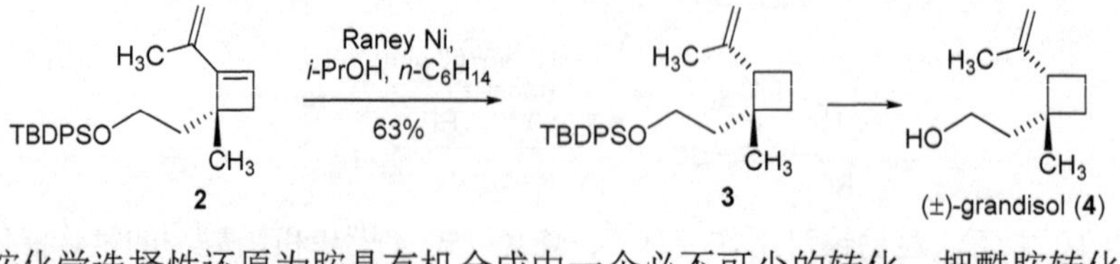

酰胺化学选择性还原为胺是有机合成中一个必不可少的转化，把酰胺转化为硫酰胺，接着用兰尼镍还原的两步法对于复杂生物碱的合成仍然是一重要方法。最近李昂课题组在虎皮楠生物碱 **7** 的合成中对于 **5** 酰胺的化学选择性还原即采用此间接方法 (式 11)[21]。该反应表现出很高的化学选择性，并可克级合成。

近年来，Banwell 小组发展了钯催化邻碘硝基苯与 2-碘-环己-2-烯-1-酮的偶联方法，产物 (如 **8**) 可经兰尼镍还原环化形成吲哚衍生物 **9**，由此合成了包括 karapinchamine A (**10**) 在内的一系列吲哚生物碱 (式 12)[22]。

采用负载于高分子上的兰尼镍催化剂是发展绿色还原方法的趋势[23]，在工业上具有广泛的应用前景。

参考文献

[1] Raney, M. U. S. *Patent No. 1* **1927**, *628*, 190.
[2] Pavlic, A. A.; Adkins, H., *J. Am. Chem. Soc.* **1946**, *68*, 1471-1471.
[3] Snider, B. B.; Che, Q. *Org. Lett.* **2004**, *6*, 2877-2880.
[4] Pearson, W. H.; Bergmeier, S. C.; Williams, J. P. *J. Org. Chem.* **1992**, *57*, 3977-3987.
[5] Barrero, A. F.; Alvarez-Manzaneda, E. J.; Chahboun, R.; Meneses, R.; Romera, J. L. *Synlett* **2001**, 485-488.
[6] Enders, D.; Pieter, R.; Renger, B.; Seebach, D. *Org. Synth.* **1978**, *58*, 113; *Coll. Vol.* **1988**, *6*, 542.
[7] Enders, D.; Wiedemann, J. *Synthesis* **1996**, 1443-1450.
[8] Dagoneau, C.; Tomassini, A.; Denis, J.-N.; Vallée, Y. *Synthesis* **2001**, 150-154.
[9] Thompson, R. B. *Org. Synth.* **1947**, *27*, 21; *Coll. Vol.* **1955**, *3*, 278.
[10] Andrus, D. W.; Johnson, J. R. *Org. Synth.* **1943**, *23*, 90; *Coll. Vol.* **1955**, *3*, 794.
[11] Allen, C. F. H.; Wilson, C. V. *Org. Synth.* **1947**, *27*, 33; *Coll. Vol.* **1955**, *3*, 35.
[12] Sun, R. C.; Okabe, M., *Org. Synth.* **1995**, *72*, 48; *Coll. Vol.* **1998**, *9*, 717.
[13] Kalir, A.; Balderman, D. *Org. Synth.* **1981**, *60*, 104. *Coll. Vol.* **1990**, *7*, 433.
[14] Rice, R.G.; Kohn, E. J. *Org. Synth.* **1956**, *36*, 21; *Coll. Vol.* **1963**, *4*, 283.
[15] Barrero, A. F.; Alvarez-Manzaneda, E. J.; Chahboun, R.; Meneses, R. *Synlett* **1999**, 1663-1666.
[16] Barrero, A. F.; Alvarez-Manzaneda, E. J.; Chahboun, R.; Meneses, R. *Synlett* **2000**, 197-200.
[17] Horita, K.; Yoshioka, T.; Tanaka, T., Oikawa, Y.; Yonemitsu, O. *Tetrahedron* **1986**, *42*, 3021-3028.
[18] Barrett, A. G. M.; Kasdorf, K., *J. Am. Chem. Soc.* **1996**, *118*, 11030-11037.
[19] Karlsson, S.; Högberg, H.-E. *Synthesis* **2000**, 1863-1867.
[20] Graham, T. J. A.; Gray, E. E.; Burgess. J. M.; Goess, B. C. *J. Org. Chem.* **2010**, *75*, 226-228.
[21] Chen, Y.; Zhang, W.-H.; Ren, L.; Li, J.; Li, A. *Angew. Chem. Int. Ed.* **2018**, *57*, 952-956.
[22] (a) Yan, Q.; Gin, E.; Wasinska-Kalwa, M.; Banwell, M. G.; Carr, P. D. *J. Org. Chem.* **2017**, *82*, 4148-4159. (b) Khan, F.; Dlugosch, M.; Liu, X.; Banwell, M. G. *Acc. Chem. Res.* **2018**, *51*, 1784-1795. (综述)

[23] Jiang, H.-B.; Lu, S.-L.; Zhang, X.-H.; Dai, W.; Qiao, J. *Molecules* **2016**, *21*, 833. (综述)

(黄培强)

Rosenmund 还原

Rosenmund (罗森蒙德) 还原反应是指在去活化的 Pd 催化剂 Pd/BaSO$_4$ 催化下，酰氯经催化氢化还原为醛的反应 (式 1)[1, 2]。这是从羧酸合成醛的间接方法之一。

$$RCOCl \xrightarrow{H_2,\ Pd/BaSO_4} RCHO + HCl \tag{1}$$

该反应的副产物为酸酐、酯、醇和烷烃。如果在严格无水条件下反应，则可避免酸酐的生成。

除了 BaSO$_4$，还有其它催化剂活性调节剂，例如，2,6-二甲基吡啶。这一条件被用于天然产物 borrelidin (**1**) 的全合成 (式 2)[3]。

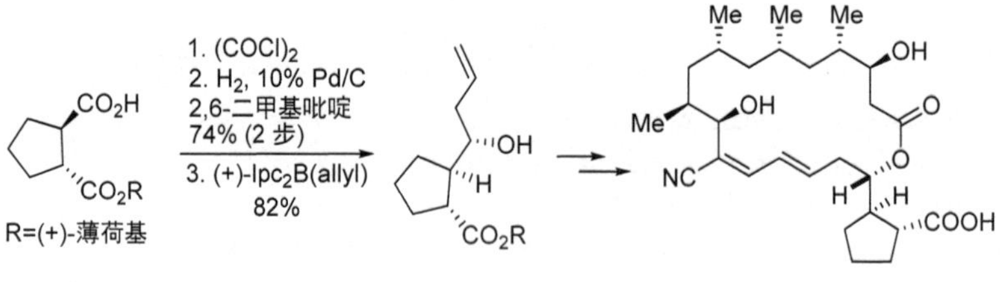

(2)

borretidin (**1**)

催化剂活性调节剂的使用影响了催化剂的循环使用。1997 年，Yadav 等报道了使用负载在高聚物上的 Pd 可实现通过 Rosenmund 催化还原合成香料 10-十一烯醛，所发展的过程可望满足香料工业的要求[4]。

另一实现这一转化的传统方法是用 Li(*t*-BuO)$_3$AlH 还原[5]。此外，芳基酰氯可在钯配合物催化下用聚甲基氢硅氧烷 (PMHS) 还原为芳醛 (式 3)[6]。

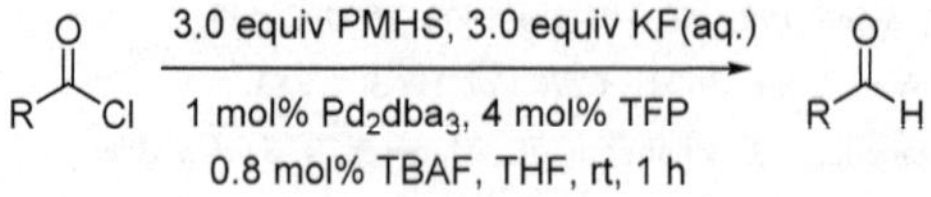

(3)

还有一个适应范围广、收率良好的过程是把羧酸转化为活化形式后用 Pd/C 催化氢解 (式 4)[7]。

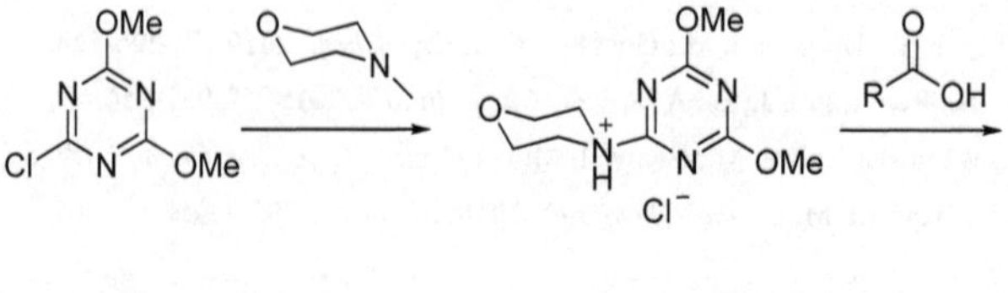

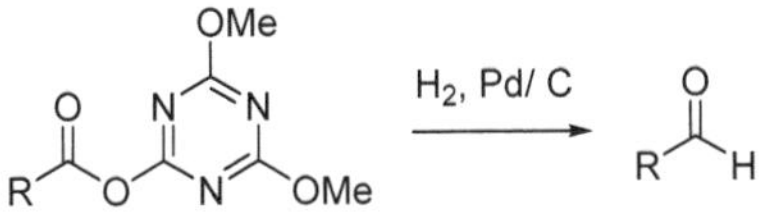

硼氢化铜双三苯基膦配合物 $(Ph_3P)_2CuBH_4$ 也可用于在温和条件下实现这一转化[8] (式 5)。

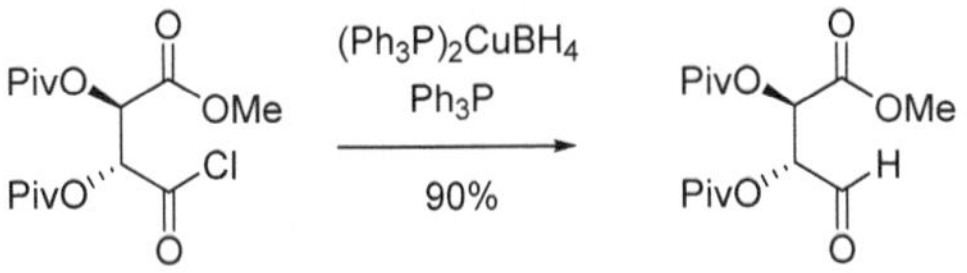

2003 年，Banwell 等人报道了在 Rosenmund 催化剂催化下进行非共轭烯键的选择性氢化，产物经去保护后得天然产物 (+)-aspicilin (**2**)[9](式 6)。

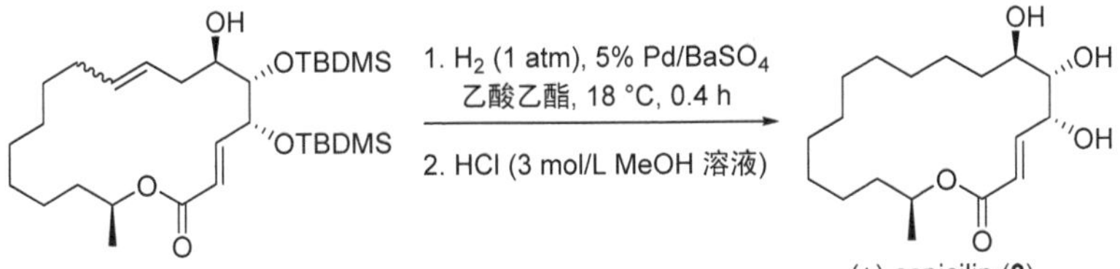

2011 年，Li 课题组[10]报道了硅胶负载的钯纳米颗粒能将酰氯转化为醛 (式 7)。

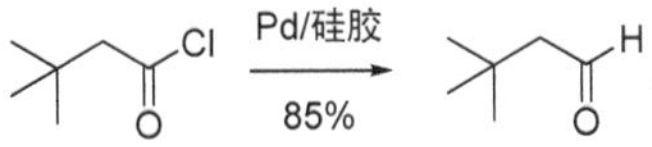

2012 年，Tsukamoto 课题组[11]将含酯基的酰氯转化为相应的醛，从而完成了许多有活性的 BPTES 类似物合成 (式 8)。

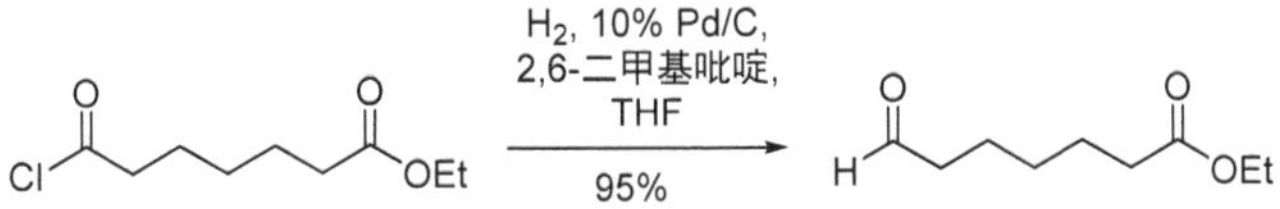

2012 年，Nikonov 课题组[12]发展了 $\{Cp[(i\text{-}Pr)_3P]Ru(NCMe)_2\}[PF_6]$，以 $HSiMe_2Ph$ (二甲基苯硅烷) 为氢源，顺利将酰氯转化为醛。该法底物适用性广，可容忍各种官能团，包括卤素和硝基 (式 9)。

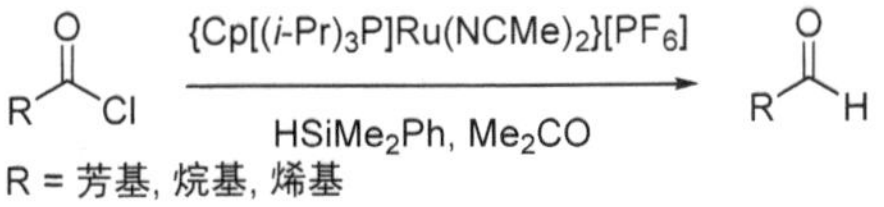

同年，Tsuji 课题组[13]报道了钯催化以三乙基硅烷为还原剂的版本。该法能高效地把酰氯转化为醛，底物适用范围广 (式 10)。

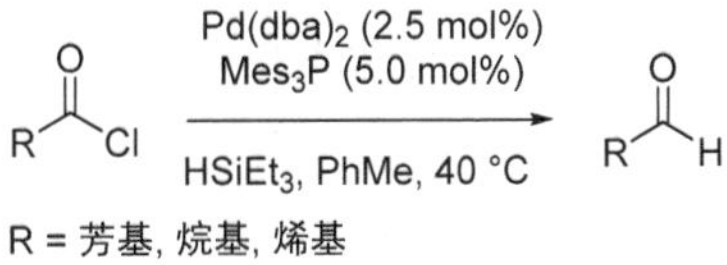

参考文献

[1] Rosenmund, K. W. *Ber.* **1918**, *51*, 585-594.
[2] Larock, R. C. *Comprehensi Ve Organic Transformations: A Guide to Functional Group Preparation*, 2nd ed.; Wiley-VCH: New York, **1999**, 1265-1266.
[3] Duffey, M. O.; LeTiran, A.; Morken, J. P. *J. Am. Chem. Soc.* **2003**, *125*, 1458-1459.
[4] Yadav, V. G.; Chandalia, S. B. *Org. Process Res. Dev.* **1997**, *1*, 226-232.
[5] Brown, H.C.; McFarlin, R. F. *J. Am. Chem. Soc.* **1958**, *80*, 5372-5376.
[6] Lee, K.; Maleczka, R. E., Jr. *Org. Lett.* **2006**, *8*, 1887-1888.
[7] Falorni, M.; Giacomelli, G.; Porcheddu, A.; Taddei, M. *J. Org. Chem.* **1999**, *64*, 8962-8964.
[8] Fernandez, A.-M.; Plaquevent, J.-C.; Duhamel, L. *J. Org. Chem.* **1997**, *62*, 4007-4014.
[9] Banwell, M. G.; McRae, K. J. *Org. Lett.* **2003**, *2*, 3583-3586.
[10] Li, S.; Chen, G.; Sun, L. *Catal. Commun.* **2011**, *12*, 813-816.
[11] Shukla, K.; Ferraris, D. V.; Thomas, A. G.; Stathis, M.; Duvall, B.; Delahanty, G.; Alt, J.; Rais, R.; Rojas, C.; Gao, P.; Xiang, Y.; Dang, C. V.; Slusher, B. S.; Tsukamoto, T. *J. Med. Chem.* **2012**, *55*, 10551-10563.
[12] Gutsulyaka, D. V.; Nikonov, G. I. *Adv. Synth. Catal.* **2012**, *354*, 607-611.
[13] Fujihara, T.; Cong, C.; Iwai, T.; Terao, J.; Tsuji, Y. *Synlett* **2012**, 2389-2392.

(黄培强, 胡秀宁)

Wilkinson 催化剂

Wilkinson (威尔金森) 催化剂是指三苯基膦与铑配位形成的三(三苯基膦)氯化铑配合物 ([RhCl(PPh$_3$)$_3$])。1965 年, Wilkinson (1973 年获得诺贝尔奖) 等将过量的三苯基膦 (PPh$_3$) 与水合三氯化铑 (RhCl$_3$ • 3H$_2$O) 在乙醇溶液中加热回流反应制得一种实用的均相催化剂 [RhCl(PPh$_3$)$_3$][1]。该催化剂能够在室温和常压条件下以极高的活性实现非共轭烯烃、炔烃等不饱和化合物的均相催化加氢反应, 取得了与非均相加氢反应相媲美的结果。该催化剂还具有如下特点: ①对烯烃等不饱和化合物中所含的羰基、羟基、氰基、硝基、酯基、羧基等官能团不产生影响; ②一般而言, 末端烯烃的加氢反应速度较快; 顺式烯烃也快于反式烯烃; ③共轭烯烃只有在较高的氢气压力等条件下才能加氢。如 Schneider 等在制备 11-脱氧前列腺素 (11-deoxyprostaglandins) 时, 就利用了 [RhCl(PPh$_3$)$_3$] 选择性催化顺式烯烃加氢的特点 (式 1)[2]。Pedro 等在用山道年 (santonin) 为起始原料合成 8,12-呋喃桉叶烷 (8,12-furanoeudesmanes) 时, 也巧妙利用了 [RhCl(PPh$_3$)$_3$] 选择性催化氢化取代较少的双键来实现的 (式 2)[3]。

近年来, Wilkinson 催化剂对烯烃的选择性加氢广泛应用于天然产物全合成中。如杨震等在合成具有抗肺结核活性的降二萜类海洋天然产物 caribenol A 时, 也利用了 [RhCl(PPh$_3$)$_3$] 选择性催化取代较少的双键加氢 (式 3)[4]。Snyder 等采用 [RhCl(PPh$_3$)$_3$]

催化剂优先氢化末端双键而对四取代烯烃无氢化活性的特点，完成了具有西松烷型四环二萜 rippertenol 的全合成 (式 4)[5]。

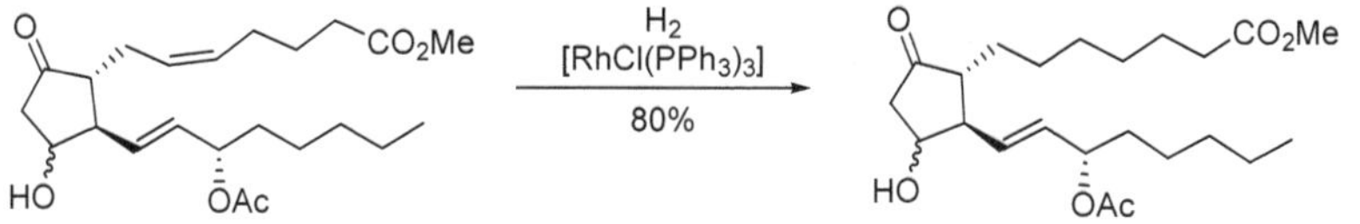

(1)

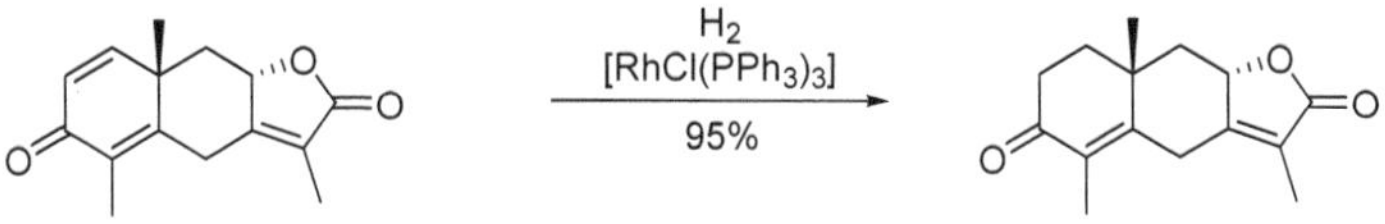

(2)

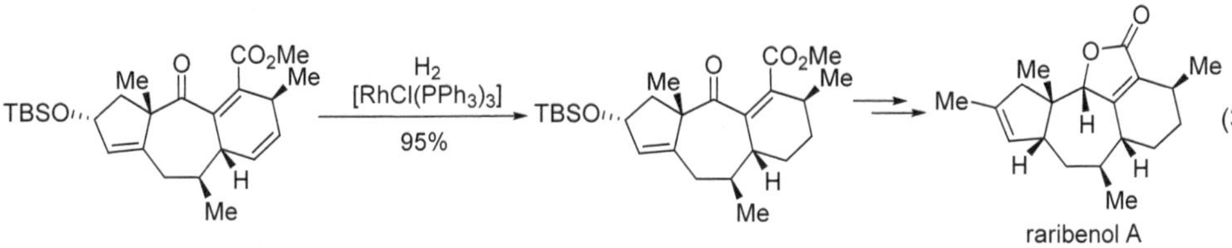

(3) raribenol A

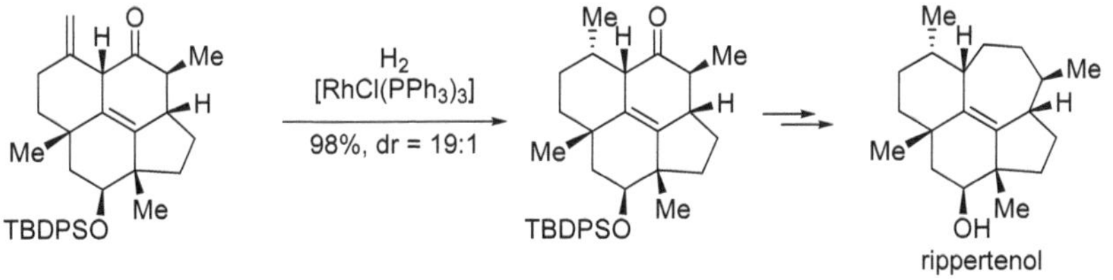

(4) rippertenol

Wilkinson 催化剂催化烯烃加氢反应的可能机理如图 1 所示[6]：

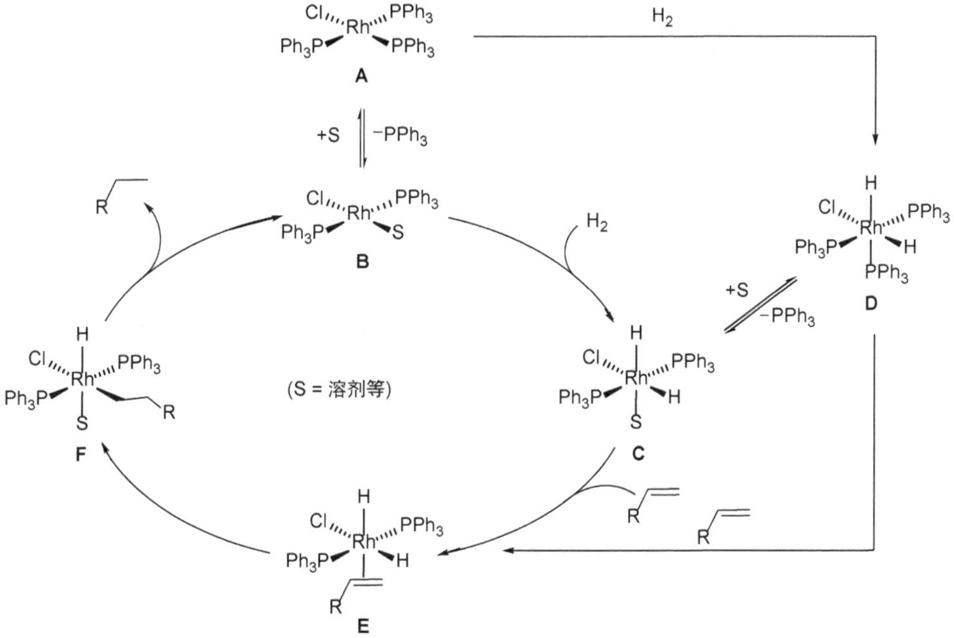

(S = 溶剂等)

图 1 Wilkinson 催化剂催化烯烃加氢反应的可能机理

首先是 [RhCl(PPh$_3$)$_3$] (A) 中的一个三苯基膦因空间位阻等因素从铑金属上解离，溶剂分子 (S) 随后占据该空配位形成中间体 B；中间体 B 再与氢分子作用生成顺式双氢铑中间体 C。或者 [RhCl(PPh$_3$)$_3$] (A) 先与氢分子作用生成双氢铑中间体 D，再脱去一分子三苯基膦得到顺式双氢铑中间体 C。随后，烯烃的双键配位到双氢铑中间体 C 上形成中间体 E，中间体 E 中的一个氢原子转移到烯烃的双键上形成含铑-碳键的烷基铑配合物 F。最后，烷基铑配合物 F 中铑上的氢与烷基发生还原消除反应，生成饱和烷烃产物，同时完成催化循环。

Wilkinson 催化剂是第一例高活性的均相加氢催化剂，也是目前用途最广的均相催化剂之一。1968 年，Knowles 和 Horner 几乎同时尝试用手性叔膦代替 Wilkinson 催化剂中的三苯基膦，首次获得了光学活性的加氢产物[7]，从而开创了不对称催化氢化研究领域[8]。Wilkinson 催化剂除了能够催化烯烃等不饱和化合物的加氢反应外，还可催化烯烃的硼氢化、碳-氢键官能化、氢甲酰化以及不饱和碳-碳键的环化反应等[9]。如游劲松等发现在过量醋酸铜存在下，添加催化量的三氟乙酸可促进 [RhCl(PPh$_3$)$_3$] 催化芳胺邻位碳-氢键与杂芳环的脱氢偶联反应得到共轭杂芳香环化合物 (式 5)[10]。焦宁等用 [RhCl(PPh$_3$)$_3$] 实现了芳胺与炔烃和一氧化碳经邻位碳-氢键活化的三组分环化反应合成喹啉酮类化合物 (式 6)[11]。

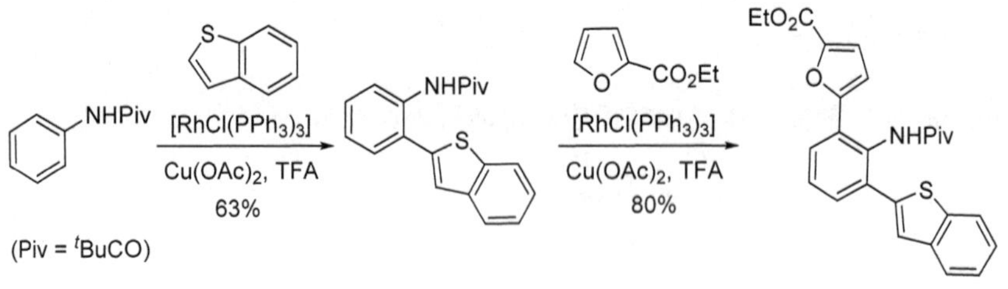

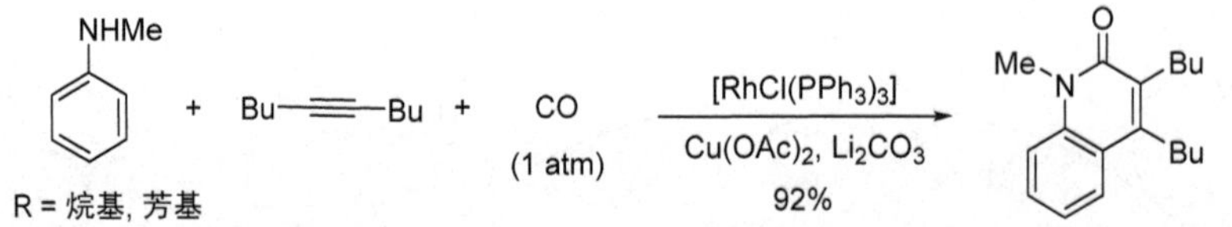

余志祥等用 [RhCl(PPh$_3$)$_3$] 发展了分子内共轭双烯促进的经烯丙位碳-氢键活化的环化反应，为多取代四氢吡咯、四氢呋喃、环戊烷等的合成提供了新的有效方法[12]。谢志翔等用 [RhCl(PPh$_3$)$_3$] 成功实现了分子内三炔的 [2+2+2] 环化反应构建五味子降三萜 rubriflordilactone B 的 [7.6.5]三环碳环骨架[13]。

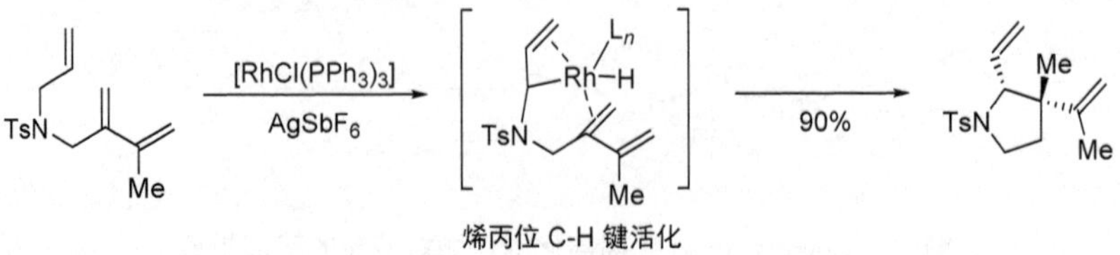

rubriflodilactone B (8)

参考文献

[1] (a) Young, J. F.; Osborn, J. A.; Jardine, F. H.; Wilkinson, G. *J. Chem. Soc., Chem. Commun* **1965**, 131. (b) Osborn, J. A.; Jardine, F. H.; Young, J. F.; Wilkinson, G. *J. Chem. Soc. A* **1966**, 1711.
[2] Lincoln, F. H.; Schneider, W. P. Pike, J. E. *J. Org. Chem.* **1973**, *38*, 951.
[3] Blay, G.; Cardona, L.; García, B.; Pedro, J. R.; Sánchez, J. J. *J. Org. Chem.* **1996**, *61*, 3815.
[4] Liu, L.-Z.; Han, J.-C.; Yue, G.-Z.; Li, C.-C.; Yang, Z. *J. Am. Chem. Soc.* **2010**, *132*, 13608.
[5] Snyder, S. A.; Wespe, D. A.; von Hof, J. M. *J. Am. Chem. Soc.* **2011**, *133*, 8850.
[6] Halpern, J. *Inorg. Chim. Acta* **1981**, *50*, 11.
[7] (a) Knowles, W. S.; Sabacky, M. J. *J. Chem. Soc., Chem. Commun.* **1968**, 1445; (b) Horner, L.; Siegel, H.; Büthe, H. *Angew. Chem., Int. Ed. Engl.* **1968**, *7*, 941.
[8] Jacobsen, E. N., Pfaltz, A., Yamamoto, H., Eds.; *Comprehensive Asymmetric Catalysis*, 1st ed.; Springer: Berlin, **1999**.
[9] (a) Evans, P. A. Ed. *Modern Rhodium-Catalyzed Organic Reactions*, 1st ed.; Wiley-VCH: Weinhein, **2005**. (b) Mingos, D. M. P.; Crabtree, R. H. Eds. *Comprehesive Organometallic Chemistry III*, Vol. 10 and 11, Elsevier Science, Amsterdam, **2007**.
[10] Huang, Y.; Wu, D.; Huang, J.; Guo, Q.; Li, J.; You, J. *Angew. Chem. Int. Ed.* **2014**, *53*, 12158.
[11] Li, X.; Li, X.; Jiao, N. *J. Am. Chem. Soc.* **2015**, *137*, 9246.
[12] Li, Q.; Yu, Z.-X. *J. Am. Chem. Soc.* **2010**, *132*, 4542.
[13] Wang, Y.; Li, Z.; Lv, L.; Xie, Z. *Org. Lett.* **2016**, *18*, 792.

反应类型： 碳-氢键和碳-碳键的形成

(谢建华，周其林)

Wolff-Kishner 还原

Kishner 和 Wolff 先后于 1911 年[1]和 1912[2]年报道了醛、酮经腙衍生物，在碱作用下被还原成烷烃的反应，这个反应被称为 Wolff-Kishner (沃尔夫-基斯内尔) 还原 (式 1)[3-5]。Kishner 发现：将由醛、酮生成的腙慢慢滴到热的氢氧化钾上 (KOH 被置于多孔镀铂金属板)，可形成相应的碳氢化合物[4]。Wolff 报道了将由醛、酮生成的腙或缩氨脲 (缩氨脲水解即转变为腙) 在封管中与乙醇钠加热至 180~200 ℃ 左右，也得到相同的反应结果[5]。Wolff-Kishner 还原有时会形成重排产物[6,7]，该还原反应适合于对酸敏感的底物，与 Clemmensen 还原互补，后者在酸性条件下进行。

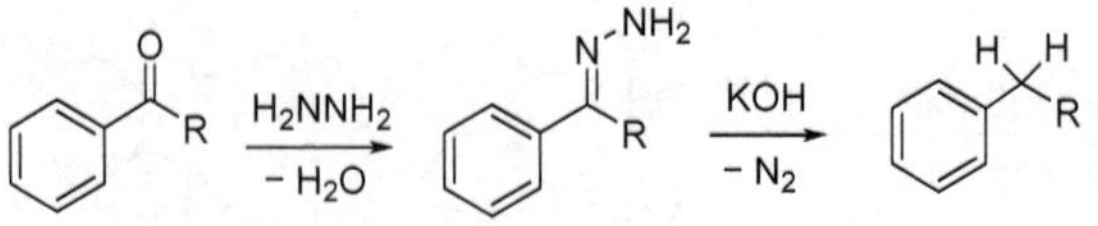

$$\text{PhC(O)R} \xrightarrow[-H_2O]{H_2NNH_2} \text{PhC(=NNH_2)R} \xrightarrow[-N_2]{KOH} \text{PhCH_2R} \quad (1)$$

反应机理 (图 1)：羰基化合物与肼先脱水生成腙，碱性条件下腙转化成偶氮化合物。然后偶氮化合物在强碱作用下失去一个质子，同时脱去一分子氮气生成碳负离子。最后，碳负离子捕获一个质子生成目标产物[8-11]。

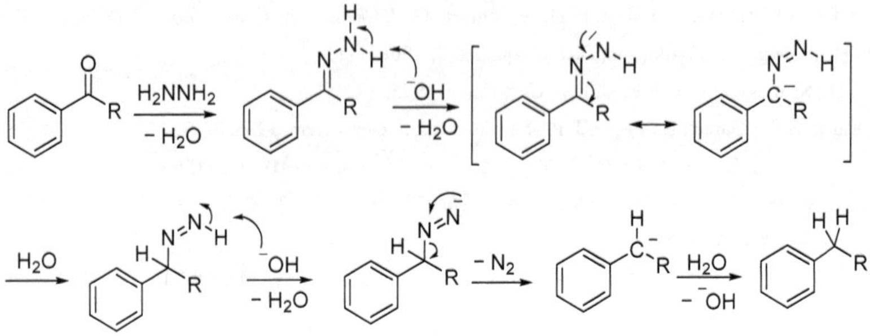

图 1 Wolff-Kishner 还原反应机理

Wolff-Kishner 还原反应的条件苛刻，后续发展了包括黄鸣龙还原、Barton[12]、Cram[13]、Henbest[14]等在内的诸多改良条件，其中黄鸣龙还原反应 (参见：黄鸣龙还原反应) 最为常用。其它的改良虽然降低了反应温度，但大多需要分离不稳定的腙，限制了其应用。

为解决羰基化合物形成腙不稳定而使反应复杂化的问题，Myers 发展了 N-叔丁基二甲硅基 (TBS) 腙作为更加稳定的母体腙，这一稳定的腙可在 Sc(OTf)$_3$ 催化下生成，接下来再经 t-BuOK/DMSO 条件下加热还原[15] (式 2)。

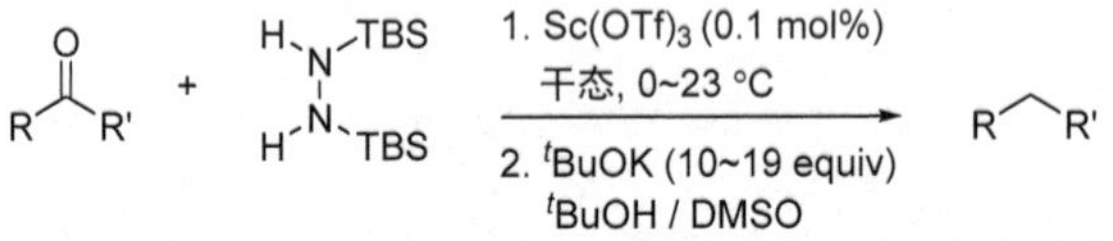

$$\text{RC(O)R'} + \text{TBSHN-NHTBS} \xrightarrow[\text{干态, 0~23 °C}]{\begin{array}{l}1.\ Sc(OTf)_3\ (0.1\ mol\%) \\ 2.\ ^tBuOK\ (10~19\ equiv) \\ \quad ^tBuOH\ /\ DMSO\end{array}} \text{RCH}_2\text{R'} \quad (2)$$

由于 Wolff-Kishner 还原的简洁性，时至今日仍然在合成，特别是在天然产物及生物活性分子的合成中发挥着重要作用[16,17]。例如，2013 年，Matsuo 小组在白坚木碱 (aspidospermidine, **3**) (式 3) 的外消旋全合成中，最后的还原去羰基步骤乃通过 Wolff-Kishner 还原实现 (式3)[16]。2014 年，在 Baran 小组报道的对映-阿替斯烷型二萜生物碱 (–)-阿替斯酸甲酯 (**5**) 的全合成中，Wolff-Kishner 还原也被用于还原去羰基[17] (式 4)。

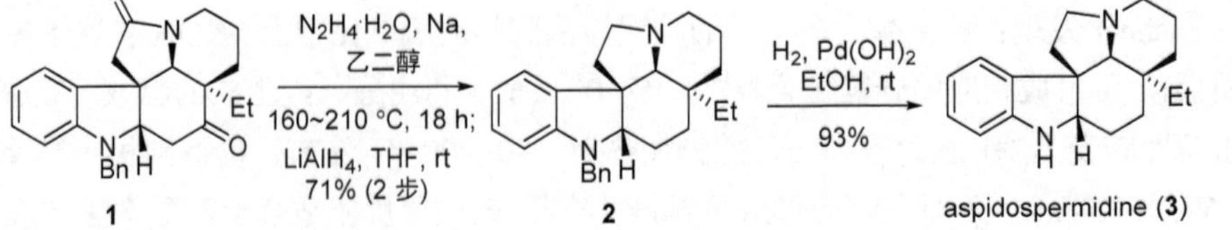

$$\textbf{1} \xrightarrow[\substack{160~210\ °C,\ 18\ h; \\ LiAlH_4,\ THF,\ rt \\ 71\%\ (2\ 步)}]{N_2H_4 \cdot H_2O,\ Na,\ 乙二醇} \textbf{2} \xrightarrow[93\%]{H_2,\ Pd(OH)_2\ EtOH,\ rt} \text{aspidospermidine}\ (\textbf{3}) \quad (3)$$

Wolff-Kishner 还原反应与现代有机合成新方法的结合产生了一些新的应用，可以实现伯醇的直接还原 (式 5) 以及醛与碘代芳烃的偶联反应[18,19] (式 6)。改良的 Wolff-Kishner 还原还被用于多壁碳纳米管的合成[20]。

参考文献

[1] Kishner, N. Zh. *Russ. Fiz.-Khim. O-va. Chast Khim.* **1911**, *43*, 582-582.
[2] Wolff, L. *Justus Liebigs Ann. Chem.* **1912**, *394*, 86-108.
[3] Todd, D. *Org. React.* **1948**, *4*, 378-422. (综述)
[4] Buu-Hoi, N. P., Hoan, N., Xuong, N. D. *Recl. Trav. Chim. Pays-Bas* **1952**, 71, 285-291.
[5] Hutchins, R. O.; Hutchins, M. K. In *Comprehensive Organic Synthesis*, Trost, B. M. Ed.; Pergamon Press: Oxford, U.K. **1991**, *8*, 327.(综述)
[6] Szendi, Z.; Forgó, P.; Tasi, G.; Böcskei, Z.; Nyerges, L.; Sweet, F. *Steroids* **2002**, *67*, 31-38.
[7] Schlosser, M.; Zellner, A. *Tetrahedron Lett.* **2001**, *42*, 5863-5865.
[8] Szmant, H. H.; Harmuth, C. M. *J. Am. Chem. Soc.* **1964**, *86*, 2909-2914.
[9] Szmant, H. H.; Román, M. N. *J. Am. Chem. Soc.* **1966**, *88*, 4034-4039.
[10] Szmant, H. H.; Alciaturi, C. E. *J. Org. Chem.* **1977**, *42*, 1081-1082.
[11] Szmant, H. H. *Angew. Chem. Int. Ed.* **1968**, *7*, 120-128.
[12] Osdene, T. S.; Timmis, G. M.; Maguire, M. H.; Shaw, G.; Goldwhite, H.; Saunders, B. C.; Clark, E. R.; Epstein, P. F.; Lamchen, M.; Stephen, A. M.; Tipper, C. F. H.; Eaborn, C.; Mukerjee, S. K.; Seshadri, T. R.; Willenz, J.; Robinson, R.; Thomas, A. F.; Hickman, J. R.; Kenyon, J.; Crocker, H. P.; Hall, R. H.; Burnell, R. H.; Taylor, W. I.; Watkins, W. M.; Barton, D. H. R.; Ives, D. A. J.; Thomas, B. R. *J. Chem. Soc.* **1955**, 2038-2056.
[13] Cram, D. J.; Sahyun, M. R. V. *J. Am. Chem. Soc.* **1962**, *84*, 1734-1735.
[14] Grundon, M. F.; Henbest, H. B.; Scott, M. D. *J. Chem. Soc.* **1963**, 1855-1858.
[15] Furrow, M. E.; Myers, A. G. *J. Am. Chem. Soc.* **2004**, *126*, 5436-5445.
[16] Kawano, M.; Kiuchi, T.; Negishi, S.; Tanaka, H.; Hoshikawa, T.; Matsuo, J.-i.; Ishibashi, H. *Angew. Chem., Int. Ed.* **2013**, *52*, 906-910.
[17] Cherney, E. C.; Lopchuk, J. M.; Green, J. C.; Baran, P. S. *J. Am. Chem. Soc.* **2014**, *136*, 12592-12595.
[18] Dai, X.; Li, C. *J. Am. Chem. Soc.* **2016**, *138*, 5433-5440.
[19] Tang, J.; Lv, L.; Dai, X.; Li, C.; Li, L.; Li, C. *Chem. Commun.* **2018**, *54*, 1750-1753.
[20] Wang, W.; Poudel, B.; Wang, D. Z.; Ren, Z. F. *J. Am. Chem. Soc.* **2005**, *127*, 18018-18019.

相关反应： 黄鸣龙还原；Clemmensen 还原

（魏邦国，黄培强）

黄鸣龙还原

1911 年，俄国化学家 Kishner 发现了醛或酮的腙与氢氧化钾和金属铂一起加热生成烃类的反应[1] (式 1)。次年，美国化学家 Wolff 也报道了缩氨基脲或腙及无水乙醇和金属钠置于封管中加热可生成烃类的反应[2] (式 2)。1946 年，我国著名有机化学家黄鸣龙对 Wolff-Kishner 还原反应条件进行改良，即醛或酮与氢氧化钾或氢氧化钠及水合肼在二缩乙二醇或三缩乙二醇等高沸点溶剂中回流反应，生成相应的腙，反应过程中生成的水和过量的水合肼被不断蒸出，最后再将生成的腙加热到 180~200 ℃ 生成还原产物。该方法是对 Wolff-Kishner 反应的改良，也称 Wolff-Kishner-Huang (沃尔夫-基斯内尔-黄鸣龙) 还原[3] (式 3)。

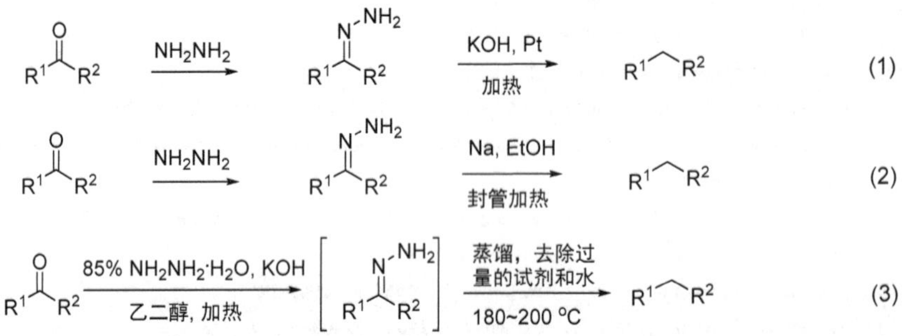

$$\underset{R^1}{\overset{O}{\|}}\underset{R^2}{} \xrightarrow{NH_2NH_2} \underset{R^1}{\overset{N^{-NH_2}}{\|}}\underset{R^2}{} \xrightarrow[\text{加热}]{KOH, Pt} R^1\text{—}R^2 \tag{1}$$

$$\underset{R^1}{\overset{O}{\|}}\underset{R^2}{} \xrightarrow{NH_2NH_2} \underset{R^1}{\overset{N^{-NH_2}}{\|}}\underset{R^2}{} \xrightarrow[\text{封管加热}]{Na, EtOH} R^1\text{—}R^2 \tag{2}$$

$$\underset{R^1}{\overset{O}{\|}}\underset{R^2}{} \xrightarrow[\text{乙二醇, 加热}]{85\% NH_2NH_2\cdot H_2O, KOH} \left[\underset{R^1}{\overset{N^{-NH_2}}{\|}}\underset{R^2}{}\right] \xrightarrow[\text{180~200 ℃}]{\text{蒸馏，去除过量的试剂和水}} R^1\text{—}R^2 \tag{3}$$

黄鸣龙还原反应的机理 (图 1)：羰基化合物与肼脱水生成腙，在碱的作用下腙转化成偶氮化合物。偶氮化合物在强碱作用下失去一个质子，同时脱去一分子氮气，生成碳负离子。最后，碳负离子捕获一个质子生成目标产物[4-7]。

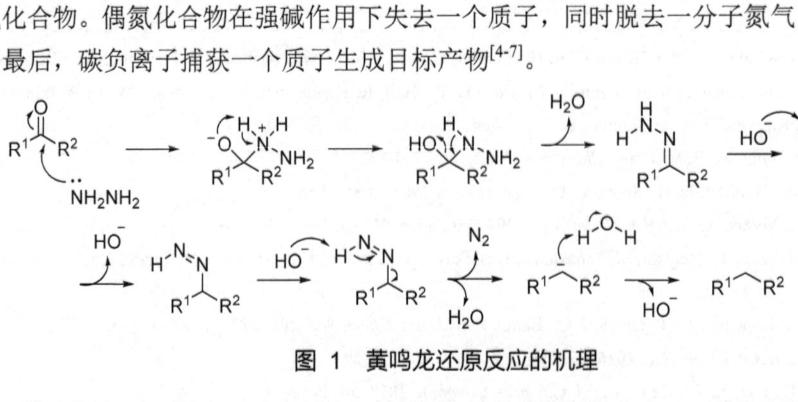

图 1 黄鸣龙还原反应的机理

黄鸣龙还原反应与 Wolff-Kishner 还原反应相比具有如下优点：①使用廉价易得的水

合肼代替无水肼,使用水溶性的氢氧化钾或氢氧化钠代替金属钠;②在高沸点溶剂中,无需封管,反应在开放体系中进行;③反应时间大大缩短。Wolff-Kishner-黄鸣龙还原反应操作方便、安全,适合于工业化生产中。

黄鸣龙还原反应适合于酸敏感的醛、酮羰基化合物还原[8,9]。当底物中含有酯或酰胺基团时会发生水解反应;当底物中含有硝基、卤素、α-取代羰基、α,β-不饱和羰基以及炔基时会得到异常的结果;位阻较大的羰基化合物不能被还原或者需要更强烈的反应条件。当底物中存在对碱敏感官能团时,可以先在无碱的条件下生成腙,除去溶剂后室温加碱加热反应。除了还原醛、酮羰基外,在氮杂金刚烷骨架的合成中,黄鸣龙还原反应也能还原内酰胺的羰基 (式 4)[10]。

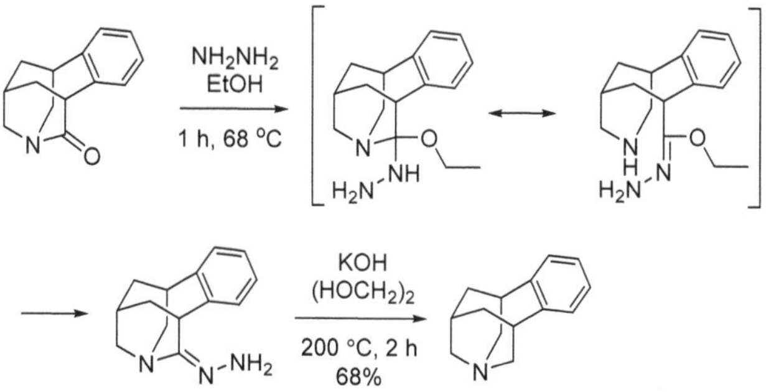

由于将羰基还原成甲基或亚甲基在天然产物或药物分子的合成中具有重要的作用,对 Wolff-Kishner 还原反应的改良除了黄鸣龙外,Barton[11]、Cram[12]、Henbest[13]、Myers[14] 等诸多有机化学家也进行了改良。但在合成应用中,黄鸣龙还原反应是所有改良反应中最成功的,被广泛用于天然产物的合成中 (如式 5 和式 6)[15-17]。

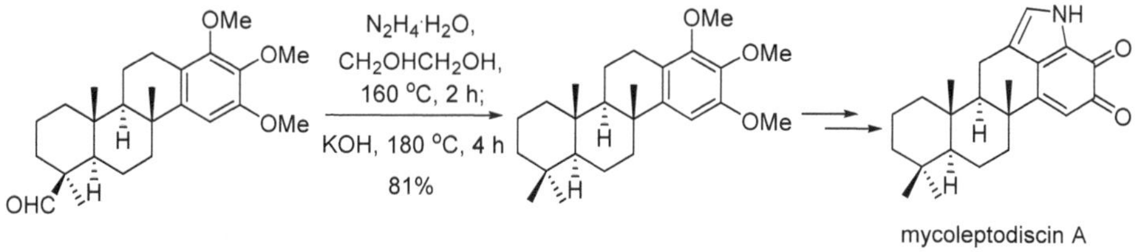

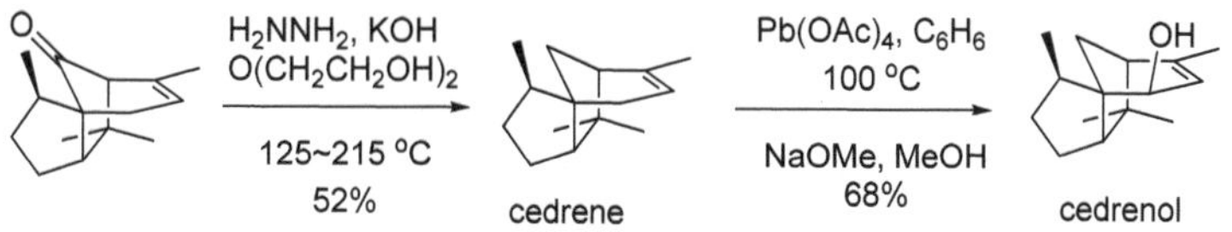

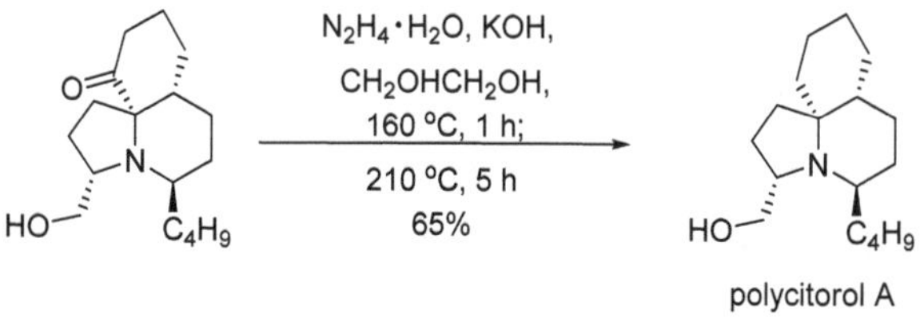

参考文献

[1] Kishner, N. *J. Russ. Phys. Chem. Soc.* **1911**, *43*, 582.
[2] Wolff, L. *Justus Liebigs Ann. Chem.* **1912**, 394, 86.
[3] Huang, M, *J. Am. Chem. Soc.* **1946**, *68*, 2487.
[4] Szmant, H. H.; Harmuth, C. M. *J. Am. Chem. Soc.* **1964**, *86*, 2909.
[5] Szmant, H. H. *Angew. Chem. Int. Ed.* **1968**, *7*, 120.
[6] Szmant, H. H.; Roman, M. N. *J. Am. Chem. Soc.* **1966**, *88*, 4034.
[7] Szmant, H. H.; Alciaturi, C. E. *J. Org. Chem.* **1977**, *42*, 1081.
[8] Han, G.; Ma, Z. *Chin. J. Org. Chem.* **2009**, *29*, 1001.
[9] 韩广甸, 刘宏斌, 韩超, 马兆扬. 黄鸣龙还原反应. 北京: 化学工业出版社, **2012**.
[10] Bashore, C. G.; Samardjiev, I. J.; Bordner, J.; Coe, J. W. *J. Am. Chem. Soc.* **2003**, *125*, 3268.
[11] Osdene, T. S.; Timmis, G. M.; Maguire, M. H.; Shaw, G.; Goldwhite, H.; Saunders, B. C.; Clark, E. R.; Epstein, P. F.; Lamchen, M.; Stephen, A. M.; Tipper, C. F. H.; Eaborn, C.; Mukerjee, S. K.; Seshadri, T. R.; Willenz, J.; Robinson, R.; Thomas, A. F.; Hickman, J. R.; Kenyon, J.; Crocker, H. P.; Hall, R. H.; Burnell, R. H.; Taylor, W. I.; Watkins, W. M.; Barton, D. H. R.; Ives, D. A. J.; Thomas, B. R. *J. Chem. Soc.* **1955**, 2038.
[12] Cram, D. J.; Sahyun, M. R. V. *J. Am. Chem. Soc.* **1962**, *84*, 1734.
[13] Grundon, M. F.; Henbest, H. B.; Scott, M. D. *J. Chem. Soc.* **1963**, 1855.
[14] Furrow, M. E.; Myers, A. G. *J. Am. Chem. Soc.* **2004**, *126*, 5436.
[15] In, J.; Lee, S.; Kwon, Y.; Kim, S. *Chem. - Eur. J.* **2014**, *20*, 17433.
[16] Green, J. C.; Pettus, T. R. R. *J. Am. Chem. Soc.* **2011**, *133*, 1603.
[17] Zhou, S.; Chen, H.; Luo, Y.; Zhang, W.; Li, A. *Angew. Chem. Int. Ed.* **2015**, *54*, 6878.

（魏邦国）

张绪穆手性工具箱

手性是普遍存在于自然界的一种现象。手性药物和手性精细化学品需求量的日益增长促使有机化学家致力于发展出更为经济、有效的合成光学纯手性化合物的方法。其中不对称催化可以实现由少量手性催化剂得到大量手性化合物，因而最具有吸引力和挑战性。

在不对称催化反应中，催化氢化的方法因其具备"原子经济性"和符合当前绿色及环境友好方法学的要求而备受学术界和工业界的关注。不对称催化氢化已经被广泛地应用于手性醇、手性氨基酸、氨基醇以及手性胺等手性中间体的合成，而且很多手性药物的关键中间体都有可能采用催化不对称氢化的方法来得到。不对称催化氢化反应的对映选择性及反应活性主要取决于手性催化剂的性质，而手性催化剂的性质又在很大程度上由手性配体决定。从过去几十年不对称催化研究来看，一个配体往往只适合一类或几类反应，设计合成一个普遍适用的配体几乎是不可能的。因此，作为不对称催化氢化领域中最为重要、应用最多的配体——手性膦配体的设计合成就成为不对称催化氢化反应取得成功与否的最为关键的因素。原料简单易得、合成步骤短、高催化活性及对映选择性是高效手性配体应当具备的要素和可以实现工业化的前提条件。

张绪穆 (Xumu Zhang) 小组的研究工作主要是集中于不对称催化方面的研究,尤其是在不对称催化氢化领域取得了非常杰出的成就。他提出了"手性工具箱"(Chiral Toolbox) 的概念,并合成了一些有影响的手性膦配体,如 BICP、PennPhos、TunaPhos、TangPhos、DuanPhos、Binapine、Binaphane 等 (表 1)。其中绝大部分手性配体都已经商品化,并被一些制药公司如 DSM、Lonza 等应用于手性药物中间体的合成中。

表 1 张绪穆教授小组开发的手性工具箱

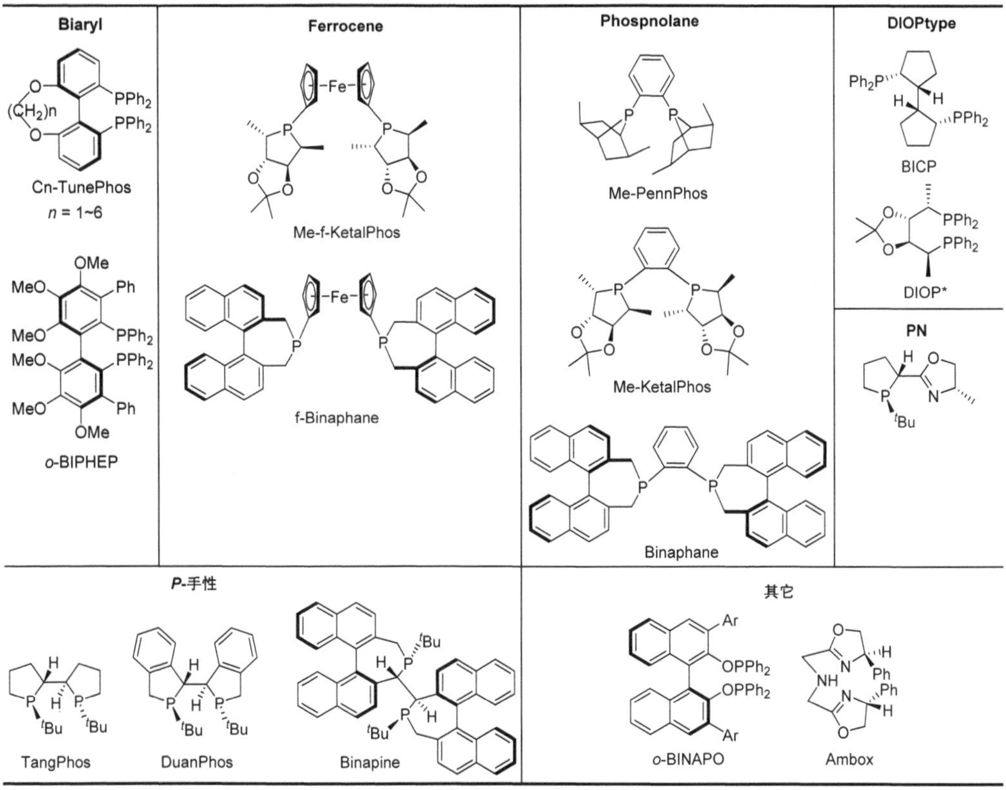

Biaryl	Ferrocene	Phospnolane	DIOPtype
Cn-TunePhos (n = 1~6); o-BIPHEP	Me-f-KetalPhos; f-Binaphane	Me-PennPhos; Me-KetalPhos; Binaphane	BICP; DIOP*; PN
P-手性			其它
TangPhos; DuanPhos; Binapine			o-BINAPO; Ambox

张绪穆小组利用他们合成的手性膦配体,对碳-氧双键、碳-碳双键、碳-氮双键的还原反应等进行了细致的研究,研究结果达到了国际领先水平,Chem. & Eng. News 曾多次报道,并获同行高度评价 (张绪穆教授因此获得美国化学会 2002 年度 Arthur C. Cope Scholar Award)。"精细化工界的人士认为,张的用于不对称氢化的手性配体,向实用的不对称催化迈出了重要的一步。他发展的用于高对映选择性地氢化脂肪酮的催化剂,在简单酮的不对称氢化方面的影响力,与 2001 年诺贝尔化学奖获得者 R. Noyori 不相上下" (*Chem. & Eng. News*, **2002**, Feb.11, 42)。

(1) C_n-TunePhos

C_n-TunePhos 是张绪穆教授小组设计合成的一类轴手性双膦配体，其最显著的特征是手性配体的两面夹角的可调节性。该手性配体的 Ru 配合物在众多官能团化的碳-氧双键、碳-碳双键的还原中表现出与 BINAP 相同甚至优于 BINAP 的对映选择性 (式 1~式 6)。

$$R^1 \underset{O}{\overset{O}{\|}} \underset{O}{\overset{O}{\|}} OR^2 \xrightarrow[\text{MeOH, 60 °C, H}_2 \text{ (750 psi)}]{\text{Ru}[(R)\text{-}C_3\text{-TunePhos}]Cl_2(DMF)_m \text{ (0.5 mol\%)}} R^1 \underset{*}{\overset{OH}{\|}} \underset{O}{\overset{O}{\|}} OR^2 \quad (1)^{[1]}$$

高达 99% ee

$$Cl \underset{O}{\overset{O}{\|}} \underset{O}{\overset{O}{\|}} OEt \xrightarrow[\text{EtOH, 100 °C, H}_2 \text{ (6 atm)}]{\text{Ru}[(R)\text{-}C_3\text{-TunePhos}]Cl_2(DMF)_m \text{ (0.5 mol\%)}} Cl \underset{*}{\overset{OH}{\|}} \underset{O}{\overset{O}{\|}} OEt \quad (2)$$

TON 高达 45000 　　97% ee　Liptor 侧链

$$R^1 \underset{O}{\overset{O}{\|}} \underset{O}{\overset{O}{\|}} OR^2 \xrightarrow[\text{MeOH, rt, H}_2 \text{ (5 atm)}]{\text{Ru}[(R)\text{-}C_3\text{-TunePhos}]Cl_2(DMF)_m \text{ (1.0 mol\%)}} R^1 \underset{*}{\overset{OH}{\|}} OR^2 \quad (3)^{[2]}$$

高达 97% ee

AcHN-环戊烯-CO_2R $\xrightarrow[\text{HBF}_4 \text{ (10 mol\%), H}_2 \text{ (50 atm), MeOH, rt}]{\text{Ru(COD)(Methallyl)}_2/(S)\text{-}C_3\text{-TunePhos (5.0 mol\%)}}$ AcHN-环戊烷-CO_2R (4)[3]

高达 99% ee

邻苯二甲酰亚胺-$CH_2C(O)R$ $\xrightarrow[\text{60~80 °C, H}_2 \text{ (100 atm), EtOH, 72 h}]{\{[Ru((S)\text{-}C_3\text{-TunePhos})]_2(\mu\text{-}Cl_3)\}[NH_2Et_2]}$ 邻苯二甲酰亚胺-$CH_2CH(OH)R$ (5)[4]

TON 高达 10000　　高达 99% ee

F_3C-CH$_2$-C(=CH$_2$)-CH$_2$-邻苯二甲酰亚胺 $\xrightarrow[\text{MeOH, 50 °C, H}_2 \text{ (50 atm)}]{\text{Ru}[(R)\text{-}C_3\text{-TunePhos}]Cl_2(DMF)_m \text{ (1.0 mol\%)}}$ F_3C-CH$_2$-CH(CH$_3$)*-CH$_2$-邻苯二甲酰亚胺 $\longrightarrow$

98%, 93% ee

zeneca ZD 3523　　(6)[5]

(2) TangPhos、DuanPhos 和 Binapine

这三个手性配体是一类具有刚性环状结构的膦手性配体，TangPhos 和 DuanPhos 在

Rh 催化的一系列官能团化烯烃类化合物中取得了优异的对映选择性和反应活性[6]，尤其是以 DuanPhos 为手性配体，以不对称催化氢化为关键步骤，可以通过三步简洁高效合成 (S)-duloxetine（式 7）；Binapine 在 (Z)-芳基(β-乙酰氨基)丙烯酸酯的还原中显示了极高的催化活性与对映选择性 (TON 高达 10000)，该方法可运用于手性 β-氨基酸的高效合成[7]。

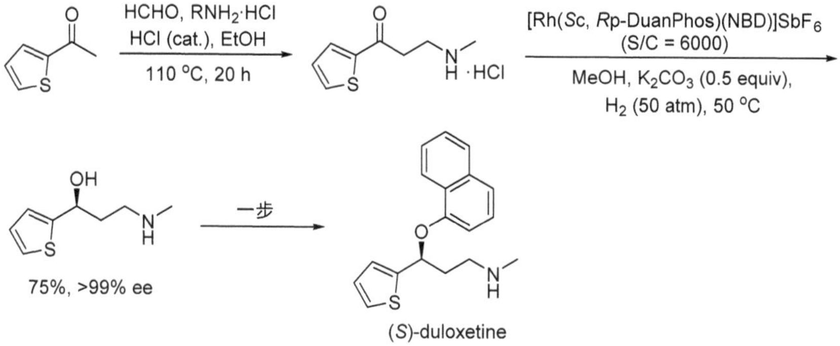

$$\text{(7)}$$

（3）f-Binaphane

亚胺类化合物的不对称氢化还原一直是不对称氢化领域的一个极具挑战性的课题，张绪穆小组设计合成的具有二茂铁骨架的 f-Binaphane 手性膦配体在 Ir 催化的非环状亚胺类化合物的氢化还原中也取得了突破性的进展，获得最高可达 99% 的对映选择性[8]。

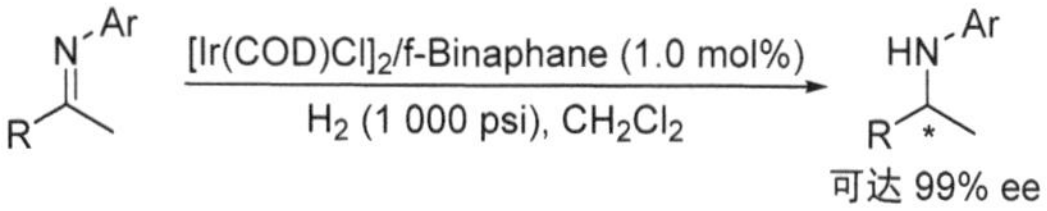

$$\text{(8)}$$

参考文献

[1] Zhang, Z.; Qian, H.; Longmire J.; Zhang, X. *J. Org. Chem.* **2000**, *65*, 6223.
[2] Wang, C.-J.; Sun, X.; Zhang, X. *Synlett* **2006**, 1169.
[3] Tang, W.; Wu, S; Zhang, X. *J. Am. Chem. Soc.* **2003**, *125*, 9570.
[4] Lei, A.; Wu, S.; He, M.; Zhang, X. *J. Am. Chem. Soc.* **2004**, *126*, 1626.
[5] Wang, C.-J.; Sun, X.; Zhang, X. *Angew. Chem. Int. Ed.* **2005**, *44*, 4933.
[6] (a) Tang, W.; Zhang, X. *Angew. Chem. Int. Ed.* **2002**, *41*, 1612. (b) Tang, W.; Zhang, X. *Org. Lett.* **2002**, *4*, 4159. (c)Tang, W.; Liu, D.; Zhang, X. *Org. Lett.* **2003**, *5*, 205.
[7] Tang, W.; Wang, W.; Chi, Y.; Zhang, X. *Angew. Chem. Int. Ed.* **2003**, *42*, 3509.
[8] Xiao, D; Zhang, X. *Angew. Chem. Int. Ed.* **2001**, *40*, 3425.

（王春江）

第 6 篇

环化反应

Bergman 环化反应

1972 年，Bergman 报道了顺式 1,5-二炔-3-烯能够发生热重排反应生成高反应活性的 1,4-双自由基苯 (图 1)[1,2]。尽管这类反应已有报道[3]，Bergman 首次利用双自由基中间体解释他所观测到的实验结果。Bergman (伯格曼) 反应的独特性质引起了物理有机化学和理论化学的关注，并对其机理进行了进一步研究[4-7]。1985 年烯二炔类天然产物 neocarzinostatin、calicheamincin、esperamicin、dynemicin 等 (图 2) 的发现及其生物活性研究的进行，使得这个领域得到了广泛的关注。这些具有高度张力结构的烯二炔类天然产物，能够在室温下被活化并引发 Bergman 反应，生成高反应活性的双自由基，损伤基因，表现出极高的细胞毒性[8-13]。

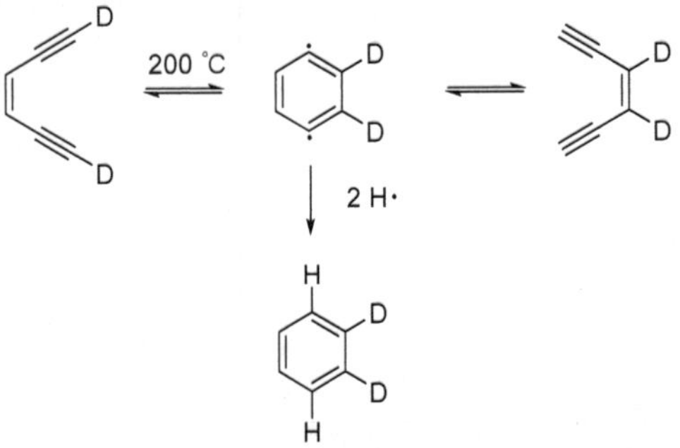
D
200 ℃
D
D
D
D
D
2 H·
H
D
D
H

图 1 顺式 1,5-二炔-3-烯的 Bergman 反应

反应机理：在烯二炔天然抗生素研究的推动下，有机化学家们尝试合成了多种能够芳香化并产生双自由基的共轭不饱和分子 (图 3)[14-19]。Bergman 热重排反应已有很多研究和总结[2,20-25]。很多实验都支持双自由基中间体的存在[4-7]，而且反应活性受分子几何构型、取代基电子效应、体积效应以及自由基猝灭剂浓度等多种因素的影响。

(a) 九元环

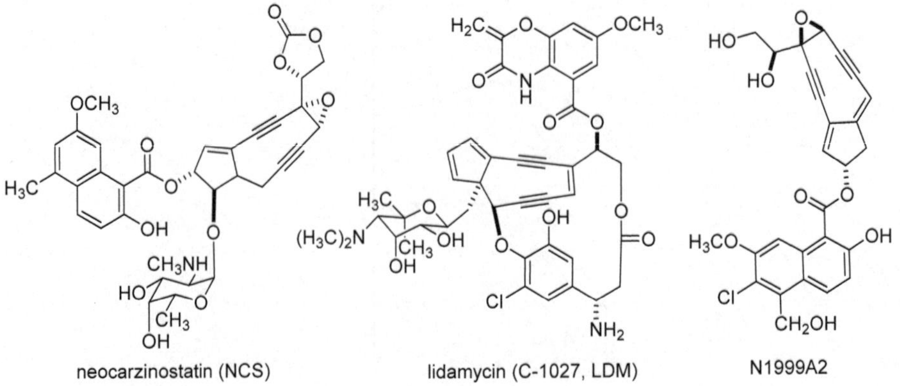
neocarzinostatin (NCS)
lidamycin (C-1027, LDM)
N1999A2

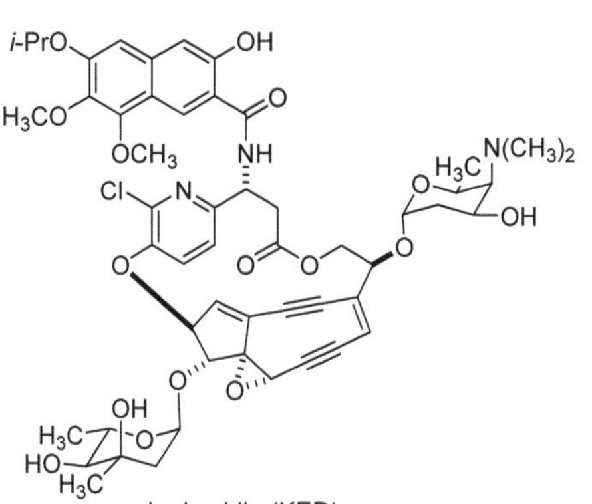

kedarcidin (KED)

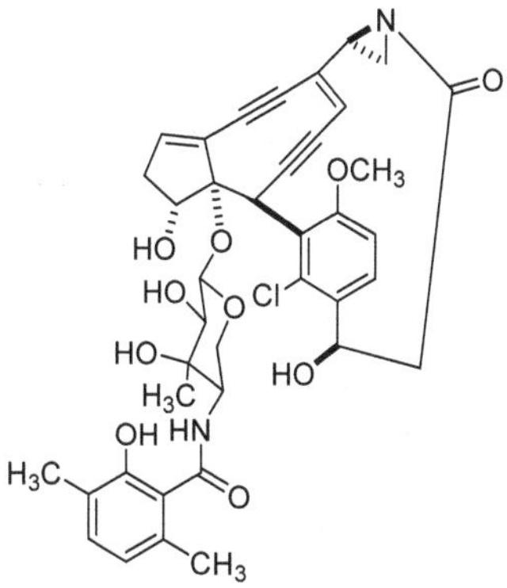

maduropeptin (MDP)

(b) 十元环

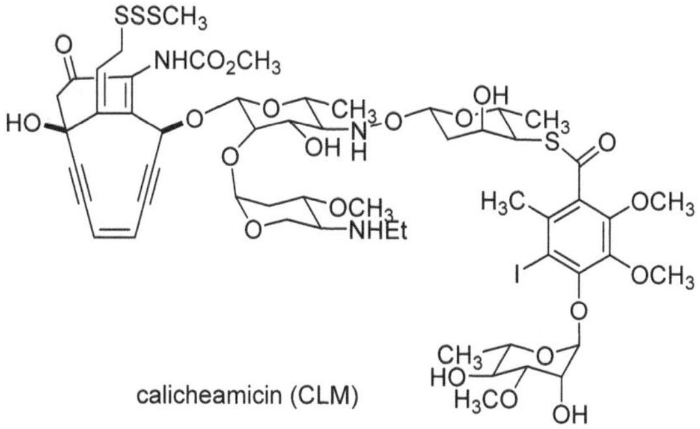

calicheamicin (CLM)

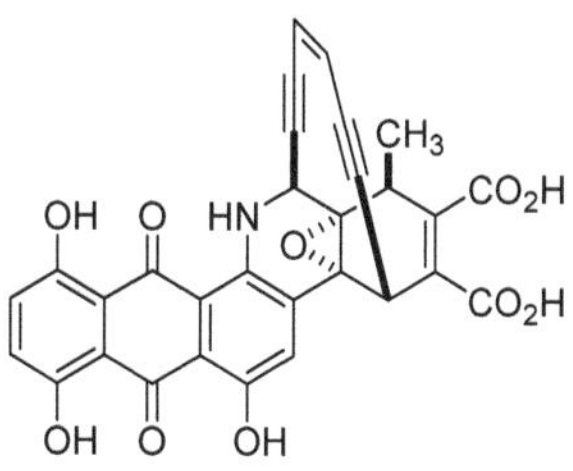

dynemicin (DNM)

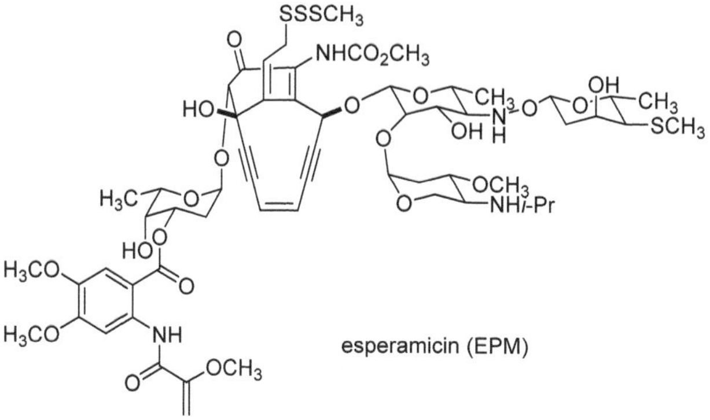

esperamicin (EPM)

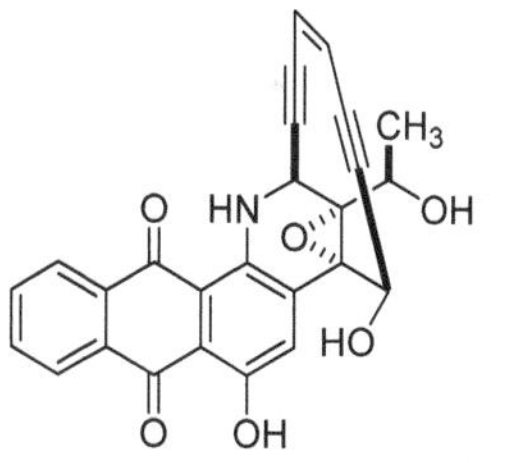

uncualamycin (UCM)

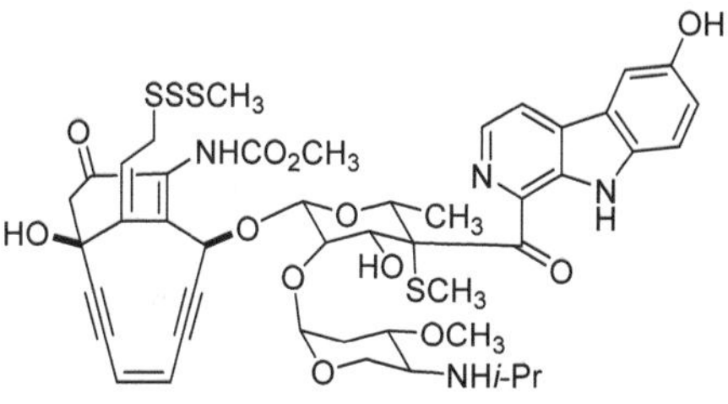

namenamicin (NMM)

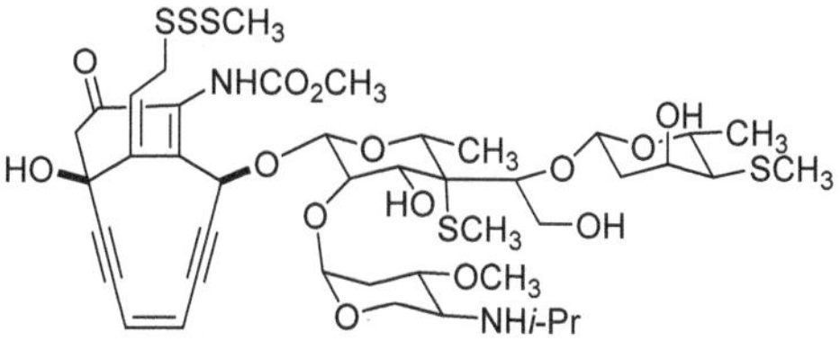

shishijimicin (SJM)

图 2 11 种烯二炔类抗生素

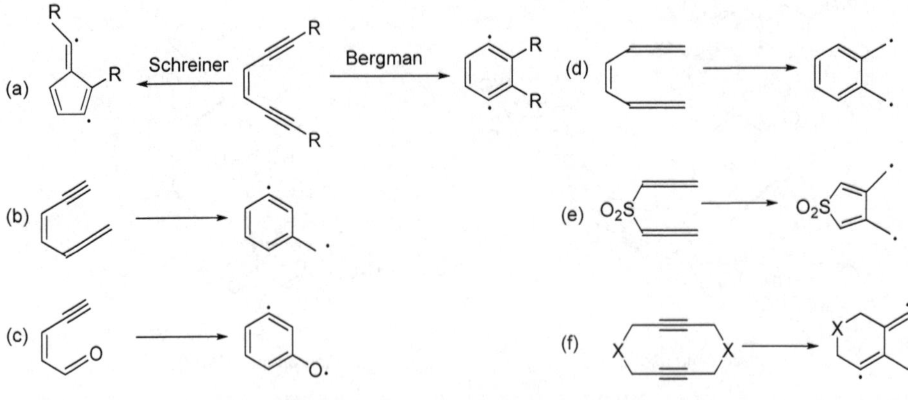

图 3 能够芳香环化并产生双自由基的共轭不饱和体系

对于天然烯二炔抗生素的研究发现，Bergman 反应的发生都存在着精细的引发过程。图 4 所示的是 dynemicin A 的 Bergman 反应的引发[26,27]。相对稳定的 dynemicin，通过一系列反应，引发环氧的开环，形成张力更大的不稳定的烯二炔中间体，并发生 Bergman 重排，生成活性自由基，从而表现出生物活性。图 5 中 calicheamicin 和 esperamicin A 的 Bergman 反应，也是因为生成了张力更大的不稳定烯二炔中间体而引发的[28,29]。烯二炔化学结构的几何构型对于反应的活性具有非常重要的影响。

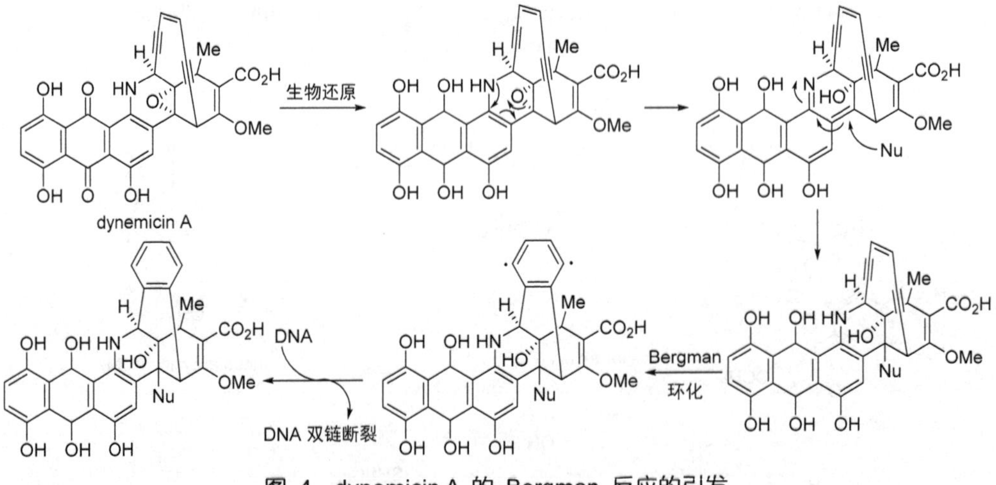

图 4 dynemicin A 的 Bergman 反应的引发

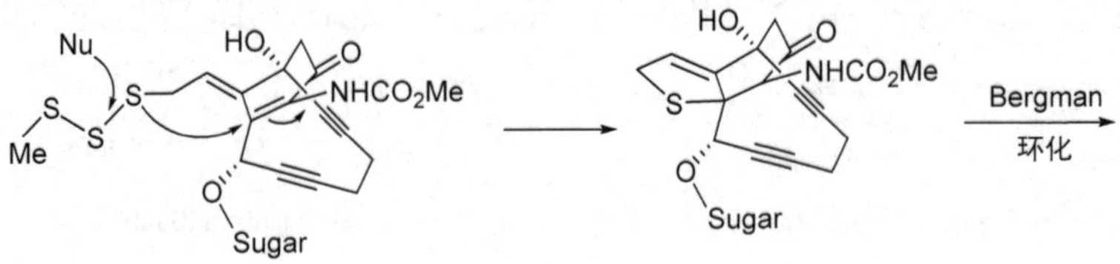

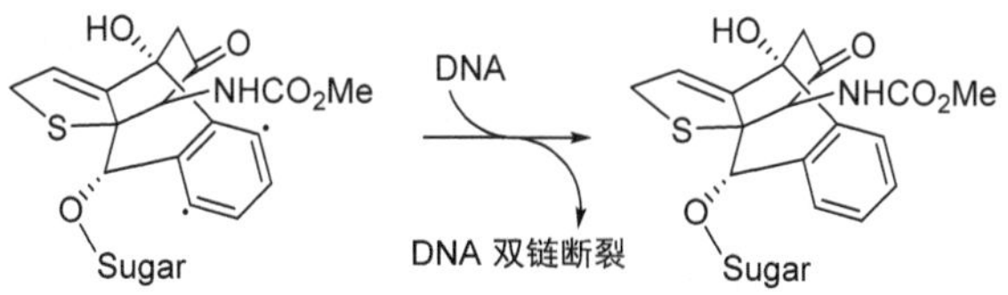

图5 calicheamicin 和 esperamicin A 的 Bergman 反应的引发

由于 Bergman 反应对于烯二炔分子张力的依赖性, Nicolaou 等[30,31]总结了烯二炔结构的 Bergman 反应活性, 并猜测反应活性能够从烯二炔分子中两个炔基末端碳的距离推测, 而且指出反应发生的临界距离在 3.2~3.31 Å。这个临界距离被以后的研究延伸到了 2.9~3.4 Å[32,33]。

Bergman 反应, 因其双自由基产物特性, 特别是天然烯二炔抗生素奇特的结构及 Bergman 反应的巧妙调控利用以及极高的生物活性, 极大地丰富了物理有机化学、天然产物化学及药物化学。目前, 更多天然烯二炔抗生素被发现[34], 其生物合成机制日益明朗[35], 烯二炔类药物已经用于临床医学。这类烯二炔抗生素迄今报道发现了 40 多种天然烯二炔类化合物, 其中有 11 种已经得到结构鉴定, 如图 2 所示, 包含 5 种九元环和 6 种十元环两大类[36-40]。还有一类化合物虽无烯二炔结构[41-45], 但与烯二炔类化合物密切相关, 可以通过一些烯二炔前体化合物发生 Bergman 环化得到, 如图 6 所示, 这些化合物包括 sporolide、cyanosporasides、fijiolide, 这类化合物均具有较好的抗肿瘤活性。迄今, calicheamicins (卡利奇霉素) 和 neocarzinostatin 已经进入临床用药, lidamycin 进入临床 II 期研究。同时, 烯二炔类抗生素与抗体药物偶联的复合药物也不断发展[37], 最早用于治疗白血

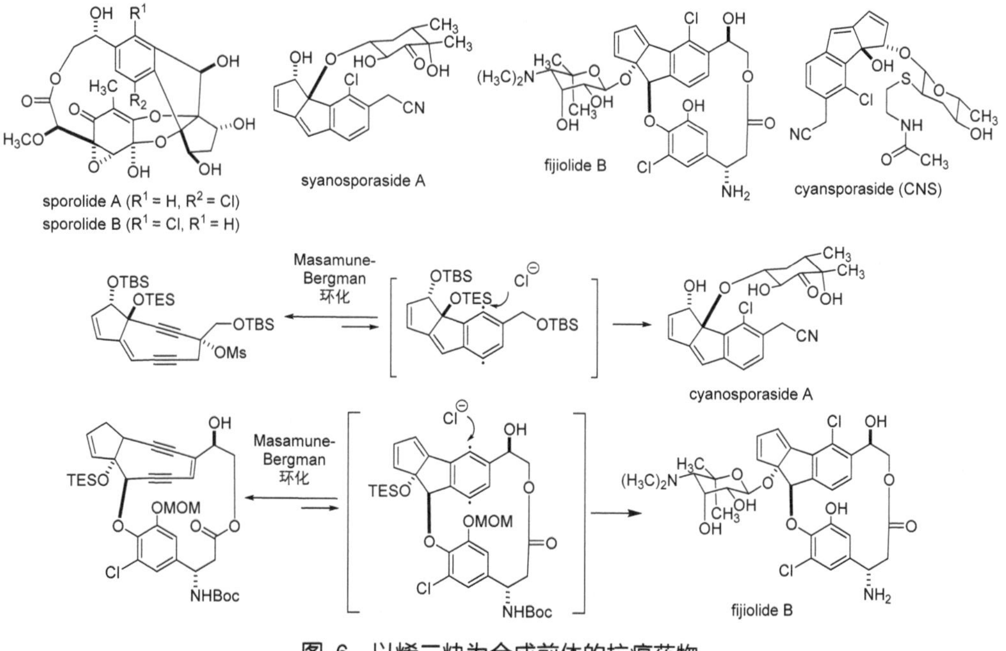

图6 以烯二炔为合成前体的抗癌药物

病的吉妥单抗就是卡利奇霉素和抗 CD33 单抗偶联形成 ADC，但由于存在安全性问题而撤市[46,47]；目前辉瑞公司和 UCB 公司将卡利奇霉素和抗 CD22 单抗连接形成的抗体偶联药 CMC-544（图 7），其针对非霍奇金淋巴瘤的 Ⅱ 期临床研究在进行中[48]，uncialamycin 的一些衍生物用于抗体偶联药物中，也在临床前的研究中[49]。

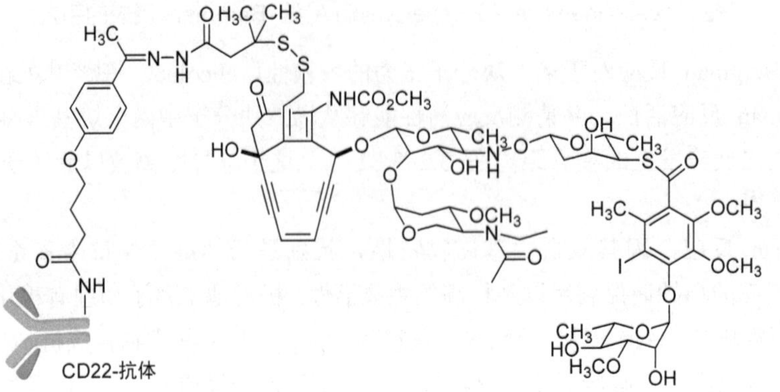

图 7　抗体偶联药物 CMC-544

进一步研究 Bergman 反应及调控机制，设计合成新一类的烯二炔分子具有重要的意义和应用前景。如图 8 所示，Bergman 反应同样也可以构建多芳香环化合物[50,51]，由于 Bergman 反应是通过光和热引发的，不需要额外的引发剂，也不会生成副产物，其可以形成芳香双自由基活性物质。基于此，Bergman 反应也大量应用于高分子聚合物的制备应用中[52,53]。其作用主要有三种：①如图 9 (a)，这种 Bergman 反应可以作为自由基引发剂用于烯烃的自由基聚合[54]；②如图 9 (b)，这种自由基中间体可以用于一些碳纳米管的表面修饰从而实现碳纳米管的功能化[55]；③如图 9 (c)，同时这种双自由基活性物质也可以发生自身的聚合形成多芳香或者多碳聚合物[56]。

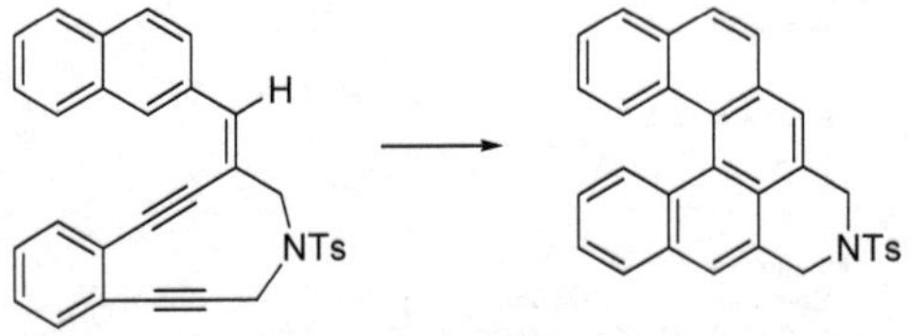

图 8　Bergman 反应构建多芳香环化合物

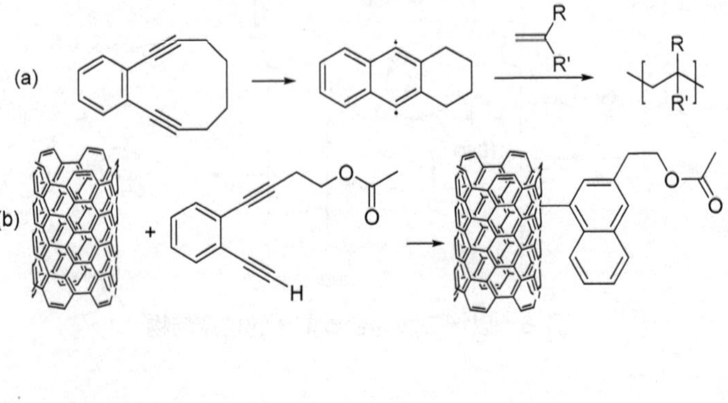

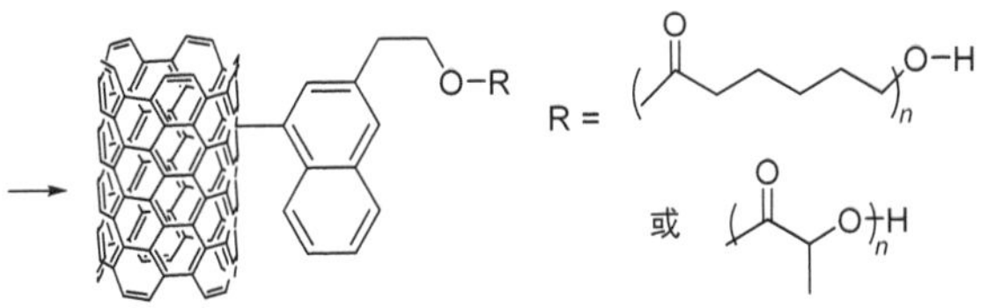

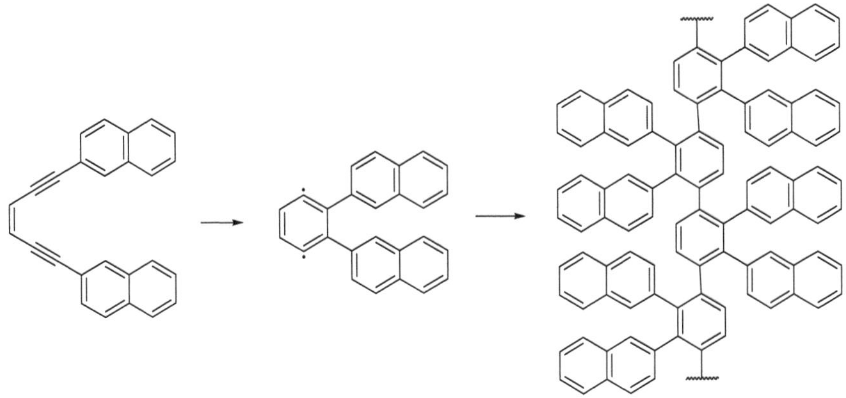

图 9 Bergman 反应在聚合物合成中的应用

参考文献

[1] Jones, R. G.; Bergman, R. G. *J. Am. Chem. Soc.* **1972**, *94*, 660.
[2] Bergman, R. G. *Acc. Chem. Res.* **1973**, *6*, 25.
[3] Darby, N.; Kim, C. U.; Salaun, J. A.; Shelton, K. W.; Takada, S.; Masamune, S. *J. Chem. Soc. D: Chem. Commun.* **1971**, *23*, 1516.
[4] Chapman, O. L.; Chang, C.-C.; Kolc, J. *J. Am. Chem. Soc.* **1976**, *98*, 5703.
[5] Wong, H. N. C.; Sondheimer, F. *Tetrahedron Lett.* **1980**, *21*, 217.
[6] Lockhart, T. P.; Comita, P. B.; Berman, R. G. *J. Am. Chem. Soc.* **1981**, *103*, 4082.
[7] Lockhart, T. P.; Bergman, R. G. *J. Am. Chem. Soc.* **1981**, *103*, 4091.
[8] Xi, Z.; Goldberg, I. H. "DNA-damaging Enediyne Compounds" *Comprehensive Natural Products Chemistry*, Elsevier Science, Oxford, **1999**, *7*, 553-592. (Barton , D.H.R.; Nakanishi, K., Eds.)
[9] Zein, N.; Sinha, A. M.; McGahren, W. J.; Ellestad, G. A. *Science* **1988**, *240*, 1198.
[10] Zein, N.; Poncin, M.; Nilakantan, R.; Ellestad, G. A. *Science* **1989**, *244*, 697.
[11] Sugiura, Y.; Shiraki, T.; Konishi, M.; Oki, T. *Proc. Natl. Acad. Sci. U.S.A.* **1990**, *87*, 3831.
[12] Thorson, J. S.; Sievers, E. L.; Ahlert, J.; Shepard, E.; Whitwam, R. E.; Onwueme, K. C.; Ruppen, M. *Curr. Pharm. Des.* **2000**, *6*, 1841.
[13] Galm,U.; Hager, M. H.; Van Lanen, S. G.; Ju, J.; Thorson, J. S.; Shen, B. *Chem. Rev.* **2005**, *105*, 739.
[14] Prall, M.; Wittkopp, A.; Schreiner, P. R. *J. Phys. Chem. A.* **2001**, *105*, 9265.
[15] Myers, A. G.; Dragovich, P. S.; Kuo, E. Y. *J. Am. Chem. Soc.* **1992**, *114*, 9369.
[16] Nakatani, K.; Isoe, S.; Maekawa, S.; Saito, I. *Tetrahedron Lett.* **1994**, *35*, 605.
[17] Toda, F.; Tanaka, K.; Sano, I.; Isozaki, T. *Angew. Chem., Int. Ed. Engl.* **1994**, *33*, 1757.
[18] Gleiter, R.; Ritter, J. *Angew. Chem., Int. Ed. Engl.* **1994**, *33*, 2470.
[19] Nicolaou, K. C., Smith, A. L. *Pure Appl. Chem.* **1993**, *65*, 1271.
[20] Basak, A.; Mandal, S.; Bag, S. S. *Chem. Rev.* **2003**, *103*, 4077.

[21] Rawat, D. S.; Zaleski, J. M. *Synlett* **2004**, *3*, 393.
[22] Wenk, H. H.; Winkler, M.; Sander, W. *Angew. Chem. Int. Ed.* **2003**, *42*, 502.
[23] Maier, M. E. *Synlett* **1995**, 13.
[24] Nicolaou, K. C.; Dai, W. M. *Angew. Chem. Int. Ed.* **1991**, *30*, 1387.
[25] Grissom, J. W.; Gunawardena, G. U.; Klingberg, D.; Huang, D. *Tetrahedron* **1996**, *52*, 6453.
[26] Semmelhack, M. F.; Gallagher, J.; Cohen, D. *Tetrahedron Lett.* **1990**, *31*, 1521.
[27] Nicolaou, K. C.; Dai, W. M. *J. Am. Chem. Soc.* **1992**, *114*, 8908.
[28] De Voss, J. J.; Townsend, C. A.; Ding, W.-D.; Morton, G. O.; Ellestad, G. A.; Zein, N.; Tabor, A. B.; Schreiber, S. L. *J. Am. Chem. Soc.* **1990**, *112*, 9669.
[29] Myers, A. G.; Cohen, S. B.; Kwon, B. M. *J. Am. Chem. Soc.* **1994**, *116*, 1255.
[30] Nicolaou, K. C.; Ogawa, Y.; Zuccarello, G.; Schweiger, E. J.; Kumazawa, T. *J. Am. Chem. Soc.* **1988**, *110*, 4866.
[31] Nicolaou, K. C.; Zuccarello, G.; Riemer, C.; Estevez, V. A.; Dai, W. M. *J. Am. Chem. Soc.* **1992**, *114*, 7360.
[32] Kraka, E.; Cremer, D. *J. Am. Chem. Soc.* **1994**, *116*, 4929.
[33] Schreiner, P. R. *J. Am. Chem. Soc.* **1998**, *120*, 4184.
[34] Davies, J.; Wang, H.; Taylor, T.; Warabi, K.; Huang, X. H.; Andersen, R. J. *Org. Lett.* **2005**, *7*, 5233.
[35] Shen, B.; Liu, W.; Nonaka, K. *Curr. Med. Chem.* **2003**, *10*, 2317.
[36] Shao, R. G. *Current Molecular Pharmacology* **2008**, *1*, 50.
[37] Shen, B.; Hindra, Yan, X. H.; Huang, T. T.; Ge, H. M.; Yang, D.; Teng, Q. H.; Rudolf, J. D.; Lohman, J. R. *Bioorg. Med. Chem. Lett.* **2015**, *25*, 9.
[38] Xi, Z.; Mao, Q. K.; Goldberg, I. H. *Biochemistry,* **1999**, *38*, 4342.
[39] Xu, Z. H.; Xi, Z.; Zhen, Y. S.; Goldberg, I. H. *Biochemistry* **1995**, *34*, 12451.
[40] Jiang, Z. H.; Hwang, G.-S.; Xi, Z.; Goldberg, I. H. *J. Am. Chem. Soc.* **2002**, *124*, 3216.
[41] Yamada, K.; Lear, M.J.; Yamaguchi, T.; Yamashita, S.; Gridnev, I.D.; Hayashi, Y.; Hirama, M. *Angew. Chem. Int. Ed.* **2014**, *53*, 13902.
[42] Buchanan, G. O.; Williams, P. G.; Feling, R. H.; Kauffman, C. A.; Jensen, P. R.; Fenical, W. *Org. Lett.* **2005**, *7*, 2731.
[43] Oh, D.-C.; Williams, P. G.; Feling, R. H.; Kauffman, C. A.; Jensen, P. R.; Fenical, W. *Org. Lett.* **2006**, *8*, 1021.
[44] Lane, A. L.; Nam, S.-J.; Fukuda, T.; Yamanaka, K.; Kauffman, C. A.; Jensen, P. R.; Fenical, W.; Moore, B. S. *J. Am. Chem. Soc.* **2013**, *135*, 4171.
[45] Nam, S.-J.; Gaudencio, S. P.; Kauffman, C. A.; Jensen, P. R.; Kondratyuk, T. P.; Marler, L. E.; Pezzuto, J. M.; Fenical, W. *J. Nat. Prod.* **2010**, *73*, 1080.
[46] Gamis, A. S.; Alonzo, T. A.; Meshinchi, S.; Sung, L.; Gerbing, R. B.; Raimondi, S. C.; Hirsch, B. A.; Kahwash, S. B.; McKenney, A. H.; Winter, L.; Glick, K.; Davies, S. M.; Byron, P.; Smith, F. O.; Aplenc, R. *J. Clin. Oncol.* **2014**. *32*, 3021.
[47] Ricart, A. D. *Clin. Cancer Res.* **2011**, *17*, 6417.
[48] Dijoseph, J. F.; Goad, M. E.; Dougher, M. M.; Boghaert, E. R.; Kunz, A.; Hamann, P. R.; Damle, N. K. *Clin. Cancer. Res.* **2004**, *10*, 8620.
[49] Chowdari, N. S.; Gangwar, S.; Sufi, B. U.S. Patent Application Publication, Pub. No. US 2013/0209494 A1, Pub. Date, Aug. 15, 2013.
[50] Roy, S.; Basak, A. *Tetrahedron* **2013**, *69*, 2184.
[51] Joshi, M. C.; Rawat, D. S. *Chem. Biodiv.* **2012**, *9*, 459.
[52] Wang, Y. F. *Top Curr. Chem. (Z)*, **2017**, *375*, 60.
[53] Chen, S. D.; Hu, A. G. *Sci. China. Chem.* **2015**, *58*, 1710.
[54] Rule, J. D.; Wilson, S. R.; Moore, J. S. *J. Am. Chem. Soc.* **2003**, *125*, 12992.
[55] Ma, J.; Cheng, X.; Ma, X.; Deng, S.; Hu, A. *J. Polym. Sci., Polym. Chem.* **2010**, *48*, 5541.
[56] Sun, Q.; Zhang, C.; Li, Z.; Kong, H.; Tan, Q.; Hu, A.; Xu, W. *J. Am. Chem. Soc.* **2013**, *135*, 8448.

（席真，杨兴，王正华）

Biginelli 反应

1893 年意大利化学家 Pietro Biginelli 首次报道了由芳香醛 (**1**)、脲 (**2**) 和乙酰乙酸乙酯 (**3**) 在浓盐酸催化下缩合得到 3,4-二氢嘧啶-2-酮衍生物 (**4**)，这种合成方法称为 Biginelli (比吉内利) 反应[1] (式 1)，也被称为 Biginelli 缩合或 Biginelli 二氢嘧啶合成。该反应在酸催化下能够很方便地合成 3,4-二氢嘧啶-2-酮类化合物及相关的杂环化合物[2]。此类杂环化合物具有广泛的生物活性和药理活性[3] (图 1)。

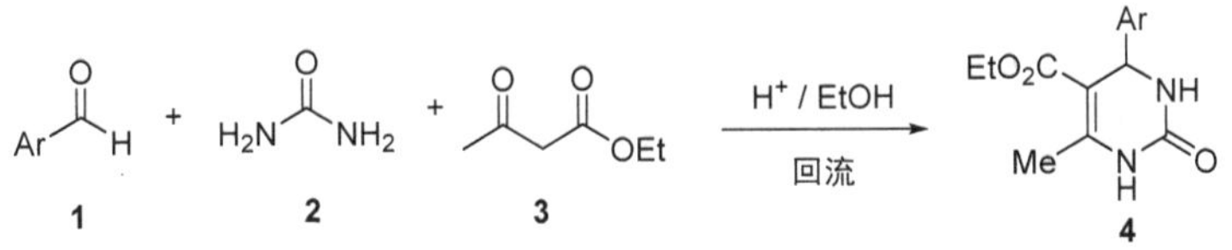

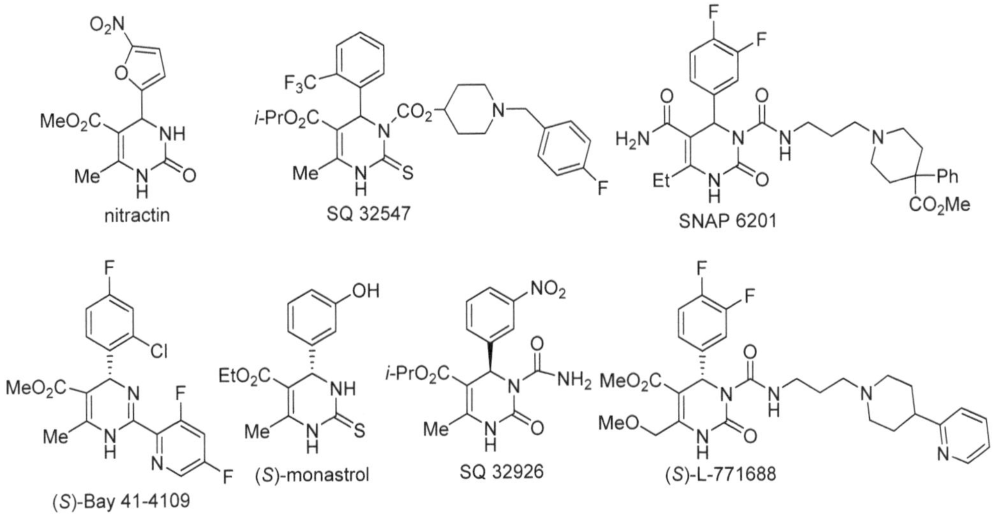

图 1 部分具有生物活性的二氢嘧啶衍生物

（1）反应机理

1997 年，Kappe 通过 ^{1}H NMR、^{13}C NMR 检测及中间体的捕获实验确证了 Biginelli 反应机理[4] (图 2)。

Biginelli 反应机理为：在酸作用下，芳香醛 **1** 和脲 **2** 首先进行缩合反应生成酰亚胺正离子中间体 **6**；乙酰乙酸乙酯 **3** 亲核进攻酰亚胺正离子得到一开链酰脲 **7**，**7** 在酸催化下经过分子内缩合脱去一分子水，得到最终产物 3,4-二氢嘧啶-2-酮衍生物 **4**。

在反应过程中，生成的酰亚胺正离子中间体 (**6**) 具有很高的活性，因此酰亚胺正离子中间体不能分离得到或直接检测到。当用体积较大的 2,2-二甲基丙酰乙酸乙酯或强吸电子的三氟乙酰乙酸乙酯时，成功地分离出了中间体 **10** 和 **11** (图 3)，进一步验证了 Biginelli

反应的机理。

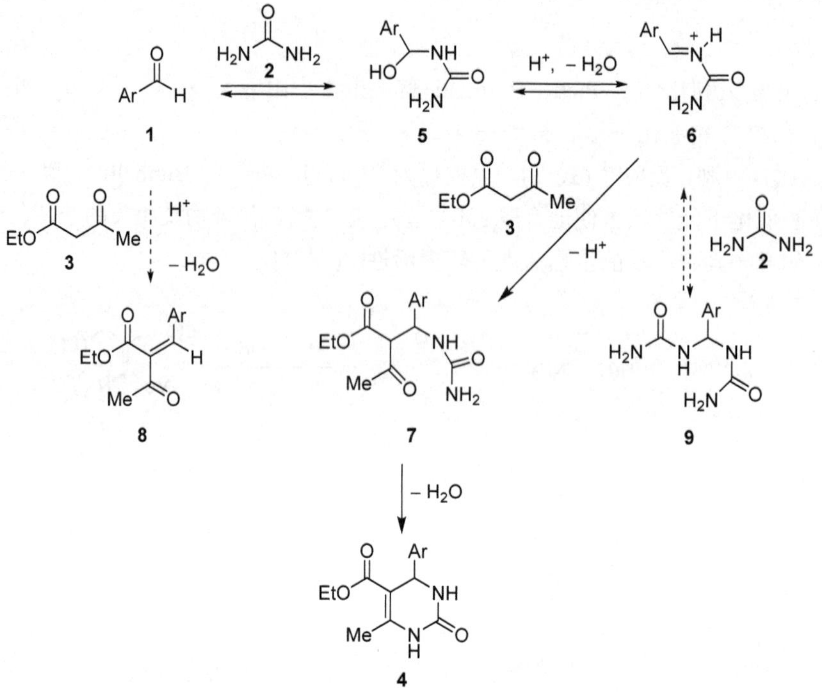

图 2 Biginelli 反应机理

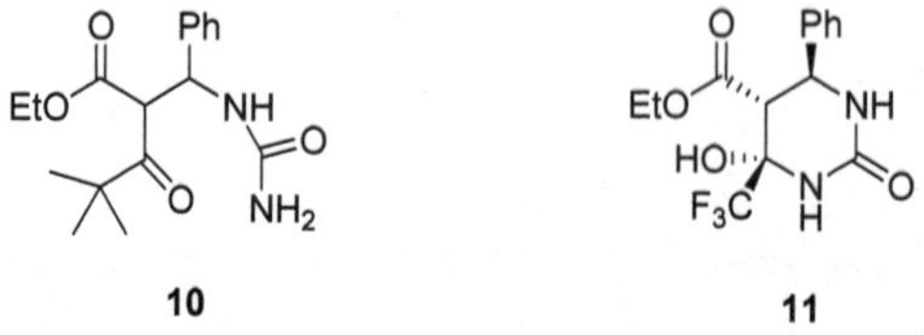

图 3 酸催化 Biginelli 反应分离得到的中间体

（2）Beginelli 反应中所用催化剂类型

① Brønsted 酸催化的 Biginelli 反应[2]　除浓盐酸外，酒石酸、三氟乙酸、氨基磺酸、对甲苯磺酸和甲磺酸等有机 Brønsted 酸都能催化 Biginelli 反应。高氯酸、硫酸氢钾、磷酸二氢钾等无机 Brønsted 酸也能催化 Biginelli 反应。

② Lewis 酸催化的 Biginelli 反应[2]　Lewis 酸催化剂主要有非金属Lewis 酸和由稀土金属或过渡金属参与形成的各类 Lewis 酸催化剂。非金属 Lewis 酸主要有 I_2、TMSI、TMSCl/DMF 和 TMSOTf。金属 Lewis 酸主要有 $BF_3 \cdot OEt_2$、CuCl、$LaCl_3$、$FeCl_3$、$NiCl_2$、$Yb(OTf)_3$、$Mn(OAc)_3$、$InBr_3$、LiBr、$CoCl_2$、$BiCl_3$、$ZrCl_4$、$CeCl_3$、VCl_3、$Zn(OTf)_2$、$Sm(NO_3)_3$、$Sc(OTf)_3$、$La(OTf)_3$、$YbCl_3$、Cp_2YbCl 等[2]。

（3）不对称 Biginelli 反应

2003 年，Juaristi 和 Muñoz-Muñiz 报道了手性酰胺和 $CeCl_3$ 形成的手性 Lewis 酸催化的不对称 Biginelli 反应，得到 24% 的对映选择性[5](式 2)，这是首例催化不对称 Biginelli 反应。

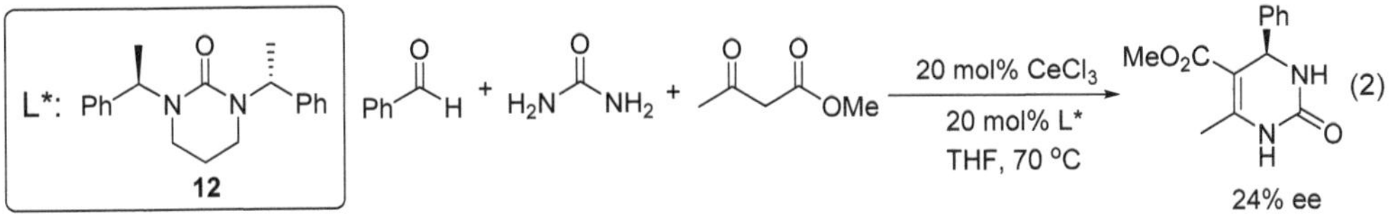

2005 年，朱成建等用 $Yb(OTf)_3$ 和手性氮配体 13 形成的手性 Lewis 酸催化不对称 Biginelli 反应，可以得到 80%~99% ee (式 3)[6]。

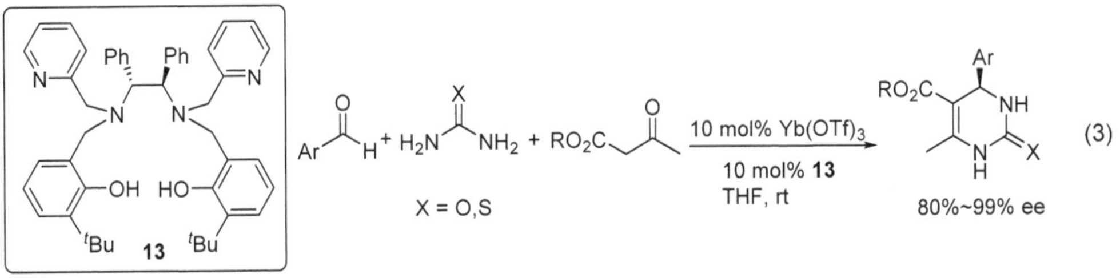

2006 年，龚流柱等发展了手性 Brønsted 酸催化的不对称 Biginelli 反应[7]。通过手性磷酸活化亚胺，形成手性的酰亚胺正离子中间体，β-酮酸酯经历 Mannich 反应过程进行亲核加成，最后在 Brønsted 酸作用下脱去一分子水得到 Biginelli 反应产物 (图 4)。由 H_8-Binol 衍生的手性磷酸 16 能够很好地催化 Biginelli 反应，对于各类底物都能得到很好的结果，对映选择性可达 97% ee。

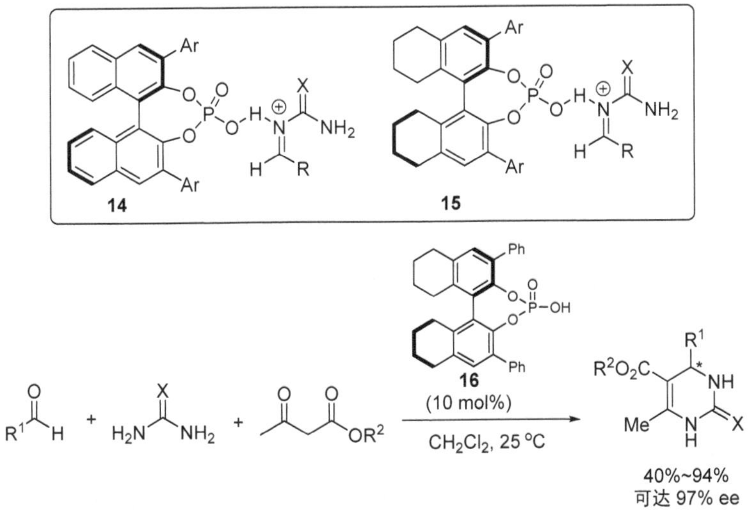

图 4 手性 Brønsted 酸催化 Biginelli 反应

（4）Biginelli 反应在全合成中的应用

Biginelli 反应在一些天然产物的全合成中也有广泛的应用。在许多胍类海洋生物碱的全合成中都利用了分子内的 Biginelli 缩合反应[8]。如胍类海洋生物碱 batzelladine E 和 ptilomycalin A（图 5）都显示出很强的抗病毒、抗菌活性[8]；这些生物碱都有一个共同的特点，即具有刚性的胍结构，利用 Biginelli 缩合反应可以构建这类化合物的主体结构。

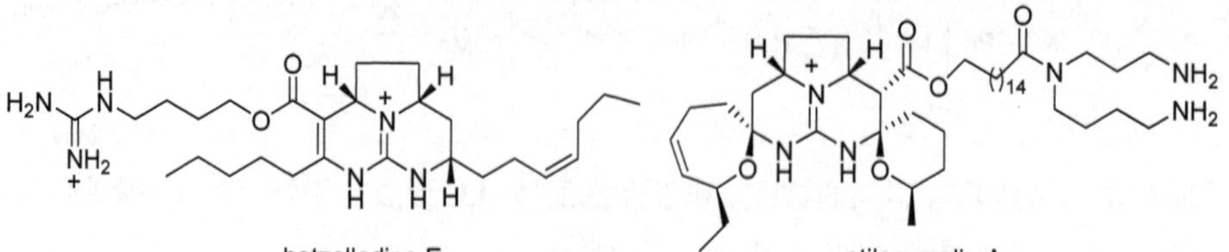

图 5　胍类海洋生物碱

参考文献

[1] Biginelli, P. *Gazz. Chim. Ital.* **1893**, *23*, 360.
[2] (a) Dondoni, A.; Massi, A. *Acc. Chem. Res.* **2006**, *39*, 451. (b) Kappe, C. O. In *Multicomponent Reactions*, eds. Zhu, J.; Bienayme, H.; Wiley-VCH: Meinheim, **2005**, pp. 95. (c) Kappe, C. O. *Acc. Chem. Res.* **2000**, *33*, 879. (d) Simon, C.; Constantieux, T.; Rodriguez, J. *Eur. J. Org. Chem.* **2004**, 4957.
[3] Kappe, C. O. *Eur. J. Med. Chem.* **2000**, *35*, 1043-1052.
[4] Kappe, C. O. *J. Org. Chem.* **1997**, *62*, 7201.
[5] Muñoz-Muñiz, O.; Juaristi, E. *Arkivoc* **2003**, *xi*, 16.
[6] Huang, Y.; Yang, F.; Zhu, C. *J. Am. Chem. Soc.* **2005**, *127*, 16386.
[7] Chen, X. H.; Xu, X. Y.; Liu, H.; Cun, L. F.; Gong, L. Z. *J. Am. Chem. Soc.* **2006**, *128*, 14802.
[8] Heys, L.; Moore, C. G.; Murphy, P. *J. Chem. Soc. Rev.* **2000**, *29*, 57.

（龚流柱）

Bischler-Napieralski 反应

N-酰基-β-苯乙胺在无水惰性溶剂，如苯、甲苯、硝基苯、氯仿、四氢呋喃、苯并四氢萘中，与五氧化二磷、三氯氧磷或氯化锌等缩合剂共热，发生分子内缩合，脱水环化生成 3,4-二氢异喹啉（式 1）[1-6]。此反应是合成含有异喹啉环系的生物碱类天然产物最广泛应用的方法之一[7]。此外，此反应也频繁应用于以酰基吲哚乙胺合成咔啉（β-carboline）（式 2）[8-11]。

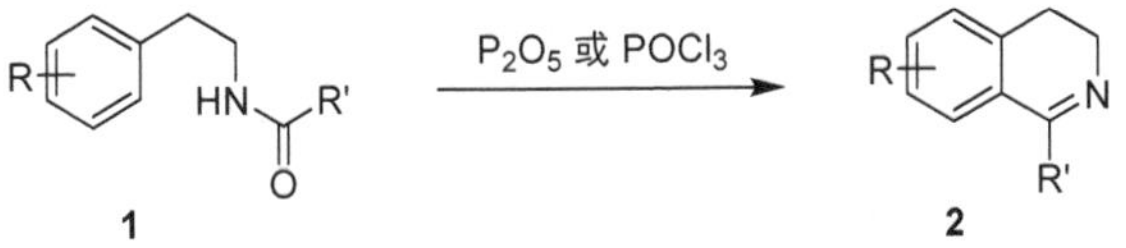

早期对于该反应的机理研究，大多认为是碳正离子亲电进攻芳香核从而发生环化反应 (图 1)，但这个机理不能解释 Bischler-Napieralski (比施勒-纳皮耶拉尔斯基) 反应中出现的副产物[12]。

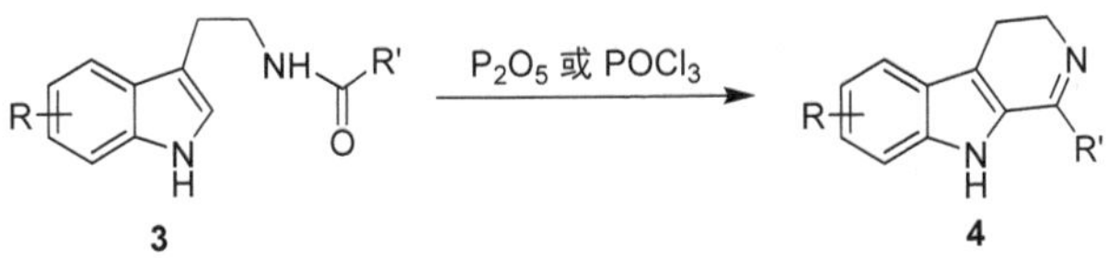

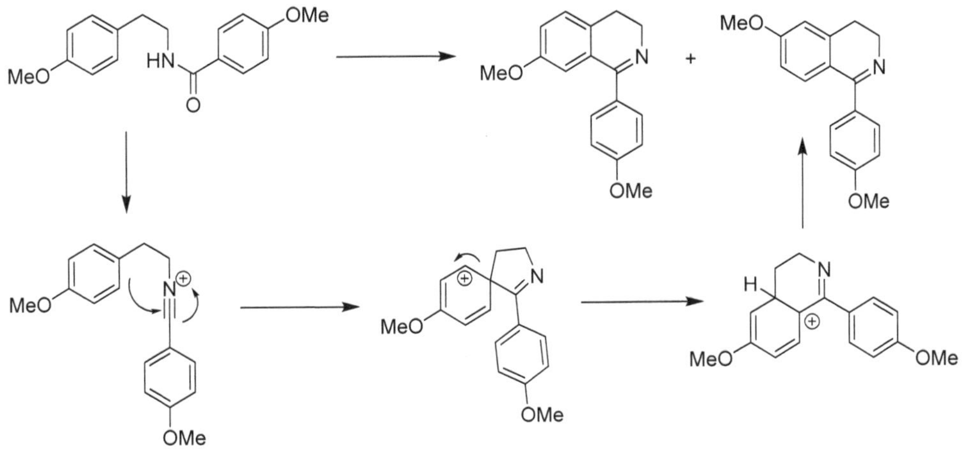

图 1 早期对 Bischler-Napieralski 反应机理的讨论

近年来发现发生环化作用的中间体为腈基正离子。目前被广泛接受的是 Fodor 等提出的酰基亚胺氯盐和腈盐中间体的机理 (图 2)，他还发现了 Lewis 酸，如 $SnCl_4$、$ZnCl_2$ 的加入会加速环化进行[13-17]。

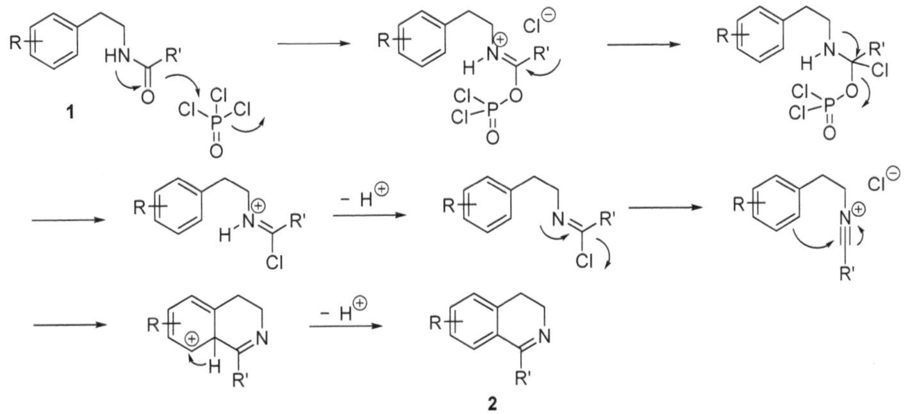

图 2 目前被广泛接受的 Bischler-Napieralski 反应机理

关环是芳环的亲电取代反应,芳环上有活化基团存在时反应容易进行,如活化基团在间位,关环发生在活化基团的对位,得 6-取代异喹啉 (式 3)。芳环上如有钝化基团如硝基时,则反应不易进行 (式 4)[2-6]。不但芳环上的取代基对关环反应有显著影响,而且芳环的侧链上的取代基,特别是芳基取代基团,对关环反应也有很大影响[18-20],这在一定程度上限制了该反应的应用。

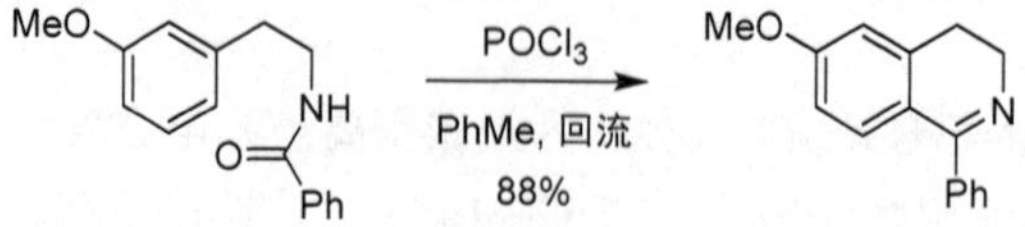

$$\text{(3)}$$

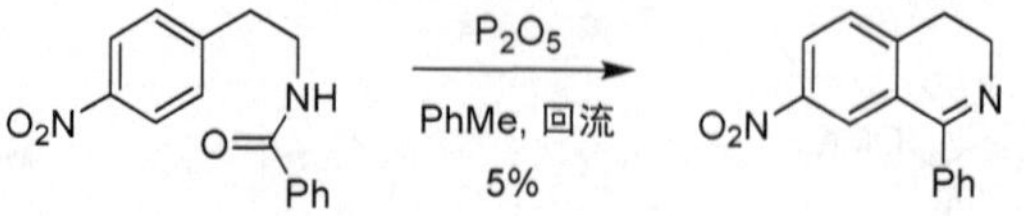

$$\text{(4)}$$

较低的收率是该反应的一个缺点,改进的方法是,除了考虑底物中取代基团的电子效应影响外[21],温度、溶剂效应[22]和缩合剂的影响也很大[2]。除最常用的 P_2O_5/$POCl_3$ 外,也可以应用 PCl_5、$AlCl_3$、$SOCl_2$、$ZnCl_2$、Al_2O_3、$POBr_3$、$SiCl_4$、PPA、三光气、$(PhO)_3PCl_2$ 为脱水缩合剂[2,9,23,24];对于酸敏感底物,可以选用更温和的 (Tf_2O) / DMAP[25];对含水体系有应用 $AlCl_3$-$6H_2O$/KI/H_2O/CH_3CN 的报道[26]。近年来,又发展了固相合成[27]、无溶剂[28]、微波促进的异喹啉环化反应[28-30],在离子液体中[31]进行的该反应的研究也有很多报道。

由于该反应可以高效地构筑苯并六元氮杂环,反应产物的纯化较为容易,因此在生物碱特别是异喹啉和咔啉类天然产物如 (±)-melinonine E、(±)-hemanthidine、(±)-bicuculline 等的全合成中[7,32-37],Bischler-Napieralski 反应有许多重要应用,如式 5 所示为天然产物 (±)-melinonine E 关键合成中间体的合成。

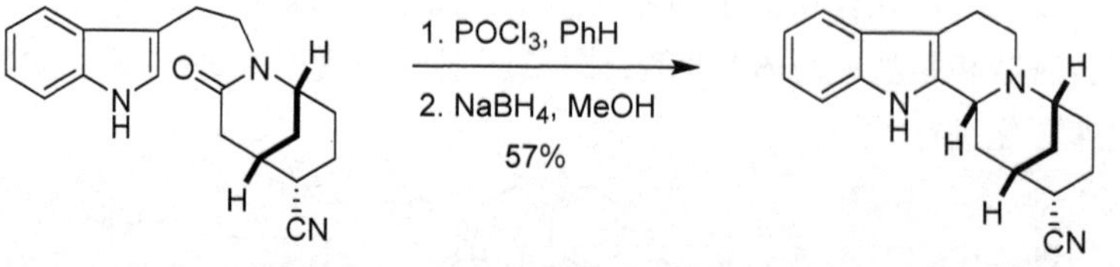

$$\text{(5)}$$

其中由于氮上取代基侧链影响,也有许多底物控制的不对称合成的报道,如该反应曾用于 (−)-tejedine、(+)-yohimbine、(−)-yohimbone、(−)-yohimbane 等天然产物的不对称合成。在 (−)-tejedine 的合成中,作者通过模型反应证明了关环形成的新手性中心可控 (式 6)[20,38,39]。

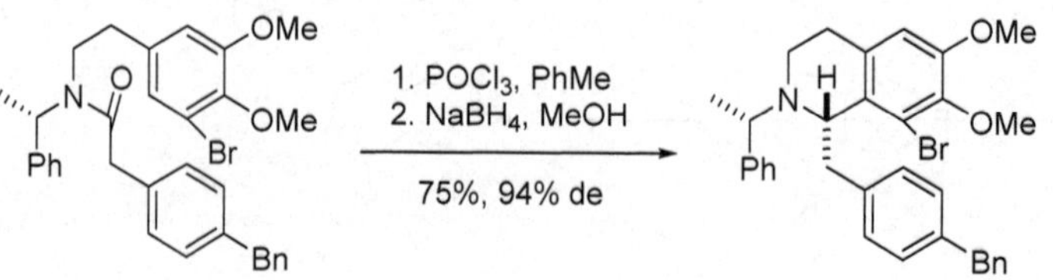

$$\text{(6)}$$

此外，相应的硫代酰胺在一定条件下也可发生类似的 Bischler-Napieralski 反应 (式 7)[24,40]。

$$\text{(7)}$$

参考文献

[1] Bischler, A.; Napieralski, B. *Chem. Ber.* **1893**, *26*, 1903.
[2] Whaley, W. M.; Govindachari, T. R. *Org. React.* **1951**, *6*, 74.
[3] Bergstrom, F. W. *Chem. Rev.* **1944**, *35*, 218.
[4] Manske, R. H. *Chem. Rev.* **1942**, *30*, 146.
[5] Li, J.-J. Name Reactions In Heterocyclic Chemistry, JOHN WILEY & SONS, 2005, p 3776.
[6] Whaley, W. M.; Govindachari, T. R. *Org. React.* **1951**, *6*, 74.
[7] Bentley, K. W. *Nat. Prod. Rep.* **2003**, *20*, 342. (综述)
[8] Bikash, P.; Parasuraman, J.; Venkatachalam S. G.; et al. *Tetrahedron Lett.* **2004**, *45*, 6489.
[9] Spaggiari, A.; Davoli, P.; Blaszczak, L. C.; Prati, F. *Synlett.* **2005** *(4)*, 661.
[10] Chakrabarti, S.; Panda, K.; Ila, H.; Junjappa, H. *Synlett.* **2005**, *4*, 309.
[11] Glenn, C. M.; Wiaczeslaw, C.; John, S. J. *J. Org. Chem.* **1964**, *29*, 2771.
[12] Doi, S.; Shirai, N.; Sato, Y. *J. Chem. Soc., Perkin Trans. 1* **1997**, 2217.
[13] Fodor, G.; Gal, J.; Phillips, B. A. *Angew. Chem. Int. Ed.* **1972**, *11*, 919.
[14] Nagubandi, S.; Fodor, G. *J. Heterocycl. Chem.* **1980**, *17*, 1457.
[15] Fodor, G.; Nagubandi, S. *Tetrahedron* **1980**, *36*, 1279.
[16] Frost, J. R.; Gaudilliere, B. R. P.; Wick, A. E. *J. Chem. Soc., Chem. Commun.* **1985**, 895.
[17] Frost, J. R.; Gaudilliere, B. R. P.; Kauffman, E.; Loyaux, D.; Normand, N.; Petry, G.; Poirier, P.; Wenkert, E.; Wick, A. E. *Heterocycles* **1989**, *28*, 175.
[18] Kametani, T.; Takagi, N.; Kanaya, N.; Honda, T. *Heterocycles* **1982**, *19*, 535.
[19] Banwell, M. G.; Harvey, J. E.; Hockless, D. C. R.; Wu, A. W. *J. Org. Chem.* **2000**, *65*, 4241.
[20] Nicoletti, M.; O'Hagen, D.; Slawin, A. M. *J. Chem. Soc., Perkin Trans. 1* **2002**, *1*, 116.
[21] Tsutomu, I.; Kazunari, S.; Tomoko, N. et al. *J. Org. Chem.* **2000**, *65*, 9143.
[22] Dominguez, E.; Lete, E. *Heterocycles* **1983**, *20*, 1247.
[23] Saito, T.; Yoshida, M.; Ishikawa, T. *Heterocycles* **2001**, *54*, 437.
[24] Venkov, A. P.; Ivanov. L. I. *Tetrahedron* **1996**, *52*, 12299.
[25] Banwell, M. G.; Bissett, B. D.; Busato, S.; Cowden, C. J.; Hockless, D. C. R.; Holman, J. W.; Read, R. W.; Wu, A. W. *J. Chem. Soc., Chem. Commun.* **1995**, 2551.
[26] Boruah, M.; Konwar, D. *J. Org. Chem.* **2002**, *67*, 7138.
[27] Chern, M.-S.; Li, W.-R. *Tetrahedron Lett.* **2004**, *45*, 8323.
[28] Sridharan, V.; Perumal, S.; Avendano, C.; Menendez, J. C. *Synlett.* **2006**, *1*, 91.
[29] Bikash, P.; Parasuraman, J.; Venkatachalam S. G. *Synthetic Commun.* **2003**, *33*, 2339.
[30] Francisco S.-S.; Enrique M.; Bernardo H. *Synlett.* **2000**, *4*, 509.
[31] Judeh, Z. M. A.; Ching, C. B.; Bu, J.; McCluskey, A. *Tetrahedron Lett.* **2002**, *43*, 5089.
[32] Martin, S. F.; Davidsen, S. K. *J. Am. Chem. Soc.* **1984**, *106*, 6431.
[33] Matsuo, K.; Okumura, M.; Tanaka, K. *Chem. Lett.* **1982**, *9*, 1339.
[34] Martin, S. F.; Davidsen, S. K.; Puckette. T. A, *J. Org. Chem.* **1987**, *52*, 1962.
[35] Quirante, J.; Escolano, C.; Bosch, J.; Bonjoch, J. *J. Chem. Soc., Chem. Comm.* **1995**, *20*, 2141.

[36] Quirante, J.; Escolano, C.; Merino, A.; Bonjoch, J. *J. Org. Chem.* **1998**, *63*, 968.
[37] Soriano, M.D.P.C.; Shankaraiah, N.; Santos, L. S. *Tetrahedron Lett.* **2010**, *51*, 1770.
[38] Wang, Y.-C.; Georghiou, P. E. *Org. Lett.* **2002**, *4*, 2675.
[39] Aube, J.; Ghosh, S.; Tanol, M. *J. Am. Chem. Soc.* **1994**, *116*, 9009.
[40] Ishida, A.; Fujii, H.; Nakamura, T. et al. *Chem. Pharm. Bull.* **1986**, *34*, 1994.

（翟宏斌）

Brassard 双烯

Brassard（布拉萨尔）双烯是一类 1-甲氧基-1-三烷基硅氧基丁二烯，同 Danishefsky 双烯一样，Brassard 双烯属于富电子双烯类化合物。Brassard 及其合作者在合成醌中[1]由取代的 α,β-不饱和酯衍生物合成了 Brassard 双烯。引入不同取代基可以得到如式 1 所示的双烯衍生物：

$$\text{(1)}$$

1a $R^1 = H, R^2 = Me, R^3 = Me$ **2a** $R^1 = H, R^2 = Me, R^3 = Me$
1b $R^1 = H, R^2 = OMe, R^3 = Me$ **2b** $R^1 = H, R^2 = OMe, R^3 = Me$
1c $R^1 = H, R^2 = OEt, R^3 = Et$ **2c** $R^1 = H, R^2 = OEt, R^3 = Et$
1d $R^1 = H, R^2 = OMe, R^3 = Et$ **2d** $R^1 = H, R^2 = OMe, R^3 = Et$
1e $R^1 = Me, R^2 = OMe, R^3 = Me$ **2e** $R^1 = Me, R^2 = OMe, R^3 = Me$

Brassard 双烯具有热不稳定性，加热超过一定温度会发生 1,5-重排（式 2）[2]。

$$\text{(2)}$$

Brassard 双烯与烯烃反应合成环己烯酮衍生物称为 Diels-Alder 反应[3]，在天然产物和药物合成中起着重要的作用，已成功用于合成天然产物如 phleichrome、calphostin A（式 3）[4]、premithramycinone H（式 4）[5]以及 lasiodiplodin（式 5）[6]等。

Brassard 双烯与各种亲双烯体如不饱和碳-碳双键、醛酮及亚胺等参与的不对称催化反应也有了很大进展。如手性双氮氧-Zn(OTf)$_2$ 配合物体系[7]催化 Brassard 双烯 **2e** 与 3-烯基吲哚酮的不对称 Diels-Alder 的反应，高对映选择性地得到手性螺环吲哚酮衍生物（式 6）。

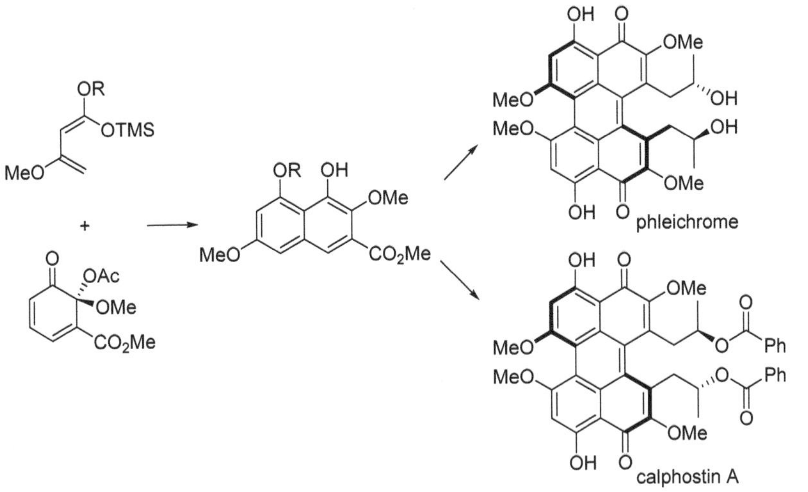

Brassard 双烯与羰基化合物的反应称为 hetero-Diels-Alder (HDA) 反应，是合成天然产物中的重要结构 δ-内酯类化合物[8]的重要方法，例如：kawain[9]、dihydrokawain[9b,10]、(−)-pestalotin[11]等 (式 7)。Midland 小组在 1980~1990 年对与手性醛的不对称 HDA 反应进行了一系列研究[11,12]；1990 年 Togni 首次报道了 Brassard 双烯与简单非手性醛的不对称 HDA 反应，获得 13% ee 的对映选择性[13]。2004 年之后，冯小明小组先后发展了 Schiff base-Ti(IV) 体系[14]、Schiff 碱-Cu(II) 体系[15]、BINOL-Ti(IV) 体系[9b]和手性双氮氧

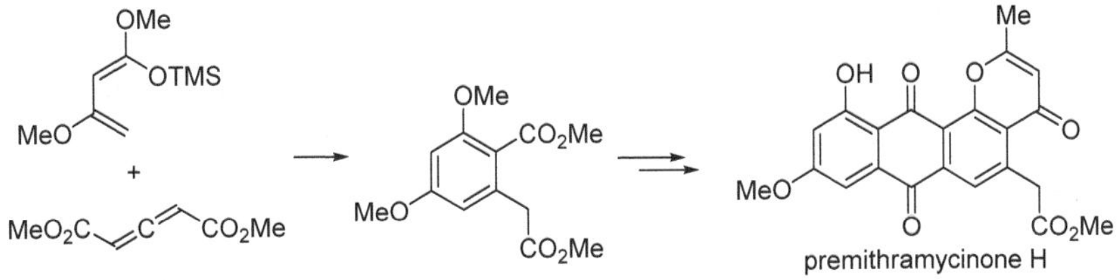

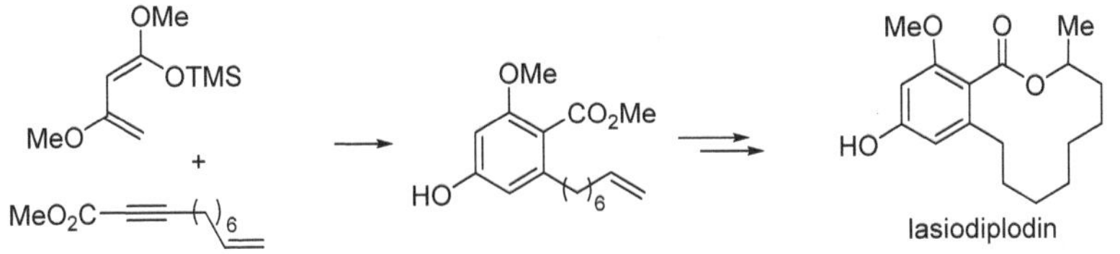

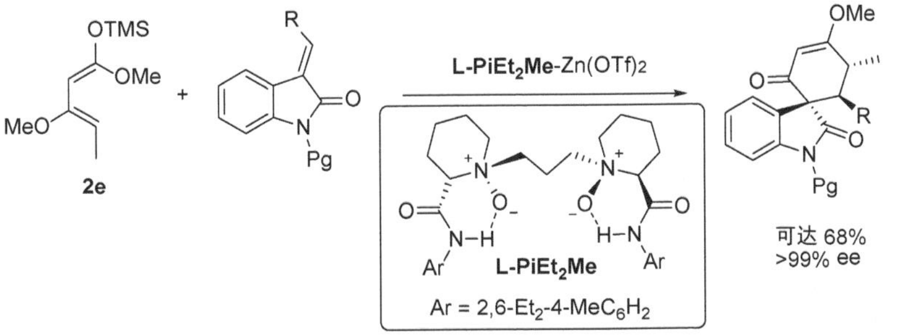

-In(Ⅲ) 体系[16]高效催化 Brassard 双烯 **2b**、**2c** 和 **2e** 与芳香醛和脂肪醛的催化不对称 HDA 反应。丁奎岭小组报道了 TADDOL 体系[10]催化芳香醛的不对称 HDA 反应，得到高达 91% ee 的对映选择性。手性双氮氧-Mg(Ⅱ) 体系[17]催化 Brassard 双烯 **2c** 和 **2e** 与靛红的不对称 HDA 反应高效得到手性 5,6-二氢吡喃-4-酮类衍生物。

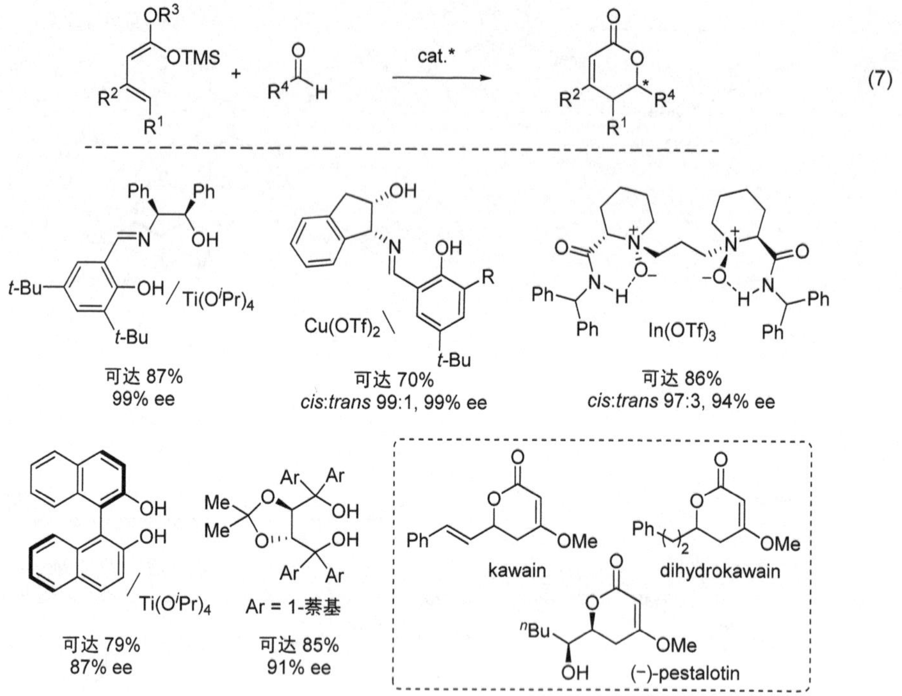

$$\text{(7)}$$

Brassard 双烯与亚胺的反应称为 aza-Diels-Alder (ADA) 反应。1986 年 Danishefsky 小组采用此路径合成 ipalbidine (式 8)[18]。

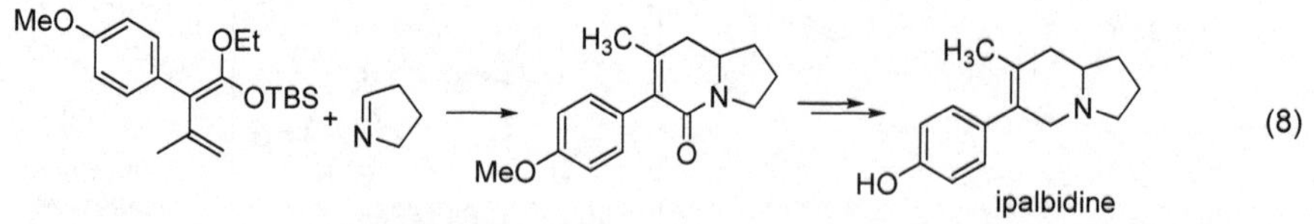

$$\text{(8)}$$

Brassard 双烯与手性亚胺的 ADA 反应出现较早[19]，而与非手性亚胺的不对称催化反应不多。Akiyama 小组的手性磷酸体系[20]和冯小明小组的手性双氮氧-Yb(OTf)$_3$ 体系[21]可有效催化 Brassard 双烯与亚胺的不对称 ADA 反应 (式 9)。

另外，Brassard 双烯也可以作为插烯试剂与羰基化合物发生不对称插烯 aldol 反应。Qu 小组利用手性的 BINOL-Ti(Ⅳ) 体系[22]实现了 Brassard 双烯 **2c** 和 **2e** 与醛的不对称插烯 aldol 反应，高对映选择性和非对映选择性地得到相应的 δ-羟基-α,β-不饱和酯衍生物 (式 10)。

参考文献

[1] Savard, J.; Brassard, P. *Tetrahedron Lett.* **1979**, *20*, 4911.
[2] Anderson, G.; Cameron, D. W.; Feutrill, G. I.; Read, R. W. *Tetrahedron Lett.* **1981**, *22*, 4347.
[3] (a) Ashburn, B. O.; Carter, R. G. *Angew. Chem. Int. Ed.* **2006**, *45*, 6737. (b) Yoshino, T.; Ng, F.; Danishefsky, S. *J. Am. Chem. Soc.*, **2006**, *128*, 14185.
[4] (a) Coleman, R. S.; Grant, E. B. *J. Org. Chem.*, **1991**, *56*, 1357. (b) Coleman, R. S.; Grant, E. B. *J. Am. Chem. Soc.*, **1995**, *117*, 10889.
[5] Krohn, K.; Vitz, J. *Eur. J. Org. Chem.* **2004**, 209.
[6] Danishefsky, S.; Etheredge, S. J. *J. Org. Chem.* **1979**, *44*, 4716.
[7] Zheng, J. F.; Lin, L. L.; Fu, K.; Zheng, H. F.; Liu, X. H.; Feng, X. M. *J. Org. Chem.* **2015**, *80*, 8836.
[8] Pierres, C.; George, P.; Hijfte, L.; Ducep, J.-B.; Hibert, M.; Mann, A. *Tetrahedron Lett.* **2003**, *44*, 3645.
[9] (a) Castellino, S.; Sims, J. J. *Tetrahedron Lett.* **1984**, *25*, 4059. (b) Lin, L. L.; Chen, Z. L.; Yang, X.; Liu, X. H.; Feng, X. M. *Org. Lett.* **2008**, *10*, 1311.
[10] Du, H.-F.; Zhao, D.-B.; Ding, K.-L. *Chem. Eur. J.* **2004**, *10*, 5964.
[11] Midland, M. M.; Graham, R. S. *J. Am. Chem. Soc.* **1984**, *106*, 4294.
[12] (a) Midland, M. M.; Afonso, M. M. *J. Am. Chem. Soc.* **1989**, *111*, 4368. (b) Midland, M. M.; Koops, R. W. *J. Org. Chem.* **1990**, *55*, 4647. (c) Midland, M. M.; Koops, R. W. *J. Org. Chem.* **1990**, *55*, 5058.
[13] Togni, A. *Organometallics* **1990**, *9*, 3106.
[14] (a) Fan, Q.; Lin, L. L.; Liu, J.; Huang, Y. Z.; Feng, X. M.; Zhang, G. L. *Org. Lett.* **2004**, *6*, 2185. (b) Fan, Q.; Lin, L. L.; Liu, J.; Huang, Y. Z.; Feng, X. M. *Eur. J. Org. Chem.* **2005**, 3542.
[15] Lin, L. L.; Fan, Q.; Qin, B.; Feng, X. M. *J. Org. Chem.* **2006**, *71*, 4141.
[16] Lin, L. L.; Kuang, Y. L.; Liu, X. H; Feng, X. M. *Org. Lett.* **2011**, *13*, 3868.
[17] Zheng, J. F.; Lin, L. L.; Kuang, Y. L.; Zhao, J. N.; Liu, X. H.; Feng, X. M. *Chem. Commun.* **2014**, *50*, 994.
[18] Danishefsky, S.; Vogel, C. *J. Org. Chem.* **1986**, *51*, 3915.
[19] (a) Midland, M. M.; Koops, R. W. *J. Org. Chem.* **1992**, *57*, 1158. (b) Kawecki, R. *Tetrahedron* **2001**, *57*, 8385.

[20] Itoh, J.; Fuchibe, K.; Akiyama, T. *Angew. Chem. Int. Ed.* **2006**, *45*, 4796.
[21] Chen, Z. L.; Lin, L. L.; Chen, D. H.; Li, J. T.; Liu, X. H.; Feng, X. M. *Tetrahedron. Lett.* **2010**, *51*, 3088.
[22] (a) Wang, G. W.; Zhao, J. F.; Zhou, Y. H.; Wang, B. M.; Qu, J. P. *J. Org. Chem.* **2010**, *75*, 5326. (b) Wang, G. W.; Wang, B. M.; Qi, S.; Zhao, J. F.; Zhou, Y. H.; Qu, J. P. *Org. Lett.* **2012**, *14*, 2734.

相关试剂/反应：Danishefsky 双烯；Brassard 双烯；Chan 双烯；Diels-Alder 反应

（林丽丽，刘小华，冯小明*）

Bucherer-Bergs 反应

Bucherer-Bergs (布赫雷尔-伯格) 反应指酮、氰化钾与碳酸铵的三组分反应，产物为乙内酰脲 (式 1)[1-6]。由于后者的水解产物为 α-氨基酸，因而该反应与 Strecker 反应类似。预制的 α-氰醇与碳酸铵反应生成同样产物 (式 2)。微波可促进该反应，提高反应的转化率[7,8]。

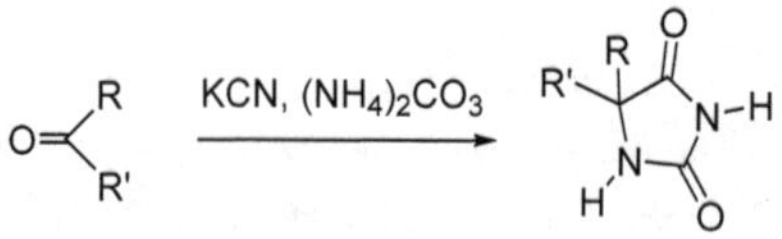

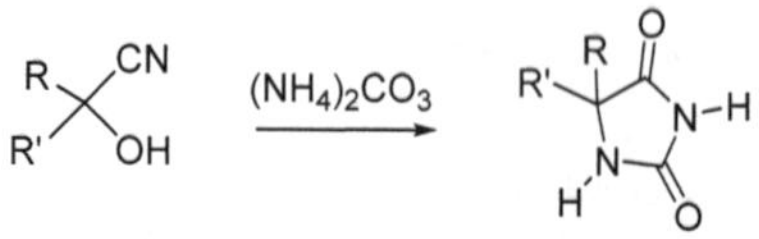

反应机理 (图 1)：

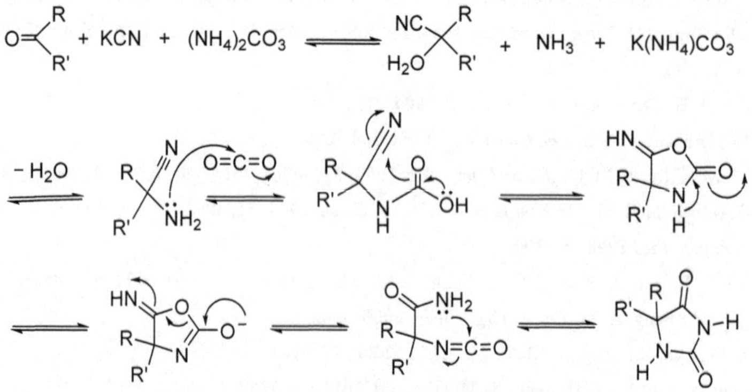

图 1 Bucherer-Bergs 反应的机理

从腈出发，经格氏试剂加成形成的中间体也可转化为乙内酰脲 (式 3)[9]。这一变化增加了 Bucherer-Bergs 反应的灵活性。

$$R-\!\!\equiv\!\!-N \xrightarrow{R'\text{-}M} \left[\begin{array}{c} NM \\ R \end{array} \!\!\!\! R' \right] \longrightarrow \begin{array}{c} R' \\ R \end{array} \!\!\!\! \begin{array}{c} NH \\ \end{array} \!\!\!\! O \quad (3)$$

该法被用于 II 型代谢型谷氨酸受体 (mGluR) 强效选择性拮抗剂 LY354740 的不对称合成 (式 4)[10,11]。

$$\text{环戊酮-CO}_2\text{Et} \xrightarrow[\text{EtOH/H}_2\text{O}]{\text{KCN/(NH}_4)_2\text{CO}_3} \text{乙内酰脲-CO}_2\text{Et} \xrightarrow[\text{2. Dowex}]{\text{1. NaOH (5 mol/L)}} \text{LY354740} \quad (4)$$

(70%)   76%

参考文献

[1] Bergs, H. German Patent 566094, 1929.
[2] Bucherer, H. T.; Fischbeck, H. T. *J. Prakt. Chem.* **1934**, *140*, 69.
[3] Bucherer, H. T.; Steiner, W. *J. Prakt. Chem.* **1934**, *140*, 291-316.
[4] Bucherer, H. T.; Lieb, V. A. *J. Prakt. Chem.* **1934**, *141*, 5-43.
[5] Ware, E. *Chem. Rev.* **1950**, *46*, 403-470. (综述)
[6] Soloshonok, V. A.; Sorochinsky, A. E. *Synthesis* **2010**, 2319-2344. (综述)
[7] Safari, J.; Gandomi-Ravandi, S.; Javadian, L. *Synth. Commun.* **2013**, *43*, 3115-3120.
[8] Monteiro, J. L.; Pieber, B.; Correa, A. G.; Kappe, C. O. *Synlett* **2016**, *27*, 83-87.
[9] Montagne, C.; Shipman, M. *Synlett* **2006**, 2203-2206.
[10] Domínguez, C.; Ezquerra, J.; Prieto, L.; Espada, M.; Pedregal, C. *Tetrahedron: Asymmetry* **1997**, *8*, 511-514.
[11] Krysiak, J.; Midura, W. H.; Wieczorek, W.; Sieron, L.; Mikolajczyk, M. *Tetrahedron: Asymmetry* **2010**, *21*, 1486-1493.

用途：乙内酰脲 (杂环)、α-氨基酸的合成；碳-碳键的形成
相关反应：Strecker 反应

（陈玲艳，黄培强）

陈德恒双烯

$$\text{乙酰乙酸酯} + \text{Me}_3\text{SiCl} \longrightarrow \underset{\text{陈德恒双烯}}{\text{Me}_3\text{SiO} \quad \text{OSiMe}_3 / \text{OR}} \quad (1)$$

陈德恒双烯 (陈-双烯，Chan's diene) 是指双烯醇硅醚，可由乙酰乙酸酯与三甲基氯硅

烷反应制得 (式 1)[1]。陈德恒双烯可被认为是双阴离子的等价体，在 Lewis 酸的催化下，与各类羰基化合物反应，得到 polyketide 衍生物[2]。由于第二个硅氧基的影响，使反应的 γ-选择性大大增加。

陈德恒双烯可应用于成环反应。因为双烯醇硅醚有两个亲核反应点 (以 N 表示)，另一个片段含有两个羰基结构的亲电反应点 (以 E 表示)。若其中两个反应点的活性有很大差别，如：N^1 的活性大于 N^2；E^1 的活性大于 E^2，则 N^1 与 E^1 先反应，然后 N^2 与 E^2 反应成环 (式 2)。产物的环合连接点可预先设计确定[3]。

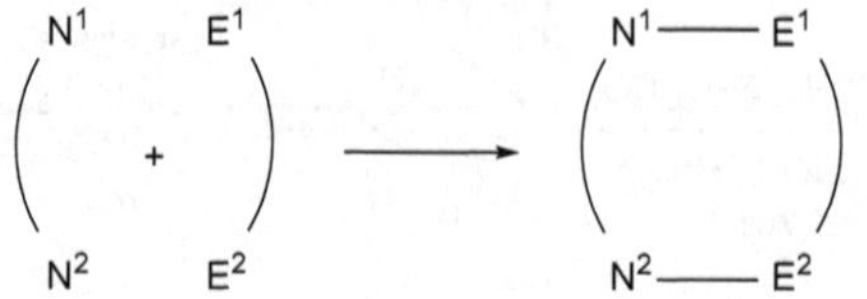

$$\begin{pmatrix} N^1 & E^1 \\ + & \\ N^2 & E^2 \end{pmatrix} \longrightarrow \begin{pmatrix} N^1 \!\!-\!\! E^1 \\ \\ N^2 \!\!-\!\! E^2 \end{pmatrix} \tag{2}$$

成环反应示例如下 (式 3):

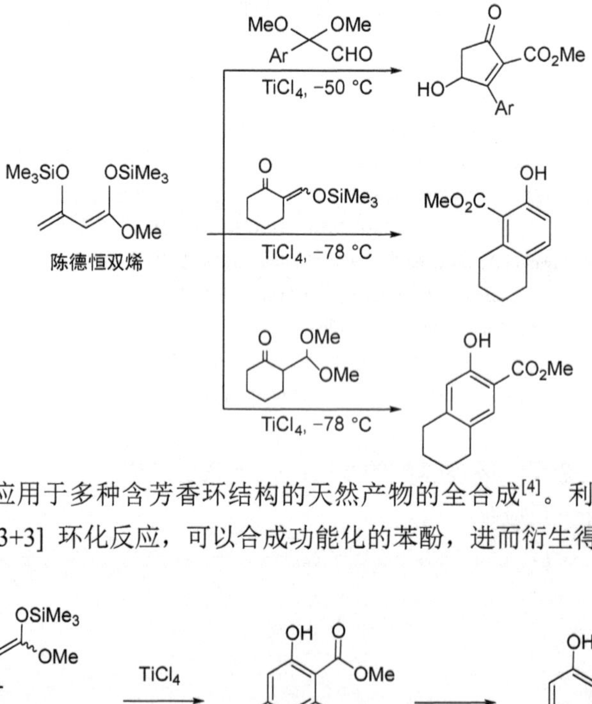

$$\text{(式 3)} \tag{3}$$

该成环反应已应用于多种含芳香环结构的天然产物的全合成[4]。利用陈德恒双烯与 1,3-双亲电试剂的 [3+3] 环化反应，可以合成功能化的苯酚，进而衍生得到苯并吡喃类化合物 (式 4)[5]。

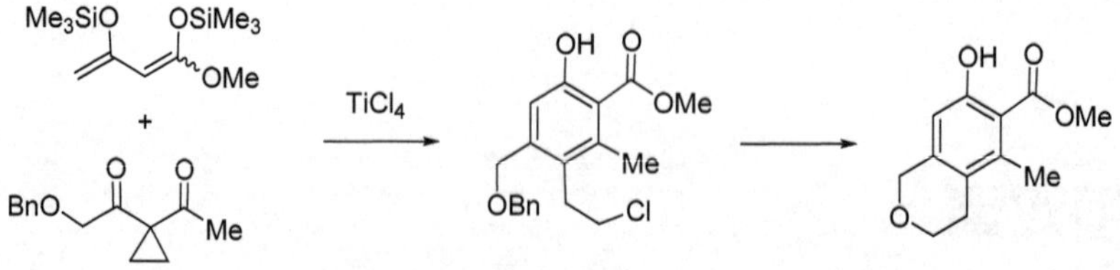

$$\text{(式 4)} \tag{4}$$

参考文献

[1] Chan, T. H.; Brownbridge, P. *J. Chem. Soc., Chem. Commun.* **1979**, 578.

[2] (a) Langer, P. *Chem. Eur. J.* **2001**, *7*, 3858. (b) Langer, P. *Synthesis* **2002**, 441. (c) Soriente, A.; De Rosa, M.; Villatano, R.; Scettri, A. *Curr. Org. Chem.* **2004**, *8*, 993. (d) Casiraghi, G.; Battistini, L.; Curti, C.; Rassu, G.; Zanardi, F. *Chem. Rev.* **2011**, *111*, 3076.

[3] Chan, T. H.; Brownbridge, P. *J. Am. Chem. Soc.* **1980**, *102*, 3534.
[4] (a) Brownbridge, P.; Chan, T.-H.; Brook, M. A.; Kan, G.-J. *Can. J. Chem.* **1983**, *61*, 688. (b) Broka, C. A.; Chan, S.; Peterson, B. *J. Org. Chem.* **1988**, *53*, 1584.
[5] (a) Karapetyan, V.; Mkrtchyan, S.; Hefner, J.; Fischer, C; Langer, P. *J. Org. Chem.* **2010**, *75*, 809. (b) Nisa, R.; Maria,; Wasim, F.; Mahmood, T.; Ludwig, R.; Ayub, K. *RSC Adv.* **2015**, *5*, 94304.

相关试剂/反应： Danishefsky 双烯；Brassard 双烯；Diels-Alder 反应

（程靓，刘利，王东）

Corey-Chaykovsky 反应

Corey-Chaykovsky (科里-柴可夫斯基) 反应是硫叶立德 **1** 或 **2** 与亲电的 (碳-杂原子，碳-碳) 双键发生形式上 [1+2] 环加成从而得到三元环化合物 (式 1)，其中用于合成环氧化物和环丙烷最为常见[1]，但对易烯醇化的羰基化合物不适用[2]。硫叶立德 **2** 在 *n*-BuLi/THF 条件下使用会有显著的副产物 β-羟基甲硫醚生成[3]。已成功地利用 **2** 和取代的硫叶立德于环氧化物的催化不对称合成[4]。

$$\underset{X = O, CH_2, NR^1, S}{\overset{X}{\underset{R}{\bigvee}}\!\!R'} \xrightarrow{\textbf{1 或 2}} \overset{X}{\underset{R\ R'}{\triangle}} + \begin{matrix}(CH_3)_2S=O\\ \text{或}\\ (CH_3)_2S\end{matrix} \qquad (1)$$

$$\mathbf{1} = H_3C\overset{CH_2}{\underset{\underset{O}{\parallel}}{S}}CH_3 \qquad \mathbf{2} = H_3C\overset{CH_2}{\underset{}{S}}CH_3$$

硫叶立德 **1** 或 **2** 可分别通过 DMSO 或 Me$_2$S 与 MeI 形成锍盐，然后用强碱 (NaH 或 *n*-BuLi) 去质子化形成。与硫叶立德 **2** 相比，**1** 不太活泼，可在加热状态下制备；而相对活泼的 **2** 只能在较低温度下原位制备和反应。两者还有其它一些化学性质差异，如 **1** 选择性进攻不饱和酮的双键而 **2** 进攻羰基；与环己酮衍生物反应，**1** 立体专一性地形成碳-碳平伏键而 **2** 立体选择性地形成碳-碳直立键 (式 2)，这都使它们的合成利用具有很好的互补性。

$$\qquad \qquad \xleftarrow{\textbf{1}} \qquad \qquad \xrightarrow{\textbf{2}} \qquad \qquad (2)$$

cis : trans = 0 : 100 　　　　　　　　cis : trans = 83 : 17

利用硫叶立德 **1** 或 **2** 合成的小环单元 (尤其是环氧化物和环丙烷) 具有一定的张力，很容易发生开环反应得到有价值的中间体，广泛应用于天然产物全合成之中[5]。如利用 **1** 高度立体选择性地获得了合成四环二萜 (±)-methyl gummiferolate 所需的环氧化物 (式 3)[6]。

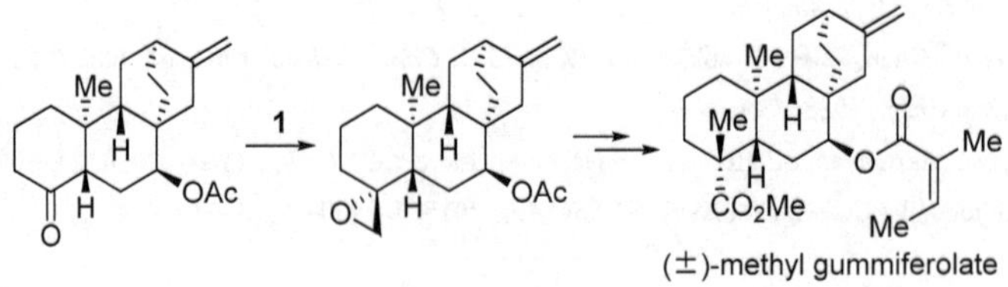

再如式 4 所示，硫叶立德 **1** 与右旋香芹酮反应，得到的环丙基酮可与含硅格氏试剂加成形成环丙基三级醇；再经碘化镁处理[7a]，可得到高碘烯丙基硅中间体[7b]。这个双功能合成子能参与形式 [4+2] 反应，从而建立桉烷型倍半萜骨架[7c]。

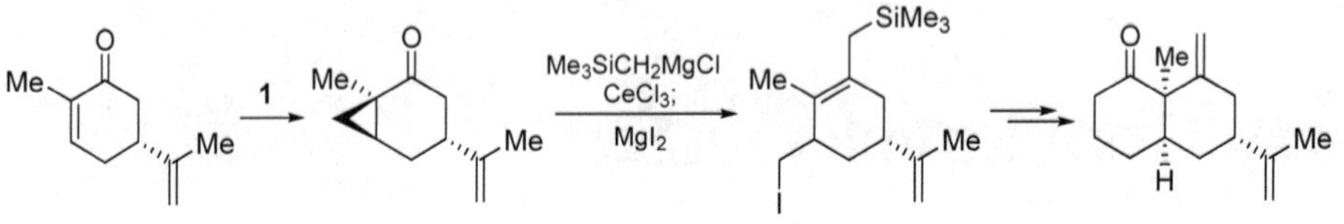

又如，硫叶立德 **2** 与式 5 中的二苯基酮反应，得到的环氧化物经过几个合成步骤可转化为鬼臼毒素 (podophyllotoxin) 的一种新类似物[8]。

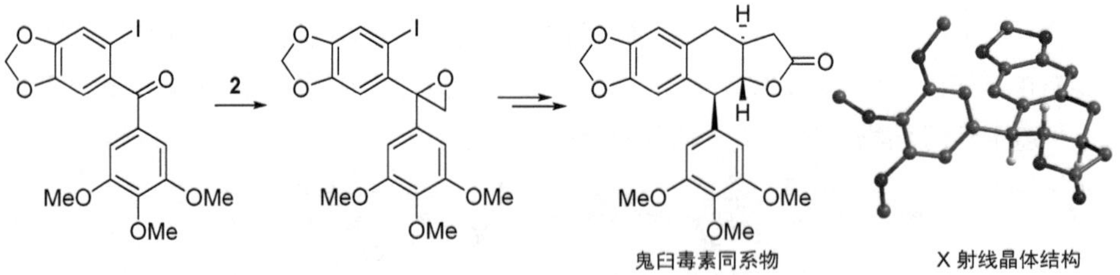

尽管不排除协同的亚甲基转移，普遍接受的反应机理如图 1 所示：硫叶立德对底物亲核加成形成两性中间体 (决速步骤)，再经电子转移并同时离去 DMSO 或 Me_2S，从而生成三元环化合物 (以环丙烷和环氧化物为例)[1,9]。

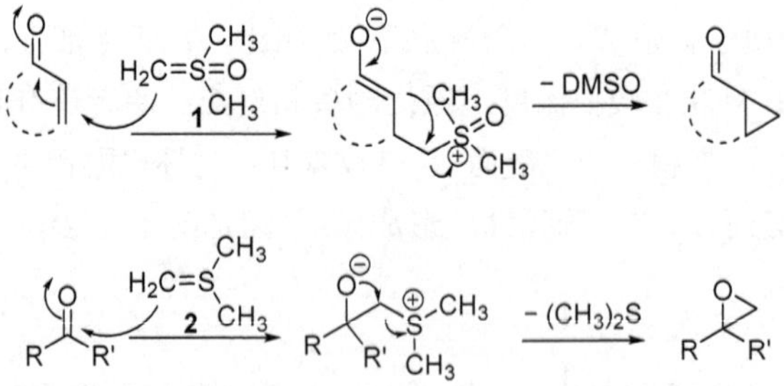

图 1 Corey-Chaykovsky 反应机理

参考文献

[1] Corey, E. J.; Chaykovsky, M. *J. Am. Chem. Soc.* **1965**, *87*, 1353, references therein.
[2] Barabash, A. V.; Butova, E. D.; Kanyuk, I. M.; Schreiner, P. R.; Fokin, A. A. *J. Org. Chem.* **2014**, *79*, 10669.
[3] Peng, Y.; Yang, J.-H.; Li, W. D. Z. *Tetrahedron* **2006**, *62*, 1209.

[4] (a) Li, A.-H.; Dai, L.-H.; Aggarwal, V. K. *Chem. Rev.* **1997**, *97*, 2341. (b) Aggarwal, V. K.; Winn, C. L. *Acc. Chem. Res.* **2004**, *37*, 611. (c) Sone, T.; Yamaguchi, A.; Matsunaga, S.; Shibasaki, M. *J. Am. Chem. Soc.* **2008**, *130*, 10078.
[5] Heravi, M. M.; Asadi, S.; Nazari, N.; Lashkariani, B. M. *Curr. Org. Synth.* **2016**, *13*, 308.
[6] Toyota, M.; Yokota, M.; Ihara, M. *Org. Lett.* **1999**, *1*, 1627.
[7] (a) Li, W. D. Z.; Zhang, X.-X. *Org. Lett.* **2002**, *4*, 3485. (b) Li, W. D. Z.; Yang, J.-H. *Org. Lett.* **2004**, *6*, 1849. (c) Shen, S.-J.; Li, W. D. Z. *J. Org. Chem.* **2013**, *78*, 7112.
[8] Peng, Y.; Xiao, J.; Xu, X.-B.; Duan, S.-M.; Ren, L.; Shao, Y.-L.; Wang, Y.-W. *Org. Lett.* **2016**, *18*, 5170.
[9] For references on the mechanism, see: (a) Edwards, D. R.; Du, J.; Crudden, C. M. *Org. Lett.* **2007**, *9*, 2397. (b) Edwards, D. R.; Montoya-Peleaz, P.; Crudden, C. M. *Org. Lett.* **2007**, *9*, 5481.

(彭羽，李卫东)

Danishefsky 双烯

Danishefsky (丹尼谢夫斯基) 双烯或 Danishefsky-Kitahara (丹尼谢夫斯基-北原) 双烯是 Danishefsky 小组在研究 Diels-Alder 反应[1,2]时发展起来的一类富电子环化试剂。Danishefsky 双烯主要包括以下五个有机硅类化合物 (式 1)。

$$\underset{\mathbf{1}}{\text{Me}_3\text{SiO}\diagup\!\!\!\diagup\!\!\!\diagup\text{OMe}} \quad \underset{\mathbf{2}}{\text{Me}_3\text{SiO}\diagup\!\!\!\diagup\!\!\!\diagup\text{OMe}^{\text{Me}}} \quad \underset{\mathbf{3}}{\text{Me}_3\text{SiO}\diagup\!\!\!\diagup\!\!\!\diagup\text{OMe}_{\text{Me}}} \quad \underset{\mathbf{4}}{\text{Me}_3\text{SiO}\diagup\!\!\!\diagup\!\!\!\diagup\text{OMe}_{\text{Me}}} \quad \underset{\mathbf{5}}{\text{Me}_3\text{SiO}\diagup\!\!\!\diagup\!\!\!\diagup\text{OMe}_{\text{Me}}^{\text{Me}}} \tag{1}$$

Danishefsky 双烯一般通过甲氧基烯酮的烯醇化和硅醚化两步串联反应制备 (式 2)。Danishefsky 小组采用 TEA-ZnCl$_2$-TMSCl 体系完成上述两步反应，反应的转化率不高，通常得到烯酮与双烯的混合物，通过减压蒸馏可以提高双烯化合物的含量[1,2]。Myles 等人采用 TMSOTf-TEA 体系合成双烯 **5**[3]；Clive 等人采用 LDA-TMSCl 体系合成双烯 **2**[4]。Feng 小组的研究发现 LDA-TMSCl 体系具有烯醇硅醚化转化率高、烯酮底物普适性好等优点[5]。

$$\underset{}{\overset{\text{OMe}}{\underset{\text{O}}{\overset{R^2}{\diagup\!\!\!\diagup}}}\!\!\!\diagup\!\!\!\diagup\,R^3}\xrightarrow[\text{硅醚化}]{\text{烯醇化}}\underset{\text{Me}_3\text{SiO}}{\overset{\text{OMe}}{\underset{}{\overset{R^2}{\diagup\!\!\!\diagup}}}\!\!\!\diagup\!\!\!\diagup\,R^3}\quad\begin{array}{l}\mathbf{1}\ R^1=R^2=R^3=H\\ \mathbf{2}\ R^1=R^3=H;R^2=Me\\ \mathbf{3}\ R^1=Me;R^2=R^3=H\\ \mathbf{4}\ R^1=R^2=H;R^3=Me\\ \mathbf{5}\ R^1=H;R^2=R^3=Me\end{array}\tag{2}$$

Danishefsky 双烯主链上连有两个供电子取代基 (甲氧基和硅氧基) 活化 1,3-丁二烯母体，在与亲双烯体 (烯烃、亚胺及其衍生物、羰基化合物等) 进行反应时提供 HOMO 轨道，属于常规 Diels-Alder 反应。Danishefsky 双烯与烯烃的反应 (Diels-Alder 反应)、与亚胺及其衍生物的反应 (aza-Diels-Alder 反应，简称 ADA 反应)、与羰基化合物的反应

(hetero-Diels-Alder 反应, 简称 HDA 反应), 已经分别被应用于复杂天然产物如 vernolepin (式 3)[6]、castoreum 活性组分 (式 4)[4]、gambierol (式 5)[7]等[8,9]的全合成。

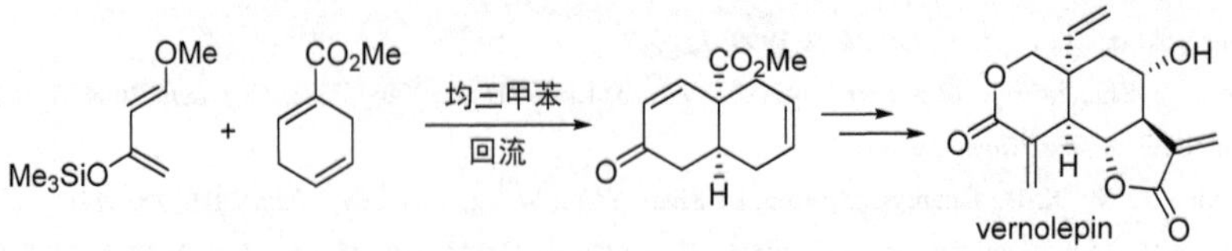

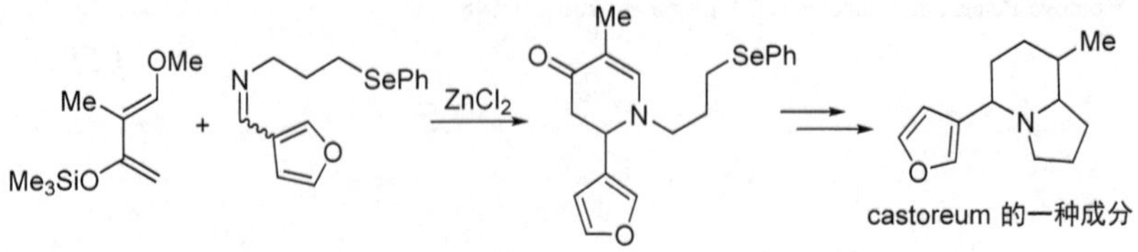

随着不对称催化合成的兴起, Danishefsky 双烯参与的不对称 HDA 反应受到了广泛关注[10]。理论计算和实验结果表明 HDA 反应可以通过两种途径进行, 即 Diels-Alder 途径 (环加成机理) 和 Mukaiyama aldol 途径 (分步式机理)。影响反应机理的因素主要有: 底物取代基的结构、催化剂的性质、溶剂及温度等。同样, ADA 反应也可以通过两种途径进行, 即 Diels-Alder 途径 (环加成机理) 和 Mannich 途径 (分步式机理)。

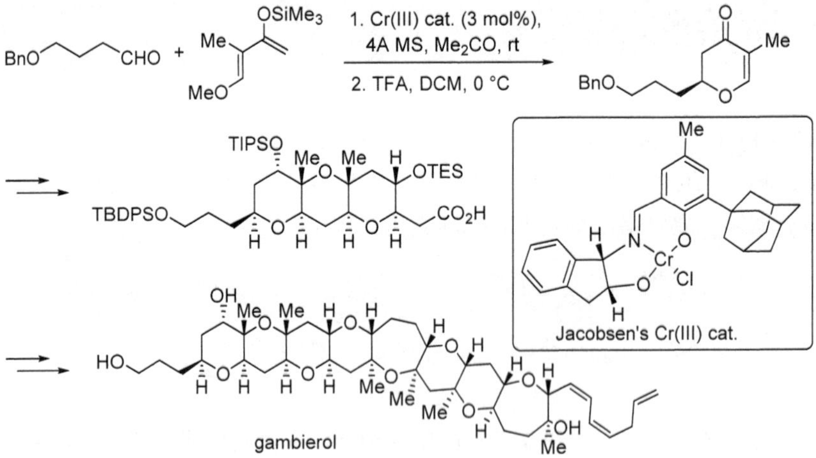

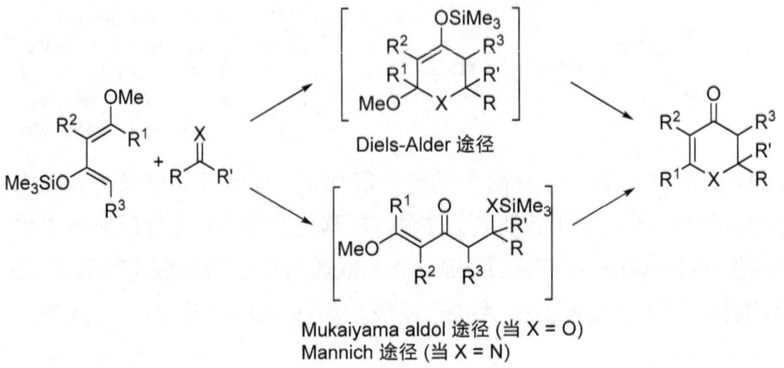

1983 年，Danishefsky 小组率先报道了手性 Eu(hfc)$_3$ 能够以中等的对映选择性 (<58% ee) 催化 Danishefsky 双烯与醛的 HDA 反应[11]。1988 年，Yamamoto 小组发展了手性 BINOL-Al(III) 催化促进 Danishefsky 双烯与醛的不对称 HDA 反应[12]。1996 年，Kobayashi 小组报道了手性 BINOL-Yb(III) 催化体系用于 Danishefsky 双烯与亚胺的催化不对称 ADA 反应[13]。1997 年，Jørgensen 小组利用手性 bisoxazoline-Cu(II) 配合物催化双烯 1 及双烯 4 与活化酮的不对称 HDA 反应[14]。2002 年，丁奎岭小组采用组合化学并结合高通量筛选技术，发展手性二醇-Ti(IV) 配合物体系，在极低的催化剂用量 (0.1~0.005 mol%) 和无溶剂条件下，实现双烯 1 与醛的催化不对称 HDA 反应[15]。2008 年，冯小明小组发展了手性双氮氧-/In(OTf)$_3$ 体系催化不对称双烯 5 与醛的 HDA 反应，并用于 triketide 的全合成 (式 7)[16]。

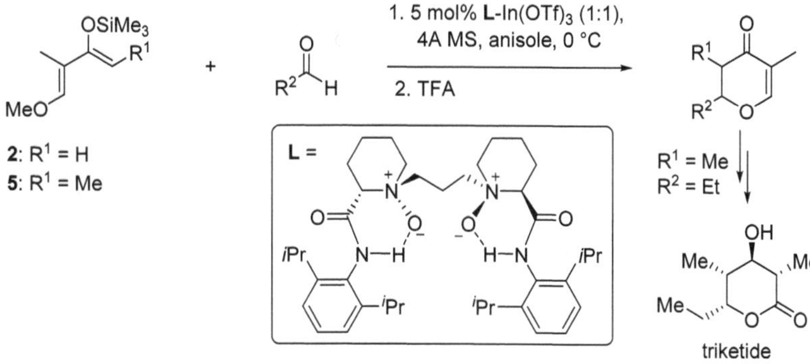

经典 ADA 反应由制备好的亚胺与 Danishefsky 双烯发生反应。原位制备亚胺，再与 Danishefsky 双烯发生 ADA 反应也得到发展[17,18]。2008 年，Alaimo 小组以硝基苯类化合物和芳香醛为原料，单质铟和氯化铵水溶液为还原剂，原位形成亚胺底物后，加入双烯 1 获得 2,3-二氢吡啶-4-(1H)-酮类化合物 (式 8)[17]。可能机理为铟与氯化铵还原硝基生成的 InCl$_3$ 催化双烯 1 与亚胺的 ADA 反应。2016 年，Moriyama 小组以苄基苯磺酰胺为原料，通过 N-氯代、串联 N-Cl/C(sp^3)-H 均裂，经四丁基碘化铵 (TBAI) 催化，与双烯 1 反应，生成 2-甲氧基哌啶-4-酮衍生物 (式 9)[18]。

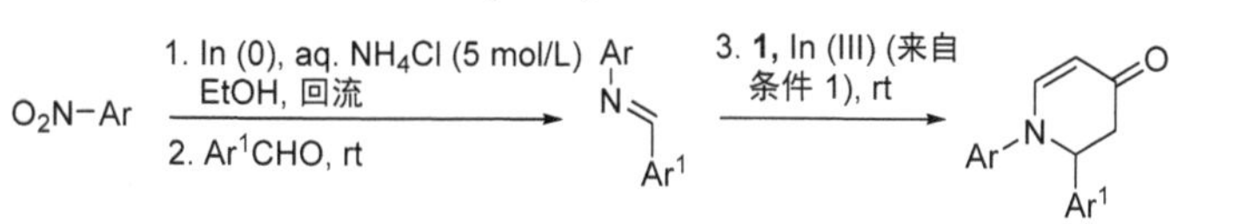

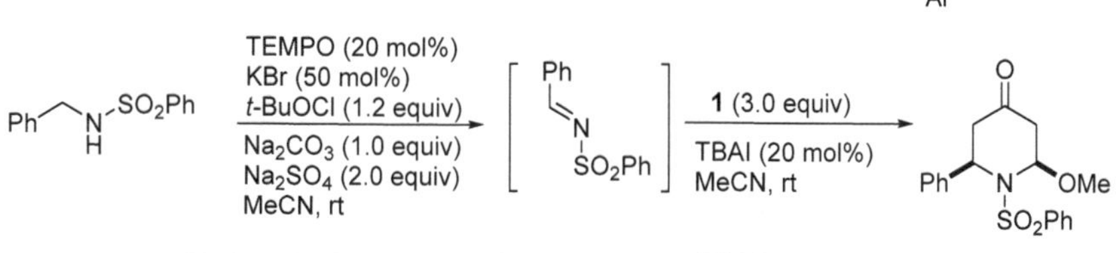

Danishefsky 双烯在天然产物导向合成中也有发展[19,20]。2015 年，Snyder 小组利用双烯 1 与官能团化的环戊烯酮反应制备 iso-Hajos-Parrish 酮[20]，并成功应用于

sarcandralactone A、4-desmethylpinguisone 及 eudesmanolide 母核的合成 (式 10)。

在分步式反应 (Mukaiyama aldol 途径或 Mannich 途径) 过程中，Danishefsky 双烯作为亲核体 (Nu⁻) 进攻羰基或亚胺，再在酸性条件下环合。因此，Danishefsky 双烯可以亲核进攻单一功能化的亲电试剂，使反应终止于 C–C 键的形成，实现碳链的延长。2015 年，Hartwig 小组利用手性铱配合物催化剂，高区域选择性和对映选择性地实现了 Danishefsky 双烯 1 的不对称烯丙基烷基化 (asymmetric allylic alkylation, AAA) 反应[21]。

参考文献

[1] (a) Danishefsky, S.; Kitahara, T. *J. Am. Chem. Soc.* **1974**, *96*, 7807. (b) Danishefsky, S., Kitahara, T.; Schuda P. F. *Org. Synth.* **1990**, Coll. *7*, 312; **1983**, *61*, 147.

[2] Danishefsky, S.; Yan, C. F.; Singh, R. K.; Gammill, R. B.; McCurry, P. M.; Fritsch, N.; Clardy, J. *J. Am. Chem. Soc.* **1979**, *101*, 7001.

[3] Myles, D. C.; Bigham, M. H., *Org. Synth.* **1998**, Coll. *9*, 548; **1992**, *70*, 231.

[4] Clive, D. L. J.; Bergstra, R. J., *J. Org. Chem.* **1991**, *56*, 4976.

[5] (a) Wang, B.; Feng, X. M.; Huang, Y. Z.; Jiang, Y. Z., *J. Org. Chem.* **2002**, *67*, 2175. (b) Huang, Y. Z.; Feng, X. M.; Wang, B.; Zhang, G. L.; Jiang, Y. Z., *Synlett* **2002**, 2122. (c) Fu, Z. Y.; Gao, B.; Yu, Z. P.; Yu, L.; Huang, Y. Z.; Feng, X. M.; Zhang, G. L. *Synlett* **2004**, 1772.

[6] Danishefsky, S.; Schuda, P. F.; Kitahara, T.; Etheredge, S. J. *J. Am. Chem. Soc.* **1977**, *99*, 6066.

[7] (a) Cox, J. M.; Rainier, J. D. *Org. Lett.* **2001**, *3*, 2919. (b) Majumder, U.; Cox, J. M.; Rainier, J. D. *Org. Lett.* **2003**, *5*, 913. (c) Johnson, H. W. B.; Majumder, U.; Rainier, J. D. *J. Am. Chem. Soc.* **2005**, *127*, 848. (d) Johnson, H. W. B.; Majumder, U.; Rainier, J. D. *Chem. -Eur. J.* **2006**, *12*, 1747.

[8] Danishefsky, S. *Acc. Chem. Res.* **1981**, *14*, 400.

[9] Selected examples: (a) Danishefsky, S.; Paul F.; Schuda, T. K.; Etheredge, S. J. *J. Am. Chem. Soc.* **1976**, *98*, 3028. (b) Danishefsky, S.; Kitahara, T.; Yan, C. F.; Morris, J. *J. Am. Chem. Soc.* **1979**, *101*, 6996. (c) Bednarski, M.; Danishefsky, S. *J. Am. Chem. Soc.* **1986**, *108*, 7060. (d) Danishefsky, S. J.; DeNinno, M. P. *Angew. Chem. Int. Ed. Engl.* **1987**, *26*, 15. (e) Danishefsky, S. J.; Bilodeau, M. T. *Angew. Chem. Int. Ed. Engl.* **1996**, *35*, 1380. (f) Rainier, J. D.; Allwein, S. P.; Cox, J. M. *Org. Lett.* **2000**, *2*, 231. (g) Rainier, J. D.; Allwein, S. P.; Cox, J. M. *J. Org. Chem.* **2001**, *66*, 1380. (h) Yamashita, Y.;

Saito, S.; Ishitani, H.; Kobayashi, S. *J. Am. Chem. Soc.* **2003**, *125*, 3793. (i) Williams, D. R.; Heidebrecht, R. W. Jr. *J. Am. Chem. Soc.* **2003**, *125*, 1843. (j) Yang, W. Q.; Shang, D. J.; Liu, Y. L.; Du, Y.; Feng, X. M. *J. Org. Chem.* **2005**, *70*, 8533. (k) Panarese, J. D.; Waters, S. P. *Org. Lett.* **2009**, *11*, 5086. (l) Yeo, J. E.; Bae, S. H.; Do, Y. S.; Sun, R.; Kim, H. J.; Koo, S. *J. Org. Chem.* **2009**, *74*, 917. (m) Chaładaj, W.; Kowalczyk, R.; Jurczak, J. *J. Org. Chem.* **2010**, *75*, 1740.

[10] Selected reviews: (a) Jørgensen, K. A. *Angew. Chem. Int. Ed.* **2000**, *39*, 3558. (b) Jørgensen, K. A., *Eur. J. Org. Chem.* **2004**, 2093. (c) Lin, L. L.; Liu, X. H.; Feng, X. M. *Synlett* **2007**, *14*, 2147. (d) Pellissier, H. *Tetrahedron* **2009**, *65*, 2839. (e) Desimoni, G.; Faita, G.; Quadrelli, P. *Chem. Rev.* **2018**, *118*, 2080.

[11] Bednarski, M.; Maring, C.; Danishefsky, S. *Tetrahedron Lett.* **1983**, *24*, 3451.

[12] Maruoka, K.; Itoh, T.; Shirasaka, T.; Yamamoto, H. *J. Am. Chem. Soc.* **1988**, *110*, 310.

[13] Ishitani, H.; Kobayashi, S. *Tetrahedron Lett.* **1996**, *37*, 7357.

[14] (a) Johannsen, M.; Yao, S.; Jørgensen, K. A. *Chem. Commun.* **1997**, 2169. (b) Yao, S.; Johannsen, M.; Audrain, H.; Hazell, R. G.; Jørgensen, K. A. *J. Am. Chem. Soc.* **1998**, *120*, 8599.

[15] Long, J.; Hu, J. Y.; Shen, X. Q.; Ji, B. M.; Ding, K. L. *J. Am. Chem. Soc.* **2002**, *124*, 10.

[16] Yu Z. P.; Liu X. H.; Dong Z. H.; Xie M. S.; Feng, X. M. *Angew. Chem. Int. Ed.* **2008**, *47*, 1308.

[17] Alaimo, P. J.; O'Brien, R.; Johnson, A. W.; Slauson, S. R.; O'Brien, J. M.; Tyson, E. L.; Marshall, A.-L.; Ottinger, C. E.; Chacon, J. G.; Wallace, L.; Paulino, C. Y.; Connell, S. *Org. Lett.* **2008**, *10*, 5111.

[18] Moriyama, K.; Kuramochi, M.; Fujii, K.; Morita, T.; Togo, H. *Angew. Chem. Int. Ed.* **2016**, *55*, 14546.

[19] (a) Zhang, Y.; Danishefsky, S. J. *J. Am. Chem. Soc.* **2010**, *132*, 9567. (b) Wang, C.; Wang, D.; Gao, S. *Org. Lett.* **2013**, *15*, 4402.

[20] Eagan, J. M.; Hori, M.; Wu, J.; Kanyiva, K. S.; Snyder, S. A. *Angew. Chem. Int. Ed.* **2015**, *54*, 7842.

[21] Chen, M.; Hartwig, J. F. *J. Am. Chem. Soc.* **2015**, *137*, 13972.

相关试剂/反应： Brassard 双烯；陈德恒双烯；Diels-Alder 反应

（高波，刘小华，冯小明*）

Darzens 缩合

Darzens（达仁斯）缩合包括 Darzens 环氧丙酸酯缩合 (Darzens glycidic ester condensation)、Darzens 氮杂环丙烷合成 (Darzens aziridine synthesis) 和 Darzens 环丙烷合成 (Darzens cyclopropane synthesis)，是一种构建环氧、氮杂环丙烷和环丙烷的方法。

经典的 Darzens 缩合是指 Darzens 环氧丙酸酯缩合，即 α-卤代羧酸酯与醛、酮在碱性条件下反应生成环氧丙酸酯的反应 (式 1)。虽然该类反应最早由 E. Erlenmeyer 报道[1]，但其详尽的研究是由 G. Darzens 完成的[2]，因此该类反应被命名为 Darzens 环氧丙酸酯缩合。

$$\underset{R^1}{\overset{X}{\diagup}}\text{EWG} + \underset{R^2}{\overset{O}{\diagup}}R^3 \xrightarrow{\text{碱, 溶剂}} \underset{R^3}{\overset{R^2}{\diagup}}\overset{O}{\underset{\text{EWG}}{\triangle}}R^1 \quad \text{环氧丙酸酯} \tag{1}$$

X = Cl, Br, I; R^1 = H, 烷基, 芳基; EWG = CO_2R; R^2 = H, 烷基; R^3 = 烷基, 芳基;
碱 = Mg, Na, NaOEt, $NaNH_2$, NaOH, K_2CO_3, NaO*t*-Bu, KO*t*-Bu, *etc.*

Darzens 环氧丙酸酯缩合具有良好的普适性，芳香族醛和酮、脂肪族酮以及 α,β 不饱和酮和环状酮均能取得不错的产率；脂肪族醛也能应用于该反应，但反应的产率通常较低。由于能在更大程度上避免分子间 S_N2 取代反应的发生，α-氯代羧酸酯反应的产率往往要优于相应的溴化物和碘化物[3]。

Darzens 环氧丙酸酯缩合过程中，首先是 α-卤代羧酸酯在碱性条件下生成相应的碳负离子中间体 A (第 1 步)，然后中间体 A 进攻原料中的醛或酮得到关环前体 B 和 C (第 2 步)，它们经过分子内 S_N2 取代反应最终生成环氧丙酸酯类化合物 (第 3 步)。虽然反应产物通常以 trans 为主，但该反应的立体化学较为复杂，反应中所使用的溶剂、碱和原料的取代基等因素的变化都会导致反应选择性的改变[4]。

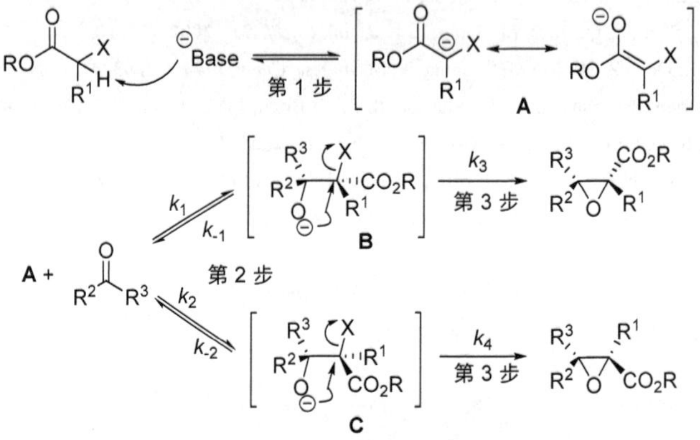

图 1　Darzens 环氧丙酸酯缩合反应机理

Darzens 环氧丙酸酯缩合作为合成环氧丙酸酯类化合物的一种高效方法，在有机合成中获得了广泛应用。例如，A. Schwartz 等人利用该反应构建了合成化合物 diltiazem 的关键中间体 (式 2)[5]。此外，Darzens 环氧丙酸酯缩合得到的环氧丙酸酯经水解、酸化和脱羧处理能方便地转化为醛或酮羰基化合物[6]，得到的醛或酮羰基化合物相对于达仁斯环氧丙酸缩合原料中的醛或酮多了一个 CH_2。所以，Darzens 环氧丙酸酯缩合可用于醛或酮羰基化合物的同系化 (homologation) 反应。这一过程成功地被应用于维生素 A 的合成 (式 3)[7]。

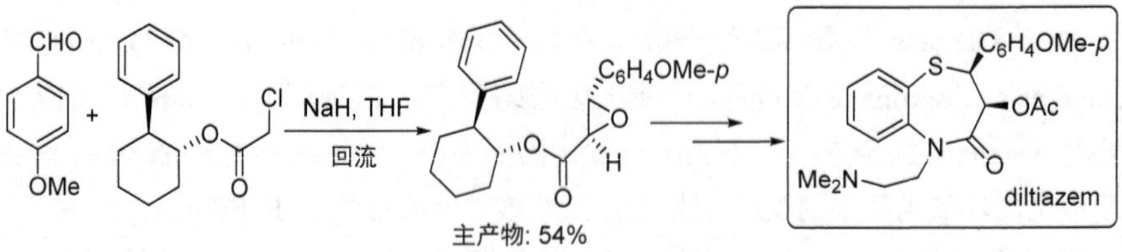

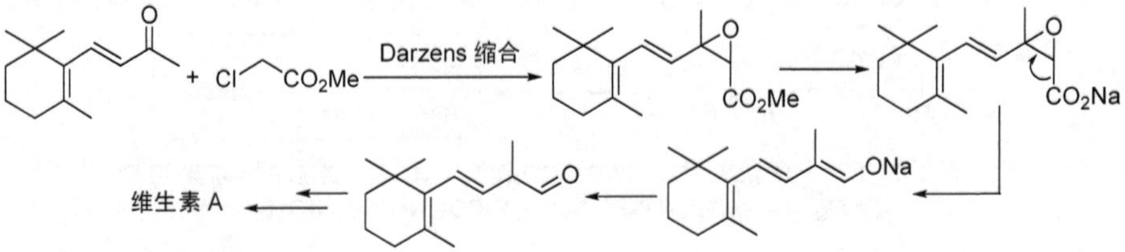

利用不对称催化的方法实现 Darzens 缩合，能够高效地合成手性环氧乙烷。Deng 等人利用辛可宁衍生的手性季铵盐为相转移催化剂，实现了 α-氯代酮与醛类化合物的不对称 Darzens 环氧丙酸酯缩合反应[8]。该反应的底物普适性非常好，无论是开链的还是环状的 α-氯代酮，都能够顺利地与各种各样的芳香醛以及脂肪醛发生反应，取得 80%~99% ee (式 4)。冯小明等人实现了 α-溴代酮与靛红的不对称 Darzens 环氧丙酸酯缩合反应[9]。在手性双氮氧-Co(acac)$_2$ 催化剂的作用下，以优秀的产率和高达 95% ee，合成了一系列具有潜在抗真菌、抗结核药物开发前景的手性螺-环氧吲哚酮化合物 (式 5)。

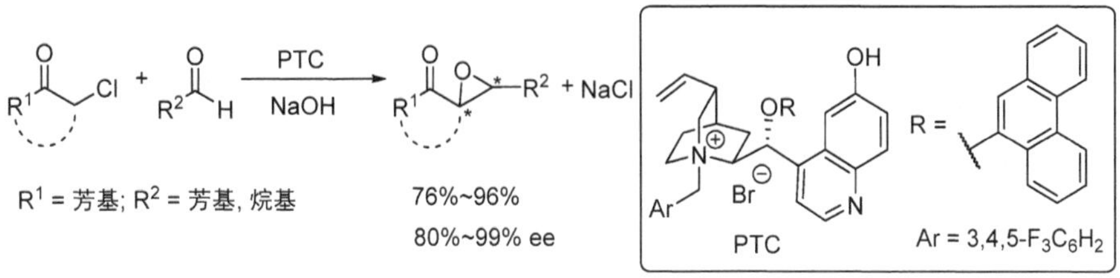

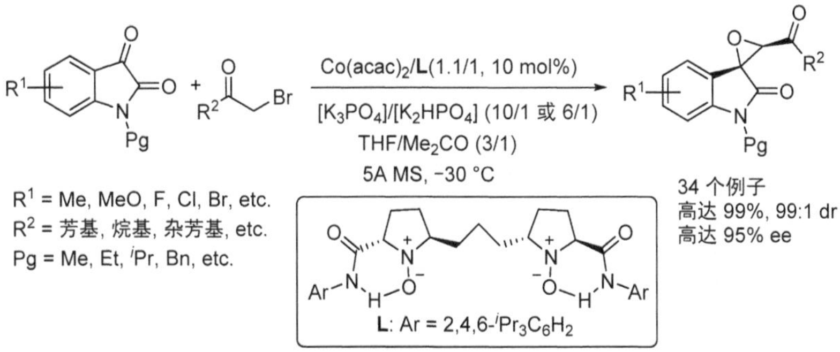

使用亚胺代替 Darzens 环氧丙酸酯缩合中的醛、酮，反应的产物是氮杂环丙烷化合物，这一反应被称为 Darzens 氮杂环丙烷合成（Darzens aziridine synthesis）[10]。

使用 Michael 受体代替 Darzens 环氧丙酸酯缩合中的醛、酮，反应的产物是环丙烷化合物，这一反应被称为 Darzens 环丙烷合成（Darzens cyclopropane synthesis）[11]。

这两个反应的机理与 Darzens 环氧丙酸酯缩合完全相同，反应的立体化学同样较为复杂，反应中所使用的溶剂、碱和原料的取代基等因素的变化都会导致反应选择性的改变。

这里要指出的是除 α-卤代羧酸酯外，α-卤代砜、α-卤代腈、α-卤代酮、α-卤代酮亚胺、α-卤代硫羟酸酯、α-卤代酰胺和 γ-卤代巴豆酸酯等有吸电子基团取代的 α-卤代物都可以用于 Darzens 缩合[4]。此外，除了 α-卤代化合物，α-重氮羧酸衍生物[12]、硫叶立德[13]也能够发生 Darzens 类型的缩合反应，其反应机理 (图 2) 与 α-卤代羧酸酯参与的反应类似。例如，重氮羧酸酯的 α-位具有亲核性，醛类化合物在 Lewis 酸的作用下能够接受其亲核进攻得到关环前体，随后发生氧原子进攻的分子内 S_N2 取代反应，离去氮气，生成环氧化合物；锍盐在碱的作用下，原位生成硫叶立德，其对醛类化合物发生亲核加成生成关环前体，随后发生氧原子进攻的分子内 S_N2 取代反应，生成环氧化合物。

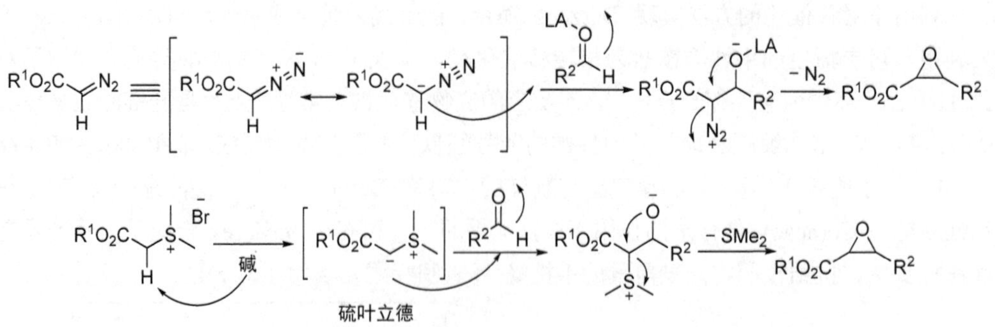

图 2 α-重氮羧酸酯、硫叶立德发生的 Darzens 缩合的反应机理

龚流柱等人发展了利用廉价易得的手性联萘酚与 Ti(O^{i}Pr)$_4$ 形成的配合物为催化剂，实现了 α-重氮乙酰胺与醛的首次高对映选择性不对称 Darzens 缩合反应 (式 6)[14]。该催化体系的一个重要优势在于，其具有非常广谱的底物普适性。对于含有各种各样取代基的芳香醛、杂环芳香醛、不饱和脂肪醛、饱和脂肪醛等都能够取得理想的产率和非常高对映选择性。他们利用该方法，合成了重要的手性化合物紫杉醇侧链以及 (−)-bestatin。

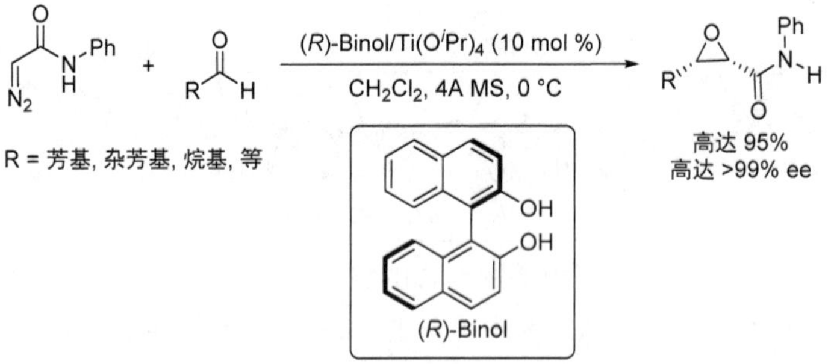

Akiyama 等人发展了手性磷酸催化的不对称达仁斯缩合反应 (式 7)[15]。他们利用 α-羰基醛的水合物与胺类化合物原位生成亚胺，在与 α-重氮乙酸酯发生对映选择性达仁斯缩合反应，合成了一系列手性氮杂环丙烷化合物。

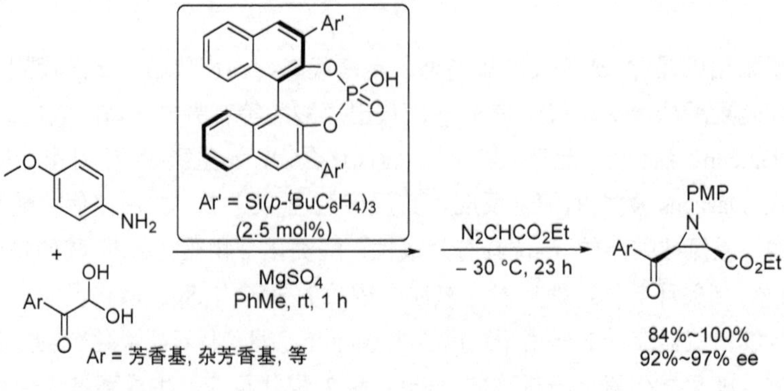

戴立信等人发展了叶立德化学途径的 Darzens 缩合反应，用于合成环氧乙烷、氮杂

环丙烷以及环丙烷化合物[16]。唐勇等人利用 (D)-樟脑衍生的锍盐原位生成硫叶立德，与 Michael 受体发生 Darzens 环丙烷化反应，以高对映选择性合成了手性环丙烷 (式 8)[17]。

$$\text{结构式反应 (8)}$$

R^1 = 芳香基、杂芳香基, H, 烷基
R^2 = OMe, OEt, N(CH$_2$)$_4$, Ph, etc.
产率高达 85%, 高达 99% ee

随后，Aggarwal 等人也使用相同的策略，使硫叶立德与醛发生 Darzens 缩合反应，合成了手性环氧化合物 (式 9)[18]。肖文精等人使用相同的手性锍盐原位生成硫叶立德，与靛红发生 Darzens 环氧化反应，生成了手性螺-环氧吲哚酮化合物（式 10)[19]。

$$\text{结构式反应 (9)}$$

R = 芳基、杂芳基
85%~93%, 92%~99% ee
R = 烷基
79%~87%, 10%~93% ee

$$\text{结构式反应 (10)}$$

R = H, Me, MeO, F, Cl, Br, CF$_3$, NO$_2$

产率 70%~99%
高达 93% ee, dr > 95:5

参考文献

[1] Erlenmeyer. E. *Liebigs Ann. Chem.* **1892**, *271*, 137.
[2] Darzens, G. *Compt. Rend.* **1911**, *151*, 883.
[3] (a) Newman, M. S.; Magerein, B. *J. Org. React.* **1949**, *5*, 413. (b) Ballester, M. *Chem. Rev.* **1955**, *55*, 283.
[4] Rosen, T. In *Comp. Org. Synth.* (eds. Trost, B. M; Fleming, I.), *2*, 409-411 (Pergamon, Oxford, **1991**).
[5] Schwartz, A.; Madan, P. B.; Mohacsi, E.; O'Brien, J. P.; Todaro, L. J.; Coffen, D. L. *J. Org. Chem.* **1992**, *57*, 851.
[6] Blanchard, E. P.; Jr., Buechi, G. *J. Am. Chem. Soc.* **1963**, *85*, 955.
[7] Isler, O.; Huber, W.; Ronco, A.; Kofler, M. *Helv. Chim. Acta.* **1947**, *30*, 1911.
[8] Liu, Y.; Provencher, B. A.; Bartelson, K. J.; Deng, L. *Chem. Sci.* **2011**, *2*, 1301.
[9] Kuang, Y.; Lu, Y.; Tang, Y.; Liu, X.; Lin, L.; Feng, X. *Org. Lett.* **2014**, *16*, 4244.
[10] (a) Deyrup, J. A. *J. Org. Chem.* **1969**, *34*, 2724. (b) Davis, F. A.; Ramachandar, T.; Wu, Y. Z. *J. Org. Chem.* **2003**, *68*, 6894. (c) Sweeney, J. B.; Cantrill, A. A.; Drew. M. G. B.; Mclaren, A. B.; Thobhani, S. *Tetrahedron* **2006**, *62*, 3694.
[11] (a) Hanessian, S.; Andreotti, D.; Gomtsyan, A. *J. Am. Chem. Soc.* **1995**, *117*, 10393. (b) Shinohara, N.; Haga, J.; Yamazaki, T.; Kitazume, T.; Nakamura, S. *J. Org. Chem.* **1995**, *60*, 4363.

[12] (a) Williams, A. L.; Johnston, J. N. *J. Am. Chem. Soc.* **2004**, *126*, 1612. (b) Akiyama, T.; Suzuki, T.; Mori, K. *Org. Lett.* **2009**, *11*, 2445. (c) Chai, G.-L.; Han, J.-W.; Wong, H. N. C., *Synthesis* **2017**, *49*, 181. (d) Chai, G.-L.; Han, J.-W.; Wong, H. N. C. *J. Org. Chem.* **2017**, *82*, 12647.

[13] (a) Yang, X. F.; Mang, M. J.; Hou, X. L.; Dai, L. X. *J. Org. Chem.* **2002**, *67*, 8097. (b) Li, K.; Deng X.-M.; Tang Y. *Chem. Commun.* **2003**, 2074.

[14] Liu, W.-J.; Lv, B.-D.; Gong, L.-Z. *Angew. Chem. Int. Ed.* **2009**, *48*, 6503.

[15] Akiyama, T.; Suzuki, T.; Mori, K. *Org. Lett.* **2009**, *11*, 2445.

[16] (a) Li, A. H.; Dai, L. X.; Aggarwal, V. K. *Chem. Rev.* **1997**, *97*, 2341. (b) Dai, L. X.; Hou, X. L.; Zhou, Y. G. *Pure Appl. Chem.* **1999**, *71*, 369.

[17] (a) Ye, S.; Huang, Z.-Z.; Xia, C.-A.; Tang, Y.; Dai, L.-X. *J. Am. Chem. Soc.* **2002**, *124*, 2432. (b) Deng, X.-M.; Cai, P.; Ye, S.; Sun, X.-L.; Liao, W.-W.; Li, K.; Tang, Y.; Wu, Y.-D.; Dai, L.-X. *J. Am. Chem. Soc.* **2006**, *128*, 9730. (c) Sun, X.-L.; Tang, Y. *Acc. Chem. Res.* **2008**, *41*, 937.

[18] (a) Aggarwal, V. K.; Hynd, G.; Picoul, W.; Vasse, J. L. *J. Am. Chem. Soc.* **2002**, *124*, 9964. (b) Aggarwal, V. K.; Charmant, J. P. H.; Fuentes, D.; Harvey, J. N.; Hynd, G.; Ohara, D.; Picoul, W.; Robiette, R.; Vasse, J. L.; Winn, C. L. *J. Am. Chem. Soc.* **2006**, *128*, 2105.

[19] Boucherif, A.; Yang, Q. Q.; Wang, Q.; Chen, J. R.; Lu, L. Q.; Xiao, W. J. *J. Org. Chem.* **2014**, *79*, 3924.

（郑君成，王丽佳，唐勇*）

Dieckmann 缩合

Dieckmann (迪克曼) 缩合反应是指在碱性条件下，通过二酯的分子内 Claisen 缩合，得到 β-酮酯的反应[1,2]。该反应以形成五、六元环最有利，形成七元以上的中、大环的主要副反应是二聚[3]。传统上所用的碱为乙醇钠，在乙醇中反应[4]。现多用位阻大、亲核性小的强碱，如 t-BuOK、LDA、LHMDS，并在非质子性溶剂如四氢呋喃中反应，以便反应能在较低温度下进行，减少副反应。

Dieckmann 缩合反应应用的主要问题是选择性问题。

当其中一个酯基不含 α-氢时反应不存在区域选择性问题。翟宏斌课题组巧妙利用这一特点，通过二酯的 Dieckmann 缩合反应高效构筑生物碱 subincanadine B 的五环核心骨架 (式 1)[5]。

(1)

非对称酯反应的区域选择性取决于两酯基 α-碳位阻的差异。比较马大为小组在哌啶生物碱 pseudodistomins A 和 B 合成中采用的 Dieckmann 缩合反应 (式 2)[6]和 Rapoport 小组在桥环化合物的合成中所用的 Dieckmann 缩合反应 (式 3)[7]可看出其差别。

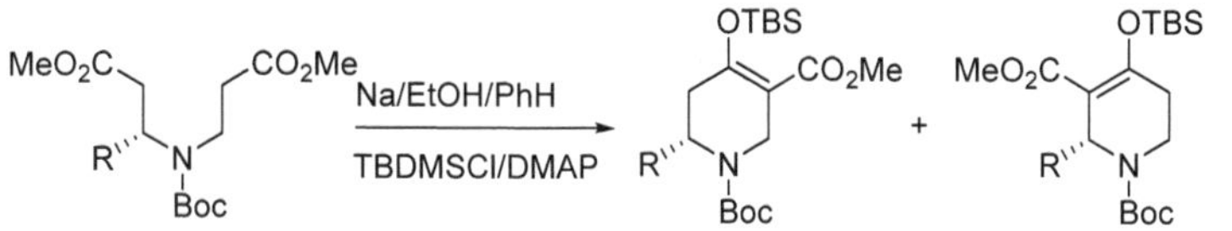

酯的烯醇负离子也可通过对 α,β-不饱和羰基化合物的共轭加成生成，由此进行串联 Michael 加成-Dieckmann 缩合反应 (式 4)[8,9]。炔醇盐与羰基的 [2+2] 环加成也可生成酯的烯醇负离子，从而进行串联反应 (式 5)。

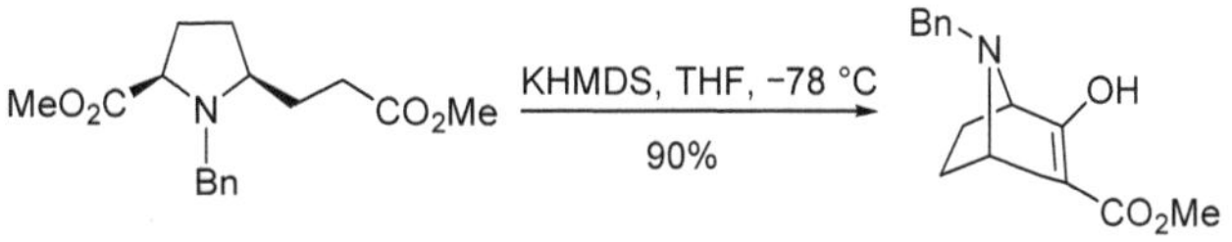

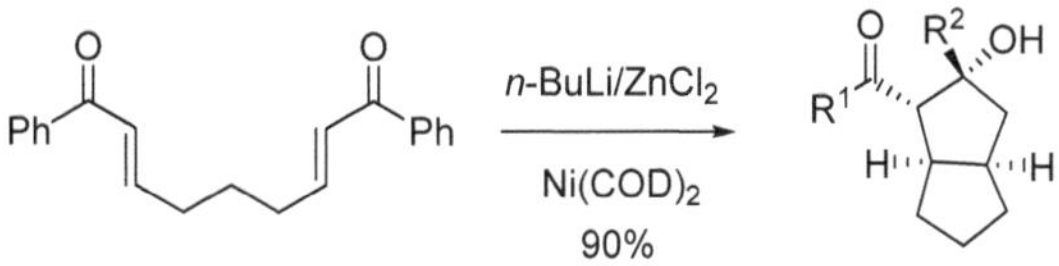

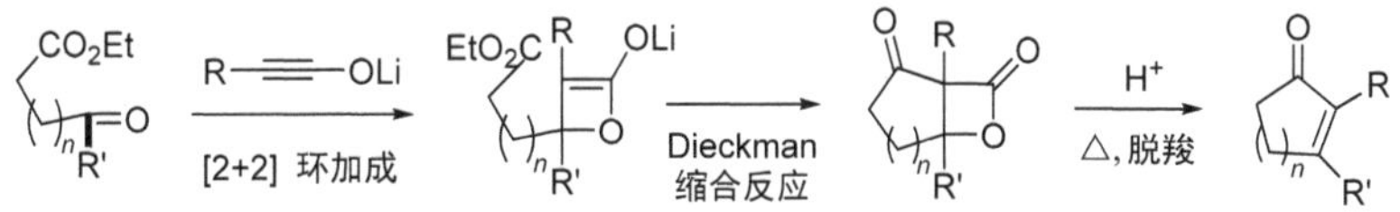

通过选择适当的底物，在适当的条件下，通过串联 Michael 加成-Dieckmann 缩合反应可一步合成复杂的金刚烷环系 (式 6)[10,11]。

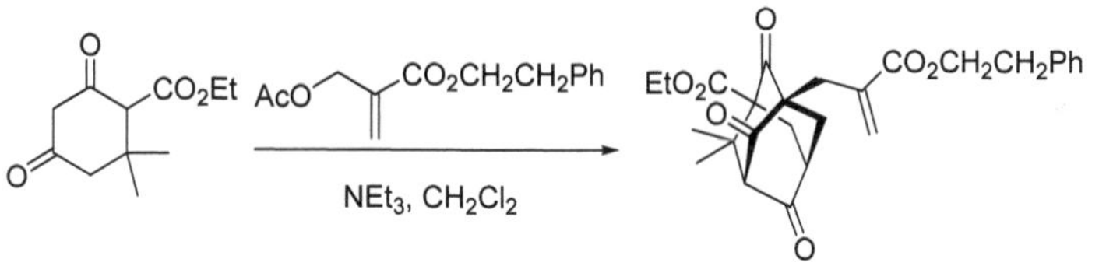

2014 年，Brian 课题组选用含有 β-乙酰氧基结构的底物，通过分子内 Dieckmann 缩合可以以较优的收率构建 6,6-二取代 2H-吡喃酮骨架，且官能团兼容性良好 (式 7)[12]。

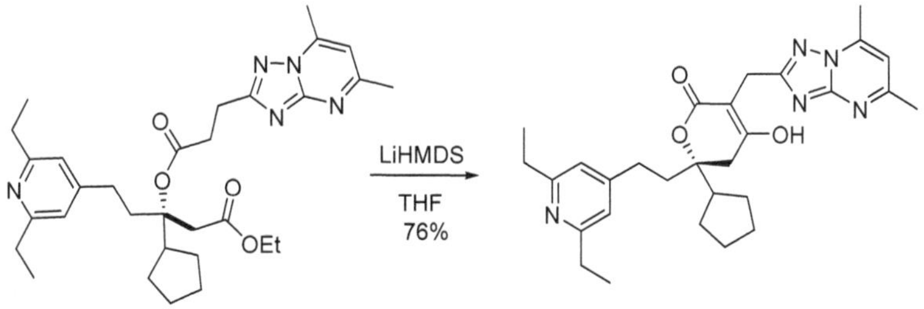

2015 年，Arya 小组发展了具有高区域选择性和立体选择性的 Dieckmann 缩合方法，成功地构建天然产物的三环核心骨架，后者被用于大环体系的合成 (式 8)[13]。

Porco 小组通过分子内酮-酯的类 Dieckmann 缩合反应，巧妙地构筑天然产物 aurofusarin 的三环骨架，进而完成其全合成 (式 9)[14]。

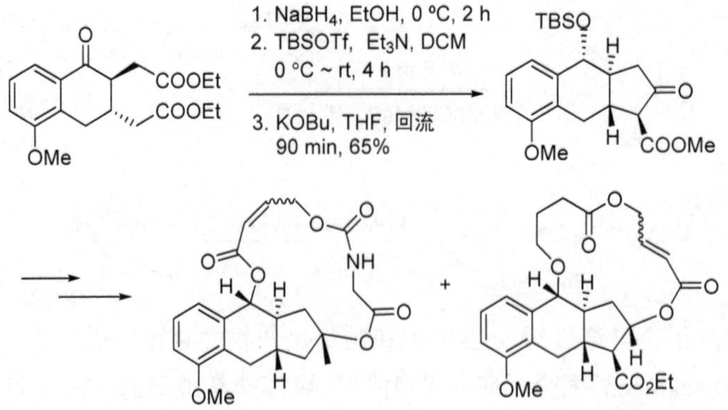

在 (+)-duocarmycin A 和 *epi*-(+)-duocarmycin A 的合成中，Boger[15] 等成功地实现了 α-氨基酸酯的烯醇负离子对氰基加成的类 Dieckmann 缩合反应 (式 10)[16,17]。

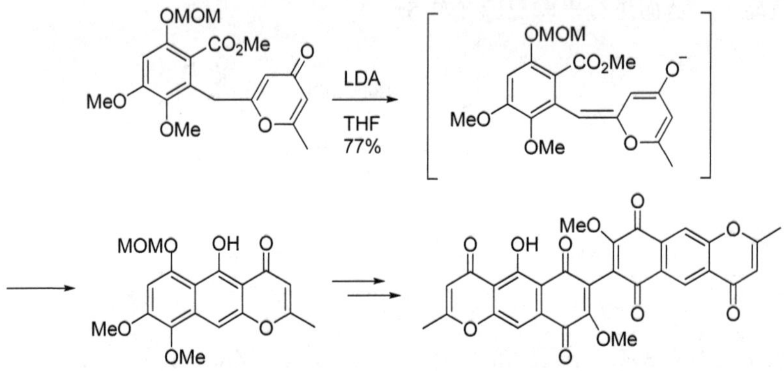

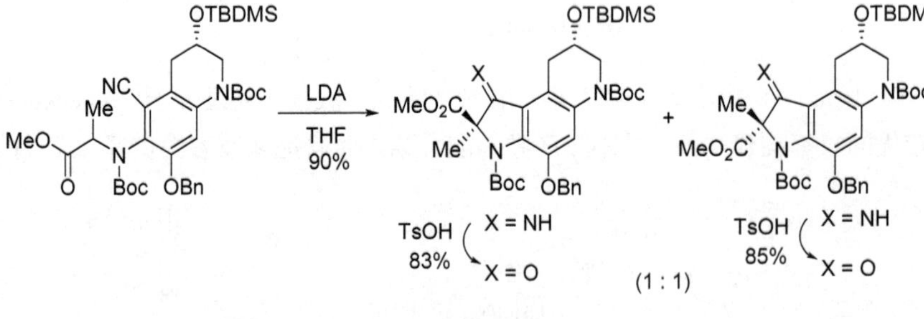

参考文献

[1] (a) Dieckmann, W. *Ber.* **1894**, *27*, 102-965. (b) Dieckmann, W. *Ber.* **1900**, *33*, 595-2670. (c) Dieckmann, W. *Ann.* **1901**, *317*, 51-93. (d) Mollica, A.; Zengin, G. *Curr. Bio.* **2016**, *12*, 221-228. (综述)

[2] (a) Hauser, C. R.; Hudson, B. E. *Organic Reactions* **1942**, *1*, 274. (b) Wolf, D. E.; Folkers, K. *Organic Reactions* **1951**, *6*, 449. (c) Thyagarajan, B. S. *Chem. Rev.* **1954**, *54*, 1029.

[3] Leonard, N. J.; Schimelpfenig, Jr., C. W. *J. Org. Chem.* **1959**, *24*, 2073-2073.

[4] Daeniker, H. U.; Grob, C. A. *Org. Synth.* **1964**, *44*, 86-89.

[5] Liu, Y.; Luo, S.; Fu, X.; Fang, F.; Zhuang, Z.; Xiong, W.; Jia, X.; Zhai, H. *Org. Lett.* **2006**, *8*, 115-118.

[6] Ma, D.; Xia, C.; Jiang, J.; Zhang, J.; Tang, W. *J. Org. Chem.* **2003**, *68*, 442-451.
[7] Lin, R.; Castells, J.; Rapoport, H. *J. Org. Chem.* **1998**, *63*, 4069-4078.
[8] Seo, J.; Fain, H.; Blanc, J. B.; Montgomery, J. *J. Org. Chem.* **1999**, *64*, 6060-6065.
[9] Shindo, M.; Sato, Y.; Shishido, K. *J. Am. Chem. Soc.* **1999**, *121*, 6507-6508.
[10] Takagi, R.; Miwa, Y.; Matsumura, S.; Ohkata, K. *J. Org. Chem.* **2005**, *70*, 8587-8589.
[11] Christopher, D. D. *Tetrahedron* **2013**, *69*, 3747-3773.
[12] Zhihui, P.; John, A.; Brian, C. *Org. Process Res. Dev.* **2014**, *18*, 36-44.
[13] Chamakuri, S.; Arya, P. *ACS Comb. Sci.* **2015**, *17*, 437-441.
[14] Qi, C.; Wang, W. Y.; Jr, P. Reichl, K. D.; McNeely, J.; Porco, J. *Angew. Chem. Int. Ed.* **2018**, *57*, 2101-2104.
[15] Boger, D. L.; McKie, J. A.; Nishi, T.; Ogiku, T. *J. Am. Chem. Soc.* **1997**, *119*, 311-325.
[16] Fukuda, Y.; Itoh, Y.; Nakatani, K.; Terashima, S. *Tetrahedron* **1994**, *50*, 2793-2808.
[17] Fukuda, Y.; Nakatani, K.; Terashima, S. *Tetrahedron* **1994**, *50*, 2809-2820.

反应类型： 缩合反应；碳-碳键的形成
相关反应： Claisen 缩合

（黄培强，何倩）

Diels-Alder 反应

Diels-Alder (狄尔斯-阿尔德，D-A) 反应是指共轭双烯与含有双键或三键化合物 (亲双烯体) 反应，生成六元环状化合物的反应。它是 1928 年德国化学家狄尔斯和阿尔德在研究环戊二烯和对苯醌的反应时发现的[1](式 1)，并因此获得 1950 年诺贝尔化学奖。

D-A 反应在六元碳环和杂环的合成以及立体化学领域中占有重要地位。反应的本质是双烯体和亲双烯体发生 [4+2] 环加成反应：顺式构象的双烯体能与亲双烯体发生 D-A 反应；若二烯体为反式构象则反应不能发生；D-A 反应的专一性及区域选择性高。

双烯体一般分为：①开链顺式共轭双烯类，如顺式 1,3-丁二烯及其衍生物等；②环内双烯类，如环戊二烯及其衍生物；③跨环双烯类，如 。

亲双烯体的种类为：①双键类亲双烯体，如：–C=C–Z 或 Z–C=C–Z′ (Z 或 Z′ 可为 CHO、COR、CO$_2$H、CO$_2$R、COCl、COAr、CN、NO$_2$、Ar)；②三键类亲双烯体，如：–C≡C–Z 或 Z–C≡C–Z′ (Z 或 Z′ 同上)；③含其它原子的杂亲双烯体，如 –CN、–C=N–、–N=N–、O=N 及 –C=O 等。

双烯体和亲双烯体的取代基对 Diels-Alder 反应活性影响显著。当双烯体分子中含有给电子取代基，而亲双烯体分子中含有吸电子取代基时，会加快反应的进行[2]。

（1）D-A 反应的特点

① 反应可逆 在某一条件下，亲双烯体和双烯体反应生成加成物，而在另一条件下，该加成物会分解成原来的或新的双烯体或亲双烯体（式 2），这种可逆的 D-A 反应称为 retro-Diels-Alder 反应。这种可逆性在合成上很有用，可以作为提纯双烯体化合物的一种方法，也可以用来制备少量不易保存的双烯体。

$$\text{亲双烯体} + \text{双烯体} \underset{\text{逆 D-A 反应}}{\overset{\text{D-A 反应}}{\rightleftharpoons}} \text{加成物} \tag{2}$$

一般来说，活泼的亲双烯体和双烯体在惰性溶剂中微热后即可发生 D-A 反应，生成加成物；而加成物发生逆 D-A 反应需要较高的温度，即逆反应的活化能通常比正反应的活化能高，因此温度是控制反应进行方向的关键。

② 催化剂 D-A 反应可以自发进行，一般不用催化剂；在室温或低温下难于进行的反应，可加入适当的催化剂加速反应的进行。所用的催化剂一般为 Lewis 酸，如 $ZnCl_2$、$AlCl_3$、BF_3、$SnCl_4$ 和 $TiCl_4$ 等[3]。Lewis 酸和亲双烯体配合所形成的配合物具有更强的亲电性，它与富电的双烯反应时具有更强的活性。主族金属（如 Al、B）、过渡金属（如 Ti、Zr）和一些镧系元素都是亲氧的金属，被广泛用来和含氧的手性配体配合催化 D-A 反应[4]。

③ 反应区域选择性强 当双烯体与亲双烯体上均有取代基时，由于取代基的性质和位置不同，反应可能生成两种不同的加成产物[5]。实验证明两个取代基处于邻位或对位的产物占优势（式 3，式 4）。

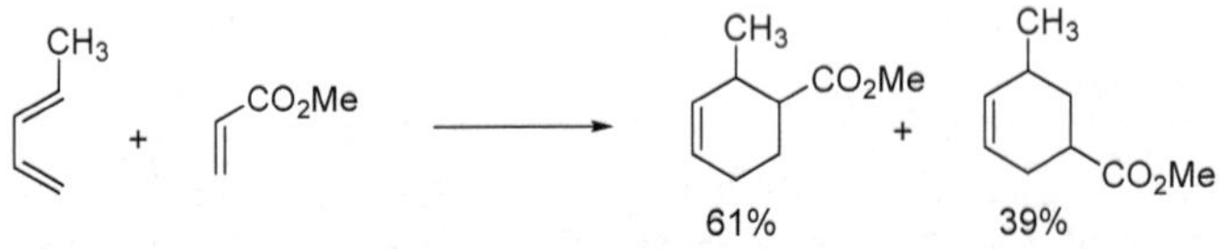

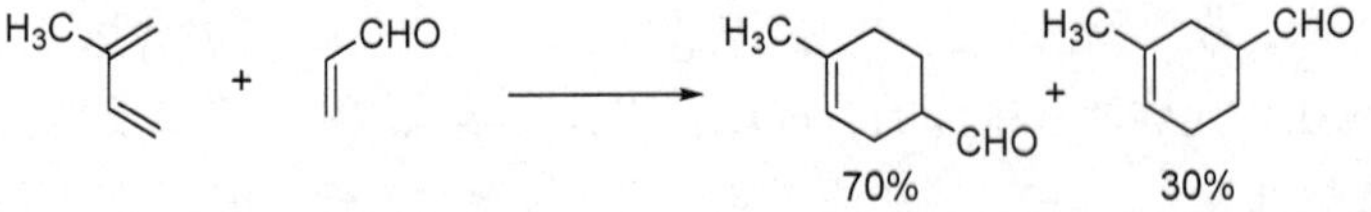

④ 反应是立体专一性的顺式加成 从亲双烯体来看，除极少数例外，通常是顺式加成反应，即在亲双烯体中处于顺式的原子团，在形成六元环时仍为顺式（式 5，式 6）。

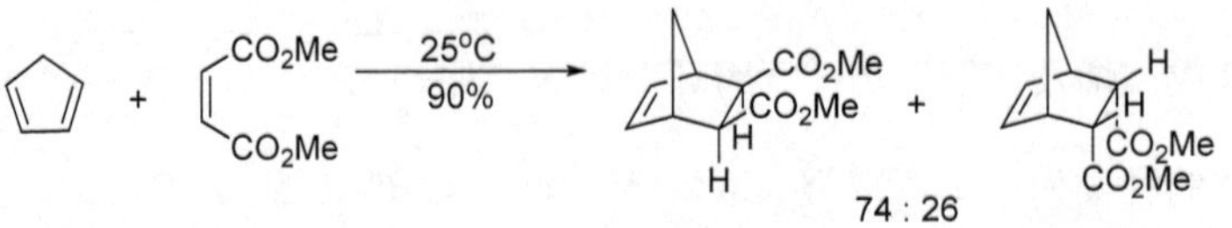

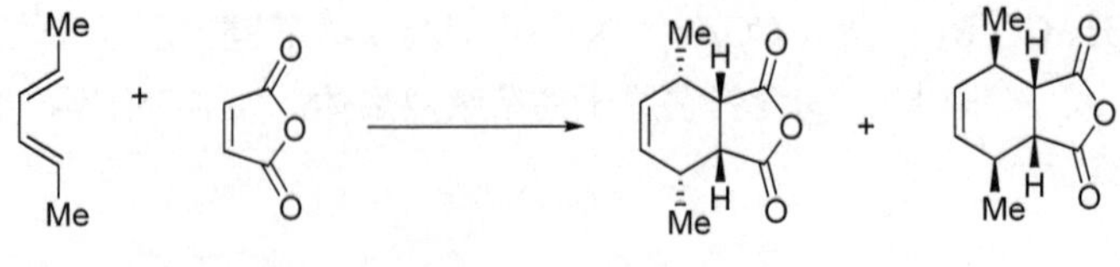

当双烯体和不对称的亲双烯体反应时，存在两种可能的过渡态——内型 (endo)和外型 (exo)，分别得到两种不同立体选择性的产物 (内型加成产物和外型加成产物)。如：双烯体为环状化合物环戊二烯时，与有取代基的亲双烯体反应，一般生成内型产物和外型产物 (式 7)。

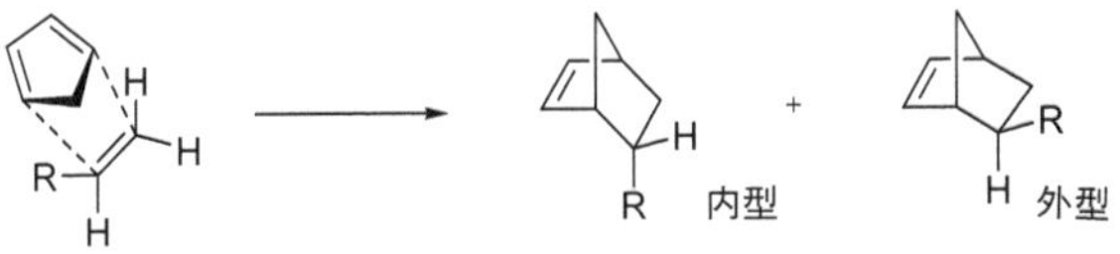

$$\tag{7}$$

当 R 为不饱和基团，如 –C=O、–CO$_2$H、–CO$_2$R、–CN、–NO$_2$ 等时，反应产物以内型为主，有时内型产物甚至为唯一产物[6]。这种情况可以用形成过渡态时，双烯体的 HOMO 和亲双烯体的 LUMO 的次级轨道作用 (secondary orbital effects) 来解释。以环戊二烯和丙烯醛发生的 D-A 反应为例，在形成内型产物过渡中，不仅在将要形成新键的原子之间 C1-C4'、C4-C3' 有轨道相互作用，在不形成新键的原子之间 C2-C1'、C3-C2' 也有轨道相互作用 (式 8)。这种轨道作用称为次级轨道作用。次级轨道作用使内型过渡态的稳定性增加。而外型过渡态只在要形成新键的原子之间有轨道作用，没有次级轨道作用 (式 8)，因此外型轨道的过渡态的稳定性相对较差。所以环戊二烯和丙烯醛发生的 D-A 反应以内型产物为主。

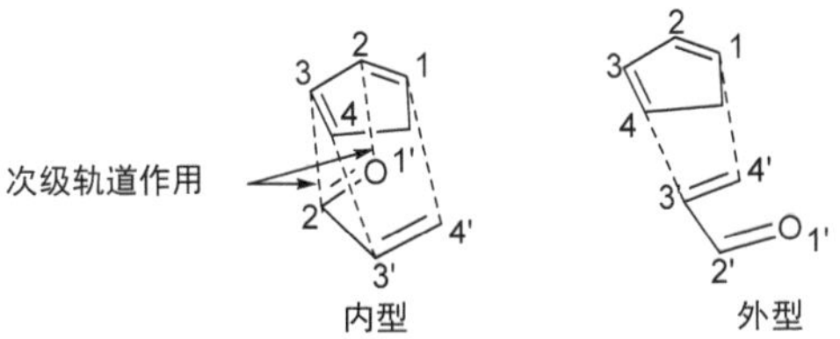

$$\tag{8}$$

（2）D-A 反应的机理

在 D-A 反应的反应机理广泛被接受的是一步协同机理。反应时，两反应物彼此靠近，相互作用，形成一个环状过渡态，然后逐渐转化为产物分子。即旧键的断裂与新键的形成是相互协调地在同一步骤中完成的——协同反应，无中间体生成[7]，反应过程如式 9 所示：

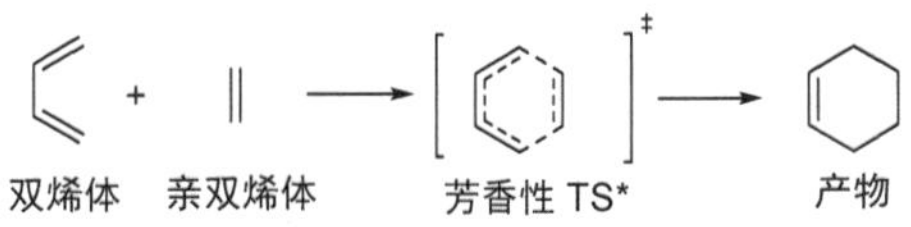

$$\tag{9}$$

还认为这种环加成是采用同面-同面方式顺式加成的。从前线轨道理论看，可视作二烯的 HOMO 轨道与亲二烯体的 LUMO 轨道，或者二烯的 LUMO 轨道与亲二烯的 HOMO 轨道两端重叠，电子从 HOMO 轨道流向 LUMO 轨道。正是因为分子轨道的这两种重叠的可能，D-A 反应可以分为两类，由富电共轭双烯体与缺电亲双烯体发生的反应称为正常电子需求的 D-A 反应 (normal electron-demand D-A reaction) (式 10)；由缺电共轭双烯体与富电亲双烯体发生的反应称为反电子需求的 D-A 反应 (inverse electro-demand

D-A reaction) (式 11)。

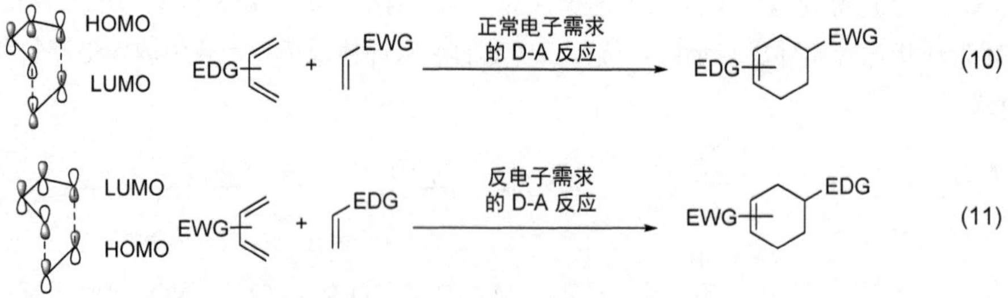

$$\text{EDG} + \text{EWG} \xrightarrow{\text{正常电子需求的 D-A 反应}} \text{EDG}\text{—}\text{EWG} \quad (10)$$

$$\text{EWG} + \text{EDG} \xrightarrow{\text{反电子需求的 D-A 反应}} \text{EWG}\text{—}\text{EDG} \quad (11)$$

（3）不对称 D-A 反应

不对称催化 D-A 反应是一种重要的催化不对称环加成反应，可以一步构筑含多个立体中心的环己烯衍生物，在天然产物的合成中应用广泛。已经发展的具有高对映选择性的催化体系类型包括：①手性辅基底物参与的 D-A 反应[8]，如 Evans 助剂、樟脑衍生物、果糖衍生物等；②手性 Lewis 酸催化 D-A 反应[9]，主族金属 (如 Al、B)、过渡金属 (如 Ti、Cu、Zr) 和一些镧系元素都是亲氧的金属，被广泛用来和含氧的手性配体 (如联二萘酚、噁唑啉、salen 席夫碱、双氮氧) 进行配合，催化 D-A 反应；③有机小分子催化的 D-A 反应[10]，包括手性胺类、手性磷酸、手性胍、手性硫脲、手性二醇等。

（4）D-A 反应的应用

1952 年 Woodward 小组报道了第一例 D-A 反应在甾体可的松和胆固醇全合成中的应用 (式 12)。通过采用 1,3-丁二烯和取代对苯醌的作用构建了甾体骨架中并环的结构并获得了期望的区域选择性[11]。

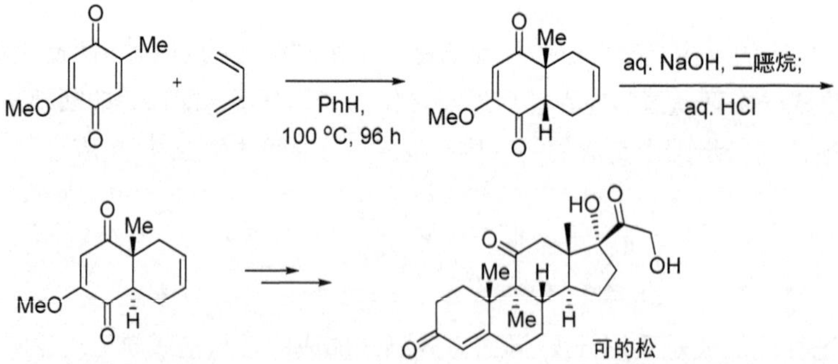

（12）

1969 年 Corey 课题组报道了前列腺素 (prostaglandin) F2α 和 E2 的合成[12]。使用 D-A 反应为起始步在前列腺素环戊烷核上构建三个连续立体中心。为了减少取代环戊二烯经由 1,5-氢迁移的异构化，D-A 反应要在 0 ℃ 以下进行，四氟硼酸铜作为催化剂促进该反应发生。之后对 D-A 产物水解高收率获得双环庚酮产物，再经多步合成获得目标化合物 (式 13)。

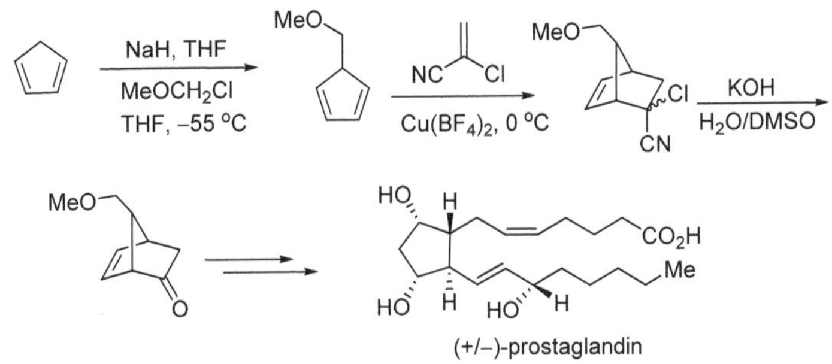

1980 年，Wender 课题组报道了利血平 (reserpine) 吲哚生物碱的合成。合成路线设计中通过 D-A 反应构建利血平结构中 D 环和 E 环的顺式十氢萘骨架[13]。作者选取 1,2-二氢吡啶-1-羧酸甲酯作为二烯体，2-乙酰氧基丙烯酸酯作为亲二烯体发生 D-A 反应获得中间体，经重排得到顺式稠环氢化异喹啉结构，并最终得到目标分子 (式 14)。

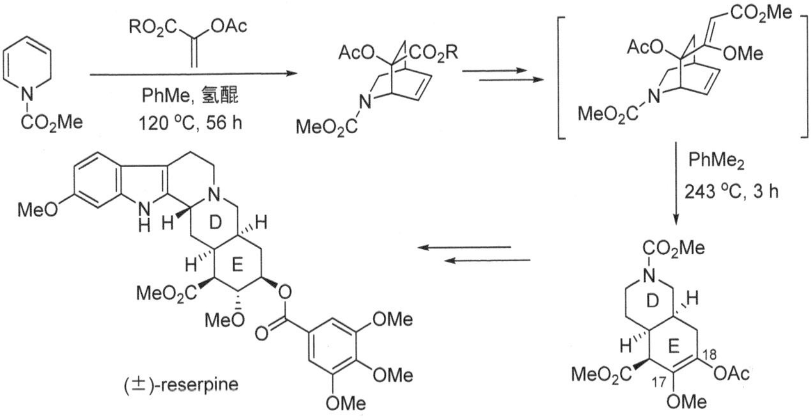

1993 年，Liu 等[14]报道了以 β-蒎烯为起始原料，利用 D-A 反应对青蒿素 (artemisinin) 进行全合成。通过分子间的 D-A 反应构建了主要的青蒿素分子骨架，随后对骨架中的官能团进行转化，得到中间体，再经一系列修饰得到的混合物不经分离，通过光氧化反应得到青蒿素，总收率为 5% (式 15)。

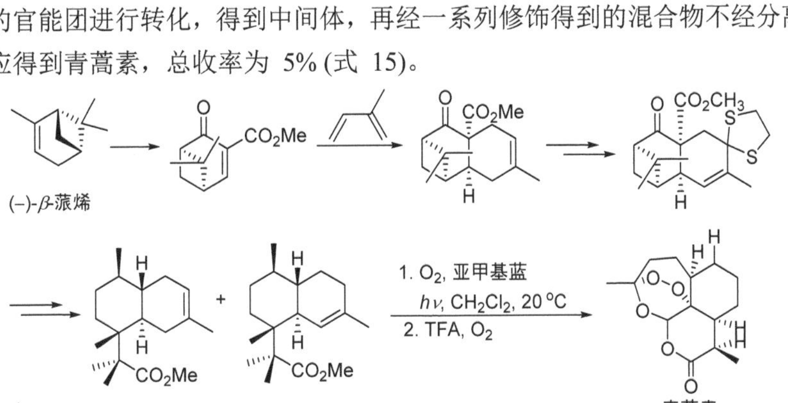

近年来一些新型 D-A 反应方法学得到了深入的研究，并成功用于天然产物合成。2017

年，Gao 小组报道了光促进的 D-A 反应[15]，利用 Ti(O^{i}Pr)$_4$ 作 Lewis 酸，在光的诱导下促进邻甲基苯甲醛类底物形成烯醇式二烯烃，进而和取代的环己烯酮类底物发生 D-A 反应，构建多样性的多取代蒽醇或蒽醌结构，并合成了天然产物 oncocalyxone B (式 16)。

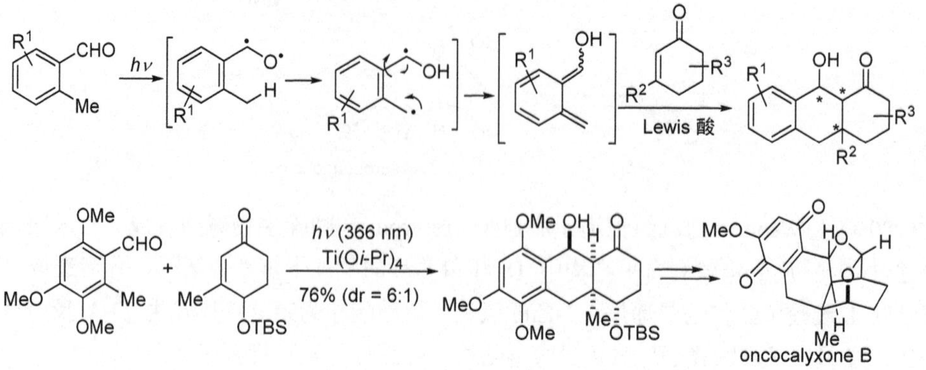

经典的 D-A 反应是双烯体如 1,3-丁二烯和亲双烯体如乙烯发生 [4+2] 环加成反应生成环己烯衍生物。如果反应物双烯体和亲双烯体的氢原子成对减少，例如，亲双烯体由烯烃可变为炔烃，而双烯体由二烯变为烯炔，相应环加成产物中氢原子减少生成苯环 (图 1)。这些 D-A 反应的变体中，少 2 个氢原子的称为二脱氢 D-A 反应 (didehydro-D-A, DDDA)，少 4 个氢原子的称为四脱氢 D-A 反应 (tetradehydro-D-A, TDDA) 反应。2012 年 Hoye 小组报道了 1,3-二炔和炔的环加成反应，被认为是一个最高氧化的 D-A 反应，

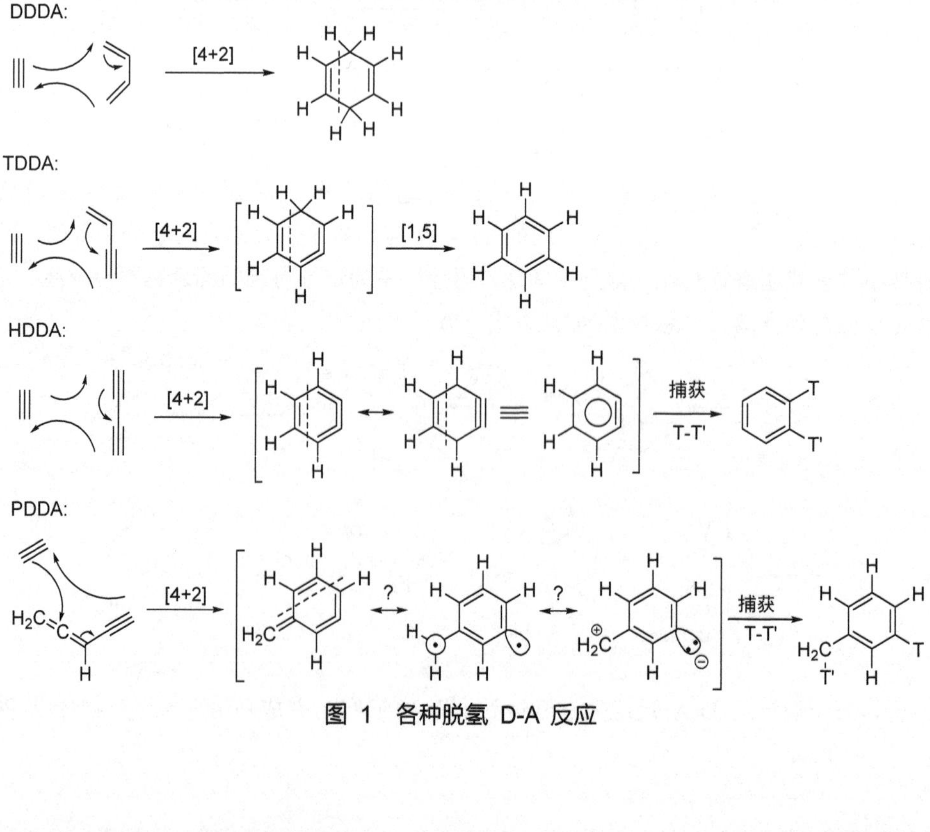

图 1 各种脱氢 D-A 反应

反应生成苯炔 (benzyne) 中间体,被称为六脱氢 D-A 反应 (hexadehydro-D-A, HDDA)[16]。活泼中间体苯炔可以通过分子内和分子间的捕获构建多样性的产物。2016 年该小组报道了 D-A 反应的一种全新环异构化过程 (cycloisomerization),并命名为五脱氢 D-A (pentadehydro-D-A, PDDA) 反应[17];反应过程中存在一种高活性的 α,3-脱氢甲苯中间体,与苯炔有着相同的氧化态,同样能被多种捕获剂捕获,产生结构不同的多种产物。这种全新的脱氢 D-A 反应具有产物多样性的优点,是经典 D-A 反应和脱氢 D-A 反应的重要延伸。

反电子需求的 D-A 反应逐渐被用于抗体修饰、材料合成和活体标记等多个领域。Chen 小组发展了利用反电子需求的 D-A 反应介导的断键反应[18],并在有机小分子、模型蛋白质和活细胞内的蛋白质上得到了很好的验证。

参考文献

[1] Diels, O.; Adler, K. *Justis Leibigs Ann. Chem.* **1928**, *460*, 98.
[2] [英]费莱明著. 前线轨道与有机化学反应[M]. 陈如栋译. 北京: 科学技术出版社, **1988**.
[3] (a) Yates, P.; Eaton, P. *J. Am. Chem. Soc.* **1960**, *82*, 4436. (b) Lnukai, T.; Kasai, M. *J. Org. Chem.* **1965**, *30*, 3567. (c) Inukai, T.; Kojima, T. *J. org. Chem.* **1967**, *32*, 869. (d) Fringuelli, F.; Pizzo, F.; Taticchi, A.; Wenken, E. *J. Org. Chem.* **1983**, *48*, 2802. (e) Brown, F. K.; Houk, K. N.; Burnell, D. J.; Valenta, Z. *J. Org. Chem.* **1987**, *52*, 3051.
[4] Jørgensen , K. A. *Angew. Chem., Int . Ed.* **2000**, *39* , 3558.
[5] [英]麦凯, 史密斯著. 有机合成指南[M]. 陈韶等译. 北京: 科学技术出版社, **1988**, 166.
[6] 邢其毅等. 基础有机化学(上册) [M]. 北京: 高等教育出版社, **1993**, 248.
[7] 邢其毅等. 基础有机化学(上册) [M]. 北京: 高等教育出版社, **1993**, 245.
[8] (a) Evans, D.; Chapman, K.; Bisaha, J. *J. Am. Chem. Soc.* **1984**, *106*, 4261. (b) Bañuelos, P.; García, J. M.; Enrique, G. B.; Palomo, C.; Herrero, A.; Odriozola, J. M.; Oiarbidet, M.; Razkin, J. *J. Org. Chem.* **2010**, *75*, 1458. (c) Enholm, E. J.; Jiang, S. *J. Org. Chem.* **2000**, *65*, 4756.
[9] (a) Ahrendt, K. K.; Borths, C. J.; Macmillan, D. W. C. *J. Am. Chem. Soc.* **2000**, *122*, 4243. (b) Li, G. L.; Liang, T.; Wojtas, L.; Antilla, J. C. *Angew. Chem. Int. Ed.* **2013**, *52*, 4628.
[10] (a) Huang, Y.; Unni, A. K.; Thadani, A. N.; Rawal, V. H. *Nature* **2003**, *424*, 146. (b) Akiyama, T.; Tamura, Y.; Itoh, J. *Synlett* **2006**, 141. (c) Han, Z. Y.; Chen, D. F.; Wang, Y. Y.; Guo, R.; Wang, P. S.; Wang, C.; Gong, L. Z. *J. Am. Chem. Soc.* **2012**, *134*, 6532. (d) Wang, Y.; Tu, M. S.; Lei, Y.; Sun, M.; Shi, F. *J. Org. Chem.* **2015**, *80*, 3223. (e) Ahrendt, K. A.; Borths, C. J.; Macmillan, D. W. C. *J. Am. Chem. Soc.* **2000**, *122*, 4243. (f) Abbasov, M. E.; Hudson, B. M.; Tantillo, D. J.; Romo, D. *J. Am. Chem. Soc.* **2014**, *136*, 4492. (g) Juhl, K.; Jørgensen, K. A. *Angew. Chem., Int. Ed.* **2003**, *42*, 1498. (h) Shen, J.; Nguyen, T. T.; Goh, Y. P.; Ye, W.; Fu, X.; Xu, J.; Tan, C. H. *J. Am. Chem. Soc.* **2006**, *128*, 13692. (i) Dong, S. X.; Liu, X. H.; Chen, X. H.; Mei, F.; Zhang, Y. L. Gao, B.; Lin L. L.; Feng. X. M. *J. Am. Chem. Soc.* **2010**, *132*, 10650. (j) Tan, B.; Hernandez-Torres, G.; Barbas, C. F. *J. Am. Chem. Soc.* **2011**, *133*, 12354. (k) Li, J. L.; Liu, T. Y.; Chen, Y. C. *Acc. Chem. Res.* **2012**, *45*, 1491.
[11] Woodward, R. B.; Sondheimer, F.; Taub, D.; Heusler, K.; McLamore, W. M. *J. Am. Chem. Soc.* **1952**, *74*, 4223.
[12] Corey, E. J.; Weinshenker, N. M.; Schaaf, T. K.; Huber, W. *J. Am. Chem. Soc.* **1969**, *91*, 5675.
[13] Wender, P. A.; Schaus, J. M.; White, A. W. *J. Am. Chem. Soc.* **1980**, *102*, 6157.
[14] Liu, H. J.; Yeu, E. Y.; Chew, S. Y. *Tetrahedron Lett.* **1993**, *34*, 4435.
[15] Yang, B. C.; Lin, K. K.; Shi, Y. B.; Gao, S. H. *Nat. Comm.* **2017**, *8*, 622.
[16] Hoye, T. R.; Baire, B.; Niu, D. W.; Willoughby, P. H.; Woods, B. P. *Nature* **2012**, *490*, 208.
[17] Wang, T.; Naredla, R. R.; Thompson, S. K.; Hoye, T. R. *Nature* **2016**, *532*, 484.

[18] Li, J.; Jia, S.; Chen, P. R. *Nat. Chem. Biol.* **2014**, *10*, 1003.

（刘捷，刘小华，冯小明*）

Feist-Bénary 反应及"中断"的 Feist-Bénary 反应

Feist-Bénary (费斯特-贝那利，FB) 反应指 β-二羰基化合物与 α-卤代酮缩合生成呋喃的反应 (式 1)[1,2]，这是便捷地合成多取代呋喃的方法。

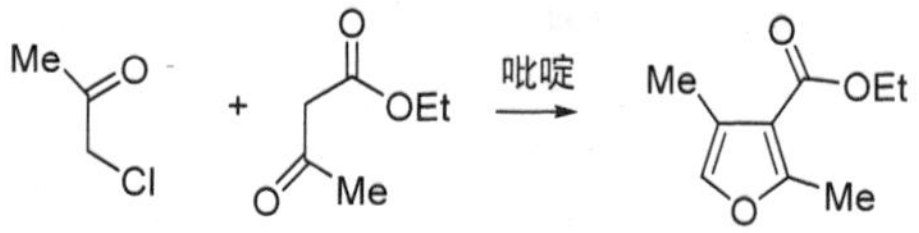

$$\text{(1)}$$

反应机理 (图 1):

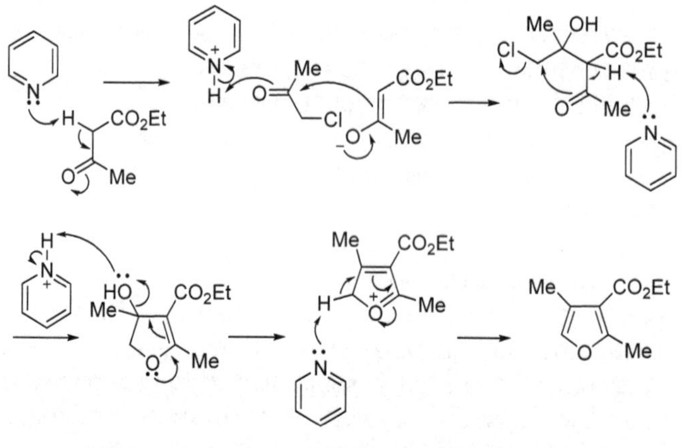

图 1 Feist-Bénary 反应 (FB 反应) 的机理

如果反应在 β-羟基二氢呋喃阶段被中断，则称为"中断的"Feist-Bénary 反应 (IFB 反应)[3-5] (式 2)。

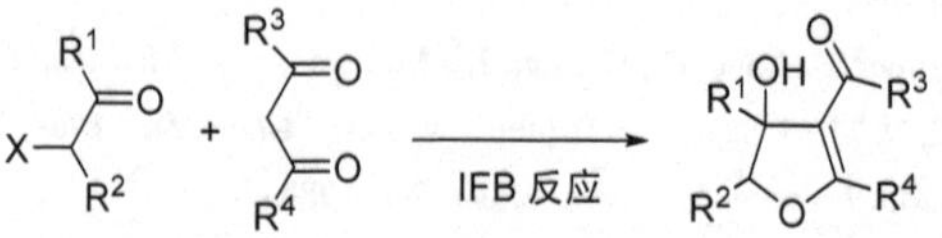

$$\text{(2)}$$

FB 反应可与 Wittig 反应串联进行，用于合成 2-烯基-3-烷氧羰基呋喃[6]。化合物 **1** 先与氯代乙醛发生 FB 反应生成化合物 **2**，化合物 **2** 再与苯甲醛发生 Wittig 反应生成 2-烯基-3-苯甲酰呋喃 (**3**) (式 3)。

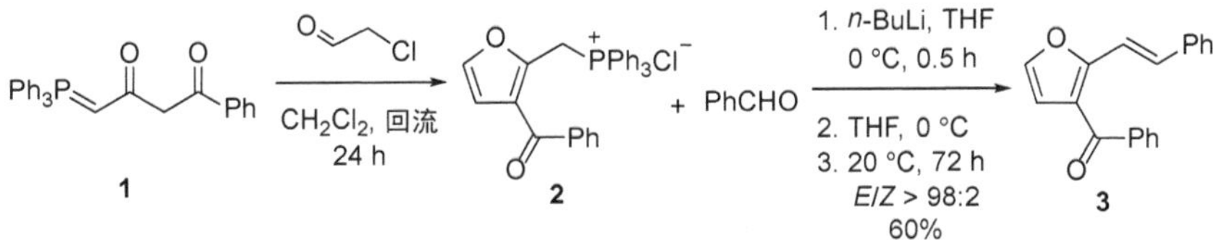

IFB 反应被用于构造 7-去氧 zaragozic acid 核心骨架 (**4**)[7], 但产率只有 29% (式 4)。

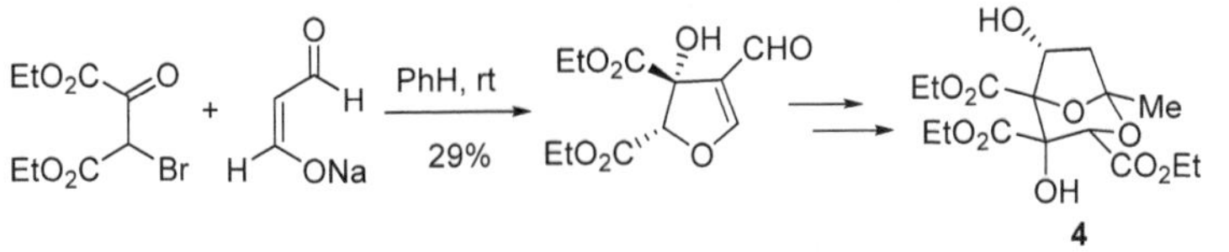

2005 年, Calter 课题组报道了首例催化对映选择性 IFB 反应[8](式 5), 二苯基嘧啶基取代的奎尼啶衍生物的不对称诱导效果最佳。反应可达 98∶2 的非对映选择性和 94% ee。该反应使用"质子海绵" (PS) 以吸收反应生成的溴化氢可避免 FB 产物的生成。2011 年, 该课题组再次报道了利用奎尼啶衍生物 **5** 催化的对映选择性 IFB 反应[9]。

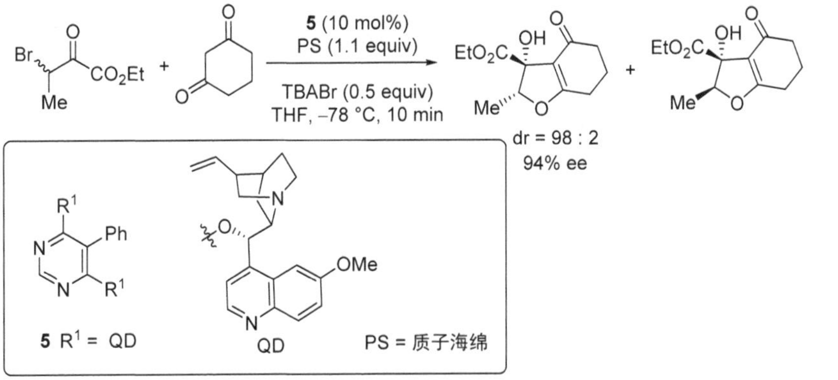

2011 年, Calter 课题组采用组内发展的手性小分子催化剂 **6** 催化中断的对映选择性 FB 反应, 构造天然产物 (–)-variaabilin (**7**) 与 (–)-glycinol (**8**) 的核心骨架以及实现分子立体选择性控制[10](式 6)。

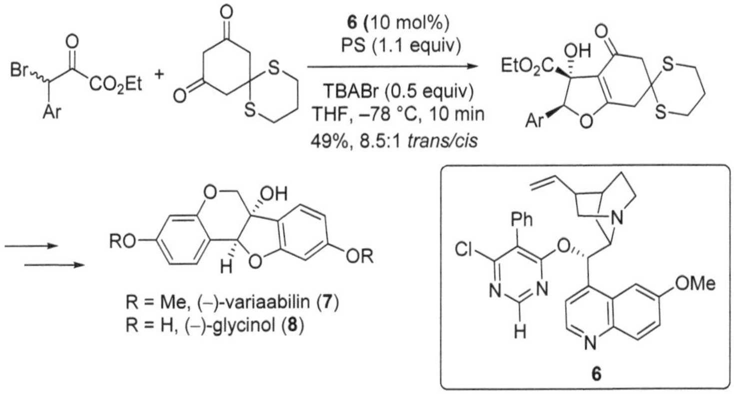

2012 年, Lu 课题组[11]报道了叔胺硫脲 (**9**) 催化的中断的对映选择性类 FB 反应

(式 7)。

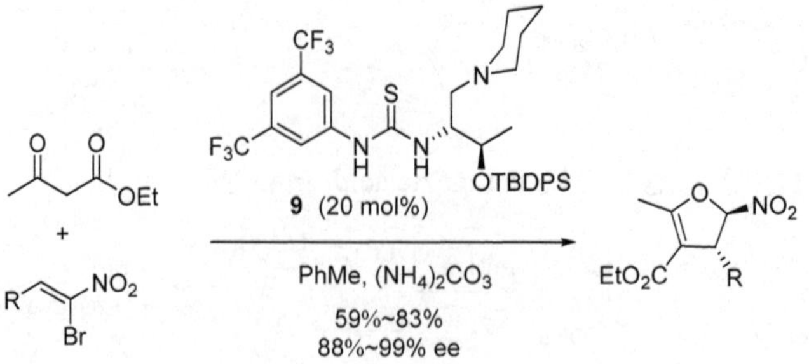

$$\text{（式 7）}$$

与上述有机小分子催化下中断的对映选择性 FB 反应不同，2015 年，Singh 课题组[12]报道了一价银盐与手性联萘酚配合物催化的中断的对映选择性类 FB 反应 (式 8)。

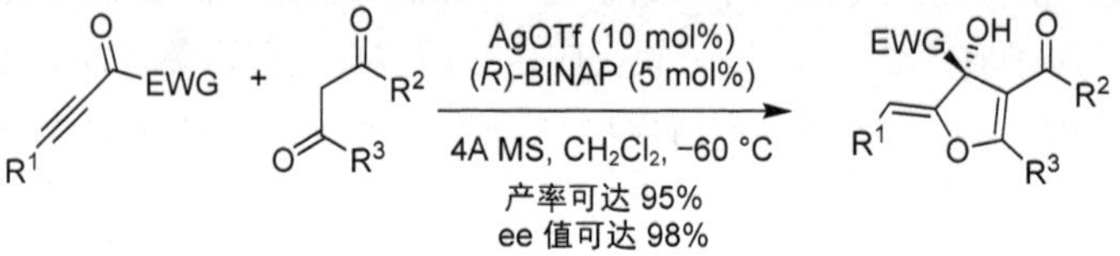

$$\text{（式 8）}$$

参考文献

[1] Feist, F. *Chem. Ber.* **1902**, *35*, 1537-1544.
[2] Bénary, E. *Chem. Ber.* **1911**, *44*, 489-492.
[3] Dunlop, A. P.; Hurd, C. D. *J. Org. Chem.* **1950**, *15*, 1160-1164.
[4] Canton, I. J.; Cocker, W.; McMurry, T. B. H. *Tetrahedron* **1961**, *15*, 45-52.
[5] Calter, M. A.; Zhu, C. *Org. Lett.* **2002**, *4*, 205-208.
[6] Mross, G.; Holtz, E.; Langer, P. *J. Org. Chem.* **2006**, *71*, 8045-8049.
[7] Calter, M. A.; Zhu, C.; Lachicotte, R. J. *Org. Lett.* **2002**, *4*, 209-212.
[8] Calter, M. A.; Phillips, R. M.; Flaschenriem, C. *J. Am. Chem. Soc.* **2005**, *127*, 14566-14567.
[9] Calter, M. A.; Korotkov, A. *Org. Lett.* **2011**, *13*, 6328-6330.
[10] Calter, M. A.; Li, N. *Org. Lett.* **2011**, *13*, 3686-3689.
[11] Dou, X.-W.; Zhong, F.-R.; Lu, Y.-X. *Chem. Eur. J.* **2012**, *18*, 13945-13948.
[12] Sinha, D.; Biswas, A.; Singh, V. K. *Org. Lett.* **2015**, *17*, 3302-3305.

用途： 呋喃合成

（黄培强，刘玉成）

Ferrier 重排

当今学术界许多人认为 Ferrier (费里尔) 重排包含两个 Ferrier 重排反应，一个叫

Ferrier 重排,也称 I 型 Ferrier 反应,而本条目介绍的反应称 Ferrier 碳环化反应,又称 II 型 Ferrier 重排。笔者追溯了原始文献,认为事实并非如此。I 型 Ferrier 反应 (或称 Ferrier 重排) 的叫法不合适,只有俗称 II 型 Ferrier 重排才适合称为人名反应。因此本词条只介绍这一反应,称为 Ferrier 重排。

1979 年,Ferrier 报道了己-5-烯吡喃糖苷衍生物 **1a** 在化学计量的 $HgCl_2$ 存在下、丙酮水溶液中加热重排生成多取代环己酮 **2** 的反应 (式 1)[1]。由于该方法简便易行,且重排产物可进一步脱水生成多取代的 α,β-不饱和环己烯酮 (式 2)[1],因而很快成为从糖合成光学纯多羟基化环己酮和环己烯酮的重要方法[2]。

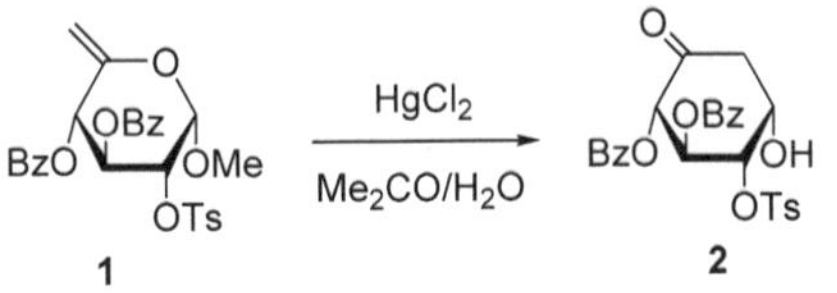

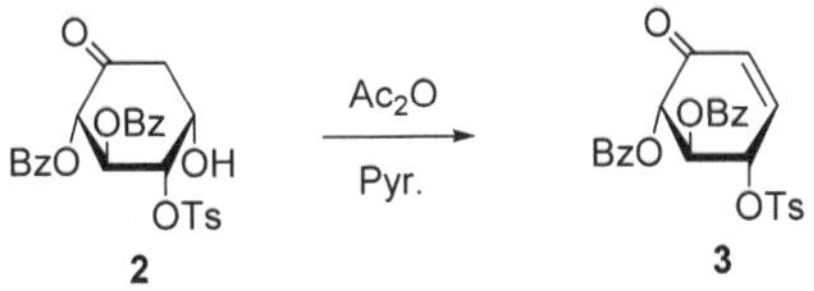

反应机理:反应的第一步是烯醇醚 **1** 经区域专一性羟汞化形成不稳定的半缩醛 **A**,后者失去甲醇形成二羰基化合物 **B**,然后发生分子内加成反应生成 β-羟基环酮衍生物 **2** (式 3)。

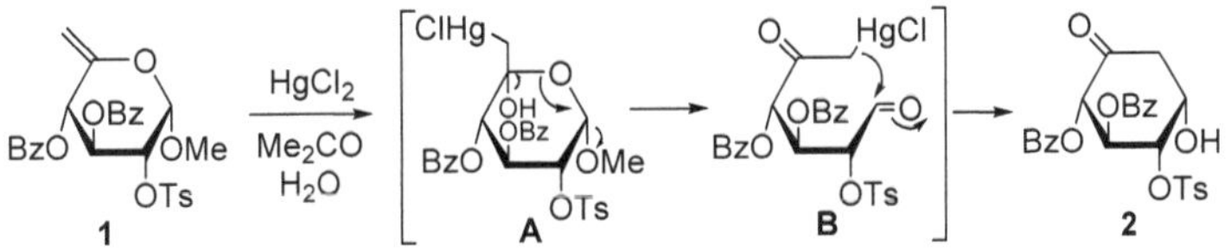

该反应的缺点是反应需使用化学计量的剧毒品二氯化汞,过量的 $HgCl_2$ 使产品难以纯化,因而发展了许多改良方法。包括使用催化量的硫酸汞在含硫酸的 1,4-二氧六环中的反应 [3];以 $PdCl_2$ 或 $Pd(OAc)_2$ 为催化剂,在含硫酸的溶剂中进行 2-氨基-己烯-5-吡喃糖苷的重排[4];以及在中性、室温下用 5% 摩尔量催化剂 $Hg(OCOCF_3)_2$[5]等[6-8]。

值得注意的是,Sinaÿ 小组在 1997 年报道了三异丁基铝介入的重排反应,反应中异头碳立体化学信息保持 (式 4)[9]。

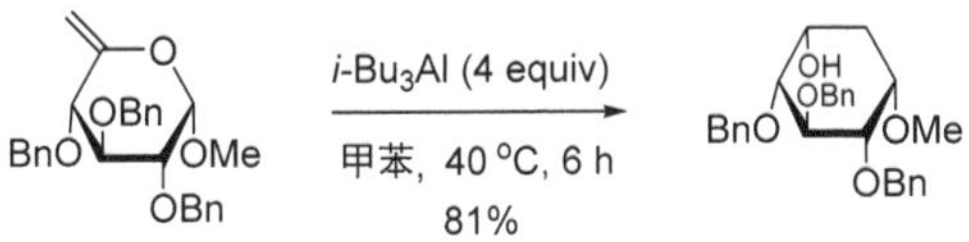

Ferrier 碳环化反应被广泛用于天然产物的合成[10-20]。反应表现出良好的立体选择性。例如,在 D-*myo*-玑醇类似物的合成中 (式 5),关键的 Ferrier 重排反应主要生成 2-位羟基处于竖键位置的立体异构体 (收率 60%),处于平键的立体异构体低于 10%[11]。

[反应式 (5): PMBO 取代的吡喃糖衍生物经 Hg(OCOCF$_3$)$_2$ / Me$_2$CO-H$_2$O, rt, 30 min; 2. 饱和食盐水, rt, 24 h 转化为环己酮产物]

参考文献

[1] Ferrier, R. J. *J. Chem. Soc. Perkin Trans.1* **1979**, 1455-1458.
[2] Ferrier, R. J.; Middleton, S. *Chem. Rev.* **1993**, *93*, 2779-2831. (综述)
[3] Machado, A. S.; Olesker, A.; Castillon, S.; Lukacs, G. *J. Chem. Soc., Chem. Commun.* **1985**, 330-332.
[4] Adam. S. *Tetrahedron Lett.* **1988**, *29*, 6589-6592.
[5] Chida, N.; Ohtsuka, M.; Ogura, K.; Ogawa, S. *Bull. Chem. Soc. Jpn.* **1991**, *64*, 2118-2121.
[6] Ferrier, R. J.; Haines, S. R. *Carbohydr. Res.* **1984**, *130*, 135-146.
[7] Chretien, F.; Chapleur, Y. *J. Chem. Soc., Chem. Commun.* **1984**, 1268-1269.
[8] Barton, D. H. R.; Sugy-Dorey, S.; Camara, J.; Dalko, P.; Delaumeny, J. M.; Géro, S. D.; Quiclet-Sire, B.; Stutz, P. *Tetrahedron* **1990**, *46*, 215-230.
[9] Das, S. K.; Mallet, J.-M.; Sinaÿ, P. *Angew. Chem., Int. Ed.* **1997**, *36*, 493-496.
[10] Chida, N.; Ohtsuka, M.; Nakazawa, K.; Ogawa, S. *J. Org. Chem.* **1991**, *56*, 2976-2983.
[11] Estevez, V. A.; Prestwich, G. D. *J. Am. Chem. Soc.* **1991**, *113*, 9885-9887.
[12] Amano, S.; Ogawa, N.; Ohtsuka, M.; Ogawa, S.; Chida, N. *Chem. Commun.* **1998**, 1263-1264.
[13] Imuta, S.; Ochiai, S.; Kuribayashi, M.; Chida, N. *Tetrahedron Lett.* **2003**, *44*, 5047-5051.
[14] Imuta, S.; Tanimoto, H.; Momose, M. K.; Chida, N. *Tetrahedron* **2006**, *62*, 6926-6944.
[15] Tanimoto, H.; Saito, R.; Chida, N. *Tetrahedron Lett.* **2008**, *49*, 358-362.
[16] Ichiki, M.; Tanimoto, H.; Miwa, S.; Saito, R.; Sato, T.; Chida, N. *Chem. - Eur. J.* **2013**, *19*, 264-269.
[17] Akai, S.; Seki, H.; Sugita, M.; Kogure, T.; Nishizawa, N.; Suzuki, K.; Nakamura, Y.; Kajihara, Y.; Yoshimura, J.; Sato, K. *Bull. Chem. Soc. Jpn.* **2010**, *83*, 279-287.
[18] Chida, N.; Sato, T. *Chem. Rec.* **2014**, *14*, 592-605. (综述)
[19] 陈沛然, 向鹏. *有机化学* **2011**, *31*, 1195-1201. (综述)
[20] Gomez, A. M.; Miranda, S.; Cristobal Lopez, J. "Ferrier rearrangement: an update on recent developments" in *Carbohydrate Chemistry*, **2017**, *42*, 210-247. (综述)

反应类型： 重排反应；环化反应
相关反应： Petasis-Ferrier 重排

（黄培强）

Fischer 吲哚合成

从苯腙出发在质子酸或 Lewis 酸催化下制备吲哚化合物的反应称为 Fischer (费歇尔) 吲哚合成。

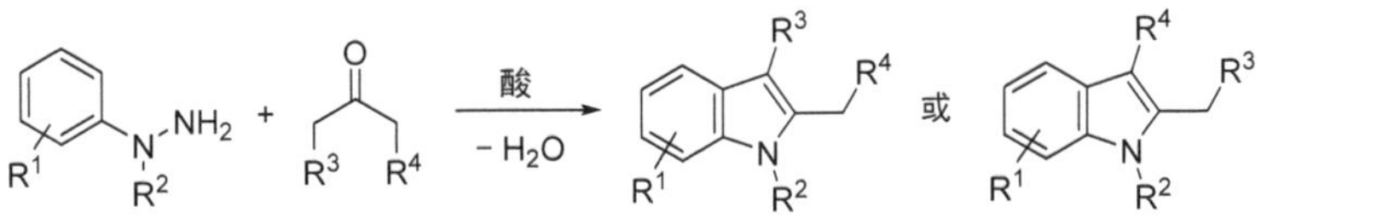

Fischer 吲哚合成

$$\text{(式 1)}$$

Fischer 和 Jourdan 在 1883 年发现了该反应[1]，他们将丙酮酸 N-甲基苯腙投入氯化氢的醇溶液中反应，得到了 1-甲基-2-吲哚甲酸 (式 2)。Fischer 吲哚合成是制备多取代吲哚的最重要方法之一[2-6]。

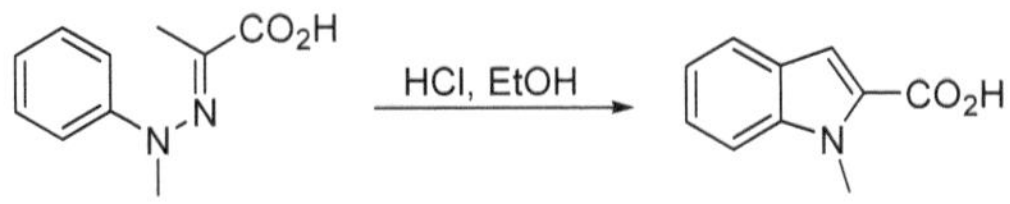

$$\text{(式 2)}$$

该类反应常用的催化剂有：①强酸，例如盐酸、硫酸、对甲苯磺酸、多聚磷酸；②弱酸，例如乙酸、吡啶盐酸盐；③固体酸，例如离子交换树脂、蒙脱土、丝光沸石等；④Lewis 酸，例如氯化锌、三氯化磷、聚磷酸三甲基硅酯等。相比于质子酸，Lewis 酸催化通常只需在温和条件下进行[7-9]。

目前被广泛接受的 Fischer 吲哚合成的反应机理 (图 1) 最早是由 Robinson 在 1924 年提出的[10]，包括以下过程：①酸催化剂与苯腙的亚胺氮原子配位；②苯腙互变异构至相应的烯-肼；③[3,3] σ-重排、去芳构化；④通过质子转移恢复芳构化随后 5-*exo*-trig 环化；⑤消去一分子氨得到最终的吲哚产物。

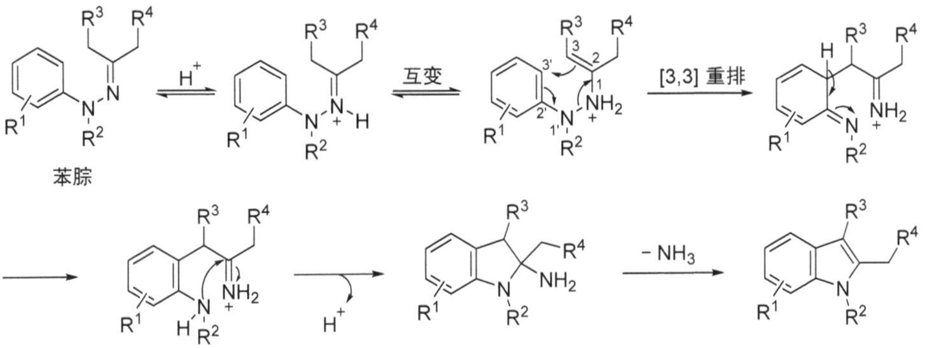

图 1 Fischer 吲哚合成的反应机理

Fischer 吲哚合成具有以下几个特点：①苯腙不需要分离出来，醛或酮和肼反应可以实现一锅法合成吲哚。②醛或酮的 α-碳原子上一般至少含有两个氢原子。③非对称的酮会得到两种不同 2,3-位取代的吲哚，区域选择性取决于以下几种因素：酸催化剂种类、肼上的取代基、酮上的位阻影响。④1,3-二酮和 β-酮酸酯不是理想的底物，因为相应的苯腙会分别得到吡唑和吡唑酮类化合物。⑤α,β-不饱和醛酮通常得不到吲哚产物，而是会形成稳定的吡唑啉类化合物。⑥1,2-二酮可以同时得到单吲哚和二吲哚的混合物，单吲哚通常需要在强酸催化下醇类溶剂中回流得到。⑦肼通常需要使用相应的盐酸盐或者用保护基保护（游离的肼不是很稳定）。⑧醛作底物通常需要保护，得到相应的 3-取代的吲哚。⑨与肼相连的芳环上如果有吸电子基取代反应速率会变慢,产率会降低。⑩邻位取代的苯肼反应速率会比间位取代的慢。

Fischer 吲哚合成法是构建吲哚骨架最为重要的方法之一,已被广泛应用于天然产物和生物活性分子的合成中。例如,谢志翔小组在 2014 年将该方法运用到吲哚生物碱 lycogarubin C 的全合成中,作者利用多聚磷酸 (PPA) 作酸催化剂,二醛与苯肼反应一步实现了两个吲哚环的构建,同时在该条件下 Boc 保护基能顺利脱除 (式 3)[11]。

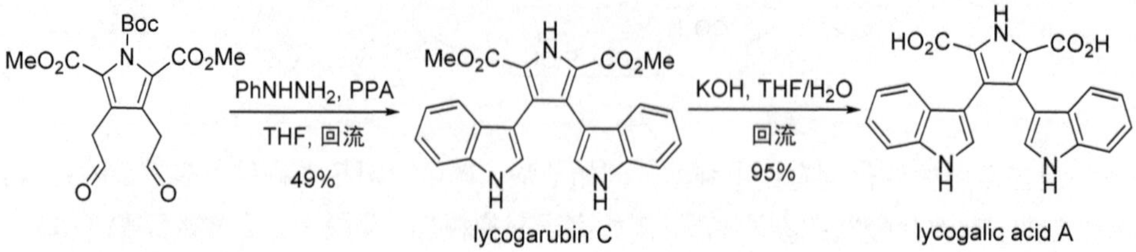

Cho 小组在 2016 年利用分子内的 Fischer 吲哚合成法实现了(-)-aurantioclavine 的简洁高效全合成[12],反应的关键步骤是盐酸催化芳基肼与分子内的缩醛构建吲哚并氮杂七元环骨架 (式 4)。

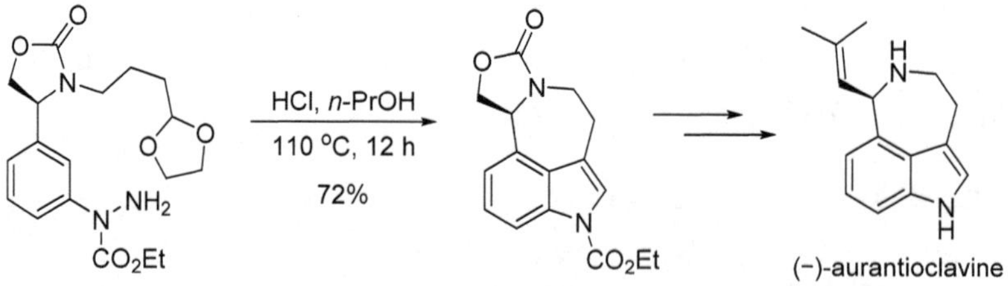

进一步的,Cho 小组在 2017 年利用 Boc 保护的芳基烯肼衍生物在 Lewis 酸氯化锌催化下合成关键的吲哚中间产物,经后续转化实现了 (+)-aspidospermidine 的全合成 (式 5)[13]。

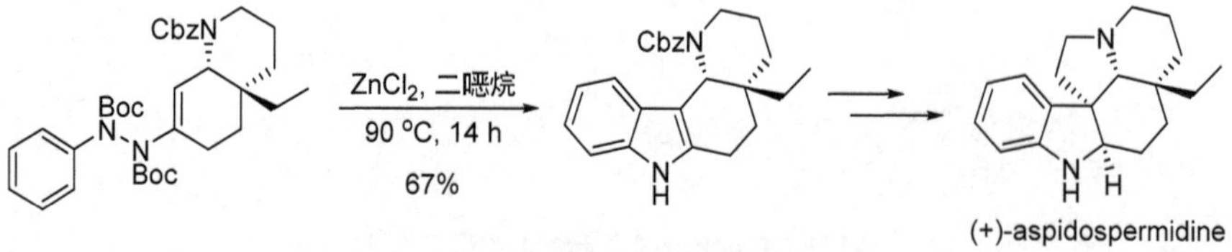

在 2017 年,姜雪峰小组将 Fischer 吲哚合成法运用到天然产物 (-)-aspidospermine 的全合成中[14]。反应的关键步骤是吲哚环的构建,芳基苯肼和环酮在弱酸乙酸的催化下可以一步构建 3H-吲哚骨架。该类环酮为非对称环酮,在弱酸催化下吲哚的形成选择性地在更多取代的 α-碳原子上,随后经历简单的亚胺还原和氨基上保护即可得最终的产物 (式 6)。

类似的,在 2018 年,Garg 小组利用位阻更大的环酮与苯肼反应一步构建多环的 3H-吲哚衍生物[15]。该反应使用的是强酸三氟乙酸为酸催化剂,得到的 3H-吲哚中间产物经后续转化可实现 (+)-strictamine 的全合成 (式 7)。

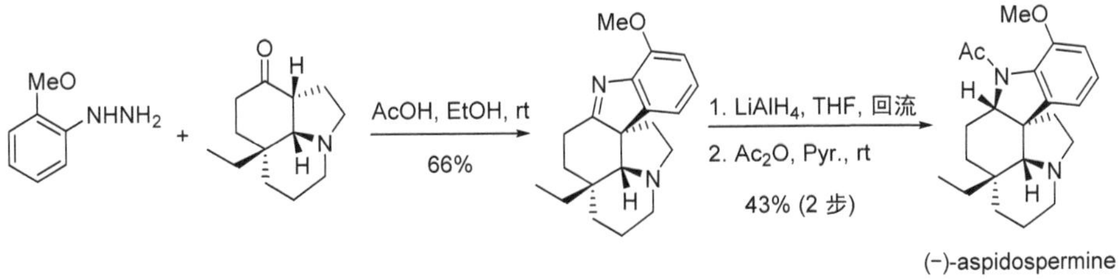

(−)-aspidospermine (式 6)

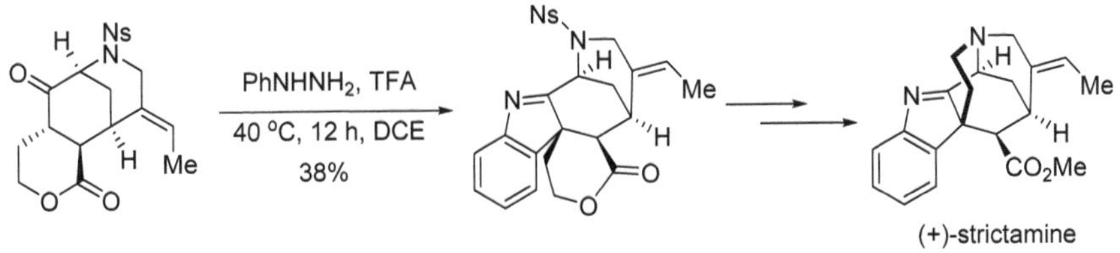

(+)-strictamine (式 7)

参考文献

[1] Fischer, E.; Jourdan, F. *Ber.* **1883**, *16*, 2241.
[2] Robinson, B. *Chem. Rev.* **1969**, *69*, 227.
[3] Ishii, H. *Acc. Chem. Res.* **1981**, *14*, 275.
[4] Ambekar, S. Y. *Curr. Sci.* **1983**, *52*, 578.
[5] Thummel, R. P. *Synlett* **1992**, 1.
[6] Humphrey, G. R.; Kuethe, J. T. *Chem. Rev.* **2006**, *106*, 2875.
[7] Lacoume, B.; Milcent, G.; Olivier, A. *Tetrahedron* **1972**, *28*, 667.
[8] Chen, C.-y.; Senanayake, C. H.; Bill, T. J.; Larsen, R. D.; Verhoeven, T. R.; Reider, P. J. *J. Org. Chem.* **1994**, *59*, 3738.
[9] Zimmermann, T. *J. Heterocycl. Chem.* **2000**, *37*, 1571.
[10] Robinson, G. M.; Robinson, R. *J. Chem. Soc., Abstracts* **1924**, *125*, 827.
[11] Zhou, N.; Shi, Q.; Xie, Z. *Chin. J. Org. Chem.* **2014**, *34*, 1104.
[12] Park, J.; Kim, D.-H.; Das, T.; Cho, C.-G. *Org. Lett.* **2016**, *18*, 5098.
[13] Kim, J.-Y.; Suhl, C.-H.; Lee, J.-H.; Cho, C.-G. *Org. Lett.* **2017**, *19*, 6168.
[14] Wang, N.; Du, S.; Li, D.; Jiang, X. *Org. Lett.* **2017**, *19*, 3167.
[15] Picazo, E.; Morrill, L. A.; Susick, R. B.; Moreno, J.; Smith, J. M.; Garg, N. K. *J. Am. Chem. Soc.* **2018**, *140*, 6483.

用途： 吲哚合成法

（叶龙武）

Friedländer 喹啉合成

邻氨基苯甲醛或酮与含 α-位亚甲基的酮在碱性或酸性条件下缩合生成喹啉的反应称为 Friedländer (弗里德兰德) 喹啉合成[1,2] (式 1)。

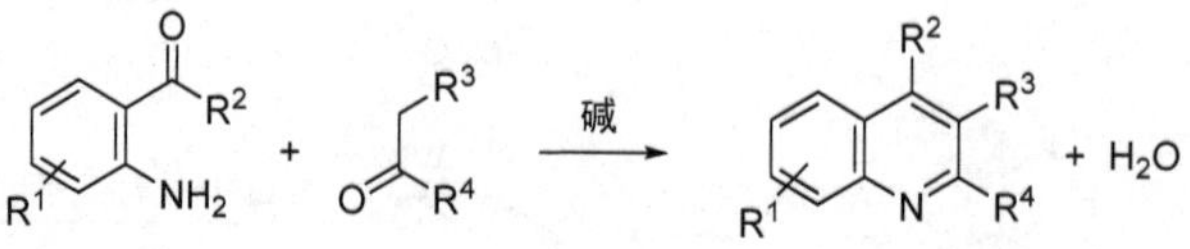

反应机理如图 1 所示。

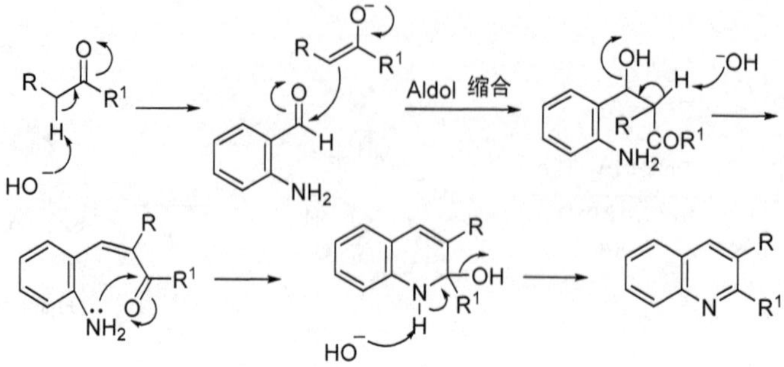

图 1　Friedländer 喹啉合成法反应机理

传统的 Friedländer 喹啉合成法适于小量制备，由于反应条件比较剧烈（高温、酸、碱催化等），操作放大反应时，反应产率会下降。在最近的报道中，催化量的金催化剂可使反应在较温和的条件下进行[3]。王官武[4]和吴喆[5]分别报道了无溶剂条件下对甲苯磺酸和碘催化的 Friedländer 喹啉合成。Friedländer 喹啉合成也可在固相负载下进行[6]。

对映选择性的研究一直是喹啉合成的一大难点。2013 年，Nájera 等人[7]报道了一种在无溶剂条件下的对映选择性反应，不过对非对映酮存在区域选择性问题。因此该方法适合对称的酮 (式 2)。

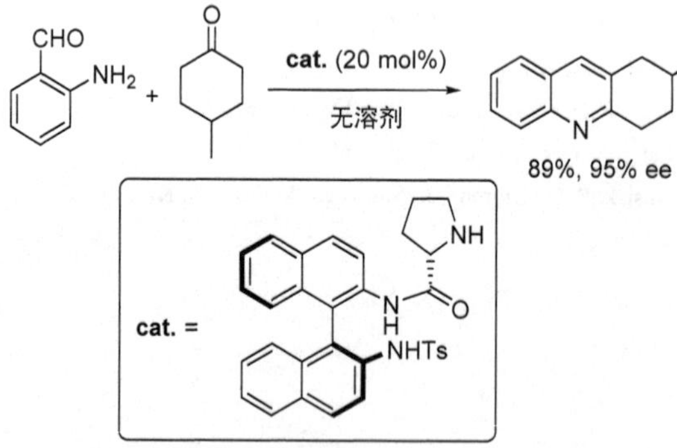

2017 年，Khamrai 课题组在 (+)-eucophylline 的全合成中，Friedländer 喹啉合成法为关键步骤，以 79% 的收率得到 (+)-eucophylline 的前体 (式 3)[8]。

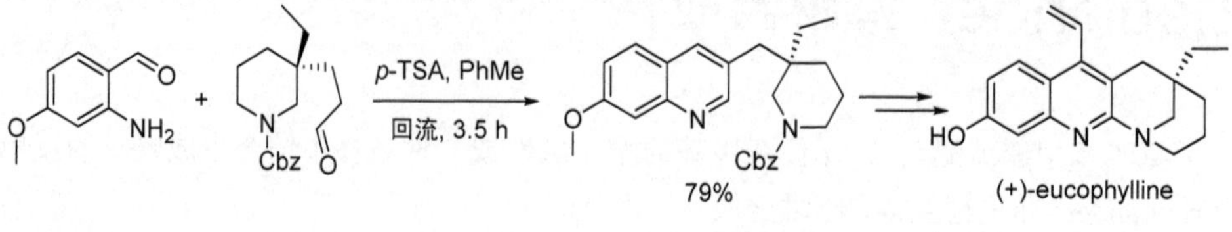

Skraup 等传统制备喹啉的方法往往都存在步骤繁琐、产率低、选择性低等问题。Friedländer 喹啉合成法是目前合成喹啉的较好方法，然而该方法由于需使用不太稳定的邻氨基苯甲醛或酮从而限制了其适用范围。2008 年，Verpoort 课题组[9]对该方法进行了改进，用醇代替之前反应中不太稳定的醛酮，利用第二代 Grubbs 催化剂作催化剂、叔丁醇钾作为碱，以中等到较优的收率实现了取代喹啉衍生物的制备 (式 4)。

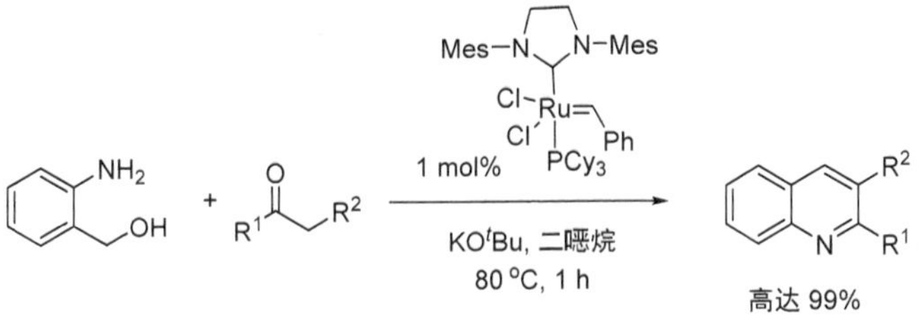

Mes−N
N−Mes
Cl
Ru
Cl
Ph
PCy3
1 mol%
NH2
OH
+
O
R1
R2
KOtBu, 二噁烷
80 °C, 1 h
R2
N
R1
高达 99%

(4)

传统 Friedländer 喹啉合成法所存在的问题在之前已通过使用不同过渡金属诸如钌、铱、铑等得到解决，但这种间接方法使得最终产品会受到过渡金属的污染，而这在一些工业应用中是很大的问题。开发更为优化的条件仍是提高该方法应用所面临的挑战。2008 年，Miguel 课题组[10]报道了在无过渡金属参与和二噁烷中，仅需 30 min 就可高效便捷地实现喹啉的合成 (式 5)。

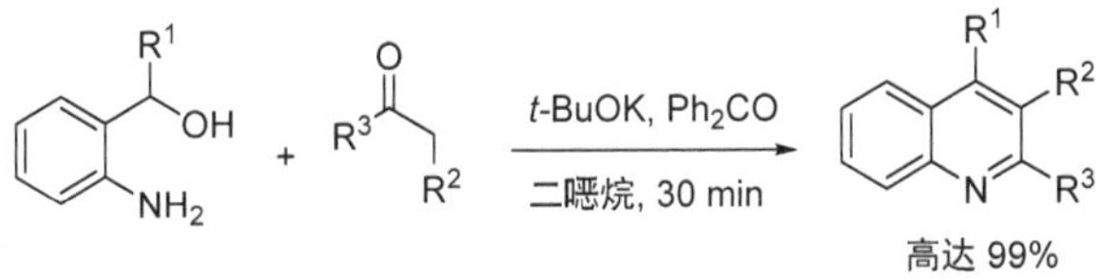

R1
OH
NH2
+
O
R3
R2
t-BuOK, Ph2CO
二噁烷, 30 min
R1
R2
N
R3
高达 99%

(5)

Miller[11]和 Milvihill 分别报道了从价廉的 α-硝基苯甲醛出发高效“一瓶”进行 Friedländer 喹啉合成 (式 6)。

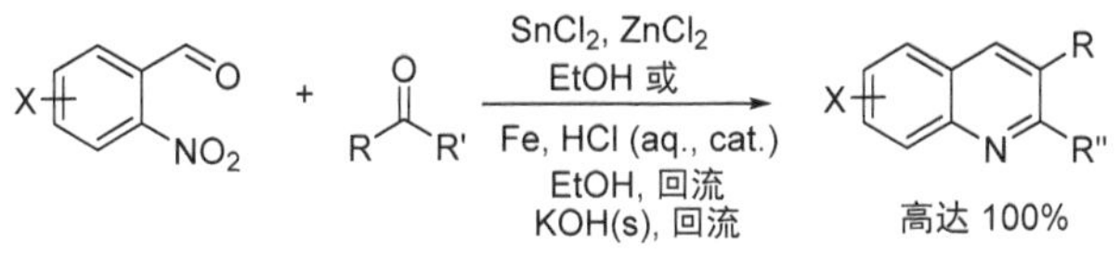

X
O
NO2
+
O
R
R'
SnCl2, ZnCl2
EtOH 或
Fe, HCl (aq., cat.)
EtOH, 回流
KOH(s), 回流
X
R
N
R''
高达 100%

(6)

当使用非对称的酮时，区域选择性是 Friedländer 喹啉合成法的一个具有挑战性的问题。Hsiao[12]、Mcwilliams[13]和 Srinivasom[14]通过在酮的 α-碳上引入磷酰基，使用适当的胺催化剂和离子液体解决区域选择性问题。

为避免碱性条件下酮发生羟醛缩合等副反应，也可使用邻苯胺的亚胺类似物替代邻氨基苯甲醇[15]。该法先后被 Danishefsky[16]和 Greene[17]用于喜树碱的合成 (式 7)。

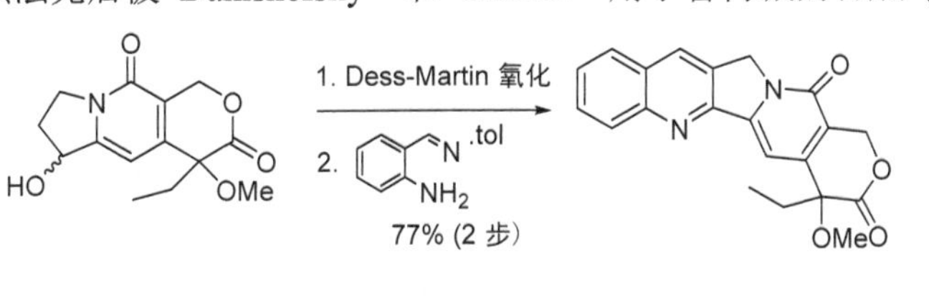

O
N
O
O
HO
OMe
1. Dess-Martin 氧化
2.
N
.tol
NH2
77% (2 步)
N
N
O
O
O
OMeO

(7)

参考文献

[1] Friedländer, P. *Ber.* **1882**, *15*, 2572-2575.
[2] Cheng, C.; Yan, S. J. *Org. React.* **1982**, *28*, 37-201.
[3] Arcadi, A.; Chiarini, M. D.; Giuseppe, S.; Marinelli, F. *Synlett* **2003**, *2*, 203-206.
[4] Jia, C.-S.; Zhang, Z.; Tu, S.; Wang, G. *Org. Biomol. Chem.* **2006**, *4*, 104-110.
[5] Wu, Z.; Xia, H.; Gao, K. *Org. Biomol. Chem.* **2006**, *4*, 126-129.
[6] Patteux, C.; Levacher, V.; Dupas, G. *Org. Lett.* **2003**, *5*, 3061-3063.
[7] Banon, C. A.; Guillena, G.; Nájera, C. *J. Org. Chem.* **2013**, *78*, 5349-5356.
[8] Pandey, G.; Mishra, A.; Khamrai, J. *Org. Lett.* **2017**, *19*, 3267-3270.
[9] Vander, M. H.; Van. D. V. P.; De. V. D.; Verpoort, F. *Eur. J. Org. Chem.* **2008**, *9*, 1625-1631.
[10] Ricardo, M.;, Diego, J. R.; Miguel, Y. *J. Org. Chem.* **2008**, *73*, 9778-9780.
[11] McNaughton, B. R.; Miller, B. L. *Org. Lett.* **2003**, *5*, 4257-4259.
[12] Hsiao, Y.; Rivera, N. R.; Yasuda, N.; Hughes, D. L.; Reider, P. J. *Org. Lett.* **2001**, *3*, 1101-1103.
[13] Dormer, P. G.; Eng, K. K.; Farr, R. N.; Humphrey, G.R.; McWilliams, J. C.; Reider, P. J.; Sager, J. W.; Volante, R. P. *J. Org. chem.* **2003**, *68*, 467-477.
[14] Palimkar, S. S.; Siddiqui, S. A.; Daniel, T.; Lahoti, R. J.; Srinivasan, K. V. *J. Org. Chem.* **2003**, *68*, 9371-9378.
[15] Stéphane, L.; Cyril, P.; Francis, M.; Georges, D.; Vincent, L. *Tetrahedron: Asymmetry* **2004**, *15*, 3919-3928.
[16] Shen, W.; Coburn, C. A.; Bornmann, W. G.; Danishefsky, S. J. *J. Org. Chem.* **1993**, *58*, 611-617.
[17] Anderson, R. J.; Raolji, G. B.; Kanazawa, A.; Greene, A. E. *Org. Lett.* **2005**, *7*, 2989-2991.

用途： 喹啉合成

相关反应： Camps 喹啉合成

（黄培强，环磊桃）

Hajos-Parrish-Eder-Sauer-Wiechert 反应

1971 年，Wiechert 课题组[1] (Eder, Sauer 和 Wiechert) 首次报道了 L-脯氨酸催化的分子内 Aldol 反应，即不对称 Robinson（罗宾逊）环化反应（图 1）。第一次实现了非金属催化的不对称 Aldol 反应，取得了较高的对映选择性。

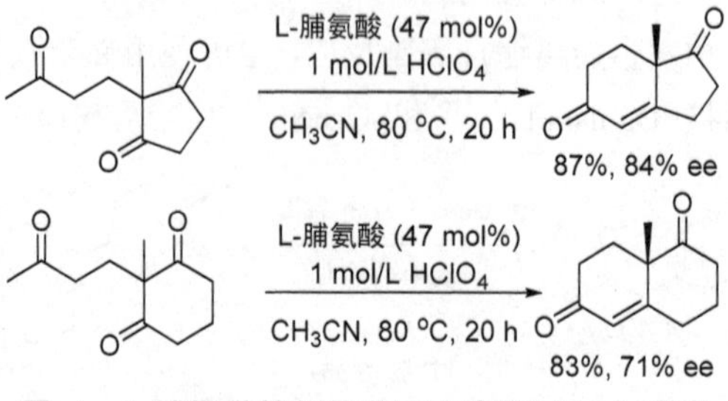

图 1 L-脯氨酸催化的分子内直接 Aldol 反应

Hajos 和 Parrish[2]对该反应进行了改进 (图 2)，将 Aldol 成环与酸化脱水分步进行，用 3 mol% 的 L-脯氨酸就可以取得 100% 的收率和 93% 的对映选择性。

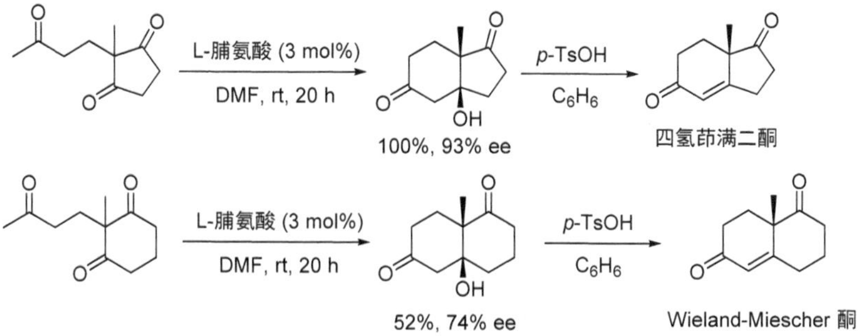

图 2　L-脯氨酸催化的分子内直接 Aldol 反应

这两个研究小组首次实现了有机小分子催化的不对称分子内直接 Aldol 反应，因此该反应也被命名为 Hajos-Parrish-Eder-Sauer-Wiechert (HPESW) 反应。

Wicha[3]利用 50% L-脯氨酸催化实现了 1,3-二酮 **1** 与不饱和酮 **2** 的 Robinson 环化反应，得到中等的收率与对映选择性。后来 Swaminathan[4]将该反应用于一步合成 Wieland-Miescher 酮，对映选择性可以达到 76% ee，但产率较低 (图 3)。

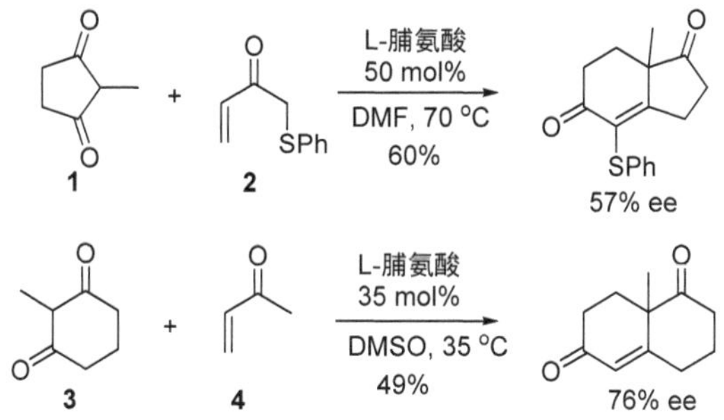

图 3　L-脯氨酸催化实现了 1,3-二酮与不饱和酮的 Robinson 环化反应

Paquette[5]研究了脯氨酸及衍生物对底物 **5**、**6** 的分子内 Aldol 环化反应的立体选择性，结果显示六元环的立体选择性都高于七元环 (图 4)。

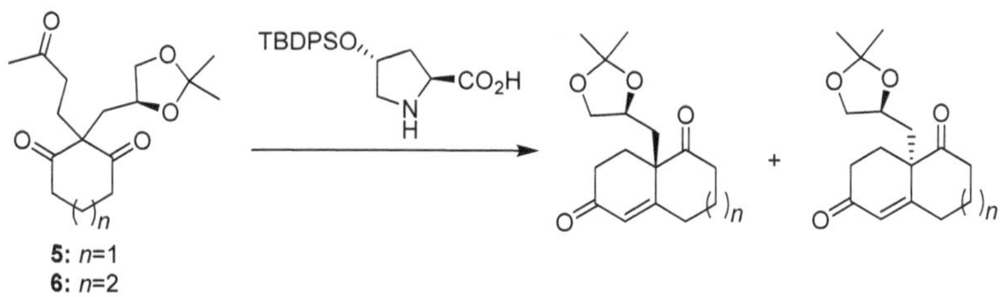

图 4　化合物 5、6 的分子内 Aldol 反应

Hayashi[6]报道了脯氨酸衍生的二胺的 Brønsted 酸盐催化的分子内 Aldol 反应 (图

5)，反应可得到高对映选择性。

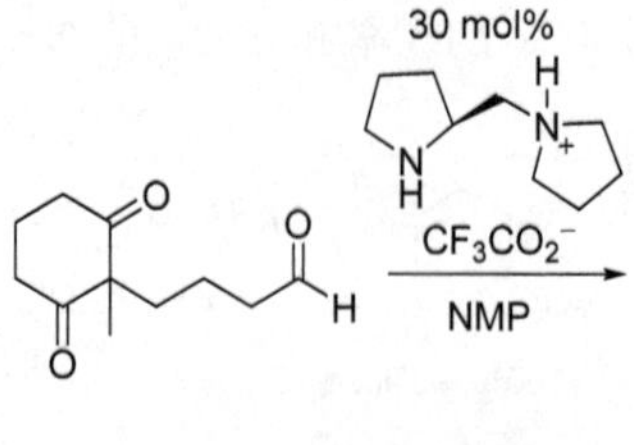

图 5 二胺与质子酸体系催化的分子内 Aldol 反应

其它一些有机小分子催化的分子内 Aldol 反应也有报道。Davies 等[7]报道了 β-氨基酸 cispentacin (7) 催化的分子内 Aldol 反应；Kanger[8]利用二吗啡啉衍生的催化剂 **8** 在质子酸辅助下催化分子内 Aldol 反应得到 Wieland-Miescher 酮，反应的产率可达 92%，对映选择性可达 95%。

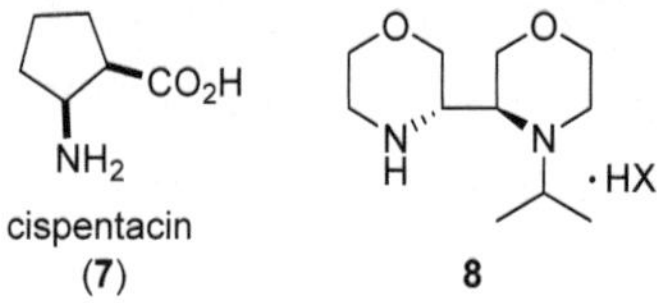

cispentacin
(**7**)
8

（1）机理研究

有关脯氨酸催化的 HPESW 反应的机理在化学界一直存在争议。Hajos[2]和 Parrish 当时提出了两种可能的过渡态：酮半缩胺过渡态与烯胺过渡态。Agami[9]在实验基础上提出了烯胺中间体的机理，并且认为在反应过程中，第二个脯氨酸分子参与协助质子转移。后来该机理为实验事实所否定[10]。1976 年，Jung[11]提出了碳-碳键的形成与羧基到羰基质子转移协同进行的过渡态；List 和 Barbas[12]也提出了类似的机理。Houk[13]基于该机理，通过理论计算找到了合理的反应途径 (图 6)：底物首先与脯氨酸结合，脱水生成亚胺正离

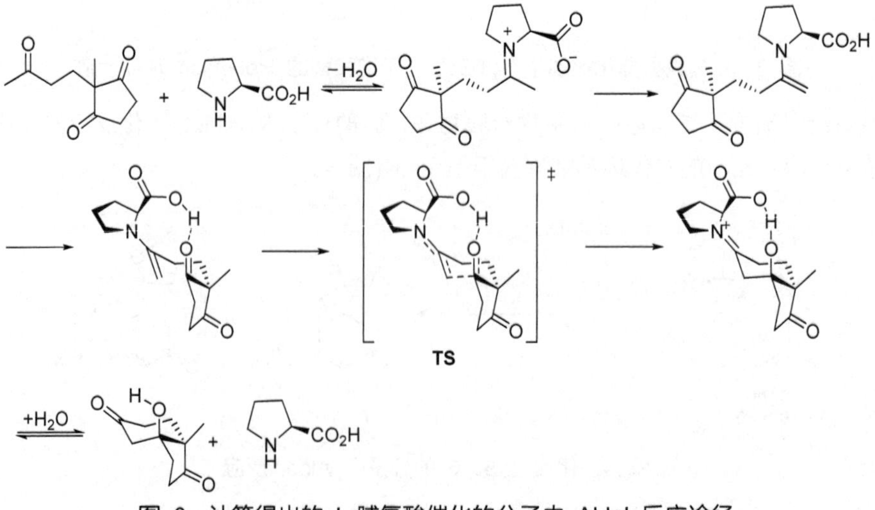

图 6 计算得出的 L-脯氨酸催化的分子内 Aldol 反应途径

子，再异构化为烯胺；同时脯氨酸的羧基活化羰基，然后烯胺进攻被活化的羰基，碳碳键的形成与质子转移同时进行，经历过渡态 TS，形成亚胺正离子中间体，再经水解形成产物。

（2）HPESW 反应在有机合成中的应用

Wieland-Miescher 酮是许多固醇类和萜类化合物的合成前体，自从 Wiechert[1]和 Hajos[2]小组报道了其脯氨酸催化的合成方法后，便被广泛地应用于固醇类与萜类天然产物的合成[14]。此外，Danishefsky 利用 Wieland-Miescher 酮作为起始物，完成了巴卡亭 III (baccatin III) 和 紫杉醇 (taxol) 的合成[15]。

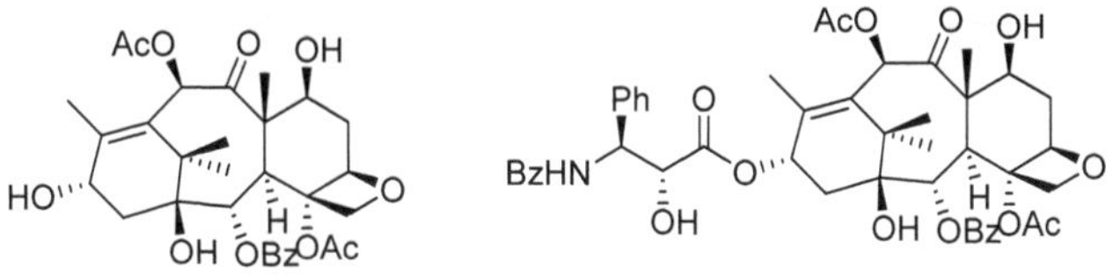

巴卡亭 III　　　　　紫杉醇

1981 年，Woodward 等[16]报道了抗生素 erythromycin 的合成 (图 7)，用 D-脯氨酸催化消旋化合物 **9** 的不对称分子内 Aldol 反应，得到的产物 **10** 只有中等的收率 (70%) 和较低的对映选择性 (36% ee)。

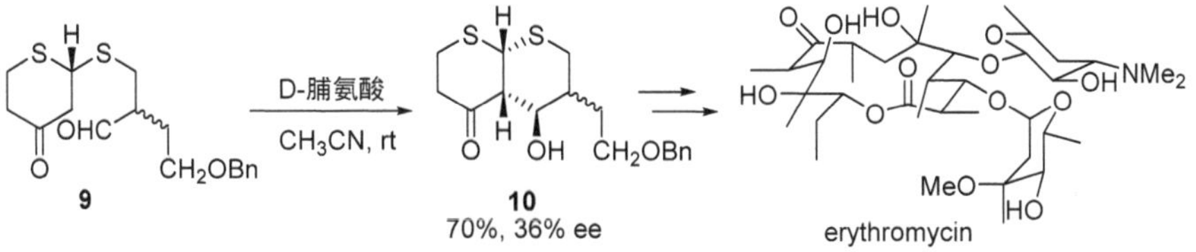

图 7　脯氨酸催化的分子内的 Aldol 反应用于抗生素的合成

参考文献

[1]   Eder, U.; Sauer, G.; Wiechert, R. *Angew. Chem. Int. Ed.* **1971**, *10*, 496-497.
[2]   Hajos, Z. G.; Parrish, D. R. *J. Org. Chem.* **1974**, *39*, 1615-1621.
[3]   Przezdziecka, A.; Stepanenko, W.; Wicha, J. *Tetrahedron: Asymmetry* **1999**, *10*, 1589-1598.
[4]   Rajagopal, D.; Narayanan, R.; Swaminathan, S. *Tetrahedron Lett.* **2001**, *42*, 4887-4890.
[5]   Inomata, K.; Barrague, M.; Paquette, L. A. *J. Org. Chem.* **2005**, *70*, 533-539.
[6]   Hayashi, Y.; Sekizawa, H.; Yamaguchi, J.; Gotoh, H. *J. Org. Chem.* **2007**, *72*, 6493-6499.
[7]   Davies, S. G.; Sheppard, R. L.; Smith, A. D.; Thomson, J. E. *Chem. Commun.* **2005**, 3802-3804.
[8]   Kriis, K.; Kanger, T.; Larrs, M.; Kailas, T.; Muurisepp, A. M.; Pehk, T.; Lopp, M. *Synlett* **2006**, *11*, 1699-1702.
[9]   Agami, C. *Bull. Soc. Chim. Fr.* **1988**, *3*, 499-507.
[10] Hoang, L.; Bahmanyar, S. Houk, K. N. List, B. *J. Am. Chem. Soc.* **2003**, *125*, 16-17.
[11] Jung, M. E. *Tetrahedron* **1976**, *32*, 3-31.
[12] (a) List, B.; Lerner, R. A.; Barbas, C. F., III. *J. Am. Chem. Soc.* **2000**, *122*, 2395-2396. (b) Sakthivel, K.; Notz, W.; Bui, T.; Barbas, C. F., III. *J. Am. Chem. Soc.* **2001**, *123*, 5260-5267.

[13] (a) Clemente, F. R.; Houk, K. N. *Angew. Chem. Int. Ed.* **2004**, *43*, 5765-5768. (b) Clemente, F. R.; Houk, K. N. *J. Am. Chem. Soc.* **2005**, *127*, 11294-11302.
[14] Cohen, N. *Acc. Chem. Res.* **1976**, *9*, 412-417.
[15] Danishefsky, S. J.; Masters, J. J.; Young, W. B.; Link, J. T.; Snyder, L. B.; Magee, T. V.; Jung, D. K.; Isaacs, R. C. A.; Bornmann, W. G.; Alaimo, C. A.; Coburn, C. A.; DiGrandi, M. J. *J. Am. Chem. Soc.* **1996**, *118*, 2843-2859.
[16] Woodward, R. B.; Logusch, E.; Nambiar, K. P.; Sakan, K.; Ward, D. E.; Au-Yeung, B. W.; Balaram, P.; Browne, L. J.; Card, P. J.; Chen, C. H. *J. Am. Chem. Soc.* **1981**, *103*, 3210-3213.

（龚流柱）

Hantzsch 反应

Hantzsch（韩奇）反应[1-7]是由一分子醛、两分子 β-酮酸酯和一分子氨发生缩合反应，得到二氢吡啶衍生物，再经氧化或脱氢得到取代的吡啶-3,5-二甲酸酯（式 1），后者可经水解、脱羧得到相应的吡啶衍生物（式 2）。氧化常用硝酸或铁氰化钾作氧化剂。本反应可用于制备二氢吡啶衍生物或吡啶衍生物，故又称为 Hantzsch（二氢）吡啶合成法。

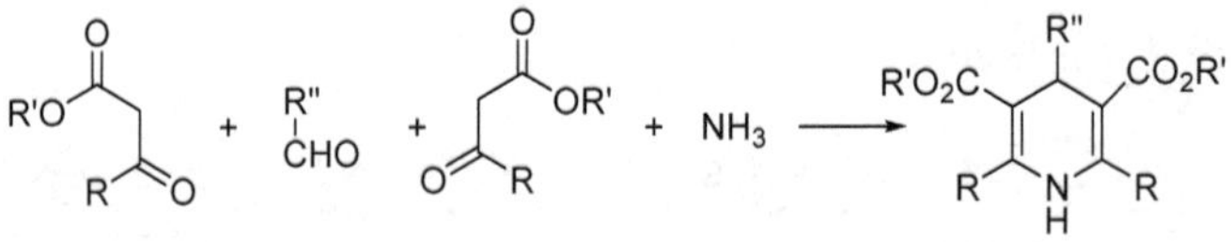

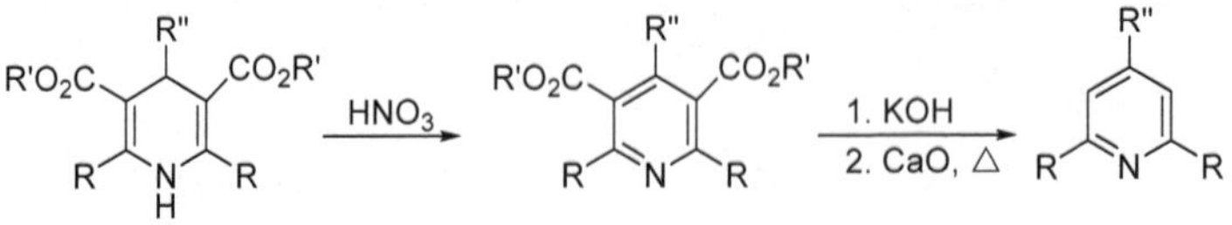

Hantzsch 反应的特点是可由 β-酮酸酯和醛在氨存在下一步环化形成二氢吡啶环系，进而氧化得到 2,4,6-三取代的吡啶衍生物。Hantzsch 反应应用非常广泛，是合成各种二氢吡啶衍生物和吡啶衍生物最简便的一种方法。

反应机理（图 1）[8]：首先，一分子 β-酮酸酯与醛发生 Knoevenagel 反应得到缩合产物关键中间体 I，另一分子 β-酮酸酯和氨发生缩合反应得到相应的烯胺中间体 II；然后，中间体 I 和 II 再通过分子内的加成-消除反应发生环化形成二氢吡啶化合物；最后，在氧化剂作用下芳构化形成吡啶环。

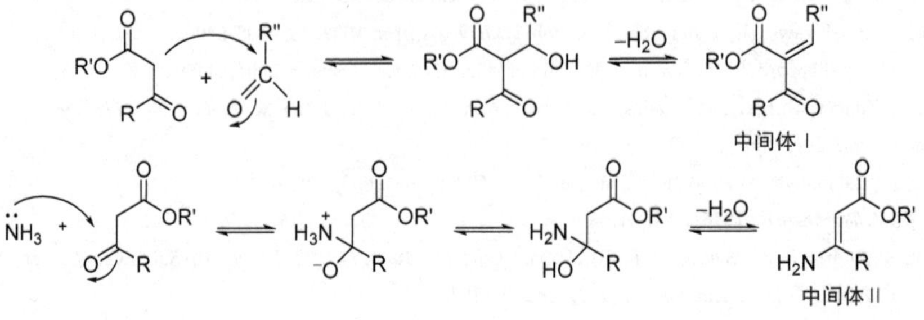

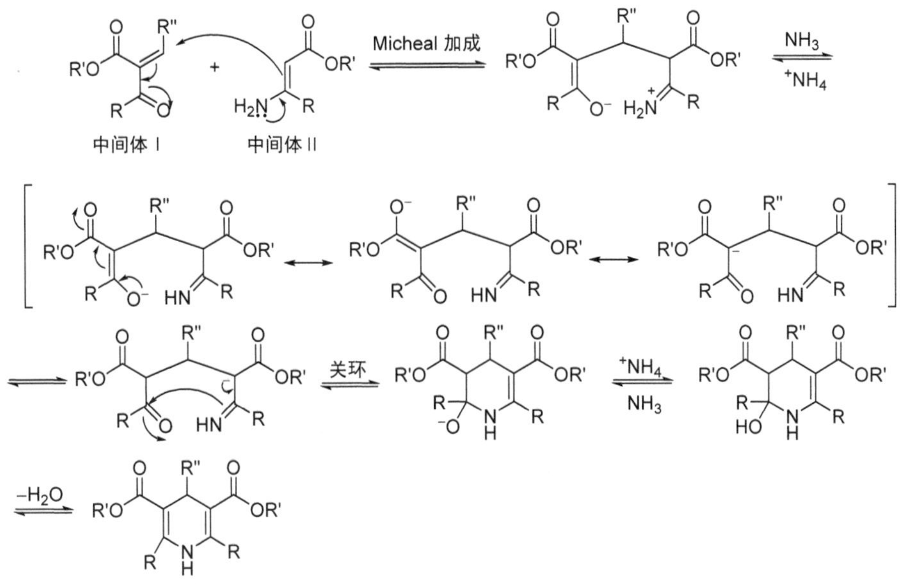

图 1 Hantzsch 反应机理

Hantzsch 反应的反应原理具有典型性，用不同的羰基化合物为原料，可有多种合成吡啶环系的方法，这些合成方法都与 Hantzsch 反应具有相类似的反应机制。

例如，1,5-二羰基化合物和氨的反应，中间可能就是通过 δ-氨基羰基化合物阶段，然后发生加成-消除反应完成的 (式 3)。

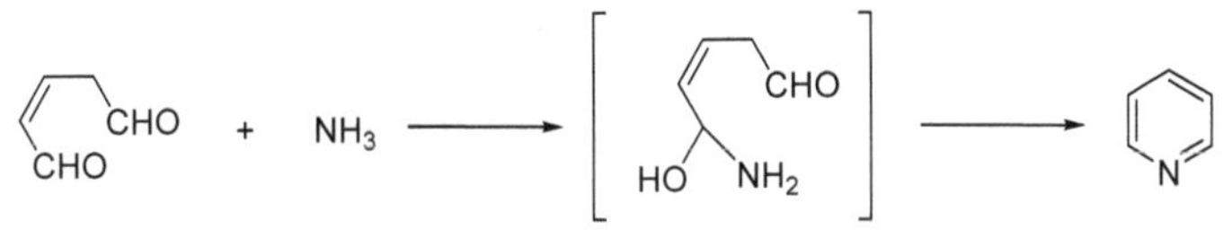

由乙酰乙酸乙酯、邻硝基苯甲醛和氨合成治疗心脏病药物心痛定 (式 4)，是 Hantzsch 反应在药物合成工业应用的一个很好的例子。

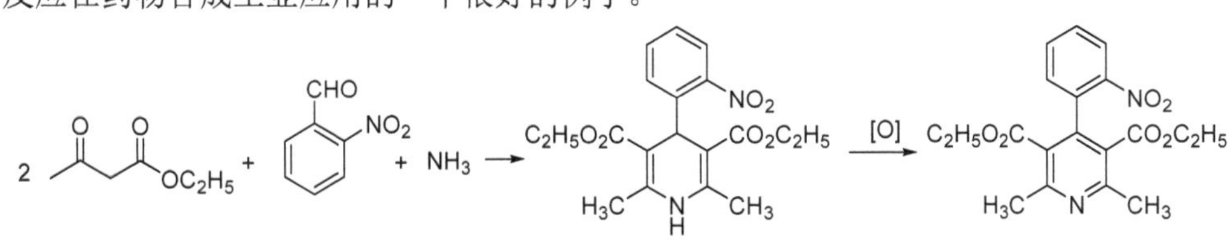

王利民等[9]在 Yb(OTf)$_3$ 催化下，由醛、β-酮酸酯、5,5-二甲基-1,3-环己二酮和乙酸铵在室温下反应 2~8 h，得到二氢吡啶-3-甲酸酯衍生物 (式 5)。

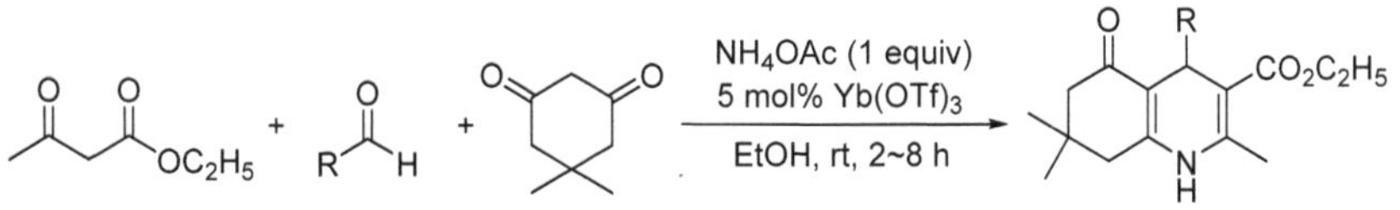

Evans 等[10]以磷酸联二萘酯（Ⅵ 或 Ⅶ）催化芳香醛、β-酮酸酯、5,5-二甲基-1,3-环己二酮和乙酸铵反应，所得的二氢吡啶-3-甲酸酯衍生物 ee 值为 98% (式 6)。

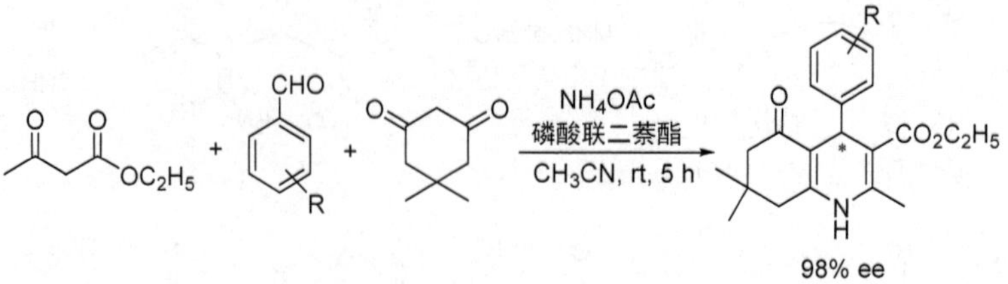

$$\text{乙酰乙酸乙酯} + \text{ArCHO} + \text{二甲基环己二酮} \xrightarrow[\text{CH}_3\text{CN, rt, 5 h}]{\text{NH}_4\text{OAc}\ \text{磷酸联二萘酯}} \text{产物} \quad 98\%\ ee \tag{6}$$

磷酸联二萘酯 VI, VII

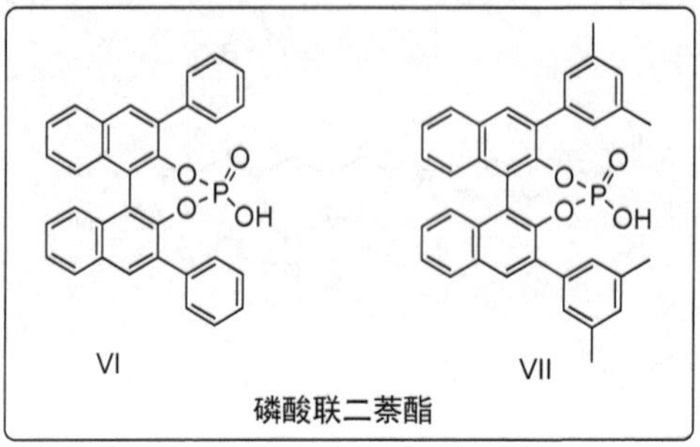

Sharma 等[11]采用等摩尔的醛和乙酸铵与 2 倍量的 β-酮酸酯在 TCT (2,4,6-三氯-1,3,5-三嗪) 存在下，无溶剂室温反应 15~150 min，得到取代的二氢吡啶-3,5-二甲酸酯 (式 7)。

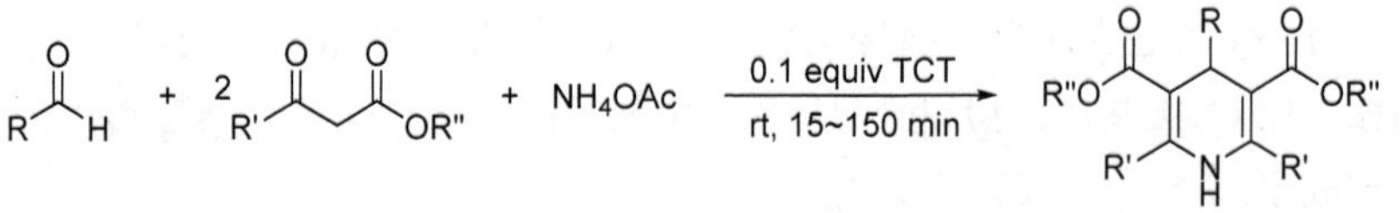

$$\text{RCHO} + 2\ \text{R'COCH}_2\text{CO}_2\text{R''} + \text{NH}_4\text{OAc} \xrightarrow[\text{rt, 15~150 min}]{0.1\ \text{equiv TCT}} \text{二氢吡啶} \tag{7}$$

Gupta 等[12]以硅胶表面共价锚定的磺酸为催化剂，醛与 2 倍的乙酰乙酸乙酯、1.5 倍的乙酸铵在己烷或无溶剂条件下"一瓶"反应得到 2,6-二甲基-4-取代-1,4-二氢吡啶-3,5-二甲酸酯 (式 8)。

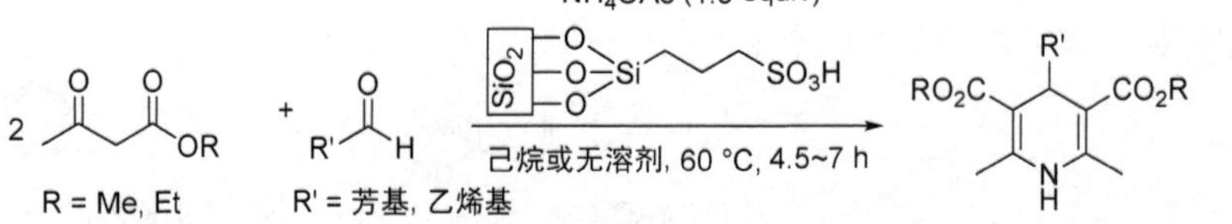

$$2\ \text{CH}_3\text{COCH}_2\text{CO}_2\text{R} + \text{R'CHO} \xrightarrow[\text{己烷或无溶剂, 60 °C, 4.5~7 h}]{\text{NH}_4\text{OAc (1.5 equiv)},\ \text{SiO}_2\text{-Si(CH}_2)_3\text{SO}_3\text{H}} \text{二氢吡啶} \tag{8}$$

R = Me, Et；R' = 芳基, 乙烯基

Debache 等[13]由芳香醛与 2 倍的乙酰乙酸乙酯和 2 倍的乙酸铵在苯基硼酸催化下乙醇中回流 4~5 h，得到 2,6-二甲基-4-芳基-1,4-二氢吡啶-3,5-甲酸二乙酯 (式 9)。

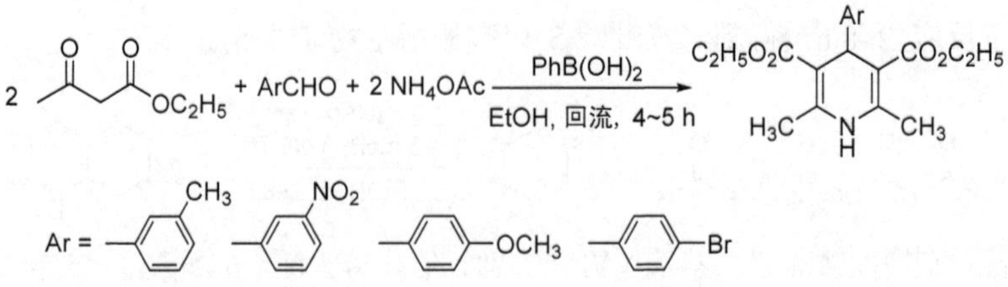

$$2\ \text{CH}_3\text{COCH}_2\text{CO}_2\text{C}_2\text{H}_5 + \text{ArCHO} + 2\ \text{NH}_4\text{OAc} \xrightarrow[\text{EtOH, 回流, 4~5 h}]{\text{PhB(OH)}_2} \text{二氢吡啶} \tag{9}$$

Ar = 3-甲苯基, 3-硝基苯基, 4-甲氧基苯基, 4-溴苯基

Kumar 等[14]以对甲苯磺酸为催化剂，在含 0.1 mol/L 十二烷基硫酸钠水溶液中用超

声波震荡形成水胶束,室温下制得 1,4-二氢吡啶衍生物 (式 10,式 11)。

$$2 \underset{\text{OR}}{\overset{\text{O O}}{\diagdown}} + R'CHO \xrightarrow[\text{超声波, rt, 1 h}]{\text{NH}_4\text{OAc (1 equiv)} \atop \text{TsOH, C}_{12}\text{H}_{25}\text{OSO}_3\text{Na}} \text{RO}_2\text{C-}\underset{\text{N}}{\diagdown}\text{-CO}_2\text{R} \quad (10)$$

$$\underset{\text{OR}}{\overset{\text{O O}}{\diagdown}} + R'CHO + \text{(1,3-二酮)} \xrightarrow[\text{超声波, rt, 1.5~3 h}]{\text{NH}_4\text{OAc (1 equiv)} \atop \text{TsOH, C}_{12}\text{H}_{25}\text{OSO}_3\text{Na}} \text{(产物)} \quad (11)$$

De Paolis 等[15]采用双功能催化剂 10% Pd/C、蒙脱石 K-10,在微波辐射下,实现了固体酸催化环化、Pd/C 催化脱氢的"一瓶"反应,得到取代吡啶-3,5-二甲酸二乙酯 (式 12)。

$$2 \underset{\text{OC}_2\text{H}_5}{\overset{\text{O O}}{\diagdown}} + R\text{CHO} \xrightarrow[\substack{\text{MeOH, 微波辐射} \\ 110\ ^\circ\text{C, 90~130 min}}]{\text{NH}_4\text{OAc (1 equiv)} \atop \text{10% Pd/C, 蒙脱石 K-10}} \text{C}_2\text{H}_5\text{O}_2\text{C-}\underset{\text{N}}{\diagdown}\text{-CO}_2\text{C}_2\text{H}_5 \quad (12)$$

Van Arman 等[16]以 β-酮酰胺、六亚甲基四胺、碳酸铵在超声波震荡下反应,合成 2,6-二甲基-1,4-二氢吡啶-3,5-二甲酰胺 (式 13)。

$$\underset{\text{NHCH}_3}{\overset{\text{O O}}{\diagdown}} + \text{(HMTA)} \xrightarrow[\text{H}_2\text{O, 70 }^\circ\text{C, 40 min}]{\text{(NH}_4)_2\text{CO}_3} \text{CH}_3\text{HN-}\underset{\text{N}}{\diagdown}\text{-NHCH}_3 \quad (13)$$

参考文献

[1] Hantzsch, A. *Ann.* **1882**, *1*, 72; *Ber.* **1885**, *14*, 1744; *Ber.* **1886**, *19*, 289.
[2] Bergstrom, F. W. *Chem. Rev.* **1944**, *35*, 94.
[3] Berson, J. A.; Brown, E. *J. Am. Chem. Soc.* **1955**, *77*, 444.
[4] Kuss, L.; Karrer, P. *Helv. Chim. Acta* **1957**, *40*, 740.
[5] Phillips, A. P. *J. Am. Chem. Soc.* **1949**, *71*, 4003.
[6] Elderfield, R. C. *Heterocyclic Compounds 1* **1950**, 462.
[7] Kellog, R. M.; Bergen, T. J.; van Doren, H.; et al. *J. Org. Chem.* **1980**, *45*, 2854.
[8] Katritzky, A. R.; Ostercamp, B. L.; Yousaf, T. I. *Tetrahedron* **1986**, *42*, 5729; **1987**, *43*, 5171.
[9] Wang, L.-M.; Sheng, J.; zhang, L.; Han, J.-W.; Fan, Z.-Y.; Tian, H. *Tetrahedron* **2005**, *61*, 1539-1543.
[10] Evans, C. G.; Gestwicki, J. E. *Org. Lett.* **2009**, *11*, 2957-2959.
[11] Sharma, G. V. M.; Reddy, K. L.; Lakshmi, P. S.; Krishna, P. R. *Synthesis* **2006**, 55.
[12] Gupta, R.; Gupta, R.; Paul, S.; Loupy, A. *Synthesis* **2007**, 2835-2838.
[13] Debache, A.; Boulcina, R.; Belfaitah; A.; Rhouati, S.; Carboni, B. *Synlett* **2008**, 509-512.
[14] Kumar, A.; Maurya, R. A. *Synlett* **2008**, 883-885.
[15] De Paolis, O.; Baffoe, J.; Landge, S. M.; Török, B. *Synthesis* **2008**, 3423-3428.
[16] Van Arman, S. A.; Zimmet, A. J.; Murray, I. E. *J. Org. Chem.* **2016**, *81*, 3528-3532.

(陈毅辉)

Hofmann-Löffler-Freytag 反应

19 世纪 80 年代，德国化学家 A. W. Hofmann 在确定六氢吡啶结构的过程中发现，1-溴-2-丙基六氢吡啶与热硫酸作用可以生成八氢中氮茚[1-3]。1909 年，K. Löffler 和 C. Freytag 将这一转化推广到从一般的二级胺合成吡咯环类化合物[4]。这类反应的特点是由氮上卤素取代的胺合成相应的环胺，统称为 Hofmann-Löffler-Freytag (霍夫曼-洛夫勒-弗·赖塔格) 反应 (HLF 反应)[5,6]。

其典型反应机理如图 1 所示：在加热或光照条件下，氮卤键发生均裂，产生的氮自由基进行分子内 1,5-氢迁移，生成相应的碳自由基，然后和卤素自由基偶联。形成的卤代物中间体进一步发生分子内亲核取代反应，然后在碱的作用下，得到环胺产物。

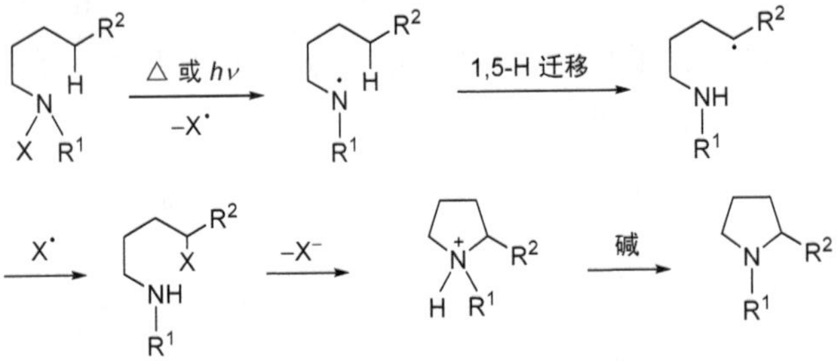

图 1 典型的 Hofmann-Löffler-Freytag 反应机理

在该反应中卤素可为氯、溴或碘原子。一般在加热和紫外光照下进行。当氮上取代基 (R^1) 为吸电子基团，如氰基、酰基、硝基、磺酰基、磷酰基等时，反应可以在比较温和的中性条件下进行；而当取代基 R^1 为烷基或芳基时，反应在中性体系中难以进行，但是在强质子酸 (如硫酸和浓盐酸) 或 Lewis 酸的作用下则可顺利实现该化学转化。此外，取代基 R^2 对反应也有较大影响，当 R^2 有利于稳定中间体碳自由基时，反应可以在更温和的条件下进行。

氮上卤代的底物稳定性较差，局限了 HLF 反应的应用。但是，E. Suarez 研究小组在 20 世纪 80 年代直接以 N-氰基胺、磷酰胺和硝基胺等为原料，与 $Pb(OAc)_4/I_2$ 或二醋酸碘苯 (DIB)/I_2 作用，可方便地进行 HLF 反应，一锅法得到相应的四氢吡咯类产物[7,8]。这一方法称为 Suarez 改良法 (式 1)。它使得 HLF 反应更具有机合成应用价值。

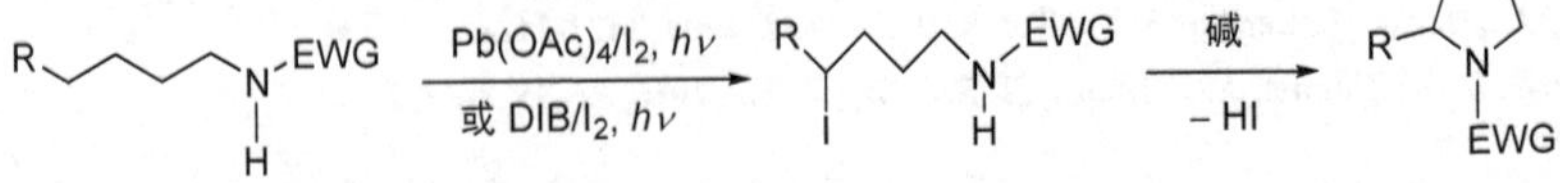

HLF 反应的实质是氮自由基进行分子内 1,5-氢迁移反应。由于形成的 N–H 键比一般的烷烃 C–H 键键能大，在能量上比较有利，特别是当产生的碳自由基比较稳定 (即 C–H 键键能更小) 时[9,10]；分子内 1,5-氢迁移过渡态为一六元环结构，张力小，在空间位

阻上也比较有利，所以 HLF 反应的结果大多得到四氢吡咯类衍生物。但是在一些情况下，1,6-氢迁移反应也能有效进行[11-13]，特别是当 1,6-氢迁移后产生的碳自由基比较稳定时 (如与碳-碳双键共轭)。例如，李超忠研究小组在考察酰胺氮自由基环合反应中发现[11]，6-庚烯酰胺与 Pb(OAc)$_4$/I$_2$ 在光照下只发生 1,6-氢迁移反应，生成的中间体 5-碘代酰胺进一步进行分子内亲核取代反应形成亚胺内酯结构，再进一步水解则得到内酯化产物 (式 2)。

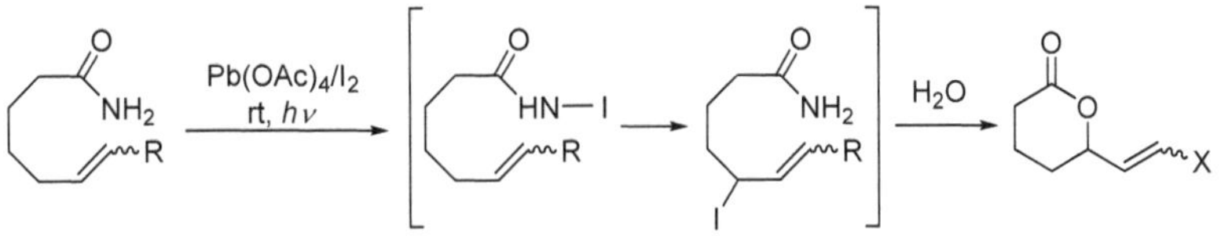

HLF 反应导致分子内惰性碳原子的官能团化，很好地体现出自由基反应的特色，从而也给有机合成带来了新的设计思路。这里举几个例子。Suarez 等利用 HLF 反应，以含氮的糖衍生物为原料，同 DIB/I$_2$ 反应，以 87% 的产率立体选择性地获得 [3.2.1]桥环产物，高效地实现分子内 N-糖苷化反应 (式 3)。这在氨基糖类化合物的合成中有比较重要的用途[14,15]。

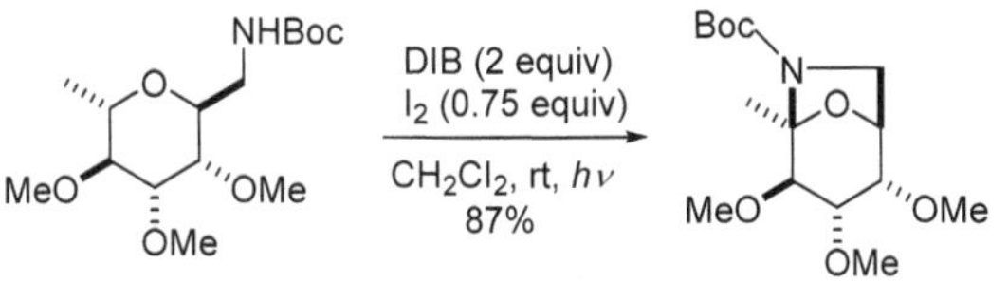

Shibanuma 等在合成生物碱 kobusine 中也应用了 HLF 反应[16]。首先，原料桥环胺与 NCS 作用生成相应的 N-氯代胺；后者在三氟醋酸溶液中光照，经碱处理，以 38.7% 的产率制得产物 kobusine (式 4)。在这一合成过程中，N-氯代化合物在酸性溶液中先形成铵盐，然后光照下 N–Cl 键均裂，产生高活性的氮自由基正离子，进而发生 1,5-氢迁移，生成的碳自由基与氯结合，形成相应的氯化物。然后在碱的作用下进行分子内亲核取代反应，得到目标产物。该合成的结果是底物分子中的一个甲基选择性地得以官能团化，这是其它类型的反应难以实现的转化，从而体现了 HLF 反应的独特优势。

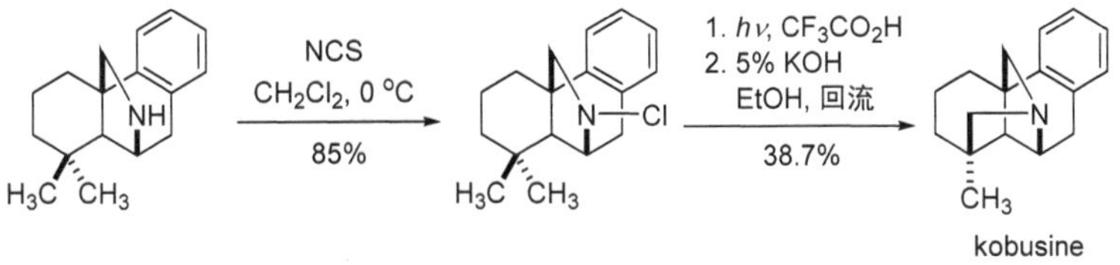

近几年来，基于 HLF 反应机理，采用各种试剂捕获 1,5-氢迁移生成的碳自由基中间体，一系列酰胺或磺酰胺的远程 C–H 键官能团化反应得以成功开发[17-23]。例如，李超忠等[17]报道了银催化下 N-芳基酰胺的 γ-氟代反应 (式 5)；Knowles[20]和 Rovis[21,22]课题组报道了光催化条件下酰胺的远程 C–H 键烷基化反应；祝介平等[23]发展了铜催化的 N-烷基取代苯甲酰胺类化合物的 δ-芳基化反应。

$$\text{结构式反应 (5)}$$

与 HLF 反应类似的是 Barton 反应,后者是烷氧自由基进行分子内 1,5-氢迁移的化学转化过程。

参考文献

[1] Hofmann, A. W. *Ber.* **1883**, *16*, 558.
[2] Hofmann, A. W. *Ber.* **1885**, *18*, 5.
[3] Hofmann, A. W. Ber. **1885**, *18*, 109.
[4] Löffler, K.; Freytag, C. *Ber.* **1909**, *42*, 3427.
[5] Majetich, G.; Wheless, K. *Tetrahedron* **1995**, *51*, 7095.
[6] Stella, L. In *Radicals in Organic Synthesis*. Renaud, P.; Sibi, M. P.; Eds.; Wiley-VCH: Weinheim, Germany, **2001**, *2*, 407.
[7] Carrau, R.; Hernandez, R.; Suarez, E.; Betancor, C. *J. Chem. Soc., Perkin Trans. 1* **1987**, 937.
[8] De Armas, P.; Francisco, C. G.; Hernandez, R.; Salazar, J. A.; Suarez, E. *J. Chem. Soc., Perkin Trans. 1* **1988**, 3255.
[9] Chen, Q.; Shen, M.; Tang, Y.; Li, C. *Org. Lett.* **2005**, *7*, 1625.
[10] Lu, H.; Chen, Q.; Li, C. *J. Org. Chem.* **2007**, *72*, 2564.
[11] Hu, T.; Shen, M.; Chen, Q.; Li, C. *Org. Lett.* **2006**, *8*, 2647.
[12] Chen, K.; Richter, J. M.; Baran, P. S. *J. Am. Chem. Soc.* **2008**, *130*, 7247.
[13] Chen, K.; Baran, P. S. *Nature* **2009**, *459*, 824.
[14] Francisco, C. G.; Herrera, A. J.; Suarez, E. *J. Org. Chem.* **2003**, *68*, 1012.
[15] Martin, A.; Perez-Martin, I.; Suarez, E. *Org. Lett.* **2005**, *7*, 2027.
[16] Shibanuma, Y.; Okamoto, T. *Chem. Pharm. Bull.* **1985**, *33*, 3187.
[17] Li, Z.; Song, L.; Li, C. *J. Am. Chem. Soc.* **2013**, *135*, 4640.
[18] Wappes, E. A.; Fosu, S. C.; Chopko, T. C.; Nagib, D. A. *Angew. Chem. Int. Ed.* **2016**, *55*, 9974.
[19] Martinez, C.; Muniz, K. *Angew. Chem. Int. Ed.* **2015**, *54*, 8247.
[20] Choi, G. J.; Zhu, Q.; Miller, D. C.; Gu, C. J.; Knowles, R. R. *Nature* **2016**, *539*, 268.
[21] Chu, J. C. K.; Rovis, T. *Nature* **2016**, *539*, 272.
[22] Chen, D.-F.; Chu, J. C. K.; Rovis, T. *J. Am. Chem. Soc.* **2017**, *139*, 14897.
[23] Li, Z.; Wang, Q.; Zhu, J. *Angew. Chem. Int. Ed.* **2018**, *57*, 13288.

相关反应: Barton 反应

(李超忠)

Kulinkovich 反应和 Kulinkovich-de Meijere 反应

Kulinkovich (库林科维奇) 反应指在四异丙氧基钛作用下,格氏试剂与酯反应生成环丙醇衍生物的转化 (式 1)[1,2]。在类似条件下,酰胺可被转化为环丙胺衍生物,称为

Kulinkovich-de Meijere (库林科维奇-迈耶雷) 反应 (式 2)[3,4]。Kulinkovich 反应提供了一种格氏试剂与羧酸衍生物反应，一步形成羟基环丙烷衍生物的独特方法[5,6]。

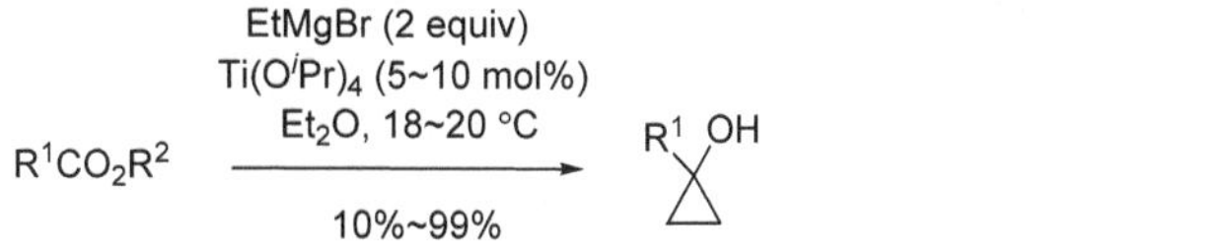
EtMgBr (2 equiv)
Ti(O^iPr)4 (5~10 mol%)
Et2O, 18~20 °C
R1CO2R2
R1 OH
10%~99%

(1)

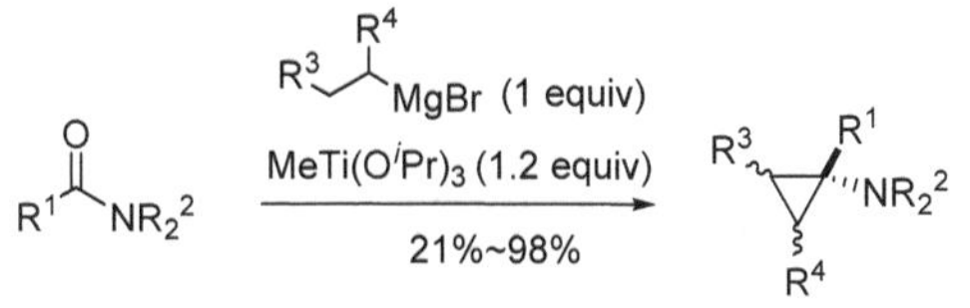
R4
R3
MgBr (1 equiv)
MeTi(O^iPr)3 (1.2 equiv)
21%~98%
R1
NR2 2
R3
R1
NR2 2
R4

(2)

反应机理如图 1 所示。吴云东对反应机理进行了理论计算[7]。

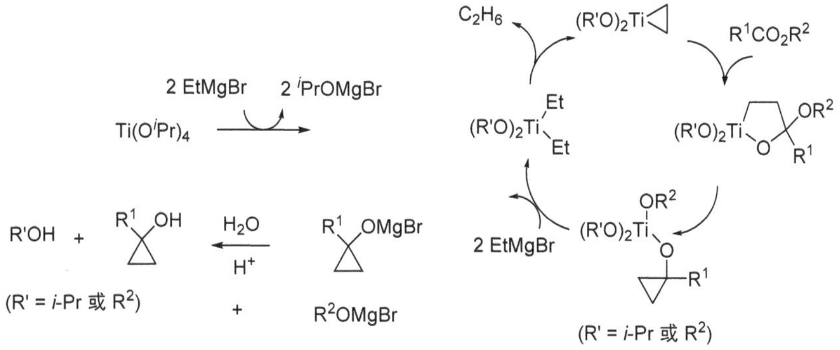
C2H6
(R'O)2Ti
R1CO2R2
2 EtMgBr
2 ^iPrOMgBr
Ti(O^iPr)4
Et
(R'O)2Ti
Et
(R'O)2Ti
OR2
O
R1
OR2
(R'O)2Ti
O
R1
2 EtMgBr
R'OH +
R1 OH
H2O
H+
R1 OMgBr
(R' = i-Pr 或 R2)
+
R2OMgBr
(R' = i-Pr 或 R2)

图 1　Kulinkovich 反应的机理

这一反应最初使用化学计量的烷氧基钛[1]，后发展到仅使用催化量的烷氧基钛 (图 1)[2]。随后，Corey 又进一步发展了手性钛催化的不对称反应[8]。

苯乙烯可与烷氧钛形成配合物，但其它烯烃，如 1-庚烯、α-甲基苯乙烯和乙基乙烯醚却无法反应，Cha 用位阻大的环戊烯或环己基格氏试剂解决了这一问题 (式 3)[9]。

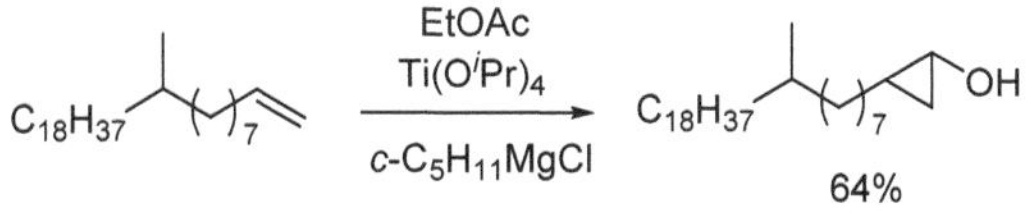
EtOAc
Ti(O^iPr)4
c-C5H11MgCl
C18H37
7
C18H37
7
OH
64%

(3)

Kulinkovich 反应已在天然产物全合成中获得诸多应用，对此，Brimble 和 Haym 作了综述[10]。最近，Waymouth 和 Dai 小组发展了经钯催化把 Kulinkovich 反应产物羟基环丙醇一步转化为氧杂螺内酯 **2** 的方法[11]。从适当的羟基环丙醇 **1** 出发，可一步完成 α-levantanolide (**2**) 的合成 (式 4)[11]。

6-三唑基氮杂双环[3.3.0]己烷 (**4**) 是许多生物活性和药用分子的结构单元。新近，Sirois 和 Xu 小组发展了经 Kulinkovich-de Meijere 反应合成该类分子的实用方法 (式 5)[12]，并以 98% 的纯度合成了 18 kg 以上的目标三唑基氮杂双环产物 **4**。

$$\text{(4)}$$

$$\text{(5)}$$

参考文献

[1] Kulinkovich, G.; Sviridov, S. V.; Vasilevskii, D. A.; Pritytskaya, T. S. *J. Org. Chem. USSR* **1989**, *25*, 2027-2028.
[2] Kulinkovich, O. G.; Sviridov, S. V.; Vasilevski, D. A. *Synthesis* **1991**, 234-234.
[3] Chaplinski, V.; de Meijere, A. *Angew. Chem. Int. Ed. Engl.* **1996**, *35*, 413-414.
[4] de Meijere, A.; Kozhushkov, S. I.; Späth, T. *Org. Synth.* **2002**, *78*, 142; *Coll. Vol.* **2004**, *10*, 88.
[5] Kulinkovich, O. G.; de Meijere, A. *Chem. Rev.* **2000**, *100*, 2789-2834.
[6] Kulinkovich, O.; Isakov, V.; Kananovich, D. *Chem. Rec.* **2008**, *8*, 269-278.
[7] Wu, Y.-D.; Yu, Z.-X. *J. Am. Chem. Soc.* **2001**, *123*, 5777-5786.
[8] Corey, E. J.; Rao, S. A.; Noe, M. C. *J. Am. Chem. Soc.* **1994**, *116*, 9345.
[9] Lee, J.; Kim, H.; Cha, J. K. *J. Am. Chem. Soc.* **1996**, *118*, 4198-4199.
[10] Haym, I.; Brimble, M. A. *Org. Biomol. Chem.* **2012**, *10*, 7649-7665.
[11] Davis, D. C.; Walker, K. L.; Hu, C.; Zare, R. N.; Waymouth, R. M.; Dai, M. *J. Am. Chem. Soc.* **2016**, *138*, 10693-10699.
[12] Sirois, L. E.; Xu, J.; Angelaud, R.; Lao, D.; Gosselin, F. *Org. Process Res. Dev.* **2018**, *22*, 728-735.

（黄培强）

陆熙炎 [3+2] 环加成反应

陆熙炎 [3+2] 环加成反应 (Lu [3+2] cycloaddition reaction) 是叔膦催化的联烯酸酯 (或丁炔酸酯) 与贫电子烯烃 (或亚胺) 的环合反应。该反应由陆熙炎研究组于 1995 年首次报道，反应以联烯酸酯或丁炔酸酯为 C_3 合成子，以贫电子烯烃为 C_2 合成子，在三苯基膦或三丁基膦的催化下，环合生成环戊烯衍生物[1]。反应存在区域选择性，可以生成两类双取代的环戊烯 (式 1)。当选用双键处于环外的贫电子烯烃时，环合反应可以方便地得

到螺环化合物 (式 2)[2]。陆熙炎研究组通过后续的研究发现使用贫电子亚胺代替贫电子烯烃，类似的 [3+2] 环合反应也能顺利发生，生成二氢吡咯衍生物，该反应具有很好的区域选择性，得到单一的产物 (式 3)[3]。在此基础上，其他课题组利用取代的贫电子联烯作为底物也实现了陆熙炎 [3+2] 环加成反应，合成出不同类型的环戊烯衍生物。基于此反应模式的分子内反应也可顺利进行，生成含有环戊烯的螺环或并环产物。该反应的特点是具有很好的原子经济性，不需要添加剂。

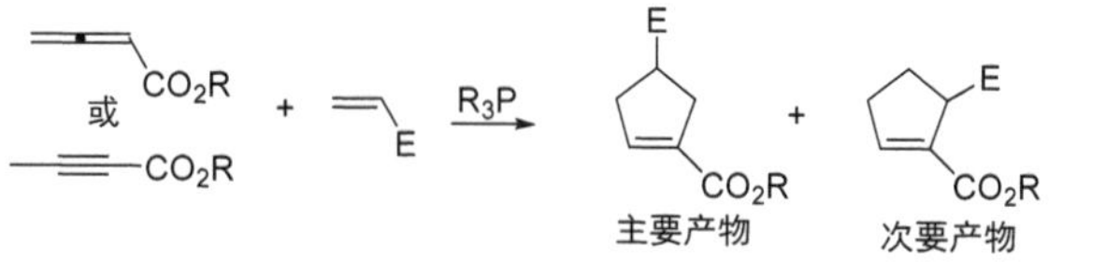

$$\text{联烯酸酯 或 丁炔酸酯} + \text{贫电子烯烃} \xrightarrow{R_3P} \text{主要产物} + \text{次要产物} \quad (1)$$

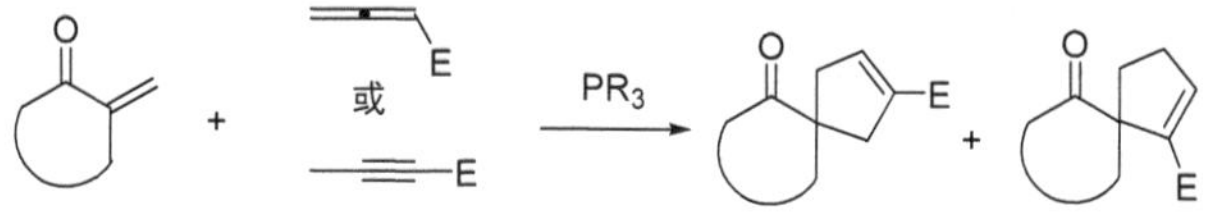

$$\text{环己酮亚甲基} + \text{联烯 或 丁炔} \xrightarrow{PR_3} \text{螺环产物} \quad (2)$$

$$E = CO_2Et \text{ 或 } CO_2{}^tBu$$

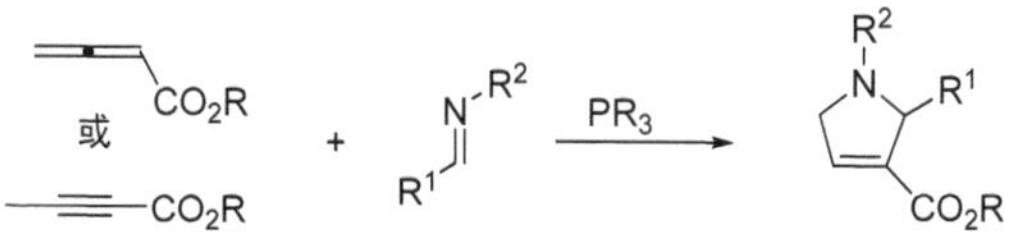

$$\text{联烯酸酯 或 丁炔酸酯} + \text{亚胺} \xrightarrow{PR_3} \text{二氢吡咯} \quad (3)$$

反应机理：联烯酸酯或丁炔酸酯与叔膦反应首先生成偶极体 **A** 或 **B**，随后分别对贫电子烯烃发生环加成反应得到相应的五元环中间体 **C** 和 **D**，通过 1,2-质子迁移，得到的 **E** 和 **F** 发生消除反应生成产物 **G** 和 **H**，同时离去叔膦，完成催化循环 (图 1)。

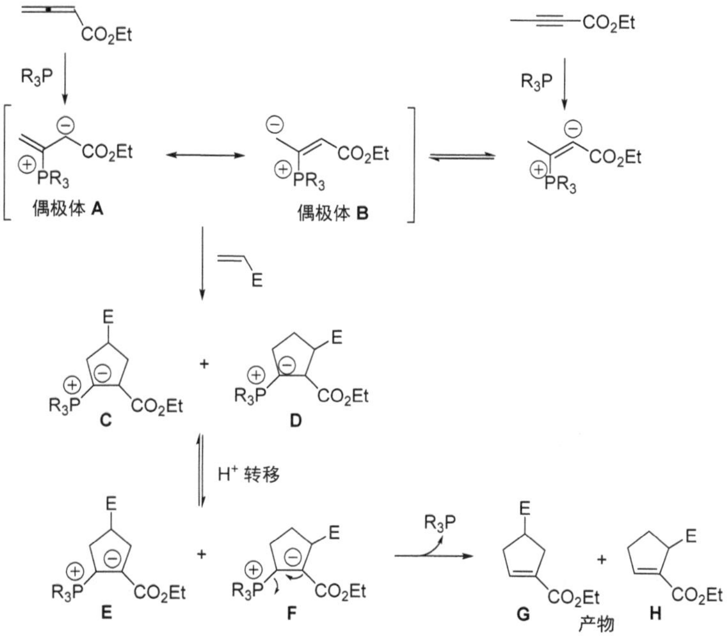

图 1　陆熙炎 [3+2] 环加成反应机理

不对称的陆熙炎 [3+2] 环加成反应随后也受到了很多课题组的关注。其中 Zhang[4]、Fu[5]、Marinetti[6] 和 Miller[7]分别利用其研究组发展的新型手性叔膦 **1~4** 作为催化剂 (图 2)，很好地实现了此类不对称环加成反应。

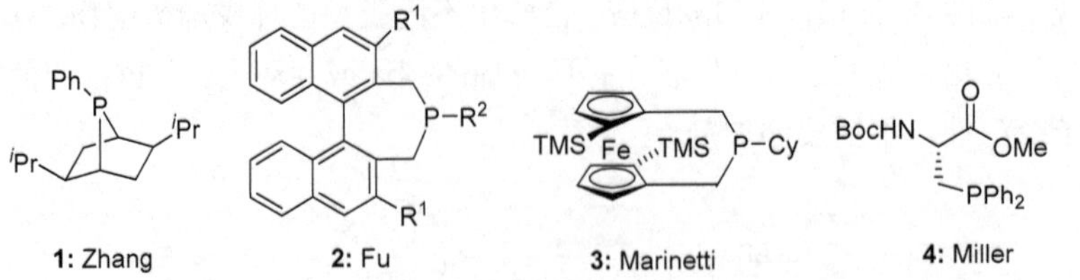

图 2　Zhang[4]、Fu[5]、Marinetti[6] 和 Miller[7]发展的新型手性叔膦催化剂

由于陆熙炎 [3+2] 环加成反应可以方便地合成环戊烯衍生物，很多课题组把该反应应用到含有环戊烯的天然产物的合成中。例如，Krische 小组把它用于葡萄糖苷——京尼平苷 [(+)-geniposide] 的全合成 (图 3)[8]；李昂利用该反应作为关键步骤首次完成了结构复杂的虎皮楠生物碱 longeracinphyllin A、daphniyunnine、himalenine D 和 daphnipaxianine A 的全合成 (图 4)[9]。

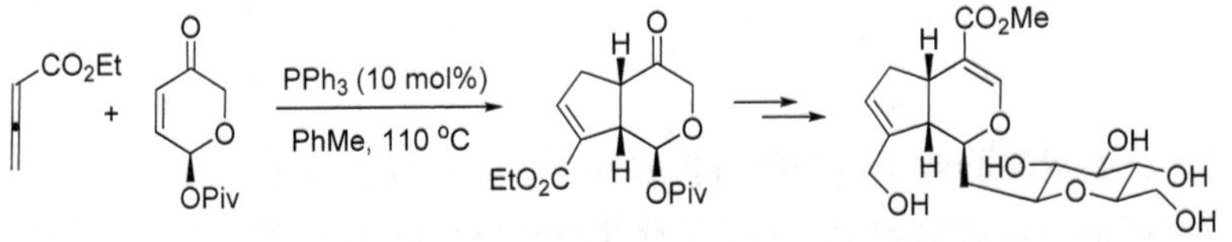

图 3　京尼平苷的全合成

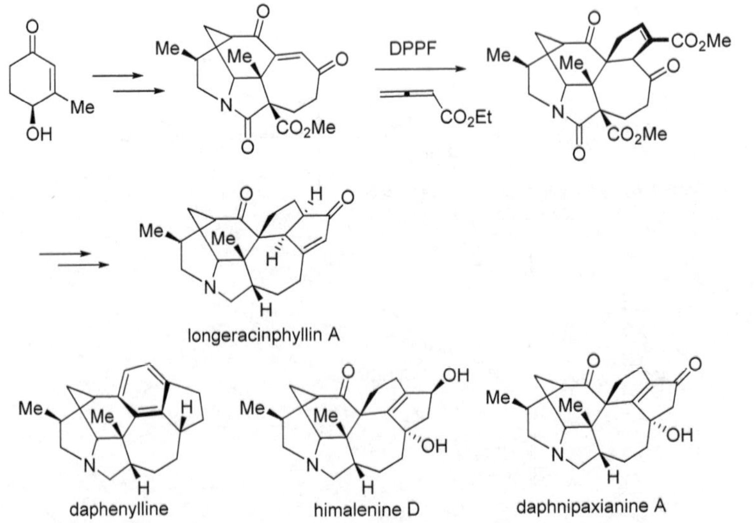

图 4　虎皮楠生物碱 longeracinphyllin A、daphniyunnine、himalenine D 和 daphnipaxianine A 的全合成

参考文献

[1] (a) Zhang, C.; Lu, X. *J. Org. Chem.* **1995**, *60*, 2906. (b) Lu, X.; Zhang, C.; Xu, Z. *Acc. Chem. Res.* **2001**, *34*, 535 .
[2] Du, Y.; Lu, X. *J. Org. Chem.* **2003**, *68*, 6463.
[3] (a) Xu, Z.; Lu, X. *Tetrahedron Lett.* **1997**, *38*, 3461. (b) Xu, Z.; Lu, X. *J. Org. Chem.* **1998**, *63*, 5031. (c) Xu. Z.; Lu, X. *Tetrahedron Lett.* **1999**, *40*, 549.
[4] Zhu, G.; Chen, Z.; Jiang, Q.; Xiao, D.; Cao, P.; Zhang, X. *J. Am. Chem. Soc.* **1997**, *119*, 3836.
[5] (a) Wilson, J. E.; Fu, G. C. *Angew. Chem. Int. Ed.* **2006**, 45, 1426. (b) Fujiwara, Y.; Fu, G. C. *J. Am. Chem. Soc.* **2011**, *133*, 12293.
[6] Voituriez, A.; Panossian, A.; Fleury-Brégeot, N.; Retailleau P.; Marinetti, A. *J. Am. Chem. Soc.* **2008**, *130*, 14030. (b) Voituriez, A.; Panossian, A.; Fleury-Brégeot, N.; Retailleau, P.; Marinetti, A. *Adv. Synth. Catal.* **2009**, *351*, 1968. (c) Pinto, N.; Neel, M.; Panossian, A.; Retailleau, P.; Frison, G.; Voituriez, A.; Marinetti, A. *Chem. Eur. J.* **2010**, *16*, 1033. (d) Voituriez, A.; Pinto, N.; Neel, M.; Retailleau, P.; Marinetti, A. *Chem. Eur. J.* **2010**, *16*, 12541. (e) Pinto, N.; Retailleau, P.; Voituriez, A.; Marinetti, A. *Chem. Commun.* **2011**, *47*, 1015. (f) Neel, M.; Gouin, J.; Voituriez, A.; Marinetti, A. *Synthesis* **2011**, 2003.
[7] Cowen, B. J.; Miller, S. J. *J. Am. Chem. Soc.* **2007**, *129*, 10988.
[8] Jones R. A.; Krische, M. J. *Org. Lett.* **2009**, *11*, 1849.
[9] (a) Li, J.; Zhang, W.; Zhang, F.; Chen, Y.; Li, A. *J. Am. Chem. Soc.* **2017**, *139*, 14893. (b) Chen, Y.; Zhang, W.; Ren, L.; Li, J.; Li, A. *Angew. Chem. Int. Ed.* **2018**, *57*, 952.

（韩秀玲，刘国生）

Nazarov 环化反应

1903 年，Vorländer 及其合作者们发现用浓硫酸及乙酸酐处理二亚苄基丙酮之后再用碱液水解得一环酮醇产物 (式 1)，不过在当时还不知道其具体结构[1]。20 世纪 30 年代，Marvel 研究小组对双烯炔类化合物的水合反应进行了研究[2,3]。40 年代，Nazarov 等人进入了这一领域并开始研究烯丙基乙烯基酮环化得环戊烯基酮的反应 (式 2)[4-6]。随后人们把在质子酸或 Lewis 酸催化下，二乙烯基酮或其前体经由戊二烯阳离子中间体进而发生电环化关环的反应称为 Nazarov (纳扎罗夫) 环化反应。

Nazarov 环化反应由于可以高立体选择性地构建环戊烯基酮类化合物,自从被发现起一直受到人们的广泛关注。Nazarov 环化有如下一些特点:①通常情况下,反应体系需要加入当量或过量的质子酸或 Lewis 酸以引发反应;②从广泛意义来讲,凡是能生成戊二烯阳离子的底物都有发生这一转化的可能;③烯丙基乙烯酮原位异构化为二乙烯基酮;④供电子取代基在 α 和 α' 位置上能加速环化反应,在 β 和 β' 位置上反之;⑤如果羰基一边或两边都为环状体系,则反应后得到稠环;⑥在 β 或 β' 位置上引入硅烷基 (或锡烷基) 能确保可控的环戊烯阳离子的关环,从而避免 Wagner-Meerwein 重排的发生,最后双键的生成是区域选择性的,相应的立体中心得到保留[7]。

Nazarov 环化反应通式见式 3。反应在酸性条件下加热进行顺旋关环,在光照条件下进行对旋环化 (式 4)。

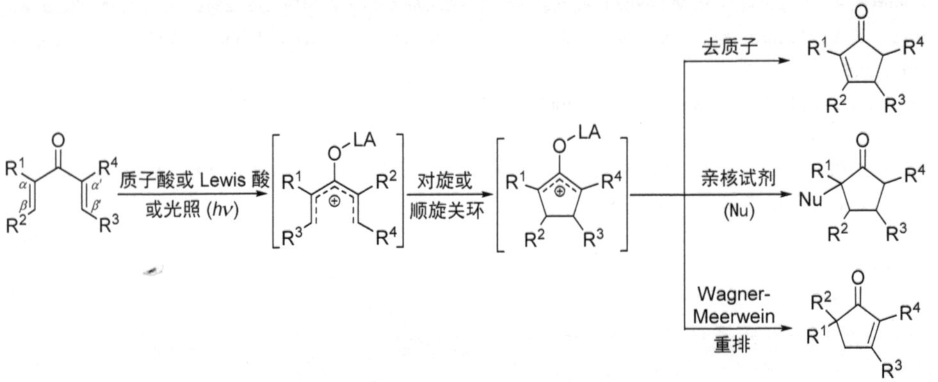

直到 1952 年 Nazarov 环化反应的机理才被清楚提出。目前一般认为该环化反应是经由碳正离子中间体而完成的,其实质就是一个周环反应,属 4π 电环化体系 (图 1)[8]。首先质子酸或 Lewis 酸和底物上的羰基氧结合,拉走羰基上一对 π 电子而得到戊二烯阳离子,然后经历顺旋关环得环戊烯碳正离子,它可自身去质子化,或者接受亲核试剂的进攻,或者发生其它一些重排 (如 Wagner-Meerwein 重排)。电环化可以顺时针也可以逆时针进行,如果底物二乙烯基酮是手性的话就应该得到两个非对映异构体产物。扭转方向的选择性主要受到立体因素的控制,例如新生成键两端的取代基之间的扭转张力和非键作用等。

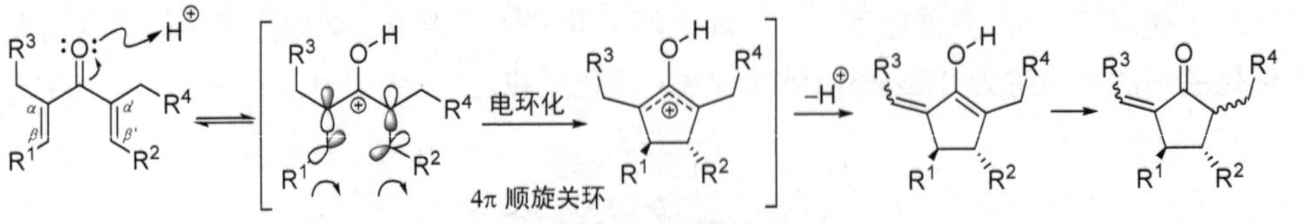

图 1 Nazarov 环化反应的机理

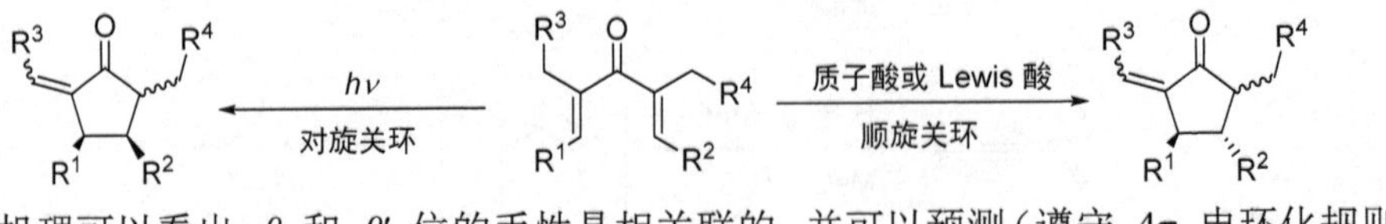

从机理可以看出,β 和 β' 位的手性是相关联的,并可以预测(遵守 4π 电环化规则)。

但对于 α 和 α' 位，由于去质子化的区域选择性和烯醇-酮式互变的立体选择性问题，使得控制其区域或立体选择性变得很困难，因而立体选择性的 Nazarov 环化出现得较晚。2003 年，Aggarwal 发展一类新的底物，在 α 位引入酯基，这样底物上有两个配位点，可以与 Lewis 酸进行二齿配位。他们用双噁唑啉作为手性配体，实现了对反应立体选择性的控制[9]。

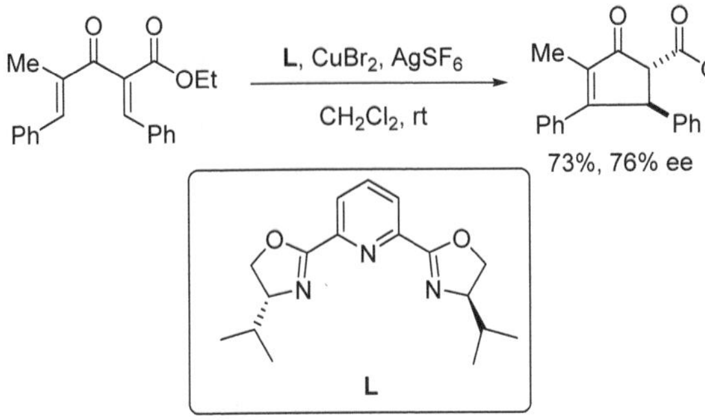

2010 年，中科院上海有机所唐勇等人对不对称 Nazarov 环化反应进行了深入研究。他们发现在 $CuCl_2$ 作为 Lewis 酸时，使用本课题组发展的 TOX 配体，可以优秀的反应收率和立体选择性得到含有环戊烯基酮结构的双环化合物 (式 6)[10]。

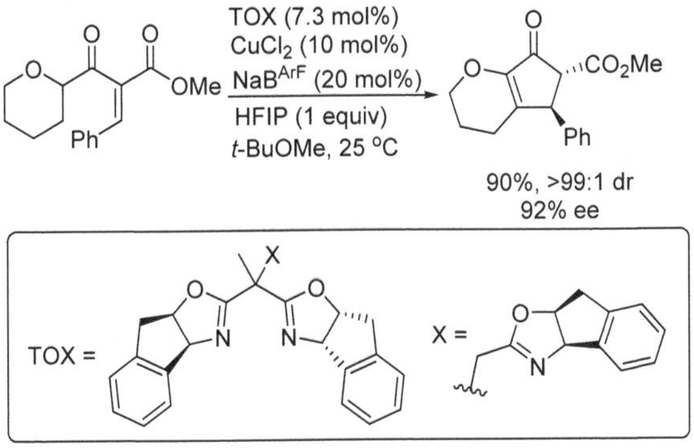

近年来，采用有机小分子催化不对称反应越来越受到人们重视。2007 年，Rueping 教授应用手性 Brønsted 酸催化不对称 Nazarov 环化，实现了第一个对映选择性的有机催化电环化反应 (式 7)[11]。

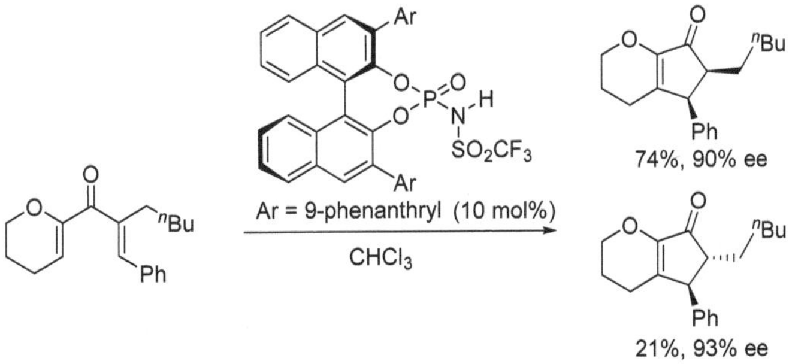

2015 年，兰州大学涂永强等人使用手性有机膦酸催化含环丁基二烯酮类化合物，以发生串联不对称 Nazarov 环化和半频哪醇重排反应，构建较难合成的螺环类化合物 (式 8)。在该过程中可实现反应的高立体选择性控制[12]。

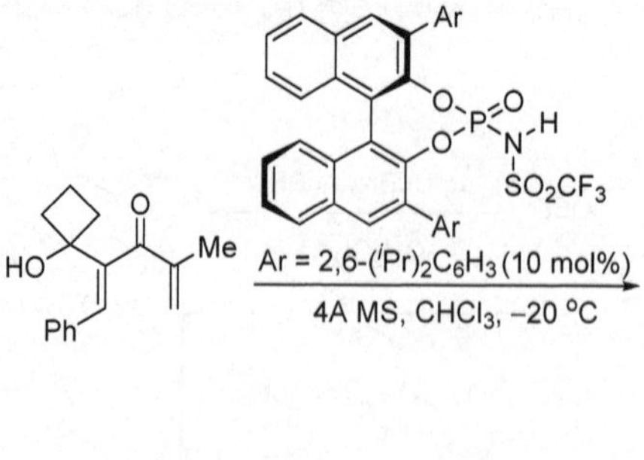

(8)

对 (±)-cephalotaxine 的合成由南开大学李卫东及合作者们完成 (式 9)[13]。该合成是基于二烯羧酸酯的一个区域和立体选择性的还原 Nazarov 环化反应。该环化反应可在温和的条件下顺利发生，其环化前体是通过原位还原羧酸酯得到的。

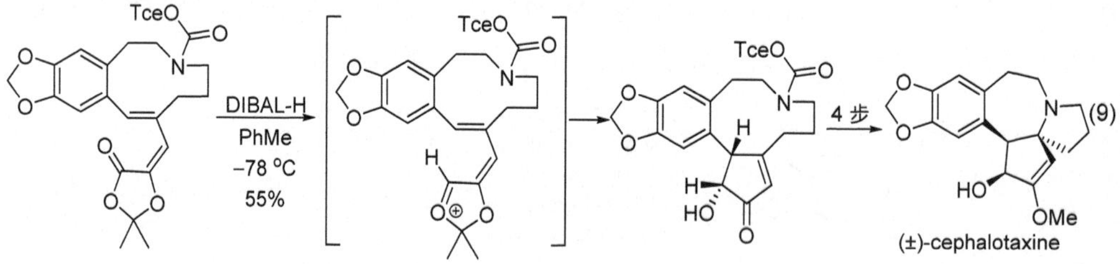

(9)

最近，华东师范大学高栓虎等人将光照条件下的 Nazarov 环化反应应用于 gracilamine 的全合成中 (式 10)[14]。利用该反应可从易得的芳基烯基酮底物出发，在温和的条件下高效构建该生物碱的 B 环。由此出发，利用 Michael 加成以及分子内的 Mannich 反应实现 D 环和 E 环的构建并最终实现了 gracilamine 生物碱的全合成。

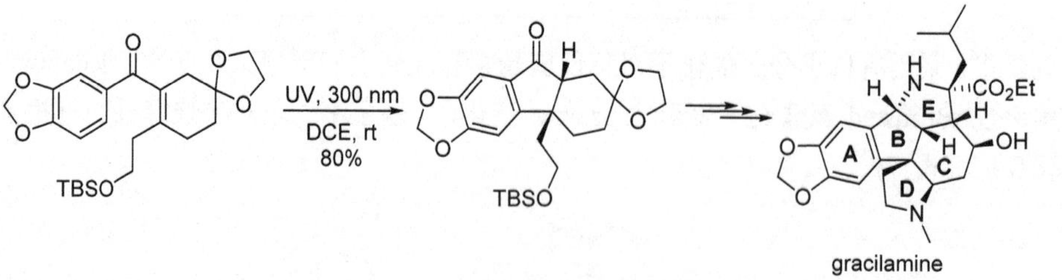

(10)

参考文献

[1] Vorländer, D.; Schroeter, G. *Ber.* **1903**, *36*, 1490-1497.
[2] Blomquist, A. T.; Marvel, C. S. *J. Am. Chem. Soc.* **1933**, *55*, 1655-1622.
[3] Mitchell, D. T.; Marvel, C. S. *J. Am. Chem. Soc.* **1933**, *55*, 4276-4279.
[4] Nazarov, I. N.; Zaretskaya, I. I. *Bull. acad. sci. U.R.S.S., Classe Sci. Chim.* **1942**, 200-209.

[5] Nazarov, I. N.; Zaretskaya, I. I. *Zh. Obshch. Khim.* **1957**, *27*, 693-713.
[6] Nazarov, I. N.; Zaretskaya, I. I.; Sorkina, T. I. *Zh. Obshch. Khim.* **1960**, *30*, 746-754.
[7] Denmark, S. E.; Jones, T. K. *J. Am. Chem. Soc.* **1982**, *104*, 2642-2645.
[8] Braude, E. A.; Coles, J. A. *J. Chem. Soc. Abstracts* **1952**, 1430-1433.
[9] Aggarwal, V. K.; Belfield, A. J. *Org. Lett.* **2003**, *5*, 5075-5078.
[10] Cao, P.; Deng, C.; Zhou, Y.-Y.; Sun, X.-L.; Zheng, J.-C.; Xie, Z.; Tang, Y. *Angew. Chem. Int. Ed.* **2010**, *49*, 4463-4466
[11] Rueping, M., Ieawsuwan, W., Antonchick, A. P., Nachtsheim, B. J. *Angew. Chem. Int. Ed.* **2007**, *46*, 2097-2100.
[12] Yang, B.-M.; Cai, P.-J.; Tu, Y.-Q.; Yu, Z.-X.; Chen, Z.-M.; Wang, S.-H.; Wang, S.-H.; Zhang, F.-M. *J. Am. Chem. Soc.* **2015**, *137*, 8344-8347.
[13] Li, W.-D. Z.; Duo, W.-G.; Zhuang, C.-H. *Org. Lett.* **2011**, *13*, 3538-3541.
[14] Shi, Y.; Yang, B.; Cai, S.; Gao, S. *Angew. Chem. Int. Ed.* **2014**, *53*, 9539-9543.

（成佳佳，王剑波）

Norrish-杨念祖环化反应

Norrish-杨念祖 (诺里什-杨念祖，Norrish-Yang) 环化反应是 Norrish Ⅱ 型光化学反应 (图 1) 的一种，即光激发含羰基化合物发生分子内氢原子转移/环化生成环醇的反应[1]。该反应最早由华人化学家杨念祖 (N. C. Yang，美国芝加哥大学教授) 于 1958 年发现[2]。当酮类化合物 γ-碳上存在氢原子时，在光激发情况下发生 1,5-氢迁移，γ-碳上氢原子迁移到羰基氧原子上，形成 1,4-双碳自由基中间体。该双自由基偶联生成环丁醇衍生物。这一过程后来被成功运用于各种环状醇的合成，并在天然产物构建中发挥着意想不到的作用，被命名为 Norrish-杨念祖环化反应。

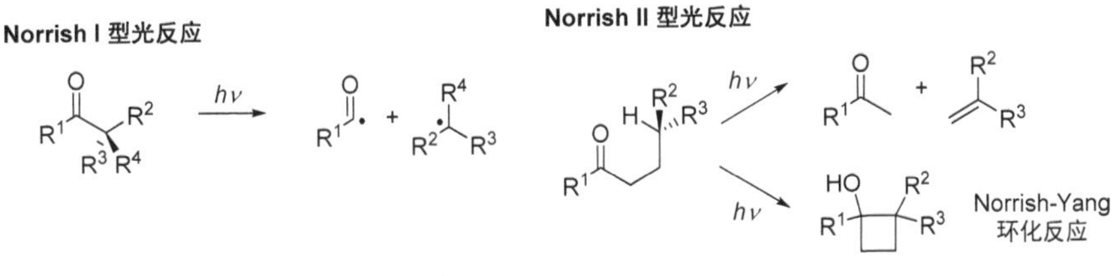

图 1 Norrish Ⅰ 型和 Ⅱ 型光化学反应

1958 年，杨念祖等人发现 2-辛酮的异辛烷溶液在光照条件下生成了丙酮、1-戊烯和环丁醇衍生物 (式 1)[2]。其中，光照条件下由饱和羰基化合物生成丙酮和 1-戊烯的途径属于 Norrish Ⅱ 型裂解反应；而生成环丁醇类衍生物的反应途径属于 Norrish-杨念祖环化反应。

Norrish-杨念祖环化反应是一个分步的双自由基反应过程 (图 2)，可以发生在 n,π* 的单重激发态和三重激发态上，并以三重态反应为主[3-6]。分子中基态羰基结构 (S_0) 被光激发后到达单重激发态 (S_1)，随后经过系间窜越到三重激发态 (T_1)。三重激发态 (T_1) 下的羰基结构表现出双自由基的性质，以六元环过渡态的形式提取 γ-碳上氢原子形成羟基邻位的碳自由基和 γ-碳自由基 (^{3}D)。该双自由基偶合成键，从而得到环丁醇产物。其中当 γ-碳为手性碳原子时，三重态双自由基的过程会导致手性碳原子的部分消旋化[7,8]。

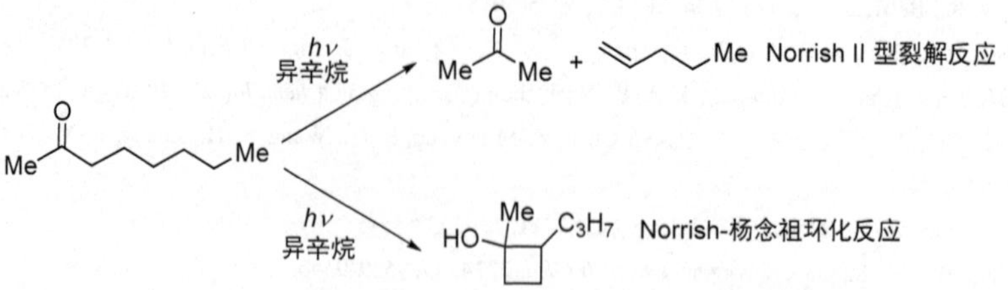

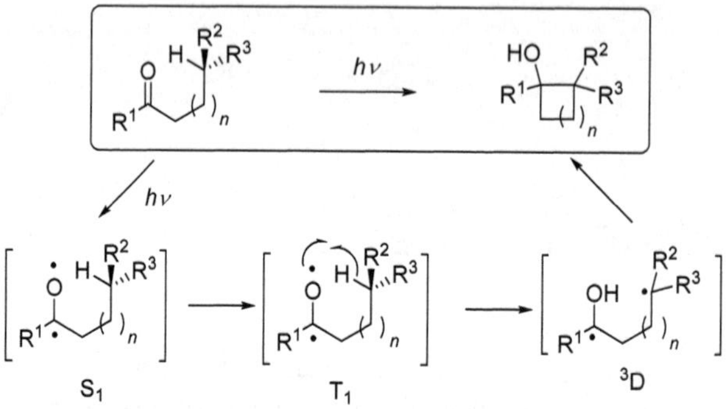

图 2　Norrish-杨念祖环化反应机理

若 γ-碳连接一个烯烃双键，在发生 1,5-氢原子提取后，由于烯丙基自由基的共振，在得到四元环丁醇的同时，也能得到环己烯醇的产物 (式 2)。这一过程也证实了反应进行的是自由基历程，而非协同过程[9]。

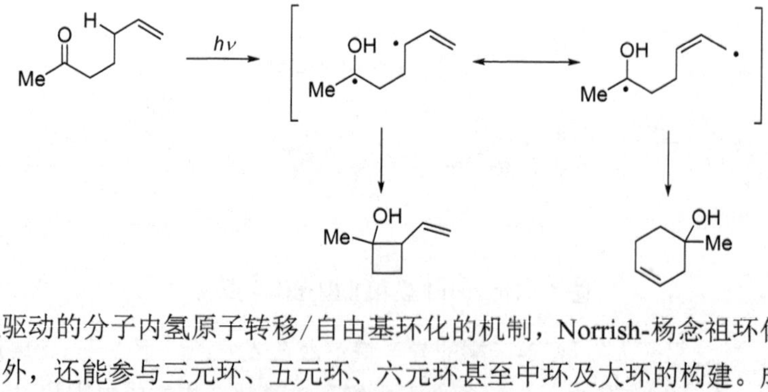

基于光驱动的分子内氢原子转移/自由基环化的机制，Norrish-杨念祖环化反应除了能构建四元环外，还能参与三元环、五元环、六元环甚至中环及大环的构建。成环的大小与底物结构关系密切，双自由基中间体决定最终的环状大小。比如，Wessig 等人报道了利用 Norrish-杨念祖环化反应合成三元环的反应 (式 3)[10]。1998 年，同一课题组还报道了从光学纯的酮出发，高选择性地构建了含氮四元环衍生物 (式 4)[11]。

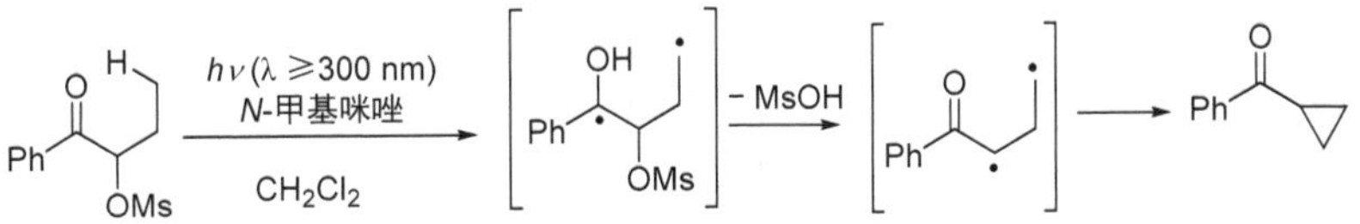

Wagner 等人从季铵盐出发,在光照条件下经羰基 δ 位攫氢生成 1,5-双自由基中间体,最后偶联生成五元环产物 (式 5)[12]。他们还报道了光照条件下由酮出发,经 1,6-双自由基中间体合成六元环的反应 (式 6)[13]。Kraus 等人利用 Norrish-杨念祖环化反应成功地实现了八元环的构建 (式 7)[14]。

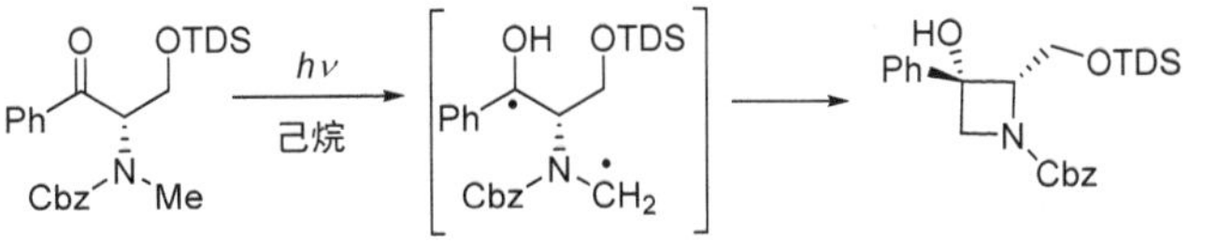

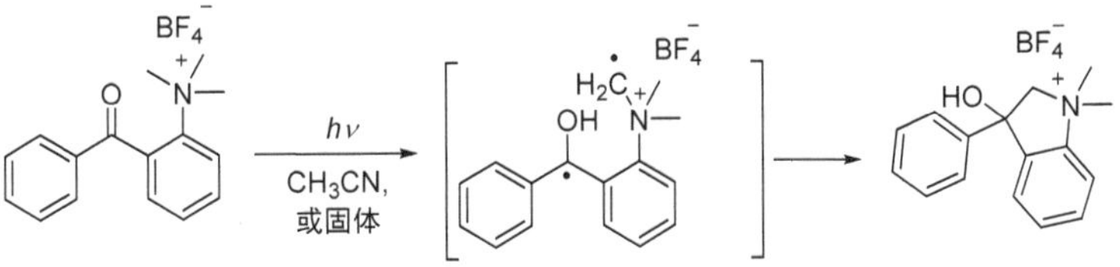

当体系内存在手性辅助基团或者手性环境时,可以利用 Norrish-杨念祖环化反应构建高光学纯的四元环醇。例如,利用手性脯氨酰胺与含羧酸的羰基化合物共混,在晶体状态下光照反应,重氮甲烷后处理可以得到 99% 对映选择性的四元环醇[15]。

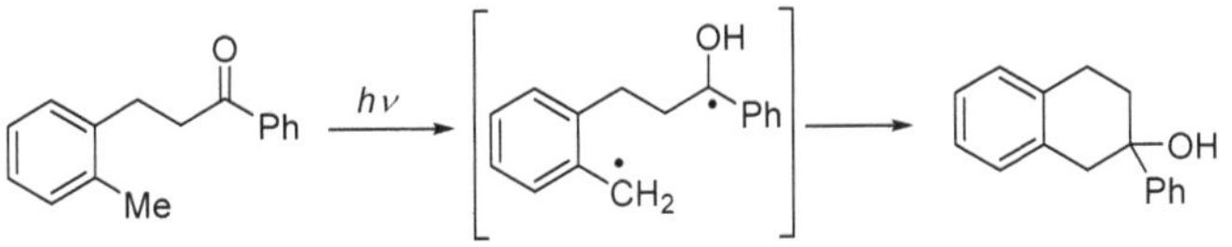

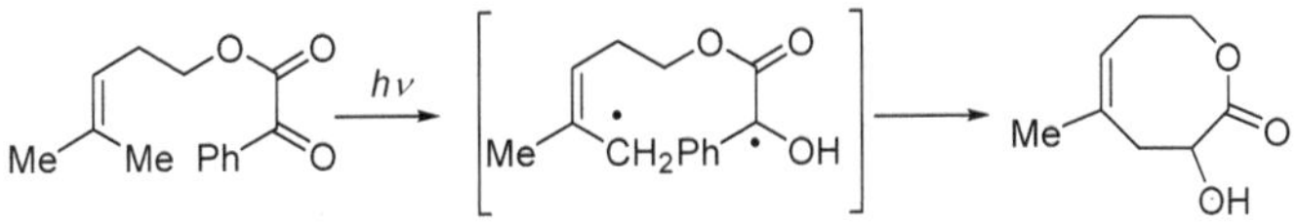

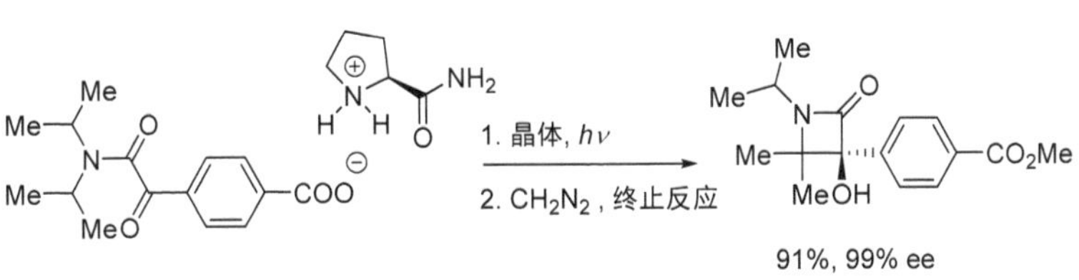

Norrish-杨念祖环化反应在天然产物全合成中也有着重要的应用[16,17]。如在倍半萜衍生物 (−)-punctain A 的合成中,最核心的步骤是利用 Norrish-杨念祖环化反应引入环丁醇骨架,并高立体选择性地将醇羟基定位到桥头碳的直立键上,以 49% 的产率完成 (−)-punctain A 的主体体系构建 (式 9)[18]。2013 年,Baran 等人通过 Norrish-杨念祖环化反应构建四元环,并以此反应作为关键步骤完成了天然产物 ouabagenin 的全合成 (式 10)[19]。

$$\text{(9)}$$

$$\text{(10)}$$

ouabagenin

参考文献

[1] Wagner, P. J. *Acc. Chem. Res.* **1971**, *4*, 168.
[2] Yang, N. C.; Yang, D.-D. H. *J. Am. Chem. Soc.* **1958**, *80*, 2913.
[3] Coulson, D. R.; Yang, N. C. *J. Am. Chem. Soc.* **1966**, *88*, 4511.
[4] Yang, N. C.; Feit, E. D. *J. Am. Chem. Soc.* **1968**, *90*, 504.
[5] Yang, N. C.; Elliott, S. P. *J. Am. Chem. Soc.* **1968**, *90*, 4194.
[6] Ihmels, H.; Scheffer, J. R. *Tetrahedron* **1999**, *55*, 885.
[7] Orban, I.; Schaffner, K.; Jeger, O. *J. Am. Chem. Soc.* **1963**, *85*, 3033.
[8] Yang, N. C.; Elliot, S. P. *J. Am. Chem. Soc.* **1969**, *91*, 7550.
[9] Yang, N. C.; Morduchowitz, A.; Yang, D.-D. H. *J. Am. Chem. Soc.* **1963**, *85*, 1017.
[10] Wessig, P.; Mühling, O. *Angew. Chem. Int. Ed.* **2001**, *40*, 1064.
[11] Wessig, P.; Schwarz, J. *Helv. Chim. Acta* **1998**, *81*, 1803.
[12] Wagner, P. J.; Cao, Q. *Tetrahedron Lett.* **1991**, *32*, 3915.
[13] Zhou, B.; Wagner, P. J. *J. Am. Chem. Soc.* **1989**, *111*, 6796.
[14] Kraus, G. A.; Wu, Y. *J. Am. Chem. Soc.* **1992**, *114*, 8705.
[15] Scheffer, J.; Wang, K. *Synthesis* **2001**, 112.
[16] Hoffmann, N. *Chem. Rev.* **2008**, *108*, 1052.
[17] Bach, T.; P., Hehn, J. P. *Angew. Chem. Int. Ed.* **2011**, *50*, 1000.
[18] Sugimura, T.; Paquette, L. A. *J. Am. Chem. Soc.* **1987**, *109*, 3017.
[19] Renata, H.; Zhou, Q.; Baran, P. S. *Science* **2013**, *339*, 59.

（吴骊珠，俞寿云）

Paal-Knorr 呋喃/吡咯合成

（1）Paal-Knorr (帕尔-克诺尔) 呋喃合成

Paal-Knorr 呋喃合成是应用最为广泛的制备呋喃和取代呋喃的方法，取名于对该反应做出杰出贡献的德国有机化学家 Carl Paal 和 Ludwig Knorr。1884 年，Paal 和 Knorr 几乎同时报道了 1,4-二酮在强酸作用下能脱水生成多取代的呋喃[1,2]。任何 1,4-二羰基化合物 (主要是醛、酮) 或是它们的类似物，在质子酸 [HCl、H_2SO_4、p-TsOH、$(COOH)_2$ 等] 以及 Lewis 酸 ($ZnBr_2$、$BF_3 \cdot Et_2O$ 等)，或者是脱水剂 (P_2O_5、Ac_2O 等) 的作用下都能发生这样的转化 (式 1)。这种呋喃的合成方法迅速得到广泛的应用而称为 Paal-Knorr 呋喃合成[3]。

$$\underset{\underset{O}{\|}}{R^1}\overset{R^2\ R^3}{\underset{}{\diagup\!\diagdown}}\underset{\underset{O}{\|}}{R^4} \xrightarrow{\text{酸或脱水剂}} \text{furan} \tag{1}$$

1,4-二羰基化合物的类似物可以是缩醛、缩酮或环氧代替其中一个羰基的形式 (式 2，式 3)。

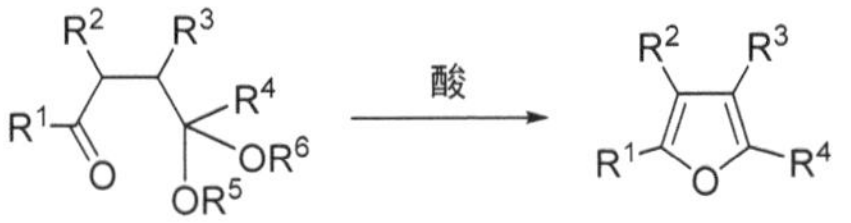

$$\tag{2}$$

$$\tag{3}$$

Paal-Knorr 呋喃合成反应的第一步是一个羰基快速质子化，而另外一个羰基发生烯醇化，羟基进攻成环，这一步是决速步。生成的中间体再接受一个质子脱水，最后脱质子生成呋喃环 (图 1)。

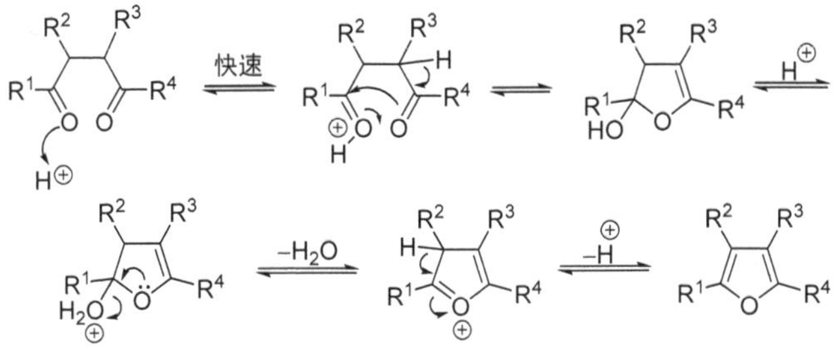

图 1 Paal-Knorr 呋喃合成反应的机理

Paal-Knorr 呋喃合成是一个分子内环化缩合反应，呋喃产物的所有官能团都来自起始的 1,4-二羰基化合物，这个方法的应用也就极大受限于各种取代的 1,4-二羰基化合物的来源。因此，有机合成化学家们围绕 1,4-二羰基化合物的制备也开展了很多工作，发展了一些非常实用的方法。这些研究工作总的来说可以分为两大类：①同系偶联 (homo-coupling)。一般是使用 α-卤代酮在金属试剂的作用下发生还原二聚，或是具有 α-H 的酮在金属试剂或 I_2 的促进下发生氧化二聚。②交叉偶联 (cross-coupling)。通常是使用等摩尔的金属试剂与 α,β-不饱和羰基化合物发生 1,4-加成或是对 α-卤代酮发生亲核取代反应。早期发展的方法中大多存在一些缺点，如底物的适用性不强，需要用过量的金属试剂或需要多步反应的过程等。

（2）Paal-Knorr (帕尔-克诺尔) 吡咯合成

1884 年，Paal 报道了 1,4-二酮与浓氨水或醋酸铵的醋酸溶液作用生成多取代的吡咯[1]，几乎同时 Knorr 也报道了 1,4-二酮与一级胺作用能生成氮上带有取代基的吡咯[2]。这种通过 1,4-二羰基化合物与氨或一级胺缩合制备吡咯的反应称为 Paal-Knorr 吡咯合成 (式 4)[3]。同样，任何 1,4-二羰基化合物 (主要是 1,4-二酮) 或是它们的类似物都能进行这样的转化。对于这个反应，胺的底物适用性很广，可以是氨、一级的脂肪族胺、芳环上带供电子或拉电子的芳香胺以及杂环胺。质子酸和 Lewis 酸都能催化这个反应。反应溶剂的选择主要取决于胺的类型。

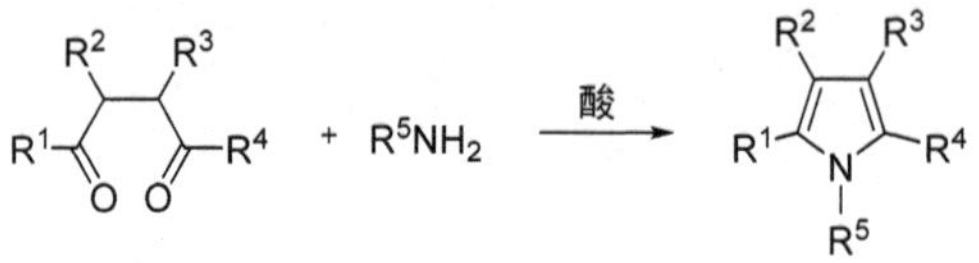

(4)

Paal-Knorr 吡咯合成反应的机理是胺先后进攻两个羰基成环，再脱两分子水生成吡咯，成环一步也是决速步 (图 2)。

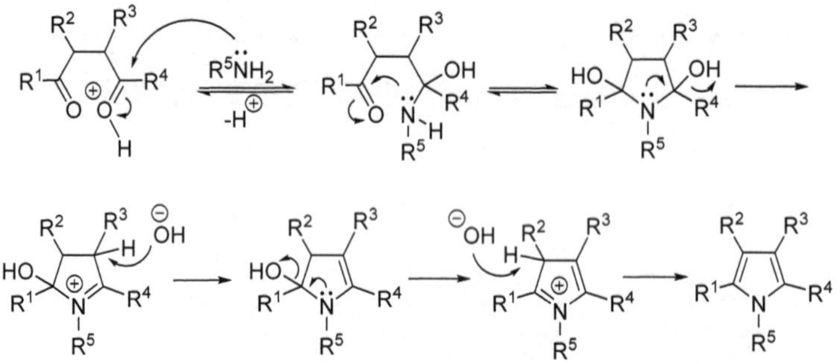

图 2 Paal-Knorr 吡咯合成反应的机理

Paal-Knorr 呋喃合成和 Paal-Knorr 吡咯合成都是以 1,4-二羰基化合物为前体，在酸的催化下的缩合反应，差别主要在于第二组分胺的加入与否。因此，这两个方法学的发展和改进通常都是交织在一起的。

Paal-Knorr 呋喃、吡咯合成的缺点是 1,4-二羰基化合物前体比较难制备，而且环化通常要在酸溶液中回流很长时间，条件较剧烈，对含有酸敏感官能团的底物也不能适用。因而，很多研究工作都是在反应条件上进行改进，比如采用温和的 Lewis 酸如 $Sc(OTf)_3$、$Bi(NO_3)_3$[4]、层状 α-$Zr(KPO_4)_2$、α-$Zr(CH_3PO_3)_{1.2}(O_3PC_6H_4SO_3H)_{0.8}$[5]等来进行催化。$I_2$、黏土以及蒙脱石等也可以促进反应进行[6]。也有研究工作采用离子液体 $[BMIm]BF_4$ 作为反应溶剂[7]，不需要加入酸催化且在室温下就能进行反应，产物的纯化也很简单。在微波条件下[8]的 Paal-Knorr 呋喃、吡咯合成反应也有很多研究。

1,4-二羰基化合物是 Paal-Knorr 呋喃、吡咯合成的关键前体,制备 1,4-二羰基化合物的方法与 Paal-Knorr 呋喃、吡咯合成相结合,就出现了一些从简单底物出发的多组分"一瓶"的合成方法[9-11]。

应用串联反应发展更加高效且环境友好的呋喃合成近年来引起关注。Müller 等报道了一个由拉电子取代的芳基(杂环基)卤化物、端炔醇、醛、一级胺四组分先后发生偶联异构化/Stetter 1,4-加成/Paal-Knorr 吡咯合成三步一瓶制备多取代的吡咯(式 5)[9]。

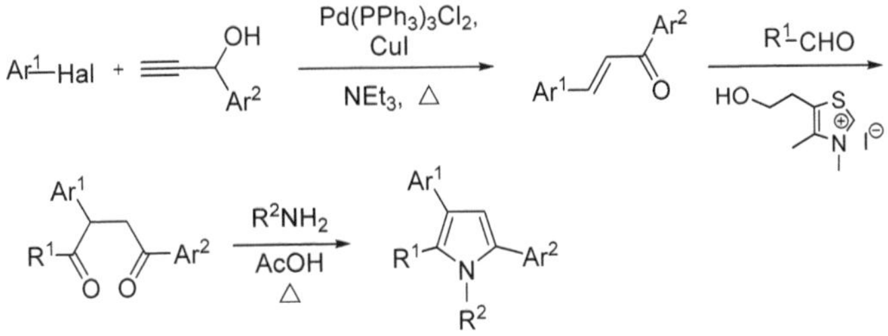

$$(5)$$

最近,周剑等发展了一个串联反应合成呋喃衍生物。该反应经过 Wittig 反应、共轭还原以及 Paal-Knorr 反应一锅合成取代的呋喃衍生物(式 6)[11]。该串联反应的重要特点是 Wittig 反应产生的副产物 $Ph_3P=O$ 被应用于下一步共轭还原试剂 Cl_3Si-H 的活化,而共轭还原中产生的 HCl 又被应用于最后一步 Paal-Knorr 反应的催化。

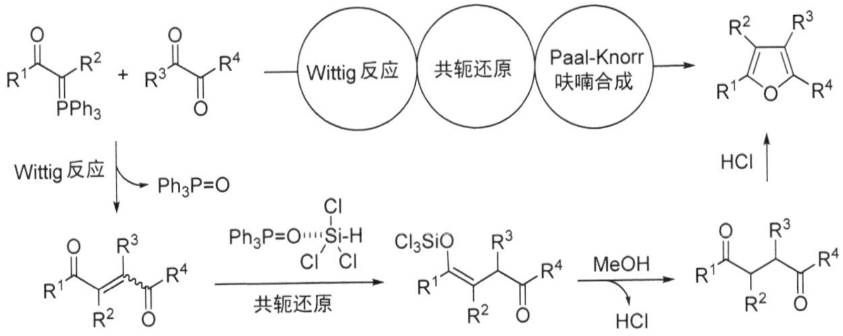

$$(6)$$

Taddei 等也报道了由商业可买到的 β-酮酯出发,与 Et_2Zn、CH_2I_2、醛作用后再被 PCC 氧化,两步制备各种酯基取代的 1,4-二酮,它在微波条件下能环化成呋喃产物,或者加入胺,微波作用下就能环化成对应的吡咯产物(式 7)[12]。

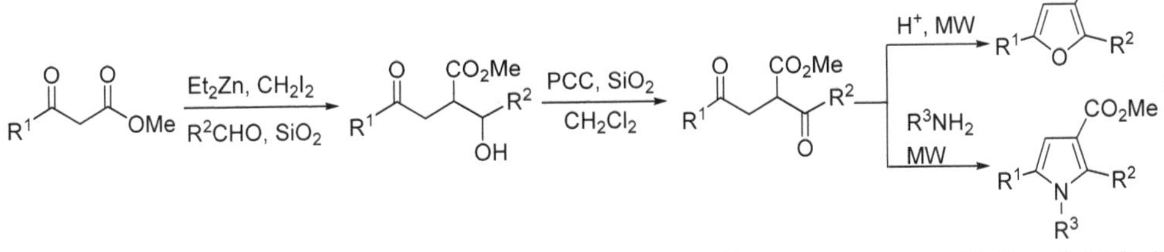

$$(7)$$

呋喃和吡咯是很多天然产物及材料大分子的结构单元,Paal-Knorr 呋喃、吡咯合成方法是构建这些单元的强有力的手段之一。式 8 所示这个双呋喃大分子合成的例子中,Hart 小组就是采用 Paal-Knorr 呋喃合成来同时构建两个呋喃环[13]。

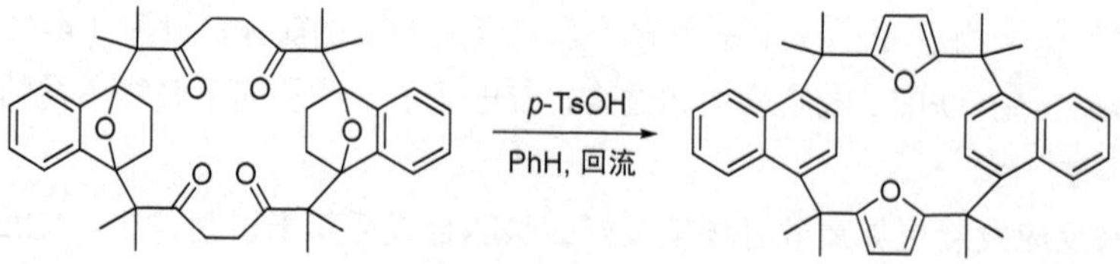

在 roseophilin 的全合成中，Trost 等采用 Paal-Knorr 吡咯合成来构建三取代的吡咯环部分 (式 9)[14]。

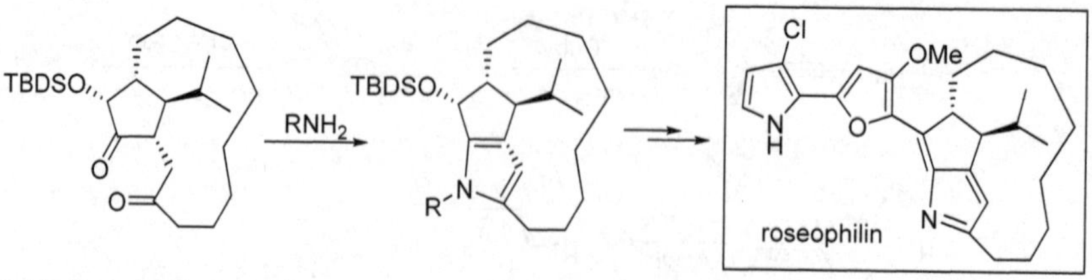

将高效的有机化学反应应用于生物体系促进了生物接合 (bioconjugation) 方法的发展。近年来人们应用 1,3-偶极环化、狄尔斯-阿尔德环加成等反应使生物分子的特定部位被含有叠氮、炔以及张力烯烃等基团的小分子所标记。由于 Paal-Knorr 反应可以在室温以及接近中性的条件下发生，因此具有较好的生物兼容性，适合于含有敏感官能团的蛋白质的标记。如式 10 所示，Kornienko 等应用含有 1,4-二酮结构的探针化合物和蛋白质的赖氨酸侧链通过 Paal-Knorr 反应进行了高效的标记。值得一提的是，该生物接合反应在室温以及 pH=7.2 的条件下进行，无需加入额外试剂[15]。

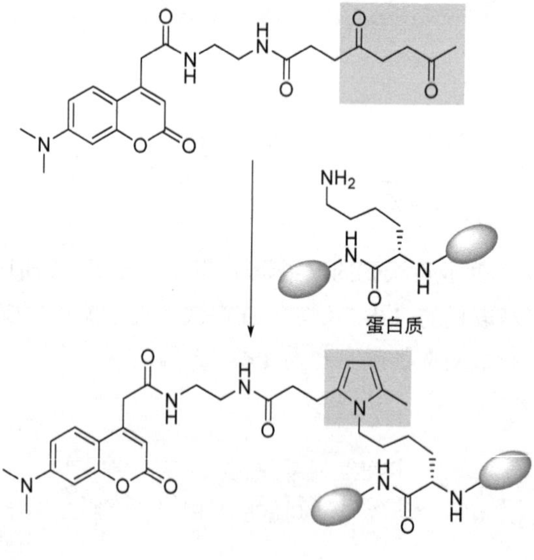

参考文献

[1] Paal, C. *Ber.* **1884**, *17*, 2756.
[2] Knorr, L. *Ber.* **1884**, *17*, 2863.
[3] Cheeseman, G. W. H.; Bird, C. W.; Synthesis of Five-membered Rings with One Heteroatom in Comprehensive Heterocyclic Chemistry (eds. Katritzky, A. R.; Rees, C. W.), **1984**, *4*, 89-147 .(Pergamon Press, Oxford)

[4] Banik, B. K.; Banik, I.; Renteria, M.; Dasgupta, S. K. *Tetrahedron Lett.* **2005**, *46*, 2643.
[5] Curini, M.; Montanari, F.; Rosati, O.; Lioy, E.; Margarito, R. *Tetrahedron Lett.* **2003**, *44*, 3923.
[6] Banik, B. K.; Samajdar, S.; Banik, I. *J. Org. Chem.* **2004**, *69*, 213.
[7] Wang, B.; Gu, Y. L.; Luo, C.; Yang, T.; Yang, L. M.; Suo, J. S. *Tetrahedron Lett.* **2004**, *45*, 3417.
[8] Danks, T. N. *Tetrahedron Lett.* **1999**, *40*, 3957.
[9] Braun, R. U.; Zeitler, K.; Müller, T. J. J. *Org. Lett.* **2001**, *3*, 3297.
[10] Balme, G. *Angew. Chem. Int. Ed.* **2004**, *43*, 6238.
[11] Chen, L.; Du, Y.; Zeng, X.-P.; Shi, T.-D.; Zhou, F.; Zhou, J. *Org. Lett.* **2015**, *17*, 1557.
[12] Minetto, G.; Raveglia, L. F.; Taddei, M. *Org. Lett.* **2004**, *6*, 389.
[13] Hart, H.; Takehira, Y. *J. Org. Chem.* **1982**, *47*, 4310.
[14] Trost, B. M.; Doherty, G. A. *J. Am. Chem. Soc.* **2000**, *122*, 3801.
[15] Dasari, R.; La Clair, J. J.; Kornienko, A. *ChemBioChem* **2017**, *18*, 1792.

（王剑波）

Parham 环化反应

1975 年，Parham 小组报道芳香卤代化合物 **1** 经锂化后与分子内的亲电基团如羧基或叔酰胺反应，生成环化产物 1-茚酮 **2** (式 1)[1]。该反应被称为 Parham (巴翰) 环化反应。除了卤-锂交换[2]，芳锂也可通过去质子化[3]等方法获得，相关的环化反应也称 Parham 环化或类 Parham 环化反应。

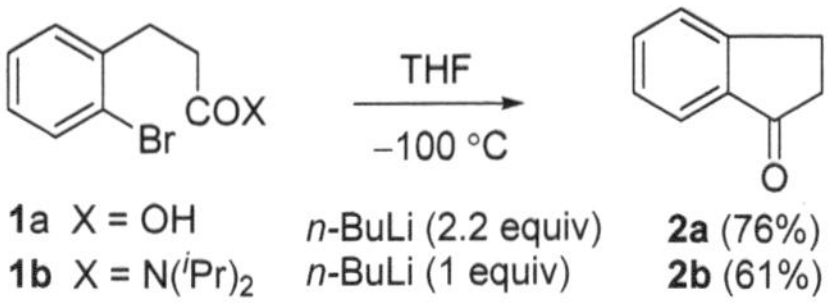

反应机理 (图 1)：

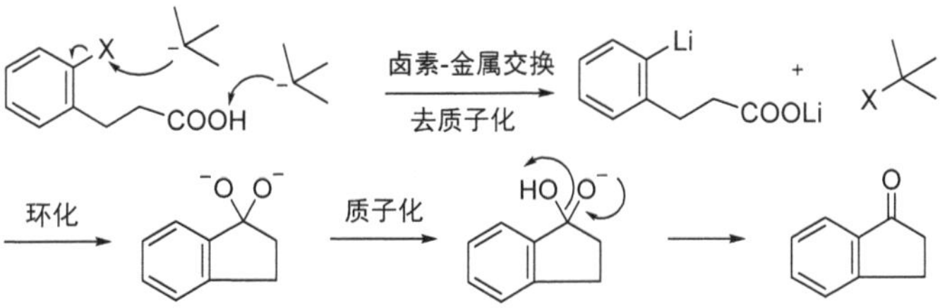

图 1 Parham 环化反应的机理

此类阴离子反应与分子内傅-克酰基化反应等价。其最早的合成应用见诸四环素中间体 **4** 的合成 (式 2)[4]。

烯基锂也可通过卤-锂交换获得，因而也可进行类 Parham 环化反应。这一类型的环化反应被 Overman 用于生物碱 streptazolin (**8**) 的全合成 (式 3)[5]。

3　4

(2)

5 X = Br　6 X = Li　7　streptazolin (8)

(3)

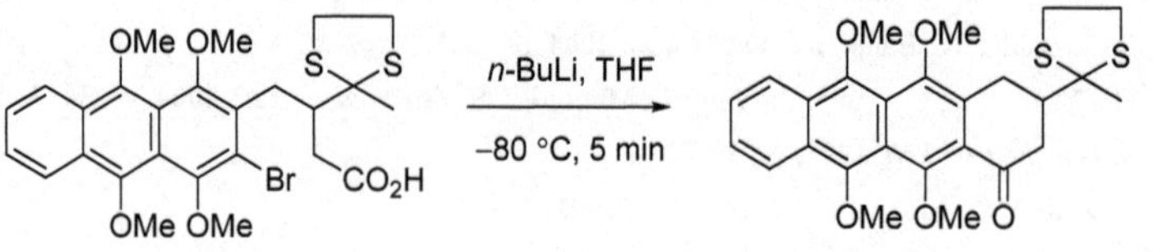

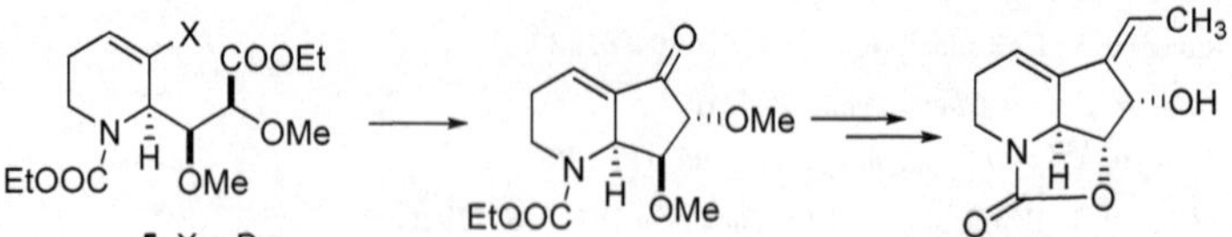

Porritoxin (**10**) 的合成展示了氨基甲酸酯 **9** 作为另一羧酸衍生物在 Parham 环化反应中的应用 (式 4)[6]。

9　porritoxin (10)

(4)

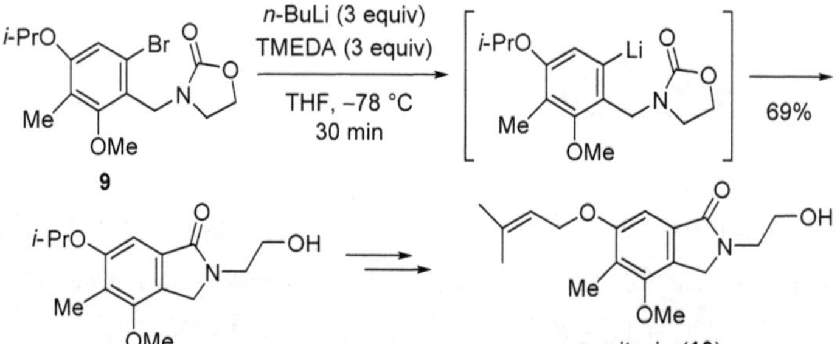

菲并吲哚里西啶是一类具有抗癌活性的生物碱[7a]。2013 年，汪清民等人报道了以 Seebach 不对称甲基化方法和 Parham 环化为关键反应，首次对映选择性地合成 13*a*-甲基-14-羟基菲并吲哚里西啶 (**13**) (式 5)[7b]。

11　12 2 g 量级　13 β-OH: α-OH = 8: 2 1 g 量级

(5)

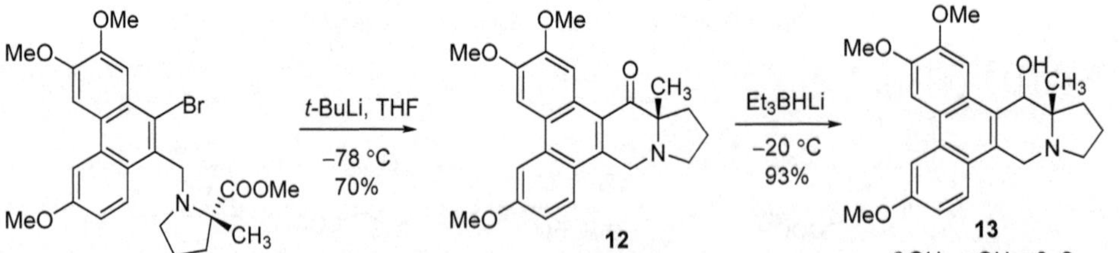

新近，Somfai 小组发展了串联 Parham 环化-Aldol 加成方法，可“一瓶”构筑抗癌活性生物碱三尖杉酯碱核心骨架 **15** 的 B 环和 D 环 (式 6)[8]。

14

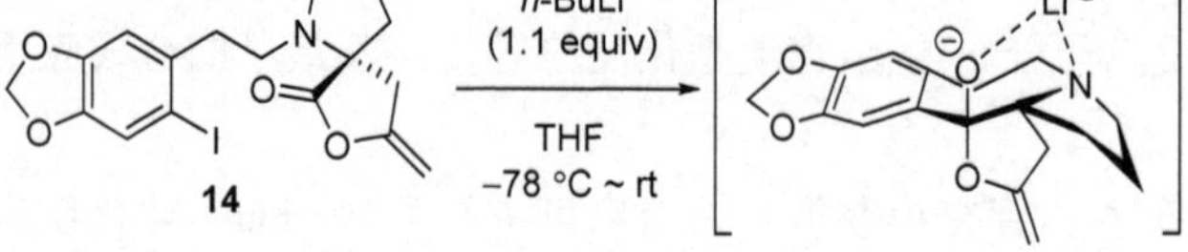

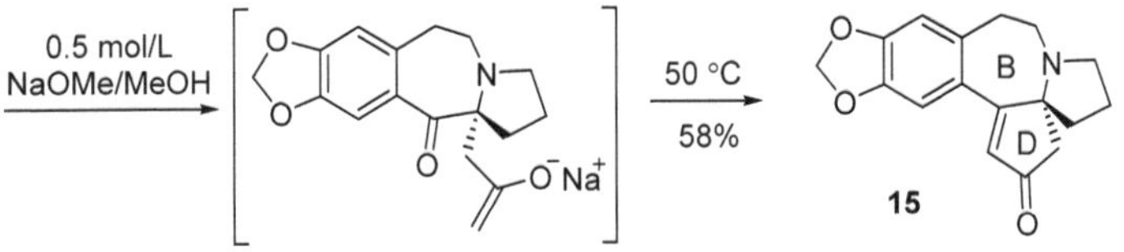

参考文献

[1] Parham, W. E.; Jones, L. D.; Sayed, Y. A. *J. Org. Chem.* **1975**, *40*, 2394-2399.
[2] Parham, W. E.; Bradsher, C. K. *Acc. Chem. Res.* **1982**, *15*, 300-305. (综述)
[3] Larsen, S. D. *Synlett* **1997**, 1013-1014.
[4] Boatman, R. J.; Whitlock, B. J.; Whitlock, Jr. H. W. *J. Am. Chem. Soc.* **1977**, *99*, 4822-4824; 更正: *J. Am. Chem. Soc.* **1978**, *100*, 2935.
[5] Flann, C. J.; Overman, L. E. *J. Am. Chem. Soc.* **1987**, *109*, 6115-6118.
[6] Collado, M. I.; Manteca, I.; Sotomayor, N.; Villa, M.-J.; Lete, E. *J. Org. Chem.* **1997**, *62*, 2080-2092.
[7] (a) Liu, Y.-X.; Qing, L.-H.; Meng, C.-S.; Shi, J.-J.; Yang, Y.; Wang, Z.-W.; Han, G.-F.; Wang, Y.; Ding, J.; Meng, L.-H.; Wang, Q.-M. *J. Med. Chem.* **2017**, *60*, 2764-2779. (b) Su, B.; Deng; M.; Wang, Q. *Eur. J. Org. Chem.* **2013**, 1979-1985.
[8] Siitonen, J. H.; Yu, L.; Danielsson, J.; Gregorio, G. Di; Somfai, P. *J. Org. Chem.* **2018**, *83*, 11318-11322.

（黄培强）

Paternò-Büchi 环化反应

Paternò-Büchi (帕特诺-比希) 环化反应是羰基化合物与烯烃分子在受光激发条件下实现加成环化生成氧杂环丁烷骨架的反应 (式 1)。该反应最早于 1909 年由 Paternò[1]在芳酮与烯烃的光化学反应中发现，1954 年 Büchi 等[2]证实其产物结构为氧杂环丁烷。经典的 Paternò-Büchi 反应是利用激发态羰基化合物与基态双键分子发生分子内或分子间 [2+2] 反应[3,4]，适用于各种芳基和烷基的醛、酮与不同电性烯烃分子，并广泛用于合成结构复杂、热化学难以合成的高张力氧杂环丁烷。

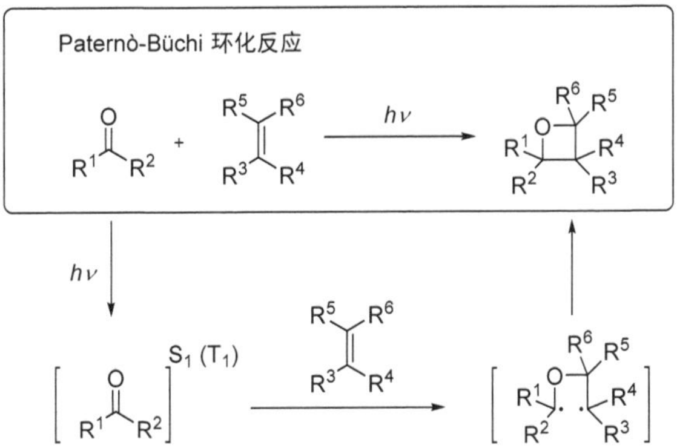

在光照射下，羰基分子获得能量后发生 n-π* 跃迁到达单重激发态 (S_1 态)，经系间窜越可到达三重态 (T_1 态)。S_1 和 T_1 态均可与双键发生有效的加成反应。值得注意的是，与缺电子烯烃的反应具有区域选择性和立体专一性[5,6]，与富电子烯烃反应则往往没有[7,8]。如丙酮与 cis-二氰乙烯反应，生成的 syn-二氰基氧杂环丁烷；而与 1-甲氧基丁烯反应时生成多种构型的混合物 (式 2)。

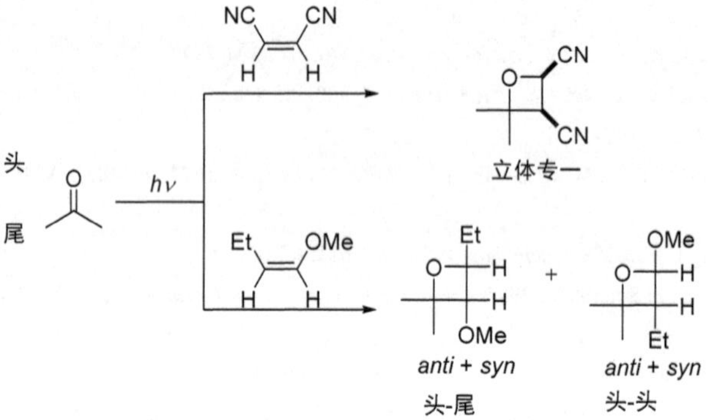

$$(2)$$

缺电子烯烃与富电子烯烃所表现的选择性差异源于羰基化合物与烯烃加成反应的两种不同途径[3]：羰基化合物受光激发发生 n-π* 跃迁后，π* 轨道占据一个电子，在羰基面上下区域表现出亲核性 (垂直分子平面)；n 轨道半占满，在羰基氧边缘表现出亲电性 (处于分子平面内)。在与缺电子双键的反应过程中，π* 轨道电子与缺电子烯烃的 LUMO 轨道 (垂直分子平面) 最大重叠有利于反应的进行，因此导致反应产物表现出好的选择性 (式 3)。而在进攻富电子烯烃时，半占满的 n 轨道 (处于分子平面内) 与双键的 HOMO 轨道 (垂直分子平面) 发生相互作用，形成具有电荷转移特性的中间体 (极端情况：羰基阴离子自由基+烯烃阳离子自由基)[9]。在这种情况下，烯烃双键碳原子的电子云密度差异减小，导致 C-O 键形成的区域选择性降低，出现头-头、头-尾的混合产物。亲电加成形成的 1,4-双自由基 ^3D 可围绕单键旋转，因此产物立体专一性也降低 (式 4)。

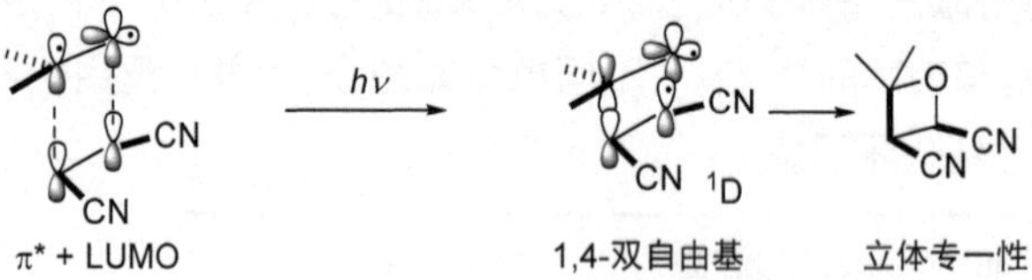

$$(3)$$

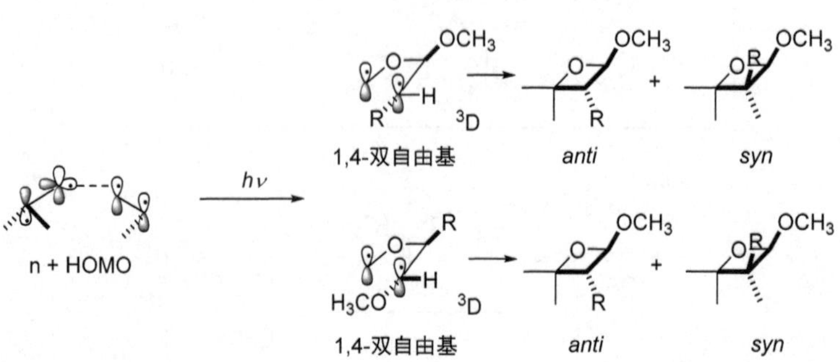

$$(4)$$

Paternò-Büchi 环化反应可以在分子内和分子间有效发生。如 Srinivasan 等人报道长链烯烃羰基化合物分子内加成反应可以构筑包含氧杂环丁烷的并环骨架 (式 5)[10,11]；乙酰基保护吲哚啉酮与 1,1-二苯基乙烯分子间反应形成氧杂螺环 (式 6)[12]。

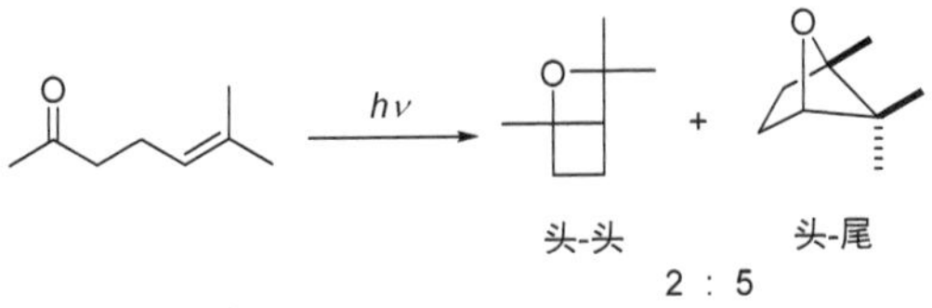

$$\text{头-头} : \text{头-尾} = 2 : 5 \tag{5}$$

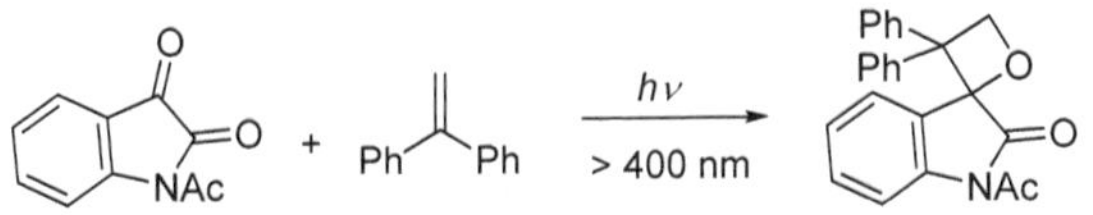

$$\tag{6}$$

若将反应中羰基化合物替换为硫酮,也能与烯烃发生 Paternò-Büchi 环加成反应[13-16]。如硫代酰亚胺在光激发条件下可以与分子内双键反应得到硫杂环丁烷 (式 7)[17]。若将反应中烯烃替换为炔烃,与激发态羰基加成可以得到氧杂环丁烯,由于其大的环张力,会进一步开环得到不饱和酮化合物 (式 8)[18]。

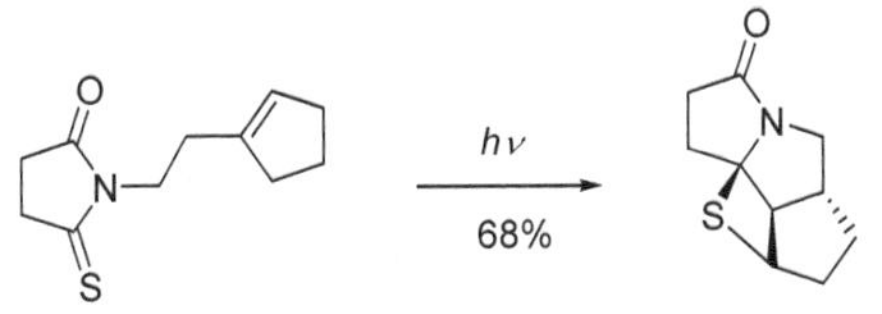

$$\tag{7}$$

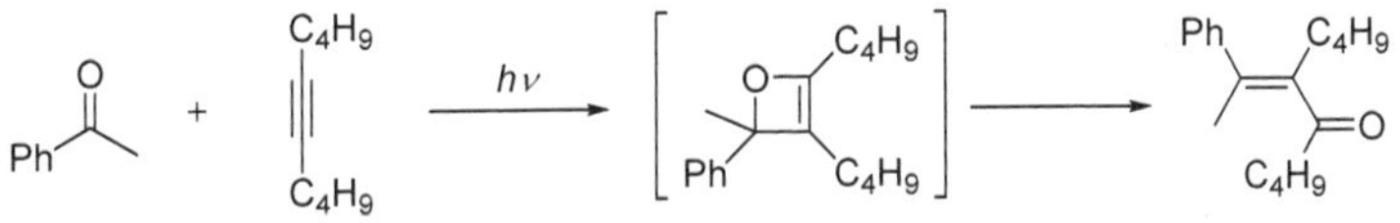

$$\tag{8}$$

除了传统的利用激发态羰基化合物与基态双键加成的反应外,其反转过程,即利用激发态双键与基态羰基化合物也能在某些特定的条件下发生环加成反应。Sivaguru 等人证实 N-苯基吡咯烷酮能选择性激发双键,与分子内基态的羰基发生加成反应,成功构筑氧杂环丁烷 (式 9)[19]。

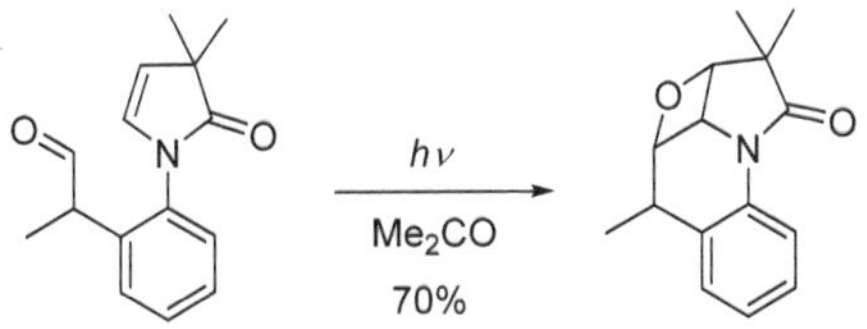

$$\tag{9}$$

Paternò-Büchi 环化反应在有机合成中可以高效地实现复杂分子中四元氧杂环的构建。例如在八角茴香 A 提取物 merrilaction A 的合成中,Greaney 课题组利用 Paternò-Büchi 分子内反应一步引入两个环系,以 93% 的产率得到其核心骨架 (式 10)[20]。

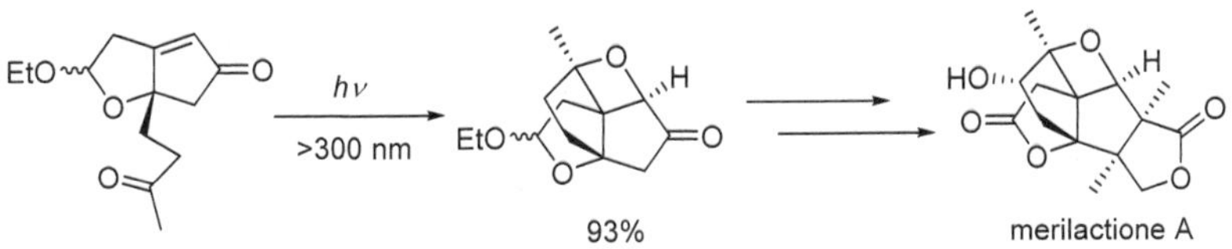

$$\tag{10}$$

参考文献

[1] Paternò, E.; Chieffi, G. *Gazz. Chim. Ital.* **1909**, *39*, 341.
[2] Büchi, J. G.; Inman, C. G.; Lipinsky, E. S. *J. Am. Chem. Soc.* **1954**, *76*, 4327.
[3] Turro, N. J.; Dalton, J. C.; Dawes, K.; Farrington, G.; Hautala, R.; Morton, D.; Niemczyk, M.; Schore, N. *Acc. Chem. Res.* **1972**, *5*, 92.
[4] Arnold, D. R. *Adv. Photochem.* **1968**, *6*, 301.
[5] Beereboom, J. J.; Von Writtenau, M. S. *J. Org. Chem.* **1965**, *30*, 1231.
[6] Arnold, D. R. *J. Am. Chem. Soc.* **1967**, *89*, 3950.
[7] Carless, H. A. J. *Tetrahedron Lett.* **1973**, *34*, 3173.
[8] Turro, N. J.; Wriede, P. A. *J. Am. Chem. Soc.* **1970**, *92*, 320.
[9] Freilich, S. C.; Peters, K. S. *J. Am. Chem. Soc.* **1981**, *103*, 6255.
[10] Srinivasan, R. *J. Am. Chem. Soc.* **1960**, *82*, 775.
[11] Yang, N. C.; Nussim, M.; Coulson, D. R. *Tetrahedron Lett.* **1965**, 1525.
[12] Xue, J.; Zhang, Y.; Wu, T.; Fun, H.-K.; Xu, J.-H. *J. Chem. Soc., Perkin Trans. 1* **2001**, 183.
[13] Ohno, A.; Ohnishi, Y.; Tsuchihashi, G.; Fukuyama, M. *J. Am. Chem. Soc.* **1968**, *90*, 7038.
[14] Ohno, A.; Ohnishi, Y.; Tsuchihashi, G.; Fukuyama, M. *Tetrahedron Lett.* **1969**, 161.
[15] Mayo, P. D.; Shizuka, H. *J. Am. Chem. Soc.* **1973**, *95*, 3942.
[16] Ohno, A.; Koizumi, T.; Ohnishi, Y. *Bull. Chem. Soc. Jpn* **1971**, *44*, 2511.
[17] Padwa, A.; Jacquez, M. N.; Schmidt, A. *J. Org. Chem.*, **2004**, *69*, 33.
[18] Büchi, G.; Kofron, J. T.; Koller, E.; Rosenthal, D. *J. Am. Chem. Soc.* **1956**, *78*, 876.
[19] Kumarasamy, E.; Raghunathan, R.; Kandappa, S. K.; Sreenithya, A.; Jockusch, S.; Sunoj, R. B.; Sivaguru, J. *J. Am. Chem. Soc.* **2017**, *139*, 655.
[20] Iriondo-Alberti, J.; Perea-Busceta, J.; Greaney, M. *Org. Lett.* **2005**, *7*, 3969.

（吴骊珠）

Pauson-Khand 反应

1973 年，P. L. Pauson 和 I. U. Khand 发现乙炔的六羰基二钴配合物在烃类和醚类惰性溶剂中可以和烯烃高产率的反应得到环戊烯酮结构[1]。在此报道之后，该反应立即引起了有机化学家的关注，对其条件、底物限制性、选择性和机理等进行了大量的研究，使之成为高效，快捷地构建环戊烯酮骨架的重要方法之一。Pauson-Khand (葆森-侃德) 反应是在羰基金属 (Co，Ru，Rh，W，Mo，等) 配合物参与下，烯、炔、CO 三组分一步形成环戊烯酮结构的 [2+2+1] 环加成反应 (图 1)。

该反应的机理尚未完全阐明。根据大量实验中发现的反应的区域选择性和立体选择性，以及反应中观测到的六羰基双核钴-炔配合物等结果，1985 年 Magnus 等人提出了目前得到广泛认可的一种机理 (图 2)[2]。最近的负电子电喷雾碰撞实验结果也进一步确证了这一机理[3]。

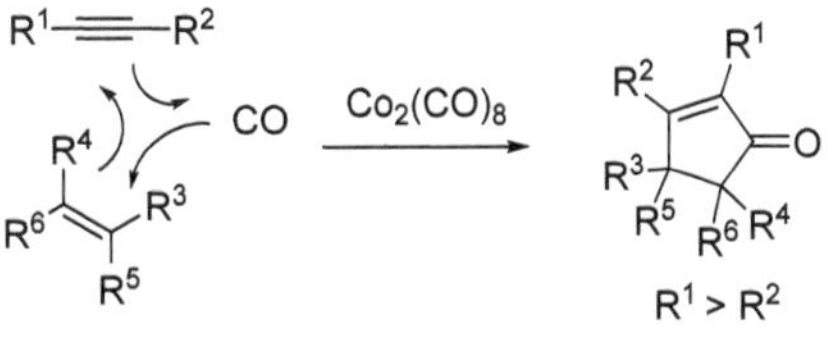

图 1　Pauson-Khand 反应

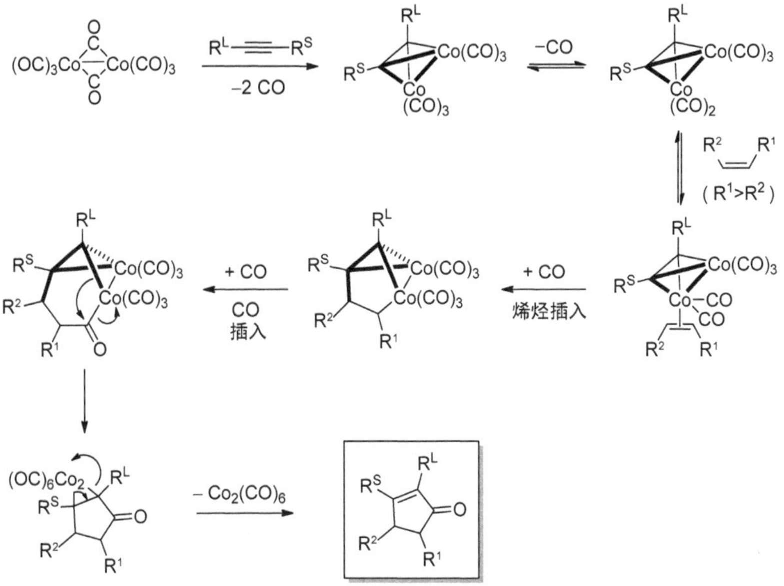

图 2　Pauson-Khand 反应机理

按照该机理，Pauson-Khand 反应主要经历了两个过程。首先，在炔烃存在下，$Co_2(CO)_8$ 解离掉两分子 CO，同时与炔烃配合生成稳定的 $Co_2(CO)_6$-炔烃配合物。这一配合物很容易生成，通常 $Co_2(CO)_8$ 和炔在烃类或醚类溶剂中室温下一至数小时即可反应完全。接着，$Co_2(CO)_6$-炔烃配合物解离去一分子 CO 产生一个空配位，进一步与烯烃配合，发生碳钴键插入反应形成钴杂双环结构，此结构再迅速经 CO 插入反应和还原消除得到产物环戊烯酮结构。值得注意的是，反应中所有的成键步骤均发生在一个钴原子上。第二个过程中钴-炔配合物中 CO 解离和烯烃配位、插入是整个反应的决速步骤。

分子内 Pauson-Khand 反应通常具有很好的区域选择性和立体选择性。对于分子间反应选择性的情况变得复杂起来，一般而言是空间效应和电子效应共同决定的，其中立体效应又起主要作用[4]。通常优势产物为炔烃中位阻较大或给电子能力较强的取代基处于羰基邻位的产物 (图 3)；不对称的烯烃底物在反应中的区域选择性不易判断；对于环状烯烃而言，反应是高度立体选择性的，以外型产物为主。

起初，通常是通过高温、高压促进 $Co_2(CO)_6$-炔烃配合物中 CO 的解离和与烯烃的进一步配合，然而剧烈的条件使得很多底物难以承受，因而很大程度上限制了该反应的应用。

1990 年和 1991 年，Schreiber 小组[5]和 Jeong 小组[6]分别报道，在叔胺氮氧化物 TMANO、NMO 的作用下，Pauson-Khand 反应能在更低温度下、更短时间内进行，并且产率通常有明显的提高。如 1992 年，Krafft 等人[7]发现，在 NMO 的促进下，1,6-烯炔酯参与的 Pauson-Khand 反应较之热促进下的反应时间明显缩短，且产率由 22% 提高至 72%(图 4)。目前认为，氮氧化物在反应中是通过在反应的第二阶段中氧化 $Co_2(CO)_6$-炔烃配合物上的 CO 为 CO_2，使之解离产生与烯烃配位的空轨道从而促进反应在温和的条件下进行。

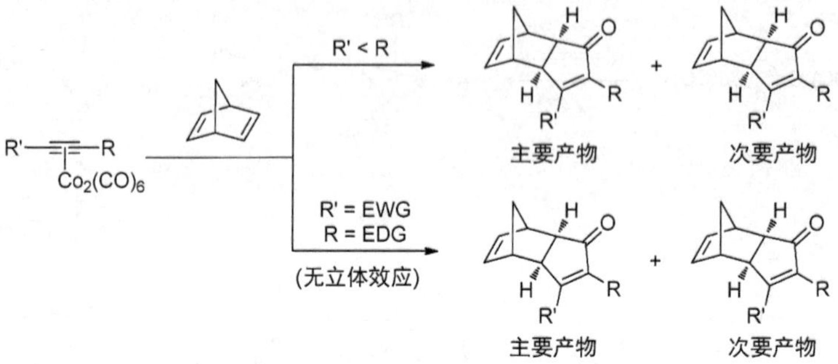

图 3　分子间 Pauson-Khand 反应的选择性

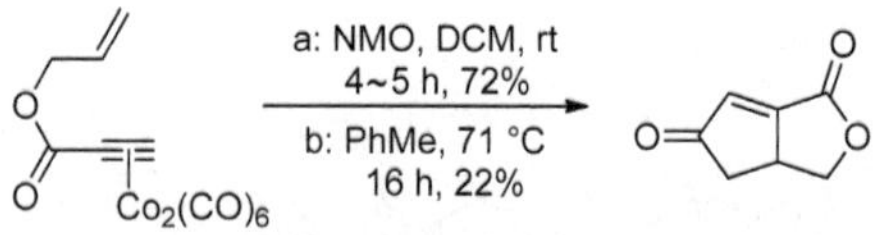

图 4　氮氧化物促进的 Pauson-Khand 反应

除氮氧化物之外，其它一些促进剂，如甲基硫醚[8]、分子筛[9]、伯胺[10]、DMSO[11]、TEMPO[12]等也陆续被发展出来。Sugihara 等人[10]发现甲基硫醚，尤其是 ^{n}BuSMe 可以在温和的条件下有效促进 Pauson-Khand 反应的进行。相比于叔胺氮氧化物，甲基硫醚在反应中所需量更少，条件更温和，且对于分子内和分子间的反应均能有效促进，因而是使用较多的一类促进剂。由于 ^{n}BuSMe 价格相对昂贵且具有恶臭，Kerr 小组进一步报道了使用 $^nC_{12}H_{25}SMe$ 促进的反应[13] (图 5)。

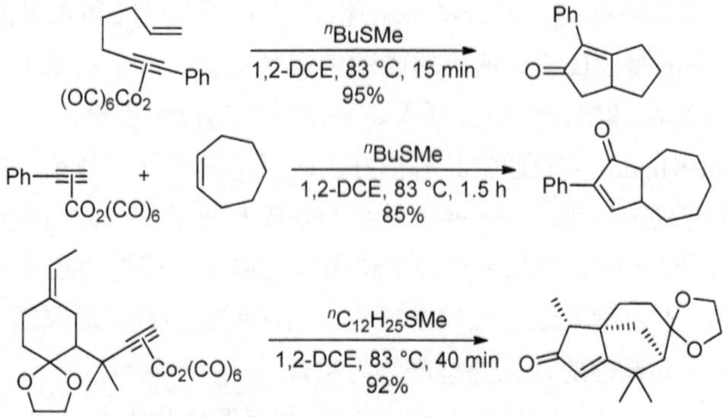

图 5　甲基硫醚促进的 Pauson-Khand 反应

以 Pauson-Khand 反应作为关键反应来完成复杂分子合成的出色实例很多。到目前为止，大约有 30 多个多环类天然产物的全合成中用到了 Pauson-Khand 反应，如不对称合成康丝碱 [(+)-conessine] [14] 和海洋天然产物 (−)-hamigeran B 的合成 [15] (图 6)。

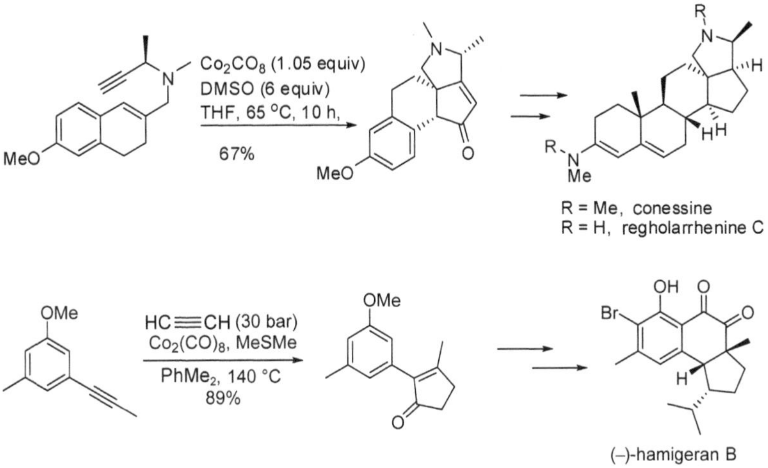

图 6 Pauson-Khand 反应用于天然产物的合成示例

参考文献

[1] (a) Khand, I. U.; Knox, G. R.; Pauson, P. L.; Watts, W. E.; Foreman, M. I. *J. Chem. Soc., Perkin Trans. 1* **1973**, 977-981. (b) Khand, I. U.; Knox, G. R.; Pauson, P. L.; Watts, W. E. *J. Chem. Soc., Perkin Trans. 1* **1973**, 975-977.

[2] (a) Magnus, P.; Principe, L. M. *Tetrahedron Lett.* **1985**, *26*, 4851-4854. (b) Magnus, P.; Principe, L. M.; Slater, M. J. *J. Org. Chem.* **1987**, *52*, 1483-1486.

[3] Gimbert, Y.; Lesage, D.; Milet, A.; Fournier, F.; Greene, A. E.; Tabet, J.-C. *Org. Lett.* **2003**, *5*, 4073-4075.

[4] Fager-Jokela, E.; Muuronen, M.; Patzschke, M.; Helaja, J. *J. Org. Chem.* **2012**, *77*, 9134-9147.

[5] Shambayani, S.; Crowe, W. E.; Schreiber, S. L. *Tetrahedron Lett.* **1990**, *31*, 5289-5292.

[6] Jeong, N.; Chung, Y. K.; Lee, B. Y.; Lee, S. H.; Yoo, S.-E. *Synlett* **1991**, 204-206.

[7] Krafft, M. E.; Romero, R. H.; Scott, I. L. *J. Org. Chem.* **1992**, *57*, 5277-5278.

[8] Sugihara, T.; Yamada, M.; Yamaguchi, M.; Nishizawa, M. *Synlett* **1999**, *6*, 771-773.

[9] Pérez-Serrano, L.; González-Pérez, P.; Casarrubios, L.; Domínguez, G.; Pérez-Castells, J. *Synlett* **2000**, 1303-1305.

[10] Sugihara, T.; Yamada, M.; Ban, H.; Yamaguchi, M.; Kaneko, C. *Angew. Chem. Int. Ed.* **1997**, *36*, 2801-2804.

[11] Chung, Y. K.; Lee, B. Y.; Jeong, N.; Hudecek, M.; Pauson, P. L. *Organometallics* **1993**, *12*, 220-223.

[12] Lagunas, A.; i Payeras, A. M.; Jimeno, C.; Pericàs, M. A. *Org. Lett.* **2005**, *7*, 3033-3036.

[13] Brown, J. A.; Irvine, S.; Kerr, W. J.; Pearson, C. M. *Org. Bio. Chem.* **2005**, *3*, 2396-2398.

[14] Jiang, B.; X, Min. *Angew. Chem. Int. Ed.* **2004**, *43*, 2543.

[15] Jiang, B.; Li, M. M.; Xing, P.; Huang Z.G. *Org. Lett.* **2013**, 15(4), 871-873

（姜标）

Pechmann 缩合

Pechmann (佩奇曼) 缩合是指在强酸催化下，酚与 β-酮酯缩合生成香兰素衍生物[1]的反应 (式 1)，又称 Pechmann 反应。

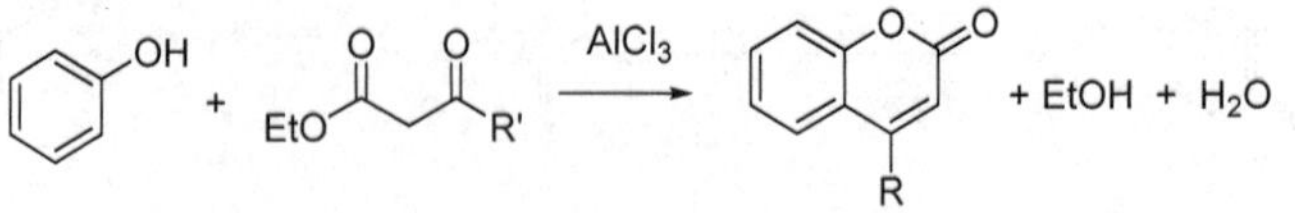

$$\text{式 (1)}$$

反应机理：Pechmann 缩合反应涉及酯交换、烯醇化和分子内 Michael 加成 (图 1)。

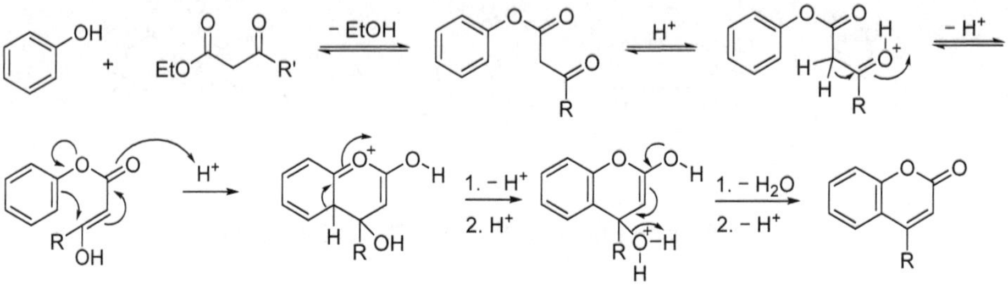

图 1 Pechmann 缩合反应的机理

由于无法分离得到中间体，所以反应进行的顺序并没有被证实过。最近，从三氟甲基乙酰乙酸酯出发 (图 2)[2]，通过 ^{1}H -^{13}C HSQC 相关谱以及 ^{19}F 核磁谱先后观察到化合物 **2**

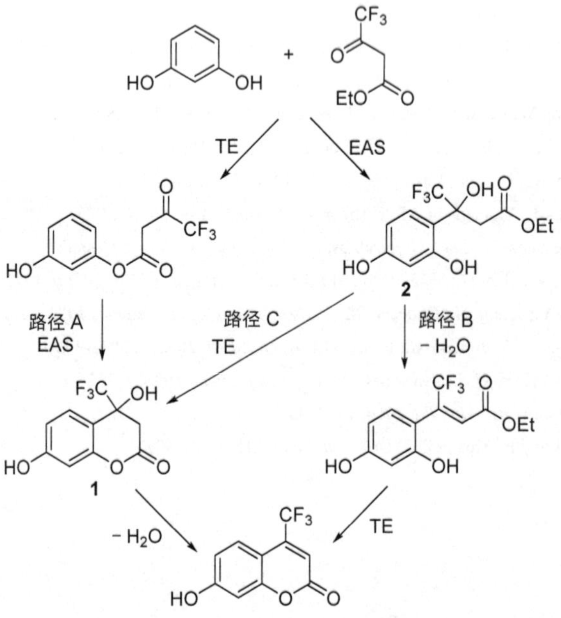

图 2 Pechmann 缩合反应的实验验证

和 **1** 的存在，证实了 Pechmann 缩合反应是从亲电芳香取代开始，经过酰基转移，最后结束于脱水过程。

除了 $AlCl_3$ 外，许多其它 Lewis 酸如 $BiCl_3$[3]、$ZrOCl_2$[4]、$TiCl_4$[5]、$Sm(NO_3)_3$[6]、$InCl_3$[7]，和 Brønsted 酸如甲磺酸 (CH_3SO_3H)、氨基磺酸(H_2NSO_3H)[8]，均可用于催化该反应。

如使用环状 β-酮酯则可得三环化合物 (式 2)[9]，使用 β-氧代-α,ω-二酯也可得三环产物[10]。液相高分子负载反应也有报道[11]。钯催化的酚与丙炔酯的反应也可用于香豆素的合成 (式 3)[12]。

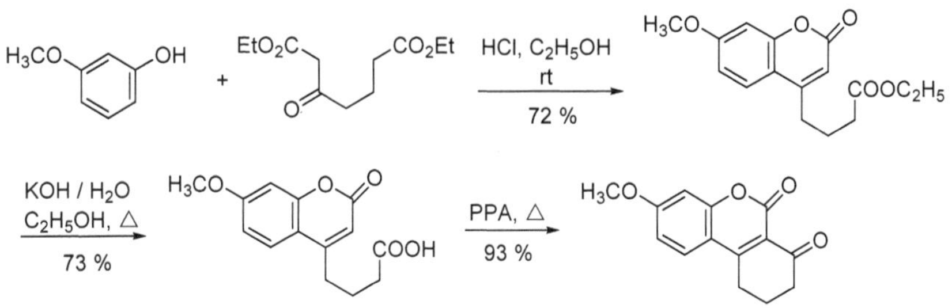

(2)

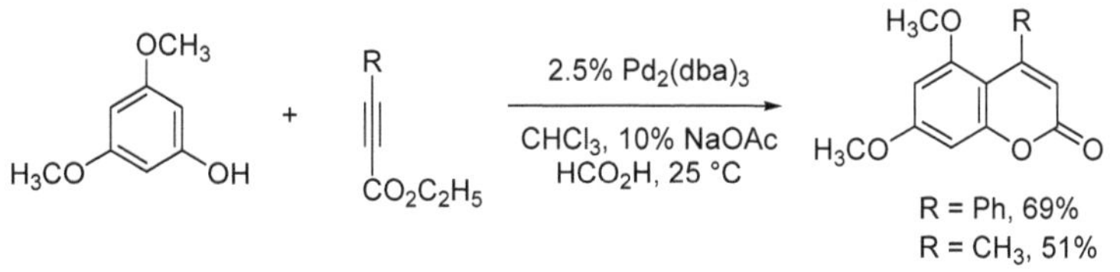

(3)

在这些过渡金属催化剂中，Fe 来源丰富且价格便宜，从 $FeCl_3·6H_2O$ 出发就能很高效地得到香豆素类衍生物 (式 4)[13]。

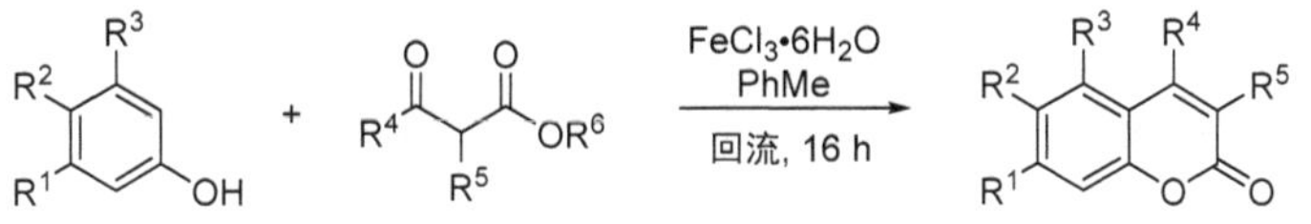

(4)

此外，通过 Pechmann 缩合生成与芳香族化合物融合的香豆素衍生物也是近几年来的研究热点[14]。由于具有很强的分子内电子转移特性，具有 π-拓展结构的香豆素衍生物可用于荧光探针和双光子激发荧光显微镜[15] (式 5)。

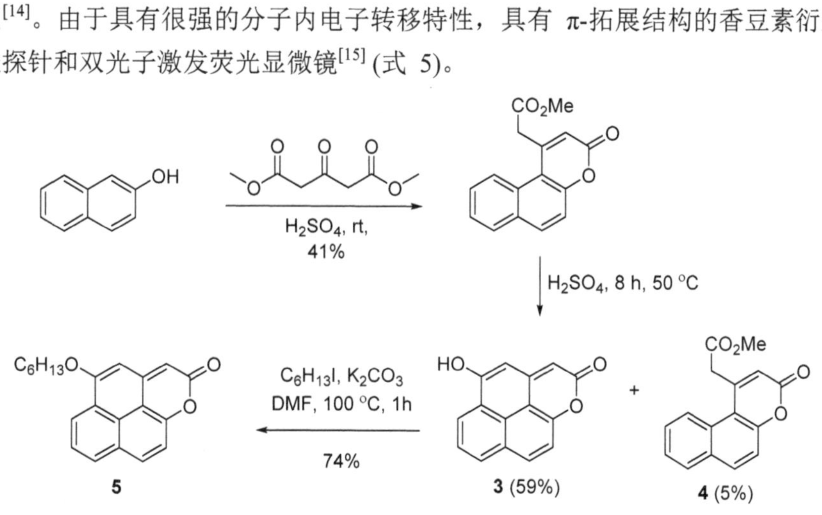

(5)

参考文献

[1] Pechmann, H. V.; Duisberg, C. *Ber.* **1883**, *16*, 2119-2128.
[2] Tyndall, S.; Wong, K. F.; Vanalstineparris, M. A. *J. Org. Chem.* **2015**, *80*, 8951-8953.
[3] De, S. K.; Gibbs, R. A. *Synthesis* **2005**, 1231-1233.
[4] Rodríguez-Domínguez, J. C.; Kirsch, G. *Synthesis.* **2006**, 1895-1897.
[5] Valizadeh, H.; Shockravi, A. *Tetrahedron Lett.* **2005**, *36*, 3501-3503.
[6] Bahekar, S. S.; Shinde, D. B. *Tetrahedron Lett.* **2004**, *45*, 7999-8001.
[7] Bose, D. S.; Rudradas, A. P.; Babu, M. H. *Tetrahedron Lett.* **2002**, *43*, 9195-9197.
[8] Singh, P. R.; Singh, D. U.; Samant, S. D. *Synlett.* **2005**, 1909-1912.
[9] Hua, D. H.; Saha, S.; Maeng, J. C. *Synlett.* **1990**, 233-234.
[10] Chatterjee, A.; Mallik, R. *Synthesis.* **1980**, 715-717.
[11] Tocco, G.; Begala, M.; Delogu, G. *Synlett.* **2005**, 1296-1300.
[12] Trost, B. M.; Toste, F. D.; Greenman, K. *J. Am. Chem. Soc.* **2003**, *125*, 4518-4526.
[13] Prateeptongkum, S.; Duangdee, N.; Thongyoo, P. *Arkivoc.* **2015**, (*v*), 248-258.
[14] Tasior, M.; Kim, D.; Singha, S.; Krzeszewski, M.; Ahn, K.; Gryko, D. *J. Mat. Chem. C.* **2015**, *3*, 1421-1446.
[15] Nazir, R.; Stasyuk, A. J.; Gryko, D. T. *J. Org. Chem.* **2016**, *81*, 11104-11114.

（黄培强，陈东煌）

Pictet-Spengler 环化反应

Pictet-Spengler (皮克特-斯宾格勒) 环化反应[1]是指 β-芳基乙胺和羰基化合物缩合生成四氢异喹啉的反应 (式 1)。

Pictet-Spengler 环化反应机理 (图 1)：β-芳基乙胺在酸性条件下首先和羰基化合物缩合脱水生成席夫碱，然后发生亲电取代反应形成环化产物四氢异喹啉。与羰基化合物可以反应的乙胺通常可以是取代苯乙胺、吡咯乙胺、β-吲哚乙胺，其中以 β-吲哚乙胺的应用最为广泛。

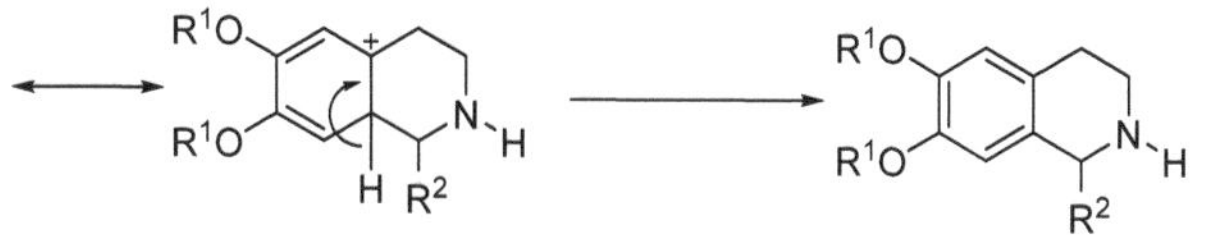

图 1 Pictet-Spengler 环化反应机理

Pictet-Spengler 环化反应的优点：在合成中一步可以构建多个环，是一种简洁高效的合成喹啉和咔啉的方法。因而在合成中的应用非常广泛。

翟宏斌课题组在吲哚类天然产物 subincanadine 家族的合成中都运用了 Pictet-Spengler 环化反应来快速构筑其三环结构 (式 2)[2]。

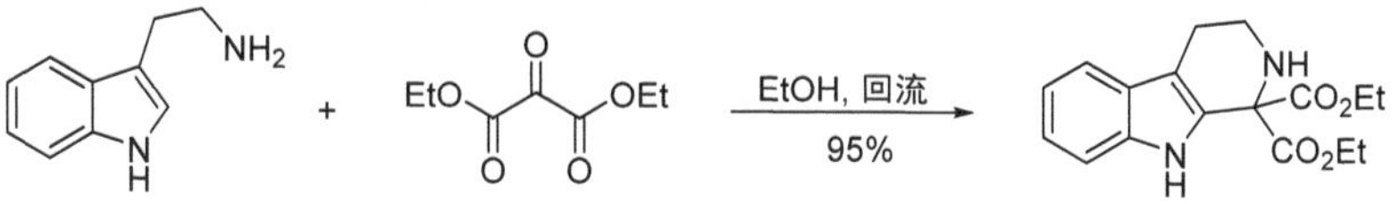

祝介平课题组在吲哚类天然产物 peganumine A 的合成中运用了硫脲催化的不对称 Pictet-Spengler 环化和酸催化的环化串联反应，可以从色胺和四环结构经过一锅法合成 peganumine A (式 3)[3]。

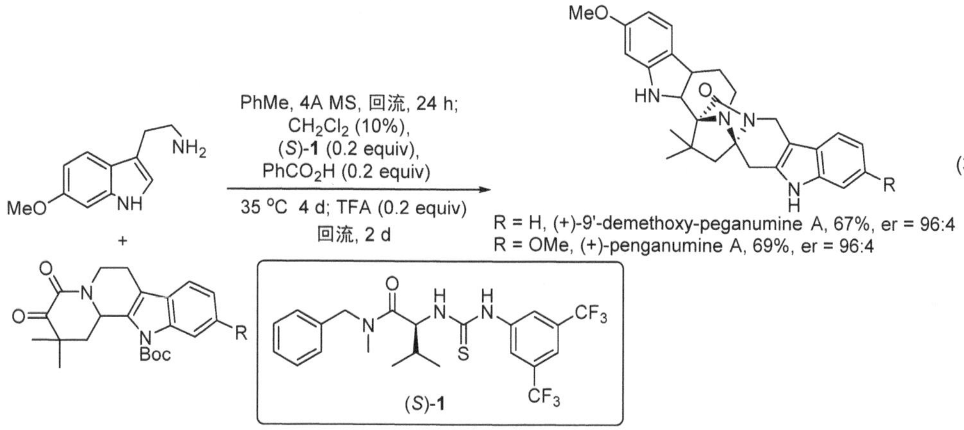

目前，越来越多的有机化学家正在研究不对称的 Pictet-Spengler 环化反应[4]和不对称的 Oxa-Pictet-Spengler 反应[5]。

Jacobsen 课题组以色胺衍生物和苯甲醛类化合物为起始原料，在手性硫脲的作用下可以发生不对称的 Pictet-Spengler 环化反应，ee 值可以达到 99% (式 4)。

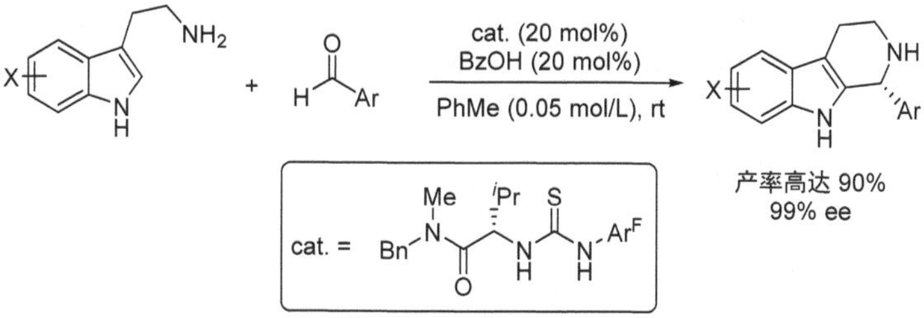

2016,年 List 课题组和 Seidel 课题组分别报道了手性磷酸酯[5a]和手性胺与手性硫

脲[5b]共同催化的 Oxa-Pictet-Spengler 反应 (式 5 和式 6)。

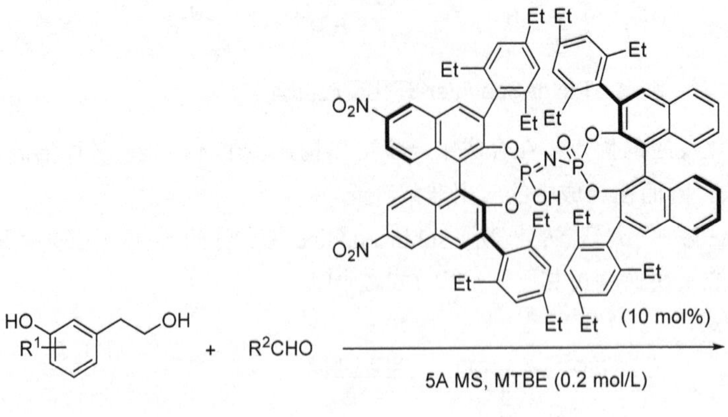

$$(5)$$

$$73\%\sim98\%$$
$$94\%\sim99\%\ ee$$

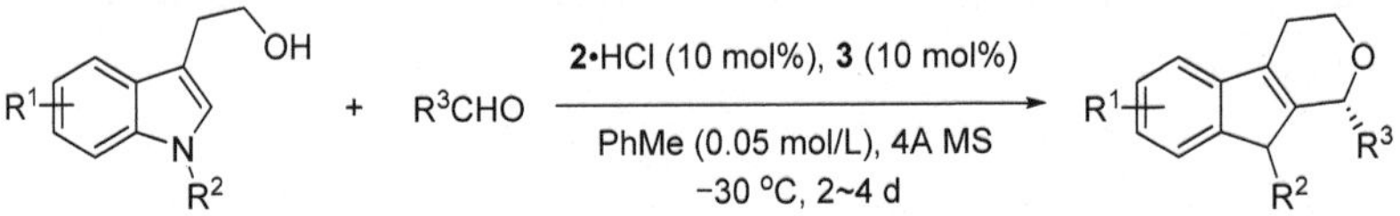

$$(6)$$

$$73\%\sim91\%$$
$$48\%\sim95\%\ ee$$

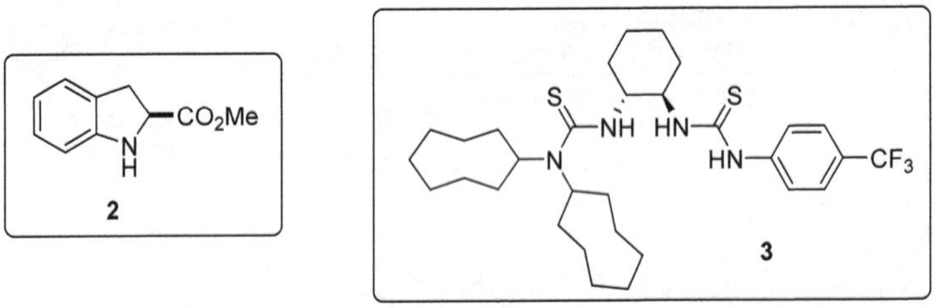

参考文献

[1] (a) Pictet, A.; Spengler, T. *Ber.* **1911**, *44*, 2030. (b) Whaley, W. M.; Govindachari, T. R. *Org. React.* **1951**, 6, 74. (c) Cox, E. D.; Cook, J. M. *Chem. Rev.* **1995**, *95*, 1797. (d) Chrzanowska, M.; Rozwadowska, M. D. *Chem. Rev.* **2004**, *104*, 3341.

[2] (a) Liu, Y.; Luo, S.; Fu, X.; Fang, F.; Zhuang, Z.; Xiong, W.; Jia, X.; Zhai, H. *Org. Lett.* **2006**, *8*, 115. (b) Gao, P.; Liu, Y.; Zhang, L.; Xu, P.-F.; Wang, S.; Lu, Y.; He, M.; Zhai, H. *J. Org. Chem.* **2006**, *71*, 9495. (c) Yu, F.; Cheng, B.; Zhai, H. *Org. Lett.* **2011**, *13*, 5782. (d) Tian, J.; Du, Q.; Guo, R.; Li, Y.; Cheng, B.; Zhai, H. *Org. Lett.* **2014**, *16*, 3173.

[3] Piemontesi, C.; Wang, Q.; Zhu, J. *J. Am. Chem. Soc.* **2016**, *138*, 11148.

[4] Klausen, R. S.; Kennedy, C. R.; Hyde, A. M.; Jacobsen, E. N. *J. Am. Chem. Soc.* **2017**, *139*, 12299.

[5] [a] Das, S.; Liu, L.; Zheng, Y.; Alachraf, M. W.; Thiel, W.; De, C. K.; List, B. *J. Am. Chem. Soc.* **2016**, *138*, 9429. (b) Zhao, C.; Chen, S. B.; Seidel, D. *J. Am. Chem. Soc.* **2016**, *138*, 9053.

（翟宏斌）

Robinson 环化反应

环酮与 α,β 不饱和酮在碱性条件下，生成增环的 α,β 不饱和酮的反应叫做 Robinson (罗宾逊) 环化反应 (式 1)[1-5]。这是在 20 世纪 30~50 年代研究甾体合成方法时发展的反应。

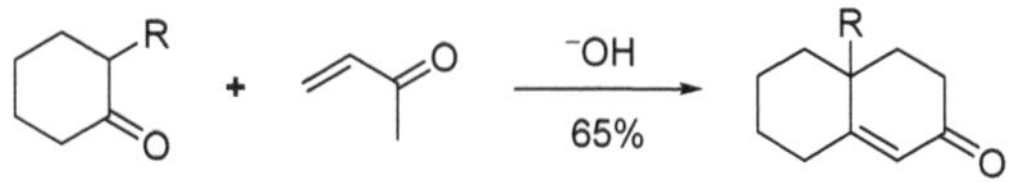

$$\text{(1)}$$

反应机理 (图 1): Robinson 环化反应主要包括两个反应过程，首先酮羰基 α-位碳负离子对 α,β 不饱和酮进行 Michael 加成反应，然后再发生分子内羟醛缩合反应。

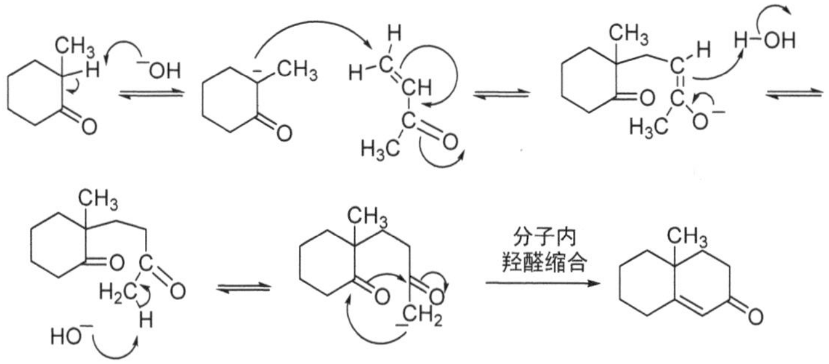

图 1 Robinson 环化反应的机理

对 Robinson 环化反应的改良和发展主要集中在解决三个方面的问题，即区域选择性、α,β 不饱和酮的聚合副反应、立体选择性问题。

① **区域选择性问题** 区域选择性可通过使用预制烯醇负离子及其等效体，包括用强碱形成特定烯醇负离子[4]、烯醇硅醚[6]或烯胺[7]来解决。由于 Robinson 环化反应是在热力学控制的条件下进行，因而是在非对称酮取代较多的一侧反应 (式 2)[7]。

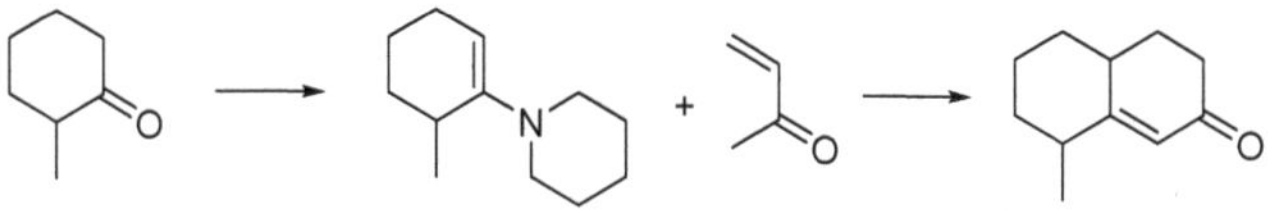

$$\text{(2)}$$

② **α,β 不饱和酮的聚合问题** 由于 α,β 不饱和酮易发生聚合等副反应，特别是在碱性条件下。常用三种办法解决这一问题。

第一种办法是用 β 氨基酮 (Mannich 碱) 或 β 氯代酮[8]作为 α,β 不饱和酮的前体，在现场生成 α,β 不饱和酮，以降低烯酮的瞬间浓度，从而减少聚合副反应 (式 3)。

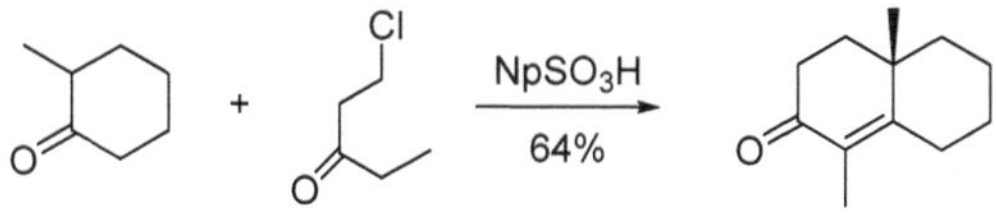

$$\text{(3)}$$

第二种办法是使用 α-硅基-α,β-不饱和酮。硅基一方面可提高 α,β-不饱和酮的稳定性，另一方面可稳定 Michael 加成形成的烯醇负离子 (α-效应)。这一方法被周维善小组用于青蒿素的全合成 (式 4)[9]。

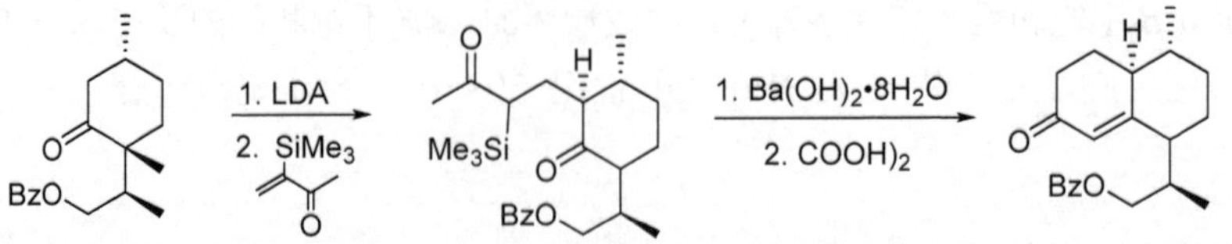

$$\text{(4)}$$

第三种办法是使用 α,β-不饱和酮的等效体，包括 (E)-1,3-二氯-2-丁烯 (Wichterie 方法)[10, 11]和 Stork-Jung 烯基硅烷 (Stork-Jung-Robinson 环合)[12]。这些方法均需通过分步反应获得 Robinson 环合产物 (图 2)。

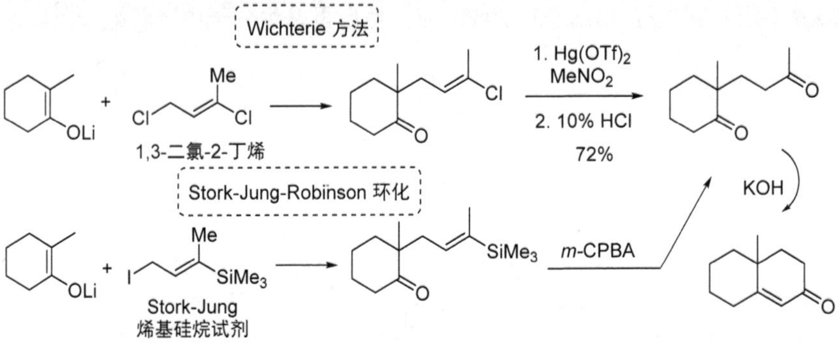

图 2 Wichterie 方法和 Stork-Jung-Robinson 环合

③ 立体选择性问题　甲基丙烯基酮与 α-甲基环己酮的 Robinson 环化反应表现出高度顺式立体选择性，其原因可能源于与 Robinson 环化反应相反的 Aldol 反应-Michael 加成机理。反应的立体选择性取决于所用的溶剂 (式 5)[13]。

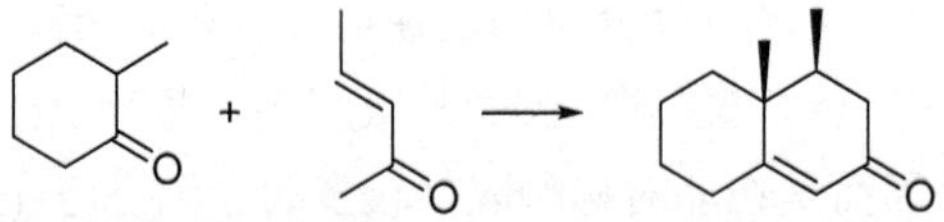

$$\text{(5)}$$

④ 对映选择性问题　大部分甾体化合物都具有光学活性，因此对映选择性的 Robinson 环化反应显得尤为重要。目前，对映选择性 Robinson 环化反应主要通过分步进行。首先，1,3-二羰基化合物在酸性或碱性条件下与 α,β-不饱和酮反应，得到 Michael 加成产物，然后在有机小分子或者金属催化下进行羟醛缩合反应，生成光学活性的增环产物。该反应也称 Hajos-Parrish 反应[14]。极性非质子溶剂对反应比较有利，如 DMF、DMSO、MeCN 等 (式 6)[15]。

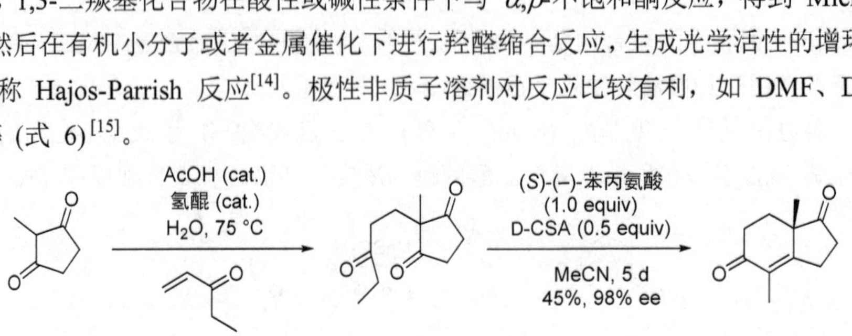

$$\text{(6)}$$

对映选择性 Robinson 环化反应在天然产物全合成中应用广泛。Paolis 小组在天然产物 aplykurodinone (**3**) 的合成中，Michael 加成产物 **1** 在 L-苯丙氨酸 (L-Phe) 和 PPTS 的催化下缩合，构建了光学活性的并环化合物 **2** (式 7)[16]。

有机催化对映选择性 Robinson 环化反应的发展问题是催化剂用量大。余飚课题组在天然产物 chinoside A 糖苷配基核心骨架 (**6**) 的合成中，Michael 加成产物 **4** 在 2 mol% 修饰的脯氨酰胺催化下，以 90% 的 ee 值和 93% 的产率得到合成中间体 **5** (式 8)[17]。

参考文献

[1] Rapson, W. S.; Robinson, R. *J. Chem. Soc.* **1935**, 1285-1288.
[2] Brewster, J. H.; Eliel, E. L. *Organic Reactions* **1953**, *7*, 113. (综述)
[3] Gawley, R. E. *Synthesis* **1976**, 777-794. (综述)
[4] Jung, M. E. *Tetrahedron* **1976**, *32*, 3-31. (综述)
[5] Ramachandran, S.; Newman, M. S. *Org. Synth.* **1973**, *5*, 486-489.
[6] Pariza, R. J.; Philip, L.; Fuchs, *J. Org. Chem.* **1985**, *5*, 4252-4266.
[7] Könst, W. M. B.; Witteveen, J. G.; Boelens, H. *Tetrahedron* **1976**, *32*, 1415-1421.
[8] Heathcock, C. H.; Mahaim, C.; Schlecht, M. F.; Utawanit, T. *J. Org. Chem.* **1984**, *49*, 3264-3274.
[9] Xu, X.-X.; Zhu, J.; Huang, D.-Z.; Zhou, W.-S. *Tetrahedron* **1986**, *42*, 819-828.
[10] Wichterle, O.; Prochazka, J.; Hofman, J. *Coll. Czech. Chem. Comm.* **1948**, *13*, 300-315.
[11] Covey, D. F. *J. Org. Chem.* **2007**, *72*, 4837-3843
[12] Stork, G.; Jung, M. E.; Colvin, E.; Noel, Y. *J. Am. Chem. Soc.* **1974**, *96*, 3684-3686.
[13] Scanio, C. J. V.; Starrett, R. M. *J. Am. Chem. Soc.* **1971**, *93*, 1539-1540.
[14] (a) Eder, U., Sauer, G., Wiechert, R. *Angew. Chem., Int. Ed.* **1971**, *10*, 496-497. (b) Hajos, Z. G., Parrish, D. R. *J. Org. Chem.* **1974**, *39*, 1615-1621.
[15] Gallier, F.; Martel, A.; Dujardin, G. *Angew. Chem. Int. Ed.* **2017**, *56*, 12424-12458. (综述)

[16] Peixoto, P. A.; Jean, A.; Maddaluno, J.; Paolis, M. D. *Angew. Chem. Int. Ed.* **2013**, *52*, 6971-6973.
[17] Yu, J.; Yu, B. *Chin. Chem. Lett.* **2015**, *26*, 1331-1335.

（黄培强，王小刚）

Robinson-Schöpf 反应

Robinson-Schöpf (罗宾逊-舍普夫) 反应是指用丁二醛、甲胺和丙酮二羧酸作用得到托品酮 (又名颠茄酮) 的反应 (式 1)。该反应由 Robinson 于 1917 年首次报道[1]，之后由 Schöpf 进行了改进[2]。托品酮的合成也被认为是首个由简单底物出发的天然产物全合成。Robinson 因为在天然产物的合成方面的贡献荣获 1947 年诺贝尔化学奖。

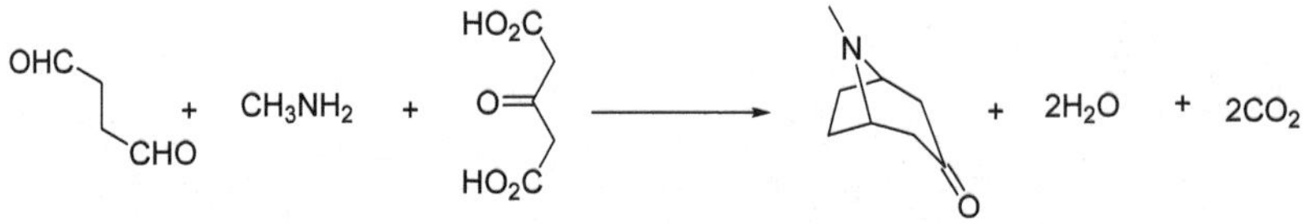

$$\text{OHC-CH}_2\text{-CH}_2\text{-CHO} + \text{CH}_3\text{NH}_2 + \text{HO}_2\text{C-CH}_2\text{-CO-CH}_2\text{-CO}_2\text{H} \longrightarrow \text{托品酮} + 2\text{H}_2\text{O} + 2\text{CO}_2 \quad (1)$$

反应机理 (图 1)：涉及两步 Mannich 反应。首先由伯胺与二醛中的一个醛羰基形成亚胺，再与丙酮二羧酸中一侧的羰基 α-位发生 Mannich 反应，随后分子内形成亚胺正离子，继而与丙酮二羧酸另一侧的羰基 α-位发生 Mannich 反应形成 [3.2.1] 桥环，之后脱除两分子二氧化碳，得到托品酮[3]。

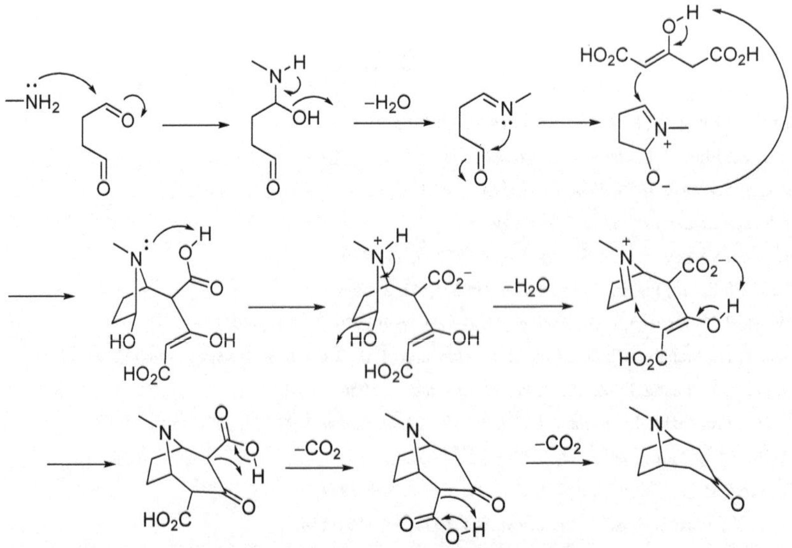

图 1 Robinson-Schöpf 反应的机理

该反应可在 pH 5~9 的条件下进行，如丁二醛、丙酮二羧酸和甲胺盐酸盐的水溶液在

pH=7 时于室温放置 3 天以 78% 的收率得到托品酮,此条件能存在于植物的组织中,因此植物中的一些托品酮类化合物被认为可能按此模式形成。

丙酮也可替代丙酮二羧酸发生此反应,但收率不高。用丙酮二羧酸甲酯可得较好收率,所得二酯经水解脱羧生成托品酮。

所用二醛则由丙二醛至己二醛都可发生反应,二酮则不能发生该反应。将二醛替换为 $OHCCH_2YCH_2CHO$ (Y=S、Se 或 NCH_3),则得到相应托品酮类似物。

用乙胺、异丙胺、苯甲胺、β-羟基乙胺等替代甲胺,可得到 N-取代托品酮[4]。

Robinson-Schöpf 反应被广泛用于合成托品酮类化合物,而该类化合物又被进一步用于其它天然产物的合成中。如 Buchi[5]由托品酮类化合物出发,合成天然色素 betalains 类的关键前体 betanidin。Husson[6]则利用此反应合成 (+)-coniine (毒芹碱)、(−)-coniine 和 dihydropinidine (二氢松里汀) (式 2)。

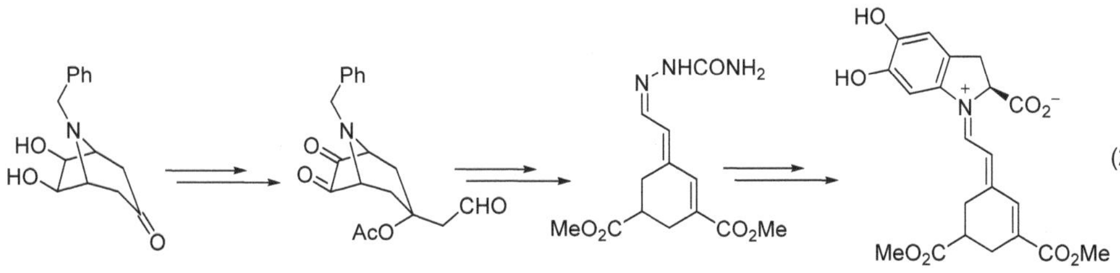

而 Stevens[7]将 Robinson-Schöpf 反应中的二醛和胺设计在同一底物分子,再与丙酮二羧酸反应,巧妙合成天然产物 precoccinelline 和 coccinelline (式 3)。

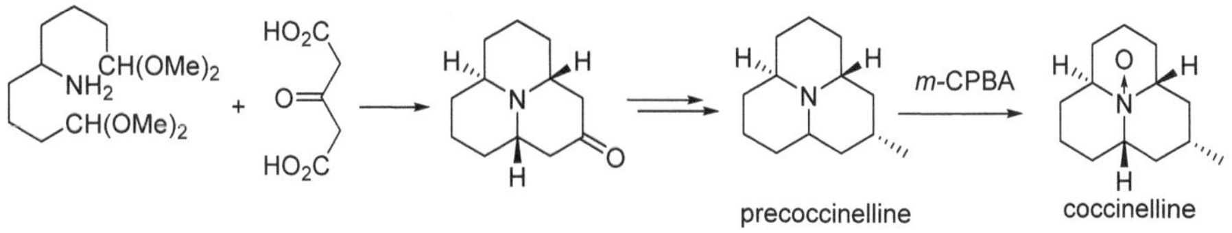

Amedjkouh[8]用 2,5-二甲氧基四氢呋喃代替丁二醛,利用 Robinson-Schöpf 反应机理,设计合成了目标化合物 (式 4)。

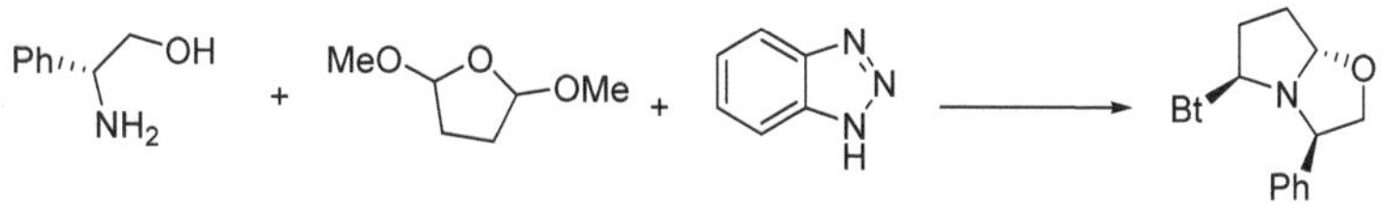

Robinson-Schöpf 反应是一个十分高效的反应,它在一步反应中同时形成 4 个化学键 (2 个 C-C 键,2 个 C-N 键),无怪乎自然界选择它合成自身托品酮类化合物。也正因为此,该方法在合成中得到化学家的广泛运用[9,10]。

参考文献

[1] (a) Robinson, R. *J. Chem. Soc.* **1917**, *111*, 762. (b) Robinson, R. *J. Chem. Soc.* **1917**, *111*, 876.

[2] (a) Schöpf, C.; Lehman, G. *Ann.* **1935**, *518*, 1. (b) Schöpf, C. *Angew. Chem.* **1937**, *50*, 779. (c) Schöpf, C. *Angew. Chem.* **1937**, *50*, 797.

[3] Paquette, L. A.; Heimaster, J. W. *J. Am. Chem. Soc.* **1966**, *88*, 763.
[4] Keagle, L. C.; Hartung, W. H. *J. Am. Chem. Soc.* **1946**, *68*, 1608.
[5] Buchi, G.; Fliri, H.; Shapiro, R. *J. Org. Chem.* **1978**, *43*, 4765.
[6] Guerrier, L.; Royer, J.; Grierson, D. S.; Husson, H. P. *J. Am. Chem. Soc.* **1983**, *105*, 7754.
[7] Stevens, R. V.; Lee, A. W. M. *J. Am. Chem. Soc.* **1979**, *101*, 7032.
[8] Amedjkouh, M.; Westerlund, K. *Tetrahedron Lett.* **2004**, *45*, 5175.
[9] Langlois, M.; Yang, D.; Soulier, J. L.; Florac, C. *Synth. Commun.* **1992**, *22*, 3115.
[10] Jarevang, T.; Anke, H.; Anke,T.; Erkel, G.; Sterner, O. *Acta Chem. Scand.* **1998**, *52*, 1350.

（翟宏斌）

Weiss 反应

Weiss（韦斯）反应是指一分子邻二酮与两分子 3-氧代戊二酸酯缩合生成双环[3.3.4]辛烷骨架 (**1**) 的反应（式 1）[1-4]。这是一个多组分一瓶反应，共生成四个 C-C 键，涉及两个羟醛反应、两个 Michael 加成。

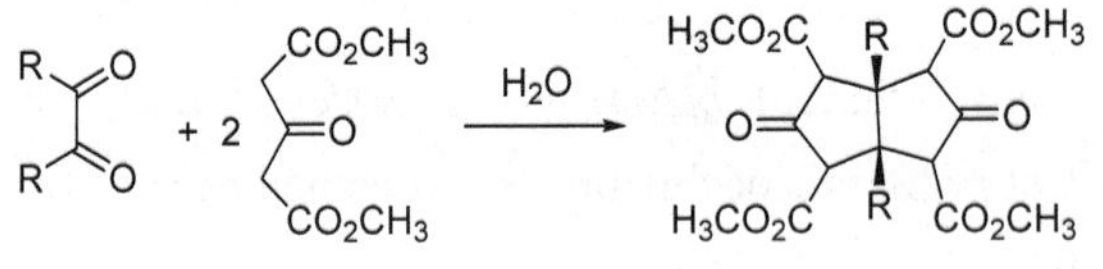

反应机理（图 1）：

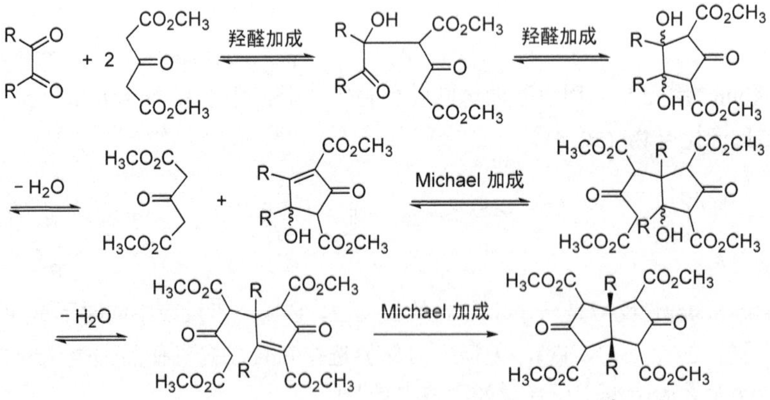

图 1 Weiss 反应的机理

Weiss 反应是合成奎烷类化合物独特而快捷的方法[5]。Cook 小组系统地研究了 Weiss 反应的合成应用，成功地把该反应应用于 (±)-modhephene (**2**)（式 2）[6]等天然产物和 [5.5.5.5]fenestane (**3**)（式 3）[7] 等非天然奎烷[8](烯) 类化合物的合成。

Weiss 反应也可应用于具有吲哚骨架的螺桨烷类化合物 **4** 的合成 (式 4)[9, 10]。

Weiss 反应还可以应用于 10-phenyltriquinacene (**5**) 类化合物的合成 (式 5)[11]。

参考文献

[1] Weiss, U.; Edwards, J. M. *Tetrahedron Lett.* **1968**, 4885-4887.
[2] Weber, R. W.; Cook, J. M. *Can. J. Chem.* **1978**, *56*, 189-192.
[3] Bertz, S. H.; Cook, J. M.; Gawish, A.; Weiss, U. *Org. Syn.* **1986**, *64*, 27-37.
[4] Fu, X.; Cook, J. M. *Aldrichimica Acta* **1992**, *25*, 43-54. (综述)
[5] Gupta, A. K.; Fu, X.; Snyder, J. P.; Cook, J. M. *Tetrahedron* **1991**, *47*, 3665-3710. (综述)
[6] Wrobel, J.; Takahashi, K.; Honkan, V.; Lannoye, G.; Cook, J. M.; Steven, H. B. *J. Org. Chem.* **1983**, *48*, 139-141.
[7] Kubiak, X.; Fu, A. K.; Gupta; Cook, J. M. *Tetrahedron Lett.* **1990**, *31*, 4285-4288.
[8] Ezquerra, J.; Yruretagoyena, B.; Avendaño, C.; de la Cuesta, E.; González, R.; Prieto, L.; Pedregai, C.; Espada, E.; Prowse, W. *Tetrahedron* **1995**, *51*, 3271-3278.
[9] Kotha, S.; Tiwari, A.; Chinnam, A. K. *Beilstein J. Org. Chem.* **2013**, *9*, 2709-2714.
[10] Kotha, S.; Chinnam, A. K. *Synthesis* **2014**, *46*, 301-306.
[11] Wilson, P. D.; Cadieux, J. D.; Buller, D. J. *Org. Lett.* **2003**, *5*, 3983-3986.

(黄培强,吴东坪)

第 7 篇

重排反应

Achmatowicz 重排和氮杂 Achmatowicz 重排

1971 年，Achmatowicz 及其合作者报道 α-呋喃甲醇衍生物 **1** 与溴在甲醇中反应得到相应的 2,5-二甲氧基-2,5-二氢呋喃衍生物 **2**，后者在酸性条件下水解得到 2-取代-6-羟基-2H-吡喃-3(6H)-酮 **3**，并进一步转化为 **4** 和 **5** (式 1) [1]。**1→3** 的转化虽然冠名 Achmatowicz 重排，但事实上，这个转化 Cavill、Laing 和 Williams 早在 1969 年就已报道过[2a]。与 Achmatowicz 大约在同期，Lefebvre 也做了同样的工作，并于 1972 年初发表[2b]。随后的研究把转化所用的氧化剂拓展[3]到 NBS、MCPBA、Cl_2、PCC、TBHP (t-BuOOH)/$VO(acac)_2$ 等以及可见光介导的重排反应[3c]，并把原方法中 **1→3** 分步反应发展为一瓶反应 (式 2)，这些反应通称 Achmatowicz (阿赫马托维奇) 重排或 Achmatowicz 反应[3a]。由于 Achmatowicz 重排产物 **3** 是一类含多官能团、多反应位点的化合物，因而作为灵活多样的合成砌块在含氢化吡喃环天然产物的合成中获得广泛应用[4]。

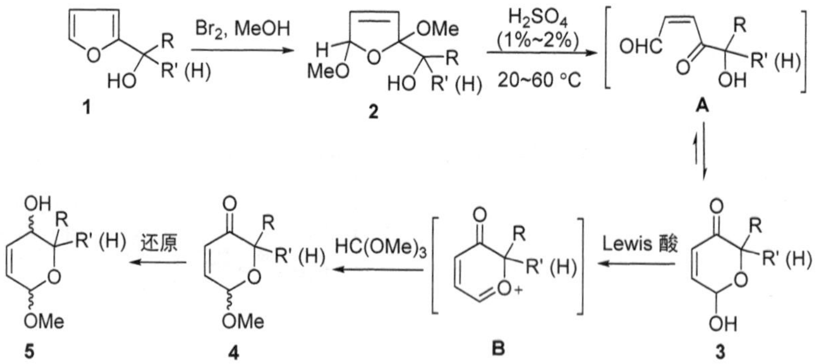

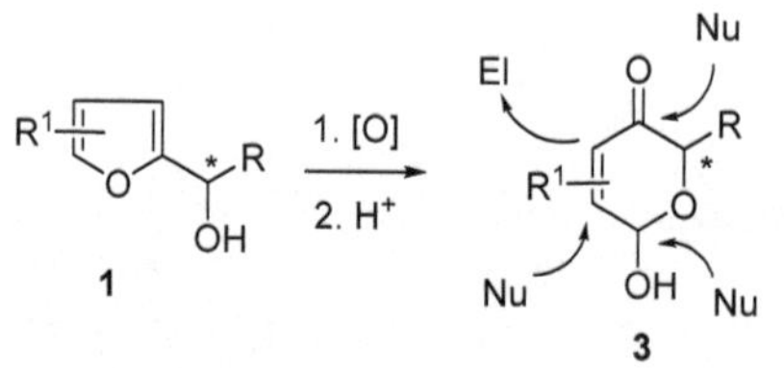

该反应近三十年来发展的显著特点有三：一是引入不对称合成的方法；二是扩展到 N-杂模式，即氮杂 Achmatowicz 重排；三是发展了许多脂肪酶等生物催化的氮杂 Achmatowicz 重排反应[5]。

（1）不对称 Achmatowicz 重排

进行不对称 Achmatowicz 重排的关键是获得光学活性 α-呋喃醇，主要方法有以下四种：

① 通过不对称羟醛加成　Martin 小组较早系统研究了这一合成砌块在全合成中的应

用。主要策略是从 α-呋喃甲醛及其衍生物 **6** 出发，经 Evans 不对称羟醛加成反应获得官能化的手性 α-呋喃甲醇 **8** (图 1)。该反应的非对映立体选择性一般在 99% 以上，加成产物 **8** 经去除手性辅基后进行 Achmatowicz 重排。通过这一方法，Martin 分别完成了 (+)-Prelog-Djerassi 内酯 (**11**)[6]和红霉素 B (**16**) 等天然产物的全合成[7]。对后者，**8b** 经还原去除手性辅助剂后，**12** 经 Achmatowicz 重排得 **13**[7a]，后者经三步被转化为带 4 个手性中心的红霉素 B (erythromycin B) 片段 **16**。

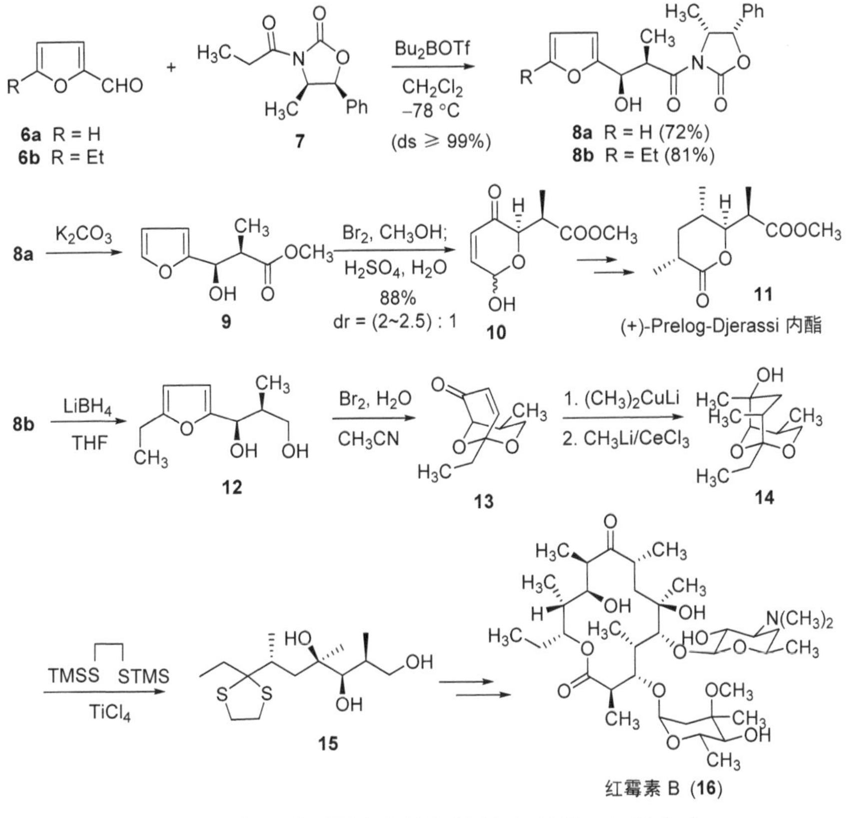

图 1 带 4 个手性中心的红霉素 B 片段 **16** 的合成

② 通过底物诱导的不对称加成 在 ZnBr$_2$ 存在下，2-呋喃基锂对手性醛 **17** 加成的立体选择性达到 12:1[8]。主产物 **18a** 经 Achmatowicz 重排反应得重排产物 **19**。后者被进一步转化为 1-去氧澳洲栗精胺 **20** 及其 8a-差向异构体 **21** (式 3)。

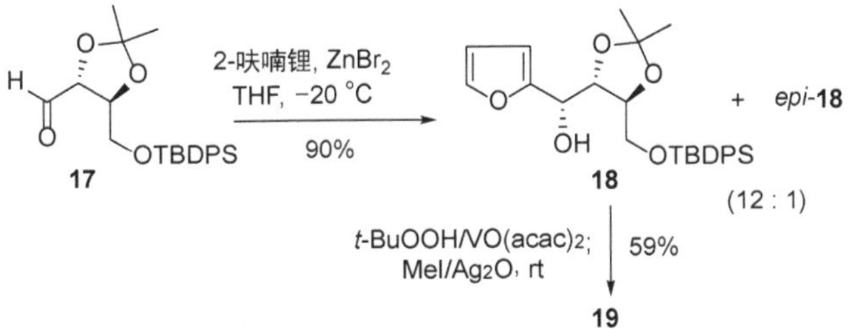

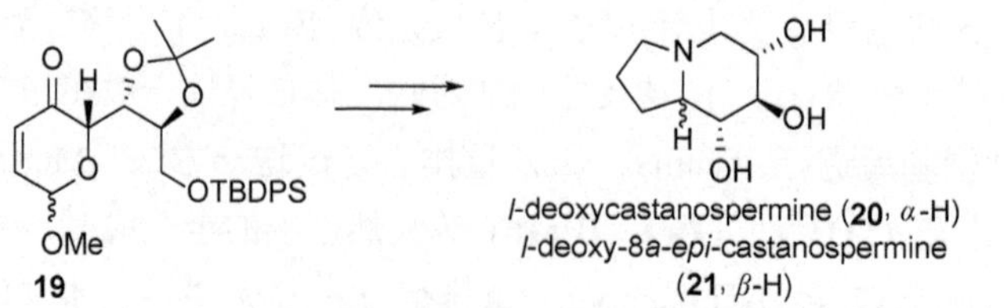

l-deoxycastanospermine (**20**, α-H)
l-deoxy-8a-*epi*-castanospermine (**21**, β-H)
(3)

③ 通过 Sharpless 不对称环氧化试剂进行动力学拆分 通过动力学拆分也可获得高对映纯度的 2-呋喃醇 **22**,但收率只有 38%[9]。Achmatowicz 重排产物 **23** 被转化为天然存在的内酯 **24** (式 4)。

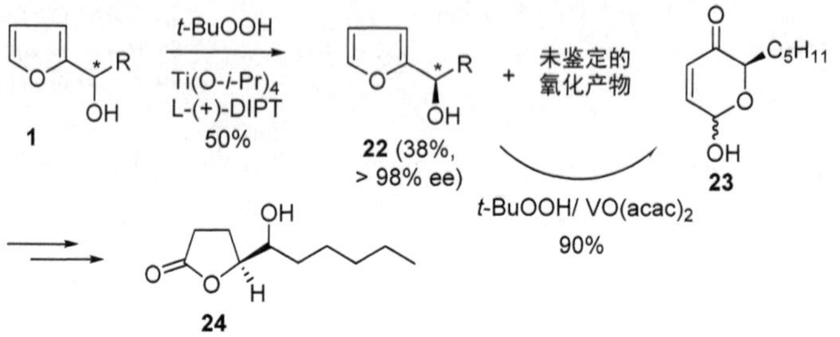

(4)

④ 通过 α-呋喃酮的不对称氢转移氢化 O'Doherty 小组多年来基于 Achmatowicz 重排完成了一系列天然产物的全合成。例如,从 α-呋喃酮 **25** 出发,通过 Noyori 不对称氢转移氢化获得光学活性 α-呋喃醇 **26**,进而完成天然产物 (+)-phomopsolide D (**28**) 的全合成 (图 2)[10]。

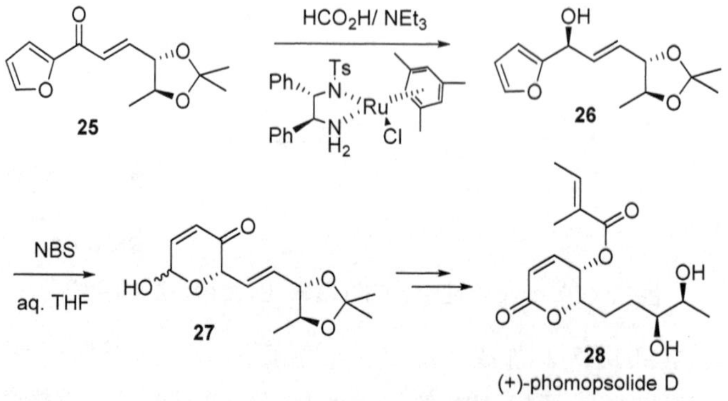

图 2　(+)-phomopsolide D (**28**) 的全合成

Trauner 小组在研究呋喃并西柏烷类天然产物间的生物合成关系时,首先合成 (−)-bipinnatin J (**29**),接着建立了经 Achmatowicz 重排向 (+)-intricarene (**31**) 的三步转化[11] (式 5)。值得一提的是,最后一步为 [5+2] 环加成反应,这也是 Achmatowicz 重排产物转化的一个展示。

童荣标小组近年系统研究了 Achmatowicz 重排在全合成中的应用[12]。一个代表性的工作是用于天然产物 (+)-uprolide G 乙酸酯 (**36**) 的不对称全合成 (图 7)[12a]。首先通过

Noyori 不对称氢转移氢化 (参见图 3) 合成 α-呋喃醇 **32**, 后者经 Achmatowicz 重排转化为 **33**。接着经去氧还原、氢化和甲基化转化为 **35a** 及其 C-4 差向异构体 **35b**。**35a** 最终被转化为天然产物 (+)-uprolide G 乙酸酯 (**36**)。

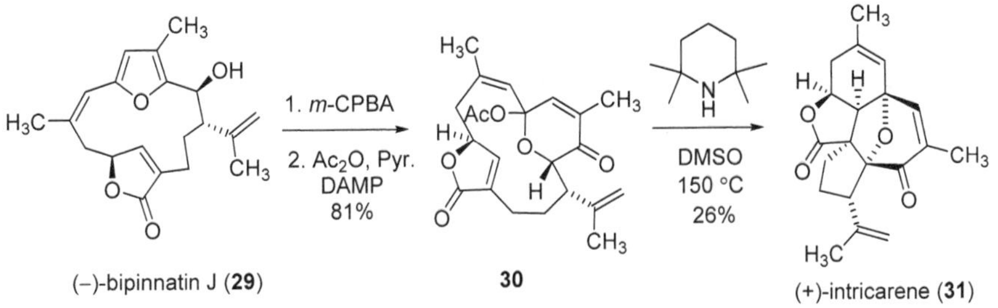

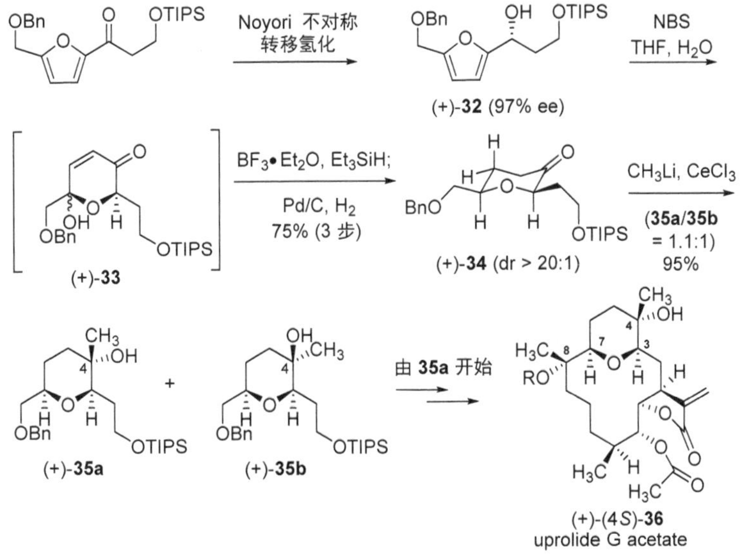

图 3 天然产物 (+)-uprolide G 乙酸酯 (**36**) 的不对称全合成

新近，Achmatowicz 重排作为关键反应被李闯创小组巧妙地用于结构独特的 C_{25} 甾体 cyclocitrinol (**39**) 的首次不对称全合成。他们首先通过 Achmatowicz 重排反应合成化合物 **37**, 然后进行全合成的关键反应：II 型分子内 [5+2] 环加成构建目标分子的核心骨架 **38** (产率 68%) (图 4)[13]。

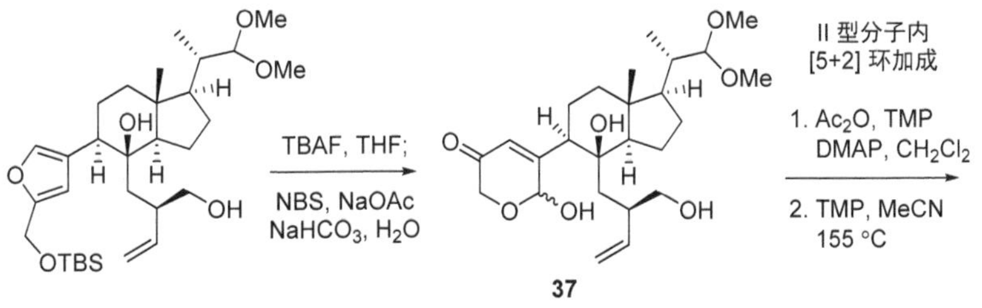

图 4

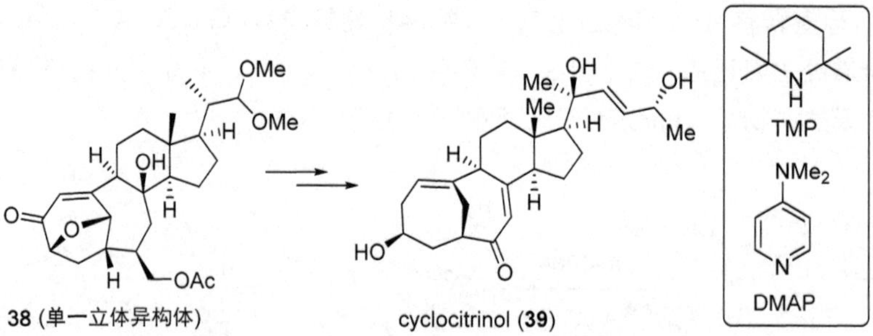

图 4　cyclocitrinol (39) 的不对称全合成

最近，童荣标小组发展了一个环境友好的催化 Achmatowicz 重排 (式 6)[12b]，该法使用催化量的 KBr，避免了传统反应条件生成的有机废弃物。

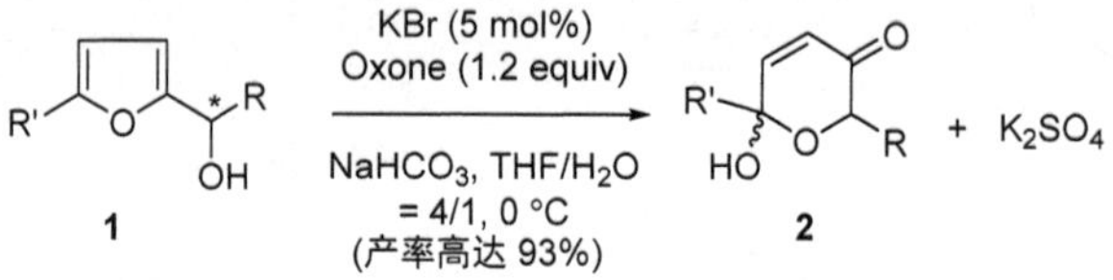

$$\text{(6)}$$

（2）氮杂 Achmatowicz 重排

使用 α-呋喃基酰胺或氨基甲酸酯进行氮杂 Achmatowicz 重排的设想最早由 Ciufolini 提出[14]，产物为取代的 2-哌啶酮 (参见图 5，化合物 42)，它们同样是多用途的合成砌块[15]。光学活性 α-呋喃基酰胺可通过酶拆分得到 (参见图 5)[16,17]。通过这一方法，Ciufolini 完成了 (+)-deoxoprosopinine (43) 等生物碱的不对称合成 (图 5)[17]。

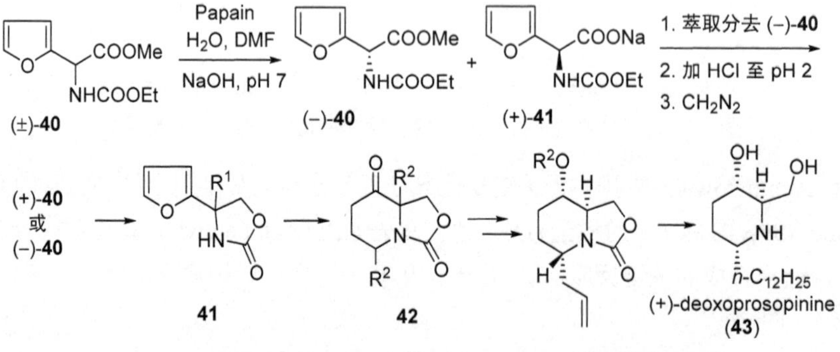

图 5　生物碱 (+)-deoxoprosopinine (43) 的不对称合成

周维善小组较早建立了通过化学动力学拆分和不对称氨羟基化反应获得光学活性 α-呋喃基酰胺，进而进行不对称氮杂 Achmatowicz 重排的方法[5a,b,18]。基于这一方法学，他们系统地发展了哌啶生物碱、氮杂糖、swainsonine、澳洲栗精胺 (castanospermine) 及其立体异构体等诸多多羟基哌啶生物碱的不对称合成[19] (图 6)。

随后，O'Doherty 小组报道了通过 Sharpless 不对称氨羟基化-氮杂 Achmatowicz 重排合成氮杂糖[20]，Padwa 小组通过氮杂 Achmatowicz 重排进行了多个含哌啶环生物碱的外消旋合成[21]。

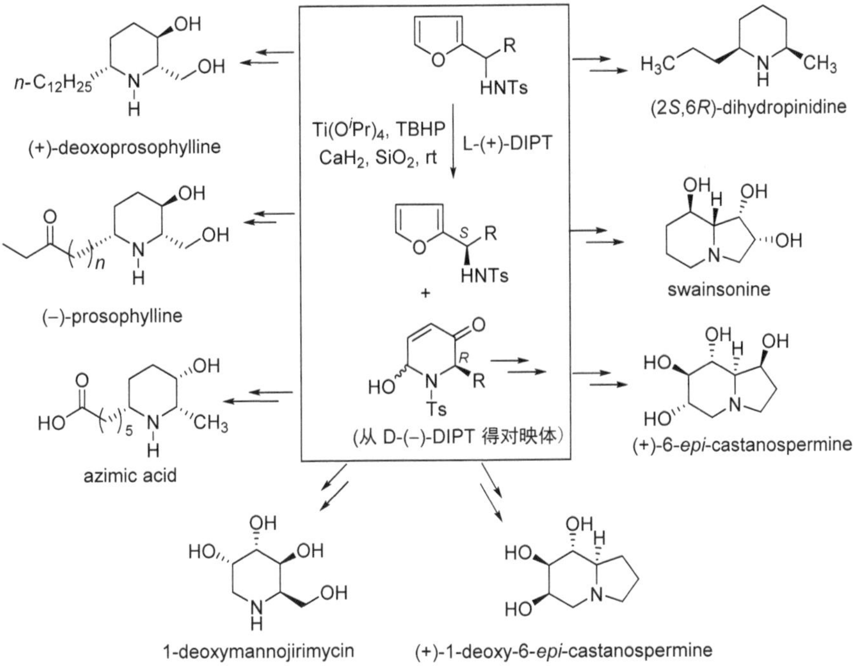

图 6 周维善小组基于 α-呋喃基酰胺动力学拆分和氮杂 Achmatowicz 反应的合成方法学

Shimizu 小组[22]和黄乃正小组[23]分别报道了手性辅助基控制的非对映立体选择性形成光学活性 α-呋喃甲酰胺衍生物进而进行对映选择性氮杂 Achmatowicz 重排的方法。通过黄乃正的方法，可方便地合成 β-取代、结构多样的氮杂 Achmatowicz 重排产物。

参考文献

[1] Achmatowicz Jr, O.; Bukowaki, P.; Szechner, B.; Zwierzochowska, Z.; Zamojski, A. *Tetrahedron* **1971**, *27*, 1973-1996.

[2] (a) Cavill, G. W. K.; Laing, D. G.; Williams, P. J. *Aust. J. Chem.* **1969**, *22*, 2145-2160. (b) Lefebvre, Y. *Tetrahedron Lett.* **1972**, *13*, 133-136.

[3] (a) Deska, J.; Thiel, D.; Gianolio, E. *Synthesis* **2015**, *47*, 3435-3450. (综述) (b) Achmatowicz Jr, O.; Bielski, R. *Carbohydr. Res.* **1977**, *55*, 165-176. (c) Plutschack, M. B.; Seeberger, P. H.; Gilmore, K. *Org. Lett.* **2017**, *19*, 30-33.

[4] 相关综述：(a) Ghosh, A. K.; Brindisi, M. *RSC* **2016**, *6*, 111564-111598. (b) Mahajan, P. S.; Humne, V. T.; Mhaske, S. B. *Curr. Org. Chem.* **2017**, *21*, 503-545.

[5] 相关综述：(a) Blume, F.; Sprengart, P.; Deska, J. *Synlett* **2018**, *29*, 1293. (b) Elena F., Sabry H. H. Y., Stefan van R., René W. M. A., Rokus R., Ron W., Dirk H., Floris P. J. T. R., Frank H. *ACS Catal.* **2016**, *6* (9), 5904-5907. 近期一例: (c) Thiel, D.; Doknic, D.; Deska, J. *Nat. Commun.* **2014**, *5*, 5278.

[6] Martin, S. F.; Guinn, D. E. *J. Org. Chem.* **1987**, *52*, 5588-5593.

[7] (a) Martin, S. F.; Lee, W.-C.; Pacofsky, G. J.; Gist, R. P.; Mulhern, T. *J. Am. Chem. Soc.* **1994**, *116*, 4674. (b) Martin, S. F.; Hida, T.; Kym, P. R.; Loft, M.; Hodgson, A. *J. Am. Chem. Soc.* **1997**, *119*, 3193-3194.

[8] Martin, S. F.; Chen, H. J.; Yang, C. P. *J. Org. Chem.* **1993**, *58*, 2867-2873.

[9] Kusakabe, M; Kitano, Y; Kobayashi, Y; Sato, F. *J. Org. Chem.* **1989**, *54*, 2085-2091.

[10] Harris, J. M.; Keranen, M. D.; O'Doherty, G. A. *J. Org. Chem.* **1999**, *64*, 2982-2983.

[11] Roethle, P. A.; Hernandez, P. T.; Trauner, D. *Org. Lett.* **2006**, *8*, 5901-5904.
[12] (a) Zhu, L.-Y.; Liu, Y.; Ma, R.-Z.; Tong, R. *Angew. Chem. Int. Ed.* **2015**, *54*, 627-632. (b) Li, Z.-L.; Tong, R.-B. *J. Org. Chem.* **2016**, *81*, 4847-4855.
[13] Liu, J.-Y.; Wu, J.-L.; Fan, J.-H.; Yan, X.; Mei, G.-J.; Li, C.-C. *J. Am. Chem. Soc.* **2018**, *140*, 5365-5369.
[14] Ciufolini, M. A.; Wood, C. Y. *Tetrahedron Lett.* **1986**, *27*, 5085-5088.
[15] 相关综述：(a) Ciufolini, M. A.; Hermann, C. Y. W.; Dong, Q.; Shimizu, T.; Swaminathan, S.; Xi, N. *Synlett* **1998**, 105-114. (b) van der Pijl, F.; van Delft, F. L.; Rutjes, F. P. J. T. *Eur. J. Org. Chem.* **2015**, 4811-4829.
[16] Drueckhammer, D. *G.;* Barbas, III, C. F.; Nozaki, K.; Wong, C. H.; Wood, C. Y.; Ciufolini, M. A. *J. Org. Chem.* **1988**, *53*, 1607-1611.
[17] Ciufolini, M. A.; Hermann, C. W.; Whitmire, K. H.; Byrne, N. E. *J. Am. Chem. Soc.* **1989**, *111*, 3473-3475.
[18] Zhou, W.-S.; Lu, Z.-H.; Wang, Z.-M. *Tetrahedron Lett.* **1991**, *32*, 1467-1470.
[19] Zhang, H.-X.; Xia, P.; Zhou, W.-S. *Tetrahedron* **2003**, *59*, 2015-2020；及所引文献。
[20] Haukaas, M. H.; O'Doherty, G. A. *Org. Lett.* **2001**, *3*, 401-404.
[21] Leverett, C. A.; Cassidy, M. P.; Padwa, A. *J. Org. Chem.* **2006**, *71*, 8591-8601.
[22] Koriyama, Y.; Nozawa, A.; Hayakawa, R.; Shimizu, M. *Tetrahedron* **2002**, *58*, 9621-9628.
[23] Yim, H. K.; Wong, H. N. C. *J. Org. Chem.* **2004**, *69*, 2892-2895.

相关反应： Reformatsky 反应

（黄培强）

Baker-Venkataraman 重排

Baker-Venkataraman (贝克-文卡塔拉曼) 重排是指邻酰基酚的酯在碱作用下发生的分子内 O→C 的酰基转移反应 (式 1)[1-3]。其重排产物经酸处理可进一步转化为色酮[1]、黄酮类化合物 (式 2)[4-7]或者香豆素[8,9]。它们是许多天然产物和生理活性化合物的基本结构单元[4-12]。

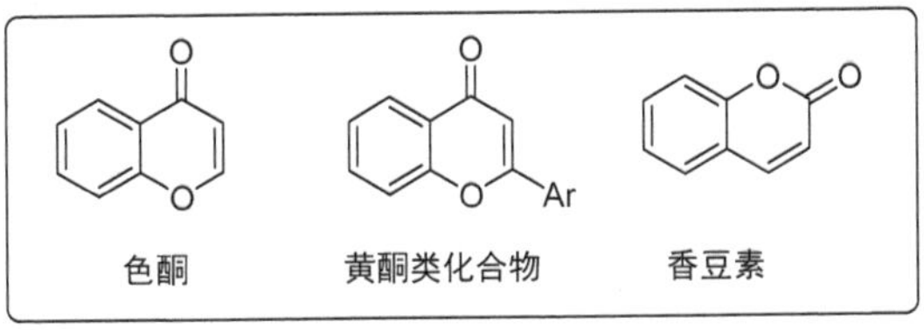

色酮　黄酮类化合物　香豆素

反应机理 (图 1): 为分子内 Claisen 反应，即芳酮烯醇负离子对邻位酯的进攻，进而发生分子内 O→C 的酰基迁移。

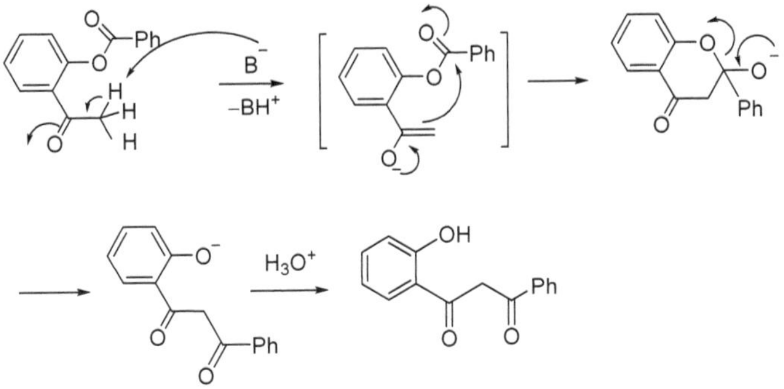

图 1 Baker-Venkataraman 重排反应的机理

Krohn 等人报道了首例对映选择性 Baker-Venkataraman 重排，用于手性蒽吡喃类抗生素 espicufolin (**1**) 的合成 (式 3)[10]。

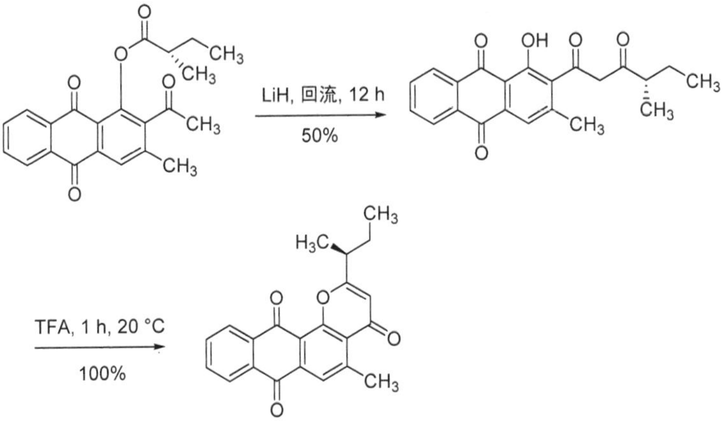

espicufolin (**1**)

(3)

最近，Schmalz 等人报道了在抗病毒天然产物 houttuynoid B (**3**) 的合成中，采用 Baker-Venkataraman 重排成功地构筑了关键中间体黄酮衍生物 (**2**) (式 4)[11]。同样以 Baker-Venkataraman 重排为关键反应，Lee 等人完成了抗炎天然产物 aciculatin (**5**) 的全合成 (式 5)[12]。

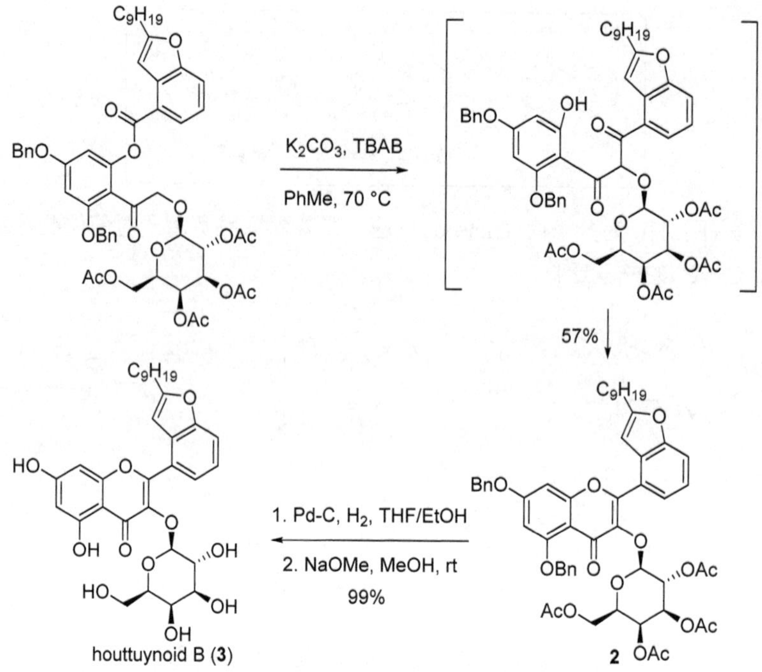

参考文献

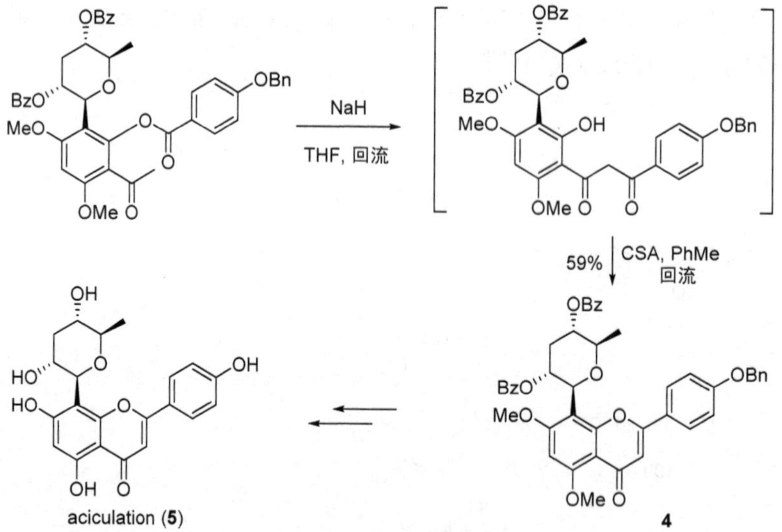

[1] Baker, W. *J. Chem. Soc.* **1933**, 1381-1388.
[2] Mahal, H.S., Venkataraman, K. *J. Chem. Soc.* **1934**, 1767-1769.
[3] Sharma, D.; Kumar, S.; Makrandi, J. K. *Green Chem. Lett. Rev.* **2009**, *2*, 53-55.
[4] Fukui, K.; Nakayama, M.; Horie, T. *Bull. Chem. Sor. Jpn.* **1970**, *43*, 1524.
[5] Rajendra Prasad, K. J.; Periasamy, P. A.; Vijayalakshmi, C. S. *J. Nat. Prod.* **1993**, *56*, 208-214.

[6] Menichincheri, M.; Ballinari, D.; Bargiotti, A.; Bonomini, L.; Ceccarelli, W.; D'Alessio, R.; Fretta, A.; Moll, J.; Polucci, P.; Soncini, C.; Tibolla, M.; Trosset, J.-Y.; Vanotti, E. *J. Med. Chem.* **2004**, *47*, 6466-6475.

[7] Griffin, R. J.; Fontana, G.; Golding, B. T.; Guiard, S.; Hardcastle, I. R.; Leahy, J. J. J.; Martin, N.; Richardson, C.; Rigoreau, L.; Stockley, M.; Smith, G. C. M. *J. Med. Chem.* **2005**, *48*, 569-585.

[8] Kalinin, A. V.; Da Silva, A. J. M.; Lopes, C. C.; Lopes, R. S. C.; Snieckus, V. *Tetrahedron Lett.* **1998**, *39*, 4995-4998.

[9] Kalinin, A. V.; Snieckus, V. *Tetrahedron Lett.* **1998**, *39*, 4999-5002.

[10] Krohn, K.; Vidal, A.; Vitz, J.; Westermann, B.; Abbas, M.; Green, I. *Tetrahedron: Asymmetry* **2006**, *17*, 3051-3057.

[11] Kerl, T.; Berger, F.; Schmalz, H.-G. *Chem. Eur.-J.* **2016**, *22*, 2935-2938.

[12] Yao, C.-H.; Tsai, C.-H.; Lee, J.-C. *J. Nat. Prod.* **2016**, *79*, 1719-1723.

反应类型： 重排反应；碳-碳键的形成
相关反应： Allan-Robinson 反应；Kostanecki-Robinson 反应

（罗世鹏，黄培强）

Beckmann 重排

Beckmann (贝克曼) 重排是指酮肟在酸作用下重排生成仲酰胺的反应 (式 1)[1-3]。

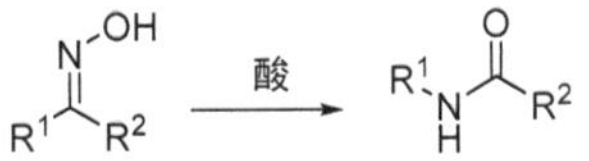

(1)

Beckmann 重排反应机理 (图 1)：

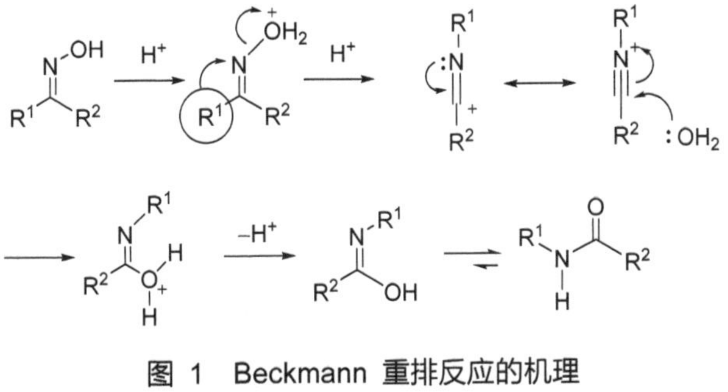

图 1 Beckmann 重排反应的机理

从上述反应机理可以看出：

① 反应的第一步是酸活化羟基使其易于离去，同时，处于羟基反侧的烷基带着一对电子迁移到 N 原子上。因此，反应具有立体专一性。但是，有时得到两种可能的酰胺，甚至只得到顺侧烷基迁移产物 (式 2)[4]，这可能是在重排反应发生前，肟先发生异构化所致。肟的异构化在硅胶上即可发生[5]。

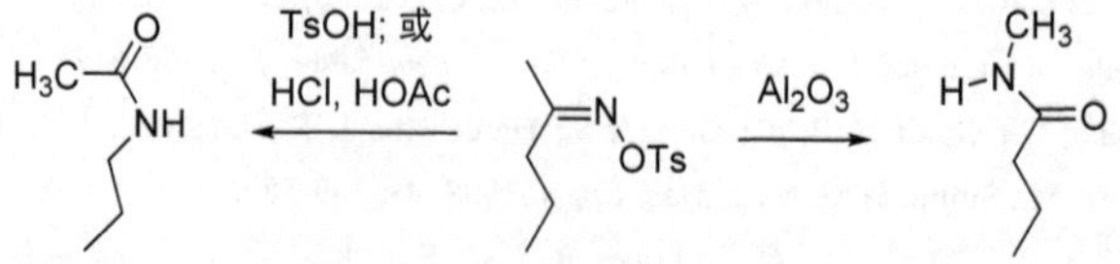

$$\text{(2)}$$

② 传统上用 Brønsted 酸,如 H_2SO_4、PPA(多聚磷酸),需要苛刻条件(如在 120 ℃ 下)。近年发现,Lewis 酸(如 $AlCl_3$[6]、$InCl_3$[7])或 TCT[8,9]等可提高羟基离去能力的试剂[10]均可使反应在非常温和的条件下进行(式 3)。在微波促进下,蒙脱土 K10 也可促进 Beckmann 重排[11],有机铑试剂也可催化 Beckmann 重排反应[12]。

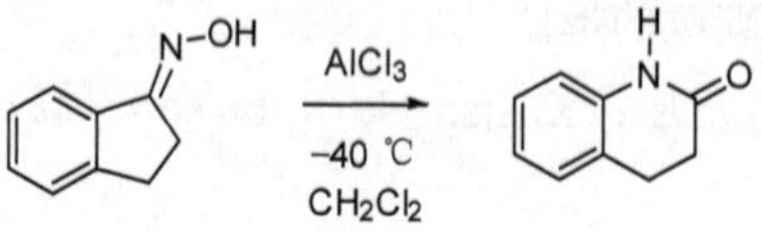

$$\text{(3)}$$

③ 在适当的条件下,可以用其它亲核试剂(而非水)捕获反应中间体腈鎓离子(**A**),从而用于亚胺和胺的合成(式 4)[13]。

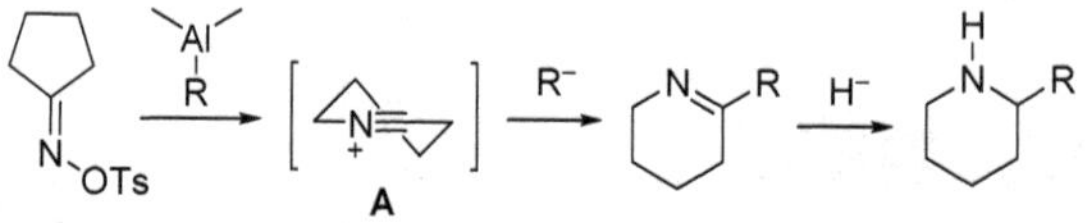

$$\text{(4)}$$

Beckmann 重排被广泛用于环状酰胺的合成,最著名的是环己酮肟经 Beckmann 重排得己内酰胺。后者是合成尼龙-6 的单体,全球年产量 3×10^9 kg。

④ 如式 5 所示,在 Beckmann 重排反应条件下,还可能得到开环-脱水产物腈 **3**[14-16]。胡跃飞等展示了通过改变反应条件,可使这种非正常 Beckmann 重排产物成为主产物[15]。

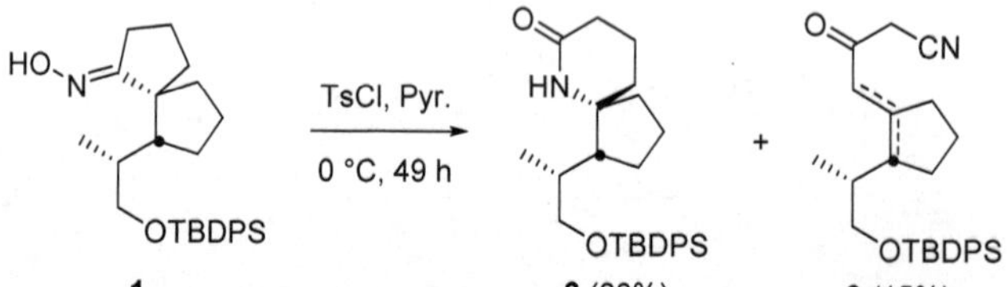

$$\text{(5)}$$

基于资源化学的理念,田伟生致力于用工业废弃物进行资源再生利用,发展了基于全氟烷基磺酰氟为脱水剂的非常规 Beckmann 重排反应,其适用范围相当广谱,经典条件下无法进行的酸敏感化合物同样能够顺利地发生非常规 Beckmann 重排反应。田伟生课题组在合成甾醇衍生物过程中,利用全氟丁烷磺酰氟-DBU 反应体系在 DMSO 为溶剂的条件下主要形成非正常 Beckmann 重排产物(式 6)[16]。

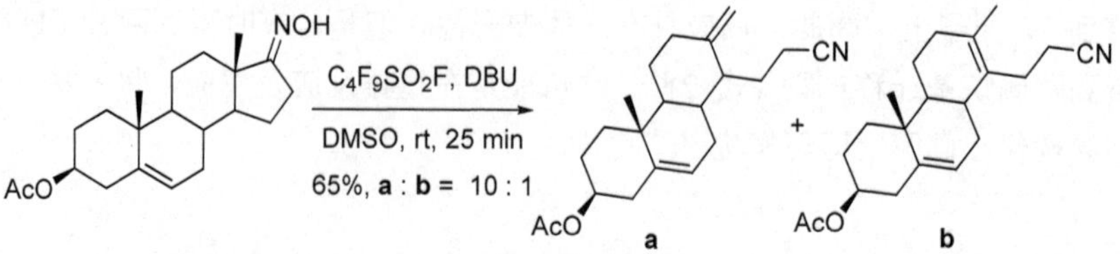

$$\text{(6)}$$

⑤ 苯酚类化合物与硝基烷烃在 PPA (多聚磷酸) 的作用下，可以先发生傅-克反应，随后接着进行 Beckmann 重排，并进一步发生关环，一步得到取代的苯并噁唑类化合物 (式 7)[17]。

(7)

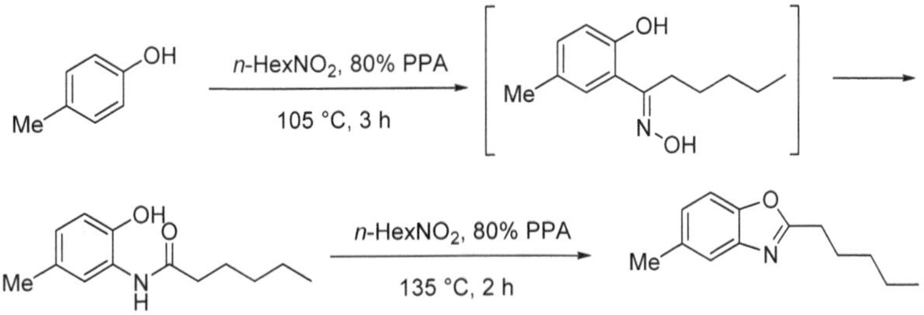

Beckmann 重排反应曾被用于可待因的合成 (式 8)[18]。在这里，肟 (反侧/同侧比例 = 1.2/1) 或其对甲苯磺酸酯都不能发生 Beckmann 重排。但是，在醋酸中，肟的对溴苯磺酸酯 **4** 在室温下顺利进行 Beckmann 重排，但只以 6.5:1 的选择性得到预期的区域异构体。如果先把对溴苯磺酸酯的甲苯加热到 75 ℃ 后再加入醋酸，则两种区域异构体的比例提高到 11:1。这说明在加热时肟发生了异构化，经 **5** 主要形成位阻较小的反侧异构体。

(8)

4 **5** **6** **7**

(Bs = $SO_2C_6H_4Br$-*p*; MOM = $MeOCH_2$) **6** : **7** = 11 : 1

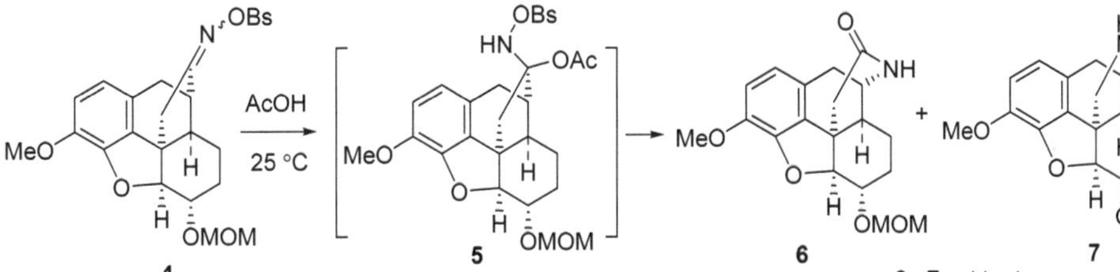

Beckmann 重排反应还被广泛用于各类药物或甾体类天然产物类似物的合成当中[19]，如 *β*-谷甾醇经过官能团转化，发生两次 Beckmann 重排，可以得到相应内酰胺化合物 **11** (式 9)，能够产生良好的抗癌活性。

β-谷甾醇 **8** **9** **10** **11**

(9)

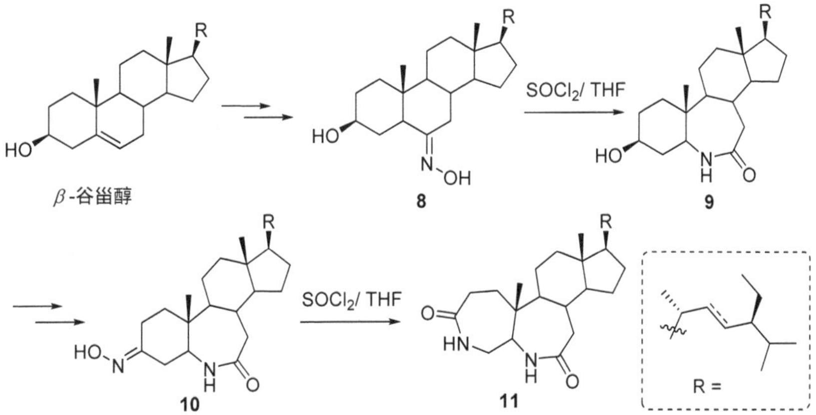

Beckmann 重排反应还被用于天然产物 (−)-neothiobinupharidine (**15**) 的不对称全合成中 (式 10)[20]。作者以甲基环戊烯酮为起始原料，先通过 Buchwald 不对称还原共轭双键，形成的烯醇负离子中间体接着串联进行 Tsuji-Trost 烯丙基化，以高立体选择性得到手性中间体

13，接着巧妙地利用 Beckmann 重排反应，得到关键原料手性己内酰胺中间体 **14**。

(−)-neothiobinupharidine (**15**)   (10)

参考文献

[1] (a) Beckmann, E. *Ber.* **1886**, *19*, 988. (b) Beckmann, E. *Ber.* **1887**, *20*, 1507.
[2] (a) Donaruma, L. G.; Heldt, W. Z. *Org. React. (N. Y.)* **1960**, *11*, 1-156. (b) Gawley, R. E. *Org. React. (N. Y.)* **1988**, *35*, 1-420. (综述)
[3] Olah, G. A.; Fung, A. P. *Org. Synth.* **1985**, *63*, 188; *Coll. Vol.* **1990**, *7*, 254.
[4] Wakabayashi, N.; Waters, R. M.; Law, M. W. *Org. Prep. Proced. Int.* **1974**, *6*, 203.
[5] Werner, K. M.; de los Santos, J. M.; Weinreb, S. M.; Shang, M. *J. Org. Chem.* **1999**, *64*, 686-687.
[6] Lee, B. S.; Chu, S.; Lee, I. Y.; Lee, B.-S.; Song, C. E.; Chi, D. Y. *Bull. Korean Chem. Soc.* **2000**, *21*, 860-866.
[7] Yoo, K. H.;. Choi, E. B.; Lee, H. K.; Yeon, G. H.; Yang, H. C.; Pak, C. S. *Synthesis* **2006**, 1599-1612.
[8] Furuya, Y.; Ishihara, K.; Yamamoto, H. *J. Am. Chem. Soc.* **2005**, *127*, 11240-11241.
[9] De Luca, L.; Giacomelli, G.; Porcheddu, A. *J. Org. Chem.* **2002**, *67*, 6272-6274.
[10] Tokić-Vujošević, Z.; Čeković, Ž. *Synthesis* **2001**, 2028-2034.
[11] Bosch, A. I.; Cruz, P.; Diez-Barra, E.; Loupy, A.; Langa, F. *Synlett* **1995**, *12*, 1259-1260.
[12] Arisawa, M.; Yamaguchi, M. *Org. Lett.* **2001**, *3*, 311-312.
[13] Maruoka, K.; Nakai, S.; Yamamoto, H.; *Org. Synth.* **1988**, *66*, 185; *Coll. Vol.* **1993**, *8*, 568.
[14] De Sousa, A. L.; Pilli, R. A. *Org. Lett.* **2005**, *7*, 1617-1619.
[15] (a) De Luca, L.; Giacomelli, G.; Porcheddu, A. *J. Org. Chem.* **2002**, *67*, 6272-6274. (b) Wang, C.; Jiang, X.; Shi, H.; Lu, J.; Hu, Y.; Hu, H. *J. Org. Chem.* **2003**, *68*, 4579-4581.
[16] Gui, J.; Wang, Y.; Tian, H.; Gao, Y.; Tian, W. *Tetrahedron Lett.* **2014**, *55*, 4233-4235.
[17] Aksenov, N. A.; Aksenov, A. V.; Nadein, O. N.; Aksenov, D. A.; Smirnov, A. N.; Rubin, M. *RSC Adv.* **2015**, *5*, 71620-71628.
[18] White, J. D.; Hrnciar, P.; Stappenbeck, F. *J. Org. Chem.* **1999**, *64*, 7871-7884.
[19] (a) Cui, J.; Lin, Q.; Gan, C.; Yao, Q.; Su, W.; Huang, Y. *Steroids* **2014**, *79*, 14-18. (b) Cui, J.; Lin, Q.; Huang, Y.; Gan, C.; Yao, Q.; Wei, Y, Xiao, Q.; Kong, E. *Med. Chem. Res.* **2015**, *24*, 2906-2915.
[20] (a) Jansen, D. J.; Shenvi, R. A. *J. Am. Chem. Soc.* **2013**, *135*, 1209-1212. (b) Tada, N.; Jansen, D. J.; Mower, M. P.; Blewett, M. M.; Umotoy, J. C.; Cravatt, B. F.; Wolanand, D. W.; Shenvi, R. A. *ACS Cent. Sci.* **2016**, *2*, 401-408.

相关的亲核重排反应：Nebber 重排；频哪醇重排；Bayer-Villiger 重排；Wagner-Meerwein 重排；Hoffmann 重排；Scmidt 重排

（罗世鹏，黄培强）

Brook 重排和逆 Brook 重排

Brook (布鲁克) 重排指碱作用下硅基从碳原子向氧原子进行阴离子型 [1,2] 迁移反应 (图 1)[1]。后来，[1,n] 碳原子向氧原子的硅基迁移也通称 Brook 重排[2-4]。现已发展到 [1,5] Brook 重排[5]。相反的过程，即硅基从氧原子向碳原子进行分子内迁移也可发生，称为逆 Brook 重排[6-12]。Brook 重排及其逆反应均经过同样的硅负离子中间体。

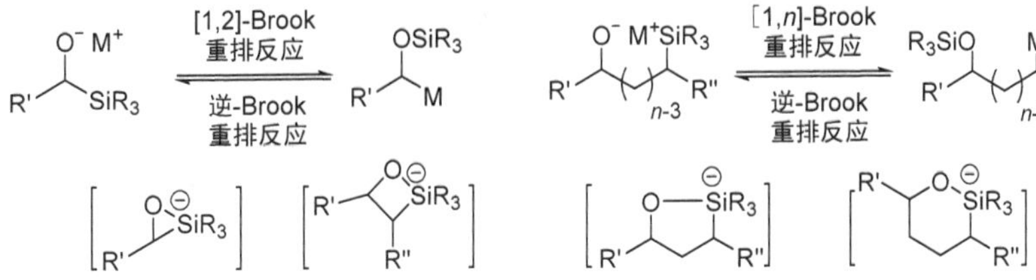

图 1 Brook 重排和逆 Brook 重排

[1,3] 硅基迁移和 [1,4] 硅基迁移表现出显著的溶剂效应。例如，式 1 的 [1,4] Brook 重排在乙醚中不能进行，而在四氢呋喃中在 $-40\ ^\circ C$ 下即可进行，加入六甲基磷酰胺 (HMPA) 可加速反应[13]。

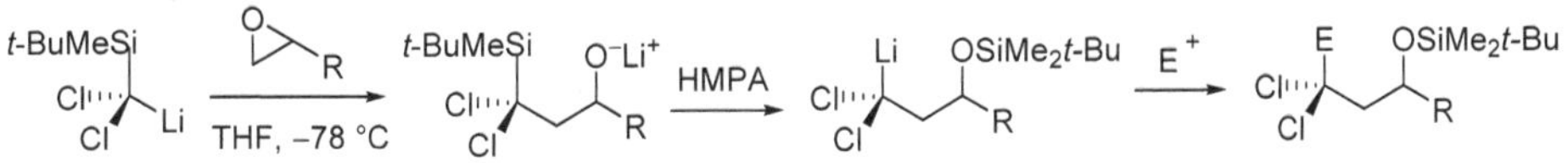

$$(1)$$

由于反应中间体为有用的碳负离子，因而可发生进一步的串联反应[4]。例如，Takeda 建立了串联 Brook 重排 [3+4] 环加成方法学，有效地构筑了天然产物花青素 cyathins 的三环核心骨架 **1** (式 2)[14]。Smith 等人以 Brook 重排为关键反应完成了生物碱 (−)-indolizidine 223AB (**2**) 的全合成 (式 3)[15]。这些策略作为高效构建环状结构的方法，在天然产物合成中获得日渐广泛的应用[16]。

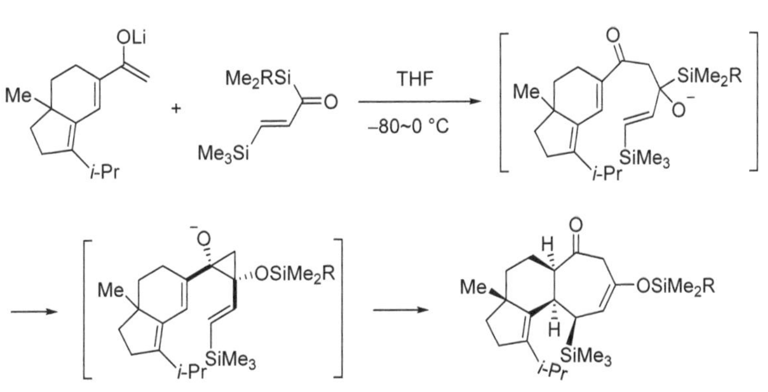

$$(2)$$

cyathins (**1**) 的三环核心骨架

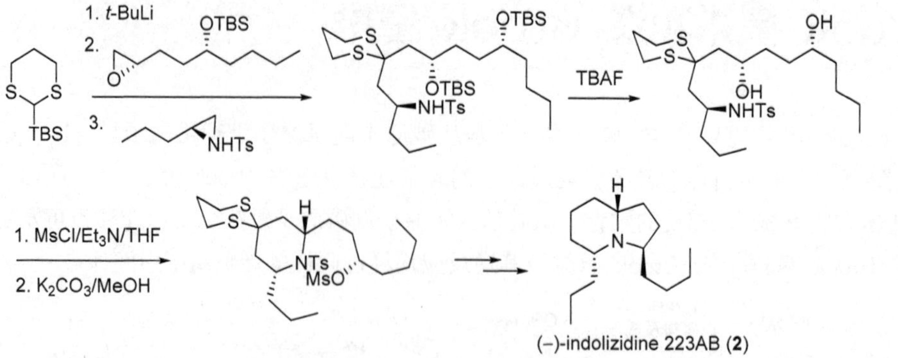

硅基的迁移不仅仅局限于碳氧之间,碳氮之间也可进行 [1,n] 氮杂 Brook 重排反应。例如,Bulman-Page 以 2-三甲基硅基-1,3-二噻烷为底物,在碱的作用下与腈类化合物反应,发生 [1,3] 氮杂 Brook 重排,产物是有用的合成砌块 (式 4)[17]。

对于特定结构的底物,在中性条件下也能发生 Brook 重排反应。例如,库学功建立了钯促进下的 [1,4] Brook 重排反应,合成了一系列乙烯基环丁醇化合物,该方法的建立使人们对 Brook 重排反应有了新的见解,同时为合成天然产物和药物提供了新的方法 (式 5)[18]。

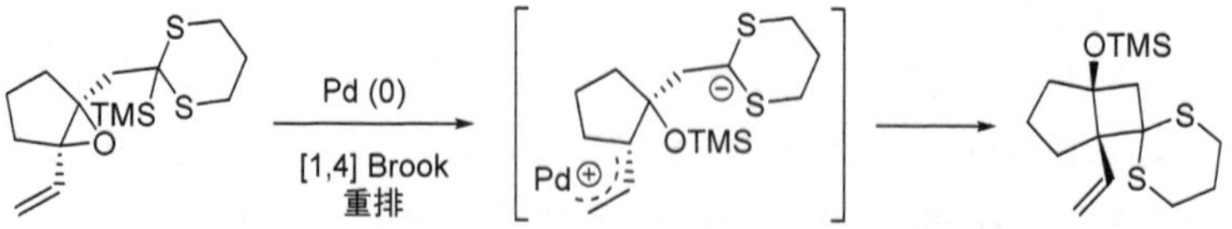

Brook 重排反应不仅仅是阴离子的迁移 (ARC),Smith 等人发现在可见光和光催化剂作用下,通过单电子转移,也能进行 Brook 重排反应,并实现烷基化和芳基化反应,这一发现拓宽了 Brook 重排反应的应用范围 (式 6)[19]。

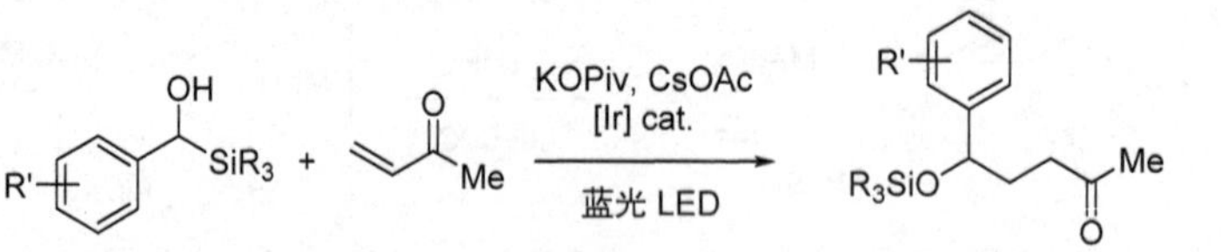

除此之外,磷酰基也可以像硅基一样在碳氧之间迁移,发生类似的 [1,n] 磷杂 Brook 重排,生成重要的化合物 (式 7)[20]。

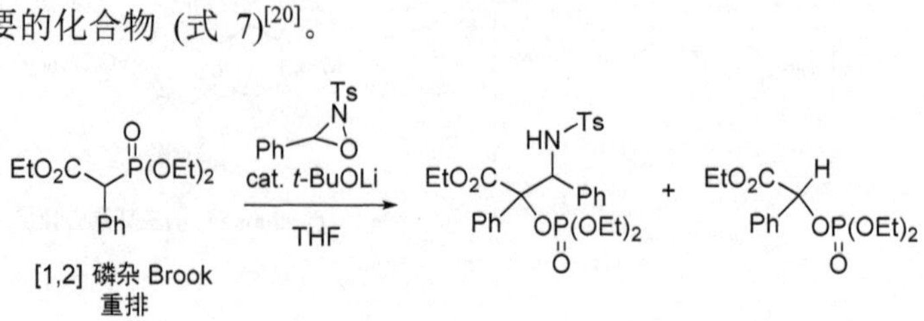

参考文献

[1] (a) Brook, A. G. *J. Am. Chem. Soc.* **1958**, *80*, 1886-1989. (b) Brook, A. G.; Warner, C. M.; McGriskin, M. E. *J. Am. Chem. Soc.* **1959**, *81*, 981-983. (c) Brook, A. G.; Schwartz, N. V. *J. Am. Chem. Soc.* **1960**, *82*, 2435-2439. (d) Brook, A. G.; Iachia, B. *J. Am. Chem. Soc.* **1961**, *83*, 827-831.
[2] Brook, A. G. *Acc. Chem. Res.* **1974**, *7*, 77-84 (综述).
[3] Jankowski, P.; Raubo, P.; Wicha, J. *Synlett* **1994**, 985-992 (综述).
[4] (a) Moser, W. H. *Tetrahedron* **2001**, *57*, 2065-2084 (综述). (b) Sasaki, M.; Takeda, K. *Molecular Rearrangements in Organic Synthesis* **2015**, 151-181(综述).
[5] (a) Smith, A. B., III; Xian, M.; Kim, W.-S.; Kim, D.-S. *J. Am. Chem. Soc.* **2006**, *128*, 12368-12369. (b) Liu, Q.; Chen, Y.; Zhang, X.; Houk, K. N.; Liang, Y.; Smith, A.B., III *J. Am. Chem. Soc.* **2017**, *139*, 8710-8717. (c) Gao, L.; Lu, J.; Song, Z.; Lin, X.; Xu, Y.; Yin, Z. *Chem. Commun.* **2013**, *49*, 8961-8963.
[6] Speier, J. L. *J. Am. Chem. Soc.* **1952**, *74*, 1003-1010.
[7] West, R.; Lowe, R.; Stewart, H. F.; Wright, A. *J. Am. Chem. Soc.* **1971**, *93*, 282-283.
[8] Jiang, X.; Bailey, W. F. *Organometallics* **1995**, *14*, 5704-5707.
[9] Kawashima, T.; Naganuma, K.; Okazaki, R. *Organometallics* **1998**, *17*, 367-372.
[10] Naganuma, K.; Kawashima, T.; Okazaki, R. *Chem. Lett.* **1999**, *28*,1139-1140.
[11] Mori, Y.; Futamura, Y.; Horisaki, K. *Angew. Chem. Int. Ed.* **2008**, *47*, 1091-1093.
[12] Bariak, V.; Malastova, A.; Almassy, A.; Sebesta, R. *Chem. - Eur. J.* **2015**, *21*, 13445-13453.
[13] Shinokubo, H.; Miura, K.; Oshima, K.; Utimoto, K. *Tetrahedron* **1996**, *52*, 503-514.
[14] Takeda, K.; Nakane, D.; Takeda, M. *Org. Lett.* **2000**, *2*, 1903-1905.
[15] Smith, A. B., III; Kim, D.-S. *J. Org. Chem.* **2006**, *71*, 2547-2557.
[16] (a) Smith, A. B., III; Kim, D.-S. *Org. Lett.* **2005**, *7*, 3247-3250. (b) Melillo, B.; Smith, A. B., III *Org. Lett.* **2013**, *15*, 2282-2285. (c) Han, H.; Smith, A. B., III *Org. Lett.* **2015**, *17*, 4232-4235. (d) Han, H.; Smith, A. B., III *Angew. Chem. Int. Ed.* **2017**, *56*, 14102-14106.
[17] Bulman-Page, P. C.; van Niel, M. B.; Westwood, D. *J. Chem. Soc., Perkin Trans. 1* **1988**, 269-275.
[18] Zhang, H.; Ma, S.; Yuan, Z.; Chen, P.; Xie, X.; Wang, X.; She, X. *Org. Lett.* **2017**, *19*, 3478-3481.
[19] Deng, Y.; Liu, Q.; Smith, A. B., III *J. Am. Chem. Soc.* **2017**, *139*, 9487-9490.
[20] Kondoh, A.; Terada, M. *Org. Chem. Front.* **2015**, *2*, 801-805.

（陈玲艳，黄培强）

Carroll-Claisen 重排

Carroll-Claisen（卡罗尔-克莱森）重排指 1,3-二羰基化合物先发生 Claisen 重排再脱二氧化碳的过程[1]。如烯丙醇与 β-酮酯在碱性条件下首先进行酯交换，进而发生 Claisen 重排和脱羧，生成 1,4-烯酮[1,2]。该重排反应为 Claisen 重排的一种变化（图 1）[3]。

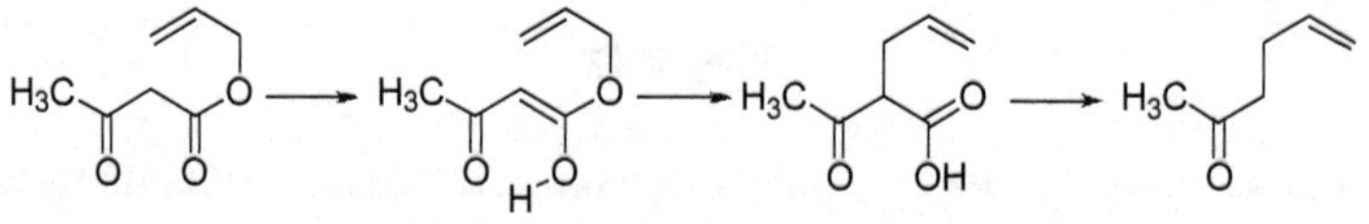

图 1 Carroll-Claisen 重排反应

原来采用的一瓶反应，即酯交换和 Carroll-Claisen 重排反应串联进行，需苛刻条件 (NaOAc, 170~240 ℃)。现多采用分步进行的方法 (如式 1)[4-6]。重排步骤的主要改进包括双阴离子法 (即用 LDA 去质子化形成双负离子，然后在室温或回流下重排)，由此得到的 β-酮酸较易分离 (式 2)[4,5]。另外，无溶剂条件下底物负载在 Al_2O_3 上也可进行该反应[7]。

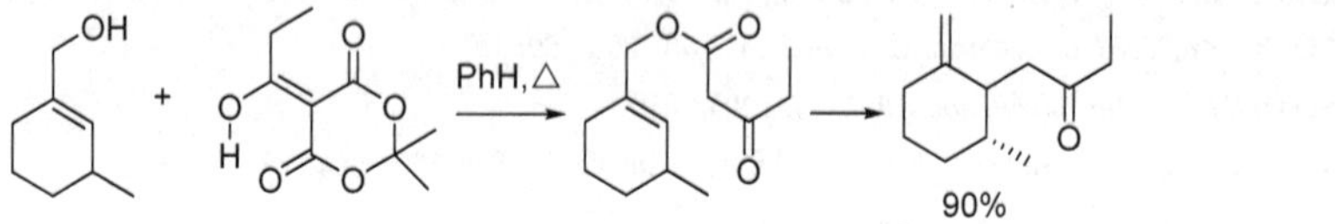

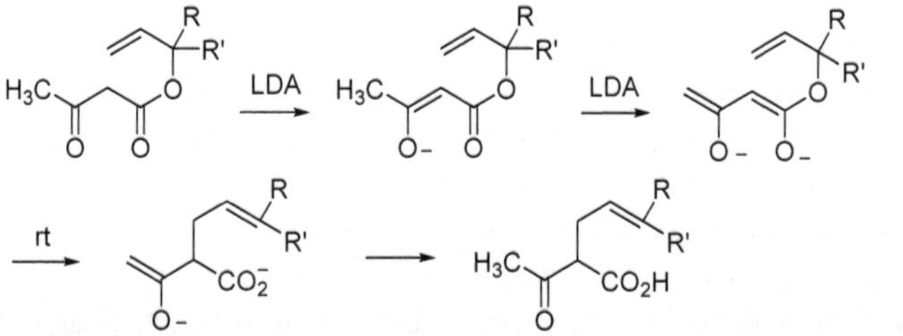

在 Cossy 进行抗感染活性天然产物 zincophorin 的全合成研究中[6]，由于无法对位阻大的羟基进行酰化以制备 Ireland-Claisen 重排反应前体化合物，而改用 Carroll-Claisen 重排反应。在 DMAP 催化下，醇与二乙烯酮反应顺利得到 β-酮酯 (88%)(式 3)。后者的重排反应用双阴离子法未能得到产物，改用负载在 Al_2O_3 上，60 ℃ 下反应[7]，以 72% 的收率得到 Carroll-Claisen 重排产物 **1** 和 **2**，*E/Z* 比例高达 96/4。

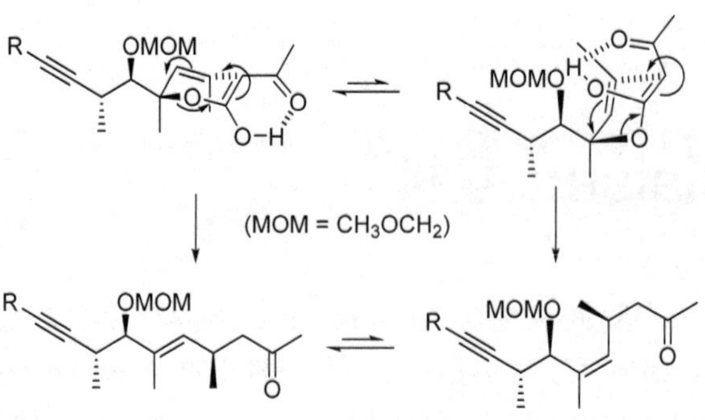

许多过渡金属可以催化 Carroll-Claisen 重排 (式 4)[8]。催化不对称 Carroll-Claisen 重排可达到 90% ee[9]。

β 亚胺酯也可发生类似的重排反应，被用于天然产物 (−)-malyngolide (**3**) 的合成 (式 5)[10]。

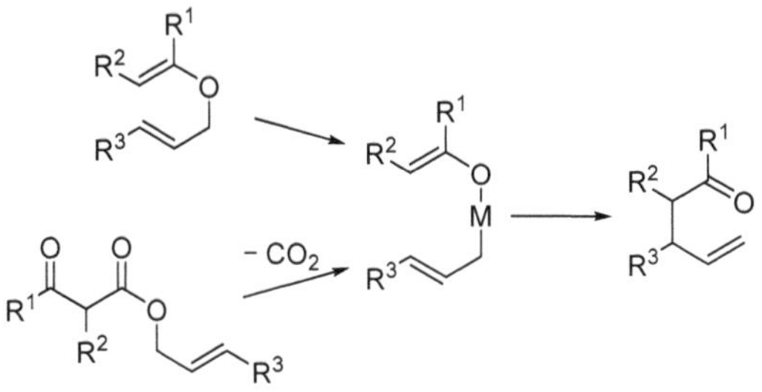

(4)

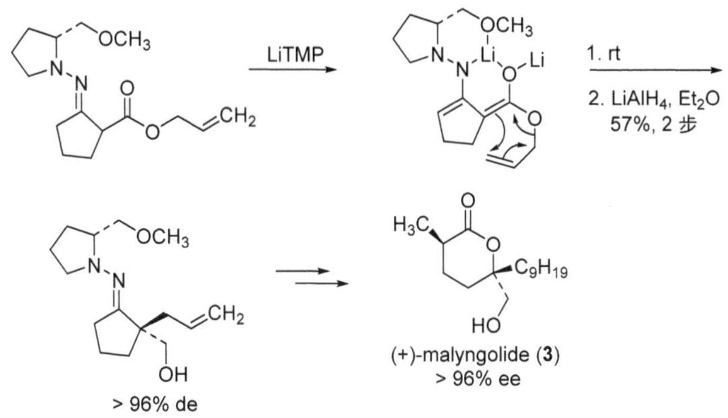

(5)

2013 年，刘学伟课题组[11]报道了醋酸钯催化的 Carroll-Claisen 重排反应，底物适用范围广，最高产率达 90%。并将该方法应用于 aspergillide A (**4**) 的形式全合成 (式 6)。

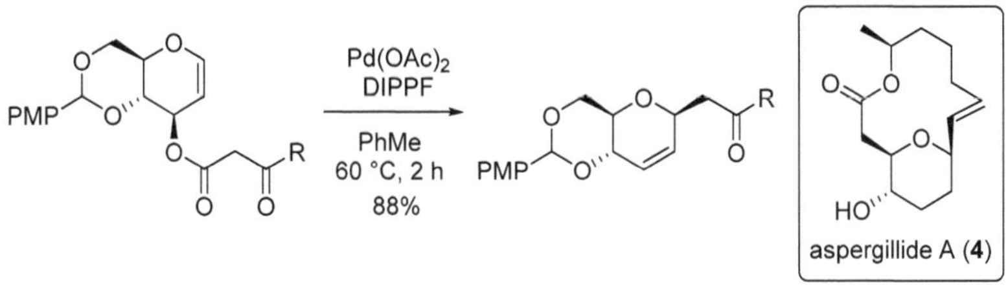

(6)

2013 年，Ito 课题组[12]以 (S)-紫苏醛为原料经 9 步完成了 (+)-spirocurcasone (**8**) 的全合成，并以 (R)-紫苏醛原料完成了 spirocurcasone 的全合成。他们采用的关键反应是 Carroll-Claisen 重排，将化合物 **5** 转化为化合物 **6**，非对映立体异构体 **6** 和 **7** 的比例为 3:1 (式 7)。

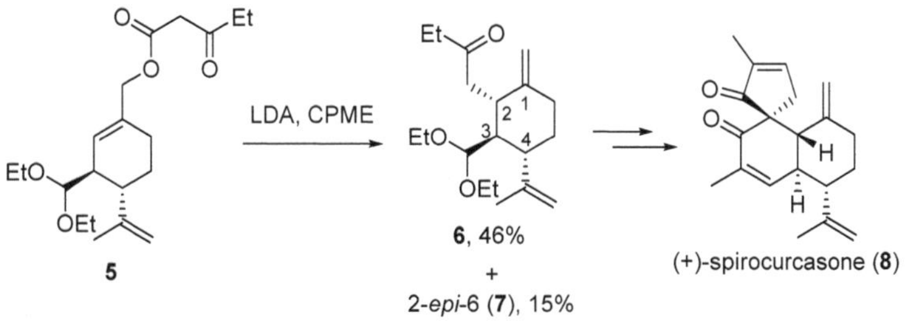

(7)

2017 年，Huang 课题组[13]在合成天然产物 bifidenone (**12**) 时发现如果化合物 **9** 直接与烯丙基溴反应则只能得到天然产物 bifidenone (**12**) 的差向异构体 **11**。但若将化合物 **9** 转化为 Carroll-Claisen 重排前体 **10**，化合物 **10** 通过 Carroll-Claisen 重排则可以顺利得到天然产物 bifidenone (**12**) (式 8)。

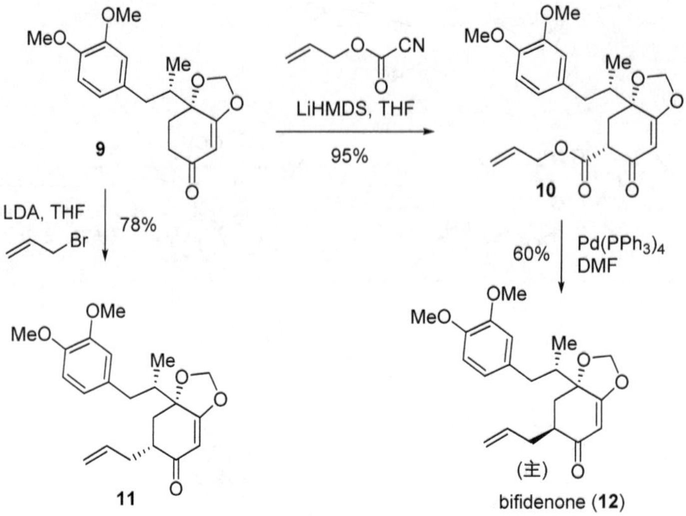

2017 年，Guo 课题组[14]发现烯胺酯化合物 **13** 在 0.1 mol/L 盐酸体系中发生 Carroll-Claisen 重排反应得到不稳定中间体 **14**，中间体 **14** 再发生分子内的杂 Diels-Alder 反应得到不稳定中间体 **15**，随后再经过 [1,3] σ-重排得到相应的化合物 **16** (式 9)。

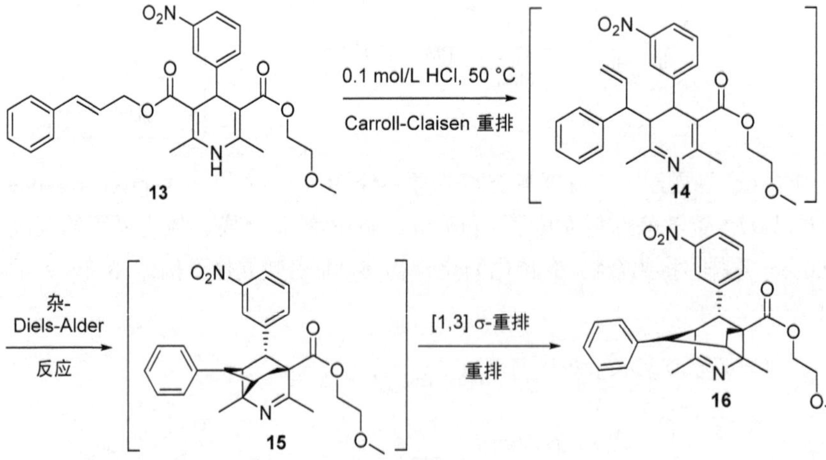

参考文献

[1] (a) Carroll, M. F. *J. Chem. Soc.* **1940**, 704-706. (b) Carroll, M. F. *J. Chem. Soc.* **1940**, 1266-1268. (c) Carroll, M. F. *J. Chem. Soc.* **1941**, 507-511.

[2] Kimel, W.; Cope, A. C. *J. Am. Chem. Soc.* **1943**, *65*, 1992-1998.
[3] (a) Castro, A. M. M. *Chem. Rev.* **2004**, *104*, 2939-3002. (综述) (b) Wilson, S. R.; Augelli, C. E. *Org. Synth.* **1990**, *68*, 210; **1993**, *Coll. Vol. 8*, 235.
[4] Genus, J. F.; Peters, D. D.; Ding, J. F. Bryson, T.A. *Synlett* **1994**, 209-210.
[5] Wilson S. R.; Price M. F. *J. Org. Chem.* **1984**, *49*, 722-725.
[6] Defosseux, M.; Blanchard, N.; Meyer, C.; Cossy, J. *J. Org. Chem.* **2004**, *69*, 4626-4647.
[7] Pogrebnoi, S. I.; Kalyan, Y. B.; Krimer, M. Z.; Smit, W. A. *Tetrahedron Lett.* **1987**, *28*, 4893-4896.
[8] Tunge J. A.; Burger E. C. *Eur. J. Org. Chem.* **2005**, *5*, 1715-1726.
[9] Kuwano, R.; Ishida, N; Murakami, M. *Chem. Commun.* **2005**, *41*, 3951-3952.
[10] Jung, M. E.; Duclos, B. A. *Tetrahedron* **1996**, *52*, 5805-5818.
[11] Zeng, J.; Ma, J.; Xiang, S.; Cai, S.; Liu, X.-W. *Angew. Chem. Int. Ed.* **2013**, *52*, 5134-5137.
[12] Abe, H.; Sato, A.; Kobayashi, T.; Ito, H. *Org. Lett.* **2013**, *15*, 1298-1301.
[13] Huang, Z.; Williams, R. B.; O'Neil-Johnson, M.; Eldridge, G. R.; Mangette, J. E.; Starks, C. M. *J. Org. Chem.* **2017**, *82*, 4235−4241.
[14] Yang, M.; Zhang, S.; Zhang, X.; Wang, H.; Zhang, F.; Hou, Y.; Su, Y.; Guo, Y. *Org. Chem. Front.* **2017**, *4*, 2163-2166.

相关反应：Claisen 重排；Ireland-Claisen 重排

（黄培强，胡秀宁）

陈德恒重排

α-乙酰氧基乙酸乙酯在 LDA 碱性条件下重排成 2-羟基-3-酮酯[1] (式 1)。若用 TMSCl 或醋酐淬灭反应，可捕获其烯醇式而得相应的 2,3-二取代-α,β 不饱和酯 (式 2)。此重排反应是由陈德恒 (Chan) 及其同事于 1984 年首次报道用于 C-C 键的形成。这个反应的总体结果是分子内混合式 Claisen 缩合反应。由于 α-乙酰氧基乙酸乙酯可由合适的羧酸与 α-溴代乙酸酯反应制得，陈德恒重排反应可用易得的羧酸为初始原料构建新的 C-C 键及复杂的结构骨架。陈德恒重排反应在复杂天然产物全合成中的应用虽不广泛，但每一次应用都能使其得到升华。

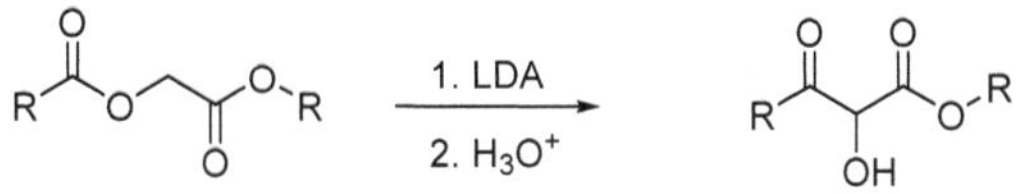

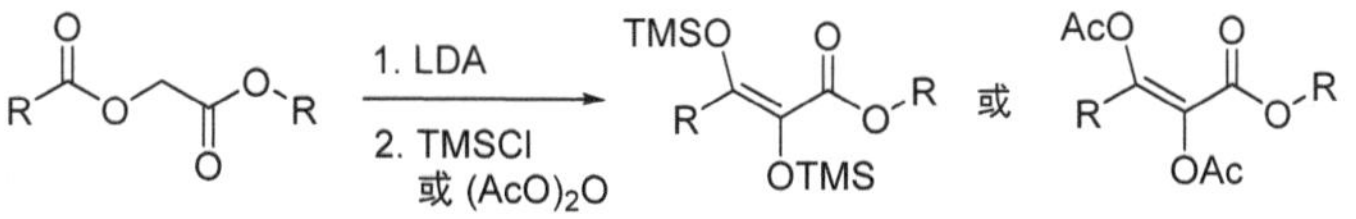

陈德恒重排反应的机理如图 1 所示。

J. D. White 等把双重陈德恒重排反应拓展成一个新颖而有趣的缩环反应 (式 3)，并多次成功地应用于复杂天然大环二内酯类化合物的全合成[2-6]。

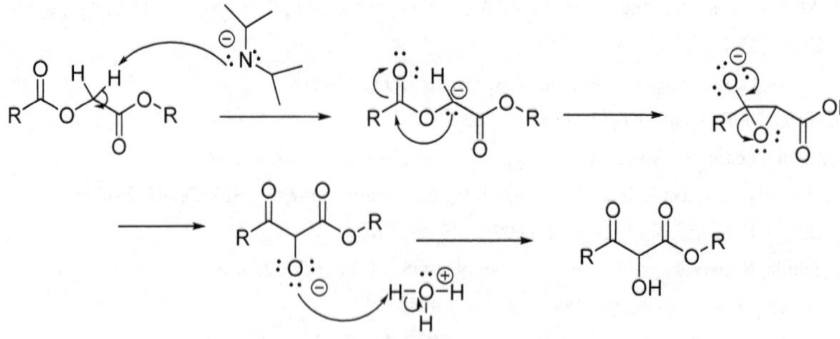

图 1 陈德恒重排反应的机理

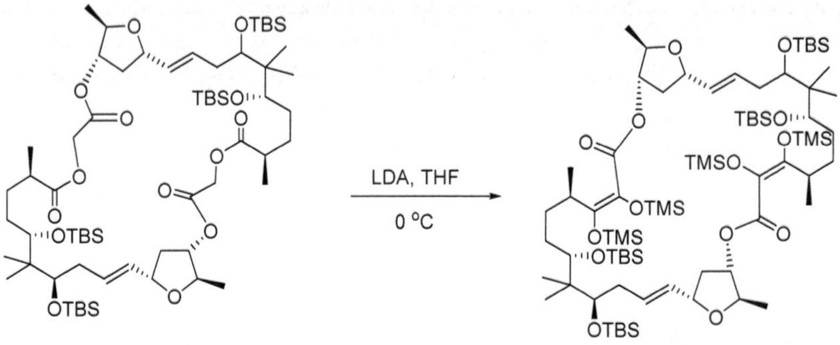

R. A. Holton 巧妙地应用陈德恒重排合成紫杉醇的 C 环前体物——羟基内酯 (式 4)[7]。更有趣的是，该陈德恒重排反应还为第二个构象控制因素提供了潜在的功能基。Holton 等首次证明了此重排反应拥有很强的立体选择性。

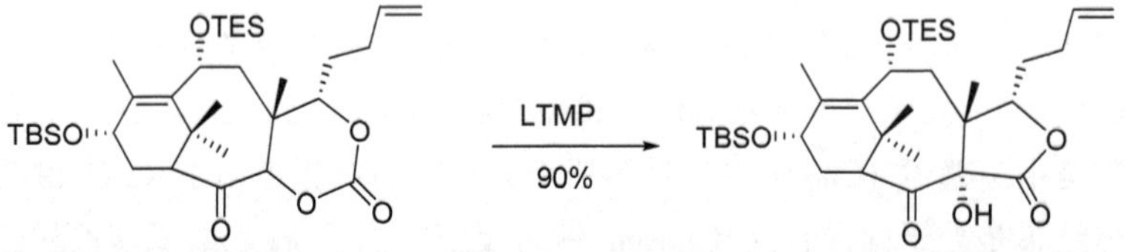

含氮版的陈德恒重排反应首次由 Hamada 等报道[8]：非环酰亚胺在 LAD 介导下经 $N→C$-酰基转移生成 α-氨基酮。该反应可保留原有的手性构型。类似的分子内 $N→C$-酰基转移被成功地应用于 α-氨基-β-酮酯的制备[9,10]。苯并[e]-二氮杂䓬-2,5-二酮经分子内 $N→C$-酰基转移可实现缩环反应而形成 3-氨基喹啉-2,4-二酮[11,12]。Wipf 等进一步发展了该含氮版的陈德恒重排反应：噁唑取代的叔酰胺在 LDA 碱性条件下重排成 α-氨基酮类化合物 (式 5)，并应用于多噁唑类天然产物的全合成[13]。同时，Wipf 等推测只有 s-cis 构象才能发生陈德恒重排。Dewynter 等报道了环酰亚胺也可发生类似的陈德恒重排，并验证了该反应的立体特异性[14]。

陈德恒重排反应具有收率高、反应时间短的优点，并具有极强的构建多元且复杂结构骨架的潜能。已被成功地融入结构复杂的天然产物的全合成，成为关键反应之一。只是目前尚未引起足够的关注与应用。

$$\text{(5)}$$

参考文献

[1] Lee, S. D.; Chan, T. H.; Kwon, K. S. *Tetrahedron Lett.* **1984**, *25*, 3399.

[2] White, J. D.; Vedananda, T. R.; Kang, M.-C.; Choudhry, S. C. *J. Am. Chem. Soc.* **1986**, *108*, 8105.

[3] White, J. D.; Avery, M. A.; Choudhry, S. C.; Dhingra, O. P.; Gray, B. D.; Kang, M.-C.; Kuo, S.-C.; Whittle, A. J. *J. Am. Chem. Soc.* **1989**, *111*, 790.

[4] White, J. D.; Jeffrey, S. C. *J. Org. Chem.* **1996**, *61*, 2600.

[5] White, J. D.; Jeffrey, S. C. *Tetrahedron* **2009**, *65*, 6642.

[6] Avery, M. A.; Choudhry, S. C.; Dhingra, O. P.; Gray, B. D.; Kang, M.-C.; Kuo, S.-C.; Vedananda, T. R.; White, J. D.; Whittle, A. J. *Org. Biomol. Chem.* **2014**, *12*, 9116.

[7] Holton, R. A.; Somoza, D.; Kim, H.; Liang, F.; Biediger, R. J.; Boatman, D.; Shindo, M.; Smith, C. C.; Kim, S.; Nadizadeh, H.; Suzuki, Y.; Tao, C.; Vu, P.; Tang, S.; Zhang, P.; Murthi, K. K.; Gentile, L. N.; Liu, J. H. *J. Am. Chem. Soc.* **1994**, *116*, 1597.

[8] Hara, O.; Ito, Masao.; Hamada, Y. *Tetrahedron Lett.* **1998**, *39*, 5537.

[9] Xu, F.; Chung, J.Y.L.; Moore, J.C.; Liu, Z.; Yoshikawa, N.; Hoerrner, R.S.; Lee, J.; Royzen, M.; Cleator, E.; Gibson, A.G.; Dunn, R.; Maloney, K.M.; Alam, M.; Goodyear, A.; Lynch, J.; Yasuda, N.; Devine, P. N. *Org. Lett.* **2013**, *15*, 1342.

[10] Wang, X; Xu, L.; Yan, L.; Wang, H.; Han, S.; Wu, Y.; Chen, F. *Tetrahedron* **2016**, *72*, 1787.

[11] Farran, D.; Archirel, P.; Toupet, L.; Martinez, J.; Dewynter, G. *Eur. J. Org. Chem.* **2011**, 2043.

[12] Antolak, S.A.; Yao, Z.-K.; Richoux, G.M.; Slebodnick, C.; Carlier, P.R. *Org. Lett.* **2014**, *16*, 5204.

[13] Wipf, P.; Methot, J.-L. *Org. Lett.* **2001**, *9*, 1261.

[14] Farran, D.; Parrot, I.; Toupet, L.; Martinez, J.; Dewynter, G. *Org. Biomol. Chem.* **2008**, *6*, 3989.

（陈巧鸿，刘利，程靓）

Claisen 重排

（1）经典的 Claisen 重排反应

Claisen (克莱森) 重排反应最早是 Ludwig Claisen 在 1912 年报道[1]，已有近 100 年的历史。该反应是制备 γ,δ-不饱和羰基化合物的重要手段之一，在相对温和的条件下，能以较高的化学选择性、区域选择性、非对映选择性和对映选择性合成多官能化的有机分子，在有机合成中具有广泛的应用[2]。Claisen 重排反应的最初定义为：烯丙基乙烯基醚或其含氮及含硫类似物 (**1**) 通过热异构化生成双官能团分子 **2**，经历的是 [$\Pi^2S+\sigma^2S+\Pi^2S$] 的过程 (图 1)。

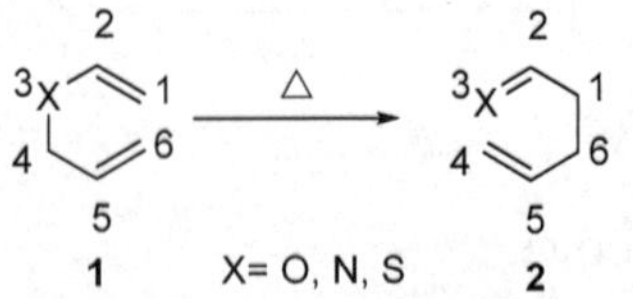

图 1 Claisen 重排反应

Claisen 主要报道了烯丙基苯基醚转化为 *C*-烯丙基苯酚的过程[1]。1935 年 Bergmann 课题组和 Corte 课题组[3a]以及 1937 年 Lauer 课题组和 Kilburn 课题组[3b]分别独立地研究了氯化铵在加热的条件下促进化合物 **3** 生成 **4** 的 Claisen 重排反应 (图 2)。

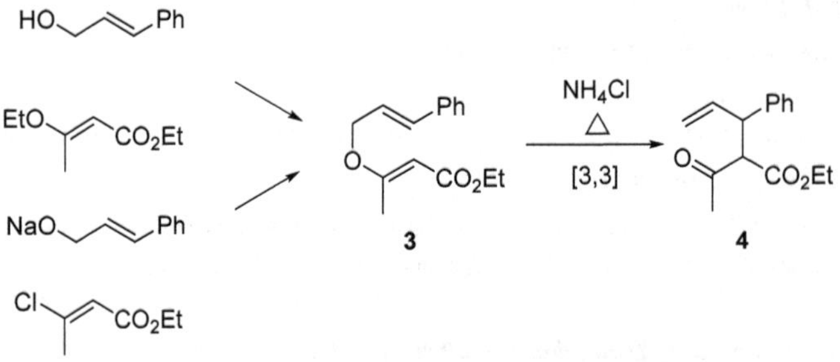

图 2 脂肪族底物的 Claisen 重排反应

烯丙基苯基醚发生 [3,3] σ-重排首先生成邻二烯酮，接着邻二烯酮发生烯醇异构化得到邻位烯丙基取代的苯酚，这一过程被称为邻位 Claisen 重排反应[4] (图 3)。如果苯基的邻位有取代基，在经历了第一次 [3,3] σ-重排后还会发生第二次 [3,3] σ-重排 (Cope 重排)，然后再经烯醇异构化产生对位烯丙基取代的苯酚，这一过程则被称为对位 Claisen 重排反应 (图 3)。通常说来，发生 Claisen 重排反应主要得到邻位重排的产物，但是对位重排反应的竞争总是存在的，甚至是两个邻位都没有取代基的情况下也是如此。

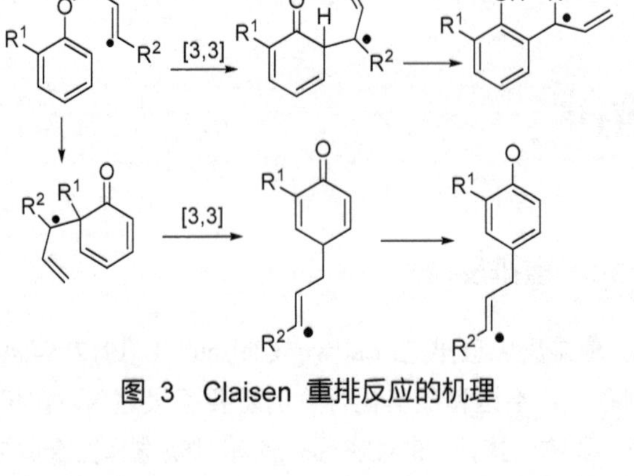

图 3 Claisen 重排反应的机理

（2）硫杂 Claisen 重排反应和氮杂 Claisen 重排反应

当反应试剂 1 中 X 为硫或氮时，[3,3] σ-重排则分别被称为硫杂 Claisen 重排 (thio-Claisen 重排) 反应或氮杂 Claisen 重排 (aza-Claisen 重排) 反应。和经典的 Claisen 重排反应相比，烯丙基苯基硫醚发生硫杂 Claisen 重排反应往往需要更高的温度，反应中生成的邻烯丙基硫酚负离子容易和原料发生 S_N2 取代反应得到双烯丙基化的副产物 (图 4)[5]；

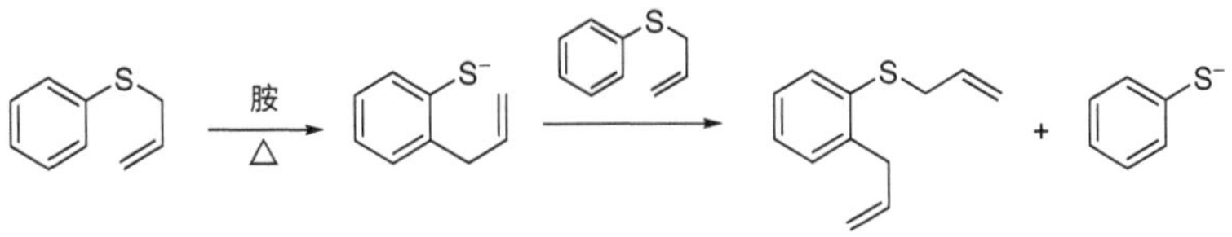

图 4　硫杂 Claisen 重排反应

而脂肪族含硫底物的硫杂 Claisen 重排反应则相反，在经典的 Claisen 重排温和的反应条件下便能发生重排反应[6]。总体说来，该反应应用范围不广，主要因为反应生成的产物不稳定，后来有研究工作提出了改进方法，即将产物转化成相对较稳定的化合物，例如，将反应生成的中间体硫醛水解成相应的醛 (图 5)[7]。

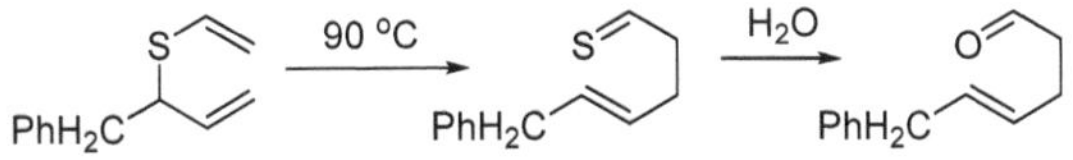

图 5　硫杂 Claisen 重排反应的改进

氮杂 Claisen 重排，即 N-烯丙基-N-芳基胺的 [3,3] σ-重排[8]，需要在 250~300 ℃ 的条件下进行，并且常常伴有副产物 (图 6)，同样，脂肪族含氮底物需要的条件同样比较剧烈[8b]。

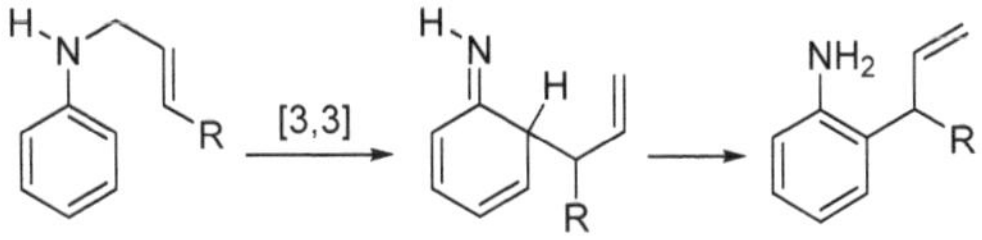

图 6　氮杂 Claisen 重排反应

（3）不对称催化 Claisen 重排反应

1990 年，Yamamoto 报道了第一例铝-联二萘酚衍生物作为催化剂催化的不对称 Claisen 重排反应 (图 7)[9]。

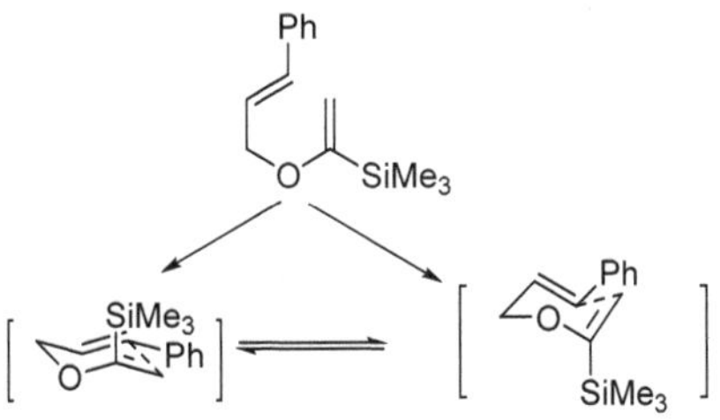

图 7

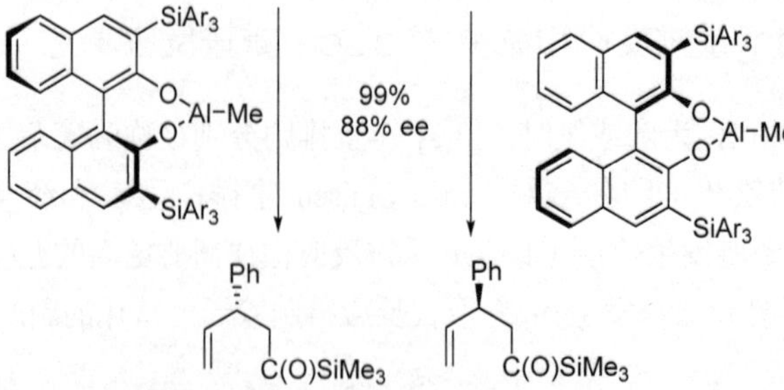

图 7 铝-联二萘酚衍生物催化的不对称 Claisen 重排反应

手性硼催化剂也能够用于催化不对称 Claisen 重排反应 (图 8)[10],高区域选择性和对映选择性地生成了邻烯丙基苯酚。

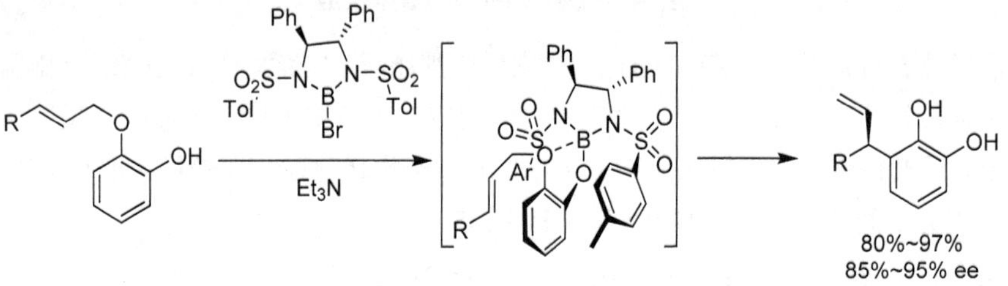

图 8 手性硼催化剂催化的芳香底物的不对称 Claisen 重排

Jacobsen 课题组报道了手性硫脲催化的不对称 Claisen 重排反应 (式 1)[11],证明双氢键催化剂能够用于催化该类不对称反应。

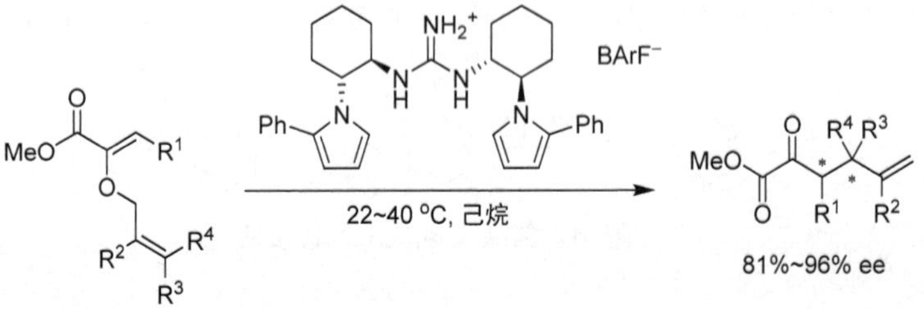

此外,手性二价钯[12]、二价铜[13]等其它手性金属催化剂催化的不对称 Claisen 重排反应也陆续被报道。

参考文献

[1] Claisen, L. *Chem. Ber.* **1912**, *45*, 3157.

[2] (a) Bennett, G. B. *Synthesis* **1977**, 589. (b) Ziegler, F. E. *Acc.Chem. Res.* **1977**, *10*, 227. (c) Bartlett, P. A. *Tetrahedron* **1980**, *36*, 1. (综述)

[3] (a) Bergmann, E.; Corte, H. *J. Chem. Soc.* **1935**, 1363. (b) Lauer, W. M.; Kilburn, E. I. *J. Am. Chem. Soc.* **1937**, *59*, 2586.

[4] Ryan, J. P.; O'Connor, P. R. *J. Am. Chem. Soc.* **1952**, *74*, 5866.

[5] Kwart, H.; Schwartz, J. L. *J. Org. Chem.* **1974**, *39*, 1575.

[6] Takahashi, H.; Oshima, K.; Yamamoto, H. Nozaki, H. *J. Am. Chem. Soc.* **1973**, *95*, 5803.

[7] Oshima, K.; Takahashi, H.; Yamamoto, H.; Nozaki, H. *J. Am. Chem. Soc.* **1973**, *95*, 2693.

[8] (a) Jolidon, S.; Hansen, H. J. *Helv. Chim. Acta* **1977**, *60*, 978. (b) Bennett, G. B. *Synthesis* **1977**, 589.
[9] Maruoka, K.; Banno, H.; Yamamoto, H. *J. Am. Chem. Soc.* **1990**, *112*, 7791.
[10] Ito, H; Sato, A.; Taguchi, T. *Tetrahedron Lett.* **1997**, *38*, 4815.
[11] Uyeda, C.; Jacobsen, E. N. *J. Am. Chem. Soc.* **2008**, *130*, 9228.
[12] Calter, M.; Hollis, T. K.; Overman, L. E.; Ziller, J.; Zipp, G. G. *J. Org. Chem.* **1997**, *62*, 1449.
[13] Abraham, L.; Czerwonka, R.; Hiersemann, M. *Angew. Chem. Int. Ed.* **2001**, *40*, 4700.

反应类型： 重排反应；碳-碳单键的形成

（龚流柱）

Eschenmoser-Claisen 重排、Johnson-Claisen 重排和 Ireland-Claisen 重排

Claisen 重排[1]为烯丙基烯基醚的 [3,3] σ-重排。Claisen 重排有多种变种[2,3]，包括 Marbet-Saucy 形式、Carrol-Claisen 重排、Eschenmoser-Claisen 重排[4]、Johnson-Claisen 重排[5]和 Ireland-Claisen 重排[6]等。

Eschenmoser-Claisen (埃申莫瑟-克莱森) 重排：烯丙醇与 N,N-二甲基乙酰胺缩二甲醇共热，在醇交换和甲醇消除后，发生 [3,3] σ-重排，生成 γ,δ-不饱和酰胺 (式 1)。

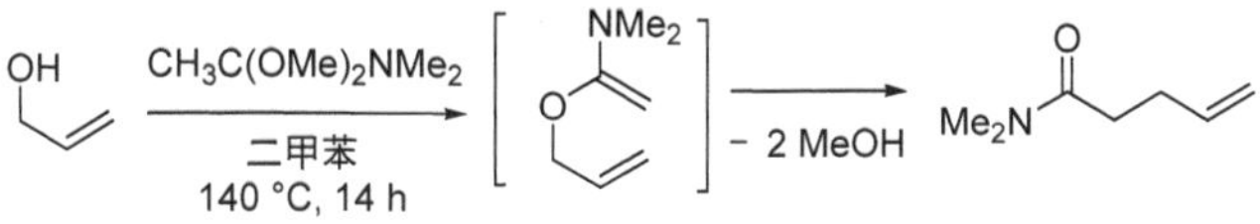

Johnson-Claisen (约翰逊-克莱森) 重排：烯丙型醇与原酸酯缩合生成烯酮缩醛中间体，然后发生[3,3] σ-重排，产物为 γ,δ-不饱和羧酸酯 (式 2)。

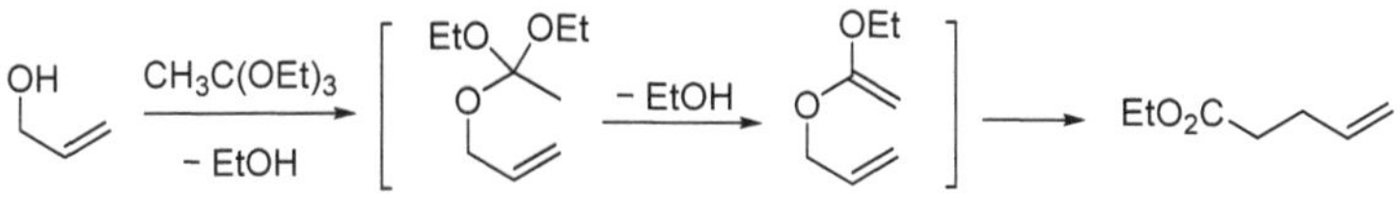

Ireland-Claisen (爱尔兰-克莱森) 重排：在低温下把羧酸烯丙酯转化为相应的烯醇硅醚，而后发生[3,3] σ-重排反应，生成 γ,δ-不饱和羧酸 (式 3)。

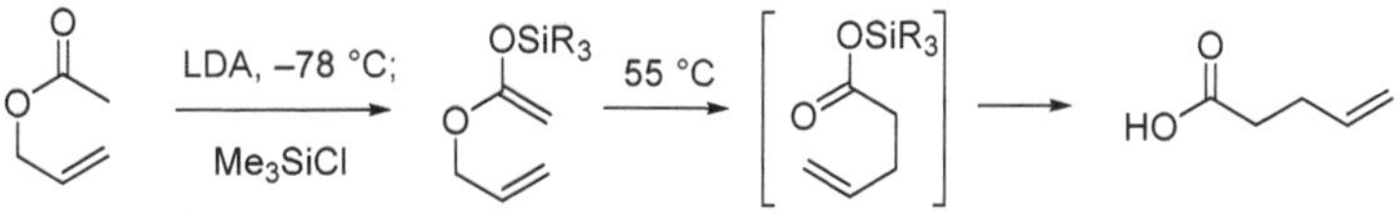

上述重排反应有以下共同点[2,3]：
① 经历六元环椅式过渡态，因而有很好的立体化学传递 (图 1)；

② [3,3] σ-重排属热反应，伴随着双键迁移；

③ 产物 γ,δ 不饱和羧酸或其衍生物，即在烯丙醇烯基双键碳上引入乙酸 (酯/酰胺) 单元，是增加 2 个碳的碳-碳键形成反应；

④ 可以方便地立体选择性地形成季碳中心。

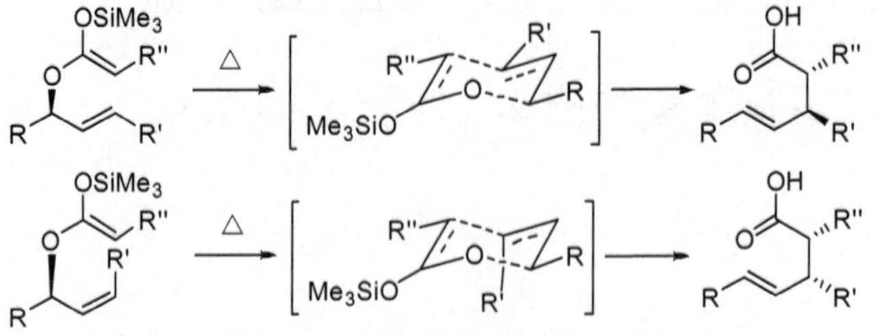

图 1　Ireland-Claisen 重排的手性传递

上述特点决定了 Claisen 类重排是一类重要的碳-碳键形成反应，是天然产物合成的有力工具[2,3]。天然内酯 (−)-methylenolactocin (**1**) 和 (−)-phaseolinic acid (**2**) 的合成[7]可以很好地展示 Ireland-Claisen 重排有关手性传递和碳-碳键形成的特点 (式 4)。

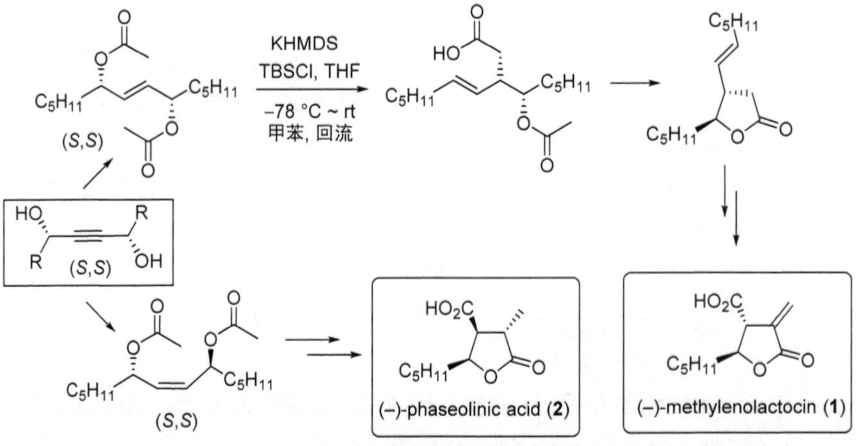

值得注意的是，尽管各类 Claisen 重排主要通过椅式过渡态，有时由于分子的结构特点所决定或反应条件因素，仍然有部分重排反应经历船式过渡态的报道。nonactic acid (**4**) 的立体选择性合成是一个典型的例子 (式 5)[8]。

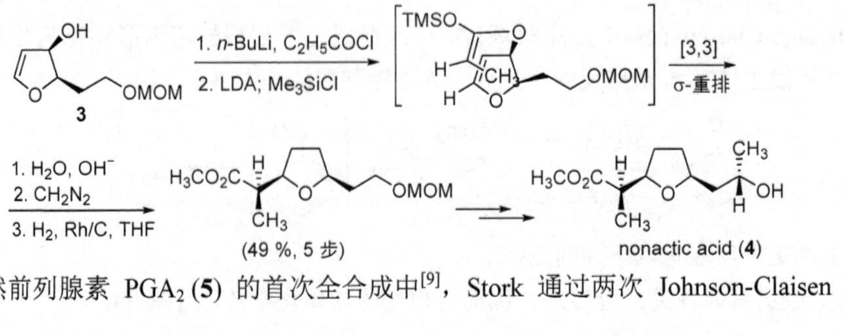

在天然前列腺素 PGA$_2$ (**5**) 的首次全合成中[9]，Stork 通过两次 Johnson-Claisen 重排

反应，生成反式烯烃及增碳，同时实现了手性传递 (式 6)。

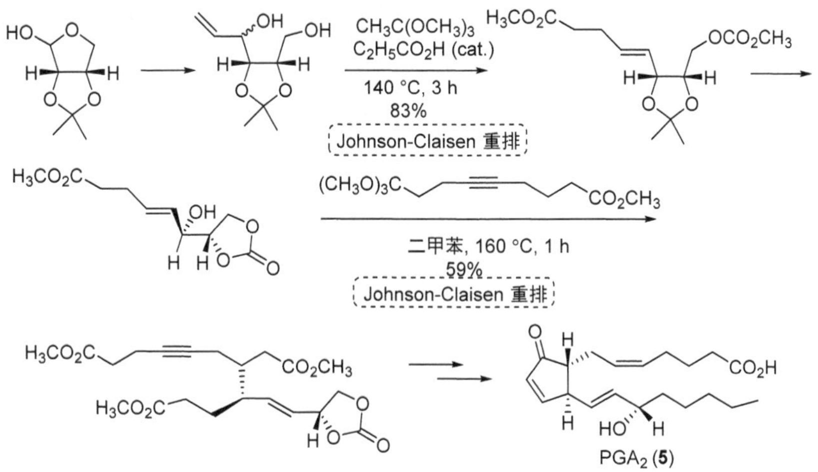

$$\text{（式 6 反应式图）}\tag{6}$$

Danishefsky 在生物碱 gelsemine (**10**) 的外消旋全合成时，首先通过 Johnson-Claisen 重排反应立体汇聚地把 E-**6** 和 Z-**6** 转化为化合物 **7**。接着通过 Eschenmoser-Claisen 重排反应把 **8** 转化为 **9** (式 7)[10]。需要指出的是，对后一重排反应，前期尝试过 Johnson-Claisen 重排和 Ireland-Claisen 重排，但均未成功。

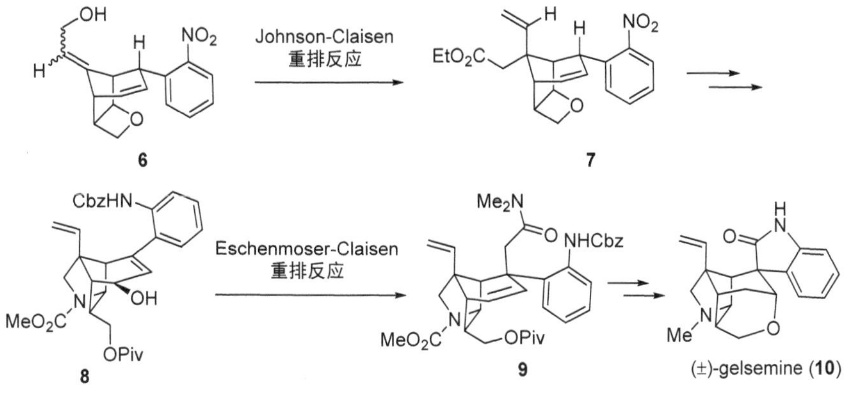

$$\text{（式 7 反应式图）}\tag{7}$$

在 Chida 小组从 D-葡萄糖合成倍半萜 paniculide A (**11**)[11]的路线中，Eschenmoser-Claisen 重排也是关键反应之一 (式 8)。

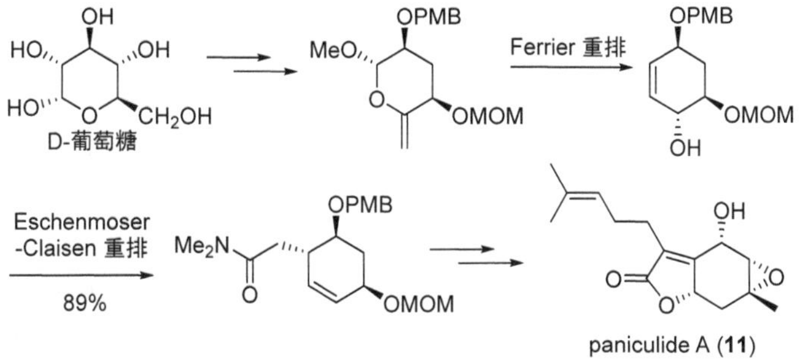

$$\text{（式 8 反应式图）}\tag{8}$$

自 20 世纪 90 年代以来，各类改良的 Claisen 重排的不对称反应方式一直是研究的热点[2,3,12,13]。1991 年，Corey 首次报道了手性硼催化剂催化的非手性羧酸烯丙型酯的对映选择性 Ireland-Claisen 重排[14]，并用于天然产物 (+)-fuscol (12)[15]和 dolabellatrienone 的不对称合成 [16]。在 (+)-fuscol (10) 的合成中，主要异构体的 ee 值达 99% (图 2)。

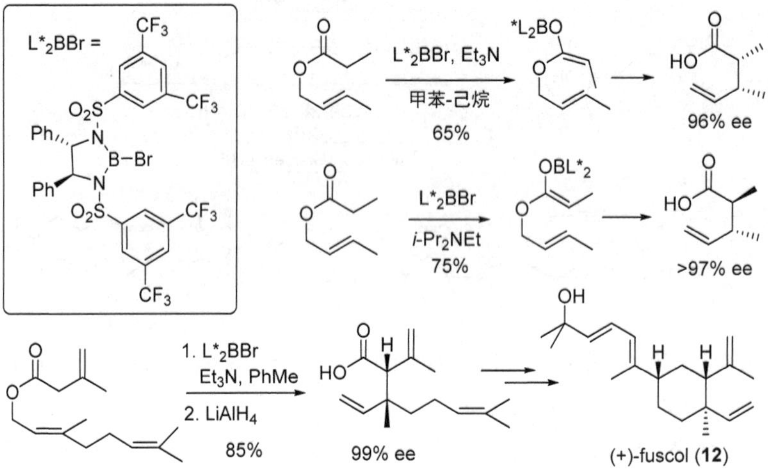

图 2 在 (+)-fuscol (10) 的合成中的重排反应

2011 年，Wipf 课题组[17]把 Ireland-Claisen 重排反应应用于百部生物碱 sessilifoliamide C (13) 及其立体异构体的全合成 (式 9)。

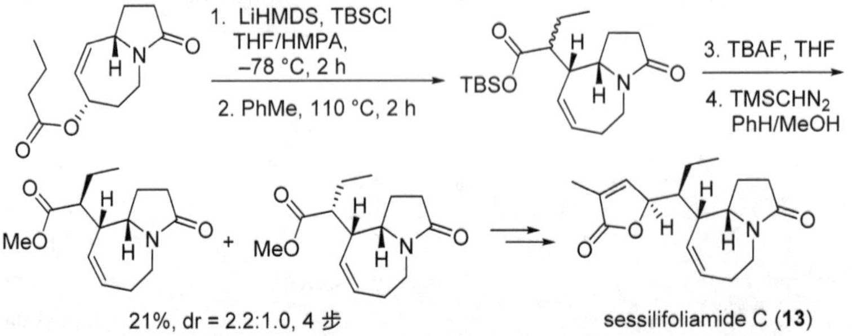

以下几个例子可以展示 Ireland-Claisen 重排反应在立体选择性构筑全碳季碳中心的威力。2012 年，Carbery 课题组[18]报道了基于 N-Boc 取代的 α-氨基酸酯衍生物的 Ireland-Claisen 重排反应，产率可达 84%，dr 值大于 98:2。该小组通过该方法完成了高免疫抑制活性天然产物 mycestericin G (14) 的不对称全合成 (式 10)。

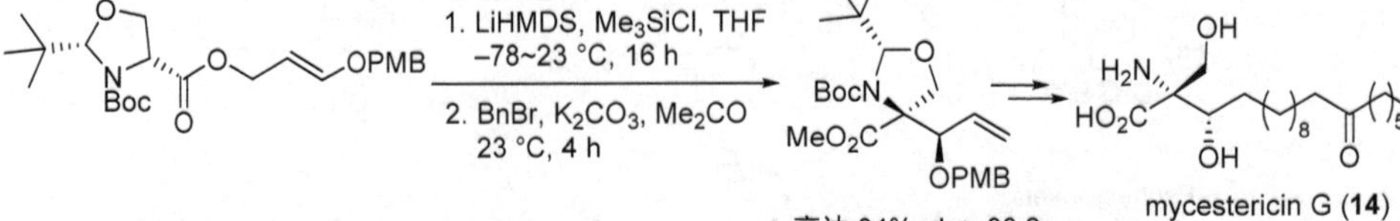

(−)-Jiadifenin (15) 是一个结构复杂、具有高神经营养活性的天然产物。2012 年，翟宏斌课题组以 Ireland-Claisen 重排反应和 Pauson-Khand 反应为关键反应，完成了其不对

称全合成[19]。其中，通过选择合适的保护基，成功地进行了 Ireland-Claisen 重排反应，从而一步构筑 C5 和 C6 两个连续季碳中心 (式 11)。Jiadifenolide (**16**) 是 (−)-jiadifenin (**15**) 的同族天然产物。2014 年，Paterson 和 Dalby 课题组在该分子的外消旋全合成中[20]，同样通过 Ireland-Claisen 重排反应构筑分子中第一个全碳季碳中心 (式 12)。

(−)-jiadifenin (**15**)

(11)

(±)-jiadifenolide (**16**)

(12)

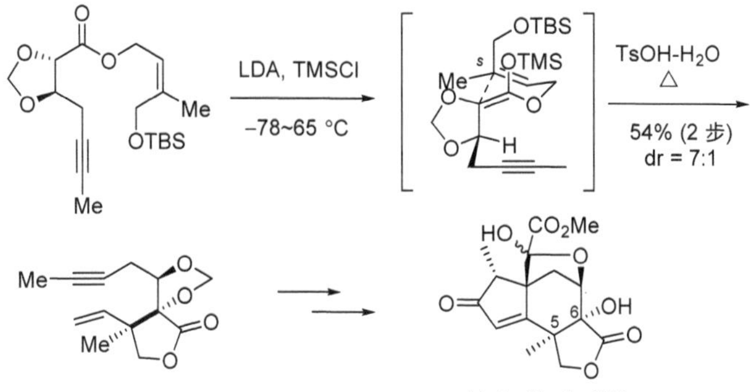

(+)-Darwinolide (**17**) 是 2016 年分离出来的一种骨架重排的海绵二萜，表现出细胞毒性。在 Christmann 等人的首次全合成中[21]，通过 Ireland-Claisen 重排反应构筑分子中的季碳-叔碳连续手性中心，非对映立体选择性达到 14:1 (式 13)。但是，C9 的立体化学不正确，需要后续步骤加以纠正。

(+)-darwinolide (**17**)

(13)

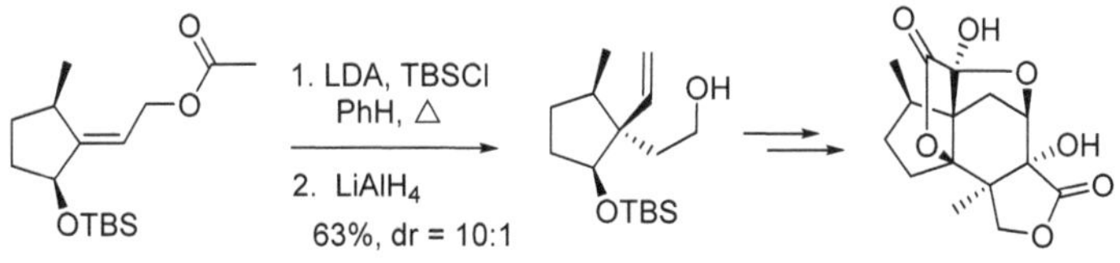

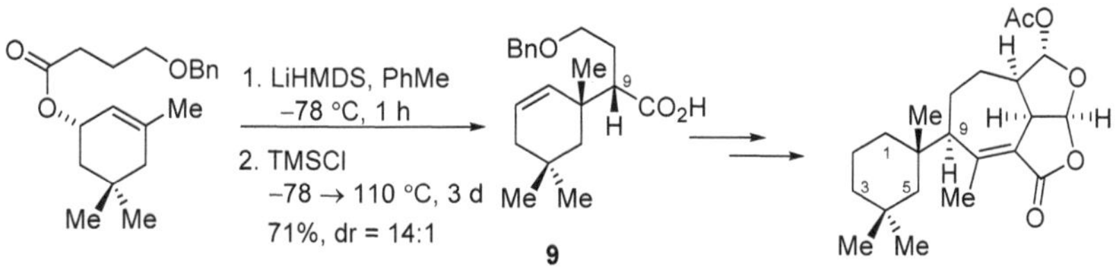

参考文献

[1] Claisen, L. *Chem. Ber.* **1912**, *45*, 3157-3166.

[2] Castro, A. M. M. *Chem. Rev.* **2004**, *104*, 2939-3002. (Claisen 重排反应九十年综述)

[3] Chai, Y.; Hong, S.-P.; Lindsay, H. A.; McFarland, C.; McIntosh, M. C. *Tetrahedron* **2000**, *58*, 2905-2928. (综述)

[4] Wick, A. E.; Felix, D.; Steen, K.; Eschenmoser, A. *Helv. Chim. Acta* **1964**, *47*, 2425-2429.

[5] Johnson, W. S.; Werthemann, L.; Bartlett, W. R.; Brockson, T. J.; Li, T.; Faulkner, D. J.; Petersen, M. R. *J. Am. Chem. Soc.* **1970**, *92*, 741-743.

[6] (a) Ireland, R. E.; Mueller, R. H. *J. Am. Chem. Soc.* **1972**, *94*, 5897-5898. (b) Ireland, R. E.; Mueller, R. H.; Willard, A. K. *J. Am. Chem. Soc.* **1976**, *98*, 2868-2877.
[7] Ariza, X.; Garcia, J.; López, M.; Montserrat, L. *Synlett* **2001**, 120-122.
[8] Ireland, R. E.; Vevert, J.-P. *J. Org. Chem.* **1980**, *45*, 4260-4262.
[9] Stork, G.; Raucher, S. *J. Am. Chem. Soc.* **1976**, *98*, 1583-1584.
[10] Ng, F. W.; Lin, H.; Chiu, P.; Danishefsky, S. J. *J. Am. Chem. Soc.* **2002**, *124*, 9812-9824.
[11] Amano, S.; Takemura, N.; Ohtsuka, M.; Ogawa, S.; Chida, N. *Tetrahedron* **1999**, *55*, 3855-3870.
[12] Ito, H.; Taguchi, T. *Chem. Soc. Rev.* **1999**, *28*, 43-50. (综述)
[13] Enders, D.; Knopp, M.; Schiffers, R. *Tetrahedron: Asymmetry* **1996**, *7*, 1847-1882. (综述)
[14] Corey, E. J.; Lee, D.-H. *J. Am. Chem. Soc.* **1991**, *113*, 4026-4028.
[15] Corey, E. J.; Roberts, B. E.; Dixon, B. R. *J. Am. Chem. Soc.* **1995**, *117*, 193-196.
[16] Corey, E. J.; Kania, R. S. *J. Am. Chem. Soc.* **1996**, *118*, 1229-1230.
[17] Hoye, A. T.; Wipf, P. *Org. Lett.* **2011**, *13*, 2634-2637.
[18] Fairhurst, N. W. G.; Mahon, M. F.; Munday, R. H.; Carbery, D. R. *Org. Lett.* **2012**, *14*, 756-759.
[19] Yang, Y.; Fu, X.; Chen, J.; Zhai, H. *Angew. Chem. Int. Ed.* **2012**, *51*, 9825-9828.
[20] Paterson, I.; Xuan, M.; Dalby, S. M. *Angew. Chem. Int. Ed.* **2014**, *53*, 7286-7289.
[21] Siemon, T.; Steinhauer, S.; Christmann, M. *Angew. Chem. Int. Ed.* **2019**, *58*, 1120-1122.

（黄培强，龚流柱，胡秀宁）

Cope 重排

Cope (科普) 重排指 1,5-己二烯在加热过程中的 [3,3] σ-迁移重排 (式 1)。

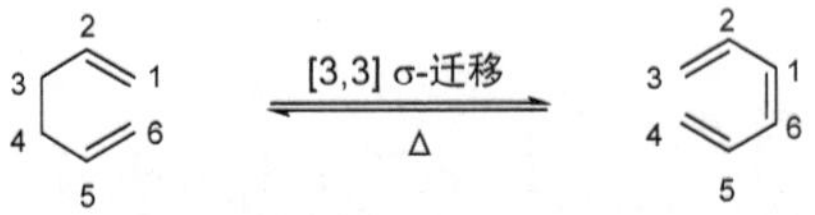

Cope 重排最初由美国化学家 Arthur C. Cope 发现[1]，至今 Cope 重排已成为常用的碳-碳键形成方法之一[2-4]，在天然产物合成中得到了广泛的应用，尤其是离子型的氧促 Cope (oxy-Cope) 重排、氮促 Cope (aza-Cope) 重排。

Oxy-Cope 重排指由含烯丙基及乙烯基的醇重排后形成烯醇式产物继而转化为羰基衍生物的重排反应。

离子型 aza-Cope 重排在本文中指在重排分子中含亚胺离子结构单元的氮杂 [3,3] σ-迁移重排，生成产物为胺的衍生物。

Cope 重排反应的机理如图 1 所示。

在天然产物合成中 Cope 重排常用于合成中等大小的环结构单元，例如在 Shair 小组的 CP-263114[5]合成中就利用了 oxy-Cope 重排串联酯酮缩合反应的方法构筑九元环 (图 2)，可以看到，导致 oxy-Cope 重排的温度仅为室温。在抗疟疾海洋天然产物 7,20-

diisocyanoadociane 的合成中，Vanderwal 课题组同样利用了 oxy-Cope 重排来合成关键的环合中间体 (式 2)[6]。更多的例子可参见俄亥俄州立大学 Paquette 的综述[2]。

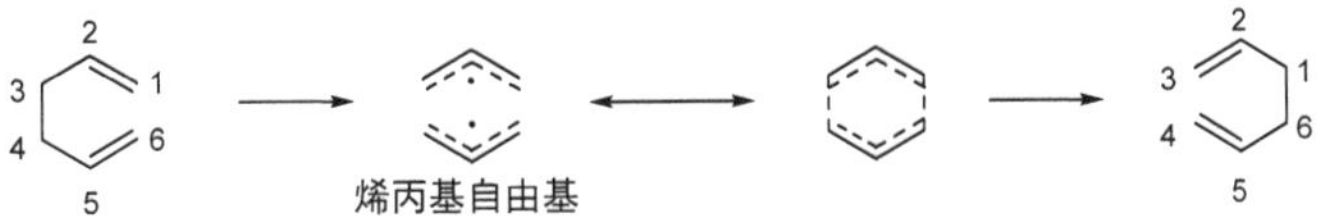

图 1 Cope 重排反应的机理

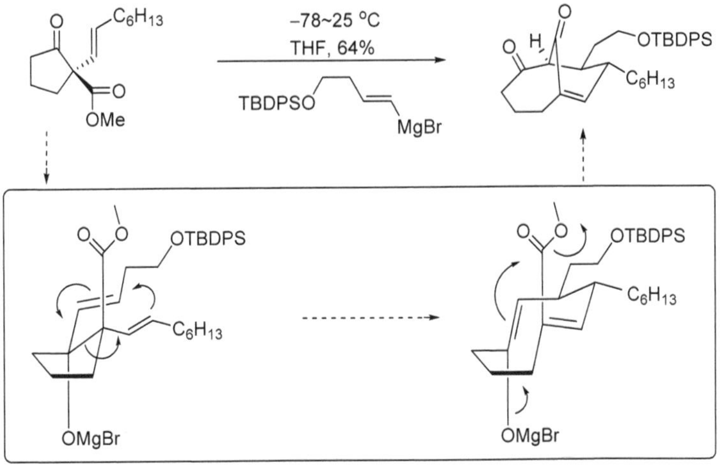

图 2 CP-263114 全合成中的 oxy-Cope 重排

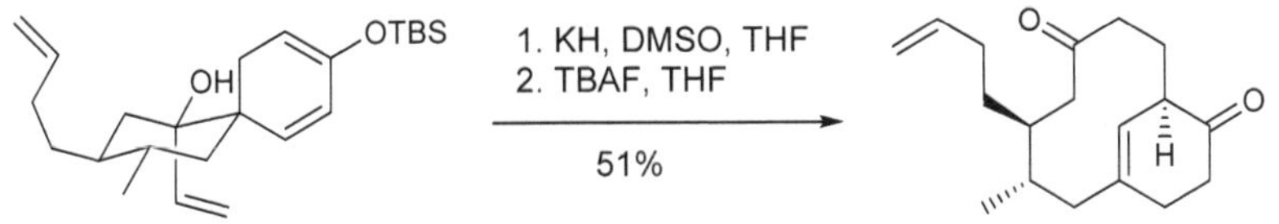

Aza-Cope 重排的诱因是 Mannich 碱，即分子中形成的亚胺正离子引发的 Cope 重排。一般而言，oxy-Cope 和 aza-Cope 重排相比纯碳链的 Cope 重排而言，重排温度要低得多，且反应速率显著提升。

对于 aza-Cope 重排而言，美国加州大学欧文 (Irvine) 分校的 Overman 教授贡献了不少极具想象力的利用 aza-Cope 重排合成天然产物的策略，例如应用 aza-Cope 重排合成天然产物钩吻碱、马钱子碱 (式 3) 及 actinophyllic acid (式 4)[7]。

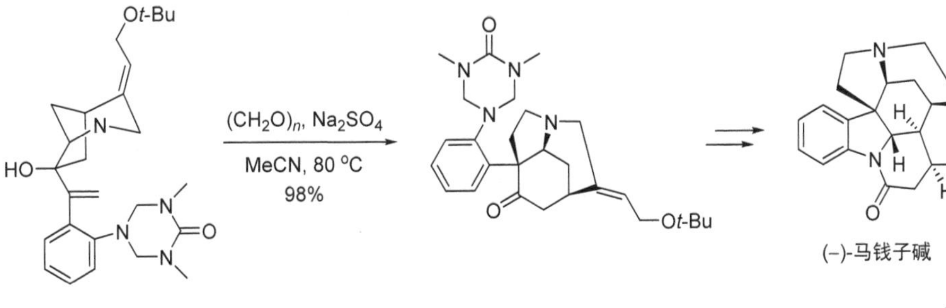

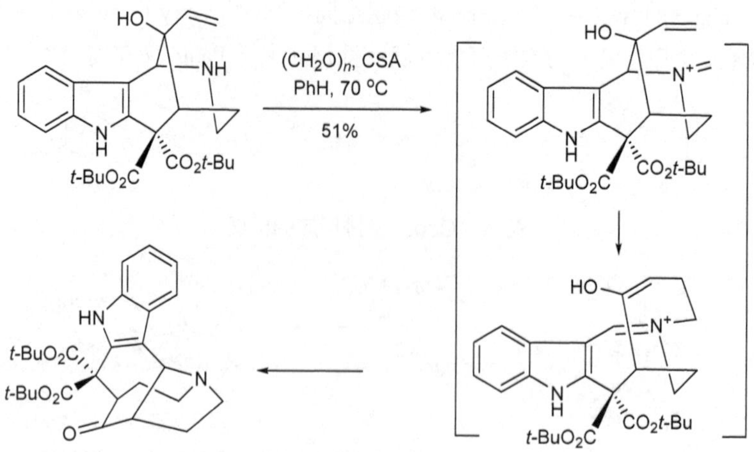

参考文献

[1] Cope, A. C.; Hardy, E. M. *J. Am. Chem. Soc.* **1940**, *62*, 441.
[2] (a) Paquette, L. A. *Tetrahedron* **1997**, *53*, 13971. (b) Paquette, L. A. *Angew. Chem. Int. Ed.* **1990**, *29*, 609.
[3] Mehta, G.; Singh, V. *Chem. Rev.* **1999**, *99*, 881.
[4] Nubbemeyer, U. *Synthesis* **2003**, 961.
[5] (a) Chen, C.; Layton, M. E.; Sheehan, S. M.; Shair, M. D. *J. Am. Chem. Soc.* **2000**, *122*, 7424. (b) Chen, C.; Layton, M. E.; Shair, M. D. *J. Am. Chem. Soc.* **1998**, *120*, 10784.
[6] Roosen, P. C.; Vanderwal, C. D. *Org. Lett.* **2014**, *16*, 4368.
[7] (a) Overman, L. E.; Kakimoto, M.; Okazaki, M. E.; Meier, G. P. *J. Am. Chem. Soc.* **1983**, *105*, 6622. (b) Knight, S. D.; Overman, L. E.; Pairaudeau, G. *J. Am. Chem. Soc.* **1993**, *115*, 9293. (c) Earley, W. G.; Jacobsen, J. E.; Madin, A.; Meier, G. P.; O'Donnell, C. J.; Oh, T.; Old, D. W.; Overman, L. E.; Sharp, M. J. *J. Am. Chem. Soc.* **2005**, *127*, 18046. (d) Martin, C. L.; Overman, L. E.; Rohde, J. M. *J. Am. Chem. Soc.* **2010**, *132*, 4894.

（张洪彬）

Curtius 重排

酰基叠氮是重要的有机合成中间体，一般由活化的羧酸衍生物如酰氯或混酐与叠氮化钠 (NaN_3) 反应制备而得。改进的获得酰基叠氮的方法还有：酰氯与三甲基硅基叠氮 (Me_3SiN_3) 反应来制备，酰肼与亚硝酸反应来制备；对于分子中含对水或强酸敏感官能团的化合物，可利用羧酸直接与二苯基磷酰叠氮 (DPPA) 反应制备。酰基叠氮的热分解过程可得到异氰酸酯，这一反应就是著名的 Curtius (柯替斯) 重排[1,2]。该反应对于胺及其衍生物如脲、氨基甲酸酯的合成极为有效 (图 1)[3]。

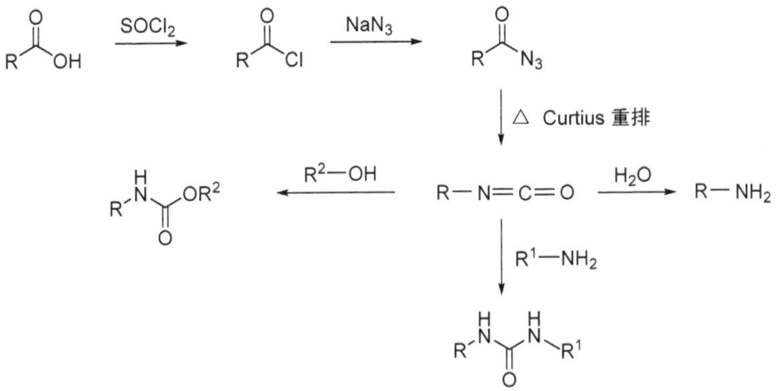

图 1 Curtius 重排反应及其在合成中的应用

Curtius 重排反应机理 (图 2):

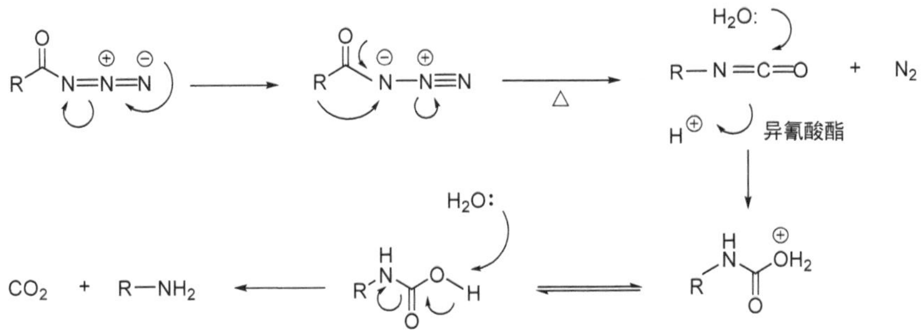

图 2 Curtius 重排反应机理

Curtius 重排在药物合成及天然产物合成中应用较广，常用于制备叔胺衍生物。近年来利用 Curtius 重排合成天然产物的例子有 Mander 研究小组的 himandrine 合成 (图 3)[4]。

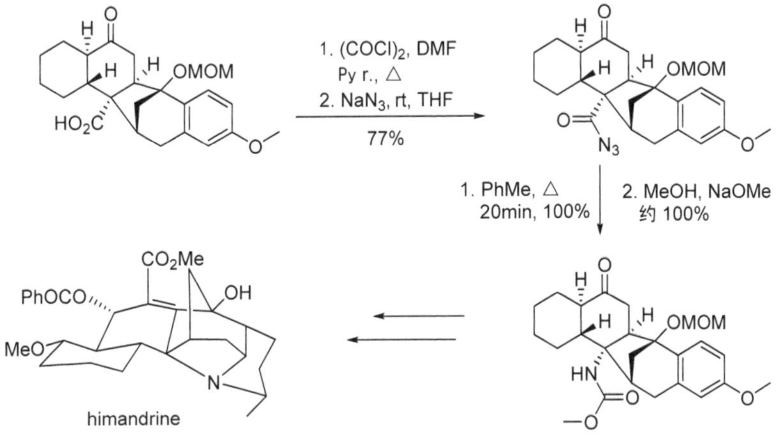

图 3 Curtius 重排在天然产物 himandrine 合成中的应用

Curtius 重排还成功用于药物中间体 4-溴-2,6-二氨基吡啶的合成中[5] (图 4)。

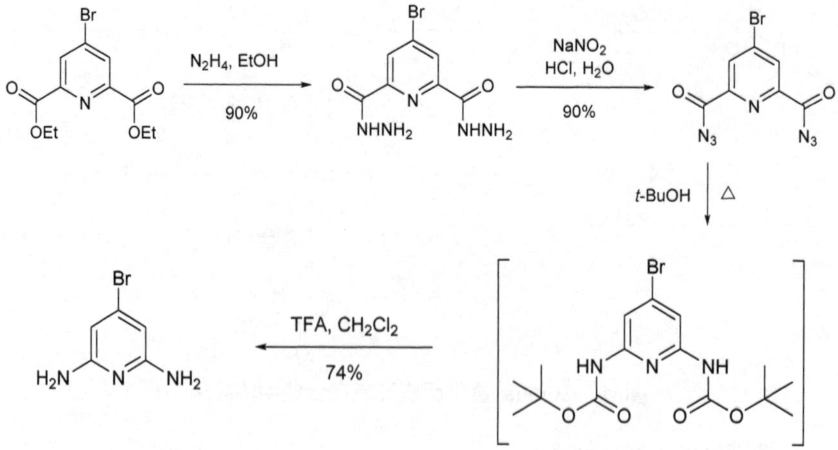

图 4 Curtius 重排在药物中间体 4-溴-2,6-二氨基吡啶合成中的应用

值得一提的是，Curtius 重排在立体化学上一般能保持原手性碳的构型而不导致构型翻转，这一方面的例子可参见 Toyota 研究小组关于 (+)-mycalamide A (式 1)[6] 及 Martin 研究小组关于 pinnaic acid (式 2)[7] 的全合成工作。

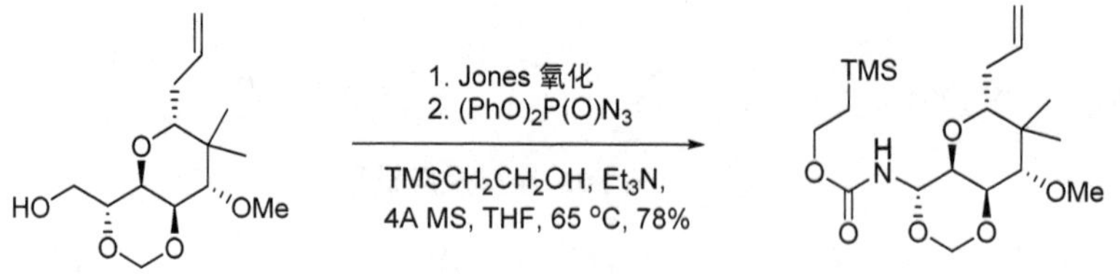

参考文献

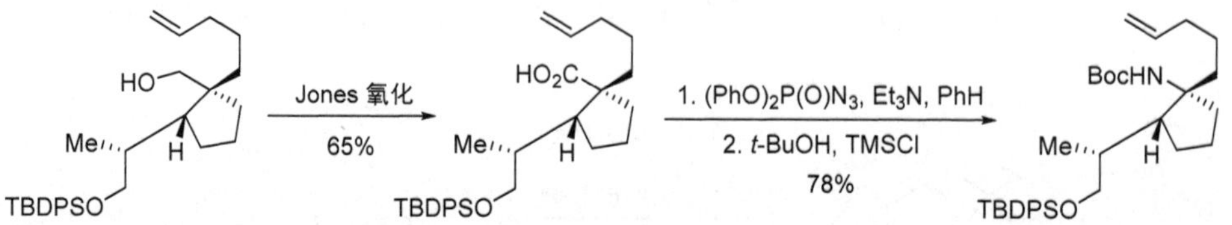

[1] Curtius, T. *Ber. Dtsch. Chem. Ges.* **1890**, *23*, 3023.
[2] Smith, P. A. S. *Org. React.* **1946**, 337.
[3] Saunders, J. H.; Slocombe, R. *J. Chem. Rev.* **1948**, *43*, 203.
[4] O'Connor, P. D.; Mander, L. N.; Mclachlan, M. M. W. *Org. Lett.* **2004**, *6*, 703.
[5] Nettekoven, M.; Jenny, C. *Organic Process Research & Development* **2003**, *7*, 38.
[6] Kagawa, N.; Ihara, M.; Toyota, M. *Org. Lett.* **2006**, *8*, 875.
[7] Andrade, R. B.; Martin, S. F. *Org. Lett.* **2005**, *7*, 5733.

（张洪彬）

Demjanov 重排

Demjanov (捷姆扬诺夫) 重排反应是伯胺经 HNO_2 重氮化形成碳正离子，而后发生重排生成相应的醇的反应[1]。在脂肪环碳上形成的碳正离子可发生缩环重排 (式 1)，而伯碳正离子可发生扩环重排 (式 2)。该反应适用于制备 C_5~C_7 元环，C_3~C_8 元环均可发生扩环反应[2]，但小环的扩环产率较高。

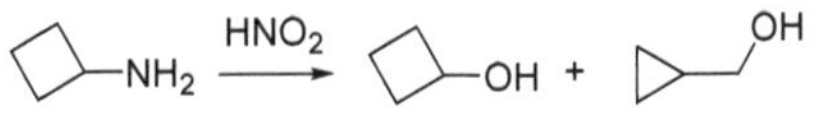

$$\text{(1)}$$

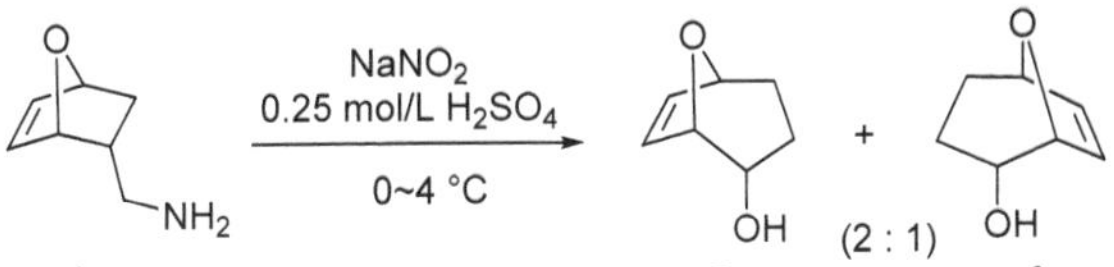

$$\text{(2)}$$

β-醇胺的 Tiffeneau-Demjanov (蒂芬欧-捷姆扬诺夫) 扩环重排[3,4]类似于半频哪醇重排 (式 3 和式 4)，被用于 C_4~C_8 元环的扩环[5]，收率较单纯的 Demjanov 扩环好。随着环的增大，产率逐渐降低。

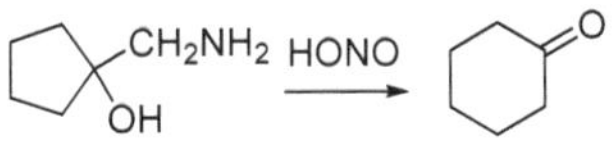

$$\text{(3)}$$

$$\text{(4)}$$

重排机理 (图 1):

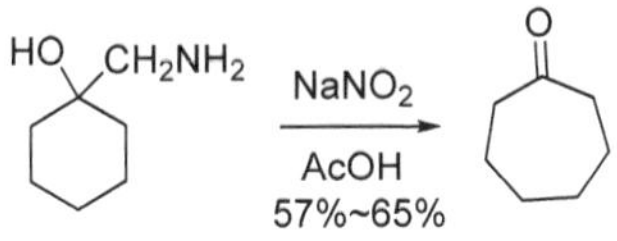

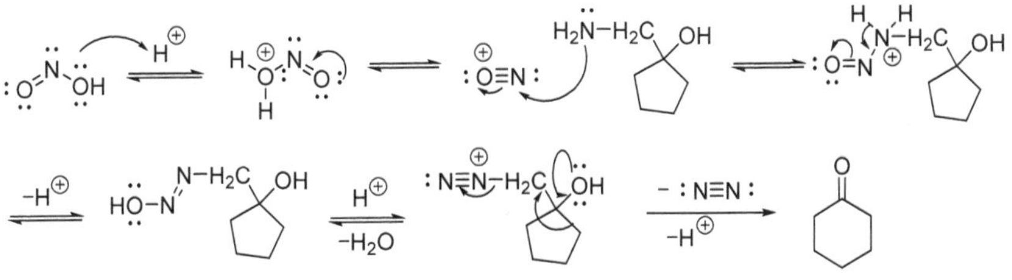

图 1 β-醇胺的 Tiffeneau-Demjanov 扩环重排的反应机理

该反应被用于笼状化合物的合成[6]。例如，伯胺 **11** 在亚硝酸作用下重排为 **12** 及 **13**。**13** 经酸催化逆 Michael 加成直接产生 **14**，两者 (**12/14**) 比例为 1/4 (14%, 56%) (式 5)。Tiffeneau-Demjanov 扩环重排也被用于大环的合成。例如，式 6 中扩环产物 **16** 的收率达 86%,没有观察到其它异构体[7]。

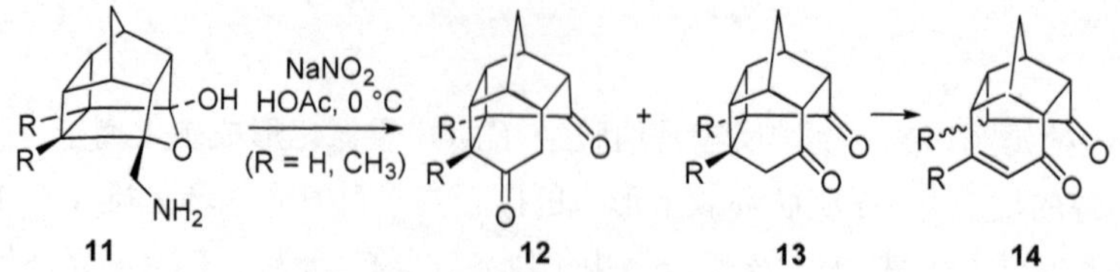

$$\text{11} \xrightarrow[\text{(R = H, CH}_3\text{)}]{\text{NaNO}_2, \text{HOAc, 0 °C}} \text{12} + \text{13} \longrightarrow \text{14} \tag{5}$$

$$\text{15} \xrightarrow[\text{86\%}]{\text{NaNO}_2, \text{HOAc, 0 °C}} \text{16} \tag{6}$$

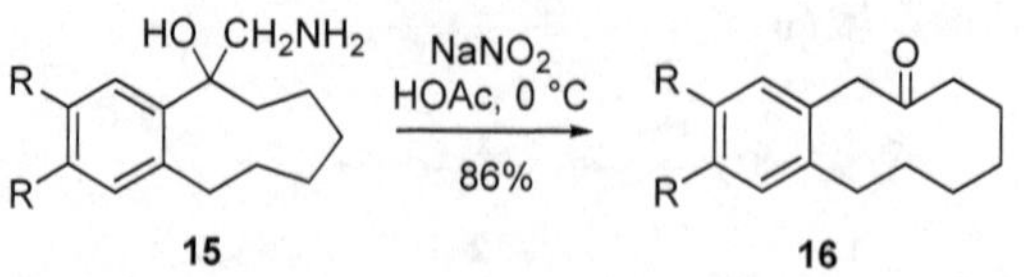

在萜类中间体的合成中[8],该反应也表现出良好的区域选择性。例如,**17** 经过重排反应以 68% 和 10% 的产率分别得到 **18** 和 **19** (式 7)。

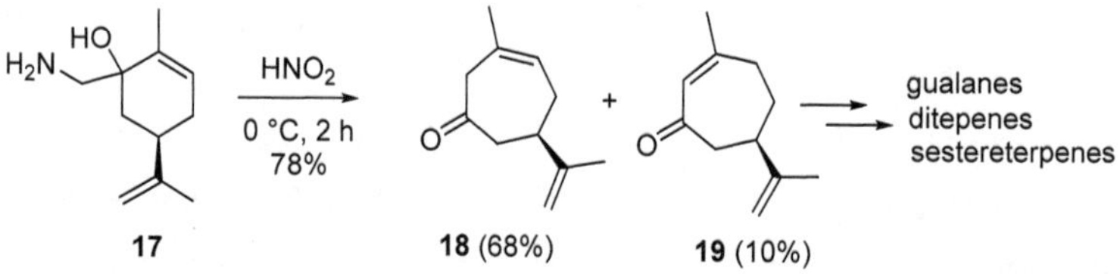

$$\text{17} \xrightarrow[\text{78\%}]{\text{HNO}_2, 0\,°\text{C}, 2\,\text{h}} \text{18 (68\%)} + \text{19 (10\%)} \longrightarrow \text{gualanes, ditepenes, sestereterpenes} \tag{7}$$

Liang 小组在天然产物 echinopine B (**22**) 的合成中,中间体 **20** 在草酸和亚硝酸钠的作用下扩环,成功构建出七元核心环 **21**,产率达 77%,具有高度的立体选择性,并且缩酮结构并未发生水解[9] (式 8)。

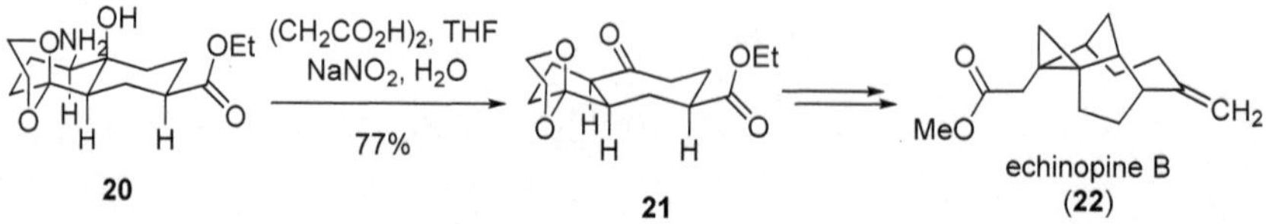

$$\text{20} \xrightarrow[\text{77\%}]{(\text{CH}_2\text{CO}_2\text{H})_2, \text{THF}, \text{NaNO}_2, \text{H}_2\text{O}} \text{21} \Longrightarrow \text{echinopine B (22)} \tag{8}$$

在 Chu 和 Sun 小组对天然产物 protosappanin A (**25**) 的合成中,化合物 **23** 在 9% 的亚硝酸钠水溶液的作用下扩环成八元环 **24**,再经过一步水解得到天然产物 protosappanin A (式 9),并利用此路径合成出一系列 protosappanin A 的衍生物[10]。

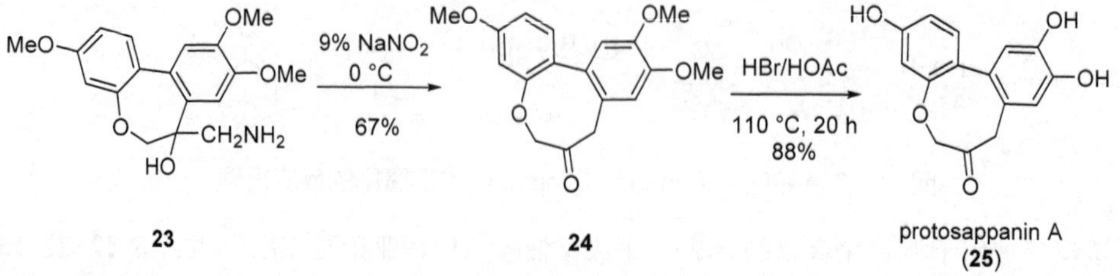

$$\text{23} \xrightarrow[\text{67\%}]{9\% \text{ NaNO}_2, 0\,°\text{C}} \text{24} \xrightarrow[\text{88\%}]{\text{HBr/HOAc}, 110\,°\text{C}, 20\,\text{h}} \text{protosappanin A (25)} \tag{9}$$

Waldvogel 小组在对 (−)-isosteviol 前体 **29** 的合成中,中间体 **27** 在醋酸和亚硝酸钠的溶液中扩环,生成化合物 **28**,而非直接生成 **29** (式 10),这说明取代少的烷基片段发生迁移，生成空间位阻较大的酮 28[11]。

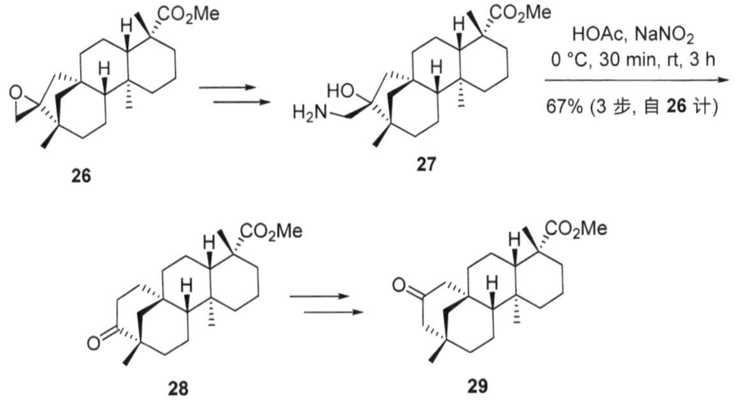

(10)

参考文献

[1] Demjanov, N. J.; Lushnikov, M. *J. Russ. Phys. Chem. Soc.* **1903**, *35*, 26.
[2] Fattori, D.; Henry, S.; Vogel, P. *Tetrahedron* **1993**, *49*, 1649-1664.
[3] Tiffeneau, M.; Weill, P.; Tehoubar, B. *Compt. Rend.* **1937**, *205*, 54.
[4] Smith, P. A. S.; Baer, D. R. *Org. React.* **1960**, *11*, 157.
[5] Dauben, Jr, H. J.; Ringold, H. J.; Wade, R. H.; Pearson, D. L.; Anderson, Jr, A. G.; de Boer, Th. J.; Backer, H. J. *Org. Synth.* **1954**, *34*, 19; Coll. Vol. **1963**, *4*, 221.
[6] Marchand, A. P.; Rajapaksa, D.; Reddy, S. P.; Watson, W. H.; Nagl, A. *J. Org. Chem.* **1989**, *54*, 5086-5089.
[7] Thies, R. W.; Pierce, J. R. *J. Org. Chem.* **1982**, *47*, 798-803.
[8] Brocksom, T. J.; Brocksom, U.; de Sousa, D. P.; Frederico, D. *Tetrahedron: Asymmetry* **2005**, *16*, 3628-3632.
[9] Xu, W.-B.; Wu, S.-M.; Zhou, L.-L.; Liang, G.-X. *Org. Lett.* **2013**, *15*, 1978-1981.
[10] Liu, J.-Q.; Zhou, X.; Wang, C.-L.; Fu, W.-Y.; Chu, W.-Y.; Sun, Z.-Z. *Chem. Commun.* **2016**, *52*, 5152-5155.
[11] Lohoelter, C.; Schollmeyer, D.; Waldvogel, S. R. *Eur. J. Org. Chem.* **2012**, *32*, 6364-6271.

（黄培强，吴江峰）

Favorskii 重排

Favorskii (法沃尔斯基) 重排是指在碱作用下 α-卤代酮与亲核试剂反应形成羧酸或羧酸衍生物 (式 1)[1]。

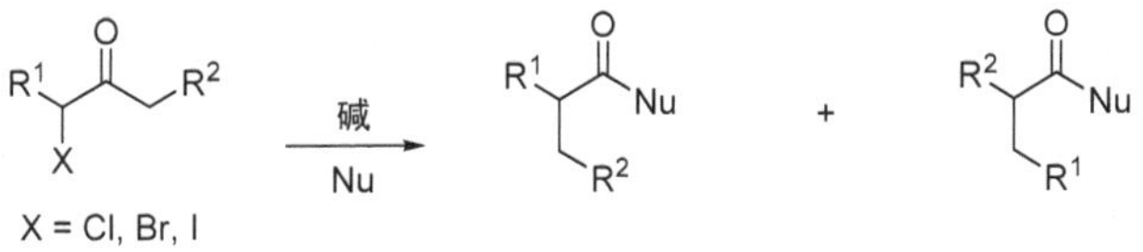

(1)

Favorskii 重排在有机合成中有广泛应用,已成为一种合成环状或多支链非环羧酸或其衍生物以及笼状化合物的重要方法[2]。在某些天然产物的合成中也有重要应用[3]。

反应机理:

① 对于含有 α-H 的卤代酮,一般认为其重排反应机理是通过环丙酮中间体 (图 1)[1],这种通过环丙酮中间体的反应机理得到了同位素标记实验的支持[4]。

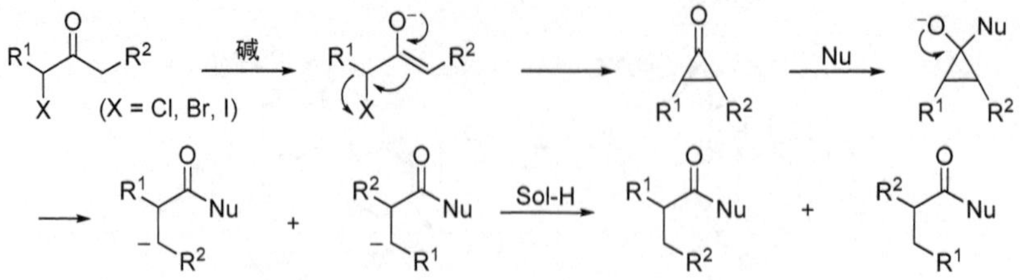

图 1 经典 Favorskii 重排反应机理

② 对于无 α-H 的卤代酮,也能得到相应的 Favorskii 重排产物。这个反应与经典的 Favorskii 重排不同,称为 quasi-Favorskii (似法沃尔斯基) 重排。显然,该反应不经过环丙酮中间体 (图 2)。一般认为其反应与 Benzil 重排 (二苯基乙醇酸重排) 反应类似,文献上称为半二苯基乙醇酸重排[1]。

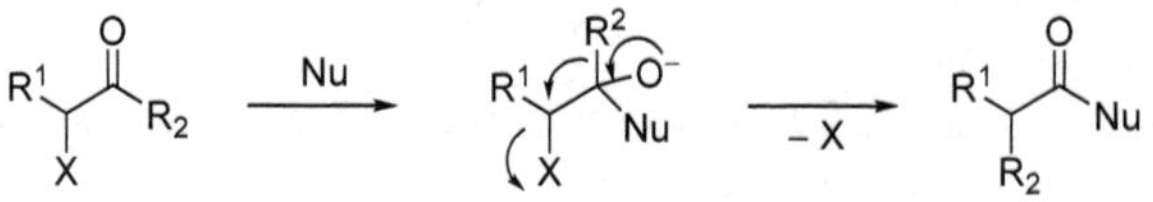

图 2 quasi-Favorskii 重排反应机理

(1) 链状 α-卤代酮的 Favorskii 重排

开链的 α-卤代酮是一种典型的 Favorskii 重排底物。在碱作用下,链状 α-卤代酮脱质子化形成环丙酮衍生物,接着受亲核试剂进攻,得到烷基迁移的产物 (式 2,式 3)[1,5]。

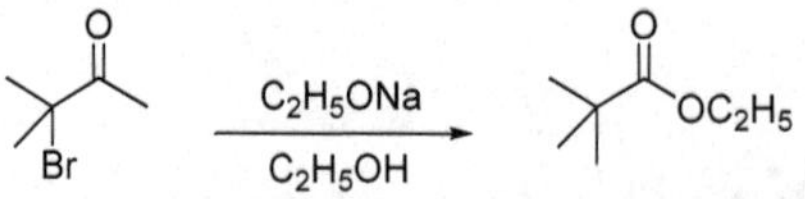

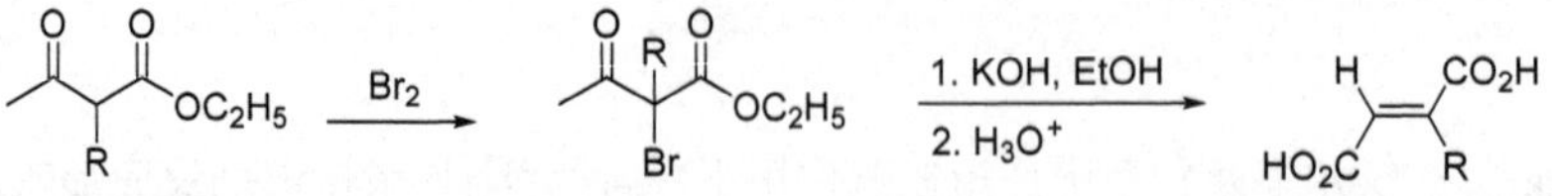

α,α'-二卤代酮是另一类重要的 Favorskii 重排底物。α,α'-二卤代酮的 Favorskii 重排的主要产物是 α,β-不饱和羧酸或其衍生物 (式 4)。值得注意的是,该反应具有一定的立体选择性,经重排得到的产物为顺式 (烯烃) 产物 (5)[6]。

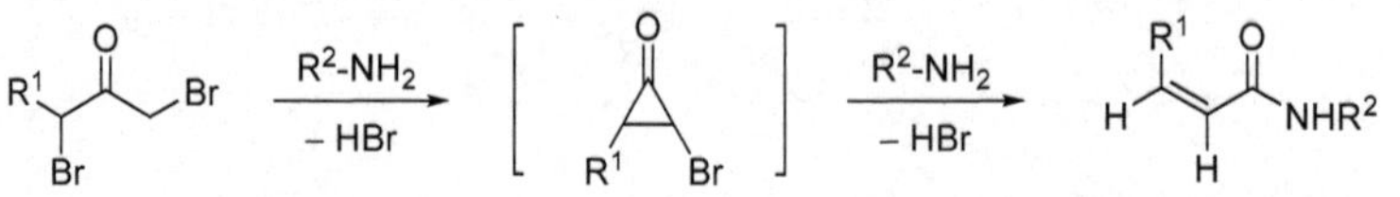

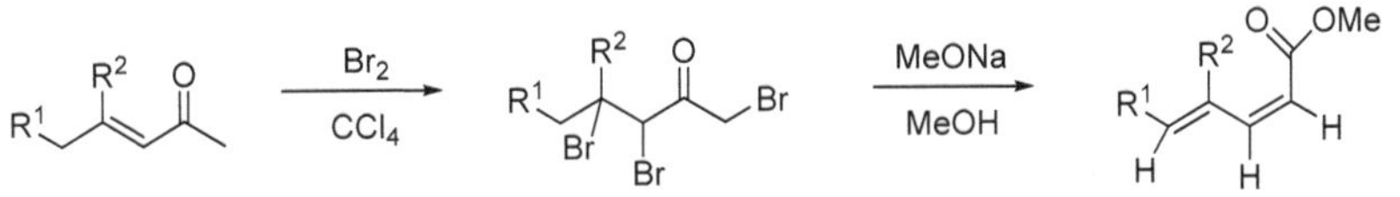

Br_2
CCl_4
MeONa
MeOH

(5)

不对称 Favorskii 重排是近年来研究的热点之一。利用光学活性的起始原料形成手性环状中间体，实现了不对称 Favorskii 重排 (式 6)，并应用于某些天然产物的合成[7]。

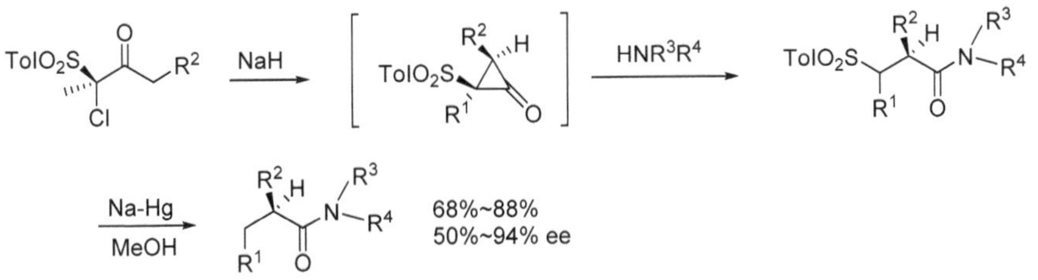

NaH
HNR^3R^4
Na-Hg
MeOH
68%~88%
50%~94% ee

(6)

Favorskii 重排的立体选择性还与反应介质的极性和质子供体有关。例如，在非质子性溶剂中，使用甲醇钠为碱，得到 C17 构型翻转的重排主产物，而在甲醇/水中反应，得到构型保持的主产物 (式 7)[8]。

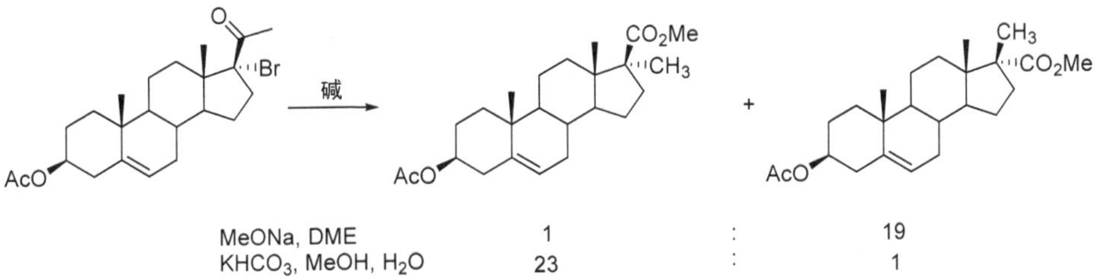

碱
MeONa, DME 1 : 19
$KHCO_3$, MeOH, H_2O 23 : 1

(7)

(2) 环状 α-卤代酮的 Favorskii 重排

环状 α-卤代酮广泛应用于 Favorskii 重排[9]。一般情况下，环状 α-卤代酮经重排得到缩环同系物，即形成少一个碳的环烷烃羧酸或其衍生物 (式 8)[10]。

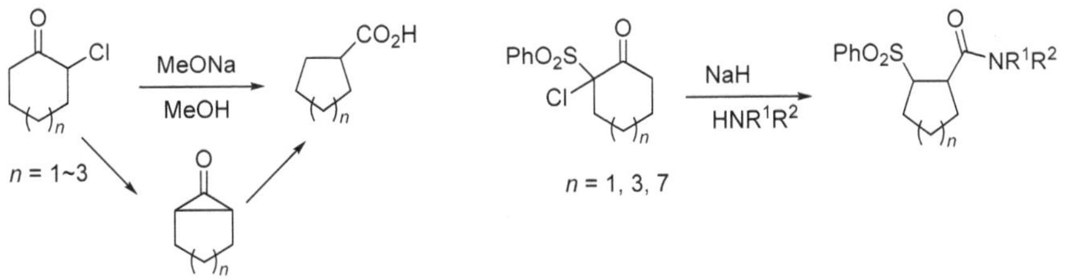

MeONa
MeOH
n = 1~3
NaH
HNR^1R^2
n = 1, 3, 7

(8)

我国化学研究者在天然产物 9-deoxygelsemide 的合成中，运用 Favorskii 重排策略，用一种 α-氯代环己酮衍生物经缩环反应制备了重要中间体——光学活性的环戊烷羧酸酯 (式 9)[11]。

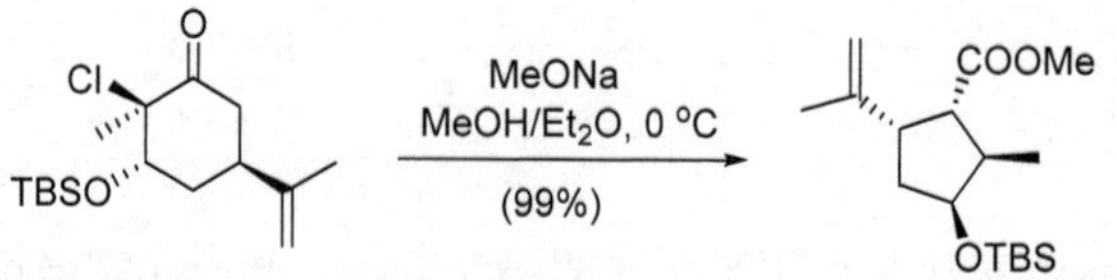

笼状化合物是一类具有张力的稠环分子,合成笼状化合物的一个重要方法是通过 Favorskii 重排。如在笼状化合物 (**1**) 的合成中,环状 α-卤代酮的 Favorskii 重排是一个关键反应 (式 10)[12]。

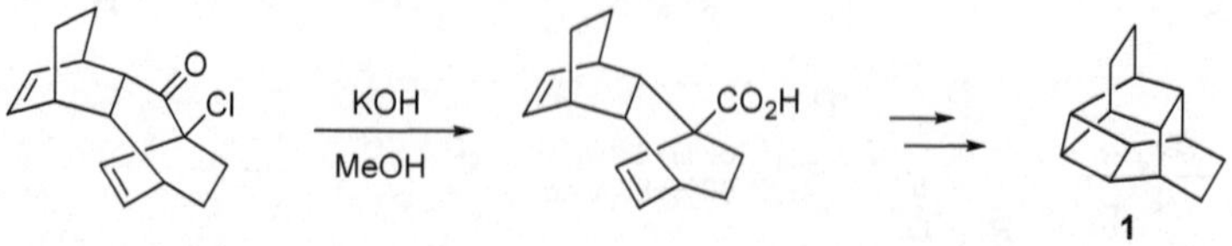

此外,光学活性的环状 α-氯代酮曾被用于天然产物 (+)-iridomyrmecin (**2**) 的合成 (式 11)[13]。

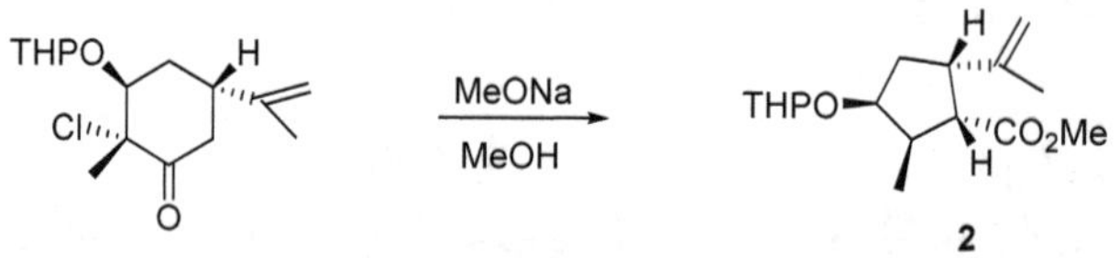

α,α'-二卤代环酮应用于 Favorskii 重排是一种合成环烯基羧酸或其衍生物的有效方法[14]。该反应涉及碱去质子化形成环丙酮,亲核试剂进攻酮羰基,并伴随开环形成稳定的碳负离子,最后发生消除卤化氢形成碳-碳双键等一系列反应 (式 12,式 13)。

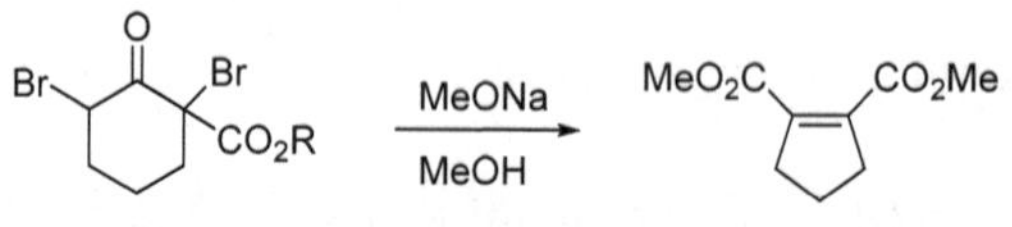

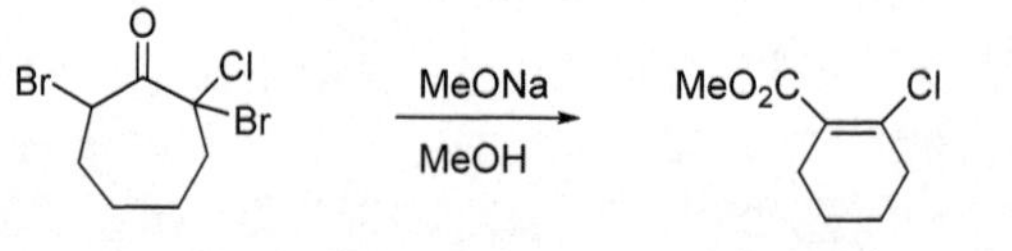

α,α'-二碘酮容易经碘代反应得到。同时,这类化合物经历 Favorskii 重排,给出一种合成大环羧酸 (酯) 的方法 (式 14)[15]。

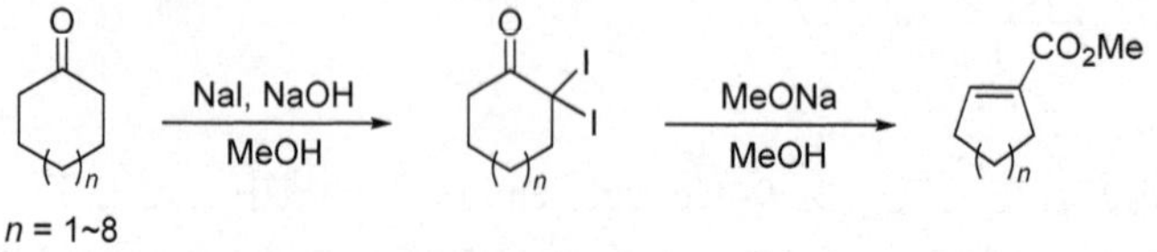

(3) 其它类型化合物的 Favorskii 重排

从 Favorskii 重排的机理分析,除了 α-卤原子作为离去基团,带有其它可离去的原子或基团,以致能够形成环丙酮中间体的化合物,也是一种可用于 Favorskii 重排的原料。

例如，α-烷氧酮[16]、α-磺酸酯基酮[17]，甚至普通的酰胺、内酰胺等化合物[18]都有可能发生 Favorskii 重排 (式 15)。

$$\text{(15)}$$

L = 烷氧基, 磺酸酯基

在碱性条件下，某些 α-卤代酰胺或 α-卤代内酰胺也可能发生 Favorskii 类型的重排，产物为 α-氨基酰胺类化合物或缩环的 α-氨基酸 (式 16，式 17)[18]。

$$\text{(16)}$$

(R = H, Pr, t-Bu, Ph, –CH$_2$CH$_2$–)

$$\text{(17)}$$

近年来，一种被称为 photo-Favorskii 重排 (光 Favorskii 重排) 的反应见诸报道。该反应是在光照条件下，底物先形成相应的三线态双自由基 (triplet biradical)，然后与介质水发生作用得到相应的光 Favorskii 重排产物 (式 18)[19]。

$$\text{(18)}$$

X=离去基团, 如 $\overset{\oplus}{N}Et_3$

参考文献

[1] Kenda, A. S. *Org. React.* **1960**, *11*, 261.
[2] Boyer, L. E.; Brazzillo, J.; Forman, M. A.; Zanoni, B. *J. Org. Chem.* **1996**, *61*, 7611.
[3] Bai, D.; Xu, R.; Chu, G.; Zhu, X. *J. Org. Chem.* **1996**, *61*, 4600.
[4] Loftfield, R. B. *J. Am. Chem. Soc.* **1951**, *73*, 4707.
[5] Goheen, D. W.; Vaughan, W. R. *Org. Synth. Coll. Vol. IV*, **1963**, 594.
[6] DeKimpe, N.; D'Hondt, L.; Moens, L. *Tetrahedron* **1992**, *48*, 3183.
[7] Satoh, T.; Motohashi, S.; Kimura, S.; Tokutake, N.; Yamakawa, K. *Tetrahedron Lett.* **1993**, *34*, 4823.
[8] Engel, C. R.; Merand, Y.; Cote, J. *J. Org. Chem.* **1982**, *47*, 4485.
[9] Guerrero, A. F.; Kim, H. J.; Schlecht, M. F. *Tetrahedron Lett.* **1983**, *29*, 6707.
[10] Satoh,T.; Oguro,K.; Shishikura,J.; Kanetaka,N.; Okada,R.; Yamalawa,K. *Tetrahedron Lett.* **1992**, *33*, 1455.
[11] Liu, Y.; Zhao, G. *Chin. J. Chem.* **2013**, *31*, 18.
[12] Kakeshita, H.; Kawakami, H.; Ikeda, Y.; Mori, A. *J. Org. Chem.* **1994**, *59*, 6490.
[13] Lee, E.; Yoon, C. H. *J. Chem. Soc., Chem. Commun.* **1994**, 479.
[14] White, J. D.; Dillon, M. P.; Butlin, R. J. *J. Am. Chem. Soc.* **1992**, *114*, 9673.
[15] Barba, F.; Elinson, M. N.; Escudero, J.; Feducovich, S. K. *Tetrahedron* **1997**, *53*, 4427.

[16] Tsuboi, S.; Kurihara, Y.; Watanabe, T.; Takeda, A. *Synth. Commun.* **1987**, *17*, 773.
[17] Barrett, D. G.; Liang, G. B.; Gellman, S. H. *J. Am. Chem. Soc.* **1992**, *114*, 6915.
[18] Lai, J. T. *Tetrahedron Lett.* **1982**, *23*, 595.
[19] Bownik, I.; Sebej, P.; Literak, J.; Heger, D.; Simek, Z.; Givens, R. S.; Klan, P. *J. Org. Chem.* **2015**, *80*, 9713.

（张洪奎）

Fries 重排

Fries (弗莱斯) 重排反应是指芳酯在酸催化下重排为邻位或对位酰基酚的反应 (式 1)[1]。反应温度可影响邻、对位产物的比例。因取代基对反应的影响，底物不能含有大位阻的基团。

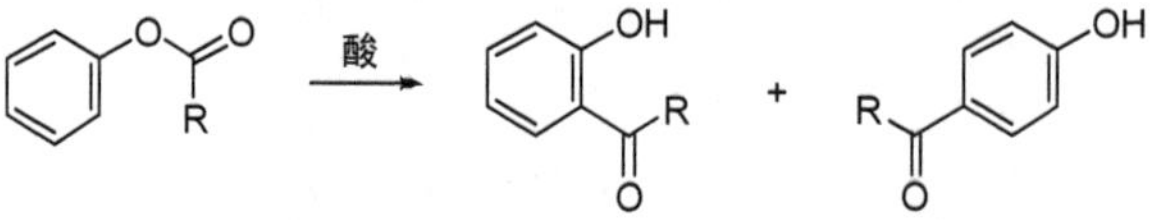

反应机理 (图 1):

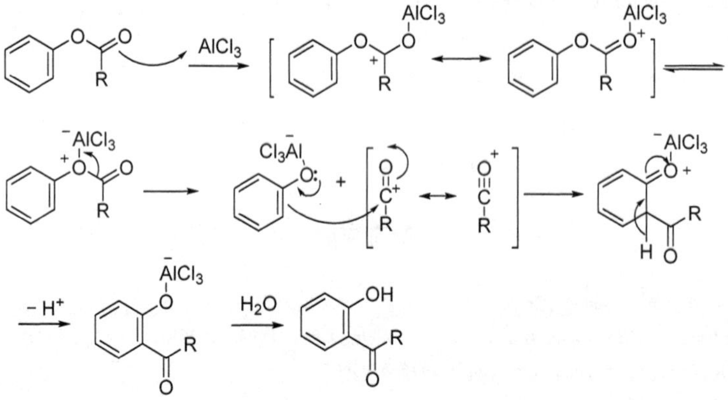

图 1　Fries 重排反应的机理

有些用 $AlCl_3$ 催化无法进行或需用大过量 $AlCl_3$ 的反应，可改用 $Sc(OTf)_3$ 为催化剂[2]。三氟化硼醚配合物可催化氢醌二酯的重排，产物为氢醌的乙酰化衍生物[3]。甲磺酸促进的 Fries 重排反应可得优良的对位选择性 (式 2)[4]。

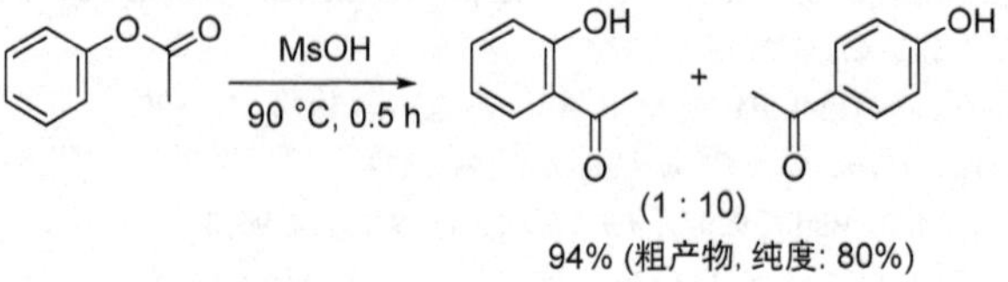

通过 α-卤代芳酯的金属催化可引发 Fries 重排 (式 3)[5]。这种碱介入的 Fries 重排反应被用于天然产物 rhein (1) (式 4) 和拓扑异构酶 I 新型抑制剂的合成 [6-7]。O-芳基氨基甲酸酯也可进行碱介入的 Fries 重排[8]。

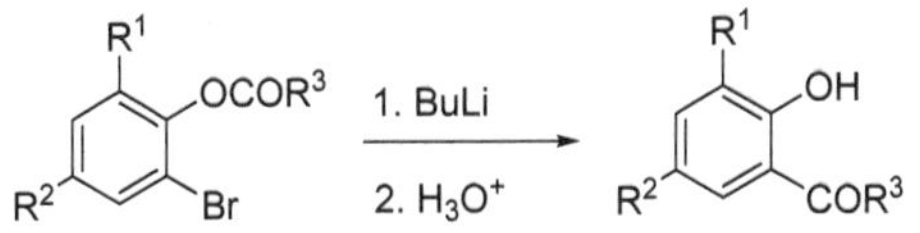

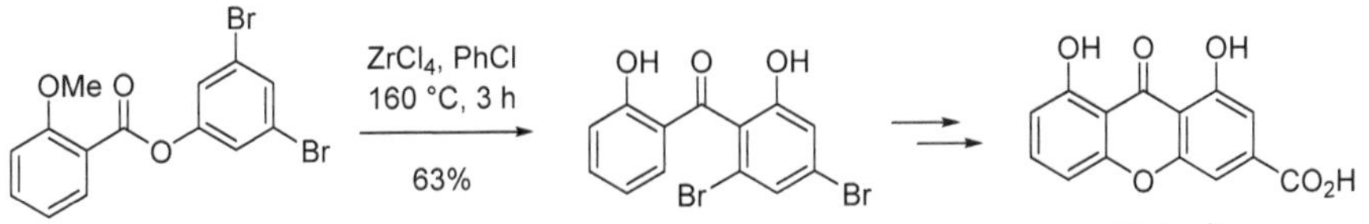

Fries 重排反应被扩展到阴离子 N-Fries 重排，并用于吖啶酮和吡喃并吖啶酮类生物碱的合成 (式 5)[9]。

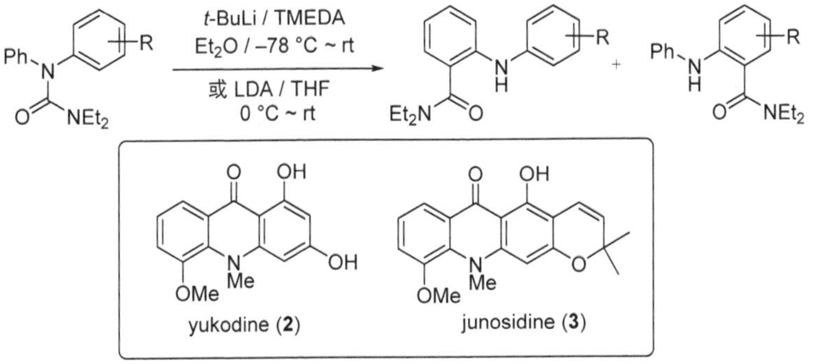

近年来，阴离子 S-Fries 重排取得一定进展。2012 年，Shibata[10]报道了 S-Fries 重排首次应用于三氟甲磺酸环芳香酯中，生成 α-羟基-β-三氟甲磺酰基衍生物 (式 6)。

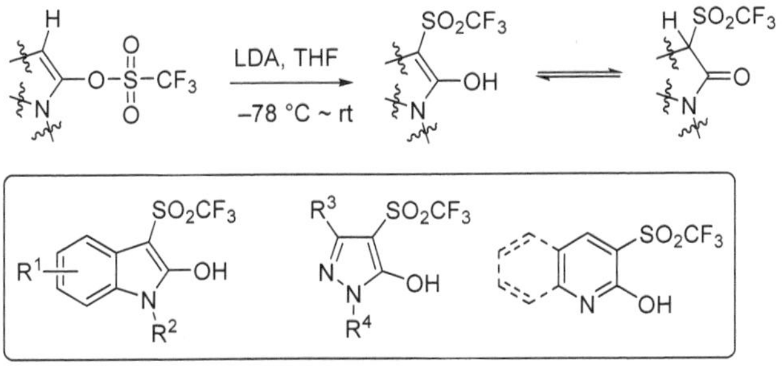

2013 年，Shibata 进一步报道了三氟甲磺酸酯在 NaH 作用下发生 1,5-S-Fries 重排，提供了一种有效合成 α-邻酚基-β-磺酰基吲哚衍生物的方法 (式 7)[11]。

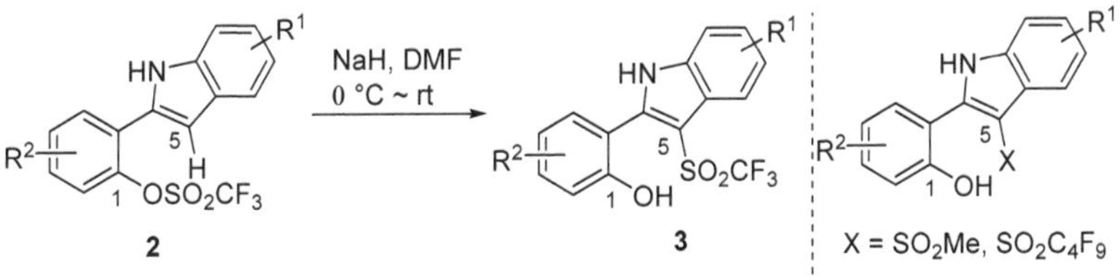

2015 年，Ghosh 报道了在 ZnO 催化下，进行对位选择性 Fries 重排 (式 8)[12]。

$$\text{(邻甲基苯基乙酸酯)} \xrightarrow[\text{H}^+]{\text{ZnO (cat.), 55 °C}} \text{(4-羟基-3-甲基苯乙酮)} \tag{8}$$

参考文献

[1] Fries, K.; Fink, G. *Ber. Dtsch. Chem. Ges.* **1908**, *41*, 4271-4284.
[2] Kobayashi, S.; Moriwaki, M.; Hachiya, I. *Bull. Chem. Soc. Jpn.* **1997**, *70*, 267-273.
[3] Boyer, J. L.; Krum, J. E.; Myers, M. C.; Fazal, A. N.; Wigal, C. T. *J. Org. Chem.* **2000**, *65*, 4712-4714.
[4] Commarieu, A.; Hoelderich, W.; Laffitte, J. A.; Dupont, M. P. *J. Mol. Cat. A.: Chem.* **2002**, *137*, 182-183.
[5] Miller, J. A., *J. Org. Chem.* **1987**, *52*, 322-323.
[6] Tisserand, S.; Baati, R.; Nicolas, M.; Mioskowski, C. *J. Org. Chem.* **2004**, *69*, 8982-8983.
[7] Piettre, A.; Chevenier, E.; Massardier, C.; Gimbert, Y.; Greene, A. E. *Org. Lett.* **2002**, *4*, 3139-3142.
[8] Sibi, M. P.; Snieckus, V. *J. Org. Chem.* **1983**, *48*, 1935-1937.
[9] MacNeil, S. L.; Wilson, B. J.; Snieckus, V. *Org. Lett.* **2006**, *8*, 1133-1136.
[10] Xu, X.-H.; Taniguchi, M.; Azuma, A.; Liu, G.-K.; Tokunaga, E.; Shibata, N. *Org. Lett.* **2012**, *14*, 2544-2547.
[11] (a) Charmant, J. P. H.; Dyke, A. M.; Lloyd-Jones, G. C. *Chem. Commun.* **2003**, 380-381. (b) Xu, X.-H.; Taniguchi, M.; Azuma, A.; Liu, G.; Tokunaga, E.; Shibata, N. *Org. Lett.* **2013**, *15*, 686-689.
[12] Ali, M.; Rahaman, H.; Pal, S. K.; Kar, N.; Ghosh, S. K. *RSC Adv.* **2015**, *5*, 41780-41785.

反应类型： 碳-碳键的形成；重排反应

（黄培强，陈婷婷）

Fritsch-Buttenberg-Wiechell 重排

Fritsch-Buttenberg-Wiechell (弗里奇-布藤贝格-维克尔) 重排 (简称 FBW 重排) 指 1,1-二芳基-2-卤代乙烯在碱作用下，经亚烷基卡宾中间体，重排生成炔类化合物的反应 (式 1)[1-6]。亚烷基卡宾中间体也可由 2,2-二卤代乙烯[7,8]在碱性条件下经消除产生 (式 2)。FBW 重排对于用其它方法难以合成的环状炔类体系的合成特别有用[9]。

$$\underset{R^2}{\overset{R^1}{>}}C=C\underset{X}{\overset{H}{<}} \xrightarrow{B:^-} R^1\!\!\equiv\!\!R^2 + X^- \tag{1}$$

$R^1, R^2 = $ 芳基, 杂芳基, H

$$\underset{R^2}{\overset{R^1}{>}}C=C\underset{X}{\overset{X}{<}} \xrightarrow{B^-} R^1\!\!\equiv\!\!R^2 + 2X^- \tag{2}$$

$R^1, R^2 \neq H$

反应机理 (图 1): FBW 重排反应为一瓶三步反应: ①碱作用下去质子化或金属-卤交换生成碳负离子 **A/A1**; ②α-消除形成亚烷基卡宾中间体 **B**; ③基团迁移生成炔。

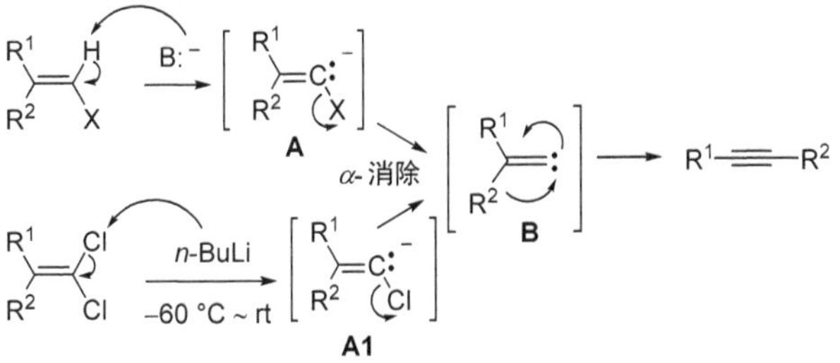

图 1 FBW 重排反应的机理

1999 年, Normant 发展了基于锌卡宾的 FBW 反应, 显示烷基也可迁移, 且构型完全保持 (式 3)[10]。

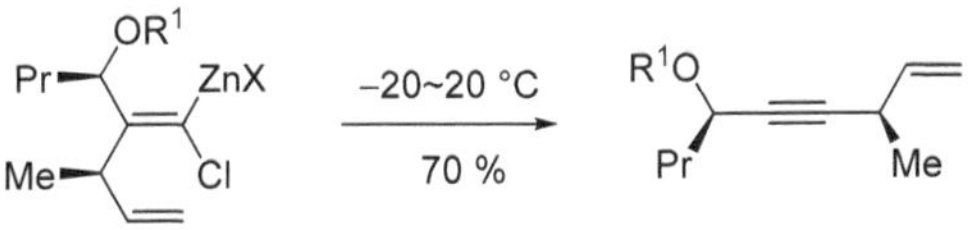

$$\tag{3}$$

2000 年, Tykwinski 进一步发展了 FBW 重排反应, 展示了炔基同样可以通过亚烷基卡宾中间体进行 1,2-迁移 (式 4)[11]。这一拓展不但提供了合成多炔天然产物的便捷方法[12], 更为功能材料的研发提供了新平台[11,13-17]。

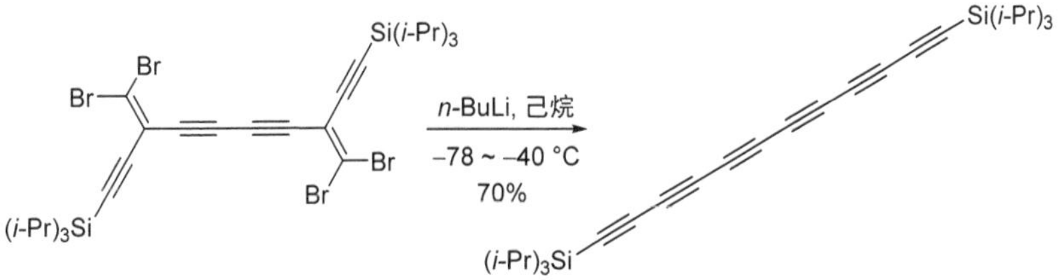

$$\tag{4}$$

FBW 重排是基于碳负离子和卡宾中间体的反应。新近, Gawel 及其合作者发展了经由自由基中间体的 FBW 型重排。把 1,1-二溴烯烃 **1** 置于 NaCl 表面, 在 5 K 下施以 1.7 V 以上的电压脉冲, 引起 C—Br 键均裂形成双自由基 **2**, 接着施以 2.1 V 以上的电压脉冲引起第二个 C—Br 键断裂, 由此启动类似 FBW 重排的重排反应。通过这一原子操控法, 可以合成多至八炔的长链炔烃 **3** (式 5)[18]。

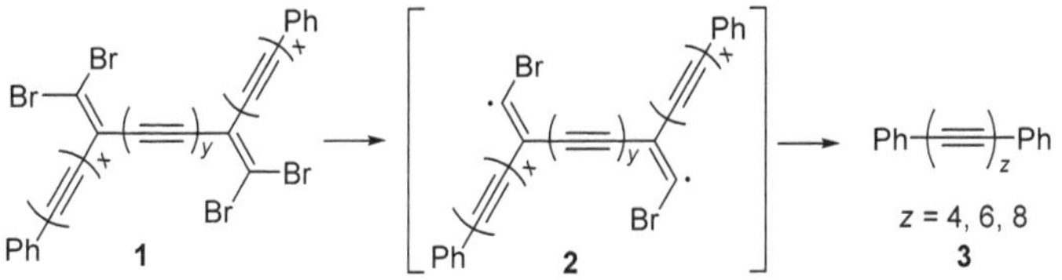

$$\tag{5}$$

FBW 重排反应不但可用于链状炔烃的合成, 也可用于扩环 (增加一个碳) 反应, 形成环炔。例如, 2016 年 Osuka 及其合作者报道了通过 FBW 重排实现 5,15-二芳基[18]卟啉 (1.1.1.1) 向 5,16-二芳基-10,11,21,22-四氢[20]卟啉(2.1.2.1) 的一步转化 (式 6)[19]。

$$\text{4} \xrightarrow[\text{THF, }-98\,°\text{C, 3 h}]{t\text{-BuLi (6.1 equiv)}} \text{5} \quad (6)$$

44%

参考文献

[1] Fritsch, P. *Liebigs Ann. Chem.* **1894**, *272*, 319-323.

[2] Buttenberg, W. P. *Liebigs Ann. Chem.* **1894**, *272*, 324-337.

[3] Wiechell, H. *Liebigs Ann. Chem.* **1894**, *272*, 337-344.

[4] Knorr, R. *Chem. Rev.* **2004**, *104*, 3795-3850. (综述)

[5] Kirmse, W. *Angew. Chem. Int. Ed.* **1997**, *36*, 1164-1170. (综述)

[6] Stang, P. J. *Chem. Rev.* **1978**, *78*, 383-405. (综述)

[7] Mouriès, V.; Waschbüsch, R.; Carran, J.; Savignac, P. *Synthesis* **1998**, 271-274.

[8] Shi Shun, A. L. K.; Tykwinski, R. R. *J. Org. Chem.* **2003**, *68*, 6810-6813.

[9] Johnson, R. P.; Daoust, K. J. *J. Am. Chem. Soc.* **1995**, *117*, 362-367.

[10] Creton, I.; Rezaei, H.; Marek, I.; Normant, J. F. *Tetrahedron Lett.* **1999**, *40*, 1899-1902.

[11] Eisler, S.; Tykwinski, R. R. *J. Am. Chem. Soc.* **2000**, *122*, 10736-10737.

[12] Luu, T.; Tykwinski, R. R. *J. Org. Chem.* **2006**, *71*, 8982-8985.

[13] Tykwinski, Rik R.; Kendall, J.; McDonald, R. *Synlett* **2009**, 2068-2075. (综述)

[14] Chalifoux, W. A.; Tykwinski, R. R. *Compt. Rend. Chim.* **2009**, *12*, 341-358.

[15] Tykwinski, R. R.; Chalifoux, W.; Eisler, S.; Lucotti, A.; Tommasini, M.; Fazzi, D.; Zoppo, M. D.; Zerbi, G. *Pure Appl. Chem.* **2010**, *82*, 891-904.

[16] Jahnke, E.; Tykwinski, R. R. *Chem. Commun.* **2010**, *46*, 3235-3249. (综述)

[17] Movsisyan, L. D.; Franz, M.; Hampel, F.; Thompson, A. L.; Tykwinski, R. R.; Anderson, H. L. *J. Am. Chem. Soc.* **2016**, *138*, 1366–1376.

[18] Pavlicek, N.; Gawel, P.; Kohn, D. R.; Majzik, Z.; Xiong, Y.-Y.; Meyer, G.; Anderson, H. L.; Gross, L. *Nat. Chem.* **2018**, *10*, 853-858.

[19] Umetani, M.; Tanaka, T.; Kim, T.; Kim, D.; Osuka, A. *Angew. Chem. Int. Ed.* **2016**, *55*, 8095-8099.

反应类型：重排反应；碳-碳三键的形成

（黄培强）

Hofmann 重排

Hofmann（霍夫曼）重排为伯酰胺在次溴酸钠（由氢氧化钠和溴水反应产生）作用下

发生重排生成少一个碳的伯胺的反应 (式 1)[1,2]。式中，R 基可为烷基或芳基[3]；当 R 为大于 6 个碳的烷基时，收率低，此时可用 Br_2/NaOMe 替代 Br_2/NaOH，产物为氨基酸酯 (RNHCOOMe)，后者可水解成胺[4]。

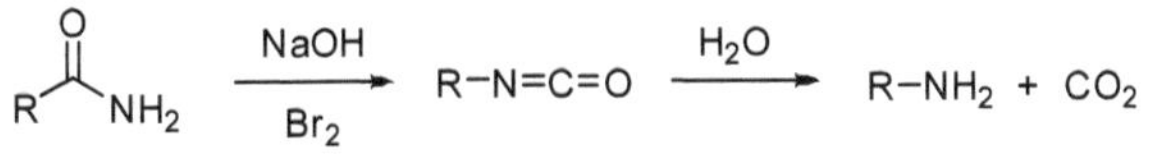

$$R-CONH_2 \xrightarrow{\text{NaOH}, Br_2} R-N=C=O \xrightarrow{H_2O} R-NH_2 + CO_2 \tag{1}$$

与 Curtius 重排、Lossen 重排及 Schmidt 反应一样，Hofmann 重排是一个 1,2-亲核重排 (迁移) 反应，中间体为异氰酸酯[5,6]。后者很少被分离出，而是经水解、脱羧直接形成产物伯胺。异氰酸酯若醇解则得氨基甲酸酯、胺解得脲 (式 2)。在这些反应中，若迁移碳为手性碳，则构型保持 (式 3)。

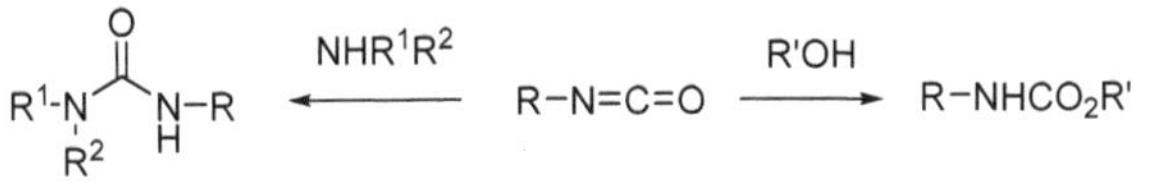

$$R^1\text{-}C(NR^2)\text{-}NHR \xleftarrow{NHR^1R^2} R-N=C=O \xrightarrow{R'OH} R-NHCO_2R' \tag{2}$$

(式 3 反应机理图示，包括 N-溴代酰胺、乃春 (nitrene) 中间体、异氰酸酯形成和水解过程)

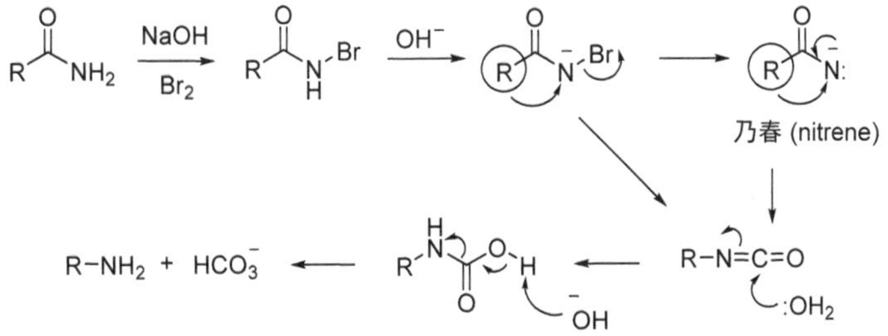

$$\tag{3}$$

伯酰胺的氧化重排也可用其它氧化剂，如用次氯酸钠[7,8] (式 4)、四醋酸铅[9]氧化。高价碘[10-12]是比较绿色的试剂，可避免使用溴、铅等有害试剂 (式 5)。NBS/DBU 为温和的体系，可用于甲氧基、氨基、硝基取代的苯甲酰胺等 (式 6)[13]。近年来，一些新型的更高效的氧化剂如 TCCA[14]、TBCA[15]、TsNBr$_2$[16]被应用于此类重排反应中 (式 7)。

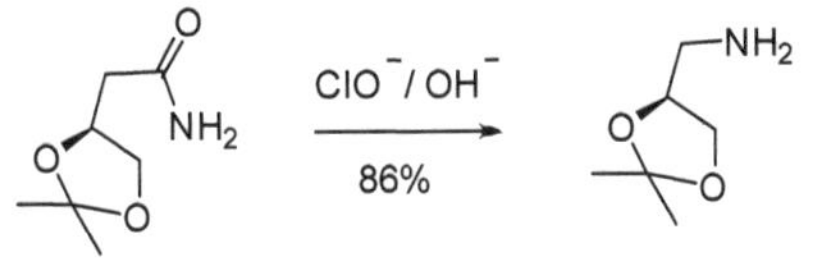

(式 4：缩醛保护的羟基酰胺经 ClO⁻/OH⁻ 氧化得伯胺，86%)

$$\tag{4}$$

(式 5：天冬酰胺衍生物经 Ph-I(OAc)$_2$ 于 aq. MeCN, 15 °C, 30 min 氧化重排，93%)

$$\tag{5}$$

$$R-CONH_2 \xrightarrow[\text{MeOH, 回流, 25 min}]{\text{NBS, DBU}} R-NHCO_2Me \quad 95\% \tag{6}$$

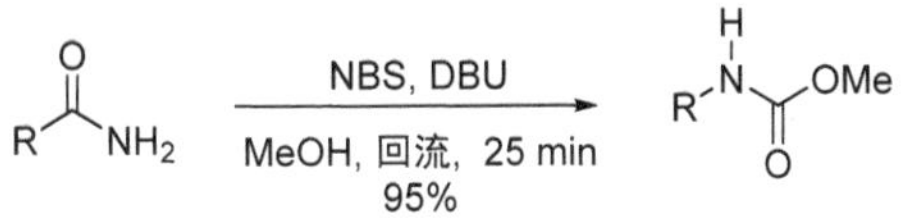

(式 7：TCCA 结构；1-乙烯基-1,1-环丙二甲酰胺经 TCCA/DBU, MeOH, rt~回流，77%)

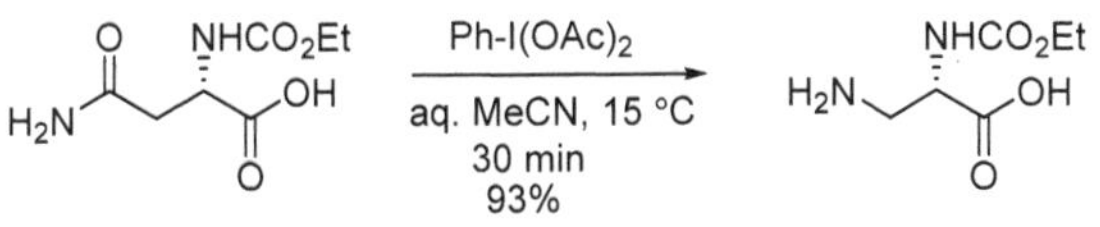

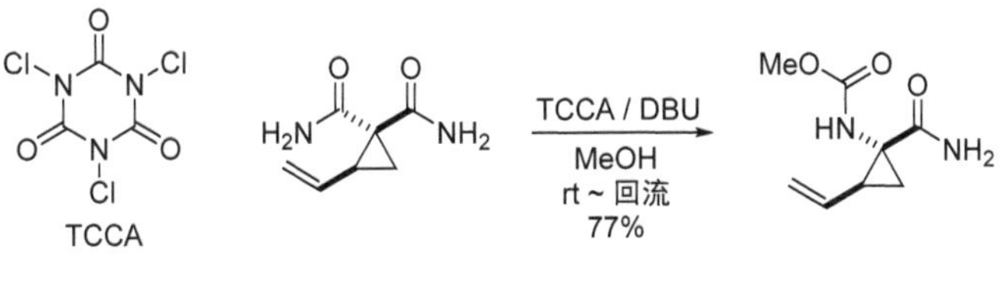

$$\tag{7}$$

当反应底物为环状酰亚胺时，可选用 PhI、m-CPBA 为氧化剂开环得到 β-氨基酸的衍生物 (式 8)[17]。

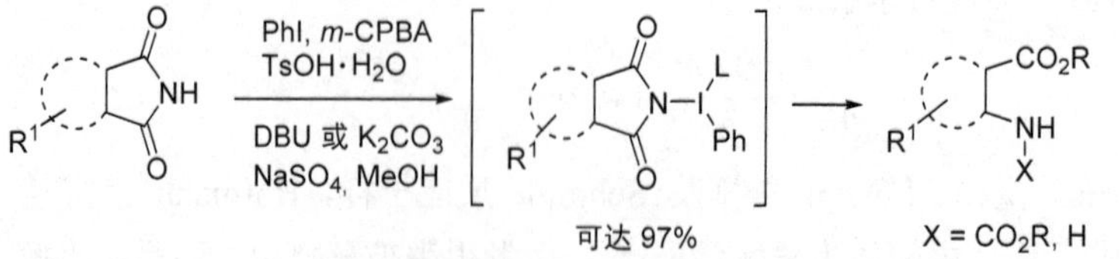

$$\text{(8)}$$

通过捕获反应的活性中间体异氰酸酯，Hofmann 重排被巧妙地用于天然产物生物素 (biotin)[18]和 dibromophakellstatin[19]的不对称合成 (式 9、式 10)。

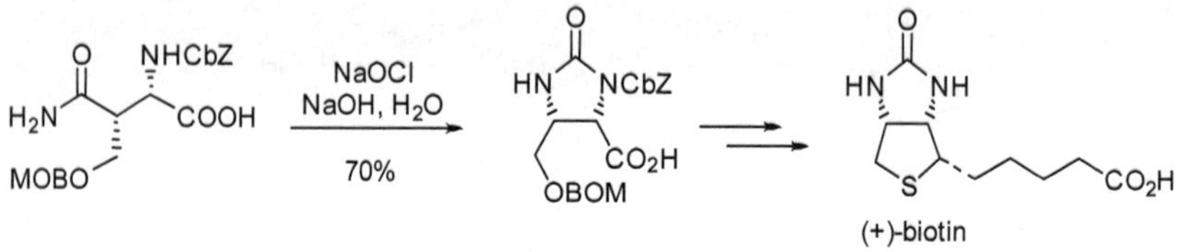

$$\text{(9)}$$

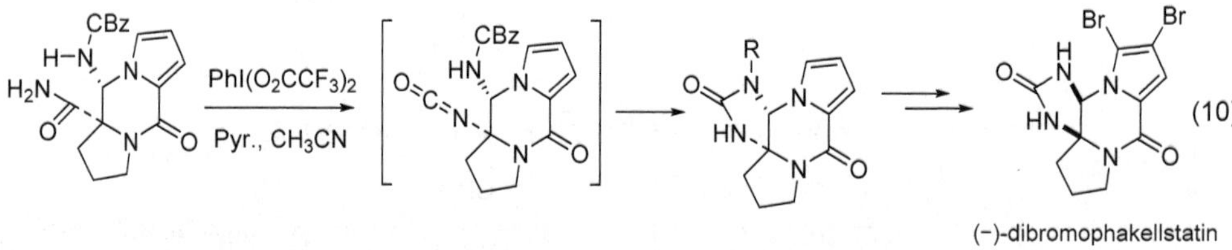

$$\text{(10)}$$

2014 年，Fukuyama 小组选用酰胺作为底物，经过 Hofmann 重排构建 (−)-oxycodone 的桥环，进而完成其全合成 (式 11)[20]。

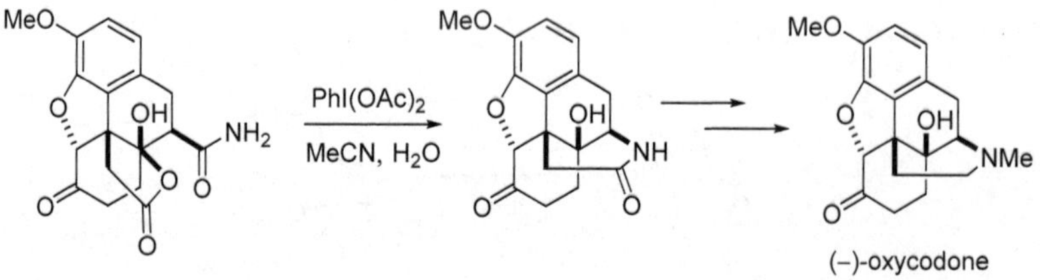

$$\text{(11)}$$

参考文献

[1] Hofmann, A. W. *Ber.* **1881**, *14*, 2725.
[2] Shioiri, T. In *Comprehensive Organic Synthesis*; Trost, B. M., Ed. *Pergamon*: Oxford, **1991**, *6*, 795.
[3] Wallis, E. S.; Lane, J. F. *Org. React.* **1946**, *3*, 267-306.
[4] Radlick, P.; Brown, L. R. *Synthesis* **1974**, 290-292.
[5] Wang, G.; Hollingsworth, R. I. *J. Org. Chem.* **1999**, *64*, 1036-1038.
[6] Anon.; *European Food Safety Authority*. **2016**, *14*, 1-13.(综述)
[7] Keillor, J. W.; Huang, X. C. *Org. Synth.* **2004**, *10*, 549; *Org. Synth.* **2002**, *78*, 234.
[8] Gogoi P.; Konwar D. *Tetrahedron Lett.* **2007**, *48*, 531-533.
[9] Baumgarten, H. E.; Smith, H. L.; Staklis, A. *J. Org. Chem.* **1975**, *40*, 3554-3561.
[10] Moriarty, R. M.; Chany, C. J., II; Vaid, R. K.; Prakash, O.; Tuladhar, S. M. *J. Org. Chem.* **1993**, *58*, 2478-2482.

[11] Zhang, L.; Kauffman, G. S.; Pesti, J. A.; Yin, J. *J. Org. Chem.* **1997**, *62*, 6918-6920.
[12] Yoshimura, A.; Luedtke, M. W.; Zhdankin, V. *J. Org. Chem.* **2012**, *77*, 2087-2091.
[13] Huang, X.; Seid, M.; Keillor, J. W. *J. Org. Chem.* **1997**, *62*, 7495-7496.
[14] Crane, Z. D.; Nichols, P. J.; Sammakia,T. *J. Org. Chem.* **2011**, *76*, 277-280.
[15] Miranda, L, S. M.; Rabello, d. S. T.; Crespo, L. T. *Tetrahedron Lett.* **2011**, *52*, 1639-1640.
[16] Borah, A. J. ; Phukan, P. *Tetrahedron Lett.* **2012**, *53*, 3035-3037.
[17] Moriyama, K.; Ishida, K.; Togo, H. *Org. Lett.* **2012**, *14*, 946-949.
[18] Seki, M.; Shimizu, T.; Inubushi, K. *Synthesis* **2002**, 361-368.
[19] Poullennec, K.; G.; Romo, D. *J. Am. Chem. Soc.* **2003**, *125*, 6344-6345.
[20] Kimishima, A.; Fukuyama, T. *Org. Lett.* **2014**, *16*, 6244-6247.

相关反应：Curtius 重排；Lossen 重排；Schmidt 反应；Wolff 重排

（黄培强，何倩）

Jocic 反应和 Corey-Link 反应

1897 年，俄罗斯有机化学家 Jocic 报道，苯基(三氯甲基)甲醇与 KOH 水溶液反应，以 27% 的产率得到氯代苯乙酸 (式 1)[1]。Reeve 在 1960—1980 年间，系统研究了该反应，把反应拓展为式 2 所示的通用形式[2,3]，并于 1980 年把 Jocic 的工作 (式 1) 称为 Jocic (约齐奇) 反应[2j]。该反应也可以称为 Jocic-Reeve (约齐奇-雷夫) 反应。2006 年以来，Snowden 系统研究发展 Jocic 反应[4]，并于 2012 年综述了偕三氯环氧化合物的合成应用[3c]。在该文中，Snowden 总结汇总了以偕三氯环氧化合物为中间体的三个人名反应：Jocic 反应 (式 2)、Corey-Link (科里-林克) 反应[5](式 3) 和 Bargellini (巴尔杰利尼) 反应。

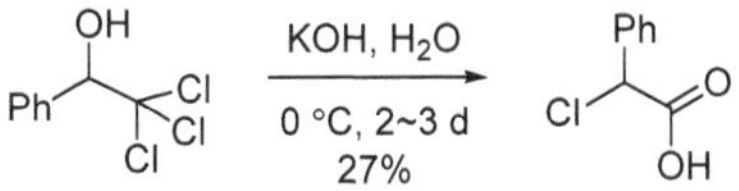

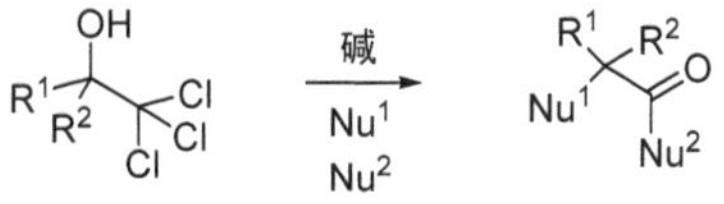

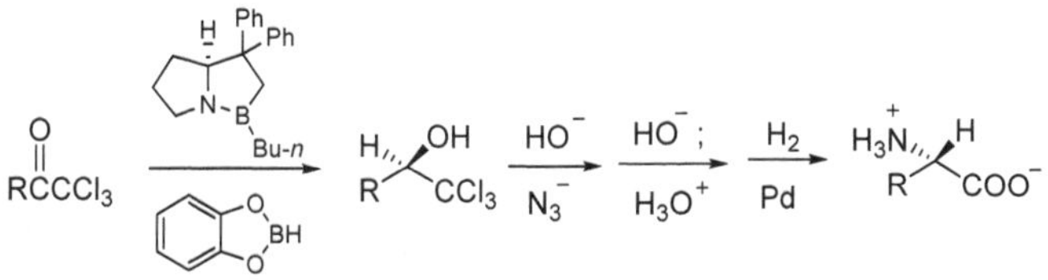

Jocic 反应可能的反应机理 (图 1)：

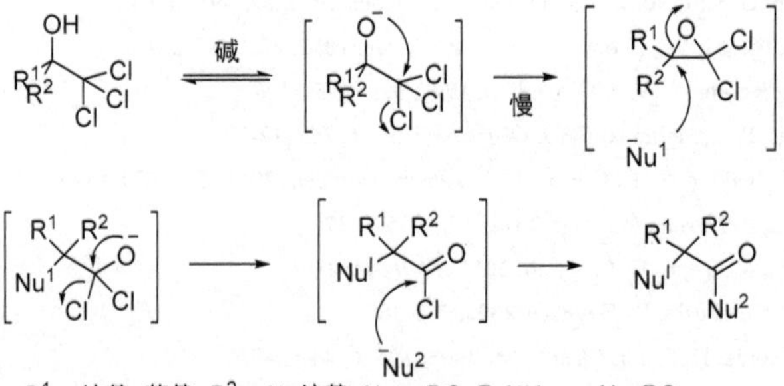

R^1 = 烷基, 芳基; R^2 = H, 烷基; Nu = RO, $R_nNH_{(3-n)}$, N_3, RS

图 1 Jocic 反应可能的反应机理

Jocic 反应的原料可由多种方法制得。例如，通过醛与三氯乙酸及其钠盐在 DMF 中反应制备[6a]，也可从醛或醇出发，后者经现场氧化-三氯甲基加成制备[6b,c]。通过有机锌试剂对三氯乙酰氯加成可以制备三氯甲基酮[6a]。光学活性(三氯甲基)醇可由相应的三氯甲基酮经 CBS 还原[5]或 Noyori 不对称催化氢转移氢化[7]制得。2013 年，Fox 课题组报道了通过 Noyori 不对称催化氢转移氢化对映选择性地合成 α-三氯甲基醇，进而经 Jocic 反应合成光学活性 α-氨基酰胺的方法[7](式 4)。

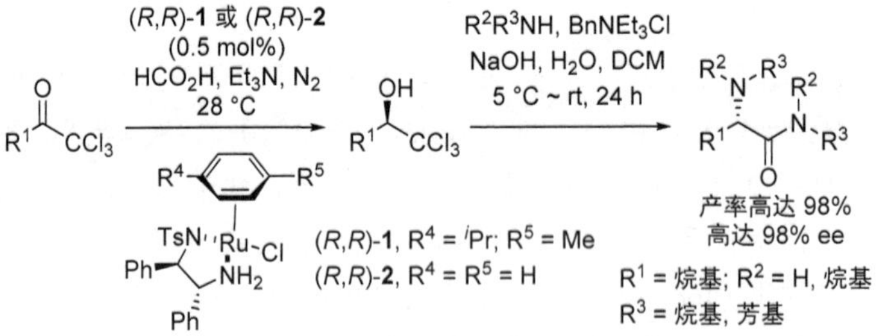

(4)

从烯基三氯甲基甲醇出发，在碱性条件下生成环氧中间体与不同的亲核试剂可分别进行 S_N2 反应，则可分别生成 α-杂原子或 γ-杂原子取代的烯羧酸衍生物[4a] (式 5)。

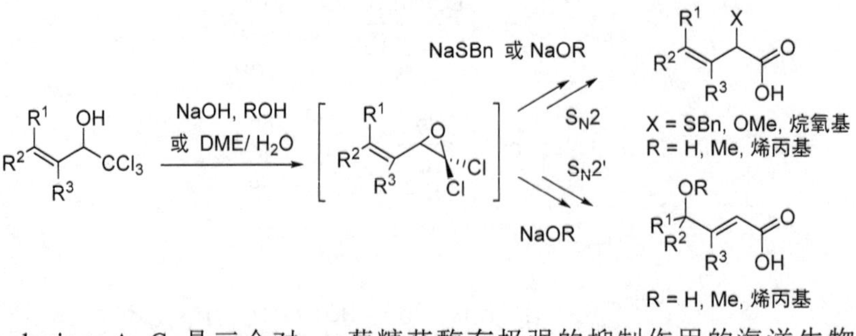

(5)

Schulzeines A~C 是三个对 α-葡糖苷酶有极强的抑制作用的海洋生物碱。Romo 小组试图通过 Corey-Link 反应把化合物 **3a** 转化为叠氮酸 **5**，但实际得到的是哌啶氮作为内亲核体的环化产物 **4**。为此，需要把 **3a** 保护为 **3b**，然后通过 Corey-Link 反应经三步转化为 schulzeines 三环结构 **5**[8] (式 6)。

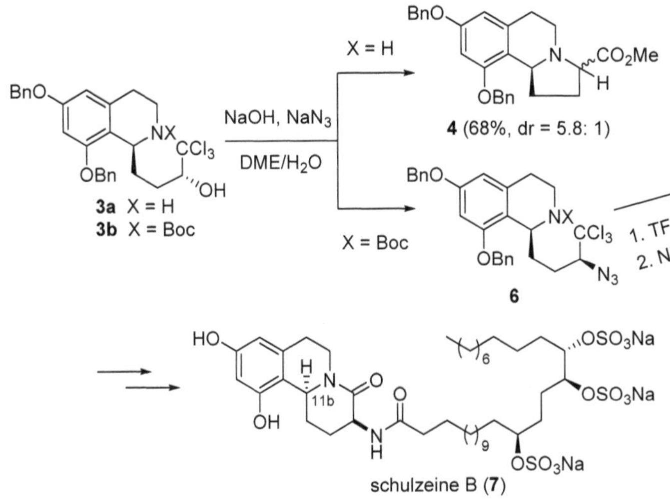

含氮螺环化合物 **12** 是一个 β-分泌酶抑制剂，该类螺环哌啶可望发展为治疗阿尔茨海默病等一系列中枢神经系统疾病的药物。Pfizer 制药公司 Henegar 团队于 2013 年报道了其放大合成。该路线的关键是采用 Jocic 反应立体专一性地构建含季碳中心的手性合成砌块 **10**[9](式 7)。

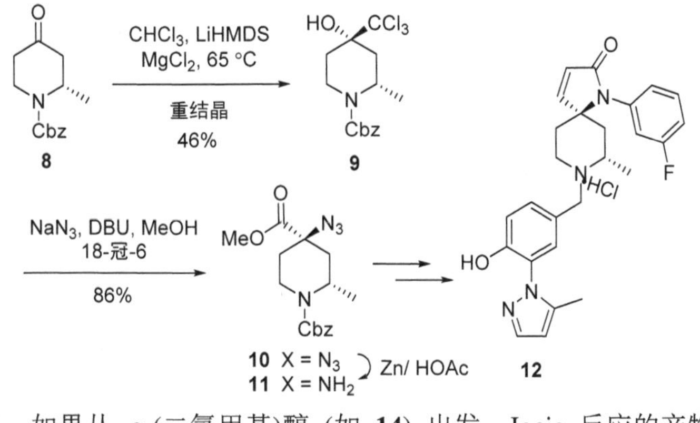

值得注意的是，如果从 α-(二氯甲基)醇（如 **14**）出发，Jocic 反应的产物为 α-位被亲核试剂取代的醛（如 **15**）。2012 年，Dhavale 课题组报道了通过这一策略合成 **16** 等氮杂糖类似物。二氯甲基锂对从 D-甘露糖衍生的酮 **13** 的加成从 Re-面进行，选择性地生成立体异构体 **14** (dr = 9:1)。叠氮化钠与 **14** 反应生成 α-叠氮醛 **15**，后者被进一步转化为氮杂糖类似物 **16** (式 8)[10]。

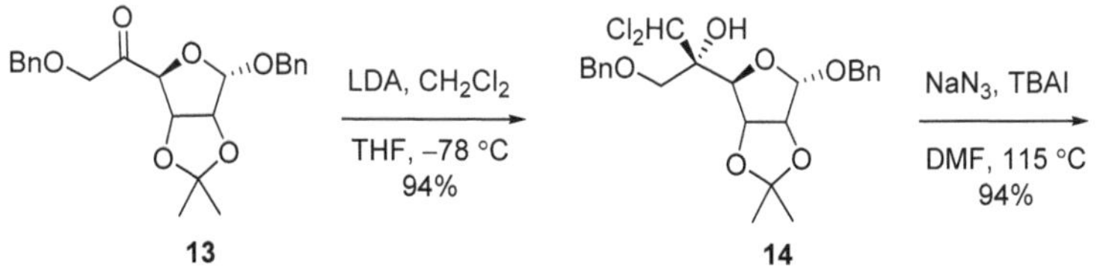

$$\text{(8)}$$

参考文献

[1] Jocic, Z. *Zh. Russ. Fiz. Khim. Ova.* **1897**, *29*, 97-99.

[2] (a) Reeve, W.; Wood, C. W. *J. Am. Chem. Soc.* **1960**, *82*, 4062-4066. (b) Reeve, W.; Fine, L. W. *J. Org. Chem.* **1964**, *29*, 1148-1150. (c) Reeve, W.; Nees, M. *J. Am. Chem. Soc.* **1967**, *89*, 647-651. (d) Reeve, W.; Hoffsommer, J. C.; Auotto, P. F. *Can. J. Chem.* **1968**, *46*, 2233-2238. (e) Reeve, W.; Barron, E. *J. Org. Chem.* **1969**, *34*, 1005-1007. (f) Reeve, W.; Barron, E. R. *J. Org. Chem.* **1975**, *40*, 1917-1920. (g) Reeve, W.; Bianchi, R. J.; McKee, J. R. *J. Org. Chem.* **1975**, *40*, 339-342. (h) Reeve, W.; Coley III, W. R. *Can. J. Chem.* **1979**, *57*, 444-449. (i) Reeve, W.; Steckel, T. F. *Can. J. Chem.* **1980**, *58*, 2784-2788. (j) Reeve, W.; Tsuk, R. *J. Org. Chem.* **1980**, *45*, 5214-5215.

[3] (a) Reeve, W. *Synthesis* **1971**, 131-138. 2. (b) Gukasyan, A. O.; Galstyan, L. K.; Avetisyan, A. A. *Russ. Chem. Rev.* **1991**, *60*, 1318-1330. (c) Snowden, T. S. *ARKIVOC* **2012**, (ii), 24-40. (综述)

[4] (a) Shamshina, J. L.; Snowden, T. S. *Org. Lett.* **2006**, *8*, 5881-5884. (b) Cafiero, L. R.; Snowden, T. S. *Org. Lett.* **2008**, *10*, 3853-3856. (c) Gupta, M. K.; Li, Z.; Snowden, T. S. *Org. Lett.* **2014**, *16*, 1602-1605. (d) Li, Z.; Gupta, M. K.; Snowden, T. S. *Eur. J. Org. Chem.* **2015**, 7009-7019.

[5] (a) Corey, E. J.; Link, J. O.; Shao, Y. *Tetrahedron Lett.* **1992**, *33*, 3435-3438. (b) Corey, E. J.; Link, J. O. *J. Am. Chem. Soc.* **1992**, *114*, 1906-1908.

[6] (a) Corey, E. J.; Link, J. O. *Tetrahedron Lett.* **1992**, *33*, 3431-3434. (b) Gupta, M. K.; Li, Z.; Snowden, T. S. *J. Org. Chem.* **2012**, *77*, 4854-4860. (c) Henegar, K. E.; Lira, R. *J. Org. Chem.* **2012**, *77*, 2999-3004.

[7] Perryman, M. S.; Harris, M. E.; Foster,; Joshi, A.; Clarkson, G. J.; Fox, D. J. *Chem. Commun.* **2013**, *49*, 10022-10024.

[8] Liu, G.; Romo D. *Org. Lett.* **2009**, *11*, 1143-1146.

[9] Henegar, K. E.; Lira, R.; Kim, H.; Gonzalez-Hernandez, J. *Org. Process Res. Dev.* **2013**, *17*, 985-990.

[10] Pawar, N. J.; Parihar, V. S.; Chavan, S. T.; Joshi, R.; Joshi, P. V.; Sabharwal, S. G.; Puranik, V. G.; Dhavale, D. D. *J. Org. Chem.* **2012**, *77*, 7873-7882.

（黄培强，胡秀宁）

Lossen 重排

Lossen (洛森) 重排是 *O*-酰基羟肟酸衍生物在碱作用下或加热下重排生成异氰酸酯，水解后得伯胺的反应（式 1）[1-3]。

$$\text{(1)}$$

Lossen 重排反应的机理（图 1）类似于 Hofmann 重排、Curtius 重排和 Schmidt 重

排反应。

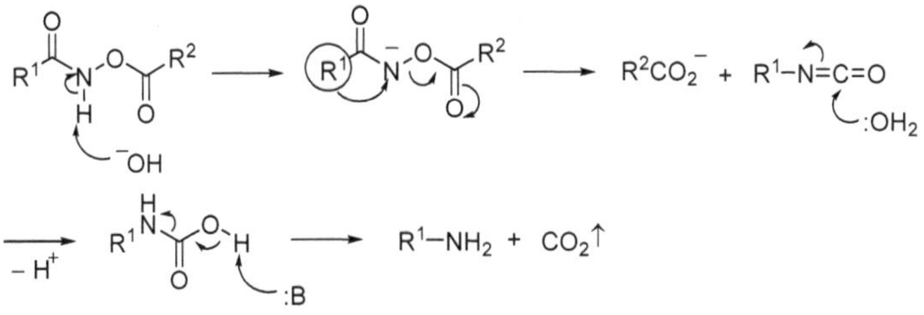

图 1 Lossen 重排反应的机理

由于存在羟肟酸不易得、稳定性有限和可发生自身缩合副反应等缺点 (式 2)，该反应实际应用少。

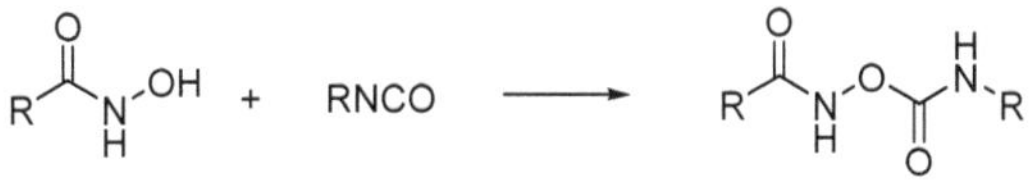

$$R-C(O)-NH-OH + RNCO \longrightarrow R-C(O)-NH-O-C(O)-NH-R \quad (2)$$

解决自身缩合问题的一个方法是使用活化的羟肟酸。先后报道了多种羟肟酸的活化衍生化方法 (式 3)[4,5]。另一种方法是提高基团的迁移能力 (式 4)[6]。得益于亚膦酰基出色的迁移能力，亚膦酰羟肟酸可发生自发的 Lossen 重排。

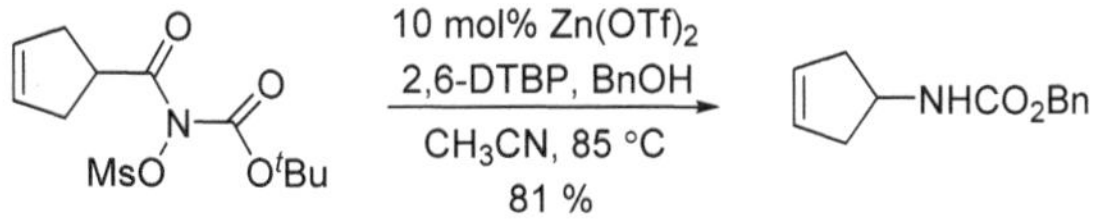

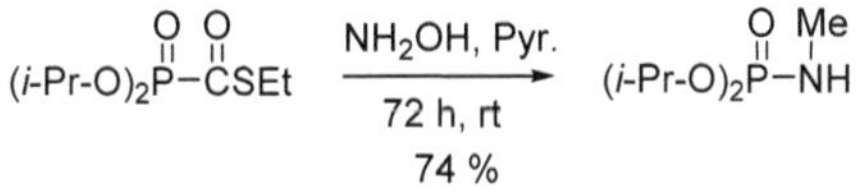

2009 年，报道了羟肟酸经羰基二咪唑 (CDI) 活化的重排反应。生成的异氰酸酯中间体与胺或醇反应分别生成脲或氨基甲酸酯类化合物 (式 5)[7]。该方法较之前的方法温和，易于大量反应。通过形成 O-芳基磺酰基羟肟酸也可以进行该重排反应，重排反应经过醇解形成氨基甲酸酯类化合物 (式 6)[8]。

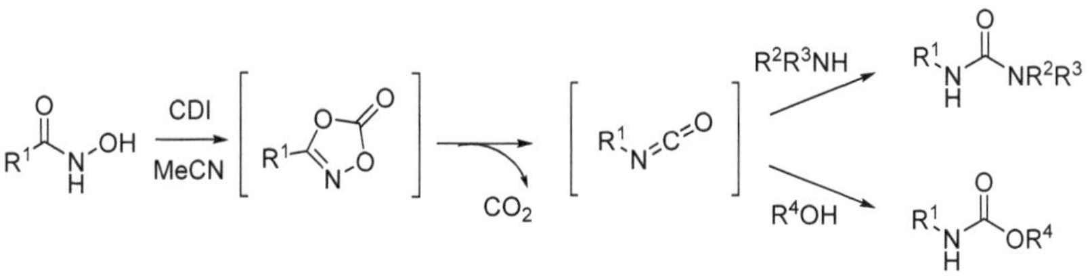

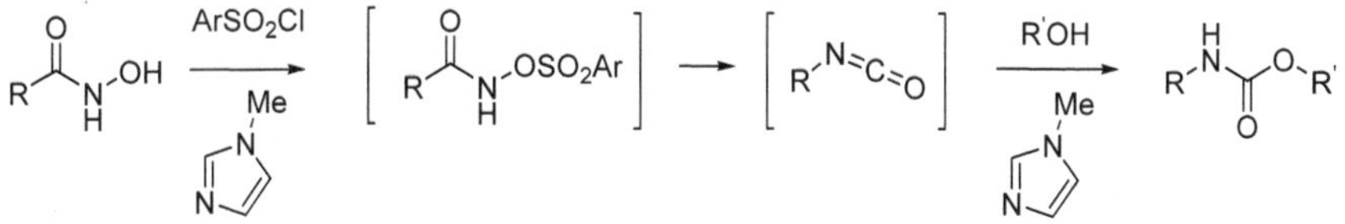

最近报道了乙腈参与的 Lossen 重排反应，该方法被用于抗 HIV 的药物 BMS-955176 的合成 (式 7)[9]。

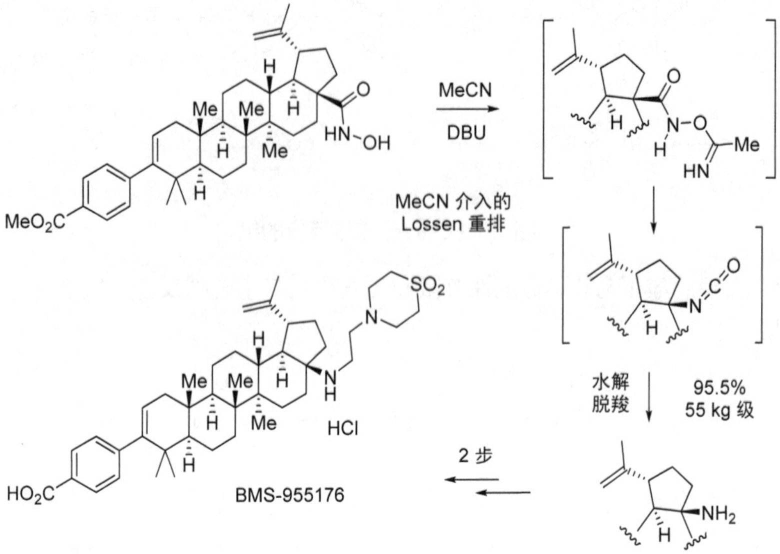

参考文献

[1] Lossen, W. *Ann.* **1872**, *161*, 347.
[2] Yale, H. L. *Chem. Rev.* **1943**, *33*, 209-256.
[3] Bauer, L.; Exner, O. *Angew. Chem. Int. Ed. Engl.* **1974**, *13*, 376-384.
[4] Pihuleac, J.; Bauer, L. *Synthesis* **1989**, 61-64.
[5] Stafford, J. A.; Gonzales, S. S.; Barrett, D. G.; Suh, E. M.; Feldman, P. L. *J. Org. Chem.* **1998**, *63*, 10040-10044.
[6] Salomon, C. J.; Breuer, E. *J. Org. Chem.* **1997**, *62*, 3858-3861.
[7] Dube, P.; Nathel, N. F. F.; Vetelino, M.; Couturier, M.; Aboussafy, C. L.; Pichette, S.; Jorgensen, M. L.; Hardink, M. *Org. Lett.* **2009**, *11*, 5622-5625.
[8] Yoganathan, S.; Miller, S. J. *Org. Lett.* **2013**, *15*, 602-605.
[9] Strotman, N. A.; Ortiz, A.; Savage, S. A.; Wilbert, C. R.; Ayers, S.; Kiau, S. *J. Org. Chem.* **2017**, *82*, 4044-4049.

相关反应：Hofmann 重排；Curtius 重排；Schmidt 反应；Wolff 重排

（黄培强，黄雄志）

McLafferty 重排

McLafferty (麦克拉夫悌) 重排是一类由游离基中心引发的分子内 γ-H 重排并伴随 β 键断裂的反应[1-4]。该类反应通常是在质谱仪中发生的，是有机化合物质谱碎裂的一种重要方式。该重排反应广泛存在于各类含有不饱和键和 γ-H 的有机化合物中，可为其分子结构的推导提供丰富的结构信息。

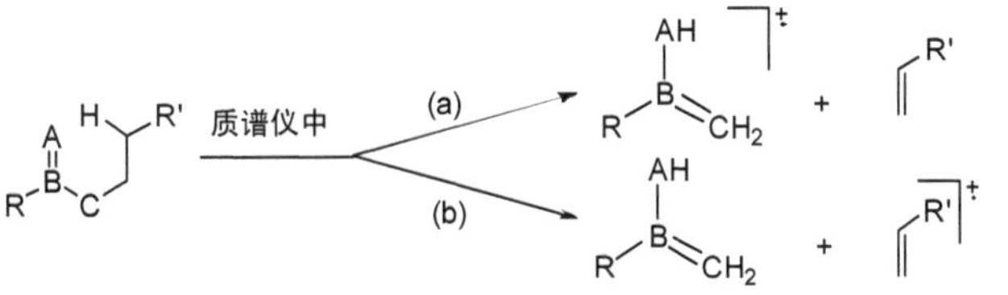

$$\text{(1)}$$

A, B, C = 碳或杂原子；R = H，或各类取代基

在 McLafferty 重排中，γ-H 通过六元环状过渡态迁移到不饱和键的原子上，并同时发生 β-键的断裂。如式 1 所示，通常重排产生相应的烯醇 (A = O 时) 正离子自由基和相应的烯 (a)；但如果所对应的烯相对比较稳定，电荷也可能保留在烯烃上 (b)。这两种产生电荷的机理分别见于丁酸甲酯 (式 2)[5]和 R^1–C(O)–NH–CH(R^3)CH$_2$SR^2 (式 3)[4]的质谱裂解中。

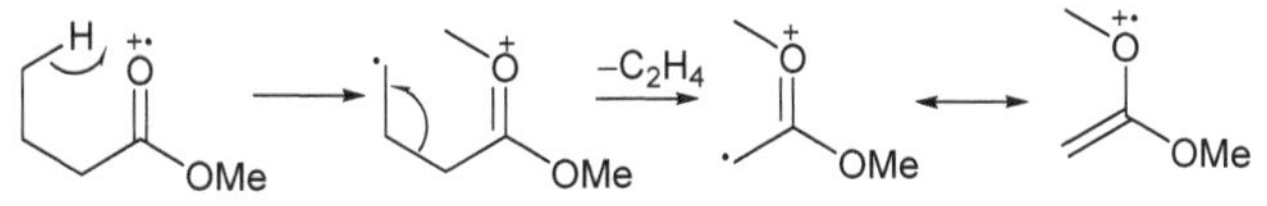

$$\text{(2)}$$

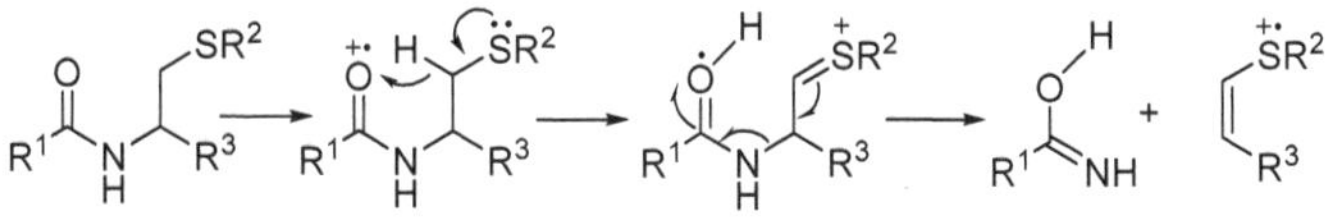

$$\text{(3)}$$

McLafferty 重排是逐步进行的，这一点可见于 1-己基-2-丙基环丁醇的双 McLafferty 重排 (式 4)中[6]。

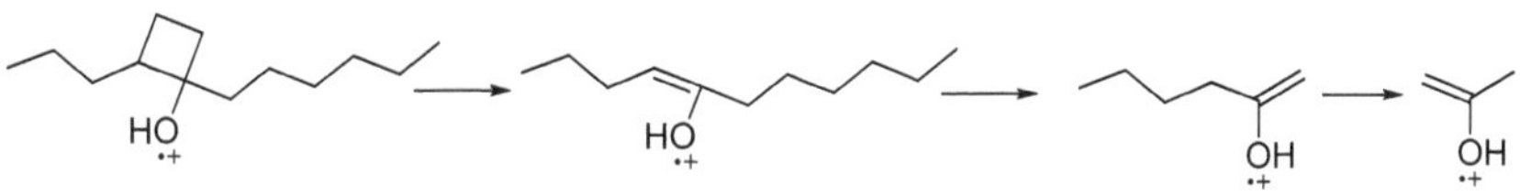

$$\text{(4)}$$

在 McLafferty 重排中，仲氢比伯氢更易于发生迁移，二者的迁移比在异丁基丙基酮中为 10:1[4]；氢和氧原子间的距离小于 1.8 Å，以及发生迁移的氢与羰基的平面夹角小于 50° 是羰基类化合物发生 McLafferty 重排的前提条件[4]。

McLafferty 重排常见于羰基化合物 (包括醛、酮、羧酸、羧酸酯和酰胺) 中，但在许多非羰基体系 (如腙、肟、亚胺、磷酸酯、硫酸酯和亚硫酸酯) 中也经常发生[4]。这一重排机制已在脂肪酸烷基酯的结构确认中得到应用 (式 5)[7]。

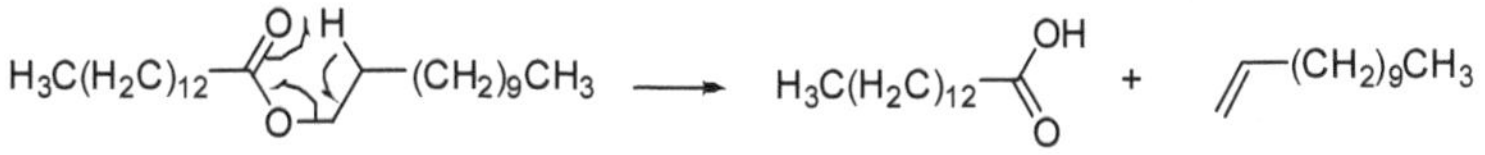

$$\text{(5)}$$

利用 flourensic acid 衍生物的 McLafferty 重排，成功利用质谱中存在 m/z 74 的碎片确认了 flourensic acid 中的羰基应在 9 位，而非 6 位的实例可见图 1[8]。

与 McLafferty 重排反应相似的化学反应还有 Norrish II 型光化学裂解 (见式 6)[9,10]，但前者一般发生在质谱源中，而后者可在实验室中进行。

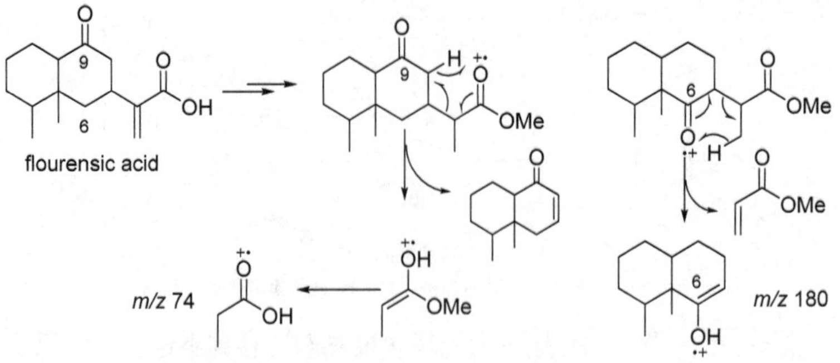

图 1 利用质谱碎片 m/z 74 确认了 flourensic acid 中的羰基在 9 位

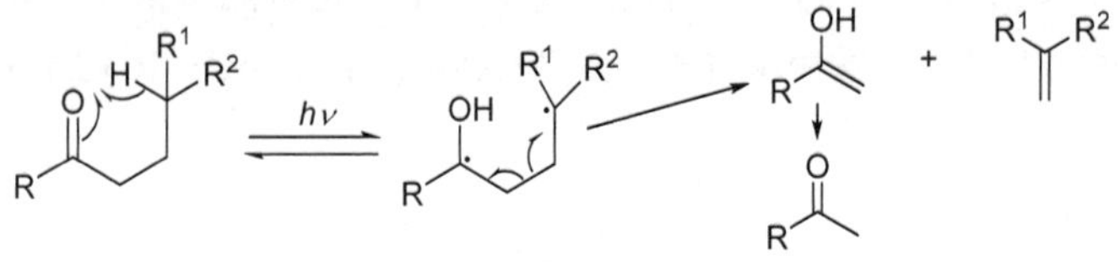

参考文献

[1] McLafferty, F. W. *Anal. Chem.* **1956**, *28*, 306.
[2] Gilpin, J. A.; McLafferty, F. W. *Anal. Chem.* **1957**, *29*, 990.
[3] McLafferty, F. W. *Anal. Chem.* **1959**, *31*: 82.
[4] Kingston, D. G. I.; Bursey, J. T.; Bursey, M. M. *Chem. Rev.* **1974**, *74*, 215.
[5] Nibbering, N. M. M. *J. Am. Soc. Mass Spectrom.* **2004**, *15*, 956.
[6] Eadon, G., *J. Am. Chem. Soc.* **1972**, *94*, 8938.
[7] Francke, W.; Lübke, G.; Schröder, W.; Reckziegel, A.; Imperatriz-Fonseca, V.; Kleinert, A.; Engels, E.; Hartfelder, K.; Radtke, R.; Engels, W. *J. Braz. Chem. Soc.* **2000**, *11*, 562.
[8] Kingston, D. G. I.; Rao, M. M.; Spittler, T. D. *Tetrahedron Lett.* **1971**, *12*, 1613.
[9] Norrish, R. G. W. *Trans. Faraday Soc.* **1937**, *33*, 1521.
[10] Wagner, P. J. *Acc. Chem. Res.* **1971**, *4*, 168.

（岳建民，廖尚高）

Meyer-Schuster 重排和 Meyer-Schuster-Vieregge 重排

仲、叔-α-炔醇在酸性条件下经形式上的 1,3-羟基迁移和互变异构化转化为 α,β 不饱和羰基化合物 **1** 的反应，称 Meyer-Schuster (迈耶-舒斯特) 重排 (式 1)[1,2]。这是一种从

酮合成 α,β-不饱和羰基化合物的两步方法。

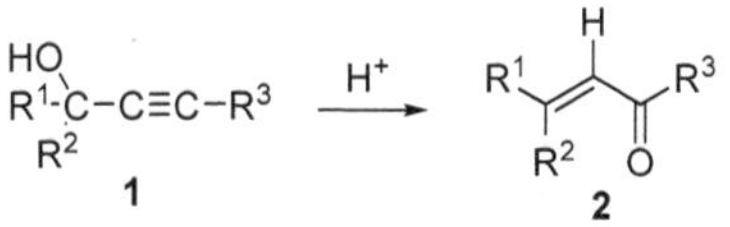

$$\underset{1}{\underset{R^2}{\overset{HO}{\underset{|}{R^1-C}}}-C\equiv C-R^3} \xrightarrow{H^+} \underset{2}{\overset{R^1}{\underset{R^2}{\diagup}}=\overset{H}{\underset{O}{\diagdown}}R^3} \tag{1}$$

反应机理：如图 1 所示，Meyer-Schuster 重排与 Rupe (鲁佩) 重排为竞争反应[3]。由于 Meyer-Schuster 重排所需反应条件剧烈，对于叔-α-炔醇，Rupe 重排往往为主产物。

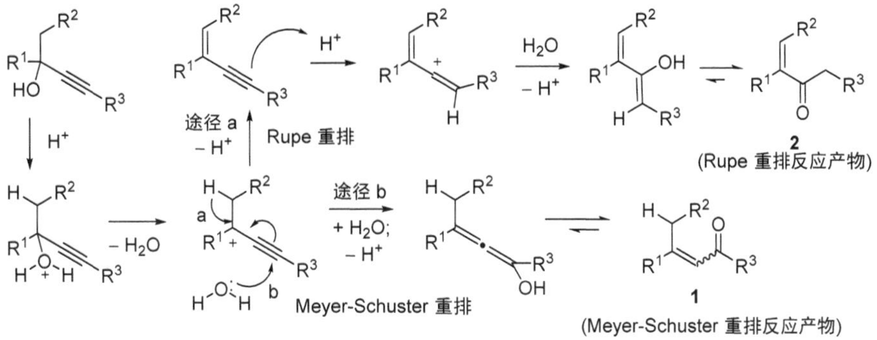

图 1 Meyer-Schuster 重排和 Rupe 重排的反应机理

（1）Meyer-Schuster 重排反应的改进

在传统的强酸和高温条件下，Meyer-Schuster 重排反应的收率低。使用试剂体系 $Ti(OR)_4/CuCl$[4]或 $MoO_2(acac)_2/Bu_2SO/ArCO_2H$[5]使 Meyer-Schuster 重排可在较温和条件下进行。

Meyer-Schuster 重排的一个重要拓展是 Vieregge 及其合作者发展的在等物质的量的三氟化硼合乙醚作用下酮与炔醚、炔硫醚或炔酮反应，生成 α,β-不饱和酯、α,β-不饱和硫酯或 α,β-不饱和酮 (式 2)[6]。与 Meyer-Schuster 重排相比，这是从酮出发的一步反应，无需预先生成炔负离子，产物为增加两个碳的 α,β-不饱和酯、α,β-不饱和硫酯或 α,β-不饱和酮。本文作者认为宜把该转化称为 Meyer-Schuster-Vieregge 重排反应。与 HWE 反应相比较，Meyer-Schuster-Vieregge 重排反应原子经济性高。1997 年，该法被 Crich 用于紫杉醇 A 环的合成 (式 3)[7]。值得一提的是，反应生成单一的 E-式产物 **5**。

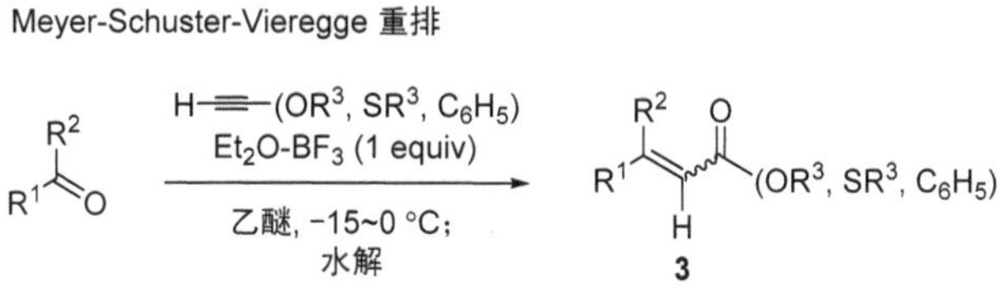

$$\underset{R^1\;\;O}{\overset{R^2}{\diagdown}} \xrightarrow[\text{乙醚, -15~0 °C;}]{\underset{Et_2O-BF_3 \text{ (1 equiv)}}{H-\equiv-(OR^3, SR^3, C_6H_5)}} \underset{3}{\overset{R^2}{\underset{H}{\diagup}}\overset{O}{\underset{}{\diagdown}}(OR^3, SR^3, C_6H_5)} \tag{2}$$

把金催化引入 Meyer-Schuster 重排是这一反应的另一重要进展与提高。软的 Lewis 酸 ($AuCl_3$) 有利于 Meyer-Schuster 重排 (式 4)[8-10]。Meyer-Schuster 重排是从酮合成亚甲基环丁烷 **7** 的方便方法 (式 5)[10]。

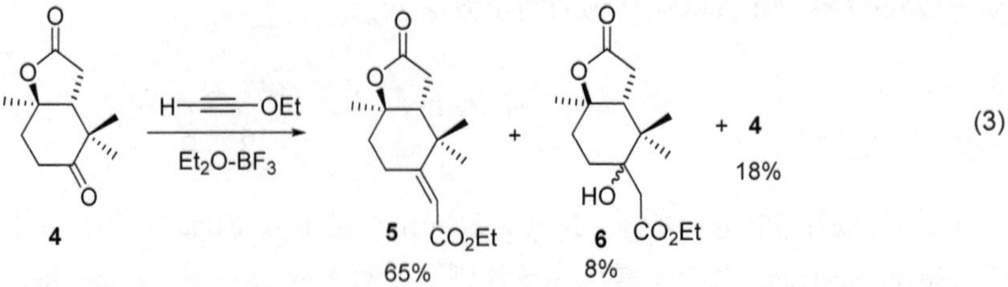

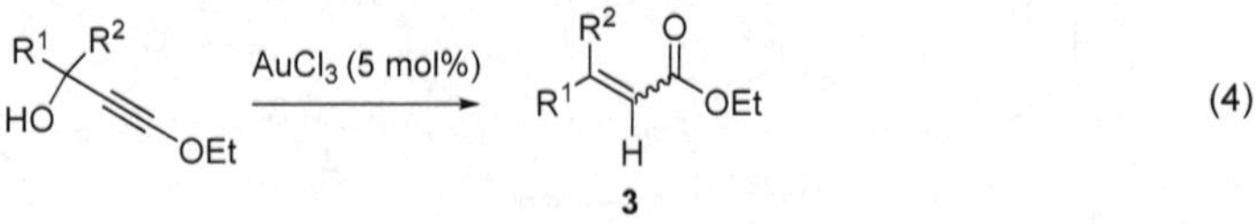

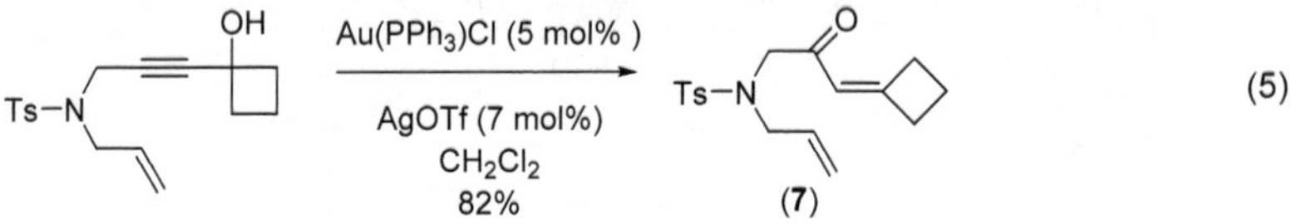

[式 (3)]

[式 (4)]

[式 (5)]

2008 年，Akai 小组报道了 Mo-Au-Ag 组合催化剂催化的类 Meyer-Schuster 重排反应。该法适应伯、仲、叔醇[11]。由于反应条件温和，被成功应用于含敏感基团的天然产物 (+)-anthecotulide (**8**) 的全合成 (式 6)[12]。

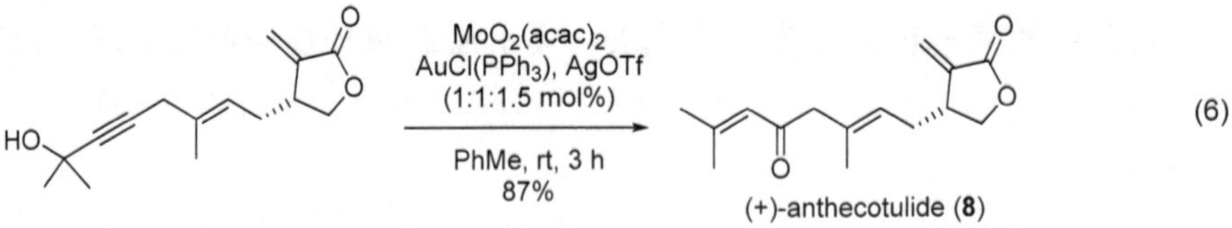

[式 (6)]

2007 年，Yamada 等人报道了二氧化碳 (1.0 MPa) 和等摩尔 DBU 介入下 AgOMs 催化 (10 mol%) 的类 Meyer-Schuster 重排反应。该条件温和，产率高[13]。乙酸炔丙醇酯 **9** 在 $Hg(OTf)_2$ 催化下可形成乙烯基酮 **10** (式 7)，这是从伯醇获得 Meyer-Schuster 和 Rupe 重排产物的另一种途径，但反应机理完全不同[14]。

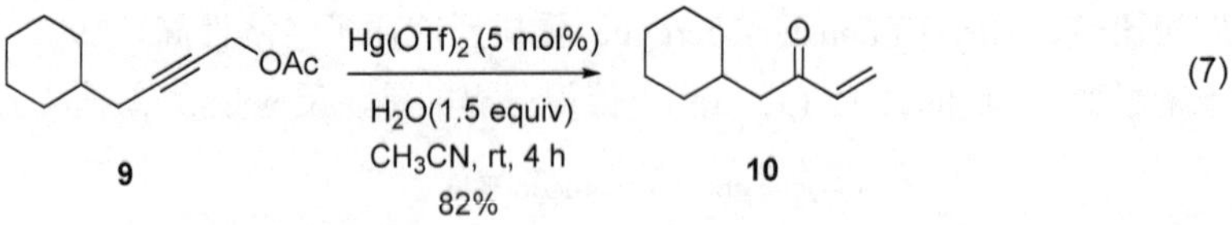

[式 (7)]

（2）Meyer-Schuster 重排与其它反应的串联

Meyer-Schuster 重排反应串联其它反应是该类反应高效应用的一种方式[15]。例如，2013 年，Lautens 和 Hashmi 合作发展了串联金（Ⅰ）催化的 Meyer-Schuster 重排-铑催化的不对称加成，产率 46%~97%，ee 值达 77%~99% (式 8)[16]。2017 年，赵玉芬小组报道了 $Zn(OTf)_2$ 催化的 α-炔醇的 Meyer-Schuster 重排串联膦共轭加成 (式 9)[17]。

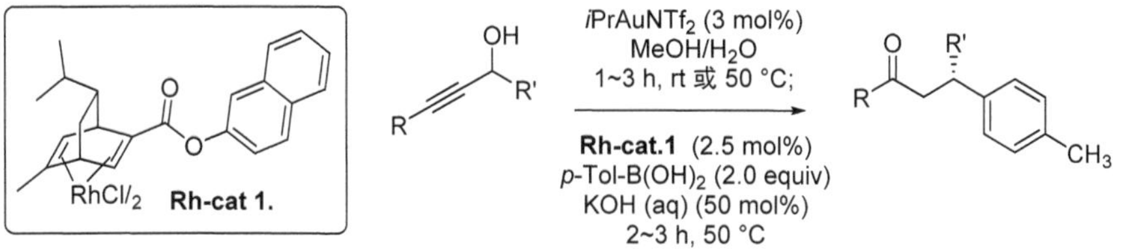

Meyer-Schuster 重排反应另一值得注意的进展是发展了多个从 α-炔醇出发合成 α-官能化的 α,β-不饱和酮，包括 α-烷基化[18]、α-芳基化[19]、α-碘代[20]、α-三氟甲基化[21]和 α-硝基化[22] 的 α,β-烯酮的方法 (图 2)。

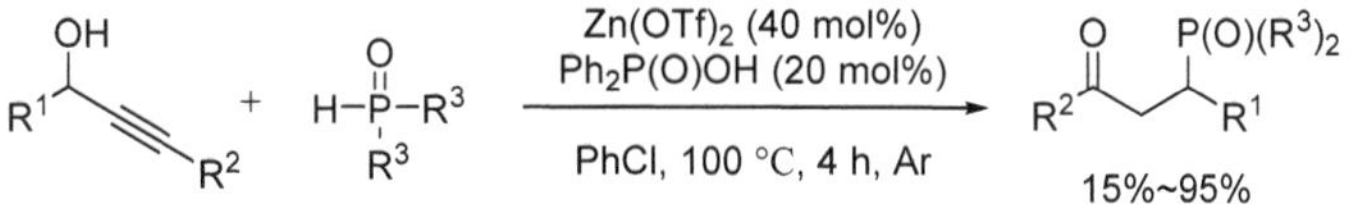

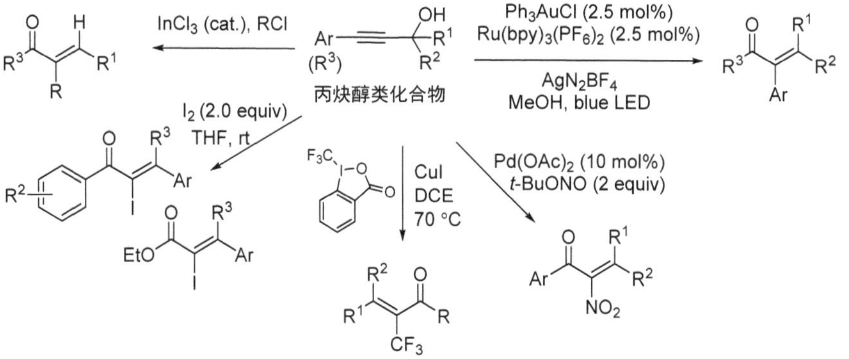

图 2 从 α-炔醇出发合成 α-官能化的 α,β-不饱和酮

（3）Meyer-Schuster 重排反应在复杂天然产物全合成中的应用

Nolan 小组系统研究了金催化的 Meyer-Schuster 重排反应。2010 年，他们报道了双核金配合物 $\{[(IPr)Au]_2(\mu\text{-}OH)\}BF_4$ (**Au-cat. 2**) 催化的 Meyer-Schuster 重排，并成功地应用于前列腺素 $PGF_{2\alpha}$ (**14**) C8-ω 侧链的引入。该合成始于 Corey 内酯醛中间体 **11**，庚炔锂加成所得的 α-炔醇 **12** 在他们新优化的条件下进行 Meyer-Schuster 重排反应，以 86% 的产率得到 α,β-不饱和酮 **13** (式 10)[23]。

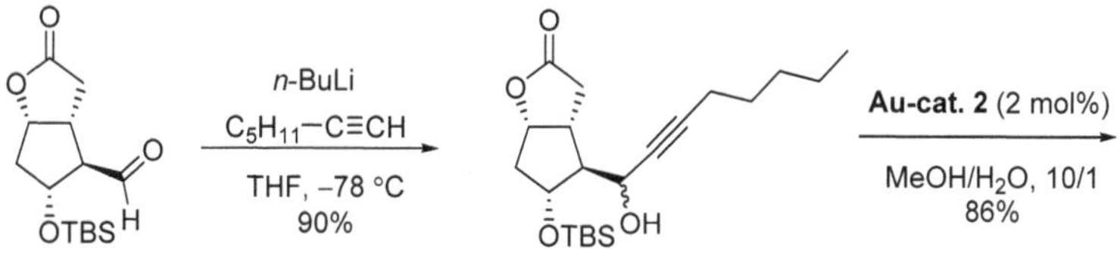

参考文献

[1] Meyer, K. H.; Schuster, K. *Ber. Dtsch. Chem. Ges.* **1922**, *55*, 819-823.

[2] (a) Swaminathan, S.; Narayan, K. V. *Chem. Rev.* **1971**, *71*, 429-438. (b) Engel, D. A.; Dudley, G. B. *Org. Biomol. Chem.* **2009**, *7*, 4149-4158.(综述) (c) Cadierno, V.; Crochet, P.; García-Garrido, S. E.; Gimeno, J. *Dalton Trans.* **2010**, *39*, 4015-4031. (d) Bauer, E. B. *Synthesis* **2012**, *44*, 1131-1151. (e) Zhang, L.; Fang, G.-C.; Kumar, R. K.; Bi, X. *Synthesis* **2015**, *47*, 2317-2346.

[3] Yamabe, S.; Tsuchida, N.; Yamazaki, S. *J. Chem. Theory Comput.* **2006**, *2*, 1379-1387.

[4] Chabardès, P.; Kuntz, E.; Varagnat, J. *Tetrahedron* **1977**, *33*, 1775-1783.

[5] Lorber, C. Y.; Osborn, J. A. *Tetrahedron Lett.* **1996**, *37*, 853-856.

[6] H. Vieregge, H. M. Schmidt, J. Renema, H. J. T. Bos, J. F. Arens *Rec. Trav. Chim. Pays-Bas* **1966**, *85*, 929-951.

[7] Crich, D.; Natarajan, S.; Crich, J. Z. *Tetrahedron* **1997**, *53*, 7139-7158.

[8] Engel, D. A.; Dudley, G. B. *Org. Lett.* **2006**, *8*, 4027-4029.

[9] Lopez, S. S.; Engel, D. A.; Dudley, G. B. *Synlett* **2007**, 949-953.

[10] Lee, S. I.; Baek, J. Y.; Sim, S. H.; Chung, Y. K. *Synthesis* **2007**, 2107-2114.

[11] Egi, M.; Yamaguchi, Y.; Fujiwara, N.; Akai, S. *Org. Lett.* **2008**, *10*, 1867-1870.

[12] Hodgson, D. M.; Talbot, E. P. A.; Clark, B. P. *Org. Lett.* **2011**, *13*, 5751-5753.

[13] Sugawara, Y.; Yamada, W.; Yoshida, S.; Ikeno, T.; Yamada, T. *J. Am. Chem. Soc.* **2007**, *129*, 12902-12903.

[14] Imagawa, H.; Asai, Y.; Takano, H.; Hamagaki, H.; Nishizawa, M. *Org. Lett.* **2006**, *8*, 447-450.

[15] Zhu, Y.-X.; Sun, L.; Lu, P.; Wang, Y.-G. *ACS Catal.* **2014**, *4*, 1911-1925.

[16] Hansmann, M. M.; Hashmi, A. S. K.; Lautens, M. *Org. Lett.* **2013**, *15*, 3226-3229.

[17] Shan, C.-K.; Chen, F.-S.; Pan, J.-T.; Gao, Y.-X; Xu, P.-X.; Zhao, Y.-F. *J. Org. Chem.* **2017**, *82*, 11659-11666.

[18] Onishi, Y.; Nishimoto, Y.; Yasuda, M.; Baba, A. *Org. Lett.* **2014**, *16*, 1176-1179.

[19] Um, J.; Yun, H.; Shin, S. *Org. Lett.* **2016**, *18*, 484-487.

[20] (a) Puri, S.; Thirupathi, N.; Reddy, M. S. *Org. Lett.* **2014**, *16*, 5246-5249. (b) Zhu, H.-T.; Fan, M.-J.; Yang, D.-S.; Wang, X.-L.; Ke, S.; Zhang, C.-Y.; Guan, Z.-H. *Org. Chem. Front.* **2015**, *2*, 506-509.

[21] Xiong, Y.-P.; Wu, M.-Y.; Zhang, X.-Y.; Ma, C.-L.; Huang, L.; Zhao, L.-J.; Tan, B.; Liu, X.-Y. *Org. Lett.* **2014**, *16*, 1000-1003.

[22] Lin, Y.-G.; Kong, W.-G.; Song, Q.-L. *Org. Lett.* **2016**, *18*, 3702-3705.

[23] Ramón, R. S.; Gaillard, S.; Slawin, A. M. Z.; Porta, A.; D'Alfonso, A.; Zanoni, G.; Nolan, S. P. *Organometallics* **2010**, *29*, 3665-3668.

相关反应：Rupe 重排，HWE 反应

（黄培强）

Mislow-Evans 重排

Mislow-Evans (米斯洛-埃文斯) 重排指烯丙型亚砜和亚磷酸三甲酯在加热条件下发生 [2,3] σ-重排，生成烯丙醇的反应[1-5] (式 1)。

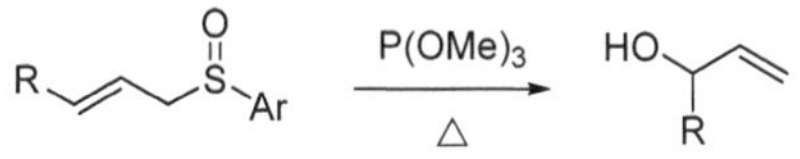

$$R-CH=CH-CH_2-S(O)-Ar \xrightarrow[\Delta]{P(OMe)_3} HO-CH(R)-CH=CH_2 \qquad (1)$$

反应机理 (图 1)：

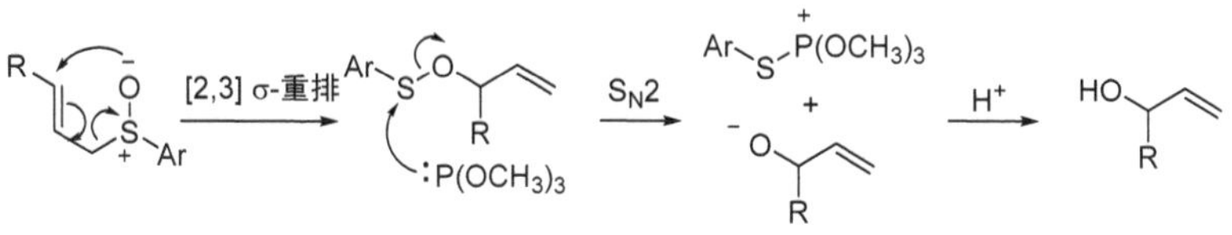

图 1 Mislow-Evans 重排反应的机理

Mislow-Evans 重排是合成烯丙醇的一种方法 (式 2)。如以烯醇醚为原料，则可用于 $α,β$-不饱和醛的制备[6,7]。式 3 所示的转化为一瓶硫醚氧化 [2,3] σ-重排、水解。在该转化中，硫醚的氧化还可用 MoO_5-C_5H_5N-HMPA、(MoOPH) 或 m-CPBA 等氧化剂。反应的 E/Z 选择性随取代基体积的增大而提高。

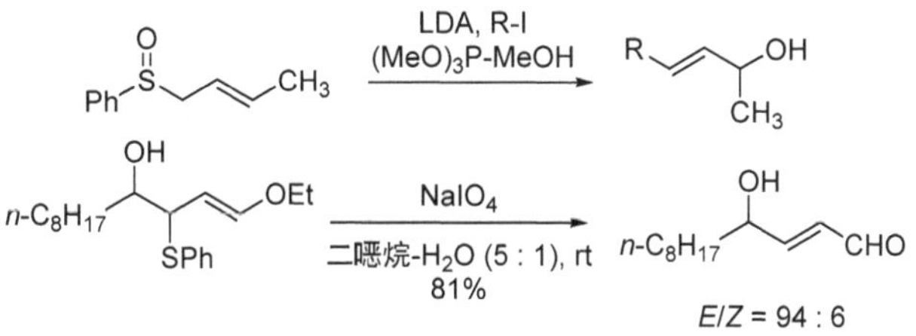

$$PhS(O)-CH_2-CH=CH-CH_3 \xrightarrow[(MeO)_3P-MeOH]{LDA,\ R-I} R-CH=CH-CH(OH)-CH_3 \qquad (2)$$

$$n\text{-}C_8H_{17}-CH(SPh)-CH(OH)-CH=CH-OEt \xrightarrow[\text{二噁烷-}H_2O\ (5:1),\ rt]{NaIO_4,\ 81\%} n\text{-}C_8H_{17}-CH(OH)-CH=CH-CHO \qquad (3)$$

$$E/Z = 94:6$$

由于烯丙型亚砜可从烯丙醇获得，因而 Mislow-Evans 重排也可用于烯丙醇的异构化。在 (−)-5,6,11-trideoxytetrodotoxin (**1**) 的合成中，Mislow-Evans 反应被用于把伯醇转化为仲烯丙醇。值得注意的是，原料和产物分子中均含有一个仲烯丙醇单元，反应的选择性可归结为伯醇的位阻较小 (式 4)[8]。

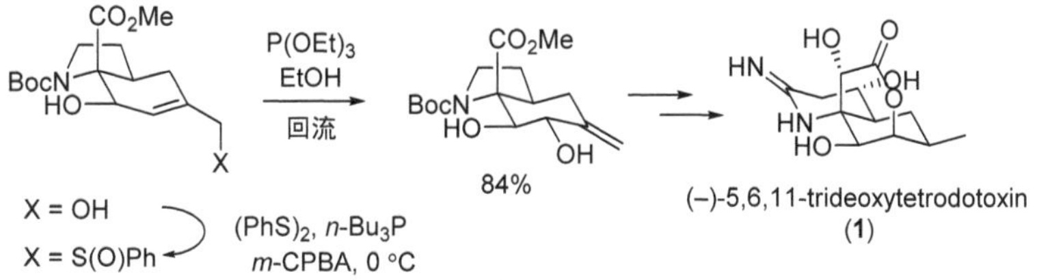

$$\qquad (4)$$

X = OH
X = S(O)Ph   (PhS)$_2$, n-Bu$_3$P
              m-CPBA, 0 °C

P(OEt)$_3$
EtOH
回流

84%

(−)-5,6,11-trideoxytetrodotoxin
(**1**)

早在 1974 年，Stork 小组在前列腺素 E_2 (**2**) 的合成中，利用 Mislow-Evans 重排反应的可逆性，实现了 Z-式烯烃向 E-式异构体的转化 (式 5)[9]。

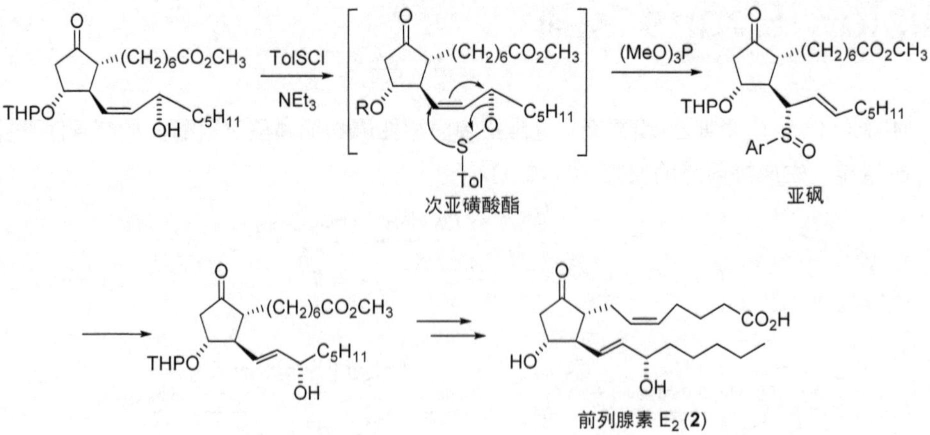

2009 年，Chida 小组在合成 (−)-agelastatin A (**7**) 的路线中，将烯丙型亚砜 **3** 与亚磷酸三甲酯反应，生成烯丙醇产物 **4** (dr = 1:1)。后者经闭环烯烃复分解反应 (RCM) 和分子内脱水关环得到噁唑啉产物 **6**，三步总产率为 58% (式 6)[10]。

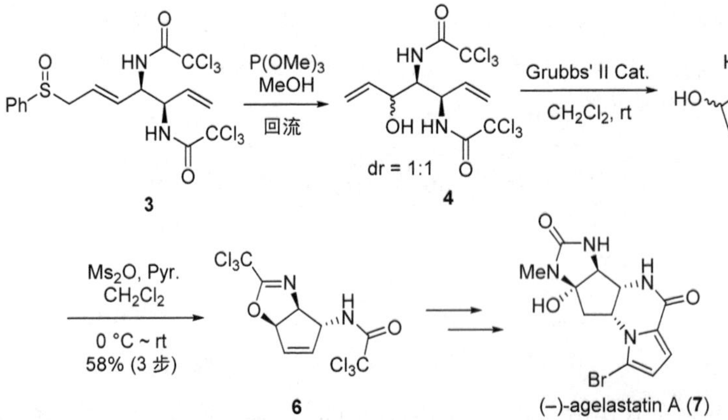

在抗癌活性天然产物 brefeldin A (**11**) 的全合成中，苯基硫醚 **8** 经 m-CPBA 氧化为亚砜，然后在甲硫咪唑作用下重排，得到烯丙型醇 **9** 和 **10**。值得注意的是，该反应生成单一构型的醇 (式 7)[11]。

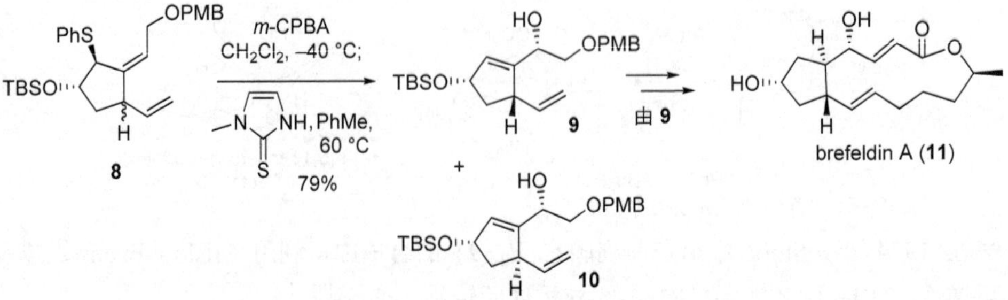

Mislow-Evans 重排反应除了用于把烯丙型亚砜转化成烯丙型醇外，其逆反应也被用

于百部生物碱 stemofoline (**14**) 的合成。烯丙醇 **12** 与 PhSCl 反应生成次磺酸酯,然后重排得到烯丙亚砜 **13** (式 8)[12]。

$$\text{(式 8)}$$

参考文献

[1] (a) Bickart, P.; Carson, F. W.; Jacobus, J.; Miller, E. G.; Mislow, K. *J. Am. Chem. Soc.* **1968**, *90*, 4869-4876. (b) Tang, R.; Mislow, K. *J. Am. Chem. Soc.* **1970**, *92*, 2100-2107.
[2] Evans, D. A.; Andrews, G. C.; Fujimoto, T. T.; Wells, D. *Tetrahedron Lett.* **1973**, 1389-1392.
[3] Evans, D. A.; Andrews, G. C. *Acc. Chem. Res.* **1974**, *7*, 147-155. (综述)
[4] Braverman, S. In *The Chemistry of Sulphones and Sulphoxides*; Patai, S.; Rappoport, Z.; Stirling, C. J. M.; Eds.; John Wiley: London, **1988**; Chapter 14.
[5] Colomer, I.; Velado, M.; Fernandez de la Pradilla, R.; Viso, A. *Chem. Rev.* **2017**, *117*, 14201-14243. (综述)
[6] Sato, T.; Otera, J.; Nozaki, H. *J. Org. Chem.* **1989**, *54*, 2779-2780.
[7] Sato, T.; Shima, H.; Otera, J. *J. Org. Chem.* **1995**, *60*, 3936-3937.
[8] Umezawa, T.; Hayashi, T.; Sakai, H.; Teramoto, H.; Yoshikawa, T.; Izumida, M.; Tamatani, Y.; Hirose, T.; Ohfune, Y.; Shinada, T. *Org. Lett.* **2006**, *8*, 4971-4974.
[9] Miller, J. G.; Kurz, W.; Untch, K. G.; Stork, G. *J. Am. Chem. Soc.* **1974**, *96*, 6774-6775.
[10] Hama, N.; Matsuda, T.; Sato, T.; Chida, N. *Org. Lett.* **2009**, *11*, 2687-2690.
[11] Raghavan, S.; Yelleni, M. K. R. *J. Org. Chem.* **2016**, *81*, 10912-10921.
[12] Ideue, E.; Shimokawa, J.; Fukuyama, T. *Org. Lett.* **2015**, *17*, 4964-4967.

(黄培强,王小刚)

Neber 重排

Neber (内博) 重排指苯磺酸酮肟酯在乙醇钾或吡啶等碱作用下生成 α-氨基酮的反应 (式 1)[1]。这是从酮合成 α-氨基酮的方法[2]。式 1 中 R 一般为芳基,烷基或氢也可以;R′ 可以是烷基或芳基,但不能是氢。

$$\text{(1)}$$

反应机理 (图 1):

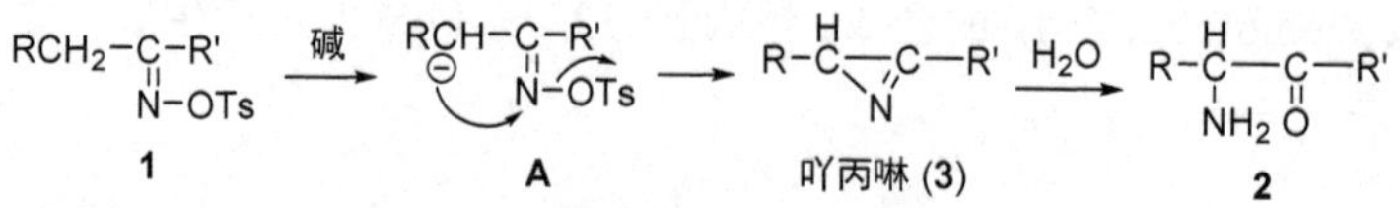

图 1 Neber 重排反应的机理

Neber 重排可能的副反应为 Beckman 重排或非正常的 Beckmann 重排 (消除生成腈)。此外，与 Beckmann 重排不同，肟的两种异构体均能反应，得同一产物。非对称肟，酸性较大的氢优先去质子化。由于 Neber 重排经历吖丙啉中间体，因而可中断 Neber 重排，用于合成吖丙啉[3,4]。后者存在于若干天然产物中，也是有用的合成中间体。

Zwanenburg 小组于 1996 年报道了有机小分子奎尼丁 (quinidine) 催化的不对称 Neber 反应 (中断的 Neber 重排)，用于吖丙啉-2 基甲酸酯 **5** 的不对称合成 (式 2)[5]。该反应被 Sudhakar 等人用于 motualevic acids A~F、(E)-antazirine 和 (Z)-antazirine 的合成[6]。2002 年，Maruoka 小组报道了手性相转移催化剂催化的不对称 Neber 重排反应[7]。2011 年，Takemoto 小组报道了手性硫脲催化的不对称"中断的 Neber 重排"[8]。

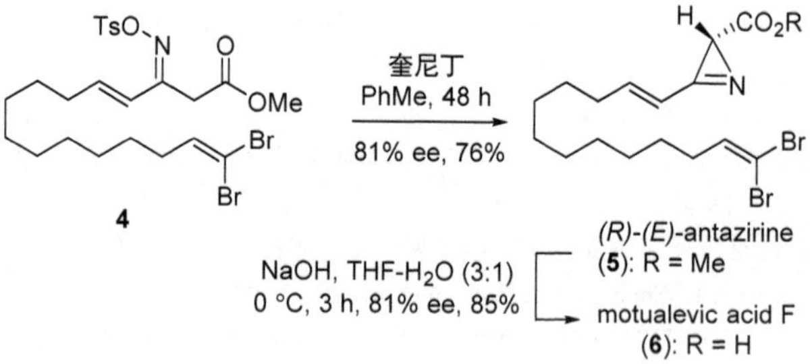

Stoltz 小组巧妙地采用 Neber 重排反应于 dragmacidin F (**9**) 两个对映体的对映发散全合成，此乃 Neber 重排反应在复杂天然产物全合成的精彩应用 (式 3)[9,10]。值得一提的是，该反应形成单一区域和立体异构体 **8**，而且，通过后处理步骤，同时除去两个吲哚环 N-原子上的 Ts 和 SEM 保护基，总产率达 96%。

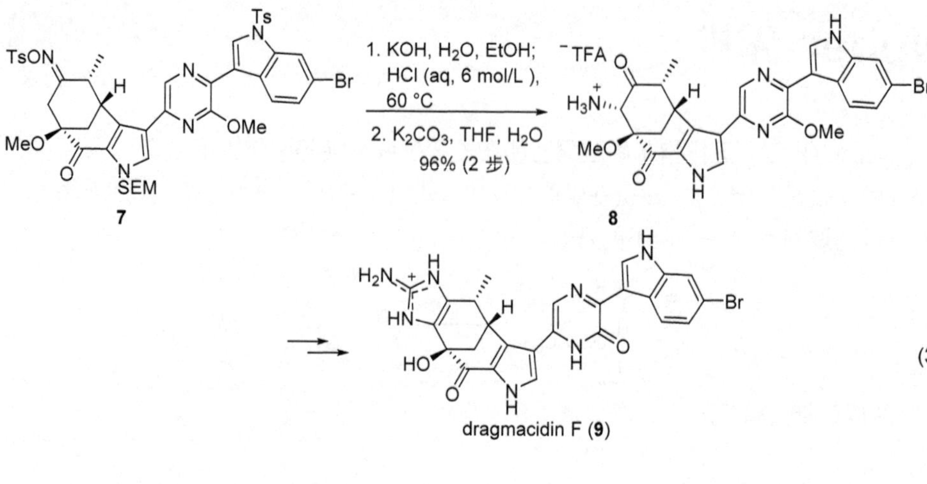

参考文献

[1] (a) Neber, P. W.; Friedolsheim, A. V. *Justus Liebigs Ann. Chem.* **1926**, *449*, 109-134. (b) Neber, P. W.; Burgard, A.; Their, W. *Justus Liebigs Ann. Chem.* **1936**, *526*, 277-294.
[2] O'Brien, C. *Chem. Rev.* **1964**, *64*, 81-89.
[3] Davis, F. A.; Reddy, G. V.; Liu, H. *J. Am. Chem. Soc.* **1995**, *117*, 3651-3652;
[4] Cardoso, A. L.; Gimeno, L.; Lemos, A.; Palacios, F.; Pinho e Melo, T. M. V. D. *J. Org. Chem.* **2013**, *78*, 6983-6991.
[5] Verstappen, M. M. H.; Ariaans, G. J. A.; Zwanenburg, B. *J. Am. Chem. Soc.* **1996**, *118*, 8491-8492.
[6] Kadam, V. D.; Sudhakar, G. *Tetrahedron* **2015**, *71*, 1058-1067.
[7] Ooi, T.; Takahashi, M.; Doda, K.; Maruoka, K. *J. Am. Chem. Soc.* **2002**, *124*, 7640-7641.
[8] Sakamoto, S.; Inokuma, T.; Takemoto, Y. *Org. Lett.* **2011**, *13*, 6374-6377.
[9] Garg, N. K.; Caspi, D. D.; Stoltz, B. M. *J. Am. Chem. Soc.* **2004**, *126*, 9552-9553;
[10] Garg, N. K.; Caspi, D. D.; Stoltz, B. M. *J. Am. Chem. Soc.* **2005**, *127*, 5970-5978.

相关反应：Dakin-West 反应

（黄培强）

Overman 重排

Overman (欧尔曼) 重排指三氯乙酰亚胺烯丙酯在热或者金属催化下发生的 [3,3] σ-键的重排反应 (式 1)。该反应是 Overman 于 1974 年报道的[1]。这一反应是对 Claisen 重排和 Cope 重排的补充和机理上的证明，实现了氧和氮官能团在 1,3-位置上的互换。

$$\text{R} \diagup \!\!\! \diagdown \text{CH(OH)R'} \xrightarrow[\text{碱 (cat.)}]{CCl_3CN} \text{R} \diagup \!\!\! \diagdown \text{CH(OC(=NH)CCl}_3\text{)R'} \xrightarrow[\text{金属 (cat.)}]{\triangle \text{ 或}} \text{R-CH(NHC(=O)CCl}_3\text{)} \diagup \!\!\! \diagdown \text{R'} \quad (1)$$

Overman 重排具有以下的特点[2]：重排的底物三氯乙酰亚胺烯丙酯可以由烯丙醇和三氯乙腈在催化量的碱作用下几乎以等效量的产率制备；重排的产率较高，没有非重排得到的产物生成；产物可以在碱性条件下水解得到相应的烯丙胺；对于有取代的底物，可以高选择性地得到反式构型的双键；在热条件或金属催化剂作用下，底物的手性可以在产物中保留；金属催化重排反应中，对于氮原子进攻 3 位不利的底物不能发生等。

Overman 重排的机理可以分为热机理和金属催化机理两种：热条件下的重排反应，其机理与 Claisen 重排类似，是同面的、协同的 [3,3] σ-键重排机理 (式 2)。由于形成酰胺键的较强反应驱动力，Overman 重排是不可逆的反应。而卤化汞催化的机理被认为是经历一个氮汞键对双键插入和氧汞消除的历程，只是一个形式上的 [3,3] σ-键的重排 (式 3)。

热重排机理 (式 2)：

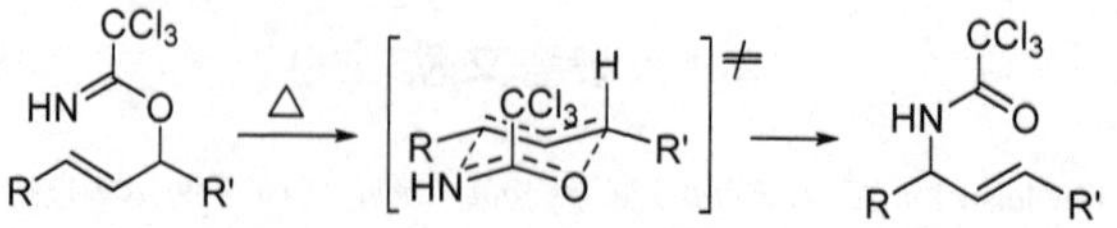

金属汞催化机理 (式 3):

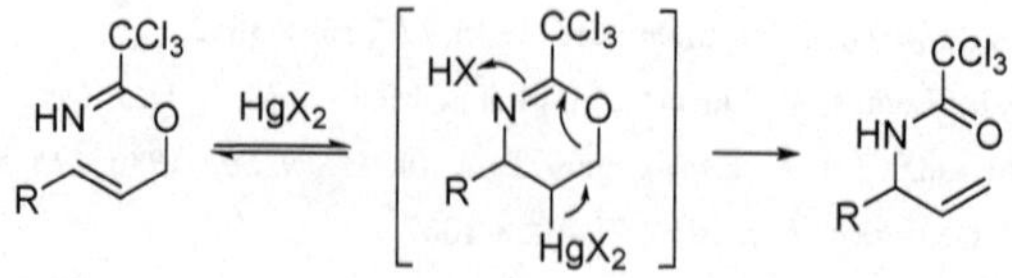

Overman 重排反应同样可以由卤素正离子在 Lewis 碱的催化下实现。该反应用当量的 DCDMH 和催化量奎宁促进下，可以在室温进行 (式 4)。尽管不同的手性碱都可以催化这一过程，但是并不能得到好的对映选择性[3]。

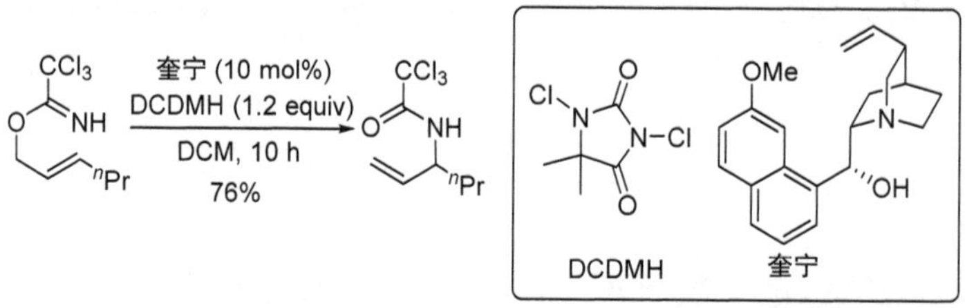

三氯乙酰亚胺炔丙酯同样可以发生 Overman 重排，得到三氯乙酰联烯胺 (式 5)[4]。有取代的三氯乙酰联烯胺可以进一步重排成酰胺取代的 1,3-丁二烯，成为 Diels-Alder 反应的底物。

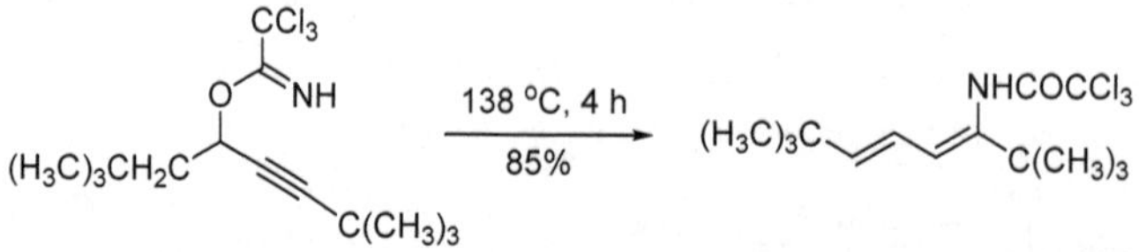

含有环丙烯结构的烯丙基三氯乙基亚胺酯可以在更温和的条件下发生 Overman 重排，得到氨基取代的亚烷基环丙烷结构 (式 6)[5]。该反应通过六元环状过渡态，所得双键为 E 式。

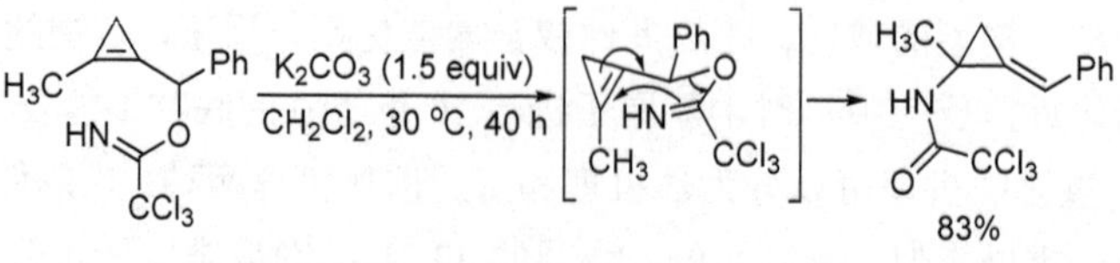

协同的 Overman 重排使底物中的手性能在产物中体现，这一性质也被用来合成各种含氮的手性化合物。如 γ,δ-不饱和-β-氨基酸的合成 (式 7)[6]。

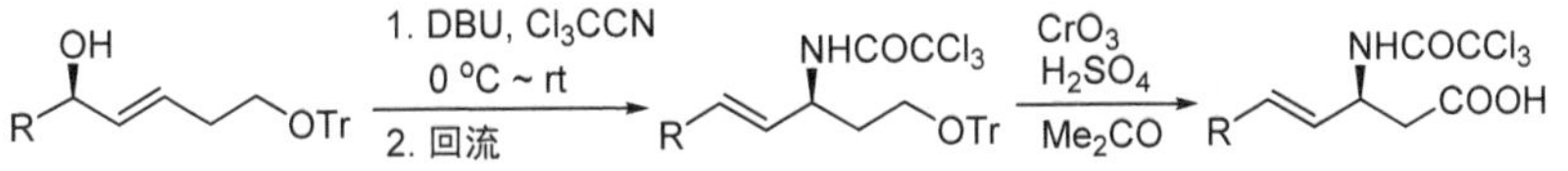

很多含氮天然产物全合成中的关键步骤也是来自 Overman 重排，如 pancratistatin (式 8)[7]和生物碱 (−)-antofine (式 9) 的全合成[8]。

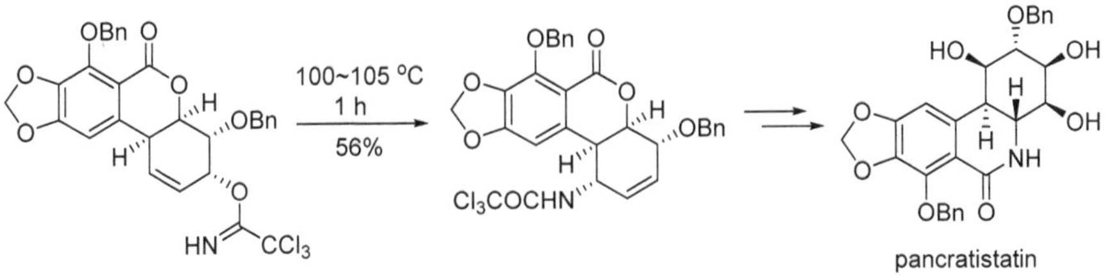

从带有双键的二醇出发，经历两次 Overman 重排，可以制备得到相应的二胺。该反应中二醇的立体化学得到转移，可以用于 agelastain A 的不对称合成 (式 10)[9]。

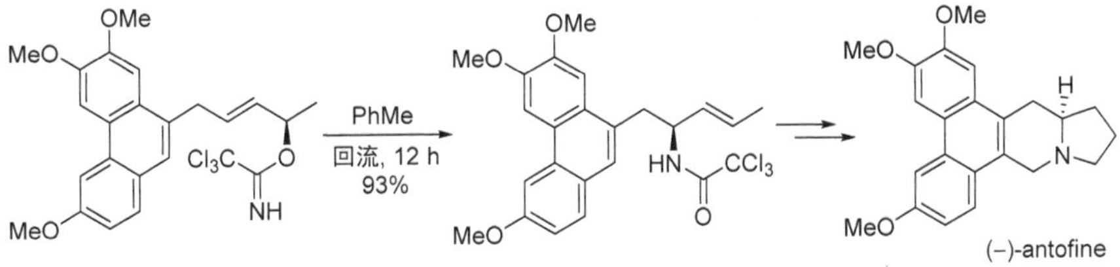

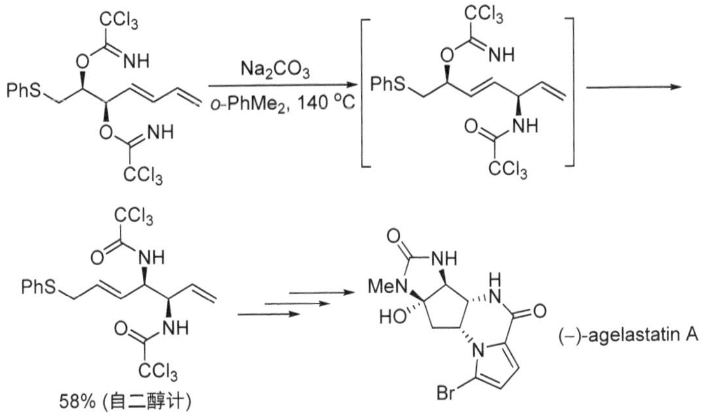

双键上含有一些特别的官能团使反应的活性发生变化，同时也可以用来制备特别的烯丙胺。如双键上含有氟原子的烯丙胺可以从相应的含氟烯丙醇来制备 (式 11)[10]。双键上有酯基的烯丙基三氯乙酰亚胺酯的 Overman 重排反应需要更高的温度，在 220 ℃ 才能实现。但这一反应可以用来制备氨基酸衍生物，并应用到 sphingofugin F 的全合成中 (式 12)[11]。

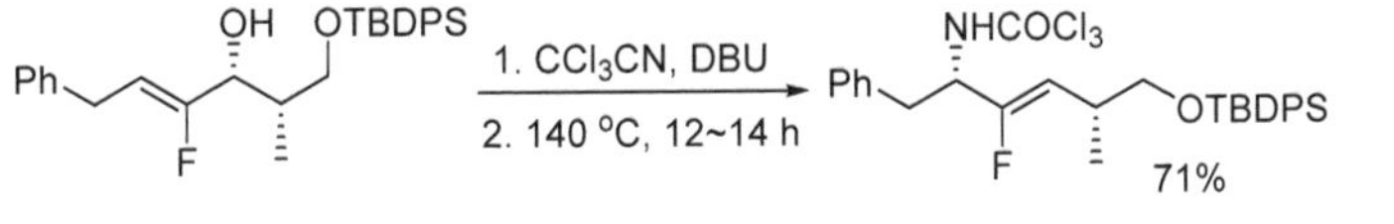

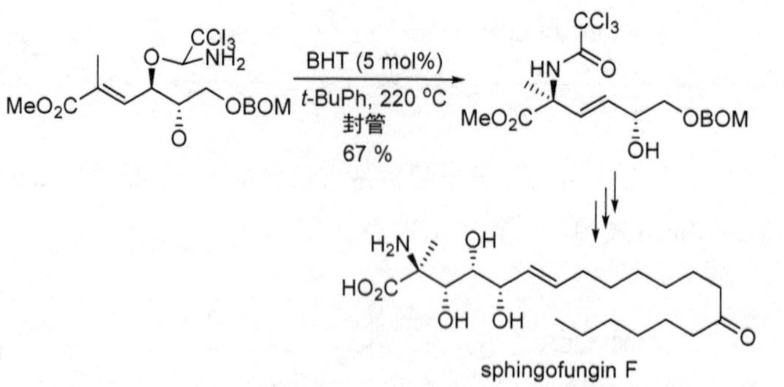

利用汞盐的其它性质，汞催化的串联反应可以实现 (式 13)[12]。

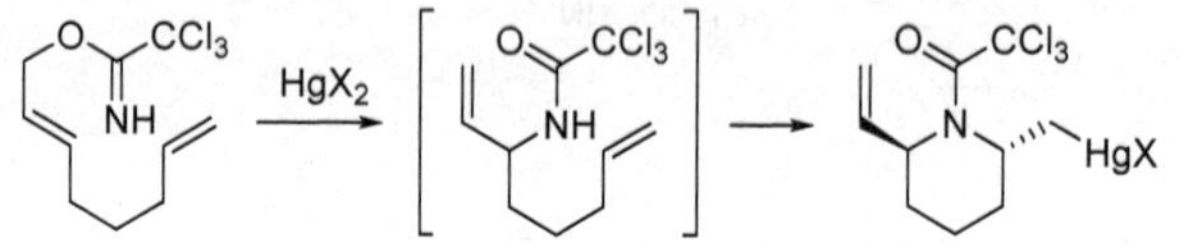

金属催化的 Overman 重排从汞拓展到钯，这也为金属催化的不对称合成提供了基础。在手性钯配合物的催化下，潜手性的一级反式三氯乙酰亚胺烯丙酯以较高的产率和对映选择性，转化为手性烯丙酰胺 (式 14)[13]。

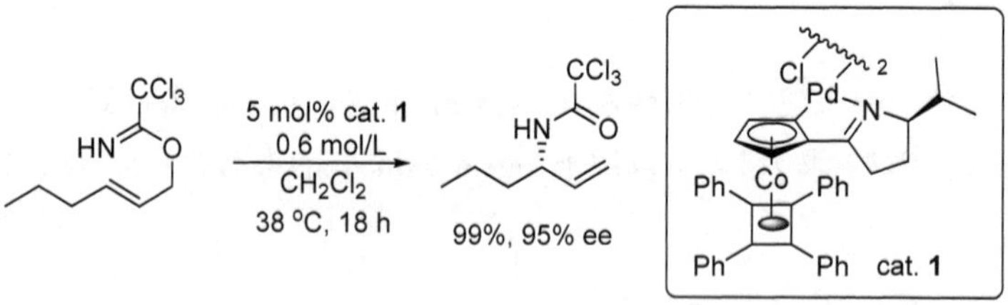

同时，Overman 重排底物也可以是其它类型的烯丙基亚胺酯底物，如苯胺亚胺酯 (式 15)[14]和磷酰亚胺酯 (式 16)[15]。

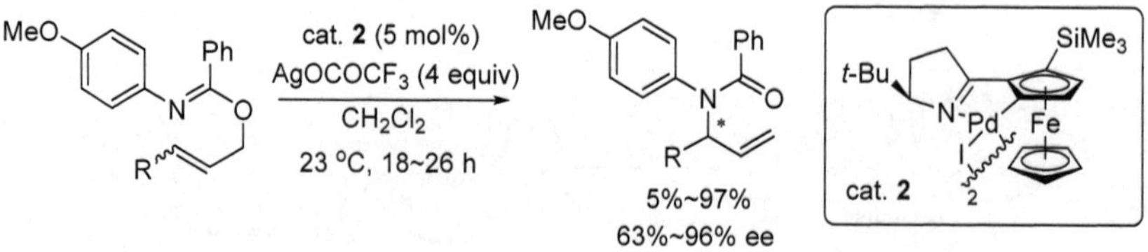

Overman 重排是合成烯丙胺类化合物的一种非常有效的方法，在复杂的含氮化合物的全合成和手性含氮化合物的合成中都有重要的应用。它的基本原理还可以应用到其它类型的 [3,3] σ-键的重排反应中去。

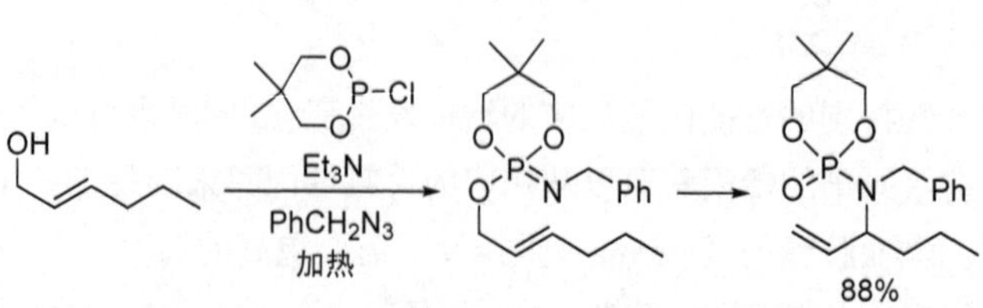

参考文献

[1] (a) Overman, L. E. *J. Am. Chem. Soc.* **1974**, *96*, 597-599. (b) Overman, L. E. *J. Am. Chem. Soc.* **1976**, *98*, 2901-2910.
[2] For review papers, see: (a) Overman, L. E.; *Acc. Chem. Res.* **1980**, *13*, 218-224. (b) Nubbemeyer, U. *Synthesis* **2003**, 961-1008.
[3] Liu, N.; Schienebeck, C. M.; Collier, M. D.; Tang, W. *Tetrahedron Lett.* **2011**, *52*, 6217-6219.
[4] (a) Overman, L. E.; Clizbe, L. A. *J. Am. Chem. Soc.* **1976**, *98*, 2352-2354. (b) Overman, L. E.; Clizbe, L.A.; Freerks, R. L.; Marlowe, C. K. *J. Am. Chem. Soc.* **1981**, *103*, 2807-2815.
[5] Howard, J. K.; Amin, C.; Lainhart, B.; Smith, J. A.; Rimington, J.; Hyland, C. J. T. *J. Org. Chem.* **2014**, *79*, 8462-8468.
[6] Lurain, A. E.; Walsh, P. J. *J. Am. Chem. Soc.* **2003**, *125*, 10677-10683.
[7] Danishefsky, S.; Lee, J. Y. *J. Am. Chem. Soc.* **1989**, *111*, 4829-4837.
[8] Kim, S.; Lee, T.; Lee, E.; Lee, J.; Fan, G.; Lee, S. K.; Kim. D. *J. Org. Chem.* **2004**, *69*, 3144-3149.
[9] Hama, N.; Matsuda, T.; Sato, T.; Chida, N. *Org. Lett.* **2009**, *11*, 2687-2690.
[10] Watanabe, D.; Koura, M.; Saito, A.; Yanai, H.; Nakamura, Y.; Okata, M.; Sato, A.; Taguchi, T. *J. Fluorine Chem.* **2011**, *132*, 327-338.
[11] Tsuzaki, S.; Usui, S.; Oishi, H.; Yasushima, D.; Fukuyasu, T.; Oishi, T.; Sato, T.; Chida, N. *Org. Lett.* **2015**, *17*, 1740-1707.
[12] Singh, O. V.; Han, H. *Org. Lett.* **2004**, *6*, 3067-3070.
[13] Anderson, C. E.; Overman, L. E. *J. Am. Chem. Soc.* **2003**, *125*, 12412-12413.
[14] Anderson, C. E.; Donde, Y.; Douglas, C. J.; Overman, L. E. *J. Org. Chem.* **2005**, *70*, 648-657.
[15] Chen, B.; Mapp, A. K. *J. Am. Chem. Soc.* **2004**, *126*, 5364-5365.

（李长坤，王剑波）

Payne 重排

1939 年，Lake 和 Peat 报道 α-羟基环氧化合物 **1** 在碱作用下可异构化成另一环氧醇 **2**[1]。1957 年，Angyal 和 Gilham 证明了反应通过分子内 S_N2 取代反应进行，形成更稳定的环氧醇[2]。这一转化常用于碳水化合物领域，称"环氧迁移"。不过最有影响的是 Payne 在 1962 报道的简单 α-羟基环氧化合物反应的结果[3]。因此，在碱作用下 α-羟基环氧化合物异构化成另一 α-羟基环氧化合物的转化称 Payne（佩恩）重排（式 1）[4-7]。Payne 重排的特点是具有立体专一性，在 α-位发生构型转变。Payne 重排是个可逆反应，主产物为热力学更稳定的异构体。

$$\underset{\mathbf{1}}{\overset{3}{C}-\overset{2}{C}-\overset{1}{C}-OH} \xrightarrow{\text{碱}} \underset{\mathbf{2}}{\overset{3}{C}-\overset{2}{C}-\overset{1}{C}} \quad \text{OH} \tag{1}$$

反应机理（图 1）:

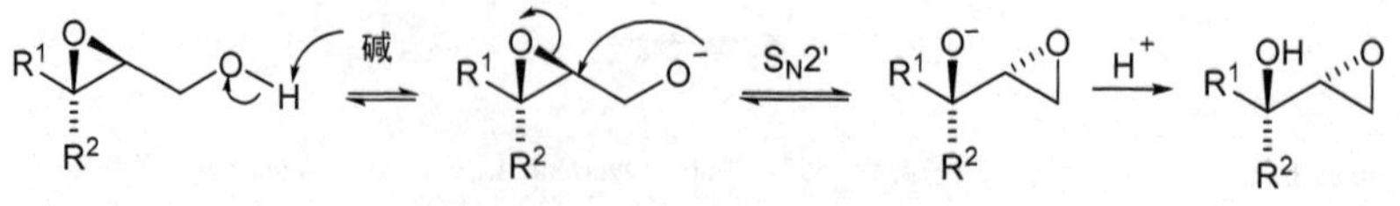

图 1　Payne 重排反应机理

由于平衡体系中 **4/5** 的比例在很大程度上取决于底物的结构 (式 2)，因此，其合成价值有限。自从 Sharpless 发明了不对称环氧化反应[8]，各种 α-羟基环氧化合物 **4** 可从烯丙醇 **3** 出发得到，而 **4** 经 Payne 重排形成的末端环氧 **5** 可经受亲核试剂的区域选择性进攻 (式 2)[4]。这一系列转化 (称为 Payne 重排-开环反应) 成为合成多官能团手性合成砌块的重要方法[4,6,9]。

Payne 重排-开环反应被用于 (−)-vertinolide[10]、(+)-*exo*-brevicomin (**7**)[5]等天然产物的合成 (式 3)。

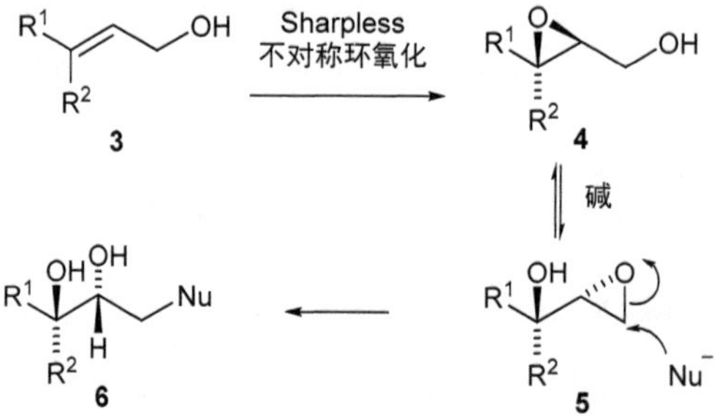

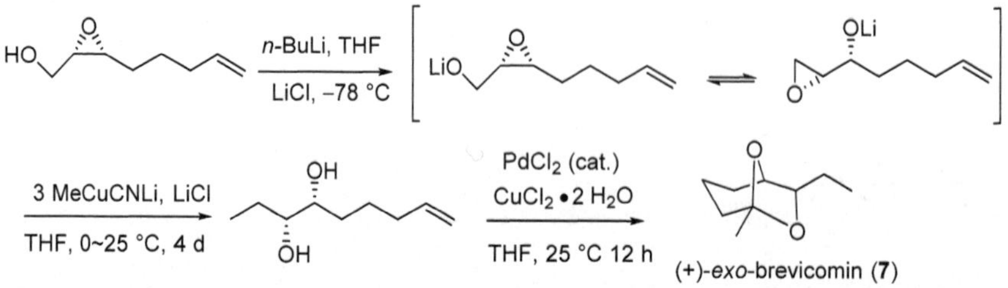

相应的 α-羟基-*N*-磺酰基吖丙啶醇 **7** 的重排称氮杂 Payne 重排反应 (式 4)[11]。

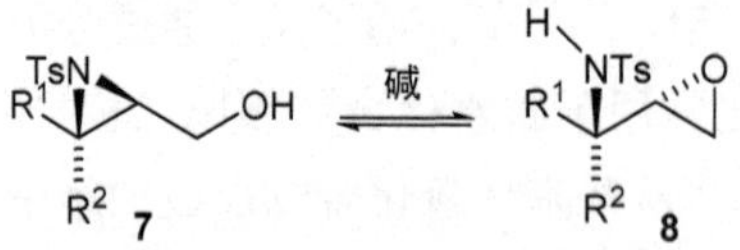

Borhan 等人巧妙地把 Payne 重排和氮杂 Payne 重排用于四氢呋喃和吡咯烷的合成 (式 5)[12,13]。

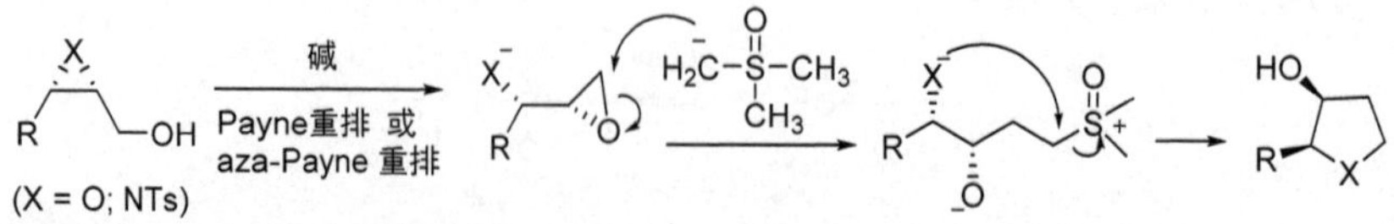

最近，Hudlicky 小组在酶催化的形式全合成河豚毒素 (tetrodotoxin) 工作中，展示了复杂底物也可高产率地进行 Payne 重排 (式 6)[14]。

8 9 (6)

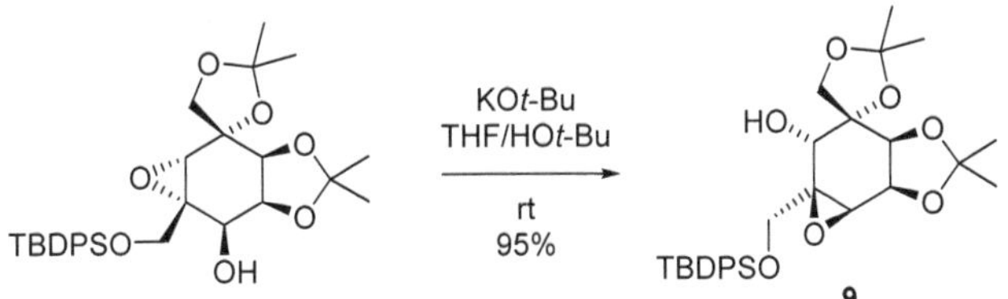

2016 年，Tius 小组在合成 crassin 乙酸酯大环核心骨架时设计了三条基于 Payne 重排的合成路线。其中在 **10** 的 Payne 重排反应中，三甲基硅基乙炔锂同时扮演碱和亲核试剂双重角色 (式 7)[15]。

Payne 重排反应为碱作用下 *α*-羟基环氧的异构化。受其启发，类似的非 *α*-羟基环氧异构化也有报道。2010 年，Nelson 等人报道 **12a/b** 在脂肪酶作用下进行的插烯 Payne 重排伴随着动态动力学拆分，由此方便地合成了天然产物的极性药效亚结构 **13** (式 8)[16]。

10 11 (7)

12b 12a 13 (8)

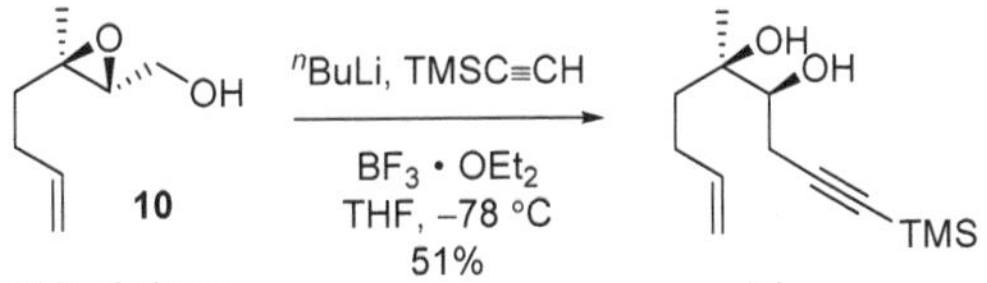

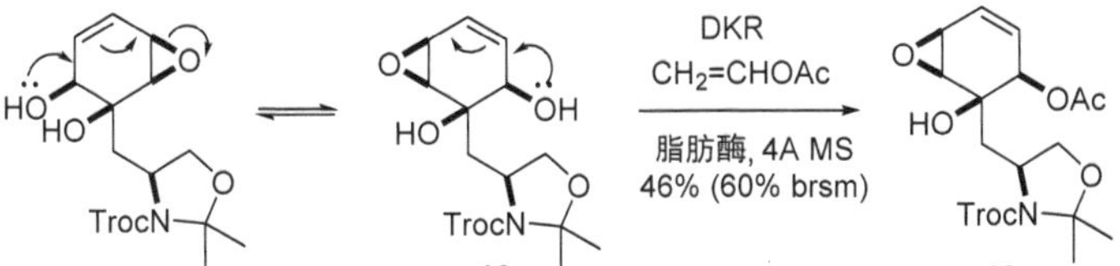

2002 年，Danishefsky 小组在复杂天然产物 merrilactone A (**16**) 的外消旋全合成中，发展了酸促进的高 Payne 重排 (**15** → **16**)，以此作为全合成的终结步骤 (式 9)[17]。

14 15 (16) (9)

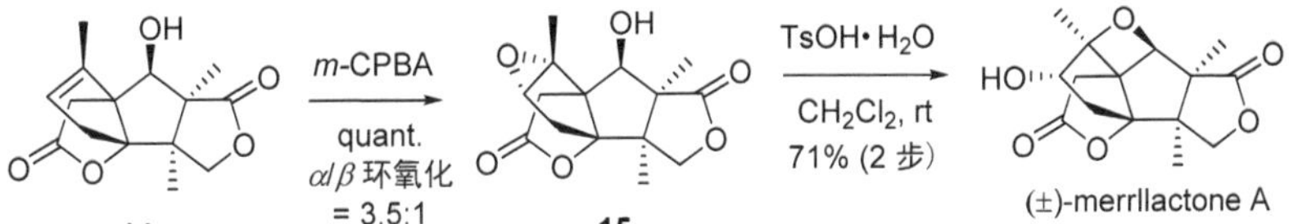

2007 年，Morimoto 等人以 Payne 重排反应启动的串联反应 (**17** → **18**) 为关键步骤，完成了 (+)-intricatetraol (**19**) 的不对称全合成，并确定了其绝对构型 (式 10)[18]。

17 A B 18

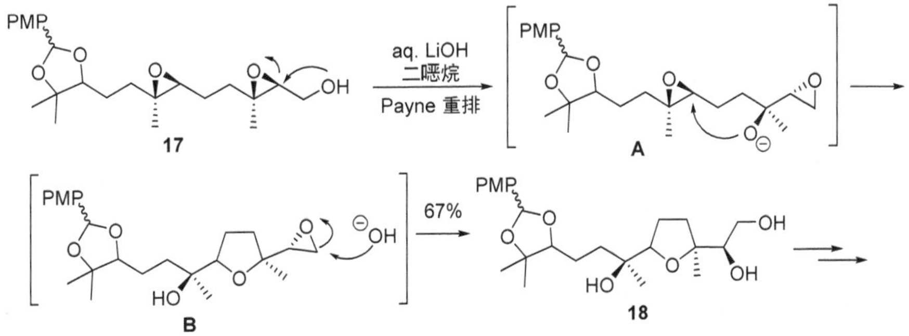

(+)-intricatetraol (**19**)　　　　　　　　　　　　　　　　　　　(10)

参考文献

[1] Lake, W. H. G.; Peat, S. *J. Chem. Soc.* **1939**, 1069-1074.
[2] Angyal, S. J.; Gilham, P. T. *J. Chem. Soc.* **1957**, 3691-3699.
[3] Payne, G. B. *J. Org. Chem.* **1962**, *27*, 3819-3922.
[4] Behrens, C. H.; Ko, S. Y.; Sharpless, K. B.; Walker, F. J. *J. Org. Chem.* **1985**, *50*, 5687-5696.
[5] Page, P. C. B.; Rayner, C. M.; Sutherland, I. O. *J. Chem. Soc., Perkin Trans. 1* **1990**, 1375-1382.
[6] Hanson, R. M. *Chem. Rev.* **1991**, *91*, 437-475.(综述)
[7] Hanson, R. M. *Org. React.* **2002**, *60*, 1-156. (综述)
[8] Gao, Y.; Hanson, R. M.; Klunder, J. M.; Ko, S. Y.; Masamune, H.; Sharpless, K. B. *J. Am. Chem. Soc.* **1987**, *109*, 5765-5780.
[9] Behrens, C. H.; Sharpless, K. B. *Aldrichimica Acta* **1983**, *16*, 67. (综述)
[10] Wrobel, J. E.; Ganem, B. *J. Org. Chem.* **1983**, *4*, 3761-3764.
[11] Ibuka, T. *Chem. Soc. Rev.* **1998**, *27*, 145-154. (综述)
[12] Schomaker, J. M.; Pulgam, V. R.; Borhan, B. *J. Am. Chem. Soc.* **2004**, *126*, 13600-13601.
[13] Schomaker, J. M.; Geiser, A. R.; Huang, R.; Borhan, B. *J. Am. Chem. Soc.* **2007**, *129*, 3794-3795.
[14] Baidilov, D.; Rycek, L.; Trant, J. F.; Froese, J.; Murphy, B.; Hudlicky, T. *Angew. Chem. Int. Ed.* **2018**, *57*, 10994-10998.
[15] Herstad, G.; Molesworth, P. P.; Miller, C. M.; Benneche, T.; Tius, M. A. *Tetrahedron* **2016**, *72*, 2084-2093.
[16] Hoye, T. R.; Jeffrey, C, S.; Nelson, D. P. *Org. Lett.* **2010**, *12*, 52-55.
[17] Birman, V. B.; Danishefsky, S. J. *J. Am. Chem. Soc.* **2002**, *124*, 2080-2081.
[18] Morimoto, Y.; Okita, T.; Takaishi, M.; Tanaka, T. *Angew. Chem. Int. Ed.* **2007**, *46*, 1132-1135.

相关反应：Overman 重排

（黄培强，霍浩华）

Petasis-Ferrier 重排

1996 年，Petasis 和 Lu 报道了把 β-羟基酸 **1** 经缩醛化、Tebbe-Petasis 烯烃化以及三异丁基铝作用下的串联反应，转化为取代的四氢吡喃醇 **5** 的简便方法 (式 1)[1]。其中，环状烯醇醚缩醛 **4** 在两分子三异丁基铝作用下重排生成四氢吡喃醇 **5** 的转化，因与 Ferrier 重排有相似之处 (均经历开环-烯醇负离子环化过程)，被称为 Petasis-Ferrier (皮塔思斯-费里尔) 重排。所不同的是，Ferrier 重排是把吡喃糖转化为环己酮衍生物 (碳环)，而 Petasis-Ferrier 重排则是把 β-羟基酸转化为四氢吡喃醇衍生物。

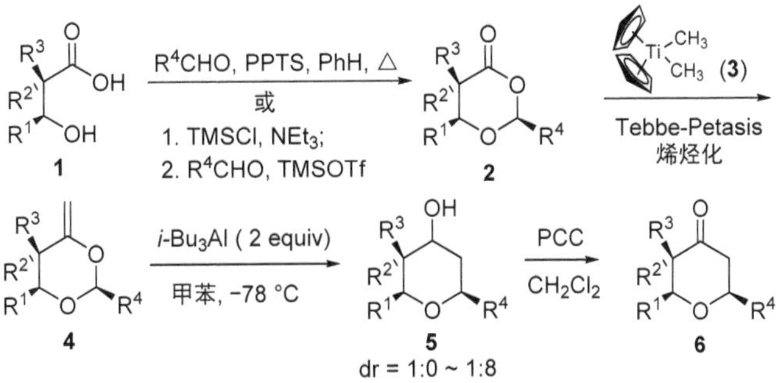

反应机理 (式 2)：Petasis-Ferrier 重排反应可能涉及在 Lewis 酸 (三异丁基铝) 协助下环状烯醇醚缩醛 **4** 开环形成烯醇-氧鎓离子 **A**，接着烯醇对氧鎓离子分子内加成形成吡喃酮 **6**，后者进一步被还原成四氢吡喃醇 **5**。由于反应经历椅式过渡态，当 $R^4 \neq H$ 时，原料的立体化学可传递给产物，但最后一步还原的立体选择性取决于取代基。

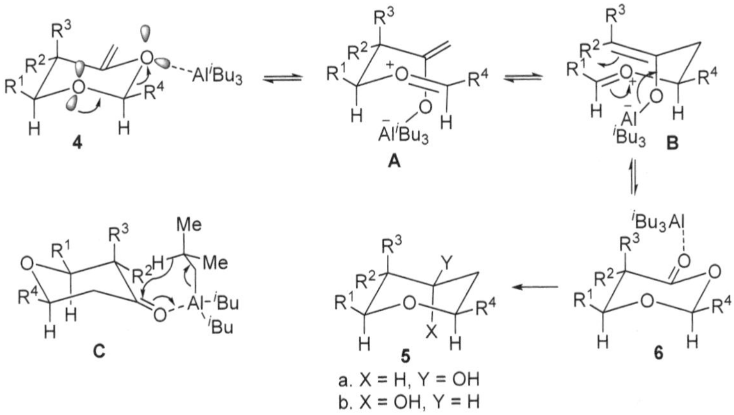

2013 年，余志祥小组通过 DFT 研究了该反应的机理及立体化学，其主要结论为：铝离子 R_2Al^+ 为反应的活化物种，化合物 **4** 断键开环与中间体 **B** 重排环化同步进行[2]。

Petasis-Ferrier 重排反应的意义不仅在于反应本身 (产物)，还在于易得的原料及其简捷的转化步骤。注意到四氢吡喃醇结构单元广泛存在于结构复杂的天然产物，Smith, III 最早意识到 Petasis-Ferrier 重排反应及一系列转化的价值与潜力。自 20 世纪 90 年代后期始，该小组系统研究这一方法学，用于构筑顺式 2,6-取代四氢吡喃结构单元，称之为联合/重排策略 (式 3)[3]。这一策略的成功倚赖于对原方法与反应条件进行优化与改良。在 (+)-phorboxazole A 第一代全合成中[4]，由于 i-Bu$_3$Al 未能启动所涉及的重排，Me$_2$AlCl 被筛选为最佳 Lewis 酸。这一改进也使重排产物成为四氢吡喃酮 **6'** 而非四氢吡喃醇 **5'**，从而避免了后者可能的低立体选择性。在 (+)-phorboxazole A 的第二代合成中[5]，Petasis-Ferrier 重排被进一步优化使之可以放大合成。

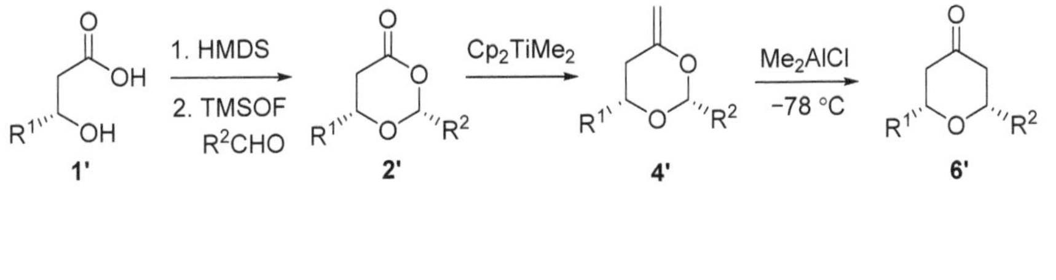

基于这一策略，Smith, III 小组完成了近十个复杂天然产物的不对称全合成，包括 (+)-phorboxazole A[4,5]、(+)-zampanolide[6]、(+)-dactylolide[6]、(+)-spongistatin 1 [7]、(−)-kendomycin (**7**)（式 4）[8,9]、(−)-clavosolide A[10]、(−)-okilactomycin[11]、(+)-sorangicin[12]和 (−)-enigmazole A [13,14]。

Petasis-Ferrier 重排近年的其它进展 Minbiole 已做了评述[15]。

$$(4)$$

参考文献

[1] Petasis, N. A.; Lu, S. P. *Tetrahedron Lett.* **1996**, *37*, 141-144.

[2] Jiang, G.-J.; Wang, Y.; Yu, Z.-X. *J. Org. Chem.* **2013**, *78*, 6947-6955.

[3] Smith, A. B., III; Fox, R. J.; Razler, T. M. *Acc. Chem. Res.* **2008**, *41*, 675−687. (综述)

[4] Smith, A. B., III; Minbiole, K. P.; Verhoest, P. R.; Schelhaas, M. *J. Am. Chem. Soc.* **2001**, *123*, 10942-10953.

[5] Smith, A. B., III; Razler, T. M.; Ciavarri, J. P.; Hirose, T.; Ishikawa, T.; Meis, R. M. *J. Org. Chem.* **2008**, *73*, 1192-1200.

[6] Smith, A. B., III; Safonov, I. G.; Corbett, R. M. *J. Am. Chem. Soc.* **2002**, *124*, 11102-11113.

[7] Smith, A. B., III; Sfouggatakis, C.; Gotchev, D. B.; Shirakami, S.; Bauer, D.; Zhu, W.; Doughty, V. A. *Org. Lett.* **2004**, *6*, 3637-3640.

[8] Smith, A. B., III; Mesaros, E. F.; Meyer, E. A. *J. Am. Chem. Soc.* **2005**, *127*, 6948-6949.

[9] Smith, A. B., III; Mesaros, E. F.; Meyer, E. A. *J. Am. Chem. Soc.* **2006**, *128*, 5292-5299.

[10] Smith, A. B., III; Simov, V. *Org. Lett.* **2006**, *8*, 3315-3318.

[11] Smith, A. B., III; Bosanac, T.; Basu, K. *J. Am. Chem. Soc.* **2009**, *131*, 2348-2358.

[12] Smith, A. B., III; Dong, S.-Z.; Fox, R. J.; Brenneman, J. B.; Vanecko, J. A.; Maegawa, T. *Tetrahedron* **2011**, *67*, 9809-9828.

[13] Ai, Y.-R.; Kozytska, M. V.; Zou, Y.-K.; Khartulyari, A. S.; Maio, W. A.; Smith, A. B., III *J. Org. Chem.* **2018**, *83*, 6110-6126.

[14] Ai, Y.-R.; Kozytska, M. V.; Zou, Y.-K.; Khartulyari, A. S.; Smith, A. B., III *J. Am. Chem. Soc.* **2015**, *137*, 15426-15429.

[15] Minbiole, E. C.; Minbiole, K. P. C. *J. Antibiot.* **2016**, *69*, 213-219. (综述)

相关反应： Ferrier 重排

（黄培强）

Polonovski 反应

1927 年，法国化学家 Max Polonovski 和 Michel Polonovski 报道了将叔胺氧化物用乙酸酐或乙酰氯处理可以发生重排，引起一个 C-N 键断裂，形成 N,N-二取代乙酰胺和醛，这个反应被称为 Polonovski (波隆诺夫斯基) 反应 (式 1) [1-3]。该反应最初是用于莨菪烷的 N-去甲基化，在后续研究中，把反应中的乙酸酐用其它活化试剂替代后扩大了应用范围。

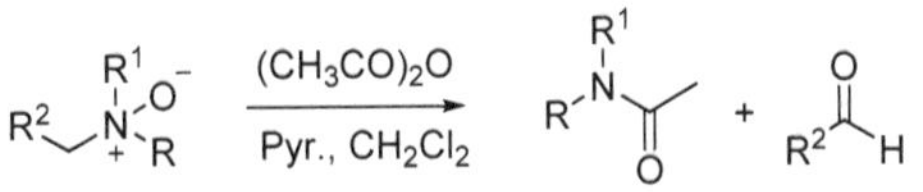

$$\underset{R^2}{\overset{R^1}{\underset{|}{N^+}}}\underset{R}{\overset{O^-}{\underset{|}{}}} \xrightarrow[\text{Pyr., CH}_2\text{Cl}_2]{(\text{CH}_3\text{CO})_2\text{O}} \underset{}{\overset{R^1}{N}}\underset{}{\overset{O}{\|}} + \underset{R^2}{\overset{O}{\|}}H \quad (1)$$

反应机理 (图 1)：N-氧化物首先与乙酸酐反应生成 O-乙酰化产物，接着发生 E2 消除，脱去乙酸生成亚胺鎓中间体。亚胺鎓被乙酸负离子进攻后与另外一分子乙酸酐反应，最后发生 C-N 键的断裂，生成 N,N-二取代乙酰胺和醛[4-7]。

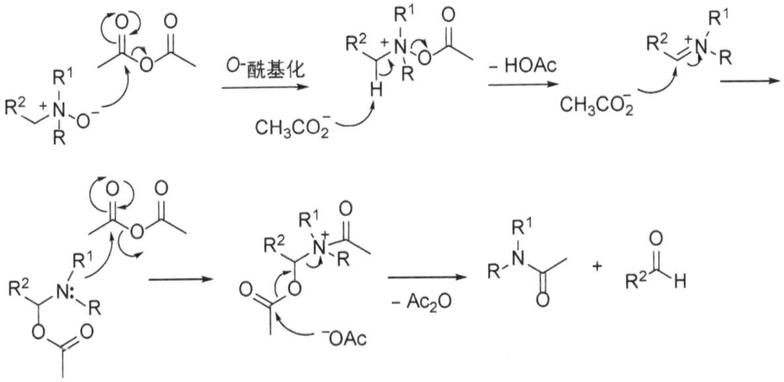

图 1　Polonovski 反应的机理

理论上，除了乙酸酐外，可活化 N-氧化物的试剂都可以促进 Polonovski 反应的发生[8-12]。因此，出现了诸多 Polonovski 反应的改良反应来扩大其用途。目前已知可作为活化试剂促进 Polonovski 类反应的有三氟乙酸酐、二氧化硫、铁、钒及铜盐。使用三氟乙酸酐时可以生成稳定的亚胺鎓中间体，亚胺鎓作为一个多用途的中间体，可以转化成烯胺、叔胺、仲胺等多种产物。使用三氟乙酸酐的改良被称为 Polonovski-Potier (波隆诺夫斯基-波齐儿) 反应[8]，是应用最为广泛的一种改良反应。使用铁盐作为活化试剂的反应近年主要被用于含有 N-甲基的生物碱如吗啡等的去甲基化[13]。

Polonovski 反应在天然产物的合成和结构鉴定[14]中有着独特的作用。其主要价值在于将胺转化为亚胺鎓并将其捕捉，即把胺的 α-位官能化。7-epi-FR900482 (**3**) 有着与天然产物 FR900482 可比拟的抗癌活性。Trost 小组在进行其全合成时，采用 Polonovski 反应以在 [3.3.1] 骨架进行选择性官能化[15] (式 2)。

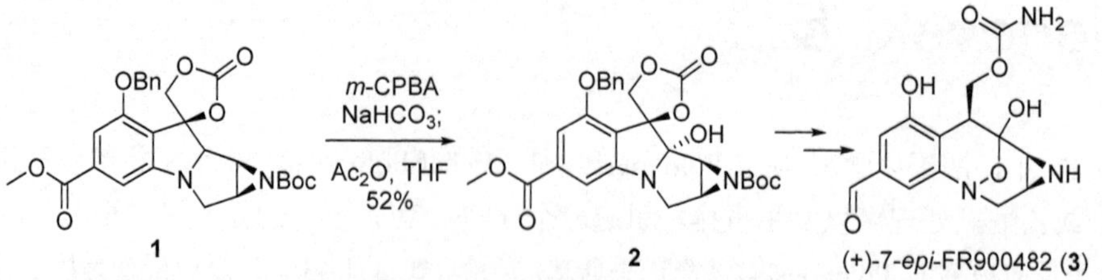

$$\text{(2)}$$

当一个胺分子的合适位置含有潜在亲核官能团,可进行串联反应,形成环化产物。Chain 小组报道了在 Polonovski 反应条件下, *N*,*N*-二甲基苯胺 **4** 可发生串联 Polonovski 反应-分子内 Mannich 反应,生成 *N*-甲基吲哚啉 **6**[16] (式 3)。

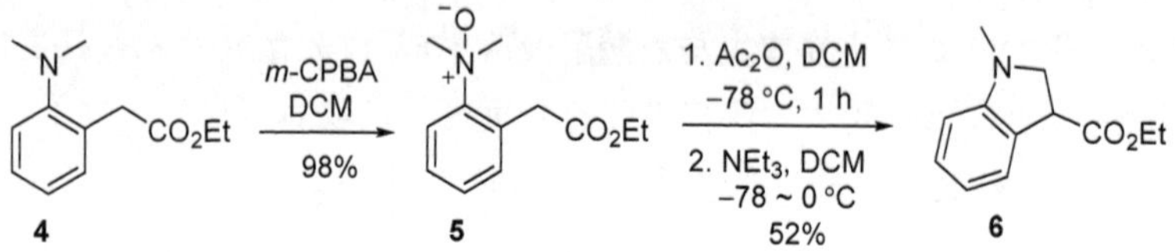

$$\text{(3)}$$

2012 年,Harmata 等人观察到,Tröger 碱 **7** 经 DMDO 氧化,然后在 Polonovski 反应条件下可以直接转化为肼 **9**[17] (式 4)。

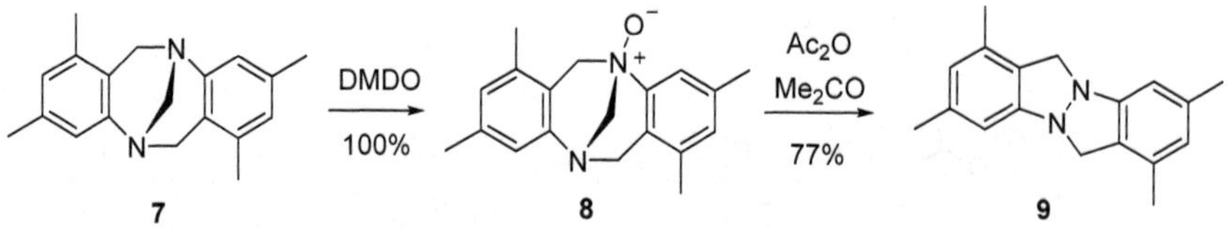

$$\text{(4)}$$

新近,Chain 报道, *N*,*N*-二甲基苯胺氧化物 **10** 经 Boc 酸酐活化后,可与烯烃发生串联的 Polonovski 反应-Povarov 反应,生成 *N*-甲基四氢喹啉衍生物 **11**[18] (式 5)。

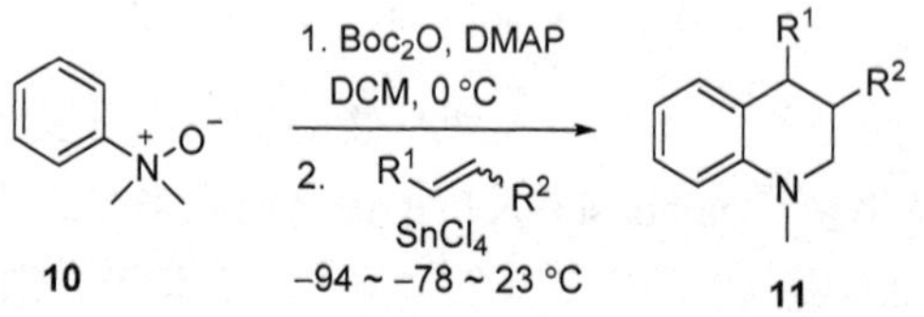

$$\text{(5)}$$

参考文献

[1] Polonovski, M.; Polonovski, M. *Bull. Soc. Chim.* **1927**, *41*, 1190-1208.
[2] Polonovski, M.; Polonovski, M. *C. R. Hebd. Seances Acad. Sci.* **1927**, *184*, 331 and 1333.
[3] Grierson, D. *Org. React.* **1990**. *39*, 85-295. (综述)
[4] Renaud, R. N.; Leitch, L. C. *Can. J. Chem.* **1968**, *46*, 385-390.
[5] Hayashi, Y.; Nagano, Y.; Hongyo, S.; Teramura, K. *Tetrahedron Lett.* **1974**, 1299-1302.
[6] Jessop, R. A.; Smith, J. R. L. *J. Chem. Soc, Perkin Trans.* **1976**, *1*, 1801-1805.
[7] Manninen, K.; Hakala, E. *Acta Chem. Scand.* **1986**, *B40*, 598-600.
[8] Cavé, A.; Kan-Fan, C.; Potier, P.; Le Men, J. *Tetrahedron* **1967**, *23*, 4681-4689.
[9] Burg, A. B. *J. Am. Chem. Soc.* **1943**, *65*, 1629-1635.
[10] Ferris, J. P.; Gerwe, R. D.; Gapski, G. R. *J. Am. Chem. Soc.* **1967**, *89*, 5270-5275.

[11] Wang, D.-R.; Uang, B.-J. *Org. Lett.* **2002**, *4*, 463-466.
[12] Xu, Z.; Yu, X.; Feng, X.; Bao, M. *J. Org. Chem.* **2011**, *76*, 6901-6905.
[13] Thavaneswaran, S.; Scammells, P. J. *Bioorg. Med. Chem. Lett.* **2006**, *16*, 2868-2871.
[14] Low, Y.-Y.; Lim, K.-H.; Choo, Y.-M.; Pang, H.-S.; Etoh, T.; Hayashi, M.; Komiyama, K.; Kam, T.-S. *Tetrahedron Lett.* **2010**, *51*, 269-272.
[15] Trost, B. M.; O'Boyle, B. M. *Org. Lett.* **2008**, *10*, 1369-1372.
[16] Nakashige, M. L.; Lewis, R. S.; Chain, W. J. *Tetrahedron Lett.* **2015**, *56*, 3531-3533.
[17] Gao, X.; Hampton, C. S.; Harmata, M. *Eur. J. Org. Chem.* **2012**, 7053-7056.
[18] Bush, T. S.; Yap, G. P. A.; Chain, W. J. *Org. Lett.* **2018**, *20*, 5406-5409.

用途： 叔胺氧化物转化成醛和酰胺
相关反应： Polonovski-Potier 反应

（魏邦国，黄培强）

Polonovski-Potier 反应

1967 年，Potier (波齐尔) 报道了在 Polonovski 反应 (式 1) 中，使用二氯甲烷作溶剂，以三氟乙酸酐 (TFAA) 代替乙酸酐 (Ac₂O) 处理 N-氧化物可生成亚胺鎓活性中间体 A/B (式 2，式 3)[1]。由于该改良在生物碱领域获得广泛应用[1-6]，被称为 Polonovski-Potier (波隆诺夫斯基-波齐尔) 反应，或 Polonovski 反应的 Potier 改良法[4]。需要指出的是，Polonovski-Potier 反应是把胺 α-官能化的方法。在实际应用中，一般需三个步骤：①把胺氧化为 N-氧化物；②Polonovski-Potier 反应；③用亲核试剂捕捉亚胺鎓中间体 **A/B**。其中，后两个步骤往往可以一瓶完成。

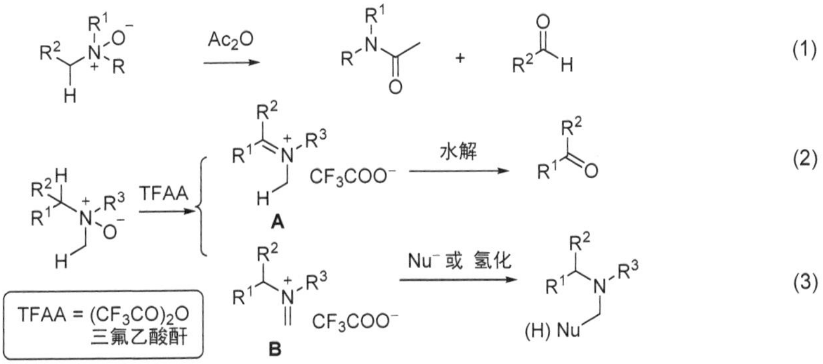

反应机理 (图 1)：N-氧化物进攻三氟乙酸酐生成 O-三氟乙酰化产物 **C**，再消除一分子三氟乙酸得到亚胺鎓 **A** 或 **B**。在 Polonovski-Potier 反应中，由于三氟乙酰氧负离子的亲核性低，反应可形成稳定的亚胺鎓盐中间体 **A/B** (图 1)，该中间体水解得酮 (式 2)，也

可与各种亲核试剂反应形成 C-C 键 (式 3)[7]，或氢化形成 C-H 键 (式 3)，也可与烯胺建立平衡，在 β-位形成亲核中心，并与亲电试剂反应。

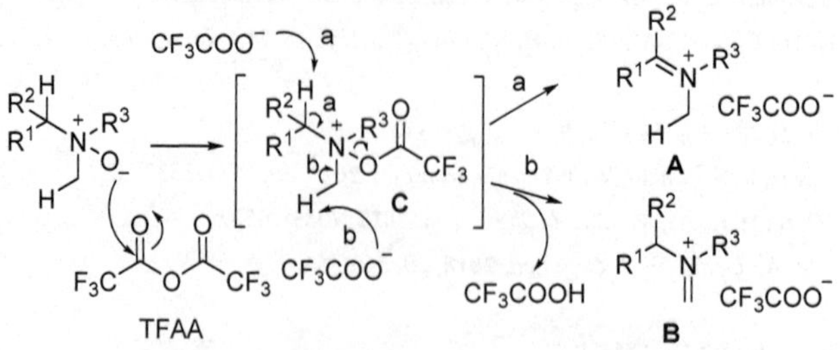

图 1　Polonovski-Potier 反应的机理

如上所述，Polonovski-Potier 反应是把稳定的胺转化为非常活泼的亚胺鎓，后者是一类多用途的活性有机中间体，因此，Polonovski-Potier 反应在合成中有广泛的用途，发现后即被用于吲哚类生物碱的全合成[2-9]。近年来，该反应常被作为关键反应用于其它复杂天然产物的合成中[10-15]。

Polonovski-Potier 反应提供了纠正 N-α-碳立体化学的独特方法。其原理是把胺通过 Polonovski-Potier 反应转变为亚胺鎓，然后进行立体选择性还原。2004 年，姜标小组在生物碱 conessine (**4**) 的形式全合成中，通过 Polonovski-Potier 反应及 NaBH(OAc)$_3$ 还原，立体选择性地生成单一立体异构体 **3**，从而成功实现了中间体 **1** N-α-位手性碳的构型翻转 (式 4)[10]。

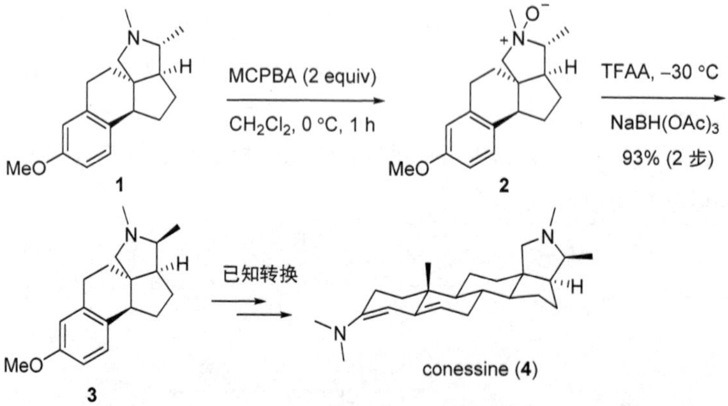

同年，Marvin 小组在 epimyrtine (**7**) 和 epi-cermizine C 的外消旋全合成中，通过串联 Polonovski-Potier 反应和烯丙基硅烷对亚胺鎓的分子内亲核加成，将化合物 **5** 一步转化为喹诺里西啶 **6a** 和 **6b** (式 5)[11]。

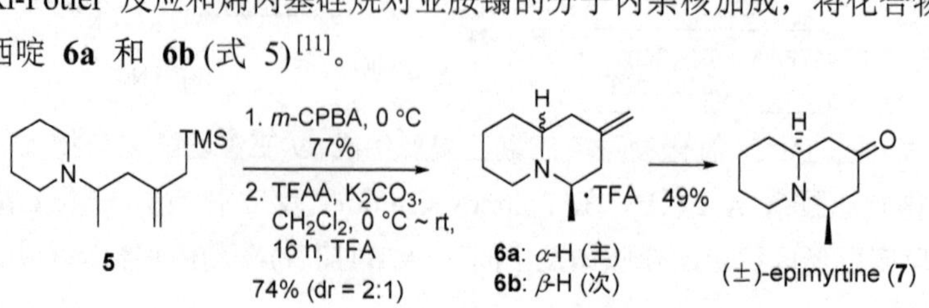

2012 年，Rychnovsky 小组在进行海洋生物碱 lepadiformine A (**11**) 和 lepadiformine B (**12**) 的全合成中，在尝试了多种 α-氧化氰化方法以期把吡咯烷 **8a/8b** 官能化后，最终发现 Polonovski-Potier 反应最可靠。由此建立了三步系列反应，把 **8a/8b** 转化为甲酯 **10a/10b** 的方法。后者还原后即得 lepadiformine A (**11**) 和 lepadiformine B (**12**) (式 6)[12]。

Conophylline (**16**) 和 conophyllidine 是双吲哚生物碱，由两个五环白坚木属生物碱骨架构成。据报道，前者表现出多种重要的生物活性。2011 年，Fukuyama 小组报道了其首次全合成。该汇聚合成策略以 Polonovski-Potier 反应为关键步骤，使偶联反应进行 **13** 和 **14** 两片段的对接成为可能 (式 7)[13]。

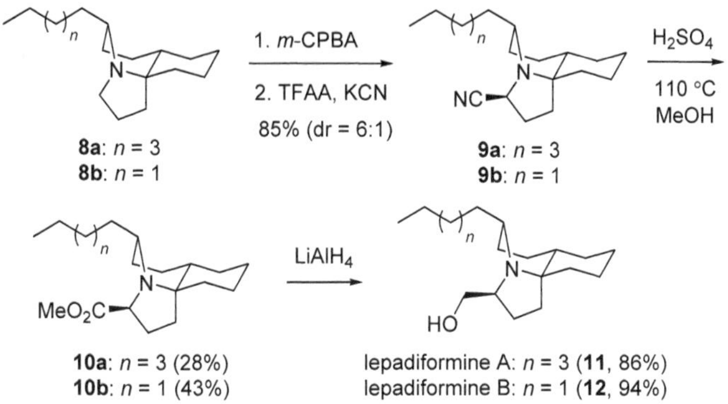

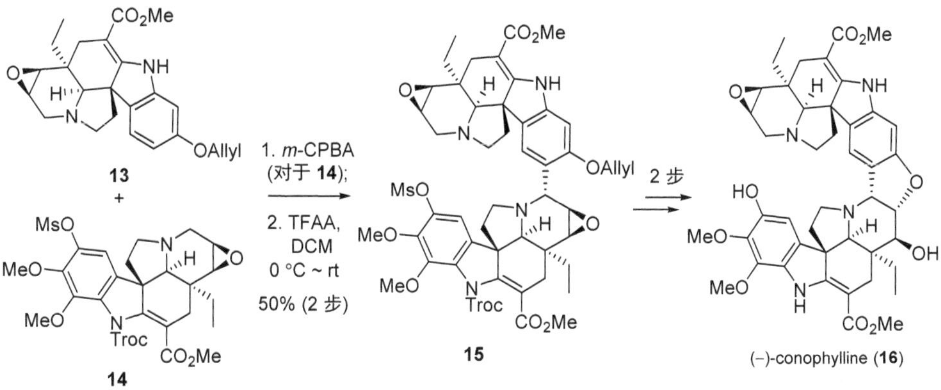

(−)-Sungucine (**21**)、(−)-isosungucine 和 (−)-strychnogucine B 是结构复杂的马钱属生物碱二聚体，表现出显著的抗癌活性。2016 年，Andrade 小组采取与上述 Fukuyama 小组类似的，以 Polonovski-Potier 反应为偶联反应的汇聚合成策略，完成了其首次 (半) 合成。式 8 展示了从起始原料士的宁 (**17**, strychnine) 通过 Polonovski-Potier 反应合成南片段 (**20**) 的步骤[14]。

(−)-Neothiobinupharidine (**26**) 是一种黄睡莲属生物碱二聚体，对黑素瘤和肺肿瘤具有很强的抑制活性。2013 年，Shenvi 小组报道了非常快捷的 8 步不对称全合成 (图 3)[15]。在关键的 N-氧化物 **23** 的消除步骤，用传统的 Polonovski 反应，需要 5 天，产率 60%。

而采用 Polonovski-Potier 反应, 仅需不到 3 h 以形成 **24**。后者经 Na_2S_4 促进的二聚立体选择性地生成中间体 **25**, 硼氢化钠还原后得目标产物 (−)-neothiobinupharidine (**26**)。从 **23** 到 **26**, 产率高达 62% (式 9)[15]。

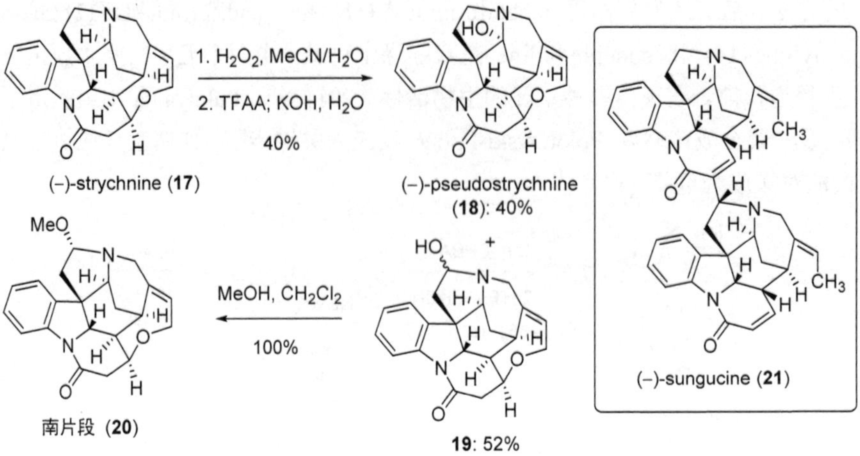

参考文献

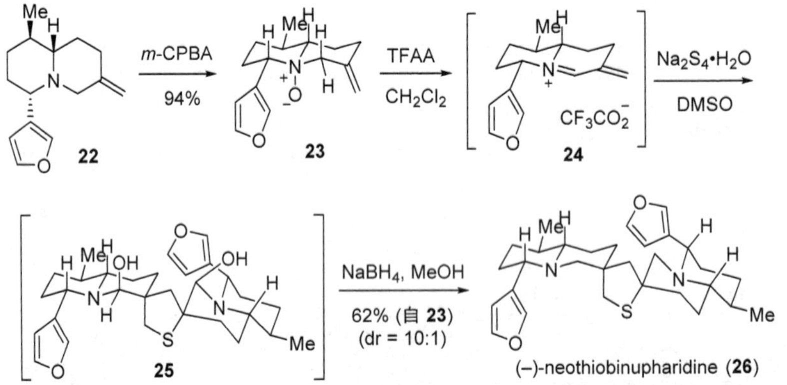

[1] Cavé, A.; Kan-Fan, C.; Potier, P.; Le Men, J. *Tetrahedron* **1967**, *23*, 4681-4689.

[2] Ahond, A.; Cavé, A.; Kan-Fan, C.; Husson, H.-P.; de Rostolan, J.; Potier, P. *J. Am. Chem. Soc.* **1968**, *90*, 5622-5623.

[3] Potier, P. *J. Nat. Prod.* **1980**, *43*, 72-86.

[4] (a) Lewin, G.; Poisson, J.; Schaeffer, C.; Volland, J. P. *Tetrahedron* **1990**, *46*, 7775-7786. (b) Sundberg, R. J.; Gadamasetti, K. G.; Hunt, P. J. *Tetrahedron* **1992**, *48*, 277-296. (c) Lewin, G.; Schaeffer, C.; Morgant, G.; Nguyen-Huy, D. *J. Org. Chem.* **1996**, *61*, 9614-9616.

[5] Grierson, D. S. *Org. React.* **1990**, *39*, 85-295. (综述)

[6] Albini, A. *Synthesis* **1993**, 263-277. (综述)

[7] Grierson, D. S.; Harris, M.; Husson, H.-P. *J. Am. Chem. Soc.* **1980**, *102*, 1064-1082.

[8] Husson, H.-P.; Chevolot, L.; Langlois, Y.; Thal, C.; Potier, P. *J. Chem. Soc., Chem. Commun.* **1972**, 930-931.

[9] Langlois, N.; Gueritte, F.; Langlois, Y.; Potier, P. *J. Am. Chem. Soc.* **1976**, *98*, 7017-7024.

[10] Jiang, B.; Xu, M. *Angew. Chem. Int. Ed.* **2004**, *43*, 2543-2546.

[11] Benimana, S. E.; Cromwell, N. E.; Meer, H. N.; Marvin, C. C. *Tetrahedron Lett.* **2016**, *57*, 5062-5064.
[12] Perry, M. A.; Morin, M. D.; Slafer, B. W.; Rychnovsky, S. D. *J. Org. Chem.* **2012**, *77*, 3390-3400.
[13] Han-ya, Y.; Tokuyama, H.; Fukuyama, T. *Angew. Chem. Int. Ed.* **2011**, *50*, 4884-4887.
[14] Zhao, S.; Teijaro, C. N.; Chen, H.; Sirasani, G.; Vaddypally, S.; Zdilla, M. J.; Dobereiner, G. E.; Andrade, R. B. *Chem. - Eur. J.* **2016**, *22*, 11593-11596.
[15] Jansen, D. J.; Shenvi, R. A. *J. Am. Chem. Soc.* **2013**, *135*, 1209-1212.

相关反应: Polonovski 反应

(黄培强, 魏邦国)

Pummerer 重排

Pummerer (普梅雷尔) 重排指亚砜在一定条件下重排生成 α-取代硫醚的反应 (式 1)[1]。

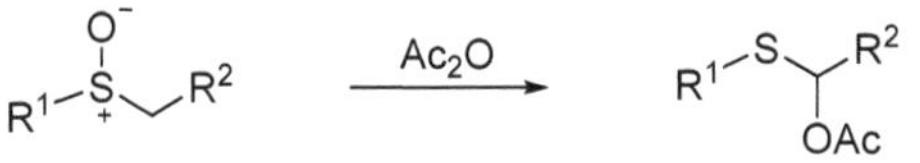

$$R^1\text{-}\underset{\underset{O^-}{|}}{S^+}\text{-}R^2 \xrightarrow{Ac_2O} R^1\text{-}S\text{-}\underset{OAc}{\overset{}{C}}R^2 \tag{1}$$

Pummerer 重排反应的机理 (图 1): ①在乙酸酐的作用下, 亚砜的氧发生乙酰化生成乙酰氧硫鎓盐; ②乙酸负离子攫取 α-H 形成硫叶立德中间体; ③随着 S-O 键断裂, 乙酰基离去得到硫鎓离子; ④亲核试剂再进攻碳正离子而得到最终 α-取代硫醚产物[2]。

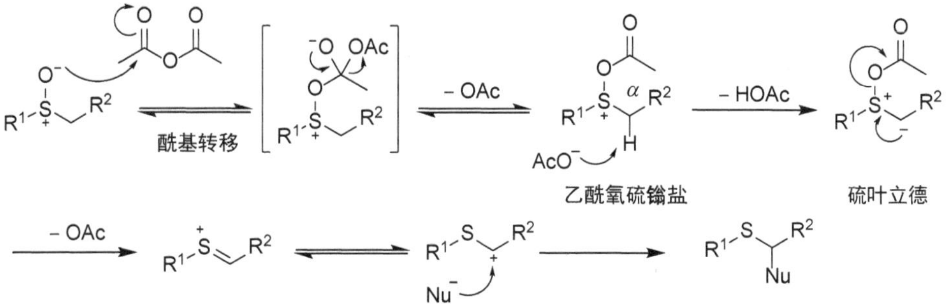

图 1 Pummerer 重排反应的机理

Pummerer 重排在有机合成中具有较为广泛的用途。过去的几十年里, 人们从引发剂、底物、亲核试剂等方面对 Pummerer 反应进行了深入的研究, 使其得到了多方面的拓展。

首先, 引发剂不再局限于乙酸酐, TFAA、Tf$_2$O、HCl、H$_2$SO$_4$、TsOH、Lewis 酸、I$_2$/MeOH、高价碘化物、NCS、PCl$_3$、PCl$_5$、含硅化合物等都可以用来引发 Pummerer 反应[2]。

Feldman 在 ($\pm$)-dibromoagelaspongin 的全合成中所采用的关键反应是 Tf$_2$O 和 NCS 所引发的两次 Pummerer 反应 (图 2)[3]。

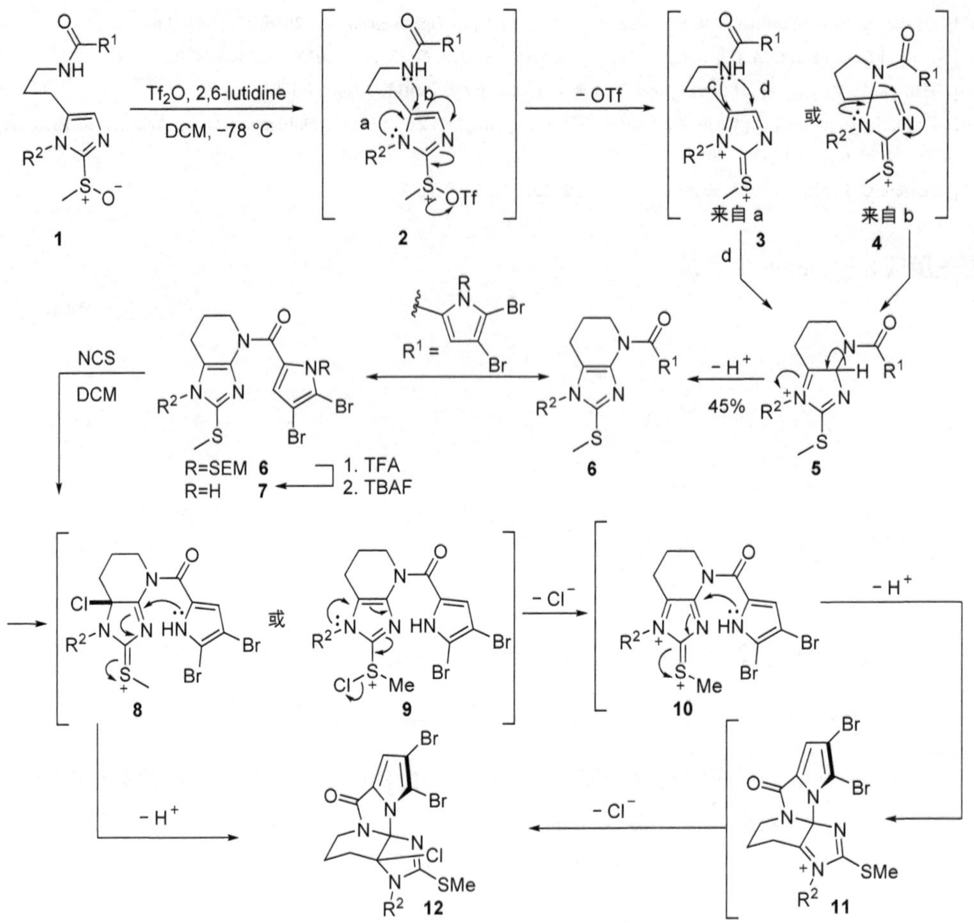

图 2 Feldman 在 (±)-dibromoagelaspongin 的全合成中所采用的关键反应

其次，Pummerer 重排反应过程中生成的硫鎓离子中间体可以接受不同亲核试剂的进攻，如果接受碳负离子亲核试剂进攻就可以形成新的碳-碳键，常见的亲核试剂有芳环、双键等 (式 2)[4]。

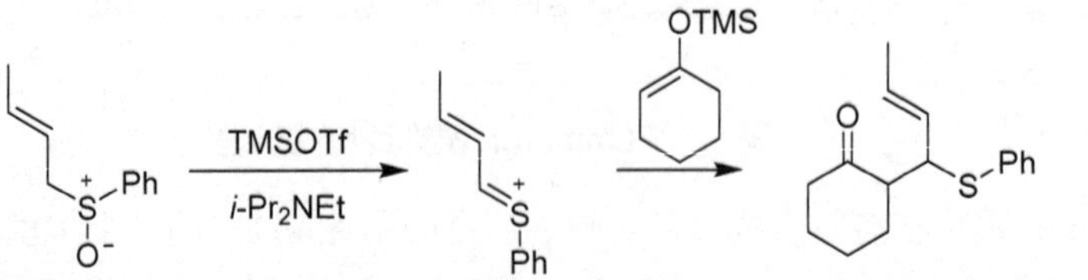

芳环进攻硫鎓中间体在天然产物的全合成中用途最为广泛 (式 3，式 4)[5,6]。

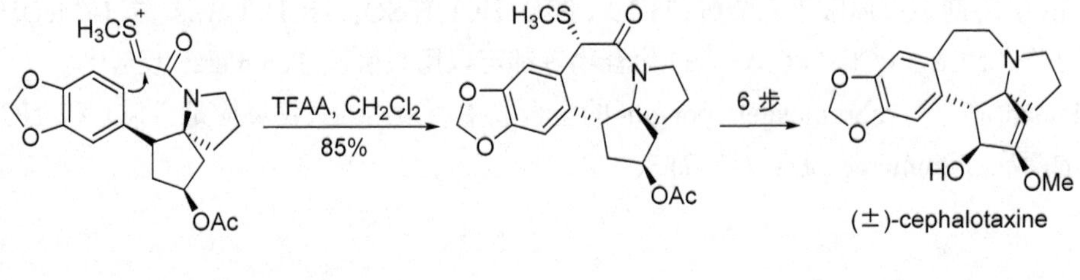

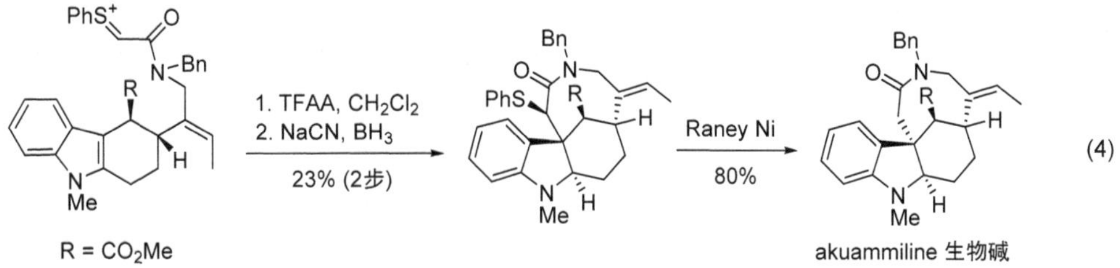

另外，Pummerer 重排反应引发的串联环化可以同时构建多个环 (式 5)，在天然产物的全合成中显示了很高的效率[7]。

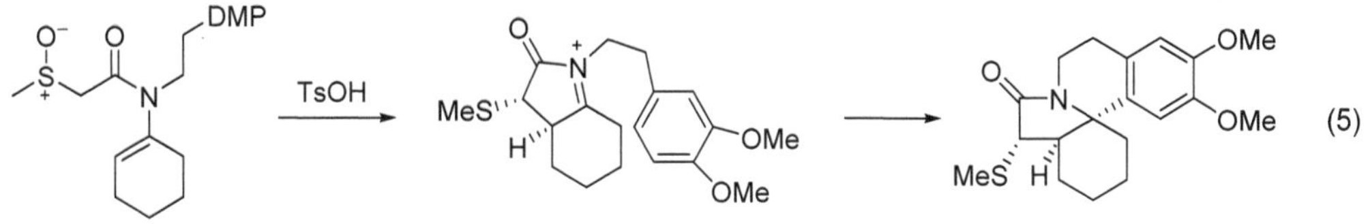

Ishibashi 在合成 (+)-3-demethoxyerythratidinone 时巧妙地采用了 Pummerer 反应引发的多烯环化，一步构建了两个环 (式 6)[8]。

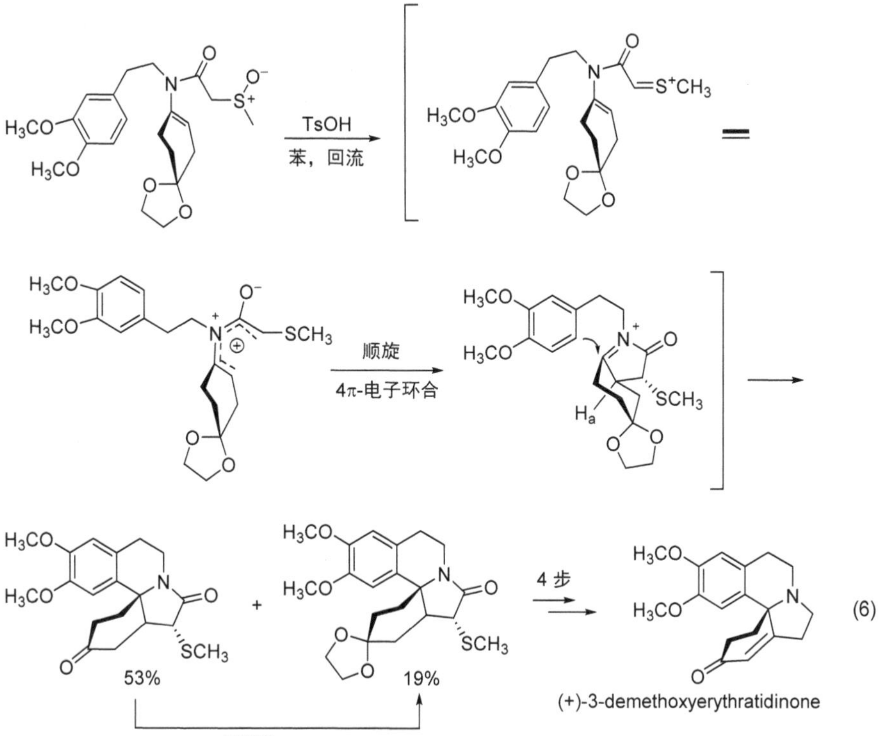

参考文献

[1] (a) Pummerer, R. *Chem. Ber.* **1909**, *42*, 2282-2291. (b) Pummerer, R. *Chem. Ber.* **1910**, *43*, 1401-1412.

[2] (a) Kita, Y.; Shibata, N. *Synlett.* **1996**, *4*, 289-296. (b) Narita, M.; Urabe, H.; Sato, F. *Angew. Chem. Int. Ed.* **2002**, 3671-3674. (c) Bur, S. K.; Padwa, A. *Chem. Rev.* **2004**, *104*, 2401-2432. (d) Feldman, K. S. *Tetrahedron* **2006**, 5003-5034. (e) Smith, L. H. S.; Coote, S. C.; Sneddon, H. F.; Procter, D. J. *Angew. Chem. Int. Ed.* **2010**, *49*, 5832-5844.
[3] Feldman, K. S.; Fodor, M. D. *J. Am. Chem. Soc.* **2008**, *130*, 14964-14965.
[4] Hunter, R.; Simon, C. D. *Tetrahedron Lett.* **1986**, *27*, 1385-1386.
[5] Ikeda, M.; Okano, M.; Kosaka, K..; Kido, M.; Ishibashi, H. *Chem. Pharm. Bull.* **1993**, *41*, 276-281.
[6] Bennasar, M.-L.; Zulaica, E. *Tetrahedron Lett.* **1996**, *37*, 6611-6614.
[7] Tumura, Y.; Maeda, H.; Akai, S.; Ishibashi, H. *Tetrahedron Lett.* **1982**, *23*, 2209.
[8] Ishibashi, H.; Sato, T.; Takahashi, M.;Hayashi, M.; Ikeda, M. *Heterocycles* **1988**, *27*, 2787-2790.

（翟宏斌）

Rupe 重排

Rupe（鲁佩）重排指叔-α-(末端)炔醇在酸作用下重排为 α,β-不饱和（甲基）酮 **2** 的反应（式 1）[1,2]。与 Meyer-Schuster 重排一样，这是从酮合成 α,β-不饱和羰基化合物的方便方法。反应机理见 Meyer-Schuster 重排反应条目。

$$R^2-C\underset{H_2}{\overset{R^1}{|}}-C\equiv CR^3(CH_3) \xrightarrow[\Delta]{HCOOH} R^2\underset{}{\overset{R^1}{=}}\underset{O}{\overset{}{|}}R^3(CH_3) \quad (1)$$
$$\quad\quad\quad OH$$
$$\quad\quad 1 \quad\quad\quad\quad\quad\quad\quad\quad 2$$

2002 年，Schering AG 公司 Weinmann 等人发展了强酸型离子交换树脂催化的 Rupe 重排。新法不仅产率远高于原法，而且安全性提高，可进行中试规模（64 kg）的 Rupe 重排[3]。例如，以 Amb 252 C 为催化剂，**3** 重排为 **4** 的产率高达 91%（式 2）。

$$\text{3} \xrightarrow[91\%]{\text{Amb 252 C (cat.)}} \text{4} \quad (2)$$

（1）Rupe 重排在复杂天然产物全合成的应用

2005 年，Paquette 小组在 pinnaic acid 和 halichlorine 的全合成研究中需要通过 Rupe 重排把炔醇 **5** 转化为烯酮 **6**。使用传统的组合酸 H_2SO_4-HOA，在回流温度下反应收率只有 25%。为此，他们发展了采用大过量三氟甲磺酸（TfOH，5 equiv）促进的 Rupe

重排，反应可在室温下进行且产率提高到 82% (式 3)[4]。

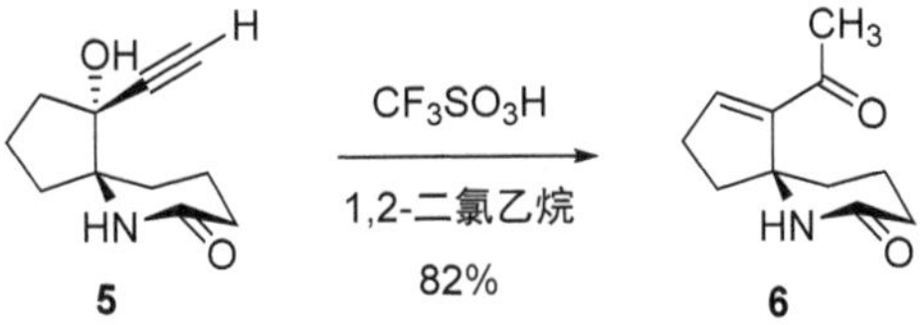

$$\text{(3)}$$

Takeda 小组在进行从鸟巢真菌分离到的 cyathins 二萜的合成研究时，Rupe 重排被用于三环骨架 **10** 的合成 (式 4)[5]。由于 Rupe 重排使用的是原始条件，炔丙醇 **8** Rupe 重排反应的收率只有 42%。

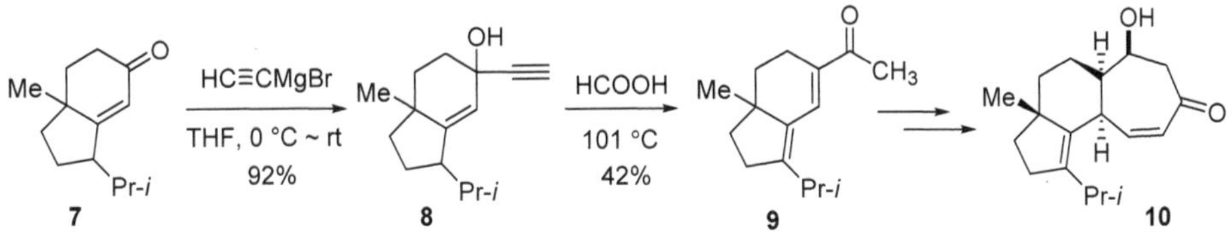

$$\text{(4)}$$

（2）Rupe 重排与其它反应的串联

Rupe 重排反应串联其它反应是该类反应高效应用的一种方式，对此，王彦广与吕萍近期已作专题综述[6]。

2017 年，Herzon 小组在 (+)-pleuromutilin (**15**) 的合成中，从 α-炔醇 **11** 出发，通过甲磺酸诱导的串联 Rupe 重排-Nazarov 环化反应，以 71% 的产率生成氢化吲哚酮 **14** (式 5)[7]。

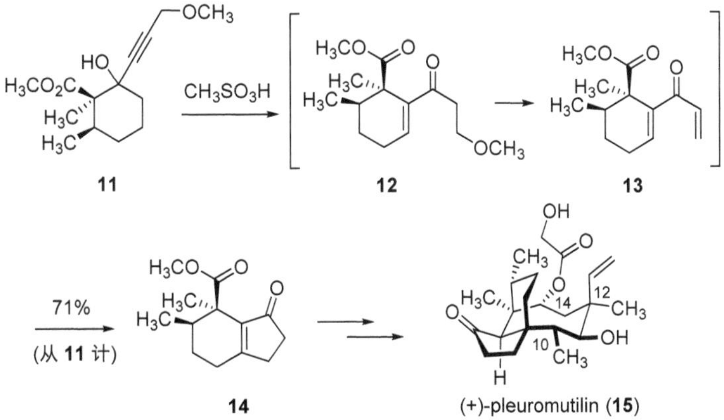

$$\text{(5)}$$

参考文献

[1] (a) Rupe, H.; Glenz, K.; Liebigs, J. *Ann. Chem.* **1924**, *436*, 195. (b) Rupe, H.; Kambli, E. *Helv. Chim. Acta* **1926**, *9*, 672. (c) Rupe, H.; Werdenberg, H. *Helv. Chim. Acta* **1935**, *18*, 542, 及所引文献.

[2] (a) Swaminathan, S.; Narayan, K. V. *Chem. Rev.* **1971**, *71*, 429-438. (b) Engel, D. A.; Dudley, G. B. *Org. Biomol. Chem.* **2009**, *7*, 4149-4158. (综述) (c) Cadierno, V.; Crochet, P.; García-Garrido, S. E.; Gimeno, J. *Dalton Trans.* **2010**, *39*,

4015-4031. (d) Bauer, E. B. *Synthesis* **2012**, *44*, 1131-1151. (e) Zhang, L.; Fang, G.-C.; Kumar, R. K.; Bi, X. *Synthesis* **2015**, *47*, 2317-2346.

[3] Dabdoub, M. J.; Justino, A.; Guerrero, P. G., Jr.; Zukerman-Schpector, J. *Org. Process Res. Dev.* **2002**, *6*, 216-219.
[4] Hilmey, D. G.; Gallucci, J. C.; Paquette, L. A. *Tetrahedron* **2005**, *61*, 11000-11009.
[5] Takeda, K.; Nakane, D.; Takeda, M. *Org. Lett.* **2000**, *2*, 1903-1905.
[6] Zhu, Y.-X.; Sun, L.; Lu, P.; Wang, Y.-G. *ACS Catal.* **2014**, *4*, 1911-1925.
[7] Zeng, M.-S.; Murphy, S. K.; Herzon, S. B. *J. Am. Chem. Soc.* **2017**, *139*, 16377-16388.

相关反应：Meyer-Schuster 重排；Meyer-Schuster-Vieregge 重排；HWE 反应

（黄培强）

Schmidt 反应

Schmidt (施密特) 反应指在羰基化合物中引入含氮基团的反应。Schmidt 反应具有重要的应用价值，经典的 Schmidt 反应是指质子酸存在下叠氮酸 (HN_3) 与醛或酮反应生成相应的酰胺化合物，于 1924 年由 Schmidt 教授所发现 (式 1)[1]。

$$\text{环己酮} \xrightarrow[H_2SO_4]{HN_3} \text{己内酰胺} \tag{1}$$

20 世纪 40 年代，Briggs[2]和 Smith[3]教授试图用甲基叠氮来代替叠氮酸扩展反应范围，可惜这一美好的愿望以失败告终。50 年代，Boyer 教授利用烷基叠氮代替叠氮酸与醛参与反应取得了一些进展 (式 2)[4]，特别是 β- 或 γ-羟基叠氮与醛的反应成功地制得噁唑类化合物 (式 3)，但底物的范围仍然无法扩展。

$$PhCHO \xrightarrow{PhCH_2CH_2N_3, 10\%} PhC(O)NHCH_2CH_2Ph \tag{2}$$

$$PhCHO \xrightarrow{HOCH_2CH_2N_3, 77\%} [\text{可能的中间体}] \xrightarrow[-N_2]{-H^+} \text{2-苯基噁唑啉} \tag{3}$$

自 Boyer 之后，有关 Schmidt 反应的研究报道少之又少，半个世纪之后，这一古老但又迷人的反应引起了 Aube 教授的关注。他领导的研究小组把羰基和叠氮固定在同一分子之中，成功开辟了分子内 Schmidt 反应并进行了系统研究 (式 4) [5,6]，同时对分子间 Schmidt 反应也进行了细致研究[7]。这一研究进展代表了当前 Schmidt 反应的前沿和核心。

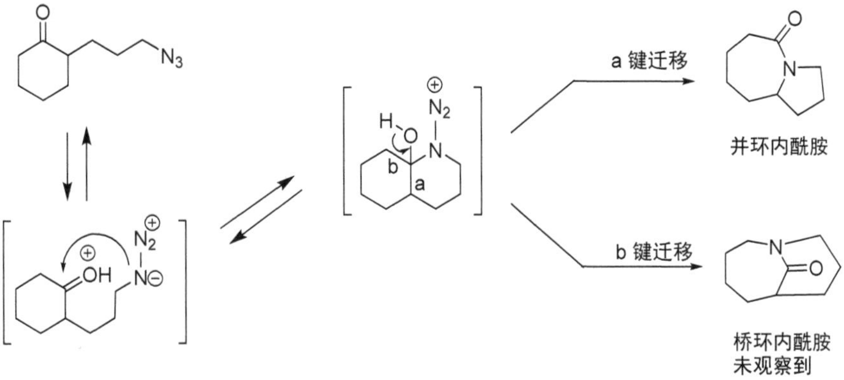

(4)

分子内 Schmidt 反应机理可能是 TFA 先活化羰基，紧接着叠氮对活化的羰基亲核加成生成中间体叠氮膦，随后失去一分子氮气的同时 a 键或 b 键迁移 (迁移基团与离去基团需满足反式共平面的要求)，生成相应的酰胺化合物。在众多的实验结果中，只分离到并环酰胺而没有得到桥环酰胺。按照迁移基团与离去基团必须处于反式共平面的要求，反应底物可从构象上做如下的分析，只有构象 d 可形成桥环酰胺 (图 1)。尽管人们对这一现象做了一些看似合理的解释，但真正的原因仍是未解之谜。

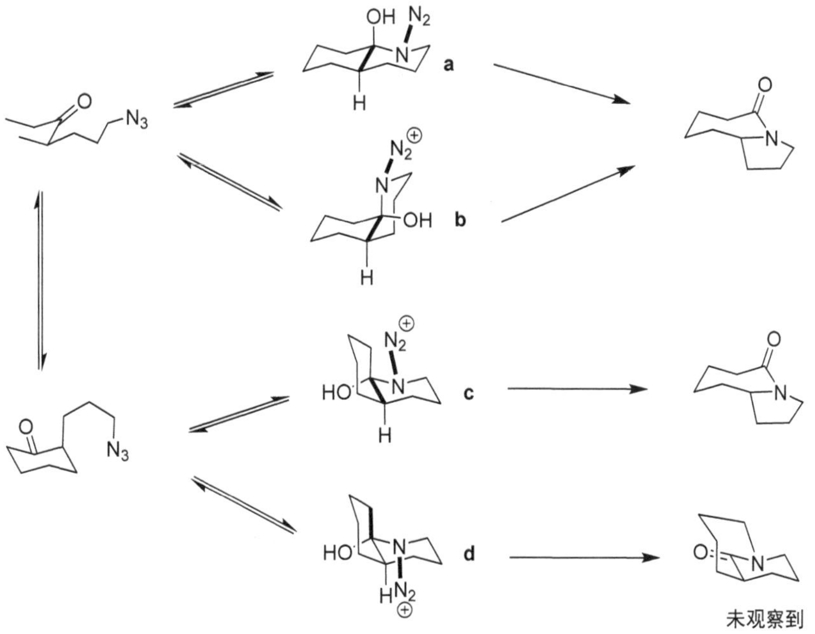

图 1 分子内 Schmidt 反应的可能机理

最近，Aube 小组利用芳基与 N_2^+ 的空间相互作用使得反应构象得以固定，选择性地形成了桥环酰胺 (式 5)[8]。

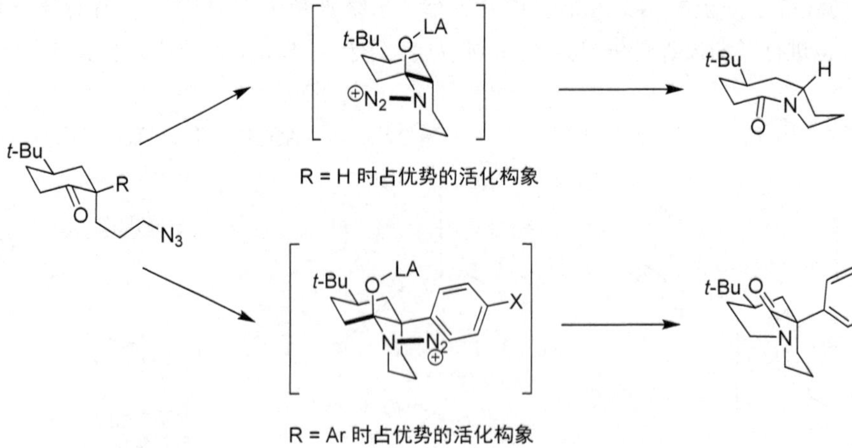

R = H 时占优势的活化构象

R = Ar 时占优势的活化构象

(5)

此外，分子内 Schmidt 反应对不同的环酮和侧链都能较好地进行，尤其是羰基和叠氮相隔 4 个碳链的底物最容易反应，这可能是易形成六元环稳定中间体的缘故。除了 TFA 外，其它的质子酸和 Lewis 酸对这类反应也很有效。迁移基团的立体化学往往能够得到保持。

烷基叠氮与羰基的分子间 Schmidt 反应在强的质子酸或 Lewis 酸作用下也能够发生 (式 6)，但反应的普适性和产率较分子内 Schmidt 反应要逊色很多。

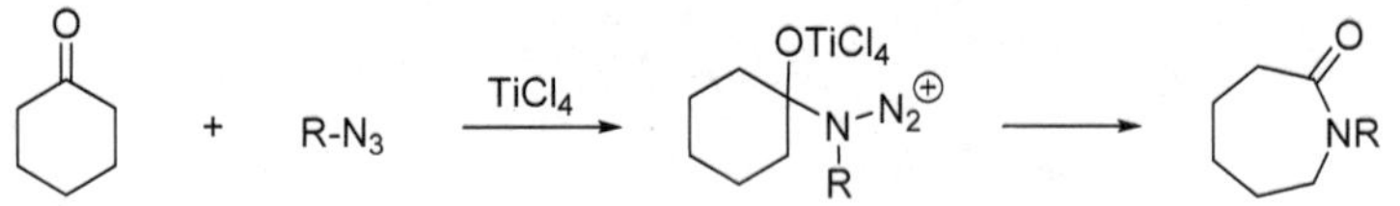

(6)

苄基叠氮与酮的分子间反应往往产生 Mannich 碱，首先，活化的苄基叠氮发生芳基迁移形成亚胺正离子，后者与酮反应生成 Mannich 碱，Aube 称之为 Azido-Mannich 反应 (式 7)[7]。同样，分子内苄基叠氮与酮的反应就存在与 Schmidt 反应竞争的反应。

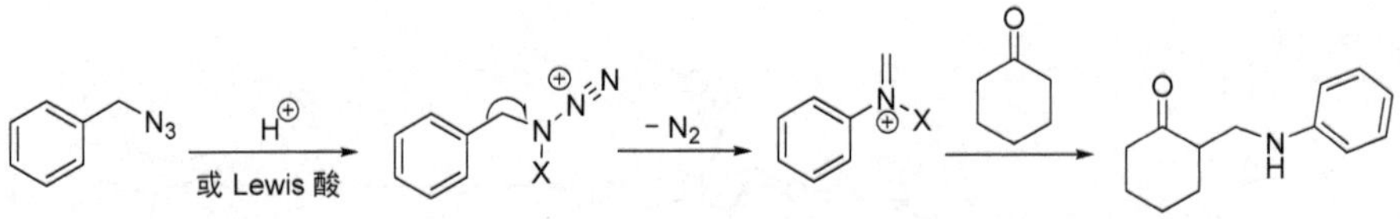

(7)

分子内 Schmidt 反应及其串联反应已被广泛地应用到诸多天然产物的全合成之中，例如：

① 基于半频哪醇重排反应与 Schmidt 反应的串联反应，就可以实现氮杂季碳骨架的构建 (式 8)，进而合成一系列生物碱[9]。

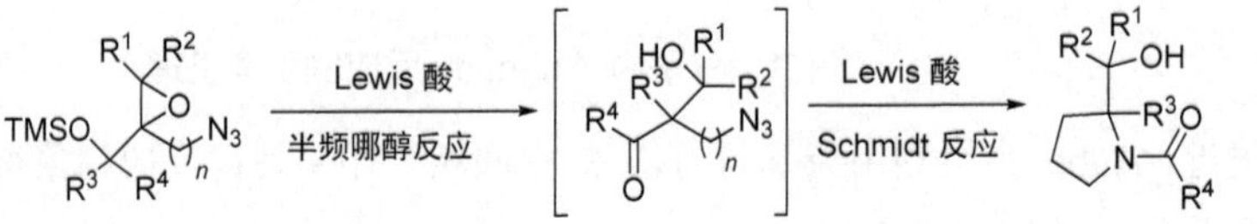

(8)

② 基于 Nazarov 环化反应与 Schmidt 反应的串联反应，可以实现 δ-内酰胺的合成 (式 9)，并进一步将其应用到多环生物碱的合成中[10,11]。

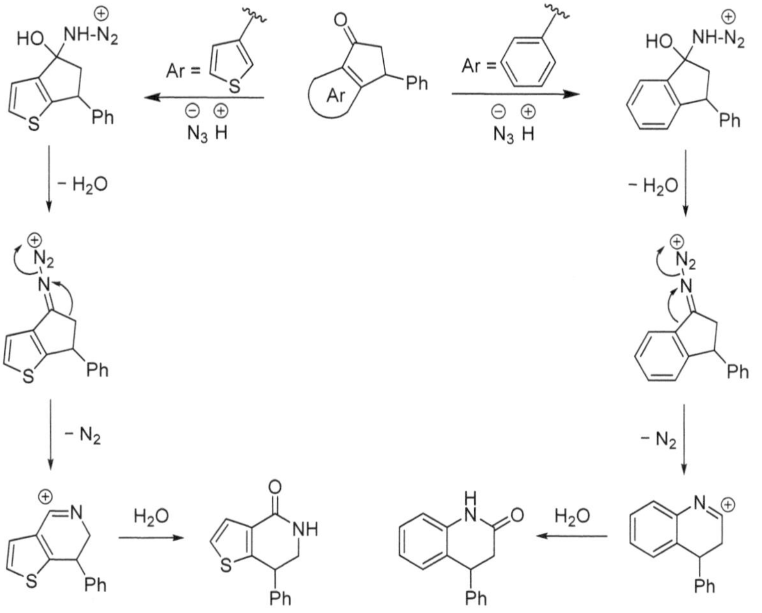

③ 基于 Schmidt 反应与 Ritter 反应的串联反应，可一步由醛合成酰胺[12]，但是底物范围相对较窄，目前只有几种特定的底物才能实现这一转化。

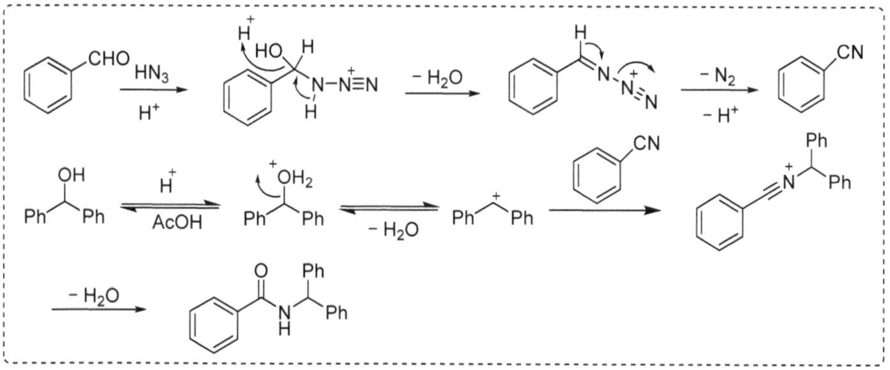

除上述串联反应外，还发展了 Sakurai/Aldol/Schmidt 串联反应[13]、Prins/Schmidt 串联反应[14]、Schmidt/Bischler-Napieralski/亚胺还原串联反应[15]等一系列串联反应，大多也可以应用到天然产物相关骨架的合成之中，在此不再一一赘述。

图 2 为以 Schmidt 反应为关键步骤已完成的部分代表性分子[14-18]。

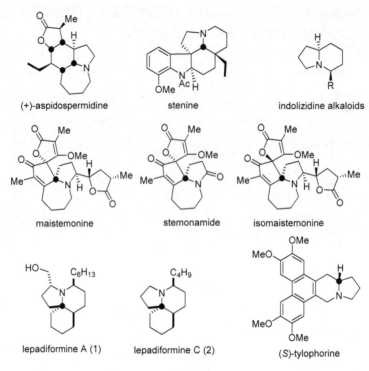

图 2 以 Schmidt 反应为关键步骤已完成的部分代表性分子

参考文献

[1] Schmidt, R. F. *Ber.* **1924**, *57*, 704.
[2] Briggs, L. H.; DeAth, G. C. *J. Chem. Soc.* **1942**, 61.
[3] Smith, P. A. S. *J. Am. Chem. Soc.* **1948**, *70*, 323.
[4] Boyer, J. H.; Hamer, J. *J. Am. Chem. Soc.* **1955**, *77*, 951.
[5] Aube, J.; Milligan, G. L. *J. Am. Chem. Soc.* **1991**, *113*, 8965.
[6] Milligan, G. L.; Mossman, C. J.; Aube, J. *J. Am. Chem. Soc.* **1995**, *117*, 10449.
[7] Pankaj, D.; Kiaas, S.; Aube, J. *J. Am.Chem. Soc.* **2000**, *122*, 7226.
[8] Lei, Y.; Aube, J. *J. Am. Chem. Soc.* **2007**, *129*, 2766.
[9] Gu, P. M.; Zhao, Y. M. *Org. Lett.* **2006**, *8*, 5271.
[10] Song, D.; Rostami, A.; West, F. G. *J. Am. Chem. Soc.* **2007**, *129*, 12019.
[11] Yadagiri, T.; Santosh, R.; Anupam, B. *Chemistryselect.* **2017**, *2*, 9744.
[12] Nabajyoti, H.; Gakul, B.; Prodeep, P. *Synthesis.* **2015**, 47, 2851.
[13] Huh, C. W.; Somal, G. K. Aube, J. *J.Org. Chem.* **2009**, *74*, 7618.
[14] Angelica, M. M.; Christopher, E. K.; Aube, J. *Org. Lett.* **2010**, *12*, 1244.
[15] Su, B.; Chen, F. Z.; Wang, Q. M. *J. Org.Chem.* **2013**,*78*, 2775.
[16] Rajesh, L.; Klaas, S.; Aube, J. *Org. Lett.* **2000**, *2*,1625.
[17] Jennifer, E. G.; Aube, J. *Angew. Chem. Int. Ed.* **2002**, *41*, 4316.
[18] Chen, Z. H.; Chen, Z. M.; Tu, Y. Q. *J. Org. Chem.* **2011**, *76*, 10173.

（涂永强）

Tishchenko 反应

1906 年,Tishchenko 发现脂肪醛和芳香醛在三乙氧基铝催化的条件下能进行自身氧化还原反应生成酯类化合物[1,2],其反应如式 1 所示:一分子醛首先与一分子三乙氧基铝配合,形成中间体 **1a**,接着另一分子醛与 **1a** 进行加成形成 **2a**,经负氢转移而得到酯类化合物 **2**。此类反应称为 Tishchenko (季先科) 反应。

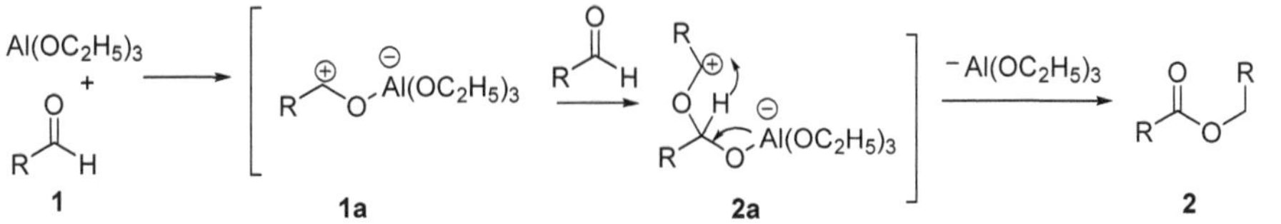

Tishchenko 反应在 100 多年的发展过程中,在催化体系方面研究人员做了诸多工作。有机硼酸,羰基铁化合物,有机钌、锆、镧、钐、钴等金属化物以及双金属化合物都可以用到该反应的催化体系中。

如 SmI_2 促进的 Evans-Tishchenko 反应 (式 2)[3],该反应具有良好的立体选择催化性能。当异丙基处于过渡态的 e 键时,生成反式产物;当处于 a 键时,生成顺式产物,其立体选择性可达 99:1。研究发现起催化活性的可能是 Sm(III),因为 SmI_2 加入体系后,Sm(II) 的蓝色很快被橘黄色取代,而橘黄色是 Sm(III) 的经典颜色。

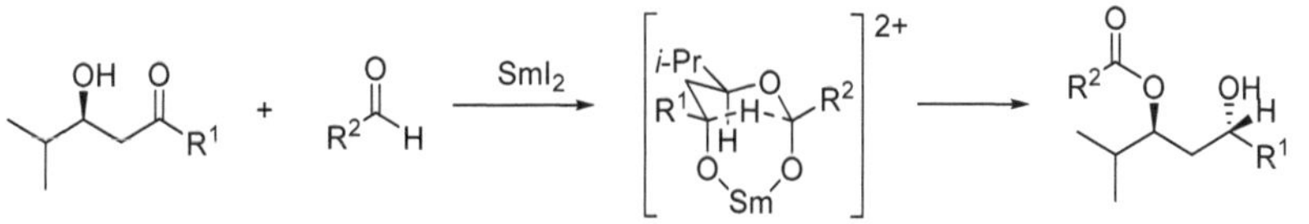

Leahy 在合成 rhizoxin D (具有强效抗肿瘤和抗真菌活性) 的过程中[4],利用 Evans-Tishchenko 反应建立 C17 立体中心 (式 3)。3-羟基酮底物在催化剂 SmI_2 存在下与对硝基苯甲醛反应,得到 1,3-二醇的单酯。

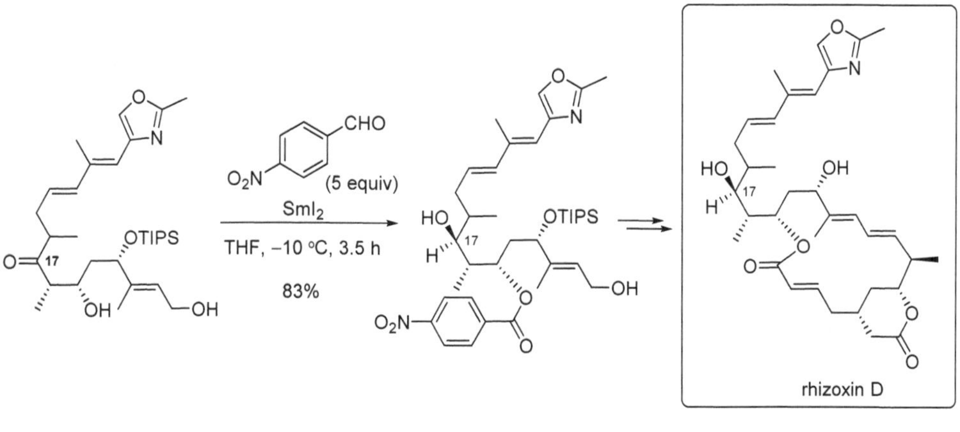

Tishchenko 反应也可以在分子内进行，这是合成内酯的一个有用方法。Pedrosa[5]采用有机小分子与金属共同催化，一锅实现 Michael-Tishchenko 内酯化反应，以中等的收率 (50%~60%) 和较高的对映选择性 (49%~98% ee) 构筑 δ-内酯 (式 4)。

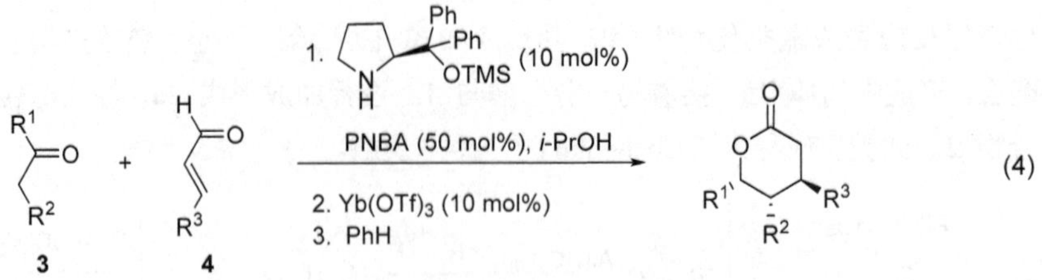

$$\text{(4)}$$

反应机理如图 1 所示，底物 **3** 和 **4** 先发生 Michael 反应得到中间体 **5**，两种构型的 **5** 与 Yb(OTf)$_3$ 结合得到化合物 **6** 和 **7**，由于 R^2 处于平伏键时是优势构象，所以 **7** 是主要产物，之后 **7** 与异丙醇发生加成反应得到 **8**，经负氢转移得到 **10**，化合物 **10** 进行分子内醇解得到最终产物。

有关 Tishchenko 反应的串联反应分别做如下介绍。

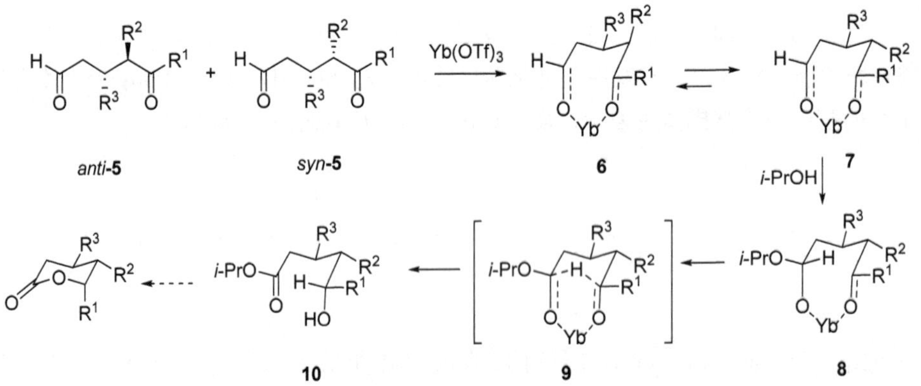

图 1 式 4 所示内酯合成反应的机理

（1）串联 Aldol-Tishchenko 反应

串联 Aldol-Tishchenko 反应[6]是两分子醛进行醇醛缩合生成 β-羟基醛，然后再与另一分子醛进行 Tishchenko 反应生成酯的反应。

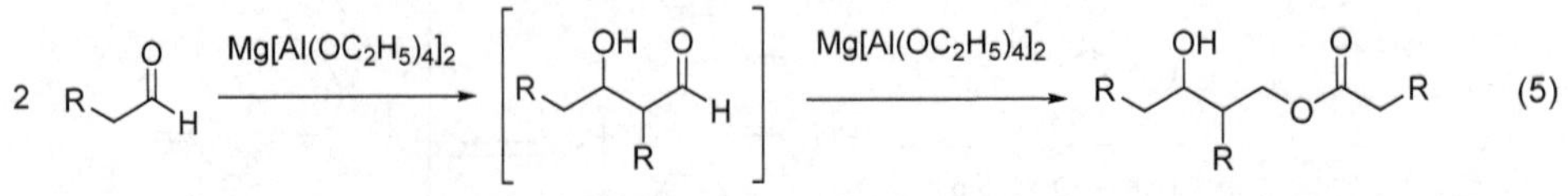

$$\text{(5)}$$

2001 年，Morken 等人[7]首次研究和发展了两个不同醛之间的催化对映选择性 Aldol-Tishchenko 反应，其催化剂为镱的配合物。在配体 **11** 的作用下，2 mol% 的镱金属化合物与苯甲醛和异丁醛进行反应得到化合物 **12**，其产率最高可达 70%，而该反应的区域选择性的比例可大于 15:1，er 值可达 87:13 (式 6)。

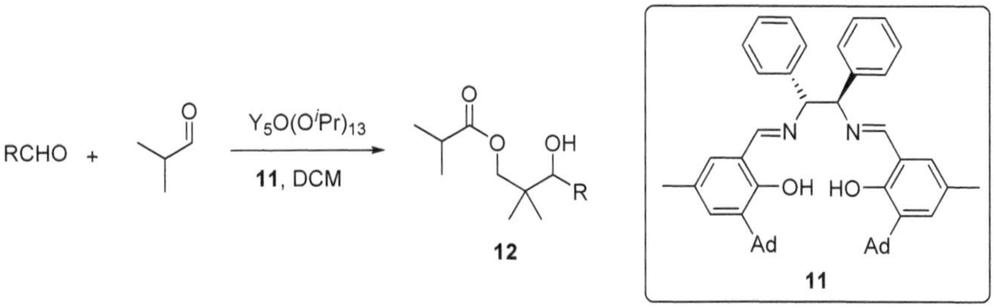

$$\text{RCHO} + \text{(isobutyraldehyde)} \xrightarrow[\text{11, DCM}]{Y_5O(O^iPr)_{13}} \mathbf{12}$$ (6)

2015 年，McGlacken 等人[8]利用磺胺类底物与醛进行不对称 Aldol-Tishchenko 反应研究 (式 7)，以非常优秀的收率和对映选择性首次将此类反应的底物扩展到了碳-氮双键。

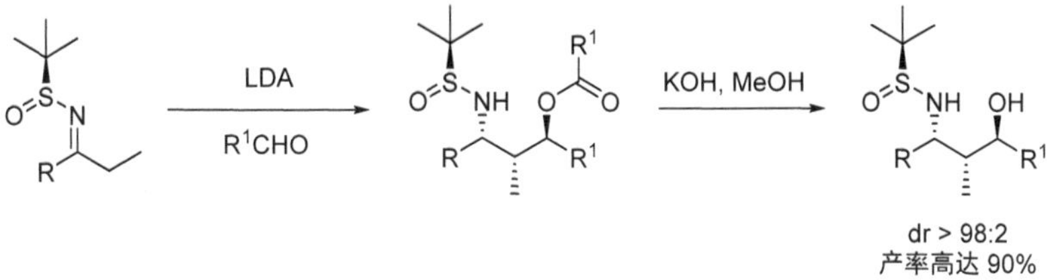

$$\xrightarrow[R^1\text{CHO}]{\text{LDA}} \xrightarrow{\text{KOH, MeOH}}$$ (7)

dr > 98:2
产率高达 90%

其反应机理如图 2 所示：

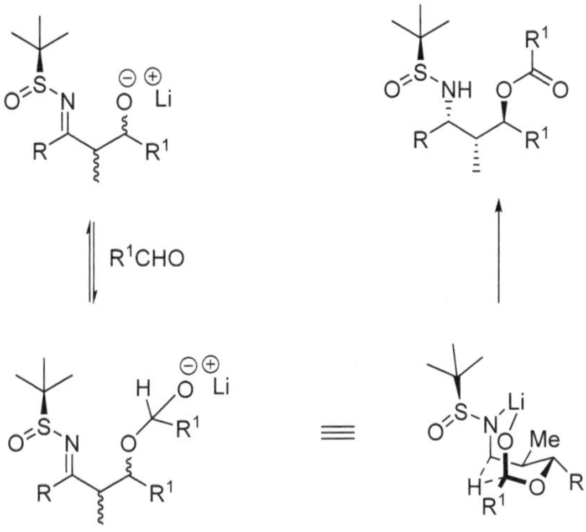

图 2 磺胺类底物与醛进行不对称 Aldol-Tishchenko 反应的机理

（2）串联半频哪醇重排-Tishchenko 反应

串联半频哪醇重排-Tishchenko 反应是兰州大学涂永强课题组[9]发展的一类重要反应。该反应是在 SmI_2 作用下底物首先进行半频哪醇 (semipinacol) 重排，然后再在该条件下进行 Tishchenko 反应，生成 1,3-二醇单酯产物 (式 8)。

其机理如图 3 所示：少量的醛与催化量的 SmI_2 原位形成 Sm(Ⅲ) 的频哪醇复合物，接着 **M** 与底物 **13** 中环氧单元和三级羟基氧原子分别配位，形成 **16**，然后以适当的分子构象进行反式迁移,完成半频哪醛重排形成 **17**,**17** 继续与一分子醛配位形成 **18**,在 **M** 的催化下,快速形成半缩醛 **19**,接着发生负氢迁移最终生成 1,3-二醇单酯产物 **15**,同时释放 **M** 继续催化循环。

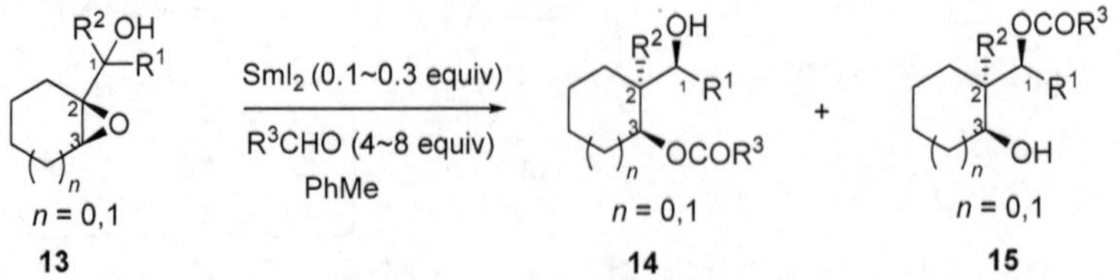

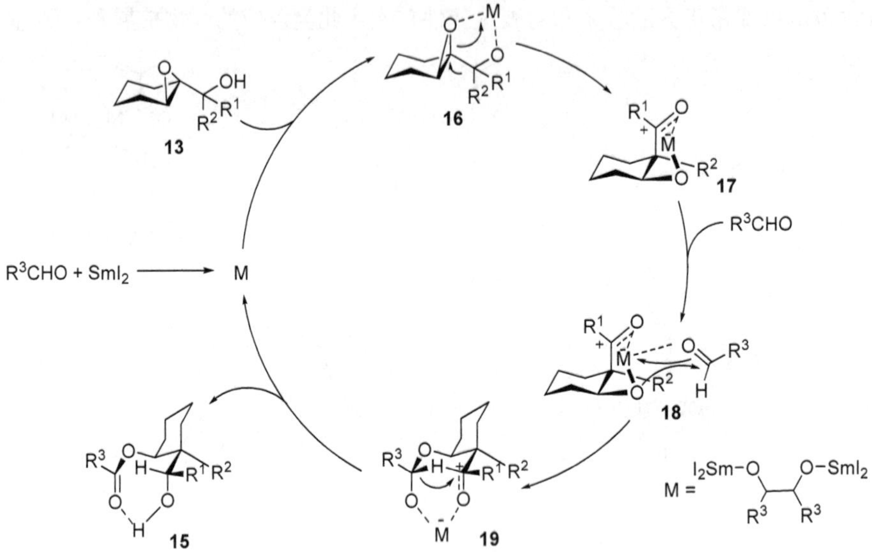

图 3 串联半频哪醛重排-Tishchenko 反应的机理

参考文献

[1] Tishchenko, V. J. *Russ. Phys. Chem. Soc.* **1906**, *38*, 355.
[2] Chang, C.-P.; Hon, Y.-S. *Huaxue* **2002**, *60*, 561. (综述).
[3] Evans, D. A.; Hoveyda, A. H. *J. Am. Chem. Soc.* **1990**, *112*, 6447.
[4] Lafontaine, J. A.; Provencal, D. P.; Gardelli, C.; Leahy, J. W. *J. Org. Chem.* **2003**, *68*, 4215-4234.
[5] Guevara-Pulido, J. O.; Andres, J. M.; Pedrosa, R. *J. Org. Chem.* **2014**, *79*, 8638-8644.
[6] Kulpinski, M. S.; Fang, J.-M. *J. Org. Chem.* **1943**, *8*, 256.
[7] Mascarenhas, C. M.; Miller, S. P.; White, P. S.; Morken, J. P. *Angew. Chem. Int. Ed.* **2001**, *40*, 601.
[8] McGlacken, G. P. *Org. Lett.*, **2015**, *17*, 5642-5645.
[9] Fan, C. A.; Wang, B. M.; Tu, Y. Q.; and Song, Z. L. *Angew. Chem. Int. Ed.* **2001**, *40*, 3887.

(涂永强)

Wagner-Meerwein 重排

Wanger-Meerwein (瓦格纳-梅尔外因) 重排是一种 C-C 键的 1,2-迁移，典型的就是烷基、乙烯基、烯丙基等迁移到邻位碳正离子的位置，从而产生新的碳正离子。

Wagner-Meerwein 重排反应是 Wagner 于 1899 年发现的，而 Meerwein 于 1922 年提出了该重排的离子性质[1-3]。该重排反应的机理可简述如式 1：

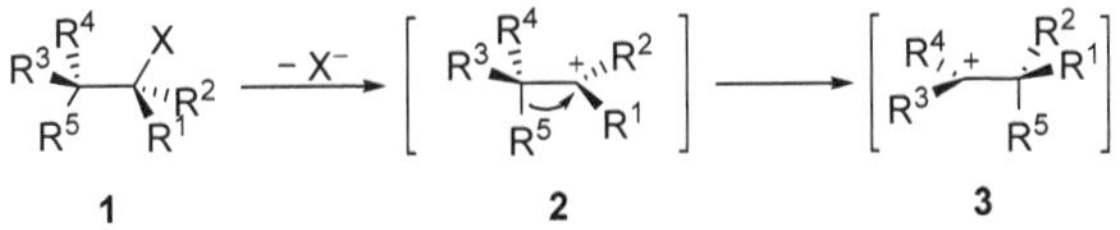

$$\begin{matrix} R^3 \overset{R^4}{\underset{R^5}{\rightthreetimes}} \overset{X}{\underset{R^1}{\ltimes}} R^2 & \xrightarrow{-X^-} & \left[R^3 \overset{R^4}{\underset{R^5}{\rightthreetimes}} \overset{+}{\underset{R^1}{\ltimes}} R^2 \right] & \longrightarrow & \left[\overset{R^4}{\underset{R^3}{\rightthreetimes}} \overset{+}{\underset{R^5}{\ltimes}} \overset{R^2}{R^1} \right] \\ \mathbf{1} & & \mathbf{2} & & \mathbf{3} \end{matrix} \tag{1}$$

一般来说，重排前的碳正离子可由烯烃、醇、卤化物、环氧化物、酮等在质子酸作用下产生，然后发生重排反应，生成新的碳正离子。重排后的碳正离子既可以发生消去反应生成烯，也可以被羟基负离子或卤素负离子捕获，生成新的醇或卤化物，其结果视具体反应条件而定。通常情况下，以发生消去反应生成烯最为普遍。

最初的 Wagner-Meerwein 反应定义为仅针对二环体系中骨架 C-C 键的 1,2-迁移，而具有二环结构的降冰片系列化合物 (式 2)，是该重排被发现的最早也是最重要的领域。

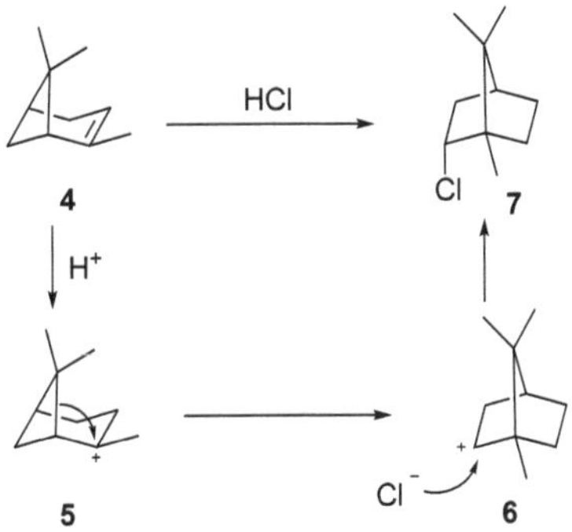

$$(2)$$

然而，Wagner-Meerwein 重排反应发展到今天，已不再局限于二环体系了，其应用范围已经扩展到了所有的 C-C 键的 1,2-迁移 (式 3)[4]。

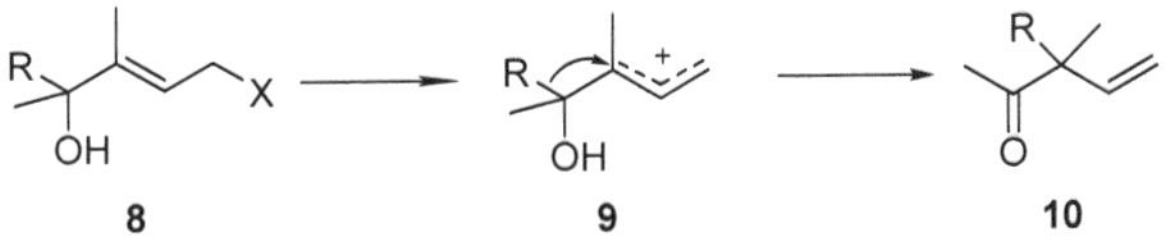

$$(3)$$

Wagner-Meerwein 重排反应的特点：在二环体系中，一般由四元、七元环重排生成较稳定的五元、六元环 (式 4)；而在单环或非环体系中，则大多数重排生成具有更多取代基的烯类化合物。

Wagner-Meerwein 重排反应的空间电子特性可概括为：协同的 Wagner-Meerwein 重排遵循反式共平面规则，即离去基团与迁移基团处于反式共平面时有利于迁移的进行；而非协同的 Wagner-Meerwein 重排，则遵循迁移基团与接受 p 轨道应处于同一平面。

Wagner-Meerwein 重排在有机化学中是非常普遍的，同时它也给有机合成带来了极大的便利。首先，在二环体系中，通过重排可实现在桥头碳邻近位置引入官能团；其次，通过该重排，还可能在二环结构中不易引入官能团的位置引入官能团 (式 5)。

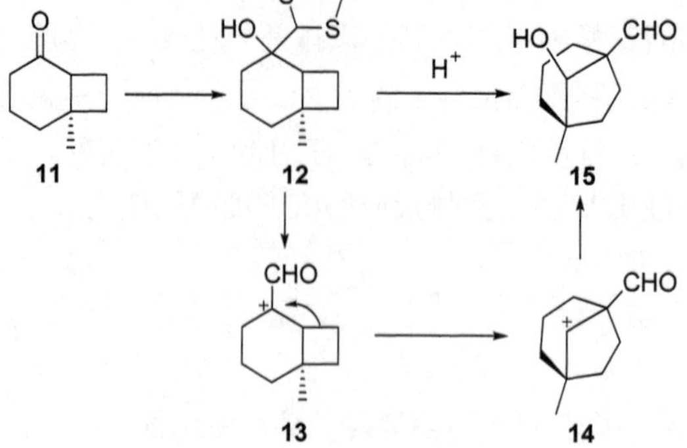

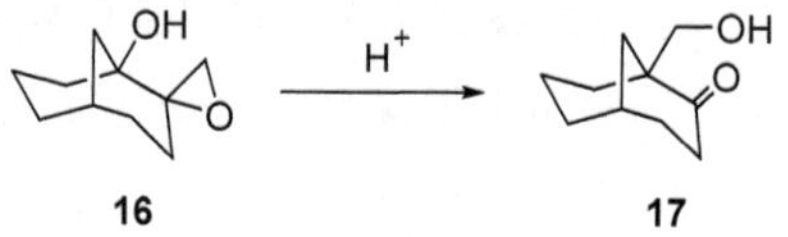

另外，Wanger-Meerwein 重排反应对构建某些环骨架特别有用，它可以大大缩短合成路线；而且该反应很容易进行，因此很容易得到目标产物。例如，Sarpong 及其合作者在 weisaconitine D 的合成中[5]，将具有 [2.2.2] 双环结构 **18** 在碱性条件下经 Wanger-Meerwein 重排反应生成烯丙基正离子，继而被体系中的水捕获生成三级醇 **19**。该中间体 **19** 再经 8 步转化可得 weisaconitine D。

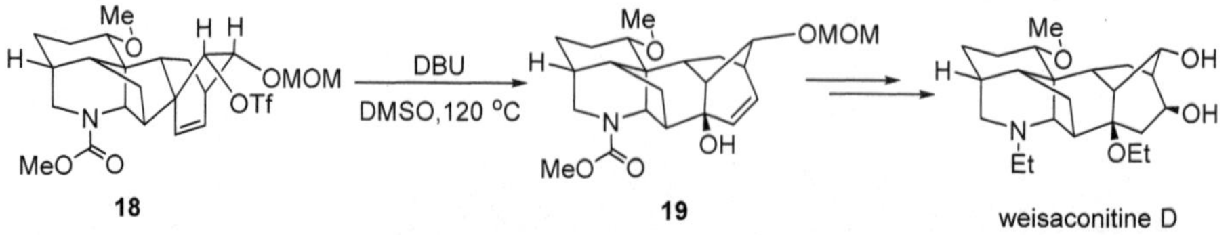

Fukuyama 及其合作者在 (−)-cardiopetaline 的合成工作中[6]，将具有 [2.2.2] 双环结构的 **20** 在甲醇、150 ℃ 和微波条件下可发生 Wanger-Meerwein 重排反应得到中间体 **21**，原位加入还原试剂可以得到相应的二级醇 **22**。该二级醇 **22** 经过一步脱保护处理就可以得到 (−)-cardiopetaline。

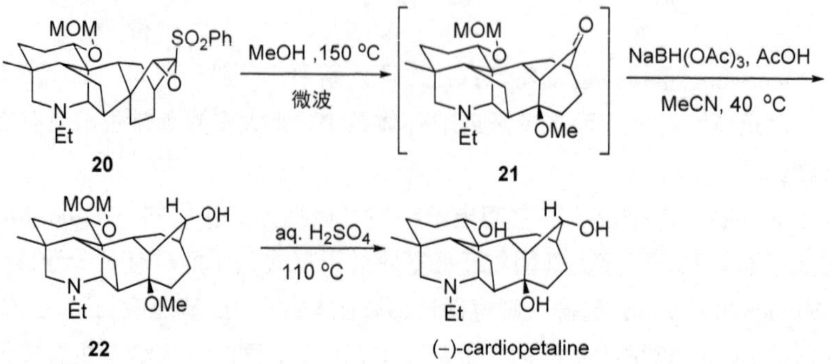

然而，Wagner-Meerwein 重排反应有时也可能给合成带来一些不利的影响，这主要源自该重排反应本身存在不止一种重排途径，故伴随目标产物的同时会出现副产物；而且，有时还可能伴随二次重排产物。当然，这些不利因素在某些时候也可能恰好是其优点，如目标产物刚好是二次重排产物。

作为 Wagner-Meerwein 重排反应机理的补充，广义的重排机理已不再局限于离子重排，在催化剂或光的作用下，它还可以是自由基重排[7]。

有些书中提到的 Wagner-Meerwein 重排仅指在酸催化下，醇上的烷基迁移生成更多取代基的烯烃 (式 8)。确切地说，这种定义并不全面，而只是反映了该重排反应的一个重要方面。

$$\underset{23}{\overset{R^1}{\underset{R^2}{\bigg\rangle}}\!\!\!\!\overset{H}{\underset{R^3}{\bigg\langle}}\!\!\!OH} \xrightarrow{H^+} \underset{24}{\overset{R^1}{\underset{R^2}{\bigg\rangle}}\!\!=\!\!\overset{R}{\underset{R^3}{\bigg\langle}}} \tag{8}$$

参考文献

[1] Wagner, G. *J. Russ. Phys. Chem. Soc.* **1899**, *31*, 690.
[2] Meerwein, H. *Ber.* **1922**, *55B*, 2500-2528.
[3] Hanson, J. R. *Compreh. Org. Synth.* Trost, B. M.; Fleming, I.; Pattenden, G.; eds. Oxford; Pergamon Press, **1991**. *Vol. 3*, *Ch3. 1*, 705.
[4] Trost, B. M. *J. Am. Chem. Soc.* **2001**, *123*, 7162.
[5] Marth, C. J.; Gallego, G. M.; Sarpong, R. *Nature* **2015**, *528*, 493.
[6] Nishiyama, Y.; Yokoshima, S.; Fukuyama, T. *Org. Lett.* **2016**, *18*, 2359.
[7] Jana, S. *J. Org. Chem.* **2005**, *70*, 8252.

（涂永强）

1,2-Wittig 重排

1942 年，Wittig 和 Löhmann 报道了醚在强碱的作用下重排成烷氧基化合物的反应 (式 1)[1]，即称为 1,2-Wittig (魏悌息) 重排反应。该反应提供了一个较好的合成多取代醇类化合物的方法。之后，对该反应的机理和应用的研究引起了人们广泛的兴趣。

$$R\overset{H}{\underset{O}{\bigg\langle}}R' \xrightarrow{R''-Li} R'\overset{R'}{\underset{}{\bigg\langle}}OH \tag{1}$$

R = H, 烷基, 芳基, 烯基, 炔基, $-CO_2R$, $-CO_2M$
R' = 烷基, 烯丙基, 苄基, 芳基

反应机理 (图 1)：一般认为，底物醚在强碱作用下形成的碳负离子发生均裂形成自由

基中间体，之后自由基 1,2-迁移后再重新成键形成最终的烷氧基化合物[2]。

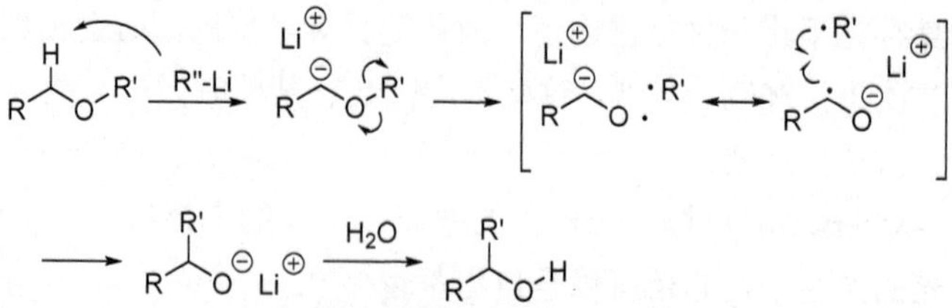

图 1   1,2-Wittig 重排反应机理

后来的实验验证了上述反应机理。例如，Schöllkopf 发现光学纯的苄醚 **1** 和 **2** 重排后生成的产物醇 **3** 和 **4** 的 ee 值分别是 20% 和 80% (式 2)。这有力地证明了上述键分裂形成自由基的机理。因为如果是经过协同的过程，则迁移中心的立体构型应该发生翻转[3]。

2018 年，Li 等报道了该反应在全合成中的应用 (式 3)[4]。作者以化合物 **5** 为底物，巧妙地利用 1,2-Wittig 重排反应合成了关键中间体 **6**，中间体 **6** 再经过三步转化便可以较高产率得到天然产物 maculalactone A (**7**)。

$$\text{(2)}$$

1 R=H
2 R=Ph
3 R=H
4 R=Ph

$$\text{(3)}$$

5   **6**   maculalactone A (**7**)

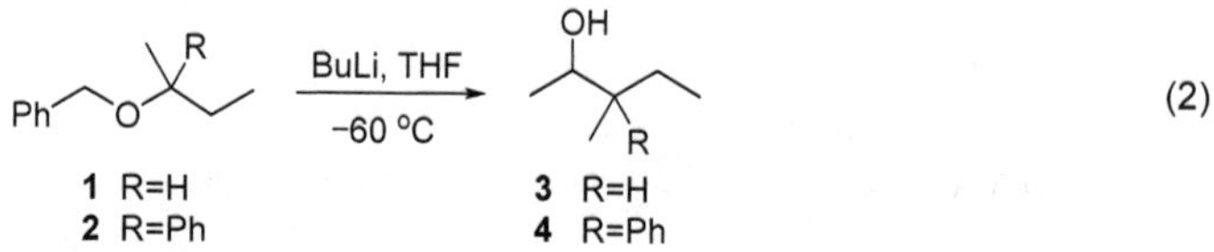

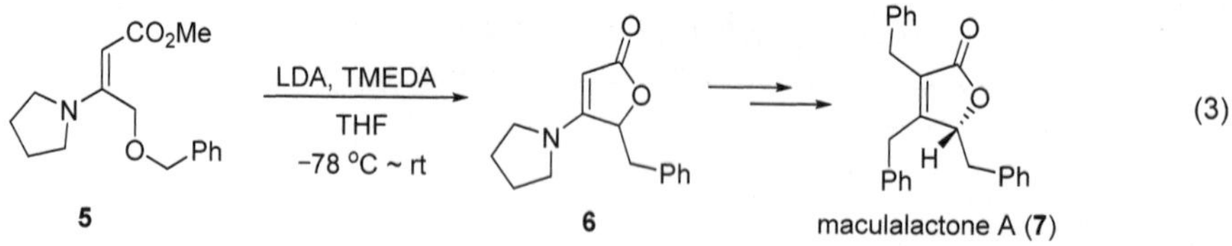

2000 年，Tomooka 报道了利用 1,2-Wittig 重排作为关键反应立体选择性地对天然产物 zaragozic acid A 的全合成 (式 4)[5]。氧苷 **8** 经过 1,2-重排可高非对映选择性地得到碳苷 **9** (>95% β, C4: 84% dr)。

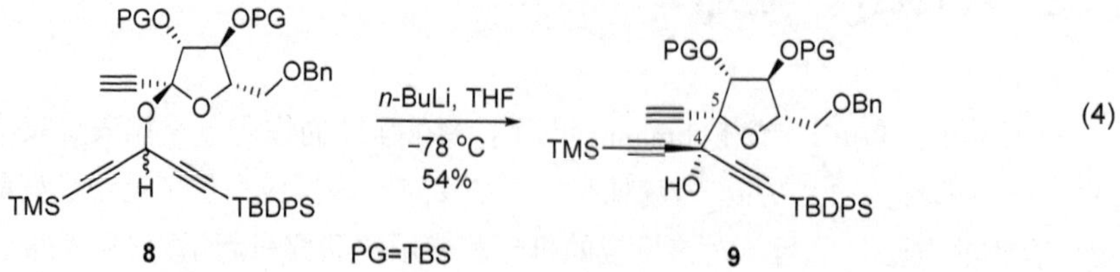

$$\text{(4)}$$

8   PG=TBS   **9**

2001 年，Bonnet-Delpon 报道了首例利用 β-内酰胺类化合物形成的烯醇盐可得到 1,2-Wittig 和 2,3-Wittig 重排产物的混合物，同时利用底物本身的手性可得到单一的非对映异构体 **10** 和 **11** 两种产物 (式 5)[6]。

尽管上述反应都实现了较好的立体选择性，但是都是利用底物本身的手性来获得较高的非对映选择性，而从非手性的底物出发的不对称催化的 1,2-Wittig 重排仍然是一个较大的挑战，因为反应过程中形成的自由基中间体很容易发生消旋。1999 年，Tomooka 等利用催化量的手性噁唑烷配体与强碱配合，原位形成手性碱后选择性地去质子化，从而实现了反应的对映选择性 (式 6)[7]。

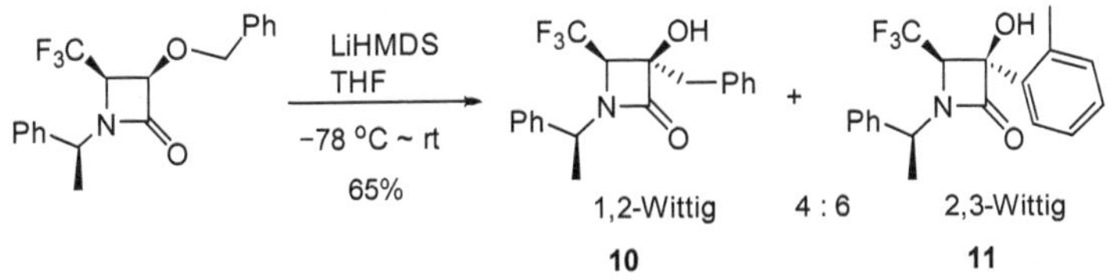

(5)

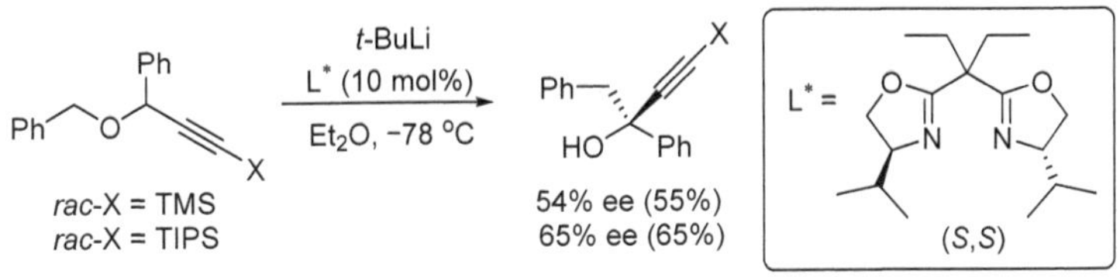

(6)

2013 年，Xu 等人报道了手性联二萘酚为起始原料，经过两次烯丙基化及两次 1,2-Wittig 重排合成了含联二萘的手性二醇配体，并成功将其用于不对称催化反应中。该反应巧妙地利用了两次 1,2-Wittig 重排反应，并通过手性转移高选择性地构筑了三个手性中心 (式 7)[8]。

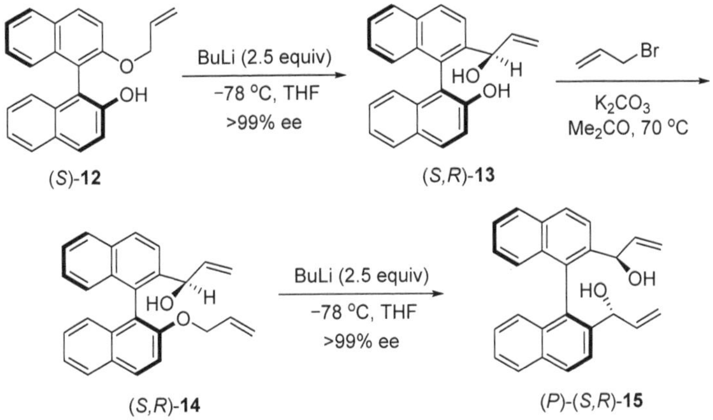

(7)

同样的，氮原子旁边的碳也可被强碱去质子化，引发 1,2-aza-Wittig 重排。例如 Hamada 等人于 1998 年报道了一例新颖的 $N{\rightarrow}C$ 的酰基迁移反应 (式 8)。作者以酰亚胺 16 作为反应底物，在 LDA 拔氢后，经过分子内的转化而不是前面提到常见的自由基过程，生成最终的产物 17[9]。

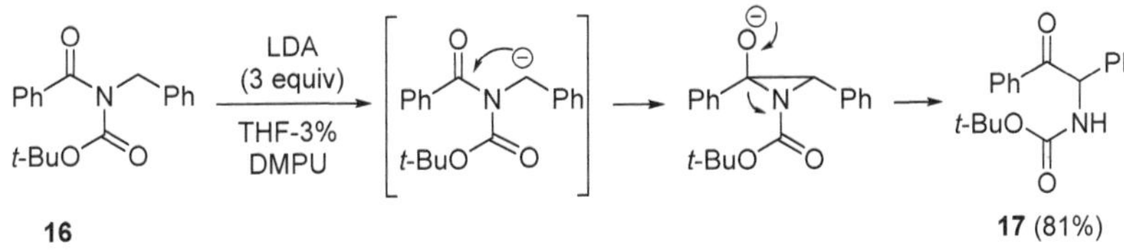

(8)

除了氧醚，硫醚同样能够发生 1,2-Wittig 重排。例如，2006 年 Fletcher 等人报道了化合物 18 在强碱如 LDA 或 LiHMDS 的作用下去质子化形成的负离子在反应温度提高至室温时，也会发生 1,2-Wittig 重排反应 (式 9)[10]。

综上所述，尽管 1,2-Wittig 重排反应已经发现了七十多年，但是由于受到反应产率不高和反应底物适用范围较窄等因素的影响，该反应在合成中的应用还不广泛。但是从反应立体化学的角度来看，尽管该反应经历了目前普遍接受的自由基反应途径，最终仍能实现较高的立体选择性。将来对该反应的一个研究方向是，如果能够找到一个合适的条件来抑制该反应的副反应发生，那么就有可能提高反应的产率。当然，理想的目标就是能实现手性的催化过程。

参考文献

[1] Wittig, G.; Löhmann, L. *Liebigs Ann. Chem.* **1942**, *550*, 260.
[2] Marshall J. A. in *Comprehensive Organic Synthesis*, Vol. 3 (Eds.: B. M. Trost, I. Fleming, G. Pattenden), Pergamon, Oxford, 1991, pp. 975.
[3] Schöllkopf, U. *Angew. Chem.* **1970**, *82*, 795; *Angew. Chem. Int. Ed. Engl.* **1970**, *9*, 763.
[4] Ho, G.-M.; Li, Y.-J. *Asian J. Org. Chem.* **2018**, *7*, 145.
[5] Tomooka, K.; Kikuchi, M.; Igawa, K. *Angew. Chem. Int. Ed. Engl.* **2000**, *39*, 4502.
[6] Bonnet-Delpon, D.; Garbi, A.; Allain, L.; Chorki, F. *Org. Lett.* **2001**, *3*, 2529.
[7] Tomooka, K.; Yamamoto, K.; Nakai, T. *Angew. Chem. Int. Ed. Engl.* **1999**, *38*, 3741.
[8] Zheng, L.-S.; Jiang, K.-Z.; Deng, Y.; Bai, X.-F.; Guo, G.; Gu, F.-L.; Xu, L.-W. *Eur. -J. Org. Chem.* **2013**, 748.
[9] Hamada, Y.; Hara, O.; Ito, M. *Tetrahedron Lett.* **1998**, *39*, 5537.
[10] Fletcher, M. D.; Bertolli, P.; Farley, R. D. *Tetrahedron Lett.* **2006**, *47*, 7939.

（陈树峰，彭程，王剑波）

2,3-Wittig 重排

烯丙基醚在苯基锂等强碱作用下，发生 2,3-重排形成高烯丙醇化合物 (式 1)[1,2]。这类反应称为 2,3-Wittig (魏惕息) 重排反应，也称为 Still-Wittig 重排[2]。

R^3 = 烯基、炔基、Ph、CN、COR、CO_2R、$CONR_2$

该反应的关键是要用强碱,例如 PhLi、n-BuLi、LDA 等,去掉烯丙基醚 α-位碳上的质子,形成 α-烯丙氧碳负离子[3]。因此,要求 R^3 基团是能够稳定碳负离子的吸电子基团,比如芳基、烯基、炔基、氰基、羰基、酰胺基等,这样可以避免形成烯丙基碳负离子。同时,反应要尽量在低温下进行,防止发生 1,2-Wittig 重排。但是,当 R^3 是 H 或者烷基时,这种氢-锂交换产生 α-碳负离子的方法就不适用了,常用的替代方法是选取锡试剂 (A)[4]或硫试剂 (B, C)。Yus 小组报道了烯丙基氯甲基醚 (D) 可以在温和的条件下发生 2,3-Wittig 重排反应[5]。

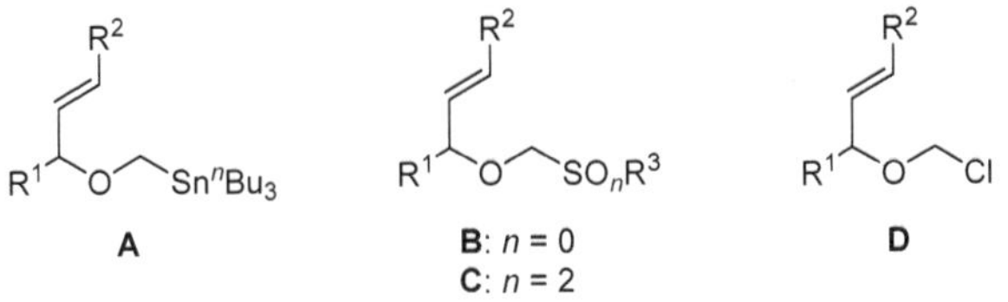

一般来说,相对于 1,2-Wittig 重排,2,3-Wittig 重排在有机合成上应用更广。该反应的主要特征是反应的收率相对较高,而且,只要能生成 α-烯丙氧碳负离子,就能发生 2,3-重排反应。需要指出的是,对于一般的烯丙基醚化合物,R^3 基团要能稳定 α-位碳负离子。反应应尽可能在较低温度下 (–60 ~ –85 ℃) 进行,避免发生 1,2-Wittig 重排反应。

反应机理:2,3-Wittig 重排反应通过协同机理进行 (图 1)。首先,在强碱的作用下去除烯丙基醚 α-位碳上的质子,接着发生 2,3-σ-重排,质子化后得到高烯丙醇化合物。因为反应是通过五元环状过渡态以协同的方式进行的,新的 C=C 双键以及两个新的手性中心的形成是立体专一的。对于非环状底物,根据轨道对称性原理,底物 C1 的手性以可预测的方式转移到产物中,而新生成的 C=C 双键,一般以反式构型为主,但对于 Still 类型的底物 (R^3 = SnR_3) 主要得到的是顺式烯烃。对于新生成的两个相邻的手性中心来说,具有很高的非对映选择性:当底物是 Z-构型时,可以高选择性地得到赤式产物,但对于 E-构型底物,却以低选择性得到苏式产物,并且 R^3 取代基的性质对反应的非对选择性有着非常重要的影响[6]。

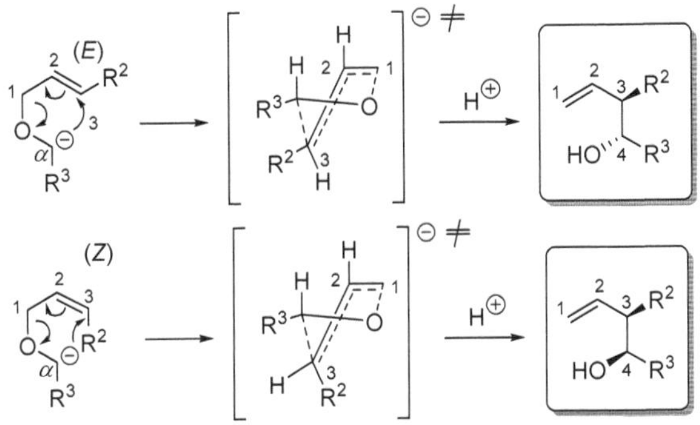

图 1 2,3-Wittig 重排反应通过协同机理进行

关于不对称的 2,3-Wittig 重排反应研究,早期集中在手性辅基诱导方面,主要以手性

酰胺辅基的烯丙基醚为底物。常用的手性辅基如图 2 所示。

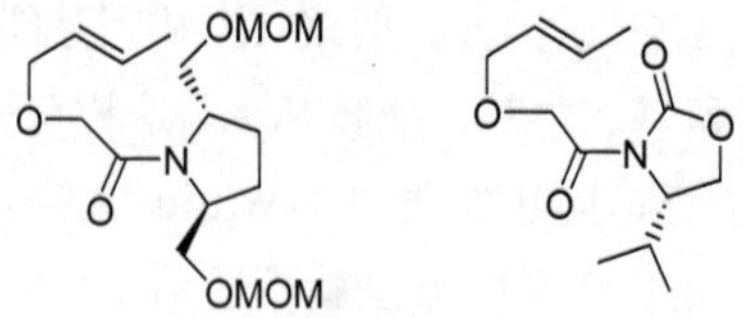

图 2 常用的手性辅基

相对而言，不对称催化的 2,3-Wittig 重排反应研究的比较少，反应的立体选择性不是很好。2016 年，Kanger 等报道了一例有机碱催化的不对称 2,3-Wittig 重排反应 (式 2)，以较高产率和 ee 值得到氧化吲哚衍生物[7]。

同样的，氮原子旁边的碳也可被强碱去质子化，引发 2,3-aza-Wittig (氮杂-2,3-Wittig) 重排。例如，2003 年，Anderson 等人报道了海人草酸的全合成 (式 3)，作者巧妙地利用了 氮杂-2,3-Wittig 重排反应确立 C2-C3 位相对的立体化学，这是该天然产物合成过程中的决定性步骤[8]。

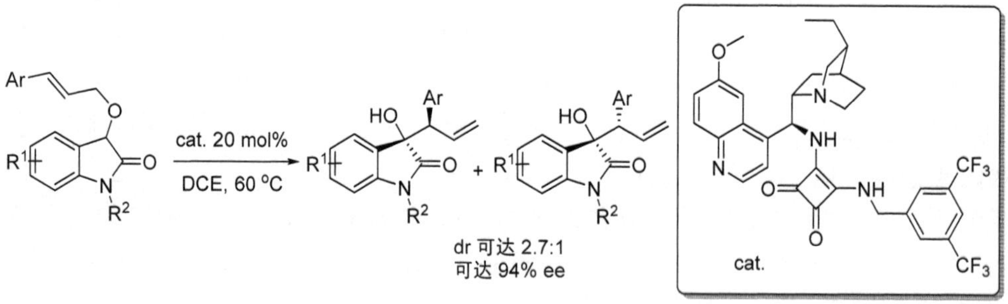

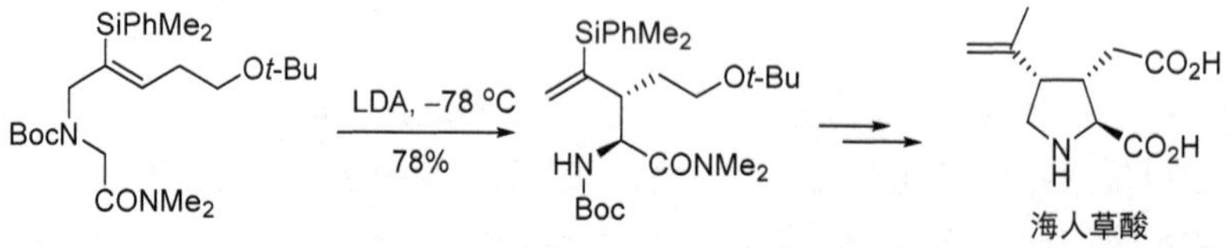

此外，硫醚也可以发生硫杂-2,3-Wittig 重排反应。例如，Rautenstrauch 成功将双烯丙基硫醚应用于硫杂-2,3-Wittig 重排反应 (式 4)，合成了含有巯基的萜类化合物[9]。

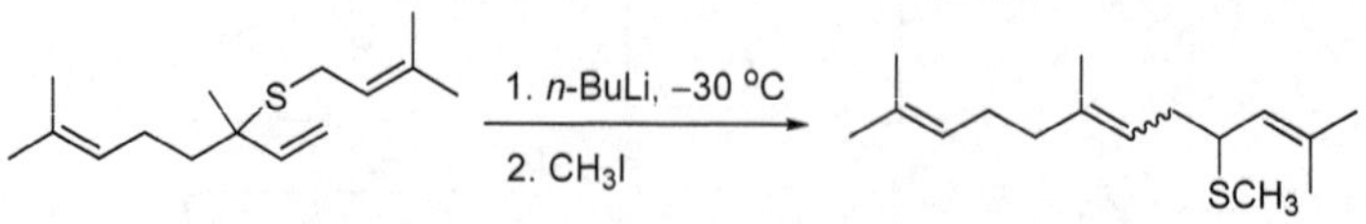

2,3-Wittig 重排反应在有机合成，特别是天然产物的合成中，有着重要的应用。在 Blechert 首次报道的 (+)-astrophylline 全合成中，成功地运用了 2,3-Wittig 重排反应构建关键的环戊烯中间体，后者经过 [2,3] σ-重排形成单一异构体的高烯丙醇化合物 (式 5)[10]。

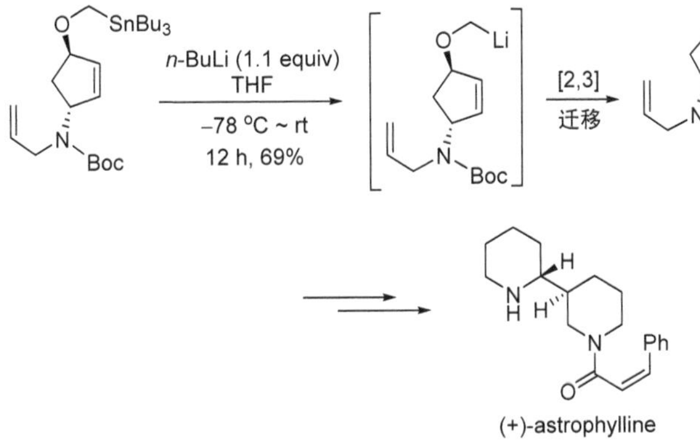

2017 年，林国强等人报道了 pechueloic acid 的全合成。作者巧妙地利用了 2,3-Wittig 重排反应制备了关键的中间体 (式 6)，并且获得了非常高的非对映选择性 (dr > 99:1)，这是该天然产物能够顺利合成的关键[11]。

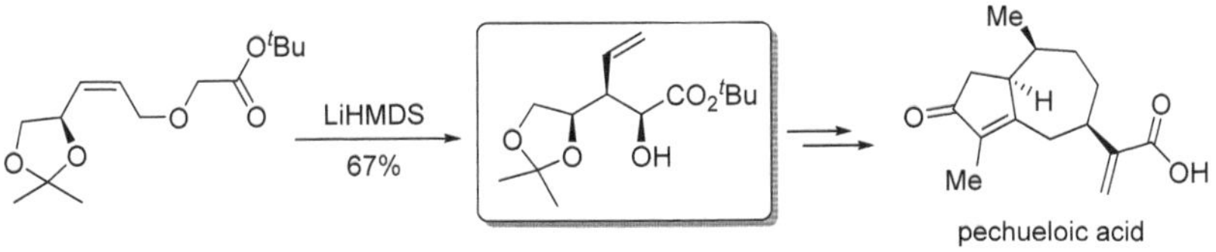

参考文献

[1] Wittig, G.; Doser, H.; Lorenz, I. *Liebigs Ann. Chem.* **1949**, *562*, 192.
[2] Nakai, T.; Mikami, K. *Chem. Rev.* **1986**, *86*, 885.
[3] Marshall, J. A. In *Comprehensive Organic Synthesis*; Trost, B. M.; Fleming, I., Eds.; Pergamon Press: London, 1991, *Vol. 3*, pp 975-1014.
[4] Still, W. C.; Mitra, A. *J. Am. Chem. Soc.* **1978**, *100*, 1927.
[5] Macia, B.; Gomez, C.; Yus, M. *Tetrahedron Lett.* **2005**, *46*, 6101.
[6] Nakai, T.; Tomooka, K. *Pure Appl. Chem.* **1997**, *69*, 595.
[7] Maksim, O.; Kimm, M.; Kaabel, S.; Jarving, I.; Rissanen, K.; Kanger, T. *Org. Lett.* **2016**, *18*, 1358.
[8] Anderson, J. C.; Whiting, M. *J. Org. Chem.* **2003**, *68*, 6160.
[9] Rautenstrauch, V. *Helv. Chim. Acta.* **1971**, *54*, 739.
[10] Schaudt, M.; Blechert, S. *J. Org. Chem.* **2003**, *68*, 2913.
[11] Han, P.; Zhou, Z.; Si, C.-M.; Sha, X.-Y.; Gu, Z.-Y.; Wei, B.-G.; Lin, G.-Q. *Org. Lett.* **2017**, *19*, 6732.

（陈树峰，王剑波）

Wolff 重排

Wolff (沃尔夫) 重排是 α-重氮羰基化合物转化成烯酮及其后续衍生的反应 (式 1~式

3)[1]。1902 年，Wolff 在研究 α-重氮羰基化合物的化学时，发现用氧化银和水处理，重氮乙酰苯可以重排成苯乙酸 (式 1)。当体系中含有氨水时，则得到苯乙酰胺 (式 2)[2]。几年后 Schröter 在其独立的研究中，发现了相似的反应 (式 3)[3]。但是由于当时 α-重氮羰基化合物的制备方法相对缺乏，Wolff 重排反应在此后 30 年间很少被研究。

$$\text{PhCOCHN}_2 \xrightarrow[-N_2]{\text{Ag}_2\text{O, H}_2\text{O}} \text{PhCH}_2\text{COOH} \quad (1)$$

$$\text{PhCOCHN}_2 \xrightarrow[-N_2]{\text{Ag}_2\text{O, H}_2\text{O / NH}_3} \text{PhCH}_2\text{CONH}_2 \quad (2)$$

$$R^1\text{COC}(N_2)R^2 \xrightarrow[-N_2]{\text{加热，光照，或过渡金属配合物}} R^1R^2\text{C=C=O} \quad (3)$$

关于底物 α-重氮羰基化合物的合成有如下一些方法：①酰卤或酸酐和两当量重氮甲烷在乙醚或二氯甲烷中室温或低温反应 (Arndt-Eistert 同系化反应)[4]；②在甲醇作溶剂，先后用 N_2O_3 和甲醇钠处理 N-乙酰基-α-氨基酮 (通过 Dakin-West 反应制备)，可以得到二级的 α-重氮羰基化合物；③通过重氮转移的方法——一般重氮基团来源于有机叠氮化物 (例如甲苯磺酰基叠氮)，接受重氮基团的一般是具有活泼亚甲基的一些化合物 (例如 β-羰基酯或 β-羰基腈等)[5-8]；④简单的重氮单羰基化合物是通过先在酮的 α 位上由 Claisen 反应引入一个甲酰基，再与甲苯磺酰基叠氮和三级胺反应得到的 (去甲酰化重氮转移)[9,10]；⑤用氯胺氧化酮腙[11]；⑥在氢氧根离子的帮助下，甲苯磺酰基腙的分解[12]。

Wolff 重排反应的一般规律：①反应的引发可以通过加热，光照或使用过渡金属催化剂；②通常不用加热来引发反应，加热条件下一方面底物有可能分解，另一方面容易发生副反应 (例如直接去除重氮基而未重排)；③过渡金属催化剂的使用不仅降低了反应的温度 (与加热引发相比)，而且通过形成活性较弱的金属卡宾而改变了反应历程 (Rh 或 Pd 的配合物通常可以阻止 Wolff 重排的发生)；④新制的氧化银或苯甲酸银对于 Wolff 重排反应最适宜；⑤光引发通常很方便，即使在很低温度下都可以引发反应，但如果产物对光不稳定，则不适用；⑥若迁移基团有手性中心，则迁移后构型将得到保持；⑦产物烯酮是亲电的，可以被多种亲核试剂进攻，也可以与烯烃进行 [2+2] 环加成反应；⑧环状重氮羰基化合物经过 Wolff 重排将缩环，因而特别适宜制备有张力的环体系；⑨α,β-不饱和重氮羰基化合物发生插烯的 Wolff 重排，得到 γ,δ-不饱和酯[13]；⑩α-重氮羰基化合物的反应性很高，在反应过程中需要仔细控制条件，以避免多种副反应的发生。

Wolff 重排反应的机理如式 4 所示：

$$R^1\text{COC}(N_2)R^2 \longleftrightarrow \cdots \xrightarrow{-N_2} \left[\underset{\text{卡宾}}{R^1\text{COCR}^2} \rightleftharpoons \underset{\text{环氧乙烯}}{\triangle} \rightleftharpoons \underset{\text{卡宾}}{R^2\text{COCR}^1} \right] \xrightarrow{1,2\text{-迁移}} \underset{\text{烯酮}}{R^1R^2\text{C=C=O}} \quad (4)$$

Uyehara 及其合作者们基于一步光引发的 Wolff 重排完成了 (±)-campherenone (樟脑酮) 的立体选择性全合成 (式 5)[14]。双环酮与 2,4,6-三异丙基苯磺基叠氮在有机碱的存在下以很高的产率得到 α-重氮酮；然后在 100 W 高压汞灯的照射下，发生光化学重排，以 endo : exo 为 4 : 1 的比例得到缩环产物。

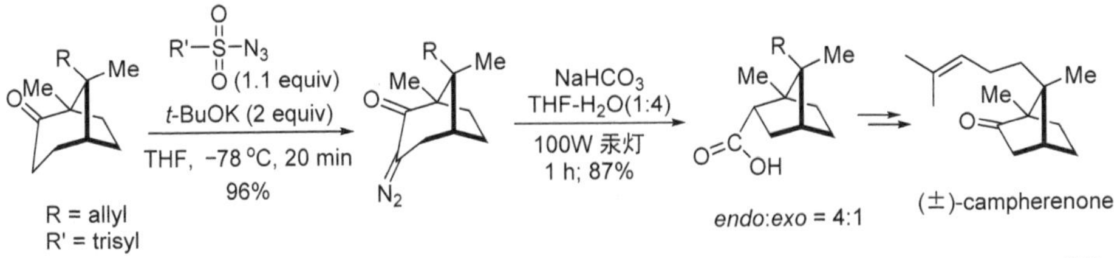

立体选择性全合成 (±)-$\Delta^{9(12)}$-capnellene 由 Fukumoto 及合作者们完成 (式 6)[15]。分子内 Diels-Alder 反应构筑了一个三环 5-5-6 体系。而目标分子是一个三戊并烷，这样六元环要转化为五元环，通过 Wolff 重排完成。所需的 α-重氮酮通过去甲酰化重氮转移反应制备，然后在甲醇中光解。得到的缩环产物以 α-构型异构体为主。

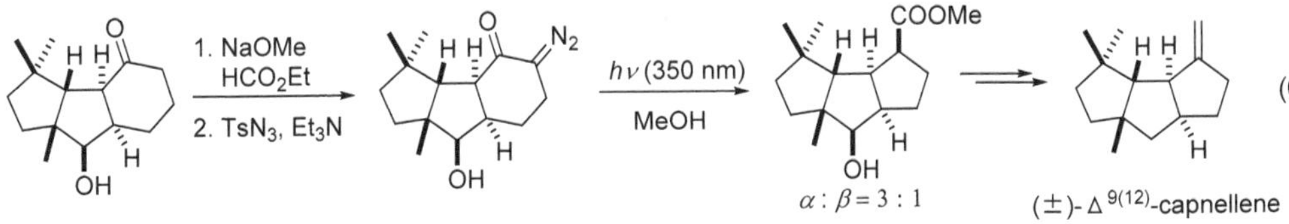

天然产物 (−)-oxetanocin 被证明可以很好地阻止 HIV 病毒的体外复制。为了获得克级的该化合物，Norbeck 等人发展了一个简单高效的合成策略[16]。这一策略的基础便是一个五元环重氮酮的 Wolff 重排 (式 7)。重氮转移的实现是通过先把羰基酮转化为烯胺酮，接着与三氟甲磺酰基叠氮反应。最后经 450 W 灯照射以 36% 的产率得到一对对映异构体 ($\alpha : \beta$ = 2 : 1)。

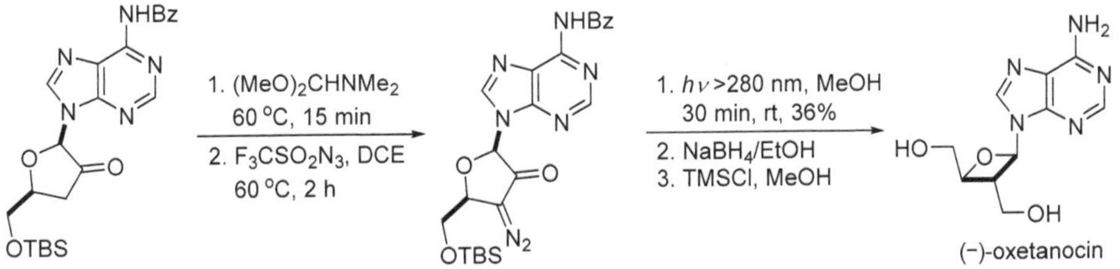

2013 年，Danheiser 等人通过光引发的重氮酮的 Wolff 重排生成烯酮，经历与炔胺的 [2+2] 环加成生成四元环，后经重排得到多取代的苯酚衍生物，并且随后通过官能团进行第二步关环得到苯并杂环产物 (式 8)[17]。

2016 年，Constantieux 等人利用 2-重氮基-1,3-二羰基化合物在微波条件下生成烯酮，并用三乙基硅烷捕获，生成 β 位被三乙基硅氧基取代的 α,β-不饱和酮。DFT 计算表明反应经由环过渡态机理，高比例地转化生成更加稳定的 E 型产物 (式 9)[18]。

参考文献

[1] 有关 Wolff 重排的综述: (a) Meier, H.; Zeller, K. -P. *Angew. Chem. Int. Ed.* **1975**, *14*, 32-43. (b) Kirmse, W. *Eur. J. Org. Chem.* **2002**, 2193-2256.

[2] Wolff, L. *Liebigs Ann. Chem.* **1902**, *325*, 129-195.

[3] Schröter, G. *Ber.* **1909**, *42*, 2336-2349.

[4] Bachmann, W. E.; Struve, W. S. *Org. React.* **1942**, *1*, 38-62.

[5] Regitz, M. *Angew. Chem. Int. Ed. Engl.* **1967**, *6*, 733-749.

[6] Regitz, M. *Neuere Method Prep. Org. Chem.* **1970**, *6*, 76-118.

[7] Regitz, M. Recent synthetic methods in diazo chemistry. *Synthesis* **1972**, 351-373.

[8] Regitz, M.; Korobitsyna, I. K.; Rodina, L. L. *Method Chim.* **1975**, *6*, 205-299.

[9] Regitz, M.; Rueter, J. *Chem. Ber.* **1968**, *101*, 1263-1270.

[10] Regitz, M.; Menz, F.; Liedhegener, A. *Liebigs Ann. Chem.* **1970**, *739*, 174-184.

[11] Cava, M. P.; Litle, R. L.; Napier, D. R. *J. Am. Chem. Soc.* **1958**, *80*, 2257-2263.

[12] Cava, M. P.; Litle, R. L. *Chem. Ind.* **1957**, 367.

[13] Smith, A. B. III. *J. Chem. Soc., Chem. Commun.* **1974**, 695-696.

[14] Uyehara, T.; Takehara, N.; Ueno, M.; Sato, T. *Bull. Chem. Soc. Jpn.* **1995**, *68*, 2687-2694.

[15] Ihara, M.; Suzuki, T.; Katogi, M.; Taniguchi, N.; Fukumoto, K. *J. Chem. Soc., Chem. Commun.* **1991**, 646-647.

[16] Norbeck, D. W.; Kramer, J. B. *J. Am. Chem. Soc.* **1988**, *110*, 9471-9479.

[17] Willumstad, T. P.; Haze, O.; Mak, X. Y.; Lam, T. Y.; Wang, Y. P.; Danheiser, R. L. *J. Org. Chem.* **2013**, *78*, 11450−11469.

[18] Dudognon, Y.; Presset, M.; Rodriguez, J.; Coquerel, Y.; Bugaut, X.; Constantieux, T. *Chem. Commun.* **2016**, *52*, 3010-3013.

(孙北奇,莫凡洋,王剑波)

第 8 篇

规则和模型

Baldwin 环化规则

Baldwin (鲍德温) 环化规则乃 Baldwin 总结的链状化合物环化反应的规律[1-3]。在 Baldwin 规则中，环化反应的方式用以下三个参数描述：

① 环的大小 n：欲形成的环链上的原子数。
② 受进攻原子的杂化情况：sp^3 杂化 (tet)；sp^2 杂化 (trig)；sp 杂化 (dig)。
③ 断键方式：内式 (endo) 电子向"环"内"流动"，形成较大的环；外式 (exo) 电子向"环"外"流动"，形成较小的环 (图 1)。

图 1 断裂方式

Baldwin 环化规则对形成三元环至七元环的预测结果列于表 1。

表 1 Baldwin 环化规则

受进攻原子的杂化情况	断键方式	欲 形 成 环 的 大 小				
		三元环	四元环	五元环	六元环	七元环
tet (sp^3)	exo	有利	有利	有利	有利	有利
	endo			不利	不利	
trig (sp^2)	exo	有利	有利	有利	有利	有利
	endo	不利	不利	不利	有利	有利
dig (sp)	exo	不利	不利	有利	有利	有利
	endo	有利	有利	有利	有利	有利

根据 Baldwin 规则，5-exo-trig 环化有利，而 5-endo-trig 环化不利。许多实例证明了这一规则。例如，化合物 **1** 在碱性条件下只得到依 5-exo-trig 方式环化的产物 **2** (式 1)，未观察到按 5-endo-trig 方式，即通过分子内 Michael 加成形成的环化产物，而相应的分子间反应则以 Michael 加成反应为主 (式 2)。

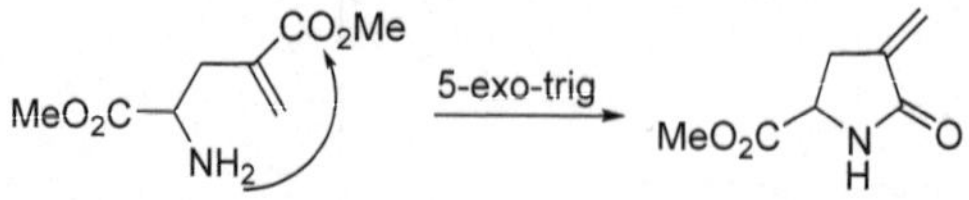

对于以烯醇负离子为亲核体的环化反应，需要增加一个描述参数，即烯醇负离子是以内式 (enolendo) 或外式 (enolexo) 进攻。这样，烯醇负离子的环化方式和规则分别示于图 2 和表 2 [4]。

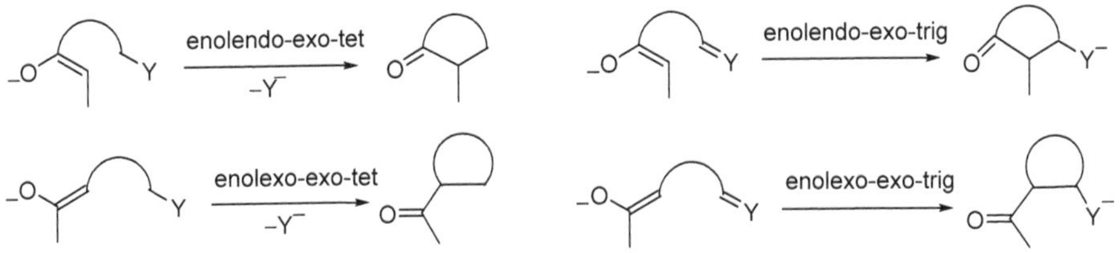

图 2 烯醇负离子的环化方式

表 2 烯醇负离子为亲核体的环化反应

烯醇负离子的环化规则		烯醇负离子的环化规则	
6~7-enolendo-exo-tet	有利	3~7-enolexo-exo-trig	有利
3~5-enolendo-exo-tet	不利	6~7-enolendo-exo-trig	有利
3~7-enolexo-exo-tet	有利	3~5-enolendo-exo-trig	不利

这一规则可以解释为什么 **5a** 的环化得 2,3-二甲基环己酮 (**6a**) (式 3)，而其同系物 **5b** 的环化则得环状烯醇醚 **7** 而非 **6b** (式 4)。

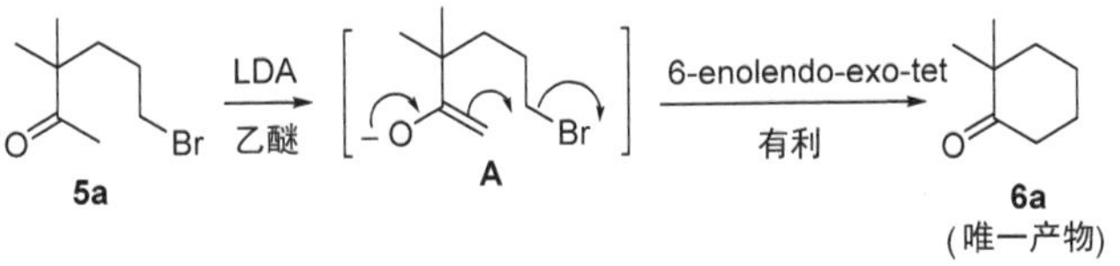

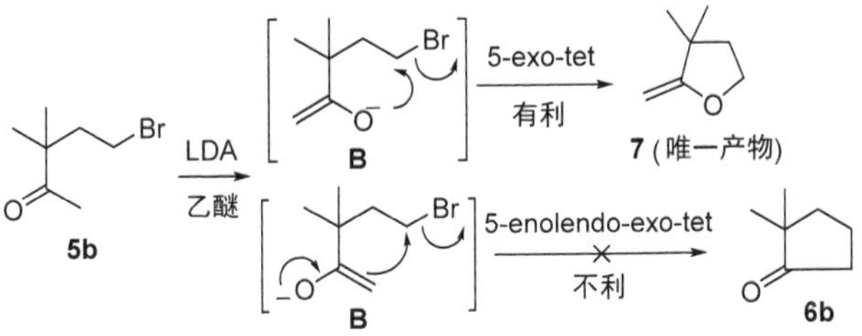

环氧及其它三元环受进攻碳原子的杂化可视为介于 tet (sp^3) 和 trig (sp^2) 之间，其环化仍以外式为主 (式 5)。但是，α,β-不饱和环氧的环化往往得到 6-exo 环化产物 (式 6)。

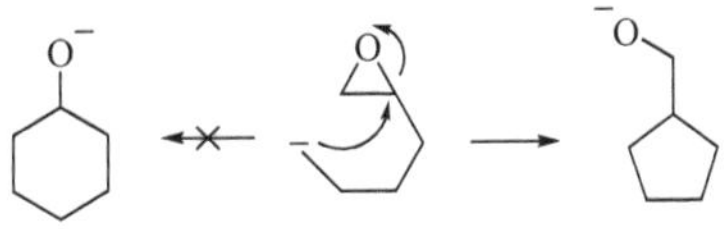

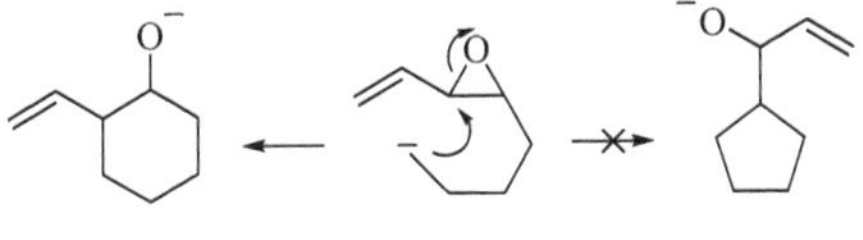

碘促进的羧酸 **8** 的环化经历了碘鎓中间体 **C**，随后的环化仍可视为以有利的 5-exo-(trig/tet) 方式进行 (式 7)。

使用 Baldwin 规则时需要注意以下点：

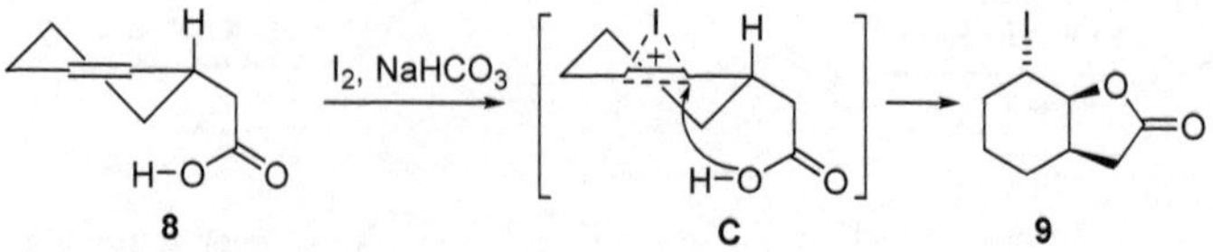

① Baldwin 环化规则预测的"不利"的环化反应并非完全不能进行,只是比较困难,通常比竞争反应慢。如果改变条件,使反应按其它机理进行,则环化仍然是可能的,当然此时环化方式已经改变,本质上仍然符合 Baldwin 规则。

例如,化合物 **10** 在碱性条件下无法环化形成 **11**,但是在酸性条件下却可得到预期的环化产物 **11**。其原因是在酸性条件下形成阳离子中间体 **D/E**,环化方式变成有利的 5-exo-trig (式 8)。

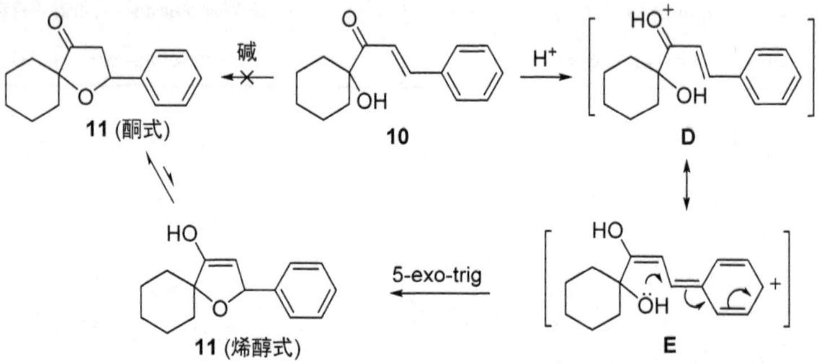

② 硫及第三周期的其它元素作为亲核中心往往可进行一般情况下不利的 5-endo-trig 环化 (式 9)。这是因为硫的原子半径较大,C—S 键键长较长,而且硫原子空的 3d 轨道可以从双键的 π 轨道接受电子,3d 轨道与 π 轨道的这种成键相互作用要求的角度为 $\alpha \leqslant 90°$,而非 $109°$,因而 **12** 的内式环化在几何上比较容易满足成键要求。

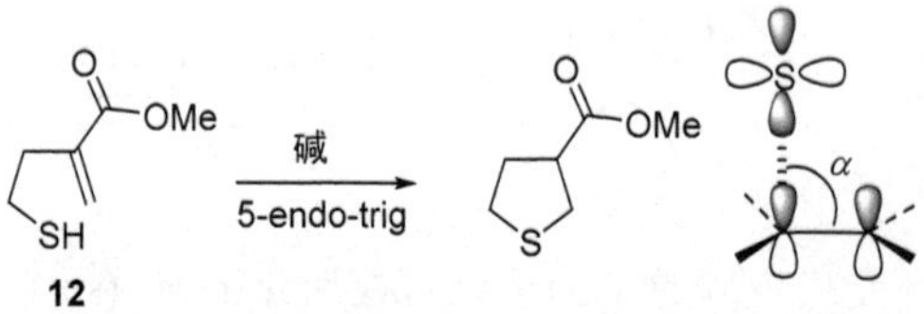

③ Baldwin 规则对自由基环化和阳离子环化反应同样有效 (图 3)。

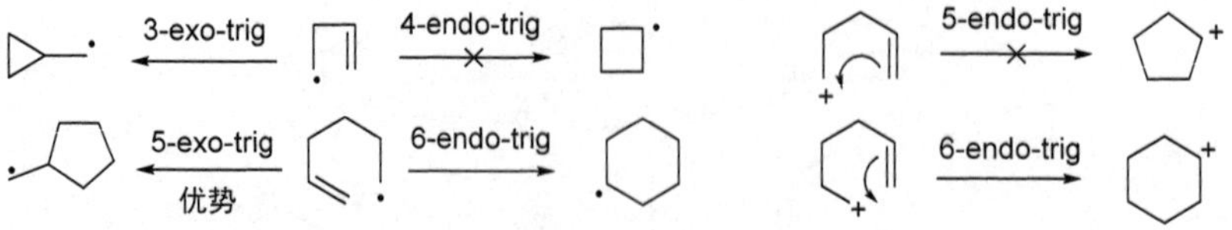

图 3 自由基环化和阳离子环化反应

④ 违背 Baldwin 环化规则的实例仍然存在[3]。例如,β 氨基醇与醛的反应很容易在室温下几分钟内完成,生成 1,3-噁唑烷 **13**。反应可能是通过杂原子基团对亚胺鎓盐 **F** 以 5-endo-trig 的方式环化实现 (式 10)。而且,初始形成的动力学非对映立体异构体 (2,4-反式) 很容易转变为热力学更稳定的 2,4-顺式异构体[5]。这一差向异构化仍然是通过非环

的亚胺鎓中间体 **F** 进行。**14a** 和 **14b** 的环化反应 (5-endo-trig) 也容易进行 (式 11)[6]。在钯催化和碱性条件下，乙酸烯丙型酯 **16** 也以合理的收率环化 (式 12)[7]。酶催化的反 Baldwin 环化规则的 6-endo-tet 环氧开环反应亦有报道[7]。

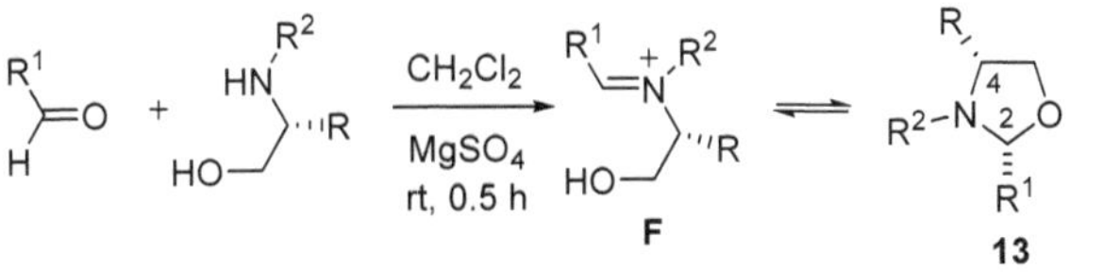

$$R^1CHO + HN(R^2)(CHROH) \xrightarrow[\text{rt, 0.5 h}]{\text{CH}_2\text{Cl}_2, \text{MgSO}_4} \mathbf{F} \rightleftharpoons \mathbf{13} \quad (10)$$

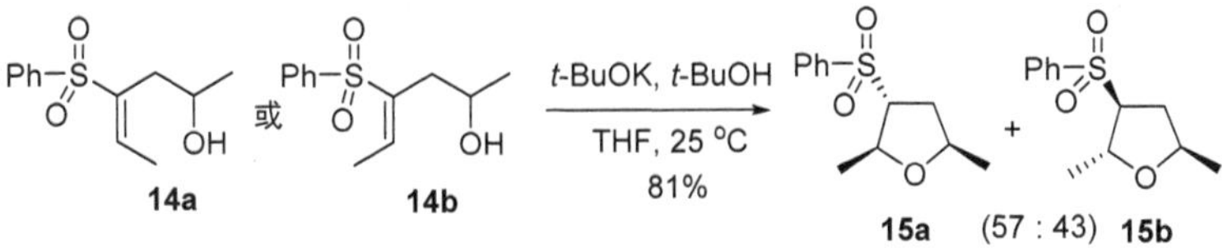

$$\mathbf{14a} \text{ 或 } \mathbf{14b} \xrightarrow[\text{THF, 25 °C, 81\%}]{t\text{-BuOK, }t\text{-BuOH}} \mathbf{15a} + \mathbf{15b} \quad (57:43) \quad (11)$$

$$\mathbf{16} \xrightarrow[\text{4 h, 60 °C, 74\%}]{\text{NaH, Pd(PPh}_3)_4} \mathbf{17} \quad (12)$$

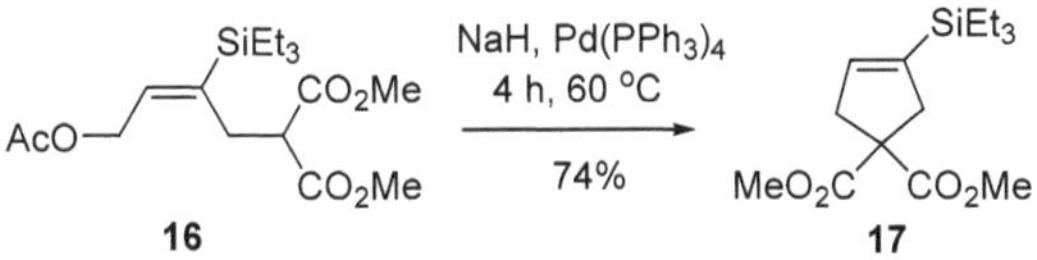

最近 Gilmore 与 Alabugin 等人总结了 Baldwin 环化规则发表后近四十年间对原规则的各种拓展与修正[8]，并把这些发展的主要结果总结于表 3，这些规则可用于亲核环化和自由基环化。阳离子环化不受立体电子之限，而受热力学控制。此前，他们也总结了炔的环化反应规则[9]。

表 3 Alabugin 和 Gilmore 细化过的 Baldwin 环化规则 (阴离子和自由基环化)

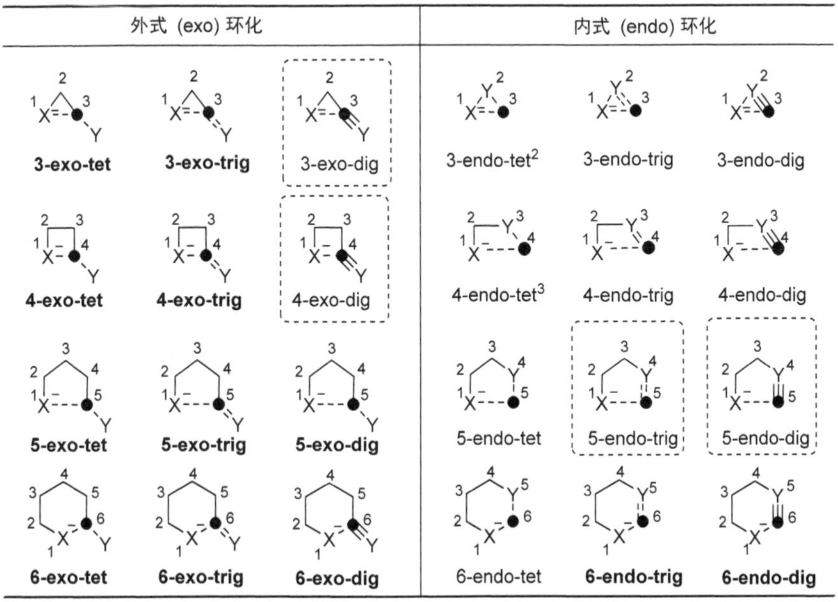

外式 (exo) 环化			内式 (endo) 环化		
3-exo-tet	**3-exo-trig**	3-exo-dig	3-endo-tet[2]	3-endo-trig	3-endo-dig
4-exo-tet	**4-exo-trig**	4-exo-dig	4-endo-tet[3]	4-endo-trig	4-endo-dig
5-exo-tet	**5-exo-trig**	**5-exo-dig**	5-endo-tet	5-endo-trig	5-endo-dig
6-exo-tet	**6-exo-trig**	**6-exo-dig**	6-endo-tet	**6-endo-trig**	**6-endo-dig**

注: 以粗体表示的为有利的环化方式，加虚框者为在一定条件下可以环化的方式，其余为不利的环化方式。

参考文献

[1] Baldwin, J. E. *J. Chem Soc., Chem. Commun.* **1976**, 734-736; 738-741.
[2] Baldwin, J. E.; Cutting, J.; Dupont, W.; Kruse, L.; Silberman, L.; Thomas, R. C. *J. Chem. Soc., Chem. Commun.* **1976**, 736-738.
[3] Johnson, C. D. *Acc. Chem. Res.* **1993**, *26*, 476-482.
[4] Baldwin, J. E.; Lusch, M. J. *Tetrahedron* **1982**, *38*, 2939-2947.
[5] Arseniyadis, S.; Huang, P. Q.; Morellet, N.; Beloeil, J. C.; Husson, H. P., *Heterocycles* **1990**, *31*, 1789-1799.
[6] Craig, D.; Ikin, N. J.; Mathews, N.; Smith, A. M. *Tetrahedron* **1999**, *55*, 13471-13494.
[7] Hotta, K.; Chen, X.; Paton, R. S.; Minami, A.; Li, H.; Swaminathan, K.; Mathews, I. I.; Watanabe, K.; Oikawa, H.; Houk, K. N.; Kim, C.-Y. *Nature* **2012**, *483*, 355-358.
[8] Gilmore, K.; Mohamed, R. K.; Alabugin, I. V. *WIREs Comput. Mol. Sci.* **2016**, *6*, 487-514.
[9] Gilmore K, Alabugin IV. *Chem. Rev.* **2011**, *111*, 6513-6556.

（黄培强）

Bürgi-Dunitz 轨道

由 Bürgi 和 Dunitz 提出的在亲核反应中亲核试剂对亲电试剂加成（进攻）的角度（方向）称 Bürgi-Dunitz（比尔吉-达尼茨）轨道。

在亲核反应的过渡态中，为了满足亲核-亲电中心分子轨道的有效交盖，达到成键的目的，对于不同杂化情况的亲电中心，亲核试剂有效进攻的角度各不相同。对于 sp^3 杂化的亲电中心，试剂进攻与基团离去呈 180° 角（瓦尔登转化）(S_N2 反应)（式 1）；对于 sp^2 杂化的亲电中心（C=O、C=N、C=C 等），亲核试剂从与双键呈大约 107±5° 的方向进攻（亲核加成）（式 2）；而对于 sp 杂化的碳亲电中心，亲核试剂的最佳进攻角度是 120°（亲核加成）（式 3），此即 Bürgi-Dunitz 轨道[1-3]。这是 Bürgi 和 Dunitz 于 1973 年基于对含亲核基团和亲电中心的有机小分子的晶体结构分析，从静态的晶体结构数据分析到动态的反应规律的总结和理论升华。

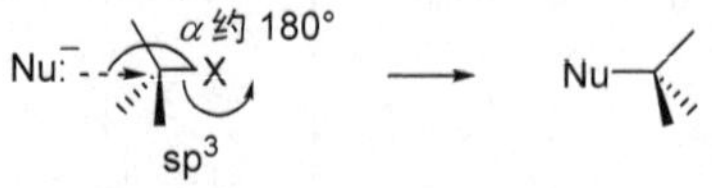

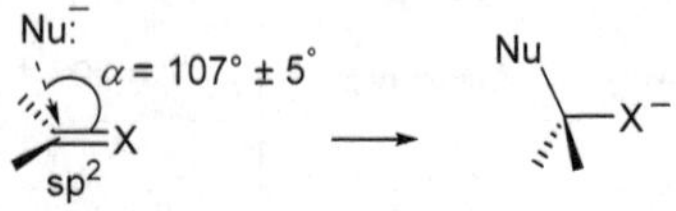

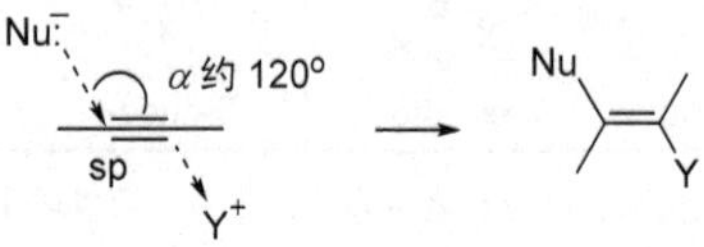

亲核反应遵循 Bürgi-Dunitz 轨道是许多实验现象的理论总结, 具有普遍的指导意义, 可用于解释许多实验现象。例如, Baldwin 环化规则的本质乃环化反应 (分子内反应) 两反应中心能否达到 Bürgi-Dunitz 轨道的角度要求 (参见: Baldwin 环化规则)。

Bürgi-Dunitz 轨道被用于解释亲核试剂对 2,2-二甲基丁二酸酐 (1) 加成反应主要在位阻大的 C1 羰基上进行的反常现象[4]。亲核试剂从箭号所示的方向进攻 C4 位羰基时受甲基位阻影响, 因而进攻 C1 羰基 (未标出) 是有利的, 反应的主要产物为 3 (图 1)。该理论模型也被用于解释三氟甲基化试剂对酒石酰亚胺 4 亲核加成观察到的反式立体选择性 (式 4)[5], 以及亲核试剂对化合物 6 加成的高反式立体选择性 (式 5)[6]。

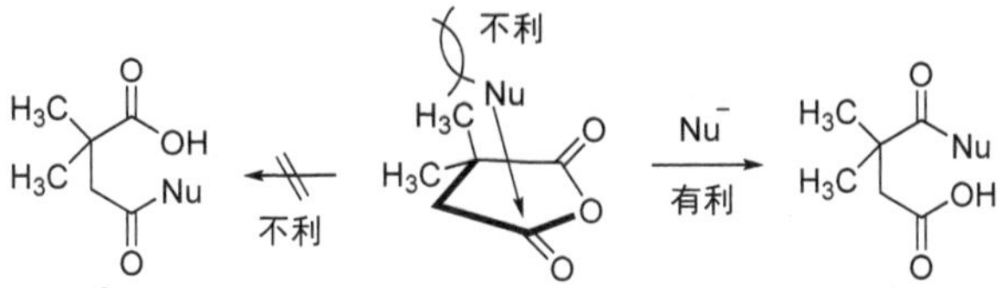

图 1　Bürgi-Dunitz 轨道被用于解释亲核试剂对 2,2-二甲基丁二酸酐 (1) 的加成反应

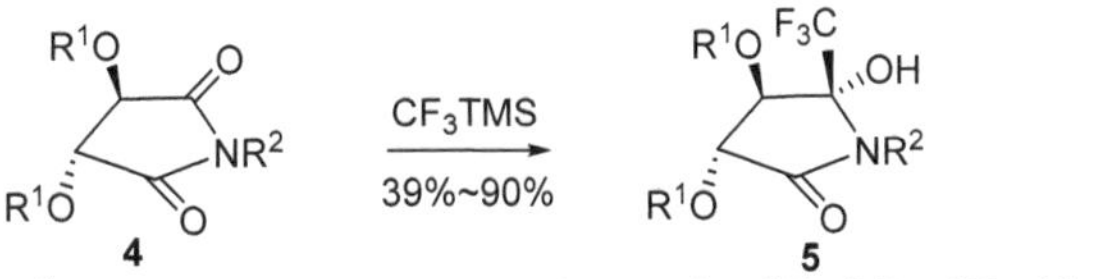

$$R^1 = Bn, Me, H, Ac$$
$$R^2 = Bn, PMB$$

$$trans : cis = (71 : 29) \sim (89 : 11)$$

(4)

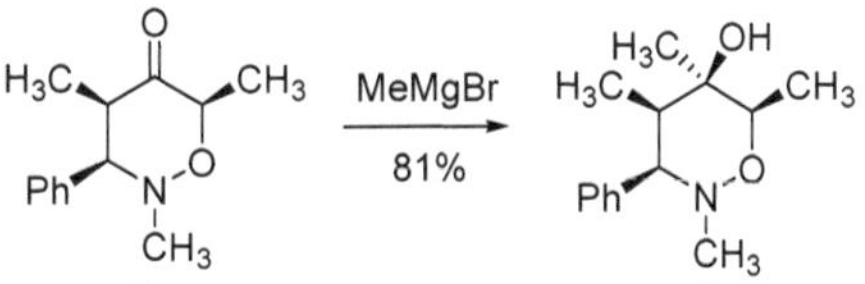

(5)

另一方面, 基于对包括美沙酮 (8) 在内的一系列化合物晶体结构的分析, Bürgi 和 Dunitz 获得合适取向 (即符合 Bürgi-Dunitz 轨道) 杂原子的孤对电子与羰基碳存在分子内给体-受体相互作用的证据, 提出该类分子趋于形成亲核性氮原子与亲电性羰基相互接近、相互作用的构象 (参见美沙酮的构象 8a, 图 2)[7]。跨环效应 (图 3)[8]可视为这类作用的特例。后来把杂原子与羰基的相互作用称为 n→π* 相互作用[9]。此类相互吸引的相互作用不但存在于一些生物碱[10]和有机小分子中, 也存在于生物大分子中, 对蛋白质的结构与功能具有重要意义[9]。

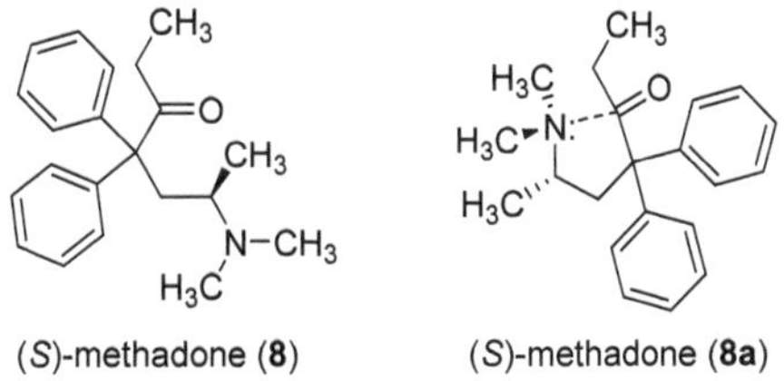

(S)-methadone (8)　　(S)-methadone (8a)

图 2　美沙酮 (8) 的结构及其分子内 n→π* 相互作用构象 8a

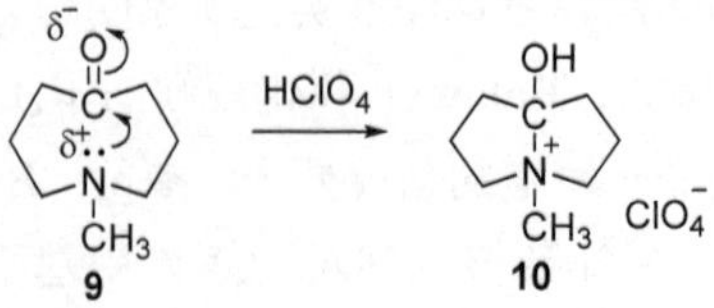

图 3 跨环作用与跨环反应

参考文献

[1] Bürgi, H. B.; Dunitz, J. D.; Shefter, E. *J. Am. Chem. Soc.* **1973**, *95*, 5065-5067.
[2] Bürgi, H. B.; Dunitz, J. D.; Lehn, J. M.; Wipff, G. *Tetrahedron* **1974**, *30*, 1563-1572.
[3] Bürgi, H. B.; Dunitz, J. D. *Acc. Chem. Res.* **1983**, *16*, 153-161.
[4] (a) Kayser, M. M.; Morand, P. *Can. J. Chem.* **1978**, *56*, 1524-1532. (b) Wijnberg, J. B. P. A.; Schoemaker, H. E.; Speckamp, W. N. *Tetrahedron* **1978**, *34*, 179-187.
[5] Jamaa, A. B.; Grellepois, F. *J. Org. Chem.* **2017**, *82*, 10360-10375.
[6] Cordier, M.; Archambeau, A. *Org. Lett.* **2018**, *20*, 2265-2268.
[7] Bürgi, H. B.; Dunitz, J. D.; Shefter, E. *Nat. New Biol.* **1973**, *244*, 186-188.
[8] Leonard, N. L. *Acc. Chem. Res.* **1979**, *12*, 423-429.
[9] Newberry, R. W.; Raines, R. T. *Acc. Chem. Res.* **2017**, *50*, 1838-1846.
[10] Wang, F.-X.; Du, J.-Y.; Wang, H.-B.; Zhang, P.-L.; Zhang, G.-B.; Yu, K.-Y.; Zhang, X.-Z.; An, X.-T.; Cao, Y.-X.; Fan, C.-A. *J. Am. Chem. Soc.* **2017**, *139*, 4282-4285.

(黄培强)

Cotton 效应

1895 年,时年 26 岁的法国物理学家 Aimé Auguste Cotton (1869—1951) 在研究 Cu(Ⅱ) 和 Cr(Ⅲ) 的酒石酸配合物水溶液的吸收光谱时,发现它们在可见光区的吸收带区域内呈现反常 (anomalous) 旋光色散 (optical rotatory dispersion,ORD) 和电子圆二色 (electronic circular dichroism,ECD) 现象[1-6],这就是后来被瑞士化学家 Israel Lifschitz (1888—1953) 称为 Cotton 效应 (Cotton effect,CE,科顿效应)[1]的一对伴生现象。

当平面偏振光射入某一个含不等量对映体的手性化合物样品中时,组成平面偏振光的左右圆组分不仅传播速率不同,而且被吸收的程度也可能不同。前一性质在宏观上表现为旋光性,后一性质则被称为圆二色性。因此,当含生色团的手性分子与左右圆偏振光发生作用时会同时表现出旋光性和圆二色性这两种相关现象。

旋光性的一个显著特征是,同一手性物质对于不同波长的入射偏振光有不同的旋光度,其几乎与波长的平方成反比。例如在透明光谱区,同一手性物质对紫光 (396.8 nm) 的旋光度大约是对红光 (762.0 nm) 的旋光度的 4 倍，这就是所谓旋光色散 (ORD) 现象。旋光度 α 和波长 λ 之定量关系大致可以表示为：

$$a = A + \frac{B}{\lambda^2} \tag{1}$$

式中，A 和 B 是两个待定常数。

旋光色散现象的起因是：入射平面偏振光中的左、右圆组分在手性介质中的折射率 $n_{左}(n_l)$ 和 $n_{右}(n_r)$ 不同 $(n_l \neq n_r)$ 而产生圆双折射 Δn，而且折射率还与波长有关，即手性介质的 Δn 会随波长发生变化，因此，旋光度将随入射偏振光的波长不同而不同，以比旋光度 $[\alpha]$ 或摩尔旋光度 $[M]$ 对平面偏振光的波长或波数作图称 ORD 曲线。旋光色散和圆双折射现象也可用式 2 表示。

$$a = \frac{\pi}{\lambda}(n_{左} - n_{右}) \tag{2}$$

一般而言，ORD 曲线可分为两种类型，即正常 ORD 曲线和反常 ORD 曲线。

对于某些在 ORD 光谱测定波长范围内无吸收的手性物质，例如某些饱和手性碳氢化合物或石英晶体，其旋光度的绝对值一般随波长增大而变小。旋光度为负值的化合物，ORD 曲线从紫外到可见光区呈单调上升；旋光度为正值的化合物，ORD 曲线从紫外到可见光区呈单调下降。两种情况下都逼近 0 线，但不与 0 线相交，即 ORD 光谱只是在一个相内延伸，既没有峰也没有谷，这类 ORD 曲线称为正常的或平坦的旋光谱。图 1 给出正常 ORD 光谱的例子[7]。

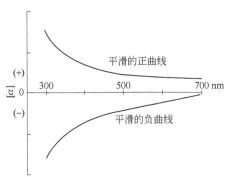

图 1　透明光谱区的旋光色散曲线

当手性物质存在 UV-Vis-NIR 生色团，在 ECD 光谱测定波长范围内有吸收时，原先在电子吸收带附近处于单调增加或减少中的摩尔旋光度或比旋光度 $[\alpha]$，可以在某一个波长内发生急剧变化，并使符号反转，该现象被称为反常色散 (anomalous dispersion)。与图 1 所示的正常 ORD 曲线相比，理想的反常 ORD 曲线通常呈现极大值、极小值以及一个拐点，如图 2 中的虚线 (---) 所示，因此认为反常 ORD 曲线呈 S 形。它的起因可能是在 λ_0 处圆双折射 Δn 值的突变，一般在吸收光谱的最大吸收 λ_{max} 处可以观察到反常色散曲线的拐点❶；还有另一种说法认为，反常 ORD 曲线就像 ECD 曲线的一阶导数，在 ECD 的极大吸收处出现拐点。呈现反常色散的场合，同时可以看到圆二色性，即 ECD 曲线通常在吸收光谱的 λ_{max} 附近出现 $\Delta\varepsilon$ 绝对值极大 (呈峰或谷)，或可能将吸收峰分裂为一正一负两个 ECD 谱峰。反常 ORD 曲线的摩尔振幅 a 由式 3 给出：

$$a = \frac{|[M]_1| + |[M]_2|}{2} \tag{3}$$

式中，$[M]_1$ 为反常色散波峰处的摩尔旋光度；$[M]_2$ 为反常色散波谷处的摩尔旋光度。有些手性化合物同时含有两个以上不同的生色团，其反常 ORD 曲线可有多个峰和谷，呈现复杂的 Cotton 效应。

具有 ECD 生色团的手性物质对左右两圆偏振光的吸收程度不同，即它对左、右圆组分的摩尔吸收系数不同 ($\varepsilon_左 \neq \varepsilon_右$，即圆二色性)。左右圆摩尔吸收系数之差 $\Delta\varepsilon_\lambda$ 将随入射圆偏振光的波长变化而变化。以 θ (mdeg) 或 $\Delta\varepsilon_\lambda$ 为纵坐标，以波长或波数为横坐标作图，便得到 ECD 曲线。

ECD 和反常 ORD 是同一现象的两个表现方面，它们都是手性分子中的不对称生色团与左右两圆偏振光发生不同的作用引起的。ECD 光谱反映了光和分子间的能量交换，因而只能在有最大能量交换的共振波长范围内测量；而 ORD 主要与电子运动有关，即使在远离共振波长处也不能忽略其旋光度值[8]。因此，反常 ORD 与 ECD 是从两个不同角度获得的相关信息，如果其中一种现象出现，对应的另一种现象也必然存在，它们一起被称为 Cotton 效应。如图 2 所示，正 Cotton 效应相应于在 ORD 曲线中，在吸收带极值附近随着波长增加，$[\alpha]$ 从负值向正值改变 (相应的 ECD 曲线中 $\Delta\varepsilon$ 为正值)，负 Cotton

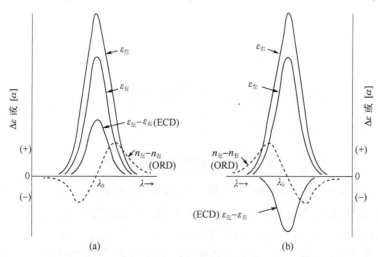

图 2 在 λ_0 处具有最大吸收的一对对映体的理想圆二色和反常旋光色散曲线

(a) 正 Cotton 效应；(b) 负 Cotton 效应

---

❶ 由于吸收谱带和 ORD 曲线的形状并不是严格对称的，因此这个拐点并不一定与 λ_0 完全一致。

效应的情形正好相反。同一波长下互为对映体的手性化合物的 $[\alpha]_\lambda$ 值或 $\Delta\varepsilon_\lambda$ 值，在理想情况下绝对值相等但符号相反；一对 ECD (或反常 ORD) 曲线互为镜像。

ECD 和 ORD 光谱主要应用于手性分子构型或构象的确定[7]。一般而言，测定手性化合物绝对构型的物理方法主要有两种，X 射线衍射法 (直接法)[9]和利用集成手性光谱中的 Cotton 效应关联法 (间接法)[10]。用 X 射线衍射法测定手性化合物的绝对构型可作为仲裁[11]。必须指出，对于手性化合物在溶液中的构型或构象测定，并没有像 X 射线单晶衍射那样的直接方法可被应用，集成的手性光谱学方法 [包括 ORD、ECD、VCD (振动圆二色) 和 ROA (手性拉曼) 等实验谱及其相关的理论计算] 通常是在溶液状态下确定手性化合物基态绝对构型的唯一手段[10]。

由于具有"相似结构"化合物的微小几何和电子 (结构) 变化对手性光学性质的影响很小，经验关联法可通过比较一个手性化合物与具有类似结构 (包括类似的立体和电子结构) 的已知绝对构型的化合物在对应的电子吸收带范围内的 Cotton 效应 (反常 ORD 和 ECD 皆可，但通常特指某一 ECD 吸收带) 来指定其绝对构型。

基于对称性考虑，可将有机化合物的生色团分为两大类，一类为对称的固有非手性生色团，例如羰基和羧基官能团等；另一类为不对称的固有手性生色团，包括螺烯、联苯类、烯酮等，它们的手性直接包含在生色团中。迄今，将绝对立体化学与 CE 符号相关联的半经验规则主要有两类[7]：分区规则 (例如"八区律") 和螺旋规则。分区规则适用于非手性生色团；而螺旋规则适用于手性生色团。还有一种以严格的理论计算为基础的非经验方法，即激子手性方法[1,5-8,10]，该方法对生色团的类型没有特殊规定，但是要求两个或更多相邻强生色团之间的分子轨道不发生交叠且处于一个刚性的手性环境中。以下简要介绍八区律与 Cotton 效应关联的应用实例。

(+)-D-樟脑的两种构型示于图 3。通过"八区律"判断：如果 (+)-D-樟脑的绝对构型

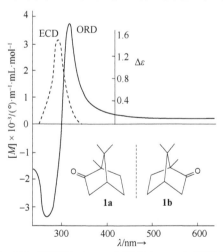

图 3 通过 ECD 和反常 ORD 光谱确定 (+)-D-樟脑的绝对构型

为 **1a** (Fredga 确定的绝对构型)，应当表现出正 CE；而当 (+)-D-樟脑的绝对构型为 **1b**

(Kekulé 指定的绝对构型[12]) 时，则应当表现出负 CE。实验证实在紫外区天然 (+)-D-樟脑的 ECD 和反常 ORD 光谱均呈正 CE，这就说明 Kekulé 所指认的绝对构型 **1b** 是错误的，而其镜像 **1a** 才是正确的绝对构型。

在利用 ECD 光谱的 Cotton 效应关联法确定手性化合物的绝对构型时，通常无需将样品衍生化，但是在某些情况下，直接采用 ECD 光谱测定往往受溶液中手性构型或构象的不确定性、溶剂化作用、不同生色团之间的干扰等因素的影响。这时就要借助某些简便的衍生化方法来进行绝对构型关联。

例如，Rosini 等采用图 4 所示的柔性"联苯探针" **3** 将手性 2-取代羧酸 **2** 衍生化成手性酰胺 **4**[13]。

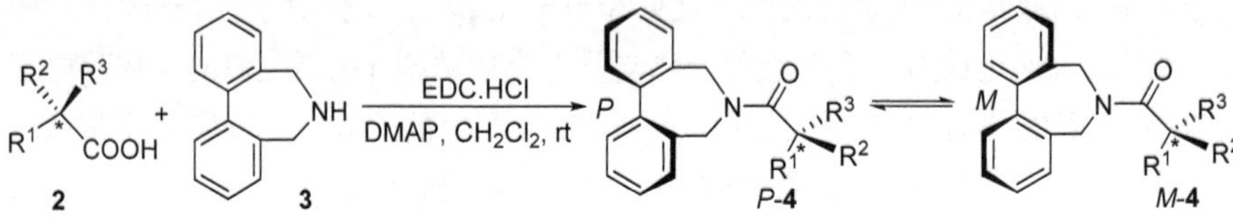

EDC = N-(3-二甲基氨基丙基)-N'-乙基碳二亚胺；DMAP = 4-(N,N-二甲基氨基)吡啶

图 4 手性 2-取代羧酸被柔性"联苯探针"衍生化成酰胺，羧酸的手性传递影响两个苯环之间的扭角

在手性酰胺 **4** 中，2-取代羧酸对映异构体的碳中心手性 (R 或 S)、取代烷基或芳基与"联苯探针"上苯环之间的位阻或 π-π 相互作用等因素，将直接影响联苯中两个苯环之间的扭角 (轴手性 P 或 M)，使得产物的构型处于 P-4 和 M-4 这两个非对映异构体的平衡中，而其在溶液中的优势非对映异构体的手性将直接反映在"联苯探针"生色团的特征吸收带——"A 带"[14]的 Cotton 效应符号上。研究表明[13]：当 2-位取代为烷基时，探针上联苯的扭曲方式主要取决于该烷基和探针上苯环之间的位阻相互作用；而当 2-位取代为芳基时，则其扭曲方式取决于该芳基与探针上苯环之间的 π-π 相互作用；因此，具有相同绝对构型的两类 2-取代羧酸引起联苯探针的手性扭曲方式是不同的，其特征"A 带"的 Cotton 效应符号也是相反的 (参见图 5)。图 6 示出 (R)-2-苯基取代羧酸衍生化所得

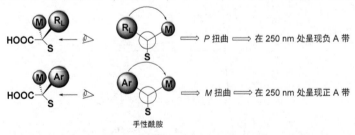

图 5 2-取代羧酸衍生所得酰胺的联苯扭曲形式与其特征"A 带"之间所呈现 Cotton 效应的关系

为简便计，在手性酰胺结构示意图中略去联苯基团，其中：R_L—烷基；Ar—芳基；L、M 和 S 分别表示尺寸大、中和小的取代基❶

---

❶ 此处的尺寸大小顺序不同于 CIP 手性规则的顺序，尺寸大小的比较可参考文献 [15] 中的构象能参数。

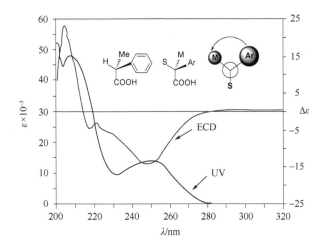

图 6 (*R*)-2-苯基取代羧酸衍生所得手性酰胺溶液的紫外 (UV) 光谱和 ECD 光谱

手性酰胺溶液的紫外和 ECD 光谱，根据图 5 所示手性酰胺的结构模式，由 ECD 光谱中 250 nm 处"A 带"的负 Cotton 效应可以推测手性酰胺中的联苯基团主要呈 *P* 扭曲，从而可确定该化合物的绝对构型为 *R*。

参考文献

[1] Laur P. The first decades after the discovery of CD and ORD by Aimé Cotton in 1895. // Berova N, Polavarapu P L, Nakanishi K, Woody R W. ed. Comprehensive Chiroptical Spectroscopy. New Jersey: John Wiley & Sons, Inc. 2012, vol. 2, Part I, 3-35.
[2] Cotton, A. *C. R. H. Acad. Sci.* **1895**, *120*, 989, 1044.
[3] Cotton, A. *Ann. Chim. Phys.* **1896**, 8, 347.
[4] 金斗满, 朱文祥编著. 配位化学研究方法. 北京: 科学出版社, 1996, 第 7 章.
[5] 章慧等编著. 配位化学－原理与应用. 北京: 化学工业出版社, 2009, 第 6 章.
[6] Mason S F. Molecular optical activity and chiral discriminations. Cambridge: Cambridge University Press, 1982, Chapter 1-2.
[7] [美] 伊莱尔 E L, 威伦 S H, 多伊尔 M P 著. 基础有机立体化学. 邓并主译. 北京: 科学出版社, 2005, 第 12 章.
[8] Legran M, Rougier M J 著. 旋光谱和圆二色光谱. 陈荣峰, 胡靖, 田瑄等译. 开封: 河南大学出版社, 1990.
[9] 陈小明, 蔡继文编著. 单晶结构分析原理与实践. 北京: 科学出版社, 2004.
[10] 章慧. 应用电子圆二色光谱方法确定手性金属配合物的绝对构型. 大学化学, 2017, *32*(2): 1-10.
[11] 尤田耙, 林国强编著. 不对称合成. 北京: 科学出版社, 2006.
[12] 叶秀林编著. 立体化学. 北京: 北京大学出版社, 1999, 236-286.
[13] Superchi, S,; Bisaccia, R,; Casarini, D,; Laurita, A,; Rosini, C. *J. Am. Chem. Soc.* **2006**, *128*(21): 6893-6902.
[14] Suzuki, H. Electronic Absorption Spectra and Geometry of Organic Molecules. New York: Academic Press, 1967, 262-272.
[15] [美] 伊莱尔 E L, 威伦 S H, 多伊尔 M P 著. 基础有机立体化学. 邓并主译. 北京: 科学出版社, 2005, 401-404.

（章慧）

Cram 模型和 Felkin-Anh 模型

为了解释和预测亲核试剂对 α-手性醛/酮加成的立体选择性 (1,2-手性诱导)，D. J. Cram 于 1952 年提出一个模型，后称 Cram (克莱姆) 模型 (Cram's rule) (图 1)。Crams 模型关注的是羰基（假设 C=O 因与金属配合而成为大位阻的基团）与 α-取代基的相互作用。根据 Cram 模型，α-手性醛/酮占优的基态构象为羰基与 α-碳上最大的取代基 (R_L) 处于对位交叉位置，亲核试剂从位阻较小的一侧 (R_S) 进攻[1]。

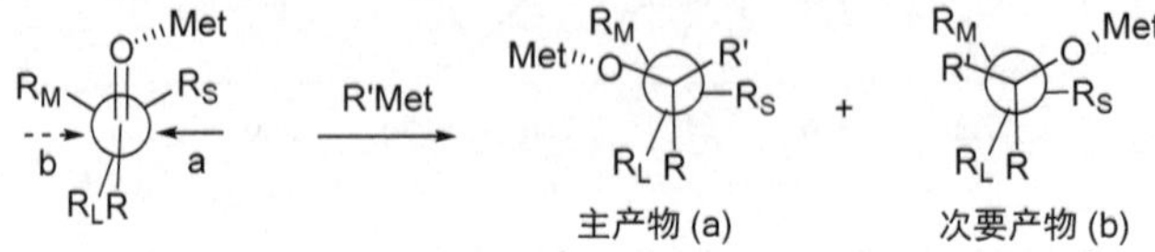
O⋯Met
R'Met
主产物 (a)
次要产物 (b)

(R_L, R_M, R_S 分别代表大、中、小基团；Met 代表 镁、锂、锌等金属离子)

图 1 Cram 模型

1968 年，Felkin 提出另一模型，后称 Felkin 模型 (Felkin's rule) [2,3]。Anh 和 Eisenstein 在量化计算的基础上修正了 Felkin 模型[4,5]：指出亲核试剂从 Bürgi-Dunitz 轨道的角度进攻，后被合称 Felkin-Anh (费尔金-安) 模型[6,7]。现 Felkin-Anh 模型成为对无螯合基团 α-手性醛/酮亲核加成最常用的阐释 (图 2)。

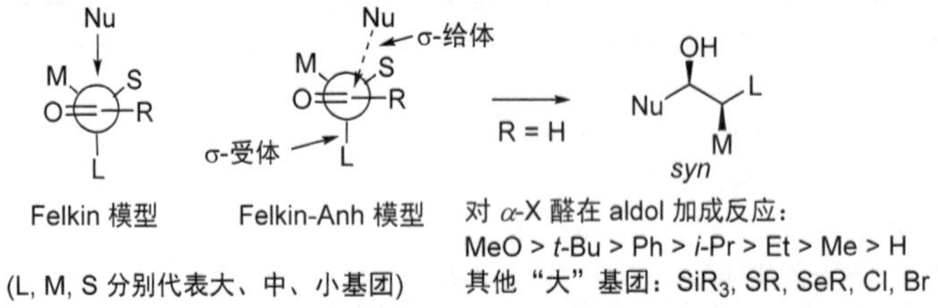
σ-给体
σ-受体
R = H
syn
Felkin 模型
Felkin-Anh 模型
对 α-X 醛在 aldol 加成反应：
MeO > t-Bu > Ph > i-Pr > Et > Me > H
其他“大”基团：SiR3, SR, SeR, Cl, Br
(L, M, S 分别代表大、中、小基团)

图 2 Felkin 模型和 Felkin-Anh 模型

根据 Felkin-Anh 模型，α-手性醛/酮占优的基态构象为 R_L [体积最大基团，杂原子取代基 (例如 O、N、S、Cl) 或极性基团] 与羰基处于正交位置，亲核试剂从位阻小的一侧 (与 R_L 对位交叉的方向) 进攻羰基。Felkin-Anh 模型关注的是进攻亲核试剂与底物，及正形成的 C−Nu 键的 σ-轨道 (作为电子供体) 与 C−L 键的 σ*-轨道 (作为电子受体) 的相互作用[8]。Cram 模型和 Felkin-Anh 模型预测手性诱导的方向一致。但 Felkin-Anh 模型可以更好地阐释亲核试剂和亲电试剂立体效应的变化。

Cram 于 1952 年发表的论文同时提出一个环状模型，以解释 α-位带螯合基团 (例如 RO、OH、NH_2、SH) 手性醛亲核加成的立体化学，后称 Cram 螯合模型 (图 3)[1]。对 α-位带螯合基团手性醛亲核加成的立体化学，也可用 Felkin-Anh 模型解释。当含位阻较大的三烷基硅基醚时，Felkin-Anh 模型可给出更合理的解释。值得注意的是，Cram 螯合模型和 Felkin-Anh 模型预测不对称诱导的方向不同。

除了 Cram 模型和 Felkin-Anh 模型外，用于预测亲核试剂对 α-手性醛加成的模型还有 Cornforth 模型[9]、Karabatsos 模型[10,11]和 Cieplak 模型[12]。

Houk 把 Felkin-Anh 模型扩展到亲电试剂对 C=C 加成的立体化学解释，被称为 Houk(哈克)模型(图 4)[13]。

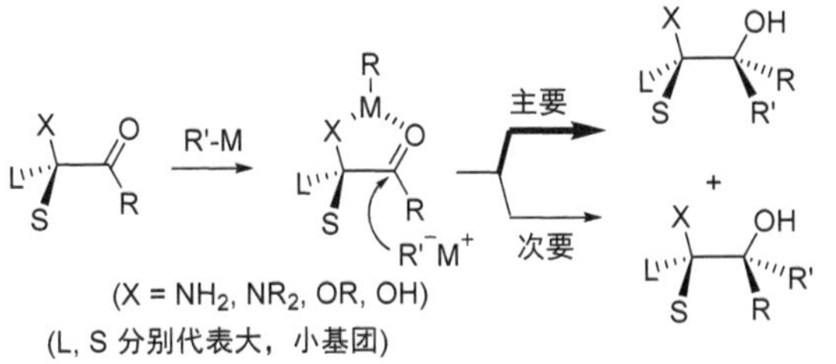

图 3 Cram 螯合模型

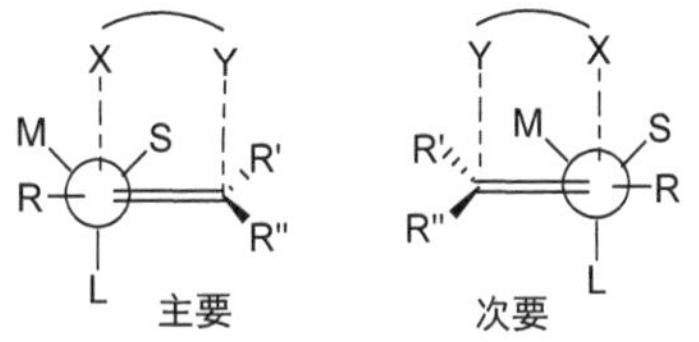

图 4 Houk 模型

参考文献

[1] Cram, D. J.; Abd Elhafez, F. A. *J. Am. Chem. Soc.* **1952**, *74*, 5828-5835; 5851-5859.
[2] Chérest, M.; Felkin, H. *Tetrahedron Lett.* **1968**, *9*, 2205-2208.
[3] Chérest, M.; Felkin, H.; Prudent, N. *Tetrahedron Lett.* **1968**, *9*, 2199-2204.
[4] Anh, N. T.; Eisenstein, O. *Nouv. J. Chim.* **1977**, *1*, 61-70.
[5] Anh, N. T. *Top. Curr. Chem.* **1980**, *88*, 145-162. (综述)
[6] Reetz, M. T. *Acc. Chem. Res.* **1993**, *26*, 462-468. (综述)
[7] Mengel, A.; Reiser, O. *Chem. Rev.* **1999**, *99*, 1191-1223. (综述)
[8] Lodge, E. P.; Heathcock, C. H. *J. Am. Chem. Soc.* **1987**, *109*, 3353-3361.
[9] Cornforth, J. W.; Cornforth, M. R. H.; Mathew, K. K. *J. Chem. Soc.* **1959**, 112-127.
[10] Karabotsos, G. J. *Tetrahedron Lett.* **1972**, *52*, 5289-5292.
[11] Karabatsos, G. J. *J. Am. Chem. Soc.* **1967**, *89*, 1367-1371.
[12] Cieplak, A. S. *J. Am. Chem. Soc.* **1981**, *103*, 4540-4552.
[13] Paddon-Row, M. N.; Rondan, N. G.; Houk, K. N. *J. Am. Chem. Soc.* **1982**, *104*, 7162-7166.

（黄培强）

Curtin-Hammett 原理

Curtin-Hammett(科廷-哈米特)原理[1-3]指出，当一个化学反应从两个相互转化的构象异构体开始时，产物的比例只由两个过渡态的标准吉布斯自由能的差异决定，而不取决于两种中间体的相对稳定性。该原理的前提是异构体的相互转化速率远快于各自的反应速率。另外，产物的形成需不可逆，不同产物之间也不能相互转化。如图 1 所示，A 和 B 发生快速平衡，A 不可逆地转化为 P_A，B 不可逆转化为 P_A，且 $k_1, k_2 \ll k_A, k_B$，那么产物的比例可由方程式 1 或者方程式 2 表示。在这种情况下，产物分布取决于 A 与 B 的平衡比例以及生成相应产物 P_A 和 P_B 的相对活化能。而过渡态能量差异（图中 $\Delta\Delta G^{\ddagger}$）则包含了这两种因素，也就是产物的比例仅取决于过渡态能量差异。

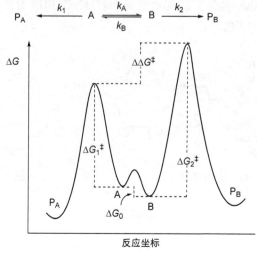

图 1

$$\frac{[P_B]}{[P_A]} = e^{-\Delta\Delta G^{\ddagger}/RT} \tag{1}$$

式中，$\Delta\Delta G^{\ddagger} = \Delta G_2^{\ddagger} + \Delta G_0 - \Delta G_1^{\ddagger}$；$\Delta G_0 = G_B - G_A$

$$\frac{[P_B]}{[P_A]} = K_{eq}\frac{k_2}{k_1} \tag{2}$$

式中，$K_{eq} = \dfrac{k_A}{k_B}$

例如，在如式 3 所示转化中，构象异构体 **4** 和 **5** 与烯丙基氯反应分别得到 (**S**)-**6** 和 (**R**)-**6**。由于 **4** 和 **5** 之间发生快速平衡，产物 **6** 的对映体过量不受原料 **1** 的对映体过量影响[4]。

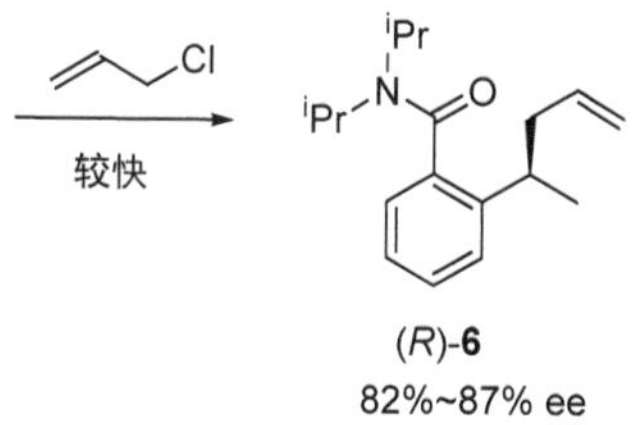

在如式 4 所示的烯烃的催化氢化反应中，底物 7 与手性金属催化剂首先形成两个非对映异构体 9 和 10 (式 5)。在没有氢气时，异构体 10 是唯一能观察到的催化剂-底物配合物，说明 10 比 9 稳定得多。但是由于相对不稳定的异构体 9 比主要异构体 10 反应活性更高，因此，该催化氢化反应主要得到产物 8 (式 4)[5]。

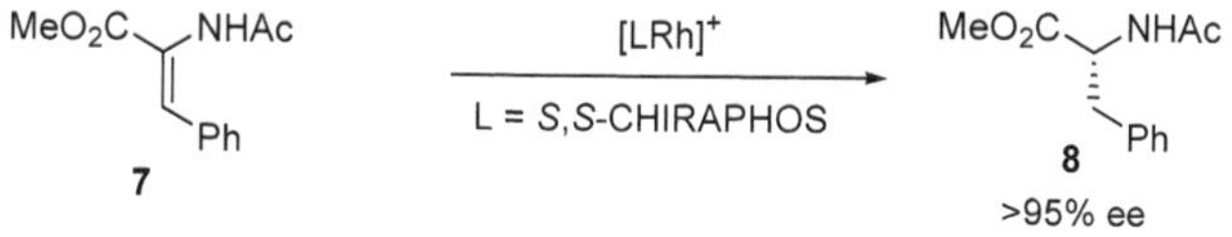

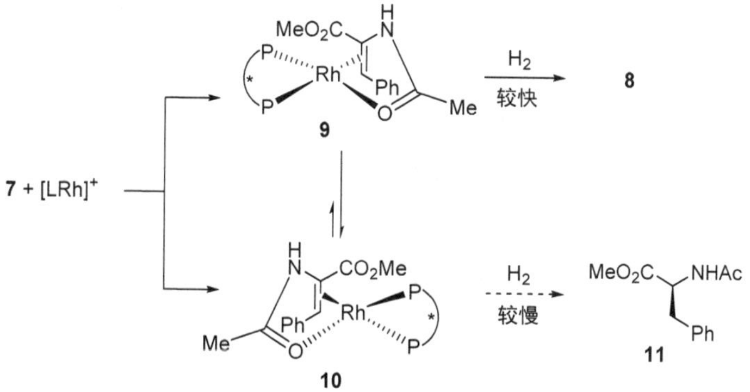

Curtin-Hammett 原理可以扩展到其它情况，只要不同的产物由两种快速相互转化的起始原料形成，其可以是构象异构体、互变异构体或者其它类型的异构体。例如，Moeller[6,7] 报道了化合物 12 的电氧化反应得到产物 13 和 14 (式 6)，作者认为该反应过程可用 Curtin-Hammett 原理解释。化合物 12 首先在阳极失去一个电子得到硫中心自由基正离子 15，其通过分子内的电子转移得到烯烃自由基正离子 16，15 和 16 分别发生进一步反应分别得到 1,3-二噻烷结构氧化产物 14 和烯烃氧化产物 13 (式 7)。由于反应受到 Curtin-Hammett 原理控制，虽然 1,3-二噻烷结构更易被氧化，但是反应主要得到烯烃氧化产物 13。

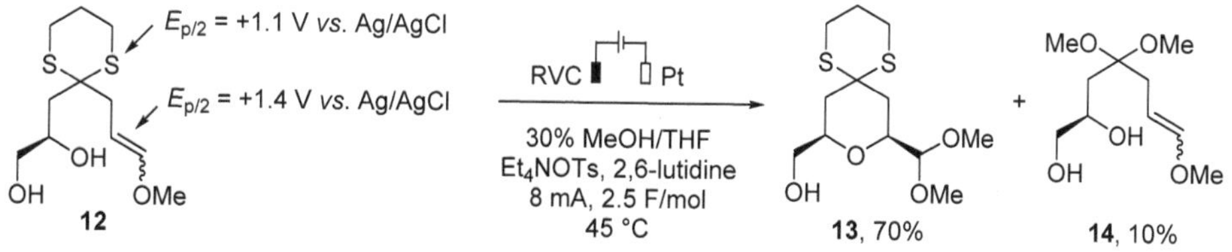

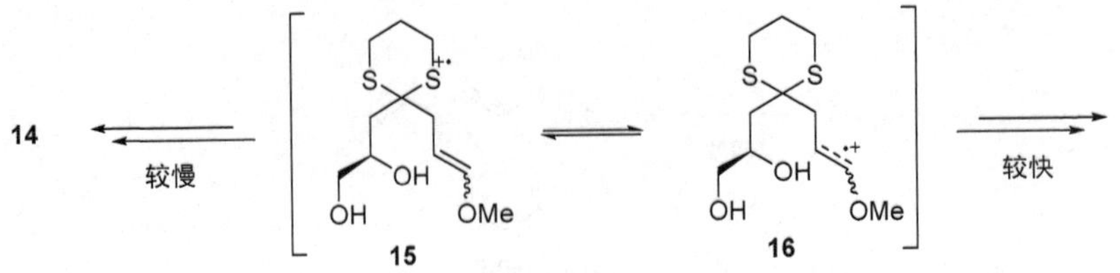

参考文献

[1] Pollak, P. I.; Curtin, D. V. *J. Am. Chem. Soc.* **1950**, *72*, 961-965.
[2] Seeman, J. I. *J. Chem. Ed.* **1986**, *63*, 42-48.
[3] Seeman, J. I. *Chem. Rev.* **1983**, *83*, 83-134.
[4] Beak, P.; Basu, A.; Gallagher, D. J.; Park, Y. S.; Thayumanavan, S. *Acc. Chem. Res.* **1996**, *29*, 552-560.
[5] Halpern, J. *Science* **1982**, *217*, 401-407.
[6] Duan, S. Q.; Moeller, K. D. *J. Am. Chem. Soc.* **2002**, *124*, 9368-9369.
[7] Moeller, K. D. *Chem. Rev.* **2018**, *118*, 4817-4833.

（徐海超）

Fürst-Plattner 规则

Fürst-Plattner（弗斯特-普拉特纳）规则是指环氧环己烷 **1** 经亲核试剂开环可区域选择性地形成二竖键产物 **2**[1-3]。也称反式二竖键效应（式 1）。这一现象源于开环反应的过渡态倾向于采取环己烷椅式构象而非扭船式构象 **3**。**2** 和 **3** 两种构象能量相差约 5 kcal/mol。

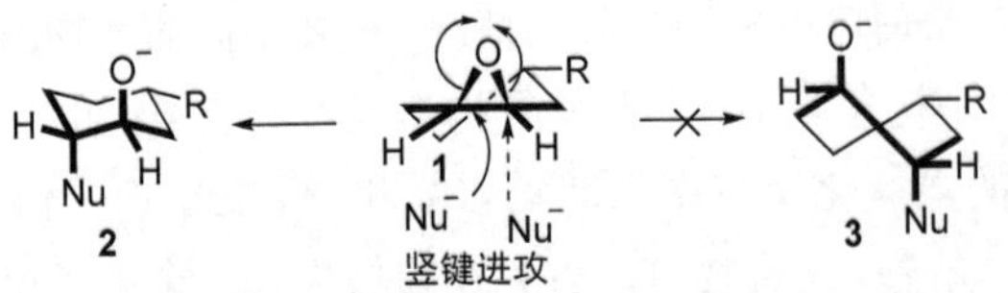

由于环氧环己烷易得，且其亲核开环的区域选择性好，因而常用于天然产物的合成。图 1 中 **1a**、**1b** 和 **1c** 的反应均只形成一个区域异构体[4-6]。

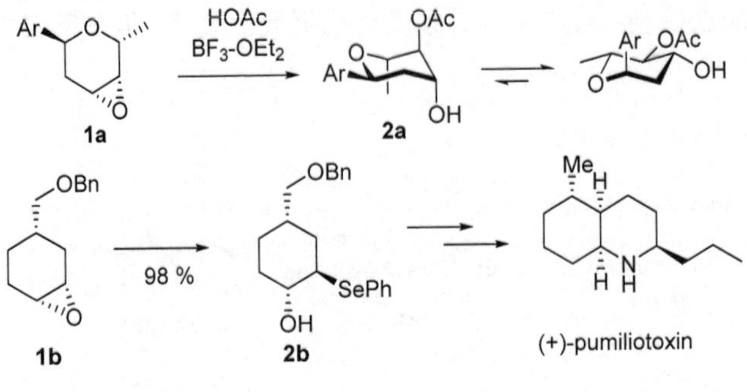

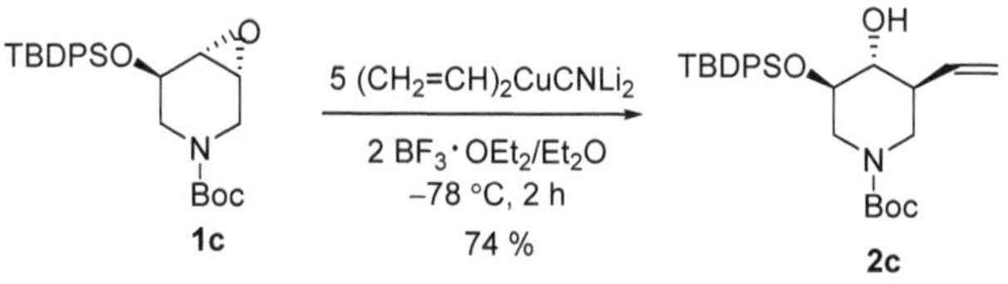

图 1 环氧环己烷亲核开环反应只形成一个区域异构体

需要注意的是,尽管简单环氧化合物 **1d** 的开环得到两个区域异构体 **2d$_1$**/**2d$_2$** 的混合物,但其 N-杂类似物 **3** 的开环却只形成一个区域异构体 **4** (式 2)[7]。

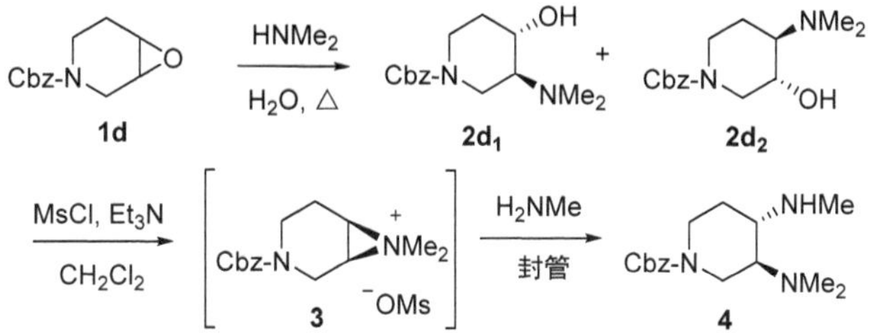

值得一提的是,环氧化合物的反 Fürst-Plattner 开环也有报道。例如,DFT-计算表明环氧四醇 **6** 被分子间 O—H···O 氢键所稳定,由此形成的折叠结构使得环氧 C$_a$ 位碳位阻明显增大,不利于亲核试剂从凹面进攻。而通常不利的反 Fürst-Plattner 开环变为主要途径。所形成的高能量扭船式构象 **7a** 随即异构化为椅式构象 **7b**,其中四个羟基为平键取向 (式 3)[8]。

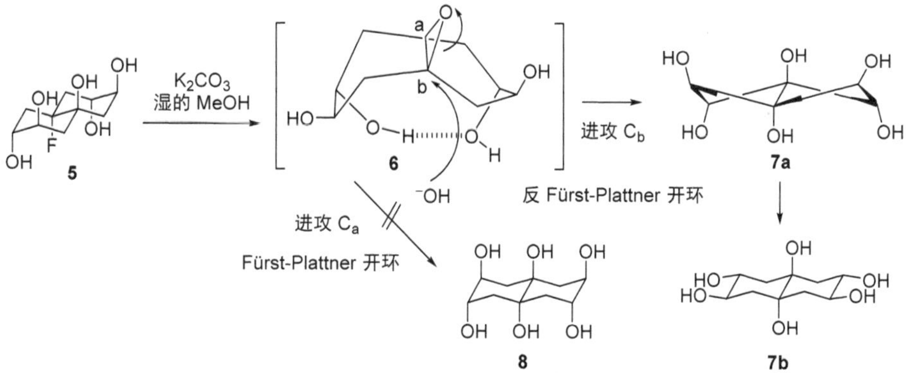

有趣的是,Fürst-Plattner 规则不但被用于解释环氧开环的区域和立体选择性,也可解释底物选择性。例如,根据计算,ArSH 对 α-环氧化物 **10a** 开环较之 β-环氧化物 **10b** 开环比例大于 95:5,与实验观察到的情况 (8:2) 大致一致 (式 4)[9]。

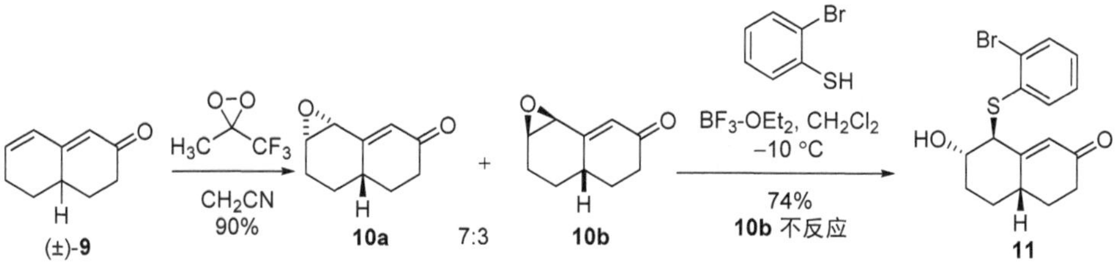

参考文献

[1] (a) Fürst, A.; Plattner, P. A. *Helv. Chim. Acta* **1949**, *32*, 275-283. (b) Fürst, A; Plattner, P. A. *12th International Congress on Pure and Applied Chemistry*, New York, 1951, Book of Abstracts, 409.
[2] Eliel, E. L.; Wilen, S. H. *Stereochemistry of Organic Compounds*. Wiley-Interscience: New York, 1994, 730. (综述)
[3] Smith, J. G. *Synthesis* **1984**, 629-656. (综述)
[4] Schmidt, B. *Org. Lett.* **2000**, *2*, 791-794.
[5] Toyota, M.; Asoh, T.; Matsuura, M.; Fukumoto, K. *J. Org. Chem.* **1996**, *61*, 8687-8691.
[6] Ouchi, H.; Mihara, Y.; Takahata, H. *J. Org. Chem.* **2005**, *70*, 5207-5214.
[7] D'Andrea, S. V.; Michalson, E. T.; Freeman, J. P.; Chidester, C. G.; Szmuszkovicz, J. *J. Org. Chem.* **1991**, *56*, 3133-3137.
[8] Mehta, G.; Sen, S. *J. Org. Chem.* **2010**, *75*, 8287-8290.
[9] Li, Z.; Watkins, E. B.; Liu, H.; Chittiboyina, A. G.; Carvalho, P. B.; Avery, M. A. *J. Org. Chem.* **2008**, *73*, 7764-7767.

相关规则: Baldwin 环化规则

（黄培强）

Markovnikov 规则

当非对称的烯烃 **1** 与非对称的试剂 **2** 发生加成反应时，试剂 **2** 中较缺电子的部分 X 往往会加成到双键含氢较多的一端，而较富电子的部分则会加成到双键的另一端，从而生成 **3** (马氏产物) (式 1)。这一规律最早由 Markovnikov 在 1870 提出[1]，并于 1875 进一步完善[2]，因此被称为 Markovnikov 规则 (马尔科夫尼科夫规则, Markovnikov's rule)，简称 "马氏规则"。

$$\underset{\mathbf{1}}{\overset{R}{\underset{H}{>}}=\overset{H}{\underset{H}{<}}} + \underset{\mathbf{2}}{\overset{\delta^+\ \delta^-}{X-Y}} \longrightarrow \underset{\substack{Y\ X\\ \text{马氏产物}\\ \mathbf{3}}}{\overset{R\ H}{\underset{\quad}{\mid}}} \quad \left(\underset{\substack{X\ Y\\ \text{反马氏产物}\\ \mathbf{4}}}{\overset{R\ H}{\underset{\quad}{\mid}}} \right) \quad (1)$$

马氏规则是一条经验性规则，它从形式上预测了烯烃 (包括炔烃) 亲电加成的区域选择性，导致这一选择性的原因可以用反应中间体——碳正离子的稳定性来解释。以丙烯与溴化氢的亲电加成为例 (式 2)，反应首先是较缺电子的氢加到双键的一侧，而在双键的另一侧形成碳正离子，这就可能生成两种碳正离子 (**6a** 和 **6b**)。对于碳正离子上简单的烷基取代基，其对碳正中心的诱导效应和超共轭效应都表现出供电子作用，对碳正离子起稳定化作用，因此碳正离子上的烷基取代基越多，碳正离子越稳定。所以，碳正离子 **6a** 比 **6b** 更稳定，更容易生成，因而其与溴结合的最终产物 **7a** 为主产物。

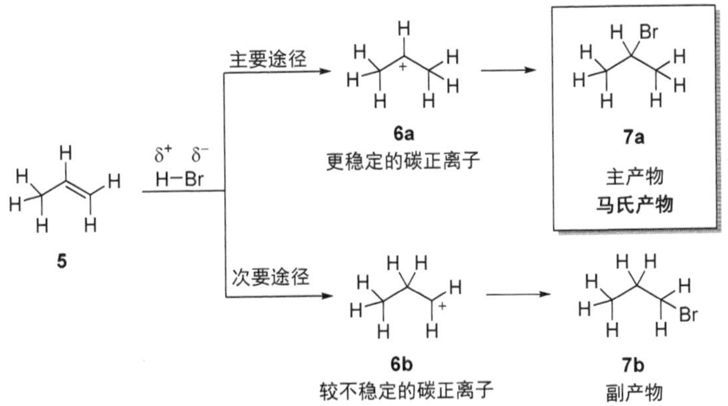

正是由于要满足上述碳正离子稳定性的要求，一些带有特殊取代基的烯烃的亲电加成反应表现出了反马氏规则的行为，即较缺电子的部分加成到了双键含氢较少的一端，而较富电子的部分则加成到了双键的另一端。例如 3,3,3-三氯丙烯与碘化氢的加成反应 (式 3)，该反应得到了碘加成到双键末端的产物 **10b** (反马氏产物)[3]。其原因就是三氯甲基的诱导效应和超共轭效应都表现出吸电子能力，导致所在的碳正离子电子云密度进一步降低，稳定性下降，不容易生成，该途径成为次要途径；而不与三氯甲基直接相连的碳正离子 **9b**，由于没有三氯甲基的吸电子效应，反而更稳定，更容易生成，其与碘结合的最终产物 **10b** 成为主产物。

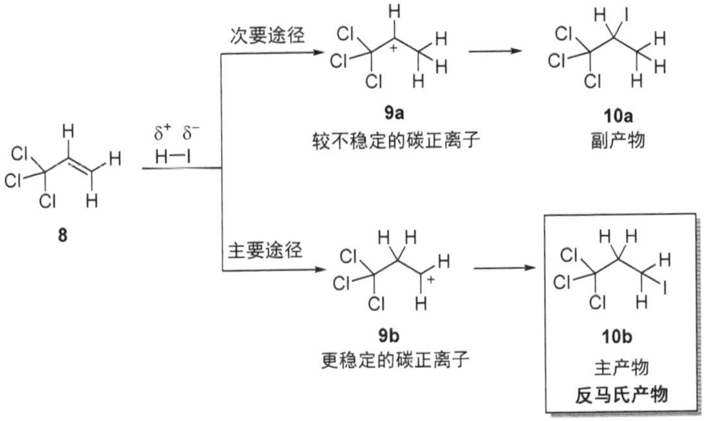

反马氏规则的选择性更多地存在于那些经由非碳正离子中间体的加成反应中，包括自由基加成反应以及单步协同的加成反应等。其中自由基加成反应的典型例子是烯烃在过氧化物存在下与溴化氢的加成反应。如式 4 所示丙烯在过氧化物存在下与溴化氢的加成反应，该反应通过氧化物的均裂而引发，所产生的自由基攫取溴化氢的氢原子而产生溴自由基，接下来溴自由基对双键的加成就有两种可能的产物 **11a** 和 **11b**，而其中 **11b** 是二级碳自由基，具有更高的稳定性，更容易生成，因此其再结合一个氢原子后得到的产物 **7b** 将是反应的主要产物。这种情况下，较富电子的 Br 加成到了双键含氢较多的一端，因此是反马氏加成。

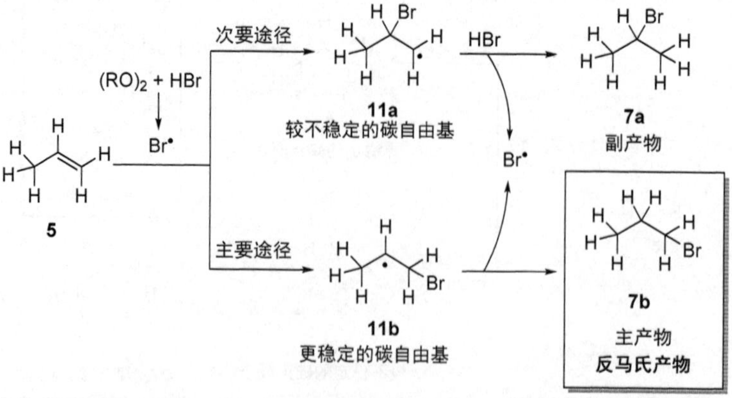

经由单步协同反应机理的反马氏加成的典型例子是烯烃的硼氢化-氧化反应[4]。如式 5 中 1-甲基环戊烯与硼烷的反应,其过渡态为其中的四元环结构,位阻较大的含硼单元加成到双键位阻较小的一侧,即含氢较多的碳上;而位阻较小的氢加成到另一侧。这样所生成的含硼化合物经氧化水解后就得到羟基在含氢较多的碳上的反马氏加成产物。

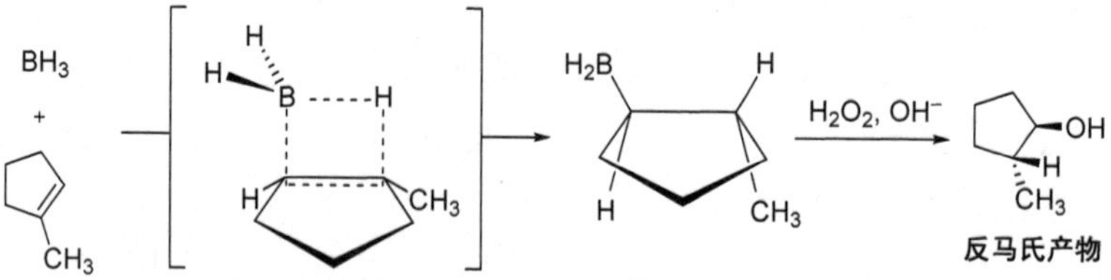

在马氏规则提出时,很多烯烃的亲电加成反应都是在质子酸存在下进行的,而现在研究较多的则是路易斯酸催化的烯烃的亲电加成反应,其中参与加成的组分也由最初的卤化物拓展到氰化物、胺以及含氧化合物等[5,6]。例如,芝加哥大学何川等报道了在金催化剂作用下,端烯可以与酚或者羧酸进行马氏加成,生成对应的醚 (式 6) 或者酯 (式 7)[7]。

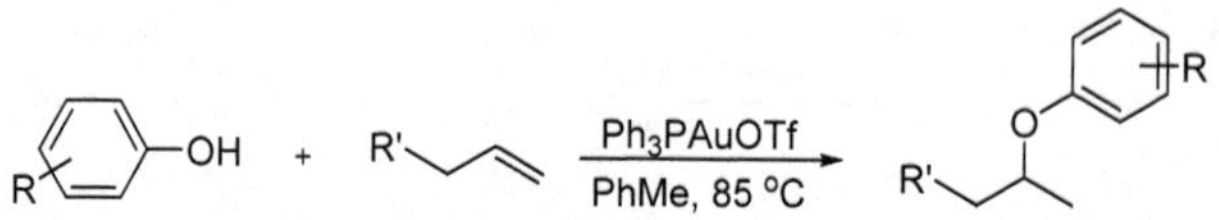

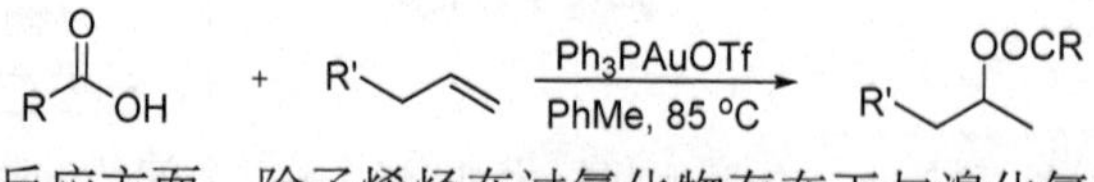

在反马氏加成反应方面,除了烯烃在过氧化物存在下与溴化氢的加成反应,Schmidt 等人报道了在自由基引发剂和亚磷酸三乙酯的促进下 N-羟基邻苯二甲酰亚胺对烯烃的反马氏氢胺化 (图 1)[8]。该反应过程中产生的邻苯二甲酰亚胺自由基加成到双键位阻较小的一侧 (即含氢较多的碳),而在双键的另一个碳上产生自由基,接着该碳自由基攫取氢原子而生成反马氏氢胺化产物。

反马氏氢胺化反应:

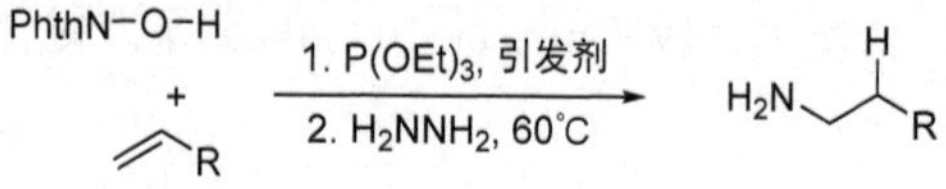

反应机理：

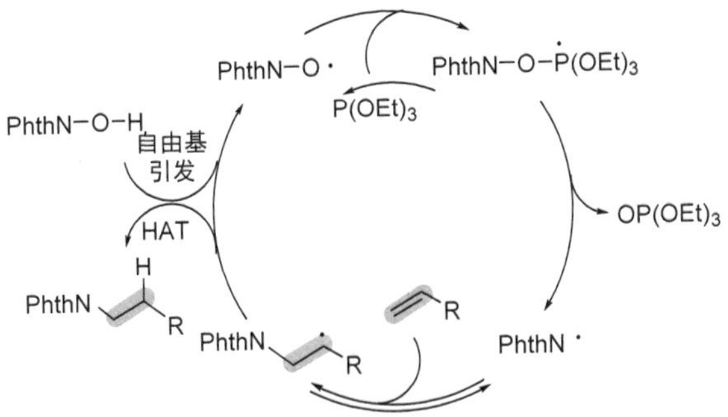

图 1 在自由基引发剂和亚磷酸三乙酯的促进下 N-羟基邻苯二甲酰亚胺对烯烃的反马氏氢胺化反应及机理

马氏规则在全合成中的体现也主要以烯烃的亲电加成反应为主，例如，xenovenine 的全合成就是利用了胺对分子内两个烯烃片段的亲电加成（式 7）[9]。

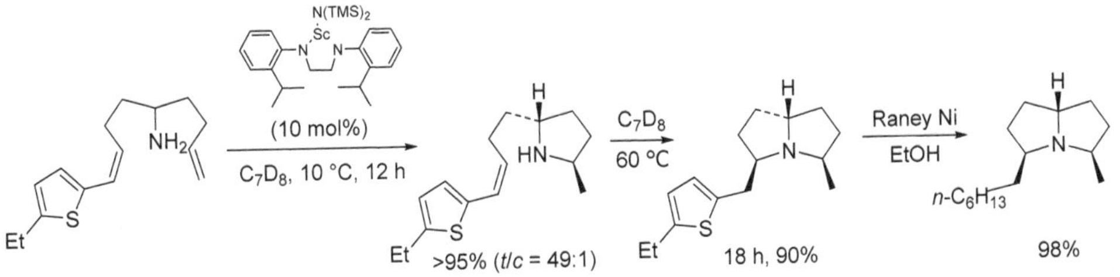

一些反马氏规则的加成反应也被应用于全合成中，如 Grotjahn 等人报道的在钌配合物催化下的末端炔烃与水的加成反应（式 8）[10]。该反应被 Sarpong 等人应用于 lycoposerramine R 的全合成中（式 9）[11]。

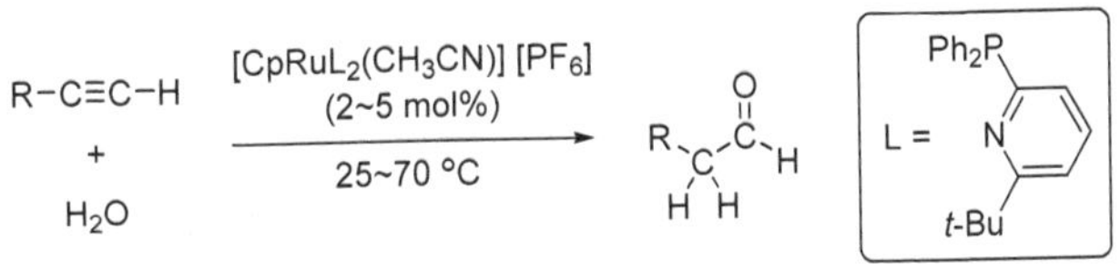

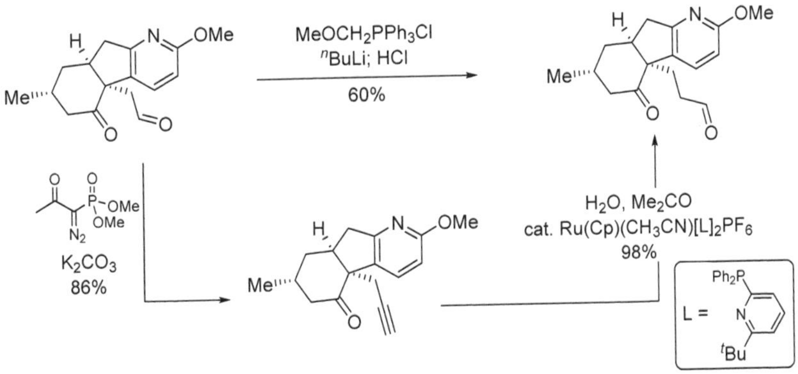

参考文献

[1] Markownikov, V. V. *Ann. Chem. Pharm.* **1870**, *153*, 228.
[2] Markownikov, V. V.; Hebd, C. R. *Seances Acad. Sci.* **1875**, *85*, 668.
[3] Shelton, J. R.; Lee, L.-H. *J. Org. Chem.* **1958**, *23*, 1876.
[4] Brown, H. C.; Zweifel G. *J. Am. Chem. Soc.* **1959**, *81*, 247.
[5] Müller, T. E.; Hultzsch, K. C.; Yus, M.; Foubelo, F.; Tada, M. *Chem. Rev.* **2008**, *108*, 3795.
[6] Beller, M.; Seayad, J.; Tillack, A.; Jiao, H. *Angew. Chem. Int. Ed.* **2004**, *43*, 3368.
[7] Yang, C.-G.; He, C. *J. Am. Chem. Soc.* **2005**, *127*, 6966.
[8] Lardy, S. W.; Schmidt, V. A. *J. Am. Chem. Soc.* **2018**, *140*, 12318.
[9] Jiang, T.; Livinghouse, T. *Org. Lett.* **2010**, *12*, 4271.
[10] Grotjahn, D. B.; Lev, D. A. *J. Am. Chem. Soc.* **2004**, *126*, 12232.
[11] Bisai, V.; Sarpong, R. *Org. Lett.* **2010**, *12*, 2551.

（叶龙武）

Mosher 法

Mosher 法指通过 Mosher 发明的 α-甲氧基-α-三氟甲基苯乙酸 (MPTA)，即 Mosher 酸与手性醇形成酯 (Mosher 酯)，从而测定手性醇的对映体纯度 (ee 值) 和绝对构型的方法。

（1）对映异构体组成的测定

原理：通过一种手性试剂和待测定的样品生成差向异构体，然后采用 NMR 测定其相对含量，进而推定对映异构体的纯度，是不对称合成化学中广泛采用的一种方法[1]。Mosher 等[2]于 1969 年首次使用了 α-甲氧基-α-三氟甲基苯乙酸 (MPTA)，故称为 Mosher (莫舍)酸，是目前应用最广泛的一种手性衍生化试剂 (chiral derivatizing agents, CDA)。该试剂以酸或者其酰氯的形式使用，与手性伯醇、仲醇或胺类生成差向异构体的酯类或酰胺类 (式 1)。通过 NMR 检测所形成的一对差向异构体中特定官能团 (–OMe 或 –CF$_3$) 信号的相对强度，从而确定对映异构体的含量。

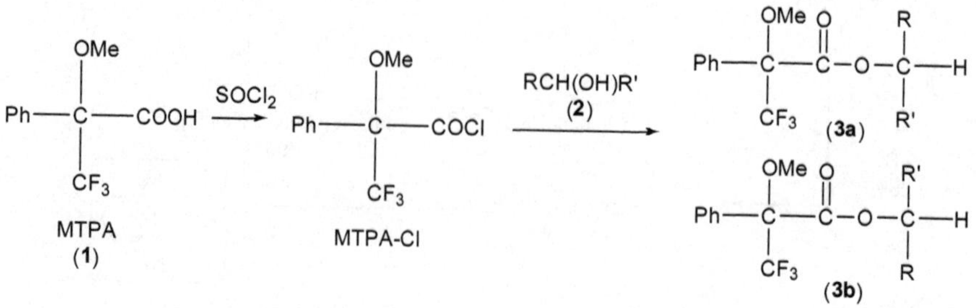

使用前提条件：① **1** 是单一绝对构型的化合物，即 (R)-MTPA 或 (S)-MTPA；**2** 是一对未知相对纯度的对映异构体的醇。②差向异构体 **3a** 和 **3b** 的形成中不发生消旋化，不出现由于不同对映体反应速率的差异而产生动力学拆分现象。

选择 Mosher 酸的优越性：①该试剂由于不含有 α-氢，在衍生过程中不会出现消旋化问题。②由于分子中含有三氟甲基的官能团，可以利用化学位移差值更大的 ^{19}F 谱来定量(三氟甲基信号是单峰)；甲氧基中的甲基在 ^{1}H NMR 中显示一个三个质子积分强度的单峰，易于辨认，并可作为质子积分的参考。③MTPA 固有的挥发性使分子量相对较小的衍生物较容易纯化和进行气相色谱分析。④与其它方法相比，具有定量准确和所需样品量少(5~10 mg) 等特点。⑤对于一些化合物，除了可以测定相对含量外，还可以进行绝对构型的指认。

（2）绝对构型的指认和其含量测定

原理：在溶液中，MTPA 酯中母体甲基质子、酯羰基和三氟甲基在同一个平面 A 上，这种优势构象已经通过 MTPA 酯的 X 射线研究和 MTPA 酯的计算分析得到证实，该平面也称作 Mosher 平面[3]，如图 1。由于苯环的抗磁屏蔽效应，当用某一构型的 Mosher 酸[如图 1 中的 (R)-MTPA] 与底物形成酯后，在 S 和 R 不同构型的底物中，其 R^1 和 R^2 取代基中的质子 (H$_{A,B,C…}$) 受到苯环屏蔽作用是不同的，如图 1 所示，在 R 构型的醇所形成的酯中 [图 1(a)]，处在 R^1 基团上的任意一质子 H$_A$ (H$_B$ 或 H$_C$) 由于其处于苯环同侧 [纸内侧，图 1(a)] 将受到磁屏蔽效应，化学位移处于高场。而在 S 构型中，该质子处于苯环异侧 [图 1(b)]，化学位移处于低场。对于 R^2 基团中的任意一质子，情况正好与上述相反。根据这一原理，如能从与某一 Mosher 酸成酯后的一对差向异构体的 ^{1}H NMR 谱

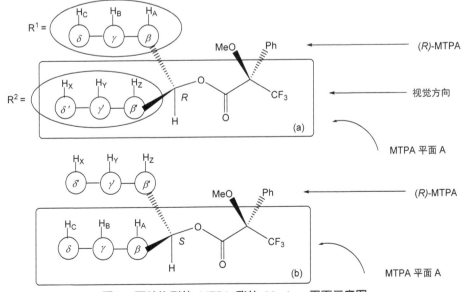

图1　两种构型的 MTPA 酯的 Mosher 平面示意图

图中辨认出某一对质子的信号（归属其处于 R^1 还是 R^2 基团），就可根据化学位移值的大小变化，指认其绝对构型，并进而对不同构型化合物含量进行测定。

现举例说明，一对未知比例的对映体 2-丁醇（$CH_3CHOHC_2H_5$），在与 (R)-MTPA 成酯后，其 ^1H NMR 在 $\delta 1.22$ 和 $\delta 1.32$ 处出现了一对单峰甲基，峰面积比例为 1:3。该甲基峰被指认为醇母体中的 α-甲基。将任意一种构型的醇（R 或 S 构型的醇）所成酯放入上面所述的模型中进行分析，发现位于高场区 $\delta 1.22$ 的甲基信号是由于苯环的屏蔽所致，应为 R 构型的醇所成酯（如图 2 所示）。由此进而可知，混合物中 R 构型的醇约占 25% 的比例，S 构型的醇约占 75%。

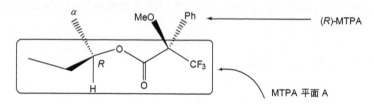

图 2 (R)-MTPA 与叔丁醇成酯后的立体结构示意图

在 MTPA 及其相关的衍生试剂与被测底物所形成的非对映体衍生物中，其不等价化学位移还可以通过加入非手性镧系位移试剂来增强，例如：$Eu(fod)_3$ [fod=6,6,7,7,8,8-七氟-2,2-二甲基-3,5-辛二酮]。上述绝对构型的指认和其含量测定方法，目前仅报道了一些简单对映异构体的测定，如 α-/β-氨基酸酯[4]和 α-/β-羟基酸酯[5]，以及含手性对称轴的某些化合物[6]。

参考文献

[1] Parker, D. *Chem. Rev.* **1991**, *91*, 1441.
[2] Dale, J. A.; Dull, D. L.; Mosher, H. S. *J. Org. Chem.* **1969**, *34*, 2543.
[3] Dale, J. A.; Mosher, H. S. *J. Am. Chem. Soc.* **1973**, *95*, 512.
[4] Yasuhara, F.; Yamaguchi, S. *Tetrahedron Lett.* **1980**, *21*, 2827.
[5] Yasuhara, F.; Kabuto, K.; Yamaguchi, S. *Tetrahedron Lett.* **1978**, *19*, 4289.
[6] Miyano, S.; Tobito, M. *Bull. Chem. Soc. Jpn.* **1981**, *54*, 3522.

（岳建民，尹胜）

NOE (核 Overhauser 效应)

有机化合物的构型对其生理活性、反应性等起着关键性的作用，因此确定化合物的构型是天然产物化学、不对称合成方法学及其应用研究中的重要内容。而 NOE 实验，主要

是 ¹H 核间的 NOE, 是确定有机化合物相对构型 (立体化学) 最为方便有效的手段, 尤其对那些无法得到单晶进行 X 射线衍射分析的有机化合物。

NOE 即所谓的核 Overhauser 效应核奥弗豪塞尔效应, 是英文 nuclear Overhauser effect 或 nuclear Overhauser enhancement 的缩写, 指在核磁共振实验中用干扰场照射某一自旋核, 空间上与其接近的另一个核的共振信号强度发生变化的现象[1]。NOE 是由空间上接近的核之间的偶极-偶极弛豫作用产生, 作用强度与核间距离有关, 其强度随核间距离 (r) 的增加而减小, 而与两核间所隔的化学键数目无关。因此, 只要两核在空间上接近就有可能观察到 NOE。其中 ¹H 核之间, 一般认为当两核间距小于 0.5 nm 时能观察到 NOE。因此通过 ¹H 核间 NOE 检测可以帮助确认有机分子中 ¹H 核在分子三维空间结构中的相对位置, 即确定了分子的相对构型。

NOE 实验分为一维 NOE 差谱 (NOE difference spectra) 和二维 NOESY 谱 (nuclear Overhauser effect spectroscopy) 两种。一维 NOE 差谱 (通常是 ¹H 谱) 是一种双照射实验, 对 ¹H 谱中其中一个峰进行选择性照射 (予以饱和) 后得到干扰谱; 在谱宽范围内选择两端无峰处做一个空白照射 (消除系统误差), 得到参考谱。所得的两个谱相减就得到一维 NOE 差谱。在差谱中, 与所照射 ¹H 核空间上接近的核的谱峰由于 NOE 而增强, 所以可观察到强度不等的残余信号; 没有 NOE 增强的谱峰则在差谱中被扣除。对残余信号进行积分就得到量化的 NOE。¹H-¹H 间的 NOE 增强最大可达 50%, 但若增强小于 1% 则不可信。例如, flustramine A (**1**) 是从海洋苔藓虫类生物 *flustra foliacea.* 中分离得到的溴代生物碱[2], 在选择性照射饱和 15,16-位 2 个甲基所得的 NOE 差谱中可以观察到 4-H (3.6%)、17-H (2.1%) 以及 8a-H (3.1%) 的 NOE 增强峰 (图 1), 其中由 8a-H (3.1%) 的 NOE 增强峰可确定 C8a/C3a 为 *cis* 构型。另外, NOE 差谱属比较性实验方法, 对两个或数个异构体样品的 NOE 增强因子进行比较后所确定的相对构型较从只有一个异构体样品的 NOE 增强因子所确定的相对构型更真实可信; 需要注意的是, 这些异构体的 NOE 差谱实验条件要保持一致。化合物 **2** 和化合物 **3** 是有机钇催化的 1,6-二烯的环化/硅基化连续反应中得到的一对异构体[3]。分别选择性照射饱和 1-H 后, 在主要异构体 **2** 的 NOE 差谱上可以观察到 6-H 有 3.0% 的增强, 而 3-H 只有 0.6% 的增强; 与此相

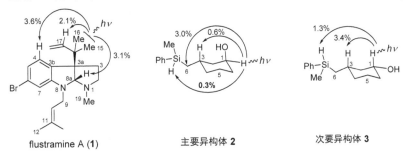

图 1 利用 NOE 差谱实验确定天然产物 flustramine A (**1**) 和立体异构体 **2**, **3** 的相对立体化学

对应的是，在次要异构体 **3** 的 NOE 差谱显示 3-H 有 3.4% 的增强，6-H 则没有观察到增强峰。由此就可以确认化合物 **2** 中 1-H 处于平伏键，而化合物 **3** 中 1-H 处于直立键 (竖键)。

在一维 NOE 差谱实验中，一次只能选择性地照射一个核，观测其它核的变化；若要观测多个核的 NOE 则要做多个选择性 NOE 实验。另外，对结构较为复杂的分子，由于谱线重叠，准确地选择性照射其中某一个谱峰几乎是不可能的。而在二维 NOESY 实验 (通常是指 ^{1}H-^{1}H NOESY 谱，下同) 中可以同时对所有 ^{1}H 核间的 NOE 进行观测，而且在二维频域上的谱拓展也减少了谱图重叠。因此，现在利用 NOE 研究有机化合物相对构型时往往采用二维 NOESY 技术。

^{1}H-^{1}H NOESY 谱为同核二维谱，两维的谱宽通常设为相同，视横、纵坐标的比例不同，可画为正方形或长方形，其间的各种谱峰一般都画为等高线图 (图 2)。其中沿对角线分布的峰称为对角峰，它们和氢谱的谱峰完全对应；将对角峰投影到 X 轴或 Y 轴得到投影图，相当于氢谱但分辨率和信噪比都很低，所以通常是直接导入所做的氢谱，以方便谱图解析。对角峰以外的谱峰是相关峰，代表两个 ^{1}H 核间有 NOE；对角峰把 NOESY 谱分为两个三角区，因相关峰一般沿对角峰对称分布，所以这两个三角区所含的信息基本一致，相应地解析谱图时只需关注其中任一三角区即可。从相关峰 (*) 出发分别画水平线 (X_1) 和垂直线 (Y_1)，找到与对角峰或导入的氢谱相交处的两个谱峰 (#)，对应有 NOE 相

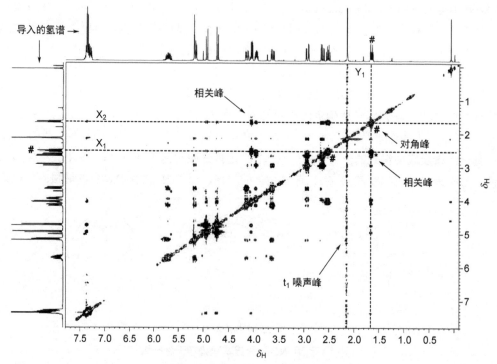

图 2　二维 ^{1}H-^{1}H NOESY 谱

关的两个 ^{1}H 核；从对角峰或氢谱上的某一峰组出发所作的水平线 (X_2) 或垂直线 (Y_1) 上可以观察到此峰组所有的 NOE 相关峰。另外需要注意区别 t_1 噪声峰，这是较强的系列伪峰，通常是由强谱峰带来的，但背后的机制尚未完全确定。

解析 NOESY 谱时，有几点需要注意：第一，注意区别残余的 J 偶合相关峰（^{1}H-^{1}H COSY 峰），而混合时间越短，越容易产生 J 偶合干扰峰。第二，对有机分子而言，两核之间间隔的化学键数目越多，而相关峰越强，提供的立体化学信息越可靠。第三，NOESY 谱中两个核的 NOE 相关峰强度受多种因素影响，通常不用相关峰强度比较来确定核间距离的相对大小；但化学环境相似的两个核，如亚甲基上的两个氢 H_a、H_b，与另一氢核 H_c 的 NOE 相关峰的相对强度通常可用于 H_a-H_c、H_b-H_c 两个核间距的比较，即两个核的相关峰较强，其核间距相对较小。第四，类似的，NOESY 谱上两个氢之间没有相关峰也不能直接推断两个氢的核间距较大，需要比较、分析观察到的所有 NOE 相关峰综合判断。例如，化合物 4 可以用来构建光学活性的托品-3-酮，其中新形成的 5 位手性碳的构型待确定[4]，但在其 NOESY 谱上没有观察到已知的 3 位 α-H [(S)-C3] 与待确定的 5-H 间的相关峰，这时不能直接推断 3-H/5-H 位于环的异侧，即新构建的 5 位手性碳为 R 构型。根据观察到的 5-H 与 4 位 2 个同碳氢（4a-H，4b-H）都有 NOE 相关峰，其中与 4a-H 的相关峰较强，与 4b-H 的相关峰则较弱（图 3），说明 5-H 和 4a-H 相距较近，即位于环的同一侧，4b-H 则位于环的另一侧；5 位酮取代基中的 6a-H 与 4b-H 间有 NOE 相关峰则进一步确认了这一结论。同时 3-H 与 4a-H 间也有一较强的 NOE 相关峰，与 4b-H 的相关峰也较弱，表明 4a-H 和 3-H 同处于环的 α 面，4b-H 位于 β 面。综合两者就可以确定 3-H/5-H/4a-H 同处于环的 α 面，也就确定了 C5 的构型为 S 构型。

利用 NOE 推断分子的相对构型时首先要得到一张理想的 NOESY 谱，为此目的在进行 NOESY 实验时在样品处理、参数设置等操作上需要注意以下几点：

① 除了偶极-偶极弛豫作用，在体系中有多种弛豫机制同时在起作用，竞争的结果使得观察到的 NOE 一般都较弱，尤其是含有顺磁性杂质的样品。因为电子的旋磁比要比质子的旋磁比大 657 倍，只要有微量的顺磁性物质存在，就能产生有效的电子与核间的自旋弛豫，从而极大地影响核间 NOE 的检测。因此样品溶解后最好进行过滤，去除微小颗粒杂质。另外，溶液中的溶解氧（因为氧有两个未成对电子）也是顺磁性物质。因此，在做 NOE 实验之前都要尽可能地除去溶液中的微量溶解氧，以增大 NOE 的测试灵敏度。除氧最好的方法是用冷冻抽空技术 (freeze-pump-thaw)，除完氧后还需对核磁管进行烧结封口。另外，往溶液中通入氩气慢慢鼓泡也能有效地除去样品中的微量溶解氧，这种方法由于简便易行在实际操作中经常被采用。

② 在 NOESY 实验中相关峰的强度除了与核间距有关外，还与分子运动相关时间及混合时间（实验参数）的长短等因素相关。有机化合物大都分子量较小，在溶液中运动激烈，相关时间较短，不利于交叉弛豫过程的发生，相对大分子而言 NOE 信号较弱。因此，

选择合理的混合时间是得到理想 NOESY 谱的关键之一。对核间距较远的核建立 NOE 相关需较长的混合时间,否则影响相关峰的强度;但另一方面,"自旋扩散"效应会使相关峰在混合时间期间减弱,混合时间越长相关峰减弱程度也越大。对有机分子最佳的混合时间一般与核的纵向弛豫时间 (t_1) 相当,通常选择 0.5~1 s 之间。

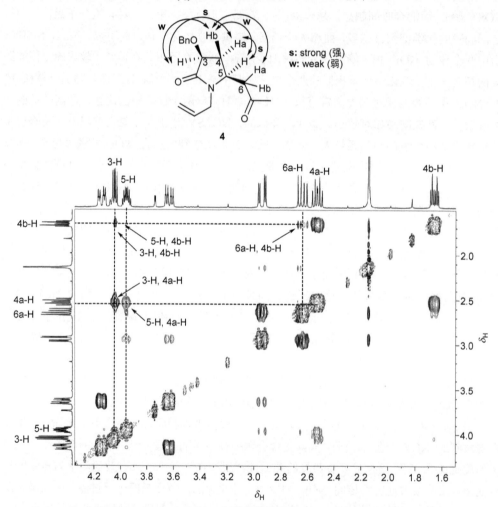

图 3 在化合物 4 的 NOESY 谱 (局部) 上观察到的相关峰

③ 在传统的 NOESY 实验中即使样品量足够多,也要通过 8 步相位循环以尽可能消除假峰、t_1 噪声峰 (图 2) 等干扰信号,这就需要几个小时甚至更长的时间来完成实验。为节省机时,现在更多的是采用 GNOESY (gradient-selected NOESY) 技术来得到 NOESY 谱。GNOESY 是在 NOESY 脉冲序列中的混合时间这一段加了一个弱的脉冲梯度场,这样就无需 8 步相位循环,通常只需要 2 步即可充分压制不想要的伪信号,从而可以在很短的时间内得到较好的结果[5]。

④ 由于分子量对 NOESY 谱中相关峰强度有较大的影响,为此又发展了 ROESY 技

术即旋转坐标系中的 NOESY (rotating frame Overhauser effect spectroscopy)[6]。ROESY 类似于 NOESY,可提供空间距离相近核的相关信息,但 ROESY 相关峰在不同分子量的分子中灵敏度变化不大,相对而言更适用于检测中等大小分子 (分子量为 750~2000) 的 NOE [7]。ROESY 数据的后处理与 NOESY 相同。ROESY 谱也会受到 J 偶合相关峰 (这里是 TOCSY 峰,即全相关谱峰) 的干扰。

参考文献

[1] Overhauser, A. W. *Phys. Rev.* **1953**, *91*, 476.
[2] Carle, J. S.; Christophersen, C. *J. Org. Chem.* **1980**, *45*, 1586.
[3] Molander, G. A.; Nichols, P. J. *J. Am. Chem. Soc.* **1995**, *117*, 4415.
[4] Huang, S.-Y.; Chang, Z.; Tuo, S.-C.; Gao, L.-H.; Wang, A.-E; Huang, P.-Q. *Chem. Commun.* **2013**, *49*, 7088.
[5] Wagner, B.; Berger, S. *J. Magn. Reson. A* **1996**, *123*, 119.
[6] Bothner-By, A. A.; Stephens, R. L. Lee; Warren, C. O.; Jeanloz, R. W. *J. Am. Chem. Soc.* **1984**, *106*, 811.
[7] Lambert, J. B.; Mazzola, E. P. Nuclear Magnetic Resonance Spectroscopy: An Introduction to Principles, Applications, and Experimental Methods, Pearson/Prentice Hall, 2003.

(叶剑良)

Stork-Eschenmoser 假说

模拟酶催化的生物合成途径,对天然产物进行全合成被称为仿生合成。1917 年,Robinson 巧妙地利用丙酮二羧酸、丁二醛和甲胺仅一步就合成了托品酮 (颠茄酮),从而拉开了合成化学家探讨对天然产物进行仿生合成的序幕[1]。1955 年,G. Stork[2]和 A. Eschenmoser[3]分别独立提出自然界存在的甾环体系很有可能是通过多烯的阳离子-π 电子级联环合 (tandem cation-π cyclizations of a polyene) 反应构成的,后被称为 Stork-Eschenmoser (斯多克-埃申莫瑟) 假说。该假说极大地促进了从角鲨烯到甾环结构的仿生-阳离子环合 (biomimetic-cation cyclization) 反应的研究。

Stork 在研究 1,5-二烯碳正离子的分子内环合反应时认为:①多烯应以特定的构象,即环己烯的椅式构象参加反应;②碳正离子、双键供体与双键受体处于反式排列,即反应中双键进行反式加成,且经历一个稳定的电荷离域过渡态。这样,E 型 1,5-二烯碳正离子环合后得到反式十氢萘 (式 1),而 Z 型 1,5-二烯碳正离子环合后得到顺式十氢萘 (式 2)。

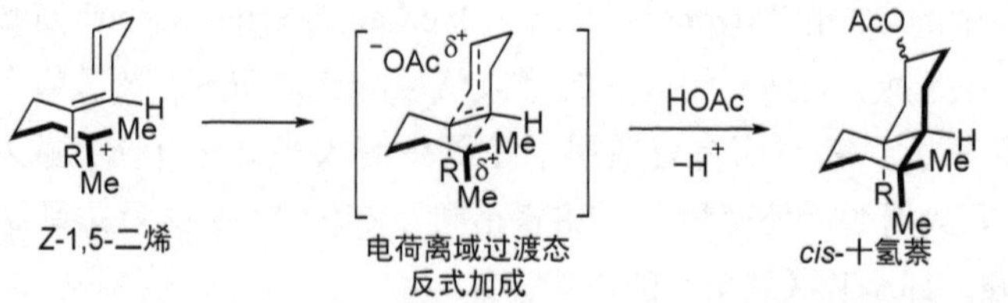

$$\text{(2)}$$

Stork 进一步研究发现[4]，法尼基乙酸在用 SnBr$_4$ 处理后，得到 3% 收率的龙涎香内酯 (ambreinolide)，而与法尼基乙酸结构类似的环己烯类衍生物在同样的条件下得到 7% 收率的 isoambreinolide。这两个反应立体选择性的不同充分说明了后者是通过一个稳定的碳正离子中间体 (式 4)，而前者很有可能是一个协同加成过程：即经历了一个稳定的正电荷离域过渡态，经末端羧基捕获发生内酯化反应生成龙涎香内酯 (式 3)。

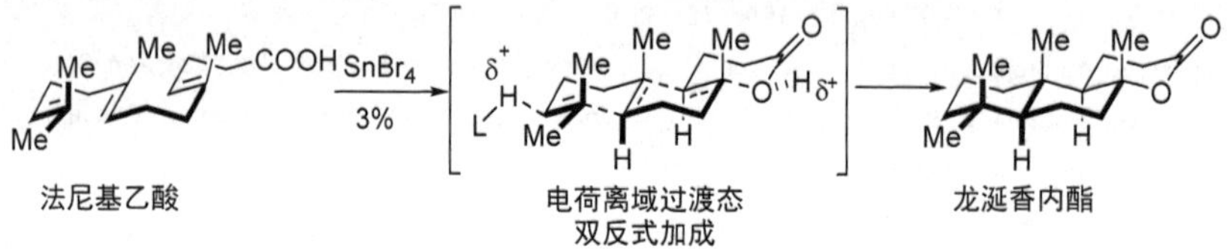

$$\text{(3)}$$

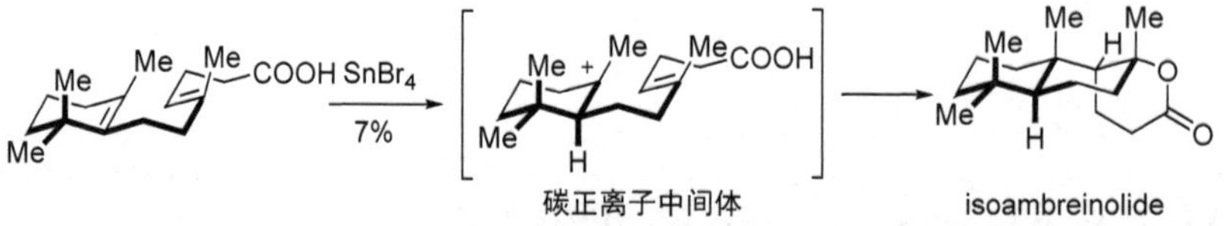

$$\text{(4)}$$

几乎在同一时期，Eschenmoser 也在该领域做出了相应的工作。他发现 Z 型 norgeranic acid 用甲酸处理发生环合，生成的甲酸酯经皂化反应后得到单一的顺式 (cis) 产物，成为双键进行反式加成的又一理论证据[4]。与协同加成机制不同，Eschenmoser 提出了一个非经典的环状碳正离子中间体 (式 5)。

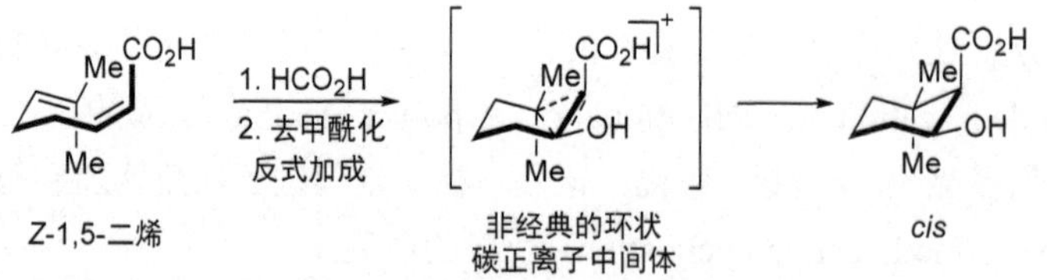

$$\text{(5)}$$

在非经典的环状碳正离子中间体的基础上，Eschenmoser 进一步指出，角鲨烯的构象对于环合反应产物的构型具有决定性的影响。当角鲨烯处于椅式-船式-椅式构象时，经环合以后将得到 lanosterin (式 6)[3,4]。

W. S. Johnson 最早提出了 "Stork-Eschenmoser" 假说，并在此基础上进行了大量卓有成效的工作。1971 年，Johnson 等人[5]报道了经典的孕甾酮 (progesterone) 仿生合成 (图 1)：三烯炔 1 经三氟乙酸处理后产生碳正离子中间体 2，经阳离子-π 电子级联环得到中间体 3，水解后得到酮 4。化合物 4 中双键氧化后得到化合物 5，再经分子内缩合反应得到 dl-孕甾酮。与自然界酶催化阳离子-π 电子环合的策略不同，Johnson 的方法得到的是外消旋孕甾酮。

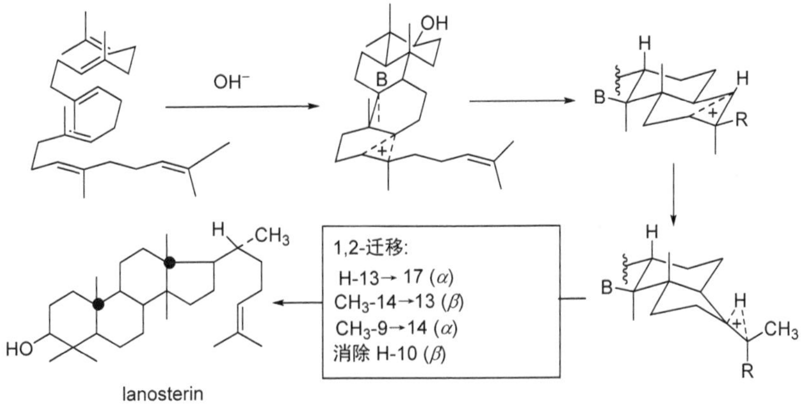

$$(6)$$

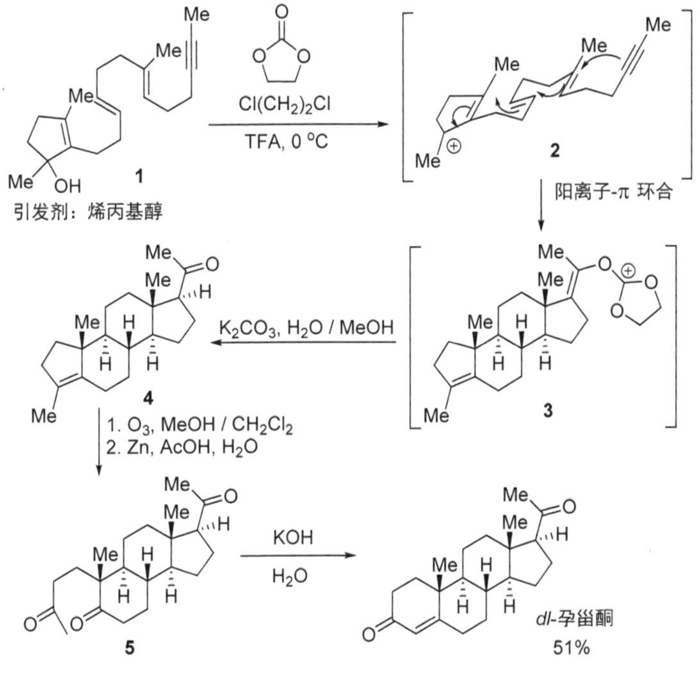

图 1 Johnson 等人[5]报道的经典的孕甾酮仿生合成

Johnson 的孕甾酮仿生合成法中，底物中产生碳正离子的引发基团是一个的烯丙基醇。第一个能够产生碳正离子的引发基团是 Johnson 于 1965 年报道[6]的 1,5-二烯类化合物侧链末端的苯磺酸酯基团 (式 7)。此后，Johnson 等人又报道了[7]缩醛类引发基团 (式 8)，该基团在 Lewis 酸如 $SnCl_4$ 的作用下可以产生碳正离子。除此之外，还有 Narzarov 反应引发的碳正离子[8]和 N-酰基亚胺阳离子引发的环合反应[9]。

多烯的阳离子-π 电子级联环合反应到最后一步，需要终止反应的进行，该过程往往需要具备单一反应机制，产生一种化合物。消除反应和亲核试剂的进攻往往具有竞争性。

Johnson 等人[10]设计合成了末端带有炔丙基硅结构的三烯类化合物 **6**,经阳离子-π 电子级联环合反应后得到乙烯基碳正离子 **7**,进而消除末端的三甲基硅基得到具有累烯结构的化合物 **8** (式 9)。

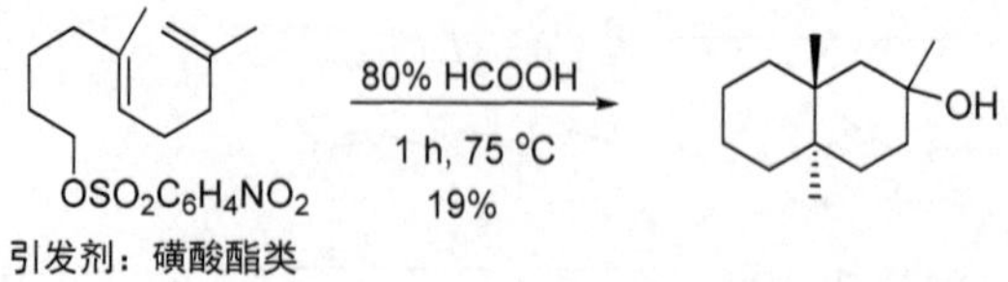

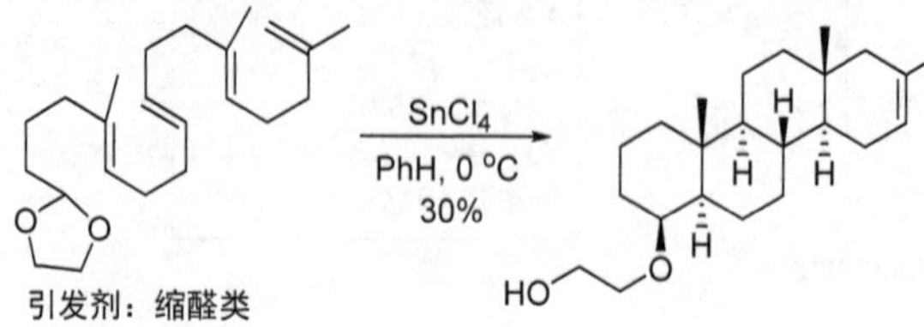

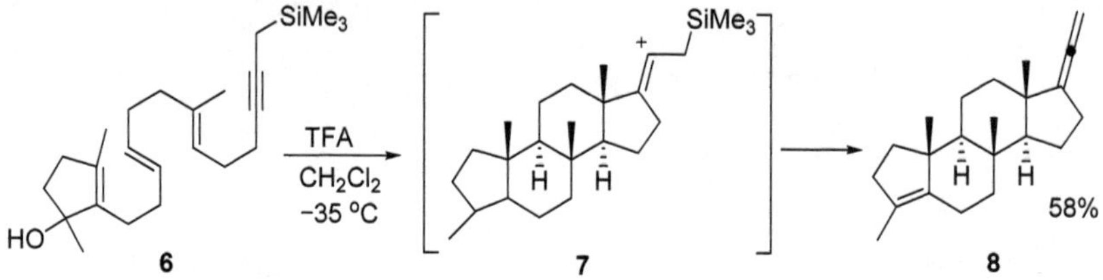

此外,芳香性基团也可以作为终止基团,且芳环上带有供电子基团的效果更好,如 estrone[11] 的合成 (式 10)。

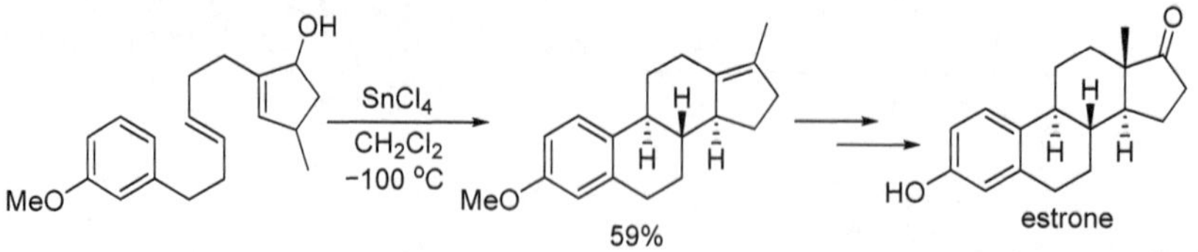

为了增强正电荷离域过渡态的稳定性,Johnson 等人[12]在多烯的底物结构中引入了 F 原子作为稳定基团,环合以后,在 $SnCl_4$ 的作用下,F 可以与邻位的 H 发生反式消除 (式 11)。此外,可以作为稳定基团的还有异丁烯基。

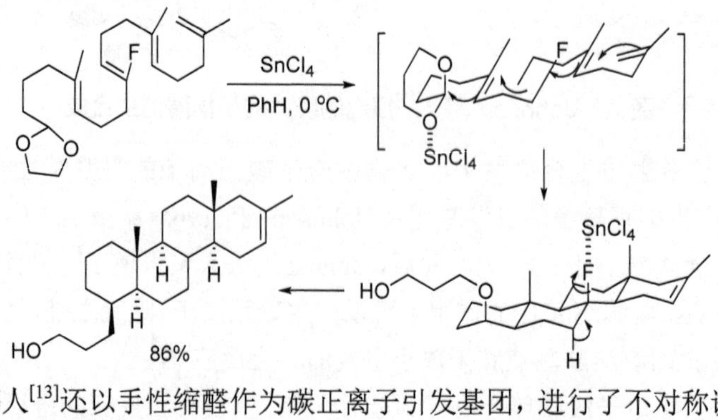

Johnson 等人[13]还以手性缩醛作为碳正离子引发基团,进行了不对称诱导的 1,5-二烯碳正离子的级联环合反应研究 (式 12)。

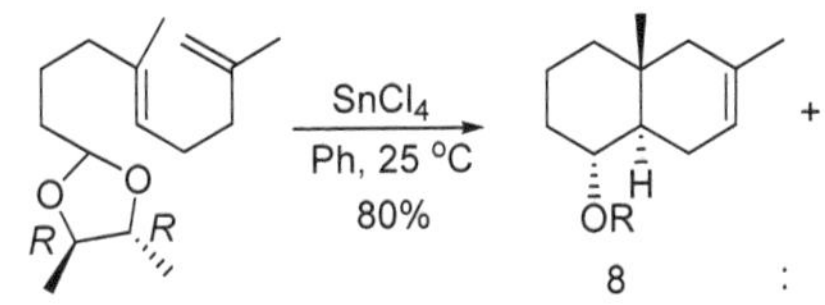

将手性缩醛作为引发基团和不对称诱导基团，F 原子作为稳定基团和末端的炔丙基硅作为终止基团结合到同一底物当中，进行阳离子-π 电子级联环合反应，是 Johnson 等人的又一杰作[14]。该反应所得产物的收率为 56%，ee 值高达 86.5% (式 13)。

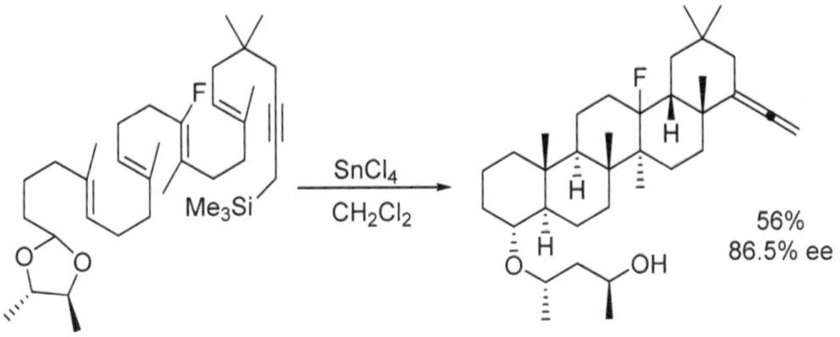

进入 20 世纪 90 年代，Yamamoto 等人将不对称催化体系引入到阳离子-π 电子多烯萜类化合物的阳离子-π 电子级联环合反应中，以期得到高对映体选择性的环合产物。例如[15]，将 Lewis 酸 $SnCl_4$ 和一个手性 Brønsted 酸如 (R)-BINOL-Me 的结合体系（LBA）应用到 (E,E)-homofarnesol 的不对称级联环合反应中，得到了收率 54%、ee 值 42% 的 (−)-ambrox (式 14)。

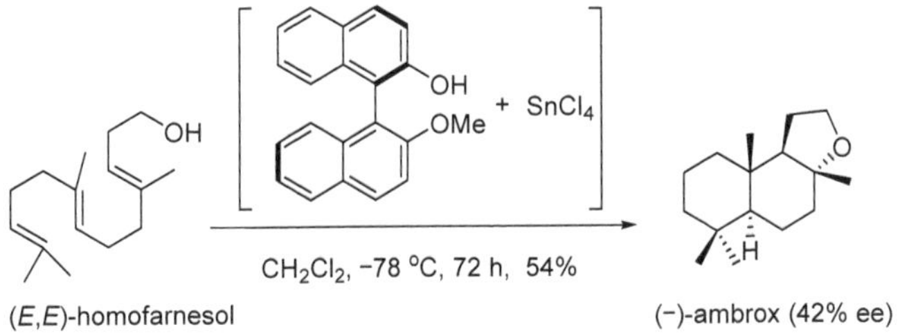

E. J. Corey 等人[16]运用环氧化物开环-阳离子-π 电子级联环合的策略，将环氧化物 **9** 在 −94 ℃ 条件下用 $MeAlCl_2$ 处理，得到烯醇硅醚中间体，再经脱保护和差向异构化得到了环合产物 **10**，后者经过一系列转化可以得到六环三萜化合物 **11** (式 15)。

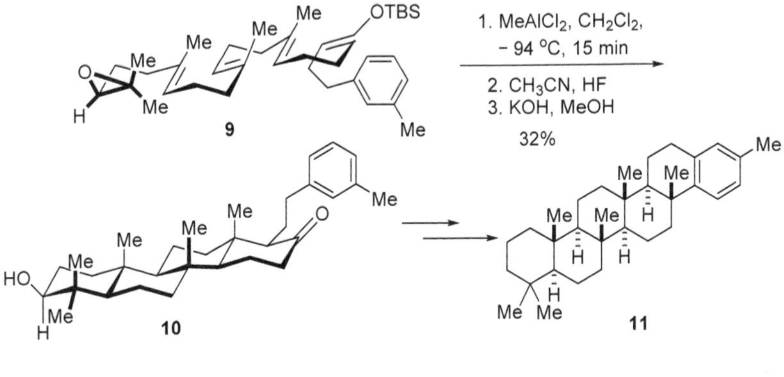

参考文献

[1] Robinson, R. *J. Chem. Soc.* **1917**, *111*, 762.
[2] Stork, G.; Burgstahler, A. W. *J. Am. Chem. Soc.* **1955**, *77*, 5068.
[3] Eschenmoser, A.; Ruzicka, L.; Jeger, O.; Arigoni, D. *Helv. Chim. Acta* **1955**, *38*, 1890; 在该文 (德文) 发表五十周年之际，原刊出版了该文的英译版及历史回顾与展望: Eschenmoser, A.; Arigoni, D. *Helv. Chim. Acta* **2005**, *88*, 3011.
[4] Yoder, R. A.; Johnston, J. N. *Chem. Rev.* **2005**, *105*, 4730.
[5] Johnson, W. S.; Gravestock, M. B.; McCarry, B. E. *J. Am. Chem. Soc.* **1971**, *93*, 2994.
[6] Johnson, W. S.; Crandall, J. K. *J. Org. Chem.* **1965**, *30*, 1785.
[7] (a) Johnson, W.S.; Kinnel, R. B. *J. Am. Chem. Soc.* **1966**, *88*, 3861. (b) Johnson, W. S.; Wiedhaup, K.; Brady, S. F.; Olson, G. *J. Am. Chem. Soc.* **1968**, *90*, 5277.
[8] (a) Bender, J. A.; Blize, A. E.; Browder, C. C.; Giese, S.; West, F. G. *J. Org. Chem.* **1998**, *63*, 2430. (b) Bender, J. A.; Arif, A. M.; West, F. G. *J. Am. Chem. Soc.* **1999**, *121*, 7443.
[9] Dijkink, J.; Speckamp, W. N. *Tetrahedron Lett.* **1977**, *18*, 935.
[10] Schmid, R.; Huesmann, P. L.; Johnson, W. S. *J. Am. Chem. Soc.* **1980**, *102*, 5122.
[11] Bartlett, P. A.; Johnson, W. S. *J. Am. Chem. Soc.* **1973**, *95*, 7501.
[12] Johnson, W. S.; Chenera, B.; Tham, F. S.; Kullnig, R. K. *J. Am. Chem. Soc.* **1993**, *115*, 493.
[13] Johnson, W. S.; Harbert, C. A.; Stipanovic, R. D. *J. Am. Chem. Soc.* **1968**, *90*, 5279.
[14] Fish, P. V.; Johnson, W. S.; Jones, G. S; Tham, F. S.; Kullnig, R. K. *J. Org. Chem.* **1994**, *59*, 6150.
[15] Ishihara, K.; Nakamura, S.; Yamamoto, H. *J. Am. Chem. Soc.* **1999**, *121*, 4906.
[16] Corey, E. J.; Luo, G., Lin, L. S. *Angew. Chem. Int. Ed.* **1998**, *37*, 1126.

（杜云飞，赵康）

Thorpe-Ingold 效应

链状化合物环化时，当环上有偕二烷基取代基时，热力学与动力学 (平衡和反应速率) 均有利于成环。这一现象称 Thorpe-Ingold (索普-英戈尔德) 效应[1-3]，有时也称偕二甲基 (取代基) 效应或偕二烷基效应[4]。

Thorpe-Ingold 效应的起因之一是引入偕二烷基引起键角压缩，由此拉近反应活性构象中分子内两反应位点间的距离 (邻近效应)，有利于反应的进行。如图 1 所示，从 **1** 到 **1a** 到 **1b**，每引进一个烷基引起约 1° 的键角压缩。

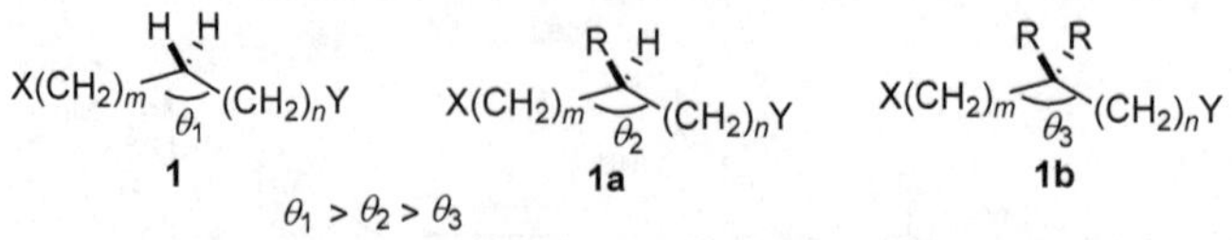

$\theta_1 > \theta_2 > \theta_3$

图 1　引入偕二烷基引起键角的压缩

2008 年，Bachrach 基于对 1,1-二甲基环丁烷张力能的计算结果，认为以环张力能为尺度，焓对偕二甲基效应没有显著贡献[5]。2009 年，Karaman 对 6 个偕二取代 4-溴丁胺 (Brown 体系) 环化的量子化学计算结果则认为带偕二取代基分子环化反应的增速源于基态与过渡态的张力效应而非邻近效应[6]。此外，Jorgensen 和 Kostal 通过量子化学计算，得出"Thorpe-Ingold 效应加速环氧丙烷的形成 (式 1) 主要为溶剂效应"的结论[7]。

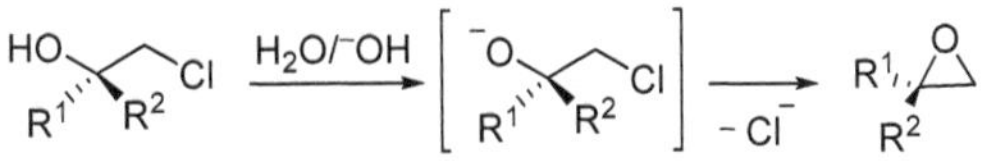

$$\underset{R^1\ R^2}{\overset{HO}{\diagup}}\overset{Cl}{\diagdown} \xrightarrow{H_2O/^-OH} \left[\underset{R^1\ R^2}{\overset{^-O}{\diagup}}\overset{Cl}{\diagdown}\right] \xrightarrow{-Cl^-} \underset{R^2}{\overset{R^1}{\diagup}}\triangle \tag{1}$$

Thorpe-Ingold 效应的价值不仅在于理解一些反应现象，也可作为反应设计和合成设计的重要策略。

（1）Thorpe-Ingold 效应用于解释反应现象

在许多环化反应中观察到 Thorpe-Ingold 效应。例如，许家喜小组在研究邻氨基伯醇硫酸氢盐 **2** 与二硫化碳反应时，除得到预期的 4,4-二取代噻唑啉-2-硫酮 **3** (以及相应的噁唑啉-2-硫酮 **4**)，还分离到 5,5-二取代噻唑啉-2-硫酮 **5** (式 2)[8]。后者的形成可由 2,2-二取代吖丙啶-1-二硫代氨基甲酸酯中间体 **7** 解释，而 **7** 的形成则可通过 Thorpe-Ingold 效应理解。

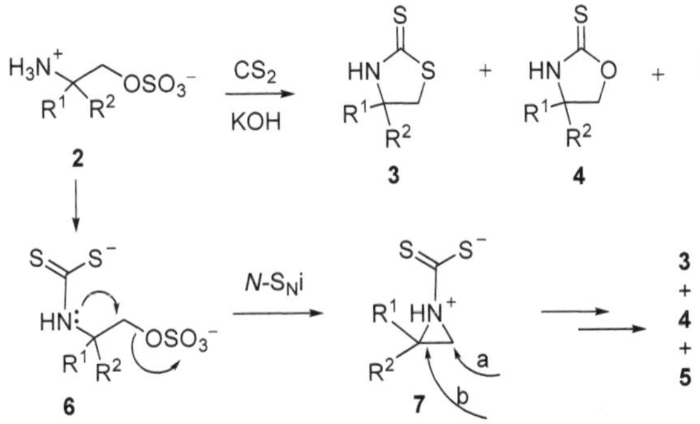

在 Goess 等人发展的合成 grandisol 的六步法中 (参阅：Raney Ni)，1,5-烯炔 **8** 的易位反应 (metathesis) 在钌催化剂 **10** 和微波促进下顺利进行 (图 2)[9]，产率 (83%)，高于此前 Campagne 小组用过的底物 **9**[10]。他们认为这一结果得益于 Thorpe-Ingold 效应。

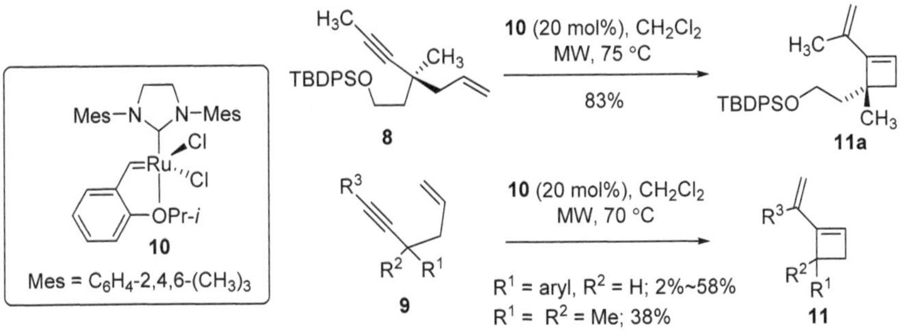

图 2 Goess 等人发展的 1,5-烯炔的易位反应与 Campagne 小组用过的底物比较

（2）Thorpe-Ingold 效应用于合成方法学和天然产物全合成

基于 Thorpe-Ingold 效应原理，通过有意识地引入偕二烷基，可使低产率的环化反应成为有合成价值的方法。1992 年，基于烯烃易位反应和 Thorpe-Ingold 效应，Forbes 小组研究了无溶剂条件下线型二烯的环化反应。发现二烯 **12** 在 Schrock 催化剂（**13**）作用下只观察到聚合物生成，而引入两个偕二甲基的二烯 **14** 在同样条件下经 1 h 即以 95%的产率形成环化产物 **15**（图 3）[11]。

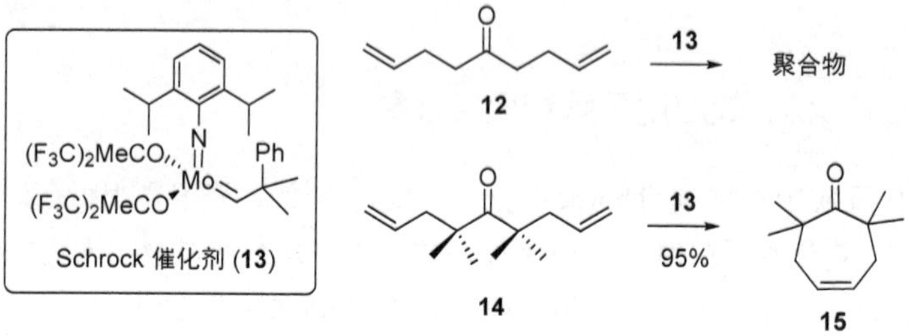

图 3　Forbes 小组研究的无溶剂条件下线型二烯的环化反应

2009 年，Andrade 在 Fraser-Reid 发展的 4-*n*-戊烯基糖苷给体的基础上，设计了 2,2-偕二甲基（**16**）和 3,3-偕二甲基类似物（**17**），发现其在 NBS 活化的糖苷化和水解的反应活性（经历环状中间体）均有提高（式 3）[12]。

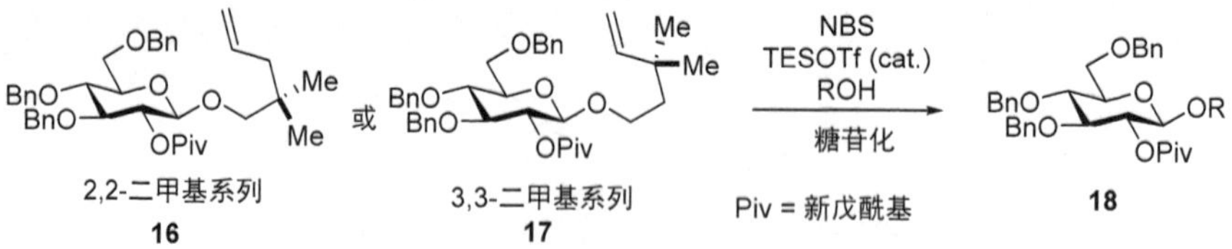

Hong 小组系统研究了偕二取代基效应在天然产物全合成中的应用。最近他们研究了通过 (*R*)-脯氨醇衍生物催化的氧杂共轭加成以合成 α,α'-反-氧杂环庚烷 **21**。后者是许多天然产物的特征结构。然而简单的底物 **19a** 不反应。为此，他们巧妙地设计带 1,3-二噻烷基的底物 **19b**。后者的引入不但使预期的反应顺利且以高选择性（dr = 8:1）地进行，也使原料更易合成（式 4）[13]。

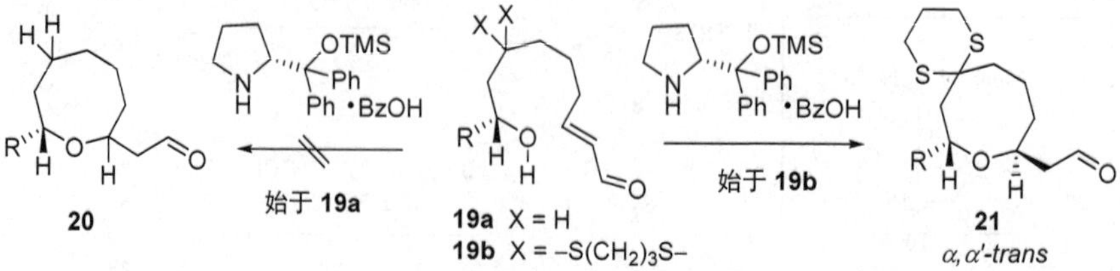

（3）Thorpe-Ingold 效应应用于金属催化反应

Thorpe-Ingold 原理也是发展金属催化反应的重要策略。2014 年，余金权与

Movassaghi 两课题组合作, 基于引入吸电子基和增加 Thorpe-Ingold 效应的思路, 设计了如式 5 所示的 U 型模板骨架 (见 **22**), 成功地进行了一系列吲哚啉衍生物的 Pd(Ⅱ) 催化区域选择间位-烯基化、芳基化和乙酰氧基化反应[14]。

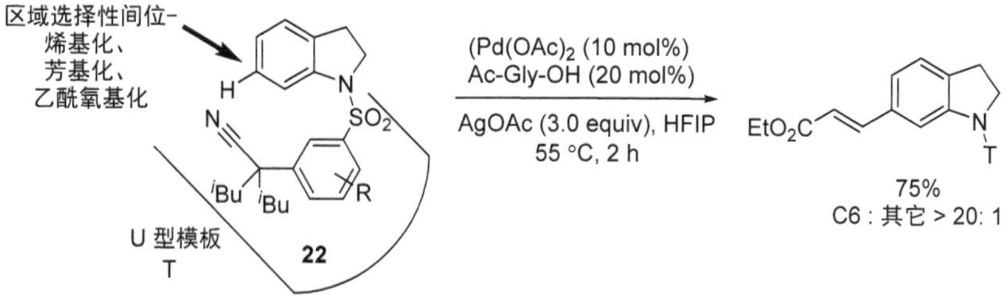

$$(5)$$

芳卤与烷基亲核试剂的交叉偶联正成为当代化学的重要课题。当使用仲烷基格氏试剂时, β-氢消除会导致还原及直链副产物的生成。2018 年, Cornella 等人发现基于 Thorpe-Ingold 效应原理设计的八面体镍配合物 **23b**, 不但可显著提高产率 (91%), 还可以调控芳基氟与烯烃反应的选择性, 达到 97 : 3 (**26** : **27**) 的支链烷基化选择性 (式 6)。相比之下, 无 Thorpe-Ingold 效应的镍配合物 **23a** 催化的反应, 产率 (35%) 与选择性 (75 : 25) 均低[15]。

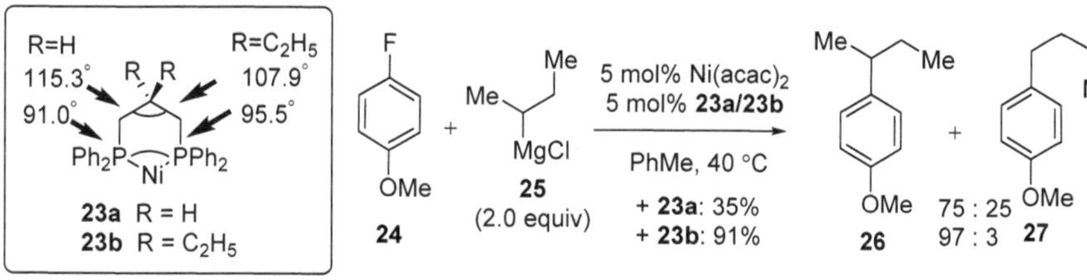

$$(6)$$

(4) Thorpe-Ingold 效应应用于催化不对称反应

2013 年, Jacobson 小组在研究手性硫脲催化的对映选择性分子内 Cope 型羟氨化时, 发现在底物 C2 位引入偕二取代基 (烷基) 不仅反应加速, 对映选择性也相应提高 (式 7)[16]。

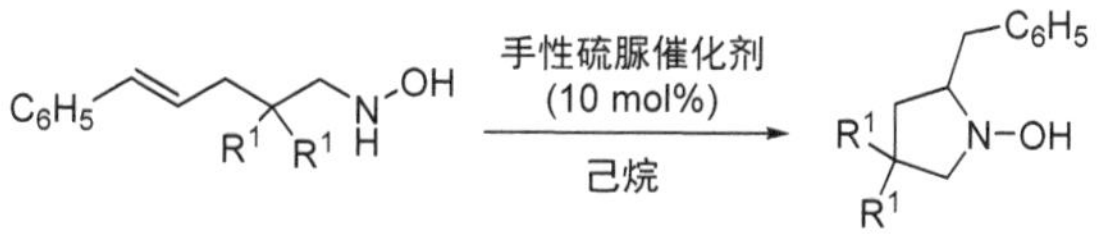

$$(7)$$

	t/h	$T/°C$	产率/%	ee/%
28a $R^1 = H$	72	30	68 (**29a**)	81
28b $R^1 = CH_3$	12	3	83 (**29b**)	94

List 在研究催化不对称 Pictet-Spengler 反应时, 发现色胺 **30a** 与丙醛反应只生成链状产物烯亚胺 **31**。为使环化反应顺利进行, 基于 Thorpe-Ingold 效应考量, 在 N-α-碳引入偕二酯基 (化合物 **30b**) 后, Pictet-Spengler 反应成为主要反应, 产率高于 90%。由此发展了手性磷酸 (R,R)-**33** 催化的高对映选择性 Pictet-Spengler 反应 (式 8)[17]。

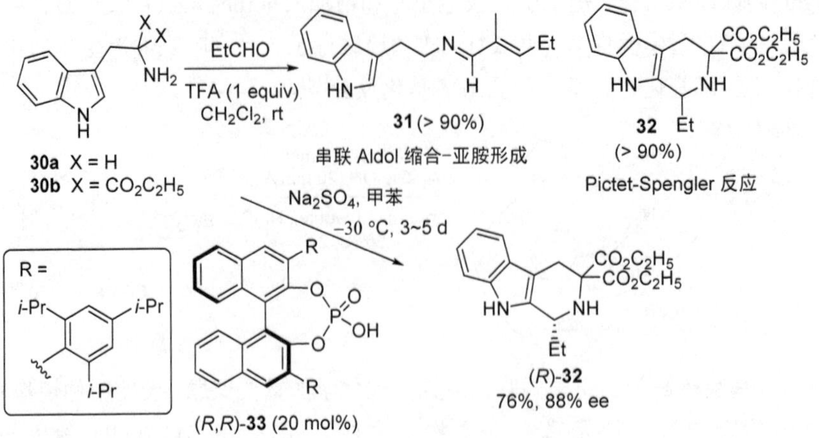

除了在底物中引入偕二取代基,在手性辅助基和手性配体中引入偕二取代基也是催化不对称合成领域的一个重要策略。最近唐勇小组报道了 Cu(Ⅱ) 催化亚甲基丙二酸二乙酯与吲哚的不对称环化反应。他们基于 Thorpe-Ingold 效应原理,设计了新型双噁唑啉配体 **34**。由此形成的手性 Cu(Ⅱ) 催化剂催化效率高:仅用 1 mol% 的催化剂即可获得高至 99% 的产率和大于 99% 的 ee (式 9)[18]。

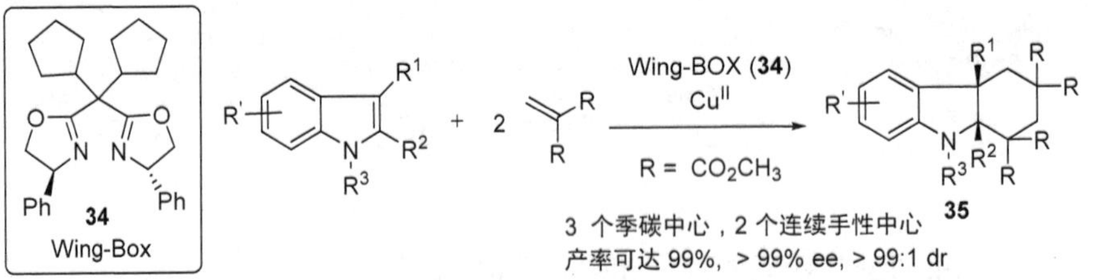

值得注意的是,Thorpe-Ingold 效应原理不仅广泛用于有机合成,在相邻学科如医药化学[19-20]和无机化学、催化化学、高分子化学等也获得日益广泛的应用[21-23]。

参考文献

[1] Beesley, R. M.; Ingold, C. K.; Thorpe, J. F. *J. Chem. Soc.* **1915**, *107*, 1080-1106.
[2] (a) Ingold, C. K. *J. Chem. Soc.* **1921**, *119*, 30-329. (b) Ingold, C. K.; Sako, S.; Thorpe, J. F. *J. Chem. Soc.* **1922**, *121*, 1177-1198.
[3] Ingold, C. K.; Sako, S.; Thorpe, J. F. *J. Chem. Soc.* **1922**, *120*, 1117.
[4] (a) Jung, M. E.; Piizzi, G. *Chem. Rev.* **2005**, *105*, 1735-1766. (b) 郑勇鹏, 许家喜. 化学进展 **2014**, *26*, 1471-1491. (综述)
[5] Bachrach, S. M. *J. Org. Chem.* **2008**, *73*, 2466-2468.
[6] Karaman, R. *Tetrahedron Lett.* **2009**, *50*, 6083-6087.
[7] Kostal, J.; Jorgensen, W. L. *J. Am. Chem. Soc.* **2010**, *132*, 8766-8773.
[8] Chen, N.; Huang, Z.; Zhou, C.; Xu, J. X. *Tetrahedron* **2011**, *67*, 7971-7976.
[9] Graham, T. J. A.; Gray, E. E.; Burgess, J. M.; Goess, B. C. *J. Org. Chem.* **2010**, *75*, 226-228.

[10] Debleds, O.; Campagne, J. *J. Am. Chem. Soc.* **2008**, *130*, 1562-1563.
[11] Forbes, M. D. E.; Patton, J. T. Myers, T. L.; Maynard, H. D.; Smith, Jr. D.W.; Schulz, G. R.; Wagener, K. B. *J. Am. Chem. Soc.* **1992**, *114*, 10978-10980.
[12] Fortin, M.; Kaplan, J.; Pham, K.; Kirk, S.; Andrade, R. B. *Org. Lett.* **2009**, *11*, 3594-3597.
[13] Lanier, M. L.; Kasper, A. C.; Kim, H.; Hong, J. *Org. Lett.* **2014**, *16*, 2406-2409.
[14] Yang, G.-Q.; Lindovska, P.; Zhu, D.-J.; Kim, J.; Wang, P.; Tang, R.-Y.; Movassaghi, M.; Yu, J.-Q. *J. Am. Chem. Soc.* **2014**, *136*, 10807-10813.
[15] O'Neill, M. J.; Riesebeck, T.; Cornella, J. *Angew. Chem. Int. Ed.* **2018**, *57*, 9103-9107.
[16] Brown, A. R.; Uyeda, C.; Brotherton, C. A.; Jacobsen. E. N. *J. Am. Chem. Soc.* **2013**, *135*, 6747-6749.
[17] Seayad, J.; Seayad, A. M.; List, B. *J. Am. Chem. Soc.* **2006**, *128*, 1086-1087.
[18] Chen, H.; Wang, L.; Wang, F.; Zhao, L. P.; Wang, P.; Tang, Y. *Angew. Chem. Int. Ed.* **2017**, *56*, 6942-6945.
[19] Talele, T. T. *J. Med. Chem.* **2018**, *61*, 2166-2210. (展望文章)
[20] Keck, G. E.; Poudel, Y. B.; Rudra, A.; Stephens, J. C.; Kedei, N.; Lewin, N. E.; Blumberg, P. M. *Bioorg. Med. Chem. Lett.* **2012**, *22*, 4084-4088.
[21] Park, H.; Kang, E.-H.; Mueller, L.; Choi, T. L. *J. Am. Chem. Soc.* **2016**, *138*, 2244-2251.
[22] Dzeng, Y.-C.; Huang, C.-L.; Liu, Y.-H.; Lim, T.-S.; Chen, I.-C.; Luh, T.-Y. *Macromolecules* **2015**, *48*, 8708-8717.
[23] Luh. T.-Y.; Hu, Z.-Q. *Dalton Trans.* **2010**, *39*, 9185-9192.

（黄培强）

Zimmerman-Traxler 过渡态

1957 年，Zimmerman 和 Traxler 提出类环己烷椅式过渡态模型 A_E 和 A_Z（图 1）[1]，用于解释和预测 Ivanov 反应（式 1）[2] 和 Reformatsky 反应（参见 Reformatsky 反应）的立体选择性。该模型后来被更广泛地用于解释和预测羟醛加成反应的立体选择性[3,4]，称为 Zimmerman-Traxler (齐默曼-特拉克斯勒) 过渡态[5]。

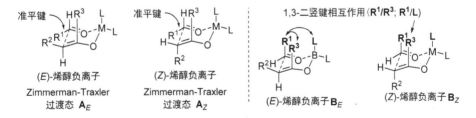

图 1 Zimmerman 和 Traxler 提出的类环己烷椅式过渡态模型

$$ArCH=C(OMgBr)_2 \xrightarrow[2.\ H^+]{1.\ ^1R^2RC=O,\ Et_2O} R^2\text{-}C(R^1)(OH)\text{-}CH(OH)Ar \quad (1)$$

在 Zimmerman-Traxler 类环己烷椅式过渡态模型 A_E 和 A_Z 中，把醛的 R^1 基置于准平键位置，以避免 R^1 与处于准竖键的 R^3 和配体 L 的相互排斥作用（$A^{1,3}$-二竖键相互作用）（B_E 和 B_Z）。这一模型可以解释 Dubois 得出的结论[6]：在动力学控制条件下，(E)-烯醇负离子主要导向 anti-羟醛产物（式 2）；(Z)-烯醇负离子主要导向 syn-羟醛产物（式 3）。

$$\underset{(E)}{R^2\diagup C(OM)=C\diagdown R^3} \xrightarrow{R^1CHO} \underset{anti}{R^1\text{-CH(OH)-CH}(R^2)\text{-CO-}R^3} \tag{2}$$

$$\underset{(Z)}{R^2\diagup C(OM)=C\diagdown R^3} \xrightarrow{R^1CHO} \underset{syn}{R^1\text{-CH(OH)-CH}(R^2)\text{-CO-}R^3} \tag{3}$$

Zimmerman-Traxler 过渡态不但可用于解释简单体系，也适用于复杂体系[7]。Zimmerman-Traxler 过渡态同样可用于解释和预测巴豆基型有机金属试剂对醛加成的立体化学（式 4 和式 5）[8-11]。

$$\underset{(E)}{\text{CH}_3\text{CH=CHCH}_2\text{-ML}_n} \xrightarrow{RCHO} \underset{anti}{R\text{-CH(OH)-CH(CH}_3)\text{-CH=CH}_2} \tag{4}$$

$$\underset{(Z)}{\text{CH}_3\text{CH=CHCH}_2\text{-ML}_n} \xrightarrow{RCHO} \underset{syn}{R\text{-CH(OH)-CH(CH}_3)\text{-CH=CH}_2} \tag{5}$$

最近，黄培强、吕鑫、郑啸及其合作者提出自由基型 Zimmerman-Traxler 过渡态以解释可见光催化的硝酮与芳醛还原偶联观察到的高非对映立体选择性（式 6）[12]。

$$\underset{R^1-N^+(O^-)=CR^2R^3}{} + ArCHO \xrightarrow[\substack{\text{TEEDA, DCE }(c\,0.05\,\text{mol/L})\\65\text{ W CFL, }0\,°C,\,48\text{ h}}]{\substack{\text{Ru(bpy)}_3(\text{PF}_6)_2\,(2.0\,\text{mol\%})\\\text{Sc(OTf)}_3\,(15\,\text{mol\%}),\,L^*\,(18\,\text{mol\%})}} \underset{\substack{\text{达到 }<1/20\text{ dr}\\99\%\text{ ee}}}{R^1\text{-N(OH)-C}(R^2)(R^3)\text{-CH(OH)-Ar}} \tag{6}$$

L* = （手性双吡咯烷氮氧配体，带有 2,4,6-三异丙基苯基酰胺基团）

参考文献

[1] Zimmerman, H. E.; Traxler, M. D. *J. Am. Chem. Soc.* **1957**, *79*, 1920-1923.

[2] Ivanov, D.; Nicoloff, N. *Bull. Soc. Chim. Fr.* **1932**, *51*, 1325.

[3] Kleschick, W. A.; Buse, C. T.; Heathcock. C. H. *J. Am. Chem. Soc.* **1977**, *99*, 247-248.

[4] Evans, D. A.; Vogel, E.; Nelson, J. V. *J. Am. Chem. Soc.* **1979**, *101*, 6120-6123.

[5] (a) Evans, D. A. *Top. Stereochem.* **1982**, *13*, 1.（综述）(b) Tolbert, L. M.; McMahon, R. J.; Poulter, C. D. *J. Org. Chem.* **2013**, *78*, 1707-1708.（纪念 H. E. Zimmerman 专辑前言）

[6] Dubois, J. E.; Dubois. M. *Tetrahedron Len.* **1967**, 4215-4219.
[7] Shi, B.-F.; Tang, P.-P.; Hu, X.-Y.; Liu, J.-O.; Yu, B. *J. Org. Chem.* **2005**, *70*, 10354-10367.
[8] Buse, C. T.; Heathcock, C. H. *Tetrahedron Lett.* **1978**, *19*, 1685-1688.
[9] Hoffmann, R. W.; Zeiss, H. J. *Angew. Chem., Int. Ed. Engl.* **1979**, *18*, 306-307.
[10] Yamamoto, Y.; Yatagai, H.; Naruta, Y.; Maruyama, K. *J. Am. Chem. Soc.* **1980**, *102*, 7107-7109.
[11] Yamamoto, Y.; Asao, N. *Chem. Rev.* **1993**, *93*, 2207-2293.
[12] Ye, C.-X.; Melcamu, Y.-Y.; Li, H.-H.; Cheng, J.-T.; Zhang, T.-T.; Ruan, Y.-P.; Zheng, X.; Lu, X.; Huang, P.-Q. *Nat. Commun.* **2018**, *9*: e410.

相关模型： Ireland 模型；Cram 模型和 Felkin-Anh 模型

（黄培强）

第 9 篇

其它类型的反应和试剂

Bordwell-程津培均裂能方程

20 世纪 80 年代以前，有机化合物均裂能 (bond dissociation energy, BDE) 的测定主要是通过离子回旋共振质谱法 (ion cyclotron resonance mass spectrometry) 测定其在气相中断裂某一特定化学键所需的出峰势 (appearance potential)。但该法仅限于易挥发、结构简单的有机小分子化合物。对于结构较为复杂的有机化合物 (HA)，其 H–A 键 BDE 参数可由 Bordwell-Cheng (Bordwell-程津培，博德韦尔-程津培) 均裂能方程 (方程 1) 计算得到[1]。

$$BDE = 1.37 pK_a(HA) + 23.06 E_{ox}(A^-) + C \quad (kcal/mol) \tag{1}$$

其中，$C = \Delta G_f^{\ominus}(H^\bullet)_g + \Delta G_{sol}^{\ominus}(H^\bullet) - \Delta G_{tr}^{\ominus}(H^+) + T\Delta S^{\ominus}$

式中，pK_a 为化合物 HA 在某一溶液中的酸解离常数；$E_{ox}(A^-)$ 为 HA 共轭碱的氧化电位，其参比电极为标准氢电极 (SHE)，V；$\Delta G_f^{\ominus}(H^\bullet)_g$ 为氢原子的标准吉布斯生成自由能，kcal/mol；$\Delta G_{sol}^{\ominus}(H^\bullet)$ 为氢原子的溶剂化吉布斯自由能，kcal/mol；$\Delta G_{tr}^{\ominus}(H^+)$ 为质子从水中转移到某一溶剂中的转移吉布斯自由能，kcal/mol；$T\Delta S^{\ominus}$ 为断裂 H–A 键的熵变，cal/(mol·K)。在 DMSO 溶液中，$C = 55.86$ kcal/mol。

该方程被广泛地用于测定 C–H、N–H、O–H、S–H、M–H (M 表示金属)等千余个 X–H 键的 BDE[2]。虽然该法测得的是溶液相的 BDE，但其数值能与气相数据很好地吻合 (一般误差在 3 kcal/mol 以内)。

后来，经过 Parker、Tilset 等人的发展[3]，该方程被应用于其它溶剂体系 (如乙腈、DMF、甲醇、水等) 中 BDE 或 BDFE (bond dissociation free energy) 的测定。对应的常数 C 值 (C_H 和 C_G) 和相应的参比电极如表 1 所示。

表 1　常用溶液中的常数 C 值 (298 K, kcal/mol)

溶剂	C_H	$T\Delta S^{\ominus}$	C_G	参比电极
CH$_3$CN	59.4	4.62	54.9	Cp$_2$Fe$^{+/0}$
DMSO	75.7	4.60	71.1	Cp$_2$Fe$^{+/0}$
DMF	74.3	4.56	69.7	Cp$_2$Fe$^{+/0}$
CH$_3$OH	69.1	3.81	65.3	Cp$_2$Fe$^{+/0}$
H$_2$O	55.8	-1.80	57.6	NHE

Green、Borovik 等人测定了血红素酶 (heme enzyme, 如 P450-Ⅱ) 及其衍生物在水溶液中的 pK_a 参数，以及相应的 P450-Ⅰ 的氧化还原电位 E^0 (方程 2)；并通过 Bordwell-Cheng 方程计算得到了 P450-Ⅰ 模型物攫取氢原子的键能 BDE[4]。这些键能参数能够定量反映血红素酶在生命代谢过程中氧化烷烃的能力，以及金属-氧化合物 (metal-oxo complexe) 在有机合成中断裂惰性 C–H 键的能力。另外, Green 通过考察分析不同 P450-

II 模型物的 pK_a 数据,很好地解释了为何生命体中的金属氧化物 (如 P450 辅酶) 能够在温和的条件下活化很强的烷基 C–H 键 (BDE:约 100 kcal/mol),而又不破坏生物体内很容易变性的蛋白质结构。

$$\underset{\text{P450-I}}{\overset{\text{O}}{\underset{\text{S-Cys}}{\text{Fe}^{\text{IV}}}}} + \text{R-H} \longrightarrow \underset{\text{P450-II}}{\overset{\text{OH}}{\underset{\text{S-Cys}}{\text{Fe}^{\text{IV}}}}} + \text{R}^{\cdot} \tag{2}$$

作为生命体内的信号分子,一氧化氮 (NO) 的产生和消耗与 R–NO 键的键能息息相关。程津培教授将已有的 Bordwell-Cheng 方程进行拓展,进一步用于测定 R–NO 键的均裂能和异裂能[5]。目前已有数百种 NO 源的 R–NO 键键能被相继报道[6]。

烟酰胺辅酶 (NADH) 模型物释放负氢离子的键能对于理解生命体内的能量代谢过程 (如呼吸作用、光合作用、三羧酸循环等) 具有十分重要的意义。程津培教授在 Bordwell-Cheng 方程的基础上,进一步衍生出新的热力学循环。该循环可以同时得到 NADH 模型物释放负氢离子、氢原子以及 NADH 阳离子自由基释放氢原子、质子的键能[7]。随后,Miller 等人又进一步将该法拓展到金属-负氢 (M–H) 体系中[8]。

除了用于单一组分化合物中某一化学键键能的测定,Bordwell-Cheng 方程还可用于计算双组分混合体系的"有效键能"(effective BDFE)。近年来,随着质子耦合的电子转移 (proton-coupled electron transfer, PCET) 研究的兴起,Bordwell-Cheng 方程被进一步应用到该体系中:用于计算双组分的"氧化剂-碱对"(oxidant-base pair) 和"还原剂-酸对"(reductant-acid pair) 的"有效键能"(方程 3)[9]。其中,pK_a 为酸 (或碱的共轭酸) 的解离常数;E^0 为氧化剂 (或还原剂) 的氧化还原电位。值得注意的是,此时 pK_a 和 E^0 两个参数来自不同的底物,人们可以单独调整其中一个参数,来获得合适的"有效键能"。PCET 中代表性的"有效键能"数据如表 2 所示。

$$\text{BDE} = 1.37 \text{p}K_a + 23.06 E^0 + C \quad (\text{kcal/mol}) \tag{3}$$

表 2 PCET 中代表性的有效键能数据

氧化剂	$E_{1/2}$/V[①]	碱	pK_a[②]	BDFE[③]
N(4-MeO-C$_6$H$_4$)$_3$$^{\cdot+}$	0.16	吡啶	12.5	75.7
N(4-Me-C$_6$H$_4$)$_3$$^{\cdot+}$	0.40	吡啶	12.5	81.3
N(4-Me-C$_6$H$_4$)$_3$$^{\cdot+}$	0.40	2,6-二甲基吡啶	14.1	83.5
N(4-Me-C$_6$H$_4$)$_3$$^{\cdot+}$	0.40	4-二甲氨基吡啶	18.0	88.8
N(4-Br-C$_6$H$_4$)$_3$$^{\cdot+}$	0.67	吡啶	12.5	87.5
N(2,4-Br$_2$-C$_6$H$_4$)$_3$$^{\cdot+}$	1.14	吡啶	12.5	98.3
Cp$_2$Fe	0	吡啶鎓离子	12.5	71.5

还原剂	$E_{1/2}/V$[①]	酸	pK_a[②]	BDFE[③]
$(C_5Me_5)_2Fe$	-0.48	吡啶锑离子	12.5	61.0
Cp_2Fe	0	乙酸	22.3	85.5
Cp_2Co	-1.34	乙酸	22.3	55.5

① 参比电极：$Cp_2Fe^{+/0}$。
② 乙腈溶液中 pK_a。
③ 有效键能，单位：kcal/mol。

参考文献

[1] Bordwell, F. G.; Cheng, J. P.; Harrelson, J. A. *J. Am. Chem. Soc.* **1988**, *110*, 1229-1231.

[2] (a) Zhao, Y.; Bordwell, F. G.; Cheng, J.-P.; Wang, D. *J. Am. Chem. Soc.* **1997**, *119*, 9125-9129. (b) Bordwell, F. G.; Cheng, J. P. *J. Am. Chem. Soc.* **1989**, *111*, 1792-1795. (c) Bordwell, F. G.; Cheng, J. *J. Am. Chem. Soc.* **1991**, *113*, 1736-1743.

[3] (a) Wayner, D. D. M.; Parker, V. D. *Acc. Chem. Res.* **1993**, *26*, 287-294. (b) Tilset, M.; Parker, V. D. *J. Am. Chem. Soc.* **1989**, *111*, 6711-6717.

[4] (a) Green, M. T.; Dawson, J. H.; Gray, H. B. *Science* **2004**, *304*, 1653-1656. (b) Yosca, T. H.; Rittle, J.; Krest, C. M.; Onderko, E. L.; Silakov, A.; Calixto, J. C.; Behan, R. K.; Green, M. T. *Science* **2013**, *342*, 825-829. (c) Borovik, A. S. *Chem. Soc. Rev.* **2011**, *40*, 1870-1874.

[5] (a) Zhu, X.-Q.; He, J.-Q.; Li, Q.; Xian, M.; Lu, J.; Cheng, J.-P. *J. Org. Chem.* **2000**, *65*, 6729-6735. (b) Xian, M.; Zhu, X.-Q.; Lu, J.; Wen, Z.; Cheng, J.-P. *Org. Lett.* **2000**, *2*, 265-268. (c) Cheng, J.-P.; Wang, K.; Yin, Z.; Zhu, X. Q.; Lu, Y. *Tetrahedron Lett.* **1998**, *39*, 7925-7928.

[6] (a) Zhu, X.-Q.; Zhang, J.-Y.; Mei, L.-R.; Cheng, J.-P. *Org. Lett.* **2006**, *8*, 3065-3067. (b) Zhu, X.-Q.; Hao, W.-F.; Tang, H.; Wang, C.-H.; Cheng, J.-P. *J. Am. Chem. Soc.* **2005**, *127*, 2696-2708. (c) Zhu, X. Q.; Li, Q.; Hao, W. F.; Cheng, J.-P. *J. Am. Chem. Soc.* **2002**, *124*, 9887-9893.

[7] (a) Zhu, X.-Q.; Zhang, M.-T.; Yu, A.; Wang, C.-H.; Cheng, J.-P. *J. Am. Chem. Soc.* **2008**, *130*, 2501-2516. (b) Zhu, X. Q.; Yang, Y.; Zhang, M.; Cheng, J.-P. *J. Am. Chem. Soc.* **2003**, *125*, 15298-15299. (c) Zhu, X. Q.; Li, H. R.; Li, Q.; Ai, T.; Lu, J. Y.; Yang, Y.; Cheng, J.-P. *Chem. Eur. J.* **2003**, *9*, 871-880.

[8] Wiedner, E. S.; Chambers, M. B.; Pitman, C. L.; Bullock, R. M.; Miller, A. J. M.; Appel, A. M. *Chem. Rev.* **2016**, *116*, 8655-8692.

[9] Warren, J. J.; Tronic, T. A.; Mayer, J. M. *Chem. Rev.* **2010**, *110*, 6961-7001.

类型： 标准数据方程

（杨金东，罗三中）

Cannizzaro 反应

不含 α-氢的醛在碱性条件下发生双分子自身氧化还原形成羧酸和醇的歧化反应称 Cannizzaro (坎尼扎罗) 反应 (式 1)[1,2]。

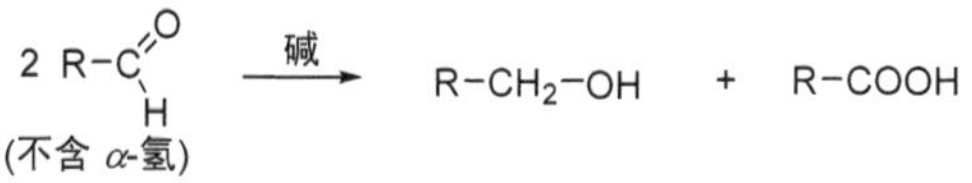

$$2\ \underset{(\text{不含 }\alpha\text{-氢})}{\text{R-CHO}} \xrightarrow{\text{碱}} \text{R-CH}_2\text{-OH} + \text{R-COOH} \quad (1)$$

不含 α'-氢的 α-酮醛亦可发生分子内 Cannizzaro 反应，高产率地生成 α-羟基酸 (式 2)。

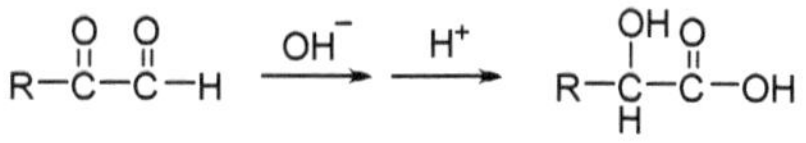

$$\text{R-CO-CO-H} \xrightarrow{\text{OH}^-} \xrightarrow{\text{H}^+} \text{R-CH(OH)-COOH} \quad (2)$$

反应机理 (图 1):

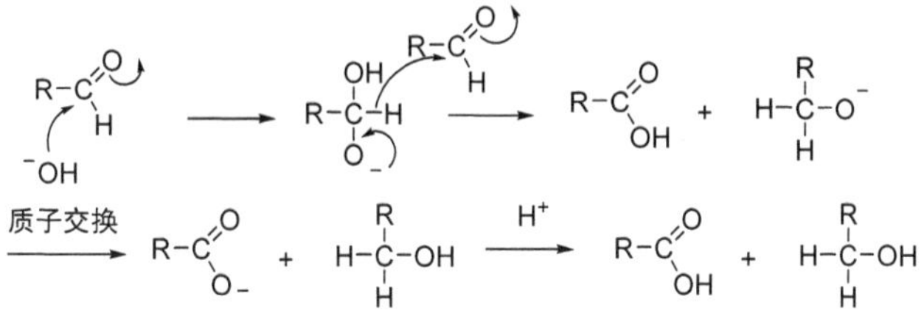

图 1 Cannizzaro 反应机理

虽然该反应为典型的阴离子反应，有报道反应涉及单电子过程[3]。

由于甲醛的还原性更强，在芳醛与甲醛的交叉 Cannizzaro 反应中，甲醛为还原剂 (如式 3)。

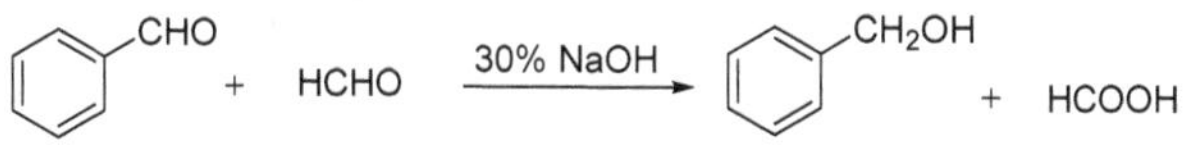

$$\text{PhCHO} + \text{HCHO} \xrightarrow{30\%\ \text{NaOH}} \text{PhCH}_2\text{OH} + \text{HCOOH} \quad (3)$$

此类反应可在 Lewis 酸性条件下进行。例如，使用溴化镁-三乙胺体系可使反应在温和条件 (室温) 下进行 (式 4)[4]；而使用 Yb(OTf)$_3$-SeO$_2$ 体系可使苯乙酮的氧化-分子内 Cannizzaro 反应串联进行 (式 5)[5]。

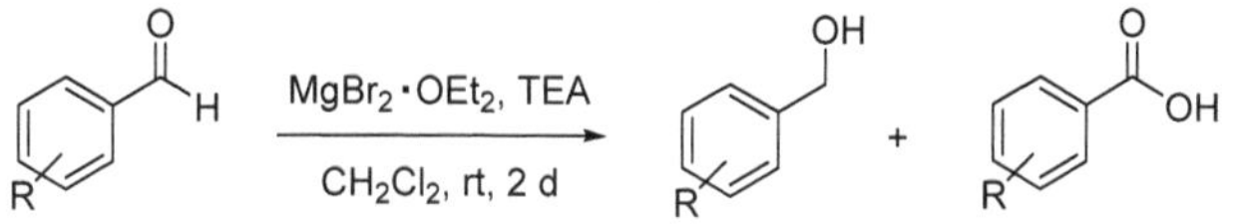

$$\text{ArCHO} \xrightarrow[\text{CH}_2\text{Cl}_2,\ \text{rt},\ 2\ \text{d}]{\text{MgBr}_2\cdot\text{OEt}_2,\ \text{TEA}} \text{ArCH}_2\text{OH} + \text{ArCOOH} \quad (4)$$

$$\text{ArCOCH}_3 \xrightarrow[\substack{\text{二恶烷/H}_2\text{O} \\ 90\ ^\circ\text{C}}]{\text{Yb(OTf)}_3,\ \text{SeO}_2} [\text{ArCOCH(OH)}_2] \longrightarrow \text{ArCH(OH)CO}_2\text{H} \quad (5)$$

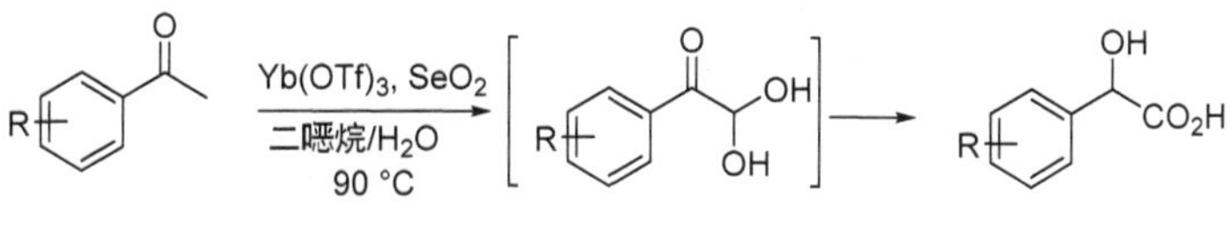

Cannizzaro 类反应也可用于羧酸衍生物的合成 (式 6)[6]。

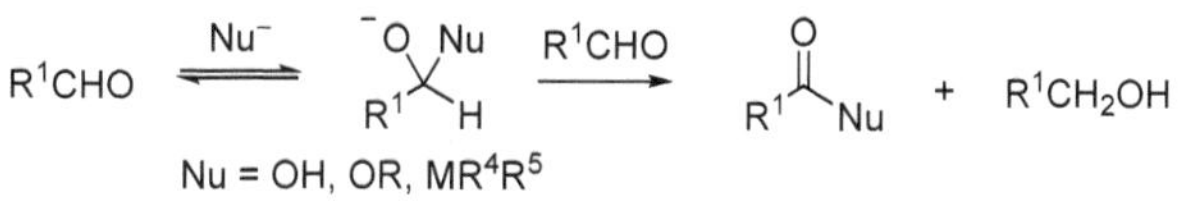

$$\text{R}^1\text{CHO} \xrightleftharpoons{\text{Nu}^-} \text{R}^1\text{CH(O}^-\text{)Nu} \xrightarrow{\text{R}^1\text{CHO}} \text{R}^1\text{CONu} + \text{R}^1\text{CH}_2\text{OH} \quad (6)$$
$$\text{Nu} = \text{OH, OR, MR}^4\text{R}^5$$

无溶剂化的有机反应是绿色化学的一个发展方向。Abaee 通过溴化锂催化，温和方便地实现了无溶剂化 Cannizzaro 反应 (式 7)[7]。此外，微波辅助也可以使 Cannizzaro 反应实现无溶剂化、高效化[8]。

$$\text{Ar} \overset{O}{\underset{H}{\parallel}} \xrightarrow[\text{2. H}_2\text{O, 2 h}]{\substack{\text{1. LiBr (0.5 equiv)} \\ \text{Et}_3\text{N (1.5 equiv)} \\ \text{2 d, rt}}} \text{Ar}\text{—CH}_2\text{OH} + \text{Ar—COOH} \quad (7)$$

可达 98%

近年来，不对称 Cannizzaro 反应受到关注。唐勇设计的手性假 C_3 对称性噁唑啉配体 TOX-Cu(II) 催化剂[9]和冯小明设计的 C_2 对称双氮氧酰胺-Fe(III) 催化剂[10]均可高选择性地催化不对称分子内 Cannizzaro 反应（式 8）。2013 年报道了生物酶催化的 Cannizzaro 反应，能够同时得到手性醇和手性羧酸[11]。

$$\text{PhCOCH(OH)}_2 + \text{ROH} \xrightarrow[\text{MS}]{\substack{\text{TOX-Cu(OTf)}_2 \\ \text{或 L-RaPr}_2\text{-FeCl}_3}} \text{Ph-CH(OH)-COOR} \quad (8)$$

TOX : trisoxazoline

L-RaPr$_2$ R = 2,6-i-Pr$_2$C$_6$H$_3$

2017 年，Bandichhor 等报道了首例氮杂分子内 Cannizzaro 反应，提供了一条氨基酸及其衍生物的合成途径，为探索生命起源提供了一定的依据（式 9）[12]。

$$\text{RO-CO-CHO} \xrightarrow[\text{THF, 66 °C, 8 h}]{\text{NH}_4\text{OAc (3 equiv)}} \text{RO-CO-CH}_2\text{-NH-CO-CO-OR} \xrightarrow{\text{OH}^-} \text{HOOC-CH}_2\text{-NH}_2 + \text{HOOC-COOH} \quad (9)$$

2000 年，Mehta 等报道了通过分子内 Cannizzaro 反应进行天然产物 ottelione A 和 ottelione B 双环骨架的构筑（式 10）[13]。

$$\text{(10)}$$

K$_2$CO$_3$
aq. MeOH
76%

2014 年，Reddy 等报道了通过交叉 Aldol-Cannizzaro 反应实现天然产物 6-O-benzoylzeylenol (**3**) 全合成工作中的季碳中心构建（式 11）[14]。

$$\text{1} \xrightarrow[\text{0 °C ~ rt, 16 h}]{\substack{\text{HCHO} \\ \text{THF/H}_2\text{O, NaOH}}} \text{2} \longrightarrow \text{6-}O\text{-benzoylzeylenol (3)} \quad (11)$$

78%

参考文献

[1] (a) Cannizzaro, S. *Liebigs Ann. Chem.* **1853**, *88*, 129-130. (b) List, K.; Limpricht, H. *Liebigs Ann. Chem.* **1854**, *90*, 190-210.

[2] Geissman, T. A. *Org. React.* **1944**, *2*, 94-113. (综述)

[3] Ashby, E. C.; Coleman, D.; Gamasa, M. *J. Org. Chem.* **1987**, *52*, 4079-4085.

[4] Abaee, M. S.; Sharifi, R.; Mojtahedi, M. M. *Org. Lett.* **2005**, *7*, 5893-5895.

[5] Curini, M.; Epifano, F.; Genovese, S.; Marcotullio, M. C.; Rosati, O. *Org. Lett.* **2005**, *7*, 1331-1333.

[6] Ishihara, K.; Yano, T. J. *Org. Lett.* **2004**, *6*, 1983-1986.

[7] Mojtahedi, M. M.; Akbarzadeh, E.; Sharifi, R.; Abaee, M. S. *Org. Lett.* **2007**, *9*, 2791-2793.

[8] Varma, R. S.; Naicker, K. P.; Liesen, P. J. *Tetrahedron Lett.* **1998**, *39*, 8437-8440.

[9] Wang, P.; Tao, W.-J.; Sun, X.-L.; Liao, S.; Tang, Y. *J. Am. Chem. Soc.* **2013**, *135*, 16849-16852.

[10] Wu, W.-B; Liu, X.; Zhang, Y.-H; Ji, J.; Huang, T.-Y; Lin, L.-L; Feng, X.-M. *Chem. Commun.* **2015**, *51*, 11646-11649.

[11] Wuensch, C.; Lechner, H.; Glueck, S. M.; Zangger, K.; Hall, M.; Faber, K. *ChemCatChem* **2013**, *5*, 1744-1748.

[12] Sud, A.; Chaudhari, P. S.; Agarwal, I.; Mohammad, A. B.; Dahanukar, V. H.; Bandichhor, R. *Tetrahedron Lett.* **2017**, *58*, 1891-1894.

[13] Mehta G.; Islam K. *Synlett* **2000**, 1473-1475.

[14] Reddy, P. S.; Sharma, G. V. M. *Synthesis* **2014**, 1532-1538.

反应类型： 氧化还原反应；歧化反应

相关反应： Meerwein-Ponndorf-Verley (MPV) 还原；Tishchenko 反应

（黄培强，李家琪）

陈庆云试剂

陈庆云试剂 (Chen's reagent) 指陈庆云领导的团队发展的一系列三氟甲基化试剂中的氟磺酰基二氟乙酸甲酯 (FSO_2CF_2COOMe)，亦简称为陈试剂。

从 20 世纪 80 年代末开始，陈庆云基于对二氟卡宾化学的研究，带领团队合成和发展了 8 种能高效实现三氟甲基化的试剂和体系，包括氟磺酰基二氟乙酸甲酯 (FSO_2CF_2COOMe)[1,2]、碘二氟甲基磺酰氟 (ICF_2SO_2F)[3]、卤代二氟乙酸甲酯和钾盐 (XCF_2COOMe，X = Cl, Br 或 I；$BrCF_2COOK$)[4-6]、二氟二碘甲烷 (CF_2I_2)[7]、5-氟磺酰基-3-氧杂全氟戊酸甲酯和钾盐 ($FSO_2CF_2CF_2OCF_2COOX$，X = Me 或 K)[8,9]、5-碘-3-氧杂全氟戊基磺酰氟 [$ICF_2CF_2OCF_2CF_2SO_2F$][10]、氟磺酰基二氟乙酸铜 [$Cu(O_2CCF_2SO_2F)_2$][11]、氟磺酰基二氟乙酸银 [$Ag(O_2CCF_2SO_2F)$][12]。这些三氟甲基化试剂多样而有效，且大多便宜易得，是方便实用的三氟甲基化试剂。其中应用最广的是氟磺酰基二氟乙酸甲酯 (FSO_2CF_2COOMe)，被称为陈庆云试剂。

陈庆云试剂是一个三氟甲基化试剂,对芳基、烯丙基、苄基和乙烯基等卤化物进行三氟甲基化反应。1989 年,陈庆云和吴生文在做 FSO_2CF_2COOMe 与亲核试剂 (比如 KI、KBr、KSCN、胺等) 反应生成二氟卡宾的反应时,发现生成了氟仿 (CF_3H)。他们敏锐地觉察到,氟仿的生成意味着二氟卡宾与氟离子结合生成 CF_3^- 是一个平衡反应。能否利用三氟甲基负离子与亲电试剂反应,将三氟甲基引入到各种有机分子中呢?经过反应条件的调控,他们发现在催化量的碘化亚铜 (CuI) 作用下,陈庆云试剂可以实现各类卤代物的三氟甲基化反应,在温和条件下高产率地得到一系列含有三氟甲基的化合物,此反应也是第一例铜催化的有机卤代物的三氟甲基化反应。进一步研究发现,反应中释放出了 SO_2、CO_2 和 MeI,这也印证了反应是经过了二氟卡宾中间体和氟负离子结合生成三氟甲基负离子的过程。在碘化亚铜催化下,FSO_2CF_2COOMe 分解产生二氟卡宾,二氟卡宾再与氟离子结合形成三氟甲基负离子,经一价铜稳定,形成活性三氟甲基铜 (CF_3Cu),最后对各种卤代物发生亲核三氟甲基化反应 (图 1)。该反应也可以不用碘化亚铜引发,而改用铜粉 (Cu),通过自由基机理引发也可以实现三氟甲基化[2]。也就是说,在不同条件下,陈庆云试剂实现三氟甲基化可能经历不同反应途径。2018 年,又发现了使用催化量的氯化铜 ($CuCl_2$) 引发也能实现 FSO_2CF_2COOMe 的三氟甲基化反应[13]。

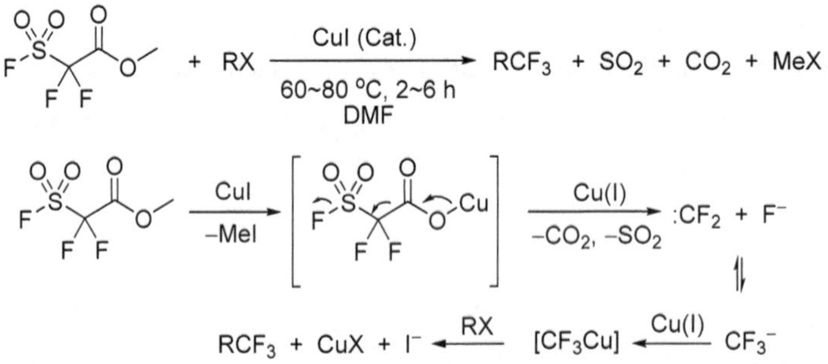

图 1　陈庆云试剂对卤化物的三氟甲基化反应

2009 年,胡金波在其一篇综述中将 FSO_2CF_2COOMe 称为陈试剂 (Chen's reagent)[14a]。2016 年,卿凤翎在文章中也以陈试剂称 FSO_2CF_2COOMe[14b]。Hartwig[15]、郭勇[13]等在文章中也使用了陈试剂的称谓。

2017 年,McGlacken 等在 Chem. Eur. J. 上发表文章"Methyl Fluorosulfonyldifluoroacetate (MFSDA): An Underutilised Reagent for Trifluoromethylation",综述了陈庆云试剂的发展和应用[16],认为该试剂是优秀的三氟甲基化试剂但并没有被充分利用。而我们却认为陈庆云试剂从发展到现在一直受到国内外同行的关注,并在陈庆云试剂的基础上发展出了新的三氟甲基化试剂,并已实现商品化。陈庆云试剂广泛应用于医药、农药、染料、材料等各个领域,截至现在,通过 Reaxy 可以查到陈庆云试剂的相关学术论文近 200 篇、专利 300 多篇,由于使用成本低、良好的化学反应性和官能团耐受性以及良好的化学稳定性和操作性,陈庆云试剂得到了广泛的应用,是便宜易得的试剂,适用于大量卤代物的三氟甲基化,且反应易于放大。陈庆云试剂已被许多国际大公司用来发展他们的医药和农药,被许多科研机构用来合成生物学和医学研究中所需的含氟分子。尤其是最近十年,其在医药和农药领域的利用尤其引人关注[16-19]。

陈庆云试剂可以用于甾体、药物、核酸、农药和卟啉等功能分子的修饰。2010 年,陈试剂被重要的有机合成工具书《Organic Synthesis》收录用于向甾体分子引入三氟甲基[20a]。

1997 年,陈庆云和田伟生小组用陈庆云试剂合成了 4-三氟甲基甾体类化合物,该类化合物是一种新型的 5α-还原酶抑制剂,其中化合物 **1** 抑制活性高于 Finasteride,被用于有效地治疗前列腺增生 (式 1) [20b]。

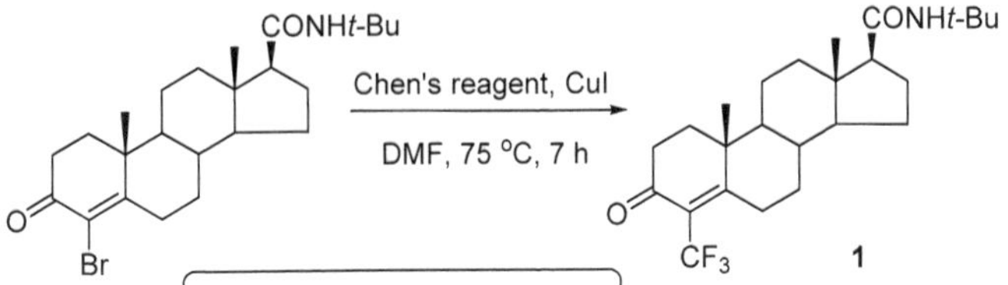

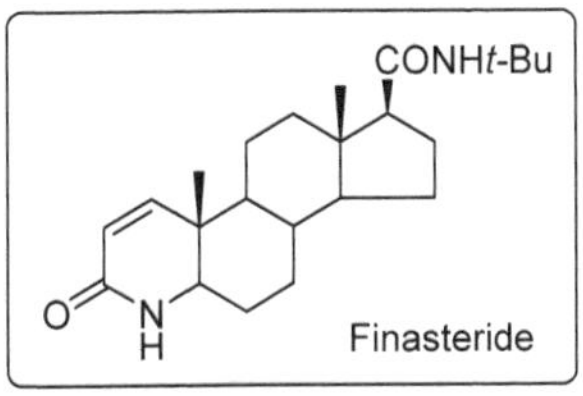

1998 年,陈庆云小组报道利用陈试剂合成一系列三氟甲基甾体类化合物,为合成这种大位阻的含氟天然产物提供一种简单、有效的方法 (式 2) [20c]。

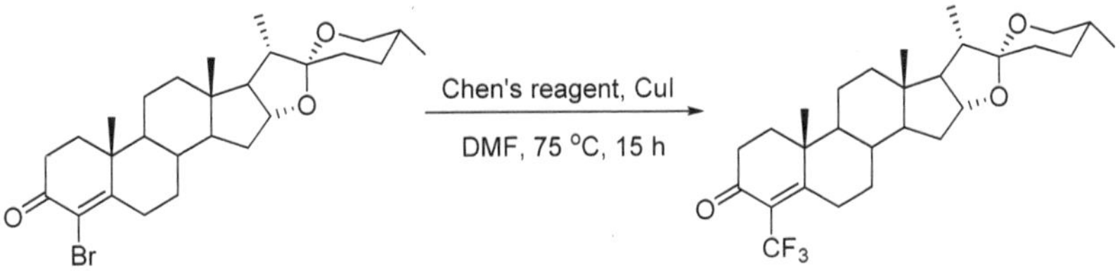

2017 年,Deng 小组利用陈试剂合成了三氟甲基杂环四环素类药物,该类药物具有增强抗铜绿假单胞菌活性的作用,是一类有效的广谱抗菌剂。其中一些化合物对多种细菌菌株具有很强的体外活性 (式 3)[21]。

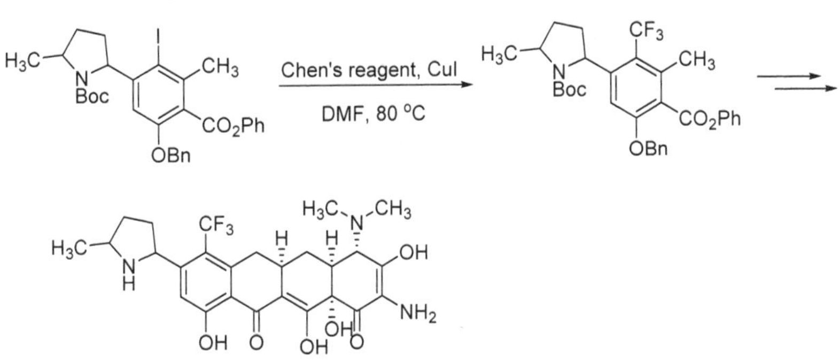

2018 年,郭勇小组利用陈庆云试剂向分子中引入三氟甲基,并合成了治疗精神抑郁的药物 Proazc (式 4)[13]。

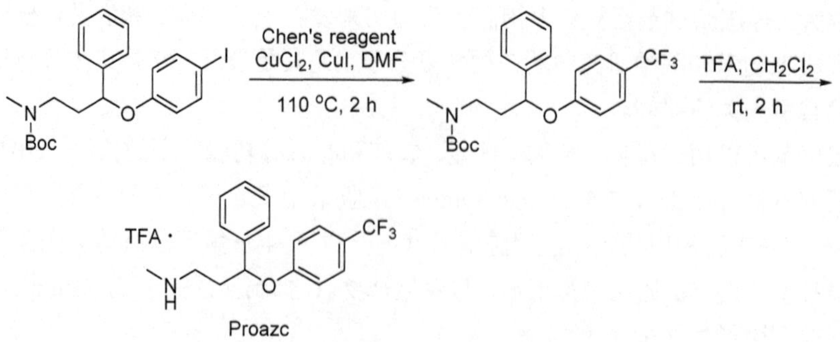

2001 年，Beal 小组报道了利用陈庆云试剂在嘌呤核糖核苷的 6 位引入三氟甲基。由于 ^{19}F 的高灵敏度和特殊的化学位移，这种特定位置含有三氟甲基的核苷进入 RNA 中对于 RNA 结构和 RNA 修饰酶的结合，特别是对于 RNA 编辑腺苷脱氨酶方面的研究有着重要的价值。另一方面，三氟甲基的强吸电子性也使含三氟甲基的嘌呤与水的结合能力增强。相对于气态的 CF_3I，液态的陈庆云试剂更容易操作，且二者的产率相当 (CF_3I 产率 96%，陈庆云试剂产率 91%) (式 5) [22a]。

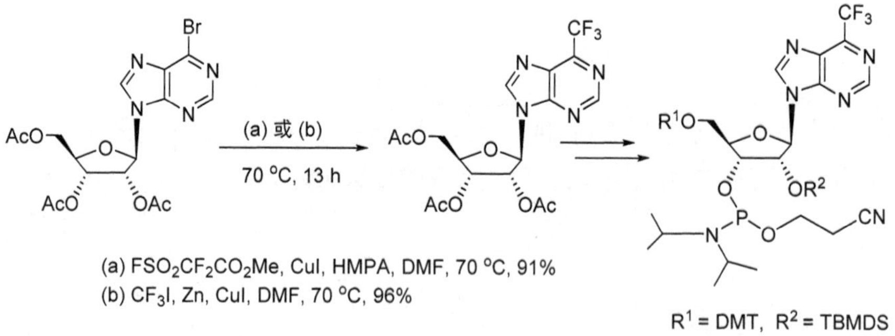

2010 年，张礼和与 Guse 团队报道了利用陈庆云试剂在嘌呤核苷的 8 位引入三氟甲基，合成了三氟甲基化环状 ADP-核糖类似物。其中 8-CF_3-cIDPRE 因其分子中含有强吸电子性的三氟甲基而使 8-CF_3-cIDPRE 在 T 细胞中有拮抗作用 (式 6) [22b]。

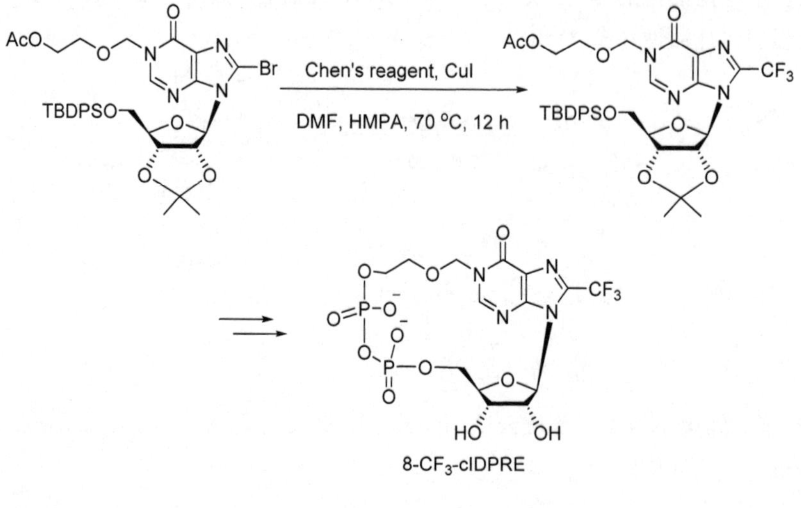

2010 年，张礼和与张亮仁团队利用陈庆云试剂合成了一系列非环状三氟甲基化环腺苷二磷酸核糖 (cADPR) 类似物。其中化合物 8-CF$_3$-cIDPDE 作为一种补充剂用于研究 8 位取代对钙信号传导特性的影响 (式 7)[22c]。

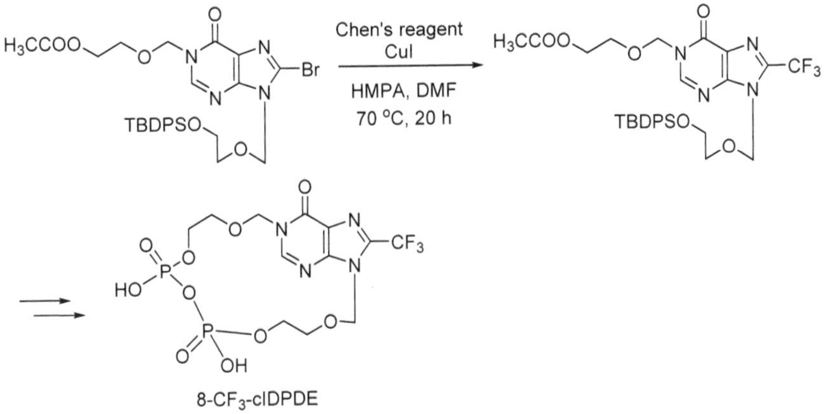

$$\text{(式 7)}$$

2012 年，Harrity 小组报道了利用陈庆云试剂向分子中引入三氟甲基，合成了一系列 5-三氟甲基吡唑类化合物，包括除草剂异丙吡草酯 (fluazolate)[23a]。曾有人用 CF$_3$CO$_2$Et 作为三氟甲基源来制备同样产物，但相比而言，Harrity 的路线更加简便[23b]。在 Harrity 的实验中，关键环加成中间体的合成使用了陈试剂，其它的三氟甲基化试剂，如 TMSCF$_3$、CF$_3$B(OMe)$_3$K 和 CF$_3$CO$_2$Na 都不能实现这个中间体的合成 (式 8)。

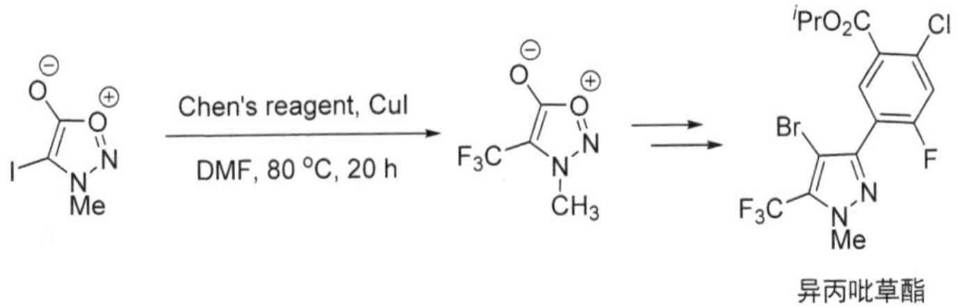

$$\text{(式 8)}$$

陈庆云试剂可以用于卟啉类化合物的高效三氟甲基化。2005 年，陈庆云小组报道了从简单易得的溴代卟啉出发，通过钯催化交叉偶联反应，使用陈庆云试剂方便高效地合成了各种 β-位或 meso-位三氟甲基取代卟啉[24a]。之后，他们研究了 β-四(三氟甲基)-meso-四苯基卟啉的还原反应，首次成功合成和表征了 20 世纪 60 年代由诺贝尔奖获得者 R. B. Woodward 在合成叶绿素时提出的假想结构 20π-电子非芳香性的 N,N'-二氢卟啉 (isophlorin)[24b]。他们还利用此法合成了 β-四三氟甲基钴卟啉，并将它用作苄胺到相应亚胺的高效选择性催化氧化中 (图 2)[24c]。利用陈庆云试剂还可以高效便捷地将三氟甲基引入亚卟啉[24d]、咔咯[24e,f]等分子中。

陈庆云试剂除了可以作为三氟甲基化试剂外，还可以进行三氟甲硫基化反应，可以作为二氟卡宾前体，也可以产生 CF$_2$CO$_2$Me 自由基。

1993 年，陈庆云报道了在硫粉存在下，使用陈庆云试剂能够使芳基卤化物发生直接

三氟甲硫基化反应 (式 9)[25]。

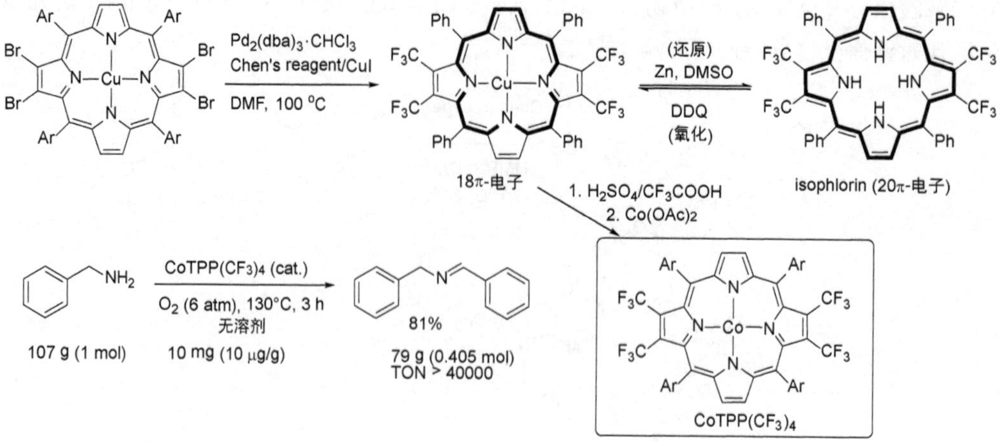

图 2 陈庆云试剂用于卟啉类化合物的高效三氟甲基化

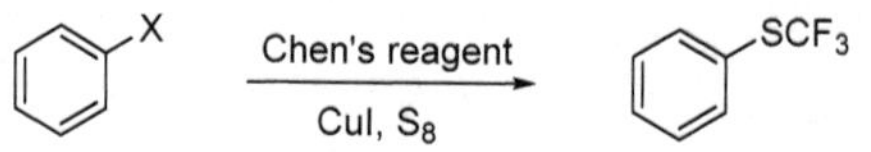

$$\text{PhX} \xrightarrow[\text{CuI, S}_8]{\text{Chen's reagent}} \text{PhSCF}_3 \tag{9}$$

2012 年，Dolbier 发现陈庆云试剂还能用作二氟卡宾试剂，实现烯烃的二氟环丙基化 (式 10)[26]。2013 年，Dolbier 还报道了使用陈庆云试剂产生的二氟卡宾，现场生成二氟亚甲基三苯基膦叶立德，该叶立德与醛反应生成偕二氟烯烃 (式 11)[27]。

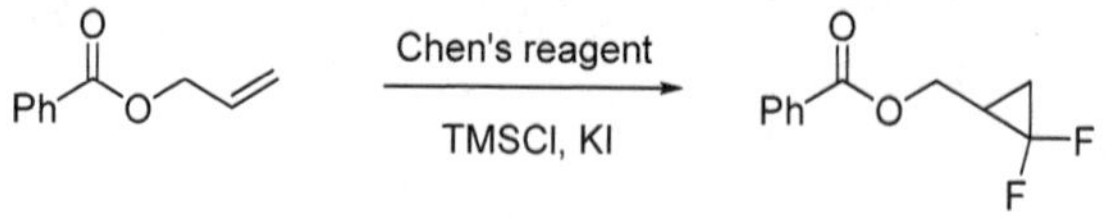

$$\text{PhCO}_2\text{CH}_2\text{CH=CH}_2 \xrightarrow[\text{TMSCl, KI}]{\text{Chen's reagent}} \text{PhCO}_2\text{CH}_2\text{-cyclopropane-CF}_2 \tag{10}$$

$$\text{PhCHO} \xrightarrow[\text{Ph}_3\text{P, KI}]{\text{Chen's reagent}} \text{PhCH=CF}_2 \tag{11}$$

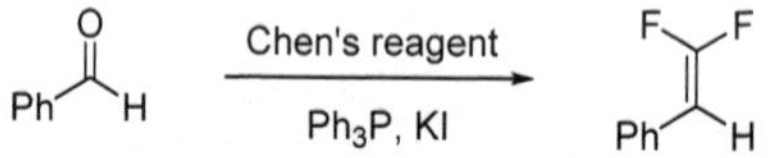

2016 年，卿凤翎发现在可见光催化的条件下，陈庆云试剂可以作为 CF_2CO_2Me 自由基试剂对烯烃等不饱和化合物进行加成反应 (式 12)[14]。

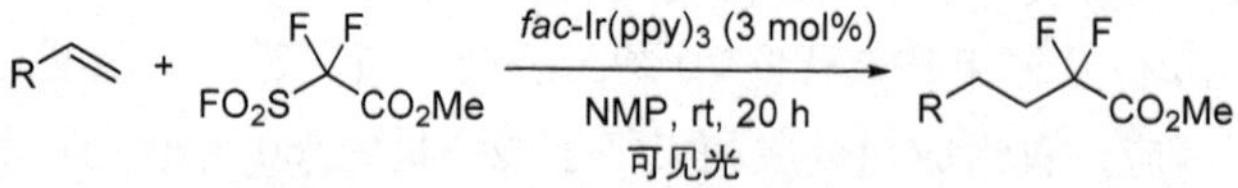

$$\text{R-CH=CH}_2 + \text{FO}_2\text{S-CF}_2\text{-CO}_2\text{Me} \xrightarrow[\substack{\text{NMP, rt, 20 h} \\ \text{可见光}}]{fac\text{-Ir(ppy)}_3 \text{ (3 mol\%)}} \text{R-CH}_2\text{CH}_2\text{-CF}_2\text{-CO}_2\text{Me} \tag{12}$$

最近，陈庆云小组在陈庆云试剂基础上，发展了新一代亲核三氟甲基化试剂——氟磺酰基二氟乙酸铜 $[Cu(O_2CCF_2SO_2F)_2]$。相较于此前的陈庆云试剂，新一代陈庆云试剂的活性和反应效果往往更好，可以在更加温和条件下以优秀的产率实现芳基卤代物的三氟甲基化 (式 13)[11]。进一步地，他们合成了氟磺酰基二氟乙酸银 $[Ag(O_2CCF_2SO_2F)]$，通过氧化自由基反应策略，在 N-氟代双苯磺酰亚胺 (NFSI) 作用下和非活化烯烃反应，可同时向分子中高效引入三氟甲基和氟磺酰基两种重要的含氟官能团。这就将陈庆云试剂体系的应用范围首次扩大到了自由基三氟甲基化反应，并将反应中产生的副产物二氧化硫充分利用，转化为重要的磺酰氟基，提高了反应的原子经济性 (式 14) [12]。

$$\text{Ar-X} \xrightarrow[\text{DMF, rt, 3 h}]{\text{Cu}(\text{O}_2\text{CCF}_2\text{SO}_2\text{F})_2/\text{Cu}} \text{Ar-CF}_3 \quad (X = \text{I, Br}) \tag{13}$$

$$(14)$$

参考文献

[1] Chen, Q.-Y.; Wu, S.-W. *J. Chem. Soc., Chem. Commun.* **1989**, *11*, 705-706.

[2] Chen, Q.-Y.; Yang, G.-Y.; Wu, S.-W. *J. Fluorine Chem.* **1991**, *55*, 291-298.

[3] Chen, Q.-Y.; Wu, S.-W. *J. Chem. Soc., Perkin Trans.* **1989**, *1*, 2385-2387.

[4] Su, D.-B.; Duan, J.-X.; Chen, Q.-Y. *Tetrahedron Lett.* **1991**, *32*, 7689-7690.

[5] Duan, J.-X.; Su, D.-B.; Chen, Q.-Y. *J. Fluorine Chem.* **1993**, *61*, 279-284.

[6] Li, H.-D. *Chin. J. Chem.* **1993**, *11*, 366-369.

[7] Chen, Q.-Y.; Li, Z.-T. *J. Chem. Soc., Perkin Trans.* **1993**, *1*, 645-648.

[8] Chen, Q.-Y.; Duan, J.-X. *J. Chem. Soc., Chem. Commun.* **1993**, 1389-1391.

[9] Long, Z.-Y.; Duan, J.-X.; Lin, Y.-B.; Guo, C.-Y.; Chen, Q.-Y. *J. Fluorine Chem.* **1996**, *78*, 177-181.

[10] Duan, J.-X.; Chen, Q.-Y. *Chin. J. Chem.* **1994**, *12*, 464-467.

[11] Zhao, G.; Wu, H.; Xiao, Z.; Chen, Q.-Y.; Liu, C. *RSC Adv.* **2016**, *6*, 50250-5024.

[12] Liu, Y.; Wu, H.; Guo, Y.; Xiao, J.-C.; Chen, Q.-Y.; Liu, C. *Angew. Chem. Int. Ed.* **2017**, *56*, 15432-15435.

[13] Zhao, S.; Guo, Y.; Han, E.-J.; Luo, J.; Liu, H.-M.; Liu, C.; Xie, W.; Zhang, W.; Wang, M. *Org. Chem. Front.* **2018**, *5*, 1143-1147.

[14] (a) Hu, J.; Zhang, W.; Wang, F. *Chem. Commun.* **2009**, *48*, 7465-7478. (b) Yu, W.; Xu, X.-H.; Qing, F.-L. *Org. Lett.* **2016**, *18*, 5130-5133.

[15] Morstein, J.; Hou, H.; Cheng, C.; Hartwig, J. F. *Angew. Chem. Int. Ed.* **2016**, *55*, 8054-8057.

[16] Clarke, S. L.; McGlacken, G. P. *Chem. -Eur. J.* **2017**, *23*, 1219-1230.

[17] Zhang, C.-P.; Chen, Q.-Y.; Guo, Y.; Xiao, J.-C.; Gu, Y.-C. *Coord. Chem. Rev.* **2014**, *261*, 28-72.

[18] Roy, S.; Gregg, B. T.; Gribble, G. W.; Le, V.-D.; Roy, S. *Tetrahedron* **2011**, *67*, 2161-2195.

[19] Tomashenko, O. A.; Grushin, V. V. *Chem. Rev.* **2011**, *111*, 4475-4521.

[20] (a) Fei, X.-S.; Tian, W.-S.; Ding, K.; Wang, Y.; Chen, Q.-Y. *J. Org. Synth.* **2010**, *87*, 126-136. (b) Fei, X.-S.; Tian, W.-S.; Chen, Q.-Y. *Bioorg. Med. Chem. Lett.* **1997**, *24*, 3113-3118. (c) Fei, X.-S.; Tian, W.-S.; Chen, Q.-Y. *J. Chem. Soc., Perkin Trans.* **1998**, *1*, 1139-1142.

[21] Deng, Y.; Sun, C.; Hunt, D. K.; Fyfe, C.; Chen, C. L.; Grossman, T. H.; Sutcliffe, J. A.; Xiao, X. Y. *J. Med. Chem.* **2017**, *60*, 2498-2512.

[22] (a) Veliz, E. A.; Stephens, O. M.; Beal, P. A. *Org. Lett.* **2001**, *3*, 2969-2972. (b) Dong, M.; Kirchberger, T.; Huang, X.; Yang, Z. J.; Zhang, L. R.; Guse, A. H.; Zhang, L. H. *Org. Biomol. Chem.* **2010**, *8*, 4705-4715. (c) Huang, X.-C.; Dong, M.; Liu, J.; Zhang, K.-H.; Yang, Z.-J.; Zhang, L.-R.; Zhang, L.-H. *Molecules* **2010**, *15*, 8689-8701.

[23] (a) Foster, R. S.; Jakobi, H.; Harrity, J. P. A. *Org. Lett.* **2012**, *14*, 4858-4861. (b) Maxwell, B. D. *J. Labelled Compd. Radiopharm.* **2000**, *43*, 645-654.

[24] (a) Liu, C.; Chen, Q.-Y. *Eur. J. Org. Chem.* **2005**, 3680-3686. (b) Liu, C.; Shen, D.-M.; Chen, Q.-Y. *J. Am. Chem. Soc.* **2007**, *129*, 5814-5815. (c) Zhao, S.; Liu, C.; Guo, Y.; Xiao, J. C.; Chen, Q. Y. *J. Org. Chem.* **2014**, *79*, 8926-8931. (d) Zhao, S.; Liu, C.; Guo, Y.; Xiao. J.-C.; Chen, Q.-Y. *Synthesis*, **2014**, *46*, 1674-1688. (e) Thomas, K. E.; Wasbotten, I. H.; Ghosh, A. *Inorg. Chem.* **2008**, *47*, 10469-10478. (f) Zhang, X.; McNally, A. *Angew. Chem. Int. Ed.* **2017**, *56*, 9833-9834.

[25] Chen, Q.-Y.; Duan, J.-X. *J. Chem. Soc., Chem. Commun.* **1993**, 918-919.

[26] Eusterwiemann, S.; Martinez, H.; Dolbier, W. R., Jr. *J. Org. Chem.* **2012**, *77*, 5461-5464.

[27] Thomoson, C. S.; Martinez, H.; Dolbier, W. R., Jr. *J. Fluorine Chem.* **2013**, *150*, 53-59.

（郭勇，刘超，黄美薇）

程津培 *i*BonD 键能数据库

2016 年 3 月，程津培教授领导的键能团队建立了网络版键能数据库 *i*BonD (Internet Bond-energy Databank (pK_a and BDE), http://ibond.chem.tsinghua.edu.cn or http://ibond.nankai.edu.cn)[1]。目前，该数据库包括均裂能 (BDE) 和异裂能 (pK_a) 两个主数据库（图 1）；囊括了 5000 多个有机化合物 7600 多个 BDE 参数；2.5 万多个有机化合物在各种溶剂中的 3.5 万余条 pK_a 参数。它收录了几乎所有已有的 BDE 和 pK_a 的实验测定值。*i*BonD 是目前国际上唯一的涵盖最全面、数据权威、智能型键能数据库。它向全球免费开放，能够为众多科研领域提供标准键能参数，弥补了我国在基础参数平台建设方面的空白，其在科研领域的深远影响将不可估量。

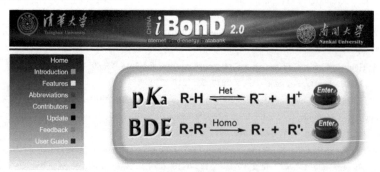

图 1 *i* BonD 数据库主界面

*i*BonD 提供相似检索和片段检索两种模式，包括化合物名称检索、化学式检索、结构检索、溶剂筛选等多种便捷的检索和结果筛选功能。在检索结果中（图 2），该数据库能够提供母体化合物及自由基中间体的键能信息，同时还能给出相关键能数据测试方法、文献出处等信息。

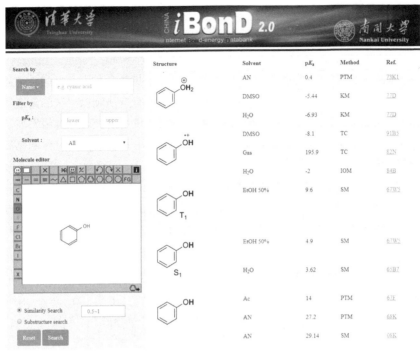

图 2 检索结果界面

该数据库免费向科研界开放；自上线以来，受到了国际同行的一致好评。如国际著名物理有机化学家、德国科学院院士、慕尼黑大学 Herbert Mayr 教授在 ChemistryViews 上以"查询 pK_a 数值最为有效的方法"（The Most Efficient Way to Find pK_a Values）为题[2]，高度评价了 iBonD 数据库。

在后续的更新中，iBonD 将进一步涵盖氧化还原电位、负氢异裂能、吸附能等键能相关参数。

参考文献

[1] Jin-Pei Cheng, et al. Internet Bond-energy Databank (pK_a and BDE)-iBonD Home Page. http://ibond.chem.tsinghua.edu.cn or http://ibond.nankai.edu.cn.

[2] Herbert Mayr. The Most Efficient Way to Find pK_a Values, https://www.chemistryviews.org/details/ezine/10244491/The_Most_Efficient_Way_to_Find_pKa_Values.html.

类型： 标准数据库

（杨金东，罗三中）

丁奎岭手性螺缩酮双膦配体 (SKP)

手性配体在金属催化的不对称反应中,不仅是产生手性诱导的源泉,同时也显著影响金属的催化性能。因此,发展新型骨架手性配体来实现现有方法难以解决的高选择性反应是有机化学的重要研究内容之一[1]。最近,中科院上海有机所丁奎岭课题组发展了一类结构新颖、易于制备的手性螺缩酮双膦配体 (SKP)[2-5],并在一些重要不对称催化反应中显示了独特的性质。

该类配体的合成非常简便,可从简单原料环己酮和 3-溴代水杨醛出发,按照式 1 所示路线[2,3],关键步骤是 α,α'-双(2-羟基)芳基亚甲基环己酮的不对称氢化/缩酮化反应,使用的手性催化剂是他们自主开发的 ^{I}Ir SpinPHOX 配合物。经过优化,也可以从 3-氟水杨醛出发,经过五步转化,仅需简单过滤和两次重结晶操作,就可合成关键二氟中间体 (式 2),以十克级规模制备 SKP 配体[4]。目前,该配体已经在 Strem 和 Daicel 商品化。

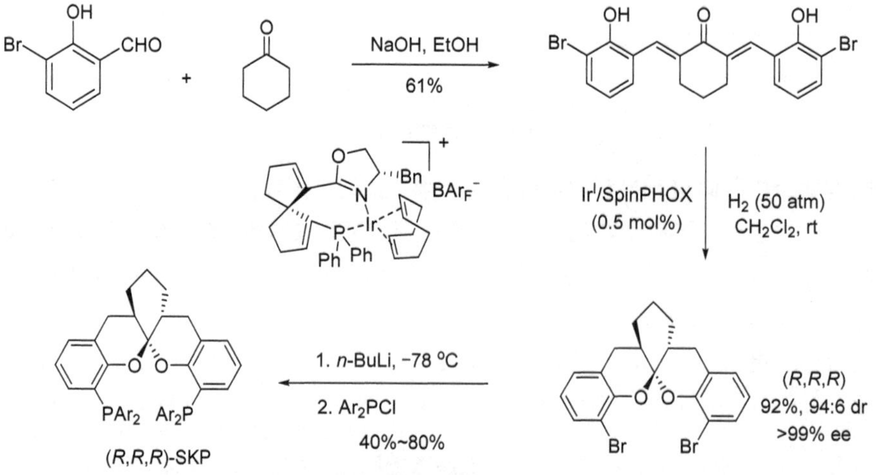

Ar = Ph, o-Tol, p-Tol, 3,5-Me$_2$C$_6$H$_3$, 4-FC$_6$H$_4$, 4-MeOC$_6$H$_4$

十克级规模制备路线

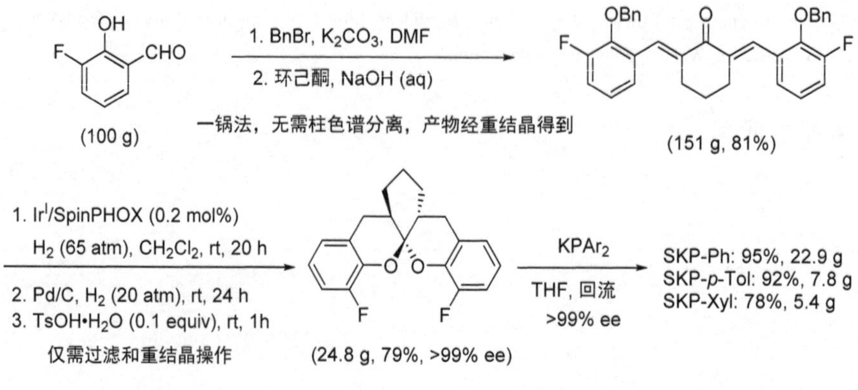

SKP-Ph: 95%, 22.9 g
SKP-p-Tol: 92%, 7.8 g
SKP-Xyl: 78%, 5.4 g

SKP 配体由于在螺缩酮结构上进一步稠合了环己基单元，使其骨架的刚性更强，且导致两个磷原子之间的距离 (6.29 Å) 较 SPANphos (4.99 Å) 和 Xantphos (4.08 Å) 更远 (图 1)。SKP 与 $Pd(CH_3CN)_2Cl_2$ 形成的配合物，P-Pd-P 的螯合角 (bite angle) 达到了约 160°，是一个非常罕见的反式配位的二价钯配合物。这一特点导致 SKP 配体与中心金属的配位模式、调节中心金属催化活性和产生手性诱导等方面表现出和已有手性配体不同的特性。

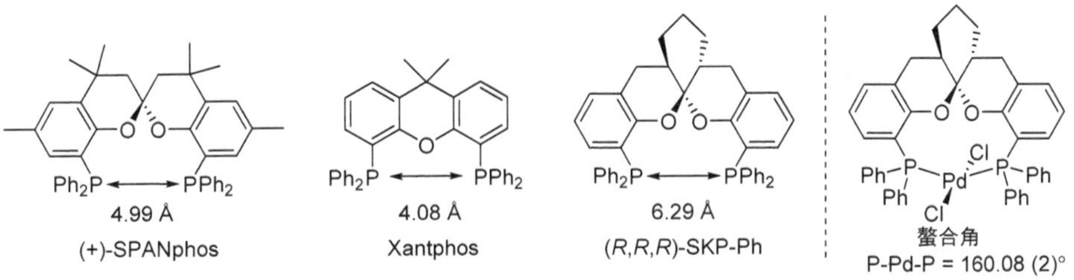

图 1 SKP 配体与 SPANphos 以及 Xantphos 配体中两个磷原子间的距离

SKP 配体已被证明是钯催化的 Morita-Baylis-Hillman (MBH) 加合物的不对称烯丙基取代反应的优势手性配体，可利用不同亲核试剂来开发反应，并且可以很好地解决这一类反应的共性难点问题：在控制反应的区域选择性生成手性的支链产物的同时，获得良好的对映选择性[3,5,7]。

丁奎岭课题组发现，SKP 配体与钯形成的催化剂在芳胺与非环状 MBH 加成物的不对称烯丙基胺化反应中具有超高的催化活性 (TON 高达 4750)、大于 99% 的对映选择性和大于 98:2 的支链区域选择性 (式 3)[3,6]。使用常见的手性双膦配体如 BINAP、Trost 配体等，反应的活性不高，同时区域和对映选择性都很差。

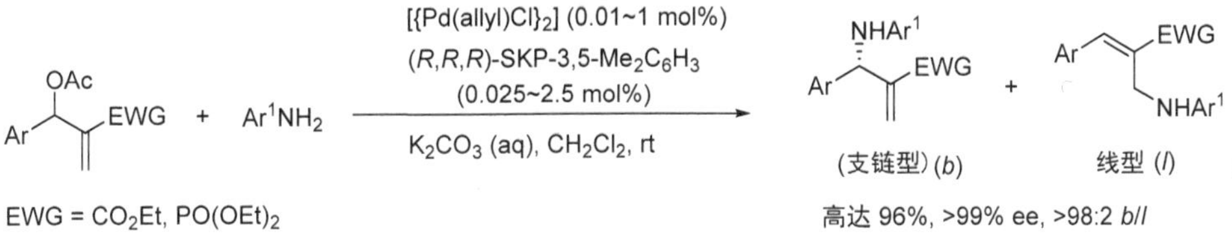

对于 EWG = PO(OEt)$_2$: 使用 (S,S,S)-SKP-Ph，得到 (R)-型产物

对照实验: Ar = Ar^1 = Ph, EWG = CO$_2$Et, [{Pd(allyl)Cl}$_2$] (1 mol%), ligand (2.5 mol%)

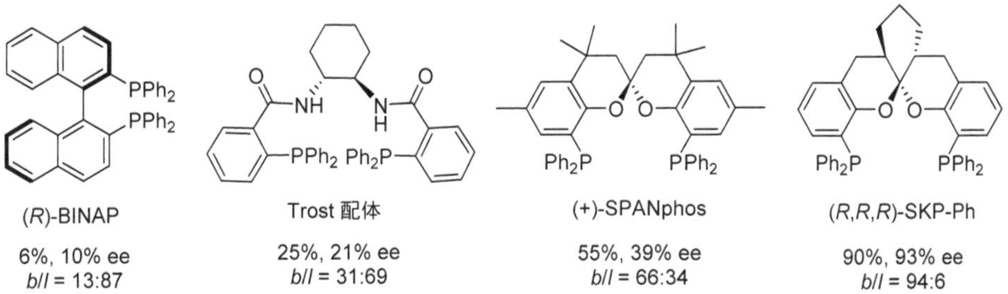

(R)-BINAP 6%, 10% ee b/l = 13:87
Trost 配体 25%, 21% ee b/l = 31:69
(+)-SPANphos 55%, 39% ee b/l = 66:34
(R,R,R)-SKP-Ph 90%, 93% ee b/l = 94:6

机理研究 (图 2) 显示 SKP 配体取得的优异结果在于其双膦配体中两个原子之间的

距离较远 (6.29 Å)，因此在反应过程中，两个磷原子不能同时与钯配位。得益于芳香胺较弱的亲核性，SKP 配体中未参与配位的磷原子优先作为亲核试剂进攻烯丙基钯，协助形成关键的季鏻盐中间体 **A**[5]。苯胺在碱的作用下转移到金属钯上，再经由还原消除构建碳-氮键。在该反应中，SKP 配体的一个磷原子与金属配位，起到金属催化的作用；另外一个磷原子与底物作用，起到小分子催化的作用。这一协同催化模式，不同于常见双膦配体与钯双齿配位形成螯合物的模式，是 SKP 配体的独特优势。

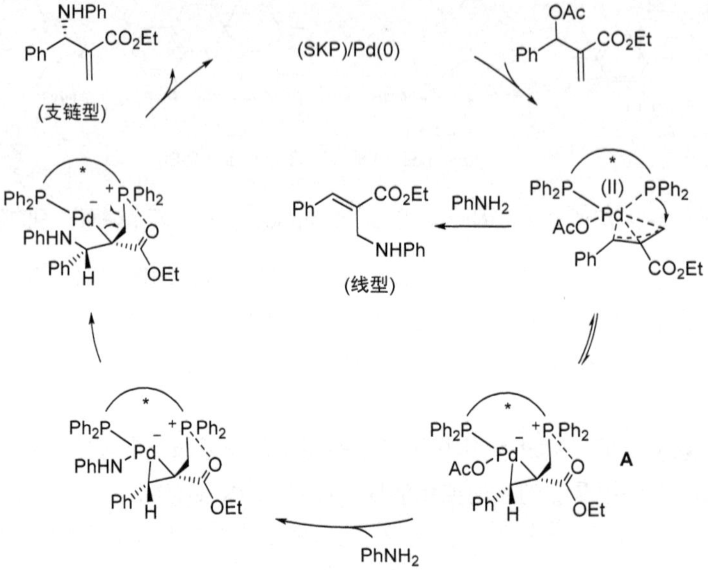

图 2 SKP/Pd (0) 催化的不对称胺化反应的机理

该不对称胺化反应具有重要应用价值。例如，手性烯丙胺化合物可以进一步转化为 β-内酰胺且手性完全保持，进而用于降胆固醇药物 ezetimibe 的合成 (式 4)[3]。最近，这类手性内酰胺类化合物被发现具有抗肿瘤活性，可抑制癌细胞微管蛋白聚集和增殖，其 C4 位绝对构型对其抗增殖活性具有重要影响 (式 5)[8]。

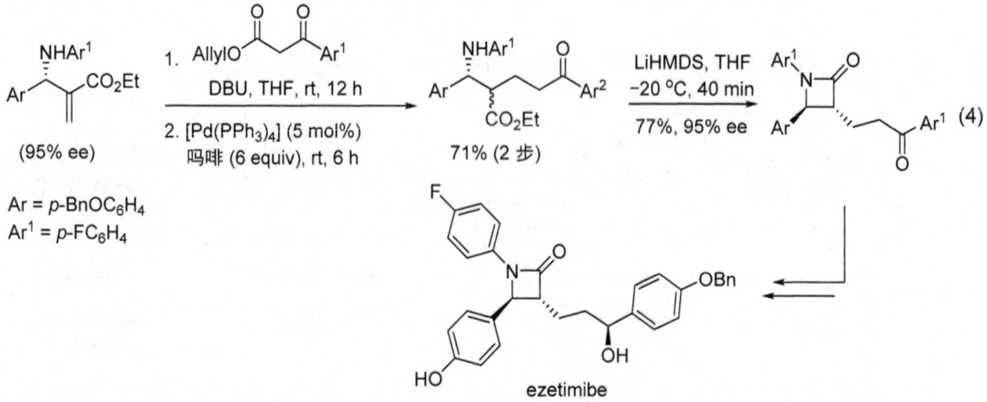

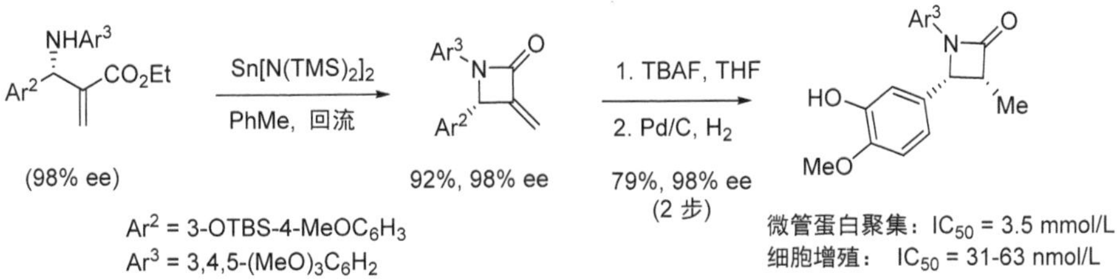

$$\text{(5)}$$

Ar² = 3-OTBS-4-MeOC₆H₃
Ar³ = 3,4,5-(MeO)₃C₆H₂

(98% ee) → 92%, 98% ee → 79%, 98% ee (2 步)

微管蛋白聚集: IC₅₀ = 3.5 mmol/L
细胞增殖: IC₅₀ = 31-63 nmol/L

SKP 配体与钯形成的催化剂随后被郭海明等人成功地应用于 4,5-二苯基咪唑、苯并咪唑、苯并三氮唑和嘌呤等含氮杂环与 MBH 加合物的不对称胺化反应中[9]，为这类手性含氮杂环提供了一个高效合成方法 (式 6)。

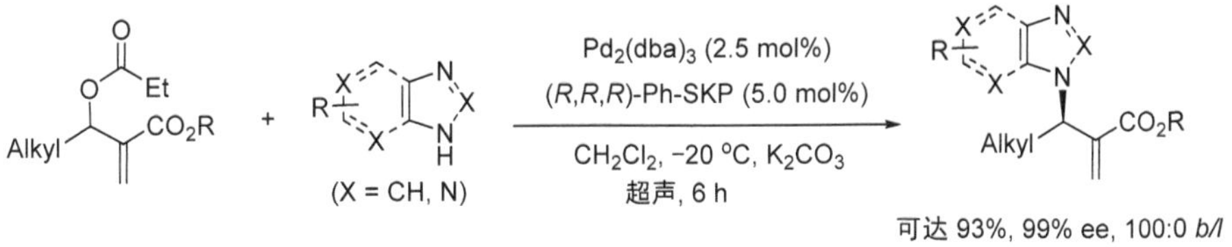

$$\text{(6)}$$

(X = CH, N)
可达 93%, 99% ee, 100:0 b/l

除了氮亲核试剂，碳亲核试剂也适用于 SKP/Pd 催化的不对称烯丙基取代反应中。丁奎岭课题组利用 β-酮酸酯作为亲核试剂，实现了 Pd 催化的烯丙基烷基化反应构建连续季碳-叔碳手性中心，并获得高达 99% 的收率和大于 99% 的对映选择性、23:1 的非对映选择性以及 97:3 的区域选择性 (式 7)[10]。反应产物同时含有酮、烯烃和酯基等多种官能团，可以方便地进行多样性转化。

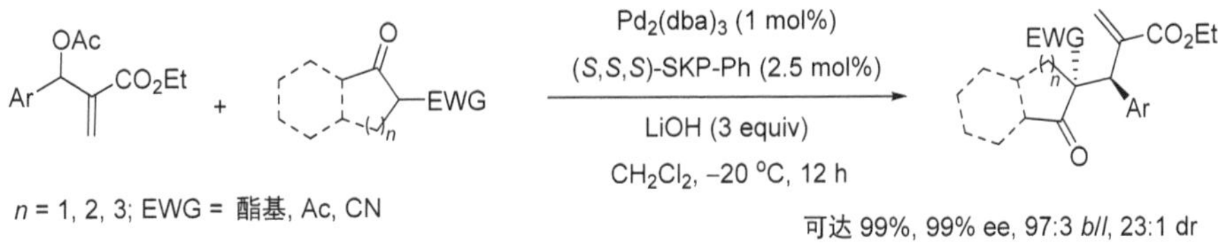

$$\text{(7)}$$

n = 1, 2, 3; EWG = 酯基, Ac, CN
可达 99%, 99% ee, 97:3 b/l, 23:1 dr

通常情况下，MBH 加成物与烯丙基亲核试剂的偶联反应以线型产物为主。丁奎岭等利用 SKP/Pd 催化剂的协同催化模式，首次实现了 MBH 加合物与烯丙基硼酸酯的不对称支链型烯丙基-烯丙基偶联反应[11]，以 64%~97% 的收率和 95%~99% 的 ee 值，以及优异的支链/直链区域选择性（高达 94/6）得到手性 1,5-二烯化合物 (式 8)。该方法也被成功应用于抗抑郁药物 paroxetine 的不对称合成 (式 9)。

韩建林等人成功地将 SKP/Pd 催化体系应用于 3-氟吲哚酮衍生物为亲核试剂的烯丙基取代反应中 (式 10)[12]。反应具有良好的底物普适性，同时产物中具有两个连续的手性

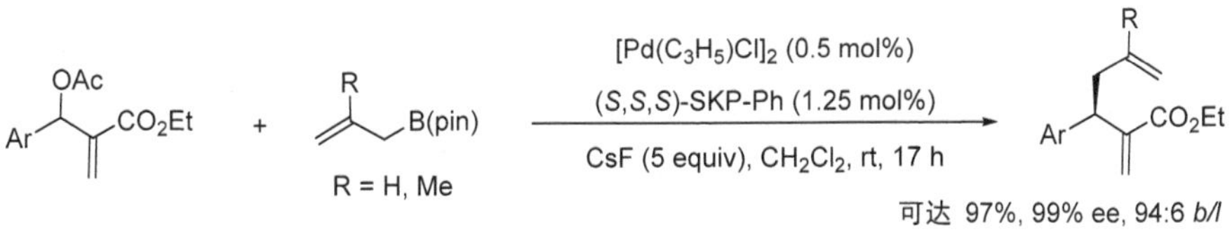

$$\text{(8)}$$

R = H, Me
可达 97%, 99% ee, 94:6 b/l

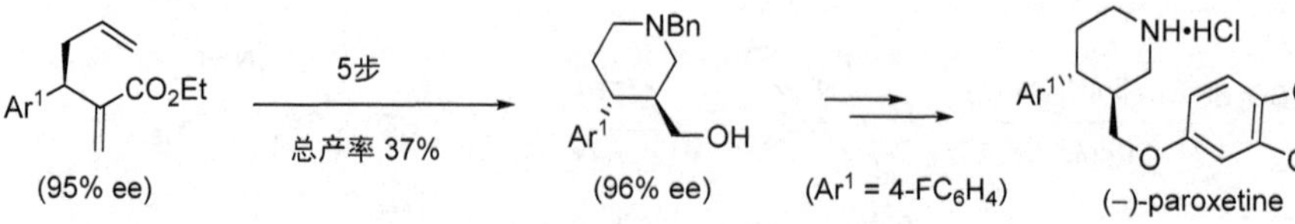

中心，包括一个包含重要的 C–F 键的手性季碳中心。Trost 配体和 PHOX 配体在该反应中的对映选择性并不理想。

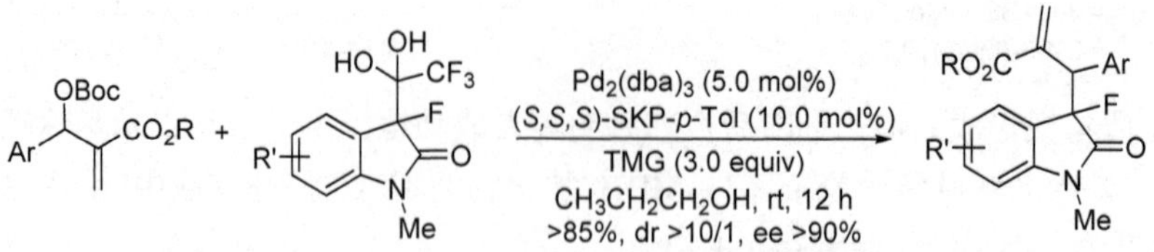

SKP 配体也被成功用于一些其它类型钯催化的不对称反应，如丁奎岭课题组实现了温和条件下的单取代联烯、甲醇、CO 和芳胺的四组分反应，高选择性地得到支链型烯丙基胺化产物 (式 11)。尽管反应产物也可通过前述的不对烯丙基胺化反应得到，但该方法的普适性范围更广，对卤素、硫醚、烯烃、醇、酮和酰胺等官能团均能兼容[13]。这也是首例高区域和高立体选择性的联烯烷氧羰基胺化反应。

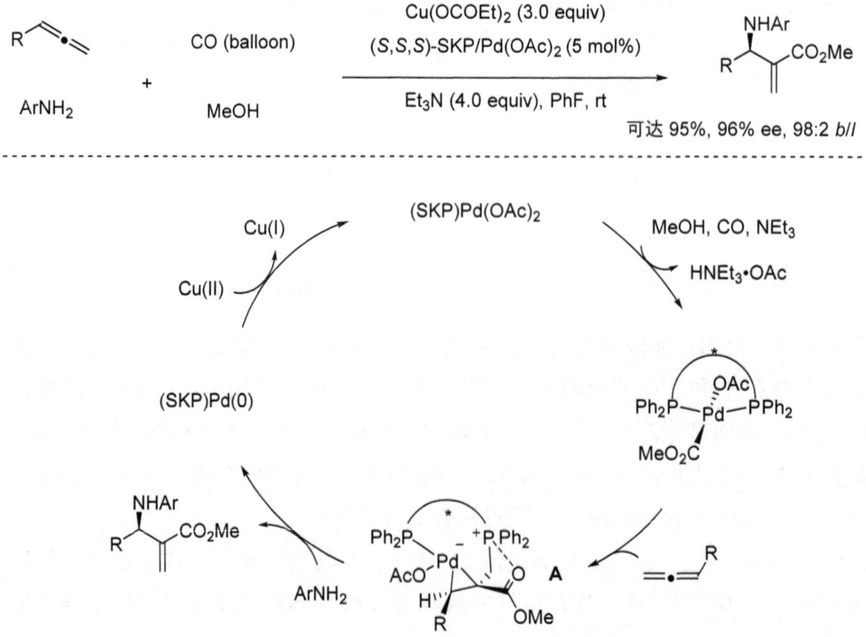

手性 SKP/钯催化剂也被日本京都大学 Nakao 等成功用于烯烃的分子内不对称胺氰化反应中，反应能够以 82% 的收率和 93% 的对映选择性得到目标产物 (式 12)[14]。作者在文中提到，常用的手性双膦配体在该反应中的活性并不够理想。

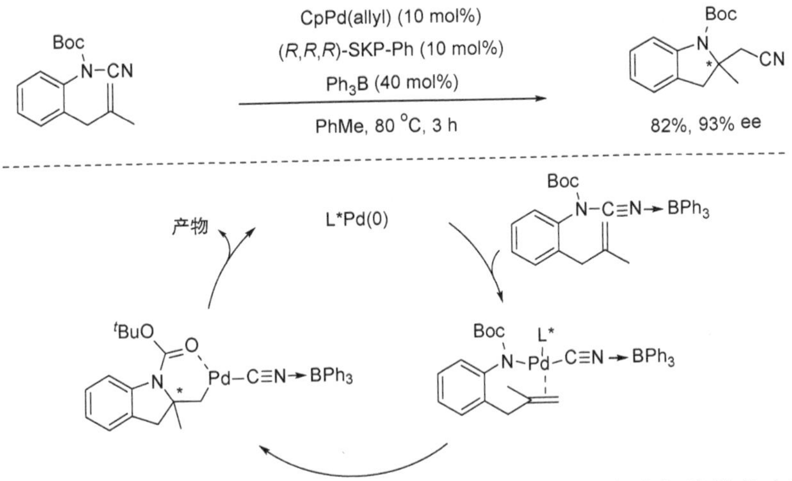

$$\text{(12)}$$

Connecticut 大学 Howell 等在研究钯催化的 α-亚甲基-β-内酯与胺类化合物的选择性 C-O 键活化开环动力学拆分反应时,发现 SKP 配体明显优于 BINAP、SEGphos 和 Trost 等类型配体的对映选择性 (式 13)[15]。虽然对映选择性仅为中等,但这是首次利用过渡金属催化实现该类内酯化合物的动力学拆分。

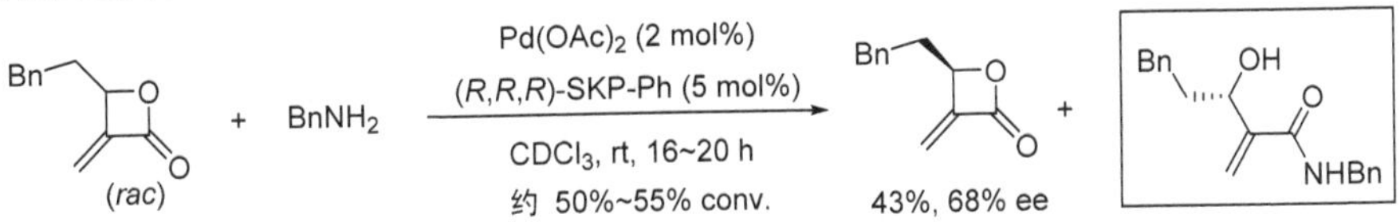

$$\text{(13)}$$

对照实验 (β内酯的 ee 值):

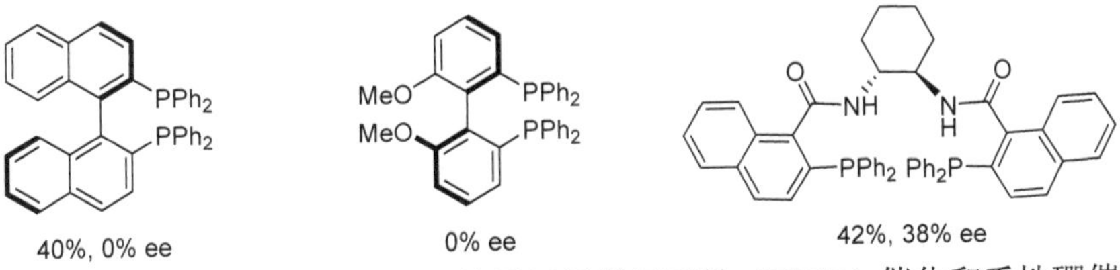

40%, 0% ee   0% ee   42%, 38% ee

日本东京大学 Shimizu 和 Kanai 等最近报道了手性 SKP/Pd 催化和手性硼催化的杂合体系在 α,α-双取代的烯丙基酯的不对称烯丙基迁移中的应用[16]。该反应结合了手性烯丙基钯配合物中间体与硼催化的羧酸的烯醇化,高对映选择性地生成了 α-季碳手性中心的羧酸化合物 (式 14)。作者指出,合适的手性配体对于该钯/硼杂合催化体系的成功至关重要。

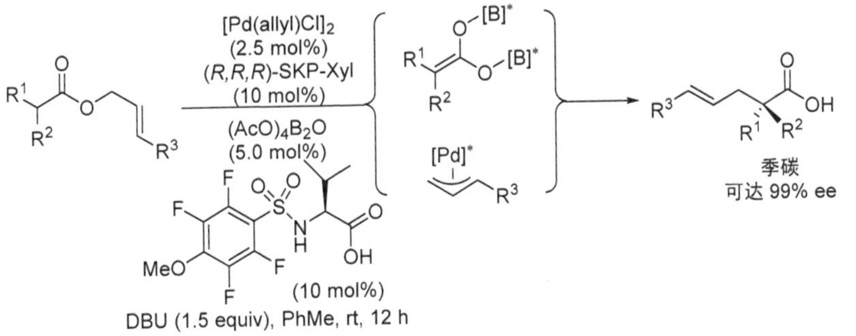

$$\text{(14)}$$
季碳
可达 99% ee

SKP 配体也适用于其它过渡金属催化的不对称反应。利用 SKP 配体，周剑课题组实现了首例金催化的重氮化合物与烯烃的高选择性环丙烷化反应，即重氮氧化吲哚与多取代烯烃构建手性螺氧化吲哚环丙烷的反应 (式 15)[17]。反应底物范围很广，不论单取代、1,1-双取代、1,2-顺式或反式烯烃以及三取代烯烃的反应，都能取得优异的非对映和对映选择性。一些常见的手性双膦配体只能取得中等的对映选择性。

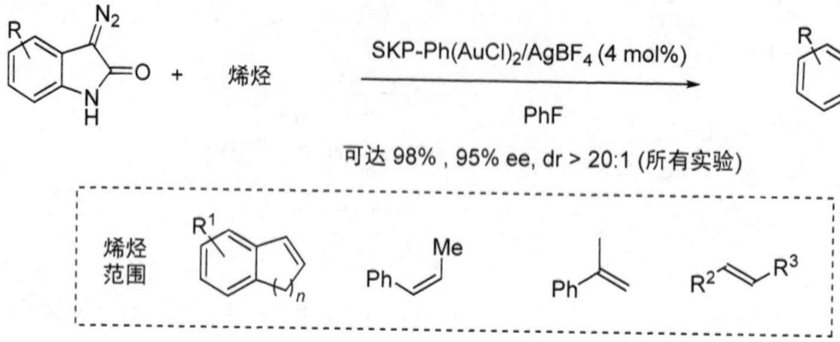

$$\text{(15)}$$

可达 98%，95% ee, dr > 20:1 (所有实验)

对照实验: R = H, 茚 (5.0 equiv), PhCF$_3$ 作为溶液, dr > 20:1 (所有实验)

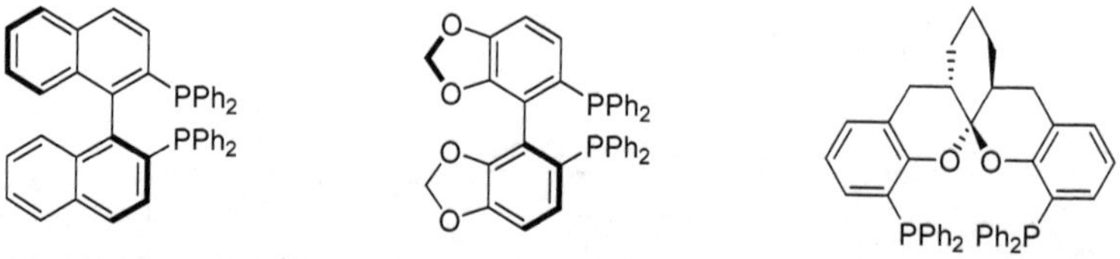

5 h, 60%, 32% ee

10 h, 61%, 52% ee

5 min, 82%, 72% ee

Shimizu 和 Kanai 等人还发现 SKP 配体在 Cu(Ⅰ) 催化的联烯硼酸酯对多种不含保护基醛糖的端基炔丙基化反应中，是取得高产率和高非对映选择性的关键因素。此外，通过使用 SKP 配体的一对对映异构体，可以选择性地得到 syn-或者 anti-炔丙基化产物 (式 16)。该方法也被成功用于唾液酸 (如 KDN) 的克级规模制备 (式 17)[18]。由于唾液酸参与人类的诸多生理或病理过程，与人类的健康和疾病密切相关，因此实现对这类化合物的快速高效的合成，其重要性不言而喻的。

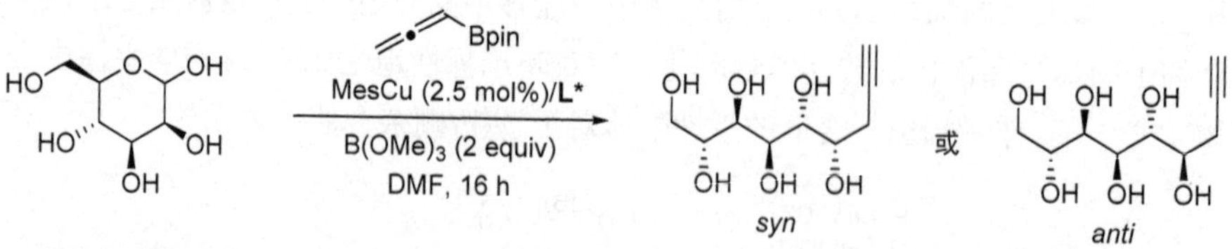

$$\text{(16)}$$

对照实验 (配体用量: 2.5 mol%):

(S)-BINAP: 36%, syn/anti = 1:1
(R)-BINAP: 38%, syn/anti = 1:1
(S,S)-Ph-BPE: 43%, syn/anti = 4:1
(R,R)-Ph-BPE: 50%, syn/anti = 1:1
(S,S,S)-SKP-Ph: 95%, syn/anti > 20:1
(R,R,R)-SKP-Ph: 84%, syn/anti < 1:20

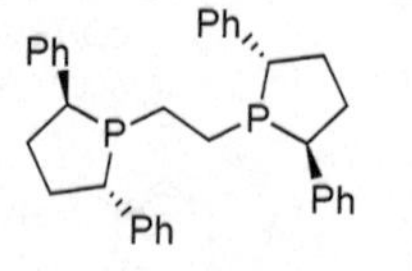

(S,S)-Ph-BPE

$$\underset{syn}{\text{OH OH OH OH}} \xrightarrow[\text{3. NaClO}_2, \text{H}_2\text{O}]{\begin{array}{l}\text{1. Br}_2, \text{H}_2\text{O}\\\text{2. K}_2\text{CO}_3, \text{H}_2\text{O}\end{array}} \text{KDN} \quad (1.02 \text{ g, 总产率 } 76\%) \tag{17}$$

上海交通大学张万斌等利用 SKP-铑催化剂还首次实现了 β,β-二取代烯醇酯的高对映选择性不对称氢化反应 (式 18)，为 β,β-双取代手性伯醇提供了合成新方法，可用于相关生物活性分子的制备 (式 19, 式 20)[19]。作者发现，氢化产物的对映选择性与所采用的手性双膦配体的螯合角紧密相关，具有较大螯合角的手性双膦配体在该反应中的效果较好，而 SKP 表现最为优异 (式 18)。

$$\underset{\text{对照实验 (R, R}^1 = \text{Me)}}{\text{Ph}\overset{R}{\diagup}\text{O}\overset{O}{\diagdown}\text{R}^1} + \underset{(30 \text{ atm})}{\text{H}_2} \xrightarrow[\text{CH}_2\text{Cl}_2, \text{rt, 3 h}]{(S,S,S)\text{-SKP-Ph/Rh (1 mol\%)}} \underset{>99\% \text{ conv., 93\% ee}}{\text{Ph}\overset{R}{\diagup}\text{O}\overset{O}{\diagdown}\text{R}^1} \tag{18}$$

63% conv., 3% ee   >99% conv., 43% ee   >99% conv., 72% ee

$$\underset{(91\% \text{ ee})}{\text{4-BrC}_6\text{H}_4\text{-CH(Me)-CH}_2\text{OCHO}} \xrightarrow[\text{2. MsCl, Et}_3\text{N, CH}_2\text{Cl}_2]{\text{1. NaOH (aq), THF}} \underset{\text{谷氨酸受体增强剂}}{\text{4-BrC}_6\text{H}_4\text{-CH(Me)-CH}_2\text{OMs}} \tag{19}$$

95%, 91% ee

$$\underset{(97\% \text{ ee})}{\text{Ph-CH(Et)-CH}_2\text{OCHO}} \xrightarrow{\text{NaOH (aq), THF}} \underset{98\%, 96\% \text{ ee}}{\text{Ph-CH(Et)-CH}_2\text{OH}} \longrightarrow \underset{\substack{\text{TAAR1}\\\text{受体兴奋剂（对映异构体）}}}{\text{}} \tag{20}$$

综上所述，丁奎岭手性螺缩酮双膦配体 SKP 已在一些过渡金属催化的挑战性的不对称反应中表现出优异的催化活性和立体选择性，并且这些反应使用常用的手性双膦配体难以取得理想的反应结果。目前，SKP 配体已被发现可与钯、金、铜和铑形成手性催化剂并应用于不同类型的不对称催化反应中，显示了其作为一类新型"优势配体"的潜力。无疑，SKP 配体将得到更多的关注，同时也会吸引发展其它基于螺二色烷的手性配体或有机小分子催化剂来开发一些挑战性高的不对称催化反应，并应用于天然产物和药物分子的不对称催化合成。特别是由于 SKP 配体中的两个膦原子间距离较远，是一类非常独特的具有大的螯合角的手性双膦配体，其与金属形成的配合物，在配位方式上更为多样，从而为解决现有的挑战性问题提供了可能和机会。

参考文献

[1] Liu, Y.; Li, W.; Zhang, J. *Natl. Sci. Rev.* **2017**, *4*, 326.
[2] Wang, X.; Han, Z.; Wang, Z; Ding, K. *Angew. Chem. Int. Ed.* **2012**, *51*, 936.
[3] Wang, X.; Meng, F.; Wang, Y.; Han, Z.; Chen, Y.-J.; Liu, L.; Wang, Z; Ding, K. *Angew. Chem. Int. Ed.* **2012**, *51*, 9276.
[4] Wang, X.: Guo, P.; Wang, X.; Wang, Z.; Ding, K. *Adv. Synth. Cat.* **2013**, *355*, 2900.
[5] Wang, X.; Guo, P.; Han, Z.; Wang, X.; Wang, Z.; Ding, K. *J. Am. Chem. Soc.* **2014**, *136*, 405.
[6] Han, Z.; Wang, Z.; Zhang, X.; Ding, K. *Angew. Chem. Int. Ed.* **2009**, *48*, 5345.
[7] Wang, X.; Wang, X.; Han, Z.; Wang, Z.; Ding, K. *Org. Chem. Front.* **2017**, *4*, 271.
[8] (a) Zhou, P.; Liu, Y.; Zhou, L.; Zhu, K.; Feng, K.; Zhang, H.; Liang, Y.; Jiang, H.; Luo, C.; Liu, M.; Wang, Y. *J. Med. Chem.* **2016**, *59*, 10329. (b) Zhou, P.; Liang, Y.; Zhang, H.; Jiang, H.; Feng, K.; Xu, P.; Wang, X.; Ding, K.; Luo, C.; Liu, M.; Wang, Y. *Eur. J. Med. Chem.* **2018**, *144*, 817.
[9] Wang, H.; Yu, L.; Xie, M.; Wu, J.; Qu, G.; Ding, K.; Guo, H. *Chem. -Eur. J.* **2018**, *24*, 1425.
[10] Liu, J.; Han, Z.; Wang, X.; Meng, F.; Wang, Z.; Ding, K. *Angew. Chem. Int. Ed.* **2017**, *56*, 5050.
[11] Wang, X.; Wang, X.; Han, Z.; Wang, Z.; Ding, K. *Angew. Chem. Int. Ed.* **2017**, *56*, 1116.
[12] Zhu, Y.; Mao, Y.; Mei, H.; Pan, Y.; Han, J.; Soloshonok, V. A.; Hayashi, T. *Chem. -Eur. J.* **2018**, *24*, 8994.
[13] Liu, J.; Han, Z.; Wang, X.; Wang, Z.; Ding, K. *J. Am. Chem. Soc.* **2015**, *137*, 15346.
[14] Miyazaki, Y.; Ohta, N.; Semba, K.; Nakao, Y. *J. Am. Chem. Soc.* **2014**, *136*, 3732.
[15] Malapit, C.; Caldwell, D.; Sassu, N.; Milbin, S.; Howell, A. *Org. Lett.* **2017**, *19*, 1966.
[16] Fujita, T.; Yamamoto, T.; Morita, Y.; Chen, H.; Shimizu, Y.; Kanai, M. *J. Am. Chem. Soc.* **2018**, *140*, 5899.
[17] Cao, Z.-Y.; Wang, X.; Tan, C.; Zhao, X.-L.; Zhou, J.; Ding, K. *J. Am. Chem. Soc.* **2013**, *135*, 8197.
[18] Wei, X.-F.; Shimizu, Y.; Kanai, M. *ACS Cent. Sci.* **2016**, *2*, 21.
[19] Liu, C.; Yuan, J.; Zhang, J.; Wang, Z.; Zhang, Z.; Zhang, W. *Org. Lett.* **2018**, *20*, 108.

反应类型： 过渡金属催化；不对称催化

（周剑，曹中艳）

Eschenmoser-Tanabe 碎裂化反应

Eschenmoser-Tanabe 碎裂化反应指的是包含三个反应的方法：①α,β-不饱和环酮的环氧化；②与磺酰肼反应合成环氧腙；③在碱性条件下发生碎裂化得到炔酮（式 1）。Eschenmoser[1] 和 Tanabe[2] 于 1967 年先后分别报道了这一反应，因此该反应叫 Eschenmoser (埃申莫瑟) 碎裂化反应或 Eschenmoser-Tanabe (埃申莫瑟-田边) 碎裂化反应[3]。所用的肼为对甲苯磺酰肼 ($TsNHNH_2$) 和苯基氮丙啶肼[4]。

$$\text{(1)}$$

碱作用下最后一步碎裂化反应机理如图 1 所示。

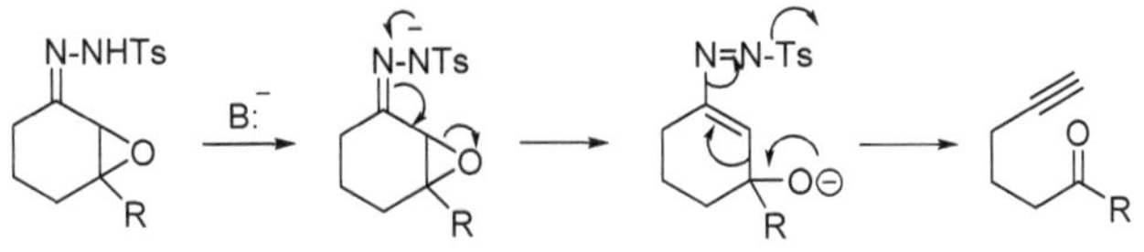

图 1 碱作用下最后一步碎裂化反应机理

Eschenmoser 碎裂化反应常用于天然产物全合成。首次应用 Eschenmoser 碎裂化反应的报道是用于麝香酮外消旋体的合成。随后该反应成为 scoparic acid A (**1**)[5]及相关 labdane 类二萜 (−)-borjatriol (**2**)[6]合成的关键步骤 (式 2)。

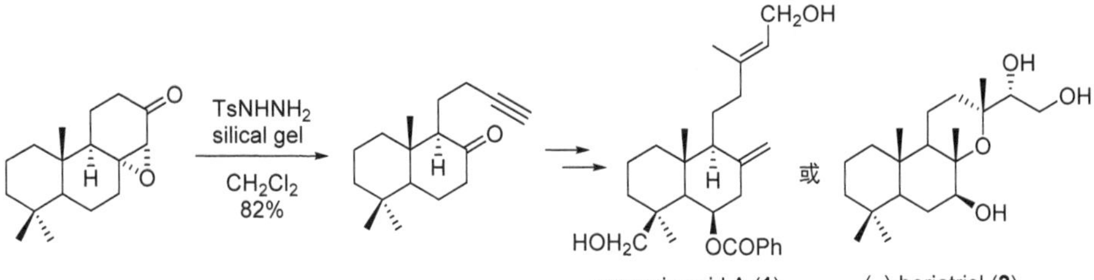

Mander 课题组在白木兰属生物碱 (±)-alkaloid GB 13 (**4**) 的全合成中, 采用传统的 Eschemmoser 碎裂化条件对甲苯磺酰肼只得到较低产率的炔酮。改用对硝基苯磺酰肼, 可以把产率提高到 76% (式 3)[4]。

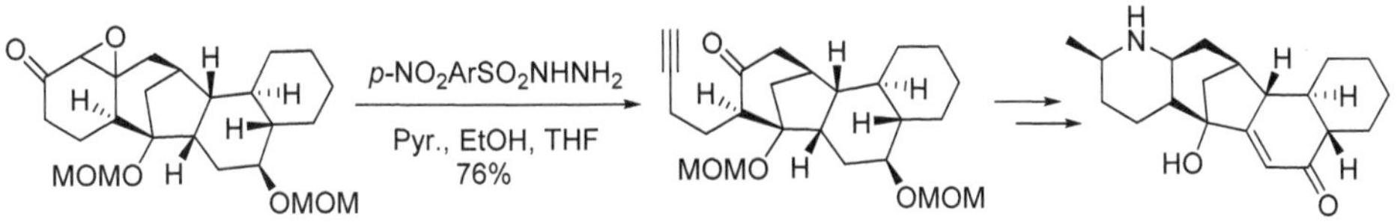

2008 年 Fukuyama 小组在海洋生物碱 (+)-manzamine A (**6**) 四环核心骨架的合成中, α,β-环氧化酮 **4** 与邻硝基苯磺酰肼缩合成腙, 然后在醋酸作用下裂解生成炔醛 **5** (式 4)[7]。

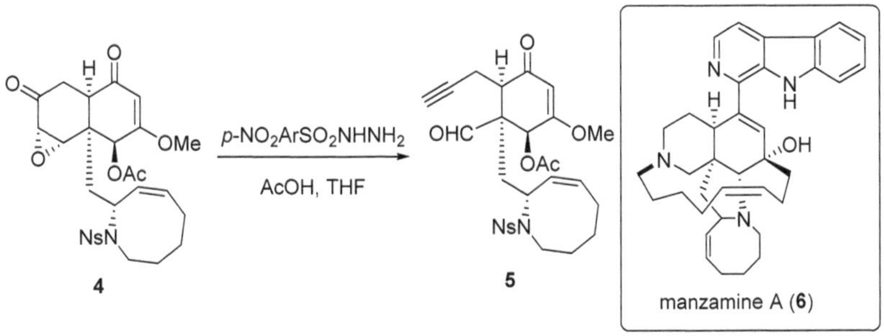

Fukuyama 小组在合成吲哚生物碱 (−)-Mersicarpine (**10**) 时[8], 希望从 α,β-环氧化酮 **7** 合成炔醛 **9**, 然而传统的条件下, 反应未能进行。为此, 他们利用 Warkentin 的方法[9], 分步实现了官能团的转化 (式 5)。

7　8　9

(–)-mersicarpine (**10**)　(5)

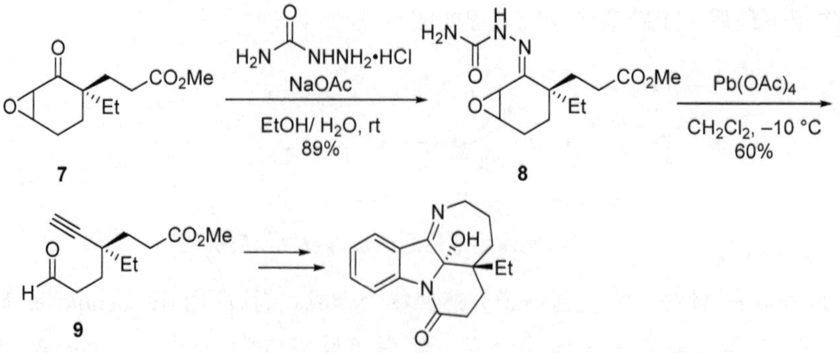

值得一提的是，最近 Okamoto 小组报道了把 Eschemmoser 碎裂化反应用于炔基甾体类探针的合成 (式 6)[10]。

(6)

11　**12**

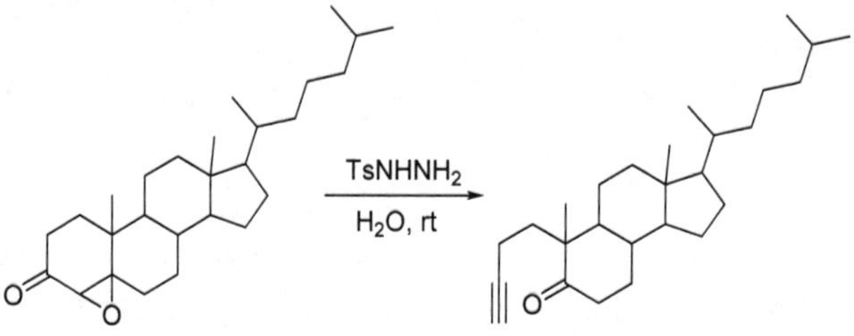

此外，Kuwajirna 和 Dudley 小组分别发展了相关的碎裂化反应以合成炔酮（醛）。β-羟基烯基氧化硒在碱性条件下发生分子内裂解生成炔酮 (式 7)[11]。同样地，烯基三氟甲磺酸酯与烯醇负离子加成，进一步分子内裂解，生成二羰基的炔 (式 8)[12]。

(7)

(8)

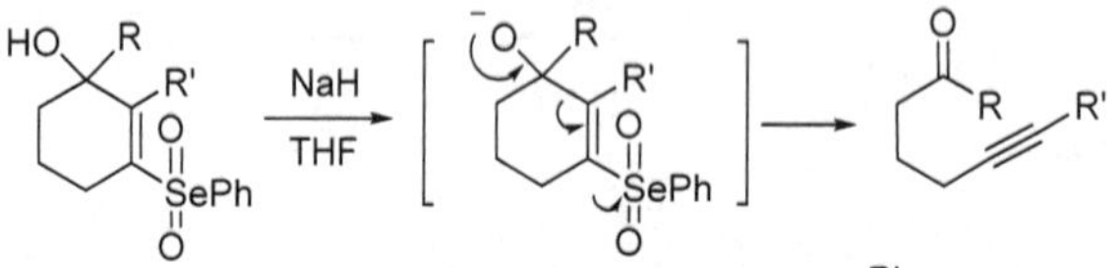

参考文献

[1] (a) Eschenmoser, A.; Felix, D.; Ohloff, G. *Helv. Chim. Acta* **1967**, *50*, 708-713. (b) Felix, D.; Shreiber, J.; Ohloff, G.; Eschenmoser, A. *Helv. Chim. Acta* **1971**, *54*, 2896-2912. (c) Felix, D.; Müller, R. K.; Horn, U.; Joos, R.; Schreiber, J.; Eschenmoser, A. *Helv. Chim. Acta* **1972**, *55*, 1276-1319.

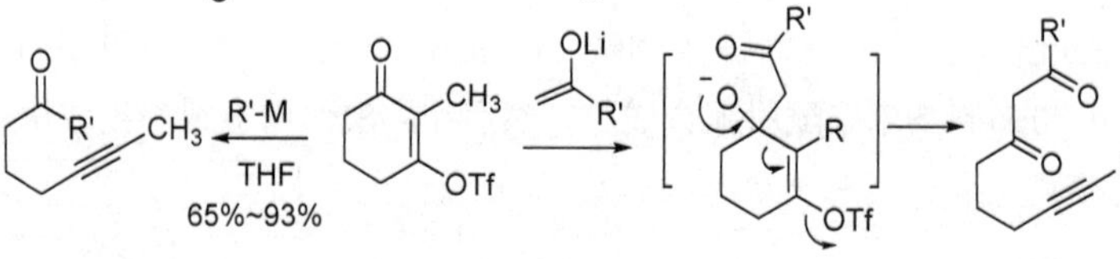

[2] (a) Tanabe, M.; Crowe, D. F.; Dehn, R. L.; Detre, G. *Tetrahedron Letters* **1967**, *38*, 3739-3743. (b) Tanabe, M.; Crowe, D. F.; Dehn, R. L. *Tetrahedron Lett.* **1967**, *40*, 3943-3946.

[3] Drahl, M. A.; Manpadi, M.; Williams, L. J. *Angew. Chem. Int. Ed.* **2013**, *52*, 2-33.（综述）

[4] Stevens, R. V.; Fitzpatrick, J. M.; Germeraad, P. B.; Harrison, B. L.; Lapalme, R. *J. Am. Chem. Soc.* **1976**, *98*, 6313-6317.

[5] Abad, A.; Arno, M.; Agullo, C.; Cuñat, A. C.; Meseguer, B.; Zaragoza, R. J. *J. Nat. Prod.* **1993**, *56*, 2133-2141.

[6] Abad, A.; Agullo, C.; Arno, M.; Cuñat, A. C.; Zaragoza, R. J. *J. Org. Chem.* **1992**, *57*, 50-54.
[7] Kita, Y.; Toma, T.; Kan, T.; Fukuyama, T. *Org. Lett.* **2008**, *10*, 3251-3253.
[8] Nakajima, R.; Ogino, T.; Yokoshima, S.; Fukuyama, T. *J. Am. Chem. Soc.* **2010**, *132*, 1236-1237.
[9] MacAlpine, G. A.; Warkentin, J. *Can. J. Chem.* **1978**, *56*, 308-315.
[10] Yamaguchi, S.; Matsushita, T.; Izuta, S.; Katada, S.; Ura, M.; Ikeda, T.; Hayashi, G.; Suzuki, Y.; Kobayashi, K.; Tokunaga, K.; Ozeki, Y.; Okamoto, A. *Sci. Rep.* **2017**, *7*, 41007.
[11] Shimizu, M.; Ando, R.; Kuwajirna, I. *J. Org. Chem.* **1981**, *46*, 5246-5248.
[12] (a) Kamijo, S.; Dudley, G. B. *Org. Lett.* **2006**, *8*, 175-177. (b) Kamijo, S.; Dudley, G. B. *J. Am. Chem. Soc.* **2006**, *128*, 6499-6507. (c) Jones, D. M.; Lisboa, M. P.; Kamijo, S.; Dudley, G. B. *J. Org. Chem.* **2010**, *75*, 3260-3267.

反应类型： 开环反应
相关反应： Grob 碎裂化反应

（黄培强，王小刚）

冯小明手性氮氧配体

高效高选择性地合成光学活性化合物是近年来化学研究领域的热点和难点问题。通过围绕手性合成化学的关键问题开展系统深入的研究，冯小明教授设计合成了一类新型的手性双氮氧化合物，并将其发展成为一类优势手性配体，在多种类型的不对称催化反应中取得了优异的催化活性和立体选择性。

早期的手性氮氧配体主要集中在喹啉类化合物衍生的氮杂芳香类氮氧化合物，这类手性配体合成和修饰比较困难[1]。相比之下，叔胺类手性氮氧化合物的研究没有得到开展。四川大学冯小明 (Xiaoming Feng) 课题组从便宜易得的手性氨基酸出发，合成了骨架新颖的叔胺类手性双氮氧-酰胺化合物 (图 1)，作为 C_2-对称的新型有机配体，该类化合物含有 Lewis 碱和 Brønsted 酸的双功能催化特点；同时，通过改变柔性的桥联基团可以使配体自动调整构象和不同金属配位，催化多种类型的反应[2]，这种创新的柔性配体骨架策略也挑战了传统的刚性配体骨架策略。因此被冠名冯小明手性氮氧配体，或冯氏手性氮氧配体。

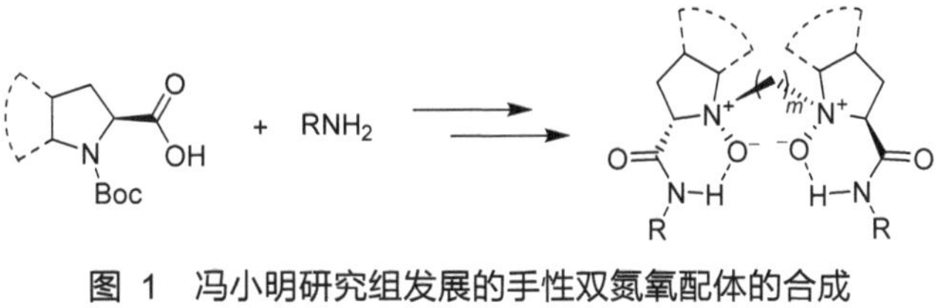

图 1 冯小明研究组发展的手性双氮氧配体的合成

冯氏手性氮氧配体具有原料廉价、合成简单、结构易调和存储使用方便等特点，近年来已发展成为一类优势手性配体。目前，冯氏手性氮氧配体可与二十多种金属配位形成各类手性金属配合物催化剂。金属主要有：In(III)、Sc(III)、Yb(III)、Y(III)、Nd(III)、La(III)、Sm(III)、

Ni(Ⅱ)、Cu(Ⅰ)、Cu(Ⅱ)、Mg(Ⅱ)、Fe(Ⅱ)、Co(Ⅱ)、Ag(Ⅰ) 等。基于这些不同的手性氮氧金属配合物，可以实现多种类型的高效高选择性催化的不对称有机反应，适用范围极其广泛。

（1）在不对称催化反应方面的应用

冯氏手性氮氧配体具有配位金属种类多样性和催化反应多样性的优势。尤其是在 Lewis 酸催化的不对称反应中取得了显著的效果。比如，通过手性氮氧-金属配合物催化剂实现了不对称 Roskamp 反应、胺参与的不对称环氧开环反应等不对称催化新反应。

Roskamp 小组于 1989 年首次报道了 Lewis 酸 (氯化亚锡) 催化重氮乙酸乙酯和醛的重排反应[3]，是一种方便制备 β-酮酸酯的方法，称为 Roskamp 反应。2010 年，冯小明课题组首次以手性氮氧 1-Sc(OTf)$_3$ 配合物作为催化剂，实现了双取代重氮酯和醛制备光学活性 β-酮酯的不对称催化反应 (式 1)[4]，克服了传统 Roskamp 反应的区域选择性问题，因此，并冠名为 "Roskamp-Feng (罗斯坎普-冯小明) 反应"[5]。

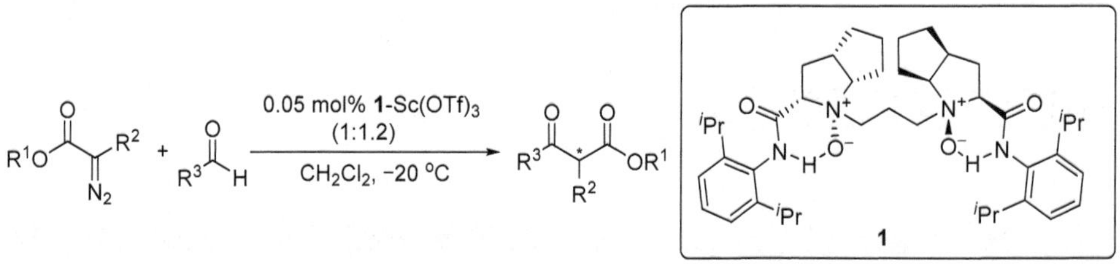

$$R^1O\underset{N_2}{\overset{O}{\diagdown}}R^2 + \underset{R^3}{\overset{O}{\diagdown}}H \xrightarrow[\text{CH}_2\text{Cl}_2, -20\ ^\circ\text{C}]{0.05\ \text{mol\%}\ 1\text{-Sc(OTf)}_3\ (1:1.2)} R^3\overset{O}{\underset{R^2}{\diagdown}}\overset{O}{\diagdown}OR^1 \tag{1}$$

Yamamoto 课题组利用冯氏手性氮氧配体 2 与三氟磺酸钆形成的手性配合物作为催化剂，实现了胺拆分的环氧开环反应 (式 2)，用于高效构建手性氨基醇[6]。

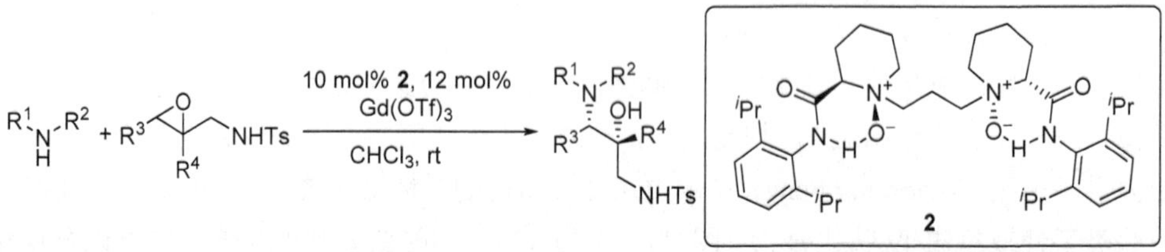

$$R^1\underset{H}{\overset{}{N}}R^2 + R^3\overset{O}{\diagup}\underset{R^4}{\diagdown}\text{NHTs} \xrightarrow[\text{CHCl}_3,\ \text{rt}]{10\ \text{mol\%}\ 2,\ 12\ \text{mol\%}\ \text{Gd(OTf)}_3} \underset{\text{NHTs}}{\overset{R^1\diagdown N\diagup R^2\ \ \text{OH}}{\diagdown R^4}} \tag{2}$$

最近，Antonchick 和 Waldmann 课题组使用冯氏手性氮氧配体 3 和 Nb(OTf)$_3$ 作为催化剂，合成了手性螺环吲哚衍生物[7]，最高可以取得 97% 的对映选择性 (式 3)。

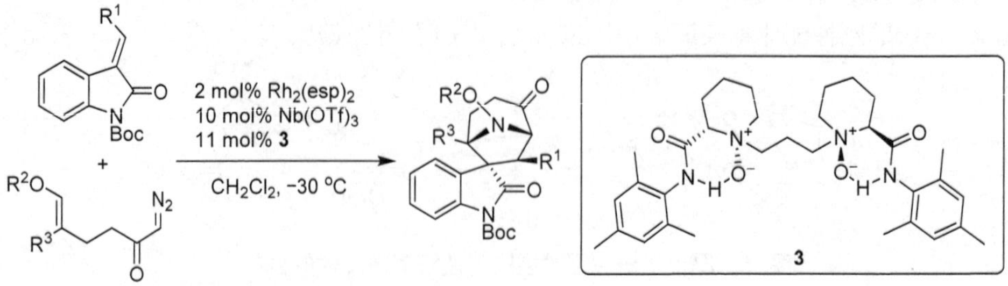

$$\tag{3}$$

（2）在全合成中的应用

由于冯小明手性氮氧配体催化剂可以高效构建手性碳-碳键，取得优异的对映选择性，在医药中间体及天然产物全合成中有许多重要的应用。

冯小明课题组采用手性氮氧配体 **4** 与金属铟配位的催化剂，实现了醛与 Danishefsky 型二烯的高效不对称催化杂 Diels-Alder 反应，最高可以取得 99% 的对映选择性，并能够高效合成重要的手性中间体 triketide (式 4)[8]。

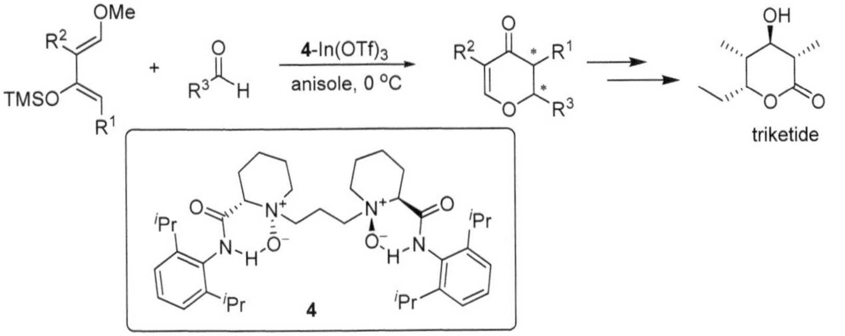

在 (−)-galanthamine 的手性全合成中，贾彦兴课题组等采用冯氏手性氮氧配体催化剂，高效高对映选择性地实现了不对称 Michael 加成反应得到手性全碳季碳 (式 5)[9]。

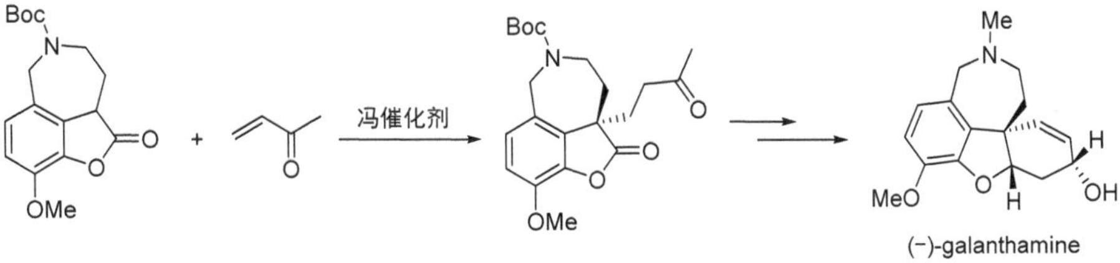

谢卫青小组在合成天然产物生物碱 (−)-dehydrotubifoline、(−)-tubifoline、(−)-tubifolidine 时，运用了冯氏手性氮氧配体催化剂高效构建手性全碳季碳，最高可以得到 97% 的对映选择性 (式 6)[10]。

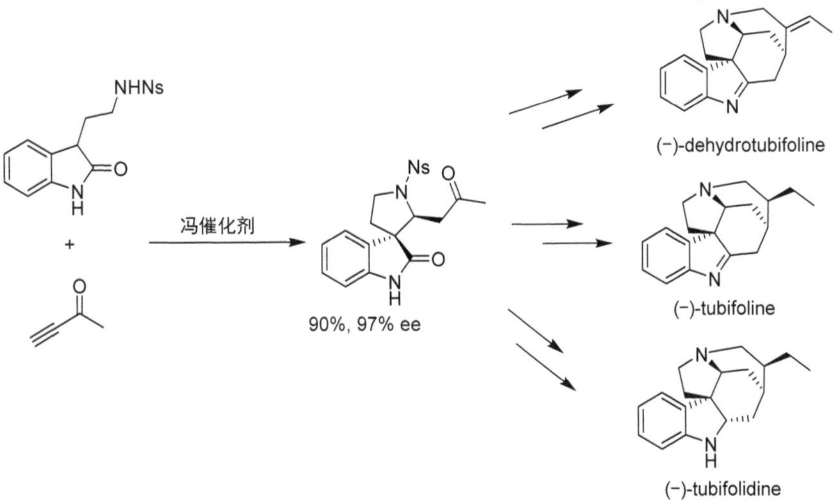

参考文献

[1] Chelucci, G.; Murineddu, G.; Pinna, G. A. *Tetrahedron: Asymmetry* **2004**, *15*, 1373.
[2] (a) Liu, X.; Lin, L.; Feng, X. *Acc. Chem. Res.* **2011**, *44*, 574. (b) Liu, X.; Lin, L.; Feng, X. *Org. Chem. Front.* **2014**, *1*, 298. (c) Liu, X.; Zheng, H.; Xia, Y.; Lin, L.; Feng, X. *Acc. Chem. Res.* **2017**, *50*, 2621.
[3] Holmquist, C. R.; Roskamp, E. J. *J. Org. Chem.* **1989**, *54*, 3258.
[4] Li, W; Wang, J.; Hu, X.; Shen, K.; Wang, W.; Chu, Y.; Lin, L.; Feng, X. *J. Am. Chem. Soc.* **2010**, *132*, 8532.
[5] Hassner, A.; Namboothiri, I. *Organic Synthesis Based on Name Reactions* (Third Edition), Elsevier, **2011**, 408.
[6] Wang, C.; Yamamoto, H. *Angew. Chem. Int. Ed.* **2015**, *54*, 8760.
[7] Jia, Z.-J.; Shan, G.; Daniliuc, C. G.; Antonchick, A. P.; Waldmann, H. *Angew. Chem. Int. Ed.* **2018**, *57*, 14493.
[8] Yu, Z.; Liu, X.; Dong, Z.; Xie, M.; Feng, X. *Angew. Chem. Int. Ed.* **2008**, *47*, 1308.
[9] Li, L.; Yang, Q.; Wang, Y.; Jia, Y. *Angew. Chem. Int. Ed.* **2015**, *54*, 6255.
[10] He, W.; Hu, J.; Wang, P.; Chen, L.; Ji, K.; Yang, S.; Li, Y.; Xie, Z.; Xie, W. *Angew. Chem. Int. Ed.* **2018**, *57*, 3806.

（龚流柱）

Grob 碎裂化反应

碎裂化反应 (fragmentation reaction) 指如图 1 所示的一大类反应。反应中分子断裂成三个片段。亲电离去基团 (electrofugal group) a–b 反应后形成更稳定的带正电荷的离子或中性的分子。中间的基团 c–d 反应后形成含不饱和键的分子。亲核离去基团 (nucleofugal group) X 带着电子对脱离原子 d[1-4]。

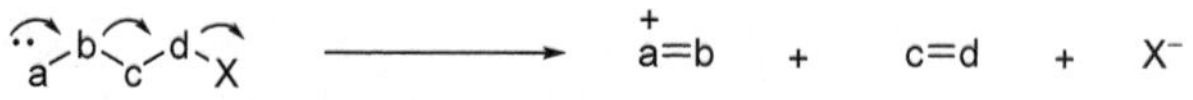

$$a\text{-}b\text{-}c\text{-}d\text{-}X \longrightarrow \overset{+}{a}=b\ +\ c=d\ +\ X^-$$

图 1 Grob 碎裂化反应

碎裂化反应在 18 世纪就有所记载。1952 年，Eschenmoser 认识到这类反应的普遍性并作出了正确的解释[5]。20 世纪 50 年代，Grob 对这类反应进行了非常细致的研究和总结[2,3]，因此这一大类反应被称为 Grob (格罗布) 反应或 Grob 碎裂化反应。此后这类反应被广泛应用在有机合成中，成为开环、中等大小环合成的一种有效方法。

（1）反应机理

能够发生 Grob 碎裂化反应的分子也存在着其它的反应可能性。图 2 是一类在醇溶剂中进行的反应。除了 Grob 碎裂化反应外，分子还能够进行消除反应、取代反应、环合反应等，最终得到不同产物。产物的分布由电子效应和立体效应共同决定[3,4]。

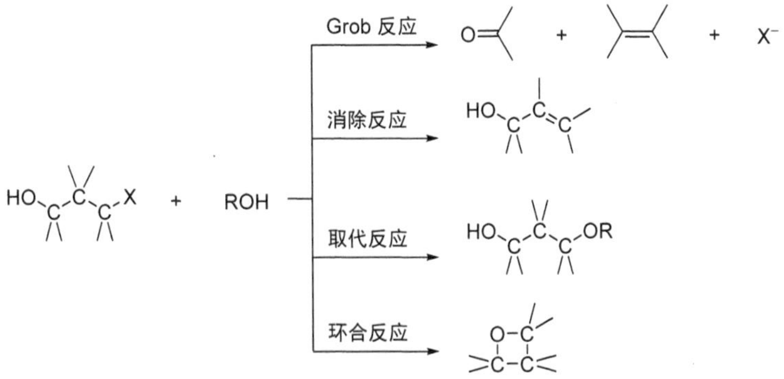

图 2　能够发生 Grob 碎裂化反应的小分子的其它可能反应途径

最常见机理如图 3 所示，为协同机理。这个机理要求 X 和 Y 基团满足电子轨道的反式共平面构象[3-7]。但是，在一些存在张力的分子中，顺式的碎片反应也是存在的[8-10]。

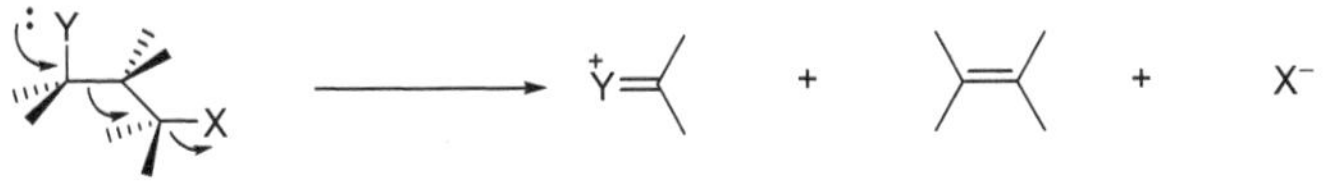

图 3　协同 Grob 碎裂化反应立体要求

（2）Grob 及其类似反应的类型

Grob 碎裂化反应式中的符号可以是碳、氧、氮、磷、硼、硅、卤素等等。因此，很多存在亲电离去基团、中间基团、亲核离去基团的分子都能够发生有效的 Grob 碎裂化反应。1967 年，Grob 在他的综述中对已发现的反应进行了细致的总结 (图 4)[2]。

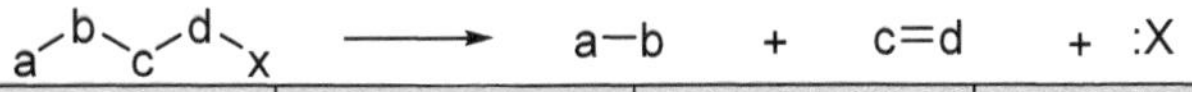

亲电离去基团	亲电离去碎片	中间基团	不饱和碎片	亲核离去基团	亲核离去基团
a—b—	a—b	—c—d—	c=d	—X	X
HO—CR_2—	O=CR_2	—CR_2—CR_2—	CR_2=CR_2	—Cl	Cl^-
RO—CR_2—	$\overset{+}{R}O$=CR_2	—CR=CR—	RC≡CR	—Br	Br^-
HOOC—	CO_2	—CR_2—NR—	R_2C=NR	—I	I^-
R_2N—CR_2—	$R_2\overset{+}{N}$=CR_2	—CR=N—	RC≡N	—SO_3R	RSO_3^-
R_3C—	$R_3\overset{+}{C}$	—CR_2—O—	R_2C=O	—OCOR	$RCOO^-$
RCO—	$R\overset{+}{C}$=O	—CO—O—	CO_2	—OH_2^+	H_2O
R_2C—R_2C—	R_2C=CR_2	—N=N—	N_2	—NR_3^+	NR_3
H_2N—NH—	HN=NH	—CO—	C=O	—SR_2^+	SR_2
HN=N—	N_2			—$\overset{+}{N}$≡N	N_2

图 4　可能发生 Grob 碎裂化反应的基团[2]

图 5 所示为两个较早进行细致研究的 Grob 碎裂化反应。其中，图 5 (a) 是氨基类的碎片反应[3,6,11]，图 5 (b) 是 1,3-二醇类的碎片反应[12-14]。这些反应的研究不仅为人们认识该反应立体效应机制提供证据，而且成为合成中等大小环化合物的有效方法。

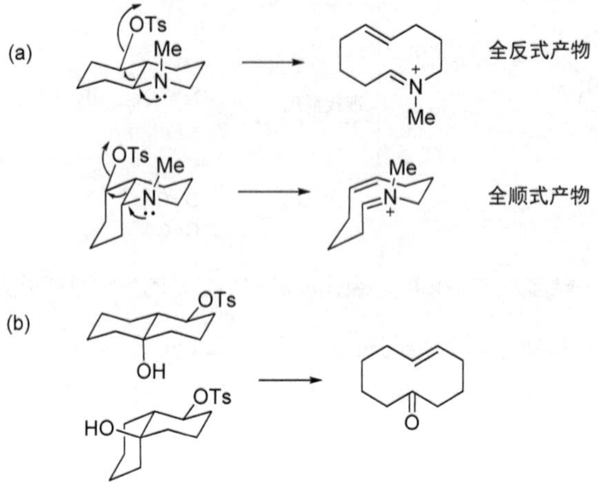

图 5 两个典型的 Grob 碎裂化反应

随着对反应机理的深入研究，很多和其它反应联合使用的 Grob 碎裂化反应被应用于有机合成。Grob 碎裂化反应的活性分子可在其它类型的反应过程中生成，并原位发生碎片反应。图 6 中列举了三个串联 Grob 碎裂化反应。二碘化钐在活化卤素并引发对羰基

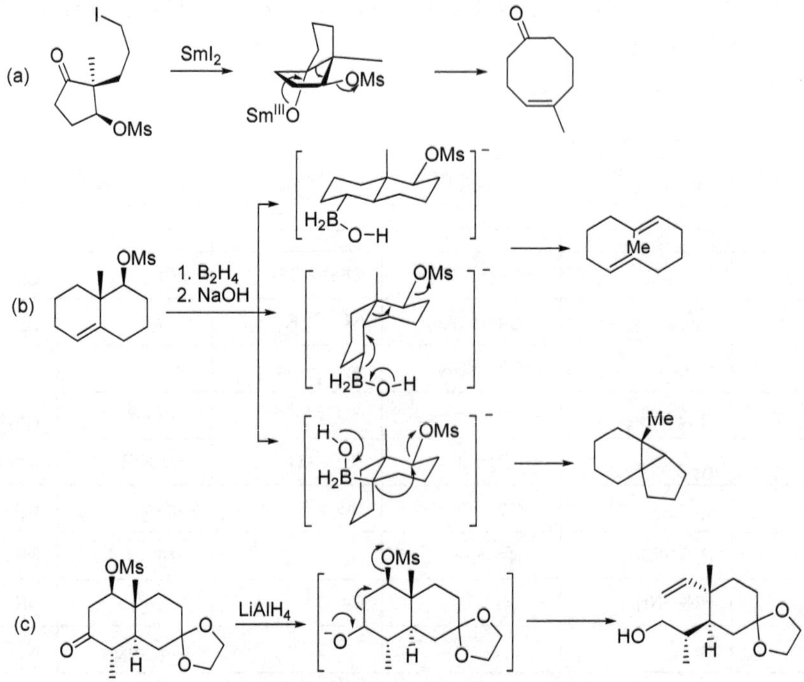

图 6 串联 Grob 碎裂化反应

亲核反应后，反应中间体能够原位发生 Grob 碎裂化反应[15-18]。在烯烃的合适位置上如果存在合适的离去基团，那么在对烯烃硼氢化的同时，也能够原位发生 Grob 碎裂化反应[19]。酮羰基的合适位置上有离去基团时，以还原试剂还原羰基的同时也能够原位发生 Grob 碎裂化反应[20-22]。

（3）Grob 碎裂化反应在有机合成中的应用

由于 Grob 碎裂化反应具有很好的区域选择性和立体选择性，而且反应条件温和，多数情况下只需要酸碱催化或室温反应就能够有效发生。另外，Grob 碎裂化反应能够断裂出新的不饱和官能团，从而有利于化合物的继续衍生和修饰。因此 Grob 碎裂化反应在有机合成中获得广泛应用。

图 7 (a) 是 Kato 报道的 tobacco Sesquiterpene 类化合物的合成[23]。合成利用反式双

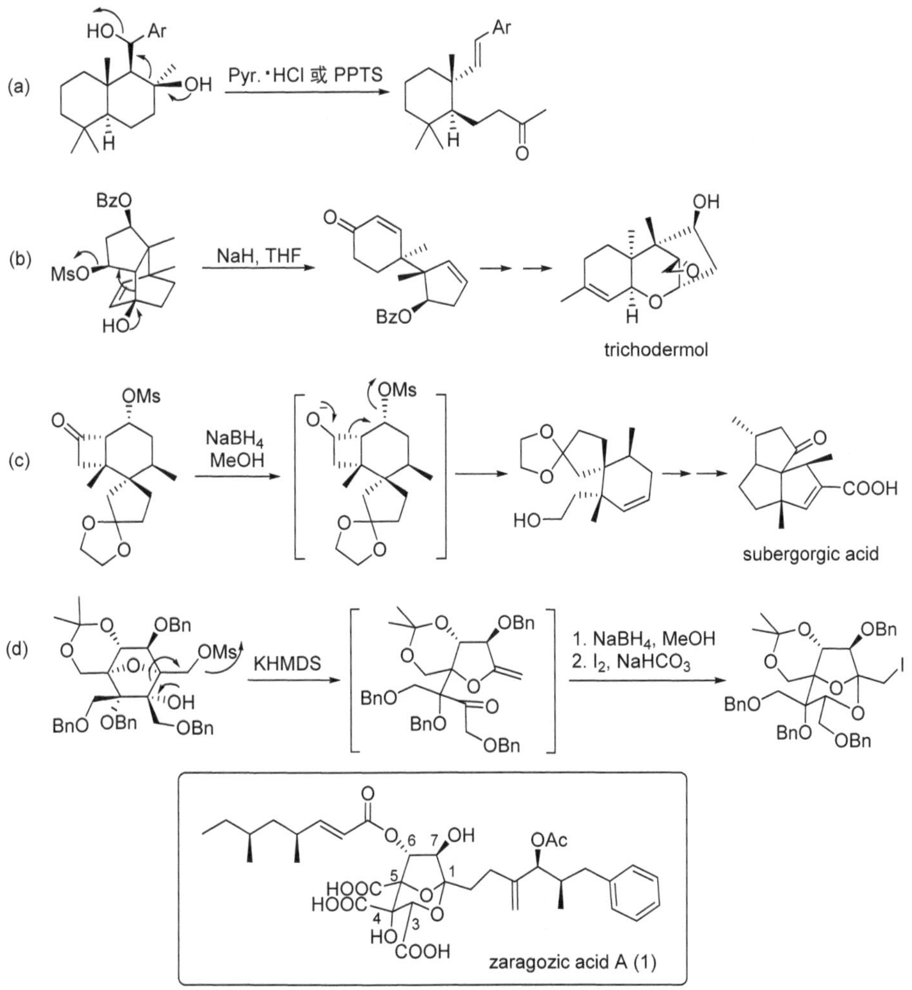

图 7　利用 Grob 碎裂化反应断键和开环

环的构型进行 Grob 开环，得到反式目标产物。图 7 (b) 是 Still 在合成 trichodermol 时运用 Grob 碎裂化反应开环合成目标化合物的例子。合成路线中采用双环 [2.2.2] 完成构象控制，Grob 碎裂化反应开环合成特定构型中间体[24]，最终完成化合物全合成。图 7 (c) 是 Iwata 在合成 subergorgic acid 所选择的路线。以还原试剂还原羰基，原位发生 Grob 碎裂化反应，利用预构的环上官能团控制生成所需构象环状中间体，最终完成 subergorgic acid 全合成[20]。图 7 (d) 是 Nagaoka 在 zaragozic acid 及核心结构合成中用到的 Grob 碎裂化反应。反应成功地将预先构造好的 4 个特定构型的碳原子，通过 Grob 断裂转移到下一个中间体，并通过原位反应，合成缩醛类中间体，最终完成 zaragozic acid 的核心结构的合成[25]。

黄乃正从 Wieland-Miescher 酮出发，通过 Grob 碎裂化反应偶联得到双环 [3.2.1] 辛烯中间体，进而首次完成了 (±)-pallambin C 和 (±)-pallambin D 的全合成 (图 8)[26]。

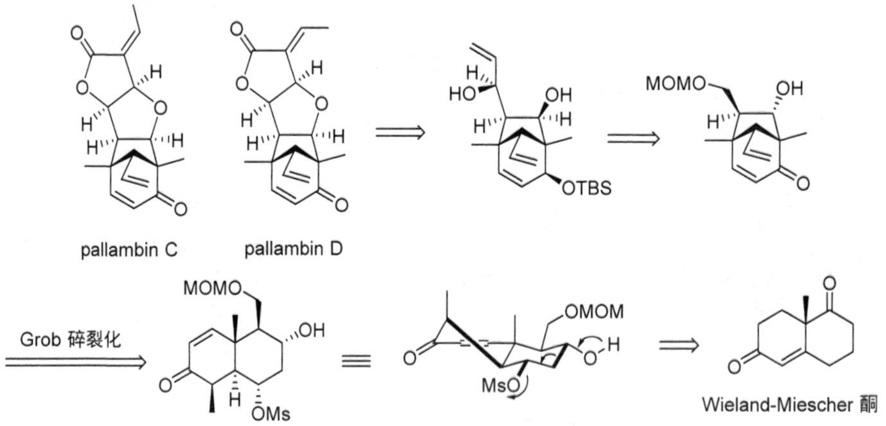

图 8 pallambins C 和 D 的全合成分析

David W. Lupton 利用环烷酮类化合物通过 Grob/Eschenmoser 反应构建了一种线型端烯二酯类单体，从而可以用于构建树枝状大分子化合物 (图 9)[27,28]。

大环合成方法在有机合成中非常有意义。Grob 碎裂化反应提供了合成大环烯烃的有效方法。尽管 Grubbs 试剂的发现和发展，为大环烯烃的合成提供了非常便利的方法，但是，Grubbs 试剂在烯烃顺-反异构体的控制等方面仍然存在欠缺[29,30]。因此 Grob 碎裂化反应在有机合成中仍然具有独特意义。图 10 给出了一些 Grob 碎裂化反应用于合成大环化合物的实例。图 10 (a) 是 De Clercq 等在以 periplanone B 为合成目标化合物时，利用 Grob 碎裂化反应构造顺-反烯烃十碳大环[31]。图 10 (b) 是 Wijnberg 报道的利用 Grob 碎裂化反应合成反-反烯烃十碳大环的反应[32]，利用硼氢化活化双键，然后在碱的处理下原位发生 Grob 碎裂化反应，生成两个反式的烯烃，并且把事先在双环上构造好的手性中心传递到目标化合物。图 10 (c) 为 Paquette 在合成 jatrophatrione 时，通过 Grob 碎裂化反应构造九碳顺式烯烃大环[33-35]。图 10 (d) 为 Leumann 合成 coraxeniolide A 时，利用 Grob 碎裂化反应构造九碳反式烯烃大环[36]。

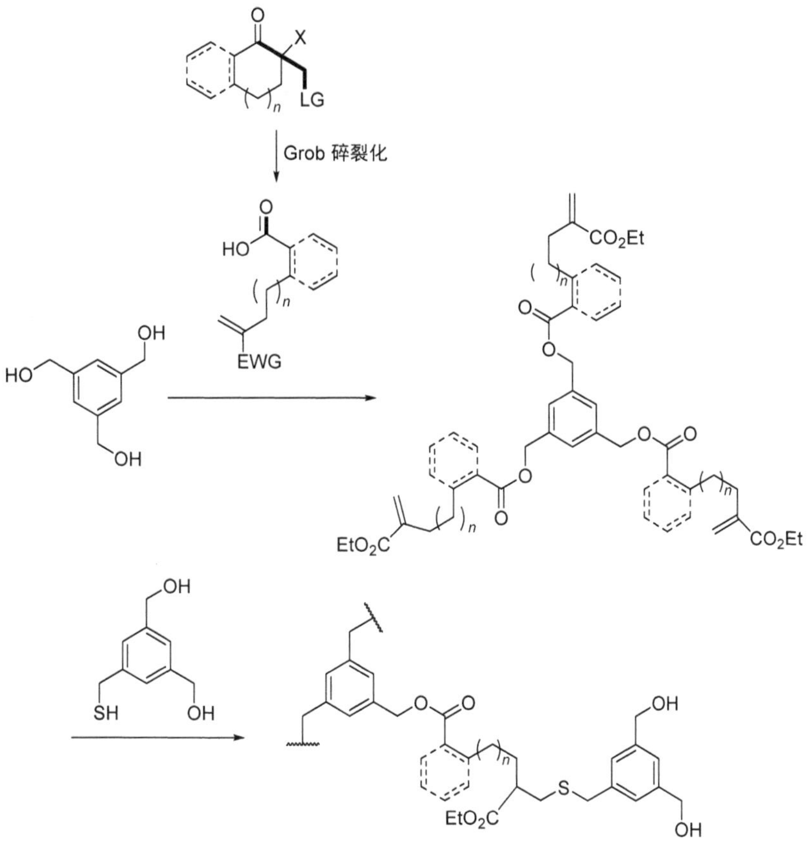

图 9 利用 Grob 反应构建树枝状大分子

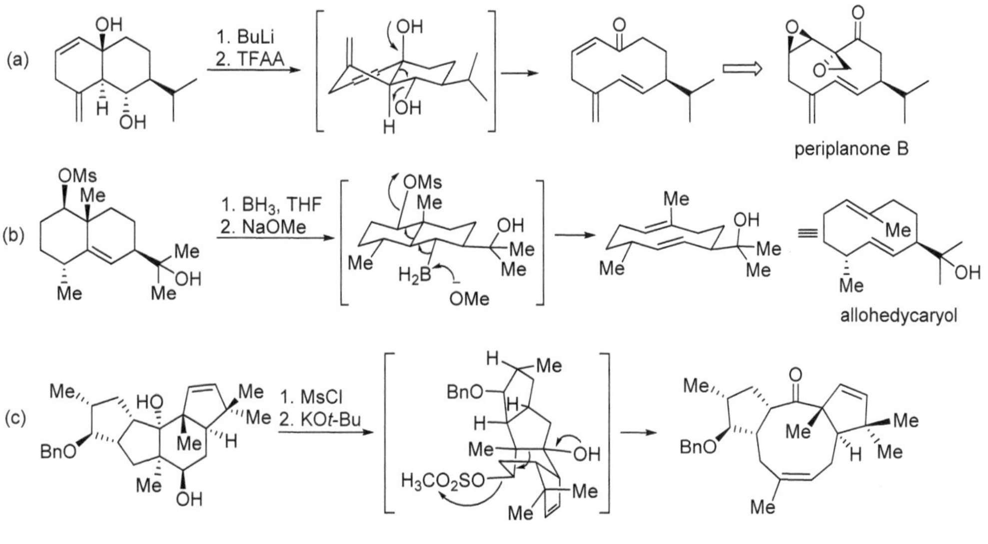

图 10

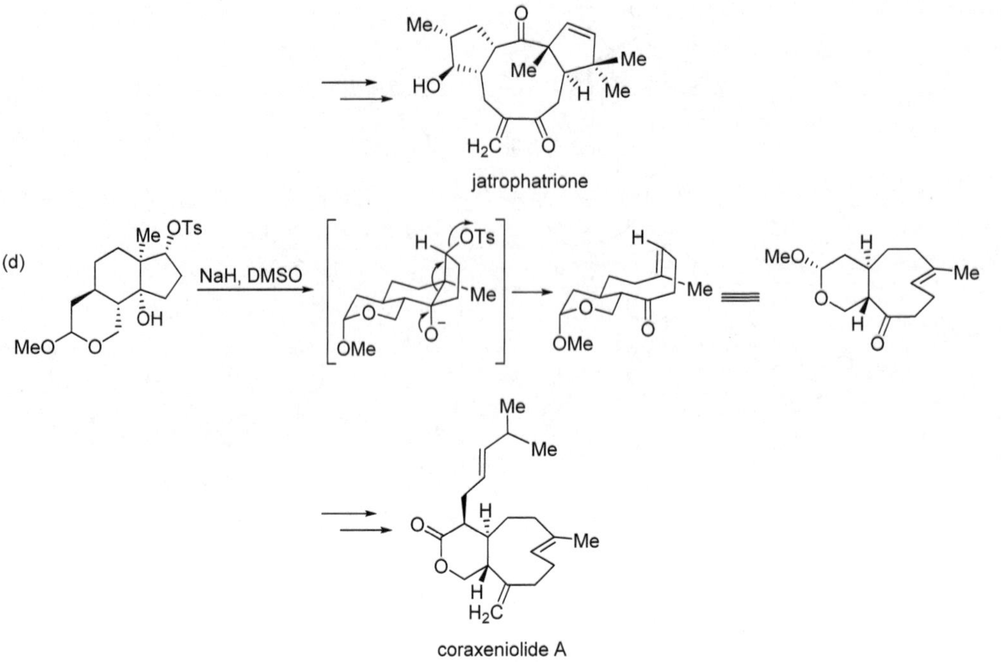

jatrophatrione
(d)
NaH, DMSO
coraxeniolide A

图 10 利用 Grob 碎裂化反应合成大环化合物

D-A 反应通过双烯加成可以形成六元环状烯烃结构，这是一类重要的有机合成中间体。Khan 首先通过 D-A 反应得到桥环中间体，再利用 Grob 反应构建六元烯酮环中间体，进而芳香化得到多种不同的取代苯。例如作者通过使用取代醛异构化得到保护的烯醇，并以此为原料得到不同取代的卤代苯酚[37,38]。作者同样利用邻硝基苯乙烯为原料，通过 D-A 反应和 Grob 碎裂化反应得到联苯后再形成咔唑 (图 11)[39]。Maimone 同样利用了两次

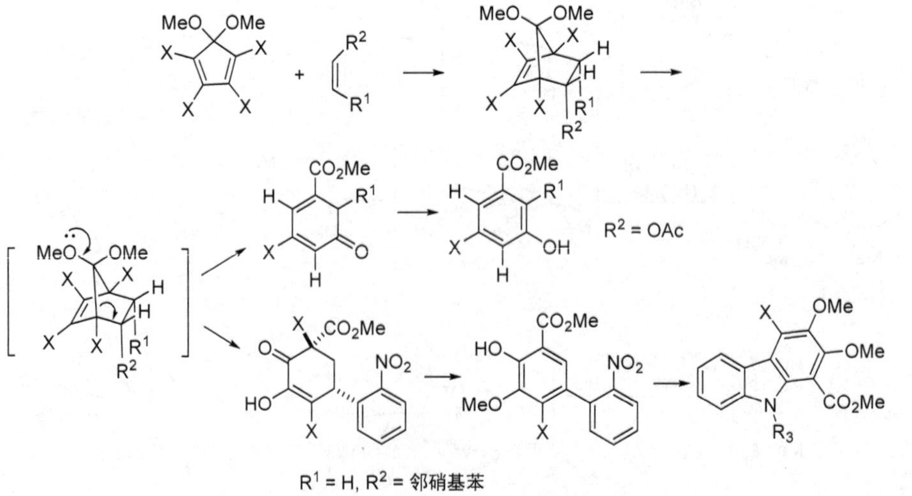

R² = OAc
R¹ = H, R² = 邻硝基苯

图 11 Grob 碎裂化反应在取代苯中的应用

D-A 反应和 Grob 碎裂化反应为关键步骤构建了核心骨架,完成了极具挑战性的明星分子 vinigrol 的首例全合成 (图 12)[40,41]。

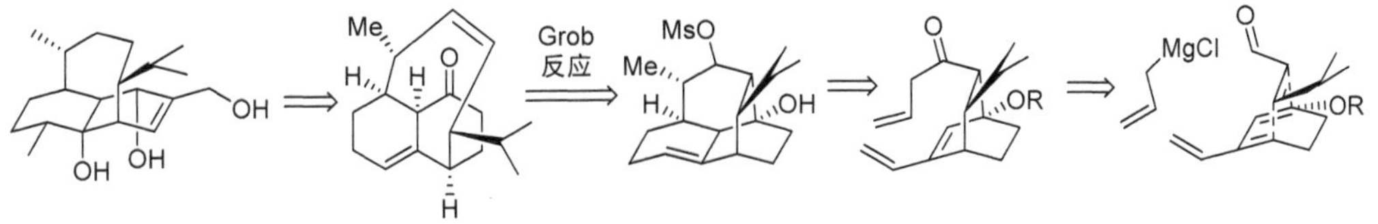

图 12 Vinigrol 的全合成分析

Charette[42]利用具有 γ-胺羟基化物氮杂双环[2.2.2]辛烯在三氟甲磺酸酐作用下发生 Grob 碎裂化反应,得到具有区域选择性和立体选择性的 2,3,6-三取代的四氢吡啶 [图 12 (a)]。从而应用于天然产物 indolizidines (−)-209I 和 (−)-223J 的全合成。Brückner[43]利用 α-苯甲酰基乙酸异丙酯为原料,经过 Grob 碎裂化反应,可以高立体选择性地合成烯醇类化合物 [图 12 (b)]。伍贻康[44]在脱除图 13 (c) 中 TBS 保护基时发现其产物并非预期的脱保护后的羟基化合物,得到的是烷基迁移后的产物,通过实验分析,这类化合物通过分子内的 Grob 碎裂化反应从而发生这种烷基迁移,这种迁移具有立体选择性。

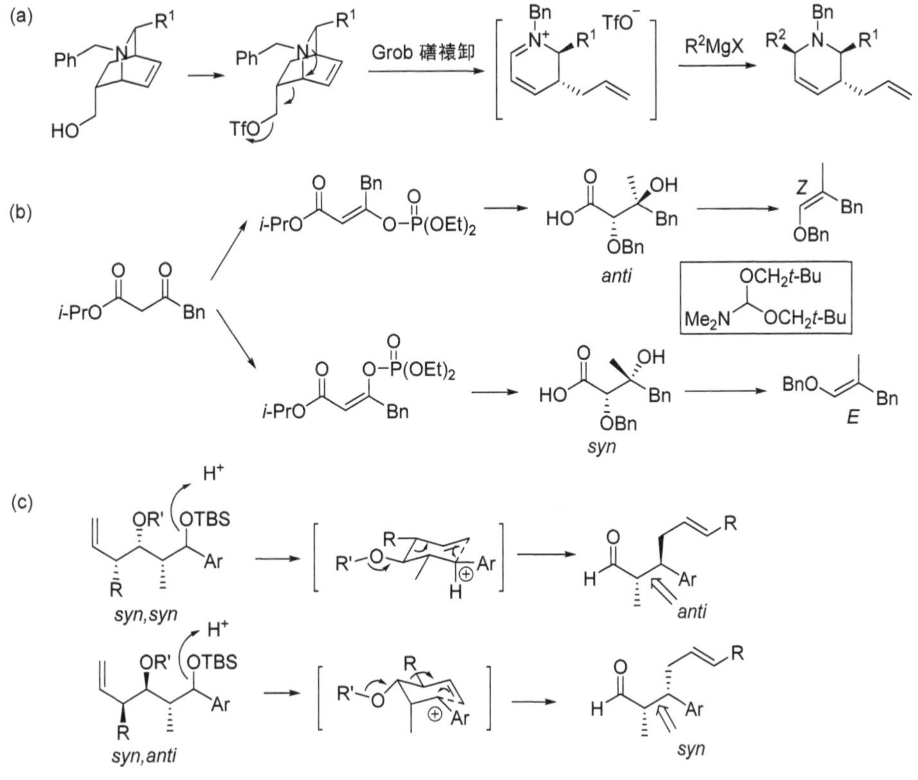

图 13 Grob 碎裂化反应实例

单线态氧在化学、生物学和药物化学中作为一种重要的氧化来源,其主要是通过光反应得到的,而且需要一定是水相环境。Dussault 等人[45]发现 1,1-双过氧化氢类化合物可以发生类似 Grob 碎裂化反应,高效形成单线态的分子氧 (图 14),这种反应可以在多种有机溶剂中进行。

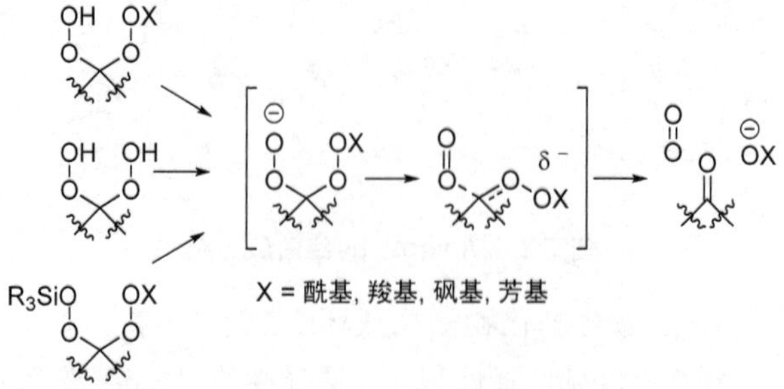

图 14 利用 Grob 碎裂化反应生成单线态氧

Adam[46]在研究 DNA 的氧化损伤过程中发现,利用 3,3-二取代的 1,2-二氧杂环丁烷对乙酰化保护的鸟苷氧化反应发现,产物只有 22% 是鸟嘌呤 C8 位甲氧基取代核苷,而有 78% 产生的分解产物鸟嘌呤和 1′-甲氧基取代的核糖 (图 15)。作者研究其机理发现是二氧杂环丁烷过氧键亲核进攻鸟嘌呤 N-7 原子形成 N-7 烷氧基取代中间体,碱基脱离核糖,质子化后发生 Grob 碎裂化反应生成鸟嘌呤。作者认为这种过氧化物对 DNA 的氧化损伤过程是普遍存在的。Goldberg 等人[47]研究 NCS (新制癌菌素) 引起 RNA 链断裂过程提出如下机理 (图 15):C1′ 在 NCS 诱导下形成自由基后捕获氧气形成 C1′-过氧自由基,质子化后形成过氧化氢中间体。作者认为 C1′-过氧化氢中间体碱性条件下发生的并非经典的邻二醇发生的 Criegee 乙二醇断裂反应,因为 Criegee 反应需要酸性条件和金属离子的存在。碱性条件下 2′-OH 去质子化,形成氧负离子,然后应该是发生 Grob 碎裂化反应造成糖环的 C1′-C2′ 键断裂,进而发生 β-消除等反应,最终造成 RNA 链的断裂 (图 16)。

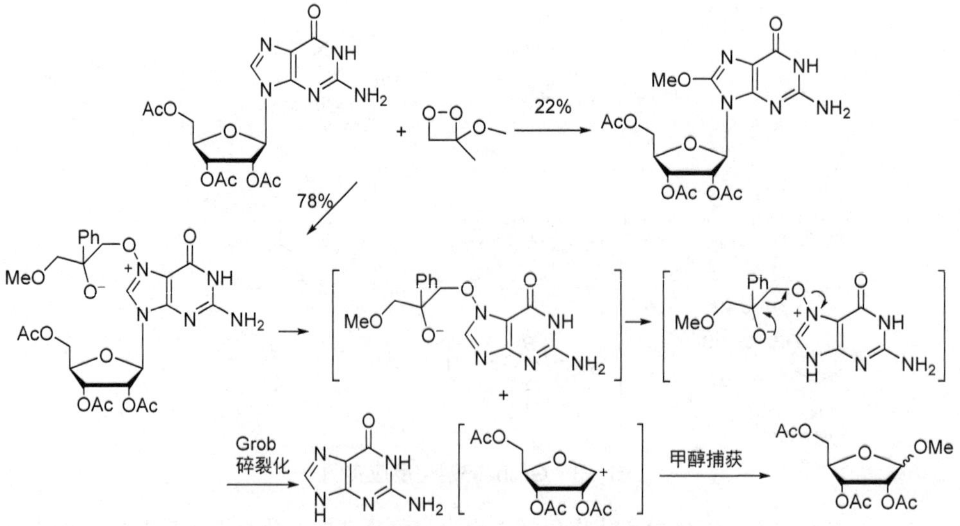

图 15 Grob 碎裂化反应介导的 DNA 氧化损伤

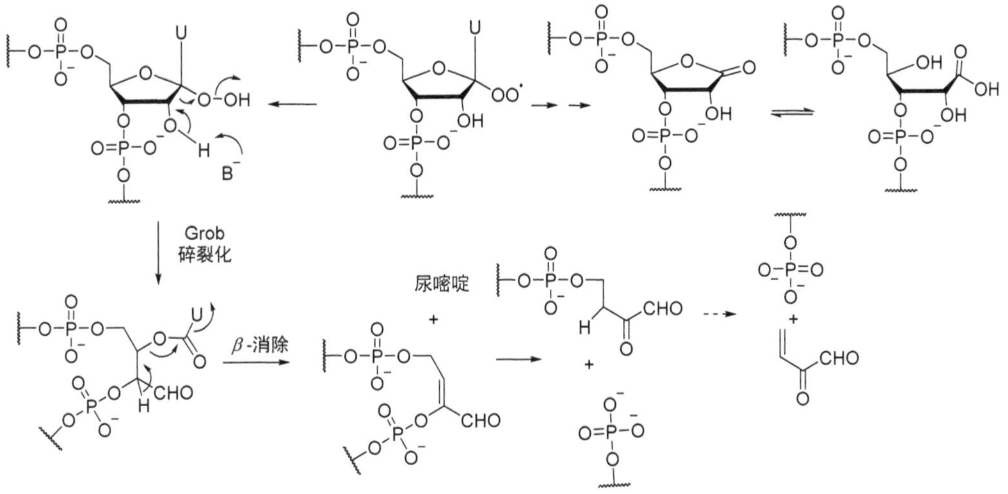

图 16　NCS 介导的 RNA 链断裂机理

参考文献

[1] Becker, K. B.; Grob, C. A. in "The Chemistry of Functional Groups." Patal, S. Eds. Wiley, Chichester. 1977, Suppl. A, 653
[2] Grob, C. A.; Schiess, P. W. *Angew., Chem. Int. Ed. Engl.* **1967**, *6*, 1.
[3] Grob, C. A. *Angew. Chem., Int. Ed. Engl.* **1969**, *8*, 535.
[4] Weyersthal, P.; Marschall, H. Fragmentation Reactions. *In Comprehensive Organic Synthesis;* Trost, B. M., Fleming, I., Winterfeldt, E., Eds.; Pergamon Press: Oxford, **1991**; *Vol. 6*, 1041.
[5] Eschenmoser, A.; Frey, A. J. *Helv. Chim. Acta.* **1952**, *35*, 1660.
[6] Gleiter, R.; Stohrer. W. D.; Hoffmann, R. *Helv. Chim. Acta.* **1972**, *55*, 893.
[7] Kirmse, W.; Zander, K. *Angew. Chem., Int. Ed. Engl.* **1988**, *27*, 1538.
[8] Wender, P. A; Manly, C. J. *J. Am. Chem. Soc.* **1990**, *112*, 8579.
[9] Trost, B. M.; Bogdanovicz, M. J.; Frazee, W. J.; Salzmann, T. N. *J. Am. Chem. Soc.* **1978**, *100*, 5512.
[10] Hotlon, R. A.; Kennedy, R. M. *Tetrahedron Lett.* **1984**, *25*, 4455.
[11] Grob, C.A. *Angew. Chem. Int. Ed.* **1980**, *19*, 708.
[12] Wharton, P. S. *J. Org. Chem.* **1961**, *26*, 4781.
[13] Wharton, P. S.; Hiegel, G. A.; Coombs, R. V. *J. Org. Chem.* **1963**, *28*, 3217.
[14] Wharton, P. S.; Heigel, G. A. *J. Org. Chem.* **1965**, *30* , 3254.
[15] Molander, G. A.; Huerou, Y. L.; Brown, G. A. *J. Org. Chem.* **2001**, *66*, 4511.
[16] Peterson, S. L. *Meandering Thoughts* **2005**, *2*, 101.
[17] Takano, M.; Umino, A.; Nakada, M. *Org. Lett.* **2004**, *6*, 4897
[18] Hasegawa, E., et., al. *Tetrahedron. Lett.* **1998**, *39*, 4059.
[19] Marshall, J. A.; Bundy, G. L. *J. Am. Chem. Soc.* **1966**, *88*, 4291.
[20] Iwata, C.; Takemoto, Y.; Doi, M.; Imanishi, T. *J. Org. Chem.* **1988**, *53*, 1623.
[21] Kato, M.; Kurihara, H.; Yoshicoshi, A. *J. Chem. Soc., Perkin Trans. 1* **1979**, 2740.
[22] Kato, M.; Yooyama, T.; Yoshicoshi, A. *Bull. Chem. Soc. Jpn.* **1991**, *64*, 56.
[23] Kato, M.; Tooyama, T.; Yoshicoshi, A. *Bull. Chem. Soc. Jpn.* **1991**, *64*, 56.
[24] Still, W. C.; Tsai, M. Y. *J. Am. Chem. Soc.* **1980**, *102*, 3654.

[25] Koshimizu, H.; Baba, T.; Yoshimitsu, T.; Nagaoka, H. *Tetrahedron Lett.* **1999**, *40*, 2777.
[26] Xu, X. S.; Li, Z. W.; Zhang, Y. J.; Peng, X. S.; Wong, H. N. C. *Chem. Commun.* **2012**, *48*, 8517.
[27] Hierold, J.; Hsia, T.; Lupton, D. W. *Org. Biomol. Chem.* **2011**, *9*, 783.
[28] Hierold, J.; Lupton, D. W. *Org. Biomol. Chem.* **2013**, *11*, 6150.
[29] Grubbs, R. H.; Miller, S. J.; Fu, G. C. *Acc. Chem. Res.* **1995**, *28*, 446.
[30] Trnka, T. M.; Grubbs, R. H. *Acc. Chem. Res.* **2001**, *34*, 18.
[31] Cauwberghs, S. G.; De Clercq, P. J. *Tetrahedron Lett.* **1988**, *29*, 6501.
[32] Zhabinskii, V. N.; Minnaard, A. J.; Wijnberg, J.; Groot, A. *J. Org. Chem.* **1996**, *61*, 4022.
[33] Paquette, L. A.; Nakatani, S.; Zydowsky, T. M.; Edmondson, S. D.; Sun, L.; Skerlj, R. *J. Org. Chem.* **1999**, *64*, 3244.
[34] Paquette, L. A.; Edmondson, S. D.; Monck, N.; Rogers, R. D. *J. Org. Chem.* **1999**, *64*, 3255.
[35] Yang, J.; Long, Y. O.; Paquette, L. A. *J. Am. Chem. Soc.* **2003**, *125*, 1567.
[36] Renneberg, D.; Pfander, H.; Leumann, C. J. *J. Org. Chem.* **2000**, *65*, 9069.
[37] Choudhury, S.; Ahmad, S.; Khan, F. A. *Org. Biomol. Chem.* **2015**, *13*, 9686.
[38] Khan, F. A.; Choudhury, S. *Eur. J. Org. Chem.* **2010**, 2954.
[39] Sravanthi, K.; Agrawal, S. K.; Rao, C. N.; Khan, F. A. *Tetrahedron Lett.* **2016**, *57*, 3449.
[40] Maimone, T. J.; Shi, J.; Ashida, S.; Baran, P. S. *J. Am. Chem. Soc.* **2009**, *131*, 17066.
[41] Maimone, T. J.; Voica, A.-F.; Baran, P. S. *Angew. Chem. Int. Ed.* **2008**, *47*, 3054.
[42] Lemonnier, G.; Charette, A. B. *J. Org. Chem.* **2010**, *75*, 7465.
[43] Engesser, T.; Brückner, R. *Eur. J. Org. Chem.* **2017**, 5789.
[44] Li, S. G.; Chen, H. J.; Yang, Y. Y.; Wu, W. J.; Wu, Y. K. *Chem. Asian J.* **2015**, *10*, 2333.
[45] Hang, J. L.; Ghorai, P.; Finkenstaedt-Quinn, S. A.; Findik, I.; Sliz, E.; Kuwata, K. T.; Dussault, P. H. *J. Org. Chem.* **2012**, *77*, 1233.
[46] Adam, W.; Treiber, A. *J. Am. Chem. Soc.* **1995**, *117*, 2686.
[47] Zeng, X. P.; Xi, Z.; Kappen, L. S.; Tan, W. T.; Goldberg, I. H. *Biochemistry* **1995**, *34*, 12435.

（席真，杨兴，王正华）

Haller-Bauer 反应

在氨基钠 (NaNH$_2$) 作用下，不含 α-H 的酮在回流的苯或甲苯中发生 C-C 键断裂，生成羧酸衍生物和羰基被氢取代的分子的反应称为 Haller-Bauer (哈勒-鲍尔) 反应 (HB 反应) (式 1)[1-4]。

$$\underset{R^3}{\overset{R^1}{R^2}}\overset{O}{\underset{R^6}{\overset{R^4}{R^5}}} \xrightarrow{NaNH_2} \underset{R^3}{\overset{R^1}{R^2}}\overset{O}{NH_2} + \underset{R^5}{\overset{H}{R^6}}R^4 \qquad (1)$$

这一 C-C 键断裂反应系 Semmler 于 1906 年在研究单萜 fenchone 在氨基钠作用下降解时所发现 (式 2)[5]。随后 Haller 和 Bauer 研究了这一新反应的普适性，把其扩展到许多简单的脂肪族酮和芳香酮 (式 3 和式 4)[6]。因而称为 Haller-Bauer 反应。Paquette

的研究显示在 DABCO[7]存在下或使用除去氨基钠中甲苯可溶的杂质,可显著提高反应的产率。除了氨基钠外,其它碱,特别是叔丁醇钾在适当的溶剂中也可用于这一反应[8]。

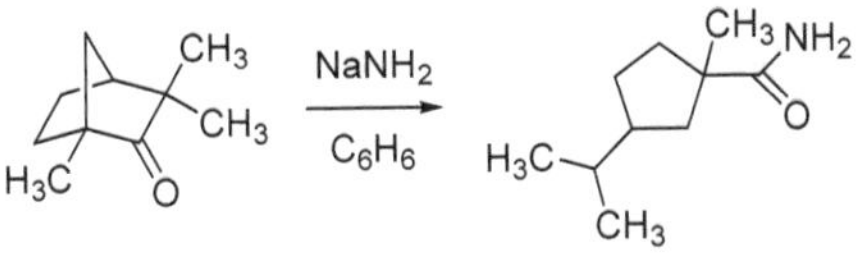

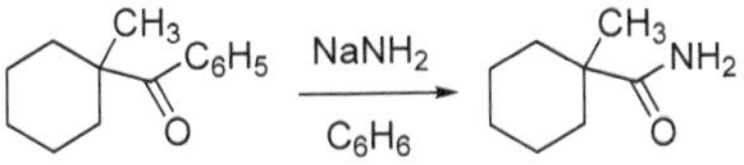

利用多米诺反应可以实现甲基酮的 Haller-Bauer 反应 (式 5 和式 6)[9, 10]。

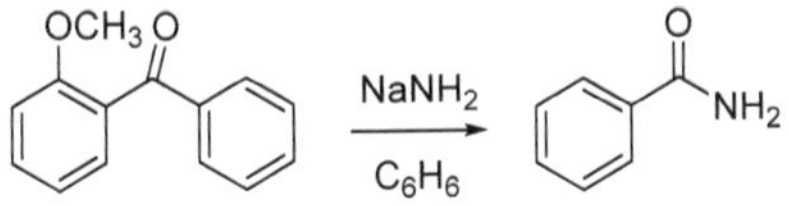

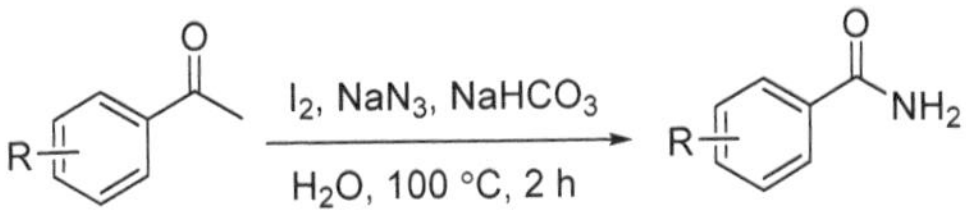

在 LDA 的催化下,Haller-Bauer 反应可以用于制备仲酰胺 (式 7)[11]。

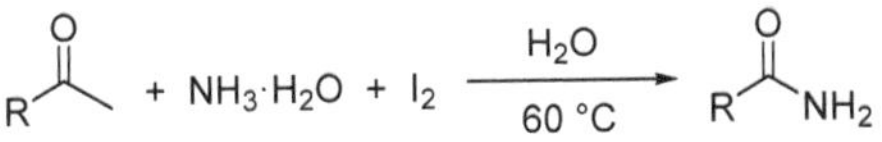

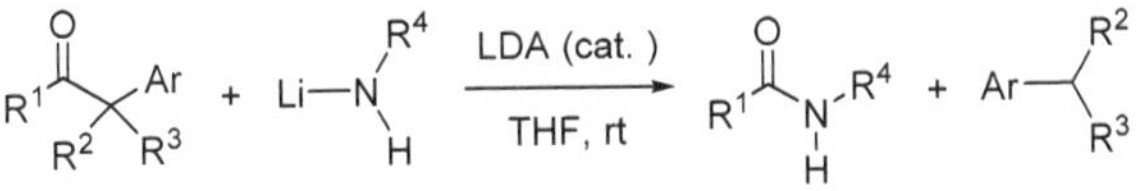

Haller-Bauer 反应的机理如图 1 所示,四面体中间体消除的方向即反应的进行取决于 R 基是否能稳定负电荷,如苯基、环丙基和硅基等可稳定负电荷的基团。

图 1 Haller-Bauer 反应的机理

光学活性酮的反应构型保持的比例达到 96%~98% (式 8)[12, 13]。

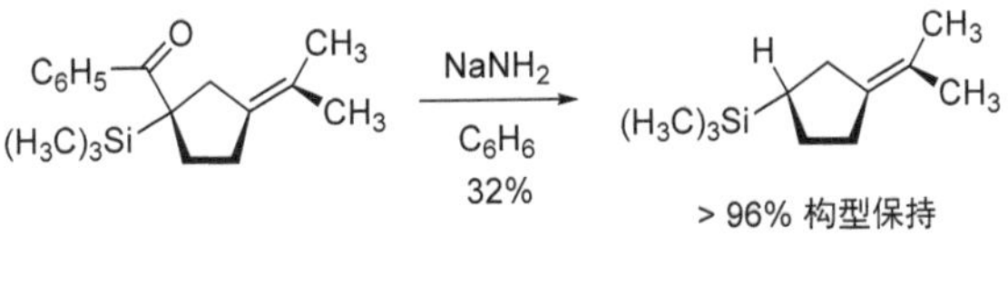

Haller-Bauer 反应常用于环酮的开环[14]。也曾被用于利血平 E 环 (**1**) 的构筑 (式 9)[15]和倍半萜 guaiol (**2**) 的合成 (式 10)[16]。

参考文献

[1] Hamlin, K. E.; Weston, A. W. *Org. React.* **1957**, *9*, 1-36.
[2] Kaiser. E.; Warner. C. D. *Synthesis* **1975**, *6*, 395-396.
[3] Paquette, L. A.; Gilday, J. P. *Org. Prep. Proceed. Int.* **1990**, *22*, 167-201.
[4] Mehta, G.; Venkateswaran, R. V. *Tetrahedron* **2000**, *56*, 1399-1422.
[5] Semmler, F. W. *Ber.* **1906**, *39*, 2577-2582.
[6] Haller, A.; Bauer, E. *Compt. Rend.* **1909**, *147*, 824-826.
[7] Kaiser, E. M.; Warner, C. D. *Synthesis* **1975**, 395-396.
[8] Gassman, P. G.; Lumb, J. T.; Zalar, F. V. *J. Am. Chem. Soc.* **1967**, *89*, 946-952.
[9] Narender, T.; Rajendar, K.; Kant, R. *Adv. Synth. Catal.* **2013**, *355*, 3591-3596.
[10] Wu, A.-X.; Cao, L.-P.; Ding, J.-Y.; Gao, M.; Wang, Z.-H.; Li, J. *Org. Lett.* **2009**, *11*, 3810-3813.
[11] Ishihara, K.; Yano, T. *Org. Lett.* **2004**, *6*, 1983-1986.
[12] Paquette, L. A.; Gilday, J. P.; Ra, C. S. *J. Am. Chem. Soc.* **1987**, *109*, 6858-6860.
[13] Paquette, L. A.; Gilday, J. P.; Ra, C. S.; Hoppe, M. *J. Org. Chem.* **1988**, *53*, 704-706.
[14] Bach, T.; Braun, I.; Rudroff, F.; Mihovilovic, M. D. *Synthesis* **2007**, 3896-3906.
[15] Mehta, G.; Reddy, D. S. *Synlett* **1997**, 612-614.
[16] Buchanan, G. L.; Young, G. A. R. *J. Chem. Soc., Perkin Trans. 1* **1973**, 2404-2407.

反应类型： 碳-碳键断裂反应

（黄培强，吴东坪）

黄维垣脱卤亚磺化反应

黄维垣脱卤亚磺化反应 (Huang dehalo-sulfination reaction) 指全 (多) 氟烷基卤代烷在亚硫酸盐类引发下发生单电子转移反应生成全 (多) 氟亚磺酸盐的反应 (式 1)。这一反应最早是黄维垣等于 1981 年报道的[1]。由于该反应利用工业上易得的含氟卤代烷原料，合成重要的含氟表面剂、医药、农药中间体以及有机合成中的重要中间体，因而在有机合成等多个领域获得广泛应用。

$$
\text{[I(CF}_2\text{)}_2\text{OCF}_2\text{CF}_2\text{SO}_2\text{F]} \xrightarrow{\begin{array}{c} K_2SO_3 \\ H_2O \end{array}} \text{ICF}_2\text{CF}_2\text{OCF}_2\text{CF}_2\text{SO}_2\text{K} \quad 66\%
$$

$$
\xrightarrow{\begin{array}{c} K_2SO_3 \\ H_2O/1,4\text{-二噁烷} \end{array}} \text{KO}_2\text{SCF}_2\text{CF}_2\text{OCF}_2\text{CF}_2\text{SO}_2\text{K} \quad 90\% \tag{1}
$$

$$
\xrightarrow{\begin{array}{c} K_2SO_3 \\ H_2O/1,4\text{-二噁烷} \\ AIBN\ (2\sim3\ mol\%) \end{array}} \text{HCF}_2\text{CF}_2\text{OCF}_2\text{CF}_2\text{SO}_2\text{K} \quad 80\%
$$

脱卤亚磺化反应底物的适用范围很广，在亚硫酸盐类引发剂存在下，全 (多) 氟烷基卤代烷 (碘代烷、溴代烷和氯代烷) 与烯烃、炔烃、联烯、不饱和烯烃、富电子芳烃以及芳杂环化合物等发生自由基加成反应以及加成/环化反应。使用廉价的连二亚硫酸钠 ($Na_2S_2O_4$) 引发剂，可以使用工业商业原料 CF_2Br_2、CF_2I_2、CF_3Br、CF_3I、$CF_3CHClBr$ 和 CF_3CH_2I 等含氟卤代烷与烯烃等发生反应，向有机分子引入含氟基团 (二氟亚甲基、三氟甲基等) (式 2~式 7)[2-6]。

$$
CF_2X_2 + CH_2=CHOEt \xrightarrow[\text{EtOH 或 EtOH/DMSO}]{Na_2S_2O_4/NaHCO_3} XCF_2CH_2CH(OEt)_2 \quad \begin{array}{l} X = Br,\ 81\% \\ I,\ 60\% \end{array} \tag{2}
$$

$$
\text{(3,5-二甲氧基苯甲醚)} + BrCF_2CF_2Br \xrightarrow[\text{CH}_3\text{CN/H}_2\text{O}]{Na_2S_2O_4/NaHCO_3} \text{产物} \quad 93.7\% \tag{3}
$$

$$
\text{吡咯 (R = H, Me)} + BrCF_2CF_2Br \xrightarrow[\text{CH}_3\text{CN/H}_2\text{O}]{Na_2S_2O_4/NaHCO_3} \text{2-(CF}_2\text{CF}_2\text{Br)吡咯} \quad \begin{array}{l} R = H,\ 73\% \\ Me,\ 72\% \end{array} \tag{4}
$$

$$
CF_3CHClBr + CH_2=C(Me)OMe \xrightarrow[\text{CH}_3\text{CN/H}_2\text{O}]{Na_2S_2O_4/NaHCO_3} F_3C\text{CHClCH}_2\text{COMe} \xrightarrow[\text{Et}_2\text{O}]{Et_3N} F_3C\text{CH=CHCOMe} \tag{5}
$$

$$
\text{(2-酰基茚酮)} + CF_3I \xrightarrow[\text{CH}_3\text{CN/H}_2\text{O}]{Na_2S_2O_4/DBU} \text{产物} \tag{6}
$$

$$
R_fI + CH_2=CHR \xrightarrow[\text{CH}_3\text{CN/H}_2\text{O}]{Na_2S_2O_4/NaHCO_3} \text{烯烃产物} \quad \begin{array}{l} 40\%\sim82\% \\ E/Z = (31:69) \sim (99:1) \end{array} \tag{7}
$$

$R_f = n\text{-}C_4F_9,\ CF_2CF_2Cl$
$R = COOEt,\ PO(OEt)_2,\ n\text{-}Bu,\ CH_2OH$

相对于全 (多) 氟烷基碘或溴代烷，全 (多) 氟烷基氯代烷反应活性低，使用非质子性溶剂 DMSO 或 DMF 和水混合溶剂，连二亚硫酸钠或雕白粉 ($HOCH_2SO_2Na$)/碳酸氢钠体系也能引发反应 (如式 8 和式 9)[7,8]。陈庆云等利用分子内反应在卟啉环上引入四氟取代苯单元 (如式 10)[9]。

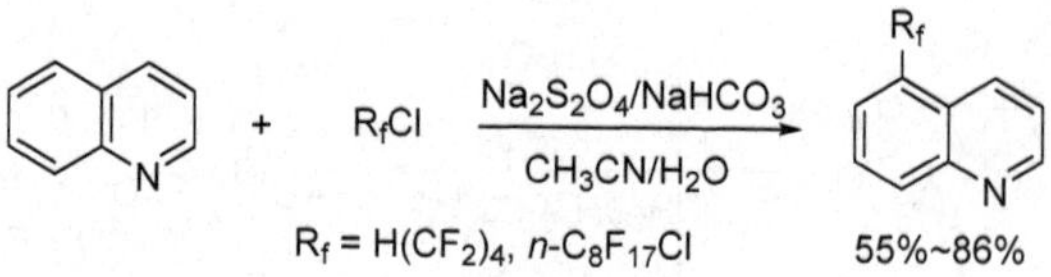

$$\text{喹啉} + R_fCl \xrightarrow[CH_3CN/H_2O]{Na_2S_2O_4/NaHCO_3} \text{5-}R_f\text{-喹啉} \quad (8)$$

$R_f = H(CF_2)_4, n\text{-}C_8F_{17}Cl$, 55%~86%

$$\text{咪唑并吡啶-COCF}_2\text{Cl} \xrightarrow[DMF/H_2O, 65\ ^\circ C]{HOCH_2SO_2Na/NaHCO_3} \text{咪唑并吡啶-COCF}_2\text{H} \quad (9)$$

62%~72%

$$\text{卟啉-Cl(F}_2\text{C)}_4 \xrightarrow[DMSO, 100\ ^\circ C]{Na_2S_2O_4/K_2CO_3} \text{四氟苯并卟啉} \quad (10)$$

M = Zn, Ni, Cu , 8%~40%

利用脱卤亚磺化反应，向杂环如香豆素、手性脱氢吡喃衍生物等分子中引入含氟烷基 (如式 11 和式 12)[10,11]。当底物为 1,6-二烯时，可以发生加成-环化反应，产物主要为顺式异构体 (如式 13 和式 14)[12]。

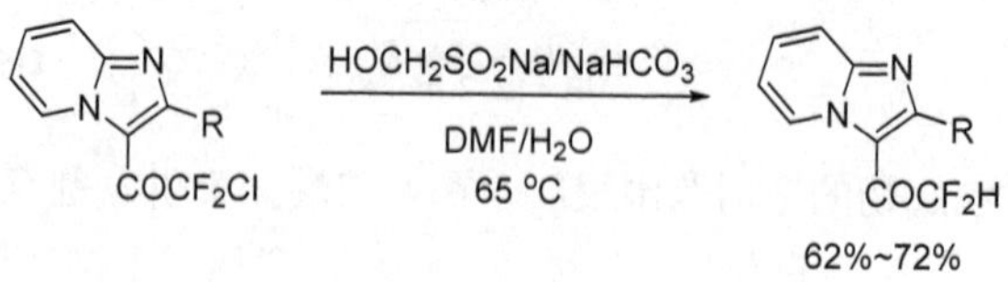

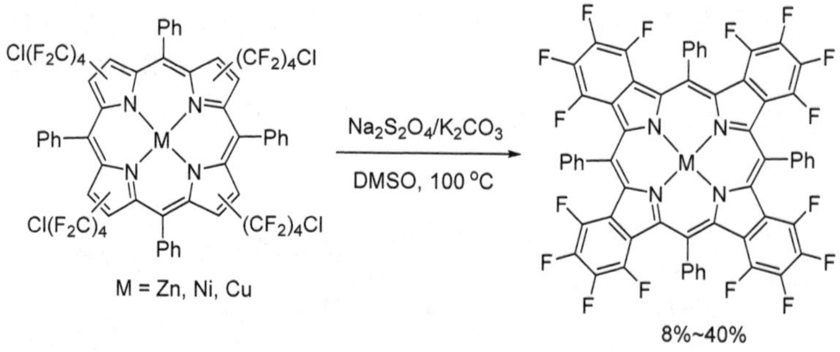

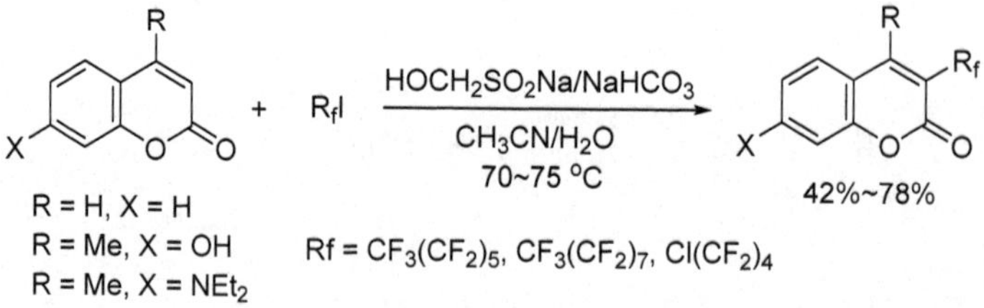

$$\text{香豆素} + R_fI \xrightarrow[CH_3CN/H_2O, 70\sim75\ ^\circ C]{HOCH_2SO_2Na/NaHCO_3} \text{3-}R_f\text{-香豆素} \quad (11)$$

R = H, X = H
R = Me, X = OH
R = Me, X = NEt$_2$
$R_f = CF_3(CF_2)_5, CF_3(CF_2)_7, Cl(CF_2)_4$, 42%~78%

$$\text{糖烯} + CF_2BrCl \xrightarrow[CH_3CN/H_2O]{Na_2S_2O_4/NaHCO_3} \xrightarrow[H_2O]{Ag_2CO_3} \text{产物} \quad (12)$$

64%

$$\text{二烯二酯} + R_fCl \xrightarrow[DMF/H_2O, 30\ ^\circ C]{Na_2S_2O_4/NaHCO_3} \text{环戊烷产物} \quad (13)$$

$R_f = CF_3Cl_2, Cl_2FCCFCl$, 41%~55%, cis/trans = 3.0~7.5

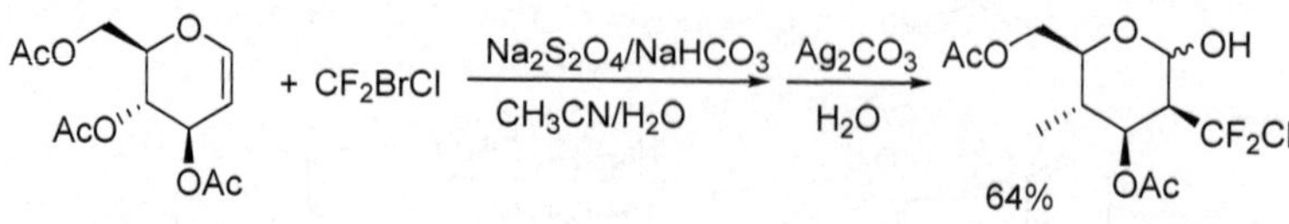

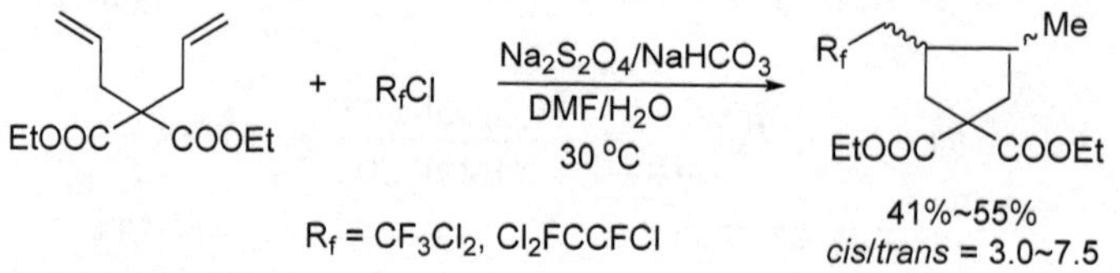

$$\text{acrylamide} + R_{fl} \xrightarrow[\text{CH}_3\text{CN/H}_2\text{O}]{\text{Na}_2\text{S}_2\text{O}_4/\text{NaHCO}_3} \text{pyrrolidinone product} \quad (14)$$

R = Bn, allyl; $R_f = CF_3(CF_2)_5, Cl(CF_2)_4$; 58%~84%; cis/trans = (10:1) ~ (20:1)

脱卤亚磺化反应的机理通过实验揭示是单电子转移引发自由基反应历程[13]。以连二亚硫酸钠引发全 (多) 氟卤代烷与末端烯烃加成反应为例, 连二亚硫酸钠产生连二亚硫酸负 (阴) 离子自由基, 该自由基与全 (多) 氟卤代烷反应产生全 (多) 氟烷基自由基, 接着和烯烃发生加成反应, 产生新的烷基自由基, 该自由基捕获全 (多) 氟卤代烷卤原子(式 15)[13]。

$$S_2O_4^{2-} \rightleftharpoons SO_2^{\cdot-}$$
$$SO_2^{\cdot-} + R_fX \longrightarrow R_f^{\cdot} + X^- + SO_2$$
$$R_f^{\cdot} + \text{CH}_2=\text{CHR} \longrightarrow R_f\text{CH}_2\dot{\text{C}}\text{HR} \quad (15)$$
$$R_f\text{CH}_2\dot{\text{C}}\text{HR} + R_fX \longrightarrow R_f\text{CH}_2\text{CHXR} + R_f^{\cdot}$$

参考文献

[1] (a) Huang, B. N.; Huang, W. Y.; Hu, C. M. *Acta Chim. Sinca* (化学学报) **1981**, *39*, 481. (b) Huang, W. Y.; Huang, B. N.; Hu, C. M. *J. Fluorine Chem.* **1982**, *23*, 193. (c) Huang, W. Y.; Huang, B. N.; Hu, C. M. *J. Fluorine Chem.* **1983**, *23*, 229. (d) Huang, W. Y. *YouJi HuaXue* (有机化学) **1985**, *1*, 16. (e) Zhang, C. P.; Chen, Q. Y.; Guo, Y.; Xiao, J. C.; Gu, Y. C. *Chem. Soc. Rev.* **2012**, *41*, 4366. (f) Zhang, C. P.; Chen, Q. Y.; Guo, Y.; Xiao, J. C. *Tetrahedron* **2013**, *69*, 10955.

[2] Wu, F. H.; Huang B. N.; Lu, L.; Huang, W. Y. *J. Fluorine Chem.* **1996**, *80*, 91.

[3] Guo, Y.; Chen, Q. Y. *Acta Chim. Sinca* (化学学报) **2001**, *59*, 1722.

[4] Dmowski, W.; Ignatowska, J. *J. Fluorine Chem.* **2003**, *123*, 37.

[5] (a) Huang, W. Y.; Zhang, H. Z. *J. Fluorine Chem.* **1990**, *50*, 133. (b) Huang, W. Y.; Lu, L.; Zhang, Y. F. *Chin. J. Chem.* **1990**, *8*, 350.

[6] Mei, Y. Q.; Liu, J. T.; Liu, Z. J. *Synthesis* **2007**, 739.

[7] Huang, X. T.; Long, Z. Y. Chem, Q. Y. *J. Fluorine Chem.* **2006**, *127*, 1079..

[8] Dolbier Jr. W. R.; Medebielle, M.; Ait-Mohand, S. *Tetrahedron Lett.* **2001**, *42*, 4811.

[9] (a) Liu, C.; Shen, D. M.; Zeng, Z. Guo, C. C.; Chen, Q. Y. *J. Org. Chem.* **2006**, *71*, 9772. (b) Jin, L. M.; Zgeng, Z.; Guo, C. C.; Chen, C. Y. *J. Org. Chem.* **2003**, *68*, 3912. (c) Jiang, H. W.; Chen, Q. Y.; Xiao, J. C.; Gu, Y. C. *Chem. Commun.* **2008**, 5435.

[10] Huang, B.N.; Liu, J. T. Huang, W. Y. *J. Chem. Soc., Perkin Trans. 1* **1994**, 101.

[11] Tews, S.; MIethchen, R.; Reinke, H. *Synthesis* **2003**, 707.

[12] Zhao, G.; Yang, J.; Huang, W. Y. *J. Fluorine Chem.* **1997**, *86*, 89.

[13] Huang, W. Y. *YouJi HuaXue* (有机化学) **1992**, *12*, 12; Wu, F. H.; Huang, B. N.; Huang, W. Y. *YouJi HuaXue* (有机化学) **1993**, *13*, 449; Huang, W. Y. *J. Fluorine Chem.* **1992**, *58*, 1; Wu, F. H.; Huang, W. Y. *YouJi HuaXue* (有机化学) **1997**, *17*, 106; Huang, W. Y.; Wu, F. H. *Israel J. Chem.* **1999**, *39*, 167; Furin, G. G. *Russ. Chem. Rev.* **2000**, *69*, 491.

(赵刚)

Krapcho 脱烷氧羰基反应

Krapcho (克拉普乔) 脱烷氧羰基反应是指 α-位带吸电子基的酯 **1** 在含水的 DMSO 中加热脱除烷氧羰基的转化，在许多情况下加入碱金属盐可显著提高反应产率，因而成为标准反应模式 (式 1)[1]。由于 α-位带吸电子基的酯 **1** 是许多合成方法 (例如传统的乙酰乙酸乙酯合成法和丙二酸酯合成法) 的产物，因而该反应在有机合成中获得广泛应用[2]，可取代乙酰乙酸乙酯合成法和丙二酸酯合成法中最后酯的水解和脱羧两步反应。

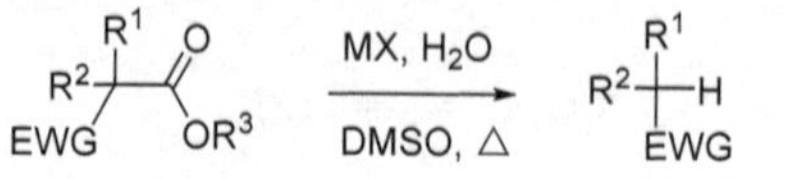

$$\underset{\underset{EWG}{1}}{\overset{R^1}{\underset{R^2}{\diagdown}}\!\!\!\!\diagup\!\!\overset{O}{\diagdown}\!OR^3} \xrightarrow[DMSO, \triangle]{MX, H_2O} \underset{\underset{EWG}{2}}{\overset{R^1}{\underset{R^2}{\diagdown}}\!\!\!\!\diagup\!\!H} \tag{1}$$

EWG = CO_2R, COR, CN, SO_2R; R^3 = Me, Et;
MX = NaCl, LiCl, NaCN, etc.

值得一提的是，Krapcho 脱烷氧羰基反应是一意外发现，原先的目的是希望磺酸酯 **3** 与 KCN 进行 S_N2 反应合成 **4**，却意外地得到部分氧羰基脱除产物 **5** (式 2)[1]。为此，Krapcho 提出了两种可能的竞争性机理[1]，并对反应的立体选择性进行了研究[3]。

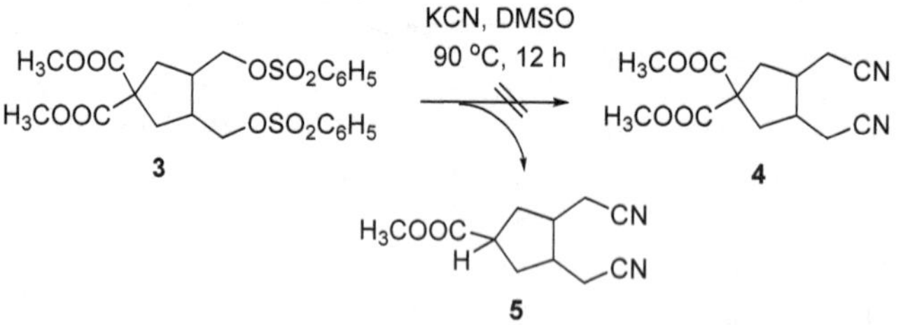

Krapcho 脱烷氧羰基反应曾被用于 (+)-sesbanimide A (**8**, 式 3)[4]、(−)-erythrodiene (**11**, 式 4)[5]、eunicellin 二萜 deacetoxyalcyonin acetate (**14**, 式 5)[6]等天然产物或其前体的合成。

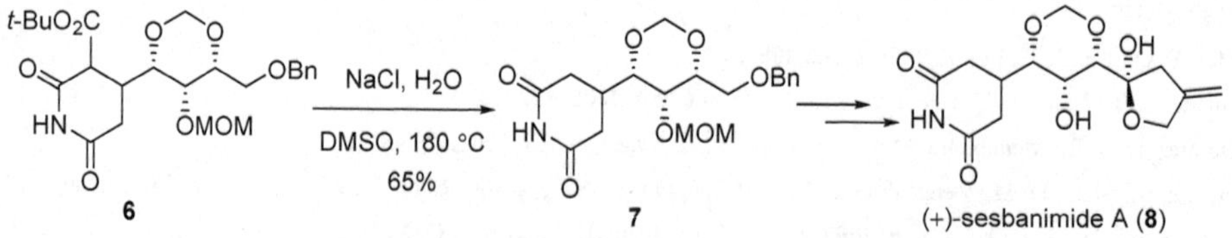

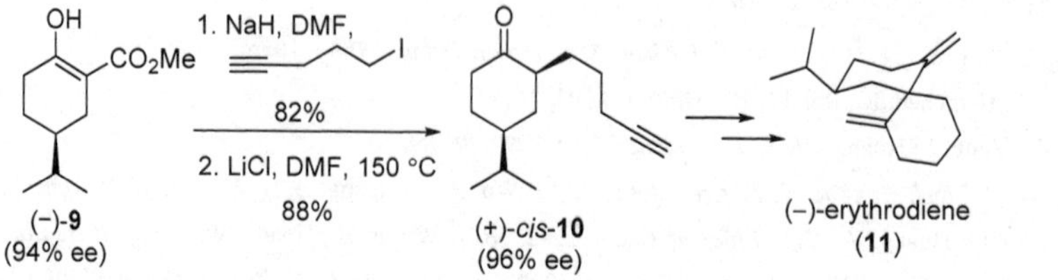

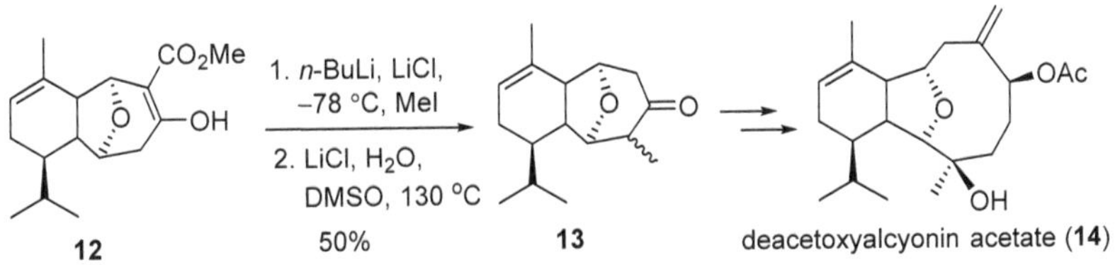

尽管 Krapcho 脱烷氧羰基反应被广泛用于天然产物的合成，不过对反应条件的优化改良也有不少报道。1989 年，Taber 小组报道了 4-(N,N-二甲基)氨基吡啶 (DMAP, **16**) 也可催化 β-酮酯 **15** 的脱烷氧羰基反应 (式 6)[7]。改良的条件使得反应可在较温和 (< 100 ℃) 的条件下进行，且避免了使用 DMF 和 DMSO 等溶剂给后处理带来困难。

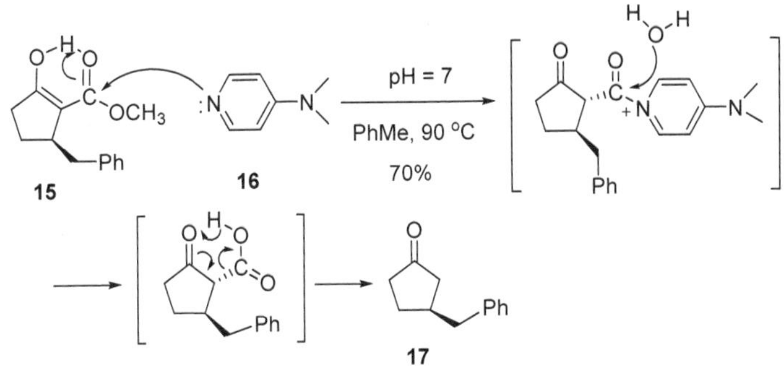

2003 年，Curran 小组报道了使用微波加热的改良法。该法兼具以水为唯一试剂，反应时间短，产率高的优点[8]。2010 年，该方法被 Jung 用于 Heathcock 中间体 (**19**) 的合成，从而形式上完成了生物碱 (+)-fawcettimine (**20**) 的全合成 (式 7)[9]。

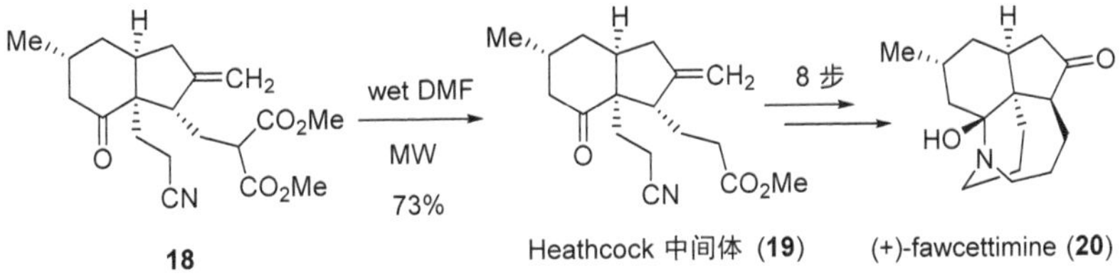

2008 年，Deslongchamps 小组报道了基于跨环 Diels-Alder 反应策略进行 Na^+, K^+-ATP 酶非甾体抑制剂 (+)-cassaine (**24**) 的全合成。Krapcho 反应被用于把 Diels-Alder 反应主产物 **22** 高产率地转化为酮 **23** [图 1 (a)][10]。值得注意的是，β-酮的烯丙基酯 (如 **25**) 可在 Pd 催化的温和条件下脱烯丙氧羰基。在 Deslongchamps 上述合成 cassaine (**24**) 的工作中，

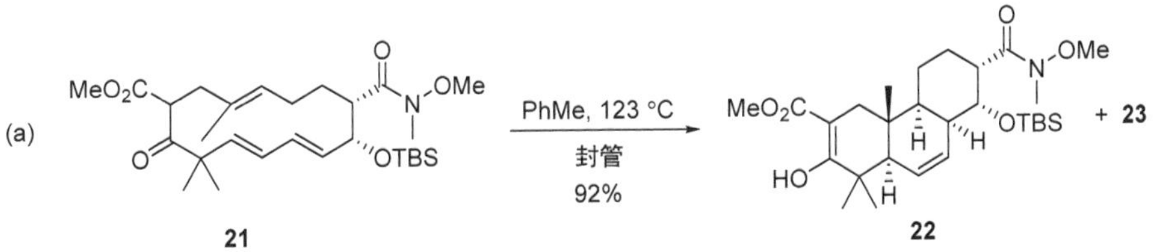

图 1

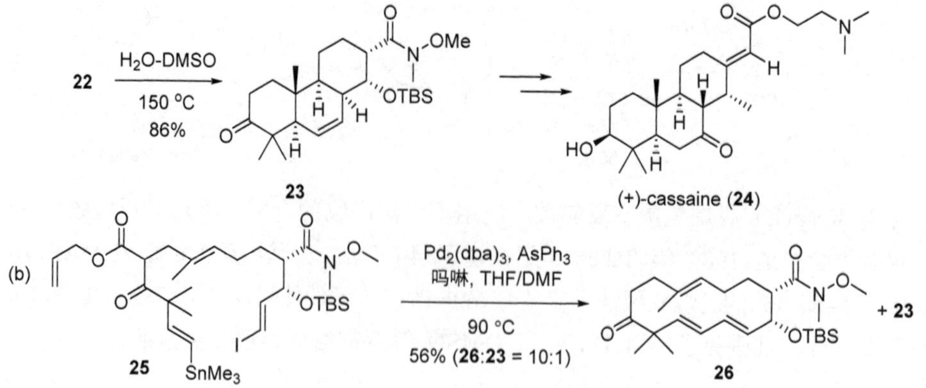

图 1　(+)-cassaine (24) 的全合成

化合物 **25** 通过分子内 Stille 偶联合成大环三烯时,伴随着脱烯丙氧羰基反应,得到 **26** 和 **23** [图 1 (b)]。

在最近周剑小组报道的一瓶合成 α-氟化酯方法中,第一步亲核取代反应生成的副产物 NaBr 不经分离,可促进后一步 Krapcho 反应,产率可达 92% (式 8)[11]。

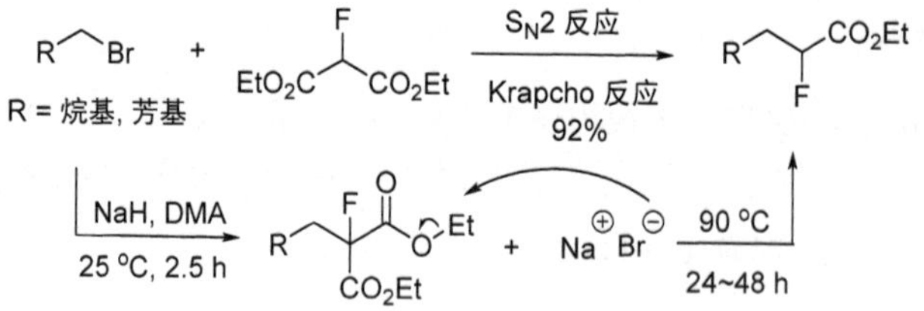

Krapcho 脱烷氧羰基反应在制药业也获得应用。最近 Gajula 和 Kumar 等报道 Krapcho 反应被用于具有优异抗溃疡和眼科药 rebamipide 的大规模合成[12]。

参考文献

[1] Krapcho, A. P.; Weimaster, J. F.; Eldridge, J. M.; Jahngen, E. G. E. Jr.; Lovey, A. J.; Stephens, W. P. *J. Org. Chem.* **1978**, *43*, 138-147.
[2] (a) Krapcho, A. P. *Synthesis* **1982**, 805-822; 893-914. (b) Krapcho, A. P. *Arkivoc* **2007**, part ii, 1-53; 54-120.
[3] Krapcho, A. P.; Weimaster, J. F. *J. Org. Chem.* **1980**, *45*, 4105-4111.
[4] Cirillo, P. F.; Panek, J. S. *J. Org. Chem.* **1994**, *59*, 3055-3063.
[5] Lachia, M.; Denes, F.; Beaufils, F.; Renaud, P. *Org. Lett.* **2005**, *7*, 4103-4106.
[6] Molander, G. A.; St. Jean, D. J.; Jr. Haas, J. *J. Am. Chem. Soc.* **2004**, *126*, 1642-1643.
[7] Taber, D. F.; Amedio, J. C.; Gulino, F. Jr. *J. Org. Chem.* **1989**, *54*, 3474-3475.
[8] Curran, D. P.; Zhang, Q. *Adv. Synth. Catal.* **2003**, *345*, 329-332.
[9] Jung, M. E.; Chang, J. J. *Org. Lett.* **2010**, *12*, 2962-2965.
[10] Phoenix, S.; Reddy, M. S.; Deslongchamps, P. *J. Am. Chem. Soc.* **2008**, *130*, 13989-13995.
[11] Zhu, F.; Xu, P.-W.; Zhou, F.; Wang, C.-H.; Zhou, J. *Org. Lett.* **2015**, *17*, 972-975.
[12] Babu, P. K.; Bodireddy, M. R.; Puttaraju, R. C.; Vagare, D.; Nimmakayala, R.; Surineni, N.; Gajula, M. R.; Kumar, P. *Org. Process Res. Dev.* **2018**, *22*, 773-779.

反应类型： 碳-碳断裂反应

（周香，黄培强）

Lieben 反应（卤仿反应）

Lieben (李本) 反应指甲基酮在卤素和氢氧化钠作用下转化为羧酸盐和卤仿的反应，也称卤仿反应 (式 1)[1]。如果所用的卤素为碘，则称为碘仿反应，多被用作鉴别甲基酮的显色反应[2-4]。

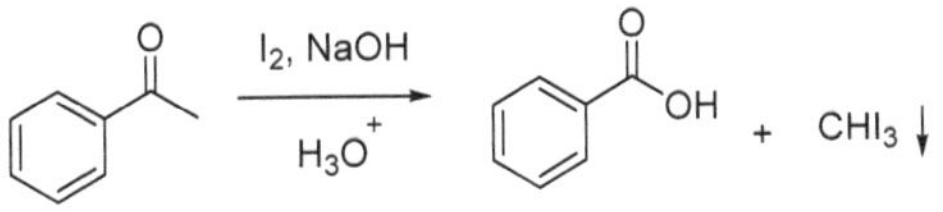

$$\text{PhCOCH}_3 \xrightarrow[\text{H}_3\text{O}^+]{\text{I}_2,\ \text{NaOH}} \text{PhCOOH} + \text{CHI}_3\downarrow \tag{1}$$

反应机理 (图 1):

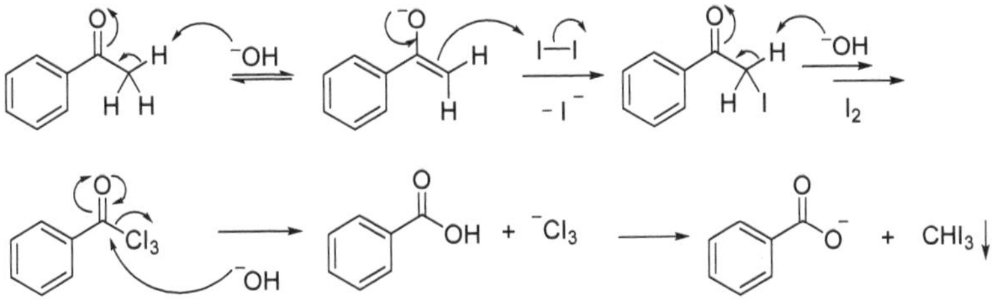

图 1 Lieben 反应的机理

通过 Lieben 反应，甲基酮可作为羧基的合成等效体 (式 2)[5-7]。

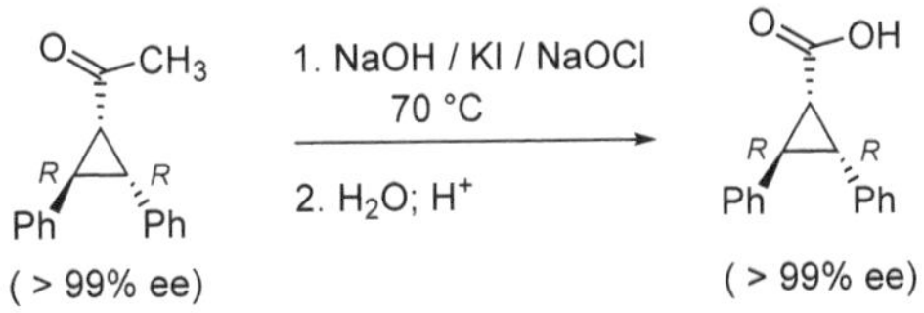

$$\tag{2}$$

从上述反应机理可以看出，反应中氢氧化钠除了作为碱外，还作为亲核试剂。如果使用其它碱，且使反应在无水条件下进行，则反应生成的卤仿碳负离子可作为亲核试剂与其它亲电试剂反应，这是 Langlois 建立的三氟甲基化方法 (图 2)[8]。

使用氨水-碘体系，可以把甲基酮类化合物高效地转化为伯酰胺 (式 3)[9]。反应中氨作为一个亲核试剂来进攻碘仿反应的中间体三碘代甲基酮，生成酰胺产物。该条件也可以将甲基醇类化合物进行转化。甲基醇化合物在该条件下先氧化成相应的甲基酮化合物，从而继续进行接下来的碘仿反应。

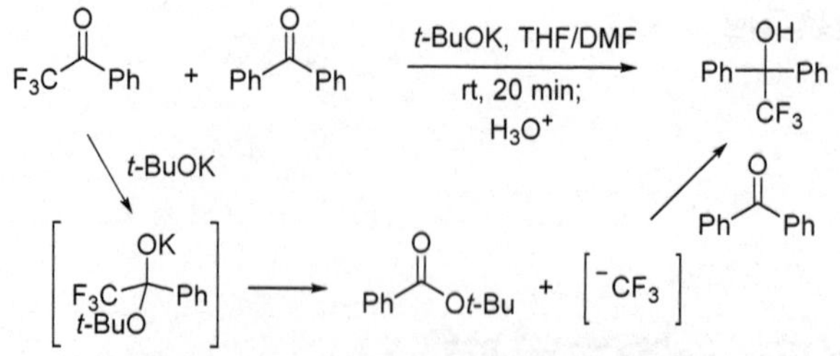

图 2 Langlois 建立的三氟甲基化方法

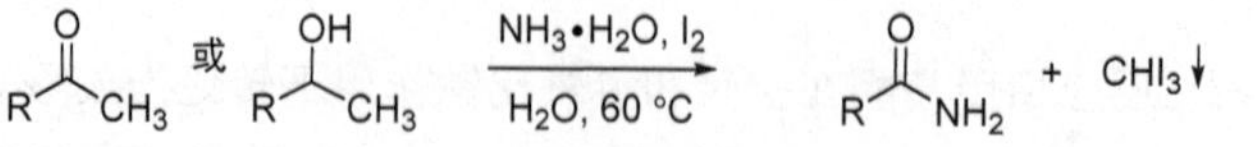

$$R-\overset{O}{C}-CH_3 \text{ 或 } R-\overset{OH}{C}H-CH_3 \xrightarrow[H_2O, 60\ ^\circ C]{NH_3\cdot H_2O, I_2} R-\overset{O}{C}-NH_2 + CHI_3\downarrow \tag{3}$$

2010 年，Lieben 反应被 Corey 用于天然产物 9-isocyanopupkeannane 的全合成 (式 4)[10]。

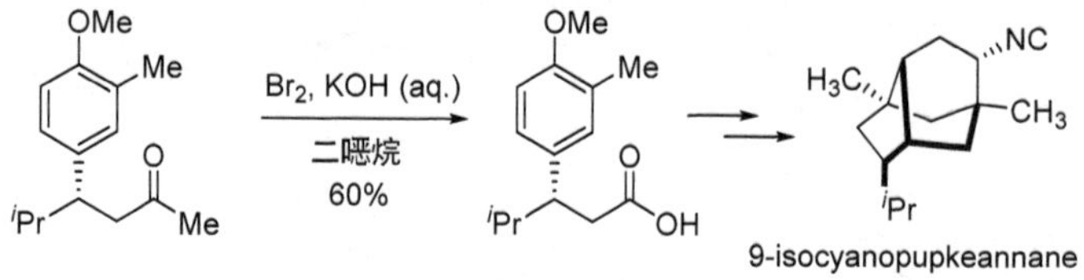

式 (4)

Lieben 反应使甲基酮可作为潜在的羧基。该策略被用于缺电子的多环体系的光电材料合成。如式 5 所示[11]，通过傅-克酰基化反应在蒽上引入两个乙酰基得到化合物 **2**，再通过 NaOCl 介入的三氯甲基化后转化为二羧酸产物 **3**，后再进一步转化为杂环体系。

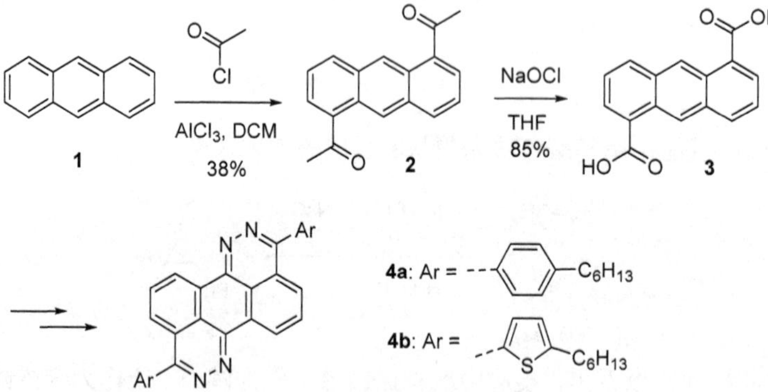

式 (5)

参考文献

[1] Lieben, A. *Ann. (Suppl.)* **1870**, *7*, 218.
[2] Fuson, R. C.; Bull, B. A. *Chem. Rev.* **1934**, *15*, 275-309.
[3] Seelye, R. N.; Turney, T. A. *J. Chem. Educ.* **1959**, *36*, 572-574.
[4] House, H. O. *Modern Synthetic Reactions*, 2nd ed.; W. A. Benjamin: Reading, MA, 1972, pp 464-465.
[5] Moglioni, A. G.; Garcia-Exposito, E.; Aguado, G. P.; Parella, T.; Branchadell, V.; Moltrasio, G. Y.; Ortuno, R. M. *J. Org. Chem.* **2000**, *65*, 3934-3940.
[6] Sivaguru, J.; Sunoj, R. B.; Wada, T.; Origane, Y.; Inoue, Y.; Ramamurthy, V. *J. Org. Chem.* **2004**, *69*, 6533-6547.

[7] Aguado, G. P.; Moglioni, A. G.; Garcia-Exposito, E.; Branchadell, V.; Ortuno, R. M. *J. Org. Chem.* **2004**, *69*, 7971-7978.
[8] Jablonski, L.; Billard, T.; Langlois, B. R. *Tetrahedron Lett.* **2003**, *44*, 1055-1057.
[9] Cao, L.; Ding, J.; Gao, M.; Wang, Z.; Li, J.; Wu, A. *Org. Lett.* **2009**, *11*, 3810-3813.
[10] Brown, M. K.; Corey, E. J. *Org. Lett.* **2010**, *12*, 172-175.
[11] Tang, R. Z.; Zhang, F.; Fu, Y. B.; Xu, Q.; Wang, X. Y.; Zhuang, X. D.; Wu, D. Q.; Giannakopoulos, A.; Beljonne, D.; Feng, X. L. *Org. Lett.* **2014**, *16*, 4726-4729.

反应类型： 碳-碳键断裂反应

（黄培强，黄雄志）

Mannich 反应和 Mannich-Eschenmoser 亚甲基化反应

（1）Mannich (曼尼希) 反应

Mannich 反应是含活泼碳氢的化合物 (通常是醛或酮) 与胺 (伯胺或仲胺) 或铵盐，以及另一分子醛或酮发生的一个三组分反应生成 α-位烷基化产物的反应。该反应以化学家 Carl Mannich 的名字命名[1,2]。

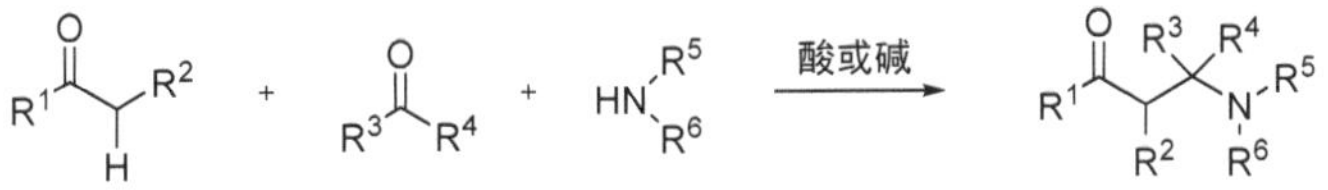

由其它碳亲核试剂对亚胺或其盐的加成反应也属于 Mannich 类型的反应[3]。

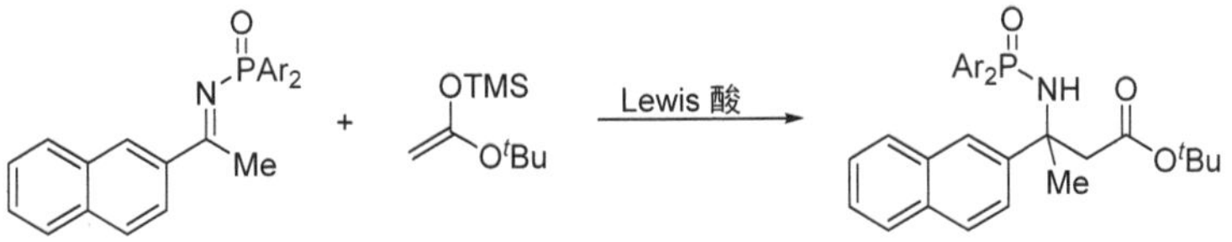

Mannich 反应是在 β-位连上氨基的方法，生成的产物称为 Mannich 碱。Mannich 碱在合成上有很多用处，它是合成天然产物 atropine[4] 的关键步骤之一。atropine 的合成是利用 Mannich 反应进行的第一次仿生合成 (式 3)。

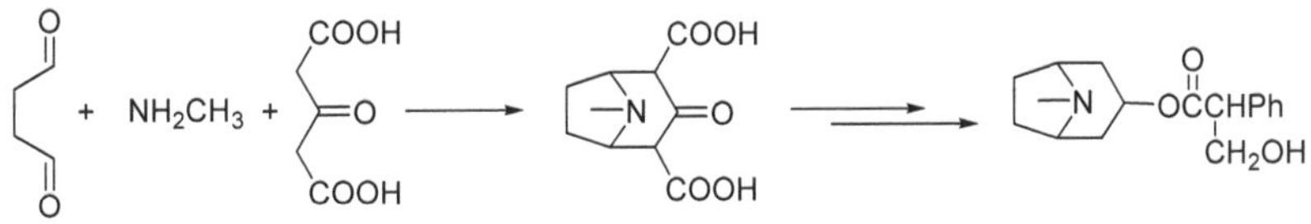

Mannich 反应的特点[5]是三组分一锅法合成 β-氨基羰基化合物。提供活泼氢的组分可以是脂肪族或芳香族的醛、酮、羧酸衍生物，也可以是 β-双羰基化合物、硝基烷烃或端炔化合物等。另一组分的醛、酮则通常不含活泼氢。当反应中使用的是伯胺时，生成的仲胺会进一步发生 Mannich 反应生成叔胺，而使用仲胺时则不会出现这样过烷基化的反应。Mannich 反应所使用的溶剂通常是甲醇、水、乙酸等质子性溶剂，因为质子性溶剂可稳定反应过程中生成的亚胺离子，从而会促进反应的进行。

Mannich 反应[6]可由酸或碱催化，更常见的是酸催化。反应的第一步是在酸催化下，醛或酮与胺反应生成亚胺或亚胺离子 (式 4)。

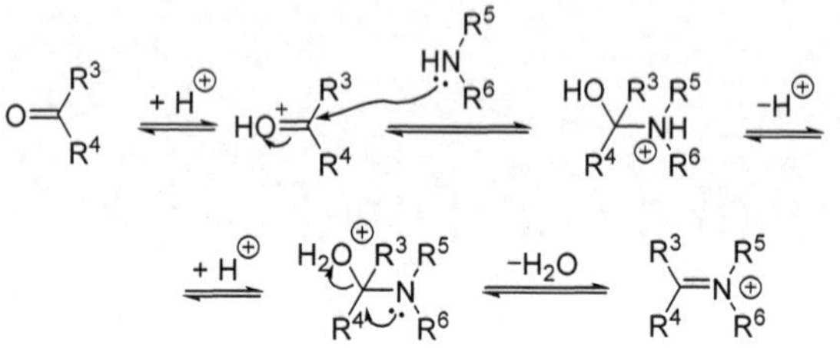

(4)

第二步则是亚胺接受烯醇化的碳亲核试剂的进攻，生成最终产物 (式 5)。

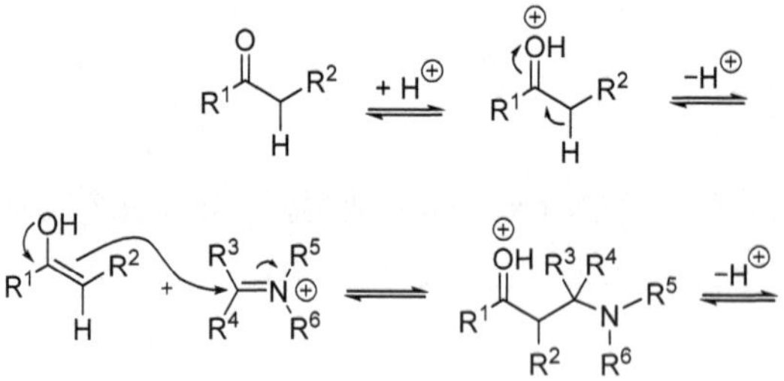

(5)

Mannich 反应也可以在碱的催化下发生。

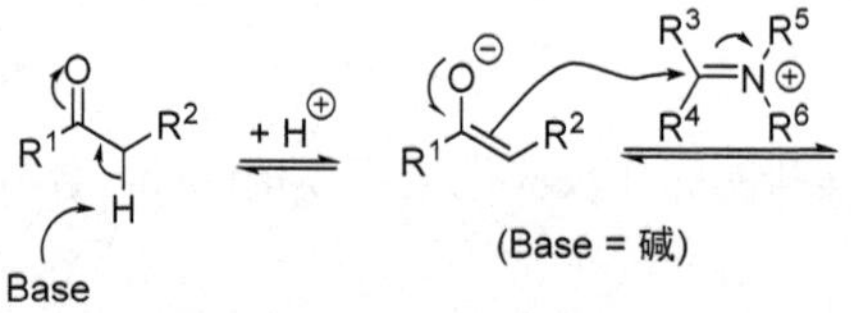

(6)

如果 $R^2 \neq H$，R^3、R^4 不同时为氢，则生成的产物为两对对映体，因此如果在反应中使用的是手性的酸或碱催化剂，得到的产物就有一定的对映选择性 (式 7)[7]。

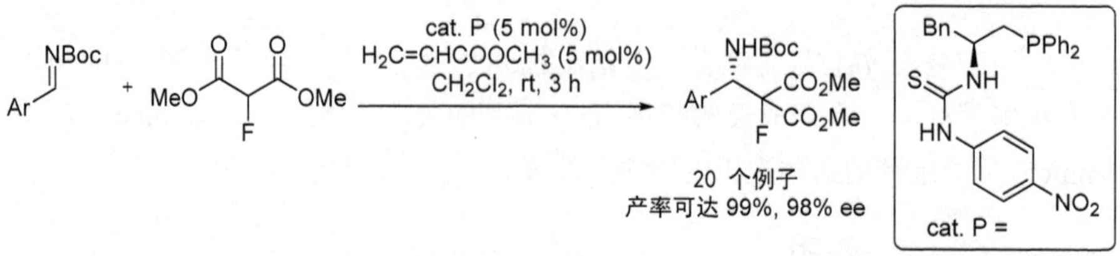

(7)

如果反应中使用的是不对称的酮作为亲核试剂时，则生成产物有区域选择性，一般以多取代的 α-位胺甲基化产物为主 (式 8)[7c]。

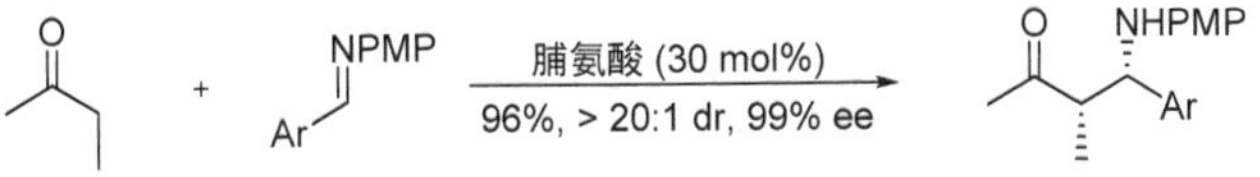

Mannich 反应被广泛用于天然产物的合成，如 (±)-吗啡 (式 9)[8]、lyconadin C (式 10)[9]都是利用 Mannich 反应为关键步骤来完成的。

近年来，插烯曼尼希反应[10](vinylogues mannich reaction，VMR) 也被广泛地用于生物碱的全合成中，如式 11 中生物碱 citrinadin B 的合成[11]就是由 VMR 反应作为关键步骤来合成的。

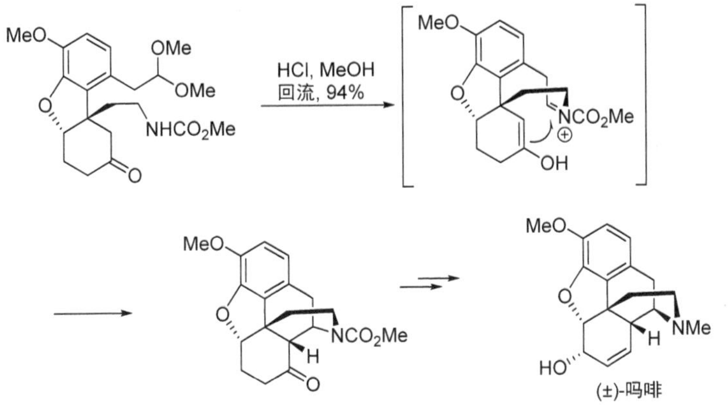

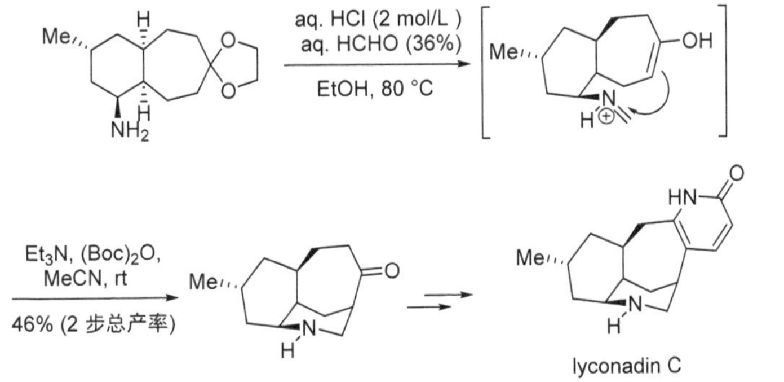

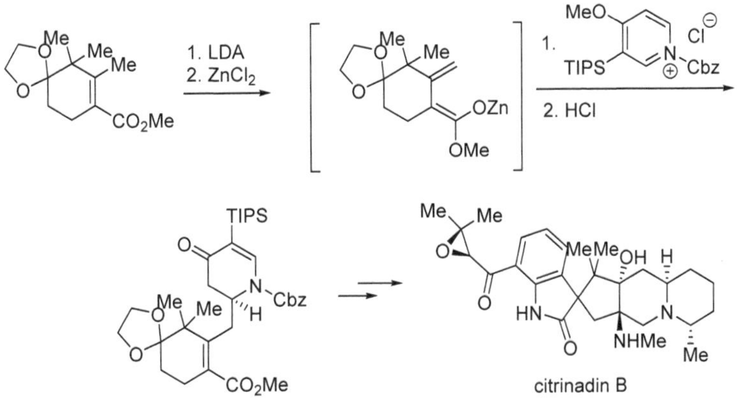

(2) Mannich-Eschenmoser (曼尼希-埃申莫瑟) 亚甲基化反应

当参与反应的一个组分为甲醛时，与胺反应生成的亚铵离子称为 Eschenmoser 盐，该中间体与另一分子亲核试剂反应生成的叔胺再与碘甲烷反应生成季铵盐，脱去一分子碘化铵后生成一个 α-位亚甲基化的产物 (式 12)[12]。

Mannich-Eschenmoser 亚甲基化反应被用于天然产物 lancifodiactone G 的全合成 (式 13)[13]。

参考文献

[1] (a) Mannich, C.; Krosche, W. *Arch. Pharm. (Weinheim, Ger.)* **1912**, *250*, 647. (b) Blicke, F. *Organic Reactions*. **2011**, *1*, 303.

[2] 综述: (a) Denmark, S. E.; Nicaise, O. J.-C. In *Comprehensive Asymmetric Catalysis*; Jacobsen, E. N., Pfaltz, A., Yamamoto, H., Eds.; Springer: Heidelberg, 1999, 923-961. (b) Kleinmann, E. F. In *Comprehensive Organic Synthesis*; Trost, B. M., Ed.; Pergamon Press: New York, 1991, *2*, Chapter 4.1. (c) Arend, M.; Westermann, B.; Risch, N. *Angew. Chem. Int. Ed.* **1998**, *37*, 1044-1070. (d) Jorge M. M. Verkade; Floris P. J. T. Rutjes. *Chem. Soc. Rev.* **2008**, *37*, 29-41. (e) Juan C. C. *Chem. Soc. Rev.* **2009**, *38*, 1940-1948. (f) James C. A. *Chem. Rev.* **2013**, *113*, 2887-2939.

[3] Shibasaki, M. *J. Am .Chem. Soc.* **2007**, *129*, 500.

[4] Findlay, S. P. *J. Org. Chem.* **1957**, *22*, 1385.

[5] Barbara, C. *Strategic Applications of Named Reactions In Orgnic Synthesis*, Elsevier academic press, 2005, 274.

[6] (a) Thompson, B. B. *J. Pharm. Sci.* **1968**, *57*, 715. (b) Comfort, D. R. *J. Am. Chem. Soc.* **1969**, *91*, 1860. (c) Mannich, C. *J. Chem. Soc.* **1917**, *112*, 634. (d) Mannich, C. *Arch. Pharm.* **1917**, *255*, 261.

[7] 不对称 Mannich 反应的例子: (a) Zhao G. *Angew. Chem. Int. Ed.* **2015**, *54*, 1775. (b) List, B. *J. Am. Chem. Soc.* **2000**, *122*, 9336. (c) List, B. *J. Am. Chem. Soc.* **2002**, *124*, 827. (d) Akiyama, T. *Angew. Chem. Int. Ed.* **2004**, *43*, 1566. (e) Akiyama, T. *J. Am. Chem. Soc.* **2007**, *129*, 6756. (f) Jacobsen, E. N. *Angew. Chem. Int. Ed.* **2005**, *44*, 6700. (g) Jacobsen, E. N. *Angew. Chem. Int. Ed.* **2005**, *44*, 466. (h) Shibasaki, M. *J. Am. Chem. Soc.* **2015**, *137*, 15929. (i) Shibasaki, M. *J. Am. Chem. Soc.* **2017**, *139*, 8295.
[8] Fukuyama, T. *Org.Lett.* **2006**, *8*, 1105.
[9] Dai, M. *Angew. Chem. Int. Ed.* **2014**, *53*, 3922.
[10] 综述: (a) Stephen, F. M. *Acc. Chem. Res.* **2002**, *35*, 895. (b) Scott, K. B.; Stephen, F. M. *Tetrahedron* **2001**, *57*, 3221.
[11] Martin, S. F. *J. Am. Chem. Soc.* **2014**, *136*, 14184.
[12] (a) Roberts, J. L.; Borromeo, P. S.; Poulter, C. D. *Tetrahedron Lett.* **1977**, *19*, 1621. (b) Bradford, P. M.; Michael, G. E.; Frank, G. F. *Name Reactions And Reagents In Organic Synthesis*, Wiley-interscience, 2005, 409.
[13] Yang, Z. *J. Am. Chem. Soc.* **2017**, *139*, 5732.

反应类型： 多组分反应

（赵刚）

Passerini 反应

许多经典反应在当今注重合成效率和多样性合成的时代重新成为明星反应[1]，1921 年 Passerini 报道的三组分反应 (式 1)[2]即是其中之一。这是第一个基于异腈的反应之一，涉及异腈 **1**、醛和羧酸的三组分反应[2]。反应在室温下非质子性溶剂中进行，产物为 α-酰氧基酰胺 **2**。除了位阻大的酮和 α,β-不饱和酮外，酮也能进行 Passerini (帕塞里尼) 反应。

$$R^1CHO + R^2COOH + C\equiv N-R^3 \longrightarrow \underset{\mathbf{2}}{R^2COO-CHR^1-CONHR^3} \quad (1)$$

反应机理：2015 年经密度泛函理论 (DFT) 计算修正后的反应机理示于图 1[3]。

异头糖苷异腈 **1a** 的 Passerini 反应提供了一种一步合成其复杂衍生物的方法 (式 2)[4a]。在所报道的五例反应中，几乎没有非对映立体选择性。这一实例显示，一般而言，手性异腈对反应的非对映立体选择性没有诱导作用[4b]。一个例外是从樟脑酮衍生出的 α,β-不饱和异腈 **1b** 的 Passerini 反应 (式 3)，该反应的 de 值达 93%[5]。

Passerini 反应中醛或酮与羧酸两个组分均可以改变。如无机酸如硫酸[6a]、硼酸[6b]可用于 α-羟基酰胺的合成 (式 4)。若使用酮酸，则 Passerini 反应可用于环状化合物的合成 (式 5)[7]。酚也可作为 Passerini 反应中的酸性组分，从而用于 O-芳基化 Passerini 反应[8]。

祝介平发展了醇参与的 Passerini 反应。该法涉及用邻碘氧苯甲酸 (IBX) 现场把醇氧化成醛，然后进行 Passerini 反应的"一瓶"方法 (式 6)[9]。

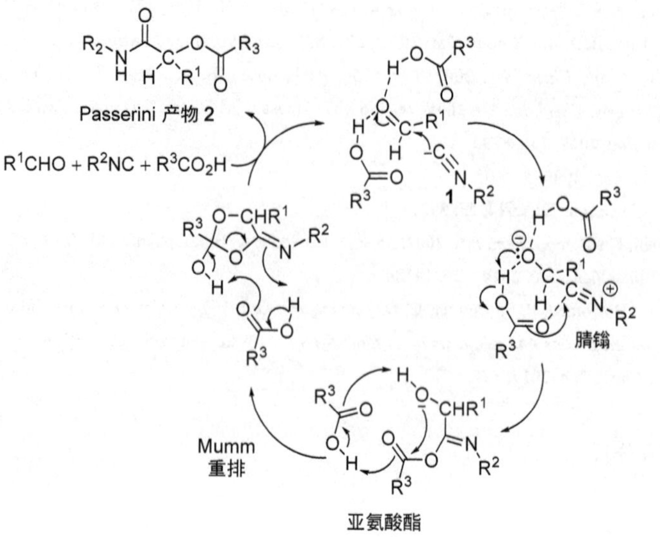

图 1 Morokuma 和 Ramozzi 修正后的 Passerini 反应机理

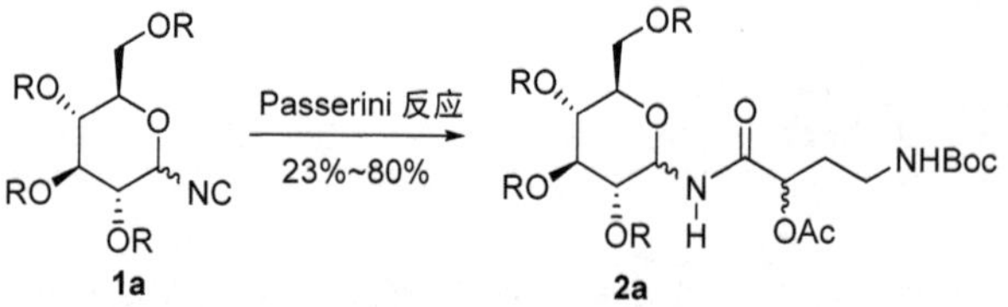

(2)

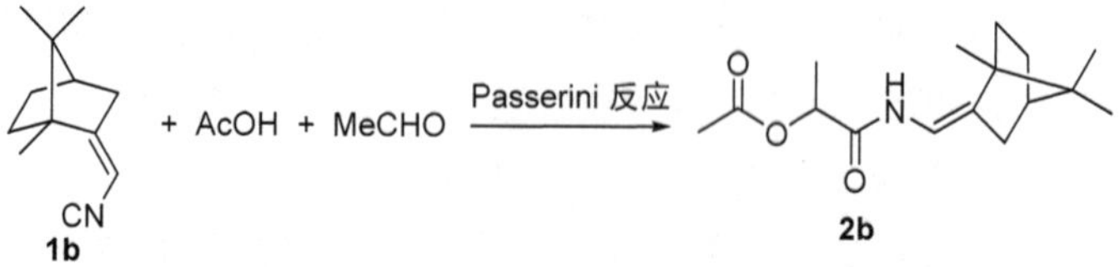

(3)

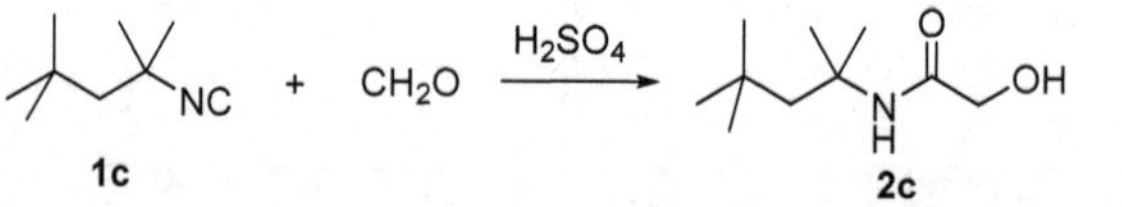

(4)

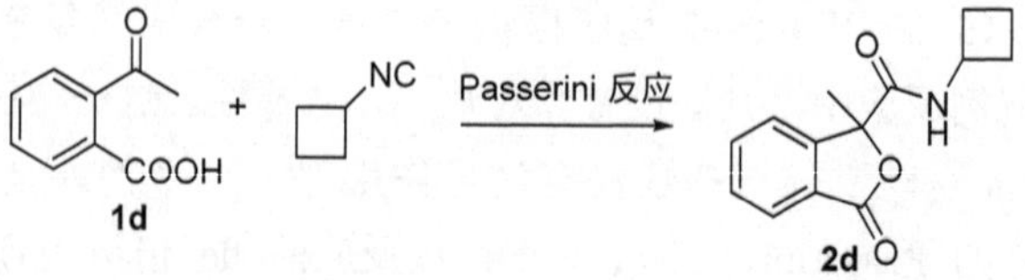

(5)

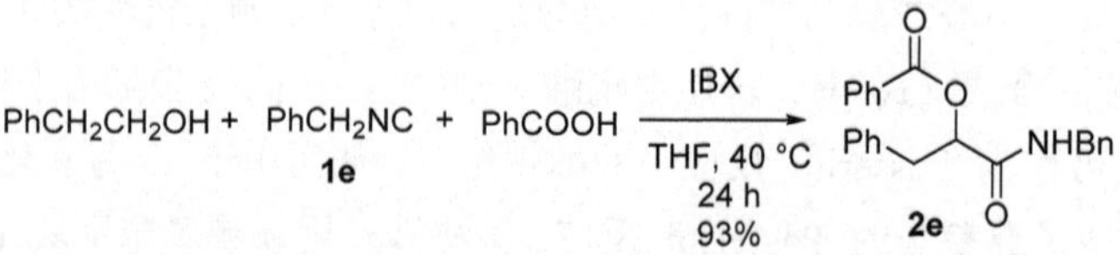

(6)

Passerini 反应与其它反应串联可进一步提高反应的效率。图 2 所示的串联 Passerini

反应-Knoevenagel 缩合反应提供了合成多取代呋喃的快捷方法[10]。

通过串联 Passerini 反应-HWE 反应，Dömling 小组发展了合成取代丁烯羧酸内酯 **4** 的"一瓶"方法 (图 3)[11]。同年，Semple 小组发展了 Passerini 反应-去保护-酰基迁移的策略，用于 cyclotheonamides CtA-CtE3 N(10)-C(17) 片段的原子经济合成[4b]，前者是一组从海绵 *Theonella swinhoei* 分离到的 19 元大环五肽天然产物。

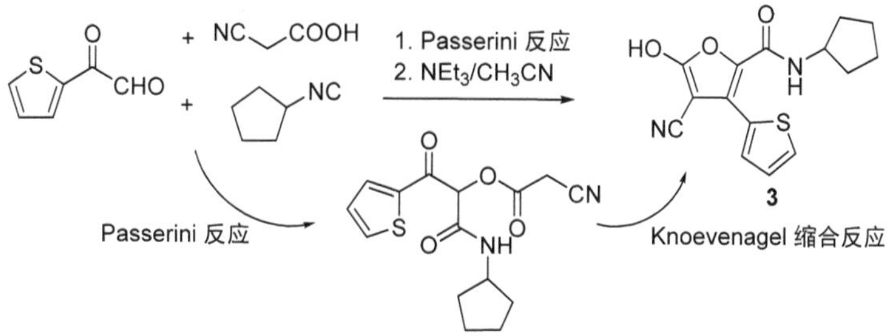

图 2 串联 Passerini 反应-Knoevenagel 缩合反应

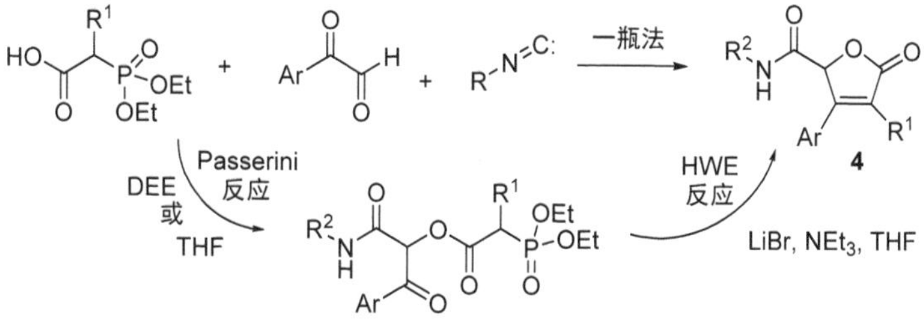

图 3 Dömling 小组发展的一瓶法合成取代丁烯羧酸内酯 **4**

2011 年，Yu 及其合作者发展了"一瓶" Passerini 反应-SmI_2 还原合成 β,γ-不饱和酰胺 **5** 的方法 (式 7)[12]。

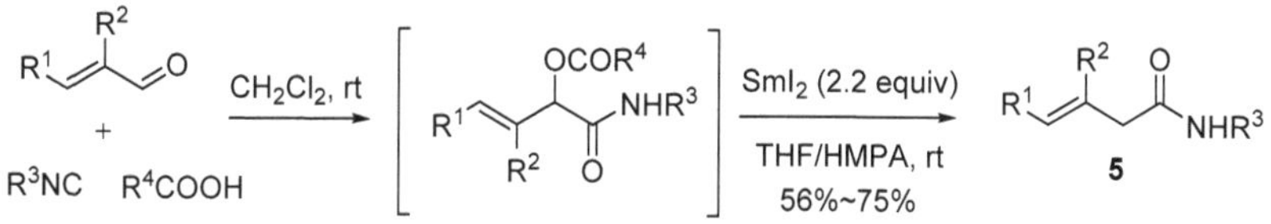

2003 年，Denmark 小组报道了首例催化不对称类 Passerini 反应，产物为 α-羟基酰胺，对映选择性达到 (70/30) ~ (>99/1) (式 8)[13]。次年，Schreiber 报道了手性催化剂 **cat. 2** (图 4) 催化对映选择性 Passerini 反应，产物的 ee 值达 62%~98%，但需使用带螯合原子的醛[14]。2008 年，王梅祥、祝介平等人发展了催化剂 **cat. 3** 与 Et_2AlCl 组成的手性 salen 配合物催化的脂肪醛的不对称 Passerini 反应，ee 值可达 63% ~ >99%[15]。最近，刘心元、谭斌等人报道手性膦酸催化剂 **cat. 4** 催化的对映选择性 Passerini 反应，ee 值可达 84%~99%。该反应适合芳香醛和脂肪醛，但一般需要使用大位阻的异腈[16]。王梅祥、祝介平等人系统研究了催化不对称类 Passerini 反应，并于最近综述了相关成果[17]。类似的反应 Shibasaki 小组也有涉足[18]。

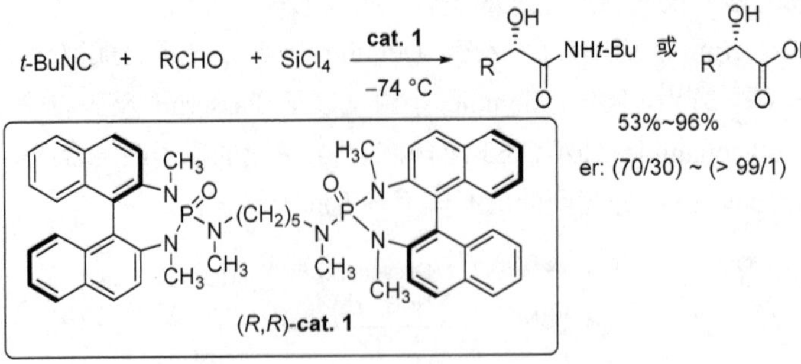

(8)

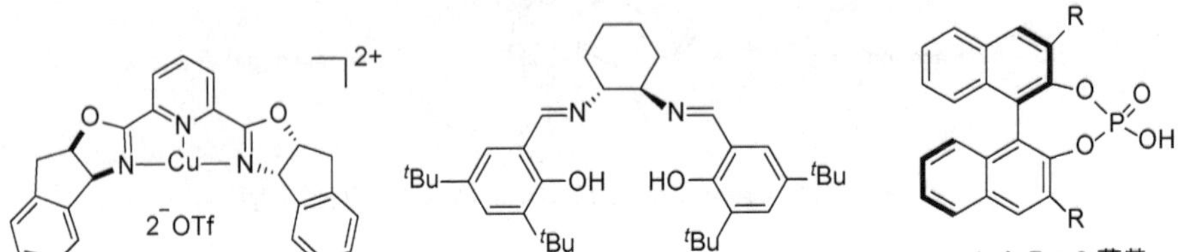

cat. 2 (20 mol%)　cat. 3　cat. 4 R = 9-蒽基

图 4　几个催化不对称类 Passerini 反应的催化剂

由于 Passerini 反应兼具有多组分、反应条件温和、简便易行和产物结构多样等特点，特别适于药物化学平行合成以构建化合物库和多样性导向拟天然产物合成[19]。此外，Passerini 反应在天然产物全合成中也有诸多成功应用的实例。

2015 年，Riva 小组报道了治疗丙型肝炎药物特拉普韦 (telaprevir, **9**) 的对映选择性合成 (式 9) [20]。该路线两次用到 Passerini 反应。首先以碘苯二乙酸 (DIB) 及催化量的 TEMPO (2,2,6,6-tetramethyl-1-piperidinyloxy) 体系进行类似于祝介平的氧化型 Passerini 反应 (式 6)[9]，高产率地得到化合物 **7**。随后，以醇 **8** 为底物进行第二次氧化型 Passerini 反应，以 58% 的产率得到 Passerini 反应产物。后者被进一步转化为特拉普韦 (**9**)[20]。

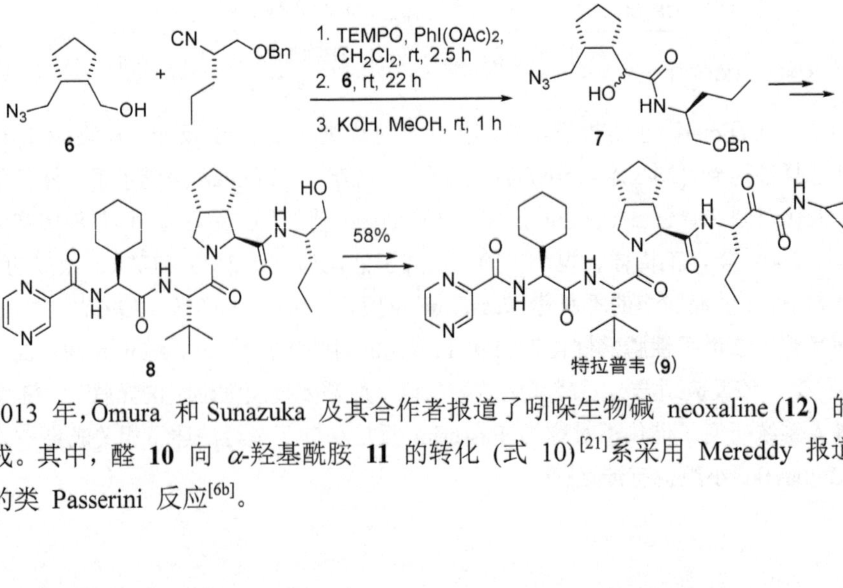

(9)

2013 年，Ōmura 和 Sunazuka 及其合作者报道了吲哚生物碱 neoxaline (**12**) 的不对称全合成。其中，醛 **10** 向 α-羟基酰胺 **11** 的转化 (式 10) [21]系采用 Mereddy 报道的硼酸介入的类 Passerini 反应[6b]。

新近，类似的类 Passerini 反应也被 Echavarren 小组用于 (+)-grandilodine C (**15**) 等吡咯并氮杂环辛吲哚生物碱的集合成合成 (式 11)[22]。

值得注意的是，包括 Passerini 反应在内的多组分反应已愈来愈多地在高分子和材料合成领域获得应用[23]。

参考文献

[1] (a) Domling, A.; Wang, W.; Wang, K. *Chem. Rev.* **2012**, *112*, 3083-3135. (b) Dömling, A. *Chem. Rev.* **2006**, *106*, 17-89. (c) Banfi, L.; Riva, R. *Org. React.* **2005**, *65*, 1-140. (d) Zhu, J.; Bienaymé, H. *Multicomponent Reactions*; Wiley-VCH: New York, 2005. (e) Syamala, M. *Org. Prep. Proc. Intl.* **2005**, *37*, 103. (f) Dömling, A.; Ugi, I. *Angew. Chem. Intl. Ed.* **2000**, *39*, 3168-3210. (综述)

[2] (a) Passerini, M.; Ragni, G. *Gazz. Chim. Ital.* **1921**, *61*, 964-969. (b) Passerini, M. *Gazz. Chim. Ital.* **1922**, *52*, 126-129. (c) Passerini, M. *Gazz. Chim. Ital.* **1922**, *52*, 181.

[3] Ramozzi, R.; Morokuma, K. *J. Org. Chem.* **2015**, *80*, 5652-5657.

[4] (a) Ziegler, T.; Schlömer, R.; Koch, C. *Tetrahedron Lett.* **1998**, *39*, 5957-5960. (b) Owens, T. D.; Semple, J. E. *Org. Lett.* **2001**, *3*, 3301-3304.

[5] Bock, H.; Ugi, I. *J. Prakt. Chem.* **1997**, *339*, 385.

[6] (a) König, S.; Klösel, R.; Karl, R.; Ugi, I. *Z. Naturforsch. B* **1994**, *49*, 1586. (b) Kumar, J. S.; Jonnalagadda, S. C.; Mereddy, V. R. *Tetrahedron Lett.* **2010**, *51*, 779.

[7] Passerini, M. *Gazz. Chim. Ital.* **1923**, *53*, 331.

[8] El Kaim, L.; Gizolme, M.; Grimaud, L. *Org. Lett.* **2006**，*8*，5021-5023.

[9] Ngouansavanh, T.; Zhu, J. *Angew. Chem. Int. Ed.* **2006**, *45*, 3495-3497.

[10] Bossio, R.; Marcaccini, S.; Pepino, R.; Torroba, T. *Synthesis* **1993**, 783-785.

[11] Beck, B.; Magnin-Lachaux, M.; Herdtweck, E.; Dömling, A. *Org. Lett.* **2001**, *3*, 2875-2878.

[12] Yu, H.; Gai, T.; Sun, W.-L.; Zhang, M.-S. *Chin. Chem. Lett.* **2011**, *22*, 379-381.

[13] (a) Denmark, S. E.; Fan, Y. *J. Am. Chem. Soc.* **2003**, *125*, 7825-7827. (b) Denmark, S. E.; Fan, Y. *J. Org. Chem.* **2005**, *70*, 9667-9676.

[14] Andreana, P. R.; Liu, C. C.; Schreiber, S. L. *Org. Lett.* **2004**, *6*, 4231-4233.

[15] Wang, S.-X.; Wang, M.-X.; Wang, D.-X.; Zhu, J. *Angew. Chem. Int. Ed.* **2008**, *47*, 388-391.
[16] Zhang, J.; Lin, S.-X.; Cheng, D.-J.; Liu, X.-Y.; Tan, B. *J. Am. Chem. Soc.* **2015**, *137*, 14039-14042.
[17] Wang, Q.; Wang, D.-X.; Wang, M.-X.; Zhu, J. *Acc. Chem. Res.* **2018**, *51*, 1290-1300.
[18] Mihara, H.; Xu, Y.; Shepherd, N. E.; Matsunaga, S.; Shibasaki, M. *J. Am. Chem. Soc.* **2009**, *131*, 8384-8385.
[19] (a) Herdtweck, E.; Dömling, A. *Org. Lett.* **2003**, *5*, 1047-1050. (b) Kim, S. W.; Bauer, S. M.; Armstrong, R. W. *Tetrahedron Lett.* **1998**, *39*, 7031. (c) Serafini, M.; Griglio, A.; Aprile, S.; Fabio S.; Travelli, C.; Pattarino, F.; Grosa, G.; Sorba, G.; Genazzani, A. A.; Gonzalez-Rodriguez, S.; Butron, L.; Devesa, I.; Fernandez-Carvajal, A.; Pirali, T.; Ferrer-Montiel A. *J. Med. Chem.* **2018**, *61*, 4436-4455.
[20] Moni, L.; Banfi, L.; Basso, A.; Carcone, L.; Rasparini, M.; Riva, R. *J. Org. Chem.* **2015**, *80*, 3411-3428.
[21] (a) Ideguchi, T.; Yamada, T.; Shirahata, T.; Hirose, T.; Sugawara, A.; Kobayashi, Y.; Ōmura, S.; Sunazuka, T. *J. Am. Chem. Soc.* **2013**, *135*, 12568-12571. (b) Yamada, T.; Ideguchi-Matsushita, T.; Hirose, T.; Shirahata, T.; Hokari, R.; Ishiyama, A.; Iwatsuki, M.; Sugawara, A.; Kobayashi, Y.; Otoguro, K.; Ōmura, S.; Sunazuka, T. *Chem. -Eur. J.* **2015**, *21*, 11855-11864.
[22] Miloserdov, F. M.; Kirillova, M. S.; Muratore, M. E.; Echavarren, A. M. *J. Am. Chem. Soc.* **2018**, *140*, 5393-5400.
[23] (a) Kakuchi, R. *Angew. Chem. Int. Ed.* **2014**, *53*, 46-48. (a) Jiang, X.; Feng, C.; Lu, G.-L.; Huang, X. *Sci. Chin. Chem.* **2015**, *58*, 1695-1709. (b) Llevot, A.; Boukis, A. C.; Oelmann, S.; Wetzel, K.; Meier, M. A. R. *Top. Curr. Chem.* **2017**, *375*, 66. (c) Kreye, O.; Toth, T.; Meier, Michael A. R. *J. Am. Chem. Soc.* **2011**, *133*, 1790-1792.

反应类型： 多组分反应
相关反应： Ugi 反应

（黄培强）

Sondheimer-黄乃正二炔

二苯并环辛二炔 (**1**)，英文名称 5,6,11,12-tetradehydrodibenzo [*a,e*] cyclooctene；或名之为：dibenzo[*a,e*]cyclooctadien-5,11-diyne (DBCOD) 和 5,6,11,12-tetradehydrodibenzo[*a,e*][8]annulene。现已被多个试剂公司商品化 (TCI, 阿拉丁试剂公司)；CAS 号为 53397-65-2。

该试剂是黄乃正 (Henry N. C. Wong) 在英国伦敦大学学院师从 Franz Sondheimer 教授攻读博士学位期间发展的含有中心八元环的二炔结构化合物 (**1**)[1]，于 1974 年首次发表在《美国化学会志》上[2]。二苯并环辛二炔的研究起源于对芳香共轭大环的芳香性与结构特性的好奇[1]。众所周知，苯环 (**2**) 是一个闭合的共轭芳香体系，结构为平面正六边形。而环辛四烯 (**3**) 虽然与苯一样是一种轮烯，但不是芳香化合物，通常状态下是非平面的澡盆形结构。因此，挑战合成平面共轭八元环体系成为当年探索和理解共轭大环的"芳香性"与"非芳香性"的研究热点[3]。构建平面化的八元环的策略之一是引入炔键，利用 sp 杂化炔键降低平面弯曲的张力。然而，环辛烯炔共轭环类化合物不稳定 (例如 **4**)，只能通过 Diels-Alder 反应等间接证明其存在[4]。可喜的是，黄乃正和 Franz Sondheimer 通过苯并化策略，以二苯并环辛四烯为原料，通过溴化和消除反应合成得到可稳定存在的二苯并环辛

二炔 (**1**)(式 1),并通过 X 射线单晶结构分析得到了确认[5]。由于在合成稠环芳烃和与叠氮试剂的环加成反应的广泛应用,日本冈山理科大学的 Akihiro Orita 和 Junzo Otera 两位教授将二苯并环辛二炔类化合物命名为 Sondheimer-Wong (桑德海默尔-黄乃正) 二炔[6]。

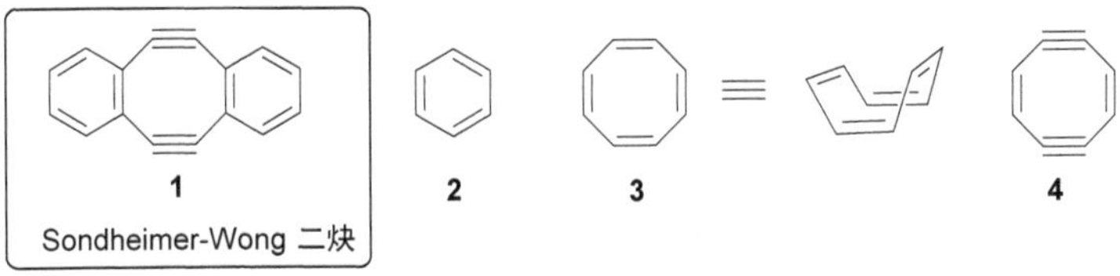

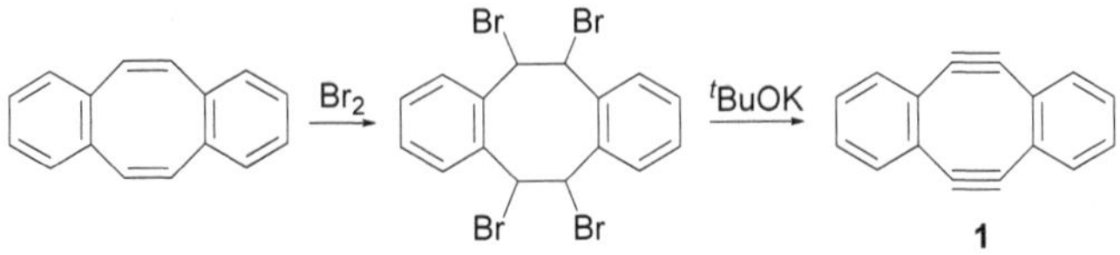

Sondheimer-黄乃正二炔的衍生物和合成方法也得到进一步的拓展和改进 (图 1),1996 年黄乃正等人合成了菲环并环辛二炔[7]。Wudl 利用 ⁻OTf 离去基改进了合成路线[8]。Otera 设计了邻位亚甲基苯砜取代的苯甲醛作为原料,通过二聚和脱除砜基的两步反应,可以得到 Sondheimer-黄乃正二炔。值得一提的是,作者利用该方法合成了一系列衍生物[6,9]。此外,Youngs 利用铜催化 Sonogashira 偶联反应合成了多取代的二苯并环辛二炔衍生物,但只是作为副产物得到,收率仅为 10%[10]。

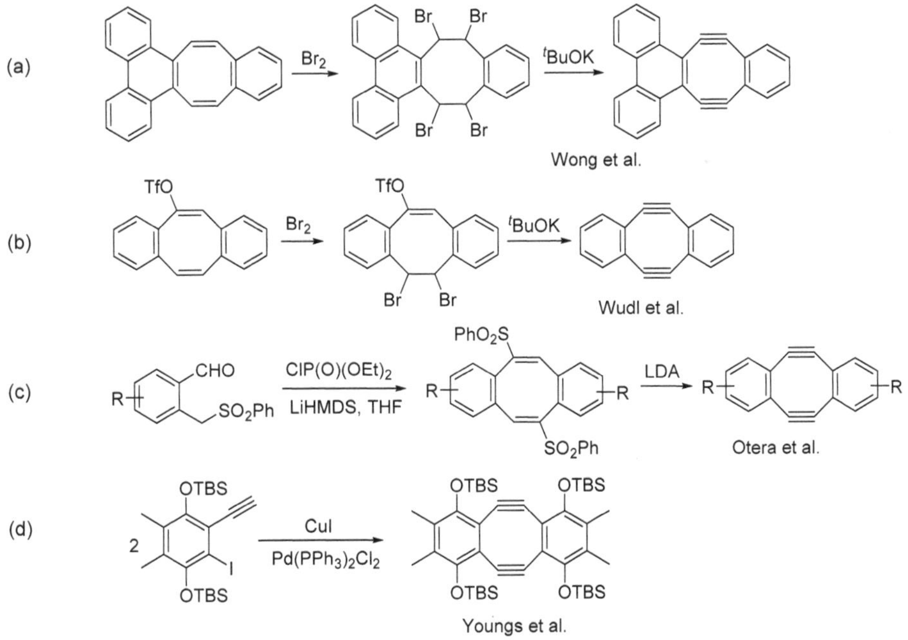

图 1 Sondheimer-黄乃正二炔及其衍生物的合成方法

Sondheimer-黄乃正二炔含有一个平面的八元环结构,是一个共轭的 $4n\pi$ 反芳香体系,具有活泼的反应性[3]。基于此,二苯并环辛二炔与两分子的呋喃发生双 Diels-Alder 环加成反应，然后在还原条件下发生芳构化反应合成得到四苯并环辛四烯 (tetraphenylene) (图 2)。该环加成-芳构化反应方法为二苯并环辛二炔作为芳香环化试剂的应用奠定了基础[11]。同样重要的是，炔基与叠氮之间可以发生偶极子环加成反应。该反应优点是条件温和、效率高、动力学快、不受溶剂等的影响，并有极高的产率和很好的官能团选择性[12]。常常被用于一些功能性物质的合成和生物蛋白质标记等方面，叠氮与炔的环加成反应后来成为点击化学 (click chemistry) 中的典型代表而被广泛认知[13]。更为重要的是，Sondheimer-黄乃正二炔参与的点击反应中，不需要铜催化剂 (式 2)，因此对生物大分子不会构成中毒的风险。近几年，二苯并环辛二炔在生物合成的点击化学方面有了蓬勃的发展。

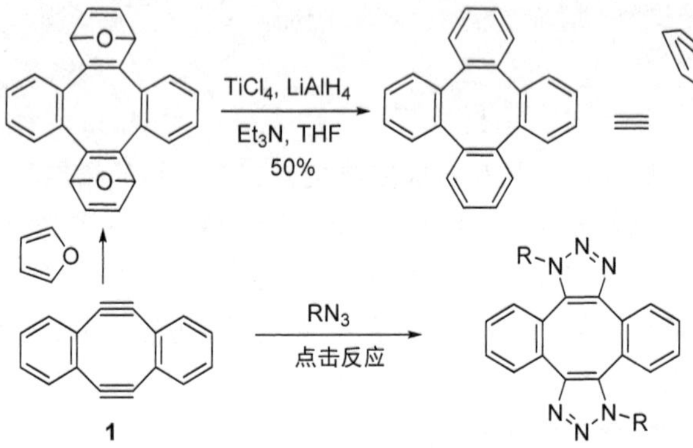

(2)

（1）芳构化反应

Sondheimer-黄乃正二炔作为芳构化试剂合成结构优雅的稠环芳烃 (图 2)，Müllen 课题组利用二苯并环辛二炔与 1,2,3,4-四苯基环戊烯酮发生环化-芳构化反应生成多苯基取代四苯并环辛四烯，并进一步氧化脱氢偶联制备稠环芳烃[14]。Whalley 课题组利用噻吩亚砜化合物与二苯并环辛二炔发生环加成-芳构化反应合成四苯并环辛四烯化合物，然后

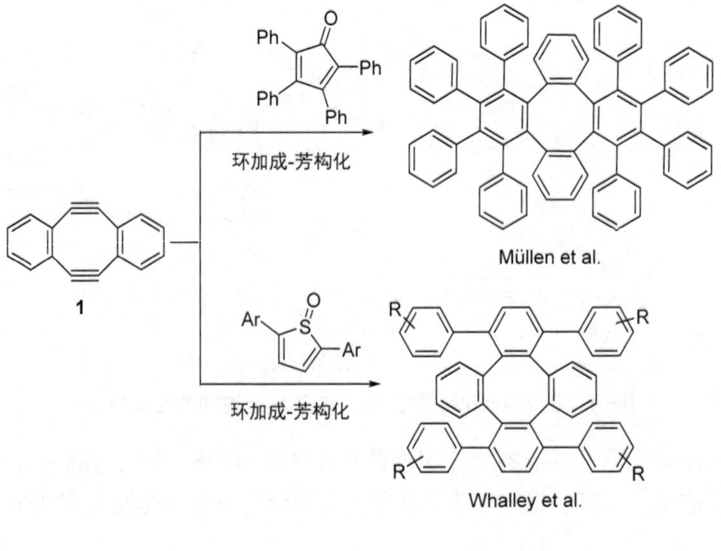

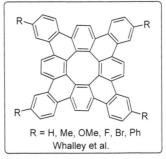

图 2 Sondheimer-黄乃正二炔作为芳构化试剂合成结构优雅的稠环芳烃

通过脱氢偶联反应合成苯并圈烯化合物 (tetrabenzo[8]circulenes)[15]。

Sygula 等人将碗烯呋喃衍生物合成了"分子钳";利用碗烯与石墨烯的凹凸"球-袜筒"之间的 π-π 交互作用实现分子钳对 C_{60} 的咬合 (式 3)[16]。缪谦课题组设计了二苯甲酮并呋喃与二苯并环辛二炔发生环化-芳构化反应,在芳构化的过程中,发现二苯甲酮的羰基发生了分子内的还原偶联形成烯键或环氧乙烷链接基,从而得到了两个新的纳米分子环 (式 3)[17]。

此外,在芳构化反应方面,Orita 和 Otera 等人发现 Sondheimer-黄乃正二炔可以与单质碘或者溴化碘发生亲核取代反应合成卤素原子取代的二苯并并环戊二烯 (dibenzopentalene) 5;并且因为分子骨架上含有两个卤素原子,因此可以发生各种偶联反应进行分子修饰,大大扩大了其应用范围 (式 4)。相比并环戊二烯,共轭扩大化的二苯并并环戊二烯作为 16π-反芳香体系,在场效应晶体管和电荧光材料领域有着潜在的用途[18]。

此外,Tanak 和 Vollhardt 分别报道了 Sondheimer-黄乃正二炔的炔键与金属的成环反应[19]。值得一提的是,Gleiter 发现 Sondheimer-黄乃正二炔在紫外线照射下与羰基钴试剂 [CpCo(CO)$_2$] 发生环化反应合成了一个分子指环 (式 5)[20]。最近,加州大学伯克利分校的 Felix Fischer 课题组报道了 Sondheimer-黄乃正二炔的炔烃复分解反应，采用不同的钼催化剂催化开环聚合，分别合成了聚炔长链和聚炔烃大环 (式 5)[21]。

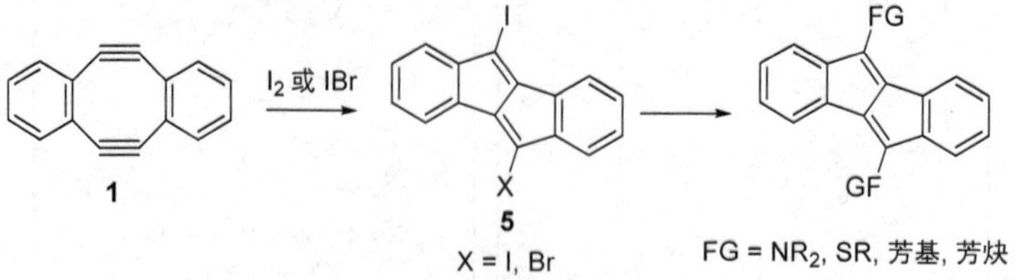

(4)

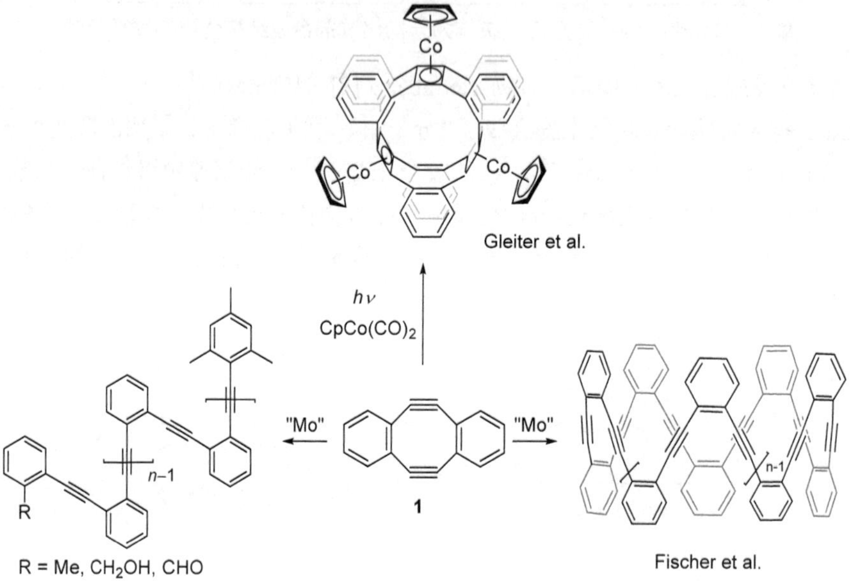

(5)

（2）点击反应

Sondheimer-黄乃正二炔的环状结构含有两个大张力的炔键可以与两分子叠氮试剂发生双 1,3-偶极子环加成反应，并且生成刚性的分子骨架，因此获得青睐。迄今为止，各种各样的含有叠氮官能团的有机小分子、生物大分子，甚至金属有机框架材料都应用于 Sondheimer-黄乃正二炔的点击反应。例如，Popik[22]、Bräse[23]、Bickelhaupt 和 Delft[24]、Spring[25]、Tamamura[26]、Tanaka[27]和 Hosoya[28]课题组在此领域做了大量的工作 (图 3)。值得一提的是，王炳和课题组发展了一种利用气相色谱和该反应检测叠氮负离子，检测限可以达到 21×10^{-9}[29]。

有意义的是，中国科学院化学研究所的张科课题组利用含有两个或者多个叠氮基团的聚合物分子与 Sondheimer-黄乃正二炔发生点击反应，关环成为单环、双环和多环聚合物 (图 4)[30]。

有意义的是，Wöll 还利用 Sondheimer-黄乃正二炔的点击反应修饰有机金属框架薄膜材料 (Metal-Organic Framework, MOF)，提出了一种后修饰的方法，有望在膜科学、涂层、催化和气相分离等领域进一步应用[31]。例如，Sondheimer-黄乃正二炔含有中心八元环骨架和二炔官能团的特殊分子结构，将来可能得到更多的关注和后续应用。

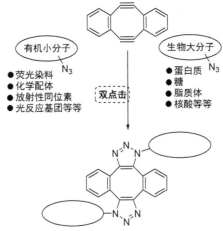

图 3 可用于 Sondheimer-黄乃正二炔的点击反应的叠氮化合物

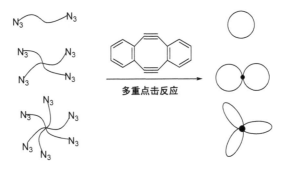

图 4 利用含有两个或者多个叠氮基团的聚合物分子与
Sondheimer-黄乃正二炔发生的点击反应

参考文献

[1] (a) Huang, N. Z.; Sondheimer, F. *Acc. Chem. Res.* **1982**, *15*, 96-102. (综述) (b) Wong, H. N. C. *Dissertation*, Univ. College London, **1976**.

[2] (a) Wong, H. N. C.; Garratt, P. J.; Sondheimer, F. *J. Am. Chem. Soc.* **1974**, *96*, 5604-5605. (b) Wong, H. N. C.; Sondheimer, F. *Tetrahedron* **1981**, *37*, 99-109. (c) Gerson, F.; Martin, W. B.; Plattner, Jr. G.; Sondheimer, F.; Wong, H. N. C. *Helv. Chim. Acta* **1976**, *59*, 2038-2048.

[3] (a) Han, J.-W.; Chen, J.-X.; Li, X.; Peng, X.-S.; Wong, H. N. C. *Synlett* **2013**, *24*, 2188-2198. (综述) (b) Han, J.-W.; Li, X.; Wong, H. N. C. *Chem. Rec.* **2015**, *15*, 107-131. (综述) (c) Han, J.-W.; Peng, X.-S.; Wong, H. N. C. *Natl. Sci. Rev.* **2017**, *4*, 892-916. (综述)

[4] (a) Wong, H. N. C.; Sondheimer, F. *Angew. Chem. Int. Ed.* **1976**, *15*, 117-118. (b) Wong, H. N. C.; Chan, T.-L.; Sondheimer, F. *Tetrahedron Lett.* **1978**, *19*, 667-670. (c) Gerson, F.; Heckendorn, R.; Wong, H. N. C. *Helv. Chim. Acta* **1983**, *66*, 1409-1415.

[5] (a) Destro, R.; Pilati, T.; Simonetta, M. *J. Am. Chem. Soc.* **1975**, *97*, 658–659. (b) de Graaff, R. A. G.; Gorter, S.; Romers, C.; Wong, H. N. C.; Sondheimer, F. *J. Chem. Soc., Perkin Trans. 2* **1981**, 478-480.

[6] (a) Xu, F.; Peng, L.; Shinohara, K.; Morita, T.; Yoshida, S.; Hosoya, T.; Orita, A.; Otera, J. *J. Org. Chem.* **2014**, *79*, 11592-11608. (b) Xu, F.; Peng, L.; Shinohara, K.; Nishida, T.; Wakamatsu, K.; Uejima, M.; Sato, T.; Tanaka, K.; Machida, N.; Akashi, H.; Orita, A.; Otera, J. *Org. Lett.* **2015**, *17*, 3014-3017

[7] Leung, C.-Y.; Mak, T. W. C.; Wong, H. N. C. *J. Chem. Crystallogr.* **1996**, *26*, 227-230.

[8] Chaffins, S.; Brettreich, M.; Wudl, F. *Synthesis* **2002**, 1191-1194.

[9] Orita, A.; Hasegawa, D.; Nakano, T.; Otera, J. *Chem. -Eur. J.* **2002**, *8*, 2000-2004.

[10] Chakraborty, M.; Tessier, C. A.; Youngs, W. J. *J. Org. Chem.* **1999**, *64*, 2947-2949.

[11] Xing, Y. D.; Huang, N. Z. *J. Org. Chem.* **1984**, *47*, 140-142.

[12] Huisgen, R. *Angew. Chem., Int. Ed. Engl.* **1963**, *2*, 565-598. (综述)

[13] Kolb, H. C.; Finn, M. G.; Sharpless, K. B. *Angew. Chem. Int. Ed.* **2001**, *40*, 2004-2021. (综述)

[14] Müller, M.; Iyer, V. S.; Kiibel, C.; Enkelmann, V.; Müllen K. *Angew. Chem., Int. Ed. Engl.* **1997**, *36*, 1607-1610.

[15] (a) Miller, R. W.; Duncan, A. K.; Schneebeli, S. T.; Gray, D. L.; Whalley, A. C. *Chem. Eur. J.* **2014**, *20*, 3705-3711. (b) Miller, R. W.; Averill, S. E.; Van Wyck, S. J.; Whalley, A. C. *J. Org. Chem.* **2016**, *81*, 12001-12005.

[16] Sygula, A.; Fronczek, F. R.; Sygula, R.; Rabideau, P. W.; Olmstead, M. M. *J. Am. Chem. Soc.* **2007**, 129, 3842-3843.

[17] Cheung, K. Y.; Yang, S.; Miao, Q. *Org. Chem. Front.* **2017**, *4*, 699-703.

[18] (a) Xu, F.; Peng, L.; Orita, A.; Otera, J. *Org. Lett.* **2012**, 14, 3970-3973. (b) Xu, F.; Peng, L.; Wakamatsu, K.; Orita, A.; Otera, J. *Chem. Lett.* **2014**, *43*, 1548-1550. (c) Babu, G.; Orita, A.; Otera, J. *Chem. Lett.* **2008**, 37, 1296-1297.

[19] Shimada, S.; Tanaka, M.; Honda, K. *Inorg. Chim. Acta* **1997**, *265*, 1-8. (b) Dosa, P. I.; Whitener, G. D.; Vollhardt, K. P. C.; Bond, A. D.; Teat, S. J. *Org. Lett.* **2002**, *4*, 2075-2078.

[20] Kornmayer, S. C.; Hellbach, B.; Rominger, F.; Gleiter, R. *Chem. -Eur. J.* **2009**, *15*, 3380-3389.

[21] (a) von Kugelgen, S.; Bellone, D. E.; Cloke, R. R.; Perkins, W. S.; Fischer, F. R. *J. Am. Chem. Soc.* **2016**, *138*, 6234-6239. (b) von Kugelgen, S.; Sifri, R.; Bellone, D.; Fischer, F. R. *J. Am. Chem. Soc.* **2017**, *139*, 7577-7585.

[22] (a) Sutton, D. A.; Popik, V. V. *J. Org. Chem.* **2016**, *81*, 8850-8857. (b) Sutton, D. A.; Yu, S.-H.; Steet, R.; Popik, V. V. *Chem. Commun.* **2016**, *52*, 553-556.

[23] Hörner, A.; Volz, D.; Hagendorn, T.; Fürniss, D.; Greb, L.; Rönicke, F.; Nieger, M.; Schepers, U.; Bräse, S. *RSC Adv.* **2014**, *4*, 11528-11534.

[24] Dommerholt, J.; van Rooijen, O.; Borrmann, A.; Guerra, C. F.; Bickelhaupt, F. M.; van Delft, F. L. *Nat. Commun.* **2014**, *5*, 5378.

[25] Lau, Y. H.; Wu, Y.; Rossmann, M.; Tan, B. X.; de Andrade, P.; Tan, Y. S.; Verma, C.; McKenzie, G. J.; Venkitaraman, A. R.; Hyvönen, M.; Spring, D. R. *Angew. Chem. Int. Ed.* **2015**, *54*, 15410-15413.

[26] Hashimoto, C.; Nomura, W.; Narumi, T.; Fujino, M.; Nakahara, T.; Yamamoto, N.; Murakami, T.; Tamamura, H. *Bioorg. Med. Chem.* **2013**, *21*, 6878-6885.

[27] Tanaka, K.; Nakamoto, Y.; Siwu, E. R. O.; Pradipta, A. R.; Morimoto, K.; Fujiwara, T.; Yoshida, S.; Hosoya, T.; Tamura, Y.; Hirai, G.; Sodeoka, M.; Fukase, K. *Org. Biomol. Chem.* **2013**, *11*, 7326-7333.

[28] (a) Yoshida, S.; Hatakeyama, Y.; Johmoto, K.; Uekusa, H.; Hosoya, T. *J. Am. Chem. Soc.* **2014**, *136*, 13590-13593. (b) Yoshida, S.; Tanaka, J.; Nishiyama, Y.; Hazama, Y.; Matsushita, T.; Hosoya, T. *Chem. Commun.* **2018**, *54*, 13499-13502.

[29] Wang, L.; Dai, C.; Chen, W.; Wang S. L.; Wang, B. *Chem. Commun.* **2011**, *47*, 10377-10379.

[30] Sun, P.; Zhu, W.; Chen, J.; Liu, J.; Wu, Y.; Zhang, K. *Polymer* **2017**, *121*, 196-203. (b) Sun, P.; Chen, J.; Liu, J.; Zhang, K. *Macromolecules* **2017**, *50*, 1463-1472. (c) Chen, J.-Q.; Xiang, L.; Liu, X.; Liu, X.; Zhang, K. *Macromolecules* **2017**, *50*, 5790-5797. (d) Li, Z.; Qu, L.; Zhu, W.; Liu, J.; Chen, J.-Q.; Sun, P.; Wu, Y.; Liu, Z.; Zhang, K. *Polymer* **2018**, *137*, 54-62.

[31] Wang, Z.; Liu, J.; Arslan, H. K.; Grosjean, S.; Hagendorn, T.; Gliemann, H.; Bräse, S.; Wöll, C. *Langmuir* **2013**, *29*, 15958-15964.

试剂类型： 芳构化试剂；点击反应试剂

（韩建伟）

Suarez 裂解反应

1965 年 Von Mutzenbecher 和 Cross 报道，如下甾体醇在紫外光照下与四醋酸铅和碘反应，可以得到两个裂解产物 (式 1)[1]。

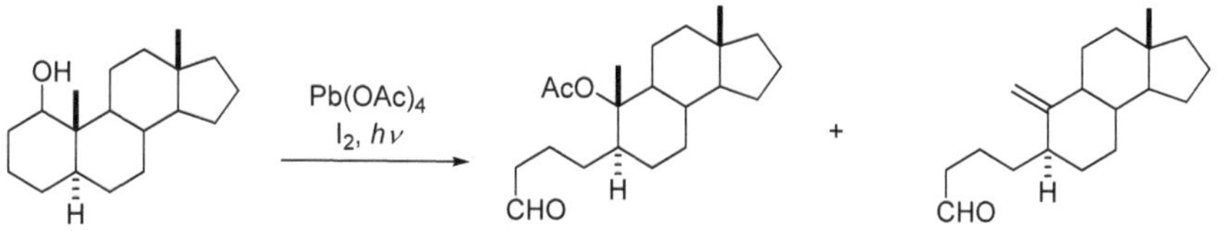

$$\text{(式 1)}$$

1984 年，日本学者 Suginome 在对一些醇类化合物的裂解进行考察的过程中指出，这类反应经历烷氧自由基的 β-断裂过程[2]。1986 年，西班牙学者 Suarez 等以二醋酸碘苯(DIB) 代替四醋酸铅，也发现了这一 β-裂解反应[3]。此后 Suarez 研究小组在这方面做了大量的研究工作，使我们对这类反应有了比较系统的认识[4,5]。因此这类反应被称为 Suarez (苏亚雷斯) 裂解反应。

Suarez 裂解本质上是烷氧自由基发生 β 碳-碳键的均裂，因此也统称为烷氧自由基裂解反应 (alkoxy radical fragmentation，或 ARF 反应)。其反应机理如式 2 所示：氧自由基发生 β-裂解，形成相应的碳自由基，进而被其它试剂或自由基猝灭，生成相应的羰基产物。从这一机理可以看出，当产生的中间体碳自由基比较稳定的，或者原料中环张力比较大时，Suarez 裂解从能量角度看就更为有利。

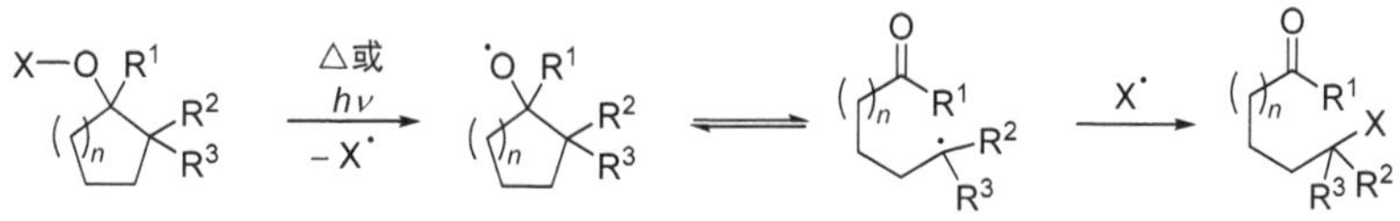

$$\text{(式 2)}$$

由于一般的碳-碳键比较稳定，很难发生断裂，而 Suarez 裂解充分利用了烷氧自由基高活性的特点促使其进行，因此在有机合成中有着难以替代的应用价值。

糖类化合物由于存在多个羟基，因此对它们的 Suarez 裂解反应研究得最多[2,6-9]。例如，式 3 中六元环 β-羟基叠氮化物在紫外光照下与 DIB 和碘在室温反应，以很高的产率得到相应的多官能团取代的腈类产物[7]。

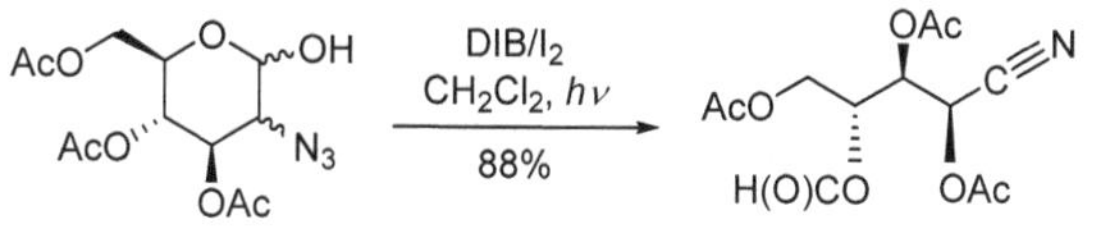

$$\text{(式 3)}$$

Suarez 裂解导致了碳-碳键的断裂，因此在有机合成、大环化合物合成中有重要的用途。例如 Suginome 等报道[10]，如下并环醇类化合物在氧化汞和碘的作用下形成相应的氧自由基，进而发生 β-碳碳键断裂，生成的中间体碳自由基与碘反应，以较好的产率得到相应的碘代大环内酯 (式 4)。

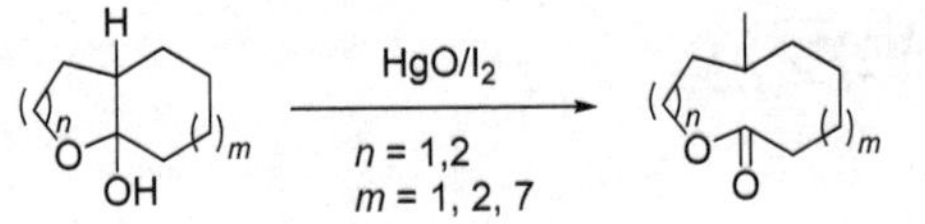

除了采用醇类化合物为底物产生烷氧自由基进行 ARF 反应外，还有许多其它方法产生烷氧自由基中间体，如 β,γ-环氧烷基自由基的 β-消除[11]、分子内碳自由基对羰基的加成 (逆 ARF 反应) 等，后者往往导致扩环产物的生成[12]。以式 5 为例[13]，三丁基锡自由基加成到三键上，生成的烯基自由基进攻酮羰基，产生的氧自由基发生 β-碳-碳键断裂，形成的碳自由基进一步加成到双键上，所得碳自由基中间体再进攻羰基，再发生 ARF 反应，七元环中间体则扩环成八元环，最后通过 β-消除离去三丁基锡自由基，得到[5.8]并环产物，而且实现了三丁基锡氢的催化。这一例子也说明了 ARF 反应和其它自由基反应相结合，在有机合成中有着比较重要的应用价值。

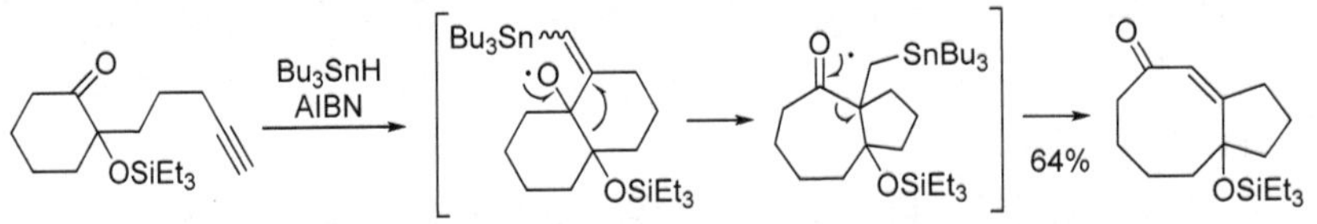

与此相类似，由叠氮与三丁基锡氢反应生成的胺自由基也可对分子内羰基进行加成产生相应的氧自由基，进而发生 β-裂解，从而获得中环内酰胺产物 (式 6)[14]。

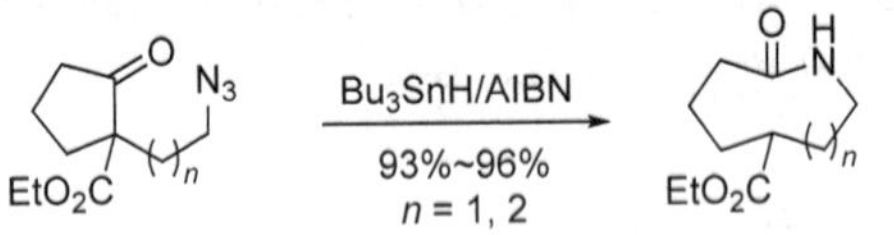

另一个典型的例子是利用 ARF 反应实现 C-烯丙基化反应[15]。N-酯基取代的 2-羟甲基哌啶与 DIB 和碘在光照下反应，发生 Suarez 裂解形成中间体碳自由基，然后进一步氧化为亚胺正离子中间体，再与烯丙基硅试剂反应，得到 2-烯丙基化产物 (式 7)。

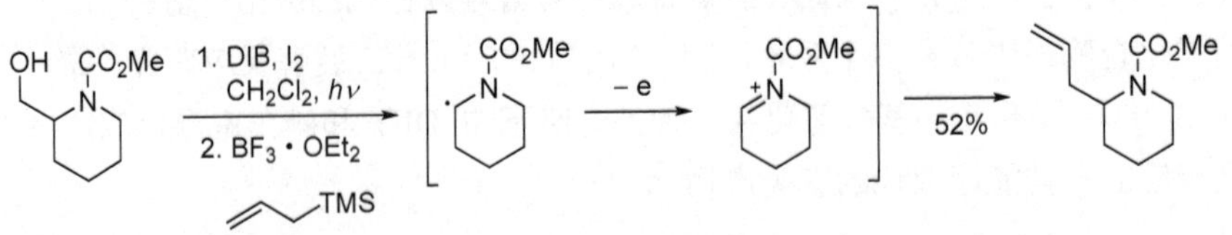

近几年来，过渡金属参与或催化的 Suarez 裂解反应受到了广泛关注[16,17]。这类反应无须通过活泼的氧-卤键中间体，而是借助环丙醇或环丁醇的张力，直接在氧化条件下产生烷氧自由基，经 β-断裂开环产生的碳自由基被各种各样的试剂捕捉，从而实现环醇类分子的开环官能团化。例如，朱晨等[18]报道了银催化下的环丙醇及环丁醇的开环氟代反应，为 β- 或 γ-氟代酮的合成提供了一个新方法 (式 8)。与此相类似，银或锰、铈催化下环醇的开环氰基化、炔基化、胺化、硫醚化等反应也被相继开发报道[19-22]。此外，可见光催化条件下环醇的开环炔基化[23]及氢化[24]等也见诸报道。

$$\text{(8)}$$

需要指出的是烷氧自由基也容易发生分子内 1,5-氢迁移反应，即 Barton 反应。该反应与 Suarez 裂解之间的竞争主要取决于底物的结构。

参考文献

[1] Von Mutzenbecher, G.; Cross, A. D. *Steroids* **1965**, 429.
[2] Suginome, H.; Yamada, S. *J. Org. Chem.* **1984**, *49*, 3753.
[3] Freire, R.; Marrero, J. J.; Rodriguez, M. S.; Suarez, E. *Tetrahedron Lett.* **1986**, *27*, 383.
[4] Suarez, E.; Rodriguez, M. S. In *Radicals in Organic Synthesis*; Renaud, P.; Sibi, M. P.; Eds.; Wiley-VCH: Weinheim, Germany, **2001**, *2*, 440.
[5] Hartung, J.; Gottwald, T.; Spehar, K. *Synthesis* **2002**, 1469.
[6] Alonso-Cruz, C. R.; Leon, E. I.; Ortiz-Lopez, F. J.; Rodriguez, M. S.; Suarez, E. *Tetrehedron Lett.* **2005**, *46*, 5265.
[7] Hernandez, R.; Leon, E. I.; Moreno, P.; Riesco-Fagundo, C.; Suarez, E. *J. Org. Chem.* **2004**, *69*, 8437.
[8] Francisco, C. G.; Gonzalez, C. C.; Paz, N. R.; Suarez, E. *Org. Lett.* **2003**, *5*, 4171.
[9] Gonzalez, C. C.; Kennedy, A. R.; Leon, E. I.; Riesco-Fagundo, C.; Suarez, E. *Chem. -Eur. J.* **2003**, *9*, 5800.
[10] Suginome, H.; Yamada, S. *Tetrahedron* **1987**, *43*, 3371.
[11] Nishida, A.; Kakimoto, Y.-I.; Ogasawara, Y.; et al. *Tetrahedron Lett.* **1997**, *38*, 5519.
[12] Zhang, W. In *Radicals in Organic Synthesis*; Renaud, P., Sibi, M. P., Eds.; Wiley-VCH: Weinheim, Germany, **2001**, *2*, 234.
[13] Nishida, A.; Takahashi, H.; Takeda, H.; et al. *J. Am. Chem. Soc.* **1990**, *112*, 902.
[14] Kim, S.; Joe, G. H.; Do, J. Y. *J. Am. Chem. Soc.* **1993**, *115*, 3328.
[15] Boto, A.; Hernandez, D.; Hernandez, R.; Montoya, A.; Suarez, E. *Eur. J. Org. Chem.* **2007**, 325.
[16] Wu, X.; Zhu, C. *Chem. Rec.* **2018**, *18*, 587.
[17] Ren, R.; Zhu, C. *Synlett* **2016**, *27*, 1139.
[18] Zhao, H.; Fan, X.; Yu, J.; Zhu, C. *J. Am. Chem. Soc.* **2015**, *137*, 3490.
[19] Ren, R.; Wu, Z.; Xu, Y.; Zhu, C. *Angew. Chem. Int. Ed.* **2016**, *55*, 2866.
[20] Wang, D.; Ren, R.; Zhu, C. *J. Org. Chem.* **2016**, *81*, 8043.
[21] Guo, J.-J.; Hu, A.; Chen, Y.; Sun, J.; Tang, H.; Zuo, Z. *Angew. Chem. Int. Ed.* **2016**, *55*, 15319.
[22] Ren, R.; Wu, Z.; Zhu, C. *Chem. Commun.* **2016**, *52*, 8160.
[23] Jia, K.; Zhang, F.; Huang, H.; Chen, Y. *J. Am. Chem. Soc.* **2016**, *138*, 1514.
[24] Yayla, H. G.; Wang, H.; Tarantino, K. T.; Orbe, H. S.; Knowles, R. R. *J. Am. Chem. Soc.* **2016**, *138*, 10794.

（李超忠）

Ugi 反应

1959 年，德国化学家 Ugi 首次报道了一分子酸、一分子醛或酮、一分子胺和一分子异腈缩合生成 α-酰胺基酰胺的四组分反应[1]。在 Ugi (乌吉) 反应发现后的几十年里，该反应在化学的很多领域都有比较广泛的应用。近年来陆续有关于该反应的综述报道[2-4]。

Ugi 反应公认的反应机理如图 1 所示：胺和醛在酸的作用下生成亚胺 **A**，异腈的碳进攻亚胺生成中间体 **C**，然后羧酸负离子进攻异腈的碳原子生成中间体 **D**，最后经过重排将酰基转移生成 Ugi 产物。该反应的前几步都是可逆的，整个反应的驱动力是最后一步，酰基的转移生成了热力学稳定的酰胺化合物。

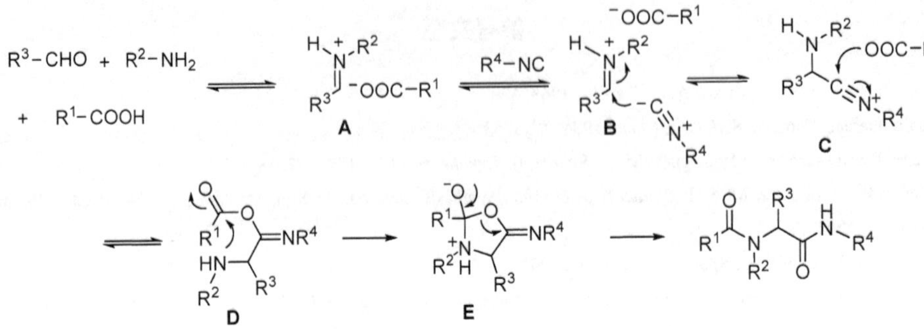

图 1 Ugi 反应的反应机理

Ugi 反应的底物适应性很广，其中酸组分除了羧酸以外，还可以是一些无机酸，比如氢氰酸、氢硫酸和叠氮酸等，甚至可以是二级胺盐。羰基组分可以是醛也可以是酮。胺组分可以是一级胺也可以是二级胺，还可以是肼、羟胺和脲。下面以 Ugi 反应的几个变体来说明。

过去曾有 Armstrong 等人报道了二氧化碳作为酸组分参与 Ugi 反应 (图 2)。

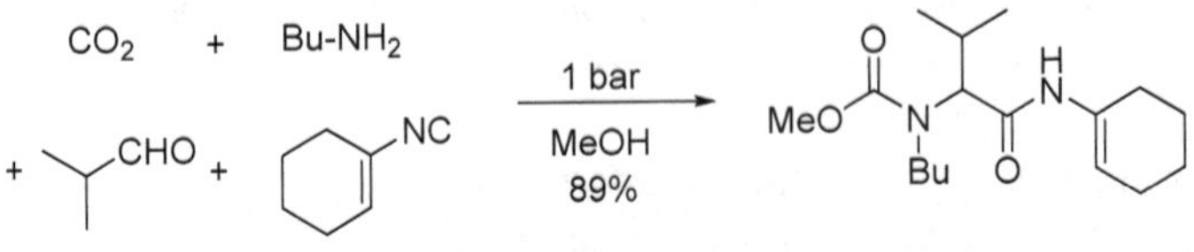

图 2 二氧化碳作为酸组分参与的 Ugi 反应

二氧化碳和甲醇反应原位生成碳酸单甲酯，然后与正丁胺、异丙醛和环己烯基异腈反应得到含有碳酸酰胺的 Ugi 产物[5]。

2006 年 Giovenzana 等人报道了用二级的二胺作为胺组分进行 Ugi 反应，得到含有三级胺和两个酰胺键的产物[6]。从机理上来看，最后一步酰基的转移过程中，酰基没有转移到原来形成亚胺的氮原子上，而是转移到了二胺的另一个氮原子上 (图 3)。

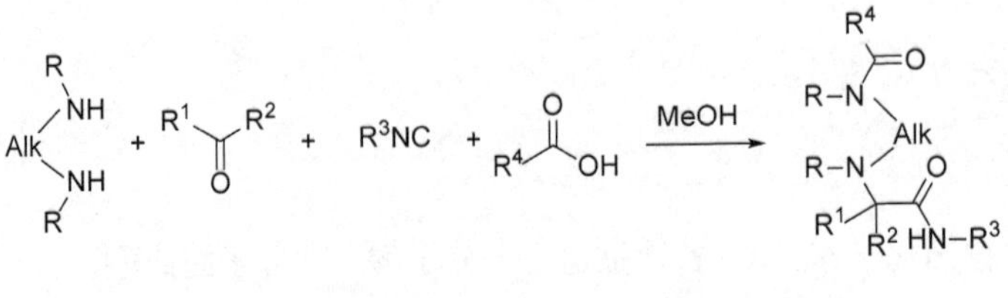

图 3 二级的二胺作为胺组分参与的 Ugi 反应

2012 年 Marcos 等人报道了利用吡咯烷二酮的烯醇式作为酸组分参与 Ugi 反应来制备 3-氨基吡咯酮的衍生物[7] (图 4)。

2016 年，芦逵等人报道了以 α,β-不饱和酮为底物进行的 1,4-加成的 Ugi 反应[8]。该反应的机理涉及异腈对 α,β-不饱和亚胺的 1,4-加成，而不是传统的 Ugi 反应机理中所涉及的异腈对亚胺的 1,2-加成 (图 5)。

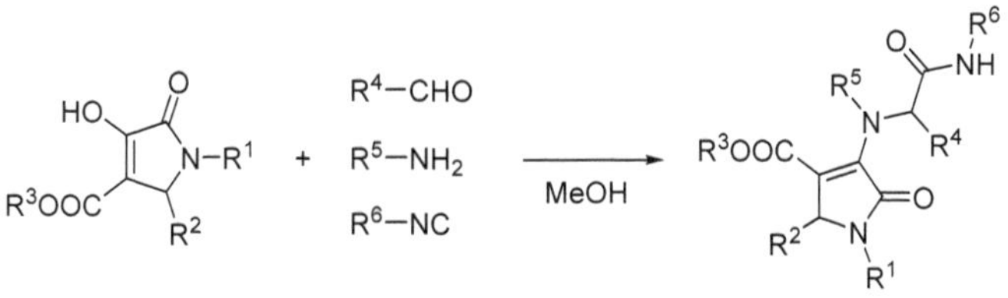

图 4 吡咯烷二酮的烯醇式作为酸组分参与的 Ugi 反应

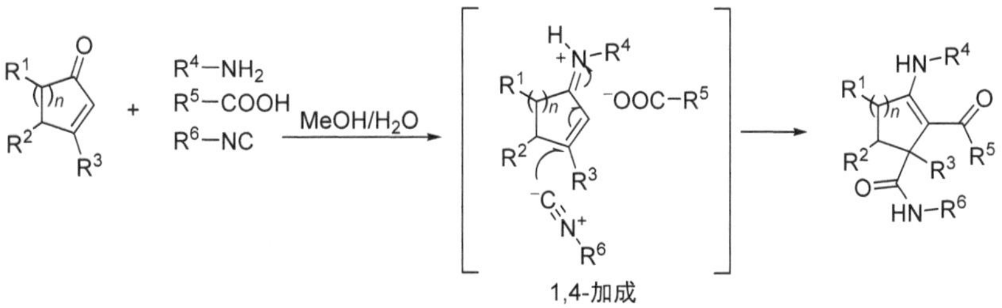

图 5 以 α,β-不饱和酮为底物的 1,4-加成的 Ugi 反应

由于 Ugi 反应形成两个酰胺键，所以它可以用来合成多肽。1977 年，Meienhofer 等人报道了将含有甘氨酸和丙氨酸的二肽作为酸的组分，含有亮氨酸和甘氨酸的二肽作为胺的组分与邻硝基苯甲醛和环己基异腈反应得到 Ugi 产物，然后在光的作用下除去辅基得到四肽[9]。用 Ugi 反应合成肽键的优点在于当连接两个比较大的多肽时，由于溶解性的问题，反应的浓度比较低，用普通的缩合方法不利于分子间形成肽键。而 Ugi 反应将需要形成肽键的反应由分子间反应变成了不依赖浓度的分子内反应。另外，普通的缩合方法中需要用到缩合和活化酰基试剂，这些试剂有导致氨基酸消旋的问题，相对来说 Ugi 反应的条件比较温和 (图 6)。

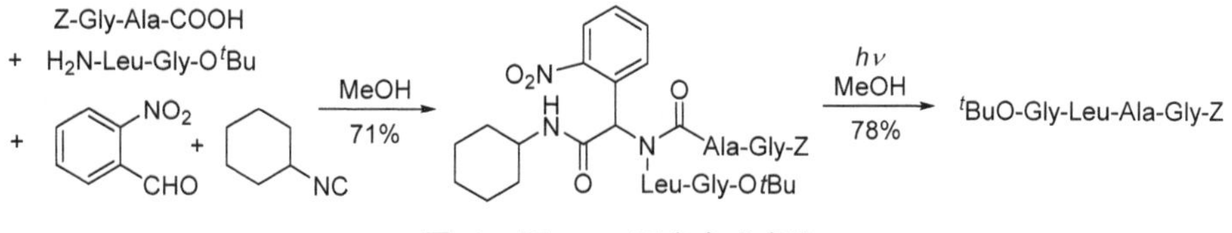

图 6 用 Ugi 反应合成多肽

当 Ugi 反应所需的两种官能团存在于一个分子中时，用这种双官能团化合物与其它两个组分反应能得到不同类型的含氮杂环化合物。

许多 β-内酰胺化合物是很好的抗生素，比如青霉素和头孢菌素。Ugi 等人报道了用 β-氨基酸、醛和异腈反应制备 β-内酰胺化合物，所得到的产物经过进一步的转化能得到头孢菌素类化合物[10] (图 7)。

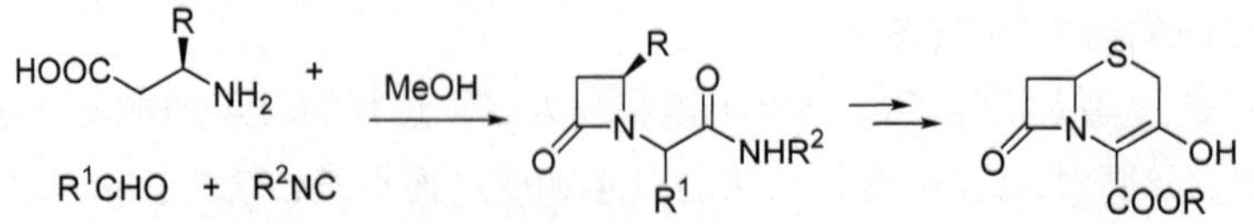

图 7　用双官能团化合物作为 Ugi 反应的底物合成含氮杂环化合物

氨基酸的合成一直受到有机化学家的关注。2005 年，Guanti 等人报道了用 Ugi 反应合成氨基酸的衍生物[11] (图 8)。他们从同一种酸酐出发制备了两种含有氨基和羧基的内盐化合物的对映异构体。这两种异构体作为手性辅基诱导 Ugi 反应新产生的手性中心，然后再经过水解能得到光学活性很高的 L-构型和 D-构型氨基酸的衍生物。

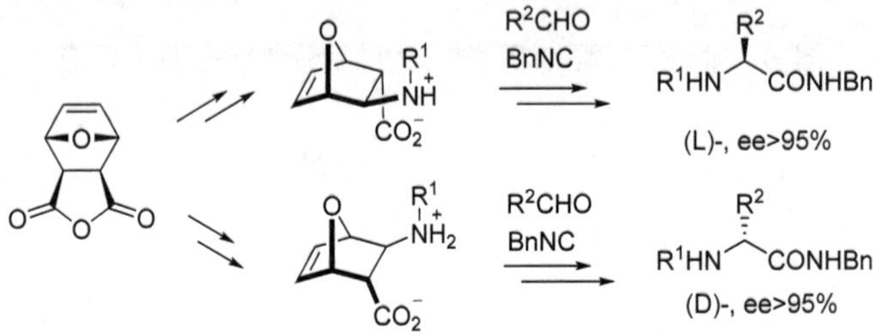

图 8　用 Ugi 反应合成氨基酸的衍生物

大环化合物在药物化学、材料化学和超分子化学领域中有广泛的应用，所以大环化合物的合成一直是有机化学家感兴趣的研究课题。特别是在多样性地合成含有相同骨架的大环化合物时使用什么样的关环策略将影响到合成的效率。Coll 等人报道了用 Ugi 反应合成分子识别中所需得到的大环化合物[12]。他们应用含有双官能团的酸和异腈与不同的氨基酸甲酯以及多聚甲醛反应，多样性地制备了一个含有不同官能团的 35 元环的化合物。他们将这个方法进行了推广，最后成功地通过 Ugi 反应一步生成了 6 个新的化学键，合成了一个 68 元环化合物。从这个例子可以看出 Ugi 反应在大环的成环反应中的独特魅力 (图 9)。

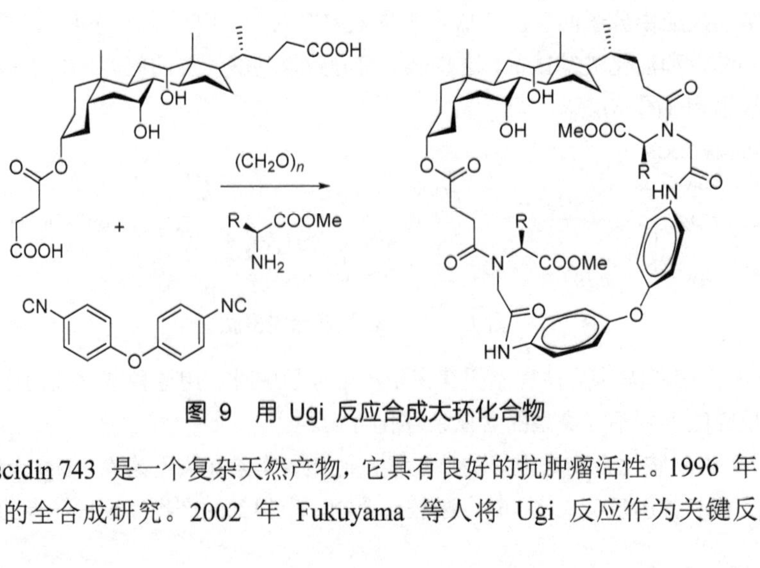

图 9　用 Ugi 反应合成大环化合物

ecteinascidin 743 是一个复杂天然产物，它具有良好的抗肿瘤活性。1996 年 Corey 等人完成了它的全合成研究。2002 年 Fukuyama 等人将 Ugi 反应作为关键反应应用于

ecteinascidin 743 的全合成中[13]。在他们的合成中,用 Ugi 反应将两个官能团化的片段连接起来,一步就构建出分子的主要骨架,使得合成策略非常汇聚式。值得一提的是,Ugi 反应的条件很温和,官能团耐受性好也是它能应用于复杂天然产物全合成的有利因素(图 10)。

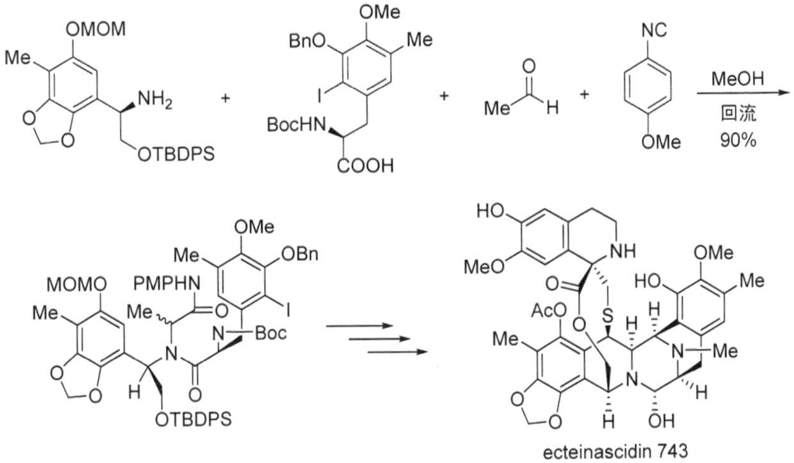

图 10　用 Ugi 反应作为关键步骤来合成复杂天然产物 ecteinascidin 743

plusbacin A_3 是从假单胞菌属 PB-6250 中分离提取出的一种作为抑制耐甲氧西林金黄色葡萄球菌和耐万古霉素肠球菌的潜在抗生素,并且已经被证明能够抑制 lipid Ⅱ 的多聚化。在 2007 年,VanNieuwenhze 等人第一次完成了对 plusbacin A_3 的全合成。在 2018 年,Ichikawa 等人使用了 Ugi 反应构建 plusbacin A_3 的结构片段,并且高效地合成了 plusbacin A_3 及其双脱羟衍生物[14] (图 11)。

多样性导向合成是最近比较热的一个研究领域。它的目的在于合成结构复杂和多样性的小分子库,然后通过生物学实验来寻找和鉴定干预疾病的蛋白质。由于 Ugi 反应的高效性和汇聚性,以及它的 4 种组分都能很方便地连在树脂上,它在组合化学和多样性导向

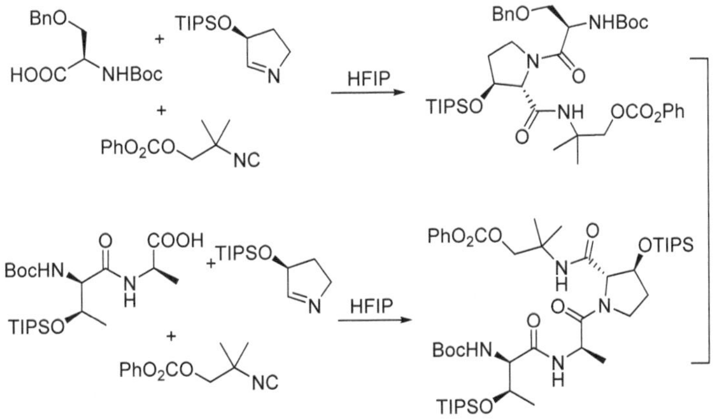

图 11

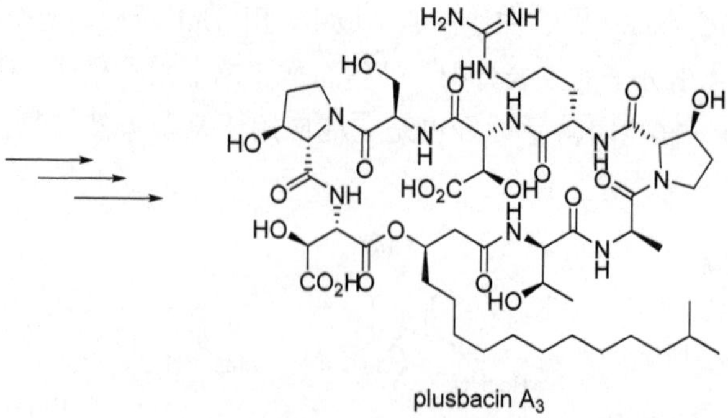

图 11 用 Ugi 反应作为关键步骤来合成复杂天然产物 plusbacin A$_3$

合成中也有比较广阔的应用前景[15]。Schreiber 等人报道了 Ugi 反应和 Diels-Alder 反应、氮上的烯丙基化反应、烯烃开环复分解反应、烯烃闭环复分解反应联用，由 4 个比较简单的原料合成了含有 2 个七元环和 2 个五元环的复杂化合物[16]。将 Ugi 反应的胺组分连在树脂上，通过改变第一步中的 4 个原料可以得到多样性的分子骨架和含有不同取代基的化合物 (图 12)。

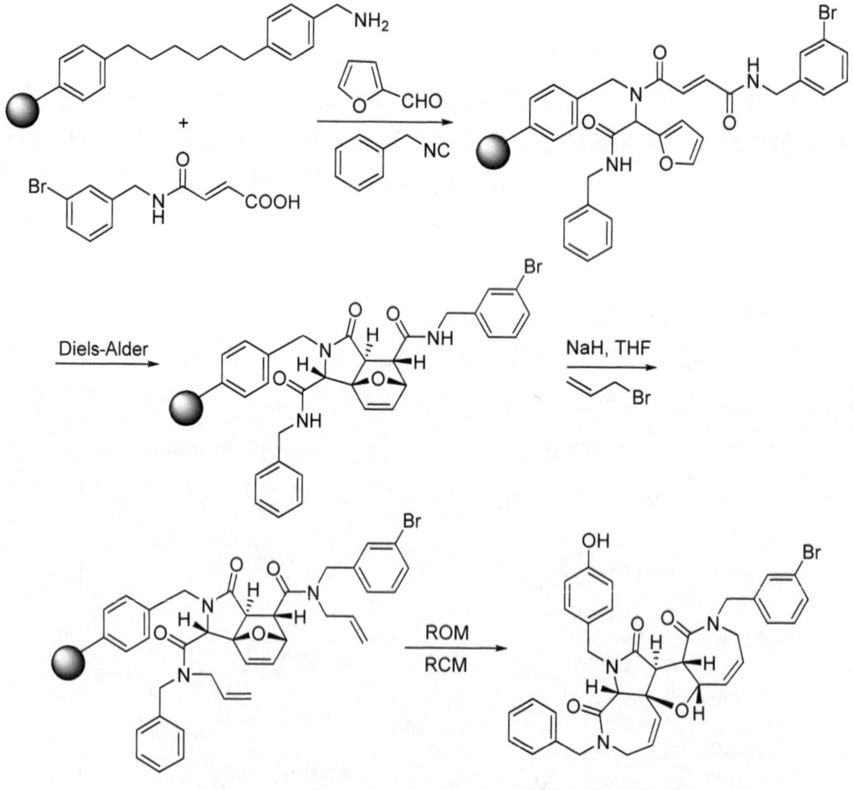

图 12 用 Ugi 反应和其它反应联用合成结构复杂和多样性的小分子库

手性催化的 Ugi 反应历来就是一个较难的研究领域，但随着全球整体科研水平的提高,近期已取得一定的进展。

2012 年,Maruoka 报道了醛、N-2-甲氧基苄基苯甲酰肼、2-苯甲酰氧基苯基异腈可以在手性羧酸催化下合成手性含氮杂环化合物,根据底物的不同,ee 值在 42%~93% 之间[17](图 13)。

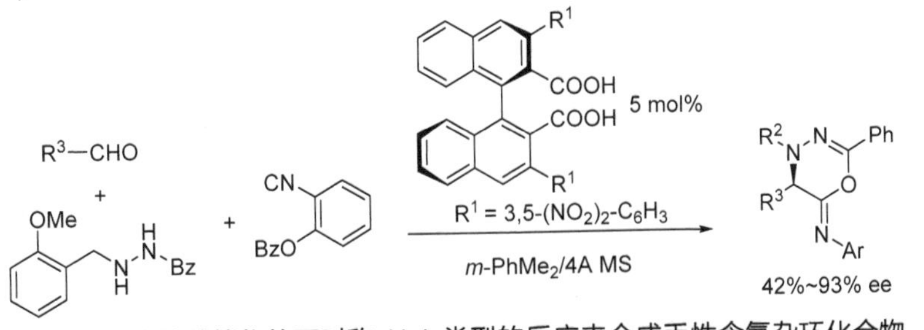

图 13 手性羧酸催化的不对称 Ugi 类型的反应来合成手性含氮杂环化合物

2014 年,Wulff 等人报道了利用底物介导组装的手性 BOROX 催化剂催化苯甲醛、二级胺、异腈来合成较高 ee 值的 α-氨基乙酰胺类化合物的三组分 Ugi 反应[18](图 14)。

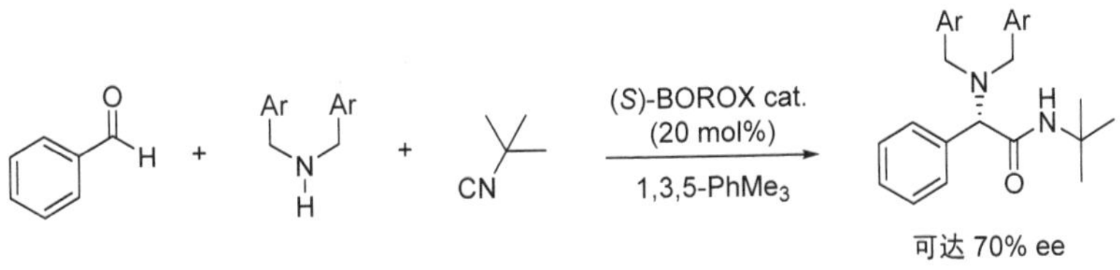

图 14 BOROX 催化的不对称三组分 Ugi 反应

2016 年,祝介平组报道了通过对 Ugi 反应中酸、胺和醛形成的加合物进行动态动力学拆分,完成了手性磷酸催化的不对称 Ugi 反应[19](图 15)。

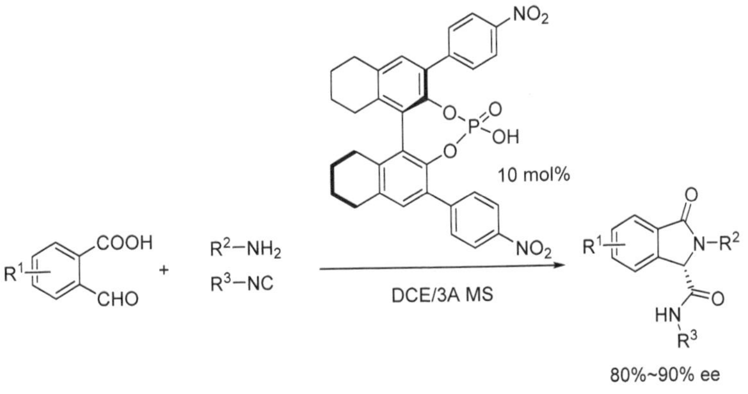

图 15 手性磷酸催化的不对称 Ugi 反应

参考文献

[1] Ugi, I.; Meyr, R.; Fetzer, U.; Steinbruckner, C. *Angew. Chem.* **1959**, *71*, 386.
[2] Domling, A.; Ugi, I. *Angew. Chem., Int. Ed.* **2000**, *39*, 3168.

[3] Zhu, J. *Eur. J. Org. Chem.* **2003**, *7*, 1133.
[4] Alexander, D. *Chem. Rev.* **2006**, *106*, 17.
[5] Grob, H.; Gloede, J.; Keitel, I.; Kunath, D.; *J. Prakt. Chem.* **1968**, *37*, 192.
[6] Giovenzana, G. B.; Tron, G. C.; Dipaola, S.; Menegotto, I. G.; Pirali, T. *Angew. Chem., Int. Ed.* **2006**, *45*, 1099.
[7] Teresa, G. Castellano.; Ana, G. Neo.; Stefano, Marcaccini.; Carlos, F. Marcos. *Org. Lett.* **2012**, *14*, 6218.
[8] Lu. K.; Ma, Y.; Gao, M.; Liu, Y.; Li, M.; Xu, C.; Zhao, X.; Yu, Y. *Org. Lett.* **2016**, *18*, 5038.
[9] Waki, M.; Meienhofer, J. *J. Am. Chem. Soc.* **1977**, *99*, 6075.
[10] Kehaigia, K.; Ugi, I. *Tetrahedron.* **1995**, *51*, 9523.
[11] Basso, A.; Banfi, L.; Riva, R.; Guanti, G. *J. Org. Chem.* **2005**, *70*, 575.
[12] Wessjohann, L. A.; Rivera, D. G.; Coll, F. *J. Org. Chem.* **2006**, *71*, 7521.
[13] Endo, A.; Yanagisawa, A.; Abe, M.; Tohma, S.; Kan, T.; Fukuyama, T. *J. Am. Chem. Soc.* **2002**, *124*, 6552.
[14] Katsuyama, A.; Yakushiji, F.; Ichikawa, S. *J. Org. Chem.* **2018**, *83*, 7085.
[15] Burke, M. D.; Schreiber, S. L. *Angew. Chem., Int. Ed.* **2004**, *43*, 46.
[16] Lee, D.; Sello, J. K.; Schreiber, S. L. *Org. Lett.* **2000**, *2*, 709.
[17] Hashimoto, T. Kimura, H.; Kawamata, Y.; Maruoka, K. *Angew. Chem., Int. Ed.* **2012**, *51*, 7279.
[18] Zhao, W.; Huang, L.; Guan, Y.; Wulff, W. D. *Angew. Chem., Int. Ed.* **2014**, *53*, 3436.
[19] Zhang, Y.; Ao, Y.-F.; Huang, Z.-T.; Wang, D.-X.; Wang, M.-X.; Zhu, J. *Angew. Chem., Int. Ed.* **2016**, *55*, 5282.

反应类型： 多组分反应

（卢遠，赵霞，王剑波）

周其林手性螺环配体

不对称催化反应是合成手性化合物的重要方法之一，而手性配体在不对称催化反应中起到了至关重要的作用，因此，设计和发展高效高选择性的手性配体及其催化剂成为不对称催化反应研究中的核心内容。自 2002 年起，周其林研究小组发展了一类具有 C_2-对称性的螺二氢茚手性骨架，该骨架具有刚性强、稳定性好且易于修饰和改造等优点。从光学纯的螺二氢茚骨架二酚出发，通过一步或多步反应，可以合成包括单磷配体、双磷配体、磷氮配体及双氮配体等多种不同类型的手性螺环配体 (图 1)，其数量已达 200 余种。此外，他们还进一步将配体骨架扩展到螺二芴手性骨架上。

这些手性螺环配体与多种金属形成的催化剂已经在许多不同类型不饱和底物 (包括碳-碳双键、碳-氧双键和碳-氮双键) 的不对称氢化反应、不对称碳-碳键形成反应和不对称碳-杂原子键形成反应中获得了广泛的应用。在这些反应中，手性螺骨架配体往往表现出优于其它骨架衍生的配体的反应活性和手性控制能力。目前这些手性螺环配体已经在国际上被认为是一类新的优势手性配体 (privileged chiral ligands)，而且二十余种手性螺环配体已被国际著名化学试剂公司如 Aldrich、Acros 以及 Strem 等收录。

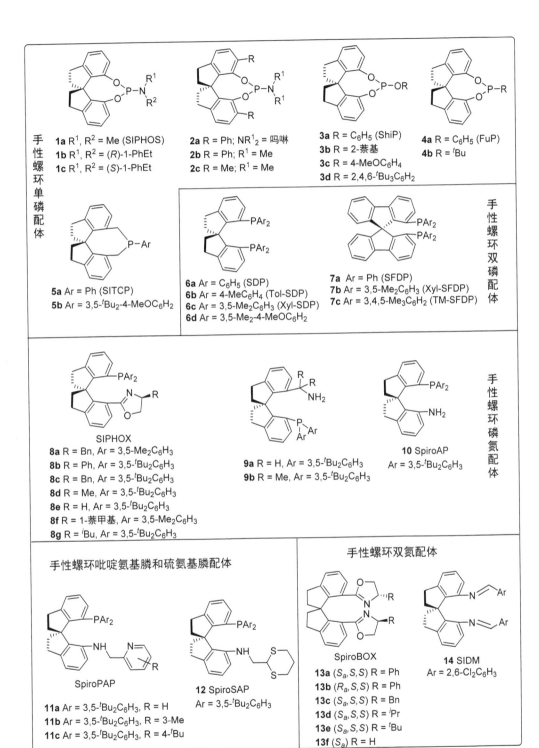

图 1 周其林课题组发展的代表性手性螺环配体

（1）手性螺二氢茚骨架的单磷配体

2002 年，周其林等[1]首先设计合成了螺二氢茚骨架单齿亚磷酰胺酯配体 **1**。他们发现亚磷酰胺酯配体 **1a** 在铑催化的 α-和 β-脱氢氨基酸酯[1a,1b]和烯酰胺[1c]类官能团双键的不对称氢化中表现出优秀的催化活性和对映选择性 (图 2，上)，这为非天然手性氨基酸和手性胺类化合物的合成提供了一个新的选择。手性螺环亚磷酰胺酯 **1b** 在铱催化的烯胺[2a,2b]和环状亚胺[2c]的不对称氢化中同样表现出非常高的催化活性和对映选择性，这些方法已应用于生物碱 crispine、norlaudanosine 和 xylopinine 的不对称合成中 (图 2，下)。

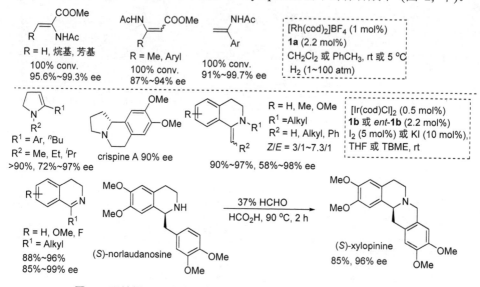

图 2　手性螺环亚磷酰胺酯 **1** 在铑和铱催化的氢化反应中的应用

手性螺环亚磷酰胺酯配体 **1b** 的镍催化剂对 α-取代芳基乙烯的不对称烯氢化反应非常有效，获得了优异的对映选择性和化学选择性[3a] [图 3 (a)]，这为含全碳季碳中心的手性烯烃的不对称合成提供了新的有效方法。螺二氢茚骨架的 6,6'-位含有苯基的手性螺环亚磷酰胺酯配体 **2a** 的镍催化剂能够有效地催化 1,3-二烯与芳香醛的不对称还原偶联反应[3b]。反应的收率和非对映选择性均很高，对映选择性也高达 96% ee [图 3 (b)]。在炔烃对芳香醛的甲基化偶联反应中，手性螺环亚磷酰胺酯配体 **2b** 的镍催化剂可以获得优秀的化学选择性和对映选择性[3c][图 3 (c)]。

2010 年，Wolf 等[4a,b]发现配体 *ent*-**1c** 的钯催化剂可以实现酰基保护的氨基烯烃与芳基或烯基卤化物的分子间不对称碳胺化反应，高对映选择性地构建 2-芳甲基或烯甲基取代的吡咯烷类化合物，该方法可用于 (−)-tylophorin 和 (+)-aphanorphine 的高效合成 [图 4 (a)]。利用去对称化的策略，使用 **1b** 作为配体，该催化体系还可以进一步扩展到带有脲基的烯烃化合物与芳基和烯基溴化物的不对称碳胺化反应[4c]，从而为手性 2-咪唑啉酮以及手性双环脲等的不对称合成提供了高效方法。得到的双环脲经七步反应可以合成

9-*epi*-batzelladine K [图 4 (b)]。

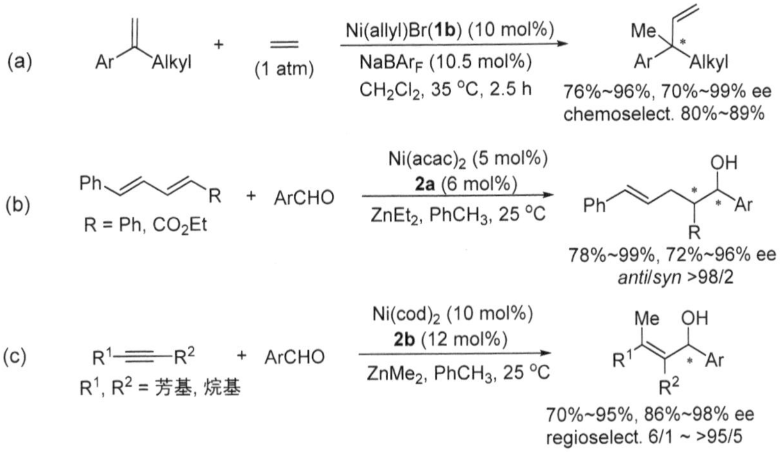

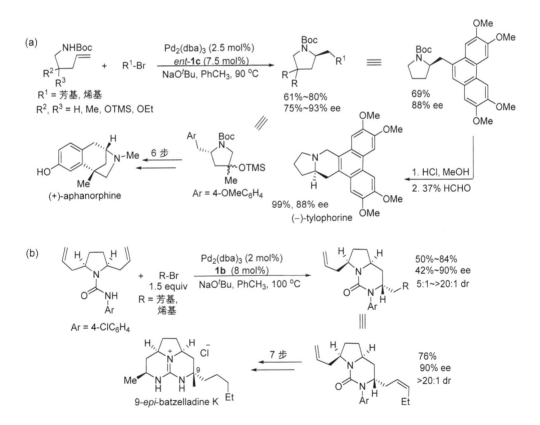

图 3 手性螺环亚磷酰胺酯 **1b** 和 **2** 在镍催化的不对称碳-碳键形成反应中的应用

图 4 手性螺环亚磷酰胺酯 **1b~1c** 在钯催化的烯烃的不对称碳胺化反应中的应用

2010 年，Dong 等[5a]发现铑与 *ent*-**1c** 形成的催化剂在水杨醛对高烯丙基硫化物的不对称氢酰化反应中表现出优于其它手性配体的催化活性和对映选择性，并且反应的区域选择性可以保持在大于 20/1 的程度 [图 5 (a)]。2011 年，Toste 等[5b]使用金与配体 ent-**1b** 形成的配合物作为催化剂，实现了 1,6-烯-联烯的分子内不对称 [2+2] 环化反应合成手性双环[3.2.0]庚烷或 3-氮杂双环[3.2.0]庚烷的反应，对映选择性最高达 97% [图 5 (b)]。2012 年，González 等[5c]进一步将该催化体系扩展到芳基乙烯与 N-联烯磺酰胺的分子间不对称 [2+2] 环化反应，以良好到优秀的对映选择性获得了手性环丁烷产物 [图 5 (c)]。

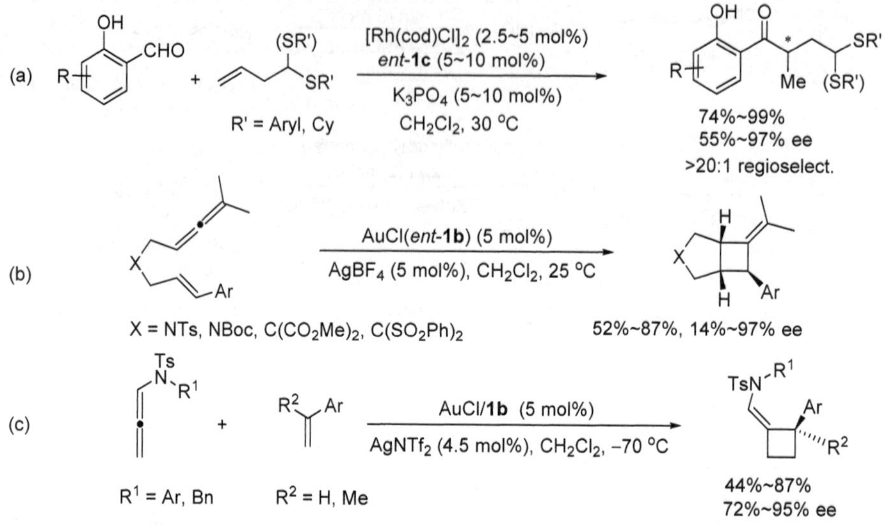

图 5　手性螺环亚磷酰胺酯 **1b**~**1c** 在铑和金催化的不对称碳-碳键形成反应中的应用

2011 年，Carreira 等[6a]合成了螺二氢茚骨架亚磷酰胺酯-烯烃配体 **1d**，并将其应用于 4-取代-4-烯戊醛的不对称分子内氢酰化反应。在铑、手性螺环配体 **1d** 和二叔丁基甲基膦组成的催化体系的作用下，β-烷基和芳基取代的环戊酮类化合物可以优异的对映选择性获得 [图 6 (a)]。有意思的是，烷基取代的底物使用配体 **1d** 得到的产物的绝对构型与芳基取代的底物使用构型相反的配体 ent-**1d** 得到的产物绝对构型是相同的。2016 年，Zhou 等[6b]使用不同氨基修饰的螺二氢茚骨架亚磷酰胺酯配体 **1e** 与铜现场生成的配合物作为催化剂，实现了芳基硼酸酐对 α,β-不饱和酮类化合物的不对称共轭加成反应，能以良好到优秀的产率和优秀的对映选择性得到手性的酮类化合物 [图 6 (b)]。Zhu 和 You 等[6c]发现手性螺环配体 **1f** 在钯催化的芳基碘化物对异腈插入引发的 sp^2 碳-氢键对映选择性的去对称化串联反应中表现出优秀的手性诱导能力 [图 6 (c)]。钯与配体 **2c** 形成的催化体系还可以将底物范围进一步扩展到二茂铁上碳-氢键的对映选择性去对称化[6d]。

随后，周其林等[7a]将 SIPHOS 类型的手性螺环亚磷酰胺酯配体中的胺基部分改变为酚氧基或烷氧基，发展了 ShiP 类型的手性螺环单齿亚磷酸酯配体 **3**。手性螺环单齿亚磷酸酯配体 **3** 在铑催化的芳基硼酸对醛[7a]、醛亚胺[7b]和 α-酮酸酯[7c]的不对称加成反应以及钯催化的烯丙醇对醛的极性反转不对称烯丙基化反应[7d]中表现出很高的手性诱导效果 [图 7 (a) 和 (b)]。磷原子直接与一个碳原子相连的手性螺环单齿亚膦酸酯配体 **4** 除了在脱氢氨基酸酯的氢化反应[8a]中表现出高对映选择性外，在挑战性更高的烯胺 N-(1,2-二芳基乙烯基)四氢吡咯不对称氢化反应[8b]中也获得了最高达 99.5% ee 的对映选择性 [图 7 (c)]。

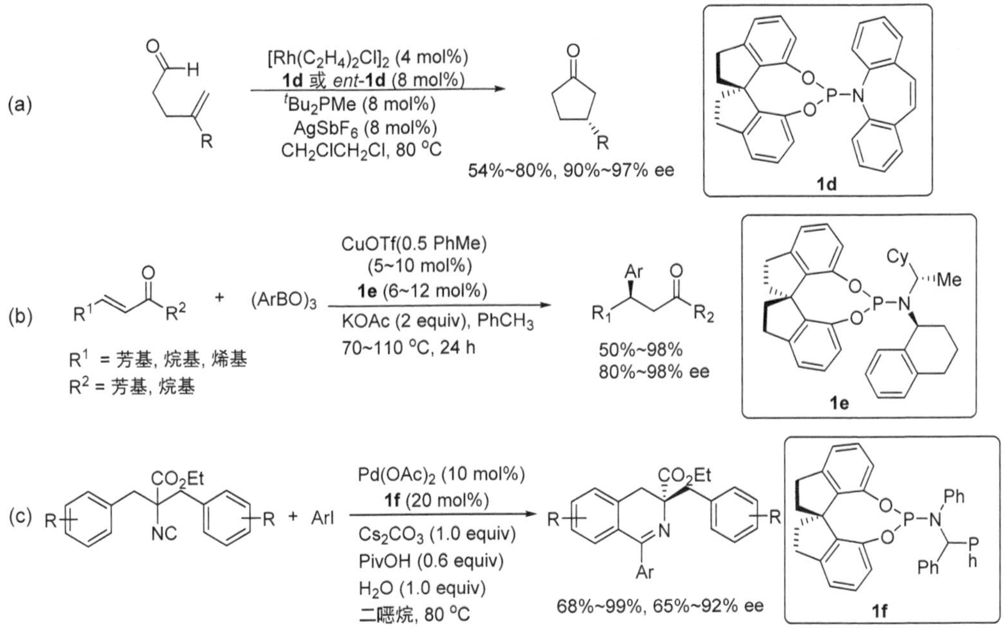

图 6 手性螺环亚磷酰胺酯 1d~1f 的应用

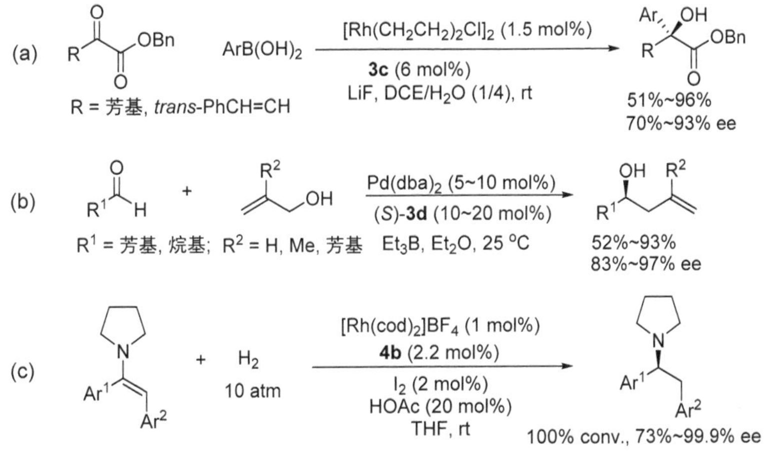

图 7 手性螺环单齿亚磷酸酯配体 3 和亚膦酸酯配体 4 的应用

周其林等[9a]还合成了磷原子直接与三个碳原子相连的手性螺环叔膦配体 **5**。该类型配体在钯催化烯丙基醋酸酯或烯丙醇等对醛的极性翻转不对称烯丙基烷基化反应[9a]，铜催化格氏试剂对氧杂双环烯烃的不对称环氧开环反应[9b]，镍催化炔对亚胺的还原偶联反应[9c]等不对称催化反应中给出了很高的对映选择性。如在镍催化炔对醛亚胺的还原偶联反应中，磷原子上连有大位阻的 3,5-二叔丁基-4-甲氧基苯基的手性螺环单齿叔膦配体 **5b** 主要得到还原偶联产物,选择性最高达到 14/1,对映选择性最高可达到 94% ee [图 8 (a)]。

一直以来消旋的三级烷基卤代物与亲核试剂的不对称偶联反应是极具挑战的难题,这主要是由于在反应中手性催化剂很难非常好地区分三个相似的碳取代基,从而有效地控制反应的对映选择性。最近,Fu 等[10a]发现手性螺环配体 **5a** 与氯化亚铜形成的催化剂可以在光照条件下非常有效地控制消旋的三级烷基氯代物与咔唑或吲哚衍生物的碳氮键偶联反应的对映选择性,以最高 99% 的 ee 值得到产物 [图 8 (b)]。

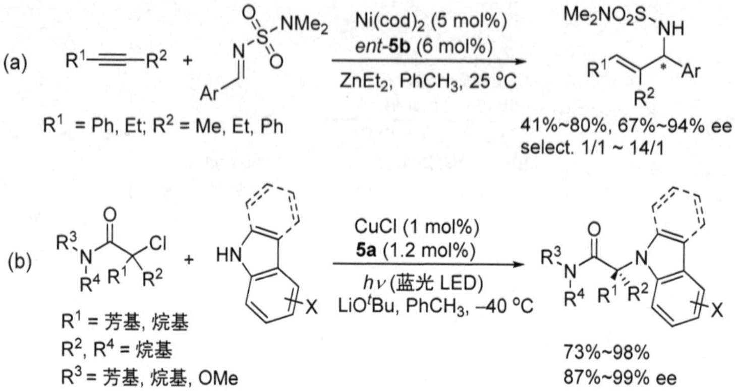

图 8 手性螺环叔膦配体 5 在金属催化的不对称反应中的应用

富电子的手性螺环叔膦配体 **5** 不仅可以作为手性配体参与到金属催化的不对称反应,还可以用作手性 Lewis 碱催化多种不同类型的不对称反应 (图 9)。如 Fu 等[10b,c]发现 **5a** 可以在酸作为共催化剂的条件下催化分子内羟基或氨基对共轭炔酯 γ 位碳-氢键的不对称

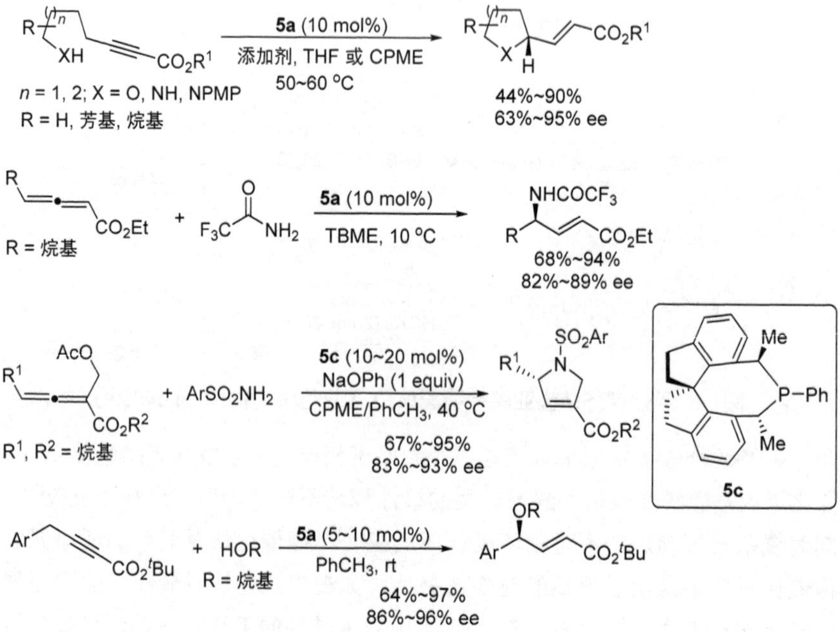

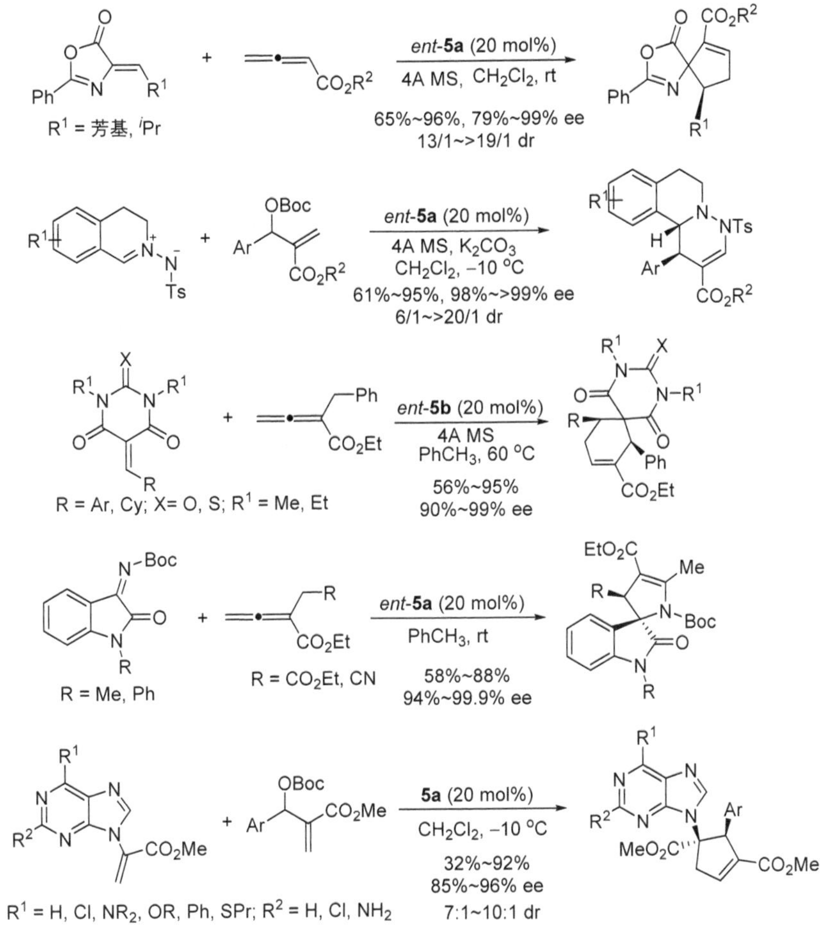

图 9 手性螺环叔膦配体 5 作为 Lewis 碱催化剂在不对称反应中的应用

氧化反应，得到相应的 2-取代的手性呋喃环、吡喃环和环状胺类化合物，对映选择性最高达到 95%。使用 **5a** 或 **5c** 作为催化剂，通过对反应条件进行适当调整，反应还可以进一步扩展到分子间的体系[10c-e]。在这些转化中，螺二氢茚骨架的叔膦催化剂 **5** 都可以表现出优异的手性诱导能力。**5a** 还在联烯酸酯或 MBH 碳酸酯与缺电子的烯烃或缺电子的亚胺的环加成反应中具有非常出色的表现，产物的对映选择性几乎达到完美的程度[11]。

（2）手性螺二氢茚骨架的双磷配体

2003 年，周其林等[12a]基于螺二氢茚骨架设计合成了手性螺环双磷配体 SDP。该手性螺环配体的钌-双膦-双胺催化剂 **16b** 在简单酮的不对称催化氢化反应中表现出了优异的催化活性 (TON 高达 100000) 和对映选择性 (ee 值可高达 99% 以上)。随后，他们发现该类型的催化剂对消旋 α-取代醛和酮在动态动力学拆分条件下的不对称催化氢化反应非常有效 (图 10)，从而为多样性手性醇的不对称合成提供了新的高效方法[12b-l]。这些手性醇合成新方法已在手性药物和生物活性天然产物分子的不对称全合成中得到了应用（图11）。例如，含有不同的 α-芳氧基或 α-芳基取代环己酮可以在钌-双膦-双胺配合物 **16** 的催化下高效高非对映选择性和高对映选择性地得到相应的手性醇，这些高阶手性中间体经多步转化可以合成多种天然产物如 galanthamine[12h]、(+)-PI-220[12m]、(−)-CP-55940[12g]、(−)-Δ^8-THC[12i] 和 (−)-α-lycorane[12j]等。周其林等进一步发现该催化体系对消旋 α-芳基-α'-烷基取代环己酮和 α-芳基-β-酯基取代的环己酮的动态动力学拆分也非常有效。以 **16a** 为催化剂对 α-芳基-α'-(2-乙氧基-2-氧代乙基)环己酮的不对称氢化获得了很高的 *cis,cis*-选择性和 99.9% ee 的对映选择性[12k]，而且该催化剂对酯基的氢化也表现出很高的活性，得到手性二醇。基于该不对称催化氢化方法，(+)-γ-lycorane 的不对称全合成的效率得到了大幅提高。以 *ent*-**16a** 为催化剂对 α-吲哚基-β-甲氧羰基环己酮的不对称氢化同样获得优异的 *cis,trans*-选择性 (>99/1) 和对映选择性，所得的具有三个连续手性中心的醇可作为关键合成中间体用于多个 hapalindole 家族生物碱的全合成[12l]。

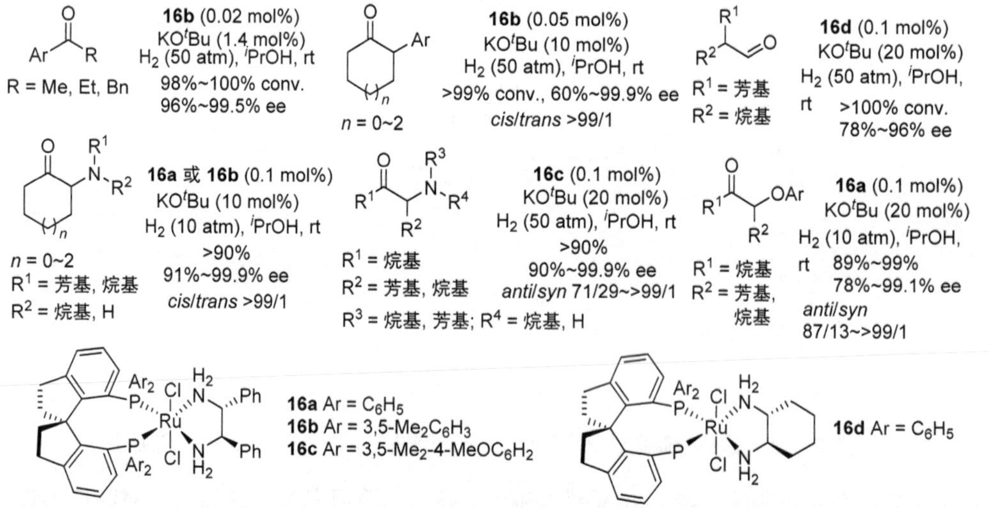

图 10 手性螺环双膦配体 SDP 在钌催化的羰基不对称氢化反应中的应用

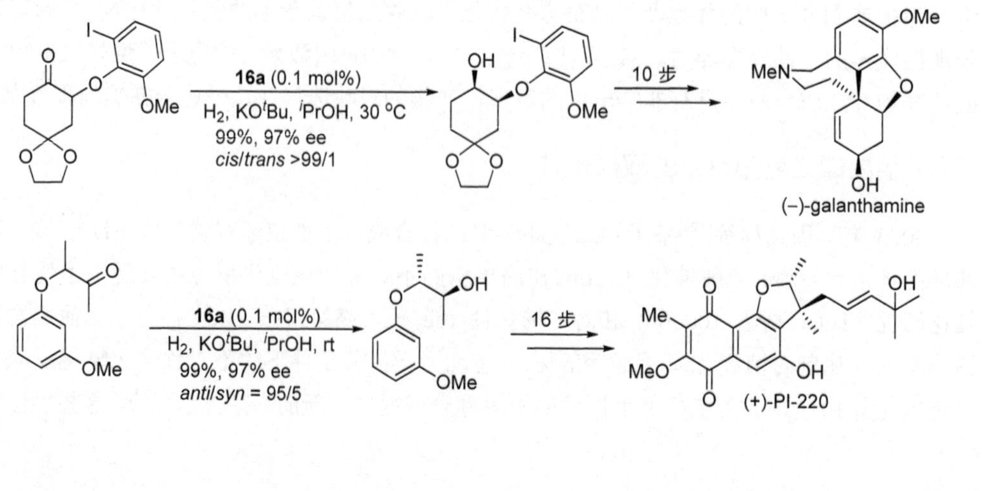

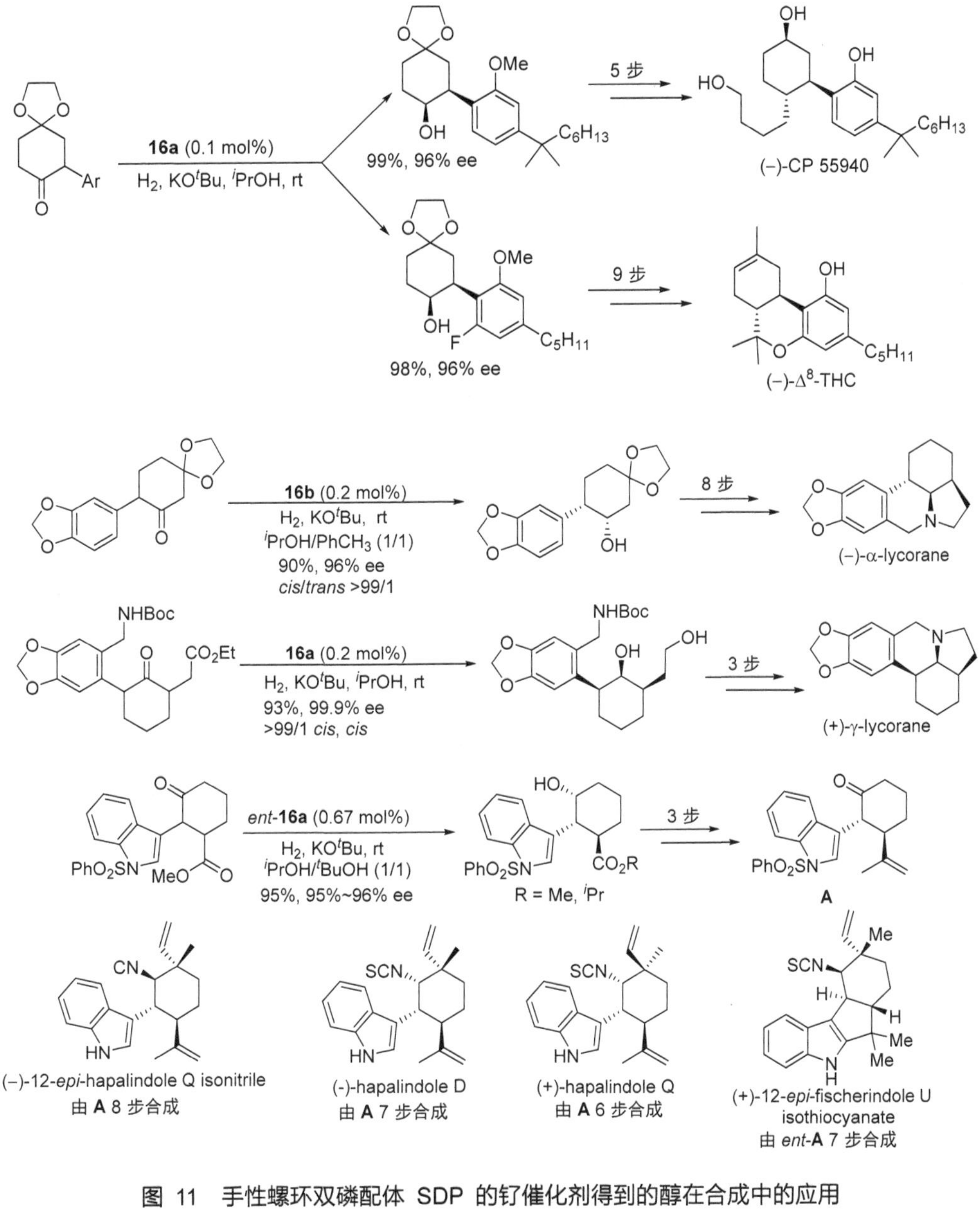

图 11 手性螺环双膦配体 SDP 的钌催化剂得到的醇在合成中的应用

手性螺环双膦配体 SDP 在其它过渡金属催化的不对称反应中也具有出色的表现 (图 12)。如在铑催化 1,6-烯炔与硅烷试剂的不对称硅氢化环化反应[13a]中获得了中等到优秀的收率和最高 99.5% 的对映选择性；在钯催化丙二酸酯类化合物对 1,3-二苯基烯丙基醋酸酯的不对称烯丙基取代反应[13b]中对映选择性达到 99.1% ee。2015 年, Zhou 等[13c]发现 **6b** 在钯催化的分子内还原 Heck 反应中可以表现出 54%~98% 的对映选择性, 实现了从易得的邻位卤代查尔酮高效合成 3-芳基取代的手性茚酮化合物。2016 年, Dong 等[13d]合成了磷原子上具有大位阻和富电子取代基的配体 **6e**。该配体在铑催化的 α,α-双烯丙基取代醛的不对称环异构化反应中显示出优秀的化学选择性、非对映选择性和对映选择性，生成 1,1,5-三取代的手性 3-环己烯类化合物，该取代类型的环己烯衍生物无法通过经典的 Diels-Alder 反应来制备。

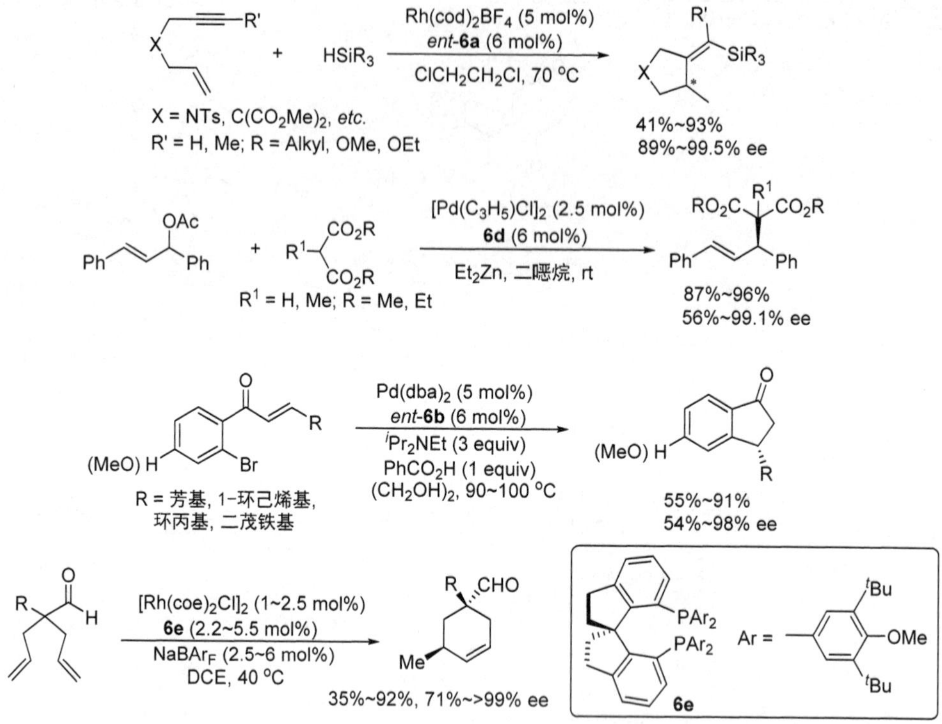

图 12 手性螺环双膦配体 SDP **6** 在不对称反应中的应用

2007 年，陈新滋和范青华等[14]合成了基于螺二氢茚骨架的手性螺环次亚膦酸酯配体 **17**，并发现该配体的铱配合物在喹啉化合物的不对称催化氢化反应中给出了很高的催化活性和对映选择性，催化体系的 TON 最高可以达到 5000（图 13）。使用甲氧基封端的聚乙二醇和己烷的混合溶剂，催化剂还可以回收使用。

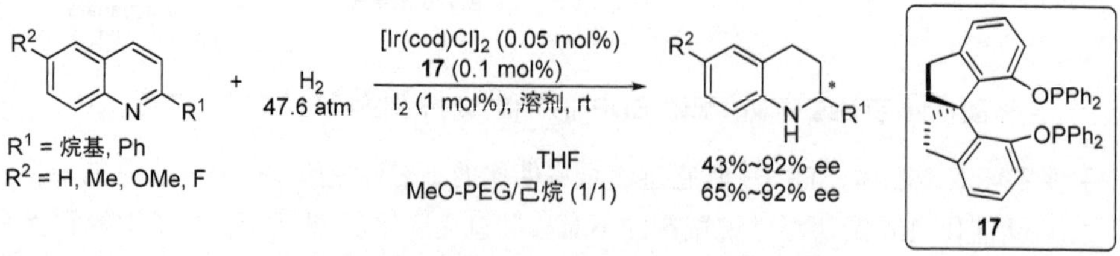

图 13 手性螺环次亚膦酸酯配体 **17** 的应用

2013 年，Zhou 等[15a]发现 SDP 配体 **6c** 的单氧化物 **18** 在钯催化的芳基三氟甲磺酸酯与环状烯烃的分子间 Heck 反应中给出很高的化学选择性和对映选择性（91%~99% ee）[图 14 (a)]。该催化体系还可以实现环烯烃的不对称去对称化类型的 Heck 反应。随后，他们进一步发展了 2-乙烯基芳基三氟甲磺酸酯与环状烯烃先发生分子间继而发生分子内的两步 Heck 环化反应,高效高对映选择性地构建了 [6.5.5]三环化合物[15b][图 14 (b)]。这一高效的合成方法可以用于天然产物 (−)-martinellic acid 的形式合成中。2014 年,他们[15c]又利用相似的催化体系,成功实现了首个钯催化的分子间的芳基卤代物与环状烯烃的不对称 Heck 反应 [图 14 (c)]。

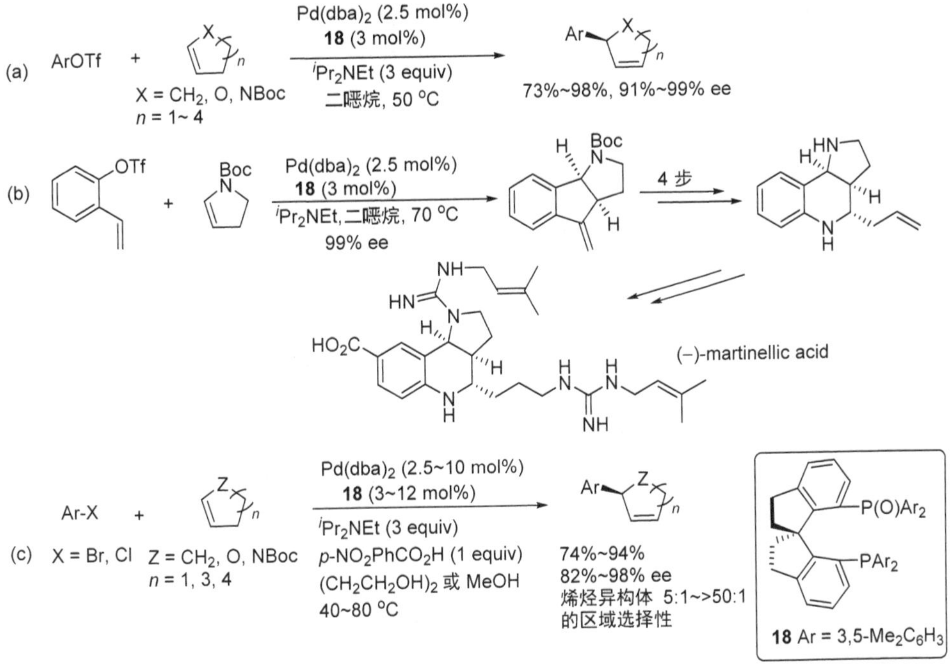

图 14 手性螺环配体 18 的应用

(3) 手性螺二氢茚骨架的磷氮配体

2006 年,周其林等[16a]合成了螺二氢茚骨架的膦-噁唑啉配体 SIPHOX (**8**),并进一步制备了它们的阳离子铱配合物 **19**。他们发现这一系列的铱催化剂非常稳定,在氢气氛围中也不会发生自聚,很好地避免了其它骨架衍生的类似配体的铱配合物在氢气氛围下易发生三聚而失活的问题。手性螺环 SIPHOX 的铱催化剂 **19** 在 N-芳基亚胺[16a]和 2-吡啶基取代的环状亚胺[16b]的不对称氢化反应中表现出优秀的反应活性和对映选择性 (图 15)。如 N-芳基亚胺可在常压氢气条件下氢化,产物仲胺的 ee 值达到 90%~97%,而 2-吡啶基环状亚胺的氢化产物的 ee 值最高达 99%,可用于合成尼古丁及其类似物。

铱配合物 **19** 还是不饱和羧酸催化氢化的优秀催化剂[17](图 16)。多种类型的不饱和羧酸包括不同烷基、芳基以及烷氧基和芳氧基取代的 α,β-不饱和羧酸、取代的 β,γ- 和 γ,δ-不饱和羧酸以及羧基在芳环邻位的 1,1-二取代乙烯类不饱和羧酸都是这一催化体系兼容的底物。催化剂的最高转化数高达 10000,而且多数情况下生成的饱和羧酸的 ee 值都高达 99%。这是目前不饱和羧酸不对称催化氢化反应中底物适用范围最广的手性催化剂。反应机理的研究表明羧基在氢化反应中起到了导向的作用。由于得到的手性羧酸可进行多种类型的转化,这一高效的合成方法已用于多种天然产物和手性药物或其中间体的不对称合成中 (图 17)。

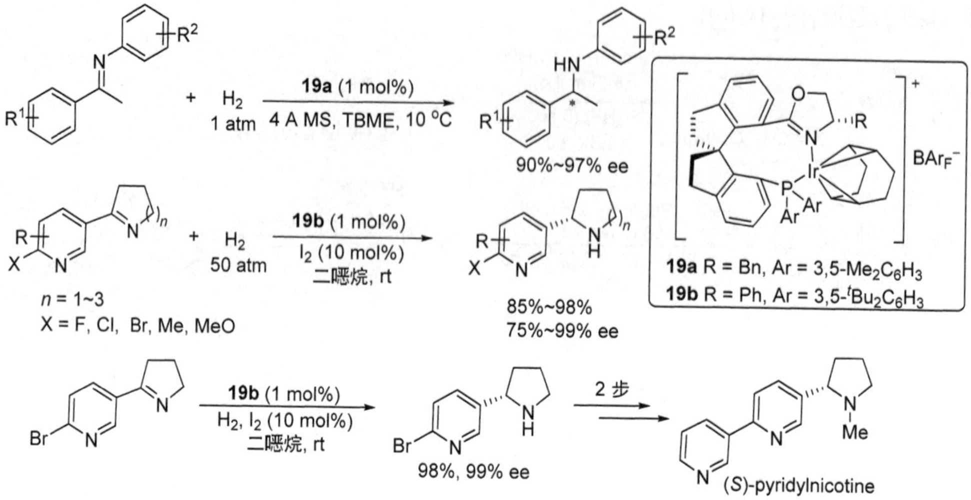

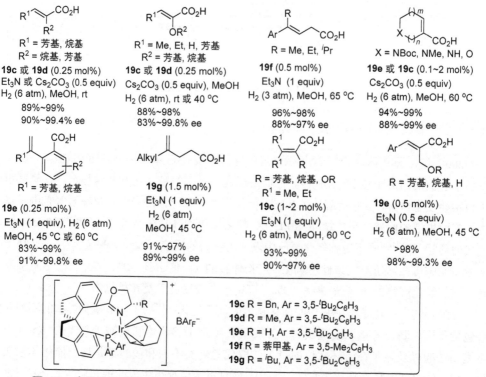

图 15　含手性螺环膦-噁唑啉配体 8 的铱催化剂 19 在亚胺不对称氢化中的应用

图 16　含手性螺环膦-噁唑啉配体 8 的铱催化剂 19 在不饱和羧酸氢化中的应用

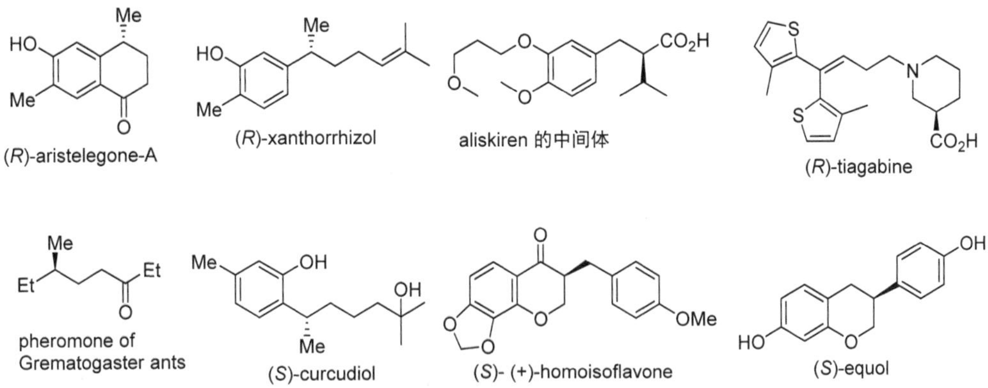

图 17　从手性羧酸合成的天然产物和手性药物

最近，Zhao 等[18]使用手性螺环配体 SIPHOX 8c 的钯配合物作为催化剂，首次实现了乙烯基噁丁环与共轭亚胺的不对称 [6+4] 环加成反应，高效和高对映选择性地构建了手性苯并呋喃和吲哚类十元杂环结构 (图 18)。对比实验发现其它类型的手性配体无论在反应活性和选择性上都明显要低于 SIPHOX 得到的结果。

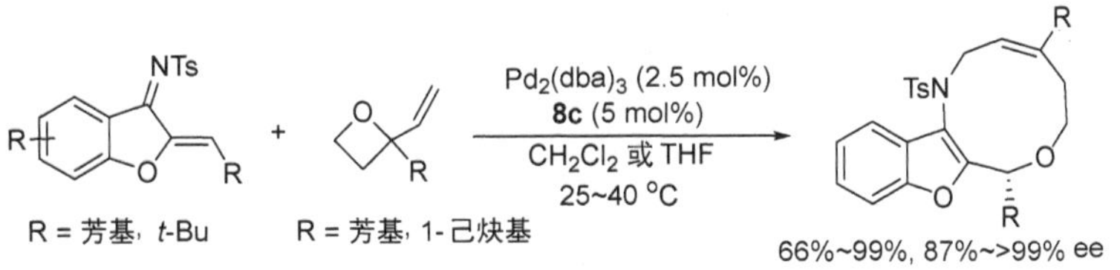

图 18　手性螺环膦-噁唑啉配体 8 的应用

周其林等还发展了螺二氢茚骨架的氨基膦配体 9[19a]和 10[20a]。螺二氢茚骨架氨基膦配体 9 的铱配合物 20 可以实现 1,1-二取代共轭羧酸高对映选择性的氢化[19a]，给出 94%~99% 的对映选择性，并且催化剂的最高转化数可以达到 10000 [图 19 (a)]。这一反应为非甾体类消炎镇痛药物如萘普生、异布洛芬等的不对称合成提供了新的高效方法。由于 SIPHOX 的铱配合物在这一类型的不饱和羧酸的氢化中仅能表现出中等的选择性，因此这一氨基膦的铱催化剂进一步扩展不饱和羧酸底物的范围。这一类铱催化剂还可以实现 β,β-双取代硝基乙烯类化合物的高对映选择性氢化反应[19b][图 19 (a)和(c)]。氨基膦配体 SpiroAP 10 的铱配合物不仅对简单芳基烷基酮的不对称催化氢化给出很高的对映选择性 (高达 97% ee) 和反应活性 (TOF 达到 37000 h^{-1})[20a]，而且对具有环外双键的不饱和烯酮中羰基的选择性氢化反应[20b]，催化体系也给出了 97% 的对映选择性和高达 10000 的转化数，其氢化产物可以进一步合成手性药物 loxoprofen [图 19 (a)]。进一步的研究发现 10 的铱催化剂的氢化活性非常高，但转化数无法进一步提高，其主要原因是这类催化剂在氢气氛围中不够稳定，容易形成无催化活性的含有两个 SpiroAP 的铱氢配合物。

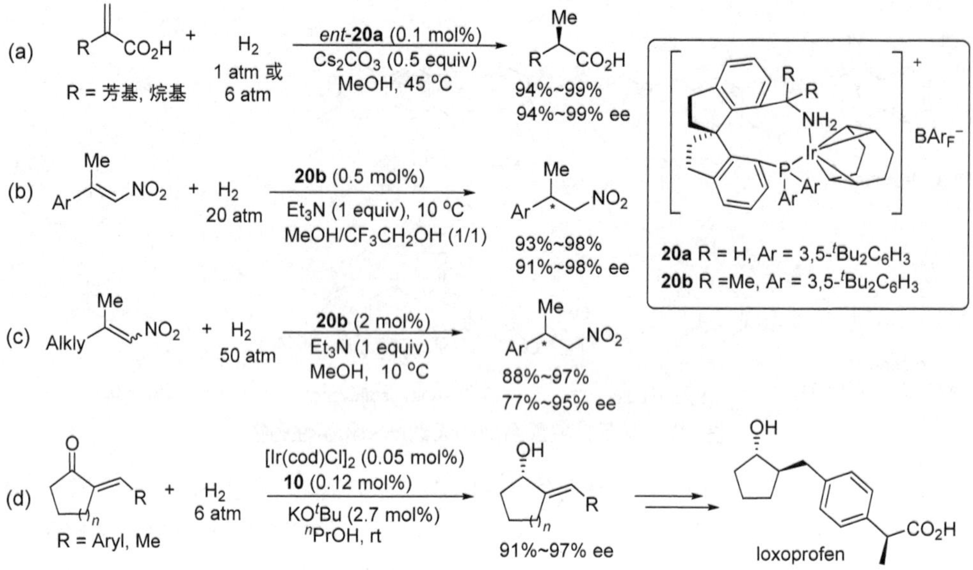

图 19　手性螺环氨基膦配体 **9** 和 **10** 的应用

（4）手性螺二氢茚骨架的吡啶氨基膦配体和硫氨基膦配体

为了解决手性螺环配体 SpiroAP **10** 的铱催化剂在氢气氛围中的失活问题，进一步提高催化效率，周其林等[21a]设计合成了氨基上带有吡啶基团的三齿手性螺环吡啶-氨基膦配体 SpiroPAP **11**。实验发现，该手性螺环配体的铱催化剂能够在氢气氛围中稳定存在，并在简单酮的不对称催化氢化中表现出异常突出的催化活性和对映选择性。它在苯乙酮的不对称氢化中给出了 98% ee 的对映选择性和高达 4550000 的转化数，催化剂 Ir-SpiroPAP 对其它芳基烷基酮的不对称氢化也非常有效，对映选择性最高可达 99.9% ee。这一催化剂已被成功用于治疗阿尔茨海默病的手性药物 Rivastigmine 的工业生产[21b]。

手性催化剂 Ir-SpiroPAP 对官能团化的酮类化合物的不对称催化氢化也非常高效和高选择性 (图 20)。在 β-芳基-β-酮酸酯的不对称氢化反应中给出了 95%~99.8% 的对映选择性和高达 1230000 的转化数[21c]。在 2-氨基取代的苯乙酮类化合物的不对称氢化中同样以非常优异的活性和高达 99.9% 的选择性得到氨基醇类产物[21d]。三或四取代的 α,β-不饱和酮的氢化可以高化学选择性和对映选择性地得到烯丙醇[21e]，而对含有一个酯基取代的四取代 α,β-不饱和酮，氢化反应得到的是双键和酮羰基都被氢化的饱和醇，而且非对映选择性很高[21f]。对于较难氢化的酯基，Ir-SpiroPAP 催化剂同样给出优秀的催化活性。如在 δ-芳基-δ-酮酸酯的不对称氢化反应中，催化剂 Ir/**11a** 以 97%~99.9% 的对映选择性和高达 100000 的转化数，得到光学活性 1,5-二醇化合物[21g]。Ir-SpiroPAP 催化剂对消旋的 δ-烷基-δ-羟基酯可以在氢化条件下实现高选择性的动力学拆分，分别得到高 ee 值的手性二醇和 δ-羟基酯[21h]。此外，Ir-SpiroPAP 催化剂还实现了 α-取代的内酯类化合物动态动力学拆分[21i], 高选择性地得到手性二醇。

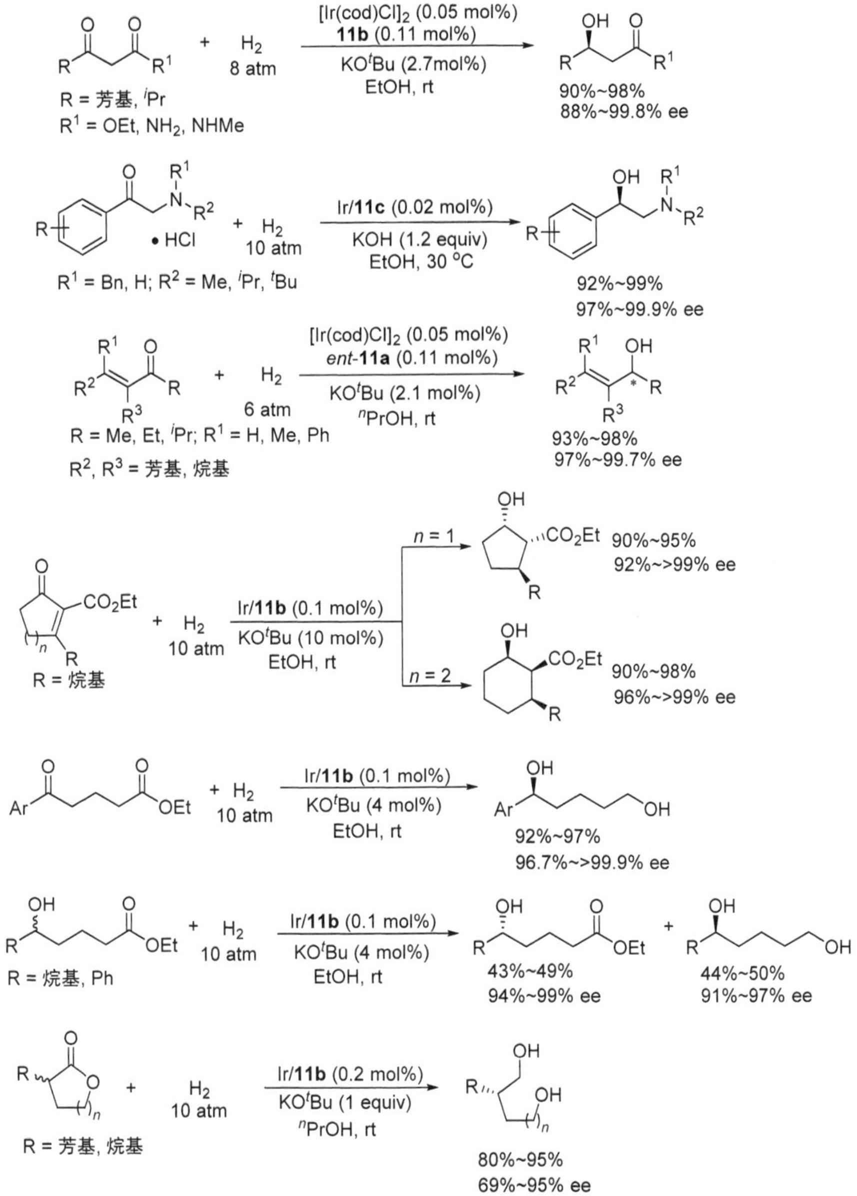

图 20 含吡啶-氨基膦配体 SpiroPAP **11** 的铱催化剂在酮和酯氢化中的应用

同钌-双膦-双胺催化剂 **16** 一样, Ir-SpiroPAP 氢化催化剂在高效构建具有复杂结构的手性醇类化合物表现出非常大的优势, 可用于高效简洁地合成多种天然产物分子如 (+)-gracilamine[22a]、(−)-mesembrine[21e]、(−)-hamigeran B[22b]及 mulinane 家族二萜[22c]等 (图 21)。

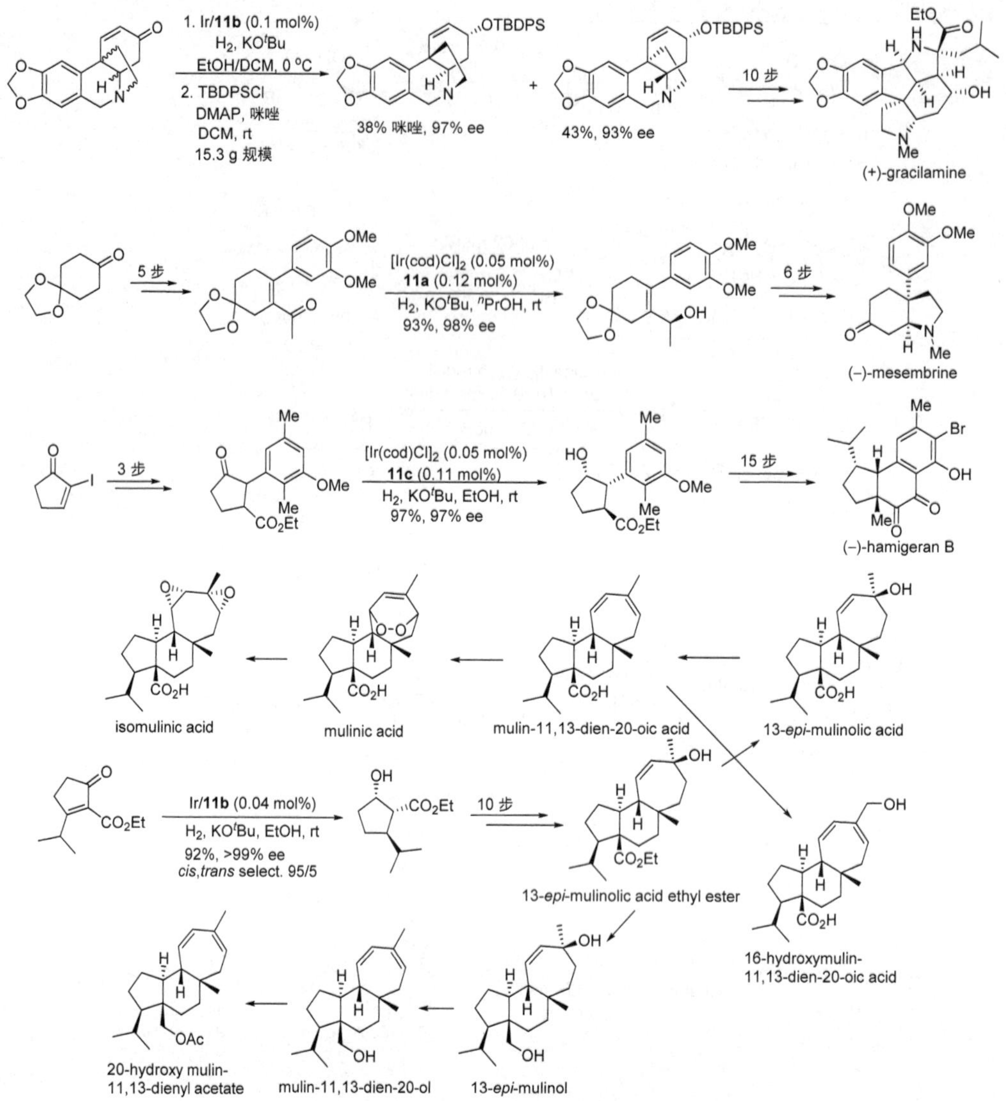

图 21 Ir-SpiroPAP 氢化催化体系合成的天然产物

β-烷基-β-酮酸酯的不对称氢化使用 Ir-SpiroPAP 为催化剂仅能获得中等的选择性。为了改善这一状况，周其林等[23a]进一步设计合成了螺二氢茚骨架的硫氨基膦配体 SpiroSAP **12**。这一配体的铱配合物 Ir-SpiroSAP 在 β-烷基-β-酮酸酯的不对称氢化可以给出 95%~99.9% 的对映选择性和最高 355000 的转化数 [图 22 (a)]。这一催化体系还实现了消旋的 β-羰基内酰胺的动态动力学拆分过程的氢化反应[23b]，以优异的非对映选择性和对映选择性得到了 syn 构型的 β-羟基内酰胺，氢化产物可以用于合成氟喹诺酮类抗生素 premafloxacin [图 22 (b)]。

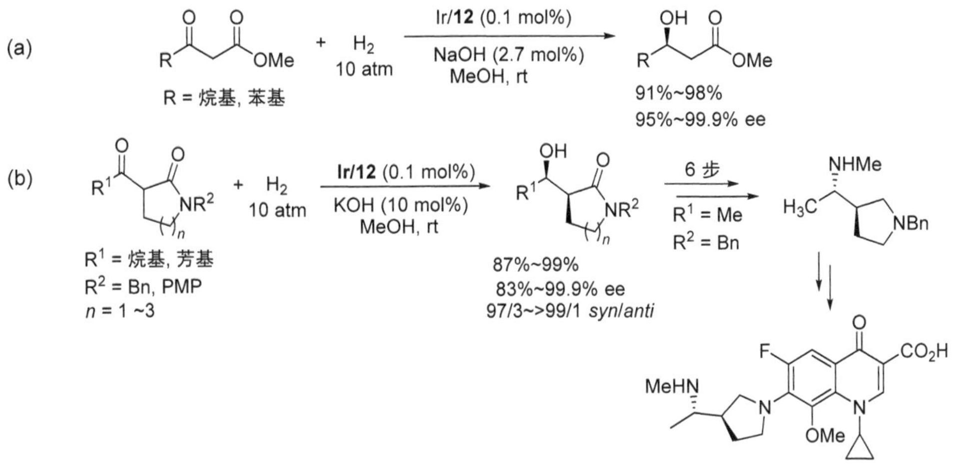

图 22 含硫氨基膦配体 SpiroSAP 12 的铱催化剂在酮和酯氢化中的应用

（5）手性螺二氢茚骨架的双氮配体

2006 年，周其林等[24a]基于螺二氢茚骨架设计合成了手性螺环双噁唑啉配体 SpiroBOX 13。稍后，他们又制备了手性螺环双亚胺配体 SIDM 14[24b]。手性螺环配体 SpiroBOX 和 SIDM 在铜、铁、钯催化的重氮酸酯对芳胺的 N—H 键、水、酚和醇的 O—H 键、硅烷的 Si—H 键、硫醇的 S—H 键、膦稳定硼烷的 B—H 键或吲哚 3 位的 C—H 键的不对称插入反应中具有非常出色的表现[24b-n]（图 23）。在这些碳-杂原子键形成反应中，手性螺环配体 SpiroBOX 给出了很高的催化活性和对映选择性，并在手性药物的不对称合成中得到应用。反应体系还可以进一步扩展到分子内的成环反应，高对映选择性地构建了结构多样的手性氧杂环和氮杂环。正因如此，手性螺环配体 SpiroBOX 是目前过渡金属催化重氮酸酯对杂原子氢键不对称插入反应中底物适应性广、催化活性和对映选择高的"优势"手性配体。

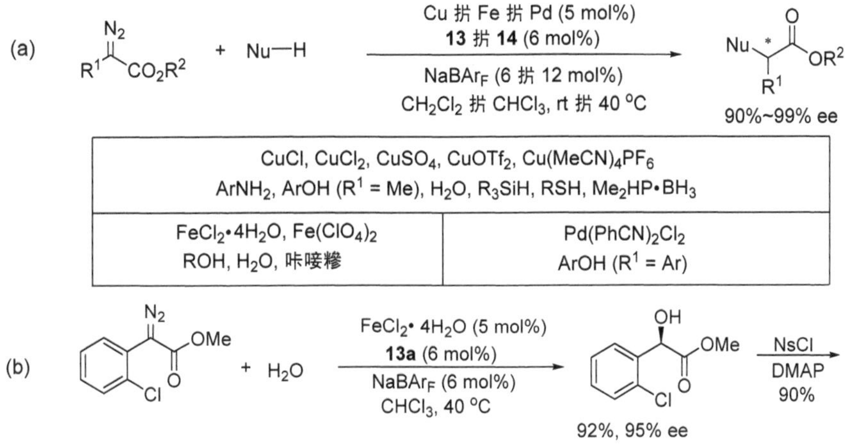

图 23

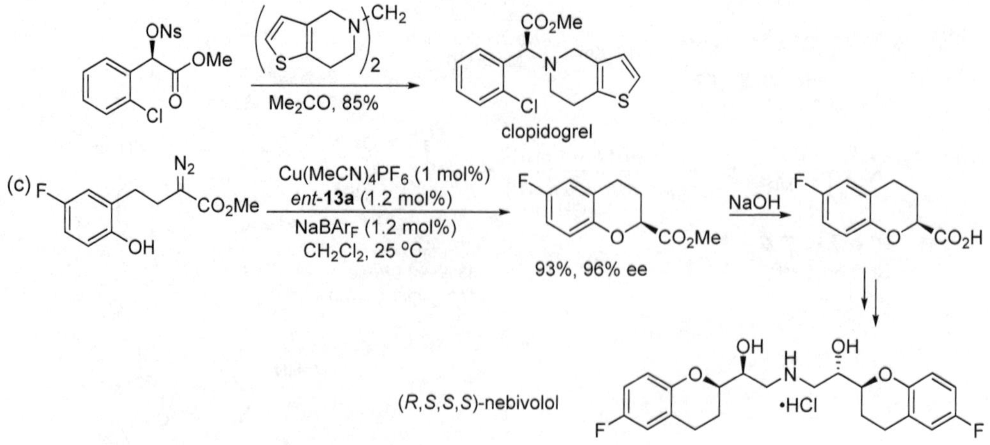

图 23 手性螺环双噁唑啉配体 SpiroBOX **13** 和双亚胺配体 SIDM **14** 的应用

手性螺环双噁唑啉配体 SpiroBOX **13** 还在铁催化的分子内重氮酸酯对烯烃的环丙烷化反应[25a]以及铜催化的重氮酸酯对吲哚的去芳构化-环丙烷化反应[25b]中表现出优异的反应活性和对映选择性 (图 24)。

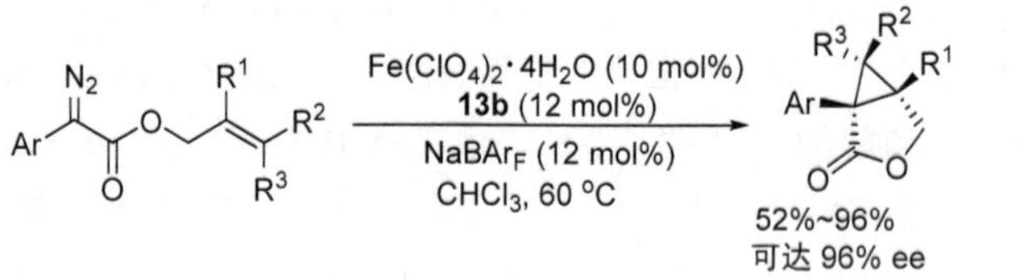

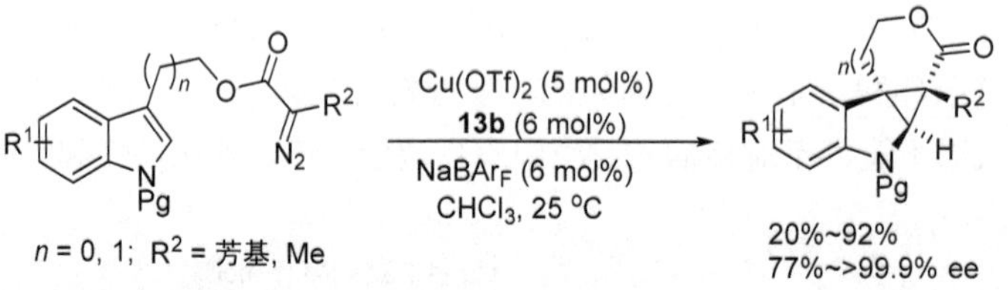

图 24 手性螺环双噁唑啉配体 SpiroBOX **13b** 在分子内环丙烷化反应中的应用

2009 年，麻生明等[26]在研究联烯化合物分子间的碳胺化反应时，发现噁唑啉环上取代基为 1-萘甲基和 2-萘甲基取代的手性螺环双噁唑啉配体 **13g** 和 **13h** 具有很好的手性诱导效果，所得到的吡唑啉类和 3-亚甲基吲哚啉类产物的 ee 值分别可达 95% 和 98% (图 25)。

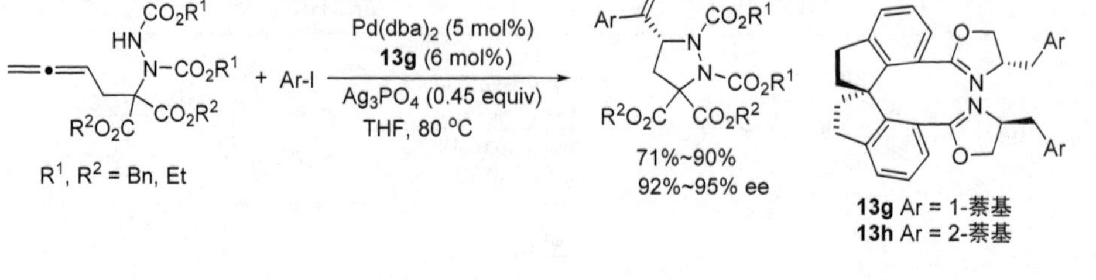

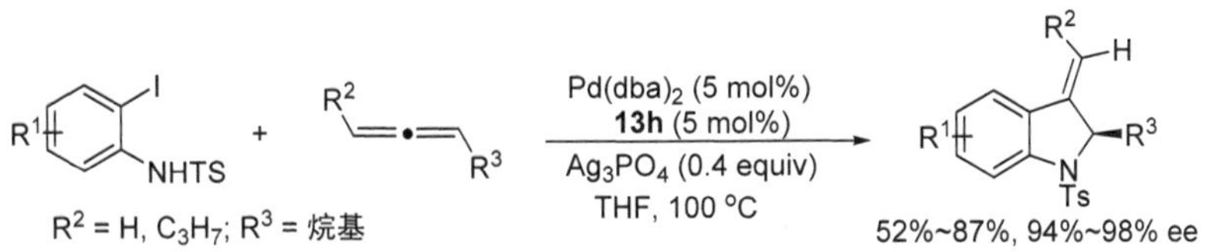

图 25 手性螺环双噁唑啉配体 **13g** 和 **13h** 的应用

综上所述，周其林等发展的基于手性螺二氢茚骨架的配体，通过与多种金属形成的配合物，已经被成功应用于催化不对称氢化反应、不对称碳-碳键形成反应以及不对称碳-杂原子键形成反应中。在这些反应中，手性螺环骨架配体往往表现出比其它手性骨架配体更好的反应活性和手性控制能力，综合其在多类催化剂和多种类型反应中的卓越性能，毫无疑问，周其林手性螺二氢茚骨架配体是一类被国际上认为具有"优势"(priviledged) 特征的特色手性配体，是国际上该领域最优秀的手性配体类型之一，相信它的应用范围会不断扩大。

参考文献

[1] (a) Fu, Y.; Xie, J.-H.; Hu, A.-G.; Zhou, H.; Wang, L.-X.; Zhou, Q.-L. *Chem. Commun.* **2002**, 480. (b) Y. Fu, X.-X. Guo, S.-F. Zhu, A.-G. Hu, J.-H. Xie, Q.-L. Zhou, *J. Org. Chem.* **2004**, *69*, 4648-4655. (c) Hu, A.-G.; Fu, Y.; Xie, J.-H.; Zhou, H.; Wang, L.-X.; Zhou, Q.-L. *Angew. Chem. Int. Ed.* **2002**, *41*, 2348.

[2] (a) Hou, G.-H.; Xie, J.-H.; Yan, P.-C.; Zhou, Q.-L. *J. Am. Chem. Soc.* **2009**, *131*, 1366. (b) Yan, P.-C.; Xie, J.-H.; Hou, G.-H.; Wang, L.-X.; Zhou, Q.-L. *Adv. Synth. Catal.* **2009**, *351*, 3243. (c) Xie, J.-H.; Yan, P.-C.; Zhang, Q.-Q.; Yuan, K.-X.; Zhou, Q.-L. *ACS Catal.* **2012**, *2*, 561.

[3] (a) Shi, W.-J.; Zhang, Q.; Xie, J.-H.; Zhu, S.-F.; Hou, G.-H.; Zhou, Q.-L. *J. Am. Chem. Soc.* **2006**, *128*, 2780. (b) Yang, Y.; Zhu, S.-F.; Duan, H.-F.; Zhou, C.-Y.; Wang, L.-X.; Zhou, Q.-L. *J. Am. Chem. Soc.* **2007**, *129*, 2248. (c) Yang, Y.; Zhu, S.-F.; Zhou, C.-Y.; Zhou, Q.-L. *J. Am. Chem. Soc.* **2008**, *130*, 14052.

[4] (a) Mai, D. N.; Wolf, J. P. *J. Am. Chem. Soc.* **2010**, *132*, 12157. (b) Mai, D. N.; Rosen, B. R.; Wolf, J. P. *Org. Lett.* **2011**, *13*, 2932. (c) Babij, N. R.; Wolfe, J. P. *Angew. Chem. Int. Ed.* **2013**, *52*, 9247.

[5] (a) Coulter, M. M.; Kou, K. G. M.; Galligan, B.; Dong, V. M. *J. Am. Chem. Soc.* **2010**, *132*, 16330. (b) González, A. Z.; Benitez, D.; Tkatchouk, E.; Goddard, III, W. A.; Toste, F. D. *J. Am. Chem. Soc.* **2011**, *133*, 5500. (c) Suárez-Pantiga, S.; Hernández-Díaz, C.; Rubio, E.; González, J. M. *Angew. Chem. Int. Ed.* **2012**, *51*, 11552.

[6] (a) Hoffman, T. J.; Carreira, E. M. *Angew. Chem. Int. Ed.* **2011**, *50*, 10670. (b) Wu, C.; Yue, G.; Nielsen, C. D.-T.; Xu, K.; Hirao, H.; Zhou, J. *J. Am. Chem. Soc.* **2016**, *138*, 742. (c) Wang, J.; Gao, D.-W.; Huang, J.-B.; Tang, S.; Xiong, Z.; Hu, H.; You, S.-L.; Zhu, Q. *ACS Catal.* **2017**, *7*, 3832. (d) Luo, S.; Xiong, Z.; Lu, Y.; Zhu, Q. *Org. Lett.* **2018**, *20*, 1837.

[7] (a) Duan, H.-F.; Xie, J.-H.; Shi, W.-J.; Zhang, Q.; Zhou, Q.-L. *Org. Lett.* **2006**, *8*, 1479. (b) Duan, H.-F.; Jia, Y.-X.; Wang, L.-X.; Zhou, Q.-L. *Org. Lett.* **2006**, *8*, 2567. (c) Duan, H.-F.; Xie, J.-H.; Qiao, X.-C.; Wang, L.-X.; Zhou, Q.-L. *Angew. Chem. Int. Ed.* **2008**, *47*, 4351. (d) Zhu, S.-F.; Qiao, X.-C.; Zhang, Y.-Z.; Wang, L.-X.; Zhou, Q.-L. *Chem. Sci.* **2011**, *2*, 1135.

[8] (a) Fu, Y.; Hou, G.-H.; Xie, J.-H.; Xing, L.; Wang, L.-X.; Zhou, Q.-L. *J. Org. Chem.* **2004**, *69*, 8157. (b) Hou, G.-H.; Xie, J.-H.; Wang, L.-X.; Zhou, Q.-L. *J. Am. Chem. Soc.* **2006**, *128*, 11774.

[9] (a) Zhu, S.-F.; Yang, Y.; Wang, L.-X.; Liu, B.; Zhou, Q.-L. *Org. Lett.* **2005**, *7*, 2333. (b) Zhang, W.; Zhu, S.-F.; Qiao, X.-C.; Zhou, Q.-L. *Chem.-Asian J.* **2008**, *3*, 2105. (c) Zhou, C.-Y.; Zhu, S.-F.; Wang, L.-X.; Zhou, Q.-L. *J. Am. Chem. Soc.* **2010**, *132*, 10955.

[10] (a) Kainz, Q. M.; Matier, C. D.; Bartoszewicz, A.; Zultanski, S. L.; Peters, J. C.; Fu, G. C. *Science* **2016**, *351*, 6274. (b) Chung, Y. K.; Fu, G. C. *Angew. Chem. Int. Ed.* **2009**, *48*, 2225. (c) Lundgren, R. J.; Wilsily, A.; Marion, N.; Ma, C.;

Chung, Y. K.; Fu, G. C. *Angew. Chem. Int. Ed.* **2013**, *52*, 2525. (d) Kramer, S.; Fu, G. C. *J. Am. Chem. Soc.* **2015**, *137*, 3803. (e) Ziegler, D. T.; Fu, G. C. *J. Am. Chem. Soc.* **2016**, *138*, 12069.

[11] (a) Wang, D.; Wei, Y.; Shi, M. *Chem. Commun.* **2012**, *48*, 2764. (b) Zhang, L.; Liu, H.; Qiao, G.; Hou, Z.; Liu, Y.; Xiao, Y.; Guo, H. *J. Am. Chem. Soc.* **2015**, *137*, 4316. (b) Liu, H.; Liu, Y.; Yuan, C.; Wang, G.-P.; Zhu, S.-F.; Wu, Y.; Wang, B.; Sun, Z.; Xiao, Y.; Zhou, Q.-L.; Guo, H. *Org. Lett.* **2016**, *18*, 1302. (c) Sankar, M. G.; Garcia-Castro, M.; Golz, C.; Strohmann, C.; Kumar, K. *Angew. Chem. Int. Ed.* **2016**, *55*, 9709. (d) Huang, K.-X.; Xie, M.-S.; Zhang, Q.-Y.; Qu, G.-R.; Guo, H.-M. *Org. Lett.* **2018**, *20*, 389.

[12] (a) Xie, J.-H.; Wang, L.-X.; Fu, Y.; Zhu, S.-F.; Fan, B.-M.; Duan, H.-F.; Zhou, Q.-L. *J. Am. Chem. Soc.* **2003**, *125*, 4404. (b) Xie, J.-H.; Liu, S.; Huo, X.-H.; Cheng, X.; Duan, H.-F.; Fan, B.-M.; Wang, L.-X.; Zhou, Q.-L. *J. Org. Chem.* **2005**, *70*, 2967. (c) Liu, S.; Xie, J.-H.; Wang, L.-X.; Zhou, Q.-L. *Angew. Chem. Int. Ed.* **2007**, *46*, 7506. (d) Liu, S.; Xie, J.-H.; Li, W.; Kong, W.-L.; Wang, L.-X.; Zhou, Q.-L. *Org. Lett.* **2009**, *11*, 4994. (e) Xie, J.-H.; Liu, S.; Kong, W.-L.; Bai, W.-J.; Wang, X.-C.; Wang, L.-X.; Zhou, Q.-L. *J. Am. Chem. Soc.* **2009**, *131*, 4222. (f) Bai, W.-J.; Xie, J.-H.; Li, Y.-L.; Liu, S.; Zhou, Q.-L. *Adv. Synth. Catal.* **2010**, *352*, 81. (g) Cheng, L.-J.; Xie, J.-H.; Wang, L.-X.; Zhou, Q.-L. *Adv. Synth. Catal.* **2012**, *354*, 1105. (h) Chen, J.-Q.; Xie, J.-H.; Bao, D.-H.; Liu, S.; Zhou, Q.-L. *Org. Lett.* **2012**, *14*, 2714. (i) Cheng, L.-J.; Xie, J.-H.; Chen, Y.; Wang, L.-X.; Zhou, Q.-L. *Org. Lett.* **2013**, *15*, 764. (j) Li, G.; Xie, J.-H.; Hou, J.; Zhu, S.-F.; Zhou, Q.-L. *Adv. Synth. Catal.* **2013**, *355*, 1597. (k) Liu, C.; Xie, J.-H.; Li, Y.-L.; Chen, J.-Q.; Zhou, Q.-L. *Angew. Chem. Int. Ed.* **2013**, *52*, 593. (l) Liu, Y.; Cheng, L.-J.; Yue, H.-T.; Che, W.; Xie, J.-H.; Zhou, Q.-L. *Chem. Sci.* **2016**, *7*, 4725. (m) Pu, L.-Y.; Chen, J.-Q.; Li, M.-L.; Li, Y.; Xie, J.-H.; Zhou, Q.-L. *Adv. Synth. Catal.* **2016**, *358*, 1229.

[13] (a) Fan, B.-M.; Xie, J.-H.; Li, S.; Wang, L.-X.; Zhou, Q.-L. *Angew. Chem. Int. Ed.* **2007**, *46*, 1275. (b) Xie, J.-H.; Duan, H.-F.; Fan, B.-M.; Cheng, X.; Wang, L.-X.; Zhou, Q.-L. *Adv. Synth. Catal.* **2004**, *346*, 625. (c) Yue, G.; Lei, K.; Hirao, H.; Zhou, J. *Angew. Chem. Int. Ed.* **2015**, *54*, 6531. (d) Park, J.-W.; Chen, Z.; Dong, V. M. *J. Am. Chem. Soc.* **2016**, *138*, 3310.

[14] Tang, W.-J.; Zhu, S.-F.; Xu, L.-J.; Zhou, Q.-L.; Fan, Q.-H.; Zhou, H.-F.; Lama, K.; Chan, A. S. C. *Chem. Commun.* **2007**, 613.

[15] (a) Hu, J.; Lu, Y.; Li, Y.; Zhou, J. *Chem. Commun.* **2013**, *49*, 9425. (b) Hu, J.; Hirao, H.; Li, Y.; Zhou, J. *Angew. Chem. Int. Ed.* **2013**, *52*, 8676. (c) Wu, C.; Zhou, J. *J. Am. Chem. Soc.* **2014**, *136*, 650.

[16] (a) Zhu, S.-F.; Xie, J.-B. Zhang, Y.-Z.; Li, S.; Zhou, Q.-L. *J. Am. Chem. Soc.* **2006**, *128*, 12886. (b) Guo, C.; Sun, D.-W.; Yang, S.; Mao, S.-J.; Xu, X.-H.; Zhu, S.-F.; Zhou, Q.-L. *J. Am. Chem. Soc.* **2015**, *137*, 90.

[17] (a) Li, S.; Zhu, S.-F.; Zhang, C.-M.; Song, S.; Zhou, Q.-L. *J. Am. Chem. Soc.* **2008**, *130*, 8584. (b) Li, S.; Zhu, S.-F.; Xie, J.-H.; Song, S.; Zhang, C.-M.; Zhou, Q.-L. *J. Am. Chem. Soc.* **2010**, *132*, 1172. (c) Song, S.; Zhu, S.-F.; Yang, S.; Li, S.; Zhou, Q.-L. *Angew. Chem. Int. Ed.* **2012**, *51*, 2708. (d) Song, S.; Zhu, S.-F.; Pu, L.-Y.; Zhou, Q.-L. *Angew. Chem. Int. Ed.* **2013**, *52*, 6072. (e) Song, S.; Zhu, S.-F.; Yu, Y.-B.; Zhou, Q.-L. *Angew. Chem. Int. Ed.* **2013**, *52*, 1556. (f) Song, S.; Zhu, S.-F.; Li, Y.; Zhou, Q.-L. *Org. Lett.* **2013**, *15*, 3722. (g) Yang, S.; Zhu, S.-F.; Guo, N.; Song, S.; Zhou, Q.-L. *Org. Biomol. Chem.* **2014**, *12*, 2049. (h) Li, Z.-Y.; Song, S.; Zhu, S.-F.; Guo, N.; Wang, L.-X.; Zhou, Q.-L. *Chin. J. Chem.* **2014**, *32*, 783. (i) Yang, S.; Zhu, S.-F.; Zhang, C.-M.; Song, S.; Yu, Y.-B.; Li, S.; Zhou, Q.-L. *Tetrahedron* **2012**, *68*, 5172.

[18] Wang, Y.-N.; Yang, L.-C.; Rong, Z.-Q.; Liu, T.-L.; Liu, R.; Zhao, Y. *Angew. Chem. Int. Ed.* **2018**, *57*, 1596.

[19] (a) Zhu, S.-F.; Yu, Y.-B.; Li, S.; Wang, L.-X.; Zhou, Q.-L. *Angew. Chem. Int. Ed.* **2012**, *51*, 8872. (b) Yu, Y.-B.; Cheng, L.; Li, Y.-P.; Fu, Y.; Zhu, S.-F.; Zhou, Q.-L. *Chem. Commun.* **2016**, *52*, 4812.

[20] (a) Xie, J.-B.; Xie, J.-H.; Liu, X.-Y.; Zhang, Q.-Q.; Zhou, Q.-L. *Chem. Asian J.* **2011**, *6*, 899. (b) Xie, J.-B.; Xie, J.-H.; Liu, X.-Y.; Kong, W.-L.; Li, S.; Zhou, Q.-L. *J. Am. Chem. Soc.* **2010**, *132*, 4538.

[21] (a) Xie, J.-H.; Liu, X.-Y.; Xie, J.-B.; Wang, L.-X.; Zhou, Q.-L. *Angew. Chem. Int. Ed.* **2011**, *50*, 7329. (b) Yan, P.-C.; Zhu, G.-L.; Xie, J.-H.; Zhang, X.-D.; Zhou, Q.-L.; Li, Y.-Q.; Shen, W.-H.; Che, D.-Q. *Org. Process Res. Dev.* **2013**, *17*, 307. (c) Xie, J.-H.; Liu, X.-Y.; Yang, X.-H.; Xie, J.-B.; Wang, L.-X.; Zhou, Q.-L. *Angew. Chem. Int. Ed.* **2012**, *51*, 201. (d) Yuan, M.-L.; Xie, J.-H.; Yang, X.-H.; Zhou, Q.-L. *Synthesis* **2014**, *46*, 2910. (e) Zhang, Q.-Q.; Xie, J.-H.; Yang, X.-H.; Xie, J.-B.; Zhou, Q.-L. *Org. Lett.* **2012**, *14*, 6158. (f) Liu, Y.-T.; Chen, J.-Q.; Li, L.-P.; Shao, X.-Y.; Xie, J.-H.; Zhou, Q.-L. *Org. Lett.* **2017**, *19*, 3231. (g) Yang, X.-H.; Xie, J.-H.; Liu, W.-P.; Zhou, Q.-L. *Angew. Chem. Int. Ed.* **2013**, *52*,

7833. (h) Yang, X.-H.; Wang, K.; Zhu, S.-F.; Xie, J.-H.; Zhou, Q.-L. *J. Am. Chem. Soc.* **2014**, *136*, 17426. (i) Yang, X.-H.; Yue, H.-T.; Yu, N.; Li, Y.-P.; Xie, J.-H.; Zhou, Q.-L. *Chem. Sci.* **2017**, *8*, 1811.

[22] (a) Zuo, X.-D.; Guo, S.-M.; Yang, R.; Xie, J.-H.; Zhou, Q.-L. *Org. Lett.* **2017**, *19*, 5240. (b) Lin, H.; Xiao, L.-J.; Zhou, M.-J.; Yu, H.-M.; Xie, J.-H.; Zhou, Q.-L. *Org. Lett.* **2016**, *18*, 1434. (c) Liu, Y.-T.; Li, L.-P.; Xie, J.-H.; Zhou, Q.-L. *Angew. Chem. Int. Ed.* **2017**, *56*, 12708.

[23] (a) Bao, D.-H. Wu, H.-L. Liu, C.-L. Xie, J.-H. Zhou, Q.-L. *Angew. Chem. Int. Ed.* **2015**, *54*, 8791. (b) Bao, D.-H.; Gu, X.-S.; Xie, J.-H.; Zhou, Q.-L. *Org. Lett.* **2017**, *19*, 118.

[24] (a) Liu, B.; Zhu, S.-F.; Wang, L.-X.; Zhou, Q.-L. *Tetrahedron: Asymmetry* **2006**, *17*, 634. (b) Zhang, Y.-Z.; Zhu, S.-F.; Wang, L.-X.; Zhou, Q.-L. *Angew. Chem. Int. Ed.* **2008**, *47*, 8496. (c) Liu, B.; Zhu, S.-F.; Zhang, W.; Chen, C.; Zhou, Q.-L. *J. Am. Chem. Soc.* **2007**, *129*, 5834. (d) Chen, C.; Zhu, S.-F.; Liu, B.; Wang, L.-X.; Zhou, Q.-L. *J. Am. Chem. Soc.* **2007**, *129*, 12616. (e) Zhu, S.-F.; Chen, C.; Cai, Y.; Zhou, Q.-L. *Angew. Chem. Int. Ed.* **2008**, *47*, 932. (f) Zhang, Y.-Z.; Zhu, S.-F.; Cai, Y.; Mao, H.-X.; Zhou, Q.-L. *Chem. Commun.* **2009**, 5362. (g) Zhu, S.-F.; Cai, Y.; Mao, H.-X.; Xie, J.-H.; Zhou, Q.-L. *Nat. Chem.* **2010**, *2*, 546. (h) Zhu, S.-F.; Song, X.-G.; Li, Y.; Cai, Y.; Zhou, Q.-L. *J. Am. Chem. Soc.* **2010**, *132*, 16374. (i) Cai, Y.; Zhu, S.-F.; Wang, G.-P.; Zhou, Q.-L. *Adv. Synth. Catal.* **2011**, *353*, 2939. (j) Zhu, S.-F.; Xu, B.; Wang, G.-P.; Zhou, Q.-L. *J. Am. Chem. Soc.* **2012**, *134*, 436. (k) Song, X.-G.; Zhu, S.-F.; Xie, X.-L.; Zhou, Q.-L. *Angew. Chem. Int. Ed.* **2013**, *52*, 2555. (l) Cheng, Q.-Q.; Zhu, S.-F.; Zhang, Y.-Z.; Xie, X.-L.; Zhou, Q.-L. *J. Am. Chem. Soc.* **2013**, *135*, 14094. (m) Xie, X.-L.; Zhu, S.-F.; Guo, J.-X.; Cai, Y.; Zhou, Q.-L. *Angew. Chem. Int. Ed.* **2014**, *53*, 2978. (n) Song, X.-G.; Ren, Y.-Y.; Zhu, S.-F.; Zhou, Q.-L. *Adv. Synth. Catal.* **2016**, *358*, 2366.

[25] (a) Shen, J.-J.; Zhu; S.-F.; Cai, Y.; Xu, H.; Xie, X.-L.; Zhou, Q.-L. *Angew. Chem. Int. Ed.* **2014**, *53*, 13188. (b) Xu, H.; Li, Y.-P.; Cai, Y.; Wang, G.-P.; Zhu, S.-F.; Zhou, Q.-L. *J. Am. Chem. Soc.* **2017**, *139*, 7697.

[26] (a) Shu, W.; Yu, Q.; Ma, S. *Chem. Commun.* **2009**, 6198. (b) Shu, W., Yu, Q., and Ma, S. *Adv. Synth. Catal.* **2009**, *351*, 2807.

（韩召斌，丁奎岭）

祝介平三组分反应

祝介平三组分反应指由醛、胺和 2-取代-2-异腈乙酰胺 **1** 合成 5-氨基噁唑 **2** 的反应 (式 1)[1,2]。该反应不需任何催化剂，简单地将等摩尔比的三种组分的甲醇溶液加热就可高产率地得到 5-氨基噁唑。反应也可在弱路易斯酸 (溴化锂) 或质子酸 (氯化铵，催化量的樟脑磺酸) 存在下，在非极性溶剂甲苯中有效地进行[3]。由于反应简单易行，反应条件温和，后处理简单，使得这个三组分反应特别适用于有机合成和药物研发中含噁唑环化合物库的构建。

$$R^1CHO + R^2R^3NH + CN\text{-}CHR^4\text{-}C(O)NR^5R^6 \xrightarrow[50\ ^\circ C]{MeOH} \mathbf{2} \quad (1)$$

该反应是基于 Ugi 四组分反应[4,5]和 α-异氰乙酰胺的双重反应性[5]发展起来的，可能的反应机理示于图 1。

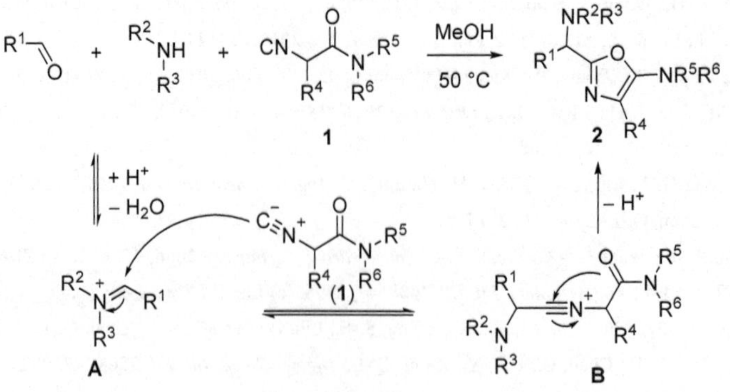

图 1 祝介平三组分反应的反应机理

通过改变亲电中间体 **A**，可以合成一系列 5-氨基噁唑、大环和氨基酸衍生物 (**3~14**, 图 2)[6-17]。

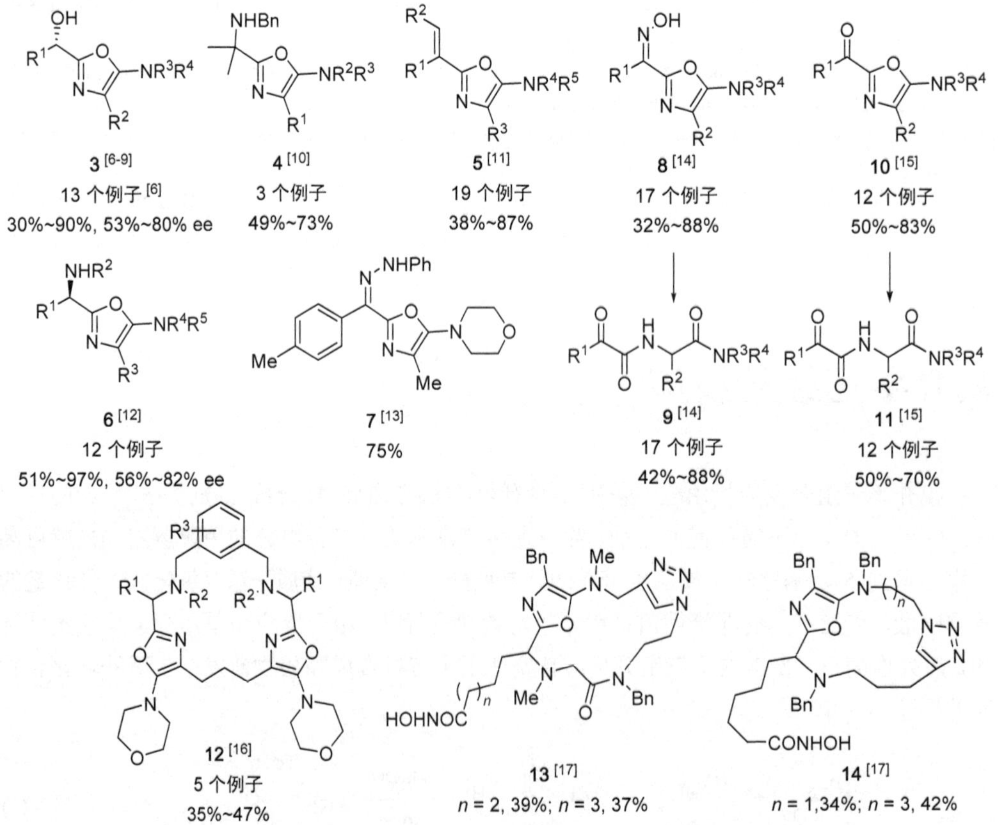

3 [6-9]
13 个例子
30%~90%, 53%~80% ee

4 [10]
3 个例子
49%~73%

5 [11]
19 个例子
38%~87%

8 [14]
17 个例子
32%~88%

10 [15]
12 个例子
50%~83%

6 [12]
12 个例子
51%~97%, 56%~82% ee

7 [13]
75%

9 [14]
17 个例子
42%~88%

11 [15]
12 个例子
50%~70%

12 [16]
5 个例子
35%~47%

13 [17]
$n = 2$, 39%; $n = 3$, 37%

14 [17]
$n = 1$, 34%; $n = 3$, 42%

图 2 祝介平三组分反应合成一系列 5-氨基噁唑、大环和氨基酸衍生物

Chibale 研究组基于这一反应制备了一系列在侧链含 4-氨基喹啉的 2,4,5-三取代氨基噁唑 **15** 和 **16**。体外试验表明，该类化合物具有很强的抗疟生物活性 (式 2)[18]。

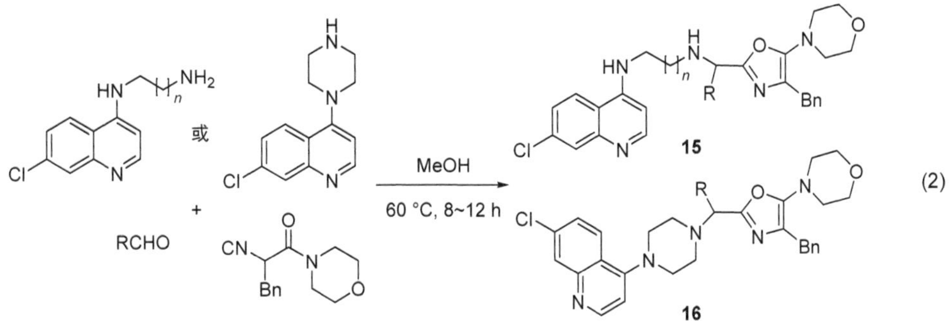

10 个例子, 39%~93%

5-氨基噁唑具有富电子的氮杂二烯的反应性，可与缺电子亲双烯进行 Diels-Alder 反应。此外，侧链上的仲胺官能团 (R^2 或 $R^3 = H$，式 1) 也为进一步的衍生化提供了理想的反应位点。利用 5-氨基噁唑的这一反应活性，祝介平研究组拓展了一系列新的多组分反应。通过简单地改变多组分反应起始原料的结构，或是使用 5-氨基噁唑作为活性中间体，与另一种合适的双官能团化合物进行组合，一系列具有更复杂分子结构的杂环可以用三组分、四组分或五组分反应通过一瓶反应的方式直接合成得到 (**17~36**, 图 3)[3,13,19-32]。

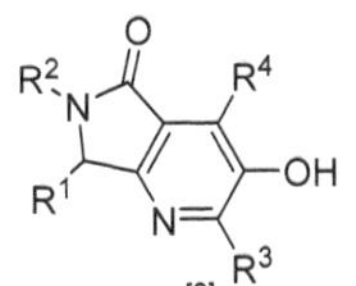
17[3]
20 个例子, 32%~95%

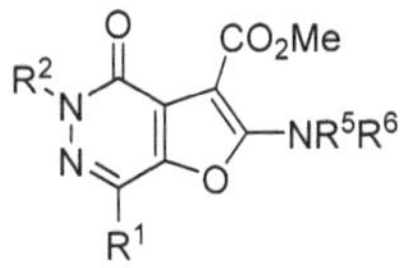
18[13]
12 个例子, 22%~51%

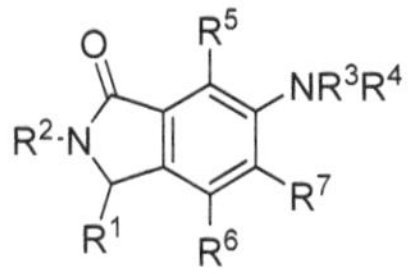
19[19]
9 个例子, 32%~67%

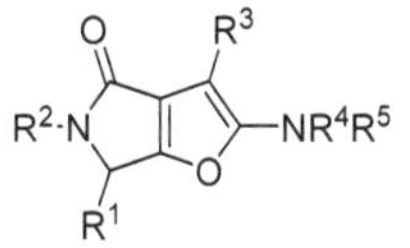
20[19]
1 个例子, 95%

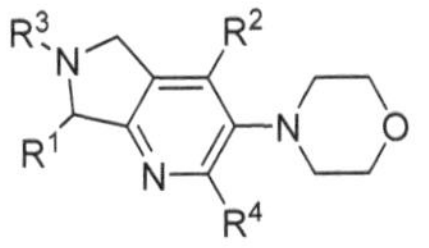
21[20]
7 个例子, 57%~93%

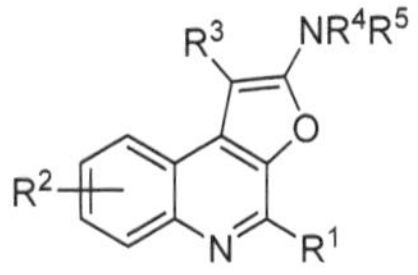
22[21]
9 个例子, 42%~75%

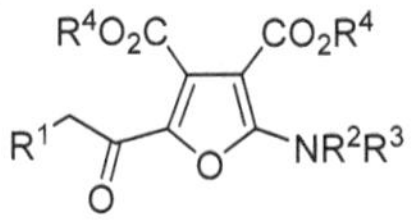
23[22]
16 个例子, 55%~79%

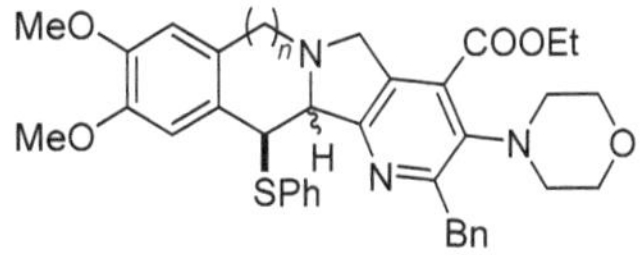
24[23]
n = 1, 83%; *n* = 2, 90%

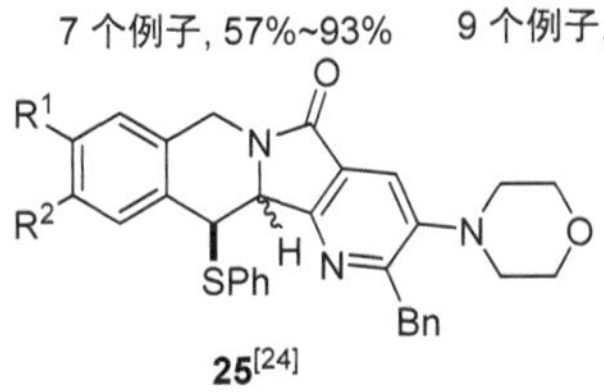
25[24]
单一的非对映异构体
3 个例子, 38%~72%

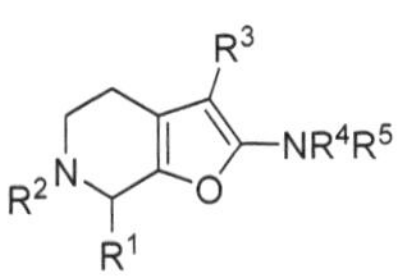
26[25]
10 个例子, 47%~82%

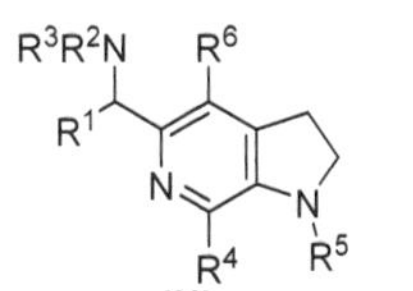
27[26]
15 个例子, 37%~70%

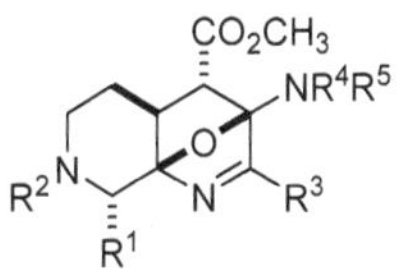
28[27]
10 个例子, 21%~92%

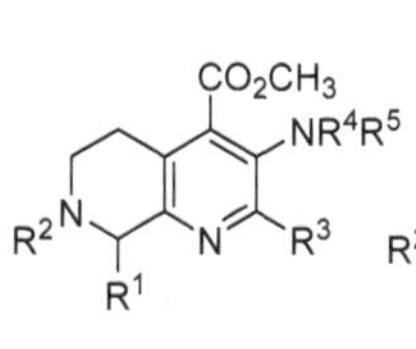
29[27]
5 个例子, 30%~77%

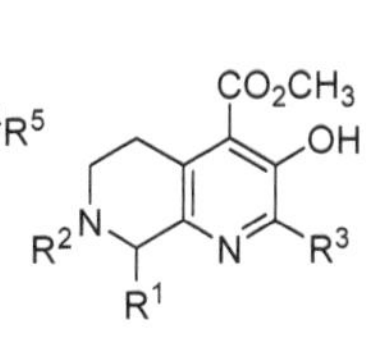
30[27]
3 个例子, 53%~56%

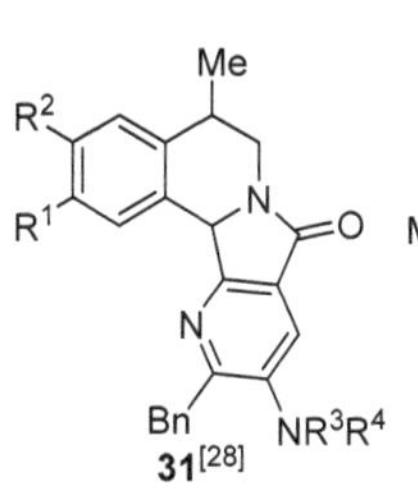
31[28]
4 个例子, 12%~71%, 2 步

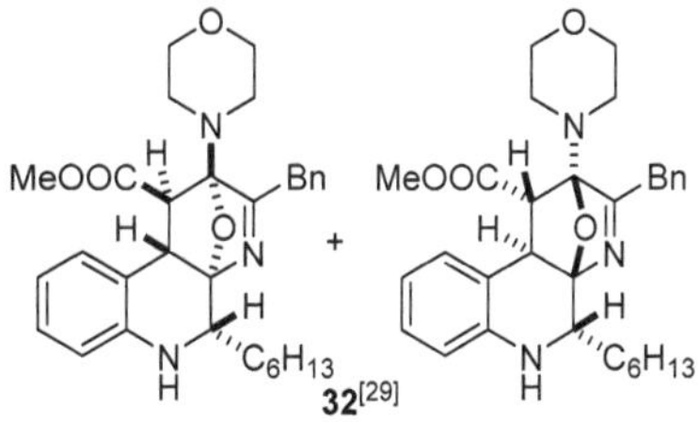
32[29]
9 个例子, 40%~78%

图 3

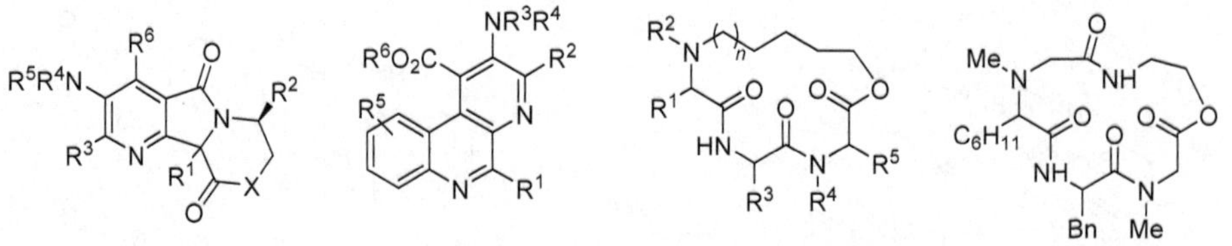

图 3 利用 5-氨基噁唑合成的一系列复杂杂环结构

33[30] 14 个例子, 47%~93%
34[31] 4 个例子, 30%~71%
35[32] 10 个例子, 40%~88%
36[32] 40%

图 4 所示为使用 5-氨基噁唑作为活性中间体, 通过其与 α,β-不饱和酰氯的反应, 一步合成吡咯并[3,4-b]吡啶-5-酮 **17** 的四组分反应。通过三组分缩合/酰化/分子内 Diels-Alder 环加成 (IMDA) /逆 Michael 环化, 这个反应共生成了三个 C–C 键和两个 C–N 键以及吡啶环和吡咯环[3]。

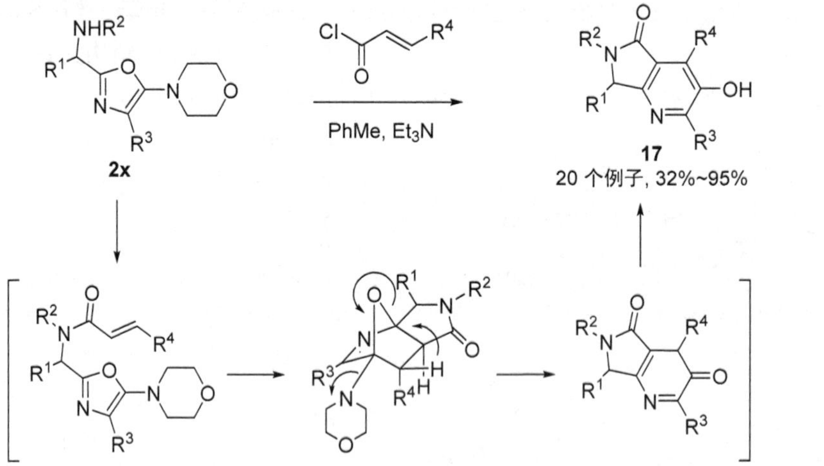

17 20 个例子, 32%~95%

图 4 通过 5-氨基噁唑与 α,β-不饱和酰氯的反应一步合成吡咯并[3,4-b]吡啶-5-酮 **17**

胺、醛和 α-异氰乙酰胺的三组分缩合所得到的 5-氨基噁唑与五氟苯基 3-芳基丙-2-炔酸酯反应, 再通过氨基酰化、分子内 Diels-Alder 环化反应和逆 Diels-Alder 反应生成稳定的可分离的吡咯呋喃 **20** (图 5)。如往反应体系里加入另一个亲二烯体 (N-苯基马来酰

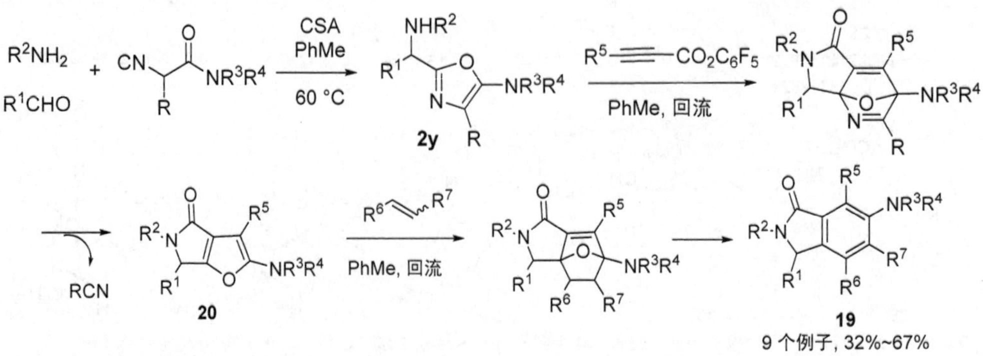

19 9 个例子, 32%~67%

图 5 吡咯并[3,4-b]吡啶-5-酮 **19** 的合成

亚胺、酮等），**20** 则可以继续环加成反应生成吡咯并 [3,4-*b*] 吡啶-5-酮 **19**。在这个五组分反应中，7 个官能团以高度有序的方式彼此反应，产生 7 个化学键和具有六取代苯核的多杂环骨架[19]。

通过将氨基和亲二烯体组合在单一组分中，三组分反应可以生成桥环化合物 **37**，在酸性条件下转化为吡咯并[3,4-*b*]吡啶 **21** (图 6)[20]。值得强调的是，形成 **21** 的成键效率和立体选择性都非常高，因为整个反应过程共产生了 5 个化学键和 5 个手性中心。

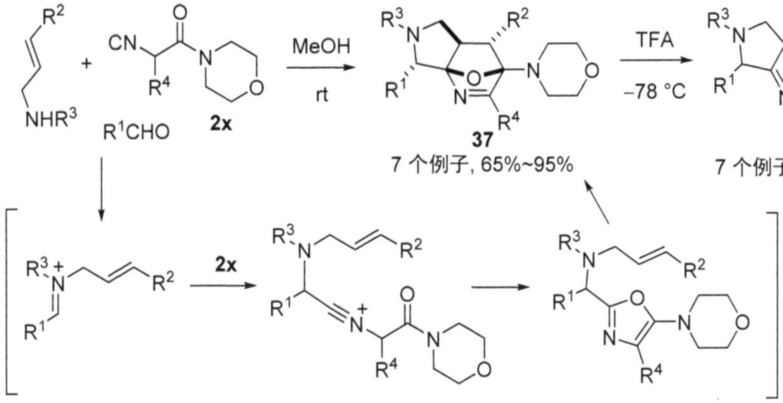

图 6 三组分反应合成吡咯并[3,4-*b*]吡啶 **21**

通过结合图 6 所示三组分反应和 Pummerer 环化反应可快速合成 lennoxamin 类天然产物的四环骨架体系 **24** (图 7)[23]。

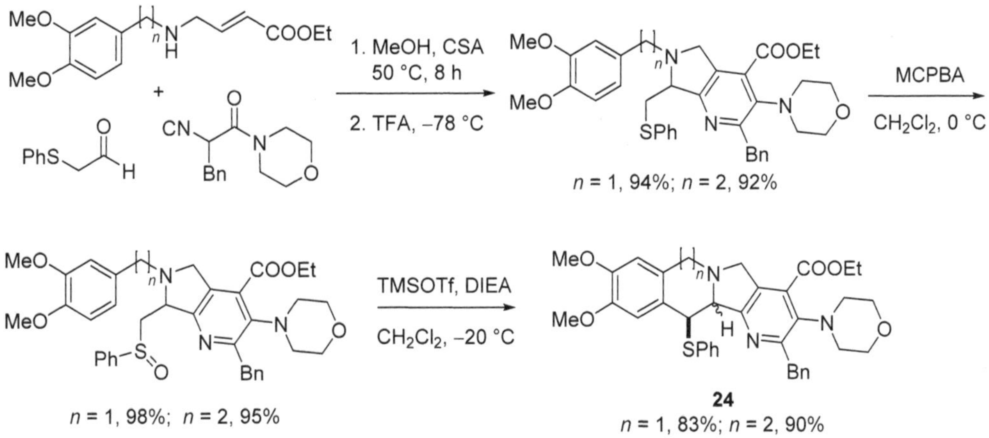

图 7 Lennoxamin 类天然产物的四环骨架体系 **24** 的快速合成

将氨基和亲二烯体组合为 (2-氨基苯基)乙炔，在氯化铵存在下与醛和 α-异氰基乙酰胺的三组分反应，生成呋喃喹啉 **22**。反应过程包括醛和胺之间的缩合，异氰化物与亚胺的亲核加成，腈中间体的环链互变异构化，噁唑的分子内 Diels-Alder 环加成，逆 Diels-Alder 环加成和氧化反应 (图 8)[21]。

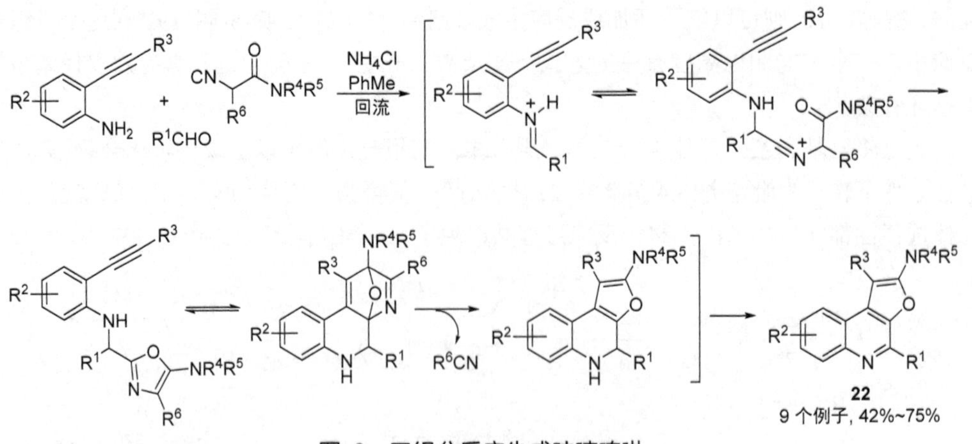

22

9 个例子, 42%~75%

图 8 三组分反应生成呋喃喹啉

将氨基和亲二烯体组合为邻氨基肉桂酸酯，与醛和 α-异氰乙酰胺的三组分缩合反应生成四环四氢喹啉 **32** (图 9)[29]。分子内 Diels-Alder 反应的立体选择性非常高，所以尽管此反应理论上可生成 16 种可能的异构体，但实际仅产生了两对非对映异构体。

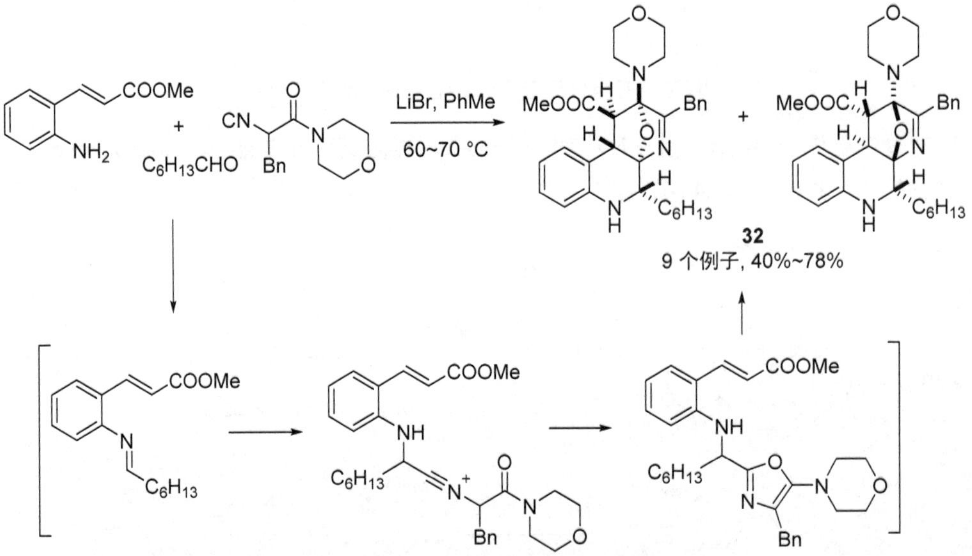

32

9 个例子, 40%~78%

图 9 三组分缩合反应生成四环四氢喹啉

将醛、氨基醇和二肽异氰基化合物在甲醇溶剂中加热缩合，得到一系列高官能团化的 5-氨基噁唑，甲酯水解 (LiOH, H_2O) 得到相应的锂盐，然后通过分子内噁唑活化末端羧酸酯官能团，在酸性条件下生成大环内酯。利用此反应成功合成了一系列 12-、13-、14-、15- 和 16-元环肽化合物 **35** 和 **36** (图 10)[32]。

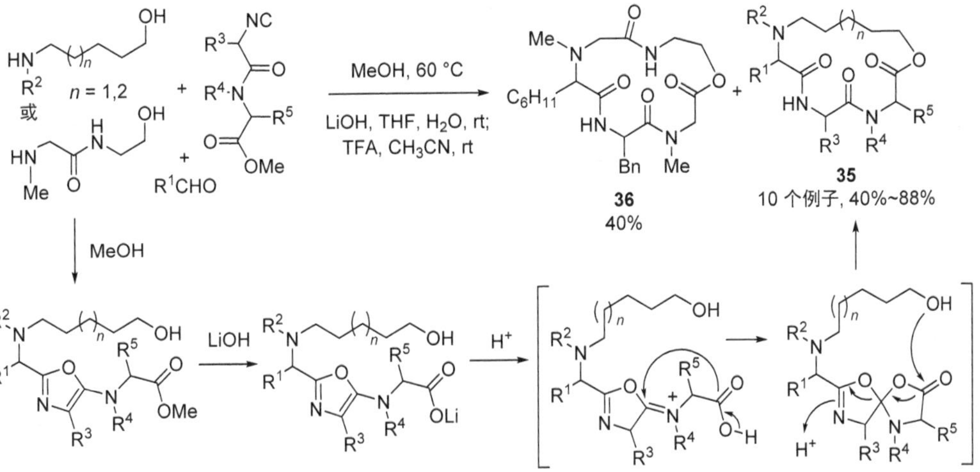

图 10 大环环肽化合物的合成

参考文献

[1] Sun, X.; Janvier, P.; Zhao, G.; Bienaymé, H.; Zhu, J. *Org. Lett.* **2001**, *3*, 877-880.
[2] Zhu, J. *Eur. J. Org. Chem.* **2003**, 1133-1144.
[3] Janvier, P.; Sun, X.; Bienaymé, H.; Zhu, J. *J. Am. Chem. Soc.* **2002**, *124*, 2560-2567.
[4] Dömling, A. *Chem. Rev.* **2006**, *106*, 17-89.
[5] Giustiniano, M.; Basso, A.; Mercalli, V.; Massarotti, A.; Novellino, E.; Tron, G. C.; Zhu, J. *Chem. Soc. Rev.* **2017**, *46*, 1295-1357.
[6] Wang, S. X.; Wang, M.-X.; Wang, D.-X.; Zhu, J. *Org. Lett.* **2007**, *9*, 3615-3618.
[7] Yue, T.; Wang, M.-X.; Wang, D.-X.; Masson, G.; Zhu, J. *J. Org. Chem.* **2009**, *74*, 8396-8399.
[8] Mihara, H.; Xu, Y.; Shepherd, N. E.; Matsunaga, S.; Shibasaki, M. *J. Am. Chem. Soc.* **2009**, *131*, 8384-8385.
[9] Zeng, X.; Ye, K.; Lu, M.; Chua, P. J.; Tan, B.; Zhong, G. *Org. Lett.* **2010** *12*, 2414-2417.
[10] Elders, N.; Ruijter, E.; de Kanter, F. J. J.; Groen, M. B.; Orru, R. V. A. *Chem. -Eur. J.* **2008**, *14*, 4961-4973.
[11] Odabachian, Y.; Wang, Q.; Zhu, J. *Chem. Eur. J.* **2013**, *19*, 12229-12233.
[12] Yue, T.; Wang, M.-X.; Wang, D.-X.; Masson, G.; Zhu, J. *Angew. Chem. Int. Ed.* **2009**, *48*, 6717-6721.
[13] Giustiniano, M.; Mercalli, V.; Amato, J.; Novellino, E.; Tron, G. C. *Org. Lett.* **2015**, *17*, 3964-3967.
[14] Giustiniano, M.; Mercalli, V.; Cassese, H.; Di Maro, S.; Galli, U.; Novellino, E.; Tron, G. C. *J. Org. Chem.* **2014**, *79*, 6006-6014.
[15] Mossetti, R.; Pirali, T.; Tron, G. C.; Zhu, J. *Org. Lett.* **2010**, *12*, 820-823.
[16] Janvier, P.; Bois-Choussy, M.; Bienaymé, H.; Zhu, J. *Angew. Chem. Int. Ed.* **2003**, *42*, 811-814.
[17] Pirali, T.; Faccio, V.; Mossetti, R.; Grolla, A. A.; Di Micco, S.; Bifulco, G.; Genazzani, A. A.; Tron, G. C. *Mol. Divers.* **2010**, *14*, 109-121.
[18] Musonda, C. C.; Little, S.; Yardley, V.; Chibale, K. *Bioorg. Med. Chem. Lett.* **2007**, *17*, 4733-4736.
[19] Janvier, P.; Bienaymé, H.; Zhu, J. *Angew. Chem. Int. Ed.* **2002**, *41*, 4291-4294.
[20] Gamez-Montano, R.; Gonzalez-Zamora, E.; Potier, P.; Zhu, J. *Tetrahedron* **2002**, *58*, 6351-6358.
[21] Fayol, A.; Zhu, J. *Angew. Chem. Int. Ed.* **2002**, *41*, 3633-3635.
[22] Mossetti, R.; Caprioglio, D.; Colombano, G.; Tron, G. C.; Pirali, T. *Org. Biomol. Chem.* **2011**, *9*, 1627-1631.
[23] Montano, R. G.; Zhu, J. *Chem. Commun.* **2002**, 2448-2449.
[24] Islas-Jacome, A.; Gonzalez-Zamora, E.; Gamez-Montano, R. *Tetrahedron Lett.* **2011**, *52*, 5245-5248.

[25] Fayol, A.; Zhu, J. *Org. Lett.* **2004**, *6*, 115-118.
[26] Fayol, A.; Zhu, J. *Org. Lett.* **2005**, *7*, 239-242.
[27] Fayol, A.; Zhu, J. *Tetrahedron* **2005**, *61*, 11511-11519.
[28] Zamudio-Medina, A.; Garcia-Gonzalez, M. C.; Padilla, J.; Gonzalez-Zamora, E. *Tetrahedron Lett.* **2010**, *51*, 4837-4839.
[29] Gonzalez-Zamora, E.; Fayol, A.; Bois-Choussy, M.; Chiaroni, A.; Zhu, J. *Chem. Commun.* **2001**, 1684-1685.
[30] Xia, L.; Li, S.; Chen, R.; Liu, K.; Chen, X. *J. Org. Chem.* **2013**, *78*, 3120-3131.
[31] Fayol, A.; Gonzalez-Zamora, E.; Bois-Choussy, M.; Zhu, J. *Heterocycles* **2007**, *73*, 729-742.
[32] Zhao, G.; Sun, X.; Bienaymé, H.; Zhu, J. *J. Am. Chem. Soc.* **2001**, *123*, 6700-6701.

反应类型： 多组分反应
相关反应： Ugi 四组分反应

（黄培强）

主题词索引（英文人名）

A

Achmatowicz 重排 / 582
    氮杂 Achmatowicz 重排 / 586
Alder-Ene 反应 / 2
Appel-Lee 反应 / 266
Arndt-Eistert 同系化反应 / 6

B

Baeyer-Villiger 氧化 / 338
Baker-Venkataraman 重排 / 588
Baldwin 环化规则 / 690
Bamford-Stevens 反应 / 168
Barbier 反应 / 9
Barton 反应 / 343
Barton-McCombie 去氧反应 / 420
Baylis-Hillman 反应 / 12
    aza-Baylis-Hillman 反应 / 13
Beckmann 重排 / 591
Bergman 环化反应 / 480
Biginelli 反应 / 487
Birch 还原 / 423
Bischler-Napieralski 反应 / 490
Blaise 反应 / 16
Blanc 反应 / 17
Blanc 氯甲基化反应 / 17
BOP / 272
Bordwell-Cheng 均裂能方程 / 734
Bouveault-Blanc 还原 / 425
Brassard 双烯 / 494
Brook 重排 / 595
    逆 Brook 重排 / 595
Brown 硼氢化反应 / 427
Bucherer-Bergs 反应 / 498
Buchwald-Hartwig 交叉偶联反应 / 269
Burgess 试剂 / 170
Bürgi-Dunitz 轨道 / 694

C

Cadiot-Chodkiewicz 偶联反应 / 19
Cannizzaro 反应 / 736
Carroll-Claisen 重排 / 597
Castro 偶联试剂 / 272
Castro-Stephens 偶联反应 / 22
CBS 还原 / 439
CDC 反应 / 73
Chan 重排 / 601
Chan's diene / 499
Chan-Lam 偶联反应 / 275
Chen's 试剂 / 739
Cheng iBonD / 744
Chugaev 反应 / 174
Claisen 重排 / 603
    氮杂 Claisen 重排 / 605
    硫杂 Claisen 重排 / 605
Claisen 缩合反应 / 25
Clemmensen 还原 / 436
Collins 氧化 / 344
Conia-Ene 反应 / 4
Cope 重排 / 612
    氮促 Cope 重排 / 612
    氧促 Cope 重排 / 612
Cope 消除反应 / 176
    逆 Cope 环化反应 / 177
    逆 Cope 消除反应 / 176
Corey-Bakshi-Shibata 还原 / 438
Corey-Chaykovsky 反应 / 501
Corey-Fuchs 反应 / 179
Corey-Kim 氧化 / 346
Corey-Link 反应 / 631
Corey-Winter 反应 / 181
Cotton 效应 / 696
Cram 模型 / 702
Cram 螯合模型 / 702
Criegee 邻二醇氧化裂解 / 348

Curtin-Hammett 原理 / 703
Curtius 重排 / 614

D

Dakin 反应 / 350
Dakin-West 反应 / 29
Danishefsky 双烯 / 503
Danishefsky-Kitahara 双烯 / 503
Darzens 缩合 / 507
Davis 试剂 / 352
Delépine 反应 / 277
Demjanov 重排 / 617
DEPBT / 278
Dess-Martin 氧化 / 354
Dieckmann 缩合 / 512
Diels-Alder 反应 / 515
Doebner-Knoevenagel 缩合反应 / 183

E

Eglinton 偶联反应 / 31
Eschenmoser 碎裂化反应 / 756
Eschenmoser 缩硫反应 / 184
   aza-Knoevenagel-type 反应 / 187
Eschenmoser-Claisen 重排 / 607
Eschenmoser-Tanabe 碎裂化反应 / 756
Eschweiler-Clarke 反应 / 283
Eschweiler-Clarke 甲基化反应 / 283
Evans 不对称羟醛加成反应 / 32
Evans-Tishchenko 反应 / 673

F

Favorskii 重排 / 619
quasi-Favorskii 重排 / 620
Feist-Bénary 反应 / 522
   中断的 Feist-Bénary 反应 / 522
Felkin 模型 / 702
Felkin-Anh 模型 / 702
Ferrier 重排 / 524
Ferrier 碳环化反应 / 524
Fétizon 试剂 / 357
Fétizon 氧化 / 357
Fischer 吲哚合成 / 527
Friedel-Crafts 反应 / 35
Friedländer 喹啉合成 / 530

Fries 重排 / 624
Fritsch-Buttenberg-Wiechell 重排 / 626
Fujimoto-Belleau 反应 / 187
Fukuyama 还原 / 441
Fukuyama 偶联反应 / 40
Fürst-Plattner 规则 / 706

G

Ganem 氧化 / 364
Gattermann 反应 / 116
Glaser 偶联反应 / 43
Glaser-Hay 偶联反应 / 43
Grignard 反应 / 45
Grignard 试剂 / 45
Grob 反应 / 762
Grob 碎裂化反应 / 762
Grubbs 反应 / 189
   Chauvin 机理 / 190
Guareschi-Thorpe 反应 / 257

H

Hajos-Parrish 反应 / 532
Hajos-Parrish-Eder-Sauer-Wiechert 反应 / 532
Haller-Bauer 反应 / 772
Hantzsch 反应 / 536
Hay 偶联反应 / 43
Heck 反应 / 49
Hell-Volhard-Zelinsky 反应 / 285
Henry 反应 / 55
Hiyama 偶联反应 / 57
Hofmann 重排 / 626
Hofmann 消除反应 / 195
   Hofmann 规则 / 195
Hofmann-Löffler-Freytag 反应 / 540
   Suarez 改良法 / 540
Horner-Wadsworth-Emmons 反应 / 199
   Ando 改良法 / 201
   Masamune-Roush 改良法 / 201
   Schlosser 条件 / 200
   Still 改良法 / 201
Horner-Wittig 反应 / 202
Hosomi-Sakurai 反应 / 119
Houk 模型 / 703
Huang-Ming-Long 还原 / 472

Hunsdiecker 反应 / 288

I

Ireland-Claisen 重排 / 607

J

Jocic 反应 / 631
Jocic-Reeve 反应 / 631
Johnson-Claisen 重排 / 607
Jones 试剂 / 360
Jones 氧化 / 360
Jørgensen-Hayashi 催化剂 / 130
Julia 烯烃合成法 / 206
    改良 Julia 烯烃合成法 / 208
Julia-Kociensky 烯烃合成法 / 209
Julia-Lythgoe 烯烃合成法 / 206

K

Kagan 试剂 / 443
Knoevenagel 缩合 / 212
Kochi 反应 / 291
Kolbe 电合成反应 / 62
Kolbe-Schmidt 反应 / 116
Kornblum 氧化 / 362
Kosugi-Migita-Stille 偶联反应 / 135
Krapcho 脱烷氧羰基反应 / 778
Krische-Tu 醇 α-烃基化反应 / 63
Kulinkovich 反应 / 542
Kulinkovich-de Meijere 反应 / 542
Kumada 偶联反应 / 69
Kumada-Corriu 偶联反应 / 69

L

Lawesson 试剂 / 292
Leuckart 反应 / 294
Leuckart-Wallach 反应 / 294
Li's 偶联反应 / 73
Lieben 反应（卤仿反应）/ 781
Liebeskind 偶联反应 / 76
Liebeskind-Srogl 偶联反应 / 76
Lossen 重排 / 634
Lu [3+2] cycloaddition / 544
Luche 还原 / 447
Lu-Trost-Inoue 反应 / 216

M

Mander 试剂 / 79
Mannich 反应 / 783
Mannich 碱 / 573
Mannich-Eschenmoser 亚甲基化反应 / 786
Markovnikov 规则 / 708
Martin 试剂 / 219
Ma's Fe-TEMPO-MCl 氧化 / 366
Masamune-Roush 条件 / 199
McLafferty 重排 / 636
McMurry 还原偶联反应 / 226
McMurry 烯烃合成 / 226
Meerwein-Ponndorf-Verley 还原 / 450
Merrifield 固相多肽合成 / 296
metallo-Ene 反应 / 4
Meyer-Schuster 重排 / 637
Meyer-Schuster-Vieregge 重排 / 637
Michael 加成 / 80
Michaelis-Arbuzov 反应 / 199
Michael-Tishchenko 内酯化反应 / 674
Mislow-Evans 重排 / 643
Mitsunobu 反应 / 299
Miyaura 硼化反应 / 303
Moffatt 氧化 / 370
Morita-Baylis-Hillman 反应 / 12
Mosher 法 / 712
MPV 还原 / 450
Mukaiyama 羟醛反应 / 85
Mukaiyama-Michael 加成反应 / 83

N

Nazarov 环化反应 / 547
Neber 重排 / 645
Nef 反应 / 306
Negishi 偶联反应 / 89
NHTK 反应 / 103
Nicholas 反应 / 99
NOE / 714
Norrish-Yang 环化反应 / 551
Noyori 不对称氢化催化剂 / 453
Nozaki-Hiyama 反应 / 103
Nozaki-Hiyama-Kishi 反应 / 103
Nozaki-Hiyama-Takai-Kishi 反应 / 103

Nysted 试剂 /231
Nysted 亚甲基化 /231

O

Oppenauer 氧化 /373
Overman 重排 /647

P

Paal-Knorr 吡咯合成 /556
Parham 环化反应 /559
Parikh-Doering 氧化 /376
Passerini 反应 /787
Paternò-Büchi 环化反应 /561
Pauson-Khand 反应 /564
Payne 重排 /651
Peal-Knorr 呋喃合成 /554
Pechmann 缩合 /568
Petasis 反应 /308
Petasis-Ferrier 重排 /654
Peterson 烯烃化反应 /233
Pfitzner-Moffatt 氧化 /370
Pictet-Spengler 环化反应 /570
Polonovski 反应 /657
Polonovski-Potier 反应 /657, 659
Prévost 反应 /379
　　Woodward 改良法 /380
Prins 反应 /108
Pummerer 重排 /663
PyBOP /274

R

Ramberg-Bäcklund 反应 /237
Raney Ni /461
Reformatsky 反应 /112
Reimer-Tiemann 反应 /116
Reissert 反应 /147
Ritter 反应 /311
Robinson 环化反应 /573
　　Wichterie 方法
Robinson-Schöpf 反应 /576
Rosenmund 还原 /464
Roskamp 反应 /760
Roskamp-Feng 反应 /760
Rubottom 氧化 /383

Rupe 重排 /639, 666
Ruppert-Prakash 试剂 /161

S

Sakurai 反应 /117
Sarett 氧化 /385
Schlosser-Wittig 反应 /262
Schmidt 反应 /668
Seyferth 增碳法 /242
Seyferth-Gilbert 反应 /242
Shapiro 反应 /246
Sharpless AE /386
Sharpless 不对称环氧化反应 /386
　　Zhou 改良法 /390
Sharpless 不对称环氧化反应的 Zhou 改良法 /390
Sharpless 不对称邻氨基羟基化反应 /394
Sharpless 不对称邻二羟基化反应 /398
Sharpless-Katsuki 环氧化反应 /386
Shi 不对称环氧化反应 /403
Sondheimer-Wong 二炔 /792
Sonogashira 偶联反应 /122
Staudinger 反应 /315
Steglich 酯化法 /317
　　Keck 改良法 /318
Stetter 反应 /127
Stevens 重排反应 /131
Stille 偶联反应 /135
Stille-Kosugi-Migita 偶联反应 /135
Still-Horner 烯化条件 /199
Stobbe 缩合 /249
　　Rizzacasa 方法 /250
Stork 烯胺反应 /138
Stork-Eschenmoser 假说 /719
Stork-Jung-Robinson 环化 /574
Stork-Zhao-Wittig 碘烯烃化 /260
Strecker 反应 /143
Suarez 裂解反应 /799
Suzuki-Miyaura 交叉偶联反应 /148
Swern 氧化 /409

T

Tamao(-Kumada)-Fleming 氧化 /412
Tebbe 试剂 /251
Tebbe-Petasis 烯烃化 /254

Thorpe 反应 / 255

Thorpe-Ingold 效应 / 724

Thorpe-Ziegler 反应 / 256

Tishchenko 反应 / 673

U

Ugi 反应 / 801

Ullmann 偶联反应 / 153，321

Ullmann 缩合反应 / 321

Ullmann-Ma 反应 / 324

V

Vilsmeier 反应 / 157

Vilsmeier-Haack 甲酰化反应 / 156

Vilsmeier-Haack-Arnold 反应 / 157

Vilsmeier-Haack 试剂 / 156

W

Wacker 氧化 / 415

Wacker-Tsuji 氧化 / 415

Wagner-Meerwein 重排 / 677

Weinreb 酮合成法 / 160

Weinreb 酰胺 / 160

Weiss 反应 / 213，578

Weiss-Cook 反应 / 213

Wenkert 偶联反应 / 165

Wilkinson 催化剂 / 466

1,2-Wittig 重排 / 679

2,3-Wittig 重排 / 682

Wittig 反应 / 259

Wittig-Horner 反应 / 203

Wolff 重排 / 685

Wolff-Kishner 还原 / 469

　黄鸣龙改良法 / 472

Wolff-Kishner-Huang 还原 / 472

Woodward 双羟基化反应 / 380

Y

Yamaguchi 酯化法 / 332

Ye's 偶联试剂 / 278

Z

Zhang's 手性工具箱 / 475

Zhao-Wittig 碘烯烃化 / 261

Zimmerman-Traxler 过渡态 / 729

核 Overhauser 效应 / 714

主题词索引（中文人名）

A

阿尔德-烯反应 / 2
阿恩特-艾斯特尔特同系化反应 / 6
阿赫马托维奇重排 / 582
    氮杂阿赫马托维奇重排 / 586
阿佩尔-李反应 / 266
埃格林顿偶联反应 / 31
埃申莫瑟-克莱森重排 / 607
埃申莫瑟碎裂化反应 / 756
埃申莫瑟缩硫反应 / 184
    氮杂脑文格型反应 / 187
埃申莫瑟-田边碎裂化反应 / 756
埃施韦勒-克拉克反应 / 283
埃施韦勒-克拉克甲基化反应 / 283
埃文斯不对称羟醛加成反应 / 32
埃文斯-季先科反应 / 673
爱尔兰-克莱森重排 / 607

B

巴比耶反应 / 9
巴顿反应 / 343
巴顿-麦科米去氧反应 / 420
巴翰环化反应 / 559
拜耳-魏立格氧化 / 338
班福德-史蒂文斯 / 168
葆森-侃德反应 / 564
鲍德温环化规则 / 690
贝克曼重排 / 591
贝克-文卡塔拉曼重排 / 588
贝利斯-希尔曼反应 / 12
比尔吉-达尼茨轨道 / 694
比吉内利反应 / 487
比施勒-纳皮耶拉尔斯基反应 / 490
彼得森烯烃化反应 / 233
波隆诺夫斯基-波齐儿反应 / 657，659
波隆诺夫斯基反应 / 657
伯格曼环化反应 / 480
伯吉斯试剂 / 170

伯奇还原 / 423
博德韦尔-程津培均裂能方程 / 734
布赫雷尔-伯格反应 / 498
布赫瓦尔德-哈特维希交叉偶联反应 / 269
布拉萨尔双烯 / 494
布莱斯反应 / 16
布兰克反应 / 17
布兰克氯甲基化反应 / 17
布朗硼氢化反应 / 427
布鲁克重排 / 595
    逆布鲁克重排 / 595
布沃-布朗还原 / 425

C

陈德恒重排 / 601
陈德恒双烯 / 499
陈-林偶联反应 / 275
陈庆云试剂 / 739
程津培 iBonD 键能数据库 / 744
楚加耶夫反应 / 174

D

达金反应 / 350
达金-维斯特反应 / 29
达仁斯缩合 / 507
戴斯-马丁氧化 / 354
戴维斯试剂 / 352
丹尼谢夫斯基-北原双烯 / 503
丹尼谢夫斯基双烯 / 503
德布纳-脑文格缩合反应 / 183
德莱皮纳反应 / 277
狄尔斯-阿尔德反应 / 515
迪克曼缩合 / 512
碘仿反应 / 781
丁奎岭手性螺缩酮双膦配体 / 748

F

法沃尔斯基重排 / 619
    似法沃尔斯基重排 / 620

费蒂宗试剂 / 357
费蒂宗氧化 / 357
费尔金-安模型 / 702
费尔金模型 / 702
费里尔重排 / 524
费斯特-贝那利反应 / 522
  中断的费斯特-贝那利反应 / 522
费歇尔吲哚合成 / 527
冯小明手性氮氧配体 / 759
弗莱斯重排 / 624
弗里德兰德喹啉合成 / 530
弗里奇-布藤贝格-维克尔重排 / 626
弗斯特-普拉特纳规则 / 706
福山还原 / 441
福山偶联反应 / 40
傅-克反应 / 35
傅-克烷基化反应 / 36
傅-克酰基化反应 / 38
傅瑞德尔-克拉夫兹反应 / 35

G

格拉布斯反应 / 189
  肖万机理 / 190
格拉泽偶联反应 / 43
格拉泽-海伊偶联反应 / 43
格利雅反应 / 45
格利雅试剂 / 45
格罗布反应 / 762
格罗布碎裂化反应 / 762
格氏反应 / 45
格氏试剂 / 45
根岸偶联反应 / 89
宫浦硼化反应 / 303
瓜雷斯齐-索普反应 / 257
光延反应 / 299

H

桧山偶联反应 / 57
哈克模型 / 703
哈勒-鲍尔反应 / 772
海伊偶联反应 / 43
韩奇反应 / 536
汉斯狄克反应 / 288
核奥弗豪塞尔效应 / 714

赫尔-乌尔哈-泽林斯基反应 / 285
赫克反应 / 49
亨利反应 / 55
黄鸣龙还原 / 472
黄维垣脱卤亚磺化反应 / 774
霍夫曼重排 / 626
霍夫曼-洛夫勒-弗·赖塔格反应 / 540
霍夫曼消除反应 / 195
  霍夫曼规则 / 195
霍纳尔-维悌息反应 / 202
霍纳尔-沃兹沃思-埃蒙斯反应 / 199

J

季先科反应 / 673
加南氧化 / 364
加特曼反应 / 116
交叉脱氢偶联反应 / 73
捷姆扬诺夫重排 / 617
金属烯反应 / 4

K

卡迪奥·乔德凯维奇偶联反应 / 19
卡甘试剂 / 443
卡罗尔-克莱森重排 / 597
卡斯特罗偶联试剂 / 272
卡斯特罗-斯蒂芬斯偶联反应 / 22
坎尼扎罗反应 / 736
柯林斯氧化 / 344
柯齐反应 / 291
柯替斯重排 / 614
科顿效应 / 696
科恩布卢姆氧化 / 362
科尔贝电合成反应 / 62
科尔贝-施密特反应 / 116
科里-巴克希-柴田还原 / 438
科里-柴可夫斯基反应 / 501
科里-福克斯反应 / 179
科里-金氧化 / 346
科里-林克反应 / 631
科里-温特反应 / 181
科尼亚-烯反应 / 4
科普消除反应 / 176
科普消除反应：逆科普消除反应 / 176
科普重排 / 612

氮促科普重排 /612
氧促科普重排 /612
科廷-哈米特原理 /703
克拉普乔脱烷氧羰基反应 /778
克莱门森还原 /436
克莱姆模型 /702
克莱姆螯合模型 /702
克莱森缩合反应 /25
克莱森重排 /603
  氮杂克莱森重排
  硫杂克莱森重排
克里格邻二醇氧化裂解 /348
克里舍-涂永强醇 α-烃基化反应 /63
库林科维奇反应 /542
库林科维奇-迈耶雷反应 /542

L

拉姆贝格-贝克隆德反应 /237
莱默尔-蒂曼反应 /116
赖塞尔特反应 /147
兰尼镍 /461
劳森试剂 /292
李本反应 /781
李朝军偶联反应 /73
里特反应 /311
利贝斯金德偶联反应 /76
利贝斯金德-什罗格尔偶联反应 /76
铃木-宫浦交叉偶联反应 /148
刘卡特反应 /294
刘卡特-瓦拉赫反应 /294
卤仿反应 /781
鲁伯特姆氧化 /383
鲁佩重排 /639, 666
陆熙炎 [3+2] 环加成反应 /544
陆熙炎-特罗斯特-井上反应 /216
罗宾逊环化反应 /573
罗宾逊-舍普夫反应 /576
罗森蒙德还原 /464
罗斯坎普反应 /760
罗斯坎普-冯小明反应 /760
洛森重排 /634
吕什还原 /447

M

麻生明末端炔不对称联烯化 /222
麻生明氧化 /366
马丁试剂 /219
马尔科夫尼科夫规则 /708
马氏规则 /708
迈克尔-季先科内酯化反应 /674
迈克尔加成 /80
迈耶-舒斯特-菲尔埃格重排 /639
迈耶-舒斯特重排 /637
麦克拉夫悌重排 /636
麦克默里还原偶联反应 /226
麦克默里烯烃合成 /226
曼尼希-埃申莫瑟亚甲基化反应 /786
曼尼希反应 /783
梅里菲尔德固相多肽合成 /296
门德试剂 /79
米斯洛-埃文斯重排 /643
米歇尔-阿尔布佐夫反应 /199
密尔温-彭杜夫-威雷还原 /450
莫法特氧化 /370
莫里塔-贝利斯-希尔曼反应 /12
莫舍法 /712

N

纳斯特试剂 /231
纳斯特亚甲基化 /231
纳扎罗夫环化反应 /547
脑文格缩合 /212
内博重排 /645
内夫反应 /306
尼古拉斯反应 /99
诺里什-杨念祖环化反应 /551

O

欧尔曼重排 /647
欧彭瑙尔氧化 /373

P

帕尔-克诺尔吡咯合成 /556
帕尔-克诺尔呋喃合成 /554
帕里克-多林氧化 /376
帕塞里尼反应 /787

帕特诺-比希环化反应 / 561
佩恩重排 / 651
佩奇曼缩合 / 568
佩塔思斯反应 / 308
皮克特-斯宾格勒环化反应 / 570
皮塔思斯-费里尔重排 / 654
普菲茨纳-莫法特氧化 / 370
普雷沃反应 / 379
    伍德沃德改良 / 379
普林斯反应 / 108
普梅雷尔重排 / 663

Q

齐默曼-特拉克斯勒过渡态 / 729
琼斯试剂 / 360
琼斯氧化 / 360

R

瑞佛马茨反应 / 112

S

赛弗思-吉尔伯特反应 / 242
赛弗思增碳法 / 242
桑德海默尔-黄乃正二炔 / 792
沙瑞特氧化 / 385
山口酯化反应 / 332
施洛瑟-魏悌息反应 / 262
施密特反应 / 668
施陶丁格反应 / 315
施特格利希酯化法 / 317
    凯奇改良法 / 318
施托贝缩合 / 249
    里扎卡萨方法 / 250
史蒂文斯重排反应 / 131
史一安不对称环氧化反应 / 403
斯蒂尔偶联反应 / 135
斯蒂尔-小杉-右田偶联反应 / 135
斯多克-埃申莫瑟假说 / 719
斯泰特反应 / 127
斯特雷克反应 / 143
斯托克烯胺反应 / 138
斯托克-赵康-魏悌息碘烯烃化 / 260
斯文氧化 / 409
苏亚雷斯裂解反应 / 799
索普反应 / 255
索普-齐格勒反应 / 256
索普-英戈尔德效应 / 724

T

特伯-佩塔思斯烯烃化 / 254
特伯试剂 / 251
藤门-贝洛反应 / 187

W

瓦格纳-梅尔外因重排 / 677
瓦克尔-辻氧化 / 415
瓦克尔氧化 / 415
威尔金森催化剂 / 466
韦斯反应 / 213，578
韦斯-库克反应 / 213
维尔斯迈尔反应 / 157
维尔斯迈尔-哈克-阿诺尔德反应 / 157
维尔斯迈尔-哈克甲酰化反应 / 156
维尔斯迈尔-哈克试剂 / 156
1,2-魏悌息重排 / 679
2,3-魏悌息重排 / 682
魏悌息反应 / 259
维悌息-霍纳尔反应 / 203
温勒伯酮合成法 / 160
温勒伯酰胺 / 160
文克特偶联反应 / 165
沃尔夫-基斯内尔还原 / 469
    黄鸣龙改良法 / 472
沃尔夫-基斯内尔-黄鸣龙还原 / 472
沃尔夫重排 / 685
乌尔曼反应 / 153
乌尔曼-马大为反应 / 324
乌尔曼偶联反应 / 321
乌尔曼缩合反应 / 321
乌吉反应 / 801
伍德沃德双羟基化反应 / 380

X

烯烃复分解反应 / 190
细见-樱井反应 / 119
夏皮罗反应 / 246
夏普莱斯不对称环氧化反应 / 386
    周维善改良法 / 390

夏普莱斯不对称环氧化反应的周维善改良法 / 390
夏普莱斯不对称邻氨基羟基化反应 / 394
夏普莱斯不对称邻二羟基化反应 / 398
夏普莱斯-卡楚克环氧化反应 / 386
向山-迈克尔加成反应 / 83
向山羟醛反应 / 85
小杉-右田-斯蒂尔偶联反应 / 135
熊田偶联反应 / 69

Y

野崎-桧山反应 / 103
野崎-桧山-岸反应 / 103
野崎-桧山-高井-岸反应 / 103
野依良治不对称氢化催化剂 / 453
叶蕴华偶联试剂 / 278
易位反应 / 190

樱井反应 / 117
玉尾-熊田-弗莱明氧化 / 412
薗頭偶联反应 / 122
约恩森-林催化剂 / 130
约翰逊-克莱森重排 / 607
约齐奇反应 / 631
约齐奇-雷夫反应 / 631

Z

张绪穆手性工具箱 / 474
赵康-魏悙息碘烯烃化 / 261
周其林手性螺环配体 / 808
朱利亚烯烃合成法 / 206
朱利亚-科钦斯基烯烃合成法 / 209
朱利亚-利思戈烯烃合成法 / 206
祝介平三组分反应 / 829